T0281618

ENZYKLOPÄDIE PHILOSOPHIE UND WISSENSCHAFTS- THEORIE

Band 7: Re – Te

2., neu bearbeitete
und wesentlich ergänzte
Auflage

Unter ständiger Mitwirkung von Gottfried Gabriel,
Matthias Gatzemeier, Carl F. Gethmann,
Peter Janich, Friedrich Kambartel, Kuno Lorenz,
Klaus Mainzer, Peter Schroeder-Heister, Christian Thiel,
Reiner Wimmer, Gereon Wolters

in Verbindung mit Martin Carrier
herausgegeben von

Jürgen Mittelstraß

Kartonierte Sonderausgabe

 J.B.METZLER

Bibliografische Information der Deutschen Nationalbibliothek
Die Deutsche Nationalbibliothek verzeichnet diese Publikation
in der Deutschen Nationalbibliografie; detaillierte bibliografische Daten sind im Internet über http://dnb.d-nb.de abrufbar.

Gedruckt auf chlorfrei gebleichtem, säurefreiem und
alterungsbeständigem Papier.

Band 7:

978-3-662-67771-1
978-3-662-67772-8 (eBook)

Gesamtwerk:

978-3-662-67786-5

Das Werk einschließlich aller seiner Teile ist urheberrechtlich geschützt. Je
Verwertung, die nicht ausdrücklich vom Urheberrechtsgesetz zugelassen is
bedarf der vorherigen Zustimmung des Verlags. Das gilt insbesondere für
Vervielfältigungen, Bearbeitungen, Übersetzungen, Mikroverfilmungen un
die Einspeicherung und Verarbeitung in elektronischen Systemen. Die
Wiedergabe von allgemein beschreibenden Bezeichnungen, Marken,
Unternehmensnamen etc. in diesem Werk bedeutet nicht, dass diese frei
durch jedermann benutzt werden dürfen. Die Berechtigung zur Benutzung
unterliegt, auch ohne gesonderten Hinweis hierzu, den Regeln des
Markenrechts. Die Rechte des jeweiligen Zeicheninhabers sind zu beachten
Der Verlag, die Autoren und die Herausgeber gehen davon aus, dass die
Angaben und Informationen in diesem Werk zum Zeitpunkt der
Veröffentlichung vollständigund korrekt sind. Weder der Verlag noch die
Autoren oder die Herausgeber übernehmen, ausdrücklich
oder implizit, Gewähr für den Inhalt des Werkes, etwaige Fehler oder
Äußerungen. Der Verlag bleibt im Hinblick auf geografische Zuordnungen
und Gebietsbezeichnungen in veröffentlichten Karten und
Institutionsadressen neutral.

J.B. Metzler ist ein Imprint der eingetragenen Gesellschaft Springer-Verlag
GmbH, DE und ist ein Teil von Springer Nature. Die Anschrift der
Gesellschaft ist: Heidelberger Platz 3, 14197 Berlin, Germany

© Springer-Verlag GmbH Deutschland, ein Teil von Springer
Nature 2024

www.metzlerverlag.de
info@metzlerverlag.de

Satz: Dörr + Schiller GmbH, Stuttgart

Vorwort zur 2. Auflage

Mit Band VII nähern sich die Arbeiten an der 2. Auflage der »Enzyklopädie Philosophie und Wissenschaftstheorie« ihrem Ende. Tatsächlich wurde mit Band VII auch Band VIII, der abschließende Band, redaktionell weitgehend fertiggestellt; er wird ebenfalls noch in diesem Jahr erscheinen. Erneut wurden alle Artikel der 1. Auflage, in diesem Falle der zweite Teil des Bandes III und der erste Teil des Bandes IV, gründlich überarbeitet und auf den neuesten Stand der philosophischen, insbesondere wissenschaftstheoretischen, Entwicklung – wie immer in enger Verbindung mit der wissenschaftlichen Entwicklung – gebracht. Hinzu treten über 30 neue Artikel.

Der Dank des Herausgebers gilt zum wiederholten Male zunächst allen Autoren, die an dieser Neubearbeitung mitgewirkt haben, insbesondere den Hauptautoren, auf der Titelseite vermerkt, die zum Teil von Anfang an dabei waren und dieser Enzyklopädie auch in der 2. Auflage, unter noch größeren Ansprüchen als in der 1. Auflage, treugeblieben sind. Sie haben mit ihrer Arbeit ein außerordentliches Maß an Kontinuität gesichert, das die Qualität der Artikel und deren Zusammenhang untereinander noch einmal erheblich gesteigert hat und in der enzyklopädischen Welt eher ungewöhnlich ist.

Martin Carrier (Bielefeld) hat, wie schon in den letzten Bänden, zusätzlich zu seiner Hauptautorenschaft einen wesentlichen Teil der redaktionellen Last mit dem Herausgeber geteilt. Das gleiche gilt für Birgit Fischer M.A., die in den letzten zwei Jahren, als es darum ging, gleich zwei Bände auf den Weg zu bringen, ein ungeheures Maß an Arbeit, gewissenhaft und höchst effizient, bewältigt hat; wie immer liefen bei ihr alle redaktionellen Fäden, eine umfangreiche Autorenkorrespondenz eingeschlossen, zusammen. In bewährter Form standen ihr in schwierigen biographischen und bibliographischen Fällen Dr. Brigitte Parakenings, Leiterin des Philosophischen Archivs der Universität Konstanz, und Dr. Karsten Wilkens, ehemaliger Fachreferent Philosophie der Universitätsbibliothek Konstanz, zur Seite. Besonderer Dank gilt auch wieder Dipl.-Math. Christopher v. Bülow, der sich ursprünglich vor allem um die formalen Teile bei der redaktionellen Fertigstellung der Artikel kümmerte, jetzt aber immer stärker auch in die allgemeine redaktionelle Arbeit hineingewachsen ist und außerdem seine Autorentätigkeit wesentlich erweitert hat.

Die Hauptlast der bibliographischen Arbeit trugen diesmal – unter der kundigen Leitung und Aufsicht von Silke Rothe M.A. – Mateja Borchert M.A., Lena Dreher M.A., Jonas Kimmig M.A., Dr. Perdita Rösch, Wolfgang Schaffarzyk M.A., Dr. Marcel Schwarz und Iria Sorge-Röder M.A.. Ihnen allen ist die – in enzyklopädischen Werken dieser Art nicht immer gewährleistete – hohe Qualität der Bibliographien zu danken.

Dank schulden Herausgeber und Mitarbeiter auch hier wieder der Universität Konstanz, die von Anfang an, zuletzt über das Konstanzer Wissenschaftsforum, die institutionellen Voraussetzungen für die Arbeit an der Enzyklopädie schuf, dem Verlag J. B. Metzler, der diese Arbeit mit viel Engagement begleitet hat, ferner der Klaus Tschira Stiftung für ihre langjährige Förderung und in ganz besonderem Maße der Hamburger Stiftung zur Förderung von Wissenschaft und Kultur, die, als die Universität Konstanz überraschend ihr finanzielles Engagement einschränkte, auf großartige Weise mit einem erheblichen finanziellen Beitrag eingesprungen ist.

Konstanz, im Frühjahr 2018   Jürgen Mittelstraß

Abkürzungs- und Symbolverzeichnisse

1. Autoren

A. F.	André Fuhrmann, Frankfurt
A. G.	Armin Grunwald, Eggenstein-Leopoldshafen
A. G.-S.	Annemarie Gethmann-Siefert, Hagen
A. K.	Anette Konrad, Ludwigshafen
A. M.	Axel Michaels, Heidelberg
A. P.	Athena Panteos, Duisburg-Essen
A. V.	Albert Veraart, Konstanz
A. W.	Angelika Wiedmaier, Konstanz
B. B.	Bernd Buldt, Fort Wayne, Indiana
B. G.	Bernd Gräfrath, Duisburg-Essen
B. P.	Bernd Philippi, Völklingen
C. B.	Christopher v. Bülow, Konstanz
C. E.	Christoph Edel, Crailsheim
C. F. G.	Carl F. Gethmann, Siegen
C. S.	Christiane Schildknecht, Luzern
C. T.	Christian Thiel, Erlangen
D. G.	Dietfried Gerhardus, Saarbrücken
D. T.	Dieter Teichert, Konstanz
D. Th.	Donatus Thürnau, Dresden
E.-M. E.	Eva-Maria Engelen, Konstanz
F. K.	Friedrich Kambartel, Frankfurt
F. Ko.	Franz Koppe, Berlin †
G. G.	Gottfried Gabriel, Jena
G. H.	Gerrit Haas, Aachen †
G. Hei.	Gabriele Heister, Stuttgart
G. K.	Georg Kamp, Bad Neuenahr-Ahrweiler
G. Si.	Geo Siegwart, Greifswald
G. W.	Gereon Wolters, Konstanz
H. H.	Hansgeorg Hoppe, Saarbrücken
H. L.	Heinrich Lindenmayr, Berlin
H. R.	Hans Rott, Regensburg
H. R. G.	Herbert R. Ganslandt, Erlangen †
H. S.	Hubert Schleichert, Konstanz
H. Sc.	Harald Schnur, Berlin
H. T.	Holm Tetens, Berlin
J. M.	Jürgen Mittelstraß, Konstanz
K. L.	Kuno Lorenz, Saarbrücken
K. M.	Klaus Mainzer, München
M. C.	Martin Carrier, Bielefeld
M. G.	Matthias Gatzemeier, Aachen
N. R.	Neil Roughley, Duisburg-Essen
O. S.	Oswald Schwemmer, Berlin
P. Ba.	Peter Badura, München
P. H.-H.	Paul Hoyningen-Huene, Hannover
P. J.	Peter Janich, Marburg †
P. M.	Peter McLaughlin, Heidelberg
P. S.	Peter Schroeder-Heister, Tübingen
P. S.-W.	Pirmin Stekeler-Weithofer, Leipzig
R. Wi.	Reiner Wimmer, Tübingen
S. B.	Siegfried Blasche, Bad Homburg
S. H.	Stephan Hartmann, München
S. M. K.	Silke M. Kledzik, Koblenz †
T. G.	Thorsten Gubatz, Nürnberg
T. J.	Thorsten Jantschek, Berlin
T. R.	Thomas Rentsch, Dresden
U. O.	Uwe Oestermeier, Tübingen
V. P.	Volker Peckhaus, Paderborn
W. L.	Weyma Lübbe, Regensburg

2. Nachschlagewerke

ADB Allgemeine Deutsche Biographie, I–LVI, ed. Historische Commission bei der Königlichen Akademie der Wissenschaften (München), Leipzig 1875–1912, Nachdr. 1967–1971.

ÄGB Ästhetische Grundbegriffe. Historisches Wörterbuch in sieben Bänden, I–VII, ed. K. Barck u. a., Stuttgart/Weimar 2000–2005, Nachdr. 2010 (VII = Suppl.bd./ Reg.bd.).

BBKL Biographisch-Bibliographisches Kirchenlexikon, ed. F. W. Bautz, mit Bd. III fortgeführt v. T. Bautz, Hamm 1975/1990, Herzberg 1992–2001, Nordhausen 2002ff. (erschienen Bde I–XXXVIII u. 1 Reg.bd.).

Bibl. Prae-socratica B. Šijaković, Bibliographia Praesocratica. A Bibliographical Guide to the Studies of

Early Greek Philosophy in Its Religious and Scientific Contexts with an Introductory Bibliography on the Historiography of Philosophy (over 8,500 Authors, 17,664 Entries from 1450 to 2000), Paris 2001.

DHI   Dictionary of the History of Ideas. Studies of Selected Pivotal Ideas, I–IV u. 1 Indexbd., ed. P. P. Wiener, New York 1973–1974.

Dict. ph. ant.   Dictionnaire des philosophes antiques, ed. R. Goulet, Paris 1989ff. (erschienen Bde I–VI u. 1 Suppl.bd.).

DL   Dictionary of Logic as Applied in the Study of Language. Concepts/Methods/Theories, ed. W. Marciszewski, The Hague/Boston Mass./London 1981.

DNP   Der neue Pauly. Enzyklopädie der Antike, I–XVI, ed. H. Cancik/H. Schneider, ab Bd. XIII mit M. Landfester, Stuttgart/Weimar 1996–2003, Suppl.bde 2004ff. (erschienen Bde I–XI) (engl. Brill's New Pauly. Encyclopaedia of the Ancient World, [Antiquity] I–XV, [Classical Tradition] I–V, ed. H. Cancik/H. Schneider/M. Landfester, Leiden/Boston Mass. 2002–2010, Suppl. bde 2007ff. [erschienen Bde I–VIII]).

DP   Dictionnaire des philosophes, ed. D. Huisman, I–II, Paris 1984, ²1993.

DSB   Dictionary of Scientific Biography, I–XVIII, ed. C. C. Gillispie, mit Bd. XVII fortgeführt v. F. L. Holmes, New York 1970–1990 (XV = Suppl.bd. I, XVI = Indexbd., XVII–XVIII = Suppl.bd. II).

EI   The Encyclopaedia of Islam. New Edition, I–XII und 1 Indexbd., Leiden 1960–2009 (XII = Suppl.bd.).

EJud   Encyclopaedia Judaica, I–XVI, Jerusalem 1971–1972, I–XXII, ed. F. Skolnik/M. Berenbaum, Detroit Mich. etc. ²2007 (XXII = Übersicht u. Index).

Enc. Chinese Philos.   Encyclopedia of Chinese Philosophy, ed. A. S. Cua, New York/London 2003, 2012.

Enc. filos.   Enciclopedia filosofica, I–VI, ed. Centro di studi filosofici di Gallarate, Florenz ²1968–1969, erw. I–VIII, Florenz, Rom 1982, erw. I–XII, Mailand 2006.

Enc. Jud.   Encyclopaedia Judaica. Das Judentum in Geschichte und Gegenwart, I–X, Berlin 1928–1934 (bis einschließlich ›L‹).

Enc. Ph.   The Encyclopedia of Philosophy, I–VIII, ed. P. Edwards, New York/London 1967 (repr. in 4 Bdn. 1996), Suppl.bd., ed. D. M. Borchert, New York, London etc. 1996, I–X, ed. D. M. Borchert, Detroit Mich. etc. ²2006 (X = Appendix).

Enc. philos. universelle   Encyclopédie philosophique universelle, I–IV, ed. A. Jacob, Paris 1989–1998 (I L'univers philosophique, II Les notions philosophiques, III Les œuvres philosophiques, IV Le discours philosophique).

Enz. Islam   Enzyklopaedie des Islām. Geographisches, ethnographisches und biographisches Wörterbuch der muhammedanischen Völker, I–IV u. 1 Erg.bd., ed. M. T. Houtsma u. a., Leiden, Leipzig 1913–1938.

EP   Enzyklopädie Philosophie, I–II, ed. H. J. Sandkühler, Hamburg 1999, erw. I–III, ²2010.

ER   The Encyclopedia of Religion, I–XVI, ed. M. Eliade, New York/London 1987 (XVI = Indexbd.), Nachdr. in 8 Bdn. 1993, I–XV, ed. L. Jones, Detroit Mich. etc. ²2005 (XV = Anhang, Index).

ERE   Encyclopaedia of Religion and Ethics, I–XIII, ed. J. Hastings, Edinburgh/New York 1908–1926, Edinburgh 1926–1976 (repr. 2003) (XIII = Indexbd.).

Flew   A Dictionary of Philosophy, ed. A. Flew, London/Basingstoke 1979, ²1984, ed. mit S. Priest, London 2002.

FM   J. Ferrater Mora, Diccionario de filosofia, I–IV, Madrid ⁶1979, erw. I–IV, Barcelona 1994, 2004.

Hb. ph. Grundbegriffe   Handbuch philosophischer Grundbegriffe, I–III, ed. H. Krings/C. Wild/H. M. Baumgartner, München 1973–1974.

Hb. wiss. theoret. Begr.   Handbuch wissenschaftstheoretischer Begriffe, I–III, ed. J. Speck, Göttingen 1980.

Hist. Wb. Ph.   Historisches Wörterbuch der Philosophie, I–XIII, ed. J. Ritter, mit Bd. IV fortgeführt v. K. Gründer, ab Bd. XI mit G. Gabriel, Basel/Stuttgart, Darmstadt 1971–2007 (XIII = Registerbd.).

Hist. Wb. Rhetorik   Historisches Wörterbuch der Rhetorik, I–XII, ed. G. Ueding, Tübingen (später: Berlin/Boston Mass.), Darmstadt 1992–2015 (X = Nachträge, XI = Reg.bd., XII = Bibliographie).

HSK   Handbücher zur Sprach- und Kommunikationswissenschaft/Handbooks of Linguistics and Communication Science/Manuels de linguistique et des sciences de communication, ed. G. Ungeheuer/H. E. Wiegand, ab 1985 fortgeführt v. H. Steger/H. E. Wiegand, ab 2002 fortgeführt v. H. E. Wiegand, Berlin/New York 1982ff. (erschienen Bde I–XLIII [in 97 Teilbdn.]).

IESBS   International Encyclopedia of the Social & Behavioral Sciences, I–XXVI, ed. N. J. Smelser/P. B. Baltes, Amsterdam etc. 2001 (XXV–XXVI = Indexbde), I–XXVI, ed. J. D. Wright, Amsterdam etc. ²2015 (XXVI = Indexbd.)

IESS   International Encyclopedia of the Social Sciences, I–XVII, ed. D. L. Sills, New York 1968, Nachdr. 1972, XVIII (Biographical Suppl.), 1979, IX (Social Science Quotations), 1991, I–IX, ed. W. A. Darity Jr., Detroit Mich. etc. ²2008.

KP   Der Kleine Pauly. Lexikon der Antike, I–V, ed. K. Ziegler/W. Sontheimer, Stuttgart 1964–1975, Nachdr. München 1979, Stuttgart/Weimar 2013.

LAW   Lexikon der Alten Welt, ed. C. Andresen u. a., Zürich/Stuttgart 1965, Nachdr. in 3 Bdn., Düsseldorf 2001.

LMA   Lexikon des Mittelalters, I–IX, München/Zürich 1977–1998, Reg.bd. Stuttgart/Weimar 1999, Nachdr. in 9 Bdn., Darmstadt 2009.

LThK   Lexikon für Theologie und Kirche, I–X u. 1 Reg.bd., ed. J. Höfer/K. Rahner, Freiburg ²1957–1967, Suppl. I–III, ed. H. S. Brechter u. a., Freiburg/Basel/Wien 1966–1968 (I–III Das Zweite Vatikanische Konzil), I–XI, ed. W. Kasper u. a., ³1993–2001, 2017 (XI = Nachträge, Register, Abkürzungsverzeichnis).

NDB   Neue Deutsche Biographie, ed. Historische Kommission bei der Bayerischen Akademie der Wissenschaften, Berlin 1953ff. (erschienen Bde I–XXVI).

NDHI   New Dictionary of the History of Ideas, I–VI, ed. M. C. Horowitz, Detroit Mich. etc. 2005.

ODCC   The Oxford Dictionary of the Christian Church, ed. F. L. Cross/E. A. Livingstone, Oxford ²1974, Oxford/New York ³1997, rev. 2005.

Ph. Wb.   Philosophisches Wörterbuch, ed. G. Klaus/M. Buhr, Berlin, Leipzig 1964, in 2 Bdn. ⁶1969, Berlin ¹²1976 (repr. Berlin 1985, 1987).

RAC   Reallexikon für Antike und Christentum. Sachwörterbuch zur Auseinandersetzung des Christentums mit der antiken Welt, ed. T. Klauser, mit Bd. XIV fortgeführt v. E. Dassmann u. a., mit Bd. XX fortgeführt v. G. Schöllgen u. a., Stuttgart 1950ff. (erschienen Bde I–XXVII, 1 Reg.bd. u. 2 Suppl.bde).

RE   Paulys Realencyclopädie der classischen Altertumswissenschaft. Neue Bearbeitung, ed. G. Wissowa, fortgeführt v. W. Kroll, K. Witte, K. Mittelhaus, K. Ziegler u. W. John, Stuttgart, 1. Reihe (A–Q), I/1–XXIV (1893–1963); 2. Reihe (R–Z), IA/1–XA (1914–1972); 15 Suppl.bde (1903–1978); Register der Nachträge und Supplemente, ed. H. Gärtner/A. Wünsch, München 1980, Gesamtregister, I–II, Stuttgart 1997/2000.

REP   Routledge Encyclopedia of Philosophy, I–X, ed. E. Craig, London/New York 1998 (X = Indexbd.).

RGG   Die Religion in Geschichte und Gegenwart. Handwörterbuch für Theologie und Religionswissenschaft, I–VII, ed. K. Galling, Tübingen ³1957–1962 (VII = Reg.bd.), unter dem Titel: Religion in Geschichte und Gegenwart. Handwörterbuch für Theologie und Religionswissenschaft, ed. H. D. Betz u. a., I–VIII u. 1 Reg.bd., ⁴1998–2007, 2008.

SEP   Stanford Encyclopedia of Philosophy, ed. E. N. Zalta (http://plato.stanford.edu).

Totok   W. Totok, Handbuch der Geschichte der Philosophie, I–VI, Frankfurt 1964–1990, Nachdr. 2005, ²1997ff. (erschienen Bd. I).

TRE   Theologische Realenzyklopädie, I–XXXVI, 2 Reg.bde u. 1 Abkürzungsverzeichnis, ed. G. Krause/G. Müller, mit Bd. XIII fortgeführt v. G. Müller, Berlin 1977–2007.

WbL   N. I. Kondakow, Wörterbuch der Logik [russ. Moskau 1971, 1975], ed. E. Albrecht/G. Asser, Leipzig, Berlin 1978, Leipzig ²1983.

Wb. ph. Begr.   Wörterbuch der philosophischen Begriffe. Historisch-Quellenmäßig bearbeitet von Dr. Rudolf Eisler, I–III, ed. K. Roretz, Berlin ⁴1927–1930.

WL   Wissenschaftstheoretisches Lexikon, ed. E. Braun/H. Radermacher, Graz/Wien/Köln 1978.

3. Zeitschriften

Abh. Gesch. math. Wiss.	Abhandlungen zur Geschichte der mathematischen Wissenschaften (Leipzig)
Acta Erud.	Acta Eruditorum (Leipzig)
Acta Math.	Acta Mathematica (Heidelberg etc.)
Allg. Z. Philos.	Allgemeine Zeitschrift für Philosophie (Stuttgart)
Amer. J. Math.	American Journal of Mathematics (Baltimore Md.)
Amer. J. Philol.	The American Journal of Philology (Baltimore Md.)
Amer. J. Phys.	American Journal of Physics (College Park Md.)
Amer. J. Sci.	The American Journal of Science (New Haven Conn.)
Amer. Philos. Quart.	American Philosophical Quarterly (Champaign Ill.)
Amer. Scient.	American Scientist (Research Triangle Park N.C.)
Anal. Husserl.	Analecta Husserliana (Dordrecht)
Analysis	Analysis (Oxford)
Ancient Philos.	Ancient Philosophy (Pittsburgh Pa.)
Ann. int. Ges. dialekt. Philos. Soc. Heg.	Annalen der internationalen Gesellschaft für dialektische Philosophie Societas Hegeliana (Frankfurt etc.)
Ann. Math.	Annals of Mathematics (Princeton N.J.)
Ann. Math. Log.	Annals of Mathematical Logic (Amsterdam); seit 1983: Annals of Pure and Applied Logic (Amsterdam etc.)
Ann. math. pures et appliqu.	Annales de mathématiques pures et appliquées (Paris); seit 1836: Journal de mathématiques pures et appliquées (Paris)
Ann. Naturphilos.	Annalen der Naturphilosophie (Leipzig)
Ann. Philos. philos. Kritik	Annalen der Philosophie und philosophischen Kritik (Leipzig)
Ann. Phys.	Annalen der Physik (Leipzig), 1799–1823, 1900 ff. (1824–1899 unter dem Titel: Annalen der Physik und Chemie [Leipzig])
Ann. Phys. Chem.	Annalen der Physik und Chemie (Leipzig)
Ann. Sci.	Annals of Science. A Quarterly Review of the History of Science and Technology since the Renaissance, seit 1999 mit Untertitel: The History of Science and Technology (London)
Appl. Opt.	Applied Optics (Washington D.C.)
Aquinas	Aquinas. Rivista internazionale di filosofia (Rom)
Arch. Begriffsgesch.	Archiv für Begriffsgeschichte (Hamburg)
Arch. Gesch. Philos.	Archiv für Geschichte der Philosophie (Berlin/Boston Mass.)
Arch. hist. doctr. litt. moyen-âge	Archives d'histoire doctrinale et littéraire du moyen-âge (Paris)
Arch. Hist. Ex. Sci.	Archive for History of Exact Sciences (Berlin/Heidelberg)
Arch. int. hist. sci.	Archives internationales d'histoire des sciences (Turnhout)
Arch. Kulturgesch.	Archiv für Kulturgeschichte (Köln/Weimar/Wien)
Arch. Math.	Archiv der Mathematik (Basel)
Arch. math. Log. Grundlagenf.	Archiv für mathematische Logik und Grundlagenforschung (Stuttgart etc.)
Arch. Philos.	Archiv für Philosophie (Stuttgart)
Arch. philos.	Archives de philosophie (Paris)
Arch. Rechts- u. Sozialphilos.	Archiv für Rechts- und Sozialphilosophie (Stuttgart)
Arch. Sozialwiss. u. Sozialpolitik	Archiv für Sozialwissenschaft und Sozialpolitik (Tübingen)
Astrophys.	Astrophysics (New York)
Australas. J. Philos.	Australasian Journal of Philosophy (Abingdon)
Austral. Econom. Papers	Australian Economic Papers (Adelaide)
Beitr. Gesch. Philos. MA	Beiträge zur Geschichte der Philosophie (später: und Theologie) des Mittelalters (Münster)
Beitr. Philos. Dt. Ideal.	Beiträge zur Philosophie des deutschen Idealismus. Veröffentlichungen der Deutschen Philosophischen Gesellschaft (Erfurt)
Ber. Wiss.gesch.	Berichte zur Wissenschaftsgeschichte (Weinheim)
Bibl. Math.	Bibliotheca Mathematica. Zeitschrift für Geschichte der mathematischen Wissenschaften (Leipzig)
Bl. dt. Philos.	Blätter für deutsche Philosophie (Berlin)

Brit. J. Hist. Sci.	The British Journal for the History of Science (Cambridge)	Grazer philos. Stud.	Grazer philosophische Studien (Leiden/Boston Mass.)
Brit. J. Philos. Sci.	The British Journal for the Philosophy of Science (Oxford etc.)	Harv. Stud. Class. Philol.	Harvard Studies in Classical Philology (Cambridge Mass.)
Bull. Amer. Math. Soc.	Bulletin of the American Mathematical Society (Providence R.I.)	Hegel-Jb.	Hegel-Jahrbuch (Berlin/Boston Mass.)
Bull. Hist. Med.	Bulletin of the History of Medicine (Baltimore Md.)	Hegel-Stud.	Hegel-Studien (Hamburg)
Can. J. Philos.	Canadian Journal of Philosophy (Abingdon)	Hermes	Hermes. Zeitschrift für klassische Philologie (Stuttgart)
Class. J.	The Classical Journal (Monmouth Ill.)	Hist. and Philos. Log.	History and Philosophy of Logic (Abingdon)
Class. Philol.	Classical Philology (Chicago Ill.)	Hist. Math.	Historia Mathematica (Amsterdam etc.)
Class. Quart.	Classical Quarterly (Cambridge)	Hist. Philos. Life Sci.	History and Philosophy of the Life Sciences (Cham)
Class. Rev.	Classical Review (Cambridge)	Hist. Sci.	History of Science (London)
Communic. and Cogn.	Communication and Cognition (Ghent)	Hist. Stud. Phys. Sci.	Historical Studies in the Physical Sciences (Berkeley Calif./Los Angeles/London); seit 1986: Historical Studies in the Physical and Biological Sciences (Berkeley Calif./Los Angeles/London); seit 2008: Historical Studies in the Natural Sciences (Berkeley Calif./Los Angeles/London)
Conceptus	Conceptus. Zeitschrift für Philosophie (Berlin/Boston Mass.)		
Dialectica	Dialectica. Internationale Zeitschrift für Philosophie der Erkenntnis; später: Dialectica. International Journal of Philosophy and Official Organ of the ESAP (Oxford/Malden Mass.)		
		Hist. Theory	History and Theory (Malden Mass.)
Dt. Z. Philos.	Deutsche Zeitschrift für Philosophie (Berlin/Boston Mass.)	Hobbes Stud.	Hobbes Studies (Leiden)
		Human Stud.	Human Studies (Dordrecht)
Elemente Math.	Elemente der Mathematik (Zürich)	Idealistic Stud.	Idealistic Studies (Charlottesville Va.)
Eranos-Jb.	Eranos-Jahrbuch (Zürich)	Indo-Iran. J.	Indo-Iranian Journal (Leiden)
Erkenntnis	Erkenntnis (Dordrecht)	Int. J. Ethics	International Journal of Ethics. Devoted to the Advancement of Ethical Knowledge and Practice (Chicago Ill.); seit 1938: Ethics. An International Journal of Social, Political, and Legal Philosophy (Chicago Ill.)
Ét. philos.	Les études philosophiques (Paris)		
Ethics	Ethics. An International Journal of Social, Political and Legal Philosophy (Chicago Ill.)		
Found. Phys.	Foundations of Physics (New York)		
Franciscan Stud.	Franciscan Studies (St. Bonaventure N.Y.)	Int. Log. Rev.	International Logic Review (Bologna)
Franziskan. Stud.	Franziskanische Studien (Werl)	Int. Philos. Quart.	International Philosophical Quarterly (Charlottesville Va.)
Frei. Z. Philos. Theol.	Freiburger Zeitschrift für Philosophie und Theologie (Freiburg, Schweiz)	Int. Stud. Philos.	International Studies in Philosophy (Binghampton N.Y.)
Fund. Math.	Fundamenta Mathematicae (Warschau)	Int. Stud. Philos. Sci.	International Studies in the Philosophy of Science (Abingdon)
Fund. Sci.	Fundamenta Scientiae (São Paulo)	Isis	Isis. An International Review Devoted to the History of Science and Its Cultural Influences (Chicago Ill.)
Giornale crit. filos. italiana	Giornale critico della filosofia italiana (Florenz)		
Götting. Gelehrte Anz.	Göttingische Gelehrte Anzeigen (Göttingen)	Jahresber. Dt. Math.ver.	Jahresbericht der Deutschen Mathematikervereinigung (Heidelberg)

Jb. Antike u. Christentum	Jahrbuch für Antike und Christentum (Münster)
Jb. Philos. phänomen. Forsch.	Jahrbuch für Philosophie und phänomenologische Forschung (Halle)
J. Aesthetics Art Criticism	The Journal of Aesthetics and Art Criticism (Malden Mass.)
J. Brit. Soc. Phenomenol.	The Journal of the British Society for Phenomenology (Abingdon)
J. Chinese Philos.	Journal of Chinese Philosophy (Malden Mass.)
J. Engl. Germ. Philol.	Journal of English and Germanic Philology (Champaign Ill.)
J. Hist. Ideas	Journal of the History of Ideas (Philadelphia Pa.)
J. Hist. Philos.	Journal of the History of Philosophy (Baltimore Md.)
J. math. pures et appliqu.	Journal de mathématiques pures et appliquées (Paris)
J. Mind and Behavior	The Journal of Mind and Behavior (New York)
J. Philos.	The Journal of Philosophy (New York)
J. Philos. Ling.	The Journal of Philosophical Linguistics (Evanston Ill.)
J. Philos. Log.	Journal of Philosophical Logic (Dordrecht etc.)
J. reine u. angew. Math.	Journal für die reine und angewandte Mathematik (Berlin/Boston Mass.)
J. Symb. Log.	The Journal of Symbolic Logic (Cambridge)
J. Value Inqu.	The Journal of Value Inquiry (Dordrecht)
Kant-St.	Kant-Studien (Berlin/Boston Mass.)
Kant-St. Erg.hefte	Kant-Studien. Ergänzungshefte (Berlin/Boston Mass.)
Linguist. Ber.	Linguistische Berichte (Hamburg)
Log. anal.	Logique et analyse (Brüssel)
Logos	Logos. Internationale Zeitschrift für Philosophie der Kultur (Tübingen)
Math. Ann.	Mathematische Annalen (Göttingen)
Math.-phys. Semesterber.	Mathematisch-physikalische Semesterberichte (Göttingen); seit 1981: Mathematische Semesterberichte (Berlin/Heidelberg)
Math. Semesterber.	Mathematische Semesterberichte (Berlin/Heidelberg)
Math. Teacher	The Mathematics Teacher (Reston Va.)
Math. Z.	Mathematische Zeitschrift (Heidelberg)
Med. Aev.	Medium Aevum (Oxford)
Medic. Hist.	Medical History (Cambridge)
Med. Ren. Stud.	Medieval and Renaissance Studies (Chapel Hill N.C./London)
Med. Stud.	Mediaeval Studies (Toronto)
Merkur	Merkur. Deutsche Zeitschrift für Europäisches Denken (Stuttgart)
Metaphilos.	Metaphilosophy (Malden Mass.)
Methodos	Methodos. Language and Cybernetics (Padua)
Mh. Math. Phys.	Monatshefte für Mathematik und Physik (Leipzig/Wien); seit 1948: Monatshefte für Mathematik (Wien/New York)
Mh. Math.	Monatshefte für Mathematik (Wien/New York)
Midwest Stud. Philos.	Midwest Studies in Philosophy (Boston Mass./Oxford)
Mind	Mind. A Quarterly Review for Psychology and Philosophy (Oxford)
Monist	The Monist (Oxford)
Mus. Helv.	Museum Helveticum. Schweizerische Zeitschrift für klassische Altertumswissenschaft (Basel)
Naturwiss.	Die Naturwissenschaften. Organ der Max-Planck-Gesellschaft zur Förderung der Wissenschaften (Berlin/Heidelberg)
Neue H. Philos.	Neue Hefte für Philosophie (Göttingen)
Nietzsche-Stud.	Nietzsche-Studien (Berlin/Boston Mass.)
Notre Dame J. Formal Logic	Notre Dame Journal of Formal Logic (Durham N.C.)
Noûs	Noûs (Boston Mass./Oxford)
Organon	Organon (Warschau)
Osiris	Osiris. Commentationes de scientiarum et eruditionis historia rationeque (Brügge); Second Series mit Untertitel: A Research Journal Devoted to the History of Science and Its Cultural Influences (Chicago Ill.)
Pers. Philos. Neues Jb.	Perspektiven der Philosophie. Neues Jahrbuch (Amsterdam/New York)

Phänom. Forsch.	Phänomenologische Forschungen (Hamburg)	Phys. Bl.	Physikalische Blätter (Weinheim)
Philol.	Philologus (Berlin)	Phys. Rev.	The Physical Review (College Park Md.)
Philol. Quart.	Philological Quarterly (Oxford)	Phys. Z.	Physikalische Zeitschrift (Leipzig)
Philos.	Philosophy (Cambridge etc.)	Praxis Math.	Praxis der Mathematik. Monatsschrift der reinen und angewandten Mathematik im Unterricht (Köln)
Philos. and Literature	Philosophy and Literature (Baltimore Md.)		
Philos. Anz.	Philosophischer Anzeiger. Zeitschrift für die Zusammenarbeit von Philosophie und Einzelwissenschaft (Bonn)	Proc. Amer. Philos. Ass.	Proceedings and Addresses of the American Philosophical Association (Newark Del.)
		Proc. Amer. Philos. Soc.	Proceedings of the American Philosophical Society (Philadelphia Pa.)
Philos. East and West	Philosophy East and West (Honolulu Hawaii)	Proc. Arist. Soc.	Proceedings of the Aristotelian Society (London)
Philos. Hefte	Philosophische Hefte (Prag)		
Philos. Hist.	Philosophy and History (Tübingen)	Proc. Brit. Acad.	Proceedings of the British Academy (Oxford etc.)
Philos. J.	The Philosophical Journal. Transactions of the Royal Society of Glasgow (Edinburgh)	Proc. London Math. Soc.	Proceedings of the London Mathematical Society (Oxford etc.)
		Proc. Royal Soc.	Proceedings of the Royal Society of London (London)
Philos. Jb.	Philosophisches Jahrbuch (Freiburg/München)		
Philos. Mag.	The London, Edinburgh and Dublin Magazine and Journal of Science (London); seit 1949: The Philosophical Magazine (Abingdon)	Quart. Rev. Biol.	The Quarterly Review of Biology (Chicago Ill.)
		Ratio	Ratio. An International Journal of Analytic Philosophy (Oxford/Malden Mass.)
Philos. Math.	Philosophia Mathematica (Oxford)		
Philos. Nat.	Philosophia Naturalis (Frankfurt)	Rech. théol. anc. et médiévale	Recherches de théologie ancienne et médiévale (Louvain)
Philos. Pap.	Philosophical Papers (Abingdon)		
Philos. Phenom. Res.	Philosophy and Phenomenological Research (Malden Mass.)	Rel. Stud.	Religious Studies. An International Journal for the Philosophy of Religion (Cambridge)
Philos. Quart.	The Philosophical Quarterly (Oxford)	Res. Phenomenol.	Research in Phenomenology (Leiden)
Philos. Rdsch.	Philosophische Rundschau (Tübingen)	Rev. ét. anc.	Revue des études anciennes (Talence)
Philos. Rev.	The Philosophical Review (Durham N.C.)	Rev. ét. grec.	Revue des études grecques (Paris)
Philos. Rhet.	Philosophy and Rhetoric (University Park Pa.)	Rev. hist. ecclés.	Revue d'histoire ecclésiastique (Louvain)
Philos. Sci.	Philosophy of Science (Chicago Ill.)	Rev. hist. sci.	Revue d'histoire des sciences (Paris)
Philos. Soc. Sci.	Philosophy of the Social Sciences (Los Angeles etc.)	Rev. hist. sci. applic.	Revue d'histoire des sciences et de leurs applications (Paris); seit 1971: Revue d'histoire des sciences (Paris)
Philos. Stud.	Philosophical Studies (Dordrecht)		
Philos. Studien	Philosophische Studien (Berlin)	Rev. int. philos.	Revue internationale de philosophie (Brüssel)
Philos. Top.	Philosophical Topics (Fayetteville Ark.)		
		Rev. Met.	Review of Metaphysics (Washington D.C.)
Philos. Transact. Royal Soc.	Philosophical Transactions of the Royal Society (London)	Rev. mét. mor.	Revue de métaphysique et de morale (Paris)

Rev. Mod. Phys.	Reviews of Modern Physics (Melville N.Y.)	Stud. Gen.	Studium Generale. Zeitschrift für interdisziplinäre Studien (Berlin etc.)
Rev. néoscol. philos.	Revue néoscolastique de philosophie (Louvain)	Stud. Hist. Philos. Sci.	Studies in History and Philosophy of Science (Amsterdam etc.)
Rev. philos. France étrang.	Revue philosophique de la France et de l'étranger (Paris)	Studi int. filos.	Studi internazionali di filosofia (Turin); seit 1974: International Studies in Philosophy (Binghampton N.Y.)
Rev. philos. Louvain	Revue philosophique de Louvain (Louvain)	Studi ital. filol. class.	Studi italiani di filologia classica (Florenz)
Rev. quest. sci.	Revue des questions scientifiques (Namur)	Stud. Leibn.	Studia Leibnitiana (Stuttgart)
Rev. sci. philos. théol.	Revue des sciences philosophiques et théologiques (Paris)	Stud. Log.	Studia Logica (Dordrecht)
Rev. synt.	Revue de synthèse (Paris)	Stud. Philos.	Studia Philosophica (Basel)
Rev. théol. philos.	Revue de théologie et de philosophie (Genf)	Stud. Philos. (Krakau)	Studia Philosophica. Commentarii Societatis Philosophicae Polonorum (Krakau)
Rev. thom.	Revue thomiste (Toulouse)	Stud. Philos. Hist. Philos.	Studies in Philosophy and the History of Philosophy (Washington D.C.)
Rhein. Mus. Philol.	Rheinisches Museum für Philologie (Bad Orb)	Stud. Voltaire 18th Cent.	Studies on Voltaire and the Eighteenth Century (Oxford)
Riv. crit. stor. filos.	Rivista critica di storia della filosofia (Florenz)	Sudh. Arch.	Sudhoffs Archiv für Geschichte der Medizin und der Naturwissenschaften (Wiesbaden); seit 1966: Sudhoffs Archiv. Zeitschrift für Wissenschaftsgeschichte (Stuttgart)
Riv. filos.	Rivista di filosofia (Bologna)		
Riv. filos. neoscolastica	Rivista di filosofia neo-scolastica (Mailand)		
Riv. mat.	Rivista di matematica (Turin)		
Riv. stor. sci. mediche e nat.	Rivista di storia delle scienze mediche e naturali (Florenz)	Synthese	Synthese. Journal for Epistemology, Methodology and Philosophy of Science (Dordrecht)
Russell	Russell. The Journal of the Bertrand Russell Archives (Hamilton Ont.)	Technikgesch.	Technikgeschichte (Düsseldorf)
Sci. Amer.	Scientific American (New York)	Technology Rev.	Technology Review (Cambridge Mass.)
Sci. Stud.	Science Studies. Research in the Social and Historical Dimensions of Science and Technology (London)	Theol. Philos.	Theologie und Philosophie (Freiburg/Basel/Wien)
Scr. Math.	Scripta Mathematica. A Quarterly Journal Devoted to the Expository and Research Aspects of Mathematics (New York)	Theoria	Theoria. A Swedish Journal of Philosophy and Psychology (Oxford/Malden Mass.)
Sociolog. Rev.	The Sociological Review (London)	Thomist	The Thomist (Washington D.C.)
South. J. Philos.	The Southern Journal of Philosophy (Malden Mass.)	Tijdschr. Filos.	Tijdschrift voor Filosofie (Leuven)
Southwest. J. Philos.	Southwestern Journal of Philosophy (Norman Okla.)	Transact. Amer. Math. Soc.	Transactions of the American Mathematical Society (Providence R.I.)
Sov. Stud. Philos.	Soviet Studies in Philosophy (Armonk N.Y.); seit 1992/1993: Russian Studies in Philosophy (Philadelphia Pa.)	Transact. Amer. Philol. Ass.	Transactions and Proceedings of the American Philological Association (Lancaster Pa., Oxford); seit 1974: Transactions of the American Philological Association (Baltimore Md./London)
Spektrum Wiss.	Spektrum der Wissenschaft (Heidelberg)	Transact. Amer. Philos. Soc.	Transactions of the American Philosophical Society (Philadelphia Pa.)

Universitas	Universitas. Zeitschrift für Wissenschaft, Kunst und Literatur; seit 2001 mit Untertitel: Orientierung in der Wissenswelt (Stuttgart); seit 2011 mit Untertitel: Orientieren! Wissen! Handeln! (Heidelberg)
Vierteljahrsschr. wiss. Philos.	Vierteljahrsschrift für wissenschaftliche Philosophie (Leipzig); seit 1902: Vierteljahrsschrift für wissenschaftliche Philosophie und Soziologie (Leipzig)
Vierteljahrsschr. wiss. Philos. u. Soz.	Vierteljahrsschrift für wissenschaftliche Philosophie und Soziologie (Leipzig)
Wien. Jb. Philos.	Wiener Jahrbuch für Philosophie (Wien)
Wiss. u. Weisheit	Wissenschaft und Weisheit. Franziskanische Studien zu Theologie, Philosophie und Geschichte (Münster)
Z. allg. Wiss. theorie	Zeitschrift für allgemeine Wissenschaftstheorie (Wiesbaden); seit 1990: Journal for General Philosophy of Science/Zeitschrift für allgemeine Wissenschaftstheorie (Dordrecht)
Z. angew. Math. u. Mechanik	Zeitschrift für angewandte Mathematik und Mechanik/Journal of Applied Mathematics and Mechanics (Weinheim)
Z. math. Logik u. Grundlagen d. Math.	Zeitschrift für mathematische Logik und Grundlagen der Mathematik (Leipzig/Berlin/Heidelberg)
Z. Math. Phys.	Zeitschrift für Mathematik und Physik (Leipzig)
Z. philos. Forsch.	Zeitschrift für philosophische Forschung (Frankfurt)
Z. Philos. phil. Kritik	Zeitschrift für Philosophie und philosophische Kritik (Halle)
Z. Phys.	Zeitschrift für Physik (Berlin/Heidelberg)
Z. Semiotik	Zeitschrift für Semiotik (Tübingen)
Z. Soz.	Zeitschrift für Soziologie (Stuttgart)

4. Werkausgaben

(Die hier aufgeführten Abkürzungen für Werkausgaben haben Beispielcharakter; Werkausgaben, deren Abkürzung nicht aufgeführt wird, stehen bei den betreffenden Autoren.)

Descartes

Œuvres	R. Descartes, Œuvres, I–XII u. 1 Suppl.bd. Index général, ed. C. Adam/P. Tannery, Paris 1897–1913, Nouvelle présentation, I–XI, 1964–1974, 1996.

Diogenes Laertios

Diog. Laert.	Diogenis Laertii Vitae Philosophorum, I–II, ed. H. S. Long, Oxford 1964, I–III, ed. M. Marcovich, I–II, Stuttgart/Leipzig 1999, III München/Leipzig 2002 (III = Indexbd.).

Feuerbach

Ges. Werke	L. Feuerbach, Gesammelte Werke, I–XXII, ed. W. Schuffenhauer, Berlin (Ost) 1969ff., ab XIII, ed. Berlin-Brandenburgische Akademie der Wissenschaften durch W. Schuffenhauer, Berlin 1999ff. (erschienen Bde I–XIV, XVII–XXI).

Fichte

Ausgew. Werke	J. G. Fichte, Ausgewählte Werke in sechs Bänden, ed. F. Medicus, Leipzig 1910-1912 (repr. Darmstadt 1962, 2013).
Gesamtausg.	J. G. Fichte-Gesamtausgabe der Bayerischen Akademie der Wissenschaften, I/1–IV/6, ed. R. Lauth u.a., Stuttgart-Bad Cannstatt 1962-2012 ([Werke]: I/1–I/10; [Nachgelassene Schriften]: II/1–II/17 u. 1 Suppl.bd.; [Briefe]: III/1–III/8; [Kollegnachschriften]: IV/1–IV/6).

Goethe

Hamburger Ausg.	J. W. v. Goethe, Werke. Hamburger Ausgabe, I–XIV u. 1 Reg.bd., ed. E. Trunz, Hamburg 1948–1960, mit neuem Kommentarteil, München 1981, 1998.

Hegel

Ges. Werke   G. W. F. Hegel, Gesammelte Werke, in Verbindung mit der Deutschen Forschungsgemeinschaft ed. Rheinisch-Westfälische Akademie der Wissenschaften (heute: Nordrhein-Westfälische Akademie der Wissenschaften), Hamburg 1968ff. (erschienen Bde I–XXV, XXVI/1–3, XXVII/1, XXVIII/1, XXIX/1, XXXI/1–2).

Sämtl. Werke   G. W. F. Hegel, Sämtliche Werke (Jubiläumsausgabe), I–XXVI, ed. H. Glockner, Stuttgart 1927–1940, XXIII–XXVI in 2 Bdn. ²1957, I–XXII ⁴1961–1968.

Kant

Akad.-Ausg.   I. Kant, Gesammelte Schriften, ed. Königlich Preußische Akademie der Wissenschaften (heute: Berlin-Brandenburgische Akademie der Wissenschaften [Berlin]), Berlin (heute: Berlin/New York) 1902ff. (erschienen Abt. 1 [Werke]: I–IX; Abt. 2 [Briefwechsel]: X–XIII; Abt. 3 [Handschriftlicher Nachlaß]: XIV–XXIII; Abt. 4 [Vorlesungen]: XXIV/1–2, XXV/1–2, XXVI/1, XXVII/1, XXVII/2.1–2.2, XXVIII/1, XXVIII/2.1–2.2, XXIX/1–2), Allgemeiner Kantindex zu Kants gesammelten Schriften, ed. G. Martin, Berlin 1967ff. (erschienen Bde XVI–XVII [= Wortindex zu den Bdn. I–IX], XX [= Personenindex]).

Leibniz

Akad.-Ausg.   G. W. Leibniz, Sämtliche Schriften und Briefe, ed. Königlich Preußische Akademie der Wissenschaften (heute: Berlin-Brandenburgische Akademie der Wissenschaften [Berlin]), ab 1996 mit Akademie der Wissenschaften zu Göttingen, Darmstadt (später: Leipzig, heute: Berlin/Boston Mass.) 1923ff. (erschienen Reihe 1 [Allgemeiner politischer und historischer Briefwechsel]: 1.1–1.25, 1 Suppl.bd.; Reihe 2 [Philosophischer Briefwechsel]: 2.1–2.3; Reihe 3 [Mathematischer, naturwissenschaftlicher und technischer Briefwechsel]: 3.1–3.8; Reihe 4 [Politische Schriften]: 4.1–4.8; Reihe 6 [Philosophische Schriften]: 6.1–6.4 [6.4 in 4 Teilen], 6.6 [Nouveaux essais] u. 1 Verzeichnisbd.; Reihe 7 [Mathematische Schriften]: 7.1–7.6; Reihe 8 [Naturwissenschaftliche, medizinische und technische Schriften]: 8.1–8.2).

C.   G. W. Leibniz, Opuscules et fragments inédits. Extraits des manuscrits de la Bibliothèque royale de Hanovre, ed. L. Couturat, Paris 1903 (repr. Hildesheim 1961, 1966, Hildesheim/New York/Zürich 1988).

Math. Schr.   G. W. Leibniz, Mathematische Schriften, I–VII, ed. C. I. Gerhardt, Berlin/Halle 1849–1863 (repr. Hildesheim 1962, Hildesheim/New York 1971, 1 Reg.bd., ed. J. E. Hofmann, 1977).

Philos. Schr.   Die philosophischen Schriften von G. W. Leibniz, I–VII, ed. C. I. Gerhardt, Berlin/Leipzig 1875–1890 (repr. Hildesheim 1960–1961, Hildesheim/New York/Zürich 1996, 2008).

Marx/Engels

MEGA   Marx/Engels, Historisch-kritische Gesamtausgabe. Werke, Schriften, Briefe, ed. D. Rjazanov, fortgeführt v. V. Adoratskij, Frankfurt/Berlin/Moskau 1927–1935, Neudr. Glashütten i. Taunus 1970, 1979 (erschienen: Abt. 1 [Werke u. Schriften]: I.1–I.2, II–VII; Abt. 3 [Briefwechsel]: I–IV), unter dem Titel: Gesamtausgabe (MEGA), ed. Institut für Marxismus-Leninismus (später: Internationale Marx-Engels-Stiftung), Berlin (heute: Berlin/Boston Mass.) 1975ff. (erschienen Abt. I [Werke, Artikel, Entwürfe]: I/1–I/3, I/5, I/7, I/10–I/14, I/18, I/20–I/22, I/24–I/27, I/29–I/32; Abt. II [Das Kapital und Vorarbeiten]: II/1.1–II/1.2, II/2, II/3.1–II/3.6, II/4.1–II/4.3, II/5–II/15; Abt. III [Briefwechsel]: III/1–III/13, III/30; Abt. IV [Exzerpte, Notizen, Marginalien]: IV/1–IV/9, IV/12, IV/14, IV/26, IV/31–IV/32).

MEW | Marx/Engels, Werke, ed. Institut für Marxismus-Leninismus beim ZK der SED (später: Rosa-Luxemburg-Stiftung [Berlin]), Berlin (Ost) (später: Berlin) 1956ff. (erschienen Bde I–XLIII [XL–XLI = Erg.bde I–II], Verzeichnis I–II u. Sachreg.) (Einzelbände in verschiedenen Aufl.).

Nietzsche

Werke. Krit. Gesamtausg. | Nietzsche Werke. Kritische Gesamtausgabe, ed. G. Colli/M. Montinari, weitergeführt v. W. Müller-Lauter/K. Pestalozzi, Berlin (heute: Berlin/Boston Mass.) 1967ff. (erschienen [Abt. I]: I/1–I/5; [Abt. II]: II/1–II/5; [Abt. III]: III/1–III/4, III/5.1–III/5.2; [Abt. IV]: IV/1–IV/4; [Abt. V]: V/1–V/3; [Abt. VI]: VI/1–VI/4; [Abt. VII]: VII/1–VII/3, VII/4.1–VII/4.2; [Abt. VIII]: VIII/1–VIII/3; [Abt. IX]: IX/1–IX/11).

Briefwechsel. Krit. Gesamtausg. | Nietzsche Briefwechsel. Kritische Gesamtausgabe, 25 Bde in 3 Abt. u. 1 Reg.bd. (Abt. I [Briefe 1850–1869]: I/1–I/4; Abt. II [Briefe 1869–1879]: II/1–II/5, II/6.1–II/6.2, II/7.1–II/7.2, II/7.3.1–II/7.3.2; Abt. III [Briefe 1880–1889]: III/1–III/6, III/7.1–III/7.2, III/7.3.1–III/7.3.2), ed. G. Colli/M. Montinari, weitergeführt v. N. Miller/A. Pieper, Berlin/New York 1975–2004.

Schelling

Hist.-krit. Ausg. | F. W. J. Schelling, Historisch-kritische Ausgabe, ed. H. M. Baumgartner/W. G. Jacobs/H. Krings/H. Zeltner, Stuttgart 1976ff. (erschienen Reihe 1 [Werke]: I–VIII, IX/1–2, X, XI/1–2, XIII u. 1 Erg.bd.; Reihe 2 [Nachlaß]: I/1, III–V, II/6.1–II/6.2, VIII; Reihe 3 [Briefe]: I, II/1–II/2).

Sämtl. Werke | F. W. J. Schelling, Sämmtliche Werke, 14 Bde in 2 Abt. ([Abt. 1] 1/I–X, [Abt. 2] 2/I–IV), ed. K. F. A. Schelling, Stuttgart/Augsburg 1856–1861, repr. in neuer Anordnung: Schellings Werke, I–VI, 1 Nachlaßbd., Erg.bde I–VI, ed. M. Schröter, München 1927–1959 (repr. 1958–1968, 1983–1997).

Sammlungen

CAG | Commentaria in Aristotelem Graeca, ed. Academia Litterarum Regiae Borussicae, I–XXIII, Berlin 1882–1909, Supplementum Aristotelicum, Berlin 1885–1893 (seither unveränderte Nachdrucke).

CCG | Corpus Christianorum. Series Graeca, Turnhout 1977ff..

CCL | Corpus Christianorum. Series Latina, Turnhout 1954ff..

CCM | Corpus Christianorum. Continuatio mediaevalis, Turnhout 1966ff..

FDS | K. Hülser, Die Fragmente zur Dialektik der Stoiker. Neue Sammlung der Texte mit deutscher Übersetzung und Kommentaren, I–IV, Stuttgart-Bad Cannstatt 1987–1988.

MGH | Monumenta Germaniae historica inde ab anno christi quingentesimo usque ad annum millesimum et quingentesimum, Hannover 1826ff..

MPG | Patrologiae cursus completus, Series Graeca, 1–161 (mit lat. Übers.) u. 1 Indexbd., ed. J.-P. Migne, Paris 1857–1912.

MPL | Patrologiae cursus completus, Series Latina, 1–221 (218–221 = Indices), ed. J.-P. Migne, Paris 1844–1864.

SVF | Stoicorum veterum fragmenta, I–IV (IV = Indices v. M. Adler), ed. J. v. Arnim, Leipzig 1903–1924 (repr. Stuttgart 1964, München/Leipzig 2004).

VS | H. Diels, Die Fragmente der Vorsokratiker. Griechisch und Deutsch (Berlin 1903), I–III, ed. W. Kranz, Berlin ⁶1951–1952 (seither unveränderte Nachdrucke).

5. Einzelwerke

(Die hier aufgeführten Abkürzungen für Einzelwerke haben Beispielcharakter; Einzelwerke, deren Abkürzung nicht aufgeführt wird, stehen bei den betreffenden Autoren. In anderen Fällen ist die Abkürzung eindeutig und entspricht den üblichen Zitationsnormen, z. B. bei den Werken von Aristoteles und Platon.)

Aristoteles

an. post.	Analytica posteriora
an. pr.	Analytica priora
de an.	De anima
de gen. an.	De generatione animalium
Eth. Nic.	Ethica Nicomachea
Met.	Metaphysica
Phys.	Physica

Descartes

Disc. méthode	Discours de la méthode (1637)
Meditat.	Meditationes de prima philosophia (1641)
Princ. philos.	Principia philosophiae (1644)

Hegel

Ästhetik	Vorlesungen über die Ästhetik (1842–1843)
Enc. phil. Wiss.	Encyklopädie der philosophischen Wissenschaften im Grundrisse/System der Philosophie (^{3}1830)
Logik	Wissenschaft der Logik (1812/1816)
Phänom. des Geistes	Die Phänomenologie des Geistes (1807)
Rechtsphilos.	Grundlinien der Philosophie des Rechts oder Naturrecht und Staatswissenschaft im Grundrisse (1821)
Vorles. Gesch. Philos.	Vorlesungen über die Geschichte der Philosophie (1833–1836)
Vorles. Philos. Gesch.	Vorlesungen über die Philosophie der Geschichte (1837)

Kant

Grundl. Met. Sitten	Grundlegung zur Metaphysik der Sitten (1785)
KpV	Kritik der praktischen Vernunft (1788)
KrV	Kritik der reinen Vernunft (^{1}1781 = A, ^{2}1787 = B)
KU	Kritik der Urteilskraft (1790)

Proleg.	Prolegomena zu einer jeden Metaphysik, die als Wissenschaft wird auftreten können (1783)

Leibniz

Disc. mét.	Discours de métaphysique (1686)
Monadologie	Principes de la philosophie ou Monadologie (1714)
Nouv. essais	Nouveaux essais sur l'entendement humain (1704)
Princ. nat. grâce	Principes de la nature et de la grâce fondés en raison (1714)

Platon

Nom.	Nomoi
Pol.	Politeia
Polit.	Politikos
Soph.	Sophistes
Theait.	Theaitetos
Tim.	Timaios

Thomas von Aquin

De verit.	Quaestiones disputatae de veritate
S. c. g.	Summa de veritate catholicae fidei contra gentiles
S. th.	Summa theologiae

Wittgenstein

Philos. Unters.	Philosophische Untersuchungen (1953)
Tract.	Tractatus logico-philosophicus (1921)

6. Sonstige Abkürzungen

a. a. O.	am angeführten Ort
Abb.	Abbildung
Abh.	Abhandlung(en)
Abt.	Abteilung
ahd.	althochdeutsch
amerik.	amerikanisch
Anh.	Anhang
Anm.	Anmerkung
art.	articulus
Aufl.	Auflage
Ausg.	Ausgabe
ausgew.	ausgewählt(e)
Bd., Bde, Bdn.	Band, Bände, Bänden
Bearb., bearb.	Bearbeiter, Bearbeitung, bearbeitet

Beih.	Beiheft	i. e.	id est
Beitr.	Beitrag, Beiträge	ind.	indisch
Ber.	Bericht(e)	insbes.	insbesondere
bes.	besondere, besonders	int.	international
Bl., Bll.	Blatt, Blätter	ital.	italienisch
bzw.	beziehungsweise		
		Jh., Jhs.	Jahrhundert(e), Jahrhunderts
c	caput, corpus, contra	jüd.	jüdisch
ca.	circa		
Chap.	Chapter	Kap.	Kapitel
chines.	chinesisch	kath.	katholisch
ders.	derselbe	lat.	lateinisch
d. h.	das heißt	lib.	liber
d. i.	das ist		
dies.	dieselbe(n)	mhd.	mittelhochdeutsch
Diss.	Dissertation	mlat.	mittellateinisch
dist.	distinctio	Ms(s).	Manuskript(e)
d. s.	das sind		
dt.	deutsch	Nachdr.	Nachdruck
durchges.	durchgesehen	Nachr.	Nachrichten
		n. Chr.	nach Christus
ebd.	ebenda	Neudr.	Neudruck
Ed.	Editio, Edition	NF	Neue Folge
ed.	edidit, ediderunt, edited,	nhd.	neuhochdeutsch
	ediert	niederl.	niederländisch
Einf.	Einführung	NS	Neue Serie
eingel.	eingeleitet		
Einl.	Einleitung	o. J.	ohne Jahr
engl.	englisch	o. O.	ohne Ort
Erg.bd.	Ergänzungsband	österr.	österreichisch
Erg.heft(e)	Ergänzungsheft(e)		
erl.	erläutert	poln.	polnisch
erw.	erweitert	Praef.	Praefatio
ev.	evangelisch	Préf., Pref.	Préface, Preface
		Prof.	Professor
F.	Folge	Prooem.	Prooemium
Fasc.	Fasciculus, Fascicle, Fascicule,		
	Fasciculo	qu.	quaestio
fol.	Folio		
fl.	floruit, 3. Pers. Sing. Perfekt	red.	redigiert
	von lat. florere, blühen	Reg.	Register
franz.	französisch	repr.	reprinted
		rev.	revidiert, revised
gedr.	gedruckt	russ.	russisch
Ges.	Gesellschaft		
ges.	gesammelt(e)	s.	siehe
griech.	griechisch	schott.	schottisch
		schweiz.	schweizerisch
H.	Heft(e)	s. o.	siehe oben
Hb.	Handbuch	sog.	sogenannt
hebr.	hebräisch	Sp.	Spalte(n)
Hl., hl.	Heilig-, Heilige(r), heilig	span.	spanisch
holländ.	holländisch	spätlat.	spätlateinisch

s. u.	siehe unten
Suppl.	Supplement
Tab.	Tabelle(n)
Taf.	Tafel(n)
teilw.	teilweise
trans., Trans.	translated, Translation
u.	und
u. a.	und andere
Übers., übers.	Übersetzung, Übersetzer, übersetzt
übertr.	übertragen
ung.	ungarisch
u. ö.	und öfter
usw.	und so weiter
v.	von
v. Chr.	vor Christus
verb.	verbessert
vgl.	vergleiche
vollst.	vollständig
Vorw.	Vorwort
z. B.	zum Beispiel

7. Logische und mathematische Symbole

Zeichen	Name	in Worten
ε	affirmative Kopula	ist
ε'	negative Kopula	ist nicht
$\rightleftharpoons$	Definitionszeichen	nach Definition gleichbedeutend mit
ι_x	Kennzeichnungsoperator	dasjenige x, für welches gilt
$\neg$	Negator	nicht
$\wedge$	Konjunktor	und
$\vee$	Adjunktor	oder (nicht ausschließend)
$\rightarrowtail\!\!\!\leftarrowtail$	Disjunktor	entweder … oder …
$\rightarrow$	Subjunktor	wenn …, dann …
$\leftrightarrow$	Bisubjunktor	genau dann, wenn
$\rightarrow\!\!3$	strikter Implikator	es ist notwendig: wenn …, dann …
Δ	Notwendigkeitsoperator	es ist notwendig, daß
∇	Möglichkeitsoperator	es ist möglich, daß

Zeichen	Name	in Worten
X	Wirklichkeitsoperator	es ist wirklich, daß
$\bar{\mathsf{X}}$	Kontingenzoperator	es ist kontingent, daß
O	Gebotsoperator	es ist geboten, daß
V	Verbotsoperator	es ist verboten, daß
E	Erlaubnisoperator	es ist erlaubt, daß
I	Indifferenzoperator	es ist freigestellt, daß
$\bigwedge_x$	Allquantor	für alle x gilt
$\bigvee_x$	Einsquantor, Manchquantor, Existenzquantor	für manche [einige] x gilt
$\bigvee^1_x$	kennzeichnender Eins-(Manch-, Existenz-)quantor	für genau ein x gilt
$\mathbb{A}_x$	indefiniter Allquantor	für alle x gilt (bei indefinitem Variabilitätsbereich von x)
$\mathbb{W}_x$	indefiniter Eins-(Manch-, Existenz-)quantor	für manche [einige] x gilt (bei indefinitem Variabilitätsbereich von x)
$\curlyvee$	Wahrheitssymbol	das Wahre (verum)
$\curlywedge$	Falschheitssymbol	das Falsche (falsum)
$\prec$	[logisches] Implikationszeichen	impliziert (aus … folgt …)
$\bowtie$	[logisches] Äquivalenzzeichen	gleichwertig mit
$\vDash$	semantisches Folgerungszeichen	aus … folgt …
$\Rightarrow$	Regelpfeil	man darf von … übergehen zu …
$\Leftrightarrow$	doppelter Regelpfeil	man darf von … übergehen zu … und umgekehrt
$\vdash_K$	Ableitbarkeitszeichen (insbes. zwischen Aussagen und Aussageformen: syntaktisches Folgerungszeichen)	ist ableitbar (in einem Kalkül K), aus … ist … ableitbar (in einem Kalkül K)
$\sim$	Äquivalenzzeichen	äquivalent
$=$	Gleichheitszeichen	gleich

Zeichen	Name	in Worten
$\neq$	Ungleichheits-zeichen	ungleich
$\equiv$	Identitätszeichen	identisch
$\not\equiv$	Nicht-Identitäts-zeichen	nicht identisch
$<$	Kleiner-Zeichen	kleiner als
$\leq$	Kleiner-gleich-Zeichen	kleiner als oder gleich
$>$	Größer-Zeichen	größer als
$\geq$	Größer-gleich-Zeichen	größer als oder gleich
$\in$	(mengentheoretisches) Elementzeichen	ist Element von
$\notin$	Nicht-Element-zeichen	ist nicht Element von
{ }	Mengenklammer	die Menge mit den Elementen …
$\in_x$ $\{x\|\ \}$	Mengenabstraktor	die Menge derjenigen x, für die gilt
$\subseteq$	Teilmengenrelator	ist Teilmenge von
$\subset$	echter Teilmengen-relator	ist echte Teilmenge von
$\emptyset$	Zeichen der leeren Menge	leere Menge
$\cup$	Vereinigungszeichen	vereinigt mit

Zeichen	Name	in Worten
$\cup$	Vereinigungszeichen (für beliebig viele Mengen)	Vereinigung von
$\cap$	Durchschnittszeichen	geschnitten mit
$\cap$	Durchschnittszeichen (für beliebig viele Mengen)	Durchschnitt von
$\complement$ $\complement_M$	Komplementzeichen	Komplement von … (in M)
$\mathfrak{P}$	Potenzmengen-zeichen	Potenzmenge von
$\imath$	Funktionsapplikator	(die Funktion …,) angewandt auf …
$\imath_x$	Funktionsabstraktor	die Funktion von x, abstrahiert aus …
$\longrightarrow$	Abbildungszeichen	(der Definitions-bereich) … wird ab-gebildet in (den Ziel-bereich) …
$\longmapsto$	Zuordnungszeichen	(dem Argument) … wird (der Wert) … zugeordnet

Klammerung: Es werden die üblichen Klammerungs-regeln angewendet. Zur Klammerersparnis bei logischen Formeln gilt, daß $\neg$ stärker bindet als alle anderen Junktoren, ferner, $\wedge$, $\vee$, $\rightarrowtail$ stärker als $\rightarrow$, $\leftrightarrow$.

Read, Carveth, *Falmouth 16. März 1848, †London 6. Dez. 1931, engl. Philosoph. Nach Studium in Cambridge und (als Hibbert Travelling Scholar) in Leipzig und Heidelberg (bei W. Wundt und K. Fischer) philosophische und literarhistorische Vorlesungen in London. 1903–1911 Prof. der Philosophie an der Universität London, 1911–1921 Lecturer für vergleichende Psychologie am University College London. – R. vertritt, im Anschluß an J. S. Mill, H. Spencer und J. Venn, im Rahmen der Logik (On the Theory of Logic, 1878; Logic, Deductive and Inductive, 1898) und der Erkenntnistheorie empiristische Positionen (↑Empirismus). Logik wird als Wissenschaft von den Tatsachen (daher als ›materialistische‹ Logik) bezeichnet, Erkenntnisprozesse werden phänomenalistisch (↑Phänomenalismus) gedeutet. Die Welt existiert im Bewußtsein, insofern das Bewußtsein die ↑Realität als ein System von Phänomenen konstruiert. Gleichwohl geht R. in einer metaphysischen Erweiterung seines empiristischen Ansatzes (The Metaphysics of Nature, 1905) von der Annahme einer transzendenten Realität ›hinter‹ den Phänomenen aus (weil anders Veränderungen in der phänomenalen Welt und die Existenz einer gemeinsamen Welt für jegliches Bewußtsein nicht zu erklären seien). Insofern besteht für R. die Wirklichkeit aus dem phänomenalen, dem bewußten und dem reinen (transzendenten) Sein. Diese Vorstellung wird auch auf den Bereich der Praktischen Philosophie (↑Philosophie, praktische) übertragen (Natural and Social Morals, 1909). Im Sinne der ↑Aufklärung erwartet R. von Philosophie und Wissenschaft eine zunehmende Humanisierung der menschlichen Verhältnisse.

Werke: On the Theory of Logic. An Essay, London 1878; Logic, Deductive and Inductive, London 1898, erw. ²1901, erw. ⁴1914, 1930; The Metaphysics of Nature, London 1905, ²1908; Natural and Social Morals, London 1909; The Origin of Man and of His Superstitions, Cambridge 1920, in 2 Bdn. unter den Titeln: The Origin of Man, ²1925 (repr. Cambridge etc. 2011), und: Man and His Superstitions, ²1925 (repr. Cambridge etc. 2011); Philosophy of Nature, in: J. H. Muirhead (ed.), Contemporary British Philosophy. Personal Statements. First Series, London/New York 1924, ³1965, 325–355.

Literatur: R. Metz, Die philosophischen Strömungen der Gegenwart in Großbritannien, I–II, Leipzig 1935, I, 66–70; A. K. Rogers, English and American Philosophy since 1800. A Critical Survey, New York 1922 (repr. New York 1970), 1928, 327–328; A. Tate, R., in: S. Brown (ed.), The Dictionary of Twentieth-Century British Philosophers II, Bristol 2005, 860.   J. M.

Realdefinition, in der traditionellen Logik (↑Logik, traditionelle) eine ↑Wesensdefinition (im Unterschied zur bloßen Worterklärung oder Nominaldefinition) oder eine axiomatische Sacherklärung oder ein Existenzpostulat (↑Definition). In der modernen Wissenschaftstheorie tritt häufig eine ↑Explikation an die Stelle einer R..   G. G.

Realdialektik, gegen die ›Begriffsdialektik‹ G. W. F. Hegels von J. Bahnsen (1830–1881) geprägter Terminus. Nach Bahnsen, der von A. Schopenhauer beeinflußt ist, besteht das Wesen der Welt in der R., d. h. in dem unaufhebbaren Widerstreit des ↑Willens mit sich selbst, ›der nichts will als das Nichtwollen‹. Durch die R. des Willens wird der Mensch zu einem tragischen Wesen, das mit jeder Entscheidung schuldig wird. – Von einer derartigen R. ist die objektive ↑Dialektik oder die Dialektik der Natur zu unterscheiden, wie sie – im Anschluß an F. Engels – als grundlegendes Lehrstück des Dialektischen Materialismus (↑Materialismus, dialektischer) vertreten wird.   O. S.

Realisation, allgemein Bezeichnung für jede Verwirklichung eines Planes oder einer Idee, im Deutschen Idealismus (↑Idealismus, deutscher) sowohl auf die Konstitution der Wirklichkeit als auch auf das sich selbst hervorbringende ↑Subjekt bzw. ↑Ich bezogen; wissenschaftstheoretischer Terminus bei H. Dingler und in der ↑Protophysik. R. bedeutet hier, daß realen physikalischen Objekten die einschlägigen Eigenschaften (Dingler: ›Grundformen‹), die zuverlässige und reproduzierbare (↑Reproduzierbarkeit) ↑Meßgeräte *per definitionem* besitzen müssen, durch manuell-technische Bearbeitung aufgeprägt werden. So werden z. B. hinreichend gute technische Ebenen durch das so genannte ↑Dreiplattenverfahren realisiert. Dingler spricht außerdem von der R. exakter Gesetze (↑Gesetz (exakte Wissenschaften), ↑Naturgesetz) durch Experimentierapparate und Meßgeräte.

Literatur: W. Büttemeyer, Realisierung, R., Hist. Wb. Ph. VIII (1992), 144–146; ↑Dingler, Hugo, ↑Protophysik.   H. T.

Realisierbarkeit, multiple (engl. multiple realizability), vor allem innerhalb der Philosophie des Geistes (↑philosophy of mind) verwendete Bezeichnung für die mehrfache, verschiedenartige physiologische Umsetzung mentaler Zustände. Im Funktionalismus (↑Funktionalismus (kognitionswissenschaftlich)) werden mentale Zustände über ihre ›Funktion‹, nämlich ihre kausalen Rollen oder Wechselwirkungsprofile bestimmt, also durch ihre Verknüpfung mit bestimmten Außenweltreizen, Verhaltensreaktionen und anderen mentalen Zuständen. H. Putnam (1967) stützte den Funktionalismus auf m. R.: Speziesübergreifende psychologische Zustände wie Hunger sind bei verschiedenen Spezies auf unterschiedliche Weise physiologisch realisiert. Die Beschaffenheit solcher Zustände ist entsprechend nicht durch ihre jeweils variable Umsetzung bestimmt, sondern durch ihr stärker abstraktes Wechselwirkungsprofil. Wegen der m. n R. kommt es auf die Einzelheiten der Realisierung nicht an. Mentale Zustände und Eigenschaften sind nicht durch ihren Stoff charakterisiert, sondern durch ihre Organisation. M. R. spricht folglich gegen die psychophysische Identitätstheorie (↑philosophy of mind) und stützt den Funktionalismus.

J. A. Fodor hat diesen Denkansatz zu einem neuropsychologischen Szenarium ausgearbeitet, demzufolge auch beim Menschen vielen funktional charakterisierten psychologischen Zuständen jeweils eine Mehrzahl verschiedenartiger physiologischer Zustände entspricht. Psychologisch einheitliche Zustände werden durch physiologisch unterschiedliche Zustände umgesetzt. Eine psychologische Verallgemeinerung des Typs $\Psi_1 \rightarrow \Psi_2$ spaltet sich dann in mehrere physiologische Verallgemeinerungen auf: $\Phi_{11} \rightarrow \Phi_{23}$, $\Phi_{12} \rightarrow \Phi_{24}$, $\Phi_{13} \rightarrow \Phi_{27}$ etc. Die physiologischen Realisierungen sollen dabei von jeweils heterogener Beschaffenheit sein. Dies besagt, daß keine physiologische Gemeinsamkeit angegeben werden kann, die die Gegenstücke eines einheitlichen psychologischen Zustands (also jeweils die Φ_{1i} und die Φ_{2j}) auszuzeichnen und zu umgrenzen vermöchte. M. R. beinhaltet zunächst eine Viele-eins-Beziehung zwischen physiologischen und psychologischen Zuständen, und die Heterogenität jener macht es unmöglich, psychologische Zustände anhand von physiologischen Merkmalen zu charakterisieren. Daher kann die psychologische Begrifflichkeit nicht aufgegeben werden; man benötigt diese vielmehr, um physiologische Gegenstücke überhaupt zu identifizieren. Aus diesem Grund scheitert eine ↑Reduktion der Psychologie auf die Neurophysiologie. M. R. bildete ab den 1970er Jahren das zentrale antireduktive Argument in der ↑Philosophie des Geistes und begründete wesentlich die Position des nicht-reduktiven ↑Physikalismus.

Dieses Argument wird in zweierlei Hinsicht bestritten. Erstens wird der Reduktionsbegriff auf eine Weise modifiziert, die m. R. zuläßt. Zunächst sind bei m.r R. Reduktionen jeweils bereichsspezifisch möglich (also etwa für Hunger beim Menschen oder für Hunger beim Oktopus). Sodann kann selbst innerhalb eines Nagelschen Rahmens der Theorienreduktion (↑Reduktion) eine Ableitung von Theoremen auch ohne bikonditionale ↑Brückenprinzipien und bei Vorliegen bloßer Viele-eins-Beziehungen zwischen den betreffenden Zuständen erfolgen. Reduktion in diesem Verständnis ist also mit m.r R. verträglich. Neben solche begrifflichen Anpassungen treten zweitens seit etwa 2000 Behauptungen des Inhalts, daß es m. R. in einem substantiellen, auf biologische Wesen bezogenen Sinne gar nicht gibt. Vielmehr wird der Anschein m.r R. auf die unterschiedliche Körnigkeit psychologischer und neurophysiologischer Begriffe zurückgeführt. Die angeblich spezies-, personen- und biographieübergreifenden psychologischen Zustände sind danach im einzelnen tatsächlich ebenso verschieden wie ihre neurophysiologischen Realisierungen. Bei jenen wird nur in größerem Maße von Einzelheiten abgesehen als bei diesen. Zudem beziehen sich die konkreten Beispiele für m. R. lediglich auf irrelevante Details der physiologischen Umsetzung, nicht auf abweichende Kausalmechanismen für den gleichen psychologischen Zustand, und sind daher irreführend (W. Bechtel/J. Mundale 1999; J. Bickle 2010). Gegen die m. R. im psychophysischen Bereich wird die Übereinstimmung neuronaler Mechanismen für die gleiche Funktion (etwa Gedächtnisbildung) bei verschiedenen Spezies geltend gemacht.

Der gleiche Denkansatz m.r R. wurde von Fodor auch als Argument für die Autonomie wissenschaftlicher Disziplinen, die sich mit komplexen Gegenständen befassen, herangezogen. Obwohl deren Gegenstände aus nichts anderem als fundamentaleren Objekten bestehen, befassen sie sich mit Gemeinsamkeiten, die auf der niederstufigen Ebene aufgrund ihrer m.n R. nicht sichtbar sind. Zwar ist jeder besondere psychologische Zustand neurophysiologisch realisiert, aber wegen der Heterogenität dieser Realisierungen auch gleichartiger psychologischer Zustände zerfallen psychologische Verallgemeinerungen in eine Vielzahl unterschiedlicher neurophysiologischer Zustandsverknüpfungen. Bei m.r R. werden erst durch Absehen von irrelevanten Unterschieden aussagekräftige Verallgemeinerungen möglich. Obwohl die Psychologie ontologisch auf die Neurophysiologie reduziert ist, ist sie methodologisch nicht auf diese reduzierbar, sondern behält ihre explanatorische Selbständigkeit.

M. R. liegt in Sachbereichen außerhalb des psychophysischen Verhältnisses vor. Z. B. sind einheitliche Zustände der phänomenologischen ↑Thermodynamik auf mehrfache Weise molekular realisiert. Allerdings ist strittig, ob es sich um heterogene Realisierungen handelt. Wenn die Temperatur eines Gases der mittleren kinetischen Energie der betreffenden Moleküle entspricht, dann wird damit zugleich ein Kriterium für die Auszeichnung der relevanten Zustände angegeben, das auf der molekularen Ebene greift. Bei der für den psychophysischen Fall konzipierten m.n R. (insbes. bei Fodor) soll ein solches Kriterium gerade nicht angebbar sein.

Literatur: D. A. Barrett, Multiple Realizability, Identity Theory, and the Gradual Reorganization Principle, Brit. J. Philos. Sci. 64 (2013), 325–346; R. W. Batterman, Multiple Realisability and Universality, Brit. J. Philos. Sci. 51 (2000), 115–145; W. Bechtel/ J. Mundale, Multiple Realizability Revisited. Linking Cognitive and Neural States, Philos. Sci. 66 (1999), 175–207; J. Bickle, Has the Last Decade of Challenges to the Multiple Realization Argument Provided Aid and Comfort to Psychoneural Reductionists?, Synthese 177 (2010), 247–260; L. Clapp, Disjunctive Properties. Multiple Realizations, J. Philos. 98 (2001), 111–136; J. A. Fodor, Special Sciences (or: The Disunity of Science as a Working Hypothesis), Synthese 28 (1974), 97–115; ders., The Language of Thought, New York 1975, Cambridge Mass./London 1979, 1982; ders., Special Sciences. Still Autonomous after All These Years, Noûs Suppl. 31 (1997), 149–163; C. Gillett, The Metaphysics of Realization, Multiple Realizability, and Special

Sciences, J. Philos. 100 (2003), 591–603; B. L. Keely, Shocking Lessons from Electric Fish. The Theory and Practice of Multiple Realization, Philos. Sci. 67 (2000), 444–465; J. Kim, Multiple Realization and the Metaphysics of Reduction, Philos. Phenom. Res. 52 (1992), 1–26, Neudr. in: ders., Mind and Supervenience. Selected Philosophical Essays, Cambridge etc. 1993, 1995, 309–335; ders., Supervenience, Emergence, and Realization in the Philosophy of Mind, in: M. Carrier/P. Machamer (eds.), Mindscapes. Philosophy, Science, and the Mind, Konstanz, Pittsburgh Pa. 1997, 271–293; T. W. Polger, Evaluating the Evidence for Multiple Realization, Synthese 167 (2009), 457–472; H. Putnam, Psychological Predicates, in: W. H. Capitan/D. D. Merrill (eds.), Art, Mind and Religion. Proceedings of the 1965 Oberlin Colloquium in Philosophy, Pittsburgh Pa. 1967, 37–48, Neudr. unter dem Titel: The Nature of Mental States, in: ders., Philosophical Papers II (Mind, Language and Reality), Cambridge etc. 1975, 429–440; R. C. Richardson, Multiple Realization and Methodological Pluralism, Synthese 167 (2009), 473–492; L. A. Shapiro, Multiple Realizations, J. Philos. 97 (2000), 635–654; E. Sober, The Multiple Realizability Argument Against Reductionism, Philos. Sci. 66 (1999), 542–564; S. Walter, Multiple Realizability and Reduction. A Defense of the Disjunctive Move, Metaphysica 9 (2006), 43–65. M. C.

Realismus (erkenntnistheoretisch), Bezeichnung für Positionen der ↑Erkenntnistheorie, die im Gegensatz zum ↑Idealismus den Objekten der ↑Erkenntnis den Primat im Erkenntnisprozeß zusprechen und damit für das erkennende ↑Subjekt eine vorwiegend rezeptive Rolle reservieren. Entsprechend präsupponiert der R. dreierlei: Die Wahrheit der beiden *ontologischen* Thesen, daß es (1) einen nicht-leeren Objektbereich *B*, die ↑Außenwelt genannt, gibt, dessen Elemente ›real‹ existieren, und daß (2) eine Menge von Sachverhalten bezüglich der Objekte aus *B* ›objektiv‹ besteht, unabhängig davon, ob die Elemente von *B* Gegenstand menschlichen Wahrnehmens, Urteilens, Denkens, Sprechens etc. sind (↑objektiv/Objektivität). Ferner präsupponiert der R. (3) die Wahrheit der *epistemologischen* These, daß zumindest einige Objekte von *B* bzw. entsprechende ↑Sachverhalte Gegenstand menschlicher Erfahrung sein können. Häufig wird der R. über diese drei Präsuppositionen definiert. Zwar setzt die epistemologische These (3) die ontologischen Thesen (1) und (2) voraus, doch kann man, wie etwa I. Kant, die ontologischen Thesen ohne die epistemologische These vertreten. Die Positionen, die zumindest die Unabhängigkeitsthese (2), damit indirekt aber auch die epistemologische Teilthese (3) ablehnen, werden als ›Idealismus‹ bezeichnet. Die genaue Abgrenzung der Positionen ist jedoch problematisch, solange keine von ihnen unabhängigen Explikationen sowohl des Existenz- als auch des Unabhängigkeitsbegriffes vorliegen, wobei für die Bestimmung der in (2) geforderten Unabhängigkeitsrelation ihrerseits vorab die Klärung des Realitätsstatus ihrer Relate vorzunehmen ist. Bezüglich der Wahl einer ↑Wahrheitstheorie sind realistische und idealistische Positionen zwar neutral, jedoch legt sich für den Realisten aufgrund der genannten Thesen eine Korrespondenztheorie (↑Wahrheitstheorien) nahe.

Vielfach wird die Auffassung vertreten, daß für den Bereich der Gegenstände des täglichen Hantierens eine realistische Einstellung bestehe, insofern der Handelnde stets die Existenz der von ihm manipulierten Gegenstände in einer Außenwelt voraussetzt (E. Husserls ›natürliche Einstellung‹). Wird *B* über diesen Bereich hinaus (auch) auf den Bereich der Objekte wissenschaftlicher Theorien ausgedehnt, spricht man von einem *wissenschaftlichen* R. (↑Realismus, wissenschaftlicher). Enthält *B* (auch) die abstrakten Gegenstände, so ist von einem Platonismus (↑Platonismus (wissenschaftstheoretisch)) die Rede; enthält er (auch) die individuellen Repräsentanten von ↑Allgemeinbegriffen, ↑Universalien, spricht man von einem *Begriffsrealismus* (↑Realismus (ontologisch)). Für die Annahme der Zugehörigkeit der normativen Orientierungen (↑Wert (moralisch)) zu *B* ist die Bezeichnung ›*ethischer/moralischer* R.‹ (↑Realismus, ethischer) gebräuchlich. Die jeweiligen Gegenpositionen werden neuerdings als ›Antirealismus‹ (bezüglich *B*; ↑Realismus, semantischer) bezeichnet.

Wird den genannten Thesen des R. die weitere These hinzugefügt, daß die Gegenstände gerade eben so, wie sie erfahren werden, auch sind, so daß die Erkenntnis ein vollständiges oder doch zumindest isomorphes (↑isomorph/Isomorphie) Abbilden des Erkenntnisgegenstandes darstellt, oder wird gar die ↑Identität zwischen dem Gegenstand und der ↑Vorstellung behauptet, ergibt sich die Position des so genannten *naiven* R.. Gegen diesen setzen sich bereits Aristoteles, stärker noch die dualistischen (↑Dualismus) Konzeptionen des für die Neuzeit typischen, so etwa von R. Descartes und J. Locke, aber auch heute – etwa mit neuro- und wahrnehmungsphysiologischen Argumenten – oft vertretenen *repräsentativen* R. ab. Dieser unterscheidet zwischen ↑Sinnesdatum, Vorstellung, mentaler Repräsentation (↑Repräsentation, mentale) auf der einen Seite und externem, materiellem Gegenstand auf der anderen Seite und nimmt letzteren als ↑Ursache für die ersteren an (↑Sensualismus). G. Berkeley radikalisiert diese Position und postuliert die Wahrnehmungsabhängigkeit aller Existenzbehauptungen, zusammengefaßt in der Formel ↑›esse est percipi‹. Mit seinen Argumenten setzt sich später – im Zusammenhang mit dem ebenfalls unter dem Eindruck Berkeleys stehenden ↑Skeptizismus D. Humes – Kant in seinem Entwurf eines transzendentalen Idealismus (↑Idealismus, transzendentaler) auseinander. Kant räumt die Existenz externer Gegenstände ein (↑Ding an sich); jede Erkenntnis von diesen stehe jedoch unter den durch die Formen der ↑Anschauung und des ↑Verstandes gegebenen Bedingungen.

In Auseinandersetzung mit dem Idealismus, zum Teil unter dem Eindruck der Entwicklung der Naturwissenschaften, werden im späten 19. und frühen 20. Jh. verschiedene realistische Positionen vertreten. So vertritt etwa K. Marx im System des Dialektischen Materialismus (↑Materialismus, dialektischer) gegen G. W. F. Hegel eine realistische ↑Widerspiegelungstheorie. Später werden vor allem im Umkreis des ↑Neukantianismus Versuche unternommen, unter Bewahrung des von Kant Erarbeiteten einen explizit gegen jeden naiven R. gewendeten *kritischen* R. (↑Realismus, kritischer) zu formulieren. Einen ähnlichen Weg geht die ↑Phänomenologie, wenn sie die Existenz der Gegenstände als der Gehalte intentionaler Erlebnisse (↑Intentionalität) zwar nicht bezweifelt, die gesicherte Erkenntnis von diesen jedoch von einer Prozedur der phänomenologischen Reduktion (↑Reduktion, phänomenologische) und ↑Konstitution abhängig macht. Ausgehend von dem vor allem gegen Berkeley gerichteten Argument, daß der Idealist einen ↑Fehlschluß begehe, wenn er aus der Bewußtseinsabhängigkeit aller Gegenstandserfahrung schließt, daß keine Gegenstände unabhängig vom Bewußtsein existieren, kommt es um 1900 mit dem ›New Realism‹ und dem ›Critical Realism‹ (↑Realismus, kritischer) vor allem in den USA zu einer Erneuerung der R.debatte. Auch in England wird unter dem Eindruck von G. E. Moores Versuch einer ›Widerlegung des Idealismus‹ der R. verstärkt diskutiert. Moores Einwand, daß der Idealist die ↑Wahrnehmung eines Gegenstandes mit diesem Gegenstande selbst verwechsele und sich daher mit seiner Wahrnehmung vollkommen isoliere, vor allem aber sein Konzept eines ›Common-Sense-R.‹, der an einen Grundbestand von introspektiv (↑Introspektion) erfahrbaren und evidenterweise wahren Existenzbehauptungen (z. B. ›dies ist meine Hand‹) appelliert, bei dessen Leugnung kognitive und pragmatische ↑Widersprüche drohten, wirken vor allem auf die Frühphase der Analytischen Philosophie (↑Philosophie, analytische). Im Anschluß an R. Carnap und L. Wittgenstein wird jedoch von einigen Vertretern dieser Richtung die Frage nach der Realität einer Außenwelt als sinnlos zurückgewiesen.

Literatur: P. Abela, Kant's Empirical Realism, Oxford etc. 2002; E. Agazzi/M. Pauri (eds.), The Reality of the Unobservable. Observability, Unobservability and Their Impact on the Issue of Scientific Realism, Dordrecht etc. 2000 (Boston Stud. Philos. Sci. 215); S. Alexander, On Sensations and Images, Proc. Arist. Soc. NS 10 (1910), 1–35; ders., The Basis of Realism, Proc. Brit. Acad. 6 (1913/1914), 279–314; R. F. Almeder, Blind Realism. An Essay on Human Knowledge and Natural Science, Lanham Md. 1992, 1997; W. P. Alston (ed.), Realism and Antirealism, Ithaca N. Y. 2002; D. M. Armstrong, Perception and the Physical World, London 1961, London, New York 1973; R. L. Arrington, Rationalism, Realism, and Relativism. Perspectives in Contemporary Moral Epistemology, Ithaca N. Y./London 1989; M. Arthadeva, Naïve Realism and Illusions of Refraction, Australas. J. Philos. 37

(1959), 118–137; A. Avanessian (ed.), R. jetzt. Spekulative Philosophie und Metaphysik für das 21. Jahrhundert, Berlin 2013; L. R. Baker, The Metaphysics of Everyday Life. An Essay in Practical Realism, Cambridge etc. 2007, 2009; W. R. Brain, The Neurological Approach to the Problem of Perception, Philos. 21 (1946), 133–146; ders., The Nature of Experience. The Riddell Memorial Lectures, Thirtieth Series, Delivered at King's College in the University of Durham on 12, 13, and 14 May 1958, London 1959; C. D. Broad, The Mind and Its Place in Nature, London 1925, 2001; S. Brock/E. Mares, Realism and Anti-Realism, Chesham 2007, Abingdon/New York 2014; T. Button, The Limits of Realism, Oxford/New York 2013; R. Carnap, Scheinprobleme in der Philosophie. Das Fremdpsychische und der R.streit, Berlin 1928, ferner in: ders., Scheinprobleme in der Philosophie und andere metaphysikkritische Schriften, ed. T. Mormann, Hamburg 2004, 1–48; H. M. Chapman, Realism and Phenomenology, in: M. Natanson (ed.), Essays in Phenomenology, The Hague 1966, 79–115; K. Chiba, Kants Ontologie der raumzeitlichen Wirklichkeit. Versuch einer anti-realistischen Interpretation der Kritik der reinen Vernunft, Berlin/Boston Mass. 2012; R. M. Chisholm, The Theory of Appearing, in: M. Black (ed.), Philosophical Analysis. A Collection of Essays, Ithaca N. Y. 1950, New York 1971, 97–112; ders. (ed.), Realism and the Background of Phenomenology, Glencoe Ill. 1960, Atascadero Calif. 1980; R. S. Cohen/R. Hilpinen/Q. Renzong (eds.), Realism and Anti-Realism in the Philosophy of Science. Beijing International Conference, 1992, Dordrecht etc. 1996 (Boston Stud. Philos. Sci. 169); J. W. Cornman, Perception, Common Sense, and Science, New Haven Conn./London 1975; E. Craig, Realism and Antirealism, REP VIII (1998), 115–119; D. O. Dahlstrom (ed.), Realism, Washington D. C. 1985 (Proc. Amer. Catholic Philos. Ass. 59); W. Del-Negro, ›Idealismus‹ und ›R.‹, Kant-St. 43 (1943), 411–449; D. Drake, Possible Forms of Realism, Philos. Rev. 40 (1931), 511–521; H. Dreyfus/C. Taylor, Retrieving Realism, Cambridge Mass./London 2015 (dt. Die Wiedergewinnung der R., Berlin 2016); J. C. Eccles, Facing Reality. Philosophical Adventures by a Brain Scientist, Berlin/Heidelberg/New York 1970 (dt. Wahrheit und Wirklichkeit. Mensch und Wissenschaft, Berlin/Heidelberg/New York 1975, unter dem Titel: Gehirn und Seele. Erkenntnisse der Neurophysiologie, München/Zürich 1987, 1991); B. Ellis, Truth and Objectivity, Oxford/Cambridge Mass. 1990; F. O. Engler, R. und Wissenschaft. Der empirische Erfolg der Wissenschaft zwischen metaphysischer Erklärung und methodologischer Beurteilung, Tübingen 2008; A. C. Fraser, Berkeley and Spiritual Realism, London, New York 1908 (repr. Bristol 1993); M. S. Gram, Direct Realism. A Study of Perception, The Hague/Boston Mass./Lancaster 1983; W. Halbfass, R. (II), Hist. Wb. Ph. VIII (1992), 156–161; C. Halbig/C. Suhm (eds.), Was ist wirklich? Neuere Beiträge zu R.debatten in der Philosophie, Frankfurt/Lancaster 2004; R. J. Hirst, Realism, Enc. Ph. VII (1967), 77–83, VIII (²2006), 260–273 (mit Addendum v. G. Rosen, 269–273); E. B. Holt u. a., The New Realism. Cooperative Studies in Philosophy, New York 1912 (repr. New York 1970); E. Husserl, Ideen zu einer reinen Phänomenologie und phänomenologischen Philosophie, Jb. Philos. phänomen. Forsch. 1 (1913), 1–323, separat Halle 1913, ²1922, erw., I–III (I Allgemeine Einführung in die reine Phänomenologie, II Phänomenologische Untersuchungen zur Konstitution, III Die Phänomenologie und die Fundamente der Wissenschaften), I, ed. W. Biemel, II–III, ed. M. Biemel, Den Haag 1950–1952 (= Husserliana III–V), I, ed. K. Schuhmann, Den Haag 1976 (= Husserliana III/1–2), Hamburg 2009; A. Hüttemann, Idealisierungen und das Ziel der Physik. Eine Untersuchung zum R., Empirismus und Konstruktivismus in der

Wissenschaftstheorie, Berlin/New York 1997; S. H. Klausen, Reality Lost and Found. An Essay on the Realism-Antirealism Controversy, Odense 2004; M. Kober u. a., R., RGG VII (⁴2004), 72–80; H. Köchler, Phenomenological Realism. Selected Essays, Frankfurt etc. 1986; H. Krämer, Kritik der Hermeneutik. Interpretationsphilosophie und R., München 2007; F. v. Kutschera, Grundfragen der Erkenntnistheorie, Berlin/New York 1981, 1982; S. H. Lee, Die realistische Perspektive. Die Rehabilitation unserer ›Common-Sense‹-Weltanschauung in der R.debatte, Frankfurt etc. 1999; H. Lenk, Interpretation und Realität. Vorlesungen über R. in der Philosophie der Interpretationskonstrukte, Frankfurt 1995; M. Marsonet (ed.), The Problem of Realism, Aldershot 2002; E. B. McGilvary, Perceptual and Memory Perspectives, J. Philos. 30 (1933), 309–330; A. Miller, Realism, SEP 2002, rev. 2014; G. E. Moore, The Refutation of Idealism, Mind NS 12 (1903), 433–453, Nachdr. in: ders., Selected Writings, ed. T. Baldwin, London/New York 1993, 2006, 23–44 (dt. Die Widerlegung des Idealismus, in: ders., Eine Verteidigung des Common Sense. Fünf Aufsätze aus den Jahren 1903–1941, Frankfurt 1969, 49–80, ferner in: ders., Ausgew. Werke II, Frankfurt etc. 2007, 1–25); ders., A Defence of Common Sense, in: J. H. Muirhead (ed.), Contemporary British Philosophy. Personal Statements, Second Series, London, New York 1924, ³1965, 191–223, Nachdr. in: ders., Selected Writings [s. o.], 106–133 (dt. Eine Verteidigung des Common Sense, in: ders., Eine Verteidigung des Common Sense [s. o.], 113–151); ders., Proof of an External World, Proc. Brit. Acad. 25 (1939), 273–300, Nachdr. in: ders., Selected Writings [s. o.], 147–170 (dt. Beweis einer Außenwelt, in: ders., Eine Verteidigung des Common Sense [s. o.], 153–184); R. B. Perry, The Ego-Centric Predicament, J. Philos. 7 (1910), 5–14; V. Pluder, Die Vermittlung von Idealismus und R. in der Klassischen Deutschen Philosophie. Eine Studie zu Jacobi, Kant, Fichte, Schelling und Hegel, Stuttgart-Bad Cannstatt 2013; E. Pols, Radical Realism. Direct Knowing in Science and Philosophy, Ithaca N. Y. 1992; S. Psillos, Knowing the Structure of Nature. Essays on Realism and Explanation, Basingstoke etc. 2009; H. Putnam, Many Faces of Realism, La Salle Ill. 1987, 1995; A. M. Quinton, The Problem of Perception, Mind NS 64 (1955), 28–51; B. Russell, On the Nature of Truth, Proc. Arist. Soc. NS 7 (1906/1907), 28–49; ders., The Basis of Realism, J. Philos. 8 (1911), 158–161; ders., Our Knowledge of the External World. As a Field for Scientific Method in Philosophy, London/Chicago Ill. 1914, London/New York 2009 (dt. Unser Wissen von der Außenwelt, Leipzig 1926, Hamburg 2004); H. J. Sandkühler, R., EP III (²2010), 2216–2221; G. Sayre-McCord (ed.), Essays on Moral Realism, Ithaca N. Y./London 1988, 1995; S. Schmoranzer, R. und Skeptizismus, Paderborn 2010; H. Seidl (ed.), R. als philosophisches Problem, Hildesheim/Zürich/New York 2000; W. Sellars, Realism and the New Way of Words, Philos. Phenom. Res. 8 (1947/1948), 601–634; W. T. Stace, The Refutation of Realism, Mind NS 43 (1934), 145–155; M. Steiner, Mathematical Realism, Noûs 17 (1983), 363–385; W. Strombach, Möglichkeiten und Grenzen des erkenntnistheoretischen R. in der heutigen Naturphilosophie, Philos. Nat. 17 (1978/1979), 306–326; R. Tallis, In Defence of Realism, London etc. 1988, Lincoln Neb. 1998; R. Tännsjö, Moral Realism, Savage Md. 1990; F. Vanderlei de Oliveira, Kants R. und der Außenweltskeptizismus, Hildesheim etc. 2006; R. C. S. Walker, The Coherence Theory of Truth. Realism, Anti-Realism, Idealism, London/New York 1988, 1989; ders./J. M. Soskice, R., TRE XXVIII (1997), 182–196; K. R. Westphal, Kant's Transcendental Proof of Realism, Cambridge etc. 2004; J. D. Wild, Introduction to Realistic Philosophy, New York 1948, Neunkirchen-Seelscheid 2014; M. Willaschek (ed.), R., Paderborn etc. 2000; D. C. Williams, The Inductive Argument for Subjectivism, Monist 44 (1934), 80–107; ders., The Argument for Realism, Monist 44 (1934), 186–209; M. Williams, Unnatural Doubts. Epistemological Realism and the Basis of Scepticism, Oxford/Cambridge Mass. 1991, Princeton N. J. 1996.   C. F. G.

Realismus (ontologisch), im weiten Sinne Bezeichnung für die ontologische (↑Ontologie) Annahme, daß den Objekten unabhängig von menschlichen Unterscheidungsleistungen Existenz zukommt; meist jedoch im engeren Sinne Bezeichnung für diejenige ontologische Position, die – im Gegensatz etwa zu ↑Nominalismus und ↑Konzeptualismus – diese Existenzbehauptung für die ↑Allgemeinbegriffe (scholastisch: ↑Universalien) vertritt. Hierfür ist auch der Ausdruck ›metaphysischer R.‹ gebräuchlich, seit E. Husserl und N. Hartmann auch ›Begriffsrealismus‹.

Historisch geht der erste Entwurf einer in diesem Sinne realistischen Theorie auf Platons Versuch zurück, mit Hilfe der ↑Ideenlehre eine epistemisch gesicherte Position gegenüber der bloßen ↑Meinung zu gewinnen und Wissen über allgemeine ↑Sachverhalte als stabil und zeitlos gültig zu erweisen. Das Zu- und Absprechen (↑zusprechen/absprechen) von ↑Prädikatoren wie ›... ist Mensch‹, ›... ist rot‹, ›... ist gut‹ soll dabei eindeutig verifizierbar (↑verifizierbar/Verifizierbarkeit) sein, indem man prüft, ob der betreffende Gegenstand an der Idee (↑Idee (historisch)) des Menschen, Roten bzw. Guten ›teilhat‹ (↑Methexis, ↑Teilhabe). Indem Platon dafür die ↑Bedeutung der Prädikatoren analog der Bedeutung der Eigennamen als ↑Referenz konzipiert, nimmt er eine sowohl von der Erfahrung (↑›an sich‹) als auch von den Gegenständen, die Träger der durch die Prädikatoren bezeichneten Eigenschaften sein sollen (›ante rem‹), unabhängige Existenz von idealen Gegenständen, den Ideen, an. Aristoteles stellt die Möglichkeit einer von den Gegenständen unabhängigen Existenz der Ideen in Frage. Zum einen würde diese Konzeption in eine Inflation von Ideen-Hierarchien führen – das so genannte τρίτος ἄνθρωπος-Argument (↑Dritter Mensch) –, zum anderen könne keine Entität zugleich Gegenstand und Eigenschaft, Singulares und Allgemeines sein, wie Platon dies für die Ideen fordert. Aristoteles selbst formuliert eine moderatere Form des R., derzufolge zwar vom Prädizieren unabhängige Referenzobjekte der Prädikate existieren, jedoch nur in Abhängigkeit von bzw. ›in‹ den konkreten individuellen Gegenständen, die die einzigen wirklichen ↑Substanzen darstellen (›in rebus‹). Die Menge aller Allgemeinbegriffe bildet dabei ein System von Genera, in das die Einzeldinge so eingeordnet werden können, daß die Welt vollständig durch sie einteilbar und erfaßbar ist. Zur Kenntnis der Universalia gelangt man durch einen von der Erfahrung der Einzeldinge ausgehenden induktiven Prozeß der ↑Abstraktion (↑abstrakt). Varianten dieser Konzeption finden sich später bei A. Augustinus, Albertus Magnus, T. von Aquin und J. Duns Scotus. – Historisch auf Platon zurückgreifend und eingebettet in christliches Gedankengut, wurde im ↑Universalienstreit insbes. von Anselm von Canterbury, Wilhelm von Champeaux und Bernhard von Chartres eine realistische Position gegen die Einwände des Nominalismus vertreten, für den ausschließlich konkrete individuelle Einzeldinge existieren, während die Universalia bloße Namen, ›flatus vocis‹, seien. In der Philosophie der Neuzeit geht das Interesse an der Frage nach der Existenz der Allgemeinbegriffe im Ausgang der von R. Descartes und J. Locke unternommenen Versuche eines methodisch geklärten Neuansatzes der Philosophie zugunsten erkenntnistheoretischer Fragestellungen zurück (↑Realismus (erkenntnistheoretisch)).

In der Analytischen Philosophie (↑Philosophie, analytische) werden mengentheoretische, mathematische, logische etc. Konzeptionen als realistisch bezeichnet, die die von ihnen untersuchten Gegenstände als real vorhandene allgemeine Eigenschaften singularer Dinge auffassen. Theorien, die diesen abstrakten Gegenständen eine Existenz als Entitäten eigener Art einräumen, werden als ›platonistisch‹ (↑Platonismus (wissenschaftstheoretisch), ↑Universalienstreit, moderner) bezeichnet. – In jüngerer Zeit ist der auf G. Frege zurückgehende Ansatz, beim Aufbau formaler Sprachen (↑Sprache, formale) die Bedeutung von Aussagen und logischen ↑Operatoren über die Klassen der ↑Wahrheitswerte einzuführen, Gegenstand bedeutungstheoretischer Untersuchungen. Meist wird jedoch die unter dem Titel ›semantischer R.‹ geführte Debatte unabhängig von ontologischen Fragestellungen geführt (↑Realismus, semantischer).

Literatur: R. I. Aaron, The Theory of Universals, Oxford 1952, ²1967; V. C. Aldrich, Colors as Universals, Philos. Rev. 61 (1952), 377–381; E. B. Allaire, Existence, Independence, and Universals, Philos. Rev. 69 (1960), 485–496; W. P. Alston, A Sensible Metaphysical Realism, Milwaukee Wis. 2001, 2004; G. E. M. Anscombe/P. T. Geach, Three Philosophers: Aristotle, Aquinas, Frege, Oxford, Ithaca N. Y. 1961, Oxford 2009 (franz. Trois philosophes: Aristote, Thomas, Frege, Montreuil-sous-Bois 2014); D. M. Armstrong, Universals and Scientific Realism, I–II (I Nominalism and Realism, II A Theory of Universals), Cambridge etc. 1978, rev. 2009; ders., Universals: An Opinionated Introduction, Boulder Colo. 1989; A. J. Ayer, On Particulars and Universals, Proc. Arist. Soc. NS 34 (1934), 51–62; J. Bennett, ›Real‹, Mind NS 75 (1966), 501–515; P. A. Blanchette, Realism in the Philosophy of Mathematics, REP VIII (1998), 119–124; J. M. Bocheński/A. Church/N. Goodmann, The Problem of Universals, Notre Dame Ind. 1956; G. Bonino/G. Jesson/J. Cumpa (eds.), Defending Realism. Ontological and Epistemological Investigations, Boston Mass./Berlin/München 2014; R. B. Brandt, The Languages of Realism and Nominalism, Philos. Phenom. Res. 17 (1956/1957), 516–535; D. Brownstein, Aspects of the Problem of Universals, Lawrence Kan. 1973; P. Butchvarov, Metaphysical Realism, in: R. Audi (ed.), The Cambridge Dictionary of Philosophy, Cambridge etc. ²1999, 562–563; M. H. Carré, Realists and Nominalists, Oxford 1946, 1967; D. Chalmers/D. Manley/R.

Wasserman (eds.), Metametaphysics. New Essays on the Foundations of Ontology, Oxford etc. 2009; F. C. Copleston, A History of Medieval Philosophy, London 1972, Notre Dame Ind./London 1990 (dt. Geschichte der Philosophie im Mittelalter, München 1976); E. Craig, Realism and Antirealism, REP VIII (1998), 115–119; A. E. Duncan-Jones, Universals and Particulars, Proc. Arist. Soc. NS 34 (1934), 63–86; I. Düring, Aristoteles. Darstellung und Interpretation seines Denkens, Heidelberg 1966, 2005; M. Gabriel, Fields of Sense. A New Realist Ontology, Edinburgh 2015 (dt. Sinn und Existenz. Eine realistische Ontologie, Berlin 2016); ders., Neutraler R., ed. T. Buchheim, Freiburg/München 2016 [mit kritischen Beiträgen von C. Beisbart u. a.]; N. Goodman, The Structure of Appearance, Cambridge Mass. 1951, Dordrecht/Boston Mass. ³1977, 2013; ders., A World of Individuals, in: J. M. Bocheński/A. Church/N. Goodman, The Problem of Universals [s. o.], 13–31, erw. in: P. Benacerraf/H. Putnam (eds.), Philosophy of Mathematics. Selected Readings, Englewood Cliffs N. J. 1964, 197–210; J. J. E. Gracia, Introduction to the Problem of Individuation in the Early Middle Ages, München/Wien 1984, ²1988; M. Grygianiec, Two Approaches to the Problem of Universals by J. M. Bocheński, Stud. East European Thought 65 (2013), 27–42; D. P. Henry, Medieval Logic and Metaphysics. A Modern Introduction, London 1972; F. Hoffmann/T. Trappe, R. (I), Hist. Wb. Ph. VIII (1992), 148–156; C. S. Jenkins, What Is Ontological Realism?, Philosophy Compass 5 (2010), 880–890; C. Landesman (ed.), The Problem of Universals, New York/London 1971; M. Lazerowitz, The Existence of Universals, Mind NS 55 (1946), 1–24; D. Lewis, New Work for a Theory of Universals, Australas. J. Philos. 61 (1983), 343–377; M. J. Loux (ed.), Universals and Particulars. Readings in Ontology, Garden City N. Y. 1970, rev. Notre Dame Ind./London 1976; T. Parsons, Nonexistent Objects, New Haven Conn./London 1980; F. Pelster, Nominales und Reales im 13. Jahrhundert, Sophia 14 (1946), 154–161; W. V. O. Quine, On Universals, J. Symb. Log. 12 (1947), 74–84; ders., On What there Is, Rev. Met. 2 (1948), 21–38, Nachdr. in: ders., From a Logical Point of View. 9 Logico-Philosophical Essays, Cambridge Mass. 1953, rev. ²1969, 2003, 1–19 (dt. Was es gibt, in: ders., Von einem logischen Standpunkt. Neun logisch-philosophische Essays, Frankfurt/Berlin/Wien 1979, 9–25, Nachdr. in: ders., From a Logical Point of View/Von einem logischen Standpunkt aus. Drei ausgewählte Aufsätze [engl./dt], Stuttgart 2011, 6–55); ders., Logic and the Reification of Universals, in: ders., From a Logical Point of View [s. o.], 102–129 (dt. Die Logik und die Reifizierung von Universalien, in: ders., Von einem logischen Standpunkt [s. o.], 99–124); H. J. Sandkühler, R., EP III (²2010), 2216–2221; W. Stegmüller, Das Universalienproblem einst und jetzt, Arch. Philos. 6 (1956), 192–225, 7 (1957), 45–81, Neudr. in: ders., Glauben, Wissen und Erkennen/Das Universalienproblem einst und jetzt, Darmstadt 1967, ³1974, 48–118; ders. (ed.), Das Universalien-Problem, Darmstadt 1978; H. B. Veatch, Realism and Nominalism Revisited, Milwaukee Wis. 1970; A. D. Woozley, Universals, Enc. Ph. VIII (1967), 194–206, IX (²2006), 587–603. C. F. G.

Realismus, ethischer (engl. ethical/moral realism, franz. réalisme ethique/moral, auch: Realismus, moralischer), Bezeichnung für die der ↑Ethik oder ↑Metaethik zuzurechnende Position, daß Inhalt und Verbindlichkeit moralischer Normen (↑Norm (handlungstheoretisch, moralphilosophisch)) und/oder ethischer Prinzipien durch vorgegebene ↑normative Tatsachen (etwa ↑Werte) bestimmt seien, die unabhängig von menschlichem Wollen, Erwägen und Entscheiden bestehen. In der vor allem im Umfeld der Analytischen Philosophie (↑Philosophie, analytische) geführten modernen Debatte wird dabei der e. R. meist als eine realistische (↑Realismus, semantischer) Theorie der ↑Bedeutung für Sätze der Ethik oder der ↑Moral konzipiert. Bei einer breiten Vielfalt der angebotenen Entwürfe kann die Theorie im Kern durch die folgenden, je nach Konzeption teils impliziten, teils explizit gemachten, Grundannahmen bestimmt werden. (1) Performatorische Präsumtion: Auch die der Ethik oder Moral zuzurechnenden ↑Äußerungen, etwa solche wie

(a) ›Du sollst nicht töten‹,
(b) ›Jedermann ist verpflichtet, Bedürftigen beizustehen‹,

sind stets (oder wenigstens unter anderem) als konstative Urteile oder Aussagen (↑Konstativa) zu deuten und nicht (oder jedenfalls nicht allein) als direktive Redehandlungen (Direktiva; ↑Sprechakt), mit denen man Aufforderungen vollzieht oder Handlungsanleitungen setzt (↑Regulativ, ↑Imperativ). (2) Semantische Präsumtion: Die Bedeutung solcher konstativer Urteile und Aussagen ist (auch) im Bereich von Moral und Ethik allein abhängig von deren Bezug (oder dem Bezug wesentlicher ihrer Teilausdrücke) auf korrespondierende Sachverhalte oder Gegenstände (↑Referenz). Vorstellungsleitend sind dabei heute meist Formen der Bedeutungskonstitution, wie sie in den formalen Sprachaufbauten der ↑Interpretationssemantik oder der ↑Bewertungssemantik expliziert sind. (3) Ontologische Präsumtion: Es existiert (↑Existenz (logisch)) ein Bereich solcher Gegenstände und/oder Sachverhalte, der die ethische/moralische Rede sinnvoll macht und die Bedeutung der geäußerten Urteile oder Aussagen konstituiert – die mit (2) unterstellte bedeutungskonstituierende Relation wird durch das Bestehen oder Nicht-Bestehen spezifischer Sachverhalte (›Werte‹, ›moralische Tatsachen‹ oder dergleichen) tatsächlich erfüllt. (4) Genetische Präsumtion: Das Bestehen bzw. Nicht-Bestehen solcher spezifisch moralischer/ethischer Sachverhalte ist unabhängig von menschlichen Leistungen; ihr Entstehen und Vergehen verdankt sich z. B. nicht individuellen Entscheidungen oder kollektiven Beschlußfassungen, sondern ist den Entscheidungen und Beschlußfassungen als unabhängiger und unverfügbarer Maßstab vorgegeben. Die moralischen/ethischen Sachverhalte sind damit insbes. vom Wünschen und Wollen der Moralakteure, von allen Interessen- und Nutzenabwägungen und von individuellen Entscheidungen wie kollektiven Beschlußfassungen unabhängig. (5) Evaluatorische Präsumtion: Die Zustimmungsfähigkeit von mit moralischem Geltungsanspruch vorgetragenen Aussagen und die Recht-

mäßigkeit des Geltungsanspruchs moralischer Urteile bestimmen sich allein dadurch, daß das geäußerte Urteil bzw. die geäußerte Aussage einen bestehenden moralischen Sachverhalt darstellt. Wie für andere konstative Äußerungen wird entsprechend auch für die konstativ gedeuteten normativen Zusammenhänge das Bestehen des dargestellten Sachverhalts meist (wenn auch nicht zwingend) durch einen korrespondenztheoretisch gedeuteten Wahrheitsprädikator ausgedrückt: Aussagen wie (a) oder (b) sind wahr genau dann, wenn sie einen gegebenen Wert oder eine bestehende moralische Tatsache darstellen, sonst falsch. Damit erfüllt der e. R. das für den semantischen Realismus charakteristische ↑Zweiwertigkeitsprinzip: Alle nach dem Muster von (a) oder (b) gebildeten Aussagen sind entweder wahr oder falsch, ganz unabhängig davon, ob im Einzelfall die Moralakteure prinzipiell oder faktisch in der Lage sind, ihren Wahrheitsstatus festzustellen.

Ein analoges Korrespondenzkonzept legt der e. R. entsprechend der praktischen Handlungsregulierung zugrunde: ↑Handlungen gelten als moralisch gut oder sind geboten, wenn sie – je nach konkreter Ausgestaltung der Theorie – einen moralisch guten Sachverhalt darstellen bzw. einen Wert realisieren oder erfüllen; Handlungen sind erlaubt, sofern sie nicht im Widerspruch zu moralischen Tatsachen stehen etc.. Formelle Ausgestaltungen des semantischen Konzepts können daher auch als Ansätze zu einer realistischen (und im Gegensatz zur abstrakten ↑Mögliche-Welten-Semantik konkreten) Semantik (↑Bewertungssemantik) für deontische Logiken gelten (↑Logik, deontische). Hier liegt eines der heute bestimmenden Argumente, die in der aktuellen metaethischen Debatte zur Rechtfertigung eines e.n R. vorgetragen werden: Da verbreitet davon ausgegangen wird, daß die durch die ↑Logik regulierten Argumentationsschritte ohne eine realistische ↑Semantik und ohne Rückgriff auf eine Korrespondenz zwischen sprachlichem Ausdruck und sprachunabhängigem Sachverhalt nicht zu rechtfertigen wären, soll durch den e.n R. die Ethik allererst argumentationszugänglich werden (↑Jørgensens Dilemma).

Für die ethische Fachdebatte ist zudem die genetische ↑Präsupposition von besonderer Bedeutung, nach der die moralischen und/oder ethischen Maßstäbe zur Handlungsbeurteilung unabhängig von menschlichen Entscheidungsleistungen sind, ›objektiv‹ (↑objektiv/Objektivität) und für die Moralakteure unverfügbar: Welche Normen gelten und was moralisch gut ist, was Menschen tun dürfen und was sie lassen sollen, steht danach unabhängig von ihrem Für-gültig-Halten und Für-gut-Befinden fest, liegt nicht in ihrem Ermessen und ist äußere Grenze, nicht Teil ihrer ↑Autonomie. ↑Konflikte und Dissense über die moralische Handlungsbeurteilung wären dementsprechend – wenn sich die Beteiligten an ethischen und moralischen Maßstäben orientieren wollen – durch Verweis auf die unabhängig bestehenden Referenzgrößen zu entscheiden und nicht etwa dadurch, daß man diskursiv (↑diskursiv/Diskursivität) gemeinsame Maßstäbe entwickelt, Verabredungen trifft, Konventionen oder Institutionen ausbildet.

Ähnlich naturrechtlichen Vorstellungen (↑Naturrecht), die von der Voraussetzung ausgehen, daß die ↑Rechte, die eine Person beanspruchen kann, unabhängig bestehen von deren Kulturzugehörigkeit oder deren Position im gesellschaftlichen Gefüge, so ist auch mit dem Gedanken unabhängig existierender moralischer Tatsachen die Vorstellung verbunden, daß damit die wechselseitig aneinander gerichteten individuellen Verhaltenserwartungen wie die Verhaltensstandards von Glaubens-, Rechts- oder Kulturgemeinschaften an einem unabhängigen Maßstab gemessen werden können (historisch wäre etwa an Kasten- oder Sklavenhaltergesellschaften, an die Kirche oder an den nationalsozialistischen Staat zu denken). Was moralisch ›gut‹ und ›richtig‹ ist, ist für den e.n R. eine Frage der Feststellung und nicht der Festsetzung; die Moralakteure stehen vor der epistemischen Herausforderung (↑Kognitivismus), das Gute und das Richtige wahrzunehmen und zu erkennen, nicht vor der praktischen Herausforderung, sich klug zu beraten und zweckmäßig zu entscheiden. Im Scheiternsfalle unterliegen sie entsprechend Täuschung und Irrtum, nicht lediglich – wie es Vertreter kontraktualistischer Ethiken (↑Kontraktualismus) oder einer ↑Diskursethik verstehen würden – der unzulänglichen Wahl oder einer nicht zielführenden Anwendung ihrer diskursiven Mittel. Nicht zuletzt sind nach realistischen Ethikkonzeptionen die von sozialen Voreinstellungen und kulturellen Voreingenommenheiten unabhängigen moralischen Maßstäbe für alle in gleicher Weise maßgeblich (↑Universalität (ethisch)). Motivational liegt dem e.n R. entsprechend das Bemühen zugrunde, dem Außer-Kraft-Setzen oder dem Mißbrauch von Moral und Ethik durch partikulare Machtinteressen, durch die Privilegierung einzelner sozialer Gruppen, durch ideologische Volksbewegungen oder durch totalitäre Regime kritisch begegnen zu können.

Die Forderungen nach rationaler Ausweisbarkeit, unabhängigen Grundlagen und allgemeiner Geltung der moralischen Maßstäbe werden – beginnend mit Platon – in der Geschichte der abendländischen ↑Moralphilosophie immer wieder erhoben und bilden spätestens seit der ↑Aufklärung weitgehend Konstanten. Gleichwohl sind nicht alle in dieser Tradition stehenden Autoren dem e.n R. zuzuordnen, auch wenn die Zuordnung aufgrund uneinheitlicher und mitunter unscharfer Bestimmungen dessen, was unter unabhängigen moralischen Gegenständen oder Sachverhalten zu verstehen wäre, nicht immer eindeutig (↑eindeutig/Eindeutigkeit)

ist: Ob etwa die moralischen Gebote, als deren Garant in der christlichen Philosophie Gott (↑Gott (philosophisch)) bzw. das ↑Absolute postuliert wird, oder der Kategorische Imperativ (↑Imperativ, kategorischer) als »Factum der Vernunft« (Kant, Akad.-Ausg. V, 31) im Sinne des e.n R. zu deuten sind oder nicht, ist Gegenstand offener Debatten. Eindeutig realistische Züge finden sich hingegen in der ↑Wertphilosophie H. Lotzes, E. v. Hartmanns und M. Schelers einerseits, im moralphilosophischen ↑Intuitionismus H. Sidgwicks und insbes. G. E. Moores andererseits. Gegen Ende des 20. Jhs. bildet sich dann im Rahmen des Realismusstreits (↑Realismus, semantischer) das explizit bedeutungstheoretische Verständnis des e.n R. heraus, an das sich eine breite metaethische (↑Metaethik) Debatte anschließt.

Daß auch marxistisch-leninistische (↑Sozialismus, wissenschaftlicher) und nationalsozialistische Theoretiker dem Paradigma zuzurechnen sind, verdeutlicht die Problematik, die mit der Vorstellung unabhängiger Maßstäbe für Moral und Ethik gegeben ist: Daß die Werte und moralischen Tatsachen in der als unabhängig gedachten Referenzwelt den moralischen Vorbegriffen dieser oder jener Kultur (etwa der abendländisch-christlich geprägten) auch inhaltlich entsprechen und gerade das gültig ist, was z. B. moderne westliche Gemeinschaften gemeinhin für moralisch gut erachten (und nicht etwa das Gegenteil), muß allererst gezeigt werden. Ohne einen expliziten Aufweis der Existenz gerade solcher konkreter Gegenstände oder Sachverhalte, die etwa das Tötungsverbot oder das Hilfegebot konstituieren und Aussagen wie (a) und (b) wahr machen, bliebe die Annahme ihrer Gültigkeit eine ↑petitio principii – es könnte sich bei Durchmusterung der unabhängig von allem Wollen, Erwägen und Entscheiden gegebenen moralischen Tatsachen auch gerade deren Gegenteil als wahr und ein uneingeschränktes Recht des Stärkeren als gültig erweisen. Ist ein moralischer Gegenstand aufgewiesen (etwa einer, der das Tötungsverbot wahr macht), wäre zudem dessen Exklusivität zu sichern: So wie das Vorliegen eines gültigen Beweises, daß ein Gott existiert, das Gelingen eines Beweises für die Existenz weiterer Götter nicht per se ausschlösse, so muß – etwa durch einen Konsistenznachweis – sichergestellt werden, daß das Tötungsverbot nicht zugleich mit (z. B. partiellen) Tötungserlaubnissen gilt – die Konsistenz (↑widerspruchsfrei/Widerspruchsfreiheit) der Referenzwelt etwa nur mit Blick auf die Bildungsregeln für theorietaugliche (insbes. widerspruchsfreie) Moralsprachen zu unterstellen, würde der Unabhängigkeitsforderung widersprechen. Kritiker des e.n R. wie J. L. Mackie weisen zudem darauf hin, daß unklar ist, was als Aufweis eines Wertes oder einer moralischen Tatsache gelten kann, wenn sie nicht Teil der auch naturwissenschaftlich beschreibbaren Welt sein sollen. Dabei sei in durch Konflikte und moralische Dissense bestimmten praktischen Kontexten der Aufweis der Existenz einschlägiger moralischer Tatsachen allein noch nicht zielführend – im Zweifel müßte einem Konfliktgegner oder Opponenten auch deren Verbindlichkeit demonstriert werden: Warum soll er sich nach unabhängig existierenden moralischen Tatsachen richten, wenn ihm – oder allen Beteiligten – dies zum Nachteil gereichen würde?

Mit Einwänden dieser Art sind vor allem Fragen der Beweislastenverteilung angesprochen. Explizite Vertreter eines ethischen Antirealismus sehen in der Regel die Proponenten realistischer Ansätze in der Nachweispflicht, die praktische Verbindlichkeit eines Theorieansatzes aufzuzeigen, der mit – aus ihrer Sicht – erheblichen Leistungsdefiziten einhergeht und zugleich erhebliche ontologische Unterstellungen macht (↑Ockham's razor). Dabei verweisen sie auf ausgearbeitete Theorieansätze, die die Notwendigkeit der vom e.n R. gemachten Voraussetzungen in Frage stellen und so insgesamt leistungsstärkere oder investitionsärmere Grundlagen für eine Ethik bieten sollen, etwa auf pragmatische Grammatikrekonstruktionen (↑Grammatik), in denen auch Aufforderungen, Normen, Regeln etc. sinnvolle, eigenständige und begründungszugängliche Redehandlungen sind, auf antirealistische Bedeutungskonzeptionen, in denen Ausdrucksbedeutung nicht durch Referenzobjekte, sondern z. B. durch Gebrauchsregeln entsteht (↑Gebrauchstheorie (der Bedeutung)), auf ↑Wahrheitstheorien, in denen ↑Wahrheit nicht durch Korrespondenzverhältnisse, sondern durch das Durchlaufen allseitig akzeptierter diskursiver Verfahren konstituiert wird, oder auf Theorien praktischen Argumentierens, nach denen die Rationalität praktischer Diskurse durch geregelte Verfahren zu sichern wäre, nicht durch den Bezug auf an sich bestehende Strukturen einer ↑Außenwelt. Vertreter konstruktivistischer (↑Konstruktivismus) und instrumentalistischer (↑Instrumentalismus) Ethikkonzeptionen machen zudem geltend, daß die Einteilung der ethischen Konzeptionen in solche, die einen e.n R. vertreten, und solche, die die realistischen Präsumtionen explizit zurückweisen und daher einem ethischen Antirealismus zuzurechnen wären, nicht vollständig sei: Ethikkonzeptionen, die in der gemeinschaftlichen Ausbildung von Moralen ein Mittel zur Bewältigung von Konflikten oder zum Abbau sozialer Interaktionshemmnisse vom Typ des ↑Gefangenendilemmas sehen, können sich zu realistischen wie antirealistischen Präsuppositionen neutral verhalten – weder die Thesen (1) bis (5) noch deren jeweilige Negationen gehen zwingend in die Rechtfertigung dieser Ansätze ein. Die Ansätze zielen vielmehr darauf, tragfähige, allgemein zustimmungsfähige, gegebenenfalls dem wechselseitigen Vorteil dienende Regeln zur Bewältigung von Interaktionsstörungen zu etablieren. So zielen etwa die am Muster des freien Vertragsschlusses orientierten kontraktualistischen Ethikkonzeptionen (↑Kontraktualismus) nicht auf die Ausbildung konsistenter gemeinsamer Interessen, auch nicht auf die praktische Neutralisierung der miteinander unverträglichen, potentiell konfliktträchtigen Interessen, sondern auf verbindlich vereinbarte Regeln, die allen Beteiligten möglichst weitgehend die ungestörte Verfolgung ihrer jeweiligen Interessen ermöglichen.

Literatur: C. Bagnoli, Constructivism in Metaethics, SEP 2011, rev. 2017; S. Blackburn, Spreading the Word. Groundings in the Philosophy of Language, Oxford/New York 1984, 2004; ders., Essays in Quasi-Realism, Oxford/New York 1993; P. Bloomfield, Moral Reality, Oxford/New York 2001, 2004; D. Brink, Moral Realism and the Foundations of Ethics, Cambridge etc. 1989, 2001; D. Copp (ed.), Morality, Reason, and Truth. New Essays on the Foundations of Ethics, Totowa N. J. 1984, 1985; ders., Morality, Normativity, and Society, Oxford/New York 1995, 2001; U. Czaniera, Die Realismusfrage in der Ethik. (Vermeintliche) Erkennbarkeit und (wirkliche) Begründbarkeit der Moral, in: C. Halbig/C. Suhm (eds.), Was ist wirklich? Neuere Beiträge zu Realismusdebatten in der Philosophie, Frankfurt etc. 2004, 337–376; J. Dancy, Practical Reality, Oxford/New York 2000, 2004; D. Enoch, An Outline of an Argument for Robust Metanormative Realism, Oxford Stud. in Metaethics 2 (2007), 21–50; ders., Taking Morality Seriously. A Defense of Robust Realism, Oxford/New York 2011, 2013; G. Ernst, Die Objektivität der Moral, Paderborn 2008, ²2009; W. J. Fitzpatrick, Robust Ethical Realism, Non-Naturalism, and Normativity, Oxford Stud. in Metaethics 3 (2008), 159–205; C. F. Gethmann, Warum sollen wir überhaupt etwas und nicht vielmehr nichts? Zum Problem einer lebensweltlichen Fundierung von Normativität, in: P. Janich (ed.), Naturalismus und Menschenbild, Hamburg 2008, 138–156; C. Halbig, Praktische Gründe und die Realität der Moral, Frankfurt 2007; T. Honderich (ed.), Morality and Objectivity. A Tribute to J. L. Mackie, London/New York 1985, 2011; B. Hooker (ed.), Truth in Ethics, Oxford/Cambridge Mass. 1996; T. Horgan/M. Timmons, Nondescriptivist Cognitivism. Framework for a New Metaethic, Philos. Pap. 29 (2000), 121–153; R. Joyce, The Myth of Morality, Cambridge etc. 2001, 2007; ders./S. Kirchin (eds.), A World without Values. Essays on John Mackie's Moral Error Theory, Dordrecht etc. 2009, 2010; C. Korsgaard, The Sources of Normativity, Cambridge etc. 1996, 2013; dies., The Normativity of Instrumental Reason, in: G. Cullity/B. Gaut (eds.), Ethics and Practical Reason, Oxford etc. 1997, 2003, 215–254; M. Kramer, Moral Realism as a Moral Doctrine, Malden Mass./Oxford 2009; F. v. Kutschera, Grundlagen der Ethik, Berlin/New York 1982, ²1999; ders., Moralischer Realismus, Logos NF 1 (1994), 241–258; J. L. Mackie, Ethics. Inventing Right and Wrong, Harmondsworth, London 1977, 1990 (dt. Ethik. Die Erfindung des moralisch Richtigen und Falschen, Stuttgart 1983, 2008); J. McDowell, Projection and Truth in Ethics, in: S. Darwall/A. Gibbard/P. Railton (eds.), Moral Discourse and Practice. Some Philosophical Approaches, Oxford/New York 1997, 215–226; T. Nagel, The View from Nowhere, Oxford/New York 1986, 1989; D. Parfit, On What Matters, I–II, Oxford/New York 2011, 2013; H. Putnam, Ethics without Ontology, Cambridge Mass./London 2004, 2005; B. Radtke, Wahrheit in der Moral. Ein Plädoyer für einen moderaten Moralischen Realismus, Paderborn 2009; P. Railton, Moral Realism, Philos. Rev. 95 (1986), 163–207; M. Rüther, Objektivität und Moral. Ein ideengeschichtlich-systematischer Beitrag zur

neueren Realismusdebatte in der Metaethik, Münster 2013; G.
Sayre-McCord (ed.), Essays on Moral Realism, Ithaca N. Y. 1988,
1995; ders., Moral Realism, SEP 2005, rev. 2015; T. M. Scanlon,
Being Realistic about Reasons, Oxford/New York 2014; R. Shafer-
Landau, Moral Realism. A Defence, Oxford/New York 2003,
2009; P. Schaber, Moralischer Realismus, Freiburg/München
1997; S. Street, Constructivism about Reasons, Oxford Stud. in
Metaethics 3 (2008), 207–245; dies., What Is Constructivism in
Ethics and Metaethics?, Philosophy Compass 5 (2010), 363–384;
T. Tännsjö, Moral Realism, Lanham Md. 1990; R. Werner, Ethical
Realism, Ethics 93 (1983), 653–679; ders., Ethical Realism Defen-
ded, Ethics 95 (1985), 292–296.   G. K.

Realismus, kritischer (engl. critical realism), erkenntnistheoretische Position, die in Abgrenzung vom so genannten naiven Realismus, für den die Dinge so sind,
wie sie in der Wahrnehmung erscheinen, annimmt, daß
im Erkenntnisprozeß subjektive Beimengungen die Vorstellung von den Gegenständen prägen. Diese Leistungen des ↑Subjekts erfolgen aber – und hierin unterscheidet sich der k. R. von subjektivistischen (↑Subjektivis-
mus) bzw. idealistischen (↑Idealismus) Positionen – nach
Maßgabe objektiv (↑objektiv/Objektivität) vorhandener
Eigenschaften objektiv vorhandener ↑Objekte. Nach
Einschätzung der Möglichkeit, die Anteile des Subjekts
an der Erkenntnis herauszufiltern und den objektiven
Gegenstand zu rekonstruieren, lassen sich weitere Positionen unterscheiden.

Einen k. R. im weiteren Sinne vertreten schon Aristoteles und ihm folgend weite Teile der Philosophie bis zum
Aufkommen des Idealismus. Im späten 19. und frühen
20. Jh. werden im Umfeld des ↑Neuthomismus (z. B. von
J. Maritain), des ↑Neukantianismus (z. B. von N. Hartmann, E. Liebmann, A. Riehl) und von einigen unter
dem Einfluß des ↑Psychologismus stehenden Autoren
(z. B. von O. Külpe, E. Becher) unterschiedliche Versionen eines k.n R. propagiert. In einem engeren Sinne
werden unter dem Titel ›k. R.‹ die Autoren der von D.
Drake u. a. 1920 herausgegebenen »Essays in Critical
Realism« (D. Drake, A. O. Lovejoy, J. B. Pratt, A. K. Rogers, G. Santayana, R. W. Sellars, C. A. Strong) geführt.
Diese vertreten in Auseinandersetzung mit dem ↑Prag-
matismus und in kritischer Aufnahme des dem naiven
R. nahestehenden ›New Realism‹, der die Erkenntnisinhalte für identisch mit den erkannten Gegenständen
erklärt, einen erkenntnistheoretischen ↑Dualismus. Danach gibt es zwar unabhängig vom erkennenden Subjekt
existierende Eigenschaftskomplexe als Grundlage der
↑Erfahrungen, doch bleibt die Annahme, daß das so
Erfahrene Eigenschaften eines real existierenden Gegenstandes sind, eine Unterstellung: In den Alltagserfahrungen werden die Eigenschaften eines Objekts als reale
Eigenschaften eines realen Objekts aufgefaßt. Die damit
vollzogenen Existenzunterstellungen will der k. R. zwar
in der Reflexion – etwa nach Konsistenzgesichtspunkten

– kritisch prüfen; er hält aber für die wissenschaftliche
Praxis, die immer schon die Existenz der untersuchten
Gegenstände unterstellt, aus Ökonomiegründen eine
kritisch-realistische Position des k.n R. für die geeignetste.

Literatur: P. L. Allen, Ernan McMullin and Critical Realism in the
Science-Theology Dialogue, Aldershot/Burlington Vt. 2006;
M. S. Archer u. a. (eds.), Critical Realism. Essential Readings,
Abingdon/New York 1998; dies./A. Collier/D. V. Porpora, Tran-
scendence. Critical Realism and God, London/New York 2004;
H. Berger, Wege zum Realismus und die Philosophie der Gegen-
wart, Bonn 1959; R. Bhaskar/M. Hartwig, The Formation of
Critical Realism. A Personal Perspective, Abingdon/New York
2010; R. M. Chisholm, Sellars' Critical Realism, Philos. Phenom.
Res. 15 (1954/1955), 33–47; P. Coates, The Metaphysics of Per-
ception. Wilfrid Sellars, Perceptual Consciousness and Critical
Realism, New York/London 2007; A. Collier, Critical Realism.
An Introduction to Roy Bhaskar's Philosophy, London/New York
1994; E. Craig, Realism and Antirealism, REP VIII (1998), 115–
119; J. Cruickshank (ed.), Critical Realism. The Difference It
Makes, London/New York 2003; B. Danermark u. a., Explaining
Society. Critical Realism in the Social Sciences, London/New
York 2002, 2006; D. Drake, Mind and Its Place in Nature, New
York 1925 (repr. New York 1970); ders. u. a. (eds.), Essays in
Critical Realism. A Co-operative Study of the Problem of
Knowledge, New York/London 1920 (repr. New York 1968); M.
Ferraris, Manifesto del nuovo realismo, Rom 2012 (engl. Mani-
festo of New Realism, Albany N. Y. 2014; dt. Manifest des neuen
Realismus, Frankfurt 2014; franz. Manifeste du nouveau réa-
lisme, Paris 2014); S. Fleetwood (ed.), Critical Realism in Econo-
mics. Development and Debate, London/New York 1999; J.
Frauley/F. Pearce (eds.), Critical Realism and the Social Sciences.
Heterodox Elaborations, Toronto 2007; M. Gabriel (ed.), Der
Neue Realismus, Berlin 2014, ²2015; R. Groff (ed.), Revitalizing
Causality. Realism about Causality in Philosophy and Social
Science, London/New York 2008; W. Halbfass, Realismus (II),
Hist. Wb. Ph. VIII (1992), 156–161; N. Hartmann, Grundzüge
einer Metaphysik der Erkenntnis, Berlin/Leipzig 1921, Berlin
⁵1965; ders., Zum Problem der Realitätsgegebenheit, Berlin 1931;
ders., Diesseits von Idealismus und Realismus. Ein Beitrag zur
Scheidung des Geschichtlichen und Übergeschichtlichen in der
Kantischen Philosophie, Kant-St. 29 (1924), 160–206, Nachdr. in:
ders., Kleinere Schriften II (Abhandlungen zur Philosophie-Ge-
schichte), Berlin 1957, 278–322; M. Hartwig (ed.), Dictionary of
Critical Realism, London/New York 2007; ders./J. Morgan (eds.),
Critical Realism and Spirituality, London/New York 2012; R. J.
Hirst, The Problems of Perception, London 1959, London/New
York 2013; ders., Realism, Enc. Ph. VII (1967), 77–83, VIII
(²2006), 260–273 (mit Addendum v. G. Rosen, 269–273); M. A.
König, K. R. und Systemtheorie. Die moderne Begründung des
realistischen Weltbildes und dessen systemtheoretische Voraus-
setzungen, Wien 2000; O. Külpe, Die Realisierung. Ein Beitrag
zur Grundlegung der Realwissenschaften, I–III, Leipzig 1912–
1923; C. I. Lewis, Mind and the World-Order. Outline of a
Theory of Knowledge, London, New York 1929, New York 1990;
J. López/G. Potter, After Postmodernism. An Introduction to
Critical Realism, London/New York 2001, 2005; A. O. Lovejoy,
The Revolt Against Dualism. An Inquiry Concerning the Existence of Ideas, Chicago Ill., New York, London 1930, La Salle Ill.
²1960; A. Messer, Der k. R., Karlsruhe 1923; A. E. Murphey, The
Fruits of Critical Realism, J. Philos. 34 (1937), 281–292; G. Neu-
häuser, Kritischer Wissenschaftsrealismus. Grundlegung und

Anwendung, Würzburg 2014; I. Niiniluoto, Critical Scientific Realism, Oxford/New York 1999, 2004; A. Peacocke, Intimations of Reality. Critical Realism in Science and Religion, Notre Dame Ind. 1984; J. B. Pratt, Personal Realism, New York 1937 (repr. New York 1970); V. De Ruvo, Introduzione al Realismo critico, Padua 1964; H. J. Sandkühler, Realismus, EP III (²2010), 2216–2221; G. Santayana, Scepticism and Animal Faith. Introduction to a System of Philosophy, London, New York 1923, New York 1955; P. A. Schilpp (ed.), The Philosophy of George Santayana, Evanston Ill./Chicago Ill., New York 1940, La Salle Ill. 1991; H. Schwarz, Was will der k. R.? Eine Antwort an Herrn Professor Martius in Bonn, Leipzig 1894; R. W. Sellars, Critical Realism. A Study of the Nature and Conditions of Knowledge, Chicago Ill./New York 1916, New York 1969; ders., What Is the Correct Interpretation of Critical Realism?, J. Philos. 24 (1927), 238–241; ders., The Philosophy of Physical Realism, New York 1932, 1966; ders., A Statement of Critical Realism, Rev. int. philos. 1 (1938/1939), 472–498; ders., American Critical Realism and British Theories of Sense-Perception, Methodos 14 (1962), 61–108; J. Thyssen, Grundlinien eines realistischen Systems der Philosophie, I–II, Bonn 1966/1970; I. Wirth, Realismus und Apriorismus in Nicolai Hartmanns Erkenntnistheorie. Mit einer Bibliographie der seit 1952 über Hartmann erschienenen Arbeiten, Berlin 1965.   C. F. G.

Realismus, semantischer (engl. semantic realism), in der – vor allem von M. Dummett initiierten – so genannten semantischen (↑Semantik) Realismus-Antirealismus-Debatte Bezeichnung für diejenige Position, derzufolge alle (in einer Sprache *L* gemachten) Aussagen entweder wahr oder falsch sind, unabhängig von der Möglichkeit, den ↑Wahrheitswert dieser Aussagen eindeutig festzustellen. Die als *Antirealismus* bezeichnete Gegenposition, die vor allem Dummett selbst vertritt, lehnt diesen als ↑Zweiwertigkeitsprinzip bezeichneten semantischen Grundsatz ab. Die Akzeptanz des Zweiwertigkeitsprinzips ist allerdings lediglich das zentrale Kennzeichen, jedoch keine hinreichende Bestimmung der realistischen Position. Vielmehr wird der s. R. – ebenso wie der Antirealismus – über eine wechselnde Vielzahl von Thesen bzw. durch Zuschreibung entsprechender ↑Präsuppositionen und Einstellungen charakterisiert.

In der Hauptsache akzeptiert der Realist und verwirft der Antirealist folgende Thesen: (1) das bereits genannte *Zweiwertigkeitsprinzip*, (2) das *Transzendenzprinzip*, demzufolge der Wahrheitsstatus einer Aussage feststeht, auch wenn es außerhalb menschlicher Fähigkeiten liegt, diesen festzustellen, (3) das *Verstehensprinzip*, demzufolge eine Aussage verstehen heißt, ihre ↑Wahrheitsbedingungen zu erfassen, (4) das *Unabhängigkeitsprinzip*, demzufolge Tatsachen unabhängig von den sie beschreibenden Propositionen bestehen, (5) das *Korrespondenzprinzip*, demzufolge eine Aussage wahr ist, wenn sie mit einer ↑Tatsache übereinstimmt. In erster Linie zielen dabei die Überlegungen auf solche Aussagen, die sich – wie z. B. Aussagen über unendliche

Mengen, Zukünftiges, Fremdpsychisches und wissenschaftliche Allaussagen – *faktisch* oder – wie Behauptungen in einer bezüglich dieser Aussage unentscheidbaren Sprache – *prinzipiell* nicht verifizieren (↑verifizierbar/Verifizierbarkeit) lassen. In historischer Perspektive richtet sich die Kritik des Antirealismus damit vor allem gegen G. Freges Bestimmung der ↑Bedeutung einer Aussage als Funktion ausschließlich ihrer Wahrheitsbedingungen, gegen A. Tarskis Bestimmung von ↑Wahrheit als dem Erfülltsein dieser Wahrheitsbedingungen (↑Tarski-Semantik) sowie gegen L. Wittgensteins Kriterium des Satzverstehens als Kenntnis dieser Wahrheitsbedingungen (»Einen Satz verstehen, heißt, wissen, was der Fall ist, wenn er wahr ist«, Tract. 4.024). Als paradigmatische Vertreter des s. n R. werden im Gefolge Freges und des frühen Wittgenstein alle Vertreter der klassischen Logik (↑Logik, klassische) gesehen, insofern der Aufbau dieser Logik traditionell unter Rückgriff auf das Zweiwertigkeitsprinzip erfolgt.

Die Kritik am s. n R. stützt sich auf die vom späten Wittgenstein programmatisch vertretene so genannte ↑Gebrauchstheorie der Bedeutung, nach der die Bedeutung eines Ausdrucks kein hypostasierendes (↑Hypostase) Etwas darstellt, sondern anzugeben ist über die sich im Handeln manifestierenden Regeln, in deren Befolgung der Ausdruck von kompetenten Sprechern gebraucht wird. Es könne nämlich – so die auf Dummett (What Is a Theory of Meaning?, 1975) zurückgehende antirealistische Auffassung – nur eine Bedeutungstheorie adäquat sein, die auch zu einer Erklärung des Bedeutungsverstehens und dessen Erwerbs imstande sei, und dies gelinge nur einer Theorie, die die Bedeutung der wahrheitsfähigen Ausdrücke abhängig macht von der Fähigkeit der Sprecher, den Wahrheitswert dieser Ausdrücke festzustellen. Alles, worauf Menschen beim Erlernen von Bedeutungen zurückgreifen könnten, sei das öffentlich beobachtbare Verhalten der als kompetent eingestuften Ausdrucksverwender (Öffentlichkeitsprinzip); umgekehrt müsse sich das Bedeutungsverstehen in den praktischen Fähigkeiten eines Sprechers niederschlagen (Manifestationsprinzip). Das Verstehen von Satzbedeutungen ist dabei abhängig von der Kenntnis der Ausdrucksbedeutung und der Kenntnis der Regeln, gemäß denen sie aus den Ausdrucksbedeutungen zusammengesetzt sind (Kompositionalitätsprinzip). Wird auf der Grundlage eines solchen Bedeutungskonzepts das Verstehen von Satzbedeutungen in realistischer Weise mit dem Erfassen von Wahrheitsbedingungen gleichgesetzt, kommt es zum Widerspruch: Die Wahrheitsbedingungen einiger Sätze sollen (prinzipiell) nicht erkennbar und gleichwohl verstehbar sein.

In Erfüllung der an eine Bedeutungstheorie gestellten Anforderung, operationalisierbare Kriterien für das Bedeutungsverstehen anzugeben, treten für den Antirealismus an die Stelle der Wahrheitsbedingungen so genannte *Behauptbarkeitsbedingungen*; für wissenschaftliche Zusammenhänge sind entsprechend bestimmte Verifizierbarkeits-, für explizit konstituierte formale Sprachen (↑Sprache, formale) Beweisbarkeitsbedingungen (↑beweisbar/Beweisbarkeit) gefordert. Damit verfolgt der Antirealismus grundsätzlich einen *konstruktiven* Ansatz (↑konstruktiv/Konstruktivität); insbes. teilt er die intuitionistische Kritik an der klassischen Logik (↑Logik, intuitionistische), daß die Allgemeingültigkeit des ↑tertium non datur konstruktiv nicht erreichbar sei. Daraus folgt jedoch nicht bereits die oft behauptete Unvereinbarkeit von klassischer Logik und Gebrauchstheorie der Bedeutung: Der häufig unternommene Aufbau der klassischen Logik mit Hilfe zweiwertiger ↑Wahrheitstafeln oder durch Projektion von Aussagemengen in eine oft – aber nicht notwendigerweise – als Menge von Wahrheitswerten verstandene Zweiermenge (↑Interpretationssemantik) hat zu der Auffassung geführt, daß die klassische Logik prinzipiell auf einer am Prinzip der Zweiwertigkeit orientierten Wahrheitswertsemantik beruhe. Insofern sich aber das (syntaktische) Reglement der klassischen Logik auch im Rahmen einer Gebrauchskonzeption der Bedeutung ohne jeden Rückgriff auf Wahrheitswerte etc. aufstellen läßt, ist die Festlegung auf eine intuitionistische oder schwächere Logik keine zwingende Konsequenz der antirealistischen Position.

Literatur: S. Blackburn, Truth, Realism, and the Regulation of Theory, Midwest Stud. Philos. 5 (1980), 353–371; ders., Spreading the Word. Groundings in the Philosophy of Language, Oxford 1984, 2004; ders., Manifesting Realism, Midwest Stud. Philos. 14 (1989), 29–47; R. Boyd, What Realism Implies and what It Does Not, Dialectica 43 (1989), 5–29; G. Brüntrup, Mentale Verursachung. Eine Theorie aus der Perspektive des semantischen Anti-Realismus, Stuttgart/Berlin/Köln 1994; M. Bunge, Realismo y antirrealismo en la filosofía contemporánea, Arbor 121 (1985), 13–40; E. Craig, Realism and Antirealism, REP VIII (1998), 115–119; G. Currie, The Origin of Frege's Realism, Inquiry 24 (1981), 448–454; F. Dauer, Empirical Realists and Wittgensteinians, J. Philos. 69 (1972), 128–147; M. Devitt, Dummett's Anti-Realism, J. Philos. 80 (1983), 73–99; ders., Realism and Truth, Princeton N. J., Oxford 1984, erw. Oxford/Cambridge Mass. ²1991, Princeton N. J. 1997; ders./K. Sterelny, Language and Reality. An Introduction to the Philosophy of Language, Oxford, Cambridge Mass. 1987, ²1999; M. A. E. Dummett, Truth, Proc. Arist. Soc. NS 59 (1959), 141–163, Neudr. in: ders., Truth and Other Enigmas, London, Cambridge Mass. 1978, Cambridge Mass. 1996, 1–24 (dt. Wahrheit, in: ders., Wahrheit, Stuttgart 1982, 7–46); ders., The Reality of the Past, Proc. Arist. Soc. NS 69 (1969), 239–258, Nachdr. in: ders., Truth and Other Enigmas [s. o.], 358–374; ders., Frege. Philosophy of Language, London, New York 1973, London, Cambridge Mass. ²1981, London 2001; ders., What Is a Theory of Meaning? I, in: S. Guttenplan (ed.), Mind and Language, Oxford 1975, 1977, 97–138, Nachdr. in: ders., The Seas of Language, Oxford 1993, 2003, 1–33 (dt. Was ist eine Bedeutungstheorie?, in: ders., Wahrheit, Stuttgart 1982, 94–155); ders., What Does the Appeal to Use Do for the Theory of Meaning?, in: A. Margalit (ed.), Meaning and Use. Papers

Presented at the Second Jerusalem Philosophical Encounter April 1976, Dordrecht/Boston Mass./London, Jerusalem 1979, 123–135, Nachdr. in: ders., The Seas of Language [s. o.], 106–116; ders., What Is a Theory of Meaning? II, in: G. Evans/J. McDowell (eds.), Truth and Meaning. Essays in Semantics, Oxford 1976, 2005, 67–137, Nachdr. in: ders., The Seas of Language [s. o.], 2003, 34–93; ders., Frege as a Realist, Inquiry 19 (1976), 455–468; ders., Realism, in: ders., Truth and Other Enigmas [s. o.], 145–165; ders., Realism, Synthese 52 (1982), 55–112, Nachdr. in: ders., The Seas of Language [s. o.], 230–276; ders., The Logical Basis of Metaphysics, London, Cambridge Mass. 1991, London 1995; D. Edgington, Verificationism and the Manifestations of Meaning, Proc. Arist. Soc. Suppl. 59 (1985), 33–52; J. Edwards, Atomic Realism, Intuitionist Logic and Tarskian Truth, Philos. Quart. 40 (1990), 13–26; H. Field, Realism, Mathematics and Modality, Oxford/New York 1989, Oxford/Cambridge Mass. 1991; Forum für Philosophie Bad Homburg (ed.), Realismus und Antirealismus, Frankfurt 1992; P. A. French/T. E. Uehling Jr./H. K. Wettstein (eds.), Realism and Antirealism, Minneapolis Minn. 1988; D. Gamble, Manifestability and Semantic Realism, Pacific Philos. Quart. 84 (2003), 1–23; M. Q. Gardiner, Semantic Challenges to Realism. Dummett and Putnam, Toronto/Buffalo N. Y./London 2000; S. Haack, Realism, Synthese 73 (1987), 275–299; P. Hinst, Klassische, intuitionistische oder dreiwertige Logik?, Z. philos. Forsch. 31 (1977), 61–78; W. Hinzen, The Semantic Foundations of Anti-Realism, Berlin 1998; T. Horgan/M. Potrc, Austere Realism. Contextual Semantics Meets Minimal Ontology, Cambridge Mass./London 2008; P. Horwich, Three Forms of Realism, Synthese 51 (1982), 181–201; J. C. Klagge, Moral Realism and Dummett's Challenge, Philos. Phenom. Res. 48 (1988), 545–551; M. Luntley, The Real Anti-Realism and other Bare Truths, Erkenntnis 23 (1985), 295–317; J. McDowell, Mathematical Platonism and Dummettian Anti-Realism, Dialectica 43 (1989), 173–192; C. McGinn, An A Priori Argument for Realism, J. Philos. 76 (1979), 113–133; ders., Realist Semantics and Content-Ascription, Synthese 52 (1982), 113–134; G. H. Merrill, The Model-Theoretic Argument Against Realism, Philos. Sci. 47 (1980), 69–81; ders., Three Forms of Realism, Amer. Philos. Quart. 17 (1980), 229–235; A. Miller, Realism, SEP 2002, rev. 2014; ders., The Significance of Semantic Realism, Synthese 136 (2003), 191–217; W. H. Newton-Smith, The Truth in Realism, Dialectica 43 (1989), 31–45; D. Papineau, Realism and Epistemology, Mind NS 94 (1985), 367–388; D. Pearce/V. Rantala, Realism and Formal Semantics, Synthese 52 (1982), 39–53; M. Platts (ed.), Reference, Truth and Reality. Essays on the Philosophy of Language, London/Boston Mass./Henley 1980; S. A. Rasmussen, Quasi-Realism and Mind-Dependence, Philos. Quart. 35 (1985), 185–191; ders./J. Ravnkilde, Realism and Logic, Synthese 52 (1982), 379–437; H. J. Sandkühler, Realismus, EP III (²2010), 2216–2221; D. P. Screen, Realism and Grammar, Southern J. Philos. 22 (1984), 523–534; S. A. Shalkowski, Semantic Realism, Rev. Met. 48 (1995), 511–538; G. Siegwart, Vorfragen zur Wahrheit. Ein Traktat über kognitive Sprachen, München 1997; H. Stein, Yes, But .... Some Sceptical Remarks on Realism and Anti-Realism, Dialectica 43 (1989), 47–65; M. Steiner, Mathematical Realism, Noûs 17 (1983), 363–385; B. M. Taylor (ed.), Michael Dummett. Contributions to Philosophy, Dordrecht/Boston Mass./Lancaster 1987; ders., The Truth in Realism, Rev. int. philos. 41 (1987), 45–63; N. Tennant, Anti-Realism and Logic. Truth as Eternal, Oxford 1987; ders., The Taming of the True, Oxford etc. 1997, 2004; R. Vergauwen, A Metalogical Theory of Reference. Realism and Essentialism in Semantics, Lanham Md./New York/London 1993; G. Vision, Modern Anti-Realism and Manufactured Truth,

London/New York 1988; A. Ward, Three Realist Claims, Philos. Phenom. Res. 45 (1985), 437–447; G. M. Wilson, Semantic Realism and Kripke's Wittgenstein, Philos. Phenom. Res. 58 (1998), 99–122; C. Wright, Realism, Meaning & Truth, Oxford/Cambridge Mass. 1987, erw. [2]1993, 1995; ders., Realism, Antirealism, Irrealism, Quasi-Realism, in: P. A. French/T. E. Uehling Jr./H. K. Wettstein (eds.), Realism and Antirealism [s. o.], 25–49; J. O. Young, Meaning and Metaphysical Realism, Philos. 63 (1988), 114–118.   C. F. G.

Realismus, wissenschaftlicher, Bezeichnung für eine wissenschaftstheoretische (↑Wissenschaftstheorie) Position, derzufolge zentrale von der Wissenschaft angenommene Größen zumindest angenähert ein Gegenstück in der Wirklichkeit besitzen. Der w. R. wird im wesentlichen in drei Spielarten vertreten: Theorienrealismus, Entitätenrealismus und Strukturenrealismus. Für den *Theorienrealismus* sind die ↑Theorien der ›reifen‹ ↑Wissenschaft typischerweise näherungsweise wahr, und die zentralen ↑Begriffe dieser Theorien beziehen sich typischerweise auf tatsächlich existierende ↑Objekte und ↑Prozesse. Die Existenzbehauptung des w.n R. ist auf *theoretische* Annahmen gerichtet. Es geht also nicht um die Wirklichkeit empirisch direkt zugänglicher ↑Gegenstände, sondern um die von menschlichen Erkenntnisleistungen unabhängige Existenz dessen, was nicht direkt beobachtbar ist, aber seinen Platz in der wissenschaftlichen Theorie hat (wie Moleküle oder Elektronen). Der w. R. beinhaltet entsprechend nicht allein die Behauptung der Existenz einer in diesem Sinne unabhängigen ↑Außenwelt (↑Realismus (erkenntnistheoretisch)), sondern stellt den weitergehenden Anspruch dar, daß deren wesentliche Charakteristika der menschlichen ↑Erkenntnis zugänglich sind und die Wissenschaft diesen Zugang eröffnet.

Das gegenwärtig verbreitetste Argument zugunsten des w.n R. ist das so genannte ›Wunderargument‹. Danach liefert der w. R. die beste verfügbare Erklärung für den Vorhersageerfolg der Wissenschaft; ohne die Annahme des w.n R. werde dieser Vorhersageerfolg zu einem ›Wunder‹. Wenn es einer Theorie gelingt, so das Argument, neuartige empirische Regularitäten zutreffend vorherzusagen, oder wenn sie ohne Anpassung zu diesem Zweck eine einheitliche theoretische Beschreibung von zuvor als verschiedenartig geltenden Phänomenen bereitstellt, dann besteht die einzig plausible Erklärung derart ›überraschender‹ Vorhersageerfolge in der Annahme, daß die entsprechende Theorie die einschlägigen Prozesse im wesentlichen korrekt beschreibt und die hierfür herangezogenen theoretischen Entitäten tatsächlich existieren.

Der Anti-Realismus (↑Instrumentalismus, ↑Konventionalismus) stützt sich demgegenüber im Kern auf die beiden folgenden Argumente. (1) Pessimistische Meta-Induktion: Die ontologischen Konsequenzen der jeweils akzeptierten wissenschaftlichen Theorien unterliegen in hohem Maße dem historischen Wandel. Größen wie der Wärmestoff oder der Lichtäther waren Teil reifer Theorien und sind gleichwohl aufgegeben worden. Deshalb ist damit zu rechnen, daß auch die gegenwärtig für gültig gehaltenen Theorien von Theorien mit andersartigen ontologischen Konsequenzen abgelöst werden. Die realistische Erwiderung bestreitet als konvergenter Realismus die tiefgreifende Natur des ontologischen Wandels in der Wissenschaftsgeschichte, so daß wissenschaftlicher Wandel als beständige Zunahme von Einsichten über die gleichen Objekte zu deuten ist (↑Erkenntnisfortschritt). Die aufgegebenen Größen waren entweder nicht Teil reifer Theorien oder spielten in solchen Theorien keine wesentliche Rolle (S. Psillos). (2) Argument der ↑Unterbestimmtheit: ↑Erfahrung ist die einzig legitime Prüfinstanz für Wissensansprüche. Die Geltung theoretischer Behauptungen ist jedoch anhand der Erfahrung allein nicht eindeutig zu beurteilen. Die gleichen Daten können nämlich stets auf unterschiedliche und miteinander unverträgliche theoretische Annahmen zurückgeführt werden (Duhem-Quine-These; ↑experimentum crucis). Die verbreitetste realistische Erwiderung sieht vor, daß empirisch äquivalente Theorien gleichwohl methodologisch und explanatorisch unterschiedlich qualifiziert sein können und erhöhte Erklärungskraft einen vermehrten Wahrheitsanspruch begründet.

Der *Entitätenrealismus* sucht den Wirklichkeitsanspruch für wissenschaftliche Größen vom strittigen Wahrheitsanspruch wissenschaftlicher Theorien zu trennen und stattdessen auf das ↑Experiment zu gründen. In der auf I. Hacking zurückgehenden Fassung drückt sich die Wirklichkeit unbeobachtbarer Größen darin aus, daß sie sich im Experiment als Werkzeuge einsetzen lassen, um mit ihnen gezielt Wirkungen zu erzeugen. Die Realität solcher Größen stützt sich nicht darauf, daß sie zum Gegenstand experimenteller Untersuchungen werden, sondern darauf, daß sie als Mittel verwendet werden können, um experimentell in andere Phänomene einzugreifen. Hackings Anspruch ist, daß die Identität solcher Entitäten auch ohne höherstufige Theorien festgestellt werden kann (da sich andernfalls der Entitätenrealismus doch auf die Gültigkeit von Theorien stützen müßte). Die Ermittlung der kausalen Eigenschaften gelingt danach auch durch bloßen Rückgriff auf breit verankerte empirische Verallgemeinerungen, die nicht selbst eine zusammenhängende Theorie bilden. Dagegen wird geltend gemacht, daß die experimentelle Intervention nur von der empirischen Manifestation einer Größe Gebrauch macht und auf diese Weise die Beschaffenheit der als real auszuweisenden Größe nicht begründet werden kann. Der bloße Einsatz eines elektrischen Stroms im Experiment kann nicht die Existenz von Elektronen untermauern.

Der *Strukturenrealismus* besagt, daß sich die berechtigten Wirklichkeitsbehauptungen wissenschaftlicher Theorien nicht auf die Beschaffenheit der Objekte im betreffenden Gegenstandsbereich beziehen, sondern auf die Beziehungen zwischen ihnen. Diese Eingrenzung des wissenschaftlichen Wirklichkeitsanspruchs auf Relationen wird zu Beginn des 20. Jhs. unter anderem von H. Poincaré, P. Duhem und H. Weyl vertreten. Der moderne Strukturenrealismus geht auf J. Worrall (1989) zurück; die von ihm vertretene Variante wird heute als epistemischer Strukturenrealismus bezeichnet. Das zentrale Argument zugunsten dieser Position ist, daß sie eine Kontinuität im Theorienwandel sichtbar werden läßt, die die pessimistische Meta-Induktion abzuweisen vermag und dem Wunderargument gerecht wird. Z. B. ist die Entwicklung der ↑Elektrodynamik durch tiefe ontologische Brüche gekennzeichnet. Für A. Fresnel waren Lichtwellen mechanische Wellen im ↑Äther, für J. Maxwell handelte es sich um elektrische Ströme im Äther, und nach A. Einsteins Spezieller Relativitätstheorie (↑Relativitätstheorie, spezielle) wurden trägerlose elektromagnetische Felder angenommen. Gleichwohl blieben die zugrundegelegten Beziehungen zwischen den relevanten Größen unverändert. Diese Kontinuität drückt sich darin aus, daß die ↑Maxwellschen Gleichungen anhaltend die Beschaffenheit der betreffenden Phänomene wiedergeben. Zugleich beruhten die Erfolge der Elektrodynamik wesentlich auf diesen Gleichungen. Der epistemische Strukturenrealismus nimmt entsprechend an, daß die wirkliche Beschaffenheit der Naturgrößen von der Wissenschaft nicht verläßlich ermittelt werden kann, daß sich aber die Relationen zwischen den Naturgrößen dem wissenschaftlichen Zugriff erschließen. Diese Relationen drücken sich im Besonderen in mathematischen Zusammenhängen aus; und auf dieser Ebene finden sich bleibende Erklärungserfolge und Kontinuitäten im Theorienwandel, die eine realistische Deutung dieser Beziehungen ermöglichen (wie es dem Wunderargument entspricht). – Der ontologische Strukturenrealismus geht einen Schritt weiter und behauptet, daß es Objekte als Träger von Strukturen gar nicht gibt (J. Ladyman 1998). Die Wirklichkeit besteht danach aus Relationen ohne vorgängige Relata. Das zentrale Motiv für den ontologischen Strukturenrealismus besteht darin, daß die physikalischen Grundlagentheorien einen ontologischen Primat von Relationen nahelegen (↑Raum, absoluter, ↑Quantentheorie).

Literatur: E. Agazzi (ed.), Varieties of Scientific Realism. Objectivity and Truth in Science, Cham 2017; ders./M. Pauri (eds.), The Reality of the Unobservable. Observability, Unobservability and Their Impact on the Issue of Scientific Realism, Dordrecht etc. 2000 (Boston Stud. Philos. Sci. 215); E. C. Barnes, The Miraculous Choice Argument for Realism, Philos. Stud. 111 (2002), 97–120; Y. Ben-Menahem, Conventionalism, Cambridge etc. 2006, 2012; S. Blackburn, Realism: Deconstructing the Debate, Ratio NS 15 (2002), 111–133; M. Carrier, What Is Wrong with the Miracle Argument?, Stud. Hist. Philos. Sci. 22 (1991), 23–36; ders., What Is Right with the Miracle Argument. Establishing a Taxonomy of Natural Kinds, Stud. Hist. Philos. Sci. 24 (1993), 391–409, Neudr. in: M. Curd/J. A. Cover/C. Pincock (eds.), Philosophy of Science [s. u.], 1172–1190; ders., Experimental Success and the Revelation of Reality. The Miracle Argument for Scientific Realism, in: ders. u. a. (eds.), Knowledge and the World. Challenges Beyond the Science Wars, Berlin etc. 2004, 137–161; A. Chakravartty, Semirealism, Stud. Hist. Philos. Sci. 29 (1998), 391–408; ders., The Structuralist Conception of Objects, Philos. Sci. 70 (2003), 867–878; ders., Structuralism as a Form of Scientific Realism, Int. Stud. Philos. Sci. 18 (2004), 151–171; ders., A Metaphysics for Scientific Realism. Knowing the Unobservable, Cambridge etc. 2007; ders., Scientific Realism, SEP 2011, rev. 2017; H. Chang, Preservative Realism and Its Discontents. Revisiting Caloric, Philos. Sci. 70 (2003), 902–912; S. Clarke, Defensible Territory for Entity Realism, Brit. J. Philos. Sci. 52 (2001), 701–722; J. Cumpa/E. Tegtmeier (eds.), Phenomenological Realism versus Scientific Realism. Reinhardt Grossmann – David M. Armstrong Metaphysical Correspondence, Frankfurt 2009; M. Curd/J. A. Cover/C. Pincock (eds.), Philosophy of Science. The Central Issues, New York/London ²2013, bes. 1045–1231 (Chap. 9 Empiricism and Scientific Realism); M. Day/G. S. Botterill, Contrast, Inference and Scientific Realism, Synthese 160 (2008), 249–267; P. Dicken, A Critical Introduction to Scientific Realism, London etc. 2016; G. Doppelt, Reconstructing Scientific Realism to Rebut the Pessimistic Meta-Induction, Philos. Sci. 74 (2007), 96–117; M. van Dyck, Constructive Empiricism and the Argument from Underdetermination, in: B. Monton (ed.), Images of Empiricism. Essays on Science and Stances, with a Reply from Bas C. Van Fraassen, Cambridge etc. 2007, 11–31; M. Egg, Scientific Realism in Particle Physics. A Causal Approach, Boston Mass./Berlin 2014; M. Esfeld, Naturphilosophie als Metaphysik der Natur, Frankfurt 2008, bes. 115–136 (Kap. 4 Naturphilosophischer Holismus und Strukturenrealismus); ders., The Modal Nature of Structures in Ontic Structural Realism, Int. Stud. Philos. Sci. 23 (2009), 179–194; ders./V. Lam, Moderate Structural Realism about Space-Time, Synthese 160 (2008), 27–46; dies., Ontic Structural Realism as a Metaphysics of Objects, in: A. Bokulich/P. Bokulich (eds.), Scientific Structuralism, Dordrecht etc. 2011 (Boston Stud. Philos. Sci. 281), 143–159; A. Fine, Scientific Realism and Antirealism, REP VIII (1998), 581–584; B. C. van Fraassen, The Scientific Image, Oxford 1980, 1990; ders., Structure. Its Shadow and Substance, Brit. J. Philos. Sci. 57 (2006), 275–307; S. French, The Structure of the World. Metaphysics & Representation, Oxford etc. 2014; ders./J. Ladyman, The Dissolution of Objects. Between Platonism and Phenomenalism, Synthese 136 (2003), 73–77; G. Frost-Arnold, The No-Miracles Argument for Realism: Inference to an Unacceptable Explanation, Philos. Sci. 77 (2010), 35–58; I. Hacking, Experimentation and Scientific Realism, Philos. Top. 13 (1982/1985), 71–87, Neudr. in: J. Leplin (ed.), Scientific Realism [s. u.], 154–192, Neudr. in: M. Curd/J. A. Cover/C. Pincock (eds.), Philosophy of Science [s. o.], 1140–1155; ders., Representing and Intervening. Introductory Topics in the Philosophy of Natural Science, Cambridge etc. 1983, 2010 (dt. Einführung in die Philosophie der Naturwissenschaften, Stuttgart 1996, 2011); R. Jones, Realism About What?, Philos. Sci. 58 (1991), 185–202; T. S. Kuhn, The Structure of Scientific Revolutions, Chicago Ill./London 1962, ³1996, 2012 (dt. Die Struktur wissenschaftlicher Revolutionen, Frankfurt 1967, 2014); A. Kukla, Studies in Scientific Realism, Oxford etc. 1998; J. Ladyman, What Is Structural Realism?, Stud. Hist. Philos. Sci. 29 (1998), 409–424; ders., Structural Realism, SEP 2007, rev. 2014; ders. u. a., Every Thing Must Go. Metaphysics Naturalized, Oxford etc. 2007, 2010; V. Lam/M. Esfeld, The Structural Metaphysics of Quantum Theory and General Relativity, J. General Philos. Sci. 43 (2012), 243–258; L. Laudan, A Confutation of Convergent Realism, Philos. Sci. 48 (1981), 19–49, Neudr. in: J. Leplin (ed.), Scientific Realism [s. u.], 218–249, Neudr. in: M. Curd/J. A. Cover/C. Pincock (eds.), Philosophy of Science [s. o.], 1108–1128; S. Leeds, Correspondence Truth and Scientific Realism, Synthese 159 (2007), 1–21; J. Leplin (ed.), Scientific Realism, Berkeley Calif./Los Angeles/London 1984; ders., A Novel Defense of Scientific Realism, Oxford etc. 1997; T. Lewens, Realism and the Strong Program, Brit. J. Philos. Sci. 56 (2005), 559–577; T. D. Lyons, Toward a Purely Axiological Scientific Realism, Erkenntnis 63 (2005), 167–168; ders., Scientific Realism and the Stratagema de Divide et Impera, Brit. J. Philos. Sci. 57 (2006), 537–560; M. Marsonet (ed.), The Problem of Realism, Aldershot 2002; G. Maxwell, The Ontological Status of Theoretical Entities, in: H. Feigl/ders. (eds.), Scientific Explanation, Space, and Time, Minneapolis Minn. 1962, 1971 (Minn. Stud. Philos. Sci. III), 3–27, Neudr. in: M. Curd/J. A. Cover/C. Pincock (eds.), Philosophy of Science [s. o.], 1049–1059; M. Morganti, On the Preferability of Epistemic Structural Realism, Synthese 142 (2004), 81–107; A. Musgrave, The Ultimate Argument for Scientific Realism, in: R. Nola (ed.), Relativism and Realism in Science, Dordrecht/London/Boston Mass. 1988, 229–252; ders., Discussion: Realism about What?, Philos. Sci. 59 (1992), 691–697; I. Niiniluoto, Critical Scientific Realism, Oxford etc. 1999, 2004; K. R. Popper, Conjectures and Refutations. The Growth of Scientific Knowledge, London, New York 1963, London ⁵1974, London/New York 2010, 215–250 (Chap. 10 Truth, Rationality, and the Growth of Scientific Knowledge); ders., Über Wahrheitsnähe, in: ders., Logik der Forschung, Tübingen ⁷1982, 428–433, ¹¹2005 (= Ges. Werke III), 510–516 (Anhang *XV), Neudr. in: ders., Objektive Erkenntnis. Ein evolutionärer Entwurf, Hamburg ⁴1984, 1998, 376–382 (Anhang 2); S. Psillos, Is Structural Realism the Best of Both Worlds?, Dialectica 49 (1995), 15–46; ders., Scientific Realism. How Science Tracks Truth, London/New York 1999, 2010; ders., Is Structural Realism Possible?, Philos. Sci. (Proc.) 68 (2001), 13–24; ders., ›The‹ Structure, the ›Whole‹ Structure, and Nothing ›but‹ the Structure?, Philos. Sci. 73 (2006), 560–570; ders., Knowing the Structure of Nature. Essays on Realism and Explanation, Basingstoke/New York 2009; H. Putnam, Meaning and the Moral Sciences, London/Henley/Boston Mass. 1978, 1981, 18–33 (Lecture II); W. V. O. Quine/J. S. Ullian, The Web of Belief, New York 1970, ²1978; R. Reiner/R. Pierson, Hacking's Experimental Realism. An Untenable Middle Ground, Philos. Sci. 62 (1995), 60–69; W. C. Salmon, Scientific Explanation and the Causal Structure of the World, Princeton N. J. 1984, 206–238 (Chap. 8 Theoretical Explanation); W. Seager, Ground Truth and Virtual Reality: Hacking vs. van Fraassen, Philos. Sci. 62 (1995), 459–478; M. J. Shaffer, Counterfactuals and Scientific Realism, Basingstoke/New York 2012; P. K. Stanford, No Refuge for Realism. Selective Confirmation and the History of Science, Philos. Sci. 70 (2003), 913–925; ders., Pyrrhic Victories for Scientific Realism, J. Philos. 100 (2003), 553–572; C. Suhm, W. R.. Eine Studie zur Realismus – Antirealismus Debatte in der neueren Wissenschaftstheorie, Frankfurt/Lancaster 2005; J. Worrall, Structural Realism. The Best of Both Worlds?, Dialectica 43 (1989), 99–124, Neudr. in: D. Papineau (ed.), The Philosophy of Science, Oxford etc. 1996, 2006, 139–165. M. C.

Realität (engl. reality, franz. réalité), in alltags- und bildungssprachlicher Verwendung Bezeichnung für die Welt der ↑Gegenstände, ↑Zustände und ↑Ereignisse, auch der durch den Menschen hergestellten Dinge und in Gang gesetzten Entwicklungen, im Unterschied zu den ›im Denken‹ oder ›in der Einbildung‹ vorgestellten (›virtuellen‹) Gegenständen, Zuständen und Ereignissen. Als R. gilt, was unabhängig von Vorstellungen und Wünschen bzw. den Bedingungen der ↑Wahrnehmung, der ↑Erfahrung und des ↑Denkens besteht bzw. wirklich ist.

In erkenntnistheoretischen Zusammenhängen tritt der Begriff der R. in Gegensatz zu dem der Idealität (↑Idee (historisch), ↑Idee (systematisch)), als Wirklichkeit (↑wirklich/Wirklichkeit) in Gegensatz zu Möglichkeit (↑möglich/Möglichkeit) und als ↑Wesen bzw. Seiendes ↑an sich in Gegensatz zu ↑Erscheinung. Die Unterscheidung zwischen Wesen und Erscheinung betrifft dabei eigentlich den Gegensatz von *absolut* (↑Absolute, das) und *relativ* (↑relativ/Relativierung) im Sinne eines unabhängig oder abhängig vom erkennenden ↑Subjekt Seienden, also den Gegensatz von *Welt an sich* und *Welt als Erscheinung*. Ferner tritt neben dieser Unterscheidung auch die Unterscheidung zwischen Wesen (= Essenz) und ↑Dasein (= Existenz) auf (z. B. bei O. Becker, M. Heidegger und C. S. Peirce) und betrifft hier zum einen den Gegensatz zwischen dem Wiederkehrenden (↑›Wiederkehr des Gleichen‹) und dem Einmaligen, zum anderen (im wesentlichen gleichbedeutend) den Gegensatz zwischen dem Universale (↑Universalien, ↑Universalia) und dem Singulare (↑Singularia), also die Streitfrage, ob das Universale oder das Singulare als R. zu gelten hat (↑Universalienstreit). Peirce nannte das Universale (die Schemata; ↑Schema) *real*, die Singularia (die ↑Aktualisierungen) *existierend*. Verbunden mit der Unterscheidung zwischen Wesen als dem *Ansich* und Erscheinung ist schließlich der auf die Platonische ↑Ideenlehre zurückgehende Immanenz-Transzendenz-Aspekt (↑immanent/Immanenz, ↑transzendent/Transzendenz), d. h. die Frage, ob das ›gespiegelte‹ (= geschaffene) Reale in demselben Sinne real ist wie sein ›Urbild‹, nämlich nur insofern es universale (= ideenbezogene) Züge, nicht insofern es partikulare (= sinnlich-materiale) Züge trägt, obwohl das Partikulare sowohl universal als auch singular ist. Philosophische Positionen, die im Sinne einer dieser Unterscheidungen (im Gegensatz zum ↑Idealismus) einen erkenntnistheoretischen oder ontologischen Primat der Objekte der Erkenntnis vertreten, werden als *realistisch* bezeichnet (↑Realismus (erkenntnistheoretisch), ↑Realismus (ontologisch)).

Begriffsgeschichtlich knüpft der Begriff der R. an den scholastischen (↑Scholastik) Terminus ›realitas‹ an, der seinerseits mit den Bedeutungsfeldern der Termini ›ens‹

(↑Seiende, das) und ↑›res‹ verbunden ist. ›Ens‹ bezeichnet ›das, was ist‹ (*ens nihil est aliud, quam quod est*, Thomas von Aquin, Opera omnia [Leonina] I, Rom 1882, 28) bzw. etwas, dem ↑Sein zukommt, ›res‹ die Eigenschaft, die einem Gegenstand zukommt, insofern er existiert. Wie ›res‹ bedeutet ›realitas‹ insofern einen bestehenden ↑Sachverhalt. Dieser wiederum kann bloß ›gedacht‹ oder auch unabhängig vom Denken ›gegeben‹ sein. In dieser Form wird der Begriff der R. auch vom neuzeitlichen Denken übernommen. So bezeichnet R. Descartes im Anschluß an die skotistische (↑Skotismus) Unterscheidung zwischen *realitas obiectiva* und *realitas subiectiva* mit dem Terminus ›realitas obiectiva‹ die in der Idee (im Begriff) vorgestellte R., mit dem Terminus ›realitas actualis sive formalis‹ die auch unabhängig von Bestimmungen des Bewußtseins ›gegebene‹ R. (Medit. III, Œuvres VII, 41ff.). Bei I. Kant, der zunächst, z. B. in der »Inauguraldissertation« (1770) im Zusammenhang mit einer Analyse der Anschauungsformen von ↑Raum und ↑Zeit (vgl. Sect. III, § 15, Akad.-Ausg. II, 402–406), ebenfalls an die scholastische Terminologie anknüpft, tritt R. als eine ↑Kategorie der ↑Qualität auf.

Die Kontroverse zwischen den Positionen des Idealismus und des (erkenntnistheoretischen und ontologischen) Realismus, ferner des Materialismus (↑Materialismus (historisch), ↑Materialismus (systematisch)) um den Primat der Objekte der Erkenntnis oder des Subjekts der Erkenntnis bzw. um die Frage, ob das ↑Bewußtsein (↑Selbstbewußtsein) das ↑Sein (Gegenstandsbewußtsein) oder das Sein das Bewußtsein bestimmt, damit auch um die Frage nach der R. der ↑Außenwelt, betrifft zwar nicht mehr primär den von Kant gegen den Idealismus geforderten Nachweis, »daß wir von äußeren Dingen auch *Erfahrung* und nicht bloß *Einbildung* haben« (KrV B 275), hält sich jedoch nach wie vor, zumal im Zusammenhang des so genannten ↑Subjekt-Objekt-Problems, in einem erkenntnistheoretischen und ontologischen Rahmen. Während dabei sowohl von wissenschaftstheoretischer Seite (R. Carnap) als auch von hermeneutischer (↑Hermeneutik) Seite (M. Heidegger) das in der Forderung Kants thematisierte R.sproblem als ↑Scheinproblem abgetan wird, spricht die materialistische Erkenntnistheorie im unmittelbaren Anschluß an die Terminologie eines naiven Realismus von der materiellen Welt als objektiver R., die außerhalb des menschlichen Bewußtseins existiert und von diesem gespiegelt wird (↑Widerspiegelungstheorie).

Gegen diese objektivistische Auffassung, die einen direkten Zugang zum Wesen oder zur R. der Erscheinungen unterstellt, aber auch gegen einen R.sbegriff, mit dem das Problem einer Gegenstandskonstitution aus wissenschaftstheoretischen oder anderen Gründen in den Hintergrund des philosophischen Interesses gerät, ist durch die sprachkritische bzw. linguistische Wende (*linguistic turn*; ↑Wende, linguistische) der ↑Erkenntnistheorie deutlich geworden, daß reale Situationsverständnisse durch sprachliche Konstruktionen zustandegebracht werden. R. im Sinne dieser sprachkritischen (↑Sprachkritik) Einsicht ist durch Sätze, die Situationsverständnisse, d. h. ↑Sachverhalte bzw. (im begründeten Fall) ↑Tatsachen darstellen, gegeben (L. Wittgenstein: »Die Welt ist alles, was der Fall ist«, Tract. 1). Auch hier besteht allerdings weiterhin die Kontroverse, ob R. als Gesamtheit der Gegenstände oder als Gesamtheit der Tatsachen (im Sinne der Wittgensteinschen Gegenüberstellung von ›Substanz der Welt‹ und ›Welt‹) begriffen werden soll, also in Form der Unterscheidung entweder zwischen ↑Substanz und ↑Akzidens oder zwischen Substanz (bzw. Gegenstand) und Aussage (bzw. Tatsache). Schließlich werden auch im Kontext der Analytischen Philosophie (↑Philosophie, analytische) Konzeptionen, z. B. im Rahmen der Mathematik und der Logik, als *realistisch* bezeichnet, insofern diese ihre Gegenstände als real gegebene Eigenschaften von (singulären) Dingen, Zuständen oder Ereignissen auffassen.

In der Physik ist im Bereich der ↑Quantentheorie wegen der mangelnden durchgehenden Zuschreibbarkeit von Eigenschaften die R. der entsprechenden Objekte bestritten worden. So fehlt nach der ↑Kopenhagener Deutung den Objekten der Quantentheorie die Substantialität; diesen kommt keine vom jeweiligen experimentellen Eingriff unabhängige und zwischen solchen Eingriffen weiterbestehende R. zu. Da sich die Objekte der Quantentheorie nach Maßgabe des jeweiligen Experiments in unterschiedlicher Form manifestieren, werden sie durch den experimentellen Eingriff in wesentlicher Hinsicht überhaupt erst konstituiert. Im Gegensatz zum instrumentalistischen (↑Instrumentalismus) Verständnis der Kopenhagener Deutung werden etwa seit 1980 verstärkt Ansätze zu einer realistischen Interpretation der Quantentheorie entwickelt.

Literatur: M. A. Arbib/M. B. Hesse, The Construction of Reality, Cambridge etc. 1986, 2008; J. L. Austin, Sense and Sensibilia, Oxford 1962, 1979 (dt. Sinn und Sinneserfahrung (Sense and Sensibilia), Stuttgart 1975, 1986); K. Bschir, Wissenschaft und R.. Versuch eines pragmatischen Empirismus, Tübingen 2012; J.-F. Courtine, R./Idealität, Hist. Wb. Ph. VIII (1992), 185–193; H. Dyke (ed.), From Truth to Reality. New Essays in Logic and Metaphysics, New York/London 2009; B. Falkenburg, Teilchenmetaphysik. Zur R.sauffassung in Wissenschaftsphilosophie und Mikrophysik, Mannheim etc. 1994, Heidelberg/Berlin/Oxford ²1995; C. F. Gethmann, R., Hb. ph. Grundbegriffe II (1973), 1168–1187; H. H. Holz, R., ÄGB V (2003), 197–227; H. Holzhey, Das philosophische R.sproblem. Zu Kants Unterscheidung von R. und Wirklichkeit, in: J. Kopper/W. Marx (eds.), 200 Jahre Kritik der reinen Vernunft, Hildesheim 1981, 79–111; L. Honnefelder, Scientia transcendens. Die formale Bestimmung der Seiendheit und R. in der Metaphysik des Mittelalters und der Neuzeit (Duns Scotus – Suárez – Wolff – Kant – Peirce), Hamburg 1990 (franz. La métaphysique comme science transcendantale.

Entre le Moyen Age et les temps modernes, Paris 2002); J.-F. Kahn, Philosophie de la réalité. Critique du réalisme, Paris 2011; W. E. Kennick, Appearance and Reality, Enc. Ph. I (1967), 135–138, I (²2006), 229–233; F. Leander, Analyse des Wirklichkeitsbegriffs, I–II, Theoria 9 (1943), 22–38, 124–144; C. A. Levenson/J. Westphal (eds.), Reality, Indianapolis Ind. 1994; M. K. Munitz, The Question of Reality, Princeton N. J. 1990, 1992; R. G. Newton, The Truth of Science. Physical Theories and Reality, Cambridge Mass./London 1997, 2000; D. Papineau, Reality and Representation, Oxford etc. 1987, 1991; E. Pivčevič, The Concept of Reality, London, New York 1986; N. Rescher, The Riddle of Existence. An Essay in Idealistic Metaphysics, Lanham Md./New York/London 1984; H. Rott/V. Horák (eds.), Possibility and Reality. Metaphysics and Logic, Frankfurt/London 2003; H. Seidl (ed.), Realismus als philosophisches Problem, Hildesheim/Zürich/New York 2000; P. Stekeler-Weithofer, R./Wirklichkeit, EP III (²2010), 2221–2230; T. Trappe/Red., R., formale/objektive, Hist. Wb. Ph. VIII (1992), 193–200; H. Wagner, Realitas objectiva (Descartes – Kant), Z. philos. Forsch. 21 (1967), 325–340; R. Wahsner/H. H. v. Borzeszkowski, Die Wirklichkeit der Physik. Studien zu Idealität und R. in einer messenden Wissenschaft, Frankfurt etc. 1992; R. Zimmermann, Der ›Skandal der Philosophie‹ und die Semantik. Kritische und systematische Untersuchungen zur analytischen Ontologie und Erfahrungstheorie, Freiburg/München 1981.   J. M.

Realwissenschaft, Bezeichnung für eine von realen Gegenständen handelnde Wissenschaft, daher gleichbedeutend mit ›Erfahrungswissenschaft‹ oder ›empirische Wissenschaft‹. Dem Terminus liegt eine an den Untersuchungsgegenständen orientierte Wissenschaftssystematik zugrunde. Dabei teilt die ältere Literatur die R.en (auch: ›Tatsachenwissenschaften‹) in Naturwissenschaften und Kulturwissenschaften ein und unterscheidet sie als aposteriorische Wissenschaften von den apriorischen (↑a priori) Idealwissenschaften, die heute meist als ↑Formalwissenschaften bezeichnet werden. R. Carnap sieht 1928 die Aufgabe der R. (die er in Naturwissenschaften, Psychologie und Kulturwissenschaften einteilt) in der Auffindung genereller Gesetze einerseits, der Erklärung individueller Vorgänge durch Subsumtion unter solche Gesetze andererseits und hält das von ihm vorgeschlagene physikalische ↑Konstitutionssystem für die geeignetste Ordnung der Begriffe in den R.en.

Literatur: R. Carnap, Der logische Aufbau der Welt, Berlin-Schlachtensee 1928, zusammen mit Scheinprobleme in der Philosophie, ²1961, Hamburg ⁴1974, 1998 (engl. The Logical Structure of the World. Pseudoproblems in Philosophy, Berkeley Calif./London 1967, Chicago Ill./La Salle Ill. 2003); O. Külpe, Die Realisierung. Ein Beitrag zur Grundlegung der R.en I, Leipzig 1912, II–III [aus dem Nachlaß], ed. A. Messer, Leipzig 1920/1923.   C. T.

Recht, (1) (lat. ius, engl. law) Bezeichnung für die Gesamtheit von institutionell kontrollierten Bestimmungen zur Regelung des gesellschaftlichen Zusammenlebens, die von der akzeptierten normgebenden (↑Norm, (juristisch, sozialwissenschaftlich)) Instanz legitimiert

(↑Legalität, ↑Legitimität) werden. In modernen Großgesellschaften tritt das R. meist als staatliches Gesetzesrecht auf (↑Staat). Dieses enthält zum einen mit Sanktionsgewalt verbundene Gebote oder Verbote, zum anderen Befugnisse verleihende oder neue Regelungen ermöglichende Bestimmungen. – Neben diesem konventionalistischen R.sbegriff, den der ↑Rechtspositivismus für den allein zweckmäßigen hält, wird in der Lehre vom ↑Naturrecht zusätzlich (oder sogar ausschließlich) von einem überkonventionellen R.sbegriff ausgegangen, mit dem Bezug genommen wird auf moralische Prinzipien der ↑Gerechtigkeit, wobei ›R.‹ (im Sinne des ›Richtigen‹) als Gegenbegriff zu ›Unrecht‹ verwendet wird.

(2) (engl. right), Grundbegriff der Praktischen Philosophie (↑Philosophie, praktische) zur Bezeichnung der moralisch begründeten Ansprüche von Individuen. Im Gegensatz zu juristischen R.en leiten sich moralische R.e nicht aus institutionellen (›geltenden‹) Regelungen ab. Die Berufung auf sie dient vielmehr als Aufforderung zur adäquaten Berücksichtigung individueller Interessen, wenn etwa bestimmt werden muß, wem welche politischen Grundfreiheiten gewährt und wie Probleme der Güterverteilung gerecht gelöst werden sollen (↑Menschenrechte). Deontologische Ethiktypen (↑Deontologie, ↑Ethik, deontologische) betonen das Konzept individueller R.e insbes. gegen den ↑Utilitarismus, der ihnen zufolge den moralischen Status von ↑Personen unzureichend berücksichtigt. – Für die aktuelle Debatte um den moralischen Status von Tieren ist relevant, daß es leidensfähige Nicht-Personen geben kann, die zwar keine ↑Pflichten, aber doch bestimmte R.e haben (ohne dabei selbst aufforderungsverständig zu sein). Diese R.e können indirekt nach dem Modell der Vormundschaft oder Treuhandschaft vertreten werden.

Literatur: K. Adomeit, Normlogik – Methodenlehre – Rechtspolitologie. Gesammelte Beiträge zur Rechtstheorie 1970–1985. Mit einer Einführung von: Jurisprudenz und Wissenschaftstheorie, Berlin 1986, Heidelberg ⁴1998; R. Alexy, Theorie der juristischen Argumentation. Die Theorie des rationalen Diskurses als Theorie der juristischen Begründung, Frankfurt 1978, ⁶2008 (engl. A Theory of Legal Argumentation. The Theory of Rational Discourse as Theory of Legal Justification, Oxford 1989, Oxford/New York 2010); M. Baurmann/H. Kliemt (eds.), Die moderne Gesellschaft im Rechtsstaat, Freiburg/München 1990; T. Campbell, Rights. A Critical Introduction, London/New York 2006, 2007; R. M. Dworkin, Taking Rights Seriously, Cambridge Mass. 1977, ²1978, London/New York 2013 (dt. Bürgerrechte ernstgenommen, Frankfurt 1984, 1990); ders., Law's Empire, Cambridge Mass. 1986, Oxford etc. 2010 (franz. L'empire du droit, Paris 1994); J. Feinberg, Social Philosophy, Englewood Cliffs N. J. 1973; ders., The Rights of Animals and Unborn Generations, in: W. T. Blackstone (ed.), Philosophy and Environmental Crisis, Athens Ga. 1974, 1983, 43–68 (dt. Die R.e der Tiere und zukünftiger Generationen, in: D. Birnbacher [ed.], Ökologie und Ethik, Stuttgart 1980, 2005, 140–179); ders., Rights, Justice, and the Bounds of Liberty. Essays in Social Philosophy, Princeton N. J. 1980 (repr. Ann Arbor Mich. 1999); ders., Problems at the

Roots of Law. Essays in Legal and Political Theory, Oxford/New York 2003; A. Gewirth, Human Rights. Essays on Justification and Applications, Chicago Ill./London 1982, 1985; J. C. Gray, The Nature and the Sources of the Law, New York 1909, [2]1921, Aldershot etc. 1997; H. L. A. Hart, R. und Moral. Drei Aufsätze, ed. N. Hoerster, Göttingen 1971; O. Höffe, Vernunft und R.. Bausteine zu einem interkulturellen R.sdiskurs, Frankfurt 1996, [2]1998; N. Luhmann, R.ssoziologie, I–II, Reinbek b. Hamburg 1972, in einem Bd., Opladen [2]1983, Wiesbaden [4]2008 (engl. A Sociological Theory of Law, London 1985, Abingdon etc. [2]2014); A. Marmor, The Nature of Law, SEP 2001, rev. 2011; R. Martin, Rights, REP VIII (1998), 325–331; A. I. Melden, Rights and Right Conduct, Oxford 1959, 1970; D. v. der Pfordten, R./Gesetz, EP III ([2]2010), 2230–2245; ders., Zur Differenzierung von R., Moral und Ethik, in: H. J. Sandkühler (ed.), R. und Moral [s. u.], 33–48; U. Neumann, Juristische Argumentationslehre, Darmstadt 1986; H. J. Sandkühler (ed.), R. und Moral, Hamburg 2010; A. Somek, R.stheorie zur Einführung, Hamburg 2017; J. Stone, The Province and Function of Law. Law as Logic, Justice, and Social Control. A Study in Jurisprudence, London 1947, Buffalo N. Y 1968; I. Tammelo, Modern Logic in the Service of Law, Wien/New York 1978; L. Wenar, Rights, SEP 2005, rev. 2015; U. Wesel, Geschichte des R.s. Von den Frühformen bis zum Vertrag von Maastricht, München 1997, mit Untertitel: Von den Frühformen bis zur Gegenwart, [2]2001, [4]2014; A. Wildfeuer, R., in: W. D. Rehfus (ed.), Handwörterbuch Philosophie, Göttingen 2003, 585; E. Wolf, Griechisches R.sdenken, I–IV, Frankfurt 1950–1970. – Zu (1) ↑Naturrecht, ↑Rechtsphilosophie, ↑Rechtspositivismus.   B. G.

Rechtfertigung, häufig synonym mit ↑*Begründung* verwendeter Terminus; in diesem Sinne ist etwa von der R. wissenschaftlicher Behauptungen die Rede. In der ↑Wissenschaftstheorie wird seit H. Reichenbach häufig die Begründung (im Sinne von engl. *justification*) von Hypothesen und Theorien ihrer Entdeckung (*discovery*) gegenübergestellt. Entsprechend unterscheidet man rechtfertigungs- und entdeckungsbezogene Forschungen und Darstellungen (↑Entdeckungszusammenhang/Begründungszusammenhang).

In einem engeren Sinne wird der Terminus R. in der Praktischen Philosophie (↑Philosophie, praktische) verwendet, nämlich für die Begründung von *praktischen Orientierungen,* insbes. Zwecksetzungen und Handlungsregeln. Die Frage, ob sich Orientierungen dieser Art überhaupt in einem rationalen Sinne rechtfertigen lassen, ist zum Gegenstand des ↑Werturteilsstreites geworden (↑Positivismusstreit). In diesem Streit wird von der einen Seite behauptet, daß bei der Argumentation für oder gegen praktische Orientierungen letztendlich stets auf subjektive Dezisionen oder Werthaltungen als letzte Voraussetzungen zurückgegriffen werden muß. Dieser Meinung sind etwa M. Weber und in der neueren Philosophie weitgehend die aus dem ↑Wiener Kreis hervorgegangenen Schulen des Logischen Empirismus (↑Empirismus, logischer) und des Kritischen Rationalismus (↑Rationalismus, kritischer). Dagegen stehen Bemühungen um Verfahren und Bedingungen einer ›transsubjektiven‹ (↑transsubjektiv/Transsubjektivität)

oder ↑›universalen‹ Begründung von Handlungsorientierungen, wie sie vor allem in der Kritischen Theorie (↑Theorie, kritische) der ↑Frankfurter Schule und im ↑Konstruktivismus unternommen werden. Dabei wird rekonstruktiv auf ↑Präsuppositionen der Argumentation, die praktische Grammatik verständigungsorientierter ↑Kommunikation oder die begrifflichen Strukturen vernünftiger Handlungsorientierung zurückgegriffen (↑Rationalität). Ein universalistisches Konzept der Begründung von Handlungsorientierungen vertritt auch der ↑Good Reasons Approach (S. Toulmin, K. Baier).

Ob gesellschaftliche ↑Institutionen, wie sie etwa den demokratischen Rechtsstaat oder Wirtschaftssysteme charakterisieren, auf universale Rechtfertigungsansprüche gestellt werden können, wird in der politischen Theorie unter dem Titel ›Legitimationsprobleme‹ diskutiert. Dabei behauptet etwa die funktionalistische ↑Systemtheorie (↑Funktionalismus), daß in komplexen Gesellschaften auf rationale ↑Diskurse gestellte politische Institutionen destabilisierend wirken, und plädiert daher für eine bloße ›Legitimation durch Verfahren‹ (N. Luhmann). Dagegen macht etwa J. Habermas geltend, daß moderne rechtsstaatliche Demokratien in ihren Konstitutionen und Entscheidungsverfahren bereits weitgehend auf institutionalisierte ›universale‹ Geltungsansprüche gegründet sind, allerdings daher auch durch noch bestehende Legitimationsdefizite relevanter Subsysteme in Legitimationskrisen geraten können.

Literatur: W. P. Alston, Beyond ›Justification‹. Dimensions of Epistemic Evaluation, Ithaca N. Y./London 2005, 2006; K. O. Apel (ed.), Sprachpragmatik und Philosophie, Frankfurt 1976, 1982; K. Baier, The Moral Point of View. A Rational Basis of Ethics, Ithaca N. Y. 1958, Ithaca N. Y./London 1974 (dt. Der Standpunkt der Moral. Eine rationale Grundlegung der Ethik, Düsseldorf 1974); D. Birnbacher/N. Hoerster (eds.), Texte zur Ethik, München 1976, [13]2007; L. Boltanski/L. Thévenot, De la justification, Les économies de la grandeur, Paris 1991, 2011 (engl. On Justification. Economies of Worth, Princeton N. J./Oxford 2006; dt. Über die R.. Eine Soziologie der kritischen Urteilskraft, Hamburg 2007, 2014); L. Bonjour, In Defense of Pure Reason. A Rationalist Account of ›a Priori‹ Justification, Cambridge etc. 1998, 2002; ders./E. Sosa, Epistemic Justification. Internalism vs. Externalism, Foundations vs. Virtues, Malden Mass./Oxford 2003; D. Foley, Justification, Epistemic, REP V (1998), 157–165; Forum für Philosophie Bad Homburg (ed.), Philosophie und Begründung, Frankfurt 1987; R. Forst, Das Recht auf R.. Elemente einer konstruktivistischen Theorie der Gerechtigkeit, Frankfurt 2007 (engl. The Right to Justification. Elements of a Constructivist Theory of Justice, New York 2012); M. Grajner, Intuitionen und apriorische R., Paderborn 2011; J. Habermas, Legitimationsprobleme im Spätkapitalismus, Frankfurt 1973, 2004, 131–196 (Kap. III Zur Logik von Legitimationsproblemen) (engl. Legitimation Crisis, Boston Mass. 1975, Cambridge 2007, 95–143 [Chap. III On the Logic of Legitimation Problems]); ders., Zur Rekonstruktion des Historischen Materialismus, Frankfurt 1976, [6]1995, 2001, 269–346 (Kap. 4 Legitimation); ders., Theorie des kommunikativen Handelns, I–II, Frankfurt 1981, [9]2014 (engl. The Theory of Communicative Action, I–II, Boston Mass. 1984/1987, 2007); ders., Moralbewußtsein und kommunikatives Handeln, Frankfurt 1983, 2010, 53–125 (Kap. 3 Diskursethik. Notizen zu einem Begründungsprogramm) (engl. Moral Consciousness and Communicative Action, Cambridge etc. 1990, 2007, 43–115 [Chap. 3 Discourse Ethics. Notes on a Program of Philosophical Justification]); ders., Faktizität und Geltung. Beiträge zur Diskurstheorie des Rechts und des demokratischen Rechtsstaats, Frankfurt 1992, [4]1994, 2009; ders., Wahrheit und R.. Philosophische Aufsätze, Frankfurt 1999, 2004; ders./N. Luhmann, Theorie der Gesellschaft oder Sozialtechnologie. Was leistet die Systemforschung?, Frankfurt 1971, [10]1990; T. Hoffmann, Welt in Sicht. Wahrheit – R. – Lebensform, Weilerswist 2007; P. Janich/F. Kambartel/J. Mittelstraß, Wissenschaftstheorie als Wissenschaftskritik, Frankfurt 1974; F. Kambartel (ed.), Praktische Philosophie und konstruktive Wissenschaftstheorie, Frankfurt 1974, 1979; ders., Theorie und Begründung. Studien zum Philosophie- und Wissenschaftsverständnis, Frankfurt 1976; ders., Philosophie der humanen Welt. Abhandlungen, Frankfurt 1989, 44–58 (Begründungen und Lebensformen. Zur Kritik des ethischen Pluralismus); M. Kühler, Moral und Ethik – R. und Motivation. Ein zweifaches Verständnis von Moralbegründung, Paderborn 2006; P. Lorenzen, Konstruktive Wissenschaftstheorie, Frankfurt 1974, 119–132 (Das Problem einer theoretischen Philosophie unter dem Primat der praktischen Vernunft); ders./O. Schwemmer, Konstruktive Logik, Ethik und Wissenschaftstheorie, Mannheim/Wien/Zürich 1972, 107–129, [2]1975, 148–180; W. Mann, R. I (Griechische Antike; Logik und Dialektik), Hist. Wb. Ph. VIII (1992), 251–256; C. Misselhorn, Wirkliche Möglichkeiten – mögliche Wirklichkeiten. Grundriss einer Theorie modaler R., Paderborn 2005; J. Mittelstraß, Gibt es eine Letztbegründung?, in: P. Janich (ed.), Methodische Philosophie. Beiträge zum Begründungsproblem der exakten Wissenschaften in Auseinandersetzung mit Hugo Dingler, Mannheim/Wien/Zürich 1985, 12–35, ferner in: ders., Der Flug der Eule. Von der Vernunft der Wissenschaft und der Aufgabe der Philosophie, Frankfurt 1989, [2]1997, 281–312; P. K. Moser, Empirical Justification, Dordrecht etc. 1985; A. Musgrave, Logical versus Historical Theories of Confirmation, Brit. J. Philos. Sci. 25 (1974), 1–23; G. S. Pappas/M. Swain (eds.), Essays on Knowledge and Justification, Ithaca N. Y./London 1978, 30–35 (Theories of Epistemic Justification); O. H. Pesch u. a., R., LThK VIII ([3]1999), 882–903; M. Riedel (ed.), Rehabilitierung der praktischen Philosophie, I–II, Freiburg 1972/1974; T. M. Scanlon, Moral Justification, REP VI (1998), 514–516; O. Schwemmer, Begründen und Erklären, in: J. Mittelstraß (ed.), Methodologische Probleme einer normativ-kritischen Gesellschaftstheorie, Frankfurt 1975, 43–87; ders., Ethische Untersuchungen. Rückfragen zu einigen Grundbegriffen, Frankfurt 1986; A. Seide, Kohärenz, Kontext. Eine Theorie der epistemischen R., Paderborn 2011; E. Sosa, Justification, in: R. Audi (ed.), The Cambridge Dictionary of Philosophy, Cambridge etc. [2]1999, 457–458; H. Spieckermann, R., TRE XXVIII (1997), 282–364; B. Thöle, R. III (Analytische Philosophie), Hist. Wb. Ph. VIII (1992), 256–259; S. E. Toulmin, An Examination of the Place of Reason in Ethics, Cambridge 1950, Chicago Ill./London 1986; ders., The Uses of Argument, Cambridge 1958, 2008 (dt. Der Gebrauch von Argumenten, Kronberg 1975, Weinheim [2]1996); K. Vallier/F. D'Agostino, Public Justification, SEP 1996, rev. 2013; C. v. Villiez, Grenzen der R.? Internationale Gerechtigkeit durch transnationale Legitimation, Paderborn 2005. F. K.

Rechtshegelianismus, ↑Hegelianismus.

Rechtslogik, ↑Logik, juristische.

Rechtsphilosophie, Teilgebiet sowohl der Philosophie (im Rahmen der Praktischen Philosophie; ↑Philosophie, praktische) als auch der Rechtswissenschaft. In der Rechtswissenschaft hat die R. als Grundlegungs- und Reflexionsdisziplin des ↑Rechts, der zweifachen Bedeutung des Ausdrucks ›Recht‹ entsprechend, die Aufgabe, (a) die begrifflichen und (b) die anthropologischen Grundlagen (1) des ↑positiven, d. h. des aufgrund von Sitte und Gewohnheit (oft informell) oder aufgrund von Konventionen und Verträgen oder durch autoritative Instanzen gesetzten und durchgesetzten Rechts (›gesetzliches‹ Recht, ›Recht‹ und ›Gesetz‹ im juridischen Sinne; z. B. Verfassungsrecht, Vertragsrecht, Strafrecht) und (2) solcher (überpositiven) Rechte zu klären, auf deren Beachtung Menschen (Individuen und Gemeinschaften) und eventuell andere Lebewesen einen moralischen Anspruch haben. Der Geltungsanspruch der letztgenannten Rechte besteht unabhängig davon, ob sie juristisch fixiert und sanktioniert sind oder zu solcher Fixierung und Sanktionierung überhaupt fähig sind (›übergesetzliches‹ Recht, ›Recht‹ und ›Rechte‹ im moralischen Sinne, z. B. ↑Menschenrechte, Tierrechte, Völkerrecht). Andererseits besteht auch der Geltungsanspruch gesetzten Rechts unabhängig von dem Urteil darüber, ob es ethischen Grundsätzen genügt: Auch ungerechtes Recht (↑Gerechtigkeit) ist, sofern es durch die für seine Setzung vorgesehene(n) Instanz(en) ordnungsgemäß erlassen wurde, geltendes Recht (↑Legalität versus ↑Legitimität). – Im Einzelnen sucht die R. Antworten (a) auf die Frage nach der Eigenart und dem Umfang juridischer und moralischer Rechte (↑intensional/Intension, ↑extensional/Extension), vor allem nach Art und Umfang ihrer spezifischen Bindungs- und Verpflichtungscharaktere (↑Logik, deontische, ↑Logik, juristische, ↑Logik, normative, ↑Norm (handlungstheoretisch, moralphilosophisch), ↑Norm (juristisch, sozialwissenschaftlich)), und (b) auf die Frage nach der anthropologischen – in früheren Epochen: metaphysischen, z. B. theologischen – ↑Begründung und ↑Rechtfertigung von Grundrechten und der Möglichkeit und Notwendigkeit ihrer Positivierung (philosophische ↑Anthropologie); die faktische Entwicklung des Rechts und der Rechte sowie ihrer faktischen Geltung oder auch Mißachtung zu untersuchen, ist demgegenüber Aufgabe der Geschichts- und der ↑Sozialwissenschaft.

Zu (a): Schon die ↑Sophistik traf die Grundunterscheidung zwischen dem, was von Natur aus (φύσει) gelte (↑Physis), und dem, was durch menschliche Setzung (θέσει) gelte (↑Nomos). Gemeinsam ist dem Recht und den Rechten im inner- wie im außerjuridischen Sinne ihr wesentlich *präskriptiver* Charakter (↑deskriptiv/präskriptiv): Sie begründen Ansprüche und Berechtigungen, gleichgültig, ob sie explizit formuliert sind oder nur implizit vorliegen (z. B. im Gewohnheitsrecht), und ob sie indikativisch oder imperativisch formuliert sind. Damit Rechtsansprüche und Berechtigungen geltend gemacht werden können, bedarf es des Nachweises ihres Bestehens, der Identifikation ihres Inhabers und – bei Rechtsansprüchen – der Identifikation des Adressaten, dem gegenüber sie bestehen bzw. dem gegenüber sie geltend zu machen sind. In entwickelten und ausdifferenzierten Rechtskulturen werden solche Nachweise im Normalfall mittels öffentlicher und daher kontrollierbarer Regeln (Prinzip der ↑Öffentlichkeit) oder mittels prozedural festgelegter und daher personunabhängiger Verfahren (Prinzip der Gleichheit vor dem Gesetz; ↑Gleichheit (sozial)) erbracht auf der Grundlage rechtsordnungsgemäßer Zuteilung von Zuständigkeiten (z. B. durch offizielle Beauftragung), im Notfall auch durch außergesetzliche Maßnahmen (z. B. durch ↑Notwehr und Nothilfe). Während Geltungsbereich und Geltungsanspruch des positiven Rechts sowohl durch den Zeitpunkt seiner ordnungsgemäßen Setzung als auch durch die auf das jeweilige Staats- oder Stammesgebiet oder auf die Zugehörigkeit zu einer bestimmten ethnischen oder religiösen Gruppe beschränkte Zuständigkeit der Recht setzenden, der Recht ausübenden und der Recht sprechenden Instanzen (legislative, exekutive, judikative ↑Gewalt) prinzipiell zeitlich und räumlich begrenzt sind (Verbot der rückwirkenden Geltung; Territorialprinzip), sind Geltungsbereich und Geltungsanspruch *moralischer* Rechte und Pflichten prinzipiell räumlich und zeitlich unbegrenzt: Jeder Mensch ist zu jeder Zeit und an jedem Ort Träger derartiger Rechte, allerdings auch möglicher Adressat von Rechtspflichten gegenüber anderen Rechtsträgern (↑partikulare versus ↑universale ↑Geltung; ↑Universalität (ethisch)).

Zu (b): Die Frage nach dem ›richtigen‹ Recht im juridischen Sinne kann sich inner- wie außerjuridisch stellen: innerjuridisch, wenn z. B. tradierte rechtliche Regelungen durch Wandel der gesellschaftlichen, kulturellen, ökonomischen oder politischen Verhältnisse unter Druck geraten und Anpassungen erfordern, außerjuridisch, wenn z. B. die Konfrontation mit einer alternativen, tatsächlich bestehenden oder als Ideal vorgestellten (↑Utopie) politischen und rechtlichen Ordnung die Problematisierung der eigenen Ordnung und ihrer Grundlagen zur Folge hat und sich die Frage stellt, welche politischen und rechtlichen Grundsätze und Rahmenbedingungen gelten sollen (↑Philosophie, politische). Die Sophistik, die ↑Stoa, Aristoteles und die ↑Scholastik beantworten diese Frage mit dem Rückgriff auf die Lehre vom (überpositiven) ↑Naturrecht, die Philosophie der ↑Aufklärung stattdessen (u. a. wegen der Unterschied-

lichkeit der Vorstellungen von der ↑Natur, der Vieldeutigkeit des Naturbegriffs, der Kontingenz [↑kontingent/Kontingenz] der ↑Naturgesetze und der theologischen Verwurzelung der christlichen Naturrechtslehren) mit der Lehre vom Vernunftrecht (so vor allem I. Kant; ↑Vernunft, praktische). Der ↑Absolutismus löst jede materiale Bindung des Rechts an überpositive Prinzipien und läßt allein den souveränen Willen des Staates und seiner Repräsentanten als Quelle des Rechts gelten. Demgegenüber heben die Theoretiker des ↑Gesellschaftsvertrags (T. Hobbes, J. Locke, J.-J. Rousseau) die anthropologische, in der Bedürftigkeit und Verletzlichkeit des Menschen begründete Notwendigkeit und damit Vernünftigkeit eines solchen (gegebenenfalls nur fiktiven, jedoch für die kritische Beurteilung politischer und rechtlicher Ordnungen dienlichen) Vertrags zum Vorteil aller, distributiv und kollektiv betrachtet, hervor. Die amerikanische und die französische Erklärung der ↑Menschenrechte von 1776 bzw. 1789 greifen erneut die Naturrechtstradition auf, wenn sie die Unveräußerlichkeit angeborener Grundrechte eines jeden Menschen proklamieren, an denen die staatlichen Gesetze und rechtlichen Verfahren zu messen sind. G. W. F. Hegel begreift die gesellschaftliche Entwicklung des Rechts als Entfaltung des objektiven Geistes (↑Geist, objektiver). Die Historische Rechtsschule des 19. Jhs., begründet von F. C. v. Savigny, bereitet mit ihrer empirischen Betrachtungsweise – das Recht und seine Entwicklung sind zu beschreiben und zu verstehen, aber nicht zu bewerten – jenem ↑Rechtspositivismus (im starken Sinne) den Boden, der jeden Begründungs- oder Rechtfertigungsrekurs auf außer- oder überpositive Rechtsquellen ablehnt (z. B. H. Kelsens ›Reine Rechtslehre‹), weil das Recht eines solchen Rekurses nicht bedürfe. (Rechtspositivismus in einem schwachen Sinne liegt dann vor, wenn ein Rechtstheoretiker, der sich, wie etwa H. L. A. Hart, als ›Rechtspositivist‹ bezeichnet, zur Begründung dieser Selbstbezeichnung zwar die These der Unterscheidung von Recht und Moral oder die der Trennung der Beschreibung von [rechtlichem] Sein und der Beurteilung von [rechtlichem] Sollen vertritt [›Trennungsthese‹], jedoch außerrechtliche Beurteilungen positiven Rechts nicht grundsätzlich ausschließt, wenn er sich ihrer auch in seiner wissenschaftlichen Analyse enthält.) Als Reaktion auf die Erfahrung des gesetzlichen Unrechts im Dritten Reich sind nach dem Zweiten Weltkrieg erneut Versuche unternommen worden, das vernünftige Recht (in beiderlei Sinne) auf naturrechtlicher Basis zu erneuern. Diese Versuche gelten jedoch als nicht mehr überzeugend. Stattdessen treten zur Zeit Auffassungen in den Vordergrund, die die Legitimität des Rechts an demokratisch legitimierte formale *Verfahren* binden, um weltanschauliche und materiale moralische Überzeugungen und nicht verallgemeinerungsfähige Vorstellungen vom guten (individuellen und kollektiven) Leben (↑Leben, gutes, ↑Leben, vernünftiges) so weit als möglich fern zu halten. Die Berufung auf die demokratische Legitimierung solcher Verfahren oder auf ›die freiheitliche demokratische Grundordnung‹ macht deutlich, daß auch dieses formale und prozedurale Verständnis von Recht von überrechtlichen Voraussetzungen lebt. Für deren Aufarbeitung ist die Erneuerung des vertragstheoretisch fundierten Rechts- und Gerechtigkeitsdenkens durch J. Rawls von großer Bedeutung geworden.

Literatur: R. Alexy, Recht, Vernunft, Diskurs. Studien zur R., Frankfurt 1995; ders. (ed.), Integratives Verstehen. Zur R. Ralf Dreiers, Tübingen 2005; ders./L. H. Meyer/S. L. Paulson (eds.), Neukantianismus und R., Baden-Baden 2002; H. Alwart, Recht und Handlung. Die R. und ihre Entwicklung vom Naturrechtsdenken und vom Positivismus zu einer analytischen Hermeneutik des Rechts, Tübingen 1987; K. Ameriks/O. Höffe (eds.), Kant's Moral and Legal Philosophy, Cambridge etc. 2009; P. Banaś/A. Dyrda/T. Gizbert-Studnicki (eds.), Metaphilosophy of Law, Oxford/Portland Or. 2016; A. Baruzzi, Freiheit, Recht und Gemeinwohl. Grundfragen einer R., Darmstadt 1990; J. Binder, Philosophie des Rechts, Berlin 1925, Neudr. Aalen 1967; B. H. Bix, Philosophy of Law, I–IV, London/New York 2006; E.-W. Böckenförde, Recht, Staat, Freiheit. Studien zur R., Staatstheorie und Verfassungsgeschichte, Frankfurt 1991, ⁵2013; ders., Geschichte der Rechts- und Staatsphilosophie. Antike und Mittelalter, Stuttgart 2002, ²2006; R. Brandt (ed.), R. der Aufklärung. Symposium Wolfenbüttel 1981, Berlin/New York 1982; J. Braun, R. im 20. Jahrhundert. Die Rückkehr der Gerechtigkeit, München 2001; N. Brieskorn, R., Stuttgart/Berlin/Köln 1990 (Grundkurs Philosophie XIV); J. M. Broekman, Recht und Anthropologie, Freiburg/München 1979; ders., Juristischer Diskurs und Rechtstheorie. Rechtstheorie. Z. f. Logik, Methodenlehre, Kybernetik u. Soziologie des Rechts 11 (1980), 17–46; ders., R., Hist. Wb. Ph. VIII (1992), 315–327; W. Brugger/U. Neumann/S. Kirste (eds.), R. im 21. Jahrhundert, Frankfurt 2008, 2009; H. Coing, Grundzüge der R., Berlin 1950, ⁵1993; J. Coleman, Hart's Postscript. Essays on the Postscript to the Concept of Law, Oxford/New York 2001, 2005; ders./S. Shapiro, The Oxford Handbook of Jurisprudence and Philosophy of Law, Oxford/New York 2002, 2004; J. Derrida, Du droit à la philosophie, Paris 1990; R. Dreier, Studien zur Rechtstheorie, I–II, Frankfurt 1981/1991; H. J. v. Eikema Hommes, Hoofdlijnen van de geschiedenis der rechtsfilosofie, Deventer 1972, 1981 (engl. Major Trends in the History of Legal Philosophy, Amsterdam/New York/Oxford 1979); K. Engisch, Auf der Suche nach der Gerechtigkeit. Hauptthemen der R., München 1971, 1995; E. Fechner, R. Soziologie und Metaphysik des Rechts, Tübingen 1956, ²1962; J. Feinberg (ed.), Problems at the Roots of Law. Essays in Legal and Political Theory, Oxford/New York 2003; C. J. Friedrich, Die Philosophie des Rechts in historischer Perspektive, Berlin/Göttingen/Heidelberg 1955 (engl. The Philosophy of Law in Historical Perspective, Chicago Ill./London 1958, ²1969, 1973); R. Gavison (ed.), Issues in Contemporary Legal Philosophy. The Influence of H. L. A. Hart, Oxford, Oxford/New York 1987, 1992; B. Gesang/J. Schälike (eds.), Die großen Kontroversen der R., Paderborn 2011; M. P. Golding, Philosophy of Law, History of, Enc. Ph. VI (1967), 254–264, VII (²2006), 418–430 (mit Addendum v. D. M. Adams, 430–443); P. Goodrich, Derrida and Legal Philosophy, Basingstoke/New York 2008; C. Gramm. Zur R. Ernst Blochs, Pfaffenweiler 1987; R.

Gröschner, Dialogik und Jurisprudenz. Die Philosophie des Dialogs als Philosophie der Rechtspraxis, Tübingen 1982; J. Habermas, Faktizität und Geltung. Beiträge zur Diskurstheorie des Rechts und des demokratischen Rechtsstaats, Frankfurt 1992, ⁴1994, 2014; H. L. A. Hart, The Concept of Law, Oxford 1961 (repr. Oxford 1965, New York/Oxford 1982), Oxford/New York ³2012 (dt. Der Begriff des Rechts, Frankfurt 1973, 2011; franz. Le concept du droit, Bruxelles 1976, 2005); ders., Philosophy of Law, Problems of, Enc. Ph. VI (1967), 264–276, VII (²2006), 443–457 (mit Addendum v. R. Martin u. D. Reidy, 458–465); E. Hilgendorf/J. C. Joerden (eds.), Handbuch R., Stuttgart 2017; T. Hoeren/C. Stallberg, Grundzüge der R., Münster etc. 2001; N. Hoerster, R. Texte zur R., München 1977, Stuttgart 2013; ders., Was ist Recht? Grundfragen der R., München 2006, ²2012, 2013; O. Höffe, R., RGG VII (⁴2004), 119–123; T. S. Hoffmann (ed.), Das Recht als Form der ›Gemeinschaft freier Wesen als solcher‹. Fichtes R. in ihren aktuellen Bezügen, Berlin 2014; H. Hofmann, Einführung in die Rechts- und Staatsphilosophie, Darmstadt 2000, ⁵2011; N. Horn, Einführung in die Rechtswissenschaft und R., Heidelberg 1996, Heidelberg etc. ⁵2011; V. Hösle (ed.), Die R. des deutschen Idealismus, Hamburg 1989; J. Hruschka, Kant und der Rechtsstaat. Und andere Essays zu Kants Rechtslehre und Ethik, Freiburg/München 2015; B. Huisman/F. Ribes, Les philosophes et le droit. Les grands textes philosophiques sur le droit, Paris 1988; C. Jermann (ed.), Anspruch und Leistung von Hegels R., Stuttgart-Bad Cannstatt 1987; F. Kalscheuer, Autonomie als Grund und Grenze des Rechts. Das Verhältnis zwischen dem kategorischen Imperativ und dem allgemeinen Rechtsgesetz Kants, Berlin/Boston Mass. 2014; A. Kaufmann, Grundprobleme der zeitgenössischen R. und Rechtstheorie. Ein Leitfaden, Frankfurt 1971; ders., R. im Wandel. Stationen eines Weges, Frankfurt 1972, Köln etc. ²1984; ders., Über Gerechtigkeit. 30 Kapitel praxisorientierter R., Köln etc. 1993; ders./W. Hassemer (eds.), Einführung in R. und Rechtstheorie der Gegenwart, Heidelberg/Karlsruhe 1977, mit U. Neumann, Heidelberg etc. ⁸2011; M. Kaufmann, R., Freiburg/München 1996; ders., R., EP III (²2010), 2254–2265; M. Kelman, A Guide to Critical Legal Studies, Cambridge Mass./London 1987; U. Klug, R., Menschenrechte, Strafrecht. Aufsätze und Vorträge aus den Jahren 1981 bis 1993, ed. G. Kohlmann, Köln etc. 1994; M. Kriele, Recht und praktische Vernunft, Göttingen 1979; ders., Grundprobleme der R., Münster/Hamburg/London 2003, ²2004; G.-W. Küsters, Kants R., Darmstadt 1988; K. Larenz, Rechts- und Staatsphilosophie der Gegenwart, Berlin 1931, ²1935; ders., Richtiges Recht. Grundzüge einer Rechtsethik, München 1979; N. Luhmann, Legitimation durch Verfahren, Neuwied 1969, Darmstadt ²1975, Frankfurt 1983, 2013; N. MacCormick/B. Brown, Law, Philosophy of, REP V (1998), 464–468; M. Mahlmann, R. und Rechtstheorie, Baden-Baden 2010, ³2015; A. Marmor, Philosophy of Law, Princeton N. J./Oxford 2011; J. L. Marsh, Unjust Legality. A Critique of Habermas's Philosophy of Law, Lanham Md. 2001; J. Mittelstraß, R. und Rechtstheorie. Bemerkungen zum Rationalitätsbegriff der Wissenschaftstheorie und des Rechts, Jb. d. öffentlichen Rechts d. Gegenwart NF 61 (2013), 513–523; K. A. Mollnau, Die internationale Vereinigung für Rechts- und Sozialphilosophie und ihre Zeitschrift. Bibliographie, Statuten, Wirkungsgeschichtliches, Stuttgart 1989 (Arch. Rechts- u. Sozialphilos. Beih. XXXVIII); W. H. Müller, Ethik als Wissenschaft und R. nach Immanuel Kant, Würzburg 1992; J. G. Murphy, Retribution, Justice and Therapy. Essays in the Philosophy of Law, Dordrecht/Boston Mass./London 1979; W. Naucke, Rechtsphilosophische Grundbegriffe, Frankfurt 1982, München ⁶2015; M. Neufelder/W. Trautmann, Kennzeichen Unrecht. Eine pragmatische R., Frankfurt 1993, [3]2005; E. Oeser, R. als Theorie der praktischen Vernunft, I–III, Hagen 1989; S. Ostritsch, Hegels R. als Metaethik, Münster 2014; M. Pascher, Hermann Cohens Ethik als Gegenentwurf zur R. Hegels, Innsbruck 1992; D. Patterson (ed.), A Companion to Philosophy of Law and Legal Theory, Cambridge Mass. 1996, Chichester/ Malden Mass. [2]2010; ders., Law and Truth, Oxford etc. 1996, 1999 (dt. Recht und Wahrheit, Baden-Baden 1999); M. Pawlik, Die Reine Rechtslehre und die Rechtstheorie H. L. A. Harts. Ein kritischer Vergleich, Berlin 1993; H.-M. Pawlowski/S. Smid/R. Specht (eds.), Die praktische Philosophie Schellings und die gegenwärtige R., Stuttgart-Bad Cannstatt 1989; J. Petersen, Die Eule der Minerva in Hegels R., Berlin/New York 2010, [2]2015; D. von der Pfordten (ed.), R.. Texte, Freiburg/München 2002, [2]2010; G. Radbruch, Grundzüge der R., Leipzig 1914, unter dem Titel: R., Leipzig [3]1932, Neudr., ed. E. Wolf, Stuttgart 1950, [8]1973, ferner in: Gesamtausg. II, ed. A. Kaufmann, Heidelberg 1993, 206–450, ed. Ralf Dreier, Heidelberg 1999, [2]2003; J. Rawls, A Theory of Justice, Cambridge Mass./London 1971, 2005 (dt. Eine Theorie der Gerechtigkeit, Frankfurt 1975, [19]2014); P. Riley, The Philosophers' Philosophy of Law from the Seventeenth Century to Our Days, Dordrecht 2009; G. Roellecke, Theorie und Philosophie des Rechts, in: ders. (ed.), R. oder Rechtstheorie?, Darmstadt 1988, 1–24; H. Rottleuthner, Foundations of Law, Dordrecht 2005, 2007; U. F. H. Rühl, Moralischer Sinn und Sympathie. Der Denkweg der schottischen Aufklärung in der Moral- und R., Paderborn 2005; B. Rüthers, Wir denken die Rechtsbegriffe um … . Weltanschauung als Auslegungsprinzip, Zürich, Osnabrück 1987; H. Ryffel, Grundprobleme der Rechts- und Staatsphilosophie. Philosophische Anthropologie des Politischen, Neuwied/ Berlin 1969; P. Schaber, Recht als Sittlichkeit. Eine Untersuchung zu den Grundbegriffen der Hegelschen R., Würzburg 1989; A. Schaefer, Die Macht der Tendenz in Hegels R., Berlin 1990, Cuxhaven etc. 1996; T. Schramm, Einführung in die R., Köln etc. 1978, [2]1982; K. Seelmann, Aktuelle Fragen der R., Frankfurt etc. 2000; ders./D. Demko (eds.), R., München 1994, [6]2014; ders./B. Zabel (eds.), Autonomie und Normativität. Zu Hegels R., Tübingen 2014; S. J. Shapiro, Legality, Cambridge, Mass./London 2011; R. A. Shiner, Philosophy of Law, in: R. Audi (ed.), The Cambridge Dictionary of Philosophy, Cambridge etc. [2]1999, 676–677; P. Siller/B. Keller (eds.), Rechtsphilosophische Kontroversen der Gegenwart, Baden-Baden 1999; S. Smid, Einführung in die Philosophie des Rechts, München 1991; R. Stammler, Lehrbuch der R., Berlin/Leipzig 1922, [3]1928 (repr. Berlin/Leipzig 1970); P. Stekeler-Weithofer, Eine Kritik juridischer Vernunft. Hegels dialektische Stufung von Idee und Begriff des Rechts, Baden-Baden 2014; J. Stelmach, Die hermeneutische Auffassung der R., Ebelsbach 1991; L. Stetz, Die gesellschaftstheoretischen Prämissen der Hegelschen R.. Eine Untersuchung zur Konzeptualisierung von Gesellschaft und Staat bei G. W. F. Hegel, Pfaffenweiler 1991; S. Straube, Zum gemeinsamen Ursprung von Recht, Gerechtigkeit und Strafe in der Philosophie Friedrich Nietzsches, Berlin 2012; L. W. Sumner, The Moral Foundation of Rights, Oxford 1987, 2004; M. Tebbit, Philosophy of Law. An Introduction, London/ New York 2000, [2]2005; J.-M. Trigeaud, Essais de philosophie du droit, Genua 1987; R. Unger, The Critical Legal Studies Movement, Cambridge Mass./London 1986, mit Untertitel: Another Time, a Greater Task, London etc. 2015; A. Verdross, Abendländische R.. Ihre Grundlagen und Hauptprobleme in geschichtlicher Schau, Wien 1958, [2]1963; M. Villey, Leçons d'histoire de la philosophie du droit, Paris 1957, 1962; ders., La formation de la pensée juridique moderne. Cours d'histoire de la philosophie du droit, 1961–1966, Paris 1968, [2]2013; ders., Philosophie du droit,

I–II, Paris 1975/1979, I, [4]1986, 2008, II, [2]1984; E. Voegelin, The Nature of the Law, Baton Rouge La. 1957, Nachdr. in: The Collected Works of Eric Voegelin XXVII, ed. R. A. Pascal/J. L. Babin/J. W. Corrington, Baton Rouge La./London 1991, 1–69 (dt. Die Natur des Rechts, Berlin 2012); O. Weinberger, Recht, Institution und Rechtspolitik. Grundprobleme der Rechtstheorie und Sozialphilosophie, Stuttgart 1987 (engl. Law, Institution and Legal Politics. Fundamental Problems of Legal Theory and Social Philosophy, Dordrecht etc. 1991); ders./W. Krawietz (eds.), Reine Rechtslehre im Spiegel ihrer Fortsetzer und Kritiker, Wien/New York 1988; E. Weisser-Lohmann, R. als praktische Philosophie. Hegels Grundlinien der Philosophie des Rechts und die Grundlegung der praktischen Philosophie, München/Paderborn 2011; H. Welzel, Naturrecht und materiale Gerechtigkeit. Prolegomena zu einer R., Göttingen 1951, [4]1962, 1990; J. White/D. Patterson, Introduction to the Philosophy of Law. Readings and Cases, Oxford/New York 1999; G. Winkler, Rechtstheorie und Erkenntnislehre. Kritische Anmerkungen zum Dilemma von Sein und Sollen in der Reinen Rechtslehre aus geistesgeschichtlicher und erkenntnistheoretischer Sicht, Wien/New York 1990; E. A. v. Wolff/R. Zaczyk (eds.), Fichtes Lehre vom Rechtsverhältnis. Die Deduktion der §§ 1–4 der »Grundlage des Naturrechts« und ihre Stellung in der R., Frankfurt 1992; R. Zippelius, R.. Ein Studienbuch, München 1982, [6]2011. – La philosophie du droit aujourd'hui, Arch. philos. du droit 33 (1988).   R. Wi.

Rechtspositivismus, Bezeichnung für eine das 19. Jh. beherrschende Schule der ↑Rechtsphilosophie, die den Standpunkt vertritt, das vom ↑Staat gesetzte positive ↑Recht sei jenseits des Nachweises verfassungsmäßigen Zustandekommens einer Begründung weder fähig noch bedürftig. Insbes. lehnt der R. die Existenz eines vorstaatlichen ↑Naturrechts ab, das als unmittelbar geltendes Recht neben dem positiven Gesetz oder auch nur als ↑regulative Idee des ›richtigen‹ Rechts Legitimationsbasis des ›positiven‹ Rechts zu sein beansprucht.

Ähnlich wie für das voluntaristische (↑Voluntarismus) Naturrecht der mittelalterlichen und neuzeitlichen Rechtsphilosophie ist auch für den R. der normsetzende ↑Wille des Staates die einzige Rechtsquelle. Dieser Wille ist inhaltlich nicht an die Einhaltung material-ethischer Rechtsprinzipien gebunden. Dem Gesetzgeber, dessen Vernünftigkeit der R. des 19. Jhs. vertraute, wurde grundsätzlich die Möglichkeit eingeräumt, ein von der herrschenden Rechtsauffassung abweichendes Recht zu setzen. Vor der Erfahrung des gesetzlichen Unrechts im Dritten Reich postulierte der R., der souveräne Staat könne jeden beliebigen, auch den absolut unsittlichen Rechtssatz setzen. Dies galt sowohl für das Staatsrecht als auch für das Privatrecht und alle anderen Rechtsbereiche. Durch die ausschließliche Orientierung am positiven Recht genügte die Rechtswissenschaft nur noch in den Teildisziplinen der Rechtsgeschichte und der Rechtssoziologie den Anforderungen der Wissenschaftlichkeit; die Rechtsphilosophie wurde als bloße Spekulation abgelehnt und die Rechtsdogmatik wegen der autoritativen Zuweisung eindeutiger Rechtsmaterialien als Technik angesehen. Die Rechtsphilosophie ging in der Rechtstheorie auf, die bei Anerkennung ausschließlich positiven Rechts dessen logische Voraussetzungen zu erarbeiten suchte.

R. Stammler und H. Kelsen gehen von der strikten Trennung von Sein und Sollen aus. Die Rechtsnorm interessiert die ›reine Rechtslehre‹ nicht als ethischer Wert, sondern allein als Denkform. Um den Willensakt des Gesetzgebers oder Richters in eine für alle ihr Unterworfenen verbindliche Norm zu verwandeln, führte Kelsen eine Grundnorm als Hypothese ein, die den Gesetzesgehorsam vorschreibt. Bezüglich Art und Grund der Geltung dieser von Kelsen vorausgesetzten Hypothese verweisen Theorien, die Rechtsgeltung letztlich für eine soziale Tatsache halten und entsprechend an der Rekonstruktion der Genesis des Rechts aus dem politischen Handeln der Rechtsinteressenten orientiert sind, auf die von inhaltlichem Wertkonsens mindestens partiell unabhängige faktische Akzeptanz des formal korrekt gesetzten Rechts durch die Rechtsgemeinschaft. Deren Rechtskonsens reicht, wenn nicht beliebig weit, so doch weiter als ihr Wertkonsens, wobei diese Differenz ihrer friedensstiftenden Funktion wegen als vernünftig begriffen werden kann. Bereits bei solchen an der sozialen Wirklichkeit orientierten Varianten des R. wird deutlich, daß die normative *Legalismusthese* (↑Legalität), nach der die Normen des Rechts unter allen Umständen Befolgung verdienen, kein notwendiges Kennzeichen jeder rechtspositivistischen Position ist. Durch die Befürwortung der *Neutralitätsthese* vertreten sie aber in jedem Falle eine strikte begriffliche Unterscheidung zwischen der Zuschreibung rechtlicher Geltung und der moralischen Bewertung von Rechtsnormen nach Gerechtigkeitsprinzipien (N. Hoerster 1989). Selbst die von vielen Rechtspositivisten vertretene *Subjektivismusthese*, nach der die moralischen Maßstäbe für die inhaltliche Bewertung von Rechtsnormen nicht intersubjektiv begründbar sind, wird von einigen Vertretern dieser Schule (z. B. J. L. Coleman 1982) abgelehnt. Vorausgesetzt wird dabei, daß es irreführend ist, solche außergesetzlichen Maßstäbe als ↑Naturrecht zu bezeichnen (W. K. Frankena 1964; A. Gewirth 1984). Übrig bleibt eine *konventionalistische* Rechtstheorie (↑Konventionalismus), die auch ein Anarchist (↑Anarchismus) akzeptieren könnte. Angesichts dieser Konsequenz ist es allerdings fraglich, ob eine solche Rechtstheorie überhaupt noch sinnvoll in die Tradition des R. einzuordnen ist. – Zwar vertreten Rechtspositivisten typischerweise die ↑normative Forderung, daß ein Rechtssystem sich eher an den Kriterien der formalen Rechtssicherheit und der formgerechten Inkraftsetzung als an der Zielvorstellung materialer Gerechtigkeit orientieren soll, doch weist der wohlverstandene R. letztlich lediglich darauf hin, daß es aus theoretischen und praktischen Gründen zweckmäßiger ist,

in bestimmten Fällen von ungerechten Gesetzen und Rechtssystemen zu sprechen, statt deren Rechtscharakter zu verneinen.

Literatur: R. Alexy, Begriff und Geltung des Rechts, Freiburg/München 1992, [5]2011; J. Blühdorn, Zum Zusammenhang von ›Positivität‹ und ›Empirie‹ im Verständnis der deutschen Rechtswissenschaft zu Beginn des 19. Jahrhunderts, in: ders./J. Ritter (eds.), Positivismus im 19. Jahrhundert. Beiträge zu seiner geschichtlichen und systematischen Bedeutung, Frankfurt 1971, 123–159; J. L. Coleman, Negative and Positive Positivism, J. Legal Stud. 11 (1982), 139–164; W. E. Conklin, The Invisible Origins of Legal Positivism. A Re-Reading of a Tradition, Dordrecht/Boston Mass./London 2001; G. N. Dias, R. und Rechtstheorie. Das Verhältnis beider im Werke Hans Kelsens, Tübingen 2005; R. Dreier (ed.), R. und Wertbezug des Rechts […], Stuttgart 1990 (Arch. Rechts- u. Sozialphilos., Beih. 37); R. M. Dworkin, Taking Rights Seriously, Cambridge Mass. 1977, [2]1978, London/New York 2013 (dt. Bürgerrechte ernstgenommen, Frankfurt 1984, 1990); ders., Law's Empire, Cambridge Mass. 1986, Oxford etc. 2006, bes. 114–150 (Chap. 4 Conventionalism); W. K. Frankena, On Defining and Defending Natural Law, in: S. Hook (ed.), Law and Philosophy. A Symposium, New York 1964, 1970, 200–209; R. P. George (ed.), The Autonomy of Law. Essays on Legal Positivism, Oxford etc. 1996, Oxford/New York 2005; A. Gewirth, The Ontological Basis of Natural Law. A Critique and an Alternative, Amer. J. Jurisprudence 29 (1984), 95–121; B. Gräfrath, Moral Sense und praktische Vernunft. David Humes Ethik und Rechtsphilosophie, Stuttgart 1991, bes. 86–94; R. Grawert, Recht, positives/R., Hist. Wb. Ph. VIII (1992), 233–241; L. Green, Legal Positivism, SEP 2003; H. L. A. Hart, Positivism and the Separation of Law and Morals, Harvard Law Rev. 71 (1958), 593–629 (dt. Der Positivismus und die Trennung von Recht und Moral, in: ders., Recht und Moral. Drei Aufsätze, Göttingen 1971, 14–57); ders., The Concept of Law, Oxford 1961, Oxford/New York [3]2012 (dt. Der Begriff des Rechts, Frankfurt 1973, 2011); ders., Legal Positivism, Enc. Ph. IV (1967), 418–420, V ([2]2006), 237–239; N. Hoerster, Verteidigung des R., Frankfurt 1989 (Würzburger Vorträge z. Rechtsphilos., Rechtstheorie u. Rechtssoziologie XI); P. Holländer, R. versus Naturrechtslehre als Folge des Legitimitätskonzepts, Berlin 2013; M. Jori (ed.), Legal Positivism, New York, Aldershot etc. 1992; ders., Legal Positivism, REP V (1998), 514–521; E. Kaufmann, R., in: A. Erler/E. Kaufmann (eds.), Handwörterbuch zur deutschen Rechtsgeschichte IV, Berlin 1990, 321–335; H. Kelsen, Reine Rechtslehre. Einleitung in die rechtswissenschaftliche Problematik, Leipzig/Wien 1934, Wien [2]1960, Tübingen 2008; M. H. Kramer, In Defense of Legal Positivism. Law without Trimmings, Oxford/New York 1999, 2007; K. Lee, The Positivist Science of Law, Aldershot etc. 1989; W. Lübbe, Legitimität kraft Legalität. Sinnverstehen und Institutionsanalyse bei Max Weber und seinen Kritikern, Tübingen 1991; N. Luhmann, Legitimation durch Verfahren, Neuwied/Berlin 1969, Frankfurt [9]2013; D. N. MacCormick/O. Weinberger, Grundlagen des institutionalistischen R., Berlin 1985 (engl. An Institutional Theory of Law. New Approaches to Legal Positivism, Dordrecht etc. 1986, 1992); W. Maihofer (ed.), Naturrecht oder R.?, Darmstadt 1962 (repr. Bad Homburg 1966), [3]1981; A. Marmor, Positive Law and Objective Values, Oxford etc. 2001, 2005; C. Müller, Die Rechtsphilosophie des Marburger Neukantianismus. Naturrecht und R. in der Auseinandersetzung zwischen Hermann Cohen, Rudolf Stammler und Paul Natorp, Tübingen 1994; J. B. Murphy, The Philosophy of Positive Law. Foundations of Jurisprudence, New Haven Conn./London 2005; W. Ott, Der R.. Kritische Würdigung auf der Grundlage eines juristischen Pragmatismus, Berlin 1976, erw. [2]1992; ders., Die Vielfalt des R., Baden-Baden 2016; W. Rosenbaum, Naturrecht und positives Recht. Rechtssoziologische Untersuchungen zum Einfluß der Naturrechtslehre auf die Rechtspraxis in Deutschland seit Beginn des 19. Jahrhunderts, Neuwied/Darmstadt 1972; H. J. Sandkühler, Nach dem Unrecht. Ein Plädoyer für R., Freiburg 2015; R. Schmidt (ed.), R.. Ursprung und Kritik. Zur Geltungsbegründung von Recht und Verfassung, Baden-Baden 2014; R. A. Shiner, Norm and Nature. The Movements of Legal Thought, Oxford, New York 1992; P. Soper, Legal Positivism, in: R. Audi (ed.), The Cambridge Dictionary of Philosophy, Cambridge etc. [2]1999, 490; S. Tassi. Die Verbindlichkeit des Rechts. Ein Fremdwort für den R.?, Hamburg 2010; W. J. Waluchow, Inclusive Legal Positivism, Oxford etc. 1994, 2003. B. G./H. R. G.

Redeweise, formale (engl. formal mode of speech), in der frühen, syntaktisch konzipierten ↑Wissenschaftslogik R. Carnaps Bezeichnung für die Norm, der die nicht-empirischen Aussagen der Wissenschaftslogik, also (metasprachliche) Aussagen (↑Metaaussage) über die Sprache der Wissenschaften, gehorchen sollen, z. B. ››Rose‹ ist ein Prädikator‹ oder ››fünf‹ ist ein Zahlwort‹ als Syntax-Sätze anstelle der irreführend in inhaltlicher Redeweise (↑Redeweise, inhaltliche) abgefaßten *Pseudoobjektaussagen* ›Rosen sind Gegenstände‹ oder ›fünf ist eine Zahl‹, die als quasi-syntaktische Sätze gelten.

Literatur: R. Carnap, Logische Syntax der Sprache, Wien 1934, Wien/New York [2]1968, Berlin 2014 (engl. [erw.] The Logical Syntax of Language, London/New York 1937, Chicago Ill./La Salle Ill. 2002). K. L.

Redeweise, inhaltliche (engl. material mode of speech), in der frühen, syntaktisch konzipierten ↑Wissenschaftslogik R. Carnaps Bezeichnung für eine allein den ↑Objektaussagen der Wissenschaften vorbehaltene Sprachform. Die Verwendung der i.n R. auch für die (metasprachlichen) Aussagen (↑Metaaussage) der Wissenschaftslogik, von Carnap ›Syntax-Aussagen‹ genannt, führt zu irreführenden *Pseudoobjektaussagen*; ihr korrekter logischer Gebrauch erfordert daher zunächst eine Überführung in die formale Redeweise (↑Redeweise, formale).

Literatur: R. Carnap, Logische Syntax der Sprache, Wien 1934, Wien/New York [2]1968, Berlin 2014 (engl. [erw.] The Logical Syntax of Language, London/New York 1937, Chicago Ill./La Salle Ill. 2002). K. L.

reductio ad absurdum (auch: deductio ad absurdum, reductio ad impossibile, reductio ad incommodum), Bezeichnung für das Verfahren der Begründung einer Aussage durch den Nachweis der Unmöglichkeit ihres Gegenteils auf eine der beiden folgenden Weisen: (1) Aus der Annahme der Wahrheit einer Aussage A bzw. $\neg A$ zusammen mit schon begründeten Aussagen (im Grenzfall einer einzigen solchen Aussage B) werden zwei

einander widersprechende Aussagen C und $\neg C$ hergeleitet, und daraus wird auf die Falschheit von A bzw. $\neg A$, im zweiten Falle also klassisch (↑Logik, klassische) auf die Wahrheit von A, geschlossen; dieses Verfahren heißt auch indirekter Beweis (↑Beweis, indirekter). (2) Aus der Annahme der Wahrheit einer Aussage A werden ohne Zuhilfenahme weiterer Aussagen ein Widerspruch zu schon begründeten Aussagen, oder zwei einander widersprechende Aussagen C und $\neg C$, oder aber das Gegenteil $\neg A$ der Aussage A selbst hergeleitet. Dem letzten Fall verdankt das junktorenlogische (↑Junktorenlogik) Gesetz $(p \rightarrow \neg p) \rightarrow \neg p$ in den ↑Principia Mathematica von A. N. Whitehead und B. Russell seine (in zahlreiche heutige Logiklehrbücher übernommene) Bezeichnung als r. a.. Schematisch stellen sich die beiden Verfahren wie folgt dar:

$$
\begin{array}{llll}
(1) & B & & B \\
& (A \wedge B) \rightarrow C & & (\neg A \wedge B) \rightarrow C \\
& (A \wedge B) \rightarrow \neg C & \text{bzw.} & (\neg A \wedge B) \rightarrow \neg C \\
& \neg A & & A
\end{array}
$$

$$
\begin{array}{llll}
(2) & A \rightarrow C & & \neg A \rightarrow C \\
& A \rightarrow \neg C & \text{bzw.} & \neg A \rightarrow \neg C \\
& \neg A & & A
\end{array}
$$

Dabei kann B eine einzelne Aussage sein, aber auch ein Konjugat mehrerer Aussagen vertreten. Die links stehenden ↑Schemata gelten effektiv (↑Logik, intuitionistische, ↑Logik, konstruktive), die rechts stehenden nur klassisch. – Von r. a. a. im strengen Sinne sollte eigentlich nur die Rede sein, wenn der erreichte Widerspruch ein logischer (ein ›absurdum‹) ist, d. h. nicht bloß einer empirischen Tatsache widerspricht (›impossibile‹) oder gar nur ein ›lästiges Faktum‹ (›incommodum‹) ist.

Als historisch früheste Erwähnung einer r. a. a. gilt Platons Bericht (Parm. 128d), daß Zenon von Elea den Satz des Parmenides, wonach es ›nur Eines gebe‹, durch Herleitung von ›Ungereimtheiten‹ aus der gegenteiligen Annahme, daß es Vieles gebe, habe stützen wollen. Ihre erste logische Anwendung fanden die angegebenen Schemata in der Aristotelischen ↑Syllogistik, wo die Gültigkeit mancher syllogistischer Modi (z. B. Baroco, Bocardo) indirekt oder durch r. a. a. begründet wird, indem man die Falschheit des Schlußsatzes annimmt und aus dessen kontradiktorischem Gegenteil (↑kontradiktorisch/Kontradiktion) zusammen mit einer der beiden ↑Prämissen einen neuen Schlußsatz herleitet, der der anderen Prämisse widerspricht. Dies zeigt, daß die Falschheit des ursprünglichen Schlußsatzes zu Unrecht angenommen wurde, er also wahr und das untersuchte syllogistische Schlußschema somit gültig ist.

Literatur: A. Church, R. a. a., in: D. D. Runes (ed.), The Dictionary of Philosophy, New York [3]1983, 282–283; N. Rescher/Red.,

R. a. a., Hist. Wb. Ph. VIII (1992), 369–370; W. C. Salmon, Logic, Englewood Cliffs N. J. 1963, ^{2}1973, 30–32 (dt. Logik, Stuttgart 1983, 1997, 63–68); G. F. Schumm, R. a. a., in: R. Audi (ed.), The Cambridge Dictionary of Philosophy, Cambridge etc. ^{2}1999, 778; weitere Literatur: ↑Syllogistik. C. T.

reductio ad impossibile, ↑reductio ad absurdum.

Reduktion (lat. reductio, Zurückführung), Bezeichnung für die Zurückführung von Entitäten, Begriffen, Gesetzen oder Theorien auf andere. R.en dienen (1) dem Ziel einer *Vereinheitlichung* der wissenschaftlichen Weltsicht durch Verwendung einer möglichst einheitlichen Begrifflichkeit (und damit Ontologie) (↑Reduktionismus) und der Beseitigung bzw. Ersetzung philosophisch oder methodologisch fragwürdiger Begriffe (bzw. der durch sie bezeichneten Entitäten) durch unproblematische Begriffe (*ontologische* R.). So suchte z. B. G. W. Leibniz die Begriffe von Raum und Zeit auf Ordnungsrelationen zwischen Körpern zu reduzieren. Als Folge einer solchen R. käme Raum und Zeit keine eigenständige, von den Körpern getrennte Existenz zu. R. besagt (2) die Rückführung einer Theorie auf eine andere (*Theorienreduktion*, auch: *methodologische* R.; ↑Relationen, intertheoretische). So wird z. B. vielfach die phänomenologische ↑Thermodynamik als auf die klassische statistische ↑Mechanik reduziert betrachtet. Beide R.sbegriffe hängen insofern miteinander zusammen, als ontologische R.en häufig als Konsequenz (bestimmter Formen) von Theorienreduktionen betrachtet werden. Weil die physikalische Optik auf die Maxwellsche Elektrodynamik reduziert werden kann, ist Licht identisch mit elektromagnetischen Wellen. Allerdings werden ontologische R.sbehauptungen auch ohne begleitenden Anspruch einer Theorienreduktion vertreten. So geht etwa beim so genannten ›nicht-reduktiven ↑Physikalismus‹ die Annahme einer ausschließlich physikalischen Ontologie mit der Zurückweisung relevanter Theorienreduktionen einher.

Methodologische R.sbehauptungen werden sowohl bezogen auf die Abfolge von Theorien (also mit diachronem Anspruch) und damit als Muster des ↑Erkenntnisfortschritts vertreten, als auch bezogen auf gleichzeitig artikulierte *prima facie* verschiedenartige Wissensansprüche (also mit synchroner Zielrichtung) und damit als Ausdruck der Einheit der Wissenschaft. Eine diachrone R.sbehauptung lautet etwa, daß die Keplerschen Planetengesetze (näherungsweise) auf die Newtonsche Gravitationstheorie reduziert werden können; eine synchrone R.sbehauptung wäre, daß die Verallgemeinerungen der kognitiven ↑Psychologie auf die Prinzipien der ↑Neurowissenschaften reduzierbar sind.

Das so genannte Standardmodell der *Theorienreduktion*, entwickelt im Rahmen des Logischen Empirismus (↑Empirismus, logischer) von E. Nagel, unterscheidet zwischen *homogenen* und *heterogenen* R.en. Homogene R.en stellen lediglich eine Erweiterung und Fortentwicklung einer Theorie dar, wobei das verwendete deskriptive Vokabular (nahezu) identisch bleibt. Bei heterogenen R.en tritt zumindest ein deskriptives Prädikat der reduzierten Theorie T_1 nicht auch in der reduzierenden Theorie T_2 auf. *Formale* Bedingungen einer heterogenen R. von T_1 auf T_2 sind dann (1) *Verknüpfbarkeit*: Alle in T_2 nicht enthaltenen Begriffe von T_1 müssen durch ↑Brückenprinzipien mit Begriffen aus T_2 verbunden werden. Kontrovers im Rahmen des Standardmodells sind Status und logische Form dieser Prinzipien. Sie werden zum Teil als ↑Konventionen, zum Teil als empirische ↑Korrelationen betrachtet, zum Teil wird lediglich konditionale Form, zum Teil aber auch bikonditionale Form gefordert, da nur so die reduzierte Theorie eliminierbar (↑Elimination) sei (C. G. Hempel), oder der noch stärkere Anspruch erhoben, daß verknüpfende Prinzipien ↑synthetische Identitätsbehauptungen sein müßten (L. Sklar, K. F. Schaffner). (2) *Ableitbarkeit*: Mit Hilfe der Brückenprinzipien müssen alle Gesetze von T_1 aus den Gesetzen von T_2 ableitbar (↑ableitbar/Ableitbarkeit) sein. Eine Ableitung setzt in der Regel das Vorliegen bestimmter ↑Randbedingungen voraus, gilt also nur für besondere Situationsumstände. Wissenschaftlich fruchtbare R.en werden bei Nagel durch zwei weitere, *informelle* Bedingungen gekennzeichnet: (1) Die Annahmen der reduzierenden Theorie sollten empirisch gestützt sein. (2) Die R. sollte bekannte empirische Gesetze korrigieren, überraschende Verbindungen zwischen ihnen aufzeigen oder neue vorhersagen. Dabei war im Logischen Empirismus die Vorstellung verbreitet, der wissenschaftliche Fortschritt vollzöge sich durch wiederholte Theorienreduktion. Die historisch frühere Theorie ist in ihren wesentlichen Aspekten auf die spätere Theorie reduzierbar und wird entsprechend zu einem Spezialfall des fortgeschritteneren Ansatzes. – Das Standardmodell lehnt sich an das deduktiv-nomologische Modell der ↑Erklärung insofern an, als es betont, daß die R. einer Theorie eine Erklärung der reduzierten Theorie leisten soll und daß daher die reduzierte Theorie aus der reduzierenden Theorie zusammen mit bestimmten Randbedingungen deduzierbar sein muß. R. ist wesentlich ↑Deduktion.

Die im Standardmodell enthaltenen Annahmen der Ableitbarkeit und damit Konsistenz von reduzierender und reduzierter Theorie sowie der Zuordenbarkeit der in beiden Theorien auftauchenden Begriffe sind schon in den 1960er Jahren einer grundlegenden Kritik unterzogen worden. So sind die Forderungen der Ableitbarkeit und der Korrektur der reduzierten Gesetze nicht miteinander verträglich. Da zudem nach der Kontexttheorie der Bedeutung (↑Theoriesprache) die Bedeutung eines Begriffs wesentlich von den theoretischen Gesetzen abhängt, in denen er auftritt, bringt die Änderung einer Theorie auch eine Änderung der Bedeutung der in ihr enthaltenen Begriffe mit sich. Sind daher zwei Theorien inkompatibel (↑inkompatibel/Inkompatibilität), so wird der Gebrauch ihrer jeweiligen Begriffe durch einander ausschließende Prinzipien bestimmt. Derartige Begriffe heißen ›inkommensurabel‹ (↑inkommensurabel/Inkommensurabilität). Inkompatibilität und Inkommensurabilität schließen eine formale Explikation des R.sbegriffs für Theorien aus. Diese Position bedeutet eine Abkehr vom R.smodell des wissenschaftlichen Fortschritts. Die frühere Theorie wird nicht auf die spätere reduziert und damit nicht in Grenzen bewahrt; vielmehr werden ihre begriffliche Struktur und ihre implizite Ontologie durch einen andersartigen Ansatz ersetzt (P. K. Feyerabend 1962).

R.smodelle in Reaktion auf die Kritik Feyerabends unterscheiden vielfach zwischen zwei Typen von R. (T. Nickles 1973; M. Spector 1978). *Konsolidierende* R.en werden in Anlehnung an das Standardmodell beschrieben. Sie erfordern Übersetzbarkeit jedes Begriffs der reduzierten Theorie und weitgehende Ableitbarkeit ihrer Theoreme. Bei R.en dieser Art liegt der intendierte Anwendungsbereich der reduzierenden Theorie auf einer fundamentaleren Ebene als der der reduzierten Theorie; solche R.en sind daher ontologisch signifikant. Dagegen setzen *transformatorische* R.en weder Kompatibilität noch Übersetzbarkeit voraus. Reduzierte und reduzierende Theorie sind hier auf derselben ontologischen Ebene angesiedelt. Solche R.en kommen durch Grenzprozesse und Näherungen zustande, wobei sich die Richtung der R. gegenüber dem üblichen Verständnis umkehrt. Z. B. reduziert sich unter der Bedingung, daß die Geschwindigkeit eines Massenpunkts sehr klein im Verhältnis zur Lichtgeschwindigkeit ist, die relativistische Mechanik auf die klassische, also die spätere Theorie auf den Vorgänger. – Schon Nagel hatte die Möglichkeit einer *korrigierenden* R. hervorgehoben (s. o.) und damit die Vereinbarkeit des scheinbaren Gegensatzes von Reduzierbarkeit und Fortentwicklung (s. o.) betont. Die reduzierte Theorie wird dann als Approximation der grundlegenderen Theorie betrachtet; jene enthält Idealisierungen, die von dieser mit stärker realistischen Einzelheiten ausgestattet werden. In einem Nagelschen Rahmen lassen sich korrigierende R.en als Ableitungen unter ↑kontrafaktischen Bedingungen rekonstruieren. Die Forderung der Ableitbarkeit beschränkt sich dann auf Teile des ursprünglichen Anwendungsbereichs der reduzierten Theorie. So ist z. B. I. Newtons Gravitationstheorie (↑Gravitation) mit G. Galileis ↑Fallgesetz unverträglich, da jene eine mit der Entfernung zum Erdmittelpunkt veränderliche, dieses aber eine konstante Fallbeschleunigung unterstellt. Relativiert man jedoch Galileis Gesetz auf die Voraussetzung

verschwindender Fallhöhe, so ist es aus Newtons Theorie ableitbar. Reduzierbarkeit bleibt erhalten, wenn die kontrafaktische Voraussetzung, die in der einschränkenden Bedingung ausgedrückt wird, im Anwendungsbereich der reduzierten Theorie näherungsweise erfüllt ist. Im vorliegenden Beispiel heißt dies, daß Galileis Gesetz nur dann als anwendbar betrachtet wird, wenn das Verhältnis von Fallhöhe und Erdradius verschwindend klein ist. Da dies bei üblichen irdischen Fallbewegungen gilt, liegt eine korrigierende R. von Galileis Gesetz auf Newtons Theorie vor (R. A. Eberle 1971).

Eine Verschärfung des auf Nagel zurückgehenden R.sbegriffs liegt vor, wenn man die Erhaltung des ↑Wahrheitswerts der beteiligten Aussagen verlangt, also nicht allein die Überführung von Theoremen in Theoreme, sondern auch von Nicht-Theoremen in Nicht-Theoreme fordert (B. Russell, R. Carnap). Ein Beispiel ist Carnaps Versuch einer R. aller empirischen Behauptungen auf eine ›eigenpsychische‹ Basis, d. h. auf Aussagen über die bewußten Erlebnisse eines Subjekts (↑Konstitutionssystem), analog zu Russells R. der Mathematik auf die Logik (↑Logizismus). Carnap bemerkt später selbst, daß dieses empiristische R.sprogramm bei ↑Dispositionsbegriffen (wie ›löslich‹; ↑Reduktionssatz) und bei theoretischen Begriffen (wie ›Gravitationspotential‹; ↑Begriffe, theoretische) auf unüberwindliche Schwierigkeiten stößt (↑Theoriesprache). Darüber hinaus ist dieser R.sbegriff unangemessen streng, da er ausschließt, daß die reduzierende Theorie die reduzierte nicht allein reproduziert, sondern auch neuartige Aussagen enthält (D. A. Bonevac 1982).

Der *modelltheoretische* Ansatz ist im wesentlichen im Zusammenhang der strukturalistischen Theorieauffassung (↑Theorieauffassung, semantische, ↑Theoriesprache, ↑Strukturalismus (philosophisch, wissenschaftstheoretisch)) entwickelt worden und soll einen Vergleich von Theorien mit grundverschiedener begrifflicher Struktur ermöglichen. Der Strukturalismus betrachtet Theorien nicht als deduktiv organisierte Aussagensysteme, sondern als komplexe Prädikate, die aus einem axiomatisierten Strukturkern und einer Menge intendierter Anwendungen bestehen. ›Akzidentelle‹ Theorieentwicklung erfolgt dabei durch Spezialisierung des Strukturkerns und Erweiterung der Menge intendierter Anwendungen, ›substantieller‹ Theorienwandel hingegen durch Ersetzung des Strukturkerns. Heterogene R.en treten nur im zweiten Falle auf. Eine R. von T_1 auf T_2 setzt dabei zwei Schritte voraus: (1) Jedem physikalischen System, das als Modell von T_1 aufgefaßt werden kann, muß ein Modell von T_2 entsprechen. (2) Alle erfolgreichen Erklärungen und Vorhersagen von T_1 müssen in T_2 reproduzierbar (↑Reproduzierbarkeit) sein. Formal wird das R.sproblem in diesem Rahmen auf drei verschiedenen Ebenen behandelt. Die *schwache* R.srelation ordnet einer Menge partieller potentieller ↑Modelle von T_1 eine Menge partieller potentieller Modelle von T_2 zu und verknüpft so die intendierten Anwendungsbereiche der beiden Theorien. Die *unvollständige* R.srelation stellt eine Verbindung zwischen den Ergänzungen partieller potentieller Modelle zu potentiellen Modellen her, bezieht also die T_1-theoretischen Funktionen auf die T_2-theoretischen (wobei T-theoretische Funktionen zu ihrer Bestimmung eine erfolgreiche Anwendung von T voraussetzen). Beide R.stypen repräsentieren jeweils komplementäre Aspekte der für eine R. erforderlichen Verbindung zwischen den Anwendungsbereichen beider Theorien und den jeweiligen theoretischen Beschreibungsweisen. Die Verknüpfung beider Aspekte wird durch die *starke* R.srelation geleistet, die zugleich als ontologische R. interpretiert wird (E. W. Adams, J. D. Sneed, W. Stegmüller). Der schwachen R.srelation entspricht im Rahmen der Aussagenkonzeption die Zuordnung von Sätzen beider Theorien. Diese Relation ist wesentlich schwächer als die innerhalb des Standardmodells verlangte Beziehung zwischen reduzierender und reduzierter Theorie, da keine Zuordnung von Begriffen verlangt wird. Insbes. müssen daher Allsätze nicht notwendigerweise in Allsätze überführt werden, d. h., die deduktive Struktur muß nicht erhalten bleiben (P. Schroeder-Heister/F. Schaefer 1989).

Generell wird R. in der Regel als eine begriffs- und (zumindest im Grenzfall) theoremerhaltende Relation aufgefaßt. Die Behauptung, die phänomenologische Thermodynamik sei auf die statistische Mechanik reduziert, besagt, daß es sich bei der Temperatur von Gasen tatsächlich um die mittlere kinetische Energie der betreffenden Moleküle handelt. Sie besagt nicht, daß es eine Größe wie die Temperatur tatsächlich gar nicht gibt. Durch die R. werden die reduzierte Theorie und die in ihr enthaltene Begrifflichkeit anders interpretiert, aber nicht aufgegeben. Mit Blick auf die Abfolge von Theorien tritt neben die Reduzierbarkeit die nicht-reduktive Theorieersetzung, die eine ↑Elimination der fraglichen Theorie beinhaltet. Allerdings sind die Übergänge zwischen R. und nicht-reduktiver Theorieersetzung fließend; es ist nicht ausgemacht, welches Ausmaß von Kontrafaktizität der einschränkenden Bedingung (s. o.) noch mit Reduzierbarkeit verträglich ist. Entsprechend rückt z. B. das *explanatorische* Modell der R. die erklärende Kraft einer Theorie in den Mittelpunkt. Selbst wenn die Begriffe zweier Theorien nicht sinnvoll miteinander verknüpfbar sind, liegt Reduzierbarkeit gleichwohl dann vor, wenn die eine Theorie die Rolle der anderen bei der Erklärung und Vorhersage von ↑Tatsachen übernehmen kann. D. h., die reduzierende Theorie muß alle die Tatsachen erklären können, die die reduzierte erklären konnte, und sie muß darüber hinaus mindestens im gleichen Maße methodologisch qualifi-

ziert sein wie die reduzierte Theorie. Die reduzierende Theorie kann also die relevanten Erklärungen auf völlig andere Weise geben als die reduzierte. Theoremerhaltung ist für eine R. nicht erforderlich (J. D. Kemeny/P. Oppenheim 1956). Das explanatorische Modell stellt damit die geringsten Anforderungen an eine R. und läuft auf ein nicht-reduktives Theorieersetzungsmodell hinaus.

Eine Schwierigkeit für alle methodologischen Ansätze, die die Reduzierbarkeit (welcher Art auch immer) der späteren Theorie auf die frühere als notwendige Bedingung einer gerechtfertigten Theorieersetzung (↑Theoriendynamik) fordern, ist die Existenz von ›Kuhnschen Verlusten‹ (*Kuhn losses*). Dabei handelt es sich um das Phänomen, daß eine Theorie zugunsten einer anderen aufgegeben wird, obwohl die zurückgewiesene Theorie einzelne experimentelle Effekte zu erklären verstand, denen die akzeptierte Theorie nicht Rechnung zu tragen vermag. Theorienwandel ist demnach nicht nur mit Gewinnen, sondern auch mit Verlusten an empirisch gestütztem Erklärungsgehalt verbunden. T. S. Kuhns Beispiel ist, daß die (aufgegebene) ↑Phlogistontheorie erklären konnte, warum Metalle einander soviel ähnlicher sind als die Erze, aus denen sie durch Phlogistonaufnahme hervorgehen (nämlich wegen des ihnen gemeinsamen Phlogistonanteils), während die (akzeptierte) Sauerstofftheorie A. L. de Lavoisiers dem nichts entgegenzusetzen wußte (Kuhn 1977, 323 [dt. 424]). Ähnlich wurde die Wellentheorie des Lichts um etwa 1830 allgemein akzeptiert, obwohl dadurch die korpuskulare Erklärung der Lichtstreuung verlorenging und die Wellentheorie diesen Verlust erst etwa 1890 zu kompensieren vermochte (J. Worrall 1978, 63–64 [dt. 76–77]).

In synchroner Hinsicht setzen R.sbehauptungen oft am Körper-Geist-Verhältnis (↑Leib-Seele-Problem) an und erheben dann den Anspruch der Reduzierbarkeit wichtiger mentaler Begriffe oder kognitiver Erklärungsansätze auf neurophysiologische Mechanismen. Dabei wird im Rahmen des Funktionalismus (↑Funktionalismus (kognitionswissenschaftlich)) mentale Begrifflichkeit funktional rekonstruiert. Mentale Zustände sind danach durch ihre kausale Rolle in der kognitiven Architektur charakterisiert. Der Zustand der Freude ist durch seine Verbindung mit bestimmten Auslösereizen, Verhaltenskonsequenzen und anderen mentalen Zuständen bestimmt. Solche Funktionen werden dann durch neurophysiologische Mechanismen realisiert. Bei einer Reproduktion der betreffenden kognitiven Verallgemeinerungen durch neurophysiologische Gesetzmäßigkeiten liegt entsprechend eine ›funktionale R.‹ vor. Gegen eine derartige funktionale R. wird das Bestehen multipler Realisierung (↑Realisierbarkeit, multiple) geltend gemacht. Danach ist ein gegebener mentaler Zustand, etwa Hunger, bei unterschiedlichen Spezies, wie Menschen, Krokodilen oder Außerirdischen, auf ganz verschiedene Weise physiologisch umgesetzt (H. Putnam 1967). Auch ein gegebener mentaler Zustand einer Person, etwa Freude, ist im Laufe deren Lebens unterschiedlich realisiert (z. B. vor und nach einem Schlaganfall). Die für eine R. erforderlichen Verknüpfungen zwischen dem Mentalen und dem Physischen sind danach kontingent, wandelbar und bereichsspezifisch und vermögen deshalb keinen R.sanspruch zu stützen (J. A. Fodor 1974). Deshalb handelt es sich bei dieser Position im Selbstverständnis um einen ›nicht-reduktiven Physikalismus.‹

Der ›New Wave Reductionism‹ wurde von J. Bickle (1998) nach Vorarbeiten von C. Hooker (1981) u. a. artikuliert und betont im Rahmen eines theorienreduktiven Ansatzes (unter Aufgreifen des strukturalistischen Zugangs) die unter Umständen starken Unterschiede zwischen Theorien trotz bestehender Reduzierbarkeit. Die in diesem Rahmen an die Brückenprinzipien gestellten Ansprüche sind eher schwach: es ist hinreichend, aus der Perspektive der reduzierenden Theorie ›analoge‹ Begriffe in der reduzierten Theorie auszumachen. Die zugehörigen Beziehungen in der reduzierten Theorie können auch unter stark kontrafaktischen Bedingungen hergeleitet werden, so daß im Einzelfall auch eine begrifflich und empirisch stark abweichende Theorie als reduziert gelten kann. Daher mißt der New-Wave-Reductionism der Korrektur der reduzierten Theorie durch die reduzierende hohes Gewicht bei, mit der Folge, daß das Spektrum der R.en bis zu Theorieersetzungen reicht.

Eine R.sbeziehung wird asymmetrisch (↑asymmetrisch/Asymmetrie) angesetzt; eine Theorie wird einseitig auf eine grundlegendere oder fortgeschrittene Theorie zurückgeführt. Diese Asymmetrie drückt sich in der Regel im größeren Anwendungsbereich der reduzierenden Theorie aus, aber auch in der Einseitigkeit der Korrekturen. Die grundlegendere Theorie korrigiert die Gesetzmäßigkeiten der abgeleiteten, nicht umgekehrt. Dagegen wird insbes. bei funktionalen R.en und im Verhältnis von kognitiven und neuronalen Zuständen geltend gemacht, daß die höherstufigen, funktionalen Theorien heuristisch (↑Heuristik) überlegen seien: Man benötigt funktionale Begriffe, um die relevanten neuronalen Zustände überhaupt zu identifizieren (↑Realisierbarkeit, multiple). Erst wenn man höherstufige funktionale Begriffe wie Gedächtnisbildung oder Aufmerksamkeitssteuerung zugrundelegt, erschließt sich die kausale Rolle relevanter molekularer Prozesse (z. B. H. Looren de Jong/M. K. D. Schouten 2005; D. Van Eck/Looren de Jong/Schouten 2006). Dieses Argument soll eine Beschränkung auf die grundlegende Ebene und die damit verbundene Aufgabe höherstufiger Theorien ausschließen. Selbst bei einer erfolgreichen R. sind diese danach

heuristisch unentbehrlich. Allerdings wird dieses Argument mit dem Hinweis darauf bestritten, daß unter Umständen zellphysiologische Unterschiede kognitive, funktionale Differenzen anzeigen (W. Bechtel/J. Mundale 1999).

Literatur: W. Balzer/C. U. Moulines/J. D. Sneed, An Architectonic for Science. The Structuralist Program, Dordrecht etc. 1987, 252–284, 306–320, 364–383; R. W. Batterman, The Devil in the Details. Asymptotic Reasoning in Explanation, Reduction, and Emergence, Oxford/New York 2002; ders., Reduction, Enc. Ph. VIII (²2006), 282–287; W. Bechtel/J. Mundale, Multiple Realizability Revisited. Linking Cognitive and Neural States, Philos. Sci. 66 (1999), 175–207; A. Beckermann, Physicalism and New-Wave-Reductionism, Grazer philos. Stud. 61 (2001), 257–261; J. Bickle, Psychoneural Reduction. The New Wave, Cambridge Mass./London 1998; ders., Philosophy and Neuroscience. A Ruthlessly Reductive Account, Dordrecht etc. 2003; ders., Real Reduction in Real Neuroscience. Metascience, Not Philosophy of Science (and Certainly Not Metaphysics!), in: J. Hohwy/J. Kallestrup (eds.), Being Reduced. New Essays on Reduction, Explanation, and Causation, Oxford/New York 2008, 34–51; D. A. Bonevac, Reduction in the Abstract Sciences, Indianapolis Ind./Cambridge, Atascadero Calif. 1982; H. I. Brown, Reduction and Scientific Revolutions, Erkenntnis 10 (1976), 381–385; H. Earhardt/R. Kötter, R., Hist. Wb. Ph. VIII (1992), 370–374; J. Butterfield, Emergence, Reduction and Supervenience. A Varied Landscape, Found. Physics 41 (2011), 920–959; ders., Less Is Different. Emergence and Reduction Reconciled, Found. Physics 41 (2011), 1065–1135; R. Carnap, Der logische Aufbau der Welt, Berlin 1928, mit Untertitel: Scheinprobleme in der Philosophie, Hamburg ²1961, ⁴1974, 1988; ders., Testability and Meaning, Philos. Sci. 3 (1936), 419–471, 4 (1937), 1–40, separat Indianapolis Ind. 1936, New Haven Conn. 1954; M. Carrier/J. Mittelstraß, Geist, Gehirn, Verhalten. Das Leib-Seele-Problem und die Philosophie der Psychologie, Berlin/New York 1989, 45–54 (engl. [erw.] Mind, Brain, Behavior. The Mind-Body Problem and the Philosophy of Psychology, Berlin/New York 1991, 1995, 42–51); R. L. Causey, Unity of Science, Dordrecht/Boston Mass. 1977; D. Charles/K. Lennon (eds.), Reduction, Explanation, and Realism, Oxford etc. 1992; F. Dizadji-Bahmani/R. Frigg/S. Hartmann, Who Is Afraid of Nagelian Reduction?, Erkenntnis 73 (2010), 393–412; J. Dupré, The Disorder of Things. Metaphysical Foundations of the Disunity of Science, Cambridge Mass./London 1993, 1996; R. A. Eberle, Replacing one Theory by another under Preservation of a Given Feature, Philos. Sci. 38 (1971), 486–501; D. van Eck/H. Looren de Jong/M. K. D. Schouten, Evaluating New Wave Reductionism. The Case of Vision, Brit. J. Philos. Sci. 57 (2006), 167–196; R. P. Endicott, Collapse of the New Wave, J. Philos. 95 (1998), 53–72; ders., Post-Structuralist Angst – Critical Notice: John Bickle, Psychoneural Reduction: The New Wave, Philos. Sci. 68 (2001), 377–393; M. A. Esfeld/C. Sachse, Theory Reduction by Means of Functional Sub-Types, Int. Stud. Philos. Sci. 21 (2007), 1–17; dies., Conservative Reductionism, New York/London 2011; P. K. Feyerabend, Explanation, Reduction, and Empiricism, in: H. Feigl/G. Maxwell (eds.), Scientific Explanation, Space, and Time, Minneapolis Minn. 1962, ²1966 (Minnesota Stud. Philos. Sci. III), 28–97, Neudr. in: ders., Philosophical Papers I (Realism, Rationalism and Scientific Method), Cambridge etc. 1981, 44–96 (dt. Erklärung, R. und Empirismus, in: ders., Ausgewählte Schriften II [Probleme des Empirismus], Braunschweig/Wiesbaden 1981, 73–125); J. A. Fodor,

Special Sciences (Or: the Disunity of Science as a Working Hypothesis), Synthese 28 (1974), 97–115; ders., Special Sciences. Still Autonomous after All These Years, Noûs 31 Suppl. (1997) (= Philos. Perspectives 11), 149–163; K. Friedman, Is Intertheoretic Reduction Feasible?, Brit. J. Philos. Sci. 33 (1982), 17–40; C. Glymour, On Some Patterns of Reduction, Philos. Sci. 37 (1970), 340–353; R. van Gulick, Nonreductive Materialism and the Nature of Intertheoretical Constraint, in: A. Beckermann/H. Flohr/J. Kim (eds.), Emergence or Reduction? Essays on the Prospects of Nonreductive Physicalism, Berlin/New York 1992, 157–179; ders., Reduction, Emergence and Other Recent Options on the Mind/Body Problem. A Philosophic Overview, J. Consciousness Stud. 8 (2001), 1–34; R. Gutschmidt, Einheit ohne Fundament. Eine Studie zum R.sproblem in der Physik, Frankfurt etc. 2009; C. G. Hempel, Reduction. Ontological and Linguistic Facts, in: S. Morgenbesser/P. Suppes/M. White (eds.), Philosophy, Science, and Method. Essays in Honor of Ernest Nagel, New York 1969, 179–199; A. Hieke/H. Leitgeb, Reduction. Between the Mind and the Brain, Frankfurt etc. 2009; J. Hohwy/J. Kallestrup (eds.), Being Reduced. New Essays on Reduction, Explanation, and Causation, Oxford/New York 2008; C. Hooker, Towards a General Theory of Reduction, I–III (I Historical and Scientific Setting, II Identity in Reduction, III Cross-Categorial Reduction), Dialogue 20 (1981), 38–59, 201–236, 496–529; P. Hoyningen-Huene/F. Wuketits (eds.), Reductionism and Systems Theory in the Life Sciences. Some Problems and Perspectives, Dordrecht/Boston Mass./London 1989; J. G. Kemeny/P. Oppenheim, On Reduction, Philos. Stud. 7 (1956), 6–19, Neudr. in: B. A. Brody (ed.), Readings in the Philosophy of Science, Englewood Cliffs N. J. 1970, ²1989, 307–318; J. Kim, Multiple Realization and the Metaphysics of Reduction, Philos. Phenom. Res. 52 (1992), 1–26; ders., Reduction, Problems of, REP VIII (1998), 145–149; P. Kitcher (ed.), Scientific Explanation, Minneapolis Minn. 1989; L. Krüger, Reduction versus Elimination of Theories, Erkenntnis 10 (1976), 295–309; ders., Reduction without Reductionism?, in: J. R. Brown/J. Mittelstraß (eds.), An Intimate Relation. Studies in the History and Philosophy of Science Presented to Robert E. Butts on His 60th Birthday, Dordrecht/Boston Mass./London 1989, 369–390; T. S. Kuhn, The Structure of Scientific Revolutions, Chicago Ill./London 1962, erw. ²1970, ³1996, 2007 (dt. Die Struktur wissenschaftlicher Revolutionen, Frankfurt 1967, erw. ²1976, 2007); ders., The Essential Tension. Selected Studies in Scientific Tradition and Change, Chicago Ill./London 1977, 2000 (dt. Die Entstehung des Neuen. Studien zur Struktur der Wissenschaftsgeschichte, ed. L. Krüger, Frankfurt 1977, 2002); H. Looren de Jong/M. K. D. Schouten, Ruthless Reductionism. A Review Essay of John Bickle's Philosophy and Neuroscience: A Ruthlessly Reductive Account, Philos. Psychology 18 (2005), 473–486; D. Mayr, Investigations of the Concept of Reduction I (A Discussion of the Sneed-Stegmüller-Reduction-Relations; A Modified Relation of Reduction and the Explanation of Anomalies), Erkenntnis 10 (1976), 275–294; ders., Investigations of the Concept of Reduction II (Approximative Reduction of Theories with Inaccuracy-Sets: Uniform Structures of Theories, Their Completion and Embedding), Erkenntnis 16 (1981), 109–129; A. Melnyk, Two Cheers for Reductionism: Or, the Dim Prospects for Nonreductive Materialism, Philos. Sci. 62 (1995), 370–388; E. Nagel, The Structure of Science. Problems in the Logic of Scientific Explanation, London 1961, Indianapolis Ind./Cambridge ²1979, 2003, 336–397 (Chap. 11 The Reduction of Theories); T. Nickles, Two Concepts of Intertheoretic Reduction, J. Philos. 70 (1973), 181–201; P. Oppenheim/H. Putnam, Unity of Science as a Working Hypothesis, in: H. Feigl/M. Scri-

ven/G. Maxwell (eds.), Concepts, Theories and the Mind-Body Problem, Minneapolis Minn. 1958, 1972 (Minn. Stud. Philos. Sci. II), 3–36; D. Pearce, Logical Properties of the Structuralist Concept of Reduction, Erkenntnis 18 (1982), 307–333; ders., Translation, Reduction and Equivalence. Some Topics in Intertheory Relations, Frankfurt/Bern/New York 1985; ders., Incommensurability and Reduction Reconsidered, Erkenntnis 24 (1986), 293–308; H. Putnam, Psychological Predicates, in: W. H. Capitan/D. D. Merrill (eds.), Art, Mind and Religion, Pittsburgh Pa. o.J. [1965], 37–48, Neudr. unter dem Titel: The Nature of Mental States, in: ders., Philosophical Papers II (Mind, Language and Reality), Cambridge etc. 1975, 1997, 429–440; W. V. O. Quine, Ontological Reduction and the World of Numbers, J. Philos. 61 (1964), 209–216, Neudr. in: ders., The Ways of Paradox and Other Essays, New York 1966, 199–207, erw. Cambridge Mass./London 1976, 1997, 212–220; R. Richardson, Cognitive Science and Neuroscience. New Wave Reductionism, Philos. Psychology 12 (1999), 297–307; R. van Riel, The Concept of Reduction, Cham etc. 2014; ders./R. Van Gulick, Scientific Reduction, SEP 2014; F. Rohrlich, Pluralistic Ontology and Theory Reduction in the Physical Sciences, Brit. J. Philos. Sci. 39 (1988), 295–312; A. Rosenberg/D. M. Kaplan, How to Reconcile Physicalism and Antireductionism about Biology, Philos. Sci. 72 (2005), 43–68; C. Sachse, Reductionism in the Philosophy of Science, Frankfurt etc. 2007; K. F. Schaffner, Approaches to Reduction, Philos. Sci. 34 (1967), 137–147; E. Scheibe, A New Theory of Reduction in Physics, in: J. Earman u. a. (eds.), Philosophical Problems of the Internal and the External Worlds. Essays on the Philosophy of Adolf Grünbaum, Pittsburgh Pa., Konstanz 1993, 249–271; ders., Die R. physikalischer Theorien. Ein Beitrag zur Einheit der Physik, I–II, Berlin etc. 1997/1999; P. Schroeder-Heister/F. Schaefer, Reduction, Representation and Commensurability of Theories, Philos. Sci. 56 (1989), 130–157; J. Schwartz, Reduction, Elimination, and the Mental, Philos. Sci. 58 (1991), 203–220; M. Silberstein, Reduction, Emergence and Explanation, in: P. Machamer/M. Silberstein (eds.), The Blackwell Guide to the Philosophy of Science, Malden Mass./Oxford 2002, 80–107; J. D. Sneed, The Logical Structure of Mathematical Physics, Dordrecht 1971, Dordrecht/Boston Mass./London ²1979; M. Spector, Concepts of Reduction in Physical Science, Philadelphia Pa. 1978; D. Steel, Can a Reductionist Be a Pluralist?, Biology and Philos. 19 (2004), 55–73; W. Stegmüller, Probleme und Resultate der Wissenschaftstheorie und Analytischen Philosophie II/2 (Theorie und Erfahrung. Theorienstrukturen und Theoriendynamik), Berlin/Heidelberg/New York 1973, ²1985 (engl. The Structure and Dynamics of Theories, Berlin/Heidelberg/New York 1976); ders., Structures and Dynamics of Theories. Some Reflections on J. D. Sneed and T. S. Kuhn, Erkenntnis 9 (1975), 75–100; ders., Accidental (›Non-Substantial‹) Theory Change and Theory Dislodgement. To what Extent Logic Can Contribute to a Better Understanding of Certain Phenomena in the Dynamics of Theories, Erkenntnis 10 (1976), 147–178 (dt. Akzidenteller (›nichtsubstantieller‹) Theorienwandel und Theorienverdrängung. Inwieweit logische Analysen zum besseren Verständnis gewisser Phänomene in der Theoriendynamik beitragen können, in: ders., Rationale Rekonstruktion von Wissenschaft und ihrem Wandel, Stuttgart 1979, 1986, 131–176); M. Stöckler, R./Reduktionismus, EP III (²2010), 2272–2277; P. Teller, Reduction, in: R. Audi (ed.), The Cambridge Dictionary of Philosophy, Cambridge etc. ²1999, 778–780; W. C. Wimsatt, Reduction and Reductionism, in: P. D. Asquith/H. E. Kyburg (eds.), Current Research in Philosophy of Science […], East Lansing Mich. 1979, 352–377; J. Worrall, The Ways in which the Methodology of Scientific Research Programmes Improves on Popper's Methodology, in: G. Radnitzky/G. Andersson (eds.), Progress and Rationality in Science, Dordrecht/Boston Mass./Lancaster 1978 (Boston Stud. Philos. Sci. LVIII), 45–70 (dt. Wie die Methodologie der wissenschaftlichen Forschungsprogramme die Popmersche Methodologie verbessert, in: G. Radnitzky/G. Andersson [eds.], Fortschritt und Rationalität der Wissenschaft, Tübingen 1980, 51–78); R. M. Yoshida, Reduction in the Physical Sciences, Halifax Nova Scotia 1977. M. C.

Reduktion, eidetische, ↑Wesensschau.

Reduktion, phänomenologische, Bezeichnung für das im Rahmen der ↑Phänomenologie E. Husserls entwickelte Verfahren zur Herausarbeitung der transzendentalen Subjektivität (↑Ego, transzendentales). Die p. R. (auch: ›transzendentale Reduktion‹) stellt nach Husserl den ersten fundamentalen Schritt der phänomenologischen Forschung dar, in der sich der Blick von den geradehin erfahrenen Gegenständen abwendet und auf das transzendental reine ↑Bewußtsein als Feld der Sinnstiftung und Seinssetzung richtet. Dadurch wird ein neuer Erkenntnisbereich für die phänomenologische Intentionalanalyse (↑Intentionalität) aufgedeckt; in ihr konstituiert sich der ↑Sinn von Seiendem in den sinnstiftenden Leistungen der transzendentalen Subjektivität (↑Konstitution). Die p. R. war für Husserl eine zentrale Scharnierstelle der phänomenologischen Methode, auf die er sowohl in seinen veröffentlichten Werken als auch in seinen Forschungsmanuskripten (die sog. B-Gruppe mit insgesamt 85 Konvoluten, wurde von Husserl selbst 1935 im Rahmen einer Nachlaßübersicht mit dem Titel *Die Reduktion* versehen; vergleiche dazu Husserliana XXXIV) immer wieder zurückgekommen ist.

Die einzelnen Akte der p.n R. bestehen in der Ausklammerung aller in der natürlichen Einstellung – im Alltagsleben – unreflektiert angenommenen Überzeugungen vom Sein und Sosein der raumzeitlichen Wirklichkeit. Dadurch wird die fraglos als seiend geltende Welt zum ›Weltphänomen‹, zu einem ›Als-seiend-Vermeinten‹, dessen Geltung zu rechtfertigen ist. In der p.n R. werden alle Urteile über die natürliche (physische und psychophysische) Welt, alle durch wertende und praktische Handlungen konstituierten Erzeugnisse, alle Arten Kulturgebilde, Kunstwerke, Wissenschaftsobjekte und Gebilde wie Staat, Sitte, Recht, Religion in Klammern gesetzt (↑Epochē). Sie umfaßt folglich alle Natur- und Geisteswissenschaften mit ihrem gesamten Erkenntnisbestand. Darüber hinaus werden andere Menschen als empirische Egos (↑Ich) ausgeklammert; so wird die Einsicht gewonnen, daß die ganze raum-zeitlich daseiende Wirklichkeit mit allen Lebewesen das transzendentale Bewußtsein als ein absolutes Feld der Sinngebung voraussetzt.

Die methodische Funktion der p.n R. besteht in der strengen Unterscheidung zwischen den in der empirischen ↑Erfahrung gegebenen Objekten einerseits, auf die die Natur- und Geisteswissenschaften ihre erkennenden Handlungen richten, und den ↑transzendental reduzierten Phänomenen andererseits, die als neues Forschungsgebiet der phänomenologischen Arbeit zur Geltung kommen. Insofern der p.n R. der Gedanke zugrundeliegt, daß nichts unreflektiert angenommen werden darf, was nicht bereits ausgewiesen ist, spiegelt Husserls Konzeption ein Grundmoment jeder methodischen Philosophie wieder. Eine zirkelhafte Schwierigkeit dieses Verfahrens besteht allerdings darin, daß man die Tragweite der p.n R. erst durch deren Verwirklichung begreifen kann. Demnach läßt sich die gänzliche Kenntnis davon, was in der p.n R. ausgeklammert werden soll, erst nach deren Vollzug gewinnen. Vor allem muß als methodisch-pragmatischer Widerspruch erscheinen, daß die Existenz anderer Subjekte, in bezug auf die überhaupt erst der Sinn einer Konstitution von ›Objektivität‹ (↑objektiv/Objektivität) bestimmt werden kann, zum Zwecke der Konstitutionsanalyse ebenfalls reduziert wird.

Literatur: A. Aguirre, Genetische Phänomenologie und Reduktion. Zur Letztbegründung der Wissenschaft aus der radikalen Skepsis im Denken E. Husserls, Den Haag 1970 (Phaenomenologica XXXVIII); P. J. Bossert, The Sense of the ›Epoche‹ and ›Reduction‹ in Husserl's Philosophy, J. Brit. Soc. Phenomenol. 5 (1974), 243–255; J.-F. Courtine, L'idée de la phénoménologie et la problématique de la réduction, in: J.-L. Marion/G. Planty-Bonjour (eds.), Phénoménologie et métaphysique, Paris 1984, 211–245; S. Cunningham, Language and the Phenomenological Reductions of Edmund Husserl, The Hague 1976; J. J. Drummond, Husserl on the Ways to the Performance of the Reduction, Man and World 8 (1975), 47–69; E. Fink, Reflexionen zu Husserls phänomenologischer Reduktion, Tijdschr. Filos. 33 (1971), 540–558; B. Godina, Die phänomenologische Methode Husserls für Sozial- und Geisteswissenschaftler. Ebenen und Schritte der p.n R., Wiesbaden 2012; K. Hartmann, Abstraction and Existence in Husserl's Phenomenological Reduction, J. Brit. Soc. Phenomenol. 2 (1971), 10–18; K. Held, Einleitung, in: E. Husserl, Die phänomenologische Methode. Ausgewählte Texte I, Stuttgart 1985, 2010, 5–51; E. Husserl, Ideen zu einer reinen Phänomenologie und phänomenologischen Philosophie I (Allgemeine Einführung in die reine Phänomenologie), Jb. Philos. phänomen. Forsch. 1 (1913), 1–323, separat Halle 1913, 1922 (repr. Tübingen 1980), 1928, ed. W. Biemel, Den Haag 1950, I–III, ed. W. Biemel, Den Haag 1950–1952 (Husserliana III–V), I/1–I/2, ed. K. Schuhmann, Den Haag 1976 (Husserliana III/1–2) (engl. Ideas. General Introduction to a Pure Phenomenology, London, New York 1931, ²1952 [repr. 1969], unter dem Titel: Ideas Pertaining to a Pure Phenomenology and to a Phenomenological Philosophy, Dordrecht etc. 1990; franz. Idées directrices pour une phénoménologie, Paris 1950 [repr. 1985]); ders., Die Idee der Phänomenologie. Fünf Vorlesungen, ed. W. Biemel, Den Haag 1950 (Husserliana II), ²1958, ed. P. Janssen, Hamburg 1986 (engl. The Idea of Phenomenology, The Hague 1964, ferner als: ders., Collected Works VII, ed. R. Bernet, Dordrecht/Boston Mass./London 1997;

franz. L'idée de la phénoménologie. Cinq leçons, Paris 1970, 1994); ders., Erste Philosophie (1923/1924) I–II (I Kritische Ideengeschichte, II Theorie der phänomenologischen Reduktionen), ed. R. Boehm, Den Haag 1956/1959 (Husserliana VII/VIII) (franz. Philosophie première [1923–24], I–II, Paris 1970/1972, ³2001/2002); ders., Cartesianische Meditationen und Pariser Vorträge, ed. S. Strasser, Den Haag 1950, ²1963 (repr. 1973) (Husserliana I), unter dem Titel: Cartesianische Meditationen. Eine Einleitung in die Phänomenologie, ed. E. Ströker, Hamburg 1977, ferner in: ders., Ges. Schr. VIII, ed. E. Ströker, Hamburg 1992, ³1995, 1–161 (franz. Méditations Cartésiennes. Introduction à la phénoménologie, Paris 1931, Paris 2008; engl. Cartesian Meditations. An Introduction to Phenomenology, The Hague 1960, Dordrecht/Boston Mass./London 1999); ders., Zur p.n R.. Texte aus dem Nachlass (1926–1935), ed. S. Luft, Dordrecht/Boston Mass./London 2002 (Husserliana XXXIV); I. Kern, Die drei Wege zur transzendental-p.n R. in der Philosophie Edmund Husserls, Tijdschr. Filos. 24 (1962), 303–349; H.-B. Kim, Der Anfang der Philosophie und die p. R. als Willensakt, Wuppertal 1995; R. Kühn/M. Staudigl (eds.), Epoché und Reduktion. Formen und Praxis der Reduktion in der Phänomenologie, Würzburg 2003; S. Luft, Einleitung des Herausgebers, in: E. Husserl, Zur p.n R. [s.o.], XVII–LI; ders., Husserl's Theory of the Phenomenological Reduction. Between Life-World and Cartesianism, Res. Phenomenol. 34 (2004), 198–234; ders., Reduktion, in: H.-H. Gander (ed.), Husserl-Lexikon, Darmstadt 2010, 252–257; P. S. MacDonald, Descartes and Husserl. The Philosophical Project of Radical Beginnings, Albany N. Y. 2000; L. Rizzoli, Erkenntnis und Reduktion. Die operative Entfaltung der p.n R. im Denken Edmund Husserls, Dordrecht/Boston Mass./London 2008; T. J. Stapleton, The ›Logic‹ of Husserl's Transcendental Reduction, Man and World 15 (1982), 369–382; J. Taminiaux, The Metamorphoses of Phenomenological Reduction, Milwaukee Wis. 2004; P. Theodorou, Husserl and Heidegger on Reduction, Primordiality, and the Categorial. Phenomenology beyond Its Original Divide, Cham 2015. C. F. G.

Reduktion, transzendentale, ↑Reduktion, phänomenologische.

Reduktionismus (engl. reductionism), Bezeichnung des wissenschaftlichen und philosophischen Programms, für wissenschaftliche Entitäten, Begriffe, Gesetze oder Theorien ↑Reduktionen durchzuführen. Beispiele (sämtlich nicht unumstritten) sind die Reduktion der phänomenologischen auf die statistische ↑Thermodynamik, die Reduktion der Mendelschen auf die molekulare Genetik und die Reduktion von moralischen Handlungsnormen auf genetisch (d. h. letztlich molekular) fixierte evolutionäre Verhaltensanpassungen einschließlich deren ebenfalls genetisch fixierter Stabilisierung. Nicht selten spricht man auch summarisch von einer Reduktion der Chemie auf die Physik oder der Biologie auf die Chemie oder der Psychologie auf die Biologie. Der Begriff des R. wird häufig polemisch und pejorativ verwendet. Der Grund dafür ist, daß die Reduktion der Eigenschaften eines materiellen Systems auf Eigenschaften seiner Bestandteile häufig als der phänomenalen, lebensweltlichen Vielfalt unangemessen und sie ›ver-

kürzend‹ empfunden wird. Dies gilt vor allem für den R. in den Bereichen des Lebendigen und der Kultur. Antireduktionistische Kritik erfolgt dabei in der Regel durch die Behauptung, ein bestimmtes Phänomen x (in der ↑Soziobiologie z. B. ethisch relevante, insbes. altruistische, Verhaltensweisen der Menschen) sei *mehr* als ein in einer vorausgesetzten ontologischen Hierarchie ›niedriger‹ eingestuftes Phänomen y (z. B. genetisch fixierte Verhaltensanpassungen). Die einschlägigen begrifflichen Beziehungen sollen häufig durch den Begriff der Supervenienz (↑supervenient/Supervenienz) erfaßt werden. Supervenienz drückt eine einseitige Abhängigkeit zwischen Phänomenen zweier Bereiche aus. Jede Veränderung im höherstufigen Bereich (den ethisch relevanten Verhaltensweisen) setzt eine Veränderung im niederstufigen Bereich (der genetischen Ausstattung) voraus, aber nicht jede genetische Modifikation besitzt Einfluß auf das Sozialverhalten. Allerdings ist umstritten, ob Supervenienz das Bestehen einer Reduktionsbeziehung wirklich ausschließt.

Häufig sind antireduktionistische Positionen auch Ausdruck holistischer (↑Holismus) bzw. organizistischer (↑Organizismus) Konzeptionen, die z. B. auf Axiomen wie ›das Ganze ist mehr als die Summe seiner Teile‹ beruhen. Danach lassen sich das Verhalten oder charakteristische Eigenschaften eines Systems nur durch Rekurs auf dieses Gesamtsystem, nicht aber auf die Eigenschaften und Wechselwirkungen seiner Komponenten angemessen erklären oder verstehen. Die Systemeigenschaften sind dann zu den Komponenteneigenschaften *emergent* (↑emergent/Emergenz).

Eine weitere, spezifisch auf menschliches Verhalten bezogene Form des R., die in Diskussionen in der ↑Philosophie des Geistes (↑philosophy of mind) eine kontroverse Rolle spielt, betrifft den Ansatz, mentale Phänomene wie Freude, Schmerz und dergleichen als ›nichts anderes‹ als neurophysiologische Phänomene zu verstehen. Hier machen Anti-Reduktionisten geltend, daß die ›Innenperspektive‹ der handelnden Subjekte nicht auf die ›Außenperspektive‹ reduziert werden könne. – Nicht selten bestehen Kontroversen im Umkreis des R. weniger in einem Dissens über Tatsachen, Gesetze und dergleichen, als vielmehr in unterschiedlichen Auffassungen über die Bedeutung epistemischer Termini wie ›erklären‹ oder ›verstehen‹.

Literatur: A. Beckermann/H. Flohr/J. Kim (eds.), Emergence or Reduction? Essays on the Prospects of Nonreductive Physicalism, Berlin/New York 1992; J. Bickle, Psychoneural Reduction. The New Wave, Cambridge Mass./London 1998; R. Boyd/P. Gasper/J. D. Trout (eds.), The Philosophy of Science, Cambridge Mass./London 1991, 1999; I. Brigandt/A. Love, Reductionism in Biology, SEP 2008, rev. 2017; T. Brown/L. Smith (eds.), Reductionism and the Development of Knowledge, Mahwah N. J. 2003; M. Carrier/J. Mittelstraß, Geist, Gehirn, Verhalten. Das Leib-Seele-Problem und die Philosophie der Psychologie, Berlin/New York

1989 (engl. [erw.] Mind, Brain, Behavior. The Mind-Body Problem and the Philosophy of Psychology, Berlin/New York1991); D. Charles/K. Lennon (eds.), Reduction, Explanation, and Realism, Oxford/New York 1992, 2001; J. Dupré, The Disorder of Things. Metaphysical Foundations of the Disunity of Science, Cambridge Mass./London 1993, 1996; M. Esfeld/C. Sachse, Conservative Reductionism, New York/London 2011; K. N. Farrell/T. Luzzati/S. van den Hove (eds.), Beyond Reductionism. A Passion for Interdisciplinarity, London/New York 2013; C. Gillett, Reduction and Emergence in Science and Philosophy, Cambridge 2016; W. Griesser (ed.), Reduktionismen – und Antworten der Philosophie, Würzburg 2012; R. Hedrich, Komplexe und fundamentale Strukturen. Grenzen des R., Mannheim/Wien/Zürich 1990; P. Hoyningen-Huene, Zu Emergenz, Mikro- und Makrodetermination, in: W. Lübbe (ed.), Kausalität und Zurechnung. Über Verantwortung in komplexen kulturellen Prozessen, Berlin/New York 1994, 165–195; ders./F. Wuketits (eds.), Reductionism and Systems Theory in the Life Sciences. Some Problems and Perspectives, Dordrecht/Boston Mass./London 1989; D. Hull, Philosophy of Biological Science, Englewood Cliffs N. J. 1974; H. Kincaid, Individualism and the Unity of Science. Essays on Reduction, Explanation, and the Special Sciences, Lanham Md. 1997; P. Kitcher (ed.), Scientific Explanation, Minneapolis Minn. 1989; F. Lausen, Zur heuristischen Qualität des R., Münster 2014; R. C. Looijen, Holism and Reductionism in Biology and Ecology. The Mutual Dependence of Higher and Lower Level Research Programmes, Dordrecht/London 2000; H. Primas, Chemistry, Quantum Mechanics, and Reductionism. Perspectives in Theoretical Chemistry, Berlin/New York 1981, ²1983; ders., Kann Chemie auf Physik reduziert werden?, Chemie in unserer Zeit 19 (1985), 109–119, 160–166; A. Rosenberg, The Structure of Biological Science, Cambridge etc. 1985, 1994; ders., Darwinian Reductionism, or, How to Stop Worrying and Love Molecular Biology, Chicago Ill./London 2006; C. Sachse, Reductionism in the Philosophy of Science, Frankfurt etc. 2007; S. Sarkar, Genetics and Reductionism, Cambridge etc. 1998; R. Sattler, Biophilosophy. Analytic and Holistic Perspectives, Berlin etc. 1986; J. W. Smith, Reductionism and Cultural Being. A Philosophical Critique of Sociobiological Reductionism und Physicalist Scientific Unificationism, The Hague/Boston Mass./Lancaster 1984; K. Sterelny, Reductionism in the Philosophy of Mind, REP VIII (1998), 149–153; M. Stöckler, Hist. Wb. Ph. VIII (1992), 378–383; ders. Reduktion/R., EP III (²2010), 2272–2277; J. Westerhoff, R., in: W. D. Rehfus (ed.), Handwörterbuch Philosophie, Göttingen 2003, 591–592.   G. W.

Reduktionssatz (engl. reduction sentence), von R. Carnap (1936) eingeführter Terminus für Aussagen der Form

$$\wedge_x(Q_1(x) \to (Q_2(x) \to Q_3(x))),$$

in denen das Vorliegen der Eigenschaft Q_3 zurückgeführt (›reduziert‹) wird auf das gemeinsame Vorliegen der Eigenschaften Q_1 und Q_2, vorausgesetzt, Q_1 und Q_2 sind gemeinsam erfüllbar (↑erfüllbar/Erfüllbarkeit). Insbes. behandelt Carnap Paare von R.en (›Reduktionspaare‹)

$$\wedge_x(Q_1(x) \to (Q_2(x) \to Q_3(x))),$$
$$\wedge_x(Q_4(x) \to (Q_5(x) \to Q_3(x)))$$

(falls Q_1 und Q_2 oder Q_4 und Q_5 gemeinsam erfüllbar sind) sowie bilaterale R.e

$$\wedge_x(Q_1(x) \to (Q_3(x) \leftrightarrow Q_2(x)))$$

(falls Q_1 erfüllbar ist), und entsprechend für mehrstellige Prädikate. Bilaterale R.e lassen sich als bedingte ↑Definitionen interpretieren, in denen Q_3 durch Q_2 definiert wird, falls die Bedingung Q_1 erfüllt ist.

R.e spielen bei Carnap eine wichtige Rolle in der Diskussion der *operationalen Definition* von Begriffen, die sich schwerpunktmäßig anhand des Problems der adäquaten Definition von ↑Dispositionsbegriffen entwickelte. Dispositionen wie ›wasserlöslich‹ oder ›ängstlich‹ drücken überdauernde Tendenzen aus, die sich unter bestimmten Umständen (der ›Testbedingung‹) in besonderen Beobachtungsmerkmalen (dem ›Testergebnis‹) manifestieren. Für eine operationale Definition von Dispositionen kommt es darauf an, diese Tendenzen auf das Auftreten (bzw. Nicht-Auftreten) der zugeordneten Beobachtungsmerkmale zurückzuführen. Der nächstliegende Ansatz besteht in der folgenden Festlegung: Die Disposition D liegt genau dann vor, wenn sich bei Realisierung der Testbedingung TB das spezifische Testergebnis TE zeigt, also $D \leftrightarrow (TB \to TE)$. Diese Definition führt jedoch zu dem Urteil, daß bei Objekten, für die die Testbedingung nicht realisiert ist, die Disposition vorliegt, da dann der Vordersatz TB des Konditionalsatzes $TB \to TE$ falsch und damit der Konditionalsatz wahr ist. Wird für die Disposition ›wasserlöslich‹ die Gabe in Wasser als Testbedingung und die erfolgte Auflösung als relevantes Testergebnis festgesetzt, so ergibt sich die Konsequenz, daß Gegenstände, die niemals mit Wasser in Berührung gekommen sind, als wasserlöslich zu gelten hätten.

Carnaps Vorschlag der R.e dient dem Zweck, diese Unzulänglichkeit zu vermeiden. Die Einführung einer Disposition über einen bilateralen R. hat die Gestalt $TB \to (D \leftrightarrow TE)$. Am Beispiel der Löslichkeit besagt dies: Falls ein Objekt in Wasser gegeben wird, so ist es genau dann wasserlöslich, wenn es sich auflöst. Bei dieser Version bleibt bei fehlender Realisierung der Testbedingung unbestimmt, ob die Disposition vorliegt. Aus diesem Grunde sind durch R.e eingeführte Begriffe nicht mehr unter allen Umständen, sondern nur für bestimmte Objekte bzw. unter bestimmten Bedingungen definiert. Damit sind durch R.e, d. h. durch bedingte Definitionen, eingeführte Begriffe (im Gegensatz zu explizit definierten Begriffen) nicht separat eliminierbar (also durch Ausdrücke ohne den betreffenden Begriff ersetzbar; ↑definierbar/Definierbarkeit). Carnaps Zulassung von R.en für die Einführung wissenschaftlicher Begriffe hatte daher zur Folge, daß das im ↑Wiener Kreis vertretene Programm der expliziten Definition aller wissenschaftlichen Begriffe durch Beobachtungsbegriffe aufgegeben wurde. Diese Liberalisierung führte Carnap später zur ↑Zweistufenkonzeption der Wissenschaftssprache, in der ↑Korrespondenzregeln (die unter anderem die Form von R.en besitzen) eine Verknüpfung zwischen der nunmehr als eine selbständige Sprachebene konzipierten ↑Theoriesprache und der ↑Beobachtungssprache herstellen. – Nicht-terminologisch spricht man gelegentlich von Sätzen, die Reduktionen charakterisieren, als R.en. Z. B. werden in der ↑Modallogik (↑Modalkalkül) diejenigen Prinzipien, die komplexe ↑Modalitäten auf einfache zurückführen, als R.e bezeichnet.

Literatur: J. Berg, On Defining Disposition Predicates, Analysis 15 (1955), 85–89; ders., A Note on Reduction Sentences, Theoria 24 (1958), 1–8; R. Carnap, Testability and Meaning, Philos. Sci. 3 (1936), 419–471, 4 (1937), 1–40, separat Indianapolis Ind. 1936, New Haven Conn. 1950, 1954, bes. 441–453; W. K. Essler, An Inductive Solution of the Problem of Dispositional Predicates, Ratio 12 (1970), 108–115; ders., Wissenschaftstheorie I (Definition und Reduktion), Freiburg/München 1970, ²1982, bes. 157–173 (Kap. V Über partielle Definitionen); A. Pap, Reduction-Sentences and Open Concepts, Methodos 5 (1953), 3–28; W. Stegmüller, Probleme und Resultate der Wissenschaftstheorie und Analytischen Philosophie II/1 (Theorie und Erfahrung), Berlin/Heidelberg/New York 1970, ²1974, bes. 213–238; T. Storer, On Defining ›Soluble‹, Analysis 11 (1951), 134–137; R. Trapp, Eine Verfeinerung des R.verfahrens zur Einführung von Dispositionsprädikaten, Erkenntnis 9 (1975), 355–382; D. Weissman, Dispositional Properties, Carbondale Ill. 1965, Nachdr. 2008. M. C./P. S.

redundant/Redundanz (engl. redundant/redundancy), Begriff der Informations- und Kodierungstheorie (↑Informationstheorie) zur Beschreibung des Unterschieds zwischen derjenigen Information, die aufgrund der Eigenschaften einer Informationsquelle übertragen wird, und derjenigen, die mit den symbolischen Mitteln dieser Quelle übertragen werden könnte. Z. B. könnte mit aus Buchstaben des lateinischen Alphabets zusammengesetzten Wörtern weitaus mehr Information übertragen werden, als dies durch die vorhandenen Wörter der englischen Sprache geschieht. Dieser ›Überfluß‹ an Information ist die R. der Sprache. Das Vorhandensein von R. macht Informationsübertragung fehlertolerant und ist damit unerläßlich für praktische Kommunikation, sowohl im lebensweltlichen als auch im technischen Sinne. Andernfalls würde ein einziger Rechtschreibfehler oder ein einziges falsch übertragenes Informationsbit den Gehalt einer übertragenen Nachricht verändern und damit zerstören. R.freie Kodierung ist also nur theoretisch, nicht aber praktisch effizient. Entsprechend ist biologisch (z. B. durch DNA) kodierte Information häufig in hohem Maße r.. Da R. den überflüssigen Bestandteil von Information beschreibt, kann man umgekehrt mithilfe des Begriffs der R. den Grad der Komprimierbarkeit von Information beschreiben. Nachrichten mit hoher R. können durch kürzere Nachrichten mit gleichem Informationsgehalt ersetzt werden – eine Möglichkeit, die man sich z. B. bei der Nachrichtenübertragung über Kanäle mit beschränkter Kapazität zunutzemacht.

Formal definiert man den Begriff der R. durch den Begriff der ↑Entropie, die man nach C. Shannon als Maß für den Informationsgehalt einer Nachricht auffassen kann. Genauer ist die Entropierate R einer Quelle die mittlere Entropie pro Zeichen, im Unterschied zur absoluten Entropierate R_{max} der verwendeten Sprache. Die Differenz $R_{max} - R$ ist die absolute R., das Verhältnis $(R_{max} - R)/R_{max}$ die relative R., die zugleich den maximalen Kompressionsgrad einer Nachricht beschreibt. Vom informations- und kodierungstheoretischen Begriff der Kompression ist der in der enzyklopädietheoretischen Handlungslehre verwendete Begriff des ↑Kompressors zu unterscheiden.

Literatur: Lehrbücher der ↑Informationstheorie. P. S.

Reduzibilitätsaxiom (engl. axiom of reducibility), von B. Russell erstmals 1908 vorgeschlagenes Axiomenschema (↑System, axiomatisches) der ↑Principia Mathematica (dort mit der Nummer *12·1). Es besagt, daß zu jeder beliebigen einstelligen ↑Aussagefunktion (›propositional function‹) P eine äquivalente *prädikative* Aussagefunktion Q existiert:

$$\bigvee_Q \bigwedge_x (Px \leftrightarrow Q!x),$$

und entsprechend für mehrstellige Relationen. Das Ausrufezeichen ›!‹ soll dabei den prädikativen Charakter von Q ausdrücken. In moderner Terminologie hätte man unter ›Aussagefunktionen‹ ↑Aussageformen bzw. durch Aussageformen definierte ↑Prädikate zu verstehen. Ein einstelliges Prädikat P ist im Sinne des Systems der verzweigten Typentheorie (↑Typentheorien) der »Principia Mathematica« prädikativ, wenn seine Ordnung gerade um 1 höher als die seines Arguments ist, d. h., wenn die P definierende Aussageform keine gebundene Variable enthält, deren Ordnung über die des Arguments von P hinausgeht, bei Individuenprädikaten also ein Prädikat der Ordnung 1. Dabei werden gewisse nicht näher spezifizierte Grundprädikate und Grundrelationen als prädikativ angenommen. Ferner sind durch ↑Junktoren und Individuenquantoren daraus erhaltene Individuenprädikate prädikativ. Ein Individuenprädikat P etwa, das definiert ist durch

$$Px \leftrightharpoons \bigwedge_Q F(Q,x),$$

wobei F eine Relation zweiter Ordnung zwischen Prädikaten erster Ordnung und Individuen ist und der Variabilitätsbereich des Allquantors gerade die Individuenprädikate erster Ordnung umfaßt, ist ein Beispiel für ein Individuenprädikat *zweiter* Ordnung und damit nicht prädikativ. Nach dem R. gibt es jedoch ein prädikatives Prädikat, das auf genau dieselben Individuen wie P zutrifft. Das R. erlaubt somit, Prädikate, die vom selben Gegenstandstyp (z. B. von Individuen), aber von verschiedener Ordnung sind, zu vereinheitlichen. Russell begründet die Postulierung des R.s damit, daß es in der verzweigten Typentheorie sonst z. B. nicht möglich wäre, über alle Prädikate von Individuen anstatt z. B. nur über alle Prädikate der Ordnung $\leq n$ für ein festes n zu reden, was für den logizistischen Aufbau der Mathematik (↑Logizismus) unerläßlich ist, etwa im Zusammenhang mit Induktion (↑Induktion, vollständige) und ↑Identität (im Leibnizschen Sinne der Ununterscheidbarkeit durch einstellige Prädikate; ↑Gleichheit (logisch)). Russells Rechtfertigung ist also im wesentlichen pragmatischer Natur (in der Einleitung zur 2. Auflage der »Principia Mathematica« sogar explizit: »This axiom has a purely pragmatic justification: it leads to the desired results, and to no others« (XIV)). In die Klassentheorie der »Principia Mathematica« geht das R. insofern ein, als Aussagen über Klassen (↑Klasse (logisch)) kontextuell als Aussagen über sie definierende *prädikative* Prädikate aufgefaßt werden, woraus sich das ↑Extensionalitätsprinzip (↑Extensionalitätsaxiom) für Klassen ergibt (*20·15). Klassen von Objekten eines Typs (z. B. Individuen) müssen daher nicht nach ihrer Definitionsordnung unterschieden werden.

Russells Prädikativitätsbegriff im Zusammenhang mit dem R. ist technischer Natur und stimmt inhaltlich nicht ganz mit dem auf H. Poincaré zurückgehenden und von Russell ebenfalls verwendeten mehr philosophischen Prädikativitätsbegriff überein, insofern Prädikate, die in Russells technischem Sinne nicht prädikativ sind, keinen ›cercle vicieux‹ (↑Vicious-Circle Principle) enthalten. Sie sind nicht imprädikativ (↑imprädikativ/Imprädikativität) in dem Sinne, daß ihre Definition auf eine Gesamtheit Bezug nimmt, der sie selber angehören; dies wird gerade durch die Zuweisung von Ordnungen zu Prädikaten in der verzweigten Typentheorie ausgeschlossen. Allerdings wurde in der Folge von Autoren wie W. V. O. Quine (zu Recht) kritisiert, daß das R. durch die Reduktion beliebiger Ordnungen von Prädikaten auf die niedrigstmögliche Ordnung den prädikativen Aufbau des Systems (im philosophischen Sinne der Zirkelfreiheit), zu dessen Zweck der Ordnungsbegriff, d. h. die ›Verzweigtheit‹ der Typentheorie, entwickelt worden war, wieder zunichte macht. Konstruktive (prädikative) Typentheorien gehen heute von Ansätzen aus, die gar nicht erst zu der Problematik führen, die das R. zu lösen beabsichtigt.

Literatur: J. O. de Almeide Marques, Waismann, Ramsey, Wittgenstein e o axioma da redutibilidade, Cadernos Hist. Filos. Cie. 3/2 (1992), 5–48; M. Crabbé, Ramification et prédicativité, Log. anal. 21 (1978), 399–419; B. Linsky, Was the Axiom of Reducibility a Principle of Logic?, Russell 10 (1990/1991), 125–140; E. D. Mares, The Fact Semantics for Ramified Type Theory and the Axiom of Reducibility, Notre Dame J. 48 (2007), 237–251; J. Myhill, Report on some Investigations Concerning the Consistency of the Axiom of Reducibility, J. Symb. Log. 16 (1951), 35–42; K.-G. Niebergall, On the Logic of Reducibility. Axioms and Examples, Erkenntnis 53 (2000), 27–61; W. V. O. Quine, On the Axiom of Reducibility, Mind NS 45 (1936), 498–500; ders., Set Theory and Its Logic, Cambridge Mass./London 1963, ²1969, 1980, bes. 249–258 (§ 35 Classes and the Axiom of Reducibility) (dt. Mengenlehre und ihre Logik, Braunschweig 1973, Frankfurt/Berlin/Wien 1978, bes. 181–189 [§ 35 Klassen und das R.]); B. Russell, Mathematical Logic as Based on the Theory of Types, Amer. J. Math. 30 (1908), 222–262, Neudr. (mit Einleitung von W. V. O. Quine, 150–152) in: J. van Heijenoort (ed.), From Frege to Gödel. A Source Book in Mathematical Logic 1879–1931, Cambridge Mass./London 1967, 150–182, bes. 167–168 (V The Axiom of Reducibility); C. Thiel, Grundlagenkrise und Grundlagenstreit. Studie über das normative Fundament der Wissenschaften am Beispiel von Mathematik und Sozialwissenschaft, Meisenheim am Glan 1972, bes. 96–123 (3.3 Von der Stufenlogik zum Hilbertprogramm); R. Wahl, The Axiom of Reducibility, Russell 31 (2011), 45–62; A. N. Whitehead/B. Russell, Principia Mathematica I, Cambridge 1910 (repr. Silver Spring Md. 2009), ²1925, Cambridge etc. 2004, bes. 55–60, 161–167 (teilw. dt. unter dem Titel: Einführung in die mathematische Logik. Die Einleitung der Principia Mathematica, Berlin/München 1932, Nachdr. unter dem Titel: Principia Mathematica. Vorwort und Einleitungen, Wien/Berlin 1984, Frankfurt 2008, bes. 80–86). P. S.

Referenz (von engl. reference, Bezugnahme), grundlegender Terminus der ↑Semantik für die extensionale (↑extensional/Extension) Komponente der ↑Bedeutung. In den Bedeutungstheorien finden sich sehr unterschiedliche Auffassungen der R.. Allgemein kann unterschieden werden (1) der *Akt* der R. (engl. referring), durch den auf Gegenstände Bezug genommen wird, (2) die *Beziehung* der R., die aufgrund von (1) zwischen Zeichen und bestimmten Gegenständen besteht, (3) die *Gegenstände* selbst, auf die Bezug genommen wird. Um den Unterschied von (3) zu (1) und (2) hervorzuheben, nennt man diese Gegenstände häufig auch Referenten (engl. referents). Zu unterscheiden ist zwischen singularer und pluraler R., deren Arten anhand der bei Akten der R. verwendeten sprachlichen Ausdrücke bestimmbar sind. Typische Arten solcher referenzialisierender oder referierender (engl. referring) Ausdrücke sind ↑Eigennamen, ↑Indikatoren und ↑Kennzeichnungen. Die neuere Diskussion ist hier bestimmt durch die von S. A. Kripke u. a. neu entfachte Diskussion über die Bedeutung von ↑Namen und die Grundlage der ↑Benennung (engl. naming).

Soweit die Rede von R. an den Akt der R. gebunden ist, wie z. B. in der Sprechakttheorie (↑Sprechakt) J. R. Searles, können prädikativ verwendete Ausdrücke keine R. haben. Hebt man eine solche Bindung auf, so ist R. weitgehend identisch mit ↑Denotation. Eine Ausnahme bildet die Theorie G. Freges, sofern man sich der umstrittenen Übersetzung von ›Bedeutung‹ als ›reference‹ anschließt. Nach Frege ist die Bedeutung (*reference*) eines prädikativen Ausdrucks der entsprechende Begriff und nicht der Begriffsumfang (die Klasse). Eine weitere Ausnahme bildet N. Goodman, der im Rahmen einer allgemeinen Symboltheorie auch nicht-denotative symbolische Beziehungen exemplifizierenden Charakters (↑Exemplifikation) als Arten der R. (Bezugnahme im weiteren Sinne) auffaßt.

Eine Differenzierung der R. eines ↑Artikulators ›P‹ in *intensionale R.* (= Eigenschaft P-Sein, den traditionellen Begriff der ↑Form [↑Form und Materie] rekonstruierend) und *extensionale R.* (= Substanz Gesamt-P [↑Teil und Ganzes], den traditionellen Begriff der ↑Materie bzw. des Stoffes [↑Hylē] rekonstruierend), die einhergeht mit einer entsprechenden Differenzierung des (semantischen) ↑Sinns von ›P‹ in *intensionalen Sinn* (= Begriff |P|) und *extensionalen Sinn* (= Klasse ∈ P), hat K. Lorenz vorgenommen (↑Prädikation, ↑Objekt).

Literatur: B. K. Abbott, Reference, Oxford 2010; J. Almog, Referential Mechanics. Direct Reference and the Foundations of Semantics, New York 2014; A. Bianchi, On Reference, Oxford 2015; S. Blackburn (ed.), Meaning, Reference and Necessity. New Studies in Semantics, Cambridge 1975; J. Campbell, Reference and Consciousness, Oxford 2002, 2006; W. Carl, Frege's Theory of Sense and Reference. Its Origin and Scope, Cambridge etc. 1994, 1995; M. Devitt, Reference, REP VIII (1998), 153–164; K. Donnellan, Essays on Reference, Language, and Mind, ed. J. Almog/P. Leonardi, Oxford/New York 2012; G. Evans, The Varieties of Reference, ed. J. McDowell, Oxford, New York 1982, 2002; J. A. Fodor/Z. W. Pylyshyn, Minds without Meanings. An Essay on the Content of Concepts, Cambridge Mass. 2015; M. García-Carpintero (ed.), Empty Representations. Reference and Non-Existence, Oxford 2014; P. T. Geach, Reference and Generality. An Examination of Some Medieval and Modern Theories, Ithaca N. Y./New York 1962, Ithaca N. Y./London ³1980; N. Goodman, Languages of Art. An Approach to a Theory of Symbols, Indianapolis Ind. 1968, 1992 (dt. Sprachen der Kunst. Ein Ansatz zu einer Symboltheorie, Frankfurt 1973, unter dem Titel: Sprachen der Kunst. Entwurf einer Symboltheorie, Frankfurt 1995, 2012; franz. Langages de l'art. Une approche de la théorie des symboles, Nîmes 1990, 1998); J. K. Gundel/N. Hedberg (eds.), Reference. Interdisciplinary Perspectives, Oxford/New York 2008; J. Hawthorne/D. Manley (eds.), The Reference Book, Oxford 2012, 2014; P. W. Humphreys/J. H. Fetzer (eds.), The New Theory of Reference. Kripke, Marcus, and Its Origins, Dordrecht/Boston Mass./London 1998, 1999; W. P. Kabasenche/M. O'Rourke/M. H. Slater (eds.), Reference and Referring, Cambridge Mass./London 2012; W. Kellerwessel, R.theorien in der analytischen Philosophie, Stuttgart-Bad Cannstatt 1995; K. Korta/J. Perry, Critical Pragmatics. An Inquiry Into Reference and Communication, Cambridge etc. 2011; S. Kripke, Reference and Existence. The John Locke Lectures, Oxford/New York 2013 (dt. Referenz und Existenz. Die John Locke-Vorlesungen, Stuttgart 2014); W. Künne/A. Newen/M. Anduschus (eds.), Direct Reference, Indexicality, and Propositional Attitudes, Stanford Calif. 1997; L. Linsky, Referring, London, New York 1967, Atlantic Highlands N. J. 1980 (franz. Le problème de la reference, Paris 1974); ders., Referring, Enc. Ph. VII (1967), 95–99; K. Lorenz, Artikulation und Prädikation, HSK VII/2 (1996), 1098–1122, ferner in: ders., Dialogischer Konstruktivismus, Berlin/New York 2009, 24–71; D.

Münch, R., R.theorie, Hist. Wb. Ph. VIII (1992), 385–388; R. J. Nelson, Naming and Reference. The Link of Word to Object, London/New York 1992; Z. Novák/A. Simonyi (eds.), Truth, Reference and Realism, Budapest/New York 2011; J. Perry, Reference and Reflexivity, Stanford Calif. 2001, 2012; W. V. O. Quine, The Roots of Reference, La Salle Ill. 1973, 1990 (dt. Die Wurzeln der R., Frankfurt 1976, 2004); R. S. Rajan, Aspects of the Problem of Reference, I–IV, Indian Philos. Quart. 17 (1990), 379–406, 18 (1991), 53–72, 153–197, 431–460; A. Rami/H. Wansing (eds.), R. und Realität, Paderborn 2007; F. Recanati, Direct Reference. From Language to Thought, Oxford/Cambridge Mass. 1993, 1997; M. Reimer, Reference, SEP 2003, rev. 2014; R. M. Sainsbury, Reference without Referents, Oxford 2005, 2007; N. U. Salmon, Reference and Essence, Princeton N. J. 1981, Amherst N. Y. 2005; ders., Proper Names and Descriptions, Enc. Ph. VIII (²2006), 57–64; R. Schantz, Wahrheit, R. und Realismus. Eine Studie zur Sprachphilosophie und Metaphysik, Berlin 1996; ders., R., EP III (²2010), 2279–2283; S. Schiffer, The Things We Mean, Oxford 2003; J. R. Searle, Speech Acts. An Essay in the Philosophy of Language, Cambridge 1969, 2009 (dt. Sprechakte. Ein sprachphilosophischer Essay, Frankfurt 1971, 2013; franz. Les actes de langage. Essai de philosophie du langage, Paris 1972, 2009); ders., Proper Names and Descriptions, Enc. Ph. VI (1967), 487–491; S. Soames, What Is Meaning?, Princeton N. J./Oxford 2010; A. Sullivan, Reference and Structure in the Philosophy of Language. A Defense of the Russellian Orthodoxy, New York/London 2013; K. A. Taylor, Reference and the Rational Mind, Stanford Calif. 2003; M. Textor (ed.), Neue Theorien der Referenz, Paderborn 2004; T. Williamson, Reference, Enc. Ph. VIII (²2006), 288–290. G. G.

Referenzialisierbarkeit, Terminus der ↑Semantik. Die Eigenschaft der R. kommt sprachlichen Ausdrücken, die ihrer grammatischen Form nach auf Gegenstände Bezug nehmen und deshalb ›referenzialisierende‹ (engl. referring) Ausdrücke heißen, genau dann zu, wenn sie tatsächlich ↑Referenz haben und nicht fiktional sind (↑Fiktion, ↑Fiktion, literarische). G. G.

Reflexion (lat. reflexio, Zurückbeugung), aus der Optik übernommene philosophische Bezeichnung, die vor allem im Zusammenhang mit der Bewußtseinsphilosophie terminologisch fixiert wurde. Die dabei leitende Frage ist die nach der Selbstvergewisserung des ↑Bewußtseins, da der bewußte Vollzug geistiger (vor allem ›kognitiver‹) Leistungen diese Leistungen noch einmal zu erfassen scheint. Daß wir dieser Leistungen bewußt sind, hieße dann, daß wir sie uns als von uns vollzogen vergegenwärtigen. Da es nach dieser Auffassung dieselbe Bewußtseinsleistung ist, die erkennt und erkannt wird – was eben ihren besonderen ›reflexiven‹ Charakter als Bewußtseinsleistung ausmacht –, kann diese Selbsterkenntnis auch nicht irrtümlich sein. Sie liefert für R. Descartes daher das unerschütterliche Fundament allen Wissens. J. G. Fichte schärft diese Selbstvergewisserung des Bewußtseins in seinem Vollzug noch einmal durch den Begriff der ↑Tathandlung. In dieser erzeugt sich das ↑Ich durch sein (geistiges) Handeln selbst und, so Fichte,

›sieht sich dabei selbst zu‹. Das Denken ist hier als Sich-zugleich-Sehen gedacht, als R.svollzug.

Gegenüber diesem Anspruch auf Selbstgewißheit allein durch den Vollzug des Denkens klagt der ↑Empirismus die fehlende Wahrnehmung der eigenen geistigen bzw. psychischen Vollzüge ein, die zunächst auch als ↑Wahrnehmungen – nämlich von äußeren Gegenständen der Erfahrungswelt – auftreten. Im empiristischen Sinne wird daher bei J. Locke die R. eine Beobachtung der Tätigkeit des Geistes in seinen ›sensations‹ und seinen ›ideas‹ (↑Idee (historisch)). In dieser empiristischen Gegenkonzeption bleibt allerdings die prinzipielle Möglichkeit einer – sich seiner selbst bzw. seiner Vollzüge vergewissernden – Rückwendung des Geistes auf sich selbst unangetastet. So kann denn auch die begriffliche Charakterisierung der R. in diesem epistemologischen Kontext der Selbstvergewisserung, nämlich die Charakterisierung des ↑Selbstbewußtseins oder der Selbstwahrnehmung als eines auf sich selbst bezogenen Denkens oder Wahrnehmens des selbst vollzogenen Denkens oder Wahrnehmens, zunächst noch eine unbefragte Voraussetzung der rationalistischen (↑Rationalismus) und empiristischen Erkenntnistheorie bleiben. Diese Voraussetzung wird erst durch die Erkenntnis in Frage gestellt, daß der Vollzug einer geistigen Leistung und die Vergegenwärtigung dieses Vollzugs zwei verschiedene Leistungen sind. Obwohl sich die Einsicht in diese Differenz schon bei F. W. J. Schelling und G. W. F. Hegel findet – die beide zumindest in bestimmten Phasen und Formen der R., wenn auch auf verschiedene Weise, ein Sich – selbst (als Ich seinem ↑Organismus) – Gegenübertreten (Schelling) oder eine ›trennende Tätigkeit‹ und eine ↑›Entzweiung‹ (Hegel) sehen –, bleibt diese Differenz doch etwas, das letztlich aufzuheben (↑aufheben/Aufhebung) und in eine höhere Einheit – mit der lebendigen Natur, mit der menschlichen Geschichte oder in die sich selbst aufklärende ›Bewegung des Begriffs‹ – einzufügen ist.

Zu einem grundlegenden Problem wird die reflexive Selbstvergewisserung erst dort, wo die Leistungen des Bewußtseins oder Prozesse des Bewußtseinslebens und die Vergegenwärtigung dieser Leistungen oder Prozesse nicht mehr nur als verschieden, sondern auch als verschiedenartig erkannt werden. Voraussetzung für eine derartige Einsicht ist die Erkenntnis der unterschiedlichen Formen oder Strukturen, in denen Bewußtseinsprozesse ablaufen und Vergegenwärtigungen (›Repräsentationen‹) aufgebaut werden. Diese Voraussetzungen werden erst in Theorien bereitgestellt, die die Formen dieser Prozesse und Repräsentationen auf eine allgemeine (empirische und philosophische) Weise untersuchen und damit auch deren Vielfalt und strukturelle Differenzen klären. Programmatische Ansätze dazu finden sich auf philosophischer Seite etwa in der Philosophie der symbolischen Formen von E. Cassirer, in den phänomenologischen Untersuchungen von M. Merleau-Ponty, in der existenzphilosophischen (↑Existenzphilosophie) Betonung der Fremdheit aller Selbstbegriffe, wie sie z. B. J.-P. Sartre formuliert hat, oder in der Theorie der Gestaltungen von H.-N. Castañeda. Mit einem solchen ›differenztheoretischen‹ Verständnis der R. im Sinne der Selbstvergewisserung verschwindet allerdings auch der philosophische Impuls, der den R.sbegriff ins Zentrum einer (reflexiven) Fundierung des Wissens rückte. So haben sich heute die Aspekte des R.sbegriffs gegenüber der epistemologischen Diskussion verschoben: Es geht nicht mehr um den Aufweis der (Vollzugs-) Identität von Erkennendem und Erkanntem im (Selbst-) Bewußtsein, sondern um die kritischen Rückfragen an ein ›direkt‹ an seinen Zielen ausgerichtetes Denken und Handeln, das den Erfolg in der Durchsetzung seiner ↑Absichten zum obersten Maß erhoben hat.

Die besondere Bedeutung dieses R.sbegriffs ergibt sich im Zusammenhang einer Form gesellschaftlicher Organisation, in der die in ihr ablaufenden Prozesse nicht primär durch die eigenständigen Überlegungen der handelnden Subjekte, sondern durch ihre Effektivität gesteuert werden. Diese Effektivität ergibt sich in verschiedenen Funktionssystemen – z. B. der politischen Machtverteilung (↑Macht), des ↑Marktes oder der öffentlichen Meinungsbildung je auf ihre Weise – und liefert dem Planen und Handeln der einzelnen Personen die Bedingungen, in die sie sich erst einfügen müssen, bevor sie planen und handeln können. Dadurch verstärkt sich die Tendenz, daß ihr Planen und Handeln – und darüber hinaus auch ihr Denken insgesamt – eine Eigenständigkeit nur noch im vorgegebenen Rahmen eines im übrigen sich selbst steuernden Bedingungsgefüges, d. i. eines Systems der Gesellschaft, entwickeln und die ↑Autonomie oder ↑Freiheit des verantwortlichen Subjekts nur noch als weitgehend illusionäres Epiphänomen existieren kann.

Gegen einen solchen ›Selbstlauf der Verhältnisse‹ – der aus lebensphilosophischer (↑Lebensphilosophie) Sicht mit jeder Institutionalisierung als solcher gegeben ist, in modernen Gesellschaftstheorien aber besonders für die industriellen Gesellschaften mit ihren erhöhten Möglichkeiten zur Effektivität hervorgehoben wird – wird die R., etwa im Umkreis der Kritischen Theorie (↑Theorie, kritische), sowohl als eine Rückbesinnung auf die das Handeln leitenden Ziele als auch als eine Thematisierung und Kritik der faktischen Ziele und Wirktendenzen gefordert. Mit diesem R.sbegriff verbindet sich weniger eine terminologische Bestimmung innerhalb einer bestimmten philosophischen Konzeption, als vielmehr die allgemeine Forderung, überhaupt Rückfragen an die Grundlagen und Prämissen des Denkens und Handelns zu stellen und dadurch die Autonomie oder die Freiheit zu verwirklichen. Verbunden ist damit zumeist die Annahme einer ›natürlichen ↑Dialektik‹ im Sinne I. Kants, daß nämlich das ›direkte‹ zielgerichtete und erfolgsorientierte Planen und Handeln eine natürliche Tendenz des Denkens und Lebens ausmacht, der sich nur durch eine R. begegnen läßt, wenn Autonomie und Freiheit nicht verloren werden sollen.

In einem besonderen terminologischen Sinne spricht Kant von ↑*Reflexionsbegriffen*. Diese sind im Unterschied zu den erkenntniskonstitutiven ↑Kategorien, d. h. zu den ›Begriffen der Verknüpfung‹, ›Begriffe der bloßen Vergleichung‹ (Proleg. § 39, Akad.-Ausg. IV, 322–323), mit denen ›schon gegebene Begriffe‹ in einer ›logischen R.‹ – hinsichtlich Einerleiheit und Verschiedenheit, des Inneren und des Äußeren, des Bestimmbaren und der Bestimmung – klassifiziert werden. Diese ›logische R.‹ bedarf noch einer ›↑transzendentalen R.‹, um nämlich die ↑›Amphibolie‹ der R.sbegriffe kritisch zu beurteilen. Diese Amphibolie besteht in der Gefahr der R.sbegriffe, daß sie logische Konstruktionen (›reine Verstandesobjekte‹) für reale Sachverhalte (›Erscheinungen‹ bzw. Erfahrungsgegenstände) ausgeben.

Literatur: Y. Belaval, Le problème de la réflexion chez Leibniz, Stud. Leibn. Suppl. 3 (1969), 1–19; K. Düsing, Spekulation und R.. Zur Zusammenarbeit Schellings und Hegels in Jena, Hegel-Stud. 5 (1969), 95–128; W. Göbel, Reflektierende und absolute Vernunft. Die Aufgabe der Philosophie und ihre Lösung in Kants Vernunftkritiken und Hegels Differenzschrift, Bonn 1984; B. Grünewald, R., LThK VIII (³1999), 926–927; R. Hébert, Introduction à l'histoire du concept de réflexion. Position d'une recherche et matériaux bibliographiques, Philosophiques 2 (1975), 131–153; D. Henrich, Hegels Logik der R.. Neue Fassung, in: ders. (ed.), Die Wissenschaft der Logik und die Logik der R., Bonn 1978 (Hegel-Stud. Beih. XVIII), 203–324; W. Hoeres, Sein und R., Würzburg 1956; W. Jaeschke, Äusserliche R. und immanente R.. Eine Skizze der systematischen Geschichte des R.sbegriffs in Hegels Logik-Entwürfen, Hegel-Stud. 13 (1978), 85–117; W. Janke, Fichte. Sein und R.. Grundlagen der kritischen Vernunft, Berlin 1970; F. Kaulbach, Philosophie der Beschreibung, Köln/Graz 1968; J. Kopper, R. und Determination, Berlin/New York 1976 (Kant-St. Erg.hefte 108); W. Kuhlmann, R. und kommunikative Erfahrung. Untersuchungen zur Stellung philosophischer R. zwischen Theorie und Kritik, Frankfurt 1975; M. Liedtke, Der Begriff der R. bei Kant, Arch. Gesch. Philos. 48 (1966), 207–216; G. Madinier, Conscience et signification. Essai sur la réflexion, Paris 1953; T. Okochi, Ontologie und Reflexionsbestimmungen. Zur Genealogie der Wesenslogik Hegels, Würzburg 2008; D. Pätzold, R., EP III (²2010), 2283–2290; F.-X. Putallaz, Le sens de la réflexion chez Thomas d'Aquin, Paris 1991; C.-A. Scheier, Die Selbstentfaltung der methodischen R. als Prinzip der neueren Philosophie. Von Descartes zu Hegel, Freiburg/München 1973; W. Schulz, Das Problem der absoluten R., Frankfurt 1963; H. Wagner, Philosophie und R., München 1959, ³1980, ferner als: Ges. Schriften I, ed. B. Grünewald, Paderborn 2013; L. Zahn, R., Hist. Wb. Ph. VIII (1992), 396–405. O. S.

Reflexionsbegriffe, allgemeine Bezeichnung für Begriffe, die ein Reflexionsmoment (↑Reflexion) in ihrem Gebrauch führen. Je nach Art dieses Moments lassen sich folgende Arten von R.n unterscheiden: (1) Die ›ideas of reflection‹ im Sinne J. Lockes (↑Idee (historisch)), wobei Reflexion lediglich eine introspektive (↑Introspektion) Selbstwahrnehmung der ›inneren‹ geistigen Tätigkeiten des Verstandes meint. G. W. Leibniz sieht in der Fähigkeit zur Reflexion ein Kennzeichen des Bewußtseins. (2) R. im Sinne I. Kants (vgl. KrV A 260/B 316 – A 292/B 349), die dem Vergleich schon gegebener Begriffe dienen. Kant führt als R. die Begriffe Einerleiheit (= Identität) und Verschiedenheit, Einstimmung und Widerstreit, Inneres und Äußeres, Bestimmbares und Bestimmung (bzw. Materie und Form) auf. ›R.‹ werden diese Begriffe genannt, weil sie ihre Funktion nur dann angemessen erfüllen, wenn zuvor in einer ↑transzendentalen Reflexion die Zugehörigkeit der zu vergleichenden Begriffe zur ›Erkenntniskraft‹ des ↑Verstandes oder der ↑Sinnlichkeit bestimmt wird. Unterbleibt diese ›Pflicht‹ der Reflexion, führt dies zur ↑Amphibolie der R.. (3) R. als Begriffe, die einer Reflexion menschlicher Praxis im Sinne von deren kritischer Beurteilung dienen. Man spricht deshalb auch von ›Beurteilungsbegriffen‹ bzw. ›Beurteilungsprädikaten‹ (W. Windelband).

R. der Art (3) (z. B. ›vernünftig‹, ›gut‹, ›tugendhaft‹) gehören wesentlich dem Bereich der Praktischen Philosophie (↑Philosophie, praktische) an, ohne auf diesen beschränkt zu sein. Sie sind dadurch ausgezeichnet, daß sie einen Gegenstand, eine Handlung oder einen Sachverhalt auf einen (nicht-technischen) Zweck beziehen und daher nicht deskriptive, sondern *normative* Begriffe sind (↑deskriptiv/präskriptiv). Diesen Zusammenhang hat wohl als erster der Neukantianer Windelband bemerkt, der (Einsichten der sprachanalytischen Philosophie [↑Philosophie, analytische] vorgreifend) betont, daß ein ›fundamentaler Unterschied‹ zwischen Prädikaten wie ›weiß‹ und ›gut‹ bestehe, obwohl deren ›grammatische Form‹ dieselbe sei (Präludien. Aufsätze und Reden zur Philosophie und ihrer Geschichte, I–II, Tübingen ⁵1915, I, 29).

Die R. (1) und (3) werfen hinsichtlich ihrer Einführung besondere Probleme auf. Das introspektive Programm Lockescher Art ist ausführlich von L. Wittgenstein im Rahmen seiner Kritik des Privatsprachenprogramms (↑Privatsprache) zurückgewiesen worden. Das Problem bei R.n im Sinne von (3) besteht darin, daß sie nicht über Definitionsketten bis auf exemplarische Bestimmungen (↑Definition) zurückführbar sind, weil ihr Verständnis notwendigerweise auf Situationsbeschreibungen (z. B. in Geschichten) angewiesen bleibt, ohne daß deren Realisierung vorab garantiert werden könnte (vgl. G. Gabriel, Definitionen und Interessen, 97–123 [Kap. 5 Das Problem der Definierbarkeit von Reflexionstermini. Über die Möglichkeit praktisch-philosophischer Argumentation]). Die definitionstheoretischen Konsequenzen aus diesem antizipatorischen Charakter stimmen dabei mit der Einsicht Kants überein, daß für die den R.n (3) entsprechenden ›regulativen Ideen‹ die ›objektive Realität‹ nicht »an einem Beispiele gewiesen (demonstriert, aufgezeigt) werden« könne. Normative R. wären danach ›indemonstrable Begriffe der Vernunft‹, und zwar, im Unterschied z. B. zu Vernunftbegriffen wie Freiheit, nur ›dem Grade nach‹ (wie Kant im Falle des Begriffs der Tugend bemerkt), weil sich hier immerhin bessere von schlechteren Realisierungen unterscheiden lassen (vgl. KU § 57, B 240).

Literatur: G. Gabriel, Definitionen und Interessen. Über die praktischen Grundlagen der Definitionslehre, Stuttgart-Bad Cannstatt 1972; J. Heinrichs, Die Logik der Vernunftkritik. Kants Kategorienlehre in ihrer aktuellen Bedeutung. Eine Einführung, Tübingen 1986, 79–104, Neudr. unter dem Titel: Das Geheimnis der Kategorien. Die Entschlüsselung von Kants zentralem Lehrstück, Berlin 2004, 89–114 (Kap. III Ein ›Anhang‹ als Schlüssel. Kants R.. Interpretatorisches zur Lösung des Kategorien-Rätsels); ders., Reflexionstheoretische Semiotik, I–II, Bonn 1980/1981; R. Malter, R.. Gedanken zu einer schwierigen Begriffsgattung und zu einem unausgeführten Lehrstück der »Kritik der reinen Vernunft«, Philos. Nat. 19 (1982), 125–150; W. Marx, Reflexionstopologie, Tübingen 1984; M. Nerukar, Amphibolie der R. und transzendentale Reflexion. Das Amphibolie-Kapitel in Kants »Kritik der reinen Vernunft«, Würzburg 2012; A.-M. Nunziante/A. Vanzo, Representing Subjects, Mind-Dependent Objects. Kant, Leibniz and the Amphiboly, J. Brit. Soc. Hist. Philos. 17 (2009), 133–151; P. Reuter, Kants Theorie der R.. Eine Untersuchung zum Amphiboliekapitel der »Kritik der reinen Vernunft«, Würzburg 1989; C.-A. Scheier, Die Selbstentfaltung der methodischen Reflexion als Prinzip der Neueren Philosophie. Von Descartes zu Hegel, Freiburg/München 1973; H. Schnädelbach, Reflexion und Diskurs. Fragen einer Logik der Philosophie, Frankfurt 1977; H. Wagner, Reflexion, Hb. ph. Grundbegriffe II (1973), 1203–1211. G. G.

Reflexionsphilosophie, vor allem von G. W. F. Hegel verwendeter Terminus zur Bezeichnung der ›Verstandesphilosophie‹, die dadurch charakterisiert ist, daß sie ihre Begriffe isolierend gewinnt und in einer bloß logischen Entgegensetzung oder Verbindung systematisiert. Dadurch könne eine R. aber niemals das Ganze der Welt- und Selbsterfahrung in den Blick bekommen. Dieses ergäbe sich erst – sozusagen zwischen den Begriffen der R. – durch die lebendige Transformation bzw. ›Verflüssigung‹ dieser Begriffe, mit der auch der Gegenbegriff eines Begriffes jeweils als dessen inneres Moment erreicht und damit der wirkliche Prozeß der (historischen) Erfahrung, zu dem auch die Freisetzung von Gegenmöglichkeiten gehört, begriffen werden könne.

Den Vorwurf der R. erhebt Hegel – wie neben ihm auch F. W. J. Schelling – für die gesamte Subjektivitätsphilosophie, wie sie sich für ihn von D. Hume und J. Locke bis zu I. Kant, F. H. Jacobi und J. G. Fichte darstellt. In der nachidealistischen Philosophie – etwa von S. Kierkegaard und K. Marx – wird Hegels Philosophie allerdings selbst als R. kritisiert, weil sie den Versuch unternommen habe, letztlich allein durch begriffliche Beziehungen existentielle oder gesellschaftliche Situationen und Erfahrungen zu verstehen. Ein besonderes Thema wird die Kritik der von Hegel als R. bezeichneten Form des Denkens – besonders wirkungsvoll durch F. Nietzsche und H. Bergson – noch einmal in der ↑Lebensphilosophie, die auf den ganzheitlichen und prozeßhaften Charakter nicht nur des Lebens, sondern auch der Erfahrungen und der geistigen Existenz insgesamt hinweist, der durch die starren Unterscheidungen der Verstandesbegriffe oder ›das brutale Wort‹ (Bergson) strukturell nicht erfaßt werden könne.

Literatur: R. Dottori, Die Reflexion des Wirklichen. Zwischen Hegels absoluter Dialektik und der Philosophie der Endlichkeit von M. Heidegger und H.-G. Gadamer, Tübingen 2006; T. Ōkōchi, Ontologie und Reflexionsbestimmungen. Zur Genealogie der Wesenslogik Hegels, Würzburg 2008; L. Zahn, R., Hist. Wb. Ph. VIII (1992), 407–408. O. S.

Reflexionsterminus, in Anlehnung an die traditionelle Rede von ↑Reflexionsbegriffen metasprachliche (↑Metasprache) Bezeichnung zur Unterscheidung, Klassenbildung und Reflexion objektsprachlicher (↑Objektsprache) Ausdrücke. Im Rahmen konstruktivistischer (↑Konstruktivismus) Rekonstruktionsprogramme (↑Rekonstruktion) fachwissenschaftlicher und philosophischer Terminologie stellt sich das Problem, mit welchen Definitionsverfahren der Gebrauch von Wörtern wie ›Raum‹, ›Zeit‹, ›Stoff‹, aber auch ›Materie‹, ›Geist‹, ›Natur‹, ›Wirklichkeit‹ und anderer explizit festgelegt bzw. rekonstruiert werden kann. Diese lassen sich durch ein Verfahren definieren, das die substantivischen Termini über logisch äquivalente Aussagen auf ihr adjektivisches Pendant zurückführt, das seinerseits zur (metasprachlichen) Auszeichnung von (objektsprachlichen) einschlägigen Redeweisen dient. So läßt sich z. B. das Substantiv ›Raum‹ über das Adjektiv ›räumlich‹ auf die entsprechenden Redeweisen wissenschaftlicher Theorien zurückführen. ›Raum‹ bezeichnet hier keinen eigenen Gegenstand, sondern nur den Bereich des (wissenschaftlichen oder philosophischen) Redens in räumlichen Unterscheidungen und Sprachstücken, die, ihrerseits etwa bezogen auf bestimmte Theorien, Fachwissenschaften oder Traditionen, als Wortlisten explizit angegeben werden können. – Der Gebrauch von Reflexionstermini ist als effiziente Abkürzungsmöglichkeit aufzufassen, durch die jedoch keine inhaltlich neuen Aussagen, Wissensbestände oder Geltungskriterien entstehen. Wird z. B. über ›den Raum‹ behauptet, er sei dreidimensional, endlich/unendlich etc., sind dies Abkürzungen für explizite fachwissenschaftliche Aussagen, in denen die räumlichen Termini ›*n*-dimensional‹ bzw. ›endlich/unendlich‹ vorkommen. Die Bildung von Reflexionstermini vermeidet es, mit der abkürzenden

Versubstantivierung eine ontologisierende Verdinglichung zu verknüpfen und damit einen fiktiven Bestand neuer Wahrheiten oder Wissensgegenstände ohne neue Kontrollinstanzen zu erzeugen.

Literatur: G. Gabriel, Definitionen und Interessen. Über die praktischen Grundlagen der Definitionslehre, Stuttgart-Bad Cannstatt 1972, bes. 97–123 (Kap. 5 Das Problem der Definierbarkeit von Reflexionstermini. Über die Möglichkeit praktisch-philosophischer Argumentation); P. Janich, Euklids Erbe. Ist der Raum dreidimensional?, München 1989 (engl. Euclid's Heritage. Is Space Three-Dimensional?, Dordrecht/Boston Mass./London 1992); ders., Protochemie. Programm einer konstruktiven Chemiebegründung, J. General Philos. Sci. 25 (1994), 71–87; ders., Logisch-pragmatische Propädeutik. Ein Grundkurs im philosophischen Reflektieren, Weilerswist 2001, 149–155 (Kap. III.4 Das Reflexionsverfahren); ders., Sprache und Methode. Eine Einführung in philosophische Reflexion, Tübingen 2014, 165–172 (Kap. III.4 Das Reflexionsverfahren); N. Psarros, Sind die ›Gesetze‹ der konstanten und der multiplen Proportionen empirische Naturgesetze oder Normen?, in: P. Janich (ed.), Philosophische Perspektiven der Chemie. 1. Erlenmeyer-Kolloquium der Philosophie der Chemie, Mannheim etc. 1994, 53–63.   P. J.

reflexiv/Reflexivität (von lat. reflexus, zurückgebogen; rückbezüglich/Rückbezüglichkeit), (1) in der Logik Bezeichnung für eine Eigenschaft zweistelliger ↑Relationen bzw. der sie darstellenden ↑Prädikatoren: eine in einem Gegenstandsbereich M erklärte Relation ρ heißt r., wenn jeder Gegenstand aus M zu sich selbst in der Relation ρ steht, symbolisch: $\bigwedge_{x \in M} x\rho x$. Neben der Relation der ↑Identität sind auch alle durch eine ↑Äquivalenzrelation definierten Gleichheiten oder partiellen Identitäten (↑Gleichheit (logisch)) r.; die Identität ist sogar eindeutig bestimmt durch die R. zusammen mit der ↑Substitutivität (d. h., gilt $x\rho y$ für irgendwelche $x, y \in M$, so gilt mit $A(x)$ stets auch $A(y)$). Wenn man bei den durch R., Symmetrie (↑symmetrisch/Symmetrie (logisch)) und Transitivität (↑transitiv/Transitivität) oder, damit gleichwertig, durch R. und Komparativität (↑komparativ/Komparativität) definierten Äquivalenzrelationen auf die R. verzichtet, wird eine verallgemeinerte Gleichheit ρ' eingeführt, die durch Symmetrie und Transitivität oder, damit gleichwertig, durch Transitivität und sowohl Links- als auch Rechtskomparativität (die beiden Komparativitäten sind wegen der fehlenden R. nicht mehr äquivalent) charakterisiert ist. Diese verallgemeinerte Gleichheit ρ', für die nur *Linksreflexivität*

$$\bigwedge_{x,y \in M} (x\rho'y \rightarrow x\rho'x)$$

und Rechtsreflexivität

$$\bigwedge_{x,y \in M} (x\rho'y \rightarrow y\rho'y)$$

gelten, ist auf demjenigen Teilbereich $N \subseteq M$, der alle ρ'-r.en Gegenstände enthält (symbolisch: $N \leftrightharpoons \in_x x\rho'x$), nämlich der *Reflexivitätsklasse* von ρ', eine gewöhnliche Gleichheit.

Unter den Relationen zwischen Aussagen nennt man die logisch gültigen ↑Implikationen

$$A_1, \ldots, A_n \prec A_v \, (v = 1, \ldots, n),$$

weil sie Verallgemeinerungen der zweistelligen Implikation $A \prec A$ sind, ebenfalls *verallgemeinert reflexiv*. Auch das identische Urteil (↑Urteil, identisches) ›A ist A‹ der traditionellen Logik (↑Logik, traditionelle) ist ein Fall von R., entweder in der Rekonstruktion des ›ist‹ als logische Äquivalenz zwischen Aussagen A oder als generelle Selbstidentität der Gegenstände, die unter den Begriff A fallen. *Antireflexiv* oder *irreflexiv* heißt eine Relation ρ in einem Bereich M, wenn diese Relation in M generell nicht besteht: $\bigwedge_{x \in M} \neg x\rho x$. Z. B. ist ›Vater von‹ irreflexiv im Bereich der Menschen, weil niemand sein eigener Vater ist, während ›sich waschen‹, gedeutet als Spezialfall von ›x wäscht y‹, wiederum r., extensional (↑extensional/Extension) sogar gleichwertig mit der Identität, im Bereich der Menschen ist. Dementsprechend heißen in der Grammatik diejenigen Pronomina *Reflexivpronomina*, die bei Verben mit direktem oder indirektem Objekt die Übereinstimmung des Subjekts mit einem der Objekte ausdrücken, also insbes. bei der Verbklasse der Reflexiva: ›er wäscht sich‹, ›du verhältst dich korrekt‹, ›ich gebe mir eine Chance‹.

(2) Generell ist jede Bezugnahme auf sich selbst eine r.e Handlung, bei der es wichtig ist, darauf zu achten, daß der Akt des Bezugnehmens von dem, worauf Bezug genommen ist, deutlich getrennt wird. Wird dies z. B. bei der (selbst metasprachlichen) Aussage ›der Satz, den ich gerade zu schreiben beginne, ist falsch‹ nicht beachtet, so entsteht eine ↑Antinomie (↑Antinomien, semantische), deren Auflösung erst durch Wiederherstellung der unterschlagenen Differenz, hier zwischen ↑Objektsprache und ↑Metasprache, gelingt. Andererseits sind Aussagen, deren Vollzug von ihnen selbst artikuliert ist, typische Beispiele für r.e Bestimmungen. Solche Aussagen tun, was sie sagen, indem das Aussagen unter den Begriff fällt, von dem in der Aussage gesagt wird, daß (auch) der Sprechende darunter fällt. Beispiele sind: ›ich denke‹ oder ›homo est animal rationale‹. Solche r.en Bestimmungen stellen weder (objektsprachlich) nur fest, was ist, noch nehmen sie (metasprachlich) allein auf die (insbes. verbalsprachlichen) Mittel solcher Feststellungen Bezug; sie handeln aber auch nicht bloß metametasprachlich von der Differenz der beiden schon vorab konstituierten Sprachstufen und damit von der Unterscheidung zwischen Welt und Sprache – wie etwa der Satz ›jeder Eigenname benennt einen Gegenstand‹ –, weil mit ihnen diese in der ↑Kopula sich zeigende *semiotische Differenz* überhaupt erst erzeugt wird (↑Prädikation, ↑Sprachphilosophie).

Auf der Reflexionsstufe (↑Reflexion) der r.en Bestimmungen sind diejenigen sprachlichen Äußerungen angesiedelt, mit denen der Mensch sich selbst bestimmt (›auf sich reflektiert‹), indem er seine Einbettung in die Welt und zugleich sein der Welt (und sich selbst) Gegenüberstehen mit der Differenz von (Handlungs-)Vollzug und (Handlungs-)Schema (↑Handlung) Schritt um Schritt erst begreift (↑indexical, ↑Indikator). Das ist der Grund für die von I. Kant herausgestellte ↑Amphibolie, nämlich den jenseits der Unterscheidung ›empirisch – rational‹ befindlichen Status, der ↑Reflexionsbegriffe. Zugleich liegt hierin eine Erklärung für die in neuerer Zeit häufig verwendete Charakterisierung der ↑Methode der Philosophie mit dem Ausdruck ›r.‹, der an die Stelle des seit Platon eingebürgerten, auf die gemeinsame argumentierende Unterredung zielenden Ausdrucks ›dialektisch‹ tritt, wenn eine Verwechslung mit der für die Philosophie von G. W. F. Hegel oder von K. Marx eigentümlichen dialektischen Methode vermieden werden soll (↑Dialektik). K. L.

Regel (von lat. regula, griech. kanon), ursprünglich Richtmaß, bereits im römischen Recht im Sinne von Handlungsvorschrift, häufig synonym mit ›Norm‹ verwendeter Terminus. Als philosophischer Begriff erfährt R. in der ↑Handlungstheorie (1) eine allgemeine terminologische Präzisierung unter dem Gesichtspunkt des *regelgeleiteten* Handelns, wogegen in der ↑Sprachphilosophie (2), in der ↑Ethik (3), in der ↑Logik (4) und in der ↑Wissenschaftstheorie (5) eine zusätzliche Differenzierung erfolgt.

(1) Allgemein unterscheidet man konstitutive und ↑regulative R.n. *Konstitutive* R.n gehören zur Definition (›Konstitution‹) einer Handlung eines bestimmten Typs, die dann ›per definitionem‹ diesen R.n gehorchen muß. So ist das Erzielen eines Tores im Fußballspiel nicht möglich, ohne daß der Ball zu mehr als der Hälfte die Torlinie überschreitet. Konstitutive R.n ermöglichen also allererst die durch sie konstituierte Handlung qua Handlungsform oder Typ (›generische Handlung‹). *Regulative* R.n dagegen stehen diesen als explizit vereinbarte oder implizit befolgte Einschränkungen bereits konstituierter Handlungen gegenüber, z. B. ›man soll nur samstags Fußball spielen‹. Regulative R.n schlagen oder schreiben für bestimmte Situationen ein bestimmtes Handeln vor, das ausgeführt oder unterlassen werden *soll*. Sie empfehlen, gebieten oder verbieten bestimmte Handlungen, so daß ihre explizite Form die von bedingten Aufforderungen, Geboten oder Verboten ist. – Von den Handlungsregeln im engeren Sinne lassen sich *teleologische* (↑Teleologie) Handlungsregeln unterscheiden, und zwar dadurch, daß teleologische R.n situationsrelativ die Herstellung oder Bewahrung einer Situation als Zweck des Handelns vorschreiben, ohne dadurch bereits im einzelnen festzulegen, welche konkreten Handlungen bei der Verfolgung dieses Zweckes zu tun oder zu unterlassen sind.

(2) Der Begriff der R. wird außer im Bereich der *institutionellen* Handlungen und der *Spiel*handlungen (↑Spielregel) vor allem im Kontext *sprachlicher* Handlungen diskutiert. In der Sprachphilosophie und Linguistik wird häufig davon ausgegangen, daß sich der Sprachgebrauch nach (impliziten) R.n vollzieht und daß die Sprache als ganze *ein System von R.n* ist. In der Linguistik wird insbes. die ↑Grammatik als ein ↑normatives R.system verstanden, mit dessen Hilfe sich sinnvolle Sätze einer Sprache bilden lassen. Nach N. Chomsky kann man Sprache nur gebrauchen und verstehen, weil man über ein nicht bewußtes System von R.n verfügt. Aufgabe der so genannten universalen ↑Transformationsgrammatik ist die Darstellung und Beschreibung der dem Sprachgebrauch zugrundeliegenden R.n. Chomsky unterscheidet zunächst unter den grammatischen R.n phonetische, semantische und syntaktische. Grammatische R.n in diesem Sinne sind R.n zur korrekten Erzeugung von Lautgebilden; es handelt sich also um R.n der *Wohlgeformtheit*. Die Erzeugung der universalen ↑Tiefenstruktur vollzieht sich durch angeborene Formationsregeln. Sie wird dann durch Transformationsregeln in die ↑Oberflächenstruktur, das Lautgebilde, überführt. Gegenstand der Sprachwissenschaft im Sinne Chomskys ist daher nicht das sprachliche Handeln, sondern die Menge wohlgeformter Äußerungen und ein sie erzeugender (hypothetischer) Regelmechanismus. Da die grammatischen R.n in dem Sinne vollständig unbewußt sein können, daß sie niemals bewußt angewendet werden, geht es Chomsky auch nicht um R.n im oben explizierten handlungstheoretischen Sinne, sondern um Hypothesen über eine vermutete Operationsweise der subjektiven Sprachverwendung und eine zugehörige kognitive Konstitution des Menschen. Den impliziten R.n wird dabei eine psychophysische Realität zugesprochen, die es zu rekonstruieren gälte. Diese grammatischen R.n sind aber eher Operationen eines Mechanismus der automatischen Sprachverarbeitung. – Während für Chomsky der Handlungsaspekt der Sprache sekundär gegenüber dem behaupteten Strukturaspekt der kognitiven Sprachkompetenz als vorgestelltem kognitivem Mechanismus ist, sieht J. R. Searle den sozialen Handlungsaspekt als primär an. Auch hier findet der R.begriff Anwendung. Die Sprechakttheorie (↑Sprechakt) geht von R.n aus, die für den korrekten Sprachgebrauch in einer Sprachgemeinschaft konstitutiv sind. Solche Regelungen heißen *Normalitätsbedingungen* (Searle) oder *Implikaturen* (H. P. Grice) für Sprechakte. Diejenigen Ansätze in der Sprachphilosophie und Linguistik, welche die Sprache als ein System von R.n verstehen, verkennen allerdings, daß eine Sprache allein auf der Grundlage von R.n nur dann zugänglich ist, wenn man bereits eine Sprache spricht, wie im Falle des Fremdsprachenunterrichts. Man versteht die R.n nur

deshalb, weil man mit dem Sprachgebrauch bereits praktisch vertraut ist. Eine primäre Sprache wird nicht durch R.n, sondern durch Teilnahme am Sprachgebrauch gelernt. Als ein R.system erscheint die Sprache nur, wenn sie der reflexionslogische Gegenstand bestimmter linguistischer oder sprachtheoretischer Darstellungen ist, d. h., wenn man *im nachhinein* das sprachliche Handeln beschreibt. – Daß es der Sprachgebrauch ist, der darüber entscheidet, ob eine sprachliche Äußerung korrekt ausgeführt wird, und nicht der Vergleich mit einer R., wird vor allem im Anschluß an L. Wittgenstein betont. Die *Bedeutung* eines sprachlichen Ausdrucks wird in diesem Sinne durch seinen *Gebrauch* bestimmt. Die R.n dieses Gebrauchs sind reflexionslogische Darstellungen und haben, wie etwa im Falle von ↑Prädikatorenregeln, die im ↑Konstruktivismus dem Aufbau einer terminologisch eindeutigen Sprache dienen, eine explizite Form im Unterschied zu empraktischen ›Normen‹ des glückenden oder guten Sprachgebrauchs. Retrospektive R.n eines bereits vorhandenen, praktisch bereits vertrauten und eingeübten Sprachgebrauchs sind insofern *deskriptiv* (↑deskriptiv/präskriptiv). Prospektiv sind R.n, die einen vorhandenen Sprachgebrauch verändern oder einen neuen Sprachgebrauch etablieren (konstituieren) sollen. Prospektive R.n heißen auch ↑*Normierungen*.

Der Begriff der R. wird seit Wittgenstein wesentlich auch im Zusammenhang mit dem so genannten *Regelfolgen* diskutiert. Wittgenstein weist zunächst darauf hin, daß die explizite Angabe einer R. als solche die richtige Anwendung derselben nicht sicherstellt. Wollte man die Anwendung einer R., das R.folgen, nur durch die Angabe einer weiteren R. eindeutig bestimmen, müßte deren Anwendung ihrerseits geregelt werden, usw.. Die Richtigkeit der R.anwendung läßt sich aber auch nicht auf die Evidenz innerer (privater) Erlebnisse des Subjekts gründen, wenn die Kontrolle als Teil der Grammatik des Wortes ›richtig‹ gelten soll. Die Auflösung dieser Paradoxie besteht darin, daß ein Einzelner (isoliert) keine R. etablieren oder befolgen *kann*, weil es in diesem Falle keinen Unterschied zwischen dem Gebrauch des Ausdrucks ›einer R. folgen‹ und dem des Ausdrucks ›glauben, einer R. zu folgen‹ gibt. Die Diskussion um das R.folgen steht damit in engem Zusammenhang mit dem Privatsprachenargument (↑Privatsprache). R.n sind prinzipiell intersubjektiv geteilte Institutionen, und das R.folgen ist eine intersubjektiv konstituierte Praxis, die auch nur gemeinsam kontrolliert werden kann. Dazu bedarf es der Übereinstimmung der Teilnehmer.

(3) Häufig werden (besonders die impliziten, empraktischen) moralischen oder rechtlichen Handlungsregeln auch als *Normen* (↑Norm (handlungstheoretisch, moralphilosophisch), ↑Norm (juristisch, sozialwissenschaftlich)) bezeichnet, und zwar vor allem dann, wenn sie als ›gültig‹ unterstellt werden. Geltungsansprüche nehmen dabei zum einen auf Begründungen, zum anderen aber auch auf (z. B. politische) Prozeduren der Entscheidung Bezug. R.n in diesem allgemeinen Sinne stehen bei I. Kant ›objektiv‹ genannte ›Gesetze‹ als Handlungsregeln gegenüber, die Kant auch als ↑*Imperative* bezeichnet. Gesetze dieser Art beruhen zum einen etwa auf ↑Zweckrationalität (›wenn du *z* beabsichtigst, solltest du *h* tun‹), zum anderen auf moralischen Begründungen. Zur Unterscheidung dieser beiden Fälle verwendet Kant (mißverständlich) die aus der Urteilslehre übernommenen Ausdrücke ›hypothetisch‹ und ›kategorisch‹.

(4) In der Logik tritt der Begriff der R. in nahezu inflationärer Verwendung auf. Logisches Schließen (↑Schluß) gilt als ein geregeltes Verfahren, durch das unter Verwendung einer *Schlußregel* von wahren ↑Prämissen zu einer dann als wahr unterstellten ↑Konklusion übergegangen werden darf. Als *Herstellungsregeln*, also im Sinne konstitutiver R.n, treten R.n in der Logik vor allem bei der Produktion oder Konstruktion von Formen (↑Form (logisch)) oder Figuren (↑Figur (logisch)) auf. Sie ähneln dann anderen Herstellungsregeln, etwa R.n, die bei der Herstellung von Gegenständen praktische Anwendung finden. Die Figuren eines ↑Kalküls werden demnach durch die definierenden R.n des Kalküls bestimmt. So werden ausgehend von einer ↑Anfangsregel aus den Grundfiguren (↑Axiom) des Kalküls durch Anwendung von Kalkülregeln neue Figuren schematisch erzeugt. Ob logische Geltung auf begründeten R.n oder evidenten ↑Prinzipien (Sätzen) beruht, ist umstritten (↑Regellogik).

(5) Für die Wissenschaftstheorie hat der Begriff der R. neben der Verwendung in der ↑Protophysik (↑Norm (protophysikalisch)) Bedeutung für das Verständnis der Rede von *Gesetzen* (↑Gesetz (exakte Wissenschaften)) in der Wissenschaft. R.n, die sich auf eine bloße ↑Konvention gründen, werden *Erfahrungsregeln* gegenübergestellt, die vom sich verläßlich wiederholenden Auftreten von Ereignissen und Vorgängen, d. h. von *Regelmäßigkeiten*, Gebrauch machen. Gelegentlich wird dann auch bei den ↑*Naturgesetzen* davon gesprochen, daß die Naturvorgänge R.n gehorchen, oder es wird allgemein das regelgeleitete Handeln nach Analogie der Naturgesetze verstanden. So hat sich insbes. in der Psychologie im Rahmen des ↑Behaviorismus das Bemühen ausgebildet, das Handeln auf Grund von Verhaltensgesetzen zu erklären. Dieses Bemühen wird auch im psychologischen Funktionalismus (↑Funktionalismus (kognitionswissenschaftlich)) und einer materialistisch aufgefaßten kognitiven Psychologie unter Einbeziehung innerer Vorgänge weiter fortgeführt. Dem steht in der Handlungstheorie ein hermeneutischer Ansatz gegenüber, der bemüht ist, das individuelle und gesellschaftliche Handeln als geleitet von praktischen R.n und Gründen zu verstehen (↑Verstehen).

Literatur: K.-O. Apel (ed.), Sprachpragmatik und Philosophie, Frankfurt 1976, 1982, 10–173 (Sprechakttheorie und transzendentale Sprachpragmatik zur Frage ethischer Normen); G. P. Baker/P. M. S. Hacker, Language, Sense and Nonsense. A Critical Investigation into Modern Theories of Language, Oxford 1984, 1989; dies., Scepticism, Rules and Language, Oxford 1984, 1985; dies., Wittgenstein. Rules, Grammar and Necessity, Oxford 1985, mit Untertitel: Essays and Exegesis of §§ 185–242, Chichester etc. ²2009, 2014; U. Baltzer/G. Schönrich (eds.), Institutionen und R.folgen, Paderborn 2002; M. Black, Notes on the Meaning of ›Rule‹, Theoria 24 (1958), 107–126, 139–161, Neudr. unter dem Titel: The Analysis of Rules, in: ders., Models and Metaphors. Studies in Language and Philosophy, Ithaca N. Y. etc. 1962, 1981, 95–139; D. Bloor, Wittgenstein, Rules and Institutions, London/New York 1997, 2002; D. Braybrooke (ed.), Social Rules. Origin, Character, Logic, Change, Oxford etc. 1996; ders., Moral Objectives, Rules, and the Forms of Social Change, Toronto Ont. 1998; N. Chomsky, Syntactic Structures, The Hague/Paris 1957, Berlin/New York ²2002 (dt. Strukturen der Syntax, Den Haag/Paris 1973); ders., Aspects of the Theory of Syntax, Cambridge Mass./London 1965, 2015 (dt. Aspekte der Syntax-Theorie, Frankfurt 1969, 1987); ders., Rules and Representations, New York 1980, 2005 (dt. R.n und Repräsentationen, Frankfurt 1981, 2002); ders., Language and Problems of Knowledge. The Managua Lectures, Cambridge Mass./London 1988, 2001 (dt. Probleme sprachlichen Wissens, Weinheim 1996); K. Dromm, Wittgenstein on Rules and Nature, London/New York 2008; R. J. Fogelin, Taking Wittgenstein at His Word. A Textual Study, Princeton N. J./Oxford 2009; A. H. Goldman, Practical Rules. When We Need Them and When We Don't, Cambridge etc. 2001, 2002; M. Hampe, Gesetze, Befehle und Theorien der Kausalität, Neue H. Philos. 32/33 (1992), 15–49; H. J. Heringer (ed.), Seminar: Der R.begriff in der praktischen Semantik, Frankfurt 1974; B. Hooker, Ideal Code, Real World. A Rule-Consequentialist Theory of Morality, Oxford etc. 2000, 2009; ders. (ed.), Morality, Rules, and Consequences. A Critical Reader, Edinburgh 2000; M. Iorio, R. und Grund. Eine philosophische Abhandlung, Berlin/New York 2011; F. Kambartel (ed.), Praktische Philosophie und Konstruktive Wissenschaftstheorie, Frankfurt 1974, 1979, 54–72 (Moralisches Argumentieren – Methodische Analysen zur Ethik); ders./P. Stekeler-Weithofer, Ist der Gebrauch der Sprache ein durch ein R.system geleitetes Handeln? – Das Rätsel der Sprache und die Versuche seiner Lösung, in: A. v. Stechow/M.-T. Schepping (eds.), Fortschritte in der Semantik. Ergebnisse aus dem Sonderforschungsbereich 99 »Grammatik und sprachliche Prozesse« der Universität Konstanz, Weinheim 1988, 201–223; dies., Sprachphilosophie. Probleme und Methoden, Stuttgart 2005; W. Kellerwessel, R. und Handlungssubjekt in der gegenwärtigen Moralphilosophie. Kritische Studien zum Neo-Intuitionismus, Neo-Egoismus und Partikularismus, Hamburg/Münster 2007; A. Kemmerling, R.n und Geltung im Lichte der Analyse Wittgensteins, Rechtstheorie 6 (1975), 104–131; B. Kible u. a., R., Hist. Wb. Ph. VIII (1992), 427–450; S. Kripke, Wittgenstein on Rules and Private Language. An Elementary Exposition, Cambridge Mass., Oxford 1982, Oxford etc. 2004 (dt. Wittgenstein über R.n und Privatsprache. Eine elementare Darstellung, Frankfurt 1987, 2006); E. Lang, Zum Begriff ›Methodische R.‹, Teoria i metoda 5 (Prag 1973), H. 2, 5–24; K. Lorenz, Rules versus Theorems. A New Approach for Mediation Between Intuitionistic and Two-Valued Logic, in: R. E. Butts/J. R. Brown (eds.), Constructivism and Science. Essays in Recent German Philosophy, Dordrecht/Boston Mass./London 1989, 59–76, ferner in: ders., Logic, Language and Method – On Polarities in Human Experience. Philosophical

Papers, Berlin/New York 2010, 3–19; N. Malcolm, Wittgenstein on Language and Rules, Philos. 64 (1989), 5–28; A. Miller/C. Wright (eds.), Rule-Following and Meaning, London/New York 2002; G. Patzig, Die logischen Formen praktischer Sätze in Kants Ethik, Kant-St. 56 (1965), 237–252, Neudr. in: ders., Gesammelte Schriften I, Göttingen 1994, 209–233; D. Pears, The False Prison. A Study of the Development of Wittgenstein's Philosophy II, Oxford 1988, 1990; ders., Wittgenstein's Account of Rule-Following, Synthese 87 (1991), 273–383; P. Pettit, Rules, Reasons, and Norms. Selected Essays, Oxford etc. 2002, 2005; R. Raatzsch, R./R.folgen, EP III (²2010), 2288–2290; J. Rawls, Two Concepts of Rules, Philos. Rev. 64 (1955), 3–32 (dt. Zwei Regelbegriffe, in: O. Höffe [ed.], Einführung in die utilitaristische Ethik. Klassische und zeitgenössische Texte, München 1975, Tübingen/Basel ⁵2013, 133–164); N. Rescher, On Rules and Principles. A Philosophical Study of Their Nature and Function, Frankfurt etc. 2010; D. Riesenfeld, The Rei(g)n of ›Rule‹, Frankfurt etc. 2010; H. J. Schneider, Phantasie und Kalkül. Über die Polarität von Handlung und Struktur in der Sprache, Frankfurt 1992, 1999; H. Schwyzer, Rules and Practices, Philos. Rev. 78 (1969), 451–467; J. R. Searle, Speech Acts. An Essay in the Philosophy of Language, Cambridge etc. 1969, 2009 (dt. Sprechakte. Ein sprachphilosophischer Essay, Frankfurt 1971, ¹²2013); ders. (ed.), The Philosophy of Language, Oxford 1971, 39–53 (What Is a Speech Act); ders., The Rules of the Language Game, The Times Lit. Suppl. No. 3.887 (10.9.1976), 1118–1120; D. S. Shwayder, The Stratification of Behaviour. A System of Definitions Propounded and Defended, London/New York 1965, 1971; G. Siegwart, R., in: P. Kolmer/A. G. Wildfeuer (eds.), Neues Handbuch philosophischer Grundbegriffe III, Freiburg/München 2011, 1864–1874; W. Stegmüller, Kripkes Deutung der Spätphilosophie Wittgensteins. Kommentarversuch über einen versuchten Kommentar, Stuttgart 1986; C. A. Stein, R.n und Übereinstimmung. Zu einer Kontroverse in der neueren Wittgenstein-Forschung, Pfaffenweiler 1994; U. Steinvorth, R., Hb. ph. Grundbegriffe II (1973), 1212–1220; P. Stekeler-Weithofer, Grundprobleme der Logik. Elemente einer Kritik der formalen Vernunft, Berlin/New York 1986; A. Ule, Operationen und R.n bei Wittgenstein. Vom logischen Raum zum R.raum, Frankfurt etc. 1997; P. Winch, The Idea of a Social Science and Its Relation to Philosophy, London/New York 1965, 2008 (dt. Die Idee der Sozialwissenschaft und ihr Verhältnis zur Philosophie, Frankfurt 1966, 1974). F. K./T. J.

Regel, goldene (engl. golden rule), Bezeichnung für eine Grundregel moralisch richtigen Handelns, die besagt, sich einer anderen Person gegenüber in der Weise zu verhalten, wie man es von ihr auch sich selbst gegenüber erwartet. Die seit dem 18. Jh. so bezeichnete Regel formuliert insofern keine konkreten Anweisungen, sondern ist ein Beurteilungsmaßstab, mit dem sich der Handelnde hypothetisch als Betroffener seiner eigenen Handlung auffaßt. Die g. R., die kulturinvariant zu gelten scheint, ist sicher belegt bei Herodot (Historien III, 142), aber auch in anderen Kontexten zu finden, so im Talmud (Schab 31a). Im NT werden mit ihr die göttlichen Forderungen des AT und der Propheten (Matth. 7, 12, vgl. Luk. 6, 31) charakterisiert; später nimmt sie als Inbegriff ›natürlicher‹ ↑Sittlichkeit eine zentrale Stelle in der naturrechtlichen Tradition (↑Naturrecht) von Theologie und neuzeitlicher Philosophie ein, insbes. bei C. Thomasius.

In der philosophischen ↑Ethik hat die g. R. keine vergleichbare Rolle gespielt. Platon erwähnt sie nicht, Aristoteles (Rhet. *B*6.1384b3–11) nur, um das übliche Verhalten zu zeigen. I. Kant spricht der g.n R. moralphilosophische Ansprüche ab: sie könne »kein allgemeines Gesetz sein« (Grundl. Met. Sitten BA 69 Anm., Akad.-Ausg. IV, 430 Anm.). Erst im 20. Jh. wird die Regel wieder aufgegriffen. R. M. Hare (1963) sucht die Einwände Kants auszuräumen, indem er die Gegenseitigkeit verallgemeinert: durch die Unterscheidung (1) eigener und fremder Eigenschaften sowie (2) okkasioneller Wünsche und dauerhafter ↑Interessen. Eine Entscheidungsfindung nach der g.n R. habe die tatsächlichen Wünsche und Abneigungen der Menschen zu berücksichtigen und müsse nach den jetzt gültigen moralischen Überzeugungen zudem (3) ›multilateral‹ erfolgen (sonst wäre z. B. einem Richter das Verurteilen nicht möglich). Ein derartiger prozeduraler Einsatz der g.n R. läßt sich auch in der Gerechtigkeitstheorie von J. Rawls zeigen.

Literatur: M. Bauschke, Die G. R.. Staunen, verstehen, handeln, Berlin 2010; H.-J. Becker/J. C. Thom/W. Härle, G. R., RGG III (⁴2000), 1076–1078; A. Bellebaum/H. Niederschlag (eds.), »Was Du nicht willst, daß man Dir tu' …«. Die G. R. – ein Weg zu Glück?, Konstanz 1999; B. Brülisauer, Die G. R.. Analyse einer dem Kategorischen Imperativ verwandten Grundnorm, Kant-St. 71 (1980), 325–345; A. Dihle, Die G. R.. Eine Einführung in die Geschichte der antiken und frühchristlichen Vulgärethik, Göttingen 1962; ders., G. R., RAC XI (1981), 930–940; A. Etzioni, The New Golden Rule. Community and Morality in a Democratic Society, New York 1996, London 1997 (dt. Die Verantwortungsgesellschaft. Individualismus und Moral in der heutigen Demokratie, Frankfurt/New York, Darmstadt 1997, Berlin 1999); P. Fischer, G. R., EP I (²2010), 934–937; H. J. Gensler, Ethics and the Golden Rule, New York/London 2013; A. Gewirth, The Golden Rule Rationalized, Midwest Stud. Philos. 3 (1978), 133–147; R. M. Hare, Freedom and Reason, Oxford 1963, 2003, bes. 86–125 (dt. Freiheit und Vernunft, Düsseldorf 1973, Frankfurt 1983, bes. 105–145); ders., Abortion and the Golden Rule, Philos. and Public Affairs 4 (1975), 201–222 (dt. Abtreibung und G. R., in: A. Leist [ed.], Um Leben und Tod. Moralische Probleme bei Abtreibung, künstlicher Befruchtung, Euthanasie und Selbstmord, Frankfurt 1990, 1992, 132–156); H.-U. Hoche, Die G. R.. Neue Aspekte eines alten Moralprinzips, Z. philos. Forsch. 32 (1978), 355–375; ders., Elemente einer Anatomie der Verpflichtung. Pragmatisch-wollenslogische Grundlegung einer Theorie des moralischen Argumentierens, Freiburg/München 1992, bes. 282–299; N. Hoerster, R. M. Hares Fassung der g.n R., Philos. Jb. 81 (1974), 186–196; J. L. Mackie, Ethics. Inventing Right and Wrong, Harmondsworth 1977, 1990, bes. 88–90 (dt. Ethik. Auf der Suche nach dem Richtigen und Falschen, Stuttgart 1981, mit Untertitel: Die Erfindung des moralisch Richtigen und Falschen, Stuttgart 1992, 2014, bes. 111–113); H.-P. Mathys/R. Heiligenthal/H.-H. Schrey, G. R., TRE XIII (1984), 570–583; J. Neusner/B. Chilton (eds.), The Golden Rule. The Ethics of Reciprocity in World Religions, London 2009; dies. (eds.), The Golden Rule. Analytical Perspectives, Lanham Md. etc. 2009; L. J. Philippidis, Die ›G. R.‹ religionsgeschichtlich untersucht, Leipzig 1929; H. Reiner, Die ›G. R.‹. Die Bedeutung einer sittlichen Grundformel der Menschheit, Z. philos. Forsch. 3 (1948), 74–105, rev. in: ders.,

Die Grundlagen der Sittlichkeit [s. u.], 348–379; ders., Pflicht und Neigung. Die Grundlagen der Sittlichkeit, erörtert und neu bestimmt mit besonderem Bezug auf Kant und Schiller, Meisenheim am Glan 1951, unter dem Titel: Die Grundlagen der Sittlichkeit, ²1974, 278–308; ders., Die G. R. und das Naturrecht. Zugleich Antwort auf die Frage: Gibt es ein Naturrecht?, Stud. Leibn. 9 (1977), 231–254; H. Roetz, Die chinesische Ethik der Achsenzeit. Eine Rekonstruktion unter dem Aspekt des Durchbruchs zu postkonventionellem Denken, Frankfurt 1992, 219–241 (Die G. R.: Formen und Probleme); A. Sand/G. W. Hunold, G. R., LThK IV (³1995), 821–823; H.-H. Schrey/H.-U. Hoche, R., g., Hist. Wb. Ph. VIII (1992), 450–464; M. G. Singer, The Golden Rule, Philos. 38 (1963), 293–314; ders., Golden Rule, Enc. Ph. III (1967), 365–367, IV (²2006), 144–147; G. Spendel, Die G. R. als Rechtsprinzip, in: J. Esser/H. Thieme (eds.), Festschrift für Fritz von Hippel. Zum 70. Geburtstag, Tübingen 1967, 491–516; J. Wattles, The Golden Rule, Oxford/New York 1996.   H. Sc./O. S.

Regel, ideative, Bezeichnung für eine Vorschrift, nach der in Theorien der ↑Protophysik in vorgeometrischer Praxis exemplarisch bestimmte ↑Prädikatoren für geometrische, kinematische und dynamische Formen (z. B. ›flach‹) durch Ideatoren (↑Ideation) (z. B. ›eben‹) ersetzt werden sollen.   H. T.

Regellogik, Bezeichnung für eine besondere Konzeption der Logik im Unterschied zur ↑Satzlogik. Formal zeigt sich der Unterschied darin, daß regellogische ↑Kalküle keine (oder nur sehr wenige) ↑Axiome besitzen und statt dessen eigene Ableitungsregeln (↑Ableitung) für die einzelnen logischen Zeichen aufweisen, während satzlogische Kalküle überwiegend Axiome enthalten und in Herleitungen nur wenige Regeln verwenden. Insofern entspricht dieser Unterschied dem zwischen ↑Gentzentypkalkülen und ↑Hilberttypkalkülen. ↑Sequenzenkalküle und ↑Kalküle des natürlichen Schließens sind dementsprechend regellogische Kalküle; satzlogische Kalküle sind z. B. die Formalismen der ↑Begriffsschrift und der ↑Principia Mathematica. Der inhaltliche Unterschied liegt darin, ob man den Begriff der ↑Regel (als Erzeugungsvorschrift) oder den des wahrheitsfähigen ↑Satzes für grundlegender hält. Dieser Unterschied betrifft in erster Linie die ↑Subjunktion als zentralen logischen ↑Junktor: Regellogisch würde die Aussage $A \rightarrow B$ durch die Regel $A \Rightarrow B$ interpretiert, die es erlaubt, von A zu B überzugehen. Satzlogisch würde man $A \rightarrow B$ als eine logisch zusammengesetzte Aussage ansehen, aus der sich mit Hilfe von Regeln (z. B. des ↑modus ponens) neue Aussagen herleiten lassen. Semantisch ist dies auch so ausdrückbar: Regellogisch werden Bedeutungen von Aussagen selbst als durch Regeln gegeben aufgefaßt, was Ableitungsregeln unmittelbar rechtfertigt. Satzlogisch werden Ableitungsregeln gerechtfertigt durch Rückgriff auf eine regelunabhängige Deutung der beteiligten Aussagen, z. B. ↑Wahrheitsbedingungen. – Regellogische Ansätze (wie z. B. bei P. Lorenzen; ↑Logik, operative) neigen mit der Betonung des Primats der schematischen Generierung von Aussagen eher konstruktiven Logiken (↑Logik, konstruktive) zu, während satzlogische Ansätze (wie z. B. bei G. Frege) mit der Favorisierung des ↑Wahrheitsbegriffs als des Grundbegriffs der Logik eher zur klassischen Logik (↑Logik, klassische) tendieren.

Literatur: G. Hasenjaeger, Einführung in die Grundbegriffe und Probleme der modernen Logik, Freiburg/München 1962, 74–78 (Satzlogik und R.) (engl. Introduction to the Basic Concepts and Problems of Modern Logic, Dordrecht 1972, 66–70 [Theorem Logic and Rule Logic]); H. Hermes/H. Scholz, Satzlogik und R., in: M. Deuring/H. Hasse/E. Sperner (eds.), Enzyklopädie der mathematischen Wissenschaften mit Einschluß ihrer Anwendungen I (Algebra und Zahlentheorie), rev. u. erw. Leipzig ²1952, 6–13; P. Lorenzen, Einführung in die operative Logik und Mathematik, Berlin/Göttingen/Heidelberg 1955, Berlin/Heidelberg/New York ²1969; P. Schroeder-Heister, Untersuchungen zur regellogischen Deutung von Aussagenverknüpfungen, Diss. Bonn 1981; P. Stekeler-Weithofer, R./Satzlogik, Hist. Wb. Ph. VIII (1992), 465–473; ders., Wahrheitswert- und R., in: I. Max (ed.), Traditionelle und moderne Logik, Leipzig 2003, 99–128. P. S.

Regiomontanus (eigentl. Johann Müller), *Königsberg (Franken) 6. Juni 1436, †Rom vermutlich 6. Juli 1476, dt. Mathematiker und Astronom. Studium bei G. Peurbach in Wien. 1462 auf Anregung von Kardinal Bessarion Vollendung der lat. Übersetzung des griech. verfaßten »Almagest« von K. Ptolemaios, dessen erste 6 Bücher bereits Peurbach übersetzt hatte. Wissenschaftlich wurde damit die kurze Zusammenfassung des »Almagest« in J. de Sacroboscos »Sphaera mundi« abgelöst. R.' Übersetzung des »Almagest« zeichnet sich gegenüber dem Original stellenweise durch größere Klarheit und leichtere Verständlichkeit aus, weshalb N. Kopernikus an einigen Stellen diese statt des Originals benutzte.

R.' Lehrbuch der Trigonometrie (1464 fertiggestellt, 1533 posthum in Nürnberg gedruckt, mit Sinustafeln von bis dahin unerreichter Genauigkeit) behandelt zum ersten Mal die Trigonometrie als eigene wissenschaftliche Disziplin. R. ist der Entdecker des Kosinussatzes für die sphärische Geometrie und der 5. vollkommenen Zahl (↑Zahl, vollkommene). In seinen Arbeiten nähert er sich einem allgemeinen Lösungsverfahren für kubische Gleichungen und einer modernen Schreibweise für algebraische Gleichungen. Die Lehrsätze in seinem Lehrbuch zur Trigonometrie, das sich zu einem Gutteil auf arabische Quellen stützt, sind allerdings in Worte gefaßt (ohne Formelsprache). Ferner beschäftigt sich R. mit der ↑Quadratur des Kreises. Im Bereich des Instrumentenbaus knüpfte er an Arbeiten Peurbachs an. Peurbach und R. erfanden eine Reiseuhr, die aus einer Kombination von Sonnenuhr und Kompaß bestand und die Mißweisung berücksichtigte. Weiterhin beschrieb R. die meisten Meßinstrumente seiner Zeit und erfand ein Gerät zur Messung von Sonnen- und Sternenhöhe. Seine

»Ephemerides« (1474) wurden unter anderem von Columbus und Vasca da Gama für die Navigation benutzt.

Werke: Joannis Regiomontani Opera collectanea. Faksimiledrucke von neun Schriften Regiomontans und einer von ihm gedruckten Schrift seines Lehrers Purbach, ed. F. Schmeidler, Osnabrück 1972. – [Kalendarium, lat.], Nürnberg 1474 (dt. [Kalender], Nürnberg 1474 [repr. unter dem Titel: Der deutsche Kalender des J. R., Leipzig 1937]); Ephemerides, 1475–1506, Nürnberg 1474 (repr. [Auszug] unter dem Titel: Ephemerides anni 1475, in: Opera collectanea [s. o.], 535–564); Disputationes contra Cremonensia in planetarum theoricas deliramenta, o.O. [Nürnberg] o.J. [1474/1475] (repr. in: Opera collectanea [s. o.], 511–530), [zusammen mit: J. Sacrobosco, Sphaera mundi/G. Peurbach, Theoricae novae planetarum], Venedig 1490; (mit G. Peurbach) Epytoma in Almagestum Ptolemaei, Venedig 1496 (repr. in: Opera collectanea [s. o.], 55–274); De cometae magnitudine, longitudineque ac de loco eius vero, problemata XVI, Nürnberg 1531, ferner in: Scripta clarissimi mathematici [s. u.], 75ff.; De triangulis omnimodis libri quinque, ed. J. Schöner, Nürnberg 1533 (repr. unter dem Titel: R. on Triangles.»De triangulis omnimodis« by Johann Müller Otherwise Known as R. [lat./engl.], ed. B. Hughes, Madison Wis./Milwaukee Wis./London 1967, ferner [lat.] in: Opera collectanea [s. o.], 275–413), ferner in: ders. u. a., De triangulis planis et sphaericis […], ed. D. Santbech, Basel 1561, 1–129; An terra moveatur an quiescat, Joannis de Monte regio disputatio, in: J. Schöner (ed.), Opusculum geographicum […], Nürnberg 1533 (repr. in: Opera collectanea [s. o.], 35–39); Oratio Iohannis de Monteregio, habita Paravij in praelectione Alfragani, in: Alfraganus, Rudimenta astronomica […], Nürnberg 1537 (repr. in: Opera collectanea [s. o.], 41–53); (mit G. Peurbach/B. Walther) Ac aliorum, eclipsum, cometarum, planetarum ac fixarum observationes, in: Scripta clarissimi mathematici [s. u.], 36r–43v (engl. [Teilübers.] Eclipse Observations Made by R. and Walther, J. Hist. Astronomy 29 [1998], 331–344); (mit G. Peurbach u. a.) Scripta clarissimi mathematici, ed. J. Schöner, Nürnberg 1544 (repr. in: Opera collectanea [s. o.], 565–752, separat Frankfurt 1976). – Der Briefwechsel Regiomontan's mit Giovanni Bianchini, Jacob von Speier und Christian Roder, in: M. Curtze (ed.), Urkunden zur Geschichte der Mathematik im Mittelalter und der Renaissance I, Leipzig 1902 (repr. New York/London 1968), 185–336.

Literatur: M. Folkerts, R. als Mathematiker, Centaurus 21 (1977), 214–245; ders., The Development of Mathematics in Medieval Europe. The Arabs, Euclid, R., Aldershot/Burlington Vt. 2006; A. Gerl, Trigonometrisch-astronomisches Rechnen kurz vor Copernicus. Der Briefwechsel R. – Bianchini, Stuttgart 1989; E. Glowatzki/H. Göttsche, Die Tafeln des R.. Ein Jahrhundertwerk, München 1990; G. Hamann (ed.), R.-Studien, Wien 1980; J. E. Hofmann, Über Regiomontans und Buteons Stellungnahme zu Kreisnäherungen des Nikolaus von Kues, Mitteilungen und Forschungsbeiträge der Cusanus-Ges. 6 (1968), 124–154 (repr. in: ders., Ausgewählte Schriften II, ed. C. J. Scriba, Hildesheim/Zürich/New York 1990, 47–77); D. A. King, Astrolabes and Angels, Epigrams and Enigmas. From R.' Acrostic for Cardinal Bessarion to Piero della Francesca's »Flagellation of Christ«, Stuttgart 2007; ders./G. E. Turner, The Astrolabe Presented by R. to Cardinal Bessarion in 1462, Nuncius 9 (1994), 165–206; W. Koch, Horoskop und Himmelshäuser II (R. und das Häusersystem des Geburtsortes), Göppingen 1960; R. Mett, R. in Italien, Wien 1989 (Sitz.ber. Österr. Akad. Wiss., philos.-hist. Kl. 520); ders., R.. Wegbereiter des neuen Weltbildes, Stuttgart/Leipzig 1996; E. Rosen, R.' »Brevarium«, Medievalia et Humanistica 15 (1963),

95–96; ders., R., DSB XI (1975), 348–352; M. H. Shank, R., in: N. Koertge (ed.), New Dictionary of Scientific Biography VI, Detroit Mich. etc. 2008, 216–219; N. M. Swerdlow, R. on the Critical Problems of Astronomy, in: T. H. Levere/W. R. Shea (eds.), Nature, Experiment, and the Sciences. Essays on Galileo and the History of Science in Honour of Stillman Drake, Dordrecht/Boston Mass./London 1990, 165–195; J. Ulrich, R., BBKL XVII (2000), 1113–1116; E. Zinner, Leben und Wirken des Johannes Müller von Königsberg genannt R., München 1938, Osnabrück ²1968 (engl. R.. His Life and Work, Amsterdam etc. 1990); ders., Entstehung und Ausbreitung der coppernicanischen Lehre [...], Erlangen 1943 (Sitz.ber. Physik.-Med. Soz. Erlangen 74) (repr. Vaduz 1978), erg. v. H. M. Nobis/F. Schmeidler, München ²1988). E.-M. E.

Régis, Pierre-Silvain, *Salvetat de Blanquefort (Agénois) 1632, †Paris 11. Jan. 1707, Nachfolger J. Rohaults als Wortführer des orthodoxen Pariser ↑Cartesianismus. Nach einem Studium der Theologie in Paris, wo R. sich dem Kreise der Cartesianer um Rohault und C. Clerselier anschloß, und Reisen durch Südfrankreich zum Zwecke der Verbreitung des Cartesianismus kehrte R. 1680 nach Paris zurück und führte die öffentlichen ›conferences‹ weiter, die Rohault bis zu seinem Tode 1672 geleitet hatte. R. kämpfte 10 Jahre mit der Zensur, bevor er 1690 seine systematische Darstellung der Cartesischen Philosophie veröffentlichen konnte. Nur in der Amsterdamer Ausgabe (1691) durfte R. Descartes im Titel genannt werden. 1699 wurde R. Mitglied der Académie des sciences. Er entwickelte kein eigenes System, sondern verteidigte den Cartesianismus gegen Angriffe der Kirche, aber auch gegen dessen Weiterentwicklung durch B. de Spinoza und N. Malebranche. In diesem Zusammenhang ist die Kontroverse von Bedeutung, die R. zwischen 1690 und 1694 im »Journal des sçavans« mit seinen Gegnern führte.

Werke: Système de philosophie, contenant la logique, la métaphysique, la physique, et la morale, I–III, Paris 1690, in 7 Bdn., Lyon 1691, erw. unter dem Titel: Cours entier de philosophie, ou système général selon les principes de M. Descartes [...], I–III, Amsterdam 1691 (repr. New York/London 1970 [mit Einl. v. R. A. Watson, v–xvii]); Réponse au livre qui a pour titre »P. Danielis Huetii [...]. Censura philosophiae cartesianae«, Paris 1691; Réponse aux réflexions critiques de M. du Hamel sur le système cartesien de la philosophie de Mr R., Paris 1692; Première réplique de Mr R. à la réponse du R. P. Malebranche [...], Paris 1694; L'usage de la raison et de la foy [...], Paris 1704, Neudr., ed. J.-R. Armogathe, 1996; Discursus philosophicus [...], Paris 1705.

Literatur: R. Ariew, Descartes and the First Cartesians, Oxford 2014; F. Bouillier, Histoire de la philosophie cartésienne, I–II, Paris, Lyon 1854, ³1868 (repr. Brüssel 1969, Hildesheim/New York 1972); S. Charles, R., in: L. Foisneau (ed.), Dictionnaire des philosophes français du XVIIᵉ siècle. Acteurs et réseaux du savoir, Paris 2015, 1474–1480; D. Clarke, Occult Powers and Hypotheses. Cartesian Natural Philosophy under Louis XIV, Oxford etc. 1989; M. Lærke, Les Lumières de Leibniz. Controverses avec Huet, Bayle, R. et More, Paris 2015, bes. 285–333 (Sufficit talibus placuisse. La controverse avec R. dans le »Journal des sçavans« en

1697); T. M. Lennon, R., REP VIII (1998), 165–166; P. Mouy, Le développement de la physique cartésienne 1646–1712, Paris 1934 (repr. New York 1981); G. Rodis-Lewis, Der Cartesianismus in Frankreich, in: J.-P. Schobinger (ed.), Die Philosophie des 17. Jahrhunderts II/1, Basel 1993, 398–445, 465–471, bes. 431–439, 470–471; T. M. Schmaltz, Radical Cartesianism. The French Reception of Descartes, Cambridge etc. 2002, bes. 215–260 (Part III P.-S. R.); R. A. Watson, The Downfall of Cartesianism 1673–1712, The Hague 1966, bes. 75–81, erw. unter dem Titel: The Breakdown of Cartesian Metaphysics, Atlantic Highlands N. J. 1987, Indianapolis Ind. 1998, bes. 89–93 (Chap. 6.5 P.-S. R.. The Dependence upon Inexplicable Causal Relations); ders., R., Enc. Ph. VII (1967), 101–102, VIII (²2006), 299–301. P. M.

regressiv (von lat. regredi, zurückschreiten; zurückschreitend), vor allem in Logik und Statistik verwendeter Terminus. (1) In der traditionellen Logik (↑Logik, traditionelle) im Gegensatz zu ↑›progressiv‹ Bezeichnung für den Rückgang vom ↑Episyllogismus zum ↑Prosyllogismus (dazu, wenn das Begründen zu keinem Ende kommt, ↑regressus ad infinitum), in Verbindung mit der Unterscheidung ↑demonstratio propter quid/demonstratio quia von G. Zabarella für das gesamte Beweisverfahren verwendet (↑regressus). I. Kant überträgt die Unterscheidung r./progressiv auch auf methodische Schritte nicht formallogischer Art (↑progressiv). (2) In der ↑Statistik tritt ›r.‹ (bzw. ›Regression‹) in der Regressionsanalyse auf, in der der tatsächliche Verlauf des Graphen einer ↑Funktion auf der Grundlage einer Serie von Beobachtungen oder Versuchsergebnissen abgeschätzt wird, die mit zufälligen Meßfehlern behaftet sind. Charakteristisch ist die Hypothese der linearen Abhängigkeit einer ↑Variablen von einer oder mehreren (n) unabhängigen Variablen. Die so genannte Regressionsgerade durch einen empirisch gefundenen Punkthaufen (im ($n + 1$)-dimensionalen Raum) wird ermittelt, indem man die die Gerade definierenden Koeffizienten so wählt, daß die Summe der Quadrate der Abstände der Punkte von der Geraden minimal wird (Gaußsche Methode der kleinsten Quadrate). H. R./J. M.

regressus (lat., Rückzug, Rückschritt, Rückgang), in der traditionellen Philosophie Bezeichnung für einen Rückgang vom Besonderen zum Allgemeinen, vom Bedingten zu den Bedingungen, von den Wirkungen zu den Ursachen. Nach dem umfassenderen Verständnis von r. in der Wissenschaftstheorie der ↑Scholastik bildet dieser das – aus der Aristotelischen Unterscheidung von ἀπόδειξις τοῦ διότι und ἀπόδειξις τοῦ ὅτι (↑demonstratio propter quid/demonstratio quia) hergeleitete – zentrale methodologische Grundschema, nach dem zur Untersuchung eines Sachverhaltes in einem ersten Schritt die vorliegenden Gegebenheiten auf ihre Gründe zurückgeführt werden müssen, die dann in einem zweiten Schritt analysiert werden, woraufhin in einem dritten Schritt aus den nunmehr ›distinkt‹ (↑klar und deutlich) erkannten Gründen Folgen abgeleitet werden, zu denen insbes. die vorliegenden Gegebenheiten gehören müssen. Vor allem I. Zabarella hat dieses Verfahren eingehend erörtert und klargemacht, daß der Prozeß der Auffindung von Prinzipien aus dem gegebenen Einzelnen und die anschließende Deduktion der Phänomene aus den Prinzipien keinen ↑circulus vitiosus darstellt, weil hier »nicht mehrere Sachverhalte wechselseitig auseinander bewiesen (werden), sondern nur ein einziger in seinem Verhältnis von Grund und Folge geprüft« wird (W. Risse, Die Logik der Neuzeit I, Stuttgart-Bad Cannstatt 1964, 290). Diese Methode wird zu Beginn der Neuzeit zur grundlegenden Verfahrensweise der Naturwissenschaften umgebildet, da – die Gültigkeit der verwendeten Schluß- und Analyseverfahren vorausgesetzt – wissenschaftliche ↑Hypothesen und Theorien von der Erfahrung geleitet aufgestellt werden und sich anhand der Erfahrung (nämlich durch ↑Verifikation oder ↑Falsifikation von ↑Prognosen) bewähren können oder aber korrigieren lassen.

Die traditionelle Logik (↑Logik, traditionelle) hat diese methodologische Thematik dadurch zu integrieren versucht, daß sie als ›r.‹ das ›prosyllogistische‹ oder ›analytische‹ Zurückgehen vom ↑Episyllogismus zum ↑Prosyllogismus (*a principiatis ad principia*) bezeichnete, da in diesem Schritt eine Zergliederung des Besonderen zu sehen sei, z. B. in Erklärungen der Gestalt

	Alle *S* sind *R*;
denn	alle *S* sind *P*,
und	alle *P* sind *Q*,
und	alle *Q* sind *R*.

Die Methodenlehren des ausgehenden 19. Jhs. suchen die Unterscheidung zwischen einem ↑regressiven und einem ↑progressiven Verfahren (die dann im allgemeinen verschiedenen Wissenschaftsgruppen zugeordnet werden) häufig psychologisch zu rechtfertigen oder anhand der Wissenschaftsgeschichte zu bestätigen. Z. B. bedient sich nach W. Wundt die psychologische Kausalerklärung, im Gegensatz zum progressiven Vorgehen in den Naturwissenschaften, ›durchgängig‹ des regressiven Verfahrens, da der für das Seelenleben kennzeichnende Charakter des Schöpferischen darin bestehe, »daß wir uns immer erst, nachdem der Effekt oder das Produkt vorliegt, über den inneren Zusammenhang desselben mit seinen Komponenten oder Faktoren Rechenschaft geben können« (Logik III, Stuttgart ³1908, 281). Nach F. Ueberweg (System der Logik und Geschichte der logischen Lehren, Bonn ⁵1882, 414) entspricht das regressive Verfahren im allgemeinen auch dem Gang der historischen Entwicklung der Wissenschaften, indem erst allgemeine Sätze, dann unter sie fallende einzelne Tatsachenaussagen und zuletzt oberste Prinzipien als Grundlage jener allgemeinen Sätze gefunden werden.

Literatur: S. F. Aikin, Epistemology and the Regress Problem, New York/London 2011; A. Crescini, La teoria del ›r.‹ di fronte all'epistemologia moderna, in: L. Olivieri (ed.), Aristotelismo veneto e scienza moderna. Atti del 25° anno accademico del Centro per la Storia della Tradizione Aristotelica nel Veneto II, Padua 1983, 575–590; H. Mikkeli, Giacomo Zabarella (5. The R.-Method), SEP 2005, rev. 2012; F. Nicolai, Bemerkungen über den logischen R. nach dem Begriffe der alten Kommentatoren des Aristoteles, in: Sammlung der Deutschen Abhandlungen, welche in der königlichen Akademie der Wissenschaften zu Berlin vorgelesen worden in dem Jahre 1803, Berlin 1806, 168–180, ferner in: ders., Philosophische Abhandlungen I, Berlin/Stettin 1808 (repr. Brüssel 1968 [Aetas Kantiana CC 1], Hildesheim/Zürich/New York 1991), 197–228; G. Papuli, La teoria del *r.* come metodo scientifico negli autori della scuola di Padova, in: L. Olivieri (ed.), Aristotelismo veneto e scienza moderna [s. o.], 221–277 (mit Bibliographie, 273–277); R. Pozzo, R./progressus, Hist. Wb. Ph. VIII (1992), 483–487; W. Risse, Die Logik der Neuzeit I (1500–1640), Stuttgart-Bad Cannstatt 1964, 287–292; S. O. Welding, Gibt es ein Erkenntnisproblem durch einen unendlichen Regress der Begründung?, Prima Philos. 16 (2003), 225–232; I. Zabarella, De regressu (1578), in: ders., Opera logica, Köln 1597 (repr. Hildesheim 1966), 479–498, ferner in: R. Schicker (ed.), Über die Methoden (De methodis)/Über den Rückgang (De regressu), München 1995, 318–341.   C. T.

regressus ad infinitum (auch: regressus *in* infinitum) (lat., ›Rückgang ins Unendliche‹, bei A. G. Baumgarten synonym mit dem bis dahin allein üblichen ›progressus in infinitum‹ [Metaphysica, Halle 1739, ⁷1779, § 380], terminologisch getrennt seit I. Kant [KrV B 438–439]), der endlose Rückgang in einer unendlichen Reihe. Dabei ist im allgemeinen an Definitions- oder Deduktionsschritte gedacht, meist jedoch nicht an Zirkeldefinitionen bzw. Zirkelbeweise (↑circulus vitiosus), sondern an eine linear geordnete Reihe von Begriffen bzw. Sätzen, deren jeder durch andere aus derselben Reihe definiert bzw. begründet sein soll. Natürlich läßt sich ein Rückgang mit unendlich vielen Schritten nicht wirklich ausführen; die Rede von r. a. i. tritt deshalb nur im Zusammenhang von Argumentationen nach dem Schema der ↑reductio ad absurdum auf, wobei das ›absurdum‹ in der Behauptung besteht, daß eine unendliche Reihe von Begründungen durchlaufen worden sei, oder aber in der Forderung, dies zu tun. Schon Aristoteles hat die Figur des r. a. i. (Met. *Γ*4.1006a8ff., an. post. *A*3.72b5ff.) benutzt, um darzulegen, daß bei der Beschränkung auf ausschließlich deduktive Begründungsverfahren ›unbeweisbare‹ Sätze angenommen werden müssen. Dieses Argument, das in der Skepsis des Sextus Empiricus als Abgleiten ins ›Unendliche‹ (*εἰς ἄπειρον*) einen methodologisch wichtigen Platz einnimmt (Pyrrh. Hyp. I 164, 166, 168, II 20), hat sich der Kritische Rationalismus (↑Rationalismus, kritischer) zugleich mit der Prämisse, daß es nur deduktive Begründungen geben könne, zu eigen gemacht (↑Münchhausen-Trilemma).

Auch nach H. Dingler dient der r. a. i. dem Aufweis, »daß auf einem bestimmten Wege eine feste Begründung für einen Satz nicht zu gewinnen ist« (Dingler 1930, 571). In neuerer Zeit hat vor allem G. Ryle (The Concept of Mind, London 1949 [dt. Der Begriff des Geistes, Stuttgart 1969]) intensiven Gebrauch vom r. a. i. zur Widerlegung bestimmter Annahmen gemacht, die sich aus einer dualistischen (↑Dualismus) Theorie oder Philosophie des Geistes (↑philosophy of mind) ergeben.

Literatur: H. Albert, Traktat über kritische Vernunft, Tübingen 1968, erw. [5]1991; J. Bendiek/Red., Regressus/progressus in infinitum, Hist. Wb. Ph. VIII (1992), 487–489; D. Cohnitz, R. a. i., in: W. D. Rehfus (ed.), Handwörterbuch Philosophie, Göttingen 2003, 594; H. Dingler, Zum Problem des regressus in infinitum, in: F.-J. v. Rintelen (ed.), Philosophia perennis. Abhandlungen zu ihrer Vergangenheit und Gegenwart II (Abhandlungen zur systematischen Philosophie), Regensburg 1930, 569–586; C. Gratton, Infinite Regress Arguments, Dordrecht etc. 2010; N. Rescher, Infinite Regress. The Theory and History of Varieties of Change, New Brunswick N. J./London 2010; H. Stekla, Der r. a. i. bei Aristoteles, Meisenheim am Glan 1970 (Z. philos. Forsch. Beih. 22). C. T.

regulae philosophandi (lat., Regeln des Philosophierens), Bezeichnung für methodologische Grundsätze der Physik im Selbstverständnis I. Newtons, die zusammen mit dem »Scholium generale« in der 2. Auflage der »Principia« (1713) und den »Queries« im 3. Buch der »Opticks« den (in einem problematischen Verhältnis zum faktischen Aufbau dieser Physik stehenden) ↑Empirismus Newtons zum Ausdruck bringen (↑Experimentalphilosophie, ↑Methode, analytische). Von den in der 1. Auflage der »Principia« (1687) als ›Hypothesen‹ auftretenden Sätzen zu Beginn des 3. Buches werden in der 2. Auflage die ersten drei Sätze als ›r. p.‹ bezeichnet (Satz 3 durch eine neue Formulierung ersetzt), die übrigen, mit Ausnahme des ursprünglichen vierten Satzes, als ›Phaenomena‹. In der 3. Auflage der »Principia« (1726) werden diese drei Sätze durch einen vierten Satz zum induktiven Verfahren (↑Induktion) ergänzt (Philosophiae naturalis principia mathematica, London [3]1726, 389).

Regel 1 bringt die methodologische Verpflichtung auf eine möglichst sparsame Einführung von ↑Ursachen zum Ausdruck und fordert entsprechend die Anwendung von ↑Ockham's razor. Regel 2 enthält eine methodologische Fassung des Kausalgesetzes (↑Kausalität) und verlangt die Rückführung gleichartiger ↑Wirkungen auf gleichartige Ursachen. Regel 3 dient der methodologischen Begründung der Annahme der ↑Gravitation. Newton argumentiert, daß die Annahme der als primär geltenden mechanischen Eigenschaften der ↑Materie (wie ↑Ausdehnung und ↑Undurchdringbarkeit) nicht durch Vernunft, d. h. rein theoretisch, begründbar ist, sondern sich allein auf das universelle Auftreten dieser Eigenschaften in der ↑Erfahrung stützt. Vor diesem Kriterium hat auch die Gravitation Bestand. Trotz dieser

Universalität soll die Gravitation jedoch nicht zu den ›wesentlichen‹ Eigenschaften der Materie gezählt werden. Regel 4 besagt, daß sich die Sätze der Naturwissenschaften ausschließlich auf die ›Phänomene‹ und deren Verallgemeinerung durch ↑Induktion stützen sollen. Dabei sollen möglicherweise entgegenstehende ›Hypothesen‹ außer Betracht bleiben. Die Regel verfolgt das Ziel, die rationalistische (↑Rationalismus) Konzeption eines Beweises durch Vernunft und Metaphysik durch die Vorstellung eines Beweises durch Erfahrung zu ersetzen. Sie dient insofern der Abwehr von Einwänden auf der Grundlage der Cartesischen Physik und der Cartesischen Erkenntnistheorie. Ferner findet sich unter den Manuskripten Newtons der Entwurf einer fünften Regel, die sich in der Terminologie J. Lockes gegen die Cartesische Vorstellung ›angeborener‹ Ideen (↑Idee, angeborene) richtet (vgl. I. B. Cohen 1971, 1978, 30–31; A. Koyré 1960, 13–14 [= 1965, 271–272, 1968, 323–324]).

Die Regeln 3, 4 und 5 können als Teil einer Rationalismuskritik verstanden werden, die sich gleichzeitig der Bevormundung durch Lockes Philosophie zu entziehen sucht, insofern Newton die erkenntnistheoretische Argumentation für seine Physik nun selbst übernimmt. T. Reid faßt die r. p. später als den rationalen Kern der Methodologie F. Bacons und als Maximen des ↑common sense auf (An Inquiry into the Human Mind. On the Principles of Common Sense, Edinburgh 1764). In der neueren wissenschaftstheoretischen Diskussion ist die Regel 4 als ›Proliferationsverbot‹ (↑Proliferationsprinzip), also als Verbot des Entwurfs alternativer Denkmodelle, aufgefaßt und kritisiert worden (I. Lakatos, P. K. Feyerabend).

Literatur: Z. Bechler, Newton's Physics and the Conceptual Structure of the Scientific Revolution, Dordrecht/Boston Mass./London 1991 (Boston Stud. Philos. Sci. CXXVII), 393–395; R. E. Butts, Whewell on Newton's Rules of Philosophizing, in: ders./J. W. Davis (eds.), The Methodological Heritage of Newton, Oxford 1970, 132–149; I. B. Cohen, Franklin and Newton. An Inquiry into Speculative Newtonian Experimental Science and Franklin's Work in Electricity as an Example Thereof, Philadelphia Pa. 1956, Cambridge Mass. 1966, 584–588; ders., Introduction to Newton's ›Principia‹, Cambridge 1971, 1978; S. Ducheyne, R. p. of Isaac Newton, Rev. belge de philol. hist. 90 (2012), 1193–1207; P. K. Feyerabend, Von der beschränkten Gültigkeit methodologischer Regeln, Neue H. Philos. 2/3 (1972), 124–171, Nachdr. in: ders., Der wissenschaftstheoretische Realismus und die Autorität der Wissenschaften (Ausgewählte Schriften I), Braunschweig/Wiesbaden 1978, 205–248 (engl. On the Limited Validity of Methodological Rules, in: Philosophical Papers III, ed. J. Preston, Cambridge etc. 1999, 138–180); A. Koyré, Les r. p., Arch. int. hist. sci. 13 (1960), 3–14, ferner in: ders., Études newtoniennes, Paris 1968, 315–329 (engl. Newton's »R. P.«, in: ders., Newtonian Studies, London 1965, 261–272); I. Lakatos, Newton's Effect on Scientific Standards, in: ders., Philosophical Papers I (The Methodology of Scientific Research Programmes), ed. J. Worrall/G. Currie, Cambridge etc. 1978, 193–222 (dt. Newtons

Wirkung auf die Kriterien der Wissenschaftlichkeit, in: ders., Philosophische Schriften I (Die Methodologie der wissenschaftlichen Forschungsprogramme), ed. J. Worrall/G. Currie, Braunschweig/Wiesbaden 1982, 209–240); M. Mamiani, To Twist the Meaning. Newton's R. P. Revisited, in: J. Z. Buchwald/I. B. Cohen (eds.), Isaac Newton's Natural Philosophy, Cambridge Mass./London 2001, 3–14; M. Mandelbaum, Philosophy, Science, and Sense Perception. Historical and Critical Studies, Baltimore Md. 1964, 1966, 61–117 (Chap. II Newton and Boyle and the Problem of ›Transduction‹); E. McMullin, Newton on Matter and Activity, Notre Dame Ind./London 1978; J. Mittelstraß, Die Galileische Wende. Das historische Schicksal einer methodischen Einsicht, in: L. Landgrebe (ed.), Philosophie und Wissenschaft (IX. Deutscher Kongreß für Philosophie, Düsseldorf 1969), Meisenheim am Glan 1972, 285–318, bes. 300ff. (engl. The Galilean Revolution. The Historical Fate of a Methodological Insight, Stud. Hist. Philos. Sci. 2 [1972], 297–328, bes. 311ff.).   J. M.

regulär (von lat. regula, Regel), einer ↑Regel gehorchend, regelgerecht, keine Ausnahme bildend. Dabei können Naturgesetze ebenso wie soziale Sitten oder mathematische Bedingungen etc. der Maßstab für die Regularität eines Ereignisses oder eines anderen Gegenstandes sein. Man spricht von r.en Truppen oder einem r.en Haushalt ebenso wie von r.en Temperaturen oder – bei überall in einem Gebiet differenzierbaren Funktionen einer komplexen Veränderlichen (↑Funktionentheorie) – von r.en bzw. r.-analytischen oder holomorphen Funktionen. Für einen *singulären* Fall, eine Ausnahme, die aus dem ›normalen‹ Rahmen fällt und keinen ›Regelfall‹ bildet, ist eine Regel wiederholten Eintretens grundsätzlich gerade nicht bekannt.   K. L.

Regularitätsaxiom (engl. axiom of regularity; häufiger: Fundierungsaxiom, engl. axiom of foundation), Bezeichnung für ein mengentheoretisches Axiom (↑Mengenlehre, axiomatische), das besagt, daß jede Menge fundiert (engl. well-founded) ist. Eine Menge heißt ›fundiert‹, wenn sie zur kumulativen Hierarchie der ↑Mengen gehört, die man ausgehend von einem Bereich von ↑Urelementen oder der leeren Menge (↑Menge, leere) durch schrittweise ↑Adjunktion der ↑Potenzmenge der jeweils erreichten Menge erhält (eine präzisere Charakterisierung verlangt induktionstheoretische Hilfsmittel, vgl. W. Felscher 1979, 73ff., A. A. Fraenkel/Y. Bar-Hillel/A. Levy 1973, 93ff.). Das R. garantiert also, daß das Universum aller Mengen genau die kumulative Hierarchie ist. Eine Formulierung des R.s als Axiomenschema ist:

$$\bigvee_x A(x) \to \bigvee_x (A(x) \land \bigwedge_y (y \in x \to \neg A(y))).$$

Sie besagt, daß, falls eine ↑Aussageform $A(x)$ überhaupt auf ein x zutrifft, es auch ein bezüglich der $\in$-Relation minimales x gibt, auf das $A(x)$ zutrifft. Die meistverwendete entsprechende Formulierung als ↑Axiom lautet:

$$\bigwedge_z (z \neq \emptyset \to \bigvee_x (x \in z \land x \cap z = \emptyset)).$$

Eine andere Formulierung besagt, daß die $\in$-Relation fundiert ist, es also keine unendlichen absteigenden $\in$-Ketten

$$\dots \in a_2 \in a_1 \in a_0$$

gibt. Die ↑Äquivalenzen zwischen den verschiedenen Formulierungen des R.s beruhen teilweise auf anderen zentralen mengentheoretischen Axiomen, insbes. auf dem ↑Unendlichkeitsaxiom. – Das R. geht auf J. v. Neumann (1925, 1929) und E. Zermelo (1930, hier auch die Bezeichnung ›Fundierungsaxiom‹) zurück. Die Unterscheidung zwischen fundierten und nicht-fundierten Mengen wurde schon von D. Mirimanoff (1917 – dort ›ordinaire‹ vs. ›extraordinaire‹) im Zusammenhang mit der Diskussion der ↑Zermelo-Russellschen Antinomie getroffen. Eine nicht-fundierte Menge wäre z. B. eine Menge, die sich selbst als Element enthalten kann, z. B. eine Lösung der Mengengleichung $x = \{x\}$ (↑fundiert/Fundiertheit). Nicht-fundierte Mengen werden durch das R. ausgeschlossen; ihre Existenz ist jedoch mit den übrigen mengentheoretischen Axiomen verträglich. Die Widerspruchsfreiheit (↑widerspruchsfrei/Widerspruchsfreiheit) des R.s wurde von v. Neumann 1929 gezeigt, seine Unabhängigkeit (↑unabhängig/Unabhängigkeit (logisch)) von P. Bernays (1954) und E. Specker (1957). Dieses Resultat erlaubt die Entwicklung von Mengenlehren mit dem Antifundierungsaxiom anstelle des Fundierungsaxioms. Das Antifundierungsaxiom postuliert die Existenz (↑Existenz (logisch)) geeigneter Mengen zu jedem durch Graphen bestimmter Art beschriebenen System von Elementschaftsbeziehungen zwischen diesen Mengen. Z. B. beschreibt der ↑Graph

eine Menge a, für die $a \in a$ gilt (und sogar $\bigwedge_x (x \in a \leftrightarrow x = a)$, d. h., a ist eine Lösung von $x = \{x\}$), und

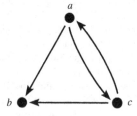

Mengen a, b, c, für die gilt:

$a = \{b,c\}, \quad c = \{b,a\}, \quad b = \emptyset.$

In der Mengenlehre mit Fundierungsaxiom hat das entsprechende Gleichungssystem

$$x = \{\emptyset, y\}, \quad y = \{\emptyset, x\}$$

keine Lösung. – Zum Antifundierungsaxiom gibt es zahlreiche äquivalente Formulierungen, die nicht graphentheoretischer Natur sind. Die Mengenlehre mit Antifundierungsaxiom, die schon bei Mirimanoff (1917) von der Idee her angelegt ist, wurde von P. Aczel (1988) als eigenständige mathematische Theorie ausgearbeitet. Ihr zentrales Anwendungsgebiet liegt in der Theoretischen Informatik, insbes. in der Theorie paralleler Prozesse. Daneben ist dieser Ansatz von J. Barwise und J. Etchemendy in der Philosophischen Logik (↑Logik, philosophische) verwendet worden, um gewisse semantische Antinomien (↑Antinomien, semantische), insbes. die ↑Lügner-Paradoxie, im Rahmen einer ↑Situationssemantik zu erklären und aufzulösen.

Literatur: P. Aczel, Non-Well-Founded Sets, Stanford Calif. 1988; J. Barwise/J. Etchemendy, The Liar. An Essay on Truth and Circularity, New York/Oxford 1987, 1989; P. Bernays, A System of Axiomatic Set Theory, Part VII (Further Models for Proofs of Independence), J. Symb. Log. 19 (1954), 81–96; K. Devlin, Fundamentals of Contemporary Set Theory, New York etc. 1979, unter dem Titel: The Joy of Sets. Fundamentals of Contemporary Set Theory, New York etc. ²1993, 1997; U. Felgner, Models of ZF-Set Theory, Berlin/Heidelberg/New York 1971, bes. 46–57; W. Felscher, Naive Mengen und abstrakte Zahlen III (Transfinite Methoden), Mannheim/Wien/Zürich 1979; A. A. Fraenkel/Y. Bar-Hillel/A. Levy, Foundations of Set Theory, Amsterdam 1958, Amsterdam/London ²1973, 1984; D. Mirimanoff, Les antinomies de Russell et de Burali-Forti et le problème fondamental de la théorie des ensembles, L'enseignement mathématique 19 (1917), 37–52; J. v. Neumann, Eine Axiomatisierung der Mengenlehre, J. reine u. angew. Math. 154 (1925), 219–240, Neudr. in: ders., Collected Works I, ed. A. H. Taub, Oxford etc. 1961, 1976, 34–56; ders., Über eine Widerspruchsfreiheitsfrage in der axiomatischen Mengenlehre, J. reine u. angew. Math. 160 (1929), 227–241, Neudr. in: ders., Collected Works I [s. o.], 494–508; E. Specker, Zur Axiomatik der Mengenlehre (Fundierungs- und Auswahlaxiom), Z. math. Logik 3 (1957), 173–210; E. Zermelo, Über Grenzzahlen und Mengenbereiche. Neue Untersuchungen über die Grundlagen der Mengenlehre, Fund. Math. 16 (1930), 29–47. P. S.

Regulation, auch: Regulierung, Regelung (von lat. regulare, ordnen, steuern), Bezeichnung für die Herstellung bzw. Aufrechterhaltung geregelter Abläufe, unter Umständen unter Einschluß von deren ↑Normierung (↑Norm (handlungstheoretisch, moralphilosophisch)) im Interesse etwa einer Minimierung von Anzahl und Ausmaß von Störungen oder des Verbrauchs von ↑Ressourcen. Insbes. geht es bei R.en um (1) Regelungen für das Zusammenleben von Menschen in Gestalt von ↑Regeln für soziales Handeln, sei es durch – meist überlieferte, aber auch im Interesse des Zusammenhalts neuer Gruppenbildungen erst zu entwickelnde – Verhaltensweisen in Gestalt von Sitten und Satzungen (↑Sittlichkeit, ↑Moralität, ↑Konvention) oder, jedenfalls in entwickelten Gesellschaften, durch (nationale und internationale) Gesetzgebung (↑Recht) unter Einschluß von dieser veranlaßter oder autorisierter Verwaltungsmaßnahmen; z. B. R. der Verfahren zur Ermittlung der Zulässigkeit von Arzneimitteln, R. des Flugverkehrs, R. des Verlaufs von Fließgewässern. Darüber hinaus hat sich der Begriff der R. seit dem 18. Jh. zunehmend deutlicher zu einem Grundbegriff der Lebenswissenschaften (life sciences), die ↑Medizin, insbes. die ↑Genetik, eingeschlossen, entwickelt. Mit seiner Hilfe gelingt ein zunehmend besseres wissenschaftliches Verständnis von Lebensvorgängen (Anfänge in der Biologie: A.-L. de Lavoisier, W. Ostwald; in der Philosophie: H. Lotze). Dergleichen R.en, einschließlich solcher auch in anderen Bereichen, z. B. psychologischen, ökonomischen, physikalischen, technischen, werden von der ↑Kybernetik mit Hilfe eines durch vielfache Rückkopplungen und unter Zuhilfenahme informationstheoretischer Begriffsbildungen sowie informatischer Techniken (↑Informationstheorie, ↑Informatik) in Gestalt *homöostatischer Systeme* modelliert. Seither spielt der Begriff der R. in der ↑Systemtheorie eine Schlüsselrolle für Theorien der Wiederherstellung gestörten ↑Gleichgewichts in dynamischen Systemen, z. B. im Falle der *Selbstregulation* (↑Selbstorganisation) von Organismen.

(2) In der ↑Sprachphilosophie versteht man unter R. die ↑Sprachhandlung der *terminologischen Bestimmung* von ↑Prädikatoren, die bereits exemplarisch bestimmt sind (↑Prädikation). Die R.en werden mit Hilfe von ↑Prädikatorenregeln artikuliert und bestehen darin, eine Abgrenzung der Prädikatoren voneinander mit dem Ziel der gegenseitigen Stabilisierung ihres Gebrauchs vorzunehmen. Ein Beispiel ist die Exklusion oder Kontrarität von ›Kind‹ und ›Haustier‹ durch ›Kinder sind keine Haustiere‹ (symbolisiert: Kind ⇒ $\overline{\text{Haustier}}$). Man beachte, daß die R. ›Kinder sind keine Haustiere‹ allein eine *sprachliche* und noch keine *moralische* Norm – deshalb auch die Bezeichnung ›material-analytische Normierung‹ anstelle von ›R.‹ in der Konstruktiven Wissenschaftstheorie (↑Wissenschaftstheorie, konstruktive) –, etwa im Sinne von ›Kinder sollen nicht generell wie Haustiere behandelt werden‹, darstellt, obwohl umgangssprachlich die genannte Formulierung für beide Arten Normen verwendet wird. Den Prädikatorenregeln entsprechen in der Analytischen Philosophie (↑Philosophie, analytische) die Bedeutungspostulate oder analytischen Hypothesen (↑Analytizitätspostulat).

Literatur: A. Bandura, Self Efficacy. The Exercise of Control, New York 1997, 2010; R. Boyer/Y. Saillard (eds.), Théorie de la régulation. L'état des savoirs, Paris 1995 (engl. Regulation Theory. The State of the Art, London/New York 2002); G. Canguilhem, Die Herausbildung des Konzepts der biologischen R. im 18. und 19.

Jahrhundert, in: ders., Wissenschaftsgeschichte und Epistemologie. Gesammelte Aufsätze, ed. W. Lepenies, Frankfurt 1979, ²2002, 89–109; C. A. Hooker, Reason, Regulation and Realism. Toward a Regulatory Systems Theory of Reason and Evolutionary Epistemology, Albany N. Y. 1995; K. Lorenz, Elemente der Sprachkritik. Eine Alternative zum Dogmatismus und Skeptizismus in der Analytischen Philosophie, Frankfurt 1970; P. Lorenzen, Lehrbuch der konstruktiven Wissenschaftstheorie, Mannheim/Wien/Zürich 1987, Stuttgart/Weimar 2000; G. Pauley/G. Grüner, R., Hist. Wb. Ph. VIII (1992), 490–495; W. Roux, Die Selbstregulation. Ein charakteristisches und nicht notwendig vitalistisches Vermögen aller Lebewesen, Halle 1914 (Kaiserlich Leopoldinisch-Carolinische dt. Akad. der Naturforscher. Abhandlungen Nova Acta 100/2); R. E. Spier, Regulation and Regulatory Agencies, in: C. Mitcham (ed.), Encyclopedia of Science, Technology and Ethics III, Detroit Mich. etc. 2005, 1589–1592; A. I. Zotin, Thermodynamic Aspects of Developmental Biology, Basel etc. 1972 (Monographs in Developmental Biology V). K. L.

regulativ, von I. Kant in der »Transzendentalen Dialektik« der KrV zur Charakterisierung des Gebrauchs der reinen Vernunftbegriffe oder (transzendentalen) Ideen (↑Idee (historisch)) eingeführte Bezeichnung, um diese vom *konstitutiven,* ein Objekt der Erfahrung durch Anwendung auf Erscheinungen konstituierenden Gebrauch der Verstandesbegriffe (↑Verstandesbegriffe, reine) oder ↑Kategorien zu unterscheiden. Weil die Ideen kein ↑Schema (↑Schema, transzendentales) der ↑Anschauung haben, sondern nur ein Analogon dazu, nämlich eine Regel (zweiter Stufe), die Reihe der Erfahrungen so zu ordnen, ↑*als ob* ihnen ein Gegenstand der Erfahrung zugrundeläge, haben sie als r.e Prinzipien allein praktische Kraft, nämlich einem ↑*Ideal,* das nur in Gedanken existiert, die Regel seiner stets nur unvollkommenen Verwirklichung an die Hand zu geben. So dienen die theologische Idee von Gott, die kosmologischen Ideen, z. B. vom Weltganzen, von der Freiheit (im kosmologischen Verstande, d. h. das Vermögen, einen Zustand von selbst anzufangen) oder von der ↑Zweckmäßigkeit – auch die Prinzipien der Homogenität, der Spezifikation und der Kontinuität gehören dazu –, oder die psychologischen Ideen, z. B. vom ↑Gemüt als einfacher Substanz, allein dazu, eine *systematische Einheit* des Mannigfaltigen der empirischen Erkenntnis herzustellen. Ihr Objekt ist die Verstandestätigkeit selbst, nicht die Welt der ↑Erscheinungen. Sie legitimieren bei Kant die Postulate der praktischen Vernunft (↑Vernunft, praktische), die praktisch-moralischen Überzeugungen von der Existenz Gottes, von der menschlichen Freiheit und von der Unsterblichkeit der Seele. – In einem der Begriffsbildung Kants entsprechenden Sprachgebrauch erklärt K.-O. Apel das Postulat einer Realisierung der idealen ↑Kommunikationsgemeinschaft zu einem (methodologischen und normativen) r.en Prinzip von Metawissenschaften wie etwa der ↑Wissenschaftswissenschaft. Es ergibt sich aus den beiden r.en Prinzipien für eine moralische Handlungsstrategie: Sicherung des Überlebens der realen Kommunikationsgemeinschaft, d. h. der menschlichen Gattung (Überlebensstrategie), und Verwirklichung der idealen Kommunikationsgemeinschaft in der realen (Emanzipationsstrategie). K. L.

Rehmke, Johannes, *Elmshorn 1. Febr. 1848, †Marburg 23. Dez. 1930, dt. Philosoph. Ab 1867 Studium der Philosophie und Theologie in Kiel und Zürich, 1873 Promotion, 1875–1883 Gymnasiallehrer in St. Gallen (Schweiz), 1884 Habilitation in Berlin. 1885 a. o. Prof., ab 1887 o. Prof. der Philosophie in Greifswald. – Philosophie ist für R. ›Grundwissenschaft‹, insofern sie, den Einzelwissenschaften methodisch vorausgehend, den Bereich des ↑Gegebenen‹ schlechthin zu untersuchen hat. So sind etwa die ›besonderen Bewegungen‹ Gegenstand der Mechanik, wogegen Philosophie sich mit ›Bewegung schlechtweg‹ befaßt. R.s realistische (↑Realismus (ontologisch)) Metaphysik des ›Gegebenen‹ vertritt einen strengen Cartesischen ↑Dualismus von ›Ding‹ und ›Bewußtsein‹, die im Menschen als einer ›Wirkungseinheit‹ zusammentreten, ohne daß sich das ↑Bewußtsein irgendwo lokalisieren ließe. Bewußtsein wird dabei als ein ›Wissen‹ verstanden, dessen Vergegenständlichung etwa in ↑Phänomenalismus und ↑Idealismus eine Reduktion auf ein ›Ding‹ darstellt und, insofern eine solche Reduktion den Dualismus aufhebt, als ›Materialismus‹ (↑Materialismus (systematisch)) angesehen werden muß. Die Logik nimmt als ›Wissenslehre‹ im Denken R.s eine zentrale Stelle ein. R. verwirft die am Gedanken der ↑Pflicht orientierte Ethik I. Kants. Sittliches Handeln ist für ihn vielmehr selbstloses Wollen aus Liebe. R.s Anhänger gründeten 1919 die ›J. R.-Gesellschaft‹, die bis 1937 die Zeitschrift »Grundwissenschaft« herausgab.

Werke: Die Welt als Wahrnehmung und Begriff. Eine Erkenntnistheorie, Berlin 1880; Der Pessimismus und die Sittenlehre. Eine Untersuchung, Leipzig/Wien 1882; Lehrbuch der allgemeinen Psychologie, Hamburg 1894, Leipzig ³1926; Unsere Gewißheit von der Außenwelt. Ein Wort an die Gebildeten unserer Zeit, Heilbronn 1894; Grundriß der Geschichte der Philosophie, Berlin 1896, Leipzig ²1913, ³1921, ed. u. forgeführt v. F. Schneider, Bonn 1959, Bonn/Frankfurt ⁵1965 (repr. Wiesbaden 1979, 1992); Zur Lehre vom Gemüt. Eine psychologische Untersuchung, Berlin 1898, Leipzig ²1911; Gemüt und Gemütsbildung, Langensalza 1899, ²1924; Die Seele des Menschen, Leipzig 1902, ⁴1913, 1920; Das Bewußtsein, Heidelberg 1910; Philosophie als Grundwissenschaft, Leipzig/Frankfurt 1910, erw. Leipzig ²1929; Die Willensfreiheit, Leipzig 1911; Anmerkungen zur Grundwissenschaft, Leipzig 1913, ²1925; Logik oder Philosophie als Wissenslehre, Leipzig 1918, ²1923; Ethik als Wissenschaft. Ein Vortrag, Greifswald 1920, ³1925 (Beih. Grundwiss. 2); Selbstdarstellung, in: R. Schmidt (ed.), Die Philosophie der Gegenwart in Selbstdarstellungen I, Leipzig 1921, 177–200, erw. ²1923, 191–214; Grundlegung der Ethik als Wissenschaft, Leipzig 1925; Grundwissenschaftliche Kernfragen aus der Philosophie J. R.s, ed. J. Weidmann, Paderborn 1925; Gesammelte philosophische Aufsätze. Mit einem Bildnis R.s, ed. K. Gassen, Erfurt 1928; Der Mensch,

Leipzig 1928. – J. E. Heyde, R.-Bibliographie, Z. Philos. phil. Kritik 165 (1918), 85–99, erw. Grundwiss. 1 (1919), 73–88; K. Gassen, J. R.s Schriften 1919–1930, Grundwiss. 10 (1931), 36–44. *Literatur:* J. E. Heyde, Grundwissenschaftliche Philosophie, Leipzig/Berlin 1924; ders. (ed.), Festschrift J. R. zum 80. Geburtstage, 1. Febr. 1928, dargebracht von Fachgenossen, Freunden und Schülern, Leipzig 1928; ders., J. R. und unsere Zeit, Berlin 1935; ders., J. R., Enc. Ph. VII (1967), 102–104, VIII (²2006), 302–304; S. Hochfeld, J. R., München/Leipzig 1923 (Philos. Reihe 76); S. Jordan, R., NDB XXI (2003), 284–285; J. Schaaf, Über Wissen und Selbstbewußtsein. In Form einer Auseinandersetzung mit der grundwissenschaftlichen Philosophie, Stuttgart 1947; W. Schüßler, R. BBKL VII (1994), 1498–1501; G. Troberg, Kritik der Grundwissenschaft J. R.s, Berlin 1941.   G. W.

Reich der Freiheit, Formel zur teleologischen (↑Teleologie) Kennzeichnung eines endgeschichtlich gedachten, gänzlich durch ↑Freiheit bestimmten, allgemeinen Weltzustandes, der die vornehmlich heilsgeschichtlichen Wendungen ›Reich Gottes‹, ›Reich der Gnade‹ oder ›Reich Christi‹ ablöst, ohne jedoch in der philosophischen Literatur eine größere terminologische Geltung zu gewinnen. In seiner Jenaer Antrittsvorlesung (1789) verwendet F. Schiller die Wendung noch in einem unspezifischen Sinne als nähere Bestimmung des ›Reiches des Wissens‹ (Was heißt und zu welchem Ende studiert man Universalgeschichte?, Werke, I–V, ed. G. Fricke/H. G. Göpfert, München ⁴1966, IV [Historische Schriften], 751). In I. Kants Postulatenlehre der reinen praktischen Vernunft wird im Zusammenhang mit der Bestimmung des ›höchsten Guts‹ (↑Gute, das) eine argumentative Verbindung des moralischen Freiheitsbegriffs mit der christlichen Vorstellung vom Reich Gottes im Begriff der ›intelligibelen Welt‹ (KpV A 246, Akad.-Ausg. V, 137) hergestellt; die Wendung ›R. d. F.‹ findet sich jedoch als Kontrastbestimmung zum ›Reich der Natur‹ erst in der Religionsschrift 1793 (Die Religion innerhalb der Grenzen der bloßen Vernunft, Akad.-Ausg. VI, 82). J. G. Fichte bestimmt das R. d. F. als Negation des gegenwärtigen Zwangsstaates (Die Staatslehre, oder über das Verhältnis des Urstaats zum Vernunftreiche [1813], Ausgew. Werke VI, 481). Die ›*Hoffnung* und *künftige* Möglichkeit‹ (ebd., 467–468) des R.es d. F., das auf der Grundlage einer gemeinsamen Sprache ›an gemeinsamen Begebenheiten‹ (ebd., 469) geschichtlich realisiert wird, ist allein die Rechtfertigung des individuellen Handelns, das auf die Aufhebung der bisherigen Staaten gerichtet ist. Durch meinen selbstbestimmten Willen bin ich allerdings »schon jetzt ein Mitbürger des R.es d. F.« (Die Bestimmung des Menschen [1800], Ausgew. Werke III, 379).

Die bei G. W. F. Hegel unter dem Prinzip der Freiheit stehende ›Philosophie des objektiven Geistes‹ (↑Geist, objektiver) interpretiert dagegen bereits das Rechtssystem des modernen Staates als ›R. d. verwirklichten F.‹

(Rechtsphilos. § 4, Sämtl. Werke VII, 50). Hegel identifiziert die Formel vom ›Reich des Geistes‹ mit dem der Freiheit (Rede zum Antritt des philosophischen Lehramtes. Berliner Schriften 1818–1831, ed. J. Hoffmeister, Hamburg 1956, 8) und scheint damit im Unterschied zu Schiller und F. Hölderlin (Brief an C. L. Neuffer vom 10.10.1794, in: Sämtliche Werke, Briefe und Dokumente IV, ed. D. E. Sattler, München 2004, 73) nicht mehr den Bereich auch des Wissens, sondern nur noch die politisch-ethische (›objektive‹) Geistsphäre im Blick zu haben. Wirkungsgeschichtlich relevant ist die Unterscheidung von ›Reich der Notwendigkeit‹ und ›R. d. F.‹ bei K. Marx geworden (Das Kapital III, MEW XXV, 828). Während sich in der bisherigen Geschichte die Freiheit im wesentlichen nur in der rationalen Regelung von Naturprozessen zeigt, ist das R. d. F. durch die selbstzweckhafte (↑Selbstzweck) menschliche Kraftentwicklung definiert. Zum zentralen Terminus wird der Ausdruck dann in der Philosophie E. Blochs, der das R. d. F. als über alle Notwendigkeit hinaus definiert. Die Reichsidee ist ein nur in atheistischer (↑Atheismus) Form konsequent zu denkender ›messianischer Front-Raum‹, der aller ↑Utopie zugrundeliegt (Das Prinzip Hoffnung, Frankfurt 1959, 1973, 1413). T. W. Adorno spricht sich gegen eine Ontologisierung der Naturgesetzlichkeit aus. Das von Marx angesprochene R. d. F. involviert einen anderen als den auf der ›szientifischen Invariantenlehre‹ von Gesetzen beruhenden Umgang auch mit der Natur (Negative Dialektik, Ges. Schriften VI, Frankfurt 1973, 348).

Literatur: K. Honrath, Die Wirklichkeit der Freiheit im Staat bei Kant, Würzburg 2011; F. Knappik, Im R. d. F.. Hegels Theorie autonomer Vernunft, Berlin/Boston Mass. 2013; L. Oeing-Hanhoff, Das R. d. F. als absoluter Endzweck der Welt. Tübinger und weitere Perspektiven, in: J. Simon (ed.), Freiheit. Theoretische und praktische Aspekte des Problems, Freiburg/München 1977, 55–83; R. Wimmer, R. d. F./der Notwendigkeit, Hist. Wb. Ph. VIII (1992), 502–505.   S. B.

Reich der Zwecke (engl. Realm [auch: Kingdom] of Ends, franz. Règne des fins), eine von I. Kant zur Erläuterung seines Ethikverständnisses und insbes. seines Kategorischen Imperativs (↑Imperativ, kategorischer) eingeführte Bezeichnung für eine moralisch ideale Welt, in der die praktische ↑Vernunft alleiniges Organisationsprinzip ist. Leitend ist dabei das Verständnis eines ›Reichs‹ als eines *geordneten* Kollektivs von Personen, das nicht lediglich rein extensional (↑extensional/Extension) durch die zugehörigen Individuen bestimmt ist, sondern auch die ↑Relationen mit einbezieht, in denen diese zueinander stehen. Kant definiert entsprechend ein Reich als die »systematische Verbindung verschiedener vernünftiger Wesen durch gemeinschaftliche Gesetze« (Akad.-Ausg. IV, 433). Durch den Kategorischen Imperativ werden die moralisch relevanten Akteure

(›vernünftige Wesen‹) als ›Zwecke an sich selbst‹ bestimmt, die man in seinem Handeln ›niemals nur als Mittel‹ brauchen dürfe. Daher wird ein Akteur, der moralisch handeln und sich daher dem Kategorischen Imperativ unterwerfen will, bei der Prüfung seiner ↑Maximen nicht lediglich die »eigenen Zwecke, die ein jedes [vernünftiges Wesen] sich selbst setzen mag« (ebd.) einbeziehen, sondern auch die aller anderen moralisch relevanten Akteure. Insofern in die Prüfung der Maximen alle relevanten ↑Zwecke aller relevanten Akteure eingehen, die Akteure aber als Zwecke an sich selbst bestimmt sind, kann insgesamt von einem Reich der Zwecke gesprochen werden, in dem die verallgemeinerbaren, transsubjektiv (↑transsubjektiv/Transsubjektivität) gültigen Maximen als »allgemeines Gesetz« gelten, dem alle vernünftigen Wesen als »Glieder« dieses Reiches (wie in einem Rechtsstaat) unterworfen sind. Entsprechend kann Kant das Verständnis des Kategorischen Imperativs (in der so genannten Reich-der-Zwecke-Formel) auch mithilfe des Begriffs eines R.s d. Z. darstellen: »Demnach muß ein jedes vernünftige Wesen so handeln, als ob es durch seine Maximen jederzeit ein gesetzgebendes Glied im allgemeinen Reiche der Zwecke wäre« (Akad.-Ausg. IV, 438). Kant versteht ein solches allgemeines R. d. Z. als ein Ideal, gleichwohl als eines, das durch die Freiheit der moralischen Handelnden prinzipiell realisierbar wäre, wenn die »Maximen, deren Regel der kategorische Imperativ allen vernünftigen Wesen vorschreibt […] allgemein befolgt würden«, ebd.).

Eine für Kants Praktische Philosophie tragende systematische Rolle kommt diesem vor allem für illustrierende und explikative Zwecke entworfenen Ideal jedoch nicht zu. Wesentliche Voraussetzungen wie die unterstellte prinzipielle Erkennbarkeit und Harmonisierbarkeit aller Zwecke bleiben dann auch ohne Erläuterung, der Hinweis auf ein mögliches ›Oberhaupt‹ im R. d. Z. bleibt eine Andeutung ohne nähere Ausführungen. Dennoch haben das Bild und die zugrundeliegende gedankliche Konstruktion breiten Eingang in den philosophischen Argumentationsbestand gefunden. Inhaltliche Anknüpfungen und explizite Bezüge finden sich etwa regelmäßig dort, wo eine ↑Semantik und ↑Modelltheorie für die deontische Logik (↑Logik, deontische) betrieben wird (↑Mögliche-Welten-Semantik), ebenso in Ethikansätzen, die im Rückgriff auf entscheidungstheoretische Prinzipien (↑Entscheidungstheorie) Moral- und Rechtssysteme als rational gewählte Präferenzordnungen im Sinne der Rational-Choice-Theorie (↑rational choice) rekonstruieren. So setzt J. Rawls (Theory of Justice, 1999, 226) die Gesetze, die das R. d. Z. regulieren, gerade mit derjenigen Gesellschaftsordnung gleich, die ein rationaler Entscheider in einem ›Urzustand‹ (der ›original position‹), in dem er nicht um seine Möglichkeiten und Fähigkeiten weiß, wählen würde. K. Arrow

hatte bereits 1963 (82) wohlfahrtstheoretisch das R. d. Z. als eine Gesellschaft mit einer zufriedenstellenden sozialen Wohlfahrtsfunktion gedeutet und nachgewiesen, daß unter bestimmten, für größere Gesellschaften plausibel anzunehmenden ↑Randbedingungen eine solche Wohlfahrtsfunktion nicht zu bestimmen sei (↑Unmöglichkeitssatz).

Literatur: K. J. Arrow, Social Choice and Individual Values, New York/London 1951, New York/London/Sydney, New Haven Conn./London ²1963, New Haven Conn./London ³2012; K. Flikschuh, Kant's Kingdom of Ends. Metaphysical, Not Political, in: J. Timmermann (ed.), Kant's Groundwork of the Metaphysics of Morals. A Critical Guide, Cambridge 2009, 119–139; B. Herman, A Cosmopolitan Kingdom of Ends, in: A. Reath/B. Herman/C. M. Korsgaard (eds.), Reclaiming the History of Ethics. Essays for John Rawls, Cambridge/New York/Melbourne 1997, 187–213; A. Holiday, Practices, Powers and the Populace of Kant's Kingdom of Ends, Theoria 90 (1997), 48–64; R. Johnson, Kant's Moral Philosophy, SEP 2004, rev. 2016, bes. 8. The Kingdom of Ends Formula; C. M. Korsgaard, Creating the Kingdom of Ends, Cambridge etc. 1996, 2004; M. A. McCloskey, Kant's Kingdom of Ends, Philos. 51 (1976), 391–399; J. Rawls, A Theory of Justice, Cambridge Mass. 1971 (repr. 2005), rev. Oxford, Cambridge Mass. 1999, Cambridge Mass. 2003 (dt. Eine Theorie der Gerechtigkeit, Frankfurt a. M. 1975, ¹⁹2014); A. Reath, Legislating For a Realm of Ends. The Social Dimension of Autonomy, in: ders./B. Herman/C. M. Korsgaard (eds.), Reclaiming the History of Ethics [s. o.], 214–239; D. N. Robinson/R. Harré, The Demography of the Kingdom of Ends, Philos. 69 (1994), 5–19; E. H. Stokes, The Conception of a Kingdom of Ends in Augustine, Aquinas, and Leibniz, Chicago Ill. 1912; S. Van Impe, Kant's Realm of Ends and Realm of Grace Reconsidered, in: S. Bacin u. a. (eds.), Kant und die Philosophie in weltbürgerlicher Absicht. Akten des XI. Internationalen Kant-Kongresses III, Berlin/Boston Mass. 2013, 693–704; J. Ward, The Realm of Ends or Pluralism and Theism (The Gifford Lectures Delivered in the University of St. Andrews in the Years 1907–10), Cambridge 1911. G. K.

Reichenbach, Hans, *Hamburg 26. Sept. 1891, †Los Angeles 9. April 1953, dt.-amerik. Philosoph und Wissenschaftstheoretiker, zentraler Vertreter des Logischen Empirismus (↑Empirismus, logischer). 1911–1916 Studium der Ingenieurwissenschaften, Mathematik, Physik und Philosophie in Stuttgart, Berlin, Göttingen und München, 1915 Promotion in Erlangen, 1916 Staatsexamen für Mathematik und Physik in Göttingen, 1917–1920 Tätigkeit in der Radioindustrie, 1920 Habilitation in Stuttgart, 1920–1926 Privatdozent ebendort, 1926 (auf Betreiben A. Einsteins) a. o. Prof. für Philosophie der Physik in Berlin. 1930 (gemeinsam mit R. Carnap) Gründung der Zeitschrift »Erkenntnis«, des Organs des frühen Logischen Empirismus, 1933 Emigration nach Istanbul, o. Prof. für Philosophie ebendort, 1938–1953 Prof. für Philosophie in Los Angeles.

R.s einflußreichste Arbeiten sind Fragen der *Raum-Zeit-Philosophie* gewidmet. R. geht zunächst von der Kantischen Erkenntnistheorie aus, hält zugleich aber durch die Relativitätstheorien die Aufgabe apriorischer Raum-

Zeit-Vorstellungen für geboten. Dies drückt R. durch eine Aufspaltung des Begriffs der ↑transzendentalen Bedingungen in gegenstandskonstitutive und synthetisch-apriorische Elemente aus. Danach sind Voraussetzungen gegenstandskonstitutiv, die eine empirische Interpretation von Begriffen erlauben. Dies wird durch ↑*Zuordnungsdefinitionen* zustandegebracht, durch die Begriffe Gegenständen zugeordnet werden und denen insofern eine transzendentale Rolle zukommt. Zugleich sind solche Definitionen nicht notwendig, unverrückbar oder ↑a priori (Relativitätstheorie und Erkenntnis a priori, 1920; vgl. M. Friedman 2001). In seiner späteren Philosophie der Raum-Zeit-Lehre (1928) orientiert sich R. stärker am ↑Konventionalismus und betont, daß die empirische Ermittlung der physikalisch realisierten Raum-Zeit-Struktur (d. h. der sog. Metrik) voraussetzt, daß bekannt ist, welche Strecken als kongruent (↑kongruent/Kongruenz), also als gleich lang zu gelten haben. Der Vergleich entfernter Strecken ist jedoch nur durch den Transport von Maßstäben oder durch optische Methoden möglich, und mit diesen Verfahren gelingt kein direkter Nachweis universeller, d. h. material*un*spezifischer Maßstabsdeformationen oder genereller Ablenkungen von Lichtstrahlen. Wegen dieser grundlegenden Einschränkungen kann die Kongruenz entfernter Strecken nicht festgestellt, sie muß vielmehr festgelegt werden. Hierfür greift R. auf den Begriff der Zuordnungsdefinition zurück. Durch eine solche Definition des starren Körpers (↑Körper, starrer) werden diejenigen Gegenstände bestimmt, die als Grundlage der Längenmessung dienen sollen. R. fordert, diese Definition stets so zu wählen, daß universelle Kräfte (also die Ursachen universeller Deformationen und Ablenkungen) verschwinden. Wesentlich dabei ist, daß R. die ↑Gravitation als eine solche universelle Kraft einstuft und durch sein Nullsetzungspostulat eine methodologische Rechtfertigung von A. Einsteins Ansatz einer ›Geometrisierung‹ der Gravitation (↑Relativitätstheorie, allgemeine) anstrebt. Diese methodologische Auszeichnung der Einsteinschen Zugangsweise bezieht sich jedoch allein auf deren deskriptive Einfachheit, d. h., die Wahl eines anderen Kongruenzstandards führte zwar auf eine kompliziertere, aber im gleichen Maße gültige physikalische Geometrie; es handelt sich jeweils um äquivalente Beschreibungen. Analog ist auch die gleiche Länge von Zeitintervallen keiner unmittelbaren empirischen Bestimmung zugänglich, so daß auch temporale Kongruenz mittels einer Zuordnungsdefinition festgelegt werden muß.

Neben diese Definitionserfordernisse, die in allgemeinen erkenntnistheoretischen Grenzen der ↑Prüfbarkeit von Aussagen wurzeln, tritt im Rahmen der Speziellen Relativitätstheorie (↑Relativitätstheorie, spezielle) ein weiterer konventioneller Aspekt. Wegen der Endlichkeit der maximalen Signalgeschwindigkeit (Lichtgeschwindigkeit) hält R. eine unmittelbare Synchronisierung entfernter ↑Uhren nicht für möglich; dazu müßte nämlich zuvor die Ein-Weg-Geschwindigkeit des Signals bekannt sein, was wiederum die vorangehende Synchronisierung entfernter Uhren voraussetzt. Daraus schließt R., daß die *Gleichzeitigkeit* (↑gleichzeitig/Gleichzeitigkeit) entfernter Ereignisse Gegenstand einer Konvention ist. Mit dieser Betonung konventioneller Aspekte in der physikalischen Theoriebildung reiht sich R. in die Tradition des Konventionalismus ein. Allerdings tritt für ihn dieser Spielraum nicht (wie für H. Poincaré) bei der Wahl der physikalischen Geometrie auf, sondern bei der Festlegung der Zuordnungsdefinition. Ist diese angegeben, wird die Raum-Zeit-Struktur eindeutig empirisch ermittelbar.

In seiner einflußreichen, erst posthum erschienenen Arbeit zur Zeitrichtung (The Direction of Time, 1956) bemerkt R., daß der Zweite Hauptsatz der ↑Thermodynamik allein keine naturgesetzliche oder nomologische Grundlage für die Anisotropie der Zeit oder die Einsinnigkeit des Zeitlaufs bereitstellt. Deren physikalische Grundlegung erfordert vielmehr den Bezug auf Nicht-Gleichgewichtssysteme (↑reversibel/Reversibilität). Bei solchen ›Zweigsystemen‹ (*branch systems*) wird ein Anfangszustand niedriger ↑Entropie durch einen äußeren Eingriff erzeugt und gleicht sich anschließend im Mittel wieder an das Niveau der Umgebung an. In einem solchen einsinnigen Entropieanstieg drückt sich die Anisotropie der Zeit aus. In diesem Zusammenhang gibt R. eine in der Folge wiederholt aufgegriffene Explikation des Begriffs der *gemeinsamen Ursache*. Im Mittelpunkt von R.s weiterem Werk stehen Arbeiten zur *Wissenschaftssemantik* und *Bestätigungstheorie*. R. führt die Verifikationssemantik (↑Verifikation) des ↑Wiener Kreises weiter und schwächt dabei die Forderung nach enger Anbindung sinnvoller Aussagen an ↑Beobachtungen ab. Er betrachtet es als hinreichende Bedingung für die Sinnhaftigkeit einer Behauptung, daß ihre ↑Wahrscheinlichkeit aufgrund empirischer Daten bestimmt werden kann, so daß eine schlüssige Prüfbarkeit dieser Behauptung nicht erforderlich ist. Dies erlaubt eine gewisse Selbständigkeit von Theoriebildungen gegenüber der ↑Erfahrung, die in R.s Konzept der ›Illata‹, womit eine frühe Form theoretischer Begriffe (↑Begriffe, theoretische, ↑Theoriesprache) bezeichnet wird, ihren Ausdruck findet. In der Bestätigungstheorie betrachtet R. die ↑Induktion als Grundlage aller methodologischen Einschätzung von Theorien. In einer *pragmatischen Rechtfertigung* der Induktion hebt er hervor, daß zwar die Existenz von Regularitäten und damit die Erfüllung der sachlichen Anwendungsvoraussetzungen induktiver Methoden nicht gezeigt werden kann, daß aber, falls es solche Regularitäten gibt, diese mit Hilfe der Induktion aufgespürt werden können. Zwar läßt sich demnach die Geltung des Induktionsprinzips (↑Induktion) nicht zeigen, wohl aber ist die Handlungsstrategie zu rechtfertigen, derart vorzugehen, als ob es gelten würde. R. betont die Bedeutsamkeit des Hintergrundwissens für die Beurteilung von ↑Hypothesen. So wird die Wahrscheinlichkeit einer Hypothese zunächst durch die relative Häufigkeit für sie günstiger Daten abgeschätzt und das Ergebnis dieses Verfahrens in einem zweiten Schritt dadurch beurteilt, daß man die Hypothese in eine Menge thematisch ähnlicher Hypothesen einordnet und in dieser Menge das Verhältnis gültiger Hypothesen bestimmt (›verkettete Induktion‹). Die anfangs ›blinde Setzung‹ eines Wahrscheinlichkeitswerts wird dann selbst durch eine Wahrscheinlichkeitszuschreibung eingeschätzt und geht so in eine ›qualifizierte Setzung‹ über.

R. schließt sich an die von R. v. Mises entwickelte Deutung der Wahrscheinlichkeit als Grenzwert relativer Häufigkeiten an und betrachtet (im Gegensatz zu Carnap) diesen Wahrscheinlichkeitsbegriff als hinreichende Grundlage einer Bestätigungstheorie (↑Bestätigung). Die Beurteilung wissenschaftlicher Aussagen (singularer Sätze wie allgemeiner Hypothesen) kann sich dabei stets nur auf Wahrscheinlichkeitserwägungen stützen; ↑Gewißheit darf von der Wissenschaft nicht erwartet werden. Die gleiche Betonung des Wahrscheinlichkeitsbegriffs zeigt sich auch bei R.s Interpretation physikalischer Gesetze: Er hält Wahrscheinlichkeitsgesetze für grundlegend (nicht für eine bloße Folge menschlicher Unwissenheit) und wird damit zu einem frühen Vertreter des ↑Probabilismus. – In weiteren Arbeiten zur philosophischen Interpretation physikalischer Theorien entwickelt R. eine dreiwertige Logik zur Deutung der Quantenmechanik (↑Quantentheorie, ↑Quantenlogik). In der Ethik vertritt er einen ↑Voluntarismus, demzufolge ethische Ziele nicht Gegenstand des Wissens, sondern allein der Willensentscheidung sind.

Werke: Gesammelte Werke, ed. A. Kamlah/M. Reichenbach, Braunschweig/Wiesbaden 1977ff. (erschienen Bde I–VII). – Der Begriff der Wahrscheinlichkeit für die mathematische Darstellung der Wirklichkeit [Diss. Erlangen], Leipzig 1916, Neudr., Z. Philos. phil. Kritik 161 (1916), 209–239, 162 (1917), 98–112, 222–239, 163 (1917), 86–98 (repr. in: Ges. Werke [s. o.] V, 225–307) (engl. The Concept of Probability in the Mathematical Representation of Reality [engl./dt.], ed. F. Eberhardt/C. Glymour, Chicago Ill./La Salle Ill. 2008); Relativitätstheorie und Erkenntnis apriori, Berlin 1920 (repr. in: Ges. Werke [s. o.] III, 191–302) (engl. The Theory of Relativity and A Priori Knowledge, Berkeley Calif./Los Angeles 1965); Axiomatik der relativistischen Raum-Zeit-Lehre, Braunschweig 1924 (repr. 1965, ferner in: Ges. Werke [s. o.] III, 3–171) (engl. Axiomatization of the Theory of Relativity, ed. M. Reichenbach, Berkeley Calif./Los Angeles 1969); Die Kausalstruktur der Welt und der Unterschied von Vergangenheit und Zukunft, Sitz.ber. Bayer. Akad. Wiss., math.-naturwiss. Kl., München 1925, 133–175 (engl. The Causal Structure of the World and the Difference Between Past and Future, in: Selected Writings [s. u.] II, 81–119); Von Kopernikus bis Einstein. Der Wandel unseres Weltbildes, Berlin 1927 (engl. From Copernicus to Einstein, New York 1942, 1980); Philosophie der Raum-Zeit-Lehre, Berlin/Leipzig 1928 (repr. als: Ges. Werke [s. o.] II) (engl. The Philosophy of Space and Time, New York 1958); Atom und Kosmos. Das physikalische Weltbild der Gegenwart, Berlin 1930 (engl. Atom and Cosmos. The World of Modern Physics, London 1932, New York 1933, 1957; franz. Atome et cosmos. Le monde de la physique moderne, Paris 1934); Ziele und Wege der heutigen Naturphilosophie, Leipzig 1931, ferner in: Ziele und Wege der heutigen Naturphilosophie [s. u.], 47–94 (franz. La philosophie scientifique. Vues nouvelles sur ses buts et ses méthodes, Paris 1932; engl. Aims and Methods of Modern Philosophy of Nature, in: Modern Philosophy [s. u.], 79–108); Wahrscheinlichkeitslehre. Eine Untersuchung über die logischen und mathematischen Grundlagen der Wahrscheinlichkeitsrechnung, Leiden 1935 (engl. [erw.] The Theory of Probability. An Inquiry into the Logical and Mathematical Foundations of the Calculus of Probability, Berkeley Calif./Los Angeles, London 1949, 1971 [dt. unter dem Titel: Wahrscheinlichkeitslehre, als: Ges. Werke (s. o.) VII]); Experience and Prediction. An Analysis of the Foundations and the Structure of Knowledge, Chicago Ill. 1938, 1970 (dt. Erfahrung und Prognose. Eine Analyse der Grundlagen und der Struktur der Erkenntnis, als: Ges. Werke [s. o.] IV); Philosophic Foundations of Quantum Mechanics, Berkeley Calif./Los Angeles 1944 (repr. 1982, Mineola N. Y. 1998) (dt. Philosophische Grundlagen der Quantenmechanik, Basel 1949 [repr. in: Ges. Werke (s. o.) V, 3–196]); Elements of Symbolic Logic, London, New York 1947 (repr. New York 1980), 1966 (dt. Grundzüge der symbolischen Logik, als: Ges. Werke [s. o.] VI); The Philosophical Significance of the Theory of Relativity, in: P. A. Schilpp (ed.), Albert Einstein. Philosopher-Scientist, Evanston Ill. 1949, La Salle Ill. ³1970, 287–311 (dt. Die philosophische Bedeutung der Relativitätstheorie, in: P. A. Schilpp [ed.], Albert Einstein als Philosoph und Naturforscher, Stuttgart 1951, 188–207 [repr. in: P. A. Schilpp (ed.), Albert Einstein als Philosoph und Naturforscher. Eine Auswahl, Braunschweig/Wiesbaden 1983, 142–161, ferner in: Ges. Werke (s. o.) III, 318–340]); The Rise of Scientific Philosophy, Berkeley Calif./Los Angeles 1951, 1968 (dt. Der Aufstieg der wissenschaftlichen Philosophie, Berlin 1953 [repr. Braunschweig 1968, ferner in: Ges. Werke (s. o.) I, 85–445]); Nomological Statements and Admissible Operations, Amsterdam 1954 (repr. Ann Arbor Mich. 1984), unter dem Titel: Laws, Modalities and Counterfactuals, Berkeley Calif./Los Angeles/London 1976; The Direction of Time, ed. M. Reichenbach, Berkeley Calif./Los Angeles 1956 (repr. Berkeley Calif./Los Angeles/London 1971, Mineola N. Y. 1999); Modern Philosophy of Science. Selected Essays, ed. M. Reichenbach, London/New York 1959 (repr. Westport Conn. 1981); Selected Writings 1909–1953, I–II, ed. M. Reichenbach/R. S. Cohen, Dordrecht/Boston Mass./London 1978; Defending Einstein. H. R.'s Writings on Space, Time, and Motion, ed. S. Gimbel/A. Walz, Cambridge etc. 2006, 2011; Ziele und Wege der heutigen Naturphilosophie. Fünf Aufsätze zur Wissenschaftstheorie, ed. N. Milkov, Hamburg 2011. – Die Korrespondenz Petzoldt – R.. Zur Entwicklung der ›wissenschaftlichen Philosophie‹ in Berlin, ed. K. Hentschel, Berlin 1990, 1991. – Bibliography of the Works of H. R., in: Modern Philosophy of Science [s. o.], 199–210; Bibliography of Writings of H. R., in: Selected Writings [s. o.] I, 481–497, II, 413–429.

Literatur: W. Achtner, R., BBKL XXXVI (2015), 1055–1064; F. Arntzenius, R.'s Common Cause Principle, SEP 1999, rev. 2010; S. Büttner, R., NDB XXI (2003), 304–305; M. Carrier, Raum-Zeit,

Berlin/New York 2009; R. K. Clifton, Some Recent Controversy Over the Possibility of Experimentally Determining Isotropy in the Speed of Light, Philos. Sci. 56 (1989), 688–696; L. Danneberg/A. Kamlah/L. Schäfer (eds.), H. R. und die Berliner Gruppe, Braunschweig/Wiesbaden 1994; D. Dieks, Gravitation as a Universal Force, Synthese 73 (1987), 381–397; M. Dorato, Frequency Theory of Probability and Single Events, Epistemologia 10 (1987), 323–334; F. Eberhardt/C. Glymour, H. R.'s Probability Logic, in: D. M. Gabbay/S. Hartmann/J. Woods (eds.), Handbook of the History of Logic X, Amsterdam etc. 2011, 357–389; F. S. Ellett/D. P. Ericson, On R.'s Principle of the Common Cause, Pac. Philos. Quart. 64 (1983), 330–340; B. Ellis, Universal and Differential Forces, Brit. J. Philos. Sci. 14 (1963/1964), 177–194; ders./P. Bowman, Conventionality in Distant Simultaneity, Philos. Sci. 34 (1967), 116–136; J. L. Esposito, R.'s Philosophy of Nature, Stud. Hist. Philos. Sci. 10 (1979), 189–200; P. K. Feyerabend, R.'s Interpretation of Quantum-Mechanics, Philos. Stud. 9 (1958), 49–59; M. Friedman, Foundations of Space-Time Theories. Relativistic Physics and Philosophy of Science, Princeton N. J. 1983, 1986; ders., Reconsidering Logical Empiricism, Cambridge 1999; ders., Dynamics of Reason. The 1999 Kant Lectures at Stanford University, Stanford Calif. 2001; M. C. Galavotti, Ritorno a R.?, Riv. filos. 72 (1981), 257–274; K. Gerner, H. R.. Sein Leben und Wirken. Eine wissenschaftliche Biographie, Osnabrück 1997; C. Glymour, The Epistemology of Geometry, Noûs 11 (1977), 227–251; ders./F. Eberhardt, R., SEP 2008, rev. 2016; A. Grünbaum, Philosophical Problems of Space and Time, New York 1963, Dordrecht/Boston Mass. ²1973, 1974; R. Haller/P. Stadler (eds.), Wien – Berlin – Prag. Der Aufstieg der wissenschaftlichen Philosophie. Zentenarien Rudolf Carnap - H. R. - Edgar Zilsel, Wien 1993, bes. 238–423; H. Hecht/D. Hoffmann, Die Berufung H. R.s an die Berliner Universität. Zur Einheit von Naturwissenschaft, Philosophie und Politik, Dt. Z. Philos. 30 (1982), 651–662; R. Holland, Kant, R., and Aprioricity, Philos. Stud. 66 (1992), 209–233; R. C. Hoy, The Role of Genidentity in the Causal Theory of Time, Philos. Sci. 42 (1975), 11–19; G. Joseph, Riemannian Geometry and Philosophical Conventionalism, Australas. J. Philos. 57 (1979), 225–236; C. F. Juhl, The Speed-Optimality of R.'s Straight Rule of Induction, Brit. J. Philos. Sci. 45 (1994), 857–863; A. Kamlah, H. R.'s Relativity of Geometry, Synthese 34 (1977), 249–263; ders., Wie arbeitet die analytische Wissenschaftstheorie?, Z. allg. Wiss.theorie 11 (1980), 23–44; ders., The Connexion between R.'s Three-Valued and v. Neumann's Lattice-Theoretical Quantum Logic, Erkenntnis 16 (1981), 315–325; ders., H. R.. Leben, Werk, Wirkung, in: R. Haller (ed.), Wien – Berlin – Prag [s. o.], 238–283; P. Kroes, Objective versus Minddependent Theories of Time Flow, Synthese 61 (1984), 423–446; D. Malament, A Modest Remark About R., Rotation, and General Relativity, Philos. Sci. 52 (1985), 615–620; N. Milkov/V. Peckhaus (eds.), The Berlin Group and the Philosophy of Logical Empiricism, Dordrecht etc. 2013 (Boston Stud. Philos. Sci. 273); M. Murzi, R., Enc. Ph. VIII (²2006), 318–322; E. Nagel, Probability and the Theory of Knowledge, Philos. Sci. 6 (1939), 212–253; G. Neubauer, Das Wahrscheinlichkeitsproblem in der Philosophie H. R.s, Bad Honnef 1982; M. B. de Oliveira, The Problem of Induction. A New Approach, Brit. J. Philos. Sci. 36 (1985), 129–145; H. Poser/L. Danneberg (eds.), H. R., Philosophie im Umkreis der Physik, Berlin 1998; H. Putnam, The Refutation of Conventionalism, in: ders., Philosophical Papers II (Mind, Language and Reality), Cambridge/London/New York 1975, 1997, 153–191; T. A. Ryckman, Two Roads from Kant. Cassirer, R., and General Relativity, in: P. Parrini/W. C. Salmon/M. H. Salmon, Logical Empiricism. Historical and Contemporary Perspectives, Pittsburgh Pa. 2003, 159–193; W. C. Salmon, The Foundations of Scientific Inference, in: R. G. Colodny (ed.), Mind and Cosmos. Essays in Contemporary Science and Philosophy, Pittsburgh Pa. 1966 (repr. Lanham Md./New York/ London 1983), 135–275; ders., The Philosophical Significance of the One-Way Speed of Light, Noûs 11 (1977), 253–292; ders. (ed.), H. R.. Logical Empiricist, Dordrecht/Boston Mass./London 1979; ders., Probabilistic Causality, Pac. Philos. Quart. 61 (1980), 50–74; ders., R., REP VIII (1998), 167–171; ders./G. Wolters (eds.), Logic, Language, and the Structure of Scientific Theories. Proc. of the Carnap-R. Centennial, University of Konstanz, 21–24 May 1991, Pittsburgh Pa./Konstanz 1994; E. Sober, Common Cause Explanation, Philos. Sci. 51 (1984), 212–241; ders., The Principle of the Common Cause, in: J. H. Fetzer (ed.), Probability and Causality. Essays in Honor of Wesley C. Salmon, Dordrecht etc. 1988, 211–228; ders./M. Barrett, Conjunctive Forks and Temporally Asymmetric Inference, Australas. J. Philos. 70 (1992), 1–23; W. Spohn (ed.), Erkenntnis Orientated. A Centennial Volume for R. Carnap and H. R., Dordrecht/Boston Mass./London 1991 (Erkenntnis 35); R. Stadler, Studien zum Wiener Kreis. Ursprung, Entwicklung und Wirkung des logischen Empirismus im Kontext, Frankfurt 1997 (engl. The Vienna Circle. Studies in the Origins, Development, and Influence of Logical Empiricism, Wien 2001); J. Torgerson, R. and Smart on Temporal Discourse, Philos. Res. Arch. 14 (1988/1989), 381–394; R. Torretti, Do Conjunctive Forks Always Point to a Common Cause?, Brit. J. Philos. Sci. 38 (1987), 384–387; S. Traiger, The H. R. Correspondence. An Overview, Philos. Res. Arch. 10 (1985), 501–510; J. Van Cleve, Probability and Certainty. A Reexamination of the Lewis-R. Debate, Philos. Stud. 32 (1977), 323–334; D. Zittlau, Die Philosophie von H. R., München 1981. – R., in: B. Jahn, Biographische Enzyklopädie deutschsprachiger Philosophen, München 2001, 337–338. – Sonderheft: Synthese 181 (2011), H. 1 (H. R., Istanbul, and »Experience and Prediction«).   M. C.

Reid, Thomas, *Strachan (Kincardineshire) 26. April 1710, †Glasgow 7. Okt. 1796, schott. Philosoph, Begründer der ↑Schottischen Schule und der Philosophie des ↑common sense. Nach theologischem Studium (1726–1731) und Tätigkeit als Geistlicher in der presbyterianischen Kirche (1751–1763) Prof. der Philosophie am King's College in Aberdeen, ab 1764 Prof. für Moralphilosophie in Glasgow (als Nachfolger von A. Smith). – In der Tradition des englischen ↑Empirismus wendet sich R. gegen den ↑Idealismus G. Berkeleys, durch den er ursprünglich beeinflußt war, und gegen den ↑Skeptizismus D. Humes. Er übernimmt in seiner ›Ideenlehre‹ erkenntnistheoretische Elemente der zeitgenössischen Methodologie empirischer Wissenschaften, vor allem der Methodologie I. Newtons, und argumentiert für eine zuverlässige empirische Basis z. B. im Zusammenhang mit dem Kausalitätsprinzip (↑Kausalität). Newtons methodologische Bemerkungen sucht R. in die Form einer Theorie induktiver Methoden (↑Induktion, ↑Induktivismus) zu bringen, womit er in seiner Kritik an Hume den entgegengesetzten Weg wie I. Kant einschlägt. Gegen herkömmliche ↑Abbildtheorien und die skeptische Wende in der Erkenntnistheorie weist R. (beeinflußt durch seinen Lehrer G. Turnbull) auf den sprachlich vermittelten Charakter des Wissens hin. In dieser Form betrifft das common-sense-Argument in erster Linie die in der Sprache semantisch repräsentierte Sicherheit eines alltäglichen Handlungs- und Orientierungswissens, kein ↑Wahrheitskriterium im bisherigen erkenntnistheoretischen Sinne.

Mit R. nimmt der klassische Empirismus eine sprachphilosophisch bestimmte und an einer Theorie induktiver Argumente orientierte Wendung. Gegen Berkeleys haptische Begründung der Geometrie (An Essay Towards a New Theory of Vision, Dublin 1709) entwickelt R., ohne Zusammenhang mit den mathematischen Entwicklungen seiner Zeit, das Modell einer doppelt elliptischen (nicht-euklidischen) Geometrie (The Geometry of Visibles, in: An Inquiry into the Human Mind [...], Dublin 1764, 138–152).

Werke: The Works with an Account of His Life and Writings, I–IV, ed. D. Stewart, Charlestown Mass. 1813–1815, in 3 Bdn., New York 1822; The Works of T. R., ed. W. Hamilton, Edinburgh, London 1846, I–II, ⁶1863 (repr. Bristol 1994, 1999), ⁷1872, ⁸1895 (repr. unter dem Titel: Philosophical Works, I–II, Hildesheim 1967, in einem Bd. 1983); The Edinburgh Edition of T. R., ed. K. Haakonssen, Edinburgh, University Park Pa. 1995ff. (erschienen Bde I–IX). – An Inquiry Into the Human Mind, on the Principles of Common Sense, Edinburgh 1764 (franz. Recherches sur l'entendement humain, d'après les principes du sens commun, I–II, Amsterdam 1768), ³1769 (repr. Charlottesville Va. 1986) (dt. Untersuchung über den menschlichen Geist, nach den Grundsätzen des gemeinen Menschenverstandes, Leipzig 1782, ed. H. P. Schütt, Heidelberg 1994 [repr. Bristol 2000]), ⁴1785 (repr. Bristol 1990), ⁷1814, London 1818 (repr. New York/Cambridge 2012), ed. T. Duggan, Chicago Ill./London 1970, ferner als: The Edinburgh Edition [s.o.] II; Essays on the Intellectual Powers of Man, Edinburgh 1785 (repr. Cambridge 2011), unter dem Titel: Essays on the Powers of the Human Mind, I–II, Edinburgh 1803, unter urprünglichem Titel als: The Edinburgh Edition [s.o.] III (franz. Philosophie de T. R. I [Essais sur les facultés intellectuelles de l'homme], Paris/Lyon 1844, Paris 2007); Essays on the Active Powers of Man, Edinburgh 1788 (repr. New York 1977), unter dem Titel: Essays on the Powers of the Human Mind III, Edinburgh 1803, unter dem Titel: Essays on the Active Powers of the Human Mind, ed. B. A. Brody, Cambridge Mass./London 1969, unter ursprünglichem Titel als: The Edinburgh Edition [s.o.] VII (franz. Philosophie de T. R. II [Essais sur les facultés actives de l'homme], Paris/Lyon 1846, unter dem Titel: Essais sur les pouvoirs actifs de l'homme, Paris 2009); Philosophical Orations. Delivered at Graduation Ceremonies in King's College, Aberdeen 1753, 1756, 1759, 1762 [lat.], ed. W. R. Humphries, Aberdeen 1937 (engl. The Philosophical Orations [...], ed. D. D. Todd, Carbondale Ill./Edwardsville Ill. 1989); Lectures on the Fine Arts, ed. P. Kivy, The Hague 1973; Lectures on Natural Theology (1780), ed. E. H. Duncan, Washington D. C. 1981; Inquiry and Essays, ed. R. E. Beanblossom/K. Lehrer, Indianapolis Ind. 1983, ⁶1997; Practical Ethics. Being Lectures and Papers on Natural Religion, Self-Government, Natural Jurisprudence, and the Law of Nations, ed. K. Haakonssen, Princeton N. J. 1990, unter dem Titel: T. R. on Practical Ethics. Lectures and Papers [...], Edinburgh, University Park Pa. 2007 (= The Edinburgh Edition VI); »Georgica animi«: A Compendium of T. R.'s Lectures on the Culture of the Mind, ed. C. Stewart-Robertson, Riv. crit. stor. fi-

los. 45 (1990), 113–156; T. R. on the Animate Creation. Papers Relating to the Life Sciences, ed. P. Wood, Edinburgh, University Park Pa. 1995, 1996 (= The Edinburgh Edition I); An Essay by T. R. on the Conception of Power, ed. J. Haldane, Philos. Quart. 51 (2001), 3–12, unter dem Titel: Of Power, in: J. Haldane (ed.), The Philosophy of T. R. [s.u., Lit.], 14–23; T. R. on Logic, Rhetoric and the Fine Arts. Papers on the Culture of the Mind, ed. A. Broadie, Edinburgh, University Park Pa. 2004, 2005 (= The Edinburgh Edition V); Selected Philosophical Writings, ed. G. B. Grandi, Exeter/Charlottesville Va. 2012. – Unpublished Letters to Lord Kames, 1762–1782, ed. I. Ross, Texas Stud. Lit. and Language 7 (1965), 17–65; The Correspondence of T. R., ed. P. Wood, Edinburgh, University Park Pa. 2002 (= The Edinburgh Edition IV).

Literatur: W. P. Alston, T. R. on Epistemic Principles, Hist. Philos. Quart. 2 (1985), 435–452; S. Barker/T. Beauchamp (eds.), T. R.. Critical Interpretations, Philadelphia Pa. 1976; A. Benz, Die Moralphilosophie von T. R. zwischen Tradition und Innovation, Bern/Stuttgart/Wien 2000; W. Breidert, Die nichteuklidische Geometrie bei T. R., Sudh. Arch. 58 (1974), 235–253; R. Callergård, An Essay on T. R.'s Philosophy of Science, Stockholm 2006; M. Chastaing, R., la philosophie du sens commun et le problème de la connaissance d'autrui, Rev. philos. France étrang. 144 (1954), 352–399; R. Copenhaver, T. R.'s Theory of Memory, Hist. Philos. Quart. 23 (2006), 171–189; dies., R. on Memory and Personal Identity, SEP 2009, rev. 2014; dies./T. Buras (eds.), T. R. on Mind, Knowledge, and Value, Oxford 2015; P. D. Cummins, R.'s Realism, J. Hist. Philos. 12 (1974), 317–340; T. Cuneo, R.ian Moral Perception, Can. J. Philos. 33 (2003), 229–258; ders., Signs of Value. R. on the Evidential Role of Feelings in Moral Judgement, Brit. J. Hist. Philos. 14 (2006), 69–91; ders., A Puzzle Regarding R.'s Theory of Motives, Brit. J. Hist. Philos. 19 (2011), 963–981; ders., R.'s Ethics, SEP 2011; ders./R. van Woudenberg (eds.), The Cambridge Companion to T. R., Cambridge etc. 2004, 2006 (mit Bibliographie, 342–360); M. T. Dalgarno/E. Matthews (eds.), The Philosophy of T. R., Dordrecht/Boston Mass./London 1989; N. Daniels, T. R.'s Discovery of a Non-Euclidean Geometry, Philos. Sci. 39 (1972), 219–234; ders., T. R.'s »Inquiry«. The Geometry of Visibles and the Case for Realism, New York 1974, Stanford Calif. 1989; W. C. Davis, T. R.'s Ethics. Moral Epistemology on Legal Foundations, London/New York 2006; P. De Bary, T. R. and Scepticism. His Reliabilist Response, London/New York 2002; P. J. Diamond, Common Sense and Improvement. R. as Social Theorist, Frankfurt etc. 1998; W. Ellos, T. R.'s Newtonian Realism, Washington D. C. 1981; M. J. Ferreira, Scepticism and Reasonable Doubt. The British Naturalist Tradition in Wilkens, Hume, R. and Newman, Oxford 1986, 62–144; A. C. Fraser, T. R., Edinburgh/London 1898 (repr. Bristol 1993); R. D. Gallie, T. R. and »The Way of Ideas«, Dordrecht/Boston Mass./London 1989; ders., R.. Conception, Representation and Innate Ideas, Hume Stud. 23 (1997), 315–335; ders., Ethics, Aesthetics and the Anatomy of the Self, Dordrecht/Boston Mass./London 1998; ders., R., REP VIII (1998), 171–180; G. B. Grandi, T. R.'s Geometry of Visibles and the Parallel Postulate, Stud. Hist. Philos. Sci. Part A 36 (2005), 79–103; S. A. Grave, The Scottish Philosophy of Common Sense, Oxford 1960 (repr. Westport Conn. 1973, 1977); K. Haakonssen, R., in: J. W. Yolton/J. V. Price/J. Stephens (eds.), The Dictionary of Eighteenth-Century British Philosophers II, Bristol 1999, 739–748; J. Haldane/S. Read (eds.), The Philosophy of T. R., Philos. Quart. 52 (2002), 433–662, erw. mit Untertitel: A Collection of Essays, Malden Mass. etc. 2003; J. G. Hanink, T. R. and Common Sense Foundationalism, New Scholasticism 60 (1986), 91–115; M. Hatcher, R.'s Third Argument for Moral Liberty, Brit. J. Hist. Philos. 21 (2013), 688–710; P. Hoffman, T. R.'s Notion of Exertion, J. Hist. Philos. 44 (2006), 431–447; J. Houston (ed.), T. R.. Context, Influence and Significance, Edinburgh 2004; H. Jensen, R. and Wittgenstein on Philosophy and Language, Philos. Stud. 36 (1979), 359–376; O. M. Jones, Empiricism and Intuitionism in R.'s Common Sense Philosophy, Princeton N. J. 1927; M. Kuehn, R.'s Contribution to ›Hume's Problem‹, in: P. Jones (ed.), The ›Science of Man‹ in the Scottish Enlightenment. Hume, R. and Their Contemporaries, Edinburgh 1989, 124–148; S. K. Land, The Philosophy of Language in Britain. Major Theories from Hobbes to T. R., New York 1986, 193–235 (Chap. 5 Harris and R.: Rationalism and Common Sense); L. L. Laudan, T. R. and the Newtonian Turn of British Methodological Thought, in: R. E. Butts/J. W. Davis (eds.), The Methodological Heritage of Newton, Oxford 1970, 103–131; K. Lehrer, T. R., London/New York 1989, 2002 (mit Bibliographie, 296–302); E. Lobkowicz, Common Sense und Skeptizismus. Studien zur Philosophie von T. R. und David Hume, Weinheim 1986; M. Malherbe, R. et la possibilité d'une philosophie du sens commun, Rev. mét. mor. 96 (1991), 551–571; J. Manns, R. and His French Disciples. Aesthetics and Metaphysics, Leiden/New York/Köln 1994; L. Marcil-Lacoste, Claude Buffier and T. R.. Two Common-Sense Philosophers, Kingston Ont./Montreal 1982; D. McDermid, T. R. on Moral Liberty and Common Sense, Brit. J. Hist. Philos. 7 (1999), 275–303; R. Nichols, T. R.'s Theory of Perception, Oxford, New York 2007, 2010; ders./G. Yaffe, R., SEP 2000, rev. 2014; R. Olson, Scottish Philosophy and British Physics 1750–1880. A Study in the Foundations of the Victorian Scientific Style, Princeton N. J. 1975, 71–88 (Mathematical Concepts as Abstractions from Experience: R. and Stewart); S. Roeser (ed.), R. on Ethics, Basingstoke/New York 2010; W. L. Rowe, T. R. on Freedom and Morality, Ithaca N. Y./London 1991; P. Rysiew (ed.), New Essays on T. R., Abingdon 2014 (Canadian J. Philos. Suppl. 41), Nachdr. London/New York 2015; J. B. Schneewind, The Invention of Autonomy. A History of Modern Moral Philosophy, Cambridge/New York/Melbourne 1998, bes. 395–403; K. Schuhmann/B. Smith, Elements of Speech Act Theory in the Work of T. R., Hist. Philos. Quart. 7 (1990), 47–66; D. Schulthess, Philosophie et sens commun chez T. R., Bern etc. 1983; M. F. Sciacca, La filosofia di Tommaso R., Neapel/Città di Castello 1935, Mailand ³1965; S. Siebert, R., BBKL VII (1994), 1507–1511; J.-C. Smith, Companion to the Works of Philosopher T. R. (1710–1795), Lewiston N. Y./Queenston/Lampeter 2000; J. Van Cleve, R. on the First Principles of Contingent Truths, R. Stud. 3 (1999), 3–30; ders., T. R.'s Geometry of Visibles, Philos. Rev. 111 (2002), 373–416; ders., R., Enc. Ph. VIII (²2006), 322–330; N. Wolterstorff, T. R. and the Story of Epistemology, Cambridge etc. 2001, 2006; P. Wood, T. R. and the Common Sense School, in: A. Garrett/J. A. Harris (eds.), Scottish Philosophy in the Eighteenth Century I (Morals, Politics, Art, Religion), Oxford 2015, 404–452; G. Yaffe, Manifest Activity. T. R.'s Theory of Action, Oxford etc. 2004, 2007. – Sonderhefte: The Monist 61 (1978), H. 2 (The Philosophy of T. R.) (mit Bibliographie, 340–344); The Monist 70 (1987), H. 4 (T. R. and His Contemporaries); Amer. Catholic Philos. Quart. 74 (2000), H. 3; J. Scottish Philos. 3 (2005); J. Scottish Philos. 6 (2008).   J. M.

Reihe (engl. series), in der mathematischen ↑Analysis Bezeichnung für ein Paar $\langle x_*, s_* \rangle$ von Folgen (↑Folge (mathematisch)) eines normierten Vektorraums, so daß für jedes $n \geq 0$ gilt: $x_0 + \ldots + x_n = s_n$. Dabei heißt x_* die Folge der *Summanden*, s_* die Folge der *Partialsummen* der R..

Die R. heißt *konvergent*, wenn s_* als Folge konvergiert (↑konvergent/Konvergenz), der ↑Grenzwert von s_* heißt dann auch *Summe* der R., notiert als

$$\sum_{n=0}^{\infty} x_n;$$

ansonsten heißt die R. divergent (↑divergent/Divergenz). In unpräziser Redeweise bezeichnet man häufig den *Ausdruck*

$$\sum_{n=0}^{\infty} x_n$$

als R. und meint bei Verwendung des Gleichheitszeichens in einer Formel wie

$$\sum_{n=0}^{\infty} x_n = s,$$

daß

$$\sum_{n=0}^{\infty} x_n$$

konvergiert und den Grenzwert s hat. R.n spielen an vielen Stellen eine fundamentale Rolle, so z. B. als Potenzreihen zur Definition analytischer Funktionen (wie der Exponentialfunktion e^x) oder als Fourier-R.n in der harmonischen Analyse.

Bis zum Ende des 19. Jhs. (z. B. durchweg in den mengentheoretischen Abhandlungen G. Cantors) bedeutete ›R.‹ soviel wie heute ›Folge‹ (lat. progressio, später series); eine R.e im heutigen Sinne wurde also mit ihrer Summandenfolge identifiziert. Die umgangssprachliche und außermathematische, teilweise auch manche mathematische Terminologie entspricht dem immer noch. Z. B. spricht man von einer ›R.‹ oder ›Serie‹ von aufeinanderfolgenden Messungen, von der ›natürlichen Zahlenreihe‹ und einer ›Buchreihe‹. In der Tradition der ↑Algebra der Logik, speziell der ↑Relationenlogik, wurden auch spezielle Ordnungsrelationen als ›R.n‹ bezeichnet. So versteht z. B. die R.nlehre in Band II und III der ↑*Principia Mathematica* unter ›R.n‹ strikte konnexe ↑Ordnungen. Die ↑»Begriffsschrift« behandelt in ihren Überlegungen zur ›allgemeinen R.nlehre‹ sogar Eigenschaften beliebiger zweistelliger Relationen.

Literatur: J. Dieudonné, Foundations of Modern Analysis I, New York/London 1960 (franz. Fondements de l'analyse moderne, Paris 1964, 1979; dt. Grundzüge der modernen Analysis I, Braunschweig 1971, Berlin [Ost], Braunschweig ³1985); J. Tropfke, Geschichte der Elementar-Mathematik in systematischer Darstellung mit besonderer Berücksichtigung der Fachwörter II, Leipzig 1903, IV, Berlin/Leipzig ²1924, 3–55.   P. S.

Reimarus, Hermann Samuel, *Hamburg 22. Dez. 1694, †ebd. 1. März 1768, dt. Philosoph und Theologe der ↑Aufklärung. Nach Studium der Theologie, Philosophie und orientalischen Sprachen in Jena und Wittenberg

1719 Adjunkt (Privatdozent). 1723 Rektor der Stadt-
schule Wismar, 1728 Prof. für orientalische Sprachen am
Hamburgischen Akademischen Gymnasium. Einen Ruf
an die Universität Göttingen (1761) lehnte R. ab. – In
seiner allgemeinen philosophischen Orientierung ist R.
der ↑Popularphilosophie der Schule C. Wolffs zuzuordnen, obwohl er sich, speziell in methodologischen Fragen (z. B. Ablehnung der Übertragbarkeit der axiomatischen Methode; ↑Methode, axiomatische, ↑more geometrico), von diesem unterscheidet. Seine philosophische
Bedeutung liegt aber vor allem in einer zwar an den
englischen ↑Deismus anschließenden, aber dennoch
diesen weit überschreitenden, radikalhermeneutischen
Schriftkritik in seinem Hauptwerk »Apologie oder
Schutzschrift für die vernünftigen Verehrer Gottes«, die
ihn zum wohl bedeutendsten Religionskritiker der deutschen Aufklärung macht. R. erarbeitete im Laufe von 30
Jahren mehrere Fassungen der »Apologie«, publizierte
aus Angst vor Verfolgung durch die lutherische Orthodoxie jedoch nichts. Seine Ideen waren nur einem engen
Freundeskreis, darunter G. E. Lessing, bekannt, der, den
Verfasser anonym haltend, zwischen 1774 und 1778
sieben Fragmente veröffentlichen konnte, bevor die
Zensur einschritt. – Der vollständige Text erschien erst
1972. Lessings Publikation löste eine scharfe Kontroverse (›Fragmentenstreit‹) zwischen ihm und insbes.
dem Hamburger Hauptpastor J. M. Goeze, als Vertreter
der lutherischen Orthodoxie, aus. – R.s Schriftkritik
bedeutete einen Meilenstein in der Entwicklung der historisch-kritischen Schriftauslegung und generell einer
aufgeklärten Theologie.
Offenbarungsschriften (↑Offenbarung) wie Bibel oder
Koran werden von ihren Verfassern und den entsprechenden Orthodoxien als von Gott geoffenbart ausgegeben. Gerade dieser Anspruch wäre aber nach R. erst zu
überprüfen. Dies erfolgt dadurch, daß Offenbarungs-
texte der gleichen hermeneutischen (↑Hermeneutik)
Kritik wie andere Texte ausgesetzt werden. Dabei stellt
sich nach R. heraus, daß diese Texte unmöglich göttlichen Ursprungs sein können, da sie voller Widersprüche und sachlicher Unmöglichkeiten sind, die R. – auch
in Verbindung mit Wunderkritik – im Detail nachweist
(z. B. die biblischen Zeitangaben für den Durchzug
durch das Rote Meer). Darüber hinaus werden in der
Bibel Gestalten als vorbildlich hingestellt, deren Verhalten unmoralisch und niederträchtig ist. Gegen die in R.'
Augen völlig beliebige allegorische (auch typologische
oder mystische; ↑Allegorie) Schriftauslegung einer ›her-
meneutica sacra‹, die in den Schriften des AT eine
durchgängige weissagende Verweisstruktur auf Erfüllung durch Jesus Christus sieht, verweist er, den Intentionen der kontroversen Pentateuchübersetzung von J. L.
Schmidt folgend, darauf, daß die Autoren des AT für die
damaligen Israeliten geschrieben haben und der Schrift-

sinn sich von diesen Adressaten her bestimme, nicht von
der neutestamentlichen Auslegung, die den Adressaten
der Autoren des AT nicht bekannt gewesen sein konnte.
Die Messiasweissagungen träfen – trotz dessen Anspruch – auf Jesus nicht zu, da sie mit dem Gedanken
einer weltlichen Herrschaft des Messias wesentlich und
untrennbar verknüpft seien. Neu führt R. die heute (seit
der historisch-kritischen Leben-Jesu-Forschung) selbstverständliche Unterscheidung zwischen dem ein, was
Jesus selbst gesagt habe, d. h. seiner eigenen Lehre, und
den Worten, die ihm seine Schüler im NT zuschreiben
bzw. deren darauf basierendem Lehrsystem. Das aposto-
lische Lehrsystem mit seinem Kern der geistlichen Mes-
sianität Jesu ist nach R. eine durch Eigennutz motivierte
Reaktion auf das Scheitern weltlicher Messiaserwartun-
gen. Auf der Basis dieser radikalen Schriftkritik ist jede
Offenbarungsreligion und damit auch das Christentum
als vernunftwidrig zu verwerfen. Die Ablehnung der
Offenbarungsreligion führt nach R. jedoch nicht in den
↑Atheismus, sondern in den Deismus, den er gegen
›Freigeisterei‹ und ›Materialismus‹ vor allem der französischen Aufklärung (insbes. J. O. de La Mettrie; ↑Mate-
rialismus, französischer) verteidigt.
Hinter den historischen Formen der Religion verbirgt
sich für R. eine natürliche Religion (↑Religion, natürliche), deren Grundlagen und moralische Postulate allein
mit den Mitteln der Vernunft erkennbar sind. Die Vernunft selbst ist für ihn eine von der Natur mit Regeln
ausgestattete Kraft (anders als bei Wolff, wo sie lediglich
eine Disposition darstellt, gegebenen Regeln zu folgen).
R. gilt als der bedeutendste Systematiker dieser sich in
ihrer Spätphase befindenden Konzeption. Er vertritt
eine physikotheologische (↑Physikotheologie) Natur-
konzeption, die in der Zweckhaftigkeit der Natur die
Schöpfungsabsicht Gottes realisiert sieht. Entsprechend
lassen sich die Eigenschaften Gottes aus der Natur erschließen. Die Existenz Gottes wiederum beweist R.
nicht physikotheologisch, sondern mit einem aposteriorischen, kosmologischen Argument (↑Gottesbeweis),
demzufolge das faktische Dasein des Endlichen, Abhängigen, Veränderlichen, Bedingten und Zufälligen auf ein
unendliches, unabhängiges, unveränderliches, unbedingtes und notwendiges Wesen verweist: Gott.
Im Kontext einer natürlichen Religion sind auch R.' sich
vor dem Hintergrund einer grundsätzlich auf Lebewesen
angelegten teleologischen Schöpfungsordnung (↑Teleo-
logie) teilweise ethologisch verselbständigenden Untersuchungen »Über die Triebe der Tiere« (1760) zu sehen.
R. unterscheidet (1) mit unwillkürlichen physiologischen Funktionen (wie Herzschlag, Atmung) verbundene ›mechanische‹ Triebe von (2) kognitiven ›Vorstel-
lungstrieben‹ und (3) ›willkürlichen‹ Trieben als auf
↑Lust oder Unlust beruhenden Handlungsmotivationen.
Unter den willkürlichen Trieben unterscheidet er zwi-

schen dem universalen Grundtrieb der ›Selbstliebe‹ und den auf Empfindungen beruhenden ›Affekttrieben‹. ›Kunsttriebe‹ sind alle diejenigen angeborenen Verhaltensweisen, die im Sinne eines Mittels zum Zwecke der Selbst- und Verwandtenerhaltung (›Geschlecht‹ im genealogischen Sinn) beitragen. R.' Klassifikation der Kunsttriebe in 10 Klassen und 57 Unterklassen wurde von der französischen ↑Enzyklopädie (Art. *instinct*) übernommen. Obwohl sich R.' Untersuchungen nur auf Literaturstudien, nicht auf eigene Beobachtungen stützen, gilt er vielfach als Begründer der Tierpsychologie und Ethologie.

Werke: Die vornehmsten Wahrheiten der natürlichen Religion, Hamburg 1754, ²1755, ³1766 (repr. in 2 Bdn, ed. G. Gawlik, Göttingen 1985 [mit Varianten der 1. und 2. Aufl.]), ⁴1772, ed. J. A. H. Reimarus, ⁵1781, Tübingen 1782, Hamburg ⁶1791 (niederl. De voornaamste waarheden van den natuurlyken godsdienst, Leiden 1758, ²1765; engl. The Principal Truths of Natural Religion Defended and Illustrated [...], London 1766); Die Vernunftlehre, als eine Anweisung zum richtigen Gebrauche der Vernunft in der Erkenntniß der Wahrheit, aus zwoen ganz natürlichen Regeln der Einstimmung und des Widerspruchs hergeleitet, Hamburg 1756 (repr. unter dem Titel: Vernunftlehre I, ed. F. Lötzsch, München 1979 [mit fortlaufenden Hinweisen auf die Parallelen der 3. Aufl.]), ²1758, ³1766 (repr. unter dem Titel: Vernunftlehre II, ed. F. Lötzsch, München 1979 [mit fortlaufenden Hinweisen auf die Parallelen der 2. und 4. Aufl.]), ed. J. A. H. Reimarus, ⁴1782, ⁵1790; Allgemeine Betrachtungen über die Triebe der Thiere, hauptsächlich über ihre Kunsttriebe. Zum Erkenntniß des Zusammenhanges der Welt, des Schöpfers und unser selbst, Hamburg 1760, ²1762 (repr. in 2 Bdn., ed. J. v. Kempski, Göttingen 1982 [mit Geleitwort v. E. Mayr, I, 9–18]), ed. J. A. H. Reimarus, ³1773, Wien 1790, Hamburg ⁴1798; Vorrede zur Schutzschrift für die vernünftigen Verehrer Gottes. Faksimile [der Handschrift], ed. H. Sierig, Göttingen 1967 [mit Einl., 9–34]; Apologie oder Schutzschrift für die vernünftigen Verehrer Gottes, I–II, ed. G. Alexander, Frankfurt 1972; Fragmente eines Ungenannten, in: G. E. Lessing, Werke VII, ed. H. G. Göpfert, bearb. v. H. Göbel, München 1976, 313–604, 865–918, ferner in: ders., Werke und Briefe in zwölf Bänden, VIII–IX, ed. A. Schilson, Frankfurt 1989/1993, VIII, 173–350, 841–874, 886–959, IX, 217–340, 964–1014 (ital. I frammenti dell'anonimo di Wolfenbüttel, ed. F. Parente, Neapel 1977); Vindicatio dictorum Veteris Testamenti in Novo allegatorum 1731. Text der Pars I und Conspectus der Pars II, ed. P. Stemmer, Göttingen 1983; Kleine gelehrte Schriften. Vorstufen zur Apologie oder Schutzschrift für die vernünftigen Verehrer Gottes, ed. W. Schmidt-Biggemann, Göttingen 1994. – W. Schmidt-Biggemann, H. S. R.. Handschriftenverzeichnis und Bibliographie, Göttingen 1979.

Literatur: C. Bultmann, R., in: B. Jahn, Biographische Enzyklopädie deutschsprachiger Philosophen, München 2001, 339; D. Fleischer, R., NDB XXI (2003), 337–338; U. Groetsch, H. S. R. (1694–1768). Classicist, Hebraist, Enlightenment Radical in Disguise, Leiden/Boston Mass. 2015; J. Jaynes/W. Woodward, In the Shadow of the Enlingthenment, I–II (I R. against the Epicureans, II R. and His Theory of Drives), J. Hist. Behavioral Sci. 10 (1974), 3–15, 144–159; D. Klein, H. S. R. (1694–1768). Das Theologische Werk, Tübingen 2009; M. Loeser, Die Kritik des H. S. R. am Alten Testament. Ein Beitrag zur Geschichte des Rationalismus in Deutschland, Diss. Berlin 1941; F. Lötzsch, Was ist ›Ökologie‹?

H. S. R.. Ein Beitrag zur Geistesgeschichte des 18. Jahrhunderts, Köln/Wien 1987; A. C. Lundsteen, H. S. R. und die Anfänge der Leben-Jesu-Forschung, Kopenhagen 1939; M. Mulsow (ed.), Between Philology and Radical Enlightenment. H. S. R. (1694–1768), Leiden/Boston Mass. 2011; H. Schultze, R., TRE XXVIII (1997), 470–473; A. Spalding, Der Fragmenten-Streit und seine Nachlese im Hamburger R.-Kreis, in: M. Mulsow/G. Naschert (eds.), Radikale Spätaufklärung in Deutschland. Einzelschicksale, Konstellationen, Netzwerke, Hamburg 2012 (Aufklärung XXIV), 11–28; P. Stemmer, Weissagung und Kritik. Eine Studie zur Hermeneutik bei H. S. R., Göttingen 1983; D. F. Strauß, H. S. R. und seine Schutzschrift für die vernünftigen Verehrer Gottes, Leipzig 1862 (repr. Hildesheim/Zürich/New York 1991), Bonn ²1877; W. Walter (ed.), H. S. R. 1694–1768. Beiträge zur R.-Renaissance in der Gegenwart, Göttingen 1998; ders./L. Borinski (eds.), Logik im Zeitalter der Aufklärung. Studien zur »Vernunftlehre« von H. S. R., Göttingen 1980. – H. S. R. (1694–1768), ein ›bekannter Unbekannter‹ der Aufklärung in Hamburg. Vorträge gehalten auf der Tagung der Joachim Jungius-Gesellschaft der Wissenschaften Hamburg am 12. und 13. Oktober 1972, Göttingen 1973.　G. W.

Reinhold, Christian Gottlieb Ernst Jens, *Jena 11. Nov. 1793, †Jena 17. Sept. 1855, dt. Philosoph, Sohn des Jenaer Philosophen Karl Leonhard Reinhold. Studium an der Universität Kiel, 1819 philosophische Promotion, 1819 Privatdozent für Philosophie an der Universität Jena und Lehrer, 1820 Subrektor am Kieler Gymnasium, 1822 Privatdozent für Philosophie an der Universität Kiel, 1824 ord. Prof. der Logik und Metaphysik an der Universität Jena als direkter Nachfolger von J. F. Fries, 1835 Geheimer Hofrat von Sachsen-Weimar. R. wirkte mehrfach als Dekan der Philosophischen Fakultät und als Prorektor der Universität Jena.

R. war von I. Kant beeinflußt, setzte sich aber in der Erkenntnistheorie von diesem ab, indem er die kritische Methode durch eine »allgemeine Bildungsgeschichte des Bewußtseyns« erweiterte (Theorie des menschlichen Erkenntnißvermögens und Metaphysik I, 1832, 35). Ein Schwerpunkt seiner philosophischen Arbeiten lag in der Logik, verstanden als allgemeine Denkformenlehre. R. unterschied die Tätigkeit des reinen Denkvermögens von der Tätigkeit des sprachlichen Vorstellungsvermögens und betrachtete Begriffe, Urteile und Schlüsse als sprachliche Denkformen. In der philosophischen Systematik ergab sich daraus ein Vorrang der ↑Erkenntnistheorie vor der ↑Logik und der ↑Metaphysik. In der Metaphysik vertrat R. einen spekulativen ↑Theismus. Seinen Standpunkt bezeichnete er selbst als ›kritisch-dogmatischen Ideal-Realismus‹ (System der Metaphysik, ²1842, VII). In In seinen philosophiehistorischen Arbeiten strebte R. eine allgemeine Geschichte der Philosophie an, d. h. »eine chronologische und pragmatische Darstellung aller bedeutenden Momente der Entwicklung« in historisch- und philosophisch-kritischer Darstellung (Handbuch der allgemeinen Geschichte der Philosophie für alle wissenschaftlich Gebildete I, 1828, XIX).

Werke: Versuch einer Begründung und neuen Darstellung der logischen Formen, Leipzig 1819; Grundzüge eines Systems der Erkenntnisslehre und Denklehre, Schleswig 1822; Karl Leonhard Reinhold's Leben und litterarisches Wirken, nebst einer Auswahl von Briefen Kant's, Fichte's, Jacobi's und andrer philosophirender Zeitgenossen an ihn. Mit dem Bildnisse Karl Leohnard Reinhold's, Jena 1825; Beitrag zur Erläuterung der Pythagorischen Metaphysik. Nebst einer Beurtheilung der Hauptpuncte in Herrn Professor Heinrich Ritter's Geschichte der Pythagorischen Philosophie, Jena 1827; Die Logik oder die allgemeine Denkformenlehre, Jena 1827; Handbuch der allgemeinen Geschichte der Philosophie für alle wissenschaftlich Gebildete, I–II/1–2, Gotha 1828/1830, in einem Bd., stark bearb. unter dem Titel: Lehrbuch der Geschichte der Philosophie, Jena 1836, ³1849, bearb. u. erw. unter dem Titel: Geschichte der Philosophie nach den Hauptmomenten ihrer Entwicklung, I–II, ³1845, ⁴1854; Theorie des menschlichen Erkenntnißvermögens und Metaphysik, I–II, Gotha/Erfurt 1832/1835; Lehrbuch der philosophisch propädeutischen Psychologie nebst den Grundzügen der formalen Logik, Jena 1835, unter dem Titel: Lehrbuch der philosophisch propädeutischen Psychologie und der formalen Logik, ²1839; Die Wissenschaften der praktischen Philosophie im Grundrisse, I–III (in 2 Bdn.), Jena 1837; Darstellung der Metaphysik, als: Theorie des menschlichen Erkenntnißvermögens und Metaphysik [s. o.] II, separat unter dem Titel: System der Metaphysik, Jena ²1842, ³1854; Das Wesen der Religion und sein Ausdruck in dem evangelischen Christenthum. Eine religionsphilosophische Abhandlung, Jena 1846.

Literatur: E. F. Apelt, E. R. und die Kantische Philosophie I (Kritik der Erkenntnißtheorie nebst einer Zuschrift an ihren Verfasser), Leipzig 1840; C. v. Prantl, R., ADB XXVIII (1889), 79. – R., in: B. Jahn, Biographische Enzyklopädie deutschsprachiger Philosophen, München 2001, 341; V. P.

Reinhold, Karl (Carl) Leonhard, *Wien 26. Okt. 1757 (nicht: 1758), †Kiel 10. April 1823, dt.-österr. Philosoph, Vertreter des ↑Kantianismus. 1772 in Wien Eintritt in das Jesuitennoviziat, 1773, nach Auflösung des Jesuitenordens, Wechsel zum Barnabitenorden. 1780 Priesterweihe und Novizenmeister mit philosophischen Lehraufgaben. 1783 wird R. (aus religionskritischer, aufklärerischer Motivation) Mitglied einer, von der Geheimgesellschaft der Illuminaten beherrschten Freimaurerloge; Ende 1783 fluchtartige Übersiedlung nach Weimar und Mitarbeit an C. M. Wielands – ebenfalls ein Illuminat – »Teutschem Merkur«, in dem R. in den folgenden 10 Jahren zahlreiche Arbeiten publiziert. 1784 Konversion zum Protestantismus, 1785 Heirat mit Wielands Tochter. Intensives Studium der Werke I. Kants, das in den zunächst im »Teutschen Merkur« publizierten und von Kant sehr geschätzten »Briefen über die Kantische Philosophie« literarischen Niederschlag findet. 1787 Prof. der Philosophie in Jena, das so zum Zentrum der Kantischen Philosophie und auch zum Ursprungsort des Deutschen Idealismus (↑Idealismus, deutscher) wird, ersteres wohl wegen deren eigenständiger, den ↑Idealismus zwar vorbereitenden, ihn letztlich aber nicht akzeptierenden, systematischen Weiterentwick-

lung durch R.. In Kant revidierender Absicht kritisiert R. den Dualismus der beiden Erkenntnisquellen ↑Anschauung bzw. ↑Sinnlichkeit und ↑Verstand bzw. ↑Denken (vgl. KrV A 15/B 29, A 835/B 863), den er in einer ursprünglichen Einheit der jedes gegenständliche Bewußtsein umfassenden und diesem systematisch vorausliegenden ›Vorstellung‹ begründen und von dort aus deduzierbar zu machen sucht.

R.s auf ein wissenschaftliches System der Philosophie zielende Konzeption legt den Gedanken einer Denken und Anschauung vorausliegenden reinen Vorstellung in einer so genannten ›Elementarphilosophie‹ aus, die sich als Vorstufe zu einer transzendentalphilosophischen (↑Transzendentalphilosophie) Grundwissenschaft verstehen läßt, und zwar nach Art von F. W. J. Schellings frühen Systementwürfen sowie insbes. der »Wissenschaftslehre« von J. G. Fichte, der sich R. 1797 vorübergehend anschließt. Fichte, der R.s Elementarphilosophie gegen die Kritik G. E. Schulzes verteidigt, wird 1794 R.s Nachfolger in Jena, der einem Ruf an die Universität Kiel folgt.

In R.s (undogmatischer) Systemphilosophie lassen sich vier Phasen unterscheiden. In der ersten Phase, der Elementarphilosophie, formuliert R. ab 1790 seine Vermittlung von Anschauung und Denken in der Vorstellung als ↑›Satz des Bewußtseins‹: »Im Bewußtsein wird die Vorstellung durch das Subjekt vom Subjekt und Objekt unterschieden und auf beide bezogen« (Beyträge zu Berichtigung bisheriger Missverständnisse der Philosophen I, 167). R.s Vorstellungskonzeption weist starke Ähnlichkeiten mit der ↑Phänomenologie E. Husserls auf, ohne daß dies von den Phänomenologen bemerkt worden wäre. Ähnlichkeiten bestehen auch mit der ↑Immanenzphilosophie. Die zweite Phase ist zunächst durch Fichte und dessen Vermittlung von theoretischer und praktischer Vernunft sowie später durch die Glaubensphilosophie F. H. Jacobis beeinflußt. Im Hintergrund steht hier – gegen Fichte – R.s sich durchhaltende aufklärerische Überzeugung von einem theoretisch nicht begründbaren Primat und Interesse der praktischen Vernunft (↑Vernunft, praktische). Die dritte Phase (›Rationaler Realismus‹) greift C. G. Bardilis Kritik am subjektivistischen, die reine Vernunft mit der Vernunft der Transzendentalphilosophen identifizierenden ›Egoismus‹ der idealistischen Identitätssysteme (↑Identitätsphilosophie) auf. R. kritisiert hier den idealistischen ↑Subjektivismus mittels der Konzeption eines nicht-subjektiven und nicht-psychologischen, realistischen Denkens im Sinne eines objektiven Gedankenreichs. In eine vierte Phase fallen die sprachphilosophischen Arbeiten R.s.

R.s in vielen Detailfragen historisch noch ungeklärtes Denken wurde lange als unbedeutende Variante des Kantianismus verkannt. Hierfür sind vor allem R.s, schon von Fichte, Schelling und G. W. F. Hegel als phi-

losophische Schwäche interpretierte häufige ›System-
wechsel‹ sowie eine an Hegel orientierte evolutionistische Lesart der ↑Philosophiegeschichte verantwortlich.
Im Rahmen des ↑Neukantianismus dürfte R.s Elementarphilosophie wegen Kants Ablehnung aller Versuche,
die Philosophie aus einem obersten Grundsatz zu entfalten (Akad.-Ausg. VIII, 441), auf Desinteresse gestoßen
sein. Erst in der philosophiehistorischen Forschung ab
den 1970er Jahren ist sein eigenständiger Beitrag zur
nachkantischen Systemphilosophie angemessen gewürdigt worden.

Werke: Gesammelte Schriften. Kommentierte Ausgabe, ed. M.
Bondelli u. a., Basel 2007ff. (erschienen Bde I, II/I, II/II, IV, V/I,
V/II, XXII). – Versuch einer neuen Theorie des menschlichen
Vorstellungsvermögens, Prag, Jena 1789 (repr. Darmstadt 1963),
²1795, ferner als: Ges. Schr. [s. o.] I (engl. Essay on a New Theory
of the Human Capacity for Representation, ed. T. Mehigan/B.
Empson, Berlin 2011); Briefe über die Kantische Philosophie, I–
II, Leipzig 1790/1792, in 1 Bd., ed. R. Schmidt, Leipzig o. J. [1923],
ferner als: Ges. Schr. [s. o.] II/1-2 (engl. Letters on the Kantian
Philosophy, ed. K. Ameriks, Cambridge 2005); Beyträge zur Be-
richtigung bisheriger Missverständnisse der Philosophen, I–II,
Jena 1790/1794; Preisschriften über die Frage: Welche Fort-
schritte hat die Metaphysik seit Leibnizens und Wolffs Zeiten in
Deutschland gemacht? von Schwab, R. und Abicht, Berlin 1796
(repr. Darmstadt 1971); Auswahl vermischter Schriften, I–II,
Jena 1796/1797; Über die Paradoxien der neuesten Philosophie,
Hamburg 1799; Sendschreiben an J. C. Lavater und J. G. Fichte
über den Glauben an Gott, Hamburg 1799, Neudr. in: J. G. Fichte,
Gesamtausg. III/3, ed. R. Lauth/H. Gliwitzky, Stuttgart-Bad
Cannstatt 1972, 307–320; Anleitung zur Kenntniß und Beurtheilung der Philosophie in ihren sämmtlichen Lehrgebäuden.
Ein Lehrbuch für Vorlesungen und Handbuch für eigenes Studium, Wien 1805; Rüge einer merkwürdigen Sprachverwirrung
unter den Weltweisen, Weimar 1809; Grundlegung einer Syn-
onymik für den allgemeinen Sprachgebrauch in den philosophischen Wissenschaften, Kiel 1812; Das menschliche Erkenntnißvermögen aus dem Gesichtspunkte des durch die Wortsprache
vermittelten Zusammenhangs zwischen der Sittlichkeit und dem
Denkvermögen [...], Kiel 1816; Die alte Frage: Was ist Wahrheit?
Bey den erneuerten Streitigkeiten über die göttliche Offenbarung
und die menschliche Vernunft [...], Altona 1820; Schriften zur
Religionskritik und Aufklärung 1782–1784, ed. Z. Batscha, Bre-
men/Wolfenbüttel 1977; Über das Fundament des philosophischen Wissens – Über die Möglichkeit der Philosophie als
strenge Wissenschaft, ed. W. H. Schrader, Hamburg 1978, unter
dem Titel: Über das Fundament des philosophischen Wissens
nebst einigen Erläuterungen über die Theorie des Vorstellungsvermögens, als: Ges. Schr. [s. o.] IV; Transzendentalphilosophie
und Spekulation. Der Streit um die Gestalt einer Ersten Philosophie (1799–1807). Quellenband, ed. W. Jaeschke, Hamburg
1993 (enthält zahlreiche Texte R.s). – C. G. Bardilis und C. L. R.s
Briefwechsel über das Wesen der Philosophie und das Unwesen
der Spekulation, ed. C. L. R., München 1804; Aus Jens Baggesens
Briefwechsel mit K. L. R. und Friedrich Heinrich Jacobi, I–II, ed.
K. Baggesen/A. Baggesen, Leipzig 1831; Korrespondenzausgabe,
ed. R. Lauth/K. Hiller/W. Schrader, ab Bd. II ed. F. Fabbianelli/K.
Hiller/I. Radrizzani, Stuttgart-Bad Cannstatt 1983ff. (erschienen
Bde I–IV). – A. v. Schönborn, K. L. R.. Eine annotierte Biblio-
graphie, Stuttgart-Bad Cannstatt 1991.

Literatur: F. M. Barnard, R., Enc. Ph. VII (1967), 124–125, VIII
(²2006), 333–335; M. Bondeli, Das Anfangsproblem bei K. L. R..
Eine systematische und entwicklungsgeschichtliche Untersuchung zur Philosophie R.s in der Zeit von 1789 bis 1803,
Frankfurt 1995; ders., R., in: H. Holzhey/V. Mudroch (eds.),
Grundriss der Geschichte der Philosophie. Die Philosophie des
18. Jahrhunderts V/2 (Heiliges Römisches Reich Deutscher Nation, Schweiz, Nord- und Osteuropa), Basel 2014, 1152–1173;
ders./W. H. Schrader (eds.), Die Philosophie K. L. R.s, Amsterdam etc. 2003; ders./A. Lazzari (eds.), Philosophie ohne Bey-
namen. System, Freiheit und Geschichte im Denken K. L. R.s,
Basel 2004; D. Breazeale, R., SEP 2003, rev. 2014; E. Coreth, Zur
Elementarphilosophie K. L. R.s, Z. kath. Theol. 107 (1985), 259–
270; J. E. Erdmann, Grundriss der Geschichte der Philosophie II
(Philosophie der Neuzeit), Berlin 1866, ⁴1896 (repr. Eschborn
1992), bes. 397–415; G. W. Fuchs, K. L. R. – Illuminat und Philosoph. Eine Studie über den Zusammenhang seines Engagements
als Freimaurer und Illuminat mit seinem Leben und philosophischen Wirken, Frankfurt 1994; D. Henrich, Die Erschließung
eines Denkraums. Bericht über ein Forschungsprogramm zur
Entstehung der klassischen deutschen Philosophie nach Kant in
Jena 1789–1795, in: ders., Konstellationen. Probleme und Debatten am Ursprung der idealistischen Philosophie (1789–1795),
Stuttgart 1991, 215–263; R. P. Horstmann, Maimon's Criticism of
R.'s »Satz des Bewusstseins«, in: L. W. Beck (ed.), Proceedings of
the Third International Kant Congress. Held at the University of
Rochester, March 30 – April 4, 1970, Dordrecht 1972, 330–338;
A. P. König, Denkformen in der Erkenntnis. Die Urteilstafel bei
Immanuel Kant und K. L. R., Bonn 1980; R. Lauth (ed.), Phi-
losophie aus einem Prinzip: K. L. R.. Sieben Beiträge nebst einem
Briefkatalog aus Anlaß seines 150. Todestages, Bonn 1974; ders.,
Nouvelles recherces sur R. et l'Aufklärung, Arch. philos. 42
(1979), 593–629; A. Lazzari, K. L. R., in: B. Lutz (ed.), Metzler
Philosophen Lexikon. Von den Vorsokratikern bis zu den Neuen
Philosophen, Stuttgart/Weimar ³2003, 597–599; A. Pupi, La for-
mazione della filosofia di K. L. R. (1784–1794), Mailand 1966; E.
Reinhold, K. L. R.'s Leben und literarisches Wirken nebst einer
Auswahl von Briefen Kant's, Fichte's und Jacobi's an ihn, Jena
1825; H. Schröpfer, K. L. R. Sein Wirken für das allgemeine
Verständnis der »Hauptresultate« und der »Organisation des
Kantischen Systems«, in: N. Hinske/E. Lange/ders. (eds.), Der
Aufbruch in den Kantianismus. Der Frühkantianismus an der
Universität Jena von 1785–1800 und seine Vorgeschichte, Stutt-
gart-Bad Cannstatt 1995, 101–120.   G. W.

Reininger, Robert, *Linz 28. Sept. 1869, †Wien 17. Mai
1955, österr. Philosoph. Nach Studium 1888–1893 in
Bonn, Heidelberg und Wien, dort 1893 Promotion und
1903 Habilitation, 1913 a. o. und ab 1922 o. Prof. für
Philosophie. – R. ist Vertreter der ↑Immanenzphiloso-
phie, d. h., er geht davon aus, daß das erlebnismäßig
↑Gegebene der einzige voraussetzungslose und gewisse
Ausgangspunkt allen philosophischen Wissens darstellt.
Die Reflexion auf dieses ›Urerlebnis‹, das sich als vorgängige Einheit von Erleben und Erlebtem präsentiere,
mache ↑Metaphysik als Wissenschaft möglich. Im Den-
ken fallen Sein und Bewußtsein zusammen (↑Satz des
Bewußtseins). Erst die ↑transzendentale Reflexion dieser
Einheit führt zu differenzierenden Urteilen. Wissenschaft verfährt ausschließlich beschreibend und ist da-

her frei von Wertungen. Diese ↑Wertfreiheit gilt auch für die Ethik, insoweit diese wissenschaftlich zu sein beansprucht. Ihren wiederum absolut gewissen Ausgangspunkt bildet denn auch nicht die Existenz von Werten (↑Wert (moralisch)), sondern die Tatsache von Werterlebnissen. Der Sinn des Lebens wird nicht durch eine heteronome ›Moral‹ konstituiert, sondern durch das an Werterlebnisse anknüpfende autonome ›Ethos‹.

Werke: Kants Lehre vom inneren Sinn und seine Theorie der Erfahrung, Wien/Leipzig 1900; Philosophie des Erkennens. Ein Beitrag zur Geschichte und Fortbildung des Erkenntnisproblems, Leipzig 1911; Das psycho-physische Problem. Eine erkenntnistheoretische Untersuchung zur Unterscheidung des Physischen und Psychischen überhaupt, Wien/Leipzig 1916, ²1930; Friedrich Nietzsches Kampf um den Sinn des Lebens. Der Ertrag seiner Philosophie für die Ethik, Wien/Leipzig 1922, ²1925; Locke, Berkeley, Hume, München 1922 (Geschichte der Philosophie in Einzeldarstellungen 22/23) (repr. Nendeln 1973); Kant. Seine Anhänger und seine Gegner, München 1923 (Geschichte der Philosophie in Einzeldarstellungen 27/28) (repr. Nendeln 1973); Metaphysik der Wirklichkeit, Wien/Leipzig 1931, I–II, ²1947/1948 (repr. in 1 Bd., München/Basel 1970); Wertphilosophie und Ethik. Die Frage nach dem Sinn des Lebens als Grundlage einer Wertordnung, Wien/Leipzig 1939, ³1947; Nachgelassene philosophische Aphorismen aus den Jahren 1948–1954, ed. E. Heintel, Wien 1961 (Sitz.ber. Österr. Akad. Wiss., philos.-hist. Kl. 237/5); Jugendschriften 1885–1895 und Aphorismen 1894–1948, ed. K. Nawratil, Wien 1974 (Sitz.ber. Österr. Akad. Wiss., philos.-hist. Kl. 296); Philosophie des Erlebens, ed. K. Nawratil, Wien 1976; Einführung in die Probleme und Grundbegriffe der Philosophie, ed. K. Nawratil, Wien 1978; Einführung in das philosophische Denken, ed. K. Nawratil, Wien 1984 (repr. 1985).

Literatur: K. Nawratil, R. R.. Leben – Wirken – Persönlichkeit, Wien/Köln/Graz 1969 (Sitz.ber. Österr. Akad. Wiss., philos.-hist. Kl., 265); ders., Das Urerlebnis der Geschichte des abendländischen Denkens. Kleine Studien zur Philosophie R. R.s, Wien 1993; ders., R. R. und die analytische Philosophie, Wien. Jb. Philos. 28 (1996), 47–52; E. Roger, Wirklichkeit und Gegenstand. Untersuchungen zur Erkenntnismetaphysik R. R.s, Frankfurt 1970; W. Stegmüller, Hauptströmungen der Gegenwartsphilosophie I, Wien 1952, Stuttgart ⁷1989, bes. 288–314 (Kap. VII Transzendentaler Idealismus: R. R.); K. W. Zeidler, Kritische Dialektik und Transzendentalontologie. Der Ausgang des Neukantianismus und die post-neukantische Systematik R. Hönigswalds, W. Cramers, B. Bauchs, H. Wagners, R. R.s und E. Heintels, Bonn 1995, 245–290; ders., R. Neukantianismus R. R.s, Wien. Jb. Philos. 29 (1997), 135–146. – R., in: B. Jahn (ed.), Biographische Enzyklopädie deutschsprachiger Philosophen, München 2001, 342. – Philosophie der Wirklichkeitsnähe. Festschrift zum 80. Geburtstag R. R.s, Wien 1949. **G. W.**

Reismus (auch: Konkretismus, engl. reism), Bezeichnung für die von T. Kotarbiński entwickelte metaphysische Lehre eines radikalen Realismus (↑Universalienstreit), nach der es nur ↑Dinge (lat. res), unter Einschluß von Lebewesen, gibt und keine z. B. abstrakten oder psychischen Gegenstände. Der R. ist demnach ein kategorialer ↑Monismus mit der Kategorie des Dinges als einziger ontologischer Kategorie. Die formale Grund-

lage, insbes. hinsichtlich der Analyse von Subjekt-Prädikat-Aussagen, bildet die von S. Leśniewski entwickelte ↑Mereologie. Als Vorläufer des R. bezeichnet Kotarbiński G. W. Leibniz und F. Brentano.

Literatur: A. Chrudzimski/B. Smith, Brentano's Ontology. From Conceptualism to Reism, in: J. Dale (ed.), The Cambridge Companion to Brentano, Cambridge etc. 2004, 197–219; B. Smith, On the Phases of Reism, in: J. Woleński (ed.), Kotarbiński [s. u.], 137–183; J. Woleński, Reism and Leśniewski's Ontology, Hist. and Philos. Log. 7 (1986), 167–176; ders. (ed.), Kotarbiński. Logic, Semantics and Ontology, Dordrecht/Boston Mass./London 1990; ders., Reism, in: H. Burkhardt/B. Smith (eds.), Handbook of Metaphysics and Ontology II, München/Philadelphia Pa./Wien 1991, 775–776; ders., Reism, SEP 2004, rev. 2016. **G. G.**

Rekonstruktion (engl. reconstruction), im Anschluß an den Terminus ›Konstruktion‹ (und den im Lateinischen seltenen Ausdruck ›reconstruere‹) in Erkenntnistheorie, Methodologie und Wissenschaftstheorie gebildete Bezeichnung für eine gegenüber der ↑Interpretation und dem ↑Verstehen ausgezeichnete Methode des Begreifens. In diesem Sinne tritt der Begriff der R. bereits im 19. Jh. im Rahmen des Deutschen Idealismus (↑Idealismus, deutscher) neben den von I. Kant verwendeten, dabei vor allem auf die Methode der Mathematik bezogenen Begriff der Konstruktion (›Konstruktion der Begriffe‹, vgl. KrV B 741ff., Akad.-Ausg. III, 468ff.) auf und bezeichnet hier, im Sinne einer paradigmatischen Methode der Philosophie, das Begreifen als ein ›Nach-Denken‹ und ›Nachfinden‹. So ist für F. K. v. Savigny die juristische Interpretation eine »R. des Inhalts des Gesetzes« (Juristische Methodenlehre [1802/1803], ed. G. Wesenberg, Stuttgart 1951, 18) und für F. Schlegel die R. eines Begriffs die Aufgabe, den Begriff »in seinem Werden [zu] konstruieren« (Lessings Gedanken und Meinungen [1804], in: ders., Charakteristiken und Kritiken II (1802–1829), ed. H. Eichner, München etc. 1975, 60). R. bedeutet in diesem Sinne die Konstruktion eines Begriffs bzw. eines begrifflichen Zusammenhangs durch bzw. über die Analyse seiner (historischen) Genese.

In der neueren Philosophie spielt der Begriff der R. vor allem in der ↑Wissenschaftstheorie eine wesentliche Rolle. Hier bezeichnet ›R.‹ ein Verfahren, das im Rahmen der Analyse von Theorien, aber auch von Theoriegenesen und wissenschaftlichen Entwicklungen, die Ebene der Sätze und Begriffsexplikationen betrifft (daher auch die Bezeichnungen ›rationale‹ oder ›logische R.‹). Paradigma dieser Bedeutung von ›R.‹ ist im Rahmen des Logischen Empirismus (↑Empirismus, logischer) R. Carnaps Programm einer Revision unklarer ↑Wissenschaftssprachen durch exakte Sprachkonstruktionen. Diese erfolgt durch den Aufbau eines ↑Konstitutionssystems, das »eine rationale Nachkonstruktion des gesamten, in der Erkenntnis vorwiegend intuitiv vollzogenen Aufbaus der Wirklichkeit ist« (Der logische Aufbau der Welt, 1928, ^{3}1966, 139). Dabei geht in den Begriff der R. bzw. der Nachkonstruktion ein empiristisches Sinnkriterium (↑Sinnkriterium, empiristisches) als Adäquatheitsbedingung ein. H. Reichenbach ergänzt diese Konzeption unter der Bezeichnung ›logische Analyse‹ (↑Analyse, logische) bzw. ›Wissenschaftsanalyse‹ um ↑normative Elemente, die sowohl einer begründeten Beurteilung von Theorien als auch der Abgrenzung kognitiver Geltungsansprüche gegenüber sozialen und individuellen Umständen ihrer ›Entdeckung‹ (↑Entdeckungszusammenhang/Begründungszusammenhang) dienen sollen (Experience and Prediction, 1938, 2006, 5 [dt. Erfahrung und Prognose, 1983, 4]). Auch nach W. Stegmüller und in der Analytischen Wissenschaftstheorie (↑Wissenschaftstheorie, analytische) ist Wissenschaftstheorie nichts anderes als eine ›rationale R. wissenschaftlicher Erkenntnis‹, definiert als »die begriffliche Durchdringung und Präzisierung des Begriffs- und Satzgerüstes von Theorien, der in Theorien enthaltenen logisch-mathematischen Strukturen, der Methoden wissenschaftlicher Überprüfung und der Anwendungskriterien von Theorien« (Probleme und Resultate der Wissenschaftstheorie und Analytischen Philosophie IV/1, 1973, 8). Dabei wird im Sinne Carnaps das Ziel von Begriffsexplikationen in einer Überführung von Begriffsbestimmungen in formale Strukturen gesehen (a.a.O., 13–14) sowie im Sinne Reichenbachs zwischen einer deskriptiven und einer normativen, d. h. explikatorischen, Komponente unterschieden (a.a.O., 9).

Zusätzliches systematisches Gewicht gewinnt der Begriff der R. bei I. Lakatos und im Konstruktivismus bzw. in der Konstruktiven Wissenschaftstheorie. In Lakatos' Methodologie wissenschaftlicher Forschungsprogramme dient der Begriff der *methodologischen Rekonstruierbarkeit* als Kriterium der Unterscheidung zwischen einer internen und einer externen Wissenschaftsentwicklung (↑intern/extern), ferner als Kriterium wissenschaftlicher ↑Rationalität, die sich zugleich in einer ›vernünftigen‹ Wissenschaftsentwicklung (↑Theoriendynamik, ↑Wissenschaftsgeschichte) dokumentiert. Konkret geht es dabei um die methodologischen Anforderungen an die gerechtfertigte Weiterführung eines ↑Forschungsprogramms bzw. an dessen Ersetzung durch ein anderes (↑Fortschritt). So ist es gerechtfertigt, eine entsprechende Nachfolgertheorie zu akzeptieren, wenn diese unter anderem neuartige Effekte (*novel facts*) spezifiziert, die sich empirisch bestätigen lassen. Durch Bedingungen dieses Typs wird methodologisch gerechtfertigter Theorienwandel abgesteckt; das so bestimmte Entwicklungsmuster bildet den Kern rationaler R.. Die Angemessenheit derartiger R.en wird bei Lakatos danach beurteilt, ob sich die wesentlichen Theoriewahlentscheidungen in der Wissenschafts-

geschichte auf diese Weise ableiten lassen. Solche ›Basiswerturteile‹ setzen Präzedenzfälle, denen das ›Gesetzesrecht‹ der Methodologie durch fallübergreifende Regeln Rechnung zu tragen hat. In dieser Konzeption bleibt der durch rationale R. erfaßte Teil wissenschaftlicher Entwicklungen (*internal history*) gegenüber dem durch historisch-empirische Analysen erfaßten Teil (*external history*) primär: »rational reconstruction or internal history is primary, external history only secondary, since the most important problems of external history are defined by internal history« (History of Science and Its Rational Reconstructions, 1971, 105 [dt. Die Geschichte der Wissenschaft und ihre rationalen R.en, 1974, 288]). Analog verlangt auch L. Laudan in seiner Methodologie wissenschaftlicher Forschungstraditionen die Erklärung vorgängiger Intuitionen über wissenschaftliche Rationalität, wie sie sich insbes. in paradigmatischen Beurteilungen der Angemessenheit wissenschaftlicher Theorien unter bestimmten historischen Umständen ausdrücken. Jede adäquate Methodologie muß aus ihren Prinzipien etwa zu dem Urteil führen, daß die Newtonsche ↑Mechanik um 1800 in der wissenschaftlichen Gemeinschaft zu akzeptieren und daß die Wärmestofftheorie (↑Thermodynamik) um 1890 zu verwerfen war (Progress and Its Problems, 1977, 160).

Lakatos geht (im Anschluß an K. R. Popper) davon aus, daß wissenschaftliche Begriffe und Aussagen stets auf einen theoretischen Rahmen bezogen bleiben, der im Sinne eines methodisch schrittweise erfolgenden Aufbaus, zumal der dabei verwendeten Wissenschaftssprachen, nicht zur Verfügung steht. Anders im ↑Konstruktivismus, in dessen Rahmen der R.sbegriff in Form einer Explikation des hier fundamentalen Konstruktionsbegriffs die zentrale methodologische Kategorie für den Aufbau eines begründeten theoretischen Wissens und begründeter praktischer Orientierungen bildet. ›R.‹ besagt in diesem, vor allem wissenschaftstheoretischen (↑Wissenschaftstheorie, konstruktive), Zusammenhang eine *konstruktive* Interpretation, die sich, ausgehend von lebensweltlichen (↑Lebenswelt) bzw. vortheoretischen (↑vorwissenschaftlich) Handlungs- und Orientierungsvermögen, im Aufbau inhaltlich gerechtfertigter, methodisch geordneter (↑Prinzip, methodisches, ↑Prinzip der pragmatischen Ordnung) und voraussetzungsfreier, sprachlich möglichst ausdrucksfähiger (differenzierter) Theorien vollzieht (↑konstruktiv/Konstruktivität). Die ›lebensweltliche‹ Basis bilden dabei (pragmatische und dialogische) Lehr- und Lernzusammenhänge (↑Lehr- und Lernbarkeit, ↑Lehr- und Lernsituation), die wiederum der R. der Gegenstandsgemeinschaft, d. h. der Teilhabe an einer in wesentlichen Teilen gemeinsamen Welt, und der R. der Sprachgemeinschaft, d. h. der Verfügung über in wesentlichen Teilen gemeinsame Verständigungsmittel dienen. In einer konstruktiven Theorie der Wissenschaftsgeschichte verfolgen in diesem Sinne historische R.en – auf dem Hintergrund der methodischen Unterscheidung zwischen faktischen und normativen (kritischen) ↑Genesen sowie der Unterscheidung zwischen Gründegeschichte und Wirkungsgeschichte (J. Mittelstraß) – das Ziel einer Reorganisation der bestehenden wissenschaftlichen Praxis unter dem Gesichtspunkt ihrer konstruktiven Begründung. Allgemein besagt der Begriff der R. über alle Besonderheiten philosophischer und wissenschaftstheoretischer Positionen und Konzeptionen hinweg: »Eine R. liegt vor bzw. gilt als gelungen, d. h. als adäquat, wenn eine Konstruktion K', für einen gegebenen begrifflichen Zusammenhang K substituiert, K nicht nur in allen wesentlichen Teilen korrekt wiedergibt, sondern zugleich diejenigen Intentionen, die K zu erfüllen sucht, besser – zumindest nicht schlechter – erfüllt als K« (J. Mittelstraß, Forschung, Begründung, R.. Wege aus dem Begründungsstreit, 1984, 128–129 [= Der Flug der Eule, 1989, 272]). Damit unterscheiden sich (philosophische und wissenschaftstheoretische) R.en von Interpretationen im üblichen Sinne durch die bewußte Veränderung ihres Gegenstandes, d. h., sie heben im Gegensatz zu Interpretationen die Distanz zwischen Produktion und Rezeption auf, indem sie sich im Sinne der angeführten Definition an die Stelle des rekonstruierten Gegenstandes setzen.

Literatur: R. Carnap, Der logische Aufbau der Welt, Leipzig 1928 (repr. Hamburg 1974), mit Untertitel: Scheinprobleme in der Philosophie, Hamburg ²1961, ³1966, 1998; M. Carrier, Wissenschaftsgeschichte, rationale R. und die Begründung von Methodologien, Z. allg. Wiss.theorie 17 (1986), 201–228; D. Gerhardus, Wie läßt sich das Wort ›rekonstruieren‹ rekonstruieren? Zu einem Aspekt des methodologischen Ansatzes im Wiener Kreis, Conceptus 11 (1977), 151–159; C. Howson (ed.), Method and Appraisal in the Physical Sciences. The Critical Background to Modern Science. 1800–1905, Cambridge etc. 1976; P. Janich, Konstitution, Konstruktion, Reflexion. Zum Begriff der methodischen R. in der Wissenschaftstheorie, in: C. Demmerling/G. Gabriel/T. Rentsch (eds.), Vernunft und Lebenspraxis. Philosophische Studien zu den Bedingungen einer rationalen Kultur. Für Friedrich Kambartel, Frankfurt 1995, 32–51; ders., Hermeneutik und R.. Probleme einer Philosophie des Exakten, in: P. Bernhard/V. Peckhaus (eds.), Methodisches Denken im Kontext. Festschrift für Christian Thiel. Mit einem unveröffentlichten Brief Gottlob Freges, Paderborn 2008, 371–381; F. Kambartel, Pragmatic Reconstruction, as Exemplified by an Understanding of Arithmetics, Communication & Cognition 13 (1980), 173–182; I. Lakatos, History of Science and Its Rational Reconstructions, in: R. C. Buck/R. S. Cohen (eds.), PSA 1970. In Memory of Rudolf Carnap (Proceedings of 1970 Biennial Meeting Philosophy of Science Association), Dordrecht 1971 (Boston Stud. Philos. Sci. VIII), 91–135, Neudr. in: ders., The Methodology of Scientific Research Programmes. Philosophical Papers I, ed. J. Worrall/G. Currie, Cambridge etc. 1978, 1999, 102–138 (dt. Die Geschichte der Wissenschaft und ihre rationalen R.en, in: ders./A. Musgrave [eds.], Kritik und Erkenntnisfortschritt [s. u.], 271–311; ders./A. Musgrave (eds.), Criticism and the Growth of Knowledge, Cambridge etc. 1970, 1999 (dt. Kritik und Erkenntnisfortschritt, Braunschweig 1974); L. Laudan, Progress and Its Problems. Towards a Theory of Scientific Growth, Berkeley Calif./Los Angeles/London 1977, 1978; K. Lorenz (ed.), Konstruktionen versus Positionen. Beiträge zur Diskussion um die konstruktive Wissenschaftstheorie. Paul Lorenzen zum 60. Geburtstag, I–II, Berlin/New York 1979; J. Mittelstraß, Prolegomena zu einer konstruktiven Theorie der Wissenschaftsgeschichte, in: ders., Die Möglichkeit von Wissenschaft, Frankfurt 1974, 106–144, 234–244; ders., What Does ›Reconstruction‹ Mean in the Analysis of Science and Its History?, Communication & Cognition 13 (1980), 223–236; ders., Rationale R. der Wissenschaftsgeschichte, in: P. Janich (ed.), Wissenschaftstheorie und Wissenschaftsforschung, München 1981, 89–111, 137–148; ders., Forschung, Begründung, R.. Wege aus dem Begründungsstreit, in: H. Schnädelbach (ed.), Rationalität. Philosophische Beiträge, Frankfurt 1984, 117–140, Neudr. in: ders., Der Flug der Eule. Von der Vernunft der Wissenschaft und der Aufgabe der Philosophie, Frankfurt 1989, ²1997, 257–280 (engl. [rev.] Scientific Rationality and Its Reconstruction, in: N. Rescher [ed.], Reason and Rationality in Natural Science. A Group of Essays, Lanham Md./New York/London 1985, 83–102); ders., On the Concept of Reconstruction, Ratio 27 (1985), 83–96 (dt. Über den Begriff der R., Ratio 27 [1985], 71–82); C. U. Moulines, A Logical Reconstruction of Simple Equilibrium Thermodynamics, Erkenntnis 9 (1975), 101–130; ders., Rationale R., EP III (²2010), 2200–2201; E. Oeser, Wissenschaftstheorie als R. der Wissenschaftsgeschichte. Fallstudien zu einer Theorie der Wissenschaftsentwicklung, I–II, Wien/München 1979; H. Poser, Philosophiegeschichte und rationale R.. Wert und Grenze einer Methode, Stud. Leibn. 3 (1971), 67–76; H. Reichenbach, Experience and Prediction. An Analysis of the Foundations and the Structure of Knowledge, Chicago Ill. 1938, Notre Dame Ind. 2006 (dt. Erfahrung und Prognose. Eine Analyse der Grundlagen und der Struktur der Erkenntnis, ed. A. Kamlah/M. Reichenbach, Braunschweig/Wiesbaden 1983 [= Ges. Werke IV]); G. Scholtz, R., Hist. Wb. Ph. VIII (1992), 570–578; A. Schramm, Demarkation und rationale R. bei Imre Lakatos, Conceptus 8 (1974), 10–16; W. Stegmüller, Gedanken über eine mögliche rationale R. von Kants Metaphysik der Erfahrung, Ratio 9 (1967), 1–30; ders., Probleme und Resultate der Wissenschaftstheorie und Analytischen Philosophie IV/1 (Personelle Wahrscheinlichkeit und Rationale Entscheidung), Berlin/Heidelberg/New York 1973; ders., Rationale R. von Wissenschaft und ihrem Wandel, Stuttgart 1979, 1986. J. M.

Rekursionsschema, Bezeichnung für das Schema der primitiven Rekursion in der Definition rekursiver Funktionen (↑Funktion, rekursive).

Rekursionstheorie, neben ↑Beweistheorie, ↑Mengenlehre und ↑Modelltheorie eines der vier ›klassischen‹ Gebiete der mathematischen Logik (↑Logik, mathematische). Die R. ist als Theorie der Berechenbarkeit (↑berechenbar/Berechenbarkeit) die Theorie rekursiver Funktionen (↑Funktion, rekursive) und rekursiv (↑rekursiv/Rekursivität) lösbarer Probleme (↑entscheidbar/Entscheidbarkeit, ↑Algorithmentheorie), wozu auch Klassifikationen im Bereich des Unentscheidbaren (↑unentscheidbar/Unentscheidbarkeit) gehören. Hingegen ist die Untersuchung berechenbarer Funktionen und entscheidbarer Probleme im Hinblick auf ihren Berechnungs- bzw. Entscheidungs*aufwand* der Gegenstand der ↑Komplexitätstheorie.

Literatur: R. Adams, An Early History of Recursive Functions and Computability from Gödel to Turing, Boston Mass. 2011; C. T. Chong/L. Yu, Recursion Theory. Computational Aspects of Definability, Berlin 2015; R. Cori/D. Lascar, Logique mathématique. Cours et exercices II (Fonctions récursives, théorème de Gödel, théorie des ensembles, théorie des modèles), Paris etc. 1993, 2003 (engl. Mathematical Logic. A Course with Exercises II [Recursion Theory, Gödel's Theorems, Set Theory, Model Theory], Oxford 2001); H. B. Enderton, Computability Theory. An Introduction to Recursion Theory, Amsterdam etc. 2011; A. Oberschelp, R., Mannheim etc. 1993; P. Odifreddi, Classical Recursion Theory. The Theory of Functions and Sets of Natural Numbers, Amsterdam etc. 1989 (Studies in Logic and the Foundations of Mathematics 125), ²1999; ders., Classical Recursion Theory II, Amsterdam etc. 1999 (Studies of Logic and the Foundations of Mathematics 143); H. Rogers Jr., Theory of Recursive Functions and Effective Computability, New York etc. 1967, Cambridge Mass. etc. 2002; G. E. Sacks, Higher Recursion Theory, Berlin etc. 1990; H. Schwichtenberg/S. S. Wainer, Proofs and Computations, Cambridge 2012; J. R. Shoenfield, Recursion Theory, Berlin etc. 1993 (Lecture Notes in Logic I) (repr. Natick Mass. 2001), Cambridge etc. 2016; R. M. Smullyan, Recursion Theory for Metamathematics, New York/Oxford 1993 (Oxford Logic Guides XXII) (franz. Théorie de la récursivité pour la métamathématique, Paris etc. 1995); R. Weber, Computability Theory, Providence R. I. 2012. P. S.

rekursiv/Rekursivität, in Informatik, Logik und Mathematik Bezeichnung für ein Verfahren, das auf sich selbst zurückgreift. Z. B. bezeichnet man Prozeduren in ↑Programmiersprachen dann als r., wenn sie sich im Verlaufe ihrer Ausführung selbst aufrufen. Definitionsgleichungen heißen r., wenn der definierte Ausdruck selbst im Definiens vorkommt. Damit sind r.e Definitionen implizite Definitionen (↑Definition, implizite). Wichtigstes Beispiel dafür sind die so genannten r.en (oder ›berechenbaren‹) Funktionen (↑Funktion, rekursive, ↑berechenbar/Berechenbarkeit, ↑Algorithmentheorie) mit ihrem Schema der primitiven Rekursion. Die Bedingungen, unter denen Rekursionsgleichungen Funktionen definieren, werden in der ↑Rekursionstheorie untersucht. Ein Spezialfall der Rekursion ist die Iteration, bei der die Berechnung einer Funktion (bzw. die Ausführung einer Prozedur) für komplexe Werte durch wiederholte Anwendung einer Operation auf einen Ausgangswert durchgeführt werden kann. Sinnvolle r.e Definitionen (↑Definition, rekursive) setzen induktiv definierte Bereiche voraus (↑Definition, induktive), auf die sich Rekursionsparameter beziehen. P. S.

Relatedness-Logik (engl. relatedness logic), von R. L. Epstein 1979 eingeführte Bezeichnung für eine Familie von Erweiterungen der klassischen Logik (↑Logik, klassische) um eine zweistellige Satzoperation ⇝ (eine ›Relatedness-Implikation‹), die sich wie folgt darstellen läßt:

$$A \rightsquigarrow B = (A \rightarrow B) \wedge R(A, B).$$

Dabei bezeichnet ›→‹ die materiale ↑Implikation und ›R‹ eine ↑Relation zwischen Sätzen. Die Relatedness-Implikationen sind also diejenigen materialen Implikationen, bei denen ↑Antezedens und ↑Konsequens in einer R-Relation zueinander stehen. Abhängig von bestimmten Beschränkungen oder Definitionen der Relation R entstehen verschiedene Systeme der R.-L.. Wird z. B. $R(A, B)$ definiert als ›alle in B vorkommenden ↑Variablen kommen auch in A vor‹ (wie bei W. T. Parry und K. Gödel 1933, vgl. K. Fine 1986), dann gilt zwar $A \wedge B \rightsquigarrow B$, aber nicht $A \rightsquigarrow A \vee B$. – Ein System der R.-L. wurde erstmals von Gödel anläßlich eines Vortrags von Parry über ein System der analytischen Implikation vorgestellt. Ähnliche Systeme legte später, offenbar unabhängig von Parry/Gödel (1933), der russische Logiker A. Sinowjew vor. Eine allgemeine Theorie der R.-L. wird in den Arbeiten von Epstein entwickelt.

Literatur: R. L. Epstein, Relatedness and Implication, Philos. Stud. 36 (1979), 137–173; ders., The Semantic Foundations of Logic I (Propositional Logics), Dordrecht/Boston Mass./London 1990, Oxford etc. ²1995, Belmont Calif. 2001; ders., Paraconsistent Logics with Simple Semantics, Log. anal. 48 (2005), 189–192; K. Fine, Analytic Implication, Notre Dame J. Formal Logic 27 (1986), 169–179; F. Paoli, Semantics for First Degree Relatedness Logic, Reports Math. Log. 27 (1993), 81–94; W. T. Parry, Ein Axiomensystem für eine neue Art von Implikation (analytische Implikation), Ergebnisse eines mathematischen Kolloquiums 4 (1933), 5–6 (mit Kommentar von K. Gödel, 6); D. N. Walton, Philosophical Basis of Relatedness Logic, Philos. Stud. 36 (1979), 115–136; H. Wessel, Logik, Berlin (Ost) 1984, Berlin ⁴1998; A. A. Zinov'ev, Komplexe Logik. Grundlagen einer logischen Theorie des Wissens, Braunschweig 1970. A. F.

Relation (von lat. referre, zurücktragen, auf etwas zurückbeziehen, messen; auch: Beziehung, im 2-stelligen Fall auch Zuordnung oder ↑Verhältnis; scholastische Termini: relatio, respectus, habitudo, proportio etc.), Bezeichnung für die Bedeutung eines R.sausdrucks, d. h. eines mehrstelligen ↑Prädikators, eines ↑Relators. Drei Gegenstände n, m, k stehen in der R. ρ zueinander, wenn der ρ darstellende Prädikator ›R‹ den durch die Nominatoren ›n‹, ›m‹, ›k‹ vertretenen Gegenständen, den ›Relata‹ (traditionell auch: Fundamente) von ρ, in dieser Reihenfolge *zukommt*, wenn also die ↑Elementaraussage ›n,m,k ε R‹ (auch als ↑Primaussage ›R(n,m,k)‹ notiert) gilt; z. B. die durch ›[sich] zwischen [etwas und etwas erstrecken]‹ dargestellte R. in der Aussage ›der Kanaltunnel erstreckt sich zwischen Calais und Folkestone‹. Beispiele für 2-stellige R.en sind etwa die Kausalbeziehung (↑Kausalität) oder die Ähnlichkeit (↑ähnlich/Ähnlichkeit) zwischen zwei Gegenständen. Sie werden auch von den 2-stelligen prädikativen Ausdrücken dargestellt, die für die Relativierung (↑relativ/Relativierung) 1-stelliger Prädikatoren wie z. B. ›klein‹, ›Vater‹, ›Dach‹, in speziellere solche, z. B. ›kleiner als [ein] Ei‹, ›Vater von [einer] Tochter‹, ›Dach eines Hauses‹, benötigt werden und sich dabei in natürlichen Sprachen (↑Sprache, natürliche) geeigneter grammatischer Konstruktionen (Komparativbildung, Einsatz von Kasus, von Präpositionen und anderem) bedienen, bei den Beispielen also der Bildungen ›kleiner als‹, ›Vater von‹ und ›Dach eines/r‹. Eine R. als Bedeutung eines Relators wird durch ↑Abstraktion aus diesem gewonnen. Man unterscheidet dabei mindestens zwei Arten: die extensionale und die intensionale Abstraktion. Das *extensionale* Abstraktum als Klasse (↑Klasse (logisch)) derjenigen n-Tupel von Gegenständen, denen der (n-stellige) Relator zukommt, heißt dann dessen ›extensionale Bedeutung‹ (↑extensional/Extension) oder eben die von ihm dargestellte *Relation*. Das *intensionale* Abstraktum als Klasse der zum fraglichen (n-stelligen) Relator synonymen (↑synonym/Synonymität) Relatoren, also derjenigen, die auf Grund von terminologischen Bestimmungen oder Bedeutungspostulaten (↑Analytizitätspostulat) mit dem ursprünglichen Relator gleichwertig sind, heißt entsprechend dessen ›intensionale Bedeutung‹ (↑intensional/Intension) oder der von ihm dargestellte *Relationsbegriff*. Geht es etwa um die 2-stellige R. ρ des Kleinerseins, so ist ρ definiert als die Klasse derjenigen Gegenstandspaare $\langle n,m \rangle$, die in dieser Reihenfolge die Aussageform ›x,y ε kleiner als‹ (symbolisch: $x < y$) oder eine dazu extensional äquivalente Aussageform, z. B. ›$x \leq y \wedge \neg x = y$‹, erfüllen, also als die Paarklasse $\rho \leftrightharpoons \in_{x,y} x < y$. Zwei Aussageformen $A(x,y)$ und $B(x,y)$ heißen dabei extensional äquivalent, wenn sie von denselben Gegenständen erfüllt werden, wenn also $\bigwedge_{x,y} (A(x,y) \leftrightarrow B(x,y))$ gilt. Ein Paar $\langle n,m \rangle$, das ›$x < y$‹ erfüllt, für das daher $n < m$ gilt, heißt ein ›Element‹ der Klasse ρ (symbolisch: $n,m \in \rho$ oder $n\rho m$); auf Grund dieser Erklärung gilt die für die Eliminierbarkeit (↑Elimination) von R.stermen $\in_{x,y} xRy$ wichtige Gleichwertigkeit:

$$n,m \in \in_{x,y} xRy \leftrightharpoons nRm.$$

Gilt $n\rho m$, so heißt n auch ein ›ρ-Vorgänger‹ von m und umgekehrt m ein ›ρ-Nachfolger‹ von n. Als ›Vorbereich‹ (*domain*) $\overline{\rho}$ der R. ρ bezeichnet man die Klasse derjenigen Gegenstände, die zu mindestens einem Gegenstand in der R. ρ stehen, also ρ-Vorgänger mindestens eines Gegenstandes sind (symbolisch: $\overline{\rho} \leftrightharpoons \in_x \bigvee_y xRy$), als ›Nachbereich‹ (*converse domain*, *co-domain*) entsprechend $\overrightarrow{\rho} \leftrightharpoons \in_y \bigvee_x xRy$ und als ›(Argument- oder Definitions-)Bereich‹ (engl. *field*, franz. *champ*) $\overline{\overline{\rho}}$ der R. ρ die mengentheoretische Vereinigung $\overline{\rho} \cup \overrightarrow{\rho}$ von Vor- und Nachbereich. Mit Hilfe des ↑Einsquantors können durch Variablenbindung aus einem n-stelligen Relator wieder m-stellige Relatoren (mit $m < n$) gewonnen wer-

den, z. B. die 1-stellige Vatersein-Eigenschaft ›x ε Vater‹ durch ›$\bigvee_y x$ Vater von y‹ (in Worten: es gibt jemanden, zu dem die ›Vater-von-sein-Beziehung‹ besteht). Allerdings können auf diesem Wege nicht alle logischen Beziehungen zwischen R.en durch logische Beziehungen zwischen Klassen ausgedrückt werden: die ↑Relationenlogik ist nicht auf die ↑Klassenlogik reduzierbar.

Ist eine 2-stellige R. ρ rechtseindeutig, gilt also $\bigwedge_{x,y,z}$ ($x\rho y \wedge x\rho z \rightarrow y = z$), so läßt sich ihr eineindeutig (↑eindeutig/Eindeutigkeit) eine 1-stellige ↑Funktion f zuordnen, nämlich diejenige, deren Argumentbereich der Vorbereich und deren Wertbereich der Nachbereich von ρ ist, wobei der Wert von f an der Stelle n der eindeutig bestimmte ρ-Nachfolger von n ist (symbolisch: $f \leftrightharpoons \imath_x \imath_y$ xRy mit einem ↑Kennzeichnungsterm $\imath_y$ xRy, in Worten: f ist die Funktion, die das Argument x auf denjenigen Gegenstand y, der zu x in der R. ρ steht, als ihren Wert an der Stelle x abbildet; ↑Abbildung). Z. B. erlaubt die links-, aber nicht rechtseindeutige R. ›x Vater von y‹ die Bildung des Kennzeichnungsterms ›der Vater von y‹ (symbolisch: $\imath_x x$ Vater von y) als Darstellung der Funktion, die jedem Menschen seinen Vater zuordnet. Es gibt daher eine rechts- und linkseindeutige (2-stellige) R. 2. Stufe zwischen rechtseindeutigen (und entsprechend auch linkseindeutigen) 2-stelligen R.en und 1-stelligen Funktionen – ein Grund für die verbreitete Praxis, solche R.en einfach mit Funktionen zu identifizieren. Allerdings sind R.en Abstrakta aus ↑Aussageformen, Funktionen hingegen Abstrakta aus Gegenstandsformen oder ↑Termen, ein Unterschied, der in den für die R.enlogik stilbildend gewordenen ↑Principia Mathematica nur attributiv, unter Inkaufnahme einer Zweideutigkeit von ›Funktion‹, durch ›propositional function‹ und ›descriptive function‹ ausgedrückt wird. Die aus der Funktion $f \leftrightharpoons \imath_x \imath_y x\rho y$ als Paarklasse von einander zugeordneten Argumenten und Werten zurückgewonnene R. $\rho \leftrightharpoons \in_{x,y}$ ($y = f \imath x$) heißt der ›Graph‹ der Funktion f. Entsprechend lassen sich auch rechtseindeutige (bzw. linkseindeutige) R.en höherer Stellenzahl eineindeutig mehrstelligen Funktionen zuordnen, z. B. die 2-stellige arithmetische Additionsfunktion $f \leftrightharpoons \imath_{x,y} (x + y)$ der 3-stelligen (rechtseindeutigen) R. $\rho \leftrightharpoons \in_{x,y,z} (x + y = z)$. Die Rede von R.en entspricht damit genau derjenigen von Klassen, die auch als 1-stellige R.en betrachtet werden können, ebenso wie R.en auch als mehrstellige Klassen, nämlich als direkte Produkte (↑Produkt (mengentheoretisch)) von gewöhnlichen Klassen, betrachtet werden können.

Es ist die Aufgabe der erstmals im 19. Jh. von A. de Morgan, C. S. Peirce und E. Schröder nach Vorarbeiten im 18. Jh. von J. H. Lambert mit dem Hilfsmittel von ↑Relationenkalkülen geschaffenen R.enlogik, die formalen Zusammenhänge der verschiedenen R.en, die Verflechtung ihrer Eigenschaften und Beziehungen, zu untersuchen. Z. B. läßt sich zu jeder 2-stelligen R. ρ die konverse (↑konvers/Konversion) R. $\breve{\rho}$ (auch notiert: $\breve{\rho}, \rho^{-1}$) definieren durch: $x\breve{\rho}y \leftrightharpoons y\rho x$; im Falle der Beziehung des Kleinerseins ist dann Größersein die dazu konverse Beziehung.

In der philosophischen Tradition war man bereits lange vor der modernen R.enlogik auf den Unterschied zwischen 2-stelligen und 1-stelligen prädikativen Ausdrükken aufmerksam geworden. So hat Aristoteles, ähnlich wie schon Platon, von den Bestimmungen der Gegenstände her, die ihnen sowohl im Blick auf sich selbst (substantiell oder akzidentell) als auch im Blick nur auf anderes zukommen (z. B. ist ein Sklave dies nur im Blick auf seinen Herrn), das Wesen einer R. zu charakterisieren versucht und R.-Sein in die Liste seiner ↑Kategorien, der Aussageweisen von Seiendem, als πρός τι (lat. ens ad quid) aufgenommen. So ausgedrückt, sind es Gegenstände, die als relational bestimmt gelten, und ›relational‹ dient nicht als eine (logische) Unterscheidung bloß unter prädikativen Ausdrücken, aber auch nicht als eine (ontologische) Unterscheidung bloß unter den Gegenständen selbst; vielmehr wird hier (ebenso wie mit den anderen Kategorien) eine typische Reflexionsbestimmung (↑reflexiv/Reflexivität) vorgenommen, mit der Menschen ihren Umgang mit der Welt und damit auch mit sich selbst charakterisieren. So noch bei I. Kant, der ›R.‹ als Titel für eine der vier Dreiergruppen seiner Kategorientafel wählt, wobei die darunter gefaßten Kategorien Substanz, Ursache und Gemeinschaft jeweils ein Verhältnis einschließen, nämlich zu Akzidens bzw. Wirkung bei den ersten beiden Gliedern, während Gemeinschaft mit durchgängiger Wechselwirkung gleichzusetzen ist.

Gleichwohl bleiben auf Grund mangelnder Reflexion über Zusammenhang und Unterschied von Gegenstands- und Sprachebene viele Unklarheiten noch lange Zeit bestehen; sie werden teilweise noch heute diskutiert. Von besonderer Bedeutung ist dabei der Streit um interne und externe R.en (↑intern/extern). Er geht zurück auf die Aristotelische These, daß jeder Gegenstand *notwendige* oder ›essentielle‹ (wesentliche) und *zufällige* oder ›akzidentelle‹ (unwesentliche) Eigenschaften bzw. Beziehungen habe – z. B. gilt Menschsein als eine notwendige, Stupsnasehaben als eine zufällige Eigenschaft von Sokrates –, und bezieht sich auf zwei durch diese Unterscheidung motivierte extreme Thesen: (1) alle R.en eines Gegenstandes zu anderen Gegenständen sind wesentliche, i. e. *interne*, R.en, (2) alle R.en eines Gegenstandes zu anderen Gegenständen sind zufällige, i. e. *externe*, R.en. Jeder ↑Monismus, der Gegenstände nur als Schnittpunkte von Eigenschafts- und Beziehungsnetzen kennt – ansatzweise schon von G. F. W. Hegel und dann vor allem im Neuhegelianismus (↑Hegelianismus) von F. H. Bradley und im Marxismus vertreten –, argumentiert für (1). Jeder Nicht-Monismus, etwa ein ↑Dualis-

mus, der zwischen Gegenständen und ihren Beschreibungen (insbes. den ↑Kennzeichnungen) streng unterscheidet – ansatzweise schon im ↑Empirismus und ↑Rationalismus der beginnenden neuzeitlichen Philosophie und dann vor allem von den Gegnern des Neuhegelianismus in der Frühphase der Analytischen Philosophie (↑Philosophie, analytische), von B. Russell und G. E. Moore, vertreten –, argumentiert für (2). B. Blanshard, ein Anhänger Bradleys, und E. Nagel, dem Logischen Empirismus (↑Empirismus, logischer) zugehörig, sind die entscheidenden Kontrahenten in der Debatte der 30er und 40er Jahre des 20. Jhs..

Es ist weitgehend unentschieden, in welcher nicht bloß willkürlichen Weise eine Vermittlung von (1) und (2) und damit zugleich eine Rekonstruktion der Aristotelischen Position erzielt werden kann. Z. B. hat L. Wittgenstein im »Tractatus« eine Unterscheidung extern–intern sowohl für Eigenschaften als auch für Beziehungen auf die Unterscheidung von ›sagen‹ und ›sich zeigen‹ zu gründen versucht, die darauf hinausläuft, interne R.en (und Eigenschaften) in dem Sinne als gegenstandskonstituierend und nicht bloß gegenstandsbeschreibend zu verstehen, als sie auf die semiotische (↑Semiotik) Differenz von Gegenstands- und Zeichenebene Bezug nehmen. So ist die ↑Kopula der Prototyp eines internen Relators, während die logische Element-Beziehung ∈ (↑Klasse) und die Teil-Ganzes-Beziehung (↑Teil und Ganzes) (in der Scholastik ebenso wie andere begriffliche Beziehungen eine *relatio rationis*) nicht anders als empirisch-deskriptive Beziehungen (in der Scholastik: *relatio realis*) extern sind. Aber auch mit einer solchen Lösung ist noch nicht über die weitergehende Frage entschieden, ob durch den Übergang vom Bezug auf Substanzen zum Bezug auf R.en, der die neuzeitliche Wissenschaft weitgehend charakterisiert (E. Cassirer, Substanzbegriff und Funktionsbegriff, Berlin ²1923), und die davon implizierte strukturtheoretische Auffassung wissenschaftlicher Theoriebildungen (↑Strukturalismus (philosophisch, wissenschaftstheoretisch), ↑Strukturalismus, mathematischer) – besonders konsequent für die Mathematik bei ↑Bourbaki – tatsächlich mit Ausnahme des uneigentlichen Prädikators ›Gegenstand‹ für die Wissenschaft auf 1-stellige Prädikatoren verzichtet werden kann, da dann die Frage nach der Erfüllbarkeit einer axiomatisch festgelegten ↑Struktur zu einer wissenschaftstheoretisch externen (↑intern/extern) Frage wird.

Literatur: J. Bacon, Universals and Property Instances. The Alphabet of Being, Oxford/Cambridge Mass. 1995; P. Basile, Experience and Relations. An Examination of F. H. Bradley's Conception of Reality, Bern/Stuttgart/Wien 1999; A. Benjamin, Towards a Relational Ontology. Philosophy's Other Possibility, Albany N. Y. 2015; J. Brower, Medieval Theories of Relations, SEP 2001, rev. 2015; A. Brunswig, Das Vergleichen und die R.serkenntnis, Leipzig/Berlin 1910; W. Burkamp, Begriff und Beziehung. Studien zur Grundlegung der Logik, Leipzig 1927; C. Cavarnos, The

Classical Theory of Relations. A Study in the Metaphysics of Plato, Aristotle, and Thomism, Belmont Mass. 1975; J. Dopp, Notions de logique formelle, Louvain, Paris 1965, ³1975 (dt. Formale Logik, Einsiedeln/Zürich/Köln 1969); M. Erler u. a., R., Hist. Wb. Ph. VIII (1992), 578–611; R. Gasché, Of Minimal Things. Studies on the Notion of Relation, Stanford Calif. 1999; M. Groh, Realität als R.. Kitarô Nishidas Philosophie der modernen Physik, Münster 2015; H. Hochberg/K. Mulligan (eds.), Relations and Predicates, Frankfurt/Lancaster 2004; H. Høffding, Der R.sbegriff. Eine erkenntnistheoretische Untersuchung, Leipzig 1922; R. P. Horstmann, Ontologie und R.en. Hegel, Bradley, Russell und die Kontroverse über interne und externe Beziehungen, Königstein 1984; A. Krempel, La doctrine de la relation chez Saint Thomas. Exposé historique et systématique, Paris 1952; P. Lorenzen, Formale Logik, Berlin 1958, ⁴1970 (engl. Formal Logic, Dordrecht 1965); F. MacBride, Relations, SEP 2016; J. Mácha, Wittgenstein on Internal and External Relations. Tracing All the Connections, London etc. 2015; A. Meinong, Humestudien II (Zur R.stheorie), Wien 1882; U. Metschl, R., in: P. Prechtl/F. P. Burkard (eds.), Metzler Lexikon Philosophie, Stuttgart/Weimar ³2008, 519–520; G. E. Moore, External and Internal Relations, Proc. Arist. Soc. 20 (1919/1920), 40–62; M. Mugnai, On Leibniz's Theory of Relations, Stud. Leibn. Sonderh. 15 (1988), 144–161; G. Patzig, R., Hb. ph. Grundbegriffe II (1973), 1220–1231; S. Rome/B. Rome (eds.), Philosophical Interrogations. Interrogations of Martin Buber, John Wild, Jean Wahl, Brand Blanshard, Paul Weiss, Charles Hartshorne, Paul Tillich, New York 1964, 1970; G. Ryle, Internal Relations, Proc. Arist. Soc. Suppl. 14 (1935), 154–172; E. Scheibe, Über Relativbegriffe in der Philosophie Platons, Phronesis 13 (1967), 28–49; T. Sprigge, Internal and External Properties, Mind NS 71 (1962), 197–212; A. Tarski, O logice matematycznej i metodzie dedukcyjnej, Lwów/Warschau 1936 (dt. Einführung in die mathematische Logik und in die Methodologie der Mathematik, Wien 1937 [engl. (erw.) Introduction to Logic and to the Methodology of Deductive Sciences, New York 1941, Oxford etc. ⁴1994 (dt. [erw.] Einführung in die mathematische Logik, Göttingen ²1966, ⁵1977)]); A. I. Ujomov, Dinge, Eigenschaften und R.en, Berlin (Ost) 1965; S. J. Wagner, Relation, in: R. Audi (ed.), The Cambridge Dictionary of Philosophy, Cambridge etc. ²1999, 788–789; K. A. Wall, The Doctrine of Relation in Hegel, Diss. Fribourg 1963, Washington D. C. 1983; J. R. Weinberg, Abstraction, Relation, and Induction. Three Essays in the History of Thought, Madison Wis. 1965; B. Więckowski, R., in: P. Kolmer/A. G. Wildfeuer (eds.), Neues Handbuch philosophischer Grundbegriffe III, Freiburg/München 2011, 1874–1890; A. Wynands, R.en. Fachliche und methodische Aspekte für den Mathematikunterricht, Saarbrücken etc. 1976. **K. L.**

Relationen, intertheoretische (engl. intertheory relations, intertheoretical relations), Bezeichnung für die formalen Beziehungen zwischen ↑Theorien, die verschiedene begriffliche Strukturen aufweisen. In der Wissenschaft spielen Überlegungen zu i.n R. eine wichtige Rolle, seit man über ausgereifte Theorien verfügt und somit Fragen nach ihrem Erklärungszusammenhang gestellt werden können. In der Physik handelt es sich etwa um die Erklärung von Makro- durch Mikrotheorien (L. Boltzmann, J. C. Maxwell), in der Biologie um die Rückführung von funktionellen Erklärungen auf molekularbiologische. In der ↑Wissenschaftstheorie ent-

steht ein starkes Interesse an der Untersuchung i.r R. im Zusammenhang mit der Diskussion um die von T. S. Kuhn und P. K. Feyerabend entwickelte Konzeption der ↑Wissenschaftsgeschichte (↑Anarchismus, erkenntnistheoretischer, ↑Erkenntnisfortschritt, ↑Paradigma, ↑Revolution, wissenschaftliche, ↑Theorienpluralismus, ↑Wissenschaft, normale). Da nach Kuhn und Feyerabend die Vorstellung einer kumulativen Theorienentwicklung revisionsbedürftig erscheint, insofern die Ablösung älterer Theorien durch neuere eher einem Gestaltwechsel (↑Gestalt) psychologischer Einstellungen und weltanschaulicher Überzeugungen als einer rationalen kognitiven Auswahl gleicht (↑inkommensurabel/Inkommensurabilität), rücken das Verhältnis von Theorien untereinander und die Möglichkeit seiner Beschreibung in das Blickfeld wissenschaftstheoretischer Untersuchungen (↑Theoriendynamik). In diesen werden zahlreiche i. R. herausgestellt, die sich relativ zu den bei ihrer Beschreibung verwendeten Mitteln nach (1) logischen, (2) asymptotischen und (3) pragmatischen Relationen klassifizieren lassen.

(1) *Logische* i. R. sind (a) Isomorphismus und Homomorphismus, (b) logische Äquivalenz und (c) Mengenbeziehungen (Inklusion, Exklusion, Durchschnitt). Eine exakte Beschreibung logischer i.r R. ist nur für axiomatisierte Theorien (↑System, axiomatisches) möglich, so daß sie für die Theorien im gewöhnlichen wissenschaftlichen Theoriebildungsprozeß nur Modellcharakter haben. (a) Zwei Theorien T und T' sind *homomorph* (↑Homomorphismus) bzw. *isomorph* (↑isomorph/Isomorphie), wenn eine (rechts- bzw. links-)eindeutige bzw. eineindeutige (↑eindeutig/Eindeutigkeit) ↑Abbildung der Referenz- und Prädikatenklassen bezüglich der grundlegenden (undefinierten) Ausdrücke existiert. Als paradigmatisch für eine isomorphe Theoriebeziehung gilt die Darstellung der ↑Quantentheorie durch die Schrödingersche ↑Wellenmechanik und die Heisenbergsche Matrizenmechanik. Die theoretischen Größen beider Ansätze lassen sich umkehrbar eindeutig einander zuordnen. (b) Zwei Theorien, deren grundlegende theoretische Funktionen verschieden sind, können dennoch auf gleichwertige Gleichungen führen. Obwohl die von J. L. Lagrange und W. R. Hamilton (↑Hamiltonprinzip) entwickelten Formalismen der klassischen Mechanik unterschiedliche theoretische Funktionen enthalten, lassen sich Zuordnungen derart angeben, daß sich die beiden Formalismen als *logisch äquivalent* erweisen. (c) Die theoretischen Aussagen und empirischen Konsequenzen einer Theorie können sich als *Teilmengen* der Aussagen bzw. Konsequenzen einer anderen Theorie erweisen. Diese Beziehung wird durch den Begriff der ↑Reduktion erfaßt. E. Nagel hat diesen Begriff durch die Angabe von zwei Merkmalen präzisiert: (A) Die reduzierte Theorie T folgt (unter eventueller Verwendung

von ↑Brückenprinzipien) logisch aus der reduzierenden Theorie T'; (B) T und T' müssen beide gut bestätigt sein, und T' muß gegenüber T zusätzliche ↑Bestätigung erfahren haben. Dieser Reduktionsbegriff ist vor allem durch C. G. Hempel, J. G. Kemeny und P. Oppenheim genauer bestimmt worden.

Der Begriff der logischen ↑Folgerung in (A) verlangt die strikte Deduzierbarkeit von T aus T'. K. R. Popper hat hier im Anschluß an P. Duhem geltend gemacht, daß ein solcher Übergang in der wissenschaftlichen Entwicklung in der Regel nicht vorkommt; z. B. betreffen die in T' erreichten Verbesserungen gegenüber T auch empirische ↑Falsifikationen von T. Poppers Explikation einer wissenschaftlichen Erklärung von T durch T' (statt einer Reduktion von T auf T') sieht dann unter anderem statt der Bedingung (A) vor: (A*) T folgt approximativ aus T'. Vor allem wegen (A*) wird dieser Typ von Erklärung in der wissenschaftstheoretischen Literatur auch als ›approximative i. R.‹ bezeichnet.

(2) Bei *asymptotischen* (oder ›approximativen‹) i. n R. besteht lediglich eine näherungsweise Übereinstimmung zwischen den Aussagen zweier Theorien. Dies drückt sich insbes. darin aus, daß die Aussagen der einen Theorie nur im ›asymptotischen Grenzfall‹ in die Aussagen der anderen Theorie übergehen. Aus einer Quantentheorie soll etwa durch den Grenzübergang $h \to 0$ die zugehörige klassische Theorie folgen, z. B. aus der nichtrelativistischen Quantenmechanik die zugehörige Newtonsche Mechanik; im Falle von $v/c \to 0$ soll die Spezielle Relativitätstheorie (↑Relativitätstheorie, spezielle) in die klassische Mechanik übergehen. Asymptotische i. R. schließen an den Gedanken an, daß die theoretische Entwicklung in einer Vereinheitlichung der Theorien kumuliert, die als Spezialfälle in einer sie umfassenden Theorie enthalten sind.

Duhem interpretiert die Geschichte der Physik als eine Abfolge zusammenhängender Entwicklungen. Diese haben zur Folge, daß die von physikalischen Theorien gestiftete logische Ordnung der Erfahrungstatsachen unter bestimmten Umständen die Widerspiegelung der ontologischen Ordnung ist. Diese Vorstellung einer ontologischen Ordnung bringt die Annahme gewisser fester, zeitloser theoretischer Maßstäbe mit sich, die die Bestrebungen innerhalb einer wissenschaftlichen Disziplin homogenisieren. In der Physik fordern diese Maßstäbe deren stetig wachsende Einheit und höhere Allgemeinheit, ausgedrückt durch eine aus wenigen ↑Axiomen aufgebaute Theorie. Diese Vorstellung ist als Glaube an die ›Einheit der Welt‹ (W. Heisenberg) bzw. ↑›Einheit der Natur‹ (C. F. v. Weizsäcker) im 20. Jh. verbreitet. Heisenberg wie v. Weizsäcker verwerfen in ihrer Deutung der Quantenmechanik (↑Kopenhagener Deutung) allerdings die Widerspiegelungsthese zugunsten eines philosophischen Antirealismus (↑Realismus (erkennt-

nistheoretisch)). Erkenntnistheoretisch lassen sich die ↑Naturgesetze danach als Möglichkeit begreifen, Phänomene durch das ↑Experiment hervorzubringen. Seiend ist deshalb im Prinzip nur das, was durch das Experiment erscheinen kann. Die Einheit der Welt bzw. Natur ist im Sinne der Quantenmechanik demnach nicht ontisch, sondern epistemisch charakterisiert. Als oberste Kategorie der Einheit der Natur bzw. Welt erweist sich die Einheit des Gesetzes, d. i. die allgemeine Geltung einer Fundamentaltheorie (Quantenmechanik, Theorie der Elementarteilchen), bei der für alle Objekte der Natur dasselbe Gesetzesschema gültig ist, und in der die Relativitätstheorie und gegebenenfalls die Quantenmechanik als Grenzfälle enthalten sein sollen.

Die Reduktion zweier Theorien T und T' setzt voraus, daß es mindestens eine Aussage gibt, die eine Konsequenz sowohl aus T als auch aus T' ist – mit oder ohne Verwendung von Definitionen, Korrelationshypothesen etc.. Ist diese Voraussetzung erfüllt, lassen sich die empirischen Gehalte (aufgefaßt als Mengen; ↑Gehalt, empirischer) der beiden Theorien vergleichen. Demgegenüber hat Feyerabend auf Fälle hingewiesen, in denen es für zwei konkurrierende Theorien T und T' keine Aussage gibt, die sowohl aus T als auch aus T' (approximativ) folgt, T und T' damit ›deduktiv getrennt‹ oder ›inkommensurabel‹ sind. Inkommensurabilität besteht nach Feyerabend genau dann, wenn die universellen Prinzipien (d. s. die metasprachlichen Exemplifikationen der einer Theorie zugrundeliegenden Ontologie) der betrachteten Theorienpaare unvereinbar sind und daher die Behauptung irgendeines Satzes von T jeden beliebigen Satz von T' falsch und unanwendbar macht. Ein Vergleich von T und T' läßt sich somit nicht auf Elementschaftsbeziehungen der empirischen Gehalte der Theorien stützen. Der wissenschaftstheoretische Strukturalismus (↑Strukturalismus (philosophisch, wissenschaftstheoretisch)) geht davon aus, daß das Inkommensurabilitätsproblem daraus resultiert, daß Theorien als Aussagenklassen aufgefaßt werden. Doch auch der ↑›non-statement-view‹ (↑Theoriesprache) des Strukturalismus muß für eine Reduktion verlangen, daß T und T' in irgendeinem Bereich verträglich sind, z. B. bezüglich der Mengen I und I' der (jeweils) intendierten Anwendungen, so daß gilt: $I \subset I'$. Für inkommensurable Theorienpaare können Fragen nach Verträglichkeit oder Unverträglichkeit gewisser Klassen (von Aussagen, intendierten Anwendungen usw.), nach identischen oder nicht-identischen Strukturkernen, nach explanatorischer und prognostischer Leistung etc. nicht beantwortet werden. – Vor allem im Anschluß an Kuhn wird Inkommensurabilität als eine These über die ›Unvergleichbarkeit‹ von aufeinanderfolgenden Theorien oder Paradigmen aufgrund begrifflicher Veränderungen gedeutet. Feyerabends Inkommensurabilitätsthese gilt demgegenüber nur für bestimmte Formen realistisch interpretierter Theorien, so daß hier Fragen der ↑Semantik von sekundärer Relevanz sind.

Unter einigen Wissenschaftstheoretikern ist das Programm der i.n R. auf Skepsis gestoßen: Durch logische i. R. die Entwicklung von Theorien und damit von Erkenntnis rational zu rekonstruieren (↑Rekonstruktion), ist nicht präzise durchführbar (M. Bunge). Für die Mehrzahl der von den Wissenschaftstheoretikern untersuchten Fallbeispiele haben sich die Ableitbarkeitsbeziehungen (↑ableitbar/Ableitbarkeit) als (logisch) zu stark erwiesen, so daß sie durch partielle und statistische erweitert werden mußten (Hempel). Die von der Physik gelieferten Einsichten in die asymptotischen i.n R. sind im wesentlichen zu unvollständig oder zu allgemein, als daß sie ein deutliches Bild von den behaupteten Zusammenhängen erkennen lassen (Bunge). Trotz der Tatsache, daß sich Wissenschaftstheoretiker um eine Präzisierung bemüht haben (E. Scheibe, J. D. Sneed, W. Stegmüller), ist eine grundsätzliche Verbesserung dieser Lage nicht festzustellen. Normativ sind beide Formen i.r R. zu restriktiv; sie behindern daher nach Meinung einiger Wissenschaftstheoretiker den Forschungsprozeß (H. Primas/W. Gans, Feyerabend); aus historischer Perspektive scheint es keine Indizien zu geben, daß sich empirisch arbeitende Wissenschaftler an eine einheitliche methodologische Vorgabe gehalten hätten (N. R. Hanson, I. Lakatos, S. Toulmin, Feyerabend); die Inkommensurabilität (Kuhn, Feyerabend) zwischen Theorien erlaubt keine Reduktion. Insbes. folgt aus der Inkommensurabilität, daß die Annahme eines einzigen in sich geschlossenen, zeitunabhängigen Systems, das eine ›metaphysische‹ Einheit der Welt begründen würde, zugunsten einer Vielzahl unter Umständen wechselseitig irreduzibler Weltdeutungen aufgegeben werden muß.

(3) *Pragmatische* i. R. stellen die einzige Möglichkeit für einen Vergleich inkommensurabler Theorienpaare dar. Als heuristische Kriterien (↑Heuristik) gelten unter anderem: Einfachheit (↑Einfachheitskriterium), ontologische Sparsamkeit (↑Ockham's razor), empirische Plausibilität, Kohärenz (↑kohärent/Kohärenz) und Vollständigkeit (↑vollständig/Vollständigkeit). Kriterielle Maßstäbe zur Beurteilung von Theorien werden etwa folgendermaßen entwickelt: T ist T' vorzuziehen, wenn T ›einfacher‹ ist, d. h., wenn in T die Anzahl der logisch unabhängigen Axiome geringer ist als in T', was einem geringeren begrifflichen Aufwand entspricht. Ferner gilt z. B. eine skalare Größe als einfacher denn ein ↑Vektor, und dieser wiederum ist ein einfacheres Gebilde als ein Tensor 2. Ordnung; analog werden lineare ↑Differentialgleichungen als Grundgleichungen als einfacher eingestuft denn nicht-lineare. Sind T und T' gleich einfach, T aber in bezug auf die von ihr eingeführten Entitäten ›ontisch sparsamer‹ (Restriktion der potentiellen Mo-

delle), dann ist T gegenüber T' vorzuziehen. Ferner ist T gegenüber T' als höher zu bewerten, wenn T eine größere ›empirische Plausibilität‹ besitzt, d. h., wenn die axiomatischen Setzungen in T gar nicht oder weniger willkürlich in bezug auf die zu erklärenden Tatsachen erscheinen. Außerdem ist T gegenüber T' zu bevorzugen, wenn T ›kohärenter‹ und ›vollständiger‹ ist, d. h., wenn T eine Deutung und Berechnung sehr verschiedenartiger Erfahrungstatsachen zuläßt und über die Erfahrungstatsachen alles Sagbare ausdrückt.

Durch die genannten Vergleichskriterien wird ein operativ-instrumentelles Element bei der Beurteilung von Theorien eingeführt, da die gleichzeitige Erfüllung mindestens einiger dieser Kriterien mitunter unvereinbare Konsequenzen hat. Für alle Theorienvergleiche, die nur auf heuristische Kriterien gestützt sind, ist deshalb die Bevorzugung einer Theorie eine ›pragmatische Wahl‹. – In einer weiteren Gruppe pragmatischer i.r R., die man als ›nicht-formelle Kriterien‹ bezeichnen kann, wird die Übereinstimmung mit einer zugrundegelegten Theorie verlangt, etwa die Forderung der ↑Lorentz-Invarianz, Übereinstimmung mit den Quantengesetzen oder mit dem Allgemeinen oder dem Speziellen ↑Relativitätsprinzip.

Die Kritik insbes. der Konstruktiven Wissenschaftstheorie (↑Wissenschaftstheorie, konstruktive) an dem Projekt der Erforschung von i.n R. setzt bei der Unterstellung an, die Wissenschaftsdynamik lasse sich ausschließlich an der sprachlichen Darstellung der Wissenschaften in Theorien festmachen, ohne daß auf die vorsprachlichen Bedingungen dieser Theorien rekurriert werden muß. Die methodische Rekonstruktion von Theorien ergibt nämlich grundsätzlich dann (und insoweit) eine ›Kommensurabilität‹, wenn bzw. als die Rekonstruktion von derselben lebensweltlich-operativen Basis (z. B. einer ↑vorwissenschaftlichen Meß- und Laborpraxis) aus erfolgt (P. Janich). Vor dem Hintergrund dieser Kritik erscheint es als problematisch, den Fortschritt der Wissenschaften primär auf die Dynamik der Darstellung der Wissenschaften in ›Theorien‹ zu beziehen.

Literatur: R. Batterman, Intertheory Relations in Physics, SEP 2001, rev. 2016; M. Bunge, Problems Concerning Intertheory Relations, in: P. Weingartner/G. Zecha (eds.), Induction, Physics, and Ethics, Dordrecht 1970, 285–315; P. A. M. Dirac, Lectures on Quantum Field Theory, New York 1966, 1967; P. Duhem, La théorie physique. Son objet et sa structure, Rev. de philos. 4 (1904), 387–402, 542–556, 643–671, 5 (1904), 121–160, 241–263, 353–369, 535–562, 712–737, 6 (1905), 25–43, 267–292, 377–399, 519–559, 619–641, Neudr. Paris 1906, erw. unter dem Titel: La théorie physique. Son objet – sa structure, [2]1914 (repr. Paris 1981, Frankfurt 1985) [erw. um einen Anhang: Physique de croyant / La valeur de la théorie physique à propos d'un livre récent, 413–509] (dt. Ziel und Struktur der physikalischen Theorien, Leipzig 1908, Nachdr. ed. L. Schäfer, Hamburg 1978, 1998; engl. The Aim and Structure of Physical Theory, Princeton N. J. 1954, New York [2]1974, Princeton N. J. 1991); P. K. Feyerabend, Explanation, Reduction and Empiricism, in: H. Feigl/G. Maxwell (eds.), Scientific Explanation, Space, and Time, Minneapolis Minn. 1962, [2]1966 (Minnesota Stud. Philos. Sci. III), 28–97, Neudr. in: Philosophical Papers I, Cambridge etc. 1981, 44–96 (dt. [gekürzt] Erklärung, Reduktion und Empirismus, in: ders., Probleme des Empirismus. Schriften zur Theorie der Erklärung, der Quantentheorie und der Wissenschaftsgeschichte. Ausgewählte Schriften II, Braunschweig/Wiesbaden 1981, 73–125); ders., Reply to Criticism. Comments on Smart, Sellars and Putnam, in: R.S. Cohen/M.W. Wartofsky (eds.), Proceedings of the Boston Colloquium for the Philosophy of Science, 1962–1964. In Honour of Philipp Frank, New York 1965 (Boston Stud. Philos. Sci. II), 223–261 (dt. Antwort an Kritiker. Bemerkungen zu Smart, Sellars und Putnam, in: ders., Probleme des Empirismus [s.o.], 126–160 [mit einem Nachtrag von 1980]); ders., Problems of Empiricism, in: R.G. Colodny (ed.), Beyond the Edge of Certainty. Essays in Contemporary Science and Philosophy II, Englewood Cliffs N.J. 1965, 145–260; ders., Against Method. Outline of an Anarchistic Theory of Knowledge, in: M. Radner/S. Winokur (eds.), Analyses of Theories and Methods of Physics and Psychology, Minneapolis Minn. 1970 (Minnesota Stud. Philos. Sci. IV), 17–130, erw. Atlantic Highlands N.J., London 1975, [3]1993 (dt. [nochmals erw.] Wider den Methodenzwang. Skizze einer anarchistischen Erkenntnistheorie, Frankfurt 1976, ohne Untertitel [2]1983, [7]1999); ders., Problems of Empiricism, Part II, in: R.G. Colodny (ed.), The Nature and Function of Scientific Theories. Essays in Contemporary Science and Philosophy IV, Pittsburgh Pa. 1970, 275–353; G. Gorham, Similarity as an Intertheory Relation, Philos. Sci. 63 (1996), 220–229; N.R. Hanson, Patterns of Discovery. An Inquiry Into the Conceptual Foundations of Science, Cambridge 1958, Cambridge etc. 2010 (franz. Modèles de la découverte. Une enquête sur les fondements conceptuels de la science, Chennevières-sur-Marne 2001); W. Heisenberg, Über den anschaulichen Inhalt der quantentheoretischen Kinematik und Mechanik, Z. Physik 43 (1927), 172–198; ders., Die Entwicklung der Deutung der Quantenmechanik, Phys. Bl. 12 (1956), 289–304; ders., Abschluß der Physik?, in: ders., Schritte über Grenzen. Gesammelte Reden und Aufsätze, München/Zürich 1971, erw. [2]1973, [3]1976, 306–313, Neudr. [gekürzt] 1984, [5]1994, 270–277; ders., Die Richtigkeitskriterien der abgeschlossenen Theorien in der Physik, in: E. Scheibe/G. Süßmann (eds.), Einheit und Vielfalt. Festschrift für Carl Friedrich von Weizsäcker zum 60. Geburtstag, Göttingen 1973, 140–144; C.G. Hempel, Deductive-Nomological vs. Statistical Explanation, in: H. Feigl/G. Maxwell (eds.), Scientific Explanation, Space, and Time, Minneapolis Minn. 1962 (Minnesota Stud. Philos. Sci. III), [2]1966, 98–169; ders., Aspects of Scientific Explanation and Other Essays in the Philosophy of Science, New York, London 1965, 1970 (dt. Übers. des erg. u. bearb. Titelaufsatzes: Aspekte wissenschaftlicher Erklärung, Berlin/New York 1977; ders., On the ›Standard Conception‹ of Scientific Theories, in: M. Radner/S. Winokur, Analyses of Theories and Methods of Physics and Psychology, Minneapolis Minn. 1970 (Minnesota Stud. Philos. Sci. IV), 142–163; ders./P. Oppenheim, Studies in the Logic of Explanation, Philos. Sci. 15 (1948), 135–175, bearb. Nachdr. in: ders., Aspects of Scientific Explanation [s.o.], 245–290; K. Hübner, Kritik der wissenschaftlichen Vernunft, Freiburg/München 1978, [4]2002 (engl. Critique of Scientific Reason, Chicago Ill./London 1983); P. Janich, Grenzen der Naturwissenschaft. Erkennen als Handeln, München 1992; ders., Die Kultur fortschreitender Naturerkenntnis, in: E.-L. Winnacker (ed.), Fortschritt und Gesellschaft, Stuttgart 1993, 99–112; J.G. Kemeny/P. Oppenheim, On Reduction, Philos. Stud. 7 (1956), 6–19;

L. Krüger, Wissenschaftliche Revolutionen und Kontinuität der Erfahrung, Neue H. Philos. 6/7 (1974), 1–26; T.S. Kuhn, The Structure of Scientific Revolutions, Chicago Ill./London 1962, erw. [2]1970, [3]1996, 2007 (dt. Die Struktur wissenschaftlicher Revolutionen, Frankfurt 1967, [2]1976 [erw. um das Postskriptum von 1969], 2007); ders., Reflections on My Critics, in: I. Lakatos/A. Musgrave (eds.), Criticism and the Growth of Knowledge, Cambridge etc. 1970, 1999 (Proc. Int. Coll. Philos. Sci. IV), 231–278, ferner in: ders., The Road since »Structure«. Philosophical Essays, 1970–1993, with an Autobiographical Interview, ed. J. Conant/J. Haugeland, Chicago Ill./London 2000, 2002, 123–175 (dt. Bemerkungen zu meinen Kritikern, in: I. Lakatos/A. Musgrave [eds.], Kritik und Erkenntnisfortschritt, Braunschweig 1974 [Abh. Int. Koll. Philos. Wiss. IV], 223–269); ders., Commensurability, Comparability, Communicability, in: P.D. Asquith/T. Nickles (eds.), PSA 1982. Proceedings of the 1982 Biennial Meeting of the Philosophy of Science Association II, East Lansing Mich. 1983, 669–688, ferner in: ders., The Road since »Structure« [s.o.], 33–57; I. Lakatos, Falsification and the Methodology of Scientific Research Programmes, in: ders./A. Musgrave (eds.), Criticism and the Growth of Knowledge [s.o.], 91–195, Neudr. in: ders., The Methodology of Scientific Research Programmes. Philosophical Papers I, ed. J. Worrall/G. Currie, Cambridge etc. 1978, 8–101 (dt. Falsifikation und die Methodologie wissenschaftlicher Forschungsprogramme, in: ders./A. Musgrave [eds.], Kritik und Erkenntnisfortschritt [s.o.], 89–189, ferner in: ders., Die Methodologie der wissenschaftlichen Forschungsprogramme. Philosophische Schriften I, ed. J. Worrall/G. Currie, Braunschweig/Wiesbaden 1982, 7–107); J. Mittelstraß, Die Möglichkeit von Wissenschaft, Frankfurt 1974, 106–144, 234–244 (Kap. 5 Prolegomena zu einer konstruktiven Theorie der Wissenschaftsgeschichte); C.U. Moulines, Towards a Typology of Intertheoretical Relations, in: J. Echeverria/A. Ibarra/T. Mormann (eds.), The Space of Mathematics. Philosophical, Epistemological, and Historical Explorations, Berlin/New York 1992, 403–411; ders., Intertheoretical Relations and the Dynamics of Science, Erkenntnis 79 (2014), 1505–1519; E. Nagel, The Meaning of Reduction in the Natural Sciences, in: R.C. Stauffer (ed.), Science and Civilization, Madison Wis. 1949, 99–145, Neudr. in: A. Danto/S. Morgenbesser (eds.), Philosophy of Science. Readings, Cleveland Ohio/New York 1960, New York 1974, 288–312; ders., The Structure of Science. Problems in the Logic of Scientific Explanation, New York, London 1961, Indianapolis Ind. 2003; D. Pearce, Translation, Reduction and Equivalence. Some Topics in Intertheory Relations, Frankfurt/Bern/New York 1985; K.R. Popper, Logik der Forschung. Zur Erkenntnistheorie der modernen Naturwissenschaft, Wien 1935 [1934], Tübingen [10]1994, [11]2005 (= Ges. Werke III) (engl. The Logic of Scientific Discovery, New York 1949, London, New York 1959, London/New York 2010; franz. La logique de la découverte scientifique, Paris 1973); ders., Über die Zielsetzung der Erfahrungswissenschaft, Ratio 1/2 (1957/1958), 21–31; ders., Conjectures and Refutations. The Growth of Scientific Knowledge, London, New York 1963, London [5]1974, rev. 1989, London/New York 2010; H. Primas/W. Gans, Quantenmechanik, Biologie und Theorienreduktion, in: B. Kanitscheider (ed.), Materie – Leben – Geist. Zum Problem der Reduktion der Wissenschaften, Berlin 1979, 15–42; H. Putnam, Meaning and the Moral Sciences, London/Henley/Boston Mass. 1978, Abingdon, New York 2010; E. Scheibe, Die Erklärung der Keplerschen Gesetze durch Newtons Gravitationsgesetz, in: ders./G. Süßmann (eds.), Einheit und Vielfalt [s.o.], 98–118; ders., Vergleichbarkeit, Widerspruch und Erklärung, in: R. Haller/J. Götschl (eds.), Philosophie und Physik, Braunschweig 1975, 57–71; ders., Gibt es Erklärungen von Theorien?, Allg. Z. Philos. 3 (1976), 26–45; ders., Zum Theorienvergleich in der Physik, in: K. M. Meyer-Abich (ed.), Physik, Philosophie und Politik. Festschrift für Carl Friedrich von Weizsäcker zum 70. Geburtstag, München/Wien 1982, 291–309; D. Shapere, Meaning and Scientific Change, in: R. G. Colodny (ed.), Mind and Cosmos. Essays in Contemporary Science and Philosophy, Pittsburgh Pa. 1966 (repr. Lanham Md./New York/London 1983), 41–85; J. J. C. Smart, Conflicting Views about Explanation, in: R. S. Cohen/M. W. Wartofsky (eds.), Proceedings of the Boston Colloquium for the Philosophy of Science, 1962–1964 [s.o.], 157–169; J. D. Sneed, The Logical Structure of Mathematical Physics, Dordrecht 1971, Dordrecht/Boston Mass./London ^{2}1979; W. Stegmüller, Probleme und Resultate der Wissenschaftstheorie und Analytischen Philosophie II/2 (Theorie und Erfahrung. Theorienstrukturen und Theoriendynamik), Berlin/Heidelberg/New York 1973, ^{2}1985 (engl. The Structure and Dynamics of Theories, Berlin/Heidelberg/New York 1976); ders., Probleme und Resultate der Wissenschaftstheorie und Analytischen Philosophie II/3 (Theorie und Erfahrung. Die Entwicklung des neuen Strukturalismus seit 1973), Berlin/Heidelberg/New York 1986; S. Toulmin, Human Understanding I (General Introduction and Part I: The Collective Use and Evolution of Concepts), Oxford, Princeton N. J. 1972, 1977 (dt. Menschliches Erkennen I. Kritik der kollektiven Vernunft, Frankfurt 1978, Neudr. unter dem Titel: Kritik der kollektiven Vernunft, Frankfurt 1983); C. F. v. Weizsäcker, Die Einheit der Natur. Studien, München 1971, ^{8}2002; ders., Aufbau der Physik, München 1985, ^{4}2002 (engl. The Structure of Physics, Dordrecht 2006).   C. F. G.

Relationenkalkül (auch: Relativkalkül; engl. calculus of relations), Bezeichnung für ein Hilfsmittel zur Behandlung der ↑Relationenlogik. Bei den Begründern der Logik 2-stelliger ↑Relationen im 19. Jh. (A. de Morgan, C. S. Peirce, E. Schröder) wurden Rechenregeln für Terme nach Art der elementaren Arithmetik herangezogen, um gültige Beziehungen zwischen Relationen als Gleichheiten zwischen Termen ausrechnen zu können. Da Klassen und Relationen – anders als Zahlen und Funktionen vor ihrer mit G. Freges logizistischem Programm (↑Logizismus) (es war in den ↑Principia Mathematica B. Russells und A. N. Whiteheads für die moderne Diskussion in kanonische Gestalt gebracht worden) vorgesehenen Reduktion auf Klassen und Relationen – traditionell logische und nicht mathematische Gegenstände sind, gehören ↑Klassenkalkül und R. einer ↑Algebra der Logik an. Zur selben Zeit werden mit der von G. Cantor begründeten ↑Mengenlehre Klassen und Relationen umgekehrt zu mathematischen Gegenständen gemacht, so daß bis heute der Streit um die angemessene Abgrenzung von Logik und Mathematik nicht beendet ist. Bei Klassenkalkül und R. handelt es sich noch nicht um streng syntaktisch aufgebaute ↑Kalküle, wie sie von Frege für die Logik geschaffen wurden (↑Logikkalkül). Vielmehr entsteht mit der Konzeption der modernen ↑Algebra als einer Theorie jeweils besonderer abstrakter Strukturen (z. B. Gruppe, Verband, ↑Ordnung oder Verein, geordnete Gruppe, Verbandsgruppe) die Aufgabe, derartige

Strukturen präzise festzulegen. Dazu dient die axiomatische Methode (↑Methode, axiomatische): sowohl ↑Klassenlogik als auch Relationenlogik werden als Träger einer ganzen Reihe axiomatisch charakterisierter algebraischer Strukturen verstanden.

Solange nur solche Operationen und Beziehungen zwischen Relationen betrachtet werden, die auch in der Klassenlogik behandelt sind, ist die zugehörige algebraische Struktur ebenfalls ein vollständiger ↑Boolescher Verband (↑Boolesche Algebra). Berücksichtigt man hingegen die in der Relationenlogik für 2-stellige Relationen neu hinzukommenden Möglichkeiten einer 2-stelligen Operation, der ↑Relationenmultiplikation ($\sigma \mid \tau \leftleftarrows \in_{x,y} \bigvee_z (x \sigma z \wedge z \tau y)$), und einer 1-stelligen Operation, der Konversion ($\breve{\rho} \leftleftarrows \in_{x,y} y \rho x$, ↑konvers/Konversion), so ist die zugehörige algebraische Struktur 2-stelliger Relationen, die *Relationenalgebra*, zunächst einmal eine besondere vollständige Boolesche Verbandshalbgruppe mit kleinstem Element (der zwischen keinen zwei Gegenständen bestehenden *Nullrelation* $o: x\, o\, y \leftleftarrows x \not\equiv x \wedge y \not\equiv y$), neutralem Element (der *Einsrelation* oder ↑Identität $\varepsilon: x\, \varepsilon\, y \leftleftarrows x \equiv y$) und größtem Element (der zwischen beliebigen zwei Elementen bestehenden *Universalrelation* $w: x\, w\, y \leftleftarrows x \equiv x \wedge y \equiv y$). D. h., neben den für einen vollständigen Booleschen Verband geltenden Verbandsaxiomen und den zugehörigen Halbgruppenaxiomen, also Distributivität (↑distributiv/Distributivität) der Multiplikation gegenüber ↑Durchschnitt und Vereinigung (↑Vereinigung (mengentheoretisch)) sowie Assoziativität (↑assoziativ/Assoziativität) der Multiplikation, gelten noch weitere Axiome: Werden

$$\breve{\breve{\rho}} = \rho,$$

$$\widetilde{\sigma \mid \tau} = \breve{\tau} \mid \breve{\sigma},$$

$$\sigma \subseteq \tau \leftrightarrow \breve{\sigma} \subseteq \breve{\tau},$$

die Vertauschbarkeit der Konversion mit Durchschnitt, Vereinigung und ↑Komplement (symbolisch: $\widetilde{\sigma \cap \tau} = \breve{\sigma} \cap \breve{\tau}$, $\widetilde{\sigma \cup \tau} = \breve{\sigma} \cup \breve{\tau}$ und $\breve{\bar{\sigma}} = \bar{\breve{\sigma}}$) sowie das bereits von Schröder (1895) für (2-stellige) Relationen als erfüllt nachgewiesene Axiom

$$(\rho \mid \sigma) \cap \tau \subseteq (\rho \cap (\tau \mid \breve{\sigma})) \mid (\sigma \cap (\breve{\rho} \mid \tau))$$

hinzugefügt, so liegt die algebraische Struktur eines *Bundes* vor. Wird weiter ergänzt durch die von (2-stelligen) Relationen erfüllten Axiome

$$\sigma \mid \tau \subseteq \bar{\varepsilon} \rightarrow \tau \mid \sigma \subseteq \bar{\varepsilon}$$

($\bar{\varepsilon}$ ist als Komplement der Identität die Verschiedenheit) und

$$o \subset \rho \rightarrow \omega \mid \rho \mid \omega = \omega,$$

so ergibt sich die axiomatische Charakterisierung der Relationenalgebra 2-stelliger Relationen. Sie kann auch dargestellt werden durch die ∪-Endomorphismen der (vollständigen) Booleschen Algebra aller Relationen ohne Multiplikation und Konversion, also diejenigen speziellen rechtseindeutigen Relationen ρ' zwischen Relationen, die ein ↑Homomorphismus der Booleschen Algebra in sich nur für Vereinigung, Inklusion und Komplement sind (symbolisch:

$$\sigma_1 \rho' \sigma_2 \wedge \tau_1 \rho' \tau_2 \to (\sigma_1 \cup \tau_1)\rho'(\sigma_2 \cup \tau_2),$$

$$\sigma_1 \rho' \sigma_2 \wedge \tau_1 \rho' \tau_2 \to (\sigma_1 \subseteq \tau_1 \to \sigma_2 \subseteq \tau_2),$$

$$\sigma \rho' \tau \to \bar{\sigma} \rho' \bar{\tau}.$$

Z. B. gilt im R. (und zwar schon auf Grund der Bundaxiome) die in der Verbandstheorie eine wichtige Rolle spielende *Modularität* für je drei Relationen ρ, σ, τ, sofern τ symmetrisch ($\tau = \tilde{\tau}$) und transitiv ($\tau \,|\, \tau \subseteq \tau$) ist:

$$\rho \subseteq \tau \to \rho \,|\, (\sigma \cap \tau) = (\rho \,|\, \sigma) \cap \tau.$$

Eine Menge M heißt ein ›Gebilde‹ oder ein ›Relativ‹, wenn auf ihr ein System von Relationen erklärt ist; sie heißt ein ›Verknüpfungsgebilde‹, wenn diesen Relationen eineindeutig Funktionen zugeordnet werden können (z. B. bei Rechtseindeutigkeit der Relationen), die als Funktionen mit Argumenten und Werten aus M ↑Verknüpfungen oder (abstrakte) ↑Operationen in M sind; ›Korrespondenzen‹ (engl. correspondences) von M sind 2-stellige Relationen ρ auf M, die mit den definierenden Verknüpfungen in M, z. B. einer 3-stelligen Funktion f, verträglich sind, d. h., es gilt:

$$x_1 \rho y_1 \wedge x_2 \rho y_2 \wedge x_3 \rho y_3 \to$$
$$f\mathord{\uparrow}(x_1, x_2, x_3) \,\rho\, f\mathord{\uparrow}(y_1, y_2, y_3)$$

und Entsprechendes für die übrigen definierenden Verknüpfungen. Auch die Menge der Korrespondenzen eines Verknüpfungsgebildes trägt mit den Verbandsoperationen und den Operationen Konversion und Multiplikation die Struktur eines Bundes. Werden unter den Korrespondenzen nur die Monomorphismen betrachtet, also die zusätzlich durch $x\rho y_1 \wedge x\rho y_2 \to y_1 \equiv y_2$ und $\bigwedge_x \bigvee_y x\rho y$ charakterisierten Homomorphismen von M in sich, so sind außerdem die beiden Inklusionen $\tilde{\rho} \,|\, \rho = \varepsilon \subseteq \rho \,|\, \tilde{\rho}$ erfüllt. Erst bei weiterer Einschränkung auf die Automorphismen von M lassen sich die Inklusionen verschärfen zu Gleichheiten $\tilde{\rho} \,|\, \rho = \rho \,|\, \tilde{\rho} = \varepsilon$; $\tilde{\rho}$ ist das zu ρ bezüglich der Relationenmultiplikation inverse Element: die Automorphismen bilden eine Gruppe.

R.e werden gegenwärtig grundsätzlich unter strukturtheoretischen Gesichtspunkten als eine Algebra behandelt und nicht mehr als Bestandteil der Logik. Relationenalgebren unter Berücksichtigung auch mehrstelliger Relationen gehören zu den theoretischen Werkzeugen der ↑Informatik, insbes. für die Theorie der Datenbanken.

Literatur: R. Berghammer, Ordnungen, Verbände und Relationen mit Anwendungen, Wiesbaden 2008, ²2012; G. Birkhoff, Lattice Theory, New York 1940, rev. ²1948, Providence R. I. ³1967; R. Carnap, Einführung in die symbolische Logik mit besonderer Berücksichtigung ihrer Anwendungen, Wien 1954, Wien/New York ³1968, Neudr. 1973; H. B. Curry, Leçons de logique algébrique, Paris 1952; H. Gericke, Theorie der Verbände, Mannheim 1963, Mannheim/Wien/Zürich ²1967 (engl. Lattice Theory, London/Toronto/Wellington, New York 1966); R. D. Maddux, Relation Algebras, Amsterdam etc. 2006, 1–34 (Chap. 1 Calculus of Relations); ders., Relevance Logic and the Calculus of Relations, Rev. Symb. Log. 3 (2010), 41–70; A. de Morgan, On the Syllogism and Other Logical Writings, ed. P. Heath, London 1966, 208–242 (On the Syllogism IV, and on the Logic of Relations); C. S. Peirce, Description of a Notation for the Logic of Relatives, Memoirs of the American Academy 9 (1870), 317–378, Neudr. in: ders., Collected Papers III, ed. C. Hartshorne/P. Weiss, Cambridge Mass. 1933 (repr. Bristol 1998), 1974, 27–98; ders., The Logic of Relatives, Monist 7 (1897), 161–217, Neudr. in: ders., Collected Papers [s. o.] III, 288–345; R. Pöschel/L. A. Kalužnin, Funktionen- und Relationenalgebren. Ein Kapitel der Diskreten Mathematik, Berlin, Basel/Stuttgart 1979; G. Schmidt, Relational Mathematics, Cambridge 2011; E. Schröder, Vorlesungen über die Algebra der Logik (exakte Logik) III (Algebra und Logik der Relative), Leipzig 1895 (repr. New York 1966); A. Tarski, On the Calculus of Relations, J. Symb. Log. 6 (1941), 73–89; A. N. Whitehead/B. Russell, Principia Mathematica, I–III, Cambridge 1910–1913 (repr. o.O. 2009), ²1925–1927 (repr. Cambridge etc. 1950, 1978, Teilrepr. unter dem Titel: Principia Mathematica to *56, Cambridge 1962, 1999). K. L.

Relationenlogik (engl. logic of relations, logic of relatives), Bezeichnung für einen von A. De Morgan, C. S. Peirce und E. Schröder begründeten Zweig der modernen formalen Logik (↑Logik, formale), in dem nicht, wie in der ↑Klassenlogik, nur die Eigenschaften und Beziehungen einstelliger ↑Prädikatoren in extensionaler (↑extensional/Extension) Abstraktion als Klassen (↑Klasse (logisch)) betrachtet werden. Die R. untersucht vielmehr Prädikatoren jeder Stellenzahl in extensionaler Abstraktion als ↑Relationen in Bezug auf ihre Eigenschaften und Beziehungen und wird, sofern sie nicht direkt von der klassischen ↑Quantorenlogik abgeleitet ist (wobei sich nicht alle quantorenlogisch allgemeingültigen ↑Aussageschemata relationenlogisch repräsentieren lassen), in der Gestalt selbständiger axiomatischer Theorien (↑System, axiomatisches) als eine abstrakte ↑Algebra behandelt oder in eine axiomatische Mengenlehre (↑Mengenlehre, axiomatische) eingebettet.

In ihrer ältesten, bei Peirce und Schröder als ›Logik der Relative‹ (heute wird ›Relativ‹ neben ›Gebilde‹ als Terminus für eine mit einem System von Relationen ausgestattete Menge, also den Definitionsbereich der Relationen, verwendet) bezeichneten Gestalt ist die R. grundsätzlich ununterschieden von dem Hilfsmittel zu ihrer Behandlung, einem ↑Relationenkalkül nach Art von Rechenregeln zur Ermittlung (logisch) gültiger Beziehungen zwischen Relationen und damit logischer Schlüsse (↑Schluß) zwischen den mit ihrer Hilfe gebildeten Aussagen. Erst mit der Fortentwicklung der Relationenkalküle zu axiomatisch definierten und damit abstrakten algebraischen Strukturen wird es möglich, die R. innerhalb von Teilbereichen von Relationen in Bezug auf explizit für solche Relationen definierte Operationen und Beziehungen von den zu ihrer Analyse entwickelten axiomatischen Strukturen (z. B. Relationenalgebra, Bund, ↑Boolescher Verband) zu unterscheiden.

Ist M eine Menge, z. B. ein Relativ, so ist jede Teilmenge des direkten Produktes $M \times M$ (↑Produkt (mengentheoretisch)), also jede Menge von Paaren (↑Paar, geordnetes) aus M, eine zweistellige Relation auf dem Bereich M, und die Menge aller zweistelligen Relationen auf M, also die ↑Potenzmenge von $M \times M$, trägt bezüglich der ↑Inklusion ($\sigma \subseteq \tau \leftrightharpoons \bigwedge_{x,y}(x\sigma y \to x\tau y)$), des ↑Durchschnitts ($\sigma \cap \tau \leftrightharpoons \in_{x,y}(x\sigma y \wedge x\tau y)$), der Vereinigung (↑Vereinigung (mengentheoretisch)) ($\sigma \cup \tau \leftrightharpoons \in_{x,y}(x\sigma y \vee x\tau y)$) und des ↑Komplements ($\bar{\rho} \leftrightharpoons \in_{x,y} \neg x\sigma y$) die Struktur eines vollständigen Booleschen Verbandes, ist also mit der Klassenlogik strukturgleich oder isomorph (↑isomorph/Isomorphie). Erst durch Hinzufügung der für (zweistellige) Relationen ρ, σ, τ eigentümlichen Operationen der Konversion $\tilde{\rho}$ ($x\tilde{\rho}y \leftrightharpoons y\rho x$; ↑konvers/Konversion) und der Multiplikation $\sigma \mid \tau$ ($x(\sigma \mid \tau)y \leftrightharpoons \bigvee_z(x\sigma z \wedge z\tau y)$; ↑Relationenmultiplikation, ↑Verkettung) sowie der in bezug auf die Multiplikation als neutrales Element auftretenden ↑Identität ($x\varepsilon y \leftrightharpoons x \equiv y$, d. h., es gilt $\varphi \mid \varepsilon = \varepsilon \mid \varphi = \varepsilon$) werden die besonderen algebraischen Strukturen der R. sichtbar.

Auch die Eigenschaften spezieller, in Mathematik, Logik und Philosophie wichtiger Relationen können relationenlogisch ausgedrückt und auf logische Abhängigkeiten hin untersucht werden. Dazu gehören insbes. die übrigen neben der Identität als ↑Äquivalenzrelationen auftretenden Gleichheiten (↑Gleichheit (logisch)), also solche Relationen ρ, die durch Reflexivität ($x \equiv y \to x\rho y$, d. h. $\varepsilon \subseteq \rho$; ↑reflexiv/Reflexivität), Transitivität ($x\rho y \wedge y\rho z \to x\rho z$, d. h. $\rho \mid \rho \subseteq \rho$; ↑transitiv/Transitivität) und Symmetrie ($x\rho y \to y\rho x$, also $\rho = \tilde{\rho}$; ↑symmetrisch/Symmetrie (logisch)) oder alternativ, damit logisch gleichwertig, durch Reflexivität und Komparativität (($z\rho x \wedge z\rho y \to x \equiv y$) $\wedge$ ($x\rho z \wedge y\rho z \to x \equiv y$), d. h. $\tilde{\rho} \mid \rho \subseteq \rho$ und $\rho \mid \tilde{\rho} \subseteq \rho$; ↑komparativ/Komparativität) charakterisiert sind. Genau dann, wenn für Äquivalenzrelationen σ, τ die Produktoperation kommutativ (↑kommutativ/Kommutativität) ist (symbolisch: $\sigma \mid \tau = \tau \mid \sigma$), ist auch das Produkt eine Äquivalenzrelation. Selbst wenn zwei beliebige Relationen σ und τ symmetrisch sind, braucht ihr Produkt $\sigma \mid \tau$ – wegen der fehlenden Kommutativität – nicht symmetrisch zu sein;

z. B. sind ›ebenso groß wie‹ und ›verwandt mit‹ symmetrisch, aber ›ebenso groß wie jemand, der verwandt ist mit‹ ist verschieden von ›verwandt mit jemandem, der ebenso groß ist wie‹.

Handelt es sich um Äquivalenzrelationen ρ, die auf einer Menge mit einem System von Verknüpfungen erklärt sind, also auf einem Verknüpfungsgebilde – z. B. mit einer einstelligen Verknüpfung f und einer zweistelligen Verknüpfung g (etwa einem Booleschen Verband bezüglich Komplement und Durchschnitt) –, und sind die Äquivalenzrelationen ρ zugleich Korrespondenzen, d. h. mit den definierenden Verknüpfungen verträglich (es gilt dann: $x\rho y \to (f \urcorner x)\rho (f \urcorner y)$ und $x_1\rho y_1 \wedge x_2\rho y_2 \to g \urcorner (x_1,x_2) \rho g \urcorner (y_1,y_2)$, so heißen sie ›Kongruenzrelationen‹ (im Booleschen Verband mit den vier Elementen

ist z. B. $a\rho 0$ und $\bar{a}\rho 1$ zusammen mit der symmetrischen und reflexiven Hülle, also $0\rho a$, $a\rho a$ usw., eine Kongruenzrelation). Die Kongruenzrelationen ρ eines Verknüpfungsgebildes M (z. B. mit f, g wie oben) wiederum lassen sich eindeutig den ↑Homomorphismen φ von M (bezüglich f, g) zuordnen. Man muß dazu nur von den Elementen $x \in M$ zu den vermöge der Äquivalenzrelation ρ ihnen zugeordneten ›Äquivalenzklassen‹ $x^\rho \leftrightharpoons \in_y x\rho y$ übergehen. Dann ist die Abbildung $x \mapsto x^\rho$ eine Abbildung von M auf die Menge M^ρ der Äquivalenzklassen (im Beispielverband die Mengen $\{0, a\}$ und $\{\bar{a}, 1\}$), und in M^ρ lassen sich die Verknüpfungen entsprechend den Verknüpfungen in M erklären, also z. B. $f^\rho \urcorner x^\rho \leftrightharpoons (f \urcorner x)^\rho$ und $g^\rho \urcorner (x^\rho, y^\rho) \leftrightharpoons (g \urcorner (x, y))^\rho$, so daß die Abbildung $\varphi x = x^\rho$ ein Homomorphismus ist – im Beispiel von dem Booleschen Verband mit vier Elementen auf denjenigen mit zwei Elementen:

Umgekehrt wird jedem Homomorphismus φ von M in irgendein Verknüpfungsgebilde gleichen Typs durch $x\rho y \leftrightharpoons \varphi x = \varphi y$ eine Kongruenzrelation zugeordnet.

Wichtige Relationen sind auch die durch die Eigenschaften Reflexivität, Transitivität und Antisymmetrie ($x\rho y \wedge y\rho x \to x = y$, d. h. $\rho \cap \tilde{\rho} = \varepsilon$; ↑antisymmetrisch/Antisymmetrie) ausgezeichneten ↑Ordnungsrelationen, wobei die weitere Eigenschaft der Konnexität (↑konnex) $x\rho y \vee y\rho x$, d. h. $\bar{\rho} \subseteq \tilde{\rho}$) aus einer Ordnung eine Totalordnung (auch: lineare ↑Ordnung) macht. Dabei ist die Mehrdeutigkeit von ›konnex‹ zu beachten, weil in der so

genannten konnexen Logik (↑Logik, konnexe), die sich
seit der ↑Stoa auf Begriffe konnexer Implikation stützt
(welche durch einen inneren Zusammenhang zwischen
A und B in ›wenn A, dann B‹ zu explizieren sind und
deshalb durch die selbst noch zu klärende ›Unmöglichkeit‹ von ›A und nicht-B‹, wie z. B. bei einer logischen,
einer strikten und einer relevanten ↑Implikation), die
nur bei der klassisch-materialen Deutung der ›wenn-
dann‹-Relation (wenn A, dann $B \leftrightharpoons (\neg A \lor B)$ ε wahr)
vorliegende Konnexität des ›wenn – dann‹ (›wenn A,
dann B‹ oder ›wenn B, dann A‹) gerade aufgegeben ist.
Typische Beispiele für eine Ordnungsrelation sind die
Kleiner-oder-gleich-Relation und die Teilbarkeitsrela-
tion innerhalb der ganzen Zahlen; mit $x < y \leftrightharpoons x \leq y \land$
$x \neq y$ wird zu jeder Ordnungsrelation $\leq$ eine strikte Ordnung $<$ eingeführt, die sich durch Transitivität und
Asymmetrie ($x\rho y \to \neg y\rho x$, d. h. $\rho \subseteq \bar{\tilde{\rho}}$, gleichwertig mit
$\tilde{\rho} \subseteq \bar{\rho}$; ↑asymmetrisch/Asymmetrie) definieren läßt.
Gerade für Ordnungen und Totalordnungen wichtig ist
die Eigenschaft, dicht zu sein; und zwar heißt ρ ›dicht‹,
wenn gilt:

$$x \neq y \land x\rho y \to \bigvee_z (z \neq x \land z \neq y \land x\rho z \land z\rho y).$$

Es ist eine verbreitete Redeweise, bei rechtseindeutigen
Relationen, d. h., wenn zwei Relationen σ und τ eineindeutig zwei Funktionen g und f durch $x\sigma z \leftrightharpoons z = g \wr x$
bzw. $z\tau y \leftrightharpoons y = f \wr z$ zugeordnet werden können, der
Multiplikation $\sigma | \tau$ der Relationen σ und τ die ↑Verket-
tung $f \wr g$ der zugehörigen Funktionen f und g entspre-
chen zu lassen: $f \wr g \leftrightharpoons \wr_x \iota_y \bigvee_z (y = f \wr z \land z = g \wr x)$, weil
nach Konstruktion $y = (f \wr g) \wr x \leftrightarrow x (\sigma | \tau) y$. Allerdings
ist es unzweckmäßig, die Relationenmultiplikation ge-
nerell als Verkettung zu bezeichnen, wie zwangsläufig
bei der Identifikation von rechtseindeutigen (oder linkseindeutigen) Relationen mit Funktionen.
Der übliche Rahmen der R. und auch einer Relationenalgebra wird gesprengt, wenn man zu einer Relation ρ
ihre transitive Hülle, nämlich die Relation ›ρ-Vorfahre
von‹, bestimmen will, weil dazu eine unbegrenzte Po-
tenzierung von ρ erforderlich wäre. Hier ist statt einer
expliziten ↑Definition nur eine induktive Definition
(↑Definition, induktive) der ρ-Vorfahr-von-Relation ρ^*
möglich, also durch ein Regelsystem wie etwa

$n\rho m \qquad \Rightarrow n\rho^* m,$
$k\rho n; n\rho^* m \Rightarrow k\rho^* m.$

Solche induktiven Definitionen von Relationen spielen
in der Konstruktiven Mathematik (↑Mathematik, konstruktive, ↑Mathematik, operative) eine entscheidende
Rolle.

Literatur: J. Gasser, Introduction à la logique des relations de C. S.
Peirce, Neuchâtel 1993; J. Geyser, Logistik und Relationslogik,
Philos. Jb. 22 (1909), 123–143; J. Jørgensen, A Treatise of Formal
Logic. Its Evolution and Main Branches, with Its Relations to
Mathematics and Philosophy, I–III, Kopenhagen, London 1931,
New York 1962; C. I. Lewis, A Survey of Symbolic Logic. The
Classic Algebra of Logic, Berkeley Calif. 1918 (repr. Bristol 2001),
New York 1960; P. Lorenzen, Einführung in die operative Logik
und Mathematik, Berlin/Göttingen/Heidelberg 1955, Berlin/
Heidelberg/New York ²1969; D. D. Merrill, Augustus De Morgan
and the Logic of Relations, Dordrecht/Boston Mass./London
1990; C. S. Peirce, Die Logik der Relative (1897), in: ders., Semiotische Schriften I, ed. C. J. W. Kloesel/H. Pape, Frankfurt 1986,
2000, 269–335; B. Russell, Sur la logique des relations avec des
applications à la théorie des séries, Rev. math. 7 (1900/1901),
115–148 (engl. The Logic of Relations. With some Applications
to the Theory of Series, in: ders., Logic and Knowledge. Essays
1901–1950, ed. R. C. Marsh, London 1956, Nottingham 2007,
3–38); E. Schröder, Über die formalen Elemente der absoluten
Algebra, Baden-Baden, Stuttgart 1874; P. Schulthess, Relation
und Funktion. Eine systematische und entwicklungsgeschichtliche Untersuchung zur theoretischen Philosophie Kants, Berlin/
New York 1981 (Kant-St. Erg.hefte 113).   K. L.

Relationenmultiplikation, Bezeichnung für eine neben
der (einstelligen) Konversion (↑konvers/Konversion) in
der ↑Relationenlogik zu den auch schon in der ↑Klassen-
logik möglichen Operationen hinzutretende wichtige
(zweistellige) Operation auf ↑Relationen: ρ heißt das
(relative) Produkt $\sigma | \tau$ der zweistelligen Relationen σ
und τ auf einem Grundbereich genau dann, wenn für
jedes Paar von Gegenständen x, y gilt, daß x genau dann
in der Beziehung ρ zu y steht, wenn es einen Gegenstand
z des Bereichs gibt, so daß x in der Beziehung σ zu z und
z in der Beziehung τ zu y steht (symbolisch: $x\rho y \leftrightharpoons$
$\bigvee_z (x\sigma z \land z\tau y)$). Nach dieser Definition ist die R. zwar
nicht kommutativ (↑kommutativ/Kommutativität), aber
assoziativ (↑assoziativ/Assoziativität). Der Zusatz ›relativ‹ zu ›Produkt‹ wird nötig, wenn die ältere Bezeichnung ›Produkt‹ für die ebenso wie in der Klassenlogik
definierte Operation des Durchschnitts $\sigma \cap \tau$ zweier
Relationen σ und τ verwendet wird: $x(\sigma \cap \tau)y \leftrightharpoons x\sigma y \land$
$x\tau y$. Z. B. läßt sich die Transitivität (↑transitiv/Transiti-
vität) einer Relation ρ mit Hilfe der R. und unter Benutzung der ebenso wie in der Klassenlogik definierten
↑Inklusion $\rho \subseteq \sigma \leftrightharpoons \bigwedge_{x,y} (x\rho y \to x\sigma y)$) als eine Aussage
der Relationenlogik ausdrücken durch $\rho | \rho \subseteq \rho$. Ein
weiteres Beispiel ist die Beziehung ›Schwiegervater von‹.
Sie läßt sich als das Produkt von ›Vater von‹ und ›Ehe-
partner von‹ darstellen; es gilt nämlich für alle x, y:

$(x$ Schwiegervater von $y) \leftrightharpoons \bigvee_z (x$ Vater von $z \land z$ Ehe-
partner von $y) \rightthreetimes x$ (Vater von | Ehepartner von) $y.$

Die auf A. De Morgan zurückgehende und oft zur Fortsetzung der für positive ganzzahlige Exponenten n ein-
führbaren Potenzierung $\rho^{n+1} \leftrightharpoons \rho^n | \rho$ auch im Bereich
negativer Exponenten herangezogene Vereinbarung
$\rho^{-1} \leftrightharpoons \tilde{\rho}$ ($\tilde{\rho}$ ist die zu ρ konverse Relation: $x\tilde{\rho} y \leftrightharpoons y\rho x$
für alle x, y) ist ungeeignet. Zwar ist die Identität(srela-

tion) ε (mit $x\varepsilon y \leftrightharpoons x \equiv y$ für alle x, y) ein in bezug auf die R. neutrales Element, d. h., es gilt $\rho \mid \varepsilon = \varepsilon \mid \rho = \rho$; jedoch gibt es zu einer Relation ρ (genau) ein inverses Element σ (d. h. ein σ mit $\rho \mid \sigma = \sigma \mid \rho = \varepsilon$ – deshalb die Notation $\rangle\sigma = \rho^{-1}\langle$; ↑Relationenkalkül) nur (genau) dann, wenn ρ durch die Setzung $f \upharpoonright x = y \leftrightharpoons x\rho y$ eine umkehrbare Abbildung f auf dem Definitionsbereich von ρ induziert, d. h., wenn ρ links- und rechtseindeutig ist, und darüber hinaus sowohl der Vor- als auch der Nachbereich von ρ den gesamten Definitionsbereich umfaßt (also $\bigwedge_x \bigvee_y x\rho y$ und $\bigwedge_y \bigvee_x x\rho y$; ↑Relation). In diesem Falle ist $\sigma = \tilde{\rho}$.

Auch die Syllogismen, also die in der ↑Syllogistik behandelten Formen logischer Schlüsse, können als Sätze über Relationen auf dem Bereich der (einstelligen) ↑Prädikatoren oder (Klassen-)Begriffe dargestellt werden: Der vollkommene Syllogismus (↑Syllogismus, vollkommener) ↑Celarent etwa – er besagt, daß sich *SeP* (kein *S* ist *P*) aus den beiden ↑Prämissen *MeP* (kein *M* ist *P*) und *SaM* (alle *S* sind *M*) logisch erschließen läßt – wird unter Benutzung der Begriffsrelationen ↑*a* und ↑*e* mit der R. zum Satz: $a\mid e \subseteq e$; da er auch in umgekehrter Richtung gilt, sogar: $a\mid e = e$. K. L.

Relationsbegriff (auch: Beziehungsbegriff), Bezeichnung für die intensionale (↑intensional/Intension) Bedeutung eines mehrstelligen ↑Prädikators im Unterschied zur ↑Relation als dessen extensionaler (↑extensional/Extension) Bedeutung; bei zweistelligen Relationen auch $\rangle$Verhältnisbegriff$\langle$, dem Vergleich zweier Gegenstände dienend, z. B. in bezug auf Wärme bei $\rangle$wärmer als$\langle$, oder je zwei solche Vergleiche mit Hilfe eines Vergleichsmaßstabs, des ↑tertium comparationis (↑komparativ/Komparativität) bei den zwei Gegenstandspaaren, seinerseits vergleichend. Z. B. kann der Größenvergleich von n und m, also bei der Relation $n < m$ ($\rangle n$ ist kleiner als $m\langle$), mit dem Größenvergleich von n' und m' mit Hilfe der Differenz $m - n$ bzw. $m' - n'$ als dem *tertium comparationis* verglichen werden: Gilt $m - n = m' - n'$, so stehen die Paare m, n und m', n' im gleichen (additiven) Größenverhältnis. Meist wird jedoch bei einem Vergleich von Verhältnissen in Gestalt von Proportionen (↑Verhältnis) ein multiplikatives Verhältnis unterstellt. K. L.

relativ/Relativierung, auf etwas bezogen, nicht absolut (↑Absolute, das), als Substantiv $\rangle$Relativ$\langle$ Bezeichnung für eine Menge mit einem auf ihr erklärten System von ↑Relationen, also ein Gebilde (↑Relationenlogik). Häufig werden scheinbar einstellig, also $\rangle$absolut$\langle$, gebrauchte ↑Prädikatoren und ebenso die von ihnen dargestellten ↑Begriffe deshalb $\rangle$r.$\langle$ genannt, weil man auf ihre sachlich gebotene Mehrstelligkeit aufmerksam machen will. Z. B. sind die einstelligen Prädikatoren $\rangle$groß$\langle$ oder $\rangle$Vater$\langle$ erst

durch R. zum zweistelligen $\rangle$größer als$\langle$ bzw. $\rangle$Vater von$\langle$ mit höherer Genauigkeit verwendbar. Aber auch bereits explizit mehrstellige Prädikatoren bzw. die von ihnen dargestellten intensionalen (↑intensional/Intension) ↑Relationsbegriffe oder extensionalen (↑extensional/Extension) Relationen können durch Angabe eines noch unausgedrückt gebliebenen $\rangle$Bezugspunkts$\langle$, etwa die sportliche Leistungsfähigkeit eines Menschen $\rangle$in Hinsicht auf$\langle$ (auch: $\rangle$r. zu$\langle$, $\rangle$verglichen mit$\langle$, $\rangle$im Verhältnis zu$\langle$) das Lebensalter, präzisiert und damit die dargestellten Sachverhalte einer zuverlässigeren Beurteilung unterzogen werden. Entsprechend werden numerische Angaben, insbes. Maßzahlen für irgendwelche Größen, oft durch Vergleich z. B. mit entsprechenden Gesamt- oder Durchschnittszahlen zu r.en Angaben gemacht, die als (dimensionslose) *Verhältniszahlen* darstellbar sind (z. B. Prozentangaben, r.e Häufigkeiten, Zuwachsraten etc.; ↑Verhältnis).

In den Wissenschaften gehört es zu den methodologischen Regeln, jeweils genau die Bedingungen (theoretische Voraussetzungen und praktische Vorbedingungen) ausfindig zu machen, r. zu denen die Geltung der Aussagen gesichert ist. Z. B. wird in der Speziellen Relativitätstheorie (↑Relativitätstheorie, spezielle) die Gleichzeitigkeit (↑gleichzeitig/Gleichzeitigkeit), d. h. der zweistellige Prädikator $\rangle$gleichzeitig mit$\langle$ auf dem Bereich der ↑Ereignisse, *relativiert* zu einer r.en Gleichzeitigkeit von zwei Ereignissen jeweils r. zu einem ↑Inertialsystem. – In einer logischen Grammatik (↑Grammatik, logische) wiederum kann einer ↑Elementaraussage $\iota Q \varepsilon P$ mit zwei ↑Artikulatoren $\rangle Q\langle$ und $\rangle P\langle$, z. B. $\rangle$Haus$\langle$ und $\rangle$Dach$\langle$, ein komplexer Artikulator $\rangle Q \otimes P\langle$ (= Haus-Dach) derart zugeordnet werden, daß sich mit den jeweils eine einstellige Projektion erzeugenden Definitionen für den zugehörigen zweistelligen ↑Prädikator (↑Prädikation, ↑Ostension) bzw. logischen ↑Indikator, nämlich $\varepsilon(Q \otimes P)$ $= \varepsilon P_Q$ und $\delta(Q \otimes P) = \delta(PQ)$, ein komplexes $Q \otimes P$-Objekt sowohl als ein spezielles P-Objekt als auch als ein spezielles Q-Objekt darstellen läßt, wobei im ersten Fall die ↑Spezialisierung von $\rangle P\langle$ durch R. zu $\rangle P_Q\langle$ und im zweiten Fall die Spezialisierung durch Modifikation von $\rangle Q\langle$ mit dem ↑Modifikator $\rangle P\langle$ zu $\rangle PQ\langle$ erfolgt; mit den Beispielen wird $\rangle$ist [ein] Haus-Dach$\langle$ zu $\rangle$ist [ein] Dach von [einem] Haus$\langle$ und $\rangle$dies Haus-Dach$\langle$ zu $\rangle$dies Haus mit [einem] Dach$\langle$.

Es gibt traditionelle philosophische Systeme, z. B. die jainistische Philosophie (↑Philosophie, jainistische), die für die Geltung ihrer Aussagen ausdrücklich den begrifflichen Rahmen als Bezugspunkt einführen, nicht anders als in modernen ↑Wahrheitstheorien, wenn $\rangle$wahr$\langle$ nur r. zu einer Sprache verwendet ist. Wird die erkenntnistheoretische R. auf das erkennende Subjekt thematisiert, so geht es um eine Auseinandersetzung mit den verschiedenen Versionen des erkenntnistheoretischen ↑Relativismus. Stets werden scheinbar absolute Begründungsleistungen auf diese Weise erfolgreich relativiert. K. L.

Relativismus, Bezeichnung für eine Gruppe philosophischer Positionen, für die die ↑Begründung von ↑Aussagen bzw. die ↑Rechtfertigung von ↑Handlungen stets nur unter Voraussetzung von Prinzipien möglich ist, die selbst keine übergeordnete oder universelle Gültigkeit besitzen. ↑Geltung und Legitimität sind stets auf besondere Kontexte und Praktiken begrenzt. Der *epistemische* R. behauptet die eingeschränkte Legitimität aller Erkenntnisansprüche, der *ethische* R. bestreitet die voraussetzungslose Verpflichtungswirkung moralischer Grundsätze, und der *kulturelle* R. vertritt die grundsätzliche Verschiedenheit der ↑Lebensformen unterschiedlicher Kulturen und Epochen. In einer schwächeren Ausprägung besagt der epistemische R., daß wahre Aussagen in einem Zusammenhang in einem anderen Zusammenhang unter Umständen lediglich nicht ausgedrückt werden können (also auch nicht falsch werden). Ebenso gilt für den schwachen ethischen R., daß moralische Ansprüche, die in einem Zusammenhang legitim sind, in einem anderen unter Umständen gar nicht erfaßbar sind (also auch ihr Gegenteil nicht legitim ist).

Für den *epistemischen* R. werden die Erkenntnisinhalte wesentlich durch Faktoren beeinflußt, die nicht von der Natur des zu erkennenden ↑Objekts oder ↑Sachverhalts abhängen und auch nicht durch andere, universell gültige Prinzipien bestimmt sind. Stattdessen werden solche Inhalte wesentlich von ↑Konventionen beeinflußt. Diese Position wird in den Unterformen des kognitiven und des soziologischen R. vertreten. Beide Versionen gehen von der ↑Unterbestimmtheit wissenschaftlicher Theorien durch die Tatsachen aus (Duhem-Quine-These, ↑experimentum crucis). Diese Unterbestimmtheit läßt Raum für die Einwirkung nicht-faktischer Einflüsse auf Theorieinhalte. Der *kognitive* R. zieht wissenschaftsinterne (↑intern/extern) Faktoren in Betracht und stützt sich insbes. auf den Einfluß von Theorien auf die Tatsachenermittlung (↑Theoriebeladenheit) sowie auf den Rückgriff auf methodologische Kriterien wie Einfachheit oder Erklärungskraft zur Beurteilung empirischer Theorien (↑Konventionalismus, ↑Theoriendynamik). Da insofern die ↑Bestätigung von Theorien stets nur relativ zur vorausgesetzten Geltung anderer Theorien und zur Verpflichtung auf bestimmte Beurteilungsstandards erfolgt, können die Ergebnisse dieses Bestätigungsprozesses nicht als voraussetzungslos gültig eingestuft werden. Der kognitive R. sieht entsprechend die Geltung wissenschaftlicher Erkenntnisse durch inhaltliche Vorgaben (wie ein ↑Weltbild oder ↑Paradigma) sowie durch die Festlegung auf methodische Grundsätze beschränkt. – Der *soziologische* R. wird durch den

sog. wissenschaftssoziologischen Konstruktivismus (der nichts mit dem ↑Konstruktivismus der ↑Erlanger Schule zu tun hat) verkörpert. Die ↑Wissenschaftssoziologie geht davon aus, daß die jeweilige gesellschaftliche Situation das erkennende ↑Subjekt formt und auf diese Weise auch die vorherrschenden Annahmen über den Untersuchungsgegenstand beeinflußt. Sie behauptet nicht allein, daß die Auswahl und Gewichtung von Problembereichen sozialen Faktoren unterliegt; die These ist vielmehr, daß die Inhalte der jeweils akzeptierten Theorien von den vorliegenden sozialen, wirtschaftlichen und institutionellen Umständen abhängen. In den gemäßigten Fassungen der Wissenschaftssoziologie wird diese Abhängigkeit nur für diejenigen Aspekte der Theorieinhalte behauptet, die über die wissenschaftsintern stützbaren Ansprüche hinausgehen. Radikale Fassungen betrachten hingegen die Theorieinhalte als in hohem Maße durch die soziale Organisation des Forschungsprozesses festgelegt. Grundlage dieser Einschätzung ist die Behauptung, daß es die Wissenschaft nicht mit gegebenen Tatsachen zu tun habe; vielmehr werde die empirische Basis der Wissenschaft erst durch soziale Praktiken konstruiert. Was als Tatsache gilt, ergibt sich als Resultat von ›Aushandlungsprozeduren‹.

Der *ethische* R. (↑Ethik) ist durch die Behauptung gekennzeichnet, daß es unverträgliche Systeme moralischer Normen (↑Norm (handlungstheoretisch, moralphilosophisch)) gebe, von denen keines auf objektive Weise bevorzugt gerechtfertigt werden könne. Die Annahme der fundamentalen ethischen Prinzipien beruht nach Auffassung des ethischen R. vielmehr auf einer ›Willensentscheidung‹ (↑Wille, ↑Willensfreiheit), die Geltung dieser Prinzipien lediglich auf Konventionen. Ethische Systeme sind unverträglich, wenn sie abweichende moralische Urteile bei Gleichheit der unterstellten Situationsumstände beinhalten. Beruht die Abweichung hingegen allein auf einer unterschiedlichen Interpretation des vorliegenden Sachverhalts, sind die ethischen Systeme verträglich. – Der ethische R. stützt sich vor allem auf drei Gesichtspunkte: (1) die Unmöglichkeit, Normen aus ↑Tatsachen abzuleiten (naturalistischer Fehlschluß; ↑Naturalismus (ethisch)), (2) die unterstellte Existenz individueller, kultureller und historischer Vielfalt der jeweils akzeptierten ethischen Prinzipien, (3) die Annahme, daß die Versuche einer naturrechtlichen (↑Naturrecht) oder vernünftigen Normenbegründung unzulänglich oder zur Stützung eines gehaltvollen ethischen Systems unzureichend sind.

Der *kulturelle* R., eng mit dem ethischen R. verbunden, behauptet die grundlegende Verschiedenheit und ↑Individualität von Kulturen und historischen Epochen (↑Historismus). Kulturen und Epochen stellen demnach im Einzelfall radikal unterschiedliche Lebensformen dar. Sowohl die jeweils vorherrschenden Weltdeutungen als auch die akzeptierten Wertsysteme gelten in der Regel als disparat und inkompatibel (↑inkompatibel/Inkompatibilität); gleichwohl können sie auch kohärent (↑kohärent/Kohärenz) und von einem kulturinternen Standpunkt aus sinnvoll sein. Die Stimmigkeit eines umfassenden epistemischen R. ist umstritten. Der Standardeinwand beruht auf einer Selbstanwendung des R.: Für den R. ist jede Behauptung nur relativ zu bestimmten, in ihrer Geltung letztlich nicht überprüfbaren Grundsätzen gültig. Das gilt dann aber auch für diese Behauptung selbst, so daß der Relativist den Anspruch, der R. sei gültiger als die Nicht-R., nicht erheben kann. Dieser Einwand wird durch Reformulierungen der relativistischen Position zu umgehen versucht. Dabei sind weder der ethische noch der kulturelle R. von dieser Schwierigkeit betroffen. Der ethische R. ist selbst eine kognitive und keine ethische Position; der kulturelle R. beinhaltet lediglich eine empirische Behauptung. Beide Positionen implizieren daher keinen epistemischen R..

Literatur: R. Audi, Moral Value and Human Diversity, Oxford etc. 2007, 2008; M. Baghramian, Relativism, London/New York 2004, 2005; dies. (ed.), The Many Faces of Relativism, London/New York 2014; dies./A. Carter, Relativism, SEP 2015; D. K. Barry, Forms of Life and Following Rules. A Wittgensteinian Defence of Relativism, Leiden etc. 1996; P. Boghossian, Fear of Knowledge. Against Relativism and Constructivism, Oxford 2002, 2006 (franz. La peur du savoir. Sur le relativisme et le constructivisme de la connaissance, Marseille 2009; dt. Angst vor der Wahrheit. Ein Plädoyer gegen R. und Konstruktivismus, Berlin 2013); V. Böhnigk, Weltversionen. Wissenschaft zwischen R. und Pluralismus, Wien 1999; R. B. Brandt, Ethical Theory. The Problems of Normative and Critical Ethics, Englewood Cliffs N. J. 1959; ders., Ethical Relativism, Enc. Ph. V (1967), 75–78, III (²2006), 368–374 (mit Addendum v. D. B. Wong, 372–374); F. Braun, Der ethische R. als Herausforderung für die ethischen Theorien, Marburg 2016; M. Cajthaml, Analyse und Kritik des R., Heidelberg 2003; H. Cappelen/J. Hawthorne, Relativism and Monadic Truth, Oxford etc. 2009, 2010; J. Carter, Metaepistemology and Relativism, Basingstoke 2016; F. F. Centore, Two Views of Virtue. Absolute Relativism and Relative Absolutism, Westport Conn./London 2000; E. Craig, Relativism, REP VIII (1998), 189–190; K. Engelhard/D. H. Heidemann (eds.), Ethikbegründungen zwischen Universalismus und R., Berlin/New York 2005; G. Ernst (ed.), Moralischer R., Paderborn 2009; P. K. Feyerabend, Against Method. Outline of an Anarchistic Theory of Knowledge, in: M. Radner/S. Winokur (eds.), Analyses of Theories and Methods of Physics and Psychology, Minneapolis Minn. 1970 (Minnesota Stud. Philos. Sci. IV), 17–130, erw. Atlantic Highlands N. J./London 1975, London ⁴2010 (dt. [erw.] Wider den Methodenzwang. Skizze einer anarchistischen Erkenntnistheorie, Frankfurt 1976, ohne Untertitel ²1983, ¹³2013); ders., Rationalism, Relativism and Scientific Method, Philos. in Context 6 (1977), 7–19; S. Freudenberger, R., EP III (²2010), 2291–2297; C. Gowans, Moral Relativism, SEP 2004, rev. 2015; F. Gregersen/S. Koppe, Against Epistemological Relativism, Stud. Hist. Philos. Sci. 19 (1988), 447–487; S. D. Hales, Relativism and the Foundations of Philosophy, Cambridge Mass./London 2006; ders. (ed.), A Companion to Relativism, Chichester/Malden Mass. 2011; G.

Harman, What Is Moral Relativism?, in: A. I. Goldman/J. Kim (eds.), Values and Morals. Essays in Honor of William Frankena, Charles Stevenson, and Richard Brandt, Dordrecht/Boston Mass./London 1978, 143–161; ders./J. J. Thomson, Moral Relativism and Moral Objectivity, Cambridge Mass. etc. 1996, 2003; R. Harré/M. Krausz, Varieties of Relativism, Oxford etc. 1996; J. F. Harris, Against Relativism. A Philosophical Defense of Method, La Salle Ill. 1992, Chicago Ill. 1997; M. Hollis/S. Lukes (eds.), Rationality and Relativism, Oxford etc. 1982, 1993; B. Irlenborn, R., Berlin/Boston Mass. 2016; R. N. Johnson, Relativism, NDHI V (2005), 2035–2039; C. Kanzian u. a. (eds.), Realism, Relativism, Constructivism, Berlin/Boston Mass. 2017; J. Kellenberger, Moral Relativism, Moral Diversity, & Human Relationships, University Park Pa. 2001; R. Kirk, Relativism and Reality. A Contemporary Introduction, London/New York 1999; K. D. Knorr-Cetina, The Manufacture of Knowledge. An Essay on the Constructivist and Contextual Nature of Science, Oxford etc. 1981 (dt. [rev.] Die Fabrikation von Erkenntnis. Zur Anthropologie der Naturwissenschaft, Frankfurt 1984, ³2012); M. Kölbel, Truth without Objectivity, London/New York 2002, 2005; G. König, R., Hist. Wb. Ph. VIII (1992), 613–622; M. Krausz (ed.), Relativism. Interpretation and Confrontation, Notre Dame Ind. 1989; M. Kusch, Epistemic Replacement Relativism Defended, in: M. Suarez/M. Dorato/M. Rédei (eds.), EPSA Epistemology and Methodology of Science. Launch of the European Philosophy of Science Association, Dordrecht etc. 2010, 165–175; J. Ladd (ed.), Ethical Relativism, Belmont Calif. 1973, Lanham Md. 1985; B. Latour/S. Woolgar, Laboratory Life. The Social Construction of Scientific Facts, Beverly Hills Calif. 1979, rev. mit Untertitel: The Construction of Scientific Facts, Princeton N. J. 1986 (franz. La vie de laboratoire. La production des faits scientifiques, Paris 1996, 2008); L. Laudan, Progress and Its Problems. Towards a Theory of Scientific Growth, Berkeley Calif./Los Angeles/London 1977, 196–222 (Chap. 7 Rationality and the Sociology of Knowledge); ders., Science and Relativism. Some Key Controversies in the Philosophy of Science, Chicago Ill./London 1990, 2004; K. Mannheim, Essays on the Sociology of Knowledge, ed. P. Kecskemeti, London, New York 1952 (repr. London/New York 1997, 2000); J. Margolis, The Truth about Relativism, Oxford/Cambridge Mass. 1991; C. Meier/J. van Wijnbergen-Huitink (eds.), Subjective Meaning. Alternatives to Relativism, Berlin/Boston Mass. 2016; J. W. Meiland, Concepts of Relative Truth, Monist 60 (1977), 568–582; ders./M. Krausz (eds.), Relativism, Cognitive and Moral, Notre Dame Ind./London 1982; P. K. Moser/T. L. Carson (eds.), Moral Relativism. A Reader, Oxford etc. 2001; I. Niiniluoto, Realism, Relativism, and Constructivism, Synthese 89 (1991), 135–162; C. Norris, Against Relativism. Philosophy of Science, Deconstruction and Critical Theory, Oxford/Malden Mass. 1997, 1998; L. Nowak, Relative Truth, the Correspondence Principle and Absolute Truth, Philos. Sci. 42 (1975), 187–202; F. Recanati, Perspectival Thought. A Plea for (Moderate) Relativism, Oxford etc. 2007; A. Roesler, Illusion und R.. Zu einer Semiotik der Wahrnehmung im Anschluß an Charles S. Peirce, Paderborn etc. 1999; D. Salehi, Ethischer R., Frankfurt etc. 2002; ders., Kritik des ethischen R., Marburg 1999; R. Schantz/M. Seidel (eds.), The Problem of Relativism in the Sociology of (Scientific) Knowledge, Frankfurt etc. 2011; B. Schofer, Das R.problem in der neueren Wissenssoziologie. Wissenschaftsphilosophische Ausgangspunkte und wissenssoziologische Lösungsansätze, Berlin 1999; J. Seifert, Der Widersinn des R.. Befreiung von seiner Diktatur, Aachen 2016; H. Siegel, Relativism Refuted. A Critique of Contemporary Epistemological Relativism, Dordrecht/Boston Mass./Lancaster 1987; E. Sosa (ed.), Realism and Relativism,

Boston Mass./Oxford 2002; H. Steinmann/A. G. Scherer (eds.), Zwischen Universalismus und R.. Philosophische Grundlagenprobleme des interkulturellen Managements, Frankfurt 1998; S. P. Stich, Epistemic Relativism, REP III (1998), 360–362; H. J. Wendel/W. Wolbert, R., TRE XXVIII (1997), 497–504; C. Wendelborn, Der metaethische R. auf dem Prüfstand, Berlin/Boston Mass. 2016; D. B. Wong, Moral Relativity, Berkeley Calif./Los Angeles/London 1984, 1986; ders., Moral Relativism, REP VI (1998), 539–542.   M. C.

Relativitätsprinzip, Bezeichnung für das Prinzip der empirischen Gleichberechtigung bzw. Ununterscheidbarkeit unterschiedlich bewegter Bezugssysteme. Das R. der klassischen Mechanik (auch: *klassisches R.*) drückt aus, daß die mechanischen Vorgänge in allen geradliniggleichförmig gegeneinander bewegten ↑Bezugssystemen (↑Inertialsystem) den gleichen Gesetzen (↑Gesetz (exakte Wissenschaften)) unterliegen. Zwar ändern sich bei einem Wechsel des Bezugssystems die Koordinaten und Geschwindigkeiten von Körpern (↑Galilei-Transformation), doch bleiben Beschleunigungen und Kräfte (↑Kraft), also die für die Newtonsche Bewegungsgleichung (↑Bewegungsgleichungen) und das 3. Newtonsche Axiom (↑actio = reactio) wesentlichen Größen, invariant (↑invariant/Invarianz). Wegen dieser ↑Galilei-Invarianz ist die empirische Identifikation eines bevorrechtigten Inertialsystems (↑Raum, absoluter) durch mechanische Vorgänge ausgeschlossen.

Das *spezielle R.* ist das R. der Speziellen Relativitätstheorie (↑Relativitätstheorie, spezielle). Es drückt die Gleichberechtigung von Inertialsystemen in Bezug auf alle physikalischen Vorgänge aus und erweitert insofern die Geltung des klassischen R.s über die ↑Mechanik hinaus. Im Rahmen der ↑Elektrodynamik des 19. Jhs. hätte sich die geradlinig-gleichförmige Bewegung eines Beobachters gegen den ↑Äther durch optische Effekte aufzeigen lassen sollen (↑Michelson-Morley-Versuch). Durch das spezielle R. wird dies ausgeschlossen: alle ↑Naturgesetze sind in allen Inertialsystemen gleich. Dieses Prinzip findet Ausdruck in der ↑Lorentz-Invarianz der Naturgesetze. Entsprechend wird die klassische Mechanik derart modifiziert, daß sie eine Lorentz-invariante (und nicht mehr eine Galilei-invariante) Gestalt annimmt.

Als *allgemeines R.* wird das für die Allgemeine Relativitätstheorie (↑Relativitätstheorie, allgemeine) geltende R. bezeichnet. Die Allgemeine Relativitätstheorie besagt, daß bei Beschränkung auf eine kleine Umgebung beschleunigte Bezugssysteme und Inertialsysteme im Gravitationsfeld (↑Gravitation) physikalisch gleichberechtigt sind; zwischen den beiden Typen von Bezugssystemen kann durch lokal ausführbare Experimente nicht unterschieden werden. Die privilegierte Stellung der Inertialsysteme wird dadurch beseitigt.

Das allgemeine R. kann durch Rückgriff auf das ↑Erlanger Programm, demzufolge geometrische Strukturen durch die Invarianten der zugehörigen Transformationsgruppen (↑Gruppe (mathematisch)) zu beschreiben sind, wie folgt charakterisiert werden. Zunächst ist ein ›Automorphismus‹ eine eineindeutige ↑Abbildung f einer ↑Mannigfaltigkeit auf sich selbst, die eine gegebene ↑Relation R zwischen den Mannigfaltigkeitspunkten invariant läßt ($x R y$ genau dann, wenn $f(x) R f(y)$). Die größte Klasse der Automorphismen ist die Gruppe der stetigen Abbildungen (↑Stetigkeit). Diese sind dadurch gekennzeichnet, daß sie die Nachbarschaftsverhältnisse zwischen Punkten und insofern die topologische Struktur (↑Topologie) der Mannigfaltigkeit erhalten. Als ›Invarianzgruppe‹ gilt dann die Gruppe derjenigen Automorphismen, die die ›absoluten Objekte‹ einer Theorie invariant lassen. Absolute Objekte sind dadurch charakterisiert, daß sie von den durch die Theorie beschriebenen ↑Wechselwirkungen unverändert gelassen werden; absolute Objekte sind in allen Anwendungen der Theorie gleich. Z. B. ist der ›Viererabstand‹ in der Speziellen Relativitätstheorie ein solches absolutes Objekt, und dieses wird durch die Lorentz-Transformation (↑Lorentz-Invarianz) invariant gelassen. Entsprechend ist die Lorentz-Gruppe die Invarianzgruppe der Speziellen Relativitätstheorie. Ebenso ergibt sich die Galilei-Gruppe als die Invarianzgruppe der klassischen Mechanik. Im Gegensatz zu diesen Raum-Zeit-Theorien enthält die Allgemeine Relativitätstheorie keine absoluten Objekte. Der Grund dafür ist, daß die geometrischen Beziehungen als durch die Materie- und Energieverteilung beeinflußbar angenommen werden. Dieser Einfluß wird durch die Einsteinschen Feldgleichungen der Gravitation beschrieben. Folglich ist die Invarianzgruppe mit der größten Gruppe der Automorphismen (also den stetigen eineindeutigen Abbildungen) identisch. Diese Aussage drückt das allgemeine R. aus (J. L. Anderson, M. Friedman).

Das allgemeine R. wird oft fälschlich mit der allgemeinen ↑Kovarianz der Allgemeinen Relativitätstheorie identifiziert. Allgemeine Kovarianz drückt aus, daß die entsprechenden Gesetze für alle eineindeutigen und stetigen Koordinatentransformationen gültig bleiben. Eine allgemein kovariante Theorie bezieht sich folglich nicht auf eine privilegierte Klasse von Bezugssystemen (wie die Inertialsysteme); ihre Gesetze behalten in allen, insbes. in beschleunigten und rotierenden, Bezugssystemen ihre Gültigkeit. Z. B. ist die Behauptung, daß die Beschleunigung eines trägheitsbewegten (↑Trägheit) Körpers verschwindet, nicht allgemein kovariant, da ein solcher Körper bei Beobachtung aus einem beschleunigten Bezugssystem beschleunigt erscheint. Eine allgemein kovariante Formulierung dieser Behauptung muß entsprechend die Trägheitsbewegung auch für beschleunigte und rotierende Bezugssysteme charakterisieren (wie es in der Allgemeinen Relativitätstheorie durch die

›Geodätengleichung‹ geschieht). Die allgemeine Kovarianz kann jedoch nicht als Ausdruck des R.s der Allgemeinen Relativitätstheorie betrachtet werden (E. Kretschmann, 1917), da sich auch andere Raum-Zeit-Theorien, insbes. die Spezielle Relativitätstheorie und die klassische Mechanik, allgemein kovariant formulieren lassen. Das Prinzip der allgemeinen Kovarianz drückt somit lediglich eine Verpflichtung auf eine bestimmte Art der Formulierung einer Raum-Zeit-Theorie aus und ist ohne physikalischen Inhalt. Erst durch den Bezug auf die Invarianzgruppe wird der Unterschied zwischen den verschiedenen Raum-Zeit-Theorien deutlich. Während nämlich alle in gleichem Maße allgemein kovariant formulierbar sind, ist die Invarianzgruppe jeweils verschieden: die Galilei-Gruppe für die klassische Mechanik, die Lorentz-Gruppe für die Spezielle Relativitätstheorie und die Gruppe der stetigen eineindeutigen Abbildungen für die Allgemeine Relativitätstheorie.

Eine gleichermaßen fehlerhafte Formulierung des allgemeinen R.s ist die Behauptung der Relativität der ↑Bewegung. Diese Behauptung ist in einer relationalen Auffassung der Raum-Zeit (↑Raum, ↑Raum, absoluter) begründet und drückt aus, daß Bewegungen stets als Bewegungen relativ zu anderen Körpern zu betrachten sind (C. Huygens, E. Mach). Das allgemeine R. wird dann als die Behauptung aufgefaßt, daß auch Beschleunigungen und Rotationen (und nicht nur geradlinig-gleichförmige Bewegungen) als Relativbewegungen rekonstruiert werden können (↑Machsches Prinzip). Die Aussagen ›A rotiert um B‹ und ›B rotiert um A‹ sind entsprechend physikalisch gleichberechtigt. Daraus wurde die Konsequenz gezogen, daß das Ptolemaiische und das Kopernikanische Modell der Planetenbewegung der Sache nach äquivalent sind und daß letzterem nur wegen seiner leichteren Handhabbarkeit der Vorzug gebührt (H. Reichenbach). Dies ist jedoch unzutreffend. Beschleunigung und Rotation sind in der Allgemeinen Relativitätstheorie in gleichem Maße unabhängig vom gewählten Bezugssystem wie in der Speziellen Relativitätstheorie und der klassischen Mechanik. Ob ein Körper eine beschleunigte bzw. rotierende oder eine Trägheitsbewegung ausführt, hängt nicht vom gewählten Bezugssystem ab. Der Unterschied zu den Vorgängertheorien besteht lediglich darin, daß die Allgemeine Relativitätstheorie einen anderen Bewegungstyp, nämlich den freien Fall, als Trägheitsbewegung auszeichnet. Das allgemeine R., wie es in der Allgemeinen Relativitätstheorie gilt, drückt entsprechend keineswegs die Gleichberechtigung aller Bewegungsformen aus.

Literatur: J. L. Anderson, Principles of Relativity Physics, New York/San Francisco Calif./London 1967, 1973; M. Carrier, Raum-Zeit, Berlin/New York 2009; D. Dieks, Another Look at General Covariance and the Equivalence of Reference Frames, Stud. Hist. Philos. Modern Phys. 37 (2006), 174–191; R. DiSalle, Understanding Space-Time. The Philosophical Development of Physics from Newton to Einstein, Cambridge etc. 2006, 2008; J. Earman, Covariance, Invariance and the Equivalence of Frames, Found. Phys. 4 (1974), 267–289; ders./C. Glymour, Lost in the Tensors. Einstein's Struggles with Covariance Principles 1912–1916, Stud. Hist. Philos. Sci. 9 (1978), 251–278; M. Friedman, Foundations of Space-Time Theories. Relativistic Physics and Philosophy of Science, Princeton N. J. 1983, 1986; D. Giulini/N. Straumann, Einstein's Impact on the Physics of the Twentieth Century, Stud. Hist. Philos. Modern Phys. 37 (2006), 115–173; Ø. Grøn/K. Vøyenli, On the Foundation of the Principle of Relativity, Found. Phys. 29 (1999), 1695–1733; A. L. D. Hiskes, Space-Time Theories and Symmetry Groups, Found. Phys. 14 (1984), 307–332; M. Janssen, Relativity, NDHI V (2005), 2039–2047; ders., The Twins and the Bucket. How Einstein Made Gravity Rather than Motion Relative in General Relativity, Stud. Hist. Philos. Modern Phys. 43 (2012), 159–175; ders., »No Success Like Failure …«. Einstein's Quest for General Relativity, 1907–1920, in: ders./C. Lehner (eds.), The Cambridge Companion to Einstein, Cambridge etc. 2014, 167–227; R. Jones, The Special and General Principles of Relativity, in: P. Barker/C. G. Shugart (eds.), After Einstein. Proceedings of the Einstein Centennial Celebration at Memphis State University, Memphis Tenn. 1981, 159–173; E. Kretschmann, Über den physikalischen Sinn der Relativitätspostulate. A. Einsteins neue und seine ursprüngliche Relativitätstheorie, Ann. Phys. 53 (1917), 575–614; H. A. Lorentz/A. Einstein/H. Minkowski, Das R.. Eine Sammlung von Abhandlungen, Leipzig/Berlin 1913, ⁵1923, Stuttgart, Darmstadt ⁹1990 (engl. The Principle of Relativity. A Collection of Original Memoirs on the Special and General Theory of Relativity, London 1923, New York 1952); J. Norton, Coordinates and Covariance. Einstein's View of Space-Time and the Modern View, Found. Phys. 19 (1989), 1215–1263; H. Reichenbach, Philosophie der Raum-Zeit-Lehre, Berlin/Leipzig 1928, Neudr. als: Philosophie der Raum-Zeit-Lehre, ed. A. Kamlah/M. Reichenbach, Braunschweig/Wiesbaden 1977 (= Ges. Werke II) (engl. The Philosophy of Space and Time, New York 1958); T. A. Ryckman, Early Philosophical Interpretations of General Relativity, SEP 2001, rev. 2012; H. Stein, Some Philosophical Prehistory of General Relativity, in: J. S. Earman/C. N. Glymour/J. J. Stachel (eds.), Foundations of Space-Time Theories, Minneapolis Minn. 1977 (Minnesota Stud. Philos. Sci. VIII), 3–49; M.-A. Tonnelat, Histoire du principe de relativité, Paris 1971; W. Trageser (ed.), Das R.. Eine Sammlung von Abhandlungen, Berlin/Heidelberg 2016; H. Weyl, Philosophie der Mathematik und Naturwissenschaften, München 1928, ⁸2009 (engl. [erw.] Philosophy of Mathematics and Natural Science, Princeton N. J. 1949, 2009). M. C.

Relativitätsprinzip, linguistisches, Bezeichnung für die auch ›Sapir-Whorf-Hypothese‹ genannte Behauptung über die im Denken und Verhalten, mental und behavioral, in einem *Weltbild* (world view) sich niederschlagende Abhängigkeit der Weltauffassung von den grammatischen und lexikalischen Strukturen der verwendeten natürlichen Sprache (↑Sprache, natürliche). Sie wurde 1940 von B. L. Whorf in mehreren Aufsätzen, insbes. anhand des Hopi, einer von Puebloindianern (im heutigen Arizona) gesprochenen indianischen Sprache der schoschonischen Sprachgruppe, im Anschluß an Untersuchungen seines Lehrers E. Sapir (Language,

1921) formuliert und geht zurück auf allgemeine Überlegungen W. v. Humboldts über die im Geflecht von Handeln und Sprechen als ›innere Sprachform‹ sich zeigende ›Weltansicht‹, einer Mitbestimmung der Gegenstandskonstitution durch die Strukturen der verwendeten natürlichen Sprache als System und als Handlung. Die Ideen Humboldts sind unter Ersetzung von ›Weltansicht‹ durch ›Weltbild‹ in die von L. Weisgerber entwickelte inhaltsbezogene Sprachwissenschaft eingegangen; sie sind eng verwandt mit L. Wittgensteins in den »Philosophischen Untersuchungen« formuliertem Programm einer (ikonischen) Darstellung von ↑Lebensformen durch ↑Sprachspiele.

Auch wenn Whorfs radikale These, daß z. B. das Hopi aufgrund seiner Verbalstruktur über den in den Standard *Average European* (SAE)-Sprachen ausdrückbaren physikalischen Zeitbegriff nicht verfüge, als widerlegt gilt, so haben doch schwache Formen des l.n R.s eine hohe, empirisch abgestützte Plausibilität. Eine solche schwache Form sieht z. B. vor, daß sich die unterschiedlichen, zur begrifflichen Gliederung der Welt eingesetzten Kategoriensysteme von Sprachen oder Sprachfamilien ohne ausdrückliche Erweiterungen nicht ineinander übersetzen lassen. Die Frage nach der Existenz einer universalen (logischen) Grammatik (↑Grammatik, logische) ist von der Geltung des l.n R.s unabhängig zu behandeln, da logische und empirische Allgemeinheit verschiedenen Status haben. Aber auch die mit hoher Wahrscheinlichkeit gesicherte Existenz (empirisch) linguistischer ↑Universalien, z. B. der Personalpronomina für die 1. und 2. Person, läßt sich nicht als Einwand gegen die Geltung schwacher Formen des l.n R.s verwenden.

Literatur: W. Berriman, Pro and Contra Linguistic Relativism, HSK VII/2 (1996), 1057–1068; H. Dürbeck, Neuere Untersuchungen zur Sapir-Whorf-Hypothese, Linguistics 145 (1975), 5–45; C. Everett, Linguistic Relativity. Evidence Across Languages and Cognitive Domains, Berlin/Boston Mass. 2013; S. Freudenberger, Relativismus, EP III (²2010), 2291–2297, bes. 2293 (Linguistischer Relativismus); H. Gipper, Gibt es ein sprachliches Relativitätsprinzip? Untersuchungen zur Sapir-Whorf-Hypothese, Frankfurt 1972; J. J. Gumperz/S. C. Levinson (eds.), Rethinking Linguistic Relativity, Cambridge etc. 1996, 1999; J. Hennigfeld, Sprache als Weltansicht. Humboldt – Nietzsche – Whorf, Z. philos. Forsch. 30 (1976), 435–451; P. Lee, The Whorf Theory Complex. A Critical Reconstruction, Amsterdam/Philadelphia Pa. 1996; B. Lehmann, ROT ist nicht ›rot‹ ist nicht [rot]. Eine Bilanz und Neuinterpretation der linguistischen Relativitätstheorie, Tübingen 1998; J. A. Lucy, Grammatical Categories and Cognition. A Case Study of the Linguistic Relativity Hypothesis, Cambridge etc. 1992, 1996; ders., Sapir-Whorf Hypothesis, IESBS XX (2001), 13486–13490; ders., Sapir-Whorf Hypothesis, REP VIII (1998), 470–473; J. H. McWhorter, The Language Hoax. Why the World Looks the Same in Any Language, Oxford etc. 2014; S. Niemeier/R. Dirven (eds.), Evidence for Linguistic Relativity, Amsterdam/Philadelphia Pa. 2000; R. Pinxten (ed.), Universalism versus Relativism in Language and Thought. Proceedings of a Colloquium on the Sapir-Whorf Hypotheses, The Hague/Paris 1976; M. Pütz/M. H. Verspoor (eds.), Explorations in Linguistic Relativity, Amsterdam/Philadelphia Pa. 2000; E. Sapir, Language. An Introduction to the Study of Speech, New York 1921, Mineola N. Y. 2004 (dt. Die Sprache. Eine Einführung in das Wesen der Sprache, ed. C. P. Homberger, München 1961, ²1972); B. C. Scholz/F. J. Pelletier/G. K. Pullum, Philosophy of Linguistics, SEP 2011, rev. 2015; M. Stroińska (ed.), Relative Points of View. Linguistic Representation of Culture, New York/Oxford 2001; M. Thiering/S. Debus/R. Posner (eds.), Die Neo-Whorfian Theorie. Das Wiedererstarken des l.n R.s, Tübingen 2013 (Z. Semiotik 35 [2013], H. 1/2); L. Weisgerber, Von den Kräften der deutschen Sprache, I–IV, Düsseldorf 1949–1950, I, ⁴1971, II, ⁴1973, III–IV, ³1971; I. Werlen, Sprache, Mensch und Welt. Geschichte und Bedeutung des Prinzips der sprachlichen Relativität, Darmstadt 1989; ders., Sprachliche Relativität. Eine problemorientierte Einführung, Tübingen/Basel 2002; B. L. Whorf, Language, Thought, and Reality. Selected Writings, ed. J. B. Carroll, Cambridge Mass., New York, London 1956, ed. J. B. Carroll/S. C. Levinson/P. Lee, Cambridge Mass./London ²2012 (dt. [Teilübers.] Sprache, Denken, Wirklichkeit. Beiträge zur Metalinguistik und Sprachphilosophie, ed. P. Krausser, Reinbek b. Hamburg 1963, ²⁵2008); A. Zank, The Word in the Word. Literary Text Reception and Linguistic Relativity, Wien etc. 2013. K. L.

Relativitätstheorie, allgemeine, von A. Einstein 1916 als Erweiterung der Speziellen Relativitätstheorie (↑Relativitätstheorie, spezielle) formulierte Theorie des klassischen (nicht-quantisierten) Gravitationsfeldes (↑Gravitation). Die Theorie geht aus von der (bereits in der Newtonschen Gravitationstheorie enthaltenen) Proportionalität bzw. Gleichheit von ›träger‹ ↑Masse (die den Widerstand eines Körpers gegen Beschleunigungen ausdrückt) und ›schwerer‹ Masse (die die Reaktion des Körpers auf ein Gravitationsfeld und insofern seine ›Gravitationsladung‹ charakterisiert). Als Folge dieses ›Schwachen Äquivalenzprinzips‹ hängen die Bahnen von (kleinen) Teilchen im Gravitationsfeld (in Abwesenheit anderer Wechselwirkungen) nicht von deren Masse oder anderen inneren Teilcheneigenschaften ab. Diese Eindeutigkeit der Bahnen ermöglicht eine ›Geometrisierung‹ der Gravitation: frei fallende Teilchen folgen den in der jeweiligen Raum-Zeit geradestmöglichen Bahnen; diese Teilchenbahnen repräsentieren 4-dimensionale ›Geodäten‹ (↑Differentialgeometrie). Es zeigt sich, daß die Gestalt von Lichtstrahlen mit der sich aus Teilchenbewegungen ergebenden Geodätenstruktur kompatibel ist, so daß tatsächlich eine eindeutige Geodätenstruktur resultiert.

Die a. R. nimmt an, daß diese Geodätenstruktur die für die Raum-Zeit charakteristische physikalische Geometrie darstellt, so daß sich die Gravitation in der vorliegenden Raum-Zeit-Struktur manifestiert. Ein Gravitationsfeld beeinflußt die Gestalt der geradestmöglichen (geodätischen) Bahnen. Aus diesem Ansatz ergibt sich eine Raum-Zeit Riemannscher Struktur (↑Riemann-

Abb. 1 Verzerrung der rechtwinkligen Minkowski-Metrik durch ein nicht-rotierendes Schwarzes Loch (aus: Spektrum der Wissenschaft [1995], H. 5, 65, Abb. 11).

scher Raum) mit indefiniter ↑Metrik (↑Weltlinie), in der die Krümmung im allgemeinen nicht verschwindet (↑Differentialgeometrie, ↑nicht-euklidische Geometrie). Diese Krümmung drückt sich unter anderem darin aus, daß sich anfangs benachbarte frei fallende Teilchen zunehmend voneinander entfernen (geodätische Abweichung) und daß ausgedehnte Körper deformiert werden (Gezeitenkräfte). Masse und Energie verzerren die Minkowski-Metrik der Speziellen Relativitätstheorie, besonders drastisch in der Umgebung eines Schwarzen Lochs (Abb. 1). Die Geometrisierung der Gravitation manifestiert sich dann insbes. darin, daß Metrik und Krümmung zugleich sowohl das herrschende Gravitationsfeld als auch die vorliegende Raum-Zeit-Struktur repräsentieren.

Der Einfluß der Raum-Zeit auf Teilchenbewegungen wird durch die ↑Bewegungsgleichung der a.n R. ausgedrückt. Danach bewegen sich frei fallende Teilchen auf 4-dimensionalen Geodäten, und alle Abweichungen von diesen werden durch Kräfte hervorgerufen. Der freie Fall repräsentiert entsprechend den kräftefreien Zustand; frei fallende Teilchen führen eine Trägheitsbewegung (↑Trägheit) aus.

Analog folgen auch Lichtstrahlen raum-zeitlichen Geodäten, so daß die Anwesenheit eines Gravitationsfelds einen Einfluß auf ihren Verlauf ausübt. Der Nachweis der Lichtablenkung im Schwerefeld der Sonne 1919 bildete eine der frühen empirischen Bestätigungen der a.n R. (Abb. 2).

Neben die Bewegungsgleichung treten die Feldgleichungen der Gravitation, die einen Ausdruck für die Quellen des Gravitationsfeldes (den ›Energie-Impuls-Tensor‹) mit einem Ausdruck für die Raum-Zeit-Krümmung (den ›Einstein-Tensor‹) verknüpfen. Die Feldgleichungen beschreiben den Einfluß einer gegebenen Massen- und Energieverteilung auf die Raum-Zeit-Struktur. Im Unterschied zur klassischen ↑Mechanik läßt sich in der a.n R. die Bewegungsgleichung aus den Feldgleichungen herleiten.

Aufgrund des Schwachen Äquivalenzprinzips kompensieren die auf ein im Gravitationsfeld frei fallendes Teilchen wirkenden Gravitations- und Trägheitskräfte einander. Entsprechend ist keine Wirkung des Gravitationsfeldes auf das Teilchen nachweisbar. Dieser Befund ist zum ›Starken Äquivalenzprinzip‹ verallgemeinert worden: in einem hinreichend kleinen, frei fallenden Bezugssystem (dem ›lokal geodätischen Bezugssystem‹) verlaufen alle Naturprozesse wie in einem ↑Inertialsystem im feldfreien Raum. Durch Übergang in ein frei fallendes Bezugssystem lassen sich demnach alle Wirkungen eines eventuell vorhandenen Gravitationsfeldes lokal neutralisieren, so daß die Gesetze der Speziellen Relativitätstheorie gelten. Das Starke Äquivalenzprinzip behauptet daher die lokale empirische Ununterscheidbarkeit zwischen einem Inertialsystem im feldfreien Raum und einem frei fallenden Bezugssystem in einem Gravitationsfeld.

Tatsächlich besteht diese lokale Ununterscheidbarkeit jedoch nur dann, wenn die Raum-Zeit-Krümmung vernachlässigt werden kann. Die Krümmung manifestiert sich in räumlich oder zeitlich veränderlichen Gravitationsfeldern; deren Wirkungen sind durch lokal zugängliche Daten zu identifizieren. Gravitation und Trägheit sind demnach auch lokal empirisch unterscheidbar; im Falle nicht-verschwindender Krümmung sind beide nur für einen Ereignispunkt (aber nicht in dessen kleiner Umgebung) empirisch äquivalent. Das Starke Äquiva-

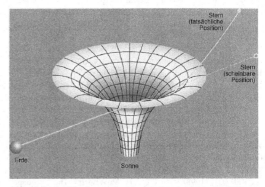

Abb. 2 Lichtablenkung durch die Sonne (aus: J. M. Pasachoff, Contemporary Astronomy, Philadelphia Pa./London/Toronto 1977, 172/Spektrum der Wissenschaft [1995], H. 5, 58, Abb. 3).

lenzprinzip ist daher strenggenommen ungültig und wird entsprechend neuerdings vielfach nur noch als heuristisches Prinzip herangezogen. Darüber hinaus korrigiert die vollentwickelte a. R. auch das Schwache Äquivalenzprinzip insofern, als wegen der Rückwirkung eines Körpers auf die vorliegende Raum-Zeit-Struktur die Bahn dieses Körpers letztlich doch von seiner Masse abhängt. Die Eindeutigkeit der Bahn besteht daher nur für ›Testteilchen‹, also Massenpunkte verschwindender Masse, die keinen nicht-gravitativen Wechselwirkungen unterliegen.

Aufgrund der von der a.n R. durchgeführten Geometrisierung der Gravitation ist die Theorie naturphilosophisch vor allem für das Problem der Natur des ↑Raumes bzw. der Raum-Zeit relevant. In den frühen naturphilosophischen Interpretationen wurde angenommen, daß die a. R. einen umfassenden ›Relationismus‹ und eine allgemeine ›Relativierung der Bewegung‹ stützt, denen zufolge die Raum-Zeit-Struktur zur Gänze durch die Beziehungen zwischen Körpern festgelegt ist und Bewegungen aller Art auf Relativbewegungen zwischen Körpern zurückführbar sind. Folglich sah man in der a.n R. eine Umsetzung des ↑Machschen Prinzips, das die Forderung ausdrückt, Trägheitskräfte als Ausdruck solcher Relativbewegungen statt als Ergebnis von Beschleunigungen oder Rotationen gegen ›den Raum‹ zu rekonstruieren (↑Eimerversuch). Wie sich herausstellte, genügt die a. R. diesen Ansprüchen jedoch nicht. Der Theorie zufolge wird die Raum-Zeit-Geometrie durch die Masse-Energie-Verteilung lediglich beeinflußt, nicht jedoch vollständig festgelegt, und ist daher nicht auf diese reduzierbar. Insbes. treten der Theorie zufolge bei einem im ansonsten leeren Raum rotierenden Körper Trägheitskräfte auf, was deren Rückführung auf Relativbewegungen ausschließt (↑Raum, absoluter). Zudem sind Beschleunigung und Rotation (wie in der Speziellen Relativitätstheorie und der klassischen Mechanik) invariante Größen, also vom Bezugssystem unabhängig. Die a. R. beinhaltet entsprechend keine allgemeine Relativierung von Bewegungen (↑Relativitätsprinzip).

Die a. R. impliziert Raum-Zeit-Singularitäten; sie hat die Konsequenz, daß sowohl am ›Urknall‹ als auch bei einem Gravitationskollaps (›Schwarzes Loch‹) unendliche Materiedichten und Raum-Zeit-Krümmungen auftreten. Diese Ergebnisse werden als Ausdruck von Geltungsbeschränkungen der a.n R. interpretiert. Das Auftreten von Singularitäten drückt den Zusammenbruch der klassischen Beschreibung des Gravitationsfeldes aus. Diese ist durch einen quantentheoretischen Ausdruck (↑Quantentheorie) für den Energie-Impuls-Tensor und eine Quantisierung des Gravitationsfeldes zu ersetzen. Auf diese Weise soll eine Integration der Gravitation in den allgemeinen Rahmen quantenphysikalischer Wechselwirkungen (↑Teilchenphysik) geleistet werden. Das Programm einer ›Quantentheorie der Gravitation‹ ist jedoch bislang erfolglos.

Die wissenschaftstheoretische Diskussion setzte vorwiegend bei den Verfahren zur empirischen Ermittlung der vorliegenden Raum-Zeit-Struktur an. Im ↑Konventionalismus wird argumentiert, daß die Bestimmung metrischer Verhältnisse die Verfügbarkeit eines starren Körpers (↑Körper, starrer) voraussetzt, dessen Länge bei Transport unverändert bleibt. Diese Längeninvarianz kann jedoch empirisch nicht direkt bestätigt werden, da durch die mögliche Präsenz einer ›universellen Kraft‹, also einer Kraft mit materialunspezifischer Wirkung, allgemeine Maßstabsdeformationen entstehen könnten. Die Auszeichnung eines ›Kongruenzstandards‹ muß demnach durch eine konventionelle Entscheidung erfolgen. Die Gravitation ist prima facie eine solche universelle Kraft; sie wird jedoch in der a.n R. konventionell ›gleich Null gesetzt‹. Damit ist gemeint, daß Gravitationswirkungen nicht als Ausdruck einer besonderen Wechselwirkung, sondern als Manifestation der Raum-Zeit-Struktur aufgefaßt werden (H. Reichenbach). Diese Konventionalität der physikalischen Geometrie wird unter Hinweis darauf bestritten, daß nur für die Einsteinsche Kongruenzfestlegung (die eine Geometrisierung der Gravitation beinhaltet) eine Erklärung der sich ergebenden Metrik durch Einsteins Feldgleichungen möglich ist (M. Friedman, H. Putnam). – Ein alternatives Verfahren zur Ermittlung der Raum-Zeit-Struktur geht nicht von der Verfügbarkeit starrer Körper aus, sondern stützt sich auf die Bewegungen frei fallender Teilchen und auf Lichtstrahlen (J. Ehlers/F. A. E. Pirani/A. Schild). Für dieses Verfahren läßt sich in gänzlich analoger Weise das Konventionalitätsargument formulieren und unter Hinweis auf die fehlende Erklärbarkeit abweichender Festsetzungen bestreiten (C. Glymour). Eine weitere Begründung für den Konventionalismus stützt sich auf die ›metrische Amorphie‹ der Raum-Zeit. Wegen der Stetigkeit und Homogenität der Raum-Zeit-Mannigfaltigkeit kann ein Kongruenzstandard nicht auf deren ›intrinsische‹ Eigenschaften gegründet, sondern muß durch Beschluß und unter Rückgriff auf physikalische Ereignisse festgelegt werden, die der Mannigfaltigkeit ›extrinsisch‹ sind (A. Grünbaum). Gegen diese Argumentation wird eingewendet, daß die Einstufung topologischer Eigenschaften (↑Topologie) wie ↑Stetigkeit und Homogenität als intrinsisch und metrischer Relationen als extrinsisch unbegründet ist und daß die Raum-Zeit der a.n R. – wie sie durch die Feldgleichungen charakterisiert wird – keineswegs metrisch amorph ist, sondern eine definite metrische Struktur aufweist (Putnam).

Literatur: A. Ashtekar u. a. (eds.), General Relativity and Gravitation. A Centennial Perspective, Cambridge etc. 2015; J. Audretsch/K. Mainzer (eds.), Philosophie und Physik der Raum-

Zeit, Mannheim/Wien/Zürich 1988, Mannheim etc. [2]1994; A. Barrau/J. Grain, Relativité générale. Cours et exercices corrigés, Paris 2011, [2]2016; M. Blecher, General Relativity. A First Examination, Singapur/Hackensack N. J. 2016; S. Boblest/T. Müller/G. Wunner, Spezielle und a. R.. Grundlagen, Anwendungen in Astrophysik und Kosmologie sowie relativistische Visualisierung, Berlin 2016; H. R. Brown, Physical Relativity. Space-Time Structure from a Dynamical Perspective, Oxford etc. 2005, 2007; R. Carnap, Der Raum. Ein Beitrag zur Wissenschaftslehre, Berlin 1922 (Kant-Stud. Erg.hefte 56); M. Carrier, The Completeness of Scientific Theories. On the Derivation of Empirical Indicators within a Theoretical Framework. The Case of Physical Geometry, Dordrecht/Boston Mass./London 1994 (Western Ont. Ser. Philos. Sci. LII); ders., Raum-Zeit, Berlin/New York 2009; ders., Die Struktur der Raumzeit in der klassischen Physik und der allgemeinen Relativitätstheorie, in: M. Esfeld (ed.), Philosophie der Physik, Berlin 2012, [4]2013, 13–31; S. Carroll, Spacetime and Geometry, An Introduction to General Relativity, San Francisco Calif./Boston Mass./New York 2004, Harlow 2014; R. Cianci u. a. (eds.), Recent Developments in General Relativity. Genoa 2000, Mailand/Berlin/Heidelberg 2002; I. Ciufolini/J. A. Wheeler, Gravitation and Inertia, Princeton N. J./Chichester 1995; A. Coffa, Geometry and Semantics. An Examination of Putnam's Philosophy of Geometry, in: R. S. Cohen/L. Laudan (eds.), Physics, Philosophy and Psychoanalysis. Essays in Honor of Adolf Grünbaum, Dordrecht/Boston Mass./Lancaster 1983 (Boston Stud. Philos. Sci. LXXVI), 1–30; D. Dieks, Gravitation as a Universal Force, Synthese 73 (1987), 381–397; R. DiSalle, General Relativity, in: R. Audi (ed.), The Cambridge Dictionary of Philosophy, Cambridge etc. [2]1999, 791–792; M. Drömmer, Relativität und Realität. Zur Physik und Philosophie der a.n und der speziellen R., Paderborn 2008; J. Earman, Space-Time, or How to Solve Philosophical Problems and Dissolve Philosophical Muddles without Really Trying, J. Philos. 67 (1970), 259–277; ders., Some Aspects of General Relativity and Geometrodynamics, J. Philos. 69 (1972), 634–647; ders., World Enough and Space-Time. Absolute versus Relational Theories of Space and Time, Cambridge Mass./London 1989; ders./C. Glymour, Einstein and Hilbert. Two Months in the History of General Relativity, Arch. Hist. Ex. Sci. 19 (1978), 291–308; dies., Lost in the Tensors. Einstein's Struggles with Covariance Principles 1912–1916, Stud. Hist. Philos. Sci. 9 (1978), 251–278; dies., The Gravitational Red Shift as a Test of General Relativity. History and Analysis, Stud. Hist. Philos. Sci. 11 (1980), 175–214; dies./J. Stachel (eds.), Foundations of Space-Time Theories, Minneapolis Minn. 1977 (Minnesota Stud. Philos. Sci. VIII); J. Ehlers, The Nature and Structure of Spacetime, in: J. Mehra (ed.), The Physicist's Conception of Nature, Dordrecht/Boston Mass. 1973, 1987, 71–91; ders./F. A. E. Pirani/A. Schild, The Geometry of Free Fall and Light Propagation, in: L. O'Raifeartaigh (ed.), General Relativity. Papers in Honour of J. L. Synge, Oxford 1972, 63–84; A. Einstein, Über die spezielle und die a. R., Braunschweig 1917, Berlin/Heidelberg [24]2013; ders., The Meaning of Relativity, London 1922, Princeton N. J. 2005; T. Fließbach, A. R., Mannheim/Wien/Zürich 1990, Berlin [7]2016; M. Friedman, Foundations of Space-Time Theories. Relativistic Physics and Philosophy of Science, Princeton N. J. 1983; H. Fritzsch, Die verbogene Raum-Zeit. Newton, Einstein und die Gravitation, München/Zürich 1996, [4]2003 (engl. The Curvature of Spacetime. Newton, Einstein and Gravitation, New York 2002); C. Glymour, Physics by Convention, Philos. Sci. 39 (1972), 322–340; ders., Theory and Evidence, Princeton N. J. 1980, 1981, 341–371 (Chap. IX Equivalence, Underdetermination, and the Epistemology of Geometry); H. Göbel, Gravitation

und Relativität. Eine Einführung in die A. R., Berlin/Boston Mass. 2014, [2]2016; H. Goenner, Einführung in die spezielle und a. R., Heidelberg/Berlin/Oxford 1996; ders. u. a. (eds.), The Expanding Worlds of General Relativity, Boston Mass./Basel/Berlin 1999; A. Grünbaum, Carnap's Views on the Foundations of Geometry, in: P. A. Schilpp (ed.), The Philosophy of Rudolf Carnap, La Salle Ill., London 1963, La Salle Ill. 1997, 599–684; ders., Philosophical Problems of Space and Time, New York 1963, Dordrecht/Boston Mass. [2]1973, 1974; K. Hentschel, Interpretationen und Fehlinterpretationen der speziellen und der a.n R. durch Zeitgenossen Albert Einsteins, Basel/Boston Mass./Berlin 1990; G. 't Hooft, Introduction to General Relativity, Princeton N. J. 2001; D. Howard/J. Stachel (eds.), Einstein and the History of General Relativity, Boston Mass./Basel/Berlin 1989; M. Jammer, Concepts of Space. The History of Theories of Space Physics, Cambridge Mass. 1954, New York [3]1993 (dt. Das Problem des Raumes. Die Entwicklung der Raumtheorien, Darmstadt 1980, [2]1980); M. Janssen, Relativity, NDHI V (2005), 2039–2047; ders., The Twins and the Bucket. How Einstein Made Gravity rather than Motion Relative in General Relativity, Stud. Hist. Philos. Modern Phys. 43 (2012), 159–175; ders., »No Success Like Failure ...«. Einstein's Quest for General Relativity, 1907–1920, in: ders./C. Lehner (eds.), The Cambridge Companion to Einstein, Cambridge etc. 2014, 167–227; P. Kerszberg, The Relativity of Rotation in the Early Foundations of General Relativity, Stud. Hist. Philos. Sci. 18 (1987), 53–79; S. Klainerman/F. Nicolò, The Evolution Problem in General Relativity, Boston Mass./Basel/ Berlin 2003; A. Kratzer/P. Stekeler-Weithofer, Relativitätstheorie, Hist. Wb. Ph. VIII (1992), 622–631; M. Kriele, Spacetime. Foundations of General Relativity and Differential Geometry, Berlin/ Heidelberg/New York 1999, 2001; H. A. Lorentz/A. Einstein/H. Minkowski, Das Relativitätsprinzip. Eine Sammlung von Abhandlungen, Leipzig/Berlin 1913, Darmstadt 1990 (engl. The Principle of Relativity. A Collection of Original Memoirs on the Special and General Theory of Relativity, New York 1923, 1952); M. Ludvigsen, General Relativity. A Geometric Approach, Cambridge etc. 1999, 2000 (franz. La relativité générale. Une approche géométrique. Cours et exercices corrigés, Paris 2000); T. Maudlin, Relativity Theory, Enc. Ph. VIII ([2]2006), 345–357; J. Mehra, Einstein, Hilbert and the Theory of Gravitation. Historical Origins of General Relativity Theory, Dordrecht/Boston Mass. 1974; C. W. Misner/K. S. Thorne/J. A. Wheeler, Gravitation, San Francisco Calif. 1973, New York 2008; J. Norton, How Einstein Found His Field Equations: 1912–1915, Hist. Stud. Phys. Sci. 14 (1984), 253–316, ferner in: D. Howard/J. Stachel (eds.), Einstein and the History of General Relativity [s. o.], 101–159; ders., What Was Einstein's Principle of Equivalence?, Stud. Hist. Philos. Sci. 16 (1985), 203–246, ferner in: D. Howard/J. Stachel (eds.), Einstein and the History of General Relativity [s. o.], 5–47; ders., Coordinates and Covariance. Einstein's View of Space-Time and the Modern View, Found. Phys. 19 (1989), 1215–1263; H. C. Ohanian, What Is the Principle of Equivalence?, Amer. J. Phys. 45 (1977), 903–909; A. Pais, »Subtle is the Lord ...«. The Science and the Life of Albert Einstein, Oxford 1982, Oxford etc. 2008 (dt. »Raffiniert ist der Herrgott ...«. Albert Einstein. Eine wissenschaftliche Biographie, Braunschweig/Wiesbaden 1986, Heidelberg 2009); J. Plebanski/A. Krasinski, An Introduction to General Relativity and Cosmology, Cambridge etc. 2006, 2007; H. Putnam, An Examination of Grünbaum's Philosophy of Geometry, in: B. Baumrin (ed.), Philosophy of Science. The Delaware Seminar II (1962–1963), New York/London/Sydney 1963, 205–255, Neudr. in: ders., Mathematics, Matter and Method, Cambridge etc. 1975, [2]1979, 1995 [= Philos. Papers I], 93–129; ders.,

The Refutation of Conventionalism, in: M. K. Munitz/P. K. Unger (eds.), Semantics and Philosophy, New York 1974, 215–255, Neudr. in: ders., Mind, Language and Reality, Cambridge etc. 1975, ²1979, 1997 [= Philos. Papers II], 153–191; C. Ray, The Evolution of Relativity, Bristol 1987; M. Redhead, Relativity Theory, Philosophical Significance of, REP VIII (1998), 191–200; H. Reichenbach, Philosophie der Raum-Zeit-Lehre, Berlin/Leipzig 1928, Neudr. als: Ges. Werke II, ed. A. Kamlah/M. Reichenbach, Braunschweig/Wiesbaden 1977; ders., The Philosophical Significance of the Theory of Relativity, in: P. A. Schilpp (ed.), Albert Einstein: Philosopher-Scientist, Evanston Ill. 1949, La Salle Ill. ³1970, 1991, 287–311; A. D. Rendall, Partial Differential Equations in General Relativity, Oxford etc. 2008; N. T. Roseveare, Mercury's Perihelion. From Le Verrier to Einstein, Oxford 1982; C. Rovelli (ed.), General Relativity. The Most Beautiful of Theories. Applications and Trends after 100 Years, Berlin/München/Boston Mass. 2015; T. Ryckman, General Relativity, Philosophical Responses to, REP VI (1998), 5–9; ders., Early Philosophical Interpretations of General Relativity, SEP 2001, rev. 2012; ders.,The Reign of Relativity. Philosophy in Physics 1915–1925, Oxford etc. 2005; M. Schlick, Raum und Zeit in der gegenwärtigen Physik. Zur Einführung in das Verständnis der a.n R., Naturwiss. 5 (1917), 161–167, 177–186, separat Berlin 1917, rev. unter dem Titel: Raum und Zeit in der gegenwärtigen Physik. Zur Einführung in das Verständnis der Relativitäts- und Gravitationstheorie 1919, rev. ⁴1922; U. E. Schröder, Gravitation. Einführung in die a. R., Frankfurt 2001, ⁵2011; B. Schutz, Gravity from the Ground Up, Cambridge etc. 2003, 2013; R. U. Sexl, Theories of Gravitation, Fortschritte der Physik 15 (1967), 269–307; P. Sharan, Spacetime, Geometry and Gravitation, Basel/Boston Mass/Berlin 2009; L. Sklar, Space, Time, and Spacetime, Berkeley Calif./Los Angeles/London 1974, 2000; ders., Philosophy and Spacetime Physics, Berkeley Calif./Los Angeles/London 1985; B. Sonne, A. R. für jedermann. Grundlagen, Experimente und Anwendungen verständlich formuliert, Wiesbaden 2016; J. Stachel, The Rise and Fall of Geometrodynamics, in: PSA 1972. Proceedings of the 1972 Biennial Meeting of the Philosophy of Science Association, ed. K. F. Schaffner/R. S. Cohen, Dordrecht/Boston Mass. 1974 (Boston Stud. Philos. Sci. XX), 31–54; N. Straumann, General Relativity. With Applications to Astrophysics, Berlin etc. 2004; R. Swinburne (ed.), Space, Time and Causality, Dordrecht/Boston Mass./London 1983; J. L. Synge, Relativity. The General Theory, Amsterdam 1960, 1976; R. Torretti, Relativity and Geometry, Oxford etc. 1983, New York 1996; ders., Causality and Spacetime Structure in Relativity, in: R. S. Cohen/L. Laudan (eds.), Physics, Philosophy and Psychoanalysis [s. o.], 273–293; ders., Space-Time Physics and the Philosophy of Science, Brit. J. Philos. Sci. 35 (1984), 280–292; H. Weyl, Raum, Zeit, Materie. Vorlesungen über a. R., Berlin 1918, rev. ⁵1923 (repr. Darmstadt 1961), ed. J. Ehlers, Berlin etc. ⁷1988, ⁸1993 (engl. Space, Time, Matter, London 1922, New York 1952); E. Zahar, Mach, Einstein, and the Rise of Modern Science, Brit. J. Philos. Sci. 28 (1977), 195–213. M. C.

Relativitätstheorie, spezielle, von A. Einstein 1905 formulierte Theorie der raumzeitlichen Beziehungen zwischen relativ zueinander bewegten ↑Inertialsystemen. Einstein gründete die s. R. auf zwei Annahmen, nämlich auf das Spezielle ↑Relativitätsprinzip und auf die Konstanz der Lichtgeschwindigkeit im Vakuum. Das Spezielle Relativitätsprinzip besagt, daß kein Inertial-

system empirisch privilegiert ist. Es behauptet entsprechend die physikalische Gleichberechtigung aller geradlinig-gleichförmig gegeneinander bewegten Beobachter. Die zweite Annahme drückt die Unabhängigkeit der Lichtgeschwindigkeit von der Geschwindigkeit der Lichtquelle aus, was eine Konsequenz der Maxwellschen ↑Elektrodynamik (↑Maxwellsche Gleichungen) darstellt. Beide Annahmen zusammengenommen beinhalten, daß die Lichtgeschwindigkeit im Vakuum eine Invariante (↑invariant/Invarianz) ist, also in allen Inertialsystemen den gleichen Wert hat.

Ein wichtiger Bestandteil der s.n R. ist die Relativität der Gleichzeitigkeit (↑gleichzeitig/Gleichzeitigkeit). Kennzeichnend für Einsteins Zugangsweise ist eine operationale Definition der entfernten Gleichzeitigkeit: nicht allein sollen Gleichzeitigkeitsbeziehungen durch ein Verfahren ermittelt werden, sondern die Bedeutung des Begriffs selbst ist durch ein solches Verfahren bestimmt. Die Invarianz der Lichtgeschwindigkeit legt dann nahe, zwei entfernte Ereignisse als gleichzeitig zu betrachten, wenn ein in der Mitte zwischen ihnen ausgesendetes Lichtsignal beide erreicht. Da dieses Verfahren den Sinn von Urteilen über entfernte Gleichzeitigkeitsbeziehungen festlegt, ist es auch auf die Beurteilung von Gleichzeitigkeitsverhältnissen in relativ zueinander bewegten Inertialsystemen anzuwenden. Dabei ergibt sich, daß Beobachter in unterschiedlichen Inertialsystemen unterschiedliche Ereignispaare als gleichzeitig einstufen. Da nach dem Speziellen Relativitätsprinzip keine dieser Gleichzeitigkeitsrelationen sachlich bevorzugt ist, muß jedes Urteil über die Gleichzeitigkeit von Ereignissen auf das herangezogene Bezugssystem relativiert werden.

Aus den beiden Grundannahmen der s.n R. und der erwähnten Vorschrift zur Beurteilung der Gleichzeitigkeit entfernter Ereignisse folgt weiterhin, daß die für die klassische ↑Mechanik gültigen ↑Galilei-Transformationen (↑Galilei-Invarianz) durch die Lorentz-Transformationen (↑Lorentz-Invarianz) zu ersetzen sind. Diese beinhalten insbes., daß, von einem gegebenen Inertialsystem aus beobachtet, die Gegenstände in einem relativ zu diesem bewegten Inertialsystem in Bewegungsrichtung verkürzt erscheinen (Lorentz-Kontraktion) und daß Vorgänge in diesem verlangsamt abzulaufen scheinen (Zeitdilatation). Die Kontraktion ergibt sich daraus, daß gleichzeitige Messungen im einen Inertialsystem vom anderen Inertialsystem aus betrachtet als nichtgleichzeitig erscheinen. Anders als in der Lorentzschen Elektronentheorie, in deren Rahmen die Kontraktion zuerst postuliert wurde, ist dieser Effekt in der s.n R. reziprok. Bei zwei relativ zueinander bewegten Inertialsystemen I und I' erscheinen von I aus betrachtet die Längen in I' verkürzt, und umgekehrt. Die Zeitdilatation entsteht daraus, daß die Messung der Zeitdauer zwischen zwei Ereignissen E_1 und E_2, die in I am gleichen

Ort stattfinden, von I' aus betrachtet als an unterschiedlichen Orten durchgeführt erscheint. Daraus ergibt sich, daß die in I' gemessene Zeitdauer zwischen E_1 und E_2 kleiner ist als der in I erhaltene Wert. Dieser Effekt ist ebenfalls reziprok: der Zeitabstand zwischen Ereignissen, die in I' am gleichen Ort stattfinden, erscheint von I aus verringert. Ein Widerspruch zwischen den Zeitangaben in I und I' kann nicht entstehen, da wegen der Relativbewegung ein direkter Uhrenvergleich ausgeschlossen ist. Ein solcher Vergleich ist nur dann möglich, wenn beide Uhren an den gleichen Ort gebracht werden. Dies wiederum ist nur dann möglich, wenn nicht beide Uhren jeweils anhaltend Teil eines Inertialsystems sind. Unter solchen Bedingungen ergibt sich dann ein einseitiger Dilatationseffekt (↑Uhrenparadoxon).

Weiterhin wird durch die Lorentz-Transformationen nahegelegt, daß ein Lichtsignal die schnellste physikalische Wirkungsübertragung darstellt; in ihrem Rahmen würde nämlich die Existenz überlichtschneller ↑Prozesse die Möglichkeit eröffnen, Signale in die Vergangenheit zu senden (↑Retrokausalität). Dieser Grenzcharakter der Lichtgeschwindigkeit manifestiert sich darin, daß die Trägheit eines Körpers – und damit seine ↑Masse – mit Annäherung an die Lichtgeschwindigkeit zunimmt. Seine Bewegungsenergie drückt sich folglich als Massenzuwachs aus. Dieses Charakteristikum läßt sich zur Äquivalenz von Masse und Energie verallgemeinern ($E = mc^2$).

H. Minkowski gab 1908 eine 4-dimensionale Darstellung der s.n R., die auf der Tatsache gründet, daß in der Theorie eine 4-dimensionale Größe angegeben werden kann, die vom Bezugssystem unabhängig ist. Obwohl sich nämlich die gemessenen räumlichen und zeitlichen Koordinatenwerte r, t mit dem gewählten Inertialsystem ändern, ist die raumzeitliche Größe $\Delta s^2 = c^2 \Delta t^2 - \Delta r^2$ eine Invariante. Δs wird als ›Viererabstand‹ oder ›Linienelement‹ bezeichnet und kann als Länge der ↑Weltlinie eines Teilchens oder Lichtsignals interpretiert werden. Für Minkowski drückte diese Invarianz die innere Verbindung von ↑Raum und ↑Zeit aus; nur der Raum-Zeit, nicht aber Raum und Zeit separat, kommt physikalische Bedeutung zu. Entsprechend wird heute die s. R. als Beschreibung der ›Minkowski-Raum-Zeit‹, also einer von der klassischen verschiedenen Raum-Zeit-Struktur, aufgefaßt. Diese ergibt sich aus der (indefiniten) Riemannschen Raum-Zeit der Allgemeinen Relativitätstheorie (↑Relativitätstheorie, allgemeine) für den Grenzfall verschwindender Raum-Zeit-Krümmung. Die Minkowski-Raum-Zeit ist dabei – im Unterschied zur klassischen Raum-Zeit wie auch zur Raum-Zeit der Allgemeinen Relativitätstheorie – allein aus den Kausalbeziehungen zwischen Ereignissen ableitbar. Das heißt, die Relation der kausalen Verknüpfbarkeit von Ereignissen (also ihrer Verknüpfbarkeit durch Lichtsignale) reicht zur Ableitung der metrischen Relationen hin. In der Minkowski-Raum-Zeit legt daher die Lichtgeometrie (bzw. die sich in ihr ausdrückende Kausalstruktur) die geometrische Struktur vollständig fest; ein Bezug auf starre Körper (↑Körper, starrer) oder Teilchenbewegungen ist entbehrlich.

Durch die Neufassung der Begriffe von Raum und Zeit und die Erweiterung des Materiebegriffs zur Äquivalenz von Masse und ↑Energie hatte die s. R. tiefgreifende Auswirkungen auf philosophische Ansätze, die sich eng an die Grundkonzepte der klassischen Physik anschlossen. Entsprechend war die s. R. anfangs vielfachen philosophisch motivierten Anfeindungen ausgesetzt. Andere Philosophen paßten ihre Auffassungen an die neue Sachlage an. So ging E. Cassirer im Rahmen des ↑Neukantianismus dazu über, die Kantische ›Substanz‹ mit den Invarianten der s.n R. zu identifizieren. Ein weiterer Streitpunkt war, ob die Konzentration der s.n R. auf 4-dimensionale Invarianten ein statisches Weltbild nahelegt, in dessen Rahmen alles Geschehen als ›raumzeitlicher Block‹ erscheint, so daß Veränderungen in der Zeit lediglich abgeleitete Bedeutung zukommt (so etwa H. Weyl, Was ist Materie?, Berlin 1924 [repr. zusammen mit: Mathematische Analyse des Raumproblems, Darmstadt 1963, 1977], 82, 87) (↑Thermodynamik, ↑Weltlinie, ↑Werden).

Die wissenschaftstheoretische Diskussion der s.n R. konzentrierte sich vor allem auf die Frage der Konventionalität der Gleichzeitigkeit (H. Reichenbach, A. Grünbaum). Die Konventionalität der Gleichzeitigkeit setzt – anders als deren Relativität – bei den Gleichzeitigkeitsrelationen innerhalb eines einzigen Inertialsystems an. Das oben angegebene Verfahren zur Festlegung gleichzeitiger entfernter Ereignisse geht offenbar von der Annahme aus, daß die Geschwindigkeit eines Lichtsignals unabhängig von seiner Fortpflanzungsrichtung ist. Es zeigt sich jedoch, daß man empirisch nicht daran gehindert ist, die ›Ein-Weg-Lichtgeschwindigkeit‹ richtungs- und ortsabhängig zu wählen, solange man die ›Zwei-Weg-Lichtgeschwindigkeit‹ invariant läßt. Unter Voraussetzung einer solchen Wahl führt die Anwendung der angegebenen Synchronisierungsvorschrift zu einem abweichenden Urteil über die Gleichzeitigkeit entfernter Ereignisse.

Tatsächlich kann die s. R. auch für solche abweichenden Gleichzeitigkeitsrelationen formuliert werden. In dieser alternativen Formulierung nehmen die Lorentz-Transformationen eine andere Gestalt an. Dabei lassen sich insbes. Zeitdilatation und Längenkontraktion durch geeignete Anpassung der Ein-Weg-Lichtgeschwindigkeiten zum Verschwinden bringen. Wegen der mit dieser Option verbundenen abweichenden Synchronisierung entfernter Uhren und der sich daraus ergebenden andersartigen Werte für Ein-Weg-Geschwindigkeiten im allgemeinen bleiben jedoch alle beobachtbaren Konsequenzen unverändert. Allerdings verzichtet man in diesem Fall auf die Möglichkeit einer kausalen Bestimmung der geometrischen Verhältnisse. Die These der Konventionalität der Gleichzeitigkeit zielt nicht auf die Annahme einer alternativen Gleichzeitigkeitsrelation; es geht vielmehr um den Aufweis von Spielräumen, die von der Erfahrung offengelassen werden und entsprechend durch eine konventionelle Entscheidung aufzufüllen sind (↑Konventionalismus). Die Konventionalitätsthese wurde unter Hinweis auf die methodologische Überlegenheit der Standardfassung bestritten.

Im ↑Konstruktivismus wird angenommen, daß die s. R. allein eine – durch die Forderung des Einklangs mit der ↑Elektrodynamik herbeigeführte – Revision der klassischen Mechanik, insbes. des Impulssatzes (↑Impuls) und der Newtonschen ↑Bewegungsgleichung, beinhaltet, nicht aber eine Änderung der geometrisch-chronometrischen Beziehung (P. Lorenzen; ↑Protophysik).

Literatur: R. Baierlein, Newton to Einstein. The Trail of Light. An Excursion to the Wave-Particle Duality and the Special Theory of Relativity, Cambridge etc. 1992, 2002; S. Boblest/T. Müller/G. Wunner, S. und allgemeine R.. Grundlagen, Anwendungen in Astrophysik und Kosmologie sowie relativistische Visualisierung, Berlin 2016; P. W. Bridgman, A Sophisticate's Primer of Relativity, Middletown Conn. 1962, ²1983, Mineola N. Y. 2002; H. R. Brown, Physical Relativity. Space-Time Structure from a Dynamical Perspective, Oxford etc. 2005, 2007; M. Buth, Die s. R.. Unter Beachtung ihres methodisch geordneten Aufbaus und der erkenntnistheoretischen Einordnung ihrer Ergebnisse, Frankfurt etc. 1996; M. Čapek, Relativity and the Status of Becoming, Found. Phys. 5 (1975), 607–617; M. Carrier, The Completeness of Scientific Theories. On the Derivation of Empirical Indicators within a Theoretical Framework. The Case of Physical Geometry, Dordrecht/Boston Mass./London etc. 1994; ders., The Challenge of Practice. Einstein, Technological Development and Conceptual Innovation, in: J. Ehlers/C. Lämmerzahl (eds.), Special Relativity. Will It Survive the Next 101 Years?, Heidelberg/New York 2006, 15–31; ders., Raum-Zeit, Berlin/New York 2009; E. Cassirer, Zur Einsteinschen Relativitätstheorie. Erkenntnistheoretische Betrachtungen, Berlin 1921, Neudr. in: ders., Zur modernen Physik, Darmstadt 1957, ⁷1994, 1–125, ferner als: Ges. Werke X, ed. R. Schmücker, Hamburg 2001 (engl. Einstein's Theory of Relativity [zusammen mit: ders., Substance and Function], Chicago Ill./London 1923, Mineola N. Y. 2003); C. Christodoulides, The Special Theory of Relativity. Foundations, Theory, Verification, Applications, Cham etc. 2016; R. K. Clifton, Some Recent Controversy over the Possibility of Experimentally Determining Isotropy in the Speed of Light, Philos. Sci. 56 (1989), 688–696; K. C. Delokarov, Filosofskije problemy teorii otnositeljnosti, Moskau 1973 (dt. [rev.] Relativitätstheorie und Materialismus. Philosophische Fragen der s.n R. in den sowjetischen Diskussionen der 20er und 30er Jahre, Berlin [Ost] 1977); N. Dragon, The Geometry of Special Relativity – a Concise Course, Heidelberg etc. 2012; A. Einstein, Zur Elektrodynamik bewegter Körper, Ann. Phys. 17 (1905), 891–921, ferner in: H. A. Lorentz/A. Einstein/H. Minkowski, Das Relativitätsprinzip [s. u.], 26–50); ders., Über die s. und die allgemeine R., Braunschweig 1917, Berlin/Heidelberg ²⁴2013; ders., The Meaning of

Relativity, London 1922, Princeton N. J. 2005; B. Ellis/P. Bowman, Conventionality in Distant Simultaneity, Philos. Sci. 34 (1967), 116–136; M. Fayngold, Special Relativity and Motions Faster than Light, Weinheim 2002; ders., Special Relativity and How It Works, Weinheim 2008; B. C. van Fraassen, Conventionality in the Axiomatic Foundations of the Special Theory of Relativity, Philos. Sci. 36 (1969), 64–73; M. Friedman, Simultaneity in Newtonian Mechanics and Special Relativity, in: J. Earman/C. Glymour/J. Stachel (eds.), Foundations of Space-Time Theories, Minneapolis Minn. 1977 (Minnesota Stud. Philos. Sci. VIII) (repr. Ann Arbor Mich. 1995), 403–432; ders., Foundations of Space-Time Theories. Relativistic Physics and Philosophy of Science, Princeton N. J. 1983, 1986; P. L. Galison, Minkowski's Space-Time. From Visual Thinking to the Absolute World, Hist. Stud. Phys. Sci. 10 (1979), 85–121; ders., Einstein's Clocks, Poincaré's Maps. Empires of Time, New York/London 2003, 2004 (dt. Einsteins Uhren und Poincarés Karten. Die Arbeit an der Ordnung der Zeit, Frankfurt 2003, 2006; franz. L'empire du temps. Les horloges d'Einstein et les cartes de Poincaré, Paris 2005, 2006); D. Giulini, Special Relativity. A First Encounter. 100 Years since Einstein, Oxford etc. 2005, 2011; N. K. Glendinning, Special and General Relativity. With Applications to White Dwarfs, Neutron Stars and Black Holes, New York 2007; T. F. Glick (ed.), The Comparative Reception of Relativity, Dordrecht/Boston Mass. 1987 (Boston Stud. Philos. Sci. 103); H. Goenner, Einführung in die s. und allgemeine R., Heidelberg/Berlin/Oxford 1996; S. Goldberg, Understanding Relativity. Origin and Impact of a Scientific Revolution, Boston Mass./Basel/Stuttgart, Oxford 1984; É. Gourgoulhon, Relativité restreinte. Des particules à l'astrophysique, Les Ulis/Paris 2010 (engl. Special Relativity in General Frames. From Particles to Astrophysics, Heidelberg etc. 2013); A. Grünbaum, Philosophical Problems of Space and Time, New York 1963, Dordrecht/Boston Mass. ²1973, 1974; ders./A. I. Janis, The Geometry of the Rotating Disk and the Special Theory of Relativity, Synthese 34 (1977), 281–299, ferner in: W. C. Salmon (ed.), Hans Reichenbach. Logical Empiricist, Dordrecht/ Boston Mass./London 1979, 321–339; H. Günther, S. R.. Ein neuer Einstieg in Einsteins Welt, Wiesbaden 2007; ders., Die s. R.. Einsteins Welt in einer neuen Axiomatik, Wiesbaden 2013; G. Gutting, Einstein's Discovery of Special Relativity, Philos. Sci. 39 (1972), 51–68; P. Havas, Simultaneity, Conventialism, General Covariance, and the Special Theory of Relativity, General Relativity and Gravitation 17 (1987), 435–453; K. Hentschel, Interpretationen und Fehlinterpretationen der s.n und der allgemeinen R. durch Zeitgenossen Albert Einsteins, Basel/Boston Mass./Berlin 1990; G. Holton, Einstein, Michelson and the ›Crucial‹ Experiment, Isis 60 (1969), 133–197 (dt. Einstein, Michelson und das experimentum crucis, in: ders., Thematische Analyse der Wissenschaft. Die Physik Einsteins und seiner Zeit, Frankfurt 1981, 255–371); M. Janssen, Relativity, NDHI V (2005), 2039–2047; ders., Drawing the Line between Kinematics and Dynamics in Special Relativity, Stud. Hist. Philos. Modern Phys. 40 (2009), 26–52; ders./M. Mecklenburg, From Classical to Relativistic Mechanics. Electromagnetic Models of the Electron, in: V. F. Hendricks u. a. (eds.), Interactions. Mathematics, Physics and Philosophy, 1860–1930, Dordrecht 2006 (Boston Stud. Philos. Sci. 251), 65–134; A. Kratzer/P. Stekeler-Weithofer, Relativitätstheorie, Hist. Wb. Ph. VIII (1992), 622–631; H. A. Lorentz/A. Einstein/H. Minkowski, Das Relativitätsprinzip. Eine Sammlung von Abhandlungen, Leipzig/Berlin 1913, Darmstadt ⁹1990 (engl. The Principle of Relativity. A Collection of Original Memoirs on the Special and General Theory of Relativity, New York 1923, 1952); G. Ludyk, Einstein in Matrix Form. Exact Derivation of the Theory of Special and General Relativity without Tensors, Heidelberg etc. 2013; D. Malament, Causal Theories of Time and the Conventionality of Simultaneity, Noûs 11 (1977), 293–300; T. Maudlin, Relativity Theory, Enc. Ph. VIII ([2]2006), 345–357; E. Meyerson, La déduction relativiste, Paris 1925 (repr. Sceaux 1992) (engl. The Relativistic Deduction. Epistemological Implications of the Theory of Relativity, Dordrecht/Boston Mass./Lancaster 1984 [Boston Stud. Philos. Sci. LXXXIII]); A. I. Miller, Albert Einstein's Special Theory of Relativity. Emergence (1905) and Early Interpretation (1905–1911), Reading Mass. 1981, New York etc. 1998; ders., The Special Relativity Theory. Einstein's Response to the Physics of 1905, in: G. Holton/Y. Elkana (eds.), Albert Einstein. Historical and Cultural Perspectives. The Centennial Symposium in Jerusalem, Princeton N. J. 1982, Mineola N. Y. 1997, 3–26; H. Minkowski, Raum und Zeit, in: H. A. Lorentz/A. Einstein/H. Minkowski, Das Relativitätsprinzip [s. o.], 54–66; P. Mittelstaedt, Der Zeitbegriff in der Physik. Physikalische und philosophische Untersuchungen zum Zeitbegriff in der klassischen und in der relativistischen Physik, Mannheim/Wien/Zürich 1976, [3]1989, Heidelberg/Berlin/Oxford 1996; ders., Conventionalism in Special Relativity, Found. Phys. 7 (1977), 573–583; T. A. Moore, A Traveler's Guide to Spacetime. An Introduction to the Special Theory of Relativity, New York etc. 1995; G. L. Naber, The Geometry of Minkowski Spacetime. An Introduction to the Mathematics of the Special Theory of Relativity, New York etc. 1992, [2]2012; A. Pais, »Subtle is the Lord …«. The Science and the Life of Albert Einstein, Oxford 1982, Oxford etc. 2008 (dt. »Raffiniert ist der Herrgott …«. Albert Einstein. Eine wissenschaftliche Biographie, Braunschweig/Wiesbaden 1986, Heidelberg 2009); L. Pyenson, Hermann Minkowski and Einstein's Special Theory of Relativity, Arch. Hist. Ex. Sci. 17 (1977), 71–95; ders., The Young Einstein. The Advent of Relativity, Bristol/Boston Mass. 1985; F. Rahaman, The Special Theory of Relativity. A Mathematical Approach, New Delhi 2014; C. Ray, The Evolution of Relativity, Bristol 1987; M. Redhead, Relativity Theory, Philosophical Significance of, REP VIII (1998), 191–200; H. Reichenbach, Relativitätstheorie und Erkenntnis apriori, Berlin 1920, Neudr. in: Ges. Werke III (Die philosophische Bedeutung der Relativitätstheorie), ed. A. Kamlah/M. Reichenbach, Braunschweig/Wiesbaden 1979, 191–302; ders., Axiomatik der relativistischen Raum-Zeit-Lehre, Braunschweig 1924, 1965, Neudr. in: Ges. Werke III [s. o.], 3–171; ders., Philosophie der Raum-Zeit-Lehre, Berlin/Leipzig 1928, Neudr. als: Ges. Werke II, ed. A. Kamlah/M. Reichenbach, Braunschweig/Wiesbaden 1977; A. A. Robb, A Theory of Time and Space, Cambridge 1914; W. C. Salmon, The Conventionality of Simultaneity, Philos. Sci. 36 (1969), 44–63; ders., The Philosophical Significance of the One-Way Speed of Light, Noûs 11 (1977), 253–292; K. F. Schaffner, Einstein versus Lorentz. Research Programmes and the Logic of Comparative Theory Evaluation, Brit. J. Philos. Sci. 25 (1974), 45–78; ders., Space and Time in Lorentz, Poincaré, and Einstein. Divergent Approaches to the Discovery and Development of the Special Theory of Relativity, in: P. K. Machamer/R. G. Turnbull (eds.), Motion and Time, Space and Matter. Interrelations in the History of Philosophy and Science, o. O. [Columbus Ohio] 1976, 465–507; P. M. Schwarz/J. H. Schwarz, Special Relativity. From Einstein to Strings, Cambridge etc. 2004, 2005; L. Sklar, Facts, Conventions, and Assumptions in the Theory of Space-Time, in: J. Earman/C. Glymour/J. Stachel (eds.), Foundations of Space-Time Theories [s. o.], 206–274; B. Sonne, S. R. für jedermann. Grundlagen, Experimente und Anwendungen verständlich formuliert, Weinheim 2016; J. Stachel, Special Relativity from Measuring Rods, in: R. S. Cohen/L. Laudan (eds.), Physics, Philoso-

phy and Psychoanalysis. Essays in Honor of Adolf Grünbaum, Dordrecht/Boston Mass./Lancaster 1983 (Boston Stud. Philos. Sci. LXXVI), 255–272; J. L. Synge, Relativity. The Special Theory, Amsterdam/New York 1956, [2]1965, 1979; G. Weinstein, Einstein's Pathway to the Special Theory of Relativity, Cambridge etc. 2015; W. S. C. Williams, Introducing Special Relativity, London/New York 2002; J. A. Winnie, Special Relativity without One-Way Velocity Assumptions, Philos. Sci. 37 (1970), 81–99, 223–238; ders., The Causal Theory of Space-Time, in: J. Earman/C. Glymour/J. Stachel (eds.), Foundations of Space-Time Theories [s. o.], 134–205; G. Wolters, Mach I, Mach II, Einstein und die Relativitätstheorie. Eine Fälschung und ihre Folgen, Berlin/New York 1987; N. M. J. Woodhouse, Special Relativity, Berlin etc. 1992, London etc. 2003 (dt. S. R., Berlin/Heidelberg 2016); E. Zahar, Why Did Einstein's Programme Supersede Lorentz's?, Brit. J. Philos. Sci. 24 (1973), 95–123, 223–262, ferner in: C. Howson (ed.), Method and Appraisal in the Physical Sciences. The Critical Background to Modern Science, 1800–1905, Cambridge etc. 1976, 211–274; ders., Einstein's Revolution. A Study in Heuristic, La Salle Ill. 1989; Y. Z. Zhang, Special Relativity and Its Experimental Foundations, Singapur/River Edge N. J. 1997. M. C.

Relativkalkül, ↑Relationenlogik.

Relator, in der Logik gebräuchlicher Terminus für einen mehrstelligen ↑Prädikator. Aus R.en lassen sich durch intensionale (↑intensional/Intension) ↑Abstraktion (↑abstrakt) die Beziehungsbegriffe (↑Relationsbegriff) und durch extensionale (↑extensional/Extension) Abstraktion die ↑Relationen gewinnen. K. L.

Relevanzlogik (engl. relevant logic, auch: relevance logic), Bezeichnung für einen Zweig der modernen Logik, in dem eine ↑Implikation $A \rightarrow B$ nur dann gelten soll, wenn die ↑Prämisse A für den Schluß auf B tatsächlich benötigt wird, d. h. nicht redundant (↑redundant/Redundanz), sondern relevant ist, sowie für entsprechende formale Systeme (↑System, formales). Die R. wendet sich besonders gegen die in der klassischen und intuitionistischen Logik (↑Logik, intuitionistische, ↑Logik, klassische) ableitbaren ›↑Paradoxien der Implikation‹:

(1) $A \rightarrow (B \rightarrow A)$ Wahres folgt aus Beliebigem
                        (↑ex quolibet verum)

(2) $A \rightarrow (\neg A \rightarrow B)$ aus Falschem folgt Beliebiges
                        (↑ex falso quodlibet)

In jedem System mit ↑Kontraposition $(A \rightarrow B) \rightarrow (\neg B \rightarrow \neg A)$ und der Doppelnegation $A \leftrightarrow \neg\neg A$ sind (1) und (2) äquivalent.

Die Untersuchung relevanzlogischer Systeme weist drei Phasen auf. In den Arbeiten der amerikanischen Logiker A. R. Anderson und N. D. Belnap Jr. zur R. wurde zunächst versucht, ein möglichst starkes Teilsystem der klassischen ↑Junktorenlogik zu finden, in dem (1) und (2) nicht ableitbar (↑ableitbar/Ableitbarkeit) sind. Kontraposition und gegenseitige Ersetzbarkeit beweisbar äquivalenter Formeln sollten weiterhin gelten. Diese Bedingungen zeichnen R.en gegenüber den meisten anderen parakonsistenten (↑parakonsistent/Parakonsistenz) Logiken (↑Logik, parakonsistente) aus. Zwar sind alle R.en parakonsistent, da (2) nicht gilt, aber Parakonsistenz ist eher ein (willkommener) Nebeneffekt. Das zentrale Anliegen der R. ist eine logische Theorie substantieller Wenn-dann-Verknüpfungen (↑wenn – dann). In einer zweiten Phase der Entwicklung relevanzlogischer Systeme – geprägt durch eine Gruppe australischer Logiker um R. Routley (jetzt Sylvan) – wurden auch schwächere Systeme (z. B. ohne Kontraktion $(A \rightarrow (A \rightarrow B)) \rightarrow (A \rightarrow B)$ oder ↑Vertauschung $(A \rightarrow (B \rightarrow C)) \rightarrow (B \rightarrow (A \rightarrow C)))$ untersucht. Solche Systeme scheinen besonders geeignet zu sein für Anwendungen auf mathematische Theorien, in der Philosophischen Logik (↑Logik, mathematische) oder in der logisch orientierten Künstlichen Intelligenz (↑Intelligenz, künstliche). In der dritten Phase ist das Forschungsprogramm der R. in eine allgemeinere Untersuchung so genannter *substruktureller Logiken* eingegangen. Diese Logiken entstehen aus der Gentzen-Präsentation (↑Gentzentypkalkül, ↑Kalkül des natürlichen Schließens, ↑Sequenzenkalkül) der klassischen oder intuitionistischen Logik, indem strukturelle Regeln abgeschwächt oder außer Kraft gesetzt werden. Die Familie der R.en stellt sich nun als eine, und zwar als die am besten untersuchte, unter vielen Gruppen substruktureller Logiken dar.

Die modallogischen (↑Modallogik) Systeme von C. I. Lewis gehen auf relevanzlogische Vorstellungen zurück. Lewis glaubte aber seine ursprüngliche Motivation angesichts der folgenden einfachen Herleitung von (2) aufgeben zu müssen: Wir nehmen A an. Daraus folgt durch Oder-Einführung $A \vee B$. Wir nehmen weiter $\neg A$ an. Dann folgt aus $A \vee B$ und $\neg A$ nach dem so genannten disjunktiven Syllogismus (↑Syllogismus, disjunktiver), daß B. Also folgt aus den Annahmen A und $\neg A$ aufgrund der Transitivität (↑transitiv/Transitivität) der Folgerungsbeziehung, daß B. Dieser informelle Beweis von (2) kann mittels Kontraposition und einer Beseitigung der doppelten Negation zu einem Beweis von (1) fortgeführt werden. Wer (2) ablehnt, muß mindestens eines der in der Herleitung verwendeten Schlußschemata ablehnen: Oder-Einführung (wie in einigen Varianten der ↑Relatedness-Logik), disjunktiver Syllogismus (wie in der R.) oder Transitivität der Folgerungsbeziehung (wie in N. Tennants intuitionistischer Variante einer R.). Nach Auffassung der R. stellt die extensionale (↑extensional/Extension) Disjunktion nicht einen solchen Zusammenhang zwischen Sätzen her, daß ein Schluß nach dem disjunktiven Syllogismus gerechtfertigt wäre.

Anderson und Belnap (1975) bedienen sich eines Kalküls des natürlichen Schließens, um zu erklären, an welcher Stelle R.en von anderen Logiken abweichen: Bei der Einführung einer Implikation ist streng darauf zu achten, daß jede als ↑Antezedens vorkommende Formel tatsächlich im Laufe der Deduktion des ↑Konsequens gebraucht wurde. Das von Anderson und Belnap bevorzugte relevanzlogische System R läßt sich wie folgt axiomatisieren:

Axiome

$A \rightarrow A$

$(A \rightarrow B) \rightarrow ((B \rightarrow C) \rightarrow (A \rightarrow C))$

$A \rightarrow ((A \rightarrow B) \rightarrow B)$

$(A \rightarrow (A \rightarrow B)) \rightarrow (A \rightarrow B)$

$A \wedge B \rightarrow A \qquad\qquad A \wedge B \rightarrow B$

$(A \rightarrow B) \wedge (A \rightarrow C) \rightarrow (A \rightarrow B \wedge C)$

$A \rightarrow A \vee B \qquad\qquad B \rightarrow A \vee B$

$A \wedge (B \vee C) \rightarrow (A \wedge B) \vee C$

$(A \rightarrow \neg B) \rightarrow (B \rightarrow \neg A)$

$\neg\neg A \rightarrow A$

Regeln

$A, A \rightarrow B \,/\, B \qquad\qquad A, B \,/\, A \wedge B$

Fügt man zu diesen Axiomen entweder (1) oder (2) hinzu, erhält man eine Axiomatisierung der klassischen Aussagenlogik. Es läßt sich zeigen, daß die Logik R – wie alle R.en im Sinne von Anderson und Belnap – die folgende Überlappungseigenschaft (*variable sharing property*) hat: Ist $A \rightarrow B$ im System ableitbar, dann gibt es mindestens eine ↑Variable, die sowohl in A als auch in B vorkommt. Anderson und Belnap interpretieren diese Eigenschaft als eine notwendige Bedingung dafür, daß A für B relevant ist. Denn sind die Mengen der in A bzw. in B vorkommenden Variablen vollständig disjunkt, dann lassen sich A und B jeweils vollkommen unabhängig voneinander semantische Werte so zuordnen, daß die Bedeutungen von A und B nichts miteinander zu tun haben.

Die von K. Fine, R. K. Meyer und Routley entwickelten ↑Modelle für R.en (›ternäre Rahmen‹) stellen eine Verallgemeinerung und Erweiterung der ↑Kripke-Semantik (↑Mögliche-Welten-Semantik) für die ↑Modallogik dar. Diese Modelle zeigen, daß sich relevanzlogische von klassischen Vorstellungen nicht nur im Hinblick auf die Implikation, sondern auch im Hinblick auf die ↑Negation unterscheiden. Ein ternärer Rahmen $(W, O, R, ^*)$ besteht aus einer nicht-leeren Menge W von ›Situationen‹ (oder ›Welten‹), einer ausgezeichneten Teilmenge $O \subseteq W$ von ›normalen‹ Situationen (in denen alle logischen Wahrheiten gelten sollen), einer dreistelligen Relation R auf W und einer Abbildung * von Situationen auf Situationen. Die Bedeutung der nicht-klassischen Verknüpfungen → und ¬ wird auf folgende Weise festgelegt:

$A \to B$ ist in Situation a wahr genau dann, wenn für alle Situationen x und y gilt: wenn $Raxy$ und A in x wahr ist, dann ist B in y wahr;

¬A ist in Situation a wahr genau dann, wenn A in Situation a^* nicht wahr ist.

Die Wahrheitsbedingung für negierte Sätze schließt die Möglichkeit inkonsistenter (↑inkonsistent/Inkonsistenz) und unvollständiger Situationen ein. Situationen können daher nicht mögliche und vollständig bestimmte Welten (↑Welt, mögliche) sein (wie in der Semantik der Modallogik; ↑Semantik, intensionale). Um die Korrektheit (↑korrekt/Korrektheit) und Vollständigkeit (↑vollständig/Vollständigkeit) bestimmter R.en bezüglich ternärer Rahmen zu beweisen, muß die Klasse der zu betrachtenden Rahmen durch geeignete Bedingungen für R und $*$ eingeschränkt werden. Für stärkere Systeme der R. kann die Menge O normaler Situationen auf eine (die aktuale Situation) reduziert werden.

Anderson und Belnap waren vorrangig an einer ↑Logik des ›Entailment‹ interessiert. R.en wie das System R sind dazu nur eine Vorstufe. Für Anderson und Belnap ist Entailment notwendige relevante Implikation. Danach soll eine Logik des Entailment (Anderson und Belnap argumentieren für das System E) aus der Verschmelzung einer der Theorien der Implikation nach R mit der Theorie der Notwendigkeit (↑notwendig/Notwendigkeit) nach dem modallogischen System S4 (↑Modallogik) resultieren: $(A \Rightarrow B) = \Box(A \to B)$, wobei ›⇒‹ hier für die Entailment-Verknüpfung steht. Zwar ist, wie L. Maximova gezeigt hat, die Vermutung E = R + S4 nicht haltbar; es lassen sich aber durch Kombination von R mit einer Modallogik Entailment-Systeme in beinahe beliebiger Form konstruieren.

Die erste Axiomatisierung einer R. (des Systems R) stammt von dem russischen Logiker I. E. Orlov (1928; vgl. Došen 1992). Die Untersuchungen von Anderson und Belnap und ihren Nachfolgern setzen Arbeiten von A. Church (1951) und W. Ackermann (1956) fort. Die Unentscheidbarkeit (↑unentscheidbar/Unentscheidbarkeit) von R und verwandten starken Systemen bewies A. Urquhart (1984). Komputationelle Aspekte der R. werden auch (an Arbeiten von B. Toohey und J.-Y. Girard anschließend) unter der Bezeichnung ›Lineare Logik‹ (↑Logik, lineare) untersucht.

Literatur: W. Ackermann, Begründung einer strengen Implikation, J. Symb. Log. 21 (1956), 113–128; A. R. Anderson/N. D. Belnap, Entailment. The Logic of Relevance and Necessity, I–II, I Princeton N. J./London 1975, mit J. M. Dunn, II Princeton N. J./Oxford 1992; A. Church, The Weak Theory of Implication, in: A. Menne/A. Wilhelmy/H. Angstl (eds.), Kontrolliertes Denken, Freiburg/München 1951, 22–37; K. Došen, Sequent-Systems and Groupoid Models, I–II, Stud. Log. 47 (1988), 353–385, 48 (1989), 41–65; ders., The First Axiomatization of Relevant Logic, J. Philos. Log. 21 (1992), 339–356; J. M. Dunn/G. Restall, Relevance Logic and Entailment, in: D. M. Gabbay/F. Guenthner (eds.), Handbook of Philosophical Logic VI, Dordrecht ²2002, 1–128; K. Fine, Models for Entailment, J. Philos. Log. 3 (1974), 347–372; A. Fuhrmann, Models for Relevant Modal Logics, Stud. Log. 49 (1990), 501–514; J.-Y. Girard, Linear Logic, Theoretical Computer Science 50 (1987), 1–101; R. K. Meyer, Entailment, J. Philos. 68 (1971), 808–818; S.-K. Moh, The Deduction Theorems and Two New Logical Systems, Methodos 2 (1950), 56–75; G. Priest, An Introduction to Non-Classical Logic. From If to Is, Cambridge etc. 2001, ²2008, 2010 (dt. Einführung in die nicht-klassische Logik, Paderborn 2008); S. Read, Relevant Logic. A Philosophical Examination of Inference, Oxford/New York 1988; R. Routley/R. K. Meyer, The Semantics of Entailment, I–III, I in: H. Leblanc (ed.), Truth, Syntax and Modality. Proceedings of the Temple University Conference on Alternative Semantics, Amsterdam 1973, 199–243, II–III, J. Philos. Log. 1 (1972), 53–73, 192–208; R. Routley u. a. (eds.), Relevant Logics and Their Rivals, I–II, Atascadero Calif. 1982/2003; N. Tennant, Anti-Realism and Logic. Truth as Eternal, Oxford etc. 1987; A. Urquhart, The Undecidability of Entailment and Relevant Implication, J. Symb. Log. 49 (1984), 1059–1073. – R. G. Wolf, Bibliography, in: A. R. Anderson/N. D. Belnap/J. M. Dunn, Entailment. The Logic of Relevance and Necessity II [s. o.], 565–710.   A. F.

Reliabilität, ↑Test.

Religion, Bezeichnung für die Praxis der Vergegenwärtigung und Bewältigung der Gesamtheit der unverfügbaren Sinn- und Lebensbedingungen der menschlichen Existenz und Welt in Gestalt institutionalisierter kirchlicher, gemeindlicher, mönchischer und individueller, auch stammes- oder volksspezifischer Frömmigkeit. Die Analyse ihrer geschichtlichen Erscheinungsformen (Naturreligionen, Mysterienreligionen, prophetische R.en, religiöse Mystik, R. in säkularisierten Gesellschaften) ist Gegenstand der R.swissenschaft und R.sphänomenologie. R. ist in der Gegenwart im Kontext funktionaler R.ssoziologie als ›Kontingenzbewältigungspraxis‹ (H. Lübbe) bzw. als Transformation von Kontingenz (↑kontingent/Kontingenz) in lebbaren Sinn (N. Luhmann) definiert worden.

Klassische R.swissenschaft, Ethnologie (Primitivologie), Strukturalismus (↑Strukturalismus (philosophisch, wissenschaftstheoretisch)) und Mythenforschung heben hervor, daß die großen Schwellenereignisse des menschlichen Lebens, die ›Kasualien‹ (Geburt, Namengebung, Reife, Liebe/Heirat, Krankheit, Alter und Tod) in religiöser Praxis zu allen Zeiten rituell – liturgisch und sakramental – durch ›Passageriten‹ (A. van Gennep, Les rites de passage, Paris 1909) bzw. durch ›meditative und kongregative Existentiale‹ (F. Kambartel) hinsichtlich ihrer für menschliche Selbstverständnisse dauerhaft lebenssinnkonstitutiven Bedeutung vergegenwärtigt wurden. Zum Zwecke dieser Vergegenwärtigung dienen die oft über Jahrtausende tradierten religiösen Ausdrucksformen. Vornehmlich durch die Grundform der ständigen Wiederholung von Texten in Gebet und Gesang wird die Wirkung ›mythischer Prägnanzbildung‹ und ›ikonischer Konstanz‹ (H. Blumenberg) erreicht. Authentische religiöse Einstellungen und Praxisformen nehmen – sei es in den so genannten Naturreligionen, im ↑Animismus, im ↑Polytheismus, im ethischen ↑Monotheismus (Judentum, Islam), im Christentum oder im Buddhismus – jeweils Bezug auf die letzten Bedingungen und Grenzen des sozialen und individuellen Lebens. Religiöse Rede und Praxis bezeugen und repräsentieren mit Hilfe von Bildern, Modellen und Geschichten (↑Mythos) die sinnvolle Identität von Glaubensgemeinschaften angesichts der Gesamtheit dieser letzten – natürlichen, sozialen, moralischen – Bedingungen.

Als spezifische Differenz der meisten R.en zu anderen auf das Ganze des menschlichen Selbst- und Weltverhältnisses ausgerichteten menschlichen Orientierungen, wie der Wissenschaft, der Philosophie oder der Kunst, wird in vielen Ansätzen der R.swissenschaft und der R.ssoziologie die Unterscheidung des Heiligen, Sakralen, Tabuisierten vom Profanen angenommen. Als heilig können dabei gelten: Gott oder die Götter, bestimmte Orte und Zeiten, Texte und Handlungen, Gebote und Verbote, sakrale Bauten, Naturerscheinungen oder vorbildliche Menschen. Hinsichtlich des jeweils Heiligen bilden die R.en rituelle Formen der Ehrfurcht, Scheu und Verehrung in Gestalt von Opfer, Gebet und Feier aus. Das Heilige steht dabei für den identitäts- und sinnkonstitutiven, integrativen Totalitätsbezug der religiösen Praxis. – In vormodernen Gesellschaften bilden R.en zumeist die integrierende bzw. zumindest dominierende Ebene gesellschaftlicher Sinnstiftung hinsichtlich aller übrigen gesellschaftlichen Teilfunktionen. Hierin gründet auch ihre dauerhafte Anfälligkeit für immer wieder auftretende Formen des ↑Dogmatismus, ↑Fundamentalismus und Fanatismus, insofern sie ihre Geltungsansprüche auf den Bereich des politischen Lebens oder auf den Bereich der Freiheit des Einzelnen auszudehnen suchen.

In den großen prophetischen Buchreligionen Judentum, Christentum und Islam hat sich die religiöse Praxis der hermeneutischen (↑Hermeneutik), der theoretischen (theologischen) und der philosophisch-kritischen Reflexion ausgesetzt (↑Religionsphilosophie). Insbes. im Christentum bildete sich seit der ↑Patristik eine stets gefährdete Synthese von Glauben und Wissen (↑Wahrheit, doppelte), R. und Philosophie, ↑Offenbarung und Vernunft aus, die das Mittelalter und die ↑Scholastik bestimmt. In diesem Kontext stellt sich immer wieder die Frage nach einer natürlichen R. (↑Religion, natürliche) und nach einem ›Vernunftglauben‹ (I. Kant). – Prozesse der (teilweise auch innerreligiös motivierten) ↑Religionskritik führen im Laufe der abendländischen Entwicklung zum umfassenden Prozeß der ↑Säkularisierung, in deren Verlauf über ↑Renaissance, ↑Humanismus, Reformation die neuzeitliche Autonomisierung von Moral und Politik, Wissenschaft und Kultur und die grundsätzliche Autoritäts- (↑Autorität), Vorurteils- (↑Vorurteil) und Traditionskritik der ↑Aufklärung mit ihren Forderungen nach ↑Toleranz und Gedankenfreiheit sich die Frage nach einer eigentlichen, irreduziblen Substanz der R. jenseits der ausdifferenzierten gesellschaftlichen Bereiche stellt. Philosophisch betrachtet ergibt sich seit der Aufklärung eine Spannung zwischen dem Wahrheits- und Absolutheitsanspruch der R.en und ihren unübersehbar partikularen geschichtlichen Erscheinungsformen, die sich universalistischen Rationalitätskriterien entziehen. Diese Spannung wird durch die sich in der Moderne radikalisierende Ideologie- und Illusionskritik an der R. (z. B. durch K. Marx, F. Nietzsche und S. Freud) verschärft.

Unbeschadet der Aufklärung, der Säkularisierung, der Trennung von Kirche und Staat und der modernen R.skritik hat die deskriptive Analyse der kulturellen Realität der R. in modernen westlichen Gesellschaften (Nordamerika, Westeuropa) im Rahmen der funktionalen R.stheorie das Konzept einer Zivilreligion (*civil religion*; R. N. Bellah, J. M. Yinger) entwickelt. Mit diesem Begriff wird der kleinste gemeinsame Nenner allseits akzeptabler traditioneller moralischer Grundnormen bezeichnet, die für die ↑Legitimität liberaler Demokratien vorausgesetzt werden müssen und symbolisch vor allem religiös repräsentiert werden können. Mit dem Konzept der Zivilreligion werden bestimmte traditionalistisch-fundamentalistische und dogmatische R.sverständnisse in der Konsequenz von Aufklärung und Moderne erheblich neutralisiert und marginalisiert (H. Lübbe). Die Wahrheits- und Geltungsfragen angesichts der religiösen Überlieferungsbestände bleiben demgegenüber Thema der Theologie, der R.sphilosophie und der R.skritik.

Literatur: G. Ahn/F. Wagner/R. Preul, R., TRE XXVII (1997), 513–559; A. Aldridge, R. in the Contemporary World. A Sociological Introduction, Cambridge etc. 1999, ³2013; R. D. Baird, Category Formation and the History of R.s, The Hague/Paris 1971, Berlin/New York ²1991; M. Banton (ed.), Anthropological Approaches to the Study of R., London 1966, London/New York 2004; J. E. Barnhart, The Study of R. and Its Meaning. New Explorations in Light of Karl Popper and Emile Durkheim, The Hague/Paris/New York 1977; U. Barth, R. in der Moderne, Tübingen 2003; R. N. Bellah, R.: The Sociology of R., IESS XIII (1968), 406–414; ders./P. E. Hammond, Varieties of Civil R., San Francisco Calif. etc. 1980; P. Byrne, The Moral Interpretation of R., Edinburgh 1998; R. J. Campiche, Les deux visages de la religion. Fascination et désenchantement, Genf 2004 (dt. Die zwei Gesichter der R.. Faszination und Entzauberung, Zürich 2004); D. A. Crosby, Interpretive Theories of R., The Hague/Paris/New York 1981; K.-W. Dahm/N. Luhmann/D. Stoodt, R.. System und

Sozialisation, Darmstadt/Neuwied 1972; K.-F. Daiber/T. Luckmann (eds.), R. in den Gegenwartsströmungen der deutschen Soziologie, München 1983; I. U. Dalferth/P. Stoellger (eds.), Hermeneutik der R., Tübingen 2007; C. F. Davis, The Evidential Force of Religious Experience, Oxford 1989, 1999; M. Despland, La religion en occident. Évolution des idées et du vécu, Montréal 1979; C. Dierksmeier, Das Noumenon R.. Eine Untersuchung zur Stellung der R. im System der praktischen Philosophie Kants, Berlin/New York 1998; G. Dux, Ursprung, Funktion und Gehalt der R., Int. Jb. R.ssoziologie 8 (1973), 7–67; A. W. Eister (ed.), Changing Perspectives in the Scientific Study of R., New York etc. 1974; M. Eliade, Das Heilige und das Profane. Vom Wesen des Religiösen, Hamburg 1957, Köln 2008 (engl. The Sacred and the Profane. The Nature of Religion, Orlando Fla. etc. 1959, San Diego Calif. etc. 1987; franz. Le sacré et le profane, Paris 1965, 2009); C. Elsas (ed.), R.. Ein Jahrhundert theologischer, philosophischer, soziologischer und psychologischer Interpretationsansätze, München 1975; ders. u. a., R., Hist. Wb. Ph. VIII (1992), 632–713; M. Enders/H. Zaborowski (eds.), Phänomenologie der R.. Zugänge und Grundfragen, Freiburg/München 2004; R. Faber/F. Hager (eds.), Rückkehr der R. oder säkulare Kultur? Kultur- und R.ssoziologie heute, Würzburg 2008; E. Feil, Religio I (Die Geschichte eines neuzeitlichen Grundbegriffs vom Frühchristentum bis zur Reformation), Göttingen 1986; ders. u. a., R., RGG VII (⁴2004), 263–304; A. Franz/W. G. Jacobs (eds.), R. und Gott im Denken der Neuzeit, Paderborn etc. 2000; K. Gabriel/H.-R. Reuter (eds.), R. und Gesellschaft. Texte zur R.soziologie, Paderborn 2004, ²2010; B. Gladigow/H. G. Kippenberg (eds.), Neue Ansätze in der R.swissenschaft, München 1983; F. W. Graf/F. Voigt (eds.), R.(en) deuten. Transformationen der R.sforschung, Berlin/New York 2010; W. Härle/E. Wölfel (eds.), R. im Denken unserer Zeit, Marburg 1986; H. Hart/R. A. Kuipers/K. Nielson (eds.), Walking the Tightrope of Faith. Philosophical Conversations about Reason and R., Amsterdam etc. 1999; E. Herrmann, R., Reality and a Good Life. A Philosophical Approach to R., Tübingen 2004; J. Hick, An Interpretation of R.. Human Responses to the Transcendent, New Haven Conn./London 1989, 2004 (dt. R.. Die menschlichen Antworten auf die Frage nach Leben und Tod, München 1996); M. Hofmann/C. Zelle (eds.), Aufklärung und R.. Neue Perspektiven, Hannover 2010; S. Hunt, R. and Everyday Life, London/New York 2005; G. Kehrer, Einführung in die R.ssoziologie, Darmstadt 1988; H. G. Kippenberg, Die Entdeckung der R.sgeschichte. R.swissenschaft und Moderne, München 1997 (franz. A la découverte de l'histoire des religions. Les sciences religieuses et la modernité, Paris 1999; engl. Discovering Religious History in the Modern Age, Princeton N. J./Oxford 2002); H. Kleger/A. Müller (eds.), R. des Bürgers. Zur Zivilreligion in Amerika und Europa, München 1986, Münster ²2004; M. Kohlenbach/R. Geuss (eds.), The Early Frankfurt School and R., Basingstoke etc. 2005; A. Koritensky, Wittgensteins Phänomenologie der R.. Zur Rehabilitierung religiöser Ausdrucksformen im Zeitalter der wissenschaftlichen Weltanschauung, Stuttgart 2002; P. Koslowski (ed.), Die religiöse Dimension der Gesellschaft. R. und ihre Theorien, Tübingen 1985; V. Krech, Wo bleibt die R.? Zur Ambivalenz des Religiösen in der modernen Gesellschaft, Bielefeld 2011; T. Luckmann, Das Problem der R. in der modernen Gesellschaft. Institution, Person und Weltanschauung, Freiburg 1963 (engl. The Invisible Religion. The Problem of Religion in Modern Society, New York/London/Toronto 1967, 1972); H. Lübbe, R. nach der Aufklärung, Graz/Wien/Köln 1986, München ³2004; N. Luhmann, Funktion der R., Frankfurt 1977, ⁵1999, 2004; H. Mol, Identity and the Sacred. A Sketch for a New Social-Scientific Theory of R., Oxford

1976; W. Oelmüller u. a., Diskurs: R., Paderborn etc. 1979, ³1995; ders. (ed.), Wiederkehr von R.? Perspektiven, Argumente, Fragen, Paderborn etc. 1984; D. Z. Phillips/M. v. der Ruhr (eds.), R. and Wittgenstein's Legacy, Aldershot etc. 2005; D. Pollack/D. V. A. Olson (eds.), The Role of R. in Modern Societies, New York/London 2008, 2011; T. Rendtorff, Gesellschaft ohne R.? Theologische Aspekte einer sozialtheoretischen Kontroverse (Luhmann/Habermas), München 1975; ders. (ed.), R. als Problem der Aufklärung. Eine Bilanz aus der religionstheoretischen Forschung, Göttingen 1980; N. Rescher, Reason and R., Frankfurt etc. 2013; R. E. Richey/D. G. Jones (eds.), American Civil R., New York 1974; M. Riesebrodt, Die Rückkehr der R.en. Fundamentalismus und der »Kampf der Kulturen«, München 2000, 2001; D. Rössler, Die Vernunft der R., München 1976; O. Schatz (ed.), Hat die R. Zukunft?, Graz/Wien/Köln 1971; H. Schelkshorn/F. Wolfram/R. Langthaler (eds.), R. in der globalen Moderne. Philosophische Erkundungen, Göttingen 2014; J. Schmidt/H. Schulz (eds.), R. und Irrationalität. Historisch-systematische Perspektiven, Tübingen 2013; H. J. Schneider, R., Berlin/New York 2008; H. Seubert, Zwischen R. und Vernunft. Vermessung eines Terrains, Baden-Baden 2013; E. J. Sharpe, Understanding R., New York 1983, London 1999; M. Stausberg/S. Engler (eds.), The Oxford Handbook of the Study of Religion, Oxford 2016; G. Stephenson (ed.), Der R.swandel unserer Zeit im Spiegel der R.swissenschaft, Darmstadt 1976; C. Taliaferro, Evidence and Faith. Philosophy and R. since the Seventeenth Century, Cambridge etc. 2005; C. Taylor, Varieties of R. Today. William James Revisited, Cambridge Mass./London 2002, 2003 (dt. Die Formen des Religiösen in der Gegenwart, Frankfurt 2002, 2010; franz. La diversité de l'expérience religieuse aujourd'hui. William James revisité, Saint-Laurent 2003); M. C. Taylor (ed.), Critical Terms for Religious Studies, Chicago Ill./London 1998, 2004; F. Uhl/A. R. Boelderl (eds.), Die Sprachen der R., Berlin 2003; J. Waardenburg, R.en und R.. Systematische Einführung in die R.swissenschaft, Berlin/New York 1986 (franz. Des dieux qui se rapprochent. Introduction systématique à la science des religions, Genf 1993); F. Wagner, Was ist R.? Studien zu ihrem Begriff und Thema in Geschichte und Gegenwart, Gütersloh 1986, 1991; ders., R. und Gottesgedanke. Philosophisch-theologische Beiträge zur Kritik und Begründung der R., Frankfurt etc. 1996; K. Wenzel/T. M. Schmidt (eds.), Moderne R.? Theologische und religionsphilosophische Reaktionen auf Jürgen Habermas, Freiburg/Basel/Wien 2009; F. Whaling (ed.), Contemporary Approaches to the Study of R., I–II, Berlin/New York 1983/1984; C. Wolf/M. Koenig (eds.), R. und Gesellschaft, Wiesbaden 2013; L. Woodhead/P. Heelas (eds.), R. in Modern Times. An Interpretive Anthology, Oxford 2000; H. Zirker/H. M. Schmidinger/H. Bürkle, R., LThK VIII (³1999), 1034–1043. T. R.

Religion, natürliche, Bezeichnung für eine auf Vernunftglauben (im Gegensatz zum Glauben an eine ↑übernatürliche ↑Offenbarung bzw. an einen Religionsstifter) beruhende religiöse Haltung, die alle für die ↑Religion unverzichtbaren theoretischen und praktischen Annahmen allein durch den ›natürlichen‹ Vernunftgebrauch zu gewinnen sucht; als theoretische Grundlage dient (1) die Natur(-erkenntnis) (↑Physikotheologie), (2) die Vernunftfähigkeit des Menschen (↑lumen naturale). Während unter Naturreligion die Religion der so genannten ›Naturvölker‹ verstanden wird und die natürliche Theologie (↑theologia naturalis) sich mit der Beweisbarkeit eines höchsten Wesens und seiner Eigenschaften befaßt, geht es der n.n R. (auch ↑Vernunftreligion) um die Grundsätze einer ›Religion überhaupt‹ (I. Kant): Begriff und Existenz Gottes (hier überschneidet sie sich teilweise mit der natürlichen Theologie), die moralischen Gesetze einer offenbarungsunabhängigen Religion und die Bestimmung des Verhältnisses der n.n R. zu den faktisch existierenden Religionen sind die Hauptthemen der n.n R.. Der Gottesbegriff der n.n R. ist unter ethischen Aspekten als höchstes Gut, höchster Zweck oder als höchstes, moralisch vollkommenes und allmächtiges Wesen konzipiert. – Die n. R. beansprucht, oberste Bedingung und Richtschnur aller Einzelreligionen zu sein. Dabei sieht sie sich im Gegensatz zu den positiven, historischen Religionen und sucht (vor allem in bezug auf das Christentum) durch ↑Rekonstruktion zentraler Begriffe der Religion (z. B. Gebet, Gnade, Glaube, Wunder, Auferstehung) die Hauptanliegen des Glaubens mit der Vernunft in Übereinstimmung zu bringen.

In ihrer Funktion als kritischer Maßstab für die positiven Religionen ergeben sich folgende Positionen: (1) Die n. R. wird an die Stelle der geoffenbarten Religionen gesetzt (wodurch zugleich deren Partikularität und wechselseitige Inkompatibilität überwunden sowie ↑Toleranz und Denkfreiheit gewährleistet werden sollen); (2) sie reinigt die Offenbarungsreligionen von allen nicht durch Vernunft einsehbaren Elementen (wodurch diese auf wenige theoretische Annahmen und praktische Gebote reduziert werden); (3) sie dient den Religionen als allgemeine Basis, auf der spezifische Ausprägungen möglich sind (die allerdings mit dieser Basis kompatibel sein müssen); (4) sie wird von den Religionen zum Zwecke der Apologie für diejenigen Aussagen hinzugezogen, die auch durch Vernunftgründe einsehbar sind. Obwohl sich z. B. schon in der griechischen Philosophie (etwa bei Heraklit und Xenophanes) Ansätze einer n.n R. erkennen lassen, erhält diese (nach ersten Ansätzen im 17. Jh.) ihre eigentliche philosophische Bedeutung erst mit der ↑Aufklärung (z. B. bei H. S. Reimarus und Kant) und im ↑Deismus. G. W. Leibniz kritisiert die Lehre von der doppelten Wahrheit (↑Wahrheit, doppelte) – einer natürlichen/übernatürlichen bzw. philosophischen/theologischen – und betrachtet die n. R. (bzw. natürliche Theologie) nicht im Gegensatz zum Christentum, desgleichen C. Wolff, der ihr eine apologetische Funktion zuschreibt. D. Hume und P. H. T. d'Holbach bestreiten die Möglichkeit, die Existenz und die Eigenschaften Gottes mit Vernunftgründen erweisen zu können. – Für Kant ist das höchste Wesen, als Idee verstanden, eine »Verbindung der Zweckmäßigkeit aus Freiheit mit der Zweckmäßigkeit der Natur« (Akad.-Ausg. VI, 5), dessen objektive Realität als synthetischer praktischer Satz ↑a priori behauptet werden kann. Die

Verhaltensnormen der n.n R. sind entweder aus der Vernunft ableitbar oder mit der Vernunft kompatibel; rein kirchliche Gesetze werden als Verordnungen eines fremden Willens angesehen und deshalb als unmoralisch verworfen. – Von der protestantischen Theologie wird die Leistungsfähigkeit der n.n R. im allgemeinen als gering eingeschätzt, zum Teil nur als pädagogisches Mittel akzeptiert oder auch dezidiert abgelehnt (K. Barth, R. Bultmann); die katholische Theologie geht nach dem I. Vatikanischen Konzil explizit von der Möglichkeit natürlicher Gotteserkenntnis aus.

Literatur: H. Beck, Natürliche Theologie. Grundriß philosophischer Gotteserkenntnis, München/Salzburg 1986, ²1988; A. Chignell/D. Pereboom, Natural Theology and Natural Religion, SEP 2015; K. Feiereis, Die Umprägung der natürlichen Theologie in Religionsphilosophie. Ein Beitrag zur Geistesgeschichte des 18. Jahrhunderts, Leipzig 1965; D. Großklaus, N. R. und aufgeklärte Gesellschaft. Shaftesburys Verhältnis zu den Cambridge Platonists, Heidelberg 2000; S. R. Holmes/P. Byrne, N. R., RGG VII (⁴2004), 117–120; K.-H. Kohl, Naturreligion. Zur Transformationsgeschichte eines Begriffs, in: R. Faber/R. Schlesier (eds.), Die Restauration der Götter. Antike Religion und Neo-Paganismus, Würzburg 1986, 198–214; K. H. Miskotte, N. R. und Theologie, RGG IV (³1960), 1322–1326; P. K. Moser, The Evidence for God. Religious Knowledge Reexamined, Cambridge etc. 2010; G. Picht, Kants Religionsphilosophie, Stuttgart 1985, ³1998; W. Schröder, Religion/Theologie, natürliche/vernünftige, Hist. Wb. Ph. VIII (1992), 713–727; S. Tweyman (ed.), Hume on Natural Religion, Bristol 1996; H. Wißmann/D. A. Pailin, N. R., TRE XXIV (1994), 78–85. M. G.

Religionskritik, Bezeichnung für den kritischen Teil der ↑Religionsphilosophie; als interne R. Bemühung der ↑Religionen um ein angemessenes Selbstverständnis, als interreligiöse R. die wechselseitige Kritik der Religionen untereinander. Externe R. erfolgt insbes. im Kontext ideologiepolitischer Auseinandersetzung seitens der Philosophie, der Psychologie, der Soziologie und der literarischen Polemik. Die R. bestreitet Sinn und Bedeutung religiöser Rede und Praxis, die Legitimität ihrer theoretischen Erklärungen (z. B. der Schöpfung der Welt und ihrer Lenkung durch Gott) und ihrer praktischen Orientierungen (z. B. der Begründung bestimmter moralischer Normen durch Rekurs auf göttliche Gebote und kirchliche Autorität). Sie bezieht sich auf die Totalitäts-, Exklusivitäts- und Absolutheitsansprüche, die im religiösen ↑Fundamentalismus, ↑Dogmatismus und Fanatismus greifbar werden.

Bereits in der Antike sind wesentliche Argumente der philosophischen R. präsent. Als Urmodell auch der späteren internen, christlich-theologischen (und auch mancher atheistischen) R. kann die Götzenpolemik des biblischen Propheten Jeremia gelten, die dieser aus der Perspektive des israelitischen, ethischen und bildlosen ↑Monotheismus gegen die Praxis der Verehrung holzgeschnitzter Götterstatuen durch die das Volk Israel umgebenden ›heidnischen‹ Völker richtet (Jer. 10; analog: der ›Tanz um das goldene Kalb‹ als Abfall vom wahren Glauben an Gott, 2. Mose 32). Der religionswissenschaftliche Terminus für die radikale Absage an die als ›selbstgemacht‹ durchschauten Götzen ist ›Abrenuntiation‹. Bereits bei Xenophanes tritt auch in der griechischen, eleatischen Tradition der religionskritische Grundgedanke einer Projektion anthropomorpher Vorstellungen als Erklärung des Wesens der Götter und als Argument für den ↑Atheismus explizit auf. Politische (Platon, »Kritias«), szientifische (Demokrit, Lukrez) und anthropologische (M. T. Cicero) Deutungen der Religion sind bereits ebenfalls in der antiken Religionsphilosophie bekannt.

Eine entschiedene externe R. setzt mit Neuzeit und ↑Aufklärung ein: Bei B. de Spinoza prägt sie sich als Quellenkritik an den Offenbarungstexten und als materialistische Uminterpretation der monotheistischen Religion im Rahmen einer rationalen ↑Mystik (Gott als ›Natur‹, ↑deus sive natura) aus. Im französischen Materialismus (↑Materialismus, französischer) der vorrevolutionären Aufklärung wird Religion politisch als ideologische Säule des Ancien régime und der feudalistischen Hierarchie kritisiert. Für P. H. T. d'Holbach ist sie eine Repressions- und Korruptionsinstitution, die den Massenbetrug organisiert (Le christianisme dévoilé, London 1766), während Voltaire sie zwar verspottet, andererseits ihre soziale Stabilisierungsfunktion würdigt. Der englische ↑Deismus (E. Herbert von Cherbury, J. Toland, Shaftesbury, M. Tindal) kritisiert die Ansprüche der Offenbarungsreligion (↑Offenbarung) und sucht Religion auf moralische Vernunft einzuschränken (↑Religion, natürliche). Dies ist auch das Ziel der R. I. Kants, der mit seiner Zurückweisung aller theoretischen Ansprüche der Religion und ihrer gleichzeitigen Rettung im Rahmen einer praktisch-philosophischen Postulatenlehre die ambivalente Stellung des Deutschen Idealismus (↑Idealismus, deutscher) zur Religion einleitet und die von J. G. Fichtes »Versuch der Critik aller Offenbarung« (Königsberg 1792) über G. W. F. Hegels Reflexion des ↑›Todes Gottes‹ bis zu L. Feuerbachs anthropologischer Religionsphilosophie reicht. Feuerbach versteht die Gottesvorstellung als Wunschprojektion des überhöhten, idealisierten Wesens des Menschen vom Diesseits ins Jenseits; er hält so in seiner Kritik noch an einem humanen Sinn von Religion fest.

Dieser spezifischen Ausprägung von R. im Paradigma der nachkantischen Systematiken, die einen rationalen Kern von Religion gegen die Heteronomie der Offenbarung retten will (in dieser Tradition auch B. Bauer und D. F. Strauß) folgt die radikale und destruktive R. der klassischen Moderne durch K. Marx, F. Nietzsche und S. Freud. Marx radikalisiert die R., indem er diese selbst noch – explizit im Blick auf die humanistisch-

anthropologischen Analysen Feuerbachs – als ideologische Verschleierung der tatsächlichen gesellschaftlichen Repressionsverhältnisse des ↑Kapitalismus zu entlarven sucht: die nur auf die Religion eingeschränkte Kritik, die nicht gleichzeitig Kritik des Rechts und der politischen Ökonomie (↑Ökonomie, politische) ist, erliegt dem Schein der Selbständigkeit eines ideologischen Gebildes.

Für Nietzsche ist insbes. die christliche Religion eine perverse, lebensfeindliche und weltverneinende Idealisierung des ↑Leids und des ↑Todes, der illusionäre und pathologische Entwurf einer Wahnwelt schwacher Menschen. Religion ist ›Schwäche-Gefühl‹. Der ›Tod Gottes‹, d. h. der Zusammenbruch aller transzendenten (↑transzendent/Transzendenz) Fiktionen und Jenseitsvorstellungen in der Entwicklung der Moderne (↑Säkularisierung) bietet demgegenüber die Chance zur Befreiung von der Religion als einer Grundform menschlicher Selbstentfremdung, deren verhängnisvolles Wirken sich Nietzsche zufolge auch im ↑Platonismus, im ↑Idealismus und im Sozialismus findet. Freud rückt die (insbes. katholische) Religion in die Reihe der Geisteskrankheiten ein: ihre peinliche zeremonielle Observanz erscheint als ›universelle Zwangsneurose‹ (Zwangshandlungen und Religionsausübung, Z. Religionspsychologie 1 [1907], 4–12), ihre Sehnsucht nach liebendem Schutz durch allmächtige Wesen als infantilen Wunschphantasien entsprechende gesellschaftliche ›Illusion‹ vor Erreichen des aufgeklärten Stadiums von Vernunft und Wissenschaft (Die Zukunft einer Illusion, Leipzig 1927). Kern der Freudschen R. ist seine entwicklungsgeschichtliche Ableitung des christlichen Monotheismus aus verdrängtem Urvatermord, Kannibalismus, Inzest und Schuldgefühlen (Der Mann Moses und die monotheistische Religion, Amsterdam 1939, Frankfurt 1965).

Die analytische ↑Sprachkritik des Logischen Empirismus (↑Empirismus, logischer; R. Carnap, L. Wittgenstein, A. J. Ayer) erhebt den Sinnlosigkeitsvorwurf gegen religiöse Rede aus der Perspektive ihres empiristischen Sinnkriteriums (↑Sinnkriterium, empiristisches). Der Existentialismus (↑Existenzphilosophie) J.-P. Sartres begründet seine radikale ↑Verantwortungsethik in einer atheistischen Religionskritik (»Wenn Gott existiert, ist der Mensch nichts«, Der Teufel und der liebe Gott, Reinbek b. Hamburg 1991, 158): weil keine essentiellen, religiösen Vorgaben das Handeln der Menschen leiten, müssen sie sich existentiell, in endlicher Freiheit, selbst entwerfen. – In der Diskussion des 20. Jhs. treten von seiten der christlichen Theologie Versuche der Vereinnahmung bzw. Retheologisierung der R. auf: Die Dialektische Theologie (K. Barth, R. Bultmann, E. Brunner, F. Gogarten) begrüßt die Analysen von Feuerbach, Marx, Nietzsche und Freud als Prüfsteine einer der R. überlegenen authentischen Christlichkeit; in einer hermeneutischen Kritik der psychoanalytischen R. (↑Psychoanalyse) vertritt P. Ricoeur gegen Freud die These einer ›Epigenesis‹, einer geschichtlichen qualitativen Höherentwicklung religiöser Überlieferungsbestände unbeschadet ihrer entfremdeten Ursprünge; Traditionen des westlichen ↑Neomarxismus (A. Gramsci, E. Bloch, R. Garaudy, M. Horkheimer) revidieren die aus ihrer Sicht undialektische R. von Marx und dem orthodoxen ↑Marxismus, indem sie das praktische, emanzipatorische, volksnahe Hoffnungspotential von Religion angesichts gesellschaftlichen Unrechts hervorheben. – Im 20. Jh. werden viele methodische Ansätze und inhaltliche Analysen der traditionellen R. in Religionsphilosophie, Religionssoziologie, Religionspsychologie, Religionswissenschaft (vor allem Religionsethnologie) und Religionsphänomenologie überführt und produktiv integriert.

Literatur: H. W. Attridge, The Philosophical Critique of Religion under the Early Empire, in: H. Temporini/W. Haase (eds.), Aufstieg und Niedergang der römischen Welt II/16.1, Berlin/New York 1978, 45–78; A. Bailey/D. O'Brien, Hume's Critique of Religion. ›Sick Men's Dreams‹, Dordrecht etc. 2014; H. Breit/K.-D. Nörenberg (eds.), R. als theologische Herausforderung, München 1972; T. Brose (ed.), Religionsphilosophie. Europäische Denker zwischen philosophischer Theologie und R., Würzburg 1998, ²2001; B. Casper, Wesen und Grenzen der R.. Feuerbach, Marx, Freud, Würzburg 1974; W. Cislo, Die R. der französischen Enzyklopädisten, Frankfurt etc. 2001; P. Cliteur, The Secular Outlook. In Defense of Moral and Political Secularism, Malden Mass. etc. 2010; E. Dahl (ed.), Brauchen wir Gott? Moderne Texte zur R., Stuttgart 2005; I. U. Dalferth/H.-P. Grosshans (eds.), Kritik der Religion. Zur Aktualität einer unerledigten philosophischen und theologischen Aufgabe, Tübingen 2006; G. Di Luca, Critica della religione in Spinoza, L'Aquila 1982; J. Figl, Philosophie der Religionen. Pluralismus und R. im Kontext europäischen Denkens, Paderborn etc. 2012; H. Gollwitzer, Die marxistische R. und der christliche Glaube, Hamburg/München 1965, Gütersloh ⁷1981 (franz. Athéisme marxiste et foi chrétienne, Paris 1965); W. Gräb (ed.), Religion als Thema der Theologie. Geschichte, Standpunkte und Perspektiven theologischer R. und Religionsbegründung, Gütersloh 1999; L. Greenspan/S. Andersson (eds.), Russell on Religion. Selections from the Writings of Bertrand Russell, London/New York 1999, 2002; A. Grünbaum, Die Schöpfung als Scheinproblem der physikalischen Kosmologie, in: A. Bohnen (ed.), Wege der Vernunft. Festschrift zum siebzigsten Geburtstag von Hans Albert, Tübingen 1991, 164–191; K. Gründer/K. H. Rengstorf (eds.), R. und Religiosität im deutschen Aufklärung, Heidelberg 1989 (Wolfenbütteler Studien zur Aufklärung XI); E. Heinrich, R. in der Neuzeit. Hume, Feuerbach, Nietzsche, Freiburg/München 2000; D. Henke, Gott und Grammatik. Nietzsches Kritik der Religion, Pfullingen 1981; B. Hesse, R. und Ästhetik. Zur geschichtsphilosophischen Dimension religionskritischen Denkens und ästhetischer Theoriebildung, Frankfurt/Bern 1981; M. Hofheinz/T. Paprotny (eds.), R. interdisziplinär, Leipzig 2015; F. Huber (ed.), Reden über die Religion – 200 Jahre nach Schleiermacher. Eine interdisziplinäre Auseinandersetzung mit Schleiermachers R., Wuppertal 2000; C. Jakobi/B. Spies/A. Jäger (eds.), R. in Literatur und Philosophie nach der Aufklärung, Halle 2007; F. W. Kantzenbach, R. der Neu-

zeit. Einführung in ihre Geschichte und Probleme, München 1972; W. Kaufmann, Critique of Religion and Philosophy, New York 1958, Princeton N. J. 1978 (dt. Religion und Philosophie, München 1966); W. Kellerwessel, »Denn sie wissen nicht, wovon sie reden«. Referenz, religiöse Glaubenssätze und R. aus sprachanalytischer Sicht, Würzburg 2011; G. L. Kline, Hegel and the Marxist-Leninist Critique of Religion, in: D. E. Christensen (ed.), Hegel and the Philosophy of Religion, The Hague 1970, 187–202; R. Konersmann, R., Hist. Wb. Ph. VIII (1992), 734–746; R. Koselleck, Kritik und Krise. Eine Studie zur Pathogenese der bürgerlichen Welt, Freiburg 1959, Frankfurt ¹¹2010 (franz. Le règne de la critique, Paris 1979; engl. Critique and Crisis. Enlightenment and the Pathogenesis of Modern Society, Oxford etc. 1988); H.-J. Kraus, Theologische R., Neukirchen-Vlyn 1982; E. Lange (ed.), Philosophie und Religion. Beiträge zur R. der deutschen Klassik, Weimar 1981; R. Langthaler, Kritischer Rationalismus. Eine Untersuchung zur Aufklärung und R. in der Gegenwart, Frankfurt/New York 1987; M. Lutz-Bachmann, Religion, Critique of, REP VIII (1998), 236–238; J. A. Massey, Feuerbach and Religious Individualism, J. Rel. 56 (1976), 366–381; H. Meyer, R., Religionssoziologie und Säkularisation, Frankfurt etc. 1988; L. Nagl (ed.), Religion nach der R., Wien 2003; K. Nielsen, Contemporary Critiques of Religion, London etc. 1971; F. Ossadnik, Spinoza und der ›wissenschaftliche Atheismus‹ des 21. Jahrhunderts. Ethische und politische Konsequenzen frühaufklärerischer und gegenwärtiger R., Weimar 2011; J. M. Perry, Tillich's Response to Freud: A Christian Answer to the Freudian Critique of Religion, Lanham MD. 1988; E. Peters/E. Kirsch, R. bei Heinrich Heine, Leipzig 1977 (Erfurter Theolog. Schr. XIII); H. Philipse, God in the Age of Science? A Critique of Religious Reason, Oxford etc. 2012, 2014; W. Post, Kritik der Religion bei Karl Marx, München 1969; J. S. Preus, Explaining Religion. Criticism and Theory from Bodin to Freud, London/New Haven Conn. 1987, Altanta Ga. 1996; T. Rentsch, Thesen zur Kritik der religiösen Vernunft, in: W. Oelmüller (ed.), Wiederkehr von Religion? Perspektiven, Argumente, Fragen, Paderborn etc. 1984, 93–109; J. Scharfenberg, Sigmund Freud und seine R. als Herausforderung für den christlichen Glauben, Göttingen 1968, ⁴1976 (engl. Sigmund Freud and His Critique of Religion, Philadelphia Pa. 1988); R. Schieder, Sind Religionen gefährlich?, Berlin 2008, mit Untertitel: Religionspolitische Perspektiven für das 21. Jahrhundert, ²2011; H. R. Schlette, Zur Erforschung der R., Kairos NF 24 (1982), 67–86; W. Schmidt (ed.), Die Religion der R., München 1972; W. Schröder, Ursprünge des Atheismus. Untersuchungen zur Metaphysik- und R. des 17. und 18. Jahrhunderts, Stuttgart-Bad Cannstatt 1998, ²2012; ders., Athen und Jerusalem. Die philosophische Kritik am Christentum in Antike und Neuzeit, Stuttgart- Bad Cannstatt 2011, ²2013; W. Senz, Freuds Kritik an der Religion und der analytischen Philosophie. Ein Märchen für Erwachsene im Dienste problematischer Gesellschaftstheorien, Frankfurt etc. 2006; L. Strauss, Die R. Spinozas als Grundlage seiner Bibelwissenschaft. Untersuchungen zu Spinozas theologisch-politischen Traktat, Berlin 1930 (repr. Hildesheim/New York, Darmstadt 1981) (engl. Spinoza's Critique of Religion, New York 1965, Chicago Ill. 1997; franz. La critique de la religion chez Spinoza ou les fondements de la science spinoziste de la Bible. Eecherches pour une étude du »Traité théologico-politique«, Paris 1996); G. Theißen, Argumente für einen kritischen Glauben oder: Was hält der R. stand?, München 1978, ³1988; F. Wagner, Religion und Gottesgedanke. Philosophisch-theologische Beiträge zur Kritik und Begründung der Religion, Frankfurt etc. 1996; K.-H. Weger (ed.), R.. Beiträge zur atheistischen R. der Gegenwart, München 1976; ders. (ed.), R., Graz/Wien/Köln

1991; M. Weinrich, Religion und R.. Ein Arbeitsbuch, Göttingen 2011, ²2012; A. Wengenroth, Science of Man. Religionsphilosophie und R. bei David Hume und seinen Vorgängern, Frankfurt etc. 1997; G. Wenz, R., TRE XXVIII (1997), 687–699; S. N. Williams, The Shadow of the Antichrist. Nietzsche's Critique of Christianity, Grand Rapids Mich. 2006; H. Zirker, R., Düsseldorf 1982, ³1995. T. R.

Religionsphilosophie, Bezeichnung für die Untersuchung der ↑Religion bzw. der Religionen vor allem unter drei Fragestellungen: (1) Welcher (objektivierbare) *Sinn* und welche (objektive) *Geltung* kann Religion als einem System von Glaubenssätzen (Dogmen) zugeschrieben werden? (2) Welche *soziale Funktion* erfüllt sinnvollerweise Religion? (3) Welches sind die subjektiven Bedingungen für die Ausbildung oder Ausübung von Religion, d. h., welche Gefühle, Wünsche oder Meinungen führen zur Religion? Alle drei Fragestellungen sind seit den Anfängen der Philosophie, und zwar zumeist in einer den Verbindlichkeitsanspruch von Religion kritisierenden Absicht, gestellt worden (↑Religionskritik).

Die dogmenhermeneutische und dogmenkritische erste Frage, die sich allein gegenüber zu Satzsystemen ausformulierten Religionen wie insbes. dem Christentum stellen läßt, hat immer wieder drei Probleme in den Mittelpunkt gerückt: (a) das Problem, die Existenz Gottes (↑Gott (philosophisch)) zu beweisen, (b) das Problem, Gott als Schöpfer der Welt zu erkennen, (c) das Problem, trotz der Existenz von Unglück, Leid und Bösem Gott als allmächtigen und allgütigen Lenker der Geschichte zu verstehen (↑Theodizee). Seit der klassischen griechischen Philosophie gibt es Argumentationswege, die zur Annahme einer Idee des Guten (Platon; ↑Gute, das) oder eines unbewegten ersten Bewegers (Aristoteles; ↑Beweger, unbewegter) führen sollen; diese wurden in der scholastischen (↑Scholastik) Philosophie des Mittelalters als ↑Gottesbeweise auszuformulieren versucht. Eine Brücke zwischen Religion, ↑Metaphysik, ↑Ontologie und ↑Theologie wurde insbes. in der von der antiken Philosophie (Platon, Aristoteles) eröffneten (und problematischen) Möglichkeit gesehen, das Wort ›seiend‹ als komparatives Prädikat in Aussagen der Form ›x ist seiender als y‹ zu verwenden, so daß dann von dem niedrigsten Seienden (der ↑Materie) bis zum ›höchsten Seienden‹ (Gott) ›aufgestiegen‹ werden kann. Auf der anderen Seite sind ebenso lange Gegenargumente vorgetragen worden, die jedoch (zumindest hinsichtlich ihrer Wirksamkeit) weniger auf einer kritischen Analyse der ›Beweismittel‹ für die Annahme der Existenz Gottes als vielmehr (vor allem seit Epikur und Lukrez) auf der Verdeutlichung des Widerspruchs zwischen der erfahrenen Existenz von Unglück, Leid und Bösem und der behaupteten Existenz eines allmächtigen und allgütigen Gottes aufbauten. Das Problem, Gott als Weltschöpfer zu erkennen, ist durch die philosophische

Aus- und Umdeutung des Begriffs der ↑Schöpfung – religionsstützend wird vor allem in der neuscholastischen (↑Neuscholastik) Philosophie die Schöpfungsrelation deutlich von der Ursache-Wirkung-Relation (↑Kausalität) unterschieden, religionskritisch wird die Schöpfungsrelation in den pantheistischen (↑Pantheismus) Entwürfen als Emanationsrelation (↑Emanation) oder sogar Identitätsrelation zwischen Gott und Welt umgedeutet – von den naturwissenschaftlichen Ursachefragen getrennt und damit zu einem Problem von allein begrifflicher oder metaphysischer Relevanz verselbständigt worden (↑Atheismus, ↑Deismus).

In der neuzeitlichen R. wird die dogmenhermeneutische und dogmenkritische Fragestellung zugunsten der Fragen nach der sozialen Funktion und den subjektiven Bedingungen von Religion zurückgedrängt. Im Unterschied zur Religionssoziologie und Religionspsychologie werden in der R. diese Fragen auch als Sinn- und Geltungsfragen gestellt, wobei (im Unterschied zur dogmenkritischen Fragestellung) Sinn und Geltung nicht von bestimmten Satzsystemen, sondern von Religion als einem Handlungssystem untersucht wird. Bereits in der Antike finden sich drei entscheidende Argumente für die Antworten auf diese beiden Fragen formuliert: (a) Das *politische* Argument sieht in der Religion ein Instrument der Staatsmänner zur Bindung der Bürger an moralische Normen. So ist nach Kritias (VS 88 B 25) der Hinweis auf die Götter ein Mittel, die moralische Ordnung zu erhalten. (b) Das *szientifische* Argument sieht in der Religion den Versuch, auch dort Erklärungen zu geben, wo wir kein Wissen von den Naturtatsachen besitzen; die Religion wird damit zu einem Ergebnis menschlicher Unwissenheit (Demokrit, Lukrez). (c) Das *anthropologische* Argument sieht in der Ausbildung von Religion ein Bedürfnis des Menschen, das kulturinvariant besteht. Scheu und Verehrung sind Grundbedürfnisse des Menschen, die sich in der Religion artikulieren (M. T. Cicero). Erst mit dem Versuch, eine Vernunftbegründung der Moral zu leisten, wird als weiteres Argument in der Neuzeit (d) das *moralische* formulierbar, nach dem die Religion sinnvoll für die Motivation zum moralisch begründeten Handeln ist (I. Kant, J. G. Fichte). Im Unterschied zum politischen Argument wird im moralischen Argument Religion nicht als bloße Erfindung von Staatsmännern, sondern als moralisch sinnvoll angesehen und zudem nicht für bloß faktische moralische Ordnungen (soweit deren Bestehen einen politischen Sinn hat) als Mittel zu deren Sicherung, sondern für begründete moralische Normen (↑Norm (handlungstheoretisch, moralphilosophisch)) als Motiv zu deren Befolgung dargestellt.

Typisch für die neuzeitliche R. ist die Verwendung und die weitere Ausarbeitung des *anthropologischen* Arguments. Dieses Argument erlaubt einerseits, Religion als

den Bedürfnissen des Menschen entsprechend zu begründen, andererseits die besonderen Ausprägungen
der Religion in bestimmten religiösen Institutionen
(Kirche) und den darin vertretenen Dogmen zu kritisieren – eine zweifache Argumentationsmöglichkeit, die
sich mit dem moralischen Argument ergibt und von den
Vertretern dieses Arguments auch kirchen- und dog-
menkritisch ausgenutzt worden ist. Die Besonderheit bei
der neuzeitlichen Verwendung des anthropologischen
Arguments liegt darin, daß es mit den anderen Argumenten verbunden wird. So erkennt z. B. L. A. Feuerbach das Abhängigkeitsgefühl des Menschen, seine
Furcht und den Trieb nach Glückseligkeit (↑Glück
(Glückseligkeit)) als religionsbegründende anthropologische Tatsachen an, stellt zugleich aber religionskritisch
den Glauben an Gott oder Götter als eine Projektion der
menschlichen Wünsche dar: »die Götter sind die als
wirklich gedachten, die in wirkliche Wesen verwandelten Wünsche des Menschen« (Vorlesungen über das
Wesen der Religion. 22. Vorlesung, Ges. Werke VI, Berlin 1967, 224). An diese Darstellungsweise knüpft K.
Marx explizit das politische Argument, indem er sowohl
auf die sozialen Bedingungen dieser Wünsche als auch
auf die politische Verwendung der religiösen Projekti-
onsleistung hinweist.

Besonders einflußreich ist das anthropologische Argument in der Fassung, die ihm F. D. E. Schleiermacher
gegeben hat. Auch Schleiermacher sieht in dem Gefühl
der ›schlechthinnigen Abhängigkeit‹ den Grund der
Religion, die darin bestehe, sich des Unendlichen mitten
im Endlichen bewußt zu sein. Diese ›Anthropologisie-
rung‹ der Religion ermöglicht einerseits, Religion als
eine menschliche Möglichkeit darzustellen, nämlich als
eine besondere Form der Selbstexplikation: Religion ist
dann das ›Wissen des endlichen Geistes von seinem
Wesen als absoluter Geist‹ (G. W. F. Hegel). Andererseits
bietet das anthropologische Argument, wie es in der
Neuzeit vor allem seit Schleiermacher formuliert wurde,
sowohl die Möglichkeit, die Analyse der Vielfalt religiöser Erfahrung als eine Studie über die menschliche Natur anzulegen (W. James), als auch im Rahmen einer von
Theologen betriebenen R. mit einem allgemein menschlichen Bedürfnis nach ↑Offenbarung für eine Auffassung
der Religion als einer transzendenten (↑transzendent/
Transzendenz) Wirklichkeit zu argumentieren (K. Rahner). In der Auseinandersetzung mit dem ↑Marxismus
ist das anthropologische Argument nicht mehr nur über
ein individuelles Gefühl oder Bedürfnis, sondern über
die im sozialen Handeln zu realisierende Hoffnung formuliert worden (E. Bloch, J. B. Metz). Im Anschluß vor
allem an die Existentialanalyse M. Heideggers wird in
der Unverfügbarkeit über menschliches Glück und
↑Leid der Grund der Religion, nämlich der Anerkennung dieser Unverfügbarkeit, gesehen.

Die R. des 20. Jhs. bewegt sich entweder in dem bereits
dargestellten systematischen Rahmen – bedeutende Beispiele sind die kulturphilosophischen Analysen zur sozialen Funktion des Protestantismus für die Entstehung
der Moderne bei M. Weber und E. Troeltsch und die an
den Deutschen Idealismus (↑Idealismus, deutscher) anknüpfende existentialanthropologische R. P. Tillichs –
oder ist stark religionsphänomenologisch geprägt (R.
Otto, M. Scheler, M. Eliade, G. von der Leeuw, G. Widengren, F. Heiler, G. Lanczkowski), wobei die Geltungs-
frage nach der Wahrheit der Religion hinter der getreuen
deskriptiven Erfassung der Vielfalt und inneren Komplexität vor allem auch der außereuropäischen Ausprägungen des Phänomens ›Religion‹ (z. B. Indien; Religionen der so genannten Primitiven) zurücktritt und die R.
sich der Religionswissenschaft, der Religionssoziologie
und der Religionsgeschichte annähert (auch unter dem
Eindruck der Völkerkunde und der früh- und ur-
geschichtlichen Forschung). Die Arbeiten von P. Radin
und B. Malinowski zur Funktion der Mythen und Riten
bei Urvölkern konnten sowohl mit der marxistisch orientierten Analyse der Religion als auch mit der psychoanalytischen Religionstheorie S. Freuds über Urmord
und Inzest verbunden werden und wiesen in die Richtung der von C. Lévi-Strauss umfassend ausgearbeiteten
Interpretation religiöser Lebens- und Sprachformen im
Strukturalismus (↑Strukturalismus (philosophisch, wissenschaftstheoretisch)).

In der im Gegenzug rein geltungsorientierten Weiterentwicklung der religionsphilosophischen Diskussion hat
sich zunächst vor allem die sprachkritische Wende
(↑Sprachkritik) der Philosophie ausgewirkt. Das Sinnkriterium (↑Sinnkriterium, empiristisches) des Logischen Empirismus (↑Empirismus, logischer) begründet
den entschiedenen Sinnlosigkeitsvorwurf gegen alle religiöse Rede (B. Russell, L. Wittgenstein, R. Carnap, A. J.
Ayer). Der sprachanalytische Ansatz führt sodann zu
einer emotiven (↑Emotivismus) Rekonstruktion dieser
Rede (analog zur ›emotive theory of ethics‹, Ayer, C. L.
Stevenson). Unter dem Einfluß des Kritischen Rationalismus (↑Rationalismus, kritischer) K. R. Poppers bildet
sich im Blick auf Geltungsansprüche sogar ein ›eschato-
logischer Verifikationismus‹ (J. Hick) heraus. Auf der
Basis der Sprechakttheorie (↑Sprechakt) von J. L. Austin
und J. R. Searle wird der pragmatische Status religiöser
Sprachhandlungen (Gebet, Taufe, Sakramente) in neuartiger Weise analysiert. – Die Wirkung des Spätwerkes
von L. Wittgenstein übt auf die analytische R. einen sie
hermeneutisch transformierenden Einfluß aus, indem
sich nun das Interesse wieder auf die internen Geltungsansprüche der religiösen ↑›Sprachspiele‹ im Kontext von
↑Lebensformen richtet. Der Sinnlosigkeitsverdacht wird
durch das Interesse an der ↑Rekonstruktion der internen
Kriterien des Zusammenhangs von kognitiven, emoti-

ven und performativen Aspekten religiösen Sprachhandelns ersetzt (R. B. Braithwaite, I. T. Ramsey, L. Bejerholm, I. U. Dalferth, H. Schrödter, A. Grabner-Haider). Vor allem D. Z. Phillips hat im Anschluß an Wittgenstein in minutiösen Einzelanalysen z. B. des Gebets versucht, die Autonomie religiöser Sprache und Praxis herauszuarbeiten. Solche Ansätze berühren sich mit den hermeneutisch-phänomenologischen Untersuchungen. – Die neueste Entwicklung der R. fragt im Rahmen funktionaler Religionssoziologie (N. Luhmann) wieder nach der gesellschaftlichen Funktion von ›Religion nach der Aufklärung‹ (H. Lübbe). Diese Funktion wird als vor allem rituelle ›Kontingenzbewältigungspraxis‹ bestimmt, die angesichts der unaufhebbaren Unverfügbarkeiten der menschlichen Situation von der Religionskritik der Aufklärung unberührt bleibe.

Literatur: G. L. Abernethy/T. A. Langford (eds.), Philosophy of Religion, New York 1962, [2]1968; W. J. Abraham/F. D. Aquino (eds.), The Oxford Handbook of the Epistemology of Theology, Oxford 2017; R. L. Arrington/M. Addis (eds.), Wittgenstein and Philosophy of Religion, London/New York 2001, 2004; R. Audi/W. J. Wainwright (eds.), Rationality, Religious Belief, and Moral Commitment. New Essays in the Philosophy of Religion, Ithaca N. Y./London 1986; D.-P. Baker/P. Maxwell (eds.), Explorations in Contemporary Continental Philosophy of Religion, Amsterdam 2003; M. C. Banner, The Justification of Science and the Rationality of Religious Belief, Oxford 1990, 1992; L. Bejerholm/G. Hornig, Wort und Handlung. Untersuchungen zur analytischen R., Gütersloh 1966; P. L. Berger, The Sacred Canopy. Elements of a Sociological Theory of Religion, Garden City N. Y. 1967, New York 1990 (franz. La religion dans la conscience moderne. Essai d'analyse culturelle, Paris 1971, 1973; dt. Zur Dialektik von Religion und Gesellschaft. Elemente einer soziologischen Theorie, Frankfurt 1973, 1988); E. Bloch, Atheismus im Christentum. Zur Religion des Exodus und des Reichs, Frankfurt 1968 (= Gesamtausg. XIV), Frankfurt 2009 (engl. Atheism in Christiantity. The Religion of the Exodus and the Kingdom, New York 1972, London/New York 2009; franz. L'athéisme dans le christianisme. La religion de l'exode et du royaume, Paris 1978); J. M. Bocheński, Logic of Religion, New York 1965 (dt. Logik der Religion, Köln 1968, Paderborn etc. [2]1981); R. B. Braithwaite, An Empiricist's View of the Nature of Religious Belief, Cambridge 1955 (dt. Die Ansicht eines Empiristen über die Natur des religiösen Glaubens, in: I. U. Dalferth [ed.], Sprachlogik des Glaubens [s. u.], 167–189); E. Brock, R., ed. E. Oldemeyer, Bern 1990; M. Brumlik, Vernunft und Offenbarung. Religionsphilosophische Versuche, Berlin/Wien 2001, Hamburg 2014; S. M. Cahn (ed.), Philosophy of Religion, New York 1970; ders./D. Shatz (eds.), Contemporary Philosophy of Religion, New York/Oxford 1982; J. D. Caputo (ed.), The Religious, Malden Mass. etc. 2002; B. Clack/B. R. Clack, The Philosophy of Religion. A Critical Introduction, Cambridge 1998, [2]2008; J. Clayton, Religions, Reasons and Gods. Essays in Cross-Cultural Philosophy of Religion, ed. A. M. Blackburn, Cambridge 2006; I. U. Dalferth (ed.), Sprachlogik des Glaubens. Texte analytischer R. und Theologie zur religiösen Sprache, München 1974; ders., Die Wirklichkeit des Möglichen. Hermeneutische R., Tübingen 2003; B. Davies, Philosophy of Religion. A Guide to the Subject, London 1998, mit Untertitel: A Guide and Anthology, Oxford 2000; G. W. Dawes, Religion, Philosophy, and Knowledge, Cham 2016; J. Der-

rida/G. Vattimo (eds.), La religion. Séminaire de Capri, Paris 1996 (engl. Religion, Cambridge etc. 1998; dt. Die Religion, Frankfurt 2001, 2008); H. Deuser, R., Berlin/New York 2009; C. Dierksmeier, Das Noumenon Religion. Eine Untersuchung zur Stellung der Religion im System der praktischen Philosophie Kants, Berlin/New York 1998; L. Dupré, A Dubious Heritage. Studies in the Philosophy of Religion after Kant, New York/Ramsey/Toronto 1977; W. Dupré, Einführung in die R., Stuttgart etc. 1985; P. J. Etges, Kritik der analytischen Theologie. Die Sprache als Problem der Theologie und einige Neuinterpretationen der religiösen Sprache, Hamburg 1973; F. Ferré, Language, Logic and God, New York 1961 (repr. Westport Conn. 1977), Chicago Ill. 1981 (franz. Le langage religieux a-t-il un sens? Logique moderne et foi, Paris 1970); ders., Basic Modern Philosophy of Religion, New York 1967, Abingdon 2013; C. L. Firestone/S. R. Palmquist (eds.), Kant and the New Philosophy of Religion, Bloomington Ind./Indianapolis Ind. 2006; P. Fischer, Philosophie der Religion, Göttingen 2007; A. Flew, Theology and Falsification, in: ders./A. MacIntyre (eds.), New Essays in Philosophical Theology [s. u.], 96–108 (dt. Theologie und Falsifikation, in: I. U. Dalferth [ed.], Sprachlogik des Glaubens [s. o.], 84–95); ders./B. Mitchell/R. M. Hare, Theologie und Falsifikation. Ein Symposium, in: ders./A. MacIntyre (eds.), New Essays in Philosophical Theology [s. u.], 84–95; ders./A. Macintyre (eds.), New Essays in Philosophical Theology, London 1955, New York 1973; G. Fløistad, Philosophy of Religion, Dordrecht etc. 2010; T. C.-F. Geyer, R. der Neuzeit. Klassische Texte als Philosophie, Soziologie und Politischer Theorie, Darmstadt 1999; W. L. Gombocz (ed.), R.. Akten des 8. Internationalen Wittgenstein-Symposiums Teil 2, 15. bis 21. August 1983, Kirchberg am Wechsel (Österreich), Wien 1984; A. Grabner-Haider, Vernunft und Religion. Ansätze einer analytischen R., Graz 1978; ders., Kritische R.. Europäische und außereuropäische Kulturen, Graz/Wien/Köln 1993; S. Grätzel/A. Kreiner, R., Stuttgart/Weimar 1999; G. Griffith-Dickson, The Philosophy of Religion, London 2005; J. Grondin, La philosophie de la religion, Paris 2009, [3]2015 (dt. Die Philosophie der Religion. Eine Skizze, Tübingen 2012); A. Halder/K. Kienzler/J. Möller (eds.), R. heute. Chancen und Bedeutung in Philosophie und Theologie, Düsseldorf 1988; J. Halfwassen/M. Gabriel/S. Zimmermann (eds.), Philosophie und Religion, Heidelberg 2011; H. A. Harris/C. J. Insole (eds.), Faith and Philosophical Analysis. The Impact of Analytical Philosophy on the Philosophy of Religion, Aldershot/Hants 2005; B. Haymes, The Concept of the Knowledge of God, Basingstoke/London 1988; F. Heiler, Erscheinungsformen und Wesen der Religion, Stuttgart etc. 1961, [2]1979; N. Hoerster (ed.), Glaube und Vernunft. Texte zur R., München 1979, Stuttgart 1985, 1988; H.-J. Höhn (ed.), Krise der Immanenz. Religion an den Grenzen der Moderne, Frankfurt 1996; H. G. Hubbeling, Einführung in die R., Göttingen 1981; ders., Principles of the Philosophy of Religion, Assen/Maastricht 1987; B. Irlenborn (ed.), Analytische R.. Neue Wege der Forschung, Darmstadt 2013; W. Jaeschke, R., Hist. Wb. Ph. VIII (1992), 748–763; ders. (ed.), R. und spekulative Theologie. Der Streit um die Göttlichen Dinge (1799–1812), I–II, Hamburg 1994; C. Jäger (ed.), Analytische R., Paderborn etc. 1998; K. Jaspers, Der philosophische Glaube, München/Zürich 1948, [9]1988, 2012 (engl. Perennial Scope of Philosophy, New York 1949, Hamden Conn. 1968; franz. La foi philosophique, Paris 1953); M. Jung, Erfahrung und Religion. Grundzüge einer hermeneutisch-pragmatischen R., Freiburg/München 1999; ders., R.. Historische Positionen und systematische Reflexionen, Würzburg 2000; H. G. Kippenberg, Religion./R., EP III ([2]2010), 2297–2306; J. L. Kosky, Levinas and the Philosophy of Religion, Bloomington Ind./Indianapolis Ind. 2001; L. Kreimendahl, »Die Kirche ist mir ein Greuel«. Studien zur R. David Humes, Würzburg 2012; R. Kühn, Französische R. und -phänomenologie der Gegenwart. Metaphysische und post-metaphysische Positionen zur Erfahrungs(un)möglichkeit Gottes, Freiburg/Basel/Wien 2013; B. Labuschagne/T. Slootweg (eds.), Hegel's Philosophy of the Historical Religions, Leiden/Boston Mass. 2012; G. Lanczkowski, Einführung in die Religionsphänomenologie, Darmstadt 1978, [3]1992; ders., Einführung in die Religionswissenschaft, Darmstadt 1980, [2]1991; M. Laube, Im Bann der Sprache. Die analytische R. im 20. Jahrhundert, Berlin/New York 1999; W. Löffler, Einführung in die R., Darmstadt 2006, [2]2013; E. T. Long, Twentieth Century Western Philosophy of Religion 1900–2000, Dordrecht etc. 2000, 2003; H. Lübbe, Religion nach der Aufklärung, Graz/Wien/Köln 1986, München/Paderborn [3]2004; T. Luckmann, The Invisible Religion. The Problem of Religion in Modern Society, New York/London 1967, 1974 (dt. Die unsichtbare Religion, Frankfurt 1991, [7]2014); N. Luhmann, Funktion der Religion, Frankfurt 1977, [6]2004; U. Mann, Einführung in die R., Darmstadt 1970, [3]1990; W. E. Mann (ed.), The Blackwell Guide to the Philosophy of Religion, Oxford etc. 2004, 2005; F. McCutcheon, Religion within the Limits of Language Alone. Wittgenstein on Philosophy and Religion, Aldershot etc. 2001; C. Meister, Introducing Philosophy of Religion, London/New York 2009; M. J. Murray/M. C. Rea, An Introduction to the Philosophy of Religion, Cambridge etc. 2008, 2011; Y. Nagasawa/E. J. Wielenberg (ed.), New Waves in Philosophy of Religion, Basingstoke/New York 2009; F. Niewöhner (ed.), Klassiker der R.. Von Platon bis Kierkegaard, München 1995 (franz. Petit dictionnaire des philosophes de la religion, Paris 1996); A. Nygren, Sinn und Methode. Prolegomena zu einer wissenschaftlichen R. und einer wissenschaftlichen Theologie, Göttingen 1979; W. Oelmüller (ed.), Wiederkehr von Religion? Perspektiven, Argumente, Fragen, Paderborn etc. 1984; ders. (ed.), Wahrheitsansprüche der Religionen heute, Paderborn etc. 1986; ders./R. Dölle-Oelmüller, Grundkurs R., München 1997; A. O'Hear (ed.), Philosophy and Religion, Cambridge etc. 2011; R. Otto, Das Heilige. Über das Irrationale in der Idee des Göttlichen und sein Verhältnis zum Rationalen, Breslau 1917, München 2014; M. Peterson u. a., Reason and Religious Belief. An Introduction to the Philosophy of Religion, New York/Oxford 1991, [5]2013; ders./R. J. VanArragon (eds.), Contemporary Debates in Philosophy of Religion, Malden Mass./Oxford 2004, 2010; D. Z. Phillips, Religion without Explanation, Oxford 1976; H. H. Price, Essays in the Philosophy of Religion, Oxford 1972; M. Prozesky, Religion and Ultimate Well-Being. An Explanatory Theory, London/Basingstoke 1984; R. L. Purtill, Thinking about Religion. A Philosophical Introduction to Religion, Englewood Cliffs N. J. 1978 (dt. Grundkurs des religiösen Denkens, Düsseldorf 1979); P. L. Quinn, Essays in the Philosophy of Religion, ed. C. B. Miller, Oxford etc. 2006; ders./C. Taliaferro (eds.), A Companion to Philosophy of Religion, Cambridge Mass. 1997, ed. C. Taliaferro/P. Draper/P. L. Quinn, Malden Mass./Oxford [2]2010; I. T. Ramsey, Religious Language. An Empirical Placing of Theological Phrases, London 1957, 1973; ders., Models and Mystery, London/New York/Toronto 1964; N. Rescher, Reason and Religion, Frankfurt etc. 2013; F. Ricken, R., Stuttgart 2003; H. Rosenau/K. Wuchterl, R., TRE XXVIII (1997), 749–766; W. L. Rowe, Philosophy of Religion. An Introduction, Encino Calif. 1978, Belmont Calif. [4]2007; ders./W. J. Wainwright, Philosophy of Religion. Selected Readings, New York etc. 1973, Oxford etc. [3]1998; R. Schaeffler, R., Freiburg/München 1983, [2]1997, 2010; ders., Das Gebet und das Argument. Zwei Weisen des Sprechens von Gott. Eine Einführung in die Theorie der re-

ligiösen Sprache, Düsseldorf 1989; J. L. Schellenberg, Prolegomena to a Philosophy of Religion, Ithaca N. Y./London 2005; W. Schmidt-Biggemann/G. Tamer (eds.), Kritische R.. Eine Gedenkschrift für Friedrich Niewöhner, Berlin/New York 2010; H. Scholz, R., Berlin 1921, [2]1922, (repr. Berlin/New York 1974); H. Schrödter, Analytische R.. Hauptstandpunkte und Grundprobleme, Freiburg/München 1979; W. Schulz, Der Gott der neuzeitlichen Metaphysik, Pfullingen 1957, [9]2004 (franz. Le dieu de la métaphysique moderne, Paris 1978); W. Schüßler, R., Freiburg/München 2000; A. P. F. Sell, The Philosophy of Religion 1875–1980, London/New York/Sydney 1988, Bristol 1996; N. Smart, Reasons and Faiths. An Investigation of Religious Discourse, Christian and Non-Christian, London 1958 (repr. 2000), 1971; ders., Philosophy of Religion, New York 1970, London 1979; Q. Smith, Ethical and Religious Thought in Analytic Philosophy of Language, New Haven Conn./London 1997, 1998; N. H. Søe, Religionsfilosofi, Kopenhagen 1955, [2]1963 (dt. R.. Ein Studienbuch, München 1967); W. E. Steinkraus, Taking Religious Claims Seriously. A Philosophy of Religion, ed. M. H. Mitias, Amsterdam 1998; D. Stewart, Exploring the Philosophy of Religion, Englewood Cliffs N. J. 1980; R. Swinburne, Faith and Reason, Oxford 1981, [2]2005 (dt. Glaube und Vernunft, Würzburg 2009); C. Taliaferro, Contemporary Philosophy of Religion, Malden Mass./Oxford 1998, 1999; ders., Philosophy of Religion, SEP 2007, rev. 2013; ders./C. Meister, Contemporary Philosophical Theology, London/New York 2016; W. Thiede (ed.), Glauben aus eigener Vernunft? Kants R. und die Theologie, Göttingen 2004; P. Tillich, R., Stuttgart 1962, [2]1969 (franz. Philosophie de la religion, Genf 1971); B. Vedder, Heidegger's Philosophy of Religion. From God to Gods, Pittsburgh Pa. 2007; F. Wagner, Religion und Gottesgedanke. Philosophisch-theologische Beiträge zur Kritik und Begründung der Religion, Frankfurt etc. 1996; W. J. Wainwright (ed.), The Oxford Handbook of Philosophy of Religion, Oxford etc. 2005, 2008; M. Warner (ed.), Religion and Philosophy, Cambridge etc. 1992; B. Welte, R., Freiburg/Basel/Wien 1978, Frankfurt [5]1997, Freiburg 2008; G. Widengren, Religionens värld. Religionsfenomenologiska studier och översikter, Stockholm 1945, [2]1953 (dt. Religionsphänomenologie, Berlin 1969); G. Wieland (ed.), Religion als Gegenstand der Philosophie. [...], Paderborn etc. 1997; J. Wilson, Philosophy and Religion. The Logic of Religious Belief, Oxford 1961 (repr. Westport Conn. 1979); K. Wuchterl, Philosophie und Religion. Zur Aktualität der R., Bern/Stuttgart 1982; ders., Analyse und Kritik der religiösen Vernunft. Grundzüge einer paradigmenbezogenen R., Bern/Stuttgart 1989; K. E. Yandell, Philosophy of Religion. A Contemporary Introduction, London/New York 1999, 2010; J. Young, Nietzsche's Philosophy of Religion, Cambridge etc. 2006; L. T. Zagzebski, Philosophy of Religion. An Historical Introduction, Malden Mass./Oxford 2007, 2008; W. F. Zuurdeeg, An Analytical Philosophy of Religion, New York 1958, Abingdon/New York 2013. O. S./T. R.

Renaissance (franz., von lat. renasci, wiedergeboren werden, wiederentstehen; ital. rinascimento, rinascita), im wesentlichen auf J. Michelet (Histoire de France VII, 1855) und J. Burckhardt (Die Cultur der R. in Italien, 1860) zurückgehende kulturspezifische Epochenbezeichnung für den Zeitraum von der 2. Hälfte des 14. Jhs. bis zum Anfang des 16. Jhs. in Italien und das 16. Jh. nördlich der Alpen. Sie bezieht sich auf eine Erneuerung der klassischen Studien (der *studia humanitatis* im Anschluß an M. T. Cicero) und der Gelehrsamkeit, auf eine

Blütezeit von Kunst und Wissenschaft und stellt den Versuch dar, den Übergang vom Mittelalter zur Neuzeit selbst epochal zu fassen. Dieser Versuch ist in mehrfacher Hinsicht problematisch. Die Bezeichnung ›R.‹ tritt bereits in früheren historischen Kontexten auf (z. B. ›Karolingische‹ und ›Ottonische R.‹, ebenfalls im Sinne einer ›Wiedergeburt der Antike‹), überschneidet sich zeitlich und sachlich mit der ebenso im epochalen Sinne verwendeten Bezeichnung ›Humanismus‹, läßt sich in einem präziseren Sinne nur in einem kunstgeschichtlichen Rahmen konkretisieren – weshalb auch die zeitlichen Grenzen umstritten sind (Anfang z. B. mit der Krönung F. Petrarcas zum Dichterkönig 1341 auf dem Kapitol in Rom oder Cola di Rienzos Versuch einer Wiedererrichtung der römischen Republik 1347, Ende z. B. mit der Zerstörung Roms 1527 oder dem Tridentinum 1545) – und trifft in einem auf einheitliche historische Strukturen bezogenen Sinne nur auf Entwicklungen in Italien zu (die englische Geschichtsschreibung bevorzugt die Bezeichnungen ›Elisabethanisches Zeitalter‹ oder ›Tudor-Zeitalter‹ für größere Phasen der englischen R.; die deutsche Geschichtsschreibung spricht vom 16. Jh. als dem ›Zeitalter der Reformation‹).

Im kunst- und architekturhistorischen Rahmen beginnt um 1420 die Frührenaissance (F. Brunelleschi, Donatello, L. Ghiberti u. a.) und um 1500 die Hochrenaissance (mit Leonardo da Vinci, Raffael und Michelangelo), die um 1520/1530 in die Spätrenaissance (Manierismus) übergeht. Rückblickend stellt für G. Vasari 1550 die Entwicklung von Giotto über Leonardo da Vinci und Raffael zu Michelangelo eine fortschreitende Wiederentdeckung und Wiederherstellung antiker Regeln und Ideale dar (›progresso della rinascita‹, Le vite dei più eccellenti pittori, scultori e architetti I, ed. C. L. Ragghianti, Mailand/Rom 1942, 215). Zugleich wird die Erneuerung der Kunst und der (klassischen) Literatur als Einheit, d. h. als Ausdruck ein und desselben Programms, angesehen (A. S. Piccolomini [= Pius II.] betont um 1450 die Gleichzeitigkeit einer Erneuerung von Rhetorik und Malerei; Opera quae extant omnia, Basel 1551 [repr. Frankfurt 1967], 646). Darin kommt wiederum das *humanistische* Wesen der R. zum Ausdruck. Die R. beginnt mit Petrarca, C. Salutati und L. Bruni Aretino, in einem weiteren als nur kunsthistorischen Sinne, als humanistische Bildungsbewegung (↑Humanismus), in Form einer vor allem von Florenz ausgehenden Intensivierung klassischer Studien mit dem Ziel, den *studia humanitatis* (vor allem Grammatik, Rhetorik, Geschichte, Poetik und Moralphilosophie) wieder einen festen Platz neben dem Bildungsprogramm der scholastischen Universitäten zu verschaffen. Dieses Ziel bleibt charakteristisch für das Selbstverständnis der R. (etwa in den Worten Vasaris), auch wenn später, nach einer ersten Humanistengeneration, andere Orientierungen im

Bereich von Philosophie und Wissenschaft an Einfluß gewinnen.

Diese Entwicklung hat Burckhardt im Blick, wenn er im Anschluß an eine Formel Michelets von der ›Entdekkung der Welt und des Menschen‹ in der R. spricht. Damit geht Burckhardt über bisherige, auch philosophiehistorische, Einschätzungen, die vor allem das humanistische Element der R.bewegung betonten, weit hinaus. So charakterisiert z. B. J. J. Brucker (Historia critica philosophiae, I–VI [in 5 Bdn.], Leipzig 1742–1744, I–IV, ²1766/1767, IV/1 [1743], 3) diese Bewegung als eine *restauratio literarum* und eine *restitutio philosophiae*, vor allem gegenüber dem scholastischen (↑Scholastik) Denken, betont aber auch die Kontinuität mit aristotelischen Traditionen. Burckhardt dagegen sieht erstmals in der R.bewegung einen Schleier, ›gewoben aus Glauben, Kindesbefangenheit und Wahn‹, zerrissen, der über dem Mittelalter lag: »In Italien zuerst verweht dieser Schleier in die Lüfte; es erwacht eine *objektive* Betrachtung und Behandlung des Staates und der sämtlichen Dinge dieser Welt überhaupt; daneben aber erhebt sich mit voller Macht das *Subjektive*, der Mensch wird geistiges *Individuum* und erkennt sich als solches« (Frankfurt 1989, 137). In dieser Charakterisierung wird die R. zum eigentlichen Anfang der Neuzeit.

Bezeichnenderweise fehlt in Burckhardts These von der ›Entdeckung der Welt und des Menschen‹ die Rolle von Philosophie und Wissenschaft (jenseits humanistischer Studien). Die Philosophiegeschichte der R. wird später von E. Cassirer, P. Kristeller, E. Garin u. a. nachgetragen; die Wissenschaftsgeschichtsschreibung folgt in der Regel anderen als durch einen Epochenrahmen wie den der R. abgesteckten Wegen. In der Philosophie- und Wissenschaftsgeschichte bestimmen dabei vor allem der ↑Platonismus der Florentiner Akademie (↑Platonische Akademie (Academia Platonica)) – mit G. Plethon über M. Ficino bis zu G. Pico della Mirandola (von J. Reuchlin nach Deutschland getragen) – und der nach wie vor wirksame ↑Aristotelismus (↑Padua, Schule von) – z. B. mit P. Pomponazzi und G. Zabarella – das Bild der R., desgleichen die erneute Etablierung stoischer, epikureischer und skeptischer Bewegungen, ferner die Erneuerung einer bis auf die ↑Vorsokratiker zurückgreifenden spekulativen Naturphilosophie (G. Cardano, F. Patrizi, B. Telesio u. a.). Die in der R. nach Burckhardt ›entdeckte‹ Welt bleibt in wesentlichen Zügen, selbst bei N. Kopernikus, noch ein mittelalterlicher Kosmos; und auch die ›Entdeckung‹ des Menschen betrifft eher ein neuartiges Lebensgefühl und politische Ordnungen (von Salutatis ›Bürgerhumanismus‹ bis zu N. Machiavellis herrschaftspolitischer Konzeption).

Unter philosophie- und wissenschaftshistorischen Gesichtspunkten stellt das R.-Denken eher eine späte Variante des griechischen Denkens als einen wirklichen

Neuanfang dar. Auch dort, wo von ↑Fortschritt wie bei Vasari die Rede ist, wird vor allem die zunehmende Restitution des Alten ins Auge gefaßt; wo die Antike übertroffen erscheint, wie in der Architektur (vgl. L. B. Alberti, De re aedificatoria, Florenz 1485 [repr. München 1975], Lib. VI, fol. [m viii r-v]), ist dies auf dem Boden des antiken Könnens selbst, d. h. nach dessen Regeln, der Fall. Insofern ist die R. im engeren Sinne und unter philosophie- und wissenschaftshistorischen Gesichtspunkten nicht auch schon selbst der Anfang der Neuzeit; sie leitet vielmehr – gemessen vor allem an dem für die Neuzeit charakteristischen Programm und Selbstverständnis der ↑Aufklärung – als selbst eher noch voraufklärerische Entwicklung die kritische Wende zur Neuzeit und zur Aufklärung ein.

Literatur: F. Ames-Lewis, The Intellectual Life of the Early R. Artist, New Haven Conn./London 2000, 2002; E. J. Ashworth, R. Philosophy, REP VIII (1998), 264–267; W. Bahner/Red./H. J. Sandkühler, R., EP III (²2010), 2306–2316; H. Baron, The Crisis of the Early Italian R.. Civic Humanism and Republican Liberty in an Age of Classicism and Tyranny, I–II, Princeton N. J. 1955, in 1 Bd. ²1966, 1993; K. R. Bartlett (ed.), The Civilization of the Italian R.. A Sourcebook, Lexington Mass. etc. 1992, North York Ont./Tonawanda N. Y. ²2011; ders., A Short History of the Italian R., North York Ont./Tonawanda N. Y. 2013; P. Béhar, Les langues occultes de la R.. Essai sur la crise intellectuelle de l'Europe au XVIᵉ siècle, Paris 1996; T. G. Bergin/J. Speake, Encyclopedia of the R., New York/Oxford 1987, unter dem Titel: Encyclopedia of the R. and the Reformation, New York ²2004; L. Bianchi, Studi sull'aristotelismo del Rinascimento, Padua 2003; P. R. Blum, Philosophieren in der R., Stuttgart 2004; ders. (ed.), Philosophers of the R., Washington D. C. 2010; H. Blumenberg, Die Legitimität der Neuzeit, Frankfurt 1966, ³1997; M. Boas, The Scientific R. 1450–1630, London 1962, New York 1994 (dt. Die R. der Naturwissenschaften 1450–1630. Das Zeitalter des Kopernikus, Darmstadt, Gütersloh 1965, Nördlingen 1988); dies. u. a., Il Rinascimento. Interpretazioni e problemi, Rom/Bari 1979, 1983 (engl. A. Chastel u. a., The R.. Essays in Interpretation, London/New York 1982; V. Branca u. a., Umanesimo e Rinascimento. Studi offerti a Paul Oskar Kristeller, Florenz 1980; ders. u. a. (eds.), Il Rinascimento. Aspetti e problemi attuali. Atti del X Congresso dell'associazione internazionale per gli studi di lingua e letteratura italiana, Belgrado, 17–21 aprile 1979, Florenz 1982; E. Bréhier, La notion de R. dans l'histoire de la philosophie, Oxford 1934; P. Brioist, La R.. 1470–1570, Neuilly-sur-Seine 2003, 2013; A. Buck (ed.), Zu Begriff und Problem der R., Darmstadt 1969 (Wege der Forschung CCIV); ders., Studien zu Humanismus und R.. Gesammelte Aufsätze aus den Jahren 1981–1990, ed. B. Guthmüller/K. Kohut/O. Roth, Wiesbaden 1991; J. B. Bullen, The Myth of the R. in Nineteenth-Century Writing, Oxford etc. 1994; J. Burckhardt, Die Cultur [später: Kultur] der R. in Italien. Ein Versuch, Basel 1860, 1955 (= Ges. Werke III), Stuttgart ¹²2009, 2014; P. Burke, Culture and Society in R. Italy, 1420–1540, London, New York 1972, unter dem Titel: Tradition and Innovation in R. Italy. A Sociological Approach, London 1974, unter dem Titel: The Italian R.. Culture and Society in Italy, Cambridge, Princeton N. J. 1987, New York ³2013, Cambridge, Princeton N. J. 2014 (dt. Die R. in Italien. Sozialgeschichte einer Kultur zwischen Tradition und Erfindung, Berlin, Frankfurt 1984, Berlin, Darmstadt 1996); W. Caferro (ed.), The Routledge History of the R.,

London/New York 2017; E. Cassirer, Individuum und Kosmos in der R., Leipzig/Berlin 1927, Darmstadt 1994, ferner in: Ges. Werke XIV, ed. B. Recki, Darmstadt 2002, 1–220, Hamburg 2013; ders./P. O. Kristeller/J. H. Randall Jr. (eds.), The R. Philosophy of Man. Petrarca, Valla, Ficino, Pico, Pomponazzi, Vives, Chicago Ill. 1948, 1996; C. S. Celenza, The Lost Italian R.. Humanists, Historians, and Latin's Legacy, Baltimore Md./London 2004; A. Chastel, Le mythe de la R., 1420–1520, Genf 1969 (dt. Der Mythos der R., Genf 1969; engl. The Myth of the R., 1420–1520, Genf 1969); A. Clericuzio, La macchina del mondo. Teorie e pratiche scientifiche dal Rinascimento a Newton, Rom 2005; W. J. Connell (ed.), Society and Individual in R. Florence, Berkeley Calif./Los Angeles/London 2002; B. P. Copenhaver/C. B. Schmitt, R. Philosophy, Oxford etc. 1992, 2002; A. C. Crombie, Science and the Arts in the R.. The Search for Truth and Certainty, Old and New, Hist. Sci. 18 (1980), 233–246; A. G. Debus (ed.), Science, Medicine, and Society in the R.. Essays to Honor Walter Pagel, I–II, London, New York 1972; ders., Man and Nature in the R., Cambridge etc. 1978, 1999; E. Del Soldato, Natural Philosophy in the R., SEP 2015, rev. 2016; E. J. Dijksterhuis, De Mechanisering van het Wereldbeeld, Amsterdam 1950, ³1977, 243–313 (III De Voorbereiding van het Ontstaan der klassieke Natuurwetenschap) (dt. Die Mechanisierung des Weltbildes, Berlin/Göttingen/Heidelberg 1956, Berlin/Heidelberg/New York 1983, 2002, 248–318 [III Die Vorbereitung und das Entstehen der klassischen Naturwissenschaft]; engl. The Mechanization of the World Picture. Pythagoras to Newton, Oxford 1961, Princeton N. J. 1986, 221–284); D. A. Di Liscia/E. Kessler/C. Methuen (eds.), Method and Order in R. Philosophy of Nature. The Aristotle Commentary Tradition, Aldershot etc. 1997; W. Dilthey, Auffassung und Analyse des Menschen im 15. und 16. Jahrhundert, Arch. Gesch. Philos. 4 (1891), 604–651, 5 (1892), 337–400, ferner in: ders., Ges. Schriften II, Leipzig 1914, Stuttgart/Göttingen ¹¹1991, 1–89; J. Domanski, La philosophie, théorie ou manière de vivre? Les controverses de l'Antiquité à la R., Fribourg, Paris 1996; W. K. Ferguson, The R. in Historical Thought. Five Centuries of Interpretation, Boston Mass. 1948 (repr. New York 1981 o.J., Toronto etc. 2006) (franz. La R. dans la pensée historique, Paris 1950, 2009); J. V. Field/F. A. James (eds.), R. and Revolution. Humanists, Scholars, Craftsmen, and Natural Philosophers in Early Modern Europe, Cambridge etc. 1993, 1997; E. Garin, La cultura filosofica del Rinascimento italiano. Ricerche e documenti, Florenz 1961, Mailand ²2001; H. Gatti, Giordano Bruno and R. Science, Ithaca N. Y./London 1999, 2002 (ital. Giordano Bruno e la scienza del Rinascimento, Mailand 2001); H. A. E. van Gelder, The Two Reformations in the 16th Century. A Study of the Religious Aspects and Consequences of R. and Humanism, The Hague 1961, 1964; G. Gentile, Studi sul Rinascimento, Florenz 1923, ³1968 (= Opere XV), 1993; ders., Il pensiero italiano del Rinascimento, Florenz ⁴1968 (= Opere XIV); W. F. Gentrup (ed.), Reinventing the Middle Ages & the R.. Constructions of the Medieval and Early Modern Periods, Turnhout 1998; H.-B. Gerl, Einführung in die Philosophie der R., Darmstadt 1989, ²1995; H.-B. Gerl-Falkovitz, Die zweite Schöpfung der Welt. Sprache, Erkenntnis, Anthropologie in der R., Mainz 1994; N. W. Gilbert, Concepts of Method in the R. and Their Ancient and Medieval Antecedents, New York 1956, unter dem Titel: R. Concepts of Method, New York 1960; ders., R., Enc. Ph. VII (1967), 174–179, VIII (²2006), 421–428; A. Grafton/N. Siraisi, Natural Particulars. Nature and the Disciplines in R. Europe, Cambridge Mass./London 1999, 2000; P. F. Grendler, The Universities of the Italian R., Baltimore Md./London 2002, 2004; H. Günther, R., Hist. Wb. Ph. VIII (1992), 783–790; G.

Gurst u. a. (eds.), Lexikon der R., Leipzig 1989; J. R. Hale, The Civilization of Europe in the R., New York etc. 1993, London etc. 2005 (dt. Die Kultur der R. in Europa, München 1994; franz. La civilisation de l'Europe à la R., Paris 1998, 2003); J. Hamesse/M. Fattori (eds.), Lexiques et glossaires philosophiques de la R. [...], Louvain-La-Neuve 2003; J. Hankins, Plato in the Italian R., I–II, Leiden etc. 1990, 1994; ders., The Cambridge Companion to R. Philosophy, Cambridge etc. 2007; K. Harries, Infinity and Perspective, Cambridge Mass./London 2001; D. Hay (ed.), The R. Debate, New York 1965, Huntington N. Y. 1976; T. Helton (ed.), The R.. A Reconsideration of the Theories and Interpretations of the Age, Westport Conn. 1961, 1980; K. W. Hempfer (ed.), R.. Diskursstrukturen und epistemologische Voraussetzungen. Literatur, Philosophie, Bildende Kunst, Stuttgart 1993; R. Hönigswald, Die R. in der Philosophie, München 1931; M. C. Horowitz, R., NDHI V (2005), 2087–2090; J. Huizinga, Das Problem der R.. R. und Realismus, Tübingen 1953 (repr. Darmstadt 1967, 1974), Berlin 1991; J. Hutton/S. Hutton (eds.), New Perspectives on R. Thought. Essays in the History of Science, Education and Philosophy in Memory of Charles B. Schmitt, London 1990; W. Kerrigan/G. Braden, The Idea of the R., Baltimore Md./London 1989, 1991; E. Keßler, Die Philosophie der R.. Das 15. Jahrhundert, München 2008; ders./C. H. Lohr/W. Sparn (eds.), Aristotelismus und R.. In memoriam Charles B. Schmitt, Wiesbaden 1988; U. Köpf u. a., R., RGG VII ([4]2004), 431–446; A. Koyré, From the Closed World to the Infinite Universe, Baltimore Md., New York 1957, 1994 (franz. Du monde clos à l'univers infini, Paris 1962, 1988; dt. Von der geschlossenen Welt zum unendlichen Universum, Frankfurt 1969, [2]2008); J. Kraye (ed.), The Cambridge Companion to R. Humanism, Cambridge etc. 1996, 2010; ders., Classical Traditions in R. Philosophy, Aldershot etc. 2002; P. O. Kristeller, The Philosophy of Marsilio Ficino, New York 1943, Gloucester Mass. 1964 (dt. Die Philosophie des Marsilio Ficino, Frankfurt 1972 [Originalfassung von 1937]; ital. Il pensiero filosofico di Marsilio Ficino, Florenz 1953, 2005); ders., The Classics and R. Thought, Cambridge Mass. 1955, erw. unter dem Titel: R. Thought I (The Classic, Scholastic and Humanist Strains), New York 1961, 1976; ders., Studies in R. Thought and Letters, I–IV, Rom 1956–1996; ders., Eight Philosophers of the Italian R., Stanford Calif. 1964, 1966 (franz. Huit philosophes de la R. italienne, Genf 1975; dt. Acht Philosophen der italienischen R., Weinheim 1986); ders., R. Thought II (Papers on Humanism and the Arts), New York/Evanston Ill./London 1965, unter dem Titel: R. Thought and the Arts. Collected Essays, Princeton N. J. 1980, 1990; ders., R. Philosophy and the Mediaeval Tradition, Latrobe Pa. 1966; ders., R. Concepts of Man and Other Essays, New York etc. 1972 (ital. Concetti rinascimentali dell'uomo e altri saggi, Florenz 1978); ders., Humanismus und R., I–II, ed. E. Keßler, München 1974/1976, 1980; ders., R. Thought and Its Sources, ed. M. Mooney, New York 1979; ders., Studien zur Geschichte der Rhetorik und zum Begriff des Menschen in der R., Göttingen 1981; ders./J. H. Randall Jr., The Study of the Philosophies of the R., J. Hist. Ideas 2 (1941), 449–496; P. O. Kristeller/P. P. Wiener (eds.), R. Essays from the »Journal of the History of Ideas«, New York/Evanston Ill. 1968; H. Kuhn, Aristotelianism in the R., SEP 2005; ders., Philosophie der R., Stuttgart 2014; H. Lagerlund/B. Hill (eds.), The Routledge Companion to Sixteenth-Century Philosophy, New York/London 2017; T. Leinkauf, Grundriss Philosophie des Humanismus und der R. (1350–1600), I–II, Hamburg 2017; A. Levi, R. and Reformation. The Intellectual Genesis, New Haven Conn./London 2002, 2004; J. F. Maas, ›Novitas mundi‹. Die Ursprünge moderner Wissenschaft in der R., Stuttgart 1995; E. P. Mahoney (ed.), Philosophy and

Humanism. R. Essays in Honor of Paul Oskar Kristeller, New York, Leiden 1976; J.-C. Margolin, R., TRE XXIX (1998), 74–87; G. W. McClure, The Culture of Profession in Late R. Italy, Toronto Ont./Buffalo N. Y./London 2004; J. Michelet, Histoire de France VII (R.), Paris 1855, ed. P. Viallaneix/P. Petitier, Sainte-Marguerite-sur-Mer 2008; W. D. Mignolo, The Darker Side of the R.. Literacy, Territoriality and Colonization, Ann Arbor Mich. 1995, [2]2003, 2007; J. Mittelstraß, Neuzeit und Aufklärung. Studien zur Entstehung der neuzeitlichen Wissenschaft und Philosophie, Berlin/New York 1970, bes. 149–156; ders., Nature and Science in the R., in: R. S. Woolhouse (ed.), Metaphysics and Philosophy of Science in the Seventeenth and Eighteenth Centuries. Essays in Honour of Gerd Buchdahl, Dordrecht/Boston Mass./London 1988, 17–43; ders., Machina mundi. Zum astronomischen Weltbild der R., Basel/Frankfurt 1995 (Vorträge der Aeneas-Silvius-Stiftung an der Universität Basel XXXI); J. Monfasani, Humanism, R., REP IV (1998), 533–541; ders., Greeks and Latins in R. Italy. Studies on Humanism and Philosophy in the 15th Century, Aldershot etc. 2004; U. Muhlack, R. und Humanismus, Berlin/Boston Mass. 2017; G. di Napoli, Studi sul Rinascimento, Neapel 1973; F. Neumann, R., Hist. Wb. Rhetorik VII (2005), 1161–1164; H. A. Oberman/T. A. Brady (eds.), Itinerarium italicum. The Profile of the Italian R. in the Mirror of Its European Transformations. Dedicated to Paul Oskar Kristeller on the Occasion of His 70th Birthday, Leiden 1975; B. W. Ogilvie, The Science of Describing. Natural History in R. Europe, Chicago Ill./London 2006, 2008; L. Olschki, Geschichte der neusprachlichen wissenschaftlichen Literatur, I–III, Heidelberg, Leipzig, Halle 1919–1927; S. Otto (ed.), Geschichte der Philosophie in Text und Darstellung III (R. und frühe Neuzeit), Stuttgart 1984, 2000; G. Paganini/J. R. Maia Neto (eds.), R. Scepticisms, Dordrecht 2009; E. Panofsky, R. and Renascences in Western Art, Stockholm 1960, [2]1965, New York 1972 (franz. La R. et ses avant-courriers dans l'art d'Occident, Paris 1976, 1993; dt. Die R.n der europäischen Kunst, Frankfurt 1979, 2001); W. B. Parsons, Engineers and Engineering in the R., Baltimore Md. 1939, Cambridge Mass./London 1976; W. Perpeet, Das Kunstschöne. Sein Ursprung in der italienischen R., Freiburg/München 1987; A. Poppi (ed.), Scienza e filosofia all'Università di Padova nel Quattrocento, Sarmeola di Rubano (Padua)/Triest 1983; A. Prandi (ed.), Interpretazioni del Rinascimento, Bologna 1971, 1976; W. G. L. Randles, Geography, Cartography and Nautical Science in the R., Aldershot etc. 2000; P. Rossi, I filosofi e le macchine (1400–1700), Mailand 1962, 2009 (franz. Les philosophes et les machines. 1400–1700, Paris 1996); G. Saitta, Il pensiero italiano nell'Umanesimo e nel Rinascimento, I–III, Bologna 1949–1951, Florenz [2]1961; G. Sarton, The Appreciation of Ancient and Medieval Science during the R. (1450–1600), Philadelphia Pa. 1955, New York 1961; W. Schmidt-Biggemann, Topica universalis. Eine Modellgeschichte humanistischer und barocker Wissenschaft, Hamburg 1983; C. B. Schmitt, Studies in R. Philosophy and Science, London 1981; ders., Aristotle and the R., Cambridge Mass./London 1983 (ital. Problemi dell'aristotelismo rinascimentale, Neapel 1985; franz. Aristote et la R., Paris 1992); ders., Aristotelian Tradition and R. Universities, London 1984; ders., Reappraisals in R. Thought, London 1989; ders. u. a. (eds.), The Cambridge History of R. Philosophy, Cambridge etc. 1988, 2003 (mit Bibliographie, 842–930); J. E. Seigel, Rhetoric and Philosophy in R. Humanism. The Union of Eloquence and Wisdom, Petrarch and Valla, Princeton N. J. 1968; J. W. Shirley/F. D. Hoeninger (eds.), Science and the Arts in the R., Washington D. C., London/Toronto 1985; C. S. Singleton (ed.), Art, Science, and History in the R., Baltimore Md. 1967, 1970; Q. Skinner, Visions of Politics

II (R. Virtues), Cambridge etc. 2002, 2004; K. Stierle, R. – Die Entstehung eines Epochenbegriffs aus dem Geist des 19. Jahrhunderts, in: R. Herzog/R. Koselleck (eds.), Epochenschwelle und Epochenbewußtsein, München 1987 (Poetik u. Hermeneutik XII), 454–492; M. Tafuri, Ricerca del Rinascimento. Principi, città, architetti, Turin 1992 (engl. Interpreting the R.. Princes, Cities, Architects, New Haven Conn./London/Cambridge Mass. 2006); L. Thorndike, Science and Thought in the Fifteenth Century. Studies in the History of Medicine and Surgery, Natural and Mathematical Science, Philosophy and Politics, New York 1929, New York/London 1967; C. Trinkaus, The Scope of R. Humanism, Ann Arbor Mich. 1983, 1988; C. Vasoli, La dialettica e la retorica dell'Umanesimo. Invenzione e metodo nella cultura del XV e XVI secolo, Mailand 1968, Neapel 2007; ders., Umanesimo e Rinascimento, Palermo 1969, ²1976; ders., Filosofia e religione nella cultura del Rinascimento, Neapel 1988; H. Védrine, Les philosophies de la R., Paris 1971; B. Vickers (ed.). Occult and Scientific Mentalities in the R., Cambridge etc. 1984, 1986; ders., Rhetorik und Philosophie in der R., in: H. Schanze/J. Kopperschmidt (eds.), Rhetorik und Philosophie, München 1989, 121–157; G. Voigt, Die Wiederbelebung des classischen Alterthums oder Das erste Jahrhundert des Humanismus, Berlin 1859, I–II, ⁴1960; W. P. D. Wightman, Science and the R.. An Introduction to the Study of the Emergence of the Sciences in the Sixteenth Century, I–II, Edinburgh, New York 1962; ders., Science in a R. Society, London 1972; S. Wollgast, Philosophie in Deutschland zwischen Reformation und Aufklärung 1550–1650, Berlin 1988, ²1993. – Bibliographie internationale de l'Humanisme et de la R., 1 (1965) ff.; Rinascimento 26 (1986) – 29 (1989), separat unter dem Titel: Bibliografia italiana di studi sull'Umanesimo ed il Rinascimento, Florenz 1989–1997.   J. M.

Replikation/Replikator, ↑Gen, egoistisches, ↑Mem.

repraesentatio (lat., Darstellung, Vorstellung, Repräsentation), äquivoker, vornehmlich zeichentheoretischer Terminus (↑Repräsentation), der in der mittelalterlichen Philosophie (↑Scholastik) in Erkenntnistheorie, Sprachphilosophie, Logik, Theologie, Recht und politischer Theorie eine zentrale Rolle spielt. Neben der Bezeichnung der extramentalen Darstellung durch Bilder und derjenigen eines rechtlich-politisch bestimmten Verhältnisses der Stellvertretung – zwischen geschaffener Welt und Gott einerseits (die Welt als ›imago creata repraesentationis‹ bei Nikolaus von Kues, Sermo IV n. 35, Opera omnia XVI/1, 72; vgl. Thomas von Aquin, S.th. I qu. 45 art. 7c und S.th. II–II qu. 110 art. 1c), Konzil bzw. Papst und Gesamtkirche andererseits (Nikolaus von Kues, Wilhelm von Ockham, Marsilius von Padua) – dient r. in erkenntnistheoretischen Zusammenhängen vor allem zur Bestimmung der Beziehung zwischen sinnlich wahrgenommenem Gegenstand und dessen mentalem Gegebensein. So erkennt der Verstand bei Thomas von Aquin direkt nur die von dem Vorstellungsbild (phantasma) eines Dinges als dessen vollkommene Vergegenwärtigung (›r. perfecta‹, Expositio super librum Boethii De Trinitate qu. 6 art. 2) abstrahierte ›intelligible‹ Form, das Ding selbst dagegen nur indirekt (S.th. I qu. 86 art. 1c).

Die enge Verbindung zwischen ›repraesentare‹ und ›significare‹ (Thomas von Aquin, Commentum in quatuor libros sententiarum Magistri Petri Lombardi, IV dist. 1 qu. 1 art. 1, 5, 4) bildet die Grundlage für weitere zeichentheoretische Überlegungen der Scholastik (J. Duns Scotus, Durandus, Wilhelm von Ockham, Pierre d'Ailly) und hält sich bis in die Logik und Erkenntnistheorie des 16. und 17. Jhs. durch. Entsprechend tritt in der Logik des Mittelalters (↑Logik, mittelalterliche) die r. in Verbindung mit Überlegungen zur ↑Suppositionslehre (↑significatio) auf (vgl. Wilhelm von Ockham, Quodlibeta septem IV, 3: »repraesentare est esse illud quo aliquid cognoscitur«), ein Zusammenhang, der für die ↑Semiotik allgemein bestimmend bleibt. Im Rahmen neuzeitlicher erkenntnistheoretischer Konzeptionen treten die Termini Idee (↑Idee (historisch)) und ↑Vorstellung an die Stelle des Terminus r.. Im Unterschied zu diesem bezieht sich der Terminus Idee etwa bei R. Descartes, J. Locke und D. Hume nicht mehr allein darstellend auf die Dinge der ↑Außenwelt, sondern wird zum Ausdruck eines eigenständigen Denkaktes zur Vorstellung. So bezeichnet ›r.‹ bei I. Kant (KrV B 376) die Gattung der Vorstellung, der die Idee als ›Vernunftbegriff‹ (KrV B 377) angehört. Bei G. W. Leibniz findet sich der Terminus r., neben einer auf die Formulierung der ↑ars characteristica bezogenen Verwendungsweise (dort meist in Verbindung mit ›expressio‹), insbes. im Rahmen der ↑Monadentheorie: jede ↑Monade repräsentiert (›spiegelt‹) das Universum (Disc. mét. § 14, Philos. Schr. IV, 440; Monadologie §§ 56, 62, Philos. Schr. VI, 616, 617). M. Heidegger schließlich bedient sich des Terminus r. zur Kennzeichnung des neuzeitlichen Vorstellens, in dem der Mensch »das Vorhandene (…) vor sich« bringt, auf sich bezieht und »in diesen Bezug zu sich als den maßgebenden Bereich zurück[zwingt]« (Die Zeit des Weltbildes, in: Holzwege, Frankfurt 1950, 84).

Literatur: R. E. Aquila, Representational Mind. A Study of Kant's Theory of Knowledge, Bloomington Ind. 1983; K. D. Dutz, Schlüsselbegriffe einer Zeichentheorie bei G. W. Leibniz. ›Analysis‹ und ›synthesis‹, ›expressio‹ und ›repraesentatio‹, in: ders./L. Kaczmarek (eds.), Rekonstruktion und Interpretation. Problemgeschichtliche Studien zur Sprachtheorie von Ockham bis Humboldt, Tübingen 1985, 259–310; P. Köhler, Der Begriff der Repräsentation bei Leibniz. Ein Beitrag zur Entstehungsgeschichte seines Systems, Bern 1913; G. de Lagarde, L'idée de représentation dans les œuvres de Guillaume d'Ockham, Bull. Int. Committee for Hist. Sci. 9 (1937), 425–451; K.-H. Menke, Repräsentation, LThK VIII (²1999), 1113–1115; E. Scheerer, Repräsentation (Erkenntnistheorie. Antike und Mittelalter), Hist. Wb. Ph. VIII (1992), 790–797; M. M. Tweedale, Mental Representations in Later Medieval Scholasticism, in: J.-C. Smith (ed.), Historical Foundations of Cognitive Science, Dordrecht/Boston Mass./London 1990, 1991, 35–51; A. Zimmermann (ed.), Der Begriff der R. im Mittelalter. Stellvertretung, Symbol, Zeichen, Bild, Berlin/New York 1971.   C. S.

Repräsentant (engl. representative, franz. représentant), allgemein Bezeichnung für einen Vertreter eines größeren Ganzen (↑Teil und Ganzes), in der Mathematik für ein Element einer Äquivalenzklasse (↑Äquivalenzrelation). C. B.

Repräsentantensystem (engl. system of representatives, franz. système de représentants), ↑Äquivalenzrelation. C. B.

Repräsentation (von lat. repraesentatio; engl. representation, franz. représentation, ital. rappresentazione), Bezeichnung für solche Handlungen, die mit eigens gebildeten Mitteln in ihrer semiotischen Rolle auftreten, und sei es die betreffende Handlung selbst (↑autonym), ein Fall ikonischer R. (↑Ikon). Repräsentieren heißt dann allgemein, etwas mit etwas in eine semiotische Beziehung setzen (↑Zeichen (logisch), ↑Zeichen (semiotisch)), wobei dieses In-Beziehung-Setzen einen ›Richtungscharakter‹ (E. Cassirer) aufweist: aus Richtung Gegenstand zum Zeichen (›etwas vertretend gegenwärtig machen‹; ↑Präsentation), aus Richtung Zeichengegenstand zum Gegenstand (›etwas als etwas vergegenwärtigen‹). Relativ zum Richtungscharakter haben beide R.sweisen konventionelle Anteile; letztere wird auch rein konventionell gebraucht (↑Konvention), d. h., repräsentationale Beziehungen werden nicht beliebig naturhaft vorgefunden, sondern ›gerichtet‹ erfunden. Zum einen wird R. – mit Akzent auf In-Beziehung-Setzen – als Leitfaden für symboltheoretische Ansätze (↑Symboltheorie) verwendet, zum anderen ↑Symbolisierung – mit Akzent auf den symbolisierenden Mitteln – für repräsentationstheoretische Ansätze.

Obwohl nicht einheitlich verwendet, ist R. grundlegender Terminus in ↑Semiotik, Symboltheorie, Erkenntnistheorie und Sprachphilosophie. Thomas von Aquin steht für die R.sdiskussion im Mittelalter (↑repraesentatio), J. H. Lambert für die im Zeitalter der Aufklärung. In ↑Neukantianismus, ↑Phänomenologie und neuerdings in der ↑Kognitionswissenschaft (↑Philosophie des Geistes, ↑philosophy of mind) in Gestalt der ›mental representations‹ (↑Repräsentation, mentale) gewinnt der Begriff der R. zunehmend an Bedeutung. Hier spielt wiederum die tradierte terminologische Fassung von R. als Vorstellung (mental), Darstellung (extramental), als Abbild und Bild eine wichtige Rolle. Der Mensch erweist sich als das in-Beziehung-setzende Wesen, das in der Lage ist, in-Beziehung-setzende Mittel selbst zu beschaffen: der Mensch – ›animal symbolicum‹ (Cassirer). In seinen selbstgeschaffenen ›symbolischen Formen‹ wird er zum Gestalter der Mittelbarkeit (↑Produktionstheorie); Unmittelbarkeit ist nicht repräsentierbar.

Literatur: A. Bartels, Strukturale R., Paderborn 2005; H. Bielefeldt, Symbolic Representation in Kant's Practical Philosophy, Cambridge etc. 2003; O. Breidbach, Deutungen. Zur philosophischen Dimension der internen R., Weilerswist 2001; E. Cassirer, Philosophie der symbolischen Formen II (Das mythische Denken), Berlin 1925, Darmstadt 1994, ferner als: Ges. Werke XII, ed. B. Recki, 2002, Hamburg 2010; ders., Philosophie der symbolischen Formen III (Phänomenologie der Erkenntnis), Berlin 1929, Darmstadt 1997, ferner als: Ges. Werke XIII, ed. B. Recki, 2002, Hamburg 2010; ders., An Essay on Man. An Introduction to a Philosophy of Human Culture, New Haven Conn./London 1944, 1992 (dt. Versuch über den Menschen. Einführung in eine Philosophie der Kultur, Frankfurt 1990, Hamburg [2]2007); H. Clapin/P. Staines/P. Slezak (eds.), Representation in Mind. New Approaches to Mental Representation, Amsterdam etc. 2004; M. Clarke, Reconstructing Reason and Representation, Cambridge Mass./London 2004; T. Crane, The Mechanical Mind. A Philosophical Introduction to Minds, Machines and Mental Representation, London/New York 1995, [3]2016; R. Cummins, Representations, Targets, and Attitudes, Cambridge Mass./London 1996; D. C. Dennett, Styles of Mental Representation, Proc. Arist. Soc. 83 (1982/1983), 213–226; A. B. Dickerson, Kant on Representation and Objectivity, Cambridge etc. 2004; C. Z. Elgin, Representation, Comprehension and Competence, Social Res. 51 (1984), 905–925; F. Esken/H.-D. Heckmann (eds.), Bewußtsein und R., Paderborn etc. 1998, Paderborn [2]1999; J. A. Fodor, Fodor's Guide to Mental Representation. The Intelligent Auntie's Vade-Mecum, Mind NS 94 (1985), 76–100; B. Freed/A. Marras/P. Maynard (eds.), Forms of Representation. Proceedings of the 1972 Philosophy Colloquium of the University of Western Ontario, Amsterdam/Oxford/New York 1975; S. Freudenberger/H. J. Sandkühler (eds.), R., Krise der R., Paradigmenwechsel. Ein Forschungsprogramm in Philosophie und Wissenschaften, Frankfurt etc. 2003; J. W. Godbey/B. Loewer, Representational Symbol Systems, Semiotica 23 (1978), 333–341; D. Goeller, R., Hist. Wb. Rhetorik VII (2005), 1178–1199; G. Grube, R.. Skizze für einen relationalen R.sbegriff unter kritischer Bezugnahme auf Ernst Cassirer und Nelson Goodman, Berlin 2002; B. Gruber, Topographie des Ähnlichen. Aristoteles und die gegenwärtige Kritik an ›R.‹, München 2001; A. Harrison (ed.), Philosophy and the Visual Arts. Seeing and Abstracting, Dordrecht etc. 1987 (Royal Institute of Philosophy Conferences, 1985); G. Hermerén, Representation and Meaning in the Visual Arts. A Study in the Methodology of Iconography and Iconology, Lund 1969; H. Hofmann, R.. Studien zur Wort- und Begriffsgeschichte von der Antike bis ins 19. Jahrhundert, Berlin 1974, [4]2003; A. Kemmerling, Philosophischer Kognitivismus und die R. sprachlichen Wissens, in: G. Heyer/J. Krems/G. Görz (eds.), Wissensarten und ihre Darstellung. Beiträge aus Philosophie, Psychologie, Informatik und Linguistik, Berlin etc. 1988, 21–46; P. Köhler, Der Begriff der R. bei Leibniz. Ein Beitrag zur Entstehungsgeschichte eines Systems, Bern 1913; N. Malcolm, Memory and Representation, Noûs 4 (1970), 59–70; R. J. Matthews, Troubles with Representationalism, Social Res. 51 (1984), 1065–1097; K. Neander, Pictorial Representation. A Matter of Resemblance, Brit. J. Aesth. 27 (1987), 213–226; A. Newen/A. Bartels/E.-M. Jung (eds.), Knowledge and Representation, Stanford Calif., Paderborn 2011; D. Perkins/B. Leondar (eds.), The Arts and Cognition, Baltimore Md./London 1977; D. Perler, R. bei Descartes, Frankfurt 1996; D. Pitt, Mental Representation, SEP 2000, rev. 2012; W. M. Ramsey, Representation Reconsidered, Cambridge etc. 2007, 2010; A. Riegler/M. Peschl/A. v. Stein (eds.), Understanding Representation in the Cognitive Sciences. Does Representation Need Reality, New York etc. 1999; L. R. Rogers, Representation and Schemata, Brit. J. Aesth. 5 (1965), 159–178; T. Rolf, Erlebnis und R..

Eine anthropologische Untersuchung, Berlin 2006; J. F. Rosenberg, Linguistic Representation, Dordrecht/Boston Mass. 1974, 1981; H. J. Sandkühler (ed.), R. und Modell. Formen der Welterkenntnis, Bremen 1993; ders. (ed.), R., Denken und Selbstbewußtsein, Bremen 1998; ders., R., EP III (²2010); 2316–2325; A. Schäfer/M. Wimmer (eds.), Identifikation und R., Opladen 1999; E. Scheerer u. a., R., Hist. Wb. Ph. VIII (1992), 790–853; O. R. Scholz, Zum Verstehen fiktionaler R., in: J. S. Petöfi/T. Olivi (eds.), Von der verbalen Konstitution zur symbolischen Bedeutung/From Verbal Constitution to Symbolic Meaning, Hamburg 1988, 1–27; W. Schonbein, Mental Representation, NDHI V (2005), 2090–2093; R. Schwartz, Representation and Resemblance, Philos. Forum 5 (1974), 499–512; ders., The Problems of Representation, Social Res. 51 (1984), 1047–1064; D. W. Stampe, Towards a Causal Theory of Linguistic Representation, in: P. A. French/T. E. Uehling Jr./H. K. Wettstein (eds.), Contemporary Perspectives in Philosophy of Language I, Minneapolis Minn. 1979, 1981, 81–102; C. Travis, Unshadowed Thought. Representation in Thought and Language, Cambridge Mass./London 2000; A. Valland, Représentations, I–II, Paris 2011; K. L. Walton, Are Representations Symbols?, Monist 58 (1974), 236–254; R. Wollheim, Representation. The Philosophical Contribution to Psychology, Critical Inquiry 3 (1976/1977), 709–723; A. Ziemke/O. Breidbach (eds.), Repräsentationismus – was sonst? Eine kritische Auseinandersetzung mit dem repräsentationistischen Forschungsprogramm in den Neurowissenschaften, Braunschweig/Wiesbaden 1996; weitere Literatur: ↑repraesentatio.   D. G.

Repräsentation, mentale (von lat. repraesentare, darstellen, vergegenwärtigen; engl. mental representation), einer der zentralen Begriffe der ↑Kognitionswissenschaft und ↑Philosophie des Geistes (↑philosophy of mind). Im weiteren Sinne werden kognitive ↑Zustände, die stellvertretend für anderes stehen, und insbes. intentionale Zustände (↑Intentionalität), die auf bestimmte Gehalte ›gerichtet‹ sind, als m. R.en bezeichnet. Im engeren Sinne gelten als m. R.en solche mentalen Zustände, die im Unterschied zu direkt präsenten Wahrnehmungen durch Erinnerung und Schlußfolgerungen vermittelt werden, oder auch interne (›geistige‹) Symbolstrukturen, bei denen die Zeichenstruktur der Gegenstandsstruktur korrespondiert. Mit der Grundannahme, daß mentale bzw. interne Repräsentationen zur Kausalerklärung von ↑Handlungen, Schlußfolgerungsprozessen und Gedächtnisleistungen unabdingbar sind, grenzt sich die Kognitionswissenschaft, zu der auch die moderne Informationsverarbeitungspsychologie (↑Psychologie) zu rechnen ist, vom ↑Behaviorismus ab. Damit hat sie die durch den Behaviorismus zeitweise zurückgedrängten traditionellen erkenntnistheoretischen und psychologischen Begriffe von ↑Vorstellung, ↑Anschauung, ↑Gedanke, ↑Erinnerung etc. wieder aufgegriffen, wobei jedoch die bewußtseinstheoretischen Konnotationen dieser Begriffe (↑Bewußtsein) weitgehend ausgeblendet werden. Dem weiten englischen Sprachgebrauch von ›representation‹ entsprechend (Übersetzungsmöglichkeiten sind ›Darstellung‹, ›Abbildung‹, ›Stellvertretung‹ und ›Vorstel-

lung‹) ist m. R. zur Sammelbezeichnung für die genannten psychologischen Größen geworden.

Die Diskussion m.r R.en orientiert sich weitgehend an externen Zeichensystemen wie natürlicher und formaler Sprache (↑Sprache, formale, ↑Sprache, natürliche), ↑Bildern, Diagrammen (↑Diagramme, logische) und insbes. ↑Programmiersprachen. Der ›klassischen Symbolverarbeitungstheorie‹ (engl. theory of physical symbol systems, computational theory of mind) innerhalb der Kognitionswissenschaften zufolge bestehen m. R.en aus diskreten ↑Symbolen, die wie in einem ↑Kalkül zu komplexen Ausdrücken zusammengefügt werden. Jedem semantischen (↑Semantik) Unterschied soll ein syntaktischer (↑Syntax) Unterschied korrespondieren, wodurch der Inhalt der Repräsentationen über ihre syntaktische Form kausal (↑Kausalität) wirksam wird. Kognition wird innerhalb dieses Ansatzes, der seine philosophischen Grundlagen im Funktionalismus (↑Funktionalismus (kognitionswissenschaftlich)) und in der Computertheorie des Geistes hat, als ein Berechnungsprozeß gedeutet, der auf m.n R.en operiert. Die physikalische Realisierung spielt dabei keine Rolle: Dieselben Strukturen (Frames, Scripts, Propositionen, semantische Netze) und Prozesse (Aktivationsausbreitung, Suchverfahren, Regelanwendungen) können ebenso in Gehirnen wie in Computern implementiert werden. Hauptvertreter des Symbolverarbeitungsansatzes sind J. F. Fodor, Z. W. Pylyshyn, H. A. Simon und A. Newell. Der Symbolbegriff wird dabei uneinheitlich verwendet. Newell und Simon benutzen ihn als Oberbegriff für verschiedene Repräsentationsformen, Fodor und Pylyshyn als Gegenbegriff zur ikonischen Repräsentation und damit als Unterbegriff von Repräsentation. Die Unterschiede zwischen symbolischen und ikonischen Repräsentationen sind in der Debatte um die kognitive Funktion von visuellen Vorstellungen (›Imagery-Debatte‹) diskutiert worden. Die These der *Propositionalisten*, Kognition vollziehe sich in einer uniformen ›language of thought‹ (↑Sprache des Denkens; Fodor 1975, Pylyshyn 1973), ist von den so genannten *Piktorialisten* (vor allem A. Paivio 1971 und S. Kosslyn 1980) bestritten worden. Diesen zufolge existiert neben einem propositionalen Format (↑Proposition) m.r R.en ein eigenständiger bildhafter bzw. analoger Code, der die Besonderheiten des visuellen Vorstellens und Erinnerns erklärt. Die Propositionalisten argumentieren dagegen, diese Besonderheiten seien Epiphänomene eines propositional kodierten Wissens: beim visuellen Vorstellen habe man kein Bild in der Vorstellung, sondern man stelle sich vor, etwas wahrzunehmen. Es ist umstritten, ob diese Debatte einen empirisch überprüfbaren Gehalt hat, weil im Hinblick auf Reaktionszeiten und verbale Äußerungen Annahmen über Unterschiede in der Repräsentationsform durch Zusatzannahmen über Verarbeitungsprozesse kompensiert werden können (J. R. Anderson 1978). Ein naheliegender Ausweg besteht allerdings darin, zusätzlich zu den Verhaltensdaten Daten über die physikalische Realisierung von Repräsentationsformen und Verarbeitungsprozessen im Gehirn heranzuziehen (Kosslyn 1994). Dies steht im Gegensatz zu der funktionalistischen Annahme, die neuronale Realisierung mentaler Strukturen sei kognitionswissenschaftlich irrelevant.

Die Tendenz, verstärkt neurologisch inspirierte Modelle zu betrachten, kommt auch in der *Konnektionismusdebatte* (↑Konnektionismus) zum Ausdruck (↑philosophy of mind). In konnektionistischen Netzwerken sind zahlreiche parallel arbeitende Recheneinheiten an der Repräsentation eines Objekts bzw. Sachverhalts beteiligt. Diese Recheneinheiten sind hochgradig miteinander verknüpft und können nur relativ wenige Informationen an benachbarte Einheiten schicken. Fraglich ist, ob diese Netzwerke eine echte ›subsymbolische‹ Alternative darstellen oder lediglich eine weitere Implementationsvariante symbolischer Repräsentationsformen sind, wie Fodor und Pylyshyn behaupten. Trotz der begrifflichen Abgrenzungsprobleme hat sich in der Praxis eine Arbeitsteilung etabliert: Subsymbolische Netze werden vor allem zur Modellierung sensorischer, motorischer und induktiver Prozesse eingesetzt, während ›symbolische‹ Methoden stärker zur Modellierung so genannter höherer Prozesse, wie logisches Schlußfolgern, benutzt werden. – In den genannten Debatten besteht Einigkeit lediglich darin, daß m. R.en im Gehirn oder Geist als Zeichen bzw. Stellvertreter für ↑Sachverhalte fungieren und Repräsentationsformate nicht sinnvoll unabhängig von Verarbeitungsprozessen diskutiert werden können. Ferner ist unumstritten, daß ›m. R.‹ eine mehr als zweistellige ↑Relation ist. S. E. Palmer bestimmt ›m. R.‹ als eine fünfstellige Relation zwischen einer repräsentierenden Welt und einer repräsentierten Welt, den Aspekten bzw. Eigenschaften der repräsentierenden Welt und den Aspekten bzw. Eigenschaften der repräsentierten Welt und schließlich der (mathematischen) Abbildungsrelation (↑Abbildung) zwischen diesen Aspekten.

Für das philosophische Hauptproblem, wie m. R.en ihren intentionalen (↑intentional/Intension) Gehalt erlangen, gibt es zwei Hauptansätze: *Kovarianztheorien* erklären diese Beziehung durch eine kausale Abhängigkeit der inneren Zeichen von ihren äußeren Gegenständen (F. Dretske), *Ähnlichkeitstheorien* durch eine strukturelle Isomorphie (↑isomorph/Isomorphie) zwischen Repräsentation und Repräsentiertem (P. N. Johnson-Laird). Die Hauptprobleme dieser Ansätze bestehen darin, Fehlrepräsentationen zu erklären und relevante von irrelevanten korrelations- bzw. isomorphiestiftenden Relationen abzugrenzen. Die Analogie zum Computer ist dabei insofern wenig hilfreich, als Computerprogramme ihre Bedeutung durch eine Interpretation erhalten, die von Menschen geleistet wird, die ihrerseits bereits Intentionalität besitzen. Strategien zur Umgehung dieses Problems bestehen darin, (1) syntaktische Theorien zu vertreten, die nicht auf den intentionalen Gehalt m.r R.en rekurrieren (S. Stich), (2) intentionale Redeweisen instrumentalistisch (↑Instrumentalismus) als nützliche Fiktionen zu deuten (D. C. Dennett), (3) diese Redeweisen rundweg für falsch zu erklären und auf zukünftige Fortschritte in der Neurophysiologie zu hoffen, die das intentionale Vokabular überflüssig machen (P. S. Churchland).

Literatur: J. R. Anderson, Arguments Concerning Representations for Mental Imagery, Psycholog. Rev. 85 (1978), 249–277; M. Carrier/J. Mittelstraß, Geist, Gehirn, Verhalten. Das Leib-Seele-Problem und die Philosophie der Psychologie, Berlin/New York 1989, 203–255 (engl. [erw.], Mind, Brain, Behavior. The Mind-Body Problem and the Philosophy of Psychology, Berlin/New York 1991, 1995, 189–250); P. M. Churchland, Neurophilosophy at Work, Cambridge etc. 2007; P. S. Churchland, Neurophilosophy. Toward a Unified Science of the Mind-Brain, Cambridge Mass./London 1986, 2015; dies., Brain-Wise. Studies in Neurophilosophy, Cambridge Mass./London 2002, 273–319 (Chap. 7 How Do Brains Represent?); H. Clapin, Philosophy of Mental Representation, Oxford etc. 2002; ders./P. J. Staines/P. P. Slezak (eds.), Representation in Mind. New Approaches to Mental Representation, Amsterdam etc. 2004; T. Crane, The Mechanical Mind. A Philosophical Introduction to Minds, Machines, and Mental Representation, London etc. 1995, ³2016; R. Cummins, Meaning and Mental Representation, Cambridge Mass./London 1989, 1995; D. C. Dennett, True Believers. The Intentional Strategy and Why It Works, in: A. F. Heath (ed.), Scientific Explanation. Papers Based on Herbert Spencer Lectures Given in the University of Oxford, Oxford 1981, 53–75; ders., Styles of Mental Representation, Proc. Arist. Soc. 83 (1983), 213–226; F. Dretske, Explaining Behavior. Reasons in a World of Causes, Cambridge Mass./London 1988, 1997; ders., Naturalizing the Mind, Cambridge Mass./London 1995, 1997 (dt. Naturalisierung des Geistes, Paderborn etc. 1998); M. Eimer, Informationsverarbeitung und m. R.. Die Analyse menschlicher kognitiver Fähigkeiten am Beispiel der visuellen Wahrnehmung, Berlin etc. 1990; A. Elepfandt/G. Wolters (eds.), Denkmaschinen? Interdisziplinäre Perspektiven zum Thema Gehirn und Geist, Konstanz 1993; J. Engelkamp/T. Pechmann (eds.), M. R., Bern etc. 1993; H. H. Field, Mental Representation, Erkenntnis 13 (1978), 9–61; J. A. Fodor, The Language of Thought, New York 1975, Cambridge Mass. 1979; ders., Representations. Philosophical Essays on the Foundations of Cognitive Science, Brighton, Cambridge Mass. 1981, 1986; ders., Psychosemantics. The Problem of Meaning in the Philosophy of Mind, Cambridge Mass./London 1987, ³1993; ders., LOT 2. The Language of Thought Revisited, Oxford 2008, 2010; ders./Z. W. Pylyshyn, Connectionism and Cognitive Architecture. A Critical Analysis, Cognition 28 (1988), 3–71; P. Gärdenfors, Mental Representation, Conceptual Spaces and Metaphors, Synthese 106 (1996), 21–47; T. van Gelder, Compositionality. A Connectionist Variation on a Classical Theme, Cognitive Science 14 (1990), 355–384; J. Haugeland, Artificial Intelligence. The Very Idea, Cambridge Mass./London 1985, ⁷1996 (dt. Künstliche Intelligenz. Programmierte Vernunft?, Hamburg etc. 1987); P. N. Johnson-Laird, Mental Models. Towards a Cognitive Science of Language, Inference, and Consciousness, Cambridge Mass. etc. 1983, ⁶1995; ders./P. C. Wason (eds.), Thinking. Readings in Cognitive Science, Cambridge Mass. 1977, 1983; S. M. Kosslyn, Image and Mind, Cambridge Mass./London 1980; ders., Image and Brain. The Resolution of the Imagery Debate, Cambridge Mass./London 1994, ⁴1999; H. Lagerlund, Mental Representation in Medieval Philosophy, SEP 2004, rev. 2017; D. Lloyd, Philosophical Issues About Representation, in: L. Nadel (ed.), Encyclopedia of Cognitive Science III, London/New York/Tokyo 2003, 934–940; W. G. Lycan (ed.), Mind and Cognition. A Reader, Cambridge Mass./Oxford 1990, 1996; ders. (ed.), Mind and Cognition. An Anthology, Malden Mass./Oxford 1990, 1999, ed. mit J. J. Prinz, ³2008; E. Marbach, Mental Representation and Consciousness. Towards a Phenomenological Theory of Representation and Reference, Dordrecht etc. 1993, 2011; R. J. Matthews, Mental Representation, Enc. Ph. VI (²2006), 140–143; D. Münch (ed.), Kognitionswissenschaft. Grundlagen, Probleme, Perspektiven, Frankfurt 1992, ²2000; A. Newell, Unified Theories of Cognition, Cambridge Mass./London 1990, 1994; J. Oakhill/A. Garnham (eds.), Mental Models in Cognitive Science. Essays in Honor of Phil Johnson-Laird, Hove 1996; U. Oestermeier, Bildliches und logisches Denken. Eine Kritik der Computertheorie des Geistes, Wiesbaden 1998; D. R. Olson, The Mind on Paper. Reading, Consciousness and Rationality, Cambridge etc. 2016; A. Paivio, Imagery and Verbal Processes, New York etc. 1971, Hillsdale N. J. 1979; S. E. Palmer, Fundamental Aspects of Cognitive Representation, in: E. Rosch/B. B. Lloyd (eds.), Cognition and Categorization, Hillsdale N. J. 1978, 259–303; D. Pitt, Mental Representation, SEP 2000, rev. 2012; Z. W. Pylyshyn, What the Mind's Eye Tells the Mind's Brain. A Critique of Mental Imagery, Psycholog. Bull. 80 (1973), 1–24; ders., Computation and Cognition. Toward a Foundation for Cognitive Science, Cambridge Mass./London 1984, 1989; H. Ritter/T. Martinetz/K. Schulten, Neuronale Netze. Eine Einführung in die Neuroinformatik selbstorganisierender Netzwerke, Bonn etc. 1990, 1994 (engl. Neural Computation and Self-Organizing Maps. An Introduction, Reading Mass. etc. 1992); D. E. Rumelhart/J. L. McClelland, Parallel Distributed Processing. Explorations in the Microstructure of Cognition, I–II, Cambridge Mass./London 1986, 1999; W.-M. Roth, On Meaning and Mental Representation. A Pragmatic Approach, Rotterdam 2013; E. Scheerer u. a., Repräsentation, Hist. Wb. Ph. VIII (1992), 790–853; I. E. Sigel (ed.), Development of Mental Representation. Theories and Applications, Mahwah N. J. 1999; S. Silvers (ed.), Representation. Readings in the Philosophy of Mental Representation, Dordrecht etc. 1989; E. Sober, Mental Representations, Synthese 33 (1976), 101–148; S. Stich, From Folk Psychology to Cognitive Science. The Case Against Belief, Cambridge Mass./London 1983, 1996; ders., What Is a Theory of Mental Representation?, Mind NS 101 (1992), 243–261; ders./T. A. Warfield (eds.), Mental Representation. A Reader, Oxford/Cambridge Mass. 1994; K. Vogeley, Gehirn und Geist, EP I (²2010), 786–792; G. Vosgerau, Mental Representation and Self-Consciousness. From Basic Self-Representation to Self-Related Cognition, Paderborn 2009. U. O.

Repräsentierung, technischer Begriff aus der ↑Metamathematik. Es sei L eine formale Sprache (↑Sprache, formale (1)) der ↑Zahlentheorie und F ein auf L basierendes formales System (↑System, formales), etwa der ↑Peano-Formalismus. ›R.‹ bedeutet grob gesagt, daß atomare ↑Sachverhalte der Metaebene (↑Metasprache) in der ↑Objektsprache L so ausgedrückt werden können, daß in

F ableitbar ist (↑ableitbar/Ableitbarkeit), ob sie der Fall sind oder nicht.

Ist R ein k-stelliges ↑Prädikat (bzw. eine k-stellige ↑Relation; ↑n-stellig/n-Stelligkeit) auf den natürlichen ↑Zahlen, so ist R genau dann ›in F repräsentierbar‹, wenn eine ↑Formel $\varphi(x_1, \ldots, x_k)$ aus L existiert, so daß für alle natürlichen Zahlen $n_1, \ldots, n_k$ gilt:

wenn $R(n_1, \ldots, n_k)$, dann $\vdash_F \varphi(\overline{n_1}, \ldots, \overline{n_k})$;

andernfalls $\vdash_F \neg\varphi(\overline{n_1}, \ldots, \overline{n_k})$.

Dabei steht ›$\vdash_F$‹ für ›ist ableitbar in F‹, und der ↑Term $\overline{n}$ ist jeweils die der natürlichen Zahl n in L entsprechende ↑Ziffer. – Eine k-stellige ↑Funktion f auf den natürlichen Zahlen heißt genau dann ›in F repräsentierbar‹, wenn es eine L-Formel $\psi(x_1, \ldots, x_k, y)$ gibt, so daß für alle natürlichen Zahlen $n_1, \ldots, n_k$ gilt:

$\vdash_F \psi(\overline{n_1}, \ldots, \overline{n_k}, \overline{f(n_1, \ldots, n_k)})$;

und

$\vdash_F \bigwedge_y (y \neq \overline{f(n_1, \ldots, n_k)}) \rightarrow \neg\psi(\overline{n_1}, \ldots, \overline{n_k}, y))$.

Dies ist äquivalent mit

$\vdash_F \bigwedge_y (\psi(\overline{n_1}, \ldots, \overline{n_k}, y) \leftrightarrow y = \overline{f(n_1, \ldots, n_k)})$.

In der durch die ↑Peano-Axiome charakterisierten Peano-Arithmetik PA sind alle entscheidbaren (↑entscheidbar/Entscheidbarkeit) Prädikate und alle berechenbaren (bzw. rekursiven; ↑berechenbar/Berechenbarkeit, ↑Funktion, rekursive) Funktionen repräsentierbar. Dies gilt jedoch auch schon für die wesentlich schwächere Robinson-Arithmetik Q (↑Robinsonaxiom), die nicht einmal das ↑Induktionsschema (↑Induktion, vollständige) enthält. Man sagt dann, daß das entsprechende formale System ›R. erlaubt‹.

Das Phänomen der R. ist zentral für den Beweis der Gödelschen ↑Unvollständigkeitssätze. Dabei werden metamathematische Aspekte formaler Systeme F der Zahlentheorie durch ↑Gödelisierung in *arithmetische* Prädikate ›übersetzt‹, die dann, soweit sie entscheidbar sind, in F selbst repräsentierbar sind. So ist etwa die Frage, ob irgendeine Folge (↑Folge (mathematisch)) von L-Formeln eine F-↑Ableitung einer anderen L-Formel ist, entscheidbar und die betreffende Beziehung zwischen (Folgen von Gödelzahlen [↑Gödelisierung] von) L-Formeln damit in F repräsentierbar. Insbes. ist die Eigenschaft von Formeln, F-*ableitbar* zu sein (das zu F gehörige ›Beweisbarkeitsprädikat‹; ↑Beweisbarkeitslogik), in L ausdrückbar, generell jedoch nur im positiven Falle selbst F-ableitbar, also nicht in F repräsentierbar.

Literatur: G. S. Boolos/J. P. Burgess/R. C. Jeffrey, Computability and Logic, Cambridge etc. ⁴2002, 199–220, bes. 207, 212, ⁵2007, 2009, 199–219 (Chap. 16 Representability of Recursive Functions), bes. 207, 212; J. R. Shoenfield, Mathematical Logic, Reading Mass. etc. 1967 (repr. Boca Raton Fla. 2010), Natick Mass. 2009, 126–130 (Sect. 6.7 Representability).   C. B.

Reproduzierbarkeit, Bezeichnung für die Wiederholbarkeit der Herstellung eines ↑Sachverhalts oder der Bedingungen, unter denen derselbe Sachverhalt beobachtet werden kann. Der Sachverhalt S_2 ist eine *Wiederholung* des Sachverhaltes S_1, wenn in der Beschreibung von S_1 höchstens einige der vorkommenden ↑Nominatoren ersetzt werden müssen, um eine Beschreibung von S_2 zu erhalten. Es macht also nur Sinn, relativ zu einer explizit ausformulierten Beschreibung von der Wiederholung eines Sachverhaltes zu reden. – Die Forderung nach R. ist eine der grundlegenden methodologischen Normen für alle Wissenschaften, die beanspruchen, ein Gesetzeswissen (↑Gesetz (exakte Wissenschaften), ↑Naturgesetz) über ihren Gegenstandsbereich zu bilden. Insbes. ist R. eine unabdingbare Forderung an das ↑Experiment in den ↑Naturwissenschaften: Alle Experimente müssen jederzeit und überall von jedem sachkundigen Experimentator wiederholt werden können, so daß bei gleichen ↑Anfangsbedingungen und gleichen ↑Randbedingungen das Experiment stets gleich verläuft. Die R. der Experimente in den Naturwissenschaften schließt vor allem die R. der Experimentierapparate und ↑Meßgeräte ein. In der Konstruktiven Wissenschaftstheorie (↑Wissenschaftstheorie, konstruktive, ↑Protophysik) werden die einschlägigen Eigenschaften der Meßgeräte ohne Bezug auf konkrete Körperindividuen, also *prototypenfrei* definiert. Prototypenfreie R. ist die strengste Anforderung, die an die R. von Experimenten gestellt werden kann.

Während in ↑Physik, ↑Chemie und ↑Biologie die Forderung nach R. weitgehend unbestritten ist, ist es fraglich, ob in der ↑Verhaltensforschung, der ↑Psychologie und in den ↑Kulturwissenschaften reproduzierbare Experimente möglich sind, weil in Experimenten zum Verhalten und Handeln (↑Handlung) von Personen die Versuchspersonen *wissen*, daß es sich um die Wiederholung eines Experiments handelt. Dieses reflexive Wissen ist eine für den Ausgang des Experiments wesentliche Veränderung der Anfangs- und Randbedingungen des ursprünglichen Experiments, so daß das ursprüngliche Experiment nicht mehr unter den gleichen Anfangs- und Randbedingungen wiederholt werden kann.

Literatur: H. Atmanspacher/S. Maasen (eds.), Reproducibility. Principles, Problems, Practices, and Prospects, Hoboken N. J. 2016; R. Inhetveen, Konstruktive Geometrie. Eine formentheoretische Begründung der euklidischen Geometrie, Mannheim/Wien/Zürich 1983; P. Janich, Die Protophysik der Zeit, Mannheim/Wien/Zürich 1969, erw. mit Untertitel: Konstruktive Begründung und Geschichte der Zeitmessung, Frankfurt 1980 (engl. Protophysics of Time. Constructive Foundation and History of Time Measurement, Dordrecht/Boston Mass./Lancaster 1985 [Boston Stud. Philos. Sci. XXX]); P. Lorenzen/O. Schwemmer, Konstruktive Logik, Ethik und Wissenschaftstheorie, Mannheim/Wien/Zürich 1973, ²1975; J. Mittelstraß, Rationalität und R., in: P. Janich (ed.), Entwicklungen der methodischen Philosophie, Frankfurt 1992, 54–67, Nachdr. in: G. Preyer/G. Peter/A. Ulfig (eds.), Protosoziologie im Kontext. ›Lebenswelt‹ und ›System‹ in Philosophie und Soziologie, Würzburg 1996, 152–162; K. R. Popper, The Poverty of Historicism, Economica NS 11 (1944), 86–103, 119–137, 12 (1945), 69–89, Neudr. London, Boston Mass. 1957, London ²1960, rev. 1961, London/New York 2007 (dt. Das Elend des Historizismus, Tübingen 1965, ⁷2003 [= Ges. Werke IV]).   H. T.

res (lat., Ding, Gegenstand, Sache), scholastischer (↑Scholastik) Terminus in unterschiedlicher Verwendung. Thomas von Aquin verwendet r. im Anschluß an Avicenna als eines der (über-prädikamentalen) ↑Transzendentalien, mit denen das ↑Seiende als solches dargestellt werden kann. Folglich unterscheidet er auch r. und ens (Seiendes) und versteht unter r. die Eigenschaft, die einem Gegenstand zukommt, insofern er existiert, d. h., r. ist in diesem Sinne ein bestehender ↑Sachverhalt. Andere Autoren (Albertus Magnus, F. Suárez) verwenden dagegen r. und ens synonym (↑synonym/Synonymität). In der nominalistischen (↑Nominalismus) Tradition wird r. – wie der Merksatz ›r. de re non praedicari potest‹ (man kann nicht einen Gegenstand von einem Gegenstand aussagen) belegt – gerade nicht als Sachverhalt, sondern als ↑Gegenstand verstanden. In der deutschsprachigen neuzeitlichen Philosophie tritt ↑Sache an die Stelle von r..

Literatur: J.-F. Courtine, R., Hist. Wb. Ph. VIII (1992), 892–901; S. Ducharme, Note sur le transcendental ›r.‹ selon Saint Thomas, Rev. de l'Université d'Ottawa 10 (1940), 85–99; M. Fattori/M. Bianchi (eds.), R.. III colloquio internazionale del lessico intellettuale europeo, Roma, 7–9 gennaio 1980, Rom 1982; L. Honnefelder, Die Lehre von der doppelten Ratitudo entis und ihre Bedeutung für die Metaphysik des Johannes Duns Scotus, in: Deus et Homo ad mentem I. Duns Scoti. Acta Tertii Congressus Scotistica Internationalis, Vindebonae, 28 sept. – 2 oct. 1970, Rom 1972, 661–671; ders., Scientia transcendens. Die formale Bestimmung der Seiendheit und Realität in der Metaphysik des Mittelalters und der Neuzeit (Duns Scotus – Suárez – Wolff – Kant – Peirce), Hamburg 1990, 45–56; U. G. Leinsle, Das Ding und die Methode. Methodische Konstitution und Gegenstand der frühen protestantischen Metaphysik, I–II, Augsburg 1985; P. di Vona, Studi sull'ontologia di Spinoza II (›R.‹ ed ›ens‹ – La necessità – La divisioni dell'essere), Florenz 1960, 3–116 (Cap. I Nuovi studi sui concetti di ›res‹ e die ›ens‹); J. de Vries, Grundbegriffe der Scholastik, Darmstadt 1980, ³1993, 86–87; E. Wéber, R. (chose, réalité), Enc. philos. universelle II/2 (1990), 2248.   O. S.

Rescher, Nicholas, *Hagen 15. Juli 1928, amerik. Philosoph, Logiker und Wissenschaftstheoretiker. 1946–1949 Mathematik- und Philosophiestudium am Queens College in Flushing N. Y., unter anderem bei C. G. Hempel, 1949 B. S. in Mathematik; 1949–1951 Studium der Philosophie an der Princeton University, unter anderem bei

A. Church, W. T. Stace, J. Urmson und A. P. Ushenko, 1950 M.A. in Philosophie, 1951 Ph.D.. 1957–1961 Prof. der Philosophie an der Lehigh University in Bethlehem Pa., seit 1961 an der Universität Pittsburgh. – R. stellt hinsichtlich der systematischen und historischen Breite seines Werkes eine Ausnahmeerscheinung in der zeitgenössischen Philosophie dar. Seine systematischen Studien betreffen fast alle Teilgebiete der Philosophie; als impulsgebend dürfen vor allem die Arbeiten zur Kohärenzkonzeption der ↑Wahrheit (↑Wahrheitstheorien) und zur Schärfung und Ausdifferenzierung des Begriffs der pragmatischen ↑Rechtfertigung gelten. Unter den historischen Studien ragen die Beiträge zur Entwicklung der arabischen Logik (↑Logik, arabische) und Philosophie sowie zu G. W. Leibniz hervor.

R. führt in seinem *pragmatischen Idealismus* drei Tendenzen zusammen: (1) Dem ↑*Pragmatismus* entnimmt er die Gesamtperspektive und damit auch die letzten Rechtfertigungsmaßstäbe für die Standards des kognitiven und außerkognitiven Handelns. (2) ↑*Idealismus* und *Neoidealismus* liefern ihm reichhaltige Intuitionen; ausgezeichnete Bedeutung kommt dabei dem Systemgedanken (↑System, ↑systematisch) zu. (3) Aus der *Analytischen Philosophie* (↑*Philosophie, analytische*) bezieht R. – neben der Wertschätzung der empirischen Wissenschaften – das logische und sprachanalytische Instrumentarium.

Als herausragendes Beispiel für das Zusammenwirken dieser Tendenzen und damit als Muster für den pragmatischen Idealismus kann die Wahrheitskonzeption R.s angesehen werden. R. geht aus von einem prinzipiellen Hiatus zwischen ›unseren Wahrheiten‹, die stets irrtumsanfällig und daher revisionsbedürftig sind, und der revisionsentzogenen ›wirklichen Wahrheit‹. Die Aufstellung kriteriengemäß wahrer Aussagen bildet lediglich eine Schätzung der ›Wahrheit schlechthin‹; diese wird jedoch weder im Erkenntnisprozeß berührt noch in einem kognitiven Idealzustand erreicht. Die Bestimmung der Natur von Wahrheit (↑Wahrheitsbegriff) erfolgt mit Hilfe von *korrespondenztheoretischen* Konzeptionen; bei der Formulierung von Kriterien für die Wahrheitsschätzung sind Gebiete zu unterscheiden: Für den (nicht weiter ausgearbeiteten) Bereich der ↑analytischen Aussagen stützt sich R. auf den Gedanken der ↑Evidenz (↑Evidenztheorie), bei den Tatsachenaussagen orientiert er sich an der Kohärenzvorstellung. Näherhin zerfällt die Wahrheitsetablierung in drei Arbeitsgänge: In der Phase der *Datensammlung* werden Aussagen, die Antworten auf vorausgehende Fragen darstellen, als Daten, d.h. als mutmaßlich wahr, klassifiziert. Daten sind Aussagen, die eigene oder fremde Erfahrung ausdrücken sowie andere, wahrscheinliche oder plausible Annahmen. Bei Vollständigkeit der *Datenfamilie*, der Datenmenge relativ auf die vorangehende Frage, ist in der *logischen* Phase die Konsistenz (↑widerspruchsfrei/ Widerspruchsfreiheit) zu überprüfen. Falls die Konsistenz gegeben ist, darf jede ↑Konsequenz der Datenmenge als wahr klassifiziert werden. Falls keine Konsistenz besteht, sind die maximalkonsistenten Untermengen der Datenfamilie zu bilden, die den Ausgangspunkt für die Phase der materialen Auszeichnung darstellen. Ohne Vollständigkeitsansprüche nennt R. mit dem *probabilistischen* Verfahren, dem *Plausibilitätsverfahren*, dem *Angelpunktverfahren*, dem *Mehrheitsverfahren* und dem *pragmatischen Verfahren* fünf Auszeichnungsmethoden. Faktisch-wahr sollen nun jene ↑Propositionen sein, die aus jeder ausgezeichneten maximal-konsistenten Untermenge der Datenfamilie folgen. Somit lautet die Regel der Wahrheitsetablierung: Wenn eine Proposition Konsequenz einer konsistenten Datenfamilie ist oder aber Konsequenz jeder ausgezeichneten maximalkonsistenten Untermenge einer inkonsistenten Datenfamilie, dann darf man sie als faktisch-wahr einschätzen.

Die in Befolgung dieses Wahrheitskriteriums entstehenden Wahrheitsmengen erfüllen Anforderungen, die als Explikate bekannter kohärenztheoretischer Intuitionen bezüglich kognitiver Systeme dienen können. Sie sind z. B. konsistent, deduktiv-geschlossen, logik-inklusiv und in beschränkter Weise vollständig. Die in der Tradition des Kohärenzdenkens immer wieder als über ›bloße‹ Konsistenz hinausgehend reklamierte Umfassendheit wird bei R. begrifflich nicht nur in den drei zuletzt genannten metalogischen (↑Metalogik) Eigenschaften faßbar, sondern gewinnt auch bei der Forderung nach Vollständigkeit (↑vollständig/Vollständigkeit) der Datenmenge und beim Mehrheitsverfahren operativen Wert. Während die Wahl von Daten als Ausgangspunkt den ›Erfahrungsinput‹ sichert und so einem Standardeinwand gegen den Kohärenzansatz begegnet, erzwingen die Verfahren die erwähnten Kohärenzeigenschaften. Insgesamt entstehen damit erfahrungshaltige kohärentistische Systeme.

Indem erkennende Subjekte nach dem kohärenztheoretischen Standard agieren, gewinnen sie wahre Aussagen im Sinne ›unserer‹ Wahrheiten, die das extrakognitive Handeln leiten. Ist dieses erfolgreich, d. h., gewährleistet es langfristig Überleben in einer feindlichen Natur, Existenz in relativer Abwesenheit von Schmerz, Leid, Enttäuschung, Not usw., dann sind die wahrheitserzeugenden Prozeduren gerechtfertigt. Die Pluralität epistemischer Situationen fordert verschiedene Rechtfertigungskonzepte wie etwa die *Startrechtfertigung* (es gibt Indizien für den Erfolg der vorgeschlagenen Methode), die *Fortsetzungsrechtfertigung* (die Methode hat bislang erfolgreich gearbeitet, für den weiteren Einsatz liegen keine Gegenindikationen vor), die *Endrechtfertigung* (die Methode hat durchgehend erfolgreich gearbeitet) und die *Faute-de-mieux-Rechtfertigung* (alle anderen Kandidaten scheiden aufgrund von Gegenindikationen aus). Anders als innerhalb des *Thesenpragmatismus* klassischen Zuschnitts, der ↑Nutzen und Wahrheit von Aussagen direkt verknüpft, ist für R.s *Methodenpragmatismus* lediglich das wahrheitserzeugende Regelwerk Kandidat pragmatischer Rechtfertigung.

R.s Methodenpragmatismus bildet den allgemeinen Rahmen für seine weiteren Arbeitsschwerpunkte. In Arbeiten zur Logik beschäftigt er sich unter anderem mit der induktiven Logik (↑Logik, induktive), der Logik der Befehle (↑Imperativlogik), der ↑Wahrscheinlichkeitstheorie, sowie mit mehrwertigen Logiken (↑Logik, mehrwertige) und Fragen einer allgemeinen ↑Argumentationstheorie (›Dialektik‹). In seinen Arbeiten zur Wissenschafts- und Erkenntnistheorie verbindet R. den Kantischen Primat des Praktischen (↑Praxis) mit den Grundannahmen des Methodenpragmatismus. In diesem Rahmen wird auch das Problem des wissenschaftlichen ↑Fortschritts (↑Erkenntnisfortschritt) behandelt. In mehreren Arbeiten (Scientific Progress, 1978; Empirical Inquiry, 1982; The Limits of Science, 1984; Scientific Realism, 1987) hat sich R. mit den Grenzen wissenschaftlicher Erkenntnis beschäftigt. Die unüberwindbare Beschränkung und Unvollständigkeit wissenschaftlicher Erkenntnis führt zu einer Art idealistischer Begründung des wissenschaftstheoretischen Realismus (↑Realismus (erkenntnistheoretisch)): Was wir die ›reale‹ Welt nennen, ist nichts anderes als die von uns (beschränkt und unvollständig) wahrgenommene Welt. Einflußreich sind auch R.s Arbeiten zur ↑Metaphilosophie. Der Gang der Philosophie erscheint als nicht abbrechende Sequenz von ↑Aporien und ihren Auflösungen durch Distinktion. Der immerwährende ›Streit der Systeme‹ wird auf unaufhebbare Gegensätze zwischen ›kognitiven Werten‹ zurückgeführt (›orientational pluralism‹). Einen weiteren Schwerpunkt der Philosophie R.s bilden Arbeiten zu Grundlagenproblemen der ↑Ethik und der philosophischen ↑Anthropologie, ferner Fragen der angewandten Philosophie, z. B. das Handeln unter ↑Risiko (↑Risikotheorie), das Wohlfahrtsprinzip und die Philosophie der Technik. Dabei sucht R. die Gesamtheit seiner Arbeiten als Entfaltung eines umfassenden Systems des ›pragmatischen Idealismus‹ darzustellen.

Werke: Studies in the History of Arabic Logic, Pittsburgh Pa. 1963; (ed.) Al-Fārābī's Short Commentary on Aristotle's »Prior Analytics«, Pittsburgh Pa. 1963; Al-Fārābī. An Annotated Bibliography, Pittsburgh Pa. 1964; The Development of Arabic Logic, Pittsburgh Pa. 1964, Cleveland Ohio 2009; Al-Kindī. An Annotated Bibliography, Pittsburgh Pa. 1964; Hypothetical Reasoning, Amsterdam 1964; Introduction to Logic, New York 1964, 1975; (mit M. E. Marmura) The Refutation by Alexander of Aphrodisias of Galen's Treatise on the Theory of Motion, Islamabad 1965, Karachi 1970; The Logic of Commands, London/New York 1966;

Galen and the Syllogism. An Examination of the Thesis that Galen Originated the Fourth Figure of the Syllogism in the Light of New Data from Arabic Sources, Including an Arabic Text Edition and Annotated Translation of Ibn al-Ṣalāḥ's Treatise »On the Fourth Figure of the Categorical Syllogism«, Pittsburgh Pa. 1966; Distributive Justice. A Constructive Critique of the Utilitarian Theory of Distribution, Indianapolis Ind./New York/Kansas City Mo. 1966, Washington D. C. 1982; Temporal Modalities in Arabic Logic, Dordrecht 1967; The Philosophy of Leibniz, Englewood Cliffs N. J. 1967; Topics in Philosophical Logic, Dordrecht 1968, Berlin 2010; Studies in Arabic Philosophy, Pittsburgh Pa. 1968, Cleveland Ohio 2009; Essays in Philosophical Analysis, Pittsburgh Pa. 1969, Washington D. C. 1982; Introduction to Value Theory, Englewood Cliffs N. J. 1969, Washington D. C. 1982; Many-Valued Logic, New York 1969, Aldershot 1993; Scientific Explanation, New York/London, New York 1970; (mit A. Urquhart) Temporal Logic, Wien/New York 1971; Welfare. The Social Issues in Philosophical Perspective, Pittsburgh Pa. 1972; The Coherence Theory of Truth, Oxford 1973, Washington D. C. 1982; Conceptual Idealism, Oxford 1973, Washington D. C. 1982; The Primacy of Practice. Essays Towards a Pragmatically Kantian Theory of Empirical Knowledge, Oxford 1973 (span. La primacía de la práctica. Ensayos en torno a una teoría pragmático-kantiana del conocimiento empírico, Madrid 1980); Studies in Modality, Oxford 1974; A Theory of Possibility. A Constructivistic and Conceptualistic Account of Possible Individuals and Possible Worlds, Oxford, Pittsburgh Pa. 1975; Unselfishness. The Role of the Vicarious Affects in Moral Philosophy and Social Theory, Pittsburgh Pa. 1975; Plausible Reasoning. An Introduction to the Theory and Practice of Plausibilistic Inference, Assen/Amsterdam 1976; Methodological Pragmatism. A Systems-Theoretic Approach to the Theory of Knowledge, Oxford, New York 1977; Dialectics. A Controversy-Oriented Approach to the Theory of Knowledge, Albany N. Y. 1977; Scientific Progress. A Philosophical Essay on the Economics of Research in Natural Science, Pittsburgh Pa., Oxford 1978 (dt. Wissenschaftlicher Fortschritt. Eine Studie über die Ökonomie der Forschung, Berlin/New York 1982; franz. Le progrès scientifique. Un essai philosophique sur l'économie de la recherche dans les sciences de la nature, Paris 1993); Peirce's Philosophy of Science. Critical Studies in His Theory of Induction and Scientific Method, Notre Dame Ind./London 1978; Cognitive Systematization. A Systems-Theoretic Approach to a Coherentist Theory of Knowledge, Totowa N. J., Oxford 1979 (span. Sistematización cognoscitiva, Mexico City 1981); Leibniz. An Introduction to His Philosophy, Oxford 1979, Lanham Md./New York/London 1986, Aldershot 1993; (mit R. Brandom) The Logic of Inconsistency. A Study in Non-Standard Possible-World Semantics and Ontology, Totowa N. J. 1979, Oxford 1980; Scepticism. A Critical Reappraisal, Oxford, Totowa N. J. 1980; Unpopular Essays on Technological Progress, Pittsburgh Pa. 1980; Induction. An Essay on the Justification of Inductive Reasoning, Oxford, Pittsburgh Pa. 1980 (dt. Induktion. Zur Rechtfertigung induktiven Schließens, München/Wien 1987); Leibniz's Metaphysics of Nature. A Group of Essays, Dordrecht/Boston Mass./London 1981; Empirical Inquiry, Totowa N. J., London 1982; N. R., in: A. Mercier/M. Svilar (eds.), Philosophes critiques d'eux-mêmes/Philosophers on Their Own Work/Philosophische Selbstbetrachtungen IX, Bern/Frankfurt 1982, 199–236; Risk. A Philosophical Introduction to the Theory of Risk Evaluation and Management, Washington D. C. 1983; Kant's Theory of Knowledge and Reality. A Group of Essays, Washington D. C. 1983; Mid-Journey. An Unfinished Autobiography, Washington D. C. 1983, rev. unter dem Titel: Ongoing

Journey, Lanham Md./New York/London 1986, rev. unter dem Titel: Instructive Journey. An Essay in Autobiography, Lanham Md. etc. 1997; The Riddle of Existence. An Essay in Idealistic Metaphysics, Lanham Md./London 1984; The Limits of Science, Berkeley Calif./Los Angeles/London 1984, rev. Pittsburgh Pa. 1999 (dt. Die Grenzen der Wissenschaft, Stuttgart 1985; ital. I limiti della scienza, Rom 1990; span. Los límites de la ciencia, Madrid 1994); Pascal's Wager. A Study of Practical Reasoning in Philosophical Theology, Notre Dame Ind. 1985; The Strife of Systems. An Essay on the Grounds and Implications of Philosophical Diversity, Pittsburgh Pa. 1985 (ital. La lotta dei sistemi. Fondamenti e implicazioni della pluralità filosofica, Genua 1993; dt. Der Streit der Systeme. Ein Essay über die Gründe und Implikationen philosophischer Vielfalt, Würzburg 1997); Forbidden Knowledge and Other Essays on the Philosophy of Cognition, Dordrecht etc. 1987; Ethical Idealism. An Inquiry into the Nature and Function of Ideals, Berkeley Calif./Los Angeles/London 1987, 1992; Scientific Realism. A Critical Reappraisal, Dordrecht/Boston Mass./London 1987; Rationality. A Philosophical Inquiry into the Nature and the Rationale of Reason, Oxford 1988 (dt. Rationalität. Eine philosophische Untersuchung über das Wesen und die Rechtfertigung von Vernunft, Würzburg 1993; span. La Racionalidad, Madrid 1993; ital. La razionalità. Indagine filosofica sulla natura e i fondamenti della ragione, Rom 1999); Cognitive Economy. The Economic Dimension of the Theory of Knowledge, Pittsburgh Pa. 1989; Moral Absolutes. An Essay on the Nature and Rationale of Morality, Frankfurt etc. 1989; A Useful Inheritance. Evolutionary Aspects of the Theory of Knowledge, Savage Md. 1990 (dt. Warum sind wir nicht klüger? Der evolutionäre Nutzen von Dummheit und Klugheit, Stuttgart 1994); Human Interests. Reflections on Philosophical Anthropology, Stanford Calif. 1990; Baffling Phenomena and Other Studies in the Philosophy of Knowledge and Valuation, Savage Md. 1991; G. W. Leibniz's Monadology. An Edition for Students, Pittsburgh Pa., London/New York 1991, London 2011; A System of Pragmatic Idealism, I–III, Princeton N. J. 1992–1994; Pluralism. Against the Demand for Consensus, Oxford 1993, 2005; Philosophical Standardism. An Empiricist Approach to Philosophical Methodology, Pittburgh Pa. 1994, 2000; American Philosophy Today and Other Philosophical Studies, Lanham Md./London 1994; Essays in the History of Philosophy, Aldershot etc. 1995, 1997; Luck. The Brilliant Randomness of Everyday Life, New York 1995, Pittsburgh Pa. 2001 (dt. Glück. Die Chancen des Zufalls, Berlin 1996); Satisfying Reason. Studies in the Theory of Knowledge, Dordrecht/Boston Mass. 1995; Public Concerns. Philosophical Studies of Social Issues, Lanham Md./London 1995; Process Metaphysics. An Introduction to Process Philosophy, Albany N. Y. 1996 (franz. Essais sur les fondements de l'ontologie du procès, Frankfurt etc. 2006); Priceless Knowledge? Natural Science in Economic Perspective, Lanham Md. etc. 1996; Studien zur naturwissenschaftlichen Erkenntnislehre, Würzburg 1996; Objectivity. The Obligations of Impersonal Reason, Notre Dame Ind./London 1997; Profitable Speculations. Essays on Current Philosophical Themes, Lanham Md. etc. 1997; Communicative Pragmatism. And Other Philosophical Essays on Language, Lanham Md. etc. 1998; Complexity. A Philosophical Overview, New Brunswick N. J./London 1998; Predicting the Future. An Introduction to the Theory of Forecasting, Albany N. Y. 1998; Realistic Pragmatism. An Introduction to Pragmatic Philosophy, Albany N. Y. 2000; Nature and Understanding. The Metaphysics and Method of Science, Oxford 2000, 2003; Inquiry Dynamics, New Brunswick N. J./London 2000; Kant and the Reach of Reason. Studies in Kant's Theory of Ra-

tional Systemization, Cambridge etc. 2000; Paradoxes. Their Roots, Range, and Resolution, Chicago Ill. 2001; Philosophical Reasoning. A Study in the Methodology of Philosophizing, Malden Mass./Oxford 2001; Minding Matter. And Other Essays in Philosophical Inquiry, Lanham Md. etc. 2001; Process Philosophy. A Survey of Basic Issues, Pittsburgh Pa. 2001; Cognitive Pragmatism. The Theory of Knowledge in Pragmatic Perspective, Pittsburgh Pa. 2001; Enlightening Journey. The Autobiography of an American Scholar, Lanham Md. etc. 2002; Rationalität, Wissenschaft und Praxis, Würzburg 2002; Fairness. Theory & Practice of Distributive Justice, New Brunswick N. J./London 2002; Imagining Irreality. A Study of Unreal Possibilities, Chicago Ill./La Salle Ill. 2003; Rationality in Pragmatic Perspective, Lewiston N. Y. 2003; Cognitive Idealization. On the Nature and Utility of Cognitive Ideals, London 2003; Epistemology. An Introduction to the Theory of Knowledge, Albany N. Y. 2003; On Leibniz, Pittsburgh Pa. 2003, erw. 2013; Sensible Decisions. Issues of Rational Decision on Personal Choice and Public Policy, Lanham Md. etc. 2003; Value Matters. Studies in Axiology, Frankfurt etc. 2004; Collected Papers, I–XIV, Frankfurt etc. 2005–2006; Cosmos and Cognition. Studies in Greek Philosophy, Frankfurt etc. 2005; Realism and Pragmatic Epistemology, Pittsburgh Pa. 2005; Scholastic Meditations, Washington D. C. 2005; What If? Thought Experimentation in Philosophy, New Brunswick N. J./London 2005; Cognitive Harmony. The Role of Systemic Harmony in the Constitution of Knowledge, Pittsburgh Pa. 2005; Epistemic Logic. A Survey of the Logic of Knowledge, Pittsburgh Pa. 2005; Reason and Reality. Realism and Idealism in Pragmatic Perspective, Lanham Md. etc. 2005; Common-Sense. A New Look at an Old Philosophical Tradition, Milwaukee Wis. 2005; Metaphysics. The Key Issues from a Realistic Perspective, Amherst N. Y. 2005, 2006; Epistemetrics, Cambridge etc. 2006, 2011; Philosophical Dialectics. An Essay on Metaphilosophy, Albany N. Y. 2006; Process Philosophical Deliberations, Frankfurt etc. 2006; Presumption and the Practices of Tentative Cognition, Cambridge etc. 2006, 2011; Dialectics. A Classical Approach to Inquiry, Frankfurt etc. 2007; Issues in the Philosophy of Religion, Frankfurt etc. 2007; Error. On Our Predicament when Things Go Wrong, Pittsburgh Pa. 2007; Interpreting Philosophy. The Elements of Philosophical Hermeneutics, Frankfurt etc. 2007; Is Philosophy Dispensable? And Other Philosophical Essays, Frankfurt etc. 2007; Conditionals, Cambridge Mass./London 2007; Dialectics. A Classical Approach to Inquiry, Frankfurt etc. 2007; Being and Value. And Other Philosophical Essays, Frankfurt etc. 2008; Epistemic Pragmatism. And Other Studies in the Theory of Knowledge, Frankfurt etc. 2008; Ignorance. On the Wider Implications of Deficient Knowledge, Pittsburgh Pa. 2009; Unknowability. An Inquiry into the Limits of Knowledge, Lanham Md. etc. 2009; Wishful Thinking. And Other Philosophical Reflections, Frankfurt etc. 2009; Ideas in Process. A Study on the Development of Philosophical Concepts, Frankfurt etc. 2009; Aporetics. Rational Deliberation in the Face of Inconsistency, Pittsburgh Pa. 2009; Free Will. A Philosophical Reappraisal, New Brunswick N. J./London 2009; Reason, Method, and Value. A Reader on the Philosophy of N. R., ed. D. Jacquette, Frankfurt etc. 2009; (mit E. Burris) Free Will. An Extensive Bibliography, Frankfurt etc. 2010; Finitude. A Study of Cognitive Limits and Limitations, Frankfurt etc. 2010; Axiogenesis. An Essay in Metaphysical Optimalism, Lanham Md. 2010; Reality and Its Appearance, London/New York 2010; On Rules and Principles. A Philosophical Study of Their Nature and Function, Frankfurt etc. 2010; Infinite Regress. The Theory and History of Varieties of Change, New Brunswick N. J./London

2010; Philosophical Inquiries. An Introduction to Problems of Philosophy, Pittsburgh Pa. 2010; Philosophical Textuality. Studies on Issues of Discourse in Philosophy, Frankfurt etc. 2010; Studies in Quantitative Philosophizing, Frankfurt etc. 2010; Philosophical Episodes, Frankfurt etc. 2011; Philosophical Explorations, Frankfurt etc. 2011; On Certainty. And Other Philosophical Essays on Cognition, Frankfurt etc. 2011; (mit P. Grim) Beyond Sets. A Venture in Collection-Theoretic Revisionism, Frankfurt etc. 2011; Productive Evolution. On Reconciling Evolution with Intelligent Design, Frankfurt etc. 2011; Philosophische Vorstellungen. Studien über die menschliche Erkenntnis, Frankfurt etc. 2012; Pragmatism. The Restoration of Its Scientific Roots, New Brunswick N. J. 2012; (mit P. Grim) Reflexivity. From Paradox to Consciousness, Frankfurt etc. 2012; Philosophical Deliberations, Frankfurt etc. 2013; On Explaining Existence, Frankfurt etc. 2013; Epistemic Merit. And Other Essays on Human Knowledge, Frankfurt etc. 2013; Reason and Religion, Frankfurt etc. 2013; Vagaries of Value. Basic Issues in Value Theory, New Brunswick N. J. 2014; The Pragmatic Vision. Themes in Philosophical Pragmatism, Lanham Md. etc. 2014; Logical Inquiries. Basic Issues in Philosophical Logic, Berlin/Boston Mass. 2014; Philosophical Progress. And Other Philosophical Studies, Boston Mass./Berlin 2014; Metaphilosophy. Philosophy in Philosophical Perspective, Lanham Md. etc. 2014; A Journey through Philosophy in 101 Anecdotes, Pittsburgh Pa. 2015; Cognitive Complications. Epistemology in Pragmatic Perspective, Lanham Md. etc. 2015; Ethical Considerations. Basic Issues in Moral Philosophy, Lewiston N. Y. 2015; Concept Audits. A Philosophical Method, Lanham Md. etc. 2016; Epistemic Principles. A Primer for the Theory of Knowledge, New York etc. 2016; Pragmatism in Philosophical Inquiry. Theoretical Considerations and Case Studies, Cham 2016; Value Reasoning. On the Pragmatic Rationality of Evaluation, Cham 2017.

Literatur: R. Almeder (ed.), Praxis and Reason. Studies in the Philosophy of N. R., Washington D. C. 1982; ders., R., Enc. Ph. VIII (²2006), 438–441; ders. (ed.), R. Studies. A Collection of Essays on the Philosophical Work of N. R.. Presented to Him on the Occasion of His 80th Birthday, Frankfurt etc. 2008; A. Bottani, Verità e coerenza. Saggio sull'epistemologia coerentista di N. R., Mailand 1989; M. Carrier/G. J. Massey/L. Ruetsche (eds.), Science at Century's End. Philosophical Questions on the Progress and Limits of Science, Pittsburgh Pa., Konstanz 2000, bes. 40–134; H. Coomann, Die Kohärenztheorie der Wahrheit. Eine kritische Darstellung der Theorie R.s vor ihrem historischen Hintergrund, Frankfurt/Bern/New York 1983; W. Kellerwessel, N. R. – das philosophische System. Einführung – Überblick – Diskussionen, Berlin/Boston Mass. 2014; M. Marsonet, The Primacy of Practical Reason. An Essay on N. R.'s Philosophy, Lanham Md./New York/London 1996; ders., Idealism and Praxis. The Philosophy of N. R., Frankfurt etc. 2008; ders., N. R. (1928–), Internet Encyclopedia of Philosophy (http://www.iep.utm.edu/rescher/); N. J. Moutafakis, R. on Rationality, Values, and Social Responsibility. A Philosophical Portrait, Frankfurt etc. 2007; P. D. Murray, Reason, Truth and Theology in Pragmatist Perspective, Leuven/Paris/Dudley 2004; S. Pihlström (ed.), Pragmatism and Objectivity. Essays Sparked by the Work of N. R., New York/London 2017; L. B. Puntel, Wahrheitstheorien in der neueren Philosophie. Eine kritisch-systematische Darstellung, Darmstadt 1978, erw. ³1993, 2005, 182–204 (5.4 N. R.s ›kriteriologische‹ Kohärenztheorie der Wahrheit); ders., Einführung in N. R.s pragmatische Systemphilosophie, Einleitung in: N. R., Die Grenzen der Wissenschaft [s. o., Werke], 7–56; G. Siegwart, Korre-

spondenz und Kohärenz. Fragen an ein Versöhnungsprogramm, Z. allg. Wiss.theorie 24 (1993), 303–313; ders., Vorfragen zur Wahrheit. Ein Traktat über kognitive Sprachen, München 1997, bes. 479–508 (Kap. 39 Fallstudie: Die Kohärenzkonzeption); E. Sosa (ed.), The Philosophy of N. R.. Discussion and Replies, Dordrecht/Boston Mass./London 1979; D. Sturma, R., in: J. Nida-Rümelin (ed.), Philosophie der Gegenwart in Einzeldarstellungen, Stuttgart 1991, 495–499, ²1999, 617–621, ed. mit E. Özmen, ³2007, 546–551; D. M. Temple, A Study of N. R.'s Theory of Natural Law, St. Louis Mo. 1979; M. Weber (ed.), After Whitehead. R. on Process Metaphysics, Frankfurt etc. 2004; A. Wüstehube/M. Quante (eds.), Pragmatic Idealism. Critical Essays on N. R.'s System of Pragmatic Idealism, Amsterdam/Atlanta Ga. 1998. – On N. R.'s Work in Informal Logic, Informal Logic 14 (1992), 1–58; Book Symposium, Philos. Phenom. Res. 54 (1994), 377–457; Symposium zu N. R.: Pluralism. Against the Demand for Consensus, Dt. Z. Philos. 42 (1994), 291–334.   C. F. G./G. Si.

res cogitans/res extensa (lat., denkende Substanz/ausgedehnte Substanz), Grundbegriffe des dualistischen Systems der Cartesischen Metaphysik (↑Dualismus). Die Unterscheidung zweier ↑Substanzen, einer ›Innenwelt‹, d. h. des (nicht-ausgedehnten) immateriellen ↑Bewußtseins, und einer auf reine Ausdehnung eingeschränkten ↑›Außenwelt‹, d. h. der materiellen Körper, definiert über die Reduktion auf selbstreflexive und mathematische Strukturen, sucht R. Descartes auf die methodologische Unabhängigkeit eines selbstreflexiven Anfangs im reinen Denken (↑cogito ergo sum) zu stützen. In der unter Gesichtspunkten einer mechanistischen Physiologie erfolgenden Zerlegung des Menschen in eine Gliedermaschine und ein denkendes Wesen löst sich die ursprüngliche Aristotelische Konzeption der Einheit von Leib und ↑Seele, in der scholastischen (↑Scholastik) Philosophie im Rahmen der Forma-substantialis-Theorie weitergeführt, mit der Konsequenz des neuzeitlichen ↑Leib-Seele-Problems auf. Das Problem der ↑Wechselwirkung der beiden Substanzen wird von Descartes über eine interaktionistische Konzeption (↑Interaktionismus), organisch vermittelt über die Zirbeldrüse (Epiphyse), zu lösen versucht. Weitere klassische Lösungsversuche auf Cartesischer Basis bilden der Influxionismus (↑influxus physicus), der ↑Okkasionalismus und der psychophysische Parallelismus (↑Parallelismus, psychophysischer). – Die Cartesische Zwei-Substanzen-Lehre ist das erkenntnistheoretische Paradigma aller dualistischen Systeme der Neuzeit, darunter auch der idealistischen Unterscheidung zwischen Geist und Natur (vgl. G. Ryle, The Concept of Mind, 1949).

Literatur: J. Almog, What Am I? Descartes and the Mind-Body Problem, Oxford etc. 2002, 2005; G. Baker/K. J. Morris, Descartes' Dualism, London/New York 1996, 2005; A. Beckermann, Descartes' metaphysischer Beweis für den Dualismus. Analyse und Kritik, Freiburg/München 1986; M. Carrier/J. Mittelstraß, Geist, Gehirn, Verhalten. Das Leib-Seele-Problem und die Philosophie der Psychologie, Berlin/New York 1989, ›17–29 (engl.

[erw.] Mind, Brain, Behavior. The Mind-Body Problem and the Philosophy of Psychology, Berlin/New York 1991, 1995, 16–27); J. Cottingham, Cartesian Dualism. Theology, Metaphysics, and Science, in: ders. (ed.), The Cambridge Companion to Descartes, Cambridge etc. 1992, 2005, 236–257; C. T. Kim, Cartesian Dualism and the Unity of a Mind, Mind NS 80 (1971), 337–353; H. Robinson, Dualism, SEP 2003, rev. 2016; D. M. Rosenthal, Dualism, REP III (1998), 133–138; M. Rozemond, Descartes's Dualism, Cambridge Mass./London 1998; G. Ryle, The Concept of Mind, London/Melbourne/Sydney 1949 (repr. Chicago Ill. 1984, London etc. 1990), London/New York 2009 (dt. Der Begriff des Geistes, Stuttgart 1969, 2015); H.-P. Schütt, Substanzen, Subjekte und Personen. Eine Studie zum Cartesianischen Dualismus, Heidelberg 1990; M. D. Wilson, Cartesian Dualism, in: M. Hooker (ed.), Descartes. Critical and Interpretive Essays, Baltimore Md./London 1978, 197–211; weitere Literatur: ↑Dualismus, ↑influxus physicus, ↑Interaktionismus, ↑Leib-Seele-Problem, ↑Okkasionalismus, ↑Parallelismus, psychophysischer.   J. M.

Resolution, ↑Resolutionsmethode.

Resolutionsmethode, in der Mathematischen Logik (↑Logik, mathematische) Bezeichnung für ein Beweisverfahren, das insbes. in Computerprogrammen Anwendung findet, die automatisch Beweise zu vorgegebenen logischen oder mathematischen Sätzen suchen. Logisch gehen derartige Methoden auf maschinelle Verfahren zur Beweisfindung für allgemeingültige (↑allgemeingültig/Allgemeingültigkeit) Formeln der ↑Quantorenlogik 1. Stufe zurück. Bereits J. Herbrand (1930) reduzierte den semantischen Nachweis der Allgemeingültigkeit einer Formel α auf die syntaktische Aufgabe, die Skolemsche ↑Normalform α^* ihrer ↑Negation mit allen zulässigen Interpretationen über dem Bereich der ↑Konstanten und ↑Terme, der durch ↑Quantorenelimination der Formel entsteht (›Herbrand-Universum‹), zu falsifizieren (↑Herbrandscher Satz). Das Herbrandsche Suchverfahren für Falsifikationen wird von J. A. Robinson (1965) durch ein formales Suchverfahren für die Ableitung eines Widerspruchs aus α^* ersetzt (›Resolutionsmethode‹), dessen einfache Regeln auch in einem Computerprogramm angewendet werden können. Sofern Probleme in der Sprache der Quantorenlogik 1. Stufe formulierbar sind, können sie in diesem Sinne einer maschinellen Problemlösung zugeführt werden. So ist z. B. die mathematische Frage, ob unter bestimmten axiomatischen Voraussetzungen das neutrale Element einer algebraischen Verknüpfung existiert (↑Gruppe (mathematisch)), maschinell beantwortbar. Allerdings kann wegen der Unentscheidbarkeit (↑unentscheidbar/Unentscheidbarkeit) der Quantorenlogik 1. Stufe nicht von vornherein abgeschätzt werden, wieviel Zeit ein Computerprogramm für eine Beweissuche benötigt. Ferner handelt es sich bei den standardisierten Regeln des Programms nicht um die Simulation des psychologischen Vorgangs der Beweissuche.

Literatur: R. Banerji, Theory of Problem Solving. An Approach to Artificial Intelligence, New York 1969; N. V. Findler (ed.), Artificial Intelligence and Heuristic Programming, Edinburgh 1971 (dt. [erw.] Künstliche Intelligenz und heuristisches Programmieren, Wien/New York 1975); P. C. Gilmore, A Proof Method for Quantification Theory. Its Justification and Realization, IBM J. of Research and Development 4 (1960), 28–35; J. Herbrand, Recherches sur la théorie de la démonstration, Diss. Paris 1930 (engl. [teilw.] Investigations in Proof Theory. The Properties of True Propositions, in: J. van Heijenoort [ed.], From Frege to Gödel. A Source Book in Mathematical Logic, 1879–1931, Cambridge Mass. 1967, 525–581); O. Itzinger, Methoden der maschinellen Intelligenz. Eine Einführung, München/Wien 1976; K. Mainzer, Pragmatische Grundlagen mathematischen Argumentierens, in: C. F. Gethmann (ed.), Theorie des wissenschaftlichen Argumentierens, Frankfurt 1980, 292–313; ders., Künstliche Intelligenz. Wann übernehmen die Maschinen?, Berlin/Heidelberg 2016, bes. 16–18; J. McCarthy, Programs with Common Sense, in: Mechanisation of Thought Processes. Proceedings of a Symposium, Held at the National Physical Laboratory on 24th–27th November 1958, London 1958, 77–84; N. J. Nilsson, Problem-Solving Methods in Artificial Intelligence, New York 1971; M. M. Richter, Logikkalküle, Stuttgart 1978; J. A. Robinson, A Machine-Oriented Logic Based on the Resolution Principle, J. Assoc. for Computing Machinery 12 (1965), 23–41; J. Slagle, Artificial Intelligence. The Heuristic Programming Approach, New York 1971 (dt. Einführung in die heuristische Programmierung. Künstliche Intelligenz und intelligente Maschinen, München 1971); L. Wos/G. A. Robinson/D. Carson, Efficiency and Completeness of the Set of Support Strategy in Theorem Proving, J. Assoc. for Computing Machinery 12 (1965), 536–541.   K. M.

Ressource (engl. resource, franz. ressource, von lat. resurgere, wieder hochkommen, hervorquellen), Bezeichnung für Hilfsmittel und Bedingungen jeder Art, die für die Lösung von Aufgaben, seien es z. B. technische, ökonomische, künstlerische oder wissenschaftliche, unerläßlich sind. In der philosophischen Diskussion hat der Begriff der R. bisher kaum eine Rolle gespielt. Zu den wenigen Ausnahmen gehört die Erörterung von R.n in der von T. Kotarbiński entwickelten ↑Praxeologie, einer Theorie zweckrationalen Handelns. Kotarbiński bestimmt den ›praktischen Wert‹ einer ↑Handlung – es handelt sich hier um ein Beurteilungsprädikat (↑Reflexionsbegriffe) gegenüber Handlungen in Bezug auf deren Effizienz – durch: Handlung a ist ökonomischer als Handlung b genau dann, wenn unter gleichen verfügbaren R.n und bei gleichem Zweck die Ausübung von a weniger R.n (ver-)braucht als die Ausübung von b. Die Rede von R.n gehört in den Kontext von ↑Handlungstheorien und gewinnt daher hauptsächlich in den Sozialwissenschaften, besonders der Ökonomie, und in den Naturwissenschaften, besonders der Biologie, und in der an beiden Bereichen teilhabenden Informatik sowie der insbes. von technischen Disziplinen betriebenen Großforschung (Big Science, Big Data) zunehmende Bedeutung.

Als R.n gelten die für das Zustandekommen der Ausübung einer Handlung erforderlichen (a) *Handlungsmittel* sowie in einem weiteren Sinne auch (b) diejenigen Bedingungen an die Handlungssituation, die als Rahmenbedingungen erfüllt sein müssen, damit die fragliche Handlung ausgeübt werden kann, es also für sie einen Spielraum gibt, den aus erfüllten *Handlungsbedingungen* bestehenden Handlungsspielraum.

Zu den R.n der ersten Art gehören damit (1) die R. des knowing-how oder Könnens, d. s. *Fertigkeiten*, insbes. die für individuelles Handeln erforderlichen Kompetenzen sensorischer und motorischer Art, z. B. bei manuellen Fertigkeiten, etwa handwerklichen oder künstlerischen, die Wahrnehmungsvermögen und Gliederungsvermögen in Teilhandlungen; darüber hinaus im Falle sozialer Handlungen mit einem in der Regel aus vergesellschafteten Individuen bestehenden kollektiven oder institutionellen Handlungssubjekt z. B. die Vermögen der Organisation (z. B. von Arbeitsabläufen, von Vertriebssystemen) oder der Arbeitsteilung, (2) die R. des knowing-that, d. i. *Wissen*, nämlich was, unter ↑normativer Beurteilung, gewollt werden sollte, und was, unter sachlicher Beurteilung, als (kausale) Handlungsfolge erwartet werden kann. Beide zusammen bilden die ↑kognitiven R.n, die auch als Teilbereich der daneben soziale R.n wie etwa Schulbildung, Berufsausbildung, Gesundheit umfassenden (3) ›menschlichen R.n‹/›human resources‹ gelten. Diese werden teils zu den Handlungsmitteln gezählt, hierbei ↑Subjekte als ↑Objekte, wenngleich besondere, behandelnd, teils zu den Handlungsbedingungen, im Falle der kognitiven R.n zu den von individuellen Subjekten verkörperten Grundlagen für das Handelnkönnen im allgemeinen. Die kognitiven R.n sind zwar nur beschränkt verfügbar (Fertigkeiten und Wissen verändern sich, insbes. lassen sie sich erweitern), gleichwohl sind sie unerschöpfbar, weil sie durch Gebrauch nicht verbraucht werden (Fertigkeiten und Wissen sind schematischer Natur, lassen sich also beliebig oft abrufen). Ferner gehören zu den Handlungsmitteln (4) die *materiellen* R.n,, darunter *natürliche* R.n wie Boden, Wasser und andere Rohstoffe, des weiteren Materialien, Instrumente, Kapital, (externe und interne) Energie, wobei unter interner Energie die oft aus den materiellen R.n ausgegliederte und stattdessen zu den ›human resources‹ gezählte Arbeitskraft/man power zu verstehen ist. Auch die materiellen R.n sind nur beschränkt verfügbar, darüber hinaus jedoch, weil sie im Zuge des Handelns zumindest langfristig verbraucht werden, grundsätzlich erschöpfbar, es sei denn, sie lassen sich erneuern und gelten dann als *erneuerbare* R.n.

Zu den R.n der zweiten Art gehören schließlich (5) die (erfüllten) Handlungsbedingungen des Handlungsspielraums, die für die Ausübung einer Handlung gebraucht werden. Darunter finden sich Raum (›Platz‹, z. B. Speicherplatz) und Zeit (›Dauer‹, z. B. Überlegungszeit) sowie Handlungsbedingungen für die Situation, unter der eine Handlung ausgeübt wird, wie etwa die Beseitigung von Nebenwirkungen, die unerwünscht sind, weil sie ein Maß für den Verbrauch von R.n für andere Handlungen übersteigen, z. B. Frischluft als R. für eine gesunde Lebensführung; davon abgeleitet dann auch Gesundheit als eine zu den ›human resources‹ gehörende (sekundäre) R.. Doch nur in dem Maße, in dem Anteile eines Handlungsspielraums verbraucht werden – immer die Zeit, zuweilen der Raum –, sich also die Frage nach Schranken für den Verbrauch sinnvoll stellen läßt, gehören auch Handlungsbedingungen zu den R.n. Für Anteile, die bei einer Handlungsausübung gebraucht, aber nicht verbraucht werden, obwohl sie sich verbrauchen ließen, z. B. erfüllte Umweltbedingungen wie geringer Geräuschpegel, hoher Grad an Staubfreiheit usw., ist der Begriff der R. unangemessen, wohl aber für die Handlungsmittel zur Herstellung oder Aufrechterhaltung solcher Rahmenbedingungen für die Situation des Handelns, ihren zum ↑Kontext des Handelns gehörenden Handlungsspielraum.

Selbst die Fertigkeit zur ↑Reflexion, die ↑Rationalität, wird als eine R. angesehen. Dies zunächst allein im Zusammenhang von ↑*Zweckrationalität*, wie sie traditionell in der Philosophie unter dem Begriff der Verstandesleistungen (↑Verstand) behandelt wird und z. B. für Fragen nach möglichst einfachen oder durchsichtigen, etwa axiomatischen (↑Axiomatik), Darstellungen von Theorien einschlägig ist, aber auch im Zusammenhang von *Orientierungsrationalität*, d. h. der Fähigkeit zur Herstellung von Zweckzusammenhängen, etwa bei der Zielprioritätenbestimmung, wie sie traditionell in der Philosophie unter dem Begriff der Vernunftleistungen (↑Vernunft) abgehandelt wird. Insgesamt spielt die R. Rationalität vor allem im Kontext der Planung und/oder Herstellung interdisziplinärer Aufgaben (↑Interdisziplinarität), wie sie etwa in der Großforschung und in der ↑Ökologie einen wesentlichen Teil ihrer Problemstellungen ausmachen, eine immer bedeutendere Rolle.

Literatur: S. Faucheux/J. F. Noël, Économie des ressources naturelles et de l'environnement, Paris 1995 (dt. Ökonomie natürlicher R.n und der Umwelt, Marburg 2001); J. Freiling, Resource-Based View und ökonomische Theorie. Grundlagen und Positionierung des R.nansatzes, Wiesbaden 2001, 2009; H.-D. Haas/D. W. Schlesinger, Umweltökonomie und R.nmanagement, Darmstadt 2007; T. Holtfort, Intuition als effektive R. moderner Organisationen. Eine theoretische und empirische Analyse, Wiesbaden 2013; B. Irrgang, Natur als R., Konsumgesellschaft und Langzeitverantwortung. Zur Philosophie nachhaltiger Entwicklung, Dresden 2002; O. Kruse (ed.), Kreativität als R. für Veränderung und Wachstum. Kreative Methoden in den psychosozialen Arbeitsfeldern. Theorien, Vorgehensweisen, Beispiele, Tübingen 1997; A. Martin (ed.), Personal als R., München/Mering 2003; H. Mohr, Wissen. Prinzip und R., Berlin/Heidelberg 1999; C. Neßhöver, Biodiversität. Unsere wertvollste R., Freiburg

2013; I. Nonaka/H. Takeuchi, The Knowledge-Creating Company. How Japanese Companies Create the Dynamics of Innovation, Oxford etc. 1995 (dt. Die Organisation des Wissens. Wie
japanische Unternehmen eine brachliegende R. nutzbar machen,
Frankfurt/New York 1997, [2]2012; franz. La connaissance créa-
trice. La dynamique de l'entreprise apprenante, Paris/Brüssel
1997); T. Rieniets u. a. (eds.), Die Stadt als R.. Texte und Projekte
2005–2014, Berlin 2014; H. Schemmel/J. Schaller (eds.), R.n. Ein
Hand- und Lesebuch zur therapeutischen Arbeit, Tübingen 2003,
[2]2013; M. Twellmann (ed.), Nichtwissen als R., Baden-Baden
2014. K. L.

Retorsion (von lat. retorquere, den Spieß umdrehen; im
Strafrecht: die sofortige Erwiderung einer Verleumdung
oder einer Körperverletzung durch Verleumdung oder
körperliche Verletzung; im Völkerrecht: die einer un-
freundlichen Maßnahme eines anderen Staates entsprechende Gegenmaßnahme), in der Philosophie/Logik
Bezeichnung für ein Argumentationsschema (die ›retrosive Argumentation‹), das im Kern darin besteht, gegenüber einem ↑Proponenten die Bedingungen seiner
eigenen Behauptung oder Aufforderung (oder einer anderen Diskursanfangsäußerung; ↑Diskurs) ins Feld zu
führen. In modernen Argumentationsanalysen sind für
Schemata dieser Art unterschiedliche Bezeichnungen
geläufig: ›antiskeptisches Argument‹ (G. E. Moore u. a.;
↑paradigm case argument, ↑Skeptizismus), ›Letzt-
begründungsargument‹ (K. O. Apel; ↑Letztbegründung),
›retroflexive Schlußweise‹ (H. A. Schmidt), ›self-refuting
argument‹ (J. L. Mackie), ›transzendentales Argument‹
(P. F. Strawson; ↑transzendental), ›selbstbezügliches Argument‹ (F. B. Fitch; ↑Selbstbezüglichkeit). Die Bezeichnung ›R.‹ ist insbes. von der neuscholastischen ↑Maré-
chal-Schule verwendet worden, die auch wichtige Beiträge zur formalen Analyse retrosiver Argumentationen
geliefert hat (G. Isaye, O. Muck, vgl. auch E. W. Beth).
Die genannten Bezeichnungen sind nicht extensions-
gleich (↑extensional/extension), vielmehr bestehen ↑Fa-
milienähnlichkeiten. Retrosive Argumente können die
Form eines der Kontrariumgesetze haben, z. B. der ↑con-
sequentia mirabilis (vgl. auch ↑Claviussches Gesetz).
Klassische Belegstellen verschiedener retrosiver Argumentationen sind Analysen des Aristoteles zu fundamentalen Annahmen der Ersten Philosophie (↑Phi-
losophie, erste), so z. B. die Verteidigung der Prinzipien
des zu vermeidenden Widerspruchs (↑Widerspruch,
Satz vom) und des ausgeschlossenen Dritten (↑tertium
non datur) gegen die skeptische Position, die es für möglich erklärt, daß etwas zugleich sei und nicht sei (Met.
Γ4.1006a1). Ein positiver Beweis für die Unmöglichkeit
dieses Tatbestandes läßt sich – bei Strafe des unendlichen Regresses (↑regressus ad infinitum) – nach Aristoteles nicht führen, doch ist ein widerlegender Beweis
für die Unmöglichkeit der Behauptung zu führen, sofern
der Streitende überhaupt redet. Denn, so Aristoteles,

redend muß er unterscheiden, sonst wäre die Möglichkeit der Unterredung mit anderen aufgehoben. Damit
aber widerlegt der Streitende das Behauptete selbst.
Diese Argumentationsfigur wurde bereits in der griechischen Antike oft verwendet und diskutiert (z. B. bei Sextus Empiricus). Instanzen solcher oder ähnlicher Schemata in der Folgezeit sind auch später zahlreich und
breit gestreut. Auch Argumentationen bei A. Augustinus
(*si fallor sum*, De civitate Dei XI, 26) und R. Descartes
(↑cogito ergo sum) lassen sich den antiskeptischen Argumenten zuordnen. Thomas von Aquin argumentiert
retorsiv – neben einschlägigen Passagen in den Aristote-
les-Kommentaren – für die Behauptung, Wahrheit sei
per se notum (S. th. I qu. 2 ad 1 obj. 3). G. Berkeley verwendet ein selbstwiderlegendes Argument gegen die
Ansicht, daß materiale Objekte außerhalb des Bewußtseins existieren können (A Treatise Concerning the
Principles of Human Knowledge, Dublin 1770, § 23;
Three Dialogues between Hylas and Philonous, London
1713, I). Im Anschluß an I. Kants transzendentale Argumentation (↑Transzendentalphilosophie) entwickelt sich
eine ausgedehnte Debatte, in deren Rahmen auch J. G.
Fichtes Argumentation für die Geltung des ersten
Grundsatzes als Beispiel für die Aufdeckung der Voraussetzungen einer Äußerung verstanden wird (Grundlage
der gesammten Wissenschaftslehre, Sämmtl. Werke I,
98). L. Nelson sucht mit einem selbstbezüglichen Argument die Unmöglichkeit der Erkenntnistheorie zu beweisen (Über das sogenannte Erkenntnisproblem, 1908,
32), J. M. Jordan die Selbstwiderlegung der Determinis-
musthese (Determinism's Dilemma, 1969/1970). Im
Kontext der neueren Fundierungsdebatte erhebt Apel
den Anspruch, mit einem retorsiven Argument die
Letztbegründung für eine universalistische Ethik zu leisten (Transformation der Philosophie II, 1973, 399). H.
Putnam verwendet ein selbstwiderlegendes Argument
im Kontext eines ↑Gedankenexperiments (Brains in a
Vat, in: ders., Reason, Truth and History, 1981, 1–21,
hier 7).
Die Bedeutung der retorsiven Argumentation wird in
der Philosophie vor allem in ihrer Bewandtnis für die
philosophische Wissensbildung gesehen: mit R.en verbindet sich die Hoffnung auf Fundierung bzw. Letztbegründung und auf die Widerlegung skeptischer Positionen. Im Kontrast zu dieser Bedeutungszuschreibung
steht das Defizit an Explizitheit hinsichtlich der Charakterisierung von R.en. Zwar besteht hinsichtlich einiger klassischer Argumentationen Einigkeit, daß es sich
um retorsive Argumente handelt, doch finden sich kaum
Versuche, ein Argumentationsschema innerhalb einer
↑Argumentationstheorie auszuarbeiten und dieses von
anderen Schemata abzugrenzen, z. B. von tu-quoque-
Argumenten, ad-hominem-Argumenten (↑argumen-
tum) etc..

In Anlehnung an Mackie (Self-Refutation, 1985, 56–57) läßt sich ein retorsives Argument mit der Ausgangsannahme ›es gibt nichts Wahres‹ wie folgt rekonstruieren:

(1) $\neg\bigvee_p$ wahr(p) — Annahme

(2) $\neg\bigvee_p$ wahr$(p) \rightarrow$ wahr$(\rangle\neg\bigvee_p$ wahr$(p)\langle)$ — Grund

(3) wahr$(\rangle\neg\bigvee_p$ wahr$(p)\langle)$ — modus ponens

(4) $\bigvee_p$ wahr(p) — Existenzeinführung

(5) $\neg\neg\bigvee_p$ wahr(p) — Negationseinführung

(6) $\bigvee_p$ wahr(p) — Beseitigung der doppelten Negation

Kennzeichnend für diese Rekonstruktion ist die Erwähnung der zu widerlegenden Aussage in der Voraussetzung in (2) und in der Folgerung in (3) zum Zwecke der Widerlegung sowie die Heranziehung einer materialen wahrheitstheoretischen Aussage in (2). Formale Rekonstruktionen dieser Art treffen jedoch nicht die mit dem retorsiven Argumentationstyp beabsichtigte *pragmatische* Pointe: Es soll nicht nur gezeigt werden, daß eine bestimmte Annahme zu einem Widerspruch führt, sondern daß jemand, der eine bestimmte Annahme macht, verpflichtet ist, weiteres zuzugestehen, das mit der Annahme unvereinbar ist, und deshalb die Ausgangsannahme aufgeben sollte (Mackie: ›operationally self-refuting‹). Explizite Rekonstruktionen retorsiver Argumentationen sollten daher – wie Argumentationen überhaupt – als Sequenzen von Redehandlungen zwischen Redehandlungsautoren (Proponenten und ↑Opponenten), nicht als Abfolge von ↑Propositionen rekonstruiert werden (↑Argumentationstheorie, ↑Logik, dialogische, ↑Protologik). Ausgehend von diesem Rekonstruktionsrahmen sind folgende Elemente hervorzuheben: (1) Für retorsive Argumentationen ist kennzeichnend, daß der propositionale Teil der Anfangsannahme einen ↑Prädikator enthält, der auf *sprachliche* Entitäten anwendbar ist und der die Annahme dadurch selbst qualifiziert (z. B. ›… ist falsch‹). Die Behauptung ›alle Schwäne sind schwarz‹ wird dagegen nicht durch die Anwendung des Prädikators ›ist schwarz‹ auf die Behauptung selbst widerlegt. Die Frage, welche Prädikatoren auf sprachliche Gebilde welcher Art anzuwenden sind, wird allerdings kontrovers diskutiert. (2) Anfangsannahmen retorsiver Argumentationen können nicht nur *konstative* Redehandlungen sein. Für eine Reihe anderer Redehandlungstypen lassen sich analoge Argumentationen konstruieren (z. B. ›ich verspreche dir, niemandem gegenüber Verpflichtungen einzugehen‹, ›ich prognostiziere, daß Prognosen niemals möglich sein werden‹). (3) Die ↑*Selbstbezüglichkeit* als solche ist ein markantes, aber nicht spezifisches Merkmal von R.en. Selbstbezüge finden sich z. B. auch bei tu-quoque-Argumentationen, die keine R.en sind. Tu-quoque-Argu-

mentationen sind häufig in der Weise selbstbezüglich, daß der propositionale Gehalt auf den Autor einer Redehandlung, nicht auf die Redehandlung oder einen ihrer konstitutiven Teile, bezogen wird. Die Selbstbezüglichkeit retorsiver Argumentationen besteht also spezifisch in der Bezugnahme des propositionalen Gehalts auf die Qualifikation der durch die Äußerung vollzogenen Redehandlung. (4) Für die R. ist eine bestimmte Form der *Unvereinbarkeit* zwischen dem propositionalen Gehalt der Anfangsannahme und ihren redehandlungsspezifischen Gelingensbedingungen kennzeichnend. Zwei Handlungen werden unvereinbar genannt, wenn es nicht möglich ist, sie zugleich hinsichtlich der Realisierung eines Zweckes auszuführen. Exemplarisch sind wenigstens zwei Typen von Unvereinbarkeit zu unterscheiden: (a) Ein ↑*Widerspruch* (*contradictio*) liegt vor, wenn jemand zugleich behauptet, daß p und daß $\neg p$. Die beiden Behauptungen sind unvereinbar, weil sie dem Opponenten keine klare Handlungsmöglichkeit (Zustimmung, Bestreitung, Bezweifelung) bieten. (b) Eine *Ungereimtheit* (*inconcinnitas*) entsteht z. B., wenn jemand behauptet, daß $\neg p$, obwohl p eine ↑Präsupposition für das Gelingen des Vollzugs einer Behauptung ist. Hier besteht eine Unvereinbarkeit, die relativ zu den mit einer Rede verfolgten Zwecken der Verläßlichkeit und Verständlichkeit zu vermeiden ist.

Die herausgestellten Kennzeichen der R. dokumentieren, daß die argumentative Kraft einer retorsiven Argumentation von dem abhängt, was Proponent und Opponent als Präsuppositionen einer Redehandlung einräumen. Die Möglichkeit, Gelingensbedingungen von Redehandlungen unterschiedlich zu explizieren, zeigt, daß ein Skeptiker immer einwenden könnte, daß er bestimmte Unterstellungen hinsichtlich der Gelingensbedingungen nicht teile oder sogar an den Zwecken der sprachlichen Verständigung insgesamt nicht teilnehme. Werden andererseits die pragmatischen Präsuppositionen im Rahmen einer Argumentationskultur geteilt, eignen sich retorsive Argumentationen durchaus für die Fundierung des Wissens und Handelns. R.en sichern die Grundlagen eines ↑Sprachspiels bzw. einer ↑Lebenswelt; sie eignen sich aber nicht für eine lebenswelt*invariante* und in diesem Sinne ›absolute‹ Letztbegründung.

Literatur: K.-O. Apel, Transformation der Philosophie II, Frankfurt 1973, ⁶1999, 358–435 (Das Apriori der Kommunikationsgemeinschaft und die Grundlagen der Ethik. Zum Problem einer rationalen Begründung im Zeitalter der Wissenschaft) (engl. Towards a Transformation of Philosophy, London/Boston Mass./Henley 1980, Milwaukee Wis. 1998, 225–300 [The A Priori of the Communication Community and the Foundations of Ethics. The Problem of a Rational Foundation of Ethics in the Scientific Age]); S. W. Arndt, Transcendental Method and Transcendental Arguments, Int. Philos. Quart. 27 (1987), 43–58; W. Bednarowski, Philosophical Argument, Proc. Arist. Soc. Suppl. 39 (1965), 19–46 (dt. Philosophische Argumente, in: A. Kulenkampff [ed.], Methodologie der Philosophie, Darmstadt 1979, 199–230); J. Bennett, Analytical Transcendental Arguments, in: P. Bieri/R. P. Horstmann/L. Krüger (eds.), Transcendental Arguments and Science [s. u.], 45–64; E. W. Beth, Logique scolastique et logique mathématique, Algemeen Nederlands Tijdschr. voor Wijsbegeerte en Psycholog. 45 (1952/1953), 115–120; P. Bieri, Quine, Strawson und der Skeptiker, Z. philos. Forsch. 35 (1981), 27–45; ders./R. P. Horstmann/L. Krüger (eds.), Transcendental Arguments and Science. Essays in Epistemology, Dordrecht/Boston Mass./London 1979; J. M. Boyle Jr., Self-Referential Inconsistency, Inevitable Falsity and Metaphysical Argumentation, Metaphilos. 3 (1972), 25–42; ders./G. Grisez/O. Tollefsen, Determinism, Freedom, and Self-Referential Arguments, Rev. Met. 26 (1972/1973), 3–37; B. L. Bunch, Aristotle. The Laws of Thought, Dialogue 19 (1977), 33–39; R. Chisholm, What Is a Transcendental Argument?, Neue H. Philos. 14 (1978), 19–22; L. J. Cohen, Mr. O'Connor's »Pragmatic Paradoxes«, Mind NS 59 (1950), 85–87; D. D. Colson, The Transcendental Argument Against Determinism. A Challenge Yet Unmet, Southern J. Philos. 20 (1982), 15–24; P. A. Crawford, Kant's Theory of Philosophical Proof, Kant-St. 53 (1961/1962), 257–268; C. Crittenden, Transcendental Arguments Revived, Philos. Investigations 8 (1985), 229–251; R. M. Dancy, Sense and Contradiction. A Study in Aristotle, Dordrecht/Boston Mass./London 1975; W. K. Essler, Einige Anmerkungen zur Grundlegung der Transzendentalpragmatik, in: W. Kuhlmann/D. Boehler (eds.), Kommunikation und Reflexion. Zur Diskussion der Transzendentalpragmatik. Antworten auf Karl-Otto Apel, Frankfurt 1982, 333–346; C. Falck, The Process of Meaning Creation. A Transcendental Argument, Rev. Met. 38 (1984/1985), 503–528; J. M. Finnis, Scepticism, Self-Refutation, and the Good of Truth, in: P. M. S. Hacker/J. Raz (eds.), Law, Morality, and Society. Essays in Honour of H. L. A. Hart, Oxford 1977, 1979, 247–267; F. B. Fitch, Self-Reference in Philosophy, Mind NS 55 (1946), 64–73 (dt. Selbstbezüglichkeit in der Philosophie, in: A. Kulenkampff [ed.], Methodologie der Philosophie [s. o.], 179–190); ders., Universal Metalanguages for Philosophy, Rev. Met. 17 (1963/1964), 396–402 (dt. Universale Metasprachen für die Philosophie, in: A. Kulenkampff [ed.], Methodologie der Philosophie [s. o.], 191–198); ders., Elements of Combinatory Logic, New Haven Conn./London 1974; R. Fox, Philosophy and Self-Reference, Philos. in Context 4 (1975), 28–36; R. Freundlich, Über transzendentale Reduktion, Wiener Z. Philos., Psychologie, Pädagogik 5 (1954/1955), 147–164; G. Frey, Eine Grundfigur griechischen Denkens, Z. philos. Forsch. 18 (1964), 224–240; ders., Philosophie und Wissenschaft. Eine Methodenlehre, Stuttgart etc. 1970; J. Gasser, Argumentative Aspects of Indirect Proof, Argumentation 6 (1992), 41–49; C. F. Gethmann/R. Hegselmann, Das Problem der Begründung zwischen Dezisionismus und Fundamentalismus, Z. allg. Wiss. theorie 8 (1977), 342–368; C. K. Grant, Pragmatic Implication, Philos. 33 (1958), 303–324; P. Hacker, Are Transcendental Arguments a Version of Verificationism?, Amer. Philos. Quart. 9 (1972), 78–85; R. M. Hare, Philosophical Discoveries, Mind NS 69 (1960), 145–162, Neudr. in: ders., Essays on Philosophical Method, London/Basingstoke 1971, Berkeley Calif./Los Angeles 1972, 19–37; L. M. Hinman, The Case for Ad Hominem Arguments, Australas. J. Philos. 60 (1982), 338–345; J. Hintikka, Cogito, Ergo Sum. Inference or Performance?, Philos. Rev. 71 (1962), 3–32; ders., Transcendental Arguments. Genuine and Spurious, Noûs 6 (1972), 274–281; ders., Logic, Language-Games and Information. Kantian Themes in the Philosophy of Logic, Oxford 1973, 1979; G. Isaye, La justification critique par rétorsion, Rev. philos. Louvain 52 (1954), 205–233; P. F. Johnson,

Transcendental Arguments and Their Significance for Recent Epistemology, Dialogue 26 (1984), 33–39; H. W. Johnstone Jr., Philosophy and Argument, University Park Pa. 1958; J. N. Jordan, Determinism's Dilemma, Rev. Met. 23 (1969/1970), 48–66; J. Jørgensen, Some Reflections on Reflexivity, Mind NS 62 (1953), 289–300; F. Kambartel (ed.), Praktische Philosophie und konstruktive Wissenschaftstheorie, Frankfurt 1974, 1979; ders., Wie ist praktische Philosophie konstruktiv möglich? Über einige Mißverständnisse eines methodischen Verständnisses praktischer Diskurse, in: ders. (ed.), Praktische Philosophie und konstruktive Wissenschaftstheorie [s. o.], 9–33; A. Keller, Allgemeine Erkenntnistheorie, Stuttgart etc. 1982, Stuttgart ³2006; W. Kneale, Aristotle and the Consequentia mirabilis, J. Hellenic Stud. 77 (1957), 62–66; ders./M. Kneale, The Development of Logic, Oxford 1962, 1991; M. Leclerc, Being and the Sciences. The Philosophy of Gaston Isaye, Int. Philos. Quart. 30 (1990), 311–329; W. Loh, Die Idealismusfalle und andere Reflexionsfehler, Philos. Nat. 22 (1985), 157–183; J. Łukasiewicz, Philosophische Bemerkungen zu mehrwertigen Systemen des Aussagenkalküls, Comptes rendus des séances de la société des sciences et lettres de varsovie, Cl. III, 23 (1930), 51–77; ders., O zasadzie sprzeczności u Arystotelesa, Warschau 1987 (dt. Über den Satz des Widerspruchs bei Aristoteles, Hildesheim/Zürich/New York 1993); C. Lumer, Praktische Argumentationstheorie. Theoretische Grundlagen, praktische Begründung und Regeln wichtiger Argumentationsarten, Braunschweig/Wiesbaden 1990; J. J. MacIntosh, Transcendental Arguments, Proc. Arist. Soc. Suppl. 43 (1969), 181–193; J. L. Mackie, Self-Refutation – A Formal Analysis, Philos. Quart. 14 (1964), 193–203, Neudr. in: ders. (ed.), Logic and Knowledge, Oxford 1985, 54–67; J. A. Magno, Beyond the Self-Referential Critique of Determinism, Thomist 48 (1984), 74–80; J. W. Meiland, On the Paradox of Cognitive Relativism, Metaphilos. 11 (1980), 115–126; J. Mittelstraß, Über ›transzendental‹, in: E. Schaper/W. Vossenkuhl (eds.), Bedingungen der Möglichkeit [s. u.], 158–182 (engl. On ›Transcendental‹ in: R. E. Butts/J. R. Brown [eds.], Constructivism and Science. Essays in Recent German Philosophy, Dordrecht/Boston Mass./London 1989 [Western Ont. Ser. Philos. Sci. XLIV], 77–102); ders., Gibt es eine Letztbegründung? in: P. Janich (ed.), Methodische Philosophie. Beiträge zum Begründungsproblem der exakten Wissenschaften in Auseinandersetzung mit Hugo Dingler, Mannheim/Wien/Zürich 1984, 12–35, Neudr. in: ders., Der Flug der Eule. Von der Vernunft der Wissenschaft und der Aufgabe der Philosophie, Frankfurt 1989, ²1997, 281–312; M. X. Moleski, Retortion. The Method and Metaphysics of Gaston Isaye, Int. Philos. Quart. 17 (1977), 59–83; T. C. Moody, The Objectivity of Transcendental Arguments, Metaphilos. 17 (1986), 119–125; E. Morscher, Zu Bolzanos Lösung der Lügner-Paradoxie, in: W. L. Gombocz/H. Rutte/W. Sauter (eds.), Traditionen und Perspektiven der analytischen Philosophie. Festschrift für Rudolf Haller, Wien 1989, 89–96; O. Muck, Die transzendentale Methode in der scholastischen Philosophie der Gegenwart, Innsbruck 1964 (engl. The Transcendental Method, New York 1968); ders., The Logical Structure of Transcendental Method, Int. Philos. Quart. 9 (1969), 342–362; L. Nelson, Über das sogenannte Erkenntnisproblem, Göttingen 1908, ²1930; K. Nielsen, On Refusing to Play the Sceptic's Game, Dialogue 11 (1972), 348–359; D. J. O'Connor, Pragmatic Paradoxes, Mind NS 57 (1948), 358–359; ders., Pragmatic Paradoxes and Fugitive Propositions, Mind NS 60 (1951), 536–538; B. E. Oguah, Transcendental Arguments and Mathematical Intuition in Kant, Kant-St. 71 (1980), 35–46; H. Palmer, Presupposition and Transcendental Inference, London/Sydney 1985; I. Parvu, Arguments transcendantaux dans la science contemporaine, Rev. de filozofie 29 (Bukarest 1982), 35–40; J. Passmore, Philosophical Reasoning, London 1961, ²1970, 1973; G. Patzig, Comment on Bennett, in: P. Bieri/R. P. Horstmann/L. Krüger (eds.), Transcendental Arguments and Science [s. o.], 71–75; E. Potter, Scepticism, Conventionalism, and Transcendental Arguments, Southern J. Philos. 19 (1981), 451–463; H. Putnam, Reason, Truth and History, Cambridge etc. 1981, 2004 (dt. Vernunft, Wahrheit und Geschichte, Frankfurt 1982, 2005); R. Rorty, The Limits of Reductionism, in: I. C. Lieb (ed.), Experience, Existence, and the Good. Essays in Honor of Paul Weiss, Carbondale Ill. 1961, 100–116; ders., Strawson's Objectivity Arguments, Rev. Met. 24 (1970/1971), 207–244; ders., Verificationism and Transcendental Arguments, Noûs 5 (1971), 3–14; ders., The Worlds Well Lost, J. Philos. 69 (1972), 649–665; ders., Transcendental Arguments, Self-Reference and Pragmatism, in: P. Bieri/R. P. Horstmann/L. Krüger (eds.), Transcendental Arguments and Science [s. o.], 77–103; J. F. Rosenberg, Transcendental Arguments Revisited, J. Philos. 72 (1975), 611–624; ders., Reply to Stroud, Philos. Stud. 31 (1977), 117–121; ders., Transcendental Arguments and Pragmatic Epistemology, in: P. Bieri/R. P. Horstmann/L. Krüger (eds.), Transcendental Arguments and Science [s. o.], 245–262; ders., One World and Our Knowledge of It. The Problematic Realism in Post-Kantian Perspective, Dordrecht/ Boston Mass./London 1980; ders., Bemerkungen zu Jürgen Mittelstraß' Beitrag, in: E. Schaper/W. Vossenkuhl (eds.), Bedingungen der Möglichkeit [s. u.], 194–198; G. Ryle, Philosophical Arguments, Oxford 1945, Neudr. in: ders., Collected Papers II, London 1971 (repr. Bristol 1990), 194–211, London/New York 2009, 203–221 (dt. Philosophische Argumente, in: A. Kulenkampff [ed.], Methodologie der Philosophie [s. o.], 260–284); E. v. Savigny, Das sogenannte ›Paradigm-Case-Argument‹. Eine Familie von anti-skeptischen Argumentationsstrategien, Grazer philos. Stud. 14 (1981), 37–72; E. Schaper, Are Transcendental Deductions Impossible, in: L. W. Beck (ed.), Proceedings of the Third International Kant Congress, Dordrecht 1972, 486–494; dies., Arguing Transcendentally, Kant-St. 63 (1972), 101–116; dies./W. Vossenkuhl (eds.), Bedingungen der Möglichkeit. ›Transcendental Arguments‹ und transzendentales Denken, Stuttgart 1984; H. A. Schmidt, Der Beweisansatz von L. Nelson für die ›Unmöglichkeit der Erkenntnistheorie‹ als Beispiel eines retroflexiven Schlusses, in: H. Delius/G. Patzig (eds.), Argumentationen. Festschrift für Josef König, Göttingen 1964, 216–248; G. Siegwart, Zu einem »der tiefsten philosophischen Probleme«. Eine hermeneutische Studie, Conceptus 24 (1990), H. 63, 67–79; G. W. Smith, The Concepts of the Sceptic. Transcendental Arguments and Other Minds, Philos. 49 (1974), 149–168; W. Stegmüller, Metaphysik, Wissenschaft, Skepsis, Frankfurt/Wien 1954, unter dem Titel: Metaphysik, Skepsis, Wissenschaft, Berlin/Heidelberg/New York ²1969; W. D. Stine, Transcendental Arguments, Metaphilos. 3 (1972), 43–52; P. F. Strawson, Introduction to Logical Theory, London 1952, Abingdon/New York 2011; ders., Individuals. An Essay in Descriptive Metaphysics, London 1959, London/New York 1990 (dt. Einzelding und logisches Subjekt. Ein Beitrag zur deskriptiven Metaphysik, Stuttgart 1972, 2003); ders., The Bounds of Sense. An Essay on Kant's Critique of Pure Reason, London 1966, London/New York 2006 (dt. Die Grenzen des Sinns. Ein Kommentar zu Kants Ȇritik der reinen Vernunft«, Königstein 1981, Frankfurt 1992); B. Stroud, Transcendental Arguments, J. Philos. 65 (1968), 241–256; P. E. Stüben, Die Struktur und Funktion transzendentaler Argumentationsfiguren. Ein argumentationstheoretischer Beitrag zur Wissenschaftsphilosophie, Frankfurt/Bern 1981; C. Swoyer, Skeptical Animadversions on an Anti-Sceptical Strategy, Southwest Philos.

Stud. 8 (1982), 143–151; J. Tlumak, Some Defects in Strawson's Anti-Sceptical Method, Philos. Stud. 28 (1975), 255–264; ders., Zu einer fehlerhaften transzendentalen Widerlegung des Solipsismus, Ratio 18 (1976), 46–51; S. E. Toulmin, The Uses of Argument, Cambridge 1958, Cambridge etc. 2008 (dt. Der Gebrauch von Argumenten, Kronberg 1975, Weinheim ²1996); ders./R. Rieke/A. Janik, An Introduction to Reasoning, New York 1979, ²1984, 1989; J. de Vries, Grundfragen der Erkenntnis, München 1980, ²1985; R. C. S. Walker, Kant, London/Henley/Boston Mass. 1978, London/New York 1989; ders. (ed.), Kant on Pure Reason, Oxford 1982, 2004; ders., Bemerkungen zu Jürgen Mittelstraß' Beitrag, in: E. Schaper/W. Vossenkuhl (eds.), Bedingungen der Möglichkeit [s. o.], 199–203; A. J. Watt, Transcendental Arguments and Moral Principles, Philos. Quart. 25 (1975), 40–57; O. Weinberger, Faktentranszendente Argumentation, Z. allg. Wiss.theorie 6 (1975), 235–251; B. Weissmahr, Ontologie, Stuttgart etc. 1985, Stuttgart/Berlin/Köln ²1991; ders., Ein Vorschlag zur Theorie der retorsiven oder transzendentalen Argumentation, in: O. Muck (ed.), Sinngestalten. Metaphysik in der Vielfalt menschlichen Fragens, Innsbruck/Wien 1989, 66–77; T. E. Wilkerson, Transcendental Arguments, Philos. Quart. 20 (1970), 200–212; ders., Transcendental Arguments Revisited, Kant-St. 66 (1975), 102–115; G. Wolandt, Letztbegründung und Tatsachenbezug, Bonn 1983; L. Wood, The Transcendental Method, in: G. T. Whitney/D. F. Bowers (eds.), The Heritage of Kant, Princeton N. J. 1939, New York 1962, 1–35; E. M. Zemach, Strawson's Transcendental Deduction, Philos. Quart. 25 (1975), 114–125; R. Zocher, Kants transzendentale Deduktion der Kategorien, Z. philos. Forsch. 8 (1954), 161–194; H. A. Zwergel, Principium contradictionis. Die aristotelische Begründung des Prinzips vom zu vermeidenden Widerspruch und die Einheit der Ersten Philosophie, Meisenheim am Glan 1972; weitere Literatur: ↑Letztbegründung, ↑paradigm case argument, ↑transzendental. C. F. G.

Retrodiktion (von lat. retro [zurück] und dicere [sagen], engl. retrodiction), Bezeichnung für das nachträgliche Erklären oder Erschließen eines zurückliegenden Ereignisses oder Zustands. Bezogen auf die Zeitverhältnisse ist R. ein Gegenbegriff zu ↑Prognose. R.en können im temporalen Sinn gemeint sein (und beziehen sich dann auf Ereignisse, die der Formulierung der R. vorangehen) oder im logischen Sinn (und beziehen sich dann auf Ereignisse, die früher liegen als die in den ↑Anfangsbedingungen und ↑Randbedingungen genannten Vorgänge). Eine R. liegt z. B. vor, wenn aus der Messung des Blutalkoholgehalts und dessen bekannter Abbaurate der Alkoholisierungsgrad zu einem vorausgehenden Zeitpunkt rückerschlossen wird. Retrodizierbarkeit setzt voraus, daß die rückwärtige Entwicklung eines Systems eindeutig rekonstruiert werden kann. Diese Bedingung ist für viele Kausalprozesse (↑Kausalität) erfüllt und dient dann als Grundlage eines Schlusses von der ↑Wirkung (z. B. einer Fußspur im Sand) auf die ↑Ursache (der vorausgegangenen Anwesenheit eines Menschen). Allerdings ist diese Eindeutigkeit bei Vorliegen von Gleichgewichtszuständen (wie etwa bei einer am tiefsten Punkt einer Vertiefung ruhenden Kugel) in der Regel nicht gewährleistet. Der Gleichgewichtswert wird nämlich von vielen

Anfangszuständen aus in gleicher Weise angenommen, so daß der genaue Ablauf nicht mehr rückverfolgt werden kann. Umgekehrt ist in solchen Fällen die künftige Systementwicklung durchaus vorhersagbar (nämlich Fortdauer des Gleichgewichtszustands). Demnach besteht hier zwar die Möglichkeit der Prognose, nicht aber die der R..

Literatur: M. Barrett/E. Sober, Is Entropy Relevant to the Asymmetry between Retrodiction and Prediction?, Brit. J. Philos. Sci. 43 (1992), 141–160; A. Grünbaum, Philosophical Problems of Space and Time, New York 1963, Dordrecht/Boston Mass. ²1973, 1974 (Boston Stud. Philos. Hist. Sci. XII), 233–236, 281–295; W. Stegmüller, Probleme und Resultate der Wissenschaftstheorie und Analytischen Philosophie I (Erklärung, Begründung, Kausalität), Berlin/Heidelberg/New York ²1983, 201–203.   M. C.

Retrokausalität (engl. backward causation), Bezeichnung dafür, daß die ↑Wirkung der ↑Ursache zeitlich vorausgeht (›rückwärtige Verursachung‹). Im Rahmen der Minkowski-Raum-Zeit (↑Relativitätstheorie, spezielle) wäre R. das Ergebnis der Existenz überlichtschneller Signale. Das gilt allerdings nicht zwangsläufig für gekrümmte Raum-Zeiten. Wie K. Gödel 1949 zeigte, lassen in der Allgemeinen Relativitätstheorie (↑Relativitätstheorie, allgemeine) einzelne kosmologische Modelle geschlossene zeitartige ↑Weltlinien und damit eine Einwirkung auf die Vergangenheit zu (was Gödel als Ausdruck der fehlenden Objektivität von Veränderung auffaßte; A Remark about the Relationship between Relativity Theory and Idealistic Philosophy, in: P. A. Schilpp [ed.], Albert Einstein. Philosopher – Scientist, La Salle Ill. 1949, 555–562). Allerdings sind die dafür erforderlichen Voraussetzungen in unserem Universum nicht erfüllt.

Auf der Grundlage seiner interventionistischen Theorie der ↑Kausalität hält G. H. v. Wright das Ausführen einer ↑Handlung für die Ursache des mit dieser verbundenen neurophysiologischen Vorgangs, obwohl die Handlung auf diesen Vorgang folgt. Eine Handlung ist die Ursache einer Wirkung, wenn durch das Ausführen der Handlung die Wirkung herbeigeführt werden kann. Basishandlungen sind solche Handlungen, deren Ausführung keine Zwischenschritte erfordert. Z. B. ist das Heben des Arms eine Basishandlung, während der damit verknüpfte neurophysiologische Vorgang im Gehirn keine Basishandlung ist. Entsprechend läßt sich dieser Vorgang durch das Ausführen der Handlung hervorbringen, obwohl davon auszugehen ist, daß er bereits vor dem tatsächlichen Ausführen der Handlung bestand. Folglich liegt R. vor. Der Ansatz v. Wrights wird häufig wegen seines Anthropozentrismus (↑anthropozentrisch/ Anthropozentrik) kritisiert. Es wird eingewendet, daß die Handlung zwar in einem ↑pragmatischen Sinne grundlegender als der neurophysiologische Vorgang sein möge, daß jedoch auf der Ebene der objektiven Kausalordnung keine rückwärtige Verursachung vorliege.

Tatsächlich wird das faktische Bestehen von R. weitgehend einhellig zurückgewiesen. Gegenstand der Diskussion ist stattdessen die Frage, ob R. eine begrifflich kohärente Option darstellt. Sowohl in der Regularitätstheorie der Kausalität (↑Ursache), die die kausale Ordnung unter anderem durch die zeitliche Abfolge charakterisiert, als auch in der kausalen Zeittheorie (↑Wirkung), die die zeitliche Ordnung auf die kausale Ordnung zu gründen sucht, wird R. als begrifflich inkohärent ausgeschlossen. Dagegen läßt J. L. Mackies Konzeption der ›kausalen Fixierung‹ die logische Möglichkeit von R. zu.

Literatur: M. Black, Why Cannot an Effect Precede Its Cause, Analysis 16 (1956), 49–58; M. Dorato, Time and Reality. Space-Time Physics and the Objectivity of Temporal Becoming, Bologna 1995; A. E. Dummett, Can an Effect Precede Its Cause?, Proc. Arist. Soc. Suppl. 28 (1954), 27–44 (Erwiderung v. A. Flew, ebd., 45–62); J. Faye, The Reality of the Future. An Essay on Time, Causation and Backward Causation, Odense 1989; ders., Causation, Reversibility, and the Direction of Time, in: J. Faye/U. Scheffler/M. Urchs (eds.), Perspectives on Time, Dordrecht/Boston Mass./London 1997, 2010 (Boston Stud. Philos Sci. 189), 237–266; ders., When Time Gets Off Track, in: C. Callender (ed.), Time, Reality & Experience, Cambridge etc. 2002; ders., Backward Causation, SEP 2001, rev. 2015; P. Fitzgerald, On Retrocausality, Philosophia 4 (1974), 513–551; A. Grünbaum, Philosophical Problems of Space and Time, Dordrecht/Boston Mass. ²1973, 1974, 825–827; P. Horwich, Asymmetries in Time. Problems in the Philosophy of Science, Cambridge Mass./London 1987, 1992, 91–110 (Chap. 6 Backward Causation); J. L. Mackie, The Cement of the Universe. A Study of Causation, Oxford 1974, 2002, 160–192 (Chap. 7 The Direction of Causation); G. H. v. Wright, Explanation and Understanding, London, Ithaca N. Y. 1971, Abingdon/New York 2012, 76–81 (dt. Erklären und Verstehen, Frankfurt 1974, Berlin ⁴2000, Hamburg 2008, 77–81); ders., Causality and Determinism, New York/Frankfurt 1974.   M. C.

Rettung der Phänomene (griech. σῴζειν τὰ φαινόμενα, lat. salvare apparentias, engl. saving the appearances, franz. sauver les phénomènes), Bezeichnung zur methodologischen Charakterisierung des griechischen astronomischen Forschungsprogramms. Mit ihm wird die Aufgabe gestellt, die augenscheinlichen Unregelmäßigkeiten der planetarischen Bahnbewegungen (›Phänomene‹) auf regelmäßige Bewegungsformen (Kreisförmigkeit und gleichförmige Winkelgeschwindigkeit) zurückzuführen. Gleichförmigkeit, d. h. gleichförmige Winkelgeschwindigkeit, und Kreisförmigkeit bilden hier die beiden (›axiomatischen‹) Grundsätze einer sich gegenüber der allein empirisch orientierten vor-griechischen Astronomie in Form qualitativer kinematischer Systeme darstellenden griechischen Astronomie. Entsprechend heißt es bei Simplikios in einem methodologischen Zusammenhang, daß im σῴζειν τὰ φαινόμενα die augenscheinliche Unregelmäßigkeit der Bewegungen ›gerettet‹ wird (σωθήσεται ἡ φαινομένη ἀνωμαλία, In Arist. Physica commentaria, I–II, ed. H. Diels, Berlin 1882/1895 [CAG IX–X], 292, 17–18). Die drei methodischen Elemente, die das zunächst auf die astronomischen Phänomene (↑Phaenomenon) beschränkte Programm einer R. d. P. ausmachen, sind dementsprechend: (1) die Unterscheidung zwischen einer wahren (tatsächlichen) und einer scheinbaren Bewegung, (2) die Identifikation der wahren Bewegung mit einer gleichförmigen und kreisförmigen Bewegung, (3) die Deutung der (unregelmäßigen) scheinbaren Bewegung als die wahre Bewegung, wie sie einem Beobachter auf der Erde erscheint. ›Gerettet‹ in diesem Sinne sind die Phänomene dann, wenn jene Deutung mit Hilfe einer auf gleichförmigen und kreisförmigen Bewegungen beruhenden mathematischen Theorie gelingt, eines kinematischen (↑Kinematik) ↑Modells nach Art etwa der Eudoxischen Astronomie, in den Worten des Aristoteles: wenn ein solches Modell ›die Phänomene liefert‹ (Met. Λ8.1074a1, vgl. 1073b36–37).

Die Formulierung des Forschungsprogramms einer R. d. P. wird in der Antike Platon zugeschrieben (Simplikios, In Arist. De Caelo commentaria, ed. I. L. Heiberg, Berlin 1894 [CAG VII], 488,16–24), dürfte aber von ↑Eudoxos von Knidos stammen, dessen homozentrisches System zum ersten Mal dieses Forschungsprogramm (näherungsweise) erfüllt (vgl. J. Mittelstraß 1962, 140–142).

Platon selbst, der sich zunächst strikt gegen die Möglichkeit einer empirischen Astronomie ausspricht (vgl. Pol. 530b), scheint unter dem Eindruck des Eudoxischen Systems später einer derart methodisch organisierten Astronomie bzw. dem Forschungsprogramm einer R. d. P. zugestimmt zu haben (vgl. Nom. 821a–822d, 967a–967d). Dabei entspricht die Beschränkung einer R. d. P. auf die Grundsätze der Kreisförmigkeit und der konstanten Winkelgeschwindigkeit der planetarischen Bahnbewegungen auch seiner (auch gemeingriechischen) Überzeugung, daß die Planeten göttlich sind. Nach Proklos hat es die Astronomie mit der Erforschung (ζήτησις) der ›scheinbaren Unregelmäßigkeit‹ (τῆς φαινομένης ἀνωμαλίας) zu tun (Hypotyposis astronomicarum positionum, ed. C. Manitius, Leipzig 1909, 2 § 17 [28, 16–17]), weil man davon auszugehen habe, daß sich die Planeten entsprechend ihrem ›göttlichen Charakter‹ gleichförmig auf Kreisen bewegen, dies aber dem Augenscheine nach nicht so sei (2, §§ 17–19 [28, 13–25]). Hier tritt in einer für das griechische Denken insgesamt charakteristischen Weise die Manifestation der göttlichen Überlegenheit des supralunaren Bereichs in so genannten vollkommenen Figuren bzw. vollkommenen Bewegungen als metaphysische Begründung eines wissenschaftlichen Forschungsprogramms auf.

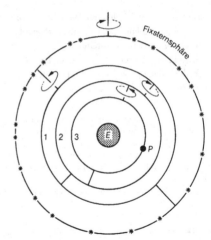

Eudoxisches System der homozentrischen Sphären zur Erklärung der Bewegung eines Planeten P um die Erde E. Die Drehung der Sphäre 1 ergibt die jährliche Planetenbewegung von West nach Ost, die Drehungen der Sphären 2 und 3 ergeben neben den jährlichen Haltepunkten die Rückläufigkeit des Planeten sowie die Veränderung in der Breite.

Aristoteles ergänzt den zunächst rein kinematischen Charakter des Eudoxischen Systems – das er selbst, im Anschluß an Kallippos, hinsichtlich der Erklärung periodischer Schleifenbewegungen durch Kombinationen gleichförmiger Kreisbewegungen modifiziert (Met. Λ8.1073b3–1074a14) – durch dynamische Betrachtungen. In dieser Form bildet es zusammen mit dem dazugehörigen Forschungsprogramm die Grundlage der weiteren Astronomieentwicklung, insbes. des Ptolemaiischen Systems (↑Ptolemaios, Klaudios), das die Elemente einer mathematischen (kinematischen) und einer physikalischen (dynamischen) Astronomie (terminologisch ist diese Unterscheidung seit Simplikios geläufig) miteinander verbindet und – abgesehen von der extrem exzentrischen Merkurbewegung – eine exakte Beschreibung der Planetenbahnen erlaubt.

Die Verpflichtung auf die im Programm der R. d. P. ausgedrückte Forderung, die Planetenbewegungen ausschließlich als Ergebnis der Überlagerung gleichförmig durchlaufener Kreisbahnen darzustellen, ist auch noch für den heliozentrischen (↑Heliozentrismus) Ansatz von N. Kopernikus charakteristisch. Wesentliches Motiv des Kopernikus ist, daß das geozentrische (↑Geozentrismus) Ptolemaiische System wegen der Einführung des ›Äquanten‹ (punctum aequans), durch den die Konstanz der Winkelgeschwindigkeiten auf einen exzentrisch gelegenen Punkt (also nicht auf den Kreismittelpunkt) bezogen wird, das für das Programm der R. d. P. zentrale Gleichförmigkeitspostulat verletzt. Durch Einführung der Erdbewegung sollen die inhaltlichen Prinzipien dieses Programms wieder uneingeschränkt zur Geltung gebracht werden. Erst das Keplersche System bricht zum ersten Mal, und endgültig in der Formulierung der drei so genannten Keplerschen Gesetze (↑Kepler, Johannes), mit den Grundsätzen des griechischen Astronomieprogramms (›Keplersche Wende‹).

Als Forschungs*prinzip* ohne programmatische Festlegung auf bestimmte inhaltliche Grundsätze überdauert die R. d. P. das Ende der griechischen (axiomatischen) Astronomie. So läßt sich etwa der empirische Teil der Galileischen Mechanik als eine R. d. P., d. h. empirischer Vorgänge und Zustände, verstehen, die auf dem Hintergrund ›einfacher‹ theoretischer (gesetzmäßiger) Betrachtungen auftretende Unregelmäßigkeiten in Form von ↑Anomalien erklärt. In diesem Sinne tritt der Begriff einer R. d. P. auch weiterhin in methodologischen Zusammenhängen auf, z. B. bei I. Newton, in metaphorischer Form auch in nicht-wissenschaftlichen Kontexten (z. B. W. Benjamin, vgl. T. Rehbock, 1992).

Im Anschluß an die methodologisch orientierte, nicht auf inhaltliche Grundsätze der Astronomie gerichtete Verwendungsweise bezeichnet der Terminus ›R. d. P.‹ auch eine *instrumentalistische* (↑Instrumentalismus) Deutung wissenschaftlicher Theorien. Diese besagt, bezogen auf die Astronomie, daß ↑Hypothesen über die Bewegung der Planeten keinen sachlichen Geltungsanspruch erheben, sondern lediglich der Berechnung von deren Positionen dienen. Die Einschränkung des Anspruchs ergab sich in der Spätantike als Folge von (trotz übereinstimmender Verpflichtung auf Geozentrismus und gleichförmig durchlaufene Kreisbahnen auftretenden) inhaltlichen Gegensätzen zwischen der Eudoxisch-Aristotelisch bestimmten Kosmologie homozentrischer Sphären und der Ptolemaiisch dominierten technischen Astronomie der Exzenter und Epizykel (vgl. J. Mittelstraß, Ptolemäisch, Ptolemäisches Weltsystem, 1989). Dieser Gegensatz sollte durch Rückgriff auf das Prinzip der R. d. P. entschärft werden, wonach die für den Ptolemaiischen Ansatz charakteristischen exzentrischen und epizyklischen Bewegungsformen lediglich nützliche Kalkulationsschemata darstellen (›mathematische‹ Astronomie), nicht aber den tatsächlichen Aufbau des ↑Kosmos wiedergeben (›physikalische‹ Astronomie). In dieser Tradition verpflichtet noch R. Bellarmino G. Galilei auf eine instrumentalistische Deutung der Kopernikanischen Lehre: die Annahme der Erdbewegung möge für die R. d. P. der Astronomie geeignet sein, bringe aber keinen realen Sachverhalt zum Ausdruck. In diesem methodologischen, gegen einen wissenschaftlichen Realismus (↑Realismus, wissenschaftlicher) gerichteten methodologischen Verständnis wird der Terminus ›R. d. P.‹ von B. C. van Fraassen verwendet. Wissenschaftliche Theorien dienen danach allein der R. d. P. in dem Sinne, daß die empirischen Konsequenzen einer Theorie als deren einzig sachlich relevante Aussagen gelten.

Literatur: O. Barfield, Saving the Appearances. A Study in Idolatry, London 1957, Middletown Conn. ²1988 (dt. Evolution – der Weg des Bewusstseins. Zur Geschichte des europäischen Denkens, Aachen 1991); ˙J. Bogen/J. Woodward, Saving the Phenomena, Philos. Rev. 97 (1988), 303–352; M. Carrier, Die R. d. P.. Zu den Wandlungen eines antiken Forschungsprinzips, in: G. Wolters/M. Carrier (eds.), Homo Sapiens und Homo Faber. Epistemische und technische Rationalität in Antike und Gegenwart. Festschrift für Jürgen Mittelstraß, Berlin/New York 2005, 25–38; P. Duhem, ΣΩΖΕΙΝ ΤΑ ΦΑΙΝΟΜΕΝΑ. Essai sur la notion de théorie physique de Platon à Galilée, Paris 1908 (repr. 1982, 1994), ²2003 (engl. To Save the Phenomena. An Essay on the Idea of Physical Theory from Plato to Galileo, Chicago Ill./London 1969, 1985); B. C. van Fraassen, To Save the Phenomena, J. Philos. 73 (1976), 623–632; ders., The Scientific Image, Oxford 1980, 1990; G. E. R. Lloyd, Saving the Appearances, Class. Quart. 28 (1978), 202–222, Neudr. in: ders., Methods and Problems in Greek Science, Cambridge etc. 1991, 248–277; J. Mittelstraß, Die R. d. P.. Ursprung und Geschichte eines antiken Forschungsprinzips, Berlin 1962; ders., Neuzeit und Aufklärung. Studien zur Entstehung der neuzeitlichen Wissenschaft und Philosophie, Berlin/New York 1970, 250–263 (§ 7.3 Axiomatische Astronomie); ders., ›Phaenomena bene fundata‹: From ›Saving the Appearances‹ to the Mechanisation of the World-Picture, in: R. R. Bolgar (ed.), Classical Influences on Western Thought A. D. 1650–1870, Cambridge etc. 1979, 2010, 39–59; ders., Kopernikanische oder Keplersche Wende? Keplers Kosmologie, Philosophie und Methodologie, Vierteljahrsschr. d. Naturforschenden Ges. in Zürich 134 (1989), 197–215; ders., Ptolemäisch, Ptolemäisches Weltsystem, Hist. Ph. VII (1989), 1708–1710; M. C. Nussbaum, Saving Aristotle's Appearances, in: M. Schofield/M. C. Nussbaum (eds.), Language and Logos. Studies in Ancient Greek Philosophy Presented to G. E. L. Owen, Cambridge etc. 1982, 2006, 267–293; G. E. L. Owen, Τιθέναι τὰ φαινόμενα, in: Aristote et les problèmes de méthode. Communications présentées au Symposium Aristotelicum tenu à Louvain du 24 août au 1ᵉʳ septembre 1960, Louvain, Paris 1961, Louvain-La Neuve ²1980, 83–103, unter dem Titel: ›Tithenai ta phainomena‹, in: ders., Logic, Science, and Dialectic. Collected Papers in Greek Philosophy, ed. M. Nussbaum, Ithaca N. Y., London 1986, 239–251; T. Rehbock, R. d. P., Hist. Wb. Ph. VIII (1992), 941–944; dies., Goethe und die ›R. d. P.‹. Philosophische Kritik des naturwissenschaftlichen Weltbilds am Beispiel der Farbenlehre, Konstanz 1995; C. Schildknecht, Der Dualismus und die R. d. P., in: G. Wolters/M. Carrier (eds.), Homo Sapiens und Homo Faber [s. o.], 225–238; C. Siewert, Saving Appearances. A Dilemma for Physicalists, in: R. C. Koons/G. Bealer (eds.), The Waning of Materialism, Oxford etc. 2010, 67–87; A. M. Smith, Saving the Appearances of the Appearances. The Foundations of Classical Geometrical Optics, Arch. Hist. Ex. Sci. 24 (1981), 73–99; ders., Ptolemy's Search for a Law of Refraction. A Case-Study in the Classical Methodology of ›Saving the Appearances‹ and Its Limitations, Arch. Hist. Ex. Sci. 26 (1982), 221–240.   J. M.

Reuchlin, Johannes (gräzisiert: Kapnion), *Pforzheim 22. Febr. 1455, †Stuttgart 30. Juni 1522, dt. Humanist, Vertreter des Renaissance-Platonismus (↑Renaissance, ↑Platonismus) in Deutschland. Ab 1470 Studium in Freiburg und Paris, ab 1474 (bei Johannes de Lapide) in

Basel, 1477 Magister ebendort; juristisches Lizentiat 1481 in Poitiers. Ab 1482, nach kurzer Vorlesungstätigkeit in Tübingen, in den Diensten des Grafen Eberhard von Württemberg, den er auf mehreren Italienreisen begleitet. Bekanntschaft mit M. Ficino (1492, 1498) und G. Pico della Mirandola (1498). Nach juristischer Tätigkeit in Stuttgart 1485 juristische Promotion in Tübingen, 1492 Erwerb der Adels- und Hofpfalzgrafenwürde am kaiserlichen Hof in Linz. 1496–1498 Aufenthalt in Heidelberg, 1502–1513 Richter der schwäbischen Liga, 1520–1521 Prof. des Griechischen und Hebräischen in Ingolstadt, 1521–1522 in Tübingen.

R. schließt mit der politischen Invektive »Sergius« und der Bauernkomödie »Henno« an die antike Dichtkunst an, begründet mit den »Rudimenta linguae hebraicae« (1506) die christliche Hebraistik und verfaßt kabbalistische (↑Kabbala) Werke (De verbo mirifico, 1494; De arte cabalistica, 1517). Wegen seines (1510 in einem Gutachten für den Kaiser über die jüdischen Schriften dokumentierten) humanistischen Eintretens für das Judentum – in Auseinandersetzung mit dem Konvertiten J. Pfefferkorn, der zur Verbrennung aller hebräischen Bücher aufruft – gerät R. in Konflikt mit der Universität Köln und der katholischen Kirche, der (nach einem für R. zunächst günstigen Schiedsspruch in Speyer 1514) 1520 zur päpstlichen Verurteilung des »Augenspiegels« (1511, R.s Replik auf Pfefferkorns »Handspiegel« [Frühjahr 1511]) führt. Die zu seiner Verteidigung publizierte Auswahl seines gelehrten Briefwechsels (Clarorum virorum epistolae, 1514) bringt, zunächst unter Ulrich von Huttens Führung (Triumphus Doc. R.i habes studiose lector Ioannis Capnionis, Hagenau 1518), die jüngeren Humanisten mit den radikalen »Dunkelmännerbriefen« (Epistolae obscurorum virorum, Hagenau 1515) auf seine Seite, führt aber auch zur Entfremdung R.s von gemäßigten Humanisten wie Erasmus von Rotterdam. 1521 distanziert sich Ulrich von Hutten von R., der seinerseits 1520 die Beziehungen zu seinem Großneffen P. Melanchthon abbricht. 1559 werden der »Augenspiegel« und die kabbalistischen Schriften R.s indiziert.

Werke: Sämtliche Werke, ed. W.-W. Ehlers/H.-G. Roloff/P. Schäfer, Stuttgart-Bad Cannstadt 1996ff. (erschienen Bde I/1, II/1, IV/1). – Vocabularius breviloquus, Basel 1478, Straßburg 1504; De verbo mirifico, Basel 1494 (repr. in: De verbo mirifico 1494/De arte cabalistica 1517, Stuttgart-Bad Cannstatt 1964, 5–103), Leiden 1552 (repr. Wien 1996), unter dem Titel: De verbo mirifico/Das wundertätige Wort [lat./dt.], als: Sämtl. Werke [s. o.] I/1; Scaenica Progymnasmata. Hoc est: Ludicra preexercitamenta, Basel 1498, Neudr. in: H. Holstein, J. R.s Komödien. Ein Beitrag zur Geschichte des lateinischen Schuldramas, Halle 1888, 11–34, unter dem Titel: Henno [lat./dt.], ed. K. Holl, Konstanz 1922, ed. [lat./dt.] H. C. Schnur, Stuttgart 1970, 1995; Liber congestorum de arte praedicandi, Pforzheim 1504, 1508; Comedia cui nomen Sergius, o.O. o.J. [Erfuhrt 1504], unter dem Titel: Sergius vel capitis caput, Pforzheim 1507 (mit Kommentar v. G. Simmler), Neudr. in: H. Holstein, J. R.s Komödien [s. o.], 107–126; Tütsch

missive, warumb die Juden so lang im ellend sind, Pforzheim 1505, Neudr. in: Sämtl. Werke [s. o.] IV/1, 1–12; De rudimentis hebraicis libri III, Pforzheim 1506 (repr. Hildesheim/New York 1974); Warhafftige entschuldigung gegen und wider ains getaufften iuden genant Pfefferkorn vormals getruckt ußgangen un warhaftigs schmachbüchlin Augenspiegel, Tübingen 1511 (repr. München o.J. [1961]) (dt. [Übers. d. frühneuhochdeutschen Teils unter dem Titel: Ratschlag ob man den iuden alle ire bücher nemmen, abthun unnd verbrennen soll] Gutachten über das jüdische Schrifttum, ed. A. Leinz-v. Dessauer, Konstanz/Stuttgart 1965 [engl. Recommendation whether to Confiscate, Destroy and Burn all Jewish Books, ed. P. Wortsman, New York/Mahwah N. J. 2000, unter dem Titel: Augenspiegel, in: D. O'Callaghan (ed.), The Preservation of Jewish Religious Books in Sixteenth-Century Germany [s. u., Lit.], 105–198]), Neudr. [lat./dt.] in: Sämtl. Werke [s. o.] IV/1, 13–168; [Übersetzung] Hippokrates, De praeparatione hominis, ad Ptolemaeum regem, Tübingen 1512; Defensio contra calumniatores suos colonienses, Tübingen 1513, Neudr. [lat./dt.] in: Sämtl. Werke [s. o.] IV/1, 197–443; De arte cabalistica libri III, Hagenau 1517 (repr. in: De verbo mirifico 1494/De arte cabalistica 1517 [s. o.], 105–271, unter dem Titel: On the Art of the Kabbalah/De arte cabalistica [lat./engl.], ed. M. Goodman/S. Goodman, New York 1983, Lincoln Neb./London 1993, unter dem Titel: La kabbale/De arte cabalistica [lat./franz.], ed. F. Secret, Mailand 1995), Hagenau 1530 (repr. in: De arte cabalistica […], ed. A. Sommer, Wien 1997, 33–218), Neudr. unter dem Titel: De arte cabalistica in drei Büchern [lat./dt.], als: Sämtl. Werke [s. o.] II/1 (franz. La kabbale, ed. F. Secret, Paris 1973); De accentibus et orthografia linguae hebraicae, Hagenau 1518; Christi Grab und Mariens Himmelsleiter. Editio princeps zweier Carmina theologica J. R.s [lat./dt.], ed. M. Dall'Asta, in: D. Bandini/U. Kronauer (eds.), Früchte vom Baum des Wissens. Eine Festschrift der wissenschaftlichen Mitarbeiter. 100 Jahre Heidelberger Akademie der Wissenschaften, Heidelberg 2009, 381–393. – Clarorum virorum epistolae latinae, graecae & hebraicae, Tübingen 1514, unter dem Titel: Illustrium virorum epistolae, latinae, graecae & hebraicae, Hagenau 1519, unter ursprünglichem Titel, Zürich 1558; Briefwechsel, ed. L. Geiger, Stuttgart 1875 (repr. Hildesheim 1962); Briefwechsel, I–IV, ed. Heidelberger Akademie der Wissenschaften, Stuttgart-Bad Cannstatt 1999–2013 (dt. Briefwechsel. Leseausgabe, ed. A. Weh u. a., Stuttgart-Bad Cannstatt 2000–2011). – J. Benzing, Bibliographie der Schriften J. R.s im 15. und 16. Jahrhundert, Bad Bocklet etc. 1955.

Literatur: R. Ackermann, Der Jurist J. R. (1455–1522), Berlin 1999; W. Beierwaltes, R. und Pico della Mirandola, Tijdschr. Filos. 56 (1994), 313–336; J. L. Blau, The Christian Interpretation of ›the Cabala‹ in the Renaissance, New York 1944, Port Washington N. Y. 1965, bes. 41–64 (Chap. IV Pythagoras Redivivus); J.-H. de Boer, Unerwartete Absichten. Genealogie des R.konflikts, Tübingen 2016; M. Brod, J. R. und sein Kampf. Eine historische Monographie, Stuttgart etc. 1965, Wiesbaden 1988; K. Christ, Die Bibliothek R.s in Pforzheim, Leipzig 1924 (repr. Nendeln, Wiesbaden 1968); M. Dall'Asta, ›Ars maledicendi‹. Etymologie, Satire und Polemik in den Schriften R.s, Pforzheimer Gesch.bl. 11 (2003), 49–72; J. Dan, The Kabbalah of J. R. and Its Historical Significance, in: ders. (ed.), The Christian Kabbalah. Jewish Mystical Books & Their Christian Interpreters, Cambridge Mass. 1997, 55–95; G. Dörner, R., TRE XXIX (1998), 94–98; ders. (ed.), R. und Italien, Sigmaringen 1999; ders., R., in: F. J. Worstbrock (ed.), Deutscher Humanismus 1480–1520. Verfasserlexikon II, Berlin/Boston Mass. 2013, 579–633; D. Hacke/B.

Roeck (eds.), Die Welt im Augenspiegel. J. R. und seine Zeit, Sigmaringen 2002; A. Herzig/J. H. Schoeps (eds.), R. und die Juden, Sigmaringen 1993 (mit Bibliographie, 231–247); A. Horawitz, Zur Biographie und Correspondenz J. R.'s, Sitz.ber. Akad. Wiss. Wien, philos.-hist. Kl. 85 (1877), 117–190, separat Wien 1877; M. Idel, J. R.. Kabbalah, Pythagorean Philosophy and Modern Scholarship, Stud. Jud. 16 (Cluj-Napoca 2008), 30–55, ferner in: ders., Representing God, ed. H. Tirosh-Samuelson/A. W. Hughes, Leiden/Boston Mass. 2014, 123–148; K. Kienzler, R., BBKL VIII (1994), 77–80; G. Kisch, Zasius und R.. Eine rechtsgeschichtlich-vergleichende Studie zum Toleranzproblem im 16. Jahrhundert, Konstanz/Stuttgart 1961; W. Kühlmann (ed.), R.s Freunde und Gegner. Kommunikative Konstellationen eines frühneuzeitlichen Medienereignisses, Ostfildern 2010; S. Lorenz/D. Mertens (eds.), J. R. und der ›Judenbücherstreit‹, Ostfildern 2013; W. Maurer, R., RGG V (³1961), 1074–1075; F. Nagel, J. R. und Nicolaus Cusanus, Pforzheimer Gesch.bl. 4 (1976), 133–157; D. O'Callaghan (ed.), The Preservation of Jewish Religious Books in Sixteenth-Century Germany. J. R.'s »Augenspiegel«, Leiden/Boston Mass. 2013; H. Peterse, Jacobus Hoogstraeten gegen J. R.. Ein Beitrag zur Geschichte des Antijudaismus im 16. Jahrhundert, Mainz 1995; F. Posset, J. R. (1455–1522). A Theological Biography, Berlin/Boston Mass. 2015; D. H. Price, J. R. and the Campaign to Destroy Jewish Books, Oxford etc. 2011, 2012; S. Raeder, R., RGG VII (⁴2004), 466–467; S. Rhein, R., Melanchthon und die Theologie, in: ders. (ed.), Melanchthonpreis. Beiträge zur ersten Verleihung 1988, Sigmaringen 1988, 61–70; ders., R.iana I–III (I Neue Bausteine zur Biographie J. R.s, II Forschungen zum Werk J. R.s, III Ergänzungen), I–II, Wolfenbütteler Renaissance-Mitteilungen 12 (1988), 84–94, 13 (1989), 23–44, I–III, in: M. Krebs (ed.), J. R. 1455–1522, ed. H. Kling/S. Rhein, Sigmaringen 1994, 277–327; ders. (ed.), R. und die politischen Kräfte seiner Zeit, Sigmaringen 1998; ders., R., LThK VIII (³1999), 1134–1135; H.-G. Roloff, R., NDB XXI (2003), 451–453; E. Rummel, The Case against J. R.. Religious and Social Controversy in Sixteenth-Century Germany, Toronto/Buffalo N. Y./London 2002; W. Schmidt-Biggemann, Einleitung: J. R. und die Anfänge der christlichen Kabbala, in: ders. (ed.), Christliche Kabbala, Ostfildern 2003, 9–48; H.-R. Schwab, J. R.. Deutschlands erster Humanist. Ein biographisches Lesebuch, München 1998; F. Secret, Jean R., in: ders., Les kabbalistes chrétiens de la Renaissance, Paris 1964, erw. Mailand, Neuilly 1985, 44–72; G. E. Silverman/G. Scholem, R., EJud XVII (²2007), 247–249; L. W. Spitz, R.'s Philosophy. Pythagoras und Cabala for Christ, Arch. Reformationsgesch. 47 (1956), 1–20, Neudr. unter dem Titel: R.. Pythagoras Reborn, in: ders., The Religious Renaissance of the German Humanists, Cambridge Mass. 1963, 61–80; W. Trusen, J. R. und die Fakultäten. Voraussetzungen und Hintergründe des Prozesses gegen »Augenspiegel«, in: G. Keil/B. Moeller/W. Trusen (eds.), Der Humanismus und die oberen Fakultäten, Weinheim 1987, 115–157; J.-L. Vieillard-Baron, Platonisme et kabbale dans l'œuvre de J. R., in: L'humanisme allemand (1480–1540). XVIIIᵉ Colloque international de Tours, München/Paris 1979, 159–167, Nachdr. in: ders., Platonisme et interprétation de Platon à l'époque moderne, Paris 1988, 21–29; C. Zika, R.'s »De verbo mirifico« and the Magic Debate of the Late Fifteenth Century, J. Warburg and Courtauld Institutes 39 (1976), 104–138; ders., R. and Erasmus. Humanism and Occult Philosophy, J. Religious Hist. 9 (1977), 223–246; ders., R. und die okkulte Tradition der Renaissance, Sigmaringen 1998.   J. M.

reversibel/Reversibilität (von lat. reversio, Umkehr), wissenschaftstheoretischer Terminus zur Bezeichnung der zeitlichen Umkehrbarkeit. Ein ↑Prozeß ist r., wenn seine zeitliche Umkehrung physikalisch möglich, also mit den ↑Naturgesetzen (↑Gesetz (exakte Wissenschaften)) verträglich ist. Alle mechanischen Vorgänge sind in diesem Sinne r.; bei ihnen entspricht die zeitliche Umkehr einer Verkehrung der Richtungen von Geschwindigkeiten und Beschleunigungen, und die solcherart reversen Prozesse sind ebenso wie das ursprüngliche Geschehen Lösungen der Newtonschen ↑Bewegungsgleichung. Dagegen sind thermodynamische Vorgänge, die mit der Erzeugung oder Ausbreitung von Wärme verbunden sind, im allgemeinen *irreversibel*. So gleichen sich z. B. Temperaturunterschiede stets aus und entstehen nicht spontan, d. h., die Umkehrung dieser Ausgleichsprozesse ist physikalisch unmöglich. Diese Einsinnigkeit bestimmter Geschehnisse wird durch den 2. Hauptsatz der ↑Thermodynamik ausgedrückt (R. Clausius, W. Thomson [Lord Kelvin]). Danach gilt für abgeschlossene Systeme der Zuwachs der ↑Entropie als Maß der Irreversibilität. Bei r.n Kreisprozessen wird somit keine Entropie erzeugt, d. h., die ↑Anfangsbedingungen lassen sich zur Gänze wiederherstellen. R. liegt jedoch nur im Grenzfall des Gleichgewichtsprozesses vor, der nur bei unendlich langsamer Prozeßdurchführung erreichbar ist.

L. Boltzmann unternahm den Versuch, die Irreversibilität thermodynamischer Prozesse mit der kinetischen Gastheorie in Einklang zu bringen, die ein Gas als Ansammlung elastischer Kugeln auffaßt, deren Bewegungen von den r.n Gesetzen der Mechanik bestimmt werden. Dazu unterteilte Boltzmann für den Fall verdünnter Gase den 6-dimensionalen Orts-Geschwindigkeits-Raum in gleich große Zellen und untersuchte die ↑Wahrscheinlichkeiten verschiedener Verteilungen der Gasmoleküle auf diese Zellen. Es gelang ihm zu zeigen, daß der Zustand des thermischen Gleichgewichts der wahrscheinlichsten Verteilung entspricht. Indem er die Entropie eines Gases durch die Wahrscheinlichkeit der zugehörigen Zustandsverteilung ausdrückte, gab Boltzmann dem 2. Hauptsatz eine statistische Interpretation: Prozesse mit zunehmenden Entropiewerten sind als Entwicklungen von geordneten, eher unwahrscheinlichen auf ungeordnete, wahrscheinlichere Zustände hin aufzufassen. Durch diese Deutung verliert der 2. Hauptsatz seinen deterministischen (↑Determinismus) Charakter und drückt nurmehr wahrscheinliche Entwicklungen aus.

Gegen Boltzmanns Versuch einer Erklärung irreversibler Vorgänge bei Teilchenensembles aus r.n Bewegungen einzelner Teilchen erhob J. Loschmidt den *Umkehreinwand* (Über den Zustand des Wärmegleichgewichtes eines Systems von Körpern mit Rücksicht auf die

Schwerkraft, Sitz.ber. Kaiserl. Akad. Wiss. Wien, math.-naturwiss. Cl. 73 [1876], 2. Abt., 139): Wegen der R. der mechanischen Gleichungen ist es stets möglich, die Geschwindigkeiten aller Gasmoleküle umzukehren. Durch die Umkehr der molekularen Geschwindigkeiten entsteht aus einem Prozeß mit Entropiezuwachs eine Zustandsfolge abnehmender Entropie. Da aber allen Geschwindigkeitswerten genau eine Umkehrung entspricht, müssen (im Gegensatz zu Boltzmanns Behauptung) Entropiezunahmen und Entropieverminderungen mit gleicher Häufigkeit in Erscheinung treten. Tatsächlich zeichnen die zeitlichen Variationen der Entropiewerte beständig abgeschlossener Systeme keine Entwicklungsrichtung aus. In die gleiche Richtung zielt der *Wiederkehreinwand* von H. Poincaré (Sur le problème de trois corps et les équations de la dynamique, Acta Math. 13 [1890], 1–270, bes. 67–72): Jedes System, das den Hamilton-Gleichungen (↑Hamiltonprinzip) genügt, muß auf lange Sicht sehr nahe an seinen Anfangszustand zurückkehren. Beide Argumente sprechen gegen die Möglichkeit der Erklärung irreversibler Geschehnisse auf der Grundlage r.r Gesetzmäßigkeiten.

Eine haltbare Entgegnung auf beide Einwände ist erst durch H. Reichenbachs Weiterführung der Boltzmannschen Konzeption gegeben worden. Reichenbach bemerkt, daß man sich zur Erklärung thermodynamischer Irreversibilität aus mechanischer R. nicht auf die zeitlich symmetrische Entropiekurve abgeschlossener Gleichgewichtssysteme beziehen darf, sondern *Ensembles von Zweig-Systemen* (branch systems) betrachten muß. Dabei handelt es sich um Teilsysteme, die durch einen äußeren Eingriff aus umfassenderen Systemen ausgekoppelt (›abgezweigt‹), auf ein niedrigeres Entropieniveau herabgeführt wurden und daraufhin abgeschlossen bleiben. Bei derartigen Systemen ist zunächst (also vor Erreichen des Gleichgewichtszustands) ein Entropieanstieg tatsächlich wahrscheinlicher als ein Entropieabfall; ein geordneter Anfangszustand (z. B. ein Eiswürfel in einem Wasserglas) geht über in einen auf der molekularen Ebene ungeordneten Endzustand (Wasser gleicher Temperatur). Da es sich hierbei um einen bloß wahrscheinlichen Ablauf handelt, muß man mehrere derartige Zweig-Systeme (also ein Systemensemble) zur Grundlage einer Abschätzung der Systementwicklung machen. Unter diesen Bedingungen bestimmt die auf der Grundlage r.r molekularer Prozesse ableitbare zeitliche Variation von Entropiewerten tatsächlich eine Entwicklungsrichtung. Dieses Resultat ist deshalb von philosophischer Bedeutung, weil Irreversibilität weithin als die physikalische Grundlage der Anisotropie der Zeit (des strukturellen Unterschieds zwischen Vergangenheit und Zukunft) aufgefaßt wird. Wesentlich ist dann, daß Irreversibilität nicht aus den r.n mechanischen Gesetzen allein ableitbar ist, sondern zusätzlich das Vorliegen be-

sonderer Anfangsbedingungen oder ↑Randbedingungen (nämlich die Realisierung von Zweig-Systemen) erfordert. Entsprechend ist die auf Mechanik und Thermodynamik gegründete Anisotropie der Zeit eine bloß faktische Eigenschaft (durch Gesetze *und* Randbedingungen hervorgebracht) und daher nomologisch kontingent.

Im Unterschied dazu wurde 1964 beim Zerfall neutraler K-Mesonen oder Kaonen experimentell eine nomologische Verletzung der R. festgestellt (J. Christenson, J. Chronin, V. Fitch). Konkret ergab sich bei solchen Prozessen eine Verletzung der Kombination von Paritätsumkehr und Ladungskonjugation (CP-Symmetrie), was eine Verletzung der T-Invarianz und damit der R. zur Folge hat. Danach tritt unter identischen Umständen die Bildung von Kaonen aus zwei Pionen mit einer anderen Reaktionsrate als der Zerfall auf. 1974 wurde gezeigt, daß die CP-Verletzung eine Folge des heute so genannten Standardmodells der ↑Teilchenphysik und damit tatsächlich nomologischer Natur ist (Physiknobelpreis 2008). 1998 konnte das Fehlen der Zeitumkehrbarkeit auch direkt experimentell aufgewiesen werden. Die schwache Wechselwirkung zeichnet daher eine Zeitrichtung auf einer ausschließlich naturgesetzlichen Grundlage (und entsprechend ohne zusätzlichen Rückgriff auf kontingente Sachumstände) aus.

Auffallend ist die Diskrepanz zwischen der möglichen Bedeutsamkeit solcher Prozesse für die philosophische Interpretation der Gerichtetheit der Zeit und ihrer Randständigkeit im Naturlauf. Die Gerichtetheit der Zeit durchzieht alles Naturgeschehen, aber seine mögliche naturgesetzliche Grundlage, der Bruch der nomologischen R. bei der schwachen Wechselwirkung, offenbart sich als winziger Effekt in einem abgelegenen Sachbereich. Wegen dieser Randständigkeit scheiden viele Autoren das Fehlen der R. bei der schwachen Wechselwirkung als Grundlage der Gerichtetheit der Zeit aus.

Literatur: M. Capek, The Philosophical Impact of Contemporary Physics, Princeton N. J. etc. 1961, 121–134, 333–399; ders. (ed.), The Concepts of Space and Time. Their Structure and Their Development, Dordrecht/Boston Mass. 1976 (Boston Stud. Philos. Sci. XXII); M. Carrier, Raum-Zeit, Berlin/New York 2009; P. Dowe, Process Causality and Asymmetry, Erkenntnis 37 (1992), 179–196; A. Grünbaum, Philosophical Problems of Space and Time, New York 1963, erw. Dordrecht/Boston Mass. ²1973, 1974, 209–264; T. S. Kuhn, Black-Body Theory and the Quantum Discontinuity 1894–1912, Oxford/New York 1978, Chicago Ill./London 1988, 38–71; I. Prigogine/I. Stengers, Dialog mit der Natur. Neue Wege naturwissenschaftlichen Denkens, München/Zürich 1981, ⁷1993; H. Reichenbach, The Direction of Time, ed. M. Reichenbach, Berkeley Calif./Los Angeles, London 1956, Mineola N. Y. 1999, 49–143 (Chap. III The Direction of Thermodynamics and Microstatistics); R. G. Sachs, The Physics of Time Reversal, Chicago Ill./London 1987; H. D. Zeh, Die Physik der Zeitrichtung, Berlin etc. 1984 (Lecture Notes in Physics 200) (engl. The Physical Basis of the Direction of Time, Berlin etc. 1989, Berlin/Heidelberg/New York ⁵2007). M. C.

Revolution (sozial), seit Beginn der Neuzeit Terminus der Geschichtswissenschaft und der politischen Philosophie (↑Philosophie, politische) zur Bezeichnung einer qualitativen ›Veränderung der konstitutiven Strukturen einer Gesellschaft‹ (G. P. Meyer, R.stheorie heute, 1976, 169). Der früheste nachgewiesene Gebrauch von ›revolutio‹ für einen Volksaufstand (bei dem Florentiner Historiographen M. Villani 1355) bleibt vereinzelt und unspezifisch. Erst mit der späteren Durchsetzung des Begriffs der sozialen R. in der französischen R. (1788/1789) verbindet sich die aufklärerische Vorstellung, daß die Geschichte von Menschen gestaltet werden kann und daß sich – strukturell vergleichbar mit religiösen Heilserwartungen – irdisches Glück durch politische Veränderung erreichen läßt, mithin sozialer ↑Fortschritt sowohl möglich als auch berechtigt ist. Dagegen gilt bis ins ausgehende Mittelalter die soziale Ordnung als Teil einer umfassenden göttlichen Weltordnung. Widerstand gegen die von Gott eingesetzten Kaiser, Fürsten und Herren ist allenfalls in den Fällen berechtigt, in denen Machtmißbrauch im Sinne von Tyrannei vorliegt.

Ein Zwischenstadium der Begriffsentwicklung zeigt die vereinzelte Verwendung von ›R.‹ zur Bezeichnung der Unruhen in England 1642–1688. Der Aufstand gegen die Stuarts 1642 wird als ›Große Rebellion‹ bezeichnet, während die Restauration der Monarchie durch Karl II. (1688) unter der Bezeichnung ›Glorious R.‹ bekannt wird. Mit dem Begriff der R. verbindet sich hier noch die Bedeutung, die ›revolutio‹ in der astronomischen Literatur (etwa bei N. Kopernikus: De revolutionibus orbium coelestium libri [1543]) als ›Zeitspanne zwischen wichtigen Konstellationen der Planeten und Gestirnen‹ zukommt. Diese Zeitspanne ist analog zur Bewegung der Gestirne gefüllt mit dem kreisförmigen Durchlauf der Verfassungsformen (Monarchie, Aristokratie, Demokratie – Monarchie), den der griechische Historiker Polybios (um 201 v. Chr.) erstmals darstellt. Erst mit der französischen R. bezeichnet ›R.‹ von Gewalttaten begleitete, auf die Veränderung der Grundlagen des ↑Staates zielende Aufstände, das Ergebnis des Aufstandes und den darauf folgenden Prozeß der Konsolidierung von ↑Macht. Anders als noch in der englischen R. (1688) ist nicht das Bewußtsein der Kontinuität und der Wiederkehr, sondern das des plötzlichen, totalen Bruchs mit dem Vergangenen das Entscheidende. Damit tritt die Bezeichnung ›R.‹ erstmals in Opposition zu restaurativen und evolutionären Veränderungen der Gesellschaft. Mit der Etablierung des modernen Begriffs der sozialen R. im 18. Jh. werden dann nachträglich auch Aufstände oder Bürgerkriege als revolutionär bezeichnet, die etwa in der griechischen Antike mit dem Ausdruck στάσις, in der römischen Antike oder im Mittelalter mit den Ausdrücken ›tumultus‹, ›turba‹, ›seditio‹, ›rebellio‹ oder ›coniuratio‹ belegt sind. Für einen wissenschaftlich präzisen Sprachgebrauch ist zu beachten, daß sich, orientiert am Paradigma der französischen R., der Begriff der (sozialen) R. von konkurrierenden Begriffen wie Bürgerkrieg, Rebellion, Revolte, Sezession und Staatsstreich nach folgenden Merkmalen unterscheiden läßt: Der Staatsstreich ist im Gegensatz zur R. lediglich eine Ersetzung der politischen Führung auf konspirative Weise oder die Verlagerung der politischen Macht von einer ↑Institution auf eine bereits bestehende andere, ohne daß die gesellschaftlichen, politischen und ökonomischen Grundlagen des Staates verändert werden. Ebenso werden mißlungene ›R.en von oben‹ als Staatsstreich oder Putsch bezeichnet. Sezessionen sind, anders als R.en, Abspaltungs- und Autonomiebewegungen von unterdrückten Teilen einer Gesellschaft, ohne daß die Kontinuität des alten Systems grundlegend gefährdet wird. Revolten oder Rebellionen unterscheiden sich von R.en dadurch, daß sie nur auf Teile des Landes oder Teilbereiche der Gesellschaft wirken; dabei werden auch mißlungene ›R.en von unten‹ als Revolte oder Rebellion bezeichnet. Bürgerkriege unterscheiden sich von R.en dadurch, daß sie zwischen rechtlich Gleichgestellten geführt werden, während in R.en die Vertreter einer von den Rechten ausgeschlossenen Gruppe gegen die Vertreter der Recht setzenden wie auch Recht sprechenden Gruppe aufbegehren. In Bürgerkriegen spielt zudem das Moment der Gewalt eine konstitutive Rolle, während R.en auch gewaltfrei sein können. Für eine Definition des Begriffs der (sozialen) R. steht demnach ein Bündel unterschiedlicher Merkmale zur Wahl, die je nach Analyseziel, Parteinahme und Themenstellung eine unterschiedliche Gewichtung erhalten. Danach lassen sich folgende R.stheorien unterscheiden.

(1) In *philosophischen* R.stheorien steht das Interesse an ›geistigen R.en‹ (↑Revolution, wissenschaftliche) im Vordergrund. Gleichwohl lassen sich geschichtsphilosophische, anthropologische und ethische Ansätze finden, die den spezifischen Charakter von R.en gegenüber Aufständen und Rebellionen in dem sie tragenden Bewußtsein des Neubeginns in Verbindung mit einer Vorstellung von ↑Freiheit sehen (H. Arendt 1963). Anthropologische Ansätze (z. B. A. Camus 1951) beziehen sich auf die in R.en sichtbar werdende anthropologische Konstante des modernen Menschen, sich Autoritäten zu verweigern und nach Freiheit zu streben. Darin liegt nach Camus nicht nur verneinende Empörung, sondern auch eine positive Vergewisserung der eigenen Existenz. In solchen Ansätzen wird das Spezifische von R.en gegenüber anderen Formen von Aufruhr vernachlässigt.

(2) *Soziologisch-historische* R.stheorien stehen überwiegend in der Tradition von K. Marx und F. Engels. Sie zeigen den Zusammenhang der ökonomisch-sozialen

und der politisch-institutionellen mit der kulturell-ideo-
logischen Ebene in revolutionären Veränderungen auf
der Grundlage des Basis-Überbau-Modells (↑Basis, ökonomische, ↑Überbau). Die Basis bilden die Produktions-
verhältnisse, die in revolutionären Epochen – im Sinne
einer allgemeinen Gesetzmäßigkeit – in ein Spannungs-
verhältnis zu den schneller fortschreitenden Produktiv-
kräften treten. Die Einteilung der Gesellschaft in Klassen
(↑Klasse (sozialwissenschaftlich)) führt zu einer Zuordnung von R. zu der an die Macht gelangten revolutionären Klasse oder den politischen Zielen der jeweiligen
Klasse. Vor diesem Hintergrund unterscheidet man vor-
bürgerliche oder vorkapitalistische R.en (etwa in der
Antike), bürgerliche R.en (z. B. die englische und die
französische R.) und sozialistische oder proletarische
R.en (etwa die russische oder die chinesische R.). Die
wichtige Differenz zwischen vorkapitalistischen, bürgerlichen und sozialistischen R.en besteht darin, daß die
revolutionäre Klasse in sozialistischen R.en als Vertrete-
rin der ganzen Gesellschaft auftritt und ihre Interessen
daher als legitimiert gelten.

(3) In *politisch-juristischen* R.stheorien wird R. nach den
Aspekten der Gewaltsamkeit (↑Gewalt), der grundlegenden Veränderung der Rechtsprinzipien und der Fort-
schrittlichkeit der Veränderung definiert. Gewaltlose
R.en kann es nur insofern geben, als die Übermacht der
Revolutionäre so groß ist, daß der Einsatz von Gewalt
nicht notwendig ist. R.en lassen sich nicht nach Rechtsprinzipien beurteilen, da sie die Rechtsverhältnisse der
revolutionierten Gesellschaft aufheben und durch neue
ersetzen. Gesellschaftsveränderungen, die keine neuen
Verhältnisse, sondern solche, die bereits bestanden, herstellen, sind keine R.en, sondern Restaurationen.

(4) *Ökonomische* Ansätze fragen nach den wirtschaftlichen Ursachen von R.en im Hinblick auf deren Ver-
meidbarkeit. Im Gegensatz zu der Annahme von Marx
und Engels, wonach andauernde wirtschaftliche Not
und eine damit einhergehende Verschärfung der Klas-
sengegensätze R.en verursachen, ist festgestellt worden
(vgl. C. Brinton, The Anatomy of R., 1939), daß gerade
nach längeren Perioden wirtschaftlichen Wachstums
R.en wahrscheinlich werden, und zwar in dem Augenblick, in dem plötzlich eine schwere Rezession einsetzt.
Die Definition von ›R.‹ ist hier gleichbedeutend mit einer Analyse des Umfangs der Wirtschaftskrise relativ
zur Flexibilität eines politischen Systems.

Literatur: C. Albrecht/M. Marquardt, R., TRE XXIX (1998),
109–131; D. Andress (ed.), Experiencing the French R., Oxford
2013; H. Arendt, On R., London, New York 1963, New York etc.
2006 (dt. Über die R., München 1963, München/Zürich ⁴1994,
2014); M. Aust/L. Steindorff (eds.), Russland 1905. Perspektiven
auf die erste Russische R., Frankfurt etc. 2007; B. Baczko, Politiques de la Révolution française, Paris 2008; J. Baechler, Les phénomènes révolutionnaires, Paris 1970, 2006 (engl. R., Oxford,
New York 1975); K.-H. Bender, R.en. Die Entstehung eines politischen R.sbegriffs in Frankreich zwischen Mittelalter und Aufklärung, München 1977; K. v. Beyme (ed.), Empirische R.sfor-
schung, Opladen 1973; C. C. Brinton, The Anatomy of R., London 1939, New York ³1965 (dt. Die R. und ihre Gesetze, Frankfurt
1959); A. Buchanan, SEP 2017; A. Camus, L'homme révolté,
Paris 1951, 2001 (dt. Der Mensch in der Revolte, Reinbek b.
Hamburg 1953, 2013); S. N. Eisenstadt, R. and the Transformation of Societies. A Comparative Study of Civilizations, New
York 1978 (dt. R. und die Transformation von Gesellschaften.
Eine vergleichende Untersuchung verschiedener Kulturen, Opladen 1982); I. Fetscher, Evolution, R., Reform, in: ders./H.
Münkler (eds.), Politikwissenschaft. Begriffe – Analysen – Theorien. Ein Grundkurs, Reinbek b. Hamburg 1985, 1990, 399–431;
O. Flechtheim, Die R.. Formen und Wandlungen, in: ders., Eine
Welt oder keine? Beiträge zur Politik, Politologie und Philosophie, Frankfurt 1964, 48–63; T. H. Greene, Comparative Revolutionary Movements, Englewood Cliffs N. J. 1974, mit Untertitel:
Search for Theory and Justice, ²1984, ³1990; K. Griewank, Der
neuzeitliche R.sbegriff. Entstehung und Entwicklung, Weimar
1955, Hamburg ³1992; H. Günther, R., Hist. Wb. Ph. VIII (1992),
957–973; R. Hamann, R. und Evolution. Zur Bedeutung einer
historisch akzentuierten Soziologie, Berlin 1981; D. Harth/J. Assmann (eds.), ›R.‹ und Mythos, Frankfurt 1992; A. Hatto, R.. An
Enquiry into the Usefullness of an Historical Term, Mind NS 58
(1949), 495–517; J. I. Israel, Democratic Enlightenment. Philosophy, R., and Human Rights 1750–1790, Oxford 2011; U. Ja-
eggi/S. Papcke (eds.), R. und Theorie I (Materialien zum bürgerlichen Revolutionsverständnis), Frankfurt 1974; C. Johnson,
Revolutionary Change, Boston Mass. 1966, Stanford Calif. 1982,
London 1983 (dt. R.stheorie, Köln/Berlin 1971); M. S. Kimmel,
R.. A Sociological Interpretation, Cambridge, Philadelphia Pa.
1990; R. Koselleck, Der neuzeitliche R.sbegriff als geschichtliche
Kategorie, Stud. Gen. 22 (1969), 825–838; ders u. a., R., Rebellion, Aufruhr, Bürgerkrieg, in: O. Brunner/W. Conze/R. Koselleck (eds.), Geschichtliche Grundbegriffe V, Stuttgart 1984,
653–788; M. Kossok, R., in: H. J. Sandkühler (ed.), Europäische
Enzyklopädie zu Philosophie und Wissenschaften IV, Hamburg
1990, 127–137; S. Kouvelakis, Philosophy and R.. From Kant to
Marx, London/New York 2003; I. Kramnick, Reflections on R..
Definition and Explanation in Recent Scholarship, Hist. Theory
11 (1972), 26–63; K. Kumar, R., NDHI V (2005), 2112–2121; J. L.
Lafon, La Révolution française face au système judiciaire d'ancien regime, Genf/Paris 2001; H. R. Lauritsen/M. Thorup (eds),
Rousseau and R., New York 2011; H. N. Mebada, Les nouveaux
philosophes et l'idée de revolution, Paris 2012; G. P. Meyer, R.s-
theorie heute. Ein kritischer Überblick in historischer Absicht,
Geschichte und Gesellschaft Sonderh. 2 (1976), 122–176;
M. Middell, R., politisch-soziale, EP III (²2010), 2331–2336; A.
Negri, Time for R., London etc. 2005, 2013; N. Perzi/B. Ble-
hova/P. Bachmaier (eds.), Die Samtene R.. Vorgeschichte, Verlauf, Akteure, Frankfurt etc. 2009; H. Reinalter (ed.), R. und
Gesellschaft. Zur Entwicklung des neuzeitlichen R.sbegriffs,
Innsbruck 1980; J. H. Schoeps/I. Geiss (eds.), R. und Demokratie
in Geschichte und Literatur. Zum 60. Geburtstag von Walter
Grab, Duisburg 1979; P. A. Schouls, R., REP VIII (1998), 301–
304; R. Stroh/F. W. Graf/C. Amjad-Ali, R., RGG VII (⁴2003),
457–482; H. Wassmund, R.stheorien. Eine Einführung, München 1978; W. F. Wertheim, Evolutie en revolutie. De golfslag der
emancipatie, Amsterdam 1971, ³1975 (engl. Evolution and R..
The Rising Waves of Emancipation, Amsterdam 1967, Harmondsworth 1974).   D. Th.

Revolution, wissenschaftliche, in T. S. Kuhns Konzeption der ↑Theoriendynamik Bezeichnung für den Übergang von der Phase der *normalen* Wissenschaft (↑Wissenschaft, normale) in die Phase der *revolutionären* oder außerordentlichen Wissenschaft, der im Kern in der Ablösung eines wissenschaftlichen ↑Paradigmas durch ein neues Paradigma besteht. Nach Kuhn werden dabei im Rahmen der normalen Wissenschaft auftretende ↑Anomalien zunächst als (prinzipiell lösbare) Rätsel behandelt. Anomalien können aber auch das Paradigma selbst (z. B. eine paradigmatische Problemlösung oder eine kanonisierte Tatsache) in Frage stellen. Die daraus resultierende Konzentration auf eine Anomalie verleiht dieser ihrerseits den Rang einer paradigmatischen Fragestellung. Zunehmendes Mißtrauen in die übrigen Leistungen des alten Paradigmas (verbunden mit divergierenden Lösungsansätzen), Anleihen bei anderen Disziplinen und die Erörterung ›philosophischer‹ Probleme sind die Folge: die Theorie gerät in eine ›Krise‹.

Die *revolutionäre* Phase beginnt mit dem Auftreten eines neuen Paradigmas, das die Anomalien zu lösen verspricht. Ein objektiver Leistungsvergleich ist nicht möglich, da die Kriterien der Problemlösungskapazität und damit des Erfolgs nur relativ zu einem Paradigma bestimmt werden können. Entsprechend wird ein neues Paradigma nur von einem Teil der Wissenschaftlergemeinschaft akzeptiert. Ein Paradigmenstreit kann daher nach Kuhn nicht oder nicht vollständig durch wissenschaftliche Argumentation ausgetragen werden, weil die Standards der Argumentation selbst paradigmatisch bestimmt sind; sie sind inkommensurabel (↑inkommensurabel/Inkommensurabilität, ↑Rationalität). Die Inkommensurabilität betrifft sowohl Instrumente und methodische Normen der ↑Forschung als auch Begriffe und Definitionen sowie Hintergrundtheorien und kosmologische ↑Weltbilder. Folglich sind für die Anhänger unterschiedlicher Paradigmen die kanonischen Probleme der Wissenschaft verschieden; sie sprechen (obwohl zum Teil gleiche Ausdrücke wie ›Masse‹ in der klassischen Mechanik und in der Relativitätstheorie verwendet werden) verschiedene Sprachen (↑Theoriesprache). Entsprechend spielen in einer w.n R. persuasive Techniken (↑Rhetorik), ästhetische Erwägungen, Glaube an die Leistungsfähigkeit des Neuen und andere subjektive Momente eine Rolle. Ferner läßt sich nicht objektiv über einen ↑Erkenntnisfortschritt befinden, weil auch die Kriterien für wissenschaftlichen ↑Fortschritt paradigmatisch bestimmt sind.

Hinsichtlich der von Kuhn behaupteten Diskontinuität der Theorieentwicklung wird unter anderem kritisiert: (1) Die Divergenz der Paradigmen ist nicht als logischer Widerspruch interpretierbar, weil dieser eine gemeinsame Sprache voraussetzt. (2) Kuhns These von den inkommensurablen Sprachen ist nicht präzisierbar, so

lange nicht klar ist, durch welche Bedeutungstheorie (↑Bedeutung) Begriffe und Aussagen interpretiert werden. Viele Autoren gestehen die semantische Einbettung von Begriffen nur für theoretische, nicht für empirische Begriffe zu. (3) Es bestehen vielfältige Beziehungen zwischen unterschiedlichen wissenschaftlichen Theorien, die sich nicht auf den Fall der vollständigen Diskontinuität reduzieren lassen (↑Relationen, intertheoretische). Während dabei strukturalistische Ansätze (J. D. Sneed, W. Stegmüller; ↑Strukturalismus (philosophisch, wissenschaftstheoretisch)) durch formale Präzisierung des Gedankens der Revolution an einem ›rationalen Kern‹ der Theorienrevolution festzuhalten suchen (↑Rationalitätskriterium), weisen konstruktivistische und phänomenologische Ansätze auf die ↑vorwissenschaftliche ↑Lebenswelt als wissenschaftsfundierende und paradigmaunabhängige Rationalitätsinstanz hin (↑Konstruktivismus, ↑Wissenschaftstheorie, konstruktive, ↑Erfahrung).

P. K. Feyerabend stellt demgegenüber den Pluralismus der Methoden und Theorien in der revolutionären Phase als wünschenswerte Situation gegenüber der Innovationsfeindlichkeit und dem repressiven Charakter der normalen Wissenschaft dar (↑Anarchismus, erkenntnistheoretischer, ↑Proliferationsprinzip, ↑Theorienpluralismus). Im Kritischen Rationalismus (↑Rationalismus, kritischer) wird zwar (insoweit mit Feyerabend einig) die revolutionäre Wissenschaft als die wissenschaftstheoretisch wünschenswerte Verfassung der Wissenschaft herausgestellt, die Entwicklung einer Disziplin gleichwohl als durch methodische Regeln geleitet oder wenigstens als rekonstruierbar (↑Rekonstruktion) angesehen (J. Watkins). I. Lakatos' Begriff des ↑Forschungsprogramms sucht die Konzeption der w.n R. mit der Vorstellung einer methodologisch erfaßbaren Kontinuität zu vereinbaren, die zugleich die Rationalität des Theorienwandels erklärt.

Literatur: P. Achinstein, On the Meaning of Scientific Terms, J. Philos. 61 (1964), 497–509; ders., Concepts of Science. A Philosophical Analysis, Baltimore Md./London 1968, 1971; H. Andersen/P. Barker/X. Chen, The Cognitive Structure of Scientific Revolutions, Cambridge etc. 2006, 2013; W. Applebaum (ed.), Encyclopedia of the Scientific Revolution. From Copernicus to Newton, New York etc. 2000, 2008; M. Dascal/V. D. Boantza, Controversies within the Scientific Revolution, Amsterdam/Philadelphia Pa. 2011; P. K. Feyerabend, Consolations for the Specialist, in: I. Lakatos/A. Musgrave (eds.), Criticism and the Growth of Knowledge [s. u.], 197–230 (dt. Kuhns Struktur wissenschaftlicher Revolutionen – ein Trostbüchlein für Spezialisten?, in: dies. [eds.], Kritik und Erkenntnisfortschritt [s. u.], 191–222, ferner [rev. u. erw. mit einem Nachtrag 1977] in: ders., Der wissenschaftstheoretische Realismus und die Autorität der Wissenschaften [= Ausgew. Schr. I], Braunschweig/Wiesbaden 1978, 153–204); H. Field, Theory Change and the Indeterminacy of Reference, J. Philos. 70 (1973), 462–481; R. J. Hall, Can We Use the History of Science to Decide between Competing Methodologies?, in: R. C. Buck/R. S. Cohen (eds.), In Memory of Rudolf Carnap. Proc. 1970 Biennial Meeting Philos. Sci. Ass., Dordrecht 1971 (Boston Stud. Philos. Sci. VIII), 151–159; M. Hellyer (ed.), The Scientific Revolution. The Essential Readings, Malden Mass./Oxford 2003; J. Henry, The Scientific Revolution and the Origins of Modern Science, Basingstoke etc. 1997, ³2008; M. Hesse, Hermeticism and Historiography. An Apology for the Internal History of Science, in: R. H. Stuewer (ed.), Historical and Philosophical Perspectives of Science, Minneapolis Minn. 1970 (Minnesota Stud. Philos. Sci. V), New York etc. 1989, 134–162; P. Hoyningen-Huene, Die Wissenschaftsphilosophie Thomas S. Kuhns. Rekonstruktion und Grundlagenprobleme, Braunschweig/Wiesbaden 1989 (engl. Reconstructing Scientific Revolutions. T. S. Kuhn's Philosophy of Science, Chicago Ill./London 1993); T. E. Huff, Intellectual Curiosity and the Scientific Revolution. A Global Perspective, Cambridge etc. 2011; P. Janich, Naturwissenschaft in der Technik und Technik in der Naturwissenschaft, in: C. Burrichter/R. Intheveen/R. Kötter (eds.), Technische Rationalität und rationale Heuristik, Paderborn etc. 1986, 41–52; L. Krüger, W. R.en und Kontinuität der Erfahrung, Neue H. Philos. 6/7 (1974), 1–26; T. S. Kuhn, The Copernican Revolution. Planetary Astronomy in the Development of Western Thought, Cambridge Mass. 1957, Cambridge Mass. 2003 (franz. La révolution copernicienne, Paris 1973, 1992; dt. Die Kopernikanische Revolution, Braunschweig/Wiesbaden 1980, 1981); ders., The Structure of Scientific Revolutions, Chicago Ill./London 1962, erw. ²1970, ³1996, 2007 (dt. Die Struktur w.r R.en, Frankfurt 1967, ²1976 [erw. um das Postskriptum von 1969], 2007); ders., Second Thought on Paradigms, in: F. Suppes (ed.), The Structure of Scientific Theories, Urbana Ill./Chicago Ill./London 1974, ²1977, 1981, 459–482 (dt. Neue Überlegungen zum Begriff des Paradigma, in: ders., Die Entstehung des Neuen. Studien zur Struktur der Wissenschaftsgeschichte, ed. L. Krüger, Frankfurt 1977, ³1988, 2002, 389–420); ders., Theory-Change as Structure-Change. Comments on the Sneed Formalism, Erkenntnis 10 (1976), 179–199, ferner in: ders., The Road since »Structure«. Philosophical Essays, 1970–1993, with an Autobiographical Interview, ed. J. Conant/J. Haugeland, Chicago Ill./London 2000, 2002, 176–195; ders., Commensurability, Comparability, Communicability, in: Proceedings of the Biennial Meeting of Philosophy of Science Association (PSA) 1982 II, ed. P. D. Asquith/T. Nickles, East Lansing Mich. 1983, 669–688, ferner in: ders., The Road since »Structure« [s. o.], 33–57; I. Lakatos/A. Musgrave (eds.), Criticism and the Growth of Knowledge. Proc. Int. Coll. Philos. Sci., London, 1965, IV, Cambridge 1970, 1999 (dt. dies. [eds.], Kritik und Erkenntnisfortschritt. Abh. Int. Koll. Philos. Wiss., London, 1965, IV, Braunschweig 1974); E. R. MacCormac, Meaning Variance and Metaphor, Brit. J. Philos. Sci. 22 (1971), 145–159; E. McMullin, The History and Philosophy of Science. A Taxonomy, in: R. H. Stuewer (ed.), Historical and Philosophical Perspectives of Science [s. o.], 12–67; J. Mittelstraß, Prolegomena zu einer konstruktiven Theorie der Wissenschaftsgeschichte, in: ders., Die Möglichkeit von Wissenschaft, Frankfurt 1974, 106–144, 234–244; ders., Rationale Rekonstruktion der Wissenschaftsgeschichte, in: P. Janich (ed.), Wissenschaftstheorie und Wissenschaftsforschung, München 1981, 89–111, 137–148; A. E. Musgrave, Kuhn's Second Thoughts, Brit. J. Philos. Sci. 22 (1971), 287–297; T. Nickles, Scientific Revolutions, SEP 2009, rev. 2013; M. J. Osler (ed.), Rethinking the Scientific Revolution, Cambridge etc. 2000; K. R. Popper, Toward a Rational Theory of Tradition, in: F. Watts (ed.), The Rationalist Annual for the Year 1949, London 1949, 36–55, ferner in: ders., Conjectures and Refutations. The Growth of Scientific Knowledge, New York 1962, London/New York 2002, 120–135; ders., Truth, Rationality, and the Growth of Scientific Knowlegde, in: ders., Conjectures and Refutations [s. o.], 215–250; R. L. Purtill, Kuhn on Scientific Revolutions, Philos. Sci. 34 (1967), 53–58; H. Putnam, How Not to Talk about Meaning. Comments on J. J. C. Smart, in: R. S. Cohen/M. W. Wartofsky (eds.), In Honour of Philipp Frank. Proc. Boston Coll. Philos. Sci. 1962–1964, New York 1965 (Boston Stud. Philos. Sci. II), 205–222; R. J. Richards/L. Daston (eds.), Kuhn's »Structure of Scientific Revolutions« at Fifty. Reflections on a Science Classic, Chicago Ill./London 2016; I. Scheffler, Science and Subjectivity, Indianapolis Ind./New York/Kansas City Mo. 1967, 1985, 67–89 (IV Change and Objectivity) (dt. Wissenschaft: Wandel und Objektivität, in: W. Diederich [ed.], Theorien der Wissenschaftsgeschichte. Beiträge zur diachronen Wissenschaftstheorie, Frankfurt 1974, 1978, 137–166); ders., Vision and Revolution. A Postscript on Kuhn, Philos. Sci. 39 (1972), 366–374; G. Schurz/P. Weingartner (eds.), Koexistenz rivalisierender Paradigmen. Eine post-kuhnsche Bestandsaufnahme zur Struktur gegenwärtiger Wissenschaft, Opladen 1998; D. Shapere, The Structure of Scientific Revolutions, Philos. Rev. 73 (1964), 383–394; ders., Meaning and Scientific Change, in: R. G. Colodny (ed.), Mind and Cosmos. Essays in Contemporary Science and Philosophy, Pittsburgh Pa. 1966 (repr. Lanham Md./New York/London 1983), 41–85; W. Sharrock/R. Read, Kuhn. Philosopher of Scientific Revolution, Cambridge etc. 2002; W. Stegmüller, Normale Wissenschaft und wissenschaftliche Revolutionen. Kritische Betrachtungen zur Kontroverse zwischen Karl Popper und Thomas S. Kuhn, Wiss. u. Weltbild 29 (1976), 169–180, ferner in: ders., Rationale Rekonstruktion von Wissenschaft und ihrem Wandel. Mit einer autobiographischen Einleitung, Stuttgart 1979, erw. ²1986, 108–130; S. Toulmin, Conceptual Revolutions in Science, in: R. S. Cohen/M. Wartofsky (eds.), In Memory of Norwood Russel Hanson. Proc. Boston Coll. Philos. Sci. 1964–1966, Dordrecht 1967 (Boston Stud. Philos. Sci. III), 331–347; weitere Literatur: ↑Kuhn, Thomas S., ↑Paradigma, ↑Theoriesprache.   C. F. G.

Rezeptionsästhetik, ↑Rezeptionstheorie.

Rezeptionstheorie (von lat. recipere, aufnehmen), Bezeichnung von Untersuchungen über die Rolle des Adressaten im Verstehensprozeß von Lebensäußerungen allgemein, insbes. von ↑Kunst. Konstitutive Voraussetzung der R. ist die Erkenntnis des kommunikativen Charakters von Verstehensvollzügen (↑Deutung, ↑Verstehen, ↑Kommunikationstheorie), die Anerkennung der Symmetrie von (nicht nur verbalem) Sprecher und Hörer, Text und Leser. An der wechselseitigen und prinzipiell offenen Auseinandersetzung im Verstehensakt sind demnach die Vormeinungen, Interessen und Erwartungen des Rezipienten, seine situative Eingebundenheit in Lebenskontexte und seine Verfahren der Sinnerschließung gleichermaßen beteiligt wie die Vorgaben des Sprechers oder des Textes. Das Vorverständnis des Empfängers darf im Austausch beider Seiten nicht letztlich zugunsten einer trügerischen Objektivität als auslöschbar aufgefaßt werden, da es dauerhaft mitbestimmend bleibt. Für die Deutung von Texten der Überlieferung heißt dies insbes., den Zeitenabstand als

Bedingung des Verstehens anzuerkennen und durch Aufarbeitung der ↑Wirkungsgeschichte des Textes für das Verständnis fruchtbar zu machen. Um die jeweilige Beschränktheit von Text, wirkungsgeschichtlichen Zeugnissen und der hermeneutischen Situation des Interpreten zu charakterisieren, spricht die R. von ↑›Horizonten‹, die es im Verstehensprozeß kontrolliert ineinander zu ›verschmelzen‹ gilt. Leitendes Prinzip für die Rekonstruktion der Horizonte ist die Struktur von Frage und Antwort, die je nach Anwendung die ursprünglichen Funktionen eines Werkes, seine schrittweise Sinnentfaltung durch die Rezeptionsgeschichte und die historisch-hermeneutische Disposition der Interpreten erschließbar macht. Insofern die geschichtliche Entwicklung und damit die Ausbildung neuer Horizonte nicht stillsteht, läßt sich der Sinn eines Textes nicht endgültig ausschöpfen, ist sein Verstehen ein offener und fortschreitend sich anreichernder Prozeß. – Im weiteren Sinne wurde die R. entscheidend durch die ↑Hermeneutik geprägt, im engeren Sinne durch rezeptionsästhetische Ansätze von der Antike bis zur Gegenwart (↑ästhetisch/Ästhetik).

Der fundamentale Wandel der Hermeneutik von einem Instrument dogmatischer Voreingenommenheit (vor allem der Bibelexegese) zu einem historischen Organon bringt die Aktivität des Rezipierenden allererst zur Beachtung, obwohl zunächst nur als eine reproduktive. Die romantische Hermeneutik (F. D. E. Schleiermacher) erklärt das Verstehen als kongenialen Akt, der die ursprüngliche Produktion des interpretierenden Gebildes nachvollzieht. W. Dilthey schließt sich an diese Konzeption an und versucht, den als ›Einfühlung‹ gedachten Verstehensvorgang methodisch erfaßbar zu machen, um ihn den Erfordernissen eines am naturwissenschaftlichen Vorbild orientierten Objektivitätsideals anzupassen. Individualität und geschichtliche Relativität des Interpreten sollen durch den methodisch geleiteten Verstehensakt aufgehoben werden. Mit seinem Nachweis der prinzipiell zeitlichen und geschichtlichen Verfaßtheit allen Verstehens (↑Geschichtlichkeit, ↑Zeitlichkeit) bestreitet M. Heidegger den Sinn und die Möglichkeit der Objektivität von Verstehen. Im Anschluß daran – und im Gegenzug zu allen vorhergehenden subjektivierenden oder objektivierenden Vereinseitigungen des Verstehensprozesses – entwickelt H.-G. Gadamer eine philosophische Hermeneutik, die die kommunikativen Bedingungen von Verstehen aufweist und somit einer methodischen Aufarbeitung der Rolle des Adressaten wie der Beschreibung von Rezeptionsphänomenen den Boden bereitet.

Rezeptionsästhetische Ansätze finden sich bereits in der antiken ↑Poetik, in zentralen Bemerkungen zur Wirkungsmacht von Dichtung: unter negativem Vorzeichen bei Platon, einerseits als mimetische Täuschung, andererseits als Bekräftigung niederer Leidenschaften; unter positivem Vorzeichen bei Aristoteles, einerseits als Erkenntnisgewinn angesichts gelungener Nachahmung, andererseits als Reinigung des Tragödienbetrachters von mißliebigen Affekten (↑Mimesis). Dieser Wirkungszusammenhang zwischen Werk und Rezipient bleibt in der Folge durch die allgemeine Orientierung der Dichtungslehre am Vorbild des Aristoteles gegenwärtig. Im 18. Jh. kommt es ansatzweise zu einer Dynamisierung und Historisierung der Wirkungsästhetik. In der ›Querelle des Anciens et du Modernes‹ formiert sich Widerstand gegen die Auffassung zeitlos gültiger ästhetischer Normen und Wirkungszusammenhänge. Das aufkommende Interesse an der Erforschung des Subjekts und seiner Seelenvermögen rückt die Bedeutung des Kunstbetrachters ins Bewußtsein. J.-B. Dubos und G. E. Lessing schwächen das bei Aristoteles quasi-kausal gefaßte Verhältnis von tragischem Schema und Katharsis ab und messen der jeweiligen Disposition des Betrachters vermehrt Bedeutung zu. J. G. Herder bestimmt die Wirkung der Werke als zeitgebunden, und zwar stärker auf grundsätzliche Überlegungen gestützt als auf historisches Material.

Einen entscheidenden Beitrag zur systematischen Aufarbeitung der Rolle des Kunstrezipienten leistet I. Kants Analyse der ästhetischen Erfahrung (↑Erfahrung, ästhetische). Danach ist diese nicht eine objektiv vorstrukturierte, durch Regeln oder Begriffe festlegbare Erfahrung, sondern das Resultat subjektiver Vollzüge, nämlich des freien Spiels von ↑Einbildungskraft und ↑Verstand des Kunstbetrachters, aber auch des Kunstproduzenten. Die sich damit für die ästhetische Theorie ergebenden Möglichkeiten einer Ausgewogenheit zwischen Kunstproduktion und Kunstrezeption sind in der Folge kaum wahrgenommen worden. Der Deutsche Idealismus (↑Idealismus, deutscher) wie auch die Kunsttheorie des Materialismus (↑Materialismus (historisch)) vernachlässigen die aktive Rezeptivität fast gänzlich, F. Nietzsche fordert emphatisch eine reine Produktionsästhetik (↑Produktionstheorie). Im 20. Jh. gewinnt der Rezeptionsaspekt zunehmend wieder an Geltung. Grundlegend dafür ist auch die in der ↑Semiotik entwickelte Basisunterscheidung von Sender, Botschaft und Empfänger. R. Ingarden versteht das literarische Kunstwerk als mehrschichtiges Gebilde, durchsetzt von zahlreichen ›Unbestimmtheitsstellen‹, deren Konkretisierung die mitschöpferische Tätigkeit des Lesers erfordert. J. Mukařovks Unterscheidung zwischen den unveränderbaren Artefakten und den veränderlichen ästhetischen Objekten, d. h. den ›Reflexen und Korrelaten‹ des materiellen Kunstgegenstands im Bewußtsein des Betrachters, regt rezeptionsbezogene Interpretationen an. Diese Vorleistungen, vor allem aber Gadamers Hermeneutik, werden von der *Rezeptionsästhetik* aufgearbeitet, die die Leistung und Kreativität des Kunstbetrachters und ihre methodische Erfassung vollends in den Vordergrund der Literatur- und Kunsttheorie rückt. In der Hauptsache geht es dieser Schulrichtung – sowohl ihrer eher historisch-hermeneutischen Version (H. R. Jauß) als auch ihrer eher phänomenologisch-textorientierten (W. Iser) – um die Auflösung der ›Substantialismen‹ der Darstellungs- und Produktionsästhetik und damit um eine Verlebendigung des Umganges mit Kunst. Zwar hat die *Rezeptionsästhetik* mittlerweile viel von ihrer Forschungsdynamik eingebüßt, ihr Beitrag zum Verständnis des Zusammenspiels von Autor, Text und Leser aber ist unumstritten. Sie zählt unter die maßgeblichen Literaturtheorien, die Berücksichtigung des Rezipienten bei der Textinterpretation ist in der Literaturwissenschaft zur Selbstverständlichkeit geworden. In der philosophischen Ästhetik gewannen die zentralen Begriffe der Rezeptionsästhetik, ›Unbestimmtheit‹, ›Innovation‹ und ›Fiktionalität‹, an Bedeutung. Neuere Beiträge zur Ästhetik (H.-G. Gadamer, N. Goodman, A. C. Danto, F. Koppe, M. Seel) praktizieren eine interdependente Berücksichtigung von Produktions-, Darstellungs- und Rezeptionsmomenten der Kunst.

Literatur: W. Barner, Rezeptions- und Wirkungsgeschichte von Literatur, in: H. Brackert/E. Lämmert (eds.), Funkkolleg Literatur II, Frankfurt 1978, 1981, 132–148; U. Eco, Lector in Fabula. La cooperazione interpretativa nei testi narrativi, Mailand 1979, 2010 (dt. Lector in Fabula. Die Mitarbeit der Interpretation in erzählenden Texten, München/Wien 1987, ³1998); W. Faulstich, Domänen der Rezeptionsanalyse. Probleme, Lösungsstrategien, Ergebnisse, Kronberg 1977; H.-G. Gadamer, Wahrheit und Methode. Grundzüge einer philosophischen Hermeneutik, Tübingen 1960, ²1965, ⁴1975, erw. unter dem Titel: Hermeneutik I (Wahrheit und Methode. Grundzüge einer philosophischen Hermeneutik), in: Ges. Werke I, Tübingen ⁵1986, ⁶1990, ⁷2010 [Register in: Ges. Werke II, Tübingen 1986, ²1993, 1999] (engl. Truth and Method, London, New York 1975, ²1989, London/New York 2013); ders., Die Aktualität des Schönen. Kunst als Spiel, Symbol und Fest, Stuttgart 1977, 2012; G. Grimm (ed.), Literatur und Leser. Theorien und Modelle zur Rezeption literarischer Werke, Stuttgart 1975; ders., Rezeptionsgeschichte. Grundlegung einer Theorie. Mit Analysen und Bibliographie, München 1977; H. Günther, Grundbegriffe der Rezeptions- und Wirkungsanalyse im tschechischen Strukturalismus, Poetica 4 (1971), 224–243; M. Heidegger, Sein und Zeit. Erste Hälfte, Jb. Philos. phänomen. Forsch. 8 (1927), 1–438, separat Halle 1927, ²1929, Tübingen ¹⁹2006 (engl. Being and Time, New York 1962, Albany N. Y. 2010); R. C. Holub, Reception Theory. A Critical Introduction, London/New York 1984, London 2003; R. Ingarden, Vom Erkennen des literarischen Kunstwerks, Tübingen, Darmstadt 1968, Tübingen 1997 (engl. The Cognition of the Literary Work of Art, Evanston Ill. 1973, 1979); W. Iser, Die Appellstruktur der Texte. Unbestimmtheit als Wirkungsbedingung literarischer Prosa, Konstanz 1970, ⁴1974, Neudr. in: R. Warning (ed.), Rezeptionsästhetik [s. u.], 228–252 (franz. L'appel du texte. L'indétermination comme condition d'effet esthétique de la prose littéraire, Paris 2012); ders., Der Akt des Lesens. Theorie ästhetischer Wirkung, München 1976, ⁴1994 (franz. L'acte de lecture. Théorie de l'effet esthétique, Brüssel 1976, Sprimont ²1997; engl. The Act of Reading. A Theory of Aesthetic Response, London/Henley, Baltimore Md./London 1978, 1997); H. R. Jauß, Literaturgeschichte als Provokation, Frankfurt 1970, ¹¹1997 (franz. [erw./ gekürzt] Pour une esthétique de la réception, Paris 1978, 2005); ders., Ästhetische Erfahrung und literarische Hermeneutik I (Versuche im Feld der ästhetischen Erfahrung), München 1977, Frankfurt 2007, ohne Untertitel, erw./gekürzt Frankfurt 1982, ⁴1984 (engl. Aesthetic Experience and Literary Hermeneutics, Minneapolis Minn. 1982, 1984); ders., Die Theorie der Rezeption. Rückschau auf ihre unerkannte Vorgeschichte, Konstanz 1987 (Konstanzer Universitätsreden 166); ders., Rezeption/Rezeptionsästhetik, Hist. Wb. Ph. VIII (1992), 996–1004; D. Kimmich/B. Stiegler (eds.), Zur Rezeption der R., Berlin 2003; F. Koppe, Grundbegriffe der Ästhetik, Frankfurt 1983, Paderborn 2004, erw. ²2008; T. Köppe/S. Winko, Rezeptionsästhetik, in: dies., Neuere Literaturtheorien, Eine Einführung, Stuttgart/Weimar 2008, ²2013, 85–96; G. Leernout, Reception Theory, in: M. Groden/M. Kreiswirth (eds.), The Johns Hopkins Guide to Literary Theory and Criticism, Baltimore Md. 1994, 610–611; J. E. Müller, Literaturwissenschaftliche Rezeptions- und Handlungstheorien, in: K.-M. Bogdal (ed.), Neue Literaturtheorien. Eine Einführung, Opladen 1990, 176–200, Göttingen ³2005, 181–207; M. Naumann (ed.), Gesellschaft, Literatur, Lesen. Literaturrezeption in theoretischer Sicht, Berlin/Weimar 1973, ³1976; K. Semsch, Rezeptionsästhetik, Hist. Wb. Rhetorik VII (2005), 1363–1374; T. Simon, R.. Einführungs- und Arbeitsbuch, Frankfurt 2003; K. Stierle, Was heißt Rezeption bei fiktionalen Texten?, Poetica 7 (1975), 345–387; S. Strasen, R.n. Literatur-, sprach- und kulturwissenschaftliche Ansätze und kulturelle Modelle, Trier 2008; J. Stückrath, Historische Rezeptionsforschung. Ein kritischer Versuch zu ihrer Geschichte und Theorie, Stuttgart 1979; S. R. Suleiman/I. Crosman (eds.), The Reader in the Text. Essays on Audience and Interpretation, Princeton N. J. 1980; R. Warning (ed.), Rezeptionsästhetik. Theorie und Praxis, München 1975, ⁴1994; H.-D. Weber (ed.), Rezeptionsgeschichte oder Wirkungsästhetik. Konstanzer Diskussionsbeiträge zur Praxis der Literaturgeschichtsschreibung, Stuttgart 1978; H. Wiegmann, Literaturtheorie und Ästhetik. Kategorien einer systematischen Grundlegung, Frankfurt etc. 2002; P. V. Zima, Literarische Ästhetik. Methoden und Modelle der Literaturwissenschaft, Tübingen 1991, Tübingen/Basel ²1995, bes. 215–263.– Sonderheft: Z. Lit.wiss. u. Linguistik 15 (1974). H. L.

rezeptiv/Rezeptivität (von lat. receptivus [humanist. receptivitas]; engl. receptive/receptivity, franz. réceptif/réceptivité), im Gegensatz zu ›spontan‹ und ›Spontaneität‹ (↑spontan/Spontaneität) Bezeichnung für das Vermögen, Eindrücke zu empfangen (↑Empfindung) bzw. ↑Wahrnehmungen zu haben (↑Sinnesdaten). Als Zusammenhang von Gegebenem (↑Gegebene, das) und begrifflichen Formen seiner Bearbeitung gehört der Begriff der R. zum erkenntnistheoretischen Grundvokabular seit Aristoteles (vgl. Met. A1.980a21ff.; de an. B5.416b32–418a6), so auch in den unterschiedlichen historischen Formen des ↑Empirismus (↑Sensualismus) und des ↑Rationalismus. Bei I. Kant ist die Unterscheidung zwischen einem r.en Vermögen (dem, »was wir durch Eindrücke empfangen«) und einem spontanen Vermögen (dem, »was unser eigenes Erkenntnißvermögen (durch sinnliche Eindrücke bloß veranlaßt) aus sich selbst hergiebt«, KrV B 1, Akad.-Ausg. III, 27) konstitutiv für den Begriff der ↑Erkenntnis im allgemeinen und insbes. im Rahmen der ↑Transzendentalphilosophie. R. ist das Vermögen der ↑Sinnlichkeit (»Die Fähigkeit (Receptivität), Vorstellungen durch die Art, wie wir von Gegenständen afficirt werden, zu bekommen, heißt *Sinnlichkeit*«, KrV B 33, Akad.-Ausg. III, 49), Spontaneität das Vermögen des ↑Verstandes (»Wollen wir die *Receptivität* unseres Gemüths, Vorstellungen zu empfangen, so fern es auf irgend eine Weise afficirt wird, *Sinnlichkeit* nennen: so ist dagegen das Vermögen, Vorstellungen selbst hervorzubringen, oder die *Spontaneität* des Erkenntnisses der *Verstand*«, KrV B 75, Akad.-Ausg. III, 75). Beide zusammen, als die ›zwei Stämme der menschlichen Erkenntniß‹ (KrV B 29, Akad.-Ausg. III, 46), bilden die Gegenstandserkenntnis (»Ohne Sinnlichkeit würde uns kein Gegenstand gegeben, und ohne Verstand keiner gedacht werden. Gedanken ohne Inhalt sind leer, Anschauungen ohne Begriffe sind blind«, KrV B 75, Akad.-Ausg. III, 75). Offen (KrV B 29, Akad.-Ausg. III, 46) und in der Literatur kontrovers diskutiert bleibt, ob Sinnlichkeit – damit auch R. – und Verstand – und damit auch Spontaneität – selbständige Vermögen oder gemeinsame Aspekte ein und desselben Vermögens sind.

Literatur: W. Bernard, R. und Spontaneität der Wahrnehmung bei Aristoteles. Versuch einer Bestimmung des spontanen Erkenntnisleistung der Wahrnehmung bei Aristoteles in Abgrenzung gegen die r.e Auslegung der Sinnlichkeit bei Descartes und Kant, Baden-Baden 1988; M. Glouberman, Kant on Receptivity. Form and Content, Kant-Stud. 66 (1975), 313–330; H. Hoppe, Synthesis bei Kant. Das Problem der Verbindung von Vorstellungen und ihrer Gegenstandsbeziehung in der »Kritik der reinen Vernunft«, Berlin/New York 1983; A. Kern, R./Spontaneität, in: M. Willaschek u.a. (eds.), Kant-Lexikon II, Berlin/Boston Mass. 2015, 1975–1982; C. P. Long, Two Powers, One Ability. The Understanding and Imagination in Kant's Critical Philosophy, Southern J. Philos. 36 (1998), 233–253; B. Longuenesse, Kant et le pouvoir de juger. Sensibilité et discursivité dans l'»Analytique transcendantale« de la »Critique de la raison pure«, Paris 1993 (engl. [rev.] Kant and the Capacity to Judge. Sensibility and Discursivity in the Transcendental Analytic of the »Critique of Pure Reason«, Princeton N.J./Oxford 1998, 2000); R. B. Pippin, Kant on the Spontaneity of Mind, Can. J. Philos. 17 (1987), 449–475, Neudr. in: ders., Idealism as Modernism. Hegelian Variations, Cambridge 1997, 29–55; P. F. Strawson, The Bounds of Sense. An Essay on Kant's Critique of Pure Reason, London 1966, London/New York 2007 (dt. Grenzen des Sinns. Ein Kommentar zu Kants »Kritik der reinen Vernunft«, Königstein 1981, Frankfurt 1992); weitere Literatur: ↑spontan/Spontaneität. J. M.

Rhabanus Maurus, ↑Rabanus Maurus.

Rhazes (arab. Ar-Rāzī, Abū Bakr Muḥammad Ibn Zakarīyā'), *Rai (Persien) 28. Aug. 865, †Rai 27. Okt. 925, persischer Arzt und Philosoph. R. wirkte in seiner Hei-matstadt, später auch in Bagdad, und wird als bedeutender islamischer Arzt des Mittelalters angesehen. In seinem klinischen System ging er auf kritische Distanz zu Galen, nahm griechische und indische Erfahrungen auf und führte eigene Beobachtungen an. – R. verfasste zahlreiche Monographien über verschiedene Krankheiten wie Pocken und Masern sowie mehrere medizinische Handbücher. Er hinterließ Berichte über chemische und physikalische Experimente, z. B. über Dichtigkeitsmessungen mit Hilfe der hydrostatischen Waage. Die Fragmente seiner Naturphilosophie weisen auf Einflüsse des ↑Manichäismus und der ↑Gnosis hin und wenden sich gegen die Prophetien und esoterischen Deutungen der Natur durch schiitische Theologen. Kritisch setzt R. sich mit der Seelen- und Emanationslehre (↑Emanation) der islamische Sekte der Ismailiten auseinander, für die die Erkenntnis der Welt nur durch das Wort des Propheten möglich ist. Insbes. lehnt R. eine Bevormundung von Philosophie und Wissenschaft durch die islamische Theologie ab und verteidigt den Gedanken eines Wissenszuwachses (↑Erkenntnisfortschritt) statt eines durch die ↑Offenbarung abgeschlossenen Systems des Wissens. Damit vertritt er in der islamischen Tradition eine ähnliche emanzipatorische Position wie diejenigen Philosophen und Wissenschaftler des Abendlandes, die sich gegen eine Bevormundung der Philosophie durch die christliche Theologie (↑ancilla theologiae) wenden.

Werke: Abī Bakr Mohammadi Filii Zachariae Raghenisis (Razis). Opera Philosophica fragmentaque quae supersunt I, ed. P. Kraus, Kairo 1939 (repr. Frankfurt 1999). – A Treatise on the Small-Pox and Measles, trans. W. A. Greenhill, London 1848; Traité sur le calcul dans les reins et dans la vessie [arab./franz.], ed. P. de Koning, Leiden 1896 (repr. Frankfurt 1996); Livre »al-Manṣūrī« sur la médicine par Muḥammad ibn Zakarīyā al-Rāzī [arab./franz.], in: P. de Koning (ed.), Trois traités d'anatomie arabes, Leiden 1903 (repr., ed. F. Sezgin, Frankfurt 1986), 2–89; G. Elgood, A Persian Manuscript Attributed to R. [Barri'-ul-Sā'at], J. Royal Asiatic Soc. of Great Britain and Ireland (1932), 905–909; Das Buch der Alaune und Salze. Ein Grundwerk der spätlateinischen Alchemie [arab./lat./dt.], ed. J. Ruska, Berlin 1935 (repr. in: F. Sezgin [ed.], Muḥammad Ibn Zakarīyā' Ar-Rāzī [s.u., Lit.] I, 227–351); J. Ruska, Übersetzung und Bearbeitungen von al-Rāzīs Buch Geheimnis der Geheimnisse [lat.], Quellen u. Stud. zur Geschichte d. Naturwissenschaften u. d. Medizin 4 (1935), H. 3, 11–87 (repr. in: F. Sezgin [ed.], Muḥammad Ibn Zakarīyā' Ar-Rāzī [s.u., Lit.] II, 261–347); M. Meyerhof, Thirty-Three Clinical Observations by R. (circa 900 A.D.), Isis 23 (1935), 321–372; Raziana I [La conduite du philosophe. Traité d'éthique d'Abū Muḥammad b. Zakarīyā al-Rāzī] [arab./franz.], ed. P. Kraus, Orientalia NS 4 (1935), 300–334 (repr. in: P. Kraus, Alchemie, Ketzerei, Apokryphen im frühen Islam. Gesammelte Aufsätze, ed. R. Brague, Hildesheim/Zürich/New York 1994, 221–255, ferner in: F. Sezgin [ed.], Muḥammad Ibn Zakarīyā' Ar-Rāzī (d. 313/925) [s.u., Lit.], 154–188), unter dem Titel: Kitāb as-Sīra al-falsafiyya [arab.], in: Opera philosophica fragmentaque [s.o.], 97–111 (engl. R. on the Philosophic Life, trans. A.J. Arberry, Asiatic Rev. 45 [1949], 703–713, unter dem Titel: The Book of the Philosophical Life, trans. C.E. Butterworth, Interpretation 20

[1993], 227–236); Raziana II [Extraits du »Kitab a'lām al-nu-buwwa« d'Abū Ḥātim al-Rāzī] [arab.], ed. P. Kraus, Orientalia NS 5 (1936), 35–56, 358–378 (repr. in: P. Kraus, Alchemie, Ketzerei, Apokryphen im frühen Islam [s. o.], 256–298, ferner in: F. Sezgin [ed.], Muḥammad Ibn Zakarīyā' Ar-Rāzī (d. 313/925) [s. u., Lit.], 189–232); Al-Rāzī's Buch Geheimnis der Geheimnisse, ed. J. Ruska, Berlin 1937 (Quellen u. Stud. zur Gesch. d. Naturwiss. u. d. Medizin VI) (repr. Würzburg 1973, ferner in: F. Sezgin [ed.], Muḥammad Ibn Zakarīyā' Ar-Rāzī [s. u., Lit.] II, 1–260); Kitāb aṭ-Tibb ar rūḥānī, in: Opera philosophica fragmentaque [s. o.], 1–96, ferner in: M. Mohaghegh, al-Dirâsat at-Tahlîlîyya. Analytical Studies on »The Spiritual Physics of Rāzī« in Persian, Arabic, and English together with the Arabic Edition of P. Kraus and a New Manuscript, Teheran 2005 (engl. The Spiritual Physick of R., London 1950; franz. La médecine spirituelle, Paris 2003); Maqāla fî Mā ba'd aṭ-ṭabî'a, in: Opera philosophica fragmentaque [s. o.], 113–134 (ital. Trattato sulla metafisica, in: G. A. Lucchetta, La natura e la sfera [s. u., Lit.], 359–378); Kitāb al-ḥāwī fî 'ṭ-ṭibb, Haidarabad 1955ff. (erschienen Bde I–XXI, XXIII/1–2); J. McGinnis/D. C. Reisman (eds.), Classical Arabic Philosophy. An Anthology of Sources, Indianapolis Ind./Cambridge 2007, 36–53 (Ar-Rāzī »The Philosopher's Way of Life«; »On the Five Eternals«; Selections from »Doubts against Galen«); On the Treatment of Small Childern (De curis puerorum) [lat./hebr./engl.], ed. G. Bos/M. McVaugh, Leiden/Boston Mass. 2015. – Werke, in: H. Daiber, Abū Bakr ar-Rāzī [s. u., Lit.], 267–274.

Literatur: A. Badawi, Muhammad ibn Zakarīya al-Rāzi, in: M. M. Sharif (ed.), A History of Muslim Philosophy I, Wiesbaden 1963, 434–449; A. Baki, Das Buch der zusammengesetzten Arzneien von Ar-Rāzī »Kitāb al-Aqrābāḏīn«, Diss. Frankfurt 1986; A. Baumstark, Aristoteles bei den Syrern vom 5. bis 8. Jahrhundert. Syrische Texte I (Syrisch-arabische Biographien des Aristoteles/Syrische Kommentare zur *ΕΙΣΑΓΩΓΗ* des Porphyrios), Leipzig 1900 (repr. Aalen 1975), 115–117, 126–130; H. Biesterfeldt, Rāzī, in: N. Koertge (ed.), New Dictionary of Scientific Biography VI, Detroit Mich. 2008, 211–216; C. Brockelmann, Geschichte der arabischen Litteratur Suppl. I, Leiden 1937, 1996, 418–421; E. G. Browne, Arabian Medicine. The Fitzpatrick Lectures Delivered at the College of Physicians in November 1919 and November 1920, Cambridge 1921 (repr. Westport Conn. 1983), 1962, 44–53; C. Burnett, Encounters with Rāzī the Philosopher. Constantine the African, Petrus Alfonsi and Ramón Martí, in: J. M. Soto Rábanos (ed.), Pensamiento medieval hispano. Homenaje a Horacio Santiago-Otero II, Madrid 1998, 973–992; C. E. Butterworth, The Origins of al-Rāzī's Political Philosophy, Interpretation 20 (1993), 237–257; ders., R., in: P. Adamson/R. C. Taylor (eds.), The Cambridge Companion to Arabic Philosophy, Cambridge etc. 2005, 2012, 272–275; H. Corbin, Histoire de la philosophie islamique I (Des origines jusqu'à la mort d'Averroës) Paris 1964, 194–201, I–II in 1 Bd., Paris ²1986, 2006, 197–204 (engl. History of Islamic Philosophy, London/New York 1993, 2014, 136–142); H. H. M. Dachiel, Zur Diagnose und Therapie der Krebskrankheiten im »Continens« des R., Diss. Berlin 1967; H. Daiber, Abū Bakr ar-Rāzī, in: U. Rudolph (ed.), Philosophie in der islamischen Welt I, Basel 2012, 261–289; K. Deichgräber, Medicus gratiosus. Untersuchungen zu einem griechischen Arztbild. Mit dem Anhang »Testamentum Hippocratis« und R.' »De indulgentia medici«, Mainz, Wiesbaden 1970; T.-A. Druart, Al-Razi's Conception of the Soul. Psychological Background to His Ethics, Med. Philos. Theology 5 (1996), 245–263; dies., The Ethics of al-Razi (865–925?), Med. Philos. Theology 6 (1997), 47–71; M. Fakhry, A History of Islamic Philosophy, New York/London 1970, 112–

124, ²1983, 94–106, ³2004, 95–106; L. E. Goodman, The Epicurean Ethic of Muḥammad Ibn Zakarīyā' Ar-Rāzī, Stud. Islamica 34 (1971), 5–26; ders., Rāzī's Psychology, Philos. Forum 4 (1972), 26–48; ders., Al-Rāzī, EI VIII (1995), 474–477; ders., Muḥammad Ibn Zakarīyā' al-Rāzī, in: S. H. Nasr/O. Leaman (eds.), History of Islamic Philosophy, London/New York 1996, 2003, 198–215; A. Z. Iskandar, Al-Rāzī, in: H. Selin (ed.), Encyclopaedia of the History of Science, Technology, and Medicine in Non-Western Cultures I, Berlin/Heidelberg/New York 2008, 155–156; O. Kahl (ed.), The Sanskrit, Syriac and Persian Sources in the »Comprehensive Book« of Rhazes, Leiden/Boston Mass. 2015; M. M. Kanawati, Ar-Rāzī. Drogenkunde und Toxikologie im »Kitāb al-Ḥāwī« (Liber continens) unter Berücksichtigung der Verfälschungs- und Qualitätskontrolle, Diss. Marburg 1975; P. Kraus/S. Pines, Al-Rāzī, Abū Bakr Muḥammed b. Zakarīya', Enz. Islam III (1936), 1225–1227; G. A. Lucchetta, La natura e la sfera. La scienza antica e le sue metafore nella critica di Razi, Lecce 1987; A. M. Mokhtar, Rhases contra Galenum. Die Galenkritik in den ersten zwanzig Büchern des »Continens« von Ibn ar-Rāzī, Diss. Bonn 1969; S. Pines, Beiträge zur islamischen Atomenlehre, Berlin 1936 (repr. New York/London 1987, ferner in: F. Sezgi [ed.], Muḥammad Ibn Zakarīyā' Ar-Rāzī [s. u.], 1–153), 34–93 (Kap. II Die Atomenlehre des Rāzī) (engl. Studies in Islamic Atomism, Jerusalem 1997, 41–107 [Chap. 2 The Atomic Theory of Al-Razi]); ders., Al-Rāzī, DSB XI (1975), 323–326; G. S. A. Ranking, The Life and Works of R. (Abū Bakr Muḥammad bin Zakarīya ar-Rāzī), in: XVIIth International Congress of Medicine, London 1913, Section XXIII, History of Medicine, London 1914, 237–268; J. Ruska, Al-Bīrūnī als Quelle für das Leben und die Schriften al-Rāzī's, Isis 5 (1923), 26–50; ders., Die Alchemie ar-Rāzī's, Der Islam 22 (1935), 281–319 (repr. in: F. Sezgin [ed.], Muḥammad Ibn Zakarīyā' Ar-Rāzī [s. u.] I, 137–175); F. Sezgin, Geschichte des arabischen Schrifttums, III–VII, Leiden 1970–1979, Gesamtindices zu Band I–X, Frankfurt 1995; ders. (ed.), Muḥammad Ibn Zakarīyā' Ar-Rāzī (d. 313/925). Texts and Studies, Frankfurt 1999; ders. (ed.), Muḥammad Ibn Zakarīyā' Ar-Rāzī. Texts and Studies, I–II, Frankfurt 2002; A. Straface, Abū Bakr al-Rāzī, Muḥammad Ibn Zakarīyā' (R.), in: H. Lagerlund (ed.), Encyclopedia of Medieval Philosophy. Philosophy between 500 and 1500 I, Dordrecht etc. 2011, 6–10; S. Stroumsa, Freethinkers of Medieval Islam. Ibn al-Rāwandī, Abū Bakr al-Rāzī, and Their Impact on Islamic Thought, Leiden/Boston Mass./Köln 1999, 2016; P. E. Walker, The Political Implications of al-Rāzī's Philosophy, in: C. E. Butterworth (ed.), The Political Aspects of Islamic Philosophy. Essays in Honor of Muhsin S. Mahdi, Cambridge Mass. 1992, 61–94; ders., Al-Razi, REP VIII (1998), 110–112; H. R. Yousefi, Einführung in die islamische Philosophie. Eine Geschichte des Denkens von den Anfängen bis zur Gegenwart, Paderborn 2014, bes. 55–59 (Kap. III/1.4 Zakariya Razi und das Primat der Vernunft). K. M.

Rheticus, Georg Joachim (eigentlich G. J. v. Lauchen, nach dem Namen seiner italienischen Mutter: de Porris), *Feldkirch (Vorarlberg) 15. Febr. 1514, †Kaschau (damals Ungarn, heute: Košice, Slowakische Republik) 4. Dez. 1574, österr. Mathematiker und Astronom. Ab 1528 Studium in Zürich (1532 Treffen mit Paracelsus ebendort), ab 1532 in Wittenberg. 1536 Magister artium ebendort; Freundschaft mit P. Melanchthon. 1536–1538 Mathematiklehrer an der Universität Wittenberg (1537 Aufnahme in die Artistenfakultät). Nach Aufenthalten bei J. Schöner in Nürnberg, P. Apian in Ingolstadt, P. Imser in Tübingen und N. Kopernikus in Frauenburg 1541 Rückkehr nach Wittenberg, Dekan der Artistenfakultät im gleichen Jahr. 1542 Prof. der Mathematik in Leipzig. 1545/1546 Reisen nach Feldkirch und Mailand (Zusammenarbeit mit G. Cardano), 1547 Mathematiklehrer in Konstanz und Studium der Medizin in Zürich (bei seinem früheren Kommilitonen C. Gesner), 1548 Rückkehr nach Leipzig. 1551–1552 Fortsetzung des Medizinstudiums in Prag, ab 1554 medizinische Tätigkeit in Krakau. Berufungen nach Wien (1554) und Paris (1564 durch P. Ramus) folgte R. nicht.

Astronomiehistorisch bedeutsam ist vor allem R.' Begegnung mit Kopernikus. R. hielt sich vom Frühjahr 1539 bis zum Herbst 1541 in Frauenburg auf, um das Kopernikanische System näher kennenzulernen. Seine »Narratio prima« (1540, [2]1541) enthält die, wenn auch knappe, erste gedruckte Darstellung dieses Systems unter Hervorhebung seines revolutionären Charakters. Eine von R. geplante »Narratio secunda« wird durch das Erscheinen des Kopernikanischen Werkes (De revolutionibus orbium coelestium libri VI, Nürnberg 1543) überflüssig; in dessen 2. Auflage (Basel 1566) ist die »Narratio prima« mit abgedruckt. R. suchte ferner, auf dem Hintergrund einer astrologischen (↑Astrologie) Deutung des Kopernikanischen Systems, die Dauer der Welt von der Schöpfung bis zu ihrem Untergang zu berechnen. Im Zusammenhang mit seinen Arbeiten über ebene und sphärische Trigonometrie wurde eine von ihm begonnene Tafel der trigonometrischen Funktionen (Canon doctrinae triangulorum, 1551) von seinem Schüler L. V. Otho (ca. 1550–1605) fertiggestellt (Opus palatinum de triangulis, Neustadt 1596).

Werke: In arithmeticen praefatio, o.O. [Wittenberg] 1536; De libris revolutionu[m] […] Nicolai Copernici […] narratio prima, Danzig 1540 (repr. unter dem Titel: De libris revolutionum Copernici narratio prima, Osnabrück 1965), Basel [2]1541, ferner in: Nicolai Copernici […] De revolutionibus orbium coelestium, libri VI, Basel 1566, 197–213, ed. [lat.] M. Caspar, in: J. Kepler, Ges. Werke I, ed. W. v. Dyck/M. Caspar/F. Hammer, München 1938, 81–126, unter dem Titel: Narratio prima, ed. [lat./franz.] H. Hugonnard-Roche/J.-P. Verdet, Breslau etc. 1982, unter dem Titel: Ioachimi Rhetici Narratio prima, ed. H. M. Nobis/A. M. Pastori, in: dies. (eds.), Receptio Copernicana. Texte zur Aufnahme der Copernicanischen Tradition (= Copernicus Gesamtausg. VIII/1), Berlin 2002, 3–48 (dt. Erster Bericht über die 6 Bücher des Kopernikus von den Kreisbewegungen der Himmelsbahnen, ed. K. Zeller, München/Berlin 1943, teilweise in: N. Copernicus, Das neue Weltbild, ed. H. G. Zekl, Hamburg 1990, 2006, 157–198; engl. Narratio prima, in: E. Rosen [ed.], Three Copernican Treatises. The »Commentariolus« of Copernicus, the »Letter against Werner«, the »Narratio prima« of R., New York 1939 [repr. Mineola N. Y. 2004], rev. 1959, 1971, 107–196]; Tabulae astronomicae […], Wittenberg o.J. [ca. 1542]; Orationes duae, prima de astronomia & geographia, altera de physica […], Nürnberg o.J. [1542], ed. H. M. Nobis/A. M. Pastori, in: dies. (eds.), Receptio Copernicana [s. o.], 105–117; Ephemerides no-

vae […], Leipzig 1550, ed. H. M. Nobis/A. M. Pastori, in: dies. (eds.), Receptio Copernicana [s. o.], 119–187; Canon doctrinae triangulorum, Leipzig 1551, Basel o.J. [ca. 1575]; Opus palatinum de triangulis, Neustadt a.d. Hardt 1596; Thesaurus mathematicus sive Canon sinuum […], ed. B. Pitiscus, Frankfurt 1513 [1613]; G. J. R.' Treatise on Holy Scripture and the Motion of the Earth [lat./engl.], with […] Additional Chapters on Ramus – R. and the Development of the Problem before 1650, ed. R. Hooykaas, Amsterdam/Oxford/New York 1984, ed. H. M. Nobis/A. M. Pastori, in: dies. (eds.), Receptio Copernicana [s. o.], 57–73; Chorographia Tewsch, ed. H. M. Nobis/A. M. Pastori, in: dies. (eds.), Receptio Copernicana [s. o.], 75–88; Die Arithmetik-Vorlesung des G. J. R., Wittenberg 1536. Eine kommentierte Edition der Handschrift X-278 (8) der Estnischen Akademischen Bibliothek, ed. S. Deschauer, Augsburg 2003. – K. H. Burmeister, G. J. R. 1514–1574. Eine Bio-Bibliographie III (Briefwechsel), Wiesbaden 1968. – K. H. Burmeister, G. J. R. 1514–1574. Eine Bio-Bibliographie II (Quellen und Bibliographie), Wiesbaden 1968.

Literatur: R. C. Archibald, R., with Special Reference to His Opus Palatinum, Mathematics of Computation 3 (1949), 552–561; K. H. Burmeister, Zu den Forschungen über G. J. Rhetikus, Montfort 18 (Dornbirn 1966), 542–546; ders., G. J. Rhetikus 1514–1574. Eine Bio-Bibliographie I (Humanist und Wegbereiter der modernen Naturwissenschaften), Wiesbaden 1967; ders., G. J. Rhetikus und Achilles Pirmin Gasser. Ein Beitrag zur Geschichte der Naturwissenschaften am Bodensee, Schriften des Vereins für Geschichte des Bodensees und seiner Umgebung 86 (1968), 217–225; ders., Die chemischen Schriften des G. J. Rhetikus, Organon 10 (1974), 177–185; ders., Magister R. und seine Schulgesellen. Das Ringen um Kenntnis und Durchsetzung des heliozentrischen Weltsystems des Kopernikus um 1540/50, Konstanz/München 2015; D. R. Danielson, The First Copernican. G. J. R. and the Rise of the Copernican Revolution, New York 2006; K. Figala, Die sogenannten Sieben Bücher über die Fundamente der chemischen Kunst von J. Rhetikus (1514–1576), Sudh. Arch. 55 (1971), 247–256; M. A. Granada, L'interpretazione bruniana di Copernico e la »Narratio prima« di R., Rinascimento 30 (1990), 343–365 (dt. [Original] Giordano Brunos Deutung von Copernicus als ›Gotterleuchter‹ und die »Narratio prima« von R., in: K. Heipcke [ed.], Die Frankfurter Schriften Giordano Brunos und ihre Voraussetzungen, Weinheim 1991, 262–285); ders., Aristotle, Copernicus, R. and Kepler on Centrality and the Principle of Movement, in: M. Folkerts/A. Kühne (eds.), Astronomy as a Model for the Sciences in Early Modern Times. Papers from the International Symposium, Munich, 10–12 March 2003 […], Augsburg 2006, 175–194; S. Hildebrandt, R. zum 500. Geburtstag. Mathematiker – Astronom – Arzt, Leipzig 2014; H. Hugonnard-Roche, Physique et astronomie dans la »Narratio prima« de R., in: Proceedings No. 2. […]. XIVth International Congress of the History of Science. Tokyo & Kyoto, Japan, 19–27 August 1974, Tokyo 1975, 277–280; J. Kraai, The Newly Found R. Lectures, Beitr. Astronomiegesch. 1 (1998), 32–40; ders., R.' Heliocentric Providence. A Study Concerning the Astrology, Astronomy of the Sixteenth Century, Diss. Heidelberg 2001; A. Kühne, R., NDB XXI (2003), 496–497; J. Mittelstraß, Die Rettung der Phänomene. Ursprung und Geschichte eines antiken Forschungsprinzips, Berlin 1962, 198–206; E. Rosen, The Ramus-R. Correspondence, J. Hist. Ideas 1 (1940), 363–368; ders., R.' Earliest Extant Letter to Paul Eber, Isis 61 (1970), 384–386; ders., R. as Editor of Sacrobosco, in: R. S. Cohen/J. J. Stachel/M. W. Wartofsky (eds.), For Dirk Struik. Scientific, Historical and Political Essays in Honor of Dirk J. Struik, Dordrecht/Boston Mass. 1974 (Boston Stud. Philos. Sci. XV), 245–247; ders., R., DSB XI (1975), 395–398; J.-P. Verdet, Quelques remarques sur la »Narratio Prima« de J. R., in: Avant, avec, après Copernic. La représentation de l'univers et ses conséquences épistémologiques, Paris 1975, 111–115; ders., La présentation de l'héliocentrisme dans la »Narratio prima« de R., in: Proceedings No. 2. [...]. XIVth International Congress of the History of Science, Tokyo & Kyoto, Japan, 19–27 August 1974, Tokyo 1975, 334–337; G. Wanner/P. Schöbi-Fink (eds.), R. – Wegbereiter der Neuzeit, Feldkirch 2010 (Schriftenreihe R.-Gesellschaft LI), unter dem Titel: G. J. R.. 1514–1574. Wegbereiter der Neuzeit. Eine Würdigung, ed. P. Schöbi/H. Sonderegger, Hohenems/Wien/Vaduz ²2014; R. S. Westman, The Melanchthon Circle, R., and the Wittenberg Interpretation of the Copernican Theory, Isis 66 (1975), 165–193, ferner in: P. Dear (ed.), The Scientific Enterprise in Early Modern Europe. Readings from Isis, Chicago Ill./London 1997, 7–36; C. A. Wilson, R., Ravetz, and the ›Necessity‹ of Copernicus' Innovation, in: R. S. Westman (ed.), The Copernican Achievement, Berkeley Calif./Los Angeles/London 1975, 17–39.   J. M.

Rhetorik (von griech. *ῥητορική τέχνη*), Bezeichnung für die Kunstlehre der Beredsamkeit, neben ↑Logik und ↑Grammatik zum Trivium des Systems der Sieben Freien Künste gehörig (↑ars). Elemente einer ›vortechnischen‹ R. treten in bezug auf Beweisführung (Pistis), Disposition (Taxis) und Stil (Lexis) bereits in der griechischen Literatur auf (Homer, Hesiod, Herodot u. a.). Die antike Kommunikation hatte vorwiegend oralen Charakter; allerdings handelte es sich um eine weitgehend schriftlich fundierte Oralität, insofern dem mündlichen Vortrag meist eine schriftliche Konzipierung vorausging bzw. eine schriftliche Publikation folgte. – Als Disziplin ist die R. erstmals im 5. Jh. v. Chr. in Sizilien nachweisbar. Für eine rationale Durchführung von Gerichtsverfahren wurde ein Regelsystem entwickelt, das die ↑Legitimität der zur Verhandlung anstehenden Rechtsansprüche vorrangig unter Zuhilfenahme von Beweisen begründen sollte, die sich auf das Wahrscheinliche (Eikos) stützen. Diese erste, ausschließlich auf die Gerichtsrede bezogene und handbuchartig verfaßte rhetorische Kunstlehre (↑Technē) gliederte die Rede in Prooimion, Agon und Epilogos, wobei im Hauptteil als dem Ort der Beweisführung die Darstellung des Falles vom eigentlichen Beweis auf der Grundlage plausibler Gründe gesondert wurde. Der Ausbau der R. von einer juristischen Argumentationspraxis zum umfassenden Bildungsprogramm ist mit der sophistischen Aufklärung (↑Sophistik) und der Entwicklung der Polis-Demokratie im 5. Jh. v. Chr. verbunden. In dieser ist jeder Bürger potentiell auch ein Redner.

Als allgemeines dialektisches Verfahren (↑Dialektik) resultiert die R. aus dem ↑Subjektivismus und ↑Skeptizismus des Protagoras (↑Homo-mensura-Satz, VS 80 B 1) und führt zur ↑Eristik. Die Verbindung der sophistischen Dialektik mit der R. ist historisch mit Gorgias von Leontinoi verknüpft, dessen Thesen (VS 82 B 3) den er-

kenntnistheoretischen Skeptizismus des Protagoras zum nihilistischen (↑Nihilismus) ↑Agnostizismus verschärfen (Favorisierung der R. als desjenigen Verfahrens, mit dessen Hilfe eine bestimmte ↑Meinung vor Gericht, in der politischen Versammlung oder in der Alltagskommunikation erfolgreich durchgesetzt werden kann, und zwar auch dann, wenn sie nicht der Wahrheit entspricht). Gorgias etabliert die R. als öffentlich auftretende Lehre, die gegen Bezahlung die neu entstandenen Bedürfnisse des demokratischen Bürgertums nach umfassender Bildung und Erziehung zur Tüchtigkeit (↑Arete) im Denken, Reden und Handeln mit dem Ziel erfolgreicher praktischer Lebensbewältigung zu befriedigen verspricht. – Zentraler Bestandteil des rhetorischen Unterrichts, der sich auf alle Wissensgebiete erstreckt, ist die Ausbildung der Fähigkeit zu extemporieren. Hierbei wird den ›Allgemeinplätzen‹ (*κοινοὶ τόποι*; ↑Topos) wegen ihrer universalen Verwendbarkeit als Elementen der ↑Argumentation besonderes Gewicht zugemessen. Die Neuerungen des Gorgias und die verfeinerte Ausarbeitung des rhetorischen Systems als ↑persuasives Instrument durch seine Schüler (bes. Isokrates) tragen dazu bei, daß sich die R. von der vorwiegend auf wissenschaftliche Sachverhalte bezogenen Dialektik abhebt und dieser gegenüber an Dominanz gewinnt. Dies sowie die zunehmende Verbreitung, die die sophistische R. als pädagogisches Programm findet, sind Ansatzpunkte der Sokratischen und Platonischen Kritik. Platon weist der R. gegenüber der Dialektik lediglich einen Erfahrungsstatus zu, desgleichen Aristoteles, der ihr aber gleichzeitig ausdrücklich den Rang einer Technē zuspricht (R. als Gegenstück zur Dialektik). Gemeinsam ist Dialektik und R., daß ihr Gegenstand nicht das apodiktische Wissen (↑Urteil, apodiktisches) ist, sondern der gesamte vorwissenschaftliche Bereich allgemein geteilter Meinungen und Ansichten. Apodiktisches Wissen bedarf, da es demonstrierbar ist, nicht der Zustimmung durch Hörer bzw. Leser. Auf die Zustimmung zielen aber sowohl das dialektische, in der ↑Topik abgehandelte, als auch das rhetorische Beweisverfahren, die sich in der Art ihrer ↑Prämissen und Schlußformen (↑Schluß) ähnlich sind. Aristoteles betont ausdrücklich, daß nicht Überredung, sondern Untersuchung der Glaubwürdigkeit die Aufgabe der R. ist (vgl. Rhet. A2.1355b26ff.); dies gilt prinzipiell aber auch für die Dialektik (vgl. Top. A10.104a3ff.). Der grundsätzliche Unterschied zwischen Dialektik und R. liegt also nicht im Verfahren der Argumentation, sondern im Bereich der Anwendung (politische und ethische Fragen). Deshalb schätzt Aristoteles auch von allen Redegattungen die Beratungsrede, die vorrangig der politischen Beschlußfassung dient, am höchsten ein. Kennzeichnend für die R. ist ihre ↑pragmatische Ausrichtung; sie hat es mit konkreten Einzelfällen zu tun, während sich die Dialektik mit allgemeinen Problemen befaßt. Aus dieser Differenz resultieren auch die unterschiedlichen Schlußverfahren von R. und Dialektik, ferner ein Unterschied im methodischen Vorgehen (die Dialektik untersucht ihre Gegenstände im fortlaufenden Wechsel von Frage und Antwort, die R. im Zusammenhang der monologischen Rede). – In der hellenistischen (↑Hellenismus) Kaiserzeit verliert die R. mehr und mehr ihre praktische politische Funktion und entwickelt sich zur Schulrhetorik und höheren Allgemeinbildung. Dem Ausbau einer immer komplexeren Systematik besonders des Redeschmucks korrespondiert eine weitgehende Literarisierung der R., die in der manierierten Schwulstrhetorik des Asianismus ihren Höhepunkt erreicht und als Gegenbewegung den puristischen Attizismus mit seinem Kanon der 10 nachahmenswerten attischen Redner (Lysias, Demosthenes etc.) auf den Plan ruft. Die letzte maßgebliche Erweiterung des rhetorischen Systems erfolgt durch die Stasislehre des Hermagoras von Temnos.

Die römische R. sieht gegenüber der griechischen keine grundsätzlichen Erweiterungen oder Veränderungen vor; sie bringt nur insofern eine Akzentverschiebung, als dem Ethos des Redners höhere Aufmerksamkeit entgegengebracht wird. Dies gilt vor allem für M. T. Ciceros Theorie des *orator perfectus*, der gegenüber einer rein technisch verstandenen forensischen R. das Ideal einer philosophischen R. auf der Grundlage einer universalen ↑Bildung verkörpert. Gegen den Verfall der Beredsamkeit in der römischen Kaiserzeit tritt Quintilian auf, der mit seinem Lehrbuch »Institutio oratoria« die Reihe der großen systematischen Darstellungen der antiken R. abschließt. Obwohl Quintilian alle rhetorischen Lehrstücke, einschließlich der ethischen Fundierung des rhetorischen Ideals, in Form eines Kompendiums zusammenfaßt, tritt auch bei ihm die auf literarische Bildung zielende Funktion der R. besonders deutlich hervor, am schärfsten in seiner Ablehnung der Philosophie als selbständiger Disziplin.

Die vorwiegend kompilatorische Arbeit der so genannten Rhetores Latini Minores bereitet die durch Martianus Capella vollzogene Eingliederung der R. als Disziplin in das Trivium der Artes liberales vor. Dadurch bleibt die R. bis ins 18. Jh. ein zentraler Bestandteil des höheren Unterrichts in Europa. In Fortführung der spätantiken Literarisierung ist vor allem der elokutionelle Teil der R. wirksam, im Mittelalter, das im Zusammenhang mit der scholastischen Logik (↑Logik, mittelalterliche) und Dialektik jedoch auch die *inventio* berücksichtigt, zusätzlich in der Brieflehre (*ars dictaminis*) und der Predigttheorie (*ars praedicandi*), in ↑Renaissance und Barock vor allem in der ↑Poetik. Die von Petrus Ramus durchgeführte Unterrichtsreform gliedert die *inventio* endgültig der Logik ein, so daß die R. auf die *elocutio* beschränkt bleibt.

Obwohl die R. eine lehrbare und prinzipiell von jedermann erlernbare Technik ist bzw. eine solche zu sein beansprucht, geht bereits die antike Theorie von einer Naturanlage (*natura*) als Voraussetzung für den erfolgreichen Redner aus, die durch entsprechende Ausbildung (*doctrina*) und Übung (*usus*) schrittweise bis zur vollkommenen Beherrschung der rhetorischen Technik geführt wird. Die Ausbildungsmethode folgt dabei den drei Schritten des Unterrichts in der rhetorischen Technik, insbes. in den zu befolgenden Vorschriften (*praecepta*), der Nachahmung (*imitatio*) von Beispielen (*exempla*), die als Muster gelten, und der Übung (*exercitatio*), die in der Anfertigung eigener Reden besteht. Unabhängig von der jeweiligen Redegattung werden für die Herstellung einer Rede fünf Arbeitsstadien (*officia oratoris*) zugrundegelegt, in deren Verlauf der Redner nacheinander bestimmte Aufgaben zu erledigen hat. An erster Stelle steht die Auffindung (*inventio*) der für das Thema der Rede einschlägigen Hauptgesichtspunkte und Hauptargumente, die mit Hilfe eines stark differenzierten Systems von Topoi (*loci communes*) eruiert werden können (Merkspruch des Matthieu de Vendôme aus dem 12. Jh.: »quis, quid, ubi, quibus auxiliis, cur, quomodo, quando«). Die sichere Beherrschung des topischen Systems ist vor allem für die Stegreifrede unverzichtbar. Zweitens folgt die Gliederung (*dispositio*) des gefundenen Stoffes. Zu dieser zählt auch die Anordnung der Teile der Rede (*partes orationis*). In einem häufig abgewandelten Basisschema werden unterschieden: Einleitung (*exordium*), Erzählung des Sachverhalts (*narratio*), Präzisierung des Sachverhalts (*divisio*), Beweis (*argumentatio*) und Schluß (*peroratio*). An dritter Stelle steht die adäquate sprachliche Darstellung (*elocutio*) des gegliederten Stoffes. Hier werden Stilqualitäten (*virtutes dicendi*) und Stilarten (*genera dicendi*) unterschieden. Die Stilqualitäten sind Sprachrichtigkeit (*puritas*), Deutlichkeit (*perspicuitas*), Angemessenheit (*aptum*) und Redeschmuck (*ornatus*). Gegebenenfalls kommt als fünfte Qualität die Kürze (*brevitas*) hinzu, falls man diese nicht als Gegenstück zur Häufung (*amplificatio*) mit den Stilfiguren (*figurae elocutionis*) innerhalb des Redeschmucks abhandelt. Dieser umfangreichste Teil der *elocutio* entzieht sich einer konzisen Darstellung. Erschwerend kommt hinzu, daß die Klassifikation nicht einheitlich gehandhabt wird. Traditionell werden Tropen (z. B. Metapher), Sinnfiguren (z. B. ↑Allegorie) und Wortfiguren unterschieden, wobei letztere weiterhin nach den Funktionen der Hinzufügung (z. B. Anapher), der Auslassung (z. B. Ellipse) und der Umstellung (z. B. Hyperbaton) unterteilt werden. Einhelligkeit besteht dagegen hinsichtlich der Einteilung der Stilarten in den niedrigen Stil (*genus humile*), den mittleren Stil (*genus medium*) und den hohen Stil (*genus sublime*), denen jeweils bestimmte Redegattungen bzw. Textsorten zugeordnet werden können. Die Wahl der Stilart ist dabei weitgehend von der jeweiligen Wirkungsabsicht des Redners bzw. Textproduzenten abhängig. Insofern das allgemeine Ziel der R., die Persuasion, eine semantische Differenzierung in Überzeugung und Überredung erlaubt, können intellektuelle (*docere, probare, monere*) und emotionale Wirkungsabsichten (*conciliare, delectare, movere*) unterschieden werden. Die übrigen Arbeitsgänge des Redners sind das Auswendiglernen der ausgearbeiteten Rede (*memoria*) und der Vortrag (*pronuntiatio*).

Abgesehen von Ansätzen bei G. Vico, der die Metaphorik (↑Metapher) als konstitutiv für jede Sprache, nicht nur die poetische, ansieht, bei J. G. v. Herder, der diese Position in seiner Sprachtheorie ausbaut, bei J. G. Hamann in seiner Kantkritik und bei F. W. Nietzsche wird die R. erst im 20. Jh. wieder zum Gegenstand philosophischer Reflexion, wobei zunehmend ein neues, nicht nur historisches Forschungsinteresse an den sophistischen Ursprüngen der R. und an einer Neubewertung des Verhältnisses zwischen Philosophie und R. hervortritt. Vorbereitet durch die Wende zum sprachlichen Paradigma in der Philosophie liegen vor allem in der Redehandlungstheorie (↑Sprechakt), der ↑Argumentationstheorie, der Theorie des kommunikativen Handelns (↑Handlung, ↑Handlungstheorie) und der persuasiven ↑Kommunikation (↑Kommunikationstheorie) sowie der pragmatischen Logikbegründung (↑Pragmatik, ↑Logik) Versuche vor, die R. unter philosophischen Gesichtspunkten zu rehabilitieren bzw. eine ›Neue Rhetorik‹ (C. Perelman) zu etablieren.

Literatur: O. A. Baumhauer, Die sophistische R.. Eine Theorie sprachlicher Kommunikation, Stuttgart 1986; T. Bezzola, Die R. bei Kant, Fichte und Hegel. Ein Beitrag zur Philosophiegeschichte der R., Berlin/Boston Mass. 1993; M. Black, Models and Metaphors. Studies in Language and Philosophy, Ithaca N. Y. 1962, 1981; T. Buckheim, Einleitung, in: ders. (ed.), Gorgias von Leontinoi. Reden, Fragmente und Testimonien, Hamburg 1989 [griech./dt.], VII–XXXIII; M. Cahn, Kunst der Überlistung. Studien zur Wissenschaftsgeschichte der R., München 1986; D. L. Clark, Rhetoric in Greco-Roman Education, New York/London 1957 (repr. Westport Conn. 1977), 1966; C. J. Classen (ed.), Sophistik, Darmstadt 1976; I. Düring, Aristoteles. Darstellung und Interpretation seines Denkens, Heidelberg 1966, 2005; W. Eisenhut, Einführung in die antike R. und ihre Geschichte, Darmstadt 1974, ³1982, 2005; J. D. G. Evans, Aristotle's Concept of Dialectic, Cambridge etc. 1977; M. Fuhrmann, Das systematische Lehrbuch. Ein Beitrag zur Geschichte der Wissenschaften in der Antike, Göttingen 1960; ders., Die antike R.. Eine Einführung, München/Zürich 1984, Mannheim 2011; C. F. Gethmann, Protologik. Untersuchungen zur formalen Pragmatik von Begründungsdiskursen, Frankfurt 1979; J. Goth, Nietzsche und die R., Tübingen 1970; K.-H. Göttert, Einführung in die R.. Grundbegriffe – Geschichte – Rezeption, München 1991, Paderborn 2009; C. L. Griswold, Plato on Rhetoric and Poetry, SEP 2003, rev. 2016; E. Gunderson (ed.), The Cambridge Companion to Ancient Rhetoric, Cambridge etc. 2009; N. Gutenberg/R. Fiordo

(eds.), Rhetoric in Europe. Philosophical Issues, Berlin 2017; R. Hall, Dialectic, Enc. Ph. II (1967), 385–389; A. Hellwig, Untersuchungen zur Theorie der R. bei Platon und Aristoteles, Göttingen 1973; A. Hetzel/G. Posselt (eds.), Handbuch R. und Philosophie, Berlin/Boston Mass. 2017 (Handbücher R. IX); H. Hommel, R., LAW, 2611–2626; ders., Griechische R. und Beredsamkeit, in: E. Vogt u. a. (eds.), Griechische Literatur, Wiesbaden 1981, 337–376; E. L. Hunt, Plato and Aristotle on Rhetoric and Rhetoricians, in: R. F. Howes (ed.), Historical Studies of Rhetoric and Rhetoricians, Ithaca N. Y. 1961, 1965, 19–70; S. Ijsseling, Retoriek en Filosofie, Bilthoven 1975 (engl. Rhetoric and Philosophy in Conflict. An Historical Survey, The Hague 1976; dt. R. und Philosophie. Eine historisch-systematische Einführung, Stuttgart-Bad Cannstatt 1988); G. A. Kennedy, The Earliest Rhetorical Handbooks, Amer. J. Philol. 80 (1959), 169–178; ders., The Art of Persuasion in Greece, Princeton N. J. 1963, 1974; ders., Quintilian, New York 1969; G. B. Kerferd, The Sophistic Movement, Cambridge etc. 1981, 2001 (franz. Le mouvement sophistique, Paris 1999); J. Kopperschmidt, Allgemeine R.. Einführung in die Theorie der Persuasiven Kommunikation, Stuttgart etc. 1973, 1976; ders. (ed.), R., I–II, Darmstadt 1990/1991; G. Kreuzbauer/G. Dorn (eds.), Argumentation in Theorie und Praxis. Philosophie und Didaktik des Argumentierens, Berlin etc. 2006; ders./N. Gratzl/E. Hiebl (eds.), Persuasion und Wissenschaft. Aktuelle Fragestellungen von R. und Argumentationstheorie, Berlin etc. 2007; dies. (eds.), Rhetorische Wissenschaft. Rede und Argumentation in Theorie und Praxis, Berlin etc. 2008; W. Kroll, R., RE Suppl.-Bd. VII, Stuttgart 1940 (repr. 1958), 1039–1138; H. Lausberg, Handbuch der literarischen R.. Eine Grundlegung der Literaturwissenschaft, I–II, München 1960, ²1973, Stuttgart 2008; M. J. Lossau, Πρὸς Κρίσιν Τινὰ Πολιτικήν. Untersuchungen zur aristotelischen R., Wiesbaden 1981; G. K. Mainberger, Reden mit Vernunft. Aristoteles, Cicero, Augustinus, Stuttgart-Bad Cannstatt 1987; H.-I. Marrou, Histoire de l'éducation dans l'antiquité, Paris 1948, ⁶1965, in 2 Bdn., Paris 1981 (dt. Geschichte der Erziehung im klassischen Altertum, Freiburg/München 1957, München 1977); J. Martin, Antike R. Technik und Methode, München 1974; H. Niehues-Pröbsting, Überredung zur Einsicht. Der Zusammenhang von Philosophie und R. bei Platon und in der Phänomenologie, Frankfurt 1987; E. Norden, Die antike Kunstprosa. Vom 6. Jahrhundert v. Chr. bis in die Zeit der Renaissance, I–II, Leipzig/Berlin 1909 (repr. Darmstadt 1981), Stuttgart 1995; P. L. Oesterreich, Fundamentalrhetorik. Untersuchung zu Person und Rede in der Öffentlichkeit, Hamburg 1990; C. Ottmers, R., Stuttgart/Weimar 1996, ²2007; C. Perelman, L'empire rhétorique. Rhétorique et argumentation, Paris 1977 (dt. Das Reich der R.. R. und Argumentation, München 1980); ders./L. Olbrechts-Tyteca, La nouvelle rhétorique. Traité de l'argumentation, Paris 1958, Brüssel 2008 (engl. The New Rhetoric. A Treatise on Argumentation, Notre Dame Ind./London 1969, 2000; dt. Die neue R.. Eine Abhandlung über das Argumentieren, I–II, Stuttgart-Bad Cannstatt 2004); H. F. Plett, Einführung in die rhetorische Textanalyse, Hamburg 1971, ⁹2001; ders., Textwissenschaft und Textanalyse. Semiotik, Linguistik, R., Heidelberg 1975, ²1979; ders. (ed.), R.. Kritische Positionen zum Stand der Forschung, München 1977; C. Rapp, Aristotle's Rhetoric, SEP 2002, rev. 2010; J. de Romilly, Les grands sophistes dans l'Athènes de Périclès, Paris 1988 (engl. The Great Sophists in Periclean Athens, Oxford 1992, 1998); H. Schanze/J. Kopperschmidt (eds.), R. und Philosophie, München 1989; H. K. Schulte, Orator. Untersuchungen über das ciceronianische Bildungsideal, Frankfurt 1935; J. R. Searle, Speech Acts. An Essay in the Philosophy of Language, Cambridge 1969, 2009 (dt. Sprech-

akte. Ein sprachphilosophischer Essay, Frankfurt 1971, 2013);
J. E. Seigel, Rhetoric and Philosophy in Renaissance Humanism.
The Union of Eloquence and Wisdom, Petrarch to Valla,
Princeton N. J. 1968; F. Solmsen, Die Entwicklung der aristotelischen Logik und R., Berlin 1929, 1975; J. Sprute, Die Enthymemtheorie der aristotelischen R., Göttingen 1982; R. Stark
(ed.), Rhetorika. Schriften zur aristotelischen und hellenistischen
R., Hildesheim 1968; S. E. Toulmin, The Uses of Argument, Cambridge 1958, ²2003 (dt. Der Gebrauch von Argumenten, Kronberg 1975, Weinheim 1996); G. Ueding, Einführung in die R..
Geschichte, Technik, Methode, Stuttgart 1976; ders. (ed.), Historisches Wörterbuch der R., I–XII, Tübingen 1992–2015; ders.,
Klassische R., München 1995, 2011; ders./B. Steinbrink, Grundriss der R.. Geschichte, Technik, Methoden, Stuttgart 1986, 2011;
C. Walde/M. Weißenberger, R., DNP X (2001), 958–987; A.
Weische, R., Redekunst, Hist. Wb. Ph. VIII (1992), 1014–1025.
– R.. Ein int. Jb. 1 (1980)ff.   C. F. G.

Ricardo, David, *London 19. April 1772, †Gatcombe
Park (Gloucestershire) 11. Sept. 1823, engl. Nationalökonom. Nach einer kaufmännischen Ausbildung erfolgreiche Tätigkeit als Börsenspekulant; daneben Beschäftigung mit Mathematik, Chemie, Geologie und
Mineralogie. Inspiriert durch A. Smiths »An Inquiry
into Nature and Causes of the Wealth of Nations« (1776)
ab 1799 Beschäftigung mit nationalökonomischen Fragen; ab 1809 Veröffentlichung von Zeitungsartikeln zu
Währungsfragen (z. B. dem Wertunterschied zwischen
Münzen und Banknoten). R. zog sich 1815 aus dem
Börsengeschäft zurück, publizierte Schriften über Getreidepreise und Kornzölle und verfaßte 1817 sein
Hauptwerk »On the Principles of Political Economy and
Taxation«. Ab 1819 Sitz im Unterhaus.
Im Gegensatz zu Smith, der sich hauptsächlich mit dem
Zustandekommen des Volkswohlstandes auseinandersetzt, konzentriert sich R. auf das Wert- und Verteilungsproblem. Er interpretiert die Verteilung des Volkseinkommens (d. h. der drei Klassen der Gesellschaft:
der Grundbesitzer, Pächter und Arbeitskräfte [↑Klasse
(sozialwissenschaftlich)]) als ein Problem der Wertgrö
ßen (↑Wert (ökonomisch)). Seine Werttheorie enthält
Analysen zur Preis-, Lohn-, Profit- und Grundrentenrate
sowie zur Außenhandelsbilanz. Zahlreiche Ergebnisse
dieser Werttheorie wurden von späteren Ökonomen aufgegriffen und dienten unter anderem K. Marx als Grundlage seiner Arbeitswert- und Ausbeutungstheorie. Sowohl R. als auch Marx befassen sich mit der Entstehung
der Überschüsse (↑Mehrwert) und der davon profitierenden Klassen und sehen den Wert der Güter in der für
ihre Produktion notwendigen Arbeitszeit. In der Schrift
»Plan for the Establishment of a National Bank« (postum
1824) schlägt R. die Einrichtung einer unabhängigen Nationalbank vor, die die Notenemission monopolisieren,
den Geldumlauf kontrollieren und die Golddeckung der
Sterlingnoten garantieren solle; seine Vorschläge wurden
wenig später realisiert. – Die gegenwärtige R.-Diskussion

wurde maßgeblich durch P. Sraffa, der eine Neoricardianische Schule der Nationalökonomie gründete, und
durch R. Barro angeregt.

Werke: The Works and Correspondence of D. R., I–XI (XI = Indexbd.), ed. P. Sraffa, London 1951–1973, Indianapolis Ind. 2004.
– The High Price of Bullion. A Proof of the Depreciation of Bank
Notes, London 1810, ⁴1811, ferner in: The Works and Correspondence of D. R. [s. o.] III, 47–127 (dt. Der hohe Preis der Edelmetalle. Ein Beweis für die Entwertung der Banknoten, in:
Grundsätze der politischen Ökonomie und der Besteuerung/Der
hohe Preis der Edelmetalle. Ein Beweis für die Entwertung der
Banknoten, ed. F. Neumark, Frankfurt 1972, 1980, 317–350); An
Essay on the Influence of a Low Price of Corn on the Profits of
Stock [...], London 1815 (repr. Düsseldorf 1996), ferner in: The
Works and Correspondence of D. R. [s. o.] IV, 1–41 (franz. Essai
sur l'influence d'un bas prix du blé sur les profits, Paris 1988);
Proposals for an Economical and Secure Currency with Observations on the Profits of the Bank of England, London 1816,
³1819, ferner in: The Works and Correspondence of D. R. [s. o.]
IV, 43–141 (dt. R.'s Währungsplan aus dem Jahre 1816, in: F.
Machlup, Die Goldkernwährung [s. u., Lit.], 179–203, [Auszug]
unter dem Titel: Vorschläge für eine wirtschaftliche und sichere
Währung, in: H.-J. Stadermann, Das Geld der Ökonomen [s. u.,
Lit.], 153–179); On the Principles of Political Economy and Taxation, London 1817 (repr. Hildesheim/New York 1977, Düsseldorf 1988), ³1821, ferner als: The Works and Correspondence of
D. R. [s. o.] I, Mineola N. Y. 2004 (franz. Des principes de l'économie politique et de l'impôt, Paris 1819, Brüssel ³1835, Paris
1977; dt. Grundgesetze der Volkswirtschaft und Besteuerung,
I–II, Leipzig 1837/1838, I–III, ²1877–1905, unter dem Titel:
Grundsätze der Volkswirtschaft und Besteuerung, Jena 1905,
³1923, unter dem Titel: Grundsätze der politischen Ökonomie
und der Besteuerung, in: Grundsätze der politischen Ökonomie
und der Besteuerung/Der hohe Preis der Edelmetalle [s. o.], 31–
316, ed. H. D. Kurz, Marburg 1994, ²2006); Plan for the Establishment of a National Bank, London 1824, ferner in: The Works and
Correspondence of D. R. [s. o.] IV, 271–300 (dt. Plan für die
Gründung einer Nationalbank, in: H.-J. Stadermann, Das Geld
der Ökonomen [s. u., Lit.], 181–197); Three Letters on the Price
of Gold. Contributed to »The Morning Chronicle« (London) in
August-November, 1809, Baltimore Md. 1903, 1934, ferner in:
The Works and Correspondence of D. R. [s. o.] III, 13–33; Economic Essays, ed. E. C. K. Gonner, London 1923, New York 2013.

Literatur: A. Amonn, R. als Begründer der theoretischen Nationalökonomie. Eine Einführung in sein Hauptwerk und zugleich
in die Grundprobleme der nationalökonomischen Theorie. Zur
hundertjährigen Wiederkehr seines Todestages (11. September
1823), Jena 1924; ders., R., in: Handwörterbuch der Sozialwissenschaften IX, ed. E. v. Beckerath u. a., Stuttgart, Tübingen, Göttingen 1956, 13–20; J. Benhamou, R., DP II (²1993), 2449–2451; M.
Blaug, Ricardian Economics. A Historical Study, New Haven
Conn. 1958 (repr. Westport Conn. 1973, 1976), 1964; ders. (ed.),
D. R. (1772–1823), Aldershot/Brookfield Vt. 1991 (Pioneers in
Economics XIV); G. A. Caravale (ed.), The Legacy of R., Oxford/
New York 1985; T. S. Davis, R.'s Macroeconomics. Money, Trade
Cycles, and Growth, Cambridge etc. 2005, 2010; W. Eltis, R., in:
J. Starbatty (ed.), Klassiker des ökonomischen Denkens I (Von
Platon bis John Stuart Mill), München 1989, I–II in einem Bd.,
Hamburg 2008, 188–207; G. Faccarello/M. Izumo (eds.), The
Reception of D. R. in Continental Europe and Japan, Abingdon/
New York 2014; J. Gerlach, R., RGG VII (⁴2004), 502; J. P. Hen

derson/J. B. Davis, The Life and Economics of D. R., Boston Mass. 1997; S. Hollander, The Economics of D. R., London, Toronto/Buffalo N. Y. 1979; ders., Classical Economics, Oxford 1987, Toronto 1992, bes. 86–116, 179–207, 325–338; ders., Essays on Classical and Marxian Political Economy, London/New York 2013, 2015 (= Collected Essays IV); B. Kettern, R., BBKL XVII (2000), 1133–1137; J. E. King, D. R., Basingstoke/New York 2013; H. D. Kurz/N. Salavadori (eds.), The Elgar Companion to D. R., Cheltenham/Northampton Mass. 2015, 2017; M. Milgate/S. C. Stimson, Ricardian Politics, Princeton N. J. 1991; D. P. O'Brien, Ricardian Economics, Oxford Econom. Papers NS 34 (1982), 247–252; T. Peach, D. R.'s Early Treatment of Profitability. A New Interpretation, Econom. J. 94 (1984), 733–751; ders., Interpreting R., Cambridge etc. 1993, 2009; ders. (ed.), D. R.. Critical Responses, I–IV, London/New York 2003; ders., R., in: S. N. Durlauf/L. E. Blume (eds.), The New Palgrave Dictionary of Economics VII, Basingstoke/New York ²2008, 163–177; H. C. Recktenwald (ed.), Lebensbilder großer Nationalökonomen. Einführung in die Geschichte der politischen Ökonomie, Köln/Berlin 1965, 173–191; M.-M. Salort, Les économistes classiques. D'Adam Smith à R., de Stuart Mill à Karl Marx, Paris 1988; P. A. Samuelson, R., IESBS XX (2001), 13330–13334; Y. Sato/S. Takenaga (eds.), R. on Money and Finance. A Bicentenary Reappraisal, Abingdon/New York 2013; B. Schefold (ed.), Ökonomische Klassik im Umbruch. Theoretische Aufsätze von D. R., Alfred Marshall, Vladimir K. Dmitriev und Piero Sraffa, Frankfurt 1986, 1991; K.-H. Schmidt, R., in: Staatslexikon IV, ed. Görres-Gesellschaft, Freiburg/Basel/Wien ⁷1988, 916–918; J. O. Sensat, Sraffa and R. on Value and Distribution, Philos. Forum 14 (1982/1983), 334–368; H.-J. Stadermann, Das Geld der Ökonomen. Ein Versuch über die Behandlung des Geldes in der Geldtheorie, Tübingen 2002, bes. 19–37 (Kap. 2 R.s Vorschläge); G. Stapelfeldt, Der Liberalismus. Die Gesellschaftstheorien von Smith, R. und Marx, Freiburg 2006, bes. 349–391 (Kap. 3 Die Politische Ökonomie D. R.s); D. Weatherall, D. R.. A Biography, The Hague 1976; E. G. West, R. in Historical Perspective, Canadian J. Econom. 15 (1982), 308–326; J. Wolff, Les pensées économiques. Les courants, les hommes, les œuvres I (Des origines à R.), Paris 1988; J. C. Wood (ed.), D. R.. Critical Assessments, I–VII, London/Sydney 1985–1994, London/New York 1997. A. W.

Richard, Jules Antoine, *Blet (Cher) 12. Aug. 1862, †Châteauroux (Indre) 14. Okt. 1956, franz. Mathematiker. Nach der Promotion an der Faculté des Sciences in Paris 1901 Lehrer an Gymnasien (Lycées) unter anderem in Tours, Dijon, Châteauroux. R. publizierte Arbeiten zur Geometrie, zur Mechanik, vor allem aber zur Philosophie der Mathematik. Er formulierte die nach ihm benannte ↑Richardsche Antinomie, beruhend auf dem Aufweis, daß sich zur Menge E aller mit endlich vielen Wörtern definierbaren Dezimalbrüche ein nicht zu E gehörender Dezimalbruch mit endlich vielen Wörtern definieren läßt (daher auch ›Paradoxie der Definierbarkeit‹). R.s Erklärung für diese ↑Antinomie hat J. H. Poincaré zu seiner Analyse der imprädikativen (↑imprädikativ/Imprädikativität) Begriffsbildungen angeregt.

Werke: Sur la philosophie des mathématiques, Paris 1903; Notions de mécanique, Paris 1905; Brief an Louis Olivier, in: L. Olivier, Les principes des mathématiques et le problème des ensembles, Rev. générale des sci. pures et appliquées 16, no. 12 (30. Juni 1905), 541–543, Nachdr. als: Lettre à Monsieur le rédacteur de la revue générale des Sciences, Acta Math. 30 (1906), 295–296; Sur la logique et la notion de nombre entier, L'enseignement math. 9 (1907), 39–44; Sur un paradoxe de la théorie des ensembles et sur l'axiome Zermelo, L'enseignement math. 9 (1907), 94–98; Sur quelques points de logique (A propos de l'ouvrage de M. Gonseth), in: Compte rendu de la 56e session de l'association française pour l'avancement des sciences [...] Bruxelles 1932, Paris 1932, 75–78.

Literatur: J. Itard, R., DSB XI (1975), 413–414. C. T.

Richards, Ivor Armstrong, *Sandbach (Cheshire) 26. Feb. 1893, †Cambridge (Cambridgeshire) 7. Sept. 1979, britischer Sprachphilosoph, Literaturkritiker und Poet, Mitbegründer des *New Criticism*. 1911–1918 Studium der Philosophie, insbes. bei G. E. Moore (moral sciences), an der Universität Cambridge (Magdalene College), 1922–1929 Instructor für englische Literatur ebendort, 1929–1930 Gastprofessor für vergleichende Literaturwissenschaften an der Tsinghua University in Beijing (Peking) sowie 1936–1938 Direktor des mit Unterstützung der Rockefeller Foundation gegründeten Orthological Institute of China ebendort, von 1939 bis zur Emeritierung 1963 Professor für Englisch an der Harvard University, 1974 Rückkehr nach England.

Unter dem Einfluß eines in der Frühphase der Analytischen Philosophie (↑Philosophie, analytische) von Moore und B. Russell im Gewand einer Aufforderung zu kritischer ↑Sprachanalyse auftretenden philosophischen Realismus (↑Realismus (erkenntnistheoretisch), ↑Realismus (ontologisch)), der sich insbes. gegen den von F. H. Bradley in Oxford vertretenen philosophischen ↑Idealismus (↑Hegelianismus) richtete, erkannte R. die Dringlichkeit einer Untersuchung der sprachlichen Instrumente gerade auch in den mit Literatur befaßten Disziplinen. Zusammen mit dem vier Jahre älteren Studienfreund C. K. Ogden, einem Schüler Victoria Lady Welbys (↑Signifik), der aus diesem Grunde mit Auffassungen von C. S. Peirce über Fragen der Bedeutung sprachlicher Ausdrücke, darunter der Rolle des so genannten ›semiotischen Dreiecks‹ (↑Semantik), vertraut war, entstand das schließlich 1923 erschienene und für den Vollzug einer pragmatischen Wende auch in den (sprachlichen) Künsten einflußreiche Werk »The Meaning of Meaning«, das den Problemen einer Bestimmung des Bedeutungsbegriffs (↑Bedeutung) unter Rückgriff auf die (symbolische) Zeichenrolle sprachlicher Ausdrücke gewidmet ist. Mit der dort getroffenen Unterscheidung zwischen referentieller und emotiver Bedeutung von Äußerungen – *noting references* versus *invoking emotions* – werden im Zusammenhang der bereits auf den Begriff der ↑Familienähnlichkeit zwischen der Bedeutung sprachlicher Ausdrücke in den »Philosophischen Untersuchungen« L. Wittgensteins vorausweisenden Einsicht, daß anstelle der Fixierung von Bedeutungen durch eine traditionelle ↑Definition es um das Aufsuchen ganzer kontext- und kotextabhängiger (↑Kontext, ↑Kotext) Bedeutungsfelder sprachlicher Ausdrücke geht, sowohl Weichen für die Entwicklung der Sprechakttheorie (↑Sprechakt) gestellt als auch Überlegungen über die Begründung von ↑Werturteilen in Ethik und Ästhetik durch den Erwerb von Einstellungen (*attitudes*) angestellt (↑Emotivismus). Darüber hinaus werden Grundlagen für die 1936 von R. publizierte Philosophie der ↑Rhetorik geschaffen und erste Hilfsmittel für eine streng werkbezogene systematische Literaturkritik entwickelt, für deren Verwendung sich die Autoren, etwa im Zusammenhang der Aufforderung zu einem ›close reading‹, auf Grundsätze über die verschiedenen Funktionen von Sprache, insbes. über die den metaphorischen Sprachgebrauch (↑Metapher) leitenden, berufen und nicht, wie damals weithin üblich, auf gerade herrschende Traditionen literarischer Beurteilung. Unter dem Eindruck der Poetik T. S. Eliots weist R. dabei speziell der Poesie die Aufgabe zu, der Integration menschlicher Handlungsimpulse zu einem ästhetischen Ganzen zu dienen, was auch eine therapeutische Funktion der Poesie gegenüber Autor und Leser ermögliche. Ebenfalls durch Ogden ließ sich R. davon überzeugen, daß einer derart modernisierten Literaturkritik Verfahren entgegenkommen, die auf der Basis eines möglichst kleinen Wortschatzes einer natürlichen Sprache (↑Sprache, natürliche), in seinem Falle des Englischen, samt vereinfachter ↑Syntax und geeigneten Regeln für seine schrittweise Erweiterung und Differenzierung die gewünschte Sprachkompetenz systematisch zu entwickeln erlauben. Er beteiligte sich an Ogdens Plan eines Aufbaus von ›Basic English‹ (mit einem Grundwortschatz von ca. 850 anstelle der ca. 25000 einfachen Wörter des Englischen) – es wurde als Konkurrenz zu den bereits existierenden Welthilfssprachen, wie z. B. Esperanto, verstanden, obwohl es der Absicht nach eher dem Programm einer ↑Orthosprache im methodischen ↑Konstruktivismus verwandt ist –, den Ogden unter dem Titel »Basic English. A General Introduction with Rules and Grammar« 1930 veröffentlicht und mit der Gründung einer Stiftung ›Orthological Institute‹ 1935 in Cambridge zur Verwirklichung dieses Plans begleitet hatte. Darüber hinaus erklärte sich R. bereit, das 1936 als einen der ersten selbständigen Ableger gegründete Orthological Institute of China für drei Jahre zu leiten (R. verbrachte auf sechs Reisen zwischen 1927 und 1979 insgesamt fünf Jahre in China), war doch als Anwendung der Prinzipien werkbezogener Interpretation im Kontext der Probleme einer ↑Übersetzung bereits 1932 seine Arbeit »Mencius on the Mind. Experiment in Multiple Definition« erschienen, die ein sich eindeutiger Lesart systematisch entziehendes Werk des ↑Konfuzianismus zum Gegenstand gehabt hatte. Während der Jahre in

Harvard widmete sich R. hauptsächlich Aufgaben und Problemen der Grundschulerziehung (*primary education*), dabei vor allem den unterschiedlichen Rollen von Sprache in wissenschaftlichen und in künstlerischen Darstellungen samt ihrem oft problematischen Verhältnis zueinander, und zwar sowohl bei Sprache als Gegenstand des Unterrichts als auch als dessen Mittel. Dem für besseres Gelingen von ↑Kommunikation seit langem beachteten Mittel der ›Rückmeldung (feedback)‹ seitens eines Hörers, wie etwas vom Sprecher Gesagtes verstanden wurde, fügt R. das zuvor eher unbeachtet gebliebene Mittel der ›Vorausschau‹ seitens eines Sprechers, wie etwas, das er zu sagen beabsichtigt, von Hörern verstanden werden könnte, hinzu und verwendet dafür seit 1951, ausgearbeitet in seinem Buch »Speculative Instruments« (1955), den Neologismus ›feedforward‹. Mittlerweile sind beide Ausdrücke zu wichtigen Termini in ↑Kommunikationstheorien, insbes. in der Medientheorie (↑Medienphilosophie) von R.s' Schüler M. McLuhan, geworden. Sie spielen darüber hinaus, jenseits sprachlich vermittelter (sozialer) Regelkreise – dann im Deutschen meist mit ›Rückkopplung‹ und ›Vorwärtskopplung‹ wiedergegeben – eine unentbehrlich gewordene Rolle bei der Behandlung beliebiger komplexer Steuerungsprozesse (↑Kybernetik), gleichgültig, ob es sich dabei um technische oder natürliche, z. B. biologische, Regelkreise, handelt.

Werke: Selected Works 1919–1938, I–X, ed. J. Constable, London/New York 2001. – (mit C. K. Ogden/J. Wood) The Foundations of Aesthetics, London 1922, New York ²1925, London/New York 2001 (= Selected Works 1919–1938 I); (mit C. K. Ogden) The Meaning of Meaning. A Study of the Influence of Language upon Thought and of the Science of Symbolism. With Supplementary Essays by B. Malinowski and F. G. Crookshank, London, New York 1923, London ⁸1946, London/New York 2001 (= Selected Works 1919–1938 II) (dt. Die Bedeutung der Bedeutung. Eine Untersuchung über den Einfluß der Sprache auf das Denken und über die Wissenschaft des Symbolismus, Frankfurt 1974); The Principles of Literary Criticism, London 1924, erw. ²1926, London, New York ⁵1934, London/New York 2001 (= Selected Works 1919–1938 III) (dt. Prinzipien der Literaturkritik, Frankfurt 1972, 1985); Science and Poetry, London, New York 1926 (repr. New York 1974), erw. London ²1935, erw. unter dem Titel: Poetries and Sciences. A Reissue of »Science and Poetry« (1926, 1935) with Commentary, New York/London 1970; Practical Criticism. A Study of Literary Judgment, London 1929, rev. 1930, London/New York 2001 (= Selected Works 1919–1938 IV), New Brunswick N. J. 2008; Mencius on the Mind. Experiments in Multiple Definition, London, New York 1932, London 1964 (repr. Westport Conn. 1983), London/New York 2001 (= Selected Works 1919–1938 V); Basic Rules of Reason, London 1933; Coleridge on Imagination, London 1934, ²1950 (repr. Bloomington Ind./London 1960), London/New York 2001 (= Selected Works 1919–1938 VI); Basic in Teaching. East and West, London 1935; The Philosophy of Rhetoric, New York/London 1936, London/New York 2001 (= Selected Works 1919–1938 VII); Interpretation in Teaching, London, New York, 1938, London ²1973, London/New York 2001 (= Selected Works 1919–1938 VIII); (mit

C. K. Ogden) Times of India Guide to Basic English, ed. A. Myers, Bombay 1938; How to Read a Page. A Course in Effective Reading with an Introduction to a Hundred Great Words, New York 1942, London 1967; Basic English and Its Uses, London, New York 1943; Speculative Instruments, London, New York 1955; So Much Nearer. Essays toward a World English, New York, 1968; Internal Colloquies. Poems and Plays, New York 1971, London 1972; Poetries. Their Media and Ends. A Collection of Essays by I. A. R. Published to Celebrate His 80th Birthday, ed. T. Eaton, The Hague/Paris 1974; Beyond, New York/London 1974; Complementarities. Uncollected Essays, ed. J. P. Russo, Cambridge Mass. 1976, Manchester 1977; New and Selected Poems, Manchester 1978; R. on Rhetoric. I. A. R: Selected Essays (1929–1974), ed. A. E. Berthoff, New York/Oxford 1991; A Semantically Sequenced Way of Teaching English. Selected and Uncollected Writings by I. A. R., ed. Y. Katagiri/J. Constable, Kyoto 1993; Collected Shorter Writings, ed. J. Constable, London/New York 2001 (= Selected Works 1919–1938 IX). – Selected Letters of I. A. R., ed. J. Constable, Oxford 1990. – J. P. Russo, A Bibliography of the Books, Articles and Reviews of I. A. R., in: R. Brower/H. Vendler/J. Hollander (eds.), I. A. R.. [s. u., Lit.], 319–365; ders., Additional Entries to John Paul Russo, »A Bibliography of … I. A. R.«, in: ders., I. A. R.. His Life and Work [s. u., Lit.], 679–682.

Literatur: R. Brower/H. Vendler/J. Hollander (eds.), I. A. R.. Essays in His Honor, New York 1973; D. J. Childs, The Birth of New Criticism. Conflict and Conciliation in the Early Work of William Empson, I. A. R., Laura Riding and Robert Graves, Montreal etc. 2013; J. Constable (ed.), I. A. R. and His Critics, London/New York 2001 (= Selected Works 1919–1938 [s. o., Werke] X); E. H. Gombrich, The Necessity of Tradition. An Interpretation of the Poetics of I. A. R. (1893–1979), in: ders., Tributes. Interpretators of Our Cultural Tradition, Ithaca N. Y., Oxford 1984, 185–209; H. Holocher, Anfänge der ›New Rhetoric‹, Tübingen 1996, bes. 19–48 (Kap. 2 Zur Theorie I. A. R.'); W. H. Hotopf, Language Thought and Comprehension. A Case Study of the Writings of I. A. R., London, Bloomington Ind. 1965; C. Karnani, Criticism, Aesthetics, and Psychology. A Study of the Writings of I. A. R., New Delhi 1977; ders., I. A. R.. A Critical Assessment, New Delhi 1989; R. Koeneke, Empires of the Mind. I. A. R. and Basic English in China, 1929–1979, Stanford Calif. 2004; R. K. Logan, Feedforward, I. A. R., Cybernetics and Marshall McLuhan, Systema 3 (2015), 177–185 (elektronische Ressource); P. MacCallum, Literature and Method. Towards a Critique of I. A. R., T. S. Eliot and F. R. Leavis, Dublin 1983; J. Needham, The Completest Mode. I. A. R. and the Continuity of English Literary Criticism, Edinburgh 1982, bes. 15–91 (Part 1 I. A. R.); G. Prasad, I. A. R. and Indian Theory of Rasa, New Delhi 1994; R. Reay-Jones, R., in: S. Brown (ed.), The Dictionary of Twentieth-Century British Philosophers II, Bristol 2005, 876–880; J. P. Russo, I. A. Richards. His Life and Work, Baltimore Md., London 1989; J. P. Schiller, I. A. R.' Theory of Literature, New Haven Conn./London 1969; R. P. Sharma, I. A. R.' Theory of Language, New Delhi 1979; R. Shusterman, Critique et poésie selon I. A. R.. De la confiance positiviste au relativisme naissant, Lille, Talence 1988; D. West, I. A. R. and the Rise of Cognitive Stylistics, London etc. 2013. K. L.

Richardsche Antinomie (engl. Richard Paradox), eine von J. A. Richard 1905 (Brief an Louis Olivier, in: L. Olivier, Les principes des mathématiques et le problème des ensembles, Rev. générale des sciences pures et appliquées 16, no. 12 [30. Juni 1905], 541–543, Nachdr. als: Lettre à

Monsieur le rédacteur de la Revue Générale des Sciences, Acta Math. 30 [1906], 295–296) formulierte, auch als ›Paradoxie der Definierbarkeit‹ bezeichnete semantische Antinomie (↑Antinomien, semantische). Richard betrachtet die Menge E aller mit endlich vielen Wörtern definierbaren Dezimalbrüche und denkt sich diese Definitionen lexikalisch aufgelistet. Ist nun in der damit vorliegenden Abzählung p die n-te Ziffer des n-ten Dezimalbruchs von E, so nehme man jeweils $p + 1$ als n-te Ziffer des neuen Dezimalbruchs r, falls p von 8 und 9 verschieden ist; andernfalls nehme man die 1. Auf Grund dieser Diagonalkonstruktion (↑Cantorsches Diagonalverfahren) ist r vom n-ten Dezimalbruch aus E und somit, da n beliebig war, von allen Dezimalbrüchen aus E verschieden; andererseits müßte der neue Dezimalbruch r, da er mit endlich vielen Wörtern definiert wurde, nach der Erklärung von E gerade zu E gehören. Der Fehler liegt nach Ansicht Richards in der Imprädikativität (↑imprädikativ/Imprädikativität) der Definition von E, die auch Definitionen von Dezimalbrüchen zuläßt, in denen auf E selbst wie auf eine schon vorliegende Menge Bezug genommen wird, obwohl E erst nach Vorliegen aller Definitionen von Dezimalbrüchen bestimmt ist.

Eine vereinfachte Fassung der R.n A. ist die ›Berrysche Paradoxie‹ (vgl. A. N. Whitehead/B. Russell, Principia Mathematica I, Cambridge [2]1925, 61, dort auch die Zuschreibung an G. G. Berry). K sei die Kennzeichnung »die kleinste nicht mit weniger als zweiundzwanzig Silben beschreibbare Grundzahl«; als endliche Folge korrekter Ausdrücke muß sie in einer z. B. durch lexikalische Anordnung erhaltenen Liste aller korrekten Ausdrucksfolgen auftreten. Versucht man, aus dieser Liste alle Ausdrucksfolgen zu streichen, die keine Grundzahl beschreiben, so gerät man in ein Dilemma bei der Entscheidung, ob K zu streichen sei oder nicht: einerseits hat K die Gestalt der Beschreibung einer Grundzahl b und müßte daher in der Liste bleiben, andererseits kann die Kennzeichnung K nicht Name einer durch sie beschriebenen Grundzahl b sein, da K aus einundzwanzig Silben besteht, also eine nicht mit weniger als zweiundzwanzig Silben beschreibbare Zahl b mit weniger als zweiundzwanzig Silben beschreibt.

Literatur: E. W. Beth, The Foundations of Mathematics. A Study in the Philosophy of Science, Amsterdam 1959, [2]1965, 1968, 486–487 (§ 161 The Berry Paradox), 487–488 (§ 162 The Richard Paradox), 510–513 (§ 177 Analysis of the Semantical Paradoxes); A. Church, The Richard Paradox, Amer. Math. Monthly 41 (1934), 356–361; H. Poincaré, Über transfinite Zahlen, in: ders., Sechs Vorträge über ausgewählte Gegenstände aus der reinen Mathematik und mathematischen Physik, gehalten zu Göttingen vom 22.–28. April 1909, Leipzig/Berlin 1910, 45–48 (repr. in: Œuvres XI [Mémoires divers], Paris 1956, 120–124); C. Thiel, Grundlagenkrise und Grundlagenstreit. Studie über das normative Fundament der Wissenschaften am Beispiel von Mathematik und Sozialwissenschaft, Meisenheim am Glan 1972, 130–156 (Kap. 4 Imprädikative Verfahren). C. T.

Richard von Middletown (Richardus de Mediavilla; genannt ›Doctor solidus‹), *um 1249, †zwischen 1302 und 1308, franziskanischer Philosoph französischer oder englischer Herkunft. Nach Studium in Paris liest R. v. M. ebendort 1280/1281 über die Sentenzen des Petrus Lombardus. 1283 Mitglied der Kommission zur Prüfung der Schriften des P. J. Olivi, 1284–1287 Magister regens, 1295 Wahl zum Provinzial der Francia, 1296 Aufenthalt in Neapel (Bekanntschaft mit Ludwig von Toulouse). – R. v. M. schreibt als erster Franziskaner nach Bonaventura einen wegen seiner Klarheit und Präzision geschätzten ↑Sentenzenkommentar. Neben der Orientierung am ↑Augustinismus der Franziskanerschule ist der Einfluß Thomas von Aquins erkennbar; manche Erörterungen weisen auf J. Duns Scotus voraus, der sich mit ihm kritisch auseinandersetzt. R. v. M. wendet sich gegen den ontologischen ↑Gottesbeweis Anselms von Canterbury und befaßt sich in seinen »Quodlibeta« in einem psychologischen Kontext mit Aspekten des Hypnotismus. Im ↑Universalienstreit vertritt er einen konzeptualistischen (↑Konzeptualismus) Standpunkt. Seine 45 »Quaestiones disputatae« liegen mittlerweile ediert vor.

Werke: Super quarto sententiarum, o.O. [Venedig] o.J. [vor 1477], Venedig 1489, 1499, o.O. [London] 1504, unter dem Titel: In quartum sententiarum, o.O. [Lyon] 1512, o.O., 1517, unter dem Titel: Super quatuor libros sententiarum, I–IV, Brescia 1591 (repr. Frankfurt 1963); Tria […] quodlibeta, Venedig 1509, Paris 1519, unter dem Titel: Quodlibeta […] quaestiones octuaginta continentia, Brescia 1591, unter dem Titel: Premier »quodlibet« [lat./franz.], ed. A. Boureau, Paris 2015, Deuxième »quodlibet« [lat./franz.], ed. A. Boureau, Paris 2016; Quaestio disputata De privilegio Martini papae IV, ed. F. M. Delorme, Quaracchi 1925; R. de Mediavilla et la controverse sur la pluralité des formes. Textes inédits et étude critique, ed. R. Zavalloni, Louvain 1951 (mit Bibliographie, 508–538); [Quaestiones disputatae] Questions disputées [lat./franz.], I–VI, ed. A. Boureau, Paris 2011–2014.

Literatur: J. Beumer, Der Theologiebegriff des R. v. Mediavilla O. F. M., Franziskan. Stud. 40 (1958), 20–29; A. Boureau, L'inconnu dans la maison. R. de Mediavilla, les franciscains et la Vierge Maria à la fin du XIIIᵉ siècle, Paris 2010; ders., R. de Mediavilla fut-il aussi un exégète?, I–II (I Enquête sur les annotations du commentaire de l'Apocalypse dans ms. Assise 82.1, II Les enjeux de l'exégèse de Mediavilla), Freiburger Z. Philos. Theol. 58 (2011), 227–270, 404–436; S. F. Brown, R. of Middleton, REP VIII (1998), 310–312; ders., R. of Middleton, in: H. C. G. Matthew/B. Harrison (eds.), Oxford Dictionary of National Biography XXXVIII, Oxford/New York 2004, 75–76; F. Caldera, ›Intelligere verum creatum in veritate aeterna‹. La théorie de l'illumination chez R. de Mediavilla et Pierre de Jean Olivi, in: C. König-Pralong/O. Ribordy/T. Suarez-Nani (eds.), Pierre de Jean Olivi – Philosophe et théologien. Actes du colloque de Philosophie médiévale. 24–25 octobre 2008, Université de Fribourg, Berlin/New York 2010, 229–252; R. Cross, R. of Middleton, in: J. J. E. Gracia/T. B. Noone (eds.), A Companion to Philosophy in the Middle Ages, Malden Mass./Oxford/Carlton 2002, 2006,

573–578; ders., R. of Middleton, in: E. Lagerlund (ed.), Encyclopedia of Medieval Philosophy. Philosophy between 500 and 1500 II, Dordrecht etc. 2011, 1132–1134; F. A. Cunningham, R. of Middleton, O. F. M., on ›esse‹ and ›essence‹, Franciscan Stud. 30 (1970), 49–76; G. J. Etzkorn, R. of Mediavilla, Enc. Ph. VII (1967), 192, VIII (²2006), 457–458; E. Gilson, History of Christian Philosophy in the Middle Ages, London, New York 1955, 1980, 347–349, 695–698; G. Guldentops, Note sur R. de Mediavilla, Rech. théol. philos. médiévales 80 (2013), 501–519; M. G. Henninger, Hervaeus Natalis (B. 1250/60; D. 1323) and R. of Mediavilla (B. 1245/49; D. 1302/07), in: J. J. E. Gracia (ed.), Individuation in Scholasticism. The Later Middle Ages and the Counter-Reformation, 1150–1650, Albany N. Y. 1994, 299–318; V. Heynck, R. v. Mediavilla, LThK VIII (1963), 1292; E. Hocedez, R. de Middleton. Sa vie, ses œuvres, sa doctrine, Louvain, Paris 1925; A. Krümmel, R. v. Mediavilla, BBKL VIII (1994), 212–213; J. Lechner, Die Sakramentenlehre des R. v. Mediavilla, München 1925 (repr. Hildesheim 1973); D. Perler, What Is a Dead Body? R. of Mediavilla and Dietrich of Freiberg on a Metaphysical Puzzle, Rech. théol. philos. médiévales 82 (2015), 61–87; P. Rucker, Der Ursprung unserer Begriffe nach R. v. Mediavilla. Ein Beitrag zur Erkenntnislehre des Doctor Solidus, Münster 1934; M. Schmaus, Aus der Bewegungslehre des R. v. Mediavilla, in: K. Flasch (ed.), Parusia. Studien zur Philosophie Platons und zur Problemgeschichte des Platonismus. Festgabe für Johannes Hirschberger, Frankfurt 1965, 393–406; ders., Die theologische Methode des R. v. Mediavilla, Franziskan. Stud. 48 (1966), 254–265; R. Seeberg, Die Theologie des Johannes Duns Scotus. Eine dogmengeschichtliche Untersuchung, Leipzig 1900 (repr. Aalen 1971), 16–33; D. E. Sharp, Franciscan Philosophy at Oxford in the Thirteenth Century, Oxford/London 1930 (repr. New York 1964, Farnborough 1966, 1969), 211–276; G. Wilson, Henry of Ghent's »Quodlibet VII« as a Source for R. of Mediavilla's »Questio Privilegii papae Martini«, Franciscan Stud. 53 (1993), 97–120; Z. Wlodek, Au sujet des recherches sur la chronologie des œuvres de R. de Mediavilla, Mediaevalia Philosophica Polonorum 3 (1959), 3–6. J. M.

Richard von St. Viktor (Richard de Saint-Victor), †Paris 10. März 1173, neben seinem Lehrer Hugo von St. Viktor der bedeutendste Vertreter der Schule von St. Viktor (↑Sankt Viktor, Schule von), die durch eine besondere Verbindung von scholastischem (↑Scholastik) Argumentieren und Mystizismus (↑Mystik) gekennzeichnet ist und damit im 12. und frühen 13. Jh. einen starken – auch gegen die Aristoteles-Rezeption gerichteten – Einfluß ausübte.

Wie Anselm von Canterbury mit seinem Leitsatz ↑›credo ut intelligam‹ will auch R. die im Glauben bereits angenommenen Lehren der christlichen Religion durch ›notwendige Gründe‹ beweisen. Denn für das, was notwendig existiert, muß es auch notwendige Gründe geben. Einen ersten ↑Gottesbeweis führt R. dadurch, daß er die Dinge in solche einteilt, die ewig oder zeitlich, durch sich selbst oder durch ein anderes existieren. Mit Hilfe begrifflicher Überlegungen sucht er zu zeigen, daß die zeitlichen Dinge nicht durch sich selbst existieren können und die ewigen Dinge nicht durch anderes verursacht sein können. Daraus ergibt sich, daß es ein nicht-zeitliches ↑Seiendes geben muß, dem die zeitlichen Dinge ihre Existenz verdanken: Gott. In einem zweiten Gottesbeweis geht R. ähnlich wie Anselm von den unterschiedlichen Graden der Güte oder ↑Vollkommenheit aus, die die Dinge in ihrer Existenz verwirklichen. Diese Güte und Vollkommenheitsgrade betrachtet R. als eine Erfahrungstatsache. Von ihr ausgehend argumentiert er dafür, daß es ein Höchstes geben muß, zu dem es kein Größeres oder Besseres gibt. Insbes. kann dieses Höchste nicht etwas empfangen von etwas, das geringer ist als es selbst. Daher muß es auch sein ↑Sein und seine ↑Existenz durch sich selbst besitzen. Dies wiederum bedeutet, daß das Höchste ewig ist. – Einen dritten Beweis für die Existenz Gottes führt R. über die Seinsmöglichkeiten. Jedes existierende Ding muß die Möglichkeit seines Seins aus sich selbst besitzen oder von einem anderen empfangen. Damit überhaupt irgendetwas existieren kann, muß es einen Grund der Möglichkeit geben, der die Quelle der Möglichkeit und der Existenz aller Dinge ist und der nur von sich selbst abhängt. Alle Macht, Weisheit usw. müssen von diesem Grund abhängen, so daß dieser selbst das höchste Wesen sein muß als der Grund aller Wesen, die höchste Macht als die Quelle aller Macht usw.. Der Grund aller dieser Möglichkeiten ist wiederum die höchste Substanz, Gott. – Auch die Trinitätslehre sucht R. aus der Betrachtung des Ewigen und Selbständigen auf der einen Seite und der Liebe auf der anderen Seite durch begriffliche Überlegungen einsichtig zu machen. Er lehrt eine Stufenleiter des Erkennens und der Liebe, auf der man von der sinnlichen Wahrnehmung bis zur selbstentäußerten Schau der ewigen Wahrheit gelangen kann.

Werke: Opera, I–II, Venedig 1506, 1592 (dt. Köln 1621); Omnia opera in unum volumen congesta, Paris 1518, Köln 1621, Rouen 1650, Neudr. mit Untertitel: Ordine nova donata, variis praeterea, quae autea desiderabantur, monumentis aucta et illustrata. Accedunt Gilduim […] epistolae et opuscula, ed. J.-P. Migne, Paris 1855 (repr. Turnhout 1979). – P. Wolff, Die Viktoriner. Mystische Schriften, Wien 1936; Sermons et opuscules spirituels inédits I, ed. J. Châtillon/W.-J. Tulloch, Brügge/Paris 1951 (mehr nicht erschienen); Selected Writings on Contemplation, ed. C. Kirchberger, London 1957; De Trinitate. Texte critique avec introduction, notes et tables, ed. J. Ribaillier, Paris 1958 (franz./lat. La Trinité, ed. G. Salet, Paris 1959, 1999; dt. Die Dreieinigkeit, ed. H. U. v. Balthasar, Einsiedeln 1980, 2002; ital. La trinità, ed. M. Spinelli, Rom 1990); Liber exceptionum. Texte critique avec introduction, notes et tables, ed. J. Châtillon, Paris 1958; Opuscules théologiques. Texte critique avec introduction, notes et tables, ed. J. Ribaillier, Paris 1967; Über die Gewalt der Liebe. Ihre vier Stufen [lat./dt.], ed. M. Schmidt, München/Paderborn/Wien 1969; Trois opuscules spirituels. Textes inédits accompagnés d'études critiques et de notes, ed. J. Châtillon, Paris 1986; Les douze patriarches ou Benjamin Minor [lat./franz.], ed. J. Châtillon/M. Duchet-Suchaux, Paris 1997; R. v. St. V.: »Benjamin minor«, deutsch. Ein neu aufgefundenes Handschriftenfragment. Edition und Untersuchung, ed. E. Haberkern, Göppingen 2000.

Literatur: M.-A. Aris, Contemplatio. Philosophische Studien zum Traktat Benjamin Maior des R. v. St. V., Frankfurt 1996; J. Beumer, R. v. St. V.. Theologe und Mystiker, Scholastik 31 (1956), 213–238; J. Châtillon, Le contenu, l'authenticité et la date du »Liber exceptionum« et des »Sermones centum« de R. de Saint-Victor, Rev. du moyen âge latin 4 (1948), 23–52, 343–366; ders., Les écoles de Chartres et de Saint-Victor, in: XIX Settimane di Studio del Centro Italiano di studi sull'alto medioevo. La Scuola nell'Occidente latino dell'alto medioevo, 15–21 aprile 1971, Spoleto 1972, 795–839; G. Dumeige, R. de Saint-Victor et l'idée chrétienne de l'amour, Paris 1952; J. Ebner, Die Erkenntnislehre R.s v. St. V., Münster 1917; A.-M. Ethier, Le »De Trinitate« de R. de Saint-Victor, Paris/Ottawa Ont. 1939; U. G. Fritz, R. de Saint-Victor, Dictionnaire de théologie catholique XIII/2 (1937), 2676–2695; M. Grabmann, Die Geschichte der scholastischen Methode nach den gedruckten und ungedruckten Quellen II, Freiburg 1911 (repr. Berlin [Ost] 1956, 1988), 309–319; M. Lenglart, La théorie de la contemplation mystique dans l'œuvre de R. de Saint-Victor, Paris 1935; L. Ott, Untersuchungen zur theologischen Briefliteratur der Frühscholastik. Unter besonderer Berücksichtigung des Viktorinerkreises, Münster 1937, 549–657; C. Ottaviano, Riccardo di San Vittore. La vita, le opere, il pensiero, Accademia nazionale dei Lincei, classe di scienze morali, storiche e filologiche. Memorie, Ser. 6, 5 (1933), 409–541; J. T. Rath, R. v. St. V., BBKL VIII (1994), 216–218; M. A. Schmidt, R. v. St. V., TRE XXIX (1998), 191–194; M. Schniertshauer, Consummatio caritatis. Eine Untersuchung zu R. v. St. V.s »De trinitate«, Mainz 1996; ders., R. v. St-V., LThK VIII (³1999), 1174–1175; J. T. Slotemaker, R. of St. V., in: H. Lagerlund (ed.), Encyclopedia of Medieval Philosophy. Philosophy Between 500 and 1500 II, Dordrecht etc. 2011, 1134–1136; H. Wipfler, Die Trinitätsspekulation des Petrus von Poitiers und die Trinitätsspekulation des R. v. St. V.. Ein Vergleich, Münster 1965. O. S.

Richtigstellung der Namen (Begriffe) (Zheng-ming), Bezeichnung für die auf Konfuzius zurückgehende These, das Wesen einer guten Regierung bestehe in erster Linie in der R. d. N.; diese solle dazu führen, daß »Fürst Fürst, Diener Diener, Vater Vater, Sohn Sohn« sei (Lun Yü 12,11; ebenso Lun Yü 13,3). Die Lehre von der R. d. N. wird im ↑Konfuzianismus öfter erwähnt. Obwohl scheinbar ein sprachtheoretisches Prinzip (Festhalten an einer tradierten, starren Bedeutung der Begriffe; ↑Logik, chinesische), ist die Lehre von der R. d. N. faktisch ein Ausdruck für den sozialpolitischen Konservatismus der Konfuzianer.

Texte: Hsün-tzŭ on the Rectification of Names, trans. J. J. L. Duyvendak, T'oung Pao 23 (1924), 221–254; The Works of Hsüntze, trans. H. H. Dubs, London 1928 (repr. Taipei 1966, New York 1977), 281–299; Hsün-Tzu, übers. H. Köster, Kaldenkirchen 1967, 286–300; ↑Konfuzius.

Literatur: C.-Y. Cheng, Zhengming (Cheng-ming): Rectifying Names, Enc. Chinese Philos. 2003, 870–872; Z. Dainian, Key Concepts in Chinese Philosophy, New Haven Conn./London, Beijing 2002, 2005, 461–474 (II.61 Naming, Rectification of Names/Ming, Zheng Ming); H. H. Dubs, Hsüntzu. The Moulder of Ancient Confucianism, London 1927 (repr. Taipei 1966), 198–241; O. Franke, Über die chinesische Lehre von den Bezeichnungen, T'oung Pao 7 (1906), 315–350; Y-L. Fung, A History of

Chinese Philosophy I (The Period of the Philosophers [From the Beginnings to circa 100 B.C.]), Peiping 1937, Princeton N.J. [2]1952, 1983, 59–62, 302–311; L.S. Hsü, The Political Philosophy of Confucianism. An Interpretation of the Social and Political Ideas of Confucius, His Forerunners, and His Early Disciples, London 1932 (repr. 2005), London, New York 1975, 43–60; S. Hu, The Development of the Logical Method in Ancient China, Shanghai 1922 (repr. New York 1963, 1968), 46–52, 159–169. H.S.

Rickert, Heinrich, *Danzig 25. Mai 1863, †Heidelberg 30. Juli 1936, dt. Philosoph, mit W. Windelband Begründer der südwestdeutschen (badischen) Schule des ↑Neukantianismus, die sich im Unterschied zur Marburger Schule um eine erkenntnistheoretische Begründung der Kulturwissenschaften bemühte. 1885–1888 Studium der Philosophie in Straßburg, Zürich und Bern, 1888 Promotion bei W. Windelband in Straßburg, 1891 Habilitation in Freiburg, 1894 a.o. Prof., 1896 o. Prof. (als Nachfolger A. Riehls) ebendort, 1916 o. Prof. in Heidelberg (als Nachfolger Windelbands). – In R.s philosophischem Denken lassen sich drei Phasen unterscheiden: (1) Grundlegung einer allgemeinen Erkenntnistheorie und Fortführung dieser zu einer Theorie der Begriffsbildung in den Natur- und historischen ↑Kulturwissenschaften. (2) Errichtung eines Systems der Philosophie im Gegensatz zu allen Spielarten der Lebensphilosophie. (3) Auseinandersetzung mit zu seiner Zeit aktuellen Ansätzen einer neuen ↑Ontologie und dem Problem der ↑Metaphysik. Von I. Kant, J.G. Fichte und R.H. Lotze ausgehend, lehrte R. einen ↑Kritizismus, in dem dem transzendentalen Subjekt (↑Subjekt, transzendentales) eine primäre erkenntnisbegründende Funktion zukommt. Die wissenschaftliche Philosophie hat nach R. im Unterschied zu den Einzelwissenschaften durch für jedermann ausweisbare Begriffe eine Erkenntnis der Welt in ihrer Totalität zu leisten. Jede atheoretische, d.h. lebensweltliche (↑Lebenswelt), Einstellung ist bei der Erkenntnisbemühung zu vermeiden. Das Begreifen der anschaulich unübersehbaren Vielheit der Welt führt zu einem übersehbaren Zusammenhang von Begriffen, den R. ›System‹ nennt. Seine Ontologie (psychophysisches, intelligibles, prophysisches und metaphysisches Sein) dient dem Aufbau einer Lehre vom Sein des menschlichen Lebens, die in eine philosophische ↑Anthropologie einmünden soll. Im Rahmen der anthropologischen Fragestellung wird nach R. der Charakter der Philosophie als Wertlehre (↑Wertphilosophie) offensichtlich, weil diese Aufgabe ohne Bezug auf Werte (↑Wert (moralisch)), die entweder als Eigenwerte (wie Wissenschaft und Kunst) oder als Bedingungswerte (wie Wirtschaft und Technik) verstanden werden, nicht lösbar erscheint. – Philosophiegeschichtlich wirksam waren vor allem R.s methodologische Untersuchungen zu den ›Kulturwissenschaften‹ (↑Logik, historische), deren Methode er als individualisierend (idiographisch) kennzeichnete – im Unterschied zu den Naturwissenschaften, die nach R. generalisierend (nomothetisch) verfahren (↑idiographisch/nomothetisch). E. Troeltsch, F. Meinecke und M. Weber sind durch R. beeinflußt.

Werke: Zur Lehre von der Definition, Freiburg 1888, Tübingen [3]1929 (franz. Théorie de la définition, in: Science de la culture et science de la nature. Suivi de »Théorie de la définition«, Paris 1997, 195–288); Der Gegenstand der Erkenntnis. Ein Beitrag zum Problem der philosophischen Transcendenz, Freiburg 1892, unter dem Titel: Der Gegenstand der Erkenntnis. Einführung in die Transzendentalphilosophie, Tübingen/Leipzig [2]1904, Tübingen [6]1928; Die Grenzen der naturwissenschaftlichen Begriffsbildung. Eine logische Einleitung in die historischen Wissenschaften, I–II, Freiburg/Leipzig/Tübingen 1896/1902, in 1 Bd., Tübingen 1902, [5]1929 (repr. [gekürzt] Hildesheim/Zürich/New York 2007), gekürzt in: S. Schallon, Texte zur Praktischen Philosophie. R., London 2009, 1–124 (engl. [gekürzt] The Limits of Concept Formation in Natural Science. A Logical Introduction to the Historical Sciences, Cambridge etc. 1986); Fichtes Atheismusstreit und die Kantische Philosophie. Eine Säkularbetrachtung, Berlin 1899; Kulturwissenschaft und Naturwissenschaft. Ein Vortrag, Freiburg/Leipzig/Tübingen 1899, unter dem Titel: Kulturwissenschaft und Naturwissenschaft, Tübingen [2]1910, [7]1926, ed. F. Vollhardt, Stuttgart 1986 (engl. Science and History. A Critique of Positivist Epistemology, Princeton N.J. 1962; franz. Science de la culture et science de la nature, in: Science de la culture et science de la nature [s.o.], 9–193); Geschichtsphilosophie, in: W. Windelband (ed.), Die Philosophie im Beginn des zwanzigsten Jahrhunderts. Festschrift für Kuno Fischer II, Heidelberg 1905, 51–135, rev. unter dem Titel: Die Probleme der Geschichtsphilosophie. Eine Einführung, Heidelberg [3]1924 (franz. Les problèmes de la philosophie de l'histoire. Une introduction, Toulouse 1998); Zwei Wege der Erkenntnistheorie. Transcendentalpsychologie und Transscendentallogik, Kant-St. 14 (1909), 169–228 (repr. Würzburg 2002), Neudr. Halle 1909 (franz. Les deux voies de la théorie de la connaissance, in: Les deux voies de la théorie de la connaissance 1909. La conscience en général. Texte allemand en vis-à-vis, Paris 2006, 111–162); Das Eine, die Einheit und die Eins. Bemerkungen zur Logik des Zahlbegriffs, Logos 2 (1911/1912), 26–78, Neudr. Tübingen [2]1924; Wilhelm Windelband, Tübingen 1915, [2]1929; Die Philosophie des Lebens. Darstellung und Kritik der philosophischen Modeströmungen unserer Zeit, Tübingen 1920, [2]1922; System der Philosophie I (Allgemeine Grundlegung der Philosophie), Tübingen 1921 [mehr nicht erschienen]; Kant als Philosoph der modernen Kultur. Ein geschichtsphilosophischer Versuch, Tübingen 1924; Helena in Goethes Faust, Erlangen 1925, 1931; Die Logik des Prädikats und das Problem der Ontologie, Heidelberg 1930/1931; Die Heidelberger Tradition in der deutschen Philosophie, Tübingen 1931; Goethes Faust. Die dramatische Einheit der Dichtung, Tübingen 1932; Grundprobleme der Philosophie. Methodologie, Ontologie, Anthropologie, Tübingen 1934; Die Heidelberger Tradition und Kants Kritizismus, Berlin 1934; Unmittelbarkeit und Sinndeutung. Aufsätze zur Ausgestaltung des Systems der Philosophie, Tübingen 1939; Philosophische Aufsätze, ed. R.A. Bast, Tübingen 1999.– Martin Heidegger. H.R., Briefe 1912 bis 1933 und andere Dokumente. ed. A. Denker, Frankfurt 2002 (franz. Lettres 1912–1933 et autres documents, Brüssel 2007).– R.A. Bast, Bibliographie der publizierten Schriften H.R.s, in: Philosophische Aufsätze [s.o.], 439–456.

Literatur: R. A. Bast, R., NDB XXI (2003), 550–552; F. C. Beiser, The German Historicist Tradition, Oxford 2011, 2015, 393–441 (Chap. 10 R. and the Philosophy of Value); E. Bloch, Kritische Erörterungen über R. und das Problem der modernen Erkenntnistheorie, Ludwigshafen 1909 (franz. Études critiques sur R. et le problème de la théorie moderne de la connaissance, Paris 2010); E. Bohlken, Grundlagen einer interkulturellen Ethik. Perspektiven der transzendentalen Kulturphilosophie H. R.s, Würzburg 2002; A. Donise/A. Giugliano/E. Massimilla (eds.), Metodologia, teoria della conoscenza, filosofia dei valori. H. R. e il suo tempo, Neapel 2015 (dt. Methodologie, Erkenntnistheorie, Wertphilosophie. H. R. und seine Zeit, Würzburg 2016); K. C. Köhnke, Entstehung und Aufstieg des Neukantianismus. Die deutsche Universitätsphilosophie zwischen Idealismus und Positivismus, Frankfurt 1986, 1993; C. Krijnen, Nachmetaphysischer Sinn. Eine problemgeschichtliche und systematische Studie zu den Prinzipien der Wertphilosophie H. R.s, Würzburg 2001; ders./A. J. Noras (eds.), Marburg versus Südwestdeutschland. Philosophische Differenzen zwischen den beiden Hauptschulen des Neukantianismus, Würzburg 2012; L. Kuttig, Konstitution und Gegebenheit bei H. R.. Zum Prozeß der Ontologisierung in seinem Spätwerk. Eine Analyse unter Berücksichtigung nachgelassener Texte, Essen 1987 (mit Bibliographie, 217–228); P.-U. Merz [später: P.-U. Merz-Benz], Max Weber und H. R.. Die erkenntniskritischen Grundlagen der verstehenden Soziologie, Würzburg 1990, Wiesbaden ²2007; A. Miller-Rostowska, Das Individuelle als Gegenstand der Erkenntnis. Eine Studie zur Geschichtsmethodologie H. R.s, Winterthur 1955; G. Oakes, Weber and R.. Concept Formation in the Cultural Sciences, Cambridge Mass./London 1988; H.-L. Ollig, Der Neukantianismus, Stuttgart 1979; A. Peschl, Transzendentalphilosophie – Sprachanalyse – Neoontologie. Zum Problem ihrer Vermittlung in exemplarischer Auseinandersetzung mit H. R., Ernst Tugendhat und Karl-Otto Apel, Frankfurt etc. 1992 (mit Bibliographie, 467–487); A. Staiti, R., SEP 2013; A. C. Zijderveld, R.'s Relevance. The Ontological Nature and Epistemological Functions of Values, Leiden/Boston Mass. 2006.   A. V.

Ricœur, Paul, *Valence, 27. Febr. 1913, †20. Mai 2005 Château-Malabry, franz. Philosoph. 1920–1933 Gymnasium und Studium der Philosophie in Rennes, ab 1934 an der Sorbonne, 1935 Agrégation dort, anschließend Lehrtätigkeit. 1939 Einberufung zum Militärdienst, 1940–1945 deutsche Kriegsgefangenschaft. 1948–1956 zunächst Maître de conférence, dann Professor für Philosophiegeschichte (als Nachfolger J. Hyppolites) an der Universität Straßburg, 1950 Veröffentlichung der habilitationsäquivalenten Thèse d'état »Philosophie de la volonté [I]. Le volontaire et l'involontaire« und der Übersetzung von E. Husserls »Ideen I« (Thèse secondaire). 1956 Prof. für allgemeine Philosophie an der Sorbonne. Mitarbeit an der Zeitschrift »Esprit«. 1966–1970 Prof. an der Universität Paris-Nanterre, 1970–1992 Professur an der University of Chicago.

R.s Werk läßt sich in eine phänomenologisch (↑Phänomenologie) orientierte und eine hermeneutisch orientierte (↑Hermeneutik) Phase gliedern. In der ersten Phase, die maßgeblich durch die Aneignung der Phänomenologie Husserls und der ↑Existenzphilosophie (K. Jaspers, G. Marcel, M. Merleau-Ponty) bestimmt ist, widmet sich R. Fragen der ↑Religionsphilosophie und der ↑Moralphilosophie und entwirft eine Philosophie des ↑Willens, die mittels eidetischer (↑Eidetik) Reduktion auf eine Analyse allgemeiner Strukturen des ↑Bewußtseins abzielt. R. formuliert eine philosophische ↑Anthropologie, deren Schlüsselbegriff die moralische Fehlbarkeit des Menschen ist. – Ab 1960 verlagert R. den Akzent von der Phänomenologie auf die Hermeneutik und arbeitet eine ›Hermeneutik der Mythen‹ aus, die die Vermittlungsweisen der Erfahrungen des ↑Bösen durch die symbolische Sprache des ↑Mythos erforscht. Diese wird später zu einer Hermeneutik des Selbst und einer Texthermeneutik erweitert. Dabei unterscheidet R. zwei Formen der Hermeneutik des Selbst: Die Hermeneutik des Verdachts (K. Marx, F. Nietzsche, S. Freud) entdeckt eine latente Bedeutung der Zeichen, die sich den Intentionen der Produzenten entzieht. Die Hermeneutik der Entfaltung strebt eine Wiederherstellung des Sinns des Interpretandums oder die Aneignung des Bedeutungsgehalts durch den Rezipienten an. Die Freudsche ↑Psychoanalyse wird als eine verstehende (↑Verstehen) Wissenschaft expliziert, die einen gemischten Diskurs produziert. Später setzt sich R. mit Semantiktheorien (↑Semantik), Sprechakttheorien (↑Sprechakt) und ↑Handlungstheorien des ↑Subjekts im Sinne eines hermeneutischen Modells auseinander. In der Texthermeneutik behandelt R. Probleme der Metapherntheorie (↑Metapher) und des Erzählungsbegriffs. Die Metapher wird als ein Prädikationsvorgang aufgefaßt, der gegen geltende Regeln des Sprachgebrauchs verstößt und eine semantische Innovation produziert. Der metaphorischen Referenz wird eine heuristische Funktion (↑Heuristik) zugeschrieben: sie kann eine Neubeschreibung der Welt leisten.

Einen weiteren Schwerpunkt im Werk R.s bilden Untersuchungen zum Verhältnis von Zeit und Erzählung (Temps et récit, I–III, Paris 1983–1985): (1) Im Rahmen einer ausführlichen Analyse erkenntnis- und wissenschaftstheoretischer Diskussionen werden die Unabdingbarkeit der Erzählung für die Arbeit des Historikers dargestellt und die Erklärungsfunktion historischen Erzählens aufgezeigt. (2) Die Auswertung literaturwissenschaftlicher Theorien und die Interpretation fiktionaler Texte verdeutlichen die Bedeutung der Artikulation der Zeiterfahrung durch die literₜ₂arische Narration und ihre Differenz zur historischen Zeit. (3) Die Auseinandersetzung mit der Philosophie der Zeit (A. Augustinus, I. Kant, E. Husserl, M. Heidegger) hebt die zunehmende Aporetik des philosophischen Denkens über die Zeit hervor. (4) Eine ›Poetik der Erzählung‹ hat die Aufgabe zu zeigen, inwiefern die Konfiguration der Zeiterfahrung durch das historische und fiktionale Erzählen (↑Fiktion, literarische) als Antworten auf die Aporien der philosophischen Reflexion gelten können: die historische Erzählung vermittelt zwischen der erlebten (subjektiven) und der kosmischen (objektiven) Zeit. Probleme personaler Identität (↑Identität, personale) behandelt R. in Auseinandersetzung mit der analytischen ↑Sprachphilosophie und ↑Handlungstheorie (Soi-même comme un autre, Paris 1990). Auf der Basis einer Unterscheidung zwischen den Begriffen der ›mêmeté‹ (Selbigkeit) und ›ipseïte‹ (Selbstheit) wendet sich R. der Frage nach der maßgeblichen Ontologie des ↑Selbst zu. Substanzontologische Theorien und die aus ihnen abgeleiteten Konzeptionen gehen davon aus, daß auch die Identität von Personen nach Maßgabe eines allgemeinen objektfixierenden Kriteriums beurteilt werden kann. Durch präzise Angabe der einschlägigen Bedingungen soll die Frage diachroner Identität beantwortet werden: ›P$_{t1}$ ist identisch mit P$_{t2}$ genau dann wenn [...]‹. Mit dem Konzept der ›ipseïte‹ betont R. eine spezifische, durch die Erfahrung von ↑Zeitlichkeit geprägte Dimension des Personseins (↑Person), die nicht hinreichend durch substanzontologische Modelle abgedeckt ist. Die substanzontologische Frage ›Was ist P?‹ bedarf im Falle personaler Identität einer Ergänzung durch die Frage ›Wer bin ich?‹. Das in diesem Zusammenhang eingeführte Konzept einer *narrativen Identität* hat einerseits die Aufgabe, der Veränderlichkeit und Dynamik des Selbst- und Fremdverstehens von Personen Rechnung zu tragen, und andererseits den Sachverhalt zu berücksichtigen, daß das Selbstverständnis von Personen nicht einfach fragmentarisch, diskontinuierlich ist, sondern dank der Möglichkeit narrativer Konfiguration des Lebenszusammenhangs eine Diskontinuitäten integrierende, wie auch immer vorläufige Einheit erhalten kann. Die beiden letzten Bücher R.s (La mémoire, l'histoire, l'oubli, 2000; Parcours de la reconnaissance, 2004) vertiefen Überlegungen zum Problem der Zeit, der Geschichte und der Ethik. Auch in diesen Arbeiten beabsichtigt R. nicht, eine systematische, abgeschlossene Theorie vorzulegen, sondern bleibt seinem Verfahren der hermeneutischen Vermittlung in Form der Durcharbeitung wichtiger Bezugstexte der Tradition wie der maßgeblichen Diskussionsbeiträge zeitgenössischer Forschung treu. Neben seinen Büchern veröffentlichte R. eine große Anzahl an Aufsätzen, u. a. zur Kritik des Strukturalismus (↑Strukturalismus (philosophisch, wissenschaftstheoretisch)), zu Fragen der Ideologiekritik (↑Ideologie) und der Praktischen Philosophie (↑Philosophie, praktische).

Werke: Gabriel Marcel et Karl Jaspers. Philosophie du mystère et philosophie paradoxe, Paris 1947, 1948; (mit M. Dufrenne) Karl Jaspers et la philosophie de l'existence, Paris 1947, 2000; Philosophie de la volonté. Le volontaire et l'involontaire, Paris 1950, unter dem Titel: Philosophie de la volonté I (Le volontaire et l'involontaire), 1988, 2009 (engl. Freedom and Nature, the Voluntary and the Involuntary, Evanston Ill. 1966, 2007; dt. Das Willentliche und das Unwillentliche, Paderborn 2016); [Übersetzung] E. Husserl, Idées directices pur une phénoménologie I, Paris 1950, 2008 (engl. [gekürzt] A Key to Husserl's Ideas, ed. P. Vandevelde, Milwaukee Wis. 1996 [Übers. d. Einl. u. d. Kommentars v. R.]); Histoire et vérité, Paris 1955, erw. ³1964, 2001 (engl. History and Truth, Evanston Ill. 1965, Neudr. ed. D. M. Rasmussen 2007; dt. Geschichte und Wahrheit, München 1974); Philosophie de la volonté. Finitude et culpabilité, I–II, Paris 1960, in einem Bd. unter dem Titel: Philosophie de la volonté II (Finitude et culpabilité), 1988, 2009 (dt. Phänomenologie der Schuld, I–II, Freiburg/München 1971, 2002; engl. [Bd. I] Fallible Man. Philosophy of the Will, Chicago Ill. 1965, rev. New York 1986, 2011, [Bd. II] The Symbolism of Evil, Boston Mass. 1967, 2008); De l'interprétation. Essai sur Freud, Paris 1965, 2006 (dt. Die Interpretation. Ein Versuch über Freud, Frankfurt 1969, 2004; engl. Freud and Philosophy. An Essay on Interpretation, New Haven Conn./London 1970, Delhi 2008); Husserl. An Analysis of His Phenomenology, trans. E. G. Ballard/L. E. Embree, Evanston Ill. 1967, ed. D. Carr, 2007; Le conflit des interprétations. Essais d'herméneutique, Paris 1969, 2013 (dt. Der Konflikt der Interpretationen, I–II, München 1973/1974, [gekürzt] mit Untertitel: Ausgewählte Aufsätze (1960–1969), Freiburg/München 2010; engl. The Conflict of Interpretations. Essays in Hermeneutics, Evanston Ill. 1974, 2007); Political and Social Essays, ed. D. Stewart/J. Bien, Athens Ohio 1974, 1976; La métaphore vive, Paris 1975, Neudr. 2007 (engl. The Rule of Metaphor. Multi-Disciplinary Studies of the Creation of Meaning in Language, Toronto/Buffalo N. Y. 1977, mit Untertitel: The Creation of Meaning in Language, London/New York 2003, 2008; dt. Die lebendige Metapher, München 1986, 2004); Interpretation Theory. Discourse and the Surplus of Meaning, Fort Worth Tex. 1976; The Philosophy of P. R.. An Anthology of His Work, ed. C. E. Reagan/D. Stewart, Boston Mass. 1978; Essays on Biblical Interpretation, ed. L. S. Mudge, Philadelpha Pa. 1980, 1985; Hermeneutics and the Human Sciences. Essays on Language, Action, and Interpretation, ed. J. B. Thompson, Cambridge/New York, Paris 1981, New York 2016; Être, essence et substance chez Platon et Aristote, Paris 1982, mit Untertitel: Cours professée à l'université de Strasbourg en 1953–1954, mit Anm. v. J.-L. Schlegel, 2011 (engl. Being, Essence and Substance in Plato and Aristotle, Cambridge 2013); Temps et récit, I–III, Paris 1983–1985, 2005 (engl. Time and Narrative, I–III, Chicago Ill./London 1984–1988, 1991; dt. Zeit und Erzählung, I–III, München 1988–1991, 2007); Du texte à l'action. Essais d'herméneutique II, Paris 1986, 1998 (engl. Essays in Hermeneutics II. From Text to Action, Evanston Ill. 1991, London/New York 2008); A l'école de la phénoménologie, Paris 1986, 2004; Lectures on Ideology and Utopia, ed. G. H. Taylor, New York 1986 (franz. L'idéologie et l'utopie, Paris 1997, 2005); Soi-même comme un autre, Paris 1990, 2015 (engl. Oneself as Another, Chicago Ill./London 1992, 2008; dt. Das Selbst als ein Anderer, München 1996, 2005); Liebe und Gerechtigkeit – Amour et Justice [dt./franz.], ed. O. Bayer, Tübingen 1990; Lectures, I–III, Paris 1991–1994, 1999–2006; A R. Reader. Reflection and Imagination, ed. M. J. Valdes, Toronto/Buffalo N. Y. 1991; Figuring the Sacred. Religion, Narrative, and Imagination, ed. M. I. Wallace, Minneapolis Minn. 1995; La critique et la conviction. Entretiens avec François Azouvi et Marc de Launay Paris 1995, 2013 (engl. Critique and Conviction. Conversations with François Azouvi and Marc de Launay, Cambridge, New York 1998; dt. Kritik und Glaube. Ein Gespräch mit François Azouvi und Marc de Launay, Freiburg/München 2009; Le juste, I–II, Paris 1995/2001 (engl. [Bd. I] The Just, Chicago Ill./London 2002, [Bd. II] Reflections on the Just, Chicago Ill./London 2007);

Réflexion faite. Autobiographie intellectuelle, Paris 1995; (mit A. LaCocque) Thinking Biblically. Exegetical and Hermeneutical Studies, Chicago Ill./London 1998 (franz. [rev.] Penser la Bible, Paris 1998, 2003); (mit J.-P. Changeux) Ce qui nous fait penser. La nature et la règle, Paris 1998, 2008 (engl. What Makes Us Think? A Neuroscientist and a Philosopher Argue about Ethics, Human Nature, and the Brain, Princeton N. J./Oxford 2000, 2002); La mémoire, l'histoire, l'oubli, Paris 2000, 2003 (dt. Gedächtnis, Geschichte, Vergessen, München 2004; engl. Memory, History, Forgetting, Chicago Ill./London 2004, 2010); Parcours de la reconnaissance. Trois études, Paris 2004, 2009 (engl. The Course of Recognition, Cambridge Mass./London 2005, 2007; dt. Wege der Anerkennung. Erkennen, Wiedererkennen, Anerkanntsein, Frankfurt 2006); Sur la traduction, Paris 2004, 2008 (engl. On Translation, London/New York 2006, 2008; dt. Vom Übersetzen, Berlin 2016); Vom Text zur Person. Hermeneutische Aufsätze (1970-1999), ed. P. Welsen, Hamburg 2005; Le juste, la justice et son échec, Paris 2005; Vivant jusqu'à la mort. Suivi de »Fragments«, Paris 2007 (engl. Living up to Death, Chicago Ill./London 2009; dt. Lebendig bis in den Tod, Fragmente aus dem Nachlass [franz./dt.], ed. A. Chucholowski, Hamburg 2011); An den Grenzen der Hermeneutik. Philosophische Reflexionen über die Religion, ed. V. Hoffmann, Freiburg/München 2008; Écrits et conférences, I-III (I Autour de la psychanalyse, II Herméneutique, III Anthropologie philosophique), Paris 2008-2013 (engl. Writings and Lectures, I-III, Cambridge/Malden Mass. 2012-2016; dt. [Bd. I] Über Psychoanalyse. Schriften und Vorträge, Gießen 2016). – F. D. Vansina, P. R.. Bibliographie systématique de ses écrits et des publications consacrés à sa pensée (1935-1984)/A Primary and Secondary Systematic Bibliography (1935-1984), Leuven/Louvain-la-Neuve 1985, erw. unter dem Titel: P. R.. Bibliographie primaire et secondaire. 1935-2000/Primary and Secondary Bibliography. 1935-2000, 2000, erw. mit Untertitel: 1935-2008, 2008; R. Sweeney, A Survey of Recent R.-Literature by and about 1974-1984, Philos. Today 29 (1985), 38-58.

Literatur: J.-L. Amalric, R., Derrida. L'enjeu de la métaphore, Paris 2006; ders., P. R., l'imagination vive. Une genèse de la philosophie ricoeurienne de l'imagination, Paris 2013; J.-M. Aveline (ed.), Humanismes et religions. Albert Camus et P. R., Berlin/Münster 2014; J. A. Barash/M. Delbraccio (eds.), La sagesse pratique. Autour de l'œuvre de P. R., Colloque international, Université de Picardie Jules Verne, Amiens, 5-7 mars 1997, Paris, Amiens 1998; B. Blundell, P. R. between Theology and Philosophy. Detour and Return, Bloomington Ind./Indianapolis Ind. 2010; T. de Boer, R.s Hermeneutik, Allg. Z. Philos. 16 (1991), H. 3, 1-24; C. Bouchindhomme/R. Rochlitz (eds.), »Temps et récit« de P. R. en débat, Paris 1990; P. L. Bourgeois, Extension of R.'s Hermeneutic, The Hague 1975; A. Breitling, Erinnerungsarbeit. Zu P. R.s Philosophie von Gedächtnis, Geschichte und Vergessen, Berlin 2004; ders., Möglichkeitsdichtung – Wirklichkeitssinn. P. R.s hermeneutisches Denken der Geschichte, München/Paderborn 2007; ders./S. Orth/B. Schaaff (eds.), Das herausgeforderte Selbst. Perspektiven auf P. R.s Ethik, Würzburg 1999; V. Busacchi, Habermas and R.'s Depth Hermeneutics. From Psychoanalysis to a Critical Human Science, Cham 2016; S. H. Clark, P. R., London/New York 1990, 2001; R. A. Cohen/J. I. Marsh (eds.), R. as Another. The Ethics of Subjectivity, Albany N. Y. 2002; B. P. Dauenhauer, P. R.. The Promise and Risk of Politics, Lanham Md. etc. 1998; F. Dosse, P. R.. Le sens d'une vie, Paris 2001, erw. mit Untertitel: Le sens d'une vie, 1913-2005, 2008; ders., P. R. et Michel de Certeau. L'histoire, entre le dire et le faire, Paris 2006; ders., P. R.. Un philosophe dans son siècle, Paris 2012; ders./C. Golden-

stein (eds.), P. R.. Penser la mémoire, Paris 2013; H. J. Ehni, Das moralisch Böse. Überlegungen nach Kant und R., Freiburg/München 2006; J. Greisch, R., DP II (²1993), 2454-2458; ders. (ed.), P. R.. L'herméneutique à l'école de la phénoménologie, Paris 1995 (Philosophie XVI); ders., P. R.. L'itinérance du sens, Grenoble 2001; ders./R. Kearney, P. R.. Les métamorphoses de la raison herméneutique, Paris 1991; S. Haas, Kein Selbst ohne Geschichten. Wilhelm Schapps Geschichtenphilosophie und P. R.s Überlegungen zur narrativen Identität, Hildesheim/Zürich/New York 2002; L. E. Hahn (ed.), The Philosophy of P. R., Chicago Ill./La Salle Ill. 1995, 1996; W. D. Hall, P. R. and the Poetic Imperative. The Creative Tension between Love and Justice, Albany N. Y. 2007; A. Halsema/F. Henriques (eds.), Feminist Explorations of P. R.'s Philosophy, Lanham Md. etc. 2016; D. Ihde, Hermeneutic Phenomenology. The Philosophy of P. R., Evanston Ill. 1971, 1986; D. Jervolino, Il cogito e l'ermeneutica. La questione del soggetto in R., Neapel 1984, Genf ²1993 (engl. The Cogito and Hermeneutics. The Question of the Subject in R., Dordrecht/Boston Mass./London 1990); G. S. Johnson/D. R. Stiver (eds.), P. R. and the Task of Political Philosophy, Lanham Md. etc. 2013; M. Joy (ed.), P. R. and Narrative. Context and Contestation, Calgary 1997; M. Junker-Kenny, Religion and Public Reason. A Comparison of the Positions of John Rawls, Jürgen Habermas and P. R., Berlin/Boston Mass. 2014; D. M. Kaplan, R.'s Critical Theory, Albany N. Y. 2003; S. Kaul, Narratio. Hermeneutik nach Heidegger und R., München 2003; R. Kearney (ed.), R. at 80. Essays on the Hermeneutics of Action, Philos. Social Criticism 21 (1995), H. 5-6, unter dem Titel: P. R.. The Hermeneutics of Action, London/Thousand Oaks Calif./New Delhi 1996; ders., On P. R. The Owl of Minerva, Aldershot/Burlington Vt. 2004, 2005; T. P. Kemp/D. Rasmussen (eds.), The Narrative Path. The Later Works of P. R., Philos. Social Criticism 14 (1988), H. 2, Nachdr. Cambridge Mass./London 1989; D. E. Klemm/W. Schweiker (eds.), Meanings in Texts and Actions. Questioning P. R., Charlottesville Va. 1993; X. Lakshmanan, Textual Linguistic Theology in P. R., New York 2016; F. H. Lapointe, P. R. und seine Kritiker. Eine Bibliographie, Philos. Jb. 86 (1979), 340-356; B. Liebsch (ed.), Hermeneutik des Selbst – im Zeichen des Anderen. Zur Philosophie P. R.s, Freiburg/München 1999; G. B. Madison (ed.), Sens et existence. En hommage à P. R., Paris 1975; M. H. Mann, R., Rawls, and Capability Justice. Civic Phronesis and Equality, London/New York 2012; J. Mattern, R. zur Einführung, Hamburg 1996; U. I. Meyer, P. R.. Die Grundzüge seiner Philosophie, Aachen 1991; J. Michel, P. R., une philosophie de l'agir humain, Paris 2006; ders., R. and ses contemporains: Bourdieu, Derrida, Deleuze, Foucault, Castoriadis, Paris 2013 (engl. R. and the Post-Structuralists: Bourdieu, Derrida, Deleuze, Foucault, Castoiadis, London/New York 2015); O. Mongin, P. R., Paris 1994, rev. 1998; M. Noss, R., BBKL VIII (1994), 261-299; S. Orth/P. Reifenberg (eds.), Facettenreiche Anthropologie. P. R.s Reflexionen auf den Menschen, Freiburg/München 2004; dies. (eds.), Poetik des Glaubens. P. R. und die Theologie, Freiburg/München 2009; D. Pellauer/B. Dauenhauer, R., SEP 2002, 2016; J.-P. Pierron, R.. Philosopher à son école, Paris 2016; M. Philibert, P. R. ou la liberté selon l'espérance, Paris 1971; C. E. Reagan (ed.), Studies in the Philosophy of P. R., Athens Ohio 1979, 1984; ders., P. R.. His Life and Work, Chicago Ill./London 1996, 1998; A. D. Ritivoi, P. R.. Tradition and Innovation in Rhetorical Theory, Albany N. Y. 2006; R. Savage (ed.), P. R. in the Age of Hermeneutical Reason. Poetics, Praxis, and Critique, Lanham Md. 2015; K. Simms, P. R., London/New York 2003, 2007; ders., R. and Lancan, London/New York 2007; D. Teichert, Narrative, Identity and the Self, J. Consciousness Stud. 11 (2004), H. 10/11, 175-191; J. B.

Thompson, Critical Hermeneutics. A Study in the Thought of P. R. and Jürgen Habermas, Cambridge/New York 1981, 1995; B. Treanor/H. I. Venema (eds.), A Passion for the Possible. Thinking with P. R., New York 2010; H. I. Venema, Identifying Selfhood. Imagination, Narrative, and Hermeneutics in the Thought of P. R., Albany N. Y. 2000; F. Vogelsang, Identität in einer offenen Wirklichkeit. Eine Spurensuche im Anschluss an Merleau-Ponty, R. und Waldenfels, Freiburg/München 2014; B. Waldenfels, P. R.. Umwege der Deutung, in: ders., Phänomenologie in Frankreich, Frankfurt 1983, 2010, 266–335; J. Wall, Moral Creativity. P. R. and the Poetics of Possibility, Oxford etc. 2005; ders./W. Schweiker/W. D. Hall (eds.), P. R. and Contemporary Moral Thought, New York/London 2002, 2016; C. Watkin, Phenomenology or Deconstruction? The Question of Ontology in Maurice Merleau-Ponty, P. R. and Jean-Luc Nancy, Edinburgh 2009; P. Welsen, Philosophie und Psychoanalyse. Zum Begriff der Hermeneutik in der Freud-Deutung P. R.s, Tübingen 1986; ders., R., in: J. Nida-Rümelin (ed.), Philosophie der Gegenwart in Einzeldarstellungen. Von Adorno bis v. Wright, Stuttgart 1991, 499–503, ²1999, 622–627, ohne Untertitel, ed. mit E. Özmen, ³2007, 551–559; A. Wierciński (ed.), Between Suspicion and Sympathy. P. R.s Unstable Equilibrium, Toronto 2003; D. Wood, On P. R.. Narrative and Interpretation, London/New York 1991, 2011; R. Wood, R., REP VIII (1998), 318–322. – Esprit (1988), H. 7/8; Theory, Culture & Society 27 (2010), H. 5 (Special Section on P. R.); Études R.iennes/R. Stud. 1 (2010)ff. [elektronische Ressource].   D. T.

Riehl, Alois, *Bozen (Südtirol) 27. April 1844, †Neubabelsberg 21. Nov. 1924, österr. Philosoph, Vertreter des ↑Neukantianismus. Nach Studium (1862–1866) der Philosophie, Geographie und Geschichte an den Universitäten Wien, München, Innsbruck und Graz 1868 Promotion und zunächst Gymnasiallehrer in Klagenfurt. 1870 Habilitation in Graz, ebendort 1873 a. o. und 1878 o. Prof. für Philosophie. Es folgten Professuren in Freiburg (1882), Kiel (1896), Halle (1898) und – als Nachfolger W. Diltheys – Berlin (1905). – R. vertritt einen an I. Kants ↑Kritizismus orientierten kritischen Realismus (↑Realismus, kritischer). Die von ihm angestrebte wissenschaftliche Form der Philosophie drückt sich im wesentlichen in Erkenntnistheorie und Methodologie der exakten Wissenschaften aus, die als die ›wahren Nachfolger‹ der Philosophie alten Stils anzusehen sind. Eine gesuchte Einheit der Wissenschaften wird von R. als Einheit der wissenschaftlichen Methode verstanden. Alle Fragen von Wertungen und moralischem Handeln fallen nicht in den Bereich der Wissenschaft, sind jedoch (beispielhaft realisiert in der Philosophie F. Nietzsches) einer praxisorientierten und schöpferischen sowie (in einem nicht-wissenschaftlichen Sinne) einer philosophischen Beurteilung und Beeinflussung fähig. – Im Oktober 1914 war R. einer der vier Initiatoren des berüchtigten Aufrufs »An die Kulturwelt!«, in dem 53 führende deutsche Professoren den von Deutschland mit dem Einmarsch ins neutrale Belgien ausgelösten 1. Weltkrieg rechtfertigten.

Werke: Realistische Grundzüge. Eine philosophische Abhandlung der allgemeinen und nothwendigen Erfahrungsbegriffe, Graz 1870; Moral und Dogma, Wien 1871; Über Begriff und Form der Philosophie. Eine allgemeine Einleitung in das Studium der Philosophie, Berlin 1872; Der philosophische Kriticismus und seine Bedeutung für die positive Wissenschaft, I–III, Leipzig 1876–1887, unter dem Titel: Der philosophische Kritizismus. Geschichte und System, I–III, ²1908–1926, I, ³1924 (engl. [Bd. III] The Principles of the Critical Philosophy. Introduction to the Theory of Science and Metaphysics, London 1894); Gotthold Ephraim Lessing. Rede gehalten zur Erinnerung an den 100jährigen Todestag Lessings am 15. Februar 1881, Graz 1881; Über wissenschaftliche und nicht-wissenschaftliche Philosophie. Eine akademische Antrittsrede, Freiburg/Tübingen 1883; Giordano Bruno. Ein populär-wissenschaftlicher Vortrag, Leipzig 1889, rev. unter dem Titel: Giordano Bruno. Zur Erinnerung an den 17. Februar 1600, Leipzig ²1900, ed. K. H. Fischer, Schutterwald 2002 (engl. Giordano Bruno. In Memoriam of the 17th February 1600, Edinburgh/London 1905); Beiträge zur Logik, Leipzig 1892, ³1923; Friedrich Nietzsche. Der Künstler und der Denker. Ein Essay, Stuttgart 1897, Schutterwald 2000; Zur Einführung in die Philosophie der Gegenwart. Acht Vorträge, Leipzig 1903, ³1908 (repr. Bremen 2012), Leipzig/Berlin ⁶1921; Hermann von Helmholtz in seinem Verhältnis zu Kant, Berlin 1904; Fichtes Universitätsplan, Berlin 1910; Führende Denker und Forscher, Leipzig 1922, ²1924; Philosophische Studien aus vier Jahrzehnten, Leipzig 1925, ed. E. v. Krosigk, Saarbrücken 2007. – K. Böhme (ed.), Aufrufe und Reden deutscher Professoren im Ersten Weltkrieg, Stuttgart 1975, ²2014, 47–49.

Literatur: M. Campo, R., Enc. Ph. VII (1967), 194–195, VIII (²2006), 467–468; G. Gerhardt, Wider die unbelehrbaren Empiriker. Die Argumentation gegen empirische Versionen der Transzendentalphilosophie bei H. Cohen und A. R., Würzburg 1983; E. Jaensch, Zum Gedächtnis von A. R. – Gedanken über den Mann und das Werk, über das Fortwirken und die Zukunftsaussichten des realistischen Kritizismus, Kant-St. 30 (1925), I–XXXVI; M. Jung, Der neukantianische Realismus von A. R., Diss. Bonn 1973; W. v. Kloeden, R., NDB XXI (2003), 586–587; G. Lehmann, Die grundwissenschaftliche Kritik des Phänomenalismus, erörtert am kritischen Realismus R.s, Berlin 1913; H. Scholz u. a., Festschrift für A. R., Halle 1914; C. Siegel, A. R.. Ein Beitrag zur Geschichte des Neukantianismus, Graz 1932; G. Wolters, Wissenschaftsphilosophen im Krieg – Impromptus, in: W. U. Eckart/R. Godel (eds.), ›Krieg der Gelehrten‹ und die Welt der Akademien 1914–1924, Stuttgart 2016 (Acta Historica Leopoldina LXVIII), 147–164.   G. W.

Riemann, (Georg Friedrich) Bernhard, *Breselenz b. Dannenberg (Hannover) 17. Sept. 1826, †Selasca (Lago Maggiore) 20. Juli 1866, dt. Mathematiker, mathematischer Physiker und Naturphilosoph. 1846–1853 Studium der Mathematik, Physik, Philosophie und Pädagogik in Göttingen und Berlin bei C. F. Gauß, J. P. G. Dirichlet, F. G. M. Eisenstein und W. E. Weber, 1851 Promotion, 1853 Habilitation. R.s Probevorlesung »Über die Hypothesen, welche der Geometrie zu Grunde liegen« (1854, erschienen 1867) gilt als ein Höhepunkt in der Geschichte der Geometrie (↑Differentialgeometrie, ↑Riemannscher Raum). 1857 Ernennung zum Extraordinarius, 1859 (als Nachfolger von Dirichlet) Ordinarius. Bereits 1862 mußte R. krankheitsbedingt seine Vorlesungen einstellen.

Mit R., einem der bedeutendsten Mathematiker des 19. Jhs., sind viele Grundbegriffe und Sätze der modernen Mathematik verbunden. Bereits seine Dissertation (Grundlagen für eine allgemeine Theorie der Funktionen einer veränderlich komplexen Größe, 1851) war für die ↑Funktionentheorie epochemachend. Im Unterschied zu den an formalen Rechnungen orientierten früheren Ansätzen (z. B. bei Eisenstein) schlug R. eine geometrische Begründung der Funktionentheorie vor. Zentral ist dabei der nach ihm benannte Begriff der *Riemannschen Fläche*. Anschaulich sind R.sche Flächen diejenigen Punktmengen, auf denen holomorphe Funktionen (↑Funktionentheorie) ›wachsen‹ können. In diesem Sinne ist jedes Gebiet der Gaußschen Zahlenebene $\mathbb{C}$ der komplexen Zahlen eine R.sche Fläche. Ein weiteres Beispiel ist die R.sche Zahlenkugel $\mathbb{C} \cup \{\infty\}$ (Abb. 1), d. i. eine Kugel vom Radius 1 um den Mittelpunkt der Gaußschen Ebene, deren Äquator der Einheitskreis der Gaußschen Ebene ist und deren Punkte (winkeltreu) stereographisch vom oberen Pol der Kugel auf die Oberfläche der Kugel projiziert werden. Damit wird dem uneigentlichen Punkt des Unendlichen ∞ der Gaußschen Ebene eindeutig der Kugelpol ∞' zugeordnet und die Eigenschaft der Holomorphie einer komplexen Funktion auch für dieses Argument untersuchbar. Allgemein sind R.sche Flächen also solche Flächen, auf denen man Funktionentheorie treiben kann, weil zu jedem Punkt eine ›ortsuniformisierende‹ Variable existiert, durch welche die Holomorphie von Funktionen, die auf der Fläche in einer Umgebung der Punkte erklärt sind, ausgedrückt wird. R. erkannte, daß es sich bei dieser Sorte Fläche um einen topologischen (↑Topologie) Grundbegriff handelt, nämlich um einen topologischen Raum und eine 2-dimensionale Mannigfaltigkeit, die mit einer komplexen Struktur versehen ist. In der Dissertation steht auch der berühmte R.sche Abbildungssatz, wonach jedes einfach zusammenhängende Gebiet, das von $\mathbb{C}$ verschieden ist, auf den Einheitskreis konform abgebildet werden kann.

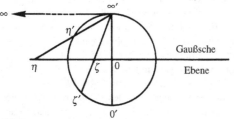

Abb. 1

Grundlegend für die Analysis ist der Begriff des *Riemann-Integrals*. Ist für eine Funktion f in einem abgeschlossenen Intervall $[a,b]$ das obere ↑Integral gleich dem unteren, bezeichnet man diese Zahl als das R.sche

Integral $I(a,b)$ der Funktion f über dem Intervall $[a,b]$ und schreibt:

$$(1) \quad I(a,b) = \int_a^b f(x)dx.$$

In der Habilitationsschrift findet sich erstmals das bekannte Beispiel einer Funktion, die zwischen zwei noch so nahen Grenzen unendlich oft unstetig ist. R. ist ferner einer der Begründer der algebraischen Geometrie (z. B. Satz von R.-Roch über algebraische Funktionen). 1859 verfaßte R. eine Arbeit über die nach ihm benannte Zetafunktion, durch deren Untersuchung die Funktionentheorie für grundlegende Probleme der Zahlentheorie fruchtbar gemacht wurde. Dabei ist die R.sche Zetafunktion $\zeta(z)$ eine in der (reellen) Halbebene $\text{Re} z > 1$ holomorphe Funktion, die durch die in jeder Halbebene $\text{Re} z > 1 + \varepsilon$ mit $\varepsilon > 0$ gleichmäßig konvergente ↑Reihe

$$(2) \quad \zeta(z) = \sum_{\nu=1}^{\infty} \nu^{-z}$$

dargestellt wird. Bereits L. Euler verwendete die Produktdarstellung

$$(2') \quad \zeta(z) = \prod_{n=1}^{\infty}(1 - p_n^{-z})^{-1},$$

wobei p_n die n-te Primzahl ist. Das Ziel von R.s Arbeit war ein analytischer Ausdruck für die Primzahlverteilung unterhalb einer vorgegebenen Zahl. Dabei stieß er auf die bis heute unbewiesene, nach ihm benannte Vermutung, wonach alle Nullstellen der Zetafunktion den Realteil 1/2 besitzen.

Für die *Mathematische Physik* (z. B. Aerodynamik) wurden R.s Untersuchungen über partielle ↑Differentialgleichungen bedeutsam. Geniale Vorwegnahmen moderner feldtheoretischer Überlegungen sind R.s Untersuchungen über universelle Prinzipien der Physik, die eine Vereinheitlichung von physikalischen Phänomenen wie Magnetismus, Elektrizität, Licht und Gravitation herstellen sollten. In diesen Arbeiten werden die naturphilosophischen Intentionen R.s ebenso deutlich wie in seinem Habilitationsvortrag über das Raumproblem (↑Riemannscher Raum). Mit Bezug auf dieses Problem besteht R.s bedeutendste Innovation in dem Gedanken, daß es mathematisch unterschiedliche ›Maßverhältnisse‹ des Raums geben kann und daß die Auszeichnung einer bestimmten Raumstruktur auf der Grundlage von Tatsachen und damit hypothetisch erfolgt (Über die Hypothesen …). Dieser Denkansatz führte 1868 zur Unterscheidung von mathematischer und physikalischer Geometrie durch H. v. Helmholtz. R.s begrifflich klare, aber eher konzeptionelle und wenig formale Darstellungsweise hat in der Mathematik dazu geführt, von einem ›R.schen Stil‹ zu sprechen.

Werke: Gesammelte mathematische Werke und wissenschaftlicher Nachlaß, ed. H. Weber/R. Dedekind, Leipzig 1876, ²1892 (repr. [zusammen mit: Gesammelte mathematische Werke. Nachträge (s. u.)] unter dem Titel: Gesammelte mathematische Werke, wissenschaftlicher Nachlaß und Nachträge/The Collected Works of B. R., ed. M. Noether/W. Wirtinger, New York 1953, Walluf/Nendeln 1978, ed. R. Narasimhan, Berlin etc., Leipzig 1990, Berlin etc. 2014) (franz. Œuvres mathématiques de R., Paris 1898, 1990; engl. Collected Papers, trans. R. Baker/C. Christenson/H. Orde, Heber City Utah 2004); Gesammelte mathematische Werke. Nachträge, ed. M. Noether/W. Wirtinger, Leipzig 1902 (repr. zusammen mit: Gesammelte mathematische Werke [s. o.]). – Grundlagen für eine allgemeine Theorie der Funktionen einer veränderlich komplexen Größe, Göttingen 1851, 1867, ferner in: Ges. math. Werke [s. o.], 1876, 3–47, ²1892, 3–48 (repr. 1990, 35–80) (franz. Principes fondamentaux pour une théorie générale des fonctions d'une grandeur variable complexe, in: Œuvres mathématiques de R. [s. o.], 1–60; engl. Foundations for a General Theory of Functions of a Complex Variable, in: Collected Papers [s. o.], 1–41); Ueber die Anzahl der Primzahlen unter einer gegebenen Größe, Monatsberichte Königl. Preußischen Akad. Wiss. Berlin 1859, 671–680, ferner in: Ges. math. Werke [s. o.], 1876, 136–145, ²1892, 145–155 (repr. 1990, 177–187) (franz. Sur le nombre des nombres premiers inférieurs à une grandeur donnée, in: Œuvres mathématiques [s. o.], 165–176; engl. On the Number of Primes Less than a Given Magnitude, in: Collected Papers [s. o.], 135–143); Über die Hypothesen, welche der Geometrie zu Grunde liegen. Aus dem Nachlaß, ed. R. Dedekind, Abh. Königl. Ges. d. Wiss. Göttingen, math. Kl. 13 (1867), 133–152 (repr. Darmstadt 1959), ed. H. Weyl, Berlin ³1923, ferner in: Ges. math. Werke [s. o.], 1876, 254–269, ²1892, 272–287 (repr. 1990, 304–319 [repr. in: J. Jost, B. R. »Über die Hypothesen, welche der Geometrie zu Grunde liegen« (s. u., Lit.), 29–44]) (engl. On the Hypotheses Which Lie at the Bases of Geometry, Nature 183 [1873], 14–17, 184 [1873], 36–37, ferner in: J. Jost, B. R. »On the Hypotheses Which Lie at the Bases of Geometry« [s. u., Lit.], 29–41; franz. Sur les hypothèses qui servent de fondement à la Géométrie, o.O. o.J., ferner in: Œuvres mathématiques [s. o.], 280–299); Partielle Differentialgleichungen und deren Anwendung auf physikalische Fragen. Vorlesungen, ed. K. Hattendorff, Braunschweig 1869, ³1882 (repr. 1938); Schwere, Elektricität und Magnetismus. Nach den Vorlesungen von B. R., ed. K. Hattendorff, Hannover 1876, ²1880 (engl. Gravity, Electricity, and Magnetism According to the Lectures of B. R., in: C. White, Energy Potential. Toward a New Electromagnetic Field Theory, New York 1977, 177–293); Elliptische Functionen. Vorlesungen von B. R. [mit Zusätzen], ed. H. Stahl, Leipzig 1899; R.s Einführung in die Funktionentheorie. Eine quellengeschichtliche Edition seiner Vorlesungen mit einer Bibliographie zur Wirkungsgeschichte der R.schen Funktionentheorie, ed. E. Neuenschwander, Göttingen 1996 (Abh. Akad. Wiss. Göttingen, math.-phys. Kl., 3. F. 44); J. Elstrod/P. Ullrich, A Real Sheet of Complex R.ian Function Theory. A Recently Discovered Sketch in R.'s Own Hand, Hist. Math. 26 (1999), 268–288.

Literatur: L. V. Ahlfors/L. Sario, R. Surfaces, Princeton N. J. 1960, 1974; ders. u. a. (eds.), Advances in the Theory of R. Surfaces. Proceedings of the 1969 Stony Brook Conference, Princeton N. J. 1971; U. Bottazzini, R.s Einfluß auf E. Betti und F. Casorati, Arch. Hist. Ex. Sci. 18 (1977/1978), 27–37; R. Courant, B. R. und die Mathematik der letzten hundert Jahre, Naturwiss. 14 (1926), 813–818, 1265–1277; H. Freudenthal, R., DSB XI (1975), 447–456; I. J. Good/R. F. Churchhouse, The R. Hypothesis and Pseu-dorandom Features of the Möbius Sequence, Math. of Computation 22 (1968), 857–861; L. Ji/F. Oort/S.-T. Yau (eds.), The Legacy of B. R. after One Hundred and Fifty Years, I–II, Somerville Mass. 2016; G. Joseph, R.ian Geometry and Philosophical Conventionalism, Australas. J. Philos. 57 (1979), 225–236; J. Jost, B. R. »Über die Hypothesen, welche der Geometrie zu Grunde liegen«. Historisch und mathematisch kommentiert, Berlin/Heidelberg 2013 (engl. B. R. »On the Hypotheses which Lie at the Bases of Geometry«, Cham 2016); F. Klein, R. et son influence sur les mathématiques modernes, in: Œuvres mathématiques [s. o., Werke], XIII–XXXV; D. Laugwitz, B. R. 1826–1866. Wendepunkte in der Auffassung der Mathematik, Basel/Boston Mass./Berlin 1996, 2012 (engl. B. R. 1826–1866. Turning Points in the Conception of Mathematics, Boston Mass./Basel/Berlin 1999, Cambridge Mass. 2008); R. S. Lehman, Separation of Zeros of the R. Zeta-Function, Math. of Computation 20 (1966), 523–541; A. I. Markuševič, Očerki po istorii teorii analitičeskich funkcij, Moskau 1951 (dt. Skizzen zur Geschichte der analytischen Funktionen, Berlin [Ost] 1955); K. Maurin, The R. Legacy. R.ian Ideas in Mathematics and Physics, Dordrecht/Boston Mass./London 1997, 2010; M. Monastyrsky, R., Topology, and Physics, ed. R. O. Wells Jr., Boston Mass./Basel/Stuttgart 1987, ²1999; E. Neuenschwander, Über die Wechselwirkungen zwischen der französischen Schule, R. und Weierstraß. Eine Übersicht mit zwei Quellenstudien, Arch. Hist. Ex. Sci. 24 (1981), 221–255; R. Remmert, Funktionentheorie I, Berlin/Heidelberg/New York 1984, ²1989 (engl. Theory of Complex Functions, New York etc. 1990, 1998), mit G. Schumacher, ⁵2002; ders., Der R.sche Abbildungssatz, in: ders., Funktionentheorie II, Berlin etc. 1991, ²1995, 145–176, mit G. Schumacher, ³2007, 165–200 (engl. The R. Mapping Theorem, in: ders., Classical Topics in Complex Function Theory, New York/Berlin/Heidelberg 1998, 167–202); E. Scholz, Herbart's Influence on B. R., Hist. Math. 9 (1982), 413–440; P. Soula, R., DP II (²1993), 2459–2460; R. Tazzioli, R.. Le géomètre de la nature, Paris 2002, 2010; E. C. Titchmarsh, The Zeta-Function of R., Cambridge 1930 (repr. New York 1964, 1972), unter dem Titel: The Theory of the R. Zeta-Function, Oxford 1951, rev. v. D. R. Heath-Brown, Oxford, New York ²1986, 2007; R. Torretti, Philosophy of Geometry from R. to Poincaré, Dordrecht/Boston Mass. 1978, 1984; P. Ullrich, R., NDB XXI (2003), 591–592; ders., R., in: N. Koertge (ed.), New Dictionary of Scientific Biography, Detroit Mich. etc. 2008, 250–254; A. Vogt, R., in: D. Hoffmann/H. Laitko/S. Müller-Wille (eds.), Lexikon bedeutender Naturwissenschaftler III, Heidelberg 2004, 210–214; A. Weil, R., Betti and the Birth of Topology, Arch. Hist. Ex. Sci. 20 (1979), 91–96; H. Weyl, Die Idee der R.schen Fläche, Leipzig 1913 (repr. ed. R. Remmert, Stuttgart/Leipzig 1997), ²1923 (repr. New York 1947, 1951), Stuttgart ³1955 (repr. 1964 als 4. Aufl., Stuttgart, Darmstadt 1974 als 5. Aufl.) (engl. The Concept of a R. Surface, Reading Mass. 1964 [repr. Mineola N. Y. 2009]); ders., R.s geometrische Ideen, ihre Auswirkungen und ihre Verknüpfung mit der Gruppentheorie, ed. K. Chandrasekharan, Berlin etc. 1988.   K. M.

Riemannscher Raum, Bezeichnung für eine n-dimensionale differenzierbare Mannigfaltigkeit mit einem nach B. Riemann vorgegebenen Maßtensor als Metrik, die A. Einstein für die physikalische Anwendung in der Allgemeinen Relativitätstheorie (↑Relativitätstheorie, allgemeine) weiterentwickelte. Riemann verallgemeinerte 1854 die Resultate der Gaußschen Flächentheorie (↑Differentialgeometrie) für n-dimensionale differenzierbare Mannigfaltigkeiten. Bei der Untersuchung der metrischen Verhältnisse in solchen Mannigfaltigkeiten ging er von der infinitesimalen Geltung des Pythagoreischen Lehrsatzes (↑Pythagoreische Zahlen) – und damit der ↑Euklidischen Geometrie – aus. Dieser Ansatz führt zu einer Verallgemeinerung der Gaußschen Flächenmetrik. Das Linienelement im R.n R. ergibt sich dann in den Koordinaten $u^1, ..., u^n$ als die (positiv-definite) quadratische Differentialform

$$ds^2 = \sum_{\mu,\nu = 1}^{n} g_{\mu\nu} du^\mu du^\nu$$

mit einem Maßtensor oder metrischen Tensor $g_{\mu\nu}$. Dieser Tensor ist im R.n R. unabhängig vom gewählten Koordinatensystem und von der Einbettung in einen höherdimensionalen Raum ermittelbar und charakterisiert seinerseits den betreffenden R.n R. fast vollständig. Insbes. läßt sich mit seiner Hilfe im R.n R. ein ebenfalls koordinatenunabhängiges Krümmungsmaß, der Riemannsche Krümmungstensor, einführen, der entsprechend eine innere Eigenschaft des zugehörigen R.n R.s darstellt. Die Riemannschen Mannigfaltigkeiten mit konstanter Krümmung R ergeben für $R = 0$ die Euklidische Geometrie, für $R < 0$ die hyperbolische und für $R > 0$ die elliptische Geometrie (↑Geometrie, hyperbolische, ↑Geometrie, elliptische) in n-dimensionaler Verallgemeinerung. Die Theorie homogener Riemannscher Mannigfaltigkeiten mit konstanter Krümmung wurde von E. Cartan und H. Weyl zur mathematischen Theorie symmetrischer Räume verallgemeinert. Variiert die Krümmung von Ort zu Ort, so heißt der R. R. inhomogen. Da Riemann die Maßverhältnisse über die infinitesimale Geltung des Pythagoreischen Lehrsatzes bestimmte (s. o.), sind alle R.n R.e, auch die inhomogenen, lokal flach. Solche R.n R.e wechselnder Krümmung finden in der Geometrie des Universums im Großen (↑Kosmologie) Anwendung.

Historisch wurden die Modelle der ↑nicht-euklidischen Geometrie von E. Beltrami, F. Klein und H. Poincaré erst nach 1860 entwickelt, so daß Riemanns Arbeit von 1854 keine bloße mathematische Verallgemeinerung darstellt. Philosophisch war Riemanns Raumtheorie von J. F. Herbart in der Nachfolge von I. Kant beeinflußt, da er die topologische Mannigfaltigkeit als apriorisches Substratum des Raumes auffaßte, dessen Metrik $g_{\mu\nu}$ als mathematische ›Hypothese‹ anhand von Tatsachen zu ermitteln sei. Damit verallgemeinerte Riemann die Idee der Gaußschen Flächentheorie, daß räumliche Eigenschaften wie Metrik oder Krümmung, aber auch die Beschaffenheit geradestmöglicher Linien (Geodäten) oder die Winkelsumme geometrischer Figuren, nicht fest vorgegeben sind, sondern Spielräume besitzen. Während in der Euklidischen Geometrie solche Kenngrößen eindeutig bestimmt sind, lassen R. R.e eine Bandbreite un-

terschiedlicher Werte zu. Für Riemann ist »eine mehrfach ausgedehnte Grösse verschiedener Massverhältnisse fähig« (J. Jost, Bernhard Riemann »Über die Hypothesen, welche der Geometrie zu Grunde liegen«. Historisch und mathematisch kommentiert, Berlin/Heidelberg 2013, 29), so daß sich die Auszeichnung des realisierten Raumes nicht auf mathematische Überlegungen, sondern auf Tatsachen stützen muß. Auf diesen Denkansatz gründete H. v. Helmholtz (Über die Thatsachen, die der Geometrie zum Grunde liegen, 1868) seine Unterscheidung zwischen mathematischer und physikalischer Geometrie, also zwischen der Vielzahl möglicher geometrischer Strukturen und dem tatsächlich vorliegenden Raum. Helmholtz nimmt Riemanns Herausforderung auf, diejenigen Tatsachen zu identifizieren, auf denen die Auszeichnung einer bestimmten Raumstruktur beruht, und findet sie in der ›physikalischen Tatsache‹ der freien Beweglichkeit starrer Körper (↑Körper, starrer). Aus dem Beobachtungsbefund der deformationsfreien Verschiebbarkeit starrer Körper ergibt sich dann für Helmholtz, daß die physikalische Geometrie einen R.n R. konstanter, aber nicht notwendigerweise verschwindender Krümmung darstellt. Dieser Beobachtungsbefund verliert allerdings für Körper endlicher Erstreckung in inhomogenen Gravitationsfeldern bei der Übertragung der Konzeption des R.n R.s auf die Allgemeine Relativitätstheorie (bzw. bei ihrer Umdeutung im Rahmen dieser Theorie; ↑Relativitätstheorie, allgemeine) seine Gültigkeit.

T. Levi-Civita führte 1917 das Konzept der Parallelverschiebung in die Theorie der R.n R.e ein. Parallelverschiebungen werden durch die Bedingung definiert, daß der Tangentenvektor der geradestmöglichen (geodätischen) Linien stets im Tangentenraum des entsprechenden Punkts verbleibt. Im R.n R. ist das Ergebnis einer Parallelverschiebung im allgemeinen wegabhängig. Wird ein ↑Vektor entlang einer geschlossenen Kurve parallel zu sich selbst verschoben, so stimmt er nach dem Durchlauf nicht mehr mit dem Ausgangsvektor überein. Das Ausmaß der Änderung des Vektors wird durch den Riemannschen Krümmungstensor bestimmt. Verschwindet die Krümmung, so geht der R. R. in einen Euklidischen Raum entsprechender Dimensionszahl über und die Parallelverschiebung wird wegunabhängig«. Im Gegensatz dazu ist der Streckentransport im R.n R. stets wegunabhängig. Insgesamt sind Riemannsche Mannigfaltigkeiten dadurch gekennzeichnet, daß in ihnen die geradestmöglichen mit den kürzestmöglichen Linien (also die affinen Geodäten mit den metrischen Geodäten) übereinstimmen, bzw. dadurch, daß in ihnen die Metrik eindeutig die Geodätenstruktur und damit die Parallelverschiebung festlegt.

Der R. R. hat durch die Allgemeine Relativitätstheorie physikalische Bedeutung erlangt. Danach hat der physikalische Raum oder die Raum-Zeit die Struktur eines R.n R.s. Allerdings ist das Linienelement ds^2 nicht positiv-definit, sondern indefinit (enthält also Terme unterschiedlichen Vorzeichens). Entsprechend wird dieser Raum als ›pseudo-R. R.‹ bezeichnet. Die Metrik ($g_{\mu\nu}$) gilt dann zugleich als Ausdruck des Gravitationspotentials und wird ihrerseits durch Massen beeinflußt (Einsteinsche Feldgleichungen). Die lokale Geltung der Euklidischen Geometrie in Riemannschen Mannigfaltigkeiten äußert sich entsprechend darin, daß in kleinen Raum-Zeit-Abschnitten die pseudo-Euklidische Minkowski-Metrik (↑Relativitätstheorie, spezielle) vorliegt.

A. Grünbaums in der 2. Hälfte des 20. Jhs. einflußreiche Begründung der Konventionalität der physikalischen Geometrie (↑Konventionalismus) nimmt ihren Ausgang von Riemann. Für diesen ergibt sich bei diskreten Mannigfaltigkeiten »das Princip der Massverhältnisse«, also die Metrik, aus der Beschaffenheit der betreffenden Mannigfaltigkeit, nämlich den Abständen ihrer Elemente, während dieses Prinzip bei stetigen Mannigfaltigkeiten »anders woher hinzukommen muss« (J. Jost, Bernhard Riemann »Über die Hypothesen, welche der Geometrie zu Grunde liegen« [s. o.], 43). Daran schließt Grünbaum die These an, daß eine stetige Raum-Zeit ›metrisch amorph‹ ist, also keine intrinsischen Längenverhältnisse besitzt, und daß die Kongruenzverhältnisse (also die Metrik) durch die Beziehungen zu nicht-geometrischen Größen wie Maßstäben und Uhren überhaupt erst konstituiert werden. Die fehlende Fixierung durch die inneren Strukturen der Raum-Zeit macht die Wahl der Metrik partiell zu einer Konvention (Grünbaum, Spatial and Temporal Congruence in Physics, 1963).

Literatur: J. Audretsch/K. Mainzer (eds.), Philosophie und Physik der Raum-Zeit, Mannheim/Wien/Zürich 1988, [2]1994; L. Bianchi, Lezioni di geometria differenziale, Pisa 1894, I–II, [2]1902/1909, Bologna [3]1923/1927 (dt. Vorlesungen über Differentialgeometrie, Leipzig 1899, Berlin/Leipzig [2]1910); L. Bieberbach, Differentialgeometrie, Leipzig 1932 (repr. New York 1968); W. Blaschke, Einführung in die Differentialgeometrie, Berlin/Heidelberg 1950, mit H. Reichardt, Berlin/Göttingen/Heidelberg [2]1960; M. Carrier, Geometric Facts and Geometric Theory. Helmholtz and 20th-Century Philosophy of Physical Geometry, in: L. Krüger (ed.), Universalgenie Helmholtz. Rückblick nach 100 Jahren, Berlin 1994, 276–291; ders., Raum-Zeit, Berlin/New York 2009; E. Cartan, Leçons sur la géométrie des espaces de Riemann, Paris 1928, [2]1946 (repr. 1963, 1988), 1951 (engl. Geometry of Riemannian Spaces, Brookline Mass. 1983); S.-S. Chern, A Simple Intrinsic Proof of the Gauss-Bonnet Formula for Closed Riemannian Manifolds, Ann. Math. 2. Ser. 45 (1944), 747–752 (repr. in: C. Y. Cheng/P. Li/G. Tian, A Mathematician and His Mathematical Work. Selected Papers of S. S. Chern, Singapur etc. 1996, 115–120); ders., On the Curvatura Integra in a Riemannian Manifold, Ann. Math. 2. Ser. 46 (1945), 674–684 (repr. in: C. Y. Cheng/P. Li/G. Tian, A Mathematician and His Mathematical Work [s. o.], 121–131); G. Darboux, Leçons sur la

théorie générale des surfaces et les applications géométriques du calcul infinitésimal, I–IV, Paris 1887–1896, I, [2]1914, II, [2]1915, (repr. [d. Bde I–II, [2]1914/1915, u. III–IV, 1894/1896] New York 1972, in 2 Bdn., ed. J. Gabay, Sceaux 1993); A. Duschek/W. Mayer, Lehrbuch der Differentialgeometrie, I–II, Berlin/Leipzig 1930; L. P. Eisenhart, Riemannian Geometry, Princeton N. J. 1926, 1997; S. Gallot/D. Hulin/J. Lafontaine, Riemannian Geometry, Berlin/Heidelberg/New York 1987, [3]2004; J. C. H. Gerretsen, Lectures on Tensor Calculus and Differential Geometry, Groningen 1962; A. Grünbaum, Spatial and Temporal Congruence in Physics. A Critical Comparison of the Conceptions of Newton, Riemann, Poincaré, Eddington, Bridgman, Russell, and Whitehead, in: ders., Philosophical Problems of Space and Time, New York 1963, Dordrecht/Boston Mass. erw. [2]1973, 1974 (Boston Stud. Philos. Sci. XII), 3–65; H. W. Guggenheimer, Differential Geometry, New York/San Francisco Calif./Toronto 1963, Newburyport Mass. 2012; W. Klingenberg, Riemannian Geometry, Berlin/New York 1982, [2]1995; S. Kobayashi/K. Nomizu, Foundations of Differential Geometry, I–II, New York/London/Sydney 1963, 1996; E. Kreyszig, Differentialgeometrie, Leipzig 1957 (engl. Differential Geometry, Toronto 1959 [repr. New York 1991], [2]1964), [2]1968 (engl. Introduction to Differential Geometry and Riemannian Geometry, Toronto 1968, 1975); D. Laugwitz, Differentialgeometrie, Stuttgart 1960, [3]1977 (engl. Differential and Riemannian Geometry, New York 1965); E. Peschl, Differentialgeometrie, Mannheim/Wien/Zürich 1973; P. K. Raševskij, Rimanova geometrija i tenzor'ij analiz, Moskau 1953, 1967 (dt. P. K. Raschewski, Riemannsche Geometrie und Tensoranalysis, Berlin [Ost] 1959, unter dem Titel: Elementare Einführung in die Tensorrechnung, [2]1966, unter ursprünglichem Titel, Thun 1995); M. M. G. Ricci/T. Levi-Civita, Méthodes de calcul différentiel absolu et leurs applications, Math. Ann. 54 (1901), 125–201, separat Paris 1923; W. Rinow, Die innere Geometrie der metrischen Räume, Berlin/Heidelberg 1961; J. A. Schouten, Der Ricci-Kalkül. Eine Einführung in die neueren Methoden und Probleme der mehrdimensionalen Differentialgeometrie, Berlin 1924 (repr. 1978) (engl. Ricci-Calculus. An Introduction to Tensor Analysis and Its Geometrical Applications, Berlin/Göttingen/Heidelberg 1924, [2]1954); S. Sternberg, Lectures on Differential Geometry, Englewood Cliffs N. J. 1964, New York [2]1983, Providence R. I. 1999; D. J. Struik, Grundzüge der mehrdimensionalen Differentialgeometrie in direkter Darstellung, Berlin 1922; R. Torretti, Philosophy of Geometry from Riemann to Poincaré, Dordrecht/Boston Mass./London 1978, 1984; ders., Nineteenth Century Geometry, SEP 1999, rev. 2010; O. Veblen/J. H. C. Whitehead, The Foundations of Differential Geometry, Cambridge 1932, 1967; H. Weyl, Raum, Zeit, Materie. Vorlesungen über allgemeine Relativitätstheorie, Berlin 1918, [4]1921 (engl. Space, Time, Matter, New York, London 1922 [repr. New York 1950, 2003], New York 2010), [5]1923 (repr. Darmstadt 1961), Berlin/Heidelberg/New York [6]1970, erg. v. J. Ehlers, [8]1993; ders., Mathematische Analyse des Raumproblems. Vorlesungen gehalten in Barcelona und Madrid, Berlin 1923 (repr. zusammen mit: Was ist Materie? [Berlin 1924], Darmstadt 1963, 1977) (franz./dt. L'analyse mathematique du problème de l'espace, I–II, ed. É. Audureau/J. Bernard, Aix-en-Provence 2015); weitere Literatur: ↑Differentialgeometrie, ↑Riemann.   K. M.

Rigorismus (von lat. rigor, Starrheit, Strenge), als philosophischer Terminus vor allem im Anschluß und im Bezug auf die ↑Ethik I. Kants verwendet. R. bezeichnet dabei (1) die ›Denkungsart‹, »keine moralischen Mitteldinge weder in Handlungen (adiaphora) noch in menschlichen Charakteren, so lange es möglich ist, einzuräumen« (Die Religion innerhalb der Grenzen der bloßen Vernunft [1793, ²1794] B 9, Akad.-Ausg. VI, 22). R. in diesem Sinne stellt den Versuch dar, alle praktischen Urteile mit den beiden ↑Modalitäten ›geboten‹ und ›verboten‹ wiederzugeben und eine dritte Modalität ›freigestellt‹ – d. i. ›weder geboten noch verboten‹ – auszuschließen. Kant selbst nennt einen solchen Versuch ›phantastisch-tugendhaft‹ (Met. Sitten. Tugendlehre A 52–53, Akad.-Ausg. VI, 409). R. bezeichnet ferner (2) die Forderung, nur diejenigen ↑Handlungen als moralisch gut zu beurteilen, die aus ↑Pflicht und nicht nur pflichtgemäß ausgeführt werden. R. in diesem Sinne wird zum einen auf die ↑Motive, zum anderen auf die ↑Gründe des Handelns bezogen: Daß Pflichtgefühle das einzige Motiv sein dürfen, unterstellt F. Schiller als Kantische Forderung (Gewissensscrupel, in: F. Schiller, Werke I, ed. J. Petersen/F. Beißner, Weimar 1943, 357); daß nur die Beurteilung einer Handlung als Pflicht ein Grund für ihre Ausführung sein dürfe – gleichgültig, ob eine ↑Neigung zu dieser Handlung bestehe oder nicht –, ist Kants ethische Forderung. Es ist dabei nicht verlangt, Neigungen und faktische Wünsche in ihrer Funktion als Motive für das Ausführen von Handlungen abzuweisen und zu verurteilen, sondern nur, Motive nicht als Gründe für deren Ausführung heranzuziehen.

Literatur: C. Blöser, Grade der Tugend und R., in: S. Bacin u. a. (eds.), Kant und die Philosophie in weltbürgerlicher Absicht. Akten des XI. Kant-Kongresses III, Berlin/New York 2013, 51–62; M. Heesch, R., RGG VII (⁴2004), 517–518; C. Mieth, R., in: M. Willaschek u. a. (eds.), Kant-Lexikon II, Berlin/Boston Mass. 2015, 1985–1987; R. Pippin, R. und der ›neue Kant‹, in: ders., Die Verwirklichung der Freiheit. Der Idealismus als Diskurs der Moderne, Frankfurt/New York 2005, 43–58; J.-L. Quantin, Le rigorisme chrétien, Paris 2001; T. Schapiro, Kantian Rigorism and Mitigating Circumstances, Ethics 117 (2006), 32–57; J. Timmermann, Alles halb so schlimm. Bemerkungen zu Kants ethischem R., in: A. Stephan/K. P. Rippe (eds.), Ethik ohne Dogmen. Aufsätze für Günther Patzig, Paderborn 2001, 58–82; M. H. Werner, Kants pflichtenethischer R. und die Diskursethik. Eine maximenethische Deutung des Anwendungsproblems, in: N. Gottschalk-Mazouz (ed.), Perspektiven der Diskursethik, Würzburg 2004, 81–110. O. S.

Ring (mathematisch) (engl. ring, franz. anneau), Bezeichnung für eine wichtige algebraische ↑Struktur. Eine Grundmenge I mit zwei zweistelligen (gewöhnlich in Anlehnung an arithmetische ↑Modelle ›Addition‹ und ›Multiplikation‹ genannten) inneren ↑Verknüpfungen der Elemente von I heißt ein ›R.‹ genau dann, wenn folgende Axiome erfüllt sind:

(1) I bildet bezüglich der ›Addition‹ (Zeichen: +) eine kommutative Gruppe (↑kommutativ/Kommutativität, ↑Gruppe (mathematisch)),

(2) die ›Multiplikation‹ von I (Zeichen: ·) ist assoziativ (↑assoziativ/Assoziativität), d. h., für alle Elemente a, b, c aus I gilt: $a \cdot (b \cdot c) = (a \cdot b) \cdot c$,

(3) für alle Elemente a, b, c aus I gilt: $a \cdot (b + c) = (a \cdot b) + (a \cdot c)$ und $(a + b) \cdot c = (a \cdot c) + (b \cdot c)$ (Distributivgesetze; ↑distributiv/Distributivität).

Bei Kommutativität auch der ›Multiplikation‹ spricht man von einem ›kommutativen R.‹. Ein R. mit einem Element e, so daß für beliebige Elemente a des R.s gilt:

(4) $a \cdot e = e \cdot a = a$,

heißt ›R. mit Einselement‹ (Bedingung (4) besagt, daß e, so wie die 1 in der Arithmetik, ein – bzw. das – Neutralelement der ›Multiplikation‹ ist). Das bekannteste Beispiel für einen kommutativen R. mit Einselement bilden die ganzen Zahlen bezüglich der gewöhnlichen Addition und Multiplikation als Verknüpfungen. Kommutative R.e ohne Nullteiler (d. h., wo aus $a \cdot b = 0$ stets folgt: $a = 0$ oder $b = 0$) heißen ›Integritätsbereiche‹. Die ganzen Zahlen bilden einen Integritätsbereich, ebenso jeder Körper (↑Körper (mathematisch)), etwa die rationalen oder die reellen Zahlen. G. W.

Risiko (von ital. risco, rischio, Gefahr, Wagnis; engl. risk, franz. risque), umgangssprachliche Bezeichnung (mit unklaren semantischen Abgrenzungen) für Gefahr, Gefährdung, Wagnis. Eine generelle kanonische begriffliche Verwendung von R. und des begrifflichen Umfeldes ist bisher nicht gegeben. – Die für viele wissenschaftssprachliche Kontexte, vor allem in den technischen und wirtschaftswissenschaftlichen Disziplinen, verbindliche Charakterisierung von R. geht auf die Versuche in der frühen Neuzeit zurück, die Handlungskontexte des rationalen Wettverhaltens und des fundierten Festlegens von Versicherungsprämien (z. B. in Bezug auf Feuersbrünste, Schiffsverluste, Todesfälle) durch numerisch ausdrückbare Kriterien zu bestimmen. Nachdem es durch Untersuchungen von B. Pascal, D. Bernoulli, G. W. Leibniz, P.-S. Laplace u. a. zur ↑Wahrscheinlichkeitstheorie und Versicherungsmathematik gelungen war, den Umgang mit ↑Wahrscheinlichkeiten rational zu kontrollieren, wird unter R. das Produkt aus numerisch ausgedrückter Wahrscheinlichkeit und numerisch ausgedrücktem Schaden verstanden. Auf diesem Hintergrund hat wohl als erster T. Bayes das vor allem für die ökonomischen Disziplinen bedeutsame Rationalitätsprinzip formuliert, wonach bei der Wahl zwischen zwei Optionen derjenigen der Vorzug zu geben ist, die ceteris paribus (↑ceteris-paribus-Klausel) den kleineren R.grad aufweist. Die offenkundig utilitaristischen (↑Utilitarismus) ↑Präsuppositionen des Risikoprinzips von Bayes treffen allerdings hinsichtlich des Universalitätsanspruchs auf eine ethische Kritik (↑Risikotheorie).

Für die begriffliche Rekonstruktion ist zu beachten, daß diese das Handeln unter R. Verteilungsgesichtspunkten zugänglich machen soll. Soll der Vergleich zwischen riskanten Handlungen zu Ergebnissen führen, die nicht bloß partikular (individuell oder gruppenspezifisch) gültig sind, muß ein Reden über Verteilungsfragen möglich sein, das sich an Kriterien der Verallgemeinerbarkeit messen läßt. Ein R.begriff, der die Forderungen nach Verallgemeinerbarkeit, Vergleichbarkeit und Verteilbarkeit von riskanten Handlungen erfüllt, kann als rationaler R.begriff ausgezeichnet werden, wobei durch diese Auszeichnung keine Exklusivitätsbehauptung mitgesetzt ist. Für die Explikation eines rationalen R.begriffs ist zunächst festzulegen, von welchem Referenzobjekt R. überhaupt ausgesagt wird. Eine naheliegende Rekonstruktion unterstellt, daß R.en Attribute von ↑Handlungen und (davon abgeleitet) von ↑Entscheidungen sind. Entsprechend kann man von riskanten Handlungen (Entscheidungen) oder auch (wenn man von der Wendung vom Produkt aus Wahrscheinlichkeit und Schaden ausgeht) vom R.grad einer Handlung (Entscheidung) sprechen; konvers (↑konvers/Konversion) wäre dann von der Chance bzw. dem Chancengrad einer Handlung (Entscheidung) zu sprechen.

Literatur: A. Burgess (ed.), Risk, I–IV, Los Angeles etc. 2017; J. Clausen/S. O. Hansson/F. Nilsson, Generalizing the Safety Factor Approach, Reliability Engineering and System Safety 91 (2006), 264–973; R. M. Cooke, Experts in Uncertainty. Opinion and Subjective Probability in Science, Oxford etc. 1991; C. F. Cranor, Regulating Toxic Substances. A Philosophy of Science and the Law, Oxford etc. 1993; N. Doorn/S. O. Hansson, Should Probabilistic Design Replace Safety Factors?, Philos. and Technology 24 (2011), 151–168; M. Douglas/A. Wildavsky, Risk and Culture. An Essay on the Selection of Technological and Environmental Dangers, Berkeley Calif./Los Angeles/London 1982, 1983; C. F. Gethmann, Zur Ethik des Handelns unter R. im Umweltstaat, in: ders./M. Kloepfer, Handeln unter R. im Umweltstaat, Berlin etc. 1993, 1–54; G. Gigerenzer, Calculated Risks. How to Know when Numbers Deceive You, New York etc. 2002 (dt. Das Einmaleins der Skepsis. Über den richtigen Umgang mit Zahlen und R.en, Berlin 2002, München/Berlin/Zürich 2015); ders., R.. Wie man die richtigen Entscheidungen trifft, München 2013, Hamburg 2016, engl. Original unter dem Titel: Risk Savvy. How to Make Good Decisions, New York, London 2014, New York 2015; S. O. Hansson, Ethical Criteria of Risk Acceptance, Erkenntnis 59 (2003), 291–309; ders., Economic (Ir)rationality in Risk Analysis, Economics and Philosophy 22 (2006), 231–241; ders., Risk, SEP 2007, rev. 2011; S. D. Jellinek, On the Inevitability of Being Wrong, Ann. New York Acad. Sci. 363 (1981), 43–47; D. Kahneman/P. Slovic/A. Tversky (eds.), Judgment under Uncertainty. Heuristics and Biases, Cambridge etc. 1982, 2008; D. Krimsky/D. Golding (eds.), Social Theories of Risk, Westport Conn./London 1992; D. Lupton, Risk, London/New York 1999, ²2013; D. MacLean (ed.), Values at Risk, Totowa N. J., Savage Md. 1986; D. McKerlie, Rights and Risk, Can. J. Philos. 16 (1986), 239–251; N. Möller/S. O. Hansson, Principles of Engineering Safety. Risk and Uncertainty Reduction, Reliability Engineering and System Safety 93 (2008), 776–783; J. Nida-Rümelin/B. Rath/J. Schulen-

burg, R.ethik, Berlin/Boston Mass. 2012; B. Rath, Entscheidungstheorien der R.ethik. Eine Diskussion etablierter Entscheidungstheorien und Grundzüge eines prozeduralen libertären R.ethischen Kontraktualismus, Marburg 2011; N. Rescher, Risk. A Philosophical Introduction to the Theory of Risk Evaluation and Management, Washington D. C. 1983; M. Rothschild/J. E. Stiglitz, Increasing Risk I. A Definition, J. Economic Theory 2 (1970), 225–243; T. M. Scanlon, Contractualism and Utilitarianism, in: A. Sen/B. Williams (eds.), Utilitarianism and Beyond, Cambridge etc. 1982, 2010, 103–128; K. S. Shrader-Frechette, Science Policy, Ethics, and Economic Methodology, Dordrecht/Boston Mass./Lancaster 1985; dies., Risk and Rationality. Philosophical Foundations of Populist Reforms, Berkeley Calif./Oxford 1991; dies., Risk, REP VIII (1998), 331–334; L. Sjöberg, The Methodology of Risk Perception Research, Quality and Quantity 34 (2000), 407–418; P. B. Thompson, Risking or Being Willing. Hamlet and the DC-10, J. Value Inqu. 19 (1985), 301–310; J. J. Thomson, Imposing Risks, in: M. Gibson (ed.), To Breathe Freely. Risk, Consent, and Air, Totowa N. J. 1985, 124–140; A. Tversky/D. Kahneman, Rational Choice and the Framing of Decisions, J. Business 59 (1986), 251–278; E. U. Weber u. a., Risk, IESBS XX (2001), 13347–13368; A. M. Weinberg, Science and Trans-Science, Minerva 10 (1972), 209–222.   C. F. G.

Risikotheorie (engl. theory of risks, ethics of risks, risk assessment, franz. l'analyse des risques), zusammenfassende Bezeichnung für die anthropologischen, logischen und ethischen Reflexionen bezüglich des Handelns unter Bedingungen des ↑Risikos, die sowohl in der Ethik technischen Handelns (↑Technikethik; ↑Wissenschaftsethik) als auch in der ethischen Reflexion auf den umsichtigen Naturumgang (↑Umweltethik) als auch in der ethischen Reflexion auf das diagnostische und therapeutische Handeln des Arztes (↑Ethik, medizinische) sowie in den gesellschaftlichen Debatten über die Zulässigkeit von Risiken (Risikopolitik) eine zentrale Rolle spielen. Die wissenschaftsphilosophischen und ethischen Fragen des Handelns unter Risikobedingungen sind erstmalig von N. Rescher (1983) unter dem Eindruck des schweren Reaktorunfalls von Harrisburg (1979) herausgestellt worden.

(1) *Anthropologische und ethische Grundlagen.* Die Reflexion auf den Risikobegriff hat ihren anthropologischen Einsatzort (↑Anthropologie) im Rahmen der Rekonstruktion des Verhältnisses des Menschen zur ↑Technik. Kulturgeschichtlich hat sich der einfache Umgang mit Geräten über die Entwicklung mehr oder weniger komplexer Maschinen im Laufe der industriellen Revolution zur Installation großtechnischer Anlagen entwickelt; in der Digitalisierung kann ein vierter kulturhistorischer Schritt des Menschen gesehen werden. Über lange historische Räume hinweg warfen die Geräte, deren sich der Mensch zur Lebensbewältigung bediente, keine besonderen theoretischen und ethischen Probleme auf. Mit den im Zusammenhang mit der industriellen Revolution entstandenen großtechnischen Anlagen ist

›moderne‹ Technik demgegenüber mindestens durch eine zweifache Komplikation ausgezeichnet: (a) Die gerätegestützte Handlung erfüllt als ↑Mittel ihren ↑Zweck nur noch mit einer gewissen ↑Wahrscheinlichkeit, unter anderem deshalb, weil zwischen Ausgangssituation und Endzweck sehr viele Vermittlungsstufen mit unübersehbaren Folgen liegen (Handeln unter Bedingungen der Unsicherheit); (b) die Gefahrenträger technischer Installationen sind nicht selbstverständlich auch deren Nutznießer (Handeln unter Bedingungen der Ungleichheit). Damit sind durch die moderne Technik als solche ethische Fragen aufgeworfen, die sich im Rahmen eines vormodernen Technikverständnisses nicht gestellt haben, z. B. die, ob man eine Gefahr angesichts eines unsicheren Erreichens des Zwecks der Handlung auf sich nehmen darf oder ob man gar anderen Gefahren zumuten darf, die sie nicht gewählt haben und von deren Zweck sie nicht einmal mit Sicherheit profitieren. Während das vormoderne Technikverständnis (das in vielen Zusammenhängen freilich immer noch relevant ist) unterstellt, Geräte seien so zu kontrollieren, daß die intendierten Handlungsfolgen auch die tatsächlichen sind, hat das moderne Technikverständnis dem Umstand Rechnung zu tragen, daß auch nicht-intendierte Folgen eintreten können (›Nebenfolgen‹), die mit einer gewissen Wahrscheinlichkeit Schäden bewirken, und zwar auch bei solchen Menschen, die in den unmittelbaren Kontext des Handelns nicht involviert sind (›Fernfolgen‹). Modernes technisches Handeln läßt sich damit gegenüber Handeln im Rahmen vormoderner Technik zusammenfassend als *Handeln unter Risiko* bestimmen. Das Handeln unter Risiko ist allerdings nicht in jedem Falle ethisch relevant, sondern nur dann, wenn ein Akteur anderen die Folgen des eigenen risikobehafteten Handelns zumutet. Betreffen die Folgen des riskanten Handelns dagegen nur den Akteur selbst, oder sind Folgen für andere nicht erkennbar, oder sind die von der Handlung Betroffenen nicht als moralisch gleichrangige Subjekte anerkannt, sind die moralischen Probleme des Handelns unter Risiko von denen des Handelns mit determinierten Folgen nicht zu unterscheiden. Weil demgegenüber durch den Fortschritt technischen Könnens die menschlichen Handlungsmöglichkeiten qualitativ und quantitativ erheblich erweitert worden sind, weil außerdem durch die Entwicklung der Wissenschaften die Kenntnis der Zusammenhänge zwischen dem Handeln und dessen Folgen erheblich vergrößert worden ist, weil schließlich die Entwicklung in Richtung einer Weltkultur die praktische Überzeugung von der moralischen Gleichberechtigung aller Betroffenen gefestigt hat (↑Gleichheit (sozial)), ist das Handeln unter Risiko zum zentralen Thema der ↑Ethik geworden. Die spezifisch ethischen Implikationen, die bei der Anwendung moderner Technik gegeben sind, beziehen sich nicht mehr

auf die Feststellung der Tauglichkeit von Mitteln für bestimmte Zwecke, sondern darauf, wie Handeln unter Risiko, das in vielen Fällen unweigerlich Folgen für andere hat, ethisch zu rechtfertigen ist.

Vom Risiko in diesem Sinne ist die *Gefahr* zu unterscheiden. Gefahren sind Akteure faktisch ausgesetzt (oder nicht); sie sind damit eine besondere Ausprägung von ↑Widerfahrnissen. Risiken dagegen werden durch Handlungen herbeigeführt oder eingegangen (Luhmann 1991; abweichend der juristische Sprachgebrauch, z. B. Kloepfer 1993). Zu den Handlungen zählen in diesem Zusammenhang nicht nur die Ausführungs-, sondern auch die Unterlassungshandlungen (↑Unterlassung). Ein Risiko führt dementsprechend auch herbei, wer das Ergreifen gefahrenabwehrender bzw. gefahrenmindernder Maßnahmen angesichts einer erkannten Gefahr unterläßt. Die *Risikobeurteilung* ist daher nicht zu verwechseln mit der subjektiven (individuellen oder kollektiven) *Gefahrenwahrnehmung*. Im Gegensatz zur Wahrnehmung einer Gefahr versucht die Risikobeurteilung die Gefahr für einen Handlungs*typ* zu bestimmen, unabhängig von der jeweiligen Situation. Während die Gefahr ein Moment des konkreten ↑Ereignisses ist, das einem Individuum oder einem Kollektiv bevorstehen kann, wird mit dem Risiko ein Situationstyp relativ zu einem typischen Situationsteilnehmer charakterisiert. Der situativen Gefahr steht damit das Risiko als das typisierte Unglück, die Chance als das typisierte Glück gegenüber.

Umstände, in denen ein Risiko auftritt (Risikokonstellation), lassen sich grundsätzlich unterscheiden in individuelle Risikosituationen und soziale Risikosituationen. In sozialen Risikosituationen werden die Risiken von Akteuren auf andere übertragen, so daß hierbei die für das Handeln unter Risiko typischen Rechtfertigungsprobleme (↑Rechtfertigung) entstehen. Aus handlungstheoretischer Sicht können Risiken als Störungen einer Kette von Handlungsfolgen rekonstruiert werden, die Akteure herbeiführen, bis der Handlungszweck erreicht ist, in dem die angestrebten Ziele (vermeintlich) realisiert sind. Lebensweltliche Erfahrung lehrt, daß eine solche Handlungsfolge durch verschiedene Typen von Störungen gefährdet ist. (a) Weil Akteure nicht wissen, ob die Folgen ihrer Handlungen, vor allem die Folgen höherer Ordnung, wirklich eintreten, ist Handeln durch *Unsicherheit* bestimmt. (b) Selbst wenn die geplanten Folgen eintreten, ist nicht ausgeschlossen, daß sich auch unerwünschte Zustände als Handlungsfolgen ergeben. Je höher der Ordnungsgrad der Folgen ist, desto mehr ist zu befürchten, daß solche *Nebenfolgen* eintreten. Allerdings sind die Nebenfolgen nicht immer unerwünscht; bei der Risiko-Chancen-Abwägung muß daher auch die Möglichkeit erwünschter Nebenfolgen eine Rolle spielen. (c) Manchmal folgen auf Handlungen Ereignisse, die der Akteur nicht als Folgen seines Handelns verstehen kann, z. B. weil keine Kausalbeziehung (↑Kausalität) zwischen Handlungsfolge und dem Ereignis besteht oder (was pragmatisch gleich ist) das entsprechende Kausalwissen fehlt. Die beiden Ereignisse gehören verschiedenen Gattungen von Ereignissen an (↑zufällig/Zufall), so daß das Ereignis als Widerfahrnis eingeordnet wird. (d) Schließlich werden Handlungen vollzogen, die Bedingungen, aber nicht Ursachen, d. h. notwendig, aber nicht hinreichend für das Eintreten bestimmter Folgen sind. Das ist der Fall, wenn es zu den erwünschten Zuständen erst bei Vorliegen weiterer Bedingungen kommt; man spricht vom ›Geschick‹, das sich im erwünschten Falle als Glück, im unerwünschten als Unglück erweist. Gegenüber dem Geschick kann man sich idealtypisch auf zwei Weisen verhalten: resignativ, da man über die zusätzlichen ›zufälligen‹ Bedingungen nicht verfügt, oder konfident, da man eine Möglichkeit sieht, die Bedingungen (wenigstens teilweise) zu realisieren. Die konfidente Einstellung ist durch die Zuversicht charakterisiert, daß es unter Umständen möglich ist, die Unsicherheit des Geschicks zu bewältigen, d. h. die Unsicherheit zu vermeiden, zu beseitigen oder im Unglücksfall (ganz oder teilweise) auszugleichen. Die konfidente Einstellung angesichts eines Geschicks drückt sich somit in der Bereitschaft aus, ein Wagnis einzugehen, das eine Chance bzw. ein Risiko mit sich bringen kann. Paradigmen, in denen sich die nicht-resignative Einstellung gegenüber den Unwägbarkeiten des Geschicks zeigt, sind die Versicherung gegen Unglücksfälle (Feuer, Krankheit Tod etc.) sowie das rationale Wettverhalten bei Glücksspielen. Diese Beispiele zeigen, daß die Genese der Risikobeurteilung in menschlich-kulturellen Handlungskontexten liegt und nicht primär eine Kategorie zur Beurteilung von Geräten, Maschinen und Anlagen darstellt. Der neuzeitliche Risikobegriff hat einen anthropomorphen und keinen primär technomorphen Ursprung.

(2) *Die Bestimmung von Wahrscheinlichkeit und Schaden.* Das Sichversichern und das Wetten waren die gesellschaftlichen Bedürfnislagen, die für die Entstehung der ↑Wahrscheinlichkeitstheorie auslösend gewesen sind. Seit man über ein Verfahren zur Berechnung von Wahrscheinlichkeiten verfügt, ist es möglich, den Risikobegriff dadurch zu präzisieren, daß man den Grad eines Risikos numerisch bestimmt. Der Grad eines Risikos (einer Chance) ist gleich dem Produkt aus (numerisch ausgedrücktem) Schaden (Nutzen) und (numerisch ausgedrückter) Wahrscheinlichkeit für den Eintritt des Ereignisses. Dieser rationale Risikobegriff ist die *Hochstilisierung lebensweltlicher Handlungsgeschickbewältigung.* Der intuitive Ansatz besteht somit darin, aus dem Produkt von subjektiver Wahrscheinlichkeit und subjektivem Nutzen einen subjektiven (Nutzen-)Erwar-

tungswert zu bilden. Dieses Standardverständnis von Risiko wirft allerdings eine Reihe von Rekonstruktionsfragen, insbes. Präzisierungsfragen, auf. Prinzipiell lassen sich Wahrscheinlichkeit und Schaden schon durch die Angabe ordinaler (komparativer) Verhältnisse und nicht erst kardinaler Zahlen bestimmen. Im Bereich der ↑Ökonomie und der Versicherungsmathematik wird jedoch zum Zwecke der Durchführung von Risikovergleichen ein reellwertiger Ausdruck verlangt. Grundsätzlich hängt die Bildung reellwertiger Funktionen von keineswegs trivialen Rationalitätsbedingungen ab, die die relationstheoretische (↑Relation) Ordnung (↑reflexiv/Reflexivität, ↑transitiv/Transitivität, ↑vollständig/Vollständigkeit) betreffen. Ferner muß für die Funktionen Monotonie, ↑Reduktion, ↑Stetigkeit, und Unabhängigkeit (↑unabhängig/Unabhängigkeit (logisch)) angenommen werden. Das Standardverständnis muß sich mit einer Reihe von semantischen ↑Paradoxien auseinandersetzen, von denen das so genannte Petersburger Paradox (eine Wette mit undefiniert vielen Würfen rechtfertigt einen ›unendlichen‹ Einsatz) das bekannteste ist.

Wahrscheinlichkeit. Bei den die Wahrscheinlichkeit betreffenden Präzisionsfragen ist grundsätzlich zwischen Ungewißheit (als epistemischem Zustand des Akteurs) und Unsicherheit (als Merkmal des Eintritts von Handlungsfolgen) einer Entscheidung bzw. des Eintretens einer Handlungsfolge zu unterscheiden. Ungewißheit besteht dann, wenn über die Eintrittswahrscheinlichkeit der Handlungsfolge und demzufolge über den Erwartungswert nichts (hinreichend Genaues) bekannt ist. Eine Entscheidung unter Unsicherheit besteht dann, wenn ein Wissen über die Eintrittswahrscheinlichkeit und demzufolge (zusammen mit dem Schadens-[Nutzen-]wert) über den Erwartungswert zur Verfügung steht. – Wenn einzelnen Ereignissen ein Wahrscheinlichkeitswert fundiert zugewiesen werden kann, bleibt noch die Frage der Aggregation von Wahrscheinlichkeiten zu klären. Eine Schwierigkeit der Präzisierung von Eintrittswahrscheinlichkeiten besteht bei einmaligen und neuen Risiken, bei denen der Quotient aus möglichen und wirklichen Ereignissen naturgemäß nicht gebildet werden kann. Aktuelle relevante Beispiele für einmalige Ereignisse sind hochkomplexe Systeme wie z. B. Wettersysteme, Systeme natürlicher Lebensräume oder die Weltwirtschaft. Abgesehen davon, daß in diesen Fällen (wie bei Wahrscheinlichkeitsaussagen überhaupt) das Kriterium der Falsifizierbarkeit (↑Falsifikation) allenfalls indirekt angewandt werden kann, haben solche Systeme die Eigenschaft, daß kleine Eingabefehler große Ausgabefehler herbeiführen können. Abgesehen von den formal wissenschaftlichen Randbedingungen hilft man sich hinsichtlich der Wahrscheinlichkeit oft mit Delphi-Methoden oder anderen Expertensystemen. In Fällen einmaliger und neuer Ereignis-zusammenhänge kann man genau genommen nur von Handeln unter Unsicherheit (und nicht unter Risiko) sprechen.

Schaden. Abgesehen von den nicht-trivialen Schwierig-keiten, Schadensausmaße in verbindlicher Weise fest-zustellen, gibt es grundsätzlich eine Reihe von mögli-chen Meßgrößen für Schadensausmaße. Neben der Mortalität und Morbidität derjenigen, die von Hand-lungsfolgen betroffen sind, spielen vor allem in den Wirtschaftswissenschaften wirtschaftliche Schäden eine Rolle, deren Ausmaß sich monetär ausdrucken läßt. Grundsätzlich kommt das Standardverständnis hinsicht-lich des Schadens an eine Grenze, wenn aus pragmati-schen oder ethischen Gründen eine numerische Er-fassung unangemessen ist, wie das z.B. bei den fun-damentalen ↑Menschenrechten, den Rechten künftiger Generationen, der Biodiversität und ästhetischen Grö-ßen wie der Anmutung einer Landschaft der Fall ist.

(3) *Kritik des Utilitarismus in der R..* Die Standard-R. unterstellt, daß die Beurteilung einer Handlung (Hand-lungsoption) ausschließlich über die Bewertung der zu erwartenden Handlungsfolgen erfolgt. Dabei wird die ethische Prämisse unterstellt, daß die moralische Quali-fikation einer Handlung, z.B. als empfehlenswert, ver-werflich, hinnehmbar oder beliebig, und darauf auf-bauend im Falle der Verallgemeinerbarkeit die ethischen Beurteilungen z.B. als geboten, verboten, erlaubt oder indifferent, allein aus der (moralischen oder außermora-lischen) Qualifikation der Folgen der Handlung (↑Kon-sequentialismus) folgt. Die Standard-R. weist daher eine enge Affinität zu dem utilitaristischen Paradigma der Ethik (↑Utilitarismus) auf. Dem entspricht die Regel von T. Bayes, dergemäß es rational ist, von zwei Handlungs-optionen diejenige zu wählen, die mit dem geringeren Risikograd (dem höheren Chancengrad) hinsichtlich der Handlungsfolgen ausgezeichnet ist, der Schaden (Nutzen) sei dabei ceteris paribus (↑ceteris-paribus-Klausel) gesetzt (↑Rationalität). Falls zwischen Hand-lungsoptionen eine numerisch ausgedrückte Präferenz-ordnung besteht, kann die Regel auch so ausgedrückt werden: »Wähle unter den möglichen Handlungen die-jenige, welche in der numerischen Präferenzordnung den höchsten Wert hat« (W. Stegmüller 1973, 297). Aus-gehend von der eng an den Utilitarismus gebundenen Grundlegung der Wirtschaftstheorie bei J. Bentham und J. S. Mill ist dieser Ansatz der R. eine enge Verbindung mit ökonomischen Ansätzen des Präferenzutilitarismus, der ↑Entscheidungstheorie und der ↑Spieltheorie einge-gangen. Ferner spielt dieser Ansatz der R. eine gewich-tige Rolle im Bereich der orthodoxen ↑Technikfolgen-abschätzung, soweit diese als rationaler Prozeß der so-zialen Optimierung angesehen wird. Grundsätzlich hat

die sich an den Utilitarismus anschließende R. eine hohe Plausibilität, wenn es darum geht, im Rahmen einer kollektiven Handlungsbeurteilung eine optimale Strate-gie bezüglich der Risiken angesichts mehrerer Möglich-keiten einer Handlungsoption zu entwickeln; dazu ge-hören Versicherungskontexte oder die Organisation von Verteilungsfragen im Rahmen eines kollektiven Ge-sundheitssystems. Vielfach wird dieser Ansatz auch aus-gedehnt auf Fragen des Standortes und der Gestaltung großtechnischer Anlagen, wie es z.B. bei den Risikostu-dien zur Kernenergie einschließlich der Frage eines nu-klearen Endlagers versucht wurde.

Die Beispiele großtechnischer Anlagen haben allerdings auch die Grenzen einer utilitaristischen R. deutlich ge-macht. Die Kritik bezieht sich vor allem darauf, daß im Rahmen der Standard-R. auch Güter wie ein individuel-les Menschenleben oder die Unverletzlichkeit der Person einer utilitaristischen Abwägung unterzogen werden können. Gegenüber der Abwägbarkeit solcher mora-lischer Größen haben daher prominente Kritiker wie H. Jonas (1979) den Ansatz der Standard-R. für moralisch inakzeptabel erklärt und stattdessen für die Beachtung eines Vorsorgeprinzips (s.u. Abschnitt 9) plädiert. Im Anschluß daran hat sich für eine akzeptable *Risikoethik* die Grundfrage ergeben, ob bzw. in welchem Umfang sich das utilitaristische Paradigma der R. durch deonto-logische Kriterien (↑Deontologie) gewissermaßen ein-hegen lasse. Eine solche Einhegung bedeutet, daß ge-wisse ›kategorische‹ Größen wie die ↑Menschenwürde nicht als Nutzen, bzw. – im Falle ihrer Bedrohung – als Schaden in die Risikoabwägung eingestellt werden dür-fen. In gewissen Fällen ist die Bedrohung einer solchen kategorischen Größe als verwerflich einzustufen, un-abhängig davon, welche Eintrittswahrscheinlichkeit für eine Handlungsfolge angesetzt wird, durch die diese ka-tegorische Größe bedroht oder beeinträchtigt ist. Eine entsprechende Grenzziehung erscheint ohne weiteres als plausibel, wenn es z.B. um die Bedrohung von Men-schenleben im Kontrast zu monetären Größen geht (J. Nida-Rümelin/B. Rath/J. Schulenburg 2012). Durch diese Grenzziehung wird jedoch das Problem nicht ge-löst, das entsteht, wenn kategorische Größen gegenein-ander abgewogen werden müssen. Dies betrifft etwa Fälle, in denen ›Würde gegen Würde‹ mit Blick auf die Eintrittswahrscheinlichkeit abgewogen werden müßte (Beispiel: Abschuß eines Verkehrsflugzeuges, mittels dessen Terroristen die Zuschauer in einer Sportarena be-drohen).

(4) *Subjektive Wahrnehmung von Risiken.* Vor allem aus der Sicht der Verhaltens- und Persönlichkeitspsycholo-gie wird das Standard-Risikoverständnis der R. als le-bensfremd kritisiert, weil die angesichts eines Risikos oft von Akteuren empfundene Abneigung oder Furcht

(↑Angst) außer Betracht läßt. Gelegentlich wird gefordert, neben Wahrscheinlichkeit und Schaden einen dritten, ›subjektiven‹ Faktor der Risikoabneigung in die Definition des Risikobegriffs aufzunehmen (P. Slovic 1987; H. Jungermann/Slovic 1993). Auf dem Hintergrund entsprechender wissenschaftlicher Untersuchungen ist nicht zu bestreiten, daß riskante Handlungen von Emotionen wie Abneigung (aber auch positiven Emotionen wie Risikofreude, Lust am Risiko usw.) begleitet werden; dabei können diese Emotionen sowohl aus dem Umstand der Unsicherheit des Eintretens der Handlungsfolge als auch der Qualität und des Ausmaßes des Schadens (Nutzens) erklärbar sein. Dennoch wird die Einbeziehung eines subjektiven Faktors der instrumentellen Funktion des Risikobegriffs in den klassischen Kontexten des Versicherungswesens, des Glücksspiels oder der Bewertung großtechnischer Anlagen nicht gerecht. Die anläßlich einer Handlung (bzw. Vorstellung einer Handlungsoption) empfundene Abneigung sagt etwas über die subjektive Wahrnehmung einer Handlung aus, kann jedoch nicht als verallgemeinerbarer Indikator für den Risikograd einer Handlung dienen. Das bedeutet, daß sich ein entsprechender Risikobegriff auch nicht in Situationen transsubjektiver (↑transsubjektiv/ Transsubjektivität) ↑Beratung kontrolliert verwenden lassen könnte. Ferner darf die Beurteilung eines Risikos nicht mit der subjektiven Reaktion auf die Wahrnehmung einer Gefahr verwechselt werden (Abschnitt 1). Die Unterscheidung von Risikobeurteilung und Gefahrenwahrnehmung macht verständlich, daß z. B. der Glücksspieler glauben kann, unmittelbar vor dem glücklichen Gewinn zu stehen, während doch die Chancen aus der Sicht der Bank immer gleich verteilt sind. So fließt in die Festlegung der Versicherungsprämie denn auch nicht die individuelle Gefahrenwahrnehmung ein, sondern das Risiko. Die Gefahrenvorsorge durch die Beurteilung des Risikos ersetzt nicht die Gefährdungsabwehr (die Unfallversicherung ersetzt nicht den Sicherheitsgurt), wie umgekehrt die Gefahrenabwehr nicht die Risikovorsorge ersetzt (der Sicherheitsgurt ersetzt nicht die Unfallversicherung).

Die Regularitäten der subjektiven Risikowahrnehmung von Individuen und Kollektiven sind durch psychologische und andere sozialwissenschaftliche Forschung gut untersucht (K. Shrader-Frechette 1991). Dabei zeigt sich, daß Risiken, die vertraut erscheinen, eher akzeptiert werden, als solche, die dem Akteur unvertraut sind. Riskante Handlungen, deren Folgen vermeintlich revidierbar erscheinen, werden eher akzeptiert als solche, deren Folgen irreversibel erscheinen. Vermeintlich freiwillig eingegangene Risiken werden eher akzeptiert als unfreiwillig übertragene. Risiken, die kumuliert auftreten, werden für weniger akzeptabel gehalten als solche, die nicht kumuliert auftreten, auch wenn die Handlungsfolgen die gleichen sind. Unmittelbar eintretende Handlungsfolgen werden weniger akzeptiert als später eintretende Handlungsfolgen, auch wenn der abdiskontierte Schaden erheblich größer ist. Die Akzeptanz durch menschliche Handlung erzeugter Risiken ist geringer als die gegenüber so genannten natürlichen Risiken. Risiken mit großem Schadenspotential werden weniger akzeptiert als solche mit geringem Schadenspotential, unabhängig von der Eintrittswahrscheinlichkeit. Diese Ergebnisse beschreiben das faktische *Akzeptanz*verhalten von Akteuren gegenüber drohenden Gefahren, sagen aber nichts aus über die Akzeptabilität einer riskanten Handlung. *Akzeptabilität* von Risiken ist ein normativer Begriff, der die Akzeptanz von risikobehafteten Optionen mittels rationaler Kriterien des Handelns unter Risikobedingungen festlegt.

(5) *Risikoübertragung und Risikovergleiche.* Die nur das handelnde Individuum betreffende Risikobereitschaft impliziert keine spezifischen ethischen Probleme, die nicht auch schon das Handeln mit (vermeintlich) determinierten Handlungsfolgen betreffen. Die zentralen Probleme der Risikoethik beziehen sich auf Fälle von Risikoübertragung, bei denen ein Akteur einem anderen Akteur ein Handlungsrisiko zumutet. Damit ist die Frage der Akzeptabilität von Risiken aufgeworfen. Nach der Standard-R. ergibt sich die Beschränkung einer Risikoübertragung allein aus dem Erwartungswert einer Handlung, etwa durch Vergleich mit anderen Handlungsoptionen. Ersichtlich wird durch diese Annahme unter Umständen auch eine riskante Handlung als akzeptabel eingestuft, wenn z. B. elementare Individualrechte der betroffenen Akteure beeinträchtigt werden. Demgegenüber halten deontologische Ansätze (Nida-Rümelin/Rath/Schulenburg 2012) Risikoübertragungen dann für verwerflich, wenn die entsprechenden Handlungskonsequenzen die Individualrechte betroffener Individuen mit bestimmter Wahrscheinlichkeit beeinträchtigen. Abgesehen von der Frage, wie diese Individualrechte genauer bestimmt werden, führt ein direkt-deontologischer Ansatz allerdings zu der Schwierigkeit, daß riskante Handlungen je nach dem Erwartungswert dann als akzeptabel eingestuft werden, wenn die Individualrechte nicht bedroht sind. Grundsätzlich dürfte es darüber hinaus zu unüberwindbaren Schwierigkeiten führen, die Akzeptabilität bestimmter riskanter Handlungen ↑kategorisch zu fordern. Ein anderer Weg besteht darin, für das Handeln unter Risiko hypothetische Imperative (↑Imperativ, hypothetischer) zu formulieren, die den Risikograd bereits akzeptierter Risiken in Bezug zu einer zur Debatte stehenden Handlungsoption setzen. Dann läßt sich fordern, daß sich Akteure einer bestimmten risikobehafteten Situation so verhalten, wie sie es in einer Situation mit vergleichbarem Risikograd bereits

getan haben. Daraus ergibt sich eine Forderung der Verläßlichkeit, die durch die ›Binnenrationalität‹ der jeweiligen Akteure gewährleistet werden soll und die sich zu einem *Prinzip der pragmatischen Konsistenz* (C. F. Gethmann 1993) verallgemeinern läßt: Hat jemand durch die Wahl einer ↑Lebensform den Grad eines Risikos akzeptiert, so darf dieser im Rahmen der Risikoübertragung auch für eine zur Debatte stehende Handlung unterstellt werden. Das Prinzip der pragmatischen Konsistenz hängt allerdings von mehreren Rahmenbedingungen ab: (a) Die bekundete Risikobereitschaft muß mit der zur Debatte stehenden Handlung aus der Sicht des betroffenen Akteurs ›kommensurabel‹ sein. (b) Zwischen der bekundeten Risikobereitschaft und der zur Debatte stehenden Handlung soll keine Risikoakkumulation erfolgen, sondern lediglich ein Optionenvergleich. (c) Ziel des Risikovergleichs ist die Herbeiführung der Inkaufnahme des Risikos der zur Debatte stehenden Handlung, nicht eine Art sozialer Zwang. (d) Die bekundete Risikobereitschaft bezieht sich nicht auf so genannte natürliche Risiken (denn ›die Natur‹ ist kein Akteur der Risikoübertragung).

(6) *Sicherheit.* Auf der Grundlage des Prinzips der pragmatischen Konsistenz oder ähnlicher Kohärenzprinzipien läßt sich ein Beitrag zum Begriff der *Sicherheit* leisten, der in der Diskussion um die moderne Technik von zentraler Bedeutung ist. Dabei ist zunächst die häufig anzutreffende Verwendungsweise zurückzuweisen, die unterstellt, Sicherheit sei definitionsäquivalent mit faktischer Störfall- oder Unfallfreiheit. Eine Handlungsfolge kann nämlich faktisch durchaus unfall- oder störfallfrei sein und gleichwohl mit hohem Risiko behaftet. Wenn z. B. eine großtechnische Anlage als sicher bezeichnet wird, sagt das nicht etwas über ihren Zustand aus, wie er ist, sondern wie er *sein soll.* Sicherheit ist somit ein ↑normativer Begriff, und zwar in dem Sinne, daß die Sachverhalte, auf die er sich bezieht, komparativ geordnet sind. Daher sollte man eine Bedeutungscharakterisierung damit beginnen, daß man untersucht, unter welchen Bedingungen etwas sicherer als etwas anderes ist. Wenn man unterstellt, daß etwas dann sicherer als etwas anderes ist, wenn es risikoärmer ist, dann leistet die Explikation des Begriffes des Risikos auch einen Beitrag zur Präzisierung des Begriffes der Sicherheit. Dieses Verständnis von Sicherheit hat zu Folge, daß das in den Sicherheitskriterien implizierte komparative Verhältnis immer deutlich gemacht werden muß. Das ›sicherer machen‹ ist eine tendenziell unendliche Aufgabe, es gibt nicht *den* sicheren Zustand. Jeder Schritt hin zu größerer Sicherheit muß im Rahmen eines Risikovergleichs daraufhin überprüft werden, ob die mit ihm verbundenen Kosten nicht an anderer Stelle effektiver eingesetzt werden können.

(7) *Verteilungsgerechtigkeit beim Handeln unter Risiko.* Werden Risikoübertragungen unter bestimmten Bedingungen (Abschnitt 5) als moralisch zulässig eingestuft, stellt sich in sozialen Verbänden die Frage nach der angemessenen Verteilung von Risiken sozialer Handlungen. Das *Gleichverteilungsprinzip* (es ist zu unterscheiden vom Prinzip der Rechtsgleichheit und vom Prinzip der Chancengleichheit) ist somit in der Regel keine adäquate Antwort auf Güterkonflikte; die Gleichverteilung stellt nämlich eine adäquate Konfliktlösung dar, wenn es wenigstens gerade hinreichend viele Güter gibt (und somit keinen Konflikt). Davon abgesehen ist das Gleichverteilungsprinzip auch unter den Bedingungen hinreichender Verfügbarkeit von Gütern nicht immer angemessen, weil alle Betroffenen keineswegs gleiche ↑Bedürfnisse haben. Zudem sind faktische Risikoabneigung und Risikofreude ungleich verteilt. Erst recht gibt es unter Bedingungen von Knappheit keine angemessene Orientierung, weil Menschen generell *praktisch ungleich* sind, d. h. ungleiche Ziele anstreben oder gleiche Ziele anstreben, aber diese in ungleichen Zwecken realisiert sehen wollen, oder gleiche Zwecke realisieren wollen, aber dazu ungleiche Mittel wählen, schließlich ungleiche Güter für die Wahl ihrer Mittel einzusetzen versuchen. Auf dem Hintergrund praktischer Ungleichheit ist die Gleichverteilung daher nur in weniger interessanten Grenzfällen die adäquate Lösung eines Güterkonflikts; generell kann ein Diskurs um eine Verteilung von Gütern nur sinnvoll sein, wenn eine ungleiche Verteilung auch ein konfliktbewältigendes Diskursergebnis sein kann. Eine Güterverteilung, die in Orientierung am Prinzip des ethischen Universalismus (↑Universalität (ethisch)) durch einen Diskurs gerechtfertigt ist (sein Ergebnis mag in Gleich- oder Ungleichverteilung liegen), heißt ›gerecht‹ (↑Gerechtigkeit).

Für eine gerechte soziale Risikoübertragung lassen sich zunächst keine unmittelbaren allgemeinen Regeln aufstellen, da die Rechtfertigung von der individuellen und kollektiven Bedürfnisabwägung in Diskursen abhängt, über die sich ↑a priori nichts sagen läßt. Im Hinblick auf die Berechtigung der Teilnahme an solchen Verteilungsdiskursen und die Verpflichtung, den dort erreichten diskursiven Einverständnissen nachzukommen, ist es allerdings möglich, eine *Gleichheitsregel* auf ›Metaebene‹ zu formulieren. Eine Aussicht auf verläßliche Konfliktlösung besteht nämlich nur dann, wenn allen, die sich auf das Geltendmachen von Bedürfnissen verstehen, *die gleiche Chance* der Diskursteilnahme zugestanden wird, und wenn außerdem alle, die an Diskursen teilnehmen, *in gleicher Weise* auf Verteilungskonsense zu verpflichten sind. ›Materiale‹ Regeln der Verteilungsgerechtigkeit beim Handeln unter Bedingungen des Risikos im Kontext von Risikoübertragungen erhält man, indem man sich mit bestimmten Typen von Gütern und deren gerechter Verteilung auseinandersetzt, z. B. mit ›Chancen‹ und ›Risiken‹.

Regel der Risikobereitschaft: Sei bereit, Risiken zu übernehmen, wenn du ähnliche Risiken bereits in Kauf genommen oder anderen zugemutet hast und sie somit für tragbar hältst! *Regel der Chancenteilhabe*: Handle so, daß du die Risikoträger an den Chancen so weit wie möglich teilhaben läßt! *Regel der Risikozumutung*: Entscheide Risikooptionen so, daß die bisher am wenigsten durch Chancen Begünstigten den größten relativen Vorteil haben! *Regel der Risikovorsorge*: Handle so, daß du die Risikoträger deiner Chancen im Schadensfall so weit wie möglich entschädigen kannst!

Derartige Regeln führen jedoch zu erheblichen operativen Schwierigkeiten, wenn Interaktionen einer schnell erreichten Komplexitätsstufe betrachtet werden, vor allem dann, wenn das Interaktionsnetz einer ganzen Gesellschaft betrachtet wird. Auch wenn man für die *individuellen* Akteure optimale Unterstellungen hinsichtlich ihrer Einsichtsfähigkeit und Handlungsabsichten annimmt, ist auf *kollektiver* Ebene durchaus unklar, wie eine gerechte Chancen- und Risikoverteilung gedacht werden kann. Philosophen, Ökonomen und Juristen arbeiten an formalen Modellen, die das Funktionieren von Verteilungsdiskursen, bezogen auf chancenreiche bzw. risikobehaftete Handlungen, deutlich machen können (vgl. C. Fried 1970). Modelle dieser Art sind allerdings Idealisierungen, die eine Reihe schwieriger Fragen aufwerfen, so die Berücksichtigung des Wandels der Risikoeinstellung bei Individuen und Kollektiven, ›pathologische‹ Risikoeinstellungen wie Tollkühnheit oder Feigheit, Risikobereitschaft zugunsten oder zu Lasten Dritter, Probleme der Risiken und Chancen bei Verteilung kollektiver Güter.

(8) *Katastrophen.* Häufig wird die Meinung vertreten, daß bei Handlungen mit sehr großen Schadenspotentialen (Katastrophen) bei der Risikobeurteilung und der Einstellung zu Risikovergleichen von der Eintrittswahrscheinlichkeit abzusehen ist. »With catastrophes we have crossed the ›threshold of relative unacceptability‹. Faced with the prospect of catastrophe, we would willingly sacrifice *anything* (within the range of ordinary negativities) to avert it. The balance of probabilities becomes irrelevant« (N. Rescher 1983, 71). Die Explikation des Begriffes der Katastrophe wirft jedoch erhebliche Schwierigkeiten hinsichtlich der Zirkularität des Arguments und des Verbots des naturalistischen Fehlschlusses (↑Naturalismus (ethisch)) auf. Sie betreffen einerseits die qualitative und quantitative Bestimmung des Schadens. Nicht wenige Menschen werden als Katastrophe persönliche Erfahrungen wie den Verlust eines Kindes oder die privatwirtschaftliche Insolvenz ansehen. Es bedarf also eines Schadensbegriffs, der hinsichtlich eines be-

stimmten Schadensgehalts (z. B. Zahl der Toten und Verletzten, wirtschaftliche Schäden) ein bestimmtes Ausmaß festlegt. Dazu kann man ferner begrifflich festlegen, daß entsprechende Schäden von großen Kollektiven wie Versichertengemeinschaften nicht bewältigt werden können. Hinsichtlich der Bewältigung von Handlungsfolgen ist andererseits zu berücksichtigen, daß hierbei sowohl die Vermeidung des Ereigniseintritts (Prävention), die Behebung des Schadens als Folge des Ereignisses (Kuration) als auch der Ausgleich der Schadensfolgen (Kompensation) zu berücksichtigen sind. Es dürfte wenig plausibel sein, hinsichtlich der Maßnahmen der Risikoprävention einerseits und der Kompensation der Schadensfolgen andererseits nicht die Wahrscheinlichkeit des Ereigniseintritts zu berücksichtigen. Seltene Ereignisse verlangen weniger präventive Vorkehrungen als häufige Ereignisse. Die Bewältigung von Schadensfolgen, etwa durch den Abschluß von Versicherungen, ist bei seltenen Ereignissen weniger zu berücksichtigen als bei häufigen Ereignissen. Daher gibt es gute pragmatische Gründe, Risiken mit großen Schadenspotentialen hinsichtlich Schadensausmaß und Eintrittswahrscheinlichkeit vergleichbar zu machen.

(9) *Vorsorgeprinzip.* Zumindest im Falle der Ungewißheit hinsichtlich des Eintretens der Handlungsfolgen – nach einigen Autoren wie Jonas auch im Falle von Schadensszenarien, die kategorische Größen wie Individualrechte betreffen, oder von großen Schadensszenarien im Sinne von Katastrophen – versagen die Regeln des rationalen Handelns unter Risiko der Standard-R., wie sie in der Regel von Bayes (Abschnitt 3) formuliert werden. An die Stelle des Entscheidens gemäß Erwartungswerten soll in solchen Fällen das Vorsorgeprinzip treten. Vor allem in Bezug auf Fragen der Umweltethik wird vielfach gefordert, Risikoabwägungen durch Beachtung eines Vorsorgeprinzips zu ersetzen. Es besagt, daß unabhängig von der Eintrittswahrscheinlichkeit bestimmte Schäden im vorhinein als vermeidungsbedürftig eingestuft werden. In einer schwachen Variante besagt das Vorsorgeprinzip, daß risikovermeidende oder risikovermindernde Handlungen nicht deshalb aufgeschoben werden dürfen, weil der Schaden nur unter Bedingungen der Ungewißheit bestimmt werden kann. Die Befolgung der schwachen Variante führt im Grenzfall dazu, daß auch in Fällen großer wissenschaftlicher Ungewißheit den Mitgliedern eines Gemeinwesens umfangreiche soziale Lasten ohne hinreichende Fundierung aufgebürdet werden. In einer starken Variante besagt das Vorsorgeprinzip, daß jede Handlung verwerflich ist, die unabhängig von der Frage der Eintrittswahrscheinlichkeit der Handlungsfolge als großer Schaden eingestuft werden kann. Die Befolgung der starken Variante führt im Grenzfall dazu, bestimmte Schäden auch im Falle höchster Un-

wahrscheinlichkeit zu vermeiden, was unter Umständen Aufwendungen erfordert, deren Bereitstellung wiederum erhebliche Risiken mit sich bringt. Die erheblichen Präzisierungsprobleme und pragmatischen Kohärenzschwierigkeiten des Vorsorgeprinzips liegen auf der Hand.

(10) *Partizipation.* Vor allem hinsichtlich großtechnischer Risiken wird häufig gefordert, die rationale Risikobeurteilung auf der Grundlage der Standard-R. durch die Beteiligung der Betroffenen zu ergänzen oder ganz zu ersetzen. Als Betroffene werden Laien (im Unterschied zu den Experten), die Bürger (im Unterschied zu den Wissenschaftlern), die Anwohner (im Unterschied zu den verfahrensmäßig zuständigen Entscheidern), die Konsumenten (im Unterschied zu den Produzenten) angesprochen. Grundsätzlich wird also Entscheidungskompetenz *zuerkannt* bzw. *aberkannt.* Abgesehen von der Unschärfe der Abgrenzungen wird unter anderem unterstellt, daß in Fragen der moralischen Zulässigkeit von Risikoübertragungen nur jeder (Betroffene, Bürger, Laie, ...) selbst der kompetente Entscheider ist. Entscheidungsdelegation durch Delegation oder Repräsentation wird demgegenüber als nicht angemessen unterstellt. Damit wird zumindest implizit behauptet, daß moralische Fragen der Risikoübertragung basisdemokratisch entschieden werden müssen. Auch wenn unbestritten ist, daß in einer Demokratie alle Herrschaft und damit auch alle technikpolitischen Entscheidungen letztlich vom Volke ausgehen sollen (und nicht von technischen, wissenschaftlichen oder ökonomischen Eliten), ist doch zu beachten, daß die Inanspruchnahme eigener Kompetenz – abgesehen von der beachtlichen Konfliktanfälligkeit angesichts oft nicht vorhandener Konvergenz der Beurteilung durch die partizipierenden Akteure –, die Annahme der Eigenkompetenz der Bürger allenfalls eine im Interesse wechselseitiger Toleranz anzunehmende Präsumtion, nicht jedoch eine zutreffende Beschreibung der Akteure ist. Die Schwierigkeit, eine extensionale Grenze von Betroffenheit anzugeben, ist besonders prekär bei den aktuellen kollektiven Risiko-Entscheidungsproblemen von globaler Tragweite (globale Abwehrprobleme, globale Entsorgungsprobleme, globale Versorgungsprobleme etc.), bei denen grundsätzlich jeder Mensch als betroffen anzunehmen ist.

Literatur: U. Beck, Risikogesellschaft. Auf dem Weg in eine andere Moderne, Frankfurt 1986, [22]2015 (engl. Risk Society. Towards a New Modernity, London/Thousand Oaks Calif./New Delhi 1992, 2009; franz. La société du risque. Sur la voie d'une autre modernité, Paris 2001, 2008); R. M. Cooke, Experts in Uncertainty. Opinion and Subjective Probability in Science, Oxford etc. 1991; C. F. Cranor, Regulating Toxic Substances. A Philosophy of Science and the Law, Oxford etc. 1993; C. Fried, An Anatomy of Values. Problems of Personal and Social Choice, Cambridge Mass. 1970, 1971; C. F. Gethmann, Zur Ethik des

Handelns unter Risiko im Umweltstaat, in: ders./M. Kloepfer (eds.), Handeln unter Risiko im Umweltstaat, Berlin etc. 1993, 1–54; S. O. Hansson, Risk, SEP 2007, rev. 2011; D. T. Hornstein, Reclaiming Environmental Law. A Normative Critique of Comparative Risk Analysis, Columbia Law Rev. 92 (1992), 562–633; J. M. Humber/R. F. Almeder (eds.), Quantitative Risk Assessment, Totowa N. J. 1987; B. B. Johnson/V. T. Covello (eds.), The Social and Cultural Construction of Risk. Essays on Risk Selection and Perception, Dordrecht/Boston Mass./Lancaster 1987; H. Jungermann/P. Slovic, Die Psychologie der Kognition und Evaluation von Risiko, in: G. Bechmann (ed.), Risiko und Gesellschaft. Grundlagen und Ergebnisse interdisziplinärer Risikoforschung, Opladen 1992, [2]1997, 167–207; dies., Charakteristika individueller Risikowahrnehmung, in: Bayerische Rück (ed.), Risiko ist ein Konstrukt. Wahrnehmungen zur Risikowahrnehmung, München1993, 89–107; M. Kloepfer, Handeln unter Unsicherheit im Umweltstaat, in: C. F. Gethmann/M. Kloepfer (eds.), Handeln unter Risiko im Umweltstaat [s. o.], 55–98; N. Luhmann, Soziologie des Risikos, Berlin/New York 1991, 2003, bes. 30–36; J. Nida-Rümelin/B. Rath/J. Schulenburg, Risikoethik, Berlin/Boston Mass. 2012; N. Rescher, Risk. A Philosophical Introduction to the Theory of Risk Evaluation and Management, Washington D. C. 1983; K. Shrader-Frechette, Risk and Rationality. Philosophical Foundations for Populist Reforms, Berkeley Calif./Los Angeles/Oxford 1991; dies., Risk Assessment, REP VIII (1998), 334–338; P. Slovic, Perception of Risk, Science N. S. 236 (1987), 280–285; ders. u. a., Risk as Analysis and Risk as Feelings. Some Thoughts about Affect, Reason, Risk and Rationality, Risk Analysis 24 (2004), 311–322; W. Stegmüller, Probleme und Resultate der Wissenschaftstheorie und Analytischen Philosophie IV/1 (Personelle und Statistische Wahrscheinlichkeit. Personelle Wahrscheinlichkeit und rationale Entscheidung), Berlin/Heidelberg/New York 1973; E. U. Weber, Risk. Empirical Studies on Decision and Choice, IESBS XX (2001), 13347–13351; M. Weber, Risk. Theories of Decision and Choice, IESBS XX (2001), 13364–13368. C. F. G.

Ritter, Joachim, *Geesthacht 3. April 1903, †Münster 3. Aug. 1974, dt. Philosoph. 1921–1925 Studium der Philosophie, ev. Theologie, Germanistik und Geschichte in Heidelberg, Marburg, Freiburg und Hamburg, 1925 philosophische Promotion bei E. Cassirer in Hamburg, 1932 Habilitation. 1943 Ruf auf eine philosophische Professur in Kiel (wegen Militärdienst und Gefangenschaft nicht angetreten); ab 1946 o. Prof. der Philosophie in Münster, 1953–1955 Gastprof. in Istanbul. – R.s philosophischem Wirken ist in hohem Maße die Erneuerung der Praktischen Philosophie (↑Philosophie, praktische) nach dem 2. Weltkrieg in Deutschland zu verdanken. Dabei war für R. der Gedanke systematisch leitend, daß praktische Vernunft (↑Vernunft, praktische) nur über das Vergegenwärtigen ihrer historischen Entfaltung die Ebene eines abstrakten ↑Sollens verläßt und zu konkreter Kritik wie Legitimation fähig wird. Von besonderem Gewicht sind seine Arbeiten zu Aristoteles und G. W. F. Hegel, die 1969 unter dem Titel »Metaphysik und Politik« gesammelt erschienen, ferner die weithin beachtete Studie »Hegel und die französische Revolution« (1957). Diese Studie bestimmt nicht nur genau den Ort, den die Ideen der französischen Revolution in der Praktischen Philosophie Hegels gewinnen, sondern damit zugleich den für eine aufgeklärte politische Theorie fundamentalen Orientierungsbestand der Rechte und Freiheiten, die mit der bürgerlichen Gesellschaft (↑Gesellschaft, bürgerliche) dem Anspruch nach allgemein geworden sind. Die moderne Welt sah R. geprägt durch die Heraufkunft des ↑Individuums, das sich über Rechts- und Freiheitsgarantien eine Sphäre der Privatheit und Subjektivität sichert. R.s Philosophie der Subjektivität (↑Subjektivismus) hat dieses Phänomen auf den Begriff gebracht und bis hin zu einer Theorie der Kunst reflektiert. – Die letzten Jahre seines Lebens hat R. vor allem der Herausgabe des begriffsgeschichtlich orientierten »Historischen Wörterbuchs der Philosophie« (1971–2007) gewidmet.

Werke: Docta ignorantia. Die Theorie des Nichtwissens bei Nicolaus Cusanus, Leipzig/Berlin 1927, Leipzig 1928; Über den Sinn und die Grenze der Lehre vom Menschen, Potsdam 1933, ferner in: ders., Subjektivität [s.u.], 36–61; Mundus intelligibilis. Eine Untersuchung zur Aufnahme und Umwandlung der neuplatonischen Ontologie bei Augustinus, Frankfurt 1937, ²2002; Über die Geschichtlichkeit wissenschaftlicher Erkenntnis, Bl. dt. Philos. 12 (1938/1939), 175–190; Die Lehre vom Ursprung und Sinn der Theorie bei Aristoteles, in: ders., Von der Bedeutung der Geisteswissenschaften für die Bildung unserer Zeit/Die Lehre vom Ursprung und Sinn der Theorie bei Aristoteles, Köln/Opladen 1953, 32–54; Hegel und die französische Revolution, Köln/Opladen 1957, Frankfurt ³1989 (franz. Hegel et la révolution française, in: ders., Hegel et la révolution française. Suivi de »Personne et propriété selon Hegel«, Paris 1970, 3–64; engl. Hegel and the French Revolution. Essays on the Philosophy of Right, Cambridge Mass./London 1982; ›Naturrecht‹ bei Aristoteles. Zum Problem einer Erneuerung des Naturrechts, Stuttgart 1961; Die Aufgabe der Geisteswissenschaften in der modernen Gesellschaft, Münster 1963, ferner in: ders., Subjektivität [s.u.], 105–140; Landschaft. Zur Funktion des Ästhetischen in der modernen Gesellschaft, Münster 1963, ²1978, ferner in: ders., Subjektivität [s.u.], 141–163 (franz. Paysage. Fonction de l'esthétique dans la société moderne, in: ders., Paysage. Fonction de l'esthétique dans la société moderne. Accompagné de »L'ascension du mont Ventoux« de Pétrarque. »La promenade« de Schiller, Besançon 1997, 36–89); Metaphysik und Politik. Studien zu Aristoteles und Hegel, Frankfurt 1969, ²1988, 2003; Subjektivität. Sechs Aufsätze, Frankfurt 1974, 1989; Vorlesungen zur Philosophischen Ästhetik, ed. U. v. Bülow/M. Schweda, Göttingen 2010.

Literatur: E.-W. Böckenförde u. a., Collegium Philosophicum. Studien J. R. zum 60. Geburtstag, Basel/Stuttgart 1965; U. Dierse (ed.), J. R. zum Gedenken, Mainz, Stuttgart 2004; H. Lübbe, Nachruf auf J. R., Mitteilungen der Rheinisch-Westfälischen Akademie der Wissenschaften 1974/IV–1975/I, 28–30; O. Marquard, R., NDB XXI (2003), 663–664; H. Ottmann, R., in: J. Nida-Rümelin (ed.), Philosophie der Gegenwart in Einzeldarstellungen, Stuttgart 1991, 504–509, ²1999, 627–633, ed. mit E. Özmen, ³2007, 559–565; M. Schweda, Entzweiung und Kompensation. J. R.s philosophische Theorie der modernen Welt, Freiburg/München 2013; ders., J. R. und die R.-Schule zur Einführung, Hamburg 2015; ders./U. v. Bülow (eds.), Entzweite Moderne. Zur Aktualität J. R.s und seiner Schüler, Göttingen 2017; L. Siep, Naturrecht und Politische Philosophie. Überlegungen im Anschluß an J. R., in: V. Gerhardt (ed.), Der Begriff der Politik. Bedingungen und Gründe politischen Handelns, Stuttgart 1990, 42–56; Gedenkschrift J. R., Münster 1978. F. K.

Ritter, Johann Wilhelm, *Samitz (Schlesien) 16. Dez. 1776, †München 23. Jan. 1810, dt. Naturphilosoph (↑Naturphilosophie, romantische). Nach einer Apothekerlehre 1791–1795 in Liegnitz/Schlesien begann R. 1796 ein Studium der Philosophie und der Naturwissenschaften in Jena und führte bereits eigenständige Forschungen durch (insbes. zur Elektrochemie und Elektrophysiologie und deren Zusammenhang in der Lehre vom Galvanismus). In Jena Freundschaft mit Novalis, C. Brentano und dem Kreis um F. Schlegel; Zerwürfnis mit F. W. J. Schelling. Nach einer Anstellung am Hof des Herzogs von Gotha und Altenburg in Gotha (1801) und kurzer Lehrtätigkeit (Winter 1803/1804) in Jena wurde R. 1805 durch Vermittlung seines Freundes F. v. Baader Mitglied der Bayerischen Akademie der Wissenschaften (München).

R. betreibt im Unterschied zu anderen, in diesem Sinne von Schelling beeinflußten Naturphilosophen, (weithin anerkannte) empirische Forschung. Die Interpretation empirischer Forschungsergebnisse erfolgt dagegen auch bei R. entlang naturphilosophischer Linien, obwohl er sich als Physiker und nicht als Naturphilosoph versteht. – Im einzelnen deutet R. seine Befunde (1) in den Kategorien einer auf dem Wirken einer ↑Weltseele beruhenden Einheit des Kosmos, die alles mit allem verbunden sein läßt, (2) nach dem Prinzip der Polarität. Ferner haben naturphilosophische Spekulationen für R. großen heuristischen (↑Heuristik) Wert. So vertritt er auf der Basis des Galvanismus die Einheit von Organischem und Anorganischem (L. Galvani hatte Muskelreizungen, die durch einen Spannungsbogen zwischen zwei unterschiedlichen Metallen erzeugt wurden, als tierische Elektrizität interpretiert). In diesem Zusammenhang gelingt R. der Nachweis der Identität der von A. Volta entdeckten Kontaktelektrizität mit elektrochemisch (d. h. mittels chemischer Batterien) erzeugter Elektrizität, indem er die vorher schon kontaktelektrisch gelungene Elektrolyse von Wasser nunmehr auch elektrochemisch durchführt. Zudem zeigt er als erster, daß die Elektrolyse von Wasser Wasserstoff und Sauerstoff im Verhältnis 2:1 ergibt. In diesem Kontext baut R. 1802 die erste Trockenbatterie (›Zambonische Säule‹) und ein Jahr später eine Vorstufe des Akkumulators. Die vermutete Einheit von Elektrizität und Magnetismus konnte er jedoch nicht beweisen (dies gelang erst dem mit R. befreundeten C. Oerstedt und M. Faraday). – F. W. Herschels Entdeckung infraroter Strahlung (1800) führt R. zu der Hypothese, daß es ›polar‹ dazu eine ultraviolette Strahlung geben müsse, deren experimenteller Nachweis ihm 1801 tatsächlich gelingt.

In seinen letzten Lebensjahren entwickelt R. unter dem Einfluß v. Baaders eine magisch-okkultistische Konzeption, wonach eine, insbes. mit Wünschelrute und Pendel festzustellende, dem Erdmagnetismus analoge Erdelektrizität das auch planetarisch ausgreifende ›Prinzip‹ der Verbindung von anorganischem und humanem Bereich darstelle (›Siderismus‹). In diesem Zusammenhang gründete R. die Zeitschrift »Der Siderismus oder neue Beyträge zur nähern Kenntniß des Galvanismus und der Resultate seiner Untersuchung«, die jedoch über den ersten Band (Tübingen 1808) nicht hinauskam.

Werke: Beweis, daß ein beständiger Galvanismus den Lebensproceß in dem Thierreich begleite. Nebst neuen Versuchen und Bemerkungen über den Galvanismus, Weimar 1798; Beyträge zur nähern Kenntniß des Galvanismus und der Resultate seiner Untersuchung, I–II (in 6 Teilbdn.), Jena 1800–1805 (repr. Hildesheim/Zürich/New York 2007–2010); Das Electrische System der Körper. Ein Versuch, Leipzig 1805; Physisch-chemische Abhandlungen in chronologischer Folge, I–III, Leipzig 1806; Die Physik als Kunst. Ein Versuch, die Tendenz der Physik aus ihrer Geschichte zu deuten, München 1806 (repr. Berlin 1940) (engl. Physics as Art [dt./engl.], in: Key Texts of J. W. R. (1776–1810) on the Science and Art of Nature [s. u.], 511–583); Fragmente aus dem Nachlasse eines jungen Physikers. Ein Taschenbuch für Freunde der Natur, I–II, Heidelberg 1810 (repr., Nachw. H. Schipperges, Heidelberg 1969, Hanau, Leipzig/Weimar 1984) (franz. Fragments posthumes tirés des papiers d'un jeune physicien. Vade-mecum a l'usage des amis de la nature, übers. C. Maillard, Charenton 2001; engl. The Fragment Project [dt./engl.], in: Key Texts of J. W. R. (1776–1810) on the Science and Art of Nature [s. u.], 3–507; Die Begründung der Elektrochemie und die Entdeckung der ultravioletten Strahlen von J. W. R., ed. A. Hermann, Frankfurt 1968; Entdeckungen zur Elektrochemie, Bioelektrochemie und Photochemie, ed. H. Berg/K. Richter, Leipzig 1986, mit Untertitel: 1798–1809, Thun/Frankfurt ²1997; Key Texts of J. W. R. (1776–1810) on the Science and Art of Nature, übers. u. ed. J. Holland, Leiden/Boston Mass. 2010. – Briefe eines romantischen Physikers. J. W. R. an Gotthilf Heinrich Schubert und an Karl von Hardenberg, ed. F. Klemm/A. Hermann, München 1966, 1968 (mit Bibliographie, 62–64); Der Physiker des Romantikerkreises J. W. R. in seinen Briefen an den Verleger Carl Friedrich Ernst Frommann, ed. u. komm. K. Richter, Weimar 1988. – Bibliographie, in: K. Richter, Das Leben des Physikers J. W. R. [s. u., Lit.], 185–265.

Literatur: H. Berg/K. Richter (eds.), Entdeckungen zur Elektrochemie, Bioelektrochemie und Photochemie von J. W. R., Leipzig 1986, mit Untertitel: (1798–1809), Thun/Frankfurt ²1997; S. Büttner, R., NDB XXI (2003), 664–665; D. v. Engelhardt, R., in: B. Jahn (ed.), Biographische Enzyklopädie deutschsprachiger Philosophen, München 2001, 348–349; W. Hartwig, Physik als Kunst. Über die naturphilosophischen Gedanken J. W. R.s, Diss. Freiburg 1955; J. Holland, German Romanticism and Science. The Procreative Poetics of Goethe, Novalis and R., New York, etc. 2009; S. Höppner, Natur/Poesie. Romantische Grenzgänger zwischen Literatur und Naturwissenschaft. J. W. R., Gotthilf Heinrich Schubert, Henrik Steffens, Lorenz Oken, Würzburg 2017; D. Hüffmeier, J. W. R. (1776–1810) und sein Beitrag zur Physiologie seiner Zeit, Diss. Münster 1961; dies., J. W. R., Naturforscher oder Naturphilosoph, Sudh. Arch. 45 (1961), 225–234; D. Hüffmeier-von Hagen, J. W. R. und die Anfänge der Elektrophysiologie, in:

K. E. Rothschuh (ed.), Von Boerhaave bis Berger. Die Entwicklung der kontinentalen Physiologie im 18. und 19. Jahrhundert mit besonderer Berücksichtigung der Neurophysiologie, Stuttgart 1964, 48–61; C. v. Klinckowstroem, Goethe und R.. Mit R.s Briefen an Goethe, Jb. Goethe-Ges. 8 (1921), 135–151; ders., J. W. R. und der Elektromagnetismus, Arch. Gesch. Naturwiss. u. Technik 9 (1920–1922), 68–85; H. Knittermeyer, Schelling und die romantische Schule, München 1928, 142–151; R. J. McRae, R., DSB XI (1975), 473–475; W. Ostwald, Abhandlungen und Vorträge. Allgemeinen Inhaltes, Leipzig 1904, ²1916, 359–383; ders., Die Entwicklung der Elektrochemie in gemeinverständlicher Darstellung, Leipzig 1910, 54–75; K. Poppe, Der Münchner Kreis der Spätromantik J. W. R.s, Die Drei. Z. f. Anthroposophie u. Dreigliederung 30 (1960), 180–196; K. Richter, Das Leben des Physikers J. W. R.. Ein Schicksal in der Zeit der Romantik, Weimar 2003; H. Schimank, J. W. R.. Der Begründer der wissenschaftlichen Elektrochemie. Ein Lebensbild aus dem Zeitalter der Romantik, Abh. u. Ber. Dt. Museum 5 (1933), 175–203; M. Schlüter, Goethes und R.s überzeitlicher Beitrag zur naturwissenschaftlichen Grundlagendiskussion, Diss. Frankfurt 1991; B. Specht, Physik als Kunst. Die Poetisierung der Elektrizität um 1800, Berlin/New York 2010, 119–215 (Kap. 3 Die ›Ur- oder Naturschrift auf elektrischem Wege‹ – Elektrizität und Galvanismus als Universalphänomene im wissenschaftlichen und literarischen Werk J. W. R.s); J. Teichmann, Beziehungen zwischen J. W. R. und Alessandro Volta, Sudh. Arch. 58 (1974), 46–59; W. D. Wetzels, J. W. R.. Physik im Wirkungsfeld der deutschen Romantik, Berlin/New York 1973; S. Zielinski, Elektrisieren, Fernschreiben, Nachsehen. Das R.-Chudy-Purkyně-Kapitel, in: ders., Archäologie der Medien. Zur Tiefenzeit des technischen Hörens und Sehens, Hamburg 2002, 185–235 (engl. Electrification, Tele-Writing, Seeing Close up: J. W. R., Joseph Chudy, and Jan Evangelista Purkyně, in: ders., Deep Time of the Media. Toward an Archaeology of Hearing and Seeing by Technical Means, Cambridge Mass./London 2006, 2008, 159–203). G. W.

Roberval, Gilles Personne de, *Roberval (bei Beauvais) 10. Aug. 1602, †Paris 27. Sept. 1675, franz. Mathematiker und Physiker. R. kam 1628 unter dem Namen Gilles Personne nach Paris, nannte sich seit dieser Zeit aber nach seinem Herkunftsort ›R.‹. R. fand Anschluß an den Gelehrtenkreis um M. Mersenne und wurde 1632 Prof. für Philosophie am Collège de Maître Gervais. 1634 gewann R. einen Wettbewerb und wurde Nachfolger von P. Ramus am Collège Royal (dem späteren Collège de France), 1655 auch Nachfolger P. Gassendis auf dessen Professur für Mathematik. 1666 Gründungsmitglied der Académie [Royale] des Sciences in Paris. Da R. viele seiner Resultate zunächst nicht publizierte, stand er im Schatten seiner Zeitgenossen B. Pascal und P. de Fermat. In R. Descartes sah R. seinen philosophischen Gegenspieler und attackierte ihn heftig.

In der Mathematik zählt R. zu den unmittelbaren Vätern der Differential- und Integralrechnung (↑Infinitesimalrechnung). Ausgehend von der ↑Parallelogrammregel zur Addition konstanter Geschwindigkeitsvektoren (↑Vektor) entwickelt er eine kinematische Methode zur Bestimmung von Kurventangenten als instantanen Geschwindigkeitsvektoren. Wenn die Bewegung eines Kurvenpunktes aus zwei einfacheren Bewegungen zusammengesetzt ist, ist ihr momentaner Geschwindigkeitsvektor die Diagonale des Parallelogramms, das durch die momentanen Geschwindigkeitsvektoren der beiden Teilbewegungen in diesem Kurvenpunkt aufgespannt wird. Berühmt ist R.s kinematische Tangentenbestimmung an der Zykloiden. Zur kinematischen Erzeugung einer Zykloiden betrachtet er einen Kreis mit Radius a, der vom Ursprung eines Koordinatensystems entlang der x-Achse mit Einheitswinkelgeschwindigkeit rollt. Die Zykloide (Abb. 1) ist die Bewegungsbahn des Kreispunktes P, der anfangs im Koordinatenursprung war und durch die rechtwinkligen Koordinaten

$x = a(t - \sin t)$,
$y = a(1 - \cos t)$

bestimmt ist. R. nimmt die Bewegung des Punktes P entlang der Zykloiden als aus zwei Teilbewegungen zusammengesetzt an: (1) die gleichförmige Translation nach rechts parallel zur x-Achse mit Geschwindigkeit a, (2) die Rotation im Uhrzeigersinn mit der Einheitswinkelgeschwindigkeit um ein Zentrum, das zum Zeitpunkt t im Punkt (at,a) ist.

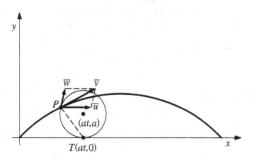

Abb. 1

Die beiden entsprechenden momentanen Geschwindigkeitsvektoren lauten in rechtwinkligen Koordinaten für die Translation

$\vec{u} = (a,0)$

und für die Rotation

$\vec{w} = (-a \cos t, a \sin t)$.

Die Parallelogrammsumme in rechtwinkligen Koordinaten ergibt bei koordinatenweiser Addition den Geschwindigkeitsvektor

$\vec{v} = (a(1 - \cos t), a \sin t)$,

der die Tangente an der Zykloide im Punkt P bestimmt. Vom modernen Standpunkt der Differentialrechnung ist diese kinematische Tangentenbestimmung deshalb gerechtfertigt, weil man dasselbe Resultat durch koordinatenweises Differenzieren des Ortsvektors

$(a(t - \sin t), a(1 - \cos t))$

erhält. Da R. keine trigonometrischen Funktionen zur Verfügung standen, führte er die Kurve der Sinusfunktion kinematisch als Partner (*compagne*) zur Zykloiden ein. Es sei in Abb. 2 die Zykloide OPB mit dem Kurvenpunkt P durch den abrollenden Kreis mit dem Durchmesser OC erzeugt. Indem durch jeden Punkt P die zu OA parallele Strecke $PQ = DF$ gezeichnet wird, entsteht die Sinuskurve OQB.

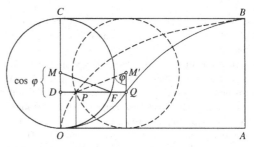

Abb. 2

Mit der auf B. F. Cavalieri zurückgehenden Methode der ↑Indivisibilien lieferte R. Quadraturen von Kurven sowie Kubaturen z. B. von Rotationskörpern in einer Vorform der Integralrechnung. So bestimmte er um 1636 für die Fläche unter der Parabel $y = x^k$ das Integral (in moderner Terminologie)

$$\int_0^a x^k dx = \frac{a^{k+1}}{k+1}.$$

1643 bewies R., daß die Fläche unter der ganzen Zykloiden (Abb. 1) dreimal so groß ist wie die Fläche des erzeugenden Kreises.

Auch in der ↑Statik und der ↑Mechanik spielt für R. das Parallelogramm der Kräfte und Bewegungen eine wichtige Rolle. Im »Traité de mechanique« (1636) zeigt R. die Äquivalenz von Zusammensetzungen der Kräfte mit dem Hebelgesetz. So ist die Anordnung der schiefen Ebene in Abb. 3a äquivalent dem Seilsystem in Abb. 3b und äquivalent dem einarmigen Hebel mit den Momenten Ga und Fb in Abb. 3c. $Ga = Fb$ entspricht dem

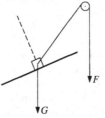

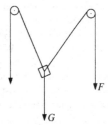

Abb. 3a   Abb. 3b

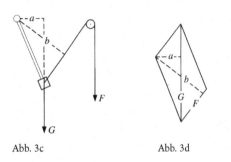

Abb. 3c   Abb. 3d

Kräfteparallelogramm in Abb. 3d. Im Gleichgewicht bilden die drei an einem Körper angreifenden Kräfte ein Dreieck.

Damit ist die Äquivalenz des Parallelogramms der Kräfte sowohl mit dem Hebelsatz als auch mit dem Prinzip der virtuellen Arbeit gezeigt. Die nach R. benannte Balkenwaage besteht aus einem Parallelogramm mit veränderlichen Winkeln, in dem zwei gegenüberliegende Seiten um ihre Mittelpunkte A und B drehbar sind (Abb. 4). An den beiden anderen, stets vertikalen Seiten sind horizontale Stäbe befestigt. Hängt man an diese Stäbe zwei gleiche Gewichte G, so besteht unabhängig von der Aufhängungsstelle Gleichgewicht, da bei einer Verschiebung die Senkung des einen Gewichts stets gleich ist der Hebung des anderen.

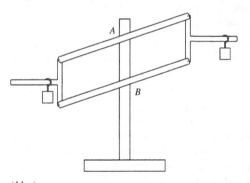

Abb. 4

Die von R. geplanten acht Bücher seiner Mechanik wurden nur zu einem geringen Teil geschrieben und nur teilweise in einzelnen Artikeln publiziert. Ausgehend von Pascals Experimenten beteiligte er sich an der philosophischen Diskussion um den ↑horror vacui und suchte experimentell nach einer meßbaren Größe. 1644 erörterte er in »De mundi systemate« vergleichend die drei damals geläufigen Weltsysteme, das geozentrische (↑Geozentrismus), das heliozentrische (↑Heliozentrismus) und das geoheliozentrische (↑Brahe), und sprach sich vorsichtig zugunsten des ↑Heliozentrismus aus. Dieses System sei das einfachste und entspreche am besten den ↑Naturgesetzen. Angeregt durch J. Kepler nahm R. eine universelle Anziehungskraft an, wodurch er in

Gegensatz zu Descartes und seiner Schule geriet. Er warf den Cartesianern (↑Cartesianismus) metaphysische Spekulationen über die Natur der Kräfte und des Lichts vor und forderte eine Naturwissenschaft, die sich nur auf Erfahrung gründet.

Werke: Traité de mechanique. Des poids soustenus par des puissances sur les plans inclinez à l'horizon. Des puissances qui soustiennent un poids suspendu à deux chordes, Paris 1636, Neudr. in: M. Mersenne, Harmonie universelle. Contenant La théorie et la pratique de la musique […], Paris 1636 (repr. Paris 1946, 1975); Aristarchi Samii de mundi systemate, partibus et motibus eiusdem, libellus. Adiecta sunt AE. P. de R. notae in eundem libellum, Paris 1644, ferner in: M. Mersenne, Novarum observationum physico-mathematicarum III, Paris 1647, 1–62; Divers ouvrages de M. de R., in: B. F. de Bessy u. a., Divers ouvrages de mathematique et de physique par Messieurs de l'Académie Royale des Sciences, Paris 1693, 65–302, separat unter dem Titel: Memoires de l'Académie Royale des Sciences, contenant les ouvrages adoptez par cette Académie avant son renouvellement en 1699 III (Ouvrages de mathematique de M. de R.), La Haye 1731; Les principes du devoir et des cognaissances humaines, in: E. Mariotte, Essai de logique. Suivi de l'écrit intitulé »Les principes du devoir et des connaissances humaines« attribué à R., ed. G. Picolet, Paris 1992; K. Hara, Quelques Ouvrages de géométrie more veterum de R., I–II (I Quaedam ad Librum quintum Elementorum Euclidis, II Commentare), Hist. Sci. 2. Ser. 2 (Tokyo 1992), 13–44, 109–117; Eléments de géométrie de G. P. de R., ed. V. Jullien, Paris 1996; Principaux écrits mathématiques. Textes inédits en français et en latin, traduit en français pour la première fois, d'après les manuscrits de la Bibliothèque Nationale et les mémoires de l'Académie Royale des Sciences, Paris 2003.

Literatur: L. Auger, Les idées de R. sur le système du monde, Rev. hist. sci. applic. 10 (1957), 226–234; ders., Un savant méconnu: G. P. de R. (1602–1675). Son activité intellectuelle dans les domaines mathématique, physique, méchanique et philosophique, Paris 1962; P. Costabel, La controverse Descartes – R. au sujet du centre d'oscillation, Rev. sci. humaines 61 (1951), 74–86; V. Cousin, Fragments philosophiques III, Paris 1826, ⁵1866 (repr. Genf 1970), 229–258 (R. philosophe); A. Gabbey, »Pondere, numero et mensura«. R. et la géométrie divine, Rev. synt. 4. sér. 122 (2001), 521–529; K. Hara, Remarque sur la quadrature de la surface du cône oblique, Rev. hist. sci. applic. 20 (1967), 317–332; ders., R., DSB XI (1975), 486–491 (mit Bibliographie, 490–491); J. E. Hofmann, A propos d'un problème de R., Rev. hist. sci. applic. 5 (1952), 312–333; J. Itard, Autre remarque sur la quadrature de la surface du cône oblique, Rev. hist. sci. applic. 20 (1967), 333–335; D. Jesseph, R., in: L. Foisneau (ed.), Dictionnaire des philosophes français du XVIIIᵉ siècle, Paris 2015, 1526–1529; V. Jullien, DP II (²1993), 2464–2465; ders., Philosophie naturelle et géométrie au XVIIᵉ siècle, Paris 2006; ders., Le calcul logique de R., Almagest 2 (2011), 29–60; R. Lenoble, R. ›éditeur‹ de Mersenne et du P. Niceron, Rev. hist. sci. applic. 10 (1957), 235–254; K. Mainzer, Geschichte der Geometrie, Mannheim/Wien/Zürich 1980, 100–101; W. A. Nikiforowski/L. S. Freiman, Wegbereiter der neuen Mathematik, Moskau/Leipzig 1978, 1981, 180–213; B. Rochot, R., Mariotte et la logique, Arch. int. hist. sci. 6 (1953), 38–43; C. de Waard, Une lettre inédite de R. du 6 janvier 1637 contenant le premier énoncé de la cycloïde, Bull. sci. math. 2. sér. 45 (1921), 206–216, 220–230; E. Walker, A Study of the Traité des Indivisibles de G. P. de R. […], New York 1932 (repr. New York 1972).   K. M.

Robinson, Abraham, *Waldenburg (Walbrzych) 6. Okt. 1918, †New Haven Conn. 11. April 1974, dt.-amerik. Logiker und Mathematiker. Nach der Emigration der Familie aus Deutschland studierte R. 1936–1939 in Jerusalem unter anderem bei A. Fraenkel Mathematik. Nach Studienaufenthalt 1939 an der Sorbonne (Paris) 1940 Flucht nach England. Nach kurzem Studium in London schloß sich R. 1941 C. de Gaulles Freiwilligenverbänden an und gehörte ab 1942 als Mathematiker zur Britischen Luftwaffe. 1946–1951 Tätigkeit am Cranfield College of Aeronautics; 1949 Promotion in London. 1952–1957 zunächst Prof. für angewandte Mathematik an der Universität Toronto, 1957–1962 an der Hebräischen Universität Jerusalem, 1962–1967 an der University of California in Los Angeles, ab 1967 an der Yale University in New Haven. – Nach anfänglichen Arbeiten über Aerodynamik beschäftigte sich R. im Grundlagenbereich der Mathematik schwerpunktmäßig mit der ↑Modelltheorie und der ↑Algebra, die er mit den Methoden der Mathematischen Logik (↑Logik, mathematische) zu verbinden suchte. In diesem Zusammenhang schlug er eine modelltheoretische Fassung der algebraischen Abschließung gewöhnlicher Körper (R.sche Modellvervollständigung) und eine algebraische Ergänzung zur Forcing-Methode (↑forcing) von P. J. Cohen vor. R. wandte diese Methoden auf algebraische Probleme wie z. B. das 17. Hilbertsche Problem, den Nullstellensatz und die Theorie bewerteter Körper an.

Bekannt wurde vor allem R.s modelltheoretische Begründung der ↑Non-Standard-Analysis. 1960 konstruierte R. einen Erweiterungskörper (↑Körper (mathematisch)) *ℝ des Körpers ℝ der reellen Zahlen, in dem es zwar unendlich kleine und unendlich große Größen gibt, der aber weitgehend dieselben Eigenschaften hat wie ℝ. R. benutzte dazu eine Konstruktion, die 1933 zum ersten Mal von T. Skolem angewandt worden war, um damit eine Erweiterung der natürlichen Zahlen zu erhalten, die immer noch ein Modell der ↑Peano-Axiome war. Dabei waren die Peano-Axiome in der ↑Prädikatenlogik 1. Stufe formuliert, was gegenüber der üblichen mengentheoretischen Formulierung eine Einschränkung bedeutet. Solche Modelle wurden als ›Non-Standard-Modelle‹ der Peano-Axiome bezeichnet. Die verwendete Konstruktionsmethode entspricht der Ultrapotenz-Methode in der Modelltheorie. Sie läßt sich auf eine beliebige Struktur anwenden und führt immer zu Erweiterungen, in denen dieselben erststufigen Aussagen gelten wie in der Ausgangsstruktur. R. wandte diese Methode auf den Körper ℝ an und erhielt einen nicht-archimedisch angeordneten Oberkörper *ℝ, dessen Elemente er ›Non-Standard-Zahlen‹ und deren Theorie er ›Non-Standard-Analysis‹ nannte. – Die Methoden der Non-Standard-Analysis wandte R. auf Probleme der Analysis, der Banach-Räume (↑Raum) und der linearen Operatoren,

aber auch auf die Theorie algebraischer Ideale und Varietäten, algebraische Zahlentheorie und mathematische Ökonomie an. Philosophie- und mathematikhistorisch lieferte R.s Non-Standard-Analysis eine Präzisierung der ›unendlich kleinen Größen‹, die in der ↑Infinitesimalrechnung von G. W. Leibniz, G. de l'Hospital u. a. auftraten. Bereits Leibniz hatte metaphysische Spekulationen über den ontologischen Status infinitesimaler Größen abgelehnt und sie als »fictions utiles pour abréger et pour parler universellement« bezeichnet (Opera omnia III, ed. L. Dutens, Genf 1768, 500). R. präzisierte diese Auffassung mit den Mitteln formaler Sprachen (↑Sprache, formale), der ↑Modelltheorie und der Algebra. In der Philosophie der Mathematik erweist R. sich damit als Anhänger eines ↑Formalismus, der die Verbindung zwischen der Mathematischen Logik und den mengentheoretischen Strukturen der Mathematik herzustellen sucht.

Werke: Selected Papers, I–III, ed. H. J. Keisler u. a., New Haven Conn./London 1979, III, 1983. – On the Metamathematics of Algebra, Amsterdam 1951; Théorie métamathématique des idéaux, Paris, Louvain 1955; (mit J. A. Laurmann) Wing Theory, Cambridge 1956; Complete Theories, Amsterdam 1956, ²1977; Introduction to Model Theory and to the Metamathematics of Algebra, Amsterdam 1963, ²1965, 1986; Numbers and Ideals. An Introduction to some Basic Concepts of Algebra and Number Theory, San Francisco Calif. etc. 1965; Non-Standard Analysis, Amsterdam 1966, rev. Princeton N. J. 1996; (mit A. H. Lightstone) Nonarchimedean Fields and Asymptotic Expansions, Amsterdam/Oxford/New York 1975.

Literatur: J. W. Dauben, A. R.. The Creation of Nonstandard Analysis. A Personal and Mathematical Odyssey, Princeton N. J. 1995, 1998; ders., Mathematics at the University of Toronto. A. R. in Canada (1951–1957), in: ders. u. a. (eds.), History of Mathematics. States of the Art, San Diego Calif. etc. 1996, 93–136; D. H. Saracino/V. B. Weispfenning (eds.), Model Theory and Algebra. A Memorial Tribute to A. R., Berlin/Heidelberg/New York 1975 (Lecture Notes in Mathematics 498) (mit Bibliographie, 4–13); weitere Literatur: ↑Infinitesimalrechnung, ↑Modelltheorie, ↑Non-Standard-Analysis. K. M.

Robinson, Raphael Mitchell, *National City Calif. 2. Nov. 1911, †Berkeley Calif. 27. Jan. 1995, amerik. Mathematiker und Logiker. Studium der Mathematik an der University of California, Berkeley, BA 1932, PhD 1934, danach Instructor an der Brown University, ab 1937 an der University of California, Berkeley, ab 1949 Professur ebendort. – Nach Untersuchungen zur axiomatischen Mengenlehre (↑Mengenlehre, axiomatische), die später von W. V. O. Quine aufgegriffen wurden, lieferte R. wichtige Beiträge zur ↑Metamathematik, insbes. zur Rekursionstheorie (↑rekursiv/Rekursivität) und zur Theorie von Entscheidbarkeit und Unentscheidbarkeit (↑entscheidbar/Entscheidbarkeit, ↑unentscheidbar/Unentscheidbarkeit), wo er unter anderem kombinatorisch-geometrische Beweismittel einsetzte. Nach R. benannt ist der ›R.‹-Formalismus‹, der aus dem ↑Peano-Formalismus durch Abschwächung des Induktionsschemas (↑Induktion, vollständige, ↑Peano-Axiome) zum ↑›Robinsonaxiom‹ $x = 0 \lor \bigvee_y x = y'$ entsteht und wegen seiner Einfachheit und Übersichtlichkeit in der Metamathematik der Arithmetik eine grundlegende Rolle spielt.

Werke: The Theory of Classes. A Modification of von Neumann's System, J. Symb. Log. 2 (1937), 29–36; Primitive Recursive Functions, Bull. Amer. Math. Soc. 53 (1947), 925–942; Recursion and Double Recursion, Bull. Amer. Math. Soc. 54 (1948), 987–993; Arithmetical Definitions in the Ring of Integers, Proc. Amer. Math. Soc. 2 (1951), 279–284; An Essentially Undecidable Axiom System, in: L. M. Graves u. a. (eds.), Proceedings of the International Congress of Mathematicians, Cambridge, Massachusetts, U. S. A., August 30 – September 6, 1950 I, o. O. 1952 (repr. Nendeln 1967), 729–730; (mit A. Tarski/A. Mostowski) Undecidable Theories, Amsterdam 1953, 1971 (repr. Mineola N. Y. 2010); Arithmetical Representation of Recursively Enumerable Sets, J. Symb. Log. 21 (1956), 162–186; Undecidability and Nonperiodicity for Tilings of the Plane, Inventiones Mathematicae 12 (1971), 177–209; Some Representations of Diophantine Sets, J. Symb. Log. 37 (1972), 572–578.

Literatur: (Nachruf, anonym) In memoriam R. M. R. (1911–1995), Modern Logic 5 (1995), 329.   C. T.

Robinsonaxiom, Bezeichnung der ↑Metamathematik für die auf R. M. Robinson zurückgehende arithmetische Formel $x = 0 \lor \bigvee_y x = y'$, die besagt, daß jede natürliche Zahl x (↑Grundzahl) entweder 0 oder ↑Nachfolger einer natürlichen Zahl y ist. An die Stelle des ↑Induktionsschemas gesetzt, schwächt das R. das Peano-Dedekindsche Axiomensystem (↑Peano-Axiome) zur ›Robinson-Arithmetik‹ – bei Vollformalisierung (↑Vollformalismus) auch: ›Robinson-Formalismus‹ – ab, in der z. B. nicht einmal mehr $x \neq x'$, $0 + x = x$ und $x \leq x$ ableitbar (↑ableitbar/Ableitbarkeit) sind. Metamathematisch ist gerade dieses schwächere System interessant, weil sich in ihm alle entscheidbaren (↑entscheidbar/Entscheidbarkeit) Zahlenmengen ›negationstreu vertreten‹ lassen: Ist für je k Ausdrücke $q_1, \ldots, q_k$ eine Relation R erklärt, und sind $n_1, \ldots, n_k$ diesen Ausdrücken zugeordnete Gödelnummern (↑Gödelisierung), so folgt (mit einer für $n_1, \ldots, n_k$ erklärten, R entsprechenden arithmetischen Relation $\tilde{R}$) aus dem Bestehen der Relation $\tilde{R}(n_1, \ldots, n_k)$ die Ableitbarkeit einer Aussage $A^R(\underline{n}_1, \ldots, \underline{n}_k)$ über die Repräsentanten $\underline{n}_1, \ldots, \underline{n}_k$ von $n_1, \ldots, n_k$ im Robinson-Formalismus, aus dem Nichtbestehen der Relation $\tilde{R}(n_1, \ldots, n_k)$ dagegen die Ableitbarkeit des Negats $\neg A^R(\underline{n}_1, \ldots, \underline{n}_k)$ dieser Aussage. Die negationstreue Vertretbarkeit, die natürlich bei Erweiterungen der Theorie (z. B. der selbst schon wesentlich unentscheidbaren Robinson-Arithmetik zur Peano-Arithmetik) erhalten bleibt, stellt einen wichtigen Schritt in vielen Beweisen von Unvollständigkeits- und Unentscheidbarkeitssätzen (↑Unvollständigkeitssatz, ↑Unentscheidbarkeitssatz) der Metamathematik dar.

Literatur: S. C. Kleene, Introduction to Metamathematics, Amsterdam, Groningen, New York/Princeton N. J. 1952 (repr. Amsterdam 1959, New York/Tokio 2009); P. Lorenzen, Metamathematik, Mannheim 1962, Mannheim/Wien/Zürich ²1980; R. M. Robinson, An Essentially Undecidable Axiom System, in: L. M. Graves u. a. (eds.), Proceedings of the International Congress of Mathematicians, Cambridge, Massachusetts, U. S. A., August 30 – September 6, 1950 I, o. O. 1952 (repr. Nendeln 1967), 729–730; A. Tarski/A. Mostowski/R. M. Robinson, Undecidable Theories, Amsterdam 1953, 1971 (repr. Mineola N. Y. 2010).   C. T.

Rohault, Jacques, *Amiens 1620, †Paris 27. Dez. 1672, franz. Physiker, maßgeblicher Vertreter der Cartesischen Naturphilosophie in den drei Jahrzehnten nach dem Tode von R. Descartes. Ab etwa 1655 hielt R. in seinem Haus in Paris Vorlesungen mit Demonstrationen über Cartesische Physik für ein allgemeines Publikum. Sein »Traité de physique« (1671), der auf diese Vorträge zurückgeht, war das erfolgreichste Physiklehrbuch dieser Epoche. In den lateinischen und englischen Fassungen, von S. Clarke zunehmend mit Newtonschen Fußnoten versehen, diente R.s »Traité« bis in die Mitte des 18. Jhs. auch an der Universität Cambridge, an der I. Newton selbst gelehrt hatte, als Lehrbuch der Physik. Nach dem königlichen Verbot der Cartesischen Physik an den französischen Universitäten im Jahre 1671 (Descartes' »Meditationen« [1641] kamen schon 1663 auf den Index) versuchte R. in seinen »Entretiens sur la philosophie« (1671) zu zeigen, daß die Cartesische Philosophie sogar besser mit der Lehre der Kirche vereinbar sei als die scholastische (↑Scholastik). – R. betont die empirisch-experimentelle Seite der Cartesischen Philosophie und vermeidet soweit wie möglich den Rekurs auf Descartes' metaphysisches System. Bis auf die Abkoppelung der Physik von der Metaphysik hält sich aber der »Traité« sehr eng an Descartes' Vorlage; an vielen Schlüsselstellen bietet er eine Paraphrase der Ausführungen Descartes' aus verschiedenen Schriften. R. referiert und erläutert die Cartesische Position, geht aber nicht über sie hinaus.

Werke: Traité de physique, I–II, Paris 1671, Paris/Brüssel ¹²1708 (lat. Tractatus physicus, Genf 1674, I–II, Köln 1713, unter dem Titel: Physica, London 1697, I–II, Venedig ⁷1740; engl. A System of Natural Philosophy, I–II, London 1723, [repr. New York/London 1969], ³1735); Entretiens sur la philosophie, Paris 1671, ferner in: P. Clair, J. R. (1618–1672). Bio-bibliographie. Avec l'édition critique des entretiens sur la philosophie, Paris 1978, 102–164; Œuvres posthumes, Paris 1682, I–II, La Haye 1690 (lat. [teilw.] De arte mechanica, London 1692; engl. [teilw.] A Treatise of Mechanicks, London 1716, ²1717); Physique nouvelle (1667), ed. S. Matton, Paris/Mailand 2009. – P. Clair, J. R. (1618–1672). Bio-Bibliographie. Avec l'édition critique des entretiens sur la philosophie, Paris 1978; Totok IV (1981), 108–109.

Literatur: E. J. Aiton, The Vortex Theory of Planetary Motions, London 1972; R. Ariew, Descartes and the First Cartesians, Oxford 2014; D. Clarke, Occult Powers and Hypotheses. Cartesian Natural Philosophy under Louis XIV, Oxford 1989; F. Ferrier, R., DP II (²1993), 2468–2469; M. A. Hoskin, »Mining All Within«.

Clarke's Notes to R.'s »Traité de physique«, Thomist 24 (1961), 353–363, ferner in: J. A. Weisheipl (ed.), The Dignity of Science. Studies in the Philosophy of Science Presented to William Humbert Kane, Washington D. C. 1961, 217–227; T. McClaughlin, Descartes, Experiments, and a First Generation Cartesian: J. R., in: S. Gaukroger/J. Schuster/J. Sutton (eds.), Descartes' Natural Philosophy, London/New York 2000, 330–346; P. Mouy, Le développement de la physique cartésienne. 1646–1712, Paris 1934, New York 1981, 108–138; G. Sarton, The Study of Early Scientific Textbooks, Isis 38 (1947/1948), 137–148; J. A. Schuster, R., DSB XI (1975), 506–509; R. A. Watson, The Downfall of Cartesianism 1673–1712. A Study of Epistemological Issues in Late 17th Century Cartesianism, The Hague 1966, 73–75; ders., R., Enc. Ph. VII (1967), 204, VIII (²2006), 482–484.   P. M.

Rolle (engl. role aus altfranz. ro(l)le, von lat. rotulus bzw. rotula, kleines Rad, Scheibe oder Walze, daran anschließend, Schriftrolle), Terminus, dessen Verwendung sich von der ↑Soziologie und der ↑Kulturanthropologie über die ↑Psychologie bis zur philosophischen ↑Anthropologie erstreckt. Seine weite Verbreitung sowie die große Vielfalt seiner Bestimmungen lassen sich darauf zurückführen, daß seit hellenistischer Zeit (↑Hellenismus) ein literarischer, spätestens seit M. T. Cicero auch ein alltäglicher Sprachgebrauch etabliert ist, an den die wissenschaftliche Begriffsbildung anknüpft. Begriffs- und Wortgeschichte sind hier zu unterscheiden, da das den Begriff ursprünglich darstellende Wort ›persona‹ in der Entwicklung des Christentums für die moderne Konzeption der ↑Person übernommen wurde. Als Terminus wird ›R.‹ von der Kulturanthropologie und der Soziologie im Zuge der Versuche geprägt, ihre Gegenstandsbereiche zu strukturieren. Die Psychologie und die philosophische Anthropologie nehmen den so entwickelten Begriff zum Ausgangspunkt weiterer Fragestellungen. Soziologen und Kulturanthropologen setzen bei den in jeder Gesellschaft vorhandenen Klassifikationen ihrer Mitglieder in handlungsrelevante Kategorien an, um ein begriffliches Werkzeug gesellschaftlicher bzw. kultureller Analyse zu bilden. Im Kern bezeichnet der R.nbegriff eine Konstellation von Handlungsregeln, die das Verhältnis zwischen mindestens zwei Personen betrifft und mit dem Ort der Person innerhalb eines gesellschaftlichen bzw. kulturellen Zusammenhangs korreliert. Für die Psychologie stellt der R.nbegriff ein Werkzeug bereit, konformes oder abweichendes Verhalten zu untersuchen, während sich die Soziologie und die Kulturanthropologie um eine Erklärung des Zustandekommens und der Verbindlichkeit solcher wechselseitig handlungsleitenden Anforderungen bemühen. Für die philosophische Anthropologie schließlich wirft der R.nbegriff die Frage nach der Bedeutung der Sozialität für das Menschsein auf.
G. Simmel bezeichnet die Zuordnung von Individuen zu einem ›allgemeinen Typus‹ als ein ›Apriori‹, das Gesellschaft konstituiert (Soziologie, 1908, 32ff.). In den Theo-

rien G. H. Meads und R. Lintons wird R. zu einem organisierenden Begriff. Beide Ansätze liefern unterschiedliche Bestimmungen der wesentlichen Elemente des R.nbegriffs sowie des Verhältnisses zwischen ihnen und begründen damit zwei verschiedene Traditionen seines Verständnisses. Lintons Kulturanthropologie, die die Unabhängigkeit sozialer Strukturen von den Individuen hervorhebt, bestimmt R. als die Aktivierung eines Bündels von Rechten und Pflichten, die dem Inhaber eines Orts innerhalb einer Gesellschaft zugeschrieben werden. So erhält der Begriff des Status bzw. der weniger wertende Begriff der Position gegenüber dem Begriff der R. den Vorrang: eine R. ist der ›dynamische Aspekt eines Status‹ (Mensch, Kultur, Gesellschaft, 1979, 97). In der strukturalistisch-funktionalistischen (↑Funktionalismus) Tradition soll das Handeln gemäß einer R. – das konsistente, an wechselseitig anerkannten Normen innerhalb eines gesellschaftlichen Kontextes orientierte Handeln – durch die Position der jeweiligen Personen innerhalb der Gesamtstruktur einer Gesellschaft erklärt werden. In T. Parsons' ↑Systemtheorie wird die R. als Hauptmechanismus der Erfüllung der funktionalen Erfordernisse des Systems bezeichnet (The Social System, 1951, 115). Für Parsons bilden die Typen, die Formen der Verteilung und die Modi der Integration der R.n die soziale Struktur einer Gesellschaft. Aus funktionalistischer Sicht entstehen R.n durch den Prozeß der ›Allokation‹, der nach Analogie mit ökonomischen Prozessen die verfügbaren menschlichen ↑Ressourcen so organisiert, daß die für die Gesellschaft notwendigen Funktionen erfüllt werden. Viele Entwicklungen der R.ntheorie gehen aus der Kritik dieser Parsonsschen Perspektive hervor. So argumentiert S. F. Nadel, daß neben dem Prozeß der Allokation dem Vorgang der ›Akkomodation‹ Rechnung zu tragen ist, durch den eine Gesellschaft unterschiedlichen menschlichen Lebensformen einen Platz einräumt (The Theory of Social Structure, 1965, 38). Die mit den Stichworten ›R.nkonflikte‹ (R. K. Merton, The Role-Set, 1957), ›R.ndistanz‹ (E. Goffman, Role Distance, 1961), ›R.nstandpunkt‹ und ›role-making‹ (R. Turner, Role-Taking, Role Standpoint, and Reference-Group Behavior, 1955/1956) vorgebrachten Einwände heben die Inkonsistenz im System der R.n, die Möglichkeit unterschiedlicher Grade des Beteiligtseins am R.nverhalten und die aktive Teilnahme des Handelnden an der R.ndefinition hervor.
Der Schwierigkeit, die Grenzen des Begriffs festzulegen, wird in dem auf Mead zurückgehenden symbolischen Interaktionismus (↑Interaktionismus, symbolischer) dadurch begegnet, daß der Begriff der R. unabhängig von institutionalisierten Kontexten eingeführt wird. Sind R.n bei Linton, Parsons und N. Luhmann Anforderungen der Gesellschaft an das Individuum, so konzipiert Mead ›R.nübernahme‹ als den anthropologischen Grundvor-

gang, der den Aufbau einer menschlichen Welt überhaupt erst ermöglicht. Wesentliche Bestimmung des R.nbegriffs ist hier nicht die Position, sondern eine bestimmte Form von Wechselseitigkeit. In Meads ›sozialbehavioristischer‹ Perspektive überschreiten Menschen tierische Reaktionsformen, indem sie die Reaktion des Gegenübers in sich selber hervorrufen (›taking the role of the other‹, Mead, Mind, Self and Society [...], 1934, 161–164). Die basale Fähigkeit, eine R. zu übernehmen, sieht Mead als Erklärung dafür an, daß das Phänomen signifikanter Symbole, d.h. die Sprache, entstehen konnte (Eine behavioristische Erklärung des signifikanten Symbols, 1987, 295). In einem zweiten, ontogenetisch explizierten Schritt bezeichnet ›R.‹ bei Mead die kontinuierliche Konstellation von Erwartungen, die Einzelne einem Heranwachsenden entgegenbringen und die weitgehend ↑normativen Charakter haben. Eine übernommene oder ›internalisierte‹ Erwartungskonstellation mit normativem Charakter nennt Mead ein ›me‹, Instanz der Bewertung der eigenen spontanen Impulse und Element eines entstehenden Selbstverständnisses zugleich. Hier ist der Meadsche R.nbegriff Ausgangspunkt einer Theorie des ↑›Selbst‹ bzw. der ›Ich-Identität‹, die klären soll, wie aus den verschiedenen ›mes‹ ein einheitliches Selbstverständnis entstehen kann. Anhand des R.nbegriffs soll sich ferner der moralische Standpunkt als ›ideale R.nübernahme‹ explizieren lassen.

Die deutsche Rezeption des funktionalistischen R.nbegriffs führt zu einer erneuten Diskussion alter anthropologischer Fragestellungen. R. Dahrendorfs Konstrukt des ›homo sociologicus‹, der angesichts der durch Sanktionen durchsetzbaren Zumutungen der Gesellschaft in Handlungsmuster hineingezwungen wird, die seine eigentlichen Wünsche einschränken, erneuert die Zivilisationskritik J.-J. Rousseaus, dergemäß der fingierte Eintritt in die Gesellschaft den entfremdenden Zwang mit sich bringt, R.n spielen zu müssen (Discours sur l'origine de l'inégalité parmi les hommes, Genève 1750, Paris 1987 [dt. Abhandlung über den Ursprung und die Grundlagen der Ungleichheit unter den Menschen, in: ders., Schriften zur Kulturkritik, ed. K. Wiegand, Hamburg 1955, ⁴1983, 265–267]). Der durch H. Plessner erhobene Einwand gegen die Verknüpfung des R.nbegriffs mit Theorien der ↑Entfremdung nimmt Argumente von Simmel und K. Löwith auf, die – in einer gewissen Übereinstimmung mit der sozialkonstruktivistischen Typisierungslehre (P. Berger/T. Luckmann, The Social Construction of Reality, 1966, 72ff.) – ›R.nhaftigkeit‹ als grundsätzliches Merkmal menschlichen Seins bezeichnen. Entsteht nach Mead das Selbst nur durch das Erlernen von Reaktionsmustern anderer, und ist die Erfahrung anderer notwendigerweise die Erfahrung sozial bestimmter anderer (Löwith, Mensch und Menschenwelt, 1981, 67–68), so markiert der R.nbegriff keine Entfremdung des Individuums von seiner ›Eigentlichkeit‹; Entfremdung kann nur in der Übernahme spezifischer R.n entstehen.

Literatur: M. Banton, Role, in: A. Kuper/J. Kuper (eds.), The Social Science Encyclopedia, London/New York ²2003, 794–751; P. Berger/T. Luckmann, The Social Construction of Reality. A Treatise in the Sociology of Knowledge, Garden City N. Y. 1966, Harmondsworth 1991 (dt. Die gesellschaftliche Konstruktion der Wirklichkeit, Frankfurt 1969, ²⁵2013); M. Carrithers/S. Collins/S. Lukes (eds.), The Category of the Person. Anthropology, Philosophy, History, Cambridge etc. 1985, 1999; U. Coburn-Staege, Der R.nbegriff. Ein Versuch der Vermittlung zwischen Gesellschaft und Individuum, Heidelberg 1973; R. L. Coser, Soziale R.n und soziale Strukturen, ed. L. A. Coser, Graz/Wien 1999; R. Dahrendorf, Homo sociologicus. Ein Versuch zur Geschichte, Bedeutung und Kritik der Kategorie der sozialen R., Opladen 1958, Wiesbaden 2003; S. P. Dandaneau, Role-Taking, in: G. Ritzer (ed.), The Blackwell Encyclopedia of Sociology VIII, Malden Mass./Oxford 2002, 3948–3951; H. P. Dreitzel, Das gesellschaftliche Leiden und das Leiden an der Gesellschaft. Vorstudien zu einer Pathologie des R.nverhaltens, Stuttgart 1968, München ³1980; G. Eisermann, R. und Maske, Tübingen 1991; D. D. Franks, Role, in: G. Ritzer (ed.), The Blackwell Encyclopedia of Sociology [s. o.] VIII, 3945–3948; M. Fuhrmann, Persona, ein römischer R.nbegriff, in: O. Marquard/K. Stierle (eds.), Identität, München 1979, ²1996 (Poetik und Hermeneutik VIII), 83–106; H. Geller, Position, R., Situation. Zur Aktualisierung soziologischer Analyseinstrumente, Opladen 1994; E. Goffman, The Presentation of Self in Everyday Life, Garden City N. Y., London 1959, New York 2008 (dt. Wir alle spielen Theater. Die Selbstdarstellung im Alltag, München 1969, München/Zürich ¹⁵2015); ders., Role Distance, in: ders., Encounters. Two Studies in the Sociology of Interaction, London 1961, Mansfield Conn. 2013, 85–152 (dt. Interaktion: Spaß am Spiel, R.ndistanz, München 1973, 118–171); J. Habermas, Notizen zum Begriff der R.nkompetenz, in: ders., Kultur und Kritik, Frankfurt 1973, ²1977, 195–231; ders., Stichworte zu einer Theorie der Sozialisation, in: ders., Kultur und Kritik [s. o.], 118–194; ders., Moralentwicklung und Ich-Identität, in: ders., Zur Rekonstruktion des Historischen Materialismus, Frankfurt 1976, ⁶1995, 2001, 62–92; M. J. Hindin, Role Theory, in: G. Ritzer (ed.), The Blackwell Encyclopedia of Sociology [s. o.] VIII, 3951–3954; M. Hollis, Models of Man. Philosophical Thoughts on Social Action, Cambridge etc. 1977, 2015; H. R. Jauß, Soziologischer und ästhetischer R.nbegriff, in: O. Marquard/K. Stierle (eds.), Identität [s. o.], 599–607; ders., Die gegenwärtige Lage der soziologischen R.ntheorie, Frankfurt 1973, Wiesbaden ³1978; ders., R.n- und Interaktionstheorien in der Sozialisationsforschung, in: ders., Pragmatismus und Gesellschaftstheorie, Frankfurt 1992, ²1999, 250–280; I. Jungwirth, Zum Identitätsdiskurs in den Sozialwissenschaften. Eine postkolonial und queer informierte Kritik an George H. Mead, Erik H. Erikson und Erving Goffman, Bielefeld 2007; R. Konersmann, Die Metapher der R. und die R. der Metapher, Arch. Begriffsgesch. 30 (1986/1987), 84–137; ders./T. Sachsse, R., Hist. Wb. Ph. VIII (1992), 1064–1070; R. Linton, The Study of Man. An Introduction, New York 1936, 1965 (dt. Mensch, Kultur, Gesellschaft, Stuttgart 1979); ders., The Cultural Background of Personality, New York 1945, London 2002, bes. 49–53 (dt. Gesellschaft, Kultur und Individuum. Interdisziplinäre sozialwissenschaftliche Grundbegriffe, Frankfurt 1974, bes. 65–70); K. Löwith, Das Individuum in der R. des Mitmenschen. Ein Beitrag zur anthropologischen Grundlegung der ethischen Probleme, München 1928 (repr. Darmstadt 1962, 1969), Nachdr. in: ders., Mensch und Menschenwelt. Beiträge zur Anthropologie, ed. K. Stichweh, Stuttgart 1981 (= Sämtl. Schr. I), 1–197, separat Freiburg/München 2013; T. Luckmann, Gibt es ein Jenseits zum R.nverhalten?, in: O. Marquard/K. Stierle (eds.), Identität [s. o.], 596–599; ders., Persönliche Identität, soziale R. und R.ndistanz, ebd., 293–313; N. Luhmann, Soziale Systeme. Grundriß einer allgemeinen Theorie, Frankfurt 1984, [16]2015; A. MacIntyre, After Virtue. A Study in Moral Theory, London 1981, [3]2007, London etc. 2013 (dt. Der Verlust der Tugend. Zur moralischen Krise der Gegenwart, Frankfurt/New York 1987, 2006); G. H. Mead, A Behavioristic Account of the Significant Symbol, J. Philos. 19 (1922), 157–163 (dt. Eine behavioristische Erklärung des signifikanten Symbols, in: ders., Gesammelte Aufsätze I, ed. H. Joas, Frankfurt 1987, 290–298); ders., Mind, Self and Society from the Standpoint of a Social Behaviorist, Chicago Ill./London 1934, 2009 (dt. Geist, Identität und Gesellschaft aus der Sicht des Sozialbehaviorismus, Frankfurt 1968, [17]2013); R. K. Merton, The Role-Set. Problems in Sociological Theory, Brit. J. Sociology 8 (1957), 106–120 (dt. Der R.n-Set: Probleme der soziologischen Theorie, in: H. Hartmann [ed.], Moderne Amerikanische Soziologie [s. o.], 254–267); P. C. Meyer, R.nkonfigurationen, R.nfunktionen und Gesundheit. Zusammenhänge zwischen sozialen R.n, sozialem Stress, Unterstützung und Gesundheit, Opladen 2000; S. F. Nadel, The Theory of Social Structure, London 1957, London/New York 2004 (franz. La théorie de la structure sociale, Paris 1970); T. Parsons, The Social System, New York 1951, London [2]1991, New Orleans La. 2012; H. Plessner, Das Problem der Öffentlichkeit und die Idee der Entfremdung, in: ders., Diesseits der Utopie. Ausgewählte Beiträge zur Kultursoziologie, Düsseldorf/Köln 1966, Frankfurt 1974, 9–22; ders., Soziale R. und menschliche Natur, in: ders., Diesseits der Utopie [s. o.], 23–35; ders., Zur Anthropologie des Schauspielers, in: ders., Ausdruck und menschliche Natur, ed. G. Dux/O. Marquard/E. Ströker, Frankfurt 1982 (= Ges. Schr. VII), Frankfurt, Darmstadt 2003, 399–418; H. Popitz, Der Begriff der sozialen R. als Element der soziologischen Theorie, Tübingen 1967, [4]1975; G. Preyer, R., Status, Erwartungen und soziale Gruppe. Mitgliedschaftstheoretische Reinterpretationen, Wiesbaden 2012; U. Rapp, Handeln und Zuschauen. Untersuchungen über den theatersoziologischen Aspekt in der menschlichen Interaktion, Darmstadt/Neuwied 1973; R. Rommetveit, Social Norms and Roles [...], Oslo 1955, [2]1968; T. R. Sarbin/V. L. Allen, Role Theory, in: L. Gardner/E. Aronson (eds.), The Handbook of Social Psychology I, Reading Mass. 1968, New York 1985, 488–567; G. Simmel, Soziologie. Untersuchungen über die Formen der Vergesellschaftung, Leipzig 1908, Frankfurt, Berlin 2013; ders., Zur Philosophie des Schauspielers, Logos 9 (1920/1921), 339–362; F. H. Tenbruck, Zur deutschen Rezeption der R.ntheorie, Kölner Z. Soziologie u. Sozialphilos. 13 (1961), 1–40; E. Tugendhat, Selbstbewußtsein und Selbstbestimmung. Sprachanalytische Interpretationen, Frankfurt 1979, 2010; R. Turner, Role-Taking, Role Standpoint, and Reference-Group Behavior, Amer. J. of Sociology 61 (1955/1956), 316–328; ders., The Role and the Person, Amer. J. of Sociology 84 (1978), 1–23; ders., Unanswered Questions in the Convergence between Structuralist and Interactionist Role Theories, in: H. J. Helle/S. N. Eisenstadt (eds.), Micro-Sociological Theory. Perspectives on Sociological Theory II, London 1985, 1986, 22–36; ders., Role Theory, in: A. E. Kazdin (ed.), Encyclopedia of Psychology VII, Oxford etc. 2000, 112–113; M. Weißhaupt, R. und Identität. Grundlagen der R.ntheorie, Saarbrücken 2008. N. R.

Romantik, philosophischer, kulturgeschichtlicher und kunsttheoretischer Sammelbegriff. Die Ausdrücke ›R.‹ und ›romantisch‹ gehen auf die altfranzösischen Wörter ›romanz‹, ›romant‹, ›roman‹ zurück, die in der Volkssprache (*lingua romana*) geschriebene Texte bezeichnen. Bis zum Ende des 18. Jhs. wird ›romantisch‹ etwa gleichbedeutend mit ›romanhaft‹ gebraucht. Im engeren Sinne wird ›R.‹ als geistesgeschichtlicher Begriff verwendet, der sich auf eine intellektuelle Bewegung bezieht, die sich in Europa (vorwiegend in England, Deutschland, Frankreich) gegen Ende des 18. Jhs. formiert. Von den als ›R.er‹ bezeichneten Autoren und ihren Zeitgenossen (z. B. G. W. F. Hegel) wird ›romantisch‹ – im Gegensatz zum heutigen Sprachgebrauch – gleichbedeutend mit ›nachantik‹, ›modern‹ verwendet. – Den entscheidenden Beitrag zur Konstituierung der R. als intellektueller Bewegung leistete eine Gruppe deutscher Autoren, die seit 1795 unter Führung von F. v. Schlegel in Jena eng zusammenarbeitete (A. W. v. Schlegel, F. v. Hardenberg, genannt Novalis, F. D. E. Schleiermacher). Der Schwerpunkt der Arbeiten der Jenaer Frühromantik lag auf dem Gebiet der Kunsttheorie.

Die R. ist keine homogene Position, weshalb auch vorgeschlagen wurde, auf den Einheitstitel ›R.‹ zu verzichten und von unterschiedlichen Romantiken zu sprechen (z. B. A. O. Lovejoy). Gleichwohl läßt sich eine grobe Definition der R. in Form eines Katalogs einschlägiger Problemfelder, Begriffe und Diskursformen geben. Kennzeichen romantischen Denkens wären demnach: (1) die Forderung einer Synthese von Philosophie und Dichtung, (2) eine emphatische, an J. G. Fichte anschließende Konzeption des ↑Subjekts, (3) ein revolutionär-utopisches Modell gesellschaftlicher Verhältnisse, (4) die Aufwertung der als produktiv begriffenen ↑Einbildungskraft gegenüber dem ↑Verstand, (5) die Betonung des Individuellen und der unbewußten Schichten des ↑Ich, (6) ein spekulativer, teilweise mythologisch überhöhter Naturbegriff (↑Naturphilosophie, romantische), (7) die Rezeption okkulter, mystischer und theosophischer Philosopheme (Meister Eckhart, J. Böhme), (8) die Zuwendung zur Vergangenheit (Positivierung des Mittelalters), (9) die Entdeckung fremder Lebensformen (Exotismus).

Bevorzugte Sprachformen des romantischen Diskurses, der sich durch Gattungssynkretismus und Bevorzugung nicht-systematischer Textgattungen (Fragment, Aphorismus, Brief, Gespräch) auszeichnet, sind ↑Ironie und Witz. Die Affinität der R. zum Deutschen Idealismus (↑Idealismus, deutscher) ist äußerst eng, die weitverbreitete Entgegensetzung von R. und Klassik (↑klassisch/das Klassische), gerade im Hinblick auf die deutschen Verhältnisse unbegründet: J. W. v. Goethes Werk wurde von den R.ern als vorbildlich anerkannt; verschiedene Texte Goethes (etwa Faust II) sind aufgrund der in ihnen zur Anwendung kommenden Verfahren als romantische Kunstwerke zu bezeichnen. – Umstritten ist die ideologisch-politische Einschätzung der R.. Insbes. die Frühromantik vertritt progressive Ansichten hinsichtlich einer Veränderung der gesellschaftlichen Verhältnisse (positive Einschätzung der Französischen Revolution, Postulat einer bürgerlichen Kommunikationsgesellschaft, Forderung nach Gleichstellung der Frau) und setzt damit aufklärerische (↑Aufklärung) Intentionen fort. Die Hinwendung zahlreicher R.er zu einer orthodoxen Religiosität (F. v. Schlegel, C. Brentano), damit verbundene restaurative politische Ansichten sowie die Absage an kritisches Denken können als Belege für die regressiven Tendenzen der R. angeführt werden.

In wissenschaftsgeschichtlicher Perspektive tritt die R. vor allem durch ihre meist spekulative Naturphilosophie hervor. Darüber hinaus leistet sie einen bedeutenden Beitrag zur Konstitution der historischen ↑Geisteswissenschaften: die Übersetzungen insbes. der beiden Schlegel und Schleiermachers, die Begründung einer historischen Sprachwissenschaft (↑Linguistik) durch F. v. Schlegel und J. Grimm und die Quellensammlungen J. und W. Grimms stellen richtungweisende Leistungen der Geschichts-, Sprach- und Literaturwissenschaften dar. Insgesamt ist die Wirkung der R. im 19. und 20. Jh. groß, im Bereich der Philosophie eine Auseinandersetzung mit ihr insbes. für A. Schopenhauer, S. Kierkegaard und F. Nietzsche bedeutsam.

Literatur: M. H. Abrams, The Mirror and the Lamp. Romantic Theory and the Critical Tradition, London/Oxford/New York 1953, 1980 (dt. Spiegel und Lampe. Romantische Theorie und die Tradition der Kritik, München 1978); B. Auerochs/D. v. Petersdorff (eds.), Einheit der R.? Zur Transformation frühromantischer Konzepte im 19. Jahrhundert, Paderborn etc. 2009; R. Ayrault, La genèse du romantisme allemand, I–IV, Paris 1961–1976; D. Bänsch (ed.), Zur Modernität der R., Stuttgart 1977; J. A. Bär, R., Hist. Wb. Rhetorik VIII (2007), 333–350; E. Behler u. a., Die Europäische R., Frankfurt 1972; ders., Studien zur R. und zur idealistischen Philosophie, I–II, Paderborn etc. 1988/1993; ders., Unendliche Perfektibilität. Europäische R. und Französische Revolution, Paderborn etc. 1989; ders., R., das Romantische, Hist. Wb. Ph. VIII (1992), 1076–1086; ders./J. Hörisch (eds.), Die Aktualität der Frühromantik, Paderborn etc. 1987; F. Beiser, Romanticism, German, REP VIII (1998), 348–352; ders., The Romantic Imperative. The Concept of Early German Romanticism, Cambridge Mass./London 2003; W. Benjamin, Der Begriff der Kunstkritik in der deutschen R., Bern 1920, ed. U. Steiner, Frankfurt 2008 (Werke und Nachlaß. Kritische Gesamtausgabe III) (franz. Le concept de critique esthétique dans le romantisme allemand, Paris 1986, 2008); I. Berlin, The Roots of Romanticism, ed. H. Hardy, London, Princeton N. J. 1999, Princeton N. J./Oxford ²2013 (dt. Die Wurzeln der R., Berlin 2004); M. Blanchot, L'Athenaeum, in: ders., L'Entretien infini, Paris 1969, 2006, 515–527 (engl. The Athenaeum, in: The Infinite Conversation, Minneapolis Minn./London 1993, 2008, 351–359); K. H. Bohrer, Die Kritik der R.. Der Verdacht der Philosophie gegen die literarische Moderne, Frankfurt 1989, ³2001; C. Brinton, Romanticism, Enc. Ph. VII (1967), 206–209, VIII (²2006), 485–489; F. Burwick (ed.), The Encyclopedia of Romantic Literature, I–III, Malden Mass./Oxford/Chichester 2012; L. Chai, Romantic Theory. Forms of Reflexivity in the Revolutionary Era, Baltimore Md. 2006; M. Dreyer/K. Ries (eds.), R. und Freiheit. Wechselspiele zwischen Ästhetik und Politik, Heidelberg 2014; H. Eichner (ed.), ›Romantic‹ and Its Cognates. The European History of a Word, Toronto/Buffalo N. Y./Manchester 1972; ders., Deutsche Literatur im klassisch-romantischen Zeitalter I/1 (1795–1805), Bern etc. 1990; M. Frank, Der kommende Gott. Vorlesungen über die neue Mythologie I, Frankfurt 1982, 1995; ders., Einführung in die frühromantische Ästhetik. Vorlesungen, Frankfurt 1989, ³1995; ders., »Unendliche Annäherung«. Die Anfänge der philosophischen Frühromantik, Frankfurt 1997, I–II, 2011 (engl. The Philosophical Foundations of Early German Romanticism, Albany N. Y. 2004); B. Frischmann, R., EP III (²2010), 2344–2350; dies./E. Millán-Zaibert (eds.), Das neue Licht der Frühromantik. Innovation und Aktualität frühromantischer Philosophie, Paderborn etc. 2009; N. Frye (ed.), Romanticism Reconsidered, Selected Papers from the English Institute, New York/London 1963, 1968; S. Gardner, Romanticism (addendum), Enc. Ph. VIII (²2006), 489–491; H. Gipper/P. Schmitter, Sprachwissenschaft und Sprachphilosophie im Zeitalter der R.. Ein Beitrag zur Historiographie der Linguistik, Tübingen 1979, ²1985; H. Gockel, Mythos und Poesie. Zum Mythosbegriff in Aufklärung und Frühromantik, Frankfurt 1981; R. Görner, Die Pluralektik der R.. Studien zu einer epochalen Denk- und Darstellungsform, Wien/Köln/Weimar 2010; K. Gorodeisky, 19th Century Romantic Aesthetics, SEP 2016; S. Gürtler, Magie der Vernunft. Zur Rekonstruktion einer semiologischen Erkenntniskritik in der deutschen Frühromantik, München 1987; P. Hamilton (ed.), The Oxford Handbook of European Romanticism, Oxford 2016; N. Hartmann, Die Philosophie des deutschen Idealismus I (Fichte, Schelling und die R.), Berlin/Leipzig 1923, ferner in: ders., Die Philosophie des Deutschen Idealismus. I. Teil Fichte, Schelling und die R., II. Teil Hegel, Berlin/New York ³1974, 1–240; U. Helduser/J. Weiß, Die Modernität der R.. Zur Wiederkehr des Ungleichen, Kassel 1999; G. Hoffmeister, Deutsche und europäische R., Stuttgart 1978, erw. ²1990; J. Hörisch, Die fröhliche Wissenschaft der Poesie. Der Universalitätsanspruch von Dichtung in der frühromantischen Poetologie, Frankfurt 1976; G. N. Izenberg, Romanticism in Literature and Politics, NDHI V (2005), 2138–2144; W. Jaeschke/H. Holzhey (eds.), Früher Idealismus und Frühromantik. Der Streit um die Grundlagen der Ästhetik (1795–1805), Hamburg 1990; N. Kasper/J. Strobel (eds.), Praxis und Diskurs der R. 1800–1900, Paderborn 2016; J. Klancher (ed.), A Concise Companion to the Romantic Age, Chichester/Malden Mass./Oxford 2009; C. Klinger, Flucht Trost Revolte. Die Moderne und ihre ästhetischen Gegenwelten, München/Wien 1995; L. Knatz/T. Otabe (eds.), Ästhetische Subjektivität. R. & Moderne, Würzburg 2005; N. Kompridis (ed.), Philosophical Romanticism, London/New York 2006; G. Koziełek (ed.), Mittelalterrezeption. Texte zur Aufnahme altdeutscher Literatur in der R., Tübingen 1977; P. Lacoue-Labarthe/J.-L. Nancy, L'absolu littéraire. Théorie de la littérature du romantisme allemand, Paris 1978; R. P. Lessenich, Romantic Disillusionism and the Sceptical Tradition, Göttingen, Bonn 2017; A. O. Lovejoy, On the Discrimination of Romanticisms, Publications of the Modern Language Association of America 39 (1924), 229–253, ferner in: ders., Essays in the History of Ideas, Baltimore Md. 1948 (repr. New York 1960, Westport Conn. 1978), 228–253; D. Mathy, Poesie und Chaos. Zur anarchistischen Komponente der frühromantischen Ästhetik, München/Frankfurt 1984; G. Mein, Die Konzeption des Schönen. Der ästhetische Diskurs zwischen Aufklärung und R.: Kant – Moritz – Hölderlin – Schiller, Bielefeld 2000; W. Menninghaus, Unendliche Verdopplung. Die frühromantische Grundlegung der Kunsttheorie im Begriff absoluter Selbstreflexion, Frankfurt 1987; E. Müller, Romantisch/R., ÄGB V (2003), 315–344; D. Nassar, The Romantic Absolute. Being and Knowing in Early German Romantic Philosophy, 1795–1804, Chicago Ill./London 2014; A. Nivelle, Frühromantische Dichtungstheorie, Berlin 1970; P. L. Oesterreich, Spielarten der Selbsterfindung. Die Kunst des romantischen Philosophierens bei Fichte, F. Schlegel und Schelling, Berlin/New York 2011; H. R. Otten, R., politische, in: S. Gosepath/W. Hinsch/B. Rössler (eds.), Handbuch der politischen Philosophie und Sozialphilosophie II, Berlin 2008, 1126–1131; W. Pauly/K. Ries (eds.), Staat, Nation und Europa in der politischen R., Baden-Baden 2015; K. Peter (ed.), Romantikforschung seit 1945, Königstein 1980; ders., Problemfeld R.. Aufsätze zu einer spezifisch deutschen Vergangenheit, Heidelberg 2007; T. Pinkard, German Philosophy 1760–1860. The Legacy of Idealism, Cambridge 2002; O. Pöggeler, Hegels Kritik der R., Bonn 1956; H. Prang (ed.), Begriffsbestimmung der R., Darmstadt 1968, ²1972; R. J. Richards, The Romantic Conception of Life. Science and Philosophy in the Age of Goethe, Chicago Ill./London 2002; K. Ries (ed.), R. und Revolution. Zum politischen Reformpotential einer unpolitischen Bewegung, Heidelberg 2012; J. Riou, Imagination in German Romanticism. Re-thinking the Self and Its Environment, Oxford etc. 2004; P. Röder, Utopische R.. Die verdrängte Tradition im Marxismus. Von der frühromantischen Poetologie zur marxistischen Gesellschaftstheorie, Würzburg 1982; R. Safranski, R.. Eine deutsche Affäre, München 2007, Frankfurt 2013 (engl. Romanticism. A German Affair, Evanston Ill. 2014); N. Saul (ed.), Die deutsche literarische R. und die Wissenschaften, München 1991; J.-M. Schaeffer, Romantisme, Enc. philos. universelle II/2 (1990), 2884–2886; H. Schanze, R. und Aufklärung. Untersuchungen zu Friedrich Schlegel und Novalis, Nürnberg 1966, ²1976; J. Schulte-Sasse, Der Begriff der Literaturkritik in der R., in: P. U. Hohendahl (ed.), Geschichte der deutschen Literaturkritik (1730–1980), Stuttgart 1985, 76–128 (engl. The Concept of Literary Criticism in German Romanticism, 1795–1810, in: P. U. Hohendahl [ed.], A History of German Literary Criticism, 1730–1980, Lincoln Neb./London 1988); G. Schulz, R.. Geschichte und Begriff, München 1996, ³2008; F. Strich, Deutsche Klassik und R. oder Vollendung und Unendlichkeit. Ein Vergleich, München 1922, Bern/München ⁵1962; A. Viatte, Les sources occultes du romantisme. Illuminisme-Théosophie. 1770–1820, I-II, Paris 1928, 1979; S. Vietta (ed.), Die literarische Frühromantik, Göttingen 1983; L. Weatherby, Transplanting the Metaphysical Organ. German Romanticism between Leibniz and Marx, New York 2016; K. Weimar, Versuch über Voraussetzung und Entstehung der R., Tübingen 1968; R. Wellek u. a., Romanticism, DHI IV (1973), 187–211 (R. Wellek, Romanticism in Literature, 187–198, F. L. Baumer, Romanticism [ca. 1780–ca. 1830], 198–204, J. Droz, Romanticism in Political Thought, 205–208, J. Gutmann, Romanticism in Post-Kantian Philosophy, 208–211); T. Ziolkowski, German Romanticism and Its Institutions, Princeton N. J./Oxford 1990 (dt. Das Amt der Poeten. Die deutsche R. und ihre Institutionen, Stuttgart 1992, München 1994). – Dt. Vierteljahresschr. Lit.wiss. u. Geistesgesch., Sonderband, Stuttgart 1978 (R. in Deutschland. Ein interdisziplinäres Symposion); Int. Jb. Dt. Idealismus 6 (2008) (R./Romanticism)   D. T.

Rorty, Richard McKay, *New York 4. Okt. 1931, †Palo Alto 8. Juni 2007, amerik. Philosoph. 1946–1952 Studium der Philosophie bei R. Carnap, C. Hartshorne und R. McKeon an der University of Chicago; 1949 B. A., 1952 M. A.. 1952–1956 Studium an der Yale University, 1956 Ph.D., 1956–1957 Instructor ebendort. 1958–1961 Instructor und Assist. Prof. am Wellesley College, 1961–1982 Assist., Assoc. und Full Prof. in Princeton. Ab 1982 University Prof. of Humanities an der University of Virginia in Charlottesville. – In seinem Hauptwerk »Philosophy and the Mirror of Nature« (1979) weist R. sowohl traditionell-philosophische als auch analytisch-philosophische (↑Philosophie, analytische) Ansätze zurück. Keiner dieser Ansätze ist geeignet, letzte Fundamente der Erkenntnis zu begründen und Ansprüche auf universelle theoretische Geltung zu erheben. In dieser Situation bleibt nach R. nur die Möglichkeit, die ↑Erkenntnistheorie zugunsten der ↑Hermeneutik aufzugeben. Hermeneutik soll in einer Phase ›revolutionärer Wissenschaft‹, T. S. Kuhn folgend (↑Revolution, wissenschaftliche), bildender Diskurs ›informierter Dilettanten‹ sein, der gerade verhindert, daß die Erkenntnistheorie als ein neues Paradigma zu einer Normalwissenschaft (↑Wissenschaft, normale) im Sinne Kuhns führt. In der Ablehnung systematischen Philosophierens zugunsten einer therapeutischen Neubeschreibung durch Ersetzung von Begrifflichkeiten sieht sich R. mit Philosophen wie J. Derrida, J. Dewey, M. Foucault, F. Nietzsche oder dem ›späten‹ L. Wittgenstein verbunden. Obwohl alle Genannten einen starken Einfluß auf ihn ausüben, ist R.s Konsequenz ›nachphilosophischen Philosophierens‹ ein eigenständiger Weg, der auch als ›Kontingenzphilosophie‹ bezeichnet wird. Nach R. zeichnet sich die Prägung der Sprache, des Selbst und der Gemeinschaft durch Nicht-Notwendigkeit oder Kontingenz (↑kontingent/Kontingenz) aus. Die Gestaltung des kontingenten ↑Selbst besteht in der Interpretation zufälliger Einflußfaktoren in einem eigenen Vokabular und mithin – als Gegenbild zur Autonomiekonzeption (↑Autonomie) der ↑Aufklärung – in der Versöhnung mit der Kontingenz. Die Kontingenzen des Gemeinwesens bestehen darin, daß sich mit der Entwicklung einer ↑Gesellschaft keine Geltungsansprüche verbinden lassen. Philosophische Grundlegungen und Kritiken von Gesellschaftsformen verschwinden nach R. mit dem Vokabular des Aufklärungsrationalismus.

Die Kontingenz der ↑Sprache betrifft die Prägung eines Vokabulars: Weder sagt die Welt, welche ↑Sprachspiele wir spielen sollen, noch ist die Sprache, die wir sprechen, Ausdruck von etwas in uns selbst. Die Sprache ist von Menschen gemacht, ohne daß diese sich bewußt für ein Vokabular entschieden hätten. W. v. Humboldt und Wittgenstein folgend weist R. alle Versuche als vergeblich zurück, einen Standpunkt einzunehmen, der außerhalb der eigenen Sprache liegt. Da ↑Wahrheit (↑Wahrheitstheorien) in analytischer Tradition als Eigenschaft von ↑Sätzen verstanden wird, diese Sätze aber nur in Abhängigkeit von einer bestimmten Begrifflichkeit gebildet werden können, überträgt sich die Kontingenz der Begrifflichkeit auch auf die Wahrheiten. Ein Satz, der in einer Begrifflichkeit als wahr gilt, kann in einer konkurrierenden falsch oder ohne Bedeutung sein (↑Relativismus). Welche Wahrheiten ›hergestellt‹ werden, ist nach R. nicht eine Frage der Wirklichkeit (↑wirklich/Wirklichkeit), sondern (hier W. James interpretierend) eine Frage von (ebenfalls kontingenten) ↑Bedürfnissen.

Die unterschiedlichen Aspekte dieser Kritik formen ein Gegenbild zum ›prinzipiengeleiteten Metaphysiker‹, das R. (bewußt mit femininer Endung) als ›pragmatische Ironikerin‹ bezeichnet. Die Ironikerin lebt im Bewußtsein von Kontingenz, ist eine vorbildliche Liberale, da sie keine Probleme hat, konkurrierende Meinungen anzuerkennen. Statt der Menschenrechtsprinzipien hat sie die leidenden Menschen im Blick und ist der Überzeugung, daß alle Menschen durch Demütigung verletzbar sind und Solidarität sich auf das Gefühl der gemeinsamen Gefährdung gründet. Diese auf Solidarität zielende soziale Prägung wird nicht durch prinzipiengeleitete Argumentation erreicht, sondern vor allem durch Romane und Spielfilme. Damit läßt R. eine Verbindung zwischen Moral und Ästhetik aufleben, die in ähnlicher Weise bereits F. Schiller in seiner »Ästhetischen Erziehung des Menschen« (1795) entwickelt hat. Das in R.s ↑Utopie einer liberalen Gesellschaft angestrebte Einüben in solidarisches Verhalten zeigt, daß die private Sphäre, die durch die Vervollkommnung der ↑Individualität in der Erschaffung des Selbst dominiert wird, von der öffentlichen Sphäre auf unüberbrückbare Weise getrennt ist.

Werke: Mind-Body Identity, Privacy, and Categories, Rev. Met. 19 (1965), 24–54, Nachdr. in: Rosenthal (ed.), Materialism and the Mind-Body Problem, Indianapolis Ind. 1971, erw. ²2000, 2006, 174–199; Metaphilosophical Difficulties of Linguistic Philosophy, in: ders. (ed.), The Linguistic Turn. Recent Essays in Philosophical Method, Chicago Ill./London 1967, erw. mit Untertitel: Essays in Philosophical Method. With Two Retrospective Essays, 1992, 1–39; Philosophy and the Mirror of Nature, Princeton N.J. 1979, erw. 2009 (dt. Der Spiegel der Natur. Eine Kritik der Philosophie, Frankfurt 1982, 2012; franz. L'homme spéculaire, Paris 1990, unter dem Titel: La philosophie et le miroir de la nature, Paris 2017); Consequences of Pragmatism. Essays 1972–1980, Minneapolis Minn. 1982, 2003; Solidarität oder Objektivität? Drei philosophische Essays, Stuttgart 1988, 2005; Contingency, Irony, and Solidarity, Cambridge etc. 1989, 2009 (dt. Kontingenz, Ironie und Solidarität, Frankfurt 1989, 2012; franz. Contingence, ironie et solidarité, Paris 1993); Objectivity, Relativism, and Truth, Cambridge etc. 1991, 2011 (= Philos. Papers I); Essays on Heidegger and Others, Cambridge etc. 1991, 2008 (= Philos. Papers II) (franz. [gekürzt] Essais sur Heidegger et autres écrits, Paris 1995); Eine Kultur ohne Zentrum. Vier philosophische Essays, Stuttgart 1993, 2008; Hoffnung statt Erkenntnis. Eine Einführung in die pragmatische Philosophie, Wien 1994, 2013; Truth and Progress, Cambridge etc. 1998, 1999 (= Philos. Papers III) (dt. Wahrheit und Fortschritt, Frankfurt 2003, 2012); Achieving Our Country. Leftist Thought in Twentieth-Century America, Cambridge Mass. 1998, 2001 (dt. Stolz auf unser Land. Die amerikanische Linke und der Patriotismus, Frankfurt 1999); Philosophy and Social Hope, London etc. 1999; R., in: T. Mautner (ed.), The Penguin Dictionary of Philosophy, London 2000, 488–489; Philosophy as Cultural Politics, Cambridge 2007, 2009 (= Philos. Papers IV) (dt. Philosophie als Kulturpolitik, Frankfurt 2008); Philosophy as Poetry, ed. M. Bérubé, Charlottesville Va./London 2016. – A.N. Balslev, Cultural Otherness. Correspondence with R. R., New Delhi 1991.

Literatur: R.E. Auxier/L.E. Hahn (eds.), The Philosophy of R. R., La Salle Ill. 2010; S. Berberich, Die Philosophie R. R.s, Diss. Saarbrücken 1991; R.J. Bernstein, One Step Forward, Two Steps Backward. R. R. on Liberal Democracy and Philosophy, Polit. Theory 15 (1987), 538–563; E.J. Bond, R. R. and the Epistemologising of Truth, Ratio 29 (1987), 79–88; R.B. Brandom (ed.), R. and His Critics, Oxford/Cambridge Mass. 2000; G. Brodsky, R.'s Interpretation of Pragmatism, Transact. Charles S. Peirce Soc. 18 (1982), 311–337; M. Buschmeier, Pragmatismus und Hermeneutik. Beiträge zu R. R.s Kulturpolitik, Hamburg 2011; G. Calder, R. and Redescription, London 2003; V. Choy, Mind-Body, Realism and R.'s Therapy, Synthese 52 (1982), 515–541; J.-P. Cometti (ed.), Lire R. Le pragmatisme et ses conséquences, Combas 1992; G. Dann, After R.. The Possibilities for Ethics and Religious Belief, Bristol 2006; J. Früchtel, R., in: B. Lutz (ed.), Die großen Philosophen des 20. Jahrhunderts. Biographisches Lexikon, München, 1999, 376–379; E.M. Gander, The Last Conceptual Revolution. A Critique of R. R.'s Political Philosophy, New York 1998; A. Göschner/M. Sandbothe (eds.), Pragmatismus als Kulturpolitik. Beiträge zum Werk R. R.s, Frankfurt 2010; N. Gross, R. R.. The Making of an American Philosopher, Chicago Ill. 2008; C.B. Guignon (ed.), R. R., Cambridge etc. 2003; H.F. Haber, Beyond Postmodern Politics. Lyotard, R., Foucault, London 1994; D.L. Hall, R. R.. Prophet and Poet of the New Pragmatism, Albany N.Y. 1994; D. Horster, R. R. zur Einführung, Hamburg 1991 (mit Bibliographie, 142–159); G. Hottois/M. Weyembergh (eds.), R. R.. Ambiguités et limites du postmodernisme, Paris 1994; K. Kolenda, R.'s Humanistic Pragmatism. Philosophy Democratized, Tampa Fla. 1990; R.A. Kuipers, R. R., London/New York 2013; L. Langsdorf/A.R. Smith (eds.), Recovering Pragmatism's Voice. The Classical Tradition, R., and the Philosophy of Communication, Albany N.Y. 1995; J. Lauenburg, R., in: J. Nida-Rümelin (ed.), Philosophie der Gegenwart in Einzeldarstellungen. Von Adorno bis v. Wright, Stuttgart 1991, 509–514; A.R. Malachowski (ed.), Reading R. Critical Responses to »Philosophy and the Mirror of Nature« (and Beyond), Oxford/Cambridge Mass. 1990 (mit Bibliographie, 371–378); ders., R. R., Princeton etc. 2002; ders. (ed.), R. R., I–IV, London etc. 2002; ders., R., in: C. Belshaw/G. Kemp (eds.), 12 Modern Philosophers, Malden Mass./Oxford/Chichester 2009, 94–114; C. Menke-Eggers, Relativismus und Partikularisierung. Zu einigen Überlegungen bei R. R., Philos. Rdsch. 36 (1989), 25–40; P. Munz, Philosophy and the Mirror of Nature, Philos. Soc. Sci. 14 (1984), 195–238; W.G. Neumann, Wider den Pragmatismus. Zur Philosophie R. R.s, Würzburg 1992; K. Nielsen, After the Demise of the Tradition. R., Critical Theory, and the Fate of Philosophy, Boulder Colo. 1991; J. Niznik/J.T. Sanders (eds.), Debating the State of Philosophy. Habermas, R. and Kolakowski, Westport Conn. 1996; M. Peters/P. Ghiraldelli (eds.), R. R.. Education, Philosophy, Politics, Lanham Md. 2002; J. Pettegrew (ed.), A Pragmatist's Progress? R. R. and American Intellectual History, Lanham Md. 2002; B. Ramberg, R. R., SEP 2001, rev. 2007; W. Reese-Schäfer, R. R., Frankfurt/New York 1991, unter dem Titel: R. R. zur Einführung, Hamburg 2006, ²2013; M. D. Rohr, R. R., REP VIII (1998), 352–356; D. Rothleder, The Work of Friendship. R., His Critics, and the Project of Solidarity, Albany N. Y. 1999; R. Rumana, R. R.. An Annotated Bibliography of Secondary Literature, Amsterdam etc. 2002; H. J. Saatkamp (ed.), R. and Pragmatism. The Philosopher Responds to His Critics, Nashville Tenn. 1995; T. Schäfer/U. Tietz/R. Zill (eds.), Hinter den Spiegeln. Beiträge zur Philosophie R. R.s, Frankfurt 2001; A. Vieth (ed.), R. R.. His Philosophy under Discussion, Berlin/Boston Mass. 2005, Frankfurt etc. 2005.   D. Th.

Roscelin von Compiègne

Roscelin von Compiègne (lat. Roscelinus de Compondiis bzw. de Compendio), *vielleicht in der Bretagne oder in Compiègne ca. 1050, †vielleicht Besançon ca. 1125, mittelalterlicher Philosoph und Theologe. R. unterrichtete in Compiègne, Tours, Loches (dort Lehrer von P. Abaelard) und Besançon. Die Kenntnis der Lehren R.s ist wesentlich durch deren Darstellung bei seinen Gegnern, insbes. Anselm von Canterbury und Abaelard, bestimmt. Dagegen gibt Otto von Freising eine offenbar wohlwollende Darstellung von Gedanken R.s. R. sicher zugeschrieben ist lediglich ein Verteidigungsbrief R.s an Abaelard; möglicherweise kommen noch einige, kürzlich von C. J. Mews identifizierte kleinere Schriften hinzu. Ferner gilt die »Dialectica« eines gewissen Garland als weithin übereinstimmend mit den R. zugeschriebenen logischen Auffassungen.

R. gilt (in anachronistischem Wortgebrauch) als Begründer eines frühmittelalterlichen ↑›Nominalismus‹. Er steht in der Tradition der Lehre von den ›voces‹, die auf den Grammatiker Priscian (5./6. Jh.) zurückgeht. Danach bezeichnen ↑Eigennamen individuelle Dinge oder Substanzen. Daß R. jedoch den Realitätsbezug von ↑Universalien auf das Ereignis ihrer phonetischen Äußerung reduziert habe (›flatus vocis‹), wie ihm Anselm von Canterbury vorwirft, läßt sich nicht belegen. Sein semantischer Ansatz führt R. zu Thesen über die Trinität, die von seinen Gegnern als Tritheismus verstanden werden, was wiederum R. entschieden mit dem Hinweis ablehnt, daß er zwar mit den drei Eigennamen ›Vater‹, ›Sohn‹ und ›Heiliger Geist‹ von drei Personen oder ↑Substanzen, nicht aber von drei Göttern spreche; er treffe lediglich eine Unterscheidung in der einen göttlichen Substanz. Auf einem Konzil in Soissons (1092) konnte sich R. zwar gegen den Häresievorwurf verteidigen, mußte aber anscheinend nach England fliehen. Nach erneutem Häresievorwurf soll er schließlich in Rom seine Rehabilitierung erlangt haben.

Werke: Epistola [...] ad Abaelardum, ed. J. A. Schmeller, Abh. Königl. Bayer. Akad. Wiss., philos.-philol. Kl. 5.3, München 1849, 187–210, Neudr. in: J. Reiners, Der Nominalismus in der Frühscholastik. Ein Beitrag zur Geschichte der Universalienfrage im Mittelalter, Münster 1910 (Beitr. Gesch. Philos. MA VIII/5), 62–80.

Literatur: M. Cameron, R. of C., in: H. Lagerlund (ed.), Encyclopedia of Medieval Philosophy II, Dordrecht etc. 2011, 1168–1170; C. Erismann, The Trinity, Universals and Particular Substances. Philoponus and R., Traditio 63 (2008), 277–305; G. R. Evans, Berengar, R., and Peter Damian, in: ders. (ed.), The Medieval Theologians. An Introduction to Theology in the Medieval Period, Oxford/New York 2001, 2008, 85–93; Garlandus Compotista, Dialectica, ed. L. M. de Rijk, Assen 1959; L. Gentile, Roscellino de C. ed il problema degli universali, Lanciano 1975; J. Jolivet, Trois variations médiévales sur l'universel et l'individu: R., Abélard, Gilbert de la Porrée, Rev. mét. mor. 97 (1992), 111–155; K. Kienzler, R., BBKL VIII (1994), 660–661; E.-H. W. Kluge, R. and the Medieval Problem of Universals, J. Hist. Philos. 14 (1976), 405–414; C. J. Martin, R., Enc. Phil. VIII (²2006), 495–496; H. C. Meier, Macht und Wahnwitz der Begriffe. Der Ketzer Roscellinus, Aalen 1974, Aalen, Stuttgart 1982; C. J. Mews, St. Anselm and R.. Some New Texts and Their Implications, I–II (I The »De incarnatione verbi« and the »Disputatio inter Christianum et Gentilem«, II A Vocalist Essay on the Trinity and Intellectual Debate c. 1080–1120), Arch. hist. doctr. litt. moyen-âge 58 (1991), 55–98, 65 (1998), 39–90 (repr. in: ders., Reason and Belief in the Age of R. and Abelard [s. u.]); ders., Nominalism and Theology Before Abaelard. New Light on R. of C., Vivarium 30 (1992), 4–34 (repr. in: ders., Reason and Belief in the Age of R. and Abelard [s. u.]); ders., St. Anselm, R. and the See of Beauvais, in: D. E. Luscombe/G. R. Evans (eds.), Anselm. Aosta, Bec and Canterbury. Papers in Commemoration of the Nine-Hundredth Anniversary of Anselm's Enthronement as Archbishop, 25. September 1093, Sheffield 1996, 106–119 (repr. in: ders., Reason and Belief in the Age of R. and Abelard [s. u.]); ders., The Trinitary Doctrine of R. of C. and Its Influence. Twelfth-Century Nominalism and Theology Reconsidered, in: A. de Libera/A. Elamrani-Jamal/A. Galonnier (eds.), Langages et Philosophie. Hommage à Jean Jolivet, Paris 1997, 347–364 (repr. in: ders., Reason and Belief in the Age of R. and Abelard [s. u.]); ders., Reason and Belief in the Age of R. and Abelard, Aldershot/Burlington Vt. 2002; F. Picavet, R., philosophe et théologien d'après la légende et d'après l'histoire. Sa place dans l'histoire générale et comparée des philosophes médiévaux, Paris 1896, ²1911; M. M. Tweedale, R. of C., REP VIII (1998), 356–357.   G. W.

Rosenkranz

Rosenkranz, Johann Karl Friedrich, *Magdeburg 23. April 1805, †Königsberg 14. Juni 1879, dt. Philosoph und Philosophiehistoriker. 1824–1828 Studium der Philosophie, Germanistik und Theologie in Berlin, Halle, Heidelberg und Magdeburg; 1828 Promotion in Halle mit einer Abhandlung über die Hauptperioden der deutschen Nationalliteratur. Ebenfalls 1828 Habilitation in Philosophie mit einer Arbeit über B. de Spinoza. Priv.-Doz. in Halle, ab 1831 a. o. Prof. ebendort; ab 1833 – als Nachfolger J. F. Herbarts – o. Prof. in Königsberg. Von 1848 bis zum Januar 1849 war R. ›vortragender Rat‹ im Kultusministerium in Berlin. – In Verteidigung des Hegelschen Systems der Philosophie veröffentlichte R. Schriften zur Logik, Enzyklopädie (insbes. Psychologie), Religionsphilosophie, Pädagogik, Philosophiegeschichte, größere Abhandlungen zur Ästhetik und Literaturgeschichte sowie eine bis in die Gegenwart maßgebliche Biographie G. W. F. Hegels (Hegels Leben, Berlin 1844).

R. wird dem Rechtshegelianismus (↑Hegelianismus) zugerechnet. Er entwickelt die systematische Grundlegung der Philosophie wie Hegel in einer Logik, die zugleich Metaphysik ist (Die Wissenschaft der logischen Idee, I–II, Berlin 1858/1859). In seiner »Encyklopaedie der Theologischen Wissenschaften« (Halle 1831) begründet R. die Theologie als spekulatives Wissen durch den Rückgriff auf Hegels Lehre. In Literaturgeschichte und Ästhetik (↑ästhetisch/Ästhetik) geht R. vom Hegelschen – bei ihm romantisch gefärbten – Begriff des ›Volksgeistes‹ aus und entwickelt ein System des Begreifens der Künste, das zugleich als Kulturgeschichte der Kunst angelegt ist. Anders als Hegel setzt R. den Schwerpunkt seiner Untersuchungen dabei – bedingt durch seine Auseinandersetzung mit der ↑Romantik – in das in Hegels Ästhetik vernachlässigte Mittelalter. In seiner »Ästhetik des Häßlichen« (Königsberg 1853) erweitert er die ästhetischen Charakteristika unter Integration der Kunsttheorie über eine Skala möglicher Abstufungen, die jeweils aus dem Bezug der Kunst auf ihre Zeit entwickelt werden, vom Schönen bis zum Häßlichen.

R.s Philosophie ist in der Kritik einerseits wegen ihrer zu starken Orientierung am dogmatischen System Hegels, andererseits (von seiten der Hegelianer) wegen ihres ↑Kantianismus und (von seiten der Linkshegelianer) wegen ihres Dogmatismus kritisiert worden. R. versöhnt den Dualismus zwischen zeitlichem und zeitlosem, allem Wechsel enthobenem Sein nicht im Sinne der Hegelschen Logik und geht von einem ↑Theismus als Grundlage der ↑Religionsphilosophie aus. In der Rezeption seiner Philosophie wird die Darstellung des Hegelschen Systems gewürdigt; seine Ansätze in der Literaturgeschichte und der Ästhetik sind bis heute jedoch nur unzureichend untersucht worden. Interessant ist insbes. die Verknüpfung von Kunsthistorie, Literaturwissenschaft und philosophischer Ästhetik, die über Hegel hinausgehend eine Gewichtung des kulturellen Eigenwertes der ›poetischen Ideale der Völker‹ ermöglicht.

Werke: Aesthetische und poetische Mittheilungen, Magdeburg 1827; De Spinozae philosophia dissertatio, Halle/Leipzig 1828; Ueber Calderons Tragoedie vom wunderthätigen Magus. Ein Beitrag zum Verstaendnis der Faustischen Fabel, Halle/Leipzig 1829, 1836; Das Heldenbuch und die Nibelungen. Grundriß zu Vorlesungen, Halle 1829; Ueber den Titurel und Dante's Komödie. Mit einer Vorerinnerung über die Bildung der geistlichen Ritterorden und Beilagen contemplativen Inhalts aus der groeßeren Heidelberger Handschrift, Halle/Leipzig 1829; Geschichte der deutschen Poesie im Mittelalter, Halle 1830 (repr. Hildesheim/Zürich/New York 2003); Der Zweifel am Glauben. Kritik der Schriften »De tribus impostoribus«, Halle/Leipzig 1830; Geistlich Nachspiel zur Tragödie Faust, Leipzig 1831; Encyklopaedie der Theologischen Wissenschaften, Halle 1831, ²1845;

Die Naturreligion. Ein philosophisch-historischer Versuch, Iserlohn 1831; Handbuch einer allgemeinen Geschichte der Poesie, I–III, Halle 1832–1833; Hegel. Sendschreiben an den Hofrath und Professor der Philosophie, Herrn Dr. Carl Friedrich Bachmann, Königsberg 1834; Das Verdienst der Deutschen um die Philosophie der Geschichte, Königsberg 1835; Zur Geschichte der deutschen Literatur, Königsberg 1836; Kritik der Schleiermacherschen Glaubenslehre, Königsberg 1836; Erinnerungen an Karl Daub, Berlin 1837; Der Zweikampf auf unseren Universitäten, Königsberg 1837; Psychologie oder die Wissenschaft vom subjectiven Geist, Königsberg 1837, ³1863; Studien, I–V, Berlin, Leipzig 1839–1848 (repr. Hildesheim/New York 1975); Kritische Erläuterungen des Hegelschen Systems, Königsberg 1840 (repr. Hildesheim 1963); Geschichte der Kant'schen Philosophie, Leipzig 1840 (= Immanuel Kant's Sämmtl. Werke XII), Neudr., ed. S. Dietzsch, Berlin (Ost) 1987; (ed.) V. Schellings religionsgeschichtliche Ansicht, nach Briefen aus Muenchen [...], Berlin 1841; Königsberger Skizzen, I–II, Danzig 1842 (repr. Hannover-Döhren 1972), [Auswahl] ed. H. Dembowski, Berlin 1991; Schelling. Vorlesungen, gehalten im Sommer 1842 an der Universität zu Königsberg, Danzig 1843 (repr. Aalen 1969); Über den Begriff der politischen Partei, Königsberg 1843; Ueber Schelling und Hegel. Ein Sendschreiben an Pierre Leroux, Königsberg 1843; Georg Wilhelm Friedrich Hegel's Leben, Berlin 1844 (repr. Darmstadt 1963, mit einem Nachwort v. O. Pöggeler, 1977, 1998) (franz. Vie de Hegel suivi Apologie de Hegel contre le docteur Haym, übers. P. Osmo, Paris 2004); Rede zur Säcularfeier Herders am 25. August 1844 [...], Königsberg 1844; Aus Hegels Leben, Leipzig 1845; Die Abschaffung des Duellzwanges, Königsberg 1845; Kritik der Principien der Strauss'schen Glaubenslehre, Leipzig 1845; Rede zur Gedächtnißfeier Bessels [...], Königsberg 1846; Pestalozzi. Rede zur Festfeier seines 100jährigen Geburtstages am 12. Januar 1846 zu Königsberg [...], Königsberg 1846; Göthe und seine Werke, Königsberg 1847, ²1856; Die Pädagogik als System. Ein Grundriß, Königsberg 1848, ed. M. Winkler, Jena 2008 (engl. Pedagogics as a System, trans. A. C. Brackett, St. Louis Mo. 1872, unter dem Titel: The Philosophy of Education, New York ²1886, 1899 (repr. Bristol 2001), 1908; Die Topographie des heutigen Paris und Berlin, Königsberg 1850; System der Wissenschaft. Ein philosophisches Encheiridion, Königsberg 1850; Meine Reform der Hegelschen Philosophie, Königsberg 1852 (repr. Hildesheim 1977); Das für Kant zu Königsberg projectirte Denkmal, Königsberg 1852; Aesthetik des Häßlichen, Königsberg 1853 (repr. Darmstadt 1973, ed. W. Gose/W. Sachs, Stuttgart-Bad Cannstatt 1968, Darmstadt 1989), ed. D. Kliche, Leipzig 1990, ²1996, Stuttgart 2015 (franz. Esthétique du laid, übers. S. Muller, Belval 2004; engl. The Aesthetics of Ugliness. A Critical Translation, ed. A. Pop/M. Widrich, London/New York 2015); Aus einem Tagebuch. Königsberg Herbst 1833 bis Frühjahr 1846, Leipzig 1854; Die Poesie und ihre Geschichte. Entwicklung der poetischen Ideale der Völker, Königsberg 1855; Apologie Hegels gegen Dr. R. Haym, Berlin 1858 (repr. Hildesheim 1977); Wissenschaft der logischen Idee, I–II, Königsberg 1858/1859 (repr. Osnabrück 1972); Epilegomena zu meiner Wissenschaft der logischen Idee [...], Königsberg 1862; Über die Darstellung Christi durch die bildende Kunst, Königsberg 1862; Diderots Leben und Werke, I–II, Leipzig 1866 (repr. Aalen 1964); Hegel's Naturphilosophie und die Bearbeitung derselben durch den Italienischen Philosophen A. Véra, Berlin 1868 (repr. Hildesheim/New York 1979); Erläuterungen zu Hegel's Encyklopädie der philosophischen Wissenschaften, Berlin 1870, Leipzig 1921; Hegel als deutscher Nationalphilosoph, Leipzig 1870 (repr. Darmstadt 1965, 1973); Von Magdeburg bis Königsberg, Berlin

1873, Leipzig 1878; Neue Studien, I–IV, Leipzig 1875–1878 (repr. Hildesheim/Zürich/New York 2004). – Briefe von K. R. an M. Schasler, ed. W. Saupe, Arch. Gesch. Philos. 29 (1916), 1–18; Politische Briefe und Aufsätze. 1848–1856, ed. P. Herre, Leipzig 1919; Briefwechsel zwischen K. R. und Varnhagen von Ense, ed. A. Warda, Königsberg 1926; Briefe 1827–1850, ed. J. Butzlaff, Berlin/New York 1994.

Literatur: O. Briese, K. R.' »Ästhetik des Häßlichen«. Eine narrative Annäherung an Ästhetik-Geschichte, Weimarer Beitr. 41 (1995), 573–584; ders., Biedermeierliche Vermittlung. K. R.' »Ästhetik des Häßlichen«, in: ders., Konkurrenzen. Philosophische Kultur in Deutschland, 1830–1850. Porträts und Profile, Würzburg 1998, 54–64; L. Esau, K. R. als Politiker. Studien über den Zusammenhang der geistigen und politischen Bewegungen in Ostpreußen, Halle 1935; H. Glockner, K. R. und Kuno Fischer als Ästhetiker der Hegelschen Schule, in: ders., Beiträge zum Verständnis und zur Kritik Hegels, Bonn 1965, ³1984, 443–453 (Hegel-Stud. Beih. 2); P. Herre, K. R.' »politische Jahre«, in: ders. (ed.), K. R.. Politische Briefe und Aufsätze. 1848–1856, Leipzig 1919, 7–32; R. Jonas, K. R., Leipzig 1906; F. Lasalle, Die Hegelsche und die R.sche Logik und die Grundlagen der Hegelschen Geschichtsphilosophie im Hegelschen System, Der Gedanke. Philos. Z. 2 (1861), 123–150, separat Leipzig 1927, ²1928; E. Metzke, K. R. und Hegel. Ein Beitrag zur Geschichte der Philosophie des sogenannten Hegelianismus im 19. Jahrhundert, Leipzig 1929; C. Prantl, R., ADB XXIX (1889), 213–215; R. Quäbicker, K. R.. Eine Studie zur Geschichte der Hegelschen Philosophie, Leipzig 1879 (repr. Hildesheim 1977); W. Röcke, K. R. (1805–1879), in: C. König/H.-H. Müller/W. Röcke (eds.), Wissenschaftsgeschichte der Germanistik in Porträts, Berlin/New York 2000, 33–40; M. Runze, K. R.' Verdienste um die Kantforschung, Kant-St. 10 (1905), 548–557; B. Scheer, Zur Theorie des Häßlichen bei K. R., in: H. F. Klemme/M. Pauen/M.-L. Raters (eds.), Im Schatten des Schönen. Die Ästhetik des Häßlichen in historischen Ansätzen und aktuellen Debatten, Bielefeld 2006, 141–156; N. Waszek, K. R. als Hegelianer – im Lichte seiner Briefe, Jb. Hegelforsch. 3 (1997), 287–294; K.-G. Wesseling, R., BBKL VIII (1994), 673–680. A. G.-S.

Rosenkreuzer (auch: Rosenkreutzer), Bezeichnung (1) für Anhänger einer universalreformatorischen Bewegung zu Anfang des 17. Jhs., (2) für eine humanitär-ethisch und politisch-reformatorisch gerichtete geheime Gesellschaft im 18. Jh., (3) für bestimmte esoterische Gruppen des 19. und 20. Jhs. bis zur Gegenwart.

(ad 1) Die R.bewegung verdankt ihren Namen der legendären Hauptfigur der Rahmenerzählung einer um 1604 verfaßten und vielleicht schon vor dem Erscheinen im Druck 1614 handschriftlich zirkulierenden, kurz als »Fama Fraternitatis« bezeichneten Schrift aus dem Freundeskreis um den württembergischen Theologen J. V. Andreae (1586–1654). Ein angeblich 1378 geborener und noch immer (!) im geheimen weiterlebender Eingeweihter und Ritter ›Bruder R. C.‹ wird als Gründer einer Bruderschaft eingeführt, die in der vorliegenden »Fama« sowie in der wenig späteren »Confessio« und der (von Andreae verfaßten) hermetisch-allegorischen Prosaerzählung »Chymische Hochzeit Christiani Rosen-

creütz Anno 1459« (die nun schon im Titel den Namen des Ordensgründers nennt) um Unterstützung ihres Zieles wirbt: einer humanitären Weltverbesserung durch eine ›Generalreformation‹ aus dem Geiste eines erneuerten protestantischen Christentums.

Dabei wird in diesen so genannten ›echten R.schriften‹, obwohl deren Autor bzw. deren Autoren (?) eher einer »orthodox gefärbten und christlich eingeschränkten pansophischen Richtung« (W.-E. Peuckert 1936, 411) zuzurechnen sind, bewußt mystifizierend (und damit dem Zeitgeschmack entsprechend) von Elementen, Bildern und Anspielungen neuplatonischer, alchemistischer, paracelsischer und anderer ›hermetischer‹ (↑hermetisch/Hermetik) Herkunft ausgiebiger Gebrauch gemacht. Die Wirkung vor allem in Deutschland war groß, die ›Brüderschaft‹ wurde von vielen Seiten publizistisch aufgefordert, sich zu offenbaren und sich Bewerbern um die Mitgliedschaft zu öffnen. Angesichts ausbleibender Antwort kam es an vielen Orten zur spontanen Konstituierung von R.zirkeln, die, wie z. B. eine von G. W. Leibniz noch 1667 in Nürnberg angetroffene Gesellschaft, pansophische und alchemistische (↑Alchemie) Ziele verfolgten. Andreae erkannte, daß diese Entwicklung dem Ziel einer wirklichen Weltreformation durch Verbindung von Rose und Kreuz, d. h. von pansophischer Tradition und Christentum, eher abträglich war

Das Unsichtbare Kollegium der R.bruderschaft. T. Schweighardt, *Speculum Sophicum Rhodo-Stauroticum*, 1618, aus: Yates 1975, 289.

und das Vorhaben zudem häresieverdächtig machte. In späteren Schriften legte er daher nahe, daß die R.texte von 1614 bis 1616 die zeitgenössische ›Esoterikwelle‹ nur hatten lächerlich machen wollen, wertete sie als bloßes ›ludibrium‹ ab und kämpfte ganz im Sinne der protestantischen Orthodoxie gegen Scharlatanerie im Umkreis von Paracelsismus, Pansophie und das neue ›R.tum‹, dessen chaotische Entwicklung er mitverursacht hatte: zu der Bürgerschaft von ›Christianopolis‹, der in einer schon 1619 publizierten Utopie Andreaes geschilderten christlichen idealen Religionsgemeinschaft, haben R. keinen Zutritt.

Als Terminus der Historiographie ist der Begriff R. problematisch, da er gleichermaßen auf eine (fast mit Sicherheit nur fiktive) Organisation der Barockzeit, auf eine auf diese Fiktion bezogene Massenerscheinung, auf logen- und sektenähnliche Gruppierungen der Gegenwart (s. u.) und vielfach auch einfach auf Vertreter einer bestimmten geistigen Haltung (›R.tum‹) angewandt wird. Folgenreicher unreflektierter Umgang mit dem Begriff ist vor allem der britischen Historikerin F. A. Yates vorgeworfen worden, die dennoch das Verdienst hat, geistes- und wissenschaftsgeschichtliche Einflüsse der R.bewegung überhaupt in den Blick gebracht zu haben. Wieviel an der umstrittenen Behauptung ist, ein ›Rosicrucian Age‹ bilde das entscheidende Bindeglied zwischen der ↑Renaissance und dem Zeitalter der so genannten wissenschaftlichen Revolution, die selbst der R.kultur wesentliche Anstöße verdanke (›Yates's thesis‹; ↑Philosophie, hermetische), müssen weitere Forschungen zeigen. Nicht wegzuleugnen sind dagegen die literarischen Wirkungen des in den R.schriften vertretenen idealistischen Gedankenguts etwa auf J. W. v. Goethe, W. B. Yeats, J. L. Borges.

(ad 2) Während es eine umfassendere Organisation von R.n im Sinne von (1) nie gegeben hat, erlangte in der zweiten Hälfte des 18. Jhs. in Deutschland ein »Orden der Gold- und Rosenkreuzer«, der seine Mitgliedschaft aus Freimaurerorden gewann und diese dadurch ›unterwanderte‹, weite Verbreitung. Weltanschauung und Lehre dieser Vereinigung waren stark durch pansophisches und mystisches (↑Mystik) Gedankengut geprägt und besaßen somit irrationalistische (↑irrational/Irrationalismus) Hintergründe. Dagegen beruhte ihre antiaufklärerische Tätigkeit durchaus auf rationaler Zielsetzung. Für einen kurzen Zeitraum gelangten die Gold- und R. teils als Institution, teils durch führende Persönlichkeiten zu beachtlichem politischen Einfluß, z. B. am preußischen Hof Friedrich Wilhelms II. und in Bayern, wo sie die Auflösung des konkurrierenden Illuminatenordens erreichten. Doch bewirkte die durch die Gold- und R. verstärkte Krise der ↑Aufklärung bei vielen Vertretern der letzteren auch eine verstärkte Reflexion

auf diese Krise, ihre Ursachen und die Möglichkeiten ihrer Überwindung sowie letztlich einen wichtigen Beitrag zur Herausbildung eines politischen Bewußtseins in Deutschland (H. Möller 1979).

(ad 3) Im 20. Jh. begegnet die R.idee einerseits bei R. Steiner unter der Bezeichnung ›R.tum‹ als Idee eines von institutionellen Bindungen freien Weges der Selbstinitiation, andererseits in Gestalt verschiedener esoterischer Gruppen, z. B. der »R.-Gemeinschaft« (gegr. 1909), des »Antiquus Mysticus Ordo Roseae Crucis« (AMORC, gegr. 1916), des »Lectorium Rosicrucianum« (gegr. 1915) und einer 1969 erfolgten Abspaltung, die alle auch in Deutschland organisatorisch vertreten sind.

Texte: J. V. Andreae (anonym), Allgemeine und General Reformation der gantzen weiten Welt. Beneben der Fama Fraternitatis, deß löblichen Ordens deß Rosencreutzes, an alle Gelehrte und Häupter Europae geschrieben [...], Kassel 1614, Regensburg 1681; ders., Fama Fraternitatis, oder Entdeckung der Brüderschafft deß löblichen Ordens deß Rosencreutzes [...], Kassel 1616; ders., Confessio Fraternitatis R. C., in: ders., Fama Fraternitatis [s. o.], 36–65; ders., Chymische Hochzeit: Christiani Rosencreütz anno 1459, Straßburg 1616 (repr. Rotterdam o.J. [1972]), Neudr. Berlin 1913; ders., Turris Babel sive judiciorum de Fraternitate Rosaceae Crucis chaos, Straßburg 1619; ders., Reipublicae Christianopolitanae Descriptio, Straßburg 1619 (dt. Reise nach der Insul Caphar Salama, und Beschreibung der darauf gelegenen Republic Christiansburg [...], ed. D. S. Georgi, Esslingen 1741, unter dem Titel: Christianopolis, ed. W. Biesterfeld, Stuttgart 1996; engl. Christianopolis, Dordrecht/Boston Mass. 1999); ders., Fama Fraternitatis (1614). Confessio Fraternitatis (1615). Chymische Hochzeit Christiani Rosencreutz anno 1459 (1616) [ed. R. van Duelmen, Stuttgart 1973, ⁴1994; P. Geiger [anonym], Warnung für der Rosenkreutzer Ungeziefer, Heidelberg 1621. – Jubiläums-Gesamtausgabe: 400 Jahre R.-Manifeste (1614, 1615, 1616). Mit drei Zusatzkapiteln und 10 teils noch nie nachgedruckten Sendschreiben an die und Antworten aus der RC-Bruderschaft (1612–1618), ed. M. P. Steiner, Basel 2016.

Literatur: A. Adler, Sociétés secrètes. De Léonard de Vinci à Rennes-le-Château, Paris 2007, 2008 (dt. Das Geheimnis der Templer. Von den R.n bis Rennes-le-Château, München 2009, 2015); P. Arnold, Histoire des rose-croix et les origines de la franc-maçonnerie, Paris 1955, 1990; W. Begemann, Johann Valentin Andreae und die R., Monatshefte d. Comenius-Ges. 8 (1899), 145–168; Bibliotheca Philosophica Hermetica (ed.), Rosenkreuz als europäisches Phänomen im 17. Jahrhundert, Amsterdam, Stuttgart-Bad Cannstatt 2002; J. G. Buhle, Ueber den Ursprung und die vornehmste Schicksale der Orden der R. und Freymaurer. Eine historisch-kritische Untersuchung, Göttingen 1804; A. de Dánann, Un Rose-Croix méconnu entre le XVIIᵉ et XVIIIᵉ siècles. Federico Gualdi ou Auguste Melech Hultazob Prince d'Achem. Avec de nombreux textes et documents rares et inédits pour servir à une histoire de la Rose-Croix d'Or, Mailand 2006; R. Edighoffer, Die R., München 1995, ²2002, 2008; C. Gilly, Adam Haslmayr. Der erste Verkünder der Manifeste der R., Amsterdam 1994; W. Gußmann, Reipublicae Christianopolitanae Descriptio. Eine Erinnerung an Johann Valentin Andreae zu seinem dreihundertsten Geburtstag, Z. f. kirchl. Wiss. u. kirchl. Leben 7 (1886), 326–333, 380–392, 434–442, 531–548; H. Hermelink, R., in: A. Hauck (ed.), Realencyklopädie f. protestantische Theologie

u. Kirche XVII, Leipzig 1906, 150–156; R. Kienast, Johann Valentin Andreae und die vier echten Rosenkreutzer-Schriften, Leipzig 1926 (repr. New York/London 1970); W. Kühlmann, Rosenkreutzer, TRE XXIX (1998), 407–413; ders., R., RGG VII (⁴2004), 634–635; G. Krüger, Zur Literatur über die R., Hist. Z. 146 (1932), 501–510; ders., Die R.. Ein Überblick, Berlin 1932; F. Lundgreen, Die Fama über die Bruderschaft des Rosenkreuzes. Eine kritische Untersuchung, Neue kirchl. Z. 14 (1903), 104–127; F. Maack (ed.), Geheime Wissenschaften I (Enthaltend die Johann Valentin Andreae zugeschriebenen vier Hauptschriften der alten R.), Berlin 1913; A Metz/H.-J. Ruppert, R., LThK VII (³1999), 1308–1310; H. Möller, Die Gold- und R.. Struktur, Zielsetzung und Wirkung einer antiaufklärerischen Geheimgesellschaft, in: P. C. Ludz (ed.), Geheime Gesellschaften, Heidelberg 1979 (Wolfenbütteler Studien zur Aufklärung V/1), 153–202; H.-J. Neumann, Friedrich Wilhelm II.. Preußen unter den R.n, Berlin 1997; F. Nicolai, Einige Bemerkungen über den Ursprung und die Geschichte der R. und Freymaurer. Veranlasst durch die sogenannte historisch-kritische Untersuchung des Hofraths Buhle über diesen Gegenstand, Berlin/Stettin 1806 (repr. Hildesheim/Zürich/New York 1988); W.-E. Peuckert, Die Rosenkreutzer. Zur Geschichte einer Reformation, Jena 1928; ders., Pansophie. Ein Versuch zur Geschichte der weißen und schwarzen Magie, Stuttgart 1936, ²1956, unveränderter Nachdr. als ³1976 (Pansophie Erster Teil); G. M. Ross, Rosicrucianism and the English Connection. On »The Rosicrucian Enlightenment« by Frances Yates, Stud. Leibn. 5 (1973), 239–245; H. Schick, Das ältere R.tum. Ein Beitrag zur Entstehungsgeschichte der Freimaurerei, Berlin 1942 (repr. Berlin o.J. [1982]); J. Schultze, Die R. und Friedrich Wilhelm II., Mitteilungen d. Vereins f. d. Gesch. Berlins 46 (1929), 41–51, ferner in: ders., Forschungen zur brandenburgischen und preussischen Geschichte, Berlin 1964, 241–265; J. S. Semler, Unparteiische Sammlungen zur Historie der R., I–IV, Leipzig 1786–1788; K. Wahlstedt, Die Bruderschaft des Rosenkreutz und die Übergangszeit bis 1717, Hamburg 1907; R. White (ed.), The Rosicrucian Enlightenment Revisited, Hudson N. Y. 1999; T. Willard, Rosicrucian Sign Lore and the Origin of Language, in: J. Gessinger/W. v. Rahden (eds.), Theorien vom Ursprung der Sprache I, Berlin/New York 1989, 131–157; H. Wilms, Die religionsphilosophischen Grundlagen der Glaubensgemeinschaft der R. und ihr verfassungsrechtlicher Schutz, Stuttgart/Berlin/Köln 2000, 2001; F. A. Yates. The Rosicrucian Enlightenment, London/Boston Mass. 1972, London/New York 2002 (dt. Die Aufklärung im Zeichen des Rosenkreuzes, Stuttgart 1975, ²1997).   C. T.

Rosser, John Barkley, *Jacksonville Fla. 6. Dez. 1907, †Madison Wis. 5. Sept. 1989, amerik. Mathematiker und Logiker. Nach B. A. 1929 und M. A. 1931 an der University of Florida Promotion 1934 an der Princeton University, dann Lehre an verschiedenen Universitäten und Forschungsinstituten für angewandte Mathematik, 1963 Prof. an der University of Wisconsin at Madison und Direktor am U. S. Army Mathematics Research Center ebendort. Hier Arbeiten unter anderem zur Raketenballistik, in der reinen Mathematik unter anderem zur Abschätzung der unteren Grenze für eine Lösung des Fermatschen Problems (↑Fermat, Pierre de). – In der Mathematischen Logik (↑Logik, mathematische) arbeitete R. vor allem zur Kombinatorischen Logik (1935 Gleichwertigkeit von kombinatorischer Definierbarkeit und

λ-Definierbarkeit, ›Church-R. Theorem‹, Widerspruchsfreiheit des λ-Kalküls; ↑Lambda-Kalkül, ↑Logik, kombinatorische), zur mehrwertigen Logik (↑Logik, mehrwertige) und zur Metamathematik. So verschärfte R. den Gödelschen ↑Unentscheidbarkeitssatz (nach dem jeder ω-widerspruchsfreie [↑ω-vollständig/ω-Vollständigkeit] ↑Vollformalismus, dessen Ausdrucksmittel die Formulierung der elementaren Arithmetik erlauben, unentscheidbar ist) zum R.schen Unentscheidbarkeitssatz, indem er die Voraussetzung der ω-Widerspruchsfreiheit zur einfachen Widerspruchsfreiheit abschwächte; ferner entwickelte er Techniken für Unabhängigkeitsbeweise in der axiomatischen Mengenlehre (↑Mengenlehre, axiomatische).

Werke: (mit S. C. Kleene) The Inconsistency of Certain Formal Logics, Ann. Math. 36 (1935), 630–636; A Mathematical Logic Without Variables I, Ann. Math. 36 (1935), 127–150; A Mathematical Logic Without Variables II, Duke Math. J. 1 (1935), 328–355; Constructibility as a Criterion for Existence, J. Symb. Log. 1 (1936), 36–39; Extensions of Some Theorems of Gödel and Church, J. Symb. Log. 1 (1936), 87–91, Neudr. in: M. Davis (ed.), The Undecidable. Basic Papers on Undecidable Propositions, Unsolvable Problems and Computable Functions, Hewlett N. Y. 1965 (repr. Mineola N. Y. 2004), 231–235; (mit A. Church) Some Properties of Conversion, Transact. Amer. Math. Soc. 39 (1936), 472–482; Gödel Theorems for Non-Constructive Logics, J. Symb. Log. 2 (1937), 129–137; On the Consistency of Quine's »New Foundations for Mathematical Logic«, J. Symb. Log. 4 (1939), 15–24; An Informal Exposition of Proofs of Gödel's Theorems and Church's Theorem, J. Symb. Log. 4 (1939), 53–60, Neudr. in: M. Davis (ed.), The Undecidable [s. o.], 223–230; The Burali-Forti Paradox, J. Symb. Log. 7 (1942), 1–17; New Sets of Postulates for Combinatory Logics, J. Symb. Log. 7 (1942), 18–27; (mit A. R. Turquette) Axiom Schemes for m-Valued Propositional Calculi, J. Symb. Log. 10 (1945), 61–82; (mit R. R. Newton und G. L. Gross) Mathematical Theory of Rocket Flight, New York/London 1947; Theory and Application of $\int_0^z e^{-x^2} dx$ and $\int_0^z e^{-p^2 y^2} dy$ $\int_0^y e^{-x^2} dx$. Part I. Methods of Computation, Brooklyn N. Y. 1948; (mit A. R. Turquette) Axiom Schemes for m-Valued Functional Calculi of First Order, I–II (I Definition of Axiom Schemes and Proof of Plausibility, II Deductive Completeness), J. Symb. Log. 13 (1948), 177–192, 16 (1951), 22–34; (mit A. R. Turquette) A Note on the Deductive Completeness of m-Valued Propositional Calculi, J. Symb. Log. 14 (1949/1950), 219–225; (mit H. Wang) Non-Standard Models for Formal Logics, J. Symb. Log. 15 (1950), 113–129; (mit A. R. Turquette) Many-Valued Logics, Amsterdam 1952, 1958 (repr. Westport Conn. 1977); Logic for Mathematicians, New York/Toronto/London 1953; Deux esquisses de logique, Paris, Louvain 1955; The Relative Strength of Zermelo's Set Theory and Quine's New Foundations, in: J. C. H. Gerretsen/J. de Groot (eds.), Proceedings of the International Congress of Mathematicians 1954 III, Groningen/Amsterdam 1956 (repr. Nendeln 1967), 289–294; Simplified Independence Proofs. Boolean Valued Models of Set Theory, New York/London 1969, 1970; Solving Differential Equations on a Hand Held Programmable Calculator, Madison Wis. 1978; (mit C. de Boor) Pocket Calculator Supplement for Calculus, Reading Mass./London 1979.

Literatur: C. v. Bülow, Beweisbarkeitslogik. Gödel, R., Solovay, Berlin 2006; H. B. Curry/R. Feys/W. Craig, Combinatory Logic, Amsterdam 1958, 1968, 108–150 (Chap. 4 The Church-R. Theorem); W. Stegmüller, Unvollständigkeit und Unentscheidbarkeit. Die metamathematischen Resultate von Gödel, Church, Kleene, R. und ihre erkenntnistheoretische Bedeutung, Wien 1959, Wien/New York ³1973. C. T.

Rosssche Paradoxie (engl. Ross' paradox, Ross's paradox, franz. paradoxe de Ross), von A. Ross als ↑paradox angeführtes Theorem der Standardkalküle der deontischen Logik (↑Logik, deontische), wie sie vor allem von G. H. v. Wright entwickelt wurden. Die R. P. ergibt sich in jedem ↑Kalkül, in dem – mit ›O‹ als Gebotenheitsoperator –

(1) $(p \rightarrow q) \rightarrow (Op \rightarrow Oq)$

oder

(2) $(Op \vee Oq) \rightarrow O(p \vee q)$

gilt, da damit für beliebige p und q beweisbar wird:

(3) $Op \rightarrow O(p \vee q)$.

Ross führt für den paradoxen Charakter von (3) folgendes normalsprachlich formuliertes Beispiel an: Wenn es A geboten ist, den Brief zur Post zu bringen, dann ist es A geboten, den Brief zur Post zu bringen oder zu verbrennen. Der Eindruck des Paradoxen entsteht aus der Neigung, in Orientierung an der alltagssprachlichen (↑Alltagssprache) Intuition $O(p \vee q)$ als ein Gebot zu verstehen, das auch durch Ausführung der in q beschriebenen Handlung (den Brief zu verbrennen) erfüllt wird. Dieser Eindruck löst sich jedoch auf, wenn die ↑Operatoren semantisch präzise aufgefaßt werden: Hauptoperator in (3) ist der ↑Subjunktor: $O(p \vee q)$, *wenn* Op. Also soll, wer den Brief absenden und damit ihn absenden oder verbrennen soll, diesen auch absenden. Das heißt: Die bedingte Norm (3) befolgt nur, wer gegebenenfalls Op befolgt. Gilt gar, wie im Beispielfall, $q \rightarrow \neg p$, dann folgt, wenn p geboten ist, mit klassischer ↑Kontraposition und (1):

(4) $O(p \vee q) \wedge O(\neg q)$.

Anders als es die gemeinsprachlichen Paraphrasierungen nahelegen, folgt in den Standardkalkülen entsprechend aus (3) auch nicht die Erlaubnis, den Brief zu verbrennen (oder die irgendeiner anderen Handlung, die durch die Handlungsbeschreibung q beschrieben wird). Da insgesamt die problematische Deutung nicht-atomarer Formeln im Argumentbereich deontischer Operatoren immer wieder zu paradox erscheinenden Konsequenzen geführt hat, haben verschiedene Theoretiker im Rückgriff auf für die alethische ↑Modallogik bereits ausgearbeitete modelltheoretische Semantiken (↑Modelltheorie, ↑Interpretationssemantik, ↑Kripke-Semantik) eine Interpretation solcher Formeln im Sinne der Wahrheit bzw. Falschheit ihrer Teilformeln in möglichen Welten (↑Mögliche-Welten-Semantik) vorgeschlagen. Im Rahmen solcher – allerdings mit realistischen Unterstellungen belasteten (↑Realismus, semantischer) – Semantiken wird der Eindruck des Paradoxen von (3) aufgehoben; die R. P. erhält dann die Interpretation: »Wenn p wahr ist in einer deontisch perfekten Welt, dann auch $p \vee q$.«

Literatur: L. Åqvist, Deontic Logic, in: D. Gabbay/F. Guenthner (eds.), Handbook of Philosophical Logic II (Extensions of Classical Logic), Dordrecht/Boston Mass./Lancaster 1984 (Synthese Library 165), 605–714, VIII Dordrecht/Boston Mass./London ²2002, 147–264; H.-N. Castañeda, The Paradoxes of Deontic Logic. The Simplest Solution to All of Them in One Fell Swoop, in: R. Hilpinen (ed.), New Studies in Deontic Logic. Norms, Actions and the Foundations of Ethics, Dordrecht/Boston Mass./London 1981 (Synthese Library 152), 37–85; D. Føllesdal/R. Hilpinen, Deontic Logic. An Introduction, in: R. Hilpinen (ed.), Deontic Logic. Introductory and Systematic Readings, Dordrecht 1971, Dordrecht/Boston Mass./London 1981 (Synthese Library XXXIII), 1–35; A. al-Hibri, Deontic Logic. A Comprehensive Appraisal and a New Proposal, Washington D. C. 1978; G. Kamp, Logik und Deontik. Über die sprachlichen Instrumente praktischer Vernunft, Paderborn 2001, bes. 218–281 (Kap. 5 Rechtfertigkeitsdefizite der deontischen Logik); A. Ross, Imperatives and Logic, Theoria 7 (1941), 53–71, Neudr. in: Philos. Sci. 11 (1944), 30–46. C. F. G.

Rothacker, Erich, *Pforzheim 12. März 1888, †Bonn 11. Aug. 1965, dt. Philosoph und Kulturhistoriker. 1909–1910 Studium der Philosophie in Kiel, 1910–1911 in München (bei M. Scheler), 1911/1912 in Tübingen (bei E. Adickes und H. Maier), 1912 Promotion ebendort, 1913–1914 in Berlin (bei C. Stumpf und B. Erdmann). 1920 Habilitation in Heidelberg, 1924 a. o. Prof. in Heidelberg, 1928 o. Prof. in Bonn. – R.s zentrale Arbeitsgebiete sind die Theorie der ↑Geisteswissenschaften, Kulturtheorie (↑Kulturphilosophie), ↑Anthropologie und ↑Ideengeschichte. Seine materialreichen, an die Untersuchungen W. Diltheys anknüpfenden Studien über die Geisteswissenschaften enthalten begriffsgeschichtliche Analysen, beschreiben den philosophischen Kontext der Entstehung der Geisteswissenschaften und stellen geisteswissenschaftliche Methoden (Verstehens-, Entwicklungs- und Organismusbegriff) dar. Im Gegensatz zu Bemühungen um eine systematische Begründung geisteswissenschaftlicher Methoden (Dilthey, H. Rickert) erscheint bei R. der Nachvollzug faktischer Entwicklungen als Hauptaufgabe der Geisteswissenschaften. Diese sind nicht durch Erkenntnistheorie und Logik begründet, sondern folgen einer ›Logik des Willens‹ (Logik und Systematik der Geisteswissenschaften, 1927, 163). Im Zentrum der Geschichtsphilosophie von 1934 steht die Konzeption der ↑Kultur als Lebensstil; ihren Abschluß bilden Überlegungen zu den Begriffen des Volksgeistes und der Rasse einschließlich eugenischer Überlegungen zur »Formung und Zucht des [...] Menschenmaterials« (Geschichtsphilosophie, 1934, 148). R. rühmt die »Instinktsicherheit des großen Staatsmanns Adolf Hitler«, der der »*Idee der Volksgemeinschaft* die *erste* Stelle in der Reihenfolge der politischen Werte anweist« (Geschichtsphilosophie, 1934, 146). R.s Geschichtsphilosophie verhält sich explizit affirmativ zum Nationalsozialismus: »Inzwischen hat der Sieg der nationalen Revolution mit der Aufrichtung des dritten Reiches zugleich ein neues Bild des Menschen aufgerichtet. Die Vollendung und Verwirklichung dieses Bildes ist die weltgeschichtliche Aufgabe des deutschen Volkes« (a.a.O., 145). Außer durch seine systematischen und historischen Studien ist R. durch seine umfangreiche Herausgebertätigkeit (Deutsche Vierteljahrsschrift für Literaturwissenschaft und Geistesgeschichte [1923–1955], Archiv für Begriffsgeschichte [1955–1966]) und sein Wirken als Hochschullehrer (Betreuer der Dissertationen von K.-O. Apel, J. Habermas u.a.) bekannt geworden.

Werke: Über die Möglichkeit und den Ertrag einer genetischen Geschichtsschreibung im Sinne Karl Lamprechts, Leipzig 1912; Einleitung in die Geisteswissenschaften, Tübingen 1920, ²1930 (repr. Darmstadt 1972); Logik und Systematik der Geisteswissenschaften, München/Berlin 1927 (repr. München, Darmstadt 1965, Darmstadt 1970), Bonn 1948; Geschichtsphilosophie, München/Berlin 1934 (repr. [gekürzt] München/Wien, Darmstadt 1971); Die Schichten der Persönlichkeit, Leipzig 1938, Bonn ⁹1988; L'idea di una scienza nuova dell'uomo, Leipzig 1938; Aus der Geschichte der Rheinischen Friedrich-Wilhelms-Universität zu Bonn, Bonn 1941; Probleme der Kulturanthropologie, in: N. Hartmann (ed.), Systematische Philosophie, Stuttgart 1942, 55–198 (repr. Bonn 1948, ³2008); Wissenschaftsgeschichte und Universitätsgeschichte. Festvortrag der Bonner Kunst- und Wissenschaftswoche, Bonn 1943; Vom Sinn der Wissenschaft, Köln 1943; Die Kriegswichtigkeit der Philosophie, Bonn 1944; Mensch und Geschichte. Alte und neue Vorträge und Aufsätze, Berlin 1944, gekürzt unter dem Titel: Mensch und Studien zur Anthropologie und Wissenschaftsgeschichte, Bonn ²1950; Schelers Durchbruch in die Wirklichkeit, Bonn 1949; Die dogmatische Denkform in den Geisteswissenschaften und das Problem des Historismus, Mainz, Wiesbaden 1954; Heitere Erinnerungen, Frankfurt/Bonn 1963, Bonn ²2008; (mit J. Thyssen) Intuition und Begriff. Ein Gespräch zwischen E. R. und Johannes Thyssen, Bonn 1963; Philosophische Anthropologie, Bonn 1964, ⁵1982; Zur Genealogie des menschlichen Bewußtseins, ed. W. Perpeet, Bonn 1966; Gedanken über Martin Heidegger, Bonn 1973; Das ›Buch der Natur‹. Materialien und Grundsätzliches zur Metapherngeschichte, ed. W. Perpeet, Bonn 1979.

Literatur: F. Berger, E. R.. Geschichtsphilosophie, Z. Psychologie 133 (1934), 381–382; H. Blumenberg, Nachruf auf E. R., Jb. Akad. Wiss. Literatur Mainz 1966, 70–76; V. Böhnigk, Kulturanthropologie als Rassenlehre. Nationalsozialistische Kulturphilosophie aus der Sicht des Philosophen E. R., Würzburg 2002; ders., Die nationalsozialistische Kulturphilosophie E. R.s, in: H. J. Sandkühler (ed.), Philosophie im Nationalsozialismus, Hamburg 2009, 191–218; A. Bucher, Anthropologie in Metaphysik-Distanz. E. R.s Anthropologie als empirische Philosophie zur 10. Wiederkehr seines Todestages im August d. J., Z. philos. Forsch. 29 (1975), 349–360; G. Funke (ed.), Konkrete Vernunft. Festschrift für E. R.,

Bonn 1958; M. Günter, Krieg im Lichte faschistischer Philosophie, Widerspruch. Münchner Z. Philos. 7 (1987), 101–104; G. Ipsen, E. R.. Einleitung in die Geisteswissenschaften, Bl. dt. Philos. 5 (1931/1932), 152–153; G. Martin/H. Thomae/W. Perpeet, In memoriam Prof. E. R., Bonn 1967; H.-W. Nau, Die systematische Struktur von E. R.s Kulturbegriff, Bonn 1968; W. Perpeet, E. R.. Philosophie des Geistes aus dem Geist der Deutschen Historischen Schule, Bonn 1968 (mit Bibliographie, 98–120); ders. R., NDB XXI (2003), 117–118; O. Pöggeler, R.s Begriff der Geisteswissenschaften, in: H. Lützeler (ed.), Kulturwissenschaften. Festgabe für Wilhelm Perpeet zum 65. Geburtstag, Bonn 1980, 306–353, ferner in: O. Pöggeler, Schritte zu einer hermeneutischen Philosophie, Freiburg/München 1994, 438–478; H. Springmeyer, E. R.. Geschichtsphilosophie, Bl. dt. Philos. 8 (1934/1935), 172–177; R. Stöwer, E. R.. Sein Leben und seine Wissenschaft vom Menschen, Göttingen 2012; W. Teune, Geschichtsphilosophie zwischen Sozialdarwinismus und Führerkult, Widerspruch. Münchner Z. Philos. 7 (1987), 95–97; T. Weber, Arbeit am Imaginären des Deutschen. E. R.s Ideen für eine NS-Kulturpolitik, in: W. F. Haug (ed.), Deutsche Philosophen 1933, Hamburg 1989, 125–158; R. Welter, Der Begriff der Lebenswelt. Theorien vortheoretischer Erfahrungswelt, München 1986, 148–158 (Kap. III. C Die ›Umwelt‹ als ›Lebenswelt‹. E. R.).   D. T.

Rousseau, Jean-Jacques, *Genf 28. Juni 1712, †Ermenonville (bei Paris) 2. Juli 1778, schweiz.-franz. Staatsphilosoph, Geschichtsphilosoph und Erziehungstheoretiker. Nach unglücklicher Kindheit als Halbwaise und ohne systematische Ausbildung führte R. ein unstetes Leben, zunächst an der Seite der um einiges älteren L. de Warens, die ihm zugleich Mutter, Geliebte und Universität war. Nach mehreren jeweils kurzzeitigen und erfolglosen Anstellungen als Haus- und Musiklehrer Entwicklung einer auf Zahlen basierenden Notenschrift und Komposition eines Singspiels. 1743–1744 Sekretär an der französischen Botschaft in Venedig. Nach Rückkehr nach Paris eheähnliches Verhältnis mit dem Dienstmädchen T. Levasseur, das 1768 legalisiert wurde; alle fünf Kinder aus dieser Beziehung brachte R. ins Findelhaus. 1744–1750 enge Kontakte zum Kreis der ↑Enzyklopädisten. Nach 1750 galt R. als skurrile Berühmtheit: ein anti-intellektuell auftretender Philosoph, der mit einer Analphabetin zusammenlebt. R. wurde zunehmend mißtrauischer und steigerte sich schließlich in einen Verfolgungswahn hinein, der durch die tatsächliche Verfolgung nach dem Verbot des »Émile« 1762 weitere Nahrung erhielt. R.s paranoides Verhalten führte zum Bruch mit den Enzyklopädisten. 1766–1767 auf Einladung von D. Hume Aufenthalt in England, der ebenfalls in einem tiefen Zerwürfnis endete. Ab 1770 lebte R. wieder in Paris und litt unter zunehmendem Persönlichkeitsverfall.

R.s Werk war vor allem für die politische Philosophie (↑Philosophie, politische), die ↑Geschichtsphilosophie und die Pädagogik von wesentlicher und teilweise prägender Bedeutung. Dabei vertrat R. in nahezu allen Fragen eine von der herrschenden Auffassung abweichende Meinung. Charakteristisch ist zunächst die tief-greifende Kulturkritik R.s, die durch die Abwendung vom Fortschrittsoptimismus der ↑Aufklärung gekenn-zeichnet ist. Im »Ersten Discours« (Discours sur cette question [...]: Si le rétablissement des sciences et des arts a contribué à épurer les mœurs? [1750], London 1751) gibt R. eine verneinende Antwort auf die Preisfrage der Akademie von Dijon, ob die Wiederherstellung von Kunst und Wissenschaft zu einer Läuterung der Sitten beigetragen habe. Stattdessen ist die Verfeinerung der Künste und der Fortschritt der Wissenschaften Symptom eines tiefgreifenden gesellschaftlichen Verfalls. Im »Zweiten Discours« (Discours sur l'origine et les fonde-mens de l'inégalité parmi les hommes, Amsterdam 1755) entwirft R. eine hypothetische Geschichte der Mensch-heitsentwicklung, die zur Begründung der Behauptung herangezogen wird, daß der Zustand der entwickelten Gesellschaft im Gegensatz zur Natur des Menschen stehe. Diese Konstruktion greift an einer Vorstellung des ↑Naturzustands an, in dem der Mensch isoliert lebt und nur von der Sorge um seine gegenwärtige Erhaltung be-stimmt ist. Charakteristikum des Menschen ist dabei nicht die Vernunft, sondern die fehlende Bindung durch Instinkte; der Mensch fühlt das Drängen der Natur, be-sitzt aber die Freiheit, diesem zu widerstehen. Damit schreibt R. dem Menschen die Verantwortung für sein Schicksal zu. Im Naturzustand ist der Mensch gut (bonté naturelle), und es besteht eine vormoralische und vor-rationale Einheit zwischen ihm und der Natur. Diese zer-bricht schließlich an der Ausbildung von Arbeitsteilung und Grundeigentum. Die Verschiedenheit der Menschen hat unter diesen Umständen die ungleiche Verteilung von Besitz, Macht und Ansehen zur Folge, wodurch ein Konkurrenzkampf aller gegen alle entbrennt, der seiner-seits in einen Zustand gesellschaftlichen Verfalls und individuellen Unglücks mündet. Insgesamt gelten R. Wissenschaft, Kunst und Sitten als von Künstlichkeit und übertriebener Verfeinerung erdrückt; ihnen wird in polemischem Pathos die Schlichtheit von Tugend und Wahrheit gegenübergestellt. – R. bietet zwei grundsätz-lich verschiedene und miteinander unverträgliche Op-tionen an, um diesem Zustand der zivilisatorischen De-kadenz zu entgehen. Im »Gesellschaftsvertrag« (Du con-trat social ou principes du droit politique, Amsterdam 1762) entwickelt er die Grundzüge eines utopisch-idea-len Staatswesens, im »Émile« (Émile ou de l'éducation, Amsterdam 1762) wird die Option privaten Glücks in einer verfallenden Gesellschaft ausgearbeitet.

In Anknüpfung an das antike Ideal der Polis, das R. in Sparta und den Frühstadien Roms verwirklicht sieht, erblickt R. den Kern eines guten Staatswesens in der Selbstgenügsamkeit seiner Bürger und deren Verpflich-tung auf das ↑Gemeinwohl. Ein solcher ↑Staat ist keine Ansammlung von Einzelpersonen, die ihren privaten

Interessen nachgehen, sondern eine sittlich-religiöse Lebensgemeinschaft. Der Staatsbürger erhält seine Iden-tität als Teil des gesellschaftlichen Ganzen; er geht in der Gemeinschaft auf. Im Gegensatz zu liberalen Staatstheo-rien drückt sich ↑Freiheit nicht in der Absicherung indi-vidueller Handlungsspielräume gegen den staatlichen Zugriff aus, sondern in der Teilhabe an der gemein-schaftlichen Willensbildung. Diese Teilhabe kann nicht delegiert werden, so daß alle politischen Entscheidun-gen unmittelbar von den Bürgern zu treffen sind. R. lehnt entsprechend eine repräsentative Demokratie zu-gunsten einer direkten Demokratie ab. Der tendenziell totalitäre Grundzug des R.schen Staatsmodells, das keine Beschränkung staatlicher Eingriffsrechte, jedoch einen ›Zwang zur Freiheit‹ kennt, wird durch die Forde-rung der weitgehenden Gleichheit der Lebensumstände (wie Besitz und Bildungsstand) abgemildert. Durch die sich daraus ergebende Gleichheit der Interessen entsteht nämlich ein ›Gemeinwille‹ (↑volonté générale), der sich – anders als die bloße Summierung möglicherweise ant-agonistischer Privatinteressen (volonté de tous) – nicht gegen besondere gesellschaftliche Gruppen richten kann. Da die Zuständigkeit des Gemeinwillens auf all-gemeine Regelungen beschränkt ist, würden sich Maß-nahmen gegen solche Gruppen – aufgrund der voraus-gesetzten Gleichheit der Lebensumstände – tatsächlich gegen alle Bürger richten und unterbleiben daher – auf-grund der vorausgesetzten direkten Demokratie.

Bei andersartigen staatlichen Einrichtungen bleibt dem Menschen hingegen nur die Option der Ausbildung der Individualität und des privaten Glücks. In seiner Erzie-hungsutopie »Émile« arbeitet R. das Programm der um-fassenden Entwicklung der persönlichen Fähigkeiten aus; auf diese Weise kann der Einzelne auch unter wid-rigen gesellschaftlichen Umständen ein gutes Leben (↑Leben, gutes) führen. Entsprechend R.s anthropologi-scher Grundthese, daß der Mensch von Natur aus gut sei und nur durch die Menschen (also durch die Gesell-schaft) verdorben werden könne, kann es nicht das Ziel der Erziehung sein, das Kind an die gesellschaftlichen Verhältnisse heranzuführen und an diese anzupassen. Stattdessen gilt es, einen geschützten Freiraum für die Entwicklung des Kindes zu schaffen, in dem dieses seine Anlagen frei entfalten kann. Diese Zielvorstellung des in sich ruhenden und in seinen Kräften voll entwickelten natürlichen Menschen (›homme de nature‹) läuft nicht auf den Versuch einer Rückgewinnung des vorzivilisato-rischen Naturzustands hinaus. Im einzelnen betont R. die qualitativen Unterschiede zwischen den aufein-anderfolgenden Entwicklungsstadien von Kindern und Jugendlichen; die Erziehungsziele und Erziehungs-methoden haben sich an diese Unterschiede anzupassen. Damit verbunden ist die Behauptung, daß alle diese Ent-wicklungsstadien als gleichwertig gelten müssen: jedes

Lebensalter hat seine eigene ↑Vollkommenheit. R. ist der erste Erziehungsphilosoph, der das Eigenrecht der Kindheit betont und die Kindheit nicht als bloße fehlerhafte Vorstufe des Erwachsenenalters einstuft. Weiterhin kennzeichnend für R.s Erziehungstheorie ist der versachlichte Erziehungsstil, in dem nicht das Wort und der Wille des Erziehers maßgeblich sind, sondern die Auseinandersetzung mit Dingen, exemplarischen Situationen und natürlichen Handlungsfolgen.

R.s Werk weist eine Reihe tiefgreifender Gegensätze auf. Dies zeigt sich nicht zuletzt daran, daß er die inkompatiblen Entwürfe des »Gesellschaftsvertrags« – des ›citoyen‹ – und des »Émile« – des ›homme de nature‹ – in direkter zeitlicher Nachbarschaft verfaßte. Diese Gegensätzlichkeit zeigt sich z. B. in der Behandlung der ↑Religion. Während der Religion im »Gesellschaftsvertrag« eine die staatliche Identität stiftende Funktion zugeschrieben und entsprechend eine für das jeweilige Staatswesen spezifische Religion gefordert wird (was die Ablehnung des Christentums wegen seines staatsübergreifenden Geltungsanspruchs zur Folge hat), wird Émile gerade umgekehrt auf die ethisch relevanten Gemeinsamkeiten aller Religionen verpflichtet und das Christentum (als der ›Glaube der Väter‹) – obgleich in seinen besonderen Annahmen sachlich nicht zu verteidigen – mit dem Argument gerechtfertigt, in Fragen, in denen die Vernunft schweige, sei die Tradition heranzuziehen. Insgesamt stellte sich R. sowohl in Gegensatz zu den seinerzeit dominanten Ausprägungen der Aufklärung als auch zu den damaligen traditionellen Orientierungen. Von diesen grenzte er sich durch die Betonung der individuellen Urteilskraft und die Forderung nach politisch-rechtlicher Gleichstellung der Menschen ab sowie durch die Behauptung, alles ↑Übel in der Welt gehe auf den Menschen zurück und sei entsprechend auch durch den Menschen zu beseitigen. Die sich darin ausdrückende Zurückweisung der Vorstellung, das Übel sei dem Menschen von Gott als Prüfung auferlegt und insofern von heilsgeschichtlicher Bedeutsamkeit, führte zum Verbot des »Émile« und zu seiner Verdammung durch den Erzbischof von Paris. Umgekehrt setzte sich R. durch die Abkehr vom Fortschrittsoptimismus (↑Fortschritt), die Betonung des ↑Gefühls und die Propagierung eines Ideals der Natürlichkeit von der Hauptströmung der Aufklärung ab. Während in der kurzfristigen Rezeption von R.s Werk eher die politische Theorie im Vordergrund stand, dominieren gerade diese Elemente die langfristige Rezeption; sie sind auch für das R.-Bild der Gegenwart bestimmend.

Werke: Collection complète des œuvres de J.-J. R., I–XVII, ed. P. A. Du Peyrou, Genf 1780–1790; Œuvres, I–V, ed. J. A. Amar, Paris 1820 (repr. Genf 1972); Œuvres complètes, I–V, ed. B. Gagnebin/M. Raymond, Paris 1959–1995, I–IV, 2010–2013; Œuvres complètes, I–III, ed. M. Launay, Paris 1967–1971; The Collected Writings, I–XIII, ed. R. D. Masters/C. Kelly, Hanover N. H./London 1990–2010; Œuvres complètes. Édition thématique du tricentenaire, I–XXIV, ed. R. Trousson/F. S. Eigeldinger, Genf, Paris 2012; Œuvres complètes, Paris 2014ff. [erschienen Bde XVIII, XX]. – Discours qui a remporté le prix à l'Académie de Dijon. En l'année 1750. Sur cette question proposée par la même Académie: Si le rétablissement de sciences & des arts a contribué à épurer les mœurs, Genf, London 1751, Genf 1752, unter dem Titel: Discours sur les sciences et les arts, Paris 1996, ferner in: Œuvres complètes. Édition thématique du tricentenaire [s. o.] IV, 393–431 (engl. The Discourse which Carried the Praemium at the Academy of Dijon, in MDCCL. On this Question, Proposed by the Said Academy, whether the Re-Establishment of Arts and Sciences Has Contributed to the Refining of Manners, Dublin, London 1751, 1752, unter dem Titel: Discourse on the Sciences and the Arts (First Discourse), in: The Collected Writings [s. o.] II, 1–22; dt. Abhandlung, welche bey der Akademie zu Dijon im Jahr 1750 den Preis über folgende von der Akademie vorgelegte Frage davon getragen hat: Ob die Wiederherstellung der Wissenschaften und Künste etwas zur Läuterung der Sitten beygetragen hat?, Leipzig 1752, unter dem Titel: Discours sur les sciences et les arts/Abhandlung über die Wissenschaften und die Künste [franz./dt.], ed. B. Durand, Stuttgart 2012); Discours sur l'origine et les fondemens de l'inégalité parmi les hommes, Amsterdam 1755, unter dem Titel: Discours sur l'origine et les fondements de l'inégalité parmi les hommes, ed. J.-L. Lecercle, Paris 1954, ed. J. Starobinski, 1989, 2007, ferner in: Œuvres complètes. Édition thématique du tricentenaire [s. o.] V, 1–221 (dt. Abhandlung von dem Ursprunge der Ungleichheit unter den Menschen, und worauf sie gründet, Berlin 1756, unter dem Titel: Über den Ursprung und die Grundlagen der Ungleichheit unter den Menschen, ed. P. Goldammer, Berlin 1955, unter dem Titel: Diskurs über die Ungleichheit/Discours sur l'inégalité [dt./franz.], ed. H. Meier, Paderborn etc. 1984, ⁶2016, unter dem Titel: Abhandlung über den Ursprung und die Grundlagen der Ungleichheit unter den Menschen, ed. P. Rippel, Stuttgart 1998, 2012; engl. A Discourse upon the Origin and Foundation of the Inequalitiy among Mankind, London 1761 [repr. New York 1971], unter dem Titel: Discourse on the Origin and Foundations of Inequality among Men (Second Discourse), in: The Collected Writings [s. o.] III, 1–95, ed. P. Coleman, Oxford/New York 1994); Économie ou œconomie (morale & politique), in: M. Diderot/M. d'Alembert (eds.), Encyclopédie, ou dictionnaire raisonné des sciences des arts et des métiers, Paris 1755, 337–349, unter dem Titel: Discours sur l'économie politique, ed. B. Bernardi, Paris 2002, ferner in: Œuvres complètes. Édition thématique du tricentenaire [s. o.] V, 287–349 (engl. A Dissertation on Political Economy, in: ders., Miscellaneous Works II, London 1767, 1–58, unter dem Titel: A Discourse on Political Economy, in: The Collected Writings [s. o.] III, 140–170; dt. Abhandlung über die politische Oekonomie, Berlin 1792, unter dem Titel: Politische Ökonomie [dt./franz.], ed. H.-P. Schneider/B. Schneider-Pachaly, Frankfurt 1977); Lettres de deux amans, habitans d'une petite ville au pied des Alpes, I–VI, Amsterdam 1761, unter dem Titel: Julie, ou La Nouvelle Héloïse. Lettres de deux amans, habitans d'une petite ville au pied des Alpes, I–VI, Amsterdam 1761, unter dem Titel: Julie, ou La Nouvelle Héloïse, ed. R. Pomeau, Paris 1960, 2012, ed. M. Launay, 1967, 2012, in zwei Bdn., ed. H. Coulet, Paris 1993, 2004–2008, in einem Bd., ed. J. M. Goulemot, 2002, 2012, in zwei Bdn. als: Œuvres complètes. Édition thématique du tricentenaire [s. o.] XIV–XV (dt. Julie oder die neue Héloïse. Briefe zweyer Liebenden aus einer kleine Stadt am Fusse der Alpen, I–VI, Leipzig 1761, ed. D. Leube, München

1978, Düsseldorf [3]2003, Augsburg 2005; engl. Eloisa or a Series of Original Letters, I–IV, London, Dublin 1761, unter dem Titel: Julie, or, The New Heloise, als: The Collected Writings [s. o.] VI); Du contrat social ou Principes du droit politique, Amsterdam 1762, ed. P. Burgelin, Paris 1966, ed. J.-M. Fataud/M.-C. Bartholy, Paris 1985, ferner in: Œuvres complètes. Édition thématique du tricentenaire [s. o.] V, 457–619 (dt. Der gesellschaftliche Vertrag oder Die Grundregeln des allgemeinen Staatsrechts, Marburg 1763, unter dem Titel: Vom Gesellschaftsvertrag oder Grundsätze des Staatsrechts/[…] [dt./franz.], ed. H. Brockard/E. Pietzker, Stuttgart 1977, rev. 2013, unter dem Titel: Der Gesellschaftsvertrag oder Die Grundsätze des Staatsrechts, Hamburg 2016; engl. A Treatise on the Social Compact. Or the Principles of Political Law, London 1764, unter dem Titel: On the Social Contract, or Principles of Political Right, in: The Collected Writings [s. o.] IV, 127–224); Émile ou de l'éducation, I–IV, La Haye, Paris, Amsterdam 1762, in einem Bd., ed. F. Richard/P. Richard, Paris 1951, 1999, ed. M. Launay, 1966, 2006, ed. C. Wirz, 1969, 2008, ed. A. Charrak, 2009, ferner in: Œuvres complètes. Édition thématique du tricentenaire [s. o.] VII, 271–666 (mit »Émile (Manuscrit Favre)«, 65–270), VIII, 667–1015 (dt. Aemil oder von der Erziehung, I–IV, Berlin/Frankfurt/Leipzig 1762, in zwei Bdn. unter dem Titel: Emil oder Über die Erziehung, ed. J. Esterhues, Paderborn 1958, [3]1963, in einem Bd. unter dem Titel: Emile oder Über die Erziehung, ed. M. Rang, Stuttgart 1963, 2014, ed. L. Schmidts, 1971, [13]1998, 2009, ed. K.-M. Guth, Berlin 2015; engl. Emilius, or, An Essay on Education, I–II, London 1762, unter dem Titel: Emile, or: On Education, ed. A. Bloom, New York 1979, 1991, ferner als: The Collected Writings [s. o.] XIII); Dictionnaire de musique, Paris 1768 [1767] (repr. Hildesheim, New York 1969, Genf 1998, Arles 2007), mit Untertitel: Une édition critique, ed. C. Dauphin, Bern etc. 2008, ferner als: Œuvres complètes. Édition thématique du tricentenaire [s. o.] XIII (engl. A Dictionary of Music, London 1775, unter dem Titel: The Complete Dictionary of Music, [2]1779); R. juge de Jean-Jacques. Dialogue [nur Premier dialogue], Lichfield, London 1780, mit Untertitel: Dialogues, I–II [vollständig], London 1782, mit Einl. v. M. Foucault, Paris 1962, ed. É. Leborgne, Paris 1999, ed. P. Stewart, 2011, ferner in: Œuvres complètes. Édition thématique du tricentenaire [s. o.] III, 45–430, ed. J.-F. Perrin, 2016 (= Œuvres complètes XVIII) (engl. R., Judge of Jean-Jacques: Dialogues, ferner als: The Collected Writings [s. o.] I); Essai sur l'origine des langues, Ou il est parlé de la mélodie & de l'imitation musicale, in: Œuvres posthumes de J. J. R. […] III, ed. P. A. Du Peyrou, Genf 1781, 211–327, ed. C. Porset, Bordeaux 1968, 1992, ed. J. Starobinski, Paris 1990, 2002, ferner in: Œuvres complètes. Édition thématique du tricentenaire [s. o.] XII, 369–533 (engl. Essay on the Origin of Languages, in: J.-J. R., On the Origin of Languages/J. G. Herder, On the Origin of Language, trans. J. H. Moran/A. Gode, New York 1966, Chicago Ill./London 1986, 1–83, mit Untertitel: In Which Melody and Musical Imitation Are Treated, in: The Collected Writings [s. o.] VII, 289–332; dt. Essay über den Ursprung der Sprachen, worin auch über Melodie und musikalische Nachahmung gesprochen wird, in: Musik und Sprache [s. u.], 99–168); Les confessions, Livre I–XII, in: Œuvres posthumes de J. J. R. […], VIII–IX, ed. P. A. Du Peyrou, Genf 1782, VIII, 45–391, IX, 6–210, fortgesetzt als: Second supplément a la collection des Œuvres de J. J. R., I–II, Genf 1789, separat als: Les confessions, I–II (in 4 Bdn.), Genf 1782–1789, in einem Bd., ed. J. Voisine, Paris 1964, 2011, in zwei Bdn., ed. B. Gagnebin, Paris 1972, 1995, ed. R. Trousson, Paris 1995, 2010, ferner in: Œuvres complètes. Édition thématique du tricentenaire [s. o.] I, II, 539–895 (dt. Geständnisse nebst Selbstbetrachtungen des ein-

samen Naturfreundes, I–II, Riga 1782, unter dem Titel: Bekenntnisse, I–II, übers. L. Schücking, Leipzig 1886, in einem Bd., Köln 2014, übers. A. Semerau, Berlin 1920, München 2012, übers. E. Hardt, Leipzig 1925, Frankfurt 2010; engl. The Confessions of J. J. R. with The Reveries of the Solitary Walker, I–II [Buch 1-6], London, Dublin 1783, Edinburgh 1904 [vollständige Ausg.], unter dem Titel: Confessions, ed. J. M. Cohen, London 1953, 2005, ed. P. Coleman, Oxford etc. 2000, 2008, ferner als: The Collected Writings [s. o.] V); Les rêveries du promeneur solitaire, in: Les confessions [s. o.] II, Genf 1782, ed. M. Raymond, 1948, 1967, ed. J. S. Spink, Paris 1948, 1949, ed. H. Roddier, 1960, 1998, ed. P. Malandain, 1991, 2002, ed. É. Leborgne, 1997, 2012, ed. R. Morrissey, Fasano, Paris 2003, ed. F. S. Eigeldinger Paris 2010, ed. A. Grosrichard/F. Jacob, 2014, ferner in: Œuvres complètes. Édition thématique du tricentenaire [s. o.] III, 435–595, ed. A. Grosrichard/J. Berchtold, 2014 (= Œuvres complètes XX) (dt. Selbstgespräche auf einsamen Spaziergängen, Berlin 1782, unter dem Titel: Träumereien eines einsamen Spaziergängers, übers. R. J. Humm, Basel 1943, unter dem Titel: Die Träumereien des einsamen Spaziergängers, übers. D. Leube, Zürich/München 1985, unter dem Titel: Träumereien eines einsamen Spaziergängers, übers. U. Bossier, Stuttgart 2003, 2014, unter dem Titel: Träumereien eines einsam Schweifenden, übers. S. Zweifel, Berlin 2012; engl. The Reveries of the Solitary Walker, in: The Confessions of J. J. R. with The Reveries of the Solitary Walker [s. o.] II, London 1783, 144–296, unter dem Titel: The Reveries of a Solitary, trans. J. G. Fletcher, 1927, unter dem Titel: Reveries of the Solitary Walker, trans. P. France, Harmondsworth etc. 1979, trans. C. E. Butterworth, New York 1979, unter dem Titel: Meditations of a Solitary Walker, trans. P. France, London 1995, ferner in: The Collected Writings [s. o.] VIII, 1–90); Schriften zur Kulturkritik. Über Kunst und Wissenschaft (1750)/Über den Ursprung der Ungleichheit unter den Menschen (1755) [franz./dt.], ed. K. Weigand, Hamburg 1955, erw. [4]1983, rev. [5]1995; Frühe Schriften, ed. W. Schröder, Leipzig 1965, Berlin 1985; Politische Schriften I, ed. L. Schmidts, Paderborn 1977, [2]1995; Schriften, ed. H. Ritter, I–II, München/Wien 1978, Frankfurt 1995; Sozialphilosophische und politische Schriften, übers. E. Koch, München 1981, Düsseldorf 2001; Musik und Sprache. Ausgewählte Schriften, ed. P. Gülke, Wilhelmshaven 1984, [2]2002; The Basic Political Writings, ed. D. A. Cress, Indianapolis Ind./Cambridge 1987, [2]2010, 2012; Kulturkritische und politische Schriften, I–II, Berlin 1989; The »Discourses« and other Early Political Writings, ed. V. Gourevitch, Cambridge etc. 1997, 2008; »The Social Contract« and other Later Political Writings, ed. V. Gourevitch, Cambridge etc. 1997, 2009. – Correspondance complète de J. J. R., I–LII, ed. R. A. Leigh, Genf 1965–1998; Ich sah eine andere Welt. Philosophische Briefe, ed. H. Ritter, München 2012; »Leben Sie wohl für immer«. Die Affäre Hume – R. in Briefen und Zeitdokumenten, ed. S. Schulz, Zürich 2012. – T. Dufour, Recherches bibliographiques sur les œuvres imprimées de J.-J. R.. Suivies de l'inventaire des papiers de R. conservés à la Bibliothèque de Neuchâtel, I–II, Paris 1925 (repr. in einem Bd. New York 1971, Genf 2010); J. Sénelier, Bibliographie générale des œuvres de J.-J. R., Paris 1950; J.-A. E. McEachern, Bibliography of the Writings of J. J. R. to 1800, I–II (I Julie, ou la nouvelle Héloïse, II Emile, ou de l'éducation), Oxford 1989/1993. – Totok V (1986), 463–487.

Literatur: C. Bertram, R. and »The Social Contract«, London/New York 2004; ders., J. J. R., SEP 2010, rev. 2017; H. Blankertz, Die Geschichte der Pädagogik von der Aufklärung bis zur Gegenwart, Wetzlar 1982, [10]2011, 69–79; W. Böhm/F. Grell (eds.), J.-J. R. und die Widersprüche der Gegenwart, Würzburg 1991; R. Bolle,

J.-J. R.. Das Prinzip der Vervollkommnung des Menschen durch Erziehung und die Frage nach dem Zusammenhang von Freiheit, Glück und Identität, Münster/New York 1995, ²2002, unter dem Titel: Das Prinzip der Vervollkommnung des Menschen durch Eduktion […], erw. ³2012; R. Brandt, R.s Philosophie der Gesellschaft, Stuttgart-Bad Cannstatt 1973; E. Cassirer, R., Kant, Goethe. Two Essays, Princeton N. J. 1945, 1970 (dt. Original, [erw.] R., Kant, Goethe, ed. R. A. Bast, Hamburg 1991; franz. R., Kant, Goethe. Deux essais, Paris 1991, 2011); ders., Das Problem J. J. R., Arch. Gesch. Philos. 41 (1932), 177–213, 479–513, ferner in: ders., Über R. [s. u.], 7–90 (engl. The Question of J.-J. R., trans. P. Gay, New York 1954, New Haven Conn./London ²1989); ders., Über R., ed. G. Kreis, Berlin 2012; J. Cohen, R.. A Free Community of Equals, Oxford etc. 2010; M. W. Cranston, Jean-Jacques. The Early Life and Work of J.-J. R., 1712–1754, London, New York etc. 1983, Chicago Ill./London 1991; ders., The Noble Savage. J.-J. R. 1754–1762, Chicago Ill./London 1991, London 1993; L. Damrosch, J.-J. R.. Restless Genius, Boston Mass./New York 2005, 2007; N. J. H. Dent, R.. An Introduction to His Psychological, Social and Political Theory, Oxford/New York 1988, 1989; ders., R., REP VIII (1998), 367–377; ders., R., London/New York 2005, 2006; C. Destain, J.-J. R., Paris 2007; J.-M. Durand-Gasselin, R.. Une philosophie de la modernité, Paris 2016; A. Ferrara, Modernità e autenticità. Saggio sul pensiero sociale ed etico di J.-J. R., Rom 1989 (engl. Modernity and Authenticity. A Study of the Social and Ethical Thought of J.-J. R., Albany N. Y. 1993); I. Fetscher, R.s politische Philosophie. Zur Geschichte des demokratischen Freiheitsbegriffs, Neuwied/Berlin 1960, rev. Frankfurt ³1980, 2009; M. Forschner, R., Freiburg/München 1977; D. Gauthier, R.. The Sentiment of Existence, Cambridge/New York 2006 (franz. Le sentiment d'existence. La quête inachevée de J.-J. R., Genf 2011); H. Gildin, R.'s Social Contract. The Design of the Argument, Chicago Ill./London 1983, 1990; F. C. Green, J.-J. R.. A Critical Study of His Life and Writings, Cambridge/London/New York 1955; R. Grimsley, J.-J. R., Enc. Ph. VII (1967), 218–225, VIII (²2006), 507–516; ders., J.-J. R., Brighton, Totowa N. J. 1983; J. C. Hall, R.. An Introduction to His Political Philosophy, London, Cambridge Mass. 1973; G. Holmsten, J.-J. R. in Selbstzeugnissen und Bilddokumenten, Reinbek b. Hamburg 1972, 2005; H. Jaumann (ed.), R. in Deutschland. Neue Beiträge zur Erforschung seiner Rezeption, Berlin/New York 1995; W. v. Kloeden, R., BBKL VIII (1994), 846–857; U. Kronauer, R., RGG VII (⁴2004), 651–653; J. Lacroix, R., DP II (²1993), 2482–2490; F. Linares, J.-J. R.s Bruch mit David Hume, Hildesheim/Zürich/New York 1991; A. M. Melzer, The Natural Goodness of Man. On the System of R.'s Thought, Chicago Ill./London 1990 (franz. R. La bonté naturelle de l'homme. Essai sur le système de pensée de R., Paris 1998); G. Mensching, J.-J. R. zur Einführung, Hamburg 2000, ³2010; F. Neuhouser, Freedom, Dependence and the General Will, Philos. Rev. 102 (1993), 363–395; ders., R.'s Theodicy of Self-Love. Evil, Rationality, and the Drive for Recognition, Oxford etc. 2008, 2010 (dt. Pathologien der Selbstliebe. Freiheit und Anerkennung bei R., Berlin 2012); R. Noble, Language, Subjectivity, and Freedom in R.'s Moral Philosophy, New York/London 1991; T. O'Hagan, R., London/New York 1999, 2003; T. Pongrac, R. für Einsteiger. Eine Einführung in den Gesellschaftsvertrag, Berlin 2015; M. Rang, R.s Lehre vom Menschen, Göttingen 1959, ²1965; P. Riley (ed.), The Cambridge Companion to R., Cambridge etc. 2001, 2011; J. Rohbeck/L. Steinbrügge (eds.), J.-J. R.: Die beiden Diskurse zur Zivilisationskritik […], Berlin/München/Boston Mass. 2015 (Klassiker Auslegen LIII); A. Schäfer, J.-J. R.. Ein pädagogisches Porträt, Weinheim/Basel 2002; G. R. Schmidt, R., TRE XXIX (1998), 441–446; C. Schwaabe, Politische

Theorie II (Von R. bis Rawls), Paderborn 2007, ³2013, bes. 11–39 (J.-J. R. und die Idee der Volkssouveränität); G. Snyders, La pédagogie en France aux XVIIᵉ et XVIIIᵉ siècles, Paris 1965 (dt. Die große Wende der Pädagogik. Die Entdeckung des Kindes und die Revolution der Erziehung im 17. und 18. Jahrhundert in Frankreich, Paderborn 1971); M. Soëtard, J.-J. R.. Leben und Werk, München 2012; R. Spaemann, R. – Bürger ohne Vaterland. Von der Polis zur Natur, München 1980, ²1992; ders., R. – Mensch oder Bürger. Das Dilemma der Moderne, Stuttgart 2008; G. Sreenivasan, What Is the General Will?, Philos. Rev. 109 (2000), 545–581; J. v. Stackelberg, J.-J. R.. Der Weg zurück zur Natur, München 1999; J. Starobinski, J.-J. R.. La transparence et l'obstacle, Paris 1957, mit weiterem Untertitel: Suivi de sept essais sur R. ²1971, 2006 (dt. R.. Eine Welt von Widerständen, München 1988, Frankfurt 2012; engl. J.-J. R.. Transparency and Obstruction, Chicago Ill./London 1988); D. Sturma, J.-J. R., München 2001; R. Wokler, R., Oxford/New York 1995, 1996 (dt. R., Freiburg/Basel/Wien 1999, Wiesbaden 2004). – Annales de la Société J.-J. R., 1 (1905) – 39 (1972/1977), 40 (1992)ff.; Hist. Political Thought 37 (2016) (R.'s Imagined Antiquity).   H. R. G./M. C.

Rowning, John, *Ashby (Lincolshire) 1701 (?), †London Nov. 1771, engl. Naturforscher, Vertreter der zweiten Generation des Newtonianismus. 1721–1728 Studium am Magdalene College, Cambridge, dann Tätigkeit als Collegetutor, ab 1734 hauptberuflich Pfarrer, ab 1738 in Anderby, Lincolnshire. Ähnlich wie J. T. Desaguliers und W. J. S. 'sGravesande verbreitete, systematisierte und popularisierte R. die Newtonsche Naturphilosophie; sein »Compendious System« (I–IV, 1734–1743) gehörte zu den einflußreicheren, einführenden Lehrbüchern des Newtonianismus. – Im Einklang mit der Tradition des Newtonianismus ging R. von der Existenz harter, also physikalisch unteilbarer Teilchen aus. ↑Materie ist inhärent inaktiv und wird durch äußere Kräfte bewegt, die nicht-materieller Natur sind und direkt auf den Einfluß Gottes zurückgehen. An S. Hales anschließend betonte R. die Wirksamkeit repulsiver Kräfte (↑Attraktion/Repulsion) und führte – in Abweichung von der Tradition – bei Flüssigkeitsteilchen eine extrem kurzreichweitige Repulsivkraft ein. Solche Teilchen sind gegeneinander verschiebbar, und dies verlangt, daß sie sich nicht in unmittelbarem Kontakt miteinander befinden. Zur Aufrechterhaltung dieses Relativabstandes dient eine besondere Repulsivkraft; an diese schließt sich mit wachsendem Abstand – wie im Newtonianismus generell vorgesehen – die für die Kohäsion verantwortliche Attraktionskraft an.

Werke: A Compendious System of Natural Philosophy […], I–II, Cambridge 1734–1735, III–IV, London 1737–1743, I–IV, ⁸1779; A Preliminary Discourse to an Intended Treatise on the Fluxionary Method […], London 1756.

Literatur: T. Heidarzadeh, A History of Physical Theories of Comets, from Aristotle to Whipple, o.O. [Dordrecht etc.] 2008, 156–158; R. E. Schofield, Mechanism and Materialism. British Natural Philosophy in an Age of Reason, Princeton N. J. 1970, (34–39); ders., R., DSB XI (1975), 579–580.   M. C.

Royce, Josiah, *Grass Valley Calif. 20. Nov. 1855, †Cambridge Mass. 14. Sept. 1916, amerik. Philosoph, bedeutender amerikanischer Vertreter des ↑Idealismus. 1870–1878 Studium der Altphilologie (Classics) und der Philosophie in Berkeley, Leipzig und Göttingen. 1878 Promotion an der Johns Hopkins University, 1878–1882 Lehrer für deutsche und englische Literatur an der University of California in Berkeley, 1882 auf Veranlassung von W. James und G. H. Palmer Philosophielehrer in Cambridge Mass., ab 1885 Professor an der Harvard University (ab 1914 für Natural Religion, Moral Philosophy and Civil Polity). – R. entwickelt in Auseinandersetzung mit Realismus (↑Realismus (erkenntnistheoretisch), ↑Realismus, kritischer), ↑Mystik und ↑Rationalismus einen absoluten Idealismus (↑Idealismus, absoluter) mit voluntaristischen Zügen, der auch als absoluter ↑Voluntarismus oder absoluter ↑Pragmatismus bezeichnet wird. Er vertritt die Auffassung, daß dem Menschen endgültige Erkenntnisse über die grundlegenden Wirklichkeitsstrukturen möglich sind. Dabei unterscheidet er zwischen der ›internen‹ und der ›externen‹ Bedeutung von ↑Vorstellungen. Die Intention als interne Bedeutung der Vorstellung ist auf einen ↑Gegenstand gerichtet, der deren externe Bedeutung darstellt. Bei einem ↑Irrtum oder einem falschen ↑Urteil ist der korrekte Bezug zum intendierten ↑Objekt verfehlt; jedoch kann das isolierte Urteil die Unterscheidung zwischen seiner ↑Wahrheit und seiner Falschheit nicht selbst enthalten. Daher ist Irrtum nach R. nur möglich, wenn es eine Perspektive gibt, die sowohl das Urteil als auch den beurteilten Gegenstand umfaßt, ein ›absolutes Bewußtsein‹ (›absolute‹ knower‹). Die umfassende Erkenntnis des absoluten Bewußtseins oder Gottes (↑Gott (philosophisch)) ist Selbsterkenntnis; die Wirklichkeit in ihrer Mannigfaltigkeit ist Ausdruck und Verkörperung der vollständigen internen Bedeutung eines absoluten Systems von Vorstellungen. Im Gegensatz zu James sieht R. keinen Widerspruch zwischen dem Wissen und Wollen eines absoluten Bewußtseins und menschlicher ↑Freiheit und ↑Verantwortung. Zwar gründet das menschliche Selbst im ↑Absoluten, doch beruht seine konkrete Verwirklichung auf dem Wollen und den freien Entscheidungen des Individuums innerhalb eines sozialen und natürlichen Kontextes.

In seinen ethischen Schriften geht R. von der Erfahrung aus, daß jede ethische Perspektive sich grundsätzlich als kritisierbar erwiesen hat, eine Einsicht, die zunächst zum ↑Skeptizismus führt. Letztlich aber ist dieser Skeptizismus im Glauben an ein höheres Ideal begründet, an eine Harmonie in der Vielfalt der Perspektiven und Bestrebungen. Indem der Mensch sich in freier Entscheidung Ziele setzt und diesen gegenüber loyal ist, erhält das menschliche Leben seinen Sinn. Grundlegendes Prinzip moralischen Handelns, das nach R. dem Kategorischen Imperativ (↑Imperativ, kategorischer) oder dem Prinzip der Nützlichkeit (↑Utilitarismus) überlegen ist, ist die Loyalität der Loyalität gegenüber, d. h. die Hingabe an solche Ziele, die den Geist der Loyalität verbreiten.

Werke: The Basic Writings of J. R., I–II, ed. J. J. McDermott, Chicago Ill./London 1969, New York 2005; J. R.s Late Writings. A Collection of Unpublished and Scattered Works, ed. F. Oppenheim, I–II, Bristol 2001. – Primer of Logical Analysis for the Use of Composition Students, San Francisco Calif. 1881; The Religious Aspect of Philosophy. A Critique of the Bases of Conduct and Faith, Boston Mass. 1885, [7]1887 (repr. Gloucester Mass. 1965); The Spirit of Modern Philosophy. An Essay in the Form of Lectures, Boston Mass./New York 1892, [9]1897, New York 1955, 1983; The Conception of God. A Philosophical Discussion Concerning the Nature of the Divine Idea as a Demonstrable Reality, Berkeley Calif. 1895, New York/London [2]1897, St. Claire Shores Mich. 1971; Studies of Good and Evil. A Series of Essays upon Problems of Philosophy and of Life, New York 1898, 1964; The Conception of Immortality, Boston Mass. etc. 1899, 1900, London 1906, 1912 (repr. New York 1968, 1971); The World and the Individual, I–II, New York, London 1899/1901, 1927/1929, New York 1959, Gloucester Mass. [2]1976; Outlines of Psychology. An Elementary Treatise with some Practical Applications, New York 1903, [8]1916; William James and Other Essays on the Philosophy of Life, New York 1911, Freeport N. Y. [2]1969; The Sources of Religious Insight, New York 1912 (repr. 1977); The Principles of Logic, London 1913, New York 1961 (dt. Prinzipien der Logik, Tübingen 1912); The Problem of Christianity, I–II, New York, London [2]1914 (repr. in einem Bd., Hamden Conn. 1967); Lectures on Modern Idealism, New Haven Conn. 1919, [5]1967; Fugitive Essays, ed. J. Loewenberg, Cambridge Mass. 1920, Freepost N. Y. 1968; The Social Philosophy of J. R., ed. S. G. Brown, Syracuse N. Y. 1950; R.'s Logical Essays, ed. D. S. Robinson, Dubuque Iowa 1951; The Religious Philosophy of J. R., ed. S. G. Brown, Syracuse N. Y. 1952 (repr. Westport Conn. 1976); The Philosophy of J. R., ed. J. K. Roth, New York 1971, Indianapolis Ind./Cambridge Mass. 1982, [2]1999; Metaphysics. J. R. His Philosophy 9 Course of 1915–1916 as Stenographically Recorded by Ralph W. Brown and Complemented by Notes from Byron F. Underwood, ed. W. E. Hocking/F. Oppenheim, Albany N. Y. 1998. – The Letters of J. R., ed. J. Clendenning, Chicago Ill./London 1970. – B. Rand, A Bibliography of the Writings of J. R., Philos. Rev. 25 (1916), 515–522; J. Loewenberg, A Bibliography of the Unpublished Writings of J. R., Philos. Rev. 26 (1917), 578–582; J. H. Cotton, Selected Bibliography, in: ders., R. on the Human Self [s. u., Lit.], 305–311; K.-T. Humbach, Bibliographie der Schriften von und über R., in: ders., Das Verhältnis von Einzelperson und Gemeinschaft nach J. R. [s. u., Lit.], 181–201; A.-A. Devaux, Bibliographie des traductions d'ouvrages de R. et des études sur l'Œuvre de R., Rev. int. philos. 21 (1967), 159–182; F. M. Oppenheim, Bibliography of the Published Works of J. R., Rev. int. philos. 21 (1967), 138–158; I. K. Skrupskelis, Annotated Bibliography of the Publications of J. R., in: The Basic Writings of J. R. [s. o.] II, 1167–1226; J. K. Roth, Selected Bibliography, in: The Philosophy of J. R. [s. o.], 411–413.

Literatur: R. E. Auxier (ed.), Critical Responses to J. R.. 1885–1916, I–III, London 1897–1916, Bristol [2]2000; ders., J. R., in: W. Sweet (ed.), Biographical Encyclopedia of British Idealism, London/New York 2010, 571–578; ders., Time, Will, and Purpose. Living Ideas from the Philosophy of J. R., Chicago Ill. 2013; G.

Bournique, La philosophie de J. R., Paris 1988; V. Buranelli, J. R., New York 1964; R. W. Burch, R., REP VIII (1998), 377–381; J. Clendenning, The Life and Thought of J. R., Madison Wis. 1985, Nashville Tenn. 1999; J. H. Cotton, R. on the Human Self, Cambridge Mass. 1954 (repr. New York 1968); G. W. Cunningham, The Idealistic Argument in Recent British and American Philosophy, New York/London 1933 (repr. Westport Conn. 1969); H. Falke, J. R.s Versuch der Annäherung an das Unbedingte. Eine kritische Untersuchung zu einem der Hauptprobleme seines philosophischen Denkens, Hildesheim/Zürich/New York 1984; P. Fuss, The Moral Philosophy of J. R., Cambridge Mass. 1965; R. Hine, J. R.. From Grass Valley to Harvard, Norman Okla./London 1992; K.-T. Humbach, Das Verhältnis von Einzelperson und Gemeinschaft nach J. R., Heidelberg 1962; E. A. Jarvis, The Conception of God in the Later R., The Hague 1975; J. A. K. Kegley, J. R. in Focus, Bloomington Ind. 2008; B. Kuklick, J. R.. An Intellectual Biography, Indianapolis Ind./New York 1972, 1985; M. B. Mahowald, An Idealistic Pragmatism. The Development of Pragmatic Element in the Philosophy of J. R., The Hague 1972; G. Marcel, La métaphysique de R., Paris 1945, 2005 (engl. R.'s Metaphysics, Chicago Ill. 1956, Westport Conn. 1975); F. M. Oppenheim, R.'s Mature Philosophy of Religion, Notre Dame Ind. 1987; ders., R.'s Voyage Down Under. A Journey of the Mind, Lexington Ky. 1980; ders., R.s Mature Ethics, Notre Dame Ind. 1993; ders., Reverence for the Relations of Life. Re-Imagining Pragmatism via J. R.s Interactions with Peirce, James, and Dewey, Notre Dame Ind. 2005, 2017; K. A. Parker, R., SEP 2004; rev. 2014; dies./J. Bell (eds.), The Relevance of R., New York 2014; K. A. Parker/K. P. Skowroński (eds.), J. R. for the Twenty-First Century. Historical, Ethical, and Religious Interpretations, Lanham Md. 2012; R. B. Perry, In the Spirit of William James, New Haven Conn., London/Oxford, Cambridge Mass. 1938, Westport Conn. 1979; T. F. Powell, J. R., New York 1967, 1974; G. Santayana, Character and Opinion in the United States, New York 1920, Neudr. in: The Works of George Santayana VIII, New York 1937, 1–130, ferner in: »The Genteel Tradition in American Philosophy« and »Character and Opinion in the United States«, ed. J. Seaton, New Haven Conn./London 2009, 21–119; B. B. Singh, The Self and the World in the Philosophy of J. R., Springfield Ill. 1973; J. E. Skinner, The Logocentric Predicament. An Essay on the Problem of Error in the Philosophy of J. R., Philadelphia Pa. 1965; J. E. Smith, R.'s Social Infinite. The Community of Interpretation, New York 1950, 1969 (mit Bibliographie, 171–173); ders., R., Enc. Ph. VII (1972), 225–229; G. D. Straton, Theistic Faith for Our Time. An Introduction to the Process Philosophies of R. and Whitehead, Washington D. C. 1979; G. Trotter, On R., Belmont Calif. 2001; D. A. Tunstall, Yes, but not Quite. Encountering J. R.'s Ethico-Religious Insight, New York 2009. – Sonderhefte: Philos. Rev. 25 (1916), 229–514; J. Philos. 53 (1956); Rev. int. philos. 79/80 (1967).   C. F. G.

Rüdiger, Andreas, *Rochlitz 1. Nov. 1673, †Leipzig 6. Juni 1731, dt. Physiker und Philosoph. 1692–1695 Studium der Philosophie und der Theologie in Halle (bei C. Thomasius), 1697–1700 der Rechtswissenschaften und der Medizin in Leipzig. 1703 medizinische Promotion in Halle. 1707–1712 neben ärztlicher Tätigkeit Prof. der Philosophie in Halle, 1712–1731 in Leipzig. – R. vertritt in Logik und Erkenntnistheorie einen psychologisch (↑Psychologismus) und empiristisch (↑Empirismus) geprägten, dem ↑Sensualismus nahestehenden

Standpunkt. Gegen R. Descartes' Konzeption angeborener Ideen (↑Idee, angeborene, ↑Idee (historisch)) beruft er sich auf J. Locke, weist aber im Gegensatz zu Lockes Konzeption auch die Reflexion (als *sensio interna*) als passives Erkenntnisvermögen aus. ›Wahrheit‹ bedeutet Wahrnehmen und ›Existenz‹ Wahrgenommenwerden. Gegen C. Wolff und dessen Programm, die Philosophie ↑more geometrico aufzubauen, schränkt R. die mathematische Methode in der Philosophie auf die Deduktion von Fakten aus Fakten ein; die Philosophie habe es nicht mit dem Möglichen, sondern mit dem Wirklichen zu tun, dessen Erkenntnis allein über die Wahrnehmung und die Feststellung von Fakten führe. In der Beschäftigung mit ↑Naturphilosophie, die stark durch seine medizinischen Interessen geprägt ist, sucht R. eine spiritualistische (↑Spiritualismus) Position (im Anschluß an Thomasius) mit einer mechanistischen (↑Mechanismus) zu verbinden. Sein Hauptwerk (Philosophia synthetica, 1707) ist in die Teile ›Sapientia‹ (Logik und Naturphilosophie), ›Iustitia‹ (Metaphysik und Naturrecht) und ›Prudentia‹ (Ethik und Politik) gegliedert, wobei unter dem Titel ›Metaphysik‹ im wesentlichen theologische Fragen behandelt werden. – R. beeinflußte über seinen Schüler A. F. Hoffmann (1703–1741) unter anderem C. A. Crusius und auf diesem Wege die deutsche ↑Schulphilosophie des 18. Jhs., unter deren Einfluß auch I. Kant in seiner vorkritischen Phase stand.

Werke: De regressu sanguinis per venas mechanico, Halle 1704; Philosophia synthetica, tribus libris de sapientia, justitia et prudentia [...], Leipzig 1707 (repr. Hildesheim/New York/Zürich 2010), unter dem Titel: Institutiones eruditionis, seu Philosophia synthetica, tribus libris [...], Halle 1711, Frankfurt 1717; De sensu veri et falsi lib. IV, Halle 1709, unter dem Titel: De sensu veri et falsi, libri IV, Leipzig ²1722; Physica divina [...], Frankfurt 1716; Anweisung zu der Zufriedenheit der menschlichen Seele als dem höchsten Guthe dieses zeitlichen Lebens, Leipzig 1721, ³1734; (anonym) Klugheit zu leben und zu herrschen [...], Leipzig 1722, ⁴1737; Philosophia pragmatica [...], I–III in einem Bd., Leipzig 1723 (repr. in drei Bdn., Hildesheim/Zürich/New York 2010), ²1729; Herrn Christian Wolffens [...] Meinung von dem Wesen der Seele und eines Geistes überhaupt und D. A. R.s [...] Gegen-Meinung, Leipzig 1727 (repr. Hildesheim/Zürich/New York 2008); Commentationes de diaeta eruditorum [...], Leipzig 1728, unter dem Titel: De diaeta humanae naturae [...], 1737.

Literatur: L. W. Beck, Early German Philosophy. Kant and His Predecessors, Cambridge Mass. 1969, Bristol 1996, 298–300; W. Carls, A. R.s Moralphilosophie, Halle 1894 (repr. Hildesheim/New York/Zürich 1999); R. Ciafardone, R. e Vico, Boll. del Centro di Studi Vichiani 10 (1980), 167–179; ders., Von der Kritik an Wolff zum vorkritischen Kant. Wolff-Kritik bei R. und Crusius, in: W. Schneiders (ed.), Christian Wolff 1679–1754. Interpretationen zu seiner Philosophie und deren Wirkung [...], Hamburg 1983, 289–305; K. H. E. de Jong, R. und ein Anfang! Kant und ein Ende!, Leiden 1931; U. G. Leinsle, Reformversuche protestantischer Metaphysik im Zeitalter des Rationalismus, Augsburg 1988, 206–226; ders., R., BBKL VIII (1994), 950–952; M. Mulsow, Idolatry and Science. Against Nature Worship from Boyle to R.,

1680–1720, J. Hist. Ideas 67 (2006), 697–711; K. Petrus, Convictio oder persuasio? Etappen einer Debatte in der ersten Hälfte des 18. Jahrhunderts (R. – Fabricius – Gottsched), Z. dt. Philol. 113 (1994), 481–495; H. Schepers, A. R.s Methodologie und ihre Voraussetzungen. Ein Beitrag zur Geschichte der deutschen Schulphilosophie im 18. Jahrhundert, Köln 1959 (Kant-St. Erg.hefte 78) (mit Bibliographie, 127–134); R. Suitner, ›Jus naturae‹ und ›natura humana‹ in August Friedrich Müllers handschriftlichem Kommentar zu A. R.s »Institutiones eruditionis«, Aufklärung 25 (2013), 113–132; G. Tonelli, R., Enc. Ph. VII (1967), 230–231, VIII (²2006), 526–527; M. Wundt, Die deutsche Schulphilosophie im Zeitalter der Aufklärung, Tübingen 1945 (repr. Hildesheim 1964, Hildesheim/Zürich/New York 1992), 82–98. J. M.

Rudner, Richard Samuel, *New York 3. Okt. 1921, †St. Louis 27. Juli 1979, amerik. Philosoph und Wissenschaftstheoretiker nominalistischer Einstellung. 1944–1948 Studium der Philosophie an der City University of New York und an der University of Pittsburgh. 1949 Promotion bei N. Goodman an der University of Pennsylvania, 1956–1962 Prof. an der Michigan State University, 1962–1979 an der Washington University St. Louis, 1959–1975 Herausgeber der Zeitschrift »Philosophy of Science«. – R. knüpft in seinen Arbeiten zur Wissenschaftstheorie der Sozialwissenschaften und zur Ästhetik an den ↑Nominalismus und die ↑Symboltheorie Goodmans an. Sehr früh findet sich bei R. eine explizite Bezugnahme auf die type-token-Unterscheidung (↑type and token) in der Diskussion um den ontologischen Status eines Kunstwerks (1950). Zentral ist seine These, daß Wissenschaftler ↑pragmatische Werturteile als wesentliche Bestandteile vernünftig begründeter Forschungsverfahren fällen müssen. In Absetzung z. B. von P. Winch formuliert R. einen ›reproduktiven Fehlschluß‹ (reproductive fallacy): Wissenschaftliche Beschreibungen haben nicht die Aufgabe, ›die Welt‹ im Sinne des erkenntnistheoretischen Realismus (↑Realismus (erkenntnistheoretisch)) zu beschreiben. R. sucht eine streng nominalistische Wissenschaftssprache der Sozialwissenschaften aufzubauen.

Werke: The Ontological Status of the Esthetic Object, Philos. Phenom. Res. 10 (1950), 380–388; The Scientist *Qua* Scientist Makes Value Judgments, Philos. Sci. 20 (1953), 1–6, ferner in: B. A. Brody (ed.), Readings in the Philosophy of Science, Englewood Cliffs N. J. 1970, 540–546; Some Problems of Non-Semiotic Aesthetic Theories, J. Aesthetics Art Criticism 15 (1957), 298–310; (mit R. J. Wolfson) Notes on a Constructional Framework for a Theory of Organizational Decision Making, in: N. F. Washburne (ed.), Decisions, Values and Groups. Proceedings of a Conference Held at the University of New Mexico II, Oxford etc. 1962, 371–409; Philosophy of Social Science, Englewood Cliffs N. J. 1966; (ed. mit I. Scheffler) Logic and Art. Essays in Honor of Nelson Goodman, Indianapolis Ind./New York 1972; Some Essays at Objectivity, Philos. Exchange 1 (1973), 115–135; Show or Tell. Incoherence Among Symbol Systems, Erkenntnis 12 (1978), 129–151.

Literatur: R. Barrett (ed.), The R. R. Memorial Issue, Dordrecht/Boston Mass. 1981 (Synthese 46, H. 3); ders., R., in: J. R. Stock (ed.), The Dictionary of Modern American Philosophers IV, Bristol 2005, 2098–2100; S. M. Harrison, R.'s ›Reproductive Fallacy‹, Philos. Soc. Sci. 11 (1981), 37–44; J. Leach, Explanation and Value Neutrality, Brit. J. Philos. Sci. 19 (1968), 93–108; D. Little, Varieties of Social Explanation. An Introduction to the Philosophy of Social Science, Boulder Colo./San Francisco Calif./Oxford 1991; M. Risjord, Philosophy of Social Science. A Contemporary Introduction, New York/London 2014. B. P.

Ruge, Arnold, *Bergen/Rügen 13. Sept. 1802, †Brighton 21. Dez. 1880, dt. Philosoph, Schriftsteller und politischer Publizist. 1821–1824 Studium der Philologie und Philosophie in Halle, Jena und Heidelberg, 1832 Habilitation in Halle; wegen seiner Beteiligung an der burschenschaftlichen Bewegung mehrere Jahre Gefängnis und Festungshaft. R. war ein Vertreter des politischen Linkshegelianismus (↑Hegelianismus). Er gab 1838–1843 mit T. Echtermayer die »Hallischen Jahrbücher für Deutsche Wissenschaft und Kunst«, fortgeführt als »Deutsche Jahrbücher« (Dresden) heraus, dann in der Emigration mit K. Marx die »Deutsch-Französischen Jahrbücher«. R. war in der Frankfurter Nationalversammlung von 1848 einer der führenden Vertreter der Linken. 1850 emigrierte er nach London. Zusammenarbeit mit G. Mazzini und A. A. Ledru-Rollin und Plan einer ›alliance intellectuelle‹ zwischen Deutschland und Frankreich. In seinen letzten Lebensjahrzehnten näherte sich R. den Positionen O. v. Bismarcks. – In Anschluß an L. Feuerbachs Anthropologie kritisiert R., wie die anderen Vertreter der Hegelschen Linken, die Theologisierung der Philosophie durch G. W. F. Hegel. Im Menschen würden so die natürlichen Prozesse zu freien Prozessen, deren Verabsolutierung der Philosophie ihr eigentliches Thema nehme: die menschlich-geschichtliche Praxis. Die Philosophie hat die Aufgabe, als Kritik praktisch zu werden.

Werke: Gesammelte Schriften, I–X, Mannheim 1846, unter dem Titel: Sämmtliche Werke, I–X, Mannheim ²1847–1848; Werke und Briefe, ed. H.-M. Sass, Aalen 1985ff. (erschienen Bde I–VIII, X–XII). – Die platonische Aesthetik, Halle 1832 (repr. Osnabrück 1965); Neue Vorschule der Aesthetik. Das Komische mit einem komischen Anhange, Halle 1837 (repr. Hildesheim/New York 1975); Anekdota zur neuesten deutschen Philosophie und Publicistik, I–II, Zürich/Winterthur 1843 (repr. Glashütten 1971); Zwei Jahre in Paris. Studien und Erinnerungen, I–II, Leipzig 1846 (repr. Hildesheim 1977); (ed.) Politische Bilder aus der Zeit, I–II, Leipzig 1847/1848; (ed.) Poetische Bilder aus der Zeit. Ein Taschenbuch, I–II, Leipzig 1847/1848; Die Akademie. Philosophisches Taschenbuch, Leipzig 1848; Aus früherer Zeit, I–IV, Berlin 1862–1867; An die deutsche Nation, Hamburg 1866; Reden über Religion, ihr Entstehen und Vergehen, an die gebildeten unter ihren Verehrern, Berlin 1869, 1875. – Briefwechsel und Tagebuchblätter, ed. P. Nerrlich, I–II, Berlin 1886, Neudr. als: Werke und Briefe [s. o.] X–XI.

Literatur: W. J. Brazill, The Young Hegelians, New Haven Conn./London 1970, 227–260 (A. R. and the Politics of a Young Hegelian); W. Breckman, A. R.. Radical Democracy and the Politics of

Personhood, 1838–1843, in: ders., Marx, the Young Hegelians and the Origins of Radical Social Theory. Dethroning the Self, New York 1999, 221–257; W. Eßbach, Die Junghegelianer. Soziologie einer Intellektuellengruppe, München 1988; G. Groth, A. R.s Philosophie unter besonderer Berücksichtigung seiner Ästhetik. Ein Beitrag zur Wirkungsgeschichte Hegels, Diss. Hamburg 1967; W. Jung, R., in: B. Lutz (ed.), Metzler Philosophen Lexikon. Von den Vorsokratikern bis zu den Neuen Philosophen, Stuttgart/Weimar ³2003, 620–621; L. Lambrecht (ed.), A. R. (1802–1880). Beiträge zum 200. Geburtstag, Frankfurt 2002; B. Mesmer-Strupp, A. R.s Plan einer alliance intellectuelle zwischen Deutschen und Franzosen, Bern 1963; H. Reinalter, R., NDB XXII (2005), 236–238; ders., A. R. (1802–1880). Vom Radikalen Burschenschafter zum achtundvierziger Demokraten, in: H. Bleiber/W. Schmidt/S. Schötz (eds.), Akteure eines Umbruchs. Männer und Frauen der Revolution von 1848/49, Berlin 2003, 563–617; ders., A. R., der Vormärz und die Revolution 1848/49, in: ders. (ed.), Die Junghegelianer. Aufklärung, Literatur, Religionskritik und politisches Denken, Frankfurt 2010, 139–159; ders., A. R., in: ders./Oberprantacher (eds.), Außenseiter der Philosophie, Würzburg 2012, 139–162; H. Rosenberg, A. R. und die »Hallischen Jahrbücher«, Arch. Kulturgesch. 20 (1930), 281–308. S. B.

Russell, Bertrand Arthur William, 3rd Earl R., *Trelleck (Monmouthshire) 18. Mai 1872, †Plas Penrhyn (bei Penrhyndeudraeth, Wales) 2. Febr. 1970, engl. Mathematiker und Philosoph. 1890–1894 Studium der Mathematik und Philosophie, 1895–1901 Fellowship am Trinity College in Cambridge, ab 1908 Fellow der Royal Society und ab 1910 Lecturer am Trinity College. R. wurde 1916 während des 1. Weltkriegs auf Grund seiner Verurteilung und Inhaftierung wegen Aufforderung zur Kriegsdienstverweigerung entlassen; auf die 1919 beschlossene Wiederaufnahme verzichtete er. Später Gastprofessuren, Vorlesungen und Vortragsreihen unter anderem an den Universitäten Oxford, London, Harvard, Chicago, Los Angeles, Peking. 1927 mit Dora R. Gründung und (bis 1935) Leitung einer Privatschule in Beacon Hill. Nach dem 2. Weltkrieg trat R. öffentlich gegen die atomare Rüstung, die amerikanische Beteiligung am Vietnamkrieg und gegen die Intervention der Warschauer-Pakt-Staaten in der Tschechoslowakei auf. Die internationale Friedensbewegung verdankt ihm wichtige Impulse, an die die 1963 in London gegründete B. R. Peace Foundation erinnert. R., obwohl weder Mitglied noch Gründer einer philosophischen Schule, prägte die englische und amerikanische Philosophie des 20. Jhs. sowie die Analytische Philosophie (↑Philosophie, analytische) entscheidend und gewann durch populärwissenschaftliche und sozialkritische Schriften bedeutenden Einfluß auch auf die öffentliche Meinung.
R.s *Erkenntnistheorie* entwickelte sich gegen den in England durch F. H. Bradley vertretenen ↑Hegelianismus unter dem Einfluß der Urteilslehre von G. E. Moore zunächst zu einem extremen Realismus (↑Realismus (erkenntnistheoretisch)) mit einer referentiellen (↑Refe-

renz) Theorie der Bedeutung aller sinnvollen Ausdrücke der Sprache. Wie Moore akzeptiert R. in dieser Phase seines Denkens neben den wahrnehmbaren Körperdingen als objektiv auch allgemeine Eigenschaften, Raum- und Zeitpunkte, Zahlen und andere abstrakte Gegenstände. Als A. Meinong diese Referentialitätsvorstellung zur Annahme ›unmöglicher Gegenstände‹ ausweitet, protestiert R. und entwickelt eine eigene Auffassung des Sinnes von ↑Pseudokennzeichnungen (s. u. seine Kennzeichnungstheorie) und als allgemeine Position den ›Logischen Atomismus‹ (↑Atomismus, logischer), der die Welt aus einer Vielfalt voneinander unabhängiger ↑Tatsachen bestehen läßt, die einzeln auf solche Weise erkannt werden können, daß prinzipiell alles Wissen in aus ↑Elementaraussagen zusammengesetzten Aussagen formulierbar wird. Auf der Grundlage dieser Vorstellung bietet sich als adäquates Erkenntnismittel die philosophische bzw. logische Analyse (z. B. der Materie oder des Geistes; ↑Analyse, logische) an, wobei R. diese Analyse im Unterschied zu manchen späteren Richtungen der Analytischen Philosophie nicht auf eine Analyse der normalen Sprache (↑Sprache, natürliche) eingeschränkt wissen wollte. Alle Erkenntnis hängt von unbezweifelbaren, in der unmittelbaren Erfahrung gegebenen, Daten ab, aus denen alle von den Wissenschaften thematisierten, nicht in dieser Weise gegebenen Entitäten ›konstruiert‹ werden können. In »The Analysis of Mind« (1921) konstruiert R. auf einer behavioristischen (↑Behaviorismus) und nominalistischen (↑Nominalismus) Basis die Phänomene des Geistes im Sinne des ›neutralen Monismus‹ von W. James als unmittelbare Gegebenheiten, die allerdings keinen Schluß auf eine ihnen zugrundeliegende ›letzte‹ Entität, den Geist oder das erkennende Subjekt, erlauben. In »The Analysis of Matter« (1927) behandelt R. sowohl die Gegenstände des Alltags als auch die Gegenstände der Naturwissenschaften als komplexe Strukturen, die sich aus den unhintergehbaren (↑Unhintergehbarkeit) ↑Sinnesdaten ›konstruieren‹ lassen. Dieses konstruktionistische Programm hat 1928 bei R. Carnap in dessen Werk »Der logische Aufbau der Welt« seine konsequenteste Durchführung erfahren.
In der *mathematischen Grundlagenforschung* widmet sich R. zunächst einem deduktiven oder axiomatischen Aufbau der Logik, die er als eine Theorie der ↑Implikation versteht; er unterscheidet dabei eine ›materiale Implikation‹ (die klassische ↑Subjunktion zweier Aussagen) von einer ›formalen Implikation‹ als einer Relation, die zwischen ↑Aussage*formen* $A(x_1,...,x_n)$ und $B(x_1,...,x_n)$ (bzw. den durch sie dargestellten Eigenschaften oder Relationen) genau dann besteht, wenn jedes n-tupel von Gegenstandsnamen (bzw. Gegenständen), das $A(x_1,...,x_n)$ erfüllt, auch $B(x_1,...,x_n)$ erfüllt. Unter Heranziehung derartiger logischer sowie mengentheoretischer Begriffsbildungen und Methoden wird R. zu einem

der Hauptvertreter des ↑Logizismus, dessen Programm einer Zurückführung der Mathematik auf reine Logik er zusammen mit A. N. Whitehead in den ↑Principia Mathematica durchführte. Die philosophischen Grundlagen dafür hatte R. im Anschluß an seine (von E. Zermelo unabhängige) Entdeckung der dann nach ihm benannten Antinomie (↑Zermelo-Russellsche Antinomie) und deren Erörterung mit G. Frege geschaffen. Seine Analyse der logischen und semantischen Antinomien (↑Antinomien, semantische) führte ihn zu verschiedenen Formulierungen eines ↑Vicious-Circle Principle, das imprädikative Begriffsbildungen (↑imprädikativ/Imprädikativität) als sinnlos ausschließt, und zu den darauf aufbauenden einfachen und verzweigten ↑Typentheorien. Parallel zu den mathematischen und logischen Überlegungen laufen dabei auch solche sprachphilosophischer Natur, deren einflußreichste vielleicht R.s ›theory of descriptions‹ ist, eine Theorie der ↑Kennzeichnung, nach der eine den ↑Kennzeichnungsterm $\iota_x B(x)$ (›dasjenige Objekt x, für das $B(x)$ gilt‹) enthaltende Aussage $A(\iota_x B(x))$ lediglich eine Abkürzung für die Aussage

$$\bigvee_x(B(x) \wedge A(x)) \wedge \bigwedge_y \bigwedge_z(B(y) \wedge B(z) \to y = z)$$

oder (innerhalb der ↑Quantorenlogik mit Identität gleichwertig)

$$\bigvee_u[\bigwedge_x(B(x) \leftrightarrow x = u) \wedge A(u)]$$

ist, die explizit Existenz (↑Existenz (logisch)) und eindeutige Bestimmtheit (↑eindeutig/Eindeutigkeit) von unter den ↑Prädikator $B(x)$ fallenden Gegenständen ausdrückt.

In der *Ethik* R.s überwiegen Probleme, die nach dem heutigen Sprachgebrauch zur ↑Metaethik gehören. Nach einer kurzen Phase des Wertobjektivismus wurde R. zum entschiedenen Vertreter eines Wertsubjektivismus, dessen theoretische Unzulänglichkeiten er anerkannte, ohne sich von der besseren Begründung konkurrierender Ansätze überzeugen zu können. Diese theoretisch subjektivistische (↑Subjektivismus) und skeptizistische (↑Skeptizismus) Position bedeutete für R. jedoch nicht den Verzicht auf jeden Rationalitätsanspruch (↑Rationalität) an konkretes Handeln. So übte R. nicht nur scharfe rationalistische (↑Rationalismus) Kritik an religiösen Vorstellungen, die bei der Annahme von Aussagen und Normen auf Grund bloßen Glaubens der rationalen Argumentation entzogen werden, er engagierte sich auch im gesellschaftlich-politischen Bereich uneigennützig und mutig gegen Unterdrückung jeglicher Art, sei es von Gruppen (insbes. Minderheiten) durch politischen Machtmißbrauch, sei es durch soziale Sanktionen in der Kindererziehung, im Zusammenleben der Geschlechter, gegenüber freier Meinungsäußerung etc..

Dieses unbeirrte Eintreten für Gedankenfreiheit, Rationalität und Humanität, nicht nur die stilistische Brillanz der Schriften, in denen er seine Überzeugung vertrat, waren die Gründe dafür, daß R. 1950 den Nobelpreis für Literatur erhielt.

Werke: The Collected Papers of B. R., London etc. (später: London/New York) 1983ff. (erschienene Bde I–XV, XXVIII–XXIX). – An Essay on the Foundations of Geometry, Cambridge 1897 (repr. New York 1956), Nottingham 2008; A Critical Exposition of the Philosophy of Leibniz. With an Appendix of Leading Passages, Cambridge 1900, London ²1937, Nottingham 2008; The Principles of Mathematics, Cambridge 1903, London 2010; On Denoting, Mind NS 14 (1905), 479–493, Neudr. in: ders., Logic and Knowledge [s. u.], 41–56, ferner in: ders., Essays in Analysis, ed. D. Lackey, London 1973, 103–119, ferner in: Collected Papers [s. o.] IV, 414–427 (dt. Über das Kennzeichnen, in: Philosophische und politische Aufsätze [s. u.], 3–22); Mathematical Logic as Based on the Theory of Types, Amer. J. Math. 30 (1908), 222–262, Neudr. in: ders., Logic and Knowledge [s. u.], 59–102, ferner in: J. van Heijenoort (ed.), From Frege to Gödel. A Source Book in Mathematical Logic, 1879–1931, Cambridge Mass. 1967, 2002, 150–182, ferner in: Collected Papers [s. o.] V, 585–625 (dt. Mathematische Logik auf der Basis der Typentheorie, in: Die Philosophie des Logischen Atomismus [s. u.], 23–65); Philosophical Essays, London etc. 1910, rev. 1966, 2009; (mit A. N. Whitehead) Principia Mathematica, I–III, Cambridge 1910–1913 (repr. o.O. 2009), ²1925–1927 (repr. Cambridge etc. 1950, 1978, Teilrepr. unter dem Titel: Principia mathematica to *56, Cambridge 1962, 1997) (dt. Vorwort und Einleitungen beider Aufl. unter dem Titel: Einführung in die mathematische Logik. Die Einleitung der »Principia Mathematica«, München/Berlin 1932, ferner unter dem Titel: Principia Mathematica. Vorwort und Einleitungen, Wien/Berlin 1984, Frankfurt 1986, 2008); Knowledge by Acquaintance and Knowledge by Description, Proc. Arist. Soc. 11 (1910/1911), 108–128, Neudr. in: ders., Mysticism and Logic [s. u.], London 1917, 197–218, Mineola N. Y. 2004, 165–183, ferner in: Collected Papers [s. o.] VI, 147–161 (dt. Erkenntnis durch Bekanntschaft und Erkenntnis durch Beschreibung, in: Die Philosophie des Logischen Atomismus [s. u.], 66–82); The Problems of Philosophy, New York, London 1912, Oxford ²1998, 2001 (dt. Probleme der Philosophie, Erlangen 1926, Wien/Stuttgart 1950, Frankfurt ²⁵2014); Principles of Social Reconstruction, London 1916, 1997 (dt. Grundlagen für eine soziale Umgestaltung, München 1921), Neudr. unter dem Titel: Why Men Fight, New York 1917; Mysticism and Logic. And Other Essays, London 1917, Mineola N. Y. 2004 (dt. Mystik und Logik. Philosophische Essays, Wien/Stuttgart 1952); The Philosophy of Logical Atomism, Monist 28 (1918), 495–527, 29 (1919), 32–63, 190–222, 345–380, Neudr. in: ders., Logic and Knowledge [s. u.], 177–281, ferner in: Collected Papers [s. o.] VIII, 157–244 (dt. Philosophie des Logischen Atomismus, in: Die Philosophie des Logischen Atomismus [s. u.], 178–277); Introduction to Mathematical Philosophy, London 1919 (repr. New York 1993), London 1998 (dt. Einführung in die mathematische Philosophie, München 1923, Hamburg 2006); The Analysis of Mind, London/New York 1921, Nottingham 2007 (dt. Die Analyse des Geistes, Leipzig 1927, Hamburg 2006); On Education. Especially in Early Childhood, London, New York 1926, London/New York 1994 (dt. Erziehung vornehmlich in frühester Kindheit, Düsseldorf/Frankfurt 1948), Neudr. unter dem Titel: Education and the Good Life, New York 1926, 1970, gekürzt unter dem Titel: Education of Character,

New York 1961; The Analysis of Matter, New York/London 1927, Nottingham 2007 (dt. Philosophie der Materie, Leipzig/Berlin 1929); Sceptical Essays, London/New York 1928, 2004 (dt. Wissen und Wahn. Skeptische Essays, München 1930, unter dem Titel: Skepsis, Frankfurt/Bonn 1964, gekürzt unter dem Titel: Anleitungen zur Skepsis. 3 Essays, München 1967); Marriage and Morals, London 1929, London/New York 2009 (dt. Ehe und Moral. Eine Sexualethik, München 1930, ohne Untertitel: Stuttgart 1951, Darmstadt ²1984); Freedom and Organization, 1814–1914, London 1934, 2010, unter dem Titel: Freedom versus Organization, 1812–1914, New York 1934, London 1965 (dt. Freiheit und Organisation, 1814–1914, Berlin 1948); In Praise of Idleness. And Other Essays, London/New York 1935, 2004 (dt. Lob des Müßiggangs, Wien/Hamburg 1957, München 2016); Religion and Science, London 1935, New York etc. 1997; An Inquiry into Meaning and Truth, London 1940, Nottingham 2007; A History of Western Philosophy. And Its Connection with Political and Social Circumstances from the Earliest Times to the Present Day, New York 1945, London etc. 2009 (dt. Philosophie des Abendlandes. Ihr Zusammenhang mit der politischen und sozialen Entwicklung, Frankfurt 1950, Zürich 2011); Human Knowledge. Its Scope and Limits, London, New York 1948, London 2009 (dt. Das menschliche Wissen, Darmstadt o.J. [ca. 1952], o.J. [ca. 1960]); Unpopular Essays, London, New York 1950, London/New York 2009 (dt. Unpopuläre Betrachtungen, Zürich 1951, 2009); Human Society in Ethics and Politics, London 1954, London/New York 2010 (dt. Dennoch siegt die Vernunft. Der Mensch im Kampf um sein Glück, Bonn 1956, unter dem Titel: Moral und Politik, München 1972, Frankfurt 1992); Logic and Knowledge. Essays 1901–1950, ed. R.C. Marsh, London 1956, Nottingham 2007; Why I am Not a Christian. And Other Essays on Religion and Related Subjects, ed. P. Edwards, London, New York 1957, London/New York 2004 (dt. Warum ich kein Christ bin, München 1963, Berlin 2016); My Philosophical Development, London 1959, rev. London/New York 1995, 1997 (dt. Philosophie. Die Entwicklung meines Denkens, München 1973, Frankfurt 1992); The Basic Writings of B. R., ed. R. E. Egner/L. E. Denonn, London, New York 1961, London/New York 2009; The Autobiography of B. R., I–III, London 1967–1969, in einem Bd. unter dem Titel: Autobiography, London/New York 1975, 2009 (dt. Autobiographie, I–III, I unter dem Titel: Mein Leben, Zürich 1967, Frankfurt 1984, II, Frankfurt 1970, 1984, III, Frankfurt 1971, 1974); Philosophische und politische Aufsätze, ed. U. Steinvorth, Stuttgart 1971, 1988; Die Philosophie des Logischen Atomismus. Aufsätze zur Logik und Erkenntnistheorie 1908–1918, ed. J. Sinnreich, München 1976, 1979. – Frege-R. [Briefwechsel], in: G. Frege, Wissenschaftlicher Briefwechsel, ed. G. Gabriel u. a., Hamburg 1976 (= Nachgelassene Schr. u. Wiss. Briefwechsel II, ed. H. Hermes/F. Kambartel/F. Kaulbach), 200–252, ferner in: Gottlob Freges Briefwechsel mit D. Hilbert, E. Husserl, B. R., sowie ausgewählte Einzelbriefe Freges, ed. G. Gabriel/F. Kambartel/C. Thiel, Hamburg 1980, 47–100. – W. Martin, B. R.. A Bibliography of His Writings/Eine Bibliographie seiner Schriften (1897–1976), München etc. 1981; K. Blackwell/H. Ruja, A Bibliography of B. R., I–III, London/New York 1994.

Literatur: L. W. Aiken, B. R.'s Philosophy of Morals, New York 1963; A. J. Ayer, B. R., New York 1972, Chicago Ill. 1988 (dt. B. R., München 1973), unter dem Titel: R., London 1972, ²1977; T. Bautz, R., in: J. Nida-Rümelin (ed.), Philosophie der Gegenwart in Einzeldarstellungen. Von Adorno bis v. Wright, Stuttgart 1991, 514–522, ²1999, 642–650; S. Blackburn/A. Code, The Power of R.'s Criticism of Frege, in: A. D. Irvine/G. A. Wedeking (eds.), R.

and Analytic Philosophy [s.u.], 22–36; G. Bornet, Naive Semantik und Realismus. Eine sprachphilosophische Untersuchung der Frühschriften von B. R. (1903–04), Bern/Stuttgart 1991; D. Bostock, R.'s Logical Atomism, Oxford 2012; R. Carey/J. Ongley, Historical Dictionary of B. R.'s Philosophy, Lanham Md./Toronto/Plymouth 2009; dies., The A to Z of B. R.'s Philosophy, Lanham Md./Toronto/Plymouth 2010; W. Carl, B. R.. Die »Theory of Descriptions«. Ihre logische und erkenntnistheoretische Bedeutung, in: J. Speck (ed.), Grundprobleme der großen Philosophen. Philosophie der Gegenwart I, Göttingen 1972, 215–263, ³1985, 220–268; R. W. Clark, The Life of B. R., London 1975, 2012 (dt. B. R.. Philosoph, Pazifist, Politiker, München 1984); P. Edwards/W. P. Alston/A. N. Prior, R., Enc. Ph. VII (1967), 235–258, mit rev. Bibliographie v. E. Sosa, VIII (²2006), 535–563; E. Fries, B. R., in: O. Höffe (ed.), Klassiker der Philosophie II, München 1981, ³1995, 315–339 (mit Bibliographie, 504–506); J. Galaugher, R.'s Philosophy of Logical Analysis: 1897–1905, Basingstoke etc. 2013; S. Gandon, R.'s Unknown Logicism. A Study in the History and Philosophy of Mathematics, Basingstoke etc. 2012; K. Gödel, R.'s Mathematical Logic, in: P. A. Schilpp (ed.), The Philosophy of B. R. [s.u.], 123–153, ferner in: ders., Collected Works II, ed. S. Feferman u. a., New York/Oxford 1990, 119–141 (dt. R.s mathematische Logik, in: A. N. Whitehead/B. R., Principia Mathematica. Vorwort und Einleitungen, Wien/Berlin 1984, Frankfurt 2008, V–XXXIV); I. Grattan-Guinness, Dear R. – Dear Jourdain. A Commentary on R.'s Logic, Based on His Correspondence with Philip Jourdain, London 1977; A. C. Grayling, R., Oxford 1996; ders., R. A Very Short Introduction, Oxford etc. 2002; N. Griffin, R.'s Idealist Apprenticeship, Oxford 1991; ders., R., REP VIII (1998), 391–404; ders. (ed.), The Cambridge Companion to B. R., Cambridge etc. 2003; P. J. Hager, Continuity and Change in the Development of R.'s Philosophy, Dordrecht 1994; H. Hochberg, R.'s Attack on Frege's Theory of Meaning, Philosophica 18 (1976), 9–34, Neudr. in: ders., Logic, Ontology, and Language. Essays on Truth and Reality, München/Wien 1984, 60–85; ders., R.'s Reduction of Arithmetic to Logic, in: E. D. Klemke (ed.), Essays on B. R. [s.u.], 396–415, ferner in: ders., Logic, Ontology, and Language [s.o.], 321–338; P. Hylton, R., Idealism, and the Emergence of Analytic Philosophy, Oxford 1990, 1992; ders., Propositions, Functions, and Analysis. Selected Essays on R.'s Philosophy, Oxford 2005, 2008; P. Ironside, The Social and Political Thought of B. R.. The Development of an Aristocratic Liberalism, Cambridge etc. 1996; A. D. Irvine, R., SEP 1995, rev. 2017; ders. (ed.), B. R.. Critical Assessments, I–IV, London etc. 1999; ders., B. R.'s Logic, in: D. M. Gabbay/J. Woods (eds.), Handbook of the History of Logic V, Amsterdam etc. 2009, 1–28; ders./G. A. Wedeking (eds.), R. and Analytic Philosophy, Toronto/Buffalo N. Y./London 1993; R. Jager, The Development of B. R.'s Philosophy, London, New York 1972, London 2002; C. W. Kilmister, R., Brighton, New York 1984; E. D. Klemke (ed.), Essays on B. R., Urbana Ill./Chicago Ill./London 1970, 1971; A. Korhonen, Logic as Universal Science. R.'s Early Logicism and Its Philosophical Context, London 2013; G. Landini, R.'s Substitutional Theory of Classes and Relations, Hist. Philos. Log. 8 (1987), 171–200; ders., Reconciling »PM«'s Ramified Type Theory with the Doctrine of the Unrestricted Variable of the »Principles«, in: A. D. Irvine/G. A. Wedeking (eds.), R. and Analytic Philosophy [s.o.], 361–394; ders., R.'s Hidden Substitutional Theory, New York etc. 1998; ders., R., London 2011; G. Link (ed.), One Hundred Years of R.'s Paradox. Mathematics, Logic, Philosophy, Berlin etc. 2004; B. Linsky, R.'s Metaphysical Logic, Stanford Calif. 1999; ders., The Evolution of Principia Mathematica. B. R.'s Manuscripts and Notes for the Second Edition, Cambridge etc. 2011; ders./G.

Imaguire (eds.), On Denoting 1905–2005, München 2005; G. K. Maclean, B. R.'s Bundle Theory of Particulars, New York 2014; R. Monk, B. R.. I–II, London 1996–2000; ders./A. Palmer (eds.), B. R. and the Origins of Analytic Philosophy, Bristol 1996, 1998; G. E. Moore, R.'s »Theory of Descriptions«, in: P. A. Schilpp (ed.), The Philosophy of B. R. [s.u.], 175–225; M. Moran/C. Spadoni (eds.), Intellect and Social Conscience. Essays on B. R.'s Early Works, Hamilton 1984; T. Mormann, B. R., in: O. Höffe (ed.), Klassiker der Philosophie II, München 2008, 210–224; E. Nagel, R.'s Philosophy of Science, in: P. A. Schilpp (ed.), The Philosophy of B. R. [s.u.], 317–349; G. Nakhnikian (ed.), B. R.'s Philosophy, London, New York 1974; J. Ongley/R. Carey, R.. A Guide for the Perplexed, London 2013; W. A. Patterson, B. R.'s Philosophy of Logical Atomism, New York etc. 1993; D. F. Pears, B. R. and the British Tradition in Philosophy, London etc. 1967, corr. 1968, [2]1972; E. Picardi, Alfred North Whitehead/B. R.: »Principia Mathematica« (1910–13), in: Hauptwerke der Philosophie. 20. Jahrhundert, Stuttgart 1992, 2003, 7–42; M. K. Potter, B. R.'s Ethics, London 2006; H. Reichenbach, B. R.'s Logic, in: P. A. Schilpp (ed.), The Philosophy of B. R. [s. u.], 21–54; R. Rheinwald, Semantische Paradoxien, Typentheorie und ideale Sprache. Studien zur Sprachphilosophie B. R.s, Berlin/New York 1988; G. W. Roberts (ed.), B. R. Memorial Volume, London/New York 1979, 2002; F. A. Rodríguez-Consuegra, The Mathematical Philosophy of B. R.. Origins and Development, Basel/Boston Mass./Berlin 1991; G. Ryle, B. R.. 1872–1970, Proc. Arist. Soc. 71 (1970/1971), 77–84, ferner in: G. W. Roberts (ed.), B. R. [s.o.], 15–21; R. M. Sainsbury, R., London/Boston Mass./Henley 1979, London/New York 1999; E. R. Sandvoss, B. R., Reinbek b. Hamburg 1980, 2001; C. W. Savage/C. A. Anderson (eds.), Rereading R.. Essays in B. R.'s Metaphysics and Epistemology, Minneapolis Minn. 1989 (Minnesota Stud. Philos. Sci. XII); P. A. Schilpp (ed.), The Philosophy of B. R., Evanston Ill./Chicago Ill. 1944, New York [2]1963 (mit ergänzter Bibliographie, 743–828), La Salle Ill. [5]1989; R. Schoenman (ed.), B. R., Philosopher of the Century. Essays in His Honour, Boston Mass., London 1967; J. G. Slater, B. R., Bristol 1994; G. Stevens, The Russellian Origins of Analytic Philosophy. B. R. and the Unity of the Proposition, London/New York 2005; A. Sullivan, Reference and Structure in the Philosophy of Language. A Defense of the Russellian Orthodoxy, London/New York 2013; C. Swanson, Reburial of Nonexistents. Reconsidering the Meinong-R. Debate, Amsterdam/New York 2011; J. E. Thomas/K. Blackwell (eds.), R. in Review. The B. R. Centenary Celebrations at McMaster University, October 12–14, 1972, Toronto 1976; J. Vuillemin, Leçons sur la première philosophie de R., Paris 1968; T. Weidlich, Appointment Denied. The Inquisition of B. R., Amherst N. Y. 2000; A. Wood, B. R.. The Passionate Sceptic, London 1957, 2014 (dt. B. R.. Skeptiker aus Leidenschaft, Thun/München 1959). – R.. The J. of B. R. Stud. 1 (1971)ff.. C. T.

Russellsche Antinomie, ↑Zermelo-Russellsche Antinomie.

Ryle, Gilbert, *Brighton 19. Aug. 1900, †Oxford 6. Okt. 1976, engl. Philosoph, mit J. L. Austin Begründer der ↑Oxford Philosophy innerhalb der Analytischen Philosophie (↑Philosophie, analytische). Nach Studium der Klassischen Philologie am Brighton College und am Queen's College (Oxford) 1919–1924 Lecturer, 1925 Tutor am Christchurch College in Oxford. 1945–1968, als Nachfolger von R. G. Collingwood, Waynflete Professor of Metaphysical Philosophy an der Universität Oxford und Fellow of Magdalen College. 1947, als Nachfolger von G. E. Moore, Herausgeber von »Mind« (bis 1971). Auf diese Weise erhält seine Überzeugung, daß philosophische Untersuchungen nur als Einheit von historischer und systematischer Arbeit an Reflexionsproblemen (›intellectual worries‹) vertretbar sind, eine wirkungsvolle publizistische Plattform.

Nach frühen intensiven Auseinandersetzungen mit der Philosophie F. Brentanos und seiner Schüler, der ↑Phänomenologie E. Husserls und der ↑Gegenstandstheorie A. Meinongs wendet sich R. unter dem Einfluß L. Wittgensteins, der 1929 nach Cambridge zurückgekehrt war, und in einem ständigen Klärungsprozeß gegenüber den Positionen Moores und B. Russells ganz der Aufgabe zu, begriffliche Verwirrungen als Ursache für falsch gestellte philosophische Fragen aufzudecken und der philosophischen Tätigkeit in Anknüpfung an die klassische antike Tradition wieder den Primat vor den philosophischen Resultaten zurückzugeben. Das methodologische Werkzeug der Analytischen Philosophie, die logische Analyse (↑Analyse, logische) sprachlicher Ausdrücke, wird von R. in Übereinstimmung mit Moore, aber mehr und mehr ohne dessen Glauben an die grundsätzlich zuverlässige Darstellungsfunktion der ↑Alltagssprache, als *begriffliche Analyse* verstanden. Die Differenz zwischen grammatischer und logischer Form wird dabei auf eine Tendenz des Sprachgebrauchs zurückgeführt, begriffliche Unterschiede durch grammatische Gleichbehandlung zu verschleiern. In diesem Zusammenhang besteht R. gegen die an G. Frege orientierten analytischen Philosophen, vor allem gegen die Vertreter des Logischen Empirismus (↑Empirismus, logischer), allen voran R. Carnap, darauf, daß nur prädikative Ausdrücke – wegen der Herkunft von ↑Prädikatoren aus ↑Artikulatoren – eine (begrifflich) vermittelte Darstellungsfunktion haben, nicht aber Aussagen: »Sentences are things that we say. Words and phrases are what we say things with« (Ordinary Language [1953], Collected Papers II, London/New York 2009, 325), »concepts are not things, as words are, but rather the functionings of words« (Dilemmas, 1954, 32). R.s Bedeutungstheorie ist eine Wortverwendungstheorie: Sätze bedeuten nichts; in ihnen zeigen sich die Verwendungen prädikativer Ausdrücke in Gestalt begrifflicher Zusammenhänge und damit auch die begrifflichen Verwirrungen, um deren Aufklärung es R. geht. Es ist also genauer der propositionale Kern von Sätzen, der R. interessiert, nicht deren Modus, der später, in dem von ihm mitbegründeten Linguistischen Phänomenalismus (↑Phänomenalismus, linguistischer), in Gestalt der Sprechakttheorie (↑Sprechakt) im Zentrum des Interesses steht.

Die begrifflichen Verwirrungen entstehen durch ↑*Kategorienfehler*, z. B. durch die Gleichbehandlung mentaler

Prädikatoren, etwa ›wollen‹, mit gewöhnlichen Prädikatoren, etwa ›rauchen‹, und philosophische Irrtümer sind
durch sie verursacht. Sie sind ablesbar an ↑Widersprü-
chen, die sich durch begrifflich gesteuerten Wortgebrauch in Aussagen ergeben. Man muß also die logischen Beziehungen zwischen den Aussagen kennen, und
diese werden bei R. nicht auf eine formalsprachlich konzipierte logische Form der Aussagen gegründet, sondern
auf eine praktische, in einem Lehr- und Lernprozeß erworbene Fertigkeit (›skill‹) zurückgeführt, nämlich die
Kunst der Argumentation pro und contra eine Aussage.
Begriffsanalyse stimmt mit der argumentativen Verwendung der Begriffe in Aussagen, der Bestimmung ihres Implikationszusammenhangs (›implication thread‹),
überein. Die Ausbildung dieser Fertigkeit geschieht unter anderem durch eine immer differenzierter vorgehende Bestimmung der semantischen Kategorien
(↑Kategorie, semantische), zu denen die prädikativen
Ausdrücke einer Aussage gehören, ihrer, wie R. es nennt,
›logischen Geographie‹. Z. B. gehört zwar Suchen, aber
nicht Entdecken zu den Handlungen, die erfolglos sein
können.
In seinem Hauptwerk »The Concept of Mind« (1949)
werden die Fertigkeit der Begriffsanalyse zu einer
grundsätzlichen Abrechnung mit der neuzeitlichen, von
R. paradigmatisch durch Descartes verkörperten
These ›Wissen ist propositionales Wissen‹ herangezogen
und in Anknüpfung an Aristoteles die Rolle nicht-pro-
positionalen oder operationalen Wissens als Können
(knowing-how vs. knowing-that) herausgearbeitet. Das
erlaubt es R., die gesamte Rede von mentalen Tätigkeiten
– und hier steht er den Einsichten, wenn auch nicht den
Verfahren Wittgensteins in den »Philosophischen Untersuchungen« sehr nahe – grundsätzlich durch Adver-
bien auf gewöhnlichen Tätigkeiten und damit als von
logisch höherer Stufe zu rekonstruieren. Es bedarf nicht
des die Trennung von Seele und Leib (mind and body;
↑Leib-Seele-Problem) symbolisierenden Mythos vom
›Gespenst in der Maschine‹ (›ghost in the machine‹) zur
Charakterisierung des eigentlichen Agenten, der physikalische Bewegungen in intentional bestimmte Handlungen verwandelt. Die Alternative eines (ontologischen) ↑Idealismus oder Materialismus (↑Materialismus
(systematisch)) bzw. eines (epistemologischen) ↑Menta-
lismus oder ↑Behaviorismus beruht auf falsch gestellten,
sich einem Kategoriefehler verdankenden Fragen.
Die Fruchtbarkeit dieser Einsichten wird von R. auch in
vielfältigen Untersuchungen mit historischem Akzent
erprobt. In »Plato's Progress« (1966), einer Vorarbeiten
zusammenfassenden, systematischen Analyse insbes.
der Platonischen Dialoge »Sophistes«, »Parmenides«
und »Theaitetos«, geht es darum, den »Parmenides« im
Blick gerade auf Platons Entdeckung von Typenunter-
scheidungen (formale Begriffe wie Einheit und Ver-

schiedenheit versus andere Begriffe, z. B. gewöhnliche
Gattungsbegriffe) mit Hilfe des ihn gedanklich vorbereitenden »Sophistes« und des seine gedanklichen Konsequenzen ziehenden »Theaitetos« besser zu verstehen.
Dem Einwand, historische Angemessenheit sei bei diesem Verfahren dem Risiko systematischer Voreingenommenheit ausgesetzt, begegnet R. mit dem Argument,
daß die Alternative einer historischen Darstellung ohne
Bezug auf zu unterstellende systematische Probleme eines Autors historische Angemessenheit nicht einmal
mehr charakterisieren kann.

Werke: Negation, Proc. Arist. Soc. Suppl. 9 (1929), 80–96, Neudr.
in: Collected Papers [s. u.] II, 2009, 1–12; Are There Propositions?, Proc. Arist. Soc. NS 30 (1930), 91–126, Neudr. in: Collected Papers [s. u.] II, 2009, 13–40; Systematically Misleading Ex-
pressions, Proc. Arist. Soc. NS 32 (1932), 139–170, Neudr. in:
Collected Papers [s. u.] II, 2009, 41–65; Imaginary Objects, Proc.
Arist. Soc. Suppl. 12 (1933), 18–43, Neudr. in: Collected Papers
[s. u.] II, 2009, 66–85; ›About‹, Analysis 1 (1934), 10–12, Neudr.
in: Collected Papers [s. u.] II, 2009, 86–88; Unverifiability-by-Me,
Analysis 4 (1936), 1–11, Neudr. in: Collected Papers [s. u.] II,
2009, 126–136; Philosophical Arguments, Oxford 1945, Neudr.
in: Collected Papers [s. u.] II, 2009, 203–221; Knowing How and
Knowing That, Proc. Arist. Soc. NS 46 (1946), 1–16, Neudr. in:
Collected Papers [s. u.] II, 2009, 222–235; Why Are the Calculu-
ses of Logic and Arithmetic Applicable to Reality?, Proc. Arist.
Soc. Suppl. 20 (1946), 20–29, Neudr. in: Collected Papers [s. u.]
II, 2009, 236–243; The Concept of Mind, London 1949, 2009 (dt.
Der Begriff des Geistes, Stuttgart 1969, 2015); Discussion. Mean-
ing and Necessity, Philos. 24 (1949), 69–76, Neudr. unter dem
Titel: Discussion of Rudolf Carnap: »Meaning and Necessity«,
Collected Papers [s. u.] I, 2009, 233–243; ›If‹, ›So‹, and ›Because‹,
in: M. Black (ed.), Philosophical Analysis. A Collection of Essays,
Ithaca N. Y. 1950, New York 1971, 323–340, Neudr. in: Collected
Papers [s. u.] I, 2009, 244–260; The Verification Principle, Rev.
int. philos. 5 (1951), 243–250, Neudr. in: Collected Papers [s. u.]
II, 2009, 300–306; Thinking and Language, Proc. Arist. Soc.
Suppl. 25 (1951), 65–82, Neudr. in: Collected Papers [s. u.] II,
2009, 269–283; Ordinary Language, Philos. Rev. 62 (1953), 167–
186, Neudr. in: Collected Papers [s. u.] II, 2009, 314–331; Dilem-
mas. The Tarner Lectures 1953, Cambridge 1954, 2015 (dt. Be-
griffskonflikte, Göttingen 1970); Sensation, in: H. D. Lewis (ed.),
Contemporary British Philosophy. Personal Statements, Third
Series, London 1956 (repr. London 2002), ²1961, 425–443,
Neudr. in: Collected Papers [s. u.] II, 2009, 349–362; Theory of
Meaning, in: C. A. Mace (ed.), British Philosophy in the Mid-
Century. A Cambridge Symposium, London 1957, ²1966, 237–
264, Neudr. in: Collected Papers [s. u.] II, 2009, 363–385; Ab-
stractions, Dialogue. Can. Philos. Rev. 1 (1962), 5–16, Neudr. in:
Collected Papers [s. u.] II, 2009, 448–458; La Phénoménologie
contre »The Concept of Mind«, in: La Philosophie analytique, ed.
L. Beck, Paris 1962, 1990, 65–84 [mit Diskussion, 85–104] (engl.
Phenomenology versus »The Concept of Mind«, in: Collected
Papers [s. u.] I, 2009, 186–204); A Rational Animal, London
1962; Plato's Progress, London/Cambridge 1966 (repr. Bristol
1994); The Thinking of Thoughts, Saskatoon 1968, Neudr. mit
Untertitel: What Is ›Le Penseur‹ Doing?, in: Collected Papers
[s. u.], II, 2009, 494–510; Collected Papers, I–II, London 1971
(repr. Bristol 1990), Neudr. London/New York 2009; Phenomenology and Linguistic Analysis, Neue H. Philos. 1 (1971), 3–11;

Contemporary Aspects of Philosophy, Stocksfield etc. 1976; On Thinking, ed. K. Kolenda, Totowa N. J. 1979, Oxford ²1982 (ital. Pensare pensieri, Rom 1990); Aspects of Mind, ed. R. Meyer, Oxford/Cambridge Mass. 1993.

Literatur: L. Addis/D. Lewis, Moore and R.. Two Ontologists, Iowa City, The Hague 1965; L. Antoniol, Lire R. aujourd'hui. Aux sources de la philosophie analytique, Brüssel 1993; D. Dolby (ed.), R. on Mind and Language, Basingstoke etc. 2015; R. Freis (ed.), The Progress of Plato's Progress, Berkeley Calif. 1969; R. J. Howard, R.'s Idea of Philosophy, New Scholasticism 37 (1963), 141–163; G. D. Jha, A Study on R.'s Theory of Mind. Expository and Critical, Visva-Bharati 1967; A. Kemmerling, G. R.. Können und Wissen, in: J. Speck (ed.), Philosophie der Gegenwart III (Moore, Goodman, Quine, R., Strawson, Austin), Göttingen 1975, ²1984, 127–167; ders., R., in: J. Nida-Rümelin (ed.), Philosophie der Gegenwart in Einzeldarstellungen. Von Adorno bis v. Wright, Stuttgart 1991, 523–532, ²1999, 650–659, ohne Untertitel, ed. mit E. Özmen, ³2007, 577–587; K. Kolenda (ed.), Studies in Philosophy. A Symposium on G. R., Houston Tex. 1972 (Rice University Studies 58/3); W. Lyons, G. R.. An Introduction to His Philosophy, Brighton, Atlantic Highlands N. J. 1980; P. L. Oesterreich, Person und Handlungsstil. Eine rhetorische Metakritik zu G. R.s »The Concept of Mind«, Essen 1987; G. Ramoino Melilli, G. R.. Itinerari concettuali, Pisa 1997; B. N. Rao, A Semiotic Reconstruction of R.'s Critique of Cartesianism, Berlin/New York 1994; F. Rossi-Landi, Scritti su G. R. e la filosofia analitica, Padua 2003; E. v. Savigny, Die Philosophie der normalen Sprache. Eine kritische Einführung in die ›Ordinary Language Philosophy‹, Frankfurt 1969, 1993; J. Tanney, G. R., SEP 2007, 2015; J. O. Urmson, R., Enc. Ph. VII (1967), 269–271, VIII (²2006), 580–584; O. P. Wood/G. Pitcher (eds.), R., Garden City N. Y. 1970, London/Basingstoke 1971; C. Zorzella, Linguaggio e filosofia in G. R., Padua 2007.   K. L.

S

śabda (sanskr., Laut, Stimme, Rede, Wort), Grundbegriff der indischen Philosophie (↑Philosophie, indische): zuverlässige Mitteilung oder Überlieferung. Der ś. gehört zu den grundsätzlich von allen orthodoxen, d. h. den ↑Veda anerkennenden, Systemen als eigenständig angesehenen Erkenntnismitteln (↑pramāṇa). Eine Berufung auf den ś. ist jedoch im allgemeinen keine Berufung auf ↑Autorität, etwa des Veda, vielmehr kann damit Wissen nur bereitgestellt und begründet werden, wenn ihm eigene Erfahrung und damit Beurteilung im Umgang mit gesprochener oder geschriebener Sprache zugrundeliegt (so ausdrücklich im ↑Nyāya). Insofern sprachliche Ausdrücke, bevor sie verstanden werden können, zunächst wahrgenommen werden müssen, ist Erkenntnis aufgrund von ś. ähnlich wie diejenige aufgrund von Schlußfolgerung (↑anumāna) durch Erkenntnis aufgrund von Wahrnehmung (↑pratyakṣa) vermittelt. Genaue Analyse sprachlicher Ausdrücke ist daher Bestandteil aller orthodoxen, aber auch, zu Zwecken der Kritik, aller heterodoxen Systeme. Besonders die an Pāṇini und Patañjali anschließenden Grammatiker entwickelten Unterscheidungen, die in allen Schulen weiter diskutiert wurden, darunter z. B. die Zerlegung des ś. in dhvani (= [unartikulierter] Ton) und varṇa (= [artikuliertes] Phon bzw. Buchstabe). Ferner entwickelten sie die Unterscheidung von ↑Aktualisierung und ↑Schema sowohl auf der Lautebene als auch auf der Ebene der kleinsten bedeutungstragenden Einheiten mit Hilfe der Lehre vom ↑sphoṭa, was für die zwischen dem Nyāya und der ↑Mīmāṃsā ausgetragene Diskussion um Konventionalität oder Ewigkeit des ś. wichtig wird (↑Logik, indische). Im Śabdādvaita Bhartṛharis, der Lehre von der Sprache in ihrem schematischen Aspekt als dem letztlich allein Wirklichen und daher mit brahman Identischen, ist die Welt gänzlich in Text verwandelt, jede Erkenntnis eine des ś. (= sphoṭa) geworden. Das Erkenntnismittel trägt dann den Namen ›pratibhā‹, d. i. eine Intuition im Sinne eines unmittelbaren Erfahrens des schematischen Aspekts, in dem ein Gegenstand und das Zeichen für ihn ununterschieden und sogar die Vielfachheit beider aufgehoben sind.

Literatur: K. Bhattacharya (ed.), Les arguments de Jagadīśa pour établir la parole comme moyen de connaissance vraie (pramāṇa) [enth. Text u. franz. Übers. der Kārikās 1–5 von Jagadīśa's Nyāya-Grammatik Śabdaśaktiprakāśikā], J. Asiatique 267 (Paris 1979), 155–189; S. Chatterjee, The Nyāya Theory of Knowledge. A Critical Study of Some Problems of Logic and Metaphysics, Kalkutta 1939, ²1950 (repr. 1978), rev. Delhi 2008; D. M. Datta, The Six Ways of Knowing. A Critical Study of the Vedānta Theory of Knowledge, London 1932, Kalkutta ²1960, 1972; ders., Verbal Testimony as a Source of Valid Cognition, in: K. Bhattacharya (ed.), Recent Indian Philosophy. Papers Selected from the Proceedings of the Indian Philosophical Congress 1925–1934 I, Kalkutta 1963, 201–211; M. Deshpande, Language and Testimony in Classical Indian Philosophy, SEP 2010, 2016; M. Ghosh/B. B. Chakrabarti (eds.), Śabdapramāṇa in Indian Philosophy, New Delhi 2006; S. Lienhard, Einige Bemerkungen über Śabdabrahman und Vivarta bei Bhavabhūti, Wiener Z. Kunde Süd- u. Ostasiens 12/13 (1968/1969), 215–219 (repr. in: ders., Kleine Schriften, Wiesbaden 2007, 30–34); B. K. Matilal, The Word and the World. India's Contribution to the Study of Language, Delhi/Oxford/New York 1990, 2001, bes. 120–132 (Chap. 11 Translation and Bhartṛhari's Concept of Language (Ś.)); T. Patnaik, S.. A Study of Bhartṛhari's Philosophy of Language, New Delhi 1994, ²2007; S. K. Saksena, Authority in Indian Philosophy, Philos. East and West 1 (1951), H. 3, 38–49, unter dem Titel: Testimony in Indian Philosophy, in: ders., Essays on Indian Philosophy, Honolulu Hawaii 1970, 24–36; G. N. Shastri, The Doctrine of Śabdabrahman. A Criticism by Jayantabhaṭṭa, Indian Hist. Quart. 15 (1939), 441–453; J. Singh, Verbal Testimony in Indian Philosophy, Delhi 1990; J. Vattanky, Nyāya Philosophy of Language. Analysis, Text Translation and Interpretation of Upamāna and Ś. Sections of Kārikāvali Muktāvalī and Dinakarī, Delhi 1995.   K. L.

Saccheri, Girolamo, *San Remo 5. Sept. 1667, †Mailand 25. Okt. 1733, ital. Logiker und Mathematiker, ab 1685 Mitglied des Jesuitenordens. Studium der Philosophie und Theologie zunächst in Genua und ab 1690 am Collegio Brera der Jesuiten in Mailand. Nach seiner Priesterweihe (1694) Dozent an den Jesuitenkollegs in Turin und Pavia (ab 1697). Ab 1699 zusätzlich Prof. der Mathematik an der Universität Pavia. – In der »Logica demonstrativa« gibt S. eine Axiomatisierung der ↑Syllogistik, die sich im Unterschied zu den materialen Logiken seiner Zeit an die ↑Konsequenzenlogik (↑consequentiae) der ↑Scholastik anschließt. Das Werk zählt zu den besten Logiken der Tradition. Besondere Bedeutung besitzt das von S. im 11. Kapitel systematisch zum Beweis einer

Reihe syllogistischer Theoreme verwendete ↑Clavius-sche Gesetz (auch: ↑›consequentia mirabilis‹), wonach eine Aussage A durch ihre Ableitung aus ¬A bewiesen werden kann (↑Beweis, indirekter). Diesen Gedanken wandte S. auch bei seinem berühmten Beweisversuch für das ↑Parallelenaxiom an, der sich so bereits im Werk des persischen Dichters und Gelehrten Omar al-Chaijâm (ca. 1048–1123) findet. S. geht dabei von einem Viereck *ABCD* mit rechten Winkeln in *A* und *B* sowie gleich-langen Strecken *AD* und *BC* aus (›S.-Viereck‹).

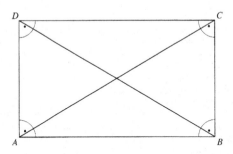

Es läßt sich dann ohne Zuhilfenahme des Parallelen-axioms zeigen, daß die Winkel bei *C* und *D* gleich sind. Die Annahme, daß sie rechte sind, ist mit dem Parallelen-axiom äquivalent. Die Annahmen, sie seien < 90° (›Hy-pothese des spitzen Winkels‹) bzw. > 90° (›Hypothese des stumpfen Winkels‹), bedeuten dagegen Negationen des Parallelenaxioms. Falls diese beiden Annahmen zum Widerspruch geführt werden könnten, wäre das Par-allelenaxiom bewiesen. S. glaubte zwar fälschlich, den entsprechenden Beweis geführt zu haben, bewies jedoch tatsächlich eine Reihe von ↑Theoremen, die keineswegs widersprüchlich sind, sondern lediglich von Eukli-dischen Vorgaben abweichen und heute der ↑nicht-eu-klidischen Geometrie zugerechnet werden. J. H. Lam-bert hat S.s Methode in seiner »Theorie der Parallel-linien« (1765, veröffentlicht 1786), der am weitesten gehenden Vorstufe der nicht-euklischen Geometrie, in modifizierter Weise übernommen.

Werke: Quaesita geometrica a Comite Rugerio de Vigintimilliis omnibus proposita, Mailand 1693, unter dem Titel: Sphinx geo-metra seu quaesita geometrica proposita et soluta, Parma ²1694; Logica demonstrativa, theologicis, philosophicis et mathematicis disciplinis accomodata, Turin 1697 (repr. Hildesheim/New York 1980), Pavia 1701 (repr. unter dem Titel: Logica dimostrativa, I–II [I ital. Übers., II Repr. d. Ausg. 1701], ed. M. Mugnai/M. Girondino, Pisa 2012), Köln 1735 (engl. A. F. Emch, The »Logica demonstrativa« of G. S., Diss. Harvard University 1934; ital./lat. Logica dimostrativa, ed. P. Pagli/C. Mangione, Mailand 2011); Neo-statica, Mailand 1708; Euclides ab omni naevo vindicatus sive conatus geometricus quo stabiliuntur prima ipsius geo-metriae principia, Mailand 1733 (repr. unter dem Titel: Euclide vendicato da ogni neo, I–II [I ital. Übers., II Repr. d. Ausg. 1733], ed. V. De Risi, Pisa 2011) (dt. Der von jedem Makel befreite Euklid oder Ein geometrischer Versuch zur Begründung der

Grundsätze der ganzen Geometrie [Übers. des 1. Buches], in: P. Stäckel/F. Engel [eds.], Die Theorie der Parallellinien von Euklid bis auf Gauss. Eine Urkundensammlung zur Vorgeschichte der nichteuklidischen Geometrie, Leipzig 1895 [repr. New York/London 1968], 31–136; lat./engl. G. S.'s Euclides vindicatus [Ausg. u. Übers. des 1. Buches], ed. G. B. Halstedt, Chicago Ill. 1920, New York ²1980, [engl. Übers. des 2. Buches] in: L. Allegri, The Mathematical Works of G. S., S. J. (1667–1733), Diss. Co-lumbia University 1960, unter dem Titel: Euclid Vindicated from Every Blemish [engl./lat.], ed. V. De Risi, Cham etc. 2014; ital./lat. Euclide liberato da ogni macchia, übers. P. Frigerio, Mailand 2001). – Due lettere inedite di G. S., ed. A. Agostini, Rom 1931.

Literatur: L. Allegri, Book II of G. S.'s Euclides ab omni naevo vindicatus, in: Proceedings of the 10th International Congress for the History of Science, Ithaca 1962 II, Paris 1964, 663–665; I. Angelelli, On S.'s Use of the ›Consequentia Mirabilis‹, in: A. Heinekamp u.a. (eds.), Akten des II. internationalen Leibniz-Kongresses, Hannover, 17.–22. Juli 1972 IV, Wiesbaden 1975 (Stud. Leibn. Suppl. XV), 19–26; ders., S.'s Postulate, Vivarium 33 (1995), 98–111; E. Beltrami, Un precursore italiano di Legendre e di Lobatschewsky, in: ders., Opere IV, Mailand 1920, 348–355; R. Bonola, La geometria non-euclidea. Esposizione storico-cri-tica del suo sviluppo, Bologna 1906, 20–38 (dt. Die Nichteukli-dische Geometrie. Historisch-kritische Darstellung ihrer Ent-wicklung, ed. H. Liebmann, Leipzig 1908, 25–45, ²1919 [repr. 1921], 20–37; engl. Non-Euclidean Geometry. A Critical and Historical Study of Its Development, New York 1912 [repr. New York 1955], 22–44); H. Bosmans, Le géomètre Jérome S. S. J. (1667–1733), Rev. quest. sci., sér. 4, 7 (1925), 401–430, separat Louvain 1925; A. M. Dou, Logical and Historical Remarks on S.'s Geometry, Notre Dame J. Formal Logic 11 (1970), 385–415; A. F. Emch, The Logica Demonstrativa of G. S., Scripta Math. 3 (1935), 51–60, 143–152, 221–233; C. L. Hamblin, S.an Argu-ments and the Self-Application of Logic, Australasian J. Philos. 53 (1975), 157–160; C. F. A. Hoormann Jr., A Further Examina-tion of S.'s Use of the ›consequentia mirabilis‹, Notre Dame J. Formal Logic 17 (1976), 239–247; K. Jaouiche, On the Fecundity of Mathematics from Omar Khayyam to G. S., Diogenes 57 (1967), 83–100; P. Pagli, Two Unnoticed Editions of G. S.'s »Lo-gica Demonstrativa«, Hist. and Philos. Log. 30 (2009), 331–340; A. Pascal, G. S. nella vita e nelle opere, Giorn. di math. di Battag-lini 52 (1914), 229–251, separat Neapel 1914; D. J. Struik, S., DSB XII (1975), 55–57; G. Vailati, Di un' opera dimenticata del P. G. S. (»Logica Demonstrativa« 1697), Riv. filosofica 4 (1903), 528–540, ferner in: ders., Scritti II (Scritti di scienza), ed. M. Qua-ranta, Sala Bolognese 1987, 212–219. G. W.

Sache, in der deutschsprachigen neuzeitlichen Philoso-phie Bezeichnung anstelle von lat. ↑›res‹. Die Bedeutung des Ausdrucks geht über die von ↑›Ding‹ hinaus und schließt beliebige Sachverhalte ein. In der Moralphi-losophie I. Kants erfährt der Ausdruck eine terminologi-sche Präzisierung, indem S. als Gegenbegriff zu ↑Person verwendet wird. Eine S. ist danach »ein Ding, was keiner Zurechnung fähig ist«, d.h. »jedes Object der freien Willkür, welches selbst der Freiheit ermangelt« (Met. Sitten AB 23, Akad.-Ausg. VI, 223). Daran schließt sich die Forderung an, Personen nicht wie S.n, sondern im-mer auch als ↑Zwecke an sich selbst zu behandeln; die Lehre von Besitz und ↑Eigentum nennt Kant S.nrecht.

E. Husserl fordert für die ↑Phänomenologie programmatisch (gegen die verbreitete zeitgenössische Auffassung der Philosophie als ›Weltanschauungslehre‹) zur Analyse der ›S.n selbst‹ auf, die dem intentionalen (↑Intentionalität) Bewußtsein im Wie ihrer Gegebenheit evident (↑Evidenz) erfahrbar seien (Logische Untersuchungen, Vorwort zur 2. Aufl. [1913], X, Ges. Werke XVIII [1975], 9).

Literatur: G. Almeras, Chose, Enc. philos. universelle II/1 (1990), 318–320; H. W. Arndt/K. R. Meist, S., Hist. Wb. Ph. VIII (1992), 1094–1100; H.-U. Baumgarten, S., in: M. Willaschek u. a. (ed.), Kant-Lexikon III, Berlin/Boston Mass. 2015, 1995; N. Hinske, ›Ding‹ und ›S.‹ in Lamberts »Neuem Organon«, in: M. Fattori/M. Bianchi (eds.), Res. III° colloquio internazionale del lessico intellettuale europeo, Roma, 7–9 gennaio 1980, Rom 1982, 297–311; V. Miano, Cosa, Enc. filos. II (1982), 524–530.   H. Sc./O. S.

Sachverhalt (engl. state of affairs), Bezeichnung für die begriffliche, intensionale (↑intensional/Intension) Bedeutung einer ↑Aussage bzw. die durch sie dargestellte ↑Proposition (bei G. Frege: der ↑Gedanke); in der traditionellen Logik (↑Logik, traditionelle) soviel wie Inhalt eines ↑Urteils, daher nur seinen semantischen, nicht aber seinen zur Form des Urteils (z. B. affirmativ zu sein) gehörenden pragmatischen Anteil betreffend. Synonyme und in diesem Sinne *inhaltsgleiche* Aussagen stellen mit jeweils anderen Worten denselben S. oder dieselbe Proposition dar. Beispiel: ›Klaus bat seinen Onkel Hermann um etwas‹ und ›Hermann wurde von seinem Neffen Klaus um etwas gebeten‹. Ein S. *besteht* (oder ist wirklich; ↑wirklich/Wirklichkeit), wenn die darstellende Aussage gilt, d. h. *wahr* ist; ein bestehender S. heißt dann auch ↑Tatsache. Ein S. *besteht nicht*, wenn die darstellende Aussage *falsch* ist.
Allerdings ist es üblich, von S.en auch relativ zu den propositionalen Kernen, dem ›Inhalt‹, beliebiger Sätze und nicht nur der im Behauptungsmodus auftretenden Aussagesätze, eben der Aussagen, zu sprechen. In diesen Fällen ist die Unterscheidung von bestehenden und nicht-bestehenden S.en eine, allerdings nicht leicht zu präzisierende, Unterscheidung innerhalb *fingierter* S.e (↑Fiktion), auch wenn irreführend häufig ›fingiert‹ oder ›bloß vorgestellt‹ mit ›besteht nicht‹ gleichgesetzt wird. Von den S.en, die durch ↑Abstraktion (↑abstrakt) in Bezug auf Synonymität (↑synonym/Synonymität) aus Aussagen gewonnen sind und daher grundsätzlich der Sprachebene angehören, sind die ↑Gegenstände, deren ↑Eigenschaften oder Beziehungen und, darauf bezogen, auch deren Existenz (↑Existenz (logisch)) in S.en zum Ausdruck gebracht werden, streng zu unterscheiden. Bei dieser Unterscheidung ist zu beachten, daß der Sprachebene, ihre Eigenständigkeit als Zeichenebene dabei aufhebend (↑Semiotik), ein unterschiedlicher Status zugeschrieben werden kann: symptomatisch für mentale Zustände (↑Repräsentation) oder symptomatisch für physische Situationen. Dabei liegt Einordnung der Rede von S.en in mentalistische Theoriebildungen (↑Mentalismus) oder behavioristische Theoriebildungen (↑Behaviorismus) vor. Der Unterschied zwischen S.en und Gegenständen spiegelt sich sprachlich im Unterschied zwischen Aussagesatz und ↑Nominator. Z. B. benennt ›dieses hohe Haus‹ einen Gegenstand, dessen (derart gekennzeichnete) Existenz durch ›dies ist ein hohes Haus‹ oder auch durch ›dies Haus ist hoch‹, also durch das Zukommen bestimmter Eigenschaften zu einem allein von ›dies‹ oder ›dieses Haus‹ (↑Demonstrator) vertretenen Gegenstand, d. i. das Bestehen eines S.s, ausgedrückt werden kann.   K. L.

Sacrobosco, Johannes de (auch: John von Holywood), *Holywood oder Nithsdale (Schottland) ca. 1195, †Paris ca. 1256, mittelalterlicher Mathematiker und Astronom. Studium in Oxford, ab 1220 Tätigkeit in Paris, 1221 Aufnahme an der dortigen Universität, später Prof. für Mathematik und Astronomie ebendort. – S. zählt zu den Schlüsselfiguren der Aneignung und Ausbildung mathematischer Kompetenz im mittelalterlichen Europa. Sein Lehrbuch zur Arithmetik (»Algorismus«) trug stark zur Verbreitung des hinduistisch-arabischen Zahlensystems (unseres Dezimalsystems) bei und war damit ein wesentlicher Faktor bei der Ersetzung der antiken Additionssysteme (wie der römischen Zahlen) durch die Stellenwertsysteme der Gegenwart. S.s bedeutendstes Werk ist die »Sphaera mundi«, die eine Einführung in die geozentrische Astronomie des K. Ptolemaios darstellt. S. greift dabei auf die Übersetzung des »Almagest« durch Gerard von Cremona aus dem Arabischen von 1175 zurück, stützt seine Darstellung aber stärker auf die Schriften der arabischen Kommentatoren al-Battānī und al-Farghānī. Die »Sphaera« gibt die Ptolemaiische Theorie nicht allein in ihren groben Zügen wieder, sondern schließt auch die relevanten mathematischen Mechanismen (insbes. das Deferent-Epizykel-Modell und den Äquanten) ein. Das didaktisch exzellent angelegte Werk fand in der Lehre (als Teil des Quadriviums) große Verbreitung und wurde bis zu P. Melanchthon, der es 1531 und 1538 zusammen mit S.s »Computus ecclesiasticus« herausgab, als Lehrbuch eingesetzt. Es stellt zugleich den ersten Schritt der abendländischen Wissenschaft dar, sich das Ptolemaiische System in seiner mathematischen Komplexität anzueignen. Von diesem Werk gingen im 15. Jh. die ersten originellen Entwicklungen der mittelalterlichen Astronomie aus (G. Peurbach, J. Müller de Monteregio [Regiomontanus]). S.s »Computus« ist eine Abhandlung zur kirchlichen Zeitrechnung, also etwa der Ermittlung des Ostertermins.
S. bemerkte als einer der ersten, daß die Jahreslänge des Julianischen Kalenders die Länge des Sonnenjahres leicht überstieg (um 11 Minuten) und daß sich in der

Folge die kalendarischen Jahreszeiten (wie der Frühlingsanfang) seit der Einführung des Kalenders um 10 Tage gegen die astronomischen Jahreszeiten (die Tag-und-Nacht-Gleiche) verschoben hatten. Im »Tractatus de Quadrante« legte S. Methoden zur astronomischen Bestimmung der Tages- und Nachtstunden nieder.

Werke: Spaera mondi [Tractatus de Spaera], Ferrara 1472, unter dem Titel: Tractatum de spera, Venedig 1472, unter dem Titel: Liber Iohannis de Sacro Busto, de Sphæra. Addita est praefatio in eundem librum Philippi Mel. [...], Wittenberg 1531, unter dem Titel: Ioannis de Sacro Busto Libellus, de Sphaera. Eiusdem autoris libellus, cuius titulus est Computus [...]. Cum praefatione Philippi Melanth., Wittenberg 1538, 1543, unter dem Titel: Tractatus de Spera, unter dem Titel: L. Thorndike (ed.), The »Sphere« of S. and Its Commentators, Chicago Ill. 1949, 76–117 (dt. Sphera materialis, übers. K. Heinfogel, Nürnberg 1516, Köln 1519, ed. F. B. Brévart, Göppingen 1981, unter dem Titel: Das Puechlein von der Spera, ed. F. B. Brévart, Göppingen 1979; franz. La Sphère de Jehan d. S., Paris 1546, unter dem Titel: La sphere de Jean d. S., ed. G. Des Bordes, Paris 1576, 1607; engl. The Sphere, in: L. Thorndike [ed.], The »Sphere« of S. and Its Commentators [s. o.], 118–142); Libellus Ioannis de Sacro Busto, De anni ratione, seu ut vocatur vulgo, Computus Ecclesiasticus, ed. P. Melanchton, in: Ioannis de Sacro Busto Libellus, de Sphaera [s. o.], Wittenberg 1538, 1543, separat Paris 1543, Antwerpen 1547, 1559, Paris 1572; Algorismus, in: Co[m]potus manualis mag[ist]ri Aniani, Straßburg 1488, separat Venedig 1501, 1523, unter dem Titel: Algorismus vulgaris, in: Petri Philomeni de Dacia in algorismum vulgarem Johannis de S. commentarius una cum algorismo ipso, ed. M. Curtze, Kopenhagen 1897, 1–19 (engl. The Art of Nombryng, in: R. Steele [ed.], The Earliest Arithmetics in English, London 1922 [repr. Millwood N. Y. 1975], 33–51). – J. Hamel, J. d. S.s Handbuch der Astronomie (um 1230) – kommentierte Bibliographie eines Erfolgswerkes, in: D. Fürst/E. Rothenberg (eds.), Wege der Erkenntnis. Festschrift für Dieter B. Herrmann zum 65. Geburtstag, Frankfurt 2004, 115–170.

Literatur: J. F. Daly, S., DSB XII (1975), 60–63; P. Duhem, Le système du monde III (Histoire des doctrines cosmologiques de Plato à Copernic), Paris 1958, 238–240; W. Grassl, S., BBKL XXIX (2008), 1215–1217; J. Hamel, J. d. S.s »Sphaera«. Text und frühe Druckgeschichte eines astronomischen Bestsellers, Gutenberg-Jb. 81 (2006), 113–137; ders., Studien zur »Sphaera« des J. d. S., Leipzig 2014; F. Krafft, J. d. S., LMA V (1991), 598–599; P. Kunitzsch, Der Almagest. Die Syntaxis Mathematica des Claudius Ptolemäus in arabisch-lateinischer Überlieferung, Wiesbaden 1974, 46–49; C. Ludwig, Die Karriere eines Bestsellers. Untersuchungen zur Entstehung und Rezeption der »Sphaera« des J. d. S., Concilium medii aevi 13 (2010), 153–185; J. Moreton, J. of S. and the Calendar, Viator 25 (1994), 229–244; A. Mosley, John of Holywood, in: T. Hockey (ed.), The Biographical Encyclopedia of Astronomers I, New York 2007, 597–598; O. Pedersen, In Quest of S., J. Hist. of Astronomy 16 (1985), 175–221; ders., S., in: H. C. G. Matthew/B. Harrison (eds.), Oxford Dictionary of National Biography XLVIII, Oxford/New York 2004, 549–550; C. Sigismondi, La sfera. Da Gerberto a S., Rom 2008. M. C.

Sahajayāna, ↑Tantrayāna.

Saint-Simon, Claude-Henri de Rouvroy, Graf von, *Paris 17. Okt. 1760, †ebd. 19. Mai 1825, franz. Sozialphilosoph, Begründer des ↑Saint-Simonismus. S.-S. wurde im Geiste der Philosophie der ↑Aufklärung erzogen und kämpfte als Freiwilliger unter G. Washington im amerikanischen Unabhängigkeitskrieg. Seine Offizierslaufbahn gab er auf, um sich den Wissenschaften zu widmen, von denen er die Umgestaltung der ↑Gesellschaft erwartete. Nachdem er seinen Besitz durch die Französische Revolution verloren hatte, spekulierte er erfolgreich mit Nationalgütern. Nach Verlust seines Vermögens durch verschwenderischen Lebenswandel lebte er ab 1805 in Armut. Nach einem Selbstmordversuch wegen fehlender Anerkennung seiner wissenschaftlichen Arbeiten nahm ihn der Bankier O. Rodrigues, ein Anhänger seiner Lehre, bis zu seinem Tode auf.

Die Tatsache, daß die Französische Revolution die soziale Frage nicht zu lösen vermochte, führt S.-S. auf die fehlende Kenntnis der Regelmäßigkeiten im sozialen Bereich zurück. Die Leitidee der Arbeiten von 1802 bis 1813 ist es, eine Erkenntnissicherheit, wie sie in den Naturwissenschaften durch ↑Naturgesetze gewährleistet ist, auch für die Wissenschaften vom Menschen und der Gesellschaft zu gewinnen. In den 1802 anonym veröffentlichten »Lettres d'un habitant de Genève à ses contemporains« entwickelt er den Plan zu einer Reform der gesellschaftlichen Verhältnisse auf der Grundlage wissenschaftlicher Erkenntnisse. Voraussetzung dafür sollten eine den letzten Stand der Wissenschaften berücksichtigende Zusammenfassung des gesamten zeitgenössischen Wissens und dessen methodische und inhaltliche Reorganisation sein. Die in diesem Sinne in der Schrift »Introduction aux travaux scientifiques du 19e siècle« (1808) geplante Neuausgabe der ↑Enzyklopädie wurde jedoch erst von seinen Schülern in Angriff genommen und blieb unvollendet. Beeinflußt durch die Schule der ›Ideologen‹, im Anschluß an den Französischen Materialismus (↑Materialismus, französischer), formuliert S.-S. in »Mémoire sur les sciences de l'homme« (1813) die von A. Comte später weiterentwickelten Prinzipien der positiven Wissenschaften (↑Positivismus (historisch)). Die Wissenschaft vom Menschen wird zur positiven Wissenschaft, wenn sie die Unterschiede zwischen den mathematischen Naturwissenschaften und den moralisch-politischen Wissenschaften in methodischer Hinsicht aufgibt und die Physiologie als Modell heranzieht, um die Geschichte des menschlichen Geistes als ↑Naturgeschichte der Menschheit zu beschreiben. Daneben ist für S.-S. I. Newton Vorbild, dessen Gravitationsgesetz er im Analogieschluß auf die Erklärung sozialer Bewegungen anzuwenden sucht.

In der ↑Geschichtsphilosophie führt S.-S. die Fortschrittstheorie (↑Fortschritt) M. J. A. N. C. Condorcets weiter und verbindet sie mit der ursprünglich von A. R. J. Turgot vorgeschlagenen, von Comte zum ↑Dreistadiengesetz weiterentwickelten Einteilung der Menschheitsgeschichte in drei gesetzmäßig aufeinander folgende

Epochen (klassisches Altertum, Mittelalter und neue Zeit), denen jeweils drei spezifische Weltanschauungen (Theologie, Metaphysik und positive Wissenschaft) entsprechen. Dabei lassen sich zu Beginn und gegen Ende dieser Epochen dem leitenden Prinzip widersprechende und daher krisenhafte Zustände beobachten, die als Erscheinungsformen des Organisationsprinzips der vorausgehenden bzw. nachfolgenden Epoche zu erklären sind. Während die bisherige Geschichte als Vorstufe zu betrachten ist, wird nach S.-S. das anbrechende Zeitalter geschichtslos sein. Die Entwicklung ist abgeschlossen, die Erkenntnisse der positiven Wissenschaft sind im Gegensatz zu denen früherer Epochen absolut gültig. Die Richtung der Entwicklung ist determiniert, nicht jedoch die Entwicklungsgeschwindigkeit. Alle gesellschaftlichen Institutionen, auch das Privateigentum (↑Eigentum), stehen den Organisatoren des industriellen Systems zur Disposition, wenn wissenschaftlich erwiesen ist, daß sie ihre gesellschaftliche Funktion verloren haben.

S.-S. betrachtet die auf die Französische Revolution folgende Restaurationsphase als übergangssymptomatische Krisensituation. Die politisch herrschende Klasse (↑Klasse (sozialwissenschaftlich)) war seiner Auffassung nach nicht die gesellschaftlich produktive Klasse. Die Revolution (↑Revolution (sozial)) war daher unvollendet. Der Verwirklichung des industriellen Systems stand noch das metaphysisch begründete Wertesystem der vergangenen Epoche entgegen, auf das ein desorientiertes Volk zurückgegriffen hatte, nachdem die vorschnelle Destruktion der alten Werte durch die Aufklärung ein ideologisches Vakuum entstehen ließ. S.-S. sah es als seine Aufgabe an, dem für das neue Zeitalter grundlegenden Klassenbewußtsein der Produzierenden durch eine positive Besetzung des Begriffs der ↑Arbeit zum Durchbruch zu verhelfen. Der Bereich der Arbeit sollte als der Bereich der menschlichen Selbstverwirklichung betrachtet werden, der Sozialstatus des Individuums dem Grad seines gesellschaftlichen Nutzens entsprechen. Diese Form des ↑Utilitarismus ist jedoch im Gegensatz zu ihrem englischen Vorbild ausschließlich am Kollektiv orientiert. Die Freiheitsforderung des individualistischen ↑Naturrechts hatte für S.-S. nur als Abwehrfunktion gegen feudale und absolutistische Unterdrückung eine historische Aufgabe. Im industriellen System hingegen kann das ↑Individuum in die organische Gesellschaft eingebunden werden. Der ↑Staat der neuen Gesellschaft wird tendenziell unpolitisch sein; die Herrschaft von Menschen über Menschen wird durch die Verwaltung von Sachen ersetzt. Zwar ist eine zentrale Leitung erforderlich, aber die Direktiven sind nur Umsetzungen von Erkenntnissen der positiven Wissenschaften.

Werke: Œuvres choisies. Précédées d'un essai sur sa doctrine, I–III, Brüssel 1859 (repr. Hildesheim 1973); Œuvres de S.-S. et

d'Enfantin. Publiées par les membres du conseil institué par Enfantin pour l'exécution de ses dernières volontés et précédées de deux notices historiques, I–XLVII, Paris 1865–1878 (repr. Aalen 1963–1964); Œuvres, I–VI, Paris 1868–1876 (repr. 1966, Genf 1977); Textes choisis, ed. J. Dautry, Paris 1951, 1969 (dt. Ausgewählte Texte, Berlin [Ost] 1957); Selected Writings, ed. F. M. H. Markham, Oxford, New York 1952 (repr. Westport Conn. 1979); Opere, ed. M. T. Bovetti Pichetto, Turin 1975; Selected Writings on Science, Industry, and Social Organisation, ed. K. Taylor, London, New York 1975; Ausgewählte Schriften, ed. L. Zahn, Berlin [Ost] 1977; Œuvres complètes, I–IV, ed. J. Grange u. a., Paris 2012. – Introduction aux travaux scientifiques du 19ᵉ siècle, I–II, o.O. 1808, ferner in: Œuvres complètes [s.o.] I, 367–426 (engl. [Auszug] Introduction to the Scientific Studies of the 19th Century, in: Selected Writings on Science, Industry, and Social Organisation [s.o.], 86–104; dt. [Vorwort] Einführung in die wissenschaftlichen Arbeiten des 19. Jahrhunderts, in: Ausgewählte Schriften [s.o.], 36–44; Mémoire sur les sciences de l'homme, o.O. 1813, ferner in: Œuvres complètes [s.o.] II, 1069–1175 (engl. [Auszug] Memoir on the Science of Man, in: Selected Writings on Science, Industry, and Social Organisation [s.o.], 111–123; dt. Abhandlung über die Wissenschaft vom Menschen, in: Ausgewählte Schriften [s.o.], 96–132. – (anonym) Lettres d'un habitant de Genève à ses contemporains, o.O. [Genf] 1802, ferner in: S.-S.. Son premier écrit, ed. O. Rodrigues, Paris 1832, 1–67, ferner in: Œuvres complètes [s.o.] I, 101–128 (engl. Letters from an Inhabitant of Geneva to His Contemporaries, in: Selected Writings on Science, Industry, and Social Organisation [s.o.], 66–82; dt. Briefe eines Genfer Einwohners an seine Zeitgenossen, in: Ausgewählte Schriften [s.o.], 1–35. – J. Walch, Bibliographie du saint-simonisme avec trois textes inédits, Paris 1967; P. Hourcade, Bibliographie critique du duc de S.-S., Paris 2010; H. Mori, Bibliographie de C.-H. de S.-S., Paris 2012. – Totok V (1986), 509–511.

Literatur: P. Ansart, Sociologie de S.-S., Paris 1970; F.-R. Bastide, S.-S. par lui-même, Paris 1953, 1967, unter dem Titel: S.-S., 1977, 1985; S. A. Bazard u. a., Doctrine de S.-S.. Exposition, première année, 1829, ed. H. Carnot u. a., Paris 1830, ³1831, ed. C. Bouglé 1924 (dt. Die Lehre S.-S.s, ed. G. Salomon-Delatour, Neuwied 1962; engl. The Doctrine of S.-S.. An Exposition, First Year, 1828–1829, Boston Mass. 1958, New York ²1972); C. Blanquie, S.-S. ou la politique des Mémoires, Paris 2014; A. J. Booth, S.-S. and Saint-Simonism. A Chapter in the History of Socialism in France, London 1871 (repr. Amsterdam 1970); F. Dagognet, Trois philosophes revisitées. S.-S., Proudhon, Fourier, Hildesheim/Zürich/New York 1997; J.-M. Delacomptée, La grandeur. S.-S., Paris 2011; E. Durkheim, Le socialisme. Sa définition, ses débuts, la doctrine saint-simonienne, ed. M. Mauss, Paris 1928, ²1971, 1992; R. M. Emge, S.-S.. Einführung in ein Leben und ein Werk, eine Schule, Sekte und Wirkungsgeschichte, München/Wien 1987; D.-E. Franz, S.-S., Fourier, Owen. Sozialutopien des 19. Jahrhunderts, Leipzig/Jena/Berlin [Ost] 1987, Köln 1988; P. Gardiner, S.-S., Enc. Ph. VII (1967), 275–277, VIII (²2006), 589–591; V. Gioia/S. Noto/A. Sánchez Hormigo (eds.), Pensiero critico ed economia politica nel XIX secolo. Da S.-S. a Proudhon, Bologna 2015; M. Hahn, Präsozialismus. C.-H. de S.-S.. Ein Bericht, Stuttgart 1970; M. Hersant, Le discours de vérité dans les mémoires du duc de S.-S., Paris 2009, 2015; ders., S., Paris 2016; ders./u. a. (eds.), Histoire, histoires. Nouvelles approches de S.-S. et des récits des XVIIᵉ–XVIIIᵉ siècles, Arras 2011; R. Klopfleisch, Freiheit und Herrschaft bei C.-H. de S.-S.. Eine wissenschaftsgeschichtliche Studie über die Entwicklung des sozialen Freiheitsbegriffs von Rousseau über S.-S. zu Marx, Frankfurt/Bern 1982; M. Lemke, Ordnung und sozialer Fortschritt. Zur gegenwartsdiagnostischen Relevanz der politischen Soziologie von Henri de S.-S., Münster/Hamburg/London 2003; D. Leopold, S.-S., REP VIII (1998), 446–447; E. Le Roy Ladurie, S.-S. ou le système de la Cour, Paris 1997; F. E. Manuel, The New World of Henri S.-S., Cambridge Mass. 1956, Notre Dame Ind. 1963; P. Musso, Le vocabulaire de S.-S., Paris 2005; T. Petermann, C.-H. de S.-S.. Die Gesellschaft als Werkstatt, Berlin 1979; ders., Der Saint-Simonismus in Deutschland. Bemerkungen zur Wirkungsgeschichte, Frankfurt/Bern/New York 1983; D. Pietz, Zur literarischen Rezeption des Comte de S.-S.. Die Rezeption, Verarbeitung und Vermittlung der soziopolitischen Ideen S.-S.s bei Stendhal und Honoré de Balzac, Bonn 1996; W. Spies, Recht und Staat bei S.-S., Bonn 1959; M. Stefanovska, S.-S., un historien dans les marges, Paris 1998; J. Walch, S.-S., DP II (²1993), 2525–2527; G. Weill, Un précurseur du socialisme: S.-S. et son œuvre, Paris 1894 (repr. Aalen 1979); M.-P. de Weerdt-Pilorge, Les mémoires de S.-S.. Lecteur virtuel et stratégies d'écriture, Oxford 2003.   H. R. G.

Saint-Simonismus (franz. saint-simonisme), Bezeichnung für eine gesellschaftskritische Schulrichtung, die sich an dem Werk C.-H. de Saint-Simons orientierte und in Frankreich insbes. zwischen 1827 und 1831 einflußreich war. Die Gesellschaftskritik des S.-S. zog die von der reaktionären Restauration enttäuschte Jugend an. Der S.-S. sah eine planwirtschaftlich organisierte und zentral gesteuerte Wirtschaft vor und strebte darüber hinaus die planmäßige Verwaltung aller Lebensbereiche an. Dabei herrschte die Annahme vor, durch bewußte Unterwerfung unter die wissenschaftlich erkannten Gesetzmäßigkeiten ließen sich alle sozialen Phänomene vollständig kontrollieren. Geführt wurde die Schule des S.-S. im wesentlichen von dem Bankier B. P. Enfantin (1796–1864) und von A. Bazard. Beide standen der hierarchisch aufgebauten, sektenförmigen schulischen Gemeinschaft ab 1829 als ›Oberpriester‹ (*pères suprêmes*) vor. Als Enfantin die Emanzipation der Frau, das Recht auf Ehescheidung und freie Liebe propagierte, verlor der S.-S. schnell seine Popularität. 1832 zog sich Enfantin mit 40 Anhängern auf sein Gut Ménilmontant zurück, um mit seiner Kommune den Lebensstil der neuen Gesellschaft vorzuleben. Obwohl sich in dieser Zeit die Schule auflöste, wirkte der S.-S. durch seine ehemaligen Anhänger in verschiedenen Wirtschaftsbereichen innovativ (Eisenbahngründungen, Kanalbauten, Bankwirtschaft). Theoretisch beeinflußte er die verschiedenen Formen des Sozialismus, aber auch den späten englischen ↑Utilitarismus (J. S. Mill, T. Carlyle) und das ›junge Deutschland‹ (H. Heine, K. Gutzkow).

In der bereits 1826 aus finanziellen Gründen eingestellten Zeitschrift »Producteur« führten insbes. Enfantin und Bazard die Lehre Saint-Simons unter Berücksichtigung der gesellschaftlichen und politischen Entwicklung fort. Die Angriffe des S.-S. richteten sich jetzt vornehmlich gegen die Ausbeutung der Produzenten durch das nicht-arbeitende Kapital (↑Kapitalismus). Die bereits im Werk Saint-Simons angelegte Kritik des ökonomischen und politischen ↑Liberalismus verschärfte sich. Zur Diskussion und Verbreitung der neuen Gesellschaftslehre veranstaltete die Schule ab 1828 regelmäßige Vorträge, die als »Doctrine de Saint-Simon« 1829 veröffentlicht wurden. Der klassischen politischen Ökonomie (↑Ökonomie, politische) wurde vor allem vorgeworfen, sie suche ökonomische Probleme ohne Reflexion auf die gesellschaftlichen Bedingungen ihrer Genese zu definieren und zu lösen. Zunächst hielt Bazard die freie Konkurrenz des ↑Marktes für die Ursache der kapitalistischen Fehlentwicklung. Er schlug vor, durch Reorganisation des Bankensystems der Konkurrenzgesellschaft unter Beibehaltung des Wettbewerbs ihren antagonistischen Charakter (↑Antagonismus) zu nehmen. Durch die Gründung branchenspezifischer Industriebanken sollte eine nur leistungsgebundene Feststellung der Kreditwürdigkeit ermöglicht werden. Die Kreditentscheidung sollte danach allein von der Prognose der Zentralbank hinsichtlich des gesellschaftlichen Nutzens einer Produktionsausweitung abhängen. Von der Kreditlenkung als Instrument der Wirtschaftsplanung geht Bazard zur Forderung nach Abschaffung des Erbrechts über, das moralisch nicht zu rechtfertigen sei und durch die Zufälligkeit wirtschaftlicher Elitenbildung die produktive Nutzung der volkswirtschaftlichen Kräfte verhindere. Dabei soll jedoch kein gemeinsamer Besitz an Produktionsmitteln entstehen, vielmehr nur deren gerechtere, d. h. leistungsabhängige, Verteilung gesichert werden. Das Recht zur Disposition über Produktionsmittel leitet sich aus der Fähigkeit ab, sie zu verwalten. Das Problem der Verschwendung der im Finanzkapital ausgedrückten gesellschaftlichen ↑Arbeit auf einem anarchischen Markt führt zur Forderung einer zentralistischen Investitionslenkung und einer den gesamten Wirtschaftsablauf deskriptiv erfassenden und rational regelnden staatlichen Wirtschaftsbürokratie. Unter Vorwegnahme eines Gedankens von K. Marx wird in den ökonomischen Artikeln des »Globe« der antagonistische Grundcharakter der Konkurrenzgesellschaft aus der Warenform (↑Ware) des gesellschaftlichen Verkehrs erklärt. Die geforderte Ersetzung der Geld- und Tauschwirtschaft durch eine zentralstaatliche Lenkung des Produktions- und Distributionsbereichs wird gefordert und gleichzeitig als notwendig letzte Stufe eines historischen Entwicklungsprozesses vorausgesagt. Die Planbarkeit aller menschlichen Lebensbereiche wird mit Hilfe der Annahme versichert, durch bewußte Unterwerfung unter erkannte soziale Gesetzmäßigkeiten ließen sich die sozialen Abläufe vollständig kontrollieren. Der totale Verwaltungsstaat des S.-S. sucht der Herrschaftsproblematik durch die Behauptung einer prinzipiellen Rationalität wissenschaftlich begründeter Entscheidungen zu entgehen.

Literatur: O. W. Abi-Mershed, Apostles of Modernity. Saint-Simonians and the Civilizing Mission in Algeria, Stanford Calif.
2010; N. Bodenheimer, Heinrich Heine und der S.-S. (1830–
1835), Stuttgart/Weimar 2014; A. J. Booth, Saint-Simon and
Saint-Simonism. A Chapter in the History of Socialism in France,
London 1871 (repr. Amsterdam 1970); M. T. Bulciolu, L'école
saint-simonienne et la femme. Notes et documents pour une histoire du rôle de la femme dans la société saint-simonienne
1828–1833, Pisa 1980; E. M. Butler, The Saint-Simonian Religion
in Germany. A Study of the Young German Movement, Cambridge 1926, Hannover 2008; R. B. Carlisle, The Proffered Crown.
Saint-Simonianism and the Doctrine of Hope, Baltimore Md./
London 1987; J. R. Derré (ed.), Regards sur le saint-simonisme et
les saint-simoniens, Lyon 1986 (mit Bibliographie 1965–1984,
186–206); R. M. Emge, Saint-Simon. Einführung in ein Leben
und ein Werk, eine Schule, Sekte und Wirkungsgeschichte, Mün-
chen/Wien 1987; P. Ferruta, Die Saint-Simonisten und die Konstruktion des Weiblichen (1829–1845). Eine Verflechtungs-
geschichte mit der Berliner Haskala, Hildesheim/Zürich/New
York 2014; G. G. Iggers, The Cult of Authority. The Political Philosophy of the Saint-Simonians. A Chapter in the Intellectual
History of Totalitarianism, The Hague 1958, ²1970; J. Lajard de
Puyjalon, L'influence des saint-simoniens sur la réalisation de
l'Isthme de Suez et des chemins de fer, Paris 1926; K. Meschede,
S.-S., Hist. Wb. Ph. VIII (1992), 1126–1128; P. Musso, Saint-Si-
mon et le saint-simonisme, Paris 1999; ders. (ed.), Actualité du
saint-simonisme. Colloque de Cerisy, Paris 2004; A. Picon, Les
Saint-Simoniens. Raison, imaginaire et utopie, Paris/Berlin 2002;
P. M. Pilbeam, Saint-Simonians in Nineteenth-Century France.
From Free Love to Algeria, Basingstoke etc. 2014; C. Prochasson,
Saint-Simon ou l'anti-Marx. Figures du saint-simonisme français
XIXᵉ–XXᵉ siècles, Paris 2005; H.-C. Schmidt am Busch, Religiöse
Hingabe oder soziale Freiheit. Die saint-simonistische Theorie
und die Hegelsche Sozialphilosophie, Hamburg 2007 (franz.
Hegel et le saint-simonisme. Étude de philosophie sociale, Toulouse 2012); ders./L. Siep/H.-U. Thamer (eds.), Hegelianismus
und S.-S., Paderborn 2007; R. Treves, La dottrina sansimoniana
nel pensiero italiano del risorgimento. Contributo alla storia
della filosofia sociale in Italia nella prima metà del secolo XIX,
Turin 1931, ²1973; J. Walch, Bibliographie du saint-simonisme
avec trois textes inédits, Paris 1967; G. Weill, L'école saint-simonienne. Son histoire, son influence jusqu'à nos jours, Paris 1896
(repr. Aalen 1979).   H. R. G.

Sakralgeometrie, vedische, Bezeichnung für eine in altindischen Sanskrittexten (↑Veda), den Śulvasūtras, überlieferte Lehre von elementargeometrischen Anleitungen
und Lehrsätzen zum Bau von Opferaltären, die einen
historischen Beleg für eine konstruktive Begründung
der Geometrie (↑Protogeometrie) bilden. Im Rahmen
eines komplexen Opferrituals wurden im alten Indien
schon vor Euklid aus Backsteinen Feueraltäre gebaut,
meist in Form von stilisierten Tierkörpern, deren Bau-
weise die Erfüllung zunächst magisch begründeter Anforderungen an ihre Form und Größe impliziert. So
müssen die Altäre unter anderem symmetrisch an einer
Ost-West-Linie ausgerichtet sein, sie müssen, bei Veränderungen ihrer Form, einen in den Texten vorgeschriebenen Flächeninhalt und, bei unumgänglichen
Vergrößerungen, die ebenfalls vorgeschriebenen Proportionen beibehalten. Diese magischen Anforderungen
werden in einer handwerklich vor-geometrischen Praxis
der Herstellung und Formung von Meßinstrumenten
und Backsteinen sowie durch den operativen Umgang
mit den Backsteinen zu ideativen (↑Ideation) Forderungen an die Konstruktion geometrischer Figuren (↑Ho-
mogenitätsprinzip).

Dabei sind in der v.n S. das rechnerisch-geometrische
Um- und Anlegen von Backsteinen gleicher Größe und
Form zu anderen geometrischen Figuren sowie das dem
↑Dreiplattenverfahren entsprechende Aufeinanderklap-
pen und Verschieben von deckungsgleichen Backsteinen
bzw. Backsteinstücken als ↑Handlungsschemata zu einer
Reihe von Regeln zusammengestellt, für die freilich das
magische Ziel des Baus der Altäre immer im Vordergrund steht. Bei einzelnen Sätzen aus der so genannten
pythagoreischen Satzgruppe hat die Verbindung des
rechnerisch-geometrischen mit dem operativ-planime-
trischen Element zu einer allgemeinen, theoretischen
Erkenntnis und deren Beweis geführt. Es wird nämlich
auf verschiedenem Wege, d. h. durch unterschiedliche
Handlungsschemata, eingeübt und ermittelt, daß z. B.
in einem rechtwinkligen Viereck die Fläche des Qua-
drats über der Diagonale (ursprünglich eine diagonal
gespannte Schnur) gleich der Summe der Flächen der
Quadrate über den beiden Katheten ist (↑Pythagorei-
scher Lehrsatz). Der Beweis dieses in den Texten explizit
ausgedrückten (und damit die pythagoreische Priorität
in Zweifel ziehenden) Satzes wird durch den Rekurs
auf die geometrisch-arithmetischen Backsteinoperatio-
nen sowie auf Symmetriebetrachtungen (↑symmetrisch/
Symmetrie (geometrisch)) an Deckungsgleichheiten gegeben. Darüber hinaus werden aus diesem und anderen
geometrischen Basissätzen Ableitungen und Folgebezie-
hungen gewonnen, die neben den Beweisverfahren
deutlich machen, daß es sich bei der v.n S. nicht um
bloße Anleitungen und Rezepte zur Herstellung von
räumlichen Formen handelt.

Das wissenschaftstheoretisch üblicherweise nur der
griechischen axiomatisch-deduktiven Geometrie zugeschriebene Verhältnis von Satz und ↑Beweis setzt ein
theoretisches Interesse voraus, das, wie für die v. S.
nachgewiesen werden kann, seine Entstehung und seinen Grund nicht einem (von einer empirisch-deskrip-
tiven Wissenschaftshistoriographie oft unterstellten)
geschichtlichen Zufall, sondern der spezifischen Kombination einer handwerklichen Praxis mit einer magisch-
vorwissenschaftlichen Gleichheitsnorm verdankt.

Werke: The Śulvasūtra of Baudhyāyana with the Commentary by
Dvārakānāthayajvan [sanskr./engl.], ed. u. übers. G. Thibaut, The
Pandit 9 (1874/1875), 292–298, 10 (1875/1876), 17–23, 44–50,
72–74, 139–146, 166–170, 186–194, 209–218, NS 1 (1876/1877),
316–324, 556–578, 626–642, 692–706, 761–770, Nachdr. d. engl.
Übers. in: G. Thibaut, Mathematics in the Making in Ancient

India, ed. D. Chattopadhyaya, Kalkutta/Delhi 1984, 67–134; Das Āpastamba-Śulba-Sūtra [sanskr./dt.], ed. u. übers. A. Bürk, Z. Dt. Morgenl. Ges. 55 (1901), 543–591, 56 (1902), 327–391; The Mānavaśrauta Sūtra Belonging to the Maitrāyāṇī Saṃhitā, I–II, ed. J. M. van Gelder, New Delhi 1961–1963; Kātyāyanaśulbasūtra [sanskr./engl.], ed. u. übers. S. D. Khāḍilkara, Poona 1974; The Śulbasūtras of Baudhāyana, Āpastamba, Kātyāyana and Mānava. With Text, English Translation and Commentary, ed. S. N. Sen/A. K. Bag, New Delhi 1983; Kātyāyana Śulbasūtra. With Sanskrit Commentaries of Karka and Mahidhara, Hindi Commentary, English Translation, Explanations and Geometrical Figures, ed. D. P. Kularia, New Delhi 2009.

Literatur: T. A. S. Amma, Geometry in Ancient and Medieval India, Delhi/Varanasi/Patna 1979, [2]1999, 2007; M. Cantor, Über die älteste indische Mathematik, Arch. Math. u. Physik, 3. Reihe 8 (1905), 63–72; S. G. Dani, Geometry in the Śulvasūtras, in: C. S. Seshadri (ed.), Studies in the History of Indian Mathematics, New Delhi 2010, 9–37; B. Datta, The Science of Śulba. A Study in Early Hindu Geometry, Kalkutta 1932, unter dem Titel: Ancient Hindu Geometry. The Science of the Sulba, New Delhi 1993; T. Hayashi, Indian Mathematics, in: G. Flood (ed.), The Blackwell Companion to Hinduism, Oxford/Malden Mass. 2003, 360–375; G. G. Joseph, The Crest of the Peacock. Non-European Roots of Mathematics, London/New York 1990, Princeton N. J./Oxford [3]2011; ders., Geometry in India, in: H. Selin (ed.), Encyclopaedia of the History of Science, Technology, and Medicine in Non-Western Cultures II, Berlin/Heidelberg/New York 2008, 1011–1014; R. P. Kulkarni, Geometry According to Śulba Sūtra, Pune 1983; A. Michaels, Beweisverfahren in der v.n S.. Ein Beitrag zur Entstehungsgeschichte von Wissenschaft, Wiesbaden 1978; ders., A Comprehensive Śulvasūtra Word Index, Wiesbaden 1983; C. Müller, Die Mathematik der Śulvasūtra. Eine Studie zur Geschichte indischer Mathematik, Abh. Math. Sem. Univ. Hamburg 7 (1930), 173–204; D. Pingree, Jyotiḥśāstra. Astral and Mathematical Literature, Wiesbaden 1981; K. Plofker, Mathematics in India, Princeton N. J./Oxford 2009; dies., Mathematics and Geometry, in: K. A. Jacobsen (ed.), Brill's Encyclopedia of Hinduism II/2, Leiden/Boston Mass. 2010, 309–317; A. Seidenberg, The Ritual Origin of Geometry, Arch. Hist. Ex. Sci. 1 (1960–1962), 488–527; ders., The Origins of Mathematics, Arch. Hist. Ex. Sci. 18 (1977/1978), 301–342; F. Staal, Agni. The Vedic Ritual of the Fire Altar, I–II, Berkeley Calif. 1983, Delhi 2001; ders., Greek and Vedic Geometry, J. Indian Philos. 27 (1999), 105–127; ders., Squares and Oblongs in the Veda, J. Indian Philos. 29 (2001), 257–273.   A. M.

śakti (sanskr., Kraft, Fähigkeit), Grundbegriff der indischen Philosophie und Theologie (↑Philosophie, indische), weitgehend gleichwertig mit der Aristotelischen ↑Dynamis (Potenz). Ursprünglich ist ś. die in einem weiblichen Aspekt eines Gottes personifizierte Macht, insbes. die Śiva zugeordnete gleichnamige Göttin, aber auch die Viṣṇu zugeordnete Lakṣmī; in diesem Zusammenhang spielt sie die zentrale Rolle bei den Sekten des Śāktismus. In den theistischen philosophischen Systemen hat ś. eine weitgehend begriffliche Funktion und steht für die Beziehung Gottes gegenüber einem Menschen, zur Beziehung der Hingabe (↑bhakti) eines Menschen an Gott konvers. Dabei werden, etwa bei den Śaivas, die Śiva als erste unter den Ursachen (↑kāraṇa), ś. als

Wirkursache(n) (karaṇa) und ↑māyā als stoffliche Ursache behandelt, grundsätzlich viele ś. unterschieden, z. B. eine Bewußtseinskraft (cit-ś.), eine Willenskraft (icchā-ś.), eine Erkenntniskraft (jñāna-ś.), eine Tatkraft (kriyā-ś.) und eine Wonnekraft (ānanda-ś.). Im advaita-Vedānta (↑Vedānta), der das unpersönliche ↑brahman an die Stelle eines (obersten) Gottes setzt, ist dessen ś. die eine Vielgestaltigkeit der Wirklichkeit nur vortäuschende māyā. Jenseits theologischer Zusammenhänge, z. B. im Prābhākara-Zweig der ↑Mīmāṃsā und streitig im ↑Vaiśeṣika, gehört ś. in der Bedeutung *potentia* zu den Kategorien (↑padārtha).   K. L.

Säkularisierung (lat. saecularisatio, von saeculum, Zeitalter, Generation), Bezeichnung für den geschichtlichen Prozeß der Trennung von Glauben und Wissen, ↑Religion und Kultur, Kirche und Staat und der Verweltlichung religiöser und theologischer Inhalte. Wesentliche Aspekte der S. in modernen Gesellschaften sind neben der ↑Autonomie der Individuen die ausdifferenzierte Komplexität ihrer Teilbereiche und ihre prozeduralen Legitimationsformen. Der Begriff der S. entstammt ursprünglich dem Staatskirchenrecht und bezeichnet die Einziehung und Enteignung kirchlichen Vermögens und Grundbesitzes durch den Staat im Zuge der Reformation und der ↑Aufklärung. Die S. in diesem Sinne erfolgte in Deutschland z. B. im Westfälischen Frieden von 1648 und im Reichsdeputationshauptschluß von 1803, in Frankreich während der Französischen Revolution 1789–1792, in Italien im Zuge der Konstituierung des Nationalstaates 1860–1870 (S. des Kirchenstaates), in Rußland durch die Oktoberrevolution 1917/1918. Später wurde S. zu einem soziologischen, ideenpolitischen (H. Lübbe) und geschichtsphilosophischen (K. Löwith, H. Blumenberg) Begriff, der zur positiven, emanzipatorischen oder – vor allem seitens traditioneller Theologie – negativen, ›verfallsgeschichtlichen‹ Deutung und Beurteilung des Prozesses der Entchristlichung bzw. Entkirchlichung, der Autonomisierung der ↑Vernunft und ihrer Emanzipation von ↑Offenbarung und kirchlicher Autoritätswahrheit verwendet wurde. Die Grundproblematik, die sich in den Prozessen der S. und ihrer unterschiedlichen Bewertung durchhält, entstammt dem theologischen Gegensatz von ›geistlich‹ und ›weltlich‹, der von A. Augustinus in seiner Lehre von den zwei ›civitates‹, den zwei ›Bürgerschaften Gottes‹, entwickelt wird (↑Gottesstaat) und die Kultur des christlichen Abendlandes bis hin zu M. Luthers Zwei-Reiche-Lehre nachhaltig prägt. Versteht man S. in diesem europäischen Gesamtzusammenhang, so erscheinen bereits der mittelalterliche, lateinische ↑Averroismus, die Erkenntniskritik des ↑Nominalismus und die Lehre von der doppelten Wahrheit (↑Wahrheit, doppelte) in Philosophie und Theologie als theoretische Prozesse der S. im

Kontext der ↑Religionskritik, der Theologie- und der ↑Metaphysikkritik. Der mittelalterliche Investiturstreit zwischen Kaisertum und Papsttum (1057–1122) erscheint als politische Vorgestalt der S..

Vorgänge der S. finden sich, religionswissenschaftlich betrachtet, in allen Religionen. Tiefgreifend beeinflussen sie die Ausdifferenzierungsprozesse der europäisch-christlichen Geschichte, in deren Verlauf Religion, Wissenschaft, Kunst und Kultur, Wirtschaft und Technik, Recht und Politik zu autonomen, voneinander unabhängigen Bereichen freigesetzt werden und in der die ›Entzauberung der Welt‹ (M. Weber) durch den ↑›Tod Gottes‹ (F. Nietzsche) zur theologischen ›Entmythologisierung‹ (R. Bultmann) und zur Neubestimmung der Situation des ›Menschen in der Profanität‹ (W. Kamlah) führt. Weber und E. Troeltsch verstanden die S. deskriptiv als spezifisch okzidentalen Rationalisierungs- und Modernisierungsprozeß in der Konsequenz einer originären Verbindung des jüdisch-christlichen Fortschrittsdenkens mit dem griechischen wissenschaftlichen Denken im Rahmen des neuzeitlichen Protestantismus (Calvinismus, Puritanismus) und ↑Kapitalismus. Löwith hat das Denken der europäischen Neuzeit, Aufklärung und Moderne insgesamt als weltgeschichtlich-diesseitige, ›immanente‹ Uminterpretation und so als S. der christlichen Geschichtstheologie und transzendenten ↑Eschatologie (Heilsgeschichte) zu begreifen versucht, in deren Verlauf Gott durch den Menschen als Subjekt der Geschichte ersetzt wurde. Theologie und Kulturkritik (z. B. F. Gogarten, A. Müller-Armack) haben seit den 1920er Jahren Fehlformen der S. (›Vergötzung‹ des Staates, des Individuums, der Technik, Verabsolutierung ›innerweltlicher‹ Bestände überhaupt) als *Säkularismus* und Ursprung totalitärer ↑Ideologien kritisiert. Blumenberg vertritt gegen Löwiths S.sthese die ›Legitimität der Neuzeit‹ als die Unableitbarkeit ihrer Gedanken des Fortschritts und humaner Selbstbehauptung aus Prozessen der S. von Theologie.

Literatur: S. Acquaviva/G. Guizzardi (eds.), La secolarizzazione, Bologna 1973; P. L. Berger (ed.), The Desecularization of the World. Resurgent Religion and World Politics, Washington D. C. 1999, 2008; M. Bergunder u. a., Säkularisation/S., RGG VII (⁴2004), 724–789; P. Blickle/R. Schlögl (eds.), Die Säkularisation im Prozess der S. Europas, Epfendorf 2005; H. Blumenberg, ›Säkularisation‹. Kritik einer Kategorie historischer Illegitimität, in: H. Kuhn/F. Wiedmann (eds.), Die Philosophie und die Frage nach dem Fortschritt, München 1964, 240–265; ders., Die Legitimität der Neuzeit, Frankfurt 1966, erw. u. überarb. unter dem Titel: S. und Selbstbehauptung, Frankfurt 1974, ²1983, 1985; E.-W. Böckenförde, Die Entstehung des Staates als Vorgang der Säkularisation, in: Säkularisation und Utopie. Ebracher Studien, E. Forsthoff zum 65. Geburtstag, Stuttgart etc. 1967, 75–94, Neudr. in: ders., Staat, Gesellschaft, Freiheit. Studien zur Staatstheorie und zum Verfassungsrecht, Frankfurt 1976, 42–64; ders., Der säkularisierte Staat. Sein Charakter, seine Rechtfertigung und seine Probleme im 21. Jahrhundert, München 2007; C. v.

Braun/W. Gräb/J. Zachhuber (eds.), S.. Bilanz und Perspektiven einer umstrittenen These, Berlin/Münster 2007; S. Bruce, God Is Dead. Secularization in the West, Oxford/Malden Mass. 2002, 2007; J. Casanova, Secularization, IESBS XX (2001), 13786–13791; W. Conze/H.-W. Strätz/H. Zabel, Säkularisation, S., in: O. Brunner/W. Conze/R. Koselleck (eds.), Geschichtliche Grundbegriffe V, Stuttgart 1984, 789–829; F. Delekat, Über den Begriff der Säkularisation, Heidelberg 1958; H. Dreier/C. Hillgruber/U. Volkmann, S. und Sakralität. Zum Selbstverständnis des modernen Verfassungsstaates, Tübingen 2013; M. Franzmann/C. Gärtner/N. Köck (eds.), Religiosität in der säkularisierten Welt. Theoretische und empirische Beiträge zur S.sdebatte in der Religionssoziologie, Wiesbaden 2006; F. Gogarten, Verhängnis und Hoffnung der Neuzeit. Die S. als theologisches Problem, Stuttgart 1953, ²1958, Gütersloh 1987; M. Hildebrandt/M. Brocker (eds.), S. und Resakralisierung in westlichen Gesellschaften. Ideengeschichtliche und theoretische Perspektiven, Wiesbaden 2001; H. Joas/K. Wiegandt (eds.), S. und die Weltreligionen, Frankfurt 2007 (engl. Secularization and the World Religions, Liverpool 2009); N. R. Keddie, Secularization and Secualarism, NDHI V (2005), 2194–2197; A. Langner (ed.), Säkularisation und S. im 19. Jahrhundert, München/Paderborn 1978; S. Latré/W. Van Herck/G. Vanheeswijck (eds.), Radical Secularization? An Inquiry into the Religious Roots of Secular Culture, New York 2015; H. Lehmann, Protestantisches Christentum. Im Prozeß der S., Göttingen 2001; H. Lübbe, S.. Geschichte eines ideenpolitischen Begriffs, Freiburg/München 1965, ³2003; G. Marramao, Potere e secolarizzazione. Le categorie del tempo, Rom 1983, ²1985, Turin 2005 (dt. Macht und S.. Die Kategorie der Zeit, Frankfurt 1989; ders., S., Hist. Wb. Ph. VIII (1992), 1133–1161; ders., Cielo e terra. Geneologia della secolarizzazione, Rom 1994 (dt. Die S. der westlichen Welt, Frankfurt/Leipzig 1996, 1999; franz. Ciel et terre. Généalogie de la sécularisation, Paris 2006); D. Martin, On Secularization. Towards a Revised General Theory, Aldershot etc. 2005, 2008; J. Mattern (ed.), EinBruch der Wirklichkeit. Die Realität der Moderne zwischen S. und Entsäkularisierung, Berlin 2002; H. McLeod, Secularisation in Western Europe, 1848–1914, Basingstoke etc. 2000; H.-U. Musolff/J. Jacobi/J.-L. Le Cam (eds.), S. vor der Aufklärung? Bildung, Kirche und Religion 1500–1750, Köln/Weimar/Wien 2008; A. del Noce, L'epoca della secolarizzazione, Mailand 1970 (franz. L'époque de la sécularisation, Paris 2001); ders., Secolarizzazione e crisi della modernità, Neapel/Rom 1989; M. Pohlig u. a., S.en in der Frühen Neuzeit. Methodische Probleme und empirische Fallstudien, Berlin 2008; D. Pollack, S. – ein moderner Mythos? Studien zum religiösen Wandel in Deutschland, Tübingen 2003, ²2012; S. Pott/L. Danneberg, S. in den Wissenschaften seit der frühen Neuzeit, I–III, Berlin/New York 2002–2003; A. Rauscher (ed.), S. und Säkularisation vor 1800, München/Paderborn/Wien 1976; R. Rémond, Religion et société en Europe. Essai sur la sécularisation des sociétés européennes aux XIXe et XXe siècles (1789–1998), Paris 1998 (engl. Religion and Society in Modern Europe, Oxford etc. 1999; dt. Religion und Gesellschaft in Europa. Von 1789 bis zur Gegenwart, München 2000); U. Ruh, S. als Interpretationskategorie. Zur Bedeutung des christlichen Erbes in der modernen Geistesgeschichte, Freiburg/Basel/Wien 1980; ders./C. Schulte/R. Sebott, S., Säkularisation (Sn.), LThK VIII (³1999), 1467–1473; T. Sandkühler, S., EP III (²2010), 2350–2355; A. Schöne, Säkularisation als sprachbildende Kraft. Studien zur Dichtung deutscher Pfarrersöhne, Göttingen 1958, ²1968; H.-H. Schrey (ed.), S., Darmstadt 1981; M. Stallmann, Was ist S.?, Tübingen 1960; P. Stoellger, S., Hist. Wb. Rhetorik VIII (2007), 408–424; C.

Taylor, A Secular Age, Cambridge Mass./London 2007 (dt. Ein säkulares Zeitalter, Frankfurt 2009, Berlin 2012; franz. L'âge séculier, Paris 2011); B. S. Turner, Religion and Modern Society. Citizenship, Secularisation and the State, Cambridge etc. 2011; S. Vietta/H. Uerlings (eds.), Ästhetik – Religion – S., I–II, München/Paderborn 2008/2009; M. Weinzierl (ed.), Individualisierung, Rationalisierung, S.. Neue Wege der Religionsgeschichte, Wien, München 1997; U. Willems u. a. (eds.), Moderne und Religion. Kontroversen um Modernität und S., Bielefeld 2013. T. R.

Salamanca, Schule von, (1) im weiten Sinne Bezeichnung für Philosophen und Theologen der spanischen Scholastik des 16. und beginnenden 17. Jhs., die darin übereinstimmten, daß sie in unterschiedlicher Weise eine Wiederbelebung der ↑Scholastik, insbes. im thomistischen (↑Thomismus) Sinne, anstrebten und (überwiegend Dominikaner) an der Universität von Salamanca bzw., wie F. Suárez, am dortigen Jesuitenkolleg lehrten. (2) Bezeichnung für die dem Orden der Unbeschuhten Karmeliter angehörenden (namentlich bekannten) Verfasser des zwischen 1631 und 1712 entstandenen und anonym publizierten »Cursus theologicus« (I–XX, Paris 1870–1883), der eine Art gigantischen Kommentar zur »Summa theologica« des Thomas von Aquin darstellt.

Literatur: A. A. Alves/J. M. Moreira, The Salamanca School, New York/London 2010, 2013; J. Belda Plans, La escuela de Salamanca y la renovación de la teología en el siglo XVI, Madrid 2000; J. Brufau Prats, La Escuela de Salamanca ante el descubrimiento del nuevo mundo, Salamanca 1989; K. Bunge u. a. (eds.), The Concept of Law (Lex) in the Moral and Political Thought of the ›School of Salamanca‹, Leiden/Boston Mass. 2016; I. Glockengiesser, Mensch – Staat – Völkergemeinschaft. Eine rechtsphilosophische Untersuchung zur S. v. S., Bern 2011; J. L. González-Novalín/F. Domíniguez/K. Reinhardt, Salamanca, LThK VIII (³1999), 1474–1477; A. Guy, L'école de Salamanque, Aquinas 7 (1964), 274–308; R. Hernándes, Salamanca, TRE XXIX (1998), 703–707; U. Horst, Die Lehrautorität des Papstes und die Dominikanertheologen der S. v. S., Berlin 2003 (engl. The Dominicans and the Pope. Papal Teaching Authority in the Medieval and Early Modern Thomist Tradition, Notre Dame Ind. 2006); O. Merl, Theologia Salmanticensis. Untersuchung über Entstehung, Lehrrichtung und Quellen des theologischen Kurses der spanischen Karmeliten, Regensburg 1947; V. Muñoz Delgado, La lógica nominalista en la Universidad de Salamanca, 1500–1530. Ambiente, literatura, doctrinas, Madrid 1964; S. Orrego-Sánchez, The 16th Century School of Salamanca as a Context of Synthesis between the Middle Ages and the Renaissance in Theological and Philosophical Matters, in: C. Burnett/J. Meirinhos/J. Hamesse (eds.), Continuities and Disruptions between the Middle Ages and the Renaissance. Proceedings of the Colloquium Held at the Warburg Institute, 15–16 June 2007, Louvain-La-Neuve, Turnhout 2008, 113–137. G. W.

Salisbury, Johannes von (lat. Ioannes Saresberiensis), *um 1115/1120, †Chartres 1180, Philosoph und Historiker, Schüler von P. Abaelard, Thierry von Chartres und Gilbert de la Porrée, Sekretär der Erzbischöfe Theobald und Thomas Becket von Canterbury. Diesen unterstützte J. v. S. im Kampf gegen Heinrich V. um die kirchliche Unabhängigkeit, weshalb er 1163–1170 ins Exil nach Frankreich (St. Remi bei Reims) gehen mußte; 1176 Bischof von Chartres. Seine Hauptwerke sind das »Metalogicon« und der »Policraticus«. Im »Metalogicon«, in dem auch der ↑Universalienstreit dargestellt wird, fordert J. v. S. als Voraussetzung für alle Wissenschaften das Studium der Logik – einschließlich der geregelten Disputationskunst (↑disputatio) und der allgemeinen Begründung von Wissenschaft –, wie sie das von ihm dargestellte Werk des Aristoteles enthält. Im »Policraticus«, in dem J. v. S. Hof und Verwaltung seiner Zeit durch den Vergleich mit der durch die klassische lateinische Literatur vermittelten idealen Lebensführung kritisiert, entwirft er die erste große Staatslehre des Mittelalters, deren Kernstück die Darstellung der die Politik beseelende Kraft der Kirche ist.

Werke: Opera omnia. Nunc primum in unum collegit et cum codicibus manuscriptis contulit, I–V, ed. J. A. Giles, Oxford etc. 1848 (repr. Leipzig 1969). – De nug[is] curialiu[m] & vestigijs ph[ilosoph]o[rum], Brüssel 1479/1481, unter dem Titel: Policratici contenta […] De nugis curialiu[m] et vestigijs philosopho[rum] […]. Quod quide[m] opus libris octo digestum est, Paris 1513, unter dem Titel: Policraticus de nugis curialiu[m] et vestigiis ph[ilosoph]o[rum] [con]tinens libros octo, Lyon 1513, unter dem Titel: Johannis Saresberiensis […] Policratici sive De nugis curialium et vestigiis philosophorum libri VIII, I–II, ed. C. C. I. Webb, London/Oxford 1909 (repr. Frankfurt 1965), unter dem Titel: Policraticus I–IV, ed. K. S. B. Keats-Rohan, Turnholt 1993 (CCM 118) [Teilausg.] The Statesman's Book of John of Salisbury. Being the Fourth, Fifth and Sixth Books and Selections from the Seventh and Eighths Books, of the Policraticus, trans. J. Dickinson, New York 1927, 1963, [Teilausg.] unter dem Titel: Frivolities of Courtiers and Footprints of Philosophers. Being a Translation of the First, Second, and Third Books and Selections from the Seventh and Eighth Books of the »Policraticus« of John of S., trans. J. B. Pike, Minneapolis Minn., London 1938 (repr. New York 1972), [Teilausg.] unter dem Titel: Policraticus. Of the Frivolities of Courtiers and the Footprints of Philosophers, ed. C. J. Nederman, Cambridge etc. 1990, 2000; franz. [Teilausg.] Le Policratique de Jean de S. (1372), livres I–III [altfranz.], übers. Denis Foulechat, ed. C. Brucker, 1994; [Teilausg.] unter dem Titel: Le Policratique de Jean de S. (1372), livre V [altfranz./lat./franz.], übers. Denis Foulechat, ed. C. Brucker, Genf 2006 [altfranz. Text 265–454, lat./franz. 455–727]; [Teilausg.] unter dem Titel: Éthique Chrétienne et philosophies Antiques. Le policratique de Jean de Salisbury, livres VI et VII [altfranz.], übers. Denis Foulechat, ed. C. Brucker, Genf 2013; dt. Policraticus. Eine Textauswahl [lat./dt.], ed. S. Seit, Freiburg/Basel/Wien 2008]; Metalogicus. E codice MS. Academiæ Cantabrigiensis, Paris 1610, unter dem Titel: Metalogicon libri IIII, ed. C. C. J. Webb, Oxford 1929, unter dem Titel: Metalogicon, ed. J. B. Hall/K. S. B. Keats-Rohan, Turnhout 1991 (CCM 98) [engl. The Metalogicon of John of S.. A Twelfth-Century Defense of the Verbal and Logical Arts of the Trivium, trans. D. D. McGarry, Berkeley Calif., Gloucester Mass. 1955, Philadelphia Pa. 2009, unter dem Titel: Metalogicon, trans. J. B. Hall, Turnhout 2013 [= Übers. der Ausg. Turnhout 1991 (s. o.)]; franz. Metalogicon, übers. F. Lejeune, Paris, Quebec 2009); Entheticus de dogmate Philosophorum, ed. C. Petersen, Hamburg 1843, unter dem Titel: Entheticus Maior and Minor [lat./engl.], I–III, ed. J. van Laarhoven, Leiden etc. 1987; Historiae Pontificalis quae supersunt, ed. R. L. Poole, Oxford 1927, unter dem Titel: John of S.'s Memoirs of the Papal Court/Ioannis Saresberiensis Historia Pontificalis [lat./engl.], ed. M. Chibnall, London/Edinburgh 1956, unter dem Titel: The »Historia Pontificalis« of John of S., Oxford 1986, 2002; Anselm & Becket. Two Canterbury Saint's Lives by John of S., ed. R. E. Pepin, Toronto 2009. – The Letters I (The Early Letters [1153–1161]), ed. W. J. Millor/H. E. Butler, London 1955, Oxford 1986; The Letters II (The Later Letters [1163–1180]), ed. W. J. Millor/C. N. L. Brooke, London, Oxford 1979. – Totok II (1973), 205–207.

Literatur: D. Bloch, John of S. on Aristotelian Science, Turnhout 2012; K. Bollermann/C. Nederman, John of S., SEP 2016; S. F. Brown, John of S., in: ders./J. C. Flores (eds.), Historical Dictionary of Medieval Philosophy and Theology, Lanham Md./Toronto/Plymouth 2007, 162–163; R. W. Brueschweiler, Das sechste Buch des »Policraticus« von Ioannes Saresberiensis (John of Salisbury). Ein Beitrag zur Militärgeschichte Englands im 12. Jahrhundert, Zürich 1975; M. Dal Pra, Giovanni di S., Mailand 1951; H. Daniels, Die Wissenschaftslehre des J. v. S., Kaldenkirchen 1932; G. Dotto, Giovanni di S.. La filosofia come sapienza, Assisi 1986; A. J. Duggan, J. v. S., TRE XVII (1988), 153–155; R. W. Dyson, Normative Theories of Society and Government in Five Medieval Thinkers. St. Augustine, John of S., Giles of Rome, St. Thomas Aquinas, and Marsilius of Padua, Lewiston N. Y./Queenston/Lampeter 2003, 113–140 (The Church and the ›Body Politic‹. The Policratus of John of S.); P. Ellard, John of S., in: B. L. Marthaler u. a. (eds.), New Catholic Encyclopedia XIII, Detroit Mich. etc. ²2003, 984–985; K. L. Forhan, The Twelfth Century ›Bureaucrat‹ and the Life of the Mind. John of S.'s »Policraticus«, Diss. Baltimore Md. 1987, Ann Arbor Mich. 1992; H.-W. Goetz, J. v. S., LMA V (1991), 599–601; C. Grellard, Jean de S. et la renaissance médiévale du scepticisme, Paris 2013; ders./F. Lachaud (eds.), A Companion to John of S., Leiden/Boston Mass. 2015; R. E. Guglielmetti, La tradizione manoscritta del »Policratus« di Giovanni di S.. Primo secolo di diffusione, Tavarnuzze (Florenz) 2005; K. Guth, J. v. S. (1115/20–1180). Studien zur Kirchen-, Kultur- und Sozialgeschichte Westeuropas im 12. Jahrhundert, St. Ottilien 1978; R. Halfen, Chartres. Schöpfungsbau und Ideenwelt im Herzen Europas IV (Die Kathedralschule und ihr Umkreis), Stuttgart/Berlin 2011, 425–464; B. Helbling-Gloor, Natur und Aberglaube im Policraticus des J. v. S., Zürich, Einsiedeln 1956; H. Hohenleutner, J. v. S. in der Literatur der letzten zehn Jahre, Hist. Jb. 77 (1958), 493–500; J. D. Hosler, John of S.. Military Authority of the Twelfth-Century Renaissance, Leiden/Boston Mass. 2013; M. D. Jordan, John of S., REP V (1998), 115–117; K. S. B. Keats-Rohan, John of S. and Twelfth Century Education in Paris, History of Universities 6 (1986), 1–45; dies., The Textual Tradition of John of S.'s »Metalogicon«, Rev. hist. textes 16 (1986), 229–282; M. Kerner, J. v. S. und die logische Struktur seines »Policraticus«, Wiesbaden 1977; C. H. Kneepkens, John of S., in: J. J. E. Gracia/T. B. Noone (eds.), A Companion to Philosophy in the Middle Ages, Malden Mass./Oxford/Carlton 2003, 392–396; U. Krolzik, J. v. S. BBKL III (1992), 549–552; H. Liebeschütz, Mediaeval Humanism in the Life and Writings of John of S., London 1950 (repr. Nendeln 1968, 1980); G. Miczka, Das Bild der Kirche bei J. v. S., Bonn 1970; G. Misch, Geschichte der Autobiographie III/2, Frankfurt 1962, 1998, 1157–1295 (J. v. S. und das Problem des mittelalterlichen Humanismus); P. v. Moos, Ge-

schichte als Topik. Das rhetorische Exemplum von der Antike zur Neuzeit und die ›historiae‹ im »Policraticus« Johanns v. S., Hildesheim/Zürich/New York 1988, ²1996; C. J. Nederman, John of S., Tempe Ariz. 2005; ders., John of S., in: H. Lagerlund (ed.), Encyclopedia of Medieval Philosophy II, Dordrecht etc. 2011, 637–640; ders./C. Campbell, Priests, Kings and Tyrants. Spiritual and Temporal Power in John of S.'s »Policraticus«, Speculum 66 (1991), 572–590; C. C. J. Webb, John of S., London 1932, New York 1971; M. Wilks (ed.), The World of John of S., Oxford 1984, 1994; G. Zanoletti, Il bello come vero alla scuola di Chartres, Giovanni di S., Rom 1979. O. S.

saltus in demonstrando (lat., Sprung beim Beweisen; auch: hiatus in demonstrando, saltus in concludendo), Bezeichnung für einen Sprung (statt des schrittweisen Vorgehens) innerhalb einer logischen Schlußkette, meist in Form des Überspringens der Begründung eines zur Gültigkeit der ↑Konklusion erforderlichen Arguments, insbes. der in einem ↑Enthymem ungenannten, da stillschweigend als gültig unterstellten ↑Prämisse.

Literatur: ↑Enthymem. C. T.

salva veritate (lat., die Wahrheit erhaltend), zuerst von G. W. Leibniz verwendeter Ausdruck zur Charakterisierung der ↑Identität durch Ununterscheidbarkeit (↑principium identitatis indiscernibilium): »Eadem sunt quorum unum in alterius locum substitui potest, s. v.« (Philos. Schr. VII, 219, Akad.-Ausg. 6.4A, 282). Seither ist der Test auf gegenseitige Substituierbarkeit (↑Substitution) s. v. zweier Ausdrücke in einer Klasse von Aussagen ein Hilfsmittel zur Bestimmung der Gleichwertigkeit dieser Ausdrücke in bezug auf ihre signifikative Funktion (↑Referenz), also ihre extensionale ↑Äquivalenz (↑extensional/Extension) (in Abhängigkeit von der zugrundeliegenden Klasse von Aussagen). So brauchen ↑Nominatoren, die in einer Klasse von Aussagen referentiell transparent (bei G. Frege: in *gerader* Verwendung) auftreten und in bezug auf diese Klasse extensional äquivalent sind, dies nicht mehr zu sein, wenn die Klasse der Aussagen um solche erweitert wird, in denen die fraglichen Nominatoren auch referentiell opak (bei Frege: in *ungerader* Verwendung) vorkommen. Es handelt sich dann um Aussagen nicht nur über die von dem Nominator benannten Gegenstände, sondern auch über die durch den ↑Nominator dargestellte Gegebenheitsweise dieser Gegenstände. Z. B. sind ›Walter Scott‹ und ›der Autor von *Waverley*‹ in bezug auf alle Aussagen, die nur von der genannten Person handeln, extensional äquivalent, also gegenseitig substituierbar s. v.. Hingegen sind diese Ausdrücke bei Berücksichtigung von Aussagen, die auch über die beiden durch ›Walter Scott‹ und ›der Autor von *Waverley*‹ dargestellten Gegebenheitsweisen derselben Person etwas aussagen, nicht mehr durcheinander substituierbar s. v.. Typische Aussagen dieser Art sind solche, die mit ↑Prädikatoren für propositionale Einstellungen (↑Proposition) gebildet sind oder solche mit modalen Operatoren (↑Modalität). Z. B. ist ›*N* weiß, daß Walter Scott Walter Scott ist‹ unter Umständen auch dann wahr, wenn ›*N* weiß, daß Walter Scott der Autor von *Waverley* ist‹ falsch ist.

Literatur: H. Ben-Yami, Higher-Level Plurals versus Articulated Reference, and an Elaboration of ›S. V.‹, Dialectica 67 (2013), 81–102; R. Elugardo/R. J. Stainton, Identity through Change and Substitutivity ›S. V.‹, in: J. K. Campbell/M. O'Rourke/H. S. Silverstein (eds.), Time and Identity, Cambridge Mass. 2010, 113–128; W. V. O. Quine, Notes on Existence and Necessity, J. Philos. 40 (1943), 113–127 (dt. Bemerkungen über Existenz und Notwendigkeit, in: J. Sinnreich [ed.], Zur Philosophie der idealen Sprache, München 1972, 34–52); ders., Two Dogmas of Empiricism, in: ders., From a Logical Point of View. 9 Logico-Philosophical Essays, Cambridge Mass. 1953, ²1964, 2003, 20–46 (dt. Zwei Dogmen des Empirismus, in: J. Sinnreich [ed.], Zur Philosophie der idealen Sprache [s. o.], 167–194, ferner in: W. V. O. Quine, Von einem logischen Standpunkt. Neun logisch-philosophische Essays, Frankfurt/Berlin/Wien 1979, 27–50). K. L.

samādhi (sanskr., Zusammensetzung, Verbindung; Aufmerksamkeit, Vertiefung), Grundbegriff der indischen Philosophie (↑Philosophie, indische); in der Bedeutung ›Sammlung‹ (engl. oft ungenau: concentration; nach einem Vorschlag von M. Eliade, Yoga. Immortality and Freedom, London, New York 1958, besser: enstasy) die höchste Stufe der Meditation (↑dhyāna) im ↑Yoga und Gegenstand der letzten Aufforderung im achtfachen Weg zur Erleuchtung (↑bodhi, jap. satori) im Buddhismus (↑Philosophie, buddhistische), von daher zentral in den auf die praktische Übung der Verschmelzung von Gegenstandsebene und Zeichenebene gerichteten Schulen des ↑Zen (= dhyāna). Der s. ist eine Technik der Yoga-Praxis schon vor der Ausbildung des durch einen achtstufigen Weg der Disziplinierung von Seele, Körper und Geist ausgezeichneten Systems des klassischen Yoga in Gestalt eines Verfahrens der Befreiung durch Aufhebung aller Sinnes- und Denktätigkeiten in den Upanischaden (↑upaniṣad) beschrieben worden und wird als ein besonderer Trance-Zustand, eine ›Enstase‹ (›Verinnerung‹) im Gegensatz zu einer Ekstase (Entäußerung), wahrgenommen.

Im System des Yoga gehen dem seinerseits noch weiter untergliederten s. die beiden Stufen dhāraṇā (Konzentration) und dhyāna (hier: Versenkung) voraus, in denen noch keine Ununterschiedenheit von Subjekt und Objekt erreicht ist. Im Buddhismus wiederum wird s. nicht nur für die achte Aufforderung zu rechter Sammlung (samyak s.) verwendet, sondern auch für die ganze Gruppe der letzten drei (also einschließlich rechter Anstrengung und rechter Aufmerksamkeit), insofern es hier insgesamt um geistige und nicht nur um gegen die Unwissenheit gerichtete (auf ↑prajñā, Weisheit, zielende) oder charakterliche (auf śīla, Zucht, zielende) Disziplinierung geht. Die dafür eingesetzte, in acht oder neun Tiefenstufen gegliederte Yoga-Praxis heißt, wie sonst auch, dhyāna, Meditation. K. L.

sāmānya (sanskr., gemeinsam, allgemein; Übereinstimmung), Grundbegriff in den Systemen der indischen Philosophie (↑Philosophie, indische), gleichwertig einem allgemeinen Zug (universal feature, sāmānya-lakṣaṇa), also einem Universale (↑Universalia, ↑Universalien), das einem Einzelding (vyakti oder dravya) inhäriert (↑samavāya, bei den Vaiśeṣika) oder auch nur mit ihm zusammen vorkommt (saṃyoga, bei den Grammatikern). In der Logik (↑Logik, indische) des älteren ↑Nyāya, aber auch andernorts, tritt ›s.‹ häufig synonym zu ›jāti‹ (Gattung, generic property) auf. Diese Gleichsetzung ist verwirrend, da s. grundsätzlich intensional (↑intensional/Intension) und jāti ebenso grundsätzlich extensional (↑extensional/Extension), als Klasse von Individuen eines Bereichs verstanden wird (da zwei jāti niemals einen gemeinsamen Durchschnitt haben können, ist die klassenlogische [↑Klassenlogik] Deutung allerdings zu modifizieren). Darüber hinaus kann die Kategorie (↑padārtha) des s., korrelativ zu ↑viśeṣa, dem ein Einzelnes charakterisierenden Zug (singular feature, sva-lakṣaṇa bei den buddhistischen Logikern) und damit einem Quale (↑Qualia), in der vom Nyāya später übernommenen Kategorienlehre des ↑Vaiśeṣika deshalb keine jāti sein, weil sie eine Gegenstandsart der ↑Metastufe ist, aber nur Gegenstandsarten der ↑Objektstufe, zu den Kategorien ↑dravya (Stoff oder Einzelding), ↑guṇa (Eigenschaft) oder ↑karma (Bewegung, insbes. Handlung) gehörig, eine jāti sein können. Z. B. hat jede Kuh (go) an vielen s. teil, aber nur an einer jāti, dem Kuhsein (gotva); ›Kuh‹ ist ein jāti-śabda (Gattungsname). Da die ↑ākṛti (die allen Individuen einer Klasse gemeinsame Form/Binnenstruktur) schon im Nyāya-sūtra als Merkmal (liṅga) einer jāti angesehen wird, gibt es neben einer Identifizierung von ākṛti und s. (z. B. in der ↑Mīmāṃsā bei Kumārila; dort überdies auch noch mit jāti und ↑śakti, der potentia, gleichgesetzt) auch einen langandauernden Streit darüber, was als Bedeutung eines Namens anzusehen sei, die ākṛti (z. B. im Mahābhāṣya des Patañjali; der leitende Gegensatz ist ākṛti – dravya, Form – Stoff) oder die jāti (z. B. im ↑Vedānta; der leitende Gegensatz ist jāti – vyakti, Gattung – Einzelding) oder beide zusammen, dann unter Einschluß der vyakti (z. B. im Nyāya). In jedem Falle bestehen Nyāya und Vaiśeṣika darauf, daß grundsätzlich jeder Gegenstand sowohl Allgemeinheit (sāmānya) als auch Individualität (vyakti) besitzt, während in der buddhistischen Logik der Bereich der allein wirklichen sva-lakṣaṇa vom Bereich der nur sprachlich fingierten sāmānya-lakṣaṇa streng getrennt bleibt; es gibt nichts, was an beiden teilhat.

Literatur: K. Chakrabarti, The Nyāya-Vaiśeṣika Theory of Universals, J. of Indian Philos. 3 (1975), 363–382; R. R. Dravid, The

Problem of Universals in Indian Philosophy, Delhi/Patna/Varanasi 1972, Delhi [2]2001; W. Halbfaß, Remarks on the Vaiśeṣika Concept of s., in: J. Tilakasiri (ed.), Añjali. Papers on Indology and Buddhism. A Felicitation Volume Presented to Oliver Hector de Alwis Wijesekera on His Sixtieth Birthday, Peradeniya 1970, 137–151; V. Subba Rao, The Philosophy of a Sentence and Its Parts, New Delhi 1969. K. L.

samavāya (sanskr., Verbindung, Zusammenkunft), in der Bedeutung *Inhärenz* Grundbegriff der Systeme des ↑Nyāya und ↑Vaiśeṣika innerhalb der indischen Philosophie (↑Philosophie, indische). S. war als sechste und letzte Kategorie (↑padārtha) der klassischen Gestalt des Vaiśeṣika eingefügt worden, um das gleichzeitige Vorliegen kategorial verschiedener Bestimmungen artikulieren zu können, nämlich als eine besondere Art des Verbundenseins (saṃbhanda) zwischen Gegenständen, ihr ›untrennbares Ineinandersein‹, im Unterschied zum bloßen Kontakt (saṃyoga), der zu den Eigenschaften der Gegenstände, die gerade im Kontakt sind, gehört. Die wichtigsten Beispiele: Das Ganze (avayavin) inhäriert in seinen Teilen (avayava), eine Bewegung (karma) inhäriert im bewegten Ding (dravya), eine Eigenschaft (guṇa) inhäriert in ihrem substantiellen Träger (dravya), ein Allgemeines (sāmānya) inhäriert in einem individuellen Ding (dravya oder vyakti). Das, was inhäriert (samaveta), kann allein, ohne das, worin es inhäriert (samavāyin), seine ›Inhärenzursache‹ (samavāyi-kāraṇa), nicht existieren. Um dem Einwand eines unendlichen Regresses – das Zusammenvorkommen des s. mit seinen Relata ziehe einen s. höherer Ordnung nach sich – sowohl seitens der Mādhyamika (bei Nāgārjuna) als auch seitens der Advaitins (bei Śaṃkara) begegnen zu können, gilt der s., im Unterschied zu den anderen Kategorien, die jeweils in einer bestimmten Vielfachheit auftreten, als unveränderlich Eines. Erst der Logiker des Navya Nyāya, Raghunātha, gibt diese Position aus logischen Gründen auf.

Literatur: T. K. Bhattacharya, S. and the Nyāya-Vaiśeṣika Realism, Kalkutta 1994; B. K. Dalai, Problem of Inherence in Indian Logic, Delhi 2005; K. Hirano, Nyāya-Vaiśeṣika Philosophy and Text Science, Delhi 2012; G. Patti, Der S. im Nyāya-Vaiçeṣika-System. Ein Beitrag zur Erkenntnis der indischen Metaphysik und Erlösungslehre, Rom 1955; K. H. Potter, Presuppositions of India's Philosophies, Englewood Cliffs N. J. 1963 (repr. Westport Conn. 1972, Delhi 2002), 117–144; S. Sen, The Nature of S. (Inherence), Viśvabhāratī J. Philos. 3 (1966), 105–117; B. Shastri, S. Foundation of Nyāya-Vaiśeṣika Philosophy, Delhi 1993. K. L.

saṃjñā (sanskr., Einverständnis, Bezeichnung), Grundbegriff der buddhistischen Philosophie (↑Philosophie, buddhistische). Die s. steht für das sinnliche Unterscheidungsvermögen unter Einschluß des sechsten Sinnes Denken (↑manas), und zwar im Sinne der elementaren Fähigkeit zu Schematisierungen, also der Fixierung von Übereinstimmungen. In der Meditation kann s. erst auf der letzten Stufe der Versenkung (↑dhyāna), der Tieftrance, suspendiert werden. Im übrigen ist s. eine der fünf, dem Entstehen und Vergehen unterworfenen Aneignungsgruppen (upādāna-skandha), aus denen ein Mensch zusammengesetzt ist. K. L.

Śaṃkara, mit den Beinamen Ācārya (= Śaṃkarācārya, Meister Ś.) und/oder Bhagavatpāda (d. i. Heiliger), ca. 700–750 (nach Nakamura; vermutlich aber etwas früher: ca. 670–740; traditionell: 788–820), führender ind. Philosoph und religiöser Lehrer, Vertreter eines ↑Advaita-Vedānta, des systematisch bedeutendsten und historisch einflußreichsten Zweiges innerhalb des Systems des ↑Vedānta in der indischen Philosophie (↑Philosophie, indische). Ś. entstammt einer Brahmanenfamilie aus Kāladi an der Malabarküste (Kerala) und gilt als Wunderkind. Er legt frühzeitig ein Gelübde als Mönch (saṃnyāsin) ab, verläßt sein Elternhaus und wird Enkelschüler des Vedāntin Gauḍapāda (2. Hälfte 6. Jh.). Nach Benares weitergewandert, schließen sich ihm dort die ersten eigenen Schüler an, darunter der für die künftige historische Wirksamkeit seiner Lehre einflußreiche Padmapāda. Ś. soll während einer ersten Pilgerreise in Prayāga (heute: Allahabad) dem ↑Mīmāṃsā-Lehrer Kumārila begegnet sein – ein auf Grund der angenommenen Lebenszeit von Kumārila, 620–680, historisch unwahrscheinliches Ereignis –, der aus Altersgründen den fälligen Disput mit Ś. seinem Schüler Maṇḍana Miśra (ca. 660–720) übertragen habe. Als Unterlegener soll Maṇḍana unter dem Namen ›Sureśvara‹ ein Anhänger Ś.s geworden sein (die Identifikation Maṇḍanas mit Sureśvara wird allerdings in der Forschung mehrheitlich als historisch unzutreffend zurückgewiesen). Die drei wichtigsten Schüler Ś.s begründeten eigene Zweige des Advaita: (1) Padmapāda mit seiner Pañcapādikā (= Fünfpāda[-Kommentar des Brahmasūtrabhāṣya] von Ś.) für die Vivaraṇa-Schule (von Prakāśātman [10.Jh.] schließlich verbindlich formuliert), (2) Sureśvara mit seiner Naiṣkarmyasiddhi (= Vollendung der Werklosigkeit) für mehrere eigenständige Schulen, die durch den vom buddhistischen ↑Mādhyamika Nāgārjunas fast nicht mehr unterscheidbaren Śrīharṣa (ca. 1125–1200), den zwischen Sureśvara und der Vivaraṇa-Schule vermittelnden Sarvajñātman (Anfang 11. Jh.) sowie den Mystiker Prakāśānanda (um 1500) vertreten sind. Ferner (3) Maṇḍana mit seiner Brahmasiddhi für die Bhāmatī-Schule (von Vācaspati Miśra [ca. 900–980] schließlich verbindlich formuliert und später auch von Appaya Dīkṣita [ca. 1520–1592] vertreten). Während weiterer Pilgerreisen Gründung der vier führenden Advaita-Klöster, mit deren Leitung Ś. jeweils einen seiner Schüler betraut habe: Sringeri in Mysore (Südwest), Puri in Orissa (Ost), Dwarka auf der Kathiawar-Halbinsel in Gujarat (West) und Badrinath im Himalaya-Gebiet an der tibetischen Grenze in Uttar Pradesh (Nord) (ein fünftes soll den Beginn des als Zentrum des gegenwärtigen Advaita geltenden Kāmakoṭi-Tempels in Conjeeveram im Süden gebildet haben). Der frühe Tod von Ś. in der Nähe von Badrinath, nach Annahme der Tradition mit 32 Jahren, sei Folge einer Verwünschung durch den Kāśmīra-Śaiva Abhinavagupta gewesen (eine aus Gründen der Lebenszeit – Abhinavagupta lebte um 1000 – allerdings historisch unmögliche Begegnung).

Das Hauptwerk Ś.s, ein Kommentar zum Vedānta-Sūtra, einer der Grundlagen des Vedānta, das seit Ś. dem vermutlich im ersten vorchristlichen Jh. lebenden Bādarāyaṇa zugeschrieben wird, aber wohl erst nach Bādarāyaṇa verfaßt wurde, ist als Brahma-sūtra-bhāṣya bis heute nicht nur *die* Quelle des Advaita-Vedānta, sondern zugleich einer der einflußreichsten Texte der gesamten indischen Tradition. In ihm werden zahlreiche mit der zuvor üblichen Auslegung des ↑Veda verbundene Unterscheidungen schärfer gefaßt und in teilweise aneignender Auseinandersetzung mit den konkurrierenden orthodoxen, d. i. den Veda anerkennenden, und heterodoxen, d. i. den Veda nicht anerkennenden, philosophischen Systemen zu einem eigenständigen System des Advaita (= Nicht-Zweiheit), dem später so genannten Kevalādvaita (= vollständiges Advaita), weitergebildet. Ś. selbst nennt das Kevalādvaita abheda-darśana, d. h. Philosophie der Unterschiedslosigkeit: die einzige, in sich einheitliche, wandellose und gleichwohl um sich wissende Wirklichkeit ist das ↑brahman. Methodologische und inhaltliche Grundsätze werden übernommen: (a) vom ↑Sāṃkhya, seiner Kosmologie und Anthropologie, unter Aufhebung von dessen dualistischem Ansatz mit inaktivem Geist (↑puruṣa) und aktiver Materie (↑prakṛti) mit Hilfe einer Vereinigung beider Pole im brahman, demgegenüber die vielfältig gegliederte Welt des Leblosen und des Lebendigen nur seine von der (internen) Subjekt-Objekt-Relation (↑Relation) beherrschte Erscheinungsform (↑vivarta) bildet; (b) vom ↑Mahāyāna-Buddhismus in Gestalt der Anerkennung zweier Ebenen des Wissens, einem niederen, aparāvidyā, in bezug auf die Erscheinungen (↑nāmarūpa) und einem höheren, parāvidyā, in bezug auf die eigentliche Wirklichkeit; (c) vom ↑Nyāya in Gestalt der Lehre von den Erkenntnismitteln (↑pramāṇa), wobei Ś., anders als im übrigen Vedānta, allein Wahrnehmung (↑pratyakṣa), Schlußfolgerung (↑anumāna) und Überlieferung (↑śabda) gelten läßt und nur der śabda, nämlich der Inhalt der vedischen Texte (↑śruti), auch zur Erkenntnis der eigentlichen Wirklichkeit taugt bzw. eben diese Erkenntnis bereits ist; (d) von der ↑Mīmāṃsā in Gestalt der Regeln zur Auslegung des Veda, allerdings nicht im Blick auf die Ermittlung der geforderten rituellen Handlungen (im karmakāṇḍa, den auf Handlungen bezogenen Teilen des Veda, besonders den ↑Brāhmaṇas, niedergelegt) – dies

betrifft nur die Welt der Erscheinungen und hat allein propädeutische Bedeutung –, sondern im Blick auf das im Veda enthaltene Wissen um die eigentliche Wirklichkeit (im jñānakāṇḍa, den auf Wissen bezogenen Teilen des Veda, besonders den Upanischaden [↑upaniṣad], niedergelegt).

Eine Schlüsselrolle spielen dabei die ›großen Aussprüche‹ (mahāvākya) in den Upanischaden, z. B. ↑tat tvam asi, die als Artikulation der Identität des Selbst (↑ātman) – das eine, einheitliche, transzendentale Ich, der ātman, erscheint als Vielzahl von empirischen Ich, als jeweils ein individueller ↑jīva – mit dem brahman zu verstehen sind. Diese Identität und damit die Wirklichkeit der Erlösung (↑mokṣa) vom Kreislauf der Wiedergeburten (↑saṃsāra) besteht von jeher und ist lediglich durch Unwissenheit (↑avidyā) verborgen. Dabei ist Unwissenheit die subjektive Erscheinung der objektiven ↑māyā, wie sie sich als ›Überlagerung‹ (adhyāsa) äußert, nämlich etwas für etwas anderes zu halten, als es in Wirklichkeit ist. Da zusammen mit dieser Identität auch das Wissen um sie längst besteht, ist Handeln mit der Absicht, dieses Wissen, die brahma-vidyā, zu erlangen, seinerseits ein Zeichen von Unwissenheit: im intentionslosen Handeln allein, einer Erfahrung der Subjekt-Objekt-Ununterschiedenheit in einem objektlosen ›Erlebnis‹ (anubhava) tritt die Einheit von Sein und Wissen auf. – Da auch die theistisch (↑Theismus) orientierte Bhagavadgītā zu den Grundlagen des Vedānta zählt, dort jedoch unter den drei Wegen zur Erlösung, durch Handeln (karmamārga), durch Wissen (jñānamārga) und durch Hingabe (bhaktimārga), derjenige durch Hingabe als der höchste ausgezeichnet wird, bedurfte es einer erheblichen Auslegungskunst auf seiten Ś.s, in seinem Kommentar zur Gītā die Vorrangstellung des Wissens begründet durchzuhalten. Zwar läßt sich der karmamārga leicht als der geeignete Weg für die wegen ihrer Unterscheidung zwischen Selbst und Nicht-Selbst (noch) Unwissenden charakterisieren, für das Auseinanderhalten der beiden anderen Wege und damit auch für eine Berücksichtigung theistischer Positionen, insbes. praktischer Frömmigkeit, im Rahmen des Advaita war ein weiterer Kunstgriff erforderlich: die Unterscheidung zweier Aspekte des brahman, des eigenschaftslosen nirguṇa brahman, das ausschließlich negativ, als ›nicht dies‹ und ›nicht das‹ (neti neti, in der Bṛhadaraṇyaka-Upaniṣad) charakterisierbar ist, und des durch Gegenüberstellung in ein ›Du-Objekt‹, kein ›Es-Objekt‹, verwandelten saguṇa brahman, des göttlichen Herrschers Īśvara, der auch positiv, durch ↑sat-cit-ānanda beschrieben und erfahren werden kann.

Unter den zahlreichen weiteren, Ś. als Autor zugeschriebenen Werken sind auf Grund textkritischer Indizien mit Sicherheit nur eine Reihe von Upanischaden-Kommentaren und die eigenständige Upadeśasāhasrī vom

selben Autor wie das Brahmasūtrabhāṣya verfaßt. Darüber hinaus gibt es Versuche, unter den gesicherten
Werken Entwicklungsschritte zu begründen. Z. B. nimmt
P. Hacker an, daß Ś. als Anhänger des Systems des ↑Yoga
(im Yogasūtrabhāṣyavivaraṇa) begonnen und über das
Studium der Position Gauḍapādas (im Māṇḍūkya-Upa-
niṣad-Bhāṣya mit Gauḍapādakārikābhāṣya) seine eigene
Position, wie sie voll entwickelt im Brahmasūtrabhāṣya
vorliegt, allmählich auf dem Wege einer Reihe eigenständiger Upanischaden-Kommentare sowie von Teilen
der Upadeśasāhasrī ausgebildet hat. Ferner besteht eine
gut begründete Vermutung, daß Ś. im religiösen Kontext
trotz der späteren Inanspruchnahme durch den Śaivismus selbst ein Vaiṣṇava gewesen ist.
Das wesentlich durch Ś. ermöglichte Wiedererstarken
der orthodoxen hinduistischen Systeme (↑Brahmanis-
mus) bildet zusammen mit der gerade seiner Position –
jedenfalls in dem zu Śrīharṣa führenden Zweig, aber
auch schon der seines Vorgängers Gauḍapāda – zugeschriebenen spiegelbildlichen Ähnlichkeit zum ↑Mād-
hyamika – Ś.s eigene Argumentationen richten sich
hauptsächlich gegen die Nur-Bewußtseins-Lehre des
↑Yogācāra, das Mādhyamika hält er charakteristischer-
weise für undiskutabel – einen der Gründe für den nach
der Jahrtausendwende einsetzenden Rückzug des
Buddhismus vom indischen Subkontinent. Der Neuhinduismus der letzten 200 Jahre wiederum ist weitgehend
von der Anknüpfung an den Advaita-Vedānta Ś.s bestimmt.

Werke: The Works of Sri Sankaracharya, I–XX, Srirangam 1910,
rev. unter dem Titel: Complete Works in the Original Sanskrit,
I–X, Madras 1981–1983; Works of Śaṅkarācārya in Original
Sanskrit, I–III (I Ten Principal Upaniṣads with Śaṅkarabhāṣya,
II Bhagavadgītā with Śaṅkarabhāṣya, III Brahmasūtra with
Śaṅkarabhāṣya), Delhi/Varanasi/Patna 1964. – The Bhagavad-
Gītā with the Commentary of Śri Sankarāchārya, trans. A. M.
Sastri, Madras 1897, [4]1985; The Chhāndogya Upanishad and Sri
Sankara's Commentary, trans. G. Jhā, Madras 1899, unter dem
Titel: The Chāndogyopaniṣad. A Treatise on Vedānta Philosophy.
Translated into English with the Commentary of Ś., Poona 1942,
Delhi 2005; The Vedānta-Sūtras with the Commentary by
Śaṅkarācārya, I–II, trans. G. Thibaut, Oxford 1904 (repr. Delhi/
Patna/Varanasi 1962, 2000) (Sacred Books of the East XXXIV,
XXXVIII); Brahmasūtrabhāṣya [sanskr.], ed. V. L. S. Panśīkar,
Bombay 1915, [2]1927; Minor Works of Ś. [sanskr.], ed. H. R. Bha-
gavat, Poona 1924, [2]1952; The Bṛhadāraṇyaka Upanishad with
the Commentary of Ś., trans. Swāmī Mādhavānanda, Almora
1935, Kalkutta [4]1965; The Māṇḍūkyopaniṣad with Gauḍapāda's
Kārikā and Śaṅkara's Commentary, trans. Swāmī Nikhilānanda,
Mysore 1936, [6]1995; The Ten Principal Upanishads, trans. S. P.
Swami/W. B. Yeats, London, New York 1937, New Delhi 2005;
Eight Upaniṣads with the Commentary of Ś., I–II (I Iśā, Kena,
Kaṭha, and Taittirīya, II Aitareya, Muṇḍaka, Māṇḍūkya and
Kārikā, and Praśna), trans. Swāmī Gambhrānanda, Kalkutta
1938/1958, 1996; Upadeshasāhasrī. Unterweisung in der All-Ein-
heits-Lehre der Inder von Meister Shankara. Gadyaprabandha
oder das Buch in Prosa, übers. P. Hacker, Bonn 1949; Vedānta

Explained. Ś.'s Commentary on Brahma-Sūtra, I–II, trans. V. H.
Date, Bombay 1954/1959, New Delhi [2]1973; Brahma-Sūtra-
Shaṅkara-Bhāṣya, trans. V. M. Apte, Bombay 1960; A Source
Book of Advaita Vedānta, ed. E. Deutsch/J. A. B. van Buitenen,
Honolulu Hawaii 1971, erw. unter dem Titel: The Essential
Vedānta. A New Source Book of Advaita Vedānta, ed. E.
Deutsch/R. Dalvi, Bloomington Ind. 2004, Delhi 2006; A Thou-
sand Teachings. The »Upadeśasāhasrī« of Śaṅkara, trans. S.
Mayeda, Tokyo 1979, Albany N. Y. 1992; A Ś. Source-Book, I–VI
(I Ś. on the Absolute, II Ś. on the Creation, III Ś. on the Soul, IV
Ś. on Rival Views, V Ś. on Discipleship, VI Ś. on Enlightenment),
ed. A. J. Alston, London 1980–1989; Śaṅkara on the Yoga-sūtra-s.
The Vivaraṇa Sub-Commentary to Vyāsa-bhāṣya on the Yoga-
sūtra-s of Patañjali, I–II, trans. T. Leggett London/Boston Mass./
Henley 1981/1983 (I Samādhi, II Means), überarb. u. erw., in einem Bd., unter dem Titel: The Complete Commentary by
Śaṅkara on the Yoga Sūtra-s. A Full Translation of the Newly
Discovered Text, London/New York 1990, Delhi 2006; Bhagavad-
gita. Der vollständige Text mit dem Kommentar Ś.s, übers. J.
Dünnebier, München 1989; The Roots of Vedānta. Selections
from Śaṅkara's Writings, ed. S. Rangaswami, New Delhi etc.
2012; God, Reason and Yoga. A Critical Edition and Translation
of the Commentary Ascribed to Śaṅkara on Pātañjalayogaśāstra
1.23–28, ed. K. Harimoto, Hamburg 2014.

Literatur: K. C. Bhattacharyya, Studies in Vedāntism, Kalkutta
1909; H. Brückner, Zum Beweisverfahren Ś.s. Eine Untersuchung
der Form und Funktion von dṛṣṭāntas [= Beispielen] im
Bṛhadāraṇyakopaniṣadbhāṣya und im Chāndogyopaniṣadbhāṣya
des Ś. Bhagavatpāda, Berlin 1979; B. Carr, Śaṅkarācārya, in:
ders./I. Mahalingam (eds.), Companion Encyclopedia of Asian
Philosophy, London/New York 1997, 189–210; M. Comans, The
Method of Early Advaita Vedānta. A Study of Gauḍapāda,
Śaṅkara, Sureśvara and Padmapāda, Delhi 2000; P. Deussen, Das
System des Vedânta nach den Brahma-Sûtra's des Bâdarâyana
und dem Kommentare des Çañkara über dieselben als ein Kom-
pendium der Dogmatik des Brahmanismus vom Standpunkte des
Çañkara aus dargestellt, Leipzig 1883, [4]1923 (engl. The System of
the Vedānta According to Bādarâyana's Brahma-sûtras and
Çañkara's Commentary thereon Set Forth as a Compendium of
the Dogmatics of Brahmanism from the Standpoint of Çañkara,
Chicago Ill. 1912, New York 1973); E. Deutsch, Advaita Vedānta.
A Philosophical Reconstruction, Honolulu Hawaii 1969, 1993
(franz. Qu'est-ce que l'Advaita vedânta?, Paris 1980); N. K. Deva-
raja, An Introduction to Śaṅkara's Theory of Knowledge, Delhi
1962, [2]1972; A. O. Fort, Śaṅkara, REP VIII (1998), 458–461; P.
Hacker, Vedānta-Studien. Bemerkungen zum Idealismus Ś.s, Die
Welt des Orients 1 (1947–1950), 240–249 (repr. in: ders., Kleine
Schriften [s. u.], 59–68); ders., Eigentümlichkeiten der Lehre und
Terminologie Śaṅkaras: Avidyā, Nāmarūpa, Māyā, Īśvara, Z. Dt.
Morgenländ. Ges. 100 (1950), 246–286 (repr. in: ders., Kleine
Schriften [s. u.], 69–109); ders., Ś. der Yogin und Ś. der Advaitin.
Einige Beobachtungen, in: G. Oberhammer (ed.), Beiträge zur
Geistesgeschichte Indiens. Festschrift für Erich Frauwallner,
Wien 1968 (Wiener Z. f. die Kunde Süd- und Ostasiens u. Archiv
f. ind. Philos. XII/XIII), 119–148 (repr. in: ders., Kleine Schriften
[s. u.], 213–242); ders., Kleine Schriften, ed. L. Schmithausen,
Wiesbaden 1978; W. Halbfass, Studies in Kumārila and Śaṅkara,
Reinbek b. Hamburg 1983; ders., Tradition and Reflection. Ex-
plorations in Indian Thought, Albany N. Y. 1991, Delhi 1992; M.
Hulin, Śaṅkara, DP II ([2]1993), 2535–2537; ders., Śaṅkara et la
non-dualité, Paris 2001; N. Isayeva, Shankara and Indian Philosophy, Albany N. Y., Delhi 1993; P. V. Joshi, From Vedanta to

Modern Science. Sankara's Advaitism, New Delhi 2004; T. Leggett, The Chapter of the Self, London/Henley 1978; K. Lorenz, Indische Denker, München 1998, 163–199 (Kap. VI Śaṃkara (ca. 700–750) und der Advaita-Vedānta. Der substantielle Charakter der Welt hinter den Erscheinungen); K. S. Murty, Revelation and Reason in Advaita Vedānta, New York 1959 (repr. Delhi 1974); H. Nakamura, Dentō to Gōrishugi no Kōsō: Ś. ni okeru Ichimondai, Indogaku Bukkyōgaku Kenkyū (Journal of Indian and Buddhist Studies) 8 (1960), 9–18 (engl. [gekürzt] Conflict Between Traditionalism and Rationalism: A Problem With Ś., Philos. East and West 12 [1962], 153–161); ders., Weisheit und Erlösung durch Meditation. Ihr Sinn in der Philosophie S.s, in: G. Stachel (ed.), Munen Musō. Ungegenständliche Meditation. Festschrift für Pater Hugo M. Enomiya-Lasalle SJ zum 80. Geburtstag, Mainz 1978, ³1986, 52–63; L. T. O'Neil, Māyā in Śaṅkara. Measuring the Immeasurable, Delhi 1980; G. C. Pande, Life and Thought of Śaṅkarācārya, Delhi 1994, 2004; K-H. Potter (ed.), The Encyclopedia of Indian Philosophies III (Advaita Vedānta up to Ś. and His Pupils), Delhi, Princeton N. J. 1981, 1998, bes. 3–21; S. Rao, Advaita. A Critical Investigation, Bangalore o.J. [1985]; S. S. Roy, The Heritage of Śaṅkara, Allahabad 1965, New Delhi ²1982; S. N. L. Shrivastava, Ś. and Bradley. A Comparative and Critical Study, Delhi 1968; M. Sprung (ed.), The Problem of Two Truths in Buddhism and Vedānta, Dordrecht/Boston Mass. 1973; J. G. Suthren Hirst, Ś.'s Advaita Vedānta, A Way of Teaching, London/New York 2005; W. L. Todd, The Ethics of Śaṅkara and Śāntideva. A Selfless Response to an Illusory World, Farnham 2013, London/New York 2016; M. K. Venkatarama Iyer, Advaita Vedānta According to Ś., New York 1964, 1965; Vācaspati Miśra, The Bhāmatī of Vācaspati on Śaṅkara's Brahmasūtrabhāṣya (Catussūtrī) [sanskr./engl.], ed./trans. S. S. S. Śāstri/C. K. Rājā, Madras 1933, 1992; T. Vetter, Studien zur Lehre und Entwicklung Śaṅkaras, Leiden, Wien, Delhi 1979. – Sankara, in: D. Collinson/K. Plant/R. Wilkinson, Fifty Eastern Thinkers, London/New York 2000, 2004, 120–125. K. L.

Sāṃkhya (sanskr., Überlegung, Berechnung; von der Wurzel ›khyā‹, zählen), Bezeichnung für das älteste der sechs klassischen orthodoxen, also die Autorität des ↑Veda anerkennenden Systeme (↑darśana) der indischen Philosophie (↑Philosophie, indische). Es wird dem sagenhaften Seher Kapila als Gründer zugeschrieben, hat sich aber aus brahmanischen und antibrahmanischen, insbes. für das Entstehen des Jainismus (↑Philosophie, jainistische) und des Buddhismus (↑Philosophie, buddhistische) verantwortlichen Auffassungen, die sich im Veda, vor allem in den mittleren Upaniṣaden (↑upaniṣad, z. B. Kaṭha-Upaniṣad, 4. Jh. v. Chr.; Śvetāśvatara-Upaniṣad, 3. Jh. v. Chr.), und im Epos (z. B. Bhagavadgītā, 1. Jh. v. Chr. bis 1. Jh. n. Chr.; Mokṣadharma-Abschnitt des Mahābhārata, 2. Jh. v. Chr. bis 2. Jh. n. Chr.) als Vorstufen identifizieren lassen, erst allmählich zu seiner klassischen Gestalt, wie sie in der S.-Kārikā des Īśvarakṛṣṇa (ca. 350–450) schließlich zusammengefaßt vorliegt und auf die sich alle späteren Kommentare und Darstellungen des S. stützen, herausgebildet. Ob dabei das vom ↑Yoga nur methodisch, noch nicht inhaltlich als unterschieden angesehene S. von Caraka (im medizinischen Lehrbuch Carakasaṃhitā, 1. Jh., überliefert)

oder von Pañcaśikha (im Pañcaśikhavākya-Abschnitt des Mahābhārata überliefert, möglicherweise auf den Autor einer gewöhnlich einer Kārikā-Fassung eines Lehrgebiets vorausgehenden Sūtra-Fassung, die im Falle des S. nicht überliefert ist, zurückgehend) oder aber das im 12. Buch des Buddhacarita von Aśvaghoṣa, 1. Jh., dargestellte S.-Yoga als älteste Formen eines eigenständigen S. gelten dürfen, ist umstritten. Unstreitig jedoch ist, daß bereits um 300 v. Chr. im Arthaśāstra des Kauṭilya, das S. zusammen mit dem Yoga und dem ↑Lokāyata als ›Vernunftwissenschaft‹ (ānvīkṣikī, ↑Logik, indische) vor drei anderen Wissenschaften, darunter auch der ›Wissenschaft von den drei [Veden]‹ (trayīvidyā), ausgezeichnet wird. Es darf dabei als sicher gelten, daß sich das S. dem Versuch einer theoretischen Erklärung der Erfahrungen der Yogapraxis verdankt und in diesem Sinne in einem Sāṃkhya-Yoga als der gemeinsamen Wurzel der in viele Schulen (chinesische Quellen sprechen von 18 S.-Schulen in der 1. Hälfte des 1. Jahrtausends) gegliederten klassischen Gestalten des S. – etwa zwischen dem 1. Jh. und dem 10. Jh. – und des Yoga gründet. Nur so läßt sich die enge, gleichwohl terminologisch verwirrende, weil uneinheitlich überlieferte Verzahnung psychologisch-anthropologischer mit physikalisch-kosmologischer Begriffsbildungen im Kontext eines sowohl individuelle Erlösung (als Ziel) als auch universelle Verursachung (als Quelle) umfassenden Evolutionsprozesses verstehen; ebenso die inhaltliche Nähe zum System des Yoga (das dessen klassische Gestalt fundierende Sūtra ist vermutlich zeitgleich mit der S.-Kārikā, sich von dieser distanzierend, verfaßt worden), dessen Rationalität empirisch-experimentell – vor allem am Erkenntnismittel Wahrnehmung (↑pratyakṣa) orientiert – und nicht wie beim S. logisch-begrifflich – vor allem am Erkenntnismittel Schlußfolgerung (↑anumāna) orientiert – charakterisiert ist. Allein das S., jedenfalls vor seiner klassischen Phase, beginnt die in allen Systemen übliche Aufzählung der Erkenntnismittel (↑pramāṇa) mit der Schlußfolgerung und nicht mit der Wahrnehmung (in der S.-Kārikā: dṛṣṭa anstelle pratyakṣa); hinzu kommt zuverlässige Mitteilung (↑śabda; in der S.-Kārikā: āptavacana) als drittes Erkenntnismittel, wobei weniger die vedische Überlieferung im Ganzen als diejenige der S.-Lehrer gemeint ist.

Bereits in der vedischen Epoche (↑Philosophie, indische) finden sich Entgegensetzungen, die sich als Quelle des für das S. charakteristischen strengen Dualismus von Geist (↑puruṣa; im vorklassischen S. des Epos auch: kṣetrajña [Kenner der Stätte] oder kurz jña, dort zuweilen noch mit īśvara [göttlicher Herrscher] gleichgesetzt) und Materie (↑prakṛti; im Epos auch: kṣetra [Stätte], zu dem an anderen Textstellen auch īśvara gehört, so daß der kṣetrajña dann anīśvara [herrscherlos] ist, was als Quelle für den Atheismus des klassischen S. gilt) ansehen lassen: Einheit – Vielheit, Selbst – Nichtselbst, Licht – Dunkelheit etc.. Dabei ist allerdings zu berücksichtigen, daß der S.-Dualismus zugleich eine entscheidende Ebenendifferenz einschließt und z. B. nicht als ein ontologischer ↑Dualismus wie etwa bei R. Descartes und im ↑Cartesianismus verstanden werden darf. Die Charakterisierung des puruṣa als passiv (unbeteiligtes Schauen, reine, d. h. inhaltlose, Bewußtheit [cetana]) und der prakṛti als aktiv (interessengeleitetes Tun bzw. Hervorbringen unter Einschluß auch der mentalen Aktivität), die es verbietet, diesen Dualismus ohne weiteres mit der vertrauten Subjekt-Objekt-Differenz (↑Subjekt-Objekt-Problem) zu identifizieren, weist darauf hin, daß mit puruṣa der auf keiner Stufe physischer oder mentaler Evolution zu eigenständiger Tätigkeit, einer Zeichenhandlung (z. B. einer Wahrnehmungshandlung), verselbständigte passive Aspekt von Handlungen, das (universale) Schemasein (↑Schema, ↑universal) unter Ausschluß ihres (singularen) Aktualisiertseins (↑Aktualisierung, ↑singular), begrifflich gefaßt ist. Wird dieser passive Aspekt gleichwohl vergegenständlicht – und das geschieht dann in Gestalt eines Zeichens –, befindet man sich nicht mehr auf der Seite des puruṣa, sondern auf der Seite der prakṛti, und zwar in ihrer ersten Evolutionsphase der ↑buddhi, also dem Erkennen im Sinne des Vermögens, Unterscheidungsleistungen zu erbringen, unter Einschluß der damit verbundenen acht Zustände (bhāva: dharma [Verdienst], jñāna [Wissen], virāga [Leidenschaftslosigkeit] und aiśvarya [Vermögen] sowie deren Gegenteile adharma [Schuld], ajñāna [Nichtwissen], rāga [Leidenschaft] und anaiśvarya [Unvermögen]). Nicht ohne Grund ist der Zusammenhang von puruṣa und buddhi im S. Gegenstand eines langandauernden Klärungsprozesses gewesen, der damit zu Ende ging, daß die eigentümliche, die Isolation (kaivalya) des puruṣa nicht beseitigende Verbindung (saṃyoga) beider Wirklichkeiten (↑tattva) durch gegenseitige Überlagerung (adhyāsa) – der puruṣa erscheint als die buddhi und umgekehrt, eine durch Unwissenheit (↑avidyā) hervorgerufene irrige Zuschreibung – erklärt wird. Diese Erklärung soll im advaita-Vedānta Śaṃkaras genau umgekehrt das Nichtwissen um die Identität von ↑ātman und ↑brahman verständlich machen und bildet angesichts der durch die Vorrangstellung des Wissens für den Erlösungsprozeß begründeten Verwandtschaft zwischen S. und Advaita den tieferen Grund für die ebenso heftige wie ausführliche Kritik Śaṃkaras am S. im Brahmasūtrabhāṣya. Dies ist vermutlich die entscheidende Ursache für den Niedergang des S. in der Zeit nach Śaṃkara.

Erlösung (↑mokṣa) wird im Advaita durch das Wissen um die (ontisch unaufhebbare totale) Identität von ātman und brahman vollzogen, im S. hingegen durch das Wissen um die (ontisch ebenso unaufhebbare totale) Verschiedenheit von puruṣa und prakṛti, die letzte Tat der buddhi vor ihrem (im individuell angelegten Erlösungsprozeß den – um dieses Erlösungsprozesses willen überhaupt nur existierenden – universell angelegten Evolutionsprozeß umkehrenden) Aufgehen in der prakṛti. Steht nicht der anthropologische Kontext der Erlösung, sondern der kosmologische Kontext der Evolution im Vordergrund, so wird, vor allem im älteren S., ›mahat‹ (›die große [kosmische Ursächlichkeit]‹ für das noch ältere ›mahān ātmā‹ [= das große Selbst]) anstelle von ›buddhi‹ verwendet. Zu den tradierten, auch zu vielen Mißverständnissen Anlaß gebenden Bildern für das Zusammenwirken von puruṣa und prakṛti gehören im S. (explanatorisch) ein Lahmer mit guten Augen auf den Schultern eines Blinden, der gut laufen kann, und (soteriologisch) ein Zuschauer einer Tänzerin während einer Aufführung (ein Bild aus der Entstehungszeit des S. in der Kaṭha-Upaniṣad benutzt anstelle des puruṣa noch den ātman als den Reisenden in einem Wagen als seinem Körper, mit der buddhi als dem Wagenlenker, dem ↑manas [Denkvermögen] als den Zügeln und den Sinnesorganen als den Pferden). Hinzu kommt, daß methodologisch zwingend mit der Vergegenständlichung des passiven Aspekts, also der Erscheinung des puruṣa als buddhi – und anders gäbe es keinen Zugang zum puruṣa – seine Individuierung und damit die Erscheinung in Gestalt vieler ›Geister‹, die zusammen mit weiteren Entwicklungsstufen der prakṛti jeweils ein Lebewesen (↑jīva) bilden, verbunden ist. Folgerichtig wird als nächster Evolutionsschritt auf der Seite der prakṛti die Transformation der buddhi in den ›Ichmacher‹, den ↑ahaṃkāra, also das Vermögen, ›eigen‹ von ›fremd‹ (›innen‹ und ›außen‹) zu unterscheiden, vorgenommen (im vorklassischen S. im mahān ātmā enthalten gedacht). Der Pluralismus individueller puruṣa wird erst mit dem von *allen* Individuen vollzogenen Wissen um die vollständige Trennung von puruṣa und prakṛti aufgehoben; die individuelle, bereits im S.-Yoga von Caraka und Pañcaśikha als aliṅga (zeichenlos) charakterisierte Erlösung bleibt virtuell, bis sie im Bild unbegrenzter Wiederholung universell geworden ist. Die Entsprechung auf der Seite der prakṛti ist ein periodisch wiederkehrendes Weltentstehen (sarga) und Weltvergehen (pralaya), ein Topos, der unabhängig von seiner begrifflichen Rolle im S. zum Kernbestand auch der indischen Mythenbildung gehört.

Es gilt als nachgewiesen (J. A. B. van Buitenen), daß im klassischen S. der S.-Kārikā zwei verschiedene Theorien der Evolution miteinander verschmolzen worden sind, eine ältere ›horizontale‹, eher kosmologisch-spekulativ motivierte Theorie mit einer jüngeren ›vertikalen‹, eher anthropologisch, unmittelbar an der meditativen Erfahrung – deren Schrittfolge dabei umkehrend – orientierten und vermutlich Pañcaśikha zuzuschreibenden Theorie. Nach der horizontalen Theorie bringt die aus der prakṛti hervorgegangene buddhi nacheinander das Denkvermögen (↑manas), die fünf Sinnesorgane (indriya) und die fünf Elemente (mahābhūta) als Bestandteile alles Wirklichen hervor, wobei drei Existenzformen der buddhi, ihre drei Zustände (bhāva): Klarsicht (sattva), Antrieb (rajas) und Dunkelheit (tamas), je nach Dominanz für die Unterschiedenheit der Evolutionsprodukte verantwortlich sind (aus den drei Zuständen werden im klassischen S. die drei gestaltenden Kräfte [↑guṇa] der prakṛti, während die buddhi dann mit den acht, das Erkennen tragenden Zuständen ausgestattet wird). In der vertikalen Theorie hingegen wird die aus dem Unbestimmten (avyakta, synonym dazu: pradhāna, das Hauptsächliche) hervorgehende buddhi zunächst in den ahaṃkāra umgewandelt, und dieser dann in das erste der auseinander hervorgehenden fünf Elemente Äther (↑ākāśa), Wind (vāyu), Feuer (tejas, auch jyotis, Licht), Wasser (ap) und Erde (pṛthivī), so daß insgesamt acht, hier sämtlich als prakṛti bezeichnete produktive Substanzen den Aufbau der Wirklichkeit bestimmen. Beide Theorien werden vielfach abgewandelt und kombiniert – unter anderem treten dabei sogar nicht-dualistische Varianten auf, z. B. eine Verschmelzung von avyakta und puruṣa, oder ein Hervorgehen des avyakta aus dem puruṣa –, bis sie schließlich in der klassischen Gestalt des S. aufgehen.

An der Spitze aller 24, vom puruṣa verschiedenen Wirklichkeitsbestandteile (↑tattva) steht die eine, mit dem Unbestimmten gleichwertige und deshalb auch als mūla-prakṛti (Urmaterie) bezeichnete prakṛti (wörtlich: erzeugend). Sie ist, wie der puruṣa, unerzeugt und der Wahrnehmung entzogen, daher als aktives Prinzip (erste causa materialis und causa efficiens) ebenso wie der puruṣa als passives Prinzip nur erschließbar. Es folgen als erzeugt (vikṛti) nacheinander die als Binnenvermögen (antaḥkaraṇa) zusammengefaßten drei Bestandteile: (1) die durch Bestimmen (adhyavasāya) charakterisierte buddhi, (2) der durch Sich-für-etwas-Eigenständiges-Halten (abhimāna) charakterisierte ahaṃkāra und in einem der beiden an dieser Stelle durch Gabelung entstehenden Evolutionszweige (3) das durch Überlegen (saṃkalpa) charakterisierte manas, deren Zusammenwirken Wahrnehmen und Tun bedingen. Daher im manas-Zweig der Evolution auch die fünf sinnlichen Erkenntnisvermögen (buddhīndriyāṇi [= Erkenntnisorgane]: hören, fühlen, sehen, schmecken, riechen) und die fünf Handlungsfähigkeiten (karmendriyāṇi [= Tatorgane]: sprechen, greifen, gehen, ausscheiden, zeugen). Schließlich im anderen, vom ahaṃkāra ausgehenden Evolutionszweig noch die fünf Dispositionen für die Sinnesqualitäten (tanmātrāṇi [= Reinstoffe]: Ton [śabda-tanmātra], Berührung [sparśa-t.], Gestalt [rūpa-t.], Geschmack [rasa-t.], Geruch [gandha-t.]) und die aus ih-

nen durch verschiedene Mischungen hervorgehenden fünf Elemente (mahābhūtani: Äther, Wind, Feuer, Wasser, Erde). Zusammen mit dem puruṣa ergeben sich die für das klassische S. charakteristischen 25 Wirklichkeitsbestandteile (tattvāni), wobei die Suche nach deren Anzahl und Bestimmung zugleich als das aus dem Namen ›S.‹ hergeleitete Hauptinteresse des S. gilt. Entsprechend aufmerksam werden in der Überlieferung Abweichungen von dieser Zahl vermerkt; sie kann für S.-Positionen von der Praśna-Upaniṣad zu Beginn der klassischen Zeit bis zum Bhāgavata-Purāṇa (↑Purāṇa) an ihrem Ende zwischen 4 und 30 variieren.

Verantwortlich für die als sukzessive Transformation (↑pariṇāma) verstandene Evolution der Wirklichkeitsbestandteile – die Wirkung ist als in der Ursache bereits enthalten zu denken (das S. vertritt gegen den ↑Nyāya und das ↑Vaiśeṣika einen satkāryavāda wie der ↑Vedānta, nur ist die Wirkung real und nicht eine bloße Erscheinung [↑vivarta] wie im advaita-Vedānta) – sind die drei gestaltenden Kräfte (↑guṇa) sattva, rajas und tamas. Diese befinden sich in der Urmaterie im Gleichgewicht und müssen als deren – wie substantielle Bestandteile, noch nicht wie Eigenschaften behandelte – Potenzen angesehen werden (das S. übernimmt erst später vom Vaiśeṣika die kategoriale Trennung von Substanz und Eigenschaft, allerdings streng extensional (↑extensional/ Extension): beide sind nur auf der prädikativen Ebene verschieden, referentiell hingegen bleiben sie identisch, ↑padārtha). Die von der Präsenz des puruṣa, gleichsam katalytisch, d. h. nicht kausal, bewirkte Störung dieses Gleichgewichts setzt die mit der Verwechslung von puruṣa und buddhi einhergehende Evolution in Gestalt ständig veränderter Dominanzen der drei guṇa in Gang. Ihr Zusammenwirken in der prakṛti angesichts des puruṣa, die triguṇa-Evolution als ständige dreigliedrige Transformation der prakṛti (guṇa-pariṇāma), wird mit demjenigen von Docht, Öl und Flamme für die Erzeugung von Licht durch eine Lampe zum Zwecke des Schauenkönnens verglichen. Es besteht eine begründete Vermutung, daß die konstitutive Funktion, die jedem guṇa zukommt, für die ↑dharma-Theorie im Buddhismus (↑Philosophie, buddhistische) bestimmend gewesen ist (ihre [gewichteten] Kombinationen brauchen nur rein prädikativ und damit entsubstantialisiert verstanden zu werden, was in der Tatsache, daß die guṇa nicht zu den tattva zählen, der dem S. zugeschriebene ↑Naturalismus daher eingeschränkter als der auf einer durchgehend materiellen Basis errichtete des Vaiśeṣika zu verstehen ist, schon angelegt zu sein scheint). Die eigentümliche Doppelrolle der drei guṇa, zum einen psychologisch-anthropologisch (Klarheit/Bewußtheit [sattva] charakterisiert durch Lust und Glück, Antrieb/ Tätigkeit [rajas] charakterisiert durch Schmerz und Leid, Dunkelheit/Widerstand [tamas] charakterisiert durch Indifferenz und Trägheit), zum anderen physikalisch-kosmologisch (leuchtend, symbolisiert durch weiß und dominant in der Welt oberhalb der Menschen [z. B. Sonne], anregend, symbolisiert durch rot und dominant in der Menschenwelt [z. B. Vulkan], verhüllend, symbolisiert durch schwarz und dominant in der Welt unterhalb der Menschen [z. B. Stein]), beruht auf der Funktion der Evolutionskonstruktion, mit Hilfe einer universellen Ursachenkette die Erklärung für einen individuellen Erlösungsprozeß zu finden. Dazu gehört auch die begriffliche Konstruktion des ›Zeichens für einen Körper‹ (liṅga-śarīra), bestehend aus dem dreiteiligen Binnenvermögen (antaḥkaraṇa), den zehn Sinnesorganen (indriyāṇi) und den fünf Dispositionen für die Sinnesqualitäten (tanmātrāṇi), der als Träger des für den Kreislauf der Wiedergeburten (↑saṃsāra) verantwortlichen ↑karma bestimmt wird.

Von den acht Zuständen der buddhi werden die ersten vier von ihrer sāttvika-Form, die letzten vier von ihrer tāmasa-Form bestimmt, während ihre rājasa-Form für das Funktionieren aller acht verantwortlich ist. Entsprechend ist für die beim ahaṃkāra ansetzende Verzweigung der Evolution dessen sāttvika-Form für den Zweig mit dem Denkvermögen, den sinnlichen Erkenntnisvermögen und den Handlungsfähigkeiten maßgebend, dessen tamasa-Form hingegen für den Zweig mit den Reinstoffen und den aus ihnen hervorgehenden Elementen, wiederum mit der rājasa-Form als dem für die Funktionsausübung der in den beiden Zweigen auftretenden Wirklichkeitsbestandteile verantwortlichen Faktor. Neben der Lehre von den acht Zuständen der buddhi findet sich in der S.-Kārikā noch ein Bezug auf eine ältere Lehre von den 50 Vorstellungen (pratyaya), die zu einem ›System der 60 Lehrgegenstände‹ (ṣaṣṭitantra) gehört haben, von dem die S.-Kārikā sich als eine Zusammenfassung versteht. Dieses System soll von Vṛṣagaṇa oder Vārṣagaṇya (um 300), einem insbes. in der Logik und Erkenntnistheorie des S. (↑Logik, indische) führenden S.-Lehrer in der Anfangsphase des klassischen S. vertreten und revidiert worden sein (es wird allerdings auch Pañcaśikha zugeschrieben, möglicherweise die Fassung vor der Umarbeitung durch Vṛṣagaṇa) und behandelt die von der prakṛti ausgehende Evolution vermöge der gestaltenden Kräfte unmittelbar in Form von 50 psychischen Dispositionen als Evolutionsprodukten, der ›mentalen Erschaffung‹ (pratyayasarga). Sie sind in vier Gruppen eingeteilt – 5 Sorten Nichtwissen/Irrtum (avidyā/viparyaya), 28 Sorten Unfähigkeit (aśakti), 9 Sorten Befriedigung (tuṣṭi), 8 Sorten Vollkommenheit (siddhi) – und erlauben es, den Erlösungsweg zum Wissen um die Verschiedenheit von puruṣa und prakṛti im einzelnen zu bestimmen. Andere einschneidende Umbildungen der Lehre Vṛṣagaṇas, die nicht in der S.-Kārikā des Īśvarakṛṣṇa

erfaßt sind, werden nach dem Zeugnis der Yuktidīpikā, einem Kommentar des frühen 7. Jhs. zur S.-Kārikā, Vindhyavāsa (4. Jh.), einem Schüler Vṛṣagaṇas und zugleich Vorgänger von Īśvarakṛṣṇa (er ist darüber hinaus ein Zeitgenosse Vasubandhus des Älteren), zugeschrieben (seine Identifikation mit Īśvarakṛṣṇa selbst wird gegenwärtig für unberechtigt gehalten). Angesichts eines Sieges von Vindhyavāsa in der Debatte mit Vasubandhus Lehrer habe Vasubandhu eine Streitschrift Paramārthasaptati (70 [Strophen über den] höchsten Gegenstand) gegen das S. verfaßt, die aber nicht überliefert ist. Zu den wichtigsten Änderungen, die Vindhyavāsa an der klassischen Gestalt des S. vorgenommen hat, gehört die konsequente Ersetzung der buddhi durch das mahat, das nicht als (kosmische) Ursächlichkeit vorgestellt, sondern durch ›bloß Zeichen‹ (liṅgamātra) charakterisiert ist, also in bemerkenswerter begrifflicher Schärfe genau die Vergegenständlichung des puruṣa bezeichnet und so das Nichtwissen um die Verschiedenheit von puruṣa und prakṛti erklären kann. Entsprechend wird auch der ahaṃkāra begrifflich präzise als reines Individuationsprinzip (↑Individuation) verstanden: er regiert die mit der Vergegenständlichung des puruṣa einhergehende Individuenbildung der prakṛti; das ursprünglich in buddhi, ahaṃkāra und manas aufgeteilte Binnenvermögen wird allein in das Denkvermögen manas verlegt. Auch die Lehre vom liṅgaśarīra wird wegen der dabei auftretenden, begrifflich jedoch unzulässigen Verräumlichung der mentalen Vermögen aufgegeben (sie gelten Vindhyavāsa in Anlehnung an die Lehre des klassischen Vaiśeṣika, daß die Seelen unendlich groß sind, ebenfalls als ›unendlich groß‹). Erst Mādhava (um 500) führt mit seinen Konzessionen an Positionen des Vaiśeṣika derartige (bei Dignāga überlieferte) Änderungen in das S. ein, daß er seinen Zeitgenossen als Totengräber des S. gilt (der extensionale Rahmen für die Kategorien wird verlassen, die Einheit der Urmaterie und damit auch ihre Dynamik wird dem Atomismus [obwohl die Atome des Vaiśeṣika bei Mādhava noch als aufgebaut aus den drei guṇa verstanden sind] und der in seinem Gefolge auftretenden, eher statischen Kombinatorik geopfert). Das Symbol dafür ist Mādhavas Niederlage in der Debatte mit dem Yogācārin (↑Yogācāra) Guṇamati (ca. 420–500), dessen Verteidigung Vasubandhus in einer Streitschrift gegen S., Vaiśeṣika und Jaina (↑Philosophie, jainistische) von dem als Kommentator und Übersetzer der S.-Kārikā (in einer als ›goldene siebzig [Strophen]‹ [Suvarṇa-saptati] bezeichneten Fassung) ins Chinesische bekannten buddhistischen Mönch Parāmartha (ca. 499–569) ebenfalls ins Chinesische übersetzt worden ist. Es gilt als sicher, daß wichtige Lehrinhalte der Linie Vṛṣagaṇa-Vindhyavāsa – darunter auch die Ersetzung (oder Überhöhung) des puruṣa im kosmologischen Kontext durch den Īśvara (göttlichen Herrscher) im Kontext des Erlösungswegs –, die von Īśvarakṛṣṇa mit seiner bevorzugten Anknüpfung an ältere Lehren, insbes. bei Pañcaśikha, abweicht, im theistischen Pātañjala-S. des ↑Yoga, wie es sich insbes. dem Yogasūtrabhāṣya (um 500) entnehmen läßt, erhalten geblieben sind.

Unter den zahlreichen Kommentaren der S.-Kārikā, von denen acht als überliefert bekannt sind, bilden Paramārthas Kommentar und die – große Vertrautheit mit der grammatischen Tradition aufweisende und als Quelle des klassischen S. in seinem Bezug zu den übrigen Systemen besonders wichtige – Yuktidīpikā (Leuchte der Beweisführung) die ältesten. Weitere vier sind im Wortlaut derart verwandt mit Paramārthas Kommentar, daß sie als Subkommentare zu einem nicht erhaltenen ›Urkommentar‹ gelten, der auch die vermutliche Quelle für die arabische Übersetzung eines S.-Textes durch den muslimischen Autor al-Bīrūnī in dessen umfangreichem Werk über Indien (1030) bildet. Zu diesen vier Kommentaren gehören das in der Tradition als Standardkommentar auftretende Gauḍapādabhāṣya, dessen Autor mit dem Vedāntin Gauḍapāda wohl nicht identisch ist; daneben die erst seit wenigen Jahren edierten Sāṃkhyavṛtti und Sāṃkhyasaptativṛtti sowie die ihres Bezugs zum Bhāgavatapurāṇa wegen ans Ende der klassischen Zeit gehörende Māṭharavṛtti. Der bei weitem umfangreichste und systematisch, wenn auch nicht historisch noch immer unentbehrliche Kommentar zur S.-Kārikā ist allerdings die Sāṃkhyatattvakaumudī (›der Mondschein der S.-Wahrheit‹) von Vācaspati Miśra (ca. 900–980), dem ›Meister aller Systeme‹ (sarvatantra-svatantra, ↑Nyāya). Zu diesem Kommentar existieren zahlreiche, bisher nicht edierte Subkommentare; auch der berühmte Sarvadarśanasaṃgraha (›Zusammenfassung aller Systeme‹) des Vedāntin Mādhava (14. Jh.) bezieht sich in seinem S.-Teil auf ihn.

Nach drei Jahrhunderten völliger Bedeutungslosigkeit des S. beginnt etwa um 1300 eine bis ungefähr 1600 dauernde Renaissance, die jedoch trotz aller Versuche, sich als Wiederherstellung der klassischen Lehre zu begreifen, durch viele Synkretismen, insbes. eine Annäherung an viṣṇuitische Vedānta-Schulen, gekennzeichnet ist und deshalb als Quelle für ursprüngliche S.-Lehren nur bedingt verwendet werden kann (das in der Sāṃkhyasūtravṛtti, einem Kommentar von Aniruddha [um 1500], überlieferte S.-Sūtra sucht mit der Nennung des mythischen Weisen Kapila als seinem Autor den Anschein eines sogar die S.-Kārikā fundierenden Textes zu erwecken). Während das S.-Sūtra samt Aniruddhas Kommentar und ebenso das Tattvasamāsa-Sūtra, eine Art Abriß alter Überlieferungen im Lichte des Sūtra, durch ständigen Bezug auf die Sāṃkhyatattvakaumudī und allgegenwärtige Polemik gegen die übrigen orthodoxen und heterodoxen Systeme den modernen synkretistischen Zuschnitt herunterspielen, ist der das

nachklassische S. wirklich repräsentierende Kommentar zum S.-Sūtra, das Sāṃkhyapravacanabhāṣya von Vijñānabhikṣu (2. Hälfte 16. Jh.) ein ehrgeiziger Versuch, gerade umgekehrt neben der Verträglichkeit des S. mit den anderen orthodoxen Systemen, insbes. den theistischen Vedānta-Schulen, auch die Verträglichkeit der orthodoxen Systeme untereinander durch zuweilen subtile Unterscheidungen zum Auseinanderhalten ihrer Gegenstandsbereiche nachzuweisen. Z. B. soll der Pluralismus der Geister im S. mit der Einheit des ātman im Vedānta deshalb verträglich sein, weil das S. empirische Erfahrung, der Vedānta hingegen transzendente Erfahrung beschreibe. – Im Hintergrund des übermächtigen Einflusses des ↑Vedānta auf das gesamte Geistesleben Indiens während mittlerweile mehr als 1000 Jahren sind Grundzüge der Lehren des S., insbes. die Verknüpfung einer kosmologisch-universell konzipierten Evolution mit einem anthropologisch-individuell konzipierten Erlösungsweg, immer präsent geblieben.

Literatur: ↑Philosophie, indische.   K. L.

saṃsāra (sanskr., Wanderung, Lebenslauf; Dasein), Grundbegriff der indischen Geistesgeschichte (↑Philosophie, indische). ›s.‹ ist Terminus für die erst in den Upanischaden (↑upaniṣad) auftretende Lehre vom *Kreislauf der Wiedergeburten*, mit der sich die unabhängig davon entstandene Lehre von der *Tatvergeltung* (↑karma) stützen läßt, wonach die Ursachen für die Handlungen eines Lebewesens (↑jīva) in dessen vom Maß der Erfüllung gebotener Handlungen (↑dharma) abhängigen Zustand liegen; schließlich können nicht alle Ursachen in einem einzigen Leben gefunden werden. Da auch umgekehrt der s. erst durch den Ursache-Wirkungs-Zusammenhang für Handlungen sinnvoll wird, wobei unter gebotenen Handlungen in allen Systemen außer der ↑Mīmāṃsā (und dem ↑Lokāyata, das beide Lehren nicht anerkennt) statt bloß rituell gebotener zunehmend eher moralisch gebotene Handlungen verstanden werden, gilt später, z. B. im ↑Sāṃkhya, im ↑Vaiśeṣika, im Buddhismus (↑Philosophie, buddhistische) und im Jainismus (↑Philosophie, jainistische), die Lehre vom Kreislauf der Wiedergeburten als von der Lehre von der Tatvergeltung impliziert.

Grundsätzlich wird der s. als leidhaft angesehen; ihm wird als Alternative ein zur Nicht-Wiederkehr und damit zur Aufhebung des s. führender Weg, der Weg zur Erlösung (↑mokṣa), gegenübergestellt. Dabei ist allerdings zu beachten, daß rechtes Tun (in der Mīmāṃsā) oder rechtes Wissen (im Advaita-Vedānta; ↑Vedānta) allein bzw. beide zusammen (im buddhistischen ↑Mahāyāna, aber auch im Viśiṣṭādvaita) schon Befreiung vom Leid bedeuten können, der s. daher gar nicht aufgehoben zu werden braucht, weil er durch Nichtwissen (↑avidyā) erzeugter bloßer Schein (↑māyā, im Advaita-

Vedānta), ein Irrtum (im Viśiṣṭādvaita) oder im Grunde ununterscheidbar vom Verlöschen (↑nirvāṇa, im Mahāyāna) ist, bzw. in der Mīmāṃsā sich durch eine Lehre vom ›apūrva‹, der ›[von der Erfüllung der rituell gebotenen Handlungen freigesetzten] zuvor nicht dagewesenen [Kraft]‹ (↑śakti, ↑sphoṭa), die zu einer, unter Umständen in ein künftiges Leben hinein verzögerten Verwirklichung der Leidfreiheit führt, ersetzen läßt.

Literatur: J. Buß, s., RGG VII (⁴2004), 822–823; W. Doniger O'Flaherty (ed.), Karma and Rebirth in Classical Indian Traditions, Berkeley Calif./Los Angeles/London 1980, Delhi 1999; W. Halbfass, Competing Causalities. Karma, Vedic Rituals, and the Natural World, in: ders., Tradition and Reflection. Explorations in Indian Thought, Albany N.Y. 1991, Delhi 1992, 291–345; ders., Karma und Wiedergeburt im indischen Denken, Kreuzlingen 2000; P. Horsch, Vorstufen der indischen Seelenwanderungslehre, Asiat. Stud./Études asiatiques 25 (1971), 99–157; T.G. Kalghatgi, Rebirth. A Philosophical Study, Sambodhi 1 (1972), H. 3, 1–31; R.W. Neufeldt (ed.), Karma and Rebirth. Postclassical Developments, Albany N.Y. 1986, Delhi 1995; R. Phukan, The Theory of Rebirth. Being a Treatise on Indian Philosophy, Kalkutta 1962; G. Rupp, The Relationship Between nirvāṇa and s.. An Essay on the Evolution of Buddhist Ethics, Philosophy East and West 21 (1971), 55–67. K. L.

saṃskāra (sanskr., Vorbereitung, Herstellung, Bildung), in der Bedeutung ›Tatabsicht‹ (auch: Strebung, Begehrung; lat. conatus) Grundbegriff der buddhistischen Philosophie (↑Philosophie, buddhistische). S. umfaßt zusammen mit der Unwissenheit (↑avidyā) – diese bilden die ersten beiden Glieder des den Kreislauf des Entstehens und Vergehens artikulierenden zwölfgliedrigen Kausalnexus (pratītyasamutpāda) – die ↑karma erzeugenden und damit die Erlösung behindernden Faktoren; insbes. Titel der vierten unter den fünf Aneignungsgruppen (upādāna-skhanda) von Daseinsfaktoren (↑dharma), aus denen jeder Mensch ›zusammengesetzt‹ ist (dharma ›saṃskṛta‹). – In den hinduistischen Systemen der indischen Philosophie (↑Philosophie, indische) spielt der s. eine grundsätzlich positive Rolle bei der Klärung der psychophysischen Konstitution eines Menschen. Z.B. ist im ↑Yoga ›s.‹ eine Bezeichnung für die vorindividuellen, auf vergangener Erfahrung beruhenden (in der Regel unbewußten) Stimulatoren für jede Art Aktivität und unerläßlich für das Erlösungsziel.

Literatur: L. Kapani, La notion de s. dans l'Inde brahmanique et bouddhique, I-II, Paris 1992/1993 (engl. [gekürzt] The Philosophical Concept of S., Delhi 2013). K. L.

Sanches (hispanisiert: Sánchez), Francisco, *Valença do Minhò (Portugal) vermutlich 16. Juli 1551 (getauft 25. Juli 1551 in Braga), †Toulouse Nov. 1623 (Beerdigung 16. Nov. 1623), aus einer zwangskonvertierten jüdischen Familie (›Marranos‹) in Portugal stammender Philosoph und Mediziner der französischen Renaissance. 1564 Ausweichen der Familie vor der Inquisition nach Bordeaux, wo S. das renommierte Collège de Guyenne besuchte, zu dessen Schülern (1539–1546) auch M.E. de Montaigne zählte und dessen Programm die ersten beiden Jahre der universitären Ausbildung in den artes liberales (↑ars) umfaßte. Ab 1571 Studium der Medizin in Rom, ab 1573 in Montpellier (1574 Doktorat). Ab 1575 lebte S. in Toulouse und wirkte 1582–1612 als Arzt am Hôtel-Dieu; 1585 Prof. der Philosophie, 1612 Prof. der Medizin an der Universität Toulouse.

R. vertritt in seinem philosophischen Hauptwerk (Quod nihil scitur, 1581) einen skeptizistischen Standpunkt (↑Skeptizismus). Im Unterschied zu anderen Skeptikern der ↑Renaissance (z.B. Montaigne) schließt S. nicht an die antike ↑Skepsis an; vielmehr erwächst sein Skeptizismus aus der Kritik an der Aristotelischen Begründung des Wissens. Diese Kritik wiederum ist Frucht von S.ʼ – die Einheit von Philosophie und Medizin betonenden – Erfahrungen als Mediziner, die durch die Bevorzugung von ↑Erfahrung und ↑Beobachtung in der Tradition der Galenischen Medizin gegenüber der metaphysischen Spekulation im ↑Aristotelismus geprägt sind. Die Erfahrungsbezogenheit allen Erkennens drückt sich in einem grundsätzlich antiautoritären (↑Autorität) Zug der Gelehrsamkeit aus, den S. während seiner Studien in Rom kennengelernt hatte, sowie durch eine Art ↑Nominalismus im Anschluß an die Pariser Schule des ↑Terminismus. Auch die Aristoteleskritik von J. L. Vives hat S. beeinflußt. Es gibt nach S. keine Erkenntnis der Wahrheit allgemeiner Sätze, sondern nur Erkenntnis von Einzeldingen. Freilich gelangt man auch auf diese Weise nicht zu vollkommener Wahrheit, da die Unvollkommenheit der Sinnesorgane lediglich Annäherungen an die Wahrheit erlaubt. Wissenschaft im Aristotelischen Sinne eines begründeten und mit Wahrheitsanspruch verbundenen Wissens von ↑Allgemeinem ist so unmöglich. Denn zum einen läßt sich die Wahrheit der Grundannahmen (Axiome) nicht nachweisen, zum anderen ist die ↑Syllogistik kein Instrument der Wahrheitsfindung. Auch die Mathematik liefert keine Wahrheit, da die Existenz ihrer Gegenstände (z.B. Punkte, Geraden, Ebenen) zweifelhaft ist und ihre ↑Postulate ebenso. Auch sind die Schlüsse der Mathematik voller Fehler.

Trotz seiner Kritik am Aristotelischen Wissensideal vertritt S. keine vollständige (›Pyrrhonische‹) Skepsis; er sieht sich selbst in der Nachfolge der (›akademischen‹) Skepsis des Karneades. Statt der Chimäre wissenschaftlichen Wissens im Aristotelischen Sinne nachzujagen, empfiehlt S. die erfahrungsgeleitete Orientierung am gesunden Menschenverstand (↑sensus bonus, ↑sensus communis). In diesem Sinne wendet sich S. auch entschieden gegen den auf Traumdeutung und ↑Astrologie beruhenden Aberglauben seiner Zeit, für den er die Ambiguität des Aristoteles in diesen Fragen verantwortlich macht.

Werke: Carmen de cometa anni M. D. LXXVII., Lyon 1578 (repr. in: O cometa do ano de 1577 (Carmen de cometa anni M. D. LXXVII) [lat./portug.], ed. A. Moreira da Sá, Lissabon 1950, 53–93); Quod nihil scitur, Lyon 1581, unter dem Titel: De multum nobili et prima universali scientia Quod nihil scitur, Frankfurt 1618, unter dem Titel: Sanchez aliquid sciens h.e. [...] Tractatum quod nihil scitur, Stettin 1665, unter dem Titel: Il n'est science de rien [lat./franz.], ed. A. Comparot, Paris 1984, unter dem Titel: Quod nihil scitur [lat./span.], ed. S. Rabade/J. M. Artola/M. F. Pérez, Madrid 1984, unter dem Titel: That Nothing Is Known (Qvod nihil scitvr) [lat./engl.], ed. E. Limbrick/D. F. S. Thomson, Cambridge etc. 1988, 2008, unter dem Titel: Quod nihil scitur/Dass nichts gewusst wird, ed. K. Howald/D. Caluori/S. Mariev, Hamburg 2007 (span. Que nada se sabe, Madrid 1920, 1972; portug. Que nada se sabe, übers. B. de Vasconcelos, Lissabon 1991); Opera medica. His iuncti sunt tractatus quidam philosophici non insubtiles, Toulouse 1636; Tractatus philosophici. Quod nihil scitur. De divinatione per somnum, ad Aristotelem. In lib. Aristotelis physiognomicon commentarius. De longitudine et brevitate vitae, Rotterdam 1649, unter dem Titel: Tratados filosóficos [lat./portug.], übers. B. de Vasconcelos/M. Pinto de Meneses/A. Moreira de Sá, Lissabon 1955, erw. unter dem Titel: Opera philosophica [lat.], ed. J. de Carvalho, Coimbra 1955, ²1957, unter dem Titel: Tutte le opere filosofiche [lat./ital.], ed. C. Buccolini/E. Lojacono/C. Montuschi, Mailand 2011 (portug. Obra filosófica, übers. G. Manuppella/B. de Vasconcelos/M. Pinto de Meneses, Lissabon 1999). – [Brief an C. Clavius] F. S. el escéptico disfrazado de Carneades en discusión epistolar con Cristóbal Clavio, ed. J. Iriarte-Ag, Gregorianum 21 (1940), 413–451, ferner in: Opera philosophica [s. o.], 146–153, unter dem Titel: Uma carta de F. S. a Cristóvão Clávio [lat./portug.], in: Revista portug. de filósofia 1 (1945), 295–305.

Literatur: A. Azevedo, Da epistemologia e metodologia de F. S., Lissabon 2006; J. Beaude, Sanchez, DP II (²1993), 2534; M. I. Bermúdez Vázquez, La recuperación del escepticismo en el Renacimiento como propedéutica de la filosofá de F. Sánchez, Madrid 2006; ders., La fuerza de la duda. F. Sánchez, el escéptico, Madrid 2014; M. S. Broitman, F. Sánchez y el redescubrimiento de la duda en el Renacimiento, Newark Del. 2011; J. Cruz Costa, Ensaio sôbre a vida e a obra do filósofo F. Sánchez, São Paulo 1942; L. Gerkrath, Franz Sanchez. Ein Beitrag zur Geschichte der philosophischen Bewegungen im Anfange der neueren Zeit, Wien 1860; T. F. Glick, S., DSB XII (1975), 97–98; M. González Fernández, O labirinto de Minos. F. Sánchez, o ›escéptico‹, un Galego no renacimiento, Sada 1991; J. Iriarte, Kartesischer und Sanchezischer Zweifel? Ein kritischer und philosophischer Vergleich zwischen dem Kartesischen »Discours de la méthode« und dem Sanchezischen »Quod nihil scitur«, Diss. Bonn 1935; E. Limbrick, S., in: P. F. Grendler (ed.), Encyclopedia of the Renaissance V, New York 1999, 393; I. Maia, O problema do conhecimento em F. S., Lissabon 2013; S. Miccolis, Francesco Sanchez, Bari 1965; E. de Moraes Filho, F. S. na renascença portuguêsa, Rio de Janeiro 1953; J. Moreau, Doute e savoir chez F. S., in: H. Flasche (ed.), Aufsätze zur portugiesischen Kulturgeschichte I, Münster 1960, 24–50; ders., Sanchez, précartésien, Rev. philos. France étrang. 157 (1967), 264–270; A. Moreira de Sá, F. S., filósofo e matemático, I–II, Lissabon 1947; R. H. Popkin, S., Enc. Ph. VII (1967), 278–280, VIII (²2006), 594–596; ders., The History of Scepticism from Erasmus to Spinoza, Berkeley Calif./Los Angeles/London 1979, 1984, 36–41, unter dem Titel: The History of Scepticism. From Savonarola to Bayle, Oxford/New York 2003, 38–43; R. B. Romão, Quid? Estudos sobre F. S., Porto 2003; E.

Senchet, Essai sur la méthode de F. Sanchez, professeur de philosophie et de médecine à l'Université de Toulouse, Paris 1904. – Sonderheft: Revista portuguesa de filosofía 7 (1951), H. 2 (F. S.. No IV centenário do seu nascimento). G. W.

Sankt Viktor, Schule von, nach der gleichnamigen Augustinerabtei in Paris benannte philosophisch-theologische Richtung, deren Anfänge auf Wilhelm von Champeaux zurückgehen, der sich 1108 in der Abtei niederließ und dort lehrte. Ihre bedeutendsten Vertreter besaß die Schule in Hugo und Richard von St. Viktor. Charakteristisch für sie ist der Versuch, scholastisch (↑Scholastik) betriebene Wissenschaft und mystisch verstandene Theologie zu vereinen. Nach Hugo und Richard von St. Viktor entwachsen der S. v. S. V. keine bedeutenden philosophischen Lehrer mehr. Walter von St. Viktor (†1180) verfaßt eine tendenziell antiphilosophische Streitschrift gegen P. Abaelard, Petrus Lombardus, Peter von Poitiers und Gilbert de la Porrée, mit der er das Vordringen des ↑Aristotelismus bekämpft, Gottfried von St. Viktor (†1194) hingegen führt die Tradition der Vermittlung von Wissenschaft und ↑Kontemplation fort (›fons philosophiae‹). Wirkungsgeschichtlich ist die Bedeutung der S. v. S. V. eher in der Fortführung der mystischen (↑Mystik) augustinischen Tradition als in einer philosophischen Systematik oder Kritik zu sehen.

Literatur: R. Berndt (ed.), Schrift, Schreiber, Schenker. Studien zur Abtei Sankt Viktor in Paris und den Viktorinern, Berlin 2005; B. Bischoff, Mittelalterliche Studien. Ausgewählte Aufsätze zur Schriftkunde und Literaturgeschichte II, Stuttgart 1967; J. Chatillon, De Guillaume de Champeaux à Thomas Gallus. Chronique d'histoire littéraire et doctrinale de l'école de Saint Victor, Rev. moyen âge latin 8 (1952), 139–162, 247–272; ders., La culture de l'école de Saint-Victor au 12ᵉ siècle, in: M. de Gandillac/E. Jeauneau (eds.), Entretiens sur la renaissance du 12ᵉ siècle, Paris/La Haye 1968, 147–160; M. Grabmann, Die Geschichte der scholastischen Methode nach den gedruckten und ungedruckten Quellen II (Die scholastische Methode im 12. und beginnenden 13. Jahrhundert), Freiburg 1911 (repr. Graz 1957, Darmstadt 1961), Berlin 1988, 309–323 (Aus der Schule Hugos von St Viktor); P. J. Healy, The Mysticism of the School of St. Victor, Church History 1 (1932), 211–221; R. Heinzmann, Philosophie des Mittelalters, Stuttgart/Berlin/Köln 1992, Stuttgart ³2008 (Grundkurs Philosophie VII), 189–190 (Die Schule von Sankt Viktor); D. Luscombe, Saint Victor, School of, Enc. Ph. VII (1967), 277–278, VIII (²2006), 591–593; E. A. Matter/L. Smith (eds.), From Knowledge to Beatitude. St. Victor, Twelfth-Century Scholars, and Beyond. Essays in Honor of Grover A. Zinn, Jr., Notre Dame Ind. 2013; D. Poirel (ed.), L'école de Saint-Victor de Paris. Influence et rayonnement du moyen âge à l'époque moderne. Colloque international du C. N. R. S. pour le neuvième centenaire de la fondation (1108–2008) tenu au Collège des Bernardins à Paris les 24–27 septembre 2008, Turnhout 2010; G. Scherer, Philosophie des Mittelalters, Stuttgart/Weimar 1993, 82–87 (Die Viktoriner); P. Sicard (ed.), Hugues de Saint-Victor et son école, o.O. 1991, 89–184 (Deuxième Partie L'école de Saint-Victor) (mit Bibliographie, 273–285); weitere Literatur: ↑Hugo von St. Viktor, ↑Richard von St. Viktor. O. S.

Santayana, George (Jorge) Augustín Nicolás Ruiz de, *Madrid 16. Dez. 1863, †Rom 27. Sept. 1952, spanisch-amerik. Schriftsteller, Essayist, Kritiker und Philosoph. In seiner Autobiographie »Persons and Places« (1944–1953) gliedert S. sein Leben in drei Perioden: 1. 1863–1886: Kindheit in Spanien, Jugend in Boston (hier: Besuch der renommierten Boston Latin School), Undergraduate-Studium an der Harvard Univ. (Cambridge/Massachusetts). 2. 1886–1912 Postgraduate-Studium in Berlin und in Cambridge (Harvard) u. a. bei William James und Josiah Royce, hier 1889 Ph.D. (über Rudolf Lotze) und anschließend Prof. ebendort. 3. 1912–1952 als Privatlehrer und Schriftsteller Reisen in Europa (u. a. nach London, Oxford, Cambridge, Paris, Madrid) und endgültige Niederlassung in Rom. S. orientiert sich als Atheist (↑Atheismus) am bewunderten humanistischen Erbe des Katholizismus (griech. Philosophie, lat. Formensinn, mittelalterliche Kultur und historische Perspektivenvielfalt), das ihn Religion und Kunst als Kulturgebilde hochschätzen lehrte und seine sprachliche Sensibilität schulte. In seiner philosophischen Entwicklung lassen sich zwei kontinuierlich verlaufende Hauptperioden unterscheiden: 1. die ›humanistische‹ Periode mit »The Sense of Beauty« (1896), »Interpretations of Poetry and Religion« (1900) und »The Life of Reason« (1905–1906). In »Life of Reason« findet sich auch die berühmte Sentenz »Those who cannot remember the past are condemned to repeat it« (The Life of Reason I, 1905, 284). In dieser frühen Periode versteht S. Philosophie als eine Art deskriptiver Psychologie, die sich mit ›höheren‹ geistigen Akten befaßt, die naturalistisch (↑Naturalismus) als Resultat biologischer ↑Evolution verstanden werden. 2. Die ›ontologische‹ Periode mit »Scepticism and Animal Faith« (1923) und »Realms of Being« (1927–1940). In dieser späteren Periode gab S. den psychologischen Standpunkt zugunsten eines ontologischen auf, ohne dabei die materialistisch-naturalistische Perspektive zu verlassen. In seiner ausgearbeiteten Ontologie unterscheidet S. vier ›qualities of reality‹ (Realms of Being, The Works. Triton Edition XIV, 183), nämlich ›Essence‹, ›Matter‹, ›Truth‹ und ›Spirit‹, wobei diese ›Qualitäten‹ bzw. ›Aspekte‹ des Wirklichen nicht als gegenständliche Bereiche der Wirklichkeit mißverstanden werden dürfen. In seiner Hinwendung zum ↑Platonismus faßt S. ↑Materie als außerhalb des Subjekts existierende, unerkennbare alleinige Realität auf. Von ihr werden nur subjektive Impressionen wahrgenommen, die im Sinne des Platonismus in einer rationalen Ordnung zu läutern sind. Gegenstände seiner Kritik sind puritanische Willensethik in Verbindung mit dem kommerziellen und demokratischen Ethos der modernen Industriegesellschaft und dem Deutschen Idealismus (↑Idealismus, deutscher). Mit dem international erfolgreichen Roman »The Last Puritan« (1935) kehrt S. im Alter zur Literatur zurück.

Werke: The Works of G. S.. Triton Edition, I–XV, New York 1936–1940; The Works of G. S.. Critical Edition, ed. W. G. Holzberger/H. J. Saatkamp Jr., Cambridge Mass./London 1986ff. (erschienen Bde I–VII). – Sonnets and Other Verses, Cambridge Mass./Chicago Ill. 1894, New York 1906 (repr. Folcroft Pa. 1974); The Sense of Beauty. Being the Outlines of Aesthetic Theory, New York, London 1896, Cambridge Mass./London 1988 (= The Works. Crit. Ed. II), New Brunswick N. J. 2002 (franz. Le sentiment de la beauté. Esquisse d'une théorie esthétique, Pau 2002); Interpretations of Poetry and Religion, New York, London 1900 (repr. Gloucester Mass. 1969), Cambridge Mass./London 1989 (= The Works. Crit. Ed. III); The Life of Reason. Or the Phases of Human Progress, I–V, London, New York 1905–1906, New York ²1922 (repr. New York 1980–1982), in 1 Bd., rev. New York 1954, Bde I–IV, Cambridge Mass./London 2011–2015 (= The Works. Crit. Ed. VII/1–4); Three Philosophical Poets: Lucretius, Dante, Goethe, Cambridge Mass. 1910, New York 1970; Winds of Doctrine. Studies in Contemporary Opinion, New York 1913, ferner in: »Winds of Doctrine« and »Platonisms and the Spiritual Life«, New York 1957, Gloucester Mass. 1971, 1–215; Egotism in German Philosophy, London/Toronto, New York 1915 (repr. New York 1971) (franz. L'Erreur de la philosophie allemande, Paris 1917); Character and Opinion in the United States, London, New York 1920, New York 1967, ferner in: »The Genteel Tradition in American Philosophy« and »Character and Opinion in the United States«, ed. J. Seaton, New Haven Conn./London 2009, 21–119 [mit Essays v. W. M. McClay u. a., 121–192]; Scepticism and Animal Faith, London, New York 1923, New York 1955; Platonism and the Spiritual Life, London, New York 1927, ferner in: »Winds of Doctrine« and »Platonisms and the Spiritual Life [s. o.], 217–312; Realms of Being, I–IV, London 1927–1940 (repr. Westport Conn. 1974), in 1 Bd., New York 1942 (repr. New York 1972); Some Turns of Thought in Modern Philosophy. Five Essays, Cambridge 1933 (repr. Freeport N. Y. 1967, Cambridge 2014); The Last Puritan. A Memoir in the Form of a Novel, London, New York 1935, Cambridge Mass./London 1994, 1995 (= The Works. Crit. Ed. IV) (dt. Der letzte Puritaner. Die Geschichte eines tragischen Lebens, München 1936, ²1949, mit Untertitel: Erinnerungen in Form eines Romans, Zürich 1990; franz. Le dernier puritain, Paris 1947); Obiter scripta. Lectures, Essays and Reviews, ed. J. Buchler/B. Schwartz, London/New York 1936; Persons and Places. The Background of My Life, I–III, New York, London 1944–1953, in 1 Bd. mit Untertitel: Fragments of Autobiography, Cambridge Mass./London 1986, 1987 (= The Works. Crit. Ed. I) (franz. Gens et lieux, Paris 1948, 1949; dt. Die Spanne meines Lebens, Hamburg 1950); The Idea of Christ in the Gospels or God in Man. A Critical Essay, New York 1946 (repr. 1979), 1964 (dt. Die Christusidee in den Evangelien. Ein kritischer Essay, München 1951); Atoms of Thought. An Anthology of Thoughts from G. S., ed. I. D. Cardiff, New York 1950, unter dem Titel: The Wisdom of G. S. (Atoms of Thought), 1964; Essays in Literary Criticism, ed. I. Singer, New York 1956; The Idler and His Works, and Other Essays, ed. D. Cory, New York 1957 (repr. Freeport N. Y. 1969); Animal Faith and Spiritual Life. Previously Unpublished and Uncollected Writings by G. S. with Critical Essays on His Thought, ed. J. Lachs, New York 1967; Selected Critical Writings of G. S., I–II, ed. N. Henfrey, Cambridge 1968; S. On America. Essays, Notes, and Letters on American Life, Literature, and Philosophy, ed. R. Colton Lyon, New York 1968; The Birth of Reason and Other Essays, ed. D. Cory, New York/London 1968, 1995; Physical Order and Moral Liberty. Previously Unpublished Essays of G. S., ed. J. Lachs/S. Lachs, Charlotte N. C. 1969; Lotze's System of Philosophy, ed. P. G.

Kuntz, Bloomington Ind./London 1971; The Complete Poems of G. S.. A Critical Edition, ed. W. G. Holzberger, Lewisburg Pa. 1979; The Essential S.. Selected Writings, ed. M. A. Coleman, Bloomington Ind./Indianapolis Ind. 2009; G. S.'s Marginalia. A Critical Selection, I–II, Cambridge Mass./London 2011 (The Works. Crit. Ed. VI/1–2). – The Letters of G. S., ed. D. Cory, London, New York 1955; The Letters of G. S., I–VIII, Cambridge Mass./London 2001–2008 (= The Works. Crit. Ed. V/1–8). – S. Terzian, Bibliography of the Writings of G. S.. To October, 1940 (With Index), in: P. A. Schilpp (ed.), The Philosophy of G. S. [s. u., Lit.], 607–668; C. Santos-Escudero, Bibliografia general de Jorge S., Miscelanea Comillas 44 (1965), 155–310, separat Comillas 1965; H. J. Saatkamp Jr./J. Jones, G. S.. A Bibliographical Checklist, 1880–1980, Bowling Green Ohio 1982.

Literatur: J. L. Abellán, S. 1863–1956 [sic!], Madrid 1996; W. Arnett, G. S., New York 1968; J. Beltrán Llavador, Un pensador en el laberinto. Escritos sobre G. S., Valencia 2009; M. Bermúdez Vázquez (ed.), G. S.. Un español en el mundo, Sevilla 2013; M. Brodrick, The Ethics of Detachment in S.'s Philosophy, New York 2015; R. Butler, The Mind of S., Chicago Ill. 1955 (repr. New York 1968, 1971), London 1956; ders., The Life and World of S., Chicago Ill. 1960 (span. La vida y el mundo de Jorge S., Madrid 1961); R. Caponigri, S., in: M. F. Sciacca (ed.), Les grands courants de la pensée mondiale contemporaine III/2, Paris 1964, 1253–1295; D. Cory, S.. The Later Years. A Portrait with Letters, New York 1963; J. Duron, La pensée de G. S.. S. en Amérique, Paris 1950; M. C. Flamm/G. Patella/J. A. Rea (eds.), G. S. at 150: International Interpretations, Lanham Md. etc. 2014; M. Grossman, Art and Morality. Essays in the Spirit of G. S., New York 2014; M. P. Hodges/J. Lachs, Thinking in the Ruins. Wittgenstein and S. on Contingency, Nashville Tenn. 2000 (span. Pensando entre las ruinas, Wittgenstein y S. sobre la contingencia, Madrid 2011); G. W. Howgate, G. S., Philadelphia Pa., London, Oxford 1938, New York 1971; R. Kirk, The Conservative Mind. From Burke to S., Chicago Ill. 1953 (dt. Lebendiges politisches Erbe. Freiheitliches Gedankengut von Burke bis S., 1790–1958, Erlenbach-Zürich/Stuttgart 1959), erw. mit Untertitel: From Burke to Eliot, New York ³1960, ⁷1985, Washington D. C. 2001; J. Lachs, S., REP VIII (1998), 467–470; ders., On S., Belmont Calif./London 2006; H. S. Levinson, S., Pragmatism, and the Spiritual Life, Chapel Hill N. C./London 1992, 2012; J. McCormick, G. S.. A Biography, New York 1987, New Brunswick N. J. 2008; D. Moreno, S. filósofo. La filosofía como forma de vida, Madrid 2007 (engl. S. the Philosopher. Philosophy as a Form of Life, Lanham Md. 2015); M. K. Munitz, The Moral Philosophy of S., New York 1939, 1958 (repr. Westport Conn. 1972); T. N. Munson, The Essential Wisdom of G. S., New York 1962 (repr. Westport Conn. 1983); N. O'Sullivan, S., St. Albans 1992; K. M. Price/R. C. Leitz, III (eds.), Critical Essays on G. S., Boston Mass. 1991; H. J. Saatkamp Jr., G. S., 1863–1952, in: A. T. Marsoobian/J. Ryder, The Blackwell Guide to American Philosophy, Oxford 2004, 135–154; ders./M. Coleman, S., SEP 2002, rev. 2014; F. Savater, Acerca de S., Valencia 2012; P. A. Schilpp (ed.), The Philosophy of G. S., Evanston Ill./Chicago Ill. 1940, New York ²1951, La Salle Ill. 1991; I. Singer, S.'s Aesthetics. A Critical Introduction, Cambridge Mass. 1957 (repr. Westport Conn. 1973); ders., G. S. Literary Philosopher, New Haven Conn./London 2000; K. P. Skowroński, S. and America. Values, Liberties, Responsibility, Newcastle 2007; T. L. S. Sprigge, S.. An Examination of His Philosophy, London/Boston Mass. 1974, rev. 1995; A. Woodward, Living in the Eternal, Nashville Tenn. 1988. A. V.

Śāntideva (ca. 690–750), ind. Dichterphilosoph, dem Prāsaṅgika-Zweig des buddhistischen ↑Mādhyamika zugehörig. Nach der Überlieferung ist Ś. Sohn eines Rāja aus Saurāṣṭra (eine Halbinsel des heutigen Gujarāt), der weltlicher Tätigkeit entsagte, sich als buddhistischer Mönch ordinieren ließ und an der buddhistischen Klosteruniversität in Nālandā lehrte. Zusammen mit Candrakīrti (7. Jh.) ist Ś. für die Fixierung der strengen Fassung des Mādhyamika verantwortlich, derzufolge Argumente nur in Gestalt von Widerlegungen, als reductio-ad-absurdum-Beweise (↑reductio ad absurdum), mit der Lehre von der Leerheit (śūnyatāvāda) verträglich sind. Sein Śikṣāsamuccaya (Sammlung der Unterweisungen) ist eine kommentierte Anthologie von Texten des ↑Mahāyāna, ähnlich seinem nur in tibetischer und chinesischer Übersetzung erhaltenen Sūtrasamuccaya (Sammlung der Sūtras). Der Bodhicaryāvatāra (Eintritt in den Lebenswandel in Erleuchtung) hingegen, die berühmteste philosophisch-dichterische Darstellung des Mahāyāna, schildert den Werdegang eines Buddhaanwärters (bodhisattva) und sucht insbes. durch Beschreibung besonderer Meditationstechniken zu einer Einübung in die Zuwendung zu noch Unerlösten anzuleiten.

Werke: Introduction à la pratique des futurs Bouddhas (Bodhicaryāvatāra), übers. L. de la Vallée Poussin, Rev. hist. littérature rel. 11 (1906), 430–458, 12 (1907), 59–85, 389–463, mit Untertitel: Poème de Çantideva, Paris 1907; The Path of Light, trans. L. D. Barnett, London, New York 1909, London ²1947, 1959; La marche à la lumière, übers. L. Finot, Paris 1920, 1987; Śikṣā Samuccaya. A Compendium of Buddhist Doctrine, trans. C. Bendall/W. H. D. Rouse, London 1922, Delhi ²1971, 2006; Der Eintritt in den Wandel in Erleuchtung. Ein buddhistisches Lehrgedicht des VII. Jahrhunderts n. Chr., übers. R. Schmidt, Paderborn 1923, unter dem Titel: Anleitung zum Leben als Bodhisattva. Bodhicaryāvatāra, Frankfurt 2005; Bodhicaryāvatāra of Ś.. With the Commentary Pañjikā of Prajñākaramati [sanskr.], ed. P. L. Vaidya, Darbhanga 1960, ed. S. Tripathi, ²1988; Bodhicaryāvatāra [sanskr./tibet.], ed. V. Bhattacharya, Kalkutta 1960; Śikṣā-Samuccayaḥ [sanskr.], ed. P. L. Vaidya, Darbhanga 1961, ed. S. Tripathi, ²1999; Ś.'s Śikṣāsamuccaya-kārikās [sanskr./engl.], ed. L. M. Joshi, Varanasi 1965; Entering the Path of Enlightenment. The Bodhicaryāvatāra of the Buddhist Poet Ś., trans. M. L. Matics, New York/London 1970, Delhi 2007; Eintritt in das Leben zur Erleuchtung. Lehrgedicht des Mahāyāna, übers. E. Steinkellner, Düsseldorf/Köln 1981, München ²1989, mit Untertitel: Poesie und Lehre des Mahāyāna-Buddhismus, ³1997; Ś.'s Bodhicaryāvatāra. Original Sanskrit Text with English Translation and Exposition Based on Prajñākarmati's Panjikā, I–II, ed. P. Sharma, New Delhi 1990, in einem Bd., 1997, 2012; The Bodhicaryāvatāra, trans. K. Crosby/A. Skilton, Oxford etc. 1995, 1998; A Guide to the Bodhisattva Way of Life (Bodhicaryāvatāra), trans. V. A. Wallace/B. A. Wallace, Ithaca N. Y. 1997; Anleitungen auf dem Weg zur Glückseligkeit. Bodhicaryāvatāra [tibet./dt.], ed. D. Hangartner, Frankfurt 2005; Verses by Ś. in the Śikṣāsamuccaya. A New English Translation, trans. P. Harrison, in: C. Altman Bromberg/T. J. Lenz/J. Neelis (eds.), Evo ṣuyadi. Essays in Honor of Richard Salomon's 65th Birthday, Bloomfield

Hills Mich. 2013 (Bull. Asia Inst. 2XXIII, 87–103; »The Training Anthology« of Ś.. A Translation of the »Śikṣā-samuccaya«, trans. C. Goodman, New York 2016.

Literatur: F. Brassard, The Concept of Bodhicitta in Ś.'s »Bodhicaryāvatāra«, Albany N. Y. 2000; B. R. Clayton, Moral Theory in Ś.'s »Śikṣāsamuccaya«. Cultivating the Fruits of Virtue, London/New York 2006; P. Della Santina, Madhyamaka Schools in India. A Study of the Madhyamaka Philosophy and of the Division of the System into the Prāsaṅgika and Svātantrika Schools, Delhi 1986, 2008; C. Goodman, Ś., SEP 2016; S. E. Harris, On the Classification of Ś.'s Ethics in the »Bodhicaryāvatāra«, Philos. East and West 65 (2015), 249–275; P. Harrison, The Case of the Vanishing Poet. New Light on Ś. and the Śikṣā-samuccaya, in: K. Klaus/J.-U. Hartmann (eds.), Indica et Tibetica. Festschrift für Michael Hahn. Zum 65. Geburtstag von Freunden und Schülern überreicht, Wien 2007, 215–248; J. Hedinger, Aspekte der Schulung in der Laufbahn eines Bodhisattva. Dargestellt nach dem Śikṣāsamuccaya des Ś., Wiesbaden 1984; A. Lele, Amod, The Metaphysical Basis of Ś.'s Ethics, J. Buddhist Ethics 22 (2015) [elektronische Ressource], 249–283; A. Pezzali, Ś.. Mystique bouddhiste des VIIᵉ et VIIIᵉ siècles, Florenz 1968; C. U. Rao/C. K. Chodron/M. L. Dexter (eds.), Ś. and Bodhicaryāvatāra. Images, Interpretations, Reflections, Delhi 2013; W. L. Todd, The Ethics of Śaṅkara and Ś.. A Selfless Response to an Illusionary World, Farnham 2013, London/New York 2016; P. Williams, Altruism and Reality. Studies in the Philosophy of the Bodhicaryāvatāra, Richmond 1998, unter dem Titel: Studies in the Philosophy of the Bodhicaryāvatāra. Altruism and Reality, Delhi 2000; S. Yamaguchi, Dynamic Buddha and Static Buddha. A System of Buddhist Practice, Tokyo 1958. K. L.

sapere aude (lat., wage es, weise zu sein/selbst zu denken), auf Horaz (Epist. I 2,40) zurückgehende Wendung, in der Formulierung ›habe Mut, dich deines eigenen Verstandes zu bedienen‹ von I. Kant als ›Wahlspruch der Aufklärung‹ bezeichnet (Beantwortung der Frage: Was ist Aufklärung? [1784], Akad.-Ausg. VIII, 35). Kant wendet sich damit sowohl gegen das als ›selbstverschuldete Unmündigkeit‹ bezeichnete Unvermögen, »sich seines Verstandes ohne Leitung eines anderen zu bedienen« (ebd.), als auch gegen eine ›schwärmende‹ Vernunft (Das Ende aller Dinge [1794], Akad.-Ausg. VIII, 335), bei der Inspiration die Stelle begrifflicher Arbeit einzunehmen sucht (Von einem neuerdings erhobenen vornehmen Ton in der Philosophie [1796], Akad.-Ausg. VIII, 387–406). In der Befolgung dieses Wahlspruchs ist nach Kant ↑Aufklärung realisiert: »die Maxime, jederzeit selbst zu denken, ist die Aufklärung« (Was heißt: Sich im Denken orientieren? [1786], Akad.-Ausg. VIII, 146 Anm.). In ähnlicher Weise tritt das s. a. auch bei anderen Autoren auf, z. B. bei D. Diderot (Art. ›éclectisme‹, Encyclopédie ou Dictionnaire raisonné des sciences, des arts et des métiers V, Paris 1755, 270). J. M.

Sāramati, um 250 n. Chr., buddhistischer Philosoph, nach der Überlieferung aus Mittelindien. S. gehört einer kleinen, vom ↑Mādhyamika wie vom ↑Yogācāra verschiedenen Schule des ↑Mahāyāna an, zu der auch das

angeblich von Aśvaghoṣa verfaßte Mahāyānaśraddhotpādaśāstra gezählt wird. Seine vor allem für die buddhistische ›Theologie‹ einflußreiche Lehre (niedergelegt im zunächst Maitreya zugeschriebenen Ratnagotravibhāga) ist in die Entwicklung des Yogācāra (wie auch des ↑Tantrayāna) eingegangen und dort philosophisch umgebildet worden. Entgegen den ausschließlich negativen Bestimmungen zur Charakterisierung der höchsten Wahrheit im Mādhyamika wird bei S. eine Inkarnation des Buddhatums (buddhatvam) im ›Körper der Lehre‹ (↑dharmakāya) vertreten, was es erlaubt, alle Daseinsfaktoren (↑dharma), insbes. alle aus ihnen zusammengesetzten Lebewesen, positiv durch den Besitz des ›Keims des Vollendeten (= Buddha)‹ (tathāgatagarbha) zu charakterisieren. Sie gehören deshalb alle der ›Sippe‹ (gotra) der potentiell Erlösten an. In seiner reinen Form – er heißt neben ›dharmakāya‹ dann auch ›Element der Dharmas‹ (dharmadhātu) oder ›Element der Buddhas‹ (buddhadhātu) – ist der tathāgatagarbha ›Nur-Geist‹ (cittamātra). Als solcher ist er mit den vier Vollkommenheiten Reinheit (purity), Selbst (self), Wonne (bliss), Ewigkeit (permanence) ausgestattet und damit dem ↑brahman im ↑Vedānta in einer Weise ähnlich, die ursprünglich buddhistischen Auffassungen widerstreitet. Diese Annäherung an nicht-buddhistische Lehren wird aber in der Schule S.s, wie auch in dem für den Yogācāra maßgebenden Laṅkāvatāra-Sūtra, absichtlich verwendet, um die wesentliche Ununterschiedenheit aller Lehrmeinungen zum Ausdruck zu bringen.

Text: The Sublime Science of the Great Vehicle to Salvation, being a Manual of Buddhist Monism. The Work of Ārya Maitreya with a Commentary by Āryāsanga, Übers. aus dem Tibet. v. E. Obermiller, Acta Orientalia 9 (1931), 81–306, separat Leiden 1931, Nachdr. in: H. S. Prasad (ed.), The Uttaratantra of Maitreya, Delhi 1991, 209–436; The Ratnagotravibhāga Mahāyānottaratantraśāstra [sanskr.], ed. E. H. Johnston, Patna 1950, Nachdr. in: H. S. Prasad (ed.), The Uttaratantra of Maitreya [s. o.], 51–197; J. Takasaki, A Study on the Ratnagotravibhāga (Uttaratantra). Being a Treatise on the Tathāgatagarbha Theory of Mahāyāna Buddhism [mit Einl., Textsynopse, Übers. aus dem Sankr. mit Vergl. d. chines. u. tibet. Übers.], Rom 1966, Delhi 2014; K. Brunnhölzl, When the Clouds Part. The »Uttaratantra« and Its Meditative Tradition as a Bridge between sūtra and tantra, Boston Mass. 2014.

Literatur: N. Dutt, Tathāgatagarbha, Indian Hist. Quart. 33 (1957), 26–39; E. Frauwallner, Die Philosophie des Buddhismus, Berlin (Ost) 1956, ⁴1994, 255–264, Berlin ⁵2010, 165–172 (Kap. C.2 Die Schule S.s) (engl. The Philosophy of Buddhism (Die Philosophie des Buddhismus), Delhi 2010, 271–279 [The School of S.]); D. S. Ruegg, La théorie du Tathāgatagarbha et du gotra. Études sur la sotériologie et la gnoséologie du bouddhisme, Paris 1969; L. Schmithausen, Zu D. Seyfort Rueggs Buch »La théorie du Tathāgatagarbha et du gotra«, Wien. Z. f. d. Kunde Südasiens u. Arch. f. Ind. Philos. 17 (1973), 123–160; C. D. Sebastian, Metaphysics and Mysticism in Mahāyāna Buddhism. An Analytical Study of the Ratnagotravibhāgo-Mahāyānottaratantra-śāstram, Delhi 2005; J. Takasaki, Dharmatā, Dharmadhātu, Dharmakāya and Buddhadhātu. Structure of the Ultimate Value in Mahāyāna Buddhism, J. Indian and Buddhist Stud. (= Indogaku bukkyogaku kenkyu) 14 (1965/1966), 903–919; A. K. Warder, Indian Buddhism, Delhi/Varanasi/Patra 1970, ²1980, 403–407, ³2000, 2004, 383–386; P. Williams, Mahāyāna Buddhism. The Doctrinal Foundations, London/New York 1989, ²2009, 2010.   K. L.

Sartre, Jean-Paul, *Paris 21. Juni 1905, †ebd. 15. April 1980, franz. Philosoph, Schriftsteller und Journalist. Nach Besuch des Gymnasiums in La Rochelle und Paris 1924–1929 Philosophiestudium an der École normale supérieure in Paris (Abschlußexamen als Jahrgangsbester); Freundschaft und Lebensgemeinschaft mit S. de Beauvoir. Die Form dieses Verhältnisses, das für die Romane de Beauvoirs häufig den lebensgeschichtlichen Hintergrund abgibt, der Verzicht auf eine bürgerlichen Normen entsprechende feste Bindung und die von beiden befolgte Maxime absoluter gegenseitiger Aufrichtigkeit haben Vorbildcharakter für intellektuelle Schichten der Nachkriegsjahrzehnte gehabt. Nach der Ableistung des Militärdienstes lehrte S. 1931–1944 an Gymnasien in Le Havre, Laon und Paris das Fach Philosophie. 1933–1934 Stipendienaufenthalt am Institut Français in Berlin, wo sich S. vornehmlich mit E. Husserls Philosophie befaßte. 1940–1941 Kriegsgefangenschaft in Deutschland. Danach aktive Mitarbeit in der Résistance; ab 1945 freier Schriftsteller. Mit M. Merleau-Ponty und de Beauvoir Herausgeber der politisch-literarischen Zeitschrift »Les temps modernes«; zunehmend Engagement auf der Seite der politischen antiautoritären Linken; 1952 endgültiger, öffentlich vollzogener Bruch mit A. Camus. Eine zeitweilige, seine Anhängerschaft irritierende, emphatische Zuwendung zum Kommunismus (1952–1956) fand mit S.s Protest gegen den Einmarsch der sowjetischen Truppen in Ungarn ein Ende. Hervorgetreten ist S. durch sein unerschrockenes öffentliches Eintreten gegen die Kolonialpolitik Frankreichs in Vietnam (1952) und Algerien (1958–1962) und die nachkolonialistische Politik der USA, vor allem deren Haltung gegenüber Kuba (1960). S. war 1967 Vorsitzender des in Stockholm und Roskilde tagenden Russell-Tribunals gegen den Vietnamkrieg, verurteilte den Einmarsch der Truppen des Warschauer Pakts in die Tschechoslowakei (1968) und unterstützte die studentische Protestbewegung Ende der 1960er Jahre. S. verweigerte 1964 die Annahme des ihm verliehenen Nobel-Preises für Literatur. Der Einfluß, den S. durch seine philosophischen Werke, vor allem aber durch seine Dramen und Romane und durch seine fortlaufend öffentlich dokumentierte Lebensführung auf die französische Jugend der Nachkriegszeit gewann, ist groß. S. galt als das inkarnierte politisch-moralische Gewissen Frankreichs.

In den 1930er Jahren rezipierte S. zunächst vor allem die ↑Phänomenologie Husserls, deren Umkreis auch seine ersten philosophischen Arbeiten zugehören (L'imagina-

tion, 1936; La transcendance de l'ego, 1936/1937; Esquisse d'une théorie des émotions, 1939 [alle drei Arbeiten dt. in: Die Transzendenz des Ego. Philosophische Essays 1931–1939, ed. B. Schuppener,]). S. plädiert in einer Interpretation des Intentionalitätsbegriffs (↑Intentionalität) für eine welthafte Fassung des Ego. Ab Ende der 1930er Jahre wendet er sich M. Heideggers Schriften zu. Von ihm und G. W. F. Hegel beeinflußt ist sein 1943 erschienenes philosophisches Hauptwerk »L'être et le néant« (1943).

Für S.s Philosophie ist der Begriff der ↑Freiheit zentral. Er definiert die ↑Existenz des Menschen, der das, was er wesenhaft ist, erst aus der Freiheit heraus zu schaffen hat. Die Existenz geht dem Wesen voraus. Die Bewußtseinsanalyse entdeckt zwei grundsätzlich voneinander unterschiedene Seinstypen, und zwar das ›An-sich‹, das einfach das ist, was es ist, und das ›Für-sich‹, das ›zu sein hat, was es ist‹. Das ›Für-sich‹ gewinnt sein Sein in seinem Verhältnis zum ›An-sich‹ und zu sich selbst, sein Selbstverhältnis wiederum über die Erfahrung des Anderen. Seine Stiftung geschieht aus Freiheit, der sich grundsätzlich kein Mensch zu entziehen vermag, zu der er ›verurteilt‹ ist. Der Mensch ist, weil alle Wertordnung seiner Freiheit und seinem Engagement entstammt, für sein Tun voll und allein verantwortlich. S. ist konsequenter Atheist (↑Atheismus). Durch sein Engagement und die auf ihn fallende und von ihm bejahte Verantwortung für sein Tun gewinnt der Mensch die höchste Form seines Seins. S.s Bühnenstücke und Romane sind Variationen der in seinem philosophischen Werk systematisch entwickelten Freiheitsproblematik.

Nach dem Krieg führte S. die existentialistische (↑Existenzphilosophie) Bewegung an, die über eine längere Zeit, mit Auswirkungen auf ganz Westeuropa, das kulturelle Milieu Frankreichs prägte. Die individualistische, die menschliche Freiheit als Schicksal und zugleich als einzigen menschlichen Bewährungsort auffassende S.sche Philosophie, die darüber hinaus unmittelbar mit Konsequenzen für die Lebensführung verbunden wurde, brachte ihn in den ersten Nachkriegsjahren und dann wieder nach 1956 in einen scharfen Gegensatz zum kollektivistischen Kommunismus und zur Kommunistischen Partei Frankreichs. Innerhalb der von K. Marx aufgewiesenen ↑Dialektik der geschichtlichen Entwicklung kommt dem Existentialismus die Aufgabe zu, die Position des konkreten Menschen gegen die dem Kommunismus eigentümlichen Totalisierungstendenzen zur Geltung zu bringen. Eine dialektische Grundlegung seiner philosophischen Anthropologie gibt S. in »Critique de la raison dialectique I« (1960, dt. Kritik der dialektischen Vernunft I, 1967).

Werke: Gesammelte Werke in Einzelausgaben, ed. T. König, Reinbek b. Hamburg 1976ff. (erschienen [Romane und Erzählungen]: I–VI; [Theaterstücke]: I–X; [Drehbücher]: I–III; [Philosophische Schriften]: I–VIII, X; [Schriften zur Literatur]: I–XII; [Schriften zu Theater und Film]: I; [Politische Schriften]: I–VI; [Autobiographische Schriften]: I–II; [Tagebücher] 1 Bd. ohne Zählung; [Briefe]: I–II; [Reisen]: I) [spätere Auflagen teilw. in neuer Anordnung]). – L'imagination, Paris 1936, ⁷2012 (engl. Imagination. A Psychological Critique, Ann Arbor Mich. 1962, unter dem Titel: The Imagination, London/New York 2012; dt. Über die Einbildungskraft, in: Die Transzendenz des Ego. Drei Essays, Reinbek b. Hamburg 1964, 51–149, unter dem Titel: Die Imagination, in: Die Transzendez des Ego. Philosophische Essays 1931–1939, Reinbek b. Hamburg 1982 [= Ges. Werke. Philos. Schr. I], 2010, 97–254); La transcendance de l'ego. Esquisse d'une description phénoménologique, in: Rech. philos. 6 [1936/1937], 85–123, separat Paris 1965, ferner in:»La transcendance de l'ego« et »Conscience de soi et connaissance de soi« précédés de »Une idée fondamentale de la phénoménologie de Husserl: L'intentionnalité«, ed. V. de Coorebyter, Paris 2003, 91–131 (engl. The Transcendence of the Ego. An Existentialist Theory of Consciousness, New York 1957, mit Untertitel: A Sketch for a Phenomenological Description, London/New York 2004; dt. Die Transzendenz des Ego, in: Die Transzendenz des Ego. Drei Essays [s. o.], 5–50, ferner in: Die Transzendez des Ego. Philosophische Essays 1931–1939 [s. o.], 39–96); La nausée, Paris 1938, 2014 (dt. Der Ekel, Stuttgart/Hamburg/Baden-Baden 1949, Reinbek b. Hamburg 1981 [= Ges. Werke. Romane u. Erzählungen I], 2015; engl. The Diary of Antoine Roquentin, London 1949, unter dem Titel: Nausea, London 1962, 2000); Le mur, Paris 1939, 2012 (dt. Die Mauer, Stuttgart/Hamburg 1950, unter dem Titel: Gesammelte Erzählungen, Reinbek b. Hamburg 1970, unter dem Titel: Die Kindheit eines Chefs. Gesammelte Erzählungen, Reinbek b. Hamburg 1983 [= Ges. Werke. Romane u. Erzählungen II], 2011; engl. The Wall (Intimacy) and Other Stories, New York 1948, 1975); Esquisse d'une théorie des émotions, Paris 1939, 2010 (engl. The Emotions. Outline of a Theory, New York 1948, unter dem Titel: Sketch for a Theory of the Emotions, London 1977, London/New York 2014; dt. Entwurf einer Theorie der Emotionen, in: Die Transzendenz des Ego. Drei Essays [s. o.], 151–195, ferner in: Die Transzendez des Ego. Philosophische Essays 1931–1939 [s. o.], 255–321); L'imaginaire. Psychologie phénoménologique de l'imagination, Paris 1940, 2013 (engl. The Psychology of Imagination, New York 1948, unter dem Titel: The Imaginary. A Phenomenological Psychology of the Imagination, London/New York 2010; dt. Das Imaginäre. Phänomenologische Psychologie der Einbildungskraft, Reinbek b. Hamburg 1971, 1980 [= Ges. Werke. Philos. Schr. II], 1994); L'être et le néant. Essai d'ontologie phénoménologique, Paris 1943, 2016 (dt. Das Sein und das Nichts. Versuch einer phänomenologischen Ontologie, Hamburg 1952, Reinbek b. Hamburg 1991 [= Ges. Werke. Philos. Schr. III], 2016; engl. Being and Nothingness. An Essay on Phenomenological Ontology, New York 1956, London/New York 2010); Les Mouches. Drame en trois actes, Paris 1943, ferner in: Théâtre complet [s. u.], 1–73 (engl. The Flies, in: The Flies and In Camera, London 1946, 1952, 5–103, ferner in: No Exit and Three Other Plays, New York 1989, 47–124; dt. Die Fliegen, in: Dramen, Stuttgart/Hamburg/Baden-Baden 1949, Neudr. in: Bariona oder der Sohn des Donners. Ein Weihnachtsspiel/Die Fliegen. Drama in drei Akten, Reinbek b. Hamburg 1991 [= Ges. Werke. Theaterstücke I], 2005, 95–189); Les chemins de la liberté, I–III (I L'âge de raison, II Le sursis, III La mort dans l'âme), Paris 1945–1949, 2013, IV ([Kap. 1–2] Drôle d'amitié), Les temps modernes 5 (1949/1950), 769–806, 1009–1039, ferner in: Œuvres romanesques [s. u.], 1459–1534, [La dernière chance], ebd., 1585–1654 (dt. Die Wege der Freiheit, I–III [I Zeit der Reife, II

Der Aufschub, III Der Pfahl im Fleische], Stuttgart/Hamburg/Baden-Baden 1949–1951, I–IV [IV Die letzte Chance (Fragment)], Reinbek b. Hamburg 1987 [= Ges. Werke. Romane u. Erzählungen III–VI], 2009–2011; engl. The Roads to Freedom, I–III [I Age of Reason, II The Reprieve, III Iron in the Soul (auch: Troubled Sleep)], London, New York 1947–1950, London 2001–2002, IV [The Last Chance], London/New York 2009); Huis clos. Pièce en un acte, Paris 1945, ferner in: Théâtre complet [s. u.], 89–128 (engl. In Camera, in: The Flies and In Camera [s. o.], 105–167, unter dem Titel: Huis Clos, in: Huis Clos and Other Plays, London etc. 2000, 177–223; dt. Bei geschlossenen Türen, in: Dramen, Stuttgart/Hamburg/Baden-Baden 1949, unter dem Titel: Geschlossene Gesellschaft, Reinbek b. Hamburg 1986 [= Ges. Werke. Theaterstücke III], 2015); L'existentialisme est un humanisme, Paris 1946, 2015 (dt. Ist der Existentialismus ein Humanismus?, Zürich 1947, Neudr. in: Drei Essays, Frankfurt/Berlin/Wien 1960, ²1973, 7–51, unter dem Titel: Der Existialismus ist ein Humanismus, in: Der Existentialismus ist ein Humanismus und andere philosophische Essays 1943–1948, Reinbek b. Hamburg 1994 [= Ges. Werke. Philos. Schr. IV], 2015, 145–192; engl. Existentialism, New York 1947 [repr. 1965], unter dem Titel: Existentialism and Humanism, London 1948, 2007, unter dem Titel: Existentialism Is a Humanism, New Haven Conn./London 2007); Morts sans sépulture. Pièce en trois actes, Lausanne 1946, überarb. mit Untertitel: Pièce en trois actes et quatre tableaux, Stuttgart 1984, 2011, ferner in: Théâtre complet [s. u.], 145–200 (dt. Tote ohne Begräbnis, in: Dramen, Stuttgart/Hamburg/Baden-Baden 1949, mit Untertitel: Stück in vier Akten, Reinbek b. Hamburg 1988 [= Ges. Werke. Theaterstücke IV], 2006; engl. Men without Shadows (Morts sans sépulture), in: Three Plays, London 1949, 1963, 107–160); La putain respectueuse. Pièce en un acte et deux tableaux, Paris 1946, ferner in: Théâtre complet [s. u.], 205–235, separat Stuttgart 2012, 2015 (dt. Die ehrbare Dirne, in: Dramen, Stuttgart/Hamburg/Baden-Baden 1949, unter dem Titel: Die respektvolle Dirne. Stück in einem Akt und zwei Bildern, Reinbek b. Hamburg 1987 [= Ges. Werke. Theaterstücke V], unter ursprünglichem Titel, Stuttgart 2012; engl. The Respectable Prostitute (La putain respecteuse), in: Three Plays [s. o.], 159–187, ferner in: Huis Clos and Other Plays [s. o.], 7–38); Réflexions sur la question juive, Paris 1946, 2006 (dt. Betrachtungen zur Judenfrage. Psychoanalyse des Antisemitismus, Zürich 1948, unter dem Titel: Überlegungen zur Judenfrage, Reinbek b. Hamburg 1994 [= Ges. Werke. Polit. Schr. II], 2010; engl. Portrait of the Anti-Semite, London 1948, unter dem Titel: Anti-Semite and Jew, New York 1948, 1995); Théâtre I, Paris 1947, 2012; Baudelaire, Paris 1947, 2000 (engl. Baudelaire, London 1949, New York 1967; dt. Baudelaire. Ein Essay, Hamburg 1953, ed. D. Oehler, Reinbek b. Hamburg 1978 [= Ges. Werke. Schr. zur Lit. II], 1997); Les jeux sont faits, Paris 1947, 2011 (engl. The Chips Are Down, New York 1948, Boston Mass. 1965; dt. Das Spiel ist aus, Hamburg 1952, Reinbek b. Hamburg 1985 [= Ges. Werke. Drehbücher I], 2009); Situations, I–X, Paris 1947–1976, Bde I–IV, rev. 2010–2015 (dt. [Teilübers.] Situationen. Essays, Hamburg 1956, 1965, [Bd. II] Was ist Literatur? Ein Essay, Hamburg 1950, ohne Untertitel, Reinbek b. Hamburg 1981 [= Ges. Werke. Schr. zur Lit. III], ⁶2006, [Bd. IV] Porträts und Perspektiven, Reinbek b. Hamburg 1968, 1971, [Bd. V] Kolonialismus und Neokolonialismus. Sieben Essays, Reinbek b. Hamburg 1968; engl. [Bd. II] What Is Literature?, New York 1949, London/New York 2001, [Teilübers.] Literary Essays, New York 1957, [Bd. IV] Situations, London 1965, [Teilübers.] Between Existentialism and Marxism, London 1974, 2008, [Bd. X] Life/Situations. Essays Written and Spoken, New York 1977, unter dem Titel: S. in the Seventies. Interviews and Essays, London 1978, [Bd. V] Colonialism and Neocolonialism, London/New York 2001, 2006, [Bd. III] The Aftermath of War, London 2008); Les mains sales, Paris 1948, ferner in: Théatre complet [s. u.], 145–354, separat Paris 2015 (dt. Die schmutzigen Hände, in: Dramen, Stuttgart/Hamburg/Baden-Baden 1949, Reinbek b. Hamburg 1990 [= Ges. Werke. Theaterstücke VI], 2012; engl. Crime passionnel (Les mains sales), in: Three Plays [s. o.], 7–106, unter dem Titel: Dirty Hands, in: Huis Clos and Other Plays [s. o.], 125–241); L'engrenage, Paris 1948, 2005 (dt. Im Räderwerk, Darmstadt 1954, Frankfurt 1962, Reinbek b. Hamburg 1989 [= Ges. Werke. Drehbücher II], 1997; engl. In the Mesh. A Scenario, London 1954); (mit D. Rousset/G. Rosenthal) Entretiens sur la politique, Paris 1949; Dramen, Stuttgart/Hamburg/Baden-Baden 1949; Le diable et le bon Dieu, Paris 1951, ferner in: Théatre complet [s. u.], 375–501 (dt. Der Teufel und der liebe Gott, Hamburg 1951, Reinbek b. Hamburg 1991 [= Ges. Werke. Theaterstücke VII]), 2001; engl. Lucifer and the Lord, London 1952, ferner in: Huis Clos and Other Plays [s. o.], 39–176); Saint Genet. Comédien et martyr, Paris 1952, 2011 (engl. Saint Genet, Actor and Martyr, New York 1963, London 1988; dt. Saint Genet. Komödiant und Märtyrer, Reinbek b. Hamburg 1982 [= Ges. Werke. Schr. zur Lit. IV], 1986); L'affaire Henri Martin. Commentaire, Paris 1953 (dt. Wider das Unrecht, Berlin [Ost] 1955, mit Untertitel: Die Affäre Henri Martin, Reinbek b. Hamburg 1983 [= Ges. Werke. Polit. Schr. IV]); Kean, Paris 1954, 1998, ferner in: Théatre complet [s. u.], 549–670 (dt. Kean oder Unordnung und Genie. Ein Stück nach Alexandre Dumas, Hamburg 1954, unter dem Titel: Kean. Nach Alexandre Dumas, Reinbek b. Hamburg 1991 [= Ges. Werke. Theaterstücke V], 1993); Nekrassov, Paris 1956, 2005, ferner in: Théatre complet [s. u.], 693–841 (dt. Nekrassow, Hamburg o.J. [1956], Reinbek b. Hamburg 1988 [= Ges. Werke. Theaterstücke IX], 1991; engl. Nekrassov, London 1966); Les séquestrés d'Altona, Paris 1960, ferner in: Théatre complet [s. u.], 857–993, separat Paris 2008 (dt. Die Eingeschlossenen von Altona, Reinbek b. Hamburg 1960, 1979 [= Ges. Werke. Theaterstücke X], 1991; engl. Loser Wins, London 1960, unter dem Titel: The Condemned of Altona, New York 1961, 1978); Drei Essays, Frankfurt/Berlin/Wien 1960,1989; Critique de la raison dialectique, I–II, Paris 1960/1985, Neudr. 1985 (dt. [Teilübers. Bd. I] Marxismus und Existentialismus. Versuch einer Methodik, Reinbek b. Hamburg 1964, unter dem Titel: Fragen der Methode, 1999 [= Ges. Werke. Philos. Schr. V], [Teilübers. Bd. I] Kritik der dialektischen Vernunft I, Reinbek b. Hamburg 1967, 1980 [= Ges. Werke. Philos. Schr. VI]; engl. Critique of Dialectical Reason, I–II, London 1978/1991, 2010); Les mots, Paris 1964, 2014 (engl. The Words, New York 1964, 1981; dt. Die Wörter, Reinbek b. Hamburg, Berlin 1965, 1979 [= Ges. Werke. Autobiographische Schr. I], 2014); Euripide. Les Troyennes, Paris 1965, ferner in: Théatre complet [s. u.], 1045–1112, separat Paris 1998 (dt. Die Troerinnen des Euripides, Reinbek b. Hamburg 1965, 1991 [= Ges. Werke. Theaterstücke VIII], 1995); L'idiot de la famille. Gustave Flaubert de 1821 à 1857, I–III, Paris 1971–1972, rev. 1988 (dt. Der Idiot der Familie. Gustave Flaubert 1821–1857, I–V, Reinbek b. Hamburg 1977–1979 [= Ges. Werke. Schr. zur Lit. VII–XI], in 4 Bdn., 1986; engl. The Familiy Idiot. Gustave Flaubert 1821–1857, I–V, Chicago Ill./London 1981–1993); Un théatre de situations, ed. M. Contat/M. Rybalka, Paris 1973, erw. 1992, 2005; (mit P. Gavi/P. Victor) On a raison de se révolter. Discussions, Paris 1974 (dt. Der Intellektuelle als Revolutionär, Streitgespräche, Reinbek b. Hamburg 1976, 1986); Mai '68 und die Folgen. Reden, Interviews, Aufsätze, I–II, Reinbek b. Hamburg 1974/1975; S. über S., Reinbek b. Hamburg 1977

(= Ges. Werke. Autobiographische Schr. II), 1997; S.. Un film réalisé par Alexandre Astruc et Michel Contat, Paris 1977 (dt. S.. Ein Film von Alexandre Astruc und Michel Contat, Reinbek b. Hamburg 1978); Der Mensch und die Dinge. Aufsätze zur Literatur 1938–1946, ed. L. Baier, Reinbek b. Hamburg 1978 (= Ges. Werke. Schr. zur Lit. I), 1986; Was kann Literatur? Interviews, Reden, Texte 1960–1976, Reinbek b. Hamburg 1979 (= Ges. Werke. Schr. zur Lit. VI), 1986; Mythos und Realität des Theaters. Schriften zu Theater und Film 1931–1970, Reinbek b. Hamburg 1979 (= Ges. Werke. Schr. zu Theater u. Film I), 1991; Paris unter der Besatzung. Artikel, Reportagen, Aufsätze 1944–1945, ed. H. Grössel, Reinbek b. Hamburg 1980 (= Ges. Werke. Polit. Schr. I), 1997; Œuvres romanesques, ed. M. Contat/M. Rybalka, Paris 1981, 2009; Krieg im Frieden, I–II, ed. T. König/D. Hoß, Reinbek b. Hamburg 1982 (= Ges. Werke. Polit. Schr. III/1–2); Les carnets de la drôle de guerre. Novembre 1939 – Mars 1940, Paris 1983, erw. 1995 (dt. Tagebücher. November 1939 – März 1940, Reinbek b. Hamburg 1984 [= Ges. Werke. Tagebücher], erw. 1996); Cahiers pour une morale, Paris 1983 (engl. Notebooks for an Ethics, Chicago Ill./London 1992; dt. Entwürfe für eine Moralphilosophie, Reinbek b. Hamburg 2005 [= Ges. Werke. Philos. Schr. VIII]); Schwarze und weiße Literatur. Aufsätze zur Literatur 1946–1960, Reinbek b. Hamburg 1984 (= Ges. Werke. Schr. zur Lit. V), 1986; Le scénario Freud, Paris 1984 (engl. The Freud Scenario, ed. J. B. Pontalis, Chicago Ill./London 1985, London 2013; dt. Freud. Das Drehbuch, Reinbek b. Hamburg 1993 [= Ges. Werke. Drehbücher III], 1995); Mallarmé. La lucidité et sa face d'ombre, Paris 1986, 2007 (dt. Mallarmés Engagement, Reinbek b. Hamburg 1983 [= Ges. Werke. Schr. zur Lit. XII]; engl. Mallarmé, or the Poet of Nothingness, University Park Pa./London 1988, 1991); Wir sind alle Mörder. Der Kolonialismus ist ein System. Artikel, Reden, Interviews 1947–1967, Reinbek b. Hamburg 1988 (= Ges. Werke. Politische Schr. V); Vérité et existence, ed. A. El Kaïm-Sartre, Paris 1989 (engl. Truth and Existence, ed. R. Aronson, Chicago Ill./London 1992, 1995; dt. Wahrheit und Existenz, Reinbek b. Hamburg 1996 [= Ges. Werke. Philos. Schr. X], ³2011); (mit B. Lévy) L'espoir maintenant. Les entretiens de 1980, Lagrasse 1991, 2007 (dt. Brüderlichkeit und Gewalt. Ein Gespräch mit Benny Lévy, Berlin 1993; engl. Hope Now. The 1980 Interviews, Chicago Ill./London 1996); La reine Albemarle ou Le dernier touriste. Fragments, ed. A. El Kaïm-Sartre, Paris 1991 (dt. Königin Albemarle, oder Der letzte Tourist. Fragmente, Reinbek b. Hamburg 1994 [= Ges. Werke. Reisen I], 1997); Plädoyer für die Intellektuellen. Interviews, Artikel, Reden, 1950–1973, Reinbek b. Hamburg 1995 (= Ges. Werke. Polit. Schr. VI); Théatre complet, ed. M. Contat, Paris 2005; Talking with S., ed. J. Gerassi, New Haven Conn./London 2009 (franz. Entretiens avec S., Paris 2011); Les mots et autres écrits autobiographiques, ed. J.-F. Louette, Paris 2010. – Lettres au Castor et à quelques autres, I–II, ed. S. de Beauvoir, Paris 1983, 2008/2010 (dt. Briefe an Simone de Beauvoir und andere, I–II, Reinbek b. Hamburg 1984/1985 [= Ges. Werke. Briefe II], 2004; engl. [Bd. I] Witness to My Life. The Letters of J.-P. S. to Simone de Beauvoir, 1926–1939, New York, Toronto etc., London 1992, [Bd. II] Quiet Moments in a War. The Letters of J. P. S. to Simone de Beauvoir, 1940–1963, New York, Toronto etc., London 1993, 2016). – J. G. Adloff, S.. Index du corpus philosophique I (L'être et le néant, Critique de la raison dialectique), Paris 1981. – The Works of S., in: A. Belkind, J.-P. S.. S. and Existentialism in English. A Bibliographical Guide, Kent Ohio 1970, 1–29; M. Contat/M. Rybalka, Les écrits de S.. Chronologie, bibliographie commentée, Paris 1970, 1980 (engl. The Writings of S., I–II, Evanston Ill. 1974, I, 1980); F. Lapointe/C. Lapointe, J.-P. S. and

His Critics. An International Bibliography (1938–1975), Bowling Green Ohio 1975, ²1981; M. Contat/M. Rybalka, S.: Bibliographie 1980–1992, Paris, Bowling Green Ohio 1993.

Literatur: T. C. Anderson, S.'s Two Ethics. From Authenticity to Integral Humanity, Chicago Ill./La Salle Ill. 1993; R. Aron, Histoire et dialectique de la violence, Paris 1973 (engl. History and the Dialectic of Violence. An Analysis of S.'s Critique de la raison dialectique, Oxford 1975); R. Aronson, J.-P. S.. Philosophy in the World, London 1980; ders./A. van den Hoven (eds.), S. Alive, Detroit Mich. 1991; T. B. Baba, Der Mensch – die Philosophie – die Geschichte. J.-P. S.s Anthropologie als Metaphysik der Vernichtung, Göttingen 2006; S. Baiasu (ed.), Comparing Kant and S., Basingstoke/New York 2016; H. E. Barnes, S. and Flaubert, Chicago Ill./London 1981; E. Barot (ed.), S. et le marxisme, Paris 2011; D. Bertholet, S., Paris 2000, 2005; W. Biemel, J.-P. S. in Selbstzeugnissen und Bilddokumenten, Reinbek b. Hamburg 1964 (mit Bibliographie, 172–182), erw. 1980, 1998 (mit Bibliographie, 186–204); J. Bonnemann, Der Spielraum des Imaginären. S.s Theorie der Imagination und ihre Bedeutung für seine phänomenologische Ontologie, Ästhetik und Intersubjektivitätskonzeption, Hamburg 2007 (Phänom. Forsch. Beiheft 2); P. Bürger, S.. Eine Philosophie des Als-ob, Frankfurt 2007; F. Caeymaex, S., Merleau-Ponty, Bergson. Les phénoménologies existentialistes et leur héritage bergsonien, Hildesheim/Zürich/New York 2005; R. Campbell, J.-P. S. ou une littérature philosophique, Paris 1945, rev. ³1947; B. Cannon, S. and Psychoanalysis. An Existentialist Challenge to Clinical Metatheory, Lawrence Kan. 1991 (franz. S. et la psychanalyse, Paris 1993); J. S. Catalano, Reading S., Cambridge etc. 2010; P. Caws, S., London/Boston Mass./Henley 1979, London/New York 2001; A. Cohen-Solal, S.. 1905–1980, Paris 1985, 1999 (dt. S.. 1905–1980, Reinbek b. Hamburg 1988, 1991; engl. S.. A Life, New York 1987, 2005); dies., S., un penseur pour le XXIᵉ siècle, Paris 2005; dies., J.-P. S., Paris 2005; dies. u. a., J.-P. S., Paris 2014; D. Collins, S. as Biographer, Cambridge Mass./London 1980; M. Contat, S., DP II (²1993), 2540–2550; G. Cormann/J. Simont (eds.), S. et la philosophie française, Brüssel 2009 (Ét. sartriennes XIII); R. D. Cumming (ed.), The Philosophy of J.-P. S., London 1968, London/New York 2013; C. Daigle, J.-P. S., London/New York 2010; T. Damast, J.-P. S. und das Problem des Idealismus. Eine Untersuchung zur Einleitung in »L'être et le néant«, Berlin 1994; A. Dandyk, Unaufrichtigkeit. Die existentielle Psychoanalyse S.s im Kontext der Philosophiegeschichte, Würzburg 2002; A. C. Danto, J.-P. S., New York, London 1975, London 1991 (dt. J.-P. S., München 1977, Göttingen 1997); W. Desan, The Tragic Finale. An Essay on the Philosophy of J.-P. S., Oxford, Cambridge Mass. 1954, New York 1987; T. Flynn, S., Foucault, and Historical Reason, I–II, Chicago Ill./London 1997/2005; ders., S., SEP 2004, rev. 2011; ders., S., Enc. Ph. VIII (²2006), 603–612; ders., S., a Philosophical Biography, Cambridge etc. 2014; ders./P. Kampits/E. M. Vogt (eds.), Über S.. Perspektiven und Kritiken, Wien 2005; N. F. Fox, The New S.. Explorations in Postmodernism, New York/London 2003, 2006; I. Galster (ed.), La naissance du phénomène S.. Raisons d'un succès, 1938–1945, Paris 2001; J.-F. Gaudeaux, S.. L'aventure de l'engagement, Paris etc. 2006; C. Hackenesch, J.-P. S., Reinbek b. Hamburg 2001, 2007; K. Hartmann, Grundzüge der Ontologie S.s in ihrem Verhältnis zu Hegels Logik. Eine Untersuchung zu »L'être et le néant«, Berlin 1963 (engl. S.'s Ontology. A Study of »Being and Nothingness« in the Light of Hegel's Logic, Evanston Ill. 1966, 1989); ders., S.s Sozialphilosophie. Eine Untersuchung zur »Critique de la raison dialectique I«, Berlin 1966; H. Hastedt, S., Leipzig 2005; A. Hatzimoysis, The Philosophy of S., Durham

2011; W. F. Haug, J.-P. S. und die Konstruktion des Absurden, Frankfurt 1966, Hamburg ³1991; J. Hengelbrock, J.-P. S.. Freiheit als Notwendigkeit. Einführung in das philosophische Werk, Freiburg/München 1989, rev. u. erw. 2005; H.-H. Holz, J.-P. S.. Darstellung und Kritik seiner Philosophie, Meisenheim am Glan 1951; C. Howells (ed.), The Cambridge Companion to S., Cambridge etc. 1992, 1999; dies. (ed.), S., London/New York 1995; dies., S., REP VIII (1998), 473–479; F. Jeanson, Le problème moral et la pensée de S., Paris 1947, mit weiterem Untertitel: Suivi de »Un quidam nommé S. (1965), 1965, 1971 (engl. S. and the Problem of Morality, Bloomington Ind. 1980); ders., S. dans sa vie, Paris 1974; M. Jaoua, Phénoménologie et ontologie dans la première philosophie de S., Paris 2011; R. Kamber, On S., Belmont Calif. 2000; P. Kampits, S., in: J. Nida-Rümelin (ed.), Philosophie der Gegenwart in Einzeldarstellungen. Von Adorno bis v. Wright, Stuttgart 1991, 532–539, ²1999, 659–667; B. Kettern, S., BBKL VIII (1994), 1371–1378; F. v. Krosigk, Philosophie und politische Aktion bei J.-P. S., München 1969; R. Lafarge, La philosophie de J.-P. S., Toulouse 1967 (engl. J.-P. S.. His Philosophy, Dublin, Notre Dame Ind. 1970); R. D. Laing/D. G. Cooper, Reason and Violence. A Decade of S.'s Philosophy (1950–1960), London 1964, New York ²1971, 1999 (dt. Vernunft und Gewalt. Drei Kommentare zu S.s Philosophie 1950–1960, Frankfurt 1973); F. Laraque, La révolte dans le théâtre de S., Paris 1976; B.-H. Lévy, Le siècle de S.. Enquête philosophique, Paris 2000, 2002 (dt. S.. Der Philosoph des 20. Jahrhunderts, München, Darmstadt 2002, München 2005; engl. S.. The Philosopher of the Twentieth Century, Cambridge 2003, 2004); F. Louette, Silences de S., Toulouse 1995, erw. 2002; A. Manser, S.. A Philosophic Study, London 1966 (repr. 2013); H. Mayer, Anmerkungen zu S., Pfullingen 1972; W. L. McBride (ed.), S. and Existentialism, I–VIII, New York/London 1997; G. McCulloch, Using S.. An Analytical Introduction to Early S.an Themes, London/New York 1994; M. Merleau-Ponty, Les aventures de la dialectique, Paris 1955, bes. 131–271 (Chap. V S. et l'ultra-bolchevisme), ferner in: Œuvres, ed. C. Lefort, Paris 2010, 409–623, bes. 497–594 (Chap. V S. et l'ultra-bolchevisme; dt. Die Abenteuer der Dialektik, Frankfurt 1968, 1974, 115–244 [Kap. 5 S. und der Ultra-Bolschewismus]; engl. Adventures of the Dialectic, Evanston Ill. 1973, 1974, 95–201 [Chap. 5 S. and Ultrabolshevism]); M. Meyer, S., in: O. Höffe (ed.), Klassiker der Philosophie II (von Immanuel Kant bis J.-P. S.), München 1981, ²1985, 433–451, 522, ³1995, 433–451, 517–519; D. J. Michelini, Der Andere in der Dialektik der Freiheit. Eine Untersuchung zur Philosophie J.-P. S.s, Frankfurt/Bern 1981; S. Miguens/G. Preyer/C. Bravo Morando (eds.), Pre-Reflective Consciousness. S. and Contemporary Philosophy of Mind, London/New York 2016; S. Möbuß, S., Freiburg/Basel/Wien 2000, 2004; M. Natanson, A Critique of J.-P. S.'s Ontology, Lincoln Neb. 1951 (repr. New York 1972, The Hague 1973); F. A. Olafson, S., Enc. Ph. VII (1967), 287–293; A. Paige, Unfinished Projects. Decolonization and the Philosophy of J.-P. S., London/New York 2010; P. Petit, La cause de S., Paris 2000; E. Pivčević, Husserl and Phenomenology, London 1970 (dt. Von Husserl zu S.. Auf den Spuren der Phänomenologie, München 1972); M. Poster, S.'s Marxism, London 1979, Cambridge 1982; J. Presseault, L'être-pour-autrui dans la philosophie de J.-P. S., Brüssel/Paris 1970; M. Richter, Freiheit und Macht. Perspektiven kritischer Gesellschaftstheorie – der Humanismusstreit zwischen S. und Foucault, Bielefeld 2011; W. Röd, J.-P. S., in: ders. (ed.), Geschichte der Philosophie XIII, München 2002, 275–295, 399–403; A. Roedig, Foucault und S.. Die Kritik des modernen Denkens, Freiburg/München 1997; R. E. Santoni, Bad Faith, Good Faith, and Authenticity in S.'s Early Philosophy, Philadelphia Pa.

1995; ders., S. on Violence. Curiously Ambivalent, University Park Pa. 2003; P. A. Schilpp (ed.), The Philosophy of J.-P. S., La Salle Ill. 1981, 1997; H.-M. Schönherr-Mann, S.. Philosophie als Lebensform, München 2005; T. Schwarz, J.-P. S.s »Kritik der dialektischen Vernunft«, Berlin 1967; G. Seel, S.s Dialektik. Zur Methode und Begründung seiner Philosophie unter besonderer Berücksichtigung der Subjekts-, Zeit- und Werttheorie, Bonn 1971; M. Sicard, La critique littéraire de J.-P. S., I–II, Paris 1976/1980; H. J. Silverman/F. A. Elliston (eds.), J.-P. S.. Contemporary Approaches to His Philosophy, Pittsburgh Pa. 1980; H. Spiegelberg, The Phenomenology of J.-P. S., in: ders., The Phenomenological Movement II, The Hague/Boston Mass./London 1960, ²1965, 445–515, I–II in einem Bd., rev. u. erw. ³1982, 470–536; I. Stal, La philosophie de S.. Essai d'analyse critique, Paris 2006; A. Stern, S.. His Philosophy and Existential Psychoanalysis, New York 1953, erw. ²1967, London 1968; J. Streller, Zur Freiheit verurteilt. Ein Grundriß der Philosophie J.-P. S.s, Hamburg 1952 (engl. J.-P. S.. To Freedom Condemned. A Guide to His Philosophy, New York 1960); M. Suhr, S. zur Einführung, Hamburg 1987, überarb. unter dem Titel: J.-P. S. zur Einführung, Hamburg 2001, ⁵2015; G. Varet, L'ontologie de S., Paris 1948; V. L. Waibel (ed.), Fichte und S. über Freiheit. Das Ich und das Andere, Berlin/Boston Mass. 2015; M. Warnock, The Philosophy of S., London 1965, 1971; J. Webber, The Existentialism of J.-P. Sartre, New York/London 2009; ders. (ed.), Reading S.. On Phenomenology and Existentialism, London/New York 2011; C. Weismüller, J.-P. S.s Philosophie der Dinge. Zur Wende von J.-P. S.s Kritik der dialektischen Vernunft sowie zu einer Psychoanalyse der Dinge, Düsseldorf 1999; R. Wilcocks, Critical Essays on J.-P. S., Boston Mass. 1988; D. Wildenburg, J.-P. S., Frankfurt/New York 2004. – Carnets J.-P. S. 1 (2006) – 2 (2008), 3 (2012) ff.. S. B.

śāstra (sanskr., Anweisung, Theorie, Lehrbuch), in der indischen Tradition (↑Philosophie, indische) einerseits Bezeichnung für lehr- und lernbare, auf diese Weise Kenntnisse (↑vidyā) vermittelnde *Disziplinen*, unter Einschluß von wissenschaftlichen (z. B. Grammatik, Astronomie), künstlerischen (z. B. Dichtkunst, Lehre vom Drama) und praktischen (z. B. Politik, Liebeskunst, Lehre von den Verhaltenspflichten, ↑dharma) Lehren, andererseits Bezeichnung für die hierfür als didaktische *Abhandlungen* verfaßten, in ihrem grundsätzlichen Bezug auf auszulegende autoritative Grundtexte (↑sūtra) einem weitgehend kanonisierten Aufbau unterliegenden Schriften. Insofern diese Disziplinen zumindest mittelbar dem obersten Ziel der Lebensführung, der Erlösung (↑mokṣa), dienen, gehören auch auf immanente Kenntnisse grundsätzlich nicht gerichtete theologische Schriften religiöser Sekten unabhängig von der vedischen Überlieferung (↑Veda) zu den ś.. Sie werden bei den Śaivas in der Regel āgama (Werk der heiligen Überlieferung) und bei den Vaiṣṇavas meist saṃhitā (Sammelwerk) genannt (durch beide Bezeichnungen den Anspruch auf Zugehörigkeit zur ↑śruti, dem geoffenbarten Wissen, ausdrückend). Bei den Śāktas wiederum handelt es sich in diesem Zusammenhang um das umfangreiche Corpus der ↑tantra, während die Buddhisten im ↑Hīnayāna die Schriften des ›Korbs der Untersuchung der

Lehre‹, des abhidharma, zu den ś. zählen und im ↑Mahāyāna schulenspezifische ś. in Gestalt von *Abrissen* die großen Sūtras auslegen. K. L.

sat-cit-ānanda (= saccidānanda, sanskr., Sein-Bewußtsein-Wonne), im advaita-Vedānta (↑Vedānta), aber auch andernorts in der philosophischen Theologie Indiens (↑Philosophie, indische) als Einheit genommen Bezeichnung für das Wesen der Allseele (↑brahman), der eigentlichen unvergänglichen (nitya) und nicht-dualistischen (advaita), personalisiert als Īśvara auftretenden Wirklichkeit, wie sie im vierten (turīya), jenseits von Wachen, Träumen und Tiefschlaf liegenden Erfahrungsstadium als Selbst-Erfahrung, der Einheit von ↑ātman (Einzelseele) und brahman, im brahma-vijñāna, der Brahman-Erkenntnis, zugänglich wird. K. L.

Satz (griech. λόγος [ἀποφαντικός]; lat. oratio [enuntiativa], propositio; engl. sentence; franz. phrase), ein im kommunikativen Aspekt vollständiger sprachlicher Ausdruck im Unterschied zum ↑Wort als einem im signifikativen Aspekt vollständigen sprachlichen Ausdruck. Die einfachsten derart vollständigen sprachlichen Ausdrücke sind in logischer Rekonstruktion die ↑Artikulatoren. Ein S. gehört primär der Ebene der *parole* (Rede), ein Wort der Ebene der *langue* (↑Sprachsystem) im Sinne F. de Saussures an – auch K. Bühler zählt einen S. zu den ›Sinneinheiten der Rede‹ (Sprachtheorie. Die Darstellungsfunktion der Sprache, Jena 1934, Stuttgart 1999, 359) –, obwohl in der Grammatik auch die lautlichen oder schriftlichen Träger eines S.es, die *Satzzeichen* im Sinne L. Wittgensteins (Tract. 3.12), syntaktisch (↑Syntax) und damit unabhängig von ihrer Verwendung in einer ↑Äußerung unter der Bezeichnung ›S.‹, also sekundär auf der Ebene der langue, untersucht werden. Es ist strittig, ob eine eigenständige Referenzsemantik (↑Semantik) von S.en, die projektive Beziehung von Satzzeichen zur Welt, neben der Referenzsemantik (↑Referenz) von Wörtern erforderlich ist. Eine Antwort darauf hängt davon ab, ob bei der Einbettung eines S.es in einen übergeordneten S., also etwa von ›Schnee ist weiß‹ in ›ich stelle fest, daß Schnee weiß ist‹ die Umformung in ›ich stelle Weißsein des Schnees fest‹ mit einem dem S. ›Schnee ist weiß‹ vermöge des Reichenbachschen Sternoperators (Elements of Symbolic Logic, London/New York 1947, 266–274 [§ 48]) zugeordneten zusammengesetzten Artikulator ›Weißsein des Schnees‹ für adäquat gehalten wird oder nicht. Unberührt davon bleibt die Rede vom ↑Sinn eines S.es, der ↑Proposition, also dem ›Ausgesagten‹ (λεκτόν, ↑Lekton) der Stoiker (↑Logik, stoische), dem ↑Gedanken G. Freges oder dem ↑S. an sich‹ B. Bolzanos, die auf den Sinn geeignet zugeordneter Satzformen, also prädikativer Ausdrücke (↑Prädikator), zurückgeführt werden kann.

Jeder S. tritt bei seiner Verwendung in einem ↑Modus auf, z. B. als Aussagesatz (↑Aussage) – hier sind die grammatisch in der Regel nicht markierten, weil unscharfen Unterscheidungen, etwa in Erzählung (↑Fiktion), Feststellung (engl. statement) und ↑Behauptung (engl. assertion), zusätzlich zu beachten –, als Fragesatz (↑Frage), als Befehlssatz (↑Imperativ, Bitte) und als andere Resultate eines ↑Sprechakts. Nur in bezug auf einen derartigen Modus gibt es eine Unterscheidung von S.en in gültige und ungültige in einem weiten Sinn von ↑Geltung. Im Falle des besonderen Modus der Behauptung – er vertritt in der Regel pars pro toto den Aussagemodus – geht es bei Gültigkeit bzw. Ungültigkeit eines S.es um seine ↑*Wahrheit* bzw. *Falschheit* (↑falsch). Der genannte Streit um die Eigenständigkeit einer Referenz von S.en läßt sich dann umformulieren in einen Streit darüber, ob eine Aussage ein S. in einem bestimmten Modus, etwa dem der Behauptung, neben anderen ist, oder ob eine Aussage als modusfreier, aber gleichwohl wahrheits- bzw. falschheitsfähiger Kern (engl. propositional kernel; im Falle der ↑Elementaraussagen als Resultat einer ↑Prädikation) eines beliebigen S.es in einem Modus auftritt. Im ersten Fall spricht die Tradition vom ↑Urteil im logischen Sinne (zutreffender wäre: ↑Inhalt eines Urteils). Der zweite Fall entspricht der überlieferten Erklärung: ›propositio [= oratio enuntiativa, i. e. Aussagesatz] est oratio verum et falsum significans‹.

Man unterscheidet einfache S.e – im Falle von Aussagen die Elementaraussagen – von (hypotaktisch oder parataktisch) zusammengesetzten S.en, darunter die mit den logischen Partikeln (↑Partikel, logische) zusammengesetzten Aussagen und die auf vielfältige Weise, z. B. durch Artikulation des Modus, gebildeten ↑Metaaussagen. In der generativen ↑Transformationsgrammatik als einer der gegenwärtigen Theorien der ↑Grammatik wird ein S. in seiner grammatischen Form zu einer Einheit der ↑Oberflächenstruktur erklärt, dem eine Aussage als logische Form (↑Form (logisch)) des S.es in der ↑Tiefenstruktur entspricht. Über die genaue Charakterisierung des Zusammenhangs beider Strukturebenen unter dem Titel des Zusammenhangs von ↑Syntax und ↑Semantik herrscht jedoch noch keine Einigkeit. Im logischen und wissenschaftstheoretischen Sprachgebrauch wird ›S.‹ auch gleichwertig mit *wahre Aussage* gebraucht, wobei in axiomatischen (↑System, axiomatisches) oder kalkülisierten (↑Kalkül) Darstellungen einer Theorie sowohl die ↑Axiome oder *Grundsätze* (↑Prinzipien) und die Anfänge des Kalküls der *S.bestimmungen* als auch die daraus abgeleiteten Ausdrücke, die ↑Theoreme oder *Lehrsätze*, zu den S.en gehören. Zu den feineren Unterscheidungen, die sich aufgrund der zum ↑Beweis eines S.es herangezogenen Hilfsmittel ergeben, gehören dann Unterscheidungen wie die zwischen ↑analytischen und ↑synthetischen S.en oder die zwischen logisch gültigen

und empirisch gültigen oder Erfahrungssätzen, darunter die oft als ↑Basissätze einer empirischen Theorie herangezogenen Beobachtungssätze (↑Protokollsätze). Ein genereller S. oder Allsatz heißt dann oft, zumindest unter gewissen einschränkenden Bedingungen, ein Gesetz, z. B. wenn von physikalischen, aber auch von mathematischen oder gar von logischen Gesetzen die Rede ist.

Literatur: V. G. Admoni, Osnovy Teorii Grammatiki, Moskau etc. 1964, 2004 (dt. Grundlagen der Grammatiktheorie, Heidelberg 1971; engl. Principles of Grammar Theory, Frankfurt etc. 1995); H.-J. Heringer, Theorie der deutschen Syntax, München 1970, ²1973; F. v. Kutschera, Sprachphilosophie, München 1971, ²1975 (engl. Philosophy of Language, Dordrecht/Boston Mass. 1975); K. Lorenz, Sprachphilosophie, in: P. Althaus/H. Henne/H. E. Wiegand (eds.), Lexikon der Germanistischen Linguistik, Tübingen 1973, ²1980, 1–28; C. Lumer, Aussage/S./Proposition, EP I (²2010), 189–195); B. Mojsisch u. a., S., Hist. Wb. Ph. VIII (1992), 1175–1195; D. Perler (ed.), S.theorien. Texte zur Sprachphilosophie und Wissenschaftstheorie im 14. Jahrhundert [lat./dt.], Darmstadt 1990; W. V. O. Quine, Word and Object, Cambridge Mass. 1960, 2013 (dt. Wort und Gegenstand, Stuttgart 1980, 1998); E. Seidel, Geschichte und Kritik der wichtigsten S.definitionen, Jena 1935; K. F. Sundén, Linguistic Theory and the Essence of the Sentence, Göteborg 1941.   K. L.

Satz an sich, von B. Bolzano (Wissenschaftslehre I, § 19) verwendeter Ausdruck, mit dem der objektive Inhalt einer Aussage von Sätzen im Sinne der entsprechenden konkreten geschriebenen oder gesprochenen Äußerungen oder der damit verbundenen konkreten Gedanken unterschieden wird. Verschiedenen Sätzen kann daher gemäß Bolzano derselbe S. a. s. zugrundeliegen. Bolzanos Begriff des S.es an sich steht G. Freges Verständnis des ↑Gedankens als des ↑Sinnes eines Satzes oder dem semantischen Gebrauch von ↑›Proposition‹ nahe.

Literatur: J. Berg, Bolzano's Logic, Stockholm/Göteborg/Uppsala 1962; S. Dähnhardt, Wahrheit und S. a. s.. Zum Verhältnis des Logischen zum Psychischen und Sprachlichen in Bolzanos Wissenschaftslehre, Pfaffenweiler 1992; G. Gotthardt, Bolzanos Lehre vom ›S. a. s.‹ in ihrer methodologischen Bedeutung, Berlin 1909; F. Kambartel, Der philosophische Standpunkt der Bolzanoschen Wissenschaftslehre. Zum Problem des ›An sich‹ bei Bolzano, in: ders. (ed.), Bernard Bolzano's Grundlegung der Logik. Ausgewählte Paragraphen aus der Wissenschaftslehre, Band I und II […], Hamburg 1963, ²1978, VII–XXIX; B. Mojsisch u. a., Satz, Hist. Wb. Ph. VIII (1992), 1175–1195, bes. 1193; E. Morscher, S. a. s., in: ders., Das logische An-sich bei Bernard Bolzano, Salzburg/München 1973, 52–82; M. Textor, Bolzanos Propositionalismus, Berlin/New York 1996.   F. K.

Satzbuchstabe, schematischer, weniger verbreitete Bezeichnung für ↑Aussagevariable. Sie ist insofern berechtigt, als es sich bei Aussagevariablen nicht um ↑Variable im strengen, auf ↑Quantoren bezogenen Sinne handelt.

Satz der Identität, ↑Identität.

Satz des Bewußtseins, von K. L. Reinhold formuliertes Theorem idealistischer (↑Idealismus) Erkenntnistheorie, das eine Vermittlung von Erkenntnissubjekt und Erkenntnisobjekt in einem dem Erkenntnisakt transzendenten Subjekt statuiert: »Im Bewußtsein wird die Vorstellung durch das Subjekt von Subjekt und Objekt unterschieden und auf beide bezogen« (Beyträge zur Berichtigung bisheriger Missverständnisse der Philosophen I, Jena 1790, 167). G. W.

Satzfunktion, in der formalen Logik (↑Logik, formale) soviel wie ↑›Aussagefunktion‹.

Satzlogik, Bezeichnung für eine Logikkonzeption, die im Gegensatz zur ↑Regellogik steht, seltener auch als Bezeichnung für Aussagenlogik oder ↑Junktorenlogik verwendet.

Satz vom ausgeschlossenen Dritten, ↑principium exclusi tertii.

Satz vom ausgeschlossenen Widerspruch, ↑Widerspruch, Satz vom.

Satz vom zureichenden Grund, ↑Grund, Satz vom.

Saussure, Ferdinand(-Mongin) de, *Genf 26. Nov. 1857, †Vufflens-le-Château (Kanton Waadt) 22. Febr. 1913, schweiz. Sprachwissenschaftler. 1875–1876 Besuch von Kursen verschiedener Fächer an der Universität Genf. 1876 Aufnahme in die Société de Linguistique de Paris. 1876–1880 Studium der Philologie an der Universität Leipzig, 1878–1979 an der Universität Berlin. 1880 Promotion in Leipzig mit der Arbeit »De l'emploi du génitif absolu en sanscrit«. 1881–1891 Dozent (maître de conférences) für Gotisch und Althochdeutsch an der École Pratique des Hautes Études in Paris, 1891–1912 Prof. in Genf (zuerst a. o. Prof., ab 1896 o. Prof. für Geschichte und Vergleich der indoeuropäischen Sprachen, 1906–1912 Prof. für Allgemeine Sprachwissenschaft, Geschichte und Vergleich der indoeuropäischen Sprachen). – S. wendet sich früh unter dem Einfluß des Genfer Gelehrten A. Pictet (1799–1875) der historisch-vergleichenden Sprachwissenschaft (↑Linguistik) zu und wählt mit Leipzig als Studienort das Zentrum von deren so genannter junggrammatischer Schule. Noch als Student gelangt er in der Schrift »Mémoire sur le système primitif des voyelles dans les langues indo-européennes« (1879, recte 1878) auf dem Weg interner Rekonstruktion zu einer systematischen Erklärung für den indoeuropäischen Vokalismus durch Annahme der Verschmelzung von ursprünglichen Vokalen mit einer hypothetisch eingeführten Art von Lauten, die S. ›coefficients sonantiques‹ nennt. Da deren Aussprache später in Analogie

zu den semitischen Laryngallauten vermutet worden ist, wird diese frühe Theorie S.s oft ›Laryngaltheorie‹ genannt. Erst zumeist als ›allzu algebraisch‹ abgelehnt, ist sie seit der Behauptung einer äußeren Evidenz für einen jener ›coefficients sonantiques‹ im Hethitischen durch J. Kuryłowicz 1927 vielfach zur Rekonstruktion der Vorgeschichte indoeuropäischer Sprachen ernstgenommen worden.

In Aufzeichnungen und Briefen drückt S. ein radikales Ungenügen an der Begrifflichkeit der zeitgenössischen Sprachwissenschaft aus und lehnt deren naturalistische (↑Naturalismus) Tendenzen ab. Der naiven Orientierung am physischen Lautphänomen als sprachlicher Grundeinheit, deren Wandel zu erforschen sei, stellt er eine dem soziologischen (↑Soziologie) Positivismus (↑Positivismus (historisch)) und dem ↑Konventionalismus nahe philosophische Reflexion auf die ↑Sprache (↑Sprachphilosophie) entgegen, die er als notwendige Voraussetzung einer methodologischen Neubegründung der Sprachwissenschaft betrachtet. Sprache (langage) als solche ist für S. ein in verschiedenen geschichtlichen Situationen jeweils anders durch eine Gemeinschaft vernünftiger Wesen differenziertes Ganzes von allein dank wechselseitiger Opposition bestimmten Einheiten. Diese Einheiten, die Zeichen (signes; ↑Zeichen (semiotisch)), haben als grundsätzlich arbiträr einander zugeordnete Momente das Bezeichnende (signifiant) und das Bezeichnete (signifié). Beide Momente des Zeichens sind S. zufolge psychischer Natur. Das Bezeichnende wird zwar primär als Lautgestalt (image acoustique) und sekundär als Schriftgestalt (↑Schrift) verstanden, doch sieht S. die Erweiterung des Blickfeldes auf alles sonstwie geartete Bezeichnende vor, also den Übergang von der Sprachwissenschaft zur ↑Semiologie, die er ihrerseits im Horizont einer empirischen Sozialpsychologie verortet. Was das Bezeichnete betrifft, so nennt S. es zwar ›concept‹, d. h. ›Begriff‹; um aber zu verdeutlichen, daß ↑Begriffe ihrerseits nicht schon in einer vordiskursiven Idealität in sich bestimmt sind, nennt er das Bezeichnete auch ›valeur‹, d. h. den systemischen (↑System) ›Wert‹. Zeichen beziehen sich nicht auf in sich selbst bestimmte Gegenstände oder Sachverhalte, sondern sind deren Bestimmung selbst. Mithin bezieht sich Sprache als solche nicht auf in sich selbst bestimmte Gegenstandsbereiche, sondern ist deren Bestimmung selbst: sie ist die Ausdifferenzierung möglicher Gegenstandsbereiche, als soziale Artikulation nicht weniger als die ↑Konstitution von ↑Welt. Genuiner Gegenstand der Sprachwissenschaft ist somit nicht etwa das physische Lautphänomen und dessen Wandel, sondern das System der Weltartikulation einer jeweiligen Gemeinschaft von vernünftigen Wesen in einer jeweiligen geschichtlichen Situation – also ihre Sprache als sozial konstituiertes System von lautlichen (bzw. schriftlichen), wort- und satzgrammatischen

(↑Grammatik) sowie semantischen (↑Semantik) ↑Schemata (Sprache als ›langue‹ [↑langue/parole]), im Unterschied zu deren individueller Ausführung (Sprache als ›parole‹), welche durch das System bestimmt wird, das jedoch auch seinerseits in ihr verändert werden kann. Dem entspricht eine Priorität der synchronen Betrachtungsweise vor der diachronen (↑diachron/synchron), was zwar keine Verkürzung der Sprachwissenschaft auf die erstere bedeutet, wohl aber eine grundsätzliche Neuorientierung.

S. hat seine Aufzeichnungen zur von ihm erstrebten, philosophisch reflektierten allgemeinen Sprachwissenschaft selbst nicht veröffentlicht oder auch nur redigiert. Die wichtigsten Corpora seiner aphoristisch ihren Gegenstand umreißenden Notizen sind (1) die von R. Godel 1954 in den »Cahiers F. de S.« herausgegebenen »Notes inédites«, (2) die von R. Engler im zweiten Band seiner kritischen »Cours«-Edition 1974 publizierten »Notes de F. de S. sur la linguistique générale«, (3) die von S. im Genfer Gartenhaus seiner Familie vergessenen und erst 1996 dort wieder aufgefundenen, 2002 von S. Bouquet und R. Engler als »Écrits de linguistique générale« veröffentlichten Texte und (4) die bisher nur auszugsweise von L. Jäger, M. Buss und L. Ghiotti 2003 publizierten Fragmente im Zusammenhang mit Arbeiten zum litauischen Akzent aus den Jahren 1894–1896. Als S. Ende 1906 zusätzlich zur bisherigen Genfer Professur auch jene für die allgemeine Sprachwissenschaft annimmt, hält er allerdings bis 1911 drei Vorlesungen zum Thema, die C. Bally (1865–1947) und A. Sechehaye (1870–1946) aus Mitschriften zu einem Buch ausarbeiten, das sie 1916, also drei Jahre nach dem Tod S.s, unter dem Titel »Cours de linguistique générale« publizieren; als maßgeblicher Text des Strukturalismus' (↑Strukturalismus (philosophisch, wissenschaftstheoretisch)) hat dieses Buch großen Einfluß auf die Geistes- und Sozialwissenschaften des 20. Jhs. ausgeübt. Seit Herausgabe der »Notes inédites« verstärkt sich die Tendenz, S.s Gedanken von dem kreativen Beitrag der Redaktoren zum »Cours« und dessen strukturalistischer Wirkungsgeschichte zu unterscheiden. Infolgedessen erscheint S. weit weniger als systematischer Methodologe der Geistes- und Sozialwissenschaften denn als skeptischer Aphoristiker, der sowohl im Inhalt als auch in der Form vielfach den L. Wittgenstein der »Philosophischen Untersuchungen« vorwegnimmt, im Hinblick auf die Frage nach den sprachlichen Grundeinheiten insbes. dessen Kritik am Logischen Atomismus (↑Atomismus, logischer).

Werke: Recueil des publications scientifiques de F. d. S., ed. C. Bally/L. Gautier, Lausanne etc., Heidelberg 1922 (repr. Genf 1970, Genf/Paris ²1984). – Mémoire sur le système primitif des voyelles dans les langues indo-européennes, Leipzig 1879 [1878] (repr. Paris 1887, Hildesheim 1968, Hildesheim/Zürich/New York 1987, Cambridge etc. 2009), ferner in: Recueil des publications scientifiques de F. d. S. [s.o.], 1–268; De l'emploi du génitif absolu en sanscrit. Thèse pour le doctorat présentée à la Faculté de Philosophie de l'Université de Leipzig, Genf 1881 (repr. Cambridge etc. 2015), ferner in: Recueil des publications scientifiques de F. d. S. [s.o.], 269–338; Cours de linguistique générale, ed. C. Bally/A. Sechehaye, Lausanne/Paris 1916, Paris ²1922, ³1931 (repr., ed. T. De Mauro, Paris 1972, 2010), krit. Ausg., I–II (II Notes de F. d. S. sur la linguistique générale), ed. R. Engler, Wiesbaden 1968/1974 (repr. 1989/1990), krit. Ausg. [in drei Bdn., franz./engl.] unter den Titeln: Troisième cours de linguistique générale (1910–1911) d'après les cahiers d'Émile Constantin/S.'s Third Course of Lectures on General Linguistics (1910–1911). From the Notebooks of Émile Constantin, Premier cours de linguistique générale (1907) d'après les cahiers d'Albert Riedlinger/S.'s First Course of Lectures on General Linguistics (1907). From the Notebooks of Albert Riedlinger und: Deuxième cours de linguistique générale (1908–1909) d'après les cahiers d'Albert Riedlinger et Charles Patois/S.'s Second Course of Lectures on General Linguistics (1908–1909) from the Notebooks of Albert Riedlinger and Charles Patois, I–III, ed. E. Komatsu, Oxford etc. 1993–1997 (dt. Grundfragen der allgemeinen Sprachwissenschaft, Berlin/Leipzig 1931, Berlin ²1967, Berlin/New York ³2001, neu übers. unter dem Titel: Cours de linguistique générale, ed. P. Wunderli, Tübingen 2013 [franz./dt., mit Bibliographie, 465–478], 2014 [nur dt., mit Bibliographie, 251–264]; engl. Course in General Linguistics, ed. C. Bally/A. Sechehaye, New York 1959, London 2000); Notes inédites de F. d. S., ed. R. Godel, Cahiers F. d. S. 12 (1954), 49–71; Le leggende germaniche. Scritti scelti e annotati, ed. A. Marinetti/M. Meli, Este 1986; Phonétique. Il manoscritto di Harvard Houghton Library bMS Fr 266 (8), ed. M. P. Marchese, Padua 1995; Linguistik und Semiologie. Notizen aus dem Nachlaß. Texte, Briefe und Dokumente, ed. J. Fehr, Frankfurt 1997, 2003 (mit Bibliographie, 551–596); Écrits de linguistique générale, ed. S. Bouquet/R. Engler, Paris 2002 (dt. Wissenschaft der Sprache. Neue Texte aus dem Nachlaß, ed. L. Jäger, Frankfurt 2003; engl. Writings in General Linguistics, Oxford etc. 2006), rev. u. erw. unter dem Titel: Science du langage. »De la double essence du langage« et autres documents du ms. BGE Arch. d. S. 372. Édition critique partielle mais raisonnée et augmentée des »Écrits de linguistique générale«, ed. R. Amacker, Genf 2011 (Publications du Cercle F. d. S. VII); Théorie des sonantes. Il manoscritto di Ginevra BPU Ms. fr. 3955/1, ed. M. P. Marchese, Padua 2002; Notes sur l'accentuation lituanienne, ed. L. Jäger/M. Buss/L. Ghiotti, in: S. Bouquet (ed.), F. d. S. [s.u., Lit.], 323–350. – Une vie en lettres. 1866–1913, ed. C. Mejía Quijano, Nantes 2014. – R. Engler, Lexique de la terminologie saussurienne, Utrecht/Antwerpen 1968. – E. F. K. Koerner, Bibliographia S.ana 1870–1970. An Annotated, Classified Bibliography on the Background, Development and Actual Relevance of F. d. S.'s General Theory of Language, Metuchen N. J. 1972; H. Genaust, Compléments à la »Bibliographia S.ana«, 1916–1972, Historiographia Linguistica 3 (1976), 37–87; R. Engler, Bibliographie saussurienne, I–VI, Cahiers F. d. S. 30 (1976), 99–138, 31 (1977), 279–306, 33 (1979), 79–145, 40 (1986), 131–200, 43 (1989), 149–275, 50 (1997), 247–295.

Literatur: R. Amacker, Linguistique saussurienne, Genf 1975; ders./T. De Mauro/L. J. Prieto (eds.), Studi saussuriani per Robert Godel, Bologna 1974; R. Amacker/R. Engler (eds.), Présence de S.. Actes du colloque international de Genève (21–23 mars 1988), Genf 1990 (Publications du Cercle F. d. S. I); M. Arrivé/C. Normand (eds.), S. aujourd'hui. Actes du Colloque de Cerisy-la-

Salle, 12–19 août 1992, Nanterre 1995; D'A. S. Avalle, L'ontologia del segno in S., Turin 1973, ²1986, unter dem Titel: F. d. S.. Fra strutturalismo e semiologia, Bologna 1995; C. Bierbach, Sprache als ›fait social‹. Die linguistische Theorie F. d. S.'s und ihr Verhältnis zu den positivistischen Sozialwissenschaften, Tübingen 1978; P. Blanchet/L.-J. Calvet/D. de Robillard (eds.), Un siècle après le »Cours« de S.. La linguistique en question, Paris 2007; P. Bouissac, S.. A Guide for the Perplexed, London/New York 2010; S. Bouquet, Introduction à la lecture de S., Paris 1997 (mit Bibliographie, 375–386); ders. (ed.), F. d. S., Paris 2003 (Cahiers de l'Herne LXXVI) (mit Bibliographie, 505–525); J.-P. Bronckart/E. Bulea/C. Bota (eds.), Le projet de F. d. S., Genf 2010; L.-J. Calvet, Pour et contre S.. Vers une linguistique sociale, Paris 1975; J.-L. Chiss/C. Puech, Fondations de la linguistique. Études d'histoire et d'épistémologie, Brüssel 1987, Louvain-la-Neuve ²1997; J. Culler, S., London, Glasgow, Hassocks 1976, unter dem Titel: F. d. S., Harmondsworth etc. 1977, Ithaca N. Y., London ²1986; T. De Mauro/S. Sugeta (eds.), S. and Linguistics Today, Rom 1995; L. Depecker, Comprendre S. d'après les manuscrits, Paris 2009; U. Egli, F. d. S.. Ein Klassiker wider Willen, in: A. Assmann/M. C. Frank (eds.), Vergessene Texte, Konstanz 2004, 105–115; E. Einhauser, Die Junggrammatiker. Ein Problem für die Sprachwissenschaftsgeschichtsschreibung, Trier 1989, bes. 151–166; A. Elia/M. De Palo (eds.), La lezione di S.. Saggi di epistemologia linguistica, Rom 2007; R. Engler, European Structuralism. S., in: T. A. Sebeok (ed.), Current Trends in Linguistics XIII/2 (Historiography of Linguistics II), The Hague/Paris 1975, 829–886; ders., S. und die Romanistik, Bern 1976; ders., S., in: H. Stammerjohann u. a. (eds.), Lexicon Grammaticorum. Who's Who in the History of World Linguistics, Tübingen 1996, 826–827, mit Untertitel: A Bio-Bibliographical Companion to the History of Linguistics II, ²2009, rev. v. S. Bouquet, 1332–1334; ders., Die Zeichentheorie F. d. S.s und die Semantik im 20. Jahrhundert, HSK XVIII/3 (2006), 2130–2152; J. Fehr, S.. Zwischen Linguistik und Semiologie, Berlin 1995 (Preprint Max-Planck-Institut für Wissenschaftsgeschichte XXIII), mit Untertitel: Ein einleitender Kommentar, in: F. d. S., Linguistik und Semiologie [s. o., Werke], 15–226 (franz. S. entre linguistique et sémiologie, Paris 2000); F. Gadet, S., une science de la langue, Paris 1987, ³1996 (engl. S. and Contemporary Culture, London etc. 1989); B. Gasparov, Beyond Pure Reason. F. d. S.'s Philosophy of Language and Its Early Romantic Antecedents, New York 2013; R. Gmür, Das »Mémoire« von F. d. S., Bern 1980; ders., Das Schicksal von F. d. S.s »Mémoire«. Eine Rezeptionsgeschichte, Bern 1986; R. Godel, Les sources manuscrites du »Cours de linguistique générale«, Genf/Paris 1957, Genf ²1969; J. H. Greenberg, S., IESS (1968), 19–21; R. Harris, Reading S.. A Critical Commentary on the »Cours de linguistique générale«, London, La Salle Ill. 1987; ders., Language, S. and Wittgenstein. How to Play Games with Words, London/New York 1988, 1996; ders., S. and His Interpreters, Edinburgh 2001, ²2003 (erw. um: Postscript. A New S.?, 214–252); H. J. Heringer, Linguistik nach S.. Eine Einführung, Tübingen 2013; E. Hildenbrandt, Versuch einer kritischen Analyse des »Cours de linguistique générale« von F. d. S., Marburg 1972; D. Holdcroft, S., REP VIII (1998), 479–482; L. Jäger, F. d. S. zur Einführung, Hamburg 2010 (mit Bibliographie, 227–241); ders./C. Stetter (eds.), Zeichen und Verstehen. Akten des Aachener S.-Kolloquiums 1983, Aachen 1986; J. E. Joseph, S., Oxford 2012 (mit Bibliographie, 741–754); ders. (ed.), F. d. S.. Critical Assessments of Leading Linguists, I–IV (I S.'s Early Work and Influences, II The »Course in General Linguistics« and Its Early Impact, III S., Structuralism and Post-Structuralism, IV Extensions to Other Fields of Study), London/New York 2013; P. Prechtl, S. zur Einführung, Hamburg

1994; E. F. K. Koerner, F. d. S.. Origin and Development of His Linguistic Thought in Western Studies of Language. A Contribution to the History and Theory of Linguistics, Braunschweig 1973; ders., S.an Studies/Études saussuriennes, Genf 1988; G. C. Lepschy, Intorno a S., Turin 1979; P. Maniglier, La vie énigmatique des signes. S. et la naissance du structuralisme, Paris 2006; M. Mayrhofer, Nach hundert Jahren. F. d. S.s Frühwerk und seine Rezeption durch die heutige Indogermanistik. Vorgetragen am 9. Mai 1981, Heidelberg 1981 (Sitz.ber. Heidelberger Akad. Wiss., phil.-hist. Kl. 1981, 8) [mit einem Beitrag v. R. Zwanziger »Joseph Wertheimer. S.s einziger Amtsvorgänger«, 39–43]; C. Mejía, La linguistique diachronique. Le projet saussurien, Genf 1998 (Publications du Cercle F. d. S. IV); dies. [C. Mejía Quijano], Le cours d'une vie. Portrait diachronique de F. d. S., I–II, Nantes 2008/2012; C. Normand, S., Paris 2000, ²2005; M. Prampolini, F. d. S., Teramo 1994, Rom 2004, 2017; R. Raggiunti, Problemi filosofici nelle teorie linguistiche di F. d. S., Rom 1982 (dt. Philosophische Probleme in der Sprachtheorie F. d. S.s, Aachen 1990); F. Rastier, S. au futur, Paris 2015; J. Richter, Die Konstruktion von Reputation. Verweise auf F. d. S. in der romanistischen Sprachwissenschaft, Bielefeld 2015; J. C. Rijlaarsdam, Die Quelle der Zeichentheorie S.s. Zu der These S.s, es gebe eine Auffassung, nach der die Sprache eine Nomenklatur sei, in: dies., Platon über die Sprache. Ein Kommentar zum »Kratylos«. Mit einem Anhang über die Quelle der Zeichentheorie F. d. S.s, Utrecht 1978, 227–336 (= Anhang VI); C. Sanders (ed.), The Cambridge Companion to S., Cambridge etc. 2004 (mit Bibliographie, 267–272); L. de Saussure (ed.), Nouveaux regards sur S.. Mélanges offerts à René Amacker, Genf 2006 (Publications du Cercle F. d. S. V); T. M. Scheerer, F. d. S.. Rezeption und Kritik, Darmstadt 1980 (Erträge der Forschung CXXXIII); W. Schenk, S., BBKL VIII (1994), 1435–1442; R. Simone, Il sogno di S.. Otto studi di storia delle idee linguistiche, Rom/Bari 1992; J. Starobinski, Les mots sous les mots. Les anagrammes de F. d. S., Paris 1971, Limoges 2009 (engl. Words upon Words. The Anagrams of F. d. S., New Haven Conn./London 1979; dt. Wörter unter Wörtern. Die Anagramme von F. d. S., Frankfurt/Berlin/Wien 1980); C. Stetter, La fonction des réflexions sémiologiques dans la fondation de la linguistique générale chez F. d. S., *KOΔIKAΣ*/Code 1 (1979), 9–20; ders., Peirce und S., ebd., 124–149; ders., S., HSK VII/1 (1992), 510–523; P. J. Thibault, Re-reading S.. The Dynamics of Signs in Social Life, London/New York 1997; U. C. M. Thilo, Rezeption und Wirkung des »Cours de linguistique générale«. Überlegungen zu Geschichte und Historiographie der Sprachwissenschaft, Tübingen 1989; R. S. Wells, D. S.'s System of Linguistics, Word 3 (1947), 1–31; P. Wunderli, S.-Studien. Exegetische und wissenschaftsgeschichtliche Untersuchungen zum Werk von F. d. S., Tübingen 1981 (Tübinger Beitr. zur Linguistik CXLVIII); ders., Principes de diachronie. Contribution à l'exégèse du »Cours de linguistique générale« de F. d. S., Frankfurt etc. 1990. – Schriftenreihe: Publications du Cercle F. d. S., Genf 1990 ff.; Zeitschrift: Cahiers F. d. S.. Revue de linguistique générale 1 (1941) ff.; Sonderhefte: Langages 49 (1978) (S. et la linguistique pré-saussurienne); Linx 7 (1995) (S. aujourd'hui); Historiographia linguistica 27 (2000), 197–377 (For Rudolf Engler, S. Scholar Extraordinaire on the Occasion of His 70th Birthday on 25 October 2000); Modèles linguistiques 41 (2000) (Un siècle de linguistique en France. S., Paris-Genève); Langages 159 (2005) (Linguistique et poétique du discours à partir de S.); Beitr. zur Gesch. d. Sprachwiss. 22 (2012) (Approches théoriques de la linéarité du langage), 149–242; Langages 185 (2012) (L'apport des manuscrits de F. d. S.); Arena Romanistica 12 (2013) (»De l'essence double du langage« et le renouveau du saussurisme).   T. G.

Savigny, Friedrich Carl von, *Frankfurt 21. Febr. 1779, †Berlin 25. Okt. 1861, deutscher Jurist, Rechtshistoriker, Diplomat, Begründer der Historischen Rechtsschule. 1795–1799 Jurastudium in Marburg, 1800–1808 Lehrtätigkeit in Marburg und Reisen durch Europa, 1803 Ernennung zum a.o. Professor in Marburg, 1808–1810 Prof. in Landshut, 1810–1842 Prof. in Berlin, Zusammenarbeit mit B. G. Niebuhr, J. F. L. Göschen und K. F. Eichhorn, 1842–1848 preußischer Minister für Gesetzgebung. – S. wurde bereits früh mit der Schrift »Das Recht des Besitzes« (1803) bekannt. Mit der Berufung nach Berlin sowie seinem Wirken dort avancierte er zum führenden und einflußreichsten Juristen der Zeit. Wegweisend war seine Haltung im Kodifikationsstreit bezüglich der Frage, ob ein gemeinsames deutsches Zivilrecht möglich sei. 1814 erschien S.s berühmt gewordene Schrift »Vom Beruf unsrer Zeit für Gesetzgebung und Rechtswissenschaft« als eine Replik auf A. F. J. Thibauts »Über die Nothwendigkeit eines allgemeinen bürgerlichen Rechts für Deutschland« (Heidelberg 1814). S. spricht sich darin gegen jegliche Art der Kodifikation aus und damit gegen das von Thibaut geforderte allgemeine deutsche Gesetzbuch des bürgerlichen Rechts. Stattdessen schlägt er ein Studium des römischen Rechts vor, wobei die Rechtswissenschaft die Grundlage für die Rechtspraxis sein sollte. Hegel verurteilte in seinen »Grundlinien der Philosophie des Rechts« (Ges. Werke XIV/1, 175–177 [§ 211]) diese Auffassung scharf, denn es sei schändlich, einem gebildeten Volk die Fähigkeit abzusprechen, ein Gesetzbuch zu machen. Die Schrift wurde sehr populär und entschied den Streit vorerst für S.. Das römische Recht wurde in seiner Geltung bestätigt und für die Rechtspraxis gesichert.

Die Kodifikationsdebatte mit Thibaut war zugleich die Geburtsstunde der von S. begründeten Historischen Rechtsschule, deren wichtigstes Organ die mit Göschen und Eichhorn seit 1815 gemeinsam herausgegebene »Zeitschrift für geschichtliche Rechtswissenschaft« wurde. Die Vertreter der Historischen Rechtsschule begriffen die Erforschung der Geschichte als den einzigen Weg, um den Zustand einer Gesellschaft zu einem gegebenen Zeitpunkt verstehen und beschreiben zu können. Auf die Rechtswissenschaft angewendet bedeutete dies, das Recht nicht als einen Akt der Willkür einer Zeit, sondern als durch Geschichte vorgegeben zu begreifen. Die Aufgabe des Rechtswissenschaftlers sei daher – sofern er objektiv und wissenschaftlich verfahren möchte –, dieses notwendig gegebene Recht zu erforschen und zu pflegen. Unverzichtbar hierfür sei insbes. die historische Untersuchung des Rechts und seiner Ursprünge. Damit lag der Hauptschwerpunkt der Historischen Rechtsschule im Studium der Römischen Rechtsgeschichte. S.s Hauptwerke – die sechsbändige »Geschichte des römischen Rechts im Mittelalter« (1815–

1831) sowie das achtbändige »System des heutigen römischen Rechts« (1840–1849) – stehen in dieser Tradition und wurden noch bis ins 20. Jh. hinein zu den Standardwerken der Rechtswissenschaft gezählt.

Werke: Das Recht des Besitzes. Eine civilistische Abhandlung, Gießen 1803 (repr. Goldbach 1997), ⁶1837 (franz. Traité de la possession d'après les principes du droit romain, Brüssel 1840; engl. Von S.'s Treatise on Possession, or The Jus possessionis of the Civil Law, London 1848 [repr. Westport Conn. 1979, Clark N. J. 2003]), ed. A. F. Rudorff, Wien ⁷1865 [mit Erw. aus dem Nachlaß] (repr. Darmstadt 1967, Aalen 1990), Baden-Baden 2011 (franz. Traité de la possession en droit romain, Paris 1866, ³1879); Vom Beruf unserer Zeit für Gesetzgebung und Rechtswissenschaft, Heidelberg 1814 (repr. Darmstadt 1959, Goldbach 1997), ferner in: J. Stern (ed.), Thibaut und S.. Zum 100jährigen Gedächtnis des Kampfes um ein einheitliches bürgerliches Recht für Deutschland 1814–1914 […], Berlin 1914 (repr. mit Untertitel: Ein programmatischer Rechtsstreit auf Grund ihrer Schriften […], Darmstadt 1959), 69–166 (repr. in: Thibaut und S.. Ihre programmatischen Schriften, München 1973, 95–192), Heidelberg ³1840 (repr. Hildesheim 1969, 2003), Freiburg 1892, Neudr. in: J. Stern (ed.), Thibaut und S.. Ihre programmatischen Schriften, München ²2002, 61–127 (engl. Of the Vocation of Our Age for Legislation and Jurisprudence, London 1831 [repr. Union N. J. 2002, 2007]; franz. De la vocation de notre temps pour la législation et la science du droit, Paris 2006); Geschichte des römischen Rechts im Mittelalter, I–VI, Heidelberg 1815–1831, erw. I–VII, ²1834–1851 (repr. Darmstadt 1956, Bad Homburg 1961, Aalen 1986, Goldbach 2001 (engl. [Bd. I] The History of the Roman Law During the Middle Ages I, Edinburgh 1829 [repr. Westport Conn. 1979]); System des heutigen römischen Rechts, I–VIII, Berlin 1840–1849, Reg.bd., ed. O. L. Heuser, 1851, ²1856 (repr. [mit Reg.bd. 1851] Aalen 1973–1974, Frankfurt 2008, [mit Reg.bd. ²1856] Aalen 1981); Vermischte Schriften, I–V, Berlin 1850 (repr. Aalen 1968, 1981); Das Obligationenrecht als Teil des heutigen römischen Rechts, I–II, Berlin 1851/1853 (repr. Aalen 1973, 1987) (franz. Le droit des obligations, I–II, Paris 1863, ²1873, in 1 Bd. 2008, 2012); Juristische Methodenlehre. Nach der Ausarbeitung des Jakob Grimm, ed. G. Wesenberg, Stuttgart 1951; Pandektenvorlesung 1824/25, ed. H. Hammen, Frankfurt 1993 (Savignyana I); Vorlesungen über juristische Methodologie 1802–1842, ed. A. Mazzacane, Frankfurt 1993, erw. 2004 (Savignyana II); Landrechtsvorlesung 1824. Drei Nachschriften, I–II, ed. C. Wollschläger, Frankfurt 1994/1998 (Savignyana III/1-2); Politik und Neuere Legislationen. Materialien zum »Geist der Gesetzgebung«. Aus dem Nachlaß, ed. H. Akamatsu, u. Sachreg. v. J. Rückert, Frankfurt 2000/2011 (Savignyana V); S.s Vorbereitung einer zweiten Auflage des »System des heutigen römischen Rechts«, ed. J. Murakami/K. W. Nörr, Tübingen 2003. – A. Stoll, F. K. v. S.. Ein Bild seines Lebens mit einer Sammlung seiner Briefe, I–III, Berlin 1927–1939; S. und Unterholzner. 24 Briefe F. Karl v. S.s aus dem Nachlaß von K. A. D. Unterholzner, ed. A. Vahlen, Berlin 1941 (Abh. Preuß. Akad. Wiss., philos.-hist. Kl. 1941, 1); Briefe der Brüder Grimm an S.. Aus dem S.schen Nachlaß, ed. W. Schoof, Berlin, Marburg 1953; F. C. v. S.. Briefwechsel mit Friedrich Bluhme 1820–1860, ed. D. Strauch, Bonn 1962; Briefe Friedrich Creuzers an S. (1799–1850), ed. H. Dahlmann, Berlin 1972; Briefe S.s an Arnim, 1806–1815, in: Arnims Briefe an S.. 1803–1831. Mit weiteren Quellen als Anhang, ed. H. Härtl, Weimar 1982, 180–195; Der Briefwechsel zwischen F. C. v. S. und Stephan August Winkelmann (1800–1804) mit Dokumenten und

Briefen aus dem Freundeskreis, ed. I. Schnack, Marburg 1984; Briefe zweier Landshuter Universitätsprofessoren. F. C. v. S., F. Tiedemann, ed. Historischer Verein für Niederbayern, Landshut 1985; Paul Johann Anselm Feuerbach – F. Karl v. S.. Zwölf Stücke aus dem Briefwechsel: omnia quae exstant, ed. H. Kadel, Lauterbach 1990; Deutsche Juristen im Vormärz. Briefe von S., Hugo, Thibaut und anderen an Egid von Löhr, ed. D. Strauch, Köln/Weimar/Wien 1999, 1–19 (1. Teil F. C. v. S.s Briefe. 1805–1820); »mein lieber theurer Freund …« F. C. v. S.s Briefe an Johann Friedrich Ludwig Göschen. Eine Neuerwerbung der Universitätsbibliothek Marburg, Marburg 2000.

Literatur: E.-W. Böckenförde, Die Historische Rechtsschule und das Problem der Geschichtlichkeit des Rechts, in: ders., Staat, Gesellschaft, Freiheit. Studien zur Staatstheorie und zum Verfassungsrecht, Frankfurt 1976, 9–41 (engl. The School of Historical Jurisprudence and the Problem of the Historicity of Law, in: ders., State, Society and Law. Studies in Political Theory and Constitutional Law, New York/Oxford 1991, 1–25); C. Bumke, Rechtsdogmatik. Eine Disziplin und ihre Arbeitsweise. Zugleich eine Studie über das rechtsdogmatische Arbeiten F. C. v. S.s, Tübingen 2017; I. Denneler, F. Karl v. S., Berlin 1985; F. Ebel, S., in: B. Jahn, Biographische Enzyklopädie deutschsprachiger Philosophen, München 2001, 359–360; R. Grawert, Die Entfaltung des Rechts aus dem Geist der Geschichte. Perspektiven bei Hegel und S., Rechtstheorie 18 (1987), 437–461; H. Hammen, Die Bedeutung F. C. v. S.s für die allgemeinen dogmatischen Grundlagen des Deutschen Bürgerlichen Gesetzbuches, Berlin 1983; F. J. Hölzl, F. C. v. S.s Lehre von der Stellvertretung. Ein Blick in seine juristische Werkstatt, Göttingen 2002; M. R. Konvitz, S., Enc. Ph. VII (1967), 294, VIII (²2006), 614–615 [mit erw. Bibliographie v. P. Reed]; I. Koza, S., BBKL VIII (1994), 1447–1453; B. Lahusen, Alles Recht geht vom Volksgeist aus. F. C. v. S. und die moderne Rechtswissenschaft, Berlin 2013; E. Landsberg, S., ADB XXX (1890), 425–452; N. MacCormick, S., REP VIII (1998), 482–483; A. Manigk, S. und der Modernismus im Recht, Berlin 1914 (repr. Aalen 1974); G. Marini, S. e il metodo della scienza giuridica, Mailand 1966, 1967; ders., F. C. v. S., Neapel 1978; S. Meder, Urteilen. Elemente von Kants reflektierender Urteilskraft in S.s Lehre von der juristischen Entscheidungs- und Regelfindung, Frankfurt 1999 (Savignyana IV); ders., Mißverstehen und Verstehen. S.s Grundlegung der juristischen Hermeneutik, Tübingen 2004; K. Moriya, S.s Gedanke im Recht des Besitzes, Frankfurt 2003 (Savignyana VI); O. Motte, S. et la France, Bern 1983; D. Nörr, S.s philosophische Lehrjahre. Ein Versuch, Frankfurt 1994; ders., S., NDB XXII (2005), 470–473; R. Reis, S.s Theorie der juristischen Tatsachen, Frankfurt 2013 (Savignyana XII); W. P. Reutter, ›Objektiv Wirkliches‹ in C. v. S.s Rechtsdenken, Rechtsquellen- und Methodenlehre, Frankfurt 2011 (Savignyana XI); M. v. Rosenberg, F. C. v. S. (1779–1861) im Urteil seiner Zeit, Frankfurt etc. 2000; J. Rückert, Idealismus, Jurisprudenz und Politik bei F. C. v. S., Ebelsbach 1984; ders./F. L. Schäfer, Repertorium der Vorlesungsquellen zu F. C. v. S., Frankfurt 2016 (Savignyana XIV); K.-P. Schroeder, Vom Sachsenspiegel zum Grundgesetz – eine deutsche Rechtsgeschichte in Lebensbildern, München 2001, 85–113, ²2011, 97–122 (Anton Friedrich Justus Thibaut (1772–1840), F. C. v. S. (1779–1861) und der Weg zur deutschen Rechtseinheit); C. Vano, »Il nostro autentico Gaio«. Strategie della scuola storica alle origini della romanistica moderna, Neapel 2000 (dt. Der Gaius der Historischen Rechtsschule. Eine Geschichte der Wissenschaft vom römischen Recht, Frankfurt 2008 [Savignyana VII]); F. Wieacker, Privatrechtsgeschichte der Neuzeit, Göttingen 1952, 217–245, ²1967, 348–

416; E. Wolf, Große Rechtsdenker der deutschen Geistesgeschichte, Tübingen 1939, 361–408, ²1944, 436–507, ³1951, 464–535, ⁴1963, 467–542. A. P.

scala naturae (neulat., Stufenleiter der Natur, auch ›Kette des Seins [der Wesen]‹; engl. chain of being), metaphorische Bezeichnung (1) im weiteren Sinne für die in Ansätzen auf Platon (»Politeia«, »Timaios«), vor allem aber auf Aristoteles zurückgehende metaphysische Konzeption einer hierarchischen Stufung des ↑Seienden nach Graden der ↑›Vollkommenheit‹, (2) im engeren Sinne in der vorevolutionären ↑Naturgeschichte eine entsprechende Anordnung der drei Reiche der Natur (Mineralien, Pflanzen und Tiere) oder – nach dem Aufkommen der Unterscheidung ›anorganisch‹/›organisch‹ – auch nur der belebten Natur.

Die Konzeption der s. n. ist nach A. O. Lovejoy durch drei Prinzipien gekennzeichnet: (1) ein – entgegen Lovejoys Darstellung modallogisch (↑Modallogik) facettenreiches – *Prinzip der Fülle*, wonach alle möglichen Formen auch tatsächlich existieren (in der Regel durch die Güte des Schöpfergottes begründet), (2) ein sich aus (1) ergebendes *Kontinuitätsprinzip*, wonach diese Formen in stetiger Weise miteinander verbunden sind, und (3) ein Prinzip *hierarchisch-linearer Anordnung*, das zu einem stufenartigen Aufbau der Welt – in manchen Konzeptionen (z. B. R. Lullus, C. Bouvelles) werden auch Geistwesen eingeschlossen – nach Vollkommenheitsgraden führt. Gott als Schöpfer wird dabei häufig als außerhalb der s. n. befindlich angenommen, wobei in diesem Falle eine grenzwertartige Annäherung der vollkommensten Geschöpfe an Gott in Rechnung gestellt wird. Manche Autoren, wie etwa N. Kopernikus (De revolutionibus orbium coelestium libri VI [1543], Proömium [Gesamtausg. II, 8–9]) und R. Bellarmino, verbinden den ontologischen Gedanken einer zu immer größerer Vollkommenheit aufsteigenden s. n. mit der (auf die ↑Stoa zurückgehenden) asketischen Konzeption einer Vervollkommnung der Gotteserkenntnis in Verbindung mit moralischer Vervollkommnung durch ›Angleichung‹ an die kosmischen Perfektionsverhältnisse.

Im Sinne einer Ordnung der ↑Natur unterscheidet Aristoteles zunächst folgende Seinsstufen (de part. an. B1.646a12–24, de gen. an. A1.715a9–11): (1) ↑materia prima zusammen mit den Grundkräften warm, kalt, feucht, trocken. (2) ›Elemente‹ (Erde, Wasser, Luft, Feuer). (3) Die auf unterschiedlicher Mischung der Elemente beruhende Bildung homogener Stoffe (ὁμοιομερῆ), die anorganisch (Metalle, Mineralien) oder organisch sein können. Organische homogene Stoffe sind (4) Teile von ›inhomogenen‹ Einheiten (ἀνομοιομερῆ) (z. B. Gesicht, Hand, Blatt), die ihrerseits Teile eines (5) Gesamtorganismus (Pflanze, Tier) darstellen. (6) Die ↑Seele mit ihren Stufungen Vegetativseele, Sensitivseele, Geistseele. Die jeweils höhere Schicht ist in dieser Konzeption sowohl ↑Form als auch Ziel (↑Telos) der jeweils niedrigeren und ihr in diesem Sinne ontologisch (damit auch wertmäßig) und kausal (im Sinne der causa finalis, ↑causa) vorgeordnet. Die Übertragung des Stufungsgedankens auf das Tierreich führt Aristoteles zu einer Anordnung, die einer Wertstufung nach ›Vollkommenheit‹ entspricht. Die Vollkommenheit besteht in einer zunehmenden Differenzierung der Organe, aber auch der psychophysischen Vorgänge wie Sinneswahrnehmungen und Zeugungsvorgänge. Das wichtigste Kriterium für die erreichte ›Vollkommenheit‹ eines Tieres ist der Grad seiner Körperwärme: Tiere sind um so vollkommener, je wärmer sie sind. Pflanzen sind den Tieren untergeordnet, jedoch über die ›Tierpflanzen‹ (Zoophyten) mit dem Tierreich kontinuierlich verbunden. Der Mensch steht an der Spitze der s. n. und ist ihr Telos (Pol. A8.1256b15–22). – Ein besonderes Problem bildet bei Aristoteles (aber auch später) die Forderung des stetigen Übergangs zwischen den Organismen in Verbindung mit dem Prinzip der Fülle, wonach alle denkbaren Naturformen auch wirklich existieren: Eine zu starke Betonung der Kontinuität gefährdet die Eigenständigkeit und klare Unterscheidungsmöglichkeit der einzelnen Stufen, während eine zu starke Betonung der Eigenständigkeit die Einheit des Seins aufs Spiel setzt. – Die Stoa greift die Aristotelische Konzeption auf und entwickelt sie schulmäßig im Sinne einer Hierarchie des Lebendigen mit dem Menschen an der Spitze weiter. Zentrale metaphysische Bedeutung gewinnt die Konzeption eines nach Seinsstufen geordneten ↑Kosmos jedoch erst in der Emanationslehre (↑Emanation, ↑Neuplatonismus) des Plotinos. Der Abstieg aus dem ›Einen‹ führt zu Seinsstufen von immer geringerer Vollkommenheit. Das Mittelalter (z. B. Albertus Magnus) folgt im wesentlichen den Aristotelischen Vorgaben.

In der ↑Aufklärung erreicht die Konzeption der s. n. als Instrument der Ordnung der natürlichen Vielfalt wie auch der Vervollkommnung des Menschen angesichts der Stufenleiter der Naturvollkommenheit (z. B. in A. Popes Lehrgedicht »An Essay on Man« [1733/1734]) den Höhepunkt ihrer Popularität. G. W. Leibniz (vgl. Brief an Varignon, in: ders., Hauptschriften zur Grundlegung der Philosophie II, ed. E. Cassirer, Hamburg ³1966, 74–78, 556–559) beschränkt die s. n. wohl als erster auf die Naturkörper. Die ausführlichste Exposition der s. n. findet sich im Werk des Genfer Naturforschers und Philosophen‹ C. Bonnet (1720–1793). Bonnet entwirft ein leiterartiges Diagramm der Mineralien, Pflanzen und Tiere (échelle des êtres naturelles), das, beginnend bei den ›matières plus subtiles‹, über verschiedenartige nicht organische Stoffklassen, die Übergangsform der ›lithophytes‹, die Pilze und Pflanzen, die Zwischenform der ›polypes‹ bis hin zu den Tieren führt, mit dem Orang-

Utan und dem Menschen als den beiden letzten Stufen. Das Vollkommenheitskriterium, nach dem die Anordnung erfolgt, ist die unterschiedliche Fähigkeit der Naturkörper, mit möglichst wenig Teilen möglichst viele Wirkungen zu produzieren. – Der Gedanke einer Stufenleiter der Natur wird z. B. auch von G. Buffon, L. J. M. Daubenton, D. Diderot, I. Kant, J.-B. de Monet de Lamarck, J. O. de La Mettrie, J. B. Robinet, J.-J. Rousseau und F. Vicq d'Azyr vertreten. Zu den Kritikern gehören J. le Rond d'Alembert (Cosmologie, in: M. Diderot/M. D'Alembert [eds.], Encyclopédie ou Dictionnaire raisonné des sciences, des arts et des métiers IV, Paris 1754, 294–297) und Voltaire (Chaîne des êtres créés, in: ders., Dictionnaire philosophique portatif, London [tatsächlich Genf] 1764, 104–106).

Nachdem bereits Bonnet in seiner »Palingénésie« (I–II, Genf 1770) den Gedanken von das Bild einer s. n. brechenden (nicht-linearen) Verzweigungen der Naturordnung erwogen hatte, bestreitet K. J. Oehme (De serie corporum naturalium continua [1772], in: ders., Delectus opusculorum ad scientiam naturalem spectantium I, Leipzig 1790, 1–22) jegliche Kontinuität zwischen anorganischem und organischem Bereich, mit der Folge zweier Stufenleitern. Im organischen Bereich ergibt sich eine Vollkommenheitsstufung nach dem Merkmal der Komplexität des Ernährungssystems. Partielle s.e.n. werden auch von Buffon, Lamarck und Vicq d'Azyr angegeben.

Die s. n. der Aufklärung ist grundsätzlich statisch konzipiert, d. h., die Wesen der Natur bleiben sich gleich und verbleiben auf der einmal eingenommenen Sprosse der s. n.. Nachdem bereits Bonnet einen Aufstieg der Wesen auf seiner Stufenleiter (allerdings erst in jenem Äon, der nach dem der Sintflut vergleichbaren Ende der gegenwärtigen Weltordnung folgt) für wahrscheinlich gehalten hatte, bricht die statische Naturordnung der s. n. mit den eine mehr oder weniger kontinuierliche, reale Transformation der Lebewesen behauptenden ↑Evolutionstheorien des 19. Jhs. zusammen. Dennoch wird gelegentlich auch in der modernen Evolutionstheorie unter dem Titel ›evolutionärer Fortschritt‹ die phylogenetische Entwicklung der Organismen mit dem Gedanken ihrer zunehmenden ›Vervollkommnung‹ verbunden, obwohl dies weder die begriffliche Struktur der Evolutionstheorie noch die empirischen Daten erlauben. Evolutionärer Fortschritt wird dabei meistens als Zunahme von ›Komplexität‹ verstanden, ohne daß dieser Begriff in diesem Kontext hinreichend genau bestimmt wäre. Der erkenntnistheoretische Grund für die der Konzeption einer s. n. zugrundeliegende und auch nach deren Zusammenbruch im Bereich der Evolutionstheorie teilweise fortbestehende, wertende Naturbetrachtung liegt in einer offenbar tief verwurzelten Gewohnheit zu hierarchisierender und präferentieller Kognition. – Im Kontext philosophischer Naturinterpretation werden hierarchische Konzeptionen nach Art der s. n. z. B. von N. Hartmann, H. Plessner, H. Jonas und J. K. Feibleman vertreten. Auch Begriffe wie Emergenz (↑emergent/Emergenz) und Supervenienz (↑supervenient/Supervenienz) setzen hierarchisch geordnete Realitätsebenen voraus.

Literatur: A. Ales Bello (ed.), The Great Chain of Being and Italian Phenomenology, Dordrecht/Boston Mass. 1981; L. Anderson, Charles Bonnet's Taxonomy and Chain of Being, J. Hist. Ideas 37 (1976), 45–58; G. Barsanti, Formes de la nature. De l'échelle au réseau e à l'arbre, in: J. Gayon/J.-J. Wunenburger (eds.), Les figures de la forme, Paris 1992, 63–87; W. F. Bynum, The Great Chain of Being after Forty Years. An Appraisal, Hist. Sci. 13 (1975), 1–28; A. Diekmann, Klassifikation – System – ›s. n.‹. Das Ordnen der Objekte in Naturwissenschaft und Pharmazie zwischen 1700 und 1850, Stuttgart 1992; J. K. Feibleman, Theory of Integrative Levels, Brit. J. Philos. Sci. 5 (1954), 59–66; H. Granger, The ›s. n.‹ and the Continuity of Kinds, Phronesis 30 (1985), 181–200; H. Happ, Die S. n. und die Schichtung des Seelischen bei Aristoteles, in: R. Stiehl/H. E. Stier (eds.), Beiträge zur alten Geschichte und deren Nachleben. Festschrift für Franz Altheim I, Berlin 1969, 221–244; N. Hartmann, Philosophie der Natur. Abriß der speziellen Kategorienlehre, Berlin 1950, ²1980 (repr. Berlin/New York 2010); H. Jonas, The Phenomenon of Life. Toward a Philosophical Biology, New York 1966, Evanston Ill. 2001 (dt. Organismus und Freiheit. Ansätze zu einer philosophischen Biologie, Göttingen 1973, unter dem Titel: Das Prinzip Leben. Ansätze zu einer philosophischen Biologie, Frankfurt 1994, 1997); S. Knuuttila (ed.), Reforging the Great Chain of Being. Studies in the History of Modal Theories, Dordrecht/Boston Mass./London 1981; M. L. Kuntz/P. G. Kuntz (eds.), Jacob's Ladder and the Tree of Life. Concepts of Hierarchy and the Great Chain of Being, New York etc. 1987, 1988; U. Kutschera, From the s. n. to the Symbiogenetic and Dynamic Tree of Life, Biology Direct 33 (2011), 1–18; R. Lewis, William Petty on the Order of Nature. An Unpublished Manuscript Treatise, Tempe Ariz. 2012; A. O. Lovejoy, The Great Chain of Being. A Study in the History of an Idea, Cambridge Mass. 1936, New Brunswick N. J./London 2009 [Einleitung von P. J. Stanlis, VII–XXII] (dt. Die große Kette der Wesen. Geschichte eines Gedankens, Frankfurt 1985, 1993); F. Oakley, Lovejoy's Unexplored Option, J. Hist. Ideas 48 (1987), 231–245; H. Plessner, Die Stufen des Organischen und der Mensch. Einleitung in die philosophische Anthropologie, Berlin 1928, ³1975, ferner als: Ges. Schriften IV, ed. Günter Dux/O. Marquard/E. Ströker, Frankfurt 1981, Frankfurt, Darmstadt 2003; J. Ray, The Wisdom of God Manifested in the Works of the Creation, London 1691 (repr. Hildesheim/New York 1974, New York 1979); P. C. Ritterbush, Overtures to Biology. The Speculations of Eighteenth-Century Naturalists, New Haven Conn./London 1964; K. A. Rogers, The Medieval Approach to Aardvarks, Escalators, and God, J. Value Inqu. 27 (1993), 63–68; H. Smith, Perennial Philosophy, Primordial Tradition, Int. Philos. Quart. 22 (1982), 115–132; A. Thienemann, Die Stufenfolge der Dinge, der Versuch eines natürlichen Systems der Naturkörper aus dem achtzehnten Jahrhundert, Zoolog. Ann. 3 (1910), 185–274 (enthält Edition eines anonymen Ms. aus dem Jahre 1780); M. Weingarten, Kontinuität und Stufenleitern der Natur. Zum Verhältnis von Leibniz und Bonnet, in: K. Bonik u. a., Materialistische Wissenschaftsgeschichte. Naturtheorie und Entwicklungsdenken, Berlin 1981, 87–107 (Das Argument, Sonderbd. 54); D. J. Wilson, »The Great Chain of Being« after Fifty Years, J. Hist. Ideas 48 (1987), 187–206; G. Wolters, The Idea of Progress in Evolutionary Biology. Philosophical Considerations, in: A. Burgen/P. McLaughlin/J. Mittelstraß (eds.), The Idea of Progress, Berlin/New York 1997, 201–217; M. Wyder, Goethes Naturmodell. Die S. n. und ihre Transformationen, Köln/Weimar/Wien 1998; U. Zeuch, Die S. n. als Leitmetapher für eine statische und hierarchische Ordnungsidee der Naturgeschichte, in: E. Agazzi (ed.), Tropen und Metaphern im Gelehrtendiskurs des 18. Jahrhunderts, Hamburg 2011, 25–32.   G. W.

Scaliger, Julius Caesar (eigentlich: Giulio Bordone), *Padua (nach eigenen Angaben: Riva am Gardasee) 23./24. April 1484, †Agen (Frankreich) 21. Okt. 1558, ital.-franz. Philologe, Botaniker und Mediziner. S. behauptete, von der Veroneser Fürstenfamilie della Scala (Scaligeri) abzustammen, und legte sich fälschlich deren Namen zu. Nach eigenen (nicht verläßlichen) Angaben verbrachte er mehrere Jahre (1509–1515) in Kriegsdiensten Kaiser Maximilians I. und studierte anschließend in Bologna Philosophie und Medizin (nachdem er zunächst an ein mönchisches Leben gedacht hatte mit der Absicht, Papst zu werden). Tatsächlich studierte S. in Padua Philosophie (vermutlich bei M. A. Zimara, A. Nifo und P. Pomponazzi), Promotion 1519, anschließend wohl Medizinstudium ebendort. 1521–1524 Aufenthalt in Venedig (Arbeit an einer Plutarch-Übersetzung, publiziert 1525), 1524 Übersiedlung nach Agen als Arzt in bischöflichen Diensten (1548–1549 desgleichen in den Diensten des Königs von Navarra).

S. schreibt als überzeugter Ciceronianer gegen Erasmus von Rotterdam, ohne diesen in seiner Satire gegen die Ciceronianer (Ciceronianus sive De optimo genere dicendi, Basel 1528) wirklich verstanden zu haben (Oratio pro M. Tullio Cicerone contra Des. Erasmum Roterodanum, Paris 1531), erneut 1537, und verfaßt lateinische Kommentare zu Aristoteles, Hippokrates und Theophrast, unter ihnen ein kenntnisreicher botanischer Kommentar zu einer pseudo-aristotelischen Schrift (De plantis, Paris 1556). In der (theoretischen) Medizin vertritt S. averroistische (↑Averroismus) Positionen; in der Physik wendet er sich mit einem umfangreichen Werk (Exotericarum exercitationum liber XV de subtilitate, Paris 1557), das noch F. Bacon, G. W. Leibniz und J. Kepler beeindruckt, gegen die spekulative ↑Naturphilosophie G. Cardanos (De subtilitate, Paris, Nürnberg 1550). Im Anschluß an Albert von Sachsen und J. Buridan erweist er sich als Anhänger der ↑Impetustheorie. Sein bedeutendstes Werk, das zugleich seinen europäischen Ruf als großer Literaturtheoretiker und Humanist (↑Humanismus) ausmacht, ist eine an Aristoteles anschließende, dessen Definition der Tragödie erläuternde Poetik (Poetices libri septem, Lyon 1561). Zuvor war ein ebenfalls einflußreiches Werk über die Regeln der lateinischen Grammatik (De causis linguae Latinae, Lyon 1540) erschienen.

Werke: Oratio pro M. Tullio Cicerone contra Des. Erasmum Roterodamum, Paris 1531, Heidelberg [Frankfurt] 1618, ferner in: Oratio pro M. Tullio Cicerone contra Des. Erasmum (1531). Adversus Des. Erasmi Roterod. Dialogum Ciceronianum oratio secunda (1537) [lat./franz.], ed. M. Magnien, Genf 1999, 91–216; Novorum epigrammatum liber unicus, Paris 1533; Lacrymae, Paris 1534; Nemesis, una cum duobus hymnis, Paris 1535; Adversus Des. Erasmi Roteroda. Dialogum Ciceronianum oratio secunda, Paris 1537, ferner in: Oratio pro M. Tullio Cicerone [...], ed. M. Magnien [s. o.], 313–387; In luctu filii oratio, Lyon 1538; Hyppocratis liber De somniis cum Iulii Caesaris Scaligeri commentariis, Lyon 1539, unter dem Titel: In librum de Insomniis Hippocratis commentarius auctus nunc & recognitus, o.O. [Genf] 1561, Amsterdam 1659; Liber de comicis dimensionibus, Lyon 1539, Köln 1544; Heroes, Lyon 1539; De causis linguae Latinae libris tredecim, Lyon 1540, Heidelberg, 1623, I–II [lat./span.], ed. P. J. G. Sánchez, Cáceres 2004; Poematia ad illustriss. Constantiam Rangoniam, Lyon 1546; Iulii Caesaris Scaligeri in libros duos, qui inscribuntur De plantis, Aristotele autore, libri duo, Paris, Genf 1556, unter dem Titel: Iulii Caesaris Scaligeri [...] in libros de plantis Aristoteli inscriptos, commentarii, o.O. [Genf], Lyon 1566, mit Originaltitel, Marburg 1598; Exotericarum exercitationum liber quintus, decimus, de subtilitate, ad Hieronymum Cardanum, Paris 1557, unter dem Titel: Exotericarum [...] liber XV [...], Frankfurt 1665; Poetices libri septem, Lyon 1561 (repr. Stuttgart-Bad Cannstatt 1964, 1987), o.O. [Genf] 1561, o.O. [Heidelberg] 1617 (engl. [Teilausg.] Select Translations from S.'s Poetics, trans. F. M. Padelford, New York 1905; dt. [Teilausg.] J. C. S.s Kritik der neulateinischen Dichter. Text, Übersetzung und Kommentar des 4. Kapitels von Buch VI seiner Poetik, ed. I. Reineke, München 1988, unter dem Titel: Poetices libri septem/Sieben Bücher über die Dichtkunst [lat./dt.]), I–V u. ein Indexbd., ed. L. Deitz/G. Vogt-Spira (unter Mitwirkung von M. Fuhrmann), Stuttgart-Bad Cannstatt 1994–2011; franz. [Teilausg.] La poétique. Livre V. Le critique, ed. J. Chomarat, Genf 1994); Commentarii, et animadversiones, in sex libros de causis plantarum Theophrasti, Lyon, Genf 1566; De sapientia et beatitudine libri octo, quos Epidorpides inscripsit, Genf 1573; Poemata in duas partes divisa, I–II, o.O. [Genf] 1574, o.O. [Heidelberg] 1600, unter dem Titel: Poemata omnia [...], o.O. [Heidelberg] 1621; Animadversiones in Historias Theophrasti, Lyon 1584; Aristotelis liber, qui decimus historiarum inscribitur, nunc primum latinus [sic!] factus à Julio Caesare Scaligero [...], & commentariis illustratus, Lyon 1584; Poemata sacra, Köln 1600; Epistolae & orationes, Leiden 1600, Hannover 1612; Aristotelis Historia de animalibus Iulio Caesare Scaligero interprete, cum eiusdem commentariis, Toulouse 1619; Electa Scaligerea, Hannover 1634. – M. Magnien, Bibliographie Scaligérienne, in: J. Cubelier de Beynac/M. Magnien (eds.), Acta Scaligeriana [s. u., Lit.], 293–331.

Literatur: C. Balavoine/P. Laurens (eds.), La statue et l'empreinte. La poétique de S., Paris 1986; M. Billanovich, Benedetto Bordon e Giulio Cesare Scaligero, Italia medioevale e umanistica 11 (1968), 187–256; F. Bruzzo (ed.), Giulio Cesare Scaligero e Nicolò d'Arco. La cultura umanistica nelle terre del Sommolago tra XV e XVI secolo, Trento, Riva del Garda 1999; J. Cubelier de Beynac/M. Magnien (eds.), Acta Scaligeriana. Actes du Colloque International organisé pour le cinquième centenaire de la naissance de Jules-César S. (Agen, 14–16 septembre 1984), Agen 1986; P. Duhem, Études sur Léonard de Vinci, I–III, Paris 1906–1913 (repr. Paris/Montreux 1984), I, 240–244, III, 198–204; R. M. Ferraro, Giudizi critici e criteri estetici nei Poetices libri septem

(1561) di Giulio Cesare Scaligero rispetto alla teoria letteraria del Rinascimento, Chapel Hill N. C. 1971; V. Hall, Life of J. C. S. (1484–1558), Philadelphia Pa. 1950 (Transact. Amer. Philos. Soc. NS 40/2); K. Jensen, Rhetorical Philosophy and Philosophical Grammar. J. C. S.'s Theory of Language, München 1990; W. McCuaig, S., in: P. F. Grendler (ed.), Encyclopedia of the Renaissance V, New York 1999, 412–413; S. Miccolis, Percezione visiva e teoria dei colori nelle »Exercitationes« di Giulio Cesare Scaligero, Raccolta di studi ricerche 4 (Bari 1983), 159–175; S. Rolfes, Die lateinische Poetik des Marco Girolamo Vida und ihre Rezeption bei J. C. S., München/Leipzig 2001; P. L. Rose, S. (Bordonius), DSB XII (1975), 134–136; K. Sakamoto, J. C. S., Renaissance Reformer of Aristotelianism. A Study of His Exotericae exercitationes, Leiden, Boston Mass. 2016; J. Stéfanini, Jules César S. et son De causis linguae Latinae, in: H. Parret (ed.), History of Linguistic Thought and Contemporary Linguistics, Berlin/ New York 1976, 317–330.   J. M.

Schächter, Josef, *Kudrynce (Galizien, Österreich) 16. Sept. 1901, †Haifa 27. März 1994, jüdischer Sprachphilosoph, Erziehungstheoretiker und Rabbiner, dem ↑Wiener Kreis nahestehend. 1926 als Rabbiner ordiniert; 1922–1929 und 1935–1938 Talmudlehrer am Hebräischen Pädagogikum in Wien; in den 1920er Jahren Studium der Philosophie insbes. bei M. Schlick. 1931 Promotion mit einer Arbeit über N. Hartmann. S. mußte emigrieren und war später als Lehrer an Schulen und in der Lehrerfortbildung in Israel tätig. – S.s Arbeiten reichen von logisch-grammatischen Begriffs- und Satzanalysen und der Einführung in eine ›kritische‹, d. h. logische, Grammatik (↑Grammatik, logische) über Fragen der Anthropologie, Psychologie und Pädagogik bis hin zu Problemen der jüdischen und fernöstlicher Religionen. Die »Prolegomena zu einer kritischen Grammatik« (1935) ist seine philosophisch wohl wichtigste, aber weitgehend unbeachtet gebliebene Schrift. Eine kritische Grammatik hat die Aufgabe, die traditionelle Grammatik zu ergänzen und zu verbessern. S. unterscheidet eine ›Grammatik des Materials‹ von einer ›Grammatik der Bedeutung‹. Diese hat Strukturmerkmale der Sprache zum Gegenstand und sieht von deren besonderen Realisierungen ab. – Nach seiner Ankunft in Palästina 1938 verfaßte S. vor allem pädagogisch orientierte Werke, in denen aus der jüdischen Tradition Maßstäbe für ein sinnerfülltes Leben gewonnen werden sollten.

Werke: Kritische Darstellung von N. Hartmanns »Grundzüge einer Metaphysik der Erkenntnis«, Diss. Wien 1931; Prolegomena zu einer kritischen Grammatik, Wien 1935, Stuttgart 1978; Over het wezen der philosophie, Synthese 2 (1937), 395–405; Mavo kazar l'logistikah, Wien 1937; Bijdrage tot en analyse van het begrip ›Cultuur‹, Synthese 2 (1937), 47–54; Religie en wetenschap, Synthese 2 (1937), 159–167; Der Sinn pessimistischer Sätze, Synthese 3 (1938), 223–233; Über das Verstehen, Synthese 8 (1949/1951), 367–384; Mi'mada, l'emunah, Tel Aviv 1953, ²1964; Mavo l'talmud, Tel Aviv 1954; Jahaduth w'hinukh basman hase, Tel Aviv 1966; Pirke ijun l'newukhe s'manenu, Tel Aviv 1970; B'frosdor l'hashkafath olam, Jerusalem/Tel Aviv 1972; Rouach venefesh. Gesharim lyahadot pnimit, Jerusalem 1992. – Bibliographie, in: F. Stadler, Der Wiener Kreis [s. u., Lit], 1997, 773–774, ³2015, 499–500.

Literatur: J. S. Diamond, Yosef Schechter. An Approach to ›Jewish Consciousness‹, Reconstructionist. Annual Israel Issue 30 (New York 1964), 17–24; G. H. Reitzig, Nachwort zu J. S., in: J. S., Prolegomena zu einer kritischen Grammatik, Stuttgart 1978, 271–279; H. Scholz, Rezension von J. S., »Prolegomena zu einer kritischen Grammatik«, Dt. Lit.zeitung 58 (1937), 477–479; J. Schoneveld, The Bible in Israeli Education. A Study of Approaches to the Hebrew Bible and Its Teaching in Israeli Educational Literature, Amsterdam/Assen 1976 (dt. Die Bibel in der israelischen Erziehung. Eine Studie über Zugänge zur hebräischen Bibel und zum Bibelunterricht in der israelischen pädagogischen Literatur, Neukirchen-Vlyun 1987); F. Stadler, Der Wiener Kreis. Ursprung, Entwicklung und Wirkung des logischen Empirismus im Kontext, Frankfurt 1997, Cham ³2015; J. R. Weinberg, Rezension von J. S., »Prolegomena zu einer kritischen Grammatik«, Philos. Rev. 46 (1937), 334–335. S. M. K.

Schapp, Wilhelm, *Timmel (Ostfriesland) 15. Okt. 1884, †Aurich 22. März 1965, dt. Philosoph und Jurist. 1902–1905 Studium der Philosophie und Rechtswissenschaft in Freiburg, Berlin, München und Göttingen (bei H. Rickert, J. Cohn, G. Simmel, W. Dilthey, A. Pfänder, M. Scheler, E. Husserl), 1905 Referendarprüfung, 1909 Promotion bei Husserl, danach Tätigkeit als Jurist und Landwirt; 1922 juristische Promotion. – Grundlage der Philosophie S.s ist die ↑Phänomenologie seines Lehrers Husserl. Die Wahrnehmungstheorie der für die Göttinger Phänomenologie klassischen Dissertationsschrift (Beiträge zur Phänomenologie der Wahrnehmung, 1910) betont die Differenz von naturwissenschaftlicher und lebensweltlicher Wirklichkeit und arbeitet von den Naturwissenschaften übersprungene Aspekte der Wahrnehmung heraus. Während auch die rechtsphilosophischen Studien S.s (Die neue Wissenschaft vom Recht, I–II, 1930/1932) auf phänomenologischer Grundlage Husserls entstehen, entfernen sich die späteren Arbeiten von dieser Grundlage und entwickeln eine eigenständige Phänomenologie der Erzählung. Als Grundphänomen, aus dem alle Verstehens- und Erkenntnisleistungen abzuleiten sind, stellt S. die narrative Kontextualität des menschlichen Lebens dar: der Mensch ist in Geschichten verstrickt, sein Selbstbezug, sein Verhältnis zu den anderen und den Dingen nimmt seinen Ausgang von und vollzieht sich in Geschichten. Nach S. ist die Fundierungsebene des In-Geschichten-Seins unhintergehbar: »Für uns ist Welt nur in der Geschichte oder zunächst in den Geschichten, in die der einzelne verstrickt oder mitverstrickt ist« (In Geschichten verstrickt, ³1985, 143). Für ihn macht das Verstricktsein im Unterschied zu den einzelnen Handlungen, die nur Momente der Geschichte sind, die eigentliche Geschichte aus, da nämlich Geschichte und Verstricktsein begrifflich zusammenfallen. Dennoch sind ›Geschichte‹ und ›Ver-

stricktsein‹ nach S. begriffsanalytisch weder erläuterungsfähig noch erläuterungsbedürftig. Mit seiner zentralen Aussage »Die Geschichte steht für den Mann« (a.a.O., 100) verweist S. auf eine der Funktionen des Geschichtenerzählens, nämlich die Möglichkeit der Präsentation eigener und fremder Identität. Mit seiner narrativen Transformation der Phänomenologie verabschiedet S. den Begriff einer ↑transzendentalen Subjektivität und das Paradigma der Wahrnehmung als grundlegender Erfahrungsform.

Werke: Beiträge zur Phänomenologie der Wahrnehmung, Halle/Göttingen 1910 (repr. Wiesbaden 1976, Frankfurt 1981, 2013), Erlangen ²1925; Die neue Wissenschaft vom Recht. Eine phänomenologische Untersuchung, I–II, Berlin 1930/1932; In Geschichten verstrickt. Zum Sein von Mensch und Ding, Hamburg 1952, Wiesbaden ²1976, Frankfurt ³1985, ⁵2012 (franz. Empêtrés dans des histoires. L'être de l'homme et de la chose, Paris 1992); Philosophie der Geschichten, Leer 1959, ed. J. Schapp/P. Heiligenthal, Frankfurt ²1981, ed. K. Joisten/J. Schapp, ³2015; Erinnerungen an Husserl, in: H. L. Van Breda/J. Taminiaux (eds.), Edmund Husserl 1859–1959. Recueil commémoratif publié à l'occasion du centenaire de la naissance du philosophe, La Haye 1959, 12–25, Neudr. unter dem Titel: Erinnerungen an Edmund Husserl. Ein Beitrag zur Geschichte der Phänomenologie, Wiesbaden 1976; Metaphysik der Naturwissenschaft, Den Haag 1965, unter dem Titel: Wissen in Geschichten. Zur Metaphysik der Naturwissenschaft, Wiesbaden ²1976, unter ursprünglichem Titel, Frankfurt ³2009; Philosophischer Nachlass (Auf dem Weg einer Philosophie der Geschichten), ed. K. Joisten/J. Schapp/N. Thiemer, Freiburg/München 2016ff. (erschienen Bde I–II).

Literatur: J. Griesch, S., DP II (²1993), 2561–2562; S. Haas, Kein Selbst ohne Geschichten. W. S.s Geschichtenphilosophie und Paul Ricœurs Überlegungen zur narrativen Identität, Hildesheim/Zürich/New York 2002; K. Joisten (ed.), Das Denken W. S.s. Perspektiven für unsere Zeit, Freiburg/München 2010; K.-H. Lembeck (ed.), Geschichte und Geschichten. Studien zur Geschichtenphänomenologie W. S.s, Würzburg 2004; H. Lübbe, Das Ende des phänomenologischen Platonismus. Eine kritische Betrachtung aus Anlaß eines neuen Buches (W. S., In Geschichten verstrickt), Tijdschr. Filos. 16 (1954), 639–666; ders., ›Sprachspiele‹ und ›Geschichten‹. Neopositivismus und Phänomenologie im Spätstadium, Kant-St. 52 (1960), 220–243, Neudr. in: ders., Bewußtsein in Geschichten. Studien zur Phänomenologie der Subjektivität. Mach, Husserl, S., Wittgenstein, Freiburg 1972, 81–114; M. Pohlmeyer, Geschichten-Hermeneutik. Philosophische, literarische und theologische Provokationen im Denken von W. S., Münster 2004, ³2014; S. Rosen, Philosophy and Historicity, Rev. Met. 14 (1960/1961), 110–133; S. J. Schmidt, Der Versuch, nicht über unsere Verhältnisse zu denken (A. I. Wittenberg, L. Wittgenstein und W. S.), in: E. Oldemeyer (ed.), Die Philosophie und die Wissenschaften. Simon Moser zum 65. Geburtstag, Meisenheim am Glan 1967, 124–144; B. Smith, Law and Eschatology in Wittgenstein's Early Thought, Inquiry 21 (1978), 425–441; M. Wälde, Husserl und S. – Von der Phänomenologie des inneren Zeitbewußtseins zur Philosophie der Geschichten, Basel/Stuttgart 1985; R. Welter, Der Begriff der Lebenswelt. Theorien vortheoretischer Erfahrungswelt, München 1986, 140–148 (Teil III/B Die ›Lebenswelt‹ der ›Geschichten‹: W. S). A. V./D. T.

Schein (engl. appearance, franz. apparence), in philosophischen Terminologien häufig im Gegensatz zu ↑Sein, ↑Wesen und Wirklichkeit (↑wirklich/Wirklichkeit), desgleichen zur Charakterisierung vermeintlichen Wissens im Gegensatz zu ↑Wahrheit, verwendeter Terminus. Im Anschluß an Unterscheidungen Platons (insbes. an die Terminologie der Platonischen Gleichnisse; ↑Höhlengleichnis) und I. Kants wird gewöhnlich unterschieden zwischen *subjektivem* S., d. h. der Anfälligkeit der ↑Sinnlichkeit (*sinnlicher* S.) und des ↑Verstandes gegenüber (vermeidbaren) Täuschungen (↑Sinnestäuschung), *objektivem* oder *empirischem* S., d. h. dem Verstandesgebrauch unter (notwendigen) Bedingungen der Sinnlichkeit, *logischem* S., d. h. der fehlerhaften Anwendung ›logischer Regeln‹, und ↑*transzendentalem* oder *metaphysischem* (↑Metaphysik) S., der durch die Anwendung theoriebildender Unterscheidungen (↑Kategorie, ↑Verstandesbegriffe, reine) über die Grenzen möglicher Erfahrung hinaus entsteht, womit ein methodisch unzulässig erweiterter Vernunftgebrauch vorliegt.

Kant spricht im Hinblick auf den transzendentalen S., dessen Aufdeckung die transzendentale Dialektik (↑Dialektik, transzendentale) dient, im Unterschied zu einer ›Logik der Wahrheit‹ (KrV B 87, Akad.-Ausg. III, 82), die mit der transzendentalen Analytik (↑Analytik, transzendentale) gegeben ist, von einer ↑›Logik des Scheins‹, die sich in einer dialektischen (↑Dialektik) Analyse zu erkennen gibt, jedoch als unvermeidbar, nämlich nicht als logischer Defekt, sondern als eine Eigenschaft der Vernunft selbst, angesehen wird: »Die transzendentale Dialektik wird [...] sich damit begnügen, den S. transzendenter Urteile aufzudecken und zugleich zu verhüten, daß er nicht betrüge; daß er aber auch (wie der logische S.) sogar verschwinde und ein S. zu sein aufhöre, das kann sie niemals bewerkstelligen. Denn wir haben es mit einer natürlichen und unvermeidlichen Illusion zu tun, die selbst auf subjektiven Grundsätzen beruht und sie als objektive unterschiebt« (KrV B 354, Akad.-Ausg. III, 236–237). Im Unterschied zum Begriff der ↑Erscheinung (↑Phaenomenon) ist damit für den Begriff des S.s im Rahmen der Terminologie Kants nicht der Gesichtspunkt einer gesetzmäßig geordneten (alltäglichen und naturwissenschaftlichen) ↑Erfahrung, sondern der Gesichtspunkt unzureichend begründeter Urteile konstitutiv. Den unzuverlässigen Charakter phänomenalen Erfahrungswissens (im Sinne einer wiederum an ältere, vor allem astronomietheoretische, Unterscheidungen anknüpfenden Identifikation von Erscheinung und S.) betont noch J. H. Lambert in seiner ›Phänomenologie oder Lehre von dem S.‹ (Neues Organon oder Gedanken über die Erforschung und Bezeichnung des Wahren und dessen Unterscheidung vom Irrthum und S. II, Leipzig 1764, 215–435), in der die zunächst auf die Unterscheidung zwischen primären und sekundären ↑Qualitäten bezogene Redeweise von S. auf den gesamten Bereich der Phänomene, orientiert an optischen und astronomischen Verhältnissen, erweitert wird.

In der nach-Kantischen Philosophie verschieben sich diese Terminologien in Richtung auf Unterscheidungen zwischen Sein und S. bzw. Wesen und S.. Von dieser Entwicklung zeugt insbes. die Verwendung des Ausdrucks ›S.‹ in ästhetischen Theorien. Auf dem Hintergrund der formalen Ästhetik (↑ästhetisch/Ästhetik) Kants, in deren Rahmen die ästhetische ↑Urteilskraft eine ›Versinnlichung sittlicher Ideen‹ (KU § 60 [Akad.-Ausg. V, 356]) und insofern, nach dem Scheitern der Metaphysik, eine Vermittlung des Übersinnlichen (↑übersinnlich) leisten soll, wird der ›ästhetische S.‹ bzw. ›schöne S.‹, auf den sich nunmehr der Anspruch einer Autonomie der Kunst gründet (F. Schiller), zur Darstellung des ↑Absoluten (F. W. J. Schelling), das Schöne als ›sinnliches Scheinen der Idee‹ bestimmt (G. W. F. Hegel). In einigen neueren ästhetischen Theorien wird der so formulierte Anspruch einer Theorie des S.s, nämlich Bestandteil eines Systems philosophischer Erkenntnisse zu sein, bewußt aufrechterhalten (z. B. bei N. Hartmann, M. Heidegger, R. Ingarden). Im engen sachlichen Zusammenhang mit der erkenntnistheoretischen Terminologie Kants steht die von E. Mach (Die Analyse der Empfindungen und das Verhältnis des Physischen zum Psychischen, Jena ²1900) eingeführte und von R. Carnap (S.probleme in der Philosophie. Das Fremdpsychische und der Realismusstreit, Berlin 1928) präzisierte Redeweise von ↑›Scheinproblemen‹.

Literatur: K. H. Bohrer, Plötzlichkeit. Zum Augenblick des ästhetischen S.s, Frankfurt 1981, ⁴2004 (engl. Suddenness. On the Moment of Aesthetic Appearance, New York 1994); J. Früchtl, S., ÄGB V (2003), 365–390; M. Grier, Kant's Doctrine of Transcendental Illusion, Cambridge etc. 2001; P. Keller, S., in: M. Willaschek u. a. (eds.), Kant-Lexikon III, Berlin/Boston Mass. 2009, 2008–2009; ders., S., empirischer, in: M. Willaschek u. a. (eds.), Kant-Lexikon [s. o.] III, 2009; ders., S., transzendentaler, in: M. Willaschek u. a. (eds.), Kant-Lexikon [s. o.] III, 2009–2012; J. Lyons, Epistemological Problems of Perception, SEP 2016; O. Marquard, Skeptische Methode im Blick auf Kant, Freiburg/München 1958, ³1982; W. Oelmüller (ed.), Ästhetischer S., Paderborn etc. 1982; R. Pflaumer, Zum Wesen von Wahrheit und Täuschung bei Platon, in: D. Henrich/W. Schulz/K.-H. Volkmann-Schluck (eds.), Die Gegenwart der Griechen im neueren Denken. Festschrift für Hans-Georg Gadamer zum 60. Geburtstag, Tübingen 1960, 189–223; E. I. Rambaldi/D. Pätzold, Wesen/Erscheinung/S., EP III (²2010), 2982–2989; G. Santel/P. Rohs/D. Liebsch, S., Hist. Wb. Ph. VIII (1992), 1230–1243; H.-G. v. Seggern, Nietzsches Philosophie des S.s, Weimar 1999; N. F. Stang, Kant's Transcendental Idealism, SEP 2016; J. W. Yolton, Realism and Appearances. An Essay in Ontology, Cambridge etc. 2000; J. Zimmer, S. und Reflexion. Studien zur Ästhetik, Köln 1996.   J. M.

Scheinproblem (engl. pseudoproblem/pseudo problem), Bezeichnung für ein Problem, dessen Lösung unmöglich ist. S.e (im engeren Sinne) sind von bloß falsch gestellten

↑Problemen zu unterscheiden. Letztere können dann gelöst werden, wenn die Problemstellung berichtigt wird, z. B. durch Aufdeckung falscher Alternativen und deren Umformulierung. Auf diese Weise suchte z. B. I. Kant, das Problem von Freiheit und Notwendigkeit (die dritte Antinomie in der »Kritik der reinen Vernunft«) zu lösen. S.e im engeren Sinne sind dagegen solche Probleme, über deren Formulierung zwar Übereinstimmung besteht, deren Lösung aber *prinzipiell* nicht möglich ist. Dies bedeutet: es ist kein methodisches Verfahren *denkbar*, mit dessen Hilfe das Problem kontrolliert gelöst werden könnte. Die Einordnung eines Problems als S. hängt demnach davon ab, welche Verfahren man zuläßt. E. Mach, auf den die Verwendung des Terminus ›S.‹ zurückgeht (Die Analyse der Empfindungen, ²1900), und R. Carnap, der, von L. Wittgensteins »Tractatus« beeinflußt, den Terminus präzisiert hat (S.e in der Philosophie, 1928), gehen so weit, nur logisch-mathematische und empirische Verfahren zuzulassen (ähnlich bereits D. Hume).

Das klassische Beispiel eines S.s ist für Carnap das Problem der Realität der ↑Außenwelt, also die Frage, ob es eine unabhängig vom erkennenden Subjekt existierende Außenwelt gibt oder nicht. Für einen Streit um die Beantwortung dieser Frage – zwischen erkenntnistheoretischem Realismus (↑Realismus (erkenntnistheoretisch)) und erkenntnistheoretischem ↑Idealismus – lasse sich keine Situation denken, in der die eine oder die andere Position empirisch bewiesen (verifiziert) oder widerlegt (falsifiziert) werden könne. Der Streit sei daher sinnlos. Bemerkenswert ist, daß auch für M. Heidegger, den Carnap in »Überwindung der Metaphysik durch logische Analyse der Sprache« als Autor sinnloser Sätze anführt, das Realitätsproblem ›ohne Sinn‹ ist (Sein und Zeit, Tübingen ¹⁵1979, 202). Kein S. nach empiristischem Sinnkriterium (↑Sinnkriterium, empiristisches) ist z. B. die Frage nach der Entstehung der Welt. Selbst wenn diese Frage *faktisch* niemals endgültig beantwortet werden könnte, so ist ihre Beantwortung doch denkbar, weil es empirische Methoden zur Überprüfung von Weltentstehungshypothesen gibt. Sinnlose S.e sind nach empiristischer Auffassung die meisten Probleme der traditionellen Philosophie, insbes. alle metaphysischen Probleme, unter ihnen z. B. das Universalienproblem (↑Universalienstreit). Die Einstellung des Logischen Empirismus (↑Empirismus, logischer) ist dabei wesentlich durch das Bemühen um eine ›wissenschaftliche Weltauffassung‹ (so das Programm des ↑Wiener Kreises) bestimmt. Auf dem Wege dorthin werden S.e als Hindernisse gesehen, die es hinter sich zu lassen gilt, um zur wissenschaftlichen Tagesordnung übergehen zu können.

Von dieser wissenschaftstheoretischen Orientierung ist die therapeutische Einstellung des späten Wittgenstein zu unterscheiden. Hiernach sind die S.e der Metaphysik Symptome einer falschen Sicht der Welt. Als solche sind sie existentiell ernst zu nehmen; sie lassen sich nicht einfach als unwissenschaftlich eliminieren. Sie sind zwar zu ›überwinden‹, aber nicht wie Hindernisse, sondern wie Krankheiten. Die Aufdeckung von S.en ist auch das Anliegen der nicht-empiristischen Analytischen Philosophie (↑Philosophie, analytische). Häufig geht man hier den bereits von Kant eingeschlagenen Weg, den Schein der S.e dadurch aufzulösen, daß man sie als falsch gestellte Probleme entlarvt, z. B. als auf ↑Kategorienfehlern beruhende Begriffskonflikte (›Dilemmas‹). Ein einflußreiches Beispiel für eine solche Art der Lösung gibt G. Ryles Behandlung des ↑Leib-Seele-Problems, wonach die Annahme eines ↑Dualismus von Körper und Geist ein Kategorienfehler sei. Die ontologische Deutung der Wirklichkeit als spiritualistisch, materialistisch oder dualistisch wird bereits von H. Rickert als S. eingestuft (Der Gegenstand der Erkenntnis. Einführung in die Transzendentalphilosophie, Tübingen ⁵1921, 369–372).

Literatur: D. Borchers, Problem, philosophisches, EP II (²2010), 2151–2158; R. Carnap, Scheinprobleme in der Philosophie. Das Fremdpsychische und der Realismusstreit, Berlin 1928, Frankfurt 1966, ²1976, Neudr. in: ders., Der logische Aufbau der Welt. Scheinprobleme in der Philosophie, Hamburg ²1961, ⁴1974, 1998, 293–336 (engl. Pseudoproblems in Philosophy. The Heteropsychological and the Realism Controversy, in: ders., The Logical Structure of the World. Pseudoproblems in Philosophy, Berkeley Calif./Los Angeles 1967, Chicago Ill./La Salle Ill. 2003, 305–343); ders., Überwindung der Metaphysik durch logische Analyse der Sprache, Erkenntnis 2 (1931), 219–241 (repr. in: H. Schleichert [ed.], Logischer Empirismus – Der Wiener Kreis, München 1975, 149–171), Neudr. in: E. Hilgendorf (ed.), Wissenschaftlicher Humanismus. Texte zur Moral- und Rechtsphilosophie des frühen logischen Empirismus, Freiburg/Berlin/München 1998, 72–102; ders., Empiricism, Semantics, and Ontology, Rev. int. philos. 4 (1950), 20–40, Neudr. in: ders., Meaning and Necessity. A Study in Semantics and Modal Logic, Chicago Ill./London ²1956, 1988, 205–221 (dt. Empirismus, Semantik und Ontologie, in: ders., Bedeutung und Notwendigkeit. Eine Studie zur Semantik und modalen Logik, Wien/New York 1972, 257–278); ders., Pseudo Problems in Philosophy, in: P. A. Schilpp (ed.), The Philosophy of Rudolf Carnap, La Salle Ill./London 1963, 1997, 44–46; G. Gabriel, S.e, Hist. Wb. Ph. VIII (1992), 1243–1245; ders., Carnap, Pseudo-Problems, and Ontological Questions, in: P. Wagner (ed.), Carnap's Ideal of Explication and Naturalism, Basingstoke etc. 2012, 23–33; E. Mach, Beiträge zur Analyse der Empfindungen, Jena 1886, unter dem Titel: Die Analyse der Empfindungen und das Verhältnis des Physischen zum Psychischen, Jena ²1900, ⁹1922, Darmstadt 2005 [Neudr. d. Ausg. ⁶1911], ed. G. Wolters, Berlin 2008 (= Ernst Mach Studienausg. I); G. Ryle, The Concept of Mind, London/Melbourne/Sydney 1949 (repr. Chicago Ill. 1984), London/New York 2009 (dt. Der Begriff des Geistes, Stuttgart 1969, 2015); ders., Dilemmas. The Tarner Lectures 1953, Cambridge 1954, 2015 (dt. Begriffskonflikte, Göttingen 1970); R. A. Sorensen, Pseudo-Problems. How Analytic Philosophy Gets Done, London/New York 1993, 2002.   G. G.

Scheler, Max, *München 22. Aug. 1874, †Frankfurt 19. Mai 1928, dt. Philosoph und Sozialwissenschaftler. 1894–1897 Studium der Medizin, Philosophie, Psychologie und Soziologie in München, Berlin (bei W. Dilthey und G. Simmel) und Jena, 1897 Promotion bei R. Eucken in Jena, 1899 Habilitation ebendort. Im gleichen Jahr Konversion vom jüdischen zum katholischen Glauben. Bis 1910 Lehrtätigkeit als Privatdozent in Jena und München, dann Privatgelehrter in Göttingen im Umkreis von E. Husserl. 1919 Prof. für Philosophie und Soziologie in Köln, 1928 in Frankfurt. S.s der ↑Lebensphilosophie und der ↑Phänomenologie verpflichtetes Gesamtwerk umfaßt Schriften zur Methodologie der ↑Geisteswissenschaften, zur Ethik, zur Religions- und Geschichtsphilosophie, zur Soziologie und zu aktuellen politischen Fragen. Zentral, in Abgrenzung gegen die psychologische (T. Lipps, E. Laas) und die transzendentale Methode (↑Methode, transzendentale) I. Kants und des ↑Neukantianismus, wird schon in den frühen wissenschaftsmethodologischen Schriften S.s der Terminus ›geistige Lebensform‹. – In seinem Hauptwerk »Der Formalismus in der Ethik und die materiale Wertethik« (Halle 1913/1916) legt S. eine Ethik vor, die dem personalen Sein und der Wertproblematik gewidmet ist (↑Wertethik, ↑Wertphilosophie). Ziel ist der Aufweis einer objektiven Wertrangordnung, die sich vom niederwertigen Modalitätenkreis des Angenehmen und Unangenehmen über die Nützlichkeits- und Lebenswerte bis hin zu den personal-geistigen und heiligen Werten (↑Wert (moralisch)) schichtet. Die individuelle, die Werte fühlende Person ist der Wertträger. An oberster Stelle steht das Gefühl der ↑Liebe, das die Person zu Gott streben läßt. Die Person bekommt ihren eigenen Wert durch die Beziehung auf die objektiv bestehenden Werte.

Mit seinem materialen ↑Apriorismus wendet sich S. gegen Kants formale Ethik, in der die Wertebene der ↑Sinnlichkeit zugeordnet wird. S. wendet die phänomenologische Methode (↑Phänomenologie) der ↑Wesensschau als einer der ersten auf außerphilosophische Bereiche an. Sie besteht in einer geistigen Abhebung des Phänomens von den voluntativen Strebungen und begründet ein ›Wesenswissen‹, das zwischen dem alltagsverhafteten ›Herrschaftswissen‹ und dem metaphysischen ›Erlösungswissen‹ steht. Besondere Aufmerksamkeit widmet S. der Phänomenologie der Emotionen und hier vor allem den Sympathiegefühlen und der geistigen Personalität. Durch die Untersuchung der Frage nach dem Wesen des Menschen wird S. zum Begründer der philosophischen ↑Anthropologie, die eine antidarwinistische Zielrichtung verfolgt. In einer lockeren Parallele zu den hierarchisierten Wertsphären unterscheidet er im Rückgriff auf die philosophierende Biologie seiner Zeit (H. Driesch, W. Köhler, J. J. v. Uexküll) aufeinander nicht reduzierbare Schichten (Gefühlsdrang, Instinkt,

Verhalten, Geist), die unterschiedliche Ausformungen des Lebens repräsentieren und in ihrem Mit- und Gegeneinander den Menschen in seiner Gesamtheit als lebendig-geistiges Wesen definieren.

Unter dem Eindruck des 1. Weltkriegs wendet sich S. kulturphilosophischen Fragestellungen (↑Kulturphilosophie) zu. Aus dem Aufweis eines gesetzmäßig prozessualen Verhältnisses von Realfaktoren (Triebstruktur) und Idealfaktoren (Wertordnung) wird geschichtsphilosophisch (↑Geschichtsphilosophie) das Werden der ↑Kultur rekonstruiert. Besondere Aufmerksamkeit widmet S. in diesem Zusammenhang der Untersuchung der Verbundenheit der jeweiligen Wissensformen mit den gesellschaftlichen Strukturen; er wird damit zum Begründer der ↑Wissenssoziologie.

Werke: Gesammelte Werke, I–XV, ed. M. [Maria] Scheler/M. S. Frings, Bern/München 1954–1997, II, ⁷2000, III, ⁴1955, V, ⁶2000, VI, ³1986, X, ⁴2000, XV, ²1997. – Beiträge zur Feststellung der Beziehungen zwischen den logischen und ethischen Prinzipien, Jena 1899; Die transzendentale und die psychologische Methode. Eine grundsätzliche Erörterung zur philosophischen Methodik, Leipzig 1900, ²1922; Über Ressentiment und moralisches Werturteil, Leipzig 1912; Zur Phänomenologie und Theorie der Sympathiegefühle und von Liebe und Haß, Halle 1913, unter dem Titel: Wesen und Formen der Sympathie, Bonn 1923, ferner als: Ges. Werke [s. o.] VII, Bern ⁶1973 (franz. Nature et formes de la sympathie. Contribution à l'étude des lois de la vie affective, Paris 1970, 2003); Der Formalismus in der Ethik und die materiale Wertethik, Jb. Philos. phänomen. Forsch. 1 (1913), 405–565, 2 (1916), 21–478, separat mit Untertitel: Neuer Versuch der Grundlegung eines ethischen Personalismus, Halle 1916, ³1927, ferner als: Ges. Werke [s. o.] II, Bern ⁴1954, ⁷2000, separat, ed. C. Bermes, Hamburg 2014 (franz. Le formalisme en éthique et l'éthique matériale des valeurs. Essai nouveau pour fonder un personnalisme éthique, Paris 1955, 1991; engl. Formalism in Ethics and Non-Formal Ethics of Values. A New Attempt Toward the Foundation of an Ethical Personalism, Evanston Ill. 1973); Der Genius des Krieges und der Deutsche Krieg, Leipzig 1915, ³1917; Abhandlungen und Aufsätze, I–II, Leipzig 1915, unter dem Titel: Vom Umsturz der Werte. Abhandlungen und Aufsätze, I–II, Leipzig 1919, ferner als: Ges. Werke [s. o.] III, Bern ⁴1955, Bonn ⁶2007; Krieg und Aufbau, Leipzig 1916; Die Ursachen des Deutschenhasses. Eine nationalpädagogische Erörterung, Leipzig 1917, ²1919; Vom Ewigen im Menschen, Leipzig 1921, Berlin ³1933, ferner als: Ges. Werke [s. o.] V, Bern ⁴1954, Bonn ⁷2007 (engl. On the Eternal in Man, London 1960, New Brunswick N. J./London 2010); Schriften zur Soziologie und Weltanschauungslehre, I–III, Leipzig 1923–1924, ferner als: Ges. Werke [s. o.] VI, Bern/München ²1963, Bonn ⁴2008; Erkenntnis und Arbeit. Eine Studie über Wert und Grenzen des pragmatischen Motivs in der Erkenntnis der Welt, in: ders., Die Wissensformen und die Gesellschaft, Leipzig 1926, 231–486, ferner als: Ges. Werke [s. o.] VIII, Bern/München ²1960, separat, ed. M. S. Frings, Frankfurt 1977; Die Stellung des Menschen im Kosmos, Darmstadt 1928, Bonn ¹⁸2010, Hamburg 2015 (franz. La situation de l'homme dans le monde, Paris 1951, 1979; engl. Man's Place in Nature, Boston Mass. 1961, New York 1962, unter dem Titel: The Human Place in the Cosmos, Evanston Ill. 2009); Die Idee des Friedens und der Pazifismus, Berlin 1931, ed. M. S. Frings ²1974 (franz. L'idée de paix et le pacifisme, Paris 1953); Logik I, ed. R. Berlinger/W. Schrader, Amsterdam 1975 [repr. des Korrekturbogens von 1905/1906 mit S.s handschriftlichen Korrekturen und Anmerkungen]; Das Ressentiment im Aufbau der Moralen, ed. M. S. Frings, Frankfurt 1978, ²2004; Die Zukunft des Kapitalismus. Tod und Fortleben. Zum Phänomen des Tragischen, ed. M. S. Frings, München 1979; Person and Self-Value. Three Essays, ed. M. S. Frings, Dordrecht/Boston Mass./Lancaster 1987; Von der Ganzheit des Menschen. Ausgewählte Schriften [...], ed. M. S. Frings, Bonn 1991. – W. Hartmann, M. S.. Bibliographie, Stuttgart-Bad Cannstatt 1963; M. S. Frings, Bibliography (1963–1974) of Primary and Secondary Literature, in: ders. (ed.), M. S. (1874–1928). Centennial Essays, The Hague 1974, 165–173.

Literatur: K. Alphéus, Kant und S., ed. B. Wolandt, Bonn 1981; M. Barber, Guardian of Dialogue. M. S.'s Phenomenology, Sociology and Philosophy of Love, Lewisburg Pa., London/Toronto 1993; R. Becker/C. Bermes/H. Leonardy (eds.), Die Bildung der Gesellschaft. S.s Sozialphilosophie im Kontext, Würzburg 2007; ders./J. Fischer/M. Schlossberger (eds.), Philosophische Anthropologie im Aufbruch. M. S. und Helmuth Plessner im Vergleich, Berlin 2010; C. Bermes/W. Henkmann/H. Leonardy (eds.), Denken des Ursprungs – Ursprung des Denkens. S.s Philosophie und ihre Anfänge in Jena, Würzburg 1998; dies. (eds.), Vernunft und Gefühl. S.s Phänomenologie des emotionalen Lebens, Würzburg 2003; dies. (eds.), Solidarität. Person & soziale Welt, Würzburg 2006; P. Blosser, S.s Critique of Kant's Ethic, Athens Ohio 1995; W. Cremer, Person und Technik. Die phänomenologische Deutung der Technik in der Philosophie M. S.s, Idstein 1991; Z. Davis/A. Steinbock, S., SEP 2011, rev. 2014; A. Deeken, Process and Permanence in Ethics. M. S.'s Moral Philosophy, New York 1974; F. Dunlop, S., REP VIII (1998), 504–508; M. Dupuy, La philosophie de M. S.. Son évolution et son unité, I–II, Paris 1959; G. Ferretti, M. S., I–II, Mailand 1972; M. S. Frings, M. S.. A Concise Introduction into the World of a Great Thinker, Pittsburgh Pa. 1965, Milwaukee Wis. ²1996; ders., M. S.. Drang und Geist, in: J. Speck (ed.), Grundprobleme der großen Philosophen. Philosophen der Gegenwart II, Göttingen 1973, ³1991, 9–42; ders. (ed.), M. S. (1874–1928). Centennial Essays, The Hague 1974; ders., The Mind of M. S.. The First Comprehensive Guide Based on the Complete Works, Milwaukee Wis. 1997; M. Gabel, Intentionalität des Geistes. Der phänomenologische Denkansatz bei M. S.. Untersuchungen zum Verständnis der Intentionalität in M. S. »Der Formalismus in der Ethik und die materiale Wertethik«, Leipzig 1991; P. Good (ed.), M. S. im Gegenwartsgeschehen der Philosophie, Bern/München 1975; ders., M. S.. Eine Einführung, Düsseldorf/Bonn 1998; F. Hammer, Theonome Anthropologie? M. S.s Menschenbild und seine Grenzen, Den Haag 1972; W. Henckmann, M. S., München 1998; J. Hessen, M. S.. Eine kritische Einführung in seine Philosophie aus Anlaß des 20. Jahrestages seines Todes, Essen 1948; A. Jaitner, Zwischen Metaphysik und Empirie. Zum Verhältnis von Transzendentalphilosophie und Psychoanalyse bei M. S., Theodor W. Adorno und Odo Marquard, Würzburg 1999; K. Kanthack, M. S.. Zur Krisis der Ehrfurcht, Berlin/Hannover 1948; E. Kelly, M. S., Boston Mass. 1977; ders., Structure and Diversity. The Phenomenological Philosophy of M. S., Dordrecht/Boston Mass./London 1997; S. Kusmierz, Einheit und Dualität. Die anthropologische Differenz bei Helmuth Plessner und M. S., Bonn 2002; K. Lenk, Von der Ohnmacht des Geistes. Kritische Darstellung der Spätphilosophie M. S.s, Tübingen 1959; H. Leonardy, Liebe und Person. M. S.s Versuch eines ›phänomenologischen‹ Personalismus, Den Haag 1976; H.-J. Lieber, Zur Problematik der Wissenssoziologie bei M. S., Philos. Stud. 1 (1949), 62–90; H. Lützeler, Der Philosoph M.

S., Bonn 1947; W. Mader, M. S. in Selbstzeugnissen und Bilddokumenten, Reinbek b. Hamburg 1980, ²1995; M. Michalski, Fremdwahrnehmung und Mitsein. Zur Grundlegung der Sozialphilosophie im Denken M. S.s und Martin Heideggers, Bonn 1997; E. W. Orth/G. Pfafferott (eds.), Studien zur Philosophie von M. S., Freiburg/München 1994 (Phänomenolog. Forsch. 28/29); E. Przywara, Religionsbegründung. M. S./J. H. Newman, Freiburg 1923; G. Raulet (ed.), M. S.. L'anthropologie philosophique en Allemagne dans l'entre-deux-guerres/M. S.. Philosophische Anthropologie in der Zwischenkriegszeit, Paris 2002; A. Sander, Mensch, Subjekt, Person. Die Dezentrierung des Subjekts in der Philosophie M. S.s, Bonn 1996; dies., M. S. zur Einführung, Hamburg 2001; M. Schäfer, Zur Kritik von S.s Idolenlehre. Ansätze einer Phänomenologie der Wahrnehmungstäuschungen, Bonn 1978; G. Scherer, S., TRE XXX (1999), 87–92; S. F. Schneck, Person and Polis. M. S.'s Personalism as Political Theory, Albany N. Y. 1987; ders. (ed.), M. S.'s Acting Persons. New Perspectives, Amsterdam/New York 2002; P. H. Spader, S.s Ethical Personalism. Its Logic, Development and Promise, New York 2002; J. R. Staude, M. S. 1874–1928. An Intellectual Portrait, New York, London 1967; W. Stegmüller, Hauptströmungen der Gegenwartsphilosophie. Eine kritische Einführung I, Wien 1952, Stuttgart ⁷1989, 9–134; R. Sweeney, S., DP II (²1993), 2562–2566; W. Trautner, Der Apriorismus der Wissensformen. Eine Studie zur Wissenssoziologie M. S.s, Diss. München 1969; S. Weiper, Triebfeder und höchstes Gut. Untersuchungen zum Problem der sittlichen Motivation bei Kant, Schopenhauer und S., Würzburg 2000. S. B.

Schelling, Friedrich Wilhelm Joseph, *Leonberg (bei Stuttgart) 27. Jan. 1775, †Bad Ragaz (Schweiz) 20. Aug. 1854, dt. Philosoph, Vertreter des Deutschen Idealismus (↑Idealismus, deutscher). Herkunft aus pietistischem württembergischem Pfarrergeschlecht. Nach Unterricht insbes. beim Vater (klassische und orientalische Sprachen) 1790, d. h. bereits als 15jähriger, mit einer Sondererlaubnis Eintritt in das Tübinger Theologische Stift. Freundschaft mit seinen zeitweiligen Stubenkameraden G. W. F. Hegel und F. Hölderlin. Prägender Einfluß der politischen und philosophischen Ideen der späten ↑Aufklärung: zum einen die als Realisierung des Rousseauschen Denkens verstandenen politisch-gesellschaftlichen Umwälzungen der Französischen Revolution, zum anderen die Lehren I. Kants von der sittlichen ↑Autonomie der ↑Person und der theoretischen Unbeweisbarkeit der Existenz Gottes (↑Gottesbeweis), die zur radikalen Kritik der zeitgenössischen theologischen Orthodoxie führten. Wichtiger noch ist die durch F. Schiller und J. J. Winckelmann vermittelte Begeisterung für die klassische griechische Philosophie (↑Philosophie, griechische), deren Gedanken der Verbundenheit von Natur, Mensch und Gottheit, verstärkt durch pantheistische (↑Pantheismus) Einflüsse (insbes. B. de Spinoza), dazu führten, daß der Tübinger Freundeskreis das ἓν καὶ πᾶν (›ein und alles‹) des Heraklit neben dem biblischen ›Reich Gottes!‹ zu seiner Losung wählte. Für die systematische Entwicklung dieser Grundgedanken knüpft S. an die Weiterführung Kantischer Positionen bei J. G.

Fichte an. – 1792 philosophisches Magisterexamen; 1795 theologisches Schlußexamen und Hauslehrerstelle in Stuttgart. 1796–1798 mit seinen Schülern an der Universität Leipzig. Dort Studien in Mathematik, Naturwissenschaft und Medizin. 1798 durch Vermittlung von J. W. v. Goethe eine von Fichte und Schiller unterstützte a. o. Professur für Philosophie in Jena. Anschluß an den romantischen Freundeskreis um C. Schlegel, dem neben ihrem Mann, A. W. Schlegel, unter anderem F. Schlegel, L. Tieck, Novalis und F. Schleiermacher angehörten. Intensives Studium von Ästhetik und Kunstgeschichte. Nach Hegels Habilitation in Jena (1801) gemeinsame Herausgabe des »Kritischen Journals der Philosophie«. Beginn des offenen Zerwürfnisses mit Fichte. Persönliche und literarische Streitigkeiten in Jena führen 1802 zur Annahme einer o. Professur für Philosophie in Würzburg. Erneute Streitigkeiten und die Behinderung der Lehrtätigkeit durch den katholischen Bischof bewegen S. 1806 in München Mitglied der Bayerischen Akademie der Wissenschaften und Generalsekretär der neugegründeten Akademie der Bildenden Künste zu werden. Enge Beziehungen zum theosophisch-mystischen Kreis um F. v. Baader. Ab 1820, aus gesundheitlichen Gründen beurlaubt, in Erlangen; Vorlesungen an der Universität. 1823 Rücktritt als Generalsekretär der Akademie der Bildenden Künste, 1827 Rückkehr nach München auf einen philosophischen Lehrstuhl der neugegründeten Universität und Generalkonservator der Staatlichen Wissenschaftlichen Sammlungen. 1835–1840 philosophische Ausbildung des bayerischen Kronprinzen (später König) Maximilian II.. 1841 Prof. der Philosophie in Berlin, vom preußischen König in reaktionärer Intention als Gegengewicht gegen den Linkshegelianismus (↑Hegelianismus) gedacht. Zu S.s Hörern zählen u. a. J. Burckhardt, F. Engels, S. Kierkegaard. 1842 Mitglied der Preußischen Akademie der Wissenschaften. 1846 Einstellung der (erfolglosen) Lehrtätigkeit wegen ungenügenden Schutzes der Justiz gegen nichtautorisierte Vorlesungsdrucke.

Die Philosophie S.s ist, auch in ihren theoretischen Teilen, primär durch eine unter den Leitbegriffen Freiheit und Geschichte stehende Praktische Philosophie (↑Philosophie, praktische) bestimmt; die eigentliche Frage der Philosophie gilt nicht der ›objektiven Wirklichkeit‹, sie lautet vielmehr:»Wie muß eine Welt für ein moralisches [d. h. aus Freiheit handelndes] Wesen beschaffen seyn?« (so das so genannte Älteste Systemprogramm des deutschen Idealismus, dessen Autorschaft [Hegel, Hölderlin oder S.] allerdings umstritten ist, in: C. Jamme/H. Schneider [eds.], Mythologie der Vernunft, 1984, 11). Mit dieser Einbettung theoretischer Reflexion in ein sie bestimmendes praktisches Interesse überschreitet S. die durch die Philosophie I. Kants gezogenen Grenzen durch eine Radikalisierung des Kantischen Ansatzes: Kant

hatte die Bereiche von Gott, der Welt im Ganzen und der Seele als ›Ideen‹ (↑Idee (historisch)) dem theoretischen Raisonnement entzogen, indem er darauf verwies, daß diesen Ideen die für theoretisches Wissen konstitutive empirische Komponente (›Anschauung‹) fehle. Gleichwohl glaubte Kant die nicht-theoretische Legitimität des diesen Ideen korrespondierenden ›Glaubens‹ an die Existenz Gottes (↑Gott (philosophisch)), der menschlichen ↑Freiheit und der ↑Unsterblichkeit der Seele durch ↑›Postulate der praktischen Vernunft‹ sichern zu können. S. dehnt diesen Kantischen Ansatz der Praktischen Philosophie dahingehend aus, daß sich auch im Bereich von Welt und Natur als im eigentlichen Sinne ›wirklich‹ nur legitimiert, was durch das freie Handeln der Subjektivität (↑Subjektivismus) konstituiert erscheint, d. h. Resultat menschlicher ↑Praxis ist. Der Wirklichkeitsbegriff der natürlichen Einstellung, weitgehend mit dem der Wissenschaften identisch (↑wirklich/Wirklichkeit), tritt damit zurück hinter einem Wirklichkeitsbegriff, der den aus dem Bewußtsein von Freiheit resultierenden Maßstäben des autonomen Subjekts entspricht.

Im Anschluß an Fichtes ↑Transzendentalphilosophie stellt der junge S. im Kontext seiner Praxiskonzeption die Frage nach dem ↑›Absoluten‹ oder ›Unbedingten‹ allen menschlichen Wissens. Dieses besteht letztlich in der vom ↑Ich selbst durch Reflexion zu erzeugenden Selbstgewißheit. Diese wiederum ist ein Akt freien Handelns, in dem die Bindung des Wissens sowohl an die Gegenstände als auch an die je eigene, individuelle Sehweise aufgehoben wird. Das Absolute ist damit einerseits von den wißbaren Gegenständen, andererseits von der je subjektiven Weise (empirisches Ich) des Wissens verschieden und wird von S. als ›absolutes Ich‹ bestimmt. Dieser Bestimmung zufolge ist eine gegenständliche Erkenntnis des absoluten Ich, die der Erkenntnis der anderen Gegenstände des Wissens analog wäre, ausgeschlossen. Das Absolute ist nur in einem mystischen Erfahrungen ähnlichen (vgl. Vom Ich als Princip der Philosophie oder über das Unbedingte im menschlichen Wissen [1795], Werke I, 181, Hist.-krit. Ausg. Reihe 1/II, 164–165) Akt ›intellektualer Anschauung‹ (↑Anschauung, intellektuelle) zugänglich und nur in Bildern und Symbolen, nicht in diskursiver Rede vermittelbar. Intellektuale Anschauung ist nicht lehrbar und nicht lernbar, sondern in philosophischer Askese als einer freien Selbstaufgabe der Individualität einzuüben. Dabei läßt der frühe S. die Frage offen, ob das in intellektualer Anschauung einzuübende Wissen des Absoluten ein Zustand völliger Selbstdurchsichtigkeit und Selbstgewißheit des Subjekts oder ein transsubjektives Ideal (›Gott‹) ist. Im Zusammenhang damit stellt S. – gegen die Intentionen Fichtes, für den die Selbstgewißheit des Ich den unhinterfragbaren Ausgangspunkt bildet, und bis zum persönlichen Bruch mit ihm – die Frage nach der

↑Naturgeschichte der Möglichkeit der Selbstgewißheit sowie des diese ausmachenden Aktes der Freiheit. Diese wohl von J. G. Herders Konzeption einer sich entwickelnden Vernunft angeregte Frage wird von S. als Ausgangspunkt der ↑Naturphilosophie betrachtet, die so der ↑transzendentalen Fragestellung nach der Möglichkeit des Wissens gleichrangig beigeordnet wird (System des transzendentalen Idealismus, 1800). In gewisser Hinsicht läßt sich sogar von einer Radikalisierung der transzendentalen Fragestellung sprechen, insofern das als Bedingung der Möglichkeit des Wissens in transzendentaler Reflexion gewonnene Absolute seinerseits noch nach seiner naturgeschichtlichen Möglichkeit hin untersucht wird. Die hier vorgenommene systematische Vorordnung der Natur ist jedoch erst ein Kennzeichen des an die Naturphilosophie anschließenden so genannten Identitätssystems (ab 1801).

Die Naturphilosophie hat nach S. in seiner ersten Phase (bis 1801) die zentrale Aufgabe, die natürliche Welt im Sinne des ›Systemprogrammes‹ so zu (re-)konstruieren, daß Handeln aus Freiheit möglich ist. Hierbei wird allerdings die ↑Natur, anders als bei Fichte, als ein gegenüber dem Selbstbewußtsein Selbständiges angesetzt. Die Identität von erkennendem Subjekt und erkanntem Gegenstand läßt sich so nach einem Wort Hegels als ›objektives Subjekt-Objekt‹ im Unterschied zum Fichteschen ›subjektiven Subjekt-Objekt‹ charakterisieren. Die im einzelnen schwer zu rekonstruierenden, unter anderem an der Naturmystik (z. B. J. Böhme), an neuplatonischer (↑Neuplatonismus) Spekulation und den S. – nach neueren Forschungen allerdings nur rudimentär – vertrauten Resultaten der zeitgenössischen Naturwissenschaft, vor allem aber an Spinoza gleichermaßen orientierten Überlegungen der Naturphilosophie (z. B. Ideen zu einer Philosophie der Natur, 1797) haben folgenden Hintergrund: Den Beginn der Geschichte des Menschen bildet ein als ›mythisches Bewußtsein‹ bezeichneter Ur- und Naturzustand (›philosophischer Naturstand‹, Hist.-krit. Ausg., Werke V, 70; Werke I, 662; Ausgew. Werke VI, 336), der sich im Gefühl der Einheit mit der Welt ausdrückt. In Analogie zum biblischen Sündenfall wird dieser Zustand durch einen den Beginn aller Philosophie markierenden Akt der ↑›Entzweiung‹ mit der Natur aufgehoben. Diese drückt sich in der Subjekt-Objekt-Spaltung (↑Subjekt-Objekt-Problem) aus, in der die ursprüngliche Identität von (objektivem) Gegenstand und (subjektiver) Vorstellung des Gegenstands aufgehoben wird. Philosophische Reflexion und mit ihr die Entstehung der Vernunft in ihren entwicklungsgeschichtlich aufeinanderfolgenden Stadien (Einbildungskraft – Urteilskraft, Verstand, Klugheit – eigentliche Vernunft) sind eine Folge der Aufhebung des unmittelbaren Verhältnisses zur Natur, ein gewissermaßen selbstgeschaffenes ›nothwendiges Uebel‹ (ebd. 72, bzw.

664, bzw. 338). Die Aufgabe der Philosophie besteht darin, in den ursprünglichen Zustand der Einheit von Mensch und Natur zurückzuführen und sich dadurch überflüssig zu machen. Dies geschieht durch das Begreifen der Natur, insbes. der Organismen, als unbewußter Vorform der Subjektivität (»Daher ist in jeder Organisation [d. h. in jedem Organismus] etwas *Symbolisches*, und jede Pflanze ist, so zu sagen, *der verschlungene Zug der Seele*«, Abhandlungen zur Erläuterung des Idealismus der Wissenschaftslehre [1796/1797], Werke I, 310; Ausgew. Werke VI, 266) und ihrer Entwicklung zum Selbstbewußtsein hin: »Auch die sogenannte todte Materie ist nur eine schlafende, gleichsam vor Endlichkeit trunkene Thier- und Pflanzenwelt, die ihre Auferstehung noch erwartet oder den Moment derselben versäumt hat« (Werke Erg.bd. II, 320). ›Welt‹ ist damit einerseits Naturgeschichte, zum anderen Geschichte des Geistes. Die Geschichte des Geistes ist auf den frühen Stufen seiner Entwicklung nur durch die Betrachtung der Natur zu erkennen, wogegen die Natur nur einen sinnbildlichen Ausdruck des Geistes darstellt.

Die so erreichte Erweiterung des Bereiches der Subjektivität und der ›Vernunft‹ wird meist als ↑›Identitätsphilosophie‹ oder ›objektiver Idealismus‹ (↑Idealismus, objektiver) bezeichnet. S. hat damit einen klaren Differenzpunkt zu Fichtes *subjektivem* Idealismus (↑Idealismus, subjektiver) gewonnen, insofern dieser die Natur nur auf das vorstellende Subjekt bezieht und damit zu einer Funktion menschlicher Vorstellung degradiert. S. formuliert diese Differenz (zunächst hypothetisch) so, daß für Fichte gelte: »das Ich sey Alles«, für ihn selbst hingegen: »Alles sey = Ich, und es existire nichts als was = Ich sey« (Darstellung meines Systems der Philosophie [1801], Werke III, 5; Ausgew. Werke VIII, 5). Aus der Perspektive des Identitätssystems, das keine eigentliche Transzendentalphilosophie, sondern spekulative ↑Ontologie ist, kommt es darauf an, vom denkenden Ich abzusehen. Damit wird auch dessen ›Gegensatz‹, das Gedachte, aufgehoben. Das so entstehende Resultat ist das »wahre An-sich, welches eben in den Indifferenzpunkt des Subjektiven und Objektiven fällt« (ebd. 11, bzw. 11). Hegel hat an der Grundkonstellation des Identitätssystems kritisiert, daß das Bestreiten von Unterschieden im Absoluten keine Möglichkeit mehr biete, die Vielfalt des Endlichen philosophisch zu erklären: »Diß Eine Wissen, daß im Absoluten Alles gleich ist, der unterscheidenden und erfüllten oder Erfüllung suchenden und fordernden Erkenntniß entgegenzusetzen, – oder sein *Absolutes* für die Nacht auszugeben, worin, wie man zu sagen pflegt, alle Kühe schwarz sind, ist die Naivität der Leere an Erkenntniß« (Phänom. des Geistes, Vorrede, Ges. Werke IX, 17). S. glaubt diesem Einwand durch die Unterscheidung von in einer Reihe angeordneter ›Potenzen‹, d. h. Seins- und Sichtweisen des Absoluten, zuvorgekommen zu sein. Zwar gelte: »Alles, was ist, ist an sich Eines« (Darstellung meines Systems der Philosophie, Werke III, 15; Ausgew. Werke VIII, 15), jedoch lasse sich das Einzelne in seiner Beziehung auf das Absolute als quantitativ je unterschiedliche Zusammensetzung von subjektiven (d. h. geistigen) und objektiven (d. h. materiellen) Faktoren (Potenzen) verstehen. Dies führe zu einer Stufenordnung der Vielfalt der Natur. S.s Identitätsphilosophie besitzt auch eine *politische* Komponente, da S. in der Entzweiung mit der Natur zum einen den Grund für das Entstehen von Reflexion und Philosophie, zum anderen für das Entstehen von Herrschaft und Staat sieht, die ›aufhören‹ sollen (»Ältestes Systemprogramm«). Im Vorgriff auf dieses anarchistische Ideal, das die ›wahre Philosophie‹ ebenso herbeiführen soll wie die Versöhnung mit der Natur, fällt der *Kunst* eine entscheidende Rolle zu, insofern sie eine Antizipation der Einheit von bewußter und unbewußter Tätigkeit, von Natur und Vernunft darstellt: »Die Kunst (ist) das einzige wahre und ewige Organon zugleich und Document der Philosophie […], welches immer und fortwährend aufs neue beurkundet, was die Philosophie äußerlich nicht darstellen kann, nämlich das Bewußtlose im Handeln und Produciren und seine ursprüngliche Identität mit dem Bewußten« (System des transzendentalen Idealismus [1800], Werke II, 627–628; Ausgew. Werke VII, 627–628). S.s Philosophie erreicht damit zur Zeit des Identitätssystems den Standpunkt einer ›Ästhetik der gesamten Wirklichkeit‹ (O. Marquard). Die Form dieses sinnlich vermittelten ästhetischen Wissens der Kunst ist nach S. der ↑Mythos. S. befindet sich hier in Übereinstimmung mit dem »Ältesten Systemgramm«, in dem eine ›Mythologie der Vernunft‹ gefordert wird. Diese bestehe darin, daß abstrakte Ideen ästhetisch (↑ästhetisch/Ästhetik), d. h. sinnlich dargestellt, zu sein hätten. – Eine eigentliche politische Theorie hat S. in diesem Kontext nicht entwickelt, da das Erreichen des Ideals nach S.s Spätphilosophie nicht Ergebnis politischer Aktion, sondern eher Gegenstand einer Art heilsgeschichtlicher Bekehrung und Erwartung sei. Er hat jedoch die individualistisch-anarchistische Idee von etwas wie dem ›Absterben‹ (K. Marx) des (in S.s Denken nach mechanischen Zwangsgesetzen aufgefaßten) Staates‹ auch noch in seiner – an sich in einem politisch reaktionären Kontext – angesiedelten Spätphilosophie vertreten. S.s letzte, von ihm selbst publizierte systematische Schrift, die »Philosophischen Untersuchungen über das Wesen der menschlichen Freiheit und die damit zusammenhängenden Gegenstände« (1809) markiert die Wandlung des S.schen Denkens zur so genannten Spätphilosophie hin. Menschliche Freiheit als ein ›Vermögen des Guten und des Bösen‹ (Philosophische Untersuchungen über das Wesen der menschlichen Freiheit

[1809], Werke IV, 244; Ausgew. Werke IX, 296) steht in der Gefahr, die individuelle wie die geschichtliche Entwicklung zum Bösen hin zu pervertieren, indem sie die in der Naturphilosophie aufgewiesene naturhafte Komponente des Ich der Vernunft überordnet. Wille wird als naturhafter ›Drang‹ bestimmt, der für die Unordnung in Natur und Geschichte bestimmend ist. Die Menschwerdung Gottes in Christus hat jedoch die ursprüngliche Ordnung prinzipiell wieder hergestellt. Diese ursprüngliche Ordnung ist diejenige der ↑Schöpfung, in der Gott über sich hinausging, um sich im Menschen ein Ebenbild zu schaffen.

Im Kontext seiner Spätphilosophie liefert S. den bislang letzten, großen philosophischen Entwurf, der »die Grundlehren des Christentums zu Begriffe zu bringen sucht« (W. Schulz, Einleitung in: F. W. J. S.: Philosophische Untersuchungen über das Wesen der menschlichen Freiheit und die damit zusammenhängenden Gegenstände, Frankfurt 1975, 21). Aber auch hier ist noch – wenn auch in seltsam invertierter Form – der aufklärerische Impuls der Frühphilosophie leitend, der sich bei Hegel in der literarischen Form der »Enzyklopädie« ausdrückt. In den Entwürfen zu den »Weltaltern« (ab 1811) verfolgt S. sowohl sprachlich als auch im gedanklichen Duktus erklärtermaßen eine aufklärerisch gemeinte ↑›Popularphilosophie‹. Dieser Ansatz läßt sich immer noch als Einlösung der Forderung nach einer ›Mythologie der Vernunft‹ verstehen, die im »System des transzendentalen Idealismus« (1800), vermittelt über die Kunst, zunächst nur abstrakt dargestellt wurde. Ihren Ursprung hat sie wiederum im »Ältesten Systemprogramm«: »So müssen endlich aufgeklärte u[nd] Unaufgeklärte sich d[ie] Hand reichen, die Myth[ologie] muß philosophisch werden, und das Volk vernünftig« (in: C. Jamme/H. Schneider [eds.], Mythologie der Vernunft, 1984, 13). Die Vorlesungen »Philosophie der Mythologie« und »Philosophie der Offenbarung« stehen ebenfalls ganz unter dem Gedanken einer philosophischen Durchdringung von Grundlehren des Christentums, wobei der Zweifel an der ursprünglich vertretenen Vernünftigkeit der Welt und die Vermittlung von dranghaftem Willen und Vernunft im einzelnen Menschen und in der Geschichte den Leitgedanken bilden. Die Metaphysik des Geistes der philosophischen Tradition kehrt sich (im Ansatz schon in der »Freiheitsschrift«) nunmehr vollends um in eine Metaphysik des ↑Leibes und der ↑Triebe. Dieser Gedanke wird insbes. von A. Schopenhauer und F. Nietzsche fortgeführt. ›Positive Philosophie‹ (↑Philosophie, positive) ist nur unter der Voraussetzung einer ›negativen Philosophie‹ möglich, d. h. der Einsicht, daß das Ich sich nicht – wie der frühe S. dachte – selbst in seiner Gewißheit begründen kann und daher die absolute Transzendenz Gottes voraussetzen muß. Diese Selbstbegrenzung der Vernunft kann als

›Vollendung‹ (W. Schulz) der Philosophie des Deutschen Idealismus betrachtet werden, insofern die Forderung nach universellem vernünftigem Begreifen ihre Grenzen als durch die Vernunft selbst aufgewiesen erfaßt. S.s Spätphilosophie als letzter großangelegter Versuch einer theologischen ↑Metaphysik ist ohne sichtbare Wirkung und Schulbildung geblieben. Gleichwohl ist sein Denken für die Auffassung des Willens in Anthropologie und Psychologie (Schopenhauer, Nietzsche, S. Freud, M. Scheler), für die ↑Existenzphilosophie (Kierkegaard, M. Heidegger) und die ↑Lebensphilosophie bedeutsam geworden. S.s Naturphilosophie hat in der ↑Romantik (↑Naturphilosophie, romantische, ↑Mesmerismus) wesentliche Anstöße zu philosophischen, aber auch zu wissenschaftlichen Konzeptionen gegeben, vor allem in der Medizin, aber auch in der Physik (z. B. H. C. Ørstedt, J. W. Ritter). Neuerdings gewinnen unter ökologischen Gesichtspunkten (↑Ökologie) S.s naturphilosophische Überlegungen zur Einheit von Mensch und Natur eine gewisse Aktualität. S.s Auffassung von Kunst wird in der neueren Ästhetik als Antizipation einer menschlich gewordenen Natur und eines natürlich gewordenen Menschen wieder aufgegriffen (T. W. Adorno, E. Bloch).

Werke: Sämmtliche Werke, 14 Bde in 2 Abt. ([Abt. 1] I–X; [Abt. 2] I–IV), ed. K. F. A. Schelling, Stuttgart/Augsburg 1856–1861, repr. in neuer Anordnung unter dem Titel: S.s Werke, I–VI, 1 Nachlaßbd., Erg.bde I–VI, ed. M. Schröter, München 1927–1959 (repr. 1958–1966, 1983–1997), Teilnachdr. unter dem Titel: Ausgewählte Werke, I–X, Darmstadt 1966–1968; Historisch-kritische Ausgabe, ed. H.M. Baumgartner/W.G. Jacobs/H. Krings/H. Zeltner (im Auftrag der S.-Kommission der Bayer. Akad. Wiss.), Stuttgart 1976ff. (erschienen Reihe 1 [Werke]: I–VIII, IX/1–2, X, XI/1–2 u. 1 Erg.bd.; Reihe 2 [Nachlaß], I/1, III–V, VIII; Reihe 3 [Briefe]: I, II/1–II/2). – S.iana Rariora, ed. L. Pareyson, Turin 1977. – Ueber die Möglichkeit einer Form der Philosophie überhaupt, Tübingen 1795 [1794], ferner in: Hist.-krit. Ausg. [s.o.] 1/I, 263–300, unter dem Titel: Sulla possibilità di una forma della filosofia in generale [dt./ital.], ed. L. V. Distaso, Rom 2005; Vom Ich als Princip der Philosophie oder über das Unbedingte im menschlichen Wissen, Tübingen 1795, unter dem Titel: Vom Ich als Prinzip der Philosophie, ed. O. Weiß, Leipzig 1911, ferner in: Hist.-krit. Ausg. [s.o.] 1/II,64–175; De Marcione Paullinarum epistolarum emendatore, Diss. Tübingen 1795 (repr. Amsterdam 1968), ferner in: Hist.-krit. Ausg. 1/II, 211–255 (dt. Über Markion als Emendator der Paulininschen Briefe, übers. J. Jantzen; in: Hist.-krit. Ausg. [s.o.] 1/II, 257–296); [anonym] Philosophische Briefe über Dogmaticismus und Kriticismus, in: Philos. Journal einer Ges. Teutscher Gelehrter 7 (1795), 177-203, 11 (1775), 173–239, unter dem Titel: Briefe über Dogmatismus und Kritizismus, ed. O. Braun, Leipzig 1914, ferner in: Hist.-krit. Ausg. [s.o.] 1/III, 46–112 (franz. Lettres sur le dogmatisme et le criticisme, übers. S. Jankélévitch, Paris 1950); Ideen zu einer Philosophie der Natur. Erstes, Zweytes Buch, Leipzig 1797, mit Untertitel: Als Einleitung in das Studium dieser Wissenschaft, Landshut 1803, ferner als: Hist.-krit. Ausg. [s.o.] 1/V (engl. Ideas for a Philosophy of Nature as Introduction to the Study of the Science, 1797, trans. E. E. Harris/P. Heath, Cambridge 1988; franz. [teilw.] Idées pour une philosophie de la na-

ture, übers. M. Elie, Paris 2000); Von der Weltseele. Eine Hypothese der höhern Physik zur Erklärung des allgemeinen Organismus, Hamburg 1798, 1806, ferner in: Von der Weltseele [...] nebst einer Abhandlung Ueber das Verhältniß des Realen und Idealen in der Natur, [3]1809, 1–328, ferner als: Hist.-krit. Ausg. [s.o.] 1/VI (franz. De l'âme du monde. Une hypothèse de la physique supérieure pour l'explication de l'organisme général, übers. S. Schmitt, Paris 2007); Erster Entwurf eines Systems der Naturphilosphie. Zum Behuf seiner Vorlesungen, Jena/Leipzig 1799, ferner als: Hist.-krit. Ausg. [s.o.] 1/VII (engl. First Outline of the Philosophy of Nature, trans. K. R. Peterson, Albany N. Y. 2004); Einleitung zu seinem Entwurf eines Systems der Naturphilosophie. Oder: Ueber den Begriff der speculativen Physik und die innere Organisation eines Systems dieser Wissenschaft, Jena/Leipzig 1799, Lund 1812, unter dem Titel: Einleitung zu seinem Entwurf eines Systems der Naturphilosophie, ed. W. G. Jacobs, Stuttgart 1988, ferner in: Hist.-krit. Ausg. [s.o.] 1/VIII, 21–76 (franz. Introduction à l'esquisse d'un système de philosophie de la nature, übers. F. Fischbach/E. Renault, Paris 2001); System des transscendentalen Idealismus, Tübingen 1800, unter dem Titel: System des transzendentalen Idealismus, ed. O. Weiss, Leipzig 1911, ed. R.-E. Schulz, Hamburg 1957, ed. H. D. Brandt/P. Müller, 2000, ferner als: Hist.-krit. Ausg. [s.o.] 1/IX (engl. System of Transcendental Idealism, trans. P. Heath, Charlottesville Va. 1978, 1993; franz. Système de l'idéalisme transcendental, übers. P. Grimblot, Paris 1842, unter dem Titel: Le système de l'idéalisme transcendental, übers. C. Dubois, Louvain, Paris 1978); Ueber die Jenaische Allgemeine Literaturzeitung. Erläuterungen, Jena/Leipzig 1800; (ed.) Zeitschrift für speculative Physik, 1 (1800) – 2 (1801), Hamburg 2001; Anhang zu dem Auffsatz des Herrn Eschenmayer betreffend den wahren Begriff der Naturphilosophie und die richtige Art ihre Probleme aufzulösen, Z. speculative Phys. 2 (1801), H. 2, 109–146, ferner in: Hist.-krit. Ausg. [s.o.] 1/X, 83–106; Darstellung meines Systems der Philosophie, Z.speculative Phys. 2 (1801), H. 2, III–XIV, 1–127, ferner in: Hist.-krit. Ausg. [s.o.] 1/X, 107–211; (ed.) Neue Zeitschrift für speculative Physik 1 (1802); Bruno oder über das göttliche und natürliche Princip der Dinge, Berlin 1802, Reutlingen 1834, ed. C. Herrmann, Leipzig 1928, Hamburg 1954, ed. S. Dietsch, Leipzig 1989, ed. M. Durner, Hamburg 2005, ferner in: Hist.-krit. Ausg. [s.o.] 1/XI, 335–451 (engl. Bruno or On the Natural and the Divine Principle of Things, 1802, trans. M. G. Vater, Albany N. Y. 1984); Vorlesungen über die Methode des academischen Studiums, Tübingen 1803, Stuttgart/Tübingen [2]1813, [3]1830, ferner als: Sämmtl. Werke [s.o.] 1/V, 211–352, ferner als: Werke [s.o.] III, 229–374, unter dem Titel: Vorlesungen über die Methode des akademischen Studiums, ed. W.E. Ehrhardt, Hamburg 1974, unter dem Titel: Vorlesungen über die Methode (Lehrart) des akademischen Studiums, erw. [2]1990 (engl. On University Studies, trans. E. S. Morgan, Athens Ohio 1966); (ed. mit G. W. F. Hegel) Kritisches Journal der Philosophie, 1 (1802) – 2 (1803) (repr. Hildesheim 1967), ed. S. Dietzsch, Leipzig 1981 – Berlin (West) 1985; Philosophie und Religion, Tübingen 1804, ferner in: Sämmtl. Werke [s.o.] 1/VI, 11–70, ferner in: Werke [s.o.] IV, 1–60, ed. A. Denker/H. Zaborowski, Freiburg/München 2008, 9–60 (franz. Philosophie et religion, in: F. W. J. S., Philosophie et religion. J. G. Fichte, Principes de la doctrine de Dieu, de la morale et du droit, übers. G. Lacaze, Hildesheim/Zürich/New York 2009, 9–56; engl. Philosophy and Religion (1904), trans. K. Ottmann, Putnam Conn. 2010); Aphorismen zur Einleitung in die Naturphilosophie, Tübingen 1805; Darlegung des wahren Verhältnisses der Naturphilosophie zu der verbesserten Fichte'schen Lehre. Eine Erläuterungsschrift der ersten, Tübingen 1806, ferner in: Sämmtl. Werke [s.o.] 1/VII, 1–126, ferner in: Werke [s.o.] III, 595–720; Ueber das Verhältniß des Realen und Idealen in der Natur, oder Entwickelung der ersten Grundsätze der Naturphilosophie an den Principien der Schwere und des Lichts, Hamburg 1806, Landshut 1807, ferner in: Von der Weltseele […], Hamburg ³1809, XVII–LIV; Ueber das Verhältniß der bildenden Künste zu der Natur […], München 1807, Wien 1825, Berlin 1843 [mit Anmerkungen S.s], ed. A. Bergsträsser, Marbach a.N. 1954, unter dem Titel: Über das Verhältnis der bildenden Künste zu der Natur. Mit einer Bibliographie zu S.s Kunstphilosophie, ed. L. Sziborsky, Hamburg 1983; Philosophische Untersuchung über das Wesen der menschlichen Freyheit und die damit zusammenhängenden Gegenstände, in: Philosophische Schriften [s.u.], 397–511, unter dem Titel: Philosophische Untersuchungen über das Wesen der menschlichen Freiheit und die damit zusammenhängenden Gegenstände, Reutlingen 1834, unter dem Titel: Das Wesen der menschlichen Freiheit, ed. C. Herrmann, Leipzig 1925, unter dem Titel: Über das Wesen der menschlichen Freiheit, ed. H. Fuhrmans, Stuttgart 1964, 1977, unter dem Titel: Philosophische Untersuchungen über das Wesen der menschlichen Freiheit und die damit zusammenhängenden Gegenstände, ed. W. Schulz, Frankfurt 1975, 1984, ed T. Buchheim, Hamburg 1997, ²2011 (franz. Recherches philosophiques sur l'essence de la liberté humaine et sur les problems qui s'y rattachent, übers. G. Pollitzer, Paris 1926, unter dem Titel: Recherches sur la liberté humaine, übers. M. Richir, Paris 1977; engl. Of Human Freedom, trans. J. Gutmann, Chicago Ill. 1936, unter dem Titel: Philosophical Investigations into the Essence of Human Freedom, trans. J. Love/J. Schmidt, Albany N.Y. 2006); Philosophische Schriften I [mehr nicht erschienen], Landshut 1809; Denkmal der Schrift von den göttlichen Dingen [et]c. des Herrn Friedrich Heinrich Jacobi und der ihm in derselben gemachten Beschuldigung eines absichtlich täuschenden, Lüge redenden Atheismus, Tübingen 1812, ferner in: Sämmtl. Werke [s.o.] 1/VIII, 19–136, ferner in: Werke [s.o.] IV, 395–512 (franz. Monument de l'écrit sur les choses divines, etc. de M. Friedrich Heinrich Jacobi et de l'accustion qui y est faite d'athéisme meinsonger et expressément trompeur, übers. P. Cerutti, Paris 2012); Ueber die Gottheiten von Samothrace […], Stuttgart/Tübingen 1815 (repr. Amsterdam 1968), ferner in: Sämmtl. Werke [s.o.] 1/VIII, 345–369, ferner in: Werke [s.o.] IV, 721–745 (franz. Les divinités de Samothrace, in: Les âges du monde, übers. S. Jankélévitch, Paris 1949, 191–222; engl. S.'s Treatise on »The Deities of Samothrace«, trans. R.F. Brown, Missoula Mont. 1974); Erste Vorlesung in Berlin. 15. November 1841, Stuttgart/Tübingen 1841 (repr. Amsterdam 1968); Der Philosoph in Christo oder die Verklärung der Weltweisheit zur Gottweisheit, Berlin 1842; Anthologie aus S.s Werken, Berlin 1844; Philosophische Einleitung in die Philosophie der Mythologie oder Darstellung der rein rationalen Philosophie, in: Sämmtl. Werke [s.o.], 2/I, 255–572 (franz. Introduction à la philosophie de la mythologie, I–II, übers. S. Jankélévitch, Paris 1946, in einem Bd., übers. J.-F. Courtine/J.-F. Marquet/G. Bensussan, Paris 1998; engl. Historical-Critical Introduction to the Philosophy of Mythology, trans. M. Richey/M. Zisselsberger, Albany N.Y. 2007); Philosophie der Mythologie, Stuttgart/Augsburg 1857 (= Sämmtl. Werke 2/II), unter dem Titel: Philosophie der Mythologie in drei Vorlesungsnachschriften 1837/1842, ed. K. Vieweg/C. Danz/G. Apostolopoulou, München 1996, unter dem Titel: Philosophie der Mythologie. Nachschrift der letzten Münchener Vorlesungen 1841, ed. A. Rosner/H. Schulten, Stuttgart-Bad Cannstatt 1996; Philosophie der Offenbarung, I–II, Stuttgart/Augsburg 1858 (= Sämmtl. Werke 2/III–2/IV), unter dem Titel: Philosophie der Offenba-

rung 1841/42, ed. M. Frank, Frankfurt 1977, erw. ³1993, unter dem Titel: Urfassung der Philosophie der Offenbarung, I–II, ed. W.E. Ehrhardt, Hamburg 1992, in einem Bd., 2010; System der gesammten Philosophie und der Naturphilosophie insbesondere. (Aus dem handschriftlichen Nachlaß.) 1804, in: Sämmtl. Werke [s.o.], 1/VI, 131–577; Die Weltalter. Bruchstück. (Aus dem handschriftlichen Nachlaß.), in: Sämmtl. Werke [s.o.] 1/VIII, 195–344, ferner in: Werke [s.o.] IV, 571–720, unter dem Titel: Die Weltalter. Fragmente. In den Urfassungen von 1811 und 1813, ed. M. Schröter, München 1946 (repr. 1966) (= Werke Nachlassbd.), unter dem Titel: Weltalter-Fragmente, I–II, ed. K. Grotsch, Stuttgart-Bad Cannstatt 2002 (engl. The Ages of the World, trans. F. de Wolfe Bolman, New York 1942, unter dem Titel: The Ages of the World (Fragment) from the Handwritten Remains. Third Version (c. 1815), trans. J.M. Wirth, Albany N.Y. 2000; franz. Les âges du monde, übers. S. Jankélévitch, Paris 1949, mit Untertitel: Fragments dans les premières versions de 1811 et 1813, übers. P. David, Paris 1992, 2005, unter dem Titel: Les âges du monde, übers. P. Cerutti, Paris 2002); Ueber den Zusammenhang der Natur mit der Geisterwelt. Ein Gespräch, in: Sämmtl. Werke [s.o.] 1/IX, 1–110, unter dem Titel: Clara oder Zusammenhang […], separat Stuttgart 1862, ²1865, unter dem Titel: Clara oder über den Zusammenhang der Natur mit der Geisterwelt. Ein Gespräch, ed. M. Schröter, München 1948, unter dem Titel: Clara. Über den Zusammenhang der Natur mit der Geisterwelt, ed. K. Dietzfelbinger, Andechs 1986, Königsdorf ²2009 (franz. Clara, ou, du lien de la nature au monde des esprits, übers. E. Kessler, o.O. [Paris] 1984, unter dem Titel: Clara ou Sur la Liaison de la nature avec le monde des esprits, übers. P. David/A. Roux, in: A. Roux [ed.], S.. Philosoph de la mort et de l'immortalité [s.u., Lit.], 181–268; engl. Clara or, On Nature's Connection to the Spirit World, trans. F. Steinkamp, Albany N.Y. 2002); S.s Münchener Vorlesungen. Zur Geschichte der neueren Philosophie und Darstellung des philosophischen Empirismus, ed. A. Drews, Leipzig 1902, unter dem Titel: Zur Geschichte der neueren Philosophie. Münchener Vorlesungen, Stuttgart 1955, ed. M. Buhr, Leipzig 1966, 1984 (franz. Contribution à l'histoire de la philosophie moderne. Leçons de Munich, übers. J.-F. Marquet, Paris 1983; engl. On the History of Modern Philosophy, trans. A. Bowie, Cambridge etc. 1994); Initia philosophiae universae. Erlanger Vorlesung WS 1820/21, ed. H. Fuhrmans, Bonn 1969; Frühschriften. Eine Auswahl, I–II, ed. H. Seidel/L. Kleine, Berlin 1971; Grundlegung der positiven Philosophie. Münchner Vorlesung WS 1832/33 und SS 1833, ed. H. Fuhrmans, Turin 1972; Stuttgarter Privatvorlesungen, ed. M. Vetö, Turin 1973, ed. V. Müller-Lüneschloss, Hamburg 2016, Stuttgart-Bad Cannstatt 2017 (= Hist.-krit. Ausg. 2/VIII); The Unconditional in Human Knowledge. Four Early Essays, trans. F. Marti, Lewisburg Pa., London 1980; Texte zur Philosophie der Kunst, ed. W. Beierwaltes, Stuttgart 1982, 2010; S.s und Hegels erste absolute Metaphysik (1801–1802). Zusammenfassende Vorlesungsnachschriften von I.P.V. Troxler, ed. K. Düsing, Köln 1988; Einleitung in die Philosophie [1830], ed. W.E. Ehrhardt, Stuttgart-Bad Cannstatt 1989 (franz. Introduction à la philosophie, übers. M.-C. Challiol-Gillet/P. David, Paris 1996); System der Weltalter. Münchener Vorlesung 1827/28 in einer Nachschrift von Ernst von Lasaulx, ed. S. Peetz, Frankfurt 1990, ²1998; Das Tagebuch 1848. Rationale Philosophie und demokratische Revolution, ed. H.J. Sandkühler/A. v. Pechmann/M. Schraven, Hamburg 1990; »Timaeus« (1794), ed. H. Buchner, Stuttgart-Bad Cannstatt 1994 (franz. Le Timée de Platon, übers. A. Michalewski, Villeneuve d'Ascq 2005); Idealism and the Endgame of Theory. Three Essays, trans. T. Pfau, Albany N.Y. 1994; Philosophische Entwürfe und Tagebücher, I–II (I 1809–1813. Philosophie der Freiheit und der Weltalter, II 1814–1816. Die Weltalter II – Über die Gottheiten von Samothrake), ed. H. J. Sandkühler/L. Knatz/M. Schraven, Hamburg 1994/2002; Philosophische Entwürfe und Tagebücher XII (1846. Philosophie der Mythologie und reinrationale Philosophie), ed. H. J. Sandkühler/L. Knatz/M. Schraven, Hamburg 1998; Philosophische Entwürfe und Tagebücher XIV (1849. Niederlage der Revolution und Ausarbeitung der reinrationalen Philosophie), ed. M. Schraven, Hamburg 2007; The Philosophical Rupture Between Fichte and S.. Selected Texts and Correspondence (1800–1802), ed. M. G. Vater/D. W. Wood, Albany N. Y. 2012. – Fichtes und S.s philosophischer Briefwechsel aus dem Nachlasse Beider, ed. I. H. Fichte/C. F. A. Schelling, Stuttgart 1856; Aus S.s Leben. In Briefen, I–III, ed. G. L. Plitt, Leipzig 1869–1870 (repr. Hildesheim/Zürich/New York 2003); König Maximilian II. von Bayern und S.. Briefwechsel, ed. L. Trost/F. Leist, Stuttgart 1890; Briefe und Dokumente, I–III, ed. H. Fuhrmans, Bonn 1962–1975; S. und Cotta. Briefwechsel 1803–1849, ed. H. Fuhrmans/L. Lohrer, Stuttgart 1965; Fichte – S. Briefwechsel, ed. W. Schulz, Frankfurt 1968, ed. H. Traub, Neuried 2001; S.s Pyrmonter Elegie. Der Briefwechsel mit Eliza Tapp 1849–1854, ed. E. Hahn, Frankfurt 2000. – Schellings Bibliothek. Die Verzeichnisse von F. W. J. Schellings Buchnachlaß, ed. A.-L. Müller-Bergen/P. Ziche, Stuttgart-Bad Cannstatt 2007. – G. Schneeberger, F. W. J. v. S.. Eine Bibliographie, Bern 1954; T. F. O'Meara, F. W. J. S.. Bibliographical Essay, Rev. Met. 31 (1977/1978), 283–309. – Totok V (1986), 309–328.

Literatur: R. Adolphi/J. Jantzen (eds.), Das antike Denken in der Philosophie S.s, Stuttgart-Bad Cannstatt 2004 (S.iana XI); M. Arndt, S., BBKL IX (1995), 104–138; C. Asmuth/A. Denker/M. Vater (eds.), S.. Zwischen Fichte und Hegel/Between Fichte and Hegel, Amsterdam/Philadelphia Pa. 2000; T. Bach/O. Breidbach (eds.), Naturphilosophie nach S., Stuttgart-Bad Cannstatt 2005 (S.iana XVII); H. M. Baumgartner (ed.), S.. Einführung in seine Philosophie, Freiburg/München 1975; ders./W. G. Jacobs (eds.), Philosophie der Subjektivität? Zur Bestimmung des neuzeitlichen Philosophierens. Akten des 1. Kongresses der Internationalen S.-Gesellschaft 1989, I–II, Stuttgart-Bad Cannstatt 1993 (S.iana III); ders./H. Korten, F. W. J. S., München 1996; ders./W. G. Jacobs (eds.), S.s Weg zur Freiheitsschrift. Legende und Wirklichkeit. Akten der Fachtagung der Internationalen S.-Gesellschaft 1992 vom 14.–17. Oktober 1992, Stuttgart-Bad Cannstatt 1996 (S.iana V); G. Bensussan, »Âges du monde« de S.. Une traduction de l'absolu, Paris 2015; ders./L. Hühn/P. Schwab (eds.), L'héritage de S.. Interprétations aux XIXème et XXème siècles/Das Erbe S.s. Interpretationen im 19. und 20. Jahrhundert, Freiburg/München 2015; M. Blamauer, Subjektivität und ihr Platz in der Natur. Untersuchung zu S.s Versuch einer naturphilosophischen Ordnung, Stuttgart 2006; G. Blanchard, Die Vernunft und das Irrationale. Die Grundlagen von S.s Spätphilosophie im »System des transzendentalen Idealismus« und der »Identitätsphilosophie«, Frankfurt 1979; M. Blumentritt, Begriff und Metaphysik des Lebendigen. S.s Metaphysik des Lebens 1792–1809, Würzburg 2007; M. Boenke, Transformation des Realitätsbegriffs. Untersuchungen zur frühen Philosophie S.s im Ausgang von Kant, Stuttgart-Bad Cannstatt 1990; A. Bowie, S. and Modern European Philosophy. An Introduction, London/New York 1993; ders., S., REP VIII (1998), 509–520; ders., F. W. J. v. S., SEP 2001, rev. 2016; E. Brito, Philosophie et théologie dans l'œuvre de S., Paris 2000; C. Brouwer, S.s Freiheitsschrift. Studien zu ihrer Interpretation und ihrer Bedeutung, Tübingen 2011; T. Buchheim, Eins von Allem. Die Selbstbescheidung des Idealis-

mus in S.s Spätphilosophie, Hamburg 1992; ders./F. Hermanni (eds.), »Alle Persönlichkeit ruht auf einem dunklen Grunde«. S.s Philosophie der Personalität, Berlin 2004; E. Cattin, Transformations de la métaphysique. Commentaires sur la philosophie transcendantale de S., Paris 2001; M.-C. Challiol-Gillet, S., Paris 1996; dies., S., une philosophie de l'extase, Paris 1998; J.-F. Courtine, Extase de la raison. Essais sur S., Paris 1990; ders. (ed.), S., Paris 2010; ders., S. entre Temps et éternité. Histoire et préhistoire de la conscience, Paris 2012; C. Danz, Die philosophische Christologie F. W. J. S.s, Stuttgart-Bad Cannstatt 1996 (S.iana IX); ders. (ed.), S. und die Hermeneutik der Aufklärung, Tübingen 2012; ders. (ed.), S. und die historische Theologie des 19. Jahrhunderts, Tübingen 2013; ders./C. Dierksmeier/C. Seysen (eds.), System und Wirklichkeit. 200 Jahre S.s »System des transzendentalen Idealismus«, Würzburg 2001; ders./R. Langthaler (eds.), Kritische und absolute Transzendenz. Religionsphilosophie und Philosophische Theologie bei Kant und S., Freiburg/München 2006; ders./J. Jantzen (eds.), Gott, Natur, Kunst und Geschichte. S. zwischen Identitätsphilosophie und Freiheitsschrift, Göttingen 2011; S. B. Das, The Political Theology of S., Edinburgh 2016; P. David, S.. De l'absolu à l'histoire, Paris 1998; S. Dietzsch (ed.), Natur – Kunst – Mythos. Beiträge zur Philosophie F. W. J. S.s, Berlin (Ost) 1978; ders., F. W. J. S., Leipzig/Jena, Köln 1978; L. V. Distaso, The Paradox of Existence. Philosophy and Aesthetics in the Young S., Dordrecht etc. 2004; R. Dörendahl, Abgrund der Freiheit. S.s Freiheitsphilosophie als Kritik des neuzeitlichen Autonomie-Projektes, Würzburg 2011; L. Egloff, Das Böse als Vollzug menschlicher Freiheit. Die Neuausrichtung idealistischer Systemphilosophie in S.s Freiheitsschrift, Berlin/Boston Mass. 2016; W. E. Ehrhardt, S. Leonbergensis und Maximilian II. von Bayern. Lehrstunden der Philosophie, Stuttgart-Bad Cannstatt 1989 (S.iana II); ders., S., TRE XXX (1999), 92–102; R. Elm/S. Peetz (eds.), Freiheit und Bildung. S.s Freiheitsschrift 1809–2009, Paderborn 2012; J. L. Esposito, S.s Idealism and Philosophy of Nature, Lewisburg N. J., London 1977; J. Ewertowski, Die Freiheit des Anfangs und das Gesetz des Werdens. Zur Metaphorik von Mangel und Fülle in F. W. J. S.s Prinzip des Schöpferischen, Stuttgart-Bad Cannstatt 1999; D. Ferrer/T. Perdo (eds.), S.s Philosophie der Freiheit. Studien zu den »Philosophischen Untersuchungen über das Wesen der menschlichen Freiheit«, Würzburg 2012; K. Fischer, Geschichte der neueren Philosophie VI/1-2 (S.s Leben, Werke und Lehre) Heidelberg 1872/1877, in einem Bd. ²1895, als Bd. VII 1899, ⁴1924); O. Florig, S.s Theorie menschlicher Selbstformierung, Personale Entwicklung in S.s mittlerer Philosophie, Freiburg/München 2010; M. Frank, Der unendliche Mangel an Sein. S.s Hegelkritik und die Anfänge der Marxschen Dialektik, Frankfurt 1975, erw. München ²1992; ders., Eine Einführung in S.s Philosophie, Frankfurt 1985, ²1995; ders./G. Kurz (eds.), Materialien zu S.s philosophischen Anfängen, Frankfurt 1975; A. Franz, Philosophische Religion. Eine Auseinandersetzung mit den Grundlegungsproblemen der Spätphilosophie F. W. J. S.s, Würzburg, Amsterdam/Atlanta Ga. 1992; M. Franz, S.s Tübinger Platon-Studien, Göttingen 1996; ders. (ed.), »... im Reich des Wissens cavalieremente?« Hölderlins, Hegels und S.s Philosophiestudium an der Universität Tübingen, Eggingen 2005; ders. (ed.), »... an der Galeere der Theologie?« Hölderlins, Hegels und S.s Theologiestudium an der Universität Tübingen, Eggingen 2007; ders., Tübinger Platonismus. Die gemeinsamen philosophischen Ausgangspunkte von Hölderlin, S. und Hegel, Tübingen 2012; ders./W. G. Jacobs (eds.), »... so hat mir – das Kloster etwas genüzet«. Hölderlins und S.s Schulbildung in der Nürtinger Lateinschule und den württembergischen Klosterschulen, Eggingen

2004; B. Freydberg, S.'s Dialogical Freedom Essay. Provocative Philosophy Then and Now, Albany N. Y. 2008; H. Fuhrmans, S.s letzte Philosophie. Die negative und positive Philosophie im Einsatz des Spätidealismus, Berlin 1940; ders., S.s Philosophie der Weltalter. S.s Philosophie in den Jahren 1806–1821. Zum Problem des S.schen Theismus, Düsseldorf 1954; M. Fukaya, Anschauung des Absoluten in Schellings früher Philosophie (1794–1800), Würzburg 2006; M. Gabriel, Der Mensch im Mythos. Untersuchungen über Ontotheologie, Anthropologie und Selbstbewußtseinsgeschichte in S.s »Philosophie der Mythologie«, Berlin/New York 2006; M. Galland-Szymkowiak (ed.), Das Problem der Endlichkeit in der Philosophie S.s/Le problème de la finitude dans la philosophie de S., Wien etc. 2011; dies./M. Chédin/M. B. Weiss (eds.), Fichte – S.. Lectures croisées/Gekreuzte Lektüren, Würzburg 2010; J. A. L. J. J. Geijsen, »Mitt-Wissenschaft«. F. W. J. S.s Philosophie der Freiheit und der Weltalter als Weisheitslehre, Freiburg/München 2009; W. E. Gerabek, F. W. J. S. und die Medizin der Romantik. Studien zu S.s Würzburger Periode, Frankfurt etc. 1995; M. Gerhard, Von der Materie der Wissenschaft zur Wissenschaft der Materie. S.s Naturphilosophie im Ausgang der Transzendentalphilosophie Kants und Fichtes und ihre Kritik einer systematischen Bestimmung des Verhältnisses von Natur und Vernunft, Berlin 2002; T. Gloyna, Kosmos und System. S.s Weg in die Philosophie, Stuttgart-Bad Cannstatt 2002 (S.iana XV); I. Görland, Die Entwicklung der Frühphilosophie S.s in der Auseinandersetzung mit Fichte, Frankfurt 1973; K.-J. Grün, Das Erwachen der Materie. Studie über die spinozistischen Gehalte der Naturphilosophie S.s, Hildesheim/Zürich/New York 1993; A. V. Gulyga, Šelling., Moskau 1982 (dt. S.. Leben und Werk, Stuttgart 1989); M. Guschwa, Dialektik und philosophische Geschichtserzählung beim späten S., Würzburg 2013; J. Habermas, Das Absolute und die Geschichte. Von der Zwiespältigkeit in S.s Denken, Diss. Bonn 1954; E. Hahn, Die Identitätsphilosophie von F. W. S.. Eine Untersuchung seines wissenschaftstheoretischen Konzepts zum Aufbau des absoluten Vernunftsystems, Diss. Berlin 1990; dies. (ed.), Vorträge zur Philosophie S.s, Berlin 2000 (Berliner S.-Studien I); dies. (ed.), Vorträge zur Philosophie S.s, Berlin 2008 (Berliner S.-Studien III); dies. (ed.), Vorträge zur Philosophie S.s, Berlin 2010 (Berliner S.-Studien IV); dies. (ed.), Vorträge zur Philosophie S.s, Berlin 2011 (Berliner S.-Studien VIII); L. Hasler (ed.), S.. Seine Bedeutung für eine Philosophie der Natur und der Geschichte. Referate und Kolloquien der Internationalen S.-Tagung Zürich 1979, Stuttgart-Bad Cannstatt 1981; J. Hatem, L'absolu dans la philosophie de jeune S., Bukarest 2008; K. Hay, Die Notwendigkeit des Scheiterns. Das Tragische als Bestimmung der Philosophie bei S., Freiburg/München 2012; R. Haym, Die romantische Schule. Ein Beitrag zur Geschichte des deutschen Geistes, Berlin 1870 (repr. Darmstadt, Hildesheim 1961, 1977), 552–660 (Kap. 4 S. und die Naturphilosophie); R. Heckmann/H. Krings/R. W. Meyer (eds.), Natur und Subjektivität. Zur Auseinandersetzung mit der Naturphilosophie des jungen S.. Referate, Voten und Protokolle der II. Internationalen S.-Tagung Zürich 1983, Stuttgart-Bad Cannstatt 1985; M. Heidegger, S.s Abhandlung über das Wesen der menschlichen Freiheit (1809), ed. H. Feick, Tübingen 1971, 1995, ed. I. Schüßler, Frankfurt 1988 (= Gesamtausg. XLII); J. Hennigfeld, F. W. J. S.s »Philosophische Untersuchung über das Wesen der menschlichen Freiheit und die damit zusammenhängenden Gegenstände«, Darmstadt 2001; F. Hermanni, Die letzte Entlastung. Vollendung und Scheitern des abendländischen Theodizeeprojektes in S.s Philosophie, Wien 1994; ders./D. Koch/J. Peterson (eds.), »Der Anfang und das Ende aller Philosophie ist –›Freiheit‹«. S.s Philosophie in der Sicht neuerer Forschung, Tübingen 2012; M.-L. Heuser-Keßler, Die Produktivität der Natur. S.s Naturphilosophie und das neue Paradigma der Selbstorganisation in den Naturwissenschaften, Berlin 1986; dies., F. W. J. S., in: W. D. Rehfus (ed.), Geschichte der Philosophie II, Göttingen 2012, 121–129; dies./W. G. Jacobs (eds.), S. und die Selbstorganisation. Neue Forschungsperspektiven, Berlin 1994; R. Hiltscher/S. Klinger (eds.), F. W. J. S., Darmstadt 2012; O. Höffe/A. Pieper (eds.), Über das Wesen der menschlichen Freiheit, Berlin 1995; M. Hofmann, Über den Staat hinaus. Eine historisch-systematische Untersuchung zu F. W. J. S.s Rechts- und Staatsphilosophie, Zürich 1999; W. Hogrebe, Prädikation und Genesis. Metaphysik als Fundamentalheuristik im Ausgang von S.s »Die Weltalter«, Frankfurt 1989; A. Hollerbach, Der Rechtsgedanke bei S.. Quellenstudien zu seiner Rechts- und Staatsphilosophie, Frankfurt 1957; L. Hühn, Fichte und S. oder: Über die Grenze menschlichen Wissens, Stuttgart/Weimar 1994; dies. u. a. (eds.), Heideggers S.-Seminar (1927/28). Die Protokolle von Martin Heideggers Seminar zu S.s »Freiheitsschrift« (1927/28) und die Akten des Internationalen S.-Tages 2006. Lektüren F. W. J. S.s I, Stuttgart-Bad Cannstatt 2010 (S.iana XXII); dies./D. Schwab (eds.), System, Natur und Anthropologie. Zum 200. Jubiläum von S.s Stuttgarter Privatvorlesungen, Freiburg/München 2014 (Beiträge zur S.-Forschung I); A. Hutter, Geschichtliche Vernunft. Die Weiterführung der Kantischen Vernunftkritik in der Spätphilosophie S.s, Frankfurt 1996; C. Iber, Das Andere der Vernunft als ihr Prinzip. Grundzüge der philosophischen Entwicklung S.s mit einem Ausblick auf die nachidealistischen Philosophiekonzeptionen Heideggers und Adornos, Berlin/New York 1994; W. G. Jacobs, Zwischen Revolution und Orthodoxie? S. und seine Freunde im Stift und an der Universität Tübingen. Texte und Untersuchungen, Stuttgart-Bad Cannstatt 1989; ders., Gottesbegriff und Geschichtsphilosophie in der Sicht S.s, Stuttgart-Bad Cannstatt 1993; ders., S. lesen, Stuttgart-Bad Cannstatt 2004; ders., F. W. J. (von) S., in: M. Fleischer/J. Hennigfeld (eds.), Große Philosophen V (Philosophen des 19. Jahrhunderts), Darmstadt 2010, 27–41; D. Jähnig, S.. Die Kunst in der Philosophie, I–II, Pfullingen 1966/1969; C. Jamme/H. Schneider (eds.), Mythologie der Vernunft. Hegels ›Ältestes Systemprogramm des deutschen Idealismus‹, Frankfurt 1984; W. Janke, Die dreifache Vollendung des deutschen Idealismus. S., Hegel und Fichtes ungeschriebene Lehre, Amsterdam/New York 2009; J. Jantzen (ed.), Die Realität des Wissens und das wirkliche Dasein. Erkenntnisbegründung und Philosophie des Tragischen beim frühen S., Stuttgart-Bad Cannstatt 1998 (S.iana X); ders., S., NDB XXII (2005), 652–655; ders./P. L. Oesterreich (eds.), S.s philosophische Anthropologie, Stuttgart-Bad-Cannstatt 2002 (S.iana XIV); ders./T. Kisser/H. Traub (eds.), Grundlegung und Kritik. Der Briefwechsel zwischen S. und Fichte 1794–1802. Dokumentation zur Lektüretagung der Internationalen S.-Gesellschaft in Zusammenarbeit mit der Internationalen Johann-Gottlieb-Fichte-Gesellschaft in Leonberg 2003, Amsterdam/New York 2005; K. Jaspers, S.. Größe und Verhängnis, München 1955, 1986; W. Kasper, Das Absolute in der Geschichte. Philosophie und Theologie der Geschichte in der Spätphilosophie S.s, Mainz 1965, Freiburg etc. 2010 (= Ges. Schr. II); J. Kirchhoff, F. W. J. v. S. in Selbstzeugnissen und Bilddokumenten, Reinbek b. Hamburg 1982, unter dem Titel: F. W. J. S. mit Selbstzeugnissen und Bilddokumenten, [4]2000; K. Kleber, Der frühe S. und Kant. Zur Genese des Identitätssystems aus philosophischer Bewältigung der Natur und Kritik der Transzendentalphilosophie, Würzburg 2013; L. Knatz, Geschichte – Kunst – Mythos. S.s Philosophie und die Perspektive einer philosophischen Mythostheorie, Würzburg 1999; H. Knittermeyer, S. und die romantische Schule, München 1929 (repr. Nendeln 1973); D. Köhler, Freiheit und System im Spannungsfeld von Hegels »Phänomenologie des Geistes« und S.s Freiheitsschrift, Paderborn 2006; H. Krings, Die Entfremdung zwischen S. und Hegel (1801–1807), München 1977; M. D. Krüger, Göttliche Freiheit. Die Trinitätslehre in S.s Spätphilosophie, Tübingen 2008; H. Kuhlmann, S.s früher Idealismus. Ein kritischer Versuch, Stuttgart/Weimar 1993; B.-O. Küppers, Natur als Organismus. S.s frühe Naturphilosophie und ihre Bedeutung für die moderne Biologie, Frankfurt 1992; A. Lanfranconi, Krisis. Eine Lektüre der »Weltalter«-Texte F. W. J. S.s, Stuttgart-Bad Cannstatt 1992; C. Lauer, The Suspension of Reason in Hegel and S., London/New York 2010; R. Lauth, Die Entstehung von S.s Identitätsphilosophie in der Auseinandersetzung mit Fichtes Wissenschaftslehre (1795–1801), Freiburg/München 1975, unter dem Titel: S. vor der Wissenschaftslehre, München ²2004; Y. J. Lee, Unterwegs zum trinitarischen Schöpfer. Die Frühphilosophie S.s und ihre Bedeutung für die gegenwärtige Schöpfungstheologie, Berlin/New York 2010; T. Leinkauf, S. als Interpret der philosophischen Tradition. Zur Rezeption und Transformation von Platon, Plotin, Aristoteles und Kant, Münster 1998; R. Loock, Schwebende Einbildungskraft. Konzeptionen theoretischer Freiheit in der Philosophie Kants, Fichtes und S.s, Würzburg 2007; A. Margoshes, S., Enc. Ph. VII (1967), 305–309, ²2006, 617–623 (mit erw. Bibliographie v. T. Nenon); W. Marx, S.. Geschichte, System, Freiheit, Freiburg/München 1977 (engl. The Philosophy of F. W. J. S.: History, System, Freedom, Bloomington Ind. 1984); J. Matsuyama/H. J. Sandkühler (eds.), Natur, Kunst und Geschichte der Freiheit. Studien zur Philosophie F. W. J. S.s in Japan, Frankfurt etc. 2000; B. Matthews, S.'s Organic Form of Philosophy. Life as the Schema of Freedom, Albany N. Y. 2011; M. Mayer, Objekt-Subjekt. F. W. J. S.s Naturphilosophie als Beitrag zu einer Kritik der Verdinglichung, Bielefeld 2014; S. J. McGrath, The Dark Ground of Spirit. S. and the Unconscious, London/New York 2012; A. Meyer-Schubert, Mutterschoßsehnsucht und Geburtsverweigerung. Zu S.s früher Philosophie und dem frühromantischen Salondenken, Wien 1992; F. Moiso, Vita, natura, libertà. S. (1795–1809), Mailand 1990; V. Müller-Lüneschloß, Über das Verhältnis von Natur und Geisterwelt. Ihre Trennung, ihre Versöhnung, Gott und den Menschen. Eine Studie zu F. W. J. S.s »Stuttgarter Privatvorlesungen« (1810) nebst des Briefwechsels Wangenheim – Niederer – S. der Jahre 1809/1810, Stuttgart-Bad Cannstatt 2012; H.-D. Mutschler, Spekulative und empirische Physik. Aktualität und Grenzen der Naturphilosophie S.s, Stuttgart/Berlin/Köln 1990; T. Nitz, Absolutes Identitätssystem. Eine Einführung in die Identitätsphilosophie, Marburg 2012; J. Norman/A. Welchman (eds.), The New S., London/New York 2004; P. L. Oesterreich, Philosophie, Mythos und Lebenswelt. S.s universalhistorischer Weltalter-Idealismus und die Idee eines neuen Mythos, Frankfurt etc. 1984; ders., Spielarten der Selbsterfindung. Die Kunst des romantischen Philosophierens mit Fichte, F. Schlegel und S., Berlin/New York 2011; L. Oštarić (ed.), Interpreting S.. Critical Essays, Cambridge etc. 2014; H. Paetzold (ed.), S.s Denken der Freiheit. Wolfdietrich Schmied-Kowarzik zum 70. Geburtstag, Kassel 2010; H.-M. Pawlowski/S. Smid/R. Specht (eds.), Die praktische Philosophie S.s und die gegenwärtige Rechtsphilosophie, Stuttgart-Bad Cannstatt 1989; S. Peetz, Die Freiheit im Wissen. Eine Untersuchung zu S.s Konzept der Rationalität, Frankfurt 1995; C. A. Ramirez Escobar, Reich und Persönlichkeit. Politische und sittliche Dimension der Metaphysik in der Freiheitsschrift S.s, Berlin 2015; B. Rang, Identität und Indifferenz. Eine Untersuchung zu S.s Identitätsphilosophie, Frankfurt 2000; A. Roux (ed.), S. en 1809. La liberté pour le bien ou pour le mal, Paris 2010; dies. (ed.), S. philosophe de la mort et de l'imortalité. Études sur »Clara«, Rennes 2014; dies., S.. L'avenir de la raison. Rationalisme et empirisme dans sa dernière philosophie, Paris 2016; M. Rudolphi, Produktion und Konstruktion. Zur Genese der Naturphilosophie in S.s Frühwerk, Stuttgart-Bad Cannstatt 2001 (S.iana VII); B. Sandkaulen-Bock, Ausgang vom Unbedingten. Über den Anfang in der Philosophie S.s, Göttingen 1990; H. J. Sandkühler, Freiheit und Wirklichkeit. Zur Dialektik von Politik und Philosophie bei S., Frankfurt 1968; ders., F. W. J. S., Stuttgart 1970; ders. (ed.), Natur und geschichtlicher Prozeß. Studien zur Naturphilosophie F. W. J. S.s, Frankfurt 1984; ders. (ed.), Weltalter – S. im Kontext der Geschichtsphilosophie, Hamburg 1996; ders. (ed.), F. W. J. S., Stuttgart/Weimar 1998; ders., Idealismus in praktischer Hinsicht. Studien zu Kant, S. und Hegel, Frankfurt etc. 2013; R. Scheerlinck, »Philosophie und Religion«. S.s politische Philosophie, Freiburg/München 2016; W. Schmied-Kowarzik, »Von der wirklichen, von der seyenden Natur«. S.s Ringen um eine Naturphilosophie in Auseinandersetzung mit Kant, Fichte und Hegel, Stuttgart-Bad Cannstatt 1996 (S.iana VIII); ders., Existenz denken. S.s Philosophie von ihren Anfängen bis zum Spätwerk, Freiburg/München 2015; ders., Sinn und Existenz in der Spätphilosophie S.s und andere S.iana, Kassel 2016; M. Schraven, Philosophie und Revolution. S.s Verhältnis zum Politischen im Revolutionsjahr 1848, Stuttgart-Bad Cannstatt 1989; M. Schröter, Kritische Studien. Über S. und zur Kulturphilosophie, München 1971; W. Schulz, Die Vollendung des Deutschen Idealismus in der Spätphilosophie S.s, Stuttgart/Köln 1955, erw. Pfullingen ²1975; S. Schwenzfeuer, Natur und Subjekt. Die Grundlegung der schellingschen Naturphilosophie, Freiburg/München 2012; A. Schwibach, Das transzendentale Problem der Gegenstandskonstituiton innerhalb des Weltkontexts – Perspektiven des naturphilosophischen Konzepts des frühen S., Rom 1998; E. Selow, S., DSB XII (1975), 153–159; D. Z. Shaw, Freedom and the Nature of S.'s Philosophy of Art, London/New York 2010, 2012; R. Shibuya, Individualität und Selbstheit. S.s Weg zur Selbstbildung der Persönlichkeit (1801–1810), Paderborn etc. 2005; R. Simon, Freiheit – Geschichte – Utopie. S.s positive Philosophie und die Frage der Freiheit bei Kant, Freiburg/München 2014; D. E. Snow, S. and the End of Idealism, Albany N. Y. 1996; D. Sollberger, Metaphysik und Intervention. Die Wirklichkeit in den Suchbewegungen negativen und positiven Denkens in F. W. J. S.s Spätphilosophie, Würzburg 1996; K. Sommer, Zwischen Metaphysik und Metaphysikkritik: Heidegger, S. und Jacobi, Hamburg 2015; R. Staege, »... das Ich selbst ist die Zeit in Tätigkeit gedacht«. S.s »System des transzendentalen Idealismus« als Theorie vorpropositionalen und propositionalen Selbstbewusstseins, Marburg 2007; J. Stoffers, Eine lebendige Einheit des Vielen. Das Bemühen Fichtes und S.s um die Lehre vom Absoluten, Stuttgart 2012; X. Tilliette, S.. Une philosophie en devenir, I–II, Paris 1970, ²1992; ders. (ed.), S. im Spiegel seiner Zeitgenossen, I–IV, Turin, Mailand 1974–1997; ders., L'absolu et la philosophie. Essais sur S., Paris 1987; ders., L'intuition intellectuelle de Kant à Hegel. Paris 1995 (dt. Untersuchungen über die intellektuelle Anschauung von Kant bis Hegel, Stuttgart-Bad Cannstatt 2015 [S.iana XXVI]); ders., S.. Biographie, Paris 1999 (dt. S.. Biographie, Stuttgart 2004); ders., La mythologie comprise. S. et l'interpretation du paganisme, Paris 2002; ders., Une introduction à S., Paris 2007; T. Tritten, Beyond Presence. The Late F. W. J. S.'s Criticism of Metaphysics, Berlin/Boston Mass. 2012; D. Unger, Schlechte Unendlichkeit. Zu einer Schlüsselfigur und ihrer Kritik in der Philosophie des deutschen Idealismus, Freiburg/München 2015, bes. 157–201; K. Vieweg (ed.), Gegen das »unphilosophische Unwesen«. Das »Kritische Journal der

Philosophie« von S. und Hegel, Würzburg 2002; K. H. Volkmann-Schluck, Mythos und Logos. Interpretationen zu S.s Philosophie der Mythologie, Berlin 1969; G. Wenz (ed.), Das Böse und sein Grund. Zur Rezeptionsgeschichte von S.s Freiheitsschrift 1809, München 2010; ders., Von den göttlichen Dingen und ihrer Offenbarung. Zum Streit Jacobis mit S. 1811/12, München 2011 (Sitz.ber. Bayer. Akad. Wiss., philos.-hist. Kl, 2011,2); F. J. Wetz, F. W. J. S. zur Einführung, Hamburg 1996; J. M. Wirth, The Conspiracy of Life. Meditations on S. and His Time, Albany N. Y. 2003; ders. (ed.), S. Now. Contemporary Readings, Bloomington Ind. 2004; ders., S.'s Practice of the Wild. Time, Art, Imagination, Albany N. Y. 2015; D. Whistler, S.'s Theory of Symbolic Language. Forming the System of Identity, Oxford/New York 2013; A. White, S.. An Introduction to the System of Freedom, New Haven Conn./London 1983; W. Wieland, S.s Lehre von der Zeit. Grundlagen und Voraussetzungen der Weltalterphilosophie, Heidelberg 1956; ders., Die Anfänge der Philosophie S.s und die Frage nach der Natur, in: H. Braun/M. Riedel (eds.), Natur und Geschichte. Karl Löwith zum 70. Geburtstag, Stuttgart etc. 1967, 406–440; C. Wild, Reflexion und Erfahrung. Eine Interpretation der Früh- und Spätphilosophie S.s, Freiburg/München 1968; J. E. Wilson, S.s Mythologie. Zur Auslegung der Philosophie der Mythologie und der Offenbarung, Stuttgart-Bad Cannstatt 1993; H. Zaborowski/A. Denker (eds.), System – Freiheit – Geschichte. S.s »Einleitung in die Philosophie« von 1830 im Kontext seines Werkes, Stuttgart-Bad Cannstatt 2004 (S.iana XVI); T. van Zantwijk, Pan-Personalismus. S.s transzendentale Hermeneutik der menschlichen Freiheit, Stuttgart-Bad Cannstatt 2000; H. Zeltner, S.s philosophische Idee und das Identitätssystem, Heidelberg 1931; ders., S., Stuttgart 1954; ders., S.-Forschung seit 1954, Darmstadt 1975; P. Ziche, Mathematische und naturwissenschaftliche Modelle in der Philosophie S.s und Hegels, Stuttgart-Bad Cannstatt 1996; ders./G. F. Frigo (eds.), »Die bessere Richtung der Wissenschaften«. S.s »Vorlesungen über die Methode des akademischen Studiums« als Wissenschafts- und Universitätsprogramm, Stuttgart-Bad Cannstatt 2011 (S.iana XXV); ders./P. Rezvykh/D. A. DiLiscia (eds.), Sygkepleriazein. S. und die Kepler-Rezeption im 19. Jahrhundert, Stuttgart-Bad Cannstatt 2013 (S.iana XXI); R. E. Zimmermann, Die Rekonstruktion von Raum, Zeit und Materie. Moderne Implikationen S.scher Naturphilosophie, Frankfurt etc. 1998; ders., Nothingness as Ground and Nothing but Ground. S.'s Philosophy of Nature Revisited, Berlin 2014; S. Žižek, The Indivisible Remainder. Essays on S. and Related Matters, London 1996 (dt. Der nie aufgehende Rest. Ein Versuch über S. und die damit zusammenhängende Gegenstände, Wien 1996; franz. Essai sur S.. Le reste qui n'éclôt jamais, Paris/Montreal 1996). – Verhandlungen der S.-Tagung in Bad Ragaz (Schweiz) vom 22.–25. September 1954, Stud. Philos. 14 (1954).   **G. W.**

Schema (griech. σχῆμα, lat. schema, figura, engl. schema, scheme, franz. schéma), Terminus in Philosophie und Wissenschaftstheorie, der zumeist in Zusammensetzungen wie ›Axiomenschema‹, ›Definitionsschema‹ und ›Handlungsschema‹ auftritt. Gemeinsam ist diesen verschiedenen Verwendungen des Wortes ›S.‹, daß damit jeweils ein *Verfahren* den entsprechenden ↑partikularen ↑Aktualisierungen gegenübergestellt wird. Daher ist die von W. Kamlah mit dem Terminus ↑›Handlungsschema‹ getroffene Unterscheidung methodisch primär: ↑Handlungen werden ausgeübt als Aktualisierungen von (lo-

gisch höherstufig ebenfalls partikularen) Handlungsschemata, wobei die im Zuge des Ausübens, nicht aber im – z. B. wahrnehmenden – Gegenüber zu ihm, sich geltend machende dialogische Polarität des Handelns (in Ich-Rolle ↑singular vollzogene Aktualisierung und in Du-Rolle ↑universal erlebtes S.) eine Äquivokation (↑äquivok) des Begriffspaars ›Aktualisierung‹–›S.‹ nach sich zieht, die regelmäßig Anlaß begrifflicher Verwirrungen ist. G. H. v. Wright nennt Handlungsschemata – aber auch Handlungsformen oder Handlungstypen, die statt durch Verfahren durch Erfüllungsbedingungen definiert sein können – ›generische‹ Handlungen (*generic acts*) und ihre Aktualisierungen ›individuelle‹ Handlungen (*individual acts*). Im angelsächsischen Sprachraum ist außerdem ›type‹ für die Handlungsform und ›token‹ für ihre konkrete Aktualisierung gebräuchlich (↑type and token). – Ein und dasselbe konkrete Handlungsgeschehen kann mehrere Handlungsformen aktualisieren. Dies ist vor allem für die sprachlichen Handlungen der Fall, bei denen z. B. die Aktualisierung eines Lautschemas (d. h. der Hervorbringung eines bestimmten Lautes) zugleich die Aktualisierung einer symbolischen Handlungsform intendiert, z. B. eines Handelns gemäß bestimmten sprachkonstitutiven Regeln für die Verwendung dieses und äquivalent gebrauchter Lautschemata (↑Regel). S.ta sind als Verfahren relativ unmittelbar ausführbar; ob semantische Formen erfüllt werden, wird oft erst später entschieden.

Vor allem in der Mathematik werden Handlungsmöglichkeiten häufig ›schematisch‹ bestimmt in einem engeren Sinne, nämlich durch mit schematischen Buchstaben anschaulich charakterisierte Formen. Dies ist besonders dort der Fall, wo ↑Axiome oder Definitionen einer Theorie durch Möglichkeiten (Erlaubnisse) der Einsetzung in so genannte Axiomen- bzw. Definitionsschemata (↑System, axiomatisches) angegeben werden. Ein Axiomenschema ist z. B. das arithmetische Prinzip der vollständigen Induktion (↑Induktion, vollständige) in der Fassung

$$a(\,|\,) \wedge \bigwedge_n(a(n) \to a(n|)) \rightharpoonup \bigwedge_n a(n).$$

Indem ein bestimmter prädikativer Ausdruck an die Stelle der schematischen Variablen (↑Variable, schematische) $a(\ )$ tritt, wird aus diesem Prinzip jeweils ein ›Axiom‹. Ein *Definitions*schema liegt in folgendem Regelsystem zur Definition der Addition vor:

$$m + | = m|,$$
$$m + n = p \Rightarrow m + n| = p|.$$

Dabei sind m, n und p schematische Buchstaben, an deren Stelle etwa Ziffern in Strichnotation ($|, ||, |||, \ldots$) gesetzt werden dürfen (↑Strichkalkül).

Bei Definitions- und Axiomenschemata liegt ein Fall vor, den I. Kant in allgemeinerer Form behandelt hat. Kant bezeichnet als ›S.‹ (eines Begriffs) generell ein

»Verfahren der Einbildungskraft, einem Begriff sein Bild zu verschaffen« (KrV B 179–180, Akad.-Ausg. III, 135). Über Verfahrensregeln definierte anschauliche S.ta in diesem Sinne sind nach Kant vor allem dort notwendig, wo Begriffe sich auf unendliche Prozesse beziehen und daher nicht durch Angabe einer endlichen Reihe von exemplifizierenden Illustrationen erschöpfend bestimmt werden können (↑Schematismus).

Literatur: J. Corcoran, Scheme, in: R. Audi (ed.), The Cambridge Dictionary of Philosophy, Cambridge etc. [2]1999, 818; ders./I. S. Hamid, S., SEP 2004, rev. 2016; U. Gaier/R. Simon (eds.), Zwischen Bild und Begriff. Kant und Herder zum S., Paderborn/München 2010; S. Heßbrüggen-Walter, S./Schematismus, EP III ([2]2010), 2359–2362; F. Kambartel, Symbolic Acts. Remarks on the Foundations of a Pragmatic Theory of Language, in: G. Ryle (ed.), Contemporary Aspects of Philosophy, Stocksfield etc. 1976, 70–85 (dt. Symbolische Handlungen. Überlegungen zu den Grundlagen einer pragmatischen Theorie der Sprache, in: J. Mittelstraß/M. Riedel [eds.], Vernünftiges Denken. Studien zur praktischen Philosophie und Wissenschaftstheorie (Wilhelm Kamlah zum Gedächtnis), Berlin/New York 1978, 3–22); W. Kamlah/P. Lorenzen, Logische Propädeutik. Vorschule des vernünftigen Redens, Mannheim/Wien/Zürich 1967, 53–64, 94–100, Stuttgart/Weimar [3]1996, 53–64, 95–101; H. Lenk, S.spiele. Über S.interpretationen und Interpretationskonstrukte, Frankfurt 1995; N. Luhmann, Schematismen der Interaktion, Kölner Z. Soziol. Sozialpsychol. 31 (1979), 237–255; G. Seel, S., in: M. Willaschek u. a. (eds.), Kant-Lexikon III, Berlin/Boston Mass. 2015, 2012–2015; W. Stegmaier, S., Schematismus, Hist. Wb. Ph. VIII (1992), 1246–1261; G. H. v. Wright, Norm and Action. A Logical Enquiry, London, New York 1963, 1977, 35–37 (dt. Norm und Handlung. Eine logische Untersuchung, Königstein 1979, 47–48). F. K.

Schema, junktorenlogisches, Bezeichnung für eine junktorenlogische (↑Junktorenlogik) Formel, die als ↑Aussageschema für eine beliebige Aussage von bestimmter Struktur steht, z. B. $A \rightarrow B \vee C$ für eine beliebige ↑Subjunktion, deren ↑Konsequens eine ↑Adjunktion ist. P. S.

Schema, quantorenlogisches, Bezeichnung für eine quantorenlogische (↑Quantorenlogik) Formel, die als ↑Aussageschema für eine beliebige Aussage von bestimmter Struktur steht, z. B. $\bigwedge_x \bigvee_y P(x, y)$ für eine beliebige All-Existenz-Aussage (↑Allquantor, ↑Einsquantor) mit einer zweistelligen ↑Relation als Kern. P. S.

Schema, transzendentales, in der Theoretischen Philosophie I. Kants Bezeichnung für die formalen Bedingungen ↑a priori der ↑Sinnlichkeit, durch die eine Anwendung der ↑Kategorien auf Gegenstände im Verfahren des ↑Schematismus möglich wird. G. W.

Schematisierung, für die modernen ↑Handlungstheorien seit C. S. Peirce konstitutive Begriffsbildung. Beachtet man dabei die für ↑Handlungen charakteristische Dualität von Verfahren und Gegenstand – Handeln als

Verfahren im Zuge des Handelns (epistemischer Status des Handelns) versus Handeln als Gegenstand im Gegenüber zum Handeln (eingreifender Status des Handelns) –, so wird die dialogische Polarität des Handelns im Zuge des Handelns sichtbar: Jeder (↑partikulare) Akt (engl. individual act) als Instanz eines (logisch höherstufig partikularen) Handlungstyps (engl. generic act) (↑type and token) ist eine durch ↑singulares Vollziehen *aktualisierte* (↑Aktualisierung) und durch ↑universales Erleben *schematisierte* Handlungsausübung des Handlungssubjekts. In Ich-Rolle *tut* es etwas – pragmatische Seite der Ausübung (engl. executing a performance) – und in Du-Rolle *weiß* es dabei, in einem elementaren Sinne des Wissens, *was* es tut – semiotische Seite der Ausübung (engl. cognizing a performance) –, was sich auch so ausdrücken läßt, daß ein Handlungssubjekt in Du-Rolle um die Zugehörigkeit seiner Handlungsaktualisierung zu einem ↑Handlungsschema im Sinne eines Universale (↑Universalia) *weiß*. Der epistemische Status des Handelns in dialogischer Polarität macht sich noch deutlicher geltend, wenn es darum geht, (partikulare) ↑Objekte auch jenseits der Handlungsausübungen durch Handlungen des Umgehens mit ihnen, und zwar unbeschadet ihres selbstverständlich nicht suspendierten eingreifenden Status auch den Objekten gegenüber, diese sowohl *aktualisierend anzueignen* – die singularen Aktualisierungen indizieren das Objekt (↑Index), so daß das Umgehen auch die Rolle einer ↑Zeigehandlung spielt – als auch *schematisierend zu distanzieren* – die universalen Schemata ikonisieren das Objekt (↑Ikon), so daß das Umgehen auch die Rolle einer ↑Zeichenhandlung spielt. K. L.

Schematismus (ausführlicher: ›Schematismus der reinen Verstandesbegriffe‹), bei I. Kant Bezeichnung für ein Verfahren, die ↑Kategorien, welche die empirischen Erkenntnisse des Menschen organisieren, über anschauliche Handlungen auf erfahrbare Inhalte (die ↑Sinnlichkeit) zu beziehen. So ordnet Kant etwa der Kategorie der *Größe* ›die *Zahl*‹ als ›das ↑Schema eines reinen Verstandesbegriffes‹ zu (↑Verstandesbegriffe, reine). Schemata dieser Art nennt Kant auch ↑›transzendental‹ im Unterschied zu Schemata, die lediglich ein »Verfahren der Einbildungskraft, einem Begriff sein Bild zu verschaffen« (KrV B 179–180, Akad.-Ausg. III, 135) darstellen. Ein transzendentales Schema (↑Schema, transzendentales) dagegen ist nach Kant »etwas, was in gar kein Bild gebracht werden kann, sondern ist nur die reine Synthesis gemäß einer Regel der Einheit nach Begriffen überhaupt, die die Kategorie ausdrückt« (KrV B 181, Akad.-Ausg. III, 136). – Aus den Erläuterungen Kants und aus der Anwendung auf einzelne Kategorien der Kantischen Kategorientafel ergibt sich, daß die transzendentalen Schemata sich nicht mehr auf bestimmte anschauliche Handlungen oder Verfahren beziehen und in diesem Sinne ›bildlich‹ sind, sondern Struktureigenschaften von Handlungsfolgen wie Anfang, Wiederholung, Aufeinanderfolge, Veränderung und Beharrung bezeichnen. So kennzeichnet Kant etwa »die Zahl« als »eine Vorstellung (…), die die sukzessive Addition von Einem zu Einem (gleichartigen) zusammenbefaßt« (KrV B 182, Akad.-Ausg. III, 137), und damit auf die Wiederholung einer Handlung, ausgehend von einem Anfang, beziehbar ist.

Literatur: H. E. Allison, Transcendental Schematism and the Problem of the Synthetic A Priori, Dialectica 35 (1981), 57–83; P. Baumanns, Grundlagen und Funktion des transzendentalen S. bei Kant. Der Übergang von der Analytik der Begriffe zur Analytik der Grundsätze in der »Kritik der reinen Vernunft«, in: H. Busche/G. Heffernan/D. Lohmar (eds.), Bewußtsein und Zeitlichkeit. Ein Problemschnitt durch die Philosophie der Neuzeit, Würzburg 1990, 23–59; E. R. Curtius, Das S.kapitel in der Kritik der reinen Vernunft. Philologische Untersuchung, Kant-St. 19 (1914), 338–366; R. Daval, La métaphysique de Kant. Perspectives sur la métaphysique de Kant d'après la théorie du schematisme, Paris 1951; W. Detel, Zur Funktion des S.kapitels in Kants Kritik der reinen Vernunft, Kant-St. 69 (1978), 17–45; A. Ferrarin, Construction and Mathematical Schematism. Kant on the Exhibition of a Concept in Intuition, Kant-St. 86 (1995), 131–174; W. Flach, Kants Lehre von der Gesetzmäßigkeit der Empirie. Zur Argumentation der Kantischen S.lehre, Kant-St. 92 (2001), 464–473; L. Freuler, S. und Deduktion in Kants Kritik der reinen Vernunft, Kant-St. 82 (1991), 397–413; L. Gasperoni, Versinnlichung. Kants transzendentaler S. und seine Revision in der Nachfolge, Berlin/Boston Mass. 2016; S. Heßbrüggen-Walter, Schema/S., EP III (²2010), 2359–2362; F. Kambartel, Erfahrung und Struktur. Bausteine zu einer Kritik des Empirismus und Formalismus, Frankfurt 1968, ²1976, 113–129; Y. A. Kang, Schema and Symbol. A Study in Kant's Doctrine of Schematism, Amsterdam 1985; W. Kienbeck, Kants S.. Das ›Sorgenkind der Kantinterpretation‹ als Schlüssel zur »Kritik der reinen Vernunft«, Prima Philosophia 18 (2005), 287–302; D. Koriako, Kants S.lehre und ihre Relevanz für die Philosophie der Mathematik, Arch. Gesch. Philos. 83 (2001), 286–307; F. J. Leavitt, Kant's Schematism and His Philosophy of Geometry, Stud. Hist. Philos. Sci. 22 (1991), 647–659; J. Mittelstraß, Über ›transzendental‹, in: E. Schaper/W. Vossenkuhl (eds.), Bedingungen der Möglichkeit. ›Transcendental Arguments‹ und transzendentales Denken, Stuttgart 1984, 158–182, bes. 175–177, ferner in: J. Mittelstraß, Leibniz und Kant. Erkenntnistheoretische Studien, Berlin/Boston Mass. 2011, 159–186, bes. 178–181 (engl. On ›Transcendental‹, in: R. E. Butts/J. R. Brown [eds.], Constructivism and Science. Essays in Recent German Philosophy, Dordrecht/Boston Mass./London 1989 [Western Ont. Ser. Philos. Sci. XL], 77–102, bes. 92–94); H. Mörchen, Die Einbildungskraft bei Kant, Jb. Philos. phänomen. Forsch. 11 (1930), 311–495, separat Tübingen ²1970; V. Mudroch, Die Anschauungsformen und das S.kapitel, Kant-St. 80 (1989), 405–415; M. Pendlebury, Making Sense of Kant's Schematism, Philos. Phenom. Res. 55 (1995), 777–797; G. Prauss, Kant und das Problem der Dinge an sich, Bonn 1974, ³1989; ders., Time, Space, and Schematism, Philos. Forum 13 (1981/1982), 1–11; G. Seel, S. des reinen Verstandes, in: M. Willaschek u. a. (eds.), Kant-Lexikon III, Berlin/Boston Mass. 2015, 2015–2018; W. Stegmaier, Schema, S., Hist. Wb. Ph. VIII (1992), 1246–1261; G. J. Warnock, Concepts and Schematism, Analysis 9 (1948/1949), 77–82; M. Woods, Kant's Transcendental Schematism, Dialectica 37 (1983), 201–220.   F. K.

Schicht (engl. layer, stratum, franz. couche, span. estrato), Bezeichnung für eine Gesamtheit von Objekten, die innerhalb eines Systems (›S.enbau‹, ›S.enfolge‹) von anderen gleichartigen Gesamtheiten folgendermaßen deutlich abgegrenzt ist: es gibt eine strenge Ordnungsrelation $\prec$ (↑Ordnung), so daß für voneinander verschiedene S.en S, S' stets für alle s aus S und alle s' aus S' entweder $s \prec s'$ oder $s' \prec s$, und für Objekte s, s' derselben S. niemals $s \prec s'$ gilt (insbes. steht kein Objekt zu sich selbst in der Relation $\prec$). Dadurch ist zugleich eine strenge Ordnungsrelation $\prec\prec$ zwischen den S.en definiert: im ersten genannten Falle gilt $S \prec\prec S'$, im zweiten umgekehrt $S' \prec\prec S$.

Ähnlich wie der Ausdruck ›Stufe‹, aber anders als die Ausdrücke ›Sphäre‹ und ›Kategorie‹, soll der Ausdruck ›S.‹ anschaulich darauf hindeuten, daß die betreffende Ordnungsrelation eine Rang- oder Wertordnung (Hierarchie) darstellt oder aber die chronologische Ordnung der Entstehung oder der Konstruktion der in den S.en gelegenen Objekte wiedergibt. Dementsprechend bezeichnet man S als eine gegenüber allen S.en S' mit $S' \prec\prec S$ ›höhere‹ (›spätere‹, ›jüngere‹) S. und die S.en S' gegenüber S als in der jeweiligen Schichtung ›niedriger‹ (›früher‹, ›älter‹). Der Prozeß der S.enbildung heißt auch ›Stratifikation‹.

In der *Philosophie* wird das S.enmodell schon seit der Antike als Hilfsmittel ontologischer (↑Ontologie) Betrachtungen verwendet, wo den Eigentümlichkeiten eines Wirklichkeitsbereiches Rechnung getragen werden soll, ohne seine Bedingtheit durch andere, ihn ›tragende‹ Bereiche und die Existenz durchgängiger, allen Wirklichkeitsbereichen gemeinsamer Merkmale zu bestreiten. Hierher gehören die Aristotelische S.enfolge von Hyle, Dingwelt, Lebewesen, Seele und Geist, die von N. Hartmann vorgenommene S.eneinteilung von anorganischem, organischem, psychischem und geistigem Sein sowie in der Psychologie die verschiedenen S.enmodelle der Persönlichkeit. Diesen liegt ebenso wie den Theorien der sozialen Schichtung in der Soziologie und der Auffassung literarischer Werke als ›mehrschichtiger Gebilde‹ bei R. Ingarden eine metaphorische Übertragung des Terminus ›S.‹ aus der Fachsprache von Geologie und Archäologie zugrunde. In der *Logik* und *mathematischen Grundlagenforschung* ergeben sich S.en (hier häufig auch ›Stufen‹ genannt) durch die Zusammenfassung von Ausdrücken entsprechend der Abfolge der zu ihrer Konstruktion nach vorgegebenen Regeln ausgeführten Konstruktionsschritte. Insbes. erhält man bei den Ansätzen einer Operativen oder Konstruktiven Mathematik (↑Mathematik, operative, ↑Mathematik, konstruktive) Systeme der geschichteten Analysis (P. Lorenzen 1955, K. Schütte 1960, H. Wang 1954).

Literatur: M. Brelage, Die S.enlehre Nicolai Hartmanns, Stud. Gen. 9 (1956), 297–306; M. Cajthaml, Ingardens Theorie der

Quasi-Urteile auf dem Hintergrund seiner Gesamtanalyse der S. der Bedeutungen und einige kritische Bemerkungen zu dieser Theorie, Prima Philosophia 9 (1996), 457–468; P. R. Costello, Layers in Husserl's Phenomenology. On Meaning and Intersubjectivity, Toronto/Buffalo N. Y./London 2012; C.-G. Crummenerl, Kategorialanalyse und Wissenschaft. Ontologische Grundbestimmungen Nicolai Hartmanns in der Perspektive seiner Naturphilosophie und S.entheorie, Hildesheim/Zürich/New York 2013; G. Endruweit, Milieu und Lebensstilgruppe – Nachfolger des S.enkonzepts?, München 2000; T. Geiger, Schichtung, in: W. Bernsdorf/F. Bülow (eds.), Wörterbuch der Soziologie, Stuttgart 1955, 432–446; U. Gerhardt, S., soziale, Hist. Wb. Ph. VIII (1992), 1263–1267; M. Groß, Klassen, S.en, Mobilität. Eine Einführung, Wiesbaden 2008, ²2015; N. Hartmann, Zur Grundlegung der Ontologie, Berlin/Boston Mass. 1935, Berlin ⁴1965; ders., Der Aufbau der realen Welt. Grundriß der allgemeinen Kategorienlehre, Berlin 1940, ³1964; ders., Die Anfänge des Schichtungsgedankens in der Alten Philosophie, Berlin 1943 (Abh. Preuß. Akad. Wiss., philolog.-hist. Kl. 1943, Nr. 3); J. E. Heyde, Die sogenannte »S.en«-Lehre, Stud. Gen. 9 (1956), 306–313; H. F. Hoffmann, Die S.theorie. Eine Anschauung von Natur und Leben, Stuttgart 1935; K. Holzamer, Der S.en-Gedanke in der scholastisch-philosophischen Spekulation, Stud. Gen. 9 (1956), 291–297; R. Ingarden, Das literarische Kunstwerk. Eine Untersuchung aus dem Grenzgebiet der Ontologie, Logik und Literaturwissenschaft, Halle 1931, erw. ohne Untertitel, Tübingen ²1960, ⁴1972; P. Lersch, S.en der Seele, Universitas 8 (1953), 241–250; P. Lorenzen, Einführung in die operative Logik und Mathematik, Berlin/Göttingen/Heidelberg 1955, Berlin/Heidelberg/New York ²1969; E. Rothacker, Die S.en der Persönlichkeit, Leipzig 1938, Bonn ⁹1988; W. Ruttkowski, Typologien und S.enlehren. Bibliographie des internationalen Schrifttums bis 1970, Amsterdam 1974; ders., S., Struktur und Gattung. Zusammenhang der Begriffe, German Quart. 47 (1974), 34–44; ders., Typen und S.en. Zur Einteilung des Menschen und seiner Produkte, Bern/München 1978, Hamburg ²2012, bes. 278–369; H. Schiefele, S.enlehre, S.entheorie, Hist. Wb. Ph. VIII (1992), 1267–1271; G. Schiemann, Mehr Seinsschichten für die Welt? Vergleich und Kritik der S.enkonzeptionen von Nicolai Hartmann und Werner Heisenberg, in: G. Hartung/M. Wunsch/C. Strube (eds.), Von der Systemphilosophie zur systematischen Philosophie – Nicolai Hartmann, Berlin/New York 2012, 85–103; Y. Schroth, Dominante Kriterien der Sozialstruktur. Zur Aktualität der Schichtungstheorie von Theodor Geiger, Münster 1999; K. Schütte, Beweistheorie, Berlin/Göttingen/Heidelberg 1960 (engl. Proof Theory, Berlin/Heidelberg/New York 1977); A. Selke, Schichtung und Entwicklung. Eine kategorialanalytische Untersuchung zur S.enlehre Nicolai Hartmanns, Diss. Mainz 1971; H. Wagner, Die S.entheoreme bei Platon, Aristoteles und Plotin, Stud. Gen. 9 (1956), 283–291; H. Wang, The Formalization of Mathematics, J. Symb. Log. 19 (1954), 241–266, Neudr. in: ders., A Survey of Mathematical Logic, Peking 1962, Peking, Amsterdam 1964, Neudr. unter dem Titel: Logic, Computers, and Sets, New York 1970, unter ursprünglichem Titel, Peking 1985, 559–584; A. Wellek, Das S.enproblem in der Charakterologie, Stud. Gen. 9 (1956), 237–248. C. T.

Schicksal (engl. fate), Bezeichnung für die Gesamtheit der Bedingungen und Bestimmungen des Lebens, die vom Handelnden selbst nicht beeinflußt werden können. In der Tradition ist das S. je nach den Auffassungen über die Existenz einer lebensleitenden oder lebens-

bestimmenden Macht unterschiedlich dargestellt worden. Während sich – zumeist unter dem Eindruck ungewollter oder unvorhergesehener Ereignisse – volkstümlich der Glaube an das S. als der Glaube an eine nicht nur unbeeinflußbare, sondern auch undurchschaubare, alles bestimmende Macht (vor allem im fatalistischen [↑Fatalismus] S.sglauben des Orients) gebildet hat, ist die philosophische Diskussion des S.s von Anfang an auf die Erkenntnis der das S. bestimmenden Gesetze bzw. auf den Erweis der Nichtexistenz solcher Gesetze ausgerichtet.

Schon in den Homerischen Epen wird neben die Darstellung des S.s (μοῖρα) als einer nicht nur den Menschen, sondern auch den Göttern übergeordneten Gebieterin die Identifikation des S.s mit dem Willen Gottes – nämlich der Moira als des von Zeus über die Menschen verfügten Loses – gestellt. Als philosophischer Terminus wird S. (εἱμαρμένη) von Heraklit in die Diskussion eingeführt, der es mit ›Notwendigkeit‹ (ἀνάγκη) gleichsetzt. Die klassische Definition, die M. T. Cicero von Chrysippos übernimmt, sieht im S. (fatum) die Ordnung und Verknüpfung von Ursachen, gemäß der die Dinge erzeugt werden (ordo seriesque causarum, cum causae causa nexa rem ex se gignat, De divin. I 55, 125). Wie bereits bei den Ioniern bleibt die Bedeutung des S.s auch bei den Stoikern (↑Stoa) schwankend zwischen ›Weltgesetz‹ und ›Weltvernunft‹ bzw., in moderner Terminologie, zwischen der Notwendigkeit aus ↑Naturgesetzen (aus ↑Ursachen) und der Notwendigkeit aus Normen (aus ↑Gründen). Die Verwechslung dieser beiden Ebenen verunklart auch den Streit, der sich an die Behauptung der Stoiker vom Bestehen eines alles bestimmenden Kausalnexus (↑Determinismus) auf der einen Seite und die Behauptung der ↑Willensfreiheit auf der anderen Seite knüpft.

Trotz der – besonders unter dem Einfluß des Christentums – allgemein werdenden Ablehnung eines S.sglaubens erlaubt doch erst die Kantische Unterscheidung von Naturgesetz und ↑Sittengesetz bzw. von theoretischer und praktischer Vernunft (↑Vernunft, praktische, ↑Vernunft, theoretische) die begriffliche Klärung der Feststellung ›non datur fatum‹ (es gibt kein S.): Die Naturgesetze stellen zwar einen notwendigen, aber zugleich auch verständlichen Zusammenhang von Naturverläufen dar (KrV B 280, Akad. Ausg. III, 194); das Sittengesetz stellt die Gebotenheit (die praktische Begründetheit) von Zwecken dar, nicht aber das notwendige Eintreten von Ereignissen.

Literatur: G. Ahn u. a., S., TRE XXX (1999), 102–122; ders./S. Volkmann/M. Roth, S., RGG VII (⁴2004), 884–890; D. Amand, Fatalisme et liberté dans l'antiquité grecque. Recherches sur la survivance de l'argumentation morale antifataliste de Carnéade chez les philosophes grecs et les théologiens chrétiens des quatre premiers siècles, Louvain/Paris 1945 (repr. Amsterdam 1973); H.

v. Arnim, Die stoische Lehre von Fatum und Willensfreiheit, Ber. Philos. Gesell. Universität Wien 18 (1905), 1–17; E. Begemann, S. als Argument. Ciceros Rede vom ›fatum‹ in der späten Republik, Stuttgart 2012; S. M. Cahn, Fate, Logic and Time, New Haven Conn./London 1967; C. Chalier (ed.), Le destin. Défi et consentement, Paris 1997; 2002; V. Cioffari, Fortune and Fate from Democritus to St. Thomas Aquinas, New York 1935; P. D'Hoine/G. Van Riel (eds.), Fate, Providence and Moral Responsibility in Ancient, Medieval and Early Modern Thought. Studies in Honour of Carlos Steel, Leuven 2014; B. C. Dietrich, Death, Fate and the Gods. The Development of a Religious Idea in Greek Popular Belief and in Homer, London 1965, 1967; E. Eberhard, Das S. als poetische Idee bei Homer, Würzburg, Paderborn 1923 (repr. New York/London 1968); S. Eitrem, Moira, RE XV/2 (1932), 2449–2497; P. D. Fenves, A Peculiar Fate. Metaphysics and World-History in Kant, Ithaca N. Y./London 1991; K. P. Fischer, S. in Theologie und Philosophie, Darmstadt 2008; M. Forschner/J. Werbick, S., LThK IX (³2000), 137–141; F. Guadalupe Masi (ed.), Fate, Chance, and Fortune in Ancient Thought, Amsterdam 2013; W. C. Greene, Moira. Fate, Good and Evil in Greek Thought, Cambridge Mass. 1944 (repr. Gloucester Mass. 1968), New York 1963; W. Gundel, Heimarmene, RE VII/2 (1912), 2622–2645; K. Iiro, Ovid's Conception of Fate, Turku 1961; M. Kranz, S., Hist. Wb. Ph. VIII (1992), 1275–1289; P. Kübel, Schuld und S. bei Origenes, Gnostikern und Platonikern, Stuttgart 1973; E. Meyer-Landrut, Fortuna. Die Göttin des Glücks im Wandel der Zeiten, München/Berlin 1997; O. Pöggeler, S. und Geschichte. Antigone im Spiegel der Deutungen und Gestaltungen seit Hegel und Hölderlin, München 2004; H. Schreckenberg, Ananke. Untersuchungen zur Geschichte des Wortgebrauchs, München 1964; H. O. Schröder, Fatum (Heimarmene), RAC VII (1969), 524–636; L. Sturlese (ed.), Mantik, S. und Freiheit im Mittelalter, Köln/Weimar/Wien 2011; J. Talanga, Zukunftsurteile und Fatum. Eine Untersuchung über Aristoteles »De interpretatione« und Ciceros »De fato« mit einem Überblick über die spätantiken Heimarmene-Lehren, Bonn 1986; M. Theunissen, S. in Antike und Moderne. Erweiterte Fassung eines Vortrags, gehalten in der Carl-Friedrich-von-Siemens-Stiftung am 17. Mai 2004, München 2004. O. S.

Schiller, Ferdinand Canning Scott, *Ottensen bei Altona 16. Aug. 1864, †Los Angeles 6. Aug. 1937, brit. Philosoph deutscher Herkunft. Nach Erziehung und Studium in Rugby und am Balliol College in Oxford als Deutschlehrer in Eton, dann Rückkehr nach Oxford zum Erwerb des Master of Arts. 1893–1897 als Graduate Student und Instructor an der Cornell University in Ithaca N. Y., 1897 erst Assistant Tutor, dann Tutor, Senior Tutor und Fellow am Corpus Christi College, Oxford, dort 1906 Erwerb des Titels eines D. Sc.. Ab 1926 periodisch auch Visiting Lecturer an der University of Southern California in Los Angeles, wo er nach seiner Ernennung zum Professor seit 1930 ständig lehrte. – S. gehört zur Richtung des ↑Pragmatismus, den er in einer idealistischen und (dem absoluten ↑Idealismus [↑Idealismus, absoluter] der englischen Hegelianer wie z. B. F. H. Bradley scharf entgegengesetzten) subjektivistischen Variante vertritt. Die in diesem Zusammenhang entwickelte extreme These von der Erschaffung der Wirklichkeit durch den Menschen (in der doppeldeutigen Formulierung ›the making of reality‹) wird nach starker Kritik, unter anderem durch B. Russell, in S.s späteren Werken deutlich abgeschwächt. Sie gewinnt jedoch bedeutenden Einfluß auf ein breiteres Publikum, da sie nicht nur mit zeitgenössischen darwinistischen (↑Darwinismus) Auffassungen übereinstimmt, sondern auch eine Rechtfertigung des Fortschritts- und Freiheitsgedankens (von S. als ›Humanism‹ bezeichnet) zu liefern scheint.

Auf theoretischer Ebene vertritt S. einen anti-intellektualistischen ↑Voluntarismus (›alles Denken ist Tat‹), hinter dem eine Evolutionsmetaphysik steht, nach der das Universum in einem ↑Chaos begann, gegen dessen Widerstand Gott nur durch einen Willensakt Harmonie verwirklichen konnte. Für den Menschen gilt es, sich an dieser Gegebenheit zu orientieren und auch selbst der Welt nicht nur erkennend gegenüberzutreten, sondern ihr seinen ↑Willen handelnd und gestaltend, d. h. eingreifend, aufzuzwingen. Lehrreich sind S.s eigene Kritik sowohl der Korrespondenztheorie als auch der Kohärentherie der Wahrheit (↑Wahrheitstheorien), seine differenzierte Unterscheidung verschiedener Wahrheitsansprüche und seine Verwerfung der vulgärpragmatistischen Identifikation von ›wahr‹ und ›nützlich‹ (nicht alles Nützliche ist wahr, Nützlichkeit nicht nur materieller Nutzen, Wahrheit in einem sehr breiten Sinne Dienst am Leben). Wertvolle Anregungen enthalten ferner seine von A. Sidgwick beeinflußten Bemühungen, die formale Logik (↑Logik, formale) wieder in Kontakt mit Fragen des empirischen Denkprozesses zu bringen – insofern ist S.s Logik bewußt psychologistisch (↑Psychologismus) und sogar biologistisch (↑Biologismus) – und Zielgerichtetheit, Interessenabhängigkeit und Anwendungsbezogenheit (›use‹) wahrer Aussagen und korrekter Schlüsse sowie Wortbedeutungen und Sprachkontexte in den Themenbereich logischer Analysen einzubeziehen: die Logik habe sich als Disziplin in Verbindung mit und parallel zu den Einzelwissenschaften als deren Erkenntnistheorie und Forschungslogik zu entwickeln.

Werke: (unter dem Pseudonym: by A Troglodyte) Riddles of the Sphinx. A Study in the Philosophy of Evolution, London 1891, ²1894, mit Untertitel: A Study in the Philosophy of Humanism, ²1894, ³1910 (repr. New York 1968, Freeport N. Y. 1970), 1912; (ed. unter dem Pseudonym: by A Troglodyte, mit zahlreichen unsignierten eigenen Beiträgen) Mind! A Unique Review of Ancient and Modern Philosophy. With the Co-operation of The Absolute and Others. New Series. Special Illustrated Christmas Number, London 1901 (repr. Lanham Md./New York/London 1983); Axioms as Postulates, in: H. Sturt (ed.), Personal Idealism. Philosophical Essays by Eight Members of the University of London, London/New York 1902, 47–133; Humanism. Philosophical Essays, London/New York 1903, London ²1912, Westport Conn. 1970 (dt. [Teilübers., zusammen mit Teilen aus: Studies in Humanism], Humanismus. Beiträge zu einer pragmatischen Philosophie, Leipzig 1911 [Philos.-soziolog. Bücherei XXV]); Can

Logic Abstract from the Psychological Conditions of Thinking?, Proc. Arist. Soc. NS 6 (1905/1906), 224–237; Studies in Humanism, London/New York 1907 (repr. Freeport N. Y. 1969), London ²1912 (repr. Westport Conn. 1970) (franz. Études sur l'humanisme, Paris 1909; dt. [Teilübers.] Humanismus [s. o.]); Formal Logic. A Scientific and Social Problem, London 1912 (repr. New York 1977), ²1931; Scientific Discovery and Logical Proof, in: C. Singer (ed.), Studies in the History and Method of Science I, Oxford 1917, New York 1975, 235–289; What Formal Logic Is About, Mind NS 27 (1918), 422–431; On Arguing in a Circle, Proc. Arist. Soc. NS 21 (1920/1921), 211–234; Hypothesis, in: C. Singer (ed.), Studies in the History and Method of Science II, Oxford 1921, New York 1975, 414–446; Why Humanism?, in: J. H. Muirhead (ed.), Contemporary British Philosophy. Personal Statements (First Series), London 1924, 1965, 385–410; Tantalus, or The Future of Man, London, New York 1924, London ³1931 (dt. Tantalus oder Die Zukunft des Menschen, München 1926); Problems of Belief, London 1924, New York 1980; Eugenics and Politics. Essays, London, Boston Mass. 1926; Cassandra or The Future of the British Empire, London o.J. [1926], ²1928, rev. unter dem Titel: The Future of the British Empire after Ten Years, London 1936; Pragmatism, in: The Encyclopaedia Britannica. Suppl. III, London/New York ¹³1926, 205–207; Logic for Use. An Introduction to the Voluntarist Theory of Knowledge, London 1929, New York 1980; Social Decay and Eugenical Reform, New York, London 1932 (repr. New York 1984); The Value of Formal Logic, Mind NS 41 (1932), 53–71; Must Philosophers Disagree? and Other Essays in Popular Philosophy, London 1934; Humanistic Pragmatism. The Philosophy of F. C. S. S., ed. R. Abel, New York/London 1966; On Pragmatism and Humanism. Selected Writings, 1891–1939, ed. J. R. Shook/H. P. McDonald, Amherst N. Y. 2008. – H. L. Searles/A. Shields, A Bibliography of the Works of F. C. S. S., with an Introduction to Pragmatic Humanism, San Diego Calif. 1969 (Humanities Monograph Series I, 3).

Literatur: R. Abel, The Pragmatic Humanism of F. C. S. S., New York 1955; ders., S., Enc. Ph. VII (1967), 309–312, VIII (²2006), 623–626 (mit aktualisierter Bibliographie v. M. F. Farmer, 626); ders., S., REP VIII (1998), 523–524; W. Bloch, Der Pragmatismus von S. und James nebst Exkursen über Weltanschauung und über die Hypothese, Z. Philos. 152 (1913), 1–41, 145–214; A. Degange, S., DP II (1993), 2577; M. Johnston, Truth According to Prof. S., Hinckley 1934; R. R. Marett, F. C. S. S., 1864–1937, Proc. Brit. Acad. 23 (1937), 538–550; D. Parodi, Le pragmatisme d'après W. James et S., Rev. mét. mor. 16/1 (1908), 93–112; M. J. Porrovecchio, F. C. S. S. and the Dawn of Pragmatism. The Rhetoric of a Philosophical Rebel, Lanham Md. etc. 2011; S. S. White, A Comparison of the Philosophies of F. C. S. S. and J. Dewey, Diss. Chicago Ill. 1938, New York 1979; F. Wilson, S., Enc. philos. universelle III/2 (1992), 2818–2819; K. Winetrout, F. C. S. S. and the Dimensions of Pragmatism, Columbus Ohio 1967; R. W. Workman, A Comparison of the Theories of Meaning of John Dewey and Oxford Ordinary Language Philosophers with some Attention to that of F. C. S. S., Diss. Ann Arbor Mich. 1958. C. T.

Schiller, Johann Christoph Friedrich, *Marbach am Neckar 10. Dez. 1759, †Weimar 9. Mai 1805, dt. Dichter, Historiker und Philosoph. Ab 1773 Studium der Rechtswissenschaften, ab 1775 der Medizin in Stuttgart. Nach Ablehnung seiner ersten Dissertation zur Philosophie der Physiologie (1779) verfaßt S. eine zweite Arbeit, den Versuch über den Zusammenhang der tierischen Natur des Menschen mit seiner geistigen (1780), die akzeptiert wird. Ab 1780 Militärarzt in Stuttgart, 1787 Mitarbeiter der »Jenaer Allgemeinen Literatur-Zeitung«; 1788 Prof. der Geschichte in Jena. 1792 gründet S. die Zeitschrift »Neue Thalia« (die bis 1795 erscheint). Die Pariser Nationalversammlung verleiht S. (le Sieur Gille, Publiciste allemand) das französische Bürgerrecht. Seit 1795 Bekanntschaft mit W. v. Humboldt, J. G. Fichte und F. W. J. Schelling sowie Beginn des Gedankenaustausches und der Zusammenarbeit mit J. W. v. Goethe, die bis zu S.s Tod (1805) andauern. 1798 Übersiedlung nach Weimar.

S.s Denken ist zunächst von der Philosophie des ↑Rationalismus (G. W. Leibniz, C. Wolff) beeinflußt; seine ersten Gedichte sind durch die (verbotene) Lektüre F. G. Klopstocks, W. Shakespeares und J.-J. Rousseaus geprägt; durch seinen Philosophielehrer J. F. Abel gewinnt S. Zugang zur schottischen common-sense-Philosophie (↑common sense, ↑Schottische Schule) und zum englischen ↑Empirismus. S. setzt sich mit der Möglichkeit der Freiheit angesichts des Zusammenhangs der Vernunft mit der ›tierischen Natur‹ des Menschen auseinander. In der provozierenden These von der Gottgleichheit bzw. Gottähnlichkeit des Menschen, der zugleich ein sterbliches Wesen ist, begründet er die Möglichkeit, aber auch die Notwendigkeit einer Bildung zu ↑Vernunft und ↑Freiheit. In seinen naturwissenschaftlichen Studien und seinen frühen, zum Teil in die Dichtung eingebetteten ästhetischen Reflexionen bereitet S. die Frage nach der Vereinbarkeit von ↑Tugend und Glückseligkeit (↑Glück (Glückseligkeit)) vor, die er in seinen ästhetischen Reflexionen in Auseinandersetzung mit I. Kant weiterführt. Sein Verständnis geschichtlicher Bildung entwickelt er zunächst in der Konzeption der Idylle: weltabgeschiedenes Studium in einer harmonisch gestalteten Natur (hortus conclusus) ist die Vorbereitung zur Veränderung der praktischen Welt. Allerdings bleibt die Welt der Vernunft und des freien Vernunfterwerbs von der Welt des Handelns, von der politischen Welt getrennt.

S.s historische Studien realisieren das Programm einer ›pragmatischen Geschichte‹ (wie es G. W. F. Hegel in seiner S.-Auseinandersetzung definiert), d. h., es geht um eine Beschäftigung mit der Geschichte, die ein Lernen aus der Geschichte ermöglicht und fördert. S. führt durch die Integration von Vernunftverpflichtung und historischer Orientierung seine Konzeption der ↑Aufklärung, seine Bestimmung des Menschen durch die ›animalitas‹ wie durch Vernunft und Freiheit (der Mensch ist als Lebewesen physiologisch wie alle Lebewesen organisiert, dennoch ›gottähnlich‹) in einer Weise weiter, die für die Ästhetik und Geschichtsbetrachtung des Deutschen Idealismus (↑Idealismus, deutscher) maßgeblich wird. – In den an Kant orientierten ästhetischen (↑ästhetisch/Ästhetik) Schriften vollzieht S. den Übergang von der formalen zur Inhaltsästhetik. Er bestimmt die Kunst nicht mehr aus dem Vergleich mit der Erkenntnis und faßt Ästhetik nicht mehr als Teil der Theorie des Erkennens auf – wie in der Lehre vom Geschmacksurteil (↑Geschmack) bei D. Hume oder Kant, aber auch in der rationalistischen Ästhetik seit A. G. Baumgarten vertreten –, sondern versteht die Kunst als Handlungsanalogon (poiesis) und entwirft die Ästhetik als Teil der Praktischen Philosophie (↑Philosophie, praktische). Angelpunkt seiner Überlegungen ist das Programm einer auf dauerhafte Veränderung der Wirklichkeit ausgerichteten Bildung durch ↑Kunst. Diese Bildung zu Vernunft und Freiheit muß – wie die Französische Revolution lehrt – ohne Vorgaben in der entfremdeten politischen Realität ansetzen und darf vor allem die physische Existenz (das Überleben) des Menschen nicht um der Existenz aus Vernunft und Freiheit, also um eines Ideales willen, aufs Spiel setzen. S. erweitert Kants Bestimmung der Schönheit (↑Schöne, das) als ›Symbol der Sittlichkeit‹ (KU § 59) zu einer Bestimmung der geschichtlichen Funktion der Kunst. Die Ästhetik bestimmt nicht allein die faktische Gestalt der Kunst, die geschichtlich variierende Erscheinung, sondern entwirft zugleich ein Programm sowohl für ihre ideale Form als auch für ihre gesellschaftliche Wirkung. S. bestimmt die Schönheit als ›Freiheit in der Erscheinung‹, nämlich als die in der geschichtlich-politischen Realität fehlende Erfahrungsmöglichkeit der Freiheit.

In seinen Briefen »Über die ästhetische Erziehung des Menschen« verknüpft S. daher die Bestimmung der Schönheit mit der Analyse der geschichtlich-gesellschaftlichen Funktion der Kunst. Kunst ist Bildung zu Vernunft und Freiheit, weil sie in der ›schönen Gestalt‹ die Welt der Fiktion gestaltet, als ob die Welt der Dinge eine freie Welt wäre. Die Auswirkung der Rezeption schöner Gegenstände auf den Menschen sieht S. in der Einübung eines moralischen Verhaltens, einer quasi-natürlichen ↑Moralität, die die Moralität des Handelns vorbereitet. S. wendet sich damit gegen Kants strikte Trennung von ↑Pflicht und ↑Neigung bzw. Tugend und Glückseligkeit. Die Kunst eröffnet über die Schönheit als ›Freiheit in der Erscheinung‹ den einzigen Weg, »den sinnlichen Menschen vernünftig zu machen« (SW V, 641), und ermöglicht so eine Umgestaltung der Realität im Sinne der Freiheit. S. sieht allerdings keinen direkten Übergang von der in der Kunst anschaulich gegebenen Freiheit als Gegenbild zur entfremdeten Realität zu einer humaneren Welt. Der ›ästhetische Staat‹, d.h. die Welt der Kunst, realisiert als ›schöner Schein‹ ein Gegenbild zur bestehenden Gesellschaft, bringt aber nicht zwangsläufig eine Gemeinschaft frei handelnder Bürger hervor, sondern erweist sie bloß als ›moralisch notwendig‹. Motiviert durch Kants strikte Trennung von Schein und

Realität kann S. daher die in seinen ästhetischen Schriften geforderte kritische Veränderung der Realität durch die Kunst nicht hinreichend begründen.

Die Ästhetik des Deutschen Idealismus, aber auch die marxistische und neomarxistische Ästhetik (H. Marcuse) übernehmen die von S. begründete Inhaltsästhetik. Kunst wird als Bildung zur Vernunft verstanden. S.s Konzeption der Geschichte und die Funktion der Kunst werden durch eine differenzierte Bestimmung des Verhältnisses von ↑Fiktion (schönem Schein) und Realität in der Definition der Kunst als Gesellschaftskritik weitergeführt.

Werke: Sämmtliche Schriften. Historisch-kritische Ausgabe, I–XV, ed. K. Goedeke, Stuttgart 1867–1876; Werke, I–XIV, ed. L. Bellermann, Leipzig/Wien o.J. [1895–1897], I–XV, o.J. [²1922]; Sämtliche Werke. Historisch-kritische Ausgabe in zwanzig Bänden, I–X, ed. O. Güntter/G. Witkowski, Leipzig 1910–1911; Werke (Nationalausgabe), I–XLIII in 56 Bdn., begründet v. J. Petersen, ed. N. Oellers, Weimar 1943ff. (erschienen Bde I–XVIII, IX/1.3, XX–XLII) (zitiert als NA); Sämtliche Werke, I–V, ed. G. Fricke/H. G. Göpfert, München 1958–1959, 2004 (zitiert als SW). – Philosophie der Physiologie [1779], in: NA [s.o.] XX, 10–29; Versuch über den Zusammenhang der thierischen Natur des Menschen mit seiner geistigen. Eine Abhandlung […], Stuttgart 1780 (repr. Ingelheim am Rhein 1959), Neudr. unter dem Titel: Versuch über den Zusammenhang der tierischen Natur des Menschen mit seiner geistigen, in: SW V, 287–324; Was kann eine gute stehende Schaubühne eigentlich wirken?, Thalia 1, H.1 (1785), 1–27, Neudr. in: SW V, 818–831; Philosophische Briefe, Thalia 1, H. 3 (1786), 100–139, Neudr. in: SW V, 336–358 (engl. The Philosophical Letters, in: The Aesthetic Letters, Essays, and the Philosophical Letters of Schiller, trans. J. Weiss, Boston Mass. 1845, 339–379); Was heißt und zu welchem Ende studiert man Universalgeschichte, Der Teutsche Merkur 4 (1789), 105–135, Neudr. in: NA [s.o.] XVII, 359–376; Ueber Anmuth und Würde, Neue Thalia 3 (1793), 115–230, Neudr. unter dem Titel: Über Anmut und Würde, in: SW V, 433–488 (engl. On Grace and Dignity, in: J. V. Curran/C. Fricker [eds.], S.'s »On Grace and Dignity« [s. u., Lit], 123–170); Ueber die ästhetische Erziehung des Menschen in einer Reyhe von Briefen, Die Horen 1 (1795), H. 1, 7–48, H. 2, 51–94, H. 6, 45–124, Neudr. in: SW V, 570–669 (engl. On the Aesthetic Education of Man. In a Series of Letters, trans. E. M. Wilkinson/L. A. Willoughby, Oxford 1967, 1986); [Über naive und sentimentalische Dichtung] unter den Titeln: Ueber das Naive, Die Horen 1 (1795), H. 11, 43–76, Die sentimentalischen Dichter, H. 12, 1–55, Beschluss der Abhandlung ueber naive und sentimentalische Dichtung […], 2 (1796) H. 1, 75–122, Neudr. unter dem Titel: Über naive und sentimentalische Dichtung, in: SW V, 694–780 (engl. Naive and Sentimental Poetry and On the Sublime, trans. J. A. Elias, New York 1966, unter dem Titel: On the Naive and Sentimental in Literature, trans. H. Watanabe-O'Kelly, Manchester 1981); F. S., Vollständiges Verzeichnis der Randbemerkungen in seinem Handexemplar der Kritik der Urteilskraft, in: J. Kulenkampff (ed.), Materialien zu Kants Kritik der Urteilskraft, Frankfurt 1974, 126–144; Schiller als Philosoph. Eine Anthologie, ed. R. Safranski, Berlin 2005. – Briefwechsel zwischen S. und Wilhelm v. Humboldt, Stuttgart/Tübingen 1830, ²1876, ed. A. Leitzmann, ³1900, I–II, ed. S. Seidel, Berlin (Ost) 1962; S.s Briefe. Kritische Gesamtausgabe, I–VII, ed. F. Jonas, Stuttgart etc. 1892–1896. – H. Marcuse, S.-Bibliographie, Berlin 1925 (repr. Hildesheim 1971); W. Vulpius, S.-Bibliographie, I–II (I 1893–1958, II 1959–1963), Berlin/Weimar 1959/1967; P. Wersig, Schiller-Bibliographie 1964–1974, Berlin/Weimar 1977.

Literatur: E. Acosta, S. versus Fichte. S.s Begriff der Person in der Zeit und Fichtes Kategorie der Wechselbestimmung im Widerstreit, Amsterdam/New York 2011; J. Awe, Das Erhabene in S.s Essays zur Ästhetik. Stilistische Praxis, essayistische Strategien, ästhetische Theorie, Freiburg/Berlin/Wien 2012; B. Bauch, S. und die Idee der Freiheit, Kant-St. 10 (1905), 346–372, Neudr. in: H. Vaihinger/B. Bauch (eds.), S. als Philosoph und seine Beziehungen zu Kant, Berlin 1905, 98–124; ders., S. und seine Kunst in ihrer erzieherischen Bedeutung für unsere Zeit, Langensalza 1905, ²1924; F. C. Beiser, S. as Philosopher. A Re-Examination, Oxford/New York 2005, 2008; K. L. Berghahn, S.s philosophischer Stil, in: H. Koopmann (ed.), Schiller-Handbuch [s. u.], 289–302; G. Bollenbeck/L. Ehrlich (eds.), F. S.. Der unterschätzte Theoretiker, Köln/Weimar/Wien 2007; C. Burtscher, Glaube und Furcht. Religion und Religionskritik bei S., Würzburg 2014; dies./M. Hien (eds.), S. im philosophischen Kontext, Würzburg 2011; E. Cassirer, Freiheit und Form. Studien zu deutschen Geistesgeschichte, Berlin 1916, Darmstadt ⁶1994, ed. R. Schmücker, 2001 (= Ges. Werke VII); ders., Idee und Gestalt. Goethe, S., Hölderlin, Kleist. Fünf Aufsätze, Berlin 1921, ²1924 (repr. Darmstadt 1971, 1994), 81–111 (III Die Methodik des Idealismus in S.s philosophischen Schriften); J. V. Curran/C. Fricker (eds.), S.'s »On Grace and Dignity« in Its Cultural Context. Essays and a New Translation, Rochester N. Y. 2005; W. Dilthey, Von deutscher Dichtung und Musik. Aus den Studien zur Geschichte des deutschen Geistes, Leipzig/Berlin 1933, Stuttgart, Göttingen 1957; W. Düsing, S.s Idee des Erhabenen, Diss. Köln 1967; ders., Ästhetische Form als Darstellung der Subjektivität. Zur Rezeption Kantischer Begriffe in S.s Ästhetik, in: K. L. Berghahn (ed.), F. S.. Zur Geschichtlichkeit seines Werks, Kronberg 1975, 197–239, ferner in: J. Bolten (ed.), S.s Briefe über die ästhetische Erziehung, Frankfurt 1984, 185–228; H.-H. Ewers, Die schöne Individualität. Zur Genesis des bürgerlichen Kunstideals, Stuttgart 1978; H. Feger, Die Macht der Einbildungskraft in der Ästhetik Kants und S.s, Heidelberg 1995; ders. (ed.), F. S.. die Realität des Idealisten, Heidelberg 2006; K. Fischer, S. als Philosoph. Vortrag gehalten in der Rose zu Jena am 10. März 1858, Frankfurt 1858, I–II, Heidelberg ²1892 (S.-Schriften III–IV); H. Fuhrmann, Zur poetischen und philosophischen Anthropologie S.s. Vier Versuche, Würzburg 2001; A. Gethmann-Siefert, Idylle und Utopie. Zur gesellschaftskritischen Funktion der Kunst in S.s Ästhetik, Jb. dt. S.-Ges. 24 (1980), 32–67; dies., Vergessene Dimensionen des Utopiebegriffs. Der ›Klassizismus‹ der idealistischen Ästhetik und die gesellschaftskritische Funktion des ›schönen Scheins‹, Hegel-Stud. 17 (1982), 119–167; dies., Die Funktion der Kunst in der Geschichte. Untersuchungen zu Hegels Ästhetik, Bonn 1984 (Hegel-Stud. Beih. 25); M. Halimi, S., DP II (²1993), 2578–2579; K. Hamburger, Nachwort. S.s ästhetisches Denken, in: F. S.. Über die ästhetische Erziehung des Menschen, Stuttgart 1965, 1995, 131–150; dies., Philosophie der Dichter. Novalis, S., Rilke, Stuttgart etc. 1966, bes. 83–178; D. Henrich, Der Begriff der Schönheit in S.s Ästhetik, Z. philos. Forsch. 11 (1957), 527–547; W. Hinderer, RGG VII (⁴2004), 890–895; J. Hoffmeister, Die Heimkehr des Geistes. Studien zur Dichtung und Philosophie der Goethezeit, Hameln 1946, 43–75 (Kap. III F. S.); H. R. Jauß, Literaturgeschichte als Provokation, Frankfurt 1970, 1997, 67–106 (Schlegels und S.s Replik auf die »Querelle des Anciens et des Modernes«); G. Kaiser, Von Arkadien nach Elysium. S.-Studien, Göttingen 1978; J. Klose, Ästhetische, philosophische und politische Reflexion von zeitgeschichtlicher Erfahrung am Ausgang des 18. Jahrhunderts. S.s Briefwechsel Mitte der neunziger Jahre, Hildesheim/Zürich/New York 1997; M. Kommerell, S. als Gestalter des handelnden Menschen, Frankfurt 1934; H. Koopmann (ed.), S.-Handbuch, Stuttgart 1998, Darmstadt 2005, Stuttgart, Darmstadt ²2011; E. Kühnemann, Kants und S.s Begründung der Ästhetik, München 1895; ders., S., München 1905, ⁷1927; ders., Zu S.s 175. Geburtstag: S. und die Philosophie, Z. dt. Kulturphilos. 1 (1935), 233–262; A. Littmann, S.s Geschichtsphilosophie, Langensalza 1926; H. Lossow, S. und Fichte in ihren persönlichen Beziehungen und in ihrer Bedeutung für die Grundlegung der Ästhetik, Dresden 1935; G. Lukács, Goethe und seine Zeit, Bern 1947, Berlin 1950, 1955, 118–170 (S.s Theorie der modernen Literatur); ders., Beiträge zur Geschichte der Ästhetik, Berlin 1954, 1956, 11–96 (Zur Ästhetik S.s); L. A. Macor, Il giro fangoso dell'umana destinazione. F. S. dall'illuminismo al criticismo, Pisa 2008 (dt. Der morastige Zirkel der menschlichen Bestimmung. F. S.s Weg von der Aufklärung zu Kant, Würzburg 2010); K. Manger, S., TRE XXX (1999), 122–129; H. Marcuse, Eros and Civilisation. A Philosophical Inquiry into Freud, Boston Mass. 1955, London/New York 1998, bes. 172–196 (Chap. 9 The Aesthetic Dimension) (dt. Eros und Kultur. Ein philosophischer Beitrag zu Sigmund Freud, Stuttgart 1957, unter dem Titel: Triebstruktur und Gesellschaft. Ein philosophischer Beitrag zu Sigmund Freud, Frankfurt 1965, 1995, bes. 171–194); N. Martin, Nietzsche and S.. Untimely Aesthetics, Oxford 1996; L. Meier, Konzepte ästhetischer Erziehung bei S. und Hölderlin, Bielefeld 2015; C. Middel, S. und die Philosophische Anthropologie des 20. Jahrhunderts. Ein ideengeschichtlicher Brückenschlag. Berlin/Boston Mass. 2017; L. L. Moland, S., SEP 2017; B. Mugdan, Die theoretischen Grundlagen der S.schen Philosophie, Berlin 1910 (Kant-St. Erg.hefte XIX); N. Oellers, S., NDB XXII (2005), 759–763; D. Pugh, Dialectic of Love. Platonism in S.'s Aesthetics, Montreal etc. 1996; T. J. Reed, S., REP VIII (1998), 525–529; J. Robert, Vor der Klassik. Die Ästhetik S.s zwischen Karlsschule und Kant-Rezeption, Berlin/Boston Mass. 2011; R. Romberg (ed.), F. S. zum 250. Geburtstag. Philosophie, Literatur, Medizin, Politik, Würzburg 2014; H. Rüdiger, S.s Metaphysik und die Antike, Die Antike 12 (1936), 289–309; R. Safranski, F. S. oder Die Erfindung des Deutschen Idealismus, München 2004, Frankfurt 2016; U. Schäfer, Philosophie und Essayistik bei F. S.. Subordination – Koordination – Synthese. Philosophische Begründung und begriffliche Praxis der philosophischen Essayistik F. S.s., Würzburg 1995; T. Stachel, Der Ring der Notwendigkeit. F. S. nach der Natur, Göttingen 2010; M. Thiel, F. S.. Der Dichter als Philosoph, Heidelberg 2005 (Methode XVI/3); F. Ueberweg, S. als Historiker und Philosoph, Leipzig 1884; K.-H. Volkmann-Schluck, Die Kunst und der Mensch. S.s Briefe über die ästhetische Erziehung des Menschen, Frankfurt 1964; K. Vorländer, Kant, S., Goethe. Gesammelte Aufsätze, Leipzig 1907, ²1923, Aalen 1984; N. Wassiliou, S.s philosophische Begründung der Poetik des Dramas. Ein Beitrag zum kritischen Verhältnis von Literatur und Philosophie, Würzburg 2015; B. v. Wiese, Zwischen Utopie und Wirklichkeit. Studien zur deutschen Literatur, Düsseldorf 1963, 81–101 (Die Utopie des Ästhetischen bei F. S.); ders., Das Problem der ästhetischen Versöhnung bei S. und Hegel, Jb. dt. S.-Ges. 9 (1965), 167–188; E. M. Wilkinson, S., Poet or Philosopher?, Oxford, London 1961; W. Windelband, S. und die Gegenwart. Rede zur Gedächtnisfeier bei der hundertjährigen Wiederkehr seines Todestages an der Universität Heidelberg, Heidelberg 1905. A. G.-S.

Schlegel, August Wilhelm von, *Hannover 8. Sept. 1767, †Bonn 12. Mai 1845, dt. Übersetzer, Literaturhistoriker, Kritiker, Sprachwissenschaftler und Dichter, älterer Bruder von Friedrich v. S.. 1787 Beginn des Studiums der Theologie, bald auch der klassischen Philologie in Göttingen; 1791 Hauslehrer in Amsterdam; 1796 auf Einladung F. Schillers Übersiedlung nach Jena, dort Mitarbeit an den »Horen«. Daneben verfaßt S. zahlreiche Artikel für die »Jenaer Allgemeine Literatur-Zeitung«. 1798 Spannungen mit Schiller und Ende der Mitarbeit an den »Horen«. S. beginnt mit der Veröffentlichung seiner berühmten Übersetzung der Werke W. Shakespeares. 1798 a. o. Prof. an der Universität Jena. In Zusammenarbeit mit seinem Bruder F. gibt S. 1798–1800 das »Athenäum«, das zentrale Publikationsmedium der Frühromantik (↑Romantik), heraus. 1801 Übersiedlung nach Berlin, Calderón-Übersetzungen und Vorlesungen über Ästhetik (↑ästhetisch/Ästhetik) und Literaturgeschichte; 1808 erfolgreiche literaturgeschichtliche Vorlesungen in Wien. 1818 Annahme einer Professur für Literaturgeschichte an der Universität Bonn. In seinen letzten Lebensjahren intensive sprachwissenschaftliche Studien, insbes. zur altindischen Philologie. – Das umfangreiche und vielfältige Werk S.s weist drei Schwerpunkte auf: (1) Übersetzungen von Shakespeare, P. Calderón u. a., die maßgeblich den Literaturbegriff seiner Zeit prägen; (2) literaturgeschichtliche und (3) sprachwissenschaftliche Arbeiten, die oft von Entwürfen und Skizzen seines Bruders Friedrich angeregt sind, aber erst in der Darstellung durch S. breite Wirksamkeit erlangen. Als erster Sanskritist in Deutschland hat S. teil an der Etablierung der ↑Linguistik als historisch-vergleichender Wissenschaft.

Werke: Sämmtliche Werke, I–XII, ed. E. Böcking, Leipzig ³1846–1847 (repr. Hildesheim/New York 1971); Œuvres. Écrites en français, I–III, ed. E. Böcking, Leipzig 1846 (repr. Hildesheim/New York 1972). – Ueber dramatische Kunst und Litteratur. Vorlesungen, I–II, Heidelberg 1809/1811, ed. G. B. Amoretti, Bonn/Leipzig ²1923 (repr. Turin 1960) (franz. Cours de littérature dramatique, I–II, Paris/Genf 1814, Paris 1865 [repr. Genf 2014]; engl. A Course of Lectures on Dramatic Art and Literature, I–II, London 1815, in 1 Bd., ²1846 [repr. New York 1973], New York 1965); Observations sur la langue et la littérature provençales, Paris 1818, Tübingen 1971; Specimen novae typographiae indicae […], Paris 1821; Vorlesungen über Theorie und Geschichte der bildenden Künste, Berlin 1827 (franz. Leçons sur l'histoire et la théorie des beaux arts, Paris 1830); Kritische Schriften, I–II, Berlin 1828; Berichtigung einiger Mißdeutungen, Berlin 1828; Opuscula quae […] latine scripta reliquit, ed. E. Böcking, Leipzig 1848 (repr. Hildesheim 1972); Vorlesungen über schöne Litteratur und Kunst, I–III, Heilbronn, Stuttgart 1884, Nendeln 1968 (franz. [gekürzt] La doctrine de l'art. Conférences sur les belles lettres de l'art, Paris 2007, 2009); Vorlesungen über philosophische Kunstlehre, ed. A. Wünsche, Leipzig 1911; Geschichte der deutschen Sprache und Poesie. Vorlesungen, gehalten an der Universität Bonn seit dem Wintersemester 1818/19, ed. J. Körner, Berlin 1913, Nendeln 1968; Kritische Schriften, ed. E. Staiger,

Zürich/Stuttgart 1962; Kritische Schriften und Briefe, I–VII, ed. E. Lohner, Stuttgart 1962–1974; Vorlesungen über das akademische Studium, Heidelberg 1971; Kritische Ausgabe der Vorlesungen, I–VI, I, ed. E. Behler/F. Jolles, II, ed. G. Braungart, III, ed. C. Becker, Paderborn etc. 1989ff. (erschienen Bde I–III); Die Gemählde. Gespräch, ed. L. Müller, Amsterdam/Dresden 1996. – Briefwechsel zwischen Wilhelm von Humboldt und A. W. S., Halle 1908; Briefwechsel A. W. v. S. – Christian Lassen, ed. W. Kirfel, Bonn 1914; A. W. S.s Briefwechsel mit seinen Heidelberger Verlegern. Festschrift zur Jahrhundert-Feier des Verlags Carl Winters 1822–1922, ed. E. Jenisch, o.O. [Heidelberg] o.J. [1922]; A. W. und Friedrich Schlegel im Briefwechsel mit Schiller und Goethe, ed. J. Körner/E. Wieneke, Leipzig 1926; Briefe von und an A. W. S., I–II, ed. J. Körner, Zürich/Leipzig/Wien 1930; Friedrich Schiller – A. W. S.. Der Briefwechsel, ed. N. Oellers, Köln 2005; »Meine liebe Marie«. »Werthester Herr Professor«. Der Briefwechsel zwischen A. W. S. und seiner Haushälterin Maria Löbel, ed. R. G. Czapla, Bonn 2012; »Geliebter Freund und Bruder«. Der Briefwechsel zwischen Christian Friedrich Tieck und A. W. S. in den Jahren 1804 bis 1811, ed. C. Bögel, Dresden 2015.

Literatur: E. Behler, Die Zeitschriften der Brüder S.. Ein Beitrag zur Geschichte der deutschen Romantik, Darmstadt 1983; ders., Die Poesie in der frühromantischen Theorie der Brüder S., Athenäum. Jb. f. Romantik 1 (1991), 13–40; ders., Frühromantik, Berlin/New York 1992; H.-S. Byun, Hermeneutische und ästhetische Erfahrung des Fremden. A. W. S., München 1994; H. Canal, Romantische Universalphilologie. Studien zu A. W. S., Heidelberg 2017; K. D. Hay, S., SEP 2010, rev. 2017; J. John, S., NDB XXIII (2007), 38–40; Y.-G. Mix/J. Strobel (eds.), Der Europäer A. W. S.. Romantischer Kulturtransfer – romantische Wissenswelten, Berlin/New York 2010; R. Paulin, The Life of A. W. S.. Cosmopolitan of Art and Poetry, Cambridge 2016 (dt. A. W. S.. Biographie, Paderborn 2017); H. M. Paulini, A. W. S. und die Vergleichende Literaturwissenschaft, Frankfurt/Bern/New York 1985; R. Rocher/L. Rocher, Founders of Western Indology. A. W. v. S. and Henry Thomas Colebrooke in Correspondence 1820–1837, Wiesbaden 2013; T. G. Sauer, A. W. S.'s Shakespearean Criticism in England, 1811–1846, Bonn 1981; U. Schenk-Lenzen, Das ungleiche Verhältnis von Kunst und Kritik. Zur Literaturkritik A. W. S.s, Würzburg 1991; J. Strobel (ed.), A. W. S. im Dialog. Epistolarität und Interkulturalität, Paderborn 2016; ders., A. W. S.. Romantiker und Kosmopolit, Darmstadt 2017.   *D. T.*

Schlegel, Friedrich von, *Hannover 10. März 1772, †Dresden 12. Jan. 1829, dt. Literaturtheoretiker, Kulturhistoriker, Philosoph und Schriftsteller, führender Vertreter der deutschen Frühromantik (↑Romantik), jüngerer Bruder von August Wilhelm v. S.. Nach einer abgebrochenen Kaufmannslehre 1790 Studium der Rechtswissenschaft in Göttingen; nach dessen Aufgabe Tätigkeit als freier Schriftsteller. Enge Zusammenarbeit mit dem älteren Bruder, F. v. Hardenberg (genannt Novalis), J. G. Fichte und F. D. E. Schleiermacher; 1798–1800 gemeinsam mit August Wilhelm Herausgeber der Zeitschrift »Athenäum«. 1801–1808 hält S. an verschiedenen Orten Privatvorlesungen zur Literatur- und Philosophiegeschichte. 1808 Konversion zum Katholizismus. S. tritt nun für ein restauratives politisches Programm ein und engagiert sich aktiv für die Interessen der katholischen Kirche. – Mit seinem Buch »Über die

Sprache und Weisheit der Indier« (1808) leistet S. einen wesentlichen Beitrag zur Begründung der Indologie im deutschen Sprachraum. Sein Begriff der inneren Struktur der Sprache und das Projekt einer vergleichenden ↑Grammatik geben entscheidende Impulse für die Herausbildung der modernen ↑Linguistik. S. konnte nur einen kleinen Teil seiner Arbeiten publizieren und trug seine Überlegungen wiederholt in Vorlesungsreihen vor. Die Arbeiten des frühen S. gelten als eine der bedeutendsten intellektuellen Leistungen im Übergang vom 18. zum 19. Jh.. Sein Philosophiebegriff ist maßgeblich durch I. Kant, Fichte und F. W. J. Schelling bestimmt. In kritischer Auseinandersetzung mit diesen strebt S. eine Vereinigung von Realismus (↑Realismus (erkenntnistheoretisch)) und ↑Idealismus an. Dabei wendet er sich kritisch gegen die Tendenz zu abstrakter Begriffsbildung und starrer Systematik. Auch die Kunsttheorie (↑Kunst) und die philosophische Ästhetik (↑ästhetisch/Ästhetik) S.s stehen in enger und spannungsreicher Beziehung zur Philosophie des Deutschen Idealismus (↑Idealismus, deutscher). Zentral ist die Konzeption einer freien, schöpferischen Subjektivität (↑Subjektivismus). Der Betonung des Subjektiven entspricht die nicht-systematische, literarische Form (Fragment, Aphorismus, Brief, Gespräch). Mit seinen brillant formulierten Fragmenten ist S. einer der ersten Vertreter des Aphorismus als philosophischer Textgattung.

Für S. ist die moderne Dichtung von den ↑normativen Beschränkungen früherer Poetiken (↑Poetik) befreit (Nachahmungsprinzip); sie zeichnet sich durch einen produktiven Gattungssynkretismus (↑Synkretismus) aus, tritt in Verbindung zu unterschiedlichen Wissensgebieten (Philosophie, Mythologie) und entwickelt sich in einem unabschließbaren Reflexionsprozeß. Zentrale Formprinzipien dieser antiklassizistischen Literaturtheorie sind ↑Ironie, Arabeske und Witz. Als maßgebliche Textgattung tritt der Roman hervor, der dem Ideal der Gattungsvermischung und des experimentierenden Schreibens die besten Entfaltungsmöglichkeiten bietet. Die Kunsttheorie ist in entscheidender Weise durch eine geschichtsphilosophische Perspektive geprägt: die antike Kunst verkörpert für S. das unerreichbare Vorbild vollendeter Schönheit (↑Schöne, das), wobei S. von deren harmonischer Einheit mit den Lebensverhältnissen ausgeht. Die Moderne wird demgegenüber kritisch betrachtet; sie ist durch die ›interessante‹ ↑Individualität bestimmt, bei deren Darstellung neben überraschend Neuartigem, Pikantem und Phantastischem auch Häßliches oder Grausames hervortreten kann. Die geschichtstheoretische Konstruktion S.s findet ihren Abschluß in der Skizze einer zukünftigen modernen Kunst, die die Vorzüge der antiken und nachantiken Kultur in sich vereint. Als erster Vertreter dieser neuen Kunst wird J. W. v. Goethe genannt. Der Philosophiebegriff des meist kritisch beurteilten Spätwerks ist durch den Primat der Dogmen einer orthodoxen ↑Theologie gegenüber der ↑Vernunft gekennzeichnet. Der späte S. propagiert so eine vorkritische ↑Weltanschauung.

Werke: Sämmtliche Werke, I–X, Wien 1822–1825, I–XV, ²1846; Kritische Ausgabe, ed. E. Behler u.a., Paderborn etc. 1958ff. (erschienen Abt. 1 [Kritische Neuausgabe]: I–X; Abt. 2 [Schriften aus dem Nachlass]: XI–XXII; Abt. 3 [Briefe von und an F. und Dorothea S.]: XXIII–XXV, XXIX–XXX; Abt. 4 [Editionen, Übersetzungen, Berichte]: XXXIII, XXXV); Werke in zwei Bänden, ed. W. Hecht, I–II, Berlin/Weimar 1980, ²1988. – Die Griechen und Römer. Historische und kritische Versuche über das klassische Alterthum, Neustrelitz 1797; Geschichte der Poesie der Griechen und Römer, Berlin 1798; Lucinde. Ein Roman, Berlin 1799, ed. K. K. Polheim, Stuttgart 2011, ferner in: Krit. Ausg. [s. o.] V, 1–92 (franz. Lucinde, ed. J. J. Anstett, Paris 1943; engl. Lucinde and the Fragments, Minneapolis Minn. 1971); (mit A. W. Schlegel) Charakteristiken und Kritiken, I–II, Könisberg 1801; Alarcos. Ein Trauerspiel, Berlin 1802, ed. M.-G. Dehrmann, Hannover 2013, ferner in: Krit. Ausg. [s. o.] V, 221–262; Ueber die Sprache und Weisheit der Indier. Ein Beitrag zur Begründung der Alterthumskunde, Heidelberg 1808 (repr. in: Ueber die Sprache und Weisheit der Indier/Über das Conjugationssystem der Sanskritsprache, London, Tokyo 1995, I–XVI, 1–324), ferner in: Krit. Ausg. [s. o.] VIII, 105–433 (franz. Essai sur la langue et la philosophie des Indiens, Paris 1837; engl. On the Language and Philosophy of the Indians, in: The Aesthetic and Miscellaneous Works of F. v. S., London 1849, 425–526 [repr. in: On the Language and Wisdom of the Indians/The Mégha Dúta, London, Tokyo 2001, 425–526]); Ueber die neuere Geschichte. Vorlesungen gehalten zu Wien im Jahre 1810, Wien 1811, ferner in: Krit. Ausg. [s. o.] VII, 125–407 (engl. A Course of Lectures on Modern History, in: A Course of Lectures on Modern History to which Are Added Historical Essays on the Beginning of Our History and on Caesar and Alexander, London 1849, 1894, 1–310); Geschichte der alten und neuen Literatur. Vorlesungen, I–II, Wien 1815, Regensburg ²1911, ferner als: Krit. Ausg. [s. o.] VI (engl. Lectures on the History of Literature, Ancient and Modern, I–II, Philadelphia Pa., Edinburgh 1818, London 1896; franz. Histoire de la littérature ancienne et moderne, I–II, Paris, Genf, Louvain 1829); Ansichten und Ideen von der christlichen Kunst, Wien 1823 (= Sämmtl. Werke VI), ferner als: Krit. Ausg. [s. o.] IV; Philosophie des Lebens. In fünfzehn Vorlesungen, Wien 1828, ferner als: Krit. Ausg. [s. o.] X (franz. Philosophie de la vie, I–II, Paris 1838; engl. Philosophy of Life, in: S.'s Philosophy of Life, and Philosophy of Language, in a Course of Lectures, London 1847 [repr. London 1866, Cambridge 2014], 1–348, New York 1855, 1–340); Philosophie der Geschichte. In achtzehn Vorlesungen gehalten zu Wien im Jahre 1828, I–II, Wien 1829, ferner als: Krit. Ausg. [s. o.] IX (engl. The Philosophy of History in a Course of Lectures, Delivered at Vienna, I–II, London 1835, New York 1976; franz. Philosophie de l'histoire professée en dix-huit leçons publiques à Vienne, I–II, Paris 1836, 1841); Philosophische Vorlesungen aus den Jahren 1804 bis 1806, ed. C. J. H. Windischmann, I–II, Bonn 1836, I–IV, ²1846; Zur griechischen Literaturgeschichte, ed. J. Minor, Wien 1882, ²1906; Zur deutschen Literatur und Philosophie, ed. J. Minor, Wien 1882, ²1906; Gespräch über die Poesie, Köln 1924, ferner in: Über Goethes Meister. Gespräch über die Poesie [s. u.], 118–196 (engl. Dialogue on Poetry [1799–1800], in: Dialogue on Poetry and Literary Aphorisms, ed. E. Behler/R. Struc, London/University Park Pa. 1968, 51–118); Signatur des Zeitalters, Mainz 1926; Von der Seele, ed.

G. Müller, Ausburg/Köln 1927; Kritische Schriften, ed. W. Rasch, München 1938, ³1971; Über das Studium der griechischen Poesie, ed. P. Hankamer, Godesberg 1947, unter dem Titel: Über das Studium der griechischen Poesie 1795–1797, ed. E. Behler, Paderborn etc. 1982 (engl. On the Study of Greek Poetry, ed. S. Barnett, Albany N. Y. 2001; franz. Sur l'étude de la poésie grecque [1797], ed. M.-L. Monfort, Paris 2012); Schriften und Fragmente. Ein Gesamtbild seines Geistes, ed. E. Behler, Stuttgart 1956; Literary Notebooks 1797–1801, ed. H. Eichner, London 1957, unter dem Titel: Literarische Notizen 1797–1801, ed. H. Eichner, Frankfurt 1980; Schriften zur Literatur, ed. W. Rasch, München 1972, 1985; Kritische und theoretische Schriften, ed. A. Huyssen, Stuttgart 1978, 1990; Theorie der Weiblichkeit, ed. W. Menninghaus, Frankfurt 1982, 1983; Gemälde alter Meister, ed. H. Eichner/N. Lelless, Darmstadt 1984, ²1995 (franz. Descriptions de tableaux, ed. B. Savoy, Paris 2001, 2003); Dichtungen und Aufsätze, ed. W. Rasch, München, Darmstadt 1984; Über Goethes Meister. Gespräch über die Poesie, ed. H. Eichner, Paderborn etc. 1985; Transcendentalphilosophie, ed. M. Elsässer, Hamburg 1991; Der Historiker als rückwärts gekehrter Prophet. Aufsätze und Vorlesungen zur Literatur, ed. M. Marquardt, Leipzig 1991; »Athenäums«-Fragmente und andere Schriften, ed. A. Huyssen, Stuttgart 2005; Schriften zur Kritischen Philosophie (1795–1805), ed. A. Arndt/J. Zovko, Hamburg 2007; Das Universum der Poesie. Prolegomena zu F. S.s Poetik, ed. A. Erlinghagen, Paderborn etc. 2012; Hefte ›Zur Philologie‹, ed. S. Müller, Paderborn 2015. – Athenäum. Eine Zeitschrift von August Wilhelm S. und F. S., I–III, Berlin 1798–1800 (repr. Stuttgart, Darmstadt 1960, Darmstadt 1992), Berlin 1905 (Das Museum IV), [gekürzt] Leipzig 1978, ²1984; Europa. Eine Zeitschrift herausgegeben von F. S., I–II, Frankfurt 1803/1805; Deutsches Museum, herausgegeben von F. S., I–IV, Wien 1812–1813. – F. S.s Briefe an seinen Bruder August Wilhelm, ed. O. F. Walzel, Berlin 1890; F. S.s Briefe an Frau Christine von Stransky geborene Freiin von Schleich, ed. M. Rottmanner, I–II, Wien 1907/1911 (repr. Nendeln 1975); Der Briefwechsel F. und Dorothea S.s 1818–1820 während Dorotheas Aufenthalt in Rom, ed. H. Finke, München 1923; F. S. und Novalis. Biographie einer Romantikerfreundschaft in ihren Briefen, ed. M. Preitz, Darmstadt 1957.

Literatur: R. Anchor, S., Enc. Ph. VII (1967), 315–316; E. Behler, F. S.s Theorie der Universalpoesie, Jb. Dt. Schiller-Ges. 1 (1957), 211–252, ferner in: H. Schanze (ed.), F. S. und die Kunsttheorie seiner Zeit, Darmstadt 1985, 194–243; ders., Die Kulturphilosophie F. S.s, Z. philos. Forsch. 14 (1960), 68–85; ders., F. S. und Hegel, Hegel-Stud. 2 (1963), 203–250; ders., Frühromantik, Berlin/New York 1992; K. Behrens, F. S.s Geschichtsphilosophie (1794–1808). Ein Beitrag zur politischen Romantik, Tübingen 1984; F. Beiser, S., REP VIII (1998), 529–531; W. Benjamin, Der Begriff der Kunstkritik in der deutschen Romantik, Bern 1920, ed. U. Steiner, Frankfurt 2008 (= Werke und Nachlaß. Kritische Gesamtausg. III) (franz. Le concept de critique esthétique dans le romantisme allemand, Paris 1986, 2008); C. Benne/U. Breuer (eds.), Antike – Philologie – Romantik. F. S.s altertumswissenschaftliche Manuskripte, Paderborn etc. 2010; D. O. Dahlstrom, S., Enc. Ph. VIII (²2006), 630–632; V. Deubel, Die F. S.-Forschung 1945–1972, Dt. Viertelj.schr. Lit.wiss. u. Geistesgesch. 47 (1973), Sonderheft, 48–181; W. Eckel (ed.), Figuren der Konversion. F. S.s Übertritt zum Katholizismus im Kontext, Paderborn etc. 2014; H. Eichner, F. S., New York 1970; ders., F. S. im Spiegel seiner Zeitgenossen, I–IV, Würzburg 2012; J. Endres (ed.), F. S.. Handbuch. Leben – Werk – Wirkung, Stuttgart 2017; B. Frischmann, Vom transzendentalen zum frühromantischen Idealis-

mus. J. G. Fichte und F. S., Paderborn etc. 2005; E. Huge, Poesie und Reflexion in der Ästhetik des frühen F. S., Stuttgart 1971, Berlin 1972; K. Koerner, The Place of F. S. in the Development of Historical-Comparative Linguistics, in: T. de Mauro/L. Formigari (eds.), Leibniz, Humboldt, and the Origins of Comparativism, Amsterdam/Philadelphia Pa. 1990, 239–262; F. N. Mennemeier, F. S.s Poesiebegriff dargestellt anhand der literaturkritischen Schriften. Die romantische Konzeption einer objektiven Poesie, München 1971, unter dem Titel: Die romantische Konzeption einer objektiven Poesie. F. S.s Poesiebegriff dargestellt anhand der literaturkritischen Schriften, Berlin ²2007; A. Nivala, The Romantic Idea of the Golden Age in F. S.'s Philosophy of History, New York/London 2017; K. Peter, Idealismus als Kritik. F. S.s Philosophie der unvollendeten Welt, Stuttgart etc. 1973; H. Schmidt, S., in: ders., Quellenlexikon der Interpretationen und Textanalysen VI, Duisburg 1984, 287–290, unter dem Titel: Quellenlexikon zur deutschen Literaturgeschichte XXVII, ³2001, 458–484; P. Schnyder, Die Magie der Rhetorik. Poesie, Philosophie und Politik in F. S.s Frühwerk, Paderborn etc. 1999; M. Schöning, Ironieverzicht. F. S.s theoretische Konzepte zwischen Athenäum und Philosophie des Lebens, Paderborn etc. 2002; A. Speight, S., SEP 2007, rev. 2015; P. Szondi, F. S.s Theorie der Dichtarten. Versuch einer Rekonstruktion auf Grund der Fragmente aus dem Nachlaß, Euphorion 64 (1970), 181–199, Neudr. in: ders., Schriften II, ed. J. Bollack u. a., Frankfurt 1978, Berlin 2011, 32–58; K. Vieweg (ed.), F. S. und Friedrich Nietzsche. Transzendentalpoesie oder Dichtkunst mit Begriffen, Paderborn etc. 2009; B. Wanning, F. S. zur Einführung, Hamburg 1999, unter dem Titel: F. S.. Eine Einführung, Wiesbaden 2005; H.-D. Weber, F. S.s ›Transzendentalpoesie‹. Untersuchungen zum Funktionswandel der Literaturkritik im 18. Jahrhundert, München 1973; U. Zeuch, Das Unendliche. »Höchste Fülle« oder Nichts? Zur Problematik von F. S.s. Geist-Begriff und dessen geistesgeschichtlichen Voraussetzungen, Würzburg 1991; J. Zovko, Verstehen und Nichtverstehen bei F. S.. Zur Entstehung und Bedeutung seiner hermeneutischen Kritik, Stuttgart-Bad Cannstatt 1990; ders., S., NDB XXIII (2007), 40–42. – F. S. und die Romantik, Z. f. Dt. Philol. 88 (1969) (Sonderheft). **D. T.**

Schleiermacher, Friedrich Daniel Ernst, *Breslau 21. Nov. 1768, †Berlin 12. Febr. 1834, ev. Theologe, Philosoph und Philologe. 1787–1789 Theologiestudium in Halle, 1790 Examen in Berlin; 1790–1793 Hauslehrer in Ostpreußen. Nach Lehrtätigkeiten in Berlin und Landsberg a. d. Warthe 1796 Prediger an der Berliner Charité; rege Kontakte zu Vertretern der Frühromantik (↑Romantik), vor allem zu F. Schlegel. 1802 Hofprediger in Stolpe (Hinterpommern). Ab 1804 Publikation einer Platon-Übersetzung, die ursprünglich gemeinsam mit F. Schlegel durchgeführt werden sollte. 1804 Universitätsprediger und a. o. Prof. an der Universität Halle. In Berlin beteiligte sich S. nach der Schließung der Universität Halle (1807) mit Predigten und Vorträgen an der Opposition gegen die französische Besatzung. 1810 Berufung zum o. Prof. der Theologie an die neu gegründete Universität in Berlin. 1811 Mitglied der Berliner Akademie der Wissenschaften mit dem Recht, an der Philosophischen Fakultät zu lehren. – S.s Philosophie ist durch die Auseinandersetzung mit der rationalistischen (↑Rationalismus) ↑Schulphilosophie und den idealistischen (↑Idealismus) Systemen I. Kants, J. G. Fichtes und F. W. J. Schellings geprägt. In seiner Ethik (1803) untersucht er die maßgeblichen Formen der Praktischen Philosophie (↑Philosophie, praktische), wobei er von einer Klassifikation der Systeme in Theorien der Lust und Glückseligkeit (↑Glück (Glückseligkeit)) einerseits und in Theorien der ↑Tugend und ↑Vollkommenheit andererseits ausgeht. Beide Theorietypen sind nach S. ergänzungsbedürftig. Gegen Kant und Fichte richtet sich die Kritik an einer primär an Universalisierbarkeit (↑Universalisierung) ausgerichteten ↑Ethik. In späteren Arbeiten wird die Ethik daher in Gestalt einer Kulturtheorie entworfen.

Das Kernstück der Philosophie S.s ist die ↑*Dialektik* in zwei Teilen: Der erste, ↑transzendentale Teil bestimmt die Begriffe des Denkens und Wissens und betrifft die Beziehung des Erkennens zum ↑Sein, der zweite, technische Teil bestimmt die Formen der Wissensbildung (Konstruktion) und enthält eine Begriffs- und Urteilstheorie sowie eine Lehre der Kombination. Letztere tritt an die Stelle der in den logischen Traktaten üblichen Schlußlehren. Die Aufgabe der Dialektik liegt für S. in einer Überwindung des Gegensatzes von Idealem und Realem durch Rekurs auf einen absoluten Grund. Dieser entzieht sich einer begrifflichen Fixierung und ist der endlichen Subjektivität (↑Subjektivismus) im ↑Gefühl gegeben. Gefühl wird, um dem Vorwurf des ↑Psychologismus zu entgehen, nicht als ↑Affekt, sondern als unmittelbares ↑Selbstbewußtsein, als gefühlter Grund der Reflexion bestimmt. Als Kern der Subjekttheorie S.s spielt der Begriff des Gefühls auch in den theologischen Arbeiten eine ausschlaggebende Rolle (die religiöse Erfahrung als Gefühl schlechthinniger Abhängigkeit).

Mit der Subjekttheorie und dem Umstand, daß sich die Wissensbildung nicht im Monolog einer isolierten Subjektivität vollzieht, ist auch der Zusammenhang mit der in der S.-Rezeption seit W. Dilthey im Mittelpunkt stehenden ↑*Hermeneutik* S.s gegeben. S. erhebt als erster den Anspruch, die Hermeneutik als Wissenschaft zu entwickeln. Als allgemeine Theorie des ↑Verstehens formuliert sie nicht disziplinenspezifische Regeln der Textauslegung, sondern universal gültige Prinzipien des Verständnisses sprachlicher Komplexe, wobei S. auch alltägliche Gespräche berücksichtigt. Die Interpretationsarbeit vollzieht sich (1) als grammatische ↑Interpretation (↑Grammatik) oder (2) als technische bzw. psychologische Interpretation und verwendet dabei (3) ein komparatives oder ein (4) divinatorisches Verfahren. Die grammatische Interpretation klärt die Bedeutung des Interpretandums vom allgemeinen System einer natürlichen Sprache (↑Sprache, natürliche) aus. Die technische oder psychologische Interpretation geht von den spezifischen, einem Autor oder Sprecher eigentümlichen Weisen des Sprachgebrauchs aus und bestimmt von dort die Bedeutung des jeweiligen Gegenstandes. Beide Verfahren sind komplementär, wobei S. die Bedeutung des zweiten Moments zunehmend hervorhebt. Das komparative Verfahren erklärt Unverständliches durch Rekurs auf bereits verstandene Textbedeutungen. Divinatorisches Verstehen vollzieht sich als intuitives Erfassen einer Textbedeutung (›Einfühlung‹). Das divinatorische Verstehen wurde seit Dilthey oft als dominantes Grundprinzip begriffen. Die neuere Forschung hat diesen Irrtum korrigiert: Alle genannten Prinzipien ermöglichen gemeinsam das »Nachkonstruieren der gegebenen Rede« (Hermeneutik und Kritik. Mit einem Anhang sprachphilosophischer Texte S.s., ed. M. Frank, Frankfurt 1977, ⁹2011, 93). Die Interpretation kann dabei zumindest partiell über die Autorenintention hinausgehen. Der Interpret ist bemüht, »die Rede zuerst eben so gut und dann besser zu verstehen als ihr Urheber« (a.a.O., 94). Diese Formulierung weist darauf hin, daß der Interpret den Produktionskontext in umfassenderer Weise überblickt als der Autor.

Werke: Sämmtliche Werke, I–XXXI, Berlin 1834–1864 (erschienen: [Zur Theologie] I–VIII, XI–XIII; [Predigten] I–X; [Zur Philosophie] I–IX); Werke. Auswahl in vier Bänden, ed. O. Braun/J. Bauer, Leipzig 1910–1913, ²1927/1928, Aalen 1981; Kleine Schriften und Predigten, I–III, ed. H. Gerdes/E. Hirsch, Berlin 1969/1970; Kritische Gesamtausgabe, ed. H.-J. Birkner, Berlin/New York 1980ff., ab 1994 ed. H. Fischer, seit 2011 ed. G. Meckenstock (erschienen Abt. 1 [Schriften und Entwürfe]: I–XV; Abt. 2 [Vorlesungen]: IV, VI, VIII, X/1–2, XVI; Abt. 3 [Predigten]: I–XIII; Abt. 4 [Übersetzungen]: III; Abt. 5 [Briefwechsel und biographische Dokumente]: I–XI); Schriften. Erste ausführlich kommentierte Auswahl, die das ganze Spektrum von S.s Philosophie zeigt, ed. A. Arndt, Frankfurt 1996. – Über die Religion. Reden an die Gebildeten unter ihren Verächtern, Berlin 1799, ⁸2002, Neudr. in: Krit. Gesamtausg. [s.o.] 1/XII, 1–322, Neudr. ed. N. Peter/F. Bestebreurtje/A. Büsching, Zürich 2012 (engl. On Religion. Speeches to Its Cultured Despisers, London 1893, Cambridge 2004; franz. Discours sur la religion à ceux de ses contempteurs qui sont des esprits cultivés, ed. I. J. Rougé, Paris 1944, unter dem Titel: De la religion. Discours aux personnes cultivées d'entre ses mépriseurs, Paris 2004); Monologen. Eine Neujahrsgabe, Berlin 1800, ferner in: Monologen nebst den Vorarbeiten, Hamburg ³1978, 1–94, Darmstadt 1984, Neudr. in: Krit. Gesamtausg. [s.o.] 1/XII, 323–394 (franz. Monologues. Présent d'Etrennes, Genf/Paris 1837, unter dem Titel: Monologues de S., Basel/Genf ²1864, Genf/Basel/Paris 1868; engl. S.'s Soliloquies. An English Translation of the Monologen with a Critical Introduction and Appendix, ed. H. L. Friess, Chicago Ill. 1926, Eugene Or. 2002); Vertraute Briefe über Friedrich Schlegels Lucinde, Lübeck/Leipzig 1800, unter dem Titel: Vertraute Briefe über die Lucinde, Hamburg 1835, ferner in: F. Schlegel, Lucinde. Ein Roman, München 1985, 91–161; Grundlinien einer Kritik der bisherigen Sittenlehre, Berlin 1803, ²1834, Neudr. in: Krit. Gesamtausg. [s.o.] 1/IV, 27–357; Die Weihnachtsfeier. Ein Gespräch, Halle 1806, Zürich 1989 (engl. Christmas Eve. A Dialogue on the Celebration of Christmas, Edinburgh 1890, unter dem Titel: Christmas Eve Celebration. A Dialogue, Eugene Or. 2010; franz.

La fête de Noël, Paris 1892); Gelegentliche Gedanken über Universitäten in deutschem Sinn. Nebst einem Anhang über eine neu zu errichtende, Berlin 1808, ferner in: E. Anrich (ed.), Die Idee der deutschen Universität. Die fünf Grundschriften aus der Zeit ihrer Neubegründung durch klassischen Idealismus und romantischen Realismus, Darmstadt 1964, 220–308; Kurze Darstellung des theologischen Studiums zum Behuf einleitender Vorlesungen, Berlin 1811, ed. H. Scholz, Leipzig 1910 (repr. Leipzig/Darmstadt, Hildesheim ⁴1961, Darmstadt 1993), ed. D. Schmid, Berlin/New York 2002 [Fassungen von 1811 und 1830 mit S.s handschriftlichen Randnotizen], ferner als: Krit. Gesamtausg. [s. o.] 1/VI (engl. Brief Outline of the Study of Theology. Drawn up to Serve as the Basis of Introductory Lectures, Edinburgh/London 1850, unter dem Titel: Brief Outline of Theology as a Field of Study, Lewiston N. Y. 1988); Über die Schriften des Lukas. Ein kritischer Versuch, Berlin 1817 (engl. A Critical Essay on the Gospel of St. Luke, London 1825, unter dem Titel: Luke. A Critical Study, Lewiston N. Y./Queenston Ont./Lampeter 1993); Der christliche Glaube nach den Grundsätzen der evangelischen Kirche im Zusammenhange dargestellt, I–II, Berlin 1821/1822, ²1830/1831, Neudr. [der 1. Aufl.] als: Krit. Gesamtausg. [s. o.] 1/VII.1–3, Neudr. [der 1. Aufl.] ed. H. Peiter, I–II, Berlin/New York 1984, Neudr. [der 2. Aufl.] als: Krit. Gesamtausg. [s. o.] 1/XIII.1–2, Neudr. [der 2. Aufl.] ed. R. Schäfer, Berlin/Boston Mass. 2008 (engl. [gekürzt] The Theology of S.. A Condensed Presentation of His Chief Work »The Christian Faith«, Chicago Ill. 1911 [Übers. der 2. Aufl.], unter dem Titel: The Christian Faith in Outline, Edinburgh 1922 [Gegenüberstellung von ausgewählten Passagen aus beiden Ausgaben], unter dem Titel: The Christian Faith, London etc. ³2016 [Übers. der 2. Aufl.]; franz. La foi chrétienne d'après les principes de la Réforme, Paris o.J. [Übers. der 2. Aufl.]); Hermeneutik und Kritik mit besonderer Beziehung auf das Neue Testament. Aus S.s handschriftlichem Nachlasse und nachgeschriebenen Vorlesungen, ed. F. Lücke, Berlin 1838 (= Sämmtl. Werke 1/VII), rev. unter dem Titel: Hermeneutik. Nach den Handschriften, ed. H. Kimmerle, Heidelberg 1959 (Abh. Heidelberger Akad. Wiss., philos.-hist. Kl. 1959, Abh. 2), ²1974 (engl. Hermeneutics. The Handwritten Manuscripts, Missoula Mont. 1977, Atlanta Ga. 1986; franz. Herméneutique, Genf 1987), rev. unter dem Titel: Hermeneutik und Kritik. Mit einem Anhang sprachphilosophischer Texte S.s, ed. M. Frank, Frankfurt 1977, ⁹2011 (engl. Hermeneutics and Criticism and other Writings, ed. A. Bowie, Cambridge 1998), erw. unter dem Titel: Vorlesungen zur Hermeneutik und Kritik, als: Krit. Gesamtausg. [s. o.] 2/IV; Dialektik. Aus S.s handschriftlichem Nachlasse, ed. L. Jonas, Berlin 1839 (= Sämmtl. Werke 3/IV.2), rev. Neudr. ed. I. Halpern, Berlin 1903, gekürzt in: Werke. Auswahl in vier Bänden [s. o.] III, 1–117, Neudr. ed. R. Odebrecht, Leipzig 1942 (repr. Darmstadt 1976, 1988), Neudr. [Fassung von 1811] ed. A. Arndt, Hamburg 1986 (engl. Dialectic or, The Art of Doing Philosophy. A Study Edition of the 1811 Notes, ed. T. N. Tice, Atlanta Ga. 1996), rev. Neudr. [Fassung von 1814/15 und Einleitung zur Dialektik von 1833] ed. A. Arndt, Hamburg 1988, rev. Neudr. ed. M. Frank, I–II, Frankfurt 2001, Neudr. als: Krit. Gesamtausg. [s. o.] 2/X.1–2 (franz. Dialectique, ed. C. Berner/D. Thouard, Paris/Genf 1997); Geschichte der Philosophie. Aus S.s handschriftlichem Nachlasse, Berlin 1839 (= Sämmtl. Werke 3/IV.1) (repr. Frankfurt 1981); Vorlesungen über die Ästhetik. Aus S.s handschriftlichem Nachlasse und aus nachgeschriebenen Heften, ed. C. Lommatsch, Berlin 1842 (= Sämmtl. Werke 3/VII), Neudr. in: Werke. Auswahl in vier Bänden [s. o.] IV, 81–134; Kleinere theologische Schriften, I–II, Gotha 1893; Ethik, in: Werke. Auswahl in vier Bänden [s. o.] II,

241–626, Neudr. [gekürzt] unter dem Titel: Ethik (1812/13) mit späteren Fassungen der Einleitung, Güterlehre und Pflichtenlehre, ed. H.-J. Birkner, Hamburg 1981, ²1990 (engl. [gekürzt] Lectures on Philosophical Ethics, Cambridge 2002); Ästhetik. Nach den bisher unveröffentlichten Urschriften, ed. R. Odebrecht, Berlin 1931, in: Ästhetik. Über den Begriff der Kunst, ed. T. Lehnerer, Hamburg 1984, 1–152 (franz. Esthétique. Tous les hommes sont des artistes, ed. C. Berner/D. Thouard, Paris 2004); Bruchstücke der unendlichen Menschheit. Fragmente, Aphorismen und Notate der frühromantischen Jahre, ed. K. Nowak, Berlin 1984, Leipzig 2000; Theologische Enzyklopädie (1831/32). Nachschrift David Friedrich Strauß, ed. W. Sachs, Berlin/New York 1987; Über die Philosophie Platons, ed. P. M. Steiner, Hamburg 1996 (franz. Introductions aux dialogues de Platon [1804–1828]. Leçons d'histoire de la philosophie [1819–1823], Paris 2004); Texte zur Pädagogik. Kommentierte Studienausgabe, I–II, ed. M. Winkler/J. Brachmann, Frankfurt 2000, I, 2009; Pädagogik. Die Theorie der Erziehung von 1820/21 in einer Nachschrift, ed. C. Ehrhardt/W. Virmond, Berlin 2008; Christliche Sittenlehre. Vorlesung im Wintersemester 1826/27. Nach größtenteils unveröffentlichten Hörernachschriften und nach teilweise unveröffentlichten Manuskripten S.s, ed. H. Peiter, Berlin 2011; Conférences sur l'éthique, la politique et l'esthétique 1814–1833, ed. J.-M. Tétaz, Genf 2011. – Aus S.s Leben. In Briefen, ed W. Dilthey, I–IV, Berlin 1858–1863 (repr. [Bde III–IV] Berlin 1974), I–II, Berlin ²1860 (repr. Berlin 1974); S.s Sendschreiben über seine Glaubenslehre an Lücke, ed. H. Mulert, Gießen 1908 (engl. On the ›Glaubenslehre‹. Two Letters to Dr. Lücke, Atlanta Ga./Chico Calif. 1981); F. S.. Eine Briefauswahl, ed. J. Rachold, Frankfurt etc. 1995. – T. N. Tice, S. Bibliography. With Brief Introductions, Annotations, and Index, Princeton N. J. 1966, erw. unter dem Titel: S. Bibliography (1784–1984), Princeton N. J. 1985; G. U. Gabel, S.. Ein Verzeichnis westeuropäischer und nordamerikanischer Hochschulschriften 1880–1980, Köln 1986; T. N. Tice, S.s Sermons. A Chronological Listing and Account, Lewiston N. Y./Queenston Ont./Lampeter 1997.

Literatur: A. Arndt, Gefühl und Reflexion. S.s Stellung zur Transzendentalphilosophie im Kontext der zeitgenössischen Kritik an Kant und Fichte, in: W. Jaeschke (ed.), Transzendentalphilosophie und Spekulation I (Der Streit um die Gestalt einer Ersten Philosophie (1799–1807)), Hamburg 1993, unter dem Titel: Der Streit um die Gestalt einer Ersten Philosophie (1799–1807), Hamburg 1999, 105–126; ders., F. S. als Philosoph, Berlin/Boston Mass. 2013; ders. (ed.), F. S. in Halle 1840–1807, Berlin/Boston Mass. 2013; ders./J. Dierken (eds.), F. S.s Hermeneutik. Interpretationen und Perspektiven, Berlin/Boston Mass. 2016; H. Birus, Zwischen den Zeiten. F. S. als Klassiker der neuzeitlichen Hermeneutik, in: ders. (ed.), Hermeneutische Positionen. S. – Dilthey – Heidegger – Gadamer, Göttingen 1982, 15–58; D. Böhler, Das dialogische Prinzip als hermeneutische Maxime, Man and World 11 (1978), 131–164; D. Burdorf/R. Schmücker (eds.), Dialogische Wissenschaft. Perspektiven der Philosophie S.s, Paderborn etc. 1998; R. Crouter, F. S.. Between Enlightenment and Romanticism, Cambridge etc. 2005, 2008; H. Dierkes/T. N. Tice/W. Virmond (eds.), S., Romanticism, and the Critical Arts. A Festschrift in Honor of Hermann Patsch, Lewiston N. Y. 2007; W. Dilthey, Leben S.s I, Berlin 1870, ed. M. Redeker, I–II, Berlin ³1970 (repr. als: ders., Ges. Schriften XIII, ed. M. Redeker, Göttingen 1970, 1991); ders., S., ADB XXXI (1890), 422–457; ders., Leben S.s II (S.s System als Philosophie und Theologie), I–II, ed. M. Redeker, Berlin 1966 (repr. als: ders., Ges. Schriften XIV, ed. M. Redeker, Göttingen 1966, 1985); H. Fischer,

S., TRE XXX (1999), 143–189; M. Forster, S., SEP 2002, rev. 2017; M. Frank, Das individuelle Allgemeine. Textstrukturierung und Textinterpretation nach S., Frankfurt 1977, ²2001; C. Helmer (ed.), S.s Dialektik. Die Liebe zum Wissen in Philosophie und Theologie, Tübingen 2003; E. Herms, Herkunft, Entfaltung und erste Gestalt des Systems der Wissenschaften bei S., Gütersloh 1974; E. Jüngel, S., RGG VII (⁴2004), 904–919; F. Kaulbach, S.s Idee der Dialektik, Neue Zeitschr. f. systemat. Theologie u. Religionsphilos. 10 (1968), 225–260; H. Kimmerle, Das Verhältnis S.s zum transzendentalen Idealismus, Kant-St. 51 (1959/1960), 410–426; F. Kümmel, S.s Dialektik. Die Frage nach dem Verhältnis von Erkenntnisgründen und Wissensgrund, Hechingen 2008; T. Lehrer, Die Kunsttheorie F. S.s, Stuttgart 1987; J. Mariña (ed.), The Cambridge Companion to F. S., Cambridge etc. 2005; G. Meckenstock, Deterministische Ethik und kritische Theologie. Die Auseinandersetzung des frühen S. mit Kant und Spinoza 1789–1794, Berlin/New York 1988; ders., S., REP VIII (1998), 531–539; ders. (ed.), S.-Tag 2005. Eine Vortragsreihe, Göttingen 2006; R. R. Niebuhr, S., Enc. Ph. VII (1967), 316–319, VIII (²2006), 632–636; K. Nowak, S.. Leben, Werk und Wirkung, Göttingen 2001, 2002; D. J. Pedersen, The Eternal Covenant. S. on God and Natural Science, Berlin/Boston Mass. 2017; W. H. Pleger, S.s Philosophie, Berlin/New York 1988; H.-R. Reuter, Die Einheit der Dialektik F. S.s.. Eine systematische Interpretation, München 1979; R. Rieger, Interpretation und Wissen. Zur philosophischen Begründung der Hermeneutik bei F. S. und ihrem geschichtlichen Hintergrund, Berlin/New York 1988; H. Schnur, S.s Hermeneutik und ihre Vorgeschichte im 18. Jahrhundert. Studien zur Bibelauslegung, zu Hamann, Herder und F. Schlegel, Stuttgart/Weimar 1994; G. Scholtz, Die Philosophie S.s, Darmstadt 1984 (mit Bibliographie, 167–187); ders., Ethik und Hermeneutik. S.s Grundlegung der Geisteswissenschaften, Frankfurt 1995; ders., S., NDB XXIII (2007), 54–57; U. Schwab, S., BBKL IX (1995), 253–270; K. V. Selge (ed.), Internationaler S.-Kongreß Berlin 1984, I–II, Berlin/New York 1985; T. Seruya/J. M. Justo (eds.), Rereading S.. Translation, Cognition and Culture, Berlin/Heidelberg 2016; H. Süskind, Der Einfluß Schellings auf die Entwicklung von S.s System, Tübingen 1909, Aalen 1983; G. Vattimo, S.. Filosofo dell'interpretazione, Mailand 1968, 1986.   D. T.

Schlick, Moritz, *Berlin 14. April 1882, †Wien 22. Juni 1936, dt. Philosoph, Begründer des ↑Wiener Kreises. 1900–1904 Studium der Naturwissenschaften und der Mathematik in Heidelberg, Lausanne und Berlin, 1904 Promotion in Berlin bei M. Planck: »Über die Reflexion des Lichts in einer inhomogenen Schicht«. Nach philosophischer Lehrtätigkeit in Rostock (1911–1921), wo S. sich 1910 mit einer Schrift über »Das Wesen der Wahrheit nach der modernen Logik« habilitiert hatte, o. Prof. in Kiel (1921–1922). 1922 Berufung auf den seit Jahren vakanten Lehrstuhl für ›Philosophie, insbes. Geschichte und Theorie der induktiven Wissenschaften‹ in Wien, den vor ihm E. Mach und L. Boltzmann innegehabt hatten. Gastprofessuren in Stanford (1929) und Berkeley (1931/1932). 1936 in ihren Hintergründen bis heute nicht restlos aufgeklärte Ermordung durch einen ehemaligen Studenten. – S. war Initiator und Mittelpunkt einer regelmäßigen, auch als ›S.-Zirkel‹ bezeichneten Diskussionsrunde mit philosophisch interessier-

ten Kollegen der Mathematik und anderer Wissenschaften. 1929–1932 wurde diese Runde durch regelmäßige Zusammenkünfte S.s mit L. Wittgenstein und F. Waismann ergänzt. Seit Veröffentlichung der auf Veranlassung O. Neuraths entstandenen Programmschrift »Wissenschaftliche Weltauffassung: Der Wiener Kreis« 1929 wurde die logisch-empiristische Konzeption (↑Empirismus, logischer) einer weiteren Öffentlichkeit zugänglich. Bereits 1934 wurde der zur Förderung einer wissenschaftlichen Weltauffassung 1928 gegründete »Verein Ernst Mach«, dessen Vorsitzender S. war, verboten. Das wichtigste Publikationsorgan, die von R. Carnap und H. Reichenbach zwischen 1930 und 1939 herausgegebene Zeitschrift »Erkenntnis«, konnte ab 1937 nicht mehr in Deutschland erscheinen.

S. versteht seine philosophische Arbeit als eine Fortentwicklung der Positionen des klassischen ↑Empirismus bei G. Berkeley und D. Hume. Dennoch beschränkt er sich nicht auf Grundlagenprobleme der exakten Wissenschaften; von Anfang an gehören, anders als bei den meisten Mitgliedern des Wiener Kreises, Fragen der Ethik und der Ästhetik zum Kernbereich seines Interesses. Schon in der 1908 erschienenen Schrift »Lebensweisheit. Versuch einer Glückseligkeitslehre« stellt S. Erkennen in den Kontext eines vom möglichen Nutzen unabhängigen Spiels des Geistes, durch das ein Mensch Klarheit über sich, über die Welt und über seine Stellung in ihr zu erlangen sucht. Von daher auch das durchgehende Interesse am Zusammenhang wissenschaftlicher Erkenntnis mit alltäglicher Lebenserfahrung, das S. mit dem Ansatz des ↑Pragmatismus verbindet, obwohl er sich nur mit der von H. Poincaré vertretenen Version auseinandergesetzt und von ihm insbes. die Notwendigkeit von ↑Konventionen bei wissenschaftlicher Begriffsbildung auch in seine eigene Lehre von der Erkenntnis übernommen hatte. Noch vor seinem Hauptwerk, der 1918 erschienenen »Allgemeinen Erkenntnislehre«, erprobt S. die Überzeugung, daß philosophische Arbeit der Begriffsklärung diene, an einer Einführung in das Verständnis der Relativitätstheorie (↑Relativitätstheorie, allgemeine, ↑Relativitätstheorie, spezielle) A. Einsteins, indem er als dessen Hauptverdienst herausstellt, den Begriff der Gleichzeitigkeit (↑gleichzeitig/Gleichzeitigkeit) von Ereignissen an verschiedenen Orten präzisiert zu haben. S. argumentiert dabei auf der Grundlage einer im Vergleich zu B. Russells Unterscheidung zwischen ›knowledge by acquaintance‹ und ›knowledge by description‹ begrifflich schärfer gefaßten Trennung von unmittelbarer, nur vom ↑Erleben getragener *Kenntnis* und mittelbarer, vom Denken artikulierter *Erkenntnis* gegen klassische erkenntnistheoretische Positionen – darunter vor allem I. Kants Lehre vom ↑synthetischen Apriori (↑a priori) und verschiedene Versionen intuitiver (↑Intuition) Erkenntnis (z. B. bei H. Bergson, F.

Brentano, E. Husserl) – und für die These, daß ausschließlich (relationale) Strukturen und deren Zusammenhänge, z. B. in Gestalt von ↑Naturgesetzen, erkennt-
nisfähig sind, Erkennen also allein auf der Symbolebene
stattfindet (↑Symbol, ↑Semiotik). Die an der Schnitt-
stelle von Kenntnis und Erkenntnis auftretenden ↑Kon-
statierungen bilden als bloße ↑Indizes für Erlebnisvoll-
züge das unentbehrliche pragmatische Fundament der
Erkenntnis.

Die Begegnung mit Wittgenstein, dessen »Tractatus« im
S.-Zirkel schon vor den regelmäßigen Treffen mit ihm
intensiv diskutiert wurde, wird für S. der Anlaß, das
Programm der Begriffsklärung zur Sicherung der
Grundlagen einer Wissenschaft deutlich in Richtung auf
den Prozeß einer mit den Mitteln der modernen formalen Logik (↑Logik, formale) betriebenen Sinnbestim-
mung jeder Art sprachlicher Äußerungen als Aufgabe
der Philosophie zu verschieben, wobei »die letzte Sinngebung [...] stets durch Handlungen [geschieht]; sie
machen die philosophische Tätigkeit aus« (Die Wende
der Philosophie, in: Gesammelte Aufsätze, 1938, 36). S.
teilt dabei jedoch nicht Wittgensteins radikale These,
daß man über Fragen des Lebens nicht diskursiv reden
könne. Vielmehr gehört es gerade zu den wichtigsten
Aufgaben der Philosophie, an die Stelle des Aufstellens
besonderer philosophischer Sätze – diese gibt es nach S.
nicht – sich auf philosophische Weise, nämlich sinnvoll
und klar, über jeden Gegenstand zu äußern. Für die
Ethik, wie S. sie in »Fragen der Ethik« (1930) behandelt,
bedeutet dies einen Rückgang auf die Frage ›warum
handeln Menschen moralisch?‹, die S. mit einem Verweis darauf beantwortet, daß es Lust am Glück (↑Glück
(Glückseligkeit)) eines anderen gibt: Ethik ist weder
↑Pflichtethik noch ↑Wertethik, sondern Glücksethik, die
sich auf den Gefühlen von Lust und Unlust aufbauen
läßt und daher als eine Teildisziplin der Psychologie,
diese so um ihren philosophischen Anteil ergänzend, zu
verstehen ist. Die Erweiterung dieses Ansatzes zu einer
umfassenden Darstellung von Natur, Kultur und Kunst
im Sinne einer philosophischen ↑Anthropologie war als
Gegenstand eines Buches geplant, das nur als Fragment
überliefert ist.

Werke: Gesamtausgabe, ed. F. Stadler/H. J. Wendel, Wien/New
York 2006ff. (erschienen: Abt. 1 [Veröffentlichte Schriften]: I–
VII; Abt. 2 [Nachgelassene Schriften]: I.2). – Lebensweisheit.
Versuch einer Glückseligkeitslehre, München 1908, ferner in:
Gesamtausg. [s. o.] Abt. 1/III, 43–332; Das Wesen der Wahrheit
nach der modernen Logik, Vierteljahrsschr. f. wiss. Philos. u.
Soziologie 34 (1910), 386–477; Raum und Zeit in der gegenwärtigen Physik. Zur Einführung in das Verständnis der allgemeinen
Relativitätstheorie, Berlin 1917, erw. mit Untertitel: Zur Einführung in das Verständnis der Relativitäts- und Gravitationstheorie, [2]1919, [4]1922, ferner in: Gesamtausg. [s. o.] Abt. 1/II, 159–286
(engl. Space and Time in Contemporary Physics. An Introduction to the Theory of Relativity and Gravitation, New York, Ox-

ford 1920 [repr. 1963], Mineola N. Y. 2005); Allgemeine Erkenntnislehre, Berlin 1918, [2]1925 (repr. 2013), Neudr. Frankfurt 1979,
ferner als: Gesamtausg. [s. o.] Abt. 1/I (engl. General Theory of
Knowledge, Wien etc. 1974, 2013; franz. Théorie générale de la
connaissance, Paris 2009); Vom Sinn des Lebens, Symposion 1
(1927), 331–354; Fragen der Ethik, Wien 1930, Frankfurt 1984,
2002, ferner in: Gesamtausg. [s. o.] Abt. 1/III, 347–536 (engl. Problems of Ethics, New York 1939, 1962; franz. Questions d'éthique,
Paris 2000); Gesammelte Aufsätze. 1926–1936, ed. F. Waismann,
Wien 1938 (repr. Hildesheim 1969); Grundzüge der Naturphilosophie, ed. W. Hollitscher/J. Rauscher, Wien 1948 (engl. Philosophy of Nature, New York 1949 [repr. London/New York
1968]); Natur und Kultur, ed. J. Rauscher, Wien/Stuttgart, Zürich
1952; Aphorismen, ed. B. H. Schlick, Wien 1962; Philosophical
Papers, I–II, ed. H. L. Mulder/B. F. B. van de Velde-Schlick, Dordrecht 1979; Die Probleme der Philosophie in ihrem Zusammenhang. Vorlesungen aus dem Wintersemester 1933/34, ed. H. L.
Mulder/A. J. Kox/R. Hegselmann, Frankfurt 1986 (engl. The Problems of Philosophy in Their Interconnection. Winter Semester
Lectures. 1933–1934, ed. H. L. Mulder/A. J. Kox/R. Hegselmann,
Dordrecht 1987); Philosophische Logik, ed. B. Philippi, Frankfurt 1986.

Literatur: F. O. Engler (ed.), M. S.. Leben, Werk und Wirkung,
Berlin 2008; ders./M. Iven (eds.), M. S.. Ursprünge und Entwicklungen seines Denkens, Berlin 2010; ders./J. Renn, Wissenschaftliche Philosophie, moderne Wissenschaft und historische Epistemologie. Albert Einstein, Ludwig Fleck und M. S. im Ringen um
die wissenschaftliche Rationalität, Berlin 2010; ders. (ed.), M. S.
– Die Rostocker Jahre und ihr Einfluss auf die Wiener Zeit, Leipzig 2013; H. Feigl, M. S., Erkenntnis 7 (1937/1938), 393–419; J.
Friedl, Konsequenter Empirismus. Die Entwicklung von M. S.s
Erkenntnistheorie im Wiener Kreis, Wien/New York 2013; V.
Gadenne. Wirklichkeit, Bewusstsein und Erkenntnis. Zur Aktualität von M. S.s Realismus, Rostock 2003; M. Iven, M. S.. Die
frühen Jahre (1882–1907), Berlin 2008; B. Juhos, S., Enc. Ph. VII
(1967), 319–324, VIII ([2]2006), 637–644; V. Kraft, M. S. (1882–
1936), Philosophia 1 (1936), 323–330; K. Lorenz, Erleben und
Erkennen. Stadien der Erkenntnis bei M. S., Grazer philos. Stud.
16/17 (1982), 271–282, Neudr. in: ders., Philosophische Variationen. Gesammelte Aufsätze unter Einschluss gemeinsam mit
Jürgen Mittelstraß geschriebener Arbeiten zu Platon und Leibniz, Berlin/New York 2011, 153–164; B. McGuinness (ed.), Zurück zu S.. Eine Neubewertung von Werk und Wirkung, Wien
1985; M. Neuber, Die Grenzen des Revisionismus. S., Cassirer
und das ›Raumproblem‹, Wien/New York 2012; T. Oberdan, S.,
SEP 2013, rev. 2016; D. Rynin, S., IESS XIV (1968), 52–56; F.
Stadler, Vom Positivismus zur ›Wissenschaftlichen Weltauffassung‹. Am Beispiel der Wirkungsgeschichte von Ernst Mach in
Österreich von 1895 bis 1934, Wien/München 1982; ders./H. J.
Wendel (eds.), Stationen. Dem Philosophen und Physiker M. S.
zum 125. Geburtstag, Wien/New York 2009. – S. und Neurath.
Ein Symposion. Beiträge zum Internationalen Philosophischen
Symposion aus Anlaß der 100. Wiederkehr der Geburtstage von
M. S. (14.4.1882–22.6.1936) und Otto Neurath (10.12.1882–
22.12.1945), Wien, 16.–20. Juni 1982, ed. R. Haller, Amsterdam
1982 (Grazer Philos. Stud. 16/17); Zurück zu S.. Eine Neubewertung von Werk und Wirkung, ed. B. McGuinness, Wien
1985.   K. L.

Schließen, natürliches, ↑Kalkül des natürlichen Schließens.

Schluß (griech. συλλογισμός, λόγος, lat. ratiocinatio, illatio; engl. reasoning, argument, inference; franz. raisonnement), in der Logik Bezeichnung für den Übergang von einer Reihe von Aussagen, den ↑*Prämissen* des S.es, zu einer Aussage, der ↑*Konklusion* (*conclusio*) oder dem Schlußsatz des S.es, gemäß einer *Schlußregel*. Ein S. ist *berechtigt* oder *gültig* (traditionell auch: ›schlüssig‹; ↑gültig/Gültigkeit), wenn im ↑Schema der S.regel die ↑Wahrheit der Prämissen auch die Wahrheit der Konklusion verbürgt. Dabei werden die Termini ›Prämisse‹ und ›Konklusion‹ – dafür auch ›Grund‹ und ›Folge‹ – sowohl für die grundsätzlich noch schematische Buchstaben (↑Prädikatorenbuchstabe, schematischer) enthaltende S.regel als auch für deren Anwendung, einen S., verwendet. Eine Aussage als Konklusion einer S.regel mit wahren Prämissen (bzw. ganzer Sequenzen hintereinandergeschalteter S.e mit wahren obersten Prämissen; ↑Kettenschluß) darzustellen, gehört daher zu den wichtigen, aber durchaus nicht zu den einzigen Mitteln, sich ihrer Wahrheit zu vergewissern, also einen ↑Beweis für sie zu führen.

Als Notation für S.regeln ist in Gebrauch: $A_1; \ldots; A_n \Rightarrow B$; bei einer Anwendung dieser Regel in einem S. oder einer S.folgerung wird ›⇒‹ sprachlich wiedergegeben durch ›ergo‹, ›also‹, ›therefore‹ usw.. Die angegebene S.regel darf nicht mit der ↑Implikation $A_1, \ldots, A_n \prec B$, der Folgerungsbeziehung (↑Folgerung) oder Konsequenzbeziehung (↑Konsequenz) zwischen Prämissen und Konklusion (in einer Implikation heißen sie angemessener ↑Hypothesen und ↑These), einer Metaaussage(form), verwechselt werden; erst recht nicht mit der objektsprachlichen Wenn-dann-Aussage $A_1 \wedge \ldots \wedge A_n \rightarrow B$, einer ↑Subjunktion. Vielmehr wird mit der Gültigkeit der Implikation die Schlüssigkeit der entsprechenden S.regel begründet, obwohl natürlich auch umgekehrt die Schlüssigkeit der Regel für die Gültigkeit der zugehörigen Implikation bzw. die Wahrheit der Subjunktion herangezogen werden kann. Sowohl Implikation als auch Subjunktion werden in der traditionellen Logik (↑Logik, traditionelle) unter dem Titel ›hypothetisches Urteil‹ (↑Urteil, hypothetisches) behandelt.

Je nach den Gründen für die Übertragung der Wahrheit von den Prämissen auf die Konklusion einer S.regel unterscheidet man verschiedene S.arten: (1) Ein *logischer* S. liegt vor, wenn man von den Prämissen auf die Konklusion allein aufgrund der Zusammensetzung mit den logischen Partikeln (↑Partikel, logische) schließen darf, z. B. der S. von $A \vee B$ (*A oder B*) und $\neg A$ (*nicht-A*) auf *B* (die S.regel $A \vee B; \neg A \Rightarrow B$ ist wegen der logischen Gültigkeit der Implikation $A \vee B, \neg A \prec B$ bzw. der logischen Wahrheit der Subjunktion $((A \vee B) \wedge \neg A) \rightarrow B$ eine logisch gültige S.regel). (2) Ein ↑*analytischer* S. liegt vor, wenn neben der Zusammensetzung mit den logischen Partikeln für das Schließen nur noch terminologische

Bestimmungen oder Bedeutungspostulate (↑Prädikatorenregeln), insbes. ↑Definitionen für die in den Aussagen auftretenden Termini, in Anspruch genommen werden, z. B. der S. von ›N ist ein Kind und kein Junge‹ auf ›N ist ein Mädchen‹. (3) Ein *arithmetischer* S. liegt vor, wenn darüber hinaus auf die Erzeugung der natürlichen Zahlen durch Zählen, also nach den beiden Regeln im ↑Strichkalkül

$$\Rightarrow \vert$$
$$n \Rightarrow n \vert$$

(↑Nachfolger), zurückgegriffen wird. Dies ist der Fall beim *Induktionsschluß* von den beiden Prämissen $A(\vert)$ und $\bigwedge_x(A(x) \rightarrow A(x\vert))$. auf die Konklusion $\bigwedge_x A(x)$ (↑Induktion, vollständige).

Man spricht generell von einem ↑*synthetischen* S., wenn außer auf die Wahrheit der Prämissen noch auf die (unter Umständen bloß zufällige) Wahrheit einer weiteren Aussage Bezug genommen wird, z. B. beim S. von ›N ist ein Mensch‹ auf ›N ist sterblich‹. Wird hier die zusätzliche Aussage ›alle Menschen sind sterblich‹, für die Begründung der Schlüssigkeit des S.es herangezogen werden kann, ausdrücklich zu einer weiteren Prämisse erhoben, so wird aus dem synthetischen S. ein logischer S.. Auch die arithmetischen S.e sind synthetisch, man muß nur die Konstruktion der natürlichen Zahlen durch eine wahre Aussage bzw. eine gültige Implikation repräsentieren, eben das *Induktionsprinzip* $A(\vert), \bigwedge_x(A(x) \rightarrow A(x\vert)) \prec \bigwedge_x A(x)$; dies als Prämisse hinzugenommen, erhält man einen logisch gültigen S. der Arithmetik.

In der ↑Wissenschaftstheorie wird versucht, die Geltungsgründe für einen S. als seine Prämissen zu formulieren und so jeden S. schließlich in einen logischen S. zu überführen. Es ist Aufgabe der formalen Logik (↑Logik, formale), eine Übersicht über die gültigen logischen S.e zu gewinnen. Dabei hat sich die traditionelle Logik, die nach einer Lehre vom ↑Begriff und einer Lehre vom ↑Urteil die Lehre vom S. behandelt, im wesentlichen auf die Untersuchung der Folgerungsbeziehung zwischen bestimmten Aussageformen beschränkt, nämlich den Aussagen der Form ›alle S sind P‹ (*SaP*), ›einige S sind P‹ (*SiP*), ›kein S ist P‹ (*SeP*) und ›einige S sind nicht P‹ (*SoP*). Ein S. von zwei Aussagen dieser Form auf eine dritte gemäß der S.regel *MpP; SσM* ⇒ *SτP* heißt seit Aristoteles, ebenso wie die zugehörige Implikation *SσM* ≺ *SτP*, ein ›Syllogismus‹ (↑Syllogistik). Die Lehre von den gültigen Syllogismen, also von den gültigen Gleichungen $\sigma \vert \rho = \tau$ im Sinne der ↑Relationenlogik, die je nach Anordnung der drei Termini S, P, M nach *Schlußfiguren* (griech. σχήματα) unterschieden werden, ist Thema der (assertorischen) ↑Syllogistik. Dabei spielen zunächst die zu den mittelbaren (d. h. mindestens zwei Prämissen aufweisenden) S.en (bei I. Kant ›Vernunftschlüsse‹) gezählten Syllogismen eine Rolle; sie umfassen auch noch eigentlich zur Aussagenlogik (↑Junktorenlogik) zählende Syllogismen wie den hypothetischen und den disjunktiven Syllogismus (↑Syllogismus, hypothetischer, ↑Syllogismus, disjunktiver), die in der stoischen Logik (↑Logik, stoische) im Mittelpunkt stehen. Weiterhin sind in der traditionellen Logik noch einige nicht-syllogistische, ›unmittelbar‹ genannte S.e (bei Kant ›Verstandesschlüsse‹) von Bedeutung. Dazu zählen die ↑Kontraposition $A \prec B \Rightarrow \neg B \prec \neg A$, speziell $SaP \Rightarrow \overline{Pa}\overline{S}$, die Konversion (↑konvers/Konversion), darunter $SiP \Rightarrow PiS$, die ↑Opposition, darunter $SaP \Rightarrow \neg SeP$. Erst in der modernen formalen Logik ist eine einheitliche Behandlung aller logischen S.arten möglich geworden, insbes. durch Einbeziehung von S.regeln mit unendlich vielen Prämissen, die sich nur mit einem ↑Allquantor der ↑Metasprache formulieren lassen, z. B. $\bigwedge_n A(n) \Rightarrow \bigwedge_x A(x)$ (↑Halbformalismus).

Ein Instrument zur theoretischen Beherrschung des logischen Schließens ist das Verfahren der ↑Kalkülisierung, also der syntaktischen Charakterisierung des Bereichs logisch wahrer Aussagen bzw. logisch gültiger Implikationen über deren Herstellbarkeit aus Anfangsausdrücken mit Hilfe von Regeln, d. i. durch einen ↑Logikkalkül. Auch die bloß syntaktischen Regeln eines solchen Kalküls nennt man im Blick auf die intendierte Interpretation ›(logische) S.regeln‹ (*rules of inference*). Weitere S.arten der traditionellen Logik wie etwa der ↑Analogieschluß (↑Analogie) und der (unvollständige) Induktionsschluß (↑Induktion) gehören hingegen ohne weitere Zusätze nicht mehr zur formalen Logik; ähnliches gilt für den praktischen S. bei Aristoteles. In den Anwendungen der formalen Logik, etwa in der ↑Argumentationstheorie oder in der ↑Rhetorik, spielt die schon traditionelle Lehre vom ↑Fehlschluß (*fallacy*) und vom ↑Trugschluß eine wichtige Rolle.

Literatur: B. Bolzano, Wissenschaftslehre. Versuch einer ausführlichen und größtentheils neuen Darstellung der Logik mit steter Rücksicht auf deren bisherige Bearbeiter, I–IV, Sulzbach 1837, Leipzig ²1929 (repr. Aalen 1970, 1981), §§ 254–268, Neudr. in: Bernard-Bolzano-Gesamtausgabe, Reihe 1, XII/3, ed. J. Berg, Stuttgart-Bad Cannstatt 1988, 161–213; A. Hügli, praktischer S., Hist. Wb. Ph. VIII (1992), 1306–1312; K. Lorenz, S., Hist. Wb. Ph. VIII (1992), 1303–1306; G. Patzig, S., Hb. ph. Grundbegriffe III (1974), 1251–1260; T. Ziehen, Lehrbuch der Logik auf positivistischer Grundlage mit Berücksichtigung der Geschichte der Logik, Bonn 1920 [repr. Berlin/New York 1974], 710–796 (Kap. 3 Die Lehre von den S.en).   K. L.

Schluß, deduktiver, in der Logik Bezeichnung für die ↑Folgerung einer Aussage A, der ↑›Konklusion‹ des d.n S.es, aus endlich vielen Aussagen $A_1, ..., A_n$, den ↑›Prämissen‹ des d.n S.es, mit Hilfe logischer Schlußregeln (↑Deduktionsregel), daher begrifflich einem logischen ↑Schluß gleichwertig. Die Darstellung solcher

Schlußregeln erfolgt in der formalen Logik (↑Logik, formale) durch Regeln eines ↑Logikkalküls: $A_1, ..., A_n \Rightarrow A$, darunter z. B. der ↑Abtrennungsregel $A, A \to B \Rightarrow B$ (↑modus ponens). Die Schlüssigkeit eines d.n S.es ist davon abhängig, daß die (metasprachliche) ↑Implikation $A_1, ..., A_n \prec A$ logisch gültig ist (↑gültig/Gültigkeit), was gleichwertig damit ist, daß die (objektsprachliche) ↑Subjunktion $A_1 \wedge ... \wedge A_n \to A$ logisch wahr ist (↑Deduktionstheorem). Damit ist sichergestellt, daß bei wahren Prämissen auch die Konklusion wahr ist, der d. S. also einen (deduktiven, nur mit logischen Mitteln geführten) ↑Beweis der Konklusion aus den Prämissen liefert. Oft wird, einer verbreiteten Tradition folgend, der d. S. als eine zur *notwendigen* Geltung einer Aussage führende ↑Deduktion den beiden nur zu *wahrscheinlicher* bzw. *erwartbarer* Geltung einer Aussage führenden Verfahren der ↑Induktion (↑Schluß, induktiver) bzw. ↑Abduktion gegenübergestellt, was jedoch angesichts der vielfältigen Probleme im Zusammenhang der Begründbarkeit (↑Begründung) ganzer Aussagenzusammenhänge und damit wissenschaftlicher Theoriebildung im Ganzen als eine fragwürdige Vereinfachung anzusehen ist.   K. L.

Schluß, induktiver (engl. inductive inference), im weiteren Sinne Bezeichnung für einen ↑Schluß von ↑Prämissen auf eine ↑Konklusion, der nicht deduktiv oder logisch gültig ist (↑Folgerung), wohl aber zur ↑Begründung der Konklusion geeignet ist, indem er ihr eine gewisse Plausibilität oder ↑Wahrscheinlichkeit verleiht; im engeren Sinne Bezeichnung für einen Schluß vom Besonderen auf das Allgemeine. Die i.n S.e im weiteren Sinne umfassen nach W. Salmon neben der enumerativen ↑Induktion und dem statistischen Syllogismus das Argument aus der Autorität (*argument from authority*), das Argument gegen den Mann (*argument against the man*), den ↑Analogieschluß, das kausale Argument und die Hypothesenbestätigung durch die hypothetisch-deduktive Methode (Logic, ²1973, 81–117 [dt. Logik, 1983, 163–239]). Da der Übergang von den Prämissen zur Konklusion gehaltserweiternd ist, ist es – im Gegensatz zu deduktiven (logisch gültigen) Schlüssen – bei i.n S.en nicht ausgeschlossen, daß die Prämissen wahr, die Konklusion jedoch falsch ist.

Ein i. S. im engeren Sinne bedeutet den Übergang von Aussagen über (bisher beobachtete, empirische) Einzelfälle zu einer universellen, gesetzesartigen (↑Gesetz (exakte Wissenschaften)) Aussage auf der Grundlage einer Homogenitätsannahme über die Natur (enumerative Induktion; ↑Generalisierung). Die typische Form eines i.n S.es ist in diesem Fall

$$\frac{F(x_1) \wedge F(x_2) \wedge ... \wedge F(x_n)}{\bigwedge_x F(x)}$$

R. Carnap suchte durch eine probabilistische Interpretation des induktiven Schließens eine Annäherung an die Form des deduktiven Schließens (↑Schluß, deduktiver) zu erreichen. Dazu ging er von einem logischen (apriorischen) Wahrscheinlichkeitsbegriff aus, den er als abgeschwächte oder partielle logische ↑Implikation interpretierte (↑Logik, induktive). Carnap verwendete (reguläre) ↑Bestätigungsfunktionen c, mit denen die logische Wahrscheinlichkeit oder der induktive Bestätigungsgrad r einer Hypothese H auf der Grundlage von Beobachtungen E ausdrückbar ist: $c(H,E) = r$ für eine reelle Zahl r mit $0 \leq r \leq 1$ (↑Bestätigung). Strittig blieb, ob es in der induktiven Logik legitime Übergänge von Prämissen zu einer Konklusion geben kann (also eine induktive ↑Abtrennungsregel). Carnap selbst hatte dies abgelehnt; doch kann das Problem als ein Problem des Akzeptierens von wissenschaftlichen ↑Hypothesen angesehen werden. Um eine Hypothese H (etwa von der Form $\bigwedge_x F(x)$) relativ zu den verfügbaren Daten E (etwa $F(x_1) \wedge F(x_2) \wedge \ldots \wedge F(x_n)$) als akzeptabel auszuweisen, d. h. einen i.n S. von den Daten auf die Hypothese zu ziehen, muß (1) eine Akzeptanzschranke r_0 (nahe bei 1) ausgewiesen werden. Zur Vermeidung von Mehrdeutigkeiten und Konflikten muß (2) darauf bestanden werden, daß das gesamte verfügbare relevante empirische Wissen in den Prämissen aufgeführt wird (Forderung des Gesamtdatums, *requirement of total evidence*), da für eine gegenüber E vermehrte Evidenz E' gelten kann, daß $c(H,E') < r_0 < c(H,E)$ (das Problem stellt sich auch bei einer induktiv-statistischen ↑Erklärung). Unter diesen Voraussetzungen kann man den i.n S. (hier auch: das induktiv-probabilistische Argument, den statistischen Syllogismus) so interpretieren, daß der Wahrscheinlichkeitswert r entweder der Konklusion oder (nach C. G. Hempel) dem Schluß selbst anhaftet:

$$\frac{E}{H \text{ gilt mit Wahrscheinlichkeit } r}$$
$$c(H,E) = r$$

bzw.

$$\frac{E}{H} \quad \begin{array}{c} \\ c(H,E) = r \end{array} \text{ mit Wahrscheinlichkeit } r$$

Für $r > r_0$ kann die Hypothese H als akzeptiert betrachtet werden. Die Gesamtheit der so akzeptierten Hypothesen ist allerdings nicht deduktiv abgeschlossen (↑abgeschlossen/Abgeschlossenheit).
Ein zentrales Problem der Carnapschen Methode ist, daß bei endlich vielen Beobachtungen eine allgemeine Hypothese über einem unendlichen Objektbereich immer nur die Wahrscheinlichkeit Null erhält, also ein i. S. auf eine solche Hypothese nie vollzogen werden kann.

Ein von Carnap lange Zeit bevorzugter möglicher Ausweg besteht darin, das induktive Verfahren nur auf die je nächstfolgende Beobachtung zu beschränken (singulare Voraussageschlüsse); für solche Übergänge kann durchaus eine hohe bedingte Wahrscheinlichkeit $c(F(x_{n+1}), F(x_1) \wedge F(x_2) \wedge \ldots \wedge F(x_n)) = r$ bestehen. Ein i. S. hat dann die Form

$$\frac{F(x_1) \wedge F(x_2) \wedge \ldots \wedge F(x_n)}{F(x_{n+1})},$$

zu der in einer expliziteren Fassung wieder die Wahrscheinlichkeitsaussage als zweite Prämisse und die Signatur von Konklusion bzw. Schluß durch den Wert r hinzukommen kann. Im Anschluß an die späten Schriften Carnaps hat W. Stegmüller empfohlen, die Aussage $c(H,E) = r$ nicht zur Grundlage eines i.n S.es zu machen, sondern Carnaps ursprüngliche Intention der Aufstellung einer Logik umzuinterpretieren als die Aufstellung einer Theorie für Entscheidungen unter ↑Risiko (↑Entscheidungstheorie). So könnte im vorliegenden Falle auf der Grundlage der Daten E auf das Zutreffen der (einen Einzelfall betreffenden) Hypothese H genau mit einem Wettquotienten r (Einsatz geteilt durch möglichen Gewinn) rational gewettet werden.
N. Goodman hat gezeigt (↑Goodmansche Paradoxie), daß Extrapolationen aus dem Beobachteten durch i.e S.e nur dann zulässig sein können, wenn das betreffende Prädikat F nicht ›zerrüttet‹, sondern ›projektierbar‹ oder ›wohlverankert‹ ist. Das grundlegende Problem besteht darin, daß alternative i.e S.e bezüglich verschiedener Prädikate F (z. B. ›grün‹) und F' (z. B. ›grot‹ mit der Bedeutung ›grün vor Weihnachten und rot nach Weihnachten‹) vollzogen werden können, deren Konklusionen miteinander unverträglich, also nicht gemeinsam annehmbar, sind. Im genannten Beispiel ist die Bevorzugung von ›grün‹ natürlich; jedoch konnte bislang keine von induktiver Begrifflichkeit unabhängige, allgemeine Charakterisierung des Projektierbarkeitsbegriffs gegeben werden (vgl. W. V. O. Quine 1969). Hier stellt sich das Induktionsproblem als Problem der Wahl von Hypothesen, die als die Konklusionen i. S.e geeignet sind. – K. R. Popper und mit ihm D. Miller und J. W. N. Watkins haben im Rahmen ihrer auf ↑Falsifikation und ↑Bewährung aufgebauten Wissenschaftskonzeption bestritten, daß i.e S.e auf Gesetze oder Theorien in einem auf Wahrscheinlichkeiten aufgebauten Kalkül sinnvoll sind, und den Anspruch erhoben, die Unmöglichkeit solcher i.n S.e endgültig bewiesen zu haben. Diese Behauptung ist jedoch nicht allgemein akzeptiert.
Seit den 1960er Jahren sind (nicht-probabilistische) i.e S.e Gegenstand der Lerntheorie in der Forschung zur Künstlichen Intelligenz (D. Angluin/C. H. Smith; ↑Intelligenz, künstliche). Es geht dabei um das Problem der Identifikation einer (als berechenbar unterstellten; ↑be-

rechenbar/Berechenbarkeit) Funktion auf der Grundlage nur endlich vieler Realisierungen von Argument-Wert-Paaren (Input-Output-Paaren) durch eine Folge von hypothetisch ›geratenen‹ Funktionen. Konvergiert diese durch eine induktive Inferenzmethode erzeugte und durch immer neue Beispielpaare kontrollierte Folge, d. h., wird ab einem gewissen Punkt stets dieselbe, den Beispielen tatsächlich zugrundeliegende Funktion bzw. stets dasselbe diese Funktion berechnende Programm geliefert, dann heißt die Inferenzmethode ›(verhaltens- bzw. erklärungs-)korrekt‹. Wenngleich diese Theorie auch zur automatischen Hypothesenfindung, zur Mustererkennung und zur Programmsynthese benutzt wird, ist sie doch vor allem durch das Bestreben motiviert, das Lernen natürlicher Sprachen anhand von Urteilen über die syntaktische Korrektheit von einzelnen Beispielen zu simulieren – wobei vorausgesetzt wird, daß diese Sprachen durch eine formale Grammatik im Sinne von N. Chomsky generiert werden (↑Transformationsgrammatik). Zur Problemlösung werden Suchalgorithmen oder direktere heuristische (↑Heuristik) Methoden benutzt, deren Erfolgsaussichten durch die Koppelung mehrerer induktiver Schlußmethoden oder durch die Verbindung mit einem Zufallsmechanismus oder auch durch Tolerieren von ›Anomalien‹ erhöht werden können.

Literatur: D. Angluin/C. H. Smith, Inductive Inference. Theory and Methods, Computing Surveys 15 (1983), 237–269; dies., Inductive Inference, in: S. C. Shapiro/D. Eckroth (eds.), Encyclopedia of Artificial Intelligence I, New York etc. 1987, 409–418, ²1992, 672–682; D. Baird, Inductive Logic. Probability and Statistics, Englewood Cliffs N. J. 1992; M. Black, Induction, Enc. Ph. IV (1967), 169–181, IV (²2006), 635–650; R. Carnap, Logical Foundations of Probability, Chicago Ill., London 1950, ⁴1971; ders., The Continuum of Inductive Methods, Chicago Ill./London/Toronto 1952; ders., Induktive Logik und Wahrscheinlichkeit, ed. W. Stegmüller, Wien 1959; ders., A Basic System of Inductive Logic I, in: ders./R. C. Jeffrey (eds.), Studies in Inductive Logic and Probability I [s. u.], 33–165; ders., Inductive Logic and Rational Decisions, in: ders./R. C. Jeffrey (eds.), Studies in Inductive Logic and Probability I [s. u.], 5–31; ders./R. C. Jeffrey (eds.), Studies in Inductive Logic and Probability I, Berkeley Calif./Los Angeles/London 1971; ders., A Basic System of Inductive Logic II, in: R. C. Jeffrey (ed.), Studies in Inductive Logic and Probability II [s. u.], 7–155; L. J. Cohen, An Introduction to the Philosophy of Induction and Probability, Oxford 1989; A. M. Coyne, Introduction to Inductive Reasoning, Lanham Md./New York/London 1984; J. Earman, Bayes or Bust. A Critical Examination of Bayesian Confirmation Theory, Cambridge Mass./London 1992, 1996; W. K. Essler, Induktive Logik. Grundlagen und Voraussetzungen, Freiburg/München 1970; H. Feigl, The Logical Character of the Principle of Induction, Philos. Sci. 1 (1934), 20–29, Neudr. in: ders./W. Sellars (eds.), Readings in Philosophical Analysis, New York 1949 (repr. Atascadero Calif. 1981), 297–304; N. Goodman, Fact, Fiction, and Forecast, London 1954, Cambridge Mass./London ⁴1983 (dt. Tatsache, Fiktion, Voraussage, Frankfurt 1975, 2008); C. G. Hempel, Recent Problems of Induction, in: R. G. Colodny (ed.), Mind and Cosmos. Essays in

Contemporary Science and Philosophy, Pittsburgh Pa. 1966, Lanham Md. 1983, 112–134; ders., Aspekte wissenschaftlicher Erklärung, Berlin/New York 1977; R. Hilpinen, Rules of Acceptance and Inductive Logic, Amsterdam 1968 (Acta Philos. Fennica XXII); J. H. Holland u. a. (eds.), Induction. Processes of Inference, Learning, and Discovery, Cambridge Mass./London 1986, 1996; R. C. Jeffrey, The Logic of Decision, New York/Toronto/London 1965, Chicago Ill./London ²1983, 1999 (dt. Logik der Entscheidungen, Wien/München 1967); ders. (ed.), Studies in Inductive Logic and Probability II, Berkeley Calif./Los Angeles/London 1980; M. Kaplan, Decision Theory as Philosophy, Cambridge etc. 1996, 1998; K. T. Kelly/C. Glymour, Inductive Inference from Theory Laden Data, J. Philos. Logic 21 (1992), 391–444; H. Kornblith, Inductive Inference and Its Natural Grounds. An Essay in Naturalistic Epistemology, Cambridge Mass./London 1993, 1995; T. A. F. Kuipers, Studies in Inductive Probability and Rational Expectation, Dordrecht/Boston Mass. 1978; H. E. Kyburg Jr., Probability and the Logic of Rational Belief, Middletown Conn. 1961; ders., Probability and Inductive Logic, New York/London 1970; ders., The Logical Foundations of Statistical Inference, Dordrecht/Boston Mass. 1974; ders., Epistemology and Inference, Minneapolis Minn. 1983; I. Lakatos (ed.), The Problem of Inductive Logic. Proceedings of the International Colloquium in the Philosophy of Science, London 1965 II, Amsterdam 1968; I. Levi, Gambling with Truth. An Essay on Induction and the Aims of Science, New York/London 1967, Cambridge Mass./London 1973; ders., For the Sake of the Argument. Ramsey Test Conditionals, Inductive Inference and Nonmonotonic Reasoning, Cambridge etc. 1996; I. Niiniluoto/R. Tuomela, Theoretical Concepts and Hypothetico-Inductive Inference, Dordrecht/Boston Mass. 1973; J. L. Pollock, Nomic Probability and the Foundations of Induction, Oxford etc. 1990; K. R. Popper, Logik der Forschung. Zur Erkenntnistheorie der modernen Naturwissenschaft, Wien 1935 [1934], Tübingen ¹⁰1994, ¹¹2005 (= Ges. Werke III), bes. Anhänge *VII, 313–328, *XVI-*XIX, 434–452; ders., Conjectural Knowledge. My Solution of the Problem of Induction, Rev. int. Philos. 25 (1971), 167–197, Neudr. in: ders., Objective Knowledge. An Evolutionary Approach, Oxford 1972, 2003; H. Putnam, Mathematics, Matter, Method, Cambridge etc. 1975, ²1979, 1995 (= Philos. Papers I), 270–304; W. V. O. Quine, Ontological Relativity and Other Essays, New York/London 1969, 1971, bes. 114–138; H. Reichenbach, Experience and Prediction. An Analysis of the Foundations of Knowledge, Chicago Ill. 1938, Notre Dame Ind. 2006; N. Rescher, Induction. An Essay on the Justification of Inductive Reasoning, Oxford, Pittsburgh Pa. 1980 (dt. Induktion. Zur Rechtfertigung induktiven Schließens, München/Wien 1987); R. Ružička u. a., Induktion, Hist. Wb. Ph. IV (1976), 323–335; W. C. Salmon, Logic, Englewood Cliffs N. J. 1963, ²1973, ³1984 (dt. Logik, Stuttgart 1983, 2015); ders., The Foundations of Scientific Inference, Pittsburgh Pa. 1967, 1979; ders., Partial Entailment as a Basis for Inductive Logic, in: N. Rescher (ed.), Essays in Honor of Carl G. Hempel. A Tribute on the Occasion of His Sixty-Fifth Birthday, Dordrecht 1969, 47–82; ders. (ed.), Statistical Explanation and Statistical Relevance, Pittsburgh Pa. 1971; B. Skyrms, Choice and Chance. An Introduction to Inductive Logic, Belmont Calif. 1966, ³1986, 2000 (dt. Einführung in die induktive Logik, Frankfurt etc. 1989); W. Stegmüller, Das Problem der Induktion. Humes Herausforderung und moderne Antworten, in: H. Lenk (ed.), Neue Aspekte der Wissenschaftstheorie. Beiträge zur wissenschaftlichen Tagung des engeren Kreises der Allgemeinen Gesellschaft für Philosophie in Deutschland Karlsruhe 1970, Braunschweig/Oxford/New York 1971,

13–74, Neudr. in: W. Stegmüller, Das Problem der Induktion. Humes Herausforderung und moderne Antworten – Der sogenannte Zirkel des Verstehens, Darmstadt 1975 (repr. 1986, 1996); ders., Probleme und Resultate der Wissenschaftstheorie und Analytischen Philosophie IV/1 (Personelle und statistische Wahrscheinlichkeit, 1. Halbbd.: Personelle Wahrscheinlichkeit und rationale Entscheidung), Berlin/Heidelberg/New York 1973; M. Swain (ed.), Induction, Acceptance, and Rational Belief, Dordrecht 1970; J. Vickers, The Problem of Induction, SEP 2006, rev. 2014; J. Watkins, Science and Scepticism, London, Princeton N. J. 1984 (dt. Wissenschaft und Skeptizismus, Tübingen 1992); J. C. Watson/R. Arp, Critical Thinking. An Introduction to Reasoning Well, London 2011, ²2015; weitere Literatur: ↑Induktion, ↑Induktivismus, ↑Logik, induktive.   H. R.

Schlußfigur, ↑Schluß.

Schlußregel, ↑Schluß.

Schlußschema, ↑Schluß.

Schmitt, Carl, *Plettenberg (Sauerland) 11. Juli 1888, †ebd. 7. April 1985, dt. Rechtstheoretiker. Nach Jurastudium (1907–1910) in Berlin, München und Straßburg 1910 Promotion, 1916 Habilitation in Straßburg, 1919–1921 Dozent an der Münchner Handelshochschule, o. Prof. in Greifswald (1921), Bonn (1922–1927), Berlin (Handelshochschule, 1928–1933), Köln (1933) und Berlin (Universität, 1933–1945). 1933 Eintritt in die NSDAP, 1933–1936 zahlreiche Partei- und Ehrenämter, 1933–1945 preußischer Staatsrat, 1945–1947 Lagerhaft mit Unterbrechungen, Verweigerung der Teilnahme am Entnazifizierungsverfahren, 1950 bis zu seinem Tod 1985 Privatgelehrter in Plettenberg. – S.s Rechts- und Staatstheorie ist eine in ihren verschiedenen Ebenen und Phasen stark von G. W. F. Hegel beeinflußte Reaktion auf den ↑Rechtspositivismus der zweiten Hälfte des 19. Jhs. In »Gesetz und Urteil« (1912) wird in grundsätzlicher Weise die Möglichkeit bestritten, die konkrete richterliche Entscheidung durch Subsumtion unter ein dem Prinzip nach vollständiges System des positiven Rechts ausschließlich mit Mitteln der logischen Deduktion und damit gesetzmäßig zu gewinnen. Im Gegensatz dazu hebt S. auf das existentielle Moment der Entscheidung ab, in deren Begründung der Richter die Allgemeinheit des besonderen Falles durch Bezug auf das Recht allererst herstellt. Bereits hier geht es um den Geltungsanspruch eines inhaltlich nicht ableitbaren Staatsakts als Rechtsakts. Das Grundproblem des Souveränitätsbegriffs ist für S. die Verbindung von faktischer und rechtlicher ↑Macht. Oberster Zweck des ↑Staates ist es, das ↑Recht zu verwirklichen. Dazu muß der Staat als Macht dem Recht gegenübertreten, dessen soziale Geltung die faktische Normalität der Situation zur Voraussetzung hat. Ist diese nicht gegeben, hat der Machtstaat in der Grenzsituation des Konflikts von Rechtsnorm und

Rechtsverwirklichungsnorm die Erhaltung der Rechtsordnung letztlich auch durch deren Suspension zu gewährleisten. In diesem (Hobbesianischen) Sinne bewährt sich für S. die Existenz des Staates in dem Augenblick, in dem die Rechtsnorm im Ausnahmezustand vernichtet wird. Die Betonung der faktischen Normalität der Situation als Geltungsgrund der auf sie bezogenen Norm verweist die Staatstheorie methodisch auf die erfahrungswissenschaftliche Analyse der Praxis als Korrektiv ihres Geltungsanspruchs.

S. lehnte die Staatsform der Weimarer Republik grundsätzlich ab und behauptete das irreversible Auseinandertreten von Idee und Wirklichkeit des modernen parlamentarischen Regierungssystems (Die geistesgeschichtliche Lage des heutigen Parlamentarismus, 1923). In diesem sei die Suche nach der richtigen Entscheidung im offenen Diskurs unvoreingenommener Vertreter durch die parteilich organisierte Vertretung antagonistischer (↑Antagonismus) Interessen ersetzt worden. Damit habe der Parlamentarismus als Herrschaftsform gleichzeitig seine an die überparteiliche Rationalität des Entscheidungsverfahrens gebundene ↑Legitimität verloren. Anstelle der unzureichenden rechtspositivistischen ↑Legalität vermag für S. im modernen Staat allein plebiszitäre Legitimität die erforderliche Verbindung von faktischer und normativer Macht herzustellen. Identitätstheoretische Vorstellungen bestimmen auch S.s Begriff des Politischen, dessen Struktur das existentiellintensive Freund-Feind-Verhältnis sei. Der Staat wird über die Notwendigkeit der Selbstbehauptung des Gleichartigen gegenüber der existentiellen Bedrohung durch das Fremde sowohl im internationalen als auch im intranationalen Bereich als die kampfbereite Einheit bestimmt. Die Verfassung des als Homogenität bestimmten Staates ist die Gesamtentscheidung der politischen Einheit über Art und Form der Identität. In der Totalität der durch die Gemeinschaft plebiszitär legitimierten Souveränität wird der tradierte Dualismus von Staat und ↑Gesellschaft aufgehoben und das von der liberalistischen Theorie (↑Liberalismus) isolierte Individuum in die im existentiellen Sinne politische Bindung an das Kollektiv zurückgenommen. So rechtfertigte S. zunächst die ›kommissarische Diktatur‹ des Reichspräsidenten und später die des ›Führerstaates‹. – Trotz des durch S.s Engagement für den Nationalsozialismus bedingten Rückzugs seiner Person aus dem öffentlichen Leben nach 1945 ist das vor allem durch E. Forsthoff geförderte Interesse an seinem Werk stets lebhaft geblieben. Der – zustimmende oder abwehrende – Bezug auf die oft als faszinierend empfundenen Diagnosen S.s ist dabei gemäß den je eigenen politischen Lagen und Überzeugungen meist eklektisch (↑Eklektizismus) gewesen. Entsprechend hatten die sich an sein Werk knüpfenden Kontroversen bis in die jüngste Zeit hinein nicht den

Charakter historisch-philologischer und in diesem Sinne neutraler Deutungskontroversen.

Werke: Über Schuld und Schuldarten. Eine terminologische Untersuchung, Breslau 1910, Frankfurt 1977; Gesetz und Urteil. Eine Untersuchung zum Problem der Rechtspraxis, Berlin 1912, München 2009; [unter dem Pseudonym Johannes Negelinus] Schattenrisse, Leipzig 1913, ferner in: I. Villinger, C. S.s Kulturkritik der Moderne [s. u., Lit.], 11–68; Der Wert des Staates und die Bedeutung des Einzelnen, Tübingen 1914, Berlin ³2015 (franz. La valeur de l'état et la signification de l'individu, Genf 2003); Theodor Däublers »Nordlicht«. Drei Studien über die Elemente, den Geist und die Aktualität des Werkes, München 1916, Berlin ³2009; Politische Romantik, München/Leipzig 1919, Berlin ⁶1998 (franz. [gekürzt] Romantisme politique, Paris 1928; engl. Political Romanticism, Cambridge Mass./London 1986, New Brunswick N. J./London 2011); Die Diktatur. Von den Anfängen des modernen Souveränitätsgedankens bis zum proletarischen Klassenkampf, München/Leipzig 1921, ²1928 (erw. um einen Anhang: Die Diktatur des Reichspräsidenten nach Art. 48 der Weimarer Verfassung [s. u.]), Berlin ⁸2015 (franz. La dictature, Paris 2000, 2015; engl. Dictatorship. From the Origin of the Modern Concept of Sovereignty to Proletarian Class Struggle, Cambridge 2010, Cambridge/Malden Mass. 2014); Politische Theologie. Vier Kapitel zur Lehre von der Souveränität, München/Leipzig 1922, Berlin ¹⁰2015 (engl. Political Theology. Four Chapters on the Concept of Sovereignty, Cambridge Mass. 1985, Chicago Ill./London 2005; franz. Théologie politique, Paris 1988, 9–75); Römischer Katholizismus und politische Form, Hellerau 1923, Stuttgart ⁵2008 (engl. The Necessity of Politics. An Essay on the Representative Idea in the Church and Modern Europe, London 1931, unter dem Titel: Roman Catholicism and Political Form, ed. G. L. Ulmen, Westport Conn./London 1996); Die geistesgeschichtliche Lage des heutigen Parlamentarismus, München/Leipzig 1923, Berlin ⁹2010 (engl. The Crisis of Parliamentary Democracy, Cambridge Mass./London 1985, 1988; franz. Parlementarisme et démocratie, in: Parlementarisme et démocratie. Suivi d'une étude sur la »Notion de politique« de C. S. par Leo Strauss, Paris 1988, 21–116); Die Diktatur des Reichspräsidenten nach Art. 48 der Reichsverfassung. 1. Bericht von Professor Dr. C. S. in Bonn, in: G. Anschütz u. a., Der deutsche Föderalismus. Die Diktatur des Reichspräsidenten, Berlin 1924 (Veröffentl. d. Vereinigung d. Dt. Staatsrechtslehrer 1), 63–103, ferner in: Die Diktatur [s. o.], ²1928, 213–259; Die Rheinlande als Objekt internationaler Politik, Köln 1925, ferner in: Frieden oder Pazifismus? [s. u.], 26–50 (engl. The Rhinelands as an Object of International Politics, Köln 1925); Die Kernfrage des Völkerbundes, Berlin 1926, in: Frieden oder Pazifismus? [s. u.], 1–25 (franz. La question clé de la Société des Nations, in: Deux textes de C. S., ed. R. Kolb, Paris 2009, 23–74); Unabhängigkeit der Richter, Gleichheit vor dem Gesetz und Gewährleistung des Privateigentums nach der Weimarer Verfassung. Ein Rechtsgutachten zu den Gesetzentwürfen über die Vermögensauseinandersetzung mit den früher regierenden Fürstenhäusern, Berlin/Leipzig 1926, Berlin/Boston Mass. 2012; Volksentscheid und Volksbegehren. Ein Beitrag zur Auslegung der Weimarer Verfassung und zur Lehre von der unmittelbaren Demokratie, Berlin 1927, 2014; Der Begriff des Politischen, Arch. Sozialwiss. u. Sozialpolitik 58 (1927), 1–33, ferner in: Der Begriff des Politischen. Mit einer Rede über das Zeitalter der Neutralisierungen und Entpolitisierungen, München/Leipzig 1932, 7–65, unter dem Titel: Der Begriff des Politischen. Text von 1932 mit einem Vorwort und drei Corollarien, Berlin 1963, ⁹2015, 19–72 (franz. La notion

de politique, in: La notion de politique [s. u.], 57–129; engl. The Concept of the Political, New Brunswick N. J. 1976, ferner in: The Concept of the Political. Expanded Edition, Chicago Ill./London 2007, 2008, 19–79); Verfassungslehre, München/Leipzig 1928, Berlin ¹⁰2010 (engl. [gekürzt] The Constitutional Theory of Federation, Telos 91 (1992), 26–56, unter dem Titel: Constitutional Theory, Durham/London 2008; franz. Théorie de la constitution, Paris 1993, ²2013); Der Hüter der Verfassung, Arch. d. öffentlichen Rechts 16 (1929), 161–237, Tübingen 1931, Berlin ⁵2016; Hugo Preuß. Sein Staatsbegriff und seine Stellung in der deutschen Staatslehre, Tübingen 1930, ferner in: Der Hüter der Verfassung [s. o.], Berlin ⁵2016, 161–184; Der Völkerbund und das politische Problem der Friedenssicherung, Leipzig/Berlin 1930, ferner in: Frieden oder Pazifismus? [s. u.], 281–232; Freiheitsrechte und institutionelle Garantien der Reichsverfassung, Berlin 1931; Legalität und Legitimität, München/Leipzig 1932, Berlin ⁸2012 (franz. Légalité, légitimité, Paris 1936, unter dem Titel: Legalité et légitimité, in: Du politique [s. u.], 39–79; engl. Legality and Legitimacy, Durham/London 2004); Staat, Bewegung, Volk. Die Dreigliederung der politischen Einheit, Hamburg 1933, ³1935 (franz. Etat, mouvement, peuple. L'organisation triadique de l'unité politique, Paris 1997; engl. State, Movement, People. The Triadic Structure of the Political Unity, in: State. Movement, People. The Triadic Structure of the Political Unity (1933). The Question of Legality (1950), ed. S. Draghici, Corvallis Ore. 2001, 3–54); Das Reichsstatthaltergesetz, Berlin 1933, 1934; Fünf Leitsätze für die Rechtspraxis, Berlin 1933; Nationalsozialismus und Völkerrecht, Berlin 1934; ferner in: Frieden oder Pazifismus? [s. u.], 391–423; Über die drei Arten des rechtswissenschaftlichen Denkens, Hamburg 1934, Berlin ³2006 (franz. Les trois types de pensée juridique, Paris 1995, 2015; engl. On the Three Types of Juristic Thought, Westport Conn. 2004); Staatsgefüge und Zusammenbruch des zweiten Reiches. Der Sieg des Bürgers über den Soldaten, Hamburg 1934, Berlin 2011; Die Wendung zum diskriminierenden Kriegsbegriff, München 1938, Berlin ⁴2007 (engl. The Turn to the Discriminating Concept of War [1937], in: Writings on War [s. u.], 30–74; franz. Le tournant vers le concept discriminatoire de la guerre, in: Guerre discriminatoire et logique des grands espaces, Paris 2011, 39–140); Der Leviathan in der Staatslehre des Thomas Hobbes. Sinn und Fehlschlag eines politischen Symbols, Hamburg 1938, Stuttgart ⁵2015 (engl. The Leviathan in the State Theory of Thomas Hobbes. Meaning and Failure of a Political Symbol, Westport Conn./London 1996, Chicago Ill./London 2008; franz. Le Léviathan dans la doctrine de l'état de Thomas Hobbes. Sens et échec d'un symbole politique, Paris 2002); Völkerrechtliche Großraumordnung mit Interventionsverbot für raumfremde Mächte. Ein Beitrag zum Reichsbegriff im Völkerrecht, Berlin/Wien 1939, Berlin ³2009 (engl. The Großraum Order of International Law with a Ban on Intervention for Spatially Foreign Powers. A Contribution to the Concept of Reich in International Law [1939–1941], in: Writings on War [s. u.], 75–124; franz. Le droit des peuples réglé selon le grand espace proscrivant l'intervention de puissances extérieures, in: C. S., Guerre discriminatoire et logique des grands espaces, Paris 2011, 141–274); Positionen und Begriffe im Kampf mit Weimar – Genf – Versailles 1923–1939, Hamburg 1940, Berlin ⁴2014; Land und Meer. Eine weltgeschichtliche Betrachtung, Leipzig 1942, Stuttgart ⁸2016 (franz. Terre et mer. Un point de vue sur l'histoire mondiale, Paris 1985; engl. Land and Sea, Washington D. C. 1997, mit Untertitel: A World-Historical Meditation, ed. R. A. Berman/S. Garret Zeitlin, Candor N. Y. 2015); Ex captivitate salus. Erfahrungen der Zeit 1945/47, Köln 1950, Berlin ⁴2015 (franz. Ex captivitate salus. Expériences des années 1945–

1947, Paris 2003); Der Nomos der Erde im Völkerrecht des Jus Publicum Europaeum, Köln 1950, Berlin [5]2011 (franz. Le nomos de la terre dans le droit des gens du Jus Publicum Europaeum, Paris 2001, [2]2012; engl. The Nomos of the Earth in the International Law of the Jus Publicum Europaeum, New York 2003, 2006); Donoso Cortés in gesamteuropäischer Interpretation. Vier Aufsätze, Köln 1950, Berlin [2]2009; Die Lage der europäischen Rechtswissenschaft, Tübingen 1950, in: Verfassungsrechtliche Aufsätze aus den Jahren 1924–1954 [s.u.], 386–429; La unidad del mundo, Madrid 1951, [2]1956 (franz. L'unité du monde (II), in: Du politique [s.u.], 237–249; dt. Die Einheit der Welt, in: Frieden oder Pazifismus? [s.u.], 841–871); Gespräch über die Macht und den Zugang zum Machthaber, Pfullingen 1954, Stuttgart 2008, erw. mit Untertitel: Gespräch über den Neuen Raum, Berlin 1994 (engl. Dialogues on Power and Space, Cambridge/ Malden Mass. 2015); Hamlet oder Hekuba. Der Einbruch der Zeit in das Spiel, Düsseldorf/Köln 1956, Stuttgart [5]2008 (franz. Hamlet ou Hécube. L'irruption du temps dans le jeu, Paris 1992; engl. Hamlet or Hecuba. The Intrusion of the Time into the Play, New York 2009); Verfassungsrechtliche Aufsätze aus den Jahren 1924–1954, Berlin 1958, [4]2003; Die Tyrannei der Werte. Überlegungen eines Juristen zur Wert-Philosophie, Stuttgart 1960, ohne Untertitel: Berlin [3]2011 (engl. The Tyranny of Values, ed. S. Draghici, Washington D.C. 1996); Theorie des Partisanen. Zwischenbemerkung zum Begriff des Politischen, Berlin 1963, [7]2010 (franz. Théorie du partisan, in: La notion de politique [s.u.], 207–311; engl. Theory of the Partisan. Intermediate Commentary on the Concept of the Political, New York 2007); Politische Theologie II (Die Legende von der Erledigung jeder Politischen Theologie), Berlin 1970, [5]2008 (franz. Théologie politique, Paris 1988, 77–182; engl. Political Theology II [The Myth of the Closure of any Political Theology], Cambridge/Malden Mass. 2008); La notion de politique. Théorie du partisan, Paris 1972, 1992; Du politique.»Légalité et légitimité« et autres essais, ed. A. de Benoist, Puiseaux 1990; Glossarium. Aufzeichnungen der Jahre 1947–1951, ed. E. Freiherr v. Medem, Berlin 1991; Das internationalrechtliche Verbrechen des Angriffskrieges und der Grundsatz ›Nullum crimen, nulla poena sine lege‹, ed. H. Quaritsch, Berlin 1994 (engl. The International Crime of the War of Aggression and the Principle ›Nullum crimen, nulla poena sine lege‹ [1945], in: Writings on War [s.u.], 125–197); Staat, Großraum, Nomos. Arbeiten aus den Jahren 1916–1969, ed. G. Maschke, Berlin 1995; Four Articles 1931–1938, Washington D.C. 1999; C. S.. Antworten in Nürnberg, ed. H. Quaritsch, Berlin 2000; Tagebücher Oktober 1912 bis Februar 1915, ed. E. Hüsmert, Berlin 2003, [2]2005; Die Militärzeit 1915 bis 1919. Tagebuch Februar bis Dezember 1915. Aufsätze und Materialien, ed. E. Hüsmert/G. Giesler, Berlin 2005; Frieden oder Pazifismus? Arbeiten zum Völkerrecht und zur internationalen Politik 1924–1978, ed. G. Maschke, Berlin 2005; La guerre civile mondiale. Essais 1943–1978, ed. C. Jouin, Maisons-Alfort 2007; »Solange das Imperium da ist«. C. S. im Gespräch mit Klaus Figge und Dieter Groh 1971, ed. F. Hertweck/D. Kisoudis, Berlin 2010; Tagebücher 1930 bis 1934, ed. W. Schuller, Berlin 2010; La visibilité de l'Eglise. Catholicisme romain et forme politique. Donosco Cortés, Paris 2011; Writings on War, ed. T. Nunan, Cambridge/ Malden Mass. 2011; Der Schatten Gottes. Introspektionen, Tagebücher und Briefe 1921 bis 1924, ed. G. Giesler/E. Hüsmert/W.H. Spindler, Berlin 2014. – Briefwechsel mit einem seiner Schüler, ed. A. Mohler, Berlin 1995; (mit L. Cabral de Moncada) Briefwechsel 1943–1973, ed. E. Jayme, Heidelberg 1997, 1998; (mit Ernst Jünger) Briefe 1930–1983, ed. H. Kiesel, Stuttgart 1999, [2]2012; Jugendbriefe. Briefschaften an seine Schwester

Auguste 1905 bis 1913, ed. E. Hüsmert, Berlin 2000; (mit L. Feuchtwanger) Briefwechsel 1918–1935, ed. R. Rieß, Berlin 2007; Briefwechsel Ernst Forsthoff – C. S. 1926–1974, ed. D. Mußgnug/R. Mußgnug/A. Reinthal, Berlin 2007; Hans Blumenberg. C. S.. Briefwechsel 1971–1978 und weitere Materialien, ed. A. Schmitz/M. Lepper, Frankfurt 2007; Briefwechsel Gretha Jünger C. S. (1934–1953), ed. I. Villinger/A. Jaser, Berlin 2007; (mit H.-D. Sander) Werkstatt – Discorsi. Briefwechsel 1967–1981, ed. E. Lehnert/G. Maschke, Schnellroda 2008; »Auf der gefahrenvollen Straße des öffentlichen Rechts«. Briefwechsel C. S. – Rudolf Smend 1921–1961, ed. R. Mehring, Berlin 2010, [2]2012; Jacob Taubes/C. S. Briefwechsel, ed. H. Kopp-Oberstebrink/T. Palzhoff/M. Treml, München/Paderborn 2012 (engl. To C. S.. Letters and Reflections, New York 2013); C. S. und die Öffentlichkeit. Briefwechsel mit Journalisten, Publizisten und Verlegern aus den Jahren 1923 bis 1983, ed. K. Burkhardt, Berlin 2013; C. S./E. R. Huber, Briefwechsel 1926–1981, ed. E. Grothe, Berlin 2014; S. und Sombart. Der Briefwechsel von C. S. mit Nicolaus, Corina und Werner Sombart, ed. M. Tielke, Berlin 2015. – P. Tommissen, C. S.-Bibliographie, in: Festschrift für C. S. zum 70. Geburtstag, ed. H. Barion/E. Forsthoff/W. Weber, Berlin 1959, [3]1994, 273–330; ders., Ergänzungsliste zur C. S.-Bibliographie vom Jahre 1959, in: Epirrhosis. Festgabe für C. S., ed. H. Barion u.a., I–II, Berlin 1968, in 1 Bd., [2]2002, II, 739–778; A. de Benoist, C. S.. Bibliographie seiner Schriften und Korrespondenzen, Berlin 2003; ders., C. S.. Internationale Bibliographie der Primär- und Sekundärliteratur, Graz 2010.

Literatur: A. Adam, Rekonstruktion des Politischen. C. S. und die Krise der Staatlichkeit 1912–1933, Weinheim 1992; M. Arvidsson/L. Brännström/P. Minkkinen (eds.), The Contemporary Relevance of C. S.. Law, Politics, Theology, Abingdon/New York 2016; G. Balakrishnan, The Enemy. An Intellectual Portrait of C. S., London/New York 2000, 2002 (franz. L'ennemi. Un portrait intellectuel de C. S., Paris 2006); S. Breuer, C. S. im Kontext. Intellektuellenpolitik in der Weimarer Republik, Berlin 2012; M. Croce/A. Salvatore, The Legal Theory of C. S., Abingdon/New York 2013; D. Dyzenhaus (ed.), Law as Politics. C. S.'s Critique of Liberalism, Durham N.C./London 1998; ders., S., REP VIII (1998), 544–545; H.-G. Flickinger (ed.), Die Autonomie des Politischen. C. S.s Kampf um einen beschädigten Begriff, Weinheim 1990; J. Habermas, Die Schrecken der Autonomie. C. S. auf englisch, in: ders., Kleine politische Schriften VI (Eine Art Schadensabwicklung), Frankfurt 1986, 1987, 101–114; H. E. Herrera, C. S. als politischer Philosoph. Versuch einer Bestimmung seiner Stellung bezüglich der Tradition der praktischen Philosophie, Berlin 2010; H. Hofmann, Legitimität gegen Legalität. Der Weg der politischen Philosophie C. S.s, Neuwied/Berlin 1964, Berlin [5]2010; M. Kaufmann, Recht ohne Regel? Die philosophischen Prinzipien in C. S.s Staats- und Rechtslehre, Freiburg/München 1988; E. Kennedy, Constitutional Failure. C. S. in Weimar, Durham N.C./London 2004; M. Marder, Groundless Existence. The Political Ontology of C. S., New York/London 2010; G. Maschke, Der Tod des C. S.. Apologie und Polemik, Wien 1987, rev. unter dem Titel: Der Tod des C. S., Wien/Leipzig 2012; R. Mehring, C. S. zur Einführung, Hamburg 1992, [4]2011; ders. (ed.), C. S.. Der Begriff des Politischen. Ein kooperativer Kommentar, Berlin 2003; ders., C. S.. Aufstieg und Fall. Eine Biographie, München 2009 (engl. C. S.. A Biography, Cambridge/Malden Mass. 2014): ders., C. S.. Denker im Widerstreit. Werk – Wirkung – Aktualität, Freiburg/München 2017; H. Meier, Die Lehre C. S.s. Vier Kapitel zur Unterscheidung Politischer Theologie und Politischer Philosophie, Stuttgart/Weimar 1994, [4]2012 (engl. The Lesson of C.

S.. Four Chapters on the Distinction between Political Theology and Political Philosophy, Chicago Ill./London 1998, erw. 2011; franz. La leçon de C. S.. Quatre chapitres sur la différence entre la théologie politique et la philosophie politique, Paris 2014); J. Meierhenrich/O. Simons (eds.), The Oxford Handbook of C. S., Oxford etc. 2016; C. Mouffe (ed.), The Challenge of C. S., London/New York 1999; V. Neumann, Der Staat im Bürgerkrieg. Kontinuität und Wandlung des Staatsbegriffs in der politischen Theorie C. S.s, Frankfurt/New York 1980; P. Noack, C. S.. Eine Biographie, Berlin/Frankfurt 1993, 1996; W. Pircher (ed.), Gegen den Ausnahmezustand. Zur Kritik an C. S.., Wien/New York 1999; H. Quaritsch, Positionen und Begriffe C. S.s, Berlin 1989, ⁴2010; B. Rüthers, C. S. im Dritten Reich. Wissenschaft als Zeitgeist-Verstärkung?, München 1989, ²1990; P. Schneider, Ausnahmezustand und Norm. Eine Studie zur Rechtslehre von C. S., Stuttgart 1957; K. Shapiro, C. S. and the Intensification of Politics, Lanham Md. etc. 2008; G. Slomp, C. S. and the Politics of Hostility, Violence and Terror, Basingstoke/New York 2009; U. Thiele, Advokative Volkssouveränität. C. S.s Konstruktion einer ›demokratischen‹ Diktaturtheorie im Kontext der Interpretation politischer Theorien der Aufklärung, Berlin 2003; I. Villinger, C. S.s Kulturkritik der Moderne. Text, Kommentar und Analyse der »Schattenrisse« des Johannes Negelinus, Berlin 1995; L. Vinx, S., SEP 2010, rev. 2014; R. Voigt (ed.), Mythos Staat. C. S.s Staatsverständnis, Baden-Baden 2001, ²2015; ders. (ed.), Freund-Feind-Denken. C. S.s Kategorie des Politischen, Stuttgart 2011; ders. (ed.), Ausnahmezustand. C. S.s Lehre von der kommissarischen Diktatur, Baden-Baden 2013; ders. (ed.), Legalität ohne Legitimität? C. S.s Kategorie der Legitimität, Wiesbaden 2015; B. Zehnpfennig, S., in: J. Nida-Rümelin (ed.), Philosophie der Gegenwart in Einzeldarstellungen, Stuttgart 1991, 542–547, ²1999, 670–674. – Sonderhefte: Schmittiana. Beiträge zu Leben und Werk C. S.s 1 (1988)ff. [2004–2010 nicht erschienen]; Canadian J. of Law and Jurisprudence 10 (1997) (Topic: C. S..); Ét. philos. 68 (2004) (C. S..); Telos 142 (2008) (Culture and Politics in C. S.); Telos 147 (2009) (C. S. and the Event). H. R. G.

Schmitz, Hermann, dt. Philosoph, *16.5.1928 Leipzig, 1949–1953 Studium der Philosophie, Literaturwissenschaft und Geschichte an der Universität Bonn, 1955 Promotion bei E. Rothacker ebendort, Habilitation 1958 Universität Kiel, 1965 Wiss. Rat und Prof., 1971–1993 o. Prof. für Philosophie ebendort. S. ist Begründer der von ihm selbst so genannten ›Neuen Phänomenologie‹, die er in seinem Hauptwerk »System der Philosophie« (1964–1980) grundgelegt und in nachfolgenden Werken systematisch verbreitert und vertieft, teilweise auch revidiert hat. – Ausgangspunkt seines Werkes bildet die Philosophie des ↑Leibes und der *Leiblichkeit* mit einer Analyse des affektiven Betroffenseins als des Ursprungs menschlichen Subjektseins (↑Subjekt) in personaler Freiheit (↑Freiheit (handlungstheoretisch)) und sittlicher ↑Verantwortung. Betroffensein von etwas wird affektiv dadurch, daß einer (Mensch oder Tier) von ihm Widerfahrendem (↑Widerfahrnis) so in Anspruch genommen wird, daß er sich auf es einlassen muß. Affektives Betroffensein wird stets leiblich gespürt, sei es als ergreifendes ↑Gefühl (z. B. als Freude, Trauer, Furcht, Scham), sei es als bloße *leibliche Regung*, die gespürt

wird, ohne daß sie von einem Gefühl begleitet sein müßte (z. B. Hunger, Durst, Schmerz, Wollust). Nach S. ist *leiblich* (bei Mensch und Tier), was ein Lebewesen von sich in der Gegend seines Körpers spürt, ohne sich auf das Zeugnis der fünf Sinne stützen zu müssen und ohne daß die empfundene leibliche und die wahrnehmbare körperliche Räumlichkeit deckungsgleich sein müßten. Betroffen wird es durch eine *Situation*, die S. als ein ganzheitliches binnendiffuses Mannigfaltiges bestimmt, das durch *Bedeutsamkeit* zusammengehalten wird. *Binnendiffus* heißt, daß die betreffende Bedeutsamkeit (noch) nicht durchgängig in Einzelnes gegliedert ist. An der Möglichkeit einer sprachlichen Explikation von Einzelnem setzt S. die Unterscheidung von *präpersonaler* und *personaler* Subjektivität an. Diese wurzelt in jener, weil das zu Selbstidentifizierung und Selbstzuschreibung befähigte personale ↑Selbstbewußtsein (↑Person) auf das von Identifizierung unabhängige präpersonale Selbstbewußtsein angewiesen ist; sonst würde aufgrund eines unendlichen Regresses von Zuschreibungen kein Selbstbewußtsein zustande kommen. Mit jener Unterscheidung ist zugleich die von *subjektiven* und *objektiven* oder *neutralen* Sachverhalten (↑Tatsachen) gesetzt, wobei ›subjektiv‹ die durch affektives Betroffensein konstituierte Subjektivität meint. Der ontologische Vorrang subjektiver vor objektiven Tatsachen macht es unmöglich, jene durch diese kausal zu erklären. Das für das Verständnis der präpersonalen Subjektivität und ihres dynamischen Zusammenspiels mit der personalen Subjektivität zentrale Konzept der binnendiffusen Ganzheitlichkeit sichert S. durch die Begriffe der instabilen und der multivalenten Mannigfaltigkeit ab und kritisiert eine Mathematik, die sich allein am numerisch Mannigfaltigen orientiert. Für die Lösung des solchen Mannigfaltigkeiten immanenten Problems der Einheit in der Verschiedenheit und der Einfachheit in der Vielfalt sowie für die Lösung bisher ungelöster ↑Antinomien (↑Antinomien, logische, ↑Antinomien, semantische, ↑Antinomien der Mengenlehre) entwickelt S. eine Logik der iterierten und unendlichfachen Unentschiedenheit.

S. sieht die abendländische Philosophie- und Zivilisationsgeschichte unter der Herrschaft eines frühen, von Demokrit implantierten und von Platon zementierten Verhängnisses, das er als ›psychologistisch-reduktionistisch-introjektionistische Vergegenständlichung‹ beschreibt, die nicht nur den leiblich-affektiven Bereich, sondern das gesamte Selbst- und Weltverständnis des Menschen betreffe: sie scheide die Wirklichkeit in eine private, abgeschlossene, verdinglichte Innenwelt (↑›Seele‹) und eine auf die primären, naturwissenschaftlich quantifizierbaren Sinnesqualitäten (↑Qualität) reduzierte ↑Außenwelt. Diese Sicht veranlaßte S. nicht nur zu philosophischer Kritik, z. B. an E. Husserls ↑Phänomenologie, sondern auch zur Kritik an technizistischen Orientierungen von Theorie und Praxis in den Wissenschaften vom Menschen.

Werke: Hegel als Denker der Individualität, Meisenheim am Glan 1957; Goethes Altersdenken im problemgeschichtlichen Zusammenhang, Bonn 1959 (repr. 2008); System der Philosophie, I–V (in 10 Bdn.), Bonn 1964–1980, ²1981–1998, I–III, ³1998, I–V, 2005; Subjektivität. Beiträge zur Phänomenologie und Logik, Bonn 1968; Nihilismus als Schicksal?, Bonn 1972; Neue Phänomenologie, Bonn 1980; Die Ideenlehre des Aristoteles, I–II (in 3 Bdn.), Bonn 1985; Anaximander und die Anfänge der griechischen Philosophie, Bonn 1988; Der Ursprung des Gegenstandes. Von Parmenides bis Demokrit, Bonn 1988; Was wollte Kant?, Bonn 1989; Leib und Gefühl. Materialien zu einer philosophischen Therapeutik, Paderborn 1989, erw. ²1992, erw. Bielefeld/Locarno ³2008; Der unerschöpfliche Gegenstand. Grundzüge der Philosophie, Bonn 1990, ³2007; Hegels Logik, Bonn 1992, ²2007; Die entfremdete Subjektivität. Von Fichte zu Hegel, Bonn 1992; Die Liebe, Bonn 1993, ²2007; Neue Grundlagen der Erkenntnistheorie, Bonn 1994; Selbstdarstellung als Philosophie. Metamorphosen der entfremdeten Subjektivität, Bonn 1995; Husserl und Heidegger, Bonn 1996; Höhlengänge. Über die gegenwärtige Aufgabe der Philosophie, Berlin 1997; Der Leib, der Raum und die Gefühle, Ostfildern vor Stuttgart 1998, Bielefeld/Locarno ²2007; Adolf Hitler in der Geschichte, Bonn 1999; Der Spielraum der Gegenwart, Bonn 1999; Begriffene Erfahrung. Beiträge zur antireduktionistischen Phänomenologie, Rostock 2002 [mit Beiträgen von G. Marx u. A. Moldzio]; Was ist Neue Phänomenologie?, Rostock 2003; Situationen und Konstellationen. Wider die Ideologie totaler Vernetzung, Freiburg/München 2005; Freiheit, Freiburg/München 2007; Der Weg der europäischen Philosophie. Eine Gewissenserforschung, I–II, Freiburg/München 2007; Logische Untersuchungen, Freiburg/München 2008; Kurze Einführung in die Neue Phänomenologie, Freiburg/München 2009, ⁴2014; Jenseits des Naturalismus, Freiburg/München 2010; Bewusstsein, Freiburg/München 2010; Neue Phänomenologie. H. S. im Gespräch, ed. H. Werhahn, Freiburg/München 2011; Der Leib, Berlin/Boston Mass. 2011; Das Reich der Normen, Freiburg/München 2012; Kritische Grundlegung der Mathematik. Eine phänomenologisch-logische Analyse, Freiburg/München 2013; Phänomenologie der Zeit, Freiburg/München 2014; Gibt es die Welt?, Freiburg/München 2014; Atmosphären, Freiburg/München 2014; Selbst sein. Über Identität, Subjektivität und Personalität, Freiburg/München 2015; Ausgrabungen zum wirklichen Leben. Eine Bilanz, Freiburg/München 2016.

Literatur: K. Andermann, Spielräume der Erfahrung. Kritik der transzendentalen Konstitution bei Merleau-Ponty, Deleuze und S., München 2007; dies./U. Eberlein (eds.), Gefühle als Atmosphären, Berlin 2011; A. Blume, Scham und Selbstbewusstsein. Zur Phänomenologie konkreter Subjektivität bei H. S., Freiburg/München 2003; dies. (ed.), Zur Phänomenologie der ästhetischen Erfahrung, Freiburg/München 2005; dies. (ed.), Was bleibt von Gott? Beiträge zu einer Phänomenologie des Heiligen und der Religion, Freiburg/München 2007; G. Böhme, Anthropologie in pragmatischer Hinsicht. Darmstädter Vorlesungen, Frankfurt 1985, erw. Bielefeld/Basel 2010; ders., Leibsein als Aufgabe. Leibphilosophie in pragmatischer Hinsicht, Kusterdingen 2003; T. Fuchs, Leib, Raum, Person. Entwurf einer phänomenologischen Anthropologie, Stuttgart 2000; U. Gahlings, Phänomenologie der weiblichen Leiberfahrungen, Freiburg/München 2006, ²2016; M.

Großheim (ed.), Wege zu einer volleren Realität. Neue Phänomenologie in der Diskussion, Berlin 1994; ders. (ed.), Leib und Gefühl. Beiträge zur Anthropologie, Berlin 1995; ders. (ed.), Neue Phänomenologie zwischen Praxis und Theorie. Festschrift für H. S., Freiburg/München 2008; ders. u. a. (eds.), Ort, Gefühl. Perspektiven der räumlichen Erfahrung, Freiburg/München 2015; ders./H.-J. Waschkies (eds.), Rehabilitierung des Subjektiven. Festschrift für H. S., Bonn 1993; R. Gugutzer, Leib, Körper und Identität. Eine phänomenologisch-soziologische Untersuchung zur personalen Identität, Wiesbaden 2002; M. Hauskeller, Atmosphären erleben. Philosophische Untersuchungen zur Sinneswahrnehmung, Berlin 1995; S. Kammler, Die Seele im Spiegel des Leibes. Der Mensch zwischen Leib, Seele und Körper bei Platon und in der Neuen Phänomenologie, Freiburg/München 2013; M. J. Lauterbach, »Gefühle mit der Autorität unbedingten Ernstes«. Eine Studie zur religiösen Erfahrung in Auseinandersetzung mit Jürgen Habermas und H. S., Freiburg/München 2014; J. Preusker, Die Gemeinsamkeit der Leiber. Eine sprachkritische Interexistenzialanalyse der Leibphänomenologie von H. S. und Thomas Fuchs, Frankfurt 2014; W. Sohst (ed.), H. S. im Dialog. Neun neugierige und kritische Fragen an die Neue Phänomenologie, Berlin 2005. R. Wi.

Schnitt, in der ↑Geometrie Bezeichnung von Gegenständen, die dadurch bestimmt sind, daß sie zu mehreren geometrischen Objekten zugleich gehören, z. B. ein Punkt als S. von zwei Geraden oder die Kegelschnitte als Kurven, die auf einem Kegel und einer Ebene liegen; in der ↑Mengenlehre Bezeichnung für den ↑Durchschnitt zweier Mengen; in der ↑Analysis Bezeichnung für Punkte des ↑Kontinuums, die durch benachbarte Punktmengen festgelegt sind (↑Dedekindscher Schnitt); in der formalen Logik (↑Logik, formale) Bezeichnung für eine Ableitungsregel in Sequenzenkalkülen (↑Schnittregel). P. S.

Schnitt, goldener (engl. golden section, lat. sectio aurea), Bezeichnung für eine geometrische Proportion antiken Ursprungs, die jedoch erst im 19. Jh. als ›g. S.‹ bezeichnet wurde. Zwei Strecken a und b stehen in der Proportion des g.n S.s, wenn sich die kleinere zur größeren verhält wie die größere zur Summe beider: $a:b = b:(a+b)$. Diese Proportion ist für den festen (irrationalen) Zahlenwert $a:b = r = \frac{1}{2}(\sqrt{5}-1) = 0{,}618\dots$ erfüllt. Der g. S. tritt bei einer Reihe geometrischer Figuren in Erscheinung. So wird z. B. jede Diagonale im regelmäßigen Fünfeck durch zwei andere Diagonalen im Verhältnis $1:r:1$ geteilt. Die Zahl r ergibt sich auch als Grenzwert der aus den Fibonacci-Zahlen $1, 1, 2, 3, 5, 8, 13, \dots$ (bei denen jedes Folgenglied die Summe der beiden vorhergehenden Folgenglieder ist) gebildeten Zahlenfolge $\frac{1}{1}, \frac{1}{2}, \frac{2}{3}, \frac{3}{5}, \frac{5}{8}, \frac{8}{13}, \dots$.

Bereits Eudoxos bewies wichtige Eigenschaften des g.n S.s. Seine Theoreme wurden von Euklid übernommen und durch die Angabe eines geometrischen Konstruktionsverfahrens für den g.n S. ergänzt. Erst seit der Hochrenaissance, beginnend mit L. Pacioli (1509), gewinnt der g. S., zunächst unter der Bezeichnung ›divina proportione‹, ästhetische Bedeutung. Er wurde zunehmend als Ausdruck natürlicher Schönheit eingestuft, was G. T. Fechner (1876) durch empirisch-psychologische Untersuchungen zu bestätigen suchte. Vor allem im 19. und 20. Jh. tritt der g. S. als bewußt herangezogenes Formprinzip in Bildhauerei, Malerei und Architektur in Erscheinung.

Literatur: A. Beutelspacher/B. Petri, Der G. S., Mannheim/Wien/Zürich 1989, ²1995, erw. Heidelberg etc. ²1996; F. Corbalán, Der G. S.. Die mathematische Sprache der Schönheit, Kerkdriel 2016; O. Hagenmaier, Der G. S.. Ein Harmoniegesetz und seine Anwendung, Ulm 1949, Augsburg ⁶1989; W. Kambartel, S., G., Hist. Wb. Ph. VIII (1992), 1330–1332; M. Livio, The Golden Ratio. The Story of Phi, the World's Most Astonishing Number, New York 2002 (ital. La Sezione aurea. Storia di un numero e di un mistero che dura da tremila anni, Mailand 2003); P. v. Naredi-Rainer, Architektur und Harmonie. Zahl, Maß und Proportion in der abendländischen Baukunst, Köln 1982, ⁷2001, 185–197; F. X. Pfeifer, Der G. S. und dessen Erscheinungsformen in Mathematik, Natur und Kunst, München 1885 (repr. Wiesbaden 1969, Vaduz 2009); A. van der Schoot, De ontstelling van Pythagoras. Over de geschiedenis van de goddelijke proportie, Kampen 1998, ²1999 (dt. Die Geschichte des g.n S.s. Aufstieg und Fall der göttlichen Proportion, Stuttgart-Bad Cannstatt 2005, ²2016); D. J. Struik, Golden Section, in: B. S. Cayne u. a. (eds.), The Encyclopedia Americana XIII, New York 1975, 31–32; H. Walser, Der G. S., Stuttgart/Leipzig 1993 (engl. The Golden Section, Washington D. C. 2001), bearb. u. erw. ⁵2009.   M. C.

Schnittregel (engl. cut rule, franz. règle de coupure), Name einer Regel des von G. Gentzen 1934/1935 eingeführten ↑Sequenzenkalküls, die für den klassischen ↑Kalkül (↑Logik, klassische)

$$\frac{\Gamma_1 \to \Delta_1, A \quad A, \Gamma_2 \to \Delta_2}{\Gamma_1, \Gamma_2 \to \Delta_1, \Delta_2}$$

lautet. Die Bezeichnung rührt daher, daß die in den ↑Prämissen vorkommende Formel *A* in der ↑Konklusion nicht mehr auftritt, also ›weggeschnitten‹ wird. Da die S. nicht auf die logische Form (↑Form (logisch)) von Formeln Bezug nimmt, ist sie eine ↑Strukturregel. Im intuitionistischen Sequenzenkalkül (↑Logik, intuitionistische, ↑Logik, konstruktive), wo im ↑Sukzedens einer Sequenz höchstens eine einzige Formel zugelassen ist, lautet sie:

$$\frac{\Gamma_1 \to A \quad A, \Gamma_2 \to \Delta}{\Gamma_1, \Gamma_2 \to \Delta},$$

wobei Δ entweder leer ist oder aus einer einzigen Formel besteht. Gentzen bewies in seinem Hauptsatz (↑Gentzenscher Hauptsatz), daß im klassischen und im intuitionistischen Sequenzenkalkül die S. eliminierbar (↑Elimination) ist, d. h., daß die S. im Kalkül ohne S. (dem ›schnittfreien‹ Kalkül) zulässig (↑zulässig/Zulässigkeit) ist, d. h. die Klasse der ohne Schnitt herleitbaren Sequenzen nicht echt erweitert. Daraus ergibt sich insbes. das

Teilformelprinzip, d. h. die Tatsache, daß in der Herleitung einer Sequenz nur Teilformeln derjenigen Formeln auftreten, die in der hergeleiteten Endsequenz vorkommen. Eine Konsequenz dieses Prinzips ist die Widerspruchsfreiheit (↑widerspruchsfrei/Widerspruchsfreiheit) des Kalküls, da es zu der in einem inkonsistenten Kalkül herleitbaren leeren Sequenz keine Teilformeln gibt. – Schnitteliminationssätze sind für zahlreiche im Sequenzenformat formulierte ↑Logikkalküle bewiesen worden. Häufig wird die Möglichkeit der Schnittelimination als Adäquatheitsbedingung einer solchen Sequenzen-Formulierung angesehen, gelegentlich sogar als philosophische Rechtfertigung der logischen Regeln eines Sequenzenkalküls, da die Schnittelimination die Symmetrie der logischen Regeln ausdrücke.

Literatur: G. Gentzen, Untersuchungen über das logische Schließen, Math. Z. 39 (1934/1935), 176–210, 405–431 (repr. Darmstadt 1969, 1974) (franz. Recherches sur la déduction logique, Paris 1955; engl. Investigations into Logical Deduction, in: ders., The Collected Papers of Gerhard Gentzen, ed. M. E. Szabo, Amsterdam/London 1969, 68–131); J.-Y. Girard, Proof Theory and Logical Complexity I, Neapel 1987; M. M. Richter, Logikkalküle, Stuttgart 1978; G. Takeuti, Proof Theory, Amsterdam/Oxford, New York 1975, erw. Amsterdam etc. ²1987; Mineola N. Y. 2013.   P. S.

Scholastik, Sammelbezeichnung für die Wissenschaften des lateinischen Mittelalters seit dem 9. Jh., vor allem für Philosophie und Theologie, aber auch für die schulmäßig betriebenen Rechtswissenschaften (Bologna) und die Medizin (Salerno). Die Bezeichnung ›S.‹ geht auf die ›doctores scholastici‹, die Lehrer der sieben freien Künste (artes liberales; ↑ars) an den Dom- und Klosterschulen zurück. Mit der Erweiterung der Lehrgebiete an diesen Schulen und der Entstehung von Universitäten wird auch die Bezeichnung ›Scholastiker‹ erweitert gebraucht, so daß jeder, der sich im Rahmen einer Schulgemeinschaft mit Wissenschaft beschäftigt, ein Scholastiker genannt wird. Da die S. sowohl für die Rechtswissenschaften und die Medizin – wie später für die Naturwissenschaften – als auch für die Theologie weitgehend in einer philosophisch begründeten Theoretisierung dieser Disziplinen bestand, läßt sie sich in ihren Grundzügen durch die Darstellung der scholastischen Philosophie charakterisieren.

Als Charakteristika der S. – im Sinne der scholastischen Philosophie – lassen sich hervorheben: (1) ihre *Theologieabhängigkeit*, (2) ihre *Text-* oder allgemeine *Autoritätsgebundenheit* und (3) ihre *Schulgebundenheit*. Die Bedeutung dieser drei Bindungen variiert mit der Entwicklung der S., so daß ihre Charakterisierung mit einer Periodisierung verbunden ist. In der *Frühscholastik* vom 9. Jh. bis zum Ende des 12. Jhs. besteht eine besondere Bindung der Wissenschaften an die Dom- und Klosterschulen. Tradierte Problemstellungen der Theologie werden mit den Unterscheidungen und Beweismitteln platonisierender und aristotelischer Texte (soweit und in der Form, in der sie jeweils bekannt sind) zu formulieren und zu bearbeiten versucht. Die dabei entstehenden Schwierigkeiten führen sowohl zu weiteren Differenzierungen in den Dogmenformulierungen der Theologen als auch zu einer Diskussion der Philosophen über das allgemeine Verhältnis von Begriff und Wirklichkeit. Nach den ersten Anfängen der Schulbildung in der so genannten Karolingischen Renaissance im 9. Jh. – in der einzig Johannes Scotus Eriugena als selbständiger Denker hervorragt – und einem ›saeculum obscurum‹, d. i. einem ›dunklen‹ 10. Jh., in dem die politischen Wirren die Bedingungen für einen wissenschaftlichen Schulbetrieb zerstörten, beginnt im 11. Jh. eine kontinuierliche Diskussion in und zwischen den Schulen. Daher wird von manchen Autoren die S. im engeren Sinne erst mit dem Beginn des 11. Jhs. datiert und die Zeit vorher als *Vorscholastik* bezeichnet. Die beiden Hauptprobleme in der Frühscholastik seit dem 11. Jh. sind das Dialektik- und das Universalienproblem.

Das *Dialektikproblem* (↑Dialektik) besteht in der Frage, ob und in welchem Sinne die ›Dialektik‹, d. h. die aus den damals bekannten logischen Standardtexten entnommenen Argumentationsverfahren, über die Wahrheit von Glaubenssätzen entscheiden könne. Vor allem Berengar von Tours formuliert die Eröffnungsthese, daß die ›Dialektik‹ die oberste Instanz für die Entscheidung über die Wahrheit auch der Glaubenssätze sei, daß nicht die ↑Autorität, sondern die ↑Vernunft (ratio) Wahrheit festzustellen habe. Vor allem seine mit dieser methodischen These verbundenen Zweifel an der autoritätsgestützten Eucharistielehre – Berengar bestreitet die Veränderung der Substanz von Brot und Wein, zumal auch keine akzidentellen Veränderungen stattfänden – bringen ihn in Gegensatz zur Kirchenmeinung, die durch Petrus Damiani angeführt wird. Dessen Gegenthese ordnet die Wissenschaften und die Philosophie als ›Magd‹ dem Glauben unter (↑ancilla theologiae), und zwar so radikal, daß er selbst das Prinzip vom ausgeschlossenen Widerspruch (↑Widerspruch, Satz vom) allein von der Macht Gottes abhängig sein läßt: Gott könnte auch dieses Prinzip außer Kraft setzen. Die faktische Vermittlung der vernunft- und autoritäts- bzw. offenbarungsbezogenen Positionen erreicht Anselm von Canterbury mit seiner Vernunft und Glauben aufeinander beziehenden Formel ↑›credo ut intelligam‹ (ich glaube, um zu erkennen, Proslog. 1), nach der die Glaubensdogmen zwar nicht angezweifelt werden dürfen, aber durch wissenschaftliches Argumentieren in eine begründete Erkenntnis überführt werden sollen. Der Sache nach wird diese Anselmsche Formel für die S. in ihrem weiteren Verlauf, vor allem für die Hochscholastik, bestimmend: Innerhalb der Grenzen der kirchlich sanktionierten Dogmen konzentriert sich die philosophische Bemühung auf die (autoritätsfreie) Begründung der Glaubensinhalte, ihre Verteidigung gegen bestimmte Zweifel und vor allem auf ihre Systematisierung. Wegen dieser Wirkung, die seiner Vermittlung von Glauben und Erkenntnis zukommt, ist Anselm ›Vater der S.‹ genannt worden.

Das *Universalienproblem* ergibt sich mit den Systematisierungsversuchen zur Trinitäts- und Erlösungslehre und zur Christologie. Die Rede von drei Personen und einer Gottheit, von der mit der Erbsünde belasteten Menschheit und von der Gottheit und Menschheit einer Person liefern den theologischen Hintergrund der Frage, in welchem Sinne die ↑Universalien (das sind Art und Gattung im logischen Sinne, die ›Allgemeinbegriffe‹) real sind. Die Eröffnungsthese des ↑Universalienstreits ist – wie beim Dialektikstreit – kritisch: Roscelin von Compiègne wird (von Anselm) die Behauptung zugeschrieben, daß die Universalien nichts seien als Laute (›flatus vocis‹). Dieser nominalistischen (↑Nominalismus) These gegenüber vertritt vor allem Wilhelm von Champeaux einen extremen Realismus (↑Realismus, semantischer), nach dem das Individuum lediglich eine akzidentelle Modifikation des Universalen als des allgemeinen (durch seine Art bestimmten) Wesens sei. P. Abaelard schafft die Synthese mit seiner Formulierung, daß das Universale weder ein bloßer Laut noch ein physisches Ding, sondern die in der menschlichen Rede getroffene Unterscheidung sei (›universale est sermo‹). Er verbindet seine These mit einer die Bildung der Allgemeinbegriffe darstellenden Abstraktionstheorie (↑abstrakt, ↑Abstraktion) auf der einen und einer die Anwendung dieser Begriffe in wahren Aussagen begründenden empirischen Erkenntnistheorie auf der anderen Seite. Obgleich Abaelard damit bereits eine sprachkritische Darstellung der Begriffs- und Wissensbildung teils gibt, teils vorbereitet, finden seine Gedanken in der S. keine Weiterführung. Stattdessen setzt sich ein ›gemäßigter‹ Realismus bis zur Spätscholastik durch, der den Begriffen insofern eine Realität zuerkennt, als sie Gottes Gedanken sind, nach denen die Dinge geschaffen wurden. Damit wird die Erkenntnistheorie sowohl von der Aufgabe entlastet, mit den Universalia menschliche Unterscheidungsleistungen als sinnvoll zu begründen (der menschliche Geist ›liest‹ lediglich das bereits durch die göttlichen Schöpfergedanken in sich bestimmte Wesen der Dinge aus der Welt ab), als auch von der Gefahr befreit, dogmenstützende Grundunterscheidungen als nicht sinnvoll abzulehnen (diese Unterscheidungen sind dem menschlichen Geist vorgegeben). – Daß sich sowohl im Dialektik- als auch im Universalienproblem die Orthodoxie gegen die kritischen Tendenzen durchsetzt, zeigt die Wirksamkeit der Theologie-, Autoritäts- und Schulgebundenheit der S..

In der *Hochscholastik*, d.i. im 13. und frühen 14. Jh., ändern sich diese Bindungen vor allem in dreifacher Hinsicht: (1) Die Textgrundlage der S. erweitert sich. Waren in der Frühscholastik nur die *logischen* Schriften des Aristoteles (»Kategorien« und »Peri Hermeneias« in der Übersetzung des A. M. T. S. Boethius), die »Isagoge« des Porphyrios, logische Abhandlungen und Kommentare des Boethius sowie die platonisierenden Schriften des A. Augustinus und Pseudo-Augustinus die als Autorität verwendeten Haupttexte, so werden seit der Mitte des 12. Jhs. auch die *naturwissenschaftlichen* Schriften des Aristoteles (in sizilianischen Übersetzungen aus dem Griechischen und Übersetzungen aus dem Arabischen) und Schriften der arabischen und jüdischen Philosophen und Wissenschaftler (vor allem der Medizin und Astronomie) bekannt. (2) Die Schulen verändern sich mit der Gründung der Universitäten. Durch den Zusammenschluß der Lehrer und Schüler zu einer sich selbst organisierenden Gemeinschaft (›universitas magistrorum et scholarium‹), zunächst in Paris und Bologna, dann in anderen Städten Italiens, Spaniens, Englands und Frankreichs, wird der Lehrbetrieb aus seiner Bindung an das Kloster oder den Bischofssitz befreit und gegenüber der Gesellschaft geöffnet. (3) Durch den Eintritt der Franziskaner und Dominikaner in das wissenschaftliche Leben erstehen der mittelalterlichen Geisteswelt Lehrer, die schon von ihren Ordensidealen her ihr Wirken nicht auf die Esoterik der Klöster beschränken, sondern ›in der Welt‹ lehren und predigen wollen.

Diese drei Faktoren zusammen führen einerseits zu einer intensiveren Behandlung naturwissenschaftlicher und ethisch-politischer Themen; sie stellen die Scholastiker andererseits aber auch vor die Aufgabe, die neuen naturwissenschaftlichen und philosophischen Meinungen und Methoden mit den theologischen Dogmen zu vereinbaren. Die Lösung dieser Aufgabe wird auf drei unterschiedlichen Wegen versucht. Der erste Weg ist der einer rationalistischen Harmonisierung von Glauben und Wissen: Unter dem Eindruck vor allem der neu bekannt werdenden Aristoteles-Texte zur Naturwissenschaft und Metaphysik wird aus diesen Texten (und den arabischen Kommentaren dieser Texte) ein naturwissenschaftliches Vorgehen aus Prinzipien, die auf die sinnliche Erfahrung anzuwenden sind, konzipiert und auf alle Bereiche der Lehre übertragen. Nachdem Albertus Magnus als erster Scholastiker die gesamte Aristotelische Philosophie unter Berücksichtigung ihrer arabischen Kommentatoren reproduziert hat, ist vor allen anderen Thomas von Aquin, der in seinen großen ↑Summen – der »Summa theologiae« und der »Summa contra gentiles« – die nach seinem Konzept wissenschaftliche Durchdringung von Philosophie und Theologie zu leisten versucht, der Vertreter dieses ersten Weges. Zwar werden einige Glaubenssätze als nicht beweisbar – wenn

auch in jedem Falle wenigstens als widerspruchsfrei (↑widerspruchsfrei/Widerspruchsfreiheit) erweisbar – erklärt; doch sollen andere Dogmen wie das von der Existenz eines Schöpfergottes, dem Geschaffensein der Welt und der ↑Unsterblichkeit der ↑Seele wissenschaftlich bewiesen werden. Die Wissenschaftlichkeit der Harmonisierung von Philosophie und Theologie, von Vernunft und ↑Offenbarung, liegt – soweit sie von Thomas von Aquin ins Auge gefaßt wird – in der konsistenten Formulierung einiger Prinzipien, die über die reale Zusammensetzung der existierenden Dinge etwas aussagen sollen (den Prinzipien der Zuordnung von ↑Sein und ↑Wesen, ↑Akt und Potenz, ↑Form und Materie), und ihrer konsequenten Anwendung auf die Beschreibung der Welt (mit Hilfe des Kausalitätsprinzips). Die Rationalität der Prinzipien ermöglicht einerseits die einheitliche Darstellung aller möglichen Gegenstände, verleitet andererseits aber auch dazu, das Gelingen einer harmonischen Systematisierung anstelle des methodisch kontrollierten Untersuchungserfolgs zum Kriterium für die Wahrheit von Aussagen zu machen. So beschränkt Thomas von Aquin denn auch – im Unterschied zu Albertus Magnus – seine fachwissenschaftlichen Überlegungen auf Kommentare zu meist Aristotelischen Texten. Der universale Rationalitätsanspruch, wie ihn Thomas von Aquin vertritt, erfüllt sich in der Systematisierung nach Prinzipien, die auf die methodische Entdeckung von empirisch zugänglichen Sachverhalten verzichtet.

Der zweite Weg ist der einer Verbindung von intuitionistischer und empirischer Erkenntnistheorie, wie sie vor allem in der Schule von Oxford (Robert Grosseteste, Roger Bacon, Thomas von York), der älteren Franziskanerschule (Alexander von Hales, Johannes von Rupella, Bonaventura) und der jüngeren Franziskanerschule (J. Duns Scotus) ausgebildet wird. So verbindet sich bei Grosseteste mit einer platonisierenden ↑Lichtmetaphysik und dementsprechend einer illuminationistischen Erkenntnistheorie (↑Illuminationstheorie) das methodische Betreiben von Mathematik und Optik. Bacon, der in seinen philosophisch-theologischen Überlegungen dem ↑Augustinismus verpflichtet bleibt, entwirft eine Theorie der experimentellen Wissenschaft. Die Franziskanerschulen besitzen ihre Bedeutung für die Wissenschaften weniger durch deren Betreiben oder die Ausbildung einer Theorie der Wissenschaften als vielmehr dadurch, daß ihre allgemeine Theorie der Erkenntnis, in der die unmittelbare Erkenntnis des Individuellen betont und Erkenntnis metaphorisch als Erleuchtung dargestellt wird, und ihre Lehre vom Primat des ↑Willens (vor dem Intellekt) die materiale Willensbildung nicht unter den Zwang einer universal systematisierenden Orthodoxie stellt. In der Entdeckung des Einzelnen, nicht in der Generalisierung nach Prinzipien, wird der menschliche Geist erleuchtet.

Der dritte Weg ist der eines skeptischen (↑Skeptizismus) Verzichts auf die Harmonisierung von Glauben und Erkennen. Vor allem in der Artistenfakultät der Pariser Universität in der Mitte des 13. Jhs. wird unter der geistigen Führung von Siger von Brabant und Boetius von Dacien im Anschluß an einen mit Averroës theologiefrei gelesenen Aristoteles weitgehend ohne Rücksicht auf die theologischen Dogmen argumentiert. Vor allem die an Averroës anschließende These des ↑Monopsychismus, d. h. der Lehre, daß die Allgemeinbegriffe nicht individuelle Unterscheidungsleistungen, sondern von dem einen und einheitlichen menschlichen Geist gebildet sind, und die damit verbundene Behauptung, daß es weder eine geistige Individualseele noch deren Unsterblichkeit gibt, bringen Siger von Brabant in Gegensatz zur kirchlichen Lehre. Neben anderen den Dogmen widersprechenden Thesen – wie etwa der von der ↑Ewigkeit der Welt – ist es jedoch vor allem die Annahme einer doppelten Wahrheit (↑Wahrheit, doppelte), nach der für den Glauben etwas wahr sein kann, was für die Vernunft falsch ist, die die geistige Bewegung um Siger von Brabant, den so genannten lateinischen ↑Averroismus, in Konflikt mit der Kirche bringt. Der Konflikt wird durch die kirchliche Verurteilung der Lehren Sigers und Boetius' (1277) gelöst. Gleichwohl hält sich die averroistische Tradition im 14. Jh. noch in Paris (Marsilius von Padua) und findet Fortsetzer in Bologna und Padua. – Die Hochscholastik läßt sich insgesamt charakterisieren durch die Spannung aus einer institutionell sanktionierten Orthodoxieverpflichtung gegenüber den theologischen Dogmen auf der einen Seite und den sich über die Aristotelischen und arabischen Texte zur Naturwissenschaft und Naturphilosophie neu eröffnenden Möglichkeiten, die Natur zu erforschen und ein methodisch-kritisches Bewußtsein zu entwickeln, auf der anderen Seite.

Wird in der Hochscholastik diese Spannung in einem die Systematisierung, Forschung oder auch Kritik herausfordernden Aneignungsprozeß zu lösen versucht, so bringt die folgende Zeit der *Spätscholastik* einerseits eine konservierende Verschulung der Systementwürfe aus der Hochscholastik, vor allem von Thomas von Aquin im ↑Thomismus und von Duns Scotus im ↑Skotismus, andererseits die Ablösung des wissenschaftlichen Denkens von den theologischen Prämissen. Die entscheidende philosophische Bewegung der Spätscholastik ist der ↑Ockhamismus, der den Autonomiebestrebungen des wissenschaftlichen Denkens das philosophisch-methodologische Fundament liefert. Wilhelm von Ockham führt die Tradition der Franziskanerschulen weiter, indem er deren Hinwendung zum Individuellen als dem einzig Wirklichen auch erkenntnistheoretisch vollzieht. Strikt und wirksam erklärt er jedes Universale zur Setzung des menschlichen Geistes, das der Unterscheidung

von Gegenständen dient, selbst aber kein realer Gegenstand ist. Real ist allein das Individuelle, das unmittelbar in der sinnlichen Erfahrung erkannt wird. Mit der Konventionalisierung der Universalien werden diese zugleich instrumentalisiert: Nicht mehr die Einordnung des Individuellen in vorhandene Begriffe wird zum Erkenntnisziel erklärt, sondern die Erforschung des Individuellen, d. i. der Realität. Diese Erforschung bedient sich der begrifflichen Unterscheidungen, der Universalien, als sinnvoller Ordnungsmittel, die nicht vorgegeben, sondern in ihrer Dienlichkeit für die empirische Forschung erst auszuweisen sind. Dadurch gewinnt der durch Ockham reformulierte Nominalismus eine sowohl theologie- und metaphysikkritische als auch eine die empirische Naturforschung vorantreibende Argumentationsrichtung. Als ›via moderna‹ wird er den thomistischen und skotistischen Schulen der ›via antiqua‹ gegenübergestellt (↑via antiqua/via moderna) und erreicht trotz verschiedener kirchlicher Verurteilungen einen entscheidenden Einfluß in Paris, Oxford und an den entstehenden deutschen Universitäten. In der nominalistischen Tradition wird eine empiristische Erkenntnistheorie ausgebildet (Nikolaus von Autrecourt), die insbes. durch die Kritik eines metaphysisch verstandenen Kausalitätsprinzips (↑Kausalität) und Substanzbegriffs (↑Substanz) die Grundlagen für eine Theorie der empirischen Wissenschaften legt.

Vor allem aber werden in dieser Tradition die Naturwissenschaften selbst weiterentwickelt. Johannes Buridan ersetzt zur Erklärung von Körperbewegungen den Rückgriff auf ein den Körpern immanentes Streben durch eine physikalische ↑Impetustheorie und entwirft eine Himmelsmechanik, Nikolaus von Oresme gibt einen geometrischen Beweis der ›Merton-Regel‹ (↑Merton School) und analysiert die Fallbewegung aus impetusphysikalischer Perspektive. Infolge der politischen und geistigen Kämpfe und Wirren des 15. Jhs. haben diese Ansätze zum Aufbau der empirischen Wissenschaften jedoch keine unmittelbare Fortsetzung gefunden. Mit der Wiederverschulung des orthodoxen Denkens auf der einen und der sich aus ihrer Theologie- und Autoritätsabhängigkeit befreienden Wissenschaft auf der anderen Seite findet die S. als eine Form geistiger Harmonisierung von kirchlicher Dogmatik, autoritätsvermittelter Begriffssysteme und empirischem Wissen ihr Ende. Sowohl die *spanische Neu-* oder *Barockscholastik*, die durch die Dominikaner, vor allem aber durch die Jesuiten (P. Fonseca, F. Suárez, L. de Molina) im 16. Jh. und zu Anfang des 17. Jhs. getragen wird, als auch die *protestantische S.*, die sich seit der Wende vom 16. zum 17. Jh. stark an die spanische Barockscholastik, vor allem an Suárez, anlehnt, sind zwar noch einmal Versuche der allgemeinen Systematisierung des Wissens auf der Grundlage scholastisch kommentierter Aristotelestexte. Sie bleiben aber die Philosophien von – wenn auch umfangreichen – Gruppen und nehmen an der Erneuerung der Wissenschaften nicht teil, durch die die neuzeitliche Entwicklung bestimmt wird. Die Bindung der gegenüber der protestantischen S. weitaus originelleren spanischen Barockscholastik an die kämpferische Bewegung der Gegenreformation läßt zudem geistige Anstöße auch für die Entwicklung der Wissenschaften, die das Werk des Suárez durchaus hätte bieten können, nicht allgemein werden.

Im zweiten Drittel des 19. Jhs. bringt die Auseinandersetzung mit der Philosophie I. Kants, stärker noch mit der idealistischen Philosophie von J. G. Fichte bis G. W. F. Hegel einen weiteren Versuch zur Erneuerung der S.. Diese ↑*Neuscholastik* ist gekennzeichnet durch die Übernahme einiger erkenntnistheoretischer Positionen des Deutschen Idealismus (↑Idealismus, deutscher) und des Existentialismus (↑Existenzphilosophie) sowie deren Reformulierung in einer klassisch scholastischen, meist thomistischen Terminologie, und zwar so, daß die idealistische Konzeption des über seine Endlichkeit hinausstrebenden Geistes als ein Streben des Menschen auf Gott hin (als der ›Bedingung der Möglichkeit‹ der geistig-strebenden Existenz des Menschen) gedeutet wird (J. Maréchal, E. Przywara, K. Rahner). Die theologiestützende Intention der Neuscholastik hat diese im Katholizismus eine weite Verbreitung finden lassen, sie aber auch auf ihn beschränkt.

Eine Einheit der S. läßt sich über die so genannte *scholastische Methode* und die durch diese Lehrmethode bedingten *scholastischen Literaturformen* konstruieren. Der scholastische Unterricht wird in zwei Formen ausgebildet, in der *lectio* und in der ↑*disputatio*. Die *lectio* besteht in der Interpretation oder Kommentierung von Texten, die als theologische oder philosophische Autoritäten dem Unterricht zugrundegelegt werden. Aus dieser Unterrichtsform entstehen im 12. Jh. die *Sentenzensammlungen*, d. s. Sammlungen von Zitaten der Autoritäten, vor allem der Kirchenväter, und die für die Zwecke des Unterrichts systematisch geordneten *Sentenzenwerke*, deren berühmtestes die »Libri quattuor sententiarum« des Petrus Lombardus (verfaßt ca. 1148–1152) sind. Das Sentenzenwerk des Petrus Lombardus stellt bis in die Hochscholastik hinein das entscheidende Textbuch des philosophisch-theologischen Unterrichts dar. Ebenfalls aus der lectio entstehen die *Kommentare*, und zwar vor allem die Kommentare zu den Sentenzenwerken (hier wieder besonders zu Petrus Lombardus) und zu Aristoteles (↑Sentenzenkommentar). Die Kommentierung von Texten bedient sich teilweise der ↑*quaestio*, die im Anschluß an die *disputatio* zu einer eigenen Literaturform der S. wird. In der *disputatio*, die im 13. Jh. eine feste, auch institutionell geregelte Form erhält, wird über eine vom Magister bestimmte Frage nach einem –

an das achte Buch der Aristotelischen »Topik« anschließenden – Schema disputiert. Im Unterschied zu den Kommentaren werden in den *disputationes* auch selbständig entwickelte Fragestellungen behandelt. Die *quaestiones disputatae* fixieren solche Disputationen schriftlich. Dabei werden zunächst widerstreitende Meinungen (›pro et contra‹) vorgetragen und meist noch einmal durch Argumente und Gegenargumente (›videtur quod non‹ und ›sed contra‹) gestützt oder angegriffen. Dann wird in einem zweiten Teil, dem Hauptteil der *quaestio*, die Frage beantwortet (solutio, corpus, respondeo dicendum), wobei immer stärker systematische Überlegungen vorgetragen werden, die die Frage in einen weiteren philosophischen Zusammenhang stellen. Schließlich werden einzelne Einwände zur Antwort und Zusatzbemerkungen angefügt. Ihren Höhepunkt erreicht die Quaestionenliteratur in den ↑*Summen* des 13. Jhs., die Gesamtdarstellungen der Philosophie und Theologie zu geben suchen. Vor allem die »Summa theologiae« des Thomas von Aquin wird zum neuen Lehrbuch der S., das auch in der Neuscholastik wieder zentrale philosophische Autorität erlangt.

Literatur: P. Böhner, Medieval Logic. An Outline of Its Development from 1250 to c. 1400, Manchester, Chicago Ill. 1952 (repr. Manchester 1959, Westport Conn. 1988); E. Bréhier, La philosophie du moyen âge, Paris 1937 (repr. 1971), erw. 1949; W. Breidert, Das aristotelische Kontinuum in der S., Münster 1970, ²1979; H. Busche, S., EP III (²2010), 2364–2367; M. Clagett, The Science of Mechanics in the Middle Ages, Madison Wis., London 1959, 1979; M. L. Colish, The Mirror of Language. A Study in the Medieval Theory of Knowledge, New Haven Conn./London 1968, Lincoln Neb. ²1983; F. C. Copleston, A History of Philosophy II (Medieval Philosophy), London/New York 1950, 2003; ders., A History of Philosophy III (Ockham to Suárez), London 1953, 1968; ders., A History of Medieval Philosophy, London 1972, Notre Dame Ind. 1990 (dt. Geschichte der Philosophie im Mittelalter, München 1976); F. Courth, Trinität in der S., Freiburg/Basel/Wien 1985; A. C. Crombie, Augustine to Galileo. The History of Science A. D. 400–1650, London 1952, ²1979 (franz. Histoire des sciences de Saint Augustin à Galilée (400–1650), I–II, Paris 1959; dt. Von Augustinus bis Galilei. Die Emanzipation der Naturwissenschaften, Köln, Frankfurt 1959, München 1977, ital. Da S. Agostino a Galileo. Storia della scienza dal V al XVII secolo, Mailand 1970, 1982); ders., Robert Grosseteste and the Origins of Experimental Science, 1100–1700, Oxford 1953, ²1962, 2003; ders., Science, Optics and Music in Medieval and Early Modern Thought, London 1990; ders., Styles of Scientific Thinking in the European Tradition. The History of Argument and Explanation Especially in the Mathematical and Biomedical Sciences and Arts, I–III, London 1994; W. Decock/C. Birr, Recht und Moral in der S. der Frühen Neuzeit 1500–1750, Berlin/Boston Mass. 2016; P. Delhaye, La philosophie chrétienne au moyen âge, Paris 1959 (dt. Die Philosophie des Mittelalters, Aschaffenburg, Zürich 1960); A. Dempf, Die Ethik des Mittelalters, München/Berlin 1927, 1931 (repr. München/Wien, Darmstadt 1971); ders., Metaphysik des Mittelalters, München/Berlin 1930, 1934 (repr. München/Wien, Darmstadt 1971); F. Ehrle, Gesammelte Aufsätze zur englischen S., ed. F. Pelster, Rom 1970; F. Fellmann, S. und kosmologische Reform, Münster 1971, mit Untertitel:

Studien zu Oresme und Kopernikus, ²1988; K. Flasch, Das philosophische Denken im Mittelalter. Von Augustin zu Machiavelli, Stuttgart 1986, ³2013; Flew (²1984), 315–319 (Scholasticism); E. H. Gilson, L'esprit de la philosophie médiévale, I–II, Paris 1932, in einem Bd. ²1944, 1998 (dt. Der Geist der mittelalterlichen Philosophie, Wien 1950); ders./P. Böhner, Die Geschichte der christlichen Philosophie von ihren Anfängen bis Nikolaus von Cues, Paderborn 1937, unter dem Titel: Christliche Philosophie von ihren Anfängen bis Nikolaus von Cues, ²1954, ³1954; F. Giusberti, Materials for a Study on Twelfth Century Scholasticism, Neapel 1982; M. Grabmann, Die Geschichte der scholastischen Methode nach den gedruckten und ungedruckten Quellen, I–II, Freiburg 1909/1911 (repr. Berlin [Ost] 1956), Darmstadt 1988; ders., Mittelalterliches Geistesleben. Abhandlungen zur Geschichte der S. und Mystik, I–III, München 1926 (repr. München 1956, Hildesheim/New York 1984); D. J. B. Hawkins, A Sketch of Mediaeval Philosophy, London 1945, Westport Conn. 1972; D. P. Henry, Medieval Logic and Metaphysics. A Modern Introduction, London 1972; J. Hirschberger, Geschichte der Philosophie I (Altertum und Mittelalter), Basel/Freiburg/Wien 1949, ¹⁴1987, 1991, Köln 2007 (engl. The History of Philosophy, Milwaukee Wis. 1958); K. Jacobi, Argumentationstheorie. Scholastische Forschungen zu den logischen und semantischen Regeln korrekten Folgerns, Leiden/New York/Köln 1993; W. Kaulich, Entwicklung der scholastischen Philosophie von Johannes Scotus Erigena bis Abälard, Prag 1863 (repr. Frankfurt 1983); D. Knowles, The Evolution of Medieval Thought, London, Baltimore Md., New York 1962, London/ New York ²1988; T. Kobusch (ed.), Philosophen des Mittelalters. Eine Einführung, Darmstadt 2000; U. Köpf, S., RGG VII (⁴2002), 949–954; G. Leff, Medieval Thought. St. Augustine to Ockham, Harmondsworth/Baltimore Md. 1958, London 1980; U. G. Leinsle, Einführung in die scholastische Theologie, Paderborn etc. 1995; H. Ley, Studie zur Geschichte des Materialismus im Mittelalter, Berlin (Ost) 1957; R. M. MacInerny, A History of Western Philosophy II (Philosophy from St. Augustine to Ockham), Notre Dame Ind. 1970; A. Maier, Studien zur Naturphilosophie der Spätscholastik, I–V, Rom 1949–1968 (I Die Vorläufer Galileis im 14. Jahrhundert, II Zwei Grundprobleme der scholastischen Naturphilosophie, III An der Grenze von S. und Naturwissenschaft, IV Metaphysische Hintergründe der spätscholastischen Naturphilosophie, V Zwischen Philosophie und Mechanik); dies., Ausgehendes Mittelalter. Gesammelte Aufsätze zur Geistesgeschichte des 14. Jahrhunderts, I–III, Rom 1964–1977; J. Marenbon (ed.), Medieval Philosophy, London/New York 1998; A. A. Maurer, Medieval Philosophy, New York 1962, Toronto ²1982; E. P. Meijering, Reformierte S. und patristische Theologie. Die Bedeutung des Väterbeweises in der ›Institutio theologiae elencticae‹ F. Turrettins unter besonderer Berücksichtigung der Gotteslehre und Christologie, Nieuwkoop 1991; R. S. Millen, The Scholastic Foundations of the Scientific Revolution, Ann Arbor Mich. 1985; A. Nitschke, Naturerkenntnis und politisches Handeln im Mittelalter. Körper, Bewegung, Raum, Stuttgart 1967; L. Ott, Eschatologie in der S., Freiburg/Basel/Wien 1990; T. Paprotny, Kurze Geschichte der mittelalterlichen Philosophie, Freiburg/Basel/Wien 2007; R. Paqué, Das Pariser Nominalistenstatut. Zur Entstehung des Realitätsbegriffs der neuzeitlichen Naturwissenschaft (Occam, Buridan und Petrus Hispanus, Nikolaus von Autrecourt und Gregor von Rimini), Berlin 1970 (franz. Le Statut parisien des Nominalistes. Recherches sur la formation du concept de réalité de la science moderne de la nature [Guillaume d'Occam, Jean Buridan et Pierre d'Espagne, Nicolas d'Autrecourt et Grégoire de Rimini], Paris 1985); J. Pieper, Wahrheit der Dinge. Eine Untersuchung

zur Anthropologie des Hochmittelalters, München 1947, ⁴1966; ders., S.. Gestalten und Probleme der mittelalterlichen Philosophie, München 1960, ⁴1998 (engl. Scholasticism. Personalities and Problems of Medieval Philosophy, New York 1960, South Bend Ind. 2001); J. Pinborg, Die Entwicklung der Sprachtheorie im Mittelalter, Münster/Kopenhagen 1967, 1985; ders., Logik und Semantik im Mittelalter. Ein Überblick, Stuttgart-Bad Cannstatt 1972, 1977; J. C. Plott, Global History of Philosophy, IV–V (The Period of Scholasticism), Delhi etc. 1984/1989; R. Quinto, »Scholastica«. Contributo alla storia di un concetto, I–II, Medioevo 17 (1991), 1–82, 19 (1993), 67–165, 22 (1996), 335–451; J. H. Randall, The Career of Philosophy I (From the Middle Ages to the Enlightenment), New York/London 1962, 1970; L. M. de Rijk, Logica modernorum. A Contribution to the History of Early Terminist Logic II (II/1 The Origin and Early Development of the Theory of Supposition, II/2 Texts and Indices), Assen 1967; J. Sarnowsky, Die aristotelisch-scholastische Theorie der Bewegung. Studien zum Kommentar Alberts von Sachsen zur Physik des Aristoteles, Münster 1989; G. Scherer, Philosophie des Mittelalters, Stuttgart/Weimar 1993; H. M. Schmidinger, S., Hist. Wb. Ph. VIII (1992), 1332–1342; M. Schneid, Aristoteles in der S.. Ein Beitrag zur Geschichte der Philosophie im Mittelalter, Eichstätt 1875 (repr. Aalen 1975), Neunkirchen-Seelscheid 2015; R. Schönberger, Was ist S.?, Hildesheim 1991; P. Schulthess/R. Imbach, Die Philosophie im lateinischen Mittelalter. Ein Handbuch mit einem bio-bibliographischen Repetitorium, Zürich/Düsseldorf 1996, 2002; H. Seidel, S., Mystik und Renaissancephilosophie. Vorlesungen zur Geschichte der Philosophie, Berlin 1990; H. Seidl, Einführung in die Philosophie des Mittelalters. Hauptprobleme und Lösungen dargelegt anhand der Quellentexte, Freiburg/München 2014; J. R. Söder, S., LThK IX (³2000), 199–202; R. W. Southern, Scholastic Humanism and the Unification of Europe, I–II, Oxford etc. 1995/2000; K. A. Sprengard, Systematisch-historische Untersuchungen zur Philosophie des 14. Jahrhunderts. Ein Beitrag zur Kritik an der herrschenden spätscholastischen Mediaevistik, I–II, Bonn 1967/1968; R. Stanka, Geschichte der politischen Philosophie II (Die politische Philosophie des Mittelalters), Wien/Köln 1957; F. van Steenberghen, The Philosophical Movement in the Thirteenth Century, Edinburgh 1955 (franz. La philosophie au XIIIᵉ siècle, Louvain/Paris 1966, 1991; dt. Die Philosophie im 13. Jahrhundert, ed. M. A. Roesle, München/Paderborn/Wien 1977); ders., Introduction à l'étude de la philosophie médiévale, Louvain/Paris 1974; A. Stöckl, Geschichte der Philosophie des Mittelalters, I–III (in 4 Bdn.), Mainz 1864–1866 (repr. Aalen 1968); F. Überweg, Grundriß der Geschichte der Philosophie II (Die patristische und scholastische Philosophie), ed. B. Geyer, Berlin ¹¹1928 (repr. Basel 1951, Darmstadt 1961), Basel/Stuttgart ¹³1956, 1967; J. M. Verweyen, Die Philosophie des Mittelalters, Berlin/Leipzig 1921, 1926; J. de Vries, Grundbegriffe der S., Darmstadt 1980, 1993; J. R. Weinberg, A Short History of Medieval Philosophy, Princeton N. J. 1964, 1991; K. Werner, Die S. des späteren Mittelalters, I–IV, Wien 1881–1887, New York 1971; O. Wichmann, Die Scholastiker, München 1921; P. Wilpert (ed.), Die Metaphysik im Mittelalter. Ihr Ursprung und ihre Bedeutung. Vorträge des 2. internationalen Kongresses für mittelalterliche Philosophie, Köln 31. Aug. bis 6. Sept. 1961, Berlin 1963; J. F. Wippel/A. B. Wolter (eds.), Medieval Philosophy. From St. Augustine to Nicholas of Cusa, New York/London 1969; B. Wuellner, Summary of Scholastic Principles, Chicago Ill. 1956, Heusenstamm 2011; M. M. C. J. de Wulf, Histoire de la philosophie médiévale, Paris, Louvain, Brüssel 1900, in 3 Bdn. ⁶1934–1947 (engl. History of Medieval Philosophy, London etc. 1909, unter dem Titel: History of Mediaeval Philosophy, I–III, London etc. 1935–1938; dt. Geschichte der mittelalterlichen Philosophie, Tübingen 1913, Heusenstamm 2012; span. Historia de la filosofia medieval, I–III, Mexiko 1945–1949). O. S.

Scholz, Heinrich, *Berlin 17. Dez. 1884, †Münster (Westf.) 30. Dez. 1956, dt. Theologe, Philosoph und Logiker. Nach Studium der Theologie und Philosophie (1903–1909) in Berlin und Erlangen (Lic. theol. 1909, Berlin) und Habilitation für Religionsphilosophie und systematische Theologie 1910 in Berlin (als Schüler von A. v. Harnack), 1912 Promotion zum Dr. phil. in Erlangen. Ab 1917 Prof. für Religionsphilosophie in Breslau, ab 1921 für Philosophie in Kiel, ab 1928 in Münster. – Als systematischer Theologe wirkte S. vor allem durch seine »Religionsphilosophie« (Berlin 1921), die eine ›unmythische‹ und ›antisupranaturale‹ Gotteserfahrung in der Form persönlicher Erlebnisse zur Grundlage theologischer Wahrheiten erklärt.
Angeregt durch die Lektüre der ↑»Principia Mathematica« von B. Russell und A. N. Whitehead begann S. von 1924 bis 1928 noch einmal ein Studium der exakten Wissenschaften und der Logik. Fasziniert von den neuen mathematischen Methoden in der Logik (↑Logik, mathematische) benutzte S. den Wechsel an die Universität Münster dazu, einen Schwerpunkt für mathematische Logik und Grundlagenforschung aufzubauen, der als ›Schule von Münster‹ weltweites Ansehen gewann. Charakteristisch für diese Schule war die enge Verbindung von Kalkülisierungsprogrammen der Logik mit den philosophischen Traditionen des erkenntnistheoretischen Platonismus (↑Platonismus (wissenschaftstheoretisch)). S. verstand die Logik im Anschluß an G. W. Leibniz als Theorie der Wahrheiten, die in jeder möglichen Welt (↑Welt, mögliche) gelten, und darin zugleich als strenge Weiterführung der Intentionen der Aristotelischen ↑Metaphysik. Für die Begründung der logischen Wahrheiten unterstellte S. eine besondere intellektuelle Einsicht nach Art der Platonischen Ideenschau (↑Idee (historisch), ↑Ideenlehre). – S. gehört zu den ersten Historikern der Logik, welche die Logikgeschichte im Blick auf die Fragestellungen der mathematischen Logik (↑Logik, mathematische) darstellten. Ferner kommt ihm das Verdienst zu, das Werk des Logikers G. Frege einem weiteren Kreise zugänglich gemacht und Freges wissenschaftlichen Nachlaß entdeckt zu haben.

Werke: Christentum und Wissenschaft in Schleiermachers Glaubenslehre. Ein Beitrag zum Verständnis der Schleiermacherschen Theologie, Berlin 1909, Leipzig ²1911; Glaube und Unglaube in der Weltgeschichte. Ein Kommentar zu Augustins »De Civitate Dei«. Mit einem Exkurs: Fruitio Dei, ein Beitrag zur Geschichte der Theologie und der Mystik, Leipzig 1911 (repr. 1967); Schleiermacher und Goethe. Ein Beitrag zur Geschichte des deutschen Geistes, Leipzig 1913, ²1914; Rainer Maria Rilke. Ein Beitrag zur Erkenntnis und Würdigung des dichterischen Pantheismus der

Gegenwart, Halle 1914; Der Idealismus als Träger des Kriegsgedankens, Gotha 1915; Politik und Moral. Eine Untersuchung über den sittlichen Charakter der modernen Realpolitik, Gotha 1915; Der Krieg und das Christentum, Gotha 1915; Das Wesen des deutschen Geistes, Berlin 1917; Die Ehrfurcht vor dem Unbekannten, Berlin 1918; Die Religionsphilosophie des Als-Ob, Ann. Philos. 1 (1919), 27–113, 3 (1923), 1–73, rev. mit Untertitel: Eine Nachprüfung Kants und des idealistischen Positivismus, Leipzig 1921; Zum ›Untergang‹ des Abendlandes. Eine Auseinandersetzung mit Oswald Spengler, Berlin 1920, ²1921; Der Unsterblichkeitsgedanke als philosophisches Problem, Berlin 1920, ²1922; Religionsphilosophie, Berlin 1921, ²1922 (repr. Berlin/New York 1974); Die Bedeutung der Hegelschen Philosophie für das philosophische Denken der Gegenwart, Berlin 1921; Was wir Kant schuldig geworden sind, Kiel 1924; (mit H. Hasse) Die Grundlagenkrisis der griechischen Mathematik, Berlin 1928 (repr. in: Zeno and the Discovery of Incommensurables in Greek Mathematics, New York 1928, 1–72), Leipzig 1940; Eros und Caritas. Die platonische Liebe und die Liebe im Sinne des Christentums, Halle 1929; Der platonische Philosoph auf der Höhe des Lebens und im Anblick des Todes, Tübingen 1931; Geschichte der Logik, Berlin 1931, unter dem Titel: Abriß der Geschichte der Logik, Freiburg/München ²1959, ³1967 (engl. Concise History of Logic, New York 1961; franz. Esquisse d'une histoire de la logique, Paris 1968); Hauptgestalten abendländischer Metaphysik, Münster 1932; Goethe als Befreier. Rede zum 22. März 1932 in der Stadthalle zu Mühlheim-Ruhr, Münster 1932; Goethes Stellung zur Unsterblichkeitsfrage, Tübingen 1934; (mit H. Schweitzer) Die sogenannten Definitionen durch Abstraktion. Eine Theorie der Definitionen durch Bildung von Gleichheitsverwandtschaften, Leipzig 1935; (mit H. Hermes) Ein neuer Vollständigkeitsbeweis für das reduzierte Fregesche Axiomensystem des Aussagenkalküls, Leipzig 1937 (repr. Hildesheim 1970); Was ist Philosophie? Der erste und der letzte Schritt auf dem Wege zu ihrer Selbstbestimmung, Berlin/Wien 1940; Fragmente eines Platonikers, Köln 1940, 1941; Metaphysik als strenge Wissenschaft, Köln 1941 (repr. Darmstadt 1965); Von großen Menschen und Dingen, Berlin 1946; Zwischen den Zeiten, Tübingen/Stuttgart 1946; Zur Erhellung der Kunst und des Genies, Berlin 1947; Begegnung mit Nietzsche, Tübingen 1948; Vorlesungen über Grundzüge der mathematischen Logik, I–II, Münster 1949, ²1950/1951; (mit G. Hasenjaeger) Grundzüge der mathematischen Logik, Berlin/Göttingen/Heidelberg 1961; Mathesis universalis. Abhandlungen zur Philosophie als strenger Wissenschaft, ed. H. Hermes/F. Kambartel/J. Ritter, Basel/Stuttgart 1961, Basel/Stuttgart, Darmstadt ²1969; Theologische Texte aus dem Nachlaß von H. S., in: G. Pfleiderer, Theologische Fragmente eines Nicht-Theologen [s. u., Lit.], 138–172. – F. Kambartel, Bibliographie H. S., in: Mathesis universalis [s. o.], 453–470.

Literatur: M. Fallenstein, Religion als philosophisches Problem. Studien zur Grundlegung der Frage nach der Wahrheit der Religion im religionsphilosophischen Denken von H. S., Frankfurt/Bern 1981; H. Hermes, H. S. zum 70. Geburtstag, Math.-phys. Semesterber. NF 5 (1955), 165–170; ders./F. Kambartel/J. Ritter, Vorrede, in: Mathesis universalis [s. o., Werke], 7–23; M. F. Köck, Die Bedingungen von Gotteserfahrung nach H. S., Frankfurt etc. 1998; ders., S., RGG VII (⁴2004), 956–957; E. Köhler, S., Enc. Ph. VII (1967), 324–325, VIII (²2006), 644–646; K. Lang, Konstruktive und kritische Anwendung der Mathematik in der Philosophie. Eine Demonstration anhand »Metaphysik als strenge Wissenschaft« von H. S., Diss. Mainz 1970, Bonn 1972; H. Linneweber-Lammerskitten, S., BBKL IX (1995), 683–687; H. Luthe, Die

Religionsphilosophie von H. S., Diss. München 1961; A. L. Molendijk, Aus dem Dunkeln ins Helle. Wissenschaft und Theologie im Denken von H. S., Amsterdam/Atlanta Ga. 1991; G. Pfleiderer, Theologische Fragmente eines Nicht-Theologen. H. S.' Beitrag zu einer kulturprotestantischen Theorie des Christentums, Waltrop 1995 (mit Bibliographie, 173–188); H.-C. Schmidt am Busch, S., NDB XXII (2007), 454–455; ders./K. F. Wehmeier (eds.), H. S.. Logiker, Philosoph, Theologe, Paderborn 2005; E. Stock, Die Konzeption einer Metaphysik im Denken von H. S., Berlin/New York 1987. – H. S.. Drei Vorträge, gehalten bei der Gedächtnisfeier der Math.-Naturw. Fakultät der Universität Münster am 20. Dezember 1957, München 1958 (Schriften der Gesellschaft zur Förderung der Westfälischen Wilhelms-Universität zu Münster XLI); Logik und Grundlagenforschung. Festkolloquium zum 100. Geburtstag von H. S., Münster 1986 (Schriftenreihe der Westfälischen Wilhelms-Universität Münster NF VIII).   F. K.

Schöne, das (griech. τὸ καλόν, lat. pulchrum, engl. the beautiful), Grundbegriff der Philosophie, der wie die Grundbegriffe des Wahren (↑Wahrheit) und des ↑Guten in der abendländischen ↑Metaphysik zur Explikation des Wesens und der Einheit des ↑Seins, der ↑Vernunft, der Gegenständlichkeit bzw. eines wesentlichen menschlichen Weltbezugs überhaupt dient. Seine ästhetische bzw. kunstbezogene Bedeutungsverengung (↑ästhetisch/Ästhetik) verdankt sich erst der Theoriebildung seit der Mitte des 18. Jhs..

Durchgängige Charakteristika der Bestimmung und Erfahrung des S.n sind (1) die *Totalität*, die qualitative, nicht-partikularisierbare Ganzheit des S.n, seine irreduzible Fülle, sein sinnhafter Form- und Gestaltcharakter, (2) die *Singularität*, die Einmaligkeit und Einzigartigkeit des S.n, die in Zusammenhang mit seiner Unsagbarkeit, mit seiner unaussprechlichen Individualität gesehen wird, (3) die *Nicht-Instrumentalität* bzw. *Selbstzweckhaftigkeit* des S.n, seine ihm eigene Gesetzlichkeit, die ein gewaltloses, kontemplatives (↑Kontemplation) Verhalten zu ihm ermöglicht, (4) die damit verbundene sinnliche und kommunikative *Glücks-, Genuß- und Erfüllungsqualität* des S.n, die seine Erfahrung der Erfahrung des Guten annähert. Diese Grundzüge in ihrem intensiven Zusammenspiel prädestinierten das S. in der philosophischen Reflexion zu Funktionen der gelungenen Synthesis von ↑Erkenntnis und ↑Liebe, Vernunft und ↑Sinnlichkeit.

Die Hochschätzung des S.n findet sich bereits in mythischen und religiösen Zeugnissen, in denen es mit dem Göttlichen und Heiligen gleichgesetzt und kultisch-rituell vergegenwärtigt und gefeiert wird. Das gilt insbes. für die hymnische Feier der Schönheit und – ineins – Gerechtigkeit der göttlichen Schöpfungsordnung (↑Schöpfung) in den vorderorientalischen Hochreligionen z.B. Mesopotamiens und Ägyptens. Eine zentrale Bedeutung kommt dem S.n als Grundbegriff in der griechischen Kultur zu, in der die Rede vom S.n bereits vor- und au-

ßerphilosophisch in allen Lebensbereichen das jeweils Hervorragende, besonders Geeignete, Nützliche, Brauchbare (χρήσιμον), Schickliche (πρεπόν), Angemessene, Wohlgefällige, Begehrens- und Liebenswerte, Gelungene und im Wettkampf Auszuzeichnende meinte. Bereits vortheoretisch bildet sich so im antiken Griechenland im Kontext des politischen Lebens das Ideal der *Kalokagathia* (καλοκἀγαθία, von griech. καλὸν καὶ ἀγαθόν), d.h. des zugleich S.n und Guten (Tugendhaften), heraus, mit dem eine Synthese von ästhetischem und ethischem Weltverhältnis, von ›Politik und Anmut‹ (C. Meier 1985) als einer ↑Lebensform der sittlich gelungenen Humanität bezeichnet wurde, die für alle späteren Rezeptionen der griechischen Antike vorbildlich blieb. – Nähere objektive, interne, gestaltungsbezogene Kriterien des S.n in der Antike, die in der pythagoreischen (↑Pythagoreismus) Tradition systematisiert wurden, waren ›Symmetrie‹, ›Harmonie‹, ›Ordnung‹, ›Proportion‹ und ›Einheit in der Vielheit‹. Der Grundgedanke der objektiven Schönheit der Welt in Gestalt der schönen Ordnung und Harmonie des ↑Kosmos bestimmt auch die menschlichen Möglichkeiten schöner Gestaltung nach Maß und Zahl z.B. in Musik, Architektur und Bildhauerkunst. Diese objektive, auch nicht-metaphysisch explizierbare Bestimmung des S.n bildet den weiteren großen Strang ihrer positiven philosophischen Behandlung.

Eine philosophische Theorie des S.n entwickelt – in Kenntnis und Aufnahme der genannten Traditionen – als erster Platon. Sie ist mit allen seinen wesentlichen Lehrstücken, insbes. mit der ↑Ideenlehre (↑Idee (historisch)), verbunden und bildet das Zentrum seiner ›erotischen‹ Theologie. Platon kritisiert die bekannten konventionellen Auffassungen des S.n, indem er ihre begriffliche Ungesichertheit und Beliebigkeit herausstellt. Vom S.n kann angemessen nur mit Hilfe eines Verständnisses der *Idee* des S.n selbst gehandelt werden. Sie ist in Platons Lehre wichtiges Element der Konzeption des Aufschwungs der ↑Seele zum Ewigen und Göttlichen und der ›Umlenkung‹ (περιαγωγή) der Seele zur Idee des Guten (Pol. 517b–518e) und steht in Verbindung mit der Anamnesislehre (↑Anamnesis) und der pränatalen Schau der Ideen (Phaidr. 247d–250e), mit dem ↑Eros, der ↑Unsterblichkeit und der Schau des Meeres des S.n, die ›mit einem Blick‹ geschieht (Symp. 210d). Diotima schildert im »Symposion« die Stufen auf dem Weg von dem schönen sinnlichen Einzelnen über die Schönheit der Seele, der Handlungen und Gesetze bis zur Erkenntnis des absolut S.n, durch das alles andere – nur vermittels der ↑Teilhabe (↑Methexis) an ihm – schön ist. Das Ewig-Schöne steht in Verbindung zum Guten und rettet in Platons Theologie vor Tod und Vergänglichkeit. Seine Schilderung des Aufstiegs zum S.n zeigt, daß dessen Wesen zwar zunächst den Sinnen, letztlich aber als

Idee bzw. Form (↑Idee (historisch)) nur der Vernunft zugänglich, d. h. intelligibel, ist.

Nach der Kritik der Ideenlehre Platons durch Aristoteles zerfällt zunächst diese vereinheitlichende ontologische Bestimmung der Intelligibilität des S.n wieder in die Vielfalt der technischen, praktischen und poetisch-ästhetischen Kontexte der Rede vom S.n, wobei die spezifische systematische Verklammerung des S.n mit dem Guten als dem Rechtmäßigen, Wohlgeordneten, Symmetrischen auch in der ↑Stoa (Zenon von Kition, Chrysippos) erhalten bleibt. Im ↑Neuplatonismus wird die ontologisch-metaphysische Theorie des S.n erneuert; sie erhält eine zentrale Rangstellung, die in nahezu allen nachfolgenden Traditionen der spekulativen Hochschätzung des S.n weiterwirkte. Plotinos interpretiert das Platonische ↑Höhlengleichnis nicht als erkenntnistheoretische Metapher im Kontext der Ideenlehre, sondern wörtlich und damit kosmologisch: der neuplatonische läuternde Aufstieg (die ›Flucht‹) zum Einen, Guten und S.n erhält eine religiös-mystische Heilsbedeutung mit dem Ziel der welt-, leib- und materieüberwindenden ekstatischen Vereinigung (ἕνωσις, lat. unio) zurück. Das solchermaßen metaphysisch gedachte intelligible S. wird zum unvorstellbaren ›Über-Schönen‹. Auch A. Augustinus verbindet die antike Metaphysik des S.n mit religiösem Denken in Gestalt der christlichen ↑Eschatologie und entwirft eine Ästhetik als Theophanie: die mystische bzw. jenseitige Schau Gottes (↑visio beatifica dei) wird als die Schau seiner ewigen Schönheit (*pulchritudo intelligibilis, incommutabilis et ineffabilis*) konzipiert.

Die mittelalterliche Philosophie (↑Scholastik) und Wissenschaft tradierten die antiken objektiven Bestimmungen des S.n als Einheit und Ordnung, Harmonie und Proportion. Dem in diesem Sinne pythagoreischen Verständnis des S.n kommt im Rahmen der freien Künste (artes liberales; ↑ars) – insbes. der Arithmetik und Musik – eine dauerhafte Wirkung zu. Von theoriebildender Bedeutung ist vor allem eine (bei Augustinus präfigurierte) christlich-theologische Rezeption der platonisch-neuplatonischen Grundgedanken, der später so genannten ↑Lichtmetaphysik, durch J. S. Eriugena und im Anschluß an Pseudo-Dionysius Areopagites. In dieser Konzeption wird alles Sichtbare in der Welt, also ›das Geschaffene‹, als Manifestation (*manifestatio, theophania*) des göttlichen Urlichtes, als Abglanz von dessen Glanz (*splendor Dei*) und so als Widerschein der göttlichen Schönheit, Herrlichkeit und Vollkommenheit interpretiert. Die christliche Schöpfungstheologie verbindet sich auf diese Weise durch das Paradigma des S.n mit dem Platonischen ↑Dualismus (↑Chorismos) von Idee und Erscheinung, *mundus intelligibilis* und *mundus sensibilis*. Daß die sichtbare Welt Abbild der urbildlichen göttlichen Schönheit (*imago Dei*) ist, sollen auch die menschlichen Artefakte zeigen.

Im Rahmen der Metaphysik des 13. Jhs. wird das S. in den Kernbereich der systematischen Theoriebildung, die Ausarbeitung der Transzendentalienlehre (↑Transzendentalien), einbezogen. Alexander von Hales rückt das ↑transzendentale S. zwischen das Gute, mit dem es identisch ist (das Sein existiert durch Teilhabe am Guten), weil es um seiner selbst willen erstrebt wird, und das Wahre, mit dem es durch seine Wahrnehmbarkeit (als Grundlage sinnlicher Erkenntnis) verwandt ist. Im 13. Jh. kann das S. explizit gleichrangig neben die weiteren transzendentalen Seinsbestimmungen (›Proprietäten‹ des Seins, *conditiones esse*) gestellt und als ›ihnen allen gemeinsam‹ mit einer ›synthetischen Funktion‹ (J. A. Aertsen) ausgestattet werden: es stiftet Einheit in der Vielheit. Diese vermittelnde Stellung zwischen dem Wahren und dem Guten erhält das S. auch bei Albertus Magnus und Thomas von Aquin: durch seine Vollkommenheit (integritas, perfectio) und durch die Tatsache, daß es ›im Angeschautwerden gefällt‹ (Thomas von Aquin), daß seine Erkenntnis beglückt, hat das S. sowohl Gemeinschaft mit dem Guten als auch mit dem Wahren. Eine Sonderstellung nimmt die Erkenntnis des S.n bei J. Duns Scotus ein. Er bestimmt sie als *cognitio clara et confusa*. Sie ist nicht bloß sinnlich und konfus (wie eine Körperempfindung), jedoch auch nicht schon begrifflich-definitorischer Art. Es handelt sich bei dieser Erkenntnis um die wiederholbare, jedoch je einmalige Erkenntnis von etwas Individuellem, das sich nicht definieren läßt (eine Bestimmung, die bei A. G. Baumgarten wieder auftritt; vgl. T. Rentsch 1987).

Die mittelalterliche Reflexion der Transzendentalität des S.n ist zum einen in die Gesamtkonstruktion der antik-christlichen Metaphysik einbezogen, in der der Grundgedanke der liebenden Betrachtung als einer zwanglosen Synthesis von Vernunft und Willen, Rationalität und Sinnlichkeit im Sinne der Aristotelischen ↑Theoria (Met. Λ7.1072b24, 9.1074b33–35), im Sinne der mystischen ↑Kontemplation (↑Mystik) und auch im Sinne der (jenseitigen) Schau Gottes das philosophische Denken durchgängig prägt. Die hochmittelalterliche Frage nach dem S.n kann zum anderen als die Frage nach einer möglichen Einheit der transzendentalen Seinsbestimmungen (U. Eco 1956, 1959) und das S. als Herkunft (Ursprungsort) der transzendentalen Differenz von *bonitas* und *veritas* und des Partizipationsgedankens interpretiert werden (G. Pöltner 1978). Die metaphysische Spekulation sah im S.n den Grund der Einheit der Welt.

In ↑Renaissance und früher Neuzeit intensiviert sich die Reflexion der Künstler und Kunsttheoretiker auf das S., bleibt aber in der Kontinuität der platonisch-neuplatonischen und christlichen Tradition (Liebe zur ›göttlichen Idee der Schönheit‹ [L. B. Alberti], die ontologisch und schöpfungstheologisch der göttlichen Schönheit entstammt und durch die schönen Werke wieder zu ihr zurückführen soll). Bei R. Descartes, T. Hobbes und B. de Spinoza lassen sich dann bereits Tendenzen zur Subjektivierung und Relativierung der Konzeption des S.n feststellen. Während diese marginal bleiben, bildet G. W. Leibniz eine eigenständige Theorie des S.n aus, die als metaphysische Perfektionsontologie (↑Vollkommenheit) das Prinzip ›vollkommener Zusammenstimmung‹ zur Definition des S.n formuliert. Auch dieser formale Vollkommenheitsbegriff (traditionell: ›Einheit in der Mannigfaltigkeit‹) ist in der göttlichen Ordnung fundiert und entspricht Leibnizens Lehre von der prästabilierten Harmonie (↑Harmonie, prästabilierte). Gleichzeitig wird die Theorie des S.n immer mehr aus dem Kontext der Metaphysik gelöst und auf die Kunst bezogen. Der Grundbegriff entsprechender Theorien für die Bestimmung des Wesens der Kunst (z. B. bei C. Batteux, J. B. Dubos, J. J. Bodmer, J. J. Breitinger) ist der Begriff der ›Nachahmung der Naturschönheit‹, womit sich die ästhetik- und kunsttheoretische Reflexion des S.n auf den Aristotelischen Begriff der ↑Mimesis zurückbezieht. Theologisch-ordometaphysische Vorstellungen des S.n wandern in die Konzeption des Erhaben-Schönen (↑Erhabene, das) ein, die der Spätantike (Pseudo-Longin) entnommen wird.

Bei D. Diderot, F. Hutcheson, D. Hume, E. Burke, D. Home, T. Reid und Baumgarten radikalisiert sich der Prozeß der Subjektivierung und Ästhetisierung des S.n: das S. wird Gegenstand des subjektiven Geschmacks (›taste‹, ›sense of beauty‹) bzw. einer – selbständigen – Theorie der ↑Sinnlichkeit. Baumgarten bestimmt (wie Duns Scotus) die sinnliche Erkenntnis des S.n als *cognitio clara et confusa*. Seine »Aesthetica« (1750) stellt eine erkenntnistheoretische Transformation der Leibniz-Wolffschen Perfektionsontologie (↑Leibniz-Wolffsche Philosophie) dar und wird als eine Theorie der Fülle (*ubertas aesthetica, venusta plenitudo*) der sinnlichen Erkenntnis wirklicher Gegenstände entwickelt. Die Reflexion des S.n dient in dieser Phase der Theoriebildung der Autonomisierung des bürgerlichen Subjekts und der Aufwertung von Natur und Sinnlichkeit. Gleichwohl bleiben die traditionellen, sowohl konstitutiven als auch formalen und objektiven Bestimmungen des S.n, wie sie seit der Antike entwickelt worden waren, erhalten.

Einen Abschluß findet diese Entwicklung bei I. Kant, dessen Theorie des S.n sich auch als Rekonstruktion der Platonischen und der klassisch-transzendentalen Tradition verstehen läßt. In der ›Analytik des S.n‹ der KU zerlegt Kant die ästhetischen Geschmacksurteile (↑Geschmack), die für ihn ausschließlich auf das S. gerichtet sind, in vier für diese Urteile konstitutive Momente: erstens artikulieren sie ein ›interesseloses Wohlgefallen‹ an dem thematischen Gegenstand, zweitens erheben sie trotz ihres subjektiven Ursprungs urteilend Anspruch auf Allgemeingültigkeit, drittens bezeugen sie dem Gegenstand eine ›Zweckmäßigkeit ohne Zweck‹, viertens sprechen sie dem Gegenstand die Eigenschaft zu, begriflos notwendig zu gefallen. Die Erfahrung des S.n ist nach Kant ebenso begriffslos wie kommunikativ; sie ermöglicht ein zwangloses (nicht-instrumentelles) Welt- und Selbstverhältnis der urteilenden Subjekte im Medium nicht-diskursiver Erkenntnis, in dem ihre innere Natur transparent wird. Das S. erwirkt ein freies Spiel der Erkenntnisvermögen, die sich in diesem Spiel wechselseitig durchdringen. Die Tradition der Nähe des S.n zum Guten greift Kant in seiner Lehre von dem S.n als dem Symbol des Sittlich-Guten auf: das Vermögen des Geschmacks befördert durch seine kommunikative Leistung die Humanität gerade durch die Form der Reflexion, die es ermöglicht. Die transzendentale Tradition im engeren Sinne nimmt Kant mit seiner Lehre von den ästhetischen Ideen systematisch auf; sie wird als ›Dialektik der ästhetischen ↑Urteilskraft‹ ausgearbeitet. Die ästhetischen Ideen vermögen es als Anschauungen der ↑Einbildungskraft gleichwohl, einer Darstellung von intellektuellen Ideen nahezukommen. Insbes. F. Schiller knüpft in seinen ästhetiktheoretischen Schriften an Kants Konzept ästhetischer Ideen an, indem er das S. als ›Freiheit in der Erscheinung‹ versteht.

Im Deutschen Idealismus (↑Idealismus, deutscher) setzt erneut eine metaphysische Überhöhung des Begriffs des S.n ein: das S. wird als das ↑Absolute verstanden. In den spekulativen Entwürfen F. W. J. Schellings, F. Hölderlins und F. Schlegels (um 1800) wird es zur rettenden Instanz angesichts als bedrohlich erfahrener gesellschaftlicher Entwicklungen; es dient zu einer Neubelebung der Metaphysik und zur vermeintlichen Überwindung der kritischen Philosophie Kants. Dabei treten die Traditionslinien der platonisch-christlichen Metaphysik des S.n und der Philosophie der Kunst zusammen; die ›Idee des absoluten Kunstwerkes bzw. des absoluten ›Gesamtkunstwerkes‹ (R. Wagner) stehen in dieser Tradition. Dagegen steht die Konzeption des S.n in der Klassik (J. Winckelmann, J. W. v. Goethe, J. G. Herder) wegen ihrer viel stärkeren Historisierung einer solchen ästhetischen Metaphysik ferner. Der Grundgedanke der ↑Geschichtlichkeit des S.n wird von F. Schiller im Gegensatz zum ›Naiven‹ und zum ›Sentimentalischen‹ artikuliert. Während das Naiv-Schöne den Rahmen einer mythischen Welt voraussetzt, kann das Sentimentalische einen in Schönheit geordneten Kosmos nicht mehr voraussetzen, sondern nur an dessen Verlust erinnern. G. W. F. Hegel führt die Linien der erneuerten Metaphysik des S.n und seiner Vergeschichtlichung zusammen, indem er das S. als »das sinnliche Scheinen der Idee« (Vorlesungen über die Ästhetik 1, Werke XIII, ed. E. Moldenhauer/K. M. Michel, Frankfurt 1970, 151) bestimmt. Er wertet das Natur-Schöne rigoros gegenüber dem Kunst-Schönen ab; letzteres verdanke sich der menschlichen Produktivität und nur von dieser aus könne der ideelle Charakter des S.n begriffen werden. Auch in dieser Form kann es allerdings keine herausragende Versöhnungs- oder Vermittlungsfunktion (↑Versöhnung, ↑Vermittlung) gegenüber realen Entfremdungsphänomenen (↑Entfremdung) beanspruchen (These vom ›Ende der Kunst‹, vom Ende der ›Kunstperiode‹ [ca. 1750–1830]). Während A. Schopenhauer noch einen traditionellen, kontemplativen Begriff des S.n in seine Willensmetaphysik einbezieht – der Genuß des S.n entlastet vom Leiden am Leben –, suchen Vertreter der ›schwarzen Romantik‹ (E. T. A. Hoffmann, E. A. Poe, C. Baudelaire, A. Rimbaud) das S. des Bösen, Häßlichen, Schrecklichen und Sinnwidrigen zu entdecken. F. Nietzsches ↑Metaphysikkritik akzentuiert die völlige Abhängigkeit des Empfindens für das S. von der menschlichen Bedürfnisnatur.

Der Schwund eines verbindlichen Verständnisses des S.n radikalisiert sich im 20. Jh.. Während die Begriffe des Wahren und des Guten weiterhin eine erhebliche philosophische Bedeutung beanspruchen, gilt dies für den Begriff des S.n nicht; eher läßt sich sein Verfall in den Kitsch, ins Private, Kleine, Hübsche und Nette konstatieren. Dem steht die wissenschaftliche Objektivierung, Historisierung, Relativierung und Psychologisierung des geschichtlich gewordenen S.n gegenüber. Allerdings gibt es auch einige Neuansätze. Deskriptiv-konventionellen, kunstwerkbezogenen Charakter haben hier die theoretischen Bemühungen der ↑Phänomenologie (N. Hartmann, R. Ingarden, M. Heidegger) und der Analytischen Philosophie (↑Philosophie, analytische; vgl. F. Sibley 1959, 1965), des Strukturalismus (↑Strukturalismus (philosophisch, wissenschaftstheoretisch)) und der ↑Semiotik um eine Rekonstruktion traditioneller Verständnisse des S.n. Im Kontext avantgardistischer Ansätze in Architektur und Design werden funktionale bzw. technische (›technizistische‹) Neubestimmungen des S.n versucht. Auch die Bemühung um eine ›Erweiterung des Kunstbegriffs‹ (J. Beuys), eine erneute ↑Universalisierung der Ästhetik gehört in diesen Zusammenhang. Schließlich begegnet das S. in aporetisch-avantgardistischen Entwürfen einer ›negativen Ästhetik‹, die im Anschluß an die moderne (›nicht mehr schöne‹) Kunst das S. in seiner ›Fragilität‹ nur noch schnell vergänglichen Phänomenen (Sternschnuppen, Feuerwerken) zugestehen (T. W. Adorno, P. Valéry). Ein integrales Verständnis des konstitutiven Zusammenhangs von Schönheit und Vernunft wird nicht wieder erreicht.

Literatur: J. A. Aertsen, Beauty in the Middle Ages. A Forgotten Transcendental?, Medieval Philos. Theol. 1 (1991), 68–97; ders. u. a., S., Hist. Wb. Ph. VIII (1992), 1343–1385; ders., Beauty, in: M. Kelly (ed.), Encyclopedia of Aesthetics I, New York/Oxford 1998, 237–251; R. Assunto, Die Theorie des S.n im Mittelalter, Köln 1963, 1996; H. U. v. Balthasar, Herrlichkeit. Eine theologische Ästhetik, I–III, Einsiedeln 1961–1969, I, ³1988, II, ²1989, III, ³2009; K. Bauch, Meinungen über die Schönheit, Z. f. Ästhetik u. allg. Kunstwiss. 22 (1977), 5–31; O. Becker, Von der Hinfälligkeit des S.n und der Abenteuerlichkeit des Künstlers, in: ders., Dasein und Dawesen. Gesammelte philosophische Aufsätze, Pfullingen 1963, 11–40; W. Beierwaltes, Negati affirmatio: Welt als Metapher. Zur Grundlegung einer mittelalterlichen Ästhetik durch Johannes Scotus Eriugena, Philos. Jb. 83 (1976), 237–265; M. Bense, Aesthetica I (Metaphysische Beobachtungen am S.n), Stuttgart 1954, Neudr. in: ders., Aesthetica. Einführung in die neue Ästhetik, Baden-Baden 1965, 1982, 15–120; R. Bhattacharya, The Concept of ›Beauty‹ and Some Problems of Aesthetic Appraisal, Indian Philos. Quart. 8 (1980/1981), 99–106; C. Borgeest, Das sogenannte S.. Ästhetische Sozialschranken, Frankfurt 1977; F. Bourbon di Petrella, Il problema dell'arte e della bellezza in Plotino, Florenz 1956; P. Z. Brand (ed.), Beauty Matters, Bloomington Ind. 2000; H. J. M. Broos, Plato's beschouwing van kunst en schoonheid, Leiden 1948; J. H. Brown, Beauty, REP I (1998), 680–684; B. Brugger, Die Psychologie vor dem S.n, Frankfurt 1987; E. de Bruyne, Études d'esthétique médiévale, I–III, Brügge 1946 (repr. Genf 1975), in zwei Bdn., Paris 1998; E. Cassirer, Eidos und Eidolon. Das Problem des S.n und der Kunst in Platons Dialogen, Vorträge der Bibliothek Warburg 1 (1922/1923), 1–27; W. Czapiewski, Das S. bei Thomas von Aquin, Freiburg 1964; A. Danto, The Abuse of Beauty, Chicago Ill. 2003; D. Donoghue, Speaking of Beauty, New Haven Conn. 2003; B. Dörflinger, Die Realität des S.n in Kants Theorie rein ästhetischer Urteilskraft. Zur Gegenstandsbedeutung subjektiver und formaler Ästhetik, Bonn 1988; W. P. Eckert, Der Glanz des S.n und seine Unerfüllbarkeit im Bilde, in: ders. (ed.), Thomas von Aquino. Interpretation und Rezeption, Mainz 1974, 229–244; U. Eco, Il problema estetico in San Tommaso, Turin 1956, unter dem Titel: Il problema estetico in Tommaso d'Aquino, Mailand ²1970, 1982 (engl. The Aesthetics of Thomas Aquinas, Cambridge Mass., London 1988); ders., Sviluppo dell'estetica medievale, in: A. Plebe u. a. (eds.), Momenti e problemi di storia dell'estetica I, Mailand 1959, 1987, 115–229 (engl. Art and Beauty in the Middle Ages, New Haven Conn./London 1986, 2002), überarb. unter dem Titel: Arte e bellezza nell'estetica medievale, Mailand 1987, 2016 (dt. Kunst und Schönheit im Mittelalter, München/Wien 1991, Darmstadt 2002); M. J. Edwards, Middle Platonism on the Beautiful and the Good, Mnemosyne 44 (1991), 161–167; H.-H. Ewers, Die schöne Individualität. Zur Genese des bürgerlichen Kunstideals, Stuttgart 1978; G. Figal, Theodor W. Adorno. Das Natur-S. als spekulative Gedankenfigur. Zur Interpretation der ›Ästhetischen Theorie‹ im Kontext philosophischer Ästhetik, Bonn 1977; U. Franke, Von der Metaphysik zur Ästhetik. Der Schritt von Leibniz zu Baumgarten, Stud. Leibn. Suppl. XIV, Wiesbaden 1975, 229–240; dies., Schönheit, in: W. Henckmann/K. Lotter (eds.), Lexikon der Ästhetik, München 1992, 214–218, 2004, 328–334; G. Freudenberg, Die Rolle von Schönheit und Kunst im System der Transzendentalphilosophie, Meisenheim am Glan 1960 (Beih. Z. philos. Forsch. XIII); H.-G. Gadamer, Die Aktualität des S.n. Kunst als Spiel, Symbol und Fest, Stuttgart 1977, 2012; K. Gilbert, The Relation of the Moral to the Aesthetic Standard in Plato, Philos. Rev. 43 (1934), 279–294; M. Grabmann, Des Ulrich Engelberti von Straßburg O. Pr. (gest. 1277) Abhandlung De pulchro. Untersuchungen und Texte, München 1926, ferner in: ders., Gesammelte Akademieabhandlungen I, ed. Grabmann-Institut, Paderborn etc. 1979, 177–260; E. Grassi, Die Theorie des S.n in der Antike, Köln 1962, 1980; R. Gruenter, Vom Elend des S.n. Studien zur Literatur und Kunst, ed. H. Wunderlich, München 1988; T. Haecker, Schönheit.

Ein Versuch, Leipzig 1936, München ³1953; E. Hanslick, Vom musikalisch-S.n. Ein Beitrag zur Revision der Ästhetik der Tonkunst, Leipzig 1854 (repr. Darmstadt 1991), Darmstadt 2010; P. Hartmann, Gibt es heute noch eine sinnvolle Verwendung des Begriffs ›schön‹?, in: S. J. Schmidt (ed.), »schön« [s. u.], 1–28; M. Hauskeller (ed.), Was das S. sei. Klassische Texte von Platon bis Adorno, München 1994, ³1999; D. Henrich, Der Begriff der Schönheit in Schillers Ästhetik, Z. philos. Forsch. 11 (1957), 527–547; H. J. Horn, Stoische Symmetrie und Theorie des S.n in der Kaiserzeit, in: H. Temporini/W. Haase (eds.), Aufstieg und Niedergang der römischen Welt II/36.3, Berlin/New York 1989, 1454–1472; D. Hubrig, Die Wahrheit des Scheins. Zur Ambivalenz des S.n in der deutschen Literatur und Ästhetik um 1800, Frankfurt 1985; H. R. Jauß (ed.), Die nicht mehr schönen Künste. Grenzphänomene des Ästhetischen, München 1968, 1991 (Poetik und Hermeneutik III); H.-G. Juchem, Die Entwicklung des Begriffs des S.n bei Kant unter besonderer Berücksichtigung des Begriffs der verworrenen Erkenntnis, Bonn 1970; J. Jüthner, kalokagathia, in: Charisteria. Alois Rzach zum 80. Geburtstag, Reichenberg 1930, 99–119; K. S. Katsimanis, Étude sur le rapport entre le beau et le bien chez Platon, Lille 1977; F. Kaufmann, Das Reich des S.n. Bausteine zu einer Philosophie der Kunst, Stuttgart 1960; J. Kirwan, Beauty, Manchester 1999; J. Kneller, Kant's Concept of Beauty, Hist. Philos. Quart. 3 (1986), 311–324; F. Koppe, Grundbegriffe der Ästhetik, Frankfurt 1983, erw. Paderborn 2004; F. J. Kovach, Die Ästhetik des Thomas von Aquin. Eine genetische und systematische Analyse, Berlin 1961; R. Lorand, Aesthetic Order. A Philosophy of Order, Beauty and Art, London/New York 2000; J. A. Martin Jr., Beauty and Holiness. The Dialogue between Aesthetics and Religion, Princeton N. J. 1990; K. Matthies, Schönheit, Nachahmung, Läuterung. Drei Grundkategorien für ästhetische Erziehung, Frankfurt 1988; W. Mekkauer, Ästhetische Idee und Kunsttheorie. Anregung zur Begründung einer phänomenologischen Ästhetik, Kant-St. 22 (1918), 262–301; C. Meier, Politik und Anmut, Berlin 1985, mit Untertitel: Eine wenig zeitgemäße Betrachtung, Stuttgart 2000; M. Mothersill, Beauty Restored, Oxford 1984, New York 1991; C. Muehleck-Müller, Schönheit und Freiheit. Die Vollendung der Moderne in der Kunst. Schiller – Kant, Würzburg 1989; T. Munro, The Concept of Beauty in the Philosophy of Naturalism, Rev. Int. Philos. 9 (1955), 33–75; A. Nehamas, Only a Promise of Happiness. The Place of Beauty in a World of Art, Princeton N. J. 2007; K. Neumann, Gegenständlichkeit und Existenzbedeutung des S.n. Untersuchungen zu Kants ›Kritik der ästhetischen Urteilskraft‹, Bonn 1973 (Kant-St. Erg.hefte 105); W. Oelmüller/R. Dölle-Oelmüller/N. Rath, Diskurs. Kunst und S.s, Paderborn etc. 1982, 1993 (Philos. Arbeitsbücher V); J. Owens, The *KAΛON* in the Aristotelian Ethics, in: D. J. O'Meara (ed.), Studies in Aristotle, Washington D. C. 1981, 261–277; E. Panofsky, Idea. Ein Beitrag zur Begriffsgeschichte der älteren Kunsttheorien, Leipzig 1924, Berlin ⁶1989 (engl. Idea. A Concept in Art Theory, Columbia S. C. 1968); H. Perls, L'art et la beauté vus par Platon, Paris 1938; W. Perpeet, Das Kunstschöne. Sein Ursprung in der italienischen Renaissance, Freiburg/München 1987; G. Pochat, Geschichte der Ästhetik und Kunsttheorie. Von der Antike bis zum 19. Jahrhundert, Köln 1986; G. Pöltner, Schönheit. Eine Untersuchung zum Ursprung des Denkens bei Thomas von Aquin, Wien/Freiburg/Basel 1978; H. Pouillon, La beauté, propriété transcendantale chez les scolastiques, Arch. hist. doctr. litt. moyen-âge 21 (1946), 263–328; E. Prettejohn, Beauty and Art. 1750–2000, Oxford/New York 2005; T. Rentsch, Der Augenblick des S.n. Visio beatifica und Geschichte der ästhetischen Idee, in: H. Bachmaier/T. Rentsch (eds.), Poetische Autonomie? Zur

Wechselwirkung von Dichtung und Philosophie in der Epoche Goethes und Hölderlins, Stuttgart 1987, 329–353; ders., Ästhetische Anthropomorphie. Die Konstitution des S.n und die transzendental-anthropologische Bestimmung thaumatisch-auratischer Weltverhältnisse, in: F. Koppe (ed.), Perspektiven der Kunstphilosophie. Texte und Diskussionen, Frankfurt 1991, 1993, 27–35, 308–321; R. Reschke, Schön/Schönheit, ÄGB V (2003), 390–436; R. Riecke-Niklewski, Die Metaphorik des S.n. Eine kritische Lektüre der Versöhnung in Schillers ›Über die ästhetische Erziehung des Menschen in einer Reihe von Briefen‹, Tübingen 1986; R. Ritsema (ed.), Die Schönheit der Dinge, Frankfurt 1986; C. Sartwell, Six Names of Beauty, New York 2004, 2006; ders., Beauty, SEP 2012, rev. 2016; S. J. Schmidt (ed.), »schön«. Zur Diskussion eines umstrittenen Begriffs, München 1976; R. Scruton, Beauty, Oxford 2009, Neudr. unter dem Titel: Beauty. A Very Short Introduction, Oxford 2001 (dt. Schönheit. Eine Ästhetik, München 2012); F. Sibley, Aesthetic Concepts, Philos. Rev. 68 (1959), 421–450; ders., Aesthetic and Nonaesthetic, Philos. Rev. 74 (1965), 135–159; R. Sommer, Grundzüge einer Geschichte der deutschen Psychologie und Ästhetik von Wolff – Baumgarten bis Kant – Schiller, Würzburg 1892, Neudr. Amsterdam 1966, Hildesheim 1975; E. J. M. Spargo, The Category of the Aesthetic in the Philosophy of Saint Bonaventure, St. Bonaventure N. Y., Louvain, Paderborn 1953; K. H. v. Stein, Die Entstehung der neueren Ästhetik, Stuttgart 1886 (repr. Hildesheim 1964, 1995); J. Stolnitz, Beauty, Enc. Ph. I (1967), 263–266, I (²2006), 511–515; W. Tatarkiewicz, Les deux concepts de la beauté, Cahiers roumains d'études litt. 2 (1974), 62–68; ders., Geschichte der Ästhetik, I–III, Basel/Stuttgart 1979–1987; J. Ulrich, Schillers Begriff vom S.n, Weida 1928; J. G. Warry, Greek Aesthetic Theory. A Study of Callistic and Aesthetic Concepts in the Works of Plato and Aristotle, London 1962, 2013; N. Zangwill, Metaphysics of Beauty, Ithaca N. Y. 2001; ders., Beauty, in: J. Levinson (ed.), The Oxford Handbook of Aesthetics, Oxford/New York 2003, 2005, 325–343; C. Zelle, Schönheit und Erhabenheit. Der Anfang doppelter Ästhetik bei Boileau, Dennis, Bodmer und Breitinger, in: C. Pries (ed.), Das Erhabene. Zwischen Grenzerfahrung und Größenwahn, Weinheim 1989, 55–73; R. Zimmermann, Aesthetik I. Geschichte der Aesthetik als philosophischer Wissenschaft, Wien 1858, Hildesheim 1973.   T. R.

Schönfinkel, Moses (Šejnfinkel', Moisej Il'jič/El'jevič), *Jekaterinoslav/Ukraine [heute: Dnjepropetrovsk] 4. Sept. 1889 (vermutlich: alten Stils), †Moskau 1942 (?), russ. Mathematiker. S. gehörte, nach Studium der Mathematik an der Universität Odessa, 1914–1924 zu dem in Göttingen um D. Hilbert versammelten Kreis von Logikern und mathematischen Grundlagenforschern. Auf ihn gehen die Grundgedanken der von H. B. Curry ausgebauten kombinatorischen Logik (↑Logik, kombinatorische) zurück. Darüber hinaus veröffentlichte S. mit P. Bernays Lösungen des Problems der Entscheidbarkeit (↑entscheidbar/Entscheidbarkeit) der Allgemeingültigkeit (↑allgemeingültig/Allgemeingültigkeit) von ↑Aussageschemata der klassischen ↑Quantorenlogik für die Spezialfälle, in denen das Präfix der pränexen ↑Normalform des Aussageschemas keinen Existenzquantor (↑Einsquantor) vor einem ↑Allquantor enthält oder aber aus genau einem Existenzquantor vor einem Allquantor besteht. Mitbehandelt wird dabei der (schon von L. Löwenheim 1915 gelöste) Fall, in dem das untersuchte Aussage-schema höchstens einstellige Aussageformen enthält, bei im übrigen beliebigem Präfix. Nach Hilbert/Bernays (1934, 70) hat S. auch das (im Detail nicht überlieferte) erste Axiomensystem (↑System, axiomatisches) zur Ableitung aller nur mit dem ↑Subjunktor zusammengesetzten allgemeingültigen Aussageschemata aufgestellt. Die damit ausgesprochene Vollständigkeit (↑vollständig/ Vollständigkeit) impliziert dann metalogisch (↑Metalogik) insbes. die ebenfalls S. zugeschriebene (aber wohl gleichermaßen unveröffentlichte) Aussage, jedes negationsfreie junktorenlogische (↑Junktorenlogik) Aussageschema, das unter Heranziehung des ›ex contradictione quodlibet‹ $A \rightarrow (\neg A \rightarrow B)$ herleitbar sei, lasse sich auch ohne Heranziehung dieses Schlußschemas herleiten.

Werke: Über die Bausteine der mathematischen Logik, Math. Ann. 92 (1924), 305–316 (engl. [mit einer Einleitung von W. V. O. Quine] On the Building Blocks of Mathematical Logic, in: J. van Heijenoort [ed.], From Frege to Gödel. A Source-Book in Mathematical Logic, 1879–1931, Cambridge Mass./London 1967, 1977, 355–366), Neudr. in: K. Berka/L. Kreiser (eds.), Logik-Texte. Kommentierte Auswahl zur Geschichte der modernen Logik, Berlin (Ost) 1971, ²1973, 262–273, erw. ³1983, ⁴1986, 275–285; (mit P. Bernays) Zum Entscheidungsproblem der mathematischen Logik, Math. Ann. 99 (1928), 342–372.

Literatur: D. Hilbert/P. Bernays, Grundlagen der Mathematik I, Berlin 1934, Berlin/Heidelberg/New York ²1968; S. A. Janovskaja, Osnovanija matematiki i matematičeskaja logika, in: A. G. Kuroš u. a. (eds.), Matematika v SSSR za tridcat' let 1917–1947, Moskau 1948, 9–50.   C. T.

Schopenhauer, Arthur, *Danzig 22. Febr. 1788, †Frankfurt 21. Sept. 1860, dt. Philosoph. Zunächst für den Kaufmannsberuf bestimmt, begann S. nach dem Tode des Vaters (1805), seinen ursprünglichen Neigungen folgend, 1809 in Göttingen vor allem Naturwissenschaften und Philosophie zu studieren. Sein Lehrer G. E. Schulze verwies ihn auf das Studium der Schriften Platons und I. Kants, was S. selbst als entscheidenden Impuls seiner philosophischen Entwicklung betrachtete. 1811 hörte er bei J. G. Fichte in Berlin, 1813 wurde er in Jena promoviert und traf 1813/1814 in Weimar, wo seine Mutter, die Schriftstellerin Johanna S., einen literarischen Salon unterhielt, mit J. W. v. Goethe zusammen. Nach einem mehrjährigen Aufenthalt in Dresden (Ausarbeitung des Hauptwerkes »Die Welt als Wille und Vorstellung«) und einer Italienreise habilitierte S. sich 1820 an der Universität Berlin. Seine wenig erfolgreiche und kaum ausgeübte Lehrtätigkeit, die in offener Gegnerschaft zur selben Tageszeit wie G. W. F. Hegel ankündigte, beendete er endgültig 1831 mit seiner Übersiedlung nach Frankfurt, wo er bis zu seinem Tode als Privatgelehrter lebte.

Die Verweigerung der Anerkennung durch die offizielle Philosophie veranlaßte S. zu heftigen Polemiken, vor allem gegen Hegel, aber auch gegen Fichte und F. W. J. Schelling, wobei er gewisse Gemeinsamkeiten mit beiden leugnete. Nach dem Scheitern der 48er Revolution, zu deren Gegnern S. gehörte, fand sein Werk, den pessimistischen (↑Pessimismus) und irrationalistischen (↑irrational/Irrationalismus) Strömungen des ausgehenden 19. Jahrhunderts entgegenkommend, wachsende und schließlich in Verehrung übergehende Anerkennung. In der Vorrede zur ersten Auflage von »Die Welt als Wille und Vorstellung« (Leipzig 1819) schreibt S., daß dieses Werk einen einzigen Gedanken mitteile. Wollte man ihn kurz formulieren, müßte er lauten: Die Welt ist in zweifacher Weise erkennbar, als ›Wille‹ und als ›Vorstellung‹. Die Welt als Vorstellung, sofern sie dem Satz vom zureichenden Grund (↑Grund, Satz vom) unterworfen ist, ist Gegenstand der Wissenschaften; sofern sie diesem Satz nicht unterworfen ist, ist sie Gegenstand der Kunst. Die Welt als Wille ist die der Welt als Vorstellung zugrundeliegende reale Welt. Der Wille ist das ↑Ding an sich, das sich in der Welt als Vorstellung objektiviert, indem es sich als blinder Wille in die Erscheinung drängt, um über die verschiedenen Entwicklungsstufen seiner Objektivation (anorganischer Stoff, Pflanze, Tier, Mensch) schließlich im Menschen zur Erkenntnis seiner selbst zu gelangen. Demjenigen Menschen, der den Willen als blinden Willen zum Leben, als Grund des Leidens in der Welt erkennt, steht die Möglichkeit der Verneinung dieses Willens und damit die Erlösung vom Leiden offen.

S.s Lehre geht von dem Satz aus, daß die Welt ›meine‹ Vorstellung ist. Dies bedeutet zunächst, daß die Welt ›von mir‹ abhängig ist, und zwar so, daß sie als ↑Erscheinung bedingt ist durch die Anschauungsformen Raum und Zeit und durch die ↑Kategorie der ↑Kausalität. Über diese im Kantischen Sinne ↑transzendentale Idealität (↑Idealismus, ↑Idealismus, transzendentaler) der Welt hinaus behauptet S. jedoch auch deren immanente Idealität im Sinne G. Berkeleys. Die Welt als Vorstellung ist nichts anderes als Bewußtseinsinhalt. Alles, was ↑Objekt ist, kann dies nur in bezug auf ein ↑Subjekt sein. Ohne Subjekt gibt es kein Objekt. Die Welt als Vorstellung ist durch das Auseinandertreten von Subjekt und Objekt gekennzeichnet. Umgekehrt gibt es auch kein Subjekt ohne Objekt; es läßt sich nicht sagen, daß das ↑Ich das ↑Nicht-Ich setzt (Fichte). Das Subjekt ist vielmehr von vornherein an die Existenz eines Objekts gebunden. Diese Feststellung S.s steht nicht im Gegensatz zu seinem idealistischen Ausgangspunkt. Sie ist vielmehr die Überleitung zu dem Nachweis, daß die Welt eben nicht nur Vorstellung sein kann. Obwohl die Welt als Vorstellung sowohl in ihrem Sosein als auch in ihrem Dasein vom Subjekt abhängig ist, erkennt das Subjekt aufgrund der Tatsachen dieser seiner Welt seine eigene Bedingtheit als Subjekt. Bewußtsein ist nämlich entwicklungsgeschichtlich betrachtet eine späte Erscheinung innerhalb der Welt als Vorstellung. Der Welt als Vorstellung muß also noch etwas als ↑Ding an sich zugrundeliegen. Dieses Ding an sich kann nicht Objekt im üblichen Sinne sein; denn dann gehörte es wieder nur zur Welt als Vorstellung. Es darf auch nicht einfach als Ursache der Welt als Vorstellung angenommen werden; denn dann wäre das Verhältnis von Ding an sich und Welt als Vorstellung das der Kausalität. Kausalität aber muß als bloße Kategorie des Verstandes auf den Erfahrungsgebrauch *innerhalb* der Welt als Vorstellung eingeschränkt bleiben. Gerade dies habe Kant gegen seine eigene Einsicht bei seiner Behandlung des Dinges an sich nicht berücksichtigt.

Den Ausgangspunkt für die Erkenntnis des Dinges an sich sieht S. im ↑Selbstbewußtsein. Jeder ist sich selbst in zweifacher Hinsicht gegeben, als ↑Leib, der der Welt als Vorstellung angehört, und als Wille (unter ›Wille‹ versteht S. jede, auch unbewußte, innere Regung). Zwischen Wille und Leib besteht kein Ursache-Wirkungs-Verhältnis, da Willensakte und Leibesveränderungen nicht in eine zeitliche Folge gebracht werden können. Man kann nicht erst seinen eigenen Willensakt und dann dessen Ausführung in den Leibesveränderungen beobachten. Willensakt und Leibesveränderung lassen sich in der Selbstbeobachtung nicht voneinander trennen; sie sind *ein* Vollzug in *zwei* Bereichen. Dies drückt S. so aus, daß der Leib die Objektivation des Willens, der zur Vorstellung gewordene Wille, ist. Analog wird die gesamte Welt als Vorstellung gewordener Wille (›Weltwille‹) aufgefaßt, wobei den Entwicklungsstufen der Welt als Vorstellung Objektivationsstufen des Willens entsprechen. Die Welt ist insofern von einerlei Art. Eben dies erkennt intuitiv der moralische Mensch, der *Mitleid* mit seinem Nächsten empfindet. Durch das Mitleid wird der nur dem Scheine nach bestehende Graben zwischen den Menschen überbrückt. Das Mitleid durchschaut den illusorischen Charakter der Erscheinungswelt und erfaßt die Einheit alles Wirklichen.

Die Objektivationsstufen des Weltwillens identifiziert S. nicht mit Einzeldingen, sondern mit deren Urbildern im Platonischen Sinne (↑Idee (historisch)). Die Ideen selbst sind nach S. Gegenstand der Künste, die das Allgemeine im Besonderen darstellend die Objektivationsstufen des Willens zur Anschauung bringen. In der Erfassung der Ideen löst sich die Erkenntnis vom Willen, dem sie ansonsten dienstbar ist. Den Willen zum Leben als den Ursprung des Leidens verdrängend, wird das individuelle Subjekt durch ruhige ↑Kontemplation zum reinen, willenlosen, zeit- und schmerzlosen Subjekt der Erkenntnis. Die Überwindung des Leidens kann der Kunst allerdings nur für die Dauer der Kontemplation gelingen. Eine endgültige Überwindung erfordert, dem Willen zum Leben die Dienstbarkeit der Erkenntnis über-

haupt zu entziehen und ihn durch Abtötung der Bedürfnisse in der Askese zur Ruhe zu bringen. Erreicht wird hierdurch der Eingang in das Nirwana, das bewußtseinslose Nichts.

Dieser vom Buddhismus übernommene und auf das Individuum bezogene Erlösungsgedanke (↑nirvāṇa) ist bei S. auch Ausdruck eines allgemeinen ↑Pessimismus: Die Weltgeschichte hat keinen Sinn, da sie die Objektivation eines *blinden* Willens, eines dumpfen Dranges ist. In seiner Objektivation auf der Stufe des Bewußtseins angelangt, hat sich dieser Wille endlich ›selbst ein Licht angezündet‹, die Sinnlosigkeit zu durchschauen, und so die Möglichkeit erlangt, sich selbst aufzuheben. Den Selbstmord als Form der individuellen Selbstaufhebung verwirft S.. Der Selbstmörder verneint nicht, sondern bejaht den Willen zum Leben; er verzweifelt, weil ihm das Leben die bejahten und erhofften Genüsse verweigert.

Trotz seiner negativen Charakterisierung des ↑Willens ist S. ein Vertreter der Freiheit des Willens (↑Willensfreiheit), und dies sogar unter Berufung auf Kant, obwohl er die Möglichkeit *praktischer* Vernunft (↑Vernunft, praktische) entschieden ablehnt. Zwar herrscht in der Welt als Vorstellung strenger ↑Determinismus nach dem Satz vom zureichenden Grund (im Bereich der Naturdinge tritt der zureichende Grund als ↑Ursache, im Bereich der menschlichen Entscheidungen als ↑Motiv auf), weshalb auch die Handlungen mit Notwendigkeit aus dem Charakter erfolgten. In der ursprünglich, *vor* dem Eintritt in die Welt als Vorstellung getroffenen Wahl seines Charakters ist der menschliche Wille aber frei. Der empirische Charakter eines Menschen ist nach S. Ausdruck seines intelligiblen Charakters, seines Willens als Ding an sich. Für Objektivationen dieses Willens in seinen Handlungen in der Welt als Vorstellung ist der Mensch daher voll verantwortlich.

S.s Einfluß erstreckte sich weniger auf Fachphilosophen als auf philosophierende Künstler, Dichter und Schriftsteller, z. B. L. N. Tolstoi, T. Mann und insbes. R. Wagner, in dessen Werken sowohl S.s Pessimismus und seine Aufforderung zur Überwindung des Willens zum Leben ihren musikalischen Ausdruck fanden (»Tristan und Isolde«, »Der Ring der Nibelungen«) als auch seine Mitleidsethik (»Parsifal«). Von S. beeinflußte Philosophen, wie F. Nietzsche und L. Wittgenstein, stehen in ausgesprochenem Gegensatz zur ↑Schulphilosophie. Vermittelt durch M. Horkheimer wirkt S. auch in Teilen der ↑Frankfurter Schule nach. Seit 1911 besteht eine S.-Gesellschaft mit Sitz in Frankfurt, die die »Jahrbücher der S.-Gesellschaft« (1912ff.) herausgibt.

Werke: Sämtliche Werke, I–VI, ed. J. Frauenstädt, Leipzig 1873–1874, ²1877, I–VII, ed. A. [Arthur] Hübscher, Leipzig 1937–1941 (repr. Wiesbaden ³1972, Mannheim ⁴1988), Nachdr. unter dem Titel: Zürcher Ausgabe, I–X, ed. A. [Angelika] Hübscher, Zürich

1977, 1994; Sämtliche Werke in sechs Bänden, I–VI, ed. E. Grisebach, Leipzig o.J. [1891], ³1921–1924, 1940–1944; Sämtliche Werke, I–XII, ed. R. Steiner, Stuttgart/Berlin o.J. [1894–1896]; S.'s Sämmtliche Werke in fünf Bänden, I–V, ed. H. Henning, Leipzig o.J. [1905–1910] (Großherzog Wilhelm Ernst Ausg.); Sämtliche Werke, ed. P. Deussen, München 1911ff. (erschienen Bde I–VI, IX–XI, XIII–XVI), Neudr. Bde IX–X unter dem Titel: Philosophische Vorlesungen, I–IV, ed. V. Spierling, München/Zürich 1984–1986, ²1987–1990; Sämtliche Werke, I–V, ed. W. v. Löhneysen, Stuttgart, Frankfurt, Darmstadt 1960–1965, ²1968 (repr. Darmstadt 1974, 2004), Frankfurt 1998; Werke in fünf Bänden. Nach den Ausgaben letzter Hand, ed. L. Lütkehaus, Zürich 1988, Neudr. Frankfurt 2006; Beibuch zur S.-Ausgabe. Einleitung zu S.s Werken nach der Ausgabe letzter Hand von L. Lütkehaus/Übersetzung und Nachweise der Zitate, S.-Chronik, Sach- und Namenregister von M. Bodmer, Zürich 1989, Neudr. Frankfurt 2006; Hauptwerke, I–II, ed. A. Ulfig, Köln 2000. – Ueber die vierfache Wurzel des Satzes vom zureichenden Grunde, Rudolstadt 1813, Frankfurt ²1847, ed. M. Landmann/E. Tielsch, Hamburg 1957, ²1970, ferner in: Hauptwerke [s. o.] II, 11–147 (franz. De la quadruple racine du principe de raison suffisante. Dissertation philosophique, übers. J.-A. Cantacuzène, Paris 1882, übers. J. Gibelin, 1941, mit Untertitel: Édition complète (1813–1847), übers. F.-X. Chenet, 1991, mit Untertitel: Deuxième édition (Francfort, 1847), 1997, 2008; engl. On the Fourfold Root of the Principle of Sufficient Reason, in: Two Essays by A. S.. I On the Fourfold Root of the Principle of Sufficient Reason/II On the Will in Nature, London 1889, 1–189, separat, trans. E. F. J. Payne, La Salle Ill. 1974, ferner in: On the Fourfold Root of the Principle of Sufficient Reason and Other Writings [s. u.], 1–197); Ueber das Sehn und die Farben, Leipzig 1816, ³1870 (engl. On Vision and Colors, trans. E. F. J. Payne, Oxford etc. 1994, ferner in: ders./P. O. Runge, On Vision and Colors/Color Sphere, trans. G. Stahl, New York 2010, 35–119, ferner in: On the Fourfold Root of the Principle of Sufficient Reason and Other Writings [s. u.], 199–302); Die Welt als Wille und Vorstellung, Leipzig 1819, I–II, wesentlich erw. ²1844, ³1859, in 1 Bd. München 2011 (engl. The World as Will and Idea, I–III, trans. R. B. Haldane/J. Kemp, London 1883–1886, unter dem Titel: The World as Will and Representation, I–II, trans. E. F. J. Payne, Indian Hills Ohio 1958, New York 1969, trans. J. Norman/A. Welchman/C. Janaway, Cambridge etc. 2010ff. [erschienen Bd. I]; franz. Le monde comme volonté et comme représentation, I–II, übers. J. A. Cantacuzène, 1886, in 3 Bdn., übers. A. Burdeau, Paris 1888–1890, in 1 Bd., ed. R. Roos, 2009); Ueber den Willen in der Natur […], Frankfurt 1836, ed. J. Frauenstädt, Leipzig ³1867, Berlin 1991, ferner in: Hauptwerke [s. o.] II, 149–280 (engl. On the Will in Nature, in: Two Essays by A. S.. I On the Fourfold Root of the Principle of Sufficient Reason/II On the Will in Nature [s. o.], 191–380, ferner in: On the Fourfold Root of the Principle of Sufficient Reason and Other Writings [s. u.]; franz. De la volonté dans la nature, übers. É. Sans, Paris 1969, ²1986, 1996); Die beiden Grundprobleme der Ethik. Behandelt in zwei akademischen Preisschriften, Frankfurt 1841, Leipzig ²1960, ferner in: Hauptwerke [s. o.] II, 281–547, unter dem Titel: Über die Freiheit des menschlichen Willens/Über die Grundlage der Moral, ed. P. Theisohn, Stuttgart 2013, unter dem Titel: Über die Freiheit des menschlichen Willens und Über das Fundament der Moral, Wiesbaden 2014 (franz. Les deux problèmes fondamentaux de l'éthique […], übers. C. Jaedicke, Paris 1998, übers. C. Sommer, 2009; engl. The Two Fundamental Problems of Ethics, trans. C. Janaway, Cambridge 2009, trans. D. Cartwright/E. E. Erdmann, Oxford/New York 2010); Parerga und Paralipomena. Kleine philosophische Schriften, I–II, Berlin 1851, Frankfurt 2006 (= Werke in fünf Bänden IV–V, ed. L. Lütkehaus) (engl. Parerga and Paralipomena. Short Philosophical Essays, I–II, trans. E. F. J. Payne, Oxford 1974, trans. S. Roehr/C. Janaway, Cambridge 2014/2015; franz. Parera & paralipomena. Petits écrits philosophiques, übers. J.-P. Jackson, Paris 2005, ²2010); Der handschriftliche Nachlaß, I–V, ed. A. [Arthur] Hübscher, Frankfurt 1966–1975 (repr. München 1985) (engl. Manuscript Remains in Four Volumes, Oxford etc. 1988ff. [erschienen Bde I–IV]); The Suffering of the World. From the Essays of A. S., trans. R. J. Hollingdale, London etc. 2004, unter dem Titel: Suffering, Suicide, and Immortality. Eight Essays from »The Parerga«, trans. T. B. Saunders, Mineola N. Y. 2006, 2014; On the Fourfold Root of the Principle of Sufficient Reason and Other Writings, trans. and ed. D. E. Cartwright/E. E. Erdmann/C. Janaway, Cambridge 2012, 2015. – Gesammelte Briefe, ed. A. [Arthur] Hübscher, Bonn 1978, ²1987; A. S.. Ein Lebensbild in Briefen, ed. A. [Angelika] Hübscher, Frankfurt 1987, 1992; Philosophie in Briefen, ed. A. [Angelika] Hübscher/M. Fleiter, Frankfurt 1989; Das Buch als Wille und Vorstellung. A. S.s Briefwechsel mit Friedrich Arnold Brockhaus, ed. L. Lütkehaus, München 1996. – G. F. Wagner, Encyklopädisches Register zu S.s Werken. Nebst einem Anhange, der den Abdruck der Dissertation von 1813, Druckfehlerverzeichnisse u. a. m. enthält, Karlsruhe 1909, unter dem Titel: S.-Register, ed. A. [Arthur] Hübscher, Stuttgart-Bad Cannstatt 1960, ²1982. – A. [Arthur] Hübscher, S.-Bibliographie, Stuttgart-Bad Cannstatt 1981; Die S.-Jb. enthalten fortlaufend bibliographische Angaben über Neuerscheinungen der Primär- und Sekundärliteratur zu S..

Literatur: W. Abendroth, A. S. in Selbstzeugnissen und Bilddokumenten, Reinbek b. Hamburg 1967, ²¹2007; F. Ackermann, S.. Kritische Darstellung seines Systems, Essen 2001; U. App, S.s Kompass. Die Geburt einer Philosophie, Rorschach/Kyoto 2011; S. Appel, A. S.. Leben und Philosophie, Biographie, Düsseldorf 2007; J. E. Atwell, S. on the Character of the World. The Metaphysics of Will, Berkeley Calif./Los Angeles/London 1995; S. Barbera, Une philosophie du conflit. Études sur S., Paris 2004; A. Barua/M. Gerhard/M. Koßler (eds.), Understanding S. through the Prism of Indian Culture. Philosophy, Religion and Sanskrit Literature, Berlin/Boston Mass. 2013; G. Baum/M. Koßler (eds.), Die Entdeckung des Unbewußten. Die Bedeutung S.s für das moderne Bild des Menschen, Würzburg 2005; R. J. Berg, Objektiver Idealismus und Voluntarismus in der Metaphysik Schellings und S.s, Würzburg 2003; D. Birnbacher (ed.), S. in der Philosophie der Gegenwart, Würzburg 1996; ders. (ed.), S. im Kontext, Würzburg 2002; ders. (ed.), S.s Wissenschaftstheorie. Der ›Satz vom Grund‹, Würzburg 2015; ders./A. U. Sommer (eds.), Moralkritik bei S. und Nietzsche, Würzburg 2013; A. Bobko, S.s Philosophie des Leidens, Würzburg 2001; T. Bohinc, Die Entfesselung des Intellekts. Eine Untersuchung über die Möglichkeit der An-sich-Erkenntnis in der Philosophie A. S.s unter besonderer Berücksichtigung des Nachlasses und entwicklungsgeschichtlicher Aspekte, Frankfurt etc. 1989; M. Booms, Aporie und Subjekt. Die erkenntnistheoretische Entfaltungslogik der Philosophie S.s, Würzburg 2003; J. F. Böröcz, Resignation oder Revolution. Ein Vergleich der Ethik bei A. S. und Ludwig A. Feuerbach, Münster 1998; C. Bouriau, S., Paris 2013; W. Breidert, A. S., in: O. Höffe (ed.), Klassiker der Philosophie II (Von Immanuel Kant bis Jean-Paul Sartre), München ³1995, 115–131, 472–475, 527; C. Buschendorf, ›The Highprist of Pessimism‹. Zur Rezeption S.s in den USA, Heidelberg 2008; D. E. Cartwright, S.. A Biography, Cambridge etc. 2010; F. Ciraci/D. M. Fazio/M. Kossler (eds.), S. und die S.-Schule, Würzburg 2009; F. C. Copleston, A. S.. Philosopher of Pessimism,

London 1946, London, New York ²1975; S. Cross, S.'s Encounter with Indian Thought. Representation and Will and Their Indian Parallels, Honolulu Hawaii 2013; M. Dobrzański, Begriff und Methode bei A. S., Würzburg 2017; A. Dörpinghaus, Mundus pessimus. Untersuchungen zum philosophischen Pessimismus Arthur S.s, Würzburg 1997; H. Ebeling/L. Lütkehaus (eds.), S. und Marx. Philosophie des Elends – Elend der Philosophie?, Königstein 1980, Frankfurt 1985; A. Estermann, A. S.. Szenen aus der Umgebung der Philosophie, Frankfurt, Leipzig 2000; ders., S.s Kampf um sein Werk. Der Philosoph und seine Verleger, Frankfurt, Leipzig 2005; K. Fischer, Geschichte der neuern Philosophie VIII (A. S.), Heidelberg 1893, unter dem Titel: Geschichte der neuern Philosophie IX (S.s Leben, Werke und Lehre), Heidelberg ²1898, ⁴1934 (repr. Nendeln 1973), unter dem Titel: A. S.. Leben, Werke und Lehre, ed. M. Woschnak/W. Woschnak, Wiesbaden 2010; M. Fleischer, S., Freiburg/Basel/Wien 2001, 2004; M. Fox (ed.), S.. His Philosophical Achievement, Brighton, Totowa N. J. 1980; G. Gabriel, »Der Unterbau meines ganzen Systems«. Zur Bedeutung von Schopenhauers Dissertation, Bl. Ges. Buchkultur und Gesch. 18./19. (2015), 9–31; P. Gardiner, S., Enc. Ph. VII (1967), 325–332, mit Bibliographie v. G. Zöller, VIII (²2006), 647–657; E. Grisebach, S.. Geschichte seines Lebens, Berlin 1897; K.-J. Grün, A. S., München 2000; ders., A. S. interkulturell gelesen, Nordhausen 2005; W. v. Gwinner, A. S. aus persönlichem Umgange dargestellt. Ein Blick auf sein Leben, seinen Charakter und seine Lehre, Leipzig 1862, unter dem Titel: S.'s Leben, erw. ²1878, rev. ³1910, unter ursprünglichem Titel, ed. C. v. Gwinner, Leipzig 1922 (repr. Bremen 2013), Frankfurt 1987, Hamburg 2013; O. Hallich, Mitleid und Moral. S.s Leidensethik und die moderne Moralphilosophie, Würzburg 1998; D. W. Hamlyn, S.. The Arguments of the Philosophers, London/Boston Mass. 1980, 1985; H. Hasse, S., München 1926 (repr. Nendeln 1973); D. Hauser, Das Noumenon und das Nichts. Zur Atemporalität der Willensfreiheit bei Kant und S., Würzburg 2015; M. Hauskeller, Vom Jammer des Lebens. Einführung in S.s Ethik, München 1998; R. Heimann, Die Genese der Philosophie S.s vor dem Hintergrund seiner Pseudo-Taulerrezeption, Würzburg 2013; A. [Arthur] Hübscher, A. S.. Ein Lebensbild, Leipzig 1938, Mannheim ³1988; ders., Denker gegen den Strom. S.: gestern – heute – morgen, Bonn 1973, ⁴1988 (engl. The Philosophy of S. in Its Intellectual Context. Thinker against the Tide, Lewiston N. Y. 1989); L. Hühn, S., RGG VII (⁴2004), 965–967; dies. (ed.), Die Ethik A. S.s im Ausgang vom Deutschen Idealismus (Fichte/Schelling) […], Würzburg 2006; D. Jacquette, The Philosophy of S., Chesham 2005; C. Janaway, Self and World in S.'s Philosophy, Oxford 1989, 2007; ders., S., REP VIII (1998), 545–554; ders. (ed.), Willing and Nothingness. S. as Nietzsche's Educator, Oxford etc. 1998, 2007; ders. (ed.), The Cambridge Companion to S., Cambridge etc. 1999, 2007; M. Kisner, Der Wille und das Ding an sich. S.s Willensmetaphysik in ihrem Bezug zu Kants kritischer Philosophie und den nachkantischen Idealismus, Würzburg 2016; M. Kossler (ed.), S. und die Philosophien Asiens, Wiesbaden 2008; M. Kurbel, Jenseits des Satzes vom Grund. S.s Lehre von der Wesenserkenntnis im Kontext seiner »Oupnek'hat«-Rezeption, Würzburg 2015; E. v. d. Luft (ed.), S.. New Essays in Honor of His 200th Birthday, Lewiston N. Y./Queenston Ont./Lampeter 1988; B. Magee, The Philosophy of S., Oxford 1983, erw. 1997; ders., Misunderstanding S., London 1990; R. Malter, A. S.. Transzendentalphilosophie und Metaphysik des Willens, Stuttgart-Bad Cannstatt 1991; G. Mannion, S., Religion and Morality. The Humble Path to Ethics, Aldershot etc. 2003; A. Menne, S., in: N. Hoerster (ed.), Klassiker des philosophischen Denkens II (Hume, Kant, Hegel, S., Marx, Nietzsche, Heidegger, Wittgenstein), München 1982, ⁷2003, 194–229; W.

Meyer, Das Kantbild S.s, Frankfurt etc. 1995; M. Morgenstern, S.s Philosophie der Naturwissenschaft. Aprioritätslehre und Methodenlehre als Grenzziehung naturwissenschaftlicher Erkenntnis, Bonn 1985; ders., Metaphysik in der Moderne. Von S. bis zur Gegenwart, Stuttgart 2008; B. Neymeyr, Ästhetische Autonomie als Abnormität. Kritische Analysen zu S.s Ästhetik im Horizont seiner Willensmetaphysik, Berlin/New York 1996; S. J. Odell, On S., Belmont Calif. 2001; D. Papousado, Der Schnitt zwischen dem Idealen und dem Realen. S.s Erkenntnisphilosophie, Bonn 1999; J. Petersen, S.s Gerechtigkeitsvorstellung, Berlin/Boston Mass. 2017; K. Pisa, S.. Kronzeuge einer unheilen Welt, Wien/Berlin 1977, 1988; W. Rhode, S. heute. Seine Philosophie aus der Sicht naturwissenschaftlicher Forschung, Rheinfelden/Berlin 1991, ²1994; A. Roger, S., DP II (²1993), 2588–2594; H. Röhr, Mitleid und Einsicht. Das Begründungsproblem in der Moralphilosophie S.s, Frankfurt/Bern/New York 1985; M. Rühl, S.s existentielle Metaphern im Kontext seiner Philosophie, Münster etc. 2001; R. Safranski, S. und Die wilden Jahre der Philosophie. Eine Biographie, München/Wien 1987, München/Wien, Darmstadt, Frankfurt/Wien 2010; J. Salaquarda (ed.), S., Darmstadt 1985; A. Schaefer, Probleme S.s, Berlin 1984, Cuxhaven/Dartford ²1997; W. Schirmacher (ed.), S. in der Postmoderne, Wien 1989; ders. (ed.), Ethik und Vernunft. S. in unserer Zeit, Wien 1995; A. Schmidt, Die Wahrheit im Gewande der Lüge. S.s Religionsphilosophie, München/Zürich 1986; ders., Tugend und Weltlauf. Vorträge und Aufsätze über die Philosophie S.s (1960–2003), Frankfurt etc. 2004; W. Schneider, S.. Eine Biographie, Wien 1937, Hanau 1988; W. Scholz, A. S.. Ein Philosoph zwischen westlicher und östlicher Tradition, Frankfurt etc. 1996; H. Schöndorf, Der Leib im Denken S.s und Fichtes, München 1982; W. M. Schröder, S., in: O. Höffe (ed.), Klassiker der Philosophie II (Von Immanuel Kant bis John Rawls), München 2008, 86–98; D. Schubbe/M. Koßler (eds.), S.-Handbuch. Leben – Werk – Wirkung, Stuttgart/Weimar 2014; O. Schulz, S.s Kritik der Hoffnung, Frankfurt etc. 2002; S. Shapshay, S.'s Aesthetics, SEP 2012; R. R. Singh, S.. A Guide for the Perplexed, London/New York 2010; G. Son, S.s Ethik des Mitleids und die indische Philosophie. Parallelität und Differenz, Freiburg/München 2001; V. Spierling (ed.), Materialien zu S.s »Die Welt als Wille und Vorstellung«, Frankfurt 1984; ders., A. S. zur Einführung, Hamburg 2002, ⁴2015; G. Stratenwerth, Über die Freiheit des Willens. Eine phänomenologische Untersuchung mit A. S., Marburg 2012; B. Vandenabeele (ed.), A Companion to S., Malden Mass. etc. 2012, 2016; S. Vasalou, S. and the Aesthetic Standpoint. Philosophy as a Practice of the Sublime, Cambridge etc. 2013; J. Volkelt, A. S.. Seine Persönlichkeit, seine Lehre, sein Glaube, Stuttgart 1900, ⁵1923; W. Weimer, S., Darmstadt 1982; F. C. White, On S.'s »Fourfold Root of the Principle of Sufficient Reason«, Leiden etc. 1992; T. Weiner, Die Philosophie A. S.s und ihre Rezeption, Hildesheim/Zürich/New York 2000; S. Weiper, Triebfeder und höchstes Gut. Untersuchungen zum Problem der sittlichen Motivation bei Kant, S. und Scheler, Würzburg 2000; P. Welsen, S.s Theorie des Subjekts. Ihre transzendentalphilosophischen, anthropologischen und naturmetaphysischen Grundlagen, Würzburg 1995; R. Wicks, S., SEP 2003, rev. 2017; ders., S., Malden Mass./Oxford 2008; ders., S.s »The World as Will and Representation«. A Reader's Guide, London/New York 2011; R. Wöhrle-Chon, Empathie und Moral. Eine Begegnung zwischen S., Zen und der Psychologie, Frankfurt etc. 2001; J. Young, Willing and Unwilling. A Study in the Philosophy of A. S., Dordrecht 1987; ders., S., London/New York 2005, 2006; M. Zentner, Die Flucht ins Vergessen. Die Anfänge der Psychoanalyse Freuds bei S., Darmstadt 1995.   G. G.

Schöpfung (engl. creation, franz. création), Terminus der ↑Religionen und der Religionsgeschichte für mythische Vorstellungen über den Anfang der Welt und die Entstehung des Menschen. Gegen die spezifisch christliche Vorstellung eines durch einen Schöpferakt zustandegebrachten Anfangs der Welt aus dem Nichts (↑creatio ex nihilo) wendet sich die insbes. bei Aristoteles (vgl. de cael. A10.279b4–280a34, B1.283b26–31) ausgearbeitete, zuvor schon von Heraklit (VS 22 B 30) und Parmenides (VS 28 B 8.1b–21) vertretene These von der ↑Ewigkeit der Welt (↑ex nihilo nihil fit). Platon hatte für die Entstehung der Welt einen ↑Demiurgen verantwortlich gemacht, der diese nach dem Vorbild der Ideen (↑Idee (historisch), ↑Ideenlehre) schafft (Tim. 27aff.), ohne damit die Vorstellung einer S. aus dem Nichts zu verbinden.

Über den ↑Neuplatonismus (↑Emanation) finden philosophische Lehrstücke über den Anfang der Welt Eingang in das theologische Denken und bestimmen seither – z. B. mit der Vorstellung eines Hervorgehens alles Seienden aus einer ersten Ursache (Thomas von Aquin) oder der schon bei A. Augustinus betonten Vorstellung einer fortdauernden kontingenten (↑kontingent/Kontingenz) S. (*creatio continua*) – sowohl die theologische als auch philosophische Begrifflichkeit (↑Religionsphilosophie). So stellt sich für Nikolaus von Kues die Welt als eine Ausfaltung (*explicatio*) des ›Wesens‹ Gottes dar, vertreten R. Descartes und B. de Spinoza die Lehre von der fortdauernden S. und ist für F. W. J. Schelling, unter Aufnahme pantheistischer (↑Pantheismus) Traditionen in den bislang wesentlich neuplatonischen Rahmen, S. ein durch die verschiedenen ›Potenzen‹ in Gott in Gang gehaltener ›successiver, stufenweiser Proceß‹, in dem Gott »das *nicht* selbstgesetzte Seyn, jenes Seyn, in dem Gott sich selbst nur *findet*, in ein selbstgesetztes« verwandelt (Philosophie der Offenbarung I, Stuttgart/Augsburg 1858 [repr. Darmstadt 1966, 1983], 286, 277). – In der modernen Diskussion spielt der Begriff der S. in der Auseinandersetzung zwischen religiös gestimmtem Kreationismus und wissenschaftlicher ↑Evolutionstheorie ebenso eine Rolle wie in der Debatte darüber, ob die Annahme des Urknalls als eines kosmischen Anfangs die Vorstellung eines S.sakts beinhaltet.

Literatur: R. Albertz/J. Köhler/F.-B. Stammkötter, S., Hist. Wb. Ph. VIII (1992), 1389–1413; P. A. Bertocci, Creation in Religion, DHI I (1968), 571–577; E. Brito, La création selon Schelling: Universum, Leuven 1987; J. D. Colditz, Kosmos als S.. Die Bedeutung der creatio ex nihilo vor dem Anspruch moderner Kosmologie, Regensburg 1994; P. Copan/W. L. Craig, Creation Out of Nothing. A Biblical, Philosophical, and Scientific Exploration, Grand Rapids Mich., Leicester 2004, 2005; R. Friedli u. a., S., RGG VII (⁴2004), 967–989; A. Grünbaum, The Pseudo-Problem of Creation in Physical Cosmology, Philos. Sci. 56 (1989), 373–394; ders., Origin Versus Creation in Physical Cosmology, in: L. Krüger/B. Falkenburg (eds.), Physik, Philosophie und die Einheit der Wissenschaften. Für Erhard Scheibe, Heidelberg/Berlin/Oxford 1995, 221–254; W. Hasker, Creation and Conservation, Religious Doctrine of, REP II (1998), 695–700; R. W. Hepburn, Creation, Religious Doctrine of, Enc. Ph. II (1967), 252–256; R. Hüntelmann, Schellings Philosophie der S.. Zur Geschichte des S.sbegriffs, Dettelbach 1995; H. Jonas, Materie, Geist und S.. Kosmologischer Befund und kosmogonische Vermutung, Frankfurt 1988; J. Kvanvig/D. Vander Laan, Creation and Conservation, SEP 2007, rev. 2014; B. M. Linke (ed.), S.smythologie in den Religionen, Frankfurt 2001; B. Maier u. a., S., LThK IX (³2000), 216–239; G. May, S. aus dem Nichts. Die Entstehung der Lehre von der Creatio ex nihilo, Berlin/New York 1978 (engl. Creatio ex nihilo. The Doctrine of ›Creation Out of Nothing‹ in Early Christian Thought, Edinburgh 1994); H. J. McCann, Creation and Conservation, Enc. Ph. II (²2006), 585–589; ders., Creation and the Sovereignty of God, Bloomington Ind. 2012; M. K. Munitz, Creation and ›New‹ Cosmology, Brit. J. Philos. Sci. 5 (1954/1955), 32–46; J. V. Narlikar, The Concepts of ›Beginning‹ and ›Creation‹ in Cosmology, Philos. Sci. 59 (1992), 361–371; T. J. Oord (ed.), Theologies of Creation. Creatio ex nihilo and Its New Rivals, New York/London 2015; M. I. T. Robson, Ontology and Providence in Creation. Taking ex nihilo Seriously, London/New York 2008; M. Ruse, The Evolution-Creation Struggle, Cambridge Mass./London 2005, 2006; G. Scherer, Welt – Natur oder S.?, Darmstadt 1990; K. Schmitz-Moormann, Materie – Leben – Geist. Evolution als S. Gottes, Mainz 1997; H. Schwabl, Welt-S., RE Suppl. IX (1962), 1433–1582; J. Schwanke, Creatio ex nihilo. Luthers Lehre von der S. aus dem Nichts in der großen Genesisvorlesung (1535–1545), Berlin/New York 2004; R. Sorabji, Time, Creation and the Continuum. Theories in Antiquity and the Early Middle Ages, London 1983, Chicago Ill. 2006, 193–318; N. J. Torchia, ›Creatio ex nihilo‹ and the Theology of St. Augustine. The Anti-Manichaean Polemic and Beyond, Bern etc. 1999; P. Weingartner (ed.), Evolution als S.? Ein Streitgespräch zwischen Philosophen, Theologen und Naturwissenschaftlern, Stuttgart/Berlin/Köln 2001; J. Werbick, S., in: W. Korff/L. Beck/P. Mikat (eds.), Lexikon der Bioethik III, Gütersloh 1998, 242–245. J. M.

Schottische Schule, von T. Reid im 18. Jh. in Schottland begründete philosophische Richtung, die auch als ›Philosophie des ↑common sense‹ bezeichnet wird. Ihre Vertreter, unter ihnen J. Beattie, T. Brown, W. Hamilton, F. Hutcheson und D. Stewart, wenden sich im Namen des so genannten ›gesunden Menschenverstandes‹, d. h. auf der Grundlage einer realistischen Erkenntnistheorie empiristischer Ausrichtung (↑Empirismus, ↑Realismus (erkenntnistheoretisch)), sowohl gegen den ↑Idealismus G. Berkeleys, der einen radikalen ↑Sensualismus darstellt (↑esse est percipi), als auch gegen den ↑Skeptizismus D. Humes. Die Erkenntnistheorie der S.n S. hat über C. S. Peirce die Entstehung des modernen ↑Pragmatismus beeinflußt, als dessen Vorform die Philosophie des *common sense* gelegentlich dargestellt wird. Insofern der *common sense* eine intuitive Basis für diskursives Wissen zu bilden sucht, berührt sich die erkenntnistheoretische Konzeption der S.n S. mit dem ↑Intuitionismus, weshalb die S. S. im 19. Jh. auch als ›Intuitionismus‹ bezeichnet wurde.

Literatur: A. Broadie, A History of Scottish Philosophy, Edinburgh 2009, 2010, 235–300 (Chap. 9 The Scottish School of Common Sense Philosophy); J. Fieser (ed.), Scottish Common Sense Philosophy. Sources and Origins, I–V, Bristol 2000; A. Garrett/J. A. Harris (eds.), Scottish Philosophy in the Eighteenth Century I (Morals, Politics, Art, Religion), Oxford 2015; S. A. Grave, The Scottish Philosophy of Common Sense, Oxford 1960, Westport Conn. 1977; ders., Common Sense, Enc. Ph. I (1967), 155–160, II (²2006), 354–361; F. Harrison, The Philosophy of Common Sense, New York 1907 (repr. Freeport N. Y. 1968); V. Hope (ed.), Philosophers of the Scottish Enlightenment, Edinburgh 1984; M. Kühn/H. F. Klemme, Die S. S. des Common Sense, in: H. Holzhey/V. Mudroch (eds.), Die Philosophie des 18. Jahrhunderts I/1, Basel 2004, 637–709; E. H. Madden, Common Sense School, REP II (1998), 446–448; R. Metz, Die philosophischen Strömungen der Gegenwart in Großbritannien, I–II, Leipzig 1935 (engl. A Hundred Years of British Philosophy, London/New York 1938, 1950); R. Olson, Scottish Philosophy and British Physics 1750–1880. A Study in the Foundations of Victorian Scientific Style, Princeton N. J. 1975; J. H. Randall Jr., The Career of Philosophy II (From the German Enlightenment to the Age of Darwin), New York/London 1965, New York 1970, 510–531 (Book VI/6 Scottish Realism and Common Sense); J. Rendall, The Origins of the Scottish Enlightenment, London, New York 1978; T. T. Segerstedt, The Problem of Knowledge in Scottish Philosophy (Reid – Stewart – Hamilton – Ferrier), Lund 1935; M. A. Stewart (ed.), Studies in the Philosophy of the Scottish Enlightenment, Oxford 1990, 2000. J. M.

Schrift (griech. τὸ γράμμα, ἡ γραφή [von: γράφειν, schreiben, ritzen, malen], lat. littera, scriptura [von: scribere, schreiben, ritzen]; engl. script[ure], writing [system]; franz. écriture), Bezeichnung für ein System im engeren Sinne sprachlicher Zeichen (↑Zeichen (semiotisch), ↑Zeichenhandlung, ↑Sprachhandlung) im visuellen Medium (↑Medium (semiotisch)), insbes. im Unterschied zu Systemen von Sprachzeichen im auditiven (bei Taubblinden sogar im haptischen) Medium. Dabei hat der Mangel an einer »systematisch entfaltete[n] Philosophie der S.« (M. Geier, HSK X/1 (1996), 646) als Grund dafür zu gelten, daß bis heute keine Klarheit über die Natur des Verhältnisses von S.sprache und Lautsprache auf dem Hintergrund von Schriftlichkeit und Mündlichkeit im Verkehr der Menschen untereinander herrscht (↑Sprache). Sprachliche Überlieferung auf der Grundlage realisierten ↑Sprachvermögens gibt es in beiden Medien durch das Weitergeben in Gestalt des Vortragens oder Abschreibens erinnerter bzw. aufgezeichneter Sprachzeugnisse, einem jeweils an Lautbild oder S.bild, den sinnlichen Trägern der schematischen Sprachzeichen, gebundenen ›kulturellen Gedächtnis‹, das derart als Langzeitspeicher eines kollektiven Gedächtnisses gilt (J. Assmann 1992).

Kaum mehr als 10 Prozent aller bekannten, weitgehend in typologisch-systematisch oder genealogisch-historisch verwandte Sprachfamilien gegliederten, ca. 6000 natürlichen Sprachen (↑Sprache, natürliche), von denen nahezu 1000 gegenwärtig nicht mehr gesprochen werden, gibt es als S.sprache mit kürzerer oder längerer Tradition. Und nur in diesem Fall, sieht man von der erst im 19. Jh. möglich gewordenen Fixierung der lautlichen Gestalt sprachlicher Erinnerung auf Tonträgern ab, läßt sich eine Sprache meist in aufeinanderfolgende und gegebenenfalls dabei verzweigende Stadien gliedern, was die am erstmaligen Auftreten schriftlicher Zeugnisse orientierte Unterscheidung zwischen Vorgeschichte und Geschichte (einer Volksgruppe, der sie in einer Region zugeschrieben werden können) rechtfertigt. Dem widerspricht auch nicht die von der Hinzuziehung archäologischer Suche und Untersuchung nicht-schriftlicher Artefakte geprägte kulturgeschichtliche Forschung (↑Kulturwissenschaften), mit der die Unterscheidung zwischen Vorgeschichte und Geschichte unterlaufen wird, informieren doch schriftliche Zeugnisse im Unterschied zu nicht-schriftlichen, vorausgesetzt, es gelingt ihre Entschlüsselung als visuelle Gestalt von Bestandteilen einer natürlichen Sprache, was sich als Übersetzbarkeit (↑Übersetzung) in eine gegenwärtig verwendete Sprache niederschlägt, in mehr oder weniger großem Umfang über Lebensweisen und Weltansichten ihrer Urheber, ohne auf Versuche beschränkt zu sein, diese ausschließlich auf der Grundlage nicht-schriftlicher Funde zu erschließen. Hinzu kommt, daß grundsätzlich erst mit dem Erwerb der ›Kulturtechniken‹ des Schreibens und Lesens ein nicht auf das praktische Beherrschen einer sozial geteilten Sprache in der üblichen Gestalt von Reden mittels Sprechen und Verstehen des dabei Gehörten, also auf das ›know-how‹ einer Lautsprache, beschränktes Verfügen über Sprache vorliegt, sondern darüber hinaus auch ein theoretisches Wissen um diese Fertigkeiten: Sprache wird nicht als naturgegeben, sondern als ausdrücklich hervorgebracht, als Ergebnis einer ›Suche nach Worten‹, begriffen. Es ist das ›beabsichtigte‹ Ergebnis eigens zu erwerbender ›verbaler‹ Handlungsmöglichkeiten (↑Handlung), gleichgültig ob phonisch oder graphisch oder in einem anderen Medium, dabei aber durchaus bewußt der insbes. durch das jeweilige Medium verursachten oder auch nur veranlaßten Unterschiede in Gestalt und Struktur realisierter Sprache, wie etwa in Bezug auf den sprachlichen Rhythmus, auf die Wahl des Stils, insbes. die Realisierung des Unterschieds zwischen sprachlicher Unterordnung (Hypotaxe) und Nebenordnung (Parataxe), oder auf die Verwendung der Tempora und die Modi (↑Modus) von Sätzen.

Bereits in der Antike waren solche Sprachhandlungen Gegenstand dreier unterschiedlich bestimmter sprachlicher Fertigkeiten (↑ars), der ↑Grammatik, der Dialektik oder ↑Logik und der ↑Rhetorik je für den Erwerb syntaktischer, semantischer und pragmatischer Kompetenz (↑Syntax, ↑Semantik, ↑Pragmatik). Mit diesen Kompetenzen, die weniger einzelne Sprachhandlungen je für sich als vielmehr deren Beziehungen untereinander betreffen und damit die Strukturen ganzer Systeme von Sprachhandlungen bzw. von deren Ergebnissen, den Sprachzeichen (Aristoteles: σύμβολον, ↑Stoa: σημαῖνον) anstelle bloßer Zeichen (σῆμα, σημεῖον), werden auf der Ebene der Sprachhandlungen als bloßer Handlungen Komplexe schriftlicher oder lautlicher Einheiten‹ als materielle Träger der Sprachzeichen hergestellt. Sie heißen in der Stoa χαρακτήρ (lat. figura), was terminologisch in der ↑Leibnizschen Charakteristik, der Idee einer die Vielfalt natürlicher Sprachen überwindenden künstlichen ↑Universalsprache, aufgegriffen wird, die sogar den Normen einer von natürlichen Sprachen regelmäßig nicht erfüllten ↑Notation gehorcht. Dabei ist zu beachten, daß die Bestimmung solcher Einheiten eines bloßen Gekritzels oder Stimmflusses – sonus und nicht vox – erst als ein Ergebnis der Reflexion auf Handlungen als Sprachhandlungen möglich ist und nicht schon unter Heranziehung von Eigenschaften allein der Handlungsebene erfolgen kann. Auf der Ebene der Sprachhandlungen als Zeichenhandlungen wiederum werden auch die Zeichenfunktionen der Sprachhandlungen ausgeübt, also die sowohl kommunikative (↑Prädikation) als auch signifikative (↑Ostension) Funktion, die Schreiben und Reden in der zunächst einfachsten Gestalt einer ↑Artikulation haben. Es geht dann nicht mehr bloß um das, unter Umständen auch technisch vermittelte, manuelle oder stimmliche Hervorbringen der S.zeichen bzw. Lautzeichen. Die Zeichenfunktionen wiederum lassen sich ihrerseits auch jenseits ihrer Ausübung auf der Basis aller drei sprachlichen Kompetenzen, einer Grammatik der Sprachzeichen im erweiterten Sinn, unter Umständen sogar zweier Grammatiken je für die graphischen und phonischen Sprachzeichen (J. Vachek), als Werkzeuge der Reflexion von Menschen auf ihr individuelles und soziales Leben erforschen und darstellen. Sie sind unter Berücksichtigung dieser Werkzeugrolle unter Einschluß oft nicht notierter Elemente, wie z. B. Sprachmelodie, Betonung, Sprachpause, Gestik, Mimik, gegenwärtig Gegenstand der Sprachwissenschaft (↑Linguistik).

Dabei behindert die verbreitete und zugleich umstrittene phonographische Auffassung von S. – s.sprache als bloßes Umkodieren von Lautsprache (F. de Saussure, L. Bloomfield) – mit ihrer Reduktion von Schreiben auf Sprechen und entsprechend von Lesen auf (lautes oder stilles) Vorlesen, das dann als ein ›Entziffern‹ von schriftlich kodiertem Gesprochenen verstanden wird, ein angemessenes Verständnis für den auf der Fähigkeit zur Reflexion beruhenden, mit der Überführung von Gegenständen in (zunächst ikonische und indexische, dann aber, auch ohne völliges Aufgeben von indexischen und ikonischen Funktionen, symbolische und damit genuin sprachliche) Zeichengegenstände einhergehenden Schritt, die bloße Kommunikationsfunktion von Zeichenhandlungen (ohne Unterscheidung von bloßer Ausübung und deren Ergebnis) als Zusammenspiel zweier eigenständiger Funktionen, einer personbezogenen Kommunikationsfunktion und einer sachbezogenen Signifikationsfunktion, zu begreifen. Erst so wird es möglich, sich der welterschließenden (normativen) Kraft der Sprache, der »jeder Sprache [...] eigenthümliche[n] Weltansicht« (W. v. Humboldt, Schriften zur Sprachphilosophie III, 1963, 434), bewußt zu werden, statt sie, in welcher Realisierung auch immer, für ein Vehikel bloßen Austauschs lebensdienlicher (deskriptiver) Informationen zu halten. Diese Behinderung entsteht durch die Vernachlässigung der Grundunterscheidung zwischen Handlungen im eingreifenden Status, wie es im Zusammenhang des Hervorbringens und des Wahrnehmens der Fall ist, und Handlungen im epistemischen und damit als eine Zeichenhandlung im weitesten Sinne auftretenden Status, die mit dem Hervortreten der dialogischen Polarität von Handlungen, ihrer Ich-Rolle und ihrer Du-Rolle bei einer Ausübung, im Artikulieren und Tradieren der Handlungskompetenzen sichtbar wird, zugunsten der nachgelagerten, allein Sprachhandlungen im weiteren Sinne betreffenden Unterscheidung zwischen – in der Terminologie Humboldts – Sprache als Ergon, einem System von Sprachzeichen primär in schriftlicher Gestalt (potentielle Sprache), und Sprache als Energeia, dem Ausüben der Sprachhandlungen primär in lautlicher Gestalt (aktuelle Sprache), bei de Saussure schließlich zwischen langage als langue und langage als parole.

Zunächst tritt Schreiben schlicht als ein Mittel auf, das aktuelle Gegenüber beim Reden in ein potentielles Gegenüber zu verwandeln, was nicht mit der Absicht gleichgesetzt werden darf, der sprachlichen ↑Äußerung eine gewisse raumzeitliche Beständigkeit und darüber hinaus eine gewisse Unabhängigkeit von ihrem Urheber, dem mit dem Schreiber ursprünglich selten identischen Autor der Äußerung, zu verleihen. Beständigkeit betrifft nur die materiellen Träger einer sprachlichen Äußerung, nicht sie selbst als deren Schema; man spricht daher davon, daß S. dem ›typographischen Prinzip‹ gehorche, und hat so ein Kriterium, z. B. (malerische) Zeichnungen von (schriftlichen) Aufzeichnungen oder (graphische) Skizzen von (schriftlichen) Skizzierungen zu unterscheiden (vgl. das zweigeteilte Gemälde ›Le palais de rideaux III‹ mit einem gemalten Himmel und einem auf weißem Grund geschriebenen ›ciel‹ von R. Magritte 1929). Unabhängigkeit eines Gegenstandes wiederum, hier: eines (schematischen) S.stücks, ist nur eine Frage des Ausmaßes der Invarianz seiner Bestimmungen gegenüber Änderungen des Kontextes, so daß (schriftliche) Äußerungen ohne Gegenwart ihres Urhebers oder auch nur durch ihn legitimierten Schreibers allein dadurch ihren Status als Äußerung erhalten, daß sie sich lesen – nicht zwingend auch vorlesen – lassen, also nicht nur die S., sondern auch die Sprache, in der das S.stück verfaßt ist, bekannt sind.

Nun brauchen allerdings auch beim Sprechen Sprecher und Autor nicht dieselbe Person zu sein, z. B. beim Überbringen einer Nachricht, aber erst beim Schreiben ist die Identität von Schreiber und Autor ein historisch spätes Phänomen; selbst in der neuzeitlichen Briefkultur überwiegt das Verfahren des Diktierens. Schreiber agierten lange untergeordnet im Auftrag von politischen Herrschern oder religiösen Anführern, und zwar hauptsächlich dann, wenn es um Organisation und Kontrolle des Warenverkehrs ging (ökonomisch-administrativer Grund für S.sprache) oder um die Sanktionierung von ↑Herrschaft gegenüber den Beherrschten (politisch-religiöser Grund für S.sprache) – letzteres etwa auf dem Wege der Verbreitung von (schriftlichen) Gesetzestexten zur Regelung individueller und sozialer Lebensführung als Grundlage (mündlicher) Rechtsprechung, wobei sich deren ↑Autorität und damit die Legitimation von Herrschaft grundsätzlich von der (behaupteten) Übereinstimmung der Gesetze mit einer göttlichen Satzung oder zumindest religiös verstandenen Weltordnung herleitet (↑Naturrecht). Die Gesetzgeber mögen mythische Personen sein, wie Manu als Autor der zur indischen Überlieferung gehörenden Manusmṛti (↑Philosophie, indische), einem Lehrbuch der Verhaltenspflichten (zwischen 200 v. Chr. und 200 n. Chr.), oder auch historisch greifbare Personen. Dazu gehören z. B. Hammurapi bei den keilschriftlich überlieferten Gesetzen für das babylonische Reich (um 1700 v. Chr.) sowie Solon bei seiner an der Eunomie, der ›guten Gesetzgebung‹, und nicht der Isonomie (= Gleichheit vor dem Gesetz) orientierten und damit die athenische Polis (um 600 v. Chr.) konstituierenden, auf öffentlichen Holztafeln jedem Bürger zugänglichen, Rechte und Pflichten je nach privatem Reichtum zuteilenden Gesetzesreform, aber auch Mose (um 1200 v. Chr.), der im Falle des für Judentum und Christentum bis heute verbindlichen Dekalogs sogar nur als Überbringer und nicht einmal als Schreiber oder gar Autor auftritt.

Mit dem Schreibenkönnen eines Autors im Unterschied zum zunächst streng situationsgebundenen Sprechenkönnen liegt ein Ergebnis der Reflexion auf das eigene (sprachliche) Tun vor, das ohne dessen Objektivierung, die Verwandlung von Energeia in Ergon, unmöglich ist, andererseits jedoch darauf angewiesen bleibt, diesen Schritt wieder umkehren zu können, eben durch ein Verstehen einschließendes Lesen unter Verzicht darauf, Lesen dabei als (gegebenenfalls auch nur stilles) Vorlesen vorzuschreiben, wie es bei der Verwendung von Alphabet-S.en naheliegt und so auch gelehrt und geübt wird, zumal sich auch das Sprechenkönnen aufgrund desselben Reflexionsschritts gegenüber sprachlichem

Handeln als von seiner strengen Situationsgebundenheit befreite *ars memorativa* verstehen läßt: *Lautsprache wird zur potentiellen S.sprache.*

Sprache in der den Menschen eigentümlichen, durch Reflexionsleistungen ausgezeichneten Gestalt im Unterschied zu auch bei anderen Lebewesen auftretendem rein kommunikativen Zeichengebrauch tritt explizit erst in S.form auf, unterliegt jedoch gerade dadurch in besonderer Weise der Gefahr, ihren allen Handlungen, insbes. den Sprachhandlungen eigenen dialogischen Charakter als Zusammengehörigkeit von Schreiben und Lesen, der schriftlichen Version des Redens im Sprechen und des Verstehens des Gesprochenen, zu vergessen, worauf schon Platon aufmerksam macht, wenn er der *ars grammatica* zwar die Rolle einer Entlastung der *ars memorativa* einräumt, sie aber gleichwohl zu einer Kunst des Vergessens erklärt und der Mündlichkeit Vorrang vor der Schriftlichkeit gibt (Phaidros 274a–278b). Im übrigen beweisen sowohl langjähriger Schriftverkehr zwischen denselben Briefpartnern als auch die Existenz Jahrhunderte und damit Generationen überspannender und dabei ihrerseits iterierter Kommentarliteratur zu bedeutenden S.werken der abendländischen wie auch der indischen und der chinesischen Tradition, darunter auch solchen, die nur anonym überliefert sind, daß ein Verzicht auf die vermittelnde Rolle der Lautsprache möglich ist, auch wenn sich Mißverständnisse und Fehlinterpretationen, die bei schriftlichen Äußerungen gern, wenngleich unberechtigt, der fehlenden Anwesenheit ihres Autors als realem Dialogpartner des Lesers zugeschrieben werden, weder bei mündlicher noch bei schriftlicher Kommunikation ausschließen lassen. Vielmehr wird gerade so deutlich, daß Grammatik als eine am Schreibenkönnen orientierte Form der Reflexion auf Sprachhandlungen sachlich untrennbar ist von ihrem dialogischen Gegenstück der ebenfalls seit der Antike betriebenen ↑Hermeneutik, der am Lesenkönnen orientierten Form derselben Reflexion. Selbst im paradigmatischen Fall eines schriftlich geführten Disputs zwischen Zeitgenossen über den Status des Unterschieds von Lautsprache und S.sprache – er wurde zwischen J. R. Searle und J. Derrida ausgetragen – ließ sich dessen Fruchtlosigkeit erst durch eine sprachkritische Analyse seitens eines Dritten auf einen Grund zurückführen, der schon dem Mangel an einer befriedigenden Auflösung des Streits um die Alternative einer phonographischen oder einer grammatischen Auffassung von S. zugrundeliegt: Searle subsumiert S. unter Gesprochenem, nämlich im Akt des Schreibens, Derrida hingegen Gesprochenes unter S. (écriture), weil auch ein Akt des Redens im Moment der Bezugnahme auf ihn ein vom Redner abgetrennter, nur in der Erinnerung zugänglicher Gegenstand ist (»for Searle *written language is like oral*, while for Derrida *oral language is like written*«, J. Navarro,

2017, 198). Deshalb gibt es für Derrida kein Außerhalb-von-Text (il n'y a pas de hors-texte), während Searle nur eine Welt von Objekten jeder Art und logischer Stufe kennt. Beiden Kontrahenten steht die schon vor jeder Dialektik von Sprache als Ergon und als Energeia anzusetzende dialogische Polarität auch nicht-sprachlicher Handlungen mit der Konsequenz einer Dialektik von Aneignung (in der Ich-Rolle des Vollziehens) und Distanzierung (in der Du-Rolle des Erlebens) und so dem Aufspannen einer Subjekt-Objekt-Differenz, die auch das ↑Subjekt-Objekt-Problem und das mit ihm verwandte ↑Leib-Seele-Problem grundsätzlich zu lösen imstande ist (↑Objekt, ↑Subjekt), als Werkzeug begrifflicher ↑Rekonstruktion nicht zur Verfügung.

Im antiken Verständnis dienen die syntaktischen, semantischen und pragmatischen Kompetenzen unbeschadet ihrer systematischen Zusammengehörigkeit, die es verbietet, sie als Stufen zunehmender Komplexität zu beschreiben – schon Syntax läßt sich ohne Bezug auf Pragmatik nicht (re)konstruieren –, jeweils der Dichtung einschließlich anderer ›literarischer‹ Künste (↑Kunst), der Theoretischen Philosophie und der Praktischen Philosophie (↑Philosophie, theoretische, ↑Philosophie, praktische, ↑Recht, ↑Religion) unter Einschluß der aus ihnen hervorgegangenen Einzeldisziplinen (↑Wissenschaft).

In Alphabet-S.en wie dem Griechischen und Lateinischen sind die einfachen Sprachzeichen in der S. als ↑Grapheme realisiert, die sich, abhängig von der jeweiligen natürlichen Sprache während einer raumzeitlichen Periode ihres Gebrauchs sowie dem sprachlichen Kontext, in dem sie stehen, ↑Phonemen der betreffenden natürlichen Sprache während dieser Periode zuordnen lassen, wobei in der Antike ursprünglich auf beide mit ›στοιχεῖον‹ (lat. elementum) referiert wurde, später mit ›γράμμα‹ (lat. littera) auf Buchstaben und mit ›στοιχεῖον‹ auf Lauteinheiten als Kraft (lat. vis/potestas) eines Buchstabens, was die Stimme (φωνή, lat. vox) in ein lautlich gegliedertes Medium, eine φωνὴ ἔναρθρος (lat. vox articulata), verwandelt. »Die Gliederung ist aber gerade das Wesen der Sprache«, erklärt daraufhin Humboldt (Schriften zur Sprachphilosophie III, 1963, 99). Erst diese sprachliche Gliederung der Stimme (↑Artikulation) – vox articulata (…) est copulata cum aliquo sensu mentis eius; Priscian, zitiert nach U. Maas (1986, 256) – erlaubt deren Überführung in S. und macht die vox articulata zu einer verstehbaren vox litterata. Als potentielle S. gehört die vox articulata der (menschlichen) Kultur an und ist keine bloß phonetische, der (menschlichen) Natur zugehörige, mit den Normierungen der internationalen Lautschrift IPA wiedergegebene und nur hörbare Artikulation. So sollte auch, Maas folgend, der häufig für das phonographische, den Naturwissenschaften verpflichtete, S.verständnis als locus classicus herangezogene Textabschnitt bei Aristoteles besser im Einklang mit der klassischen Grammatiktradition verstanden werden, die S. als Darstellung der grammatisch-sprachlichen und nicht der phonetischen Artikulation behandelt und sich daher in den Dienst der hermeneutisch orientierten Philologien gestellt sieht. Der Textabschnitt lautet: »Es handeln nun ›die Zeichen in der Stimme‹ (σύμβολα ἐν τῇ φωνῇ) [d. s. die Lautzeichen] von den ›Eindrücken in der Seele‹ (παθήματα ἐν τῇ ψυχῇ) [d. s., weil jeweils dieselben für alle Menschen, Ergebnisse von Schematisierungen und keine partikularen Vorstellungen (φαντασία) bzw. deren Inhalte (φάντασμα), die es auch bei anderen Lebewesen gibt, die nicht über Reflexionsvermögen (διάνοια) verfügen; vgl. de an. Γ2.425b12–3.427b26] und die Schriftzeichen (γραφόμενα) von den ›Eindrücken in der Stimme‹ (παθήματα ἐν τῇ φωνῇ)«; de int. 1.16a3–4.

Der daraufhin innerhalb des Rahmens grammatisch-sprachlicher Artikulation mögliche Schritt von potentieller S. zu aktueller S. ist das Verfahren der Phonetisierung. Mit dieser werden bloße Bildzeichen (›konkrete‹ Piktogramme, z. B. ›|||‹, für die Zahl Drei, oder ›abstrakte‹ Ideogramme [↑Begriffsschrift], z. B. ›3‹, ebenfalls für die Zahl Drei) überführt in zu einzelnen natürlichen Sprachen gehörende S.zeichen, seien es ↑Worte (Logogramme, im Deutschen z. B. das ↑Morphem ›drei‹), Silben (Syllabogramme, z. B. vom Typ Konsonant-Vokal oder nur Vokal bei der um 1500 v. Chr. für das Festlandgriechische der Achäer übernommenen S. Linear B der kretischen Minoer oder der Silbenschrift Kana im Japanischen) oder bloß Buchstaben, wobei letztere ↑Phoneme vertreten, und zwar entweder direkt wie in Alphabet-S.en oder indirekt, etwa auf dem Umweg der Akrophonie, d. h. unter Bezug auf die Lautung des Anfangs eines Logogramms wie im phonetischen Teil eines chinesischen S.zeichens oder in der Hieroglyphenschrift des Altägyptischen. Schriftliche Versionen einer natürlichen Sprache verwenden regelmäßig aus diesen Möglichkeiten gebildete Mischformen wie z. B. in logo-syllabischen S.en (z. B. dem Sumerischen, dem klassischen Chinesisch wen-yan, der aus dem logographischen Kanji und dem syllabischen Kana bestehenden japanischen S. oder der Glyphen-S. der altamerikanischen Maya-Sprachen) und in alphasyllabischen S.en (z. B. der für das klassische Sanskrit meist verwendeten Devanāgarī-S., bei der jeder Buchstabe, außer einen Vokal im Anlaut, einen Konsonanten mit nachfolgendem Vokal ›a‹ vertritt), aber auch in den für viele Sprachen verwendeten Alphabet-S.en und ebenso in den rein konsonantischen Alephbeth-S.en (z. B. dem auch als syllabisch klassifizierten Phönizischen, das um 1000 v. Chr. für die alphabetische Verschriftung, Linear B völlig verdrängend, des Festlandgriechischen genutzt wurde und nur wenig später auch für die alephbethische Verschriftung des Hebräischen), bei denen, wie grundsätzlich bei semitischen Sprachen, diakritische Zeichen die Rolle einer Darstellung der Vokale übernehmen. Die in der Forschung vertretenen Typisierungen der für verschriftete Sprachen verwendeten S.en sind allerdings noch immer in hohem Grade kontrovers (R. D. Woodard, P. Eisenberg).

Um einen historisch und zugleich systematisch besonderen Fall handelt es sich bei der Verwandlung von konkreten dreidimensionalen Dingen in Bildzeichen für Einheiten des Zählens, die eiförmigen *calculi* oder Zählsteine, wie sie unabhängig von jeder S. bereits um 8000 v. Chr. im Vorderen Orient zur Unterscheidung von großen und kleinen Mengen von Getreide oder Tieren verwendet werden. Erst gegen 3300 v. Chr. übernehmen zweidimensional konzipierte keilförmige Lehmritzungen bei den Sumerern (im südlichen Irak zwischen Bagdad und Basra) die Funktion von zunächst jeweils an Gegenstandsarten (Schafe, Getreide, Öl u. a.) gebundenen Zähleinheitszeichen, ein halbes Jahrtausend später unabhängig von solchen Bindungen und unter Hinzufügen eigener Zeichen für 10, 60, später auch 600, 3600 und 36000, die Rolle von Zeichen für die gegenwärtig in Gestalt der ableitbaren Figuren des ↑Strichkalküls bereitgestellten Darstellungen der ↑Grundzahlen als Bestandteil der S.sprache des Sumerischen – sie wurde als Keilschrift auch für die Verschriftung anderer Sprachen übernommen, z. B. für das semitische und damit nicht sprachverwandte Assyrische –, was in der Forschung sogar als die entscheidende Triebfeder für die Entwicklung der sumerischen S. angesehen wird (D. Schmandt-Bessarat). Auf jeden Fall sind damals die Grundlagen für die (partielle) Sprache der elementaren Arithmetik (↑Arithmetik, konstruktive) gelegt worden.

Literatur: A. Assmann/J. Assmann, S. I, Hist. Wb. Ph. VIII (1992), 1417–1429; dies./C. Hardmeier (eds.), S. und Gedächtnis. Beiträge zur Archäologie der literarischen Kommunikation, München 1983, 1998; J. Assmann, Kollektives Gedächtnis und kulturelle Identität, in: ders./T. Hölscher (eds.), Kultur und Gedächtnis, Frankfurt 1988, 9–19; ders., Das kulturelle Gedächtnis. S., Erinnerung und politische Identität in frühen Hochkulturen, München 1992, ⁷2013 (franz. La mémoire culturelle. Écriture, souvenir et imaginaire politique dans les civilisations antiques, Paris 2010; engl. Cultural Memory and Early Civilization. Writ_ ing, Remembrance, and Political Imagination, Cambridge etc. 2011); N. Bolz, S. II, Hist. Wb. Ph. VIII (1992), 1429–1431; L. Cavalli-Sforza/F. Cavalli-Sforza, Chi siamo. La storia della diversità umana, Mailand 1993, Turin 2014 (dt. Verschieden und doch gleich. Ein Genetiker entzieht dem Rassismus die Grundlage, München 1994, 1996; franz. Qui sommes-nous? Une histoire de la diversité humaine, Paris 1994, 2010; engl. The Great Human Diasporas. The History of Diversity and Evolution, Reading Mass., New York 1995, Cambridge Mass. 2003); M. Cohen, La grande invention de l'écriture et son évolution, I–III, Paris 1958; F. Coulmas, The Writing Systems of the World, Oxford/New York 1989, 2000; ders., The Blackwell Encyclopedia of Writing Systems, Oxford/Cambridge Mass. 1996, 2006; ders./K. Ehlich

(eds.), Writing in Focus, Berlin/New York/Amsterdam 1983; P. Damerow/R. K. Englund/H. J. Nissen, Die Entstehung von S., Spektrum Wiss. 1988, H. 2, 74–85; J. Derrida, De la grammatologie, Paris 1967, 2015 (dt. Grammatologie, Frankfurt 1974, 2013; engl. Of Grammatology, Baltimore Md./London 1976, 2016); ders., L'écriture et la différence, Paris 1967, 2014 (dt. Die S. und die Differenz, Frankfurt 1972, 2011; engl. Writing and Difference, London 1978, 2010); P. Eisenberg, Sprachsystem und S.system, HSK X/2 (1996), 1368–1380; E. Feldbusch, Geschriebene Sprache. Untersuchungen zu ihrer Herausbildung und Grundlegung ihrer Theorie, Berlin/New York 1985; V. Flusser, Die S.. Hat Schreiben Zukunft?, Göttingen 1987, erg. ²1989, ⁵2002 (= Edition Flusser V) (engl. Does Writing Have a Future?, Minneapolis Minn./London 2011); K. Földes-Papp, Vom Felsbild zum Alphabet. Die Geschichte der S. von ihren frühesten Vorstufen bis zur modernen lateinischen Schreibschrift, Stuttgart 1966, Stuttgart/Zürich, Darmstadt 1987; J. Friedrich, Geschichte der S. unter besonderer Berücksichtigung ihrer geistigen Entwicklung, Heidelberg 1966; M. Geier, Das Sprachspiel der Philosophen. Von Parmenides bis Wittgenstein, Reinbek b. Hamburg 1989, 1993 (repr. 2017); ders., Schriftlichkeit und Philosophie, HSK X/1 (1996), 646–654; I. J. Gelb, A Study of Writing. The Foundations of Grammatology, Chicago Ill., London 1952 (dt. [erw.] Von der Keilschrift zum Alphabet. Grundlagen einer S.wissenschaft, Stuttgart 1958, 2002), Chicago Ill./London ²1963, 1989 (franz. Pour une théorie de l'écriture, Paris 1973); H. Glück, S. und Schriftlichkeit. Eine sprach- und kulturwissenschaftliche Studie, Stuttgart 1987; J. Goody (ed.), Literacy in Traditional Societies, Cambridge etc. 1968, 2005 (dt. Literalität in traditionellen Gesellschaften, Frankfurt 1981, [Teilausg.] unter dem Titel: Entstehung und Folgen der S.kultur, 1986, 2003); N. Grube, Die Entwicklung der Mayaschrift. Grundlagen zur Erforschung des Wandels der Mayaschrift von der Protoklassik bis zur spanischen Eroberung, Berlin 1990; ders., S.systeme in Mesoamerika und im Andenraum, in: W. Seipel (ed.), Der Turmbau zu Babel. Ursprung und Vielfalt von Sprache und S.. Eine Ausstellung des Kunsthistorischen Museums Wien für die Europäische Kulturhauptstadt Graz 2003. Schloß Eggenberg, Graz, 5. April bis 5. Oktober 2003 III/A (S.), Wien, Mailand 2003, 333–341; H. Günther/O. Ludwig (eds.), S. und Schriftlichkeit/Writing and Its Use. Ein interdisziplinäres Handbuch internationaler Forschung/ An Interdisciplinary Handbook of International Research, I–II, Berlin/New York 1994/1996 (HSK X/1-2); H. Haarmann, Universalgeschichte der S., Frankfurt/New York 1990, Frankfurt 2010; ders., Geschichte der S., München 2002, ⁴2011; R. Harris, The Origin of Writing, London, La Salle Ill. 1986, London 2002; S. D. Houston (ed.), The First Writing. Script Invention as History and Process, Cambridge etc. 2004, 2008; W. v. Humboldt, Werke in fünf Bänden, I–V, ed. A. Flitner/K. Giel, Darmstadt, Berlin 1960–1981, Studienausg. Stuttgart, Darmstadt 2010; B. Karlgren, Sound and Symbol in Chinese, London 1923, rev. Hongkong 1990 (dt. S. und Sprache der Chinesen, Berlin/Heidelberg/New York 1975, ²2001); S. Krämer, ›Schriftbildlichkeit‹ oder: Über eine (fast) vergessene Dimension der S., in: dies./H. Bredekamp (eds.), Bild, S., Zahl, München 2003, ²2009, 157–176; U. Maas, »Die S. ist ein Zeichen für das, was in dem Gesprochenen ist«. Zur Frühgeschichte der sprachwissenschaftlichen S.auffassung: das aristotelische und nacharistotelische (phonographische) S.verständnis, Kodikas/Code 9 (1986), 247–292; A. Nakanishi, Writing Systems of the World. Alphabets, Syllabaries, Pictograms, Rutland Vt./Tokyo 1980, 1998 (jap. Original Kyoto 1975); J. Navarro, How to Do Philosophy with Words. Reflections on the Searle-Derrida Debate, Amsterdam/Philadelphia Pa.

2017; W. Nestle, Vom Mythos zum Logos. Die Selbstentfaltung des griechischen Denkens von Homer bis auf die Sophistik und Sokrates, Stuttgart 1940, [2]1942, 1975; J. Nichols, Linguistic Diversity in Space and Time, Chicago Ill./London 1992, 1999; W. J. Ong, Orality and Literacy. The Technologizing of the Word, London/New York 1982, 2012 (dt. Oralität und Literalität. Die Technologisierung des Wortes, Opladen 1987, Wiesbaden [2]2016; franz. Oralié et écriture. La technologie de la parole, Paris 2014); A. Robinson, The Story of Writing, London/New York 1995, 2007 (dt. Die Geschichte der S.. Von Keilschriften, Hieroglyphen, Alphabeten und anderen S.formen, Bern/Stuttgart/Wien 1996, ohne Untertitel, Düsseldorf 2004); G. Sampson, Writing Systems. A Linguistic Approach, London, Stanford Calif. 1985, Sheffield/ Bristol Conn. [2]2015; D. Schmandt-Besserat, Before Writing I, Austin Tex. 1992, gekürzt unter dem Titel: How Writing Came About, Austin Tex. 1996, 2006; U. Sinn (ed.), S., Sprache, Bild und Klang. Entwicklungsstufen der S. von der Antike bis in die Neuzeit. Sonderausstellung [...], Würzburg 2002; T. A. Slezák, Platon und die Schriftlichkeit der Philosophie, I–II, Berlin/New York 1985/2004; B. Snell, Die Entdeckung des Geistes. Studien zur Entstehung des europäischen Denkens bei den Griechen, Hamburg 1946, erw. [2]1948 (engl. The Discovery of the Greek Mind. The Greek Origins of European Thought, Oxford 1953, New York 1960 [repr. unter dem Titel: The Discovery of the Mind in Greek Philosophy and Literature, New York 1982]), erw. [3]1955, Göttingen rev. [4]1975, 2009 (franz. La découverte de l'esprit. La genèse de la pensée européenne chez les Grecs, Combas 1994); C. Stetter, Logik und S., in: M. Astroh/D. Gerhardus/G. Heinzmann (eds.), Dialogisches Handeln. Eine Festschrift für Kuno Lorenz, Heidelberg/Berlin/Oxford 1997, 311–354; ders., S. und Sprache, Frankfurt 1997, 1999; J. Trabant, Gedächtnis und S.. Zu Humboldts Grammatologie, Kodikas/Code 9 (1986), 293–315; J. Vachek, Zum Problem der geschriebenen S., Travaux du Cercle linguistique de Prague 8 (1939), 94–104 (engl. [rev.] On the Problem of Written Language, in: ders., Written Language Revisited, ed. P. A. Luelsdorff, Amsterdam/Philadelphia Pa. 1989, 103–115); ders., Written Language. General Problems and Problems of English, The Hague/Paris 1973; R. D. Woodard, Writing Systems, IESBS XXIV (2001), 16633–16640, XXV ([2]2015), 773–779; P. Zumthor, La lettre et la voix. De la ›littérature‹ médiévale, Paris 1987. K. L.

Schröder, (Friedrich Wilhelm Karl) Ernst, *Mannheim 25. Nov. 1841, †Karlsruhe 16. Juni 1902, dt. Mathematiker und Logiker. 1860 Studium der Mathematik und Physik in Heidelberg, 1862 Promotion in Mathematik, bis 1864 Fortsetzung des Studiums in Königsberg. 1865 Habilitation für Mathematik am Eidgenössischen Polytechnikum Zürich. Anschließend Tätigkeit im Höheren Schuldienst (Karlsruhe, Pforzheim, Baden-Baden). 1874 o. Prof. der Mathematik an der Technischen Hochschule Darmstadt, 1876 Wechsel an die Technische Hochschule Karlsruhe.

Nachdem sich S. in den ersten Jahren seiner Karriere mit Fragen der Grundlagen der Mathematik (insbes. Grundlagen der Arithmetik, kombinatorische Analysis, Theorie einstelliger reeller Funktionen) befaßt hatte, dokumentieren seine Werke ab 1877 eine fast ausschließliche Beschäftigung mit Fragen der Logik. Seine philosophischen Konzeptionen schließen dabei an H. Lotze und W.

Wundt an. In kritischem Anschluß an die von G. Boole begonnene algebraische Kalkülisierung des logischen Schließens gilt S.s Hauptbemühen der ↑*Algebra der Logik*. In dieser Konzeption sollen logische Methoden durch algebraische substituiert werden. Dies geschieht durch Ersetzung von Aussagen (›Urteilen‹) durch Gleichungen zwischen den Klassen (↑Klasse (logisch)) der in ihnen auftretenden ↑Prädikatoren. Dabei werden auch die ↑Nominatoren, d.h. ↑Eigennamen und ↑Kennzeichnungen (↑›Individualbegriffe‹), als Klassen, und zwar als solche mit nur einem Element, aufgefaßt. In diesem Zusammenhang verwendet S. als einer der ersten die eben entstandene Cantorsche ↑Mengenlehre. Hier ist ein wichtiger Satz über die Gleichmächtigkeit von Mengen mit nach S. benannt: der Cantor-Bernstein-S. Satz (auch: Äquivalenzsatz). – S.s mengentheoretische Auffassungen wurden von G. Frege einer grundlegenden Analyse und Kritik unterzogen.

Mit A. de Morgan und C. S. Peirce über Boole hinausgehend entwirft S. auch eine Algebraisierung der als Paare von Klassen interpretierten zweistelligen Relationen (↑Relationenlogik), die N. Wiener in seiner Dissertation »A Comparison between the Treatment of the Algebra of Relatives by S. and that by Whitehead and Russell« (Harvard 1913) untersucht und die später von A. Tarski axiomatisiert wird. S. besitzt ferner eine klare Vorstellung von denjenigen Problemen hierarchischer Ordnungen logischer Objekte, die später (z. B. von B. Russell) in ↑Typentheorien zu lösen versucht wurden (vgl. Vorlesungen über die Algebra der Logik I, 247). Die Mathematik ist für S. aus der Logik ableitbar (↑Logizismus); die Logik selbst bildet den formalen Teil einer ↑Universalsprache (›Pasigraphie‹).

Die Algebra der Logik endet mit dem Werk S.s; ihre im engeren Sinne logischen Probleme lassen sich in der von Frege begründeten ↑Quantorenlogik angemessener formulieren und lösen. Die algebraischen Strukturen der Algebra der Logik sind in der Theorie der Booleschen Ringe bzw. Booleschen Verbände zu Gegenständen der Mathematik geworden.

Werke: Lehrbuch der Arithmetik und Algebra, Leipzig 1873; Über die formalen Elemente der absoluten Algebra, Baden-Baden 1874 (engl. On the Formal Elements of the Absolute Algebra, ed. D. Bondoni, Mailand 2012); Der Operationskreis des Logikkalkuls, Leipzig 1877 (repr. Darmstadt 1966) (ital. Parafrasi schröderiane, ovvero, E. S.. Le operazioni del calcolo logico, ed. D. Bondoni, Mailand 2010); Vorlesungen über die Algebra der Logik, I–III, Leipzig 1890–1905 (repr. New York 1966, Bristol/ Sterling Va. 2001); Über das Zeichen. Festrede bei dem feierlichen Akte des Direktorats-Wechsels an der Grossherzoglich Badischen Technischen Hochschule zu Karlsruhe am 22. November 1890, Karlsruhe 1890; Über Pasigraphie, ihren gegenwärtigen Stand und die pasigraphische Bewegung in Italien, in: F. Rudio (ed.), Verhandlungen des 1. Internationalen Mathematiker-Kongresses in Zürich vom 9.–11. August 1897, Leipzig 1898 (repr. Nendeln 1967), 147–162; Abriß der Algebra der Logik, I–II, ed.

E. Müller, Leipzig/Berlin 1909/1910, Neudr. in: Vorlesungen über die Algebra der Logik [s. o.] III, 651–819. – Bibliographie, in: Vorlesungen über die Algebra der Logik [s. o.] II, XVII–XIX.

Literatur: D. S. Alexander, A History of Complex Dynamics. From S. to Fatou and Julia, Braunschweig 1994, 3–19 (Sect. 1.1–1.7); D. Bondoni, La teoria delle relazioni nell'algebra della logica schröderiana, Mailand 2007; ders., Structural Features in E. S.'s Work, I–II, Logic and Log. Philos. 20 (2011), 327–359, 21 (2012), 271–315; A. Church, S.'s Anticipation of the Simple Theory of Types, Erkenntnis 10 (1976), 407–411; R. R. Dipert, The Life and Work of E. S., Modern Logic 1 (1990/1991), 119–139; G. Frege, Kritische Beleuchtung einiger Punkte in E. S.s Vorlesungen über die Algebra der Logik, Arch. f. systemat. Philos. 1 (1895), 433–456, Neudr. in: ders., Logische Untersuchungen, ed. G. Patzig, Göttingen 1966, ⁴1993, 92–112; I. Grattan-Guinness, Wiener on the Logics of Russell and S.. An Account of His Doctoral Thesis, and of His Discussion of It with Russell, Ann. Sci. 32 (1975), 102–132; E. Husserl, (Rezension von) E. S.. Vorlesungen über die Algebra der Logik (Exakte Logik) I, Götting. Gelehrte Anz. 1891, 243–278, Neudr. in: ders., Husserliana XXII, ed. B. Rang, Den Haag/Boston Mass./London 1979, 3–43 (engl. Review of E. S.'s »Vorlesungen über die Algebra der Logik«, Personalist 59 [1978], 115–143); J. Legris, Universale Sprache und Grundlagen der Mathematik bei E. S., in: G. v. Löffladt (ed.), Mathematik – Logik – Philosophie. Ideen und ihre historischen Wechselwirkungen, Frankfurt 2012, 255–269; L. Löwenheim, Einkleidung der Mathematik in S.schen Relativkalkul, J. Symb. Log. 5 (1940), 1–15; J. Lüroth, E. S., Jahresber. Dt. Math.ver. 12 (1903), 249–265; ders., E. S., in: E. S., Vorlesungen über die Algebra der Logik [s. o.], Werke] II, III–XVII; V. Peckhaus, Logik, Mathesis universalis und allgemeine Wissenschaft. Leibniz und die Wiederentdeckung der formalen Logik im 19. Jahrhundert, Berlin 1990; ders., S.s Logic, in: D. M. Gabbay/J. Woods (eds.), Handbook of the History of Logic III (The Rise of Modern Logic. From Leibniz to Frege), Amsterdam/Boston Mass. 2004, 557–609; H. Wussing, S., DSB XII (1975), 216–217. – S., in: B. Jahn (ed.), Biographische Enzyklopädie deutschsprachiger Philosophen, München 2001, 380. G. W.

Schrödinger, Erwin, *Wien 12. Aug. 1887, †Alpbach (Österreich) 4. Jan. 1961, österr. Physiker mit grundlegenden Arbeiten zur ↑Quantentheorie, Relativitätstheorie (↑Relativitätstheorie, spezielle, ↑Relativitätstheorie, allgemeine), ↑Thermodynamik, Molekularbiologie und Naturphilosophie. 1906 Studium der Physik und Mathematik in Wien, 1910 Promotion (bei F. Hasenöhrl), 1911 Praktikumsassistent am Zweiten Physikalischen Institut der Universität Wien (bei F. Exner). Nach der Habilitation 1914 Kriegseinsatz als Artillerieoffizier. 1920 Extraordinarius an der Technischen Hochschule Stuttgart, 1921 Ordinarius an der Universität Breslau, noch im gleichen Jahr an der Universität Zürich; 1927 holte M. Planck S. als seinen Nachfolger an die Universität Berlin. Wegen der Regierungsübernahme der Nationalsozialisten trat S. 1933 freiwillig zurück; im selben Jahr, zusammen mit P. A. M. Dirac, Nobelpreis für Physik. 1933–1936 Fellow am Magdalen College in Oxford, 1936 Professor an der Universität Graz, 1938, nach dem Anschluß Österreichs, Entlassung aus dem Staatsdienst

wegen politischer Unzuverlässigkeit. Über Rom (Päpstliche Akademie der Wissenschaften) und Genf Rückkehr nach Oxford; 1939–1956, auf Einladung des irischen Staatspräsidenten E. de Valéra, Übersiedlung nach Dublin (Institute for Advanced Studies); 1956 Rückkehr an die Universität Wien; 1957 Emeritierung.

S.s Werk reicht von physikalischen über biologische bis zu philosophischen Themen. Zunächst standen Arbeiten zur Röntgenstrahlinterferenz an Kristallen, zur Luftelektrizität und zur Brownschen Bewegung im Vordergrund. Der Quanten- und Atomtheorie im engeren Sinne wandte sich S. erst nach seiner Wiener Zeit zu. Angeregt durch die Boltzmannsche Wahrscheinlichkeitstheorie der Thermodynamik suchte er (1921–1925) nach einer statistischen Beschreibung der Atome und Moleküle. In A. Einsteins Arbeiten über ideale Gase stieß S. auf den Hinweis zu L. de Broglies Materiewellen, mit denen ihm 1925 eine wellentheoretische Ableitung der Einsteinschen Gastheorie gelang. 1926–1927 Veröffentlichung der Arbeiten zur ↑Wellenmechanik, in deren Mittelpunkt die nach S. benannte ↑Schrödinger-Gleichung steht. Historisch stand die Schrödinger-Gleichung zunächst in Konkurrenz zu W. Heisenbergs Matrizenmechanik der Quantentheorie. Beide Versionen erwiesen sich jedoch als mathematisch äquivalent. S.s Wellenmechanik hat sich als grundlegend für die Entwicklung der modernen Atom-, Molekül- und Festkörperphysik erwiesen.

Philosophisch lehnte S. die von M. Born vorgeschlagene statistische Deutung der Wellenfunktion ebenso ab wie N. Bohrs Interpretation der Komplementarität (↑Komplementaritätsprinzip) von Wellen- und Teilchenvorstellung im Rahmen der ↑Kopenhagener Deutung der Quantenmechanik. In seinem ›Katzenparadoxon‹ (↑Quantentheorie) hob S. die ›Verschränkung‹ von Zuständen in der Quantentheorie hervor: ↑Superpositionen von Quantenzuständen nehmen nach der Kopenhagener Deutung erst durch die Beobachtung einen festen Wert an. Das Katzenparadoxon stellt ein ↑Gedankenexperiment dar, in dem das Leben einer Katze von einem quantenmechanisch beschriebenen Ereignis abhängt. Danach sollte die Katze in einer Superposition von Leben und Tod existieren und erst durch Beobachtung einen der beiden Zustände annehmen. Durch diese Übertragung der Kopenhagener Deutung auf makroskopische Gegenstände wollte S. deren Unhaltbarkeit deutlich machen. S. vertrat dagegen eine realistische Interpretation der Quantentheorie (↑Realismus (erkenntnistheoretisch), ↑Realismus (ontologisch)), die derjenigen Einsteins verwandt war. Daneben trug er zur weiteren Entwicklung der Quantenmechanik bei und machte ab 1937 Vorschläge zur einheitlichen Feldtheorie, die Quantentheorie und Allgemeine Relativitätstheorie vereinigen sollte. S. gilt daher heute als Pionier auf dem Gebiet quantenmechanischer Felder in gekrümmten Raum-Zeit-Mannigfaltigkeiten (Quantengravitation). In seinem Buch »What Is Life?« (1944) verfolgt S. die Idee einer molekularen Speicherung von Erbinformation in ›aperiodischen Kristallen‹. Zwar sind wesentliche Ideen S.s bereits bei H. J. Muller und M. Delbrück vorweggenommen, doch regte gleichwohl das Werk J. D. Watson zu seinen Untersuchungen zur molekularen ↑Genetik an. Im Detail erwiesen sich die von S. hier vertretenen Auffassungen allerdings als wenig tragfähig. S.s biologische Arbeit steht ferner in der Tradition von L. Boltzmann, dessen thermodynamische Erklärung für die Entwicklung von Ordnungsstrukturen in der biologischen Evolution er weitgehend übernahm. Philosophisch suchte S. nach einer Verbindung der modernen Atomtheorie mit der griechischen Naturphilosophie und (über A. Schopenhauer vermittelt) mit der indischen Philosophie (↑Philosophie, indische). Seine Gedanken über das ↑Leib-Seele-Problem oder die ↑Willensfreiheit sind der im System des ↑Vedānta der klassischen indischen Philosophie (↑Philosophie, indische) entwickelten Identität von ↑ātman (Einzelseele) und ↑brahman (Weltseele) verpflichtet, wenn er das Bewußtsein Einzelner zu einem unabtrennbaren Teil im Sinne von Aspekt eines überpersönlichen und ganzheitlichen Bewußtseins erklärt. Zu ›Bewußtsein‹ gibt es keinen Plural.

Werke: Gesammelte Abhandlungen. Collected Papers, I–IV, ed. Österr. Akad. Wiss. Wien, Braunschweig/Wiesbaden 1984. – Abhandlungen zur Wellenmechanik, Leipzig 1927, ²1928 (engl. Collected Papers on Wave Mechanics, London/Glasgow 1928, Providence R. I. ³2003; franz. Mémoires sur la mécanique ondulatoire, Paris 1933, 1988); Vier Vorlesungen über Wellenmechanik. Gehalten an der Royal Institution in London im März 1928, Berlin 1928; Was ist ein Naturgesetz?, Naturwiss. 17 (1929), 9–11 (repr. in: Ges. Abh. [s.o.] IV, 295–297); Über Indeterminismus in der Physik. Ist die Naturwissenschaft milieubedingt? Zwei Vorträge zur Kritik der naturwissenschaftlichen Erkenntnis, Leipzig 1932; Die gegenwärtige Situation in der Quantenmechanik, Naturwiss. 23 (1935), 807–812; Science and the Human Temperament, London, New York 1935, erw. unter dem Titel: Science, Theory and Man, London, New York 1957; What Is Life? The Physical Aspect of the Living Cell, Cambridge 1944, ferner in: »What Is Life? The Physical Aspects of the Living Cell« with »Mind and Matter« and »Autobiographical Sketches«, Cambridge 2012, 1–92 (dt. Was ist Leben? Die lebende Zelle mit den Augen des Physikers betrachtet, Bern 1946, München/Zürich ¹²2012); Statistical Thermodynamics. A Course of Seminar Lectures […], Cambridge/London 1946, Cambridge ²1952, New York 1989 (dt. Statistische Thermodynamik, Leipzig 1952 [repr. Braunschweig 1978]); Space-Time-Structure, Cambridge 1950, rev. 1954, 1994 (dt. Die Struktur der Raum-Zeit, Darmstadt 1987 [repr. 1993]); What Is an Elementary Particle?, Endeavour 9 (1950), 109–116 (repr. in: Ges. Abh. [s.o.] IV, 456–463), Neudr. in: Smithsonian Institution. Annual Report 1950, Washington D.C. 1951, 183–196; Science and Humanism. Physics in Our Time, Cambridge 1951, ferner in: Nature and the Greeks and Science and Humanism, Cambridge 1996, 2014, 103–184 (dt. Naturwissenschaft und Humanismus. Die heutige Physik, Wien 1951; franz. Science et humanisme. La physique de notre temps, Paris/Brügge 1954); Studies in the Non-Symmetric Generalization of the Theory of Gravitation, I–II, Dublin 1951 (repr. [Bd. I] 1968); (mit O. Hittmair) Studies in the Generalized Theory of Gravitation II (The Velocity of Light), Dublin 1951; What Is Matter?, Sci. Amer. 189 (1953), H. 3, 52–57 (repr. in: Ges. Abh. [s.o.] IV, 527–532); Nature and the Greeks, Cambridge 1954, ferner in: Nature and the Greeks and Science and Humanism [s.o.], 1–102 (dt. Die Natur und die Griechen, Wien 1955, mit Untertitel: Kosmos und Physik, Hamburg 1956, ohne Untertitel, Zürich 1989; franz. La nature et les grecs, Paris 1992, 2014); Expanding Universes, Cambridge 1956, 1957; Mind and Matter, Cambridge 1958, ferner in: »What Is Life? The Physical Aspects of the Living Cell« with »Mind and Matter« and »Autobiographical Sketches« [s.o.], 93–164 (dt. Geist und Materie, Braunschweig 1959, ³1965, Zürich 1994); Meine Weltansicht, Hamburg/Wien 1961, ferner in: Mein Leben, meine Weltansicht, Wien/Hamburg 1985, München ⁴2011, 41–118 (engl. My View of the World, Cambridge 1964, Woodbridge Conn. 1983; franz. Ma conception du monde. Le véda d'un physicien, Paris 1982); Was ist ein Naturgesetz? Beiträge zum naturwissenschaftlichen Weltbild, München/Wien 1962, München ⁷2012; Die Wellenmechanik, Stuttgart 1963, Nachdr. [teilw.] in: G. Ludwig, Wellenmechanik. Einführung und Originaltexte, Berlin, Oxford, Braunschweig 1969, ²1970, 108–192; Physique quantique et représentation du monde; Paris 1992; The Interpretation of Quantum Mechanics. Dublin Seminars (1949–1955) and Other Unpublished Essays, ed. M. Bitbol, Woodbridge Conn. 1995. – E. S.. Briefe und Dokumente aus Zürich, Wien und Innsbruck, ed. G. Oberkofler/P. Goller, Innsbruck 1992. – E.-E. Koch, Bibliographie E. S., in: Die Wellenmechanik [s.o.], 193–199.

Literatur: J. Audretsch, Wellenmechanik und Raum-Zeit-Struktur. E. S. und die Allgemeine Relativitätstheorie, Phys. Bl. 43 (1987), 333–337; B. Bertotti, The Later Work of E. S., Stud. Hist. Philos. Sci. 16 (1985), 83–100; M. Bitbol, S.'s Philosophy of Quantum Mechanics, Dordrecht/Boston Mass./London 1996; M. De Maria/F. La Teana, S.'s and Dirac's Unorthodoxy in Quantum Mechanics, Fund. Sci. 3 (1982), 129–148; J. Dorling, S.'s Original Interpretation of the S. Equation. A Rescue Attempt, in: C. W. Kilmister (ed.), S.. Centenary Celebration of a Polymath, Cambridge etc. 1987, 1989, 16–40; E. P. Fischer, We Are All Aspects of One Single Being. An Introduction to E. S., Social Research 51 (1984), 809–835; ders., Biologie und Philosophie oder: Die anderen Gesetze der Physik, Phys. Bl. 43 (1987), 337–339; J. Gerber, Geschichte der Wellenmechanik, Arch. Hist. Ex. Sci. 5 (1968/1969), 349–416; J. Götschl (ed.), E. S.'s World View. The Dynamics of Knowledge and Reality, Dordrecht/Boston Mass./London 1992; J. Gribbin, E. S. and the Quantum Revolution, London 2012, 2013; H. U. Gumbrecht u. a., Geist und Materie – Was ist Leben? Zur Aktualität von E. S., Frankfurt 2008 (engl. What Is Life? The Intellectual Pertinence of E. S., Stanford Calif. 2011); P. A. Hanle, The Coming of Age of E. S.. His Quantum Statistics of Ideal Gases, Arch. Hist. Ex. Sci. 17 (1977), 165–192; ders., E. S.'s Reaction to Louis de Broglie's Thesis on the Quantum Theory, Isis 68 (1977), 606–609; A. Hermann, S., DSB XII (1975), 217–223; D. Hoffmann, E. S., Leipzig 1984; M. Jammer, The Conceptual Development of Quantum Mechanics, New York etc. 1966, Los Angeles/San Francisco Calif./New York ²1989, 236–280 (Chap. 5.3. The Rise of Wave Mechanics); B. Kanitscheider, E. S.. Physiker und Philosoph, Conceptus 17 (1983), H. 42, 29–43; J. Mehra/H. Rechenberg, The Historical Development of Quantum Theory V/1–2, New York/Berlin/Heidelberg 1987, 2001; K. v.

Meÿenn, Gespensterfelder und Materiewellen. S.s Hang zur Anschaulichkeit, Phys. Bl. 40 (1984), 89–94; ders., Pauli, S. and the Conflict about the Interpretation of Quantum Mechanics, in: P. Lahti/P. Mittelstaedt (eds.), Symposium on the Foundations of Modern Physics. 50 Years of the Einstein-Podolsky-Rosen Gedankenexperiment. Joensuu, Finland 16–20 June 1985, Singapur 1985, 289–302; ders., E. S. und die statistische Naturbeschreibung, Phys. Bl. 43 (1987), 330–333; ders., S., NDB XXIII (2007), 578–580; ders. (ed.), Eine Entdeckung von ganz außerordentlicher Tragweite. S.s Briefwechsel zur Wellenmechanik und zum Katzenparadoxon, I–II, Heidelberg 2011; M. Morange, S. et la biologie moléculaire, Fund. Sci. 4 (1983), 219–233; D. E. Newton, S., in: B. Narins (ed.), Notable Scientists from 1900 to the Present IV, Farmington Hills Mich. 2001, 1994–1996; R. Olby, S.'s Problem: What Is Life?, J. Hist. Biol. 4 (1971), 119–148; G. Pfrepper, S., in: D. Hoffmann/H. Laitko/S. Müller-Wille (eds.), Lexikon der bedeutenden Naturwissenschaftler III, München 2004, 266–268; K. Przibram (ed.), S., Planck, Einstein, Lorentz. Briefe zur Wellenmechanik, Wien 1963; V. V. Raman/P. Forman, Why Was It S. Who Developed de Broglie's Ideas?, Hist. Stud. Phys. Sci. 1 (1969), 291–314; W. L. Reiter/J. Yngvason (eds.), E. S. – 50 Years After, Zürich 2013; W. T. Scott, E. S.. An Introduction to His Writings, Amherst Mass. 1967; A. Shimony, Reflections on the Philosophy of Bohr, Heisenberg, and S., in: R. S. Cohen/L. Laudan (eds.), Physics, Philosophy, and Psychoanalysis. Essays in Honor of Adolf Grünbaum, Dordrecht/Boston Mass./Lancaster 1983, 209–221; L. Wessels, S.'s Route to Wave Mechanics, Stud. Hist. Philos. Sci. 10 (1979), 311–340; E. J. Yoxen, Where Does S.'s »What Is Life?« Belong in the History of Molecular Biology?, Hist. Sci. 17 (1979), 17–52. K. M.

Schrödinger-Gleichung, Bezeichnung für die fundamentale ↑Bewegungsgleichung der ↑Quantentheorie, die 1926 von E. Schrödinger eingeführt wurde. In der Hamiltonschen Mechanik ist das Verhalten eines abgeschlossenen klassischen Systems (z. B. eines Pendels) durch die Hamiltonschen Bewegungsgleichungen (↑Hamiltonprinzip) gegeben. In der Quantenmechanik ist dagegen die Zeitentwicklung des Zustandes eines Quantensystems durch das so genannte Schrödinger-Bild der Zeitevolution bestimmt. Historisch wurde Schrödinger durch die These von L. V. de Broglie beeinflußt, wonach der beim Licht bestehende Dualismus von Welle und Teilchen (↑Korpuskel-Welle-Dualismus) auch bei materieller Strahlung (z. B. Kathodenstrahlung) besteht. Daher heißt der Zustandsvektor $\Psi(r,t)$ des Quantensystems zur Zeit t nach Schrödinger auch ›Wellenfunktion‹, deren Zeitevolution bei einem abgeschlossenen Quantensystem mit einem Hamilton-Operator $\hat{H}$ (↑Quantentheorie) durch die zeitabhängige S.-G.

$$i\hbar \frac{\delta\ \Psi(r,t)}{\delta t} = \hat{H}\ \Psi(r,t)$$

gegeben ist. Die Zeitevolution eines abgeschlossenen Quantensystems mit dem zeitunabhängigen Hamilton-Operator $\hat{H}$ ist gegeben durch

$$\Psi(r,t) = \Phi(r)\ \exp(-itE/\hbar),$$

wobei $\Phi(r)$ eine Lösung der zeitunabhängigen S.-G.

$$\hat{H}\ \Phi(r) = E\ \Phi(r)$$

und E ein Eigenwert von $\hat{H}$ ist. Physikalisch wird E als die Energie des Systems interpretiert. Der Eigenvektor $\Phi(r)$ von $\hat{H}$ repräsentiert einen stationären Zustand des Systems. Die (im allgemeinen komplexen) Werte der Wellenfunktion sind nicht direkt beobachtbar. Vielmehr werden in der Schrödinger-Theorie physikalische Größen (Observablen) als Operatoren aufgefaßt, die auf die Wellenfunktion wirken. Der Erwartungswert $\langle \hat{L} \rangle$ eines Operators $\hat{L}$ ist dabei allgemein

$$\langle \hat{L} \rangle = \int \Psi^*(r,t)\ \hat{L}\ \Psi(r,t)\ dV$$

(wobei Ψ^* konjugiert komplex zu Ψ ist). Mit der auf M. Born zurückgehenden Annahme, daß $|\Psi^*\Psi|$ als Wahrscheinlichkeitsdichte (↑Wahrscheinlichkeit) aufzufassen ist, ergibt sich die Deutung, daß der Erwartungswert des Operators als Mittelwert der mit dem Operator verknüpften physikalischen Größe zu gelten hat. So sind z. B. die dem Ort r und dem Impuls p zugeordneten Operatoren: $\hat{r} = r$, $\hat{p} = -i\hbar$ grad. Dementsprechend ist etwa der Erwartungswert des Ortes:

$$\langle \hat{r} \rangle = \int \Psi^*(r,t)\ r\Psi(r,t)\ dV.$$

Dies repräsentiert die Wahrscheinlichkeit, ein Teilchen zur Zeit t am Orte r anzutreffen, und stellt sich experimentell als Mittelwert einer entsprechenden Meßreihe dar.

Die S.-G. hat sich als grundlegend für die Entwicklung der modernen Atom-, Molekül- und Festkörperphysik erwiesen und ist damit auch von zentraler technisch-praktischer Bedeutung. Sie ist Galilei-invariant (↑Galilei-Invarianz) und wurde 1928 von P. A. M. Dirac durch eine relativistische Bewegungsgleichung ergänzt, die zum Vorbild der Grundgleichungen in den modernen Quantenfeldtheorien wurde. S.-G. und Dirac-Gleichung werden daher heute als Fundamentalgesetze der Materie verstanden.

Philosophisch wirft die S.-G. die Frage auf, von welcher Art der quantenmechanische Zufall (↑zufällig/Zufall) ist bzw. ob und in welcher Weise die ↑Kausalität in der Quantentheorie eingeschränkt wird. Die S.-G. stellt dabei zunächst (wie die klassischen ↑Bewegungsgleichungen) eine deterministische (↑Determinismus) ↑Differentialgleichung dar, die nun allerdings Zustandsfunktionen von Quantensystemen eindeutig bestimmt. Die Unbestimmtheit kommt nicht durch die mathematische Form der S.-G. in die Quantentheorie, sondern durch den Übergang zu Beobachtungen oder Messungen. Allerdings folgt aus der S.-G. nicht, daß überhaupt ein fester Meßwert beobachtet wird, geschweige denn die Vorhersage eines bestimmten Meßwerts. Die Kopplung eines quantenmechanischen Objekts an ein Meßgerät er-

Grab Schrödingers in Alpbach mit der Schrödinger-Gleichung (Ausschnitt aus einem Foto von Karl Gruber)

zeugt im Lichte der S.-G. lediglich eine ↑Superposition von Zuständen (Quantenmeßproblem). Daß in der Messung überhaupt ein bestimmter Wert angenommen wird, ergibt sich erst durch das zusätzliche Postulat des ›Kollapses des Wellenfunktion‹. Aber auch mit diesem Postulat sind nurmehr die Erwartungswerte, nicht die einzelnen Meßwerte durch die Theorie bestimmt. Naturphilosophisch erhebt sich die Frage, ob Zustandsfunktionen von Quantensystemen im Sinne Schrödingers als realistische Beschreibungen der Wellenstruktur der Materie oder nach Born als bloße statistische Berechnungsgrundlage für die Ergebnisse quantenmechanischer Experimente verstanden werden sollen.

Literatur: E. Schrödinger, Quantisierung als Eigenwertproblem, I–II, IV, Ann. Phys. 79 (1926), 361–376, 489–527, 81 (1926), 109–139 (repr. in: ders., Abhandlungen zur Wellenmechanik, Leipzig 1927, ²1928, 1–16, 17–55, 139–169, ferner in: ders., Ges. Abhandlungen. Collected Papers III [Beiträge zur Quantentheorie. Contributions to Quantum Theory], Wien, Braunschweig/Wiesbaden 1984, 82–97, 98–136, 220–250); ders., Über das Verhältnis der Heisenberg-Born-Jordanschen Quantenmechanik zu der meinen, Ann. Phys. 79 (1926), 734–756 (repr. in: ders., Abhandlungen zur Wellenmechanik [s.o.], 62–84, ferner in: ders., Ges. Abhandlungen [s.o.], III, 143–165); ders., Energieaustausch nach der Wellenmechanik, Ann. Phys. 83 (1927), 956–968 (repr. in: ders., Abhandlungen zur Wellenmechanik [s.o.], 186–198,

ferner in: ders., Ges. Abhandlungen [s.o.] III, 267–279); ders., Der Grundgedanke der Wellenmechanik, in: ders., Was ist ein Naturgesetz? Beiträge zum naturwissenschaftlichen Weltbild, München/Wien 1962, München ⁷2012, 86–101; ders., Die Wellenmechanik, Stuttgart 1963, Nachdr. [teilw.] in: G. Ludwig, Wellenmechanik. Einführung und Originaltexte, Berlin, Oxford, Braunschweig 1969, ²1970, 108–192; weitere Literatur: ↑Schrödinger, ↑Quantentheorie. K.M.

Schubert, Gotthilf Heinrich von, *Hohenstein (Erzgebirge) 26. April 1780, †Laufzorn 1. Juli 1860, dt. Philosoph, Naturforscher und Arzt. Nach Besuch des von J.G.v. Herder geleiteten Gymnasiums in Weimar und Studium der Theologie, Medizin und Philosophie 1799–1803 in Leipzig und Jena (in Jena u.a. bei F.W.J. Schelling) zunächst Tätigkeit als praktizierender Arzt in Altenburg, dann (1805) Wiederaufnahme des Studiums, diesmal der Geognosie und Mineralogie bei A.G. Werner in Freiberg, dessen naturphilosophischen Ansichten er sich anschließt. Nach einem Zwischenaufenthalt in Dresden wird S. Direktor der Realschule in Nürnberg, dann Erzieher in Ludwigslust. 1819 nimmt S. einen Ruf auf eine Professur für Naturgeschichte in Erlangen an und folgt 1827 einem Ruf nach München. Gegnerschaft zu L. Oken. – S. gilt neben Schelling, den er popularisierte, und Oken als einer der führenden Vertreter der ↑Naturphilosophie des beginnenden 19. Jhs. mit großem Einfluß auf die ↑Romantik. Er grenzt die Naturphilosophie, die von einer Schau des Ganzen auszugehen habe, strikt von der Naturwissenschaft ab. Die Entstehung und Entwicklung des Lebens in der Abfolge des mineralischen, vegetabilischen und animalischen Reiches wird als ein fortschreitender, das Gesetz der Natur transzendierender, sich individuierend entfremdender (↑Entfremdung) und wieder versöhnender (↑Versöhnung) Verinnerlichungs- und Vergeistigungsvorgang aufgefaßt, der von einem Prinzip der Harmonie des Ganzen geleitet ist. In den okkulten Phänomenen zeigen sich die künftig wirksamen Entwicklungspotenzen des menschlichen Lebens. S.s Seelenlehre, in der von der Bildersprache der Seele und des Traumes im Unterschied zur Wortsprache des Geistes die Rede ist, weist viele Züge auf, die sich später in den Theorien S. Freuds und C.G. Jungs finden.

Werke: Die Kirche und die Götter. Ein Roman, I–II, Penig 1804; Ahndungen einer allgemeinen Geschichte des Lebens, I–II (in vier Teilbdn.), Leipzig 1806–1821; Ansichten von der Nachtseite der Naturwissenschaft, Dresden 1808 (repr. Darmstadt 1967), Dresden/Leipzig ⁴1840, Karben 1997; Neue Untersuchungen über die Verhältnisse der Grössen und Eccentricitäten der Weltkörper, Dresden 1808; Handbuch der Naturgeschichte, I–V, Nürnberg 1813–1823; Die Symbolik des Traumes, Bamberg 1814 (repr. Heidelberg 1968, Cambridge 2011), Leipzig ⁴1862 (repr. Amsterdam 1966), Eschborn 1994 (franz. La symbolique du rêve, Paris 1982); Altes und Neues aus dem Gebiet der innern Seelenkunde, Leipzig 1817, erw., I–IV, Leipzig, Erlangen 1824–1844, rev., I–II, Leipzig ³1851, NF I–II, Leipzig/Erlangen 1856/1859; Die Urwelt und die Fixsterne. Eine Zugabe zu den Ansichten von der Nachtseite der Naturwissenschaft, Dresden 1822, ²1839, Karben 1997; Lehrbuch der Naturgeschichte für den ersten Unterricht, Erlangen 1823, unter dem Titel: Lehrbuch der Naturgeschichte für Schulen und zum Selbstunterricht, Erlangen ²1825, Frankfurt ²¹1871; Allgemeine Naturgeschichte oder Andeutungen zur Geschichte und Physiognomik der Natur, Erlangen 1826, unter dem Titel: Die Geschichte der Natur, I–III, Erlangen ²1835–1837, I–II, ³1852/1853; Peurbach und Regiomontan, die Wiederbegründer einer selbstständigen und unmittelbaren Erforschung der Natur in Europa. Eine Anrede an studirende Jünglinge, Erlangen 1826; Die Geschichte der Seele, I–II, Stuttgart/Tübingen 1830, ⁴1850 (repr. Cambridge 2011), ⁵1877/1878 (repr. Hildesheim 1961); Lehrbuch der Sternkunde für Schulen und zum Selbstunterrichte, München 1831, Frankfurt ³1857; Über die Einheit im Bauplane der Erdveste, München 1835; Von einem Feststehenden in der Geschichte der sichtbaren Natur und des in ihr wohnenden Menschen, Stuttgart 1837; Lehrbuch der Menschen- und Seelenkunde. Zum Gebrauch für Schulen und zum Selbststudium, Erlangen 1838, ²1842; Reise in das Morgenland in den Jahren 1836 und 1837, I–III, Erlangen 1838–1839, 1840; Die Krankheiten und Störungen der menschlichen Seele. Ein Nachtrag zu des Verfassers Geschichte der Seele, Stuttgart/Tübingen 1845; Das Weltgebäude, die Erde, und die Zeiten des Menschen auf der Erde, Erlangen 1852, Eschborn, Karben 1996; Der Erwerb aus einem vergangenen und die Erwartungen von einem zukünftigen Leben. Eine Selbstbiographie, I–III, Erlangen 1854–1856; Vermischte Schriften, I–II, Erlangen 1857/1860; Parabeln aus dem Buch der sichtbaren Werke, München 1858; Anthologie aus den Werken von G. H. S., Hildburghausen, New York o.J. [ca. 1850/1870].

Literatur: N. Bonwetsch, G. H. S. in seinen Briefen. Ein Lebensbild, Stuttgart 1918; H. F. Ellenberger, The Discovery of the Unconscious. The History and Evolution of Dynamic Psychiatry, London, New York 1970, London 1994 (dt. Die Entdeckung des Unbewußten, I–II, Bern/Stuttgart/Wien 1973, mit Untertitel: Geschichte und Entwicklung der dynamischen Psychiatrie von den Anfängen bis zu Janet, Freud, Adler und Jung, Zürich 1985, 2005; franz. À la découverte de l'inconscient. Histoire de la psychiatrie dynamique, Villeurbanne 1974, unter dem Titel: Histoire de la découverte de l'inconscient, Paris 1994); A. Elschenbroich, Romantische Sehnsucht und Kosmogonie. Eine Studie zu G. H. S.s »Geschichte der Seele« und deren Stellung in der deutschen Spätromantik, Tübingen 1971; W. Fromm, S., NDB XXIII (2007), 612–613; S. Höppner, Natur/Poesie. Romantische Grenzgänger zwischen Literatur und Naturwissenschaft. Johann Wilhelm Ritter, G. H. S., Henrik Steffens, Lorenz Oken, Würzburg 2017; P. Krebs, Die Anthropologie des G. H. von S., Köln 1940; F. R. Merkel, Der Naturphilosoph G. H. S. und die deutsche Romantik, München 1912, 1913; K. Schneider, G. H. v. S.. Ein Lebensbild, Bielefeld 1863. S. B.

Schubert, Hermann (Cäsar Hannibal), *Potsdam 22. Mai 1848, †Hamburg 20. Juli 1911, dt. Mathematiker. 1867–1870 Studium der Mathematik und der Physik in Berlin und Halle, 1870 Promotion in Halle. 1872–1876 Gymnasiallehrer in Hildesheim, 1876–1908 Oberlehrer und ab 1887 Gymnasialprofessor am Johanneum in Hamburg. – S. lieferte wesentliche Beiträge zur so genannten abzählenden Geometrie, für die er in Anleh-

nung an den ↑Logikkalkül E. Schröders einen ›abzählenden Kalkül‹ (auf der Basis eines heute so genannten ›S.schen Prinzips der Erhaltung der Anzahl‹) entwikkelte, dessen strenge Begründung D. Hilbert als eine der zu Beginn des 20. Jhs. anstehenden wichtigen Aufgaben unter seine 1900 dargestellten »Mathematischen Probleme« aufnahm. S. begründete die sehr erfolgreiche Lehrbuchreihe »Sammlung S.« (deren ersten und fünften Band er 1899 bzw. 1902 selbst verfaßte) und erreichte einen großen Leserkreis mit seinen »Mathematischen Mußestunden«, einer Sammlung unterhaltungsmathematischer Aufgaben und Lösungen, die von 1898 bis 1967 13 Auflagen erlebte. In der Philosophie der Mathematik wurde S.s Eröffnungsbeitrag zur »Encyklopädie der mathematischen Wissenschaften« 1898 vor allem durch die Kritik bekannt, die G. Frege in einer bissigen Satire 1899 an dem von S. vertretenen formal-arithmetischen Standpunkt und dem damit verbundenen naiven Zahlbegriff übte.

Werke: Zur Theorie der Charakteristiken, J. reine u. angew. Math. 71 (1869), 366–386; De anglosaxonum arte metrica, Berlin 1870; Kalkül der abzählenden Geometrie, Leipzig 1879 (repr. Berlin/Heidelberg/New York 1979); Anzahlgeometrische Behandlung des Dreiecks, Math. Ann. 17 (1880), 153–212; Sammlung von arithmetischen und algebraischen Fragen und Aufgaben, verbunden mit einem systematischen Aufbau der Begriffe, Formeln und Lehrsätze der Arithmetik für höhere Schulen, I–II, Potsdam 1883, ³1896, unter dem Titel: Arithmetik für Gymnasien, I–II, ⁵1907/1908; System der Arithmetik und Algebra als Leitfaden für den Unterricht in höheren Schulen, Potsdam 1885; Zählen und Zahl. Eine kulturgeschichtliche Studie, Hamburg 1887; Die Quadratur des Zirkels in berufenen und unberufenen Köpfen. Eine kulturgeschichtliche Studie, Hamburg 1889; Zwölf Geduldspiele [...] für Nicht-Mathematiker zum Zwecke der Unterhaltung, Berlin 1895, Leipzig 1899; Arithmetik und Algebra, Leipzig 1896, Berlin ²1919, rev. unter dem Titel: Elementare Arithmetik und Algebra, Leipzig 1899, ²1910 (Sammlung S. I), unter dem Titel: Arithmetik nebst Gleichungen 1. und 2. Grades, neubearb. v. P. B. Fischer, Berlin/Leipzig ³1923; Beispiel-Sammlung zur Arithmetik und Algebra. 2765 Aufgaben systematisch geordnet, Leipzig 1896, Berlin ⁴1931; Vierstellige Tafeln und Gegentafeln für logarithmisches und trigonometrisches Rechnen, Leipzig 1898, Berlin ³1960; Mathematische Mußestunden. Eine Sammlung von Geduldspielen, Kunststücken und Unterhaltungsaufgaben mathematischer Natur, Leipzig 1898, I–III, ²1900, ed. J. Erlebach, Berlin ¹³1967 (engl. Mathematical Essays and Recreations, Chicago Ill. 1898, Chicago Ill./London ⁴1917); Grundlagen der Arithmetik, in: W. F. Meyer (ed.), Encyklopädie der mathematischen Wissenschaften mit Einschluss ihrer Anwendungen I/1, Leipzig 1898–1904, 1–27; Theorie des Schlick'schen Massen-Ausgleichs bei mehrkurbeligen Dampfmaschinen, Leipzig 1901; Niedere Analysis, I–II, Leipzig 1902/1903, ²1908/1911 (Sammlung S. V/XLV); Elementare Berechnung der Logarithmen. Eine Ergänzung der Arithmetik-Bücher, Leipzig 1903; Die Ganzzahligkeit in der algebraischen Geometrie, Leipzig 1905; Auslese aus meiner Unterrichts- und Vorlesungspraxis, I–III, Leipzig 1905–1906. – W. Burau, Bibliographie der wissenschaftlichen Publikationen S.s, in: Kalkül der abzählenden Geometrie (repr. Berlin/Heidelberg/New York 1979) [s.o.], 18–21.

Literatur: W. Burau, Der Hamburger Mathematiker H. S., Mitteilungen der Math. Ges. in Hamburg 9 (1966), H. 3, 10–19; ders., S., DSB XII (1975), 227–229; G. Frege, Ueber die Zahlen des Herrn H. S., Jena 1899, Neudr. in: ders., Zwei Schriften zur Arithmetik. Function und Begriff/Ueber die Zahlen des Herrn H. S., ed. W. Kienzler, Hildesheim/Zürich/New York 1999 (engl. On Mr. H. S.'s Numbers [1899], in: Collected Papers on Mathematics, Logic, and Philosophy, ed. B. McGuinness, Oxford/New York 1984, 249–272); R. Mildner, S., in: S. Gottwald/H.-J. Ilgauds/K.-H. Schlote (eds.), Lexikon bedeutender Mathematiker, Leipzig, Thun/Frankfurt 1990, 420; F. Severi, I fondamenti della geometria numerativa, Annali di matematica pura ed applicata, 4. Ser. 19 [1940], 153–242 (dt. [erw. vor allem in der historisch-kritischen Einleitung] Grundlagen der abzählenden Geometrie, Wolfenbüttel/Hannover 1948). C. T.

Schuld (lat. debitum/culpa, engl. guilt, franz. tort/culpabilité). (I) Im alltäglichen Wortgebrauch Bezeichnung für (1) die Verpflichtung auf eine Gegenleistung – wie die Rückgabe eines Geldbetrages – aufgrund einer vorangegangenen Leistung, (2) die Urheberschaft für ein negativ einzustufendes Ereignis, (3) die Verletzung eines Rechts, (4) die Verletzung einer moralischen Norm (↑Norm (handlungstheoretisch, moralphilosophisch)). In der christlichen Theologie wird der Mensch als von Natur aus schuldig betrachtet (›Erbsünde‹). Diese S. könne durch die Taufe und die Gnade Gottes zumindest zum Teil getilgt werden. I. Kant sieht in der Besserung der ›Gesinnung‹ das wesentliche Mittel zur Überwindung der menschlichen S.. Für S. Freud entsteht das Gefühl der S. aus einem Gegensatz zwischen dem ›Ich‹ und den Forderungen des ›Über-Ich‹ (↑Psychoanalyse).

Terminologisch wird ›S.‹ in der ↑Fundamentalontologie M. Heideggers. Für Heidegger ist S. eine existentiale (↑Existenzialien) Bedingung der Möglichkeit dafür, daß jemand schuldig, vor allem moralisch schuldig wird. Weil der Mensch einerseits zu sich selbst nur findet, wenn er mit seinen Entscheidungen sein Leben bestimmt, er sich andererseits aber mit seinen Entscheidungen für die Verwirklichung bestimmter Möglichkeiten andere Möglichkeiten verschließt, ist er als ↑Dasein wesenhaft ›nichtig‹: die Verwirklichung von Möglichkeiten zu sein, bedeutet zugleich die Unmöglichkeit, andere und damit alle Seinsmöglichkeiten zu verwirklichen. Den Sachverhalt, daß die Entscheidung für eine Möglichkeit zugleich den Ausschluß anderer Möglichkeiten mit sich bringt, nennt Heidegger das ›existenziale Schuldigsein‹ des Menschen, das ›Grundsein einer Nichtigkeit‹ (Sein und Zeit, § 58). Sprachkritisch ist diesem Gebrauchsvorschlag für ›S.‹ entgegenzuhalten, daß er lediglich einen allein aufgrund des Wortgebrauchs von ›Entscheidung‹, ›Wahl‹ etc. (analytisch) erschließbaren Sachverhalt eigens benennt und als eine ›ontologische‹ oder ›existenziale‹ Bedingung des Schuldigwerdenkönnens mißversteht.

(II) In *strafrechtlicher* Hinsicht ist der S.begriff (im Sinne von *culpa*, daß einem Handlungsfähigen ein rechtswidriges Verhalten berechtigterweise zur Last gelegt wird) grundlegend, wenn auch prekär; denn die S.haftigkeit seines Verhaltens setzt die S.fähigkeit des Täters voraus. S.fähig ist er aber nur dann, wenn er sich in der fraglichen Situation anders, und das heißt hier: rechtskonform hätte verhalten können, setzt also nicht nur seine Kenntnis der relevanten Strafgesetze und der Rechtsfolgen seines Tuns, sondern vor allem seine Freiheit zur Wahl von Verhaltensalternativen in dieser Situation voraus (↑Freiheit (handlungstheoretisch)). Diese Freiheitsunterstellung steht, meist unausgesprochen, am Beginn eines Ermittlungs- oder Strafverfahrens. Da sich die Berechtigung dieser Unterstellung empirisch nicht (positiv) bewahrheiten, sondern nur (negativ) einschränken oder widerlegen läßt – nicht die Freiheit des konkreten Tuns selbst, sondern nur ihre Einschränkungen sind empirisch faßbar –, kann der Richter nur prüfen (und er ist rechtlich angehalten dazu), ob Anzeichen in den Tatumständen oder in der Person des Angeklagten vorliegen, eine Minderung oder gar Aufhebung seiner Wahl- und Handlungsfreiheit und damit seiner S.fähigkeit im allgemeinen und seiner S. im konkreten Fall anzunehmen. Hierfür gelten die Rechtsgrundsätze *in dubio pro reo* (im Zweifel für den Angeklagten) und *nulla poena sine culpa* (keine ↑Strafe ohne S.). Für das Vorliegen einer S. im strafrechtlichen Sinne ist ein weiterer Rechtsgrundsatz einschlägig: *nulla poena sine lege* (keine Strafe ohne [Straf-]Gesetz). Die Unkenntnis bestehender Strafgesetze schützt den Angeklagten allerdings gewöhnlich nicht vor dem S.vorwurf und vor einer Strafe. – Die Ungesichertheit der Freiheitsunterstellung hat, gestützt auf Fehldeutungen des methodischen ↑Determinismus der ↑Sozialwissenschaften, der ↑Tiefenpsychologie und der ↑Hirnforschung, in Teilen der ↑Rechtsphilosophie und der Strafrechtsdogmatik zu grundsätzlichen Zweifeln an der Berechtigung dieser Unterstellung und in Folge davon an der Sachgemäßheit von Begriffen wie S. und S.fähigkeit, Strafe und Strafwürdigkeit rechtswidrigen Verhaltens geführt.

Literatur: H. Achenbach, Historische und dogmatische Grundlagen der strafrechtssystematischen S.lehre, Berlin 1974; H. M. Baumgartner/A. Eser (eds.), S. und Verantwortung. Philosophische und juristische Beiträge zur Zurechenbarkeit menschlichen Handelns, Tübingen 1983; S. Beyerle/M. Roth/J. Schmidt (eds.), S. Interdisziplinäre Versuche ein Phänomen zu verstehen, Leipzig 2009; T. Ebers, Schreckliche Freiheit und Verantwortung. Überlegungen zur Wiedergewinnung eines philosophischen S.begriffs, Berlin/Münster 2009; J. Eisenburg (ed.), Die Freiheit des Menschen. Zur Frage von Verantwortung und S., Regensburg 1998; R. Glei u. a., S., Hist. Wb. Ph. VIII (1992), 1442–1472; S. Grätzel, Dasein ohne S.. Dimensionen menschlicher S. aus philosophischer Perspektive, Göttingen 2004; ders., S., EP III (²2010), 2370–2375; N. Harris/J. Braithwaite, Guilt, IESBS IX

(2001), 6445–6448; L. Honnefelder/J. Gründel/W. Hassemer, S., in: Görres-Gesellschaft (ed.), Staatslexikon IV, Freiburg/Basel/ Wien [7]1988, 1059–1067; A. Kaufmann, Das S.prinzip. Eine strafrechtlich-rechtsphilosophische Untersuchung, Heidelberg 1961, [2]1976; G. Kaufmann (ed.), S.erfahrung und S.bewältigung. Christen im Umgang mit der S., Paderborn etc. 1982; H. D. Lewis, Guilt, Enc. Ph. III (1967), 395–397, IV ([2]2006), 193–195; D. Misgeld, S. und Moralität. Gewissen, S. und Ganzsein des Daseins nach Heideggers »Sein und Zeit« im Verhältnis zu Kants Grundlegung der Ethik, Heidelberg 1966; U. Pothast, Die Unzulänglichkeit der Freiheitsbeweise. Zu einigen Lehrstücken aus der neueren Geschichte von Philosophie und Recht, Frankfurt 1980, 1987; M. Schefczyk, Verantwortung für historisches Unrecht. Eine philosophische Untersuchung, Berlin/New York 2012; B. Schlink, Vergangenheitsschuld und gegenwärtiges Recht, Frankfurt 2002; M. Schneider, Culpabilité (sentiment de), Enc. philos. universelle II (1990), 525–526; G. Schwan, Politik und S.. Die zerstörerische Macht des Schweigens, Frankfurt 1997, [3]2001, 2015 (engl. Politics and Guilt. The Destructive Power of Silence, Lincoln Neb./London 2001); dies., S., in: S. Gosepath/W. Hinsch/B. Rössler (eds.), Handbuch der Politischen Philosophie und Sozialphilosophie II, Berlin 2008, 1155–1157; G. Sher, In Praise of Blame, Oxford 2006; J. Splett, S., Hb. ph. Grundbegriffe III (1974), 1277–1288.   O. S. (I) / R. Wi. (II)

Schulphilosophie, im allgemeinen Sinne Bezeichnung für traditionsbildende, mit einem Gründernamen verbundene philosophische Konzeptionen (Beispiele: ↑Aristotelismus, ↑Thomismus, ↑Cartesianismus, ↑Kantianismus), im besonderen (institutionellen) Sinne für die Universitätsphilosophie des 17. Jhs. unter Dominanz des Aristotelismus vor einem konfessionellen (scholastischen) Hintergrund (jesuitische S., protestantische S., calvinistische S.), im noch engeren Sinne für den so genannten Wolffianismus, d. h. die von C. Wolff und seinen Schülern vertretene, auch als ›Leibniz-Wolffsche Schule‹ (↑Leibniz-Wolffsche Philosophie) bezeichnete philosophische Richtung. Diese war im 18. Jh. in Deutschland die dominante philosophische Schule; noch I. Kant lehrte in seiner ›vor-kritischen‹ Zeit nach der S. Wolffs.

Literatur: E. J. Ashworth u. a., Die S., in: J.-P. Schobinger (ed.), Die Philosophie des 17. Jahrhunderts III/1 (England), Basel 1998, 1–34; P. R. Blum, Philosophenphilosophie und S.. Typen des Philosophierens in der Neuzeit, Stuttgart 1998; L. W. B. Brockliss/G. Vanpaemel/P. Dibon, Die S., in: J.-P. Schobinger (ed.), Die Philosophie des 17. Jahrhunderts II/1 (Frankreich und die Niederlande), Basel 1993, 1–86; J. S. Freedman, Deutsche S. im Reformationszeitalter (1500–1650). Ein Handbuch für den Hochschulunterricht, Münster 1984, [2]1985; Z. Ogonowski, Die S., in: H. Holzhey/W. Schmidt-Biggemann (eds.), Die Philosophie des 17. Jahrhunderts IV/2 (Das heilige römische Reich deutscher Nation, Nord- und Ostmitteleuropa), Basel 2001, 1288–1304; E. Rivera de Ventosa, Die S., in: J.-P. Schobinger (ed.), Die Philosophie des 17. Jahrhunderts I/1 (Allgemeine Themen, Iberische Halbinsel, Italien), Basel 1998, 353–399; W. Sparn u. a., Die S., in: H. Holzhey/W. Schmidt-Biggemann (eds.), Die Philosophie des 17. Jahrhunderts IV/1 (Das heilige römische Reich deutscher Nation, Nord- und Ostmitteleuropa), Basel 2001,

291–606; M. Wundt, Die Deutsche S. im Zeitalter der Aufklärung, Tübingen 1964 (repr. Hildesheim 1964, Hildesheim/Zürich/New York 1992).   J. M.

Schulz, Walter, *Gnadenfeld (Oberschlesien) 18. Nov. 1912, †Tübingen 12. Juni 2000, dt. Philosoph. Nach Schulzeit im Pädagogium der Herrnhuter Brüdergemeine in Niesky (Niederschlesien) 1933–1938 Studium der Klassischen Philologie, protestantischen Theologie (unter anderem bei R. Bultmann) und Philosophie in Breslau und Marburg (unter anderem bei H.-G. Gadamer, G. Krüger und K. Löwith). 1939–1945 Kriegsdienst. 1944 während längerem Lazarettaufenthalt Promotion bei Gadamer in Leipzig (Seele und Sein. Interpretationen zum Platonischen Phaidon). 1951 Habilitation in Heidelberg (Die Vollendung des Deutschen Idealismus in der Spätphilosophie Schellings, Stuttgart 1955, erw. Pfullingen [2]1975) und Privatdozent ebendort; 1955–1978 Prof. der Philosophie in Tübingen. – Zentrales Thema des S. schen Werkes ist die Frage nach der Möglichkeit und dem Ort der ↑Philosophie angesichts des Endes der metaphysischen (↑Metaphysik) Tradition des abendländischen Denkens. Der systematischen Analyse und Bearbeitung dieses Themas hat sich S. – in der Überzeugung, daß die historische Betrachtungsweise das Medium jeder systematischen Fragestellung darstellt – in historischen Analysen und Problemaufrissen genähert.

In seiner die weitere Rezeption nachhaltig prägenden Schellinginterpretation weist S. nach, daß – entgegen der Standardauffassung, die hier G. W. F. Hegel nennt – die Vollendung und das Ende der metaphysischen Tradition in der Spätphilosophie F. W. J. Schellings zu finden sind. Hier wird die ↑Vernunft in ihren Denkhandlungen – einmalig im Deutschen Idealismus (↑Idealismus, deutscher) – als schlichtes, nicht weiter vernünftig erklärbares Faktum hingenommen. J. G. Fichte, Hegel und auch noch der Schelling der ↑Identitätsphilosophie hatten versucht, die faktischen Leistungen der Vernunft in einem von ihr selbst denkend konstituierten ↑Absoluten zu begründen. In der Interpretation von S. ist es aber für die Spätphilosophie Schellings kennzeichnend, daß das Absolute (d. h. für Schelling Gott) außerhalb der konstituierenden Denkmöglichkeiten der Vernunft steht. Es ist gerade nicht vernunftmäßig zu fassen und somit ›unvordenklicher Möglichkeitsgrund‹ der Vernunft. Für S. bedeutet die Nichtbegründbarkeit der Vernunft in einem Absoluten das Ende des idealistischen Projekts, Natur und Geschichte als vernünftige Zusammenhänge zu konstruieren. Darüber hinaus habe die idealistische Metaphysik im Zuge ihrer Suche nach immer abstrakteren und ungegenständlicheren Prinzipien den Zugang zu den konkreten Problemen des Lebens und der Wissenschaft zunehmend verloren.

Eine ihrer nachmetaphysischen Situation angemessene Philosophie hat nach S. die Aufgabe, Probleme des konkreten Lebens (z. B. Tod, moralische Verantwortung) wie auch den unreflektierten Wirklichkeitsbezug der Wissenschaften zu reflektieren, ohne jedoch die Wissenschaften begründen zu können. Philosophische Reflexionen sind nach dem Ende der Metaphysik gewissermaßen lokal und grundsätzlich revisionsoffen. Sie erfolgen mittels ›offener Leitbegriffe‹ (wie z. B. ›gut‹, ›böse‹), die sich an Erfahrungen der Wissenschaften, der Geschichte, der Gesellschaft und des privaten Lebens zu bewähren haben. Aber auch nach dem Ende der idealistischen Metaphysik der Subjektivität (↑Subjektivismus) besteht S. – dies ist der zentrale Punkt seiner philosophischen Konzeption – auf der irreduziblen Rolle der menschlichen Subjektivität. Diese besteht in ihrer Fähigkeit zur ↑Reflexion. Reflektierende Subjektivität ist anthropologisch weder durch die menschliches Selbstverständnis ausblendende reine ›Außenperspektive‹ der Wissenschaften (z. B. in behavioristischen Konzeptionen; ↑Behaviorismus) zu ersetzen, noch geschichtsphilosophisch (↑Geschichtsphilosophie) durch die Entmachtung des Menschen als handelnden Subjekts der Geschichte, z. B. in M. Heideggers subjektunabhängig verlaufender ↑Seinsgeschichte oder im Strukturalismus (↑Strukturalismus (philosophisch, wissenschaftstheoretisch), z. B. M. Foucault). Erkenntnistheoretisch bedeutet philosophische Reflexion für S. prinzipiell aufeinander bezogenen Welt- und Selbstbezug. ›Ich‹ und ›Welt‹ sind nicht zu trennen. Der Mensch gehört zur Welt, geht aber nicht in ihr auf (›dialektische Wirklichkeit‹). Aus dieser grundsätzlich weder scharf fixierbaren noch idealistisch oder objektivistisch aufhebbaren Wechselbeziehung ergibt sich ein prinzipiell ungesicherter, ›gebrochener‹ Weltbezug.

In der Ethik äußert sich diese Unsicherheit darin, daß keine ↑normativen Lösungen von Problemen vorgegeben sind. Ethik besteht vielmehr im problematisierenden, lösungsorientierten Abwägen allgemeiner Gesichtspunkte gegen die konkreten Parameter der jeweiligen Situation. Sowohl die Sicherheit der fraglos gelebten ↑›Sittlichkeit‹ der Antike als auch das im 19. Jh. fragwürdig (K. Marx, S. Freud, C. R. Darwin) gewordene neuzeitliche Prinzip der ↑Freiheit sind als ethische Lenkungsinstanzen problematisch, und mit ihnen die Idee einer ethischen Orientierungsinstanz des menschlichen Verhaltens überhaupt. Für S. ist (im Anschluß an A. Schopenhauer) Leben Leiden, und moralisches Handeln zeichnet sich (im kritischen Anschluß an A. Schweitzer) durch den Versuch der aktiven, von ↑Verantwortung (↑Verantwortungsethik) geleiteten Leidensminderung aus. ›Gut‹ und ›böse‹ als offene Leitbegriffe der Ethik bedürfen zu ihrer Konkretisierung ethischer ›Instanzen‹. Für S. stehen dabei die Vernunft konkreten Situationsverständnisses und helfendes Mitleid im Vordergrund.

Dabei schwankt die ethische Reflexion zwischen einer aus der Einsicht in die Bedingtheit und Erfolgsungewißheit menschlichen Tuns resultierenden ›Resignation‹ und dem durch Mitleid und Verantwortung motivierten ›Engagement‹. – Auch S.' von ihm als ›Metaphysik des Schwebens‹ bezeichnete Philosophie der Kunst bringt den Erkenntnistheorie und Ethik prägenden gebrochenen Weltbezug zum Ausdruck. Kunst gibt Schein und Sein, Wahrheit und Täuschung zugleich. Sie ist grundsätzlich zweideutig, legt sich ontologisch nicht fest und führt den Rezipienten in einen Zustand des ›Schwebens‹. Sie kann so, wie dies Schelling in allerdings anderem Sinne behauptete, als ›Organon‹ der Philosophie verstanden werden.

Werke: Über den philosophiegeschichtlichen Ort Martin Heideggers, Philos. Rdsch. 1 (1953/1954), 65–93, 211–232, Neudr. in: O. Pöggeler (ed.), Heidegger. Perspektiven zur Deutung seines Werkes, Köln/Berlin 1969, Weinheim ³1994, 95–139; Der Gott der neuzeitlichen Metaphysik, Pfullingen 1957, Stuttgart ⁹2004 (engl. [Teilübers.] God of the Philosophers in Modern Metaphysics, Man and World 6 (1973), 353–371; franz. Le Dieu de la métaphysique modern, ed. J. Colette, Paris 1973); Johann Gottlieb Fichte. Vernunft und Freiheit, Pfullingen 1962, ²1977; Das Problem der absoluten Reflexion, Frankfurt 1963; Sören Kierkegaard. Existenz und System, Pfullingen 1967; Wittgenstein. Die Negation der Philosophie, Pfullingen 1967, ²1979; Philosophie in der veränderten Welt, Pfullingen 1972, Stuttgart ⁷2001; W. S., in: L. J. Pongratz (ed.), Philosophie in Selbstdarstellungen II, Hamburg 1975, 270–315; Ich und Welt. Philosophie der Subjektivität, Pfullingen 1979, Stuttgart 2003; Metaphysik des Schwebens. Untersuchungen zur Geschichte der Ästhetik, Pfullingen 1985, Stuttgart 2003; Grundprobleme der Ethik, Pfullingen 1989, Stuttgart ²1993; Subjektivität im nachmetaphysischen Zeitalter. Aufsätze, Pfullingen 1992, Stuttgart 2003; Der gebrochene Weltbezug. Aufsätze zur Geschichte der Philosophie und zur Analyse der Gegenwart, Stuttgart 1994, 2003; Prüfendes Denken. Essays zur Wiederbelebung der Philosophie, ed. G. Ueding, Tübingen 2002.

Literatur: R. Breuninger, Die Philosophie der Subjektivität im Zeitalter der Wissenschaften. Zum Denken von W. S., Stuttgart 2004; dies., S., NDB XXIII (2007), 717; dies., S., in: F. L. Sepaintner (ed.), Baden-Württembergische Biographie V, Stuttgart 2013, 398–400; dies./W. Raupp S., BBKL XXI (2003), 1405–1427; J. Colette, Philosophie sans métaphysique?, Rev. mét. mor. 86 (1981), 229–256; H. Fahrenbach (ed.), Wirklichkeit und Reflexion. W. S. zum 60. Geburtstag, Pfullingen 1973; ders. Philosophie in der veränderten Welt. Zum philosophischen Werk von W. S., Bloch-Jb. 2000, 155–184; J. Jantzen, S., in: J. Nida-Rümelin (ed.), Philosophie der Gegenwart in Einzeldarstellungen, Stuttgart 1991, 547–550, ²1999, 675–678; H.-L. Ollig, Das unerledigte Metaphysikproblem. Anmerkungen zur jüngsten Metaphysikdiskussion im deutschen Sprachraum, Theol. Philos. 65 (1990), 31–68; D. Wandschneider, Eine Metaphysik des Schwebens. Zum philosophischen Werk von W. S., Z. philos. Forsch. 46 (1992), 557–568; F. J. Wetz, Tübinger Triade. Zum Werk von W. S., Pfullingen 1990.   G. W.

Schulze, Gottlob Ernst (nach seinem Hauptwerk zumeist ›Aenesidemus-S.‹ genannt), *Heldrungen (Thüringen) 23. Aug. 1761, †Göttingen 14. Jan. 1833, dt.

Philosoph. 1780 Studium der Theologie und Philosophie in Wittenberg, 1783 Magister der Philosophie, 1786 Diakon an der Wittenberger Schloßkirche. 1788 Prof. der Philosophie in Helmstedt. Nach Aufhebung der Helmstädter Universität 1810 Prof. in Göttingen, wo A. Schopenhauer zu seinen ersten Studenten zählt. – S. vertritt in Anlehnung an D. Hume einen gemäßigten, an den gesunden Menschenverstand (↑sensus bonus) appellierenden ↑Skeptizismus. In seinem zunächst anonym erschienenen Hauptwerk »Aenesidemus« (1792) kritisiert er die Kantische Vernunftkritik und deren Verteidigung bzw. Weiterführung durch K. L. Reinhold und S. Maimon. Den von ihm offensichtlich mißverstandenen Kantischen und auch im ↑Kantianismus (insbes. von Reinhold) unternommenen Versuch einer Begründung der Geltung menschlicher Erkenntnis durch Reflexion auf die Bedingungen ihrer Möglichkeit lehnt S. mit dem Argument ab, die Realität von Erkenntnisobjekten lasse sich nicht durch Reflexion auf Vorstellungen sichern. Die Erkenntnis beruht für S. auf Sinneseindrücken, und diese sichern ihre Objektivität. Ebenso wie den Kantischen ↑Kritizismus lehnt S. den transzendentalen Idealismus (↑Idealismus, transzendentaler) von J. G. Fichte und F. W. J. Schelling entschieden ab. Auch die Praktische Philosophie Kants verfällt der Ablehnung. Hier kritisiert S. vor allem, daß die ↑Postulate der praktischen Vernunft (↑Vernunft, praktische) nicht die Realität ihrer Gegenstände (z. B. die Existenz Gottes) sichern könnten.

Werke: De ideis Platonis, Wittenberg 1786; Grundriß der philosophischen Wissenschaften, I–II, Wittenberg/Zerbst 1788/1790 (repr. Brüssel 1970, Bad Feilnbach 2007); De iureiurando credulitatis secundum praecepta philosophorum de probabili iudicium, Wittenberg 1788; De summo secundum Platonem philosophiae fine, Helmstedt 1789; Ueber den höchsten Zweck des Studiums der Philosophie. Eine Vorlesung, Leipzig 1789; Aenesidemus oder über die Fundamente der von dem Herrn Prof. Reinhold in Jena gelieferten Elementar-Philosophie. Nebst einer Vertheidigung des Skepticismus gegen die Anmaaßungen der Vernunftkritik, o.O. [Helmstedt] 1792 (repr. Brüssel 1969), ed. A. Liebert, Berlin 1911 (mit Bibliographie, 344–347), Hamburg 1996 (franz. Énésidème ou sur les fondements de la philosophie élémentaire exposée à Iéna par Reinhold, Paris 2007); Einige Bemerkungen über Kants philosophische Religionslehre, Kiel 1795 (repr. Brüssel 1973); Kritik der theoretischen Philosophie, I–II, Hamburg 1801 (repr. Brüssel 1973, Bad Feilnbach 2007); Grundsätze der allgemeinen Logik, Helmstedt 1802, Göttingen ⁵1831; Leitfaden der Entwickelung der philosophischen Prinzipien des bürgerlichen und peinlichen Rechts, Göttingen 1813; Encyklopädie der philosophischen Wissenschaften. Zum Gebrauche für seine Vorlesungen, Göttingen 1814, erw. ³1824 (repr. Brüssel 1968; Psychische Anthropologie, Göttingen 1816, ³1826 (repr. Brüssel 1968); Philosophische Tugendlehre, Göttingen 1817; Ueber die Entdeckung, daß Leibnitz ein Katholik gewesen sey, Göttingen 1827; Über die menschliche Erkenntniß, Göttingen 1832 (repr. Brüssel 1970).

Literatur: M. V. d'Alfonso, Schopenhauers Kollegnachschriften der Metaphysik- und Psychologievorlesungen von G. E. S. (Göttingen 1810–11), Würzburg 2008; S. Atlas, S., DSB VII (1967), 324–326; ders., S., Enc. Ph. VII (1967), 334–336; G. Baum, Aenesidemus oder der Satz vom Grunde. Eine Studie zur Vorgeschichte der Wissenschaftstheorie, Z. philos. Forsch. 33 (1979), 352–370; M. Bondeli/J. Chotaš/K. Vieweg (eds.), Krankheit des Zeitalters oder heilsame Provokation? Skeptizismus in der nachkantischen Philosophie, Paderborn 2016; K. E. Boullart, G. E. S. 1761–1833. Positivist van het Duitse idealisme, Brüssel 1978 (Verhandelingen van de Koninklijke Academie voor Wetenschappen, Letteren en Schone Kunsten van België. Klasse der letteren LXXXIV); U. Burkhard, Die angebliche Heraklit-Nachfolge des Skeptikers Aenesidem, Bonn 1973; P.-P. Druet, La recension de l'»Énésidème« par Fichte, Rev. mét. mor. 78 (1973), 363–384; E. Fischer, Von G. E. S. zu A. Schopenhauer. Ein Beitrag zur Geschichte der Kantischen Erkenntnistheorie, Aarau 1901; L. E. Hoyos, El escepticismo y la filosofía trascendental. Estudios sobre el pensamiento alemán a fines del siglo XVIII, Bogotá 2001 (dt. Der Skeptizismus und die Transzendentalphilosophie. Deutsche Philosophie am Ende des 18. Jahrhunderts, Freiburg/München 2008, 99–224 [Kap. II Unter freiem Himmel wohnen. Der Skeptizismus von G. E. S. (Aenesidemus) und die Transzendentalphilosophie]); E. Kühnemann, S., ADB XXXII (1891), 776–780; T. Leibold, Enzyklopädische Anthropologien. Formierungen des Wissens vom Menschen im frühen 19. Jahrhundert bei G. H. Schubert, H. Steffens und G. E. S., Würzburg 2009; I. Radrizzani, Le scepticisme à l'époque kantienne. Maimon contre S., Arch. philos. 54 (1991), 553–570; A. Renaut, S., DP II (²1993), 2597–2598; S. V. Rovoghi, »L'Enesidemo« di G. E. S., Riv. filos. neoscolastica 65 (1973), 79–83; K. Spickhoff, Die Vorstellung in der Polemik zwischen Reinhold, S. und Fichte 1792–94, Diss. München 1961; H. Wiegershausen, Aenesidem-S., der Gegner Kants, und seine Bedeutung im Neukantianismus, Berlin 1910 (Kant-St. Erg.hefte XVII), Vaduz 1910, 1980. G. W.

Schuppe, Wilhelm, *Brieg (Schlesien) 5. Mai 1836, †Breslau 29. März 1913, dt. Philosoph. 1854–1857 Studium zunächst der Rechte, dann der katholischen Theologie und schließlich der Altphilologie in Breslau. Fortsetzung des Studiums in Bonn (1857) und Berlin. 1860 Promotion und Eintritt in den Schuldienst ebendort. Auf Grund seines Buches »Das menschliche Denken« (Berlin 1870) wurde S. – gefördert durch H. Lotze – 1873 an die Universität Greifswald berufen, wo er bis 1910 lehrte. – S.s ↑Immanenzphilosophie stellt der Intention nach eine die metaphysikfeindlichen, antirealistischen (↑Realismus (erkenntnistheoretisch)) erkenntnistheoretischen Strömungen des ausgehenden 19. Jhs., d. h. den an D. Hume anschließenden ↑Empirismus oder Positivismus (↑Positivismus (historisch)) und den an I. Kant anschließenden ↑Idealismus vermittelnde Position dar. Anders als der Idealismus sieht S. keine Möglichkeit, Erkenntnis in einem überindividuellen Bewußtsein zu begründen, und anders als der Positivismus schließt er einen Anfang im ↑Gegebenen aus. Absolut sicherer Ausgangspunkt der Erkenntnisbegründung ist vielmehr die unhintergehbare tatsächliche Wechselbeziehung zwischen Bewußtsein und Gegenstand, wie sie im ›bewußten Ich‹ erfahren wird. Auf dieser – den neutralen ›Elementen‹ E. Machs ähnlichen – Basis läßt sich sodann eine Unterscheidung von Subjektivem und Objektivem treffen. Das bewußte ↑Ich ist die je leibliche Konkretisierung eines inhaltsleeren ↑›Bewußtseins überhaupt‹ im Sinne des menschlichen Gattungsbewußtseins, das nach S. allerdings nicht realiter, sondern nur als Abstraktum existiert. Es verbürgt wegen des Auftretens der gleichen Bewußtseinsinhalte unter den gleichen Erkenntnisbedingungen deren Objektivität (↑objektiv/Objektivität) und ↑Intersubjektivität und grenzt S.s Immanenzphilosophie gegen den ↑Solipsismus ab. Individualität und Subjektivität von Bewußtseinsinhalten ist hingegen an die je eigenen ↑Leib geknüpft. Auf dieser erkenntnistheoretischen Basis entwickelt S. eine (materiale) Logik und eine Kategorienlehre, nach der Denk- und Wirklichkeitskategorien zusammenfallen.

S.s Ethik schließt an seine Erkenntnistheorie an. Objekte sind grundsätzlich Wertträger (↑Wert (moralisch)), denen auf subjektiver Seite lustorientiertes Wollen entspricht. Das überindividuelle Bewußtsein objektiviert subjektives Wollen in einem ↑Sollen, das an den Interessen der Gattung orientiert ist. S. erstrebt so eine Vermittlung eudämonistischer (↑Eudämonismus) und ↑normativer Konzeptionen. Ähnlich sieht S.s ↑Rechtsphilosophie die Quelle des Rechts im überindividuellen Rechtswillen des Bewußtseins überhaupt. Dieses ist auch die Grundlage des ↑Staates. ↑Recht und ↑Sittlichkeit haben somit den gleichen Ursprung. Allerdings muß das Recht nicht, wie die ↑Ethik, das ↑Gute realisieren, sondern nur den Mißbrauch der Selbstsucht verhindern. Dennoch bezieht es sich wegen seines Ursprungs im Bewußtsein überhaupt nicht nur auf das normengerechte Handeln; es verlangt vielmehr auch die den Rechtsnormen (↑Norm (juristisch, sozialwissenschaftlich)) entsprechende Gesinnung. Mit einer Reihe kritischer Schriften beteiligte sich S. an der Diskussion der Entwürfe für das seit dem Jahre 1900 geltende Bürgerliche Gesetzbuch.

Werke: De anacoluthis Ciceronianis maxime in libris de officiis scriptis et tusculanis disputationibus, Berlin 1860; Die aristotelischen Kategorien, Gleiwitz 1866, Berlin 1871; Das menschliche Denken, Berlin 1870; Erkenntnistheoretische Logik, Bonn 1878; Grundzüge der Ethik und Rechtsphilosophie, Breslau 1881 (repr. Aalen 1963, ferner in: Grundzüge der Ethik und Rechtsphilosophie/Das metaphysische Motiv und die Geschichte der Philosophie im Umrisse, ed. E. v. Krosigk, Saarbrücken 2007, 1–400); Das metaphysische Motiv und die Geschichte der Philosophie im Umrisse. Rede zur Feier des Geburtstages Sr. Majestät des Kaisers und Königs am 22. März 1882 gehalten zu Greifswald, Breslau 1882 (repr. in: Grundzüge der Ethik und Rechtsphilosophie [s.o.], 1–37); Der Begriff des subjektiven Rechts, Breslau 1887 (repr. Aalen 1963); Das Gewohnheitsrecht, zugleich eine Kritik der beiden ersten Paragraphen des Entwurfs eines bürgerlichen Gesetzbuches für das Deutsche Reich, Breslau 1890; Das Recht des Besitzes, zugleich Kritik des Entwurfes eines bürgerlichen Gesetzbuches für das Deutsche Reich, Breslau 1891 (repr. Frankfurt 1970); Grundriß der Erkenntnistheorie und Logik, Berlin

1894, ²1910; Was ist Bildung? Im Anschluss an die Petition um Zulassung der Realgymnasialabiturienten zum juristischen Studium, Berlin 1900; Der Zusammenhang von Leib und Seele. Das Grundproplem [sic!] der Psychologie, Wiesbaden 1902; Allgemeine Rechtslehre mit Einschluß der allgemeinen Lehren von Sein und vom Wissen, Berlin 1936; Diktate zur Rechtsphilosophie, nebst ausgewählten Fragmenten vorwiegend ethischen und rechtstheoretischen Inhalts, ed. W. Fuchs, Göttingen 1937.– W. Fuchs, Verzeichnis der Veröffentlichungen von W. S., in: W. S., Allgemeine Rechtslehre [s.o.], 10–13.

Literatur: W. Fuchs, W. S. als Rechtstheoretiker und Rechtsphilosoph. Hauptpunkte seiner Lehren dargestellt und beurteilt, Berlin 1932 (Rechtswiss. Stud. LII) (mit Bibliographie, 9–19); ders. W. S. und die Einheit der Wissenschaft, Erkenntnis 6 (1936), 81–89; K. Hartmann, S., Enc. Ph. VII (1967), 336–337, VIII (²2006), 662–664; G. Jacoby, W. S.. Akademische Gedenkrede zu seinem hundertsten Geburtstage am 5. Mai 1936, Greifswald/Bamberg 1936; L. Kljukowsky, Das Bewußtsein und das Sein bei W. S., Diss. Heidelberg 1912, Weida 1912; F. Schneider, Alois Emanuel Biedermann, W. S. und Johannes Rehmke, Diss. Bonn 1939; R. Zocher, Husserls Phänomenologie und S.s Logik. Ein Beitrag zur Kritik des intuitionistischen Ontologismus in der Immanenzidee, München 1932.   G. W.

Schütte, Kurt, *Salzwedel 14. Okt. 1909, †München 18. Aug. 1998, dt. Mathematiker und Logiker. 1928–1933 Studium in Berlin und Göttingen, dort 1933 letzter Doktorand D. Hilberts. 1936–1945 Tätigkeit als Meteorologe, 1945 im Schuldienst, 1947 zugleich Hilfskraft am Mathematischen Institut der Universität Göttingen. 1950 Wiss. Ass. in Marburg, 1953 Habilitation und 1958 apl. Prof. ebendort. Nach Gastprofessuren am Institute for Advanced Study in Princeton N. J. (1959/1960), an der ETH Zürich (1961/1962) und an der Pennsylvania State University (1962/1963) 1963 o. Prof. für Logik und Wissenschaftslehre am Philosophischen Seminar in Kiel, seit 1966 am Mathematischen Institut der Universität München. Ab 1967 Mitherausgeber des »Archivs für mathematische Logik und Grundlagenforschung« (seit 1988: »Archive for Mathematical Logic«).

S. arbeitete, zunächst durch seine (von den etwa gleichzeitigen Lösungen K. Gödels und L. Kalmárs unabhängige) Lösung des ↑Entscheidungsproblems für den Fall

$$\bigwedge_{x_1} \dots \bigwedge_{x_m} \bigvee_{y_1} \bigvee_{y_2} \bigwedge_{z_1} \dots \bigwedge_{z_n} A(x_1, \dots, z_n)$$

hervorgetreten, über Systeme der einfachen und der verzweigten ↑Typentheorie (wobei er die letztere durch die erste stark kritische ↑Ordinalzahl charakterisierte) und entwickelte Systeme zur konstruktiven Bezeichnung von Ordinalzahlen. Außerhalb dieses Kontextes, zu dem auch die Arbeiten S.s zur ↑Modallogik zu rechnen sind, stehen Publikationen zu geometrischen Lagerungsproblemen. Der heute so genannte ›S.-Kalkül‹ stellt eine Verallgemeinerung der ↑Gentzentypkalküle (↑Kalkül des natürlichen Schließens, ↑Sequenzenkalkül) dar; er findet sich in der ersten der beiden Monographien S.s zur ↑Beweistheorie, die die wesentlichen Resultate dieser

Disziplin zwischen dem Standardwerk von Hilbert und P. Bernays (Grundlagen der Mathematik, I–II, Berlin 1934/1939) und dem jeweiligen Erscheinungsjahr (1960 bzw. 1977) umfassen.

Werke: Untersuchungen zum Entscheidungsproblem der mathematischen Logik, Math. Ann. 109 (1934), 572–603; Über die Erfüllbarkeit einer Klasse von logischen Formeln, Math. Ann. 110 (1935), 161–194; Schlußweisen-Kalküle der Prädikatenlogik, Math. Ann. 122 (1950/1951), 47–65; Beweistheorie, Berlin/Göttingen/Heidelberg 1960; Syntactical and Semantical Properties of Simple Type Theory, J. Symb. Log. 25 (1960), 305–326; Der Interpolationssatz der intuitionistischen Prädikatenlogik, Math. Ann. 148 (1962), 192–200; Logische Abgrenzungen des Transfiniten, in: M. Käsbauer/F. v. Kutschera (eds.), Logik und Logikkalkül, Freiburg/München 1962, 105–114; Proof Theory, Berlin/Heidelberg/New York 1977; Die Entwicklung der Beweistheorie, Jahresber. Dt. Math.ver. 81 (1978/1979), 3–12; Beweistheoretische Abgrenzung von Teilsystemen der Analysis, Monatshefte f. Math. 90 (1980), 1–12; Proof Theory, in: E. Agazzi (ed.), Modern Logic – A Survey. Historical, Philosophical, and Mathematical Aspects of Modern Logic and Its Applications, Dordrecht/Boston Mass./London 1981, 37–43; (mit W. Buchholz) Proof Theory of Impredicative Subsystems of Analysis, Neapel 1988.

Literatur: W. Buchholz, K. S., NDB XXIII (2007), 653–654; J. Diller/G. H. Müller (eds.), ⊨ ISILC Proof Theory Symposion. Dedicated to K. S. on the Occasion of His 65th Birthday. Proceedings of the International Summer Institute and Logic Colloquium, Kiel 1974, Berlin/Heidelberg/New York 1975 (Lecture Notes in Mathematics 500) (mit Bibliographie, 1–3); W. Pohlers, Contributions of the S. School in Munich to Proof Theory, in: G. Takeuti (ed.), Proof Theory, Amsterdam etc. ²1987, 406–431. – S., in: B. Jahn (ed.), Biographische Enzyklopädie deutschsprachiger Philosophen, München 2001, 382.   C. T.

Schütz, Alfred, *Wien 13. April 1899, †New York 20. Mai 1959, dt.-amerik. Soziologe und Philosoph. 1918–1921 Studium der Rechtswissenschaften bei H. Kelsen, der Ökonomie bei L. v. Mises, der Soziologie bei F. v. Wieser und O. Spann in Wien. Nach der jurist. Promotion 1921 bis Anfang der 1950er Jahre Tätigkeit als Finanzjurist, zuerst in Wien, nach der Emigration 1938 über Paris in die USA ab 1939 für eine New Yorker Bank. 1932 erste Begegnung mit E. Husserl und ständiger Kontakt bis zu Husserls Tod im Jahre 1938. Ab 1944 Professor an der New School for Social Research in New York. S. gilt als der wichtigste Vertreter der verstehenden ↑Soziologie. Er befaßte sich – anknüpfend an die ↑Phänomenologie Husserls – vor allem mit der philosophischen Fundierung der Sozialwissenschaften und verschaffte durch seine Arbeit der Phänomenologie in den USA besondere Resonanz.

Schauplatz des sozialen Handelns (↑Handlung, ↑Handlungstheorie) ist nach S. die ↑Lebenswelt als die Totalität von Alltagserfahrungen, die ein Individuum in seiner konkreten Existenz durchlebt. S. klammert in der ↑Epochē der ›natürlichen Einstellung‹ – in Umkehrung der Husserlschen Epochē – den Zweifel an der Existenz der ↑Außenwelt und der Art und Weise, wie sie sich uns gibt, ein. In die Welt des ↑common sense, die S. als die Welt der ↑Arbeit charakterisiert, greift der Mensch handelnd ein; in ihr erfährt er den Widerstand der Dinge und der Mitmenschen. Sein Handeln basiert auf dem gedanklichen Entwurf der dabei als abgeschlossen vorgestellten zukünftigen Handlung und dem Entschluß zur Verwirklichung oder auch zur Unterlassung des Vorgestellten. Handlungsverstehen ist für S. im Anschluß an M. Weber das Verstehen der subjektiven Bedeutung, die die Ausführung bzw. Unterlassung der Handlung für den jeweiligen Akteur hat. Dabei stellt sich vor allem die Frage nach der Möglichkeit, auf der Grundlage subjektiver Erfahrung eine objektive (↑objektiv/Objektivität) soziale Wissenschaft zu konstituieren. S.' Auffassung ist durch eine an H. L. Bergson orientierte kritische Auseinandersetzung mit R. Carnap geprägt. Dieser fordert die Rückführung aller empirischen Begriffe auf das unmittelbar ↑Gegebene. Dabei erscheint der ↑Andere zunächst als Körper; Aussagen über Fremdpsychisches werden in Aussagen über Körperliches übersetzt. S. folgt der Kritik Bergsons, nach der gerade die ↑Unmittelbarkeit tatsächlichen Erlebens sinnlos bleibt und der Sinn einer Handlung sich dem Handelnden erst durch reflektierendes Zuwenden des Ich auf den Ablauf des Erlebnisstroms erschließt. Er differenziert in diesem Zusammenhang zwischen ›act‹ und ›action‹, also zwischen dem noch unreflektierten Entwurfsvollzug und der vollendeten Handlung, deren Sinn im reflektierenden Rückblick erfaßt werden kann. Ferner unterscheidet er zwischen zwei Arten von ↑Motiven, den Um-zu-Motiven, und den Weil-Motiven. Um-zu-Motive sind auf die Zukunft gerichtet, motivieren als erwünschte Sachverhalte, als Handlungszwecke (↑Zweck) die Realisierung bzw. Nicht-Realisierung des Entwurfs, sind somit subjektiv und bleiben dem Beobachter wegen der kontingenten Verbindung von Ergebnis und Absicht unzugänglich. Weil-Motive resultieren aus vergangenen Erfahrungen, sind dem Handelnden selbst in der Retrospektive zugänglich und für den Beobachter aus der vollzogenen Handlung rekonstruierbar. In Auslegung des Ansatzes von Weber kommt S. zur Bevorzugung rationaler Handlungstypen (↑Rationalität) durch die verstehende Soziologie. Danach muß der ↑Idealtypus sozialen Handelns so konstruiert werden, als hätte der Akteur ein klares, distinktes und konsistentes Wissen über die ↑Mittel, Zwecke und (nicht-intendierten) Nebenfolgen seiner Handlungen. Somit gilt das Interesse des Soziologen nicht den einzelnen Aktivitäten, sondern den idealen Handlungstypen und dem daraus konstituierten Entwurf eines Modells der sozialen Welt.

↑Intersubjektivität gründet in der Verflechtung der Handlungsvollzüge mit dem Handeln anderer im Alltag. S. geht, anders als Husserl, der die visuelle Erfahrung zum Ausgangspunkt nimmt, von der gemeinsamen akustischen Erfahrung (›tuning in‹) aus. So erfahren wir im Hören auf die Rede des Anderen lebendige Gleichzeitigkeit als Wesenszug der Intersubjektivität. Ausgehend von der Erfahrung des unmittelbaren Gegenübers (›face-to-face-relation‹), die allen anderen Strukturen sozialer Beziehungen zugrundeliegt, läßt sich eine Ordnung ansteigender Anonymität über die nicht direkten Beziehungen zu Zeitgenossen bis zu Vor- und Nachfahren herstellen. – Der common sense interpretiert die Welt durch implizite Typisierungen (↑Typus). Das verfügbare Wissen besteht ebenso aus Typisierungen, wie der Mitmensch typisch vorweggenommen, typisch interpretiert und typisch akzeptiert wird. S. geht davon aus, daß die Typik der Alltagswelt sprachlich vermittelt ist und der Handelnde sie in der Umgangssprache (↑Alltagssprache) bereits vorfindet. Bei totaler Typisierung ist die Ebene der Konstrukte der Wissenschaft erreicht.

Werke: Werkausgabe (ASW), ed. R. Grathoff/H.-G. Soeffner/I. Strubar, Konstanz 2003ff. (erschienen Bde I, II, III/1, III/2, IV, V/1, V/2, VI/1, VI/2, VII, VIII). – Der sinnhafte Aufbau der sozialen Welt. Eine Einleitung in die verstehende Soziologie, Wien 1932, ²1960, Frankfurt 1974, ⁶1993, Konstanz 2004 (= ASW II) (engl. The Phenomenology of the Social World, Evanston Ill. 1967, ²1970, London 1972, 1980, Evanston Ill. 1997); Collected Papers, I–VI (I The Problem of Social Reality, II Studies in Social Theory, III Studies in Phenomenological Philosophy, IV [ohne Titel], V Literary Reality and Relationships, VI Phenomenology and the Social Sciences), I, ed. M. Natanson, II, ed. A. Brodersen, III, ed. I. Schutz, IV, ed. H. Wagner/G. Psathas, V, ed. M. Barber, VI, ed. L. E. Embree, I–III, The Hague 1962–1966, I ⁵1982, II ⁴1976, IV–VI, Dordrecht 1996–2013 (dt. Gesammelte Aufsätze, I–III [I Das Problem der sozialen Wirklichkeit, II Studien zur soziologischen Theorie, III Studien zur phänomenologischen Philosophie], Den Haag 1971–1972); Reflections on the Problem of Relevance, ed. R. M. Zaner, New Haven Conn./London 1970 (repr. Westport Conn. 1982) (dt. Das Problem der Relevanz, ed. R. M. Zaner, Frankfurt 1971, 1982, ferner in: ASW [s. o.] VI/1, 57–228); On Phenomenology and Social Relations. Selected Writings, ed. H. R. Wagner, Chicago Ill./London 1970, ³1975; (mit T. Luckmann) Strukturen der Lebenswelt, I–II, Neuwied/Darmstadt/Frankfurt 1975/1984, Konstanz 2003 (engl. The Structures of the Life-World, Evanston Ill. 1973, London 1974, ed. R. M. Zaner/H. T. Engelhardt Jr., Evanston Ill. 1989); Theorie der Lebensformen, ed. I. Srubar, Frankfurt 1981; Life Forms and Meaning Structure, ed. H. R. Wagner, London etc. 1982.– (mit T. Parsons) Zur Theorie des sozialen Handelns. Ein Briefwechsel, ed. W. M. Sprondel, Frankfurt 1977, 2006 (engl. The Theory of Social Action. The Correspondence of A. Schutz and Talcott Parsons, ed. R. Grathoff, Bloomington Ind./London 1978); (mit A. Gurwitsch) Briefwechsel 1939–1959, ed. R. Grathoff, München 1985 (engl. Philosophers in Exile. The Correspondence of A. Schutz and Aron Gurwitsch, 1939–1959, Bloomington Ind. 1989); (mit E. Voegelin) Eine Freundschaft, die ein Leben ausgehalten hat, Briefwechsel 1938–1959, ed. G. Wagner/G. Weiss, Konstanz 2004 (engl. A Friendship that Lasted a Lifetime. The Correspondence between A. S. and E. Voegelin, Columbia Mo. 2011).

Literatur: M. D. Barber, Social Typifications and the Elusive Other. The Place of Sociology of Knowledge in A. Schutz's Phenomenology, Lewisburg/London 1988; ders., The Participating Citizen. A Biography of A. Schutz, Albany N. Y. 2004; ders., A. Schutz, SEP 2014; ders./J. Dreher (eds.), The Interrelation of Phenomenology, Social Sciences and the Arts, Cham/Heidelberg/New York 2014; P. L. Berger/T. Luckmann, The Social Construction of Reality. A Treatise in the Sociology of Knowledge, Garden City N. Y. 1966 (repr. London 1991) (dt. Die gesellschaftliche Konstruktion der Wirklichkeit. Eine Theorie der Wissenssoziologie, Frankfurt 1969, 2016; franz. La construction sociale de la réalité, Paris 1986, 2014); F. Collin, S., REP VIII (1998), 559–561; R. R. Cox, Schutz's Theory of Relevance. A Phenomenological Critique, The Hague/Boston Mass./London 1978; J. Dreher, A. Schutz, in: G. Ritzer/J. Stepnisky (eds.), The Wiley-Blackwell Companion to Major Social Theorists I, Oxford etc. 2011, 489–510; L. Embree (ed.), Worldly Phenomenology. The Continuing Influence of A. Schutz on North American Human Science, London/Washington D. C./Lanham Md. 1988; M. Endreß, A. S., in: D. Kaesler (ed.), Klassiker der Soziologie I (Von Auguste Comte bis A. S.), München ⁵2006, 338–357; ders., A. S., Konstanz 2006; ders., A. S.. Der sinnhafte Aufbau der sozialen Welt, in: D. Kaesler/L. Vogt (eds.), Hauptwerke der Soziologie, Stuttgart 2000, ²2007, 371–377; ders./G. Psathas/H. Nasu (eds.), Explorations of the Life-World. Continuing Dialogues with Alfred Schutz, Dordrecht 2005; H. Esser, Alltagshandeln und Verstehen. Zum Verhältnis von erklärender und verstehender Soziologie am Beispiel von A. S. und ›Rational Choice‹, Tübingen 1991; R. A. Gorman, The Dual Vision. A. Schutz and the Myth of Phenomenological Social Science, London/Henley/Boston Mass. 1977; R. Grathoff, S., in: D. Käsler (ed.), Klassiker des soziologischen Denkens II, München 1978, 388–416 (mit Bibliographie, 497–507); ders./B. Waldenfels (eds.), Sozialität und Intersubjektivität. Phänomenologische Perspektiven der Sozialwissenschaften im Umkreis von Aron Gurwitsch und A. S., München 1983; D. Kaesler, S. (Schutz), NDB XXIII (2007), 658–660; K.-V. Koschel, S., BBKL IX (1995), 1054–1056; E. List/I. Srubar (eds.), S.. Neue Beiträge zur Rezeption seines Werkes, Amsterdam 1988; H. Nasu u. a. (eds.), A. Schutz and His Intellectual Partners, Konstanz 2009; M. A. Natanson, Anonymity. A Study in the Philosophy of A. S., Bloomington Ind. 1986; G. Psathas, A. Schutz's Influence on American Sociologists and Sociology, Human Stud. 27 (2004), 1–35; W. M. Sprondel/R. Grathoff (eds.), A. S. und die Idee des Alltags in den Sozialwissenschaften, Stuttgart 1979; I. Srubar, Kosmion. Die Genese der pragmatischen Lebenswelttheorie von A. S. und ihr anthropologischer Hintergrund, Frankfurt 1988; ders., S., IESBS XX (2001), 13603–13607; ders., Phänomenologie und soziologische Theorie. Aufsätze zur pragmatischen Lebenswelttheorie, Wiesbaden 2007; B. C. Thomason, Making Sense of Reification. A. Schutz and Constructionist Theory, London/Basingstoke 1982, 1985; J. J. Valone, The Phenomenology of A. Schutz. Toward a Philosophy of the Social Sciences, Diss. Ann Arbor Mich. 1979; S. Vatikus, Phenomenology and Sociology, in: B. S. Turner (ed.), The Blackwell Companion to Social Theory, London 2000, 270–298; H. R. Wagner, A. Schutz. An Intellectual Biography, Chicago Ill./London 1983, 1986; K. H. Wolff (ed.), A. Schutz. Appraisals and Developments, Dordrecht 1984, ferner in: Human Stud. 7 (1984), 107–257.   C. F. G.

scientia fictiva (lat., fiktive Wissenschaft), neben ›scientia nova‹ und ›scientia moderna‹ Bezeichnung zur historischen Dreigliederung der neuzeitlichen enzyklopädischen Wissenschaften (↑Enzyklopädie). Die s. f. stellt eine Herausforderung für die Philosophie der Gegenwart dar, insofern sie Anspruch auf ontologische Potentialität erhebt, ohne einen Algorithmus zur Bestimmung der temporalen Aufhebung der Referenzlosigkeit (↑Pseudokennzeichnung) angeben zu können, der dem lektoralen Erfordernis der ↑Konstanz genügt. – Seit J. J. Feinhals sind immer wieder Versuche unternommen worden, über eine induktive ↑Metaphysik das ↑Werden einer s. f. nachzuweisen (vgl. J. J. Feinhals, Briefe, I–III, ed. F. v. Grummelsberg, Magdeburg 1914–1918, III, 333). Unter dem Einfluß der ↑Transzendentalphilosophie wandelte sich die eschatologische (↑Eschatologie) Vorstellung der bevorstehenden Vollendung der enzyklopädischen Wissenschaften zu einer säkularen ↑Utopie, die als ↑regulative Idee beim Handeln unter Kompression (↑Kompressor) wirksam ist. In spekulativen Geschichtsphilosophien verbindet sich der teleologische (↑Teleologie) Gedanke mit zyklischen Modellen, die die Rekonstruierbarkeit der Dreigliederung auf höherem Niveau postulieren. Die Abschätzung derartiger pseudofuturologischer ↑Gedankenexperimente übersteigt derzeit die Möglichkeiten der Philosophie.

Literatur: G. Gabriel, Fiktion und Wahrheit. Eine semantische Theorie der Literatur, Stuttgart-Bad Cannstatt 1975; S. Lem, Doskonała próżnia, Warschau 1971 (dt. Die vollkommene Leere, Frankfurt 1973); M. Zapp, Textuality as Striptease, J. Annual Deconstruction 1 (1986), 24–27. B. G.

scientia generalis (lat., allgemeine Wissenschaft), Bezeichnung für eine von G. W. Leibniz ins Auge gefaßte Wissenschaft, die die Prinzipien aller übrigen Wissenschaften enthält und auf einfache Weise zu benützen lehrt, also modern gesprochen ›eine Art allgemeiner Methodenlehre‹ (J. Mittelstraß 1970, 437) darstellt. Sowohl die historischen Bezüge als auch die Ziele einer solchen Metadisziplin werden in Leibnizens Entwurf für den Titel einer Einführung in sie deutlich: »Introductio ad Encyclopaediam arcanam; sive initia et specimina Scientiae Generalis, de instauratione et augmentis scientiarum, deque perficienda mente, et rerum inventionibus. ad publicam felicitatem« (C., 511; vgl. Akad.-Ausg. 6.4.A N. 85–89, 352–374). Im Hintergrund stehen für das Enzyklopädieprojekt die in einem Inhaltsüberblick auch explizit genannte, von R. Lullus (Ars generalis ultima, Palma de Mallorca 1645) ausgehende Tradition und für die Zielsetzung F. Bacons »De dignitate et augmentis scientiarum« (London 1623 [= Instauratio Magna II]); der Schluß betont den Nutzen für die Allgemeinheit durch die Sammlung, Ordnung und Erschließung des Wissensstandes einer Zeit und seine systematische Erweiterung.

Während die möglicherweise durch Leibnizens Jenenser Lehrer E. Weigel angeregten Ausdrücke ›scientia univer-

salis‹ und ›s. g.‹ wohl weniger an die lullistisch-enzyklopädische Tradition anschließen als an die ›sapientia universalis‹ und ›s. g.‹ in R. Descartes' »Regulae« (die Leibniz spätestens um 1678 kannte), sind Leibnizens Vorstellungen über den Inhalt der s. g. nicht nur konkreter, sondern überhaupt von anderer Art. Während sich Descartes' ›s. g.‹ mit dem befaßt, was hinsichtlich Ordnung und Maß von Gegenständen ausgesagt werden kann, ohne auf das Sachgebiet einzugehen, dem sie angehören (bei Leibniz eine Aufgabe der ↑mathesis universalis), zieht Leibniz die Grenzen seiner s. g. noch weiter. Sie soll nämlich im einen ihrer beiden Teile als ↑ars iudicandi die grundlegenden Wahrheiten und die aus ihnen durch Schlußfolgerung ableitbaren übrigen Wahrheiten ermitteln (und wo unanfechtbare Wahrheit nicht zu erreichen ist, die wahrscheinlichsten Sätze), im anderen Teil als eine die traditionelle ↑Topik weit übertreffende ↑ars inveniendi den Einzelwissenschaften gewissermaßen als Werkzeug die Lösung der jeweils anstehenden Probleme ermöglichen (die im oben erwähnten Titel genannten »specimina« sollen paradigmatische Anwendungen der allgemeinen Methode sein).

Auch als ganze hat diese s. g. Werkzeugcharakter, nämlich für den Aufbau der ↑Enzyklopädie. Ihre Teilgebiete und Inhalte beschreibt Leibniz in den erhaltenen Fragmenten allerdings nur knapp und auch unterschiedlich. Als spezielle Methoden soll sie ↑Analyse (↑Methode, analytische) und ↑Synthese (↑Methode, synthetische) umfassen, als Teildisziplinen Didaktik, Erkenntnistheorie, Mnemonik, eine philosophische Grammatik, eine Ontologie, sogar eine Magia naturalis und anderes mehr. Wenn Leibniz daher feststellt »Logica est Scientia generalis« (C., 556), so ist hier Logik mehr als formale Logik (↑Logik, formale). Da die s. g. die realen Begriffe aller Spezialdisziplinen analysieren und in Definitionsketten verknüpfen soll (was Leibniz in mehreren Fragmenten detailliert veranschaulicht), muß sie als Teil eine reale, wenngleich universale Charakteristik (↑Leibnizsche Charakteristik) enthalten, die »das materiale Gegenstück zum formalen Calculus universalis« (H. Schepers 1989, ›353) bildet. Die Begriffsanalyse selbst fordert für ihren erfolgreichen Einsatz das Hilfsmittel des ↑Kalküls, zu dessen Vorzügen es gehört, daß er Streitfragen auf den von der s. g. erfaßten Gebieten durch schlichtes Befolgen der Aufforderung ›calculemus!‹ zu entscheiden erlaubt (vgl. Akad.-Ausg. 6.4.A, 492–493; Parallelstellen 443 und 450). Der Übergang von der grammatischen Analyse zum logischen Kalkül ist notwendig und charakteristisch für Leibnizens spätere Auffassung der s. g. als ›Wissenschaft vom Denkbaren überhaupt‹ (C., 511), die, da für den Rationalisten Leibniz das Denkmögliche mit dem ontisch Möglichen zusammenfällt, insbes. die Möglichkeit von Begriffen und Aussagen im Sinne ihrer Widerspruchsfreiheit zu untersuchen hat.

Wie viele Projekte Leibnizens ist auch das der s. g. nicht über das Stadium vielversprechender Entwürfe hinausgekommen, allerdings – wie die neuere Leibnizforschung gezeigt hat – bis in Leibnizens letzte Lebensjahre der bestimmende Mittelpunkt des Gedankenkreises von Enzyklopädie, lingua philosophica (↑lingua universalis), charakteristischem Kalkül und ›wahrer Methode‹ geblieben.

Literatur: P. Boutroux, Le calcul combinatoire et la science universelle, La revue du mois 9 (1910), H. 1, 50–62; H. Burkhardt, Logik und Semiotik in der Philosophie von Leibniz, München 1980, 200–203 (3.04.6 Die s. g.); L. Couturat, La logique de Leibniz. D'après des documents inédits, Paris 1901 (repr. Hildesheim 1961, 1985), 176–282 (Kap. VI La science générale); A. Drago, The Modern Fulfilment of Leibniz's Program for a S. Generale [sic!], in: Leibniz und Europa. VI. Internationaler Leibniz-Kongreß, Hannover, 18. bis 23. Juli 1994, Vorträge I, Langenhagen 1994, 185–195; R. Kauppi, Über die Leibnizsche Logik mit besonderer Berücksichtigung des Problems der Intension und der Extension, Helsinki 1960 (Acta Philos. Fennica XII) (repr. New York 1985), 14–34 (I.1 Logik als S. g.); H. Kern, De Leibnitii s. generali commentatio, Halle 1847; H. H. Knecht, La logique chez Leibniz. Essai sur le rationalisme baroque, Lausanne 1981, 71–74, 87–98 (II.4 La science générale); J. Mittelstraß, Neuzeit und Aufklärung. Studien zur Entstehung der neuzeitlichen Wissenschaft und Philosophie, Berlin/New York 1970, 413–452 (§ 12 Kunstsprache und Logikkalkül); K. Moll, Der junge Leibniz I (Die wissenschaftstheoretische Problemstellung seines ersten Systementwurfs. Der Anschluß an Erhard Weigels S. G.), Stuttgart-Bad Cannstatt 1978; C. Noica, Elemente pentru o ›S. G.‹ la Leibniz, in: ders., Concepte deschise în istoria filozofiei la Descartes, Leibniz şi Kant, Bukarest 1936, 1995, 63–142; V. Peckhaus, Logik, Mathesis universalis und allgemeine Wissenschaft. Leibniz und die Wiederentdeckung der formalen Logik im 19. Jahrhundert, Berlin 1997, bes. 27–31 (Kap. 2.1 Leibniz' Programm einer allgemeinen Wissenschaft); H. Schepers, S. g.. Ein Problem der Leibniz-Edition, in: Leibniz. Tradition und Aktualität. V. Internationaler Leibniz-Kongreß, Hannover, 14.–19. November 1988, Vorträge II, Hannover 1989, 350–359; ders., S. g., Hist. Wb. Ph. VIII (1992), 1504–1507; W. Schmidt-Biggemann, S. universalis, in: H. Holzhey/W. Schmidt-Biggemann (eds.), Die Philosophie des 17. Jahrhunderts IV/2, Basel 2001, 1043–1046, 1144–1147.   C. T.

scientia media (dt. mittleres Wissen oder Wissensform von mittlerem Status), zentraler Ausdruck in der Gnadenlehre des spanischen Jesuiten L. de Molina und, in abgewandelten Formen dieser Lehre, insbes. bei R. Bellarmino, L. Lessius, F. Suárez und G. Vasquez. Zentrales Problem Molinas ist, wie sich die Wirksamkeit der Gnade und das Vorherwissen (praescientia) Gottes mit der menschlichen ↑Willensfreiheit vereinbaren lassen. Da Gott allwissend ist, gilt es, diese ↑Allwissenheit zu bewahren, ohne in einen den Menschen umfassenden ↑Determinismus zu geraten. Aus der Unfehlbarkeit Gottes, zu wissen, was ein Individuum aus ↑Freiheit tut, folgt nach Molina keine Determination der Willensentscheidungen, da es ein Zusammenwirken der Willensfreiheit des Menschen und der göttlichen Gnade gibt.

Das Wissen Gottes um die Handlungen der Menschen wird als göttliche Erkenntnisform nicht zwischen Möglichkeitserkenntnis (scientia simplicis intelligentiae) und Wirklichkeitserkenntnis (scientia visionis) angeordnet. Vielmehr ist sie Mittleres zwischen der Erkenntnis der reinen Möglichkeiten, die notwendig durch Gottes eigenes Wesen gegeben ist (scientia naturalis), und der nach göttlichem Willensdekret bestimmten Wirklichkeit kontingenter Akte (scientia libera). Der Ausdruck ›s. m.‹ bezeichnet dann das Wissen Gottes um das bedingte, zukünftig Kontingente (futurabilia, contingentia conditionate futura; ↑Futurabilien). Hierzu ist (1) zu berücksichtigen, daß Gott kraft seiner Koexistenz zu allen Zeiten um die freien Willensentscheidungen der Menschen weiß, die irgendwann Wirklichkeit werden (futura contingentia), und (2), daß es den potentiell unendlichen Bereich der freien Willensentscheidungen der Geschöpfe Gottes gibt, die unter gewissen Bedingungen in einer der vielen möglichen Weltordnungen (↑Welt, mögliche, ↑Theodizee) wirklich würden. Die *futurabilia* liegen demnach zwischen dem rein Möglichen und dem kategorisch Wirklichen. In Gott ist dieser Zwischenbereich aufgrund seines allumfassenden Wesens ebenfalls enthalten; deshalb erkennt Gott die *futurabilia* in der ›supercomprehensio‹ seines eigenen Wesens, indem er jede freie Willensentscheidung bis in jede mögliche Entscheidung hinein durchschaut. – Die Wirkung der Gnade beruht auf dem unbedingten Vorauswissen (providentia) und dem freien göttlichen Wollen. Mittels der allein Gott zukommenden s. m. sieht dieser die Wirkung der Gnade bei jedem einzelnen unfehlbar voraus und bestimmt frei die Gnade der Wirkung entsprechend.

Molinas Gnadenlehre wurde von den Thomisten (↑Thomismus) scharf bestritten; sie entfachte einen Streit um das Verhältnis zwischen menschlicher Freiheit und göttlicher Allwissenheit und ↑Kausalität. Für den Thomismus ist die Willensfreiheit physisch vorausbestimmt durch Gott. Molinas Lehre, die diese Vorausbestimmung als Determinismus ablehnt, war damit Ausgangspunkt einer tiefen, bis heute nicht überwundenen Kontroverse (Gnadenstreit) zwischen den theologischen Systemen der Jesuiten und der Dominikaner.

Literatur: E. Dekker, Middle Knowledge, Löwen 2000; F. Edwards, Molina/Molinismus, TRE XXI (1994), 199–203; T. P. Flint, Divine Providence. The Molinist Account, Ithaca N. Y./London 1998, 2006; A. J. Freddoso, Molinism, REP VI (1998), 465–467; W. Hasker/D. Basinger/E. Dekker (eds.), Middle Knowledge. Theory and Applications, Frankfurt etc. 2000; S. K. Knebel, S. m. Ein diskursarchäologischer Leitfaden durch das 17. Jahrhundert, Arch. Begriffsgesch. 34 (1991), 262–294; ders., Wille, Würfel und Wahrscheinlichkeit. Das System der moralischen Notwendigkeit in der Jesuitenscholastik 1550–1700, Hamburg 2000; J. L. Kvanvig, Destiny and Deliberation. Essays in Philosophical Theology, Oxford 2011, 94–103 (Chap. 6 A Dead-End for Molinism), 105–139 (Chap. 7 Creation, Deliberation, and Molinism); J. A. Mou-

rant, S. m. and Molinism, Enc. Ph. VII (1967), 338–339, VIII
(²2006), 680–682 (mit aktualisierter Bibliographie v. T. Frei); K.
Perszyk (ed.), Molinism. The Contemporary Debate, Oxford
2011; K. Reinhardt, Pedro Luis SJ (1538–1602) und sein Verständnis der Kontingenz, Praescienz und Praedestination. Ein
Beitrag zur Frühgeschichte des Molinismus, Münster 1965; ders.,
S. m., Hist. Wb. Ph. VIII (1992), 1507–1508; F. Schmitt, Die
Lehre des hl. Thomas von Aquin vom göttlichen Wissen des zukünftig Kontingenten bei seinen grossen Kommentatoren,
Nijmegen 1950 (mit Bibliographie, IX–XII); R. Specht, Molinismus, Hist. Wb. Ph. VI (1984), 95–96; F. Stegmüller (ed.), Geschichte des Molinismus I (Neue Molinaschriften), Münster 1935
(Beitr. Gesch. Philos. MA XXXII); ders., Molinismus, LThK VII
(²1962), 527–530; E. Stump/G. Gassser/J. Grössl (eds.), Gött-
liches Vorherwissen und menschliche Freiheit. Beiträge aus der
aktuellen analytischen Religionsphilosophie, Stuttgart 2015, bes.
223–300 (Der Molinismus und der Thomismus). C. F. G.

scientific community (engl. Wissenschaftlergemeinschaft), generischer Terminus für jede Art von in der
Regel durch öffentliche Institutionen vertretene Gemeinschaften von Wissenschaftlern/Forschern eines
Faches oder mehrerer Fächer, in der ↑Wissenschaftsfor-
schung (science of science) begrifflich bestimmt durch
die Fähigkeit zu gegenseitiger kritischer Beurteilung auf
der Grundlage gegenseitiger Anerkennung in Bezug auf
eine wissenschaftliche Disziplin, also durch Fachkompetenz, der Mitglieder derartiger Gruppen von Wissenschaftlern. Dabei setzt die zunehmende Spezialisierung
in Verbindung mit der zugleich wachsenden ↑Interdis-
ziplinarität und ↑Transdisziplinarität wissenschaftlicher
↑Forschung der Bedingung gegenseitiger kritischer Be-
urteilbarkeit Grenzen, und zwar sowohl wegen der Probleme, die sich bei der Ermittlung der Zuständigkeit von
einzelnen Fächern bei komplexen Sachfragen einstellen,
als auch bei einer Beurteilung der Zugehörigkeit zur s. c.
im allgemeinen jenseits der engen, durch im wesentlichen übereinstimmende Fachkompetenz definierten
Gruppen (scientific sub-communities), ganz besonders
angesichts der noch immer zahlreichen, in Bezug auf
ihre Wissenschaftlichkeit umstrittenen Disziplinen wie
etwa ↑Astrologie oder Homöopathie bzw. Positionen wie
etwa Kreationismus oder ↑Panpsychismus. Auf Möglichkeiten nicht nur wissenschaftsbezogener Beurteilungen
der Tätigkeit von Wissenschaftlern (›scientists‹, im englischen Sprachraum meist auf Naturwissenschaftler eingeschränkt gebraucht) in beiden Bereichen der Wissenschaft, (objektorientierter) Forschung und (sprachorien-
tierter) Darstellung, z. B. hinsichtlich (sachbezogener)
Glaubwürdigkeit und (personbezogener) Vertrauens-
würdigkeit, vor allem in Hinsicht auf Unbestechlichkeit
und Unparteiischkeit, läßt sich nicht verzichten. Das ist
einer der Gründe für das unter wissenschaftlichen Ge-
sellschaften/Akademien, soweit sie staatsunabhängig
verfaßt sind, verbreitete Prinzip, allein durch Zuwahl
aufgrund interner Vorschläge und nicht aufgrund exter-

ner Bewerbungen die Zugehörigkeit zu einer derart einer Organisationsform unterworfenen Gruppe von
Wissenschaftlern zu ermöglichen.
Die erst seit der zweiten Hälfte des 19. Jhs. geläufige Begriffsbildung der s. c. kann als Erbe der bis ins 18. Jh.
wirksam gewesenen Rede von der *res publica literaria*
(auch: literarum) (dt. Gelehrtenrepublik, engl. republic
of letters, franz. république des lettres) angesehen werden, die sich in dem Maße nicht mehr verwenden ließ,
als man zum einen im Zuge der Auseinandersetzungen
zwischen ↑Aufklärung und ↑Romantik, die vor allem
von Mitte des 18. bis Mitte des 19. Jhs. geführt wurden,
unter ›Literatur‹ nurmehr die so genannte ›schöne Literatur‹ (franz. belles lettres) verstand und nicht jede Art
schriftlich verfaßter Gedanken, seien sie künstlerischer
oder wissenschaftlicher Natur, und zum anderen wissenschaftliche Tätigkeit aus der sie ursprünglich einenden
Bestimmung ›philosophischer‹ Tätigkeit (↑Philosophie)
entließ, weil man sie weniger darstellungsbezogen als
forschungsbezogen und darüber hinaus hauptsächlich
naturwissenschaftlich orientiert gesehen hat. Doch
schon die Gelehrtenrepublik verstand sich ihrerseits in
der Nachfolge der antiken, am Erwerb, der Sammlung
(↑Enzyklopädie) und Weitergabe von Wissen orientierten (philosophischen) Schulen, insbes. der platonischen
↑Akademie, und konstituierte sich in der frühen Neuzeit
grundsätzlich durch Korrespondenz, die mittels Abschriften oft auch anderen Personen als nur den Adressaten zugänglich war – ab der zweiten Hälfte des 17. Jhs.
kamen ›literarische‹ Journale hinzu (darunter die einflußreichen, von J. Bayle herausgegebenen »Nouvelles de
la République des Lettres«) sowie der Aufbau von die
Verbreitung wissenschaftlichen Könnens und Wissens
fördernden Organisationen, speziell wiederum Akademien –, ferner durch persönliche Begegnungen, insbes. in den solchen Begegnungen dienenden Salons,
während ausgedehnter, in der Regel eigens zu diesem
Zweck geplanter Reisen. So entstand ein ›republika-
nisches‹ Netzwerk von allerdings fast ausschließlich
männlichen Gelehrten, gleichgültig welcher ›Fachrich-
tung‹ und weitgehend unabhängig vom sozialen Status
und vom ausgeübten Beruf, im vom Erbe der Antike
geprägten Europa.
Die sich im Laufe des 19. Jhs. langsam entwickelnde
moderne, zunächst nur transatlantische, Europa und
Nordamerika verbindende und dabei grundsätzlich von
gegenseitiger Anerkennung getragene s. c. wurde erstmals von R. K. Merton unter wissenssoziologischen Gesichtspunkten (↑Wissenssoziologie) untersucht und als
abhängig von der Einhaltung von vier Grundnormen
analysiert: (1) Öffentlichkeit (keine Geheimhaltung von
Forschungsergebnissen), (2) Desinteressiertheit (keine
›vested interests‹), (3) Personunabhängigkeit (Transsubjektivität; ↑transsubjektiv/Transsubjektivität), (4) ↑Skep-

sis (keine Übernahme von Behauptungen ohne grundsätzliche Überprüfung nach wissenschaftsinternen Regeln, also insbes. nicht auf Grund von ↑Autorität). Die wissenschaftshistorischen Untersuchungen der Entwicklung von Wissenschaften, vor allem durch T. S. Kuhn und I. Lakatos, zwangen schließlich zu einer erheblichen Differenzierung des Begriffs der s. c.: Zur Erklärung eines Paradigmenwechsels zwischen zwei normalen Phasen einer Wissenschaft (↑Wissenschaft, normale) reicht die Annahme eines von der s. c. insgesamt anerkannten Korpus von internen (↑intern/extern) Regeln zur Überprüfung neuer Behauptungen nicht aus. Es bedarf dazu vielmehr der auch durch externe Faktoren gesteuerten Auseinandersetzung zwischen umfassenden ↑Forschungsprogrammen und damit der Aufspaltung der s. c. in Spezialistengruppen, die als Handlungs- und Argumentationszusammenhang durch ein für sie charakteristisches ↑Paradigma, insbes. in Gestalt des gewählten begrifflichen Rahmens, der rationalen und empirischen Methoden etc., definiert sind. Ein Beispiel ist der Gegensatz zwischen Mentalisten (↑Mentalismus) und Behavioristen (↑Behaviorismus) in der ↑Philosophie des Geistes (↑philosophy of mind). Eine bloß wissenssoziologische Charakterisierung der s. c. bleibt unscharf und muß wissenschaftstheoretisch ergänzt werden, wobei hinzukommt, daß die Verflechtung der s. c. mit anderen sozialen Gruppen, z. B. aus Wirtschaft, Technik und Politik, zu Institutionalisierungen gemischter Gruppen geführt hat, die als so genannte ›hybrid communities‹ die wissenschaftliche Entwicklung in einer theoretisch noch nicht zureichend verstandenen Weise beeinflussen. An dieser Stelle soll der von K.-O. Apel in kritischer Anknüpfung an C. S. Peirce eingeführte (normative) Begriff der (universalen) ↑Kommunikationsgemeinschaft, für die nicht nur die wissenschaftlichen Aussagen und Normen, sondern auch alle anderen und damit menschliche Interessen insgesamt zur Disposition stehen, eine auch die s. c. fundierende Rolle übernehmen.

Literatur: K.-O. Apel, Das Apriori der Kommunikationsgemeinschaft und die Grundlagen der Ethik, in: ders., Transformation der Philosophie II, Frankfurt 1973, ⁶1999, 358–435 (engl. The A Priori of the Communication Community and the Foundations of Ethics. The Problem of a Rational Foundation of Ethics in the Scientific Age, in: ders., Towards a Transformation of Philosophy, London etc. 1980, Milwaukee Wis. 1998, 225–300); G. Böhme, Die soziale Bedeutung kognitiver Strukturen. Ein handlungstheoretisches Konzept der S. C., Soziale Welt 25 (1974), 188–208; R. Collins, The Sociology of Philosophies. A Global Theory of Intellectual Change, Cambridge Mass./London 1998, 2002; D. Crane, Invisible Colleges. Diffusion of Knowledge in Scientific Communities, Chicago Ill./London 1972, 1988; I. Demir, Thomas Kuhn's Construction of Scientific Communities, in: S. Herbrechter/M. Higgins (eds.), Returning (to) Communities. Theory, Culture and Political Practice of the Communal, Amsterdam/New York 2006, 89–109; E.-M. Engels, S. C., Hist. Wb.

Ph. VIII (1992), 1516–1520; L. Fleck, Entstehung und Entwicklung einer wissenschaftlichen Tatsache. Einführung in die Lehre vom Denkstil und Denkkollektiv, Basel 1935, Frankfurt ¹⁰2015; ders., Erfahrung und Tatsache. Gesammelte Aufsätze, ed. L. Schäfer/T. Schnelle, Frankfurt 1983, 2008; R. Gascoigne, The Historical Demography of the S. C., Social Stud. Sci. 22 (1992), 545–573; K. Gavroglu/J. Stachel/M. W. Wartofsky (eds.), Physics, Philosophy, and the S. C.. Essays in the Philosophy and History of the Natural Sciences and Mathematics in Honor of Robert S. Cohen, Dordrecht/Boston Mass./London 1995 (Boston Stud. Philos. Hist. Sci. 163); J. Gläser, Wissenschaftliche Produktionsgemeinschaften. Die soziale Ordnung der Forschung, Frankfurt/New York 2006; W. O. Hagstrom, The S. C., New York 1965, London 1975; S. Jacobs, S. C.. Formulations and Critique of a Sociological Motif, Brit. J. Soc. 38 (1987), 266–276; ders., The Genesis of ›S. C.‹, Social Epistemology 16 (2002), 157–168; K. Knorr-Cetina, Epistemic Cultures. How the Sciences Make Knowledge, Cambridge Mass./London 1999, 2003 (dt. Wissenskulturen. Ein Vergleich naturwissenschaftlicher Wissensformen, Frankfurt 2002, 2011); T. S. Kuhn, The Structure of Scientific Revolutions, Chicago Ill./London 1962, erw. ²1970, ³1996, 2007 (dt. Die Struktur wissenschaftlicher Revolutionen, Frankfurt 1967, ²1976 [erw. um das Postskriptum von 1969], 2007); E. Mendelsohn/P. Weingart/R. Whitley (eds.), The Social Production of Knowledge, Dordrecht/Boston Mass. 1977 (Sociology of the Sciences I); R. K. Merton, The Sociology of Science. Theoretical and Empirical Investigations, Chicago Ill./London 1973, 1998; S. Neumeister/C. Wiedemann (eds.), Res publica litteraria. Die Institutionen der Gelehrsamkeit in der frühen Neuzeit, I–II, Wiesbaden 1987; T. Pinch, The Sociology of the S. C., in: R. C. Olby u. a. (eds.), Companion to the History of Modern Science, London/New York 1990, 1996, 87–97; N. W. Storer, The Social System of Science, New York etc. 1966; C. A. Taylor, Defining the S. C.. A Rhetorical Perspective on Demarcation, Communication Monographs 58 (1991), 402–420; P. Weingart (ed.), Wissenschaftssoziologie I, Frankfurt 1972, 1973; ders., Wissensproduktion und soziale Struktur, Frankfurt 1976; ders., S. C., in: J. Speck (ed.), Handbuch wissenschaftstheoretischer Begriffe III, Göttingen 1980, 566–567; ders., Wissenschaftssoziologie, Bielefeld 2003, ³2013. K. L.

Scotus, ↑Duns Scotus, Johannes.

Searle, John Rogers, *Denver Colo. 31. Juli 1932, amerik. Sprachphilosoph. 1949–1952 Studium an der University of Wisconsin, 1952–1959 als Rhodes Scholar in Oxford, 1956–1959 ebendort Lecturer für Philosophie (Christ Church College), M. A. und D. Phil. Oxford 1959. Seit 1959 Prof. für Philosophie an der University of California, Berkeley. – S. arbeitete die Untersuchungen seines Lehrers J. L. Austin zum Verständnis sprachlicher Handlungen zu einer Theorie der ↑Sprechakte aus. Dabei wird Sprache nicht als ein System wohlgebildeter Ausdrücke, wie in der strukturalistischen ↑Linguistik F. de Saussures, oder ihrer Produktionsregeln, wie in der generativen Grammatik N. Chomskys, sondern als eine durch soziale Regeln geleitete Form menschlichen Verhaltens gedeutet. Sprechakte sind nach S. Basis- und Minimalformen der ↑Kommunikation. Die Sprechakttheorie erhebt damit nicht bloß den Anspruch, genuine

Regeln der sprachlichen Performanz formulieren zu können, sondern sieht in den Regeln des generischen Sprachgebrauchs die Grundlage für eine umfassende Theorie der sprachlichen Bedeutung. Mit dieser Perspektive verbindet S. die These, daß die Theorie der Sprache (philosophy of language; ↑Sprachphilosophie) selbst als Teil einer umfassenden Theorie des menschlichen Geistes (↑philosophy of mind) zu deuten sei. S. entwickelt zunächst die wichtige ↑analytische Unterscheidung zwischen dem *Inhalt* einer generischen Äußerung, ihrem *propositionalen* Kern und ihrer *illokutionären* Rolle. Jeder (generische) Sprechakt wird dabei verstanden als Funktion seines propositionalen *Gehalts* (↑Proposition) und der typischen Kommunikationssituation, wobei diese Funktion (idealiter) durch intersubjektive Regeln oder Prinzipien bestimmbar sein soll. Zwar ist in konkreten Äußerungen immer zwischen der Sprecherintention (↑Intention) und der Interpretation durch den Hörer zu unterscheiden, doch ist auch die Intention, wenn sie dem Hörer bewußt und verständlich sein soll, gebunden an ihren konventionellen Ausdruck, zumindest aber an die die ↑Intentionalität konstituierenden Erfüllungsbedingungen. Daraus ergibt sich die Möglichkeit einer (idealiter) vollständigen Analyse der Intention und Rezeption einer Äußerung auf der Basis der Rekonstruktion der konstitutiven sprachlichen oder nicht-sprachlichen Verhaltensweisen. – Aus S.s allgemeiner Sprachtheorie ergibt sich seine Kritik am Computermodell des menschlichen Geistes. Jede automatische Sprachverarbeitung kann ausschließlich mit Ausdrücken nach Regeln operieren, die zwar die *Ausdrucksform*, nicht aber den *Gebrauch* der Ausdrücke in der allgemeinen menschlichen Handlungspraxis berücksichtigen, sodaß man sich, wie in S.s ↑chinese room argument, vorstellen kann, daß jemand Texte ›automatisch‹ übersetzt, ohne sie zu ›verstehen‹. Nur aufgrund unserer biologischen Ausstattung und kulturellen Entwicklung gibt es intentionale Zustände und können wir ›pragmatische‹, auf (gemeinsame) Handlungen bezogene, Regeln verstehen und befolgen. In neueren Arbeiten zur Sozialität des Geistes und zur Konstitution sozialer Wirklichkeit widmet sich S. verstärkt der Rolle gemeinsamer Intentionen (joint intentions, we-intentions) und anderer Formen gemeinsamen Handelns, das sich nicht rein additiv aus dem Handeln der Einzelnen (›distributiv‹, im I-mode) ergibt, sondern einen we-mode (R. Tuomela) voraussetzt.

Werke: Proper Names, Mind NS 67 (1958), 166–173; How to Derive ›Ought‹ from ›Is‹, Philos. Rev. 73 (1964), 43–58, ferner in: W. P. Hudson (ed.), The Is-Ought-Question. A Collection of Papers on the Central Problem in Moral Philosophy, London etc. 1969, 1983, 120–134; What Is a Speech Act?, in: M. Black (ed.), Philosophy in America. Essays, London 1965 (repr. London/New York 2013), 221–239, ferner in: P. P. Giglioli (ed.), Language and Social Context. Selected Readings, Harmondsworth 1972, 1990, 136–156, ferner in: P. Cobley (ed.), The Communication Theory Reader, London/New York 1996, 2006, 263–281; Speech Acts. An Essay in the Philosophy of Language, Cambridge 1969, 2011 (dt. Sprechakte. Ein sprachphilosophischer Essay, Frankfurt 1971, 2013; franz. Les actes de langage. Essai de philosophie du langage, Paris 1972, 2009); (ed.) The Philosophy of Language, Oxford etc. 1971, 2004; The Campus War. A Sympathetic Look at the University in Agony, New York/Cleveland Ohio 1971, Harmondsworth 1972 (franz. La guerre des campus, Paris 1972); A Taxonomy of Illocutionary Acts, in: K. Gunderson (ed.), Language, Mind, and Knowledge, Minneapolis Minn. 1975 (Minnesota Stud. Philos. Sci. VII), 344–369, ferner in: J. S., Expression and Meaning [s. u.], 1–29 (dt. Eine Taxonomie illokutionärer Akte, in: ders., Ausdruck und Bedeutung [s. u.], 17–50; franz. Taxinomie des actes illocutoires, in: Sens et expression [s. u.], 39–70); Lectures Delivered in Hasselt and Trier. Spring 1978, Trier 1978; Metaphor, in: A. Ortony (ed.), Metaphor and Thought, Cambridge etc. 1979, 92–123, ²1993, 2002, 83–111, ferner in: J. S., Expression and Meaning [s. u.], 76–116 (dt. Metapher, in: ders., Ausdruck und Bedeutung [s. u.], 98–138; franz. La métaphore, in: Sens et expression [s. u.], 121–166); Expression and Meaning. Studies in the Theory of Speech Acts, Cambridge etc. 1979, 2010 (dt. Ausdruck und Bedeutung. Untersuchungen zur Sprechakttheorie, Frankfurt 1982, ³2011; franz. Sens et expression. Études de théorie des actes de langage, Paris 1982, 2002); What Is an Intentional State?, Mind NS 88 (1979), 74–92; (ed. mit F. Kiefer/M. Bierwisch) Speech Act Theory and Pragmatics, Dordrecht/Boston Mass./London 1980; Minds, Brains, and Programs, Behavioral and Brain Sci. 3 (1980), 417–424 (mit Open Peer Commentary v. R. P. Abelson u. a., 424–450; Author's Response, 450–457), ferner in: D. R. Hofstadter/D. C. Dennett (eds.), The Mind's I. Fantasies and Reflections on Self and Soul, New York, Brighton, London, Toronto 1981, New York 2010, 353–373, ferner in: R. Born (ed.), Artificial Intelligence. The Case against, New York, London/Sydney 1987, London/New York 1989, 18–40, ferner in: R. Cummins/D. Dellarosa Cummins (eds.), Minds, Brains, and Computers. The Foundations of Cognitive Science. An Anthology, Malden Mass./Oxford 2000, 140–152; The Chinese Room Revisited, Behavioral and Brain Sci. 5 (1982), 345–348; Intentionality. An Essay in the Philosophy of Mind, Cambridge etc. 1983, 2004 (franz. L'intentionnalité. Essai de philosophie des états mentaux, 1985, 2000; dt. Intentionalität. Eine Abhandlung zur Philosophie des Geistes, Frankfurt 1987, 2009); Minds, Brains and Science. The 1984 Reith Lectures, Cambridge Mass., London 1984, Cambridge Mass. 2003 (dt. Geist, Hirn und Wissenschaft. Die Reith Lectures 1984, Frankfurt 1986, 1992; franz. Du cerveau au savoir. Conférences Reith 1984 de la BBC, Paris 1985, 2008); (mit D. Vanderveken) Foundations of Illocutionary Logic, Cambridge etc. 1985, 2009; Who Is Computing with the Brain?, Behavioral and Brain Sci. 13 (1990), 632–642; The Rediscovery of the Mind, Cambridge Mass./London 1992, 2005 (dt. Die Wiederentdeckung des Geistes, München 1993, Frankfurt 1996; franz. La redécouverte de l'esprit, Paris 1995); The Construction of Social Reality, New York, London 1995, New York 2007 (dt. Die Konstruktion der gesellschaftlichen Wirklichkeit. Zur Ontologie sozialer Tatsachen, 1997, 2013; franz. La construction de la réalité sociale, Paris 1998); The Mystery of Consciousness. And Exchanges with Daniel C. Dennett and David J. Chalmers, London, New York 1997, London 1998 (franz. Le mystère de la conscience. Suivi d'échanges avec Daniel C. Dennett et David J. Chalmers, Paris 1999); Mind, Language and Society. Doing Philosophy in the

Real World, New York 1998, London 2000 (dt. Geist, Sprache und Gesellschaft. Philosophie in der wirklichen Welt, Frankfurt, Darmstadt 2001, Frankfurt 2015); Rationality in Action, Cambridge Mass./London 2001; Consciousness and Language, Cambridge etc. 2002; (mit G. Faigenbaum) Conversations with J. S., Buenos Aires 2003; Mind. A Brief Introduction, Oxford etc. 2004 (dt. Geist. Eine Einführung, Frankfurt 2006, 2007); Liberté et neurobiologie. Réflexions sur le libre arbitre, le langage et le pouvoir politique, ed. P. Savidan, Paris 2004 (dt. Freiheit und Neurobiologie, Frankfurt 2004; engl. Freedom and Neurobiology. Reflections on Free Will, Language, and Political Power, New York 2007); Philosophy in a New Century. Selected Essays, Cambridge etc. 2008; Making the Social World. The Structure of Human Civilization, Oxford etc. 2010, 2011 (dt. Wie wir die soziale Welt machen. Die Struktur der menschlichen Zivilisation, Berlin, Darmstadt 2012, Berlin 2017); Seeing Things as They Are. A Theory of Perception, Oxford etc. 2015.

Literatur: J. A. Anderson, A Note on S.'s Naturalistic Fallacy, Analysis 34 (1974), 139–141; D. R. Barker, Hypothetical Promising and J. R. S., Southwestern J. Philos. 3 (1972), 21–34; A. Beckermann, Sprachverstehende Maschinen (Language Understanding Machines). Überlegungen zu S.s Thesen zur Künstlichen Intelligenz, Erkenntnis 28 (1988), 65–85; N. O. Bernsen, S.'s Theory of Intentionality, Philos. Today 28 (1984), 265–277; S. Blackburn, S. on Descriptions, Mind NS 81 (1972), 409–414; W. H. Bruening, The Is-Ought Problem. Its History, Analysis, and Dissolution, Washington D. C. 1978; A. Burckhardt (ed.), Speech Acts, Meaning and Intentions. Critical Approaches to the Philosophy of J. R. S., Berlin/New York 1990; D. Busch, Begrenzung und Offenheit. Die S.-Derrida-Debatte, Wien 2016; L. R. Carleton, Programs, Language Understanding, and S., Synthese 59 (1984), 219–230; C. B. Christensen, Language and Intentionality. A Critical Examination of J. S.'s Later Theory of Speech Acts and Intentionality, Würzburg 1991; A. V. Cicourel, On J. R. S.'s ›Intentionality‹, J. Pragmatics 11 (1987), 641–660; F. Clément/L. Kaufmann, Le monde selon J. S., Paris 2005; L. J. Cohen, S.'s Theory of Speech Acts, Philos. Rev. 79 (1970), 545–557; D. E. Cooper, S. on Intentions and Reference, Analysis 32 (1972), 159–163; I. Dilman, Mind, Brain and Behaviour. Discussions of B. F. Skinner and J. R. S., London/New York 1988; A. Ellis, S., in: S. Brown/D. Collinson/R. Wilkinson (eds.), Biographical Dictionary of Twentieth-Century Philosophers, London/New York 1996, 712–713; R. Elugardo, S., in: J. R. Shook (ed.), The Dictionary of Modern American Philosophers IV, Bristol 2005, 2175–2181; F. B. Farrell, Iterability and Meaning. The S.-Derrida Debate, Metaphilos. 19 (1988), 53–64; E. Fermandois, Sprachspiele, Sprechakte, Gespräche. Eine Untersuchung der Sprachpragmatik, Würzburg 2000, bes. 131–172 (Kap. III S. – Die Weiterführung der Sprechakttheorie); N. Fotion, J. S., Teddington, Princeton N. J./Oxford 2000; M. Frank, La loi du langage et l'anarchie du sens. A propos du débat S.-Derrida, Rev. int. philos. 38 (1984), 396–421; D. Franken/A. Karakuş/J. G. Michel (eds.), J. R. S.. Thinking about the Real World, Frankfurt etc. 2010; W. Garnett, Springs of Consciousness: The 1984 Reith Lectures of Professor S. Critically Examined, and a New Approach to the Central Problem of Philosophy Attempted, Padstow 1987; A. C. Genova, S.'s Use of ›Ought‹, Philos. Stud. 24 (1973), 183–191; W. Gephart/J. C. Suntrup (eds.), The Normative Structure of Human Civilization. Readings in J. S.'s Social Ontology, Frankfurt 2017; G. Grewendorf/G. Meggle (eds.), Speech Acts, Mind, and Social Reality. Discussions with J. R. S., Dordrecht/Boston Mass./London 2002; W. Hirstein, On S., Belmont Calif. 2001; W. D. Hudson,

The ›Is-Ought‹ Controversy, Analysis 25 (1965), 191–195, ferner in: ders. (ed.), The Is-Ought Question. A Collection of Papers on the Central Problem in Moral Philosophy, London etc. 1969, 168–172; A. Kemmerling, S., in: J. Nida-Rümelin (ed.), Philosophie der Gegenwart in Einzeldarstellungen. Von Adorno bis v. Wright, Stuttgart 1991, 551–557, ²1999, 678–687, ed. mit E. Özmen, ³2007, 602–612; M. Kinne, Naturalismus und Bewußtsein. J. S.s Leib-Seele-Theorie, Berlin 1997; T. N. Klass, Das Versprechen. Grundzüge einer Rhetorik des Sozialen nach S., Hume und Nietzsche, München 2002; M. Kober/J. G. Michel, J. S., Paderborn 2011; D. R. Koepsell/L. S. Moss (eds.), J. S.'s Ideas about Social Reality. Extensions, Criticism, and Reconstructions, Malden Mass./Oxford 2003; E. Lepore, S., REP VIII (1998), 589–591; ders./R. Van Gulick (eds.), J. S. and His Critics, Cambridge Mass./Oxford 1991, 1993; L. Marani, Konstitutive Regeln und normative Tatsachen. Eine kritische Studie zu J. S.s Theorie institutioneller Realität, Münster 2016; R. McIntyre, S. on Intentionality, Inquiry 27 (1984), 468–483; E. Morscher/G. Zecha, S., Sein und Sollen. Eine kritische Auseinandersetzung mit dem revidierten Argument von S., Z. philos. Forsch. 26 (1972), 69–82, 265–283; J. Navarro, How to Do Philosophy with Words. Reflections on the S.-Derrida Debate, Amsterdam/Philadelphia Pa. 2017; R. B. Nolte, Einführung in die Sprechakttheorie J. R. S.s. Darstellung und Prüfung am Beispiel der Ethik, Freiburg/München 1978; H. Parret/J. Verschueren (eds.), (On) S. on Conversation, Amsterdam/Philadelphia Pa. 1992; C. G. Prado, S. and Foucault on Truth, Cambridge etc. 2006; J. Preston/M. Bishop (eds.), Views into the Chinese Room. New Essays on S. and Artificial Intelligence, Oxford etc. 2002, 2007; E. Rabosse, Locuciones e ilocuciones. S. y Austin, Crítica (México 1972), 3–41; J. Rust, J. S. and »The Construction of Social Reality«, London/New York 2006; ders., J. S., London/New York 2009; E. Schäfer, Grenzen der künstlichen Intelligenz. J. R. S.s Philosophie des Geistes, Stuttgart/Berlin/Köln 1994; B. Smith (ed.), J. S., Cambridge etc. 2003; D. L. Thompson, Intentionality and Causality in J. S., Can. J. Philos. 16 (1986), 83–97; S. L. Tschatzides (ed.), J. S.'s Philosophy of Language. Force, Meaning and Mind, Cambridge etc. 2007; ders. (ed.), Intentional Acts and Institutional Facts. Essays on J. S.'s Social Ontology, Dordrecht 2007; R. Tuomela, The Philosophy of Sociality. The Shared Point of View, Oxford etc. 2007, 2010. – Sonderheft: Rev. int. philos. 55 (2001), H. 2 (S. with His Replies).   P. S.-W.

Seele (griech. ψυχή, lat. anima, engl. soul, franz. âme), in der philosophischen Tradition Bezeichnung für das die Einheit von körperlichen und nicht-körperlichen Teilen eines Lebewesens (insbes. des Menschen in seinem Subjektsein; ↑Subjekt) darstellende Lebensprinzip. Ebenso wie mit dem Begriff des ↑Lebens (›leben‹ bedeutet im Anschluß an das griechische Denken meist dasselbe wie ›eine S. besitzen‹) verbindet sich mit dem Begriff der S. (im Unterschied zum personal gefaßten Begriff des ↑Geistes) der Versuch, sowohl ›ontologische‹ Ordnungsgesichtspunkte für den Aufbau der Wirklichkeit (Sphären des Körperlichen, Belebten, Beseelten, Geistigen) anzugeben (↑scala naturae) als auch ›metaphysische‹ Bestimmungen der inneren Organisation der Wirklichkeit vorzunehmen. In diesem Sinne ist eine philosophische S.nlehre Teil sowohl der älteren ↑Kosmologie (die S. als kosmisches Prinzip) als auch der Geschichte der ↑Psy-

chologie, vor allem in ihren vorneuzeitlichen, nicht-
empirischen Konzeptionen.

Im Anschluß an – häufig animistische (↑Animismus) –
mythische Vorstellungen (S. als Lebenshauch, der im
Sterben den Körper verläßt) werden der S. im Sinne der
erst später gestellten Frage, ob sie eine ↑Substanz sei, zunächst in der vorsokratischen Philosophie (↑Vorsokrati-
ker) stoffliche Eigenschaften zugeschrieben. Platon unterscheidet, unter Betonung der Immaterialität und der
Präexistenz (↑Unsterblichkeit) der S., zwischen drei
S.nteilen: dem λογιστικόν, d. h. der denkenden S. (↑Nus)
bzw. dem Vernünftigen, dem θυμοειδές, d. h. dem mut-
haften Teil der S., und dem ἐπιθυμητικόν, d. h. dem be-
gehrlichen Teil der S.. Motiviert ist diese Dreiteilung in
einem praktisch-philosophischen Zusammenhang durch
die Trichotomie der Stände im Staat (Regenten, Wächter,
Gewerbetreibende), deren Rangordnung auf diese Weise
durch die Zuordnung zu den drei S.nteilen eine biologistische (↑Biologismus) Legitimation erhalten soll. Platon
unterscheidet dabei auf dem Hintergrund im griechischen Denken verbreiteter hylozoistischer (↑Hylozois-
mus) Vorstellungen zwischen S. (bzw. Leben) als dem
Prinzip der Selbstbewegung und ↑Materie als dem (in
einigen Fällen) durch dieses Prinzip ›Beseelten‹
(ἔμψυχον, vgl. Phaidr. 245eff., Nom. 896a). Die Konzeption einer ↑Weltseele (Tim. 34bff.) soll, wie in ähnlicher Form später bei G. Bruno, F. W. J. Schelling (Von
der Weltseele [1798], Sämtl. Werke I, ed. M. Schröter,
413–637) und G. T. Fechner, die Einheit des ↑Kosmos
sichern bzw. veranschaulichen (die Reihung Zahl–Linie–Fläche–Körper bei der Bildung der Weltseele wird
mit der Reihung Einsicht–Wissen–Meinung–Wahrnehmung parallelisiert, vgl. Aristoteles, de an. A2.404b16–27;
↑Ideenzahlenlehre).

Aristoteles schließt an die Platonische S.nlehre an, kritisiert aber deren dogmatische Züge (de an. Γ9.432a22ff.).
In einem biologischen Zusammenhang (Einteilung aller
Lebewesen) unterscheidet Aristoteles zwischen einer
Pflanzenseele, d. h. dem Vermögen der Assimilation von
Stofflichem und der Reproduktion, einer Tierseele, die
über die Pflanzenseele hinaus die Vermögen der Sinnesempfindung, des Begehrens und der Ortsbewegung darstellt, und einer menschlichen S., die ›Trägerin‹ der theoretischen und der praktischen ↑Vernunft (↑Vernunft,
theoretische, ↑Vernunft, praktische) ist und an der selbst
noch einmal ein ›rezeptiver‹ Teil (νοῦς παθητικός) und
ein ›spontan-tätiger‹ Teil (νοῦς ποιητικός) unterschieden werden (de an. Γ4.429a10–5.430a25; ↑Nus). Nach
Aristoteles ist die S. dabei die ›erste ↑Entelechie eines
organischen Körpers‹ (de an. B1.412a27–28), die diesen
bewegt und mit ihm vergeht (de an. Γ12.434a22–23).
Die scholastische (↑Scholastik) Philosophie schließt mit
der Unterscheidung zwischen einer *anima rationalis*,
einer *anima sensitiva* und einer *anima vegetativa* sowohl

an Platonische als auch an Aristotelische Bestimmungen
(S. als ›erste Entelechie‹ oder ›erstes Prinzip‹ des Lebens,
die unterschiedlichen ›S.n‹ als Teile der menschlichen S.)
an, wobei in der Tradition der Philosophie von A. Augustinus die reale Unterschiedenheit der S.nteile betont
wird, während bei Thomas von Aquin (vgl. S. th. I qu. 76
art. 3) und der von ihm bestimmten Tradition die Vorstellung einer Einheit der (individuellen) menschlichen
S. im Vordergrund steht. Dabei spielt wiederum, nunmehr in einem christlichen Rahmen, der Gesichtspunkt
der Unsterblichkeit der S. eine maßgebliche Rolle. Im
wesentlich averroistisch (↑Averroismus) bestimmten
Paduaner ↑Aristotelismus (↑Padua, Schule von) wird,
bezogen auf die Konzeption einer von den (sterblichen)
Einzelseelen getrennten Gesamtseele, die Konzeption
einer (überindividuellen) Unsterblichkeit der S. vertreten, wogegen die Alexandristen (↑Alexandrismus) davon ausgehen, daß die S. mit der jeweiligen Einzelseele
identisch ist und insofern auch mit dieser, die als Entelechie des Körpers materiell sei, sterbe (vgl. P. Pomponazzi, De immortalitate animae, Bologna 1516). Mit
Beginn des neuzeitlichen Denkens werden S.nkonzep-
tionen in Form einer *psychologia rationalis* zum Bestandteil der neben einer allgemeinen ↑Metaphysik
(*metaphysica generalis*; ↑Ontologie) etablierten speziellen Metaphysik (*metaphysica specialis*).

Aus R. Descartes' Zwei-Substanzen-Lehre (↑res cogi-
tans/res extensa) entsteht das ↑Leib-Seele-Problem,
wobei Descartes selbst eine interaktionistische (↑Inter-
aktionismus) Position vertritt und Influxionismus (↑in-
fluxus physicus), ↑Okkasionalismus und psychophysischer Parallelismus (↑Parallelismus, psychophysischer)
Varianten bzw. Alternativen zu dieser Position formulieren. Der psychophysische Parallelismus, d. h. G. W. Leibnizens Theorie einer prästabilierten Harmonie (↑Har-
monie, prästabilierte) – in der ↑Monadentheorie gelten
alle ↑Monaden als beseelt – und B. de Spinozas Deutung
von Leib und S. als Attributen einer göttlichen Substanz,
wird auch später noch zur Lösung des Problems der
empirischen Korrespondenz zwischen objektiv-physi-
schen Reizen und subjektiv-psychischen Sinnesempfindungen (↑Empfindung) herangezogen (z. B. von Fechner, W. Wundt und E. Mach).

Die in diesen Konzeptionen festgehaltene Vorstellung
einer *Substantialität* der S. kritisiert I. Kant. Nach Kant
gehören Argumente für die Substantialität und die Einfachheit der S., die aus der ›ich denke‹, d. h. der Annahme eines ↑Selbstbewußtseins (↑transzendentale Einheit des Selbstbewußtseins; ↑Ich, ↑Selbst, das), das alle
(›meine‹) Vorstellungen begleitet, gewonnen werden
und historisch zur Begründung einer rationalen Psychologie herangezogen wurden, zu den (transzendentalen)
↑Paralogismen der reinen Vernunft. Wie im Falle der
Rede von Gott und Welt entspricht der Rede von der

S. kein unabhängiger Gegenstand der (theoretischen) ↑Erfahrung. Als ›Ideen‹ (↑Idee (historisch)) kommt ihnen kein erkenntniskonstitutiver Charakter, sondern (lediglich) ein ↑regulativer und insofern praktischer Charakter (KrV A 644/B 672) zu, d. h., sie stellen die Aufforderung dar, die ›systematische Einheit‹ theoretischer Überlegungen herzustellen. Als ↑Postulat der praktischen Vernunft führt die Idee der S. zur praktisch-moralischen Überzeugung von der Unsterblichkeit der S. (wie die Idee Gottes zur Überzeugung von der Existenz Gottes).

Mit der Kritik Kants wird den bisherigen substanztheoretischen Vorstellungen von der S. der philosophische Boden entzogen, weshalb auch in der weiteren Entwicklung an die Stelle einer Substanztheorie (↑Substantialitätstheorie) der S. ↑Aktualitätstheorien treten (Charakterisierung der S. nicht über den Begriff der Substanz, sondern über den Begriff der Tätigkeit bzw. des [seelischen] Geschehens; vgl. W. Wundt, System der Philosophie, Leipzig ²1897, 421 [Ersetzung des Leibnizschen Begriffs der ›tätigen Substanz‹ durch den Begriff der ›substanzerzeugenden Tätigkeit‹]). Aktualitätstheorien bilden zugleich die Grundlage der entstehenden empirischen Psychologie (›Psychologie ohne S.‹). Im Deutschen Idealismus (↑Idealismus, deutscher) tritt der Begriff der S. in seinen traditionellen Zusammenhängen zugunsten der Begriffe ↑Geist, ↑Ich und ↑Selbstbewußtsein fast völlig zurück. In der neueren philosophischen Entwicklung – nach Etablierung der empirischen Psychologie – tritt das Thema S. (wenn auch inhaltlich nicht mehr vom Thema Geist geschieden) vornehmlich in der wissenschaftstheoretisch (↑Wissenschaftstheorie) orientierten Behandlung des Leib-S.-Problems und in der sprachphilosophisch (↑Sprachphilosophie) und wissenschaftsphilosophisch orientierten ↑Philosophie des Geistes (↑philosophy of mind) auf.

Literatur: E. Angehrn/J. Küchenhoff (eds.), Die Vermessung der S.. Konzepte des Selbst in Philosophie und Psychoanalyse, Weilerswist 2009; C. Bachhiesl/S. M. Bachhiesl/S. Köchel (eds.), Die Vermessung der S.. Geltung und Genese der Quantifizierung von Qualia, Wien 2015; T. Bastian, Die S. als System. Wie wir wurden, was wir sind, Göttingen 2010; B. Bourbon, Finding a Replacement for the Soul. Mind and Meaning in Literature and Philosophy, Cambridge Mass. 2004; M. Carrier/J. Mittelstraß, Geist, Gehirn, Verhalten. Das Leib-S.-Problem und die Philosophie der Psychologie, Berlin/New York 1989, bes. 10–37 (Kap. I Zur philosophischen und wissenschaftlichen Karriere des Leib-S.-Problems) (engl. [erw.] Mind, Brain, Behavior. The Mind-Body Problem and the Philosophy of Psychology, Berlin/New York 1991, 1995, bes. 9–34 [Chap. I The Philosophical and the Scientific Career of the Mind-Body Problem]); H. Cassirer, Aristoteles' Schrift »Von der S.« und ihre Stellung innerhalb der aristotelischen Philosophie, Tübingen 1932 (repr. Darmstadt 1968); P. M. Churchland, The Engine of Reason, the Seat of the Soul. A Philosophical Journey into the Brain, Cambridge Mass. etc. 1995, 1996 (dt. Die S.nmaschine. Eine Reise ins Gehirn, Heidelberg etc.

1997, 2001); M. J. C. Crabbe (ed.), From Soul to Self, London/ New York 1999; K. Crone/R. Schnepf/J. Stolzenberg (eds.), Über die S., Berlin 2010; M. Davis, The Soul of the Greeks. An Inquiry, Chicago Ill. 2011, 2012; M. Di Franco, Die S.. Begriffe, Bilder und Mythen, Stuttgart 2009; M. Edmundson, Self and Soul. A Defense of Ideals, Cambridge Mass. 2015; R. Eisler, S., Wb. ph. Begr. III (1930), 1–22; W. Ellis, The Idea of the Soul in Western Philosophy and Science, London 1940; J. Figl (ed.), Der Begriff der S. in der Religionswissenschaft, Würzburg 2002; F. Finck, Platons Begründung der S. im absoluten Denken, Berlin/New York 2007; O. Flanagan, The Problem of the Soul. Two Problems of Mind and How to Reconcile Them, New York 2002, 2003; FM I (⁶1979), 101–109, I (1994), 109–118 (alma); D. Frede/B. Reis (eds.), Body and Soul in Ancient Philosophy, Berlin etc. 2009; G. Gasser (ed.), Die Aktualität des S.nbegriffs. Interdisziplinäre Zugänge, Paderborn etc. 2010; T. Gil/W. Mack, Funktionen der S., Göttingen 2015; S. Goetz/C. Taliaferro, A Brief History of the Soul, Malden Mass. 2011; L. E. Goodman/D. G. Caramenico, Coming to Mind. The Soul and Its Body, Chicago Ill. 2013; M. Greene, Hegel on the Soul. A Speculative Anthropology, The Hague 1972; W. K. C. Guthrie, A History of Greek Philosophy, I–VI, Cambridge 1962–1981, VI, 277–330 (Chap. XIV Psychology); J. Halfwassen/T. Dangel/C. S. O'Brien (eds.), S. und Materie im Neuplatonismus/ Soul and Matter in Neoplatonism, Heidelberg 2016; S. Heinämaa/M. Reuter (eds.), Psychology and Philosophy. Inquiries into the Soul from Late Scholasticism to Contemporary Thought, Dordrecht etc. 2008, 2009; H. Hinterhuber, Die S.. Natur- und Kulturgeschichte von Psyche, Geist und Bewusstsein, Wien etc. 2001; S. C. Inati, Soul in Islamic Philosophy, REP IX (1998), 40–44; F. Inciarte, Die S. aus begriffsanalytischer Sicht, in: H. Seebaß (ed.), Entstehung des Lebens. Studium Generale Wintersemester 1979/1980, Münster 1980, 47–70; G. Jüttemann/M. Sonntag/C. Wulf (eds.), Die S.. Ihre Geschichte im Abendland, Weinheim 1991, Göttingen 2005; I. G. Kalogerakos, S. und Unsterblichkeit. Untersuchungen zur Vorsokratik bis Empedokles, Stuttgart/ Leipzig 1996; D. Kamper/C. Wulf (eds.), Die erloschene S.. Disziplin, Geschichte, Kunst, Mythos, Berlin 1988; C. Kanzian/M. Legenhausen (eds.), Soul. A Comparative Approach, Heusenstamm 2010; M. Kiefer, Die Entwicklung des S.nbegriffs in der deutschen Psychiatrie ab der zweiten Hälfte des 19. Jahrhunderts unter dem Einfluss zeitgenössischer Philosophie, Essen 1996; H.-D. Klein, Der Begriff der S. in der Philosophiegeschichte, Würzburg 2005; M. Knaup, Leib und S. oder Mind and Brain? Zu einem Paradigmenwechsel im Menschenbild der Moderne, Freiburg/München 2012, 2013; K. Kremer (ed.), S.. Ihre Wirklichkeit, ihr Verhältnis zum Leib und zur menschlichen Person, Leiden/ Köln 1984; P. O. Kristeller, Der Begriff der S. in der Ethik des Plotin, Tübingen 1929; H. Lorenz, Ancient Theories of Soul, SEP 2003, rev. 2009; E. Martino, Aristóteles. El alma y la comparación, Madrid 1975; U. Meixner/A. Newen (eds.), S., Denken, Bewusstsein. Zur Geschichte der Philosophie des Geistes, Berlin etc. 2003; P. Merlan, Monopsychism, Mysticism, Metaconsciousness. Problems of the Soul in the Neoaristotelian and Neoplatonic Tradition, The Hague 1963, 1969; B. Niederbacher/E. Runggaldier (eds.), Die menschliche S.. Brauchen wir den Dualismus?, Frankfurt etc. 2006; M. F. Peschl (ed.), Die Rolle der S. in der Kognitionswissenschaft und der Neurowissenschaft. Auf der Suche nach dem Substrat der S., Würzburg 2005; B. Révész, Geschichte des S.nbegriffs und der S.nlokalisation, Stuttgart 1917 (repr. Amsterdam 1966); F. Ricken u. a., S., Hist. Wb. Ph. IX (1995), 1–89; D. N. Robinson, Aristotle's Psychology, New York 1989; H. Schmalenbach, Die Entstehung des S.nbegriffes, Logos 16 (1927), 311–355; M. Schofield, Heraclitus' Theory of Soul and

Its Antecedents, in: S. Everson (ed.), Psychology, Cambridge etc. 1991, 13–34; E. E. Spicer, Aristotle's Conception of the Soul, London 1934; S. Strasser, S. und Beseeltes. Phänomenologische Untersuchungen über das Problem der S. in der metaphysischen und empirischen Psychologie, Wien 1955; R. Swinburne, The Evolution of the Soul, Oxford 1986, rev. 1997; ders., Nature and Immortality of the Soul, REP IX (1998), 44–48; M. Wolff, Das Körper-S.-Problem. Kommentar zu Hegel, Enzyklopädie (1830), § 389, Frankfurt 1992.　J. M.

Seelenwanderung (griech. μετεμψύχωσις, auch: μετενσωμάτωσις, παλιγγενεσία, lat. reincarnatio), Bezeichnung für die bei vielen Naturvölkern, aber auch in philosophisch-theologischen Konzeptionen verbreitete Vorstellung, daß die ↑Seele nach dem Tode des Körpers in einen anderen Körper (Mensch, Tier oder Pflanze) übergehe und Geburt deshalb Wiedergeburt sei. Verbunden mit dieser Vorstellung ist häufig der Gedanke der Reinigung der Seele bzw. eines Kreislaufs der (Wieder-)Geburten als Strafe für begangene Schuld (so im ↑Pythagoreismus), während im Buddhismus (↑Philosophie, buddhistische) und in den meisten hinduistischen Systemen (↑Philosophie, indische) der ↑saṃsāra eine Folge des Prinzips der Tatvergeltung (↑karma) ist. In der griechischen Philosophie (↑Philosophie, griechische) ist die Vorstellung einer S. (der Ausdruck μετεμψύχωσις zuerst bei Diod. 10,6,1) pythagoreischen und orphischen (↑Orphik) Ursprungs, wobei Herodot (2,123,2) irrtümlich auf ägyptische Quellen verweist. Pythagoras selbst soll behauptet haben, daß seine Seele mit denen mythischer Gestalten, darunter der eines Helden im trojanischen Krieg (VS 14 A 8), identisch sei. Weitere Belege finden sich bei Pindar (Ol. 2,61–75), Empedokles (VS 31 B 115–119) und Herakleides Pontikos (Frag. 89 Wehrli).

Voraussetzung für die Vorstellung einer S. ist die Unterscheidung zwischen Seele und Körper bzw. die Annahme, daß die Seele nur auf Zeit im Körper ›wohne‹. In diesem Sinne spricht auch Platon vom Körper als dem ›Kerker der Seele‹ (Phaid. 82a, vgl. Krat. 400c), erkenntnistheoretisch ausgearbeitet im Begriff der ↑Anamnesis (Erkennen als Wiedererkennen, Men. 81a–82a, 98a, Phaid. 70c/d, zum Theorem der S.: 81d–82b) und in der ↑Ideenlehre. Im Pythagoreismus und ↑Platonismus wird die Lehre von der S. weiter tradiert, übt aber nur einen geringen Einfluß auf philosophische Konzeptionen aus. Die stoische (↑Stoa) Vorstellung eines Kreislaufs der Weltgeschichte (παλιγγενεσία, SVF II, 627) wird unabhängig von der einer S. ausgearbeitet.

Literatur: G. Adler, Wiedergeboren nach dem Tode? Die Idee der Reinkarnation, Frankfurt 1977; A. Böhme, Die Lehre von der S. in der antiken und indischen Philosophie. Ein Vergleich der philosophischen Grundlegung bei den Orphikern, bei Pythagoras, Empedokles und Platon mit den Upanishaden, dem Urbuddhismus und dem Jainismus, Diss. Düsseldorf 1989; W. Burkert,

Griechische Religion der archaischen und klassischen Epoche, Stuttgart etc. 1977, 444–447, erw. ²2011, 449–453 (engl. Greek Religion. Archaic and Classical, Cambridge Mass., Oxford 1985, Malden Mass. 2012, 301–304); ders./L. Sturlese, S., Hist. Wb. Ph. IX (1995), 117–121; M. Burley, Rebirth and the Stream of Life. A Philosophical Study of Reincarnation, Karma and Ethics, New York etc. 2016; A. Des Georges, La réincarnation des âmes selon les traditions orientales et occidentales, Paris 1966; H. Dörrie, Kontroversen um die S. im kaiserzeitlichen Platonismus, Hermes 85 (1957), 414–435; P. Edwards (ed.), Immortality, New York etc. 1992, Amherst N. Y. 1997; ders., Reincarnation. A Critical Examination, Amherst N. Y. 1996; O. Gigon, S., LAW (1965), 2754–2755; A. E. Jensen, Mythos und Kult bei Naturvölkern. Religionswissenschaftliche Betrachtungen, Wiesbaden 1951, 340–346, München 1992, 376–384 (engl. Myth and Cult Among Primitive Peoples, Chicago Ill. 1963, 1973, 272–278); I. G. Kalogerakos, Seele und Unsterblichkeit. Untersuchungen zur Vorsokratik bis Empedokles, Stuttgart/Leipzig 1996; M. Kross, Reinkarnation, Hist. Wb. Ph. VIII (1992), 553–554; H. S. Long, A Study of the Doctrine of Metempsychosis in Greece from Pythagoras to Plato, Princeton N. J. 1948; B. N. Moore, The Philosophical Possibilities beyond Death, Springfield Ill. 1981; M. P. Nilsson, Geschichte der griechischen Religion I, München 1941 (Handbuch d. Altertumswiss. V/2,1), ³1957, 1992, 691–696; P. Preuss, Reincarnation. A Philosophical and Practical Analysis, Lewiston N. Y. 1989; C. Riedweg, S., DNP XI (2001), 328–329; R. Sachau, Westliche Reinkarnationsvorstellungen. Zur Religion der Moderne, Gütersloh 1996, ²1997; P. Schmidt-Leukel (ed.), Die Idee der Reinkarnation in Ost und West, München 1996; N. Smart, Reincarnation, Enc. Ph. VII (1967), 122–124, mit rev. Bibliographie v. C. B. Miller, VIII (²2006), 331–333; W. Stettner, Die S. bei Griechen und Römern, Stuttgart/Berlin 1934; K. E. Yandell, Reincarnation, REP VIII (1998), 182–186; H. Zander, Geschichte der S. in Europa. Alternative religiöse Traditionen von der Antike bis heute, Darmstadt 1999. – J. Bjorling, Reincarnation. A Bibliography, New York/London 1996; L. Kear, Reincarnation. A Selected Annotated Bibliography, Westport Conn. 1996.　J. M.

Seeschlacht, auf Aristoteles zurückgehendes klassisches Beispiel zur Diskussion des logischen Status von ↑Futurabilien.

Seiende, das (lat. ens), in der scholastischen (↑Scholastik) ↑Ontologie im definitorischen Sinne Bezeichnung für ›das, was ist‹ (ens nihil est aliud, quam quod est, Thomas von Aquin, 1 Perih. 5 g) bzw. – neuscholastisch formuliert – für ›etwas, dem Sein zukommt‹. Je nach dem Sinn des ↑›ist‹ bzw. ›sein‹ ändert sich die Rede vom S.n. In der Philosophie des Thomas von Aquin wird das ›ist‹ und damit das S. sowohl im Sinne einer Redepartikel zur Mitteilung der ↑Existenz eines Gegenstandes oder des Bestehens eines ↑Sachverhaltes (bzw. zur Mitteilung des mit den behaupteten Aussagen erhobenen Wahrheitsanspruchs) als auch im Sinne der allgemeinsten Eigenschaft von Gegenständen und Sachverhalten überhaupt verstanden (S.th. I qu. 48 art. 2 ad 2). Als allgemeinste Eigenschaft von Gegenständen und Sachverhalten überhaupt wird ›seiend‹ nicht zu den Gattungsbegriffen (↑Gattung), deren oberste nach Thomas von

Aquin und im Anschluß an Aristoteles die 10 ↑Prädikamente sind, gerechnet, sondern als ein diese Gattungsbegriffe wegen seiner allgemeinen Zusprechbarkeit (↑zusprechen/absprechen) übersteigendes Transzendentales (↑Transzendentalien) verstanden. – Im gleichen Maße allgemein zusprechbar wie ›seiend‹ sind nach der scholastischen Metaphysik die Eigenschaften, eines, wahr oder gut zu sein. Demgemäß wird die Konvertierbarkeit von ›seiend‹, ›eines‹, ›wahr‹ und ›gut‹ behauptet und das höchste S. mit der Einheit, Wahrheit und Gutheit selbst identifiziert und als Schöpfergott verstanden. Im Zusammenhang einer realistischen (↑Realismus (ontologisch)) Interpretation der Relation von ↑Sein und S.m steht die Grundunterscheidung zwischen dem S.n, das mit seinem Sein (im Sinne seines Existenzgrundes) identisch ist und daher durch sich selbst besteht, und den S.n, die am Sein nur teilhaben und daher endlich, vergänglich usw. sind.

Literatur: ↑Prädikament, ↑Ontologie, ↑Sein.   O. S.

Sein, das (griech. τὸ ὄν, τὸ εἶναι, lat. ens, esse, engl. being, franz. l'être), zentraler Grundbegriff der ↑Ontologie, vor allem in der ↑Scholastik, der ↑Neuscholastik und der Philosophie M. Heideggers. Terminologisch wird ›S.‹ verwendet (1) als umfassender Grundbegriff des behauptenden Redens, (2) als Grund der ↑Existenz von Gegenständen oder Sachverhalten und (3) als Grund oder Inbegriff der ↑Vollkommenheiten, vor allem der ↑Wahrheit und der Gutheit (↑Gute, das). In der scholastischen und neuscholastischen S.sphilosophie wird die Verknüpfung dieser drei Verwendungsweisen benutzt, um Gott als d. S. selbst identifizieren zu können; durch die Berufung auf die vorsokratische (↑Vorsokratiker), Platonische und Aristotelische Philosophie wird diese Identifikation von Gott und S. als Aufnahme einer seinsphilosophischen Tradition ausgegeben. Parmenides beginnt diese Tradition, indem er – im Zusammenhang mit der Behauptung, daß Denken und S. dasselbe seien (VS 28 B 3) – erklärt, »daß nur das Seiende ist; denn S. ist, ein Nichts dagegen ist nicht« (VS 28 B 6, vgl. B 2–3). Nicht tautologisch (↑Tautologie) wird diese Erklärung, wenn man d. S. (das mit dem Denken identisch ist) als die den Gegenständen zugesprochenen ↑Eigenschaften (Beispiele: rund sein, eckig sein) versteht und nicht als die (existierenden) Gegenstände selbst. Auch Platon sieht zunächst das ewige, unveränderliche und vollkommene Seiende (↑Seiende, das) als das wahrhaft Seiende an und konstruiert verschiedene Stufen der S.sfülle zur Klassifizierung der Gegenstände. Später (im »Sophistes«) beginnen sprachkritisch interpretierbare Überlegungen, indem S. und Nicht-S. als sprachliche Relationen (zwischen Gegenständen und Eigenschaften) dargestellt werden. Aristoteles führt die sprachkritischen Überlegungen zum Gebrauch von ›sein‹ bzw. ›seiend‹

weiter, indem er auf die verschiedenen Gebrauchsweisen dieser Wörter verweist (Phys. A2.185b5ff., Met. Γ2.1003a33), zugleich aber auch nach dem gemeinsamen Bezug dieser Gebrauchsweisen sucht. So untersucht Aristoteles einerseits die Bedeutung von ›S.‹ im Rahmen einer Prädikationstheorie (↑Prädikation), indem er diese Bedeutung über die verschiedenen Weisen bestimmt, in denen einem Gegenstand eine Eigenschaft zugeschrieben werden kann (z. B. Met. Δ7.1017a7–b9), andererseits sucht er nach den Ursachen dafür, daß die Dinge so sind, wie sie prädiziert werden können. Die zweite Untersuchungsrichtung führt Aristoteles zur Annahme eines ersten, unbewegten Bewegers (↑Beweger, unbewegter), der das erste und erfüllteste S. (vgl. Met. Λ8.1074a35–38), reines Denken und In-sich-Wirken ist.

In der Scholastik werden die Platonischen und Aristotelischen Überlegungen zur Bedeutung von ›S.‹, soweit sie bekannt sind, realistisch interpretiert (↑Realismus (ontologisch)). Thomas von Aquin richtet die Systematik seiner Begriffe und Prinzipien so aus, daß sich der Schöpfergott als d. S. selbst, als *ipsum esse subsistens*, ergibt. Die entscheidende realistische Umdeutung wird dadurch vorgenommen, daß ›seiend‹ nicht mehr als Redepartikel (als ↑Kopula, Existenzoperator [↑Einsquantor] oder Identitätszeichen [↑Identität]), sondern als eine, wenn auch besondere, Eigenschaft verstanden wird, und zwar als die Eigenschaft, am S. teilzuhaben oder d. S. selbst zu sein. Die sprachliche Figur ›ein Seiendes ist das, dem S. zukommt‹ wird als sachlicher Ursachenzusammenhang gelesen: d. S. ist die ↑Ursache dafür, daß etwas seiend ist. Diese Deutung der Relation von S. und Seiendem ermöglicht es Thomas von Aquin, die endlichen Seienden, die am S. nur teilhaben, dem Seienden, das d. S. selbst ist, gegenüberzustellen (vgl. De substantiis separatiis seu de Angelorum Natura ad Fratrem Reginaldum socium suum sarissimum, in: ders., Opuscula philosophica, ed. R. M. Spiazzi, Turin 1954, 21–58 [dt. Vom Wesen der Engel, übers. u. eingel. W.-U. Klünker, Heidelberg/Frankfurt, Stuttgart 1989, 19–148]) und nicht nur die Existenz der endlichen Seienden, sondern auch deren Vollkommenheiten durch die Teilhabe am S. als der reinen Vollkommenheit zu erklären. Eine Schwierigkeit entsteht in dieser Konzeption jedoch bei der Erklärung der Existenz von Unvollkommenheiten, des Schlechten und des ↑Bösen. Die realistische Interpretation der Relation von S. und Seiendem führt nämlich zu der Annahme, daß d. S. auch das Schlechte und Böse verursachen müsse. Die scholastische Philosophie behilft sich hier, indem sie die Unvollkommenheiten zu einem S.smangel erklärt, der durch die Endlichkeit der Subjekte, d. h. durch die begrenzte Möglichkeit zur Verwirklichung der S.sfülle, bedingt ist. Dargestellt wird diese Erklärung unter Berufung auf die Aristotelische

Unterscheidung von ↑Akt und Potenz und die Unterscheidung von S. (*esse*) und Wesen (↑essentia). Dabei ist das Wesen als Prinzip nicht dem S. gleichgeordnet, sondern das mit der Verursachung des endlichen S.s zugleich gesetzte Prinzip der Begrenzung der S.sfülle, das als Potenz dem S. als reiner Wirklichkeit bzw. Aktualität (↑Energeia) gegenübersteht.

Der vor allem seit I. Kant einem derartigen S.sdenken entgegengehaltenen Kritik, daß die realistische Umdeutung dieser Denk- oder Sprachformen nicht zulässig sei, sucht die Neuscholastik dadurch zu begegnen, daß sie selbst Teile der ↑Transzendentalphilosophie Kants und des Deutschen Idealismus (seit J. Maréchal; ↑Idealismus, deutscher) verwendet und nun d. S. als die Bedingung der Möglichkeit des Denkens und Redens zu erweisen sucht. So wird der mit Behauptungen verbundene Wahrheitsanspruch – das ›Streben nach Wahrheit‹ – als Beweis dafür angesehen, daß d. S. als die Wahrheit selbst wirklich sei. Denn da der Wahrheitsanspruch auf alles Seiende beziehbar sei, indem er das Seiende als ein solches behauptet, da zudem das Seiende ein solches ist, weil ihm S. zukommt, sei der Wahrheitsanspruch nur dadurch sinnvoll möglich (d. h. prinzipiell einlösbar), daß d. S. selbst das Seiende, das als ein solches behauptet wird, konstituiere.

In ausdrücklicher Entgegen- und Auseinandersetzung zu bzw. mit den Überlegungen über d. S. als das höchste Seiende behauptet Heidegger eine ›ontologische Differenz‹ (↑Differenz, ontologische) von S. und Seiendem. Ausgehend von einer Analyse des menschlichen Lebens, des ↑›Daseins‹, deutet Heidegger die Relation von S. und Seiendem zwar auch realistisch, aber in einer archaisierenden Lesart: daß dem Seienden S. zukommt, ist in dem Sinne zu verstehen, daß d. S. auf das Seiende ›zukommt‹, so wie ein Mensch mit einer Bitte auf einen anderen oder wie eine Aufgabe auf jemanden zukommen kann. Die Differenz des S.s zum Seienden besteht darin, daß d. S. als das, was als Aufruf zur Verwirklichung unserer selbst (unseres Selbstseins) auf uns zukommt, nicht das ist, was bereits verwirklicht bzw. seiend ist, sondern eben das noch nicht Seiende und auch nicht seiend zu Machende; in Heideggerscher Redeweise: d. S. ist das Nicht des Seienden.

In der Tradition Kants und seiner Lehre von der ↑Konstitution der Gegenstände des Redens und Denkens durch denkend und redend getroffene ↑Unterscheidungen, teilweise auch in der Tradition des späten Platon und der Aristotelischen Bedeutungsanalysen von ›S.‹, hat die sprachkritische (↑Sprachkritik) Philosophie immer wieder darauf hingewiesen, daß ›sein‹ bzw. ›ist‹ ein Wort für verschiedene Redepartikel ist, z. B. für die Kopula (›dieses Tuch ist blau‹), für den Existenzoperator (›es gibt ein blaues Tuch‹), für das Identitätszeichen (›1 ≡ 1‹), für das Gleichheitszeichen (›2 × 2 = 4‹) und für

das Definitionszeichen (›der Mensch ist ein vernunftbegabtes Tier‹). Es ist dann sowohl ein Mißbrauch der Sprache, wenn man eine Partikel (↑Partikel, logische) wie ein Prädikat verwendet (›dieser Mensch ist seiend‹) und zudem von *dem* S. oder Seienden redet, als auch ein durch diesen Mißbrauch vorbereiteter Irrtum, wenn man die sprachliche Umformung des Ausdrucks ›dies (dieser Gegenstand oder dieser Sachverhalt) ist seiend‹ in ›diesem kommt S. zu‹ realistisch für den Übergang von der Wirkung zur Ursache oder vom Begründeten zum (Existenz-)Grund hält.

Literatur: J. F. Anderson, Reflections on the Analogy of Being, The Hague 1967; P. Aubenque, Le problème de l'être chez Aristote. Essai sur la problématique aristotélicienne, Paris 1962, ⁵1983, 2013; A. J. Ayer, Metaphysics and Common Sense, London 1969, Boston Mass. etc. 1994; A. Badiou, L'être et l'événement, I–II, Paris 1988/2006 (engl. Being and Event, I–II, London/New York 2005/2006, I, 2013, II, 2009; dt. D. S. und das Ereignis, I–II, Zürich/Berlin 2005/2010, I, 2016); R. Boehm, Das Grundlegende und das Wesentliche. Zu Aristoteles' Abhandlung »Über d. S. und das Seiende« (Metaphysik Z), Den Haag 1965 (franz. La métaphysique d'Aristote. Le fondamental et l'essential. »De l'être et de l'étant«, Paris 1976); E. Brito, Dieu et l'être d'après Thomas d'Aquin et Hegel, Paris 1991; H. Conrad-Martius, D. S., München 1957; J. G. Deninger, ›Wahres S.‹ in der Philosophie des Aristoteles, Meisenheim am Glan 1960, 1961; L. J. Elders, The Metaphysics of Being of St. Thomas Aquinas in a Historical Perspective, Leiden/New York/Köln 1993; C. Fabro, Dall'essere all'esistente, Brescia 1957, ²1965, mit Untertitel: Hegel, Kierkegaard, Heidegger e Jaspers, Genf 2004; G. Figal, S., RGG VII (⁴2004), 1140–1143; M. Frede u. a., S.; Seiendes, Hist. Wb. Ph. IX (1995), 170–234; E. Gilson, L'être et l'essence, Paris 1948, ³1994, 2000; L. Haaparanta/H. J. Koskinen (eds.), Categories of Being. Essays on Metaphysics and Logic, Oxford etc. 2012; J. Halfwassen/J. A. Aertsen/O. Muck, S., Seiendes, LThK IX (³2000), 404–408; D. J. B. Hawkins, Being and Becoming. An Essay towards a Critical Metaphysics, New York 1954; J. Hegyi, Die Bedeutung des S.s bei den klassischen Kommentatoren des heiligen Thomas von Aquin. Capreolus, Silvester von Ferrara, Cajetan, Pullach 1959; M. Heidegger, S. und Zeit. Erste Hälfte, Jb. Philos. phänomen. Forsch. 8 (1927), 1–438, separat: Halle 1927, ²1929, Tübingen ¹⁹2006, Berlin/Boston Mass. 2015 (engl. Being and Time, New York 1962, Albany N. Y. 2010; franz. Être et le temps, Paris 1964, 1972); F.-W. v. Herrmann, Heideggers »Grundprobleme der Phänomenologie«. Zur zweiten Hälfte von »S. und Zeit«, Frankfurt 1991; W. Hoeres, Gradatio entis. S. als Teilhabe bei Duns Scotus und Franz Suárez, Heusenstamm 2012; A. Kenny, Aquinas on Being, Oxford etc. 2002, 2005; S. Knuuttila/J. Hintikka (eds.), The Logic of Being. Historical Studies, Dordrecht etc. 1985; D. Köhler, Martin Heidegger. Die Schematisation des S.ssinnes als Thematik des dritten Abschnittes von »S. und Zeit«, Bonn 1993; J. König, S. und Denken. Studien im Grenzgebiet von Logik, Ontologie und Sprachphilosophie, Halle 1937, Tübingen ²1969; K. Kremer, Die neuplatonische S.sphilosophie und ihre Wirkung auf Thomas von Aquin, Leiden/Frankfurt 1966 (repr. Leiden 1971); G. Küng, Ontologie und logistische Analyse der Sprache. Eine Untersuchung zur zeitgenössischen Universaliendiskussion, Wien 1963 (engl. Ontology and the Logistic Analysis of Language. An Inquiry into the Contemporary Views on Universals, Dordrecht 1967); L. Lavelle, La dialectique de l'éternel présent I (De l'être), Paris 1928, unter dem Titel: De l'être, [2]1947; R. Le Poidevin (ed.), Being. Developments in Contemporary Metaphysics, Cambridge etc. 2008; E. Levinas, Autrement qu'être ou au-delà de l'essence, La Haye 1974, Dordrecht, Paris [4]2004 (engl. Otherwise than Being, or Beyond Essence, The Hague/Boston Mass./London 1981, Pittsburgh Pa. 1998; dt. Jenseits des S.s oder anders als S. geschieht, Freiburg/München 1992, [2]1998); K. Lorenz/J. Mittelstraß, Theaitetos fliegt. Zur Theorie wahrer und falscher Sätze bei Platon (Soph. 251d–263d), Arch. Gesch. Philos. 48 (1966), 113–152, ferner in: K. Lorenz, Philosophische Variationen. Gesammelte Aufsätze unter Einschluss gemeinsam mit Jürgen Mittelstraß geschriebener Arbeiten zu Platon und Leibniz, Berlin/New York 2011, 11–48, ferner in: J. Mittelstraß, Die griechische Denkform. Von der Entstehung der Philosophie aus dem Geiste der Geometrie, Berlin/Boston Mass. 2014, 193–229; J. B. Lotz, S. und Wert. Eine metaphysische Auslegung des Axioms ›Ens et Bonum Convertuntur‹ im Raume der scholastischen Transzendentalienlehre, Paderborn 1938, unter dem Titel: Das Urteil und d. S.. Die Grundlegung der Metaphysik, Pullach [2]1957; ders., S. und Existenz. Kritische Studien in systematischer Absicht, Freiburg/Basel/Wien 1965; ders., Die Identität von Geist und S.. Eine historisch-systematische Untersuchung, Rom 1972; ders., Vom S. zum Heiligen. Metaphysisches Denken nach Heidegger, Frankfurt 1990; E. J. Lowe, Kinds of Being. A Study of Individuation, Identity and the Logic of Sortal Terms, Oxford/New York 1989, Malden Mass./Oxford [2]2009, 2015; A. MacIntyre, Being, Enc. Ph. I (1967), 272–277, I ([2]2006), 527–532; G. Marcel, Le mystère de l'être, I–II, Paris 1951, in einem Bd., 1997 (dt. Geheimnis des S.s, ed. H. v. Winter, Wien 1952; engl. The Mystery of Being, I–II, ed. R. Hague, Chicago Ill., London 1950/1951); U. Meixner, S./Seiendes, in: P. Kolmer/A. G. Wildfeuer (eds.), Neues Handbuch philosophischer Grundbegriffe III, Freiburg/München 2011, 1970–1984; M. Müller, S. und Geist. Systematische Untersuchungen über Grundprobleme und Aufbau mittelalterlicher Ontologie, Tübingen 1940, Freiburg/München [2]1981; C. Noica, Le devenir envers l'être, Hildesheim/Zürich/New York 2008; L. Oeing-Hanhoff, S., LThK IX (1964), 601–610; M. Okrent, Being, REP I (1998), 699–702; J. Owens, The Doctrine of Being in the Aristotelian »Metaphysics«. A Study in the Greek Background of Medieval Thought, Toronto 1951, [3]1978; D. Pätzold, S./Seiendes, EP III ([2]2010), 2388–2403; R. Perrotta, Heideggers Jeweiligkeit. Versuch einer Analyse der S.sfrage anhand der veröffentlichten Texte, Würzburg 1999; T. Rentsch, M. Heidegger. D. S. und der Tod. Eine kritische Einführung, München/Zürich 1989; J.-P. Sartre, L'être et le néant. Essai d'ontologie phénoménologique, Paris 1943, 2009 (dt. D. S. und das Nichts. Versuch einer phänomenologischen Ontologie, Reinbek b. Hamburg 1952, Neudr., ed. B. N. Schuhmacher, Berlin/Boston Mass. 2014); R. Schönberger, Die Transformation des klassischen S.sverständnisses. Studien zur Vorgeschichte des neuzeitlichen S.sbegriffs im Mittelalter, Berlin/New York 1986; D. Schubbe/J. Lemanski/R. Hauswald (eds.), Warum ist überhaupt etwas und nicht vielmehr nichts? Wandel und Variationen einer Frage, Hamburg 2013; H. Seidl, S. und Bewußtsein. Erörterungen zur Erkenntnislehre und Metaphysik in einer Gegenüberstellung von Aristoteles und Kant, Hildesheim/Zürich/New York 2001, [2]2012; J. Seifert, S. und Wesen, Heidelberg 1996; E. K. Specht, Sprache und S.. Untersuchungen zur sprachanalytischen Grundlegung der Ontologie, Berlin 1967; E. Stein, Endliches und ewiges S.. Versuche eines Aufstiegs zum Sinn des S.s, ed. L. Gelber/R. Leuven, Louvain/Freiburg 1950, [3]1986, ferner in: Edith-Stein-Gesamtausg. XI/XII, ed. A. U. Müller, Freiburg/Basel/Wien 2006, [3]2016, 1–441); J. Szaif, Der Sinn von ›sein‹. Grundlinien einer Rekonstruktion des philosophischen Begriffs des Seienden, Freiburg/München 2003; R. Thurnher, Wandlungen der S.frage. Zur Krisis im Denken Heideggers nach »S. und Zeit«, Tübingen 1997; F. Toccafondi, L'essere e i suoi significati, Bologna 2000; C. J. F. Williams, Being, Identity, and Truth, Oxford 1992. O. S.

Seinsgeschichte, Terminus der Konzeption M. Heideggers nach der Wende (›Kehre‹) seines Denkens (beginnend mit: Vom Wesen der Wahrheit [1930], Frankfurt 1943), wonach das Verständnis des ↑Seins nicht primär (wie noch in »Sein und Zeit« unterstellt) auf einem ↑Entwurf des Menschen, sondern auf dem Menschen unverfügbaren ›Schickungen des Seins‹ beruht. – Mit der Konzeption der S. greift Heidegger selbstkritisch seine ›Destruktion‹ der Geschichte des Seinsbegriffs in »Sein und Zeit« auf, wo der ↑Fundamentalontologie als wichtigem Methodenelement die hermeneutische Explikation (↑Hermeneutik) nur implizit leitender Vorverständnisse des ›Sinns von Sein‹ aufgegeben wird. Als Paradigma für diese Destruktion gilt die Aufklärung der Verhältnisbestimmung von Sein und Zeit bei I. Kant, R. Descartes und Aristoteles und ihrer Wirkungen auf den zu Heideggers Zeit gegenwärtigen philosophischen ↑common sense. Im Rahmen der Konzeption der S. ist das menschliche Seinsverständnis nunmehr das Resultat des entwurfbildenden ›Verbergens‹ und ›Entbergens‹ des Seins selbst. Da die Philosophie seit Platon das Sein prinzipiell als verfügbares ›Anwesen‹ verstehe, sei ihr als Metaphysik der ›Geschick-Charakter‹ des Seins verborgen geblieben. Diese ↑Seinsvergessenheit bedeutet für Heidegger das Ende der Philosophie und bedarf deshalb ihrer Ablösung durch ein ›wesentliches Denken‹.

Das Geschick des Verbergens und Entbergens des Seins ist auch der Grund für die unterschiedlichen Epochen des menschlichen Welt- und Selbstverständnisses. Im Rahmen der Konzeption der S. ergeben sich für Heidegger somit die wichtigsten Grundzüge einer seinsgeschichtlichen Analyse der Gegenwart. Weil der Mensch der Neuzeit und Gegenwart glaube, den Entwurf des Seins selbst konstruieren zu können, treffe er sich – so Heidegger in seiner modifizierenden Übernahme der Philosophie F. Nietzsches, die zugleich als Höhe- und Wendepunkt der Seinsvergessenheit erscheint – in seinem Produkt nur selbst als ↑›Wille zur Macht‹ an. Somit sei der Weg zu vorgegebenen Sinndeutungen versperrt (↑Nihilismus) und der ↑Tod Gottes die Grunderfahrung des sinnsuchenden Menschen. Das verfügenwollende Denken habe die Welt zu einem technisch beherrschbaren ›Ge-Stell‹ konstituiert, wodurch die wesentlich technisch intervenierende neuzeitliche Naturwissenschaft seinsgeschichtlich erst möglich geworden sei.

Heideggers Konzeption der S. ist vor allem in der Philosophie der ↑Postmoderne zu einer allgemeinen Kritik des neuzeitlich-modernen Wissenschafts- und Gesellschaftsverständnisses weitergeführt worden. Alle Geltungsansprüche werden in diesem Zusammenhang als verdeckte Machtansprüche dargestellt und einer kreativen Vielfalt des ›Sein-lassens‹ gegenübergestellt. Die Kritik an Heideggers Konzeption der S. richtet sich zunächst gegen ihre philosophiehistorische Willkürlichkeit; in zahlreichen Einzeluntersuchungen ist entsprechend versucht worden, bestimmte Denker der Philosophiegeschichte seit Platon vom Vorwurf der Seinsvergessenheit auszunehmen. Grundsätzliche Kritik richtet sich gegen die fatalistischen (↑Fatalismus) Züge eines Verständnisses von Geschichte als ›Geschick‹, das den Menschen zu ohnmächtiger Resignation verurteile und daher letztlich der ideologischen Rechtfertigung bestehender Verhältnisse diene (J. Habermas).

Literatur: G. Figal, Martin Heidegger. Phänomenologie der Freiheit, Frankfurt 1988, Weinheim ³2000, 353–362, Tübingen 2013, 308–316; W. Franzen, Von der Existenzialontologie zur S.. Eine Untersuchung über die Entwicklung der Philosophie Martin Heideggers, Meisenheim am Glan 1975; C. F. Gethmann, Verstehen und Auslegung. Das Methodenproblem in der Philosophie Martin Heideggers, Bonn 1974; A. Gethmann-Siefert, Das Verhältnis von Philosophie und Theologie im Denken Martin Heideggers, Freiburg/München 1974; J. Habermas, Philosophisch-politische Profile, Frankfurt 1971, ³1981, 2001; G. Haeffner, Heideggers Begriff der Metaphysik, München 1974, ²1981; F.-W. v. Herrmann, Die Selbstinterpretation Martin Heideggers, Meisenheim am Glan 1964; T. Keiling, S. und phänomenologischer Realismus. Eine Interpretation und Kritik der Spätphilosophie Heideggers, Tübingen 2015; K. Löwith, Heidegger. Denker in dürftiger Zeit, Frankfurt 1953, Göttingen ³1965, mit Untertitel: Zur Stellung der Philosophie im 20. Jahrhundert, Stuttgart 1984 (= Sämtl. Schr. VIII); W. Marx, Heidegger und die Tradition. Eine problemgeschichtliche Einführung in die Grundbestimmungen des Seins, Stuttgart 1961, Hamburg ²1980; P. J. McCormick, Heidegger and the Language of the World. An Argumentative Reading of the Later Heidegger's Meditations on Language, Ottawa Ont. 1976; M. Müller, Existenzphilosophie im geistigen Leben der Gegenwart, Heidelberg 1949, Freiburg/ München ⁴1986 (franz. Crise de la métaphysique. Situation de la philosophie au 20ᵉ siècle, Paris 1953); ders./H. Treziak, S., Hist. Wb. Ph. IX (1995), 258–260; O. Pöggeler, Der Denkweg Martin Heideggers, Pfullingen 1963, ⁴1994 (franz. La pensée de Martin Heidegger. Un cheminement vers l'être, Paris 1967; engl. Martin Heidegger's Path of Thinking, Atlantic Highlands N. J. 1987); ders. (ed.), Heidegger – Perspektiven zur Deutung seines Werks, Köln/Berlin 1969, Weinheim ³1994; O. Pugliese, Vermittlung und Kehre. Grundzüge des Geschichtsdenkens bei Martin Heidegger, Freiburg/München 1965, ²1986; W. J. Richardson, Heidegger. Through Phenomenology to Thought, The Hague 1963, New York ⁴2003; A. Schwan, Politische Philosophie im Denken Heideggers, Köln/Opladen 1965, Opladen ²1989; D. Sinn, Heideggers Spätphilosophie, Philos. Rdsch. 14 (1967), 81–182; H. Vetter, Grundriss Heidegger. Ein Handbuch zu Leben und Werk, Hamburg 2014, bes. 142–148 (§ 19 Ontologie und S.); J. Wahl, La pensée de Heidegger et la poésie de Hölderlin, Paris 1952; R. Wisser (ed.), Martin Heidegger im Gespräch, Freiburg/München 1970; S. Zenklusen, S. und Technik bei Martin Heidegger. Begriffsklärung und Problematisierung, Marburg 2002.   C. F. G.

Sein-Sollen-Fehlschluß, ↑Humesches Gesetz, ↑Naturalismus (ethisch).

Seinsvergessenheit, von M. Heidegger im Rahmen seiner Konzeption der ↑Seinsgeschichte verwendeter Terminus zur Bezeichnung einer Epoche des Seinsverständnisses (↑Sein, das). Da die Philosophie seit Platon das Sein als prinzipiell verfügbares ›Anwesen‹ (als verfügbare Gegenwart) verstehe, sei ihr als ↑Metaphysik der Geschickcharakter des Seins verborgen geblieben. Die Überwindung der S. scheint allenfalls im ↑Mythos der (Philosophie der) ↑Vorsokratiker (etwa bei Anaximander, Parmenides, Heraklit), in einzelnen Werken der Dichtung (F. Hölderlin, R. M. Rilke) und der bildenden Künste (V. van Gogh) für Augenblicke auf. Die Philosophie ist nach Heidegger wegen ihrer S. an ihr Ende gelangt und bedarf der Ablösung durch ein ›wesentliches Denken‹, das folglich in dem Versuch des Menschen besteht, seine epochale Situation durch Deutung der im Mythos, der Kunst und der Dichtung aufscheinenden epochalen Konstellationen zu verstehen.

Literatur: ↑Seinsgeschichte.   C. F. G.

Selbst, das (griech. αὐτό/αὐτός, lat. ipsum/ipse, engl. self, franz. soi), reflexive Form des ↑Indikators ↑Ich; in der Philosophie wird die Bezeichnung ›S.‹ meist synonym mit ›Ich‹ verwendet. In der Tradition der Subjektphilosophie tritt vor allem die Verwendung in ↑›Selbstbewußtsein‹ hervor, während ›Ichbewußtsein‹ häufig mit psychologischen Konnotationen verwendet wird. Philosophen, die zwischen ›Ich‹ und ›S.‹ terminologisch unterscheiden, versuchen mit ›S.‹ vor allem den phänomenalen Gehalt und die Totalität menschlichen Selbstverständnisses in Gegenüberstellung zum Ich als abstraktem Identitätspol hervorzuheben (↑Geist, ↑Person, ↑Seele, ↑Subjekt). In der neueren Diskussion, vor allem im angelsächsischen Bereich im Anschluß an J. Locke, wird mit ›S.‹ besonders die personale ↑Identität angesprochen.

Ansätze für eine terminologische Unterscheidung von Ich und S. treten zuerst in der ↑Monadentheorie von G. W. Leibniz auf, der im Unterschied zum spinozistischen (↑Spinozismus) ↑Monismus von einer Vielzahl von ↑Monaden ausgeht. Von diesen haben die vernunftbegabten die Fähigkeit, neben perzeptiven (↑Perzeption) auch apperzeptive (↑Apperzeption) Akte zu vollziehen. Damit verwirklichen sie, gemäß ihrem ›inneren Prinzip‹ (Monadologie § 11), ihr S., das als ursprüngliche Kraft (*vis primitiva activa*) und Einheitsgrund die wechselnden Perzeptionen produziert. Die Fähigkeit der ↑Reflexion auf sich selbst, die gleichbedeutend ist mit der Fähigkeit, ›Ich‹ sagen zu können, entscheidet bei Leibniz über den moralischen Rang der individuellen ↑Substanz. Außerdem liegt darin der Grund, notwendige und uni-

verselle ↑Wahrheiten entdecken zu können, d. h. fähig zur Wissenschaft zu sein. – Eine monadologische Auffassung des S. im Anschluß an Leibniz vertritt W. Cramer in seiner Grundlegung einer rationalen ↑Metaphysik (»Die Monade vom Range Denken heiße S.«, Grundlegung einer Theorie des Geistes, 1957, § 81).
Im Paralogismenkapitel (KrV B 407, A 402) unterscheidet I. Kant bestimmendes S. (Denken) und bestimmbares S. (denkendes Subjekt). Wird dieser Unterschied nicht beachtet, kommt es zur Subreption der Hypostasierung (↑Hypostase) des ↑Urteile vollziehenden Ich (bestimmenden S.) als Substanz. Kant macht deutlich, daß es einen quasi-objektiven Zugang zum S. als besonderer Monade nicht geben kann, da sich zwischen Ich und S. nicht adäquat unterscheiden läßt. Das S. ist kein ↑Gegenstand neben anderen. Kants Position impliziert eine Kritik an allen objektivistischen (↑Objektivismus) und naturalistischen (↑Naturalismus) Konzeptionen des Menschen (↑Transzendentalphilosophie). Nach J. G. Fichtes Konzeption der Transzendentalphilosophie wird für das Reden über das Ich nicht nur formale, sondern auch materiale ↑Geltung beansprucht. Dadurch, daß sich das Ich als Ich setzt (die unhintergehbare Thesis der ↑Tathandlung), ist es ein S.. Unabhängig von der Selbstsetzung gibt es für Fichte kein ›ich‹, das als S. dem Ich gegenübergestellt werden könnte: »Was für sich selbst nicht ist, ist kein Ich« (Grundlage der gesammten Wissenschaftslehre [1794], I § 1, Satz 7b, Gesamtausg. I/2, 260). Bei G. W. F. Hegel ist der Begriff des S. vor allem im dritten Jenaer Systementwurf zur Philosophie des Geistes (1805/1806) einschlägig. Ausgangspunkt der philosophischen Wissenschaft, die Hegel in Form der dialektischen Selbstentfaltung der Vernunft konstruiert, ist der Geist als ›reines S.‹ (Naturphilosophie und Philosophie des Geistes. Vorlesungsmanuskript zur Realphilosophie [1805/ 1806], Ges. Werke VIII, 187 [87a]). Auf dieser rein begrifflichen Stufe ist der Geist sich seiner selbst nicht bewußt. Diese leere Stufe wird schrittweise inhaltlich gefüllt und differenziert, indem das Gegenstück des Geistes (Natur) jeweils negiert und dadurch für den Geist bewußt gemacht wird. Die Negation ist dabei zugleich Negation des S., da das Andere des Geistes nur als Entäußerung des S. aufgefaßt wird. Die Negation ist demnach konstitutiv für den systematischen Aufbau der Wissenschaft. Das S. ist in dieser Konzeption die Negativität schlechthin, die den Wissens- und Wissenschaftsprozeß vorantreibt.
Bei S. Kierkegaard ist dem einzelnen S. die Aufgabe gestellt, das ↑Allgemeine des Menschseins in einer in freier ↑Entscheidung gewählten, radikal religiösen ↑Existenz zu verwirklichen. Kierkegaard entwickelt seine Position in kritischer Distanz zu Fichte und Hegel. Zwar greift er Elemente der Fichteschen Reflexionsphilosophie und der Hegelschen ↑Dialektik auf, doch ist bei ihm das S.

weder das Ergebnis einer eigenmächtigen Tathandlung des Ich noch die immanente Triebkraft eines dialektischen Prozesses. Das S. wird als ein abhängiges, d. h. nicht durch sich selbst gesetztes, Verhältnis bestimmt. »Das S. ist ein Verhältnis, das sich zu sich selbst verhält, oder ist das an dem Verhältnisse, daß das Verhältnis sich zu sich selbst verhält; das S. ist nicht das Verhältnis, sondern daß das Verhältnis sich zu sich selbst verhält« (Die Krankheit zum Tode, Düsseldorf 1954 [Ges. Werke XXIV/XXV], 8). Kierkegaard beeinflußt damit die Philosophie des 20. Jhs., vor allem die Ausbildung des Begriffs der Existenz bei K. Jaspers, M. Heidegger und J.-P. Sartre (↑Existenzphilosophie).
In der monistischen Willensmetaphysik von A. Schopenhauer ist das S. (analog zum transzendentalphilosophischen Ich als formaler Bezugspunkt aller kognitiven Akte) der Inbegriff aller volitionalen Akte: »das eigentliche S. ist der Wille zum Leben« (Die Welt als Wille und Vorstellung, Sämtl. Werke II, ed. P. Deussen, München 1911, 693). Die religiös motivierte S.verleugnung (*abnegatio sui ipsius*) ist demnach Ausdruck der als positiv bewerteten Verneinung des Willens zum Leben. Eine scharfe Trennung von Ich und S. vollzieht F. Nietzsche. Im Rahmen seiner Kritik der christlich-humanistischen ↑Anthropologie und des ihr entsprechenden Vernunftbegriffs deklariert Nietzsche das Ich zum Epiphänomen des S., das er mit dem Leib, der ›großen Vernunft‹ des Menschen, identifiziert. Damit widerspricht Nietzsche zugleich der Transzendentalphilosophie Kants und seiner Nachfolger sowie der lebensfeindlichen Willensmetaphysik Schopenhauers.
Eine grundlegende Funktion hat der Begriff des S. in dem wissenschaftstheoretischen Programm einer ›Kritik der historischen Vernunft‹, das W. Dilthey im Anschluß an Kant und in Ergänzung zur Philosophie der Naturwissenschaften entwickelt. Das S. ist hier ein ausgezeichneter ↑Modus des zuständlichen ↑Bewußtseins, jener Einheit von Denken, Fühlen, Wollen und Erleben, die Dilthey in Abhebung vom gegenständlichen Bewußtsein, das für den ↑Neukantianismus und die ↑Phänomenologie E. Husserls den primären Untersuchungsgegenstand bildet, zum Ausgangspunkt seiner Erkenntnistheorie und Methodologie der historischen Wissenschaften macht. Das in ↑Evidenz gegebene S. ist dem ↑Dualismus von Geist und Körper vorgelagert und deshalb der ↑Verifikation weder zugänglich noch bedürftig. In deutlicher Übernahme von Diltheys Konzeption des S. entwickelt M. Heidegger seine Transformation der egologisch (↑Ego, transzendentales) ausgerichteten Phänomenologie Husserls. Stärker noch als in »Sein und Zeit«, wo im Rückgriff auf Kierkegaard das ›eigentlich existierende S.‹ (§ 27) ontologisch von der ↑Identität des Ich abgehoben wird, ist der Impuls von Diltheys ↑Lebensphilosophie im Begriff der ›*Selbstwelt*‹

in der Freiburger Vorlesung vom WS 1919/20 (Grund-probleme der Phänomenologie) wirksam.

Unter Aufnahme von Anregungen Heideggers und in kritischer Abgrenzung zu Husserl unternimmt Sartre eine Neubestimmung des cartesianischen Cogito (↑cogito ergo sum). Zur Vermeidung des unendlichen Regresses (↑regressus ad infinitum), der entsteht, wenn das Cogito als unmittelbar reflexiv aufgefaßt wird, geht Sartre von der Annahme eines präreflexiven Cogito aus, das als nicht-thetisches Bewußtsein einerseits die Seins-dimension des Subjekts (Existenz), andererseits die Be-dingung des reflexiven Cogito ist. Auf dieser Grundlage unterscheidet Sartre weiterhin das Ich (Je) als rein for-malen Bezugspunkt allen bewußten Inhalts überhaupt vom jeweiligen S. (Moi) als Gesamtheit materialer Be-wußtseinsinhalte. – Ebenfalls mit Bezug auf Heideggers kritische Destruktion der ontologischen (↑Ontologie) Priorität des cartesianischen Cogito konzipiert P. Ri-cœur eine Hermeneutik des ›ich bin‹, deren Aufgabe es ist, die Konstitution des authentischen Ego (S.) zu unter-suchen, das dem Cogito noch vorausgeht und dieses allererst fundiert. Damit werden zwei Defizite behoben: Einerseits ist das cartesianische Cogito an einem Modell von ↑Gewißheit gewonnen, das ihm vorgängig ist und selbst unbefragt bleibt, andererseits wird gerade durch das Cogito die – Heidegger zufolge – in Vergessenheit geratene Frage nach dem ↑Sein verhindert. Als authenti-sches Ego konstituiert sich das S. durch die Frage nach seinem eigenen Sein (↑Dasein). Aus der ↑Psychoanalyse S. Freuds übernimmt Ricœur außerdem die Unterschei-dung zwischen unbewußtem, natürlichen Ich (Moi) und freiem, bewußten Ich (Je).

In spezifischer Unterscheidung zu ›Ich‹ wird der Termi-nus S. vor allem im symbolischen Interaktionismus (↑Interaktionismus, symbolischer) und in der Sozialphi-losophie und Sozialpsychologie G. H. Meads verwendet. Als Vorstufe kann dabei der weitgehend lebensphiloso-phisch orientierte ↑Pragmatismus von W. James gelten, der einen Pluralismus der S.e annimmt (materiales, so-ziales und geistiges S. bzw. Körper, soziale Rolle und inneres Leben). Bei Mead bezeichnen ›I‹ und ›Me‹ ver-schiedene Instanzen innerhalb der Persönlichkeitsstruk-tur des Einzelnen. Während das I die spontane, impul-sive und kreative Triebkonstitution umfaßt, stellt das Me die Internalisierung der Erwartungen einer relevanten Bezugsperson bzw. die Antizipation des Bildes dar, das der andere von mir hat. Das S. faßt Mead als Synthese verschiedener Me auf, die für das kommunikative und soziale Verhalten des Einzelnen signifikant sind. – Der Meadsche Ansatz ist im neueren Interaktionismus von mehreren Sozialphilosophen (R. Turner, E. Goffman, A. Gouldner) vor allem hinsichtlich der Funktion sozialer ↑Rollen weiterentwickelt worden. Im Mittelpunkt steht dabei die Frage, ob und wie das S. als stabiles, aber nicht

festgelegtes aktives Zentrum in bezug auf wechselnde Rollenidentitäten sozialer Akteure bestimmt werden kann.

Wie Mead faßt auch J. Habermas in seiner an die Theorie der Redehandlungen (↑Sprechakte) anschließenden Theorie des kommunikativen Handelns (↑Handlung) das S. als Produkt der Sozialisation auf. Kommunikatives Handeln wird darin im Unterschied zum instrumentel-len Handeln, für das eine monologisch strukturierte Subjekt-Objekt-Relation konstitutiv ist, als dialogisch strukturierte Subjekt-Subjekt-Relation aufgefaßt. Sub-jekte (Sprecher) können dabei insofern als S.e gelten, als die für das kommunikative Handeln verbindlichen Redehandlungen neben der konstativen Wahrheit und ↑regulativen Richtigkeit auch die Bedingung der ↑Wahr-haftigkeit erfüllen müssen. Letztere kann aber nur im Rückgriff auf ein Subjekt (einen Sprecher) expliziert werden, das (der) (a) die Wahrhaftigkeitsbedingung sich selbst gegenüber zu erfüllen bereit ist und (b) die Antizipation der eigenen Bereitschaft zur Erfüllung der Wahrhaftigkeitsbedingung beim Hörer voraussetzen kann (und vice versa). – Einen zentralen Platz nimmt das S. in der philosophischen Anthropologie W. Kam-lahs ein. Jenseits von szientistischem (↑Szientismus) ↑Reduktionismus einerseits und Ausweichen in ein schwärmerisches Theologiesurrogat andererseits unter-nimmt Kamlah den Versuch, dem ›bedrängten S.‹ ge-recht zu werden.

Literatur: M. Aboulafia, Mead, Sartre. Self, Object and Reflec-tion, Philos. and Social Criticism 11 (1986), 63–86; R. J. Alex-ander, Self, Supervenience and Personal Identity, Aldershot 1997; K. Ameriks/D. Sturma (eds.), The Modern Subject. Conceptions of the Self in Classical German Philosophy, Albany N. Y. 1995; V. M. Ames, No Separate Self, in: W. R. Corti (ed.), The Philoso-phy of George Herbert Mead, Winterthur 1973, 43–58; W. T. Anderson, The Future of the Self. Inventing the Postmodern Per-son, New York 1997; K. Atkins (ed.), Self and Subjectivity, Oxford 2005, Malden Mass. 2006; M. Auwärter/E. Kirsch/K. Schröter (eds.), Seminar: Kommunikation, Interaktion, Identität, Frank-furt 1976, ³1983; A. J. Ayer, Language, Truth and Logic, London/ New York 1936, Basingstoke etc. 2004 (dt. Sprache, Wahrheit und Logik, ed. H. Herring, Stuttgart 1970, 1987); J. Baillie, Problems in Personal Identity, New York 1993; C. Becker, Selbstbewußtsein und Individualität. Studien zu einer Hermeneutik des Selbstver-ständnisses, Würzburg 1993; J. L. Bermúdez u. a. (eds.), The Body and the Self, Cambridge Mass. etc. 1995, 2001; P. Bieri (ed.), Analytische Philosophie des Geistes, Königstein 1981, Weinheim 2007; G. Böhme, Ich-S.. Über die Formation des Subjekts, Mün-chen/Paderborn 2012; D. Carr, The Paradox of Subjectivity. The Self in the Transcendental Tradition, Oxford etc. 1999; Q. Cas-sam, Self and World, Oxford 1997, 2005; W. la Centra, The Au-thentic Self. Toward a Philosophy of Personality, New York/Bern/ Frankfurt 1987, 1991; A. Coliva (ed.), The Self and Self-Knowledge, Oxford etc. 2012; W. Cramer, Grundlegung einer Theorie des Geistes, Frankfurt 1957, ⁴1999; B. Dainton, The Phenomenal Self, Oxford etc. 2008, 2011; T. Duddy, Mind, Self, and Interiority, Aldershot etc. 1995; W. Ehrmann, Paradoxien des S.. Fichte, Hegel und die Gegenwart, Würzburg 2014; A. Elliott,

Concepts of the Self, Cambridge/Malden Mass. 2001, ³2014; J. Elster (ed.), The Multiple Self, London/New York 1986, 1995; F. Fellmann, Symbolischer Pragmatismus. Hermeneutik nach Dilthey, Reinbek b. Hamburg 1991; ders., Lebensphilosophie. Elemente einer Theorie der S.erfahrung, Reinbek b. Hamburg 1993; J. Fonseca/J. Gonçalves (eds.), Philosophical Perspectives on the Self, Bern etc. 2015; S. Gallagher (ed.), The Oxford Handbook of the Self, Oxford etc. 2011, 2013; ders./J. Shear (eds.), Models of the Self, Thorverton 1999, Exeter 2002; J. Ganeri, The Self. Naturalism, Consciousness, and the First-Person Stance, Oxford etc. 2012, 2015; J. Giles, No Self to be Found. The Search for Personal Identity, Lanham Md. etc. 1997; J. Habermas, Theorie des kommunikativen Handelns, I–II, Frankfurt 1981, ³1985, ⁹2014; ders., Individuierung durch Vergesellschaftung. Zu George Herbert Meads Theorie der Subjektivität, in: ders., Nachmetaphysisches Denken. Philosophische Aufsätze, Frankfurt 1988, ⁶2013, 187–241; J. S. Hans, The Site of Our Lives. The Self and the Subject from Emerson to Foucault, Albany N. Y. 1995; V. G. Hardcastle, Constructing the Self, Amsterdam etc. 2008; R. L. Harwood, The Survival of the Self, Aldershot etc. 1998; W. Hasker, The Emergent Self, Ithaca N. Y. 1999; M. Heidegger, Grundprobleme der Phänomenologie [1919/ 1920], als: ders., Gesamtausg. LVIII, ed. H.-H. Gander, Frankfurt 1993, ²2010; ders., Sein und Zeit, Halle 1927, Tübingen ¹⁹2006, ferner als: ders., Gesamtausg. II, ed. F.-W. Herrmann, Frankfurt 1977; ders., Die Zeit des Weltbildes [1938], in: ders., Holzwege, Frankfurt 1950, 69–104, ⁶1980, 73–110, ⁹2015, 75–113, ferner in: ders., Gesamtausg. V, ed. F.-W. v. Herrmann, Frankfurt 1977, 75–113; D. R. Hofstadter, I Am a Strange Loop, New York 2007, 2008 (dt. Ich bin eine seltsame Schleife, Stuttgart 2008); J. T. Ismael, The Situated Self, Oxford etc. 2007, 2009; L. JeeLoo/J. Perry (eds.), Consciousness and the Self. New Essays, Cambridge etc. 2011, 2012; H. Joas (ed.), Das Problem der Intersubjektivität. Neuere Beiträge zum Werk George Herbert Meads, Frankfurt 1985, 1990; B. Jörissen, Identität und S.. Systematische, begriffsgeschichtliche und kritische Aspekte, Berlin 2000; W. Kamlah, Philosophische Anthropologie. Sprachkritische Grundlegung und Ethik, Mannheim/Wien/Zürich 1972, 1984; D. E. Klemm/G. Zöller (eds.), Figuring the Self. Subject, Absolute, and Others in Classical German Philosophy, New York etc. 1997; K. Kristjánsson, The Self and Its Emotions, Cambridge 2010; J. D. Levin, Theories of the Self, Washington D. C./ Philadelphia Pa./London 1992; M. Löhr, Die Geschichte des S.. Personale Identität als philosophisches Problem, Neuried 2006; E. J. Lowe, Subjects of Experience, Cambridge etc. 1996, 2006; K. Löwith, Von Hegel bis Nietzsche, Zürich/New York 1941, Neudr. unter dem Titel: Von Hegel zu Nietzsche. Der revolutionäre Bruch im Denken des 19. Jahrhunderts. Marx und Kierkegaard, Zürich/Wien, Stuttgart ²1950, Hamburg 1995, Neudr. in: ders., Sämtl. Schriften IV, Stuttgart 1988, 1–490 (engl. From Hegel to Nietzsche. The Revolution in Nineteenth-Century Thought, New York 1964, 1991); G. Madell, The Essence of the Self. In Defense of the Simple View of Personal Identity, New York/London 2015; D. R. Margolis, The Fabric of Self. A Theory of Ethics and Emotions, New Haven Conn. etc. 1998; R. Martin/J. Barresi, The Rise and Fall of Soul and Self. An Intellectual History of Personal Identity, New York 2006, 2008; G. H. Mead, Mind, Self and Society from the Standpoint of a Social Behaviorist, ed. C. W. Morris, Chicago Ill./London 1934, 2005 (dt. Geist, Identität und Gesellschaft. Aus der Sicht des Sozialbehaviorismus, Frankfurt 1968, ¹⁷2013); J. N. Mohanty, The Self and Its Other. Philosophical Essays, Oxford etc. 2000; K. Musholt, Thinking about Oneself. From Nonconceptual Content to the Concept of a Self, Cambridge Mass. etc. 2015; U. Neisser/D. A. Jopling (eds.), The

Conceptual Self in Context. Culture, Experience, Self-Understanding, Cambridge 1997; T. W. Organ, Philosophy and the Self. East and West, Selinsgrove Pa., London/Toronto 1987; T. J. Owens, Self and Identity, in: J. DeLamater (ed.), Handbook of Social Psychology, Dordrecht etc. 2003, 2006, 205–232; ders./S. Samblanet, Self and Self-Concept, in: J. DeLamater/A. Ward (eds.), Handbook of Social Psychology, Dordrecht etc. ²2013, 225–249; J. Perry, Identity, Personal Identity, and the Self, Indianapolis Ind./Cambridge 2002; ders., Self, Enc. Ph. XIII (²2006), 708–711; A. E. Pitson, Hume's Philosophy of the Self, London 2002; R. Porter (ed.), Rewriting the Self. Histories from the Renaissance to the Present, London/New York 1997; G. Rager/J. Quitterer/E. Runggaldier, Unser S.. Identität im Wandel neuronaler Prozesse, Paderborn 2002, 2003; P. Remes/J. Sihvola (eds.), Ancient Philosophy of the Self, Dordrecht etc. 2008; P. Ricoeur, Le conflit des interprétations. Essais d'herméneutique, Paris 1969, 2013 (dt. Hermeneutik und Strukturalismus. Der Konflikt der Interpretationen, I–II, München 1974; engl. The Conflict of Interpretations. Essays in Hermeneutics, Evanston Ill. 1974, 2007); N. Rose, Inventing Our Selves. Psychology, Power, and Personhood, Cambridge etc. 1996, 2001; J. F. Rosenberg, The Thinking Self, Philadelphia Pa. 1986; M. Rowlands, Memory and the Self. Phenomenology, Science, and Autobiography, New York 2017; J.-P. Sartre, La transcendance de l'Ego. Esquisse d'une description phénoménologique, Rech. philos. 6 (1936/1937), 85–123, separat Paris 1965, 1992, ferner in: La transcendance de l'Ego et autres textes phénoménologiques, Paris 2003, 91–131 (dt. Die Transzendenz des Ego. Versuch einer phänomenologischen Beschreibung, in: ders., Die Transzendenz des Ego. Drei Essays, Reinbek b. Hamburg 1964, 5–50, mit Untertitel: Skizze einer phänomenologischen Beschreibung, in: ders., Die Transzendenz des Ego. Philosophische Essays 1931–1939, ed. B. Schuppener, Reinbek b. Hamburg 1982, 2010, 39–96); ders., Conscience de soi et connaissance de soi, Bull. de la Société française de philos. 42 (1948), 49–91, ferner in: La transcendance de l'Ego et autres textes [...] [s. o.], Paris 2003, 133–165 (dt. Bewußtsein und Selbsterkenntnis. Die Seinsdimension des Subjekts, Reinbek b. Hamburg 1973, 1990); H. Schmitz, S. sein. Über Identität, Subjektivität und Personalität, Freiburg etc. 2015; W. H. Schrader/U. Schönpflug , S., Hist. Wb. Ph. VIII (1995), 292–305; C. O. Schrag, The Self after Postmodernity, New Haven Conn./ London 1997; C. Sedikides/S. J. Spencer (eds.), The Self, New York 2007; M. Siderits/E. Thompson/D. Zahavi (eds.), Self, No Self? Perspectives from Analytical, Phenomenological, and Indian Traditions, Oxford etc. 2011, 2013; R. Sorabji, Self. Ancient and Modern Insights about Individuality, Life, and Death, Chicago Ill. 2006, 2008; A. O. Søvik, Free Will, Causality, and the Self, Berlin/Boston Mass. 2016; J. Stambaugh, The Formless Self, Albany N. Y. 1999; G. Strawson (ed.), The Self, Ratio 17 (2004), H. 4, Neudr. als: The Self?, Malden Mass. 2005, 2007; ders., Selves. An Essay in Revisionary Metaphysics, Oxford 2009, 2011; C. Taylor, Sources of the Self. The Making of the Modern Identity, Cambridge 1989, 2010 (dt. Quellen des S.. Die Entstehung der neuzeitlichen Identität, Frankfurt 1994, 2016); E. Thompson, Waking, Dreaming, Being. New Light on the Self and Consciousness from Neuroscience, Meditation, and Philosophy, New York 2015; E. Tugendhat, Selbstbewußtsein und Selbstbestimmung. Sprachanalytische Interpretationen, Frankfurt 1979, 2010 (engl. Self-Consciousness and Self-Determination, Cambridge Mass./London 1986); T. Vierkant, Is the Self Real? An Investigation into the Concept of Self Between Cognitive Science and Social Construction, Münster etc. 2003; B. Williams, Problems of the Self. Philosophical Papers 1956–1972, Cambridge 1973, 2006 (dt. Probleme des S.. Philosophische Aufsätze 1956–1972, Stuttgart 1978); D. Zahavi (ed.), Exploring the Self. Philosophical and Psychopathological Perspectives on Self-Experience, Amsterdam etc. 2000; ders., Subjectivity and Selfhood. Investigating the First-Person Perspective, Cambridge Mass. etc. 2005, 2008; ders., Self and Other. Exploring Subjectivity, Empathy, and Shame, Oxford 2014, 2016; A. Zinck, Emotions Hold the Self Together. Self-Consciousness and the Functional Role of Emotions, Paderborn 2011. C. F. G.

Selbstbestimmung, ↑Autonomie.

Selbstbewußtsein (griech. συνείδησις ἑαυτοῦ, lat. conscientia sui, engl. self-consciousness, franz. connaissance de soi), Bezeichnung für die Struktur (bzw. Fähigkeit) des ↑Subjekts, erkennend auf das eigene objektbezogene Erkennen (und andere subjektive Vollzüge) bezogen zu sein (bzw. sich beziehen zu können; ↑Selbstbezüglichkeit). Die für die Philosophiegeschichte bestimmend bleibende Konzeption des S.s als reflexiver Selbstbezug ist bereits in der Aristotelischen Wendung νόησις νοήσεως (Denken des Denkens; Met. Λ9.1074b34) niedergelegt; schon Aristoteles ordnet das reine S. einer absoluten ↑Vernunft zu, die Bedingung allen Erkennens und Handelns sei. – Ausgehend von der Aristotelischen Unterscheidung zwischen νοῦς ποιητικός und νοῦς παθητικός wird bei Plotin die ↑Seele als aktives Bewußtsein (παρακολούθησις) bestimmt, dem eine relationale Struktur von passiv gegebenem Bewußtseinsinhalt und aktivem Bewußtwerden dieses Inhalts zukommt. Letzteres wird dabei als Reflexion (ἀνακάμπτειν) aufgefaßt (Enn. I, 4, 10). Wird auf das Bewußtsein selbst reflektiert, liegt S. (παρακολουθεῖν ἑαυτῷ) als Relation zwischen aktiver νόησις (↑Noesis) und passivem νοητόν vor, wobei das νοητόν als mit der νόησις identisch gedacht wird (Enn. III, 9, 9). Damit ist ein Reflexionsmodell von S. etabliert, das (trotz der Kritik J. G. Fichtes) bis zu E. Husserl von Bedeutung bleibt.

Eine subjektivistische Wendung erfährt die Theorie des S.s bei A. Augustinus. Ausgangspunkt der philosophischen Forschung ist die innere Wahrnehmung bzw. Erfahrung des Subjekts: »Noli foras ire; in te ipsum redi: in interiore homine habitat veritas« (De vera relig. 39, 72). Aus dem Argument gegen den ↑Skeptizismus, daß zwar die äußere Realität von Wahrnehmungsinhalten, nicht aber das Vorhandensein der Wahrnehmungsinhalte selbst bezweifelt werden könne, wird die unbezweifelbare Realität des wahrnehmenden und den Zweifelsakt vollziehenden Subjekts abgeleitet (Soliloqu. II, 1–5; De vera relig. 39, 72–73; De trin. X, 14; De lib. arb. II, c. 7–8). S. ist damit für Augustinus der Legitimationsgrund der elementaren menschlichen Tätigkeiten *esse, nosse, velle* (Sein, Erkennen, Wollen). Die Philosophie des Mittelalters hat die Aristotelische Grundformel vor allem unter Bezug auf Augustinus aufgegriffen.

Während S. in der antiken und mittelalterlichen Philosophie vorwiegend als wichtiges Phänomen der inneren Wahrnehmung erscheint, interpretiert es die neuzeitliche Philosophie als grundlegendes geltungsfundierendes Prinzip: S. ist der methodische Ausgangspunkt aller Begründungsleistungen (↑Bewußtsein, ↑Selbst, das) in Wissenschaft und Philosophie. Dabei kreist die Diskussion um die Explikation des S.s in der Philosophie der Neuzeit vor allem um zwei Problemstellungen: (1) Hinsichtlich der Rekonstruktion des Phänomens besteht eine Zweideutigkeit zwischen dem S. als dem ersten Prinzip für alle Fundierungs- und Geltungszusammenhänge von Wissenschaft und dem S. im Sinne der ›natürlichen‹ Erfahrung, daß Subjekte empirisches Wissen von ihren mentalen und intentionalen Zuständen haben. I. Kant unterscheidet zwischen dem transzendentalen und dem empirischen S. (↑Subjekt, empirisches, ↑Subjekt, transzendentales). Nur das transzendentale S. ist nach Kant von genuin philosophischer Relevanz, während das empirische S. dem Problembestand der ↑Psychologie zuzuordnen ist. (2) Die aus der Explikation der inneren Wahrnehmung sich nahelegende Rekonstruktion des S.s als Akt, der auf einen Akt bezogen ist, führt zu unauflösbaren Zirkeln, die jedenfalls mit der Funktion des S.s als ersten, geltungsfundierenden Prinzips unvereinbar sind. Andere Deutungen sind strukturell schwer zu rekonstruieren und offenkundig nur mit starken metaphorischen Mitteln zu beschreiben.

Die radikale Grundlegung der neuzeitlichen Philosophie vollzieht R. Descartes, indem er die im methodischen ↑Zweifel gewonnene Selbstgewißheit (↑Selbsterkenntnis) und damit das S. als Fundament von ↑Wissenschaft überhaupt bestimmt. Sein Zweifelsargument ist zwar dem Augustinischen ähnlich, jedoch erhält der hierdurch gewonnene Grundsatz ↑cogito ergo sum im methodischen Aufbau der Wissenschaft nicht bloß die Funktion einer elementaren, nicht weiter hintergehbaren Erfahrung, sondern rückt in den Status einer fundamentalen rationalen Wahrheit. Diese soll einerseits als letztes Kriterium für jedes Erfahrungswissen herangezogen werden können und andererseits die ↑Evidenz liefern, die der ↑Metaphysik die Exaktheit der Geometrie verleiht. Damit erhält das S. den Rang eines Deduktionsprinzips aller wahren Sätze. Zwar hat das Denken bei Descartes einen ausgezeichneten Status, doch bezeichnen die *cogitationes* eine Vielzahl von Bewußtseinsakten: Zweifeln, Bejahen, Verneinen, Wollen, Verabscheuen usw. (Cogitationis nomine, intelligo illa omnia, quae nobis consciis in nobis fiunt, quatenus eorum in nobis conscientia est; Princ. philos. I 9). Aus allen *cogitationes* folgt das S., das demgemäß als erstes, einheitliches und absolut gewisses Erkenntnisprinzip einer einheitlichen Wissenschaft angesehen werden muß. In G. W. Leibnizens ↑Monadentheorie (↑Monade), die den Cartesischen

↑Dualismus von denkender und ausgedehnter ↑Substanz zu überwinden sucht, haben nur die höchststehenden Monaden, die vernünftigen Seelen, S.. Deren ↑Perzeptionen sind daher ↑Apperzeptionen; Apperzeption definiert Leibniz als »la conscience ou la connoissance reflexive de cet état interieur« (Princ. nat. grâce § 4, Philos. Schr. VI, 600). Gott, die *monas monadum*, ist danach als absolutes S. aufzufassen. Die Selbstreflexivität der Apperzeptionen der vernünftigen Monaden führt Leibniz dazu, das Pronomen der ersten Person singularis als ›ce moy‹ zu nominalisieren (Disc. mét. § 34, Philos. Schr. IV, 459–460), ein Sprachgebrauch, der über Kant Eingang in die S.sdebatten gefunden hat (↑Ich).

In J. Lockes Erkenntnis- und Wissenschaftstheorie, die in kritischer Wendung gegen den rationalistischen Innatismus vom Bewußtsein als einer tabula rasa ausgeht, wird Erfahrung (experience) entweder durch Ideen (↑Idee (historisch)) der Wahrnehmung (sensation) oder der Reflexion (reflection) gewonnen. Bei den Reflexionsideen macht Locke vom Reflexionsmodell des S.s Gebrauch: sie entstehen durch Wahrnehmung der eigenen Bewußtseinstätigkeiten. Die diesen zugrundeliegende Ich-Substanz (Seele) hält Locke zwar für intuitiv gewiß, doch keiner weiteren Kenntnis zugänglich, und unterscheidet davon das ↑Ich (person, personality) als im Bewußtsein konstituierte Einheit der je eigenen Denkakte und Handlungen. Lockes daran anschließende Überlegungen zum Problem der *personal identity* (Essay II 27) sind in der angelsächsischen Philosophietradition bis in die Gegenwart von Bedeutung. Lockes Position wird durch G. Berkeleys ↑Immaterialismus kritisiert und verschärft. Berkeley akzeptiert nur den ↑Geist (synonym mit Selbst und Seele) als Substanz. Dem S. kommt insofern zentrale Bedeutung zu, als nur die eigene Existenz durch innere Reflexion erkennbar ist. Damit ist aber zugleich die Lockesche Auffassung vom Ich als Zentrum von Perzeptionen überwunden. Demgemäß zeigt sich für Berkeley dessen wahrer Begriff im menschlichen Willen. – Wie Locke geht D. Hume von einzelnen Perzeptionen bzw. Impressionen und daraus gebildeten Ideen aus. Obwohl er das Selbst (bzw. die Person) als deren Referenzpunkt bestimmt, erlaubt ihm sein streng empirischer und skeptischer Ansatzpunkt nicht, ein identisches S. (bzw. Ich) als funktionale Einheit ständig wechselnder Eindrücke zugrundezulegen, weil die Identität eines gleichbleibenden inneren Gegenstandes, als welchen Hume das Ich auffaßt, ebenso wie die eines äußeren als Fiktion der ↑Einbildungskraft gekennzeichnet wird.

In Kants ↑Transzendentalphilosophie ist S. die Bedingung der Möglichkeit von Gegenstandsbewußtsein. Damit ist ↑a priori ausgeschlossen, S. als Gegenstand aufzufassen. Dabei argumentiert Kant gegen ↑Sensualismus und ↑Empirismus, die das Ich auf eine Trägerfunktion

von Perzeptionen reduzieren, und bestimmt S. als ursprünglich-synthetische Einheit der transzendentalen Apperzeption. An die Stelle empirischer Perzeptionsbündel, bei denen unausgewiesen bleibt, durch welchen Zusammenhalt die Verbindung dauerhaft gewährleistet wird, tritt damit bei Kant als Ermöglichungsgrund von Erfahrung überhaupt das apriorische »Ich denke«, das »alle meine Vorstellungen begleiten können« muß (KrV B 132–134). Gegenüber der rein rezeptiven Rolle, die das S. im Empirismus spielt, ist es bei Kant durch Spontaneität (↑spontan/Spontaneität) ausgezeichnet.

Der Kantische Dualismus von ↑Sinnlichkeit und ↑Verstand wird in der unmittelbar an Kant anschließenden Diskussion des Deutschen Idealismus (↑Idealismus, deutscher) als unbefriedigend empfunden, wobei die von Kant nicht eigens thematisierte Struktur von S. in den Vordergrund des Interesses tritt und vor allem durch Fichte in schärfer begrifflicher Form expliziert wird. Ausgangspunkt für Fichtes philosophisches Fundamentalprogramm einer als Wissenschaft vom Wissen überhaupt konzipierten Wissenschaftslehre (WL) ist K. L. Reinholds ↑Satz des Bewußtseins, wonach Gegenstände des Wissens wie Gegenstände überhaupt immer nur als Vorstellung für ein Bewußtsein gegeben sind. Den Anfang der Wissenschaft stellt für Reinhold daher die Tatsache des Bewußtseins dar. Damit ist zwar Philosophie als allgemeingültige Wissenschaft auf einen einzigen Satz gegründet, doch ist im Falle von Bewußtsein generell der unendliche Regreß (↑regressus ad infinitum), im Falle von S. der ↑Zirkel (↑zirkulär/Zirkularität) unvermeidlich. Gegen Reinholds Begriff der Tat*sache* des Bewußtseins stellt Fichte den Begriff des S.s als ↑Tat*handlung*, in der das Ich schlechthin sich selbst setzt (WL 1794). Um die in dieser Fassung enthaltene Zirkularität zu vermeiden, modifiziert Fichte den Grundsatz dahingehend, daß das Ich sich schlechthin als sich setzend setzt (WL 1797). In den späteren Fassungen der Wissenschaftslehre benutzt Fichte, um die ursprüngliche Selbstsetzung des S.s zirkelfrei zu explizieren, eine optische Metaphorik: Das Ich ist eine Tätigkeit, der ein Auge eingesetzt ist (WL 1801) bzw. die ›Lichttheorie‹ des Bewußtseins (WL 1804). Zunehmend wird bei Fichte das S. als Erscheinungsform (Bild) des ↑Absoluten aufgefaßt.

Im Gegensatz zu Fichte sind für G. W. F. Hegel die aporetischen Konsequenzen, die sich aus dem Reflexionsmodell des S.s ergeben, nicht der Anlaß, diese durch eine andere Rekonstruktion zu beseitigen; sie sind vielmehr erwünscht, da sie der ›Beweis‹ sind, daß S. gerade nicht analog zum Gegenstandsbewußtsein aufgefaßt werden kann. In der ↑*Phänomenologie des Geistes* ist S. nach dem natürlichen Bewußtsein (als sinnliche Gewißheit [↑Gewißheit, sinnliche], Wahrnehmung, Verstand) die zweite Stufe im dialektischen (↑Dialektik) Entwicklungsgang des absoluten Geistes (↑Geist, ↑Geist, absoluter). Die Geschichte von dessen Genese ist gleichzeitig Darstellung der Wissenschaft als Prozeß verschiedener Gestalten des Wissens vom natürlichen Bewußtsein zum absoluten Wissen (↑Wissen, absolutes). Damit entwirft Hegel ein Gegenmodell zu F. W. J. Schellings intellektueller Anschauung (↑Anschauung, intellektuelle) als unmittelbarem S. des Absoluten. Die dialektische Struktur des S.s entfaltet Hegel einerseits begriffslogisch, indem die Bewegung von der Selbstgewißheit des reinen ununterschiedenen Ich über die Begierde als Aufhebung (↑aufheben/Aufhebung) der Ununterschiedenheit in der Wahrheit der Gewißheit zur doppelten Reflexion führt, die das S. als S. für ein S. ausweist. Nach der Interpretation von K. Marx sind die Kapitel der »Phänomenologie des Geistes« über »Herrschaft und Knechtschaft« (↑Herr und Knecht) sowie über »Stoizismus, Skeptizismus und das unglückliche Bewußtsein« als sozialhistorische Applikationen der Theorie des S.s zu lesen.

In ↑Neukantianismus und ↑Phänomenologie erfolgt im Zuge des Versuchs einer Neubegründung der Philosophie als Wissenschaft eine erneute Thematisierung des S.s. Während Husserl in den »Logischen Untersuchungen« (V. Untersuchung, Logische Untersuchungen II/1, Halle ³1922, 359–363, 375–377) gegen P. Natorp die Notwendigkeit der Annahme eines reinen Ich als Beziehungspol der Bewußtseinsinhalte bestreitet und damit das S. im Erlebnisstrom dissolviert sein läßt, ist in den späteren Ausarbeitungen der Phänomenologie eine Auseinandersetzung mit dem Reflexionsmodell des S.s festzustellen, besonders in den »Ideen I« (1913) und in den »Cartesianischen Meditationen« (1931). Dabei wird die als Ausgangspunkt gewählte Cartesische Position modifiziert, indem die noetisch-noematische (↑Noema, ↑Noesis) Struktur des Bewußtseins expliziert und die Bewußtseinsrelation *cogito – cogitatum* zur Relation *ego – cogito – cogitatum* erweitert wird. Für den Gang der philosophischen Untersuchung wird zwar die Generalthesis der natürlichen Einstellung außer Kraft gesetzt (↑Epochē), doch schließt diese Suspendierung nicht wie bei Descartes die Annahme der Nicht-Existenz der ↑Welt ein. Insofern gibt es für Husserl kein Problem des ↑Solipsismus, um so weniger als dieses und die Frage der ↑Intersubjektivität überhaupt erst auf der Grundlage der durchgeführten transzendental-phänomenologischen Reduktion (↑Reduktion, phänomenologische) gestellt werden könnten. S. wird bei Husserl, wenn nicht als ›Ich‹ oder ›Subjekt‹, vornehmlich unter den Titeln ›Selbstauslegung‹ und ›universale Selbstbesinnung‹ behandelt. Seine Position eines transzendental-phänomenologischen ↑Idealismus kennzeichnet er als »in Form systematisch egologischer Wissenschaft konsequent durchgeführte Selbstauslegung meines Ego als Subjektes jeder möglichen Erkenntnis« (Cartes. Meditat. § 41).

Für M. Heidegger hat das S. keine primäre Begründungsfunktion mehr. In der Vorlesung »Die Grundprobleme der Phänomenologie« vom SS 1927 (Gesamtausg. XXIV) wird dem Reflexionsmodell zwar inhaltliche und strukturelle Korrektheit attestiert, doch hat es für Heideggers »Interpretation der phänomenalen Tatbestände des Daseins« (225–226) keinerlei Bedeutung. Statt dessen wird in Aufnahme der Aussagen S. Kierkegaards das Selbstverhältnis des Menschen (↑Selbst, das) als praktische Beziehung interpretiert (↑Existenz). Systematischer Nachfolgebegriff des S.s ist bei Heidegger die ↑Sorge, das im besorgenden Umgang mit den Dingen liegende Selbstverständnis des ›Wer des In-der-Welt-seins‹. S. ist nur als abkünftiger Modus dieser ›primären Selbst-Erschließung‹ (226) aufzufassen.

Trotz der Kritik Heideggers und L. Wittgensteins an ›mentalistischen‹ (↑Mentalismus) Konstruktionen des Selbstverhältnisses des handelnden (redenden) Subjekts hat es im 20. Jh. in Deutschland eine Reihe von Versuchen gegeben, die klassisch-neuzeitliche S.theorie neu zu interpretieren. Bei H. Wagner verbinden sich Elemente der kritischen (Kant) und spekulativen (Hegel) Philosophie mit solchen der Phänomenologie, wobei (im Anschluß an R. Hönigswald) eine Synthese von Prinzipialität und ↑Faktizität angestrebt wird. Dem Denken als S. fällt dabei eine Begründungsleistung zu, insofern es als Unbedingtes (positiv-Unendliches) das von ihm Unterschiedene (positiv-Endliche) als bestimmtes Anderes (etwa als faktisches S.) zum Zwecke der Selbstbestimmung (↑Autonomie) aus sich selbst erzeugt. In seiner monadologischen Konzeption von Subjektivität bestimmt W. Cramer, unter ausdrücklicher Abweisung des Reflexionsmodells, S. als »Erzeugen des Gedankens ›Ich‹« (1957, § 64). – In Fortführung der Ansätze bei Cramer, Wagner und H. Krings suchen D. Henrich und seine Schüler die Theorie des S.s ähnlich wie bei Fichte als fundamentales Lehrstück der Theoretischen und Praktischen Philosophie (↑Philosophie, praktische, ↑Philosophie, theoretische) wieder zu etablieren. Dies geschieht zum einen in Auseinandersetzung mit dem bei Kant, Fichte, Schelling und Hegel erarbeiteten Problemstand, schließt aber zum anderen die Aufnahme analytischer Positionen ein. Den Zirkel, daß bei einem durch Reflexion eines Ich auf sich selbst konstituierten S. immer schon Selbstbezug vorausgesetzt werden muß, sucht Henrich dabei durch die Annahme eines präreflexiven Bewußtseins zu vermeiden. Dagegen interpretiert E. Tugendhat mit Mitteln der analytischen Sprachphilosophie das Verhältnis von S. und Selbstbestimmung (womit Tugendhat auch den praktischen Aspekt des Selbstverhältnisses aufgreift, der Heideggers primäres Anliegen war) in dem Sinne, daß die Bedeutung des ›Ich‹ auf die rein indexikalische Funktion des Pronomens der ersten Person singularis reduziert erscheint. Diesem Reduktionismus wird allerdings in der gegenwärtigen Debatte widersprochen. Bei M. Frank werden von Fichte ausgehend die historischen Dimensionen des Themas S. und der Stand der Diskussion in der neueren Analytischen Philosophie (↑Philosophie, analytische) aufgearbeitet. Derzeit muß als offen gelten, ob die Theorie des S.s logisch mit dem mentalistischen Paradigma verbunden ist und sich nach dem linguistic turn (↑Wende, linguistische) im Sinne einer Explikation der ↑Präsuppositionen des Redens auflöst, oder ob es eine Reformulierung der Theorie des S.s im Rahmen der linguistischen Wende geben kann und muß. In der ↑Philosophie des Geistes (↑philosophy of mind) werden bewußte Vorgänge auf mehreren, zum Teil unabhängigen Ebenen unterschieden, darunter die Ebenen der phänomenalen Zustände (↑Qualia), der subjektiven Perspektive oder des Wissens um diese subjektive Perspektive, eben das S.. S. stellt sich dann als mentale Repräsentation (↑Repräsentation, mentale) eigener mentaler Repräsentationen dar oder als mentale Repräsentation 2. Stufe. Die Diskussion des S.s dreht sich um die Frage, ob Bewußtsein notwendig S. sein und entsprechend die reflexive Komponente des begleitenden Kantischen ›ich denke‹ besitzen müsse. Bei Unterscheidung partiell unabhängiger Ebenen wird dagegen die Möglichkeit von Bewußtsein auch ohne eine solche reflexive Komponente angenommen. Insbes. können sich danach auch Tiere als Träger von Bewußtsein qualifizieren.

Literatur: M. Bartels, S. und Unbewußtes. Studien zu Freud und Heidegger, Berlin/New York 1976; P. Baumanns, Fichtes Wissenschaftslehre. Probleme ihres Anfangs. Mit einem Kommentar zu § 1 der »Grundlage der gesamten Wissenschaftslehre«, Bonn 1974; C. Becker, S. und Individualität. Studien zu einer Hermeneutik des Selbstverständnisses, Würzburg 1993; W. Becker, Idealismus und Skeptizismus. Kritische Betrachtungen über das Verhältnis von S. und Gegenstandsbewußtsein bei Kant und Fichte, als: Philosophie als Beziehungswissenschaft. Festschrift für Julius Schaaf, Achter Beitrag, ed. W. F. Niebel/D. Leisegang, Frankfurt 1971, ferner in: W. F. Niebel/D. Leisegang (eds.), Philosophie als Beziehungswissenschaft [...], Frankfurt 1974, VIII/1–VIII/25; J. L. Bermúdez, The Paradox of Self-Consciousness, Cambridge Mass. etc. 1998, 2000; P. Bieri (ed.), Analytische Philosophie des Geistes, Königstein 1981, Weinheim 2007; M. Borner, Über präreflexives S.. Subpersonale Bedingungen – empirische Gründe, Münster 2016; P. Carruthers, Phenomenal Consciousness, Cambridge etc. 2000, 2003; H.-N. Castañeda, ›He‹: A Study in the Logic of Self-Consciousness, Ratio 8 (1966), 130–157 (dt. ›Er‹: Zur Logik des S.s, Ratio 8 [1966], 117–142); ders., The Phenomeno-Logic of the I. Essays on Self-Consciousness, ed. J. G. Hart/T. Kapitan, Bloomington 1999; R. M. Chisholm, Person and Object. A Metaphysical Study, London, La Salle Ill. 1976, London 2002; ders., The First Person. An Essay on Reference and Intentionality, Brighton, Minneapolis Minn. 1981 (dt. Die erste Person. Theorie der Referenz und Intentionalität, Frankfurt 1992); U. Claesges, Geschichte des S.s. Der Ursprung des spekulativen Problems in Fichtes Wissenschaftslehre von 1794–95, Den Haag 1974; K. Cramer, ›Erlebnis‹: Thesen zu Hegels Theorie des S.s mit Rücksicht auf die Aporien eines Grund-

begriffs nachhegelscher Philosophie, Hegel-Stud. Beih. 11 (1974), 537–603; ders. u.a. (eds.), Theorie der Subjektivität, Frankfurt 1987, 1990; W. Cramer, Die Monade. Das philosophische Problem vom Ursprung, Stuttgart 1954; ders., Grundlegung einer Theorie des Geistes, Frankfurt 1957, ⁴1999; ders., Die absolute Reflexion I (Spinozas Philosophie des Absoluten), Frankfurt 1966; H. Fink-Eitel, Kants transzendentale Deduktion der Kategorien als Theorie des S.s, Z. philos. Forsch. 32 (1978), 211–238; M. Frank, S. und Selbsterkenntnis. Essays zur analytischen Philosophie der Subjektivität, Stuttgart 1991; ders., Fragmente einer Geschichte der S.s-Theorie von Kant bis Sartre, in: ders. (ed.), S.stheorien von Fichte bis Sartre, Frankfurt 1991, 2010, 413–599; ders. (ed.), S. und Selbsterkenntnis, Frankfurt 1994, 1996; ders., Präreflexives S.. Vier Vorlesungen, Stuttgart 2015; H.-G. Gadamer, Hegels Dialektik des S.s, in: H. F. Fulda/D. Henrich (eds.), Materialien zu Hegels »Phänomenologie des Geistes«, Frankfurt 1973, ⁸1992, 217–242, ferner in: ders., Hegels Dialektik. Sechs hermeneutische Studien, Heidelberg ²1980, 49–64, Neudr. unter dem Titel: Die Dialektik des S.s, in: ders., Ges. Werke III, Tübingen 1987, 47–64; R. J. Gennaro, Consciousness and Self-Consciousness. A Defense of the Higher-Order Thought Theory of Consciousness, Amsterdam/Philadelphia Pa. 1996; K. Gloy, Bewußtseinstheorien. Zur Problematik und Problemgeschichte des Bewußtseins und S., Freiburg/München 1998, 2004; M. Heidegger, Die Grundprobleme der Phänomenologie, Frankfurt 1975, 2005 (Gesamtausg. XXIV); D. Henrich, Fichtes ursprüngliche Einsicht, Frankfurt 1967; ders., S.. Kritische Einleitung in eine Theorie, in: R. Bubner/K. Cramer/R. Wiehl (eds.), Hermeneutik und Dialektik. Aufsätze I, Tübingen 1970, 257–284; ders., Zwei Theorien zur Verteidigung von S., Grazer philos. Stud. 7/8 (1979), 77–99; ders., Der Grund im Bewußtsein. Untersuchungen zu Hölderlins Denken (1794–1795), Stuttgart 1992, 2004; ders., Denken und Selbstsein. Vorlesungen über Subjektivität, Frankfurt 2007, Berlin 2016 (franz. Pensée et être-soi. Leçons sur la subjectivité, Paris 2008); C. Jäger, Selbstreferenz und S., Paderborn 1999; R. F. Koch, Fichtes Theorie des S.s. Ihre Entwicklung von den »Eignen Meditationen über ElementarPhilosophie« 1793 bis zur »Neuen Bearbeitung der W. L.« 1800, Würzburg 1989; U. Kriegel/K. Williford (eds.), Self-Representational Approaches to Consciousness, Cambridge Mass. etc. 2006; H. Krings, Transzendentale Logik, München 1964; G. Krüger, Die Herkunft des philosophischen S.s, Logos 22 (1933), 225–272, Neudr. in: ders., Freiheit und Weltverwaltung. Aufsätze zur Philosophie der Geschichte, Freiburg/München 1958, 11–69, separat Darmstadt 1958, 1962; P. Krüger, S. im Spiegel der analytischen Philosophie, Aachen 2000; A. Lailach-Hennrich, Ich und die anderen. Zu den intersubjektiven Bedingungen von S., Berlin 2011; C. Langbehn, Vom S. zum Selbstverständnis. Kant und die Philosophie der Wahrnehmung, Paderborn 2012; T. Lipps, Das S.. Empfindung und Gefühl, Wiesbaden 1901; J. Liu/J. Perry (eds.), Consciousness and the Self. New Essays, Cambridge etc. 2012; W. G. Lycan, Consciousness, Cambridge Mass./London 1987, 1995; E. Marbach, Das Problem des Ich in der Phänomenologie Husserls, Den Haag 1974; K. Musholt, Thinking About Oneself. From Nonconceptual Content to the Concept of a Self, Cambridge Mass. etc. 2015; A. Newen/K. Vogeley (eds.), Selbst und Gehirn. Menschliches S. und seine neurologischen Grundlagen, Paderborn 2000, ²2001; A. Newen/G. Vosgerau (eds.), Den eigenen Geist kennen. Selbstwissen, privilegierter Zugang und Autorität der ersten Person, Paderborn 2005; K. Oehler, Die Lehre vom noetischen und dianoetischen Denken bei Platon und Aristoteles. Ein Beitrag zur Erforschung der Geschichte des Bewußtseinsproblems in der Antike, München 1962, Hamburg

1985; ders., Subjektivität und S. in der Antike, Würzburg 1997; C. Peacocke, The Mirror of the World. Subjects, Consciousness, and Self-Consciousness, Oxford 2014, 2016; R. B. Pippin, Hegel's Idealism. The Satisfactions of Self-Consciousness, Cambridge 1989, 2001; O. Pöggeler, Hegels Idee einer Phänomenologie des Geistes, Freiburg/München 1973, erw. [2]1993; U. Pothast, Über einige Fragen der Selbstbeziehung, Frankfurt 1971; C. T. Powell, Kant's Theory of Self-Consciousness, Oxford/New York 1990; H. Radermacher, Fichtes Begriff des Absoluten, Frankfurt 1970; ders., S., Hb. ph. Grundbegriffe III (1974), 1305–1325; H. Röttges, Evidenz und Solipsismus in Husserls Cartesianischen Meditationen, als: Philosophie als Beziehungswissenschaften. Festschrift für Julius Schaaf, Neunter Beitrag, ed. W. F. Niebel/D. Leisegang, Frankfurt 1971, 1974, ferner in: W. F. Niebel/D. Leisegang (eds.), Philosophie als Beziehungswissenschaft [...], Frankfurt 1974, IX/5–IX/23; C. Schalhorn, Hegels enzyklopädischer Begriff von S., Hamburg 2000; W. Schulz, Ich und Welt. Philosophie der Subjektivität, Pfullingen 1979, 1993; S. Shoemaker, Self-Knowledge and Self-Identity, Ithaca N. Y. etc. 1963, 1974; T. Spitzley, Facetten des ›ich‹, Paderborn 2000; P. F. Strawson, The Bounds of Sense. An Essay on Kant's »Critique of Pure Reason«, London 1966, London etc. 2004 (dt. Die Grenzen des Sinns. Ein Kommentar zu Kants »Kritik der reinen Vernunft«, Königstein 1981, 1992); D. Sturma, Kant über S.. Zum Zusammenhang von Erkenntniskritik und Theorie des S.s, Hildesheim/Zürich/New York 1985; C. Taylor, Hegel, Cambridge 1975, 2005 (dt. Hegel, Frankfurt 1978, 2006); U. Thiel, The Early Modern Subject. Self-Consciousness and Personal Identity from Descartes to Hume, Oxford etc. 2011, 2014; E. Tugendhat, S. und Selbstbestimmung. Sprachanalytische Interpretationen, Frankfurt 1979, 2010 (engl. Self-Consciousness and Self-Determination, Cambridge Mass./London 1986); G. Vosgerau, Mental Representation and Self-Consciousness. From Basic Self-Representation to Self-Related Cognition, Paderborn 2009; H. Wagner, Philosophie und Reflexion, München/Basel 1959, [3]1980, Neudr. als: Ges. Schriften I, ed. B. Grünewald/R. Aschenberg, Paderborn etc. 2013; D. Wehinger, Das präreflexive Selbst. Subjektivität als minimales S., Münster 2016; U. Weitkamp, S.. Eine Untersuchung im Anschluss an Immanuel Kant, Frankfurt etc. 2001; J. Widmann, Die Grundstruktur des transzendentalen Wissens nach Joh. Gottl. Fichtes Wissenschaftslehre 1804[2], Hamburg 1977; D. Zahavi, Phenomenological Approaches to Self-Consciousness, SEP 2014; weitere Literatur: ↑Bewußtsein, ↑Ich, ↑Reflexion, ↑Selbst, das, ↑Subjekt.   C. F. G.

Selbstbezüglichkeit (auch: Selbstreferentialität, engl. self-referentiality, franz. autoréférentialité), in der ↑Erkenntnistheorie Bezeichnung für die Beziehung des Erkenntnissubjekts auf sich selbst, die sich insbes. im ↑Selbstbewußtsein manifestiert. In der ↑Transzendentalphilosophie und im Deutschen Idealismus (↑Idealismus, deutscher) wird die durch S. gekennzeichnete reflexive Struktur des Bewußtseins (↑reflexiv/Reflexivität, ↑Reflexion, ↑Reflexionsphilosophie) als Bedingung aller Erkenntnis überhaupt verstanden. In der *Analytischen Philosophie* (↑Philosophie, analytische) wird S. im Zusammenhang mit der Diskussion von *De-se*-Einstellungen und Theorien der ↑Referenz untersucht. In der Philosophie der ↑Biologie wird ›S.‹ gelegentlich im Kontext von Theorien der ↑Selbstorganisation zur Charakterisie-

rung von Eigenschaften lebendiger Systeme verwendet (↑Autopoiesis). In der *formalen Logik* (↑Logik, formale) und in der ↑*Sprachphilosophie* ist ›S.‹ ein semantischer Terminus zur Kennzeichnung einer Situation, in der ein Zeichen Bestandteil seiner eigenen Bedeutung ist. Einschlägig ist hier vor allem der Bereich der logischen und semantischen ↑Antinomien (↑Antinomien, logische, ↑Antinomien, semantische), in denen selbstbezüglich bezeichnende Ausdrücke auftreten (wie in ›dieser Satz ist falsch‹). Die Möglichkeit semantischer S. ohne Antinomien (wie in ›dieser Satz ist wahr‹) zeigt dabei, daß S. für sich allein nicht für das Auftreten von Antinomien verantwortlich gemacht werden kann. Es ist Gegenstand der philosophischen Antinomiendiskussion, harmlose bzw. semantisch zulässige von schädlicher bzw. semantisch unzulässiger (↑zulässig/Zulässigkeit) S. zu unterscheiden und hier insbes. das Verhältnis zwischen S. und definitorischer Zirkularität (↑zirkulär/Zirkularität, ↑idem per idem) zu bestimmen. Die vorgebrachten Vorschläge differieren vor allem in den Konstruktivitätsanforderungen, die man an Bedeutungszuordnungen richtet (↑konstruktiv/Konstruktivität). Innerhalb der Mathematischen Logik (↑Logik, mathematische) bezeichnet man in der *formalen* ↑*Arithmetik* mit ›Selbstbezug‹ (*self-reference*) auch den Rückverweis einer Formel auf sich selbst mit Hilfe ihrer Kodierung durch Gödelzahlen (↑Gödelisierung), der in ↑Unvollständigkeitssätzen und ↑Unentscheidbarkeitssätzen wie auch in arithmetischen Interpretationen der ↑Modallogik eine zentrale Rolle spielt.

Literatur: S. J. Bartlett (ed.), Reflexivity. A Source-Book in Self-Reference, Amsterdam/New York 1992; ders./P. Suber (eds.), Self-Reference. Reflections on Reflexivity, Dordrecht/Boston Mass./Lancaster 1987; T. Bolander, Self-Reference, SEP 2008, rev. 2013; G. Boolos, The Logic of Provability, Cambridge etc. 1993, 1996; E. Brendel, Die Wahrheit über den Lügner. Eine philosophisch-logische Analyse der Antinomie des Lügners, Berlin/New York 1992; B. Buldt, On Fixed Points, Diagonalization, and Self-Reference, in: W. Freitag u. a. (eds.), Von Rang und Namen. Philosophical Essays in Honour of Wolfgang Spohn, Münster 2016, 47–64; V. Halbach/A. Visser, Self-Reference in Arithmetic, I–II, Rev. Symb. Log. 7 (2014), 671–691, 692–712; D. R. Hofstadter, Gödel, Escher, Bach: an Eternal Golden Braid, New York 1979, 2008 (dt. Gödel, Escher, Bach: ein endloses geflochtenes Band, Stuttgart 1985, [20]2015, 2016); E. J. Lowe, Self, Reference and Self-Reference, Philos. 68 (1993), 15–33; G. Priest, The Structure of the Paradoxes of Self-Reference, Mind NS 103 (1994), 25–34; P. Schroeder-Heister/G. Kiss, Selbstreferenz, Hist. Wb. Ph. IX (1995), 515–518; R. M. Smullyan, Diagonalization and Self-Reference, Oxford 1994, 2003 (Oxford Logic Guides XXVII).   P. S.

Selbsterkenntnis (engl. self-knowledge), Bezeichnung sowohl für die alltagsweltlich-gelegentliche als auch für die ausdrückliche philosophische bzw. psychologische Bemühung, zu einem Wissen über die eigenen geistigen bzw. seelischen Zustände zu gelangen. Die Diskussion konzentriert sich auf die Frage, inwiefern das ↑Selbstbewußtsein von der S. zu unterscheiden ist. Während die subjektphilosophische neuzeitliche Tradition das Selbstbewußtsein weitgehend mit der reflexiven S. identifiziert, setzt sich vor allem unter dem Einfluß der Analytischen Philosophie (↑Philosophie, analytische) die Überzeugung durch, daß das Selbstbewußtsein eine ›nicht-gegenständliche, nicht-begriffliche und nicht-propositionale‹ (M. Frank, Selbstbewußtsein und S., 1991, 7) Bekanntschaft des Subjekts mit sich ist. Die S. dagegen ist dessen ›Reflexionsform‹. Sie verfährt ›explizit, begrifflich und in vergegenständlichender Perspektive‹ (ebd.). Nach dieser begrifflichen Unterscheidung, die in dieser Weise bereits von J. G. Fichte (vgl. D. Henrich, Fichtes ursprüngliche Einsicht, 1966, 1967), B. Russell und J.-P. Sartre getroffen worden ist, gehört zur S. damit im engeren Sinne nicht die Selbstvergewisserung des eigenen Existierens (R. Descartes, ↑cogito ergo sum), wohl aber die Beantwortung der Frage nach dem Sein und Wesen des Menschen (↑Daseinsanalyse, ↑Anthropologie usw.), die deskriptive bzw. normative Bestimmung der Lebensweise des Menschen (↑Ethik, ↑Moral), die erkenntnistheoretische Erforschung der subjektiven bzw. intersubjektiven Bedingungen und Grenzen der gegenständlich-objektiv bzw. auf das eigene Selbst gerichteten Erkenntnis (↑Logik, ↑Transzendentalphilosophie, ↑Hermeneutik, ↑Wissenschaftstheorie usw.) und die inhaltliche, mehr oder weniger psychologisch motivierte Selbsterfassung und Selbstanalyse. Die wesentlichen Mittel, zur S. zu gelangen, sind die ↑Introspektion (direkte Selbstbeobachtung und Selbstanalyse, die phänomenologische ↑Wesensschau [↑Phänomenologie] usw.), die intersubjektive Nachfrage (↑Intersubjektivität) und die Spekulation (↑spekulativ/Spekulation).

Die S. setzt voraus, daß das von ihr intendierte ↑Selbst ein Gegenstand ist. Während es strittig ist, auf welche Identität (↑Identität, personale) das Selbstbewußtsein (E. Anscombe, H.-N. Castañeda, S. Shoemaker u. a.) referiert, muß für die S. jedenfalls ein identischer Referent angenommen werden, etwa das empirische, durch eine individuell zurechenbare Geschichte bestimmte Subjekt. Da die abendländische Philosophie seit Sokrates das substantielle Selbst (↑Person, ↑Seele, ↑Geist) von dessen akzidentellen Zuständen und Tätigkeiten unterscheidet (so etwa Descartes, G. W. Leibniz, J. Locke, I. Kant), kann eine inhaltlich gehaltvolle S. nur hinsichtlich der dem Selbst zukommenden Eigenschaften erfolgen, wobei deren personale Bündelung und Zentrierung referentiell problematisch bleibt.

Die S. muß aus falsifizierbaren (↑Falsifikation) Aussagen bestehen, woraus folgt, daß die Identität zwischen erkennendem und erkanntem Selbst nicht absolut sein darf. L. Wittgenstein (1958) hat darauf aufmerksam gemacht, daß im Falle eines ›Subjektgebrauchs‹ von ›Selbst‹

(›Ich‹) keine falsifizierbare Aussage, also keine Erkenntnis vorliegt (Beispiel: ›ich habe Schmerzen‹). Die verbale Äußerung ist in diesem Falle nichts anderes als ›Ausdruck‹ (etwa des Schmerzes). Eine S. fordert einen ›Objektgebrauch‹ von ›Selbst‹ (Beispiel: ›ich blute‹). Die Differenz von erkennendem und erkanntem Selbst darf dabei aber auch wiederum nicht absolut sein, weil sich sonst der reflexive Charakter der Erkenntnis in der dritten Person aufhebt. Die S. ist also auf eine näher zu bestimmende Weise zwischen der unmittelbaren Gewißheit des Selbstbewußtseins einerseits und der gegenständlichen Fremderkenntnis andererseits angesiedelt. Das Selbst hat einen gegenüber den ↑Anderen privilegierten Zugang zu seinen eigenen Zuständen, zugleich aber muß es sich über deren Zuschreibung auch täuschen können. G. Ryle (The Concept of Mind, 1949, 154–198 [dt. 207–269]) plädiert dafür, die Selbstzuschreibungen eigener Zustände in gleicher Weise wie die bezüglich dritter Personen zu behandeln.

Philosophiegeschichtlich wird die S. in den beiden epochalen Erneuerungsbewegungen der Philosophie, in der Antike (Sokrates) und an der Schwelle zur Neuzeit, hier im Zuge der Ausbildung der historischen, soziologischen und psychologischen Wissenschaften, zum methodischen Paradigma. In beiden Fällen geht es wesentlich um eine durch S. zu erreichende Objektivitätssicherung auch der sonstigen gegenständlichen Erkenntnis. – Das delphische, von Sokrates als Aufgabe übernommene ›Erkenne dich selbst!‹ (γνῶθι σαυτόν) ist doppeldeutig. Es bezieht sich zum einen akzidentell auf dasjenige, was einem angehört, d. h. auf die eigenen Zwecke und die Vermögen, sie zu erreichen. Die S. führt dabei zu einem die Glückseligkeit (↑Glück (Glückseligkeit)) befördernden Wissen über innerweltliche Handlungsmöglichkeiten und über die anderen Menschen. In der Verfolgung seines auf die S. zielenden Programms entdeckt Sokrates zum anderen das substantielle Selbstbewußtsein und versteht das delphische Orakel auch als Aufforderung, über dieses zu einer Erkenntnis zu gelangen. In seiner Verteidigungsrede in der »Apologie« charakterisiert Sokrates sich – ebenfalls unter Berufung auf ein delphisches Orakel – als Wissenden seines Nichtwissens.

Das philosophische Programm einer systematisch betriebenen S. setzt historisch eine allgemeine Verunsicherung bei der Bestimmung handlungsleitender ↑Zwecke und bei der Zuordnung von Handlungen zu Zwecken voraus, wie sie postkonventionellen und damit sich selbst als modern verstehenden Zeiten eigentümlich ist. In solchen Situationen gerät allererst die Getrenntheit von geistigen bzw. psychisch-motivationalen (inneren) von welthaften (äußeren) Instanzen in den Blick (Innen-Außen-Differenz). Im Zuge der fortschreitenden Selbstidentifizierung kommt es darüber hinaus zu einem

Wissen um die epistemische Differenz von interpersoneller Fremderkenntnis und S., verbunden mit der bestreitbaren (M. Scheler, S. Freud) Überzeugung, daß die S. der Erkenntnis von Fremdem gegenüber privilegiert ist. Im extremen neuzeitlichen Falle (J.-J. Rousseau, I. Kant; Deutscher Idealismus, ↑Idealismus, deutscher) wird das eigene, von allen inhaltlich-materialen Bestimmungen freie, reine und mit sich identische Selbst im Zuge einer S. als systematischer Ort der allgemeinverbindlichen Prinzipien von Erkenntnis und Moral identifiziert (↑Vernunft). Die Vernunftkritik ist S.. In dieser Tradition wird das Selbstbewußtsein weitgehend mit reflexiver S. identifiziert.

G. W. F. Hegel hat in der ↑Phänomenologie des Geistes (↑Herr und Knecht) darauf aufmerksam gemacht, daß die ausdrückliche S. genetisch gegenüber der gegenständlichen und der auf den Anderen gerichteten Erkenntnis abkünftig ist. Das Selbst thematisiert sich in seinen eigenen Zuständen als bestimmtes ↑Subjekt und auch als substantielles, d. h. identisches, personales und präreflexives Selbstbewußtsein erst innerhalb eines gegenständlich-praktischen, intersubjektiven und historischen Umfelds. – In der romantischen Naturphilosophie (↑Naturphilosophie, romantische) und hier vor allem in der Psychiatrie wird das ↑Unbewußte als psychische Instanz entdeckt, die dann in der ↑Psychoanalyse zum zentralen Theoriestück wird. Die Psychoanalyse geht von der Voraussetzung aus, daß es durch ↑Verdrängung psychischen Erlebens entstandenes Unbewußtes gibt, das mit therapeutischer Hilfe bewußt gemacht werden kann. Die mit Verdrängung verbundene Selbsttäuschung über die eigene jeweilige Erlebnisgeschichte wird als ursächliches Hemmnis für die Heilung neurotischer, ja sogar psychotischer Symptome angesehen. Der S. wird damit im Hinblick auf psychische Krankheiten die entscheidende heilende Wirkung zugeschrieben.

Literatur: D. Bar-On, Speaking My Mind. Expression and Self-Knowledge, Oxford 2004; W. Barz, Die Transparenz des Geistes, Berlin 2012; A. Bilgrami, Self-Knowledge and Resentment, Cambridge Mass./London 2006, 2012; P. Carruthers, The Opacity of Mind. An Integrative Theory of Self-Knowledge, Oxford etc. 2011; Q. Cassam, Self-Knowledge, Oxford etc. 1994, 2000; A. Coliva (ed.), The Self and Self-Knowledge, Oxford etc. 2012; J. Fernández, Transparent Minds. A Study of Self-Knowledge, Oxford etc. 2013; M. Frank, Die Unhintergehbarkeit von Individualität. Reflexionen über Subjekt, Person und Individuum aus Anlaß ihrer ›postmodernen‹ Toterklärung, Frankfurt 1986, 2009 (franz. L'ultime raison du sujet. Essai, Arles 1988); ders., Selbstbewußtsein und S.. Essays zur analytischen Philosophie der Subjektivität, Stuttgart 1991; ders. (ed.), Selbstbewußtseinstheorien von Fichte bis Sartre, Frankfurt 1991, ²1993, 2010; ders. (ed.), Analytische Theorien des Selbstbewußtseins, Frankfurt 1994, ²1996; H. F. Fulda/C. Krijnen (eds.), Systemphilosophie als S.. Hegel und der Neukantianismus, Würzburg 2006; A. Gallois, The World without, the Mind within. An Essay on First-Person Authority, Cambridge etc. 1996; B. Gertler (ed.), Privileged Access. Philosophical Accounts of Self-Knowledge, Aldershot etc. 2003; ders., Self-Knowledge, SEP 2003, rev. 2015; ders., Self-Knowledge, London/New York 2011; C. Göbel, Griechische S.. Platon – Parmenides – Stoa – Aristipp, Stuttgart 2002; G. L. Hagberg, Describing Ourselves. Wittgenstein and Autobiographical Consciousness, Oxford etc. 2008; F.-P. Hager/A. Speer/H. Hühn, S., Hist. Wb. Ph. IX (1995), 406–440; J. Hardy, Jenseits der Täuschungen. S. und Selbstbestimmung mit Sokrates, Göttingen 2011; A. Hartle, Self-Knowledge in the Age of Theory, Lanham Md. etc. 1997; A. Hatzimoysis (ed.), Self-Knowledge, Oxford etc. 2011; D. Henrich, Fichtes ursprüngliche Einsicht, in: ders./H. Wagner (eds.), Subjektivität und Metaphysik. Festschrift für Wolfgang Cramer, Frankfurt 1966, 188–232, separat: Frankfurt 1967; ders., Selbstbewußtsein. Kritische Einleitung in eine Theorie, in: R. Bubner/K. Cramer/R. Wiehl (eds.), Hermeneutik und Dialektik I, Tübingen 1970, 257–284; H. F. Klemme, Kants Philosophie des Subjekts. Systematische und entwicklungsgeschichtliche Untersuchungen zum Verhältnis von Selbstbewußtsein und S., Hamburg 1996; P. Ludlow/N. Martin (eds.), Externalism and Self-Knowledge, Stanford Calif. 1998; B. P. McLaughlin, Self-Knowledge, Enc. Ph. VIII (²2006), 722–728; C. Michel, Self-Knowledge and Self-Deception. The Role of Transparency in First Personal Knowledge, Münster 2014; R. Moran, Authority and Estrangement. An Essay on Self-Knowledge, Princeton N. J./Oxford 2001; S. Nuccetelli, New Essays on Semantic Externalism and Self-Knowledge, Cambridge Mass./London 2003; U. Renz (ed.), Self-Knowledge. A History, New York 2017; B. Russell, The Analysis of Mind, London, New York 1921, London 1995 (dt. Die Analyse des Geistes, Leipzig 1927, Hamburg 2006); G. Ryle, The Concept of Mind, London/Melbourne/Sydney 1949 (repr. Chicago Ill. 1984, London etc. 1990), London/New York 2009 (dt. Der Begriff des Geistes, Stuttgart 1969, 2015); S. Shoemaker, Self-Knowledge and Self-Identity, Ithaca N. Y. 1963, Ithaca N. Y./London 1974; ders., Self-Reference and Self-Awareness, J. Philos. 65 (1968), 555–567, Neudr. in: ders., Identity, Cause and Mind [s. u.], 6–18; ders., Identity, Cause and Mind. Philosophical Essays, Cambridge etc. 1984, Oxford 2003; D. Smithies/D. Stoljar (eds.), Introspection and Consciousness, Oxford etc. 2012; R. C. Stalnaker, Our Knowledge of the Internal World, Oxford etc. 2008, 2010; E. Tugendhat, Selbstbewußtsein und Selbstbestimmung. Sprachanalytische Interpretationen, Frankfurt 1979, ⁶1997, 2010 (engl. Self-Consciousness and Self-Determination, Cambridge Mass. 1986; franz. Conscience de soi et autodétermination, Paris 1995); D. P. Verene, Philosophy and the Return to Self-Knowledge, New Haven Conn./London 1997; J. Volbers, S. und Lebensform. Kritische Subjektivität nach Wittgenstein und Foucault, Bielefeld 2009; L. Wittgenstein, The Blue Book, in: ders., Preliminary Studies for the »Philosophical Investigations« Generally Known as the Blue and Brown Books, Oxford 1958, um einen Index erw. ²1969, Oxford/Malden Mass. 2007, 1–74 (dt. Original: Das Blaue Buch. Eine Philosophische Betrachtung, in: ders., Schriften V, Frankfurt 1970, ¹¹2010, 15–116); ders., Letzte Schriften über die Philosophie der Psychologie. Das Innere und das Äußere. 1949–1951, Frankfurt 1993; C. Wright/B. C. Smith/C. Macdonald (eds.), Knowing Our Own Minds, Oxford etc. 1998, 2000. S. B.

Selbstorganisation (engl. self-organization, franz. auto-organisation), Terminus zur Bezeichnung der spontanen Ausbildung geordneter makroskopischer Strukturen, die aus lokalen Wechselwirkungen oder sich selbst verstärkenden mikroskopischen Fluktuationen entstehen und durch Selektion auf Grund der jeweils vorliegenden ↑Randbedingungen oder Zwangsbedingungen stabilisiert werden. Der Zustand eines selbstorganisierten Systems hängt entsprechend wesentlich von systeminternen Faktoren ab und wird nicht durch einen steuernden Einfluß von außen erreicht. Entsprechend werden selbstorganisierte Systeme auch als autonom betrachtet. S. ist Grundlage zahlreicher Ordnungsmuster und kohärenter Verhaltensweisen in der unbelebten und belebten Natur sowie im Bereich der Zivilisation. Breit rezipierte frühe Beispiele für S. bilden I. Kants Rekonstruktion der Entstehung des Sonnensystems durch gravitative Wechselwirkung (›Kant-Laplace-Theorie‹, Allgemeine Naturgeschichte und Theorie des Himmels, 1755) sowie T. Schellings Erklärung starker gesellschaftlicher Segregation durch schwache Präferenzen für eine Nachbarschaft ähnlicher Zusammensetzung (Micromotives and Macrobehavior, 1978).

S. ergibt sich insbes. bei Systemen, die sich (1) fern vom jeweiligen Gleichgewichtszustand befinden und bei denen das Ungleichgewicht durch beständigen Durchfluß von Materie oder Energie (also etwa durch Zufuhr neuer Ausgangsstoffe und Beseitigung der Endprodukte) aufrechterhalten wird und bei denen (2) die Systemkomponenten zu ihrer eigenen Reproduktion beitragen. Beispiele sind chemische Reaktionen mit autokatalytischen oder zyklisch katalytischen Schritten, bei denen Moleküle die Bildung gleichartiger Moleküle katalysieren. Dabei handelt es sich um Reaktionen des Typs $A + X \rightarrow 2X$ (Autokatalyse) oder $A + X \rightarrow Y, B + Y \rightarrow X$ (zyklische Katalyse). Die biologische Selbstreproduktion von Organismen ist ebenfalls ein autokatalytischer Prozeß. Durch diesen Mechanismus werden zufällige, mikroskopische Schwankungen des internen Zustands des entsprechenden Systems verstärkt. Zugleich üben die jeweiligen Randbedingungen, denen das System unterliegt, eine Selektionswirkung aus, so daß letztlich eine dieser Schwankungen dominant wird und den makroskopischen Zustand des Systems bestimmt. So wird z. B. beim Laser die Aussendung von Photonen durch bereits vorhandene Photonen stimuliert (induzierte Emission); die Photonen mit passenden optischen Eigenschaften werden durch die makroskopischen Zwangsbedingungen des Lasersystems (Spiegelabstand etc.) stabilisiert (während der Rest etwa durch destruktive Interferenz verlorengeht). Die sich auf diese Weise ausbildende stehende Welle steuert die Lichtemission der Moleküle der laseraktiven Substanz; zugleich entsteht sie erst aus den einzelnen Emissionsprozessen.

Durch den Mechanismus der S. fügen sich die ungeordneten Einzelprozesse zu einem kohärenten Verhalten des Systems als Ganzen zusammen (›Ordnung aus dem Chaos‹). Zusammenhängendes Verhalten dieser Art dokumentiert sich etwa in den dissipativen Strukturen der

irreversiblen ↑Thermodynamik, also z. B. in zyklisch oszillierenden chemischen Reaktionen (Belousov-Zhabotinsky-Reaktion) oder in regelmäßigen Größenschwankungen biologischer Populationen (Lotka-Volterra-Modell; ↑Ökologie). Dabei ergibt sich insbes. die Möglichkeit, daß die äußeren Zwangsbedingungen mehrere unterschiedliche Systemzustände zulassen. In diesem Falle wird die jeweils realisierte Struktur durch die Natur der entsprechenden Fluktuationen festgelegt. Struktur und Verhalten selbstorganisierter Systeme beruhen wesentlich auf systeminternen Bestimmungsgrößen und Mechanismen; solche Systeme besitzen daher eine relative Autonomie gegenüber äußeren Situationsumständen. Charakteristisch ist weiterhin der in aller Regel abrupte Wechsel zwischen ungeordneten und geordneten Zuständen bzw. zwischen unterschiedlichen Ordnungszuständen (Phasenübergänge).

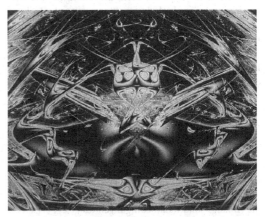

Abrupte Zustandsübergänge bei Wachstumsprozessen nach der logistischen Gleichung: Helligkeitskontraste zeigen Übergänge zwischen Bereichen geordneten bzw. chaotischen Verhaltens in einem durch die Systemparameter gebildeten abstrakten Raum an (aus: Spektrum Wiss. 1995, H. 4, 71, Computergraphik von M. Markus).

Das Konzept der S. wurde zwischen 1960 und 1975 zunächst unabhängig im Rahmen unterschiedlicher Disziplinen entwickelt. Erst im Verlaufe der 1970er Jahre wurde erkannt, daß Ansätze im Bereich der ↑Kybernetik (H. v. Foerster), der physikalischen Chemie (I. Prigogine), der Laserphysik (H. Haken) und der Ökologie (C. S. Holling) jeweils gleichartige theoretische Mechanismen beinhalten. Die Entstehung von Ordnung durch S. wurde daraufhin zum zentralen Gegenstand eines von Haken als ↑›Synergetik‹ bezeichneten neuartigen, transdisziplinär (↑Transdisziplinarität) angelegten Forschungsprogramms.

S. gilt inzwischen weithin als Modell der Strukturbildung in zahlreichen verschiedenartigen Prozessen. Ausdruck dieser ›Globalisierung‹ des Konzepts der S. ist seine Anwendung etwa auf zivilisatorische Prozesse (wie Verstädterung oder Verkehrsströme) oder biologische Phänomene (wie das Sozialverhalten von Termiten). Insbes. mit Blick auf biologische Strukturbildungen wird die Fähigkeit zur S. unter den Begriff der ↑Autopoiesis (H. R. Maturana/F. Varela) gefaßt. Dadurch wird zum Ausdruck gebracht, daß sich biologische Systeme unter Erhaltung ihrer Struktur fortwährend selbst erneuern. Eine biologische Zelle bedarf des ständigen Energie- und Stoffdurchsatzes, um die für ihr Überleben erforderlichen internen Strukturen (etwa Konzentrationsgradienten) aufrechtzuerhalten. Diese Strukturerhaltung ist folglich ein aktiver, systemintern gesteuerter Prozeß. In dieser Sichtweise ist die biologische ↑Evolution nicht als direkte Wirkung der ↑Selektion durch die Umweltbedingungen zu verstehen, denen die Organismen passiv unterworfen sind; sie gilt vielmehr als Prozeß der aktiven Anpassung an wechselnde Situationsumstände. Insbes. tragen die evolvierenden Organismen zu einer Veränderung der für sie relevanten Umweltbedingungen bei (Koevolution).

In allgemein philosophischer Hinsicht gilt das Modell der S. vielfach als Ansatzpunkt einer umfassenden Neuorientierung (eines ›Paradigmenwechsels‹). Vor allem wird es als Stütze für die folgenden Positionen herangezogen. (1) *Prozeßontologie*: Nicht statische Objekte bilden die Grundbausteine der Wirklichkeit, sondern ↑Prozesse. Die scheinbar unveränderlichen Eigenschaften der Objekte sind nicht einfach vorhanden, sondern werden beständig und aktiv neu erzeugt. (2) ↑*Indeterminismus*: Die Entwicklung von Systemen ist nicht durch die Anfangs- und Randbedingungen festgelegt (↑Determinismus), sondern wird entscheidend durch systeminterne Fluktuationen bestimmt. Dieses Merkmal gilt als Stütze für die Annahme einer ›offenen Zukunft‹, die die Möglichkeit ›schöpferischer Neuartigkeit‹ eröffnet. (3) *Gestaltungsfreiheit*: Systeme sind den jeweils vorherrschenden Umständen nicht passiv unterworfen. Ihnen kommt stattdessen eine gewisse Selbständigkeit zu; sie besitzen einen Spielraum für die aktive Gestaltung ihrer eigenen Struktur und für die Einflußnahme auf die Umgebungsfaktoren. (4) *Emergentismus* (↑emergent/Emergenz): Ganzheiten bilden Eigenschaften aus, die sich von denen ihrer Bestandteile wesentlich unterscheiden und doch auf lokale Wechselwirkungen dieser Bestandteile zurückgehen.

Literatur: A. Babloyantz, Molecules, Dynamics, and Life. An Introduction to Self-Organization of Matter, New York etc. 1986; P. Bak, How Nature Works. The Science of Self-Organized Criticality, New York 1996, 1999; W. Böcher, S., Verantwortung, Gesellschaft. Von subatomaren Strukturen zu politischen Zukunftsvisionen, Opladen 1996; S. Camazine u. a., Self-Organization in Biological Systems, Princeton N. J./Oxford 2001, 2003; F. Capra, The Turning Point. Science, Society and the Rising Culture, New York 1982, London 1983, bes. 263–304 (dt. Wendezeit. Bausteine für ein neues Weltbild, Bern etc. 1982, [20]1991, München 2004, bes. 293–339; franz. Le temps du changement. Science, société et nouvelle culture, Monaco 1983, 1994, bes. 247–288); K. Decker, S., in: W. Korff/L. Beck/P. Mikat (eds.), Lexikon der Bioethik III, Gütersloh 1998, 293–297; A. Dress/H. Hendrichs/G. Küppers (eds.), S.. Die Entstehung von Ordnung in Natur und Gesellschaft, München/Zürich 1986; W. Ebeling/J. Freund/F. Schweitzer, Komplexe Strukturen. Entropie und Information, Stuttgart/Leipzig 1998; M. Eigen, Selforganization of Matter and the Evolution of Biological Macromolecules, Naturwiss. 58 (1971), 465–523; ders./R. Winkler, Das Spiel. Naturgesetze steuern den Zufall, München/Zürich 1975, [9]1990, Eschborn 2011 (engl. Laws of the Game. How the Principles of Nature Govern Chance, Harmondsworth etc. 1981, Princeton N. J. 1993); ders./P. Schuster, The Hypercycle. A Principle of Natural Self-Organization, Berlin/Heidelberg/New York 1979; R. Feistel/W. Ebeling, Evolution of Complex Systems. Self-Organization, Entropy and Development, Dordrecht/Boston Mass./London 1989, ohne Untertitel, Berlin 1989; B. Feltz/M. Crommelinck/P. Goujon (eds.), Self-Organization and Emergence in Life Sciences, Dordrecht 2006; H. R. Fischer (ed.), Autopoiesis. Eine Theorie im Brennpunkt der Kritik, Heidelberg 1991, [2]1993; H. v. Foerster, On Self-Organizing Systems and their Environments, in: M. C. Yovits/S. Cameron (eds.), Self-Organizing Systems. Proceedings of an Interdisciplinary Conference 5 and 6 May, 1959, London etc. 1960 (repr. Washington D. C. 1962), 31–48; E. Göbel, Theorie und Gestaltung der S., Berlin 1998; W. Hahn/P. Weibel (eds.), Evolutionäre Symmetrietheorie. S. und dynamische Systeme, Stuttgart 1996; H. Haken, Synergetics. An Introduction. Nonequilibrium Phase Transitions and Self-Organization in Physics, Chemistry and Biology, Berlin/Heidelberg/New York 1977, Berlin etc. [3]1983 (dt. Synergetik. Eine Einführung. Nichtgleichgewichts-Phasenübergänge und S. in Physik, Chemie und Biologie, Berlin 1982, [3]1990); ders., Information and Self-Organization. A Macroscopic Approach to Complex Systems, Berlin etc. 1988, Berlin/Heidelberg/New York [3]2006; ders./A. Wunderlin, Die Selbststrukturierung der Materie. Synergetik in der unbelebten Welt, Braunschweig/Wiesbaden 1991; H. Haken u. a., Beiträge zur Geschichte der Synergetik. Allgemeine Prinzipien der S. in Natur und Gesellschaft, Wiesbaden 2016; M. Heidelberger, S., Hist. Wb. Ph. IX (1995), 509–514; E. Jantsch, Die S. des Universums. Vom Urknall zum menschlichen Geist, München/Wien 1979, [4]1988, 1992; H. J. Jensen, Self-Organized Criticality. Emergent Complex Behavior in Physical and Biological Systems, Cambridge etc. 1998; R. H. Jung, Self-Organization, in: H. K. Anheier/S. Toepler/R. List (eds.), International Encyclopedia of Civil Society III, New York 2010, 1364–1370; S. A. Kauffman, The Origins of Order. Self-Organization and Selection in Evolution, Oxford etc. 1993, 2010; ders., At Home in the Universe. The Search for Laws of Self-Organization and Complexity, Oxford etc. 1995, 1996 (dt. Der Öltropfen im Wasser. Chaos, Komplexität, S. in Natur und Gesellschaft, München/Zürich 1996, 1998); J. A. S. Kelso, Self-Organizing Dynamical Systems, IESBS XX (2001), 13844–13850; H. Krapp/T. Wägenbaur (eds.), Komplexität und S.. ›Chaos‹ in den Natur- und Kulturwissenschaften, München 1997; K. W. Kratky/F. Wallner, Grundprinzipien der S., Darmstadt 1990; W. Krohn/G. Küppers/R. Paslack, S.. Zur Genese und Entwicklung einer wissenschaftlichen Revolution, in: S. J. Schmidt (ed.), Der Diskurs des Radikalen Konstruktivismus, Frankfurt 1987, [9]2003, 441–465; ders./G. Küppers (eds.), S.. Aspekte einer wissenschaftlichen Revolution, Braunschweig/Wiesbaden 1990, 1992; ders./G. Küppers/N. Nowotny (eds.), Selforganization. Portrait of a Scientific Revolution, Dordrecht/Boston Mass./London 1990; ders./G. Küppers (eds.), Emergenz. Die Entstehung von Ordnung, Organisation und Bedeutung, Frankfurt 1992; ders./H. Krug/G. Küppers (eds.), Konzepte von Chaos und S. in der Geschichte der Wissenschaften, Berlin 1992 (S.. Jb. Komplexität Natur-, Sozial- und Geisteswiss. III); H.-J. Krug/L. Pohlmann (eds.), Evolution und Irreversibilität, Berlin 1998; P. Krugman, The Self-Organizing Economy, Cambridge Mass./Oxford 1996, Malden Mass./ Oxford 1998 (franz. L'économie auto-organisatrice, Paris/Brüssel 1998, ²2008); B.-O. Küppers (ed.), Ordnung aus dem Chaos. Prinzipien der S. und Evolution des Lebens. Manfred Eigen zum 60. Geburtstag, München/Zürich 1987, ³1991; G. Küppers (ed.), Chaos und Ordnung. Formen der S. in Natur und Gesellschaft, Stuttgart 1996, 1997; ders., S., EP III (²2010), 2428–2433; T. Leiber, Vom mechanistischen Weltbild zur S. des Lebens. Helmholtz' und Boltzmanns Forschungsprogramme und ihre Bedeutung für Physik, Chemie, Biologie und Philosophie, Freiburg/ München 1999, 2000; R. v. Lüde/D. Moldt/R. Valk (eds.), S. und Governance in künstlichen und sozialen Systemen, Berlin/Münster 2009; N. Luhmann, Soziale Systeme, Frankfurt 1984, ¹⁶2015; K. Mainzer, Thinking in Complexity. The Complex Dynamics of Matter, Mind, and Mankind, Berlin etc. 1994, mit Untertitel: The Computational Dynamics of Matter, Mind, and Mankind, ⁴2004, ⁵2007; F. Malik, Systemisches Management, Evolution, S.. Grundprobleme, Funktionsmechanismen und Lösungsansätze für komplexe Systeme, Bern/Stuttgart/Wien 1993, ⁵2009; H. R. Maturana, Erkennen. Die Organisation und Verkörperung von Wirklichkeit. Ausgewählte Arbeiten zur biologischen Epistemologie, Braunschweig/Wiesbaden 1982, ²1985; ders./F. Varela, De maquinas y seres vivos. Una teoria sobre la organización biológica, Santiago de Chile 1973 (engl. Autopoiesis and Cognition. The Realization of the Living, Dordrecht/Boston Mass./London 1980 [Boston Stud. Philos. Sci. 42]); dies., Autopoietic Systems. A Characterization of Living Organization, Urbana Ill. 1975 (dt. Autopoietische Systeme. Eine Bestimmung der lebendigen Organisation, in: H. R. Maturana, Erkennen [s. o.], 170–235); A. S. Mikhailov/V. Calenbuhr, From Cells to Societies. Models of Complex Coherent Action, Berlin etc. 2002, 2006; J. Mingers, Self-Producing Systems. Implications and Applications of Autopoiesis, New York 1995; V. Müller-Benedict, S. in sozialen Systemen. Erkennung, Modelle und Beispiele nichtlinearer Dynamik, Opladen 2000; R. Paslack, Urgeschichte der S.. Zur Archäologie eines wissenschaftlichen Paradigmas, Braunschweig/Wiesbaden 1991 (mit Bibliographie, 185–195); ders./P. Knost, Zur Geschichte der S.sforschung. Ideengeschichtliche Einführung und Bibliographie (1940–1990), Bielefeld 1990; J. Pokorný/T.-M. Wu, Biophysical Aspects of Coherence and Biological Order, Berlin etc. 1998; I. Prigogine, Introduction to Thermodynamics of Irreversible Processes, Springfield Ill. 1955, New York ³1967; ders., From Being to Becoming. Time and Complexity in the Physical Sciences, San Francisco Calif. 1980 (dt. Vom Sein zum Werden. Zeit und Komplexität in den Naturwissenschaften, München/ Zürich 1979, ⁶1992); ders./G. Nicolis, Self-Organization in Nonequilibrium Systems. From Dissipative Structure to Order through Fluctuations, New York etc. 1977; K. Richter/J.-M. Rost, Komplexe Systeme. Chaos, S., zelluläre Automaten, Spiel des Lebens, granulare Systeme, Fraktale, Phasenübergänge, Skaleninvarianz, logische Tiefe, Frankfurt 2002, ²2004; V. Riegas (ed.), Zur Biologie der Kognition. Ein Gespräch mit Humberto R. Maturana und Beiträge zur Diskussion seines Werkes, Frankfurt 1990, ³1993; G. Roth/H. Schwegler (eds.), Self-Organizing Systems. An Inter-disciplinary Approach, Frankfurt/New York 1981; W. C. Schieve/P. M. Allen, Self-Organization and Dissipative Structure. Applications in the Physical and Social Sciences, Austin Tex. 1982; F. Schweitzer/G. Silverberg (eds.), Evolution und S. in der Ökonomie/Evolution and Self-Organization in Economics, Berlin 1998; A. Stephan, Emergenz. Von der Unvorhersagbarkeit zur S., Dresden/München 1999, Paderborn ³2007; M. Svilar/P. Zahler (eds.), S. der Materie?, Bern etc. 1984; M. Tigrek, S. als naturwissenschaftlicher Begriff und als Begriff der Soziologie. Die Untersuchung eines interdisziplinären Ansatzes und seiner Folgen, Münster 1998; W. Tschacher/G. Schiepek/E. J. Brunner (eds.), Self-Organization and Clinical Psychology. Empirical Approaches to Synergetics in Psychology, Berlin etc. 1992; M. Weingarten, Organismen – Objekte oder Subjekte der Evolution? Philosophische Studien zum Paradigmawechsel in der Evolutionsbiologie, Darmstadt 1993, 246–282 (Kap. 8 S.. Paradigmawechsel auch in der Biologie?). M. C.

Selbstzweck, Bezeichnung für solche ↑Zwecke, die nicht lediglich als Schritte auf dem Wege zur Erreichung anderer Zwecke verfolgt werden. S.e sind nicht nur als ↑Mittel, sondern auch ›um ihrer selbst willen‹ erstrebenswert; sie gelten im philosophischen Tradition häufig als der eigentliche Inhalt des guten Lebens (↑Leben, gutes), als die ›letzten‹ Ziele, um derentwillen alles sonst teleologisch (↑Teleologie) orientierte Handeln geschieht. So zeichnet bereits Aristoteles die theoretische Betrachtung (↑Theoria), die er nicht nur als technisches Werkzeug menschlicher Weltbewältigung versteht, als letzten Zweck und Inhalt des glücklichen Lebens (↑Eudämonismus) in seiner höchsten Form aus (Eth. Nic. K). In den philosophischen Theorien des guten Lebens treten neben der reinen Wissenschaft insbes. die vielfältigen Tätigkeiten der Muße, des Genusses, der Reflexion, der Kommunikation und der künstlerischen Produktion als S.e auf. Soweit sich eine Person nicht in S.en verwirklichen und damit ihr Handeln nur als Mittel verstehen kann, gilt ihr Leben als entfremdet (oder sie als sich selbst entfremdet) in dem Sinne, in dem der Begriff der ↑Entfremdung auf die Instrumentalisierung menschlicher Tätigkeit, insbes. ↑Arbeit, bezogen ist. – In der von I. Kant entwickelten moralphilosophischen Perspektive treten ↑Personen als ›Zwecke an sich selbst‹ (Grundl. Met. Sitten A 66, Akad.-Ausg. IV, 429) in dem Sinne auf, daß sie nicht lediglich als Mittel zu anderen Zwecken verstanden werden sollen.

Literatur: J. L. Ackrill, Aristotle on Eudaimonia, in: A. O. Rorty (ed.), Essays on Aristotle's Ethics, Berkeley Calif. etc. 1980, 2009, 15–33; E. Angehrn, Der Begriff des Glücks und die Frage der Ethik, Philos. Jb. 92 (1985), 35–52; D. Asselin, Human Nature and ›Eudaimonia‹ in Aristotle, New York etc. 1989; T. Auxter, Kant's Moral Teleology, Macon Ga. 1982; G. Bien, Die Grundlegung der politischen Philosophie bei Aristoteles, Freiburg/ München 1973, ³1985; N. Fischer, Tugend und Glückseligkeit. Zu ihrem Verhältnis bei Aristoteles und Kant, Kant-St. 84 (1983), 1–21; M. Forschner, Reine Morallehre und Anthropologie, Neue H. Philos. 22 (1983), 25–44; R. Kraut, Aristotle on the Human

Good, Princeton N. J. 1989, 1991; R. Langthaler, Kants Ethik als ›System der Zwecke‹. Perspektiven einer modifizierten Idee der ›moralischen Teleologie‹ und Ethikotheologie, Berlin/New York 1991 (Kant-St. Erg.hefte 125); T. Nisters, Kants kategorischer Imperativ als Leitfaden humaner Praxis, Freiburg/München 1989; J.-E. Pleines, Einführung in praktische Vernunft II (Wirklichkeit und Wahrheit), Würzburg 1989; W. Ritzel, Glück versus Moral, Persp. Philos. Neues Jb. 15 (1989), 263–289; U. J. Wenzel, S.; Zweck an sich selbst, Hist. Wb. Ph. IX (1995), 560–564; R. Wimmer, Die Doppelfunktion des Kategorischen Imperativs in Kants Ethik, Kant-St. 73 (1982), 291–320; J. Zimmer/A. Regenbogen, Zweck/Mittel, EP III (²2010), 3129–3133.   F. K.

Selektion (auch: natürliche Zuchtwahl, engl. selection), von C. R. Darwin in die ↑Biologie eingeführter Terminus zur Bezeichnung der Methode, in ↑Organismen erbliche Merkmale zu fixieren bzw. Merkmalsänderungen unterschiedlicher Art (morphologische, physiologische, ethologische) in einer bestimmten Richtung zu kumulieren. Wie der Züchter Organismen, die bestimmte, ihn interessierende Merkmale besitzen, auswählen und bevorzugt zur Fortpflanzung zulassen kann, so kann die Natur diejenigen Organismen, die den vorliegenden Umweltbedingungen besser angepaßt (↑Anpassung) sind, begünstigen und häufiger zur Fortpflanzung zulassen. Darwin konstruierte eine Skala von der methodischen S. des Züchters über die unbewußte S. (etwa durch Menschen, die in schlechten Zeiten ohne züchterische Absicht die besten ihrer Haustiere retten) zur natürlichen S., in der die natürliche Umwelt des Organismus über den relativen Erfolg beim Überleben und Fortzeugen (↑Fitneß) entscheidet. Ferner zeichnete Darwin bei der natürlichen S. die Unterform der sexuellen S. aus, bei der der Fortpflanzungserfolg wesentlich von Merkmalen abhängt, die im engeren Sinne die Paarungschancen erhöhen. Seit der so genannten ›evolutionären Synthese‹in der Mitte des 20. Jhs. wird die natürliche S. mit der *differenziellen Reproduktion* von Organismen verschiedener Typen identifiziert, auch wenn diese Gleichsetzung im strikten Sinne nur bei unbestimmt großen Populationen, wo zufällige Schwankungen (›drift‹) keine Rolle spielen, zutrifft.

Das Prinzip der ↑Evolution durch natürliche S., wie es in der modernen Biologie formuliert wird, hängt von zwei wesentlichen Bedingungen ab: (1) vom Vorliegen erblicher Variation der Merkmale in einer Population von Organismen, die durch ↑Mutation, Migration und insbes. Rekombination stattfindet, und (2) von der (gegebenenfalls kausalen) Korrelation dieser Merkmale mit dem reproduktiven Erfolg der Organismen, die sie besitzen. Unter diesen Bedingungen erfolgt eine gerichtete Änderung in der Verteilung der Merkmale. Auch wenn schon unter diesen Bedingungen Evolution stattfinden kann, gilt in der Regel auch die zusätzliche Bedingung, daß die Subsistenzmöglichkeiten begrenzt sind, womit Konkurrenz entsteht.

Weil es Organismen sind, die überleben und sich fortpflanzen, war es für Darwin selbstverständlich, daß es Organismen sind, die von der natürlichen S. ausgewählt werden. Aber S. könnte im Prinzip auf unterschiedlichen *Ebenen* stattfinden: Organismen, ↑Gene, Gruppen, Sippen, Arten. Im späteren 20. Jh. wurde gefragt, welches die *Einheiten* der S. sind. Dies führte mit der Zeit zur Trennung der Frage nach dem ›replicator‹ – welche Dinge werden repliziert – von der Frage nach dem ›interactor‹ – welche Dinge interagieren mit der Umwelt.

In der wissenschaftstheoretischen Diskussion des ausgehenden 20. Jhs. wurde zwischen S. *von* Individuen und S. *für* Eigenschaften unterschieden, je nachdem, ob man sich für die Ergebnisse oder für die Ursachen der S. interessiert. Der Unterschied läßt sich an einem Beispiel veranschaulichen, in dem zwei Merkmale der betrachteten Individuen miteinander gekoppelt sind: Angenommen, eine bestimmte Kieferstruktur beim Menschen erhöhe dessen relative Fitneß und sei mit einem (selbst weder nützlichen noch schädlichen) ausgeprägten Kinn morphogenetisch gekoppelt. Das Ergebnis der natürlichen S. wird die S. *von* Menschen mit dieser Kieferstruktur und zugleich *von* Menschen mit einem ausgeprägten Kinn sein. Die Ursache dieses S.prozesses ist aber die S. *für* die Kieferstruktur, nicht *für* das ausgeprägte Kinn. In der neueren Diskussion wird eher die S. von *Merkmalen* der S. *für* Merkmale gegenübergestellt, oder Merkmale, die ›fitter‹ (S. *von*) sind, mit Merkmalen, die Fitneß steigernd (S. *für*) sind, verglichen. Weil Merkmale stark korreliert sein können, zeigt es sich nicht nur, daß Merkmale, die fitter sind, nicht immer selbst Fitneß steigernd sein müssen, sondern auch daß Fitneß steigernde Merkmale nicht immer erfolgreich sind (fitter).

In einem gewissen Sinne war die S. Grundbestandteil materialistischer Erklärungen der Urzeugung seit der Antike. Der Mutterschoß der Erde (etwa bei Lukrez: De rerum natura V, 838–856) produziert und kombiniert verschiedene Teile (später, in der Neuzeit: Korpuskeln, organische Moleküle usw.). Nur diejenigen Kombinationen, die lebens- und fortpflanzungsfähig sind, leben weiter und pflanzen sich fort. Von der Natur werden aus den möglichen Kombinationen diejenigen ausgewählt oder beibehalten, die den unveränderlichen, der Materie immanenten Typen (↑Typus) oder Artformen entsprechen. Erst mit Darwin wurde die S. zum Mechanismus der Veränderung organischer Formen. Entsprechend werden auf dem S.begriff aufbauende Konzeptionen der ↑Evolutionstheorie ›darwinistisch‹ genannt.

Literatur: G. Bell, Selection. The Mechanism of Evolution, New York etc. 1997, Oxford etc. ²2008; C. R. Darwin, On the Origin of Species by Means of Natural Selection. Or, the Preservation of Favoured Races in the Struggle for Life, London 1859 (repr. Cambridge Mass. 1964, London 2003), ²1860 (repr. London 1947),

[6]1872, rev. London 1876, 1929, ed. G. de Beer, Oxford etc. 1951, unter dem Titel: The Origin of Species, Nachdr. als: The Works of Charles Darwin XVI, Oxford etc. 1998 [Nachdr. der 6. Aufl. 1876] (dt. Über die Entstehung der Arten im Thier- und Pflanzenreich durch natürliche Züchtung, oder Erhalt der vervollkommneten Rassen im Kampfe um's Daseyn, Stuttgart 1860, [2]1863, unter dem Titel: Die Entstehung der Arten durch natürliche Zuchtwahl. Oder, die Erhaltung der begünstigten Rassen im Kampfe um's Dasein, [3]1867, [5]1872, Halle, Leipzig 1892, Nachdr. als: Ges. Werke II, Leipzig 1909, Stuttgart [2]1920 [repr. Darmstadt 1988, 1992], unter dem Titel: Die Entstehung der Arten durch natürliche Zuchtwahl, Stuttgart 1963, 2001); ders., The Variation of Animals and Plants under Domestication, I–II, London, New York 1868 (repr. Brüssel 1969), London [2]1875, New York 1883 (repr. Baltimore Md./London 1998), ed. F. Darwin, London 1905, New York 1928, Nachdr. als: The Works of Charles Darwin, XIX–XX, ed. P. H. Barrett/R. B. Freeman, New York, London 1988; P. S. Davies, Norms of Nature. Naturalism and the Nature of Functions, Cambridge Mass./London 2001, 2003; R. Dawkins, The Selfish Gene, Oxford etc. 1976, 2009 (dt. Das egoistische Gen, Berlin 1978, Heidelberg 2010); P. Godfrey-Smith, Darwinian Populations and Natural Selection, Oxford etc. 2009; S. J. Gould, The Structure of Evolutionary Theory, Cambridge Mass./London 2002; ders./R. C. Lewontin, The Spandrels of San Marco and the Panglossian Paradigm. A Critique of the Adaptationist Programme, Proc. Royal Soc. B205 (1979), 581–598, Nachdr. in: E. Sober (ed.), Conceptual Issues in Evolutionary Biology. An Anthology, Cambridge Mass./London 1984, 252–270, ohne Untertitel, [2]1994, 73–90; M. J. S. Hodge, Natural Selection as a Causal, Empirical, and Probabilistic Theory, in: L. Krüger/G. Gigerenzer/M. S. Morgan (eds.), The Probabilistic Revolution II (Ideas in the Sciences), Cambridge Mass./London 1987, 233–270; U. Hoßfeld u. a. (eds.), Ivan I. Schmalhausen: Die Evolutionsfaktoren. Eine Theorie der stabilisierenden Auslese, Stuttgart 2010; D. L. Hull, Science and Selection. Essays on Biological Evolution and the Philosophy of Science, Cambridge etc. 2001; S. Jones, Almost Like a Whale. The Origin of Species Updated, London 1999, 2001 (dt. Wie der Wal zur Flosse kam. Ein neuer Blick auf den Ursprung der Arten, Hamburg 1999, München 2002); L. Keller (ed.), Levels of Selection in Evolution, Princeton N. J. 1999; G. Kiss, S., Hist. Wb. Ph. IX (1995), 564–569; V. Krauß, Gene, Zufall, S.. Populäre Vorstellungen zur Evolution und der Stand des Wissens, Berlin/Heidelberg 2014; G. Levine, Darwin Loves You. Natural Selection and the Re-Enchantment of the World, Princeton N. J./Oxford 2006, 2008; R. C. Lewontin, The Genetic Basis of Evolutionary Change, New York/London 1974; ders., Adaptation, Sci. Amer. 239 (1978), 156–169; E. A. Lloyd, Units and Levels of Selection, in: D. L. Hull/M. Ruse (eds.), The Cambridge Companion to the Philosophy of Biology, Cambridge etc. 2007, 44–65; E. Mayr, The Growth of Biological Thought. Diversity, Evolution, and Inheritance, Cambridge Mass./London 1982, 2003 (dt. Die Entwicklung der biologischen Gedankenwelt. Vielfalt, Evolution und Vererbung, Berlin etc. 1984, 2002); S. Okasha, Evolution and the Levels of Selection, Oxford etc. 2006, 2008; H.-J. Rheinberger/P. McLaughlin, Darwin's Experimental Natural History, J. Hist. Biology 17 (1984), 345–368; M. Ruse, The Darwinian Revolution. Science Red in Tooth and Claw, Chicago Ill./London 1979, [2]1999, 2002; T. Shanahan, The Evolution of Darwinism. Selection, Adaptation, and Progress in Evolutionary Biology, Cambridge etc. 2004; G. G. Simpson, The Meaning of Evolution. A Study of the History of Life and of Its Significance for Man, New Haven Conn. 1949, 1971 (dt. Auf den Spuren des Lebens. Die Bedeutung der Evolution, Berlin 1957); E. Sober,

Evidence and Evolution. The Logic behind the Science, Cambridge etc. 2008, 2009; A. Wagner, The Arrival of the Fittest. Solving Evolution's Greatest Puzzle, New York, London 2014 (dt. Arrival of the Fittest. Wie das Neue in die Welt kommt. Über das größte Rätsel der Evolution, Frankfurt 2015).   P. M.

Seleukos von Seleukeia (am Tigris) (auch: S. von Babylonien), 1. Hälfte des 2. Jhs. v. Chr., babylon. Astronom. S. hielt das Weltall für (räumlich) unendlich, die Erde für bewegt und das heliozentrische System (↑Heliozentrismus), das Aristarchos von Samos als Hypothese eingeführt hatte, für erwiesen. Er erklärte die periodische Wiederkehr von Ebbe und Flut durch die Mondbewegung und die irregulären Gezeiten des Indischen Ozeans durch die zodiakale Position des Mondes. Von seinen Schriften sind nur wenige Berichte erhalten.

Quellen: H. Diels (ed.), Doxographi Graeci, Berlin 1879 (repr. Berlin 1965, 1979), 328a4, 328b4, 383a17, 383b26; Plutarch, Moralia 1006c; Strabo I 1, §9 (= c 6), III 5, §9 (= c 174).

Literatur: H. Gossen, S., RE II/A1 (1921), 1249–1250; R. Goulet, Séleucos d'Érythrée ou de Séleucie (sur le Tigre), Dict. ph. ant. VI (2016), 172–174; T. L. Heath, Greek Astronomy, London/Toronto, New York 1932 (repr. New York 1969, Cambridge 2014), 109; W. Hübner, S. von Babylon, DNP XI (2001), 365; P. T. Keyser, Seleukos of S., in: T. Hockey (ed.), The Biographical Encyclopedia of Astronomers II, New York 2007, 1042; W. Kroll, S., RE Suppl. V (1931), 962–963; S. Pines, Un fragment de Séleucus de Séleucie conservé en version arabe, Rev. hist. sci. 16 (1963), 193–209 (repr. in: ders., Studies in Arabic Versions of Greek Texts and in Mediaeval Science, Jerusalem, Leiden 1986, 2000 [= Collected Works II], 201–217); D. W. Roller, S. of S., L'antique classique 74 (2005), 111–118; S. Ruge, Der Chaldäer S.. Eine kritische Untersuchung aus der Geschichte der Geographie [...], Dresden 1865; L. Russo, The Astronomy of Hipparchus and His Time. A Study Based on Pre-Ptolemaic Sources, Vistas in Astronomy 38 (1994), 207–248, bes. 234–237; ders., L'astronomo Seleuco, Galileo e la teoria della gravitazione, Quaderni Urbinati di cultura classica NS 49 (1995), 143–160.   M. G.

self-fulfilling prophecy (auch: self-verifying prophecy, sich selbst erfüllende Prophezeiung, auch: Eigendynamik), Terminus der Soziologie und Psychologie zur Bezeichnung des Phänomens, »daß Ereignisse nur deshalb tatsächlich in vorausgesagter Weise geschehen, weil eine entsprechende ↑Prognose gestellt oder eine Erwartung hinsichtlich dieses Ereignisses gehegt wurde« (P. H. Ludwig 1991, 15). Voraussetzung ist (1), daß die Beteiligten an die Prophezeiung glauben, und (2), daß sie durch ihre Handlungsweisen bzw. Einstellungen die Voraussetzungen schaffen können, um das Eintreten des prophezeiten Ereignisses herbeizuführen. – Der Begriff der s.-f. p. wurde erstmals von R. K. Merton (1948) formuliert; die zugrundeliegende Idee läßt sich allerdings weiter zurückverfolgen (vgl. R. Rosenthal/L. Jacobson 1971, 22; P. H. Ludwig 1991, 15–16). Berühmt geworden ist Mertons Beispiel des Zusammenbruchs einer Bank: Gerüchte über die Zahlungsunfähigkeit einer Bank lösen

Massenabhebungen aus, durch die die Bank dann tatsächlich insolvent wird.

Relevanz gewinnt die s.-f. p. in praktisch allen Gesellschafts- und Sozialwissenschaften. In den Erziehungswissenschaften wird der sog. *Pygmalion-Effekt* als s.-f. p. gedeutet: durchschnittlich begabte Schüler, die ihren Lehrern als besonders förderungswürdig vorgestellt wurden, zeigten nach kurzer Zeit tatsächlich einen höheren Intelligenzquotienten, d. h., Lehrer-Erwartungen können die kognitiven Leistungen der Schüler in hohem Maße lenken (vgl. R. Rosenthal/L. Jacobsen 1968 [dt. 1971]). Allerdings haben spätere Untersuchungen diese Befunde nur in beschränktem Maße zu reproduzieren vermocht (vgl. M. Carrier/J. Mittelstraß 1989, 146–147 [engl. 1991, 138–139]). In der Medizin gilt der *Placebo-Effekt* als prägnantes Beispiel der s.-f. p.: Die Wirksamkeit eines (Schein-)Medikaments entspricht exakt der Erwartung des Patienten bzw. des Arztes. Beachtenswert ist hier die Verkehrung der Kausalbeziehung: der Patient glaubt nicht an das Medikament, weil es wirkt, sondern es wirkt, weil er an die Wirkung glaubt. Nach A. K. Shapiro (1960, 1971) waren fast alle medizinischen Verordnungen bis vor kurzem Placebos, sodaß die Geschichte der Medizin weitgehend als Geschichte des Placebo-Effekts bezeichnet werden kann. Andererseits verliert ein echtes Medikament (Verum) seine Wirksamkeit, wenn es dem Patienten als Placebo vorgestellt wird, er also keine Heilung erwartet. – In der ↑Verhaltensforschung ist die s.-f. p. unter der Bezeichnung *Rosenthal-Effekt* als methodologisches Problem bekannt. Gemeint ist die Tatsache, daß bei Versuchen die Versuchspersonen auffallend häufig so reagieren, wie sie reagieren ›sollen‹, d. h., die Erwartungen der Experimentatoren beeinflussen das Forschungsergebnis maßgeblich.

Grundlage aller Formen von s.-f. p. ist das Phänomen, daß allein die *Erwartung* zu wirklichen Konsequenzen führen kann, und zwar derart, daß Sachverhalte, die nicht erwartet werden, auch nicht auftreten, bzw. umgekehrt, daß sich Sachverhalte, die erwartet werden, tatsächlich einstellen. In den USA wird das Phänomen seit den 1950er Jahren unter der Bezeichnung ›SFP-Forschung‹ behandelt; es ist zu einem Hauptforschungsgebiet der Sozial-, Persönlichkeits- und Entwicklungspsychologie und der pädagogischen Psychologie avanciert. In Deutschland beginnt eine Auseinandersetzung erst mit der Veröffentlichung der Rosenthal/Jacobson-Studie; als eigener wissenschaftlicher Forschungsgegenstand konnte sich das Konzept der s.-f. p. hier bislang nicht etablieren. Dagegen findet derzeit eine inflationäre Rezeption in der populärwissenschaftlichen Diskussion unter dem Schlagwort ›positives Denken‹ statt. Dies macht deutlich, daß sich selbst erfüllende Prophezeiungen »nicht als skurrile Randerscheinungen einzuschätzen sind, sondern als Phänomene, die den Le-

bensalltag vergleichsweise stark mitprägen« (Ludwig 1991, 20).

Literatur: H. K. Beecher, Pain. One Mystery Solved, Science 151 (1966), 840–841; M. Carrier/J. Mittelstraß, Geist, Gehirn, Verhalten. Das Leib-Seele-Problem und die Philosophie der Psychologie, Berlin/New York 1989 (engl. [erw.] Mind, Brain, Behavior. The Mind-Body Problem and the Philosophy of Psychology, Berlin/New York 1991, 1995); G. G. Foster, S.-F. P. in the Classroom, in: B. B. Wolman (ed.), International Encyclopedia of Psychiatry, Psychology, Psychoanalysis, & Neurology X, New York 1977, 117–118; J. L. Hilton/J. M. Darley/J. H. Fleming, S.-F. Prophecies and Self-Defeating Behavior, in: R. C. Curtis (ed.), Self-Defeating Behaviors. Experimental Research, Clinical Impressions, and Practical Implications, New York/London 1989, 41–65; H. Honolka, Die Eigendynamik sozialwissenschaftlicher Aussagen. Zur Theorie der S.-F. P., Frankfurt/New York 1976; L. Jussim, S.-F. Prophecies, IESBS XX (2001), 13830–13833; ders./J. Eccles/S. Madon, Social Perception, Social Stereotypes, and Teacher Expectations. Accuracy and the Quest for the Powerful S.-F. P., Advances in Experimental Social Psychology 28 (1996), 281–388; J. E. Karlsen, Die sich selbsterfüllende Prophezeiung, in: S. U. Larsen/E. Zimmermann (eds.), Theorien und Methoden in den Sozialwissenschaften, Wiesbaden 2003, 105–116; P. H. Ludwig, Sich selbst erfüllende Prophezeiungen im Alltagsleben. Theorie und empirische Basis von Erwartungseffekten und Konsequenzen für die Pädagogik, insbesondere für die Gerontagogik, Stuttgart 1991 (mit Bibliographie, 244–262); R. K. Merton, The S.-F. P., Antioch Rev. 8 (1948), 193–210, ferner in: ders., Social Theory and Social Structure, New York 1949, erw. Glencoe Ill. 1957, 421–436, erw. New York, London 1968, 475–490 (dt. Die Eigendynamik gesellschaftlicher Voraussagen, in: E. Topitsch [ed.], Die Logik der Sozialwissenschaften, Köln/Berlin 1965, rev. Königstein [10]1980, Frankfurt [12]1993, 144–161, unter dem Titel: Die S.-F. P., in: R. K. Merton, Soziologische Theorie und soziale Struktur, Berlin/New York 1995, 399–413); R. Rosenthal/L. Jacobson, Pygmalion in the Classroom. Teacher Expectation and Pupils' Intellectual Development, New York etc. 1968, erw. 1992, bes. 1–44 (Part 1 The S.-F. P.) (dt. Pygmalion im Unterricht. Lehrererwartungen und Intelligenzentwicklung der Schüler, Weinheim/Berlin/Basel 1971, [3]1976, bes. 11–62 [Teil I Die S.-F. P.]); A. K. Shapiro, A Contribution to a History of the Placebo Effect, Behavioral Science 5 (1960), 109–135; ders., Factors Contributing to the Placebo Effect. Their Implications for Psychotherapy, Amer. J. Psychotherapy 18 (1964), 73–88; ders., Placebo Effects in Medicine, Psychotherapy, and Psychoanalysis, in: A. E. Bergin/S. L. Garfield (eds.), Handbook of Psychotherapy and Behavior Change. An Empirical Analysis, New York etc. 1971, 439–473; G. G. Smale, Prophecy, Behaviour and Change. An Examination of S.-F. Prophecies in Helping Relationships, London/Henley/Boston Mass. 1977 (dt. Die sich selbst erfüllende Prophezeiung. Positive oder negative Erwartungshaltungen und ihre Auswirkung auf die pädagogische und therapeutische Beziehung, Freiburg 1980, [2]1983); M. Snyder/A. A. Stukas Jr., S.-F. P., in: A. E. Kazdin (ed.), Encyclopedia of Psychology VII, Oxford etc. 2000, 216–218; P. Watzlawick, Selbsterfüllende Prophezeiungen, in: ders. (ed.), Die erfundene Wirklichkeit. Wie wissen wir, was wir zu wissen glauben?, München/Zürich 1981, 2014, 91–110. A. W.

Sellars, Wilfrid Stalker, *Ann Arbor Mich. 20. Mai 1912, †Pittsburgh Pa. 2. Juli 1989, amerik. Philosoph, führender Vertreter der Analytischen Philosophie (↑Philosophie, analytische). Nach Studium der Mathematik, Philosophie und Wirtschaftswissenschaften in Ann Arbor Mich. (1931–1933), Oxford (1934–1936) und Harvard (1937) 1938–1946 Assist. Prof. für Philosophie an der University of Iowa, 1946–1947 Assist. Prof. und 1947–1951 Assoc. Prof. für Philosophie an der University of Minnesota, 1951–1959 Prof. ebendort, 1959–1963 in Yale, 1963–1989 an der University of Pittsburgh. – Zu den Schwerpunkten der Philosophie von S. gehören Arbeiten zur Philosophiegeschichte und zum Problem der Zeit, ferner eine detaillierte Theorie der praktischen Vernunft (↑Vernunft, praktische) und eine neuartige Form der ↑Metaphysik.

In seiner Metaphysik vereinigt S. einen wissenschaftlichen Realismus (↑Realismus, wissenschaftlicher) mit einem radikalen systematischen ↑Nominalismus. Für S. besteht die ↑Bedeutung eines Ausdrucks dabei nicht im Bezug auf einen Gegenstand (↑Referenz), sondern in der Rolle innerhalb des sprachlichen Systems. Um Abstrakta auf Konkreta zurückzuführen, greift S. auf zwischensprachliche Bedeutungszuschreibungen zurück: die ↑Regeln, denen man beim Aufstellen eines zweisprachigen Wörterbuches folgt, sind abgeleitet aus jenen Regeln, nach denen sich die Sprachbenutzer in ihrer jeweiligen Sprache richten. Somit kann die ontologische Redeweise (↑Ontologie) über ↑abstrakte Gegenstände als normativ-metasprachlicher Diskurs (↑normativ, ↑Metasprache) aufgefaßt werden. – Regelbefolgen ist nicht notwendigerweise intentional (↑Intention, ↑Intentionalität). Ein Verhalten, das sich an Mustern (↑Paradigma) orientiert, ist weder als regelbefolgend intendiert noch bloß zufällig regelgemäß. In seiner antimentalistisch-behavioristischen (↑Mentalismus, ↑Behaviorismus) ↑Rekonstruktion des Spracherwerbs (verbal behaviorism) unterscheidet S. zwischen dem regelbefolgenden agierenden Subjekt und einem kausalen Organ ohne Regelbewußtsein: Der Sprachlehrer entspricht dem handelnden Subjekt und der Lernende einem ausführenden Organ, dessen Reproduktion von Verhaltensmustern durch den Lehrer verstärkt wird; dabei dienen semantische Regeln als Konditionierungsmaximen. Nach vollendetem Spracherwerb fallen ausführendes Organ und handelndes Subjekt zusammen.

Alles intelligente Verhalten kann durch Konditionierung erlernt werden. Da die begriffliche Struktur von ↑Gedanken formal der begrifflichen Struktur einer ↑Aussage entspricht, wird mentales Geschehen mit sprachlichem Geschehen identifiziert; Denken wird als stumme Rede aufgefaßt. Sprache ist demnach nicht Ausdruck, sondern Medium der Begriffsbildung; das ›Worüber‹ kognitiver und intentionaler Vorgänge ist abhängig vom ›Worüber‹ sprachlichen Handelns. Dabei bildet der objektsprachliche Diskurs (↑Objektsprache) die Welt ab (↑Abbildtheorie), indem er eine Beziehungsstruktur darstellt, die

dem System von Gegenständen in der natürlichen Welt isomorph (↑isomorph/Isomorphie) ist. Die nicht-formalen Aspekte des Denkens können in neurophysiologischen Begriffen beschrieben werden, entsprechend der monistischen (↑Monismus) Metaphysik von S., nach der es allein ↑Materie bzw. Körper gibt.

Da jegliche Erfahrung sprachabhängig ist, wendet sich S. gegen Auffassungen, die auf der Annahme unmittelbar gegebener Größen (↑Gegebene, das) basieren. Der ›Mythos des Gegebenen‹ besagt, daß empirisches Wissen auf einem unableitbarem, durch Erfahrung gewonnenem Tatsachenwissen beruht (↑Empirismus). Dies setzt einen unmittelbaren Zugang zur Realität durch ↑Wahrnehmung voraus. Wahrnehmen ist jedoch ebenfalls eine Art des Urteilens. Einen bestimmten Gegenstand wahrnehmen, schließt den Gedanken an diesen Gegenstand ein, unterscheidet sich vom bloßen Denken allerdings durch eine nicht-propositionale Komponente (↑Proposition). Der Gegenstand der Sinneswahrnehmung wird in S.' Version einer ›adverbialen‹ Wahrnehmungstheorie als eine bestimmte Weise des Wahrnehmens rekonstruiert, die unter normalen Umständen durch die sinnliche Gegenwart dieses Gegenstands hervorgerufen wird. – Die ↑Beobachtungssprache ist als Teil des Begriffssystems in Verbindung mit diesem System erlernt. S. unterscheidet in diesem Zusammenhang zwischen zwei konkurrierenden Arten von Begriffssystemen: dem manifesten Weltbild (manifest image) und dem wissenschaftlichen Weltbild (scientific image). Das manifeste Weltbild stellt den begrifflichen Rahmen dar, in dem der Mensch seiner selbst in einer Welt alltäglicher ↑Erfahrungen gewahr wird. Dieses muß aufgegeben werden zugunsten des wissenschaftlichen Weltbildes, das mit theoretischen Entitäten, z. B. mit Elementarteilchen, operiert. S.' Version des wissenschaftlichen Realismus kombiniert die anti-fundamentalistische Auffassung von Wissenserwerb mit einer konvergentistischen Auffassung von wissenschaftlicher Wahrheit (↑Konvergenztheorie). Ausgehend von der relativen Adäquatheit der gegenwärtigen wissenschaftlichen Theorien ist S. der Überzeugung, daß die Wissenschaft letztendlich ein vollständiges und zutreffendes Bild der Welt konstituieren wird.

Werke: Science, Perception and Reality, London/New York 1963, ⁴1971, Atascadero Calif. ⁵1991; Philosophical Perspectives, Springfield Ill. 1967, I–II, Atascadero Calif. 1977, ²1992; Form and Content in Ethical Theory, Kansas City Mo. 1967; Science and Metaphysics. Variations on Kantian Themes, London, New York 1968, ²1982, Atascadero Calif. 1992; Actions and Events, Noûs 7 (1973), 179–202; Essays in Philosophy and Its History, Dordrecht/Boston Mass. 1974; Berkeley and Descartes. Reflections on the New Theory of Ideas, in: P. K. Machamer/R. G. Turnbull (eds.), Studies in Perception. Interrelations in the History of Philosophy and Science, Columbus Ohio 1978, 259–311; Naturalism and Ontology, Reseda Calif. 1979, Atascadero Calif.

1996; Pure Pragmatics and Possible Worlds. The Early Essays of W. S., ed. J. Sicha, Reseda Calif. 1980, Atascadero Calif. 2005; The Metaphysics of Epistemology. Lectures by W. S., ed. P. V. Amaral, Atascadero Calif. 1989; Empiricism and the Philosophy of Mind, ed. R. B. Brandom, Cambridge Mass. 1997 (dt. Der Empirismus und die Philosophie des Geistes, Paderborn 1999); Kant and Pre-Kantian Themes. Lectures by W. S., ed. P. V. Amaral, Atascadero Calif. 2002; Kant's Transcendental Metaphysics. S.' Cassirer Lecture Notes and Other Essays, ed. J. F. Sicha, Atascadero Calif. 2002; In the Space of Reasons. Selected Essays of W. S., ed. K. Scharp/R. B. Brandom, Cambridge Mass. 2007.

Literatur: H.-N. Castañeda (ed.), Action, Knowledge and Reality. Critical Studies in Honor of W. S., Indianapolis Ind. 1975; C. F. Delaney u. a. (eds.), The Synoptic Vision. Essays on the Philosophy of W. S., Notre Dame Ind./London 1977; H. J. Giegel, Die Logik der seelischen Ereignisse. Zu Theorien von L. Wittgenstein und W. S., Frankfurt 1969; G. Ingham, S.' Theory of Universals and Particulars, Diss. Providence R. I. 1974; A. F. Koch, S., in: J. Nida-Rümelin (ed.), Philosophie der Gegenwart in Einzeldarstellungen, Stuttgart 1991, 558–563, ²1999, 687–692, ed. mit E. Özmen, ³2007, 612–618; C. Maher, The Pittsburgh School of Philosophy. S., McDowell, Brandom, New York/Abingdon 2012; P. Olen, W. S. and the Foundations of Normativity, London 2016; J. R. O'Shea, W. S.. Naturalism with a Normative Turn, Cambridge 2007; ders. (ed.), S. and His Legacy, Oxford 2016; D. Pereploytchik/D. R. Barnbaum (eds.), S. and Contemporary Philosophy, New York 2016; J. C. Pitt (ed.), The Philosophy of W. S.. Queries and Extensions, Dordrecht/Boston Mass./London 1978; ders., Pictures, Images and Conceptual Change. An Analysis of W. S.' Philosophy of Science, Dordrecht Mass./London 1981; P. J. Reider (ed.), W. S., Idealism and Realism. Understanding Psychological Nominalism, London 2016; J. F. Rosenberg, Linguistic Representation, Dordrecht/Boston Mass. 1974, 1981; ders., S., REP VIII (1998), 638–642; ders., W. S.. Fusing the Images, Oxford 2007, 2009; J. Seibt, Properties as Processes. A Synoptic Study of W. S.' Nominalism, Atascadero Calif. 1990; J. Sicha, A Metaphysics of Elementary Mathematics, Amherst Mass. 1974; W. A. de Vries, S., Chesham 2005, New York 2014; ders. (ed.), Empiricism, Perceptual Knowledge, Normativity and Realism. Essays on W. S., Oxford 2009; ders., W. S., SEP 2016; G. Witschel, W. S.. Erkenntnistheoretische Fragen untersucht auf der Grundlage von »Philosophy and the Scientific Image of Man«, Bonn 1972; M. P. Wolf/M. N. Lance (eds.), The Self-Correcting Enterprise. Essays on W. S., Amsterdam/New York 2006. – Sonderhefte: Noûs 7 (1973), 81–205; The Monist 65 (1982), 287–411; Philos. Stud. 54 (1988), 161–286; Philos. Stud. 101 (2000), 113–324; Humana Mente 21 (2012).   C. F. G.

Semantik (von griech. σημαντικός, bedeutsam, bezeichnend; engl. semantics, franz. sémantique), Bezeichnung für die Lehre von der ↑Bedeutung sprachlicher Ausdrücke oder allgemeiner von der Bedeutung beliebiger Zeichen (↑Zeichen (semiotisch)) im Sinne der von C. W. Morris (Foundations of the Theory of Signs, 1938) eingeführten Einteilung der Lehre von den Zeichen (↑Semiotik) in die Teildisziplinen ↑Syntaktik, S. und ↑Pragmatik, gelegentlich sogar für die Semiotik im ganzen. Der Ausdruck ›S.‹ wurde von M. J. A. Bréal (Essai de sémantique, science des significations, 1897) als Bezeichnung für eine Teildisziplin der allgemeinen Sprachwissenschaft (↑Linguistik), nämlich die Theorie des Bedeutungswandels, gewählt und ersetzt in der Linguistik den seither immer seltener gebrauchten Ausdruck ↑›Semasiologie‹. Hierin drückt sich das Interesse der Zeit vor F. de Saussure an diachronischer (↑diachron/synchron) Sprachbetrachtung aus.

Ansätze zu Bedeutungstheorien sind so alt wie das Nachdenken über Sprache (↑Sprachphilosophie) und gehen auf den Beginn von Philosophie und Wissenschaft zurück. Schon der älteste zusammenhängende sprachphilosophische Text, Platons »Kratylos«, enthält eine *philosophische* S.. Als ↑Abbildtheorie der Bedeutung, d. h. einer eineindeutigen Beziehung (↑eindeutig/Eindeutigkeit) zwischen ↑Namen und Sachen, erlaubt sie im Grunde alle noch heute aktuellen Probleme zu formulieren, die bei Versuchen der Beantwortung der beiden Hauptfragen der S. auftreten, der gegenstandsbezogenen oder ontologischen Frage: ›Was sind Bedeutungen?‹, und der funktionsbezogenen oder epistemologischen Frage: ›Wie bedeuten Zeichen (etwas)?‹ Fragt man nach der ↑Relation zwischen Namen und Sachen, so gibt es für eine Antwort die folgenden Rahmenbedingungen: (1) Namen werden wie Sachen behandelt, also als die (gegenständlichen) Zeichenträger, nämlich die individuellen ↑Aktualisierungen eines Zeichenschemas (↑Schema) im Sinne von Instanzen eines Typs oder Elementen einer Klasse (↑type und token, ↑Klasse (logisch)), mit der Folge, daß die Bedeutungsrelation eine *externe* Relation zwischen Individuen zweier Gegenstandsorten ist (↑intern/extern (3)). Dabei kann gegebenenfalls ›dieselbe‹ Relation auch zwischen den durch ↑Abstraktion (↑abstrakt) aus den Individuenbereichen zu gewinnenden Abstrakta (↑Abstraktum) erklärt werden, also zwischen Namen als Zeichentypen (z. B. der ↑Artikulator ›Stein‹) und Sachen als Gegenstandstypen (z. B. die ›natürliche Art‹ [*natural kind*] Stein). Dies geschieht entweder intensional (↑intensional/Intension), einen Typ als Schema behandelnd, oder extensional (↑extensional/Extension), einen Typ als Klasse behandelnd. (2) Sachen werden wie Namen behandelt, also in Gestalt ihrer mentalen (psychischen oder auch neuronalen) Repräsentationen (↑Repräsentation, mentale), mit der Folge, daß die Bedeutungsrelation wiederum eine externe Relation ist, in diesem Falle zwischen den Individuen zweier Zeichensorten. Dabei spielt allerdings regelmäßig nur die auf den zugehörigen Abstrakta, den Zeichentypen, induzierte Relation eine Rolle. (3) Namen werden von vornherein als ↑Symbole – anfangs sogar als ↑Ikone – von ↑Schematisierungen individueller Gegenstände durch ↑Handlungen des Umgehens mit ihnen (↑Universalia) behandelt, und Sachen als durch ↑Aktualisierungen von Handlungen des Umgehens mit ihnen (↑Singularia) indizierte (↑Index) individuelle Gegenstände, so daß es auf beiden Seiten bereits um den Zusammenhang von Zeichen und Gegenstand geht, also um eine *interne* Relation von Sprache und Welt – auf der Namenseite in der Bewegung vom (bloß unterstellten) Zeichen zum gegenstandsbezogenen Zeichen, auf der Sachenseite vom (bloß unterstellten) Gegenstand zum bezeichneten Gegenstand, beides vereinigt in der Artikulation mit ihren beiden Rollen der Signifikation (↑Benennung) durch ↑Ostension und der Kommunikation durch ↑Prädikation, z. B. ›dieser Stein‹ bzw. ›dies ist ein Stein‹.

Unter jeder der beiden Rahmenbedingungen (1) und (2) treten unlösbare Schwierigkeiten auf (»this once universal theory of direct meaning relations between words and things is the source of almost all the difficulties which thought encounters«, C. K. Ogden/I. A. Richards 1923, 16). (1) Bei einer externen Relation zwischen *individuellen* Gegenständen müßte jede ↑Äußerung desselben sprachlichen Ausdrucks grundsätzlich eine andere, obschon typgleiche, Bedeutung haben, während sie auf der Ebene der Gegenstands*typen* die Bezugnahme auf individuelle Gegenstände nicht mehr erfassen kann. Denn mit einer primär am Reden eines Sprechers orientierten (extern) *realistischen* S. (in der philosophischen Logik [↑Logik, philosophische] grundsätzlich als, hypothetisch realistische, formale S. behandelt), die beide Gegenstandssorten als vorhanden unterstellt, lassen sich zwar z. B. eine *lexikalische* S. (wie sie für Begriffswörterbücher gebraucht wird) oder ihre einzelsprachlichen Entsprechungen mit einer Onomasiologie (der Lehre von den Bezeichnungen für Gegenstände) aufbauen, doch ist sie untauglich zur Erklärung sprachlicher ↑Kommunikation. (2) Bei einer externen Relation zwischen *Zeichen*typen lassen sich zwar die strukturellen Eigenschaften der beiden Zeichensysteme in ihrem Zusammenhang bestimmen, aber ihr Bezug auf Gegenstände kann auch hier nicht erfaßt werden. Denn mit einer primär am Verstehen eines Hörers orientierten *mentalistischen* S. (traditionelle Vorläufer finden sich in der philosophischen ↑Hermeneutik), bei der Bedeutungen unter psychischen (oder neuronalen) Zeichentypen, z. B. Bildschemata oder anderen Gestaltvorstellungen, aufgesucht werden, lassen sich zwar verschiedene Arten von *Konzept*-S. wie die Conceptual Dependency Theory (R. C. Schank 1975) oder die Kognitive S. (G. Lakoff 1988) aufbauen, zur Erklärung der Bezugnahme auf Gegenstände und damit sprachlicher Kommunikation ist sie jedoch ebenfalls untauglich. In der Tradition sind daher bereits seit Aristoteles Verbindungen zwischen (1) und (2) hergestellt worden, um wenigstens denjenigen Schwierigkeiten der beiden Ansätze zu entgehen, die außerhalb des (ohnehin nicht als ein genuiner Gegenstand der S. geltenden) Kommunikationsproblems liegen. Ihr Ergebnis ist eine Theorie von der doppelten Bedeutung sprachlicher Ausdrücke, wie sie sich im Semantischen (oder ›Semioti-

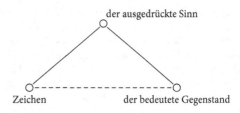

Abb. 1: Das Semantische Dreieck.

schen‹) Dreieck (*triangle of reference*, Ogden/Richards 1923, 14) niederschlägt (Abb. 1).

Die kanonische Gestalt dieser Lösungsansätze wurde von G. Frege (1892) mit der Theorie von ↑Sinn und *Bedeutung* (gegenwärtig unter dem Terminus ↑›Referenz‹ geläufig) geschaffen. Freges Konzeption verallgemeinert auch die von de Saussure (1916) gemäß Ansatz (2) – dabei B. de Courtenay und älteren Auffassungen folgend – in die (als Paradigma einer Semiotik verstandene) Sprachwissenschaft eingeführte zweigliedrige Beziehung ›signifiant–signifié‹ zwischen zwei empirischen Gegenständen der Psychologie, der Lautvorstellung und der Inhaltsvorstellung, erneut im Sinne einer Verbindung von (1) und (2). Nach Frege bedarf es des mit einem sprachlichen Ausdruck verbundenen Sinnes, um sich mit diesem Ausdruck auf einen Gegenstand beziehen, d. h. auf ihn referieren (engl. refer) zu können (*voces non significant res extra animam nisi mediantibus conceptibus quibus subordinantur*/Sprachlaute bezeichnen Sachen außerhalb der Seele nur mittels Begriffen, unter die die Sachen fallen; J. Buridan: Summulae [de dialectica], Tractatus 1, in: J. Pinborg [ed.], The Logic of John Buridan […], Kopenhagen 1976, 82–88, 84).

Für ↑Nominatoren, insbes. ↑Eigennamen, hat dies zur Folge, daß ein in ihnen explizit oder implizit vorkommender prädikativer Ausdruck für die Bestimmung des Sinnes und damit für das sprachbezogene Verstehen (›womit‹ wird geredet) eines Nominators verantwortlich ist, während das weltbezogene Verstehen (›wovon‹ wird geredet) davon abhängt, auch den Gegenstand zu kennen, dem der prädikative Ausdruck zukommt. Dabei bezieht sich das sprachbezogene Verstehen stets auf den Nominatorentyp, während sich das weltbezogene Verstehen von Äußerung zu Äußerung desselben Nominators ändern kann, z. B. im Falle eines ↑Indikators (etwa ›hier‹) oder einer ↑deiktischen ↑Kennzeichnung (etwa ›dieser Stein‹). Nach Frege (und entgegen L. Wittgenstein) gehören auch die Aussagen zu den Nominatoren. Der Sinn der Aussage – nach Frege der von ihr ausgedrückte ↑›Gedanke‹ (heute meist: ↑›Proposition‹ oder ↑›Sachverhalt‹) – regiert das sprachbezogene Verstehen einer Aussage. Er wird benötigt, um ihre weltbezogene Geltung oder Nicht-Geltung (Verstehen als Anerkennung oder Verwerfung) und damit ihre Referenz als das

Wahre (↑wahr/das Wahre) oder als das Falsche (↑Wahrheitswert) in Gestalt einer Beurteilung des Gedankens (↑Urteil) feststellen zu können, weswegen es eines Übergangs von gewöhnlichen Nominatoren zu Aussagen bedarf. Diesen Übergang leisten nach Frege ein- bzw. mehrstellige ↑Aussagefunktionen, dargestellt von prädikativen Ausdrücken, insbes. ↑Prädikatoren, also ein- oder mehrstelligen ↑Aussageformen, wobei als Argumente (↑Argument (logisch)) dieser ↑Funktionen Gegenstände bzw. Systeme von Gegenständen und als Werte (↑Wert (logisch)) dieser Funktionen der Sinn oder die Referenz einer Aussage auftreten sollen. Zu diesem Zweck müssen Aussagefunktionen sowohl sinnbezogen (intensional) als auch referenzbezogen (extensional) erklärt werden.

Diese Forderung läßt sich durch zwei verschiedene ↑Äquivalenzrelationen zwischen prädikativen Ausdrücken erfüllen, weil jede Funktion durch Abstraktion aus den darstellenden Termen als ein Gegenstand der nächsthöheren logischen ↑Stufe gewonnen wird. Die Äquivalenzrelation der Synonymie (↑synonym/Synonymität) zwischen prädikativen Ausdrücken (eine weder logische noch empirische Relation, vielmehr eine analytische, die auf implizit oder explizit geltenden sprachlichen Normen, etwa in Gestalt von Bedeutungspostulaten [↑Analytizitätspostulat] oder terminologischen Regeln [↑Prädikatorenregel], beruht) führt zu den traditionellen ↑Begriffen unter Einschluß der Relationsbegriffe als den Sinnen prädikativer Ausdrücke. Die Äquivalenzrelation der generellen (materialen) Äquivalenz (eine empirische und daher synthetische Relation) führt hingegen (im Falle einstelliger Aussageformen) zu Klassen als Referenzen prädikativer Ausdrücke. Im ersten Falle spricht man von ›intensionaler‹, im zweiten Falle von ›extensionaler‹ Abstraktion. Der erste Fall erfaßt ein *Sprach*wissen (z. B. ›Pegasus ist ein geflügeltes Pferd‹), weil der Wert der Aussagefunktion für durch Nominatoren vertretene Gegenstände als Argumente (d. i. eine ↑Aussage über diese Gegenstände, wiederzugeben durch Wendungen wie ›der Gegenstand fällt unter den Begriff‹ bzw. ›die Gegenstände fallen unter den Relationsbegriff‹, unter Verwendung nur des sprachbezogenen Verstehens der Nominatoren) allein das sprachbezogene Verstehen der Aussage betrifft. Der zweite Fall hingegen (wiederzugeben durch Wendungen wie ›der Gegenstand ist Element der Klasse‹ bzw. ›die Gegenstände stehen in der Relation‹), wo der Wert der Aussagefunktion unter Benutzung des weltbezogenen Verstehens der Nominatoren das Wahre oder das Falsche ist, erfaßt ein *Welt*wissen (z. B. ›dieses Pferd ist ein Schimmel‹). Bei der Fregeschen Lösung wird die Referenz mit Hilfe des Sinnes erklärt; die mit der Wendung ›ein Gegenstand fällt unter einen Begriff‹ wiedergegebene (externe) Erfüllungsrelation zwischen ↑konkreten und ↑abstrakten individuellen Gegenständen (wie sie ganz ähnlich auch von E. Husserl mit ›Intention‹ anstelle von ›Sinn‹ konzipiert wurde; I. und VI. Logische Untersuchung, 1900/1901) ist dann Grundlage der S.. Mit ihr wird die traditionell durch die ↑Kopula dargestellte interne Relation zwischen Sprache und Welt in der ↑Prädikation im Sinne der Rahmenbedingung (3) als expliziert angesehen, ohne dabei zu beachten – so Wittgenstein in seiner Frege-Kritik im »Tractatus« –, daß durch die der Mathematik entlehnte Funktionsterminologie, wie sie von der Behandlung der Aussagen als Nominatoren erzwungen wird, die aussagende Funktion der prädikativen Ausdrücke in einer Aussage in eine (doppelt) benennende Funktion umgewandelt ist: Die kommunikative und damit pragmatische Rolle der Aussagen ist zugunsten einer allein signifikativen und damit semantischen Rolle systematisch ausgeblendet. Allerdings wird durch diese Gleichbehandlung aller sprachlichen Ausdrücke und das so mit einer theoretischen Grundlage versehene Programm der *Semantisierung der Pragmatik* die S. als Strukturtheorie der Bedeutung für alle Einheiten eines Sprachsystems (z. B. für Wörter, Sätze, Texte) ermöglicht. Die ausgeblendeten pragmatischen Eigenschaften der ↑Objektsprache werden in einer ebenfalls allein signifikativ verstandenen ↑Metasprache thematisiert. Diese Semantisierung der Pragmatik erfolgt mit Hilfe des ebenfalls auf Frege zurückgehenden *Kompositions-* oder ↑*Kompositionalitätsprinzips*: Sinn bzw. Referenz eines beliebigen zusammengesetzten Ausdrucks ist eine von seiner syntaktischen Struktur abhängige Funktion von Sinn bzw. Referenz seiner elementaren Bestandteile (wobei für Ausdrücke in nicht-extensionalen Kontexten ihr Sinn zur Referenz wird).

Für die Spezialisierungen der philosophischen S. ergibt sich hieraus, daß in der sich bevorzugt psychologischer Theoriestücke bedienenden *linguistischen* S. grundsätzlich nur die Sinnebene, in der sich bevorzugt auf logische Theoriebildungen stützenden *logischen* S. (↑Semantik, logische) hingegen auch die Referenzebene behandelt wird – und zwar unabhängig davon, ob es um die S. einer natürlichen Sprache (↑Sprache, natürliche) oder einer formalen Sprache (↑Sprache, formale) geht, und auch unabhängig davon, ob in der meist als *formale* S. auftretenden logischen S. (das betrachtete Sprachsystem ist als eine formale Sprache aufgebaut, deren S. ebenfalls formalsprachlich konzipiert wird) Sinn und Referenz die Fregesche Rolle spielen (so bei R. Carnap, A. Church u. a.) oder umgekehrt der Sinn auf die Referenz zurückgeführt wird (so in der ↑Mögliche-Welten-Semantik bei S. Kripke, R. Montague u. a.) bzw. überhaupt nur eine *Referenzsemantik* (d. h. eine extensionale S.; so bei W. V. O. Quine, D. Davidson u. a.) vertreten wird. Ebenfalls in den Zusammenhang der Auseinandersetzung um den Primat von Sinn oder Referenz in einer S. gehört die (insbes. um Eigennamen geführte) Debatte zwischen den Vertretern einer *Beschreibungs*theorie der Referenz (Eigennamen sind grundsätzlich auf bestimmte Kennzeichnungen zurückzuführen) und denen einer *Kausal*theorie der Referenz (sowohl unter den Eigennamen als auch unter den Prädikatoren gibt es ›starre Designatoren‹ [*rigid designators*], die sich entlang einer – unter Umständen auch gestörten – Überlieferungskette auf einen anfänglichen ›Taufakt‹ zurückführen lassen, der die Referenzbeziehung zwischen Namen und individuellem Gegenstand bzw. natürlicher Art gestiftet hat, vgl. G. Evans/J. McDowell 1976).

Die linguistische S. war traditionell ›Wortinhaltsforschung‹, wie gegenwärtig noch innerhalb der (auf Wortfeldbestimmungen und deren Struktur konzentrierten) inhaltsbezogenen Grammatik (L. Weisgerber). In der strukturalistischen Linguistik (↑Strukturalismus (philosophisch, wissenschaftstheoretisch)) wird sie als *strukturelle S.* entweder (1) auf Eigenschaften der syntaktischen Struktur, nämlich Klassen gleich distribuierter sprachlicher Ausdrücke – deren kleinste bedeutungstragende Einheiten ↑›Morpheme‹ heißen –, zurückgeführt (so z. B. bei L. Bloomfield, dem vom ↑Physikalismus des ↑Wiener Kreises stark beeinflußten Begründer des amerikanischen Strukturalismus) oder sucht (2) in Analogie zur strukturellen Phonologie (↑Phonem) so viele kleinste semantische Merkmale (›Seme‹) zu bestimmen, daß durch die Konjunktion von deren Zutreffen bzw. Nicht-Zutreffen die Bedeutungen aller Morpheme (oder wenigstens ↑Lexeme) einer (bestimmten oder sogar beliebigen) natürlichen Sprache charakterisierbar sind (so z. B. bei dem – wie fast ausnahmslos im europäischen Strukturalismus – de Saussure verpflichteten A.-J. Greimas [1966]).

Erst als N. Chomsky aufgrund der (durch den ausschließlichen Bezug auf die Oberflächenstruktur sprachlicher Ausdrücke hervorgerufenen) Schwierigkeiten der klassischen strukturalistischen Linguistik mit seiner ↑Transformationsgrammatik für die Syntax natürlicher Sprachen die Unterscheidung von ↑Tiefenstruktur und ↑Oberflächenstruktur durchsetzt, wird die linguistische S. durch den determinierenden Einfluß der semantischen Merkmale bzw. des mentalen Lexikons zu einer ausdrücklich mentalistischen S. und von Chomsky in die Tradition des Cartesischen ↑Rationalismus gestellt. Dabei ist ursprünglich die Tiefenstruktur zuständig für die semantische Interpretation (*interpretative S.*, vollzogen mit Hilfe als universell angenommener semantischer Merkmale; davon abweichend die *generative S.*, bei der syntaktische Tiefenstruktur und semantisch bestimmte logische Struktur übereinstimmen, eine eigene semantische Interpretation daher entfällt) und die daraus durch Transformationsregeln erzeugte Oberflächenstruktur für die phonologische Interpretation, während in der

Weiterentwicklung dieses Modells bis zur Rektions- und Bindungstheorie (Chomsky 1981) und deren Verfeinerungen (Chomsky 1986) dann sowohl semantische als auch phonologische Interpretationen auf Oberflächenkomponenten ansetzen. Mit dem ↑Antagonismus zwischen formalistisch orientiertem Strukturalismus und naturalistisch orientiertem ↑Mentalismus wiederholt sich in der Linguistik dieselbe Auseinandersetzung, die innerhalb der Analytischen Philosophie (↑Philosophie, analytische) zwischen den (schließlich nach einer behavioristischen [↑Behaviorismus] Grundlage suchenden) Formalisten des Logischen Empirismus (↑Empirismus, logischer) und den (schließlich von einer kognitivistischen [↑Kognitivismus] Zielsetzung motivierten) Naturalisten des Linguistischen Phänomenalismus (↑Phänomenalismus, linguistischer) geherrscht hat.

Da innerhalb der Rahmenbedingungen (1) und (2) ein Aufbau der S. unter Berücksichtigung des Kommunikationsproblems unmöglich ist, gibt es schon frühzeitig Versuche, die Probleme der Bedeutung und die Probleme der ↑Kommunikation, also semantische und pragmatische Fragestellungen (wobei das Wahrheitsproblem [↑Wahrheit] schon bei Frege eigentümlich zweideutig sowohl zum Bedeutungs- als auch zum Kommunikationsproblem gezählt wird), systematisch verschränkt zu behandeln und die Lehre von der doppelten Bedeutung zu modifizieren, indem (1) und (2) beide von der Rahmenbedingung (3) abhängig gemacht werden. Das so formulierte Programm einer *Pragmatisierung* der S. wird zum ersten Mal systematisch konsequent im ↑Pragmatismus (C. S. Peirce) durch eine Verbindung von ↑Handlungstheorie und Zeichentheorie (↑Semiotik) ausgeführt und folgt dabei der von Peirce formulierten *Pragmatischen Maxime*: »Consider what effects, that might conceivably have practical bearings, we conceive the object of our conception to have. Then, our conception of these effects is the whole of our conception of the object« (Collected Papers 5.402). Innerhalb einer *pragmatischen* S. ist das Semantische Dreieck durch Einführung der Unterscheidung von Sprecher und Hörer zu einem Pragmatischen Viereck zu erweitern, was in der später wesentlich weniger konsequent pragmatisch fundierten Sprechakttheorie (↑Sprechakt) – der den illokutionären und perlokutionären Kräften einer Äußerung zugrundeliegende propositionale (d. h. lokutionäre) Gehalt wird weiterhin im Sinne Freges behandelt – zur Berücksichtigung einer (insbes. für die Funktion von Nominatoren wichtigen) Differenz zwischen Sprecher-Bedeutung und Hörer-Bedeutung führt.

Wittgenstein (der vermutlich in Gesprächen mit F. P. Ramsey das Peircesche Programm kennengelernt und so seinen Weg vom »Tractatus« zu den »Philosophischen Untersuchungen« gefunden hat; vgl. C. S. Hardwick 1979) ist es zu verdanken, daß der pragmatische Kontext sprachlicher Ausdrücke, ihre Verwendung (*token*) oder auch Verwendungsweise (*type*) im gegenwärtigen Diskussionszusammenhang als eine ernsthafte Alternative bei der Suche nach den Grundlagen ihrer Bedeutungsbestimmung angesehen wird. In der von ihm skizzierten *Sprachspiel*-S. (↑Sprachspiel) legen Verwendungsregeln für sprachliche Ausdrücke im Verbund mit nichtsprachlichen Handlungszusammenhängen ihre (nicht mehr einheitlich charakterisierbare) Bedeutung fest (»Man kann für eine *große* Klasse von Fällen der Benützung des Wortes ›Bedeutung‹ – wenn auch nicht für *alle* Fälle seiner Benützung – dieses Wort so erklären: Die Bedeutung eines Wortes ist sein Gebrauch in der Sprache«, Philos. Unters. § 43). Ein systematischer Vergleich der Sprachspiel-S. mit der pragmatischen S. von Peirce steht noch aus.

Eine derart auf Verwendungsregeln bezogene S. führt zu zahlreichen Schwierigkeiten. Wie lassen sich z. B. verschiedene mit einer Äußerung verbundene Absichten bei prima facie gleicher Verwendungsweise erklären? Haben sie grundsätzlich als nicht zur Bedeutung der Äußerung gehörig zu gelten? Ist Bedeutung etwa potentieller Sprachgebrauch (E. Leisi 1953)? Diese Schwierigkeiten bilden den Anlaß zur Inauguration der *handlungstheoretischen* S. durch H. P. Grice. Sie ist eine Version der pragmatischen S., aber nicht so sehr (sozial-) behavioristisch orientiert, wie es die (pragmatisch konsequente) Sprachspiel-S. und ihre (das pragmatische Fundament wieder einschränkenden) Weiterführungen in der (allein auf dem Regelbegriff [↑Regel] aufbauenden) *sprechakttheoretischen* S. sind, sondern eher (instrumentell-)kognitivistisch ausgerichtet und entwickelt dabei sowohl den Wittgensteinschen als auch den sprechakttheoretischen Ansatz weiter. Sie baut zur Charakterisierung der Verwendungsweisen sprachlicher Ausdrücke auf den Grundbegriffen Tun, Glauben und Wollen auf und hat mittlerweile im Rahmen der *intensionalen* S. (↑Semantik, intensionale) auch eine formalsprachliche Behandlung erfahren (G. Meggle 1985). An dieser Stelle gibt es Berührungen mit der *spieltheoretischen* S. von J. Hintikka (1983), die (im Blick auf Anwendungen sowohl in der linguistischen als auch in der logischen S.) den pragmatischen Kontext von Bedeutung und Wahrheit in einem grundsätzlich formalsprachlichen Rahmen thematisiert.

Eine Version pragmatischer S. in einem wesentlich erweiterten Sinne ist die von A. Korzybski (1879–1950) nach dem 1. Weltkrieg begründete (und von ihm in der International Society for General Semantics auch institutionell verankerte) ›Allgemeine S.‹ (S. I. Hayakawa 1953). Dabei soll das in dieser Version einer pragmatischen S. steckende sozialreformerische und ideologiekritische Potential im Sinne einer Propagierung mentaler Hygiene entwickelt werden; dieses Bestreben hängt

zusammen mit Bemühungen, im Anschluß an den älteren ↑Nominalismus abstrakte Bedeutungen auf empirische Korrelationen zwischen Denken und psychophysischen Verhaltensdispositionen zurückzuführen. Auch die innerhalb der ↑Warschauer Schule der Analytischen Philosophie von L. Chwistek (1935, engl. 1948) als formales System aufgebaute S., in der Logik *und* Mathematik rekonstruierbar sein sollen, sprengt als eine Version *syntaktischer* S. mit der Aufgabe, die Grundlage für eine umfassende Wissenschaftsphilosophie zu liefern, den üblichen Rahmen von S.theorien. Ebenfalls vom Pragmatismus angeregt und zumindest teilweise pragmatisch fundiert ist die von Quine geschaffene rein referentielle Bedeutungstheorie, eine (biologisch-)behavioristische Lehre von der ›Reiz-Bedeutung‹ (*stimulus meaning*) für elementare Äußerungen (bzw. Äußerungstypen). Dabei besteht die Bedeutung einer Äußerung *u* in der Klasse derjenigen situationsspezifischen Reize, bei denen für *u* Zustimmung (*assent*) eingeholt werden kann. Diese Theorie reicht jedoch erklärtermaßen nicht dazu aus, für ein ganzes Sprachsystem die Referenzen festzulegen: Eine *wahrheitsfunktionale* S. (↑Semantik, logische) läßt sich nicht allein behavioristisch aufbauen.

Es bleibt bei der (für den Aufbau einer streng pragmatischen S. unerläßlichen) Aufgabe, angesichts der allein signifikativen (also extensionalen) Rolle der Nominatoren und der allein kommunikativen (also intensionalen) Rolle der Prädikatoren bzw. Aussagen, die S. sprachlicher Ausdrücke *vor* ihrer Aufspaltung in diese beiden Rollen aufzusuchen, also jeweils für einen ↑Artikulator. Im Sinne der Rahmenbedingung (3) geht es in einer (unter Bezug auf Peirce *und* Wittgenstein) als *dialogische* S. (K. Lorenz 1995) aufgebauten pragmatischen S. darum, zum einen (in der Kommunikation) den Sinn eines Artikulators wie bei Frege *epistemologisch* für seine Referenz zu nutzen – der Schritt vom (mentalen) Zeichen zum gegenstandsbezogenen Zeichen, d. i. Aussagenmachen –, zum anderen (bei der Signifikation) die Referenz eines Artikulators als das *ontologische* Fundament seines Sinns zu erkennen – der Schritt vom (korporalen) Gegenstand zum bezeichneten Gegenstand, d. i. Namengebung. Sinn und Referenz erscheinen sowohl signifikativ (extensional) als auch kommunikativ (intensional) und lassen sich für einen Artikulator P als Klasse $\in P$ (extensionaler Sinn) und Begriff $|P|$ (intensionaler Sinn) bzw. als Substanz κP (extensionale Referenz) und Eigenschaft σP (intensionale Referenz) identifizieren. Weiter läßt sich ein Begriff als die streng semiotische Fassung einer ›Denkform‹, nämlich als Aussageform, und eine ↑Substanz als die streng pragmatische Fassung einer ›Anschauungsform‹, nämlich als Anzeigeform (für Handlungsvollzüge), ausweisen. Diesen gegenüber bilden Klasse und Eigenschaft jeweils verschiedene mögliche Realisierungen: Die Substanz κ Stein erlaubt viele Klasseneinteilungen in Steine, wobei die Elemente Exemplifikationen eines ↑Konkretums sind, d. i. eines Ganzen (↑Teil und Ganzes); der Begriff | Stein | kann durch viele Eigenschaften, die von seinen Merkmalen begrifflich erfaßt sind, vertreten werden, welche Repräsentationen eines Abstraktums sind, d. i. eines Schemas. Deswegen sollten beide Formen, also Begriff und Substanz, zusammen als *Bedeutung* (*meaning*) eines Artikulators seinen *Verwirklichungen* (*realizations*) in Gestalt von Klassen (Klasseneinteilungen) und Eigenschaften gegenübergestellt werden (s. Abb. 1 in ↑Prädikation). Die Aufgabe, daraus eine pragmatische S. auch komplexer sprachlicher Ausdrücke aufzubauen, ist bisher allein für ↑Elementaraussagen und (in Gestalt der Dialogischen Logik; ↑Logik, dialogische) für logisch zusammengesetzte Aussagen gelöst worden.

Literatur: R. P. Abelson/R. C. Schank, Scripts, Plans, Goals and Understanding. An Inquiry into Human Knowledge Structures, Hillsdale N. J. 1977, 2008; W. Abraham/R. I. Binnick (eds.), Generative S., Frankfurt 1972, erw. Wiesbaden ²1979; J. Allwood/P. Gärdenfors (eds.), Cognitive Semantics. Meaning and Cognition, Amsterdam 1999; L. Antal, Questions of Meaning, The Hague 1963; M. Black, The Labyrinth of Language, London, New York 1968, Harmondsworth 1972 (span. El laberinto del lenguaje, Caracas 1969; dt. Sprache. Eine Einführung in die Linguistik, München 1973); L. Bloomfield, Language, New York 1933, London 1935, Chicago Ill. 1999 (russ. Jazyk, Moskau 1968, 2002; franz. Le langage, Paris 1970; dt. Die Sprache, Wien 2001); E. Borg, Minimal Semantics, Oxford 2004, 2008; M. Bréal, Essai de sémantique. Science des significations, Paris 1897, erw. ³1904, ⁶1913 (repr. Brionne 1983), ⁶1924 (repr. Genf 1976, 2011) (engl. Semantics. Studies in the Science of Meaning, London 1900, New York 1964); H. E. Brekle, S.. Eine Einführung in die sprachwissenschaftliche Bedeutungslehre, München 1972, erw. ²1974, 1991 (franz. Sémantique, ed. P. Cadiot/Y. Girard, Paris 1974); K. Buchholz, Sprachspiel und S., München 1998; D. Busse (ed.), Diachrone S. und Pragmatik. Untersuchungen zur Erklärung und Beschreibung des Sprachwandels, Tübingen 1991; R. Cann/R. Kemspon/E. Gregoromichelaki, Semantics. An Introduction to Meaning in Language, Cambridge 2009; R. Carnap, Introduction to Semantics, Cambridge Mass. 1942, 1948, Neudr. in: ders., Introduction to Semantics and Formalization of Logic, Cambridge Mass. 1943, 1975; ders., Meaning and Necessity. A Study in Semantics and Modal Logic, Chicago Ill./Toronto/London 1947, erw. Chicago Ill./London ²1956, 1988 (dt. Bedeutung und Notwendigkeit. Eine Studie zur S. und modalen Logik, Wien/New York 1972); N. Chomsky, Cartesian Linguistics. A Chapter in the History of Rationalist Thought, Lanham Md., New York 1966, 1983, Cambridge etc. 2009 (franz. La linguistique cartésienne. Un chapitre de l'histoire de la pensée rationaliste suivi de la nature formelle du langage, Paris 1969, 1987; dt. Cartesianische Linguistik. Ein Kapitel in der Geschichte des Rationalismus, Tübingen 1971); ders., Studies on Semantics in Generative Grammar, The Hague/Paris 1972, ³1980 (franz. Questions de sémantique, Paris 1975; dt. Studien zu Fragen der S., Frankfurt 1978); ders., Lectures on Government and Binding, Dordrecht 1981, mit Untertitel: The Pisa Lectures, ²1982, Berlin/New York ⁷1993 (franz. Théorie du gouvernement et du liage. Les Conférences de Pise, Paris 1991); ders., Barriers, Cambridge Mass. 1986, 1997; L. Chwistek, Granice nauki, Lwów 1935 (engl. The Limits of

Science. Outline of Logic and of the Methodology of the Exact Sciences, London 1948, ²1949, 2000); L. J. Cohen, The Diversity of Meaning, London 1962, ²1966; E. Coşeriu, Probleme der strukturellen S., Tübingen 1973, 1978; D. Davidson/G. Harman (eds.), Semantics of Natural Language, Dordrecht 1972, 1977; S. Davis/B. S. Gillon (eds.), Semantics. A Reader, Oxford 2004; M. Dummett, Truth and Other Enigmas, London, Cambridge Mass. 1978, 1992; K. O. Erdmann, Die Bedeutung des Wortes. Aufsätze aus dem Grenzgebiet der Sprachpsychologie und Logik, Leipzig 1900, ⁴1925 (repr. Darmstadt 1966); G. Evans/J. McDowell (eds.), Truth and Meaning. Essays in Semantics, Oxford 1976, 1999; G. Fauconnier, Espaces mentaux. Aspects de la construction du sens dans les langues naturelles, Paris 1984 (engl. Mental Spaces. Aspects of Meaning Construction in Natural Language, Cambridge Mass. 1985, 1995); G. Frege, Über Sinn und Bedeutung, Z. Philos. phil. Kritik 100 (1892), 25–50, ferner in: ders., Funktion, Begriff, Bedeutung. Fünf logische Studien, ed. G. Patzig, Göttingen 1962, 40–65, 2008, 23–46, ferner in: Kleine Schriften, ed. I. Angelelli, Darmstadt, Hildesheim/New York 1967, Hildesheim/Zürich/New York ²1990, 143–162; H. Geckeler (ed.), Strukturelle Bedeutungslehre, Darmstadt 1978; W. T. Gordon, Semantics. A Bibliography, I–III (I 1965–1978, II 1979–1985, III 1986–1991), Metuchen N. J. 1980–1992; A.-J. Greimas, Sémantique structurale. Recherche de méthode, Paris 1966, erw. ²1969, 2002 (dt. Strukturale S.. Methodologische Untersuchungen, Braunschweig 1971; engl. Structural Semantics. An Attempt of a Method, Lincoln Neb. 1983); H. P. Grice, Studies in the Way of Words, Cambridge Mass./London 1989, 1995; F. Guenthner/M. Guenthner-Reuter (eds.), Meaning and Translation. Philosophical and Linguistic Approaches, London, New York 1978; J. Gutiérrez-Rexach (ed.), Semantics. Critical Concepts in Linguistics, I–VI, London 2003; C. S. Hardwick, Peirce's Influence on Some British Philosophers. A Guess at the Riddle, in: Peirce-Studies I (Studies in Peirce's Semiotic. A Symposium by Members of the Institute for Studies in Pragmaticism), Lubbock Tex. 1979, 25–30; G. Harman, Conceptual Role Semantics, Notre Dame J. Formal Logic 23 (1982), 242–256; S. I. Hayakawa (ed.), Language, Meaning and Maturity. Selections from ETC. A Review of General Semantics 1943–1953, New York etc. 1954; I. Heim/A. Kratzer, Semantics in Generative Grammar, Malden Mass. 1998, 2010; P. Henle u. a. (eds.), Structure, Method and Meaning. Essays in Honor of H. M. Sheffer, New York 1951; H. Henne, S. und Lexikographie. Untersuchungen zur lexikalischen Kodifikation der deutschen Sprache, Berlin/New York 1972; H.-J. Heringer, Praktische S., Stuttgart 1974 (engl. Practical Semantics. A Study in the Rules of Speech and Action, The Hague/New York 1978); J. Hintikka, The Game of Language. Studies in Game-Theoretical Semantics and Its Applications, Dordrecht 1983, 1985; F. Hundsnurscher, Neuere Methoden der S.. Eine Einführung anhand deutscher Beispiele, Tübingen 1970, ²1971; E. Husserl, Logische Untersuchungen, I–II, Halle 1900–1901, erw. ²1913–1921, I–III, Den Haag/Boston Mass./Lancaster 1975–1984, ²1992 (Husserliana XVIII, ed. E. Holenstein; XIX/1, XIX/2, ed. U. Panzer), Hamburg 2009 (engl. Logical Investigations, I–II, London, New York 1970; franz. Recherches logiques, I–II, Paris 1961/1963); M. Johnson, The Body in the Mind. The Bodily Basis of Meaning, Imagination, and Reason, Chicago Ill. 1987, 2000; H. Kamp/U. Reyle, From Discourse to Logic. Introduction to Modeltheoretic Semantics of Natural Language, Formal Logic and Discourse Representation Theory, I–II, Dordrecht/Boston Mass./London 1993; J. J. Katz, Semantic Theory, New York 1972; R. Kempson, Presupposition and the Delimitation of Semantics, Cambridge etc. 1975, 1979; J. C. King, Semantics, Enc. Ph. VIII (²2006),

735–750; A. Korzybski, Science and Sanity. An Introduction to Non-Aristotelian Systems and General Semantics, Lancaster Pa./ New York 1933, erw. [2]1941, Fort Worth Tex. 2005; K. Krawczak, Epiphenomenal Semantics. Cognition, Context and Convention, Frankfurt 2013; N. Kretzmann, Semantics, History of, Enc. Ph. VII (1967), 359–406, VIII ([2]2006), 750–807 (mit Addendum von M. J. Cresswell, 807–810); S. Kripke, Naming and Necessity, in: D. Davidson/G. Harman (eds.), Semantics of Natural Language [s. o.], 253–355, erw. separat Oxford, Cambridge Mass. [2]1980, Malden Mass. 2015 (dt. Name und Notwendigkeit, Frankfurt 1981, 2014); F. v. Kutschera, Einführung in die intensionale S., Berlin 1976; G. Lakoff, Cognitive Semantics, in: U. Eco/M. Santambrogio/P. Violi (eds.), Meaning and Mental Representations, Bloomington Ind. 1988, 1995, 119–154; E. Leisi, Der Wortinhalt. Seine Struktur im Deutschen und Englischen, Heidelberg 1953, erw. [2]1961, erw. [3]1967, erw. [4]1971, [5]1975 (franz. Le contenu du mot. Sa structure en allemand et en anglais, Paris 1981); L. Linsky (ed.), Semantics and the Philosophy of Language. A Collection of Readings, Urbana Ill. 1952, 1980; E. Linz, Indiskrete S.. Kognitive Linguistik und neurowissenschaftliche Theoriebildung, München 2002; E. Löbner, S.. Eine Einführung, Berlin 2003, erw. [2]2015; K. Lorenz, Artikulation und Prädikation, HSK VII/2 (1996), 1098–1122, ferner in: ders., Dialogischer Konstruktivismus, Berlin 2009, 24–71; ders., Pragmatic and Semiotic Prerequisites for Predication, in: D. Vanderveken (ed.), Logic, Thought and Action, Dordrecht 2005, 343–357, ferner in: ders., Logic, Language and Method. On Polarities in Human Experience, Berlin/New York 2010, 42–55; ders./P. Lorenzen, Dialogische Logik, Darmstadt 1978; J. Lyons, Semantics, I–II, Cambridge 1977, I, 1996, II, 2001 (dt. S., I–II, München 1980/1983); C. Maienborn/K. v. Heusinger/P. Portner (eds.), Semantics. An International Handbook of Natural Language Meaning, I–III, Berlin 2011/2012 (HSK XXXIII/1–3); G. Meggle, Handlungstheoretische S., Berlin 2010; S. Meier-Oeser, Signifikation, Hist. Wb. Ph. IX (1995), 759–795; C. W. Morris, Foundations of the Theory of Signs, Chicago Ill. 1938, 1977 (dt. Grundlagen der Zeichentheorie [mit: ders., Ästhetik und Zeichentheorie], Frankfurt, München 1972, Frankfurt 1988); S. Nirenburg/C. Raskin, Ontological Semantics, Cambridge Mass./London 2004; C. K. Ogden/I. A. Richards, The Meaning of Meaning. A Study of the Influence of Language upon Thought and of the Science of Symbolism, London 1923, erw. [3]1930, London 2002 (= C. K. Ogden and Linguistics III) (dt. Die Bedeutung der Bedeutung. Eine Untersuchung über den Einfluß der Sprache auf das Denken und über die Wissenschaft des Symbolismus, Frankfurt 1974); G. H. R. Parkinson (ed.), The Theory of Meaning, London/Oxford 1968, 1982; C. S. Peirce, How to Make Our Ideas Clear, in: ders., Collected Papers V, Cambridge 1934 (repr. Bristol 1998), 388–410 (dt./engl. Über die Klarheit unserer Gedanken/How to Make Our Ideas Clear, ed. K. Oehler, Frankfurt 1968, [3]1985); J. Pinborg, Logik und S. im Mittelalter. Ein Überblick, Stuttgart-Bad Cannstatt 1972; M. Pinkal, Logik und Lexikon. Die S. des Unbestimmten, Berlin, Tübingen 1985 (engl. Logic and Lexicon. The Semantics of the Indefinite, Dordrecht etc. 1995); M. R. Quillian, Computers in Behavioral Science. Word Concepts. A Theory and Simulation of Some Basic Semantic Capabilities, Behavioral Sci. 12 (1967), 410–430; W. V. O. Quine, From a Logical Point of View. 9 Logico-Philosophical Essays, Cambridge Mass. 1953, rev. [2]1961, 2003 (dt. Von einem logischen Standpunkt. Neun logisch-philosophische Essays, Frankfurt/Berlin/Wien 1979); ders., Word and Object, Cambridge Mass. 1960, 2013 (dt. Wort und Gegenstand, Stuttgart 1980, 2007); B. Russell, An Inquiry into Meaning and Truth, London 1940, Nottingham 2007; F. de Saussure, Cours de linguistique générale, ed. C. Bally/A. Sechehaye, Paris 1916, 2016 (dt. Grundfragen der allgemeinen Sprachwissenschaft, Berlin 1931, 2001; engl. Course in General Linguistics, London 1960, London/New York 2013); A. Schaff, Wstep do semantyki, Warschau 1960 (dt. Einführung in die S., ed. G. Klaus, Frankfurt 1960, Reinbek b. Hamburg 1973; franz. Introduction à la sémantique, Paris 1960, 1974; engl. Introduction to Semantics, Oxford 1962, 1964); R. C. Schank, Conceptual Information Processing, Amsterdam etc. 1975, 1984; S. R. Schiffer, Meaning, Oxford 1972, 1988; S. J. Schmidt, Bedeutung und Begriff. Zur Fundierung einer sprachphilosophischen S., Braunschweig 1969; H. J. Schneider, Pragmatik als Basis von S. und Syntax, Frankfurt 1975; ders./P. Stekeler-Weithofer, S., semantisch, Hist. Wb. Phil. IX (1995), 581–593; H. Schnelle, Sprachphilosophie und Linguistik. Prinzipien der Sprachanalyse a priori und a posteriori, Reinbek b. Hamburg 1973; S. P. Schwartz (ed.), Naming, Necessity, and Natural Kinds, Ithaca N. Y. 1977, 1990; D. S. Schwarz, Naming and Referring. The Semantics and Pragmatics of Singular Terms, Berlin 1979; A. v. Stechow/D. Wunderlich (eds.), S.. Ein internationales Handbuch der zeitgenössischen Forschung/ Semantics. An International Handbook of Contemporary Research, Berlin 1991 (HSK VI), in 2 Bdn. 2010; D. D. Steinberg/L. A. Jakobovits (eds.), Semantics. An Interdisciplinary Reader in Philosophy, Linguistics and Psychology, London/Cambridge 1971, 1975 (repr. Ann Arbor Mich. 1997), 1978; S. Ullmann, The Principles of Semantics, Glasgow 1951, 1967 (dt. Grundzüge der S.. Die Bedeutung in sprachwissenschaftlicher Sicht, Berlin 1967, [2]1972); U. Weinreich, Erkundungen zur Theorie der S., Tübingen 1970 (engl. Explorations in Semantic Theory, The Hague 1972); L. Weisgerber, Die Sprache unter den Kräften des menschlichen Daseins, Düsseldorf 1949, [2]1954, erw. unter dem Titel: Grundzüge der inhaltsbezogenen Grammatik, Düsseldorf [3]1962, 1971; D. Wilson, Presuppositions and Non-Truth-Conditional Semantics, London 1975 (repr. Aldershot 1991); L. Wittgenstein, Logisch-philosophische Abhandlung, Annalen d. Naturphilosophie 14 (1921), 185–262, unter dem Titel: Tractatus logico-philosophicus, in: ders., Schriften I, Frankfurt 1960, 7–82, separat Frankfurt 1963, [21]2014 (engl./dt. Tractatus logico-philosophicus, with an Introduction by B. Russell, London, New York 1922, [3]1958, Neudr. mit Untertitel: The German Text of L. Wittgenstein's Logisch-philosophische Abhandlung and with the Introduction by B. Russell, London 1961, 1988); ders., Philosophical Investigations, Oxford 1953, 1991 (engl./dt. Oxford 1953, Malden Mass. 2009; dt. Philosophische Untersuchungen, Frankfurt 1967, 2015); U. Wolf, Eigennamen. Dokumentation einer Kontroverse, Frankfurt 1985, 1993; F. Zabeeh u. a. (eds.), Readings in Semantics, Urbana Ill. 1974; P. Ziff, Semantic Analysis, Ithaca N. Y. 1960, 1978; T. E. Zimmermann, Einführung in die S., Darmstadt 2014; weitere Literatur: ↑Semantik, logische. K. L.

Semantik, alternative (engl. alternative semantics), von H. Leblanc eingeführte Sammelbezeichnung für ↑Semantiken für logische Systeme, die von anderen Grundbegriffen ausgehen als die klassische modelltheoretische Semantik (↑Modelltheorie). Hierzu gehören (1) die ↑Bewertungssemantik, (2) die ursprünglich auf K. R. Popper zurückgehende probabilistische Semantik, die den Wahrscheinlichkeitsbegriff anstelle des Wahrheitsbegriffs zur Grundlage der Semantik der deduktiven Logik macht, (3) die spieltheoretische Semantik (↑Semantik, spieltheoretische) und (4) die beweistheoretische Semantik, die den Begründungs- oder Beweisbegriff für fundamentaler hält als den Wahrheitsbegriff.

Literatur: H. Leblanc (ed.), Truth, Syntax and Modality. Proc. Temple University Conference on Alternative Semantics, Amsterdam/London 1973 (Studies in Logic and the Foundations of Mathematics 68); ders., Alternatives to Standard First-Order Semantics, in: D. M. Gabbay/F. Guenthner (eds.), Handbook of Philosophical Logic I (Elements of Classical Logic), Dordrecht 1983, 189–274. P. S.

Semantik, beweistheoretische (engl. proof-theoretic semantics), Bezeichnung für eine Konzeption der logischen ↑Semantik (↑Semantik, logische), die auf dem Begriff des ↑Beweises aufbaut, im Unterschied zu Semantiken, die auf dem Begriff der ↑Wahrheit bzw. der ↑Wahrheitsbedingung aufbauen. Da Wahrheitsbedingungensemantiken in den meisten Bereichen der Mathematischen Logik den derzeitigen Standard darstellen, muß man die b. S. als ›alternative‹ Konzeption der Semantik ansehen (↑Semantik, alternative), in dieser Hinsicht vergleichbar z. B. mit dialogischen oder spieltheoretischen Semantiken (↑Logik, dialogische, ↑Semantik, spieltheoretische), die ebenfalls nicht auf dem Wahrheitsbegriff aufbauen. Der Terminus ›b. S.‹ wurde 1985 von P. Schroeder-Heister vorgeschlagen (erstmals im Druck 1991). Der Sache nach geht diese Konzeption der Semantik zurück auf G. Gentzens ↑Kalkül des natürlichen Schließens und dessen philosophische Interpretation bei Gentzen selbst und insbes. später bei D. Prawitz und M. Dummett (letzterer spricht von ›Bedeutungstheorie‹ [*theory of meaning*]; ↑Bedeutung). Weiterhin sind P. Lorenzens Operative Logik (↑Logik, operative) sowie P. Martin-Löfs Konstruktive Typentheorie (↑Typentheorie, konstruktive) prominente Beispiele dieser Tradition.

Im engeren Sinne gehört die b. S. zur Allgemeinen Beweistheorie (*general proof theory*), im weiteren philosophischen Sinne zum ↑Inferentialismus, d. h. zur insbes. von R. Brandom propagierten Konzeption, daß Schlüsse und Schlußregeln die Bedeutung von Ausdrücken festlegen. In einem noch weiteren Sinne gehört die b. S. zu der auf den späten L. Wittgenstein zurückgehenden ↑Gebrauchstheorie der Bedeutung (*meaning as use*), d. h. der Idee, daß die Bedeutung sprachlicher Ausdrücke durch deren Verwendung konstituiert wird. Die Allgemeine Beweistheorie wurde unter dieser Bezeichnung 1971 von D. Prawitz begründet, gleichzeitig mit von G. Kreisel vorgebrachten verwandten Argumenten. Die Allgemeine Beweistheorie betrachtet Beweise nicht unter dem Gesichtspunkt der Beweisbarkeit (↑beweisbar/Beweisbarkeit), sondern als Gegenstände eigenen Rechts, die einen epistemischen Status haben. Im Vordergrund steht die formale Struktur von Beweisen, und nicht ausschließlich die Tatsache, welche Aussage oder

Behauptung sie beweisen. Insbes. steht in der Allgemeinen Beweistheorie nicht das Problem der Widerspruchsfreiheit (↑widerspruchsfrei/Widerspruchsfreiheit) formaler Systeme (↑System, formales, ↑Kalkül) im Zentrum, wie es bis dahin für die auf D. Hilbert zurückgehende Beweistheorie maßgeblich war. Strukturelle Eigenschaften von Beweisen, die in der Allgemeinen Beweistheorie herausgearbeitet werden, macht sich die b. S. zu Nutze, um die Bedeutung logischer Zeichen beweistheoretisch zu charakterisieren.

Ein zentrales formales Paradigma der b.n S. ist der Kalkül des natürlichen Schließens. Die Affinität dieses Kalküls zur intuitionistischen Logik (↑Logik, intuitionistische) überträgt sich auf die b. S., sofern sie sich an diesem Kalkül orientiert. Semantische Konzeptionen, die die klassische Logik (↑Logik, klassische) einbeziehen, orientieren sich eher am symmetrischen ↑Sequenzenkalkül. Ein grundlegender formaler Bestandteil von semantischen Ansätzen, die sich am natürlichen Schließen orientieren, ist die Theorie der Beweisreduktion, in der Umformungen formaler Beweise diskutiert werden, die deren ›inhaltlichen Sinn‹ unverändert lassen, es aber erlauben, sie in eine bestimmte Standardform zu transformieren. Hier ist insbes. die ›Einführungsform‹ von Beweisen zu nennen, die dann vorliegt, wenn die Endformel eines ›geschlossenen‹ (annahmenfreien) Beweises durch eine Einführungsregel eingeführt wird. Das erstmals von Prawitz bewiesene Resultat, daß sich jeder geschlossene Beweis in eine Normalform in Einführungsform transformieren läßt, wird von Dummett als philosophische Fundamentalannahme (*fundamental assumption*) umgedeutet, die für die Gültigkeit von Behauptungen maßgeblich ist. Nach dieser Konzeption ist ein geschlossener Beweis gültig, wenn er entweder in Einführungsform ist oder sich in Einführungsform transformieren läßt. Ein ›offener‹ Beweis, d. h. ein Beweis aus ↑Annahmen (↑Annahmenkalkül), ist gültig, wenn der geschlossene Beweis, den man erhält, indem man die offenen Annahmen durch geschlossene Beweise dieser Annahmen ersetzt, gültig ist. Damit ist diese von Prawitz und Dummett favorisierte Semantikkonzeption eng verwandt mit der vor allem auf A. Heyting zurückgehenden BHK-Interpretation (›Brouwer-Heyting-Kolmogorov-Interpretation‹) der intuitionistischen Logik, wonach insbes. eine Implikationsaussage $A \to B$ dann gültig ist, wenn man einen gültigen Beweis von A in einen gültigen Beweis von B umformen kann. Ebenso ist sie verwandt mit der Konzeption der Operativen Logik (↑Logik, operative), in der Lorenzen die Gültigkeit von $A \to B$ als Behauptung der Zulässigkeit (↑zulässig/Zulässigkeit) der Regel $A \Rightarrow B$ interpretiert, was selbst wieder durch den Nachweis gerechtfertigt wird, daß man aus jedem Beweis von A einen Beweis von B gewinnen kann, der die Regel $A \Rightarrow B$ nicht verwendet.

Die Idee des Primats von Einführungsregeln und damit der Einführungsform von Beweisen für die Semantik logischer Zeichen geht auf entsprechende Bemerkungen zur Interpretation des Kalküls des natürlichen Schließens bei Gentzen (1935) zurück. Daher verwendet F. v. Kutschera (1967) den Terminus ›Gentzensemantik‹ zur Bezeichnung einer Konzeption, die verallgemeinerte Beseitigungsregeln aus Einführungsregeln ableitet. Er ist damit Vorläufer einer allgemeinen Theorie des Verhältnisses von Einführungs- und Beseitigungsregeln, das von Dummett als ›Harmonie‹ bezeichnet wird. Nach solchen Konzeptionen wird das harmonische Verhältnis von Einführungs- und Beseitigungsregeln für ein logisches Zeichen (↑Partikel, logische) als notwendiges (und bei vielen Autoren auch hinreichendes) Kriterium dafür angesehen, daß diese Regeln die Bedeutung des jeweiligen ↑Operators festlegen. Daß Beseitigungsregeln in Harmonie zu gegebenen Einführungsregeln stehen, wird häufig unter Bezug auf ein ↑Inversionsprinzip behauptet – ein Begriff, den Prawitz unter Bezugnahme auf den von Lorenzen für allgemeine Kalküle geprägten Terminus an die beim natürlichen Schließen vorliegende Situation anpaßt. In der Folge sind, u. a. von Schroeder-Heister, diverse Theorien von Harmonie und Inversion vorgeschlagen worden. Dazu gehören auch Theorien, die die Beseitigungsregeln als Basis annehmen – eine Konzeption, die von Dummett als ›pragmatistische‹ Bedeutungstheorie (im Unterschied zur auf Einführungsregeln beruhenden *verifikationischen* Bedeutungstheorie) bezeichnet wird. Befriedigende abschließende Definitionen von Harmonie und Inversion liegen bisher nicht vor, insbes. weil nicht völlig klar ist, wie ein befriedigender Begriff der Äquivalenz von Formeln zu formulieren ist, der einem intensionalen (↑intensional/Intension) Verständnis von ›Beweis‹ Rechnung trägt (im Unterschied zu einem extensionalen [↑extensional/Extension] Verständnis, das sich auf Beweisbarkeit konzentriert).

In Theorien der *definitorischen Reflexion*, wie sie von L. Hallnäs und Schroeder-Heister vorgeschlagen worden sind, ist die b. S. über die Logik hinaus erweitert worden. Hier betrachtet man Definitionen von Prädikaten, die analog zu Programmen in der Logikprogrammierung (↑Programmiersprachen) in Klauselform gegeben sind. Diese Ansätze nutzen allgemeine Fassungen des Inversionsprinzips aus, wie sie schon von Lorenzen betrachtet worden sind. Sie sind mit Theorien induktiver Definitionen (↑Definition, induktive) innerhalb der Mathematischen Logik verwandt, insbes. zu Ansätzen iterierter induktiver Definitionen, wie sie 1971 von Martin-Löf vorgeschlagen worden sind. Eine spezielle Form b.r S. manifestiert sich in der durch Martin-Löf begründeten Konstruktiven Typentheorie, bei der man neben ›Demonstrationen‹ genannten Beweisen auch ›Beweisobjekte‹ betrachtet.

Eine alternative Version der b.n S. erhält man, wenn man, anders als in der durch Dummett, Prawitz und Martin-Löf geprägten Tradition, von einem bidirektionalen Ansatz ausgeht, bei dem sowohl Annahmen als auch Behauptungen im Laufe eines Beweises modifiziert werden können (ein solcher Ansatz liegt insbes. dem Gentzenschen ↑Sequenzenkalkül zugrunde). Dabei werden logische Regeln nicht über ein Inversionsprinzip gerechtfertigt, indem man bestimmte Regeln (meistens die Einführungsregeln) als Ausgangspunkt nimmt, sondern von vornherein symmetrisch eingeführt. Besondere Signifikanz hat hier der Ansatz der Kategorischen Beweistheorie (*categorial proof theory*), der auf der mathematischen Kategorientheorie basiert. In dieser von J. Lambek und K. Došen entwickelten Theorie werden Beweise mit indizierten Pfeilen $f: A \rightarrow B$ identifiziert, bei denen der Index f den Beweis einer Folgerungsbeziehung zwischen A und B repräsentiert. Dieser Ansatz liefert eine abstrakte Form der Beweistheorie, die auf viel syntaktischen Ballast der mit Beweisbäumen operierenden ›gewöhnlichen‹ Beweistheorie verzichtet. Philosophisch von besonderer Signifikanz ist dabei die Tatsache, daß Beweise hypothetischer Entitäten, nämlich Beweise von Konsequenzbeziehungen, primär sind, und nicht, wie im ›gewöhnlichen‹ beweistheoretischen Ansatz, Beweise kategorischer Behauptungen. Hier wird also der in der traditionellen Beweistheorie dominierende Primat des Kategorischen vor dem Hypothetischen (von Schroeder-Heister als ›Dogma der Standardsemantik‹ bezeichnet) zugunsten seiner Umkehrung aufgegeben. Bezogen auf die wahrheitsorientierte, nicht-beweistheoretische traditionelle Semantik entspricht dies der Aufgabe von ↑*Wahrheit* zugunsten von ↑*Folgerung* als zentralem Grundbegriff, was einen Paradigmenwechsel in der philosophischen Semantik darstellt.

Als Randgebiet der b.n S. sind Ansätze zu betrachten, in denen es um die Auszeichnung der logischen Konstanten geht, d. h. um die Frage, welche Zeichen als logische Konstanten (↑Partikel, logische) anzusehen sind. Diese auch ›Logizitätsproblem‹ genannte Frage wird zwar manchmal durch Angabe einer semantischen Theorie beantwortet, die man zur b.n S. rechnen müßte, häufig aber durch eine beweistheoretische Charakterisierung, die Regeln angibt, durch die die logischen Zeichen ausgezeichnet werden, ohne daß diese Regeln als Bedeutungsregeln verstanden werden. Der herausragende Ansatz dieser Art ist Došens Idee, logische Zeichen wie Interpunktionszeichen zu verstehen, die gewisse strukturelle Eigenschaften von Sequenzen im Gentzenschen Sinne widerspiegeln..

Philosophisch hat die b. S. lange Zeit ein Nischendasein geführt. In neuerer Zeit wird sie intensiver diskutiert. Das hängt einerseits damit zusammen, daß im Zusammenhang mit der Anerkennung des genuin erkenntnistheoretischen und sprachphilosophischen Anspruchs der Beweistheorie die Allgemeine Beweistheorie insgesamt stärker in den philosophischen Fokus gerückt ist. Andererseits rührt es daher, daß die b. S. neuartige Antworten gibt auf bestimmte eher ›angewandte‹ Fragen, die seit jeher von besonderem philosophischen Interesse waren, z. B. in der Diskussion der mathematischen und logischen Paradoxien (↑Antinomie, ↑Antinomien, logische, ↑Antinomien, semantische, ↑Paradoxie).

Literatur: K. Došen, Logical Constants as Punctuation Marks, Notre Dame J. Formal Logic 30 (1989), 362–381; ders., Models of Deduction, in: R. Kahle/P. Schroeder-Heister (eds.), Proof-Theoretic Semantics [s. u.], 639–657; ders., On the Paths of Categories, in: T. Piecha/P. Schroeder-Heister (eds.), Advances in Proof-Theoretic Semantics [s. u.], 65–77; M. Dummett, The Logical Basis of Metaphysics, Cambridge Mass., London 1991, London 1995; R. Dyckhoff, Some Remarks on Proof-Theoretic Semantics, in: T. Piecha/P. Schroeder-Heister (eds.), Advances in Proof-Theoretic Semantics [s. u.], 79–93; N. Francez, Proof-Theoretic Semantics, London 2015; G. Gentzen, Untersuchungen über das logische Schließen, Math. Z. 39 (1935), 176–210, 405–431 (engl. Investigations into Logical Deduction, in: The Collected Papers of Gerhard Gentzen, ed. M. E. Szabo, Amsterdam/London 1969, 68–131); L. Hallnäs, Partial Inductive Definitions, Theoret. Computer Sci. 87 (1991), 115–142; W. Hodges, A Strongly Differing Opinion on Proof-Theoretic Semantics?, in: T. Piecha/P. Schroeder-Heister (eds.), Advances in Proof-Theoretic Semantics [s. u.], 173–188 (mit Replik von K. Došen unter dem Titel: Comments on an Opinion, ebd., 189–193); R. Kahle/P. Schroeder-Heister (eds.), Proof-Theoretic Semantics, Dordrecht/Norwell Mass. 2006 (Synthese 148, H. 3); dies., Introduction. Proof-Theoretic Semantics, in: dies. (eds.), Proof-Theoretic Semantics [s. o.], 503–506; G. Kreisel, A Survey of Proof Theory II, in: J. E. Fenstad (ed.), Proceedings of the Second Scandinavian Logic Symposium, Amsterdam/London 1971, 109–170; F. v. Kutschera, Die Vollständigkeit des Operatorensystems {¬, ∧, ∨, ⊃} für die intuitionistische Aussagenlogik im Rahmen der Gentzensemantik, Arch. math. Log. Grundlagenf. 11 (1967), 3–16; P. Martin-Löf, Hauptsatz for the Intuitionistic Theory of Iterated Inductive Definitions, in: J. E. Fenstad (ed.), Proceedings of the Second Scandinavian Logic Symposium [s. o.], 179–216; T. Piecha, Completeness in Proof-Theoretic Semantics, in: ders./P. Schroeder-Heister (eds.), Advances in Proof-Theoretic Semantics [s. u.], 231–251; ders./W. de Campos Sanz/P. Schroeder-Heister, Failure of Completeness in Proof-Theoretic Semantics, J. Philos. Log. 44 (2015), 321–335; ders./P. Schroeder-Heister (eds.), Advances in Proof-Theoretic Semantics, Cham 2016; D. Prawitz, Natural Deduction. A Proof-Theoretical Study, Stockholm 1965 (repr. Mineola N. Y. 2006); ders., Ideas and Results in Proof Theory, in: J. E. Fenstad (ed.), Proceedings of the Second Scandinavian Logic Symposium [s. o.], 235–307; ders., The Philosophical Position of Proof Theory, in: R. E. Olson/A. M. Paul (eds.), Contemporary Philosophy in Scandinavia, Baltimore Md./London 1972, 123–134; ders., Towards a Foundation of a General Proof Theory, in: P. Suppes u. a. (eds.), Logic, Methodology and Philosophy of Science IV (Proceedings of the Fourth International Congress of Logic, Methodology and Philosophy of Science. Bucharest, 1971), Amsterdam/London/New York 1973, 225–250; ders., Meaning Approached via Proofs, in: R. Kahle/P. Schroeder-Heister (eds.), Proof-Theoretic Semantics [s. o.], 507–524; ders., On the Relation between Heyting's and Gentzen's Approaches to

Meaning, in: T. Piecha/P. Schroeder-Heister (eds.), Advances in Proof-Theoretic Semantics [s. o.], 5–25; S. Read, General-Elimination Harmony and the Meaning of the Logical Constants, J. Philos. Log. 39 (2010), 557–576; P. Schroeder-Heister, Uniform Proof-Theoretic Semantics for Logical Constants (Abstract), in: European Summer Meeting of the Association for Symbolic Logic. Logic Colloquium '90. Helsinki, 1990, J. Symb. Log. 56 (1991), 1115–1150, 1142; ders., Rules of Definitional Reflection, in: Proceedings. Eighth Annual IEEE Symposium on Logic in Computer Science. June 19–23, 1993, Montreal, Canada, Los Alamitos Calif. 1993, 222–232; ders., Validity Concepts in Proof-Theoretic Semantics, in: R. Kahle/P. Schroeder-Heister (eds.), Proof-Theoretic Semantics [s. o.], 525–571; ders., Generalized Definitional Reflection and the Inversion Principle, Logica Universalis 1 (2007), 355–376; ders., Proof-Theoretic versus Model-Theoretic Consequence, in: M. Peliš (ed.), The Logica Yearbook 2007, Prag 2008, 187–200; ders., Sequent Calculi and Bidirectional Natural Deduction. On the Proper Basis of Proof-Theoretic Semantics, in: M. Peliš (ed.), The Logica Yearbook 2008, London 2009, 245–259; ders., The Categorical and the Hypothetical. A Critique of some Fundamental Assumptions of Standard Semantics, Synthese 187 (2012), 925–942; ders., Proof-Theoretic Semantics, SEP 2012, rev. 2016; ders., Proof-Theoretic Validity Based on Elimination Rules, in: E. H. Haeusler/W. de Campos Sanz/B. Lopes (eds.), Why Is This a Proof? Festschrift for Luiz Carlos Pereira, London 2015, 159–176; ders., Harmony in Proof-Theoretic Semantics. A Reductive Analysis, in: H. Wansing (ed.), Dag Prawitz on Proofs and Meaning, Cham etc. 2015, 329–358; ders., Open Problems in Proof-Theoretic Semantics, in: T. Piecha/P. Schroeder-Heister (eds.), Advances in Proof-Theoretic Semantics [s. o.], 253–283; H. Wansing, The Idea of a Proof-Theoretic Semantics and the Meaning of the Logical Operations, Stud. Log. 64 (2000), 3–20.   P. S.

Semantik, denotationelle (engl. denotational semantics), Oberbegriff für ↑Semantiken, die davon ausgehen, daß die semantische Funktion sprachlicher Ausdrücke darin besteht, außersprachliche Entitäten zu bezeichnen (↑Bezeichnung). Die d. S. steht damit im Gegensatz zu Semantiken, die den *Gebrauch* sprachlicher Ausdrücke als semantisch fundamental ansehen. Die erste präzise Formulierung einer d.n S. hat A. Tarski gegeben (↑Tarski-Semantik). Formalisierungen von alternativen gebrauchstheoretischen Semantiken finden sich z. B. in der beweistheoretischen Semantik (↑Semantik, beweistheoretische). Da es sich bei der d.n S. um eine ↑Interpretationssemantik handelt, die Zeichen Bedeutungen per Interpretation zuordnet, ist sie außerdem abzugrenzen von ↑Bewertungssemantiken und anderen alternativen Semantiken (↑Semantik, alternative) wie z. B. der spieltheoretischen oder der dialogischen Semantik (↑Logik, dialogische, ↑Semantik, spieltheoretische).

Der Terminus ›d. S.‹ hatte in der philosophischen und mathematisch-logischen Diskussion nur eine Randexistenz. Er ist prominent geworden in der Informatik im Rahmen von Ansätzen, ↑Programmiersprachen und Programmen eine formale Semantik zu geben, die der aus der Logik gewohnten Interpretationssemantik nahekommt. Hier steht sie im Gegensatz zur ›operationalen

Semantik‹, die Programmabläufe inhaltlich versteht über das, was sie *bewirken*, nämlich gewisse Zustände (von Rechnern) in neue Zustände zu transformieren. In der d.n S. von Programmiersprachen werden Programmkonstrukte interpretiert durch Zuweisung von Entitäten in geeigneten Zustandsräumen, auch ›semantische Bereiche‹ (*semantic domains*) genannt. Im Unterschied zu den Gegenstandsbereichen der klassischen modelltheoretischen Semantik zeichnen sich solche Bereiche durch eine Struktur aus, die die Interpretation berechenbarer Funktionen (↑berechenbar/Berechenbarkeit, ↑Funktion, rekursive) in geeigneter Weise zuläßt und insbes. dem Problem der Partialität (↑partiell) solcher Funktionen Rechnung trägt, d. h. der Tatsache, daß sie nicht notwendigerweise überall definiert sind (z. B. daß ihre Berechnung für bestimmte Werte nicht terminiert). Eine auf solchen Begriffen aufbauende d. S. von Programmiersprachen mit einer entsprechenden Theorie der Berechenbarkeit wurde von C. Strachey und D. Scott Anfang der 1970er Jahre entwickelt. Sie ist zu einem Standardgebiet der Theoretischen Informatik und der Theorie der Programmiersprachen geworden.

Literatur: L. Allison, A Practical Introduction to Denotational Semantics, Cambridge etc. 1986, 1995; G. Dowek/J.-J. Lévy, Introduction à la théorie des langages de programmation, Palaiseau 2006 (engl. Introduction to the Theory of Programming Languages, London etc. 2011); E. Fehr, Semantik von Programmiersprachen, Berlin etc. 1989; M. J. C. Gordon, The Denotational Description of Programming Languages. An Introduction, New York/Heidelberg/Berlin 1979, 1987; C. A. Gunter/P. D. Mosses/D. S. Scott, Semantic Domains and Denotational Semantics, Aarhus, Marktoberdorf, Philadelphia Pa. 1989, Neudr. in: J. van Leeuwen (ed.), Handbook of Theoretical Computer Science B (Formal Models and Semantics), Amsterdam etc., Cambridge Mass. 1990, 1998, 575–631 (Chap. 11 Denotational Semantics), 633–674 (Chap. 12 Semantic Domains); R. Milne/C. Strachey, A Theory of Programming Language Semantics, I–II, London/New York 1976; D. S. Scott/C. Strachey, Toward a Mathematical Semantics for Computer Languages, Oxford 1971; J. E. Stoy, Denotational Semantics. The Scott–Strachey Approach to Programming Language Semantics, Cambridge Mass./London 1977, ⁵1989; R. D. Tennent, Denotational Semantics, in: S. Abramsky/D. M. Gabbay/T. S. E. Maibaum (eds.), Handbook of Logic in Computer Science III (Semantic Structures), Oxford 1994, 169–322; P. Thiemann, Grundlagen der funktionalen Programmierung, Stuttgart 1994; G. Winskel, The Formal Semantics of Programming Languages. An Introduction, Cambridge Mass./London 1993, ⁵2001.   P. S.

Semantik, intensionale, Bezeichnung für eine Interpretation der Ausdrücke einer Sprache, die nicht extensional (↑extensional/Extension) ist. Auf der Ebene der Satzinterpretation sind i. S.en gekennzeichnet durch einen Begriff der Bedeutungsgleichheit (↑Bedeutung), der feinere Unterscheidungen erlaubt als der Begriff der bloßen Gleichheit von ↑Wahrheitswerten. Allgemein ist eine ↑Semantik für eine Sprache eine ↑Abbildung der

Ausdrücke der Sprache in eine Menge nicht-sprachlicher Objekte (›Bedeutungen‹). Eine wichtige Bedingung, die für extensionale wie für i. S.en gleichermaßen gilt, ist das Kongruenzprinzip (↑kongruent/Kongruenz): Haben zwei Ausdrücke x und y die gleiche Bedeutung, dann müssen sie in jedem Ausdruck z austauschbar sein, ohne daß sich die Bedeutung von z durch den Austausch ändert. Dieses Kongruenzprinzip drückt eine Erfolgsbedingung für jede Semantik aus: Die Bedeutung eines Ausdrucks läßt sich vollständig aus den Bedeutungen seiner Teilausdrücke bestimmen.

Bei Beschränkung auf Sätze sei unterstellt, daß von zwei gegebenen Sätzen A und B gelte: A möge immer wahr sein, B möge nur jetzt wahr sein. Obwohl A und B den gleichen Wahrheitswert haben, kann man offenbar in dem Satz

(C) A ist immer wahr

A nicht gegen B austauschen, ohne daß C seinen Wahrheitswert ändert. Daher kann sich für eine Sprache mit temporalen Ausdrücken wie ›immer‹ die Bedeutung eines Satzes nicht in seinem momentanen Wahrheitswert erschöpfen. Die Konstruktion ›immer …‹ signalisiert einen ›intensionalen Kontext‹ (↑Logik, temporale). Weitere intensionale Kontexte sind ›es ist notwendig, daß …‹ (↑Modallogik), ›x glaubt, daß …‹ (↑Logik, epistemische), ›es ist geboten, daß …‹ (↑Logik, deontische), ›… folgt aus …‹ (↑Logik des ›Entailment‹, ↑Relevanzlogik).

Die für intensionale Ausdrücke erforderliche Verfeinerung des Bedeutungsbegriffs wird meist durch die Anreicherung der extensionalen Semantik (Abbildung aller Sätze in die Menge {Wahr, Falsch}) um die Möglichkeit multipler Referenz erreicht (↑Kripke-Semantik, ↑Mögliche-Welten-Semantik). Danach erhalten Sätze Wahrheitswerte an mehreren verschiedenen ›Punkten‹, wobei diese in Abhängigkeit vom betrachteten intensionalen Kontext z. B. als Zeitpunkte oder als mögliche Welten (↑Welt, mögliche) interpretiert werden. Der Menge der Punkte wird meist eine Ordnungsstruktur (↑Ordnung) unterlegt, die z. B. in der temporalen Interpretation die Linearität der Zeit ausdrücken kann. Die Bedeutung eines Satzes läßt sich durch eine Menge von Paaren, bestehend aus jeweils einem Wahrheitswert und einem Punkt, repräsentieren (oder als die Menge der Punkte, an denen der Satz wahr ist). Im angegebenen Beispiel sollte der Satz C genau dann *jetzt* wahr sein, wenn der Teilsatz A jetzt und zu jedem Zeitpunkt in der Vergangenheit und in der Zukunft (also immer) wahr ist. Identifiziert man die Bedeutung eines Satzes mit der Menge der (Zeit-)Punkte, an denen er wahr ist, kann man für A in C beliebige im nunmehr präzisierten Sinne bedeutungsgleiche Sätze einsetzen, ohne daß sich der Wahrheitswert von C ändert. Hingegen hat B offenbar eine andere Bedeutung als *A*, obwohl sie beide (jetzt) wahr sind.

Für viele intensionale Ausdrücke wie ›es ist notwendig, daß ...‹ erlaubt dieser Bedeutungsbegriff hinreichend feine Unterscheidungen. Andere Ausdrücke, etwa epistemische Modalausdrücke oder ›Entailment‹, sind ›hyperintensional‹: Sie erfüllen nicht die Bedingung, daß Sätze, die an genau den gleichen Punkten wahr sind, im Sinne des Kongruenzprinzips bedeutungsgleich sind. Sprachen mit hyperintensionalen Ausdrücken bedürfen noch strikterer Charakterisierungen der Bedeutungsgleichheit. Diese lassen sich ebenfalls in semantischen Strukturen mit multipler Referenz repräsentieren, wenn man z. B. auf eine Anordnung der Punkte zurückgreift.

Literatur: J. van Benthem, A Manual of Intensional Logic, Stanford Calif. 1985, erw. ²1988; K. Fine, Model Theory for Modal Logic, J. Philos. Log. 7 (1978), 125–156, 277–306, 10 (1981), 293–307; M. Fitting, Intensional Logic, SEP 2006, rev. 2015; U. Friedrichsdorf, Einführung in die klassische und intensionale Logik, Braunschweig 1992; D. Gallin, Intensional and Higher-Order Modal Logic. With Applications to Montague Semantics, Amsterdam 1975; R. Goldblatt, Logics of Time and Computation, Stanford Calif. 1987, erw. ²1992; G. E. Hughes/M. J. Cresswell, A Companion to Modal Logic, London/New York 1984 (ital. Guida alla logica modale, Bologna 1990); S. A. Kripke, A Completeness Theorem in Modal Logic, J. Symb. Log. 24 (1959), 1–14; ders., Semantical Considerations on Modal Logic, Acta Philos. Fennica 16 (1963), 83–94, Neudr. in: L. Linsky (ed.), Reference and Modality, London etc. 1971, Oxford etc. 1979, 63–72; D. Lewis, On the Plurality of Worlds, Oxford 1986, 2008; R. Montague, Formal Philosophy. Selected Papers of Richard Montague, ed. R. H. Thomason, New Haven Conn. 1974, ³1979; D. Parsons, Theories of Intensionality. A Critical Survey, Singapur 2016; W. V. O. Quine, Reference and Modality, in: ders., From a Logical Point of View. 9 Logico-Philosophical Essays, Cambridge Mass. 1953, rev. ²1961, 2003, 139–159 (dt. Referenz und Modalität, in: ders., Von einem logischen Standpunkt. Neun logisch-philosophische Essays, Frankfurt/Berlin/Wien 1979, 133–152); M. de Rijke, Advances in Intensional Logic, Dordrecht etc. 1997; R. Routley/R. K. Meyer, The Semantics of Entailment, II–III, J. Philos. Log. 1 (1972), 53–73, 192–208; dies., The Semantics of Entailment I, in: H. Leblanc (ed.), Truth, Syntax and Modality. Proc. Temple University Conference on Alternative Semantics, Amsterdam/London 1973, 199–243; dies., Every Sentential Logic Has a Two-Valued Worlds Semantics, Log. anal. NS 19 (1976), 345–365.   A. F.

Semantik, logische, Bezeichnung für eine sich innerhalb der ↑Semantik auf logische Theoriebildungen in der ↑Metasprache (↑Metalogik) stützende Behandlung von Sprachen, deren ↑Syntax auch dann, wenn keine formale Sprache (↑Sprache, formale) im engeren Sinne (also unter Einschluß von Regeln zur Satzbestimmung im logischen Sinne, nämlich wahrer Sätze) zugrundegelegt ist, wenigstens einem Kalkül der Ausdrucksbestimmungen (↑Ausdruckskalkül) gleichwertig ist, wie generell z. B. in einer generativen Grammatik, insbes. einer ↑Transformationsgrammatik, für natürliche Sprachen. Mittler-

weile erfüllen auch anders konzipierte Grammatiken, z. B. Kategorialgrammatiken (↑Kategorie, syntaktische) oder Dependenzgrammatiken, diese Bedingung, wobei durchaus anstelle einer (z. B. für Zwecke der Computerlinguistik erforderlichen) konkreten Syntax auch eine bloß axiomatisch charakterisierte abstrakte Struktur der Syntax verwendet wird (z. B. bei R. Montague). Werden nur logisch relevante Strukturen der Syntax berücksichtigt, so spricht man von ›logischer Syntax‹ (↑Syntax, logische); sie bildet zusammen mit der l.n S. die logische Grammatik (↑Grammatik, logische). Es muß derzeit offenbleiben, in welchem Zusammenhang eine solche logische Grammatik mit der in der Linguistik gesuchten universalen Grammatik steht.

Der Syntax soll die Semantik durch eine Festlegung der Bedeutung grundsätzlich aller ihrer Ausdrücke hinzugefügt werden, was angesichts des formalen Charakters der Syntax begrifflich zwei Schritte erforderlich macht, auch wenn die üblichen Darstellungen nur einen Schritt vorsehen: Zunächst erfolgt eine Ersetzung der verwendeten einfachen Zeichen oder Symbole im logischen Sinne durch Ausdrücke einer konkreten (natürlichen, eventuell normierten) Sprache oder wenigstens durch ↑Mitteilungszeichen für solche, anschließend geht es um eine (deskriptive oder normative) Erklärung ihrer Bedeutung. Werden für den zweiten Schritt unter den Syntaxausdrücken nur solche der syntaktischen Kategorie ›Satz‹ berücksichtigt (an dieser Stelle wird deutlich, welche entscheidende, aber gleichwohl selten beachtete Rolle semantische Aspekte für die Struktur der Syntax spielen, so daß die Syntax eigentlich als durch ↑Abstraktion [↑abstrakt] aus einer ihre Semantik bereits mit sich führenden Sprache entstanden gedacht werden sollte), so besteht die noch sehr grobe Bedeutungserklärung in einer Zuordnung von ↑Wahrheitswerten – gewöhnlich ↑verum und ↑falsum – zu den einfachen Satzzeichen und von ↑Wahrheitsfunktionen zu Ausdrücken derjenigen syntaktischen Kategorien, die aus Sätzen wieder Sätze bilden und als logische Partikeln (↑Partikel, logische) gewöhnlich ohnehin schon in der Syntax markiert sind (↑Bewertungssemantik). Eine derart *wahrheitsfunktionale Semantik* ist als Spezialfall einer Referenzsemantik für die Zwecke der formalen Logik (↑Logik, formale) ausreichend; sie erlaubt es, alle weiteren logischen Begriffsbildungen zu gewinnen, insbes. den Begriff der logischen ↑Folgerung. Bei einer differenzierter vorgehenden, aber gleichwohl streng referentiellen Bedeutungserklärung werden die Wahrheitswertzuordnungen zu den einfachen Sätzen aus geeigneten Zuordnungen zu ihren Bestandteilen gewonnen, den Elementen der syntaktischen Kategorien ↑Eigenname (ihre Referenz ist ein Gegenstand) und prädikativer Ausdruck, z. B. der ↑Prädikatoren (deren Referenz sind Funktionen mit Gegenständen als Argumenten und Wahrheitswerten als Werten). Dies führt zu einer *Interpretation* der formalen Syntax (↑Interpretationssemantik) und ist zum Ausgangspunkt für die gegenwärtig in der l.n S. vorherrschende modelltheoretische Semantik geworden. Sie geht auf die (schon von B. Bolzano der Idee nach vorweggenommenen) Arbeiten A. Tarskis zur Definition eines formal korrekten und inhaltlich adäquaten ↑Wahrheitsbegriffs zurück und bedarf, insofern (einstellige) Wahrheitsfunktionen auf einem Gegenstandsbereich als Teilmengen dieses Bereichs dargestellt werden, der ↑Mengenlehre als ihres wesentlichen Hilfsmittels.

Von besonderer Bedeutung ist die ihrerseits meist formalisiert und damit als *formale Semantik* auftretende modelltheoretische Semantik für die Untersuchung axiomatischer Theorien (↑System, axiomatisches) und ihrer Formalisierungen. Genau dann nämlich, wenn bei einer Interpretation die ↑Axiome einer axiomatischen Theorie zu wahren Aussagen werden, heißt die Interpretation ein ↑Modell der Axiome bzw. der Theorie. Es läßt sich z. B. überprüfen, ob alle einschlägigen (d. h. mit den Ausdrucksmitteln der axiomatischen Theorie formulierbaren) wahren Aussagen zu den logischen Folgerungen der Axiome gehören (semantische Vollständigkeit; ↑vollständig/Vollständigkeit). Da in axiomatischen Theorien die logischen Partikeln bereits in ihrer Bedeutung festlegen, mithin von den Interpretationen der axiomatischen Theorie unabhängig sind, ist es möglich, den semantischen Begriff der logischen Folgerung (kurz: den semantischen Folgerungsbegriff) sogar für die nicht interpretierten Aussageschemata der axiomatischen Theorie zu erklären, statt nur für die Aussagen einer bestimmten Interpretation. Das ↑Aussageschema A folgt aus den Schemata $A_1, ..., A_n$, z. B. den Axiomen der Theorie, (in Zeichen: $A_1, ..., A_n \vDash A$) genau dann, wenn bei jeder Interpretation, die sämtliche $A_1, ..., A_n$ in wahre Aussagen überführt, auch A eine wahre Aussage wird, kurz: wenn jedes Modell der $A_1, ..., A_n$ auch ein Modell von A ist. Damit gleichwertig ist die Allgemeingültigkeit (↑allgemeingültig/Allgemeingültigkeit) der ↑Subjunktion $A_1 \wedge ... \wedge A_n \rightarrow A$. Dabei heißt ein Aussageschema A *allgemeingültig*, wenn es bei allen Interpretationen zu einer wahren Aussage wird, *allgemeinungültig* (↑allgemeinungültig/Allgemeinungültigkeit) hingegen, wenn es bei allen Interpretationen zu einer falschen Aussage wird, also wenn die ↑Negation $\neg A$ allgemeingültig ist. Weiter heißt ein Aussageschema A *erfüllbar* (↑erfüllbar/Erfüllbarkeit) bzw. *verwerfbar*, wenn es bei mindestens einer Interpretation zu einer wahren bzw. falschen Aussage wird, also wenn $\neg A$ nicht allgemeingültig bzw. nicht allgemeinungültig ist.

Die ↑Formalisierung einer axiomatischen Theorie überführt auch die logischen Partikeln in Zeichen ohne Bedeutung, so daß die logischen Schlußregeln zu rein syntaktischen Umformungsregeln für Figuren werden. Der syntaktische Begriff der logischen Folgerung (kurz: der syntaktische Folgerungsbegriff) ist daher gleichwertig mit dem Begriff der Ableitbarkeit (↑ableitbar/Ableitbarkeit) im Sinne der Theorie der ↑Kalküle (in Zeichen: $A_1, ..., A_n \vdash A$), wobei die logischen Schlußregeln zu Kalkülregeln geworden sind. Der *Hauptsatz der logischen Semantik* besagt, daß es für die Logik der wertdefiniten (↑wertdefinit/Wertdefinitheit) Aussagen (↑Logik, klassische) einen vollständigen Logikkalkül gibt, also eine Formalisierung der klassisch-logischen Schlußregeln derart, daß in diesem Formalismus $A \vdash B$ genau dann, wenn $A \vDash B$ (K. Gödels ↑Vollständigkeitssatz).

Neben einer l.n S. auf der Basis der Wertdefinitheit (= Zweiwertigkeit; ↑Zweiwertigkeitsprinzip) von Aussagen sind auch mehrwertige Logiken (↑Logik, mehrwertige) entwickelt worden; speziell die Kalküle der intuitionistischen Aussagenlogik (↑Logik, intuitionistische) lassen sich als Kalkülisierungen von unendlichwertigen Logiken deuten. Dabei gibt es gerade für die intuitionistische Logik eine Vielzahl konkurrierender Deutungen, von denen jede auf einen jeweils anderen Vorschlag einer l.n S. bezogen werden kann, ohne daß auf der Ebene einer Berücksichtigung bloß logischer Syntaxstruktur eine begründete Wahl unter den Alternativen möglich wäre. Hinzu kommt, daß die Annahme ausschließlich extensionaler (↑extensional/Extension) Kontexte für eine Sprache (so daß die Referenz der Sätze sich stets als Funktion der Referenz ihrer Bestandteile gewinnen läßt) schon dann unzureichend ist, wenn neben den Eigennamen noch andere ↑Nominatoren, z. B. bestimmte ↑Kennzeichnungen oder ↑Indikatoren, bei der Bedeutungserklärung eigenständig berücksichtigt werden sollen – ganz abgesehen von der Berücksichtigung von ↑Metaprädikatoren, die Sätze in Sätze höherer logischer Stufe überführen, wie den ↑Operatoren für die ↑Modalitäten oder denjenigen für propositionale Einstellungen (z. B. ›glauben [daß ...]‹, ›wissen [daß ...]‹; ↑Einstellung, propositionale). Z. B. ist der Schluß von ›der Abendstern ist aufgegangen‹ auf ›der Abendstern steht am Abendhimmel‹ inhaltlich korrekt; aber nach der Ersetzung von ›Abendstern‹ durch ›Morgenstern‹ – beide Nominatoren sind Kennzeichnungen der Venus – wird er falsch. Die Aussage ›der Abendstern ist aufgegangen‹ ist offensichtlich *nicht nur* eine Aussage über die Venus, sondern auch über ihre Gegebenheitsweise ›als Abendstern‹. Entsprechend lassen sich ↑Metaaussagen nicht als Aussagen allein über die ↑Referenz der ↑Objektaussagen verstehen. Hier kommt der *Sinn* der Nominatoren und Aussagesätze ins Spiel, im einfachsten Falle anstelle ihrer Referenz (der Gegenstand ist durch seinen ↑Individualbegriff, der Wahrheitswert durch den Gedanken bzw. die ↑Proposition ersetzt) oder, im Falle der Nominatoren, besser als ein weiterer Bestandteil der Referenz.

Die l. S. muß als eine *intensionale Semantik* (↑Semantik, intensionale) aufgebaut werden, was auf verschiedene Weisen geschieht, z.B.: (1) Es werden Formalismen für G. Freges Theorie sowohl vom Sinn als auch von der Referenz entwickelt, ein Vorhaben, das R. Carnap begonnen hat und das von A. Church in einer rein extensionalen typenlogischen (↑Typentheorien) Metasprache verwirklicht worden ist. (2) Es werden mit Hilfe der (ebenfalls in einer rein extensionalen Metasprache abgefaßten) ↑Mögliche-Welten-Semantik (wie sie S. Kripke für seine modelltheoretische Semantik der intuitionistischen Logik [↑Logik, intuitionistische, ↑Kripke-Semantik] in Konkurrenz zu der unabhängig davon entwickelten ↑Beth-Semantik eingeführt hat) solche Zuordnungen geschaffen, daß die Aussagesätze nur jeweils relativ zu einem ↑Index, d.i. einer möglichen Welt (↑Welt, mögliche), und gegebenenfalls weiteren Kontextparametern (etwa Zeit, Sprecher etc.) den ↑Wahrheitswerten zugeordnet sind, wie in der ↑Montague-Grammatik und der auf ihrer Grundlage entwickelten ↑*Situationssemantik* (J. Barwise/J. Perry 1983). Auf diese Weise kann der erstmals von L. Wittgenstein formulierten Idee, daß der Sinn einer Aussage in der bloßen Möglichkeit ihrer Wahrheit und in diesem Sinne in der Angabe ihrer ↑Wahrheits*bedingungen* bestehe, eine formal präzise Fassung gegeben werden, allerdings relativ zu der bis heute nur intuitiv verfügbaren Semantik der für die modelltheoretische Behandlung der l.n S. eingesetzten Mengenlehre.

Literatur: Y. Bar-Hillel, Language and Information. Selected Essays on Their Theory and Application, Reading Mass. etc. 1964, ³1973; J. Barwise/J. Perry, Situations and Attitudes, Cambridge Mass. etc. 1983, Stanford Calif. 1999 (dt. Situationen und Einstellungen. Grundlagen der Situationssemantik, Berlin/New York 1987); U. Blau, Die dreiwertige Logik der Sprache. Ihre Syntax, Semantik und Anwendung in der Sprachanalyse, Berlin/New York 1978; B. Bolzano, Wissenschaftslehre. Versuch einer ausführlichen und größtentheils neuen Darstellung der Logik […], I–IV, Sulzbach 1837, ohne Untertitel, Leipzig ²1929–1931 (repr. Aalen 1970), ferner als: Gesamtausg. I.11/1–I.14/3, ed. J. Berg, Stuttgart-Bad Cannstatt 1985–2000; A. Church, Outline of a Revised Formulation of the Logic of Sense and Denotation, I–II, Noûs 7 (1973), 24–33, 8 (1974), 135–156; M. J. Cresswell, Logics and Languages, London 1973 (dt. Die Sprachen der Logik und die Logik der Sprache, Berlin 1979); D. Davidson, Truth and Meaning, Synthese 17 (1967), 304–323, Neudr. in: ders., Inquiries into Truth and Interpretation, Oxford 1984, Oxford ²2001, 17–36 (dt. Wahrheit und Bedeutung, in: ders., Wahrheit und Interpretation, Frankfurt 1986, 2007, 40–67); D. R. Dowty/R. E. Wall/S. Peters, Introduction to Montague Semantics, Dordrecht/Boston Mass./London 1981, 1992; E. L. Keenan (ed.), Formal Semantics of Natural Language. Papers from a Colloquium Sponsored by the King's College Research Centre, Cambridge, Cambridge etc. 1975, 2009; L. Kreiser, Deutung und Bedeutung. Zur l.n S. philosophischer Terminologie, Berlin 1986; K. Lambert (ed.), Philosophical Problems in Logic. Some Recent Developments, Dordrecht 1970, 1980; G. Link, Montague-Grammatik.

Die logischen Grundlagen, München 1979; R. M. Martin, On Carnap's Conception of Semantics, in: P. A. Schilpp (ed.), The Philosophy of Rudolf Carnap, La Salle Ill./London 1963, 1997, 351–384; R. Montague, Formal Philosophy. Selected Papers of Richard Montague, ed. R. H. Thomason, New Haven Conn. 1974, ³1979; B. H. Partee (ed.), Montague Grammar, New York/San Francisco Calif./London 1976; A. N. Prior, Papers on Time and Tense, Oxford 1968, ed. P. Hasle u.a., Oxford etc. 2003, 2010; ders., Objects of Thought, ed. P. T. Geach/A. J. P. Kenny, Oxford 1971, 2002; W. V. O. Quine, Methodological Reflections on Current Linguistic Theory, Synthese 21 (1970), 386–398, Neudr. in: D. Davidson/G. Harman, Semantics of Natural Language, Dordrecht/Boston Mass. 1972, 1977, 442–454, ferner in: W. V. O. Quine, Confessions of a Confirmed Extensionalist and Other Essays, ed. D. Føllesdal, Cambridge Mass. etc. 2008, 215–227; M. Schwarz (ed.), Kognitive Semantik/Cognitive Semantics. Ergebnisse, Probleme, Perspektiven, Tübingen 1994; W. Stegmüller, Das Wahrheitsproblem und die Idee der Semantik. Eine Einführung in die Theorien von A. Tarski und R. Carnap, Wien 1957, Wien/New York 1977; A. Tarski, Der Wahrheitsbegriff in den formalisierten Sprachen, Stud. Philos. 1 (1936), 261–405; ders., The Semantic Conception of Truth and the Foundation of Semantics, Philos. Phenom. Res. 4 (1944), 341–376. K. L.

Semantik, spieltheoretische (engl. game-theoretical semantics, game semantics, franz. sémantique des jeux), Bezeichnung für eine von J. Hintikka begründete Richtung der logischen Semantik (↑Semantik, logische). In der s.n S. wird die Wahrheit bzw. Falschheit logisch komplexer Sätze auf die Wahrheit bzw. Falschheit von atomaren Aussagen dadurch zurückgeführt, daß ↑Sprachspiele definiert werden, nach denen komplexe Aussagen gemäß bestimmten Regeln abgebaut werden. Partner eines solchen Spiels sind *Ich*, der die Wahrheit einer Aussage *S* nachzuweisen sucht, und *Natur*, die die Falschheit von *S* zu erweisen trachtet. Die Spielregeln für Aussagen der klassischen ↑Quantorenlogik 1. Stufe, basierend auf den logischen Operatoren (↑Partikel, logische) ⋁, ⋀, ∨, ∧, ¬, lauten (abhängig von der logischen Form von *S* und dem gegebenen Objektbereich *D*):

S ist $\bigvee_x F(x)$: *Ich* wähle ein Element von *D* und benenne es (sofern es noch keinen Namen besitzt). Wenn *b* der Name dieses Objekts ist, wird das Spiel mit *F(b)* fortgesetzt.

S ist $\bigwedge_x F(x)$: Wie im vorigen Fall, nur daß *Natur* statt *Ich b* auswählt.

S ist *F* ∨ *G*: *Ich* wähle *F* oder *G*, und das Spiel wird mit der gewählten Aussage fortgeführt.

S ist *F* ∧ *G*: Wie im vorigen Fall, nur daß *Natur* statt *Ich* die Aussage auswählt.

S ist ¬*F*: Die Rollen der beiden Spieler *Ich* und *Natur* werden vertauscht, und das Spiel wird mit *F* fortgeführt.

S ist *A* für eine atomare Aussage *A*: Falls *A* wahr ist, habe *Ich* gewonnen und *Natur* hat verloren; falls *A* falsch ist, gilt das Umgekehrte.

Eine Aussage S ist wahr, wenn *Ich* eine Gewinnstrategie für S im Sinne der mathematischen ↑Spieltheorie zur Verfügung habe, also ein Verfahren vorliegt, das es mir erlaubt, zu allen möglichen Auswahlen durch *Natur* von Gegenständen in *D* bzw. von Disjunktions- oder Konjunktionsgliedern in einem beliebigen Spiel meinerseits Auswahlen zu finden, durch die *Ich* das Spiel gewinne. Dieser Ansatz ist von Hintikka und anderen formal auf andere Varianten logischer Systeme, z. B. Systeme mit ↑Implikationen oder intuitionistische Logiken (↑Logik, intuitionistische), erweitert worden.

Philosophisch versteht Hintikka diesen Ansatz vor allem als Weiterführung und Präzisierung der Sprachspieltheorie L. Wittgensteins und der ↑Transzendentalphilosophie I. Kants. In diesem Sinne faßt er die Sprachspiele der s.n S. als menschliche Aktivitäten auf, in denen sich Wissenserwerb in Auseinandersetzung mit der Natur abspielt. Aus dieser Interpretation ergibt sich die Wahl der Bezeichnungen ›Ich‹ und ›Natur‹ für die Partner des Sprachspiels, aber auch sein Insistieren auf der gegenständlichen (nicht-substitutionellen) Interpretation der ↑Quantoren: Quantoren beziehen sich auf Gegenstände des Objektbereichs, die in einem Spiel gewählt und dann benannt werden, nicht auf einen ↑Variabilitätsbereich von Namen. In diesem Zusammenhang spricht Hintikka auch von ›Sprachspielen des Suchens und Findens‹ (*language-games of seeking and finding*). Entsprechend ist für ihn der Begriff der Wahrheit *simpliciter* (analog zum modelltheoretischen Begriff der Wahrheit in einer konkreten Struktur) philosophisch fundamentaler als der Begriff der *logischen* Wahrheit oder logischen Folgerung. Diese Punkte stellen auch die Abgrenzung zur Dialogischen Logik (↑Logik, dialogische) dar, die ebenfalls Wahrheit über ↑Gewinnstrategien in bestimmten Spielen definiert. Die Dialogische Logik läßt nach Hintikka auch den Aspekt der suchenden und findenden Auseinandersetzung mit der Natur vermissen, interpretiert Quantoren substitutionell (über Bereichen von Namen statt von Objekten) und gibt den Begriffen der logischen Wahrheit und logischen Folgerung zu viel Gewicht. Gleichartige Einwände richtet Hintikka gegen andere Ansätze konstruktiver Semantik, z. B. diejenigen von M. Dummett und D. Prawitz.

Die s. S. ist insbes. bei der Interpretation natürlicher Sprachen (↑Sprache, natürliche) in verschiedenen Bereichen eingesetzt worden, z. B. bei der Interpretation von ↑Konditionalsätzen, von Anaphora und von verallgemeinerten Formen der Quantifikation. In der Mathematischen Logik (↑Logik, mathematische) sind spieltheoretische Ideen zur Interpretation von Quantoren vor allem in der ↑Modelltheorie infinitärer Logiken (Logiken mit unendlich langen Konjunktionen oder Disjunktionen) verwendet worden.

Literatur: T. Aho, Truth and Games. Essays in Honor of Gabriel Sandu, Helsinki 2006; M. Hand, Other and Else. Restrictions on Quantifier Domains in Game-Theoretical Semantics, Notre Dame J. Formal Logic 28 (1987), 423–430; ders., Who Plays Semantical Games?, Philos. Stud. 56 (1989), 251–271; J. Hintikka, Logic, Language-Games and Information. Kantian Themes in the Philosophy of Logic, Oxford 1973, bes. 53–82 (Chap. III Language-Games for Quantifiers), 98–122 (Chap. V Quantifiers, Language-Games, and Transcendental Arguments); ders./L. Carlson, Conditionals, Generic Quantifiers, and Other Applications of Subgames, in: E. Saarinen (ed.), Game-Theoretical Semantics [s. u.], 179–214; ders., Language-Games, in: E. Saarinen (ed.), Game-Theoretical Semantics [s. u.]; ders., Quantifiers in Logic and Quantifiers in Natural Languages, in: E. Saarinen (ed.), Game-Theoretical Semantics [s. u.], 27–47; ders., Quantifiers vs. Quantification Theory, in: E. Saarinen (ed.), Game-Theoretical Semantics [s. u.], 49–79; ders., Semantics. A Revolt against Frege, in: G. Fløistad (ed.), Contemporary Philosophy. A New Survey I (Philosophy of Language and Philosophical Logic), The Hague/Boston Mass./London 1981, 1986, 57–82; ders., Game-Theoretical Semantics. Insights and Prospects, Notre Dame J. Formal Logic 23 (1982), 219–241; ders., Semantical Games and Transcendental Arguments, in: E. M. Barth/J. L. Martens (eds.), Argumentation. Approaches to Theory Formation, Amsterdam 1982, 77–91; ders., On the Development of the Model-Theoretic Viewpoint in Logical Theory, Synthese 77 (1988), 1–36; ders./J. Kulas, The Game of Language. Studies in Game-Theoretical Semantics and Its Applications, Dordrecht/Boston Mass./Lancaster 1983, 1985; dies., Anaphora and Definite Description. Two Applications of Game-Theoretical Semantics, Dordrecht/Boston Mass./Lancaster 1985; J. Hintikka/G. Sandu, On the Methodology of Linguistics. A Case Study, Oxford etc. 1991; W. Hodges, Model Theory, Cambridge/New York 1993, 2008; ders., A Shorter Model Theory, Cambridge etc. 1997, 2003; M. Makkai, Admissible Sets and Infinitary Logic, in: J. Barwise (ed.), Handbook of Mathematical Logic, Amsterdam/New York/Oxford 1977, 2006, 233–281; A.-V. Pietarinen (ed.), Game Theory and Linguistic Meaning, Amsterdam etc. 2007, Bingley 2008; P. Prashant, Language and Equilibrium, Cambridge Mass. etc. 2010; E. Saarinen (ed.), Game-Theoretical Semantics. Essays on Semantics by Hintikka, Carlson, Peacocke, Rantala, and Saarinen, Dordrecht/Boston Mass./London 1979, 2005; G. Sandu, On the Theory of Anaphora. Dynamic Predicate Logic vs. Game-Theoretical Semantics, Linguistics and Philos. 20 (1997), 147–174; ders., Truth and Probability in Game-Theoretical Semantics, Teorema 33 (2014), 151–170; N. Tennant, Language Games and Intuitionism, Synthese 42 (1979), 297–314. P. S.

Semantik der Physik, Bezeichnung für die Theorie der Instanzen und Verfahren, die die Bedeutung physikalischer Begriffe bestimmen (↑Theoriesprache).

Semasiologie (von griech. σῆμα, Zeichen, und λόγος, Lehre), Bezeichnung für die Lehre von den Bedeutungen sprachlicher Ausdrücke, ursprünglich (z. B. bei A. Marty) mit ↑Semantik im gegenwärtigen Verständnis gleichwertig. In der ↑Linguistik wird die Bezeichnung ›S.‹ anstelle der Bezeichnung ›Semantik‹ dort bevorzugt, wo es um die Analyse von Bedeutungszuordnungen in einzelnen natürlichen Sprachen (↑Sprache, natürliche) geht, also etwa in der Lexikographie. Von daher gelten S. und ihre in umgekehrter Richtung, von den (ursprünglich für sprachunabhängig angesehenen, später von einem Sprachsystem oder einer Familie von Sprachsystemen als abhängig erkannten) Bedeutungen zu den sprachlichen Ausdrücken fragende Schwesterdisziplin *Onomasiologie* als Teildisziplinen der allgemeinen Semantik.

Literatur: K. Baldinger, Die S.. Versuch eines Überblicks, Berlin 1957 (repr. Ann Arbor Mich. etc. 1981); ders., S. und Onomasiologie, HSK XIII/2 (1998), 2118–2145; H. Geckeler (ed.), Strukturelle Bedeutungslehre, Darmstadt 1978; H. Henne, Semantik und Lexikographie. Untersuchungen zur lexikalischen Kodifikation der deutschen Sprache, Berlin/New York 1972; H. Kronasser, Handbuch der S.. Kurze Einführung in die Geschichte, Problematik und Terminologie der Bedeutungslehre, Heidelberg 1952, ²1968; Red., S., Hist. Wb. Ph. IX (1995), 598–599; H. E. Wiegand, Synchronische Onomasiologie und S.. Kombinierte Methoden der Strukturierung der Lexik, Germanist. Linguistik 1 (1969/1970), 243–384.   K. L.

Sematologie (von griech. *σῆμα*, Zeichen, und *λόγος*, Lehre), älterer Terminus für die Theorie der Zeichen (↑Semiotik), z. B. bei R. Gätschenberger für seine als Erkenntnistheorie auftretende ↑Symboltheorie oder bei K. Bühler für seine empirisch vorgehende ↑Semiologie. Erstmals wohl von B. H. Smart (1796–1872) für seine in der Locke-Tradition stehende, Grammatik, Logik und Rhetorik einschließende und vor allem dem Zusammenhang von Denken und Sprechen gewidmete Behandlung der Erkenntnistheorie verwendet.

Literatur: K. Bühler, Sprachtheorie. Die Darstellungsfunktion der Sprache, Jena 1934, Stuttgart 1999 (engl. The Theory of Language. The Representational Function of Language, Amsterdam/Philadelphia Pa. 1990, 2011; franz. Théorie du langage. La fonction représentationnelle, Marseille 2009); R. Gätschenberger, Symbola. Anfangsgründe einer Erkenntnistheorie, Karlsruhe 1920; ders., Zeichen, die Fundamente des Wissens. Eine Absage an die Philosophie, Stuttgart 1932, ohne Untertitel, erw. um eine Einführung von K. Lorenz (VII–XXXII), Stuttgart-Bad Cannstatt ²1977; B. H. Smart, Beginnings of a New School of Metaphysics. Three Essays in One Volume, London 1839, 1842 (dt. Grundlagen der Zeichentheorie. Grammatik, Logik, Rhetorik, Frankfurt 1978); J. Trabant, Neue Wissenschaft von alten Zeichen. Vicos S., Frankfurt 1994 (ital. La scienza nuova dei segni antichi. La sematologia di Vico, Rom/Bari 1996; engl. Vico's New Science of Ancient Signs. A Study of Sematology, London/New York 2004).   K. L.

Semiologie (von griech. *σῆμα*, Zeichen, und *λόγος*, Lehre; engl. semiology, franz. sémiologie), von F. de Saussure (Cours de linguistique générale, Lausanne/Paris 1916; in der dt. Übers. [Grundfragen der allgemeinen Sprachwissenschaft, Berlin/Leipzig 1931, Berlin/New York ³2001]: ›Semeologie‹ eingeführte und im romanischen Sprachraum verbreitete Bezeichnung für die allgemeine Theorie der Zeichen (↑Semiotik, ↑Signi-

fik); von de Saussure als Teil einer empirischen Sozialpsychologie, die ↑Linguistik als Spezialisierung enthaltend, verstanden (»une science qui étudie la vie des signes au sein de la vie sociale«, Paris ³1968, 33).

Die S. untersucht die Wirkungsweise von Zeichen und Zeichensystemen als einer ›sozialen Institution‹; sie hat die Aufgabe, die sie bestimmenden synchronischen und darüber hinaus auch diachronischen (↑diachron/synchron) Gesetzmäßigkeiten zu ermitteln. Ihr Paradigma, gerade auch in bezug auf die Charakterisierung von (Zeichen-)Bedeutungen (Zeichen als signifié) durch Eigenschaften der formalen Struktur eines Zeichensystems (Zeichen als signifiant), ist die Linguistik. Im französischen Strukturalismus (↑Strukturalismus (philosophisch, wissenschaftstheoretisch)), insbes. bei C. Lévi-Strauss und R. Barthes in Anwendung auf den ↑Mythos, werden Grundunterscheidungen von de Saussures S. weiterentwickelt, darunter diejenige zwischen syntagmatischem (auf der Zerlegung von Zeichen in Einheiten, den Semen, beruhenden und ihre *Kombination* ermöglichenden) und paradigmatischem (auf der Zugehörigkeit eines Zeichens zu einer Klasse von Zeichen gleicher Form beruhenden und die *Selektion* eines Zeichens für ein Arrangement ermöglichenden) Zusammenhang oder zwischen metonymischer und metaphorischer Verwendung. Diese Unterscheidungen erhalten im Kontext einer allgemeinen Theorie der ↑Poiesis bei R. Jakobson u. a. oder einer allgemeinen Theorie der ↑Kommunikation bei U. Eco u. a. eine zentrale Rolle.

Literatur: R. Barthes, Mythologies, Paris 1957, ferner in: Œuvres complètes I, Paris 1993, 561–722, I, 2002, 671–870, separat: 2014; ders., Éléments de sémiologie, Communications 4 (1964), 91–135, ferner in: Œuvres complètes I, Paris 1993, 1465–1524, II, 2002, 631–704; ders., L'aventure sémiologique, Paris 1985, 1991; U. Eco, La struttura assente. Introduzione alla ricerca semiologica, Mailand 1968, Neuausg. mit Untertitel: La ricerca semiotica e il metodo strutturale, 1980, ⁷2008; J. Fehr, Saussure. Zwischen Linguistik und S., Berlin 1995 (franz. Saussure. Entre linguistique et sémiologie, Paris 2000); G. Gillan, From Sign to Symbol, Brighton, Atlantic Highlands N. J. 1982; P. Guiraud, La sémiologie, Paris 1971, ⁴1983 (engl. Semiology, London/Boston Mass. 1975, 1988); R. Jakobson, Selected Writings, I–IX, The Hague etc., Berlin etc. 1962–2014, I, ³2002, II, Berlin/Boston Mass. 2002; C. Lévi-Strauss, Anthropologie structurale, Paris 1958, ⁴1985, 2008; ders., Mythologiques, I–IV, Paris 1964–1971, 1990; ders., Anthropologie structurale deux, Paris 1973, ²1997, 2006; M. Linda, Elemente einer S. des Hörens und Sprechens. Zum kommunikationstheoretischen Ansatz Ferdinand de Saussures, Tübingen 2001; J. Martinet, Clefs pour la sémiologie, Paris 1973, unter dem Titel: La sémiologie ³1975, 1978; G. Mounin, Introduction à la sémiologie, Paris 1970, 1986; W. Nöth/S. Meier-Oeser/H. Hermes, Semiotik, S., Hist. Wb. Ph. IX (1995), 601–609.   K. L.

Semiotik (von griech. *σημειωτικός*, Zeichen [-funktion] betreffend; engl. semiology/semiotics; franz. sémiologie), Lehre von den Zeichen. Ursprünglich, in der Antike, z. B. bei Galenos, als *σημειωτικὴ τέχνη* eine medizinische Kunst, die gegenwärtig noch als *Symptomatologie*, als Lehre von den Krankheitssymptomen (↑Symptom) mit ihren Zweigen Anamnestik, Diagnostik und Prognostik fortlebt; daneben, im Zusammenhang allgemein der Untersuchung von Zeichen (σῆμα, σημεῖον, ↑Zeichen (semiotisch)), vor allem in der ↑Stoa, ein methodisches Hilfsmittel, vom ›Sichtbaren‹, d. i. den Sinnen Zugänglichem, auf ›Unsichtbares‹, d. i. den Sinnen Unzugängliches, zu schließen, z. B. dadurch, daß man sich anhand eines Zeichens daran *erinnert*, was bei einer anderen Gelegenheit mit ihm (kausal oder intentional) verknüpft auftrat (σύμπτωμα, σημεῖον als Symptom oder ↑Anzeichen). Da es speziell bei den *Sprachzeichen* keine solche symptomatische Verknüpfung mit den Gegenständen, auf die sie sich beziehen, gibt, muß es andere Gegenstände als deren Symptom geben: die (logischen) Ideen oder (psychologischen) Vorstellungen (παθήματα τῆς ψυχῆς schon bei Aristoteles). Ein Sprachzeichen (σημαῖνον als ↑Symbol) erlaubt den Schluß auf das von ihm Bedeutete (σημαινόμενον), ein unkörperliches ↑Lekton (lat. dictum), und bezieht sich mit dessen Hilfe auf den körperlichen Gegenstand (τυγχάνον). Damit ist die Lehre von der doppelten Bedeutung der Sprachzeichen geschaffen, wie sie im semiotischen oder semantischen Dreieck

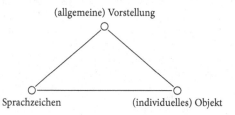

(allgemeine) Vorstellung

Sprachzeichen   (individuelles) Objekt

die semiotische Tradition bis heute bestimmt und in der Theorie von *Sinn und Bedeutung* (heute: Sinn und ↑Referenz) der sprachlichen Ausdrücke bei G. Frege ihre für die ↑Semantik weithin kanonische Gestalt gefunden hat.

Die moderne Gestalt der S. geht auf C. S. Peirce zurück, der seinen Wortgebrauch J. Locke (An Essay Concerning Human Understanding IV 21, § 4) entlehnt, wo S. als Theorie der Sprachzeichen so viel wie Logik bedeutet (von Peirce verallgemeinert zu: Wissenschaft von den allgemeinen Zeichengesetzen; neben Ethik und Ästhetik eine der drei normativen Wissenschaften und ihrerseits dreifach gegliedert in eine allgemeine Theorie von der Natur und der Bedeutung der Zeichen [spekulative Grammatik], eine Klassifikation und Gültigkeitsbestimmung der Argumente [Kritik] und eine Untersuchung der Methoden für Forschung, Darstellung und Anwendung der Wahrheit [Methodeutik]). Peirce verfährt dabei unabhängig von J. H. Lambert (Neues Organon oder Gedanken über die Erforschung und Bezeichnung des

Wahren und dessen Unterscheidung vom Irrthum und Schein II, Leipzig 1764), der ebenfalls an Locke anknüpft und die S. als die ›Lehre von der Bezeichnung der Gedanken und Dinge‹ dazu verwendet, symbolische Erkenntnis als zeichenvermittelt von unmittelbarer (aber ohne Zeichen nicht kommunizierbarer) Erkenntnis abzugrenzen. Die auch in der Locke-Nachfolge bei B. H. Smart auftretende Wortschöpfung ↑›Sematologie‹ anstelle von ›S.‹ hat sich nicht durchgesetzt. Die später von Lady Welby unter dem Titel ↑›Signifik‹ geschaffene Variante der S. steht zwar der S. im Peirceschen Sinne nahe, ist unter dieser Bezeichnung aber auf die in den 1960er Jahren schließlich erloschene ›signifische Bewegung‹ beschränkt geblieben.

Im Peirceschen Verständnis ist S. einerseits eine *reflexive* und in diesem Sinne philosophische und andererseits eine *empirische* Disziplin, in der sowohl bereits bestehende Zeichensysteme und Zeichenprozesse (Semiosen) untersucht werden als auch deren rationale ↑Rekonstruktion betrieben wird. Dabei erfahren die tradierten Bestimmungsstücke, insbes. die im semiotischen Dreieck veranschaulichte *Dreidimensionalität* der Sprachzeichen und die Einteilung der Zeichen in *natürlich* (φύσει) und *willkürlich* (θέσει) mit den Gegenständen, auf die sie sich beziehen, verbundene, die gleichzeitig Symptome von Symbolen unterscheiden soll, einschneidende Umbildungen, die auf der Peirceschen Fundierung der S. in einer ↑Pragmatik beruhen, also der Zurückführung der Zeichen auf Zeichenhandlungen und der Erklärung der Zeichenfunktionen mit Hilfe des Handlungskontextes bei einer Zeichenverwendung.

Das semiotische Dreieck wird von Peirce in der Gestalt

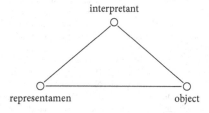

interpretant

representamen   object

zum einen um Sprecher und Hörer erweitert (»signs require at least two quasi-minds, a quasi-utterer and a quasi-interpreter«, Collected Papers 4.551; »a sign is a representamen of which some interpretant is a cognition of a mind«, Collected Papers 2.242), zum anderen in einen offenen Zeichenprozeß derart eingebettet, daß der Interpretant jeweils selbst wieder ein Zeichen mit einem weiteren Interpretanten usw. wird (»a sign or representamen [...] stands in such a genuine triadic relation to [...] its object, as to be capable of determining [...] its interpretant to assume the same triadic relation to its object in which it stands itself to the *same* object«, Collected Papers 2.274). An die Stelle der Einteilung in natürliche und willkürliche Zeichen hingegen tritt bei Peirce die Unterscheidung dreier Zeichenfunktionen: Zeichen als ↑Ikon (es stimmt in einem schematischen Zug mit seinem Gegenstand überein und hat nur eine *interne Bedeutung*: signification), als ↑Index (es vertritt einen individuellen Gegenstand und hat nur eine *externe Bedeutung*: denotation) und als Symbol (es referiert auf einen individuellen Gegenstand mit Hilfe eines seiner schematischen Aspekte, den es als Interpretanten repräsentiert: es hat die volle doppelte Bedeutung). Zugleich wird diese Zeichenfunktionsgliederung zusammen mit dem Zeichenprozeß für einen Prozeß der (logischen) Zeichengenese aus einem Handlungszusammenhang heraus genutzt: Der letzte (logische) Interpretant wird nämlich als ›habit‹ oder ›the ability to act consciously‹, eine Handlungskompetenz, bestimmt, die daher zugleich eine Gegenstandsrolle und eine Zeichenrolle spielt und so die *Pragmatische Maxime* (↑Semantik) einlöst, nach der die Bedeutungsbestimmung eines sprachlichen Ausdrucks mit handlungstheoretischen Mitteln vorzunehmen ist. Jede ↑Handlung besitzt im (aneignenden) Ausführen einen ↑pragmatischen Anteil und im (distanzierenden) Anführen (z. B. im die Handlung nur Beobachten) einen semiotischen Anteil.

Gegenüber der Peirceschen Neubegründung der S. muß die von F. de Saussure als Verallgemeinerung einer streng empirischen ↑Linguistik verstandene S. – sie wird bis heute bei den ihm besonders verpflichteten Autoren unter dem Saussureschen Terminus ↑›Semiologie‹ betrieben – wieder als ein methodologischer Schritt zurück erscheinen. Hier beherrscht die von der rein psychologischen Verankerung des Zeichenbegriffs herrührende Zweigliedrigkeit – ein Zeichen ist eine Einheit aus *signifiant*, der Lautvorstellung, und *signifié*, der Inhaltsvorstellung, wobei nicht die individuellen, im Falle der Sprache zur *parole*, der Rede, gehörenden Realisierungen, sondern die im Falle der Sprache zur *langue* gehörenden, als sozial Gemeinsames auftretenden allgemeinen einzelsprachlichen Strukturen den vorgeblich allein wissenschaftsfähigen Untersuchungsgegenstand bilden – mit den in ihrem Gefolge auftretenden Schwierigkeiten bei der Unterscheidung von ↑Fiktion und ↑Realität bzw. verschiedener Realitätsbegriffe das Feld. Umgekehrt erscheint sie wiederum gerade durch diesen Verzicht auf eine nicht-deskriptive Behandlung von Geltungsphänomenen – von ↑Wahrheit und damit Erkenntnis kann nur unter Bezug auf die ↑Theoriesprache geredet werden – als besonders geeignet, semiotische Untersuchungen allgemein auf kulturelle Phänomene jenseits im engeren Sinne sprachbezogener Phänomene auszudehnen (neben Kultursemiotik gibt es gegenwärtig unzählige semiotische Spezialdisziplinen wie Filmsemiotik, Architektursemiotik, Musiksemiotik, S. der Massenkommunikation, des Rechts, der Rhetorik, der

Mode usw., vgl. die vier Bände der von R. Posner u. a. herausgegebenen Handbücher S.). Auch kann S. wegen ihrer Konzentration auf Strukturforschung als methodologische Alternative zu den traditionell historisch-hermeneutisch betriebenen ↑Kulturwissenschaften aufgefaßt werden (↑Strukturalismus (philosophisch, wissenschaftstheoretisch)).

Selbst E. Cassirers Neubestimmung der Kulturwissenschaften mit Hilfe einer Theorie der *symbolischen Formen* (↑Symboltheorie), einer ›anthropologischen Philosophie‹ auf dem Wege einer Verankerung sinnhafter Tätigkeit in der Fähigkeit des Menschen, Zeichen zu erzeugen und zu verwenden (*animal symbolicum*), erscheint wegen ihres beibehaltenen erkenntnistheoretischen Interesses durch die in der Nachfolge de Saussures empirisch-deskriptiv verstandene semiotische Neuorientierung der Kulturwissenschaften als überholt. Dabei darf sie durchaus als Erweiterung des Peirceschen Ansatzes, der im wesentlichen auf naturwissenschaftliche Anwendungen der S. beschränkt blieb, durch Einbeziehung der Kulturwissenschaften in allerdings meist nur reflexiv vorgehende semiotische Untersuchungen verstanden werden. Von Anfang an bewegt sich die S. zwischen den Polen einer Erfahrungswissenschaft und einer Erkenntnistheorie, wobei allein Peirce den Zusammenhang beider Verfahrensweisen mit Hilfe einer ebenfalls zweipolig strukturierten Pragmatik als Fundament der S. ausdrücklich thematisiert hat. Während in einer empirischen S. Zeichenprozesse nach Art natürlicher Prozesse als bereits gegebene Untersuchungsgegenstände angesehen werden – sofern Vermittlungsprozesse dabei einen selbständigen Gegenstand bilden, ist die Teildisziplin ↑Informationstheorie zuständig –, geht es in einer philosophischen S. darum, Zeichenprozesse zum Zwecke der Wissensgewinnung und Wissensvermittlung in methodischer Ordnung zu erzeugen. Die für Vermittlungsprozesse zuständige Teildisziplin ist in diesem Falle die philosophische ↑Kommunikationstheorie. Dieser Unterschied läßt sich auch wie folgt ausdrücken: In einer empirischen S. sind die Semiosen *Gegenstand* der ↑Forschung und der Darstellung (↑Darstellung (semiotisch)), auch wenn sie als *Mittel* zwar verwendet, aber erst in einer Untersuchung 2. Stufe auch erwähnt und in diesem Sinne behandelt werden (↑use and mention). In einer philosophischen S. hingegen werden die Semiosen stets zugleich als Gegenstand *und* als Mittel sowohl der Forschung als auch der Darstellung behandelt. Semiosen werden in diesem Falle nicht beobachtet und beschrieben, sondern ›nachschaffend erzeugt‹, also konstituiert (↑Konstitution), und zwar durch den Aufbau von Modellen, die den Rahmen abgeben, gegebene Semiosen überhaupt zu erkennen. Sie treten als ein Vergleichsmaßstab auf, ganz ähnlich wie die ↑Sprachspiele L. Wittgensteins als Maßstäbe für Sprachverwendungen dienen.

Die Möglichkeit des unmittelbaren Selbstbezugs teilt die S. auf der einen Seite mit ihrer Spezialisierung ↑Linguistik (d.i. als philosophische Disziplin die ↑Sprachphilosophie), auf der anderen Seite mit ihrer Generalisierung Pragmatik (d.i. als empirische Disziplin die ↑Handlungstheorie, auch wenn hier die terminologischen Abgrenzungen weniger fest etabliert sind, wie unter anderem die empirische Disziplin der linguistischen Pragmatik beweist): Linguistik ⊆ Semiotik ⊆ Pragmatik. Da einerseits Linguistik bei Einschluß der nicht-wortsprachlichen Zeichensysteme, also nonverbaler Kommunikation, als grundsätzlich gleichwertig mit S. und andererseits auch Pragmatik angesichts der Tatsache, daß es möglich ist, grundsätzlich jede Handlung auch als Zeichenhandlung aufzufassen – selbst die Natur ist als ↑›Buch der Natur‹ behandelt worden –, mit S. als gleichwertig angesehen werden kann, die Welt-Sprache-Differenz daher eine bloß virtuelle zu sein scheint (wie schon innerhalb der ↑Hermeneutik vertreten), stellt sich angesichts der Gefahr eines ›Pansemiotismus‹ ein Abgrenzungsproblem. Es läßt sich für die philosophischen Disziplinen lösen, wenn man sich klarmacht, daß die Zeichen in der Sprachphilosophie zugleich Gegenstand und Mittel allein der Darstellung, die Handlungen in der Pragmatik hingegen zugleich Gegenstand und Mittel allein der Forschung sind. In sprachphilosophischer Forschung treten Zeichen nur als Gegenstand, grundsätzlich nicht als Mittel auf, während in pragmatischer Darstellung die Handlungen nur als Gegenstand, grundsätzlich nicht als Mittel erscheinen. Die Inklusionen zwischen Linguistik, Semiotik und Pragmatik, auch unter Berücksichtigung ihrer Zweipoligkeit als reflexive und empirische Disziplinen, lassen sich daraufhin wie folgt in echte verwandeln: ↑*Zeichenhandlungen* unterscheiden sich von Handlungen durch ihre *Kommunikationsfunktion*, *Sprachzeichen* unterscheiden sich von Zeichen durch ihre neben der Kommunikationsfunktion vorliegende *Signifikationsfunktion*.

Den empirischen Pol der S. repräsentieren neben den Arbeiten in der Nachfolge de Saussures auf dem Felde kultureller Semiosen – hierher gehören z.B. R. Jakobson mit seiner Dichtungstheorie und R. Barthes, der, de Saussure umkehrend, die Semiologie der Linguistik unterordnet, aber auch U. Eco, der sogar erkenntnistheoretische Prozesse konsequent ›naturalisiert‹, dabei Ansätzen des ↑Historismus folgend, obwohl hier die methodische Nicht-Naturalisierbarkeit reflexiver Prozesse nicht vollständig geleugnet worden war – vor allem die Arbeiten von C. W. Morris auf dem Felde zur Natur gehörender Semiosen (Semiosen der sozialen Welt sind Thema sowohl der primär kulturwissenschaftlich als auch der primär naturwissenschaftlich orientierten S.). Ihm sind auch so umfassend um eine Integration aller empirisch orientierten Teildisziplinen der S. bemühte

Semiotiker verpflichtet wie T. A. Sebeok, der durch die Einbeziehung der Untersuchung von Zeichensystemen in der gesamten Biosphäre, darunter auch der auf ihn zurückgehenden Zoosemiotik, zum Begründer einer *diachronen* S. als Wissenschaft von den Veränderungen von Zeichensystemen, die z.B. auch Ethologie (↑Verhaltensforschung) und Genetik einschließen, geworden ist.

Nach Morris wird Zeichenverhalten (↑Behaviorismus) durch eine 5-stellige Relation $Z(v,w,x,y,z)$ beschrieben; sie besteht, wenn ein Zeichenträger v (ein individueller Reiz) in einem Empfänger w (einem individuellen Organismus) eine Reaktionsdisposition x gegenüber dem Objekttyp y des Verhaltens unter bestimmten Umständen, dem Kontext z, auslöst. Z.B. löst der Tanz v einer Biene in einer anderen Biene w die Disposition x, Nahrungspflanzen y zu suchen, also Futtersucheverhalten, unter Umständen z, also unter anderem der Bedingung, daß der Tanz vor dem Bienenkorb geschieht, aus. Werden alle Stellen dieser Relation in die Untersuchung einbezogen, wird innerhalb der S. *Pragmatik* betrieben. Werden w und z vernachlässigt, handelt es sich innerhalb der S. um *Semantik* mit der Stelle x als Kandidaten für den Sinn und der Stelle y als Kandidaten für die Referenz des Zeichens v. Erfolgt die Untersuchung schließlich nur in bezug auf v, treibt man innerhalb der S. ↑*Syntaktik*. Damit sind von Morris die drei Untersuchungsebenen der S., Pragmatik, Semantik und Syntaktik (↑Syntax), eingeführt, die seither für die Binnengliederung der S. verbindlich geworden sind, und zwar unabhängig davon, wie im einzelnen der Zusammenhang der drei Ebenen bestimmt wird: (1) im Sinne des symbolischen Interaktionismus (G. H. Mead; ↑Interaktionismus, symbolischer) mit einer Theorie der Entstehung von Sprache aus (nonverbaler) Interaktion, (2) im Sinne der sowohl dem ↑Pragmatismus als auch der Sprechakttheorie (↑Sprechakt) und dem Sprachspielverfahren Wittgensteins verpflichteten ↑Universalpragmatik (J. Habermas) bzw. ↑Transzendentalpragmatik (K.-O. Apel) mit einer Fundierung von Geltungsphänomenen in Sprachhandlungen, (3) im Sinne eines schrittweisen Aufbaus von der Syntaktik über die Semantik zur Pragmatik für formalsprachlich (↑Sprache, formale) konzipierte ↑Wissenschaftssprachen, wie im Anschluß an die ↑Leibnizsche Charakteristik vom Logischen Empirismus (↑Empirismus, logischer) mit den Programmen einer logischen Syntax (↑Syntax, logische), einer logischen Semantik (↑Semantik, logische) und einer logischen Pragmatik betrieben (im formalen Verfahren damit verwandt, in der Betonung zweier Seiten jeden Sprachsystems, seines Ausdrucks und seines Inhalts, wobei jede Seite noch nach Form und Materie/Substanz mit den Zeichen als Verbindungen von Ausdrucksform und Inhaltsform gegliedert ist, jedoch eher eine Verfeinerung und Präzisierung von de Saussure, verfährt die als ›Algebra der Sprache‹ konzipierte *Glossematik* von L. Hjelmslev), (4) im Sinne von K. Bühlers ↑Sematologie als einer psychologischen Sprachtheorie mit Hilfe des Organonmodells der Sprache (in einer Kommunikation sind drei Zeichenfunktionen wirksam: als Symptom im Ausdruck, als ↑Signal im Appell, als Symbol in der Darstellung) oder noch anders. Auf eine eigenständige Ebene der Untersuchung der möglichen materialbezogenen Zeichengestalten (↑Medium (semiotisch)) wird dabei verzichtet; sie wurde von H. B. Curry als *Semiographie* eigens hinzugefügt (↑Zeichen (logisch), ↑Notation). Die Theorie beliebiger ↑Kalküle im Sinne einer verallgemeinerten Arithmetik gehört nach dieser Einteilung zur Syntaktik; Versuche, allein diese schon ›S.‹ zu nennen (H. Hermes), haben sich ebensowenig durchgesetzt wie gelegentliche Gleichsetzungen von S. mit Semantik.

Literatur: A. Andermatt, S. und das Erbe der Transzendentalphilosophie. Die semiotischen Theorien von Ernst Cassirer und Charles Sanders Peirce im Vergleich, Würzburg 2007; K.-O. Apel, Charles W. Morris und das Programm einer pragmatisch integrierten S., in: C. W. Morris, Zeichen, Sprache und Verhalten, Düsseldorf 1973, Frankfurt/Berlin/Wien ²1981, 9–66; ders., Transformation der Philosophie, I–II, Frankfurt 1973, I ⁴1991, II ⁶1999 (engl. Towards a Transformation of Philosophy, London etc. 1980, Milwaukee Wis. 1998); M. Argyle, Bodily Communication, London, New York 1975, London/New York ²1988, 2007 (dt. Körpersprache und Kommunikation, Paderborn 1979, mit Untertitel: Nonverbaler Ausdruck und soziale Interaktion, Paderborn ¹⁰2013); A. Assmann, Im Dickicht der Zeichen, Berlin 2015; U. Baltzer (ed.), S. der Institutionen, Tübingen 2002; R. Barthes, Éléments de sémiologie, Communications 4 (1964), 91–135; M. Bense, S.. Allgemeine Theorie der Zeichen, Baden-Baden 1967; J. Bertin, Sémiologie graphique. Les diagrammes, les réseaux, les cartes, Paris 1967, ³1999, 2013 (dt. Graphische Semiologie. Diagramme, Netze, Karten, Berlin/New York 1974; engl. Semiology of Graphics. Diagrams, Networks, Maps, Madison Wis. 1987, Redlands, Calif. 2011); B. Blanke, Vom Bild zum Sinn. Das ikonische Zeichen zwischen S. und analytischer Philosophie, Wiesbaden 2003; P. Bouissac, La mesure des gestes. Prolégomènes à la sémiotique gestuelle, The Hague/Paris 1973; ders., Circus and Culture. A Semiotic Approach, Bloomington Ind./London 1976, Lanham Md./New York/London 1985; ders., Encyclopedia of Semiotics, Oxford etc. 1998; K. Bühler, Sprachtheorie. Die Darstellungsfunktion der Sprache, Jena 1934, Stuttgart ³1999; E. Buyssens, La communication et l'articulation linguistique, Brüssel 1967, 1970; R. Carnap, Introduction to Semantics, Cambridge Mass. 1942, 1948, Neudr. als: Introduction to Semantics and Formalization of Logic, I, Cambridge Mass. 1943, 1975; E. Cassirer, Die Philosophie der symbolischen Formen, I–III, Berlin 1923–1929, ferner als: Ges. Werke XI–XIII, Darmstadt, Hamburg 2001–2002; Y. R. Chao, Language and Symbolic Systems, Cambridge etc. 1968, 1980 (franz. Langage et systèmes symboliques, Paris 1970); J. Chevalier/A. Gheerbrant (eds.), Dictionnaire des symboles. Mythes, rêves, coutumes, gestes, formes, figures, couleurs, nombres, Paris 1969, 2008; P. Cobley (ed.), The Routledge Companion to Semiotics and Linguistics, London/New York 2001; E. Coseriu, L'arbitraire du signe. Zur Spätgeschichte eines aristotelischen Begriffs, Arch. f. Studium der neueren Sprachen und Literaturen 204 (1967), 81–112; H. B. Curry, Leçons de logique algébrique, Paris, Louvain 1952; M. Dascal, Aspects de la sémiologie de Leibniz, Jerusalem 1972; P. H. DeLacy/E. A. DeLacy (eds.), Philodemus. On Methods of Inference. A Study in Ancient Empiricism, Philadelphia Pa. 1941, Neapel 1978; G. Deledalle, Charles S. Peirce's Philosophy of Signs. Essays in Comparative Semiotics, Bloomington Ind./Indianapolis Ind. 2000; H. Deuser/A. Burkhardt/W. Engemann, S., TRE XXXI (2000), 108–142; U. Eco, La struttura assente. Introduzione alla ricerca semiologica, Mailand 1968, Neuausg. mit Untertitel: La ricerca semiotica e il metodo strutturale, Mailand 1980, ⁵2002; ders., Trattato di semiotica generale, Mailand 1975, ¹⁸2002; R. Firth, Symbols. Public and Private, Ithaca N. Y./New York, London 1973, Abingdon etc. 2011; M. H. Fisch, Peirce's General Theory of Signs, in: T. A. Sebeok (ed.), Sight, Sound, and Sense, Bloomington Ind./London 1978, 1979, 31–70; T. Friedrich/G. Schweppenhäuser, Bildsemiotik. Grundlagen und exemplarische Analysen visueller Kommunikation, Basel/Boston Mass./Berlin 2010; R. Gätschenberger, Zeichen. Die Fundamente des Wissens. Eine Absage an die Philosophie, Stuttgart 1932, unter dem Titel: Zeichen. Die Fundamente des Wissens, ed. K. Lorenz, Stuttgart-Bad Cannstatt 1977; N. Goodman, Languages of Art. An Approach to a Theory of Symbols, Indianapolis Ind. 1968, ²1976, 1997 (dt. Sprachen der Kunst. Ein Ansatz zu einer Symboltheorie, Frankfurt 1973, ⁷2012); D. L. Gorlée, Wittgenstein in Translation. Exploring Semiotic Signatures, Berlin/Boston Mass. 2012; D. Greenlee, Peirce's Concept of Sign, The Hague/Paris 1973; A. J. Greimas, Du sens. Essais sémiotiques, I–II, Paris 1970/1983, 2012 (engl. On Meaning. Selected Writings in Semiotic Theory, London, Minneapolis Minn. 1987); P. Guiraud, La sémiologie, Paris 1971, ⁴1983 (engl. Semiology, London/Boston Mass. 1975; ital. La semiologia, Rom 1971); J. Habermas, Theorie des kommunikativen Handelns, I–II, Frankfurt 1981, ⁹2014; R. Haller, Das ›Zeichen‹ und die ›Zeichenlehre‹ in der Philosophie der Neuzeit, Arch. Begriffsgesch. 4 (1959), 113–157; H. Hermes, S.. Eine Theorie der Zeichengestalten als Grundlage für Untersuchungen von formalisierten Sprachen, Forsch. zur Logik u. zur Grundlegung der exakten Wiss. NF 5 (1938), 5–22; L. Hjelmslev, Omkring Sprogteoriens Grundlaeggelse, Kopenhagen 1943, 1966, erw., mit einem Essay v. F. J. Whitfield, 1993 (dt. Prolegomena zu einer Sprachtheorie, München 1974; engl. Prolegomena to a Theory of Language, Baltimore Md. 1953, Madison Wis. ²1961, 1969; franz. Prolégomènes à une théorie du langage. Suivi de la structure fondamentale du langage, Paris 1968, 1984); T. Hünefeldt, Peirces Dekonstruktion der Transzendentalphilosophie in eine phänomenologische S., Würzburg 2002; R. Jakobson, Coup d'œil sur le développement de la sémiotique, Bloomington Ind., Atlantic Highlands N. J. 1975; J. D. Johansen/S. E. Larsen, Tegn i brug, Kopenhagen 1994 (engl. Signs in Use. An Introduction to Semiotics, London/New York 2002); F. Kambartel, Symbolische Handlungen. Überlegungen zu den Grundlagen einer pragmatischen Theorie der Sprache, in: J. Mittelstraß/M. Riedel (eds.), Vernünftiges Denken. Studien zur praktischen Philosophie und Wissenschaftstheorie, Berlin/New York 1978, 3–51; G. Klaus, S. und Erkenntnistheorie, Berlin (Ost) 1963, Berlin (Ost), München/Salzburg ⁴1973; J. Kristeva, Semeiotikè. Recherches pour une sémanalyse, Paris 1969, 1985; S. K. Langer, Philosophy in a New Key. A Study in the Symbolism of Reason, Rite, and Art, New York 1942, Cambridge Mass./London 1996 (dt. Philosophie auf neuem Wege. Das Symbol im Denken, im Ritus und in der Kunst, Frankfurt 1965, Frankfurt 1992); W. Li (ed.), Einheit der Vernunft und Vielfalt der Sprachen. Beiträge zu Leibniz' Sprachforschung und Zeichentheorie, Stuttgart 2014; D.

Lidov, Elements of Semiotics, Basingstoke/London, New York 1999; K. Lorenz, Semiotic Stages in the Genesis of Individuals, Fund. Sc. 2 (1981), 45–53; ders., Pragmatics and Semeiotic. The Peircean Version of Ontology and Epistemology, in: G. Debrock/M. Hulswit (eds.), Living Doubt. Essays Concerning the Epistemology of Charles Sanders Peirce, Dordrecht/Boston Mass./London 1994, 103–108, Neudr. unter dem Titel: Pragmatics and Semiotics. The Peircean Version of Ontology and Epistemology, in: K. Lorenz, Logic, Language and Method. On Polarities in Human Experience. Philosophical Papers, Berlin/New York 2010, 56–61; J. M. Lotman/B. A. Uspenskij (eds.), Ricerche semiotiche. Nuove tendenze delle scienze umane nell'URSS, Turin 1973; B. Martin/F. Ringham, Dictionary of Semiotics, London/New York 2000; D. Mersch (ed.), Zeichen über Zeichen. Texte zur S. von Charles Sanders Peirce bis zu Umberto Eco und Jacques Derrida, München 1998; C. W. Morris, Foundations of the Theory of Signs, Chicago Ill. 1938, Chicago Ill./London 1977 (dt. Grundlagen der Zeichentheorie. Ästhetik der Zeichentheorie, München 1972, ²1975, Frankfurt 1988); ders., Signs, Language and Behavior, Englewood Cliffs N. J., New York 1946, 1955 (dt. Zeichen, Sprache und Verhalten, Düsseldorf 1973, Frankfurt/Berlin/Wien 1981); ders., Signification and Significance. A Study of the Relation of Signs and Values, Cambridge Mass. 1964, 1976; ders., Pragmatische S. und Handlungstheorie, ed. A. Eschbach, Frankfurt 1977; G. Mounin, Introduction à la sémiologie, Paris 1970, 1979; D. Münch (ed.), Zeichenphilosophie, Tübingen 2001; W. Nöth, S.. Eine Einführung mit Beispielen für Reklameanalysen, Tübingen 1975; ders, Handbuch der S., Stuttgart 1985, Stuttgart/Weimar ²2000 (engl. [erw.] Handbook of Semiotics, Bloomington Ind./Indianapolis Ind. 1990, 1996); ders. (ed.), Origins of Semiosis. Sign Evolution in Nature and Culture, Berlin/New York 1994; ders./S. Meier-Oeser/H. Hermes, S., Semiologie, Hist. Wb. Ph. IX (1995), 601–609; H. Pape (ed.), Charles S. Peirce. Phänomen und Logik der Zeichen, Frankfurt 1983, ⁵2011; C. S. Peirce, Schriften, I–II, ed. K.-O. Apel, Frankfurt 1967/1970, Neudr. unter dem Titel: Schriften zum Pragmatismus und Pragmatizismus, Frankfurt ²1976, 1991; I. Portis-Winner, Semiotics of Culture and beyond, New York etc. 2013; R. Posner/H. P. Reinicke (eds.), Zeichenprozesse. Semiotische Forschung in den Einzelwissenschaften, Wiesbaden 1977; R. Posner/K. Robering/T. A. Sebeok (eds.), S./Semiotics, I–IV, Berlin/New York 1997-2004 (HSK XIII/1–4); L. J. Prieto, Messages et signaux, Paris 1966, ²1972 (dt. Nachrichten und Signale, ed. G. Wotjak, Berlin, München/Ismaning 1972); B. Prutti/S. Wilke (eds.), Körper – Diskurse – Praktiken. Zur S. und Lektüre von Körpern in der Moderne, Heidelberg 2003; I. Rauch/G. F. Carr (eds.), The Signifying Animal. The Grammar of Language and Experience, Bloomington Ind. 1980; A. Rey, Théories du signe et du sens. Lectures, I–II, Paris 1973/1976; L. O. Reznikov, Gnoseologiceckije voprosy semiotiki, Leningrad 1964 (dt. [erw.] Erkenntnistheoretische Fragen der S., Berlin [Ost] 1968); F. de Saussure, Cours de linguistique générale, ed. C. Bally/A. Sechehaye, Paris/Lausanne 1916 (repr. Paris 2003), ²1922, ³1931 (repr., ed. T. de Mauro, Paris 1972, 1995), ed. R. Engler, I–II, Wiesbaden 1968/1974 (repr. 1989/1990); D. Savan, An Introduction to C. S. Peirce's Full System of Semeiotic, Toronto 1988; W. Scheibmayr, Niklas Luhmanns Systemtheorie und Charles S. Peirces Zeichentheorie. Zur Konstruktion eines Zeichensystems, Tübingen 2004; B. M. Scherer, Prolegomena zu einer einheitlichen Zeichentheorie. C. S. Peirces Einbettung der S. in die Pragmatik, Tübingen 1984; D. Schmauks, Semiotische Streifzüge. Essays aus der Welt der Zeichen, Berlin/Münster 2007; G. Schönrich, S. zur Einführung, Hamburg 1999, ²2008; ders., S., EP III (²2010), 2443–2447;

T. A. Sebeok, Perspectives in Zoosemiotics, The Hague/Paris 1972; ders. (ed.), Linguistics and Adjacent Arts and Sciences, The Hague/Paris 1974 (Current Trends in Linguistics XII/1), 211–626 (Part II Semiotics); ders., Contributions to the Doctrine of Signs, Bloomington Ind., Lisse 1976, Lanham Md. 1985 (dt. Theorie und Geschichte der S., Reinbek b. Hamburg 1979; ital. Contributi alla dottrina dei segni, Mailand 1979); ders., (ed.), Encyclopedic Dictionary of Semiotics, I–III, Berlin/New York/Amsterdam 1986, Berlin/New York ³2010; ders., The Semiotic Sphere, New York/London 1986; ders., Introduction to Semiotics, London 1994, unter dem Titel: Signs. An Introduction to Semiotics, Toronto/Buffalo N. Y. 1994, ²2001; ders., Global Semiotics, Bloomington Ind./Indianapolis Ind. 2001; C. Segre, Segni e la critica, Turin 1969, ⁴1979, 2008 (engl. Semiotics and Literary Criticism, The Hague/Paris 1973); T. L. Short, Peirce's Theory of Signs, Cambridge etc. 2007; H. A. Smith, Psychosemiotics, New York etc. 2001; F. Stjernfelt/P. F. Bundgaard (eds.), Semiotics, I–IV, London/New York 2011; C. L. Stough, Greek Skepticism. A Study in Epistemology, Berkeley Calif./Los Angeles/London 1969; E. Tarasti, Existential Semiotics, Bloomington Ind. 2000; ders., Signs of Music. A Guide to Musical Semiotics, Berlin/New York 2002 (franz. La musique et les signes. Précis de sémiotique musicale, Paris etc. 2006); R. Thom, De l'icone au symbole. Esquisse d'une théorie du symbolisme, Cahiers internationaux de symbolisme 22/23 (1973), 85–106; J. Trabant, Elemente der S., München 1976, Tübingen/Basel 1996; P. P. Trifonas (ed.), International Handbook of Semiotics, I–II, Dordrecht etc. 2015; U. Volli, Manuale di semiotica, Rom 2000, ⁶2007 (dt. S.. Eine Einführung in ihre Grundbegriffe, Tübingen/Basel 2002); E. Walther, Allgemeine Zeichenlehre. Einführung in die Grundlagen der S., Stuttgart 1974, erw. ²1979 (ital. Teoria generale dei segni. Introduzione ai fondamenti della semiotica, Rom 1980); dies., Zeichen. Aufsätze zur S., Weimar 2002, 2003; E. Waniek (ed.), Bedeutung? Für eine transdisziplinäre S., Wien 2000; W. C. Watt, Semiotics, REP VIII (1998), 675–679; U. Weinreich, Semantics and Semiotics, IESS XIV (1968), 164–169; G. Weltring, Das Semeion in der aristotelischen, stoischen, epikureischen und skeptischen Philosophie. Ein Beitrag zur Geschichte der antiken Methodenlehre, Bonn 1910; R. A. Yelle, Semiotics of Religion. Signs of the Sacred in History, London etc. 2013; U. Zahnd, Wirksame Zeichen? Sakramentenlehre und S. in der Scholastik des ausgehenden Mittelalters, Tübingen 2014. – K. Eimermacher, Arbeiten sowjetischer S.er der Moskauer und Tartuer Schule (Auswahlbibliographie), Kronberg 1974; A. Eschbach, Zeichen – Text – Bedeutung. Bibliographie zu Theorie und Praxis der S., München 1974; ders./W. Rader, S.-Bibliographie, Frankfurt 1976. K. L.

Seneca, Lucius Annaeus, der Jüngere, Sohn von Seneca d. Älteren, *Cordoba (Spanien) 4 v. Chr., †bei Rom 65 n. Chr., röm. Philosoph und Tragödiendichter. S. erhielt als Sohn einer wohlhabenden Familie eine gediegene Ausbildung vor allem in Philosophie und ↑Rhetorik. Seine philosophischen Lehrer waren Papirius, der Pythagoreer Sotion und der Stoiker Attalos. Der frühe Ruhm S.s als Redner und Schriftsteller erregte die Eifersucht Caligulas, die ihn vermutlich zu einem längeren Ägyptenaufenthalt veranlaßte. 31/32 kehrte S. nach Rom zurück und wurde bald darauf Quästor und Senator; 41, angeblich wegen Ehebruchs mit Julia Livilla, einer Schwester Caligulas, nach Korsika verbannt (vermutlich eine Intrige der Messalina). Nachdem 43 ein Gnadengesuch abgelehnt worden war, kehrte S. 49 auf Betreiben der Agrippina als Rhetoriklehrer ihres Sohnes Nero nach Rom zurück; 50 wurde S. Praetor, 54 Erzieher Neros. Nach dessen Thronbesteigung bestimmte er mit dem Gardepräfekten Sextus Afranius Burrus fünf Jahre lang die Geschicke des römischen Weltreiches. Als Konsul (55/56) gelangte S. durch kaiserliche Gunst zu großem Reichtum. Nach Burrus' Tod 62 zog sich S. aus dem politischen Leben zurück und widmete sich auf seinen Gütern bei Rom und in Kampanien der philosophisch-literarischen Tätigkeit. Angeblich wegen Beteiligung bzw. Mitwisserschaft an der Pisonischen Verschwörung nahm er sich 65 auf Befehl Neros das Leben. Sein Anteil an der Vergiftung des Britanicus (55) ist nicht geklärt. Die Ermordung Agrippinas (59) wurde ohne sein Wissen geplant; gleichwohl verteidigte er den Mord gegenüber dem Senat.

Die (zum Teil verlorenen) Schriften S.s befassen sich hauptsächlich (in bisweilen missionarischem Eifer) mit Problemen der praktischen Lebensführung; sie dokumentieren eine genaue Beobachtungsgabe besonders der menschlichen Psyche und zählen zu den stilistisch wertvollsten Werken der lateinischen Literatur, wenngleich sie nicht frei sind von Manierismen, Schwulst und zum Teil grausamen Detailschilderungen. Die Reden S.s, die Quellen seines frühen Ruhms, sind nicht erhalten. Von den ihm zugeschriebenen neun Tragödien (vermutlich während der Verbannung auf Korsika oder 54–59 verfaßt), die wahrscheinlich nicht für die Aufführung, sondern zur Rezitation und zum Lesen bestimmt waren, ist der »Hercules Furens« in der Echtheit umstritten, ebenso die Praetexta »Octavia« (ein Trauerspiel vom Schicksal der Gattin Neros). Die Tragödien behandeln moralisierend die zerstörende Wirkung der Affekte (Zorn, Liebe) und der Todesfurcht und lassen mitunter eine versteckte Kritik des Lebens am kaiserlichen Hof erkennen; sie enthalten eher epikureisches (↑Epikureismus) als stoisches (↑Stoa) Gedankengut. Die »Apocolocyntosis« (›Verkürbissung‹) ist eine geistreiche Schmähschrift aus dem Jahre 54 auf den kurz zuvor verstorbenen Kaiser Claudius. In den »Dialogi« sind Schriften zu einer Sammlung zusammengefaßt, die eine Anleitung zur Selbstüberwindung und zur Sicherung des Glücks bieten. Als Hauptwerk S.s gilt die (nicht vollständig erhaltene) 62–64 abgefaßte Sammlung der »Epistulae Morales«; sie enthält in 124 meist fiktiven Lehrbriefen eine Anleitung zur vernunftgeleiteten Lebensführung auf der Basis der stoischen Güterlehre. Die (nicht vollständig erhaltenen) sieben Bücher »Naturales Quaestiones« (62–64) wurden in der Antike wenig, im Mittelalter und in der Renaissance dagegen stark beachtet. Trotz zahlreicher Vereinfachungen und Mißverständnisse sind sie neben den »Meteorologica« des Aristoteles die wichtigste Quelle

für die griechische Meteorologie. Die »Briefe zwischen S. und dem Apostel Paulus« sind unecht, drei unter S.s Namen überlieferte Epigramme in ihrer Echtheit umstritten.

S. war kein origineller, systematischer Philosoph; seine Werke sind nicht frei von inneren Widersprüchen. Er verarbeitete vor allem die Philosophie der alten, weniger der mittleren Stoa, aber auch des ↑Kynismus und des Epikureismus; den ↑Atomismus lehnt er ab. Zentrales Anliegen S.s ist die lebenspraktische Ethik, die volkstümliche, situationsgemäße Anwendung der stoischen Güterlehre; er propagiert konsequent das Ideal des unerschütterlichen (↑Ataraxie) stoischen Weisen. Die Hauptthemen seiner Ethik – Gefaßtheit gegenüber dem Tod und Beherrschung der Leidenschaften – kehren in fast allen seinen Werken wieder. – Die Naturforschung S.s steht ganz im Dienste der Ethik. Bei der Erklärung von Naturphänomenen (z. B. Erdbeben, Nilüberschwemmungen, Kometen) schließt er sich den Stoikern (insbes. Poseidonios) an; er geht von der Beseeltheit des gesamten ↑Kosmos aus und hält ↑Astrologie und Wahrsagekunst für möglich. – Die Tragödien S.s übten bis ins 14. Jh. eine große Wirkung aus. Im 16.–18. Jh. wurde S. sehr geschätzt; M. de Montaigne bewunderte seine Prosa.

Werke: Opera philosophica. Epistolae, Neapel 1475, Venedig 1492; Opera, quae extant omnia, Basel 1557, I–II, Genf 1628; The Workes of L. A. S., both Morrall and Naturall, ed. T. Lodge, London 1614, 1620; Sämtliche Werke, ed. J. F. Schilke, Halle/Leipzig 1796; Opera quae supersunt, I–III, ed. F. Haase, Leipzig 1852–1853, Suppl.bd. 1902 (repr. Berlin 2011), I/1, ed. E. Hermes, I/2, ed. C. Hosius, II, ed. A. Gercke, III, und O. Hense, Leipzig 1905–1914 (repr. Bd. II, Stuttgart 1970, 1986), I/1, 1923, I/2, ²1914; Opuscula philosophica, ed. O. Gigon, Frauenfeld 1950; Philosophische Schriften, I–IV, ed. O. Apelt, Leipzig 1923–1924 (repr. Hamburg 1993, 2015); S.. In Ten Volumes, I–X, London, Cambridge Mass. 1968–1975, Neudr. 1998–2007; Philosophische Schriften [lat./dt.], I–V, ed. M. Rosenbach, Darmstadt 1969–1989, I ⁵1995, II ⁴1993, III ⁴1995, IV ²1987, V ²1995, I–V, 1999, ²2011. – De beneficiis, in: Opera philosophica. Epistolae [s. o.], ferner in: Libri De beneficiis und De clementia, ed. M. C. Gertz, Berlin 1876, 1–157, ferner in: De bendficiis libri VII/De clementia libri II, ed. C. Hosius, Leipzig 1900, ²1914 (= Opera quae supersunt I/2), 1–209 (franz. Les sept livres de S., traitant des bienfaits, Paris 1561, unter dem Titel: Des bienfaits [franz./lat.], I–II, ed. F. Préchac, Paris 1926/1927, 2003; engl. The Woorke of the Excellent Philosopher L. A. S., Concerning Benefyting [...], trans. A. Golding, London 1578 [repr. Amsterdam 1974], unter dem Titel: The Moral Essays III [engl./lat.], ed. J. W. Basore, London, Cambridge Mass. 1935, 1975 [= S. III], unter dem Titel: On Benefits, trans. M. Griffin/B. Inwood, Chicago Ill./London 2011; dt. Von den Wohlthaten, übers. J. A. Schmidt, Leipzig 1797, unter dem Titel: Über die Wohltaten [dt./lat.], in: Philos. Schr. [s. o.] V, ed. M. Rosenbach, 95–593); De clementia libri duo, in: Opera philosophica. Epistolae [s. o.], ferner in: Libri De beneficiis et De clementia, ed. M. C. Gertz, Berlin 1876, 158–188, ferner in: De bendficiis libri VII/De clementia libri II, ed. C. Hosius, Leipzig 1900, ²1914 (= Opera quae supersunt I/2), 210–252, separat, ed. E. Malaspina, Berlin/Boston Mass. 2016 (engl. A Treatise of Clemency [...], trans. Sir R. L'Estrange, Edinburgh 1717, unter dem Titel: De clementia [engl./lat.], ed. S. Braund, Oxford etc. 2009; dt. Von der Gnade, übers. R. F. v. Lynar, Hamburg 1753, unter dem Titel: Zwey Bücher von der Gnade an den Römischen Kayser Nero Cäsar, übers. J. M. Heinze, Hannover 1753, unter dem Titel: De clementia/Über die Güte [dt./lat.], ed. K. Büchner, Stuttgart 1970, 2015, unter dem Titel: Über die Milde [dt./lat.], in: Philos. Schr. [s. o.] V, ed. M. Rosenbach, 1–93; franz./lat. De la clémence, ed. F. Préchac, Paris 1921, ed. F.-R. Chaumartin, 2005); Tragoediae, ed. G. M. Marmitta, Venedig 1492, I–II, ed. G. C. Giardina, Bologna 1966, ed. O. Zwierlein, Oxford 1986, 2009 (engl. His Tenne Tragedies, I–II, ed. T. Newton, London 1581 [repr. New York 1967], unter dem Titel: Tragedies [engl./lat.], I–II, ed. F. J. Miller, London, New York 1916/1917, London, Cambridge Mass. 1968 [= S. VIII/IX], Neudr., ed. J. G. Fitch, London, Cambridge Mass. 2002/2004 [= S. VIII/IX], unter dem Titel: The Tragedies, I–II, ed. D. R. Slavitt, Baltimore Md./London 1992/1995; franz./lat. Les tragédies, I–II, Paris 1660, unter dem Titel: Tragédies [franz./lat.], I–II, ed. L. Herrmann, 1924/1926, in drei Bdn., ed. F.-R. Chaumartin, 1996–1999, in einem Bd., 2011, 2013; dt. Tragödien, I–III, ed. W. A. Swoboda, Wien 1825–1830, unter dem Titel: Sämtliche Tragödien [lat./dt.], I–II, ed. T. Thomann, Zürich/Stuttgart 1961/1969, ²1978); In morte Claudii Caesaris ludus nuper repertus, Rom 1513, unter dem Titel: Divi Claudii apotheosis per saturam, quae apocolocyntosis vulgo dicitur, ed. O. Roßbach, Bonn 1926 (repr. als 2. Aufl., Berlin 1967), unter dem Titel: Divi Claudii Apokolokyntosis [lat./ital.], ed. C. F. Russo, Florenz 1948, ⁶1985, unter dem Titel: Apocolocyntosis divi Claudii, ed. O. Schönberger, Würzburg 1990, unter dem Titel: Apocolocyntosis, ed. R. Roncali, Leipzig 1990 (dt. Apocolocyntosis oder des Lucius Annäus Seneca Spott-Gedichte oder Satyre über den Tod und die Vergötterung des Käysers Claudius, Leipzig 1729, unter dem Titel: Apocolocyntosis, die Satire auf Tod, Himmel und Höllenfahrt des Kaisers Claudius, ed. O. Weinrich, Berlin 1923, unter dem Titel: Apocolocyntosis. Die Verkürbissung des Kaisers Claudius [lat./dt.], ed. W. Schöne, München 1957, ed. A. Bauer, Stuttgart 1981, 2005, unter dem Titel: Apocolocyntosis divi Claudii [lat./dt.], ed. A. A. Lund, Heidelberg 1994, unter dem Titel: Apokolokyntosis [lat./dt.], ed. G. Binder, Düsseldorf/Zürich, Darmstadt 1999; franz. L'Apocoloquintose, übers. V. Develay, Paris 1867, unter dem Titel: L'Apocoloquintose du divin Claude [franz./lat.], ed. R. Waltz, 1934, ⁴2003; engl. The Satire of S. on the Apotheosis of Claudius, Commonly Called the Apokolokyntosis, ed. A. P. Ball, New York, London 1902, unter dem Titel: Apocolocyntosis [lat./engl.], ed. P. T. Eden, Cambridge etc. 1984, 2004); Naturalium quaestionum libri VII, ed. M. Fortunatus, Venedig 1522, unter dem Titel: Naturalium quaestionum libri VIII, ed. G. D. Koeler, Göttingen 1819, ed. A. Gercke, Leipzig 1907 (= Opera quae supersunt II) (repr. Stuttgart 1970, 1986 [mit Bibliographie ab 1900 v. W. Schaub, XLVII–LXI]), ed. H. M. Hine, Stuttgart/Leipzig 1996 (repr. Berlin/New York 2013) (franz. Des questions naturelles, I–II, trans. P. Du-Ryer, Paris 1651/1652, unter dem Titel: Questions naturelles [franz./lat.], I–II, ed. P. Oltramare, Paris 1929, 2003; engl. Physical Science in the Time of Nero, trans. J. Clarke, London 1910, unter dem Titel: Naturales Quaestiones, I–II, ed. T. H. Corcoran, London, Cambridge Mass. 1971/1972 [= S. VII/X], Neudr. unter dem Titel: Natural Questions, I–II, 2004, in einem Bd. [engl.], trans. H. M. Hine, Chicago Ill./London 2010, 2014; dt. Naturwissenschaftliche Untersuchungen in acht Büchern, ed. O. Schönberger/E. Schönberger, Würzburg 1990, unter dem Titel: Naturales quaestiones/Naturwissenschaftliche Untersuchungen [lat./dt.],

ed. M. F. Brok, Darmstadt 1995, ed. O. Schönberger/E. Schönberger, Stuttgart 1998); Ad Lucilium epistularum moralium quae supersunt, ed. O. Hense, Leipzig 1898, 1914 (= Opera quae supersunt III), in 2 Bdn., ed. A. Beltrami, Brescia 1916/1927, unter dem Titel: Lettere a Lucilio [lat./ital.], ed. R. Marino, Siena 2011 (engl./lat. Ad Lucilium epistulae morales, I–III, ed. R. M. Grummere, London/Cambridge Mass. 1917–1925, 1970–1971 (= S. IV–VI), unter dem Titel: Letters on Ethics to Lucilius [engl.], trans. M. Graver/A. A. Long, Chicago Ill./London 2015; franz./lat. Lettres a Lucilius, I–III, ed. F. Richard/P. Richard, Paris 1932, in 5 Bdn., ed. F. Préchac, übers. H. Noblot, Paris 1945–1964, unter dem Titel: Entretiens. Lettres a Lucilius, ed. P. Veyne, Paris 1993; dt. Briefe an Lucilius. Gesamtausgabe, I–II, ed. E. Glaser-Gerhard, Reinbek b. Hamburg 1965, 1968/1969, unter dem Titel: Epistolae morales ad Lucilium/Briefe an Lucilius über Ethik [lat./dt.], in 17 Bdn., ed. F. Loretto/R. Rauthe/H. Gunermann, Stuttgart 1977–2000, unter dem Titel: Epistolae morales ad Lucilium/Briefe an Lucilius, I–II, ed. R. Nickel, Düsseldorf 2007/2009, in einem Bd., ed. G. Fink, Darmstadt 2007, ²2011, unter dem Titel: Briefe an Lucilius [dt.], ed. M. Giebel, Stuttgart 2014); Dialogorum libros XII [lat.], ed. E. Hermes, Leipzig 1905 (= Opera quae supersunt I/1), unter dem Titel: Dialogues [lat./franz.], ed. A. Bourgery/R. Waltz, I–IV, Paris 1922–1927, unter dem Titel: Moral Essays, I–II, ed. J. W. Basore, Cambridge Mass., London 1928/1932, 1970 (= S. I–II), ferner als: Philos. Schr. [lat./dt.] [s. o.] I–II, ed. M. Rosenbach, unter dem Titel: Dialogorum libri duodecim [lat.], ed. L. D. Reynolds, Oxford 1977 (repr. 1991, 2008), unter dem Titel: I dialoghi [lat./ital.], I–II, ed. G. Viansino, Mailand 1988–1990, unter dem Titel: Die kleinen Dialoge [lat./dt.], I–II, ed. G. Fink, München/Zürich 1992, Neudr. unter dem Titel: Schriften zur Ethik. Die kleinen Dialoge [lat./dt.], Düsseldorf 2008 (Teilausgaben: Vom glückseligen Leben [dt.], ed. H. Schmidt, Leipzig 1909, Stuttgart 1948, unter dem Titel: Vom glücklichen Leben, Wien 2006; Vom glückseligen Leben/Trostschrift für Marcia/Von der Ruhe des Herzens [dt.], ed. M. Endres, München 1959, 1975; De Clementia/Über die Güte [lat./dt.], ed. K. Büchner, Stuttgart 1970, 2010; Die Kürze des Lebens/De brevitate vitae [lat./dt.], ed. P. Waiblinger, München 1976, 2008, ed. G. Fink, Düsseldorf 2003, ed. J. Felix, Stuttgart 2003; De tranquilitate animi/Über die Ausgeglichenheit der Seele [lat./dt.], ed. H. Gunermann, Stuttgart 1984, 2012, unter dem Titel: Von der Gelassenheit [dt.], ed. B. Zimmermann, München 2010; La providence. Suivi de La constance du sage [franz.], übers. F. Russo, Paris 1991; Von der Ruhe der Seele und andere Essays, ed. G. Fink, Zürich/München 1991; Four Dialogues: De vita beata, De tranquilitate animi, De constantia sapientis, Ad Helviam matrem de consolatione [lat./engl.], ed. C. D. N. Costa, Warminster 1994; De otio/Über die Muße. De providentia/Über die Vorsehung [lat./dt.], ed. G. Krüger, Stuttgart 1996, 2009; De otio/De brevitate vitae [lat.], ed. G. D. Williams, Cambridge etc. 2003; De ira/Über die Wut [lat./dt.], ed. J. Wildberger, Stuttgart 2007, 2014; Glück und Schicksal. Philosophische Betrachtungen [dt.], ed. M. Giebel, Stuttgart 2009, 2017; Anger, Mercy, Revenge [engl.], trans. R. A. Kaster/M. C. Nussbaum, Chicago Ill./London 2010; Hardship and Happiness [engl.], trans. E. Fantham u. a., Chicago Ill./London 2014); Epistolae Senecae ad Paulum et Pauli ad Senecam (quae vocantur) [lat./engl], ed. C. W. Barlow, Horn 1938. – A. Balbo u. a., Bibliografia Senecana del XX secolo, ed. E. Malaspina, Bologna 2005.

Literatur: E. Albertini, La composition dans les ouvrages philosophiques de S., Paris 1923; M. v. Albrecht, Wort und Wandlung. S.s Lebenskunst, Leiden/Boston Mass. 2004; M. Armisen-

Marchetti/J. Lang, S., Dict. ph. ant. VI (2016), 177–202; T. Baier/G. Manuwald/B. Zimmermann (eds.), S.. Philosophus et magister, Freiburg/Berlin 2005; J. Barnes, Logic and the Imperial Stoa, Leiden/New York 1997, 12–23 (Chap. 2 S.); S. Bartsch/D. Wray (eds.), S. and the Self, Cambridge etc. 2009; S. Bartsch/A. Schiesaro (eds.), The Cambridge Companion to S., New York 2015 (mit Bibliographie, 319–345); M. Bellincioni, Potere ed etica in S.. Clementia e voluntas amica, Brescia 1984; A. de Bovis, La sagesse de Sénèque, Paris 1948; H. Cancik, Untersuchungen zu S.s Epistulae Morales, Hildesheim 1967; F.-R. Chaumartin, Le »De beneficiis« de Sénèque, sa signification philosophique, politique et sociale, Lille, Paris 1985; G. Damschen/A. Heil (eds.), Brill's Companion to S.. Philosopher and Dramatist, Leiden/Boston Mass. 2014 (mit Bibliographie v. A. Balbo/E. Malaspina, 771–860); J. Dingel, S. [2], DNP XI (2001), 411–419; E. Dodson-Robinson (ed.), Brill's Companion to the Reception of Senecan Tragedy. Scholarly, Theatrical and Literary Receptions, Leiden/Boston Mass. 2016; P. Fedeli (ed.), Scienza, cultura, morale in S.. Atti del Convegno di Monte Sant'Angelo, 27–30 settembre 1999, Bari 2001; S. E. Fischer, S. als Theologe. Studien zum Verhältnis von Philosophie und Tragödiendichtung, Berlin/New York 2008; J. G. Fitch (ed.), S., Oxford etc. 2008; M. Fuhrmann, S. und Kaiser Nero. Eine Biographie, Berlin 1997, Frankfurt 1999; M. Gentile, I fondamenti metafisici della morale di S., Mailand 1932; F. Giancotti, Cronologia dei »Dialoghi« di S., Turin 1957; M. Giebel, S., Reinbek b. Hamburg 1997, [6]2009; M. Graver, Enc. Ph. VIII ([2]2006), 811–813; M. Griffin, S.. A Philosopher in Politics, Oxford 1976, 2003; P. Grimal, Sénèque. Sa vie, son œuvre, avec un exposé de sa philosophie, Paris 1948, [3]1966; ders., Sénèque, DP II ([2]1993), 2611–2613; E. Gunderson, The Sublime S.. Ethics, Literature, Metaphysics, Cambridge 2015; J. Hadot, S. und die griechisch-römische Tradition der Seelenleitung, Berlin 1969; L. Herrmann, Le théâtre de Sénèque, Paris 1924; H. M. Hine, S., DSB XII (1975), 309–310; K. Holl, Die Naturales Quaestiones des Philosophen S., Jena 1935; H. Huttner, S., BBKL IX (1995), 1383–1385; B. Inwood, S., REP IX (1998), 679–682; ders., Reading S.. Stoic Philosophy at Rome, Oxford etc. 2005, 2008; M. Lausberg, Untersuchungen zu S.s Fragmenten, Berlin 1970; E. Lefèvre (ed.), S.s Tragödien, Darmstadt 1972; ders. (ed.), Der Einfluß S.s auf das europäische Drama, Darmstadt 1978; W.-L. Liebermann, Studien zu S.s Tragödien, Meisenheim am Glan 1974; C. Marchesi, S., Messina 1920, [3]1944; F. Martinazzoli, S.. Studio sulla morale ellenica nell'esperienza romana, Florenz 1945; G. Maurach (ed.), S. als Philosoph, Darmstadt 1975, [2]1987; ders., S.. Leben und Werk, Darmstadt 1991, [6]2013; K.-D. Nothdurft, Studien zum Einfluß S.s auf die Philosophie und Theologie des zwölften Jahrhunderts, Leiden/Köln 1963; A. Pittet, Vocabulaire philosophique de Sénèque, Paris 1937; O. Regenbogen, Schmerz und Tod in den Tragödien S.s, in: ders., Kleine Schriften, ed. F. Dirlmeier, München 1961, 409–462; J. Romm, Dying Every Day. S. at the Court of Nero, New York 2014; T. G. Rosenmeyer, Senecan Drama and Stoic Cosmology, Berkeley Calif./London 1989; J. Schafer, Ars didactica. S.s 94th and 95th Letters, Göttingen 2009; A. Schiesaro, The Passions in Play. »Thyestes« and the Dynamics of Senecan Drama, Cambridge etc. 2003, 2007; G. Schmidt, S., KP V (1975), 109–116; C. Schmitz, S., DNP Suppl. bd. VIII (2013), 893–910; V. Sørensen, S.. Humanisten ved Neros hof, Kopenhagen 1976, Neudr. 1999 (dt. S.. Ein Humanist an Neros Hof, München 1984, [3]1995; engl. S.. The Humanist at the Court of Nero, Edinburgh, Chicago Ill. 1984); G. Stahl, Die »Naturales Questiones« S.s, Hermes 92 (1964), 425–454; C. Star, The Empire of the Self. Self-Command and Political Speech in S. and Petronius, Baltimore Md. 2012; ders., S., London/New York 2017 (mit Bibliographie, 181–189); W. Trillitzsch, S.s Beweisführung, Berlin 1962; ders., S. im literarischen Urteil der Antike. Darstellung und Sammlung der Zeugnisse, I–II, Amsterdam 1971; P. Veyne, Sénèque. Entretiens lettres a Lucilius, Paris 1993, [gekürzt] unter dem Titel: Sénèque. Une introduction. Suivi de la lettre 70 des »Lettres à Lucilius«, Paris 2007 (dt. Weisheit und Altruismus. Eine Einführung in die Philosophie S.s, Frankfurt am Main 1993; engl. S.. The Life of a Stoic, New York/London 2003); K. Vogt, S., SEP 2007, rev. 2015; K. Volk/G. D. Williams (eds.), Seeing S. Whole. Perspectives on Philosophy, Poetry and Politics, Leiden/Boston Mass. 2006; J. Wildberger/M. L. Colish (eds.), S. Philosophus, Berlin/Boston Mass. 2014; G. D. Williams, The Cosmic Viewpoint. A Study of S.s »Natural Questions«, Oxford etc. 2012, 2016; E. R. Wilson, The Greatest Empire. A Life of S., Oxford etc. 2014; O. Zwierlein, Die Rezitationsdramen S.s. Mit einem kritisch-exegetischen Anhang, Meisenheim am Glan 1966. M. G.

Sennert, Daniel, *Breslau 25. Nov. 1572, †Wittenberg 21. Juli 1637, dt. Arzt und Chemiker. 1593–1598 Studium der Philosophie in Wittenberg, 1601 Lizentiat und medizinische Promotion. 1602 bis zu seinem Tode Prof. der Medizin in Wittenberg. – S. verfaßte zahlreiche einflußreiche und auflagenstarke Bücher, die weite Bereiche der Medizin behandeln. Er war ein vorsichtiger Erneuerer, der die Fortbildung der Wissenschaft unter Beibehaltung des bestehenden systematischen Rahmens anstrebte. S. führte als einer der ersten Universitätsmediziner das Studium der Chemie in den medizinischen Bildungsgang ein und versuchte eine kritische Aneignung der paracelsischen Medizin sowie eine Versöhnung der Iatrochemie mit der herrschenden galenischen Humoralpathologie (↑Vier-Säfte-Lehre). Die ebenfalls eklektische (↑Eklektizismus) ↑Naturphilosophie S.s, die zunächst in der von G. Zabarella und J. C. Scaliger reformierten aristotelischen Tradition stand, wurde stark durch sein Interesse an der chemischen Praxis beeinflußt. S. erkannte die Existenz von okkulten Qualitäten (↑qualitas occulta) an, begann diese aber nach ihrem Ursprung zu klassifizieren, um sie letztlich doch durch Form und Beschaffenheit der Körper erklären zu können.

S. vertrat einen ↑Atomismus, der im Detail von den korpuskularphilosophischen Vorstellungen seiner Zeit abwich. Die traditionellen ↑minima naturalia und die kleinsten Teilchen der vier Elemente, aber auch die aus diesen zusammengesetzten kleinsten Teilchen der Verbindungen (die ›prima mixta‹), nannte er ›Atome‹ (allerdings ohne einen leeren Raum anzunehmen). S. interessierte sich vor allem für diejenigen Teilchen oder ›Atome‹, die als Grundbestandteile in chemischen Prozessen eine Rolle spielen; die Verbindungen, so S., bestehen nämlich aus den bei der chemischen Zerlegung aufgezeigten Teilen. Da S. verschiedene Arten von Atomen (die Atome der Elemente und die Atome der Verbindungen) vorsah, verlangte sein Atomismus nicht, daß eine chemische Zerlegung tatsächlich die Elemente rein darstellt; stattdessen dringt sie nur zu den kleinsten Teilchen der Verbindungen vor.

Werke: Opera omnia, I–III, Paris, Venedig 1641, Lyon 1650, unter dem Titel: Opera in quinque tomos divisa, I–V, 1666, unter dem Titel: Operum in sex tomos divisorum, I–VI, 1676. – Epitome naturalis scientiae, comprehensa disputationibus viginti sex, Wittenberg 1600; Quaestionum medicarum controversarum liber, Wittenberg 1609; Institutionum medicinae libri V, Wittenberg 1611, [2]1620, unter dem Titel: Epitome institutionum medicinae et libr[orum] De febribus, 1634, 1664, Frankfurt/Leipzig 1686 (engl. The Institutions or Fundamentals of the Whole Art, Both of Physick and Chirurgery, Divided into Five Books, London 1656); Disputatio medica, qua suam de occultis, seu totius substantiae quos vocant, morbis sententiam, defendit, Wittenberg 1616; Epitome naturalis scientiae, Wittenberg 1618, [2]1624, Oxford 1664 (engl. Thirteen Books of Natural Philosophy, London 1660, 1661); De chymicorum cum Aristotelicis et Galenicis consensu ac dissensu liber I, Wittenberg 1619, Frankfurt/Wittenberg [3]1655 (engl. Chymistry Made Easie and Useful. Or, the Agreement and Disagreement of the Chymists and Galenists, London 1662); De febribus libri IV, Wittenberg 1619, [2]1628, Frankfurt 1653 (engl. Of Feavers, in: Practical Physick. Or, Five Distinct Treatises of the Most Predominant Diseases of These Times. First of the Scurvey, the Second of the Dropsie, the Third of the Feavers and Agues of all Sort. The Fourth of the French Pox, the Fifth of the Gout [...], London 1676, 87–149); De scorbuto tractatus, Wittenberg 1624, Frankfurt 1654 (engl. Of the Scurvey, in: Practical Physick. Or, Five Distinct Treatises [s. o.], 1–42); De dysenteria tractatus, Wittenberg 1626; Practicae medicinae liber I–VI, Wittenberg 1628–1635, [2,3]1648–1660 (engl. [teilweise] The Sixth Book of Practical Physick. Of Occult and Hidden Diseases [...], London 1662; The Art of Chirurgy Explained in Six Parts, London 1663; Practical Physick. The Fourth Book in Three Parts [...], London 1664); De arthritide tractatus, Wittenberg 1631 (engl. A Treatise of the Gout, in: Two Treatises. The First of the Venereal Pocks [...], the Second of the Gout, London 1660, ferner in: Practical Physick. Or, Five Distinct Treatises [s. o.]); Epitome institutionum medicarum [...]. Disputationibus XVIII comprehensa, Wittenberg 1631; Tabulae Institutionum Medicinae, ed. C. Winckelmann, Wittenberg 1635, 1673; Hypomnemata physica, Frankfurt 1636; De bene vivendi, beateq[ue] moriendi ratione meditationes, Wittenberg 1636, 1650 (dt. Christliche Gedancken wie man Wol Leben und Selig Sterben soll, übers. A. Sennert, Wittenberg 1636, unter dem Titel: Gottseelige Betrachtung, wie man Christlich leben, und seeliglich sterben soll, Nürnberg 1645, unter dem Titel: Nützliche und heilsame Vorbereit- und Ubung, eines Christlichen Lebens, und Seligen Sterbens, Leipzig 1666, 1675; engl. D. Sennertus His Meditations. Setting Forth a Plain Method of Living Holily and Dying Happily, London 1694, unter dem Titel: Meditations Upon Living Holily and Dying Happily, [2]1704); Paralipomena cum praemissa methodo discendi medicinam. Tractatus posthumus, Wittenberg 1642, unter dem Titel: Paralipomena. Quibus praemittitur methodus discendi medicinam. Tractatus posthumus [...], Lyon 1643.

Literatur: R. T. W. Arthur, Animal Generation and Substance in S. and Leibniz, in: J. E. H. Smith (ed.), The Problem of Animal Generation in Early Modern Philosophy, Cambridge etc. 2006, 147–174; A. Blank, Biomedical Ontology and the Metaphysics of Composite Substances 1540–1670, München 2010, 167–188,

189–209 (Chap. 7 D. S. on Poisons, Epilepsy, and Subordinate Forms, Chap. 8 S. and Leibniz on Animated Atoms); A. Clericuzio, Elements, Principles and Corpuscles. A Study of Atomism and Chemistry in the Seventeenth Century, Dordrecht/Boston Mass./London 2000, 9–33 (Chap. 1 ›Minima‹ to Atoms. S.); A. G. Debus, Guintherius, Libavius and S.. The Chemical Compromise in Early Modern Medicine, in: ders. (ed.), Science, Medicine and Society in the Renaissance. Essays to Honor Walter Pagel I, New York, London 1972, 151–165; W. U. Eckart, Grundlagen des medizinisch-wissenschaftlichen Erkennens bei D. S. (1572–1637). Untersucht an seiner Schrift »De chymicorum liber«, Diss. Münster 1978; ders., Antiparacelsismus, okkulte Qualitäten und medizinisch-wissenschaftliches Erkennen im Werk D. S.s (1572–1637), in: A. Buck (ed.), Die okkulten Wissenschaften in der Renaissance, Wiesbaden 1992, 139–157; ders., Die Renaissance des Atomismus. 2. D. S., in: H. Holzhey/W. Schmidt-Biggemann/V. Mudroch (eds.), Die Philosophie des 17. Jahrhunderts IV/2 (Das Heilige Römische Reich Deutscher Nation. Nord- und Ostmitteleuropa), Basel 2001, 926–932, 984–985; H. Hirai, Medical Humanism and Natural Philosophy. Renaissance Debates on Matter, Life and the Soul, Leiden/Boston Mass. 2011, 151–172 (Chap. VI D. S. on Living Atoms, Hylomorphism and Spontaneous Generation); H. Kangro, S., DSB XII (1975), 310–313; G. Keil, S., in: C. Priesner/K. Figala (eds.), Alchemie. Lexikon einer hermetischen Wissenschaft, München 1998, 334–335; J. A. Klein, Chymical Medicine, Corpuscularism, and Controversy. A Study of D. S.'s Works and Letters, Diss. Bloomington Ind. 2014; ders., D. S. and the Chymico-Atomical Reform of Medicine, in: O. P. Grell/A. Cunningham (eds.), Medicine, Natural Philosophy and Religion in Post-Reformation Scandinavia, London/New York 2016, 20–37; F. Krafft, S., in: ders. (ed.), Große Naturwissenschaftler. Biographisches Lexikon, Düsseldorf [2]1986, 313–314; K. Lasswitz, Geschichte der Atomistik vom Mittelalter bis Newton, I–II, Hamburg/Leipzig 1890 (repr. Hildesheim, Darmstadt 1963, Lüneburg 2010/2011), [2]1926, I, bes. 436–454; C. Lüthy, D. S.'s Slow Conversion from Hylemorphism to Atomism, Graduate Faculty Philos. J. 26 (2005), 99–121; ders./W. R. Newman, D. S.'s Earliest Writings (1599–1600) and Their Debt to Giordano Bruno, Bruniana & Campanelliana 6 (2000), 263–279; C. Meinel, Early Seventeenth-Century Atomism. Theory, Epistemology, and the Insufficiency of Experiment, Isis 79 (1988), 68–103; A. G. van Melsen, Van Atomos naar Atoom. De geschiedenis van het begrip Atoom, Amsterdam 1949, Utrecht/Antwerpen [2]1962 (engl. From Atomos to Atom. The History of the Concept ›Atom‹, Pittsburgh Pa. 1952; dt. Atom gestern und heute. Die Geschichte des Atombegriffs von der Antike bis zur Gegenwart, Freiburg/München 1957); W. R. Newman, Atoms and Alchemy. Chymistry and the Experimental Origins of the Scientific Revolution, Chicago Ill./London 2006, 83–153 (Part 2 D. S.'s Atomism and the Reform of Aristotelian Matter Theory); ders., S., in: N. Koertge (ed.), New Dictionary of Scientific Biography VI, Detroit Mich. etc. 2008, 417–419; W. Pagel, Paracelsus. An Introduction to Philosophical Medicine in the Era of the Renaissance, Basel 1958, [2]1982, 333–343 (D. S.'s Critical Defence of Paracelsus); ders., The Smiling Spleen. Paracelsianism in Storm and Stress, Basel etc. 1984, bes. 86–91 (D. S. (1572–1637) and His Reputed Influence); C. Priesner, S., NDB XXIV (2010), 262–263; M. Stolberg, Das Staunen vor der Schöpfung. ›Tota substantia‹, ›calidum innatum‹, ›generatio spontanea‹ und atomistische Formenlehre bei D. S., Gesnerus 50 (1993), 48–65; ders., Particles of the Soul. The Medical and Lutherian Context of D. S.'s Atomism, Medicina nei secoli NS 15 (2003), 177–203.   P. M.

Sensualismus (engl. sensationalism), Sammelbezeichnung für Positionen der ↑Erkenntnistheorie, die unter Verzicht auf Unterscheidungsleistungen des ↑Verstandes alle Erkenntnis auf die passive Aufnahme von ↑Sinnesdaten zurückzuführen suchen. Der *psychologische* S. untersucht den Prozeß der Erkenntnisgenese im Anschluß an vermeintlich elementare Sinnesempfindungen, die sich dem Geist ohne Zutun des Verstandes auferlegen. Der *wissenschaftstheoretische* S. reduziert Wissenschaft auf Deskription und sucht komplexe Sätze über die Wirklichkeit auf Elementarsätze über Sinneseindrücke und deren Beziehungen zurückzuführen. Durch besondere Reduktionsverfahren (↑Reduktion) sollen derartige Sätze gegenüber bloßen Spekulationen erfahrungswissenschaftlich ausgezeichnet werden. Seit der Wiederaufnahme sensualistischer Erkenntnistheorien in der Zeit der Entstehung des neuzeitlichen Wissenschaftsbegriffs nehmen die ihn vertretenden Schulen meist eine antimetaphysische (↑Metaphysikkritik) Haltung ein.

Sinnesempfindungen als passive Aufnahme von Sinnesdaten oder Sinneswahrnehmungen als Reflexionen von Sinnesempfindungen werden entweder als mentale Entsprechungen der sie verursachenden Objekte der ↑Außenwelt vorgestellt oder wegen des metaphysischen Charakters von Aussagen über das Verhältnis von Sinnesempfindungen und Wirklichkeit als unerklärte Bausteine eingeführt. Der Begriff des S. wird meist mit den Begründungsversuchen der neuzeitlichen Physik in Zusammenhang gebracht, jedoch war er – ohne die Unterscheidung von ↑Empfindung und ↑Wahrnehmung – in der griechischen Philosophie bereits weitgehend entwickelt. So gibt es für Protagoras über die Sinnesempfindung hinaus – der Mensch ist das Maß aller Dinge (↑Homo-mensura-Satz) – keinen Zugang zur Außenwelt. Sinnesempfindungen sind für ihn die aufeinander bezogenen Bewegungen des zu erkennenden Objekts und des Empfindungsorgans im erkennenden Subjekt im Augenblick der Empfindung. Ähnlich mechanistisch erklären die Irritations- und Vibrationstheorien des 18. Jhs. die Sinnesempfindung als Ergebnis einer durch äußere Stimulation verursachten Bewegung der Nerven und des Gehirns. Auch für Epikur ist die unmittelbar gewisse Sinnesempfindung die einzige Basis der Erkenntnis. Die Entstehung von Bildern als stofflicher Entsprechung der wahrgenommenen Objekte im Geist erklärt er im Anschluß an Demokrit als Wirkung der beständigen Abstrahlung kleinster Teilchen von den Körperoberflächen (↑Bildchentheorie). Das Kriterium für die Richtigkeit allgemeiner Sätze über allgemeine Bilder, die Epikur sich aus einer Vielzahl konkreter Erinnerungsbilder gewonnen vorstellt, ist die Bestätigung durch die sinnliche Empfindung. Wörter als Werkzeuge des Denkens haben keinen Abbildcharakter, sondern

sind per Konvention eingeführte Zeichen für Bewußtseinsinhalte. Da sie auch mögliche Fehlerquellen darstellen, gibt es im Bereich der Empirie kein Wissen, das ↑Gewißheit voraussetzt, sondern nur ↑Meinungen.

Das Verlangen, die auf ↑Beobachtung und ↑Experiment gestützte neue Naturwissenschaft gegen Irrtümer abzusichern, veranlaßt die Philosophie im 17. Jh., sich unter Bezug auf den griechischen S. intensiv mit der Natur der sinnlichen Empfindung zu befassen. Schon F. Bacon beruft sich in seiner erfahrungswissenschaftlichen Erneuerung der Wissenschaft gegen Aristoteles auf Demokrit. P. Gassendi rehabilitiert sowohl den erkenntnistheoretischen als auch den ethischen ↑Epikureismus. In T. Hobbes' materialistischer Theorie der Empfindung teilen sich die Bewegungen der körperlichen Objekte über das Medium der Luft den Sinnen mit. Die Empfindung ist identisch mit dem Empfindungsbild, dieses identisch mit der Bewegung des ↑conatus gegen die Objekte. Die Bilder, in denen Objekte der Außenwelt wahrgenommen werden, bilden nicht den Gegenstand selbst ab, sondern entsprechen nur der von ihm ausgehenden Bewegung. Für Hobbes führt wissenschaftliches Denken nur im Bereich der nach den Regeln der Logik verknüpften Wörter, die per Konvention für Bewußtseinsinhalte eingeführt werden, zu Gewißheit. Das Denken bezieht sich auf die ↑Realität, repräsentiert diese aber nicht. Ähnliche Ansichten vertreten D. Hume und É. B. de Condillac. J. Locke unterscheidet die durch Objekte der Außenwelt hervorgerufenen Sinneseindrücke (*sensations*) von der Wahrnehmung der durch diesen Vorgang ausgelösten Tätigkeit des Geistes (*reflections*). Insofern er die *reflection*, die Wahrnehmung des inneren Sinnes (↑Sinn, innerer), nicht in allen Fällen als unsteuerbaren Automatismus an die passivische Aufnahme der äußeren Empfindung bindet, enthält der Erkenntnisprozeß jedoch ein dem strengen S. widersprechendes Moment aktiver Verstandestätigkeit. Condillac verzichtet daher konsequent auf die *reflection*, die entweder überflüssig ist, weil sie die Empfindung unverändert läßt, oder den S. aufhebt. G. Berkeley kritisiert den von Locke in der Idee der ↑Substanz als eines nicht wahrnehmbaren Trägers der Bewußtseinsinhalte erhaltenen Rest einer ↑Abbildtheorie und erklärt die Rede über Beziehungen zwischen Empfindungen und Wirklichkeit für unzulässig (↑esse est percipi). Auch für Hume besteht die Welt für den Menschen lediglich aus Sinneseindrücken. Gewißheit herrscht nur dort, wo die für Bewußtseinsinhalte stehenden Zeichen regelhaft verknüpft werden. Zur Rettung des praktischen Wissens greift Hume jedoch auf einen rational nicht begründbaren, natürlichen Glauben an die Existenz der Außenwelt und an die nicht wahrnehmbare Kausalverknüpfung (↑Kausalität) zurück. Konsequent durchgeführt ist der S. in den Theorien der neurophysiologischen und assoziationspsychologischen

Schulen des ↑Empirismus (D. Hartley, J. S. Mill, Condillac), des Materialismus (J. O. de La Mettrie, C. A. Helvétius, P. H. d'Holbach; ↑Materialismus (historisch)) sowie in der individual- und sozialpsychologischen Ideenlehre der so genannten ›Ideologen‹ (↑Ideologie; A. L. Destutt de Tracy, P.-J.-G. Cabanis).

Gegen Ende des 19. Jhs. erhält der S. in England durch K. Pearson, in Deutschland durch E. Mach neue Bedeutung. Mach sucht vermittels einer Analyse der Empfindungen noch hinter die lebensweltliche Erfahrung körperlicher Dingwahrnehmung zurückzugehen und diese als aus Elementen in Gestalt von Tönen, Farben und Drücken bestehend aufzufassen. Durch die Forderung, Wissenschaft auf Deskription zu beschränken und als wissenschaftlich nur solche Sätze zuzulassen, die durch sinnliche Erfahrung unmittelbar überprüfbar seien, übt dieser auch als ↑Empiriokritizismus bezeichnete Ansatz großen Einfluß auf die Arbeiten des Logischen Empirismus (↑Empirismus, logischer) im ↑Wiener Kreis aus. Die weite Definition des Begriffs der Empfindung bei Mach, die eine Unterscheidung zwischen Schmerz-, Wunsch- und Farbempfindungen nur über ihren Bezug zu so genannten ›Leibelementen‹ zuläßt, zeigt noch einmal die schon in Lockes Theorie der einfachen Ideen (↑Idee (historisch)) aufgetretenen grundsätzlichen Schwierigkeiten des S.. Die zur Ermöglichung von Unterscheidungsleistungen unabdingbare Aktivität des Verstandes wird im S. nicht beseitigt, sondern lediglich in den Begriff der Empfindung verschoben.

Literatur: P. Alexander, Sensationalism and Scientific Explanation, London, New York 1963, Bristol 1992; ders., Sensationalism, Enc. Ph. VII (1967), 415–419, VIII (²2006), 823–829; P. F. Daled, Le matérialisme occulté et la genèse du sensualisme. Écrire l'histoire de la philosophie en France, Paris 2005; M. Hauskeller (ed.), Die Kunst der Wahrnehmung. Beiträge zu einer Philosophie der sinnlichen Erkenntnis, Zug 2003; I. Hedenius, Sensationalism and Theology in Berkeley's Philosophy, Uppsala 1936; H. Holz, S., TRE XXXI (2000), 148–153; F. Kambartel, Erfahrung und Struktur. Bausteine zu einer Kritik des Empirismus und Formalismus, Frankfurt 1968, ²1976; L. Krüger, Der Begriff des Empirismus. Erkenntnistheoretische Studien am Beispiel John Lockes, Berlin/New York 1973; J. C. O'Neal, The Authority of Experience. Sensationist Theory in the French Enlightenment, University Park Pa. 1996; G. Pitcher, Berkeley on the Perception of Objects, J. Hist. Philos. 24 (1986), 99–105; G. Tesak, S., in: W. D. Rehfus (ed.), Handwörterbuch Philosophie, Göttingen 2003, 612–614; F. Vidoni, S., EP III (²2010), 2447–2452; M. Vollmer/Red., S., Hist. Wb. Ph. IX (1995), 614–618; K. P. Winkler, Sensationalism, in: R. Audi (ed.), The Cambridge Dictionary of Philosophy, Cambridge etc. ²1999, 833; J. W. Yolton, Perception & Reality. A History from Descartes to Kant, Ithaca N. Y./London 1996; weitere Literatur: ↑Empirismus. H. R. G.

sensus bonus (lat., das gesunde Urteil, der gesunde Menschenverstand; franz. bon sens), in der europäischen ↑Aufklärung häufig Bezeichnung einer Berufungsinstanz für das Programm einer vernünftigen Selb-

ständigkeit (↑Autonomie) aller. R. Descartes' Erklärung, daß der gesunde Verstand (*bon sens*) die bestverteilte Sache der Welt sei (»Le bon sens est la chose du monde la mieux partagée«, Disc. méthode I, Œuvres VI, ed. C. Adam/P. Tannery, Paris 1965, 1), ist nicht als eine empirische Feststellung zu verstehen, sondern im Sinne der Maxime I. Kants, ›jederzeit selbst zu denken‹ (Was heißt: Sich im Denken orientieren? [1786], Akad.-Ausg. VIII, 146 Anm.), d. h. als Aufforderung, sich als ein vernünftiges Subjekt zu verwirklichen. Zu den Nachbarbegriffen von s. b. gehört, auf dem Hintergrund der Unterscheidung zwischen einem *esprit critique* und einem *esprit philosophique*, in der Aufklärung auch die ›gesunde Kritik‹ (*la saine critique*), von Voltaire als 10. Muse aufgeführt (Œuvres XX, Paris 1879, 222).

Literatur: ↑common sense, ↑sensus communis. J. M.

sensus communis (lat., Gemeinsinn, innerer Sinn, gesunder Menschenverstand; engl. common sense, franz. sens commun, daneben bon sens [↑sensus bonus]), philosophische Begriffsbildung, die auf Aristoteles (de an. Γ 1.425a14–16) und die ↑Stoa (↑communes conceptiones, ↑consensus gentium) zurückgeht. In unterschiedlicher Weise bezeichnet s. c. (1) die Einheit verschiedener Sinneswahrnehmungen, (2) das ›innere‹ ↑Bewußtsein von Wahrnehmungen (↑Apperzeption, ↑Reflexion), (3) den Verstand. Als Nachbarbegriffe treten in der scholastischen (↑Scholastik) Tradition auf: Einbildungskraft (*imaginatio*), Urteilskraft (*vis aestimativa*), Gedächtnis (*memoria*). Dieser Zusammenhang bleibt auch in der Neuzeit gewahrt, vor allem im Rahmen der Philosophie des ↑common sense (↑Schottische Schule). R. Descartes bezeichnet den s. c. als das Erkennen mit Hilfe der Einbildungskraft (*potentia imaginatrice cognoscere*, Medit. II 29, Œuvres VII, 32). I. Kant, der sich in einem erkenntnistheoretischen Zusammenhang gegen die ›Berufung auf den gemeinen Menschenverstand‹ im Sinne eines ›Orakels‹ wendet (Proleg. Vorrede A 11, Akad.-Ausg. IV, 259), versteht im Rahmen der Kritik der Urteilskraft den s. c. als »die Idee eines gemeinschaftlichen Sinnes, d. i. eines Beurteilungsvermögens [...], welches in seiner Reflexion auf die Vorstellungsart jedes andern in Gedanken (a priori) Rücksicht nimmt, um gleichsam an die gesamte Menschenvernunft sein Urteil zu halten« (KU § 40 [B 157], Akad.-Ausg. V, 293). Deswegen verdient nach Kant auch der ↑Geschmack mit besserem Recht als s. c. bezeichnet zu werden als der ›gesunde Verstand‹ (B 160, Akad.-Ausg. V, 295); er schlägt vor, zwischen dem Geschmack als s. c. *aestheticus* und dem ›gemeinen Menschenverstand‹ als s. c. *logicus* zu unterscheiden (ebd.).

Literatur: E. Castelli u. a., Il senso comune, Padua 1970 (Archivio di filosofia 1970/1); G. Felten, Die Funktion des ›s. c.‹ in Kants Theorie des ästhetischen Urteils, München/Paderborn 2004; H.-

G. Gadamer, s. c., in: ders., Wahrheit und Methode. Grundzüge einer philosophischen Hermeneutik, Tübingen 1960, ⁴1975, erw. unter dem Titel: Hermeneutik I (Wahrheit und Methode. Grundzüge einer philosophischen Hermeneutik), ⁵1986, ⁷2010 (= Ges. Werke I), 24–35; E. E. Kleist, Judging Appearances. A Phenomenological Study of the Kantian ›s. c.‹, Dordrecht/Boston Mass./London 2000; T. Leinkauf u. a., S. c., Hist. Wb. Ph. IX (1995), 622–675; J.-C. Merle, Gemeinsinn/s. c., EP I (²2010), 818–822; R. Nehring, Kritik des Common Sense. Gesunder Menschenverstand, reflektierende Urteilskraft und Gemeinsinn – der S. c. bei Kant, Berlin 2010; F. Neumann, S. c., Hist. Wb. Rhetorik VIII (2007), 841–847; Z. Zhouhuang, Der s. c. bei Kant. Zwischen Erkenntnis, Moralität und Schönheit, Berlin/Boston Mass. 2016 (Kant-St. Erg.hefte 187); weitere Literatur: ↑common sense, ↑Schottische Schule. J. M.

Sentenzenkommentar, Bezeichnung für eine philosophische und theologische Textgattung. S.e sind aus den frühscholastischen Sentenzensammlungen des 11. und 12. Jhs. hervorgegangen. In diesen wurden die Auffassungen (›Sentenzen‹) der Kirchenväter zu unterschiedlichen Themen zusammengestellt, bald um die entsprechenden Bezüge zur Bibel und gelegentlich um die Diskussion von Widersprüchen erweitert. Die berühmteste und wirkungsgeschichtlich bedeutendste Sentenzensammlung – allerdings ohne jeden Anspruch philosophischer Durchdringung theologischer Probleme – ist diejenige des Petrus Lombardus (Libri Sententiarum, I–II, ed. Collegii S. Bonaventurae, Florenz ²1916, unter dem Titel: Sententiae in IV libris distinctae, I–II, Grottaferrata 1971/1981). Nach einer Periode abkürzender und glossierender Benutzung bildeten sich im 13. Jh. allmählich eigentliche Kommentare dieses Werkes, S.e, heraus. Deren konstitutive Elemente bestehen in (1) Texteinteilung (divisio textus), (2) kurzer Inhaltsangabe (expositio textus), (3) Problemerörterungen (dubia circa litteram), (4) Kommentaren in Form der ↑quaestio.

An der Universität des 13. Jhs., insbes. in Paris, wo auch der wohl berühmteste S., derjenige des Thomas von Aquin (Scriptum super libros Sententiarum magistri Petri Lombardi, ed. R. P. Mandonnet/M. F. Moos, I–IV, Paris 1929–1947, Neudr. unter dem Titel: In quattuor libros sententiarum, als: Opera omnia I, Stuttgart-Bad Cannstatt 1980), entstand, war nach dem theologischen Bakkalaureat und zweijähriger Lehrtätigkeit in der Exegese (baccalaureus biblicus) ein ebenfalls etwa zweijähriger Kommentarkurs über die Sentenzen des Petrus Lombardus vorgesehen. Erst dann war man eigentlicher Bakkalaureat der Theologie (baccalaureus formatus), woran sich nach vierjährigem, erfolgreichem Abhalten von ↑disputationes der theologische Magistergrad anschloß. Die Problembestimmungen des Lombarden sowie seine Einteilung des theologischen Lehrstoffes (Gottes-, Schöpfungs-, Erlösungs- und Sakramentenlehre sowie ↑Eschatologie) wurden so für den theologischen

und (im Kontext der Schöpfungslehre gelegentlich auch) den philosophisch-naturwissenschaftlichen Schulbetrieb des Hoch- und Spätmittelalters bis ins 16. Jh. weitgehend bestimmend. Noch M. Luther hat die Sentenzen kommentiert.

Literatur: J. Engels, Sentenz, Hist. Wb. Rhetorik VIII (2007), 847–867; P. Glorieux, L'enseignement au moyen âge. Techniques et méthodes en usage à la Faculté de Théologie de Paris au XIIIᵉ siècle, Arch. hist. doctr. litt. moyen-âge 43 (1968), 65–186; L. Hödl, Sentenzen, S.e, LThK IX (1964), 670–674; U. Köpf, Sentenzenwerke, RGG VII (⁴2004), 1210–1212; F. Stegmüller, Repertorium Commentariorum in Sententias Petri Lombardi, I–II, Würzburg 1947. G. W.

separiert/Separiertheit, vor allem in formalwissenschaftlichen Disziplinen übliche Termini für die Getrenntheit (im jeweils definierten Sinne) von Objekten. Z. B. heißt ein topologischer Raum (↑Topologie) s. oder auch ein ›Hausdorff-Raum‹ (↑Hausdorff, Felix), wenn er dem Trennungsaxiom genügt, wonach es für je zwei Punkte des Raumes disjunkte Umgebungen gibt; ein ↑Homomorphismus h von einer Menge A in einen Mengenverband V (↑Verband) heißt s., wenn zu je zwei Elementen b_1 und b_2 des Trägers B von V Elemente a_1 und a_2 in A existieren, für die $b_1 \in h(a_1)$ und $b_2 \in h(a_2)$ gilt und die Mengen $h(a_1)$ und $h(a_2)$ disjunkt sind. Für die Wissenschaftstheorie der ↑Formalwissenschaften ist die S. vor allem durch die beiden folgenden Begriffsbildungen wichtig:

(1) In der ↑Metalogik kommt einem formalen System $\mathfrak{F}$ die Eigenschaft der S. (bezüglich einer Menge von Operationen Ω) zu, wenn für jedes $\omega \in \Omega$ gilt, daß jedes ohne Verwendung von ω formulierbare Theorem von $\mathfrak{F}$ ohne Heranziehung von auf ω bezüglichen Postulaten (Axiomen) beweisbar ist. Einen Spezialfall liefert die seit G. Gentzen 1935 übliche Trennung (nämlich voneinander unabhängige Behandlung) der ↑Junktoren durch junktorspezifische Einführungs- und Eliminationsregeln bzw. Partikelregeln (↑Kalkül des natürlichen Schließens); mit ihrer Hilfe läßt sich z. B. eine eigene ›positive‹ (d. h. negationsfreie) Subjunktionslogik ›separieren‹, deren Theoreme als einzigen Junktor den ↑Subjunktor ›→‹ enthalten und bei einem axiomatischen Aufbau allein aus Axiomen ebensolcher Art herleitbar sind. Nicht separiert sind demgegenüber Systeme der ↑Junktorenlogik, in denen manche Junktoren durch andere ›definiert‹ werden, z. B. $p \rightarrow q$ durch $\neg p \vee q$ oder $p \leftrightarrow q$ durch $(p \rightarrow q) \wedge (q \rightarrow p)$. Die S. junktorenlogischer Systeme ist vor allem in der polnischen Logikerschule untersucht worden (J. Łukasiewicz, A. Tarski, M. Wajsberg).

(2) In der Operativen Logik und Mathematik (↑Logik, operative, ↑Mathematik, operative) heißt ein in Gestalt eines endlichen Regelsystems gegebenes Definitionsschema

$A_1 \Rightarrow x_{11}, x_{12}, \ldots, x_{1n} \in R$

$\vdots \qquad \vdots \qquad \vdots$

$A_m \Rightarrow x_{m1}, x_{m2}, \ldots, x_{mn} \in R$

(in dem die $A_1, \ldots, A_m$ aus schon definierten Aussageformen logisch zusammengesetzt sind) s., wenn jedes n-Tupel von Objekten $t_1, \ldots, t_n$ in höchstens *eine* Regel des Schemas eingesetzt werden kann, so daß keine zwei Hinterformeln $x_{i1}, \ldots, x_{in} \in R$, $x_{j1}, \ldots, x_{jn} \in R$ (mit $i \neq j$) eine gemeinsame ↑Belegung haben, die Gesamtheit der Hinterformeln also ein System zueinander disjunkter, ›s.er‹ Klassen bildet. Aufgrund dieser S.seigenschaft läßt sich dann das ↑Inversionsprinzip anwenden. Ein ↑*Induktionsschema* im Sinne der Operativen Mathematik ist als ein sowohl s.es als auch fundiertes (↑fundiert/Fundiertheit) Definitionsschema erklärt.

Literatur: H. B. Curry, Foundations of Mathematical Logic, New York etc. 1963, 1977; G. Gentzen, Untersuchungen über das logische Schließen, Math. Z. 39 (1934/1935), 176–210, 405–431 (repr. Darmstadt 1969, 1974) (franz. Recherches sur la déduction logique, Paris 1955; engl. Investigations into Logical Deduction, in: ders., The Collected Papers of Gerhard Gentzen, ed. M. E. Szabo, Amsterdam/London 1969, 68–131); P. Lorenzen, Einführung in die operative Logik und Mathematik, Berlin/Göttingen/Heidelberg 1955, Berlin/Heidelberg/New York ²1969.   C. T.

Sequenz, von G. Gentzen bei seiner ↑Kalkülisierung logischen Schließens eingeführte Bezeichnung für endliche Formelfolgen

$A_1, \ldots, A_m \,\|\, B_1, \ldots, B_n$

(mit ›,‹ und ›||‹ [bei Gentzen ›→‹ statt ›||‹] als bloßen Hilfszeichen und $m, n \geq 0$), die inhaltlich der Formel $A_1 \wedge \ldots \wedge A_m \rightarrow B_1 \vee \ldots \vee B_n$ gleichwertig sein sollen (im Falle $m = 0$ ist $A_1 \wedge \ldots \wedge A_m$ durch $\curlyvee$, das Wahre [↑verum], und im Falle $n = 0$ ist $B_1 \vee \ldots \vee B_n$ durch $\curlywedge$, das Falsche [↑falsum], zu ersetzen). In ↑Logikkalkülen vom Gentzen-Typ (↑Gentzentypkalkül) operieren die Kalkülregeln auf Figuren (↑Figur (logisch)) der oben angegebenen Art, also auf ganzen S.en, statt auf einzelnen Formeln; die so ableitbaren Figuren sind dann die ›(logisch) gültigen‹ S.en. In einem entsprechenden Logikkalkül, insbes. in einem ↑Sequenzenkalkül der effektiven Logik (↑Logik, intuitionistische, ↑Logik, konstruktive) bzw. der klassischen Logik (↑Logik, klassische), ist eine S. eine nach Vorderformeln (↑Antezedens) und Hinterformel(n) (↑Konsequens, ↑Sukzedens) unterschiedene endliche Folge von Formeln $A_1, \ldots, A_m, B$ bzw. $A_1, \ldots, A_m, B_1, \ldots, B_n$, die mit einer ↑Implikation $A_1 \wedge \ldots \wedge A_m \prec B$ bzw. $A_1 \wedge \ldots \wedge A_m \prec B_1 \vee \ldots \vee B_n$ logisch äquivalent ist.

Literatur: G. Gentzen, Untersuchungen über das logische Schließen, Math. Z. 39 (1935), 176–210, 405–431 (repr. Darmstadt 1969, 1974) (franz. Recherches sur la déduction logique, Paris 1955).   K. L.

Sequenzenkalkül, Bezeichnung für einen ↑Logikkalkül vom Gentzen-Typ (↑Gentzentypkalkül), in dem nicht Regeln für einzelne ↑Formeln notiert werden, sondern für endliche Folgen von Formeln: $A_1, \ldots, A_m \,\|\, B_1, \ldots, B_n$ mit $m, n \geq 0$, so genannte ↑Sequenzen. Beispiele für S.e erhält man, wenn man in den unter ↑Quantorenlogik angeführten ↑Implikationenkalkülen das Implikationszeichen ›≺‹ durch ›||‹ ersetzt.   K. L.

Seuse, Heinrich (latinisiert Suso), *Konstanz 21. März 1295 oder 1296, †Ulm 25. Jan. 1366, dt. Mystiker (↑Mystik). Mit 13 Jahren Eintritt in den Dominikanerorden in Konstanz, 1324–1327 Schüler Meister Eckharts in Köln. S. verfaßt in dieser Zeit das »Büchlein der Wahrheit«, in dem er die Mystik Eckharts verteidigt. 1327 Rückkehr nach Konstanz, Lektor am dortigen Konvent; Abfassung der Schrift »Büchlein der ewigen Weisheit«, in erweiterter lat. Fassung »Horologium sapientiae«. Seelsorger und Wanderprediger in der Schweiz, am Oberrhein und in den Niederlanden. Wegen der Weigerung, auf kaiserlichen Befehl das päpstliche Interdikt zu brechen, wurde das Konstanzer Konvent 1339–1346 nach Diessenhofen (Schweiz) verlegt. 1343/1344 wurde S. Prior ebendort; 1348 Versetzung nach Ulm. – Der Hauptteil der S.schen Texte gilt einer dichterischen Darstellung der Glaubensinhalte und der Versenkung in sie, was ihm den Titel eines ›Minnesängers der Gottesliebe‹ eingetragen hat. S.s Hauptwerk, seine »Vita« (ursprünglich unter dem Titel: »Das Buch, das da heißt der S.«), gilt als die erste geistliche Autobiographie in deutscher Sprache. Sie wurde jedoch tatsächlich von der Dominikanerin E. Stagel niedergeschrieben. Um das Kursieren von fehlerhaften Abschriften zu verhindern, veröffentlichte S. 1362/1363 eine autorisierte Version seiner Hauptschriften als Musterausgabe unter dem Sammeltitel »Exemplar«.

Werke: Exemplar [Einheitssachtitel], Augsburg 1482, 1512, erw. unter dem Titel: H. Suso's, genannt Amandus, Leben und Schriften. Nach den ältesten Handschriften und Drucken mit unverändertem Text in jetziger Schriftsprache, ed. M. Diepenbrock, Regensburg 1829, ⁴1884, unter dem Titel: Die deutschen Schriften des seligen H. S. aus dem Predigerorden. Nach den ältesten Handschriften in jetziger Schriftsprache, ed. H. S. Denifle, München 1880, unter dem Titel: Deutsche Schriften, ed. K. Bihlmeyer, Stuttgart 1907 (repr. Frankfurt 1961), unter dem Titel: H. S.s Deutsche Schriften, I–II, ed. W. Lehmann, Jena 1911, ²1922, unter dem Titel: Deutsche Schriften von H. S., ed. A. Gabele, Leipzig 1924 (repr. Frankfurt 1980), unter dem Titel: Des Mystikers H. S. O. Pr. Deutsche Schriften. Vollständige Ausgabe auf Grund der Handschriften, ed. N. Heller, Regensburg 1926, unter dem Titel: H. S.. Deutsche mystische Schriften. Aus dem Mittelhochdeutschen übertragen. ed. G. Hofmann, Düsseldorf 1966, Zürich/Düsseldorf 1999 (lat. [erw.] Opera, ed. L. Surius, Köln 1555, 1615 [dt. Dess seeligen Henrici Susonis Bücher und Schriften [...], ed. A. Hofmann, Köln 1661]; franz. Œuvres spirituelles de Henri Suso, ed. N. Le Cerf, Paris 1586, unter dem Titel: Œuvres, ed. J. Ancelet-Hustache, Paris 1943, unter dem Titel: L'œuvre mystique de Henri Suso, I–V, ed. B. Lavaud, Fribourg/Paris 1946–1947, unter dem Titel: Œuvres complètes, ed. J. Ancelet-Hustache, Paris 1977; engl. The Exemplar. Life and Writings of Blessed Henry Suso, I–II, ed. N. Heller, Dubuque Iowa 1962, mit Untertitel: With Two German Sermons, ed. F. Tobin, New York 1989, 1990). – Hie seind geschriben die capitel des büchs das do der Seüsse heisset, in: Exemplar [s. o.], unter dem Titel: Das Leben des seligen H. S., übers. G. Hofmann, Düsseldorf 1966, unter dem Titel: H. S., der Mystiker vom Bodensee, berichtet von seinem Leben, seinen Qualen und Visionen in dem »Buch, das da heißet der Seuse«, bearb. v. W. Fiscal, Heidenheim 1971 (franz. La vie et les épîtres du bienheureux Henri Suso de l'ordre des Frères Prêcheurs, ed. F. É. Chavin, Paris 1842; engl. The Life of Blessed Henry Suso, trans. T. F. Knox, London 1865, unter dem Titel: Life of the Servant, trans. J. M. Clark, Cambridge 1952, 2014); Büchlein der Wahrheit [Einheitssachtitel], in: Exemplar [s. o.], unter dem Titel: Das Buch der Wahrheit [mhdt./dt.], ed. L. Sturlese/R. Blumrich, Hamburg 1993 (engl. Little Book of Truth, in: Little Book of Eternal Wisdom and Little Book of Truth, übers. J. M. Clark, London 1953, 41–169; franz. Petit livre de la vérité, übers. G. Jarczyk/P.-J. Labarrière, Paris 2002); Der ewigen weißheit büchlin, in: Exemplar [s. o.], unter dem Titel: Das Büchlein der ewigen Weisheit, übers. M. Greiner, Leipzig 1935, übers. H. Wilms, Köln-Brück 1939, übers. O. Schneider, Will 1966, übers. P. Mons, Trier 1968, mit Untertitel: Nach der Handschrift Nr. 40 des Suso-Gymnasiums in Konstanz, ed. J. Mauz, Konstanz 2003 [mit Repr. der Handschrift], unter dem Titel: Das Büchlein von der ewigen Weisheit. Aus dem Jahre 1341, Köln 2011 (lat. [überarb.] Horologium aeternae sapientiae, o.O. [Paris] o.J. [1480], unter dem Titel: Horologium sapientiae, ed. J. Strange, 1856, ed. K. Richstätter, Turin 1929, unter dem Titel: H. S.s Horologium sapientiae. Erste kritische Ausgabe unter Benützung der Vorarbeiten von Dominikus Planzer OP, ed. P. Künzle OP, Fribourg 1977 [engl. Wisdom's Watch upon the Hours. Horologium sapientiae, Washington D. C. 1994, 2013; dt. Stundenbuch der Weisheit. Das »Horologium sapientiae«, Würzburg 2007]; franz. Le livre de la sagesse éternelle, übers. J. Görres, Paris 1840, unter dem Titel: La passion de l'éternelle sagesse [...], übers. B. Lavaud, Neuchâtel 1943, unter dem Titel: Le petit livre de la sagesse éternelle, übers. D.-M. Proton/A.-M. Renouard, Paris 2012; engl. Little Book of Eternal Wisdom, trans. R. Raby, London 1852, ferner in: Little Book of Eternal Wisdom and Little Book of Truth, London 1953, 171–208); Deutsche Mystik. Aus den Schriften von H. S. und Johannes Tauler, ed. W. Zeller, Düsseldorf/Köln 1967, unter dem Titel: H. S./J. Tauler, Mystische Schriften, ed. mit B. Jaspert, München 1988, ²1993, 7–151; Deutsche Mystik. Hildegard von Bingen, Mechthild von Magdeburg, Meister Eckhart, Johannes Tauler, Rulman Merswin, Heinrich von Nördlingen, Margaretha Ebner, H. S., Christine Ebner, Lieder, ed. L. Gnädinger, Zürich 1989, ²1994, 385–450. – Totok II (1973), 591–595.

Literatur: J. A. Bizet, Le mystique allemand Henri Suso et le déclin de la scolastique, Paris 1946; R. Blumrich/P. Kaiser (eds.), H. S.s Philosophia spiritualis. Quellen, Konzepte, Formen und Rezeption. Tagung Eichstätt 2. – 4. Oktober 1991, Wiesbaden 1994; J. Bussanich, Suso, Henry, REP IX (1998), 240–241; P. Dinzelbacher, S., LThK IV (³1995), 1397–1398; M. Enders, Das mystische Wissen bei H. S., Paderborn etc. 1993; ders., S., RGG VII (⁴2004), 1238–1239; ders., Gelassenheit und Abgeschiedenheit. Studien zur deutschen Mystik, Hamburg 2008, bes. 153–271 (II H. S. (1295–1366)); ders., S., NDB XXIV (2010), 283–284; E. M. Filt-

haut (ed.), H. S.. Studien zum 600. Todestag 1366–1966, Köln 1966; C. Gröber, Der Mystiker H. S.. Die Geschichte seines Lebens. Die Entstehung und Echtheit seiner Werke, Freiburg 1941; A. M. Haas, Kunst rechter Gelassenheit. Themen und Schwerpunkte von H. S.s Mystik, Bern etc. 1995, ²1996; ders., S., TRE XXXI (2000), 176–183; A.-M. Holenstein-Hasler, Studien zur Vita H. S.s, Z. Schweizerische Kirchengesch. 62 (1968), H. 3/4, Neudr. Fribourg 1968; G. Jerger, H. S.. Ein moderner Mystiker, Ostfildern 1992; U. Joeressen, Die Terminologie der Innerlichkeit in den deutschen Werken H. S.s. Ein Beitrag zur Sprache der deutschen Mystik, Frankfurt/Bern/New York 1983; J. Kaffanke (ed.), H. S. – Diener der Ewigen Weisheit, Freiburg 1998, erw. Berlin ²2013 (H.-S.-Forum I); ders. (ed.), H. S. – Bruder Amandus, Berlin 2015 (H.-S.-Forum II); K. Kienzler, S., BBKL IX (1995), 1481–1485; G. Misch, Geschichte der Autobiographie IV/1.3 (Das Hochmittelalter in der Vollendung), ed. L. Delfoss, Frankfurt 1967, 113–310; W. Nigg, Das mystische Dreigestirn. Meister Eckhart, Johannes Tauler, H. S., München 1988, Zürich 1990, 139–194, 204–205; K. Ruh, Geschichte der abendländischen Mystik III, München 1996, 415–475; G. v. Siegroth-Nellessen, Versuch einer exakten Stiluntersuchung für Meister Eckhart, Johannes Tauler und H. S., München 1979; N. Smart, Suso, H., Enc. Ph. VIII (1967), 48, IX (²2006), 335–336; P. Ulrich, Imitatio et configuratio. Die philosophia spiritualis H. S.s als Theologie der Nachfolge des Christus passus, Regensburg 1995; G. Wehr, H. S. – Mystiker des Herzens, in: ders., Die deutsche Mystik. Mystische Erfahrung und theosophische Weltsicht. Eine Einführung in Leben und Werk der großen deutschen Sucher nach Gott, Bern/München/Wien 1988, 1991, 69–92, mit Untertitel: Leben und Inspiration gottentflammter Menschen in Mittelalter und Neuzeit, Köln 2006, 2011, 70–93; F. W. Wentzlaff-Eggebert, H. S.. Sein Leben und seine Mystik, Lindau 1947. – B. Walz, Bibliographiae susonianae conatus, Angelicum 46 (1969), 430–491.   A. W./O. S.

Sextus Empiricus, 2./3. Jh. n. Chr., griech. Philosoph und Arzt. S. war Schüler des Herodotos von Tarsos; der Ort seines Wirkens ist nicht bekannt. Erhalten sind von S.' Werken (verfaßt zwischen 180 und 200 n. Chr.): »Grundzüge der Pyrrhonischen Philosophie«, »Gegen die Dogmatiker«, »Gegen die Gelehrten« (enthält vor allem eine Kritik der Grammatik, Rhetorik, Geometrie, Arithmetik, Astrologie und Musiktheorie); verloren sind die Schriften über Medizin und Psychologie. In seinen Theorien stützt sich S. auf den Arzt Menodotos von Nikomedia (der Beiname ›Empiricus‹ beruht vermutlich auf einer Zuweisung zur ›empirischen‹ Ärzteschule, der S. selbst allerdings Dogmatismus vorwirft), vor allem aber auf die Philosophen Pyrrhon, dessen ↑Skepsis er auf alle Wissensbereiche anwendet, und Ainesidemos. S. ist eine wichtige Quelle der griechischen Philosophie (↑Philosophie, griechische), besonders der Skepsis; auf die Wissenschaftskritik des 17. und 18. Jhs. übte er großen Einfluß aus.

Die Skepsis des S. richtet sich sowohl gegen den Dogmatismus (vor allem die ↑Stoa) als auch gegen die radikale Skepsis, wie sie im mittleren ↑Platonismus vertreten wird. Dieser wirft S. vor, die Unmöglichkeit jeglicher gesicherten Erkenntnis ihrerseits dogmatisch zu behaupten. Seine ↑Erkenntniskritik gilt einerseits den (nicht durch Beobachtung begründbaren) metaphysischen und den wertenden Urteilen, da hier einander ausschließende Aussagen mit gleichem Recht behauptet werden könnten; andererseits kritisiert er den apodiktischen Erkenntnisanspruch (↑Urteil, apodiktisches) in bezug auf die Erfahrungsurteile: Dem Menschen seien nicht die wirklichen, externen Objekte, sondern nur die Phänomene zugänglich, und daher könne man weder über die Objekte selbst noch über deren Verhältnis zu den gegebenen Phänomenen gesicherte Aussagen treffen. Die Gültigkeit syllogistischer Beweisverfahren (↑Syllogistik) bezweifelt S. mit dem Argument, diese seien zirkulär (↑zirkulär/Zirkularität); z. B. sei der Schluß auf die Sterblichkeit des Sokrates schon in dessen erster Prämisse (›alle Menschen sind sterblich‹) vorausgesetzt.

Trotz seiner radikalen Erkenntniskritik geht S. in bezug auf die praktische Lebensführung von einer gewissen Verläßlichkeit der Erfahrung und einem allgemeinen Vertrauen in die Gesetze und Gewohnheiten der Gesellschaft, in der man lebt, aus. Das Ziel des Menschen sei nicht die (ohnehin unerreichbare) sichere theoretische Erkenntnis (wie die Philosophen vor ihm angenommen hätten), sondern ein Leben in Glück, Zufriedenheit und Seelenruhe (↑Ataraxie). Dieses Leben sei aber nur durch Anerkennung allgemein geltender Standards und durch Enthaltung von jeglichem apodiktischen Urteil (↑Epochē) möglich; der unlösbare Meinungsstreit der Philosophen gefährde das Ideal der Gemütsruhe. Interessant ist die auch bei L. Wittgenstein (Tract. 6.54) auftretende Leitermetapher: Der wahre Skeptiker (im Sinne des S.) benutze zwar die ›Leiter‹ der Argumente, aber nur solange und zu dem Zweck, die Wertlosigkeit der Argumente zu erkennen; dann könne er die ›Leiter‹ fortstoßen.

Werke: Opera, I–IV, ed. H. Mutschmann/J. Mau/K. Janáček, Leipzig 1912–1962; S. E. [griech./engl.], I–IV, ed. R. G. Bury, London/Cambridge Mass. 1933–1949 (repr. 1960/1961, 2006). – Pyrrhoneische Grundzüge, I–II, ed. E. Pappenheim, Leipzig 1877/1881; Grundriß der pyrrhonischen Skepsis, ed. M. Hossenfelder, Frankfurt 1968, ⁷2013; Contro i logici, übers. A. Russo, Rom 1975; ΠΡΟΣ ΜΟΥΣΙΚΟΥΣ/Against the Musicians (Adversus musicos) [griech./engl.], ed. D. D. Greaves, Lincoln Nebr./ London 1986; Contro i fisici/Contro i moralisti, übers. A. Russo, Bari 1990; Outlines of Scepticism, ed. J. Annas/J. Barnes, Cambridge etc. 1994, ²2000; Contro gli etici [griech./ital.], ed. E. Spinelli, Neapel 1995; The Skeptic Way. S. E.'s »Outlines of Pyrrhonism«, trans. B. Mates, New York/Oxford 1996; Against the Ethicists (Adversus mathematicos XI), trans. R. Bett, Oxford etc. 1997; Esquisses pyrrhoniennes [griech./franz.], übers. P. Pellegrin, Paris 1997; Gegen die Dogmatiker. Adversus mathematics libri 7–11, übers. H. Flückiger, Sankt Augustin 1998; Against the Grammarians (Adversus mathematicos I), trans. D. L. Blank, Oxford etc. 1998, 2007; Contro gli astrologi [griech./ital.], ed. E. Spinelli, o.O. [Rom] 2000; Gegen die Wissenschaftler 1–6, übers. F. Jürß, Würzburg 2001; Against the Logicians, trans. R. Bett,

Cambridge etc. 2005; Against the Physicists, trans. R. Bett, Cambridge etc. 2012, 2015; Contre les moralistes, übers. O. D'Jeranian, Paris 2015.

Literatur: K. Algra/K. Ierodiakonou (eds.), S. E. and Ancient Physics, Cambridge 2015; A. Bailey, S. E. and Pyrrhonean Scepticism, Oxford etc. 2002; J. Barnes, The Toils of Scepticism, Cambridge/New York/Melbourne 1990, 2010; T. Brennan, Ethics and Epistemology in S. E., London/New York 1999; V. Brochard, Les sceptiques grecs, Paris 1887, ²1923, 2002; M. Burnyeat/M. Frede (eds.), The Original Sceptics. A Controversy, Indianapolis Ind./ Cambridge 1997, 2002; L. Castagnoli, Ancient Self-Refutation. The Logic and History of the Self-Refutation Argument from Democritus to Augustine, Cambridge etc. 2010, 2015; R. M. Chisholm, S. E. and Modern Empiricism, Philos. Sci. 8 (1941), 371–384; M. Conche, S. E., DP II (1984), 2369–2373, II (²1993), 2620–2624; K. Deichgräber, Die griechische Empirikerschule. Sammlung der Fragmente und Darstellung der Lehre, Berlin 1930 (repr. Berlin/Zürich 1965); H. Dörrie, Sextos Empeirikos, KP V (1975), 157–158; L. Floridi, S. E.. The Transmission and Recovery of Pyrrhonism, Oxford etc. 2002; M. Frede, Sextos Empeirikos, DNP XII/2 (2002), 1104–1106; W. Freytag, Mathematische Grundbegriffe bei S. E., Hildesheim/Zürich/New York 1995 (Spudasmata LVII); D. J. Furley, S. E., DSB XII (1975), 340–341; A. Goedeckemeyer, Die Geschichte des griechischen Skeptizismus, Leipzig 1905 (repr. Aalen 1968, New York 1987); P. P. Hallie, S. E., Enc. Ph. VII (1967), 427–428; R. J. Hankinson, The Sceptics, London/New York 1995, 2005; ders., S. E., REP VIII (1998), 716–717; ders., S. E., Enc. Ph. VIII (²2006), 850–852; W. Heintz, Studien zu S. E., Halle 1932 (repr. Hildesheim 1972); A. M. Ioppolo, La testimonianza di Sesto Empirico sull'Accademia scettica, Neapel 2009; K. Janáček, Prolegomena to S. E., Olmütz 1950; ders., S. E.' Sceptical Methods, Prag 1972; ders., Studien zu S. E., Diogenes Laertius und zur pyrrhonischen Skepsis, ed. J. Janda/F. Karfík, Berlin/New York 2008; D. Karadimas, S. E. against Aelius Aristides. The Conflict between Philosophy and Rhetoric in the Second Century A. D., Lund 1996; R. La Sala, Die Züge des Skeptikers. Der dialektische Charakter von S. E.' Werk, Göttingen 2005; B. Mates, Stoic Logic and the Text of S. E., Amer. J. Philol. 70 (1949), 290–298; ders., Stoic Logic, Berkeley Calif./Los Angeles 1953 (repr. Berkeley Calif. 1973), 1961; A. P. McMahon, S. E. and the Arts, Harvard Studies in Classical Philology 42 (1931), 79–137; B. Morison, S. E., SEP 2014; P. Pellegrin, S. E., in: R. Bett (ed.), The Cambridge Companion to Ancient Scepticism, Cambridge etc. 2010, 120–141; C. Perin, The Demands of Reason. An Essay on Pyrrhonian Scepticism, Oxford etc. 2010, 2012; R. H. Popkin, History of Scepticism from Erasmus to Descartes, Assen 1960, rev. Assen/New York 1964, rev. u. erw. unter dem Titel: History of Scepticism from Erasmus to Spinoza, Berkeley Calif./ Los Angeles/London 1979 (franz. Histoire du scepticisme d'Érasme à Spinoza, Paris 1995), rev. u. erw. unter dem Titel: History of Scepticism. From Savonarola to Bayle, Oxford etc. 2003; E. Richtsteig, Sextos Empeirikos, Jahresber. Fortschr. klassischen Altertumswiss. 238 (1933), 54–64; J. Schmucker-Hartmann, Die Kunst des glücklichen Zweifelns. Antike Skepsis bei S. E.. Philosophische Rekonstruktion nach der ›Logik des Verstehens‹, Amsterdam 1986; A. Schrimm-Heins, S. E., BBKL IX (1995), 1531–1533; E. Spinelli, S. E., Dict. ph. ant. VI (2016), 265–300; C. L. Stough, Greek Skepticism. A Study in Epistemology, Berkeley Calif./Los Angeles 1969; K. M. Vogt, Skepsis und Lebenspraxis. Das pyrrhonische Leben ohne Meinungen, Freiburg/München 1998, ²2015; M. A. Włodarczyk, Pyrrhonian Inquiry, Cambridge 2000 (Cambridge Philol. Soc. Suppl. 25). M. G.

'sGravesande, Willem Jacob, *ʼsHertogenbosch 26. Sept. 1688, †Leiden 28. Febr. 1742, niederl. Naturforscher, Vertreter des frühen Newtonianismus. 1704–1707 Jurastudium in Leiden, 1715–1716 Aufenthalt in England als Botschaftssekretär, dabei Bekanntschaft mit I. Newton, 1715 Mitglied der Royal Society. Ab 1717 Prof. für Mathematik und Astronomie in Leiden, ab 1734 zusätzlich Prof. für Philosophie ebendort. 'sG. gehörte zusammen mit H. Boerhaave zu den herausragenden Mitgliedern der Universität Leiden; beide begründeten deren europaweiten Ruf im 18. Jh.. 'sG. galt in seiner Zeit als der zentrale Vertreter des Newtonianismus; er verfaßte 1720/1721 das erste systematische Lehrbuch der Newtonschen Physik und Naturphilosophie. Einfluß und Verbreitung dieses Werkes beruhten vor allem darauf, daß 'sG. die Grundsätze der Newtonschen Theorie zunächst anhand einer Vielzahl einfacher Experimente demonstrierte und sie erst anschließend einer (eher ergänzenden) mathematischen Behandlung unterwarf. Seine Experimente trugen dazu bei, daß die Bewegungsenergie von Körpern als proportional zum Quadrat der Geschwindigkeit aufgefaßt wurde (↑vis viva).

Methodisch orientiert sich 'sG. an den Newtonschen ↑regulae philosophandi. Alle Theoriebildung hat mit der ↑Beobachtung der Phänomene zu beginnen, aus der die Gesetze durch induktive Verallgemeinerung (↑Induktion) hervorgehen. Diese Gesetze werden in einem dritten Schritt zu einer mathematischen Theorie zusammengefaßt. Hypothetische Elemente in einer Theorie werden von 'sG. mit noch größerer Entschiedenheit zurückgewiesen als von Newton. So übergeht 'sG. die von Newton selbst als eher spekulativ eingestuften Bestandteile seiner Lehre (wie die Einführung eines ↑Äthers) mit Schweigen. – 'sG.s Originalität beruht im wesentlichen auf der Neuartigkeit und dem didaktischen Geschick der Darstellung; inhaltlich reproduziert er weitgehend die Newtonschen Vorstellungen. So nimmt er z. B. in der Theorie der ↑Materie (mit Newton) die Existenz kurzreichweitiger, abwechselnd attraktiver und repulsiver Kräfte (↑Attraktion/Repulsion) an, die die ↑Wechselwirkung der Materieteilchen bestimmen.· Wie Newton gilt auch 'sG. die Materie als hierarchisch strukturiert: Mehrere Teilchen lagern sich zu einem komplexeren Teilchen zusammen, und mehrere dieser komplexeren Teilchen bilden wiederum ein Teilchen höherer Stufe usw.. Lediglich bei der Behandlung des Feuers weicht 'sG. von Newton ab und schließt sich stattdessen der von Boerhaave entwickelten Wärmestofftheorie (↑Thermodynamik) an. Danach ist Feuer ein Stoff, dessen Teilchen sich gegenseitig abstoßen, aber von den gewöhnlichen Materieteilchen angezogen werden. Aufgrund dieser Attraktion dringt Feuer in alle Körper ein und führt durch seine repulsiven Wirkungen die thermische Expansion herbei. Wärme und Licht werden von 'sG. als verschiedene Bewegungsformen des Feuers aufgefaßt. Anders als Boerhaave behauptet 'sG. nicht explizit die materielle Natur des Feuers, was mit seiner Abneigung gegen ↑Hypothesen zusammenhängt.

Werke: Œuvres philosophiques et mathématiques, I–II, ed. J. N. S. Allamand, Amsterdam 1774. – Essai de perspective, La Haye 1711, Rotterdam 1717 (engl. An Essay on Perspective, London 1724); Oratio inauguralis de matheseos, in omnibus scientiis, praecipue in physicis, usu, nec non de astronomiae perfectione ex physica haurienda, Leiden 1717; Physices elementa mathematica, experimentis confirmata, sive introductio ad philosophiam Newtonianam, I–II, Leiden 1720/1721, Genf ⁴1748 (engl. Mathematical Elements of Physicks, Prov'd by Experiments. Being an Introduction to Sir Isaac Newton's Philosophy, trans. J. Keill, London 1720, unter dem Titel: Mathematical Elements of Natural Philosophy Confirmed by Experiments, or An Introduction to Sir Isaac Newton's Philosophy, I–II, trans. J. T. Desaguliers, London 1720/1721, 1747; franz. Elemens de physique demontrez mathematiquement, et confirméz par des experiences, ou introduction al la philosophie Newtonienne, I–II, übers. E. de Joncourt, Leiden 1746, unter dem Titel: Elemens de physique ou introduction a la philosophie de Newton, I–II, übers. C. F. R. de Virloys, Paris 1747); Philosophiae Newtonianae institutiones, in usus academicos, Leiden 1723, ²1728, Venedig 1749, Leiden 1766 (engl. An Explanation of the Newtonian Philosophy, in Lectures Read to the Youth of the University of Leyden, London 1735, ²1741); Matheseos universalis elementa. Quibus accedunt specimen commentarii in Arithmeticam universalem Newtoni [...], Leiden 1727 (engl. The Elements of Universal Mathematics, or Algebra [...], London 1728, ²1752); Orationes tres. Prima De matheseos in omnibus scientiis [...]. Habita [...] 1717. Altera De evidentia. Recitata [...] 1724. Tertia De vera, & numquam vituperata, philosophia. Dicta [...] 1734, Leiden 1734; Orationes duae. Prima De vera, & numquam vituperata, philosophia. [...] Altera De evidentia [...], Leyden 1734; Introductio ad philosophiam, metaphysicam et logicam continens, Leiden 1736, ²1737 (repr. Hildesheim 2001), Venedig 1737, ²1748, Leiden ⁴1765 (franz. Introduction a la philosophie, contenant la metaphysique, et la logique, Leiden 1737; dt. Einleitung in die Weltweisheit, worinn die Grundlehre samt der Vernunftlehre vorgetragen wird, Halle 1755).

Literatur: I. B. Cohen, Franklin and Newton. An Inquiry into Speculative Newtonian Experimental Science and Franklin's Work in Electricity as an Example Thereof, Philadelphia Pa. 1956, Cambridge Mass. 1966, 234–243 (Chap. 7.3 'sG.'s Natural Philosophy); P. Costabel, 'sG. et les forces vives ou des vicissitudes d'une expérience soi-disant cruciale, in: Mélanges Alexandre Koyré publiés à l'occasion de son soixante-dixième anniversaire I, Paris 1964, 117–134; C. A. Crommelin, Le paradoxe de 'sG., Janus 47 (1958), 160–165; S. Ducheyne, 'sG.'s Appropriation of Newton's Natural Philosophy, I–II (I Epistemological and Theological Issues, II Methodological Issues), Centaurus 56 (2014), 31–55, 97–120; G. Gori, La fondazione dell'esperienza in 'sG., Florenz 1972; A. R. Hall, 'sG., DSB V, 509–511; A. van Helden, W. J. 'sG., 1688–1742, in: K. van Berkel/A. van Helden/L. Palm (eds.), A History of Science in The Netherlands. Survey, Themes and Reference, Leiden/Boston Mass./Köln 1999, 450–453; H. A. Krop, W. J. 'sG., in: H. Holzhey/V. Mudroch (eds.), Die Philosophie des 18. Jahrhunderts I/2 (Großbritannien und Nordamerika. Niederlande), Basel 2004, 1094–1096, 1105–1113, 1140; C.-A. Mallet, Mémoire sur la vie et les écrits philosophiques de 'sG., Paris 1858; C. de Pater, W. J. 'sG. (1688–1742) and Newton's ›Regulae Philosophandi‹, 1742, Lias 21 (1994), 257–294; P. Schuurman, 'sG., in: W. van Bunge u. a. (eds.), The Dictionary of Seventeenth and Eighteenth-Century Dutch Philosophers II, Bristol 2003, 865–872; ders., Ideas, Mental Faculties and Method. The Logic of Ideas of Descartes and Locke and Its Reception in the Dutch Republic, 1630–1750, Leiden/Boston Mass. 2004, 129–155 (Chap. Eight W.J. 'sG.'s Philosophical Defence of Newtonianism [1736]); A. Thackray, Atoms and Powers. An Essay on Newtonian Matter-Theory and the Development of Chemistry, Cambridge Mass. 1970, 101–104.   M. C.

Shaftesbury, Anthony Ashley Cooper, (Third) Earl of, *London 26. Febr. 1671, †Neapel 15. Febr. 1713, engl. Philosoph und Staatsmann, einer der bedeutendsten Vertreter der englischen ↑Aufklärung. 1683–1686 Winchester College, 1686–1689 Reisen in Begleitung eines Tutors auf dem Kontinent, 1695–1698 Mitglied des englischen Parlaments, ab 1699 Mitglied des Oberhauses. 1702 zog sich S. aus dem öffentlichen Leben zurück und lebte ab 1711 aus Gesundheitsgründen in Italien. – S.s Philosophie stand unter dem Einfluß J. Lockes, der anfänglich für seine Erziehung verantwortlich war, und des Cambridger Platonismus (↑Cambridge, Schule von), später auch P. Bayles.

Im Mittelpunkt der Philosophie S.s steht das Problem einer Begründung der ↑Sittlichkeit im ↑moral sense (ein Begriff, der vermutlich, vor seiner Ausarbeitung bei F. Hutcheson und D. Hume, bei S. zum ersten Mal in diesem Zusammenhang auftritt). Die gesuchte Autonomie des moralischen Bewußtseins gründet auf der Trennung von Religiosität (↑Religion) und ↑Moralität, deren ›natürlichen‹ Ursprung S. gegen Locke betont. Die Überzeugung, daß die Sittlichkeit zur natürlichen Ausstattung des Menschen gehört und unabhängig von den Ansprüchen einer Offenbarungsreligion (↑Offenbarung) begründet werden kann, führt zu der These, daß Religion Sittlichkeit bereits voraussetzt. Sittlichkeit, d. h. das natürliche Gefühl für das Schickliche (*moral sense*), besteht demnach, unter Rückgriff S.s auf antike und humanistische Traditionen, in der harmonischen Entfaltung natürlicher Vermögen des Menschen, ↑Tugend erweist sich als ›Liebe zur Ordnung und Schönheit im Gesellschaftlichen‹, Religiosität erhält eine deistische Grundlage (↑Deismus). Die Auszeichnung des ↑Gefühls und die Verbindung von ästhetischen mit moralischen Kategorien im *moral sense* macht den bedeutenden Einfluß verständlich, den die Philosophie S.s im Sinne einer Einheit des Wahren, Guten und Schönen vor allem auf A. Pope, J. G. v. Herder, F. Schiller, J. W. v. Goethe, J.-J. Rousseau und Voltaire hatte. Die Vorstellung des aus ›Enthusiasmus‹ schaffenden ↑Genies wurde zur Kernidee der moralisch-ästhetischen Revolte im Sturm und Drang.

Werke: Standard Edition. Sämtliche Werke, ausgewählte Briefe und nachgelassene Schriften [engl./dt.], ed. G. W. Benda u. a., Stuttgart-Bad Cannstatt 1981ff. (erschienen Bde I/1–5, II/1–6). – An Inquiry Concerning Virtue, in Two Discourses, London 1699 (repr., ed. J. Filonowicz, Delmar N. Y. 1991), unter dem Titel: An Inquiry Concerning Virtue and Merit, in: ders., Characteristicks [s. u.] II, London 1711, unter dem Titel: An Inquiry Concerning Virtue, or Merit, Birmingham 1773, ed. J. Ruska, Heidelberg 1904, ed. D. Walford, Manchester 1977 (franz. Principes de la philosophie morale, ou Essai de M. S***, sur le mérite & la vertu, trans. D. Diderot, Amsterdam [Paris] 1745, unter dem Titel: Philosophie morale réduite à ses principes, ou Essai [...], Venedig ²1751 [dt. Ueber Verdienst und Tugend, ein Versuch von S.. Neu bearbeitet und erläutert von Herrn Diderot, Leipzig 1780], unter dem Titel: Essai sur le mérite & la vertu (Principes de la philosophie morale), ed. J.-P. Jackson, Paris 1998; dt. Untersuchung über die Tugend, Berlin 1747, ed. P. Ziertmann, Leipzig 1905, 1920; (mit J. Toland) Paradoxes of State, Relating to the Present Juncture of Affairs in England and the Rest of Europe, London 1702 (dt. [teilw.] Staats-Paradoxa, welche auff die itzige Conjuncturen in Engelland, und den übrigen Theilen von Europa, sich wol schicken [...], o.O. 1702); A Letter Concerning Enthusiasm, London 1708 (engl./franz.), ed. A. Leroy, Paris 1930 (franz. Lettre sur l'entousiasme, trans. P. A. Samson, La Haye 1709, unter dem Titel: Lettres sur l'entousiasme, trans. M. Lacombe, London 1761; dt. Ein Brief über den Enthusiasmus. [Zusammen mit] Die Moralisten, ed. M. Frischeisen-Köhler, Leipzig 1909, ed. W. H. Schrader, Hamburg ²1980); Sensus communis. An Essay on the Freedom of Wit and Humour, London 1709 (repr. New York 1971); The Moralists, a Philosophical Rhapsody [...], London 1709 (dt. Die Sitten-Lehrer oder Erzehlung philosophischer Gespräche, welche die Natur und die Tugend betreffen, übers. J. J. Spalding, Berlin 1745 [repr. Bristol 2001], unter dem Titel: Die Moralisten. Eine philosophische Rhapsodie, ed. K. Wolff, Jena 1910); Soliloquy or Advice to an Author, London 1710 (dt. Unterredung mit sich selbst, oder Unterricht für Schriftsteller, Magdeburg/Leipzig 1738, unter dem Titel: Soliloquium von den wahren Eigenschaften eines Schriftstellers, und wie einer solches werden koenne, 1746; franz. Soliloque, trans. M. Sinson, London 1771, unter dem Titel: Soliloque ou conseil à un auteur, trans. D. Lories, Paris 1994); Characteristicks of Men, Matters, Opinions, Times, I–III, London 1711 (repr. Hildesheim/New York 1978), ²1714 (repr. Farnborough 1968), Basel 1790, unter dem Titel: Characteristics, I–II, ed. J. M. Robertson, New York, London 1900 (repr. Gloucester Mass. 1963, Bristol 1995), ed. P. Ayres, Oxford/New York 1999, in einem Bd., ed. L. E. Klein, Cambridge etc. 1999 (dt. Characteristicks, oder Schilderungen von Menschen, Sitten, Meynungen, und Zeiten, übers. C. A. Wichmann, Leipzig 1768); A Notion of the Historical Draught or Tablature of the Judgment of Hercules [...], London 1713, unter dem Titel: An Essay on Painting. Being a Notion [...], 1714; Les Œuvres de Mylord Comte de S. [...], I–III, Genf 1769, unter dem Titel: Œuvres de Mylord Comte de S., contenant differents ouvrages de Philosophie et de morals traduites de l'anglais, Genève 1769, ed. F. Badelon, Paris/Genf 2002; Philosophische Werke, I–III, übers. J. H. Voss/L. H. Hölty, Leipzig 1776–1779 (repr. ed. H. Menges, Eschborn 1993); The Life, Unpublished Letters, and Philosophical Regimen of A., Earl of S. [...], ed. B. Rand, London 1900 (repr. Folcroft Pa. 1977, Norwood Pa. 1978, London 1992, 1999) [enthält Text der Askêmata, 1–272]; Second Characters or The Language of Forms, ed. B. Rand, Cambridge 1914 (repr. New York 1969, Bristol 1995); Der gesellige Enthusiast. Philosophische Essays, ed. K.-H. Schwabe, Leipzig/Weimar, München 1990; Exercises [Askêmata] [franz.], trans. L. Jaffro, Paris 1993; Pathologia [lat./engl.], ed. L. Jaffro/C. Maurer/A. Petit, in: C. Mau-

rer/L. Jaffro, Reading S.'s Pathologia [s. u., Lit.], 221–240 [Part II].
– Several Letters Written by a Noble Lord to a Young Man at the
University, London 1716, [2]1732, unter dem Titel: Ten Letters
Written by the Right Honourable A-th--y A--l--y C--wp--r, Earl
of S----sb----y, to a Student at the University [...], [3]1746; Letters
from [...] the Late Earl of S., to Robert Molesworth [...], London
1721; Letters of the Earl of S., Author of the Characteristicks [...],
o.O. [Glasgow] 1746, o.O. [London] 1750; Original Letters of
Locke, Algernon Sidney, and A. Lord S. [...], ed. T. Forster, London 1830, unter dem Titel: Original Letters of John Locke, Alg.
Sidney, and Lord S., [2]1847 (repr. Bristol 1990, London 1997);
A. A. C., Earl of S. (1671-1713) and ›Le refuge français‹-Corres-
pondence, ed. R. A. Barrell, Lewiston N. Y./Lampeter/Queenston
1989. – Totok V (1986), 523–525.

Literatur: A. O. Aldridge, S. and the Deist Manifesto, Philadel-
phia Pa. 1951 (Transact. Amer. Philos. Soc. NS 41/2), 297–385; L.
Amir, Humor and The Good Life in Modern Philosophy. S.,
Hamann, Kierkegaard, Albany N. Y. 2014, 11–88 (Chap. 1 S..
Ridicule as the Test of Truth); L. v. Bar, Die Philosophie S.'s im
Gefüge der mundanen Vernunft der frühen Neuzeit, Würzburg
2007; A. Baum, Selbstgefühl und reflektierte Neigung. Ästhetik
und Ethik bei S., Stuttgart-Bad Cannstatt 2001; W. Benda, Die S.
Standard Edition. Ein Projekt der Erlanger Literaturwissenschaft,
in: H. Neuhaus (ed.), Erlanger Editionen. Grundlagenforschung
durch Quelleneditionen. Berichte und Studien, Erlangen/Jena
2009, 337–346; M. Biziou, S.. Le sens moral, Paris 2005; H. Boh-
ling, Eine humanistische Version des Konsensus-Gedankens bei
S., Diss. München 1973; R. L. Brett, The Third Earl of S.. A Study
in Eighteenth-Century Literary Theory, London/New York 1951;
J. R. M. Bristol, The Nature and Function of the Moral Sense in
the Ethical Philosophies of S. and Hutcheson, Diss. Toronto 1970;
C. R. Brown, S., Enc. Ph. IX ([2]2006), 1–4; F. Brugère, Théorie de
l'art et philosophie de la sociabilité selon S., Paris 1999; dies.
(ed.), S.. Philosophie et politesse. Actes du colloque (Université
de Nantes, 1996), Paris 2000; D. Carey, Locke, S. and Hutcheson.
Contesting Diversity in the Enlightenment and Beyond, Cambridge etc. 2006; E. Cassirer, Die Platonische Renaissance in England und die Schule von Cambridge, Leipzig/Berlin 1932, Ham-
burg, Darmstadt 2002 (= Ges. Werke XIV) (engl. The Platonic
Renaissance in England, Edinburgh/London, Austin Tex. 1953,
New York 1970); J. Chaves, Philosophy and Politeness, Moral
Autonomy and Malleability in S.'s »Characteristics«, in: A.
Dick/C. Lupton (eds.), Theory and Practice in the Eighteenth
Century. Writing between Philosophy and Literature, London
2008, 51–68; S. Darwall, The British Moralists and the Internal
›Ought‹. 1640-1740, Cambridge etc. 1995, 2003, 176–206; R.
Daval, S., DP II (1984), 2373–2376; M.-G. Dehrmann, Das ›Ora-
kel der Deisten‹. S. und die deutsche Aufklärung, Göttingen
2008; J. Engbers, Der ›Moral-Sense‹ bei Gellert, Lessing und Wie-
land. Zur Rezeption von S. und Hutcheson in Deutschland,
Heidelberg 2001; T. Fowler, S. and Hutcheson, London 1882
(repr. Hildesheim/Zürich/New York 1998); T. Fries, Dialog der
Aufklärung. S., Rousseau, Solger, Tübingen/Basel 1993, 48–97; S.
George, Der Naturbegriff bei S., Diss. Frankfurt 1962; M. B. Gill,
The British Moralists on Human Nature and the Birth of Secular
Ethics, Cambridge etc. 2006, 77–132 (Part Two. S.); ders., S., SEP
2016; R. Godel/I. Kringler (eds.), Thema: S., Hamburg 2010
(Aufklärung XXII); S. Grean, S.'s Philosophy of Religion and Eth-
ics. A Study in Enthusiasm, Athens Ohio 1967, 1968; D. Groß-
klaus, Natürliche Religion und aufgeklärte Gesellschaft. S.s Ver-
hältnis zu den Cambridge Platonists, Heidelberg 2000; A. Guzzo,
Il ›senso morale‹ nel pensiero di Lord S., Filosofia 33 (Turin

1982), 143–180; F. P. Hager, Aufklärung, Platonismus und Bildung bei S., Bern/Stuttgart/Wien 1993; R. Horlacher, Bildungstheorie vor der Bildungstheorie. Die S.-Rezeption in Deutschland und der Schweiz im 18. Jahrhundert, Würzburg 2004; T. H.
Irwin, S.'s Place in the History of Moral Realism, Philos. Stud. 172
(2015), 865–882; L. Jaffro, Éthique de la communication et art
d'écrire. S. et les Lumières anglaises, Paris 1998; K. Kienzler, S.,
BBKL IX (1995), 1587–1591; L. E. Klein, S. and the Culture of
Politeness. Moral Discourse and Cultural Politics in Early
Eighteenth-Century England, Cambridge etc. 1994, 2004; ders.,
C., A. A., the Third Earl of S., in: H. C. G. Matthew/B. Harrison
(eds.), Oxford Dictionary of National Biography XIII, Oxford/
New York 2004, 217–223; C. Maurer/L. Jaffro, Reading S.'s ›Pa-
thologia‹. An Illustration and Defence of the Stoic Account of the
Emotions, Hist. Europ. Ideas 39 (2012), 207–240; D. McNaughton,
S., REP VIII (1998), 730–732; ders., S., in: A. Pyle (ed.), The
Dictionary of Seventeenth-Century British Philosophers II, Bris-
tol 2000, 729–736; P. Müller (ed.), New Ages, New Opinions. S.
in His World and Today, Frankfurt etc. 2014; H. Panknin-Schap-
pert, Innerer Sinn und moralisches Gefühl. Zur Bedeutung eines
Begriffspaares bei S. und Hutcheson sowie in Kants vorkritischen
Schriften, Hildesheim/Zürich/New York 2007; R. Raming, Skep-
sis als kritische Methode. S.s Konzept einer dialogischen Skepsis,
Frankfurt etc. 1996; D. B. Schlegel, S. and the French Deists,
Chapel Hill N. C. 1956 (repr. New York/London 1969); B.
Schmidt-Haberkamp, Die Kunst der Kritik. Zum Zusammen-
hang von Ethik und Ästhetik bei S., München 2000; W. H. Schra-
der, Ethik und Anthropologie in der englischen Aufklärung. Der
Wandel der moral-sense-Theorie von S. bis Hume, Hamburg
1984, 1–37; F. A. Uehlein, Kosmos und Subjektivität. Lord S.s
Philosophical Regimen, Freiburg/München 1976; R. Voitle, The
Third Earl of S. 1671-1713, Baton Rouge La./London 1984 (mit
Bibliographie, 417–421); ders., A. A. C., Third Earl of S., in: D. T.
Siebert, British Prose Writers, 1660-1800. First Series, Detroit
Mich./New York/London (Dictionary of Literary Biography
101), 1991, 287–298; E. Wolff, S. und seine Bedeutung für die
englische Literatur des 18. Jahrhunderts. Der Moralist und die
literarische Form, Tübingen 1960. J. M.

Shang Yang, †338 v. Chr., extremster Vertreter der chinesischen ↑Legalisten. Als Politiker im Staate Chin (Qin)
erzielte S. Y. durch harte und konsequente Reformen
große staatspolitische Erfolge, war aber beim Volk ver-
haßt. Das überlieferte »Buch des Herren S.« stammt
wohl nicht aus seiner Hand, überliefert aber sein Gedankengut richtig. Ein starker Staat ruht nach S. Y. auf den
beiden Fundamenten Ackerbau und Militär. Diese beiden Bereiche, und nur sie, sind zu verstärken, während
insbes. der Handel (mit Lebensmitteln) und das (kon-
fuzianische) Literatenwesen zu unterdrücken sind. Alle
Fördermaßnahmen haben vom Profitstreben des Menschen auszugehen; tüchtige Ackerbauern und erfolgreiche Krieger sollen daher materiell belohnt werden. Der
Sinn des Staates ist die Aufrechterhaltung der Ordnung.
Dies wird erreicht durch das Erlassen klarer Gesetze,
deren allgemeine Publikation (ein Novum der damaligen Zeit) und die Sorge für deren peinlichste Einhaltung.
Da die Menschen sich ausnahmslos vor harten Strafen
fürchten (während von Natur aus moralisch gute Men-

schen selten sind), ist die Androhung grausamer Strafen das wirksamste Mittel, die Einhaltung der Gesetze zu garantieren. Die Strafen sind ohne Ansehen der Person gnadenlos zu vollstrecken, auch muß dafür gesorgt werden, daß jede Übertretung entdeckt und bestraft wird. Dem dient ein System der gegenseitigen Bespitzelung der Bevölkerung: Denunzieren ist Pflicht, Nicht-Anzeige von bekanntgewordenen Straftaten wird ebenso hart wie die Tat selbst bestraft. Das höchste Ziel des Strafens ist dabei, die Strafe überflüssig zu machen, weil (aus Angst vor der Strafe) keine Übertretungen mehr erfolgen.

Werke: The Book of Lord S.. A Classic of the Chinese School of Law, ed./trans. J. J. L. Duyvendak, London 1928 (repr. 1963), Chicago Ill. 1963, San Francisco Calif. 1974, ferner in: Sun Tzu, The Art of War/The Book of Lord Shang, London 1998, 131–243, mit Untertitel: Apologetics of State Power in Early China, ed./trans. Y. Pines, New York 2017.

Literatur: H. G. Creel, The Fa-chia. ›Legalists‹ or ›Administrators‹?, Bull. Inst. Hist. and Philol., Academia Sinica, Extra Vol. 4 (1961), 607–636; J. J. L. Duyvendak, S. Y., Sinica 3 (1928), 200–207; A. Forke, S. Y., der eiserne Kanzler, ein Vorläufer Nietzsches, Ostasiat. Z. 11 (1924), 249–260; ders., Geschichte der alten chinesischen Philosophie, Hamburg 1927, ²1964, 450–461; C. Hansen, S. Y., Enc. Chinese Philos. 2003, 680–682; Y.-N. Li (ed.), S. Y.'s Reforms and State Control in China, White Plains N. Y. 1977; J. Pines, Legalism in Chinese Philosophy, SEP 2014; H. Schleichert, Klassische chinesische Philosophie. Eine Einführung, Frankfurt 1980, 142–153, erw. ²1990, 220–232, mit H. Roetz, ³2009, 196–207; L. Tomkinson, The Early Legalist School of Chinese Political Thought, Open Court 45 (1931), 357–369, 438–448, 482–492, 566–570, 636–639, 683–691; K. C. Wu, Ancient Chinese Political Theories, Shanghai 1928, Arlington Va. 1975, 151–196. H. S.

Shao Yung (Yong) (auch: Shao Kang Chieh [Jie]), *1011, †1077, Neukonfuzianer (↑Konfuzianismus). Auf der Grundlage des ↑I Ching und der Yin-Yang-Schule (↑Yin-Yang) entwickelte S. Y. ein phantastisches System der Symbolik und eine spekulative Kosmologie.

Literatur: A. Arrault, S. Yong (1012–1077). Poète et cosmologue, Paris 2002; A. D. Birdwhistell, Transition to Neo-Confucianism. S. Y. on Knowledge and Symbols of Reality, Stanford Calif. 1989; dies., The Philosophical Concept of Foreknowledge in the Thought of S. Y., Philos. East and West 39 (1989), 47–65; dies., S. Yong, REP VIII (1998), 736–737; dies., S. Yong (S. Y.), Enc. Chinese Philos. 2003, 683–689; dies., From Cosmic to Personal. S. Yong's Narratives on the Creative Soul, in: T. Weiming/M. E. Tucker (eds.), Confucian Spirituality II, New York 2004, 39–55; G. E. Cairns, Philosophies of History. Meeting of East and West in Cycle-Pattern Theories of History, New York 1962 (repr. Westport Conn. 1971), 159–195 (Chap. VIII Organismic Cyclical Views of History in Chinese Thought); C. Chang, The Development of Neo-Confucian Thought I, New York 1957 (repr. Westport Conn. 1977), New Haven Conn. 1963, 159–183 (Chap. 8 Cosmological Speculations of S. Y. and Chang Tsai); E. Erkes, Die Dialektik als Grundlage der chinesischen Weltanschauung, Sinologica 2 (1949), 31–43; A. Forke, Geschichte der neueren chinesischen Philosophie, Hamburg 1938, ²1964, 18–40; Y.-L. Fung, A

History of Chinese Philosophy II, ed./trans. D. Bodde, Princeton N. J. 1953, 1983, 451–476; G. Sattler, S. Y., in: H. Franke (ed.), Sung Biographies II, Wiesbaden 1976, 849–857; D. J. Wyatt, The Recluse of Loyang. S. Y. and the Moral Evolution of Early Sung Thought, Honolulu Hawaii 1996; ders., S. Yong, Enc. Ph. IX (²2006), 6–7. H. S.

Sheffer, Henry Maurice, *in der Westukraine 1. Sept. 1883, †Boston Mass. 17. März 1964, amerik. Logiker. Nach Studium an der Harvard University Ph.D. 1908, betreut von J. Royce, anschließend (abgesehen von kurzzeitigen Gastdozenturen an verschiedenen amerikanischen Universitäten sowie einem Forschungsaufenthalt 1910/1911 in Europa mit Besuchen bei u. a. B. Russell in England, G. Peano in Italien, G. Frege in Deutschland, J.-S. Hadamard in Frankreich) akademischer Lehrer ebendort (ab 1938 als Full Prof.) bis zur Emeritierung 1952. – Seinen wissenschaftlichen Ruf begründet S. mit der Veröffentlichung »A Set of Five Independent Postulates for Boolean Algebras, with Application to Logical Constants« (1913), in der er beweist, daß die ↑Negatkonjunktion (auch: ↑Injunktion, engl. joint denial), also die Verknüpfung zweier Aussagen mit ›weder – noch‹, d. h. $A \barwedge B \leftrightharpoons \neg A \wedge \neg B \; [\bowtie \neg(A \vee B)]$, ausreicht, sämtliche ↑Junktoren im Sinne der klassischen Logik (↑Logik, klassische) zu definieren. Ihm zu Ehren nennt J. G. P. Nicod den die ↑Negatadjunktion ›nicht beide: A und B‹ (engl. alternate denial) bildenden dualen Junktor, der die gleiche Eigenschaft hat, ↑›Shefferscher Strich‹ und symbolisiert ihn mit ›|‹, also $A \,|\, B \leftrightharpoons \neg A \vee \neg B \; [\bowtie \neg(A \wedge B)]$. A. N. Whitehead stellt in dieser Entdeckung S.s (die allerdings von C. S. Peirce, wenn auch öffentlich unbemerkt, schon wesentlich früher gemacht worden war) das Verdienst heraus, den ↑Metaprädikator ›inkonsistent‹ ($A, B \; \varepsilon$ inkonsistent $\leftrightharpoons \neg(A \wedge B) \; \varepsilon$ logisch wahr; ↑inkonsistent/Inkonsistenz) als geeignet für eine Begründung des Aufbaus der formalen Logik erkannt zu haben. S.s weitere Arbeit, insbes. zu den Grundlagen der Logik (unter ausdrücklicher Berücksichtigung des ›logocentric predicament‹, daß schon die Artikulation des *Problems* einer Fundierung der Logik nicht ohne Verwendung logischer Hilfsmittel – vor allem einer ↑Notation, deren Eignung unterstellend – vorgenommen werden kann) und in der ↑Relationenlogik (z. B. mit Sätzen über die Reduzierbarkeit mehrstelliger prädikativer Ausdrücke auf einstellige) erfolgt weitgehend nicht in Publikationen, sondern in einer entsprechend einflußreichen Lehre.

Werke: A Programme of Philosophy Based on Modern Logic, Diss. Cambridge Mass. 1908; Ineffable Philosophies, J. Philos. 6 (1909), 123–129; A Set of Five Independent Postulates for Boolean Algebras, with Application to Logical Constants, Transact. Amer. Math. Soc. 14 (1913), 481–488; (mit R. B. Perry) Logic Cases for Philosophy C, 1919–20, Cambridge Mass. 1919; The General Theory of Notational Relativity, Ms. Cambridge Mass.

1921; Logic Cases and Logic Sources for Philosophy I, Ms. Cambridge Mass. 1925; Review of Whitehead and Russell, Principia Mathematica, Isis 8 (1926), 226–231.

Literatur: P. Henle/H. M. Kallen/S. K. Langer (eds.), Structure, Method, and Meaning. Essays in Honor of H. M. S., New York 1951; S. K. Langer, H. M. S. (1883–1964), Philos. Phenom. Res. 25 (1964), 305–307; M. Scanlan, The Known and Unknown H. M. S., Transact. C. S. Peirce Soc. 36 (2000), 193–224; ders., S.'s Criticism of Royce's Theory of Order, Transact. C. S. Peirce Soc. 46 (2010), 178–201; V. Tejera, Professor S.'s Question, Philos. Phaenom. Res. 21 (1961), 558–562; A. Urquart, H. M. S. and Notational Relativity, Hist. and Philos. Log. 33 (2011), 33–47. K. L.

Shefferscher Strich (engl. Sheffer's stroke), Bezeichnung für einen zweistelligen ↑Junktor, symbolisiert durch ›|‹ (auch: ⋏ oder ⋎), zur logischen Zusammensetzung zweier Aussagen A und B zu einer Aussage mit der Bedeutung ›nicht sowohl A als auch B‹. Für diese ↑Negatadjunktion (auch: ↑Exklusion, engl. alternate denial) hat sich der von der ↑Mengenlehre her naheliegende Ausdruck ↑›Disjunktion‹ – wegen dessen Verwendung anstelle von ↑›Adjunktion‹ – bisher nicht durchsetzen können. Der S. S. mit der Definition $A \mid B \leftrightharpoons \neg A \vee \neg B$ (nach den De Morganschen Regeln logisch äquivalent zu $\neg(A \wedge B)$; ↑De Morgansche Gesetze) wurde 1917 von J. G. P. Nicod im Anschluß an eine 1913 erfolgte Publikation von H. M. Sheffer eingeführt, in der dieser bewies, daß die ↑Negatkonjunktion (auch: ↑Injunktion, engl. joint denial), also die Verknüpfung zweier Aussagen mit ›weder – noch‹, d.h. $A \downarrow B \leftrightharpoons \neg A \wedge \neg B$ ($\asymp \neg(A \vee B)$), ausreicht, sämtliche Junktoren im Sinne der klassischen Logik (↑Logik, klassische) zu definieren. In einer Fußnote vermerkt Sheffer die gleiche Eigenschaft auch für die Negatadjunktion.

Allerdings war C. S. Peirce diese Eigenschaft für die Negatkonjunktion schon 1880 bekannt, für die Negatadjunktion seit 1902. Da die logischen ↑Äquivalenzen $\neg A \asymp A \mid A$ sowie $A \vee B \asymp \neg A \mid \neg B$, also $A \vee B \asymp (A \mid A) \mid (B \mid B)$, und $A \wedge B \asymp \neg(A \mid B)$, also $A \wedge B \asymp (A \mid B) \mid (A \mid B)$, gelten – für die Negatkonjunktion anstelle der Negatadjunktion gilt entsprechend $\neg A \asymp A \downarrow A$ sowie

$$A \wedge B \asymp (A \downarrow A) \downarrow (B \downarrow B) \quad (\asymp \neg A \downarrow \neg B)$$

und

$$A \vee B \asymp (A \downarrow B) \downarrow (A \downarrow B) \quad (\asymp \neg(A \downarrow B))$$

–, kann die Verknüpfung mit dem S.n S. in der klassischen Logik (↑Logik, klassische) zur Definition von ↑Negation, ↑Konjunktion und ↑Adjunktion verwendet werden. K. L.

Shen Pu-hai (Shen Bu-hai), †337 v. Chr., Vertreter der chinesischen ↑Legalisten. Seine Werke sind verlorengegangen; seine Vorstellungen wurden anhand von Frag-

menten und Zitaten zu rekonstruieren versucht (H. G. Creel). S. P. scheint vor allem die Lehre vom ↑Nicht-Handeln des Herrschers zu vertreten: der Herrscher beschränkt sich auf Kontrolle, die Minister sorgen für die Durchführung seiner Intentionen. Der Herrscher hält sich zurück, ist wie ein Spiegel, wie eine Waage: durch ihn lernt man, Leichtes von Gewichtigem zu unterscheiden. Er tut wenig und verursacht Vieles; er ist behutsam, denn er kennt die menschliche Beschränktheit. Nach der Überlieferung wurde S. P. durch den Satz gekennzeichnet, er habe der Könnerschaft (Methodik) beim Regieren den Vorzug vor den Strafen gegeben.

Literatur: H. G. Creel, S. P. A Chinese Political Philosopher of the Fourth Century B. C., Chicago Ill./London 1974; ders., S. P. A Secular Philosopher of Administration, J. Chinese Philos. 1 (1974), 119–136; A. Forke, Geschichte der alten chinesischen Philosophie, Hamburg 1927, ²1964, 447–450 (VII.3 Schên P.); C. Hansen, S. Buhai (S. P.), Enc. Chinese Philos. 2003, 689–692. H. S.

Shyreswood (auch: Sherwood), Wilhelm von (Guilelmus de Shyreswood), *vermutlich zwischen 1200 und 1210 in Nottinghamshire, †zwischen 1266 und 1272, engl. Logiker, systematisch profiliertester Vertreter der logica moderna (↑logica antiqua, ↑Terminismus). Studium vermutlich in Oxford und/oder Paris, wobei die Indizien für eine Lehrtätigkeit als Magister Parisiensis wohl nicht ausreichen; 1252 (womöglich aber schon seit den 30er Jahren) Magister in Oxford. Kurz nach 1257 (möglicherweise zusätzlich zu seiner Oxforder Lehrtätigkeit) ›Schatzmeister‹ (verantwortlich für die wertvollen Geräte der Kirche sowie für die gottesdienstlichen Materialien wie Wein und Weihrauch) an der Kathedrale von Lincoln; später erhält W. v. S. Pfründen als Rektor von Aylesbury (Buckinghamshire) und Attleborough (Norfolk). Von W. v. S. sind nur logische Schriften bekannt. Außer den beiden edierten Schriften »Introductiones in logicam«, wo sich zum ersten Mal die mnemotechnischen Verse für die gültigen Syllogismen (↑Barbara, ↑Celarent, ↑Darii, …; ↑Syllogistik) finden, und den »Syncategoremata« sind dies die Traktate »De Insolubilibus« (↑Insolubilia), »Obligationes« (↑obligationes) und »Petitiones contrariorum« (logische Rätsel, die aus verborgenen Widersprüchen in den Prämissen resultieren).

Die Logik besteht für W. v. S. in »kritische[r] Reflexion der Argumentations- und Wissenschaftssprache und ist als solche allgemeine Methodenwissenschaft« (K. Jacobi 1980, 55). Im Zentrum seines Interesses (wie der gesamten logica moderna überhaupt) stehen (1) die Lehre von den ↑proprietates terminorum, wonach die ↑significatio eines Terminus durch seine syntaktischen Kontexte mitbestimmt wird, und (2) die Lehre von den ↑synkategorematischen Ausdrücken, und hier besonders eindrucksvoll die ↑Modalitäten und deren philosophische

Implikationen. – W. v. S. unterscheidet klar die modallogische Analyse der grammatikalischen ↑Oberflächenstruktur von Aussagen von derjenigen der logischen ↑Tiefenstruktur. Ferner trennt er die ↑kategorematische von der allein logisch relevanten synkategorematischen Verwendung der Modi (↑Modus), in denen die modale Synthesis von Subjekt und Prädikat geleistet wird und durch die eine Aussage zu einer Modalaussage in den vier Modi ›möglich‹, ›unmöglich‹, ›kontingent‹ bzw. ›notwendig‹ wird. Kategorematische Modi sind hingegen Qualitätsbestimmungen des Prädikats.

Werke: Die Introductiones in logicam des W. v. S. († nach 1267). Literaturhistorische Einleitung und Textausgabe, ed. M. Grabmann, München 1937 (Sitz.ber. Bayer. Akad. Wiss., philos. Kl. 1937, 10), unter dem Titel: Introductiones Magistri Guilelmi de Shyreswode in logicam, in: C. H. Lohr/P. Kunze/B. Mussler, William of Sherwood, »Introductiones in Logicam«. Critical Text, Traditio 39 (1983), 219–299, unter dem Titel: Introductiones in logicam/Einführung in die Logik [lat./dt.], ed. H. Brands/C. Kann, Hamburg 1995, 2000 (engl. William of Sherwood's Introduction to Logic, trans. N. Kretzmann, Minneapolis Minn. 1966, Westport Conn. 1975); Syncategoremata magistri Guilelmi di Shireswode, ed. J. R. O'Donell, Med. Stud. 3 (1941), 46–93, unter dem Titel: Syncategoremata [lat./dt.], ed. C. Kann/R. Kirchhoff, Hamburg 2012 (engl. William of Sherwood's Treatise on Syncategorematic Words, trans. N. Kretzmann, Minneapolis Minn. 1968); De obligationibus, in: R. Green, An Introduction to the Logical Treatise »De obligationibus«, with Critical Texts of William of Sherwood [?] and Walter Burley, Diss. Louvain 1963; [De Insolubilia] Insolubilia Monacensis, in: L. M. de Rijk, Some Notes on the Medieval Tract De insolubilibus, with the Edition of the Tract Dating from the End of the Twelfth Century, Vivarium 4 (1966), 83–115, unter dem Titel: Tractatus Sorbonnensis Alter De insolubilia, in: H. A. G. Braakhuis, The Second Tract on Insolubilia Found in Paris B. N. Lat. 16.617, Vivarium 5 (1967), 111–145, unter dem Titel: Insolubilia Guillelmi Shyreswood, in: M. L. Roure, La problématique des propositions insolubles au XIIIᵉ siècle et au debut du XIVᵉ, suivie de l'édition des traités de W. Shyreswood, W. Burleigh et Th. Bradwardine, in: Arch. hist. doctr. litt. moyen-âge 37 (1970), 205–326, hier: 248–261; Tractatus Sorbonnensis De petitionibus contrariorum, in: L. M. de Rijk, Some Thirteenth Century Tracts on the Game of Obligation III. The Tract De petitionibus contrariorum, Usually Attributed to William of Sherwood, Vivarium 14 (1976), 26–49.

Literatur: J. P. Beckmann, W. v. Sherwood, LMA IX (1999), 189; H. A. G. Braakhuis, The Views of William of Sherwood on Some Semantical Topics and Their Relation to Those of Roger Bacon, Vivarium 15 (1977), 111–142; H. Brands, Topik und Syllogistik bei William of Sherwood, in: K. Jacobi (ed.), Argumentationstheorie. Scholastische Forschungen zu den logischen und semantischen Regeln korrekten Folgerns, Leiden/New York/Köln 1993, 41–58; S. F. Brown, William of Sherwood, in: ders./J. C. Flores (eds.), Historical Dictionary of Medieval Philosophy and Theology, Lanham Md./Toronto/Plymouth 2007, 306; K. Jacobi, Die Modalbegriffe in den logischen Schriften des W. v. S. und in anderen Kompendien des 12. und 13. Jahrhunderts. Funktionsbestimmung und Gebrauch in der logischen Analyse, Leiden/Köln 1980; C. Kann, W. v. S., LThK X (³2001), 1198; R. Kirchhoff, Die »Syncategoremata« des W. v. Sherwood. Kommentierung und historische Einordnung, Leiden/Boston Mass. 2008; N.

Kretzmann, William of Sherwood, Enc. Ph. VIII (1967), 317–318, IX (²2006), 786; J. L. Longeway, William of Sherwood (1200/1205 – 1266/1271), in: J. Hackett (ed.), Medieval Philosophers, Detroit Mich./London 1992, (Dictionary of Literary Biography 115), 360–363; ders., William of Sherwood, REP IX (1998), 748–749; ders., William of Sherwood, in: J. J. E. Gracia/T. B. Noone (eds.), A Companion to Philosophy in the Middle Ages, Malden Mass./Oxford/Carlton 2003, 2006, 713–717; ders., William of Sherwood, in: H. Lagerlund (ed.), Encyclopedia of Medieval Philosophy II, Dordrecht etc. 2011, 1416–1418; J. Pinborg/S. Ebbesen, Thirteenth Century Notes on William of Sherwood's Treatise on Properties of Terms. An Edition of Anonymi Dubitationes et Notabilia circa Guilelmi de Shyreswode Introductionum logicalium Tractatum V from ms. Worcester Cath. Q 13, Cah. inst. moyen-âge grec. lat. 47 (1984), 103–141; L. M. de Rijk, William of S., DSB XIV (1976), 391–392; P. Spade/E. Stump, Walter Burleigh and the »Obligationes« Attributed to William of Sherwood, Hist. Philos. Logic 4 (1983), 9–26; E. Stump, Dialectic and Its Place in the Development of Medieval Logic, Ithaca N. Y. 1989, 177–193 (Chap. 9 William of Sherwood's Treatise on Obligations); S. L. Uckelman, W. of Sherwood, SEP 2016. G. W.

sic et non (lat., so und nicht [so], ja und nein, für und wider), (1) Titel einer um 1122 verfaßten Schrift P. Abaelards (ed. E. L. T. Henke/G. S. Lindenkohl, Marburg 1850 [repr. Frankfurt 1981], Neudr. in: MPL 178, 1329–1610), die dieser selbst oder der Kopist des sie enthaltenden Münchner Kodex so benannte, weil sie einander scheinbar kontradiktorisch (↑kontradiktorisch/Kontradiktion) entgegengesetzte Äußerungen der Kirchenväter oder anderer theologischer und philosophischer Autoritäten zusammenstellt, um sie durch Interpretation als verträglich und vernunftgemäß zu erweisen, und zwar unter charakteristischen Überschriften wie »Quod omnia sciat Deus, et non« (Nr. 38, MPL 178, 1398) oder »Quod liceat mentiri, et contra« (Nr. 154, MPL 178, 1602); (2) die diesem Abaelardschen (schon bei Bernold von Konstanz auftretenden) Muster nachgebildete und durch spätere Scholastiker (↑Scholastik), insbes. Thomas von Aquin vervollkommnete Methode, den Widerstreit theologischer und philosophischer Lehrmeinungen durch rationale Argumente wegzuerklären und sie damit in das Dogmengebäude widerspruchsfrei einbeziehbar zu machen.

Literatur: M. Grabmann, Die Geschichte der scholastischen Methode, I–II, Freiburg 1909–1911 (repr. Berlin 1957, Berlin, Darmstadt 1988). C. T.

Sidgwick, Henry, *Skipton (Yorkshire) 31. Mai 1838, †Cambridge 28. Aug. 1900, engl. Philosoph. Unter dem Einfluß E. W. Bensons, seines späteren Schwagers und Erzbischofs von Canterbury, Besuch der Public School (Rugby) und – ab 1855 – des Trinity College (Cambridge). 1857 Mitglied der stark von den liberalen Ideen J. S. Mills beeinflußten Cambridger Diskussionsgesellschaft der ›Apostles‹ und schrittweise Lösung von seinem religiös geprägten Familienhintergrund; 1859 (mit 21 Jahren) Fellow of Trinity und Tutor für Altphilologie. 1869 verlor S. diese Position, weil er sich weigerte, die für Fellows verbindlichen 39 Glaubensartikel der Church of England zu unterschreiben. Allerdings wurde umgehend für ihn die Position eines Lecturer in Moral Sciences geschaffen, die kein Glaubensbekenntnis erforderte. 1883 wurde S., der im angelsächsischen Raum vielfach als erster ›moderner‹ Moralphilosoph gilt, in Cambridge Knightbridge Prof. of Moral Philosophy. Zu seinen Studenten gehörte G. E. Moore. S. engagierte sich – unterstützt von seiner Frau Eleanor Mildred Balfour – für die akademische Ausbildung von Frauen und gehört zu den Mitbegründern und Sponsoren von Newnham College, dem ersten College für Frauen in Cambridge.

Systematisches Ziel der Ethik S.s ist die rationale Rechtfertigung moralischen Handelns und – soweit möglich – der existierenden gesellschaftlichen Moralauffassungen (›common moral reasoning‹) nach dem Zusammenbruch religiöser Grundlegungen in einer von den übrigen Gebieten der Philosophie weitgehend unabhängigen und so ›autonomen‹ Moraltheorie. Drei Methoden kommen für eine Grundlegung der Moral in Frage: Intuitionismus (↑Intuitionismus (ethisch)), ↑Utilitarismus und ↑Egoismus. In seinem Hauptwerk »The Methods of Ethics« (1874) bemüht sich S. um eine Synthese intuitionistischer und utilitaristischer Orientierungen in einer insgesamt utilitaristischen Konzeption. Das Utilitarismusprinzip, wonach moralisches Handeln das allgemeine Glück zu fördern hat, wird dabei zur Prüfung und rationalen Rekonstruktion der am gesellschaftlichen ↑common sense orientierten, faktisch bestehenden (intuitiven) Moralauffassungen und zur Behebung von Widersprüchen zwischen diesen eingesetzt. Es kann allerdings seine eigene Geltung nicht begründen. Diese beruht vielmehr auf ethischer ↑Intuition, ebenso wie die Geltung anderer, sehr allgemeiner Prinzipien wie des Prinzips der ↑Universalisierung und der zeitlichen Indifferenz moralischen Handelns, wonach ein kleineres gegenwärtiges Gut nicht einem größeren zukünftigen vorgezogen werden darf. S. muß zugestehen, daß sich – ungeachtet der von ihm angenommenen Komplementarität von Intuitionismus und Utilitarismus – die Position des Egoismus systematisch kohärent entwickeln läßt. Dabei steht aber keineswegs fest, daß egoistische und utilitaristische Überlegungen zu miteinander vereinbaren Resultaten führen. Eine moralisch gerechtfertigte Entscheidung zwischen dem allgemeinen und dem je eigenen Glück kann nach S. im Konfliktfall nur auf der Basis einer moralischen Weltordnung gewonnen werden, wie sie einst von der ↑Religion gesichert wurde. Nachreligiöses, bloß intuitives Verständnis einer solchen Ordnung bedeutet aber noch kein wirkliches Wissen. Dies hat S.

dazu veranlaßt, durch parapsychologische (↑Parapsychologie) Untersuchungen zu einer vielleicht doch noch wissenschaftlichen Fundierung der Intuitionen einer moralischen Weltordnung zu gelangen. In diesem Zusammenhang beteiligte er sich an der Gründung der britischen »Society for Psychical Research«, deren erster Präsident er 1882 wurde.

S. gehört zu den Gegnern naturalistischer Ethikkonzeptionen (↑Naturalismus (ethisch)), in denen aus einem tatsächlichen oder als tatsächlich unterstellten Naturzustand oder Naturverlauf (›Sein‹) auf die moralische Gebotenheit (›Sollen‹) eines entsprechenden Handelns geschlossen wird. Den hier implizierten ›naturalistischen Fehlschluß‹ wirft S. insbes. der evolutionären Ethik (↑Ethik, evolutionäre) H. Spencers vor. Spencer sieht eine evolutionäre Tendenz von brutalem Kampf ums Dasein über die Vermeidung der Schädigung anderer bis hin zu einem echten Wohlwollen diesen gegenüber. Diese faktische Tendenz liefert für Spencer die Rechtfertigung entsprechender moralischer Verpflichtungen. – Als Mitglied der »Ethical Societies« von London und Cambridge befaßte sich S. auch mit Fragen der ›praktischen Ethik‹, die heute vielfach einen Teil der so genannten ›angewandten Philosophie‹ bildet (↑Ethik, angewandte), einschließlich der dabei auftretenden methodologischen Probleme. In seiner (konservativen) politischen Philosophie (↑Philosophie, politische), die sich an Mill und W. S. Jevons anschließt, sucht S. unter anderem zu zeigen, daß eine utilitaristische Position in der Ethik nicht zwangsläufig mit radikalen politischen Reformbestrebungen verknüpft sein muß. – S. hat Inhalt und Methoden der angelsächsischen ↑Ethik stark beeinflußt. Besonders wichtig ist seine Konzeption einer autonomen Ethik, die auf J. Rawls und D. Parfit gewirkt hat.

Werke: The Ethics of Conformity and Subscription, London 1870; The Methods of Ethics, London 1874, Indianapolis Ind. 2007 (dt. Die Methoden der Ethik, I–II, Leipzig 1909); The Theory of Evolution in Its Application to Practice, Mind 1 (1876), 52–67; The Principles of Political Economy, London 1883, London/New York ³1901 (repr. Bristol 1996); The Scope and Method of Economic Science. An Address, London 1885 (repr. New York 1968); Outlines of the History of Ethics for English Readers, London/New York 1886, erw. London ⁶1931 (repr. Bristol 1996); The Elements of Politics, London/New York 1891 (repr. New York 2005), London ³1908 (repr. Bristol 1996), New York 1969; Practical Ethics. A Collection of Addresses and Essays, London/New York 1898, Oxford/New York 1998; Philosophy, Its Scope and Relations. An Introductory Course of Lectures, ed. J. Ward, London/New York 1902 (repr. New York 1968); Lectures on the Ethics of T. H. Green, Mr. Herbert Spencer, and J. Martineau, ed. E. E. Constance Jones, London/New York 1902 (repr. New York 1968, Bristol 1996); The Development of European Polity, ed. E. M. Sidgwick, London/New York 1903 (repr. Bristol 1996), London ³1920; Miscellaneous Essays and Addresses, London/New York 1904 (repr. New York 1968, Bristol 1996); Lectures on the Philosophy of Kant and Other Philosophical Lectures and Essays, ed. J. Ward, London/New York 1905 (repr. New York 1968); H. S.. A Memoir, ed. E. M. Sidgwick/A. Sidgwick, London/ New York 1906 (repr. Bristol 1995); National and International Right and Wrong. Two Essays, London 1919; Reviews 1871– 1899, Bristol 1996; Essays on Ethics and Method, ed. M. G. Singer, Oxford 2000. – E. M. Sidgwick/A. Sidgwick, List of H. S.'s Published Writings, in: dies. (eds.), H. S.. A Memoir [s. o.], 616– 622.

Literatur: P. Bernays, Das Moralprinzip bei S. und bei Kant, Abh. Fries'sche Schule NF 3 (1910), 503–582, separat Göttingen 1910, 1912; B. Blanshard, Four Reasonable Men. Marcus Aurelius, John Stuart Mill, Ernest Renan, H. S., Middletown Conn. 1984; B. Brier/J. Giles, Philosophy, Psychical Research, and Parapsychology, South. J. Philos. 13 (1975), 393–405; C. D. Broad, Five Types of Ethical Theory, London, New York 1930, London 2001; ders., Religion, Philosophy and Psychical Research. Selected Essays, London/New York 1953, London 2000; P. Bucolo/R. Crisp/B. Schultz (eds.), Proceedings of the World Congress on H. S.. Happiness and Religion [ital./dt.], Catania 2007; dies. (eds.), Proceedings of the Second World Congress on H. S.. Ethics, Psychics, Politics [ital./dt.], Catania 2011; C. A. J. Coady, S., in: C. L. Ten (ed.), The Nineteenth Century, London/New York 1994, 2003 (Routledge History of Philosophy VII), 122–147; S. Collini, Political Theory and the ›Science of Society‹ in Victorian Britain, Hist. J. 23 (1980), 203–321; R. Crisp, S. and Self-Interest, Utilitas 2 (1990), 267–280; ders., S. and Utilitarianism in the Mid-Nineteenth Century, in: B. Eggleston/D. E. Miller, The Cambridge Companion to Utilitarianism, Cambridge etc. 2014, 81–102; ders., The Cosmos of Duty. H. S.'s »Methods of Ethics«, Oxford 2015; A. Donagan, S. and Whewellian Intuitionism. Some Enigmas, Can. J. Philos. 7 (1977), 447–465; W. K. Frankena, S., in: V. T. Ferm (ed.), Encyclopedia of Morals, New York 1956, 539– 544; R. Harrison (ed.), H. S., Oxford etc. 2001 (Proceedings of the British Academy 109); F. H. Hayward, The Ethical Philosophy of S.. Nine Essays, Critical and Expository, London 1901 (repr. Bristol 1993); T. Hurka (ed.), Underivative Duty. British Moral Philosophers from S. to Ewing, Oxford 2011; D. G. James, H. S.. Science and Faith in Victorian England. The Riddell Memorial Lectures. Thirty-Ninth Series, London/New York/Toronto 1970; K. de Lazari-Radek/P. Singer, The Point of View of the Universe. S. & Contemporary Ethics, Oxford 2014; J. L. Mackie, S.'s Pessimism, Philos. Quart. 26 (1976), 317–327; H. B. Miller/W. H. Williams (eds.), The Limits of Utilitarianism, Minneapolis Minn. 1982; M. Nakano-Okuno, S. and Contemporary Utilitarianism, Basingstoke 2011; D. Parfit, Reasons and Persons, Oxford 1984, 1989; S. Phillips, Sidgwickian Ethics, Oxford etc. 2011; J. Rawls, The Independence of Moral Theory, Proc. Amer. Philos. Ass. 48 (1974/1975), 5–22; J. B. Schneewind, First Principles and Common Sense Morality in S.'s Ethics, Arch. Gesch. Philos. 45 (1963), 137–156; ders., S.'s Ethics and Victorian Moral Philosophy, Oxford 1977, 2000; B. Schultz (ed.), Essays on H. S., Cambridge etc. 1992, 2002; ders., S., REP VIII (1998), 758–764; ders., H. S.. Eye of the Universe. An Intellectual Biography, Cambridge etc. 2004; ders., S. (Addendum), Enc. Ph. IX (²2006), 25–27; ders., S., SEP 2015; R. Shaver, Rational Egoism. A Selective and Critical History, Cambridge etc. 1999, 59–109 (Chap. 3 S.); B. Williams, The Point of View of the Universe. S. and the Ambitions of Ethics, in: ders., The Sense of the Past. Essays in the History of Philosophy, ed. M. Burnyeat, Princeton N. J. 2006, 2008, 277–298. – Sonderhefte: Monist 58 (1974) (S. and Moral Philosophy); Utilitas 12 (2000) (S. 2000). G. W.

Siger von Brabant (lat. Sigerus de Brabantia), *wahrscheinlich Brabant um 1240, †Orvieto zwischen 1281 und 1284, Philosoph, Magister der Artistenfakultät in Paris (1260/1265–1276). Durch seinen Versuch, eine theologiefreie, an Averroes orientierte Aristotelesinterpretation zu liefern, wird S. zum geistigen Führer des so genannten lateinischen ↑Averroismus, einer Bewegung an der Artistenfakultät der Pariser Universität, in der – in Verbindung mit der Entwicklung einer terministischen Logik (logica modernorum, ↑logica antiqua, ↑Terminismus) – die Aristotelestexte nicht im Rahmen dogmenstützender Überlegungen, sondern (der Intention nach) wissenschaftsbezogen, und zwar im Anschluß an die arabischen Kommentatoren, vor allem an Averroes, interpretiert werden. Mit seiner Lehre von der Ewigkeit der Materie und der Bewegung in der Welt (↑Ewigkeit der Welt), die mit der Schöpfungslehre (↑Schöpfung) unverträglich scheint, und von der Einheit des Geistes, der allen Menschen zukommt, was dem Unsterblichkeitsdogma (↑Unsterblichkeit) zu widersprechen scheint, setzt sich S. in Gegensatz zur kirchlichen Lehre. 1270 und 1277 werden einige seiner Thesen von S. Tempier, Bischof von Paris, verurteilt. 1276 entzieht sich S. einer Vorladung vor den Großinquisitor von Frankreich durch Flucht an den päpstlichen Hof von Orvieto, wo er unter Hausarrest gestellt wird. Zwischen 1281 und 1284 wird er dort von dem ihn bewachenden Kleriker in einem Wahnsinnsanfall erdolcht. Wirkungsgeschichtlich ist S. für die Entwicklung der Lehre von der doppelten Wahrheit (↑Wahrheit, doppelte) bedeutsam, nach der mit Gründen etwas als wahr erwiesen werden kann, was nach der Offenbarung bzw. der kirchlichen Lehre falsch ist.

Werke: Die Impossibilia des S. v. B., eine philosophische Streitschrift aus dem 13. Jahrhundert, ed. C. Bäumler, Münster 1898; De aeternitate mundi ad fidem manuscriptorum, ed. R. Barsotti, Münster 1933, unter dem Titel: L'Opuscule de S. de B. »De aeternitate mundi«, ed. W. J. Dwyer, Louvain 1937, unter dem Titel: L'eternità del mondo/De aeternitate mundi [lat./ital.], ed. A. Vella, Palermo 2009 (engl. On the Eternity of the World, in: St. Thomas Aquinas, S. of B., St. Bonaventure. On the Eternity of the World [De aeternitate mundi], transl. C. Vollert/L. H. Kendzierski/P. M. Byrne, Milwaukee Wis. 1964, ²1984, 2003, 84–95); Questions sur la Physique d'Aristote/Quaestiones supra libros physicorum Aristotelis, ed. P. Delhaye, Louvain 1941, unter dem Titel: Ein Kommentar zur Physik des Aristoteles. Aus der Pariser Artistenfakultät um 1273, ed. A. Zimmermann, Berlin 1968; Questions sur la métaphysique. Texte inédit, ed. C. A. Graiff, Louvain 1948, unter dem Titel: Quaestiones in metaphysicam. Édition revue de la reportation de Munich. Texte inédit de la reportation de Vienne, ed. W. Dunphy, Louvain-la-Neuve 1981, unter dem Titel: Quaestiones in metaphysicam. Texte inédit de la reportation de Cambridge. Édition revue de la reportation de Paris, ed. A. Maurer, Louvain-la-Neuve 1983; De necessitate et contingentia causarum, in: J. J. Duin, La doctrine de la providence dans les écrits de S. de B. [s. u., Lit.], 14–50; Quaestiones in tertium de anima, de anima intellectiva, de aeternita mundi, ed. B. Bazán, Louvain/Paris 1972; Les Quaestiones super librum de causis, ed. A. Marlasca, Louvain/Paris 1972; Ecrits de logique, de morale et de physique, ed. B. Bazán, Louvain/Paris 1974; Über die Geistseele (De anima intellectiva), in: W.-U. Klünker/B. Sandkühler, Menschliche Seele und kosmischer Geist [s. u., Lit.], 37–78; Questiones super physicam Aristotelis, in: D. Calma/E. Coccia, Un commentaire inédite de S. de B. sur la »Physique« d'Aristote (Ms. Paris BnF, lat. 16297), Arch. hist. doctr. litt. moyen-âge 73 (2006), 283–349, 326–349; Quaestiones in tertium De anima/Über die Lehre vom Intellekt nach Aristoteles [lat./ dt.], ed. M. Perkams, Freiburg/Basel/Wien 2007; Anima dell'uomo. Questioni sul terzo libro del »De anima« di Aristotele. L'anima intellettiva [lat./ital.], ed. A. Petagine, Mailand 2007; Questio de creatione ex nihilo. Paris, BnF lat. 16297, f. 116rb–vb, ed. A. Aiello, Florenz 2015.

Literatur: B. C. Bazàn, S. of B., in: J. J. E. Gracia/T. B. Noone (eds.), A Companion to Philosophy in the Middle Ages, Malden Mass./ Oxford/Carlton 2006, 632–640; ders., La noétique de S. de B., Paris 2016; B. Brożek, The Double Truth Controversy. An Analytical Essay, Krakau 2010, 26–40 (Chap. 2 S. of B.); G. Da Palma, La dottrina sull'unità dell'intelletto in Sigieri di Brabante, Padua 1955; T. Dodd, The Life and Thought of S. of B., Thirteenth-Century Parisian Philosopher. An Examination of His Views on the Relationship of Philosophy and Theology, Lewiston N. Y./ Lampeter 1998; S. Donati, S. v. B., in: A. Brungs/V. Mudroch/P. Schulthess (eds.), Die Philosophie des Mittelalters IV/1–2 (13. Jahrhundert), Basel 2017, 407–409, 425–434, 665–667; J. J. Duin, La doctrine de la providence dans les écrits de S. de B.. Textes et étude, Louvain 1954; W. J. Dwyer, Le texte authentique du »De aeternitate mundi« de S. de B., Rev. néo-scholastique de philos. 40 (1937), 44–66; K. Kienzler, S. v. B., BBKL X (1995), 257–260; W.-U. Klünker/B. Sandkühler, Menschliche Seele und kosmischer Geist. S. v. B. in der Auseinandersetzung mit Thomas von Aquin. Mit einer Übersetzung der Schrift S.s »De anima intellectiva« (»Über die Geistseele«), Stuttgart 1988; Z. Kuksewicz, De S. de B. à Jacques de Plaisance. La théorie de l'intellect chez les Averroïstes latins des XIIIᵉ et XIVᵉ siècles, Breslau 1968; V. Leppin, S. v. B., TRE XXXI (2000), 259–261; A. Maier, Nouvelles Questions de S. de B. sur la Physique d'Aristote, Rev. philos. Louvain 44 (1946), 497–513, ferner in: dies., Ausgehendes Mittelalter II. Gesammelte Aufsätze zur Geistesgeschichte des 14. Jahrhunderts, Rom 1967, 171–188; dies., Les commentaires sur la Physique d'Aristote attribués à S. de B., Rev. philos. Louvain 47 (1949), 334–350, ferner in: dies., Ausgehendes Mittelalter II [s. o.], 189–206; P. Mandonnet (ed.), S. de B. et l'averroïsme latin au XIIIᵉ siècle, Fribourg 1899 (repr. Genf 1976), I–II, Louvain 1908/1911; B. Nardi, Sigieri di Brabante nel pensiero del Rinascimento italiano, Rom 1945; ders., Studi di filosofia medievale, Rom 1960, 1979, 151–161 (L'anima umana secondo Sigieri); A. Pattin, S. v. B., LMA VII (1995), 1880–1882; A. Petagine, Aristotelismo difficile. L'intelletto umano nella prospettiva di Alberto Magno, Tommaso d'Aquino e Sigieri di Brabante, Mailand 2004; F.-X. Putallaz, S. of B., in: H. Lagerlund (ed.), Encyclopedia of Medieval Philosophy II, Dordrecht etc. 2011, 1194–1200; ders./R. Imbach, Profession: philosophe. S. de B., Paris 1997; F. van Steenberghen, S. de B. d'après ses œuvres inédites, I–II, Louvain 1931/1942; ders., Les œuvres et la doctrine de S. de B., Brüssel 1938; ders., Maître S. de B., Louvain/Paris 1977; E.-H. Wéber, La controverse de 1270 à l'Université de Paris et son retentissement sur la pensée de S. Thomas d'Aquin, Paris 1970; J. F. Wippel, S. of B., REP VIII (1998), 764–768; A. Zimmermann, Die Quaestionen des S. v. B. zur Physik des Aristoteles, Diss. Köln 1955, o.O. 1956; ders., S. v. B., LThK IX (³2000), 576–577. O. S.

Siger von Courtrai (lat. S. de Cortraco), *um 1283, †Paris 30. Mai 1341, mittelalterlicher Logiker und Sprachphilosoph, Vertreter des ↑Thomismus. S. wurde lange Zeit mit Siger von Brabant verwechselt; ab 1310 Mitglied der Sorbonne. S. ist ein einflußreicher Vertreter der Grammatikerschule der ↑modistae. Seine logische Position ist der ›logica moderna‹ (↑logica antiqua, ↑Terminismus) zuzurechnen.

Werke: Les œuvres de S. de C.. Étude critique et textes inédits, ed. G. Wallerand, Louvain 1913; Zeger van Kortrijk, Commentator van Perihermeneias. Inleidende Studie en Tekstuitgave, ed. C. Verhaak, Brüssel 1964 (Verhandelingen van de Koninklijke Vlaamse Acad. voor Wetenschappen […] van Belgie. Klasse der Letteren LII); Summa modorum significandi. Sophismata, ed. J. Pinborg, Amsterdam 1977.

Literatur: S. F. Brown, S. of C., in: ders./J. C. Flores (eds.), Historical Dictionary of Medieval Philosophy and Theology, Lanham Md./Toronto/Plymouth 2007, 261; C. Kann, S. v. C., BBKL IX (1995), 260–261; ders., S. v. C. – Sophismata, in: F. Volpi (ed.), Großes Werklexikon der Philosophie II, Stuttgart, Darmstadt 1999, Stuttgart 2004, 1393–1394; A. de Libera, DP II (²1993), 2636–2637; A. Niglis, S. v. C.. Beiträge zu seiner Würdigung, Freiburg 1903; J. Pinborg, Die Logik der Modistae, Stud. Mediewistyczne 16 (1975), 39–97 (repr. in: ders., Medieval Semantics. Selected Studies on Medieval Logic and Grammar, ed. S. Ebbesen, London 1984); R. H. Robins, Ancient & Mediaeval Grammatical Theory in Europe with Particular Reference to Modern Linguistic Doctrine, London 1951, 69–90; I. Rosier, La grammaire spéculative des modistes, Lille 1983; C. Verhaak, Het Perihermeneias-commentaar vom Zeger van Kortrijk, Bijdragen. Tijdschrift voor philosophie en theologie 22 (Amsterdam 1961), 161–186; A. Zimmermann, S. v. C., LThK IX (³2000), 577; weitere Literatur: ↑modistae. O. S.

Signal (franz. signal, spätlat. signale), neben ↑Index, ↑Symbol und ↑Symptom Grundbegriff der allgemeinen ↑Semiotik. Bewirkt ein Zeichenexemplar (↑Zeichen (semiotisch)) eine mechanische oder konventionelle Reaktion auf seiten des Rezipienten, dann funktioniert es als S.. Während ein ↑Anzeichen vorliegt, wenn ein Teil eines Ganzen als bezeichnend für das Ganze genommen wird, kommt dem S. als Teil eines Ganzen oder einer Situation zu der Bezeichnungsfunktion noch eine Appellfunktion zu (ein Verkehrszeichen etwa bezeichnet die Situation ›Verkehr‹ und richtet an den Rezipienten den Appell ›Vorfahrt beachten‹). – Das Kommunikationsmodell der ↑Informationstheorie berücksichtigt S.e nur als materielle Informationsträger; das Modell hat Eingang in die ↑Objektsprache der Neurowissenschaften gefunden, um den Informationsfluß zwischen Nervenzellen zu beschreiben. In den zeichenverstehenden Wissenschaften stellen sich hingegen Probleme der Klassifikation und Interpretation von S.en ein. Da Klassifikation sich stets auf Zeichenaspekte bezieht, scheint ein funktionaler und dominanztheoretischer Ansatz im Anschluß an K. Bühlers Organonmodell am ehesten erfolgversprechend zu sein. E. v. Savigny hat das am S.gebrauch von Autofahrern beteiligte Schlußfolgern analysiert (1980, 1983); in der Medizintheorie bietet die Dichotomie S. – Symbol Ansätze zur Unterscheidung einer signalorientierten von einer symbolorientierten Heilkunde (K. Schonauer 1986).

Literatur: D. S. Clarke, Sign Levels. Language and Its Evolutionary Antecedents, Dordrecht etc. 2003; U. Eco, La struttura assente. Introduzione alla ricerca semiologica, Mailand 1968, mit Untertitel: La ricerca semiotica e il metodo strutturale, 1980, [7]2008 (dt. Einführung in die Semiotik, München 1972, [9]2002); ders., Il Segno, Mailand 1973, [2]1985 (dt. Zeichen. Einführung in einen Begriff und seine Geschichte, Frankfurt 1977, [15]2011); R. Firth, Symbols. Public and Private, London, New York 1973, Milton Park/Abingdon/New York 2011; P. Janich, Was ist Information? Kritik einer Legende, Frankfurt 2006; ders., Kein neues Menschenbild. Zur Sprache der Hirnforschung, Frankfurt 2009; G. Klaus, Semiotik und Erkenntnistheorie, Berlin 1963, München/Salzburg [4]1973; M. Krampen, Icons of the Road, Semiotica 43 (1983), 1–204; W. Meyer-Eppler, Grundlagen und Anwendungen der Informationstheorie, Berlin/Göttingen/Heidelberg 1959, Berlin/Heidelberg/New York [2]1969; R. Pazukhin, The Concept of S., Lingua Posnaniensis 16 (1972), 25–43; M. Pesaresi, S.e und Symbole. Überlegungen zu einer Dichotomie, in: A. Eschbach (ed.), Zeichen über Zeichen über Zeichen. 15 Studien über Charles W. Morris, Tübingen 1981, 145–160; C. L. Phillips/J. M. Parr/E. A. Riskin, S.s, Systems, and Transforms, Englewood Cliffs N. J. 1995, Boston Mass. etc. [5]2014; J. R. Pierce, Symbols, S.s and Noise. The Nature and Process of Communication, New York 1961, 1965 (dt. Phänomene der Kommunikation. Informationstheorie, Nachrichtenübertragung. Kybernetik, Düsseldorf/Wien 1965); E. v. Savigny, Die S.sprache der Autofahrer, München 1980; ders., Zum Begriff der Sprache. Konvention, Bedeutung, Zeichen, Stuttgart 1983; K. Schonauer, S. – Symbol – Symptom. Alte und neue Aspekte der medizinischen Semiotik, Münster 1986; B. Skyrms, S.s. Evolution, Learning, & Information, Oxford etc. 2010; T. D. Wickens, Elementary S. Detection Theory, Oxford etc. 2002; weitere Literatur: ↑Index, ↑Informationstheorie, ↑Zeichen (semiotisch). B. P.

significatio (lat., Bezeichnung, Bedeutung, Repräsentation), in der mittelalterlichen, sprachphilosophischen Theorie der ↑proprietates terminorum insbes. die Bezeichnungsfunktion von ↑Termini unabhängig von ihrer Verwendung im Urteilskontext. In diesem Sinne gehört die s. *nicht* zu den eigentlichen proprietates terminorum, da sich letztere gerade auf kontextbezogene Eigenschaften der Termini beziehen. Die s. eines Terminus ist vielmehr eine Art semantische Vorbedingung dafür, daß er den in der Theorie der proprietates terminorum beschriebenen, kontextbezogenen Bedeutungs*modifikationen* überhaupt erst unterliegen kann. So ist die ↑Supposition eines Terminus nichts anderes als eine Modifikation seiner s. im Kontext eines Urteils.

Nach Wilhelm von Shyreswood und anderen besteht die s. eines Terminus in der Präsentation eines allgemeinen Inhalts (↑›Form‹, ›Natur‹), d. h. einem universale. Unterschiedliche Auffassungen der ↑Universalien bedingen unterschiedliche ontologische Verständnisse des mittels

s. bezeichneten Inhalts (significatum): in nominalistischen (↑Nominalismus) Konzeptionen (z. B. Wilhelm von Ockham) erschöpft sich – nach einer allerdings nicht unumstrittenen Auffassung – die s. eines Terminus in der ↑Denotation untereinander hinreichend ähnlicher Einzeldinge, während in realistischen (↑Realismus, semantischer) Konzeptionen (z. B. W. Burley) die s. einen intensionalen Gehalt (↑intensional/Intension) konnotiert (↑Konnotation).

Die mittelalterliche s.-Lehre hat einen theologischen Hintergrund: die Lehre vom vierfachen Schriftsinn. Danach erschöpft sich die Hl. Schrift nicht im Buchstabensinn der Wörter, d. h. in der Beziehung vom Wortklang zum Ding. Entscheidend ist vielmehr der signifikative Verweis der buchstäblich bezeichneten Dinge auf Höheres. Dabei werden drei Stufen unterschieden: der allegorisch-heilsgeschichtliche Sinn, der tropologisch-moralische Sinn und der anagogisch-eschatologische Sinn.

Literatur: C. A. Dufour, Die Lehre von den Proprietates Terminorum. Sinn und Referenz in der mittelalterlichen Logik, München/Hamden/Wien 1989; R. Forster (ed.), Studien zur Geschichte von Exegese und Hermeneutik II (S.), Zürich 2007; K. Jacobi, Die Lehre der Terministen, HSK VII/1 (1992), 580–596; L. Kaczmarek, S. in der Zeichen- und Sprachtheorie Ockhams, in: A. Eschbach/J. Trabant (eds.), History of Semiotics, Amsterdam/Philadelphia Pa. 1983, 87–104; A. Kumler/C. R. Lakey, Res et s.. The Material Sense of Things in the Middle Ages, Gesta 51 (2012), 1–17; S. Meier-Oeser, Signifikation, Hist. Wb. Ph. IX (1995), 759–795; F. Ohly, Vom geistigen Sinn des Wortes im Mittelalter, Z. dt. Altertum u. dt. Lit. 89 (1958/1959), 1–23, separat Darmstadt 1966; P. Schulthess, Sein, Signifikation und Erkenntnis bei Wilhelm von Ockham, Berlin 1992; weitere Literatur: ↑proprietates terminorum, ↑Supposition. G. W.

Signifik (engl. significs), von Viktoria Lady Welby (1837–1912) eingeführte Bezeichnung für ihre Untersuchung der menschlichen Ausdrucks- und Kommunikationsformen, vor allem der verbalsprachlichen, mit dem Ziel, die bloß tradierten Bedeutungszuschreibungen den Sätzen der ↑Gebrauchssprache gegenüber wieder ausdrücklich auf den aktuellen Kontext der jeweiligen Äußerung zu beziehen. Mit der auf diese Weise beabsichtigten kritischen Sprachreform sollten z. B. überlebte und deshalb zu Mißverständnissen Anlaß gebende ↑Metaphern und ↑Analogien durch neugeschaffene (seitens Wissenschaft *und* Dichtung) ersetzt und so ein Bewußtsein von der Plastizität jeder Sprache erzeugt werden. Das wichtigste begriffliche Hilfsmittel für die Bedeutungsanalysen ist danach eine Unterscheidung von Sinn (sense, niederl. zin), Bedeutung (meaning, niederl. bedoeling, i. e. Intention) und Bedeutsamkeit (significance, niederl. waarde, i. e. Wert), die den Funktionen Darstellung, Appell und Ausdruck im Organonmodell der Sprache bei K. Bühler verwandt ist. Dieser Ansatz unterscheidet sich von den Bedeutungsanalysen der gerade entstehenden Analytischen Philosophie (↑Philosophie, analytische) durch einen Verzicht auf die Herstellung eindeutiger Bestimmtheit mit formalsprachlichen Mitteln (bei B. Russell) bzw. mit umgangssprachlichen Mitteln (bei G. E. Moore). Er führt insbes. auch keine Differenz zwischen logischer Form (↑Form (logisch)) und grammatischer Form ein und sucht stattdessen scheinbare von wirklicher Bedeutung zu scheiden. Damit zielt er auf die Bestimmung der semantischen Spielräume, d. h. der für das Funktionieren von Zeichen (↑Zeichen (semiotisch)) in wechselnden Situationen unentbehrlichen ↑Unbestimmtheit.

Die Unterscheidung in Sinn, Bedeutung und Bedeutsamkeit wird von C. S. Peirce in seinem berühmten Briefwechsel mit Lady Welby, 1903–1911, als ein, allerdings weniger differenziert aufgebautes, Analogon zu seinem hinsichtlich der Kategorien der Erstheit, Zweitheit und Drittheit noch einmal dreifach gegliederten, selbst bereits auf der Stufe der Drittheit befindlichen ›logischen Interpretanten‹ eines Zeichens begriffen. Sie entspricht daher eigentlich einer noch einmal dreifach, in die Ebenen des Fühlens, Wollens und Begreifens gegliederten Darstellungsfunktion im Sinne Bühlers. Die S. kann daher als eine pragmatisch fundierte ↑Semiotik im Sinne von Peirce gelten. F. Mauthner betrachtet sie als eine Variante seiner ↑Sprachkritik (Wörterbuch der Philosophie, I–II, München/Leipzig 1910). Versuche von Lady Welby, auch einen Dialog zwischen Russell und Peirce zustandezubringen, schlagen fehl. Hingegen führen ihre Gespräche mit dem holländischen Dichter, Psychiater und Sozialreformer F. van Eeden (1860–1932) dazu, die S. in einem Kreis holländischer und deutscher Intellektueller (wie G. Landauer und M. Buber) bekannt zu machen. Das Ergebnis ist 1917 die Gründung eines signifischen Forschungszentrums, des »Internationaal Instituut voor Wijsbegeerte te Amsterdam«, bei der auch die Mathematiker G. Mannoury, dessen Schüler L. E. J. Brouwer, die Begründer des ↑Intuitionismus sowie der Dichter und Rechtsanwalt J. I. de Haan (1881–1924) und der Linguist, Psychologe und Theologe J. van Ginneken SJ (1877–1945) eine führende Rolle spielten. Ein engerer, sich insbes. den sozialreformerischen Implikationen widmender Zirkel, der »Signifische Kring« (Signifischer Kreis), existierte nur von 1922 bis 1926. Dessen Ideen wurden aber von der Schülergeneration weitergetragen, vor allem von dem Psychologen D. Vuysje (1900–1969), der nach Gründung der Zeitschrift »Synthese« 1936 und der Institutionalisierung der jüngeren ›signifischen Bewegung‹ mit der »Internationale Signifische Studiegroep« 1937, die nach dem 2. Weltkrieg 1948 als »Internationaal Signifisch Genootschap« mit den Mathematikern D. van Dantzig (1900–1959) und E. W. Beth neben Mannoury und Brouwer als den bedeutendsten Mitgliedern weitergeführt wurde, für die S. eine ähnlich

wirksame Öffentlichkeitsarbeit übernahm wie ehedem für den ↑Wiener Kreis O. Neurath. Letzterer schloß sich wie auch andere logische Empiristen (↑Empirismus, logischer), z. B. A. Næss, nach seiner Emigration nach Holland ebenfalls der signifischen Bewegung an und sorgte für eine Zusammenarbeit des Unity of Science Institute (↑Einheitswissenschaft) in Den Haag mit der S.. Nach dem Tode Mannourys, des spiritus rector der S., 1956 verlor die S. zunehmend an Bedeutung – z. B. stellte »Synthese« 1963 ihr Erscheinen ein –, wohl auch deswegen, weil die meisten ihrer wissenschaftlichen Initiativen seither in eigenen neuen Disziplinen, z. B. der Psycholinguistik, der Sprechakttheorie und der Kommunikationstheorie, häufig auch ohne Wissen um ihre sachlichen Ursprünge in der S., verselbständigt auftreten.

Literatur: L. E. J. Brouwer u. a., Signifische Dialogen, Utrecht 1939; J. van Ginneken, Principes de linguistique psychologique. Essai de synthèse, Paris 1907; J. I. de Haan, Rechtskundige Signfica, Amsterdam 1919; C. S. Hardwick (ed.), Semiotic and Significs. The Correspondence between Charles S. Peirce and Victoria Lady Welby, Bloomington Ind./London 1977; E. Heijerman/H. W. Schmitz (eds.), Significs, Mathematics and Semiotics. The Signific Movement in the Netherlands. Proceedings of the International Conference, Bonn, 19–21 November 1986, Münster 1991; G. Mannoury, Signifika. Een Inleiding, Den Haag 1949; S. Petrilli (ed.), Signifying and Understanding. Reading the Work of Victoria Welby and the Signific Movement, Berlin/New York 2009; A.-V. Pietarinen, Significs and the Origins of Analytic Philosophy, J. Hist. Ideas 70 (2009), 467–490; H. W. Schmitz, De Hollandse Significa. Een Reconstructie van de Geschiedenis van 1892 tot 1926, Assen/Maastricht 1990; ders. (ed.), Essays on Significs. Papers Presented on the Occasion of the 150th Anniversary of the Birth of Victoria Lady Welby, 1837–1912, Amsterdam/Philadelphia Pa. 1990; V. Welby, What Is Meaning? Studies in the Development of Significance, London/New York 1903 (repr. Amsterdam/Philadelphia Pa. 1983); dies., Significs and Language. The Articulate Form of Our Expressive and Interpretative Resources, London 1911 (repr. Amsterdam/Philadelphia Pa. 1985). – Semiotica 196 (2013) [Special Issue on and beyond Significs. Centennial Issue for Victoria Lady Welby (1837–1912)]. K. L.

Signifikanz, in der Wissenschaftstheorie Bezeichnung für die Sinnhaftigkeit von Begriffen (›empirische S.‹), in der ↑Statistik Bezeichnung für die Annahme, daß ein Effekt nicht zufällig ist (›statistische S.‹). In der Analytischen Wissenschaftstheorie (↑Wissenschaftstheorie, analytische) hatte R. Carnap 1956 nach dem Scheitern der empiristischen Versuche (↑Empirismus, logischer), durch die Forderung nach definitorischer Zurückführung aller empirisch-sinnvollen Begriffe auf Beobachtungsbegriffe ein Sinnkriterium anzugeben (↑Sinnkriterium, empiristisches, ↑verifizierbar/Verifizierbarkeit), einen neuen Ansatz zur Auszeichnung empirisch signifikanter Begriffe im Rahmen der ↑Zweistufenkonzeption der Wissenschaft formuliert, nachdem schon C. G.

Hempel 1951 ein Kriterium der ›kognitiven S.‹ vorgeschlagen hatte. Nach der Zweistufenkonzeption gehört ein theoretischer Begriff (↑Begriffe, theoretische) zu einer ↑Theoriesprache, die nur durch ↑Korrespondenzregeln mit der ↑Beobachtungssprache verknüpft ist und somit nur eine indirekte und partielle Deutung dieser Begriffe erlaubt. Ein solcher theoretischer Begriff ist nach Carnap dann empirisch signifikant, wenn es eine Aussage $A(t)$ der Theoriesprache gibt, die t und gegebenenfalls andere schon als empirisch signifikant erkannte Terme enthält, derart, daß $A(t)$ die Ableitung von Beobachtungssätzen erlaubt, die ohne die Annahme $A(t)$ nicht deduzierbar sind. Auch dieser Ansatz hat sich wegen technischer und begrifflicher Schwierigkeiten als nicht durchführbar erwiesen.

In der Statistik bezeichnet ›S.‹ die Tatsache, daß beobachtete unterschiedliche Werte einen wirklichen Unterschied und nicht nur eine zufällige Schwankung darstellen. Ob ein Resultat statistisch signifikant ist, also die Nullhypothese eines statistischen Tests (›es gibt keinen wirklichen Unterschied‹) zugunsten der Alternativhypothese (›es gibt einen wirklichen Unterschied‹) aufzugeben ist, hängt aufgrund der Unsicherheit statistischer Urteile von der ↑Wahrscheinlichkeit des möglichen Fehlers ab, den man bei Annahme der Alternativhypothese in Kauf zu nehmen bereit ist. Die Wahrscheinlichkeit dieses Fehlers (›α-Fehler‹ oder ›Typ-I-Fehler‹) heißt auch das ›S.niveau‹ des Tests. Gebräuchliche S.niveaus sind z. B. 5 Prozent und 1 Prozent. Ein auf dem 5 Prozent-Niveau signifikantes Ergebnis besagt, daß die Wahrscheinlichkeit, es zu Unrecht zu akzeptieren, kleiner als 0,05 ist. Ein (in bezug auf ein bestimmtes S.niveau) *nicht* signifikantes Ergebnis bedeutet allerdings keinesfalls, daß tatsächlich kein Unterschied vorliegt. Hier ist die Wahrscheinlichkeit des ↑Irrtums zu beachten, die Nullhypothese nicht zu verwerfen (›β-Fehler‹ oder ›Typ-II-Fehler‹), die durch die ›Macht‹ des Tests charakterisiert wird.

Literatur: R. Carnap, The Methodological Character of Theoretical Concepts, in: H. Feigl/M. Scriven (eds.), The Foundations of Science and the Concepts of Psychology and Psychoanalysis, Minneapolis Minn. 1956, 1976, 38–76 (dt. Theoretische Begriffe der Wissenschaft. Eine logische und methodologische Untersuchung, Z. philos. Forsch. 14 [1960], 209–233, 571–598); C. G. Hempel, The Concept of Cognitive Significance. A Reconsideration, Proc. Amer. Acad. Arts Sci. 80 (1951), 61–77 (dt. Der Begriff der kognitiven Signifikanz. Eine erneute Betrachtung, in: J. Sinnreich [ed.], Zur Philosophie der idealen Sprache. Texte von Quine, Tarski, Martin, Hempel und Carnap, München 1972, 126–144); B. Lecoutre/J. Poitevineau, The Significance Test Controversy Revisited. The Fiducial Bayesian Alternative, Heidelberg etc. 2014; W. Stegmüller, Probleme und Resultate der Wissenschaftstheorie und Analytischen Philosophie II/1 (Theorie und Erfahrung), Berlin etc. 1970, 1974, 181–212 (Kap. 3 Das Problem der empirischen S.); weitere Literatur: alle Lehrbücher der ↑Statistik. P. S.

Sigwart, Christoph, *Tübingen 28. März 1830, †ebd. 5. Aug. 1904, dt. Philosoph. 1846–1851 Studium der Philosophie und Theologie in Tübingen, danach Lehrtätigkeit in Freiimfelde bei Halle, 1854 Promotion in Philosophie in Tübingen, 1863 (ab 1865 als Ordinarius) bis 1903 Prof. für Philosophie in Tübingen. – Neben theologischen und philosophiehistorischen Arbeiten (unter anderem zu F. Bacon, G. Bruno, J. Kepler, F. Schleiermacher, B. de Spinoza und H. Zwingli) widmete sich S. vor allem Fragen der Ethik und der Logik. Gegen den ↑Hegelianismus bemühte er sich im Anschluß an I. Kants und Schleiermachers Erkenntnislehre um einen Ausgleich von Theologie und Naturwissenschaft im Sinne einer komplementaristischen Verträglichkeit. Wissenschaftstheoretisch betont S. die Selbständigkeit der Geisteswissenschaft (einschließlich der Psychologie als deren Grundwissenschaft) gegenüber der Naturwissenschaft.

S. vertritt eine materiale Ethik. Der Kantische Kategorische Imperativ (↑Imperativ, kategorischer) könne »aus sich keinen Impuls zu einer bestimmten Handlung erzeugen«, da er »keinen inhaltsvollen Zweck« vorschreibe (Vorfragen der Ethik, ²1907, 17). Der Logik weist S. als Aufgabe die Ausarbeitung einer allgemeinen Methodenlehre des Denkens zu, unter ausdrücklichem Bezug auf die empirischen Wissenschaften. Diese Wendung wird insbes. an seiner ausführlichen, an J. S. Mill anschließenden Behandlung der ↑Induktion deutlich. In der nichtformalen Auffassung der Logik weiß er sich F. A. Trendelenburg und F. Ueberweg verpflichtet. Von der Psychologie unterscheide sich die Logik durch ihren ↑normativen Charakter. Sie sei geradezu eine ›Ethik des Denkens‹ (Logik, § 4.4), da sie auf ihre Weise die ethische Frage ›was soll ich tun?‹ für das Denken beantworte. Voraussetzung bereits der Logik und nicht erst der Ethik sei daher die Freiheit des zweckgerichteten menschlichen Willens (↑Willensfreiheit). Insgesamt gilt S.s Logik als psychologistisch. Entsprechend wird sie von E. Husserl kritisiert (Logische Untersuchungen I, §§ 29, 39). Unabhängig davon verdient insbes. S.s kritische Untersuchung der Urteilsformen (vor allem des hypothetischen Urteils; ↑Urteil, hypothetisches) auch heute noch Beachtung. Indem er die Lehre vom Urteil (anstelle der Lehre vom Begriff) zum Ausgangspunkt der Logik machte, beeinflußte auch nicht-psychologistische Logiker wie G. Frege. bestimmt S. das Wesen des Urteils bereits als Behauptung mit Wahrheitsanspruch und betont, daß dieser Anspruch in der ›behauptenden Kraft‹ selbst liege, so daß es (im Sinne der Redundanztheorie) des Wahrheitsprädikats nicht bedarf. Selbst in der Philosophie der Mathematik gibt es Übereinstimmungen, indem auch S. die Arithmetik dem Gebiet der Logik zurechnet (↑Logizismus).

Werke: Ulrich Zwingli. Der Charakter seiner Theologie mit besonderer Rücksicht auf Picus von Mirandula, Stuttgart/Hamburg

1855; Beiträge zur Lehre vom hypothetischen Urtheile, Tübingen 1871; Logik, I–II, Tübingen 1873/1878, mit Zusätzen v. H. Maier, [4]1911, [5]1924 (engl. Logic, I–II, London 1895, Bristol 2001); Die Lebensgeschichte Giordano Brunos, Tübingen 1880; Kleine Schriften, I–II, Tübingen, Freiburg 1881, Freiburg [2]1889; Vorfragen der Ethik, Freiburg 1886, Tübingen [2]1907; Die Impersonalien. Eine logische Untersuchung, Freiburg 1888, Passau 1996.

Literatur: L. Buchhorn, Evidenz und Axiome im Aufbau von S.s Logik, Diss. Berlin 1931; J. Engel, C. S.s Lehre vom Wesen des Erkennens, Diss. Erlangen 1908; J. Flaig, C. S.s Beiträge zu Grundlegung und Aufbau der Ethik, Diss. Jena 1912; T. Haering, C. S., Tübingen 1930 (mit Bibliographie, 26–27); R. B. Levinson, S.s »Logik« and William James, J. Hist. Ideas 8 (1947), 475–483; H. Maier, Einleitung, in: S., Logik I, [3]1904, [5]1924, III–XVI; V. Peckhaus, Logik als Ethik des Denkens: Der Tübinger Philosoph C. S. (1830–1904) und die Logik des 19. Jahrhunderts, in: P. Bernhard/V. Peckhaus (eds.), Methodisches Denken im Kontext. Festschrift für Christian Thiel, Paderborn 2008, 101–113; R. Schmit, Allgemeinheit und Existenz. Zur Analyse des kategorischen Urteils bei Herbart, S., Brentano und Frege, Grazer philos. Stud. 23 (1985), 59–78; A. Zweig, C. S., Enc. Ph. IX ([2]2006), 29–30. – Erwägen – Wissen – Ethik 19 (2008), 559–609 [Diskussion v. M. van Atten u. a. zu S.s »Die Zahlbegriffe« im II. Bd. der »Logik« ([3]1904, § 66)].   G. G.

Simmel, Georg, *Berlin 1. März 1858, †Straßburg 26. Sept. 1918, dt. Soziologe und Philosoph. 1876–1880 Studium der Geschichte (bei T. Mommsen und J. G. Droysen), der Völkerpsychologie (bei M. Lazarus) und der Philosophie (bei E. Zeller) in Berlin, 1881 Promotion in Berlin, 1885 Habilitation ebendort, 1885 Privatdozent, ab 1901 a. o. Prof. an der Berliner Universität. Antisemitismus und Skepsis gegenüber seiner Modernität mögen die Gründe dafür gewesen sein, daß S. trotz sehr erfolgreicher Lehr- und Publikationstätigkeit, die ihn vor allem in Rußland und den USA bekanntmachte, erst ab 1914 o. Prof. an der Universität Straßburg wurde. – In einer ersten Phase seines Denkens vertrat S. einen physikalistischen ↑Atomismus, der hinter den komplexen Erscheinungen der natürlichen Wahrnehmung die sie konstituierenden Elemente zu rekonstruieren suchte. Ähnlich wie in E. Machs Konzeption der ↑Denkökonomie ist für S. Erkenntnis ein biologischer Anpassungsprozeß des Menschen an seine Umwelt (↑Erkenntnistheorie, evolutionäre). Unter dem Einfluß des ↑Pragmatismus bestimmt S. die Wahrheit von Aussagen über ihre Brauchbarkeit in der Lebenspraxis. Um die zuvor metaphysisch begründete Ethik auf eine physikalische Grundlage zu stellen und sie zu einer beschreibenden Moralwissenschaft zu machen, fordert S. die Zerlegung der heterogenen ›Begriffsmoleküle‹ der Sprache der Ethik in ihre psychologischen und soziologischen Elemente. In der ↑Soziologie beschreibt S. den Entwicklungsprozeß der sozialen Differenzierung als Vereinigung der jeweils homogenen Segmente heterogener Kreise, wodurch der für frühe Gesellschaften charakteri-

stische Zwang zur Vereinheitlichung heterogener Persönlichkeitselemente in totalen, die ganze Person vereinnahmenden Assoziationen abgelöst wird.

In einer zweiten Phase deutet S. nach dem Studium I. Kants und des südwestdeutschen ↑Neukantianismus die darwinistische Wissenstheorie (↑Darwinismus) apriorisch um. Erkenntnis ist für ihn jetzt die schöpferische Leistung des erkennenden Subjekts, das mit Hilfe selbstgeschaffener, auf seinen Lebenskreis bezogener Kategorien ein diesem entsprechendes, relativ berechtigtes Wirklichkeitsbild aus dem ›Gewühl der Empfindungen‹ formt. S.s soziologische Studien befassen sich mit den Gesellschaft allererst konstituierenden Beziehungsformen zwischen Individuen. Untersuchungsgegenstand der formalen Soziologie S.s ist das Spektrum der abstrakt-generellen sozialen Formen, in denen konkret-individuelle Bedürfnisse unabhängig von Historizität und Spezifität realisiert werden. Solche Formen sind: Über- und Unterordnung, Konkurrenz, Arbeitsteilung, Parteiung, Repräsentation usw.. Durch die vor allem in den USA einflußreichen Formalanalysen sozialer Wechselwirkung, insbes. von Rollenphänomenen, hat S. wichtige Konzeptualisierungen der modernen Soziologie wie den Struktur- und den Rollenbegriff (↑Rolle) vorbereitet. Auch der Konflikt ist für S. eine Vergesellschaftungsform, der als Katalysator sozialen Wandels praxisstabilisierende und integrative Funktionen zugeschrieben werden. In einer dritten Phase arbeitet S. an der Ausarbeitung einer ›Lebensmetaphysik‹, die von der Philosophie H. L. Bergsons ausgeht und diese in Deutschland bekanntmacht. – S.s wissenschaftliches Werk bildet kein System. Seine glänzenden, in Essayform gehaltenen Analysen haben die antisystematische Soziologie der 1920er Jahre stark beeinflußt.

Werke: Gesamtausgabe, I–XXIV, ed. O. Rammstedt, Frankfurt 1989–2015, I, 2000, VI, [10]2014, X, [2]2000, 2006, XI, [8]2016, XVI, [2]2015. – Das Wesen der Materie nach Kants physischer Monadologie, Diss. Berlin 1881, ferner als: Gesamtausg. [s. o.] I; Über sociale Differenzierung. Sociologische und psychologische Untersuchungen, Leipzig 1890, [3]1910, ferner in: Gesamtausg. [s. o.] II, 109–295, Berlin 2015; Probleme der Geschichtsphilosophie. Eine erkenntnistheoretische Studie, München/Leipzig 1892, [5]1923, ferner in: Gesamtausg. [s. o.] II, 297–423 (engl. The Problems of the Philosophy of History. An Epistemological Essay, New York 1977; franz. Les problèmes de la philosophie de l'histoire. Une étude d'épistémologie, Paris 1984); Einleitung in die Moralwissenschaft. Eine Kritik der ethischen Grundbegriffe, I–II, Berlin 1892/1893, [3]1911 (repr. Aalen 1983), ferner als: Gesamtausg. [s. o.], III–IV; Philosophie des Geldes, München/Leipzig 1900, [8]1987, ferner als: Gesamtausg. [s. o.] VI (engl. The Philosophy of Money, Boston Mass./London 1978, London/New York 2011; franz. Philosophie de l'argent, Paris 1987, [2]2007); Kant. Sechzehn Vorlesungen, gehalten an der Berliner Universität, München/Leipzig 1904, [6]1924, Schutterwald 2006; Kant und Goethe. Zur Geschichte der modernen Weltanschauung, Berlin 1906, [4]1924, ferner in: Gesamtausg. [s. o.] X, 119–166 (franz. Kant et Goethe. Contributions à l'histoire de la pensée moderne, Paris 2005); Die Religion, Frankfurt 1906, [3]1923, ferner in: Gesamtausg. [s. o.] X, 39–118, Marburg 2011 (engl. Sociology of Religion, New York 1959, 1979; franz. La religion, o.O. [Belfort] 1998, unter dem Titel: Philosophie de la religion, Paris 2016); Schopenhauer und Nietzsche. Ein Vortragszyklus, Leipzig 1907, München/Leipzig [3]1923, ferner in: Gesamtausg. [s. o.] X, 167–408 (engl. Schopenhauer and Nietzsche, Amherst N. Y. 1986, Urbana Ill./Chicago Ill. 1991); Soziologie. Untersuchungen über die Formen der Vergesellschaftung, Berlin 1908, [6]1983, ferner als: Gesamtausg. [s. o.] XI (engl. Sociology. Inquiries into the Construction of Social Forms, I–II, Leiden/Boston Mass. 2009); Hauptprobleme der Philosophie, Leipzig 1910, Berlin/New York [9]1989, ferner in: Gesamtausg. [s. o.] XIV, 7–157; Philosophische Kultur. Gesammelte Essays, Leipzig 1911, [2]1919, Potsdam [3]1923, ferner in: Gesamtausg. [s. o.] XIV, 159–459; Goethe, Leipzig 1913, [5]1923, ferner in: Gesamtausg. [s. o.] XV, 7–270; Rembrandt. Ein kunstphilosophischer Versuch, Leipzig 1916, [2]1919, München 1985, ferner in: Gesamtausg. [s. o.] XV, 305–515 (engl. Rembrandt. An Essay in the Philosophy of Art, ed. A. Scott/H. Staubmann, New York/London 2005); Grundfragen der Soziologie. Individuum und Gesellschaft, Berlin/Leipzig 1917, Berlin/New York [4]1984, ferner in: Gesamtausg. [s. o.] XVI, 59–149; Lebensanschauung. Vier metaphysische Kapitel, München/Leipzig 1918, [2]1922, ferner in: Gesamtausg. [s. o.] XVI, 209–425 (engl. The View of Life. Four Metaphysical Essays with Journal Aphorisms, Chicago Ill./London 2010); Der Konflikt der modernen Kultur. Abhandlungen und Reden zur Philosophie, Politik und Geistesgeschichte, München/Leipzig 1918, [3]1926, ferner in: Gesamtausg. [s. o.] XVI, 182–207 (engl. The Conflict in Modern Culture and Other Essays, New York 1968); Zur Philosophie der Kunst. Philosophische und kunstphilosophische Aufsätze, ed. Gertrud Simmel, Potsdam 1922; Fragmente und Aufsätze aus dem Nachlaß und Veröffentlichungen der letzten Jahre, ed. G. Kantorowicz, München 1923 (repr. Hildesheim 1967); Brücke und Tür. Essays des Philosophen zur Geschichte, Kunst, Religion und Gesellschaft, ed. M. Landmann/M. Susman, Stuttgart 1957; Das individuelle Gesetz. Philosophische Exkurse, ed. M. Landmann, Frankfurt 1968, Neudr. Frankfurt 1987; Schriften zur Philosophie und Soziologie der Geschlechter, ed. H.-J. Dahme/K. C. Köhnke, Frankfurt 1985, 1988; Vom Wesen der Moderne. Essays zur Philosophie und Ästhetik, ed. W. Jung, Hamburg 1990.

Literatur: H. Adolf, Erkenntnistheorie auf dem Weg zur Metaphysik. Interpretation, Modifikation und Überschreitung des kantischen Apriorikonzepts bei G. S., München 2002; B. Aulinger, Die Gesellschaft als Kunstwerk. Fiktion und Methode bei G. S., Wien 1999; J. G. Backhaus/H.-J. Stadermann (eds.), G. S.s Philosophie des Geldes. Einhundert Jahre danach, Marburg 2000; J.-M. Baldner/L. Gillard (eds.), S. et les normes sociales. Actes du Colloque S., penseur des normes sociales, Paris, 16 et 17 décembre 1993, Paris 1996; H. J. Becher, G. S.. Grundlagen seiner Soziologie, Stuttgart 1971; A. M. Bevers, Geometrie van de samenleving. Filosofie en sociologie in het werk van G. S., Deventer 1982 (dt. Dynamik der Formen bei G. S.. Eine Studie über die methodische und theoretische Einheit eines Gesamtwerkes, Berlin 1985); H. Böhringer/K. Gründer (eds.), Ästhetik und Soziologie um die Jahrhundertwende: G. S., Frankfurt 1976; N. Cantó Milà, A Sociological Theory of Value. G. S.'s Sociological Relationism, Bielefeld 2005; H.-J. Dahme/O. Rammstedt (eds.), G. S. und die Moderne. Neue Interpretationen und Materialien, Frankfurt 1984, [2]1995; S. Danner, G. S.s Beitrag zur Pädagogik, Bad Heilbrunn 1991; L. Deroche-Gurcel, S. et la modernité, Paris

1997; F. Dörr-Backes/L. Nieder (eds.), G. S. between Modernity and Postmodernity/G. S. zwischen Moderne und Postmoderne, Würzburg 1995; U. Faath, Mehr-als-Kunst. Zur Kunstphilosophie G. S.s, Würzburg 1998; G. Fitzi, Soziale Erfahrung und Lebensphilosophie. G. S.s Beziehung zu Henri Bergson, Konstanz 2002; P. v. Flotow, Geld, Wirtschaft und Gesellschaft. G. S.s »Philosophie des Geldes«, Frankfurt 1995; D. Frisby, S. and Since. Essays on G. S.'s Social Theory, London/New York 1992; ders., S., REP VIII (1998), 778–780; ders. (ed.), G. S. in Wien. Texte und Kontexte aus dem Wien der Jahrhundertwende, Wien 2000; ders., G. S., London/New York 2002; ders./M. Featherstone (eds.), S. on Culture. Selected Writings, London/Thousand Oaks Calif./New Delhi 1997; D. Fritsch, G. S. im Kino. Die Soziologie des frühen Films und das Abenteuer der Moderne, Bielefeld 2009; K. Gassen/M. Landmann (eds.), Buch des Dankes an G. S.. Briefe, Erinnerungen, Bibliographie, Berlin 1958, [2]1993 (mit Bibliographie, 309–365); U. Gerhardt, Immanenz und Widerspruch. Die philosophischen Grundlagen der Soziologie G. S.s und ihr Verhältnis zur Lebensphilosophie Wilhelm Diltheys, Z. philos. Forsch. 25 (1971), 276–292; W. Geßner, Der Schatz im Acker. G. S.s Philosophie der Kultur, Weilerswist 2003; ders./R. Kramme (eds.), Aspekte der Geldkultur. Neue Beiträge zu G. S.s Philosophie des Geldes, Magdeburg 2002; L. C. Grabbe, G. S.s Objektwelt. Verstehensmodelle zwischen Geschichtsphilosophie und Ästhetik, Stuttgart 2011; C. Härpfer, G. S. und die Entstehung der Soziologie in Deutschland. Eine netzwerksoziologische Studie, Wiesbaden 2014; A. Hartmann, Sinn und Wert des Geldes. In der Philosophie von G. S. und Adam (von) Müller. Untersuchungen zur anthropologisch sinn- und werttheoretischen und soziopolitisch-kulturellen Bedeutung des Geldes in der Lebenswelt und der Staatskunst, Berlin 2002; H. J. Helle, Soziologie und Erkenntnistheorie bei G. S., Darmstadt 1988; ders., G. S.. Einführung in seine Theorie und Methode/G. S.. Introduction to His Theory and Method, München/Wien 2001; ders., Messages from G. S., Leiden/Boston Mass. 2013; ders., The Social Thought of G. S., Los Angeles etc. 2015; W. Jung, G. S. zur Einführung, Hamburg 1990, [2]2016; M. Junge, G. S. kompakt, Bielefeld 2009; M. Kaern/B. S. Phillips/R. S. Cohen (eds.), G. S. and Contemporary Sociology, Dordrecht/Boston Mass./London 1990 (Boston Stud. Philos. Sci. 119); T. M. Kemple/O. Pyyhtinen (eds.), The Anthem Companion to G. S., London 2016; D. D. Kim (ed.), G. S. in Translation. Interdisciplinary Border-Crossings in Culture and Modernity, Newcastle 2006, [2]2009; D.-Y. Kim, G. S. und Max Weber. Über zwei Entwicklungswege der Soziologie, Opladen 2002; T.-W. Kim, G. S. G. H. Mead und der symbolische Interaktionismus, Würzburg 1999; K. C. Köhnke, Der junge S.. In Theoriebeziehungen und sozialen Bewegungen, Frankfurt 1996; V. Krech, G. S.s Religionstheorie, Tübingen 1998; K. Lichtblau, G. S., Frankfurt/New York 1997; H. A. Mieg/A. O. Sundsboe/M. Bieniok (eds.), G. S. und die aktuelle Stadtforschung, Wiesbaden 2011; S. Moebius, S. lesen. Moderne, dekonstruktive und postmoderne Lektüren der Soziologie von G. S., Stuttgart 2002; C. Pflüger, G. S.s Religionstheorie in ihren werk- und theologiegeschichtlichen Bezügen, Frankfurt etc. 2007; K. Pietila, Reason of Sociology. G.e S. and beyond, Los Angeles etc. 2011; O. Pyyhtinen, S. and ›the Social‹, Basingstoke etc. 2010; O. Rammstedt/N. Cantó Milà, S., IESBS XXI (2001), 14091–14097; C. Rol/C. Papilloud (eds.), Soziologie als Möglichkeit. 100 Jahre G. S.s Untersuchungen über die Formen der Vergesellschaftung, Wiesbaden 2009; A. Schlitte, Die Macht des Geldes und die Symbolik der Kultur. G. S.s Philosophie des Geldes, München/Paderborn 2012; P. E. Schnabel, Die soziologische Gesamtkonzeption G. S.s, Stuttgart 1974; ders., G. S., in: D. Käsler (ed.), Klassiker des soziologischen Denkens I, München 1976, 267–311 (mit Bibliographie, 394–401); L. Schramm, Das Verhältnis von Religion und Individualität bei G. S., Leipzig/Berlin 2006; N. J. Smelser, Problematics of Sociology. The G. S. Lectures, 1995, Berkeley Calif./Los Angeles/London 1997; M. Tokarzewska, Der feste Grund des Unberechenbaren. G. S. zwischen Soziologie und Literatur, Wiesbaden 2010; H. Tyrell/O. Rammstedt/I. Meyer (eds.), G. S.s große »Soziologie«. Eine kritische Sichtung nach hundert Jahren, Bielefeld 2011; P.-O. Ullrich, Immanente Transzendenz. G. S.s Entwurf einer nach-christlichen Religionsphilosophie, Frankfurt etc. 1981; E. Völzke, Das Freiheitsproblem bei G. S., Bielefeld 1987; A. Wauschkuhn, G. S.s Rembrandt-Bild. Ein lebensphilosophischer Beitrag zur Rembrandtrezeption im 20. Jahrhundert, Worms 2002; K. H. Wolff (ed.), The Sociology of G. S., Glencoe Ill. 1950, New York/London 1964; A. Ziemann, Die Brücke zur Gesellschaft. Erkenntniskritische und topographische Implikationen der Soziologie G. S.s, Konstanz 2000. – S. Newsletter, 1 (1991) – 9 (1999), unter dem Titel: S. Stud. 10 (2000)ff.. H. R. G.

Simon von Faversham, *vor 1260 (vermutlich um 1240), wahrscheinlich in Faversham (Kent), †zwischen 24. Mai und 19. Juli 1306 in Frankreich, engl. Philosoph und Theologe. S. v. F. studierte in Oxford, unterrichtete dann vermutlich als Magister artium in den 1280er Jahren Philosophie in Paris. 1289 kehrte er nach Oxford zurück und wurde 1290 zum Diakon geweiht. Eine Pfründe ermöglichte ihm die Fortführung seiner Studien. Um 1300 scheint S. v. F. die Position eines Magister regens Theologie in Oxford erhalten zu haben, obwohl er nie zum Priester geweiht wurde. Von Januar 1304 bis Februar 1306 Kanzler der Universität. Er starb auf einer Reise an den päpstlichen Hof in Avignon, wo er einen Streit um eine Pfarrpfründe in Reculver (Kent) in seinem Sinne zu beeinflussen hoffte.

Die weitaus meisten der erhaltenen, allerdings nur teilweise edierten Schriften S.s v. F. sind philosophischen Inhalts und dürften auf seine Pariser Lehrtätigkeit zurückgehen. S. v. F. gehört zu den namhaften Aristoteleskommentatoren des 13. Jhs.. In der Auseinandersetzung um die Selbständigkeit der Philosophie lehnt er in Streitfällen zwischen philosophischer Vernunft und offenbarungsorientierter (↑Offenbarung) Theologie den einen Vorrang der Vernunft betonenden ↑Averroismus ab (↑Wahrheit, doppelte) und votiert für eine an Thomas von Aquin und Albertus Magnus anschließende, vermittelnde Position. Er wendet sich ferner gegen die averroistische Lehre von der Einheit und Ewigkeit des Intellekts und besteht auf der Individualität und ↑Unsterblichkeit der Einzelseele (↑Seele). Neu dürfte S.s sorgfältige Unterscheidung zwischen den Operationen des *intellectus agens* und des *intellectus possibilis* sein (↑intellectus), verbunden mit einem systematischen Vorzug des letzteren, da durch ihn vollständige Gründe (completa ratio universalis) erzeugt würden, wogegen der *intellectus agens* nur abstrakte Formen hervorbringe. Generell scheint S.s v. F. philosophische Konzeption mit den Grundlinien derjenigen von Albertus Magnus übereinzustimmen. – In der Logik ist S. ein Vertreter der logica moderna (↑logica antiqua, ↑Terminismus) und schließt sich hier islamischen Aristoteleskommentatoren (Avicenna, Averroës) an; in der Grammatik vertritt er modistische Positionen (↑modistae).

Werke: Opera Omnia I (Opera logica I [Quaestiones super libro porphyrii, Quaestiones super libro praedicamentorum, Quaestiones super libro perihermeneias]), ed. P. Mazzarella, Padua 1957 (mehr nicht erschienen). – Le »Quaestiones super libro Praedicamentorum« di Simone di F. dal ms. Ambrosiano C. 161, Inf., ed. C. Ottaviano, Atti Reale Accad. Lincei Ser. VI, Bd. 3, fasc. 4, Rom 1930, 257–351; Simonis de F. (c. 1240–1306) Quaestiones super tertium De Anima, ed. D. Sharp, Arch. hist. doctr. litt. moyen-âge 9 (1934), 307–368; S. of F.'s Sophisma »Universale est intentio«, ed. T. Yokoyama, Med. Stud. 31 (1969), 1–14; Quaestiones super libro Elenchorum, ed. S. Ebbesen u.a., Toronto 1984; Talking about What Is No More. Texts by Peter of Cornwall (?), Richard of Clive, S. of F., and Radulphus Brito, ed. S. Ebbesen, Cah. inst. moyen-âge grec. lat. 55 (1987), 135–168; Quaestiones super libro De somno et vigilia. An Edition, ed. S. Ebbesen, Cah. inst. moyen-âge grec. lat. 82 (2013), 90–145; Quaestiones super De motu animalium. A Partial Edition and Doctrinal Study, ed. M. S. Christensen, Cah. inst. moyen-âge grec. lat. 84 (2015), 93–128.

Literatur: S. F. Brown, S. of F., in: ders./J. C. Flores (eds.), Historical Dictionary of Medieval Philosophy and Theology, Lanham Md./Toronto/Plymouth 2007, 262; A. De Libera, S. de F., DP II (²1993), 2641–2642; S. Donati, S. v. F., in: A. Brungs/V. Mudroch/P. Schulthess (eds.), Die Philosophie des Mittelalters IV/1-2 (13. Jahrhundert), Basel 2017, 410–412, 439–445, 669; S. Ebbesen, S. of F. on the Sophistici Elenchi, Cah. inst. moyen-âge grec. latin 10 (1973), 21–28; M. Grabmann, Die Aristoteleskommentare des S. v. F. († 1306). Handschriftliche Mitteilungen, München 1933 (Sitz.ber. Bayer. Akad. Wiss., philos.-hist. Kl. 1933, H. 3); C. Kann, S. v. F., BBKL IX (1995), 391–392; P. O. Lewry, The Commentaries of S. of F. and Ms. Merton College 288, Bull. philos. méd. 21 (1979), 73–80; C. H. Lohr, Medieval Latin Aristotle Commentaries. Authors: Robertus – Wilgelmus, Traditio 29 (1973), 93–197, bes. 139–146; ders., S. v. F., englischer Scholastiker (ca. 1250–1306), LMA VII (1995), 1915–1916; J. L. Longeway, S. of F.'s Questions on the »Posterior Analytics«. A Thirteenth-Century View of Science, Diss. Ithaca N. Y. 1977; ders., S. of F., in: J. J. E. Gracia/T. B. Noone (eds.), A Companion to Philosophy in the Middle Ages, Malden Mass./Oxford/Carlton 2003, 641–642; ders., S. of F., SEP 2003, rev. 2012; ders., S. of F., in: H. Lagerlund (ed.), Encyclopedia of Medieval Philosophy II, Dordrecht etc. 2011, 1200–1202; D. Murè, Suppositum between Logic and Metaphysics: S. of F. and His Contemporaries (1270–1290), in: E. P. Bos (ed.), Medieval Supposition Theory Revisited, Leiden/Boston Mass. 2013, 205–229; C. Ottaviano, Le opere di Simone di F. e la sua posizione nel problema degli universali [mit Edition der Quaestiones III–V der Quaestiones libri Porphyrii], Arch. filos. 1 (1931), 15–29; M. Pickavé, S. of F. on Aristotle's »Categories« and the ›Scientia Praedicamentorum‹, in: L. A. Newton (ed.), Medieval Commentaries on Aristotle's »Categories«, Leiden/Boston Mass. 2008, 183–220; J. Pinborg, S. of F.'s Sophisma Universale est intentio. A Supplementary Note, Med. Stud. 33 (1971), 360–364; F. M. Powicke, Master S. of F., in: Mélanges d'histoire du moyen âge offerts à M. Ferdinand Lot par ses amis et ses élèves, Paris 1925, 649–658; L. M. de Rijk, On the

Genuine Text of Peter of Spain's »Summule logicales«. II S. of F. (d. 1306) as a Commentator of the Tracts I–V of the »Summule«, Vivarium 6 (1968), 69–101; A. Tiné, S. of F.. Proemi alla logica, in: J. Marenbon (ed.), Aristotle in Britain during the Middle Ages […], Turnhout 1996, 211–231; J. Vennebusch, Die »Quaestiones in tres libros De anima« des S. v. F., Arch. Gesch. Philos. 47 (1965), 20–39; F. A. Wolf, Die Intellektslehre des S. v. F. nach seinen De-anima-Kommentaren, Diss. Bonn 1966 (mit Transkription von qu. 113–114 zu Buch III von De anima).   G. W.

Simon von Tournai (lat. Simon Tornacensis), *Tournai um 1130, †Paris um 1201, mittelalterlicher Theologe, lehrte in Paris und schrieb »Institutiones in sacram paginam«, eine »Expositio in Symbolum Athanasii«, eine »Abbreviatio in Sententiis Petri Lombardi« und 102 »Disputationes«. Seine Werke weisen ihn als Kenner der Texte der Kirchenväter aus, zeigen zugleich aber auch schon einen Einfluß der Physik (und möglicherweise auch der Metaphysik) des Aristoteles.

Werke: Die Texte der Trinitätslehre in den Sentantiae des S. v. T., ed. M. Schmaus, Rech. théol. anc. et médiévale 4 (1932), 59–72, 187–198, 294–307, separat Louvain 1932; Les »Disputationes« de S. de T.. Texte inédit, ed. J. Warichez, Louvain 1932; Tractatus Magistri Simonis De Sacramentis, in: H. Weisweiler, Maître S. et son groupe »De sacramentis« [s. u., Lit.], 1–81; Tractatus de septem sacramentis ecclesie, in: H. Weisweiler, Maître S. et son groupe »De sacramentis« [s. u., Lit.], 82–102; Die »Institutiones in sacram paginam« des S. v. T.. Einleitung und Quästionenverzeichnis, ed. R. Heinzmann, Paderborn/München/Wien 1967; Expositio […] super simbolum. (Editio prima/secunda), in: N. M. Häring, Two Redactions of a Commentary on a Gallican Creed by S. of T., Arch. hist. doctr. litt. moyen-âge 41 (1974), 44–112; Expositio symboli edita a magistro Symone Tornacensis [Expositio in symbolum ›Quicumque‹], in: N. M. Häring, S. of T.'s Commentary on the So-Called Athanasian Creed, Arch. hist. doctr. litt. moyen-âge 43 (1976), 147–199.

Literatur: J. N. Garvin, S. of T., in: B. L. Marthaler u. a. (eds.), New Catholic Encyclopedia, Detroit Ill. etc. 2003, 133; P. Glorieux, S. de T., in: A. Vacant/E. Mangenot/E. Amann (eds.), Dictionnaire de théologie catholique XIV, Paris 1941, 2124–2130; M. Grabmann, Die Geschichte der scholastischen Methode nach den gedruckten und ungedruckten Quellen II, Freiburg 1911 (repr. Berlin [Ost] 1956, Darmstadt 1988), 535–552; L. Hödl, S. v. T., LThK IX (²1964), 771–772; R. Imbach, S. v. T., LThK IX (³2000), 605; C. J. Liebman, The Old French Psalter Commentary. Contribution to a Critical Study of the Text Attributed to S. of T., New York 1982; J. Longère, S. of T., in: A. Vauchez/R. B. Dobson/M. Lapidge (eds.), Encyclopedia of the Middle Ages II, Chicago Ill./Cambridge 2000, 1357; J. Madey, S. v. T., BBKL X (1995), 418–420; M.-H. Vicaire, Les porrétains et l'avicennisme avant 1215, Rev. sci. philos. théol. 26 (1937), 449–482; H. Weisweiler, Maître S. et son groupe »De sacramentis«. Textes inédits, Louvain 1937; M. de Wulf, Histoire de la philosophie en Belgique, Brüssel, Paris 1910, 44–60 (La renaissance philosophique du XIIIᵉ siècle. Guillaume de Moerbeke, S. de T., les sorbonnistes belges).   O. S.

Simplikios aus Kilikien, 6. Jh. n. Chr., einer der bedeutendsten Philosophen des athenischen ↑Neuplatonismus. S. war Schüler des Ammonios Hermeiou in Alexandria und des Damaskios in Athen. Er emigrierte nach Schließung der ↑Akademie (529) mit sechs anderen Platonikern nach Persien; 533 kehrte er (vermutlich nach Athen) zurück und widmete sich, da ihm die Lehrtätigkeit verboten worden war, der (kommentierenden) philosophischen Schriftstellerei. Sein Hauptwerk, ein Kommentar zur »Metaphysik« des Aristoteles, ist verloren; erhalten sind seine Kommentare zu den Schriften »Über die Seele«, »Über den Himmel«, zu den »Kategorien« und zur »Physik« des Aristoteles; erhalten, aber noch nicht ediert sind ferner seine Kommentare zu Iamblichos und Hermogenes. – Die Werke des S. sind eine wichtige Quelle für die griechische Philosophie, insbes. für die ↑Vorsokratiker.

Ausgehend von der Annahme, daß alle Philosophen dieselbe Vernunft zur Geltung bringen wollen, sucht S. die unterschiedlichen Philosophenmeinungen zu harmonisieren und offenkundige Gegensätze (vor allem zwischen Platon und Aristoteles, z. B. in dessen Lehre vom unbewegten Beweger; ↑Beweger, unbewegter) als verbale Diskrepanz, nicht als Widerspruch in der Sache, zu interpretieren. S. übernimmt die Lehre von den ↑Hypostasen des Neuplatonismus, wobei er den Unterschied zwischen dem ›Ur-Einen‹ (Gott) und der sich aus diesem entwickelnden Vielheit betont (↑Plotinos). Scharfe Kritik übt er am Christentum und an J. Philoponos, der die Annahme einer göttlichen Erschaffung der Welt und ein lineares, eine Wiederkehr des Gleichen ausschließendes Zeitverständnis vertritt, wogegen S. von der ↑Ewigkeit der Welt und einer zyklischen Zeitkonzeption ausgeht.

Werke: ΥΠΟΜΝΗΜΑ ΕΙΣ ΤΑΣ ΔΕΚΑ ΚΑΤΗΓΟΡΙΑΣ ΤΟΥ ΑΡΙΣΤΟΤΕΛΟΥΣ, ed. Z. Kallierges, Venedig 1499, unter dem Titel: Simplicii in Aristotelis Categorias commentarium, ed. C. Kalbfleisch, Berlin 1907 (repr. 1960, 2012) (CAG VIII) (lat. Simplicii philosophi profundissimi in Aristotelis Stagyrite predicamenta luculentissima expositio […], übers. W. v. Moerbeke, Venedig 1516, unter dem Titel: Commentarium in decem Categorias Aristotelis […], übers. G. Dorotheus, Venedig 1540 [repr., ed. R. Thiel/C. Lohr, Stuttgart-Bad Cannstatt 1999], unter dem Titel: Commentaire sur les catégories d'Aristote, I–II, ed. A. Pattin, Louvain/Paris 1971/Leiden 1975 [Corpus Latinum Commentariorum in Aristotelem Graecorum V/1–2]; franz. Commentaire sur les Catégories, ed. I. Hadot, Leiden etc. 1990ff. [erschienen Bde I, III], [Teilausg.] unter dem Titel: Commentaire sur les Catégories d'Aristote. Chapitres 2–4, übers. P. Hoffmann, Paris 2001; engl. On Aristotle Categories, ed. R. Sorabji, Ithaca N. Y., London 2000ff. [erschienen: On Aristotle Categories 1–4, 5–6, 7–8, 9–15]); Simplicii commentarii in octo Aristotelis physicae auscultationis libros cum ipso Aristotelis textu, Venedig 1526, ferner als: CAG IX–X (IX Simplicii in Aristotelis Physicorum libros quattuor priores commentaria, X Simplicii in Aristotelis Physicorum libros quattuor posteriores commentaria), ed. H. Diels, Berlin 1882/1895 (repr. 1954, 2012) (lat. Commentaria in octo libros Aristotelis de Physico auditu […], übers. G. Hervet, Paris 1544, übers. G. V. Colle, Venedig 1587; dt./griech. [Auszug] Der Bericht des Simplicius über die Quadraturen des Antiphon und des Hippokrates, ed. F. Rudio, Leipzig 1907 [repr. Wiesbaden 1968]; [Auszug] Übersetzung des Corollarium de tempore, in: E. Sonderegger, S. [s. u., Lit.], 140–174; engl. On Aristotle's »Physics«, ed. R. Sorabji, Ithaca N. Y., London 1998ff. [erschienen: On Aristotle's »Physics« 1.3–4; 1.5–9; 2; 3; 4.1–5 and 10–14; 5; On Aristotle on the Void (zusammen mit: Philoponus, On Aristole's »Physics 5–8«); Corollaries on Place and Time; On Aristotle's »Physics« 6; 7; 8.1–5; 8.6–10; Against Philoponus on the Eternity of the World (zusammen mit: Philoponus, Corollaries on Place and Void)]); Simplicii commentarii in quatuor Aristotelis libros de coelo, cum textu eiusdem [griech. Übers. d. lat. Übers. v. W. Moerbeke], Venedig 1526, unter dem Titel: Simplicii in Aristotelis De Caelo commentaria, ed. I. L. Heiberg, Berlin 1894 (repr. 1958, 1999) (CAG VII) (lat. Simplicii philosophi acutissimi, Commentaria in quatuor libros De coelo Aristotelis, übers. W. Moerbeke, Venedig 1540, mit Untertitel: Noviter fere de integro interpretata, ac cum fidissimis codicibus graecis recens collata, übers. G. Dorotheus, 1548, 1584, unter dem Titel: Commentaire sur le traité du ciel d'Aristote, ed. F. Bossier, Leuven 2004ff. [erschienen Bd. I (Corpus Latinum Commentariorum in Aristotelem Graecorum VIII)]; engl. On Aristotle's On the Heavens, ed. R. Sorabji, Ithaca N. Y., London 2002ff. [erschienen: On the Heavens 1.1–4, 1.2–3, 1.5–9, 1.10–12, 2.1–9, 2.10–14, 3.1–7, 3.7–4.6], [Teilübers.] unter dem Titel: In Aristotelis de caelo 2.10–2.12, in: A. C. Bowen, Simplicius on the Planets and Their Motions [s. u., Lit.], 97–177); Simplicii Commentaria in tres libros Aristotelis de anima, Venedig 1527, unter dem Titel: Simplicii in libros Aristotelis De Anima commentaria, ed. M. Hayduck, Berlin 1882 (CAG XI) (repr. Berlin 1959) (lat. Simplicii Commentarii in libros de anima Aristotelis, Venedig 1543, unter dem Titel: Commentaria Simplicii [...] in tres libros De anima Aristotelis, 1564 [repr., ed. C. Lohr, Frankfurt 1979], 1587; engl. On Aristotle on the Soul, ed. R. Sorabji, Ithaca N. Y., London 1995ff. [erschienen: On the Soul 1.1–2.4, 2.5–12 (zusammen mit: Priscianus »On Theophrastus on Sense-Perception«), 3.1–5, 3.6–13]); Συμπλικίου Ἐξήγησις εἰς τὸ τοῦ Ἐπικτήτου Ἐγχειρίδιον, Venedig 1528, unter dem Titel: Enchiridion Epicteti, cum eruditissimis Simplicii commentariis, ed. D. Hensius, Leiden 1639, unter dem Titel: Simplicii Commentarius in Epicteti Enchiridion [griech./lat.], I–II, ed. J. Schweighäuser, Leipzig 1800, unter dem Titel: Theophrasti characteres [...] fragmenta et enchiridion cum commentario Simplicii [...], ed. F. Dübner 1840, unter dem Titel: Simplicius. Commentaire sur le »Manuel« d'Épictète, ed. I. Hadot, Leiden/New York/Köln 1996 (lat. Simplicii [...] commentarius in Enchiridion Epicteti, Venedig 1546, unter dem Titel: Epicteti Enchiridion [...] [griech./lat.], übers. v. H. Wolf, Basel 1563, [griech./lat.] London 1670; engl. Epictetus, His Morals, with Simplicius His Comment, trans. G. Stanhope, London 1694, unter dem Titel: On Epictetus Handbook, ed. R. Sorabji, Ithaca N. Y., London 2002ff. [erschienen: On Epictetus Handbook 1–26, 27–53]; dt. Commentar zu Epiktetos Handbuch, übers. K. Enk, Wien 1867; franz./griech. Simplicius. Commentaire sur le »Manuel« d'Épictète, ed. I. Hadot, Paris 2001ff. [erschienen: Bd. I (Chapitres I–XXIX)]; Abū l-'Abbās an-Nayrīzīs Exzerpte aus (Ps.-?)Simplicius' Kommentar zu den Definitionen, Postulaten und Axiomen in Euclids »Elementa I«, ed. R. Arnzen, Köln/Essen 2002.

Literatur: H. Baltussen, Philosophy and Exegesis in Simplicius. The Methodology of a Commentator, London etc. 2008; ders., Simplicius of Cilicia, in: L. P. Gerson (ed.), The Cambridge History of Philosophy in Late Antiquity II, Cambridge etc. 2010, 711–732 (mit Bibliographie, 1137–1143); A. C. Bowen, Simpli-

cius on the Planets and Their Motions. In Defense of a Heresy, Leiden/Boston Mass. 2013; A. Cameron, The Last Days of the Academy at Athens, Proc. Cambridge Philolog. Soc. NS 15 (1969), 7–29, stark überarb. in: ders., Wandering Poets and Other Essays on Late Greek Literature and Philosophy, Oxford etc. 2016, 205–245, 331–344; H. Dörrie, S., KP V (1979), 205–206; E. Ducci, Il *τὸ ἐὸν* parmenideo nella interpretazione di Simplicio, Angelicum 40 (1963), 173–194, 313–327; P. Golitsis, Les commentaires de Simplicius et de Jean Philopon à la »Physique« d'Aristote. Tradition et innovation, Berlin/New York 2008; R. Goulet/E. Coda, Simplicius de Cilicie, Dict. ph. ant. VI (2016), 341–394, 1273–1275; I. Hadot, Die Widerlegung des Manichäismus im Epiktetkommentar des S., Arch. Gesch. Philos. 51 (1969), 31–57; dies., Le système théologique de Simplicius dans son commentaire sur le Manuel d'Epictète, in: P. M. Schuhl (ed.), Le néoplatonisme, Paris 1971, 265–279; dies. (ed.), Simplicius. Sa vie, son œuvre, sa survie. Actes du Colloque international de Paris (28 Sept.–1er Oct. 1985), Berlin/New York 1987; dies., S., DNP XI (2001), 578–580; dies., Le néoplatonicien Simplicius à la lumière des recherches contemporaines. Un bilan critique, Sankt Augustin 2014 (mit zwei Beiträgen v. P. Vallat); M. Jammer, Concepts of Space. The History of Theories of Space in Physics, Cambridge Mass. 1954, erw. New York [3]1993 (dt. Das Problem des Raumes. Die Entwicklung der Raumtheorien, Darmstadt 1960, erw. [2]1980); A. C. Lloyd, Simplicius, Enc. Ph. VII (1967), 448–449; P. Merlan, Simplicius, LAW (1965), 2802–2803; H. Meyer, Das Corollarium de Tempore des S. und die Aporien des Aristoteles zur Zeit, Meisenheim am Glan 1969; B. Nardi, Saggi sull' Aristotelismo padovano dal secolo XIV al XVI, Florenz 1958, 1966, 365–442 (XIII Il commento di Simplicio al »De anima« nelle controversie della fine del secolo XV e del secolo XVI); K. Praechter, S., RE III/A1 (1927), 204–213; S. Sambursky, Physical World of Late Antiquity, London 1962, Princeton N. J. 1987, 1–175 (dt. Das physikalische Weltbild der Antike, Zürich/Stuttgart 1965, 375–619); D. Sider, Simplicius, Enc. Ph. IX ([2]2006), 34–36; E. Sonderegger, S.: Über die Zeit. Ein Kommentar zum Corollarium de tempore, Göttingen 1982; P. Soulier, Simplicius et l'infini, Paris 2014; R. Thiel, S. und das Ende der neuplatonischen Schule in Athen, Mainz 1999 (Abh. Akad. Wiss. u. Lit. Main, geistes- u. sozialwiss. Kl. 1999, 8); G. Verbeke, Simplicius, DSB XII (1975), 440–443; C. Vogel, Stoische Ethik und platonische Bildung. Simplikios' Kommentar zu Epiktets »Handbüchlein der Moral«, Heidelberg 2013; W. Wieland, Die Ewigkeit der Welt, in: D. Henrich (ed.), Die Gegenwart der Griechen im neueren Denken. Festschrift für Hans-Georg Gadamer zum 60. Geburtstag, Tübingen 1960, 291–316; C. Wildberg, Simplicius, REP VIII (1998), 788–791. **M. G.**

Simulation (von lat. simulare, nachbilden; engl. simulation, franz. simulation), Bezeichnung für die stellvertretende Nachbildung eines Prozesses oder einzelner seiner Aspekte durch einen anderen ↑Prozeß. Beide Prozesse laufen jeweils in bzw. auf einem bestimmten ↑System ab. Die Systeme, in denen der simulierte bzw. simulierende Prozeß stattfindet, können dabei auf demselben oder auf unterschiedlichen Substraten realisiert sein. Wird ein System mathematisch simuliert, spricht man von einer ›theoretischen S.‹ ist das simulierende System ein Computer, von einer ›Computersimulation‹. Eine ›experimentelle S.‹ liegt vor, wenn ein (nicht notwendigerweise materieller) Prozeß durch einen materiellen Prozeß nachgebildet wird.

Ein Beispiel für eine *experimentelle* S. ist die S. evolutionärer Mechanismen im Labor. Dabei wird das Ziel verfolgt, Abläufe in der frühen Evolution mit dem gleichen Substrat (Aminosäuren etc.) künstlich nachzuvollziehen. Bei Windkanalsimulationen mit Autoattrappen ist das simulierende System zwar ebenfalls materiell, aber – z. B. aus pragmatischen Gründen – nicht unbedingt aus demselben Substrat wie das simulierte System. Grundlage einer *theoretischen* S. ist ein dynamisches ↑Modell, das neben Spezifikationen der statischen, d. h. synchronen, Eigenschaften des zu simulierenden Systems auch Annahmen über dessen Zeitentwicklung einschließt. Bei theoretischen S.en wird zwischen ›deterministischen‹ (↑Determinismus) und ›stochastischen‹ S.en unterschieden. Im Gegensatz zu deterministischen S.en wird bei *stochastischen* S.en der Einfluß des Zufalls (↑Wahrscheinlichkeit, ↑Wahrscheinlichkeitstheorie) explizit berücksichtigt. Dieser Zufall mag aus der Unkenntnis der ↑Randbedingungen stammen (wie in der Statistischen Mechanik [↑Thermodynamik] oder den ↑Sozialwissenschaften) oder ontologisch fundamentaler Natur sein (wie in der ↑Quantentheorie). Weiterhin unterscheidet man zwischen ›kontinuierlichen‹ und ›diskreten‹ S.en. Bei einer *kontinuierlichen* S. werden die zugrundeliegende Raumzeitstruktur und die Menge der Systemzustände als kontinuierlich angenommen; das entsprechende Modell ist dann als ↑Differentialgleichung formuliert. Bei einer *diskreten* S. wird die Raumzeit (↑Raum-Zeit-Kontinuum) in distinkte Zellen eingeteilt. Auch die Menge der möglichen Systemzustände ist dabei diskret. Hier finden zelluläre Automaten (↑Automat, zellulärer, ↑Automatentheorie) Verwendung. Dabei ergibt sich der Zustand einer jeden Zelle zum Zeitpunkt t_{i+1} nach bestimmten Regeln aus dem Zustand ihrer Nachbarzellen zum Zeitpunkt t_i. Zelluläre Automaten stehen in engem Zusammenhang mit spieltheoretischen S.en (↑Spieltheorie), die in den Sozialwissenschaften studiert werden.

Theoretische S.en zeichnen sich durch ihre Multifunktionalität im Forschungsprozeß der verschiedenen Wissenschaften aus. Sie werden unter anderem zu folgenden Zwecken herangezogen: (1) Bei Systemen, die so komplex sind, daß exakte mathematisch-analytische Methoden an der Beschreibung ihrer Zeitentwicklung scheitern und Näherungen relevante Effekte zum Verschwinden bringen, können Computersimulationen der *Vorhersage* (↑Prognose) dienen. So sind Computersimulationen ein wichtiges Werkzeug für die Untersuchung chaotischer Systeme (↑Chaostheorie). (2) S.en spielen bei der Formulierung von Hypothesen, Modellen und Theorien zunehmend eine Rolle in der ↑Heuristik. Durch eine möglichst umfassende Durchmusterung des Parameterbereiches des zugrundeliegenden Modells läßt sich gegebenenfalls auf einfache funktionale Beziehungen schließen, die sich im nächsten Schritt entweder analytisch aus dem Modell deduzieren oder als Annahmen eines einfacheren Modells oder einer Theorie verwenden lassen. (3) S.en ersetzen reale ↑*Experimente*, wenn die grundlegenden Gesetze bekannt sind und pragmatische Überlegungen die Durchführung realer Experimente ausschließen. So simulieren Chemiker den Ablauf aufwendiger Reaktionen und Physiker vollziehen die mehrere Millionen Jahre dauernde Entwicklung eines Sterns in wenigen Minuten auf dem Computer nach. Die zuweilen geäußerte These, die S. sei eine neuartige Methode zwischen realem Experiment und Theorie, ist allerdings wenig stichhaltig. Bei S.en ist die Gültigkeit der Resultate von der Korrektheit der zugrundegelegten Annahmen und der Zuverlässigkeit der Ableitungsverfahren abhängig. Es geht entsprechend darum, die Konsequenzen dieser Annahmen zu entwickeln oder zu veranschaulichen. S. ist also wesentlich theoriegestützte ↑Deduktion. (4) Insbes. in der Physik werden S.en dazu verwendet, die *Auswertung* und *Interpretation* von Experimenten zu ermöglichen. Hochenergiephysiker simulieren z. B. die Empfindlichkeit von Nachweisdetektoren, um später im Anschluß an reale Experimente Rückschlüsse auf die Häufigkeit der betreffenden Reaktionsprodukte zu erhalten. Auch ist es möglich, mit Hilfe von S.en Effekte auf Grund bekannter, erwarteter ↑Wechselwirkungen von solchen Effekten zu trennen, die auf neue, noch unbekannte physikalische Mechanismen zurückzuführen sind. Allerdings sind S.en häufig auf begrenzte Bereiche der einschlägigen ↑Parameter beschränkt und erlauben daher nur die Darstellung eines Teils des Anwendungsbereichs der betreffenden Theorien oder Modelle. Diese Beschränkungen fallen durch Fortschritte der Computertechnologie zunehmend weniger ins Gewicht.

In der ↑Philosophie des Geistes (↑philosophy of mind) wird der Begriff der S. im Zusammenhang mit der Explikation kognitiver Eigenschaften wie Sprache, Verhalten oder Intelligenz verwendet. Es geht dabei um die begriffliche Klärung und die sachliche Angemessenheit der Behauptung, ein Computer könne gewisse Leistungen des menschlichen Geistes simulieren (↑Intelligenz, künstliche). Eine wichtige Rolle wird in Zukunft auch die philosophische Auseinandersetzung mit Programmen zur Erzeugung einer virtuellen Realität (Cyberspace) spielen. Dabei geht es um eine S. sensorischer (z. B. visueller und akustischer) Reizungen des Menschen. Im Gegensatz zu den S.en in der Wissenschaft ist der Mensch in diesem Falle selbst Teil der S..

Literatur: V. C. Aldrich, Behaviour, Simulating and Nonsimulating, J. Philos. 63 (1966), 453–457; M. P. Allen/D. J. Tildesley, Computer S. of Liquids, Oxford etc. 1987, 2009; K. Binder/D. W.

Heermann, Monte Carlo S. in Statistical Physics. An Introduction, Berlin etc. 1988, Berlin/Heidelberg [5]2010; L. G. Birta/G. Arbez, Modelling and S.. Exploring Dynamic System Behaviour, London etc. 2007, [2]2013; M. A. Boden (ed.), The Philosophy of Artificial Life, Oxford etc. 1996, 2005; N. Bolz, Chaos und S., München 1992, [2]1998; H.-J. Bungartz u. a., Modellbildung und S.. Eine anwendungsorientierte Einführung, Berlin/Heidelberg 2009, [2]2013 (engl. Modeling and S.. An Application-Oriented Introduction, Heidelberg etc. 2014); T. M. Carsey/J. J. Harden, Monte Carlo S. and Resampling. Methods for Social Science, Los Angeles/London 2014; R. Conte/R. Hegselmann/P. Terna (eds.), Simulating Social Phenomena, Berlin/Heidelberg 1997; S. Cubitt, S. and Social Theory, London/Thousand Oaks Calif. 2001; B. J. Dotzler/N. Röller, S., ÄGB V (2003), 509–534; B. Edmonds/R. Meyer (eds.), Simulating Social Complexity. A Handbook, Berlin/Heidelberg 2013; U. Gähde/S. Hartmann/J. H. Wolf (eds.), Models, S.s, and the Reduction of Complexity, Berlin/Boston Mass. 2013; A. Gelfert, How to Do Science with Models. A Philosophical Primer, Cham 2016; N. Gilbert/J. Doran (eds.), Simulating Societies. Computer S.s of Social Phenomena, London 1994, 1995; ders./K. G. Troitzsch, S. for the Social Scientist, Buckingham etc. 1999, Maidenhead etc. [2]2005, 2011; A. I. Goldman, Simulating Minds. The Philosophy, Psychology, and Neuroscience of Mindreading, Oxford etc. 2006, 2008; H. Gould/J. Tobochnik, An Introduction to Computer S. Methods. Applications to Physical Systems, I–II, Reading Mass. etc. 1988, in einem Bd. [2]1996, mit W. Christian, San Francisco Calif. etc. [3]2007; P. Grim/G. Mar/P. St. Denis, The Philosophical Computer. Exploratory Essays in Philosophical Computer Modeling, Cambridge Mass./London 1998; B. Hannon/M. Ruth, Modeling Dynamic Biological Systems, New York etc. 1997, Cham etc. [2]2014; R. Hedrich, Komplexe und fundamentale Strukturen. Grenzen des Reduktionismus, Mannheim/Wien/Zürich 1990, 191–217 (Kap. 7.3 Zelluläre Automaten); R. Hegselmann/U. Müller/K. G. Troitzsch (eds.), Modelling and S. in the Social Sciences from the Philosophy of Science Point of View, Dordrecht etc. 1996; M. Heim, The Metaphysics of Virtual Reality, Oxford etc. 1993, 1994; F. C. Hoppensteadt/C. S. Peskin, Modeling and S. in Medicine and the Life Sciences, New York etc. 2002, [2]2004, 2010; P. Humphreys, Numerical Experimentation, in: ders. (ed.), Patrick Suppes. Scientific Philosopher II, Dordrecht/Boston Mass./London 1994, 103–121; ders., Computational Empiricism, Found. Sci. 1 (1995), 119–130; ders., Extending Ourselves. Computational Science, Empiricism, and Scientific Method, Oxford etc. 2004; ders./C. Imbert (eds.), Models, S.s, and Representations, New York/London 2012; W. Jäger, S. und Natur. Die mathematisch gedeutete Natur, in: L. Honnefelder (ed.), Natur als Gegenstand der Wissenschaften, Freiburg/München 1992, 27–85; W. J. Kaufmann/L. L. Smarr, Supercomputing and the Transformation of Science, New York 1993 (dt. Simulierte Welten. Moleküle und Gewitter aus dem Computer, Heidelberg/Berlin/Oxford 1994); J. Klüver/J. Schmidt, Computersimulationen und soziale Einzelfallstudien. Eine Einführung in die Modellierung des Sozialen, Herdecke 2006; T. Kron (ed.), Luhmann modelliert. Sozionische Ansätze zur S. von Kommunikationssystemen, Opladen 2002; D. P. Landau/K. Binder, A Guide to Monte Carlo S.s in Statistical Physics, Cambridge etc. 2000, [4]2015; J. Lenhard/G. Kueppers/T. Shinn (eds.), S.. Pragmatic Construction of Reality, Dordrecht 2006; W. B. G. Liebrand/A. Nowak/R. Hegselmann (eds.), Computer Modeling of Social Processes, London/Thousand Oaks Calif. 1998; T. Metzinger, Subjekt und Selbstmodell. Die Perspektivität phänomenalen Bewußtseins vor dem Hintergrund einer naturalistischen Theorie mentaler Repräsentation,

Paderborn etc. 1993, Paderborn [2]1999; G. A. Mihram, S. Methodology, Theory and Decision 7 (1976), 67–94; C. Z. Mooney, Monte Carlo S., Thousand Oaks Calif./London 1997, 2003; M. Morrison, Reconstructing Reality. Models, Mathematics, and S.s, Oxford etc. 2015; W. Parker, S. and Understanding in the Study of Weather and Climate, Pers. Sci. 22 (2014), 336–356; D. C. Rapaport, The Art of Molecular Dynamics S., Cambridge etc. 1997, [2]2004, 2009; J. Reiss, S., EP III ([2]2010), 2457–2461; S. M. Ross, A Course in S., New York/London 1990, unter dem Titel: S., New York/London, San Diego Calif. etc. [2]1997, Oxford etc., Amsterdam etc. [5]2013; J. R. Searle, Is the Brain's Mind a Computer Program?, Sci. Amer. 262/1 (1990), 20–25 (dt. Ist der menschliche Geist ein Computerprogramm?, Spektrum Wiss. 1990, H. 3, 40); D. N. Shanbhag/C. R. Rao (eds.), Stochastic Processes. Theory and Methods, Amsterdam/Boston Mass./London 2001, mit Untertitel: Modelling and S., 2003; H. A. Simon, The Sciences of the Artificial, Cambridge Mass. 1969, [3]1996, 2001 (dt. Die Wissenschaften vom Künstlichen, Berlin 1990, Wien/New York [2]1994; franz. La science des systèmes. Science de l'artificiel, Paris 1974); J. A. Sokolowski/C. M. Banks (eds.), Handbook of Real-World Applications in Modeling and S., Hoboken N. J. 2012; M. O. Steinhauser, Computer S. in Physics and Engineering, Berlin/Boston Mass. 2013; P. Stoltze, S. Methods in Atomic-Scale Materials Physics, Lyngby 1997; B. Thalheim/I. Nissen (eds.), Wissenschaft und Kunst der Modellierung. Kieler Zugang zur Definition, Nutzung und Zukunft, Berlin/Boston Mass. 2015; R. Trenholme, Analog S., Philos. Sci. 61 (1994), 115–131; S. Turkle u. a., S. and Its Discontents, Cambridge Mass./London 2009; K. Weber, S. und Erklärung. Kognitionswissenschaft und KI-Forschung in wissenschaftstheoretischer Perspektive, Münster etc. 1999; M. Weisberg, S. and Similarity. Using Models to Understand the World, Oxford etc. 2013, 2015; E. B. Winsberg, Science in the Age of Computer S., Chicago Ill./London 2010; ders., Computer S.s in Science, SEP 2013, rev. 2015; S. Wolfram, Cellular Automata and Complexity. Collected Papers, Reading Mass. etc. 1994, Boulder Colo. 2002; A. V. Zinkovsky/V. A. Sholuha/A. A. Ivanov, Mathematical Modelling and Computer S. of Biochemical Systems, Singapur etc. 1996; weitere Literatur: ↑Modell.   S. H.

Simulationstheorie/Theorientheorie des Mentalen,

Bezeichnung für zwei gegensätzliche Theorieansätze in der ↑Philosophie des Geistes (↑philosophy of mind) und der ↑Kognitionswissenschaft zur Grundlage und Beschaffenheit von Verhaltenserklärungen und Verhaltensvorhersagen (↑Verhalten (sich verhalten)) in der Alltagspsychologie. Für die Theorientheorie gründet sich die Fähigkeit zur Angabe solcher Erklärungen und Vorhersagen auf die (unter Umständen unbewußte) Kenntnis von Regelhaftigkeiten im Verhalten und entsprechend auf Verallgemeinerungen. Danach geschieht die Erschließung menschlichen Verhaltens im Grundsatz auf die gleiche Weise wie die Erklärung und Vorhersage (↑Prognose) von Phänomenen der unbelebten Natur. Dagegen stützt sich für die Simulationstheorie das Verstehen menschlichen Verhaltens auf die Fähigkeit zur inneren Nachbildung der mentalen Prozesse anderer. Der wesentliche Unterschied zwischen beiden Denkschulen besteht darin, daß die Theorientheorie Verhaltenserklärungen und Verhaltensvorhersagen auf nomologische Annahmen und kausale Verallgemeinerungen zurückführt, während für die Simulationstheorie das Hineinversetzen in die Lage anderer ohne begrifflich interpretierte mentale Zustände auskommt.

Die Theorientheorie erwächst aus der Symbolverarbeitungstheorie der Kognition (↑Kognitionswissenschaft, ↑Repräsentation, mentale) und geht davon aus, daß die Erklärung und Vorhersage des Verhaltens anderer voraussetzt, daß man sich selbst und anderen mentale Zustände zuschreiben und aus deren Vorliegen Schlußfolgerungen ziehen kann. Dafür prägten D. Premack und G. Woodruff 1978 den Ausdruck ›theory of mind‹. Für die Theorientheorie beruht diese Erschließung des Verhaltens anderer auf einer alltagspsychologischen Theorie (›folk psychology‹), deren Regularitäten zum Teil bewußt und zum Teil stillschweigend angewendet werden. Alltagspsychologische Erklärungen funktionieren durch Zuschreibung intentionaler (↑Intentionalität) Zustände, die durch Verallgemeinerungen mit anderen solchen Zuständen oder Verhalten verbunden sind. Zu den unterstellten einfachen Regularitäten zählt insbes. die Verknüpfung von Wünschen, Überzeugungen und Verhalten: Wenn eine Person wünscht, daß p der Fall sein soll, und der Überzeugung ist, daß q ein angemessenes Mittel zur Herbeiführung von p ist, dann schickt sich die Person an, q hervorzubringen. Andere alltagspsychologische Regularitäten sind: ›Wenn man jemandem widerspricht, wird dieser ärgerlich‹, oder ›Wenn Hoffnungen enttäuscht werden, ist man niedergeschlagen und bedarf des Trostes‹. Entsprechend halten die Vertreter der Theorientheorie die Verallgemeinerungen der Alltagspsychologie für banal. – Nach D. Dennett werden intentionale Zustände zugeschrieben oder wird ein intentionaler Standpunkt angenommen, wenn kausalmechanische Erklärungen oder an der Funktionsweise orientierte Analysen an der Komplexität der Sachumstände scheitern (Dennett 1971). Eine auf die Zuschreibung intentionaler Zustände setzende Theorientheorie erklärt danach Verhalten instrumentalistisch (↑Instrumentalismus).

Die Theorientheorie wird in zwei Varianten vertreten. Die nativistische Variante sieht vor, daß der Apparat der Alltagspsychologie angeboren ist und sich durch Reifung ausbildet (J. Fodor, P. Carruthers; ↑Sprache des Denkens). Gegen diese richtet sich die empiristische Variante vom ›Kind als Wissenschaftler‹ (A. Gopnik, H. M. Wellmann), der zufolge die Theorie des Mentalen durch die Auseinandersetzung des Kindes mit der Welt analog zu Theorien der nicht-belebten Natur aktiv gebildet wird. – Die Simulationstheorie wurde als Alternative zur Theorientheorie von R. Gordon und J. Heal 1986 unabhängig voneinander vorgeschlagen und von A. I. Goldman wesentlich geprägt. Danach verstehen wir Verhalten anderer durch Annehmen von deren Perspektive und durch ↑Simulation ihrer gedanklichen Aktivität. Eine Simulation ist ein mentaler Prozeß, der in relevanter Hinsicht isomorph (↑isomorph/Isomorphie) zu einem Gegenstandsprozeß ist, den jener nachahmt oder nachahmen soll.

Die Simulationstheorie wird in zwei Varianten vertreten. Die eine Variante geht vor allem auf Goldman zurück und setzt auf den Primat der ↑Introspektion. Die Entscheidungen anderer (oder deren Bewertungen von Handlungsoptionen) werden antizipiert, indem man die eigenen Mechanismen der Entscheidungsfindung mit vorgestellten Anfangsbedingungen ablaufen läßt, ohne aber das Ergebnis verhaltenswirksam werden zu lassen. Die Simulation erfolgt anhand des konditionalen Durchlaufens der eigenen psychischen Mechanismen, die ›offline‹ betrieben werden, also nicht zu eigenen Entscheidungen oder Handlungen führen. Die andere Variante wird von Gordon vertreten und betont das Hineinversetzen in andere Personen. Dafür werden andere Mechanismen der Entscheidungsfindung vorgestellt und durchlaufen, so daß die Simulation keine bloße Analogie zur introspektiven Beobachtung des eigenen Denkens darstellt. In dieser Variante sollen auch psychologische Prozesse, die sich von den eigenen Denkweisen erheblich unterscheiden, also etwa stark abweichende Persönlichkeiten und Charaktere, der Simulation zugänglich sein. In beiden Varianten werden Empathie und Rollenspiel für den Nachweis geltend gemacht, daß ein Hineinversetzen in andere wirkliche Emotionen und echtes Nacherleben bewirken kann, das nicht von Kenntnissen über die nachempfundenen mentalen Zustände abhängt. Ein weithin geltend gemachter Befund bezieht sich auf autistische Personen. Diese zeigen keine Beeinträchtigung beim Ziehen theoretischer Schlußfolgerungen, haben aber spezifische Schwierigkeiten dabei, sich psychische Befindlichkeiten anderer Menschen vorzustellen. Das legt nahe, daß diese Begrenzungen keine kognitiven Ursachen haben, was die Simulationstheorie gegen die Theorientheorie stützt. Die Simulationstheorie legt Gewicht auf die Ansicht, daß die Simulation mentaler Prozesse nicht auf die begriffliche Interpretation dieser Prozesse angewiesen ist. Simulation benötigt keine satzartigen Strukturen und bedarf keiner ↑Sprache des Denkens. Umgekehrt sieht die Simulationstheorie (wie die Theorientheorie) vor, daß die Ergebnisse der Simulation begrifflich gedeutet werden. Strittig ist, ob der Simulationsprozeß selbst mit satzartigen Strukturen operieren kann (wie von Goldman 1992 angenommen).

Die Entdeckung von Spiegelneuronen in den 1990er Jahren hat der Simulationstheorie Auftrieb gegeben. Spiegelneuronen werden sowohl aktiviert, wenn bestimmte Verhaltensweisen beobachtet als auch wenn sie ausgeführt werden. Die Beobachtung des Verhaltens anderer erzeugt daher neuronale Zustände, die auch bei eigenem Verhalten der betreffenden Art auftreten. Auf diese Weise wird eine direkte, also nicht theorievermittelte Verknüpfung zwischen fremdem und eigenem Verhalten hergestellt, die als Grundlage der Simulation mentaler Prozesse anderer betrachtet wird. Die jüngere Entwicklung ist durch die Konstruktion verschiedener hybrider Modelle gekennzeichnet, in denen Elemente aus beiden Denkansätzen kombiniert werden.

Literatur: A. Arkway, The Simulation Theory, the Theory Theory and Folk Psychological Explanation, Philos. Stud. 98 (2000), 115–137; J. W. Astington/P. L. Harris/D. R. Olson (eds.), Developing Theories of Mind, Cambridge etc. 1988, 1990; S. Baron-Cohen/H. Tager-Flusberg/D. Cohen (eds.), Understanding Other Minds. Perspectives from Autism, Oxford etc. 1993, mit Untertitel: Perspectives from Developmental Cognitive Neuroscience, ²2000, ed. S. Baron-Cohen/H. Tager-Flusberg/L. V. Lombardo, ³2013; M. Carrier/P. K. Machamer (eds.), Mindscapes. Philosophy, Science, and the Mind, Konstanz/Pittsburgh Pa. 1997; P. Carruthers/P. K. Smith (eds.), Theories of Theories of Mind, Cambridge etc. 1996, 1998; S. M. Christensen/D. R. Turner, Folk Psychology and the Philosophy of Mind, Hillsdale N. J. etc. 1993; M. Davies/T. Stone (eds.), Folk Psychology. The Theory of Mind Debate, Oxford/Cambridge Mass. 1995; dies. (eds.), Mental Simulation. Evaluations and Applications, Oxford/Cambridge Mass. 1995; dies., Mental Simulation, Tacit Theory, and the Threat of Collapse, Philos. Top. 29 (2001), 127–173; D. Dennett, Intentional Systems, J. Philos. 68 (1971), 87–106 (dt. Intentionale Systeme, in: P. Bieri (ed.), Analytische Philosophie des Geistes, Königstein 1981, Weinheim/Basel ⁴2007, 162–183); ders., True Believers. The Intentional Strategy and Why It Works, in: ders., The Intentional Stance, Cambridge Mass./London 1987, 1998, 14–35; V. Gallese, The ›Shared Manifold‹ Hypothesis. From Mirror Neurons to Empathy, J. Consciousness Stud. 8 (2001), 33–50; ders., Before and Below ›Theory of Mind‹. Embodied Simulation and the Neural Correlates of Social Cognition, Philos. Transact. Royal Soc. B 362 (2007), 659–669; ders./A. Goldman, Mirror Neurons and the Simulation Theory of Mindreading, Trends in Cognitive Sciences 2 (1998), 493–501; A. I. Goldman, Interpretation Psychologized, Mind and Language 4 (1989), 161–185; ders., Empathy, Mind, and Morals, Proc. Amer. Philos. Ass. 66 (1992), 17–41; ders., In Defense of the Simulation Theory, Mind and Language 7 (1992), 104–119; ders., The Psychology of Folk Psychology, Behavioral and Brain Sci. 16 (1993), 15–28; ders., Simulation Theory and Mental Concepts, in: J. Dokic/J. Proust (eds.), Simulation and Knowledge of Action, Amsterdam/Philadelphia Pa. 2002, 1–20; ders., Simulating Minds. The Philosophy, Psychology, and Neuroscience of Mindreading, Oxford etc. 2006, 2008; A. Gopnik/H. M. Wellman, Why the Child's Theory of Mind Really Is a Theory, Mind and Language 7 (1992), 145–171; dies., The Theory Theory, in: L. A. Hirschfeld/S. A. Gelman (eds.), Mapping the Mind. Domain Specificity in Cognition and Culture, Cambridge etc. 1994, 1998, 257–293; A. Gopnik/A. N. Meltzoff, Words, Thoughts, and Theories, Cambridge Mass./ London 1996, 2002; dies./P. Kuhl, The Scientist in the Crib. Minds, Brains, and How Children Learn, New York 1999, mit Untertitel: What Early Learning Tells Us about the Mind, 2001 (dt. Forschergeist in Windeln. Wie Ihr Kind die Welt begreift, Kreuzlingen/München 2000, München/Zürich ⁶2007); R. M. Gordon, Folk Psychology as Simulation, Mind and Language 1 (1986), 158–171; ders., The Simulation Theory. Objections and Misconceptions, Mind and Language 7 (1992), 11–34; ders., Simulation Without Introspection or Inference from Me to You, in: M. Davies/T. Stone (eds.), Mental Simulation [s. o.], 53–67; ders., Sympathy, Simulation, and the Impartial Spectator, Ethics 105 (1995), 727–742, Neudr. in: L. May/M. Friedman/A. Clark (eds.), Mind and Morals. Essays on Ethics and Cognitive Science, Cambridge Mass./London 1996, 1998, 165–180; ders., Folk Psychology as Mental Simulation, SEP 1997, rev. 2009; ders., Intentional Agents Like Myself, in: S. Hurley/N. Chater (eds.), Perspectives on Imitation. From Neuroscience to Social Science II, Cambridge Mass./London 2005, 95–106; ders./J. Cruz, Simulation Theory, in: L. Nadel (ed.), Encyclopedia of Cognitive Science IV, London 2003, 9–14; J. Heal, Replication and Functionalism, in: J. Butterfield (ed.), Language, Mind, and Logic, Cambridge etc. 1986, 135–150; dies., Simulation vs. Theory-Theory. What Is at Issue?, Proc. Brit. Acad. 83 (1994), 129–144; F. Jackson, All That Can Be at Issue in the Theory-Theory Simulation Debate, Philos. Pap. 28 (1999), 77–95; A. Koch, Das Verstehen des Fremden. Eine Simulationstheorie im Anschluss an W. V. O. Quine, Darmstadt 2003; M. Lenzen, In den Schuhen des anderen. Simulation und Theorie in der Alltagspsychologie, Paderborn 2005; S. Nichols/S. Stich, Mindreading. An Integrated Account of Pretence, Self-Awareness, and Understanding of Other Minds, Oxford etc. 2003, 2007; J. Perner/A. Kuhlberger, Mental Simulation. Royal Road to Other Minds?, in: B. F. Malle/S. D. Hodges (eds.), Other Minds. How Humans Bridge the Divide between Self and Others, New York/ London 2005, 2007, 174–189; I. Ravenscroft, Folk Psychology as a Theory, SEP 1997, rev. 2010; S. Stich/S. Nichols, Folk Psychology. Simulation or Tacit Theory?, Mind and Language 7 (1992), 35–71, Neudr. in: M. Davies/T. Stone (eds.), Folk Psychology [s. o.], 123–158.　M. C.

singular (von lat. singularis, einzeln, einzig), neben der grammatischen Bedeutung zur Bezeichnung eines Numerus (Singular, Einzahl) in Logik und Sprachphilosophie, ununterschieden von ›singulär‹, zur Bezeichnung von ↑Elementaraussagen verwendet. Ursprünglich erfolgte dies, um solche s.en Aussagen von den in der Aristotelischen ↑Syllogistik allein auftretenden ↑partikularen Aussagen der Formen SiP (einige S sind P; ↑i)) und SoP (einige S sind nicht P; ↑o) und ↑universalen Aussagen der Formen SaP (alle S sind P; ↑a) und SeP (kein S ist P; ↑e) zu unterscheiden.

Von der traditionellen Logik (↑Logik, traditionelle) wurden s.e Aussagen der Form *n* ε *P* (›*n* ist *P*‹) oder *n* ε′ *P* (›*n* ist nicht *P*‹) mit einem ↑Nominator ›*n*‹ und einem ↑Prädikator ›*P*‹ erst seit dem Mittelalter (z. B. in den »Summulae logicales« des Petrus Hispanus) unter dem Gesichtspunkt der Einteilung der *propositiones* (Aussagen, Urteile; ↑propositio) nach der *quantitas* (↑Quantität) zusammen mit den partikularen und universalen Aussagen behandelt. In dieser Verwendungsweise wird kein Unterschied zwischen ›s.‹ und ›individuell‹ gemacht, es sei denn, eine ↑Individualaussage gilt als eine spezielle s.e Aussage, bei der nur über einen Gegenstand der logisch elementarsten Stufe (d. h. ein ↑Konkretum – und kein Abstraktum, weder einen Begriff noch eine Klasse –, das keinen Teil derselben Art wie das Ganze hat; ↑Teil und Ganzes) etwas ausgesagt wird. Auch dann aber liegen die Gegenstände einer s.en Aussage ausnahmslos bereits individuiert vor (↑Individuation); es gehört dies zu den Bedingungen, überhaupt eine in ihrem Vollzug sich nicht schon erschöpfende Aussage bilden zu können. Dadurch erklärt sich, daß die auf der Gegenstandsebene, also ›ontologisch‹, zentrale Unterscheidung zwischen ›s.‹ und ›individuell‹ auf der Sprachebene nur ↑pragmatisch (eine Sprachhandlung im s.en Vollzug vs. als universales Schema), aber nicht semiotisch (↑Singularia lassen sich nicht ›einzeln‹ bezeichnen) reproduzierbar ist. Dabei ist die ontologische Unterscheidung von ›s.‹ und ›individuell‹ so zu verstehen, daß Singularia als bloße Vollzüge, einmalig und unwiederbringlich, voneinander ununterscheidbar sind, wogegen individuelle Einheiten (↑Individuum) als ›einzelne‹ Gegenstände einmalig, aber wiederholt als ›dieselben‹ zugänglich sind und sich grundsätzlich prädikativ charakterisieren lassen. Diese Verhältnisse spiegeln sich zum einen in der durch den gegenwärtigen englischen Sprachgebrauch verbreiteten Unterscheidung zwischen ›s.em Term‹ (*singular term*) und ›generellem Term‹ (*general term*) anstelle von ›Nominator‹ und ›Prädikator‹, die in beiden Fällen gemäß logischem Gebrauch von ↑›Term‹ allein eine signifikative oder benennende Funktion der beiden Ausdruckssorten unterstellt, und sie erklären zum anderen auch die unklare Abgrenzung zwischen *τὸ καθ' ἕκαστον* (das Besondere oder Partikulare, eine aus Stoff und Form zusammengesetzte individuelle Einheit, in Opposition zu *τὸ καθόλου*, dem Allgemeinen oder Universalen; ↑universal) und *τόδε τι* (ein Dies-da, ein Einzelnes) bei Aristoteles.

Im übrigen wird ›singulär‹ sowohl umgangs- als auch fachsprachlich im Sinne von ›eine Ausnahme bildend‹ gebraucht und steht dann insbes. im Gegensatz zu ↑regulär‹, etwa eine *Singularität* oder singuläre Stelle einer holomorphen Funktion (↑Funktionentheorie), z.B. $f(z) = \sin 1/z$ an der Stelle $z = 0$. Mit der terminologischen Bestimmung ›s.‹ im Unterschied zu ›partikular‹ und ›universal‹ einerseits sowie ›singulär‹ im Gegensatz zu ›regulär‹ andererseits läßt sich die Äquivokation (↑äquivok) von ›s.‹ bzw. ›singulär‹ im fachsprachlichen Gebrauch beseitigen.   K. L.

Singularia, Bezeichnung für die Aktualisierungen eines ↑Handlungsschemas, die als bloße einmalige (↑singular) Vollzüge nur pragmatisch, aber nicht semiotisch, also mit Hilfe einer Bezeichnung, auch jenseits der Vollzüge, verfügbar sind. Umgekehrt sind die Schemata oder ↑Universalia nicht pragmatisch, sondern nur semiotisch, durch eine Artikulation, verbalsprachlich mit Hilfe eines ↑Artikulators, verfügbar. Nur in uneigentlicher Rede läßt sich von S. und Universalia als eigenständigen Gegenstandssorten reden (↑Universalienstreit). Es handelt sich hier um zwei Verfahren, mit der Welt umzugehen, sie sich in Handlungsvollzügen (= ↑Aktualisierung) aneignend (↑Pragmatik) und durch Zeichenbildung (= ↑Schematisierung) distanzierend (↑Semiotik). Die zugleich angeeigneten und distanzierten ›Weltstücke‹ (↑Objekt) sind Gegenstände in Gestalt individueller Einheiten (↑Individuum) oder ↑Partikularia, von denen in einer ↑Prädikation ihre Eigenschaften ausgesagt und an denen in einer ↑Ostension ihre Substanzen angezeigt werden können.

Unklare Abgrenzung der strikt einmaligen S. von den wiederholt als ›dieselben‹ zugänglichen Individuen ist in der philosophischen Tradition Ursache vieler begrifflicher Verwirrungen. Insbes. heißen in der älteren Grammatik die keines Plurals fähigen und deshalb als Bezeichnungen für einmalige (aber sehr wohl in Gestalt verschiedener Teile wiederkehrende) Ganzheiten (↑Teil und Ganzes) geltenden Kontinuativa (↑Kontinuativum) *singularia tantum*; z.B. die Stoffnamen ›Verkehr‹, ›Wasser‹, ›Atem‹, ›Vieh‹ und ›Gepäck‹ oder die in bestimmten Kontexten als Kontinuativa verwendeten Nomina ›Eiche‹, ›Fisch‹ etc., etwa: ›der Stuhl ist aus Eiche‹ oder ›es gibt Fisch heute‹.   K. L.

Sinn, (1) in Physiologie und ↑Psychologie neben dem Ausdruck ›S.esmodalität‹ verwendete Bezeichnung für komplexe biologische Funktionseinheiten, die dem lebenden Organismus eine ihm angemessene Wechselwirkung mit der Umwelt (insbes. im Falle menschlicher Organismen Handeln) ermöglichen, indem sie der Umwelt oder dem Körperinneren entstammende (›exogene‹ bzw. ›endogene‹) Reize durch besondere S.esorgane aufnehmen und ihre Energie in Gestalt von Nervenimpulsen weiterleiten. Bei höheren Tieren geschieht dies über spezifische Nervenbahnen, die teilweise zu ganz bestimmten S.eszentren im Gehirn führen, wo die eintreffenden S.eserregungen an der Entstehung von S.esempfindungen bzw. S.eswahrnehmung mitwirken. Die Einteilung der S.e schwankt je nach dem zugrundegelegten Gesichtspunkt stark. Beim Menschen unterscheidet man nach der Art der Reize z.B. Lichtsinn, Temperatursinn, mechanische und chemische S.e, nach Art der Organe bzw. ihrer Funktionen Gesichtssinn, Gehörsinn, Schmerzsinn, Tast-, Kraft- und Gleichgewichtssinn, Geruchs- und Geschmackssinn, denen unter normalen Funktionsbedingungen spezifische S.esqualitäten entsprechen. In weiterer Bedeutung spricht man dann auch von Raumsinn, Zeitsinn, Orientierungssinn etc..

(2) In der Philosophie, insbes. der Theorie der ↑Kulturwissenschaften, bezeichnet man als ›S.‹ meist eine der Vermittlung eines ›Kulturgegenstandes‹ oder eines in Analogie zu einem solchen aufgefaßten Naturgegenstandes dienende Instanz, die damit selbst zum Korrelat eines Verstehensprozesses (↑Verstehen) wird. Die genauere Analyse führt auf zahlreiche unterschiedliche,

jedoch verwandte Bedeutungen des Ausdrucks ›S.‹: In deutlicher Anlehnung an die physiologisch-psychologische Gebrauchsweise des Wortes spricht man davon, daß jemand ›S. *für etwas*‹ habe (z. B. ›Kunstsinn‹ als Neigung und Verständnis bzw. umfassende ›Empfänglichkeit‹ für Inhalt oder Wert künstlerischer Tätigkeit und ihrer Erzeugnisse), sowie von der ›S.esart‹ oder ›Gesinnung‹ als ›S. für‹ das Erfordernis der (von sittlicher Einsicht und daraus erwachsender charakterlicher Haltung getragenen) Befolgung ethischer Normen (↑Norm (handlungstheoretisch, moralphilosophisch)) für das menschliche Zusammenleben in Gesellschaft und Gemeinschaft (vgl. A. Stifter: »einen guten S. gegen alle Menschen […] tragen«, Witiko, Leipzig 1933, 687). Demgegenüber sind verschiedene Aspekte der ursprünglichen Bedeutung von ›sinnen‹ als ›reisen‹, ›gehen‹ (vgl. noch heute: ›im Uhrzeigersinn‹) in anderen Verwendungsweisen des Ausdrucks ›S.‹ bewahrt, durch die das ›einer Sache nachgehen‹, das ›Auf-etwas-gerichtet-sein‹ (›im S.e haben‹), das ›etwas be-deuten‹, ›etwas be-zeichnen‹ zum Ausdruck gebracht werden soll.

In *praxeologisch-axiologischer* Bedeutung bezeichnet man als S. (›gemeinten S.‹) einer Handlung oder Handlungsabfolge den mit ihr verfolgten ↑*Zweck* (ihre ↑*Absicht*, ihr ↑*Ziel*); eine Handlung heißt dann sinnvoll, sinnlos oder sinnwidrig je nachdem, ob sie als Mittel zur Erreichung des erstrebten Zweckes geeignet, ungeeignet oder hinderlich ist. Insofern das Bemühen um die Realisierung eines Zweckes diesen gegenüber anderen möglichen Zwecken auszeichnet, ist S. in der Bedeutung von Zweck oder Absicht zugleich *Wert* (↑Wert (moralisch)). Die gleiche Bedeutung und den gleichen Wertbezug hat auch die Rede vom S. einer ↑*Institution* sowohl im Sinne eines (meist hochkomplexen) Regelsystems für gesellschaftliches Handeln als auch im Sinne der seiner Ermöglichung und Ausführung dienenden Artefakte. Schließlich lassen sich Aussagen über den ›S. der Geschichte‹, den ›S. des Lebens‹ usw., ferner der ›symbolische S.‹ bestimmter Handlungen häufig als Übertragungen oder Erweiterungen dieser Verwendungsweise des Wortes deuten bzw. rekonstruieren. Auch diejenigen Ergebnisse sinnvollen Handelns, mit denen sich die verschiedenen Kulturwissenschaften, d. h. Geistes- und Sozialwissenschaften, befassen (insbes. Werke der Dichtung, der bildenden Kunst und der Musik) haben S. bzw. stellen *S.gebilde* oder *S.zusammenhänge* in dieser praxeologisch-axiologischen Bedeutung dar. Je nach der besonderen Aufgabenstellung bildet dann der S. (oder S.-zusammenhang) selbst den Gegenstand einer kulturwissenschaftlichen Untersuchung, oder der thematisierte Gegenstand erscheint als durch den S. oder S.zusammenhang als ›sinnhafter‹ vermittelt, erschlossen und ›gegeben‹. Die Rede von einer *S.logik* in der phänomenologischen (↑Phänomenologie) und neukantischen (↑Neukantianismus) Philosophie und vom S. als Grundkategorie der ↑Soziologie oder allgemein der ↑Geisteswissenschaften in der ↑Wissenschaftstheorie haben hier ihren Ursprung.

Der *funktionale* Aspekt von S. tritt dort in den Vordergrund, wo die Erreichung eines Zweckes das erfolgreiche Zusammenwirken mehrerer ↑Mittel erfordert, deren jedes dann seinen S. nur als Teil oder (wie das sinnvolle Einzelteil einer Maschine oder sonstigen technischen Apparates) durch die zweckdienliche Erfüllung einer Teilfunktion hat. Der S. besteht hier in der Aufgabe und dem zu ihrer Erfüllung dienlichen Ort des Teils im Zusammenhang des Ganzen.

In *semantischer* (↑Semantik) Bedeutung ist S. das von einem Zeichen (im weitesten Sinne) ›Ausgedrückte‹. Als nicht intendierter und oft nicht bewußter S. kommt er dem unwillkürlichen Ausdrucksgeschehen in Gestik und Mimik, aber gelegentlich auch Handlungen als deren ›verdrängter‹, aber ›eigentlicher‹ S. zu, dessen Auffindung und Deutung sich unter anderem die verschiedenen Richtungen der so genannten ↑Tiefenpsychologie zur Aufgabe machen (wobei sie meist mit Zeichen im Sinne von ↑›Anzeichen‹ zu tun haben). In (natürlichen oder künstlichen) Sprachen ist S. dagegen immer ›gemeinter S.‹, der als S. eines Wortes oder ganzer Wendungen und Sätze vom Sprecher (im allgemeinen zum Zweck der ↑Kommunikation) absichtlich ausgedrückt wird (daher sprachliches Zeichen = ›Ausdruck‹). Hierbei sind die S. der Worte und der S. (im Sinne von Zweck) ihrer ↑Äußerung sorgfältig zu trennen, auch wenn häufig erst der Situationskontext einer Äußerung den S. der geäußerten Worte oder Wörter eindeutig bestimmt. Nach einem Vorschlag G. Freges unterscheidet man in der Semantik oft ›S.‹ und ›Bedeutung‹, wobei z. B. unter der Bedeutung eines ↑Eigennamens der durch ihn bezeichnete Gegenstand bzw. Namensträger verstanden wird, während seine ›Art des Gegebenseins‹ (z. B. das Gegebensein des gleichen Planeten einmal als ›der Morgenstern‹, einmal als ›der Abendstern‹ oder der gleichen Person einmal als ›Karol Wojtyła‹, einmal als ›Johannes Paul II.‹) den S. des Eigennamens bildet. Zwei Ausdrücke können daher dieselbe Bedeutung oder ›Referenz‹, jedoch verschiedenen S. besitzen. Eine genauere Rede von S. wird durch die präzise Einführung des Terminus ›S.‹ mittels ↑Abstraktion (↑abstrakt) auf Grund einer Relation der Synonymität (↑synonym/Synonymität) zwischen sprachlichen Ausdrücken ermöglicht, wobei die Synonymität für Ausdrücke verschiedener sprachlicher Kategorien (Eigennamen bzw. ↑Kennzeichnungen, ↑Prädikatoren, ↑Sätze) verschieden erklärt werden muß; z. B. ist der S. eines Satzes nach Frege der durch ihn ausgedrückte, vom psychischen Akt des Denkens erfaßte (und daher von ihm verschiedene) ↑Gedanke. Bei dieser Art der Einführung erscheint der S.

eines Ausdrucks bzw. einer Folge von Ausdrücken als ›abstrakter Gegenstand‹; er wird häufig als ›Intension‹ (↑intensional/Intension) des sprachlichen Ausdrucks bezeichnet.

Globale Thesen wie »Nicht alles Unverständliche ist unsinnig, nicht alles Verständliche sinnvoll« (W. Blumenfeld 1933, 10) werden erst durch die (methodologisch noch recht grobe) Trennung von praxeologisch-axiologischen, funktionalen und semantischen Aspekten der Rede von S. präziser interpretierbar. Erst durch sie wird auch klar, worin die zunächst so heterogen erscheinenden Aussagen über den S. eines Wortes, eines Hammers, eines Hauses, einer Banknote, eines Streiks oder eines Opfers miteinander verwandt sind, inwiefern bei allen diesen Beispielen S. durch die ›Operation‹ Verstehen erschlossen wird, und weshalb von S. zwar stets nur als vom S. *für* jemanden (für einen S. erfassenden, verleihenden, erzeugenden, umgestaltenden oder zerstörenden Menschen), aber doch als ›objektiv‹ im Sinne der Erfaßbarkeit durch prinzipiell jeden Menschen gesprochen werden kann.

Literatur: (ad 1) A. Ben-Ze'ev, The Perceptual System. A Philosophical and Psychological Perspective, New York etc. 1993; A. Clark, Sensory Qualities, Oxford 1993, 1996; ders., A Theory of Sentience, Oxford etc. 2000; T. Crane (ed.), The Contents of Experience. Essays on Perception, Cambridge etc. 1992, 2011; M. Hauskeller (ed.), Die Kunst der Wahrnehmung. Beiträge zu einer Philosophie der sinnlichen Erkenntnis, Zug 2003; D. Hoffmann-Axthelm, S.esarbeit. Nachdenken über Wahrnehmung, Frankfurt/New York 1984, 1987; W.D. Keidel, S.esphysiologie I (Allgemeine S.esphysiologie. Visuelles System), Berlin/Heidelberg/New York 1971, ²1976; T. Lampert, Wittgensteins Physikalismus. Die S.esdatenanalyse des »Tractatus logico-philosophicus« in ihrem historischen Kontext, Paderborn 2000; M. Matthen, Seeing, Doing, and Knowing. A Philosophical Theory of Sense Perception, Oxford 2005, 2011; R. Schantz, Der sinnliche Gehalt der Wahrnehmung, München/Hamden/Wien 1990; E. Scheerer, S.e, die, Hist. Wb. Ph. IX (1995), 824–869; R.F. Schmidt/N. Birbaumer, Neuro- und S.esphysiologie, Berlin etc. 1993, ⁵2006; E.-J. Speckmann, Einführung in die Neurophysiologie, Darmstadt 1981, ³1991; E. Straus, Vom S. der S.e. Ein Beitrag zur Grundlegung der Psychologie, Berlin 1935, Berlin/Göttingen/Heidelberg ²1956 (engl. The Primary World of Senses. A Vindication of Sensory Experience, New York etc. 1963; franz. Du Sens des sens. Contribution à l'étude des fondements de la psychologie, Grenoble 1989, ²2000).

(ad 2) A. Adler, Der S. des Lebens, Wien/Leipzig 1933, ²⁴2010 (franz. Le sens de la vie, Paris 1950, mit Untertitel: Étude de psychologie individuelle comparée, 1968, mit Untertitel: Étude de psychologie individuelle, 1991, 2002; engl. What Life Could Mean to You, Oxford 1992, mit Untertitel: The Psychology of Personal Development, 2002); K. Ajdukiewicz, Sprache und S., Erkenntnis 4 (1934), 100–138; M. Asiáin, S. als Ausdruck des Lebendigen. Medialität des Subjekts – Richard Hönigswald, Maurice Merleau-Ponty und Helmuth Plessner, Würzburg 2006; A.J. Ayer, Language, Truth and Logic, London 1936, ²1946 (repr. New York 1952, London 1970), Basingstoke/New York 2004 (dt. Sprache, Wahrheit und Logik, ed. H. Herring, Stuttgart 1970,

1987); R. Becker, S. und Zeitlichkeit. Vergleichende Studien zum Problem der Konstitution von S. durch die Zeit bei Husserl, Heidegger und Bloch, Würzburg 2003; J. Biro/P. Kotatko (eds.), Frege. Sense and Reference. One Hundred Years Later, Dordrecht/Boston Mass./London 1995; W. Blumenfeld, S. und unsinn. Eine Studie, München 1933; J. Bockmeier, Vermittlung und S.. Über die Aneignung der ästhetischen Bedeutung, in: H.W. Henze (ed.), Erziehung in Musik. Neue Aspekte der musikalischen Erziehung III, Frankfurt 1986, 272–316; F. Bohnsack (ed.), S.losigkeit und S.perspektive. Die Bedeutung gewandelter Lebens- und S.strukturen für die Schulkrise, Frankfurt/Berlin/München 1984; M. Bremer, Der S. des Lebens. Ein Beitrag zur analytischen Religionsphilosophie, Egelsbach etc. 2002; R. Carnap, S. und Synonymität in natürlichen Sprachen, in: J. Sinnreich (ed.), Zur Philosophie der idealen Sprache. Texte von Quine, Tarski, Martin, Hempel und Carnap, München 1972; W. Dray, Der S. von Handlungen, in: A. Beckermann (ed.), Analytische Handlungstheorie II, Frankfurt 1977, 1985, 275–303; V. Frankl, S. als anthropologische Kategorie/Meaning as an Anthropological Category, Heidelberg 1996, ²1998; ders., Die S.frage in der Psychotherapie, München 1981, München/Zürich ⁷1997; M. Franz, Aneignung und S.frage. Überlegungen zu einem Ästhetikprojekt, Weimarer Beitr. 1 (1989), 32–53; G. Frege, Über S. und Bedeutung, Z. Philos. phil. Kritik NF 100 (1892), 25–50, Neudr. in: ders., Funktion, Begriff, Bedeutung. Fünf logische Studien, ed. G. Patzig, Göttingen 1962, ⁷1994, 40–65, ferner in: ders., Kleine Schriften, ed. I. Angelelli, Hildesheim/New York, Darmstadt 1967, Hildesheim/New York 1990, 143–162; ders., Der Gedanke. Eine logische Untersuchung, Beitr. Philos. Dt. Ideal. 1 (1918/1919), 58–77, Neudr. in: ders., Logische Untersuchungen, ed. G. Patzig, Göttingen 1966, ⁴1993, 30–53, unter dem Titel: Logische Untersuchungen. Erster Teil: Der Gedanke (1918), in: ders., Kleine Schriften [s.o.], 342–362; ders., Die Verneinung. Eine logische Untersuchung, Beitr. Philos. Dt. Ideal. 1 (1918/1919), 143–157, ferner in: ders., Logische Untersuchungen [s.o.], 54–71, ferner in: ders., Kleine Schriften [s.o.], 362–378; H. Freyer, Theorie des objektiven Geistes. Eine Einleitung in die Kulturphilosophie, Leipzig/Berlin 1923, ³1934 (repr. Darmstadt, Stuttgart 1966, 1973) (engl. Theory of Objective Mind. An Introduction to the Philosophy of Culture, Athens Ohio 1998, 2002); H. Furuta, Wittgenstein und Heidegger. ›S.‹ und ›Logik‹ in der Tradition der analytischen Philosophie, Würzburg 1996; V. Gerhardt, S. des Lebens, Hist. Wb. Ph. IX (1995), 815–824; H. Gomperz, Über S. und S.gebilde, Verstehen und Erklären, Tübingen 1929; H.-D. Gondek/T.N. Klass/L. Tengelyi (eds.), Phänomenologie der S.ereignisse, München/Paderborn 2011; J. Heinrichs/H.J. Adriaanse/J. Siemann, S./S.frage, TRE XXXI (2000), 285–301; B.-U. Hergemöller, Weder-Noch. Traktat über die S.-frage, Hamburg 1985; J.E. Heyde, Vom S. des Wortes S.. Prolegomena zur einer Philosophie des S.es, in: R. Wisser (ed.), S. und Sein. Ein philosophisches Symposion, Tübingen 1960, 69–94; B. Hilmer/G. Lohmann/T. Wesche (eds.), Anfang und Grenzen des S.s. Für Emil Angehrn, Weilerswist 2006; J.K. Holzamer, Der Begriff des S.es, entwickelt im Anschluß an das ›irreale S.gebilde‹ bei Heinrich Rickert, Philos. Jb. 43 (1930), 308–337, 445–473; B. Hübner, S. in SINN-loser Zeit. Metaphysische Verrechnungen – eine Abrechnung, Wien 2002; E. Husserl, Formale und transzendentale Logik. Versuch einer Kritik der logischen Vernunft, Jb. Philos. phänomen. Forsch. 10 (1929), 1–298, separat Halle 1929, mit ergänzenden Texten. P. Janssen, Den Haag 1974, 1977 (= Husserliana XVII), Tübingen 1981, ferner als: Ges. Schr. VII, ed. E. Ströker, Hamburg 1992; W. Jantzen, Die Evolution des persönlichen S.s in der Ontogenese, in: G. Feuser/W. Jantzen (eds.), Jb. Psychopathologie u. Psychotherapie 7 (1987), 63–72; B. Kanitscheider, Auf der Suche nach dem S., Frankfurt/Leipzig 1995; W. Keller, Der S.begriff als Kategorie der Geisteswissenschaften I, München 1937; T. Khurana, S. und Gedächtnis. Die Zeitlichkeit des S.s und die Figuren ihrer Reflexion, Paderborn/München 2007; S. H. Klausen, Verfahren oder Gegebenheit? Zur S.frage in der Philosophie des 20. Jahrhunderts, Tübingen 1997; J. Köhler, Die Grenze von S.. Zur strukturalen Neubestimmung des Verhältnisses Mensch-Natur, Freiburg/München 1983; H. Krings, S. und Ordnung, Philos. Jb. 69/1 (1961), 19–33; D. Laptschinsky, Der S. für den S., Meisenheim am Glan 1973; R. Lauth, Die Frage nach dem S. des Daseins, München 1953, 2002; B. Loar, Meaning, in: R. Audi (ed.), The Cambridge Dictionary of Philosophy, Cambridge etc. ²1999, 545–550; W. Löffler, Sinn, in: P. Kolmer/A. G. Wildfeuer (eds.), Neues Handbuch philosophischer Grundbegriffe III, Freiburg/München 2011, 1984–2000; N. Luhmann, S. als Grundbegriff der Soziologie, in: J. Habermas/N. Luhmann, Theorie der Gesellschaft oder Sozialtechnologie – was leistet die Systemforschung?, Frankfurt 1971, ¹⁰1990, 25–100; G. Mackenroth, S. und Ausdruck in der sozialen Formenwelt, Meisenheim am Glan 1952; G. Martí, Sense and Reference, REP VIII (1998), 684–688; A. W. Moore (ed.), Meaning and Reference, Oxford etc. 1993; M. Müller, Über S. und S.gefährdung des menschlichen Daseins, Philos. Jb. 74 (1966), 1–29; V. A. Munz, Satz und S.. Bemerkungen zur Sprachphilosophie Wittgensteins, Amsterdam/New York 2005; H. Plessner, Die Einheit der S.e. Grundlinien einer Aesthesiologie des Geistes, Bonn 1923, 1965, Neudr. in: ders., Ges. Schriften III (Anthropologie der S.e), ed. G. Dux u. a., Frankfurt 1980, Frankfurt Darmstadt 2003, 7–315; ders., Anthropologie der S.e, in: ders., Philosophische Anthropologie, Frankfurt 1970, 187–251, Neudr. in: ders., Ges. Schriften III [s. o.], 317–393; M. Polanyi, S.gebung und S.deutung, in: H.-G. Gadamer (ed.), Das Problem der Sprache. Achter Deutscher Kongreß für Philosophie. Heidelberg 1966, München 1967, 249–260; M. G. Ralfs, S. und Sein im Gegenstande der Erkenntnis. Eine transzendental-ontologische Erörterung, Tübingen 1931; H. D. Rauh, Im Labyrinth der Geschichte. Die S.frage von der Aufklärung zu Nietzsche, München 1990; H. Reiner, Der S. unseres Daseins, Tübingen 1960, Freiburg ³1987; R. Riedl, Zufall, Chaos, S.. Nachdenken über Gott und die Welt, Stuttgart 2000; F.-J. v. Rintelen, S. und S.verständnis, Z. philos. Forsch. 2 (1947), 69–83; H. Rolfes, Der S. des Lebens im marxistischen Denken, Düsseldorf 1971; G. Ropohl, S.bausteine für ein gelingendes Leben. Ein weltlicher Katechismus, Leipzig 2003; J. Rüsen, Kultur macht S.. Orientierung zwischen Gestern und Morgen, Köln/Weimar/Wien 2006; D. Rustemeyer, S.formen. Konstellationen von S., Subjekt, Zeit und Moral, Hamburg 2001; G. Sauter, Was heißt: nach S. fragen? Eine theologisch-philosophische Orientierung, München 1982; R. Schaeffler, S., Hb. ph. Grundbegriffe III (1974), 1325–1341; M. Schramm, Natur ohne S.? Das Ende des teleologischen Weltbildes, Graz/Wien/Köln 1985; A. Schütz, Der sinnhafte Aufbau der sozialen Welt. Eine Einleitung in die verstehende Soziologie, Wien 1932, Frankfurt ⁶1993, ferner in: Werkausgabe II, ed. M. Endreß/J. Renn, Konstanz 2004, 75–447; H. Schweizer, Bedeutung. Grundzüge einer internalistischen Semantik, Bern/Stuttgart 1991; I. Singer, Meaning in Life, I–III, New York etc. 1992–1996, Cambridge Mass./London 2010; K. H. Spinner (ed.), Zeichen, Text, S.. Zur Semiotik des literarischen Verstehens, Göttingen 1977; J. Stenzel, S., Bedeutung, Begriff, Definition. Ein Beitrag zur Frage der Sprachmelodie, Jb. Philol. I (1925), 160–201 (repr. Darmstadt 1958, 1965); D. Thürnau, S./Bedeutung, Hist. Wb. Ph. IX (1995), 808–815; ders., S., EP III (²2010), 1461–1464; R. Walter (ed.),

Leben ist mehr. Das Lebenswissen der Religionen und die Frage nach dem S. des Lebens, Freiburg/Basel/Wien 1995, ²1996, 2007; W. Weier, S. und Teilhabe. Das Grundthema der abendländischen Geistesentwicklung, Salzburg/München 1970; H. J. Wendel, Benennung, S., Notwendigkeit. Eine Untersuchung über die Grundlagen kausaler Theorien des Gegenstandsbezugs, Frankfurt 1987; V. Zihlmann, S.findung als Problem der industriellen Gesellschaft, Diessenhofen 1980.   C. T.

Sinn, äußerer, im Unterschied zum inneren Sinn (↑Sinn, innerer) bei I. Kant Bezeichnung für das Vermögen der Wahrnehmung der raumzeitlichen ↑Außenwelt. Nach Kant ist die subjektive ›Form‹ des ä.n S.es unmittelbar der ↑Raum, mittelbar auch die ↑Zeit, was dazu führt, daß der Wirklichkeit an sich (↑Ding an sich) Raum- und Zeitbestimmtheit abgesprochen werden.   H. H.

Sinn, innerer, im Unterschied zum äußeren Sinn (↑Sinn, äußerer), durch den sich das erkennende ↑Subjekt die Gegenstände in ihren räumlichen Beziehungen als ›außer uns‹ vorstellt, bei I. Kant Bezeichnung für das Vermögen, sich innere Zustände in ihren zeitlichen Beziehungen vorzustellen. Vermittels des i.n S.es schaut »das Gemüth sich selbst oder seinen inneren Zustand« an (KrV B 37, Akad.-Ausg. III, 52), der auch in der Vorstellung von Gegenständen ›außer uns‹ bestehen kann. Mit dem i.n S. schaut sich das Subjekt allerdings nicht als ↑Ding an sich an, da es dazu auch seine inneren Vorstellungen in rein selbsttätiger ↑Anschauung erzeugen müßte, was nicht möglich ist. Es gilt nämlich, daß wir durch den i.n S. »uns selbst nur so anschauen, wie wir innerlich *von uns selbst* afficirt werden, d. i. was die innere Anschauung betrifft, unser eigenes Subject nur als Erscheinung, nicht aber nach dem, was es an sich selbst ist, erkennen« (KrV B 156, Akad.-Ausg. III, 122).   O. S.

Sinn, noematischer (auch: Noema), von E. Husserl eingeführter Terminus der ↑Phänomenologie zur Charakterisierung des Korrelates von intentionalen (↑Intentionalität) Bewußtseinsleistungen (↑Bewußtsein). Die phänomenologische Korrelationsanalyse des ↑transzendental reduzierten Bewußtseins (↑Reduktion, phänomenologische), die Husserl in voller Schärfe zunächst in den »Ideen I« vollzieht, ergibt, daß jedem intentionalen Erlebnis zwei Strukturmomente zukommen: ↑Noesis und ↑Noema. Zur Noesis gehören diejenigen Bestandteile des Erlebnisses, in denen nicht-intentionale, stofflichhyletische (↑Hyle) Empfindungsinhalte aufgefaßt werden und somit einen Sinn bekommen. Diese noetischen Leistungen geben dem Bewußtsein einen intentionalen Charakter: es wird zu einem Bewußtsein *von Etwas*. Die Funktion der Noesis besteht darin, im Erleben den gegenständlichen, noematischen Sinn zu konstituieren. Zwischen den noetischen und noematischen Momenten eines Bewußtseinserlebnisses besteht folglich eine strenge Korrelation, so daß alle konstitutiven Bewußtseinsleistungen auf der noetischen Seite ihre Entsprechung in den Sinnschichten des intentionalen Gegenstandes auf der noematischen Seite haben. Der n. S. als Ergebnis der konstitutiven Leistungen von Noesen läßt sich erst im Rahmen der transzendentalen Reduktion erfassen und beschreiben. Es ist ein irreell-intentionaler Bestandteil jedes Erlebnisses, zu dem zwei Komponenten gehören: Die Hauptkomponente des Noemas besteht aus einem Sinneskern, dem vermeinten identischen Bestimmungsgehalt, der als solcher ›Sinn im Modus seiner Fülle‹ ist. Der Sinneskern ist derjenige Bestandteil des intentionalen Gegenstandes, der ihm in verschiedenen Modi des Gegebenseins gleichermaßen zukommt. Zum anderen gehören zum Noema wechselnde (wahrnehmende, erinnernde, phantasierende usw.) Gegebenheitsweisen und Seinsmodi (gewiß-seiend, möglich-seiend, vermutlich-seiend usw.). Die Möglichkeit der Umformung dieser doxisch-thetischen Charaktere zeigt, daß ein erfahrener Gegenstand immer in einem bestimmten Seinssinn vorkommt, unabhängig davon, ob er als wirklicher, phantasierter, zweifelhafter usw. gemeint ist.

Die phänomenologische, noetisch-noematische Korrelationsanalyse beginnt immer mit der Deskription des noematischen Sinnes, d. h. aller am intentionalen Gegenstand vorgefundenen Sinnschichten. Diese noematische Beschreibung dient als transzendentaler Leitfaden für die noetische Deskription der Bewußtseinsweisen, in denen sich der ganze Sinn des intentionalen Gegenstandes bildet. Husserl schreibt der Deskription des n.n S.es große Bedeutung zu, da von ihr das Gelingen der Konstitutionsanalyse von sinnstiftenden Bewußtseinsleistungen abhängt. Ein Fehler in der Deskription – der Umstand, daß dem noematischen Gegenstand solche Sinnkomponenten zugeschrieben werden, die an ihm selbst nicht vorkommen – führt hingegen zu einer Auslegung der Sinnkonstitution, die im Bewußtseinsleben selbst nicht stattfindet.

Literatur: R. Bernet, Husserls Begriff des Noema, in: S. Ijsseling (ed.), Husserl-Ausgabe und Husserl-Forschung, Dordrecht/Boston Mass./London 1990, 61–80; P. M. Chukwu, Competing Interpretations of Husserl's Noema. Gurwitsch versus Smith and McIntyre, New York etc. 2009; J. J. Drummond, Husserlian Intentionality and Non-Foundational Realism. Noema and Object, Dordrecht/Boston Mass./London 1990; D. Føllesdal, Husserl's Notion of Noema, J. Philos. 66 (1969), 680–687; R. Holmes, An Explication of Husserl's Theory of the Noema, Res. Phenomenol. 5 (1975), 143–153; E. Husserl, Ideen zu einer reinen Phänomenologie und phänomenologischen Philosophie I, Jb. Philos. Phänomen. Forsch. 1 (1913), 1–323, separat Halle 1913, 1928, erw. um zwei Bde, I–III, I, ed. W. Biemel, II–III, ed. M. Biemel, Den Haag 1950–1952 (= Husserliana III–V), I, ed. K. Schuhmann, Den Haag 1976 (= Husserliana III/1-2), Tübingen ⁵1993, ferner als: Ges. Schr. V, Hamburg 1992, II, unter dem Titel: Die Konstitution der geistigen Welt, ed. M. Sommer, Hamburg 1984, III, ed. K.-H. Lembeck, Hamburg 1986; ders., Cartesianische

Meditationen und Pariser Vorträge [1929], ed. S. Strasser, Den Haag 1950, 1973 (= Husserliana I), unter dem Titel: Cartesianische Meditationen. Eine Einleitung in die Phänomenologie, ed. E. Ströker, Hamburg 1977, ³1995, 2012, ferner in: Ges. Schr. VIII, ed. E. Ströker, Hamburg 1992, 1–161; L. Kosowski, Noema and Thinkability. An Essay on Husserl's Theory of Intentionality, Frankfurt etc. 2010; M. J. Larrabee, The Noema in Husserl's Phenomenology, in: Husserl Stud. 3 (1986), 209–230; J. N. Mohanty, Intentionality and Noema, in: ders., The Possibility of Transcendental Philosophy, Dordrecht/Boston Mass./Lancaster 1985; C. Rother, Der Ort der Bedeutung. Zur Metaphorizität des Verhältnisses von Bewußtsein und Gegenständlichkeit in der Phänomenologie Edmund Husserls, Hamburg 2005; R. Sokolowski, Intentional Analysis and the Noema, Dialectica 38 (1984), 113–129; T. Vongehr, Die Vorstellung des Sinns im kategorialen Vollzug des Aktes. Husserl und das Noema, München 1995.   C. F. G.

Sinnenwelt (lat. mundus sensibilis), Bezeichnung für die Welt der Gegenstände, sofern diese der sinnlichen Erkenntnis zugänglich sind. Die S. wird dabei meist als Welt der ↑Erscheinungen (↑Phaenomenon) der *Verstandeswelt* (*mundus intelligibilis*), aufgefaßt als Welt der ↑Dinge an sich (↑Noumenon), gegenübergestellt (vgl. I. Kant, De mundi sensibilis atque intelligibilis forma et principiis [1770], Akad.-Ausg. II, 385–419). Diese Unterscheidung findet sich bereits bei Platon, der die dem Wechsel unterworfene sichtbare Welt als Abbild einer Welt unveränderlicher Ideen (↑Idee (historisch), ↑Ideenlehre) auffaßt. Im Rahmen seiner ↑Transzendentalphilosophie hat Kant auf der Grundlage seiner Unterscheidung zwischen ↑Sinnlichkeit und ↑Verstand jede Auffassung kritisiert, die von der Erkennbarkeit noumenaler Gegenstände, etwa in der intellektuellen Anschauung (↑Anschauung, intellektuelle), ausgeht. Nach Kant beruhen die Fehler der traditionellen ↑Metaphysik weitgehend darauf, Erkenntnisse, die sich auf Gegenstände der S. erstrecken, für Erkenntnisse von Dingen an sich auszugeben.   G. G.

Sinnesdaten (engl. sense-data), Bezeichnung für unmittelbar gegebene Inhalte der (äußeren) ↑Wahrnehmung, meist als private, bisweilen auch als öffentliche Objekte gefaßt, z. B. als optische oder haptische Teile der Oberfläche materieller Gegenstände. Obwohl der Terminus selbst der neueren analytischen Erkenntnistheorie (G. E. Moore, B. Russell, A. J. Ayer) angehört, gehen die Gründe für seine Einführung auf Überlegungen der philosophischen Tradition zur Unterscheidung von in der Wahrnehmung ↑Gegebenem und (materiellen) Gegenständen der ↑Außenwelt zurück. Diese Unterscheidung findet sich nicht nur im ↑Empirismus, sondern auch im ↑Rationalismus. Selbst I. Kants ↑Kritizismus nimmt sie in einer Gegenüberstellung von Wahrnehmungs- und Erfahrungsurteilen auf.

Der gemeinsame zugrundeliegende Gedanke ist, daß die Erkenntnis der Außenwelt in der Verarbeitung eines

sinnlichen Rohmaterials durch den Verstand besteht. Unterschiede ergeben sich erst bei der Bestimmung des Anteils, der dem Verstand hierbei zukommt. Konstitutionstheoretisch (↑Konstitution, ↑Konstitutionssystem) stehen im Rationalismus und besonders im Kritizismus die kategorialen Leistungen des Verstandes im Vordergrund, im Empirismus dagegen die Elemente der Wahrnehmung. Diese werden nicht nur genetisch, d.h. der Zeit nach, als das Erste bestimmt, was selbst Kant nicht bestritten hätte (vgl. KrV B 1), sondern auch geltungstheoretisch (↑Geltung). Sie bilden somit im Empirismus die Basis der Erkenntnis der Außenwelt. Das Verständnis dieser Basiselemente als S. ergibt sich insbes. im Ausgang von den Phänomenen der ↑Sinnestäuschung im sog. ›argument from illusion‹ (↑Illusion). Aufgrund der Tatsache, daß wir manchmal Gegenstände wahrzunehmen meinen, die es gar nicht gibt, oder harmloser, daß die Erscheinung von Gegenständen sich je nach Umständen (Perspektive, Licht, Schatten usw.) verändern kann, wird zunächst argumentiert, daß Wahrnehmungen zumindest manchmal die Gegenstände nicht so wiedergeben, wie sie wirklich sind, so daß dasjenige, was wahrgenommen wird, nicht die Gegenstände selbst sein können. Als Substitute werden hier die S. eingeführt, und zwar durch einen charakteristischen und umstrittenen Übergang von *ein x wahrzunehmen scheinen* zu *ein scheinbares x wahrnehmen* (vgl. Ayer, The Problem of Knowledge, 96–97). Gestützt auf Argumente der Sinnesphysiologie, z.B. daß Wahrnehmungen grundsätzlich von der Beschaffenheit der wahrnehmenden Subjekte abhängen, wird dann meist der Täuschungsfall dahingehend verallgemeinert, daß wir die Dinge grundsätzlich nicht unmittelbar wahrnehmen, sondern uns stets nur S. (als deren Repräsentanten) gegeben sind. Obwohl die S.-Theorie von einer Kluft zwischen Wahrnehmung und Außenwelt ausgeht, stellt sie die Existenz materieller Gegenstände meist nicht in Frage (vgl. Moore, A Defence of Common Sense, 1924); S.-Theorie ist also nicht mit ↑Phänomenalismus gleichzusetzen; Phänomenalismus ist vielmehr nur eine (besonders radikale) Form der S.-Theorie. Da ein bestimmtes Sinnesdatum bereits dann vorliegt, wenn man sich dessen bewußt ist, werden S. meist als unkorrigierbar aufgefaßt im Unterschied zu den aus ihnen erschlossenen und daher irrtumsfähigen Eigenschaften materieller Gegenstände. Die Kantische Wertung des Verhältnisses von Wahrnehmung (der S.) als bloß subjektiv und Erfahrung (der Gegenstände) als objektiv wird damit der Tendenz nach umgekehrt, indem eigentliche Geltung nicht der Erfahrung, sondern der Wahrnehmung zugesprochen wird.
Die S.-Theorie ist durch die Philosophie der normalen Sprache, vor allem in J.L. Austins »Sense and Sensibilia« (1962) einer grundsätzlichen Kritik unterzogen worden, die sich insbes. gegen das Illusionsargument als Begründung für die Einführung von S. und gegen deren Verständnis als unkorrigierbare Basiselemente der empirischen Erkenntnis richtet. Diese Kritik, die sich mit der allgemeinen Kritik gegen das sog. Gegebene verbindet, trifft aber in erster Linie die konstitutionstheoretische Rolle der S.. Entschieden ist damit noch nicht, ob der Begriff des Sinnesdatums außerhalb eines solchen *Fundierungs*zusammenhangs nicht doch eine sinnvolle Verwendung finden könnte, etwa eingeschränkt auf wirkliche Täuschungsfälle oder allgemeiner im Rahmen einer empirisch-psychologischen *Erklärungs*theorie des Zustandekommens von Wahrnehmung oder schließlich, philosophisch bedeutsamer, im Rahmen einer phänomenologischen *Beschreibung* nicht-gegenständlicher Einstellungen zur Welt (insbes. im Sehen), wie sie positiver (›glücklicher‹) Art in der ↑Kontemplation oder negativer (›unglücklicher‹) Art in der ↑Entfremdung als Realitätsverlust vorliegen. Anschlüsse für eine solche Deutung finden sich bei G. Berkeley und (vermischt mit Erklärungsaspekten) in der phänomenalistischen Elementenlehre E. Machs (Analyse der Empfindungen, 1886, Kap. I) in Form eines kontemplativen ↑Sensualismus. Sofern in der kontemplativen Einstellung der Wahrnehmung (ästhetischer) Selbstzweck sein kann und somit eine die Realität der Gegenstände allererst hervorbringende Widerständlichkeit ausgeklammert bleibt, ließe sich mit gewissem Recht sagen, daß der Kontemplierende die Gegenstände nicht eigentlich als Gegenstände, sondern als bloße Phänomene (also S.) innerhalb des Gesichtsfeldes wahrnimmt. Zu beachten ist, daß hier nicht von dem Wahrnehmen *von* S., sondern von dem Wahrnehmen von Gegenständen *als* S. gesprochen wird (damit entfallen bereits einige der gegen die S. vorgebrachten Argumente, die sich mit deren zweifelhaftem ontologischen Status befassen). Entsprechendes gilt für die Entfremdung. Bleibt in der Kontemplation die Gegenständlichkeit auf Zeit ausgeklammert, so gelingt es nun nicht, bis zur Gegenständlichkeit vorzudringen. Man sieht die Dinge, wie z.B. nach langen Flugreisen, ›wie im Film‹, d.h. die Realität *als* Film. Auch die Objekte des sog. phänomenalen Wissens, die ↑Qualia, lassen sich als S. verstehen.

Literatur: J.L. Austin, Sense and Sensibilia. Reconstructed from the Manuscript Notes by G.J. Warnock, Oxford 1962, 1970 (dt. Sinn und Sinneserfahrung, Stuttgart 1975, 1986); A.J. Ayer, The Problem of Knowledge, Harmondsworth/Baltimore 1956, Basingstoke etc. 2004, 84–133 (Chap. 3 Perception); ders., The Central Questions of Philosophy, London 1973, Basingstoke etc. 2004, 68–88 (Chap. IV The Problem of Perception), 89–111 (Chap. V Construction of the Physical World) (dt. Die Hauptfragen der Philosophie, München 1976, 92–117 [Kap. IV Das Problem der Wahrnehmung], 118–145 [Kap. V Konstruktion der physikalischen Welt]); P. Coates/S. Coleman (eds.), Phenomenal Qualities. Sense, Perception, and Consciousness, Oxford etc. 2015; K. Crone, S., EP III (²2010), 2467–2470; A. Gallois, Sense-

Data, REP VIII (1998), 694–698; G. Hatfield, Sense Data and the Philosophy of Mind. Russell, James, and Mach, Principia 6 (2002), 203–230; M. Huemer, Sense-Data, SEP 2004, rev. 2011; E. Mach, Die Analyse der Empfindungen und das Verhältnis des Physischen zum Psychischen, Jena 1886, [9]1922 (repr. Darmstadt 1985, 1991); G. E. Moore, A Defence of Common Sense, in: J. H. Muirhead (ed.), Contemporary British Philosophy. Personal Statements, Second Series, London/New York 1924, [3]1965, Abingdon/New York 2014, 191–223 (dt. Eine Verteidigung des Common Sense, in: ders., Eine Verteidigung des Common Sense. Fünf Aufsätze aus den Jahren 1903–1941, Frankfurt 1969, 113–151; G. A. Paul, Is there a Problem about Sense-Data?, Proc. Arist. Soc. Suppl. 15 (1936), 61–77 (dt. Gibt es ein Problem der S.?, in: E. v. Savigny [ed.], Philosophie und normale Sprache. Texte der Ordinary-Language-Philosophie, Freiburg/München 1969, 105–122); H. H. Price, Perception, London 1932, [2]1950 (repr. Bristol 1996), London, New York [3]1973 (repr. Westport Conn. 1981); B. Russell, The Relation of Sense-Data to Physics, Scientia 4 (1914), 1–27 (dt. S. und Physik, in: ders., Die Philosophie des logischen Atomismus. Aufsätze zur Logik und Erkenntnistheorie 1908–1918, ed. J. Sinnreich, München 1976, 1979, 103–129); G. Ryle, The Concept of Mind, London/New York 1949 (repr. Chicago Ill. 1984), 2009, 210–222 (Chap. 7.3 The Sense Datum Theory) (dt. Der Begriff des Geistes, Stuttgart 1969, 2015, 285–303 [Kap. 7.3 Die Theorie von den S.]); E. v. Savigny, Die Philosophie der normalen Sprache. Eine kritische Einführung in die ›ordinary language philosophy‹, Frankfurt 1969, 261–289 (nur in dieser Aufl.); P. Snowdon, G. E. Moore and Sense Data, in: S. Nuccetelli/G. Seay (eds.), Themes from G. E. Moore. New Essays in Epistemology and Ethics, Oxford etc. 2007, 119–141; T. Vinci, Theoretical Models and the Theory of Sense-Data, Metaphilosophy 15 (1984), 112–128; G. J. Warnock (ed.), The Philosophy of Perception, Oxford 1967, 1977 (insbes. die Beiträge von O. K. Bouwsma, 8–24, R. J. Hirst, 25–43 und A. Quinton, 61–84); E. Wright, Recent Work in Perception, Amer. Philos. Quart. 21 (1984), 17–30.   G. G.

Sinnestäuschung, in der ↑Erkenntnistheorie (und ↑Psychologie) Bezeichnung für sehr unterschiedliche Phänomene aus dem Bereich der Sinneswahrnehmung (↑Wahrnehmung) wie das unterschiedliche Aussehen von Gegenständen aus verschiedenen Entfernungen oder Perspektiven, der im Wasser geknickt erscheinende gerade Stab, die Relativität der Wärmeempfindung (je nachdem, ob die Hand, mit der man fühlt, zuvor erwärmt oder abgekühlt worden ist), die Verschiedenheit ertasteter Größen (je nachdem, ob man ein Loch im Zahn mit der Zunge oder einem Finger feststellt), Spiegelbilder, die einen Körper als hinter dem Glas befindlich erscheinen lassen, Veränderungen des Farbensehens unter Drogeneinwirkung, Halluzinationen, Luftspiegelungen (Fata Morgana) sowie optische Täuschungen der folgenden Art: parallele Geraden, die in bestimmter Umgebung nicht parallel erscheinen, gleichlange Strecken, die je nach Umgebung kürzer oder länger erscheinen usw.. Von besonderer Bedeutung für die Erkenntnistheorie ist die Behandlung der S. im so genannten Argument von der ↑Illusion, das unter anderem dazu dient, ↑Sinnesdaten als fundamentale Be-

standteile des empirischen Wissens zur Anerkennung zu bringen.

Der Begriff der S. beinhaltet zwei Momente, erstens, daß überhaupt eine *Täuschung* vorliegt, und zweitens, daß es die *Sinne* sind, die täuschen. Das erste Moment setzt voraus, daß sinnvoll zu unterscheiden ist zwischen dem wahrgenommenen Objekt, wie es bloß erscheint, und dem wahrgenommenen Objekt, wie es wirklich ist. Diese Unterscheidung läßt sich zumindest für einige der genannten Fälle bestreiten. So ist z. B. keine ↑Perspektive vor der anderen ausgezeichnet, so daß die Unterschiedlichkeit der perspektivischen Wahrnehmung nicht als perspektivische Verzerrung gelten kann.

Bei S.en im engeren Sinne sind Täuschungen auf Grund von *physikalischen* Effekten von Täuschungen durch *physiologische* Reizverarbeitung zu trennen. Typisches Beispiel für die erste Alternative ist der im Wasser geknickt erscheinende gerade Stab. Das eigentümliche Wahrnehmungsbild entsteht hier durch die besonderen physikalischen Umstände und folgt aus den physikalischen Gesetzen der Lichtbrechung. Die S. beruht auf einer Konstellation von ↑Randbedingungen zwischen dem äußeren Gegenstand und dem menschlichen Auge. Die zweite Alternative bezieht sich auf Fälle wie gleichlange Strecken, die als von ungleicher Länge erscheinen, weil das Sehsystem fälschlich eine perspektivische Verzerrung in das Wahrnehmungsbild hineinrechnet und damit beide Strecken als verschieden weit entfernt auffaßt (Ponzo-Illusion, Abb. 1).

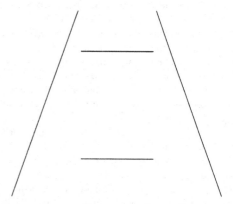

Abb. 1

Die S. tritt hier durch eine (angesichts der besonderen Umstände inadäquate) physiologische Verarbeitung der physikalischen Reize in der Netzhaut oder im Sehzentrum auf.

Von großer Bedeutung sind darüber hinaus die im Rahmen der ↑Gestalttheorie aufgewiesenen Wahrnehmungsgesetze. Danach werden im Wahrnehmungsprozeß Ganzheiten (›Gestalten‹) gebildet, die eine sinnvolle Organisation des Wahrgenommenen erlauben.

Diese Tendenz hat im Einzelfall S.en zur Folge. So wird etwa eine unvollständige Figur (etwa ein durchbrochener Kreis) zumeist (insbes. bei kurzer Darbietungszeit) als vollständig wahrgenommen (›Prinzip der Geschlossenheit‹), oder zwei abwechselnd aufleuchtende Lichter werden als ein bewegtes Licht erlebt (›Phi-Phänomen‹). In der vor allem von J. S. Bruner begründeten ↑kognitiven Wahrnehmungspsychologie wird darüber hinaus der Einfluß von *Hintergrundüberzeugungen* auf die Wahrnehmungserlebnisse aufgezeigt. Bruner wies experimentell nach, daß inkongruente (d. h. von den Erwartungen abweichende) Aspekte einer Situation zumeist entweder gar nicht oder falsch wahrgenommen werden. Offenbar neigen Beobachter vielfach dazu, nur das wahrzunehmen, was sie schon wissen (oder zu wissen glauben). Diese psychologischen Resultate fanden durch T. S. Kuhn Eingang in die wissenschaftstheoretische Debatte über die ↑*Theoriebeladenheit* der Beobachtung.

Die erkenntnistheoretische Diskussion der S.en ist insgesamt von zwei Positionen bestimmt. Für die *phänomenalistische* (↑Phänomenalismus) Auffassung ist Wahrnehmung eine bloße Rezeption des Gegebenen. S.en sind daher nicht als Täuschungen der Sinne aufzufassen. Wahrnehmungen sind vielmehr stets verläßlich, ein ↑Irrtum ist auf dieser Ebene nicht möglich. Man kann höchstens falsche Schlüsse aus den Wahrnehmungen ziehen. In diesem Sinne heißt es etwa bei I. Kant, daß die Sinne nicht betrügen, »weil sie gar nicht urteilen; weshalb der Irrtum immer nur dem Verstande zu Last fällt« (Anthropologie in pragmatischer Hinsicht § 11 [Akad.-Ausg. VII, 146]).

Im Gegensatz dazu betrachtet die *kognitive* Position bereits die Wahrnehmung als einen Prozeß des Urteilens. In der Wahrnehmung wird ein sensorischer Reiz auf bestimmte Ding- oder Ereignis*klassen*, auf begriffliche ↑Kategorien bezogen. Ein Hinweisreiz bildet den Anlaß dafür, ein Objekt *als* etwas wahrzunehmen, es in eine Gattung einzuordnen. Sinneswahrnehmung bezeichnet das Ende eines solchen Kategorisierungsprozesses, die Wahrnehmung *ist* ein Schluß aus der Erfahrung. In diesem Sinne bemerkt Kuhn, »daß der Wissenschaftler beim Anblick eines schwingenden Steins keine Erfahrung haben kann, die im Prinzip elementarer ist als das Sehen eines Pendels. Die Alternative ist nicht ein hypothetisches ›feststehendes‹ Sehen, sondern ein Sehen durch ein anderes Paradigma, eines, das aus dem schwingenden Stein etwas anderes macht« (Die Struktur wissenschaftlicher Revolutionen, Frankfurt ³1976, 140; ↑Paradigma). Während demnach phänomenalistische Strömungen Wahrnehmung als passive Reizaufnahme begreifen, ähnelt für kognitiv orientierte Auffassungen der Wahrnehmungsprozeß dem Vorgang der aktiven Hypothesenbildung (↑Hypothese). Die Korrektur von

S.en wird in beiden Zugangsweisen anhand eines Kohärenzmodells (↑kohärent/Kohärenz) vorgestellt, d. h., Wahrnehmungen werden in den Kontext anderer Wahrnehmungen gestellt (der optisch geknickte Stab ist z. B. haptisch gerade) und entsprechend als S.en erkannt.

Literatur: J. L. Austin, Sense and Sensibilia. Reconstructed from the Manuscript Notes by G. J. Warnock, Oxford 1962, 1970 (dt. Sinn und Sinneserfahrung (Sense and Sensibilia). Nach den Vorlesungsmanuskripten zusammengestellt, ed. G. J. Warnock, Stuttgart 1975, 1986); D. C. Beardslee/M. Wertheimer (eds.), Readings in Perception, Princeton N. J. etc. 1958, 1967; C. Calabi (ed.), Perceptual Illusions. Philosophical and Psychological Essays, Basingstoke etc. 2012; R. M. Chisholm, Perceiving. A Philosophical Study, Ithaca N. Y./London 1957, 1982; W. Cooney, Some Comments on the Sense-Datum Theory and the Argument from Illusion, Dialogue (Phi Sigma Tau) 28 (1985), 8–15; R. Firth, Sense-Data and the Percept Theory, I–II, Mind 58 (1949), 434–465, 59 (1950), 35–56; W. Fish, Perception, Hallucination, and Illusion, Oxford etc. 2009, 2013; D. A. Givner, Direct Perception, Misperception, and Perceptual Systems. J. J. Gibson and the Problem of Illusion, Nature and System 4 (1982), 131–142; R. Gregory, Seeing through Illusions, Oxford etc. 2009; N. R. Hanson, Patterns of Discovery. An Inquiry into the Conceptual Foundations of Science, Cambridge 1958, 1981, 4–30 (Chap. I Observation); R. J. Hirst, The Problems of Perception, London 1959, London/New York 2013; A. D. P. Kalansuriya, Sense-Data and J. L. Austin. A Re-Examination, Indian Philos. Quart. 8 (1981), 357–371; F. Macpherson/D. Platchias (eds.), Hallucination. Philosophy and Psychology, Cambridge etc. 2013; H. A. Prichard, Knowledge and Perception. Essays and Lectures, Oxford 1950, 1970; H. Reichenbach, Experience and Prediction. An Analysis of the Foundations and the Structure of Knowledge, Chicago Ill. 1938, Notre Dame Ind. 2006, 163–293 (dt. Erfahrung und Prognose. Eine Analyse der Grundlagen und der Struktur der Erkenntnis, ed. A. Kamlah/M. Reichenbach, Braunschweig/Wiesbaden 1983 [= Ges. Werke IV], 103–184); D. H. Sanford, Illusions and Sense-Data, Midwest Stud. Philos. 6 (1981), 371–385; E. S. Shirley, Sense Datum Terminology. The Argument from Illusion vs. a Private Language, J. Crit. Anal. 7 (1977), 21–29; J. Westerhoff, Twelve Examples of Illusion, Oxford etc. 2010; K. R. Westphal, Hegel, Hume und die Identität wahrnehmbarer Dinge. Historisch-kritische Analyse zum Kapitel »Wahrnehmung« in der Phänomenologie von 1807, Frankfurt 1998; E. Wright, Pre-Phenomenal Adjustments and Sanford's Illusion Objection against Sense-Data, Pacific Philos. Quart. 64 (1983), 266–272; G. M. Wyburn/R. W. Pickford/R. J. Hirst, Human Senses and Perception, Edinburgh/London 1964.   G. G./M. C.

Sinneswahrnehmung, ↑Wahrnehmung.

Sinnkriterium, empiristisches (engl. empiricist criterion of meaning, auch: principle of verifiability, verificationist criterion of meaning), Bezeichnung für ein im ↑Wiener Kreis und im Logischen Empirismus (↑Empirismus, logischer) formuliertes Kriterium zur Unterscheidung zwischen sinnvollen und sinnlosen Aussagen. Das e. S. ist gleichbedeutend mit dem ↑Verifikationsprinzip und läuft zunächst auf die Forderung hinaus, daß alle kognitiv sinnvollen Aussagen verifizierbar (↑verifizierbar/Verifizierbarkeit) sein müssen. Sinnlose Aussagen gelten im pejorativen Sinne als metaphysisch (↑Metaphysikkritik) und sollten aus der Sprache der Wissenschaft und der wissenschaftlichen Philosophie ausgeschieden werden.

Das e. S. besagt, daß die Geltung aller sinnvollen Aussagen mit kognitivem Geltungsanspruch durch die Zuordnung von Prüfverfahren eindeutig bestimmt sein muß; solche Aussagen müssen ›intersubjektiv überprüfbar‹ sein. Diese allgemeine Bedingung wurde durch zahlreiche wechselnde Präzisierungen näher zu umgrenzen versucht, von denen R. Carnaps Kriterium der *Bestätigungsfähigkeit* (1936/1937) eine gewisse Verbreitung fand: Eine Aussage ist bestätigungsfähig, wenn es möglich ist, ihre Geltung zumindest in Teilen ihres Anwendungsbereichs anhand von Beobachtungsaussagen zu prüfen, wobei die dafür heranzuziehende Prüfmethode nicht faktisch verfügbar sein muß. Alle Präzisierungsversuche führten jedoch auf kontraintuitive Konsequenzen (Hempel 1950, 1951), und keiner fand letztlich im Logischen Empirismus allgemeine Anerkennung (↑verifizierbar/Verifizierbarkeit). Sinnlose Aussagen gelten dann als zulässig (↑zulässig/Zulässigkeit), wenn keine kognitiven Behauptungen mit ihnen verbunden werden. Sie können dem ›Ausdruck des Lebensgefühls‹ dienen und behalten insofern einen Platz in Literatur und Kunst. Im Gegensatz zu der primär semantischen (↑Semantik) Ausrichtung des e.n S.s zielt das *pragmatische* Sinnkriterium (↑Sinnkriterium, pragmatisches) auf den Ausschluß widersinniger Handlungsversuche.

Literatur: B. Bercic, On the Logical Status of the Principle of Verifiability, Synthesis Philosophica 15 (2000), 9–26; R. Carnap, Scheinprobleme in der Philosophie. Das Fremdpsychische und der Realismusstreit, Leipzig/Berlin 1928, Neudr. in: ders., Der logische Aufbau der Welt. Scheinprobleme in der Philosophie, Hamburg ²1961, ⁴1978, 1998; ders., Überwindung der Metaphysik durch logische Analyse der Sprache, Erkenntnis 2 (1931), 219–241, Neudr. in: E. Hilgendorf (ed.), Wissenschaftlicher Humanismus. Texte zur Moral- und Rechtsphilosophie des frühen logischen Empirismus, Freiburg/Berlin/München 1998, 72–102; ders., Theoretische Fragen und praktische Entscheidungen, Natur u. Geist 2 (1934), 257–260, Neudr. in: E. Hilgendorf (ed.), Wissenschaftlicher Humanismus [s. o.], 103–108; ders., Testability and Meaning, Philos. Sci. 3 (1936), 419–471, 4 (1937), 2–40, separat Indianapolis Ind. 1936, New Haven Conn. 1954; C. Demmerling, Sinnkriterien, Hist. Wb. Ph. IX (1995), 889–892; W. D. Hart, Meaning and Verification, REP VII (1998), 230–236; C. G. Hempel, Problems and Changes in the Empiricist Criterion of Meaning, Rev. Int. Philos. 41 (1950), 41–63 (dt. Probleme und Modifikationen des e.n S.s, in: J. Sinnreich [ed.], Zur Philosophie der idealen Sprache. Texte von Quine, Tarski, Martin, Hempel und Carnap, München 1972, 104–125); ders., The Concept of Cognitive Significance. A Reconsideration, Proc. Amer. Acad. Arts Sci. 80 (1951), 61–67 (dt. Der Begriff der kognitiven Signifikanz. Eine erneute Betrachtung, in: J. Sinnreich [ed.], Zur Philosophie der idealen Sprache [s. o.], 126–144); E. LePore, Principle of Verifiability, in: R. Audi (ed.), The Cambridge Dictionary of Philosophy, Cambridge etc. ²1999, 739–740; E. Nagel, Verifiability, Truth, and Verification, J. Philos. 31 (1934), 141–148 (dt. Verifizierbarkeit, Wahrheit und Verifikation, in: L. Krüger [ed.], Erkenntnisprobleme der Naturwissenschaften. Texte zur Einführung in die Philosophie der Wissenschaften, Köln/Berlin 1970, 294–301); E. Rogler, Sinnkriterium, WL (1978), 534–536; M. Schlick, Meaning and Verification, Philos. Rev. 45 (1936), 339–369, Neudr. in: ders., Gesammelte Aufsätze 1926–1936, Wien 1938 (repr. Hildesheim 1969), 337–367, ferner in: H. Schleichert (ed.), Logischer Empirismus – Der Wiener Kreis. Ausgewählte Texte mit einer Einleitung, München 1975, 118–147; P. Stekeler-Weithofer, Sinn-Kriterien. Die logischen Grundlagen kritischer Philosophie von Platon bis Wittgenstein, Paderborn etc. 1995, bes. 111–141 (Kap. 5 Wissenschaftliche Aufklärung und empiristisches S.), 279–327 (Kap. 9 Das S. der Sachhaltigkeit); T. Uebel, Vienna Circle, SEP 2006, rev. 2016; W. Stegmüller, Probleme und Resultate der Wissenschaftstheorie und Analytischen Philosophie II/1 (Theorie und Erfahrung), Berlin etc. 1970, 1974. F. K./M. C.

Sinnkriterium, pragmatisches, Bezeichnung für die von C. S. Peirce zur Charakterisierung des ↑Pragmatismus entwickelte *Pragmatische Maxime*, nach der die Bedeutung eines prädikativen Ausdrucks allein im praktischen Zusammenhang zu suchen ist, in dem die Gegenstände stehen, denen dieser Ausdruck zugesprochen wird, also durch ein geeignetes ↑*Handlungsschema* (bei Peirce: habit) anzugeben ist. Für Sätze kann daraus eine Lesart des empiristischen Sinnkriteriums (↑Sinnkriterium, empiristisches) in der Fassung von M. Schlick – die Bedeutung einer Aussage ist die Methode ihrer ↑Verifikation (Form and Content, in: ders., Philosophical Papers II [1925–1936], Dordrecht/Boston Mass./London 1979, 309–312 [dt. Form und Inhalt, in: ders., Philosophische Logik, Frankfurt 1986, 142–146]) – gewonnen werden, mit der den im Logischen Empirismus (↑Empirismus, logischer) diskutierten Schwierigkeiten jedes empiristischen Sinnkriteriums, das mehr als ein ↑Abgrenzungskriterium wissenschaftlicher von nicht-wissenschaftlichen Sätzen sein soll, begegnet werden kann. Aus diesem Grunde bildet das p. S. auch den Kern der Bedeutungstheorie von M. Dummett. K. L.

Sinnlichkeit (engl. sensibility), Bezeichnung für die Fähigkeit oder Disposition von Lebewesen, durch die Sinne affiziert (↑Affektion/affizieren) oder ›gereizt‹ zu werden. Je nachdem, ob S. als Gegenbegriff zu ↑Verstand (als theoretischem Vermögen) oder zu ↑Vernunft (als praktischem Vermögen) verwendet wird, ist S. Thema der Erkenntnistheorie oder Anthropologie und Ethik. – Als Gegenbegriff zu Vernunft umfaßt S. die durch die Leiblichkeit des Menschen bestimmten ↑Bedürfnisse und ↑Triebe, z. B. Hunger, Durst, Geschlechtstrieb. Ein traditionelles Problem der Praktischen Philosophie (↑Philosophie, praktische) seit der Antike ist das (ausgewogene) Verhältnis von Vernunft und S.. Vor allem unter dem Gesichtspunkt der Beherrschung der S. durch die Vernunft wird teilweise auch eine Gleichsetzung von S. und Sexualität vorgenommen. Als Gegenbegriff zu Verstand meint S. die Empfänglichkeit (Rezeptivität) des Erkenntnissubjekts, durch Sinneswahrnehmung (↑Wahrnehmung) Vorstellungen empirischer Gegenstände zu gewinnen.

In der rationalistischen (↑Rationalismus) Tradition von G. W. Leibniz und C. Wolff (dieser hat den Terminus ›S.‹ als Übersetzung von lat. sensibilitas, sensualitas eingeführt) wird der Unterschied von sinnlicher und rationaler Erkenntnis hierarchisch-graduell (man spricht von ›unterem‹ und ›oberem Erkenntnisvermögen‹) nach dem Grad der Klarheit (↑klar und deutlich) bemessen. Eine wesentliche Korrektur dieser Auffassung hat A. G. Baumgarten vorgenommen, indem er die Hierarchisierung aufgegeben und ein selbständiges unteres Erkenntnisvermögen angenommen hat. Die so erfolgte Aufwertung der S. dient Baumgarten dann als Grundlage einer eigenen ›Wissenschaft der sinnlichen Erkenntnis‹, für die er den Terminus ›Ästhetik‹ (↑ästhetisch/Ästhetik) einführt. S. wird Oberbegriff sämtlicher unterer Erkenntnisvermögen und schließt damit neben der rezeptiven Sinneserkenntnis (*sensus*) im engeren Sinne und deren Reproduktion in der Erinnerung (*memoria*) auch produktive Vermögen wie Einbildungskraft (*imaginatio*), Dichtungsvermögen (*facultas fingendi*) und anderes ein.

Entgegen der rationalistischen Tradition unterscheidet I. Kant S. und Verstand als nicht graduell verschiedene, sondern grundsätzlich getrennte Erkenntnisquellen (›zwei Stämme der menschlichen Erkenntnis‹), die sich aber in der Erfahrung notwendigerweise ergänzen müssen. Der traditionelle Gegensatz von ↑Sinnenwelt und Verstandeswelt wird also nicht im Sinne der Kontinuität, sondern der Komplementarität zu überwinden versucht. Nach Kant werden dabei durch die S. ↑Anschauungen der Gegenstände ›gegeben‹, während diese durch den Verstand in ↑Begriffen ›gedacht‹ werden (KrV B 29, B 33).

Literatur: U. Franke, Kunst als Erkenntnis. Die Rolle der S. in der Ästhetik des Alexander Gottlieb Baumgarten, Wiesbaden 1972; J. Haag, Erfahrung und Gegenstand, Das Verhältnis von S. und Verstand, Frankfurt 2007; M. Matthen, Seeing, Doing, and Knowing. A Philosophical Theory of Sense Perception, Oxford etc. 2005, 2011; A. Mues, Die Einheit unserer Sinnenwelt. Freiheitsgewinn als Ziel der Evolution. Eine erkenntnistheoretische Untersuchung, München 1979; T. Nakasawa, Kants Begriff der S.. Seine Unterscheidung zwischen apriorischen und aposteriorischen Elementen der sinnlichen Erkenntnis und deren lateinische Vorlagen, Stuttgart 2009; H.-M. Schmidt, S. und Verstand. Zur philosophischen und poetologischen Begründung von Erfahrung und Urteil in der deutschen Aufklärung, München 1982; H. R. Schweizer/F. Belussi, S.; sinnlich, Hist. Wb. Ph. IX (1995), 892–897; W. Sellars, Kant's Views on Sensibility and Understanding, in: L. W. Beck (ed.), Kant Studies Today, La Salle Ill. 1969, 181–209; D. Thürnau, S., EP III (²2010), 2470–2473; T. Verweyen, Emanzipation der S. im Rokoko? Zur ästhetik-theoretischen Grundlegung und funktionsgeschichtlichen Rechtfertigung der deutschen Anakreontik, Germ.-rom. Monatsschr. NF 25/56 (1975), 276–306; weitere Literatur: ↑rezeptiv/Rezeptivität. G. G.

Sittengesetz, Bezeichnung für die oberste ethische Norm (↑Norm (handlungstheoretisch, moralphilosophisch)) zur Begründung und Beurteilung des Handelns sowie seiner Motive und Konsequenzen. Als Terminus wird ›S.‹ in der Philosophie vor allem im Anschluß an I. Kant verwendet, der das S. als den Kategorischen Imperativ (↑Imperativ, kategorischer) formuliert (↑Sittlichkeit). O. S.

Sittenlehre, äquivalenter Ausdruck für den Terminus ›Praktische Philosophie‹ (↑Philosophie, praktische) im weitesten Sinne, womit unter S. eine (normative) Theorie sowohl der ↑Tugenden der einzelnen Handelnden als auch der Rechtsnormen (↑Norm (juristisch, sozialwissenschaftlich)) oder ↑Institutionen einer Gesellschaft fällt. In diesem Sinne verwenden den Terminus ›S.‹ auch I. Kant (KpV A 165; Met. Sitten, Tugendlehre A 1 [Akad.-Ausg. VI, 370]) und J. G. Fichte. O. S.

Sittlichkeit, philosophischer Terminus zur Bezeichnung der Prinzipien, des Begriffs, des Zustands oder des Ideals des sittlich Guten. Obwohl sprachlich zwischen ›ethisch‹, ›moralisch‹ und ›sittlich‹ zunächst kein wesentlicher Unterschied besteht, hat sich in der Praktischen Philosophie (↑Philosophie, praktische) die heutige, weitgehend übliche Unterscheidung zwischen der ↑Moral (↑Moralphilosophie) als dem Bereich oder dem System des ohne Einschränkung (d. i. moralisch) guten Handelns und der ↑Ethik als der theoretischen Reflexion auf die Moral herausgebildet. Die Unterscheidung zwischen ↑Moralität und S. ist Ausdruck einer systematischen These, wie sie vor allem durch G. W. F. Hegel entwickelt worden ist. Ausgangspunkt dieser These ist die Feststellung, daß der Einzelne und der Staat, insbes. im Sinne der staatlichen Rechtsverfassung, sich ›entzweit‹ (↑Entzweiung), d. h. unterschiedliche und zum Teil gegensätzliche Formen der Rationalität entwickelt haben. Während der Einzelne seine Freiheit zu erreichen sucht, wie sie für ihn selbst als ein autonomes ↑Subjekt gut ist, hat die staatliche Rechtsverfassung die Mannigfaltigkeit der Lebensformen zu regeln, in denen sich die unterschiedlichsten Vorstellungen vom jeweils Guten (↑Gute, das) realisieren.

Moralität ist für Hegel der Standpunkt des autonomen Subjekts (↑Autonomie), das allein seinem eigenen Willen und seiner eigenen Vernunft, d. i. seinem ↑Gewissen, folgt. Insofern dabei die Autonomie gerade durch die Ausblendung der konkreten ↑Lebensformen – die für das allein dem eigenen Willen und Gewissen folgende Subjekt als heteronome Bestimmungen abgelehnt werden – gewährleistet wird, bleibt diese Moralität inhaltsleer und kann nur ein ›abstraktes Gutes‹ erreichen. Erst die Einbindung des moralischen Wollens in die konkreten Lebensformen und deren rechtliche Verfassung – d. h. für Hegel in Familie, bürgerliche Gesellschaft und Staat – entwickelt die abstrakte Moralität zur *konkreten* S. weiter. Denn erst in der historischen Verwirklichung eines Wollens zeigt dieses, wie Hegel sagt, seine ›Wahrheit‹.

Nicht der subjektive ↑Wille als solcher ist schon gut, wie I. Kant dies unterstellt (vgl. Grundl. Met. Sitten BA 1, Akad.-Ausg. IV, 385–463), sondern das Gute als ein tatsächlicher, rechtlich gesicherter Zustand ist für den subjektiven Willen eine historische Gegebenheit, mit der er auch in Konflikt geraten kann, zugleich aber auch das Ergebnis der historischen Prozesse, in die die Gestaltungsversuche der vielen Willen – nämlich all der Subjekte, die handelnd die Geschichte mitgeprägt haben – eingegangen sind. Sollen der subjektive Willen und das objektive Gute zur Identität gebracht werden, so muß der subjektive Wille konkret und objektiv werden, d. h., er muß sich an den Lebens- und Rechtsverhältnissen einer Gesellschaft gestaltend ›abarbeiten‹. Dabei gilt es, das objektive Gute auf das lebendige Wollen der handelnden Subjekte zurückzubeziehen, d. h. auf die tatsächliche Funktion für die einzelnen Lebenssituationen und die Verwirklichungsmöglichkeiten der Freiheit der Einzelnen hin zu prüfen. Das Ziel einer solchen wechselseitigen Entwicklung wäre die S., d. i. nach Hegel die ›konkrete Identität des Guten und des subjektiven Willens, die Wahrheit derselben‹ (Rechtsphilos. § 141). Endgültig erreicht wäre die S. in diesem Verständnis, wenn das auf seine Freiheit gerichtete Wollen des Einzelnen sich in den Rechtsverhältnissen des ↑Staates verwirklichen könnte und diese Rechtsverhältnisse dem Freiheitsstreben seine konkreten Ziele geben und erhalten würden. – In Anlehnung an diese Hegelsche Unterscheidung von Moralität und S. läßt sich die Geschichte der Ethik als die Entwicklung einer polaren Spannung zwischen einer ›Moralitätskonzeption‹ verstehen, mit der das Gute in die Gesinnung oder das Wollen und seine ihm selbst verfügbare Vernunft verlegt wird, und einer ›S.konzeption‹, die das Gute erst in der konkreten Realisierung von Lebensformen und dabei insbes. in der Aufnahme und Einbeziehung von natürlichen und/oder historischen (Lebens- und Rechts-)Verhältnissen sieht. Es stehen sich in diesen Konzeptionen vor allem das vernünftige Wollen des Einzelnen und die überkommenen Sitten und Gebräuche einer Gruppe oder Gesellschaft gegenüber.

Schon in der Antike findet sich diese Spannung in der Platonischen und der Aristotelischen Ethik auf der einen Seite, die an die Sitten – das soziale Handeln und die es leitenden Institutionen in der Polis – anknüpft, und in den epikureischen (↑Epikureismus) und stoischen (↑Stoa) Vorstellungen von ↑Ataraxie und ↑Apathie auf der anderen Seite, mit denen das Individuum – in der Ruhe der Seele und in der Freiheit von Furcht und Leidenschaft – sich seine Lebensform erringen soll. – Durch die christliche Interpretation der Ruhe der Seele als der Einheit der menschlichen Vernunft mit der göttlichen Vernunft (bzw. mit der von Gott geschaffenen, betrachtend erfaßten, kosmischen Ordnung) kommt wiederum der Gesinnung eine besondere Bedeutung zu: Da die Einheit menschlicher und göttlicher Vernunft nicht durch die Folgen des Handelns, durch die Werke des Menschen, sondern durch die geistige Hinwendung des Menschen zu Gott und seiner Welt erreicht wird, erhält auch das Handeln des Menschen seinen Wert aus der geistigen Haltung des Handelnden, liegt damit das Gute in der Gesinnung (P. Abaelard). Dabei gewinnt die Gesinnung nicht im Kantischen Verständnis als autonome Selbstbestimmung ihren moralischen Wert, sondern als Gehorsam gegenüber Gott und als Befolgung von Gottes Willen. Die philosophische Ethik im Mittelalter setzt sich dann auch vor allem mit dem Problem auseinander, wie das Gute zugleich als das, was der Einzelne wollen und erreichen soll, und als das, was (allein) durch Gottes Willen bestimmt ist, verstanden werden kann.

In der Neuzeit, in der sich die ethische Diskussion vor allem auf die Begründungsprinzipien des guten und gerechten Handelns konzentriert, läßt sich die Spannung zwischen subjektivem Wollen und objektivem Guten an den Begründungsinstanzen festmachen, die für die moralischen bzw. sittlichen Prinzipien angeführt worden sind. In grober Schematisierung lassen sich der aus der Macht seiner ↑Affekte befreite oder der vernunftbestimmte Wille (bei B. de Spinoza und Kant), die Folgen des Handelns (im ↑Utilitarismus), und moralische Gefühle im weitesten Sinne, z. B. als ↑›moral sense‹ (F. Hutcheson), als harmonische Veredelung egoistischer und sozialer Neigungen (A. A. C. Shaftesbury) oder auch als durch den Beifall der anderen vermitteltes moralisches Empfinden (J. Locke) unterscheiden. Während die (subjektdefinierte) Gesinnungs- und die (objektdefinierte) Folgen- bzw. ↑Verantwortungsethik leicht einem Spannungspol zugeordnet werden können, läßt sich die Berufung auf moralische Gefühle unterschiedlich interpretieren, je nachdem wie man die Einbindung der Gefühle in die natürlichen Gegebenheiten und in die jeweilige historische Situation versteht.

In der neueren Ethikdiskussion läßt sich die Spannung wiederentdecken in der Einstellung zu praktischen Begründungs- und Anwendungsproblemen. Dem ›Standpunkt der Moralität‹ ist dabei die Behandlung des allgemeinen Begründungsproblems moralischer Normen

(↑Norm (handlungstheoretisch, moralphilosophisch), ↑Norm (juristisch, sozialwissenschaftlich)) und Urteile zuzuordnen, während die Fragen der angewandten Ethik (↑Ethik, angewandte) – etwa im Bereich der ↑Bioethik, der ↑Wirtschaftsethik und der ↑Wissenschaftsethik – als Versuche, das ›konkrete Gute‹ zu bestimmen, zur S. gehören würden. Die dabei festgestellte Diskrepanz zwischen allgemeinen Prinzipienüberlegungen und einzelnen Fragen gesellschaftlicher Orientierungen hat zu Versuchen geführt, wieder über S. im Sinne einer begriffenen Verknüpfung von Vernunftprinzipien, Lebensformen und Rechtsverhältnissen nachzudenken.

Literatur: O. F. Bollnow, Einfache S.. Kleine philosophische Aufsätze, Göttingen 1947, erw. ²1957, ⁴1968, ferner als: ders., Schr. III, Würzburg 2009; R. B. Brandt, Ethical Theory. The Problems of Normative and Critical Ethics, Englewood Cliffs N. J. 1959; S. Brauer, Natur und S.. Die Familie in Hegels Rechtsphilosophie, Freiburg/München 2007; C. D. Broad, Five Types of Ethical Theory, London/New York 1930, 2001; R. Bubner, Handlung, Sprache und Vernunft. Grundbegriffe praktischer Philosophie, Frankfurt 1976, erw. 1982 (ital. Azione, linguaggio e ragione. I concetti fondamentali della filosofia pratica, Bologna 1985); B. S. Byrd/J. Hruschka/J. C. Joerden (eds.), Recht und S. bei Kant/Law and Morals for Immanuel Kant, Berlin 2006; F. Campello, Die Natur der S.. Grundlagen einer Theorie der Institutionen nach Hegel, Bielefeld 2015; K. H. Denecke, Der Bürger im Spannungsfeld von S. und Selbstbestimmung. Studien zur Franklin-Rezeption im Deutschland des 19. Jahrhunderts, Frankfurt etc. 1996; E. Düsing/K. Düsing (eds.), Geist und S.. Ethik-Modelle von Platon bis Levinas, Würzburg 2009; C. Fan, S. und Tragik. Zu Hegels Antigone-Deutung, Bonn 1998; R. Finelli, S., EP III (²2010), 2473–2476; M. Forschner, Gesetz und Freiheit. Zum Problem der Autonomie bei I. Kant, München/Salzburg 1974; G. Geismann, Ethik und Herrschaftsordnung. Ein Beitrag zum Problem der Legitimation, Tübingen 1974; N. Hartmann, Person und S.. Grundlegung einer Ethik verantworteter Selbstbejahung, ed. G. Höver, Kevelaer 1994; D. v. Hildebrand, S. und ethische Werterkenntnis. Eine Untersuchung über ethische Strukturprobleme, Jb. Philos. phänomen. Forsch. 5 (1922), 463–602 (repr. in: ders., Die Idee der sittlichen Handlung, Darmstadt 1969, 127–266), separat Vallendar-Schönstatt ³1982; R. A. Hinde, Why Good Is Good. The Sources of Morality, London/New York 2002; O. Höffe, Praktische Philosophie. Das Modell des Aristoteles, München/Salzburg 1971, Berlin ³2008; L. Honnefelder (ed.), Sittliche Lebensform und praktische Vernunft, Paderborn etc. 1992; A. Honneth, Das Recht der Freiheit. Grundriß einer demokratischen S., Berlin 2011, ²2015 (engl. Freedom's Right. The Social Foundations of Democratic Life, New York 2014; franz. Le droit de la liberté. Esquisse d'une éthicité démocratique, Paris 2015); W. D. Hudson (ed.), New Studies in Ethics, I–II, London/Basingstoke 1974; K.-H. Ilting, Naturrecht und S.. Begriffsgeschichtliche Studien, Stuttgart 1983; W. Kersting, S., Sittenlehre, Hist. Wb. Ph. IX (1995), 907–923; W. Korff, Norm und S.. Untersuchung zur Logik der normativen Vernunft, Mainz 1973, Freiburg/München ²1985; G. Krüger, Philosophie und Moral in der kantischen Kritik, Tübingen 1931, ²1967 (franz. Critique et morale chez Kant, Paris 1961); W. Kuhlmann, Moralität und S.. Das Problem Hegels und die Diskursethik, Frankfurt 1986; S. H. Lee, Moralität und S.. Versuch einer Synthese im Hinblick auf die Ethik des Guten, Würzburg 2011; C. Menke, Tragödie im Sitt-

lichen. Gerechtigkeit und Freiheit nach Hegel, Frankfurt 1996; J. H. Park, Moral, Religion und Geschichte. Untersuchung zum neuzeitlichen S.sbegriff in Hegels Phänomenologie des Geistes, Würzburg 2016; R. Preul, S., RGG VII (⁴2004), 1356–1358; H. Reiner, Pflicht und Neigung. Die Grundlagen der S. erörtert und neu bestimmt mit besonderem Bezug auf Kant und Schiller, Meisenheim am Glan 1951, erw. unter dem Titel: Die Grundlagen der S. erörtert und neu bestimmt mit besonderem Bezug auf Kant und Schiller, ²1974 (engl. Duty and Inclination. The Fundamentals of Morality, Discussed and Redefined with Special Regard to Kant and Schiller, The Hague/Boston Mass./Lancaster 1983); A. Requate, Zur Logik der Moralität in Hegels Philosophie des Rechts, Cuxhaven/Dartford 1995; H. Richter, Zwischen Sitte und S.. Elemente der Bildungskritik und pädagogischen Handlungstheorie in Jürgen Habermas' kommunikativer Vernunfttheorie, Berlin 2000; M. Riedel (ed.), Rehabilitierung der praktischen Philosophie, I–II, Freiburg 1972/1974; W. D. Ross, The Right and the Good, Oxford 1930, 2002; P. Schaber, Recht als S.. Eine Untersuchung zu den Grundbegriffen der Hegelschen Rechtsphilosophie, Würzburg 1989; S. Schmidt, Hegels ›System der S.‹, Berlin 2007; O. Schwemmer, Philosophie der Praxis. Versuch zur Grundlegung einer Lehre vom moralischen Argumentieren in Verbindung mit einer Interpretation der praktischen Philosophie Kants, Frankfurt 1971, 1980; K. Stock, Sitte/S., TRE XXXI (2000), 318–333; R. Wimmer, Universalisierung in der Ethik. Analyse, Kritik und Rekonstruktion ethischer Rationalitätsansprüche, Frankfurt 1980; G. H. v. Wright, The Varieties of Goodness, London/New York 1963 (repr. Bristol 1993, 1996), 1972. – sittlich, S., in: M. Willaschek u. a. (eds.), Kant-Lexikon III, Berlin/Boston Mass. 2015, 2121–2124. O. S.

Situation, Terminus der Praktischen Philosophie (↑Philosophie, praktische) zur Bezeichnung besonderer, ethisch relevanter Sachverhalte, in der Theoretischen Philosophie (↑Philosophie, theoretische) zur Markierung der Bezugsabhängigkeit von situativen Äußerungen. In verschiedenen Ansätzen wird ›S.‹ im einzelnen jeweils unterschiedlich verwendet. Im Existenzialismus (↑Existenzphilosophie), etwa bei J.-P. Sartre, wird S. begriffen als die Umstände, in denen sich der Mensch jeweils vorfindet, die ihm nicht als eigener ↑Entwurf verfügbar sind. In ethischen Ansätzen wird mit dem Verweis auf den konkreten und einmaligen Charakter jeder Entscheidungssituation der Rückgriff auf allgemeine normative Orientierungen kritisiert (↑Situationsethik). Allerdings ist bereits mit Blick auf allgemeine Normen (↑Norm (handlungstheoretisch, moralphilosophisch), ↑Norm (juristisch, sozialwissenschaftlich)) zu beachten, daß sie in aller Regel ›bedingt‹ sind, d. h. nur relativ zu in der Normenformulierung beschriebenen S.en gelten können. Ferner ist zu beachten, daß die Rede von der durch eine bestimmte S.sbeschreibung gekennzeichneten S. sich nicht mehr auf die konkreten, durch Beschreibungen nicht ausschöpfbaren S.en bezieht, in denen Menschen sich jeweils real befinden. Vielmehr ist in solchen Fällen ›S.‹ abstrakt (typisch) verstanden: sinngleiche S.sbeschreibungen gelten als Beschreibungen der gleichen (abstrakten) S..

Literatur: J. Barwise/J. Perry, Situations and Attitudes, Cambridge Mass./London 1983, Stanford Calif. 2000 (dt. S.en und Einstellungen. Grundlagen der S.ssemantik, Berlin/New York 1987); J. Hermelink, S., TRE XXXI (2000), 333–337; J.-P. Sartre, L'être et le néant. Essai d'ontologie phénoménologique, Paris 1943, 2009; F. J. Wetz/U. Laucken, S., Hist. Wb. Ph. IX (1995), 923–937; B. Wolniewicz, Situations, in: H. Burkhardt/B. Smith (eds.), Handbook of Metaphysics and Ontology II, München/Philadelphia Pa./Wien 1991, 841–843; A. Ziemann (ed.), Offene Ordnung? Philosophie und Soziologie der S., Wiesbaden 2013; weitere Literatur: ↑Situationsethik. F. K.

Situationsethik (engl. situation ethics), Bezeichnung für eine vor allem im Umkreis des Existentialismus (↑Existenzphilosophie) und der an ihn anschließenden theologischen Ethiken ausgebildete Konzeption einer Ethik, derzufolge die Begründungs- oder Beurteilungsversuche von ↑Handlungen oder Vorschlägen durch allgemeine Normen (↑Norm (handlungstheoretisch, moralphilosophisch), ↑Norm (juristisch, sozialwissenschaftlich)) wegen der Einmaligkeit der jeweils bestehenden ↑Situation des Handelnden unangemessen sind. Vielmehr kann danach einzig in der jeweiligen Situation selbst ein Urteil darüber ausgebildet werden, ob etwas zu tun oder zu lassen ist. Entscheidend ist dabei, daß ein solches situationsgebundenes Urteil nicht als Anwendung allgemeiner Urteilsprinzipien auf die Situation verstanden wird (wie in einer ↑Kasuistik), sondern als unwiederholbare Verwirklichung (oder Verwirkung) einer Lebensmöglichkeit für den Handelnden. Nicht eine auf Regeln der Begründung oder Beurteilung bezogene Richtigkeit des Urteils oder der Handlung ist dabei entscheidend, sondern allein die – lediglich im Vollzug der Handlung erkennbare – Selbstverwirklichung, zu der die Handlungssituation die Möglichkeit bietet.

Literatur: H. Cox (ed.), The Situation Ethics Debate, Philadelphia Pa. 1968; R. L. Cunningham (ed.), Situationism and the New Morality, New York 1970; J. Dancy, Ethics without Principles, Oxford 2004, 2009; R. Egenter, S., LThK IX (1964), 804–806; J. Fletcher, Situation Ethics. The New Morality, Philadelphia Pa., London 1966, Louisville Ky. 1997 (dt. Moral ohne Normen?, Gütersloh 1967); J. Fuchs, Situation und Entscheidung. Grundfragen christlicher S., Frankfurt 1952; ders., S. in theologischer Sicht, Scholastik 27 (1952), 161–182; J. M. Gustafson, Context versus Principles. A Misplaced Debate in Christian Ethics, Harvard Theol. Rev. 58 (1965), 171–202; ders., Situation Ethics, in: L. C. Becker/C. B. Becker (eds.), Encyclopedia of Ethics II, New York/London 1992, 1152–1153; D. v. Hildebrand, True Morality and Its Counterfeits, New York 1955 (dt. Wahre Sittlichkeit und S., Düsseldorf 1957, Neudr. in: Gesammelte Werke VIII [S. und kleinere Schriften], Stuttgart etc., Regensburg ²1974, 7–164); P. L. Lehmann, Ethics in a Christian Context, London, New York 1963, 1976 (dt. Ethik als Antwort. Methodik einer Koinonia-Ethik, München 1966); F. Lohmann, S., RGG VII (⁴2004), 1358–1360; U. Lück, Das Problem der allgemeingültigen Ethik, Heidelberg, Löwen 1963; E. Luther/H. Meyer, Das situationsethische Konzept. Intention und Realität, Dt. Z. Philos. 31 (1983), 1304–1315; G. Outka, Situation Ethics, REP VIII (1998), 798–799; ders., S., TRE XXXI (2000), 337–342; A. W. Price, Contextuality in Practical Reason, Oxford 2008; P. Ramsey, Deeds and Rules in Christian Ethics, New York 1967, Lanham Md./New York/London 1983; B. Schüller, Die Begründung sittlicher Urteile. Typen ethischer Argumentation in der katholischen Moraltheologie, Düsseldorf 1973, mit Untertitel: Typen ethischer Argumentation in der Moraltheologie, ²1980, ³1987 (ital. La fondazione dei giudizi morali. Tipi di argomentazione etica nella teologia morale cattolica, Assisi 1975, Mailand 1997); T. Steinbüchel, Handbuch der katholischen Sittenlehre I (Die philosophische Grundlegung der katholischen Sittenlehre), Düsseldorf 1938, ⁴1951. O. S.

Situationslogik (engl. situational logic, logic of situations, logic of the situation), von K. R. Popper erstmals in »The Poverty of Historicism« (1944/1945) vorgeschlagener Terminus zur Charakterisierung der Methode der Geschichts- und Sozialwissenschaften. Danach bestehen historische und soziologische ↑Erklärungen darin, daß modellhaft die ↑Situation erläutert wird, in der Personen handeln, und dann angenommen wird, daß sich die Handelnden situationsgerecht verhalten. Zur ›Situation‹ gehören hier sowohl die Ziele von Handelnden als auch das (insbes. institutionelle) Umfeld, in dem sie sich bewegen. – Die S. ist Bestandteil von Poppers ›methodischem Individualismus‹, den er scharf vom ↑Psychologismus abgrenzt, wie er ihn etwa der ↑Wissenssoziologie vorwirft. Dieser methodische Individualismus ist eine Konsequenz der Kritik von ›historizistischen‹ (↑Historizismus) und ›kollektivistischen‹ Positionen, nach denen es universelle Gesetze des weltgeschichtlichen Ablaufs und der gesellschaftlichen Entwicklung gibt (z. B. in der Theorie von K. Marx). Die Annahme, daß Handelnde sich situationsgerecht verhalten, auch ›Rationalitätsprinzip‹ genannt, ›belebt‹ das situative Modell. Nach Popper ist dieses Prinzip zwar empirisch falsch, besitzt aber gleichwohl einen hohen Wahrheitsgehalt. Popper stellt den methodischen Grundsatz auf, bei Inkonsistenzen soweit als möglich dieses Prinzip aufrechtzuerhalten und eher das vorgeschlagene Situationsmodell zu verwerfen, da Situationsmodelle leichter zu überprüfen seien als das allgemeine Prinzip der Situationsadäquatheit von Handlungen (das Rationalitätsprinzip fungiert also als eine Hintergrundhypothese). Entwickelt wurde die Idee der S. in Auseinandersetzung mit wirtschaftswissenschaftlichen Ansätzen insbes. in der Grenznutzenlehre (↑Grenznutzen). Popper bezeichnet sie ausdrücklich als Prinzip einer ›verstehenden Sozialwissenschaft‹ und weist so indirekt auf die Verwandtschaft zu Konzeptionen M. Webers hin. Außerdem verwendet er den Begriff der S. auch im Zusammenhang mit der Logik wissenschaftlicher Entdeckungen (Forscher setzen sich mit objektiven Problemsituationen auseinander) sowie allgemeiner im Zusammenhang mit seiner Theorie der ↑Evolution (bestimmte evolutionäre Schritte, z. B. die Entstehung des Lebens, ergeben sich durch Ausnutzung einer bestimmten einmaligen Situation).

Literatur: H. Esser, Soziologie. Spezielle Grundlagen I (S. und Handeln), Frankfurt/New York 1999, 2002; T. Lewis, Karl Popper's Situation Logic and the Covering Law Model of Historical Explanation, Clio 10 (1981), 291–303; K. R. Popper, The Poverty of Historicism, Economica 11 (1944), 86–103, 119–137, 12 (1945), 69–89, separat London, Boston Mass. 1957, London ²1969, rev. 1961, London/New York 2007, bes. Chap. 31–32; ders., The Open Society and Its Enemies II (The High Tide of Prophecy. Hegel, Marx, and the Aftermath), London 1945, ⁵1966, Princeton N. J. 2013, 89–99 (Chap. 14 The Autonomy of Sociology); ders., Die Logik der Sozialwissenschaften, Kölner Z. Soziolog. Sozialpsychol. 2 (1962), 233–248, Neudr. in: T. W. Adorno u. a., Der Positivismusstreit in der deutschen Soziologie, Neuwied/Berlin 1969, München 1993, 103–123, ferner in: Auf der Suche nach einer besseren Welt. Vorträge und Aufsätze aus dreißig Jahren, München 1984, Neuausg. 1987, ¹⁶2011, 79–98; ders., La rationalité et le statut du principe de rationalité, in: E.-M. Claassen (ed.), Les fondements philosophiques des systèmes économiques, Paris 1967, 142–150; ders., On the Theory of the Objective Mind, Akten des XIV. Internationalen Kongresses für Philosophie I, Wien 1968, 25–53, überarb. und erg. um Auszüge aus: Eine objektive Theorie des historischen Verstehens, Schweizer Monatshefte 50 (1970), 207–215, in: ders., Objective Knowledge. An Evolutionary Approach, Oxford etc. 1972, 2003, 153–190; ders., Unended Quest. An Intellectual Autobiography, Glasgow, London, La Salle Ill. 1976, erw. London/New York 2002, bes. Chap. 24, 37. P. S.

Situationssemantik (engl. situation semantics), Bezeichnung für eine von J. Barwise und J. Perry entwickelte Bedeutungstheorie (↑Semantik); diese kann als eine Verallgemeinerung der Semantik möglicher Welten (↑Kripke-Semantik, ↑Semantik, intensionale, ↑Welt, mögliche) betrachtet werden. Die S. sucht der Tatsache gerecht zu werden, daß die ↑Bedeutung eines Satzes auch eine Funktion des Kontextes (der ↑Situation) der Äußerung ist und daß Sprecher in einer je eigenen Perspektive zu der Situation stehen, in der ein Satz geäußert wird.

In der Semantik möglicher Welten werden nur Individuen und mögliche Welten als gegeben betrachtet; alle anderen relevanten Begriffe, z. B. ↑Eigenschaften und ↑Relationen, werden definiert. In der S. sind Einzeldinge (d. s. konkrete Gegenstände, aber auch Situationen) sowie deren Eigenschaften und Relationen gegeben. Welten können als maximal konsistente (↑widerspruchsfrei/Widerspruchsfreiheit) Situationen definiert werden. In der Semantik möglicher Welten wird die Bedeutung eines Satzes durch eine ↑Abbildung der Welten in die ↑Wahrheitswerte Wahr und Falsch wiedergegeben. In der S. besteht die Bedeutung eines Satzes in einer Relation zwischen der Klasse der Situationen, in der der Satz geäußert wird, und der Klasse der Situationen, die durch den Satz beschrieben werden. Befürworter einer S. argumentieren, daß die S. eine stärkere Theorie als die Semantik möglicher Welten ist. Skeptiker, z. B. M. Cresswell, argumentieren, daß S. und die Semantik möglicher Welten äquivalente Theorien sind.

Die S. liegt in mehreren Versionen vor. Die früheste Version wurde von Barwise und Perry (1983) vorgestellt. Diese Darstellung gilt als teilweise überholt. Eine neuere Version ist eingebettet in eine allgemeine Theorie kontextueller Informationsverarbeitung (Situationstheorie, Infon-Theorie; vgl. Barwise 1989, Devlin 1991). Neben Anwendungen in der philosophischen Logik (↑Logik, mathematische) – etwa auf das Problem der semantischen ↑Paradoxien – und in der linguistischen Semantik (z. B. Anaphora) findet die neue S. auch Anwendungen in der Künstlichen Intelligenz (↑Intelligenz, künstliche).

Literatur: J. Barwise, Scenes and Other Situations, J. Philos. 78 (1981), 369–397; ders., The Situation in Logic, Menlo Park Calif./Stanford Calif. 1989; ders./J. Perry, Situations and Attitudes, Cambridge Mass./London 1983, Stanford Calif. 2000 (dt. Situationen und Einstellungen. Grundlagen der S., Berlin/New York 1987); ders./J. Etchemendy, The Liar. An Essay on Truth and Circularity, Oxford etc. 1987, 1989; R. Cooper u. a. (eds.), Situation Theory and Its Applications, I–III, Menlo Park Calif./Stanford Calif./Palo Alto Calif. 1990–1993; M. J. Cresswell, Semantical Essays. Possible Worlds and Their Rivals, Dordrecht/Boston Mass./London 1988, 65–77 (Chap. V The World Situation); K. Devlin, Logic and Information, Cambridge etc. 1991, 1996 (dt. Infos und Infone. Die mathematische Struktur der Information, Basel/Boston Mass./Berlin 1993); W. Heydrich, Relevanzlogik und S., Berlin/New York 1995; M. O'Rourke/C. Washington (eds.), Situating Semantics. Essays on the Philosophy of John Perry, Cambridge Mass./London 2007; J. R. Perry, Semantics, Situation, REP VIII (1998), 669–672. A. F.

Śivaismus, auch: Śaivismus, ↑Brahmanismus, ↑Philosophie, indische.

Skala, ↑Meßtheorie.

Skalierung, ↑Meßtheorie.

Skepsis (griech. σκέψις, von σκοπέω bzw. σκέπτομαι, betrachten, überlegen, prüfen; Betrachtung, Untersuchung), Terminus der ↑Erkenntnistheorie und ↑Erkenntniskritik. S. bedeutet hier die Position des (kritischen) ↑Zweifels und bezieht sich vor allem auf das Vertrauen in die Wahrheit der Sinneswahrnehmung, auf die Legitimation überlieferter Denkgewohnheiten (bes. ethischer und politischer Wertvorstellungen) sowie auf jede Art von Dogmengläubigkeit. Grundposition der Philosophie des ↑Skeptizismus. M. G.

Skeptizismus (von griech. σκέπτομαι, kritisch betrachten, überlegen, prüfen), Bezeichnung für eine philosophische Position, die nur ›geprüfte‹, d. h. begründete, Behauptungen gelten läßt und den vor allem gegen ↑Dogmatismus und ↑Traditionalismus gerichteten kritischen ↑Zweifel zum allgemeinen Prinzip erhebt. Als *Skeptiker* werden die Anhänger dieser Position bezeichnet, als ↑*Skepsis* einerseits die Position des S. selbst, andererseits der kritische Zweifel und die daraus folgende Zurückhaltung des Urteils (↑Epochē). Der S. betrachtet sich selbst nicht auf einer Ebene mit anderen philosophischen Richtungen oder Schulen, sondern als fundamentale Alternative des (philosophischen und wissenschaftlichen) Denkens, die ihre Stärke weniger der systematischen Begründung der eigenen Position, als vielmehr der Kritik und der Desillusionierung der Leistungsfähigkeit des Erkenntnisvermögens verdankt; im Kontext dieser Widerlegungsintention werden zu Demonstrationszwecken vor allem ↑Fehlschlüsse entwickelt und verwendet (↑Fangschluß). Ein *radikaler* S. läßt sich in diesem Zusammenhang nur durch eine strikte Trennung von Theorie und Lebenspraxis aufrechterhalten.

Nach *Gegenständen* der Erkenntnis werden unterschieden: (1) der *erkenntnistheoretische*, auf die Möglichkeit der Wahrheitsbildung allgemein, vor allem auf die Sicherung der Ausgangsbasis (auch der empirischen) Erkenntnis bezogene S., (2) der *logische*, auf die Begründung von Schlußverfahren gerichtete S., (3) der *ethische*, die Rechtfertigung moralischer Urteile betreffende S. und (4) der *metaphysisch-theologische*, auf übersinnliche, transzendente (↑transzendent/Transzendenz) Gegenstände bezogene S.. In bezug auf den *Geltungsanspruch* werden unterschieden: (1) der *generelle* S., der sich gegen jeden Wahrheitsanspruch richtet, (2) der *methodische* S., der Wahrheitsansprüche von der jeweiligen Argumentationsbasis, auf die sie sich beziehen, abhängig macht, und (3) der *radikale* S., der generell die Möglichkeit von Erkenntnis bestreitet.

In der *griechischen Antike* lassen noch vor der Entstehung der skeptischen Philosophenschulen die ↑Vorsokratiker bereits typische Züge des S. erkennen: Mißtrauen gegenüber der Sinneswahrnehmung, den überlieferten Denkgewohnheiten und den traditionellen ethischen und politischen Wertvorstellungen. Die Frage, ob objektive Erkenntnis möglich sei und ob sie (gegebenenfalls) vollständig und unmißverständlich vermittelt werden könne, beschäftigt seither die Philosophie. Die Vorstellung einer Subjektivität des Denkens wird in der Religionskritik des Xenophanes und im ↑Homo-mensura-Satz des Protagoras deutlich. Im Anschluß an Heraklit bestreitet Kratylos nicht nur die Möglichkeit der Erkenntnis, sondern auch die jeglicher Kommunikation, weil Sprecher, Hörer und Worte sich in ›ständigem‹ Wechsel befinden. Die Sophisten (↑Sophistik) vertreten vor allem den ethischen S., Gorgias mit seinen Thesen: (1) nichts ist, (2) wenn etwas wäre, wäre es nicht erkennbar, (3) wenn es erkennbar wäre, wäre es nicht mitteilbar, aber auch den erkenntnistheoretischen S.. Pyrrhon von Elis, der Begründer der *älteren* Skepsis, tritt für eine Enthaltung des Urteils (Epochē) ein, da der nicht-entscheidbare Streit um einander widersprechende Meinungen und Behauptungen (↑Antilogie) der ↑Ataraxie (dem

höchsten Lebensideal) hinderlich sei. Auf ihn geht auch die negative Verwendung der Formel ›um nichts mehr‹ (οὐδὲ μᾶλλον) zurück, die besagt, daß von zwei inkompatiblen (↑inkompatibel/Inkompatibilität) Sätzen der eine ›um nichts mehr‹ wahr sei als der andere; unter diesen Prämissen ist nur eine aporetische Argumentation (↑Aporetik) möglich. Als Reaktion auf den Dogmatismus der Epikureer (↑Epikureismus) und der Stoiker (↑Stoa), speziell auf deren Theorie der erkenntnistheoretischen Leistungsfähigkeit der kataleptischen Phantasie (↑Katalepsis), aber auch auf die Philosophie Platons und die mythischen Tendenzen der älteren ↑Akademie wendet sich die mittlere Akademie unter Arkesilaos von Pitane und Karneades von Kyrene mit dem Hinweis auf die aporetische Methode des Sokrates und dessen erkenntnistheoretischen Grundsatz ›ich weiß, daß ich nichts weiß‹ dem S. zu. Diese zweite, mittlere (oder ›akademische‹) Skepsis bestreitet die (vor allem von der Stoa vertretene) Möglichkeit der Unterscheidung von Illusion und Wirklichkeit und läßt nur das ›Wahrscheinliche‹ (εὔλογον) als praktische Orientierung des Handelns gelten. Karneades, der Begründer des generellen S., lehnt jedes ↑Wahrheitskriterium als unbegründet ab; er vertritt den logischen S. mit dem Theorem, daß jeder Beweis zum unendlichen Regreß (↑regressus ad infinitum) führe, und scheint eine dem modernen Positivismus (↑Positivismus (systematisch)) ähnliche Verifikationstheorie (↑Verifikationsprinzip) entwickelt zu haben. Das Freiheits- und Notwendigkeitsverständnis der Stoa und den damit verbundenen ↑Fatalismus lehnt er strikt ab. Mit Ainesidemos beginnt, ausgelöst durch die um 100 v. Chr. einsetzende dogmatische Wende der Akademie, die dritte, die *jüngere Skepsis*. Ainesidemos bezeichnet die Unterscheidung von wahrscheinlichen und unwahrscheinlichen Aussagen ihrerseits als dogmatisch und entwickelt zehn Tropen (↑Tropen, skeptische), deren fünf erste sich auf die Subjektivität der Wahrnehmung, die weiteren auf die Relativität des Objekts (Lage, Umgebung etc.) stützen. Agrippa fügt fünf weitere, auf die Tätigkeit des Verstandes bezogene Tropen hinzu. Nach Sextus Empiricus, dem bedeutendsten und konsequentesten Vertreter der antiken Skepsis, darf der S. in keiner Weise definitiv oder apodiktisch urteilen, wobei auch dies nicht als begründete Forderung, sondern als Beschreibung einer skeptischen Grundhaltung verstanden wird. Gegen die ›akademische Skepsis‹ führt Sextus an, daß Karneades die Unmöglichkeit der Erkenntnis dogmatisch behaupte und Kriterien für die von ihm getroffene Unterscheidung zwischen verschiedenen Wahrheitsgraden nicht hinreichend begründen könne.

Der griechische S. wurde im 3. Jh. n. Chr. von dogmatischen philosophischen, religiösen und theologischen Strömungen verdrängt. Das christliche Mittelalter bietet für einen kritischen S. keinen Raum; nur bei Petrus Damiani und einigen Nominalisten (↑Nominalismus) sind Spuren des S. erkennbar. J. Duns Scotus und Wilhelm von Ockham benutzen den S. als Argument für die Autorität der ↑Offenbarung. Hingegen setzen sich arabische und jüdische Philosophen und Theologen intensiver mit dem S. auseinander. al-Ghasali und Juda Halevi weisen Übereinstimmungen mit der griechischen Skepsis (aber auch mit Nikolaus von Kues, N. Malebranche und D. Hume) auf; ihre Kritik am rationalen Denken in Theologie und Philosophie (vor allem am herrschenden ↑Aristotelismus) sollte jedoch nicht den Dogmatismus treffen, sondern die Ohnmacht der Vernunft offenbaren und so die Hinwendung zum Mystizismus in Religion und Theologie rechtfertigen.

Die Wiederentdeckung der Texte des Sextus Empiricus (um 1441) führt zu einer Erneuerung des S.. Da weder die Vernunft noch die Bibel das Problem der ↑Willensfreiheit hinreichend klären könnten, plädiert Erasmus von Rotterdam für die aus dem antiken S. entlehnte Urteilsenthaltung und den Anschluß an die kirchliche Tradition. M. Luther lehnt diese Rechtfertigung des katholischen Standpunktes mit Hilfe des S. als unchristlich ab (›Spiritus sanctus non est Scepticus‹) und sieht allein im Glauben die Möglichkeit, den S. zu überwinden. G. F. Pico della Mirandola (ein Neffe von Pico della Mirandola) und Agrippa von Nettesheim benutzen die skeptischen Argumente, um nicht nur ↑Alchemie, ↑Magie und Aberglauben, sondern auch die ↑Scholastik und die neuen Wissenschaften anzugreifen. M. E. de Montaigne faßt die S.diskussion seiner Zeit zusammen und bekennt sich angesichts individueller, sozialer und kultureller Einflüsse auf das Urteil und auf die Kriterien der Beurteilung zur pyrrhonischen Urteilsenthaltung. P. Charron und F. de la Mothe Le Vayer schließen sich (zum Teil in expliziter Gegnerschaft zum Calvinismus) Montaigne an. Auch die Gegenreformation beruft sich ausdrücklich auf den S.. Das Anliegen einer nicht nur fideistischen (↑Fideismus), sondern vor allem pragmatischen Überwindung des S. kennzeichnet die (in ihren Grundlagen weiterhin skeptischen) Positionen von F. Sánchez, F. Bacon, Herbert von Cherbury, M. Mersenne und P. Gassendi.

Die Erörterung des skeptischen ↑Zweifels bei R. Descartes dient dem Zweck, gegen den erkenntnistheoretischen S. im ↑cogito ergo sum eine unbezweifelbare Basis der Erkenntnis zu gewinnen. Die Einwände Gassendis und des auf die Leistungsfähigkeit der neuen Wissenschaften vertrauenden Antiskeptikers Mersenne werden zusammen mit den »Meditationen« Descartes' veröffentlicht (1641). P.-D. Huët bestreitet später (1689) den Absolutheitsanspruch des Cartesischen Ausgangssatzes mit der skeptischen Umformulierung ›vielleicht habe ich gedacht, also bin ich vielleicht‹. Der Versuch von N. Malebranche, die skeptische Kritik an Descartes zu widerle-

gen, wird vom Cartesianer A. Arnauld als ›Pyrrhonismus‹ zurückgewiesen. In England entwickeln J. Wilkins und J. Glanvill eine probabilistische (↑Wahrscheinlichkeit) Theorie der empirischen Wissenschaften und der Rechtswissenschaft, die sie auch auf Religion und Theologie übertragen. J. Locke schließt sich dieser abgeschwächten Form des S. an. B. Pascal sucht den S. durch ↑Religion und ↑Mystik zu überwinden. Für B. de Spinoza ist der S. nur ein sekundäres Problem, das durch Mangel an sprachlicher Präzision entstehe und durch Einführung klarer und adäquater Begriffe gelöst werden könne. Hingegen vertritt P. Bayle gegen Descartes und G. W. Leibniz (↑Harmonie, prästabilierte) einen radikalen S.. Hume vertritt teils den radikalen S. Bayles, teils einen methodischen, teils den pragmatischen S. des Sextus Empiricus, aber auch den Probabilismus der ›akademischen Skepsis‹. T. Reid sucht den Humeschen S. durch einen common-sense-Realismus (↑common sense) zu überwinden. Neben den Vertretern der ↑Schottischen Schule (z. B. J. Oswald, J. Beattie, D. Stewart, T. Brown) sind es vor allem Mitglieder der Preußischen Akademie der Wissenschaften (z. B. J. H. S. Formey, J. B. Mérian, J. G. Sulzer), die die S.diskussion weiterführen. Ihren Höhepunkt findet diese Diskussion in der kritischen Philosophie I. Kants: Da Naturerkenntnis *wirklich* sei (wie die Newtonsche Physik zeige), könne radikaler S. nicht sinnvoll bestehen; es bleibe aber das Problem, wie diese Erkenntnis möglich sei. In Beantwortung dieser Frage entwickelte Kant ein transzendentales System (↑Transzendentalphilosophie) notwendiger Bedingungen empirischer Wissenschaft ↑a priori. G. W. F. Hegel kritisiert den S. als ›Gedankenlosigkeit‹, ›bewußtlose Faselei‹ und ›Zurückfallen in die Unwesentlichkeit‹ (Phänom. des Geistes, Sämtl. Werke II [⁴1964], 165–166).

Wie die antike akademische Skepsis bestreiten E. Mach, B. Russell und R. Carnap die Möglichkeit metaphysischer (nicht-empirischer) Erkenntnis (↑Tautologien und ↑analytisch wahre Sätze ausgenommen). Ähnlich beschränkt der Pragmatist (↑Pragmatismus) W. James den Terminus ›Erkenntnis‹ auf pragmatisch zu begründende Aussagen. Auch in der neueren Wissenschaftstheorie wird in mehrfacher Hinsicht ein gemäßigter S. vertreten. Dieser bezieht sich vor allem auf die Interpretation der Beobachtungsgrundlage der Wissenschaft und auf die empirische Beurteilung von Gesetzesannahmen oder Theorien. So stellen nach Auffassung des Logischen Empirismus (↑Empirismus, logischer) und des Kritischen Rationalismus (↑Rationalismus, kritischer) Beobachtungsaussagen kein sicheres ›Fundament der Erkenntnis‹ dar, sondern enthalten hypothetische Elemente. Eines der Argumente für diese Auffassung ist die ↑Theoriebeladenheit der ↑Beobachtung, derzufolge allgemeine Annahmen in die Formulierung wissenschaftlich relevanter Beobachtungsaussagen eingehen. Entsprechend können sich Beobachtungsaussagen im Lichte neuer Erfahrungen oder Theoriebildungen als revisionsbedürftig oder insgesamt fehlerhaft herausstellen. Weiterhin übersteigen allgemeine Gesetzesannahmen in ihrem Geltungsanspruch stets die verfügbare Datengrundlage (↑Induktion); und nach der Duhem-Quine-These (↑experimentum crucis, ↑Unterbestimmtheit) sind stets alternative theoretische Erklärungen eines gegebenen Datensatzes angebbar (↑Relativismus). Deshalb kann die Annahme der Geltung von Gesetzen oder Theorien nicht als Ausdruck ihres ›empirischen Beweises‹ oder der sicheren Begründung ihrer uneingeschränkten Wahrheit aufgefaßt werden. In der Wissenschaftstheorie werden entsprechend ›Grade der empirischen Stützung‹ von Theorien eingeführt. Im Rahmen jeweils unterschiedlicher Ansätze konkretisiert sich dies z. B. in der Zuschreibung von ›induktiven Wahrscheinlichkeiten‹ (Carnap; ↑Bestätigung, ↑Bestätigungsfunktion), Hypothesenwahrscheinlichkeiten (↑Bayesianismus) oder Graden der ↑Bewährung (K. R. Popper). Übereinstimmendes Kennzeichen dieser Zugangsweisen ist, daß auch ein hohes Maß empirischer Stützung keineswegs die Geltung der entsprechenden Annahmen sicherstellt. Vielmehr drückt sich deren gemäßigter S. in der Auffassung aus, daß sich auch empirisch gut abgestützte Lehrsätze als unzutreffend herausstellen können.

Im gleichen Sinne tritt auch in allgemeineren philosophischen Zusammenhängen an die Stelle von Wahrheitsansprüchen ein Verständnis von ↑Begründung, das auf der Basis einer prinzipiell revidierbaren methodisch-kritischen Sprach- und Handlungstheorie Grundregeln des Argumentierens (↑Argumentation, ↑Argumentationstheorie) entwirft, die einen konstruktiven Aufbau einer (nicht nur naturwissenschaftlichen) Theorie gewährleisten sollen (↑Konstruktivismus, ↑Wissenschaftstheorie, konstruktive). Einen sich nicht auf einen wissenschaftstheoretischen S. stützenden generellen, auf jede Art von Begründung und Argumentation bezogenen radikalen S. vertritt O. Marquard.

Literatur: H. T. Adriaenssen, Representation and Scepticism from Aquinas to Descartes, Cambridge etc. 2017; D. C. Allen, Doubt's Boundless Sea. Skepticism and Faith in the Renaissance, Baltimore Md. 1964; L. Ashdown, Anonymous Skeptics. Swinburne, Hick, and Alston, Tübingen 2002; A. Bailey, Sextus Empiricus and Pyrrhonean Scepticism, Oxford etc. 2002; P. de Bary, Thomas Reid and Scepticism. His Reliabilist Response, London/New York 2002; M. Baum/G. Bader, Skepsis/S., TRE XXXI (2000), 349–367; M. Bermúdez Vázquez, The Skepticism of Michel de Montaigne, Cham 2015; R. Bett, The Cambridge Companion to Ancient Scepticism, Cambridge etc. 2010; E. Bevan, Stoics and Sceptics, Oxford 1913 (repr. Cambridge 1959, New York 1979); C. Bolyard, Medieval Skepticism, SEP 2009, rev. 2017; M. Bondeli/J. Chotaš/K. Vieweg (eds.), Krankheit des Zeitalters oder heilsame Provokation? S. in der nachkantischen Philosophie, Paderborn 2016; F. Brahami, Le travail du scepticisme.

Montaigne, Bayle, Hume, Paris 2001; J. Briesen, Skeptische Paradoxa. Die philosophische Skepsis, kognitive Projekte und der epistemische Konsequentialismus, Paderborn 2012; A. Brückner, Skepticism, Contemporary, Enc. Ph. XI (²2006), 42–47; T. Brueckner, Skepticism and Content Externalism, SEP 2004, rev. 2012; P. Butchvarov, Skepticism in Ethics, Bloomington Ind./Indianapolis Ind. 1989; M. M. Caldwell, Skepticism and Belief in Early Modern England. The Reformation of Moral Value, London/New York 2017; J. K. Campbell/M. O'Rourke/H. S. Silverstein (eds.), Knowledge and Skepticism, Cambridge Mass./London 2010; S. Cavell, The Claim of Reason, Oxford 1979, 1999 (dt. Der Anspruch der Vernunft. Wittgenstein, S., Moral und Tragödie, Frankfurt 2006, Berlin 2016); S. Cohen, Scepticism, REP VIII (1998), 493–498; N. R. Colaner, Aristotle on Knowledge of Nature and Modern Skepticism, Lanham Md. 2015; J. W. Cornman/W. N. Gregory, Scepticism, Justification and Explanation, Dordrecht 1980; H. Craemer, Der skeptische Zweifel und seine Widerlegung, Freiburg/München 1974; ders., Für ein neues skeptisches Denken. Untersuchungen zum Denken jenseits der Letztbegründung, Freiburg/München 1983; L. Credaro, Lo scetticismo degli accademici, I–II, Mailand 1889/1893 (repr., in 1 Bd., Mailand 1985); M. Dal Pra, Lo scetticismo greco, Mailand 1950, in 2 Bdn., Rom ²1975, in 1 Bd., ³1989; D. G. Denery/K. Ghosh/N. Zeeman (eds.), Uncertain Knowledge. Scepticism, Relativism, and Doubt in the Middle Ages, Turnhout 2014; K. DeRose/T. A. Warfield (eds.), Skepticism. A Contemporary Reader, Oxford etc. 1999; D. Dodd/E. Zardini (eds.), Scepticism and Perceptual Justification, Oxford etc. 2014; B. Dooley, The Social History of Skepticism. Experience and Doubt in Early Modern Culture, Baltimore Md./London 1999; R. Eisele, S., Hist. Wb. Rhetorik VIII (2007), 930–942; E. Ficara (ed.), S. und Philosophie. Kant, Fichte, Hegel, Amsterdam/New York 2012; M. N. Forster, Kant and Skepticism, Princeton N. J./Oxford 2008; B. Frances, Scepticism Comes Alive, Oxford etc. 2005, 2008; W. Freitag, I Know. Modal Epistemology and Scepticism, Münster 2013; C. Fricke/M. Bormuth/U. Rudolph, Skepsis/S., RGG VII (⁴2004), 1377–1380; H. F. Fulda/R.-P. Horstmann (eds.), S. und spekulatives Denken in der Philosophie Hegels, Stuttgart 1996; R. Fumerton, Metaepistemology and Skepticism, Lanham Md./London 1995, 2002; M. Gabriel, An den Grenzen der Erkenntnistheorie. Die notwendige Endlichkeit des objektiven Wissens als Lektion des S., Freiburg/München 2008, ²2014; ders., S. und Idealismus in der Antike, Frankfurt 2009; N. Gascoigne, Scepticism, London/New York 2002; S. Giocanti, Penser l'irrésolution. Montaigne, Pascal, La Mothe Le Vayer. Trois itinéraires sceptiques, Paris 2001; A. Goedeckemeyer, Die Geschichte des griechischen S., Leipzig 1905 (repr. Aalen 1968, New York etc. 1987); J. Greco, Putting Skeptics in Their Place. The Nature of Skeptical Arguments and Their Role in Philosophical Inquiry, Cambridge etc. 2000; ders. (ed.), The Oxford Handbook of Skepticism, Oxford etc. 2008; T. Gregory, Scetticismo ed empirismo. Studio su Gassendi, Bari 1961; T. Grundmann/K. Stüber (eds.), Philosophie der Skepsis, Paderborn etc. 1996; J. Hankinson, The Sceptical Tradition in the Philosophy of Language, HSK VII/1 (1992), 162–174; ders., The Sceptics, London/New York 1995; A. Hazlett, A Critical Introduction to Skepticism, London etc. 2014; D. H. Heidemann, Der Begriff des S.. Seine systematischen Formen, die pyrrhonische Skepsis und Hegels Herausforderung, Berlin/New York 2007; N. Hinske, Methode, skeptische, Hist. Wb. Ph. V (1980), 1371–1375; G. Hofweber, S. als ›die erste Stufe zur Philosophie‹ beim Jenaer Hegel, Heidelberg 2006; R. Hönigswald, Die Skepsis in Philosophie und Wissenschaft, Göttingen 1914, 2008; M. Hossenfelder, Die Philosophie der Antike III (Stoa, Epikureismus und Skepsis),

München 1985, [2]1995, bes. 147–182 (Kap. III Die pyrrhonische Skepsis); L. E. Hoyos, Der S. und die Transzendentalphilosophie. Deutsche Philosophie am Ende des 18. Jahrhunderts, Freiburg/München 2008; M. Huemer, Skepticism and the Veil of Perception, Lanham Md. etc. 2001; K. Janácek, Studien zu Sextus Empiricus, Diogenes Laertius und zur pyrrhonischen Skepsis, ed. J. Janda/F. Karfík, Berlin/New York 2008; D. S. Katz/J. I. Israel (eds.), Sceptics, Millenarians and Jews, Leiden etc. 1990; P. Klein, Skepticism, SEP 2001, rev. 2015; T. Koehne, S. und Epistemologie. Entwicklung und Anwendung der skeptischen Methode in der Philosophie, München 2000; P. Kurtz/J. R. Shook (eds.), Exuberant Skepticism, Amherst N. Y. 2010; H. Lagerlund, Rethinking the History of Skepticism. The Missing Medieval Background, Leiden/Boston Mass. 2010; C. Landesman, Skepticism. The Central Issues, Oxford/Malden Mass. 2002; ders./R. Meeks (eds.), Philosophical Skepticism, Malden Mass. etc. 2003; R. La Sala, Die Züge des Skeptikers. Der dialektische Charakter von Sextus Empiricus' Werk, Göttingen 2005; J. C. Laursen, Skepticism, NDHI V (2005), 2210–2213; T. M. Lennon (ed.), The Plain Truth. Descartes, Huet, and Skepticism, Leiden/Boston Mass. 2008; A. Levine (ed.), Early Modern Skepticism and the Origins of Toleration, Lanham Md. etc. 1999; P. Lom, The Limits of Doubt. The Moral and Political Implications of Skepticism, Albany N. Y. 2001; A. A. Long/M. Albrecht, Skepsis; S., Hist. Wb. Ph. IX (1995), 938–974; S. Luper (ed.), The Skeptics. Contemporary Essays, Aldershot etc. 2003; N. Maccoll, The Greek Sceptics. From Pyrrho to Sextus, London/Cambridge 1869; O. Marquard, Skeptische Methode im Blick auf Kant, Freiburg/München 1958, [3]1982; ders., Skepsis und Zustimmung. Philosophische Studien, Stuttgart 1994, 1995; ders., Skepsis als Philosophie der Endlichkeit, Bonn 2002; D. McManus (ed.), Wittgenstein and Scepticism, London/New York 2004; G. E. Moore, Four Forms of Scepticism, in: ders., Philosophical Papers, London/New York 1959, [3]1970, 2002, 196–226; P.-F. Moreau (ed.), Le scepticisme au XVIe et au XVIIe siècle, Paris 2001; A. Naess, Scepticism, London/New York 1968, mit Untertitel: Wonder and Joy of a Wandering Seeker, ferner als: The Selected Works of Arne Naess II, ed. H. Glasser, Dordrecht 2005; M. T. Nelson, Moral Scepticism, REP VI (1998), 542–545; K. Nielsen, Scepticism, London etc. 1973; J. Owen, The Skeptics of the French Renaissance, London, New York 1893; G. Paganini/J. R. M. Neto (eds.), Renaissance Scepticisms, Dordrecht 2009; M. M. Patrick, The Greek Sceptics, New York 1929; D. Perler, Zweifel und Gewissheit. Skeptische Debatten im Mittelalter, Frankfurt 2006, [2]2012; R. H. Popkin, The History of Scepticism. From Erasmus to Descartes, Assen 1960, New York 1986, erw. unter dem Titel: The History of Scepticism. From Erasmus to Spinoza, Berkeley Calif./Los Angeles/London 1979, 1984, erw. unter dem Titel: The History of Scepticism. From Savonarola to Bayle, Oxford etc. 2003 (ital. La storia dello scetticismo. Da Erasmo a Spinoza, Mailand 1995; franz. Histoire du scepticisme d'Erasme à Spinoza, Paris 1995); ders., Skepticism, Enc. Ph. VII (1967), 449–461, rev. unter dem Titel: Skepticism, History of, XI ([2]2006), 47–61; ders., Scepticism, Renaissance, REP VIII (1998), 498–504; ders./E. de Olaso/G. Tonelli (eds.), Scepticism in the Enlightenment, Dordrecht etc. 1997; D. Pritchard, Epistemic Angst. Radical Skepticism and the Groundlessness of Our Believing, Princeton N. J./Oxford 2016; N. Rescher, Scepticism. A Critical Reappraisal, Oxford, Totowa N. J. 1980; R. Richter, Der S. in der Philosophie, I–II, Leipzig 1904/1908; F. Ricken, Antike Skeptiker, München 1994; L. Robin, Pyrrhon et le scepticisme grec, Paris 1944 (repr. New York 1980); A. Rudd, Expressing the World. Skepticism, Wittgenstein, and Heidegger, Chicago Ill./La Salle Ill. 2003; B. Russell, Sceptical Essays, London/New York 1928, 2004; G. Santayana, Scepticism and Animal Faith. Introduction to a System of Philosophy, London etc. 1923, New York 1955; W. Sartini, Storia dello scetticismo moderno, Florenz 1876; J. L. Schellenberg, The Wisdom to Doubt. A Justification of Religious Skepticism, Ithaca N. Y./London 2007; S. Schmoranzer, Realismus und S., Paderborn 2010; G. Schnurr, S. als theologisches Problem, Göttingen 1964; G. Schönbaumsfeld, Transzendentale Argumentation und S., Frankfurt etc. 2000; V. Schürmann, Skepsis/S., EP III ([2]2010), 2476–2481; T. Shaw, Nietzsche's Political Skepticism, Princeton N. J./Oxford 2007; J. Sihvola (ed.), Ancient Scepticism and the Sceptical Tradition, Helsinki 2000; W. Sinnott-Armstrong, Moral Skepticism, SEP 2002, rev. 2015; ders., Moral Skepticisms, Oxford etc. 2006, 2007; T. G. Smith, Moralische Skepsis, Freiburg 1970; E. Sosa, Skepticism, in: R. Audi (ed.), The Cambridge Dictionary of Philosophy, Cambridge etc. [2]1999, 846–850; ders./E. Villanueva (eds.), Skepticism, Boston Mass. etc. 2000; R. Spiertz, Eine skeptische Überwindung des Zweifels? Humes Kritik an Rationalismus und S., Würzburg 2001; C. Spoerhase/D. Werle/M. Wild (eds.), Unsicheres Wissen. S. und Wahrscheinlichkeit 1550–1850, Berlin/New York 2009; E. Spolsky, Satisfying Skepticism. Embodied Knowledge in the Early Modern World, Aldershot etc. 2001; P. Stanistreet, Hume's Scepticism and the Science of Human Nature, Aldershot etc. 2002; W. Stegmüller, Metaphysik, Wissenschaft, Skepsis, Frankfurt/Wien 1954, Berlin/Heidelberg/New York [2]1965; R. Stern, Transcendental Arguments and Scepticism. Answering the Question of Justification, Oxford etc. 2000, 2004; P. F. Strawson, Skepticism and Naturalism. Some Varieties, New York 1985, London 1987 (dt. S. und Naturalismus, Frankfurt 1987, Berlin/Wien 2001); B. Stroud, The Significance of Philosophical Scepticism, Oxford etc. 1984, 2008; ders., Die Bedeutung des S., in: P. Bieri (ed.), Analytische Philosophie der Erkenntnis, Frankfurt 1985, Weinheim [4]1997, 350–366; P. Suren, Der S. und seine universellen Argumente, München 2000; S. Talmor, Glanvill. The Uses and Abuses of Scepticism, Oxford etc. 1981; H. Thorsrud, Ancient Scepticism, Stocksfield 2009; K. Vieweg, Philosophie des Remis. Der junge Hegel und das ›Gespenst des Skeptizismus‹, München 1999; ders., Skepsis und Freiheit. Hegel über den S. zwischen Philosophie und Literatur, München/Paderborn 2007; K. Vogt, Ancient Skepticism, SEP 2010, rev. 2014; R. Weintraub, The Sceptical Challenge, London/New York 1997; A. Weische, Cicero und die neue Akademie. Untersuchungen zur Entstehung und Geschichte des antiken S., Münster 1961, [2]1975; M. Willaschek, Der mentale Zugang zur Welt. Realismus, S., Intentionalität, Frankfurt 2003, [2]2015; J. van der Zande/R. H. Popkin (eds.), The Skeptical Tradition around 1800. Skepticism in Philosophy, Science, and Society, Dordrecht etc. 1998; R. Zieminska, The History of Skepticism. In Search of Consistency, Frankfurt 2017; weitere Literatur: ↑Kritizismus, ↑Probabilismus, ↑Relativismus.   M. G.

Skinner, Burrhus Frederic, *Susquehanna Pa. 20. März 1904, †Cambridge Mass. 18. Aug. 1990, amerik. Psychologe und Verhaltenstheoretiker, Begründer der deskriptiv-behavioristischen Verhaltensanalyse. Nach Literaturstudium (1922–1926) 1926 B. A. Hamilton College (Clinton N. Y.). Zunächst literarische Versuche; ab 1928 Studium der Psychologie an der Harvard University, M. A. 1930, Promotion 1931 ebendort. 1931–1936 durch Stipendien finanzierte Forschungstätigkeit in Harvard. 1936 Instructor (Psychologie) an der University of Minnesota, 1937 Assist. Prof., 1939–1945 Assoc. Prof. ebendort; 1942–1943 Militärforschung. 1945–1948 Prof. an der University of Indiana in Bloomington Ind., 1947 William James Lecturer (Harvard), ab 1948 Prof. an der Harvard University, 1958–1974 ebendort Edgar Pierce Prof. of Psychology. Als an J. B. Watson anschließender maßgeblicher Vertreter des ↑Behaviorismus wendet sich S. dagegen, theoretische Konstrukte (↑Begriffe, theoretische, ↑Theoriesprache) zur Erklärung von Zusammenhängen zwischen Beobachtungen heranzuziehen; entsprechend ausgeprägt ist seine experimentelle bzw. deskriptiv-empirische Orientierung.

Nach S. tritt Verhalten (↑Verhalten (sich verhalten)), das er radikal als Bewegung eines ↑Organismus versteht, in zwei verschiedenen Formen auf: entweder durch einen spezifischen Reiz ausgelöst (reaktives oder respondentes Verhalten) oder spontan (↑spontan/Spontaneität), d. h. ohne identifizierbaren Auslösereiz (operantes Verhalten). Im Laufe von Lernprozessen können beide Verhaltenstypen modifiziert werden. Unter Lernen versteht S. die Veränderung von Reaktionswahrscheinlichkeiten durch Verstärkung. Verstärkung wird hier nicht als Erklärungsprinzip verstanden, sondern nur als eine bestimmte Anordnung von experimentellen Bedingungen. Ein Verstärker kann jeder Reiz der Umwelt sein, sofern er die relative Häufigkeit bestimmter Aktionen oder Reaktionen pro Zeiteinheit erhöht. Wenn die Reaktionswahrscheinlichkeit durch seine Anwesenheit erhöht wird, spricht S. von einem ›positiven Verstärker‹, wenn sie durch seine Entfernung erhöht wird, von einem ›negativen Verstärker‹. Verhalten wird wesentlich durch seine Konsequenzen geformt. S. befaßt sich speziell mit dem für den Menschen wichtigen operanten Verhalten (›operantes Konditionieren‹), auf dessen Basis er insbes. eine universelle Theorie von Spracherwerb und Sprachverwendung entwickelt (Verbal Behavior, 1957). Dieser behavioristische Ansatz des Sprachverständnisses ist von N. Chomsky in einer Rezension, die zu einem Schlüsseltext der sich vom Behaviorismus absetzenden modernen ↑Kognitionswissenschaft wurde, scharf zurückgewiesen worden.

Analog zur ↑Evolutionstheorie nimmt S. an, daß Verstärkungskontingenzen, die in der Umwelt gegeben sind, bestimmte Reaktionen bevorzugt hervorrufen (Contingencies of Reinforcement, 1969) und so zum Aufbau von bestimmten komplexen Verhaltensweisen führen. Auch die Entstehung von Verhaltensstörungen ist so erklärbar, worin die Bedeutung von S.s Ansatz für die moderne Verhaltenstherapie liegt. Nach S. ist auch neurotisches Verhalten gelernt und kann daher durch therapeutisch geeignet strukturierte Lernprozesse wieder beseitigt werden. Speziell bei der Erziehung und Therapie von geistig und anderweitig Behinderten hat sich seine Technik als erfolgreich erwiesen. S.s pädagogische Über-

legungen zu Fragen der Technologie des Lehrens und Lernens (The Technology of Teaching, 1968) führen zur Konzeption des so genannten ›programmierten Unterrichts‹ (Lernen in kleinen Schritten, die jeweils kontrolliert und belohnt werden). Für die Entwicklung der psychologischen Forschung war weniger S.s ›System‹ relevant als vielmehr Konzeption und Resultate seiner Experimente, in denen er Steuerungsmechanismen des Verhaltens eindrücklich demonstrieren konnte. Nach ihm ist die ›S.-Box‹ benannt, eine Art Problem- oder Experimentierkäfig, mit Mechanismen (z. B. Hebeln) zum Öffnen oder Verschließen des Zugangs zu Futter oder Getränkebehältern, der in Lernexperimenten (z. B. mit Ratten) benutzt wird und auch heute noch in der Tierpsychologie und der ↑Verhaltensforschung Verwendung findet.

S. wurde in der Öffentlichkeit über lange Zeit als Repräsentant der experimentellen Psychologie angesehen. Tatsächlich nimmt der von S. begründete Ansatz jedoch nur eine Außenseiterstellung im Theoriespektrum der wissenschaftlichen ↑Psychologie ein. Auch moderne Lerntheorien schließen nur teilweise an S. an. Seine Bekanntheit geht wesentlich auf seine mit dem konsequenten Behaviorismus einhergehenden philosophischen Ansätze zurück. In der populären Darstellung »Beyond Freedom and Dignity« (1971) kritisiert er die mentalistischen (↑Mentalismus) Erklärungen, die mit philosophischen Grundbegriffen wie ↑Freiheit und ↑Würde einhergehen, plädiert für deren behavioristische Neuinterpretation und entwirft die Idee einer Verhaltenstechnologie zur Lösung gesellschaftlicher Probleme. Sein Roman »Walden Two« (1948), der in der amerikanischen (vor allem studentischen) Öffentlichkeit sehr einflußreich war, entwickelt die ↑Utopie einer auf Grund von Verhaltenssteuerung aggressionsfreien Gesellschaft. Individualistisch ausgerichtete Philosophen wie K. R. Popper haben diesen Ansatz S.s als totalitär abgelehnt.

Werke: The Behavior of Organisms. An Experimental Analysis, New York 1938, 1966; Walden Two, New York 1948, Indianapolis Ind. 2005 (dt. Futurum Zwei. Die Vision einer aggressionsfreien Gesellschaft, Reinbek b. Hamburg 1970, München 2001; franz. Walden 2. Communauté expérimentale, Paris 2005); Science and Human Behavior, New York 1953, 1968 (dt. Wissenschaft und menschliches Verhalten, München 1953, 1973); Verbal Behavior, New York 1957, Acton Mass. 1992 (ital. Il comportamento verbale, Rom 1976); (mit C. B. Ferster) Schedules of Reinforcement, New York, Englewood Cliffs N. J. 1957; Cumulative Record, New York 1959, erw. ²1961, mit Untertitel: A Selection of Papers, ³1972; (mit J. G. Holland) The Analysis of Behavior. A Program for Self-Instruction, New York etc. 1961 (dt. Analyse des Verhaltens, München/Berlin/Wien 1971, ²1974); B. F. S.. [sic!] An Autobiography, in: E. G. Boring/G. Lindzey (eds.), A History of Psychology in Autobiography V, New York 1967, 387–413, ferner in: P. B. Dews (ed.), Festschrift for B. F. S., New York 1970, 1977, 1–21; The Technology of Teaching, New York, Englewood Cliffs

N. J. 1968 (franz. La révolution scientifique de l'enseignement, Brüssel 1968, 1976; dt. Erziehung als Verhaltensformung. Grundlagen einer Technologie des Lehrens, ed. W. Correll, München 1971); Contingencies of Reinforcement. A Theoretical Analysis, New York, Englewood Cliffs N. J. 1969 (dt. Die Funktion der Verstärkung in der Verhaltenswissenschaft, München 1969, 1974; franz. L'analyse expérimentale du comportement. Un essai théorique, Brüssel 1971, Liège/Brüssel 1988); Beyond Freedom and Dignity, New York 1971, Indianapolis Ind./Cambridge 2002 (franz. Par-delà la liberté et la dignité, Paris 1972; dt. Jenseits von Freiheit und Würde, Reinbek b. Hamburg 1973); Answers for My Critics, in: H. Wheeler (ed.), Beyond the Punitive Society. Operant Conditioning. Social and Political Aspects, San Francisco Calif., London 1973, 256–266; About Behaviorism, New York, London 1974, London 1993 (dt. Was ist Behaviorismus?, Reinbek b. Hamburg 1978; franz. Pour une science du comportement. Le behaviorisme, Neuchâtel/Paris 1979); Particulars of My Life, New York 1976, 1984; Reflections on Behaviorism and Society, Englewood Cliffs N. J. 1978; The Shaping of a Behaviorist. Part Two of an Autobiography, New York 1979, 1984; Notebooks, ed. R. Epstein, Englewood Cliffs N. J. 1980; S. for the Classroom. Selected Papers, ed. R. Epstein, Champaign Ill. 1982; (mit M. E. Vaughan) Enjoy Old Age. A Program of Self-Management, New York 1983, London 1984, unter dem Titel: How to Enjoy Your Old Age, 1985 (dt. Mit 66 Jahren. Lebensfreude kennt kein Alter, München 1985; franz. Bonjour sagesse, Paris 1986); A Matter of Consequences. Part Three of an Autobiography, New York 1983, 1984; Upon Further Reflection, Englewood Cliffs N. J. 1987; Recent Issues in the Analysis of Behavior, Columbus Ohio etc. 1989. – R. Epstein, A Listing of the Published Works of B. F. S., with Notes and Comments, Behaviorism 5 (1977), 99–110.

Literatur: B. J. Baars, The Double Life of B. F. S.. Inner Conflict, Dissociation and the Scientific Taboo against Consciousness, J. Consciousness Stud. 10 (2003), 5–25; D. W. Bjork, B. F. S.. A Life, New York 1993, Washington D. C. 1997; F. Carpenter, The S. Primer. Behind Freedom and Dignity, New York, London 1974; N. Chomsky, A Review of B. F. S.'s »Verbal Behavior«, Language 35 (1959), 26–58, Neudr. in: L. A. Jakobovits/M. S. Miron (eds.), Readings in the Psychology of Language, Englewood Cliffs N. J. 1967, 142–171; S. R. Coleman, S., in: A. E. Kazdin (ed.), Encyclopedia of Psychology VII, Oxford etc. 2000, 294–297; P. B. Dews (ed.), Festschrift for B. F. S., New York 1970, 1977; I. Dilman, Mind, Brain and Behaviour. Discussions of B. F. S. and J. R. Searle, London/New York 1988; R. I. Evans, B. F. S.. The Man and His Ideas, New York 1968; H. J. Eysenck, S.'s Blind Eye, Behavioral and Brain Sci. 7 (1984), 686–687; M. Günther, B. F. S.s Konzeption verbalen Verhaltens. Eine kritische Auseinandersetzung, Hamburg 1976; E. R. Hilgard/G. H. Bower, Theories of Learning, New York 1966, Englewood Cliffs N. J. ⁵1981, 206–251 (Chap. 7 S.'s Operant Conditioning) (dt. Theorien des Lernens I, Stuttgart 1970, ⁵1983, 247–307 [Kap. 7 S.: Die ›operante‹ Konditionierung]); J. C. Malone Jr./N. M. Cruchon, Radical Behaviorism and the Rest of Psychology. A Review/Précis of S.'s »About Behaviorism«, Behavior and Philos. 29 (2001), 31–57; J. Moore, Some Historical and Conceptual Background to the Development of B. F. S.'s ›Radical Behaviorism‹ Part 1–3, J. Mind and Behavior 26 (2005), 65–95, 95–123, 137–160; E. K. Morris, S., in: N. Koertge (ed.), New Dictionary of Scientific Biography VI, Detroit Mich. etc. 2008, 458–467; P. Naour, E. O. Wilson and B. F. S.. A Dialogue between Sociobiology and Radical Behaviorism, New York 2009; W. O'Donohue/K. E. Ferguson, The Psychology of B. F. S.,

Thousand Oaks Calif./London/New Delhi 2001; K. Popper, Sir Karl Popper Criticizes B. F. S. [Überschrift des Herausgebers zum Leserbrief Poppers], Free Inquiry 1 (1981), 3; R. W. Proctor/D. J. Weeks, The Goal of B. F. S. and Behavior Analysis, New York etc. 1990; M. N. Richelle, B. F. S.. A Reappraisal, Hove/Hillsdale N. J. 1993, Abingdon/New York 2016; A. Rutherford, Beyond the Box. B. F. S.'s Technology of Behavior from Laboratory to Life, 1950s–1970s, Toronto/Buffalo N. Y./London 2009; ders., S., IESBS XXI (2001), 14141–14146; P. T. Sagal, S.'s Philosophy, Washington D. C. 1981; M. Sidman, Tactics of Scientific Research. Evaluating Experimental Data in Psychology, New York 1960, 1974; L. D. Smith, B. F. S. and Behaviorism in American Culture, London, Bethlehem Pa. 1996, 1997; K. E. Stanovich, How to Think Straight About Psychology, Glenview Ill. 1989, Boston Mass. etc. ¹⁰2013; F. Toates, B. F. S.. The Shaping of Behaviour, Basingstoke etc. 2009; J. T. Todd/E. K. Morris (eds.), Modern Perspectives on B. F. S. and Contemporary Behaviorism, Westport Conn./London 1995; J. A. Weigel, B. F. S., Boston Mass. 1977; D. N. Wiener, B. F. S.. Benign Anarchist, Boston Mass./London/Toronto 1996. G. Hei./P. S.

Sklavenmoral, in F. Nietzsches Spätwerk Bezeichnung für einen von der ›Herrenmoral‹ unterschiedenen Moraltyp, der von Unterdrückten, die nach Nietzsche zur wertesetzenden Tat nicht fähig sind, ausgebildet wird. Das sich bei ihnen unausweichlich ausbildende Ressentiment, ansonsten ein passives, innerlich bleibendes Gefühl der hassenden Ohnmacht, wird hier ›schöpferisch‹. Die S. ergibt sich aufgrund einer ↑Umwertung aller Werte, indem z. B. die Schwäche, die Armut, die Unvornehmheit, der aus Diskussionen resultierende Kompromiß, dazu außerweltliche Zwecke, in der Präferenzskala der Werte an die oberste Stelle treten. Ihr tritt ein aus der Fülle des Lebens, der Stärke, der Vornehmheit, der Diskursablehnung resultierender Moraltyp entgegen, in dem es den Mut gibt, die eigenen Wertsetzungen auch für die allgemein gültigen zu halten. Die S. ist die Moral der Gleichheit. Die Juden waren in Nietzsches Sicht das Volk, das für Jahrtausende – vor allem für das Christentum wirksam – diese Umkehrung der Werte vollzogen hat. Nietzsche selbst vertritt eine jenseits von Herren- und S. liegende wertethische Position.

Literatur: K. Brose, S.. Nietzsches Sozialphilosophie, Bonn 1990; M. Heesch, S., RGG VII (⁴2004), 1380–1381; M. Scheler, Das Ressentiment im Aufbau der Moralen, in: ders., Abhandlungen und Aufsätze I, Leipzig 1915, 39–274, Neudr. unter dem Titel: Vom Umsturz der Werte. Abhandlungen und Aufsätze I, ²1919, 43–236, ³1923, 47–233, ferner in: Ges. Werke III, Bern/München ⁴1955, Bonn ⁶2007, 33–147. S. B.

Skolem, Thoralf Albert, *Sandsvær 23. Mai 1887, †Oslo 23. März 1963, norweg. Mathematiker und Logiker. Ab 1905 Studium von Mathematik, Physik, Chemie, Zoologie und Botanik in Kristiania (heute: Oslo), 1909 Assistent des Physikers K. Birkeland, an dessen Sudanexpedition (1913–1914) zur Beobachtung des Zodiakallichtes S. nach dem 1913 bestandenen mathematischen Staatsexamen teilnimmt. 1915–1916 Studium in Göttingen, 1916–1918 als Forschungsstipendiat an der Universität Kristiania, 1918 Dozent für Mathematik ebendort; 1926 Promotion. 1930–1938 als unabhängiger Forscher am Christian-Michelsens-Institut in Bergen, 1938–1957 Prof. an der Universität Oslo. – Nach frühen, zusammen mit Birkeland verfaßten physikalischen Veröffentlichungen publiziert S. Arbeiten zur ↑Kombinatorik, zur Arithmetik und zur Algebra (›Satz von S.–Noether‹) sowie ab 1919 zahlreiche Untersuchungen zur Mathematischen Logik (↑Logik, mathematische) und Grundlagenforschung, in denen er wichtige Teile der ↑Modelltheorie, der Theorie der rekursiven Funktionen (↑Funktion, rekursive) und der Theorie der Entscheidbarkeit (↑entscheidbar/Entscheidbarkeit) und Unentscheidbarkeit (insbes. der klassischen ↑Quantorenlogik) begründet. Daneben liefert S. wesentliche technische Verbesserungen und begriffliche Klärungen zur axiomatischen Mengenlehre (↑Mengenlehre, axiomatische), unter anderem die Präzisierung des Begriffs der definiten Eigenschaft (↑definit/Definitheit) und die Einsicht in die Relativität der mengentheoretischen Grundbegriffe (im Sinne ihrer Abhängigkeit von den zugelassenen sprachlichen Ausdrucksmitteln).

Zu den bekanntesten Ergebnissen S.s gehören: (1) Die Verallgemeinerung des ↑Löwenheimschen Satzes auf abzählbar (↑abzählbar/Abzählbarkeit) unendlich viele Formeln und die Unterscheidung zweier nicht-äquivalenter Fassungen dieses ›Satzes von Löwenheim und S.‹, aus dem folgt, daß in der Quantorenlogik 1. Stufe formulierte Axiomensysteme der Mengenlehre trotz der mit ihnen beabsichtigten Erfassung auch nicht-abzählbarer Mengen stets ein abzählbares Modell haben (↑Skolemsche Paradoxie). (2) Die Konstruktion von Nichtstandardmodellen der Arithmetik und der axiomatischen Mengenlehre (↑Non-Standard-Analysis). (3) Der rekursive (↑rekursiv/Rekursivität) Aufbau von Arithmetik und Teilen der Analysis. – Auf Arbeiten von 1919 und 1920 gehen die ›S.sche Normalform‹ für Formeln der klassischen Quantorenlogik (↑Normalform) und die unter anderem für das ↑Entscheidungsproblem wichtige Methode der ↑Quantorenelimination durch ›S.-Funktionen‹ zurück. 1922 wird das ↑Ersetzungsaxiom der axiomatischen Mengenlehre eingeführt, um die in E. Zermelos Axiomensystem nicht garantierte Existenz der Menge {ℕ, 𝔓ℕ, 𝔓𝔓ℕ, …} als Folgerung aus dem neuen Axiom zu erhalten.

Werke: Untersuchungen über die Axiome des Klassenkalkuls und über Produktations- und Summationsprobleme, welche gewisse Klassen von Aussagen betreffen, Kristiania 1919 (Skrifter utgit av Videnskapsselskapet i Kristiania. I. Matematisk-Naturvidenskabelig Kl. 1919, H. 3), Neudr. in: ders., Selected Works in Logic [s. u.], 67–101; Logisch-kombinatorische Untersuchungen über die Erfüllbarkeit oder Beweisbarkeit mathematischer Sätze nebst einem Theoreme über dichte Mengen, Kristiania 1920 (Skrifter utgit av Videnskapsselskapet i Kristiania. I. Matematisk-Naturvidenskabelig Kl. 1920, H. 4), Neudr. in: ders., Selected Works in Logic [s. u.], 103–136 (engl. [§ 1] Logico-Combinatorial Investigations in the Satisfiability or Provability of Mathematical Propositions. A Simplified Proof of a Theorem by L. Löwenheim and Generalizations of the Theorem, in: J. van Heijenoort [ed.], From Frege to Gödel. A Source Book in Mathematical Logic, 1879–1931, Cambridge Mass. 1967, 2002, 252–263); Einige Bemerkungen zur axiomatischen Begründung der Mengenlehre, in: Wissenschaftliche Vorträge. Gehalten auf dem fünften Kongress der skandinavischen Mathematiker in Helsingfors vom 4. bis 7. Juli 1922, Helsingfors 1923, 217–232, Neudr. in: ders., Selected Works in Logic [s. u.], 137–152 (engl. Some Remarks on Axiomatized Set Theory, in: J. van Heijenoort [ed.], From Frege to Gödel [s. o.], 290–301); Begründung der elementaren Arithmetik durch die rekurrierende Denkweise ohne Anwendung scheinbarer Veränderlichen mit unendlichem Ausdehnungsbereich, Kristiania 1923 (Skrifter utgit av Videnskapsselskapet i Kristiania. I. Matematisk-Naturvidenskabelig Kl. 1923, H. 6), Neudr. in: ders., Selected Works in Logic [s. u.], 153–188 (engl. The Foundations of Elementary Arithmetic Established by Means of the Recursive Mode of Thought, without the Use of Apparent Variables Ranging over Infinite Domains, in: J. van Heijenoort [ed.], From Frege to Gödel [s. o.], 302–333); Über die mathematische Logik, Norsk Matematisk Tidsskrift 10 (1928), 125–142, Neudr. in: ders., Selected Works in Logic [s. u.], 189–206 (engl. On Mathematical Logic, in: J. van Heijenoort [ed.], From Frege to Gödel [s. o.], 508–524); Über einige Grundlagenfragen der Mathematik, Oslo 1929 (Skrifter utgitt av det Norske Videnskaps-Akademi i Oslo. I. Matematisk-Naturvidenskapelig Kl. 1929, H. 4), Neudr. in: ders., Selected Works in Logic [s. u.], 227–273; Über die Grundlagendiskussionen in der Mathematik, Den Syvende Skandinaviske Matematikerkongress i Oslo 19–22 August 1929, Oslo 1930, 3–21, Neudr. in: ders., Selected Works in Logic [s. u.], 207–225; Einige Bemerkungen zu der Abhandlung von E. Zermelo: »Über die Definitheit in der Axiomatik«, Fund. Math. 15 (1930), 337–341, Neudr. in: ders., Selected Works in Logic [s. u.], 275–279; Über die Unmöglichkeit einer vollständigen Charakterisierung der Zahlenreihe mittels eines endlichen Axiomensystems, Norsk Matematisk Forenings Skrifter Ser. 2 10 (1933), 73–82, Neudr. in: ders., Selected Works in Logic [s. u.], 345–354; Über die Nicht-charakterisierbarkeit der Zahlenreihe mittels endlich oder abzählbar unendlich vieler Aussagen mit ausschliesslich Zahlenvariablen, Fund. Math. 23 (1934), 150–161, Neudr. in: ders., Selected Works in Logic [s. u.], 355–366; Über die Erfüllbarkeit gewisser Zählausdrücke, Oslo 1935 (Skrifter utgitt av det Norske Vitenskaps-Akademi i Oslo. I. Matematisk-Naturvidenskapelig Kl. 1935, H. 6), Neudr. in: ders., Selected Works in Logic [s. u.], 383–394; Diophantische Gleichungen, Berlin 1938 (repr. New York 1950); Sur la portée du théorème de Löwenheim-S., in: F. Gonseth (ed.), Les entretiens de Zurich sur les fondements et la méthode des sciences mathématiques, 6–9 décembre 1938, Zürich 1941, 25–47 (mit Diskussion, 47–52), Neudr. in: ders., Selected Works in Logic [s. u.], 455–482; The Development of Recursive Arithmetic, in: Den 10. Skandinaviske Matematiker Kongres i København 26.–30. August 1946, Kopenhagen 1947, 1–16, Neudr. in: ders., Selected Works in Logic [s. u.], 499–514; Some Remarks on the Foundation of Set Theory, in: Proceedings of the International Congress of Mathematicians, Cambridge Mass., U. S. A., August 30–September 6, 1950 I, Providence R. I. 1952, 695–704, Neudr. in: ders., Selected Works in Logic [s. u.], 519–528; Peano's Axioms and Models of Arithmetic,

in: T. S. u. a., Mathematical Interpretation of Formal Systems, Amsterdam 1955, ²1971, 1–14, Neudr. in: ders., Selected Works in Logic [s. u.], 587–600; Abstract Set Theory, Notre Dame Ind. 1962; Selected Works in Logic, ed. J. E. Fenstad, Oslo/Bergen/ Tromsø 1970. – Table des travaux mathématiques de T. S., in: T. Nagell, T. S. in Memoriam [s. u., Lit.], V–XI; Scientific Bibliography. T. S., in: Selected Works in Logic [s. o.], 711–732.
Literatur: W. Boos, T. S., Hermann Weyl and »Das Gefühl der Welt als begrenztes Ganzes«, in: J. Hintikka (ed.), From Dedekind to Gödel. Essays on the Development of the Foundations of Mathematics, Dordrecht 1995, 283–329; G. Brady, From Peirce to S.. A Neglected Chapter in the History of Logic, Amsterdam etc. 2000, bes. 197–205 (Chap. 9 S.'s Recasting); J. E. Fenstad, T. A. S. in Memoriam, Nordisk Matematisk Tidskrift 11 (1963), 145–153 (engl. T. A. S. in Memoriam, in: T. A. S., Selected Works in Logic [s. o., Werke], 9–15, rev. unter dem Titel: T. A. S. 1887–1963. A Biographical Sketch, Nordic J. Philos. Logic 1 [1996], 99–106, [zusammen mit: H. Wang, A Survey of S.'s Work in Logic (s. u.)] als: J. E. Fenstad/H. Wang, T. A. S., in: D. M. Gabbay/J. Woods [eds.], Handbook of the History of Logic V, Amsterdam etc. 2009, 127–194); I. Johansson, Minnetale over Professor T. S., Det Norske Videnskaps-Akademi i Oslo, Årbok 1964 (1965), 37–41; T. Nagell, T. S. in Memoriam, Acta Math. 110 (1963), I–XI; H. Oettel, S., DSB XII (1975), 451–452; H. Wang, A Survey of S.'s Work in Logic, in: T. A. S., Selected Works in Logic [s. o., Werke], 17–52, [rev. u. zusammen mit: J. E. Fenstad, T. A. S. in Memoriam (s. o.)] als: J. E. Fenstad/H. Wang, T. A. S., in: D. M. Gabbay/J. Woods [eds.], Handbook of the History of Logic V, Amsterdam etc. 2009, 127–194. – Sonderheft: Nordic J. Philos. Logic 1 (1996), H. 2. C. T.

Skolem-Normalform, Bezeichnung für bestimmte ↑Normalformen in der ↑Quantorenlogik.

Skolemsche Paradoxie, alternative Bezeichnung für den üblicherweise unter dem Namen ›Löwenheim-Skolemsche Paradoxie‹ angeführten Sachverhalt, daß jede Charakterisierung eines nicht-abzählbaren (↑abzählbar/ Abzählbarkeit) Gegenstandsbereichs auf der Basis eines in der klassischen Quantorenlogik 1. Stufe (↑Quantorenlogik) formulierten Axiomensystems der von L. Löwenheim entdeckten und von T. Skolem verallgemeinerten Tatsache zu widersprechen scheint, daß jedes solche Axiomensystem bereits ein abzählbares Modell, d. h. eines mit nur endlich vielen oder aber abzählbar unendlich vielen Individuen, besitzt (↑Löwenheimscher Satz). C. T.

Skotismus, Bezeichnung für eine im Franziskanerorden ausgebildete Schulrichtung der Spätscholastik (↑Scholastik), die sich auf die Lehren des J. Duns Scotus beruft und zusammen mit dem ↑Thomismus die ›via antiqua‹ darstellt, die der ›via moderna‹ der Nominalisten (↑Nominalismus) gegenübersteht (↑via antiqua/via moderna). Von den Thomisten unterscheidet die Skotisten eine stärkere Eingrenzung der Vernunfterkenntnis in bezug auf die Glaubenslehre, die Betonung des Individuellen als der eigentlichen Wirklichkeit und die Behauptung

vom Primat des Willens über den Verstand bei der Leitung des Handelns. Gegenüber den Nominalisten vertreten die Skotisten gemeinsam mit den Thomisten eine realistische Position (↑Universalienstreit). Vertreter des S. sind unter anderem Antonius Andreae (†um 1320), Franz von Mayronis (†1325), Walter Burleigh (†um 1345), Thomas Bradwardine (†1349), Petrus Tartaretus (1490 Rektor der Pariser Universität). Mit Petrus Tartaretus beginnt die S. die Kommentierung des Duns Scotus in den Mittelpunkt zu rücken, die bis ins 17. Jh. in Spanien und Italien eine ungebrochene Tradition erzeugt.

Literatur: J. S. Coombs, The Possibility of Created Entities in Seventeenth-Century Scotism, Philos. Quart. 43 (1993), 447–459; M. Dreyer/É. Mehl/M. Vollet (eds.), Proceedings of ›The Quadruple Congress‹ on John Duns Scotus IV (La réception de Duns Scot/Die Rezeption des Duns Scotus/Scotism through the Centuries), Münster 2013; S. D. Dumont, The Scotist of Vat. Lat. 869, Arch. Francisc. hist. 81 (1988), 254–283; S. M. Fischer, Scotism, Mind NS 94 (1985), 231–243; M. J. F. M. Hoenen, Scotus and the Scotist School. The Tradition of Scotist Thought in the Medieval and Early Modern Period, in: E. P. Bos, John Duns Scotus. Renewal of Philosophy. Acts of the Third Symposium Organized by the Dutch Society for Medieval Philosophy Medium Aevum (May 23 and 24, 1996), Amsterdam/Atlanta Ga. 1998, 197–210; ders., ›Formalitates phantasticae‹. Bewertungen des S. im Mittelalter, in: M. Pickavé (ed.), Die Logik des Transzendentalen. Festschrift für Jan A. Aertsen zum 65. Geburtstag, Berlin 2003, 337–357; L. Honnefelder, Scotus und der Scotismus. Ein Beitrag zur Bedeutung der Schulbildung in der Mittelalterlichen Philosophie, in: M. J. F. M. Hoenen/J. H. J. Schneider/G. Wieland (eds.), Philosophy & Learning. Universities in the Middle Ages, Leiden/New York/Köln 1995, 249–262; S. K. Knebel, S., Hist. Wb. Ph. IX (1995), 988–991; C. G. Normore, Scotism, Enc. Ph. VIII (²2006), 704–705. – Totok II (1973), 516–519; weitere Literatur: ↑Scholastik. O. S.

Smith, Adam, *Kirkcaldy 5. Juni 1723, †Edinburgh 17. Juli 1790, schott. Moralphilosoph und Begründer der Nationalökonomie. 1737–1740 Studium der klassischen Philologie, Mathematik und Moralphilosophie in Glasgow. Sein Lehrer, F. Hutcheson, der starken Einfluß auf seine wissenschaftliche Entwicklung ausübte, machte ihn mit D. Hume und dessen Philosophie bekannt. 1740–1746 Studium an der Universität Oxford, 1751 Prof. für Logik, 1752 Prof. für Moralphilosophie in Glasgow. In den folgenden 13 Jahren intensiver Lehrtätigkeit entstand ein umfassendes Vorlesungswerk, das ein zusammenhängendes System einer teils empirisch-analytischen, teils normativen Gesellschaftswissenschaft entwickelte und die Grundlage aller späteren Veröffentlichungen S.s darstellt. Den Vorlesungsteil über Ethik veröffentlichte S. 1759 unter dem Titel »The Theory of Moral Sentiments«. 1764 gab er seine Professur auf, um den jungen Herzog von Buccleuch auf dessen Bildungsreisen zu begleiten. Dabei lernte er die wichtigsten Vertreter der deistischen (↑Deismus) und materialistischen

(↑Materialismus, französischer) Aufklärungsphilosophie (↑Aufklärung) Frankreichs kennen. 1766 kehrte S. nach England zurück und arbeitete teils in London, teils in Kirkcaldy während des folgenden Jahrzehnts den ökonomischen Teil seiner Vorlesung aus, den er 1776 unter dem Titel »An Inquiry into the Nature and Causes of the Wealth of Nations« veröffentlichte. 1778 wurde S. zum Zollkontrolleur von Schottland ernannt; 1787 Rektor der Universität Glasgow. Seine angegriffene Gesundheit erlaubte es s. nicht, das geplante Werk über den politischen Teil seiner Vorlesung zu vollenden. Zusammen mit anderen Manuskriptbänden ließ S. das bereits mehrfach überarbeitete Vorlesungsskript kurz vor seinem Tode verbrennen.

Unter Abweisung materialistischer Theorien, die den ↑Altruismus lediglich als sublimierten ↑Egoismus betrachten, unterscheidet S. zwei sich gegenseitig bedingende, komplementäre Grundtriebe (↑Trieb) der menschlichen Natur. Neben die Eigenliebe tritt die Sympathie als instinkthaftes Sicheinfühlen in die Situation anderer. Dieser dem Menschen als gesellschaftlichem Wesen zukommende Trieb der Fremdliebe mäßigt die Eigenliebe und die aus dieser entspringende Verfolgung egoistischer Interessen. Das Verlangen der Billigung von Handlungen durch andere wird dadurch zu einem Handlungsmaßstab. Durch die Ausbildung eines Systems relativ stabiler Handlungsregeln ist der Spielraum für die Entfaltung des von S. als prädominant betrachteten egoistischen Triebs des Menschen zur Verbesserung seiner Lage gesellschaftlich begrenzt. Innerhalb der historisch variablen Grenzen ist die Betätigung dieses Triebes nicht nur erlaubt, sondern auch sittlich geboten. Der Bereich des wirtschaftlichen Handelns kann als das wesentliche Betätigungsfeld der Eigenliebe betrachtet und mit dem Begriff des ›wohlverstandenen Selbstinteresses‹ erfaßt werden. Allerdings wird das Selbstinteresse des einzelnen durch die sittlichen Handlungsregeln an die Gesellschaft insgesamt gebunden und entsprechend begrenzt. Daher ist die Erarbeitung der Prinzipien der ↑Gerechtigkeit und der auf ihnen beruhenden Normen (↑Norm (juristisch, sozialwissenschaftlich)) des positiven ↑Rechts eine Grundbedingung für die Existenz der ↑Gesellschaft und Aufgabe der von S. wiederholt als besonders wichtig bezeichneten Politischen Wissenschaft (science of natural jurisprudence). Die von S. im nicht veröffentlichten Teil der Vorlesung behandelte Politische Wissenschaft sollte an Stelle der spekulativen Naturrechtslehre (↑Naturrecht) auf der Grundlage historisch-systematischer Untersuchungen begründete Anleitungen für staatliches Handeln erarbeiten. Die geplante Abhandlung sollte das systematische Verbindungsstück zwischen der ↑Ethik und der sich bewußt auf die Analyse des Wirtschaftsablaufs unter dem Gesichtspunkt der Nützlichkeit beschränkenden Ökonomik sein. Mit der

meist zu stark aus dem skizzierten Zusammenhang des Vorlesungszyklus herausgenommenen Wirtschaftslehre entwarf S. nach den Physiokraten (↑Physiokratie) das zweite vollständige System der Volkswirtschaft und die Grundzüge der modernen Wirtschaftswissenschaft.

S. lehnte sowohl die merkantilistische Lehre der positiven Außenhandelsbilanz und der erwirtschafteten Geldmenge als auch die Lehre der Physiokraten ab, die Grund und Boden als die Hauptquelle des Nationalreichtums betrachteten und Manufakturproduktion und Handel für unproduktive Wirtschaftszweige hielten. Für S. hing dagegen der Nationalreichtum einzig von Art und Menge der auf die Produktion von ↑Tauschwert gerichteten gesellschaftlichen ↑Arbeit ab. Diese Arbeit erfolgt in einem System der Kooperation getrennter, durch Arbeitsteilung jedoch wechselseitig abhängiger Unternehmen. Die fortschreitende Arbeitsteilung der Gesellschaft mit steigendem Bedürfnisniveau macht eine auf der Ebene des ↑Marktes im Güteraustausch künstlich wiederhergestellte Einheit der fragmentierten Einzelwirtschaften notwendig. Diese Austauschbeziehungen regeln sich nicht nach dem Gebrauchswert der Produkte, sondern nach dem im Preis ausgedrückten Tauschwert. Maßgebend für den Tauschwert eines Produktes ist nur unter idealen Bedingungen die für ihre Herstellung aufgewendete Arbeit. In Gesellschaften mit Privateigentum (↑Eigentum) wird der Marktwert durch die Herstellungskosten bestimmt, die sich aus den direkten Arbeitskosten, dem Kapitalprofit und der Grundrente zusammensetzen, und die den ›natürlichen‹ Preis bilden. Der für das Produkt tatsächlich erzielte Marktpreis hingegen schwankt um den natürlichen Preis und bestimmt sich nach effektivem Angebot und wirksamer Nachfrage. S. erkennt die Kulturabhängigkeit der den natürlichen Arbeitspreis bestimmenden Reproduktionskosten des Arbeiters und leitet die den Marktpreis der Arbeit determinierenden Faktoren mit Hilfe einer das Konzept des wohlverstandenen Selbstinteresses verwendenden Theorie der Kapitalbildung, des Kapitalbesitzes und des Kapitalgewinns ab.

Die treibende Kraft in diesem als Mechanismus betrachteten Wirtschaftsablauf ist das Selbstinteresse. Im Verlangen nach vorteilhaftem Tausch bringt es die Arbeitsteilung und die Angleichung von Angebot und Nachfrage hervor. Das Bedürfnis zu sparen führt zur Kapitalbildung, während der Wunsch, die eigene Lage zu verbessern, zur produktiven Anlage des Kapitals führt, so daß dieser dem Industriezweig mit dem vorteilhaftesten Gewinnsatz zufließt. Die durch verstärkten Kapitaleinsatz vermehrte Nachfrage nach Arbeit wirkt sich positiv auf die Höhe des Arbeitslohns und negativ auf die des Kapitalgewinnes aus. In den Ausführungen zur Wirtschaftspolitik, in der S. diesen Ansatz auf die Praxis anwendet, weist er insbes. die dirigistischen Eingriffe des merkantilistischen Staates als Störungen des natürlichen Marktmechanismus zurück. Hierin drückt sich jedoch weniger eine prinzipielle Forderung nach einer staatsfreien Wirtschaft aus als vielmehr die Kritik einer auf unzureichender theoretischer Kenntnis wirtschaftlicher Sachverhalte beruhenden, untauglichen Intervention. – Der Moralphilosoph S., der weniger doktrinär war als die sich hier zu Unrecht auf ihn berufenden Vertreter des ›laissez faire – laissez aller‹, hat keinen Zweifel daran gelassen, daß er der politischen Verantwortung des Staates für das Ganze des Gemeinwesens den Vorrang vor dem Selbstinteresse des wirtschaftenden Individuums einräumte.

Werke: The Works of A. S.. With an Account of His Life and Writings, I–V, ed. D. Stewart, London 1811–1812 (repr. Aalen 1963); The Glasgow Edition of the Works and Correspondence of A. S., I–VI u. 1 Indexbd., Oxford 1976–2001, I–VI, Indianapolis Ind. 1981–1987, I, Oxford 2004, III, 2003, IV, VI, 2001, Indexbd., 2002. – The Theory of Moral Sentiments. Or an Essay towards an Analysis of the Principles by which Men Naturally Judge Concerning the Conduct and Character, First of Their Neighbours, and Afterwards Themselves; to Which is Added a Dissertation on the Origin of Languages, I–II, London, Edinburgh 1759 (repr. Düsseldorf etc. 1986), Neudr., ed. D.D. Raphael/A. L. Macfie, Oxford 1976, 2004 [= Glasgow Edition I], Neudr., ed. K. Haakonssen, Cambridge etc. 2009, ed. R. P. Hanley, New York etc. 2009 (franz. Métaphysique de l'âme ou théorie des sentiments moraux, Paris 1764, Neudr. unter dem Titel: Théorie des sentiments moraux, Paris 1999, 2014; dt. Theorie der moralischen Empfindungen, Braunschweig 1770, unter dem Titel: Theorie der ethischen Gefühle, ed. W. Eckstein, Leipzig 1926, Hamburg 2004, ed. H. D. Brandt, Hamburg 2010); An Inquiry into the Nature and Causes of the Wealth of Nations, I–II, Dublin, London 1776, I–II, ed. E. Cannan, London 1904, ed. R. H. Campbell/A. S. Skinner/W. B. Todd, Oxford 1976 [= Glasgow Editon II], ed. K. Sutherland, Oxford/New York 2008 (dt. Natur und Ursachen des Volkswohlstandes, I–II, ed. W. Löwenthal, Berlin 1879, unter dem Titel: Der Reichtum der Nationen, I–II, ed. H. Schmidt, Leipzig 1910, 1924, unter dem Titel: Der Wohlstand der Nationen. Eine Untersuchung seiner Natur und seiner Ursachen, ed. H. C. Recktenwald, I–V [in 4 Bdn.], München 1974, rev. München 1978, ^{5}1990, unter dem Titel: Untersuchung über Wesen und Ursachen des Reichtums der Völker, ed. E. Streissler, Tübingen 2012); Essays on Philosophical Subjects, to Which Is Prefixed an Account of the Life and Writings of the Author, ed. D. Stewart, Dublin, Edinburgh/London 1795 (repr. Hildesheim/New York 1982), ed. W. P. D. Wightman, Oxford 1980, 2003 [= Glasgow Edition III]; The Early Writings of A. S., ed. R. Lindgren, New York 1967. – Veröffentlichungen von A. S., in: A. S., Der Wohlstand der Nationen [s. o.] V, ed. H. C. Recktenwald, 831–838; K. Tribe/H. Mizuta (eds.), A Critical Bibliography of A. S., London/New York 2002.

Literatur: C. J. Berry/M. P. Paganelli/C. Smith (eds.), The Oxford Handbook of A. S., Oxford 2013; M. Blaug (ed.), A. S. (1723–1790), I–II, Aldershot/Brookfield Vt. 1991 (Pioneers in Economics XII/1–2); V. Brown, A. S.'s Discourse. Canonicity, Commerce and Conscience, London 1994; dies./S. Fleischacker (eds.), The Philosophy of A. S.. Essays Commemorating the 250th Anniversary of The Theory of Moral Sentiments, London 2010; D. Brühlmeier, Politische Ethik in A. S.s Theorie der ethischen Ge-

fühle, St. Gallen 1985; T. D. Campbell, A. S.'s Science of Morals, London 1971, 2010; W. F. Campbell, A. S.'s Theory of Justice, Prudence, and Benificence, Amer. Economical Rev. (Papers and Proceedings) 57 (1967), 571–577; A. Fitzgibbons, A. S.'s System of Liberty, Wealth and Virtue. The Moral and Political Foundations of »The Wealth of Nations«, Oxford 1995; S. Fleischacker, On A. S.'s »Wealth of Nations«. A Philosophical Companion, Princeton N. J. 2004, 2005; ders., A. S.'s Moral and Political Philosophy, SEP 2013, rev. 2017; F. Forman-Barzilai, A. S. and the Circles of Sympathy. Cosmopolitanism and Moral Theory, Cambridge 2010, 2011; C. Fricke/H.-P. Schütt (eds.), A. S. als Moralphilosoph, Berlin/New York 2005; F. R. Glahe (ed.), A. S. and the Wealth of Nations. Bicentennial Essays 1776–1976, Boulder Colo. 1978; ders., A. S.'s Inquiry Into the Nature and Causes of the Wealth of Nations. A Concordance, Lanham Md. 1993; C. L. Griswold, A. S. and the Virtues of Enlightenment, Cambridge etc. 1999; K. Haakonssen (ed.), A. S., Aldershot etc. 1998; ders., A. S., REP VIII (1998), 815–822; ders. (ed.), The Cambridge Companion to A. S., Cambridge 2006; J. Haggarty (ed.), The Wisdom of A. S.. A Collection of His Most Incisive and Eloquent Observations, Indianapolis Ind. 1976; R. P. Hanley, A. S. and the Character of Virtue, Cambridge etc. 2009, 2011; ders. (ed.), A. S.. His Life, Thought, and Legacy, Princeton N. J. 2016; L. Herzog, Inventing the Market. S., Hegel, and Political Theory, Oxford 2013, 2016; V. M. Hope, Virtue by Consensus. The Moral Philosophy of Hutcheson, Hume, and A. S., Oxford 1989; P. Jones/A. S. Skinner (eds.), A. S. Reviewed, Edinburgh 1992; G. Kennedy, A. S.. A Moral Philosopher and His Political Economy, Basingstoke 2008; H. D. Kurz (ed.), A. S. (1723–1790). Ein Werk und seine Wirkungsgeschichte, Marburg 1990, ^{2}1991; A. L. Macfie, The Individual in Society. Papers on A. S., London 1967, 2003; R. P. Malloy (ed.), A. S. and Law, London/New York 2017; H. Medick, Naturzustand und Naturgeschichte der bürgerlichen Gesellschaft. Die Ursprünge der bürgerlichen Sozialtheorie als Geschichtsphilosophie und Sozialwissenschaft bei Samuel Pufendorf, John Locke und A. S., Göttingen 1973, ^{2}1981; A. Meyer-Faje/P. Ulrich (eds.), Der andere A. S.. Beiträge zur Neubestimmung von Ökonomie als politischer Ökonomie, Bern/Stuttgart 1991; H. Mizuta (ed.), A. S.. Critical Responses, I–VI, London etc. 2000; L. Montes, A. S. in Context. A Critical Reassessment of Some Central Components of His Thought, Basingstoke/New York 2004; ders./E. Schliesser (eds.), New Voices on A. S., London etc. 2006, 2009; J. Z. Muller, A. S. in His Time and Ours. Designing the Decent Society, New York 1993, Princeton N. J. 1995; A. Oncken, A. S. und Immanuel Kant. Der Einklang und das Wechselverhältnis ihrer Lehren über Sitte, Staat und Wirtschaft, Leipzig 1877; ders., Das A. S.-Problem, Z. Socialwiss. 1 (1898), 25–33, 101–108, 276–287; J. Otteson, A. S.'s Marketplace of Life, Cambridge etc. 2002; ders., A. S., New York 2011, London 2012; B. P. Priddat, Arm und reich. Zur Transformation der vorklassischen in die klassische Ökonomie. Zum 200. Todesjahr A. S., St. Gallen 1990; J. Rae, Life of A. S., London/New York 1895 (repr. New York 1965, Bristol 1990); D. D. Raphael, A. S., Oxford 1985, 1989 (dt. Frankfurt/New York 1991); ders., The Impartial Spectator. A. S.'s Moral Philosophy, Oxford 2007, 2009; H. C. Recktenwald (ed.), Lebensbilder großer Nationalökonomen. Einführung in die Geschichte der politischen Ökonomie, Köln/Berlin 1965, 71–98 (A. S.); ders., A. S., in: J. Starbatty (ed.), Klassiker des ökonomischen Denkens I (Von Platon bis J. S. Mill), München 1989, in einem Bd., Hamburg 2008, 2012, 134–155; I. S. Ross, Life of A. S., Oxford 1995, 2010; E. Schliesser, A. S.. Systematic Philosopher and Public Thinker, New York 2017; M. J. Shapiro, Reading ›A. S.‹. Desire, History and Value, Newbury Park Calif. etc. 1993,

Lanham Md. etc. 2002; A. S. Skinner/T. Wilson (eds.), Essays on A. S., Oxford 1975; C. Smith, A. S.'s Political Philosophy. The Invisible Hand and Spontaneous Order, London/New York 2006, 2013; E. Sprague, S., Enc. Ph. VII (1967), 461–463, IX (²2006), 66–69 (mit Addendum von P. Kivy, 69); J. Starbatty, S., in: Staatslexikon IV, ed. Görres-Gesellschaft, Freiburg/Basel/Wien ⁷1988, 1995, 1185–1187; D. Stewart, Account of the Life and Writings of A. S., in: Glasgow Edition [s. o.] III, Oxford 1980, 2003, 265–351; G. Streminger, A. S.. Wohlstand und Moral. Eine Biographie, München 2017; M. Trapp, A. S.. Politische Philosophie und politische Ökonomie, Göttingen 1987; P. Ulrich, Der kritische A. S.. Im Spannungsfeld zwischen sittlichem Gefühl und ethischer Vernunft, St. Gallen 1990; J. Viner, A. S. and Laissez Faire, J. Political Economy 35 (1927), 198–232; ders., The Intellectual History of Laissez Faire, J. of Law and Economics 3 (1960), 45–69; E. G. West, A. S.. The Man and His Works, Indianapolis Ind. 1976; ders., A. S. and Modern Economics. From Market Behaviour to Public Choice, Aldershot, Brookfield Vt. 1990; J. C. Wood (ed.), A. S.. Critical Assessments, I–IV, London 1983–1984, 1996, V–VII, London 1994; R. Zeyss, A. S. und der Eigennutz. Eine Untersuchung über die philosophischen Grundlagen der älteren Nationalökonomie, Tübingen 1889. – M. B. Lightwood, A Selected Bibliography of Significant Works about A. S., Basingstoke etc., Philadelphia Pa. 1984. H. R. G.

smṛti (sanskr., das Erinnerte, das Gedächtnis, die Tradition), in der indischen Philosophie (↑Philosophie, indische) Bezeichnung für das in den nach- und auch außervedischen Schriften (sofern sie dem ↑Veda nicht offenkundig widerstreiten, z. B. älteste ↑Sāṃkhya-Lehren im vermutlich außervedischen Ṣaṣṭitantra), insbes. im Vedāṅga, den vedischen Lehrschriften, und im Epos, durch Erinnerung kodifizierte und so tradierte Wissen. Die als autoritativ geltende s. steht der ↑śruti, dem als geoffenbart und damit als heilig geltenden Wissen im Veda, gegenüber und hat die Aufgabe, diese zu erklären. Damit ist sachliche Übereinstimmung von s. und śruti trotz verschiedener Dignität stets vorausgesetzt; außerdem wird verständlich, warum s. und śruti grundsätzlich gleichermaßen anerkannt gewesen sind. Z. B. gehört auch die für die Geistesgeschichte Indiens und vor allem den ↑Vedānta zentrale Bhagavadgītā der s. an. Darüber hinaus spielt s. in seiner gewöhnlichen Bedeutung in den Debatten um die Mittel der Erkenntnis (↑pramāṇa) eine wichtige Rolle, etwa wenn der Mīmāṃsaka Prabhākara das Wiedererkennen (pratyabhijñā) als eine Einheit aus Wahrnehmung (↑pratyakṣa) und Erinnerung (s.) bestimmt, oder wenn der Viśiṣṭādvaitin Rāmānuja die Selbständigkeit der s. gegenüber der Wahrnehmung erörtert.

Literatur: P. Bilimoria, Śabdapramāna: Word and Knowledge. A Doctrine in Mīmāṃsā-Nyāya Philosophy (with Reference to Advaita Vedānta-paribhāṣā ›Āgama‹). Towards a Framework for Śruti-prāmāṇya, Dordrecht/Boston Mass./London 1988; D. Brick, Transforming Tradition into Texts. The Early Development of ›s.‹, J. Indian Philos. 34 (2006), 287–302; U. Mishra, S. Theory According to Nyāya-Vaiśeṣika, in: S. K. Belvalkar (ed.), Commemorative Essays Presented to Professor Kashinath Bapuji Pathak, Poona 1934, 177–186. K. L.

Sneed, Joseph Donald, *Durant Okla. 23. Sept. 1938, amerik. Wissenschaftstheoretiker, Begründer des ↑›non-statement-view‹ (↑Theoriesprache) bzw. des wissenschaftstheoretischen Strukturalismus (↑Strukturalismus (philosophisch, wissenschaftstheoretisch)). Studium der Physik in Houston Tex. und Urbana Ill., 1960 B. A., 1962 M. S., 1964 Ph.D. in Philosophie in Stanford Calif., 1964–1966 Assist. Prof. an der University of Michigan in Ann Arbor und 1966–1973 Assist. Prof. und Assoc. Prof. an der Stanford University. Zwischen 1969 und 1979 Gastprofessuren unter anderem an den Universitäten von Uppsala, München, Heidelberg, Santa Cruz und Campinas, 1978–1980 Prof. der Philosophie in Albany N. Y., seit 1980 Prof. an der Colorado School of Mines in Golden Colo..

S. legte den Grundstein zu einer neuartigen ›strukturalistischen‹ Wissenschaftsphilosophie (The Logical Structure of Mathematical Physics, 1971). Ziel war die Rekonstruktion der logischen Struktur empirischer Theorien der mathematischen Physik, wobei S. wesentlich vom formalsprachlichen Programm des Logischen Empirismus (↑Empirismus, logischer) abwich und auf Gedanken von F. P. Ramsey und P. Suppes zurückgriff. S. trennte bei wissenschaftlichen Theorien strikt zwischen einer durch ein mengentheoretisches Prädikat axiomatisch definierten mathematisch-formalen Struktur einerseits und einer durch paradigmatische Beispiele unscharf abgegrenzten Menge intendierter empirischer Anwendungen (physikalischer Systeme) andererseits. Zur Beantwortung des zentralen Problems, wie die mathematische Struktur auf Ausschnitte der Welt angewendet werden kann, entwickelte er einen Lösungsansatz zum Problem theoretischer Terme (↑Begriffe, theoretische, ↑Theoriesprache) durch geeignete Formulierungen des ↑Ramsey-Satzes einer Theorie. Dieses Theoretizitätskonzept ist nicht an eine vorgängig gegebene ↑Beobachtungssprache gebunden, sondern abhängig von der je betrachteten Theorie. Hierauf aufbauend gab S. präzise Explikationen des Begriffs einer wissenschaftlichen Theorie und der durch sie ausgedrückten empirischen Behauptung sowie der ↑Identität, ↑Äquivalenz und Reduzierbarkeit (↑Reduktion) von Theorien, des Verfügens über eine Theorie und der historischen Entwicklung einer Theorie bzw. eines ↑Paradigmas im Sinne von T. S. Kuhn oder eines ↑Forschungsprogramms im Sinne von I. Lakatos.

S.s Unterscheidungen zwischen ↑formalen und ↑pragmatischen Aspekten empirischer Theorien haben sich für zahlreiche Rekonstruktionen von natur-, aber auch geistes- und sozialwissenschaftlichen Theorien als fruchtbar erwiesen. Sein ursprünglicher Ansatz wurde in vielerlei Hinsicht erweitert und verfeinert, wobei – neben S. selbst – W. Stegmüller und später W. Balzer und C. U. Moulines den größten Anteil hatten. Von Bedeutung ist besonders der Übergang von je einzeln betrachteten Theorien als Einheiten der wissenschaftstheoretischen Untersuchung zu ganzen Theoriennetzen, deren Elemente sowohl in synchroner als auch in diachroner Betrachtung (↑diachron/synchron) durch vielfältige intertheoretische Relationen (↑Relationen, intertheoretische) verknüpft sind.

Werke: Quantum Mechanics and Classical Probability Theory, Synthese 21 (1970), 34–64; The Logical Structure of Mathematical Physics, Dordrecht 1971, Dordrecht/Boston Mass./London ²1979; John Rawls and the Liberal Theory of Society, Erkenntnis 10 (1976), 1–19; Philosophical Problems in the Empirical Science of Science. A Formal Approach, Erkenntnis 10 (1976), 115–146; The Structural Approach to Descriptive Philosophy of Science, Communic. and Cogn. 10 (1977), 79–86; Describing Revolutionary Scientific Change. A Formal Approach, in: R. E. Butts/J. Hintikka (eds.), Historical and Philosophical Dimensions of Logic, Methodology and Philosophy of Science, Dordrecht 1977, 245–268 (Western Ont. Ser. Philos. Sci. XII); (mit W. Balzer) Generalized Net Structures of Empirical Theories, Stud. Log. 36 (1977), 195–211, 37 (1978), 167–194 (dt. Verallgemeinerte Netz-Strukturen empirischer Theorien, in: W. Balzer/M. Heidelberger [eds.], Zur Logik empirischer Theorien, Berlin/New York 1983, 117–168); (mit C. U. Moulines) Suppes' Philosophy of Physics, in: R. J. Bogdan (ed.), Patrick Suppes, Dordrecht/Boston Mass./London 1979, 59–91; Quantities as Theoretical with Respect to Qualities. A Ramsey Sentence Approach to Fundamental Measurement, Epistemologia 2 (1979), 215–250; Theoretization and Invariance Principles, in: I. Niiniluoto/R. Tuomela (eds.), The Logic and Epistemology of Scientific Change, Amsterdam 1979 (Acta Philos. Fennica 30), 130–178; The Logical Structure of Bayesian Decision Theory, in: W. Stegmüller/W. Balzer/W. Spohn (eds.), Philosophy of Economics. Proceedings, Munich, July 1981, Berlin/Heidelberg/New York 1982, 201–222; (mit W. Balzer/C. U. Moulines) The Structure of Empirical Science. Local and Global, in: R. Barcan Marcus/G. J. W. Dorn/P. Weingartner (eds.), Logic, Methodology and Philosophy of Science VII. Proceedings of the 7th International Congress of Logic, Methodology and Philosophy of Science, Salzburg, 1983, Amsterdam etc. 1986, 291–306; Structuralism and Scientific Realism, Erkenntnis 19 (1983), 345–370; Reduction, Interpretation and Invariance, in: W. Balzer/D. Pearce/H.-J. Schmidt (eds.), Reduction in Science. Structure, Examples, Philosophical Problems, Dordrecht/Boston Mass./Lancaster 1984, 95–129; (mit W. Balzer/C. U. Moulines) An Architectonic for Science. The Structuralist Program, Dordrecht etc. 1987; Machine Models for the Growth of Knowledge. Theory Nets in PROLOG, in: K. Gavroglu/Y. Goudaroulis/P. Nicolacopoulos (eds.), Imre Lakatos and Theories of Scientific Change, Dordrecht/Boston Mass./London 1989, 245–268; Procedural Syntax for Theory Elements, in: J. Earman (ed.), Inference, Explanation and Other Frustrations, Berkeley Calif./Los Angeles/Oxford 1992, 234–254; Notes on Intensional Theories, Discusiones filosóficas 12 (2001), 13–49.

Literatur: A. Baltas, Louis Althusser and J. D. S.: A Strange Encounter in Philosophy of Science?, in: K. Gavroglu/Y. Goudaroulis/P. Nicolacopoulos (eds.), Imre Lakatos and Theories of Scientific Change, Dordrecht/Boston Mass./London 1989, 269–286; W. Balzer, S.'s Theory Concept and Vagueness, in: A. Hartkämper/H.-J. Schmidt (eds.), Structure and Approximation in Physical Theories, New York/London 1981, 147–163; W. Diederich, Zu S.s Theorie der mathematischen Physik. Theorienhierarchien

und ihre Entwicklung, in: G. Patzig/E. Scheibe/W. Wieland (eds.), Logik, Ethik, Theorie der Geisteswissenschaften. 11. Dt. Kongreß für Philosophie Göttingen, 5.–9. Oktober 1975, Hamburg 1977, 332–337; ders./H. F. Fulda, S.sche Strukturen in Marx' Kapital, Neue H. Philos. 13 (1978), 47–80; P. Feyerabend, Changing Patterns of Reconstruction, Brit. J. Philos. Sci. 28 (1977), 351–369; J. H. Harris, A Semantical Alternative to the S.-Stegmüller-Kuhn Conception of Scientific Theories, in: I. Niiniluoto/R. Tuomela (eds.), The Logic and Epistemology of Scientific Change, Amsterdam 1979 (Acta Philos. Fennica 30), 184–204; L. Hofer, The Promise of Theories, Erkenntnis 79 (2014), 1445–1457; A. Holger, New Account of Empirical Claims in Structuralism, Synthese 176 (2010), 311–332; T. S. Kuhn, Theory-Change as Structure-Change. Comments on the S. Formalism, Erkenntnis 10 (1976), 179–199, Neudr. in: R. E. Butts/J. Hintikka (eds.), Historical and Philosophical Dimensions of Logic, Methodology and Philosophy of Science, Dordrecht/Boston Mass. 1977, 289–309; J. Leroux, La sémantique des théories physiques, Ottawa Ont. 1988; M. Przelecki, A Set Theoretic Versus a Model Theoretic Approach to the Logical Structure of Physical Theories. Some Comments on J. S.'s »The Logical Structure of Mathematical Physics«, Stud. Log. 33 (1974), 91–105; L. Schäfer, Theorien-dynamische Nachlieferungen. Anmerkungen zu Kuhn, S., Stegmüller, Z. philos. Forsch. 31 (1977), 19–42; E. Scheibe, Ein Vergleich der Theoriebegriffe von S. und Ludwig, in: P. Weingartner/J. Czermak (eds.), Erkenntnis- und Wissenschaftstheorie. Akten des 7. Int. Wittgenstein Symposiums, Wien 1983, 371–383; W. Stegmüller, Probleme und Resultate der Wissenschaftstheorie und Analytischen Philosophie II/2 (Theorie und Erfahrung. Theorienstrukturen und Theoriendynamik), Berlin/Heidelberg/New York 1973, ²1985 (engl. The Structure and Dynamics of Theories, New York 1976); ders., Structures and Dynamics of Theories. Some Reflections on J. D. S. and T. S. Kuhn, Erkenntnis 9 (1975), 75–100; ders., The Structuralist View of Theories. A Possible Analogue of the Bourbaki Programme in Physical Science, Berlin/Heidelberg/New York 1979; ders., Neue Wege der Wissenschaftsphilosophie, Berlin/Heidelberg/New York 1980; ders., Probleme und Resultate der Wissenschaftstheorie und Analytischen Philosophie II/3 (Theorie und Erfahrung. Die Entwicklung des neuen Strukturalismus seit 1973), Berlin/Heidelberg/New York 1986. **H. R.**

Snellius (eigentl. Snel), Willebrord, *Leiden 1580, †Leiden 30. Okt. 1626, niederl. Mathematiker. Nach Studium der Rechtswissenschaft in Leiden und Paris 1600 Lehrer der Mathematik an der Universität Leiden. S. ist bekannt für seine Arbeiten über Arithmetik, für wesentliche Verbesserungen des Triangulationsverfahrens bei der Landvermessung, für die Übersetzung der mathematischen Memoiren von S. Stevin aus dem Holländischen ins Lateinische und für das Refraktionsgesetz, das seinen Namen trägt.

Das S.sche Gesetz ist eines der ersten mathematisch formulierten ↑Naturgesetze und beschreibt die Brechung eines Lichtstrahls (heute auch einer Wellennormalen) beim Übergang zwischen zwei Medien unterschiedlicher Dichte als eine funktionale Abhängigkeit zwischen Einfallswinkel (*i*) und Brechungswinkel (*r*). Es wurde zum ersten Mal von M. Mersenne in seiner »Harmonie Universelle« (1636; Buch. I, Prop. 29) publiziert – in der von

R. Descartes stammenden Form (sin*i* = *k*sin*r*). Das S.sche Gesetz wurde Anfang des 17. Jhs. mindestens dreimal unabhängig voneinander entdeckt – durch T. Harriot (ca. 1600), S. (vor 1626) sowie Descartes und C. Mydorge (ca. 1626) –, vermutlich jeweils in der Form eines konstanten Verhältnisses zwischen dem cosecans von Einfalls- und Brechungswinkel. Die Konstanz dieses Verhältnisses wurde wohl durch die Entdeckung des konstanten Verhältnisses zwischen der wahren und der scheinbaren Entfernung eines Gegenstandes unter Wasser gefunden. Wenn ein vom Gegenstand *I* unter Wasser ausgehender Lichtstrahl in *B* an der Oberfläche *CBE* in das Auge *A* gebrochen wird (Abb. 1), dann erscheint *I*, als ob er sich in *K*, also senkrecht über *I*, befände. Messungen mit verschiedenen unter Wasser im Kreis angeordneten Objekten *I* – der Kreis wird durch das seit K. Ptolemaios übliche Meßinstrument vorgegeben – ergeben, daß alle Punkte *K* auf einem mit dem ersteren konzentrischen Kreis liegen, d. h., daß die Länge *BK* (scheinbarer Strahl) unabhängig vom Winkel gleich bleibt, und *BK*/*BI* für die zwei Medien konstant ist. Da sich ferner der scheinbare Ort des Gegenstandes stets senkrecht über seinem wirklichen Ort befindet (*BE* = *GI*), bleibt auch *BK*/*BE* zu *BI*/*GI* (bzw. *AB*/*AH* zu *BI*/*GI*, oder cosec *i* zu cosec *r*) konstant. S. schrieb: »So wie der secans des Komplements [d. h. der cosecans] des Einfallswinkels im dünneren Medium zum secans des Komplements des Brechungswinkels im dichteren Medium, so ist der scheinbare Strahl zu dem wahren Strahl oder Einfallsstrahl« (Manuscrit perdu § 23). Kehrt man den cosecans (*AB*/*AH* bzw. *BI*/*GI*) um, so ergibt sich der sinus (*AH*/*AB* bzw. *GI*/*BI*).

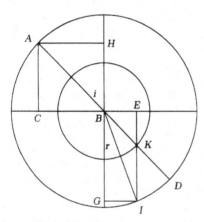

Abb. 1

Weder Harriot noch S. veröffentlichten das Gesetz; auch ist von keinem eine physikalische Erklärung überliefert. S.' Manuskript ist inzwischen verschollen; übrig bleibt allein eine thesenartige Inhaltsangabe mit dem zitierten Satz. Erst Descartes hat das Gesetz in der seither gültigen Sinusform formuliert und es in seiner »Dioptrique« (1637) theoretisch abgeleitet. Seit der Entdeckung der Cosecansform des Gesetzes in S.' Nachlaß Mitte des 17. Jhs. wird das Cartesische Sinusgesetz nach S. benannt.

Werke: De re nummaria, Leiden 1613, Amsterdam 1635; Cyclometricus, Leiden 1621; Tiphys batavus, Leiden 1624; Canon triangulorum, Leiden 1626; Doctrina triangulorum, Leiden 1627; C. de Waard (ed.), Le manuscrit perdu de S. sur la réfraction, Janus 39 (1935), 51–75.

Literatur: A. Ansermet, Le problème de S., Vevey 1912; A. v. Braunmühl, Vorlesungen über Geschichte der Trigonometrie, I–II, Leipzig 1900/1903 (repr., in 1 Bd., Niederwalluf 1971, 1981, Schaan/Liechtenstein 1981); G. Buchdahl, Methodological Aspects of Kepler's Theory of Refraction, Stud. Hist. Philos. Sci. 3 (1972), 265–298; P. Damerow u. a., Exploring the Limits of Preclassical Mechanics. A Study of Conceptual Development in Early Modern Science. Free Fall and Compounded Motion in the Work of Descartes, Galileo, and Beeckman, New York etc. 1992, 68–125, 2004, 71–133; E. J. Dijksterhuis, Simon Stevin. Science in the Netherlands around 1600, The Hague 1970; N. D. Haasbroek, Gemma Frisius, Tycho Brahe and S. and Their Triangulations, Delft 1968; F. Horstmann, Hobbes und das Sinusgesetz der Refraktion, Ann. Sci. 57 (2000), 415–440; W. B. Joyce/A. Joyce, Descartes, Newton, and Snell's Law, J. Optical Soc. America 66 (1976), 1–8; D. J. Korteweg, Descartes et les manuscrits de S., Rev. mét. mor. 4 (1896), 489–501; J. A. Lohne, Thomas Harriot (1560–1621). The Tycho Brahe of Optics, Centaurus 6 (1959), 113–121; ders., Zur Geschichte des Brechungsgesetzes, Sudh. Arch. 47 (1963), 152–172; R. Rashed, A Pioneer in Anaclastics. Ibn Sahl on Burning Mirrors and Lenses, Isis 81 (1990), 464–491; A. I. Sabra, Theories of Light from Descartes to Newton, London 1967, Cambridge 1981; J. A. Schuster, Descartes Opticien. The Construction of the Law of Refraction and the Manufacture of Its Physical Rationales, 1618–29, in: S. Gaukroger/J. A. Schuster/J. Sutton (eds.), Descartes' Natural Philosophy, London/New York 2000, 258–312; D. J. Struik, S., DSB XII (1975), 499–502; J. A. Vollgraff, S.' Notes on the Reflection and Refraction of Rays, Osiris 1 (1936), 718–725; L. C. de Wreede, W. S. (1580–1626). A Humanist Reshaping the Mathematical Sciences, Utrecht 2007. P. M.

Sohar (auch: Zohar, hebr.), Kurzform für das »Sefer hazohar« (Buch des Glanzes), ein überwiegend in einem künstlichen Aramäisch abgefaßtes und thematisch uneinheitliches Werk des ausgehenden 13. Jhs., das zum klassischen Text der esoterischen jüdischen Mystik wurde (↑Kabbala). Als Autor gilt heute, vor allem nach den Forschungen Gerhard (auch: Gershom) Scholems, Moses ben Shem Tov de Leon (kurz: Moses de Leon, ca. 1250–1305), der im S. der von ihm als Gefahr für den jüdischen Glauben betrachteten rationalistischen Philosophie eine vollständige und ›höhere‹ Erklärung der Welt, des Menschen, seiner Geschichte und insbes. der historischen Situation der Juden (einschließlich einer Rechtfertigung der biblischen ↑Offenbarung, der rabbinischen Tradition und des jüdischen Messianismus) gegenüberstellen wollte. Dabei werden auch in der jüdischen ↑Theosophie schon vorhandene Inhalte von ihm modifiziert, erweitert und zum Teil ins Extrem gesteigert. Unter Anwendung der ursprünglich aus dem christlichen Bereich stammenden vierfachen Interpretation der biblischen Schriften (nach ihrem wörtlichen, moralischen, allegorischen oder philosophischen und mystischen Sinn) wird in anthropomorpher und zum Teil erotischer Bildhaftigkeit aufgewiesen, wie die 10 Sefirot (↑Kabbala) zusammenwirken und sich in der sichtbaren Welt manifestieren; die Annahme von vier Seinsstufen, auf deren jeder die 10 Sefirot wiederkehren, führt dabei zu Verhältnissen von höchst komplexer Struktur.

Textanalytisch unterscheidbar sind im S. über einer älteren, teils hebräischen, teils aramäischen Schicht (dem »Geheimen Midrasch«) eine homiletische Interpretation des Pentateuch (d. h. der ersten fünf biblischen Bücher) mit besonderem Gewicht auf der (unter Annahme der ↑Seelenwanderung und Erklärung des ↑Übels in der Welt) als universelle Harmonie beschriebenen ↑Schöpfung und auf dem Schöpfungsgeschehen, zu dem 70 Interpretationen des Bereshit (›am Anfang‹, des ersten Wortes der Bibel) geliefert werden, und »Der getreue Hirte«, eine kabbalistische Interpretation der hinter den 10 Geboten stehenden Gründe. Zu weiteren Details, Kontext und Nachwirkung ↑Kabbala.

Ausgaben: Tiḳune ha-Zohar, Mantua 1557; Sefer ha-Zohar ʿal ha-Torah, I–III, Mantua 1558–1560; Zohar ḥadash [= Erg.bd.], Saloniki 1597, Venedig 1658, Amsterdam 1701, Warschau 1885; The Zohar, I–V, trans. H. Sperling/M. Simon/P. P. Levertoff, London 1931–1934, ²1984; Der S.. Das heilige Buch der Kabbala, ed. E. Müller, Wien 1932, rev. Düsseldorf/Köln 1982, mit Untertitel: Ausgewählte Texte aus dem Sohar, ed. G. Necker, Wiesbaden 2013; Die Geheimnisse der Schöpfung. Ein Kapitel aus dem S. [Teilübers.], ed. G. Scholem, Berlin 1935, mit Untertitel: Ein Kapitel aus dem kabbalistischen Buche S. [Teilübers.], Frankfurt 1971, 1992; Sefer ha-Zohar, I–XXI, ed. Y. Ashlag, Jerusalem 1945–1965; Zohar, the Book of Splendor, ed. G. Scholem, New York 1949, mit Untertitel: Basic Readings from the Kabbalah, 1995 (franz. Le Zohar. Le livre de la splendeur, Paris 1980, erw. 2011, 2014); Mishnat ha-Zohar [hebr.], I–II, ed. F. Lachower/I. Tishby, Jerusalem 1949/1961, ³1971 (engl. The Wisdom of the Zohar. An Anthology of Texts, I–III, trans. D. Goldstein, Oxford etc. 1989, 1991); Zohar. The Book of Enlightenment, ed. D. C. Matt, Mahwah N. J., New York, London 1983; Zohar. Annotated and Explained [Teilübers.], trans. D. C. Matt, Woodstock Vt. 2002, 2004; The Zohar. Pritzker Edition, trans. D. C. Matt u. a., Stanford Calif. 2004ff. (erschienen Bde I–XI); Sohar. Schriften aus dem Buch des Glanzes, übers. G. Necker, Berlin 2012.

Literatur: A. Bension, El Zohar en la España musulmana y cristiana. Un estudio del Zohar […], Madrid 1931 (repr. Granada 2010) (engl. The Zohar in Moslem and Christian Spain, London 1932, 2016), ²1934, Sevilla 2009, [Teilausg.] unter dem Titel: El Zohar y la España de las tres religiones, ed. J. I. Garzón, Madrid 2009; I. Broydé, Zohar, in: I. Singer (ed.), Jewish Encyclopedia XII, New York 1906, 689–693; J. Dan, Zohar, RGG VIII (2005), 1893–1894; M. Gaster, Zôhâr, ERE XII (1921), 858–862; P. Giller, Reading the »Zohar«. The Sacred Text of the Kabbalah, Oxford etc. 2001; A. Green, A Guide to the Zohar, Stanford Calif. 2004,

2006; M.-R. Hayoun, Le Zohar. Aux origines de le mystique juive, Paris 1999, rev. u. erw. 2012; B. Huss, The Zohar. Reception and Impact, Oxford/Portland Or. 2016; M. Idel, Zohar, ER XV (1987), 578–579; D. H. Joel, Midrash ha-Zohar. Die Religionsphilosophie des S. und ihr Verhältnis zur allgemeinen jüdischen Theologie. Zugleich eine kritische Beleuchtung der Franck'schen »Kabbalah«, Leipzig 1849 (repr. Berlin 1923, Hildesheim/New York 1977); C. Knorr v. Rosenroth, Kabbalah denudata, seu doctrina Hebraeorum transcendentalis et metaphysica atque theologica […], I–II, I, Sulzbach 1677/1678, II, Frankfurt 1684 (repr. Hildesheim/New York 1974, 1999) (engl. Kabbala denudata. The Kabbalah Unveiled […], trans. S. L. MacGregor Mathers, London 1887, Mineola N. Y. 2006); Y. Liebes, Christian Influences in the Zohar, Immanuel 17 (Jerusalem 1983/1984), 43–67; E. Müller, Der S. und seine Lehre. Einleitung in die Gedankenwelt der Kabbalah, Wien/Berlin 1920, ²1923, mit Untertitel: Einführung in die Kabbalah, Zürich ³1959, Bern ⁴1993; A. Neubauer, The Bahir and the Zohar, Jewish Quart. Rev. 4 (1892), 357–368; G. Scholem, Hat Moses de Leon den S. verfaßt? [hebr.], Madaʿai ha-Yahaduth 1 (1926), 16–29; ders., Bibliographia Kabbalistica. […] Mit einem Anhang: Bibliographie des Zohar und seiner Kommentare, Leipzig 1927, Berlin 1933; ders., Major Trends in Jewish Mysticism, Jerusalem 1941, New York ³1954, 1995, 156–204 (The Zohar I. The Book and Its Author), 205–243 (The Zohar II. The Theosophic Doctrine of the Zohar) (dt. [erw.] Die jüdische Mystik in ihren Hauptströmungen, Zürich 1957, Frankfurt 2015, 171–223 [Kap. 5 Der S.. I Das Buch und sein Verfasser], 224–266 [Kap. 6 Der S.. II Die theosophische Lehre des S.] [mit Bibliographie, 462–466]); ders., Zur Kabbala und ihrer Symbolik, Zürich 1960, Frankfurt 2013 (franz. La kabbale et sa symbolique, Paris 1966, 2005); ders., Zohar, EJud XVI (1971), 1193–1215, XXI (²2007), 647–661, erw. von M. Hellner-Eshed unter dem Titel: Later Research, 661–663 (mit Bibliographie, 663–664); N. Wolski, A Journey into the »Zohar«. An Introduction to »The Book of Radiance«, Albany N. Y. 2010; O. Yisraeli, Pithe hekhal, Jerusalem 2013 (engl. Temple Portals. Studies in Aggadah and Midrash in the Zohar, Berlin/Boston Mass. 2016).   C. T.

Sokrates, *Athen um 470 v. Chr., †Athen 399 v. Chr., griech. Philosoph, Lehrer Platons. S. war der Sohn des Steinmetzen Sophroniskos und der Hebamme Phainarete und in seinen späteren Lebensjahren mit Xanthippe verheiratet. Neben der Tätigkeit als philosophischer Aufklärer sind Kriegsdienst und politische Ämter überliefert. So wird die unerschütterliche Gelassenheit berichtet, die S. als Hoplit bei den Feldzügen nach Poteidaia (432), Delion (424) und Amphipolis (422) bewies. Als politisch tätiger Athener Bürger ist S. ohne persönliche Rücksicht Gesetz und Gerechtigkeit verpflichtet. So versucht er 406 als vorsitzender Prytane in der Ratsversammlung erfolglos, ein illegales Todesurteil gegen die Feldherren zu verhindern, die es versäumt hatten, nach dem Seesieg bei den Arginusen die athenischen Toten zu bergen. Unter dem Regime der ›Dreißig‹ (Tyrannen) widersetzt er sich dem Befehl, an der Verhaftung des Leon von Salamis mitzuwirken. 399 v. Chr. wurde S. zum Tode durch den Schierlingsbecher verurteilt. Die Ankläger Anytos, Meletos und Lykon warfen ihm vor, die alten (offiziellen) Götter nicht anzuerkennen, stattdessen neue Götter einzuführen und die Jugend vom rechten Weg abzubringen. Sein Schüler Kriton traf Vorbereitungen für eine Flucht ins Ausland, konnte S. jedoch nicht dazu bewegen, sich den athenischen Gesetzen zu entziehen.

S. gilt als derjenige, der der griechischen Philosophie statt des bei den ↑Vorsokratikern vorherrschenden kosmologischen Denkens erstmals das vernünftige moralische und politische Begreifen des menschlichen Lebens als wesentliche Aufgabe setzte. Diese Zielsetzung bringt ihn in einen grundsätzlichen Konflikt mit den Sophisten (↑Sophistik), die im Sokratischen Athen gegen Entgelt als rhetorische (↑Rhetorik) und politische Erzieher der reichen Bürgersöhne auftreten. Zwar ist S. den ursprünglich aufklärerischen Intentionen der Sophisten zum Teil selbst verpflichtet, distanziert sich jedoch von den fragwürdigen Auswüchsen der sophistischen Praxis. Die Kritik des S. macht deutlich, daß die Lehren der Sophisten inzwischen weniger auf ein begründetes Wissen und Handeln abstellen als auf die Kunst rhetorisch geschickter Überredung (↑Eristik).

In seiner Lehrtätigkeit geht S. davon aus, daß der Mensch, wenn es ihm auf ein wahrhaft gutes und gerechtes Leben (↑Leben, gutes) ankommt, das jeweilige faktische Verständnis seines Lebens durch vernünftiges Denken in Richtung auf ein Wissen über sich selbst und damit darüber, wie er handeln solle, überwinden müsse. Ein solches Wissen kann nach S. nicht monologisch gewonnen und geprüft werden, sondern bedarf, um Selbsttäuschungen zu entgehen, des gemeinsamen (philosophischen) Gesprächs und der gemeinsamen Kontrolle. Weil es bei der vernünftigen Lebensorientierung (↑Leben, vernünftiges) nicht lediglich darum geht, Folgerungen aus bereits selbstverständlich gegebenen Situationsverständnissen und Zwecksetzungen zu ziehen, steht am Anfang des Sokratischen Gesprächs die Einsicht, daß wir, wenn wir nur gewohnheitsmäßig denken, über uns selbst nicht Bescheid wissen. In diesem Sinne bezieht sich S. auf einen Delphischen Orakelspruch, daß niemand weiser sei als S., und beansprucht, insofern weiser zu sein als die (selbstsicheren) anderen Menschen, als er wenigstens wisse, daß er nicht wisse, d. h., kein unbefragbares Wissen besitze. Seine Methode bezeichnet S. im Anschluß an den Beruf seiner Mutter als *mäeutisch* (↑Mäeutik). Er unterstellt, daß die Grundlagen eines wahren Selbstverständnisses nicht von außen andemonstrierbar sind, sondern unter der Oberfläche der jeweils gegebenen Lebensorientierung bereits verborgen vorliegen und mit der Geburtshilfe eines konsequenten Befragens ans Licht gezogen werden können. Entsprechend soll das für die mäeutische Methode wesentliche Sokratische Fragen nicht nur durch den Nachweis von Widersprüchen (↑Elenktik) die Selbstverständlichkeit faktischer Orientierungen erschüttern, sondern zu der schon immer vorhandenen Basis angemessener Selbsterkenntnis hinführen. S. lehrte nicht nur die Übereinstimmung von Reden, Denken und Handeln in einem vernünftigen Leben, er stellte sie auch in seiner Person selbst dar. Für individuelle Lebensentscheidungen, die einer argumentativen Klärung nicht oder nicht sofort zugänglich waren, konnte S. die warnende Stimme einer ethischen Intuition in Anspruch nehmen, die er als ›Daimonion‹ bezeichnete.

Wohl weil nach seiner Meinung vernünftige Praxis nicht über eine vom Leben abgelöste Rede vermittelbar ist, verfaßte S. keine philosophischen Schriften. Seine Lehren wie auch ihre Verbindung mit dem Leben des S. sind daher nur über sekundäre Quellen überliefert. Dazu gehören: (1) als Hauptquelle das Zeugnis Platons, der seit etwa 408 Schüler des S. war und ihn zur wesentlichen Figur seiner Dialoge machte, (2) die »Erinnerungen an Sokrates« und Dialoge des Xenophon, der zeitweilig dem Kreis um S. angehörte, (3) die überlieferten Lehren anderer S.-Schüler (↑Sokratiker), vor allem des Antisthenes von Athen, des Aristippos von Kyrene, des Eukleides von Megara und des Phaidon von Elis, (4) die Erwähnung und Erörterung von Lehren des S. bei Aristoteles, vor allem der Vergleich zwischen S. und Platon in der Aristotelischen »Metaphysik«, (5) die von Diogenes Laertios gesammelten Überlieferungen von Leben und Lehre des S., (6) die 423 v. Chr. aufgeführte Komödie »Die Wolken« von Aristophanes, in der S. als Zerrbild eines Sophisten erscheint.

Quellen: A. Laks/G. W. Most (eds.), Early Greek Philosophy III/1 (Sophists), Cambridge Mass./London 2016, 293–411 (Socrates). – Aristophanes, Die Wolken, ed. O. Seel, Stuttgart 1963, 2008; Xenophontis commentarii. Memorabilia, ed. K. Hude, Stuttgart 1934, 1985; Xenophon, Die Sokratischen Schriften. Memorabilien, Symposion, Oikononomikos, Apologie, ed. E. Bux, Stuttgart 1956; Xenophon, Erinnerungen an S., ed. P. Jaerisch, München 1962, München/Zürich ⁴1987, Düsseldorf/Zürich 2003 [griech./ dt.]; Xenophon, Erinnerungen an S., ed. R. Preiswerk, Stuttgart 1980, 2005. Weitere Quellen: ↑Platon.

Literatur: S. Ahbel-Rappe/R. Kamtekar (eds.), A Companion to Socrates, Malden Mass./Oxford 2006, 2009; V. Bachmann, Der Grund des guten Lebens. Eine Untersuchung der paradigmatischen Konzepte von S., Aristoteles und Kant, Hamburg 2013; E. S. Belfiore, Socrates' Daimonic Art. Love for Wisdom in Four Platonic Dialogues, Cambridge etc. 2012; S. Benardete, Socrates and Plato – the Dialectics of Eros/S. und Platon – die Dialektik des Eros, München 2002; W. Birnbaum, S.. Urbild abendländischen Denkens, Göttingen/Zürich/Frankfurt 1973; A. F. Blum, Socrates. The Original and Its Images, London 1978; G. Böhme, Der Typ S., Frankfurt 1988, ³2002; P. Boutang, Socrate, DP II (²1993), 2654–2664; T. C. Brickhouse/N. D. Smith, The Philosophy of Socrates, Boulder Colo. 2000; dies., The Trial and Execution of Socrates. Sources and Controversies, Oxford etc. 2002; dies., Routledge Philosophy Guidebook to Plato and the Trial of Socrates, New York/London 2004; dies. (eds.), Socratic Moral Psychology, Cambridge etc. 2010; J. Brun, Socrate, Paris 1960, ¹²1998 (engl. Socrates, New York 1962); A. Brüschweiler, S. über

Wissen und Erkenntnis, Würzburg 2013; ders., S. über Politik und Ironie, Würzburg 2017; P. Bühler, Negative Pädagogik. S. und die Geschichte des Lernens, Paderborn etc. 2012; J. Bussanich/N. D. Smith (eds.), The Bloomsbury Companion to Socrates, London etc. 2013, 2015; J. A. Colaiaco, Socrates against Athens. Philosophy on Trial, New York/London 2001; J. M. Cooper, Socrates, REP IX (1998), 8–19; P. Destrée/N. D. Smith (eds.), Socrates' Divine Sign. Religion, Practice, and Value in Socratic Philosophy, Kelowna 2005; K. Döring, S., die Sokratiker und die von ihnen begründeten Traditionen, in: H. Flashar (ed.), Philosophie der Antike II/1 (Sophistik, S., Sokratik, Mathematik, Medizin), Basel 1998, 139–364; E. Edelstein, Xenophontisches und platonisches Bild des S., Berlin 1935; G. Figal, S., München 1995, ³2006; O. Gigon, S.. Sein Bild in Dichtung und Geschichte, Bern/München 1947, Tübingen/Basel ³1994; A. Gottlieb, Socrates, New York 1999; V. J. Gray, The Framing of Socrates. The Literary Interpretation of Xenophon's Memorabilia, Stuttgart 1998; R. K. Green, Democratic Virtue in the Trial and Death of Socrates. Resistance to Imperialism in Classical Athens, New York etc. 2001; R. Guardini, Der Tod des S.. Eine Interpretation der platonischen Schriften »Euthyphron«, »Apologie«, »Kriton« und »Phaidon«, Berlin 1943, Ostfildern ⁸2013 (engl. The Death of Socrates. An Interpretation of the Platonic Dialogues »Euthyphro«, »Apology«, »Crito« and »Phaedo«, London 1948; franz. La Mort de Socrate. Interprétation des dialogues philosophiques »Euthyphron«, »Apologie«, »Criton«, »Phédon«, Paris 1956, 2015); W. K. C. Guthrie, A History of Greek Philosophy III/2, Cambridge etc. 1969, 1995; ders., Socrates, Cambridge etc. 1971, 1994; M. Gutmann, Die dialogische Pädagogik des S.. Ein Weg zu Wissen, Weisheit und Selbsterkenntnis, Münster 2003; F.-P. Hager, S., TRE XXXI (2000), 434–445; J. Hardy, Jenseits der Täuschungen. Selbsterkenntnis und Selbstbestimmung mit S., Göttingen 2011; N. Hoesch, S., DNP XI (2001), 674–686; M. Hoffmann, S.-Bilder in der europäischen Ideengeschichte, Aachen 2006; C. Horn (ed.), Antike Lebenskunst. Glück und Moral von S. bis zu den Neuplatonikern, München 1998, ³2014; J. Howland, The Paradox of Political Philosophy. Socrates' Philosophic Trial, Lanham Md. etc. 1998; K. Joel, Der echte und der Xenophontische S., I–II, Berlin 1893/1901; L. Judson/V. Karasmanis (eds.), Remembering Socrates. Philosophical Essays, Oxford 2006, 2008; H. Kessler (ed.), S.. Bruchstücke zu einem Porträt, Kusterdingen 1997; ders. (ed.), Das Lächeln des S., Zug 1999; ders. (ed.), S.. Nachfolge und Eigenweg, Zug 2001; C. Kniest, S. zur Einführung, Hamburg 2003, ²2012; M. Lane, Plato's Progeny. How Socrates and Plato Still Captivate the Modern Mind, London 2001; A. Lasson, S. und die Sophisten, Berlin 1909; D. Leibowitz, The Ironic Defense of Socrates. Plato's Apology, Cambridge etc. 2010; H. Maier, S.. Sein Werk und seine geschichtliche Stellung, Tübingen 1913, Aalen 1985; U. Marquardt, Spaziergänge mit S.. Große Denker und die kleinen Dinge des Lebens, München 2000, ²2001; E. Martens, Die Sache des S., Stuttgart 1992, 1997; ders., S.. Eine Einführung, Stuttgart 2004, 2015; G. Martin, S. in Selbstzeugnissen und Bilddokumenten, Reinbek b. Hamburg 1967, ²³2009; H. May, On Socrates, Belmont Calif. 2000; J. Mazel, Socrate, Paris 1987, 1994; M. L. McPherran, The Religion of Socrates, University Park Pa. 1996, 1999; J. Mittelstraß, Versuch über den Sokratischen Dialog, in: ders., Wissenschaft als Lebensform. Reden über philosophische Orientierungen in Wissenschaft und Universität, Frankfurt 1982, 138–161 (engl. On Socratic Dialogue, in: C. L. Griswold [ed.], Platonic Writings, Platonic Readings, New York/London 1988, University Park Pa. 2002, 126–142), ferner, unter dem Titel: Der Sokratische Dialog, in: ders., Die griechische Denkform. Von der Entstehung

der Philosophie aus dem Geiste der Geometrie, Berlin/Boston Mass. 2014, 93–112; M. Montuori, Socrates. An Approach, Amsterdam 1988; D. R. Morrison (ed.), The Cambridge Companion to Socrates, Cambridge etc. 2011; C. Mossé, Le procès de Socrate, Brüssel 1987, ²1996 (dt. Der Prozeß des S.. Hintermänner, Motive, Auswirkungen, Freiburg/Basel/Wien 1999); D. Nails, Socrates, SEP 2005, rev. 2014; M. Narcy/A. Tordesillas (eds.), Xénophon et Socrate. Actes du colloque d'Aix-en-Provence (6–9 novembre 2003), Paris 2008; M. Narcy u. a., Socrate d'Athènes, Dict. ph. ant. VI (2016), 399–453; A. Nehamas, The Art of Living. Socratic Reflections from Plato to Foucault, Berkeley Calif./Los Angeles/London 1998 (dt. Die Kunst zu leben. Sokratische Reflexionen von Platon bis Foucault, Hamburg 2000); ders., Virtues of Authenticity. Essays on Plato and Socrates, Princeton N. J. 1999; A. Patzer (ed.), Der historische S., Darmstadt 1987; K. Pestalozzi (ed.), Der fragende S., Stuttgart/Leipzig 1999; S. Peterson, Socrates and Philosophy in the Dialogues of Plato, Cambridge etc. 2011, 2013; W. H. Pleger, S.. Der Beginn des philosophischen Dialogs, Reinbek b. Hamburg 1998; N. Ranasinghe, The Soul of Socrates, Ithaca N. Y./London 2000; Socratic Virtue. Making the Best of the Neither-Good-Nor-Bad, Cambridge etc. 2006; G. Rudebusch, Socrates, Pleasure, and Value, Oxford etc. 1999, 2002; G. X. Santas, Socrates. Philosophy in Plato's Early Dialogues, London 1979, Boston Mass. etc. 1982; G. A. Scott, Plato's Socrates as Educator, Albany N. Y. 2000; N. D. Smith (ed.), Reason and Religion in Socratic Philosophy, Oxford etc. 2000; L. Strauss, Socrates and Aristophanes, New York 1966, Chicago Ill./London 1996 (franz. Socrate et Aristophane, Combas 1993); ders., Xenophon's Socrates, Ithaca N. Y. 1972, South Bend Ind. 1998; A. E. Taylor, Socrates, London 1932, ²1953, Oxford etc. 1998 (dt. S., Freiburg/München 1999, 2004); M. Trapp (ed.), Socrates from Antiquity to the Enlightenment, Aldershot etc. 2007; ders. (ed.), Socrates in the Nineteenth and Twentieth Centuries, Aldershot etc. 2007; P. Trawny, S. oder die Geburt der politischen Philosophie, Würzburg 2007; G. Vlastos (ed.), The Philosophy of Socrates. A Collection of Critical Essays, London 1971, Notre Dame Ind. 1980; ders., Socratic Studies, ed. M. Burnyeat, Cambridge 1994, 1995; B. Waldenfels, Das Sokratische Fragen, Meisenheim am Glan 1961; A. Ward, Socrates. Reason or Unreason as the Foundation of European Identity, Newcastle 2007; R. Waterfield, Why Socrates Died. Dispelling the Myths, London 2009; R. Weiss, The Socratic Paradox and Its Enemies, Chicago Ill./London 2006; W. v. der Weppen/B. Zimmermann (eds.), S. im Gang der Zeiten, Tübingen 2006; E. Wilson, The Death of Socrates, Cambridge Mass. 2007. – R. D. McKirahan Jr., Plato and Socrates. A Comprehensive Bibliography, New York/London 1978, 2013; L. E. Navia/E. L. Katz, Socrates. An Annotated Bibliography, New York/London 1988; A. Patzer, Bibliographia Socratica. Die wissenschaftliche Literatur über S. von den Anfängen bis auf die neueste Zeit in systematisch-chronologischer Anordnung, Freiburg/München 1985.   F. K.

Sokratiker, vermutlich von Sotion eingeführte Sammelbezeichnung für die Philosophen des 4. Jhs. v. Chr., die im weitesten Sinne als Schüler des Sokrates gelten (obwohl sie sehr unterschiedliche philosophische Positionen vertreten). Die bedeutendsten S. gründeten (bis auf Aischines und Xenophon) eigene Schulen: Antisthenes (↑Kynismus), Aristippos (kyrenaische Schule des Hedonismus), Platon (↑Akademie), Phaidon von Elis (elischeretrische Schule), Eukleides von Megara (eristisch-dialektische Megarikerschule). Die so genannten S.-Briefe entstanden frühestens im 1. Jh. v. Chr.. – In der ↑Aufklärung verbindet sich die Bezeichnung ›S.‹ mit einer Wiederentdeckung des Sokrates für eine neue (selbstreflexive) Selbständigkeit.

Werke: W. Nestle (ed.), Die S., Jena 1922, Neudr. Aalen 1968; G. Boys-Stones/C. Rowe (eds.), The Circle of Socrates. Readings in the First-Generation Socratics, Indianapolis Ind./Cambridge 2013. – Totok I (1964), 140–144.

Literatur: B. Böhm, Sokrates im achtzehnten Jahrhundert. Studien zum Werdegang des modernen Persönlichkeitsbildes, Leipzig 1929, Neumünster ²1966; L. Brisson, Les Socratiques, in: M. Canto-Sperber (ed.), Philosophie grecque, Paris 1997, ²1998, 145–184; K. Döring, S., DNP XI (2001), 689–691; O. Gigon, S., LAW (1965), 2825–2826; A. Graeser, Die Philosophie der Antike II (Sophistik und Sokratik, Plato und Aristoteles), München 1983, 109–123, ²1993, 110–124; J. Hübner, Sokratik, EP III (²2010), 2481–2484; J. Humbert, Socrate et les petits socratiques, Paris 1967; D. Liebsch, Sokratik; Sokratismus, Hist. Wb. Ph. IX (1995), 1000–1004; P. A. Meijer, A New Perspective on Antisthenes. Logos, Predicate and Ethics in His Philosophy, Amsterdam 2017; D. Nails, The People of Plato. A Prosopography of Plato and Other Socratics, Indianapolis Ind. 2002; M. Narcy, Sokratik, Hist. Wb. Rhetorik VIII (2007), 952–959; H. D. Rankin, Sophists, Socratics and Cynics, London/Canberra, Totowa N. J. 1983; H. F. Rupp, Sokratik, RGG VII (⁴2004), 1425–1426; M. Schian, Die Sokratik im Zeitalter der Aufklärung. Ein Beitrag zur Geschichte des Religionsunterrichts, Breslau 1900; V. Tsouna, Socratic Schools, REP IX (1998), 21–23; P. A. Vander Waerdt (ed.), The Socratic Movement, Ithaca N. Y./London 1994.   M. G.

Solger, Karl Wilhelm Ferdinand, *Schwedt/Oder (Uckermark) 28. Nov. 1780, †Berlin 20. Okt. 1819, dt. Philosoph. Ab 1799 Jurastudium in Berlin; 1803 nach längeren Studienaufenthalten in der Schweiz und in Frankreich Anstellung bei der Kriegs- und Domänenkammer in Berlin. 1806 gibt S. den Staatsdienst auf, um sich dem Studium der Schriften B. de Spinozas, über diesen vermittelt der Gedankenwelt F. H. Jacobis und seinen Interessen an Sprachen widmen zu können. 1808 Bekanntschaft mit L. Tieck und Promotion. 1809 Habilitation; anschließend a. o. Prof. in Frankfurt (Oder). Ab 1811 o. Prof. in Berlin; ab 1814 Freundschaft mit F. Schleiermacher. S. setzt sich dafür ein, daß G. W. F. Hegel als Nachfolger J. G. Fichtes nach Berlin berufen wird.

S.s Philosophie ist beeinflußt von Spinoza, der ↑Identitätsphilosophie seines Lehrers F. W. J. Schelling und der ↑Mystik. Wie in der nach-Kantischen Philosophie üblich, geht S. vom ↑Selbstbewußtsein als Ansatz der Philosophie aus, trennt aber das endliche vom unendlichen ↑Bewußtsein; endliches Bewußtsein ist (wie bei Hegel) die Reflexionsform des Wissens, die Darstellung der Beziehungen zwischen Gegensätzen. Die höhere Erkenntnis erfaßt das Wesen selbst, führt zu einer Einheit von Allgemeinem und Besonderem, Stoff und Form. Sie ist Erkenntnis der Idee, und zwar entweder der auf die Natur oder der auf den Willen bezogenen Idee. In seiner

Religionsphilosophie geht S. von der mystischen Idee aus, daß in der Aufhebung unserer eigenen Existenz das göttliche Bewußtsein erreicht wird, so daß »die ganze Natur nichts anderes [ist] als das sich selbst in seiner Harmonie auflösende Dasein Gottes, wie die Religion, die Sittlichkeit, die Kunst nichts seien, als die in der Wirklichkeit verschiedentlich widerscheinende That der Selbstvernichtung und Selbstoffenbarung des göttlichen Wesens« (Philosophische Gespräche, 1817, 320). Von diesem Ansatzpunkt will S. den Staat, die Religion, aber auch die Natur philosophisch begreifen. Die »Philosophischen Gespräche« enthalten eine vorläufige Fassung der Überlegungen zur Philosophie, über ihr Verhältnis zur faktischen Realität, zur praktischen Moralität und zur Religion. Die Überlegungen zum Verhältnis von Philosophie und Religion sollen in Briefform fortgesetzt werden.

Der Schwerpunkt von S.s philosophischem System liegt im Bereich der Ästhetik (↑ästhetisch/Ästhetik). Sein Hauptwerk »Erwin« entfaltet die Überlegungen über das ↑Schöne und die Kunst in Form einer systematischen Philosophie, die ins Leben zurückgeführt wird. Das Problem benennt S. selbst in der Frage: »Wie ist es möglich, daß in einer zeitlichen und als solche mangelhaften Erscheinung sich ein vollkommnes Wesen offenbaren könne?« (Nachgelassene Schriften und Briefwechsel I, 360). Er sieht die Lösung dieses Problems darin, daß man im menschlichen Leben ein vollkommenes Handeln findet, eben die Kunst. In der Kunst wird das ›Wesen‹ zur Wirklichkeit und ›vernichtet‹ oder ersetzt auf diese Weise die ›bloße Erscheinung‹. Die grundlegende Darstellungsmöglichkeit dieses Verhältnisses von Endlichem und Unendlichem, von faktischer Realität und Idee ist für S. der ›Standpunct der Ironie‹ (ebd.), die Dialogform die für die Darlegung seiner philosophischen Gedanken zur Ästhetik im Anschluß an die Platonischen Dialoge allein geeignete Form. Mit dieser Form findet er allerdings bei seinen Lesern kaum Verständnis. Die Hoffnung der Freunde, daß S. ›ein deutscher Platon‹ werden möge, erfüllt sich nicht.

In der philosophischen Beurteilung gilt S. häufig als Anhänger Schellings, vor allem als Fortsetzer der Schellingschen Ästhetik. Sein Denken wird als mögliche Vermittlung zwischen Hegel und Schelling bzw. Schelling und Fichte betrachtet. Hegels Rezension der »Nachgelassenen Schriften« stellt S. als Vorläufer der spekulativen Philosophie des ↑Deutschen Idealismus (↑Idealismus, deutscher) dar. Die Literaturgeschichte entdeckt in S. den Systematiker der romantischen (↑Romantik) Ästhetik und greift insbes. den Begriff der ↑Ironie auf, durch den S. Gedanken F. Schlegels und Tiecks systematisiert. Sein Versuch, in Auseinandersetzung mit den philosophischen Systemen seiner Zeit eine Philosophie zu entwickeln, die ihre Bedeutung in der intersubjektiven Verständigung und Verständlichkeit gewinnt und bereits in der Form der Verständigung (als Dialog) konzipiert ist, wird erst in der neueren Diskussion wieder aufgegriffen. Insbes. die anhand von S. Kierkegaards Hegelkritik dargestellten Aporien der idealistischen Philosophie lassen S.s dialogische Philosophie (↑Philosophie, dialogische) als Möglichkeit erscheinen, dogmatische Verengungen und Einseitigkeiten zu vermeiden, ohne den berechtigten Anspruch auf ›Wissenschaftlichkeit‹, d. h. sich bewährende Sicherheit des Erkennens, aufzugeben.

Werke: Erwin. Vier Gespräche über das Schöne und die Kunst. Erster und zweiter Teil, Berlin 1815, Neudr., ed. R. Kurtz, Berlin 1907 (repr., ed. W. Henckmann, München 1971); Philosophische Gespräche. Erste Sammlung, Berlin 1817 (repr., ed. W. Henckmann, Darmstadt 1972); Nachgelassene Schriften und Briefwechsel, I–II, ed. L. Tieck/F. v. Raumer, Leipzig 1826 (repr., ed. H. Anton, Heidelberg 1973); Vorlesungen über Ästhetik, ed. K. W. L. Heyse, Leipzig 1829 (repr. Darmstadt 1980). – Tieck and S.. The Complete Correspondence, ed. P. Matenko, New York/Berlin 1933; S.s Schellingstudium in Jena 1801/02. Fünf unveröffentlichte Briefe, ed. W. Henckmann, Hegel-Stud. 13 (1978), 53–74.

Literatur: B. Allemann, Ironie und Dichtung, Pfullingen 1956, ²1969; A. Baillot (ed.), L'Esthétique de K. W. F. S.. Symbole, tragique et ironie, Tusson 2002; dies. (ed.), S.. L'Art et la tragédie du beau, Paris 2004; dies./M. Galland-Szymkowiak (eds.), Grundzüge der Philosophie K. W. F. S.s, Berlin etc. 2014; M. Boucher, K. W. F. S.. Esthétique et philosophie de la présence, Paris 1934; H. Clairmont, Kritisieren heißt einen Autor besser verstehen als er sich selbst verstanden hat. Zu Hegels S.-Rezension, in: C. Jamme (ed.), Die »Jahrbücher für wissenschaftliche Kritik«. Hegels Berliner Gegenakademie, Stuttgart-Bad Cannstatt 1994, 257–279; F. Decher, Die Ästhetik K. W. F. S.s, Heidelberg 1994; H. Fricke, K. W. F. S.. Ein brandenburgisch-berlinisches Gelehrtenleben an der Wende vom 18. zum 19. Jahrhundert, Berlin 1972; M. Galland-Szymkowiak, Philosophie und Religion bei K. W. F. S.. Ein Beitrag zur nachkantischen Frage nach dem Prinzip der Philosophie, in: C. Asmuth/K. Drilo (eds.), Der Eine oder der Andere. Gott in der klassischen deutschen Philosophie und im Denken der Gegenwart, Tübingen 2010, 191–206; G. W. F. Hegel, S.s nachgelassene Schriften und Briefwechsel, in: ders., Sämtliche Werke. Neue kritische Ausgabe XI (Berliner Schriften 1818–1831), ed. J. Hoffmeister, Hamburg 1956, 155–220; J. Heller, S.s Philosophie der ironischen Dialektik, Berlin 1928; W. Henckmann, S. und die Berliner Kunstszene, in: O. Pöggeler/A. Gethmann-Siefert (eds.), Kunsterfahrung und Kulturpolitik im Berlin Hegels, Bonn 1983 (Hegel-Stud. Beih. 22); ders., Über Sein, Nichtsein und Erkennen und damit zusammenhängende Probleme der Philosophie K. W. F. S.s, in: W. Jaeschke (ed.), Transzendentalphilosophie und Spekulation. Der Streit um die Gestalt einer ersten Philosophie (1799–1807), Hamburg 1993, 164–176; G. E. Müller, S.'s Aesthetics. A Key to Hegel (Irony and Dialectic), in: A. Schirokauer/W. Paulsen (eds.), Corona. Studies in Celebration of the Eightieth Birthday of Samuel Singer, Durham N. C. 1941, 212–227; R. Odebrecht, K. W. F. S. und die romantische Idee, Geisteskultur 34 (1925), 241–257; M. Ophälders, Romantische Ironie. Essay über S., Würzburg 2004; ders., S., NDB XXIV (2010), 550–552; D. Potz, S.s Dialektik. Die Grundzüge der dialektischen Philosophie K. W. F. S.s, Hamburg 1995; P.

Schulte, S.s Schönheitslehre im Zusammenhang des Deutschen Idealismus. Kant, Schiller, W. v. Humboldt, Schelling, S., Schleiermacher, Hegel, Kassel 2001; O. Walzel, Methode? Ironie bei Friedrich Schlegel und bei S., Helicon 1 (Amsterdam/Leipzig 1938), 33–50; ders., »Allgemeines« und »Besonderes« in S.s Ästhetik, Dt. Vierteljahrsschr. Lit. Geistesgesch. 17 (1939), 153–182; ders., Tragik bei S., Helicon 3 (Amsterdam/Leipzig 1941), 27–49; R. Wildbolz, Der philosophische Dialog als literarisches Kunstwerk. Untersuchungen über S.s »Philosophische Gespräche«, Bern/Stuttgart 1952.   A. G.-S.

Solipsismus (aus lat. solus, allein, und ipse, selbst), philosophischer Terminus zur Bezeichnung eines radikalen erkenntnistheoretischen ↑Idealismus, der nicht nur eine vom Bewußtsein unabhängige ↑Außenwelt bestreitet, sondern Bewußtsein darüber hinaus mit dem eigenen Bewußtsein gleichsetzt. Dabei ist zwischen einem *ethischen* und einem *erkenntnistheoretischen* S. zu unterscheiden. Innerhalb des erkenntnistheoretischen S. gibt es wiederum *ontologische*, *methodische* und *kontemplative* Versionen. Der ethische S. besagt, daß nur dasjenige Wert hat, das dem eigenen Selbst zugutekommt. Er wird gewöhnlich als ↑Egoismus bezeichnet. Sein konsequentester Verfechter ist M. Stirner mit seiner Philosophie des ›Einzigen‹.

Der *ontologische* S. ist durch die Behauptung charakterisiert, daß nur ich allein wirklich existiere, andere Subjekte dagegen nur in meiner Vorstellung existieren. Obwohl diese Position kaum ernsthaft vertreten worden ist, ist doch deren theoretische Möglichkeit ein zentrales Thema der Philosophie, meist in der negativen Form, daß bestimmten philosophischen Positionen die Tendenz zum S. nachzuweisen versucht wird, um sie dadurch ad absurdum zu führen. Dabei reichen die Beurteilungen von ›absurd, aber unwiderlegbar‹ über ›selbstwidersprüchlich‹ bis zu ›sinnlos‹. Da der ethische S. davon ausgeht, daß es andere Subjekte gibt, indem er diese als Mittel für seine eigenen (›selbstsüchtigen‹) Zwecke einzuspannen sucht, schließen sich ethischer und ontologischer S. aus.

Der *methodische* S. behauptet nicht (wie der ontologische) die alleinige Existenz des eigenen Selbst, wohl aber dessen epistemische Priorität. Er kann daher als erkenntnistheoretischer S. im engeren Sinne gelten. Exemplarisch ist sein Vorgehen in R. Descartes' »Meditationes« entwickelt worden. Der methodische S. ist hier die Konsequenz eines radikalen, methodischen ↑Zweifels. Dessen Ergebnis ist (im ↑cogito ergo sum), daß ich (zumindest zunächst) nur von meinem eigenen Selbst ein sicheres, unbezweifelbares Wissen habe, und zwar sowohl von dessen ↑Dasein (↑Existenz) als auch von dessen ↑Sosein (Beschaffenheit). Ziel des methodischen S. ist hier das Erreichen absoluter (metaphysischer) ↑Gewißheit. Geht diese Gewißheit über den eigenen Ich-Kreis nicht hinaus, spricht man von einem *skeptizistischen* S., der allerdings meist den Ausweg wählt, daß die Existenz fremder Bewußtseine zwar nicht *beweisbar* sei, aber aus pragmatischen Gründen *geglaubt* werden müsse.

Gerade nicht metaphysisch begründet ist die moderne Form des methodischen S., wie sie insbes. von R. Carnap im Anschluß an H. Driesch vertreten wird. Für Carnap beruht der klassische erkenntnistheoretische Streit zwischen Solipsisten, Idealisten und Realisten insgesamt auf ↑Scheinproblemen. Gleichwohl sieht er in einer ›eigenpsychischen Basis‹ von ›Elementarerlebnissen‹ einen geeigneten Ausgangspunkt für eine logische Rekonstruktion der Welt, unter Einschluß fremder Bewußtseine (↑other minds). Ausdrücklich erkennt Carnap im Sinne seines ↑Toleranzprinzips an, daß auch die Wahl einer ›Basis im Physischen‹ möglich ist. Er selbst hat sich später für eine physikalistische Basis entschieden (↑Physikalismus). Eine Entscheidung für den S. oder den Physikalismus impliziert nach Carnap keine ontologische Aussage über die Wirklichkeit. Sie ist lediglich unter dem methodologischen Gesichtspunkt zu treffen, welche Darstellungsform für den Aufbau am besten geeignet ist: »Da die Wahl der eigenpsychischen Basis nur die Anwendung der Form, der Methode des S. bedeutet, nicht aber die Anerkennung seiner inhaltlichen These, so können wir hier von ›methodischem S.‹ sprechen« (Der logische Aufbau der Welt, Berlin 1928, Hamburg ²1961, 86 Anm.).

Von Carnaps methodischem (engl. methodological) S. ist der *methodologische* S. zu unterscheiden, wie ihn J. Fodor (1980) als Forschungsstrategie für die kognitive Psychologie propagiert hat. Während der methodische S. bei Carnap (und auch bei Descartes) von einer solipsistischen Basis ausgeht, um auf deren Grundlage Außenwelt und Fremdpsychisches zu konstituieren, bleibt bei Fodor das System auf Dauer von der Außenwelt abgekoppelt. Es wird ausdrücklich eine Beschränkung auf interne Repräsentationen vorgenommen, deren Verhältnis zur externen Welt keine Berücksichtigung finden soll. Mit Bezug auf Descartes erklärt Fodor die Wahrheitsfrage, ob die mentalen Prozesse tatsächlich etwas repräsentieren oder Eingebungen eines täuschenden Gottes sind, als irrelevant, solange wir den Geist in Analogie zum Computer als Informationsverarbeitungssystem ansehen (↑philosophy of mind). Wahr ist der S. deshalb nicht; unter lebensweltlichen Gesichtspunkten lehnt ihn auch Fodor ab.

Der *kontemplative* S. verbindet erkenntnistheoretische mit ästhetischen (und auch ethischen) Momenten. Er ist in L. Wittgensteins »Tractatus« (5.62–5.641) angesprochen. Seine Grundlage ist der von A. Schopenhauer beschriebene ›Zustand der reinen Objektivität der Anschauung‹, in dem momentan, in glücklichen Augenblicken, die Trennung von Subjekt und Objekt überwunden wird. Voraussetzung ist, daß das empiri-

sche Subjekt (↑Subjekt, empirisches) den Standpunkt des transzendentalen Subjekts (↑Subjekt, transzendentales) als ›ewiges Weltauge‹ (Schopenhauer) einnimmt und sich so nicht nur die Objekte der Außenwelt als seine Vorstellungen sozusagen zu eigen macht, sondern sich umgekehrt selbstvergessen den Objekten in der Anschauung ›hingibt‹. In diesem Sinne gilt für Wittgenstein, »daß der S., streng durchgeführt, mit dem reinen Realismus zusammenfällt« (Tract. 5.64). Wittgensteins spätere Kritik am S. richtet sich nicht gegen den kontemplativen S., dem er weiterhin seine (eingeschränkte) Berechtigung zubilligt, sondern gegen den auf Fundierung der Erkenntnis bedachten methodischen S.. Dieser ist die Konsequenz aller Erkenntnistheorien, die davon ausgehen, daß die *unmittelbaren* Objekte der Wahrnehmung dem Bewußtsein gegebene ↑Sinnesdaten (Eindrücke, Ideen oder Vorstellungen) sind, die Gegenstände der Außenwelt und die fremden Bewußtseine hingegen *mittelbare* Objekte. In der Kritik steht damit die gesamte bewußtseinsphilosophische Tradition sowohl des ↑Rationalismus als auch des ↑Empirismus. Deren Ausgangspunkt hat Wittgenstein semantisch in die Frage transformiert, ob eine ↑Privatsprache möglich sei. In dieser sprachphilosophischen Perspektive wird das S.-Thema in der Analytischen Philosophie (↑Philosophie, analytische) diskutiert.

Literatur: D. Bell, S., Subjektivität und öffentliche Welt, in: W. Vossenkuhl (ed.), Von Wittgenstein lernen, Berlin 1992, 29–52; A. Birk, Vom Verschwinden des Subjekts. Eine historisch-systematische Untersuchung zur S.problematik bei Wittgenstein, Paderborn 2006; J. W. Cook, Solipsism and Language, in: A. Ambrose/M. Lazerowitz (eds.), Ludwig Wittgenstein. Philosophy and Language, London, New York 1972 (repr. Bristol 1996), London 2002, 37–72; E. Craig, Solipsism, REP IX (1998), 25–26; C. Dore, God, Suffering and Solipsism, Basingstoke etc., New York 1989; J. A. Fodor, Methodological Solipsism Considered as a Research Strategy in Cognitive Psychology, Behavioral and Brain Sci. 3 (1980), 63–72, Neudr. in: ders., Representations. Philosophical Essays on the Foundations of Cognitive Science, Brighton, Cambridge Mass. 1981, 1986, 225–253; R. A. Fumerton, Solipsism, Enc. Ph. IX (²2006), 115–122; G. Gabriel, S.: Wittgenstein, Weininger und die Wiener Moderne, in: H. Bachmaier (ed.), Paradigmen der Moderne, Amsterdam/Philadelphia Pa. 1990, 29–47, ferner in: ders., Zwischen Logik und Literatur. Erkenntnisformen von Dichtung, Philosophie und Wissenschaft, Stuttgart 1991, 89–108; M. Gabriel, Skeptizismus und Idealismus in der Antike, Frankfurt 2009; P. M. Hacker, Insight and Illusion. Wittgenstein on Philosophy and the Metaphysics of Experience, Oxford 1972, 1989 (dt. Einsicht und Täuschung. Wittgenstein über Philosophie und die Metaphysik der Erfahrung, Frankfurt 1978, 1989); W. Halbfaß, Descartes' Frage nach der Existenz der Welt. Untersuchungen über die cartesianische Denkpraxis und Metaphysik, Meisenheim an Glan 1968, 200–237; J. Hintikka, On Wittgenstein's ›Solipsism‹, Mind NS 67 (1958), 88–91; A. A. Johnstone, Rationalized Epistemology. Taking Solipsism Seriously, Albany N. Y. 1991 (mit Bibliographie, 333–352); R. W. T. Lamers, Richard von Schubert-Solderns Philosophie des erkenntnistheoretischen S., Frankfurt etc. 1990; E. M. Lange, Witt-

genstein und Schopenhauer. Logisch-philosophische Abhand-
lung und Kritik des S., Cuxhaven 1989, 1992; M. Madel, S. in der
Literatur des 20. Jahrhunderts. Untersuchungen zu Thomas
Bernhards Roman »Frost«, Arno Schmidts Erzählung »Aus dem
Leben eines Fauns« und Elias Canettis Roman »Die Blendung«,
Frankfurt etc. 1990; M. Pangallo, Il problema filosofico dell'alte-
rità. Saggio solipsismo e l'intersoggettività in Maurice Merleau-
Ponty, Rom 1989 (mit Bibliographie, 153–166); L. Pastore, S., EP
III (²2010), 2489–2493; J.-L. Petit, Solipsisme et intersubjectivité.
Quinze leçons sur Husserl et Wittgenstein, Paris 1996; C. D.
Rollins, Solipsism, Enc. Ph. VII (1967), 487–491; H. Röttges,
Evidenz und S. in Husserls »Cartesianischen Meditationen«,
Frankfurt 1971; S. Schmoranzer, Realismus und Skeptizismus,
Paderborn 2010; R. v. Schubert-Soldern, Über die Bedeutung des
erkenntnistheoretischen S. und über den Begriff der Induktion,
Vierteljahrsschr. wiss. Philos. Soz. 30 (1906), 49–71; W. Schuppe,
Der S., Z. f. immanente Philos. 3 (1898), 327–357; H. Stückle, Das
Subjekt als seine Welt, als Grenze seiner Welt und als Punkt der
ihm koordinierten Realität. Eine Untersuchung zum S. in Witt-
gensteins Frühwerk, Würzburg 2015; W. Todd, Analytical Sol-
ipsism, The Hague 1968; W. Vossenkuhl, S. und Sprachkritik.
Beiträge zu Wittgenstein, Berlin 2009; A. G. Wildfeuer, S., LThK
IX (³2000), 711–712.   G. G.

Sollen (engl. ought), Bezeichnung zur Mitteilung einer
mit dem Anspruch auf Verbindlichkeit auftretenden
Aufforderung. Um diesen Anspruch sprachlich zu interpretieren, läßt sich ›s.‹ mit Hilfe der Modaloperatoren
(↑Modallogik) darstellen. In Anlehnung an die Definition von ›notwendig‹ (↑notwendig/Notwendigkeit) – alltagssprachlich zumeist durch ›müssen‹ wiedergegeben
– als logische Folge aus einem System wahrer Aussagen
wird ›s.‹ im Sinne von ›praktisch notwendig‹ oder ›geboten‹ rekonstruiert als Folge einer Aufforderung aus
einem System von wahren Sätzen und als gültig anerkannten Normen. Die wahren Sätze legen dabei die An-
wendungsbedingungen für die Normen fest. Die philosophisch entscheidenden Fragen beziehen sich insbes.
(1) auf den Charakter der Verbindlichkeit, den S.ssätze
haben können, (2) auf die Begründungsmöglichkeiten,
die für S.ssätze zur Verfügung stehen, und (3) auf das
Folgerungsverhältnis zwischen S.ssätzen und Seinsaus-
sagen.
(1) Die Frage nach dem Charakter der *Verbindlichkeit*
von S.ssätzen kann für relative Aufforderungen – etwa
zum Einsatz bestimmter (notwendiger) Mittel für ge-
wollte ↑Zwecke – im allgemeinen leicht beantwortet
werden. Die Verbindlichkeit hängt hier wesentlich von
dem Wollen des Zweckes ab. Wenn darüber hinaus auch
der Einsatz der Mittel, die in ihrer Bedeutung für die
Handelnden und in ihren Folgen höchst unterschiedlich
sein können, noch weitere Abwägungen, nämlich relativ
zu ihrer Bedeutung und ihren Folgen, verlangt, bleibt
ihre Verbindlichkeit doch immer nur relativ zu dem, was
mit ihnen erreicht werden soll. Die grundlegende (und
kontrovers behandelte) Frage ist daher auch die nach
einer absoluten Verbindlichkeit bzw. einem unbedingten

S., das nicht durch übergeordnete Forderungen begründet werden muß. Ein solches *absolutes* oder *unbedingtes*
S. wird mit Moralprinzipien zu formulieren versucht
und dabei gewöhnlich als das Charakteristikum moralischer ↑Imperative angenommen. Zentral ist hier der
Pflichtbegriff (↑Pflicht) I. Kants, wie er durch den Kategorischen Imperativ (↑Imperativ, kategorischer) interpretiert wird. Aber auch andere moralische Grundforde-
rungen, wie sie etwa mit der Aristotelischen Tugendlehre oder den unterschiedlichen utilitaristischen
(↑Utilitarismus) Prinzipien zur Maximierung von Glück
oder Vermeidung von Leid formuliert wurden, lassen
sich im Sinne eines unbedingten S.s verstehen: dann
nämlich, wenn man die Abhängigkeit sowohl des Sinnes
einer ↑Tugend als auch der Bestimmung des Glücks
(↑Glück (Glückseligkeit)) und des ↑Leids von der jeweiligen persönlichen und historischen ↑Situation nicht als
eine Beeinträchtigung der Verbindlichkeit sieht, die Tugend auszubilden, das Glück zu befördern oder das Leid
zu verhindern.
Die Auffassungen über die Möglichkeit eines unbedingten S.s verbinden sich (2) mit bestimmten *Begründungs-*
konzeptionen (↑Begründung) von S.ssätzen. Denn wer
für bestimmte S.ssätze eine unbedingte Verbindlichkeit
beansprucht, muß eine Form der Selbstbegründung vertreten, die sich nicht auf andere Sätze als die zu begründenden oder nur auf solche Sätze stützt, die für alle Be-
gründungssituationen gelten. Die erste direkte Form der
Selbstbegründung entspricht im wesentlichen der Kantischen Begründung des Kategorischen Imperativs aus
reiner, nämlich von aller Bestimmung durch sinnliche
↑Neigungen freier Vernunft. Diese Begründung ergibt
sich damit für Kant aus dem allgemeinen Begriff der Begründung bzw. der ↑Vernunft, d. h. aus dem in sich sinnvollen und gebotenen Bemühen um eine (durch und
durch, d. i. ›rein‹) vernünftige Begründung des Handelns
überhaupt. Die zweite indirekte Form der Selbstbegründung findet sich in Berufungen auf die menschliche
Natur oder die bleibende Bestimmung des Menschen,
aus der sich die unbedingten Verpflichtungen ergeben
sollen. Ohne weitere Relativierungen auf die besondere
kulturelle Formung der menschlichen Natur begründet
z. B. H. Jonas ein ›Prinzip Verantwortung‹ in dieser
Weise. Demgegenüber lassen sich die Begründungen der
Aristotelischen Tugendlehre und der utilitaristischen
Prinzipien durchaus als relativiert auf die gesellschaftlichen und kulturellen Verhältnisse und die sich daraus
ergebenden besonderen Erfordernisse an das menschliche Handeln verstehen.
Mit der Berufung auf Tatsachen insbes. der menschlichen Natur ist (3) das Problem der *Folgerung von S.ssät-*
zen aus Seinssätzen verbunden, das gewöhnlich unter
dem Titel des naturalistischen Fehlschlusses (↑Naturalis-
mus (ethisch)) diskutiert wird. Zwar ist anzuerkennen,

daß es keine logische Folgerung eines S.ssatzes allein aus Seinssätzen gibt – wenn auch die Erschließung konkreter Handlungsimperative aus allgemeinen Normen (↑Norm (handlungstheoretisch, moralphilosophisch)) die Annahme von Seinssätzen erfordert, mit denen die Erfüllung der Geltungsbedingungen der Normen festgestellt wird. Diese logische Tatsache macht aber Begründungen von S.ssätzen aus Seinssätzen nicht unmöglich oder sinnlos. Dabei ist zu berücksichtigen, daß Seinssätze auch das Bestehen von Möglichkeiten (↑möglich/Möglichkeit) oder ↑Tendenzen behaupten können. Ferner beruht die Entwicklung oder gar die Möglichkeit der Entwicklung von Wertvorstellungen gelegentlich auf dem Vorliegen natürlicher oder historischer Bedingungen. Wenn das S. sich nicht nur auf beliebige Entwürfe, sondern auch auf die Wirklichkeit des Handelns beziehen soll, dann ist die Berufung auf diese Bedingungen für die Bestimmung dessen, was wir tun oder lassen sollen, wesentlich. Eben diesen Zusammenhang zwischen ↑Sein und S. zu interpretieren, ist von jeher eine der Hauptaufgaben der Praktischen Philosophie (↑Philosophie, praktische) gewesen und wird dies im Rahmen einer sich immer wieder verändernden Situation menschlicher Existenz auch bleiben.

Literatur: H. Albert, Traktat über kritische Vernunft, Tübingen 1968, [5]1991 (engl. Treatise on Critical Reason, Princeton N.J. 1985); ders./E. Topitsch (ed.), Werturteilsstreit, Darmstadt 1971, [3]1990; J. Boldt, Sein und S.. Philosophische Fragen zu Erkenntnis und Verantwortlichkeit, Würzburg 2008; F. Brosow/T.R. Rosenhagen (eds.), Moderne Theorien praktischer Normativität. Zur Wirklichkeit und Wirkungsweise des praktischen S.s, Münster 2013; M. Chrisman, The Meaning of ›Ought‹. Beyond Descriptivism and Expressivism in Metaethics, Oxford etc. 2016; S. Darwall, The British Moralists and the Internal Ought, 1640–1740, Cambridge etc. 1995; G. Ellscheid, Das Problem von Sein und S. in der Philosophie I. Kants, Köln etc. 1968; H.G. Fackeldey, Norm und Begründung. Zur Logik normativer Argumentierens, Bern etc. 1992; J.-M. Gärtner, Ist das S. ableitbar aus einem Sein? Eine Ontologie von Regeln und institutionellen Tatsachen unter besonderer Berücksichtigung der Philosophie von John R. Searle und der evolutionären Erkenntnistheorie, Berlin 2010; R. Ginters, Werte und Normen. Einführung in die philosophische und theologische Ethik, Göttingen, Düsseldorf 1982 (ital. Valori, norme e fede cristiana. Introduzione all'etica filosofica e teologica, Casale Monferrato 1982); R.A. Hartmann, Linguethica materialistica. Der Schritt vom Sein zum S./From Fact to Virtue, Edinburgh 2014; F. Hiller, Normen und Werte, Heidelberg 1982; H. Jonas, Das Prinzip Verantwortung. Versuch einer Ethik für die technologische Zivilisation, Frankfurt 1979, [8]1988, Neudr. [d. 1. Aufl.] 2003; M. Kühler, S. ohne Können? Über Sinn und Geltung nicht erfüllbarer S.sansprüche, Münster 2013; F. v. Kutschera, Einführung in die Logik der Normen, Werte und Entscheidungen, Freiburg/München 1973; H. Lenk (ed.), Normenlogik. Grundprobleme der deontischen Logik, Pullach 1974; P. Lorenzen/O. Schwemmer, Konstruktive Logik, Ethik und Wissenschaftstheorie, Mannheim/Wien/Zürich 1973, [2]1975; L.B. Murphy, Moral Demands in Nonideal Theory, Oxford etc. 2000, 2003; K. Opalek, Theorie der Direktiven und der Normen,

Wien/New York 1986; A. Pieper/A. Hügli, S., Hist. Wb. Ph. IX (1995), 1026–1056; G. Schurz, The Is-Ought Problem. An Investigation in Philosophical Logic, Dordrecht etc. 1997; ders., Sein-S.-Problem, EP III ([2]2010), 2403–2408; H. Spiegelberg, S. und Dürfen. Philosophische Grundlagen der ethischen Rechte und Pflichten, ed. K. Schuhmann, Dordrecht/Boston Mass./London 1989; K. Steigleder, Die Begründung des moralischen S.s. Studien zur Möglichkeit einer normativen Ethik, Tübingen 1992; G.H. v. Wright, Handlung, Norm und Intention. Untersuchungen zur deontischen Logik, ed. H. Poser, Berlin/New York 1977. O.S.

Solowjew (Solov'ev), Wladimir Sergejewitsch, *Moskau 16. (28.) Jan. 1853, †Uskoje b. Moskau 31. Juli (13. Aug.) 1900, russ., theologisch orientierter Philosoph, Schriftsteller, Dichter und Übersetzer. Nach Studium der Naturwissenschaften und der Philosophie (1869–1873 an der Universität Moskau) sowie der Theologie (1873–1874 an der Geistlichen Akademie in Sergiev Posad [heute Zagorsk]) 1874 Promotion mit einer Arbeit über die Krise der westlichen Philosophie (Krizis zapadnoj filosofii, 1874). 1875–1881 akademische Lehrtätigkeit in Moskau und St. Petersburg, die S. wegen seines öffentlichen Eintretens für die Mörder von Zar Alexander II. aufgeben mußte. – In seinen theosophischen Spekulationen ist S. stark durch B. de Spinoza, mystische (↑Mystik) Traditionen und den Deutschen Idealismus (↑Idealismus, deutscher) beeinflußt (F.W.J. Schelling, G.W.F. Hegel, E. v. Hartmann). Die Welt wird als ein Herausfallen aus der ›All-Einheit‹ und Fülle des Göttlichen verstanden, wobei dem Menschen die Aufgabe zukommt, sie wieder in die ›All-Einheit‹ zurückzuführen.

S. vertritt zunächst eine slawophile Position in der Überzeugung, daß die christliche Lehre und Glaubenskraft (johanneisches Prinzip) allein in der russisch-orthodoxen Kirche rein erhalten geblieben sei; zugleich erhofft er von der weltzugewandteren römisch-katholischen (petrinisches Prinzip) und der protestantischen (paulinisches Prinzip) Kirche sowie der westeuropäischen Rationalität eine kulturschöpferische Wirkung. Die Errichtung einer freien universalen theokratischen Ordnung verspricht sich S. von einer Versöhnung von Philosophie und Religion, von westlichem und östlichem Geist. Die Hoffnung, daß die Initiative zu einer universalen Kirche, in der sich die jüdische und alle christlichen Religionen vereinigen, von Rußland ausgehen werde, gibt S. schließlich auf und wendet sich stärker der römisch-katholischen Kirche zu. Seine ökumenische Forderung einer universalen Kirche ist eingebettet in durch die ↑Gnosis, den ↑Neuplatonismus und die Mystik beeinflußte kosmogonisch-historische Spekulationen über den Abfall der Welt von Gott und die Gewinnung des ›Gottmenschentums‹, des höchsten Typs des menschlichen Daseins, der in Christus seine erste historische Inkarnation fand. – Nach 1890 überwiegen in S.s Schriften apokalyptische Visionen. Die rationalistischen Vorstellungen von einer Humanisierung der Welt werden als Ausgeburten des Antichrist bezeichnet. S.s Werk besaß großen Einfluß auf die russische Philosophie, vor allem des Exils (N. A. Berdjajew u. a.) und die symbolistische Dichtung (A. Blok).

Werke: Sobranie Sočinenij, I–IX, St. Petersburg 1901–1907, I–X, ed. S. M. Solov'ev/É. L. Radlov, St. Petersburg ²1911–1914, I–XIV, Brüssel ³1966–1970, I–II, Stuttgart ²1922; Deutsche Gesamtausgabe der Werke, I–VIII u. 1 Erg.bd., ed. W. Szyłkarski/W. Lettenbauer/L. Müller, Freiburg/München 1953–1980; Polnoe Sobranie Sočinenij, Moskau 2000ff. (erschienen Bde I–IV). – Krisis zapadnoj filosofii, Moskau 1874, ferner in: Polnoe Sobranie Sočinenij [s. o.] I, 38–138 (franz. Crise de la philosophie occidentale, ed. M. Hermann, Paris 1947; engl. The Crisis of Western Philosophy. Against the Positivists, ed. B. Jakim, Hudson N. Y. 1996); Velikiy spor i khristianskaya politika, Moskau 1883 (franz. La grande controverse et la politique chrétienne, orient-occident, Paris 1953); Duchovnye osnovy žizni, Moskau 1884, ferner in: Sobranie Sočinenij [s. o.] III, 1966, 301–421, St. Petersburg 1995 (dt. Die religiösen Grundlagen des Lebens, Leipzig 1907, unter dem Titel: Die geistigen Grundlagen des Lebens, in: Ausgew. Werke [s. u.] I, 1–130, unter dem Titel: Die geistlichen Grundlagen des Lebens, Freiburg 1957; franz. Les fondements spirituels de la vie, Paris, Brüssel 1932, Tournai 1948; engl. God, Man and the Church. The Spiritual Foundations of Life, ed. D. Attwater, Cambridge 1974); Evrejstvo i christianskij vopros, Moskau 1884, Berlin 1921 (dt. Judentum und Christentum, Dresden 1911, unter dem Titel: Das Judentum und die christliche Frage, ed. J. Harder, Wuppertal 1961; franz. Le judaïsme et la question chrétienne, Paris 1992); Tri rěči v' pamjat' Dostoevskago, Moskau 1884, Berlin 1925, ferner in: Sobranie Sočinenij [s. o.] III, 1966, 186–280 (dt. Drei Reden, dem Andenken Dostojewkys gewidmet, Mainz 1921, unter dem Titel: Drei Reden zum Andenken Dostojewsky's: 1881–1883, Stuttgart 1922, unter dem Titel: Drei Reden zum Andenken Dostojewskijs (1881–1883), in: ders., Reden über Dostojewskij, ed. L. Müller, München 1992, 38–50); Istorija i budošćnost' teokratii. Izledovanie vsemirno-istoriceskago puti k istinnoj žizni, Zagreb 1887 (dt. Geschichte und Zukunft der Theokratie, in: Gesamtausg. der Werke [s. o.] II, 361–481); L'idée russe, Paris 1888 (dt. Der russische Gedanke, Berlin 1889, unter dem Titel: Die russische Idee, in: Gesamtausg. der Werke [s. o.] III, 26–91; russ. Russkaja ideja, ed. G. A. Račinskij, Moskau 1911 [repr. Brüssel 1964], ferner in: Sobranie Sočinenij [s. o.] XI, 1969, 89–118); Saint Vladimir et l'état chrétien, L'univers (Paris 1888) 4.8., 1–2, 11.8., 1–2, 19.8., 1–2 (russ. Vladimir' Svjatoj i christianskoe gosudarstvo i otvet na korrespondenciju iz Krakova, ed. G. Račinskij, Moskau 1913, unter dem Titel: Sv. Vladimir i christianskoe gosudarstvo, in: Sobranie Sočinenij [s. o.] XI, 1969, 119–134; dt. Der heilige Wladimir und der christliche Staat, Paderborn 1930); La russie et l'église universelle, Paris 1889, ⁵1922 (russ. Rossija i Vselenskaja cerkov', Krakau 1904, ²1908, ed. G. A. Račinskij, Moskau 1911, ferner in: Sobranie Sočinenij [s. o.] XI, 1969, 143–248, Minsk 1999; engl. Russia and the Universal Church, London 1948; dt. Rußland und die universale Kirche, in: Gesamtausg. der Werke [s. o.] III, 145–419); Stichotvorenija, Moskau 1891, St. Petersburg ²1895, erw. Moskau ⁶1915, Neudr., zusammen mit: Éstetika. Literaturnaja kritika, ed. N. V. Lotrelev, Moskau 1990, Neudr. unter dem Titel: Stichotvorenija i šutočnye p'esy, Moskau 1922 (repr. München 1968, Leningrad 1974), Brüssel 1970 (= Sobranie Sočinenij XII) (dt. Ge-

dichte, ed. L. Kobilinski-Ellis/R. Knies, Mainz, Wiesbaden 1925, Neudr., ed. M. Steiner, Dornach 1942, ²1949, unter dem Titel: Gedichte, Übertragungen, Aphorismen, ed. E. Fröböse, 1969); Smysl ljubvi, Voprosy filosofii i psichologii 14 (Moskau 1892), 97–107, 15 (1892), 161–172, 16 (1893), 115–128, 17 (1893), 130–147, 21 (1894), 81–96, zusammen mit: Žiznennaja drama Platona. Krasota v' prirodě. Smysl' iskusstva, Berlin 1924, ferner in: Sobranie Sočinenij [s. o.] VII, 1966, 3–60, Moskau 1991 (dt. Der Sinn der Liebe, Riga 1930, Hamburg 1985, unter dem Titel: Der Sinn der Geschlechtsliebe, Köln 1971; engl. The Meaning of Love, London 1945, New York 1947, ed. T. R. Beyer, Edinburgh 1985; franz. Le sens de l'amour, Paris 1946, mit Untertitel: Essais de philosophie esthétique, 1985); Opravdanie dobra. Nravstvennaja filosofija, St. Petersburg 1897, Brüssel 1966 (= Sobranie Sočinenij VIII), Moskau 1996 (dt. Die Rechtfertigung des Guten. Eine Moralphilosophie, Jena 1916 [= Ausgew. Werke (s. u.) II], ed. L. Müller, München 1976 [= Dt. Gesamtausg. (s. o.) V]; engl. The Justification of the Good. An Essay on Moral Philosophy, London 1918, ed. B. Jakim, Grand Rapids Mich. 2005; franz. La justification du bien. Essai de philosophie morale, Genf 1997); Pravo i nravstvennost'. Očerki is' prikladnoj étiki, St. Petersburg 1898, ferner in: Sobranie Sočinenij [s. o.] VIII, 1966, 517–655, Minsk 2001 (dt. Recht und Sittlichkeit, ed. H. H. Gäntzel, Frankfurt 1971); Tri razgovora [o vojne, progresse i konce vsemirnoj istorii, so vključeniem kratkoj povesti ob antichriste i s priloženiiami], St. Petersburg 1900, Neudr. New York 1954 (dt. Drei Gespräche, in: Ausgew. Werke [s. u.] I, 225–280, separat, ed. E. Müller-Kamp, Bonn 1947, 1954, Hamburg/München 1961, unter dem Titel: Drei Gespräche über Krieg, Fortschritt und das Ende der Weltgeschichte mit Einschluss einer kurzen Erzählung vom Antichrist, in: Deutsche Gesamtausg. der Werke [s. o.] VIII, 115–294; separat: Die Erzählung vom Antichrist, Luzern 1935, Wien 1947, unter dem Titel: Kurze Erzählung vom Antichrist, München, Bonn 1947, erw. München ⁶1986, unter dem Titel: Eine kurze Erzählung vom Antichrist, ed. I. Hoppe, Stuttgart 2013; engl. War and Christianity from the Russian Point of View. Three Conversations, London 1915, unter dem Titel: War, Progress, and the End of History. Three Conversations Including a Short Story of the Anti-Christ, Hudson N. Y. 1990; franz. Trois entretiens sur la guerre, la morale et la religion, Paris 1916, 1984); Světila russkoj mysli. Tolstoj, Dostojevskij, V. S'. Mysli, aforizmy i paradoksy, St. Petersburg 1904; F. M. Dostojevskij. Kak propovědnik christianskogo vozroždenija i vselepskago pravoslavija, Moskau 1908; Ausgewählte Werke, I–IV, ed. H. Köhler, Jena/Stuttgart 1914–1922; Smysl' vojny. Filosofskij očerk', Odessa 1915; Ugolovnyj vopros s nravstvennoj točki zrěnija, Moskau 1918; Das Strafrecht vom Standpunkte der Sittlichkeit, ed. L. Galin, Berlin 1921; Šutočnye p'esy, Moskau 1922; Poesie [ital./russ.], ed. L. Pacini Savoj, Florenz 1949; Conscience de la Russie, ed. J. Gauvain, Paris 1950; A Solovyov-Anthology, ed. S. L. Frank, London, New York 1950 (repr. Westport Conn. 1974), London 2001; Žiznennaja drama Platona, in: Sobranie Sočinenij [s. o.] IX, 1966, 194–244, zusammen mit: Smysl ljubvi. Krasota v' prirodě. Smysl' iskusstva, Berlin 1924, 59–106 (dt. Das Lebensdrama Platons. Mit einem Nachwort über Platon und S. von L. Kobilinski-Ellis, Mainz 1926; engl. Plato, ed. R. Gill, London 1935; Ctenija o Bogočelovečestvě, in: Sobranie Sočinenij [s. o.] III, 1966, 1–181 (engl. V. S.'s Lectures Concerning Godmanhood (1877–1884), in: P. P. Zouboff, Godmanhood as the Main Idea of the Philosophy of V. S., Poughkeepsie N. Y. 1944, 78–226, unter dem Titel: V. Solovyev's Lectures on Godmanhood [ohne Thesen], ed. P. P. Zouboff, New York 1944, San Rafael Calif. 2007; dt. Vorlesungen über das Gottmenschentum, in:

Gesamtausg. der Werke [s.o.] I, 537–750; franz. Leçons sur la divino-humanité, Paris 1991); O evrejskom narode. Stat'i, pis'ma, ed. M. Weinstein, Jerusalem 1987; Schriften zur Philosophie, Theologie und Politik, ed. L. Müller, München, Darmstadt 1991; Politics, Law, and Morality. Essays, ed. V. Wozniuk, New Haven Conn./London 2000; The Heart of Reality. Essays on Beauty, Love, and Ethics, ed. W. Wozniuk, Notre Dame Ind. 2003; Divine Sophia. The Wisdom Writings of V. S., ed. J. D. Kornblatt, Ithaca N. Y./London 2009; The Burning Bush. Writings on Jews and Judaism, ed. G. Y. Glazow, Notre Dame Ind. 2016. – Pis'ma, ed. È. L. Radlov, I–IV, St. Petersburg 1908–1923.

Literatur: C. Bayer, Soloview, Den Haag 1964; W. van den Bercken/M. de Courten/E. van der Zweerde, V. Solov'ëv. Reconciler and Polemicist. Selected Papers of the International V. Solov'ëv Conference Held at the University of Nijmegen, the Netherlands, in September 1998, Leuven etc. 2000; A. Chatalov, S., DP II (²1993), 2667–2668; H. Dahm, V. S. und Max Scheler. Ein Beitrag zur Geschichte der Phänomenologie im Versuch einer vergleichenden Interpretation, München/Salzburg 1971 (engl. V. Solovyev and M. Scheler. Attempt at a Comparative Interpretation. A Contribution to the History of Phenomenology, Dordrecht 1975); P. Gaidenko, Solov'ëv (Solovyov), Enc. Ph. IX (²2006), 122–127; H. H. Gäntzel, W. Solowjows Rechtsphilosophie auf der Grundlage der Sittlichkeit, Frankfurt 1968; M. George, Mystische und religiöse Erfahrung im Denken V. Solov'evs, Göttingen 1988; H. Gleixner, V. Solov'evs Konzeption vom Verhältnis zwischen Politik und Sittlichkeit. System einer sozialen und politischen Ethik, Frankfurt/Bern/Las Vegas Nev. 1978; ders., Die ethische und religiöse Sozialismuskritik des V. Solov'ev. Texte und Interpretationen, St. Ottilien 1986; G. L. Kline, Solovyov, Enc. Ph. VII (1967), 491–493; E. Klum, Natur, Kunst und Liebe in der Philosophie V. Solov'evs. Eine religionsphilosophische Untersuchung, München 1965; A. Knigge u. a., S., in: W. Jens, Kindler Neues Literatur Lexikon XV, München 1991, 711–718; K. V. Močul'skij, V. Solov'ev. Žizn' i učenie, Paris 1936, ²1951; F. Muckermann, W. Solowiew. Zur Begegnung zwischen Rußland und dem Abendland, Olten 1945; L. Müller, Solovjev und der Protestantismus. Mit einem Anhang »V. S. und das Judentum«, Freiburg 1951; ders., Das religionsphilosophische System V. Solovjevs, Berlin 1956; E. Munzer, Solovyev. Prophet of Russian-Western Unity, London, New York 1956; T. Nemeth, The Early Solov'ëv and His Quest for Metaphysics, Cham 2013, 2014; S. Pöllinger, Die Ethik W. S.s, Wien 1985; F. Rouleau, S., Enc. philos. universelle III/2 (1992), 2842–2845; C.-H. Schiel, Die Staats- und Rechtsphilosophie des W. S. S., Bonn 1958; F. Stepun, Mystische Weltschau. Fünf Gestalten des russischen Symbolismus, München 1964; J. Sternkopf, Sergej und V. Solov'ev. Eine Analyse ihrer geschichtstheoretischen und geschichtsphilosophischen Anschauungen, München 1973; D. Strémooukhoff, V. Soloviev et son œuvre messianique, Paris 1935, Lausanne 1980 (engl. V. Soloviev and His Messianic Work, Belmont Mass. 1979, 1980); J. Sutton, V. Solovyov. His Restatements of a Traditional Cosmology, Diss. Durham 1983; ders., The Religious Philosophy of V. Solovyov. Towards a Reassessment, New York, Basingstoke 1988; W. Szyłkarski, S.s Philosophie der All-Einheit. Eine Einführung in seine Weltanschauung und Dichtung, Kaunas 1932; M. Tamcke, S., BBKL X (1995), 763–768; P. N. Waage, Der unsichtbare Kontinent. W. Solowjow, der Denker Europas, Stuttgart 1988; A. Walicki, Solov'ëv, REP IX (1998), 28–33; L. Wenzler, Die Freiheit und das Böse nach V. Solov'ev, Freiburg/München 1978. S. B.

Sombart, Werner, *Ermsleben (Harz) 19. Jan. 1863, †Berlin 18. Mai 1941, dt. Wirtschafts- und Sozialhistoriker und Soziologe. Ab 1882 Studium der Jurisprudenz in Pisa und Berlin, ab 1883 der Wirtschafts- und Staatswissenschaften, Geschichte und Philosophie in Berlin, 1888 Promotion in Berlin. 1890 a.o. Prof. für Wirtschaftswissenschaften in Breslau, ab 1906 an der Handelshochschule Berlin, 1917–1931 o. Prof. an der Berliner Universität. S. verweist als einer der ersten Sozialwissenschaftler auf die Differenz zwischen der sozialen Realität und dem sich in sozialwissenschaftlicher Theorie manifestierenden Realitätsbewußtsein. Mit K. Marx behauptet er die Existenz einer auf die prinzipielle Umgestaltung der bestehenden Ordnung gerichteten, starken sozialen Bewegung. S. kritisiert die unzulänglichen Versuche des ›Kathedersozialismus‹, der Dynamik der sie tragenden sozialen Klasse (↑Klasse (sozialwissenschaftlich)) durch eine die Verhältnisse der kapitalistischen Produktionsweise nicht grundsätzlich verändernden, ihrem Charakter nach karitativen Sozialpolitik zu begegnen. Später sucht er die Marxsche Analyse des Kapitalismus theoretisch zu vollenden und den weltanschaulichen ↑Marxismus dadurch zu überwinden.

S. faßt den ↑Kapitalismus als Wirtschaftssystem einer in drei Phasen gegliederten Wirtschaftsepoche auf. Im Gegensatz zu den materialistischen (↑Materialismus (historisch)) Theorien der stufenweisen Wirtschaftsentwicklung betrachtet er das jeweilige Wirtschaftssystem mit der ihm idealtypisch eigenen Organisation als die dem Geiste einer Epoche angemessene, in der Wirtschaftsgesinnung ausgedrückte Form. In Verallgemeinerung seiner durch die genetische Rekonstruktion des kapitalistischen Wirtschaftssystems und seiner Tendenz zum Übergang in den Sozialismus gewonnenen Auffassung von Wirtschaftsformen als kulturspezifischen Erscheinungsformen begründet S. unter Abweisung sowohl der ›richtenden‹ (normativen) als auch der ›ordnenden‹ (analytischen) die ›verstehende‹ Nationalökonomie. Wie für Weber, jedoch mit einem weiter gefaßten, entgegen der Beschränkung auf den subjektiv gemeinten Sinn die Sinneinheit anerkennenden Verstehensbegriff (↑Verstehen) ist auch für S. das sinnerfassende Verstehen die den Kulturerscheinungen angemessene Erkenntnisweise. Die methodische Verklammerung von Wirtschaftsgeschichte und Wirtschaftstheorie erfolgt bei S. stets unter soziologischem Blickwinkel. In seinem Spätwerk systematisiert er noch einmal die für seinen methodologischen Ansatz fundamentale Annahme vom Menschen als einem Geistwesen. Mit Weber hält er an der strikten Ausgrenzung aller ↑Werturteile (↑Werturteilsstreit) aus der Wissenschaft fest. Diese Auffassung widerspricht jedoch dem gegen die materialistische und die positivistische (↑Positivismus (historisch)) Wissenschaftsauffassung gerichteten Versuch der Begründung einer ›Noo-Soziologie‹. Sie widerspricht auch S.s den Menschen in den Mittelpunkt der Betrachtung rückender Grundhaltung und nimmt ihm die sozialpolitische Möglichkeit, eine ihre einzelnen Schritte begründende Handlungstheorie zu entwerfen. – Die Unfähigkeit, Theorie und Praxis zu verbinden, führt S. in einer für viele Gelehrte seiner Generation charakteristischen Weise in die Nähe einer Herrschaftsauffassung, nach der der Gebrauch der faktischen Macht als gesellschaftsgestaltender Wille keiner Rechtfertigung bedarf.

Werke: Die römische Campagna. Eine sozialökonomische Studie, Leipzig 1888 (repr. Bad Feilnbach 1990); Sozialismus und soziale Bewegung im 19. Jahrhundert, Jena 1896, unter dem Titel: Der proletarische Sozialismus (›Marxismus‹), I–II, [10]1924, Neudr. unter dem Titel: Sozialismus und soziale Bewegung im 19. Jahrhundert, Wien/Frankfurt/Zürich 1966; Der moderne Kapitalismus. Historisch-systematische Darstellung des gesamteuropäischen Wirtschaftslebens von seinen Anfängen bis zur Gegenwart, I–II, München/Leipzig 1902, in 3 Bdn. [2]1916–1927, I–II, [6]1924, Neudr. I–III, München/Leipzig 1928, München 1987; Wirtschaft und Mode. Ein Beitrag zur Theorie der modernen Bedarfsgestaltung, Wiesbaden 1902; Die deutsche Volkswirtschaft im Neunzehnten Jahrhundert, Berlin 1903, [2]1909, unter dem Titel: Die deutsche Volkswirtschaft im 19. Jahrhundert und im Anfang des 20. Jahrhunderts, [3]1919, mit Untertitel: Eine Einführung in die Nationalökonomie, [4]1919, [7]1927 (repr. Darmstadt, Stuttgart 1954); Das Lebenswerk von Karl Marx, Jena 1909; Die Juden und das Wirtschaftsleben, Leipzig 1911, München/Leipzig 1928 (engl. The Jews and Modern Capitalism, London 1913, Glencoe Ill. 1951 [repr. New Brunswick N. J./London 1982, 2009], New York 1969); Der Bourgeois. Zur Geistesgeschichte des modernen Wirtschaftsmenschen, München/Leipzig 1913, Neudr. Berlin 1987, 2003 (engl. The Quintessence of Capitalism. A Study of the History and Psychology of the Modern Business Man, London 1915, 1930 [repr. New York 1967, London/New York 1998]); Luxus und Kapitalismus, München/Leipzig 1913, 1922 (Studien zur Entwicklungsgeschichte des modernen Kapitalismus I), Neudr. unter dem Titel: Liebe, Luxus und Kapitalismus, München 1967, mit Untertitel: Über die Entstehung der modernen Welt aus dem Geist der Verschwendung, Berlin 1983, 1996 (engl. Luxury and Capitalism, Ann Arbor Mich. 1967); Krieg und Kapitalismus, München/Leipzig 1913 (Studien zur Entwicklungsgeschichte des modernen Kapitalismus II) (repr. New York 1975); Die drei Nationalökonomien. Geschichte und System der Lehre von der Wirtschaft, München/Leipzig 1929, Berlin [2]1967, 2003; Deutscher Sozialismus, Berlin-Charlottenburg 1934 (engl. A New Social Philosophy, Princeton N. J./London 1937, 1969; franz. Le socialisme allemand. Une théorie nouvelle de la société, Paris 1938, Puiseaux 1990); Vom Menschen. Versuch einer geisteswissenschaftlichen Anthropologie, Berlin-Charlottenburg 1938, Berlin [2]1956; Noo-Soziologie, ed. N. Sombart, Berlin 1956; Economic Life in the Modern Age, ed. N. Stehr/R. Grundmann, New Brunswick N. J./London 2001.

Literatur: R. Aldenhoff-Hübinger, S., RGG VII ([4]2004), 1435–1436; M. Appel, W. S.. Historiker und Theoretiker des modernen Kapitalismus, Marburg 1992 (mit Bibliographie, 275–331); J. G. Backhaus (ed.), W. S. (1863–1941). Social Scientist, I–III, Marburg 1996 (dt. W. S. (1863–1941). Klassiker der Sozialwissenschaften. Eine kritische Bestandsaufnahme, Marburg 2000); M. Blaug (ed.), Gustav Schmoller (1838–1917) and W. S. (1863–

1941), Aldershot/Brookfield Vt. 1992; R. Brandt/T. Buchner (eds.), Nahrung, Markt oder Gemeinnutz. W. S. und das vorindustrielle Handwerk, Bielefeld 2004; O. Flanagan/G. Rey, S., REP VIII (1998), 799–802; K. Fuchs, S., BBKL X (1995), 768–769; J. Glaeser, Der Werturteilsstreit in der deutschen Nationalökonomie. Max Weber, W. S. und die Ideale der Sozialpolitik, Marburg 2014; D. Krüger, Nationalökonomen im wilhelminischen Deutschland, Göttingen 1983; H. D. Kurz (ed.), Geschichte der Entwicklungstheorien, Berlin 2016; F. Lenger, W. S. 1863–1941. Eine Biographie, München 1994, [3]2012; ders., Sozialwissenschaft um 1900. Studien zu W. S. und einigen seiner Zeitgenossen, Frankfurt etc. 2009; M. J. Plotnik, W. S. and His Type of Economics, New York 1937; H. C. Recktenwald (ed.), Lebensbilder großer Nationalökonomen. Einführung in die Geschichte der Politischen Ökonomie, Köln/Berlin 1965, 449–465 (W. S.); J. A. Schumpeter, History of Economic Analysis, ed. E. B. Schumpeter, New York 1954, Abingdon/New York 1997 (dt. Geschichte der ökonomischen Analyse II, ed. E. B. Schumpeter, Göttingen 1965, 2009; franz. Histoire de l'analyse économique II, Paris 1983, 2014); S. Takebayashi, Die Entstehung der Kapitalismustheorie in der Gründungsphase der deutschen Soziologie. Von der historischen Nationalökonomie zur historischen Soziologie W. S.s und Max Webers, Berlin 2003; B. vom Brocke, S., in: H.-U. Wehler (ed.), Deutsche Historiker V, Göttingen 1972, 130.-148; ders. (ed.), S.s ›Moderner Kapitalismus‹. Materialien zur Kritik und Rezeption, München 1987 (mit Bibliographie, 435–472); G. Weippert, W. S.s Gestaltidee des Wirtschaftssystems, Göttingen 1953; ders., Bemerkungen zu einer noologischen Anthropologie, in: ders., Aufsätze zur Wissenschaftslehre I (Sozialwissenschaft und Wirklichkeit), Göttingen 1966, 164–179; ders., S.s Verstehenslehre, in: ders., Sozialwissenschaft und Wirklichkeit [s. o.], 206–222; J. Zweynert/D. Riniker, W. S. in Rußland. Ein vergessenes Kapitel seiner Lebens- und Wirkungsgeschichte, Marburg 2004. **H. R. G.**

Sophia (griech. σοφία, ↑Weisheit), in der Tradition der griechischen Philosophie (↑Philosophie, griechische) Inbegriff eines umfassenden theoretischen und praktischen Wissens und eines vollendeten Könnens, insofern Ziel allen menschlichen, insbes. philosophischen, Strebens (↑Philosophie). In der Aristotelischen Philosophie entspricht die S. im theoretischen Sinne einer *ersten* Philosophie (↑Philosophie, erste). **M. G.**

Sophisma (im 14. Jh. auch sophistria, sophistaria; griech., logischer Kunstgriff, geschickter ↑Trugschluß), in der mittelalterlichen Logik (↑Logik, mittelalterliche) und Grammatik vom späten 12. bis (wenigstens) zum späten 14. Jh. Bezeichnung (a) für (in der Regel aus semantischen oder grammatikalischen Gründen) in ihrem ↑Wahrheitswert zweideutige Aussagen und (b) für die systematische Untersuchung solcher Aussagen mit dem Ziel der Beseitigung der Zweideutigkeit durch geeignete Unterscheidungen. Von den semantischen oder grammatikalischen S.ta sind logische ↑Fehlschlüsse auf Grund von Verstößen gegen die logische Form (↑Form (logisch)) zu unterscheiden (lat. meist ›fallaciae‹). Die Konnotation ›Fehlschluß‹ bzw. ›logischer Trick‹ (›Sophisterei‹) verfehlt die Ernsthaftigkeit und analytische Schärfe der mittelalterlichen Untersuchungen. Sowohl in der Problemstellung als auch in den methodischen Lösungsansätzen bestehen wesentliche Ähnlichkeiten zwischen der mittelalterlichen S.ta-Literatur und Konzeptionen der modernen ↑Logik und ↑Semantik. Die mittelalterlichen Texte liegen nur zum Teil gedruckt vor.

S.ta spielen im Lehrbetrieb der Artistenfakultät (↑ars) der mittelalterlichen Universität in der Regel im öffentlichen Disputationen (↑disputatio) gewidmeten dritten und vierten Jahr des Studiums eine wichtige Rolle; die erhaltenen Texte, vor allem die aus Paris stammenden, geben häufig tatsächliche Diskussionsverläufe wieder. Die mittelalterliche Untersuchung der S.ta ist an die Wiederentdeckung der »Sophistischen Widerlegungen« des Aristoteles in der *logica nova* (↑logica antiqua) um 1150 geknüpft; die mittelalterliche S.ta-Literatur besteht im wesentlichen in der systematischen Diskussion und Weiterentwicklung von bei Aristoteles gestellten Problemen. Ihren Höhepunkt erreichte sie in der *logica moderna* (↑logica antiqua, ↑Terminismus) des 13. Jhs.. S.ta werden hier häufig im Zusammenhang anderer Fragestellungen der *logica moderna* behandelt, wie der ↑consequentiae, der ↑Insolubilia sowie der Lehre von den ↑synkategorematischen Ausdrücken, den ↑obligationes oder den ↑proprietates terminorum. Insbes. aus dem Lehrstück der *proprietates terminorum* und hier vor allem aus der ↑Suppositionslehre werden die für die Behandlung der S.ta wichtigen Unterscheidungen gewonnen. Der Aufbau eines S. (im Sinne von [b]) besteht üblicherweise in (1) dessen Aufstellung (*casus*), gefolgt von Beweisen für (2) dessen Wahrheit (*probationes*) und (3) dessen Unwahrheit (*improbationes*). Hieran können sich noch (4) Fragen (*quaestiones*) anschließen, bevor (5) eine abschließende Lösung (*resolutio*) vorgelegt wird, die dann allerdings noch durch (6) eine Auseinandersetzung mit Gegenargumenten ergänzt werden kann.

Ein vielbehandeltes Beispiel eines S. ist dasjenige mit dem *casus* der ↑Äquivalenz zum jeweiligen Zeitpunkt t der Äußerung von (a) ›omnis homo est‹ (›jeder Mensch existiert‹) und (b) der Konjunktion ›A est et B est et C est et …‹ von allen zu t lebenden Menschen A, B, usw.. Die *probatio* beruht auf der extensionalen (↑extensional/Extension) Gleichheit (↑Gleichheit (logisch)) von ›omnis homo‹ und der Zusammenfassung der Individuen A, B, … . Die *improbatio* macht darauf aufmerksam, daß (a) notwendig wahr sei, während die Konjunktionsglieder von (b) nur kontingent (↑kontingent/Kontingenz) wahr seien. Die *resolutio* besteht in der Unterscheidung von ↑significatio (Bedeutung) und *significatum* (Bezug, Referenz). Danach ändert sich die Bedeutung von ›omnis homo‹ im Zeitverlauf nicht, während der Bezug einem ständigen Wandel unterliegt.

Texte: Some Earlier Parisian Tracts on Distinctiones S.tum, ed. L. M. de Rijk, Nijmegen 1988; (anonym) Le s. anonyme »Sor

desinit esse non desinendo esse« du Cod. Parisinus 16135, ed. A. de Libera, Cah. Inst. Moyen-Âge Grec. Lat. 59 (1989), 113–120; Three 13th-Century S.ta about Beginning and Ceasing, ed. S. Ebbesen, Cah. Inst. Moyen-Âge Grec. Lat. 59 (1989), 121–180; Le sophisme anonyme »Amatus sum vel fui«, du codex parisinus BN Lat. 16135, ed. C. Brousseau, Cah. Inst. Moyen-Âge Grec. Lat. 61 (1991), 147–183; Deus scit quicquid scivit. Two S.ta from Vat. lat. 7678 and a Reference to Nominales, ed. S. Ebbesen, Cah. Inst. Moyen-Âge Grec. Lat. 62 (1992), 179–195. – R. Bacon, Summa des s.tibus et distinctionibus, in: ders., Opera hactenus inedita XIV, ed. R. Steele, Oxford 1937, 135–208; Bartholomew of Bruges and His S. on the Nature of Logic, ed. S. Ebbesen/J. Pinborg, Cah. Inst. Moyen-Âge Grec. Lat. 39 (1981), III–XXVI, 1–80; Iohanni Buridani Summularum Tractatus nonus. De practica s.tum (S.ta), ed. F. Pironet, Turnhout 2004; Un sophisme grammatical modiste de maître Gauthier d'Ailly, ed. I. Rosier, Cah. Inst. Moyen-Âge Grec. Lat. 59 (1989), 181–232; An Unedited Sophism by Marsilius of Inghen: »Homo est bos«, ed. E. P. Bos, Vivarium 15 (1977), 46–56; R. Kilvington, The S.ta, ed. N. Kretzmann/B. E. Kretzmann, Oxford etc. 1990; The S.ta of Richard Kilvington. Introduction, Translation and Commentary, trans. N. Kretzmann/B. E. Kretzmann, Cambridge etc. 1990; A Grammatical S. by Nicholas of Normandy: Albus musicus est, ed. S. Ebbesen, Cah. Inst. Moyen-Âge Grec. Lat. 56 (1988), 103–116; Radulphus Brito's Sophism on Second Intentions, ed. J. Pinborg, Vivarium 13 (1975), 119–152; The Sophism »Rationale est animal« by Radulphus Brito, ed. H. Roos, Cah. Inst. Moyen-Âge Grec. Lat. 24 (1978), 85–120; Radulphi Britonis S.: Omnis homo est omnis homo, ed. N. J. Green-Pedersen/J. Pinborg, Cah. Inst. Moyen-Âge Grec. Lat. 26 (1978), 93–114; Simon of Faversham's S.: »Universale est Intentio«, ed. T. Yokoyama, Med. Stud. 31 (1969), 1–14. – *Sammlungen:* Drei S.ta zum Formproblem in der Hs. Uppsala C 604, ed. H. Roos, Cah. Inst. Moyen-Âge Grec. Lat. 24 (1978), 16–54; Talking about What Is No More. Texts by Peter of Cornwall (?), Richard of Clive, Simon of Faversham, and Radulphus Brito, ed. S. Ebbesen, Cah. Inst. Moyen-Âge Grec. Lat. 55 (1987), 135–168; Three 13th-Century S.ta about Beginning and Ceasing, ed. S. Ebbesen, Cah. Inst. Moyen-Âge Grec. Lat. 59 (1989), 121–180; »Animal est omnis homo«. Questiones and S.ta by Peter of Auvergne, Radulphus Brito, William Bonkes, and Others, ed. S. Ebbesen, Cah. Inst. Moyen-Âge Grec. Lat. 63 (1993), 145–208; S.ta and Physics Commentaries. Texts by Anonymus GC 466, Anonymus GC 513, and Radulphus Brito, ed. S. Ebbesen, Cah. Inst. Moyen-Âge Grec. Lat. 64 (1994), 164–195; weitere Texte in: L. M. de Rijk (ed.), Logica Modernorum [s.u., Lit.] I, 186–625, II, 639–769. – S. Ebbesen/F. Goubier, A Catalogue of 13th-Century S.ta, Paris 2010.

Literatur: E. J. Ashworth, The »Libelli Sophistarum« and the Use of Medieval Logic Texts at Oxford and Cambridge in the Early Sixteenth Century, Vivarium 17 (1979), 134–158; H. A. G. Braakhuis, De 13de Eeuwse Tractaten over Syncategorematische Termen. Inleidende Studie en Uitgave van Nicolaas van Parijs' Sincategoreumata II, Diss. Leiden 1979; FM IV (1979), 3090–3092 (Sofisma); J. M. Gambra, Medieval Solutions to the Sophism of Accident, in: K. Jacobi (ed.), Argumentationstheorie. Scholastische Forschungen zu den logischen und semantischen Regeln korrekten Folgerns, Leiden/New York/Köln 1993, 431–450; H. G. Gelber, The Fallacy of Accident and the »Dictum de omni«. Late Medieval Controversy over a Reciprocal Pair, Vivarium 25 (1987), 110–145; M. Grabmann, Die S.taliteratur des 12. und 13. Jahrhunderts mit Textausgabe eines S. des Boetius von Dacien, Münster 1940 (Beitr. Gesch. Philos. MA XXXVI/1); C. L. Ham-

blin, Fallacies, London 1970, Newport News Va. 1998; N. Kretz-
mann (ed.), Meaning and Inference in Medieval Philosophy,
Dordrecht/Boston Mass./London 1988; S. E. Lahey, S.ta, in: R.
Audi (ed.), The Cambridge Dictionary of Philosophy, Cambridge
etc. ²1999, 862; G. J. Massey, The Fallacy behind Fallacies, in: P. A.
French u. a. (eds.), The Foundations of Analytical Philosophy,
Minneapolis Minn. 1981 (Midwest Stud. Philos. 6), 489–500; F.
Pironet, Guillaume Heytesbury, S.ta asinina. Une introduction
aux disputes médiévales. Présentation, édition critique et analyse,
Paris 1994; dies., S.ta, SEP 2001, rev. 2015; S. Read (ed.), So-
phisms in Medieval Logic and Grammar. Acts of the Ninth European Symposium for Medieval Logic and Semantics, Held at St.
Andrews, June 1990, Dordrecht/Boston Mass./London 1993 [mit
zahlreichen Textbeispielen]; L. M. de Rijk, Logica Modernorum.
A Contribution to the History of Early Terminist Logic, I–II (in
3 Bdn.), Assen 1962–1967.   G. W.

sophismus ignavus, ↑Vernunft, faule.

Sophistik, Bezeichnung für eine Richtung der griechischen Philosophie (↑Philosophie, griechische) und der
↑Rhetorik im 5. und 4. Jh. v. Chr., die nach den vorwiegend Probleme der ↑Kosmologie behandelnden frühen
↑Vorsokratikern eine neue, auf die Subjektivität des
Menschen, sein Wollen und Denken (Ethik und Erkenntnistheorie) sowie auf politische Philosophie ausgerichtete Epoche der griechischen Philosophie einlei-
tete. Man unterscheidet die *ältere* S. (Protagoras aus
Abdera, Gorgias aus Leontinoi, Hippias aus Elis, Pro-
dikos aus Keos; dazu den Verfasser der »Dissoi Logoi«
und den so genannten Anonymos Iamblichi, den Autor
eines im »Protreptikos« des Iamblichos erhaltenen
ethisch-politischen Traktats) und die *jüngere* S. (Polos,
Kallikles, Thrasymachos, Euthydemos, Dionysodoros,
Lykophron, Alkidamas, Kritias, Antimoiros, Theodoros,
Antiphon, Euneos, Xeniades, Polyxenos). – Sophisten
werden (vielleicht im expliziten Unterschied zum Poie-
tes, zum Dichter) zunächst alle jene genannt, die über
ein besonderes Wissen und Können verfügen (z. B. die
Sieben Weisen). Durch die karikierenden Darstellungen
der Weisheitslehrer in der altattischen Komödie wird die
Bezeichnung ›Sophist‹ zu einem Spott- und Schimpf-
wort. Platon, von dessen Urteil das Bild der S. wesentlich
geprägt ist, charakterisiert die Sophisten folgendermaßen: Sie suchen nicht die Wahrheit, sondern persönlichen Einfluß und Reichtum; sie verfügen (gegen ihren
eigenen Anspruch) nicht über Wissen (ἐπιστήμη), sondern nur über bloße ↑Meinung (δόξα) und können daher nicht belehren, sondern nur überreden; sie bieten die
Philosophie als käufliche Ware an, ohne sich darüber
Rechenschaft geben zu können oder zu wollen, ob sie für
den Käufer nützlich ist, und werden damit zu einer Gefahr für die Gesellschaft, vor allem für die Jugend. Diese
abfällige Darstellung und Bewertung Platons (gegen die
sich die Rehabilitierungsversuche im ↑Hellenismus und
in der Kaiserzeit nicht durchsetzen konnten) führte

dazu, daß man die Werke der Sophisten nicht mehr zur
Kenntnis nahm. Die Philosophiehistoriker des 4. und 3.
Jhs. berücksichtigten die Sophisten nicht, weshalb auch
der weitaus größte Teil ihrer Schriften verlorenging.
In der Neuzeit ist die Bewertung der griechischen S. umstritten: Teils wird sie als Leistung einer frühen ↑Auf-
klärung verstanden, teils als bloßer sophistischer ↑Schein
hingestellt (I. Kant). Ob man die nach Herkunft, philosophischer Position und thematischen Schwerpunkten
sehr unterschiedlichen Vertreter der S. im Sinne einer
›schulischen‹ oder systematischen Einheit auffassen
kann, ist fraglich; umstritten sind entsprechend die Versuche, Sammelbezeichnungen wie ›griechische Aufklärung‹, ›Subjektivismus‹, ›Individualismus‹, ›Relativismus‹ oder ›Nihilismus‹ als allen Sophisten gemeinsame
Merkmale anzugeben. Die meisten bzw. die bedeutendsten Sophisten stimmen jedoch in den folgenden Charakteristika überein: (1) Sie sind *professionelle Wander-
lehrer*, die nicht eine Elementar-, sondern eine höhere
Bildung und ein allgemeines enzyklopädisches Wissen
(↑Enzyklopädie) mit dem generellen Ziel vermitteln
wollen, zum politischen Handeln zu befähigen; ihre
Schüler gehören überwiegend der privilegierten Schicht
der Geburts- oder Geldaristokratie an. (2) Die *Lehrinhalte* der S. beziehen sich (in methodisch reflektierender Form auf die bisherige Problemgeschichte [↑Doxo-
graphie]) vor allem auf Sprachtheorie (Rhetorik, Poetik,
Grammatik, Syntax, Etymologie, Lexikographie) und
Ethik (bes. politische Theorie), weniger auf die bis dahin
vorherrschenden Probleme der ↑Naturphilosophie und
der ↑Ontologie. (3) Die *philosophische Position* der S.
ist durch die Annahme der Relativität menschlicher
Einstellungen, Wertungen und Institutionen charakterisiert. Dieser praktisch-politische ↑Relativismus wird ergänzt durch einen generellen erkenntnistheoretischen
↑Skeptizismus, der keine absolute, menschenunabhän-
gige Wahrheit mehr anerkennt und Tradition, Religion,
Dichterweisheit und philosophische Ontologie als Be-
gründungsbasis für Theorie und Praxis ablehnt. Die
phänomenale, empirische Realität und der in dieser
Realität sich orientierende Mensch gelten als letzte Be-
gründungsbasis eines stets nur auf den Einzelnen, seine
Situation und seine Subjektivität relativierten Wahrheitsbegriffs: ›Der Mensch ist das Maß aller Dinge‹ (Protagoras, Frag. B 1; ↑Homo-mensura-Satz). Die Existenz
und die Begründungsfunktion der bei den Eleaten
(↑Eleatismus) im Vordergrund stehenden ›transzendenten Realität‹ werden von den Sophisten bestritten; nur
formal schließen sie sich den Eleaten an, indem sie ihre
↑paradoxe Beweisführungstechnik über das ↑Sein, das
Nichtsein und das ↑Werden auf das Gebiet politisch-
praktischer Argumentation übertragen und weiterentwickeln. Wenn die Sophisten den Nutzen der Rhetorik
für die Durchsetzung der Interessen in der Volksver-

sammlung, im Rat und vor Gericht immer wieder betonen und sich anheischig machen, durch ihre Redekunst ›die schwächere Sache zur stärkeren zu machen‹ (Protagoras, Frag. B 6b), so zeigt dies an, daß Rhetorik für sie zum theoretischen Ersatz für die durch den Verzicht auf bisherige Begründungsinstanzen entstandene systematische Leerstelle der Philosophie geworden ist. Das Hauptanliegen von Sokrates und Platon gegenüber den Sophisten besteht denn auch darin, die Rhetorik als untauglichen Begründungsersatz zu entlarven und eine neue Theorie der theoretischen und praktischen Argumentation zu entwickeln. (4) Als *oberstes Entscheidungskriterium* für gute bzw. schlechte Zustände nehmen die Sophisten – allerdings ohne theoretische Legitimation, die sie nicht für möglich halten – auf der Basis eines subjektivistischen Freiheitsverständnisses (↑Freiheit) das ›Zuträgliche‹ (συμφέρον) an, das jedoch sehr unterschiedlich ausgelegt wird: Für Thrasymachos und Kallikles (wahrscheinlich auch für Kritias) bedeutet es den subjektiven Vorteil des Einzelnen im Sinne der alten Vorrechte des Adels und läuft auf den die Gesetze mißachtenden Satz ›Macht ist Recht‹ hinaus. Antiphon, der unter dem Zuträglichen das der Natur Gemäße versteht und einen scharfen Gegensatz zwischen ↑Natur und Gesetz (↑Physis und ↑Nomos) konstruiert, gelangt zu apolitischen Konsequenzen, indem er das egoistisch-selbstgenügsame, keinen festen Bindungen unterworfene Leben als höchstes Ziel ansieht. Aus seiner These von der naturgemäßen Gleichheit aller Menschen (Frag. B 44, B 2) zieht Antiphon keine demokratischen Konsequenzen; er ergänzt vielmehr (wie Hippias) die privilegierte Stellung des Adels durch die elitäre Position des gesetzesunabhängigen, autarken Weisen. Demokratische Ideen finden sich bei Lykophron, der die Gesetze positiv deutet und in ihnen ein unverzichtbares Mittel sieht, den Interessen des Einzelnen Geltung zu verschaffen. Für Protagoras und den Anonymos Iamblichi sind die Gesetze notwendige Bedingungen menschlichen Zusammenlebens und daher den subjektiven Interessen des Einzelnen übergeordnete Werte. – Allen Sophisten gemeinsam (explizit nur bei Protagoras begründet) ist das Theorem von der *Lehrbarkeit der politischen Tüchtigkeit.* Die darin implizit enthaltene Annahme der Gleichheit aller (↑Gleichheit (sozial)) in bezug auf das politische Handeln wird jedoch nicht zu einer allgemeinen Demokratietheorie weiterentwickelt. Ein Interesse an der Überwindung wirtschaftlicher und sozialer Ungleichheit und an der Abschaffung der politischen Vorrangstellung der Geld- und Geburtsaristokratie ist bei den Sophisten nicht nachweisbar.

Die *Entstehung* der S. ist in engem Zusammenhang mit den durch die Strukturveränderungen der griechischen Polis gegebenen neuen Handlungsbedingungen zu sehen: Die Ablösung der Adelsherrschaft durch die Tyrannis (etwa 650–470) führte zu einer Schwächung der Adelsposition und zu einer Art ›Bauernbefreiung‹. Die institutionalisierte Beteiligung der Unterschichten an politischen und gesellschaftlichen Entscheidungen (Volksversammlung, Volksgericht) und der damit verbundene Legitimationszwang der Oberschicht schufen den allgemeinen Handlungsrahmen, innerhalb dessen die Philosophie, vor allem aber die Rhetorik der S. entstehen und sich entfalten konnte. – Die epochemachende *Wirkung* der S. auf Politik, Kultur und Philosophie läßt sich im einzelnen kaum belegen. Der unmittelbare Einfluß der S. zeigt sich z. B. in der Alten Komödie, in den Tragödien des Euripides, beim Historiker Thukydides und bei zahlreichen Politikern und Rhetoren. Ohne die aus dem Bedürfnis nach Legitimation von ↑Macht entstandene, von der S. formulierte Problemsituation läßt sich die in ihrem Hauptanliegen auf die Überwindung der S. zielende Philosophie von Sokrates und Platon nicht verstehen. Auch Aristoteles ist in seinen Schriften zur Ethik, Politik, Rhetorik, Poetik und Logik weitgehend von den Fragestellungen und Theoremen der S. abhängig. Der Skeptizismus, der die europäische Geistes- und Wissenschaftsgeschichte nachhaltig beeinflußte, verdankt seine Argumente zu einem großen Teil der sophistischen Erkenntnistheorie und Rhetorik.

Texte: VS (⁶1952), II, 252–416 (Nr. 79–90). – W. Capelle (ed.), Die Vorsokratiker, Leipzig 1935, Stuttgart ⁴1968, 317–388, ⁹2008, 260–318 (Kap. 11 Die S.); K. Freeman (ed.), Ancilla to the Pre-Socratic Philosophers. A Complete Translation of the Fragments in Diels »Fragmente der Vorsokratiker«, Oxford 1947, Cambridge Mass. 1996; E. Dupréel, Les sophistes. Protagoras, Gorgias, Prodicus, Hippias, Neuchâtel 1948, 1980; M. Untersteiner (ed.), Sofisti. Testimonianze e frammenti, I–IV, Florenz 1949–1962, I–II, ²1961, I–IV, 1967; ders., I sofisti, Turin 1949, in 2 Bdn., Mailand ²1967, 1996 (engl. The Sophists, Oxford 1954; franz. Les sophistes, I–II, Paris 1993); J.-P. Dumont (ed.), Les sophistes. Fragments et témoignages, Paris 1969; T. Schirren/T. Zinsmaier (eds.), Die Sophisten [griech./dt.], Stuttgart 2003, 2011.

Literatur: J. Barnes, The Presocratic Philosophers, I–II, London/Henley/Boston Mass. 1979, II, 146–169 (Chap. VII The Sophists), 305–308 (Notes), in 1 Bd. ²1982, 2000, 448–471 (Chap. XXI The Sophists), 635–638 (Notes); R. Barney, Sophists, Enc. Ph. IX (²2006), 129–131; O. A. Baumhauer, Die sophistische Rhetorik. Eine Theorie sprachlicher Kommunikation, Stuttgart 1986; G. W. Bowersock, Greek Sophists in the Roman Empire, Oxford 1969; T. Buchheim, Die S. als Avantgarde normalen Lebens, Hamburg 1986; ders./R. A. Arning, s; sophistisch; Sophist, Hist. Wb. Ph. IX (1995), 1075–1086; C. J. Classen (ed.), S., Darmstadt 1976; A. T. Cole Jr., The Anonymus Iamblichi and His Place in Greek Political Theory, Havard Stud. Class. Philol. 65 (1961), 127–163; D. J. Conacher, Euripides and the Sophists. Some Dramatic Treatments of Philosophical Ideas, London 1998; D. D. Corey, Sophists, the, NDHI V (2005), 2241–2243; R. Cribiore, Libanius the Sophist. Rhetoric, Reality, and Religion in the Fourth Century, Ithaca N. Y. 2013; P. Curd/D. W. Graham (eds.), The Oxford Handbook of Presocratic Philosophy, Oxford etc. 2008, 2011; M. Emsbach, S. als Aufklärung. Untersuchungen zu Wissenschaftsbegriff und Geschichtsauffassung bei Protagoras, Würzburg

1980; K. Freeman, The Pre-Socratic Philosophers. A Companion to Diels »Fragmente der Vorsokratiker«, Oxford 1946, ³1966; P. M. Gentinetta, Zur Sprachbetrachtung bei den Sophisten und in der stoisch-hellenistischen Zeit, Winterthur 1961; C. Glasmeyer, Platons Sophistes. Zur Überwindung der S., Heidelberg 2003; H. Gomperz, S. und Rhetorik. Das Bildungsideal des εὖ λέγειν in seinem Verhältnis zur Philosophie des 5. Jahrhunderts, Leipzig/Berlin 1912 (repr. Darmstadt 1965), Neudr. Aalen 1985; A. Graeser, Geschichte der Philosophie II/2 (S. und Sokratik, Plato und Aristoteles), München 1983, bes. 19–85, ²1993, 19–86 (Teil I S.); W. K. C. Guthrie, A History of Greek Philosophy III (The Fifth Century Enlightenment), Cambridge etc. 1969, 1995, 3–319 (Part I The World of the Sophists); ders., The Sophists, Cambridge etc. 1971, 2003; M. S. Harbsmeier, Betrug oder Bildung. Die römische Rezeption der alten S., Göttingen 2008; F. Heinimann, Nomos und Physis. Herkunft und Bedeutung einer Antithese im griechischen Denken des 5. Jahrhunderts, Basel 1945 (repr. Basel 1965, Darmstadt 1987); K. F. Hoffmann, Das Recht im Denken der S., Stuttgart/Leipzig 1997; H. A. Ide, Sophists, in: R. Audi (ed.), The Cambridge Dictionary of Philosophy, Cambridge etc. ²1999, 862–864; W. Jaeger, Paideia. Die Formung des griechischen Menschen I, Berlin/Leipzig 1933, Berlin ²1936 (repr. Berlin/New York 1954, 1989), 364–418 (Die Sophisten) (engl. Paideia. The Ideals of Greek Culture I, New York/Oxford 1939, 283–328, ²1945, 1986, 286–331 [The Sophists]); J. L. Jarrett (ed.), The Educational Theories of the Sophists, New York 1969; G. B. Kerferd, The First Greek Sophists, Class. Rev. 64 (1950), 8–10; ders., Sophists, Enc. Ph. VII (1967), 494–496; ders. (ed.), The Sophists and Their Legacy. Proceedings of the Fourth International Colloquium on Ancient Philosophy Held in Cooperation with Projektgruppe Altertumswissenschaften der Thyssen Stiftung at Bad Homburg, 29th August–1st September 1979, Wiesbaden 1981; ders./H. Flashar, Die S., in H. Flashar (ed.), Grundriß der Geschichte der Philosophie II/1 (Philosophie der Antike. S., Sokrates, Sokratik, Mathematik, Medizin), Basel 1998, 1–137; S. Kirste/K. Waechter/M. Walther (eds.), Die S.. Entstehung, Gestalt und Folgeprobleme des Gegensatzes von Naturrecht und positivem Recht, Stuttgart 2002; H. A. Koch, Homo mensura. Studien zu Protagoras und Gorgias, Diss. Tübingen 1970; H. Lawson-Tancred, Plato's »Republic« and the Greek Enlightenment, London 1998; A. Levi, Storia della sofistica, Neapel 1966; A. A. Long (ed.), The Cambridge Companion to Early Greek Philosophy, Cambridge etc. 1999, 2005 (dt. Handbuch frühe griechische Philosophie. Von Thales bis zu den Sophisten, Stuttgart/Weimar 2001); J. Martin, Zur Entstehung der S., Saeculum 27 (1976), 143–164; M. M. McCabe, Plato and His Predecessors. The Dramatisation of Reason, Cambridge etc. 2000, 2006; M. McCoy, Plato on the Rhetoric of Philosophers and Sophists, Cambridge etc. 2008, 2011; K. Meister, »Aller Dinge Maß ist der Mensch«. Die Lehren der Sophisten, München/Paderborn 2010; K. A. Morgan, Myth and Philosophy from the Pre-Socratics to Plato, Cambridge etc. 2000; M. Narcy, S., DNP XI (2001), 723–726; H.-J. Newiger, Untersuchungen zu Gorgias' Schrift Über das Nichtseiende, Berlin/New York 1973; P. O'Grady, The Sophists. An Introduction, London 2008; B. Puech, Orateurs et sophistes grecs dans les inscriptions d'époque impériale, Paris 2002; H. D. Rankin, Sophists, Socratics and Cynics, London/Canberra, Totowa N. J. 1983, Abingdon/New York 2014; F. Rese, S., RGG VII (⁴2004), 1454–1456; J. Rolland de Renéville, L'un-multiple et l'attribution chez Platon et les sophistes, Paris 1962; G. Romeyer-Dherbey, Les sophistes, Paris 1985, ⁷2011; C. Roßner, Recht und Moral bei den griechischen S., München 1998; H. Scholten, Die S.. Eine Bedrohung für die Religion und Politik der Polis?, Berlin 2003; M. Schraven, Sophisten/S., EP III (²2010), 2494–2499; F. Solmsen, Intellectual Experiments of the Greek Enlightenment, Princeton N. J. 1975; C. C. W. Taylor/M.-K. Lee, The Sophists, SEP 2011, rev. 2015; A. Tordesillas, S., Hist. Wb. Rhetorik VIII (2007), 990–1027; F. Überweg, Grundriß der Geschichte der Philosophie I (Die Philosophie des Altertums), Berlin 1863, ¹²1923 (repr. Tübingen 1951, Darmstadt 1967), 111–129; E. C. Welskopf, Sophisten, in: dies. (ed.), Hellenische Poleis. Krise – Wandlung – Wirkung IV, Berlin 1974, 1927–1984; W. v. der Weppen/B. Zimmermann (eds.), Sokrates, die S. und die postmoderne Moderne, Tübingen 2008; E. Wolf, Griechisches Rechtsdenken II (Rechtsphilosophie und Rechtsdichtung im Zeitalter der S.), Frankfurt 1952; B. Wyss/R. Hirsch-Luipold/S.-J. Hirschi (eds.), Sophisten in Hellenismus und Kaiserzeit. Orte, Methoden und Personen der Bildungsvermittlung, Tübingen 2017; S. Zeppi, Studi sul pensiero etico-politico dei sofisti, Rom 1974. M. G.

Sophrosyne (griech. σωφροσύνη, lat. temperantia, Besonnenheit, Maß, Selbstbeherrschung, ferner Zurückhaltung, Einsicht in die gegebenen Möglichkeiten), eine der vier Kardinaltugenden (↑Tugend), die sich allgemein auf jegliche kluge Überlegung im theoretischen und praktischen Bereich (auch in bezug auf das Verhalten gegenüber den Göttern) und speziell auf die Beherrschung von Neigungen, Leidenschaften und Begierden bezieht. – Wie der allgemeinsprachliche, so ist auch der philosophische Sprachgebrauch nicht scharf umrissen: Platon, der der S. einen eigenen Dialog widmet (Charmides, vgl. Pol. IV, wo das ›Viergespann‹ der Kardinaltugenden erstmals im Zusammenhang auftaucht), betont einerseits die Triebbeherrschung und die enge Verbindung der S. mit dem Wissen, andererseits rückt er sie in unmittelbare Nähe zur ↑Gerechtigkeit. Aristoteles argumentiert gegen die Verknüpfung von S. und Wissen und ordnet die S. eher der ↑Tapferkeit zu; er definiert sie als rechte Mitte (↑Mesotes) zwischen Zügellosigkeit und Empfindungslosigkeit (Eth. Nic. B7.1107b4–8).

Literatur: O. F. Bollnow, Wesen und Wandel der Tugenden, Frankfurt 1958, ferner in: Schriften II, Würzburg 2009, 123–282; S. Carson, Sôphrosunê, Enc. Ph. X (²2006), 42–43; O. Gigon/L. Zimmermann, Besonnenheit, in: dies., Platon. Begriffslexikon, Zürich/München 1974 (= Platon, Werke VIII), 76–77; P. Lorenzen/O. Schwemmer, Konstruktive Logik, Ethik und Wissenschaftstheorie, Mannheim/Wien/Zürich 1973, bes. 128, ²1975, bes. 180; E. Martens, Nachwort. Zum Thema ›Besonnenheit‹, in: Platon, Charmides [griech/dt.], ed. E. Martens, Stuttgart 1977, 2008, 97–111; H. North, S. and Self-Restraint in Greek Literature. Concept of S. in Greek Literature from Homer to Aristotle, Ithaca N. Y. 1966; J. Pieper, Das Viergespann. Klugheit, Gerechtigkeit, Tapferkeit, Maß, München 1964, 1998, bes. 199–283, gekürzt unter dem Titel: Über die Tugenden. Klugheit, Gerechtigkeit, Tapferkeit, Maß, München 2004, ³2010, bes. 179–254; A. Pinilla, Sofrosine. Ciencia de la ciencia, Madrid 1959; A. Rademaker, ›S.‹ and the Rhetoric of Self-Restraint. Polysemy & Persuasive Use of an Ancient Greek Value Term, Leiden/Boston Mass. 2005; G. Türk, S., RE III/A1 (1927), 1106–1107; C. M. Young, Aristotle on Temperance, Philos. Rev. 97 (1988), 521–542. M. G.

Sorel, Georges, *Cherbourg 2. Nov. 1847, †Boulogne-sur-Seine 30. Aug. 1922, franz. Publizist, Sozialphilosoph und Theoretiker des Syndikalismus. Nach Ingenieurstudium an der École Polytechnique (1865–1867) und 25jähriger Tätigkeit als Straßenbauingenieur ab 1892 freier politischer und philosophischer Schriftsteller. – S.s Denken ist bestimmt vom Eindruck des sich im 2. Kaiserreich vollziehenden sozialen Umbruchs. Seine häufig den Standpunkt, nicht den Grund wechselnden Analysen gelten der Suche nach einer für die in Auflösung begriffene bürgerliche Gesellschaft (↑Gesellschaft, bürgerliche) tragfähigen geistigen Form, deren soziale Träger S. zunächst im Sozialismus, dann im Syndikalismus und später im Nationalismus der ›Action Française‹ erblickt. Sein geschichtspessimistisches eklektisches (↑Eklektizismus) Theoriengebäude verwendet Elemente des moralisch-paternalistischen Sozialismus P.-J. Proudhons, des Historischen Materialismus (↑Materialismus, historischer), des ↑Historismus G. Vicos und des ↑Vitalismus H. L. Bergsons.

Ab 1893 widmet sich S. der Verbreitung des Historischen Materialismus in den romanischen Ländern. Allerdings wendet er sich gegen den Geschichtsdeterminismus der Marxschen Theorie. Für S. ist die Zukunft beunruhigend offen; wissenschaftliche Gesetze haben keinen absoluten Geltungsanspruch. Da der Mensch nur das zu erkennen vermag, was er selber geschaffen hat, sind auch die wissenschaftlichen Gesetze nur die dem schöpferischen Stand der historischen Epoche entsprechenden gedanklichen Formen. Wegen dieser Beschränkung der Erkenntnisfähigkeit des Menschen auf das Selbstgeschaffene sind ↑Utopie und ↑Ideologie notwendig an der Vergangenheit orientiert und erweisen sich gegen ihre Intention als Wegbereiter des Despotismus. Hieraus erklärt sich S.s Ablehnung des liberalen Parlamentarismus, den er wie auch den Reformsozialismus als eine aus dem Geist der ↑Aufklärung geborene ›Illusion des Fortschritts‹ (1908) betrachtet. Der Anti-Intellektualismus S.s wendet sich dabei auch gegen die modernen Vertreter der Aufklärung. S. wiederholt seinen Einwand gegenüber dem wissenschaftlichen Sozialismus (↑Sozialismus, wissenschaftlicher), den der ↑Marxismus der Utopie entgegenstellen wollte. Das Zukünftige ist intellektuell nicht erfaßbar; es kündigt sich vielmehr im rational unzugänglichen ↑Mythos an. Über den aus dem ↑›élan vital‹ (Bergson) entstehenden Mythos vollzieht sich die Erneuerung der Gesellschaft durch revolutionäre Rückkehr zu ursprünglichen Formen. So ist der Generalstreik ein die Arbeiterklasse vereinigender Mythos, von dem eine zerstörerische Gewalt ausgeht, die von einer bewußten Elite als Mittel eingesetzt werden kann. S. sieht den Bestand der Gesellschaft bedroht, weil ihr eine ihrer technologischen Entwicklung entsprechende proletarische Ethik fehle.

Werke: Œuvres, Paris etc. 2007ff. (erschienen Bd. I). – Contribution à l'étude profane de la Bible, Paris 1889; Le procès de Socrate, Paris 1889; L'ancienne et la nouvelle métaphysique, L'Ère nouvelle 2 (1894), 329–351, 461–482, 3 (1894), 51–87, 180–205, unter dem Titel: D'Aristote à Marx. L'ancienne et la nouvelle métaphysique, ed. M. Rivière, Paris 1935 (repr. 2007); L'avenir socialiste des syndicats, Paris 1898, Lausanne 2007; La ruine du monde antique. Conception matérialiste de l'histoire, Paris 1902, ³1933; Saggi di critica del marxismo, Mailand/Palermo/Neapel 1903, Rom 1970 (franz. Essais de critique du marxisme, in Œuvres [s.o.] I, 33–317); Introduction à l'économie moderne, Paris 1903, ²1922; Le système historique de Renan, I–IV, Paris 1905–1906 (repr. in 1 Bd., Genf 1971); La décomposition du marxisme, Paris 1908, ²1910, Chalon-sur-Saône 1991 (dt. Die Auflösung des Marxismus, Jena 1930, Hamburg 1978); Réflexions sur la violence, Paris 1908, Genf/Paris 2013 (engl. Reflections on Violence, New York 1912, Cambridge etc. 1999; dt. Über die Gewalt, Innsbruck 1928, Lüneburg 2007); Les illusions du progrès, Paris 1908, ⁵1947, Lausanne 2007 (engl. The Illusions of Progress, Berkeley Calif./Los Angeles/London 1969); La révolution dreyfusienne, Paris 1909, ²1911, 1988; De l'utilité du pragmatisme, Paris 1921, ²1928. – P. Delesalle, Bibliographie Sorélienne, Int. Rev. Soc. Hist. 4 (1939), 463–487.

Literatur: P. Andreu, Notre maître M. S., Paris 1953, unter dem Titel: G. S.. Entre le noir et le rouge, Paris 1982; H. Berding, Rationalismus und Mythos. Geschichtsauffassung und politische Theorie bei G. S., München/Wien 1969; ders., S., in: Görres-Gesellschaft (ed.), Staatslexikon IV, Freiburg/Basel/Wien ⁷1988, 1202–1203; M. Charzat, G. S. et la révolution au XXᵉ siècle, Paris 1977; M. Freund, G. S.. Der revolutionäre Konservatismus, Frankfurt 1932, ²1972; P. Gaud, De la valeur-travail à la guerre en Europe. Essai philosophique à partir des écrits économiques de G. S., Paris 2010; W. Gianinazzi, Naissance du mythe modern. G. S. et la crise de la pensée savante (1889–1914), Paris 2006; G. Goriely, Le pluralisme dramatique de G. S., Paris 1962; A. L. Greil, G. S. and the Sociology of Virtue, Washington D. C. 1981; Y. Guchet, G. S., 1847–1922. Serviteur désintéressé du prolétariat, Paris etc. 2001; C. M. Herrera (ed.), G. S. et le droit, Paris 2005; J. R. Jennings, G. S.. The Character and Development of His Thought, New York 1985; ders., S., REP IX (1998), 34–36; J. Julliard/S. Sand (eds.), G. S. en son temps, Paris 1985; G. Lichtheim, Nachwort, in: G. S., Über die Gewalt, Frankfurt 1969, 1981, 355–393; N. McInnes, S., Enc. Ph. VII (1967), 496–499, IX (²2006), 132–135; J. H. Meisel, The Genesis of G. S.. An Account of His Formative Period Followed by a Study of His Influence, Ann Arbor Mich. 1951; A. Mohler, G. S.. Erzvater der konservativen Revolution. Eine Einführung, Bad Vilbel 2000, Schnellroda ²2004; P. Riviale, Mythe et violence. Autour de G. S.. Avec des textes de L'humanité nouvelle, 1898–1903, Paris/Budapest/Turin 2003; J. J. Roth, The Cult of Violence. S. and the Sorelians, Berkeley Calif./Los Angeles/London 1980; S. Sand, L'illusion du politique. G. S. et le débat intellectuelle 1900, Paris 1985; J. Stanley, The Sociology of Virtue. The Political and Social Theories of G. S., Berkeley Calif./Los Angeles/London 1981 (mit Bibliographie, 343–376); A. Steil, Die imaginäre Revolte. Untersuchungen zur faschistischen Ideologie und ihrer theoretischen Vorbereitung bei G. S., Carl Schmitt und Ernst Jünger, Marburg 1984; B. van Stokkom, G. S.. De ontnuchtering van de Verlichting, Zeist 1990; R. Vernon, Commitment and Change. G. S. and the Idea of Revolution, Toronto/Buffalo N. Y./London 1978. – Cahiers G. S., ed. Société d'Étude Soréliennes 1 (1983) – 6 (1988). H. R. G.

Sorge, als philosophischer Terminus in M. Heideggers Existenzialontologie (↑Existenzialien) Bezeichnung für das ›Sein des menschlichen ↑Daseins‹. S. tritt damit an diejenige Stelle, die in der klassischen ↑Transzendentalphilosophie der Begriff der Subjektivität (↑Subjekt, ↑Subjektivismus, ↑Selbstbewußtsein) einnimmt. Letzterer ist nach Heideggers kritischer Analyse in seiner Bedeutung zu stark an der Beständigkeit (Substanzialität) des ›Vorhandenen‹ orientiert (↑vorhanden/zuhanden). Dadurch werden wesentliche Strukturen wie der Zukunftsbezug und die strukturelle Bezogenheit auf Welt verdeckt. Demgegenüber hebt die Heideggersche Charakterisierung der S.struktur vor allem diese Aspekte hervor: »Sich-vorweg-schon-sein-in-(der-Welt-) als Sein-bei (innerweltlich begegnendem Seienden)« (Sein und Zeit, 192). Als ›Sinn der S.‹ wird von Heidegger die ↑Zeitlichkeit herausgestellt. – In der frühen Rezeption von »Sein und Zeit« ist der Begriff der S. (wie auch andere Zentralbegriffe der ↑Fundamentalontologie, z. B. ↑Angst) zunächst häufig psychologisch-anthropologisch interpretiert worden. Gegen diese Deutung wendet sich Heidegger durch die ›ontologisch-existenziale‹ und ›formalanzeigende‹ Verwendung des Begriffs.

Literatur: G. Figal, S. um sich, Sein, Phänomenalität. Zur Systematik von Heideggers Sein und Zeit, in: ders., Zu Heidegger. Antworten und Fragen, Frankfurt 2009, 83–93; M. Flatscher, S., in: H. Vetter (ed.), Wörterbuch der phänomenologischen Begriffe, Hamburg 2004, 493–494; C. F. Gethmann, Das Sein des Daseins als S. und die Subjektivität des Subjekts, in: ders., Dasein: Erkennen und Handeln. Heidegger im phänomenologischen Kontext, Berlin/New York 1993 (Philosophie und Wissenschaft. Transdisziplinäre Studien 3), 70–112; M. Heidegger, Sein und Zeit, Jb. Philos. phänomen. Forsch. 8 (1927), 1–438, separat Halle 1927, Tübingen ¹⁹2006, §§ 39–44 (180–230); F. W. v. Herrmann, Subjekt und Dasein. Interpretationen zu »Sein und Zeit«, Frankfurt 1974, erw. ²1985; M. Kranz, S., Hist. Wb. Ph. IX (1995), 1086–1090; B. Merker, Die S. als Sein des Daseins (§§ 39–44), in: T. Rentsch (ed.), Martin Heidegger. Sein und Zeit, Berlin 2001, 117–132, ³2015, 109–124; O. Pöggeler, Das Wesen der Stimmungen, Z. philos. Forsch. 14 (1960), 272–284; H. Vetter, Die Angst und die S., in: ders., Grundriss Heidegger. Ein Handbuch zu Leben und Werk, Hamburg 2014, 87–89. C. F. G./O. S.

Sorites (griech. σωρ(ε)ίτης, haufenweise, gehäuft), ursprünglich (z. B. bei M. T. Cicero, Acad. II 16, in: ders., De natura deorum. Academica, Cambridge Mass./London 1933 [repr. 1961], 528–529) Bezeichnung für den in lateinischer Terminologie ↑›Acervus‹ genannten ↑Trugschluß. Seit dem Mittelalter als Kurzform von ›soriticus syllogismus‹ Bezeichnung für einen ↑Kettenschluß. – In der modernen Diskussion ist das Problem des S. eng mit dem Problem der ↑Vagheit von ↑Prädikaten verknüpft. Dabei geht es insbes. um die Untersuchung von Fällen, in denen diese Vagheit zu unakzeptablen Konsequenzen führt, und um die Klärung ihrer

Auswirkungen auf die Begriffe von ↑Wahrheit und Kohärenz (↑kohärent/Kohärenz).

Literatur: M. Black, Vagueness. An Exercise in Logical Analysis, Philos. Sci. 4 (1937), 427–455, Neudr. in: ders., Language and Philosophy. Studies in Method, Ithaca N. Y. 1949, 1952 (repr. Westport Conn. 1981), 1970, 25–58, [gekürzt] in: R. Keefe/P. Smith (eds.), Vagueness. A Reader, Cambridge Mass./London 1996, 2002, 69–81; B. Buldt/E. G. Schmidt, S., Hist. Wb. Ph. IX (1995), 1090–1099; L. Burns, Vagueness and Coherence, Synthese 68 (1986), 487–513; dies., Vagueness. An Investigation into Natural Languages and the S. Paradox, Dordrecht/Boston Mass./London 1991, 2013; J. Cargile, The S. Paradox, Brit. J. Philos. Sci. 20 (1969), 193–202, Neudr. in: R. Keefe/P. Smith (eds.), Vagueness [s. o.], 89–98; M. Dummett, Wang's Paradox, Synthese 30 (1975), 301–324, Neudr. in: R. Keefe/P. Smith (eds.), Vagueness [s. o.], 99–118; K. Fine, Vagueness, Truth and Logic, Synthese 30 (1975), 265–300, Neudr. in: R. Keefe/P. Smith (eds.), Vagueness [s. o.], 119–150; D. Hyde, S. Paradox, SEP 1997, rev. 2011; W. V. O. Quine, What Price Bivalence?, J. Philos. 78 (1981), 90–95, erw. in: ders., Theories and Things, Cambridge Mass. 1981, 1999, 31–37 (dt. Zweiwertigkeit – um welchen Preis?, in: ders., Theorien und Dinge, Frankfurt 1985, 2005, 47–54); D. Raffman, Unruly Words. A Study of Vague Language, Oxford etc. 2014; R. M. Sainsbury, Paradoxes, Cambridge etc. 1988, 25–49, ²1995, 23–51, ³2009, 40–68 (dt. Paradoxien, Stuttgart 1993, 39–72, erw. 2001, 41–82, erw. 2010, 86–139); S. Weiss, The S. Antinomy. A Study in the Logic of Vagueness and Measurement, Diss. Chapel Hill N. C. 1973. C. T.

Sortenlogik (engl. many-sorted logics), Bezeichnung für Logiken 1. Stufe, die über mehr als eine Sorte von ↑Individuenvariablen verfügen. Jede Variablensorte steht dabei für eine eigene Sorte von Gegenständen. Entsprechend wird eine S. nicht über einem einheitlichen Universum, sondern über mehreren Gegenstandsbereichen interpretiert. Eine zweisortige Sprache mit Variablen $u, u_1, u_2, \ldots$ der Sorte U und $v, v_1, v_2, \ldots$ der Sorte V wird z. B. über einer Struktur mit zwei Universen $\mathfrak{U}$ und $\mathfrak{V}$ interpretiert. Eine Formel der Art

$$\bigwedge_u \bigvee_v P(u,v)$$

besagt dann, daß es zu jedem Objekt a aus $\mathfrak{U}$ ein Objekt b aus $\mathfrak{V}$ gibt, so daß $\mathfrak{P}(a,b)$ gilt, wobei $\mathfrak{P}$ eine Relation aus $\mathfrak{U} \times \mathfrak{V}$ ist. Mehrsortige Logiken lassen sich durch Einführung geeigneter einstelliger ↑Prädikate und relativierter ↑Quantoren auf einsortige Logiken zurückführen, im angegebenen Beispiel durch

$$\bigwedge_x (U(x) \rightarrow \bigvee_y (V(y) \wedge P(x,y))),$$

wobei U und V durch die Eigenschaften $\mathfrak{U}$ und $\mathfrak{V}$ über dem einheitlichen Universum $\mathfrak{U} \cup \mathfrak{V}$ interpretiert werden. Die S. stellt also keine fundamentale Erweiterung der Logik 1. Stufe dar (wie etwa ↑Modallogik oder ↑Stufenlogik). Trotzdem ist es häufig einfacher, mit mehrsortigen Sprachen zu arbeiten, als Relativierungen von Quantoren mitzuführen. P. S.

Sosein, Bezeichnung für die Klasse der Eigenschaften, die einem Gegenstand zukommen. Terminologisch wird S. vor allem als Übersetzung von *quidditas* (↑Quiddität) oder ↑*essentia* (auch ↑Wesen) verwendet. S. ist disjunkt zu Dasein im Sinne von ↑*existentia*. O. S.

Soto, Domingo de, *Segovia 1494, †Salamanca 15. Nov. 1560, span. Philosoph und Theologe, bedeutender Vertreter der spanischen Spätscholastik. Nach Studium der Philosophie in Alcalá (ab ca. 1512) sowie der Philosophie und der Theologie in Paris (1516–1519) lehrte S. ab 1520 Logik, Physik und Metaphysik in Alcalá. 1524 Eintritt in den Dominikanerorden, 1532–1549 zweiter, ab 1552 erster Prof. der Theologie an der Cátedra de Visperas in Salamanca. S. nahm 1545–1548 am Tridentinum teil, war 1548–1550 Beichtvater Karls V. und an der Ausarbeitung des Augsburger Interims beteiligt. 1550–1552 und 1556–1560 Prior von San Esteban in Salamanca. – S. ist eines der führenden Mitglieder der Schule von Salamanca (↑Salamanca, Schule von), die, an Thomas von Aquin anschließend, naturrechtliche Konzeptionen entwickelte, welche die menschliche Freiheit, die Gleichheit der Völker (ein aktuelles Thema nach den amerikanischen Eroberungen) und die Gerechtigkeit ins Zentrum rückten. S.s philosophische und theologische Arbeiten (mit Schwerpunkten in der Gnadenlehre und in der Rechtsphilosophie) sind durch den ↑Humanismus beeinflußt. P. Duhem entdeckte S. als Gelehrten von wissenschaftshistorischer Bedeutung. Relevant ist seine Entdeckung der Proportionalität von Fallgeschwindigkeit und Fallzeit beim freien Fall, beiläufig erwähnt im Rahmen einer Diskussion der Merton-Regel (↑Merton School) als Beispiel für eine gleichförmig beschleunigte Bewegung (Super octo libros physicorum Aristotelis commentarii, 1551).

Werke: Summule, Burgos 1529, unter dem Titel: Summulae, Salamanca ²1554 (repr., ed. W. Risse, Hildesheim/New York 1980); Relectio […] de ratione tegendi et detegendi secretum, Salamanca 1541, ²1552, 1590, unter dem Titel: De ratione tegendi et detegendi secretum. Relectio theologica, Douai 1623, ferner in: Relecciones y opúsculos [s. u.] II.1, 175–553; Super octo libros physicorum Aristotelis commentaria, Salamanca 1545; Super octo libros physicorum Aristotelis quaestiones, Salamanca 1545, [zusammen mit Super octo libros (…) commentarii] erw. unter dem Titel: Super octo libros physicorum Aristotelis commentarii, Salamanca ²1551, unter dem Titel: Commentaria in octo libros Physicorum Aristotelis, Burgis 1665; In causa pauperum deliberatio, Salamanca 1545, 1547, ferner in: Relecciones y opúsculos [s. u.] II.2, 203–361 (span. Deliberación en la causa de los pobres, Salamanca 1545, Madrid 1965, ed. A. Martínez Casado, Salamanca 2006; franz. La cause des pauvres, ed. E. Fernandez-Bollo, Paris 2013); De extremo judicio […] ad legatos, et synodum, eadem di Tridenti habita, o.O. 1545, 1546, ferner in: Relecciones y opúsculos [s. u.] IV, 309–337; De natura & gratia, Venedig 1547, Paris 1549 (repr. Farnborough 1965), Venedig 1584; In dialecticam Aristotelis commentarii, Salamanca 1548, erw. unter dem

Titel: In Porphyrii Isagogen, Aristotelis Categorias, librosq; de Demonstratione, absolutissima commentaria, Venedig 1587 (repr. Frankfurt 1967); In epistolam divi Pauli ad Romanos commentarii, Salamanca 1550, 1551; De cauendo iuramentorum abusu ad laudem diuini nominis institutio, Salamanca 1551, 1552, ferner in: Relecciones y opúsculos [s. u.] II.1, 30–155 (span. Inst’tucion […] de como se ha de evitar el abuso de los juramentos, Salamanca 1551, 1553, 1569); Summa de la doctrina christiana, Salamanca 1552, ferner in: Relecciones y opúsculos [s. u.] II.2, 411–452; De iustitia et iure libri decem, Salamanca 1553, 1556 (repr., I–V, mit span. Übers., ed. V. D. Carro, Madrid 1967–1968), Venedig 1608; Commentariorum in quartum sententiarum, I–II, Salamanca 1557/1560, Venedig 1598; In libros posteriorum Aristotelis sive de demonstratione absolutissima commentaria, Venedig 1573/1574; Cvrsvs philosophici ex doctrina […] Dominici d. S., I–V, Rom 1659–1665; Tradado del amor de Díos, Madrid o.J. [1790?], ferner in: Relecciones y opúsculos [s. u.] II.2, 463–589; Relección »De dominio«, ed. J. Brufau Prats, Granada 1964, ferner in: Relecciones y opúsculos [s. u.] I, 96–191; De legibus. Comentarios al tratado de la ley [lat./span.], ed. F. Puy/L. Núñez, Granada 1965; Relecciones y opúsculos [lat./span.], I–IV (in 5 Bdn.), I ed. J. Brufau Prats, II.1 ed. A. Osuna Fernández-Largo, II.2 ed. S. Sánchez-Lauro/J. Brufau Prats, III ed. I. García Pinilla, IV ed. R. Hernández Martin, Salamanca 1995–2011. – V. Beltran de Heredia, D. d. S.. Estudio biográfico documentado, Salamanca 1960 (Instituto de cultura hispanica. Biblioteca de teologos españoles 20), 515–588.

Literatur: E. J. Ashworth, D. d. S. (1494–1560) and the Doctrine of Signs, in: G. L. Bursill-Hall/S. Ebbesen/K. Koerner (eds.), De ortu grammaticae. Studies in Medieval Grammar and Linguistic Theory in Memory of Jan Pinborg, Amsterdam/Philadelphia Pa. 1990, 35–48; dies., D. d. S. on ›Obligations‹. His Use of ›Dubie positio‹, in: I. Angelelli/P. Pérez-Ilzarbe (eds.), Medieval and Renaissance Logic in Spain, Hildesheim/Zürich/New York 2000, 291–307; J. Barrientos García, Un siglo de moral económica en Salamanca (1526–1629) I (Francisco de Vitoria y D. d. S.), Salamanca 1985; K. J. Becker, Die Rechtfertigungslehre nach D. d. S.. Das Denken eines Konzilsteilnehmers vor, in und nach Trient, Rom 1967; M. Beuchot, El problema de los universales en D. d. S. y Alonso de la Vera Cruz, Rev. filos. Méx. 17 (1984), 249–273; A. Blank, D. d. S. on Justice to the Poor, Intellectual Hist. Rev. 25 (2015), 133–146; E. P. Bos, Nature and Number of the Categories and the Division of Being According to D. d. S., in: I. Angelelli/P. Pérez-Ilzarbe (eds.), Medieval and Renaissance Logic in Spain, Hildesheim/Zürich/New York 2000, 327–353; A. Brett, Individual and Community in the ›Second Scholastic‹. Subjective Rights in D. d. S. and Francisco Suárez, in: C. Blackwell/S. Kusukawa (eds.), Philosophy in the Sixteenth and Seventeenth Centuries. Conversations with Aristotle, Aldershot/Brookfield Vt. 1999, 146–168; J. Brufau Prats, El pensamiento político de D. d. S. y su concepción del poder, Salamanca 1960; V. D. Carro, D. d. S. y su doctrina jurídica. Estudio teológico-jurídico e histórico, Madrid 1943, Salamanca ²1944; J. Cruz Cruz (ed.), La ley natural como fundamento moral y jurídico en D. d. S., Pamplona 2007; A. del Cura, D. d. S., maestro de filosofía, Estudios filos. 9 (1960), 391–440; S. Di Liso, D. d. S.. Dalla logica alla scienza, Bari 2000; ders., D. d. S.. Ciencia y filosofía de la naturaleza, Pamplona 2006; J. P. Doyle, S., REP IX (1998), 37–40; P. Duhem, Études sur Léonard de Vinci III, Paris 1913 (repr. Paris/Montreux 1984), 263–583 (Dominique S. et la scolastique parisienne); J. M. Garrán Martínez, La prohibición de la mendicidad. La controversia entre D. d. S. y Juan de Robles en Salamanca (1545), Salamanca 2004;

B. Hamilton, Political Thought in Sixteenth-Century Spain. A Study of the Political Ideas of Vitoria, D. S., Suárez, and Molina, Oxford 1963; B. Hill, D. d. S., in: H. Lagerlund (ed.), Encyclopedia of Medieval Philosophy I, Dordrecht etc. 2011, 271–274; E. Marcano, Una visión renacentista del derecho a la vida. D. d. S., Ciencia Tomista 113 (Salamanca 1986), 65–84; L. Moragas i Gascons, D. d. S., hereu de la cinemática medieval, Llull 8 (1985), 65–105; V. Muñoz Delgado, Lógica formal y filosofía en D. d. S., 1494–1560, Madrid 1964; J. J. Pérez Camacho/I. Sols Lucía, D. d. S. en el origen de la ciencia móderna, Revista Filos. 7 (Madrid 1994), 455–475; M. Scattola, Bellum, dominium, ordo. Das Thema des gerechten Krieges in der Theologie des D. d. S., in: N. Brieskorn/M. Riedenauer (eds.), Suche nach Frieden. Politische Ethik in der frühen Neuzeit I, Stuttgart/Berlin/Köln 2000, 119–137; ders., Naturrecht als Rechtstheorie. Die Systematisierung der ›res scholastica‹ in der Naturrechtslehre des D. d. S., in: F. Grunert/K. Seelmann (eds.), Die Ordnung der Praxis. Neue Studien zur spanischen Spätscholastik, Tübingen 2001, 21–48; ders., Die weiche Ordnung – Recht und Gesetz in der Naturrechtslehre des D. d. S., in: A. Fidora/M. Lutz-Bachmann/A. Wagner (eds.), Lex und Ius. Beiträge zur Begründung des Rechts in der Philosophie des Mittelalters und der Frühen Neuzeit/Lex and Ius. Essays on the Foundation of Law in Medieval and Early Modern Philosophy, Stuttgart-Bad Cannstatt 2010, 333–367; ders., Dominium und Freiheit in der Rechtslehre von D. d. S., in: M. Kaufmann/J. Renzikowski (eds.), Freiheit als Rechtsbegriff, Berlin 2016, 137–152; W. Senner, S., BBKL X (1995), 831–836; M. Solana, Historia de la filosofía española. Época del Renacimiento (Siglo XVI) III, Madrid 1941, 91–130; A. Spindler, Positive Gesetze als Ausdruck menschlicher Rationalität bei Francisco de Vitoria und D. d. S., in: K. Bunge u. a. (eds.), Kontroversen um das Recht. Beiträge zur Rechtsbegründung von Vitoria bis Suárez, Stuttgart-Bad Cannstatt 2013, 37–68; J. Uscatescu Barrón, D. d. S.s Auseinandersetzung mit der protestantischen Theologie in »De natura et gratia« im Ringen um den philosophisch-theologischen Begriff ›natura pura‹ gegen Luthers Menschenbild, in: G. Frank/V. Leppin (eds.), Die Reformation und ihr Mittelalter, Stuttgart-Bad Cannstatt 2016, 3–39; R. van der Lecq, D. d. S. on Universals and the Ontology of Intentions, in: I. Angelelli/P. Pérez-Ilzarbe (eds.), Medieval and Renaissance Logic in Spain, Hildesheim/Zürich/New York 2000, 309–325; W. A. Wallace, The Enigma of D. d. S.. ›Uniformiter difformis‹ and Falling Bodies in Late Medieval Physics, Isis 59 (1968), 384–401 (repr. in: ders., D. d. S. and the Early Galileo [s. u.]), Neudr. in: ders., Prelude to Galileo. Essays on Medieval and Sixteenth-Century Sources of Galileo's Thought, Dordrecht/Boston Mass./London 1981 (Boston Stud. Philos. Sci. LXII), 91–109; ders., The »Calculatores« in Early Sixteenth-Century Physics, Brit. J. Hist. Sci. 4 (1969), 221–232, Neudr. in: ders., Prelude to Galileo [s. o.], 78–90; ders., S., DSB XII (1975), 547–548; ders., Duhem und Koyré on D. d. S., Synthese 83 (1990), 239–260 (repr. in: ders., D. d. S. and the Early Galileo [s. u.]); ders., D. d. S. and the Early Galileo, Aldershot/Burlington Vt. 2004; A. Zahar Vergara, La filosofía de la ley según D. d. S. Ensayo sobre uno de los grandes juristas del Siglo de Oro español, México 1946.   J. M.

Sozialdarwinismus (engl. social darwinism), seit Anfang des 20. Jhs. in polemischer Absicht aufgekommene Bezeichnung für seit Mitte des 19. Jhs. bis etwa zur Mitte des 20. Jhs. vertretene naturalistische (↑Naturalismus), sozialphilosophische, sozialpolitische und außenpolitische Konzeptionen, die sich unter Bezug auf evolutio-

näre, d. h. natürliche, Prozesse zu rechtfertigen versuchen. Denker, die dem S. zugeordnet werden, verstehen sich selbst oft nicht als Darwinisten (↑Darwinismus); zur Begründung ihrer Auffassungen ziehen sie lediglich die Tatsache der ↑Evolution heran. Was den Mechanismus des Evolutionsprozesses betrifft, werden im S. häufig Lamarckistische (↑Lamarckismus) Positionen bezogen; Darwinisten findet man nur kontingenterweise. Sehr häufig wird statt einer eigentlichen Theorie des Evolutionsverlaufs nur eine unspezifische (z. B. auch im Lamarckismus vielgebrauchte) Kampfterminologie verwendet: ›Kampf ums Dasein‹ (wie das zutreffender als ›Wettbewerb‹, ›Ringen‹ zu übersetzende ›struggle for life‹ in deutschen Texten wiedergegeben wird) und ›Überleben der Tüchtigsten‹ (survival of the fittest) werden dabei als unabänderliche Tatsachen des Naturverlaufs betrachtet. Diese Begriffe werden zwar auch von Darwin verwendet, sind jedoch nicht von ihm geprägt worden. Der Grundbegriff der Darwinschen ↑Evolutionstheorie ist vielmehr der Begriff der natürlichen ↑Selektion. Danach prämiert die Natur solche Varianten einer Population mit höherem Fortpflanzungserfolg, die ihrer biotischen und abiotischen Umwelt besser angepaßt sind. Diese Varianten sind deswegen in der nächsten Generation in der Population in einem größeren Ausmaß vertreten als die weniger Angepaßten. Bei konstanten oder in geeigneter Weise partiell konstanten Umweltbedingungen ergibt sich so eine in der Generationenfolge zunehmend bessere Umweltanpassung.

›S.‹ als ein in polemischer Abgrenzung gebildeter Begriff bezieht sich nicht auf ein einheitliches Konzept, sondern zum Teil intern widersprüchliche Einzelkonzeptionen, die auch häufig miteinander unvereinbar sind. In den angelsächsischen Ländern gelangte der S. zu größerer politischer Bedeutung als auf dem Kontinent, wobei zu beachten ist, daß der ↑Biologismus der Werte, der den S. in seiner späteren, zweiten Phase (ab etwa 1890) kennzeichnet, einen bedeutenden Beitrag zu jener Erosion individuenbezogener Wert- und Gerechtigkeitsvorstellungen in Deutschland lieferte, an die der Nationalsozialismus anschließen konnte. Im innerstaatlichen Kontext ergaben sich (1) Laissez-faire-Kapitalismus und (2) Eugenikprogramme als Folgerungen aus dem S.. Auf der zwischenstaatlichen Ebene diente der S. (3) der Legitimation von Rassismus und Imperialismus.

(ad 1) Die sozialdarwinistische Begründung einer von staatlichen Eingriffen weitgehend freien Konkurrenzgesellschaft geht auf den schon vor Darwins »Origin of Species« (1859) konzipierten fortschrittsoptimistischen Evolutionismus von H. Spencer zurück. Danach befindet sich der gesamte Kosmos im Zustand einer beständigen Höherentwicklung, deren Kulminationspunkt eine gerechte Gesellschaft, bestehend aus einander wohlgesonnenen Individuen ist. Der Weg dorthin ist vom

Wettbewerb (›struggle‹) geprägt. Freilich führt dieser Wettbewerb in der Regel nicht zur Ausrottung der Schwächeren; viel wichtiger ist für Spencer der Gedanke, daß Wettbewerb zur Verbesserung der Individuen führt. Da Spencer die Vererbung erworbener Eigenschaften annahm, wird jede Verbesserung in die nächste Generation weitergegeben (der Ausdruck ›survival of the fittest‹ wurde von Spencer geprägt). Andauernder Wettbewerbsdruck führt so zu einer kontinuierlichen Verbesserung der sozialen Verhältnisse. Staatliche Eingriffe in diesen Prozeß in Form von Hilfsprogrammen jeder Art (wie Arbeitslosenversicherung, Krankenversicherung und dergleichen) mindern die kompetitive Anstrengung der Einzelnen und stehen somit dem Naturprozeß zum Besseren im Wege. Bereits T. H. Huxley macht gegenüber Spencer geltend, daß nicht zu erwarten sei, daß Tauglichkeit im gesellschaftlichen Konkurrenzkampf mit dem moralisch Guten gleichzusetzen sei, ein Einwand, der von G. E. Moore später als ›naturalistischer Fehlschluß‹ (↑Naturalismus (ethisch)) bezeichnet wird. Beachtenswert ist, daß Spencer nicht, wie spätere Formen des S., mit Blick auf herkömmliche Wertungen, ausgesprochen unmoralische Ziele propagiert. Seine Zielvorstellung einer gerechten Gesellschaft von einander wohlwollenden Individuen findet man auch in anderen moralischen Konzeptionen. Die Betonung von Wettbewerb und Überleben der Tüchtigen entspricht zudem tragenden Sekundärtugenden der Viktorianischen Gesellschaft wie Fleiß, Sparsamkeit und Unternehmungsgeist. Darwin selbst scheint mit vielen sozialdarwinistischen Ideen Spencers übereingestimmt zu haben.

Während Spencers Ideen auf dem Kontinent keine größere Wirkung zeigten, wurden sie in Großbritannien und den USA breit diskutiert und, vor allem auf Unternehmerseite, zum Teil enthusiastisch rezipiert. In Deutschland sind in diesem Kontext lediglich wissenschaftliche Außenseiter (wie F. v. Hellwald und A. Tille) zu nennen, deren politisch rechtsgerichtete Thesen im Unterschied zu denjenigen Spencers antichristlich und antihumanitär sind.

(ad 2) Die sozialdarwinistische Eugenik geht dem Begriff und der Sache nach auf Darwins Vetter F. Galton zurück und wuchs bald zu einer größeren Bewegung in Wissenschaft und Gesellschaft an. Im deutschen Sprachraum, in dem die Eugenikbewegung eine relativ eigenständige Entwicklung nahm, verwendete man statt des Ausdrucks ›Eugenik‹ vielfach den Ausdruck ›Rassenhygiene‹. Ziel der Eugenik bzw. der Rassenhygiene war die kontinuierliche ›Verbesserung‹ der Gesellschaft mittels Verbesserung ihrer biologischen Basis durch Ausschluß der ›Minderwertigen‹ von der Fortpflanzung. Dieses Ziel war die Reaktion auf die weitverbreitete Annahme, daß die modernen Industriegesellschaften aufgrund von vor allem verbesserter hygienischer und medizinischer

Versorgung biologisch degenerierten. So bezeichnete etwa der deutsche, von A. Hitler schon vor 1933 zustimmend rezipierte Genetiker F. Lenz das Problem der ›Erbqualität der kommenden Geschlechter‹ für wesentlich wichtiger als alle Klassenauseinandersetzungen (↑Klasse (sozialwissenschaftlich)) und politischen Divergenzen. Die vorgeschlagenen Methoden und das Ausmaß des Ausschlusses von der Fortpflanzung waren unterschiedlich. Sie reichten von der Tötung ›minderwertiger‹ Neugeborener, Zwangssterilisation, künstlicher Befruchtung und Vorschlägen zur Einrichtung von – dem späteren NS-Lebensborn ähnlichen – Institutionen (wie sie der Gestaltpsychologe und eugenische Gegner der Züchtungsmonogamie C. v. Ehrenfels für erforderlich hielt) bis zur Indikation der Nicht-Fortpflanzung auch für ausgesprochen Häßliche, was dazu führte, daß vereinzelt, wie etwa von Lenz, etwa ein Drittel der Bevölkerung für nicht fortpflanzungswürdig erachtet wurde. Die von Spencer noch hochgehaltenen individualistischen Freiheits- und Grundrechte wurden in der Eugenikbewegung zugunsten staatlicher Interventionsrechte und Interventionspflichten zur Disposition gestellt. Das die hergebrachte Bedeutung von ›Euthanasie‹ euphemistisch verfälschende ›Euthanasieprogramm‹ (d. h. die Ermordung geistig Behinderter) der Nationalsozialisten ist in diesem Sinne der rassenhygienischen Bewegung zuzuordnen.

Es besteht eine grundsätzliche politische Nähe rechter und konservativer Positionen zum S.. Allerdings läßt sich der S. auch mit sozialistischen oder wenigstens sozialreformerischen Positionen vereinbaren. In dieser Sicht würde konsequent betriebene Eugenik eine Hebung des biologisch-gesundheitlichen Niveaus der Arbeiterklasse herbeiführen. Im linken Kontext des S. wurden auch die gesellschaftlichen Paarungsbarrieren aus eugenischen Gründen bekämpft. F. Nietzsches Vorstellung vom ↑Übermenschen ist aus einem sozialdarwinistischen Kontext erwachsen und wirkte verstärkend auf ihn zurück. Auch die Kirchen (für den Katholizismus z. B. H. Muckermann) standen der Eugenik teilweise positiv gegenüber.

(ad 3) In vielfacher Hinsicht überschneidet sich eine rassenanthropologische Variante des S. mit der eugenischen. Die Rassenanthropologie geht von tiefgreifenden, evolutionär herausgebildeten Unterschieden zwischen den Menschenrassen aus. An der Spitze der Evolution steht – mit einem natürlichen Vorrang vor allen anderen – die weiße oder nordische (häufig auch, stärker national differenziert, etwa die angelsächsische oder germanische) Rasse. Aus diesem beanspruchten natürlichen Vorrang, der im übrigen die communis opinio des damaligen Europa zum Ausdruck brachte, ergeben sich für den S. Legitimationen für Kolonialismus, Imperialismus und nationale Vorherrschaft. So forderte etwa K. Pearson die ›Ersetzung‹ der dunkelhäutigen und in seinen Augen deshalb minderwertigen Rassen durch die Weißen. Obwohl er physische Vernichtung ausdrücklich ausschloß, ließ er die Frage offen, wie denn die Verdrängung der Dunkelhäutigen erfolgen solle. Der nordirisch-protestantische Biologe E. W. MacBride, ein überzeugter Lamarckist, schlug vor, die katholischen Iren zu sterilisieren, da diese als Kelten die britische Rasse genetisch in Gefahr brächten.

In Deutschland verstanden sich rassenanthropologische Konzeptionen (z. B. diejenige L. Woltmanns) als naturwissenschaftliche Grundlegungen und Weiterentwicklungen eher spekulativer Ansätze des 19. Jhs. (z. B. bei J. A. Gobineau). In der Regel besaßen die deutschen Rassenanthropologen geringe naturwissenschaftliche Vorbildung und wirkten außerhalb der Universitäten. Freilich darf man die gesellschaftliche Breitenwirkung ihrer Überlegenheits- und Gewaltkonzeptionen nicht unterschätzen. Zum einen gaben sie der überall in Europa ohnehin bestehenden rassistischen Grundstimmung eine wissenschaftliche Scheinlegitimation, zum anderen konnten sie mit ihrer Idee vom Vorrang der nordischen oder arischen Rasse an idealistische Konzeptionen geschichtlicher Höherentwicklung bei F. W. J. Schelling und G. W. F. Hegel anknüpfen. Auch entsprach die Grundkonzeption der Rassenanthropologie der These vom Vorrang der nordischen Rasse, die E. Haeckel in seinen populären und weitverbreiteten Schriften in den Rang einer wissenschaftlichen Weltanschauung erhoben hatte (↑Monismus).

Die nationalsozialistische Judenvernichtung läßt sich teilweise vor dem Hintergrund eines sozialdarwinistischen Motivationsgemischs verstehen. Dieses besteht aus (a) der angeblichen jüdischen Bedrohung der biologischen Existenz der arisch-germanischen Rasse, verbunden mit (b) deren angeblich wissenschaftlich nachgewiesener Überlegenheit, (c) der Annahme einer grundsätzlich in den Kategorien von ›Überlebenskampf‹ und ›Ausrottung‹ aufgefaßten Interaktion zwischen Völkern und Rassen und (d) dem Glauben an die Machbarkeit der eugenischen Utopie, die den Vorrang der germanischen Rasse nach Ausrottung ihrer vorgeblichen Feinde und Konkurrenten, allen voran der ›jüdischen Rasse‹, auf Dauer stellen könnte. Freilich waren nicht alle Rassehygieniker auch arioman. W. Schallmayer z. B. lehnte Antisemitismus und übersteigerten Nationalismus ab. Eugenische Maßnahmen seien zwar auf das je eigene Volk beschränkt, Ziel der Eugenik als solcher sei aber eine grundsätzliche ›Verbesserung‹ der Menschheit. – Bezüglich der Frage, auf welche Ziele und Werte hin Eugenik betrieben werden sollte, herrschte – trotz eines allgemein vertretenen Biologismus – naturgemäß keine Einigkeit. Es gab zwar einen überwiegenden, gemeinsamen Trend zu physischer Gesundheit als obersystem Wert, aber auch charakterliche Tugenden und Intelligenz wurden vielfach als Ziele angestrebt. Ein großes Problem für die eugenische Zielbestimmung bildete die erstmals von C. Lombroso vertretene Korrelation von ↑Genie und Wahnsinn.

Die Bezeichnung ›Sozial*darwinismus*‹ ist für die üblicherweise so bezeichneten Positionen irreführend. Die ›sozialdarwinistischen‹ Basiskategorien ›Kampf‹, ›Ausrottung‹, ›Verdrängung‹, ›Überleben der Tüchtigsten‹ prägen das gesamte evolutionistische Denken des 19. Jhs. und nicht speziell den Darwinismus. Darüber hinaus wurde der Kern des Darwinismus, die Theorie der natürlichen Selektion, in den letzten Jahrzehnten des 19. Jhs. weitgehend abgelehnt. Der S. stützt sich mithin nicht auf den Darwinismus als selektionistische Evolutionstheorie, sondern auf einen unspezifischen ›Evolutionismus‹, der vom Faktum der Evolution ausgeht sowie davon, daß ›Kampf‹ den Motor des evolutionären Prozesses bilde. Viele Nicht-Darwinisten waren in diesem Sinne ›Sozialdarwinisten‹, während sich unter den nicht eben zahlreichen Darwinisten Gegner des S. finden. Der erste S. im eigentlichen Sinne des Wortes ist die ↑Soziobiologie als selektionistische Erklärung des Sozialverhaltens.

Literatur: M. B. Adams (ed.), The Wellborn Science. Eugenics in Germany, France, Brazil, and Russia, New York/Oxford 1990; O. Ammon, Die Gesellschaftsordnung und ihre natürlichen Grundlagen. Entwurf einer Sozial-Anthropologie zum Gebrauch für alle Gebildeten, die sich mit sozialen Fragen befassen, Jena 1895, erw. ³1900; R. C. Bannister, Social Darwinism. Science and Myth in Anglo-American Social Thought, Philadelphia Pa. 1979, 1988; E. Baur/E. Fischer/F. Lenz, Grundriß der menschlichen Erblichkeitslehre und Rassenhygiene, I–II, München 1921, erw. ²1923, erw. ³1927–1931, unter dem Titel: Menschliche Erblehre und Rassenhygiene, I–II, ⁴1932–1936, ⁵1940; E. Becher, Der Darwinismus und die soziale Ethik. Ein Vortrag, gehalten zur Hundertjahrfeier von Darwins Geburtstage vor der Philosophischen Vereinigung in Bonn, nebst Erweiterungen und Anmerkungen, Leipzig 1909; P. E. Becker, Wege ins Dritte Reich, I–II, Stuttgart/New York 1988/1990; P. J. Bowler, The Invention of Progress. The Victorians and the Past, Oxford 1989; ders., Darwinism, New York etc. 1993; M. Brinkworth/F. Weinert (eds.), Evolution 2.0. Implications of Darwinism in Philosophy and the Social and Natural Sciences, Heidelberg etc. 2012; J. W. Burrow, Evolution and Society. A Study in Victorian Social Theory, Cambridge etc. 1966, 1981; B. Carneri, Sittlichkeit und Darwinismus. 3 Bücher Ethik, Wien 1871, erw. Wien/Leipzig ²1903; ders., Grundlegung der Ethik, Stuttgart 1880, 1905; H. Conrad-Martius, Utopien der Menschenzüchtung. Der S. und seine Folgen, München 1955; P. Crook, Darwin's Coat-Tails. Essays on Social Darwinism, New York etc. 2007; P. Dickens, Social Darwinism. Linking Evolutionary Thought to Social Theory, Buckingham 2000; C. v. Ehrenfels, Die konstitutive Verderblichkeit der Monogamie und die Unentbehrlichkeit einer Sexualreform, Arch. Rassen- u. Gesellschafts-Biol. 4 (1907), 615–651, 803–830; F. Galton, Hereditary Talent and Character, MacMillan's Magazine 12 (1865), 157–166, 318–327; ders., Hereditary Genius. An Inquiry into Its Laws and Consequences, London 1869 (repr. London, New York 1978,

1979), ²1892 (dt. Genie und Vererbung, Leipzig 1910); ders., Inquiries into Human Faculty and Its Development, London/New York 1883 (repr. Bristol 1998), London ²1907 (repr. New York 1973); ders., Essays in Eugenics, London 1909 (repr. New York/London 1985, London 2013); J. A. Gobineau, Essai sur l'inégalité des races humaines, I–IV, Paris 1853–1855, in 2 Bdn., ²1884, ⁶1933, ed. H. Juin, Paris 1967 (dt. Versuch über die Ungleichheit der Menschenrassen, I–IV, Stuttgart 1898–1901, ⁵1939–1940; engl. The Inequality of Human Races, London, New York 1915 [repr. New York 1967, 1999]); S. J. Gould, The Mismeasure of Man, New York 1981, rev. 1996, London 1997 (dt. Der falsch vermessene Mensch, Basel/Boston Mass./Stuttgart 1983, Frankfurt 2007); J. S. Haller, Outcasts from Evolution. Scientific Attitudes of Racial Inferiority, 1859–1900, Urbana Ill. 1971, Carbondale Ill./Edwardsville Ill. 1995; M. H. Haller, Eugenics. Hereditarian Attitudes in American Thought, New Brunswick N. J. 1963, 1984; M. Hawkins, Social Darwinism in European and American Thought 1860–1945. Nature as Model and Nature as Threat, Cambridge etc. 1997, 1998; J. B. Haycraft, Darwinism and Race Progress, London/New York 1895, ³1908 (dt. Natürliche Auslese und Rassenverbesserung, Leipzig 1895); C. J. H. Hayes, A Generation of Materialism, 1871–1900, New York/London 1941, ³1941 (repr. Westport Conn. 1983), New York etc. 1963; O. Hertwig, Zur Abwehr des ethischen, des sozialen, des politischen Darwinismus, Jena 1918, ²1921; G. Himmelfarb, Victorian Minds, London, New York 1968, mit Untertitel: A Study of Intellectuals in Crisis and Ideologies in Transition, Chicago Ill. 1995; R. Hofstadter, Social Darwinism in American Thought, Philadelphia Pa. 1944, rev. New York 1955, Boston Mass. 1992; G. Jones, Social Darwinism and English Thought. The Interaction between Biological and Social Theory, Brighton 1980; D. J. Kevles, In the Name of Eugenics. Genetics and the Uses of Human Heredity, New York 1985, Cambridge Mass. etc. 2004; ders., Die soziologische Bedeutung der Selektion, in: G. Heberer/F. Schwanitz (eds.), Hundert Jahre Evolutionsforschung. Das wissenschaftliche Vermächtnis Charles Darwins, Stuttgart 1960, 368–396; P. v. Lilienfeld, Gedanken über die Socialwissenschaft der Zukunft, I–V, Mitau 1873–1881, Berlin 1901; C. Lombroso, Genio e follia. Prelezione ai corsi di antropologia e clinica psichiatrica, Mailand 1864, rev. unter dem Titel: Genio e follia in rapporto alla medicina legale, alla critica ed alla storia, Rom/Turin/Florenz 1882 (dt. Genie und Irrsinn in ihren Beziehungen zum Gesetz, zur Kritik und zur Geschichte, Leipzig 1887, 1920); K. M. Ludmerer, Genetics and American Society. A Historical Appraisal, Baltimore Md./London 1972, 1974; F. Lütgenau, Darwin und der Staat, Leipzig 1905; P. M. Mazumdar, Eugenics, Human Genetics and Human Failings. The Eugenics Society, Its Sources and Its Critics in Britain, London/New York 1992; dies. (ed.), The Eugenics Movement. An International Perspective, I–VI, London etc. 2007; J. Misch, Die politische Philosophie Ludwig Woltmanns im Spannungsfeld von Kantianismus, Historischem Materialismus und S., Bonn 1975; H. Muckermann, Biologische Grundlagen der Eugenik, Potsdam 1932; J. B. Müller, S., Hist. Wb. Phil. IX (1995), 1127–1129; R. Proctor, Racial Hygiene. Medicine under the Nazis, Cambridge Mass./London 1988, 2000; T. Reusch, Die Ethik des S., Frankfurt etc. 2000; R. J. Richards, Darwin and the Emergence of Evolutionary Theories of Mind and Behavior, Chicago Ill./London 1987, 1995; A. Rosenberg, Darwinism in Philosophy, Social Science and Policy, Cambridge etc. 2000; F. Schachermeyr, Lebensgesetzlichkeit in der Geschichte. Versuch einer Einführung in das geschichtsbiologische Denken, Frankfurt 1940; A. E. F. Schäffle, Bau und Leben des socialen Körpers. Encyclopädischer Entwurf einer realen Anatomie, Physiologie und Psychologie der menschlichen Gesellschaft mit besonderer Rücksicht auf die Volkswirtschaft als socialen Stoffwechsel, I–IV, Tübingen 1875–1878, Neudr. 1881 (repr. Dillenburg 1998), I–II, erw. ²1896; W. Schallmayer, Vererbung und Auslese im Lebenslauf der Völker. Eine staatswissenschaftliche Studie auf Grund der neueren Biologie, Jena 1903, erw. unter dem Titel: Vererbung und Auslese in ihrer soziologischen und politischen Bedeutung, Jena ²1910, erw. unter dem Titel: Vererbung und Auslese. Grundriß der Gesellschaftsbiologie und der Lehre vom Rassendienst […], Jena ³1918, ⁴1920; L. Schemann, Gobineaus Rassenwerk. Aktenstücke und Betrachtungen zur Geschichte und Kritik des »Essai sur l'inégalité des races humaines«, Stuttgart 1910; W. H. Schneider, Quality and Quantity. The Quest for Biological Regeneration in Twentieth Century France, Cambridge etc. 1990, 2002; G. R. Searle, Eugenics and Politics in Britain, 1900–1914, Leiden 1976; N. Stepan, The Idea of Race in Science. Great Britain, 1800–1960, London, Hamden Conn. 1982, Basingstoke etc. 1987; A. Tille [anonym], Volksdienst. Von einem Sozialaristokraten, Berlin/Leipzig 1893; ders., Von Darwin bis Nietzsche. Ein Buch Entwicklungsethik, Leipzig 1895; M. Vogt, S.. Wissenschaftstheorie, politische und theologisch-ethische Aspekte der Evolutionstheorie, Freiburg etc. 1997; A. R. Wallace, Menschliche Auslese, Die Zukunft 8 (1894), 10–24; ders., Menschheitsfortschritt, Die Zukunft 8 (1894), 145–158; P. Weingart/J. Kroll/K. Bayertz, Rasse, Blut und Gene. Geschichte der Eugenik und Rassenhygiene in Deutschland, Frankfurt 1988, 2006; L. Woltmann, Politische Anthropologie. Eine Untersuchung über den Einfluß der Descendenztheorie auf die Lehre von der politischen Entwicklung der Völker, Eisenach/Leipzig 1903, ed. O. Reche, Leipzig 1936 (= Woltmanns Werk I); H. E. Ziegler, Die Vererbungslehre in der Biologie, Jena 1905, unter dem Titel: Die Vererbungslehre in der Biologie und in der Soziologie. Ein Lehrbuch der naturwissenschaftlichen Vererbungslehre und ihrer Anwendungen […], Jena ²1918. G. W.

Sozialethik, 1868 durch A. v. Oettingen geprägter Terminus zur Hervorhebung des institutionellen oder allgemein gesellschaftlichen Rahmens des Handelns bei dessen moralischer Begründung und Beurteilung. Mit dieser Hervorhebung verbindet sich besonders in der Tradition der evangelischen Soziallehre das Verständnis, daß ethische Probleme erst mit dem Zusammenleben der Menschen und der institutionellen Regelung dieses Zusammenlebens entstehen und daß daher Handlungen dadurch zu beurteilen und damit zu begründen sind, daß ihr sozialer Sinn, d. h. die sozial relevanten Zwecke der Handelnden und die sozial relevanten (institutionsvermittelten) Folgen der Handlungen, angegeben werden. Nach diesem Verständnis ist die S. nicht ein Teilgebiet der ↑Ethik, sondern eine bestimmte Konzeption der Ethik, nach der alle Ethik S. sein soll. Im Gegensatz dazu wird in der katholischen Soziallehre die S. als ein Teilgebiet der Ethik aufgefaßt, die neben der ↑Individualethik besteht. Während die Individualethik die ↑Pflichten des Menschen gegen sich selbst und gegenüber anderen Einzelpersonen (ferner gegenüber Gott) zum Gegenstand ihrer Erörterungen hat, soll die S. die Pflichten des Einzelnen gegenüber den Gruppen, zu denen er gehört – gegenüber den Familien, den Verbänden, der Gesellschaft –, und die gegenseitigen Pflichten von Gruppen klären.

Literatur: U. Baltzer, Gemeinschaftshandeln. Ontologische Grundlagen einer Ethik sozialen Handelns, Freiburg/München 1999; A. Bohmeyer, Jenseits der Diskursethik. Christliche S. und Axel Honneths Theorie sozialer Anerkennung, Münster 2006; R. S. Downie, Roles and Values. An Introduction to Social Ethics, London 1971, 1978; W. Dreier, S., Düsseldorf 1983; W. Edelstein/G. Nunner-Winkler (eds.), Moral im sozialen Kontext, Frankfurt 2000; F. Furger, Christliche S.. Grundlagen und Zielsetzungen, Stuttgart/Berlin/Köln 1991; ders./A. Lienkamp/K.-W. Dahm (eds.), Einführung in die S., Münster 1996; F. W. Graf, S., Hist. Wb. Ph. IX (1995), 1134–1138; A. Habisch/H. J. Küsters/R. Uertz (eds.), Tradition und Erneuerung der christlichen S. in Zeiten der Modernisierung, Freiburg/Basel/Wien 2012; T. Hausmanninger (ed.), Christliche S. zwischen Moderne und Postmoderne, Paderborn etc. 1993; B. Hebblethwaite, TRE XXXI (2000), 497–527; M. Heimbach-Steins (ed.), Christliche S.. Ein Lehrbuch, I–II, Regensburg 2004/2005; K. Hilpert, Caritas und S.. Elemente einer theologischen Ethik des Helfens, Paderborn etc. 1997; H.-J. Hoehn, Vernunft – Glaube – Politik. Reflexionsstufen einer christlichen S., Paderborn etc. 1990; ders. (ed.), Christliche S. interdisziplinär, Paderborn etc. 1997; ders., Ökologische S.. Grundlagen und Perspektiven, Paderborn etc. 2001; M. Honecker, Konzept einer sozialethischen Theorie. Grundfragen evangelischer S., Tübingen 1971; ders., S. zwischen Tradition und Vernunft, Tübingen 1977; E.-U. Huster, S., EP III (²2010), 2506–2514; W. Kerber, S., Stuttgart/Berlin/Köln 1998; U. H. J. Körtner, Evangelische S.. Grundlagen und Themenfelder, Göttingen 1999, ³2012; B. Krause, Solidarität in Zeiten privatisierter Kontingenz. Anstöße Zygmunt Baumans für eine christliche S. der Postmoderne, Münster etc. 2005; A. Langner, Katholische und evangelische S. im 19. und 20. Jahrhundert. Beiträge zu ideengeschichtlichen Entwicklungen im Spannungsfeld von Konfession, Politik und Ökumene, Paderborn etc. 1998; F. Rikken, S., Stuttgart 2014; H. Schmid, Islam im europäischen Haus. Wege zu einer interreligiösen S., Freiburg/Basel/Wien 2012, ²2013; M.-A. Seibel, Eigenes Leben? Christliche S. im Kontext der Individualisierungsdebatte, Paderborn etc. 2005; H.-D. Wendland, Einführung in die S., Berlin 1963, Berlin/New York ²1971; A. Wildermuth/A. Jäger (eds.), Gerechtigkeit. Themen der S., Tübingen 1981; G. Wilhelms, Die Ordnung moderner Gesellschaft. Gesellschaftstheorie und christliche S. im Dialog, Stuttgart/Berlin/Köln 1996. – Forum S. 1 (2005)ff.; Braunschweiger Beiträge zur S. 1 (2007)ff..   O. S.

Sozialforschung, empirische (engl. social research), Bezeichnung für die Gesamtheit der Methoden zur erfahrungswissenschaftlichen Erhebung gesellschaftlich relevanter Daten und deren Interpretation. Neben den sozialwissenschaftlichen Disziplinen (Soziologie, Ethnologie, Demographie, Psychologie, Politologie, Sozialpsychologie, auch Ökonomie) kommt die e. S. vermehrt auch im kommerziellen Bereich (Markt-, Meinungs-, Medienforschung und Demoskopie) zum Einsatz. Kennzeichnend für sie ist eine theoriegeleitete Vorgehensweise, d. h., entsprechende Untersuchungen dienen immer der ↑Verifikation bzw. der ↑Falsifikation von ↑Hypothesen; ›reine Empirie‹ ist nicht vorgesehen. Gegenstand sind sowohl objektive Gegebenheiten (Bevöl-

kerungsstruktur, Einkommensverteilung etc., ferner reale Verhaltensweisen) als auch subjektive Momente (Einstellungen, Empfindungen etc.). Vorformen der e.n S. lassen sich zwar schon in der Antike (z. B. die in der Bibel erwähnte Volkszählung) ausmachen, aber erst durch die Professionalisierung der Staatsverwaltungen (Kameralistik) in der frühen Neuzeit entsteht die Nachfrage nach einem systematischen Erforschen zunächst vor allem sozioökonomischer Zusammenhänge. Dies manifestiert sich im 17. und 18. Jh. in der ›politischen Arithmetik‹ und, von England ausgehend, ab dem 19. bis in die erste Hälfte des 20. Jhs. in zahlreichen Sozialenquêten.

Erste Bestrebungen, eine systematische Methode für die im Entstehen begriffene ↑Soziologie zu entwickeln, gehen auf A. Comte zurück. Vergleichbar der exakten Vorgehensweise in den Naturwissenschaften fordert Comte in der zweiten Hälfte des 19. Jhs. eine Methode, mit der auch gesellschaftliche Zusammenhänge unabhängig von der Subjektivität des Forschers untersucht werden können (↑Philosophie, positive, ↑Positivismus (historisch)). Er kommt jedoch über erste Ansätze einer so genannten Sozialphysik nicht hinaus, da er die hohe Komplexität des Untersuchungsgegenstandes, der zudem in ständigem Wandel begriffen ist, unterschätzt. Erst E. Durkheim legt ein umfassendes Methodenlehrbuch (Les règles de la méthode sociologique, 1895) und exemplarische Untersuchungen vor. In größerem Umfang kommt die e. S. erstmals in den USA ab dem Ende des 19. Jhs. z. B. im Rahmen von Armuts-, Wahl- und Minoritätenforschung zur Anwendung. Hierbei werden vermehrt die sich aus den Enquêten entwickelnden Übersichtsstudien (social survey) eingesetzt. In Deutschland finden erst nach dem 2. Weltkrieg eine intensive Auseinandersetzung mit entsprechenden Konzepten und der Einzug der e.n S. in die Forschungspraxis statt, mit starker Orientierung an amerikanischen Vorbildern. – Zur heute praktizierten Form der e.n S. tragen Entwicklungen auf verschiedenen Gebieten bei. Vor allem die Perfektionierung mathematisch-statistischer Verfahren und die Ausarbeitung von Wahrscheinlichkeits- und Stichprobentheorie (↑Testtheorie) in Verbindung mit der Entwicklung der Computertechnologie ermöglichen eine immer schnellere und genauere Verarbeitung von immer größeren und komplexeren Datenmengen. Daneben differenziert sich die Erhebungstechnik weiter aus, wodurch sich unter Anwendung auch psychologisch orientierter Befragungsmethoden eine Erweiterung des Zugangs zum Untersuchungsgegenstand ergibt. Der Forschungsprozeß ist in der e.n S., wie auch in anderen Disziplinen, in eine logische Abfolge von Einzelschritten gegliedert. Den Anfang bildet die Entwicklung einer Problemstellung, in deren Verlauf, gegebenenfalls durch die Analyse bereits vorhandener Literatur, eine

Fragestellung konkretisiert wird. Darauf folgt die Erarbeitung eines Forschungskonzeptes, bei dem die zu überprüfenden Hypothesen formuliert werden und eine adäquate Erhebungsmethode ausgewählt wird. Daran schließt sich der Prozeß der Operationalisierung an, in dem ein der gewählten Methode entsprechendes Erhebungsinstrument entwickelt wird, dessen Form nach einer Testphase endgültig festgelegt wird. Dann erst kann die eigentliche Datenerhebung oder Feldforschung durchgeführt und das gewonnene Material bei der Aufbereitung und Interpretation weiterverarbeitet werden. Unterschieden wird bei den Methoden der e.n S. nach quantitativer und qualitativer Vorgehensweise. Während quantitative Verfahren daran ausgerichtet sind, in einem in allen Einzelschritten kontrollierbaren Prozeß ›harte‹ Daten zu ermitteln, die sich mit mathematisch-statistischen Verfahren auswerten lassen (vor allem große Datenmengen), bemühen sich qualitative Verfahren bei weniger klar strukturierten Hypothesen um eine Inhalts- oder Bedeutungsanalyse (vor allem Einzelfallstudien). Qualitative Methoden wurden zunächst nur in der Evaluationsphase quantitativer Studien als Hilfe zur Konkretisierung der Fragestellung eingesetzt; sie gewinnen zunehmend als eigenständige Methode an Bedeutung. Die Wahl der geeigneten Vorgehensweise hängt stets von der Fragestellung und dem konkreten Untersuchungsgegenstand ab.

Literatur: T. W. Adorno, Soziologie und empirische Forschung, in: M. Horkheimer/ders., Sociologica II, Frankfurt 1962, [3]1973, 205–222; ders., Gesellschaftstheorie und e. S., in: ders., Soziologische Schriften I, Frankfurt 1972, Darmstadt 2015, 538–546; ders., E. S., in: ders., Soziologische Schriften II/2, Frankfurt 1975, 1997, Darmstadt 1998, 327–359; H. v. Alemann, Der Forschungsprozeß. Eine Einführung in die Praxis der e.n S., Stuttgart 1977, [2]1984; K. Allerbeck, Datenverarbeitung in der e.n S.. Eine Einführung für Nichtprogrammierer, Stuttgart 1972; S. Althoff, Auswahlverfahren in der Markt-, Meinungs- und e.n S., Pfaffenweiler 1993; P. Atteslander, Methoden der e.n S., Berlin 1969, [13]2010; U. Baumann, Kausalität und qualitative e. S.. Das Verstehen im Dienst der Ursache-Wirkungs-Forschung und die Intentionalität, Münster etc. 1998; N. Baur/J. Blasius (eds.), Handbuch Methoden der e.n S., Wiesbaden 2014; T. Beckers u. a. (eds.), Komparative e. S., Wiesbaden 2010; H. R. Bernard, Social Research Methods. Qualitative and Quantitative Approaches, Thousand Oaks Calif. 2000, Los Angeles etc. [2]2013; L. Bickman/D. J. Rog (eds.), Handbook of Applied Social Research Methods, Thousand Oaks Calif. 1998, [2]2009; N. Blaikie, Approaches to Social Enquiry, Cambridge/Malden Mass. 1993, mit Untertitel: Advancing Knowledge, [2]2007; ders./J. Priest, Social Research. Paradigms in Action, Cambridge 2017; D. J. Bogue, Principles of Demography, New York etc. 1969; R. Bohnsack, Rekonstruktive Sozialforschung. Einführung in Methodologie und Praxis qualitativer Forschung, Opladen 1991, mit Untertitel: Einführung in qualitative Methoden, [5]2003, Opladen, Stuttgart [9]2014; ders./W. Marotzki/M. Meuser (eds.), Hauptbegriffe qualitativer Sozialforschung. Ein Wörterbuch, Opladen 2003; I. Borg/P. P. Mohler, Trends and Perspectives in Empirical Social Research, Berlin/New York 1994; J. Bortz, Lehrbuch der Statistik. Für Sozialwissenschaftler, Berlin/Heidelberg 1977, [2]1985, unter dem Titel: Statistik für Sozialwissenschaftler, [4]1993, unter dem Titel: Statistik für Human- und Sozialwissenschaftler, Berlin etc. [6]2005, mit C. Schuster, [7]2010; ders., Lehrbuch der empirischen Forschung. Für Sozialwissenschaftler, Berlin etc. 1984, [2]1995; H.-B. Brosius/F. Koschel, Methoden der empirischen Kommunikationsforschung. Eine Einführung, Wiesbaden 2001, [7]2016; A. Bryman, Social Research Methods, Oxford etc. 2001, [5]2016; A. Bührmann u. a. (eds.), Gesellschaftstheorie und die Heterogenität e.r S. Festschrift für Hanns Wienold, Münster 2006; A. V. Cicourel, Method and Measurement in Sociology, New York, London 1964, 1969 (dt. Methode und Messung in der Soziologie, Frankfurt 1970, 1974); W. Clemens/J. Strübing (eds.), E. S. und gesellschaftliche Praxis. Bedingungen und Formen angewandter Forschung in den Sozialwissenschaften. Helmut Kromrey zum 60. Geburtstag, Opladen 2000; B. Curtis/C. Curtis, Social Research. A Practical Introduction, Los Angeles etc. 2011; H. Denz, Einführung in die e. S.. Ein Lern- und Arbeitsbuch mit Disketten, Wien 1989; ders., Grundlagen einer empirischen Soziologie. Der Beitrag des quantitativen Ansatzes, Münster 2003, [2]2005; N. K. Denzin, The Research Act in Sociology. A Theoretical Introduction to Sociological Methods, London 1970; A. Diekmann, E. S.. Grundlagen, Methoden, Anwendungen, Reinbek b. Hamburg 1995, [16]2006, Neuausg. 2007, [8]2014; E. Durkheim, Les règles de la méthode sociologique, Paris 1895, [10]1981, 1999 (dt. Die Methode der Soziologie, Leipzig 1908, unter dem Titel: Die Regeln der soziologischen Methode, ed. R. König, Neuwied/Darmstadt 1961, [6]1980, Frankfurt 1984, [3]1995, 2002); G. Endruweit, E. S.. Wissenschaftstheoretische Grundlagen, Konstanz 2015; A. Feige, S., e., RGG VII ([4]2004), 1478–1479; C. Fleck, Transatlantische Bereicherungen. Zur Erfindung der e.n S., Frankfurt 2007 (engl. A Transatlantic History of the Social Sciences. Robber Barons, the Third Reich and the Invention of Empirical Social Research, London/New York 2011); U. Flick u. a. (eds.), Handbuch qualitative Sozialforschung. Grundlagen, Konzepte, Methoden und Anwendungen, München 1991, Weinheim/Basel [3]2012; J. Friedrichs, Methoden e.r S., Opladen 1973, [14]1990, 2002; J. Galtung, Theory and Methods in Social Research, Oslo 1967, London/Oslo 1973; D. Garz/K. Kraimer (eds.), Qualitativ-e. S.. Konzepte, Methoden, Analysen, Opladen 1991; R. Girtler (ed.), Methoden der qualitativen Sozialforschung. Anleitung zur Feldarbeit, Wien/Köln/Graz 1984, Wien/Köln/Weimar [3]1992, unter dem Titel: Methoden der Feldforschung, [4]2001; W. J. Goode/P. K. Hatt, Methods in Social Research, New York etc. 1952; W. Habermehl, Angewandte Sozialforschung, Hamburg 1989, München/Wien 1992; M. Häder, E. S. Eine Einführung, Wiesbaden 2006, [3]2015; H. Hartmann, E. S., München 1970, [2]1972; C. Hayashi/E. K. Scheuch (eds.), Quantitative Social Research in Germany and Japan, Opladen 1996; T. Heinze, Qualitative Sozialforschung. Erfahrungen, Probleme, Perspektiven, Opladen 1987, [3]1995, mit Untertitel: Einführung, Methodologie und Forschungspraxis, München/Wien 2001, mit Untertitel: Methodologie und Forschungspraxis. Eine Einführung, Hagen 2003; A. Hilgers, Artefakt und e. S.. Genese und Analyse der Kritik, Berlin 1997; J. Hirschle, Soziologische Methoden. Eine Einführung, Weinheim/Basel 2015; C. Hopf/E. Weingarten (eds.), Qualitative Sozialforschung, Stuttgart 1979, [3]1993; G. L. Huber (ed.), Qualitative Analyse. Computereinsatz in der Sozialforschung, München 1992; M. Hunt, Profiles of Social Research. The Scientific Study of Human Interactions, New York 1985 (dt. Die Praxis der Sozialforschung. Reportagen aus dem Alltag einer Wissenschaft, Frankfurt/New York 1991); M. Kaase/W. Ott/E. K. Scheuch, E. S. in der modernen Gesellschaft [...], Frankfurt/New York 1983; M. Karmasin/M. Höhn (eds.), Die Zukunft der e.n S., Graz 2002; O.

Katenkamp/R. Koop/A. Schröder (eds.), Praxishandbuch. E. S., Münster etc. 2003; U. Kelle, Die Integration qualitativer und quantitativer Methoden in der e.n S.. Theoretische Grundlagen und methodologische Konzepte, Wiesbaden 2007, ²2008; H. Kern, E. S.. Ursprünge, Ansätze, Entwicklungslinien, München 1982; B. Klammer, E. S.. Eine Einführung für Kommunikationswissenschaftler und Journalisten, Konstanz 2005; R. König (ed.), Handbuch der e.n S., I–II, Stuttgart 1962/1969, I, ²1967, erw. I–XIV, ²1973-1979, II–IV, ³1974; H. Kreutz, Soziologie der e.n S.. Theoretische Analyse von Befragungstechniken und Ansätze zur Entwicklung neuer Verfahren, Stuttgart 1972; J. Kriz, Methodenkritik e.r S.. Eine Problemanalyse sozialwissenschaftlicher Forschungspraxis, Stuttgart 1981; H. Kromrey, E. S.. Modelle und Methoden der Datenerhebung und Datenauswertung, Opladen 1980, ⁸1998, mit Untertitel: Modelle und Methoden der standardisierten Datenerhebung und Datenauswertung, Wiesbaden ¹⁰2002, Stuttgart ¹²2009; W. Laatz, Empirische Methoden. Ein Lehrbuch für Sozialwissenschaftler, Thun/Frankfurt 1993; K. Lankenau, E. S., in: B. Schäfers (ed.), Grundbegriffe der Soziologie, Opladen 1986, ³1992, 66–71; ders., Methoden der e.n S., in: B. Schäfers (ed.), Grundbegriffe der Soziologie [s.o.], 180–194; B. Leiner, Einführung in die Zeitreihenanalyse, München/Wien 1982, ³1991; H. Linde, Kritische Empirie. Beiträge zur Soziologie und Bevölkerungswissenschaft. 1937–1987, Opladen, Wiesbaden 1988; B. Löffler-Erxleben, Max Horkheimer zwischen Sozialphilosophie und e.r S., Frankfurt etc. 1999; R. Mayntz/K. Holm/P. Hübner, Einführung in die Methoden der empirischen Soziologie, Opladen 1969, ⁵1978; W. Meinefeld, Realität und Konstruktion. Erkenntnistheoretische Grundlagen einer Methodologie der e.n S., Opladen 1995; S. I. Miller/M. Fredericks, Qualitative Research Methods. Social Epistemology and Practical Inquiry, New York etc. 1994, 1996; K.-D. Opp, Methodologie der Sozialwissenschaften. Einführung in Probleme ihrer Theorienbildung, Reinbek b. Hamburg 1970, mit Untertitel: Einführung in Probleme ihrer Theorienbildung und praktischen Anwendung, Opladen ³1995, Wiesbaden ⁷2014; K. F. Punch, Introduction to Social Research. Quantitative and Qualitative Approaches, London/ Thousand Oaks Calif./New Delhi 1998, Los Angeles etc. ³2014; S. Rippl/C. Seipel, Methoden kulturvergleichender Sozialforschung. Eine Einführung, Wiesbaden 2008, ²2015; E. Roth/K. Heidenreich (eds.), Sozialwissenschaftliche Methoden. Lehr- und Handbuch für Forschung und Praxis, München/Wien 1984, ⁵1999; S. Sarantakos, Social Research, Basingstoke etc. 1994, ⁴2013; E. Scarbrough/E. Tanenbaum (eds.), Research Strategies in the Social Sciences. A Guide to New Approaches, Oxford etc. 1998, 2005; B. Scheufele/I. Engelmann, Empirische Kommunikationsforschung, Konstanz 2009; D. Schirmer, Empirische Methoden der Sozialforschung. Grundlagen und Techniken, Paderborn 2009; R. Schnell/P. B. Hill/E. Esser, Methoden der e.n S., München 1988, ¹⁰2013; A. Schrader, Einführung in die e. S.. Ein Leitfaden für die Planung, Durchführung und Bewertung von nicht-experimentellen Forschungsprojekten, Stuttgart etc. 1971, ²1973; C. Seale, The Quality of Qualitative Research, London/ Thousand Oaks Calif./New Delhi 1999, Los Angeles etc. 2007; D. Silverman, Doing Qualitative Research. A Practical Handbook, London 2000, Los Angeles etc. ⁴2013; G. Sjoberg/R. Nett, A Methodology for Social Research, New York/Evanston Ill./London 1968; W. Stier, Empirische Forschungsmethoden, Berlin etc. 1996, ²1999; T. Thaler, Kritisch-rationale Sozialforschung. Eine Einführung, Wiesbaden 2017; W. Vogd, Systemtheorie und rekonstruktive Sozialforschung. Eine empirische Versöhnung unterschiedlicher theoretischer Perspektiven, Opladen 2005, mit Untertitel: Eine Brücke, Opladen/Farmington Hills Mich. ²2011;

C. Weischer, Das Unternehmen ›E. S.‹. Strukturen, Praktiken und Leitbilder der Sozialforschung in der Bundesrepublik Deutschland, München 2004; ders., Sozialforschung, Konstanz 2007; H. Wienold, E. S.. Praxis und Methode, Münster 2000; E. Witte (ed.), Der praktische Nutzen empirischer Forschung, Tübingen 1981; H. Woolf (ed.), Quantification. A History of the Meaning of Measurement in the Natural and Social Sciences, Indianapolis Ind./New York 1961; G. E. Zimmermann, Methoden der e.n S., in: J. Kopp/B. Schäfers (eds.), Grundbegriffe der Soziologie, Wiesbaden ¹⁰2010, 181–192. C. E.

Sozialismus, utopischer, in der marxistischen Literatur Bezeichnung für sozialistische bzw. kommunistische Theorien (↑Kommunismus) der Gesellschaftsveränderung und Formen gesellschaftlicher Praxis vor K. Marx und F. Engels. Erstmals verwendet wird der Begriff des u.n S. von J.-A. Blanqui (Histoire de l'économie politique [...], Paris 1837); seine Verbreitung verdankt sich jedoch der Bezeichnung ›kritisch-utopischer Sozialismus und Kommunismus‹, die Marx und Engels im »Manifest der Kommunistischen Partei« (1848) zur Charakterisierung der ›Systeme‹ C.-H. de Saint-Simons, F. M. C. Fouriers, R. Owens und deren Anhänger verwenden. Im »Manifest« und in Engels Schrift »Die Entwicklung des Sozialismus von der Utopie zur Wissenschaft« (Zürich 1882) werden die genannten Autoren als Utopisten kritisiert (↑Utopismus), da ihre Gesellschaftstheorien ›phantastisch‹ seien, d. h. nicht auf dem Boden der gesellschaftlichen Wirklichkeit ständen. Die Utopisten werden zwar als Sozialisten bzw. Kommunisten bezeichnet, da sie eine Kritik der bürgerlichen Gesellschaft (↑Gesellschaft, bürgerliche) leisten, in der Beseitigung der Leiden der Proletarier ein wichtiges Ziel sehen, die Gleichheit (↑Gleichheit (sozial)) der Menschen zur Forderung nach materieller Gleichstellung erheben und die Gegensätze der Gesellschaft aufzuheben suchen. Nach Marx und Engels übersehen sie jedoch, daß dem Proletariat die Aufgabe zufällt, in einer ›revolutionären Aktion‹ (↑Revolution (sozial)) die ↑Macht in der Gesellschaft zu übernehmen, um den Klassengegensatz (↑Klasse (sozialwissenschaftlich)) aufzuheben. Dies läßt sich, wiederum nach Marx und Engels, nicht auf friedlichem Wege durch den Appell an allgemeinmenschliche ↑Interessen erreichen, wie dies den Utopisten unterstellt wird. Statt auf die Umwälzung des Staates setzen diese auf die Etablierung kommunitaristischer (↑Kommunitarismus) Verbände (z. B. Owen mit seinen ›New Harmony‹-Kolonien oder Fourier mit seinen ›Phalanstères‹) und stehen von daher in der Tradition der Staatsutopien des 16. und 17. Jhs., wie sie Thomas Morus, T. Campanella oder F. Bacon entwarfen (↑Utopie).

Allerdings sind die von Marx und Engels herausgestellten Unterschiede zwischen den ›utopischen‹ und den eigenen Ansätzen aus strategischen Gründen überzogen. Daneben stehen wichtige Gemeinsamkeiten, die sich aus

Marx' Rückgriff auf ›utopische‹ Ideen ergeben. Darüber hinaus ist die Bezeichnung ›utopisch‹, gemessen an den Utopien des 16. Jhs., übertrieben; sie wird von Saint-Simon selbst zurückgewiesen und erhält nur Sinn, wenn die Marxsche Gesellschaftsanalyse als die einzig angemessene gilt. In der Forschungsliteratur haben sich zur Bezeichnung der Theorien zur Überwindung der bürgerlichen Gesellschaft zwischen dem Ende der französischen Revolution (1799) und dem »Manifest der Kommunistischen Partei« die (allerdings ebenfalls nicht unproblematischen) Bezeichnungen ›frühsozialistische Theorien‹ und ›vormarxistische Theorien‹ eingebürgert.

Literatur: R. Bambach, Der französische Frühsozialismus, Opladen 1984; F. Bedarida/J. Bruhat/J. Droz (eds.), Le socialisme utopique dans les premiers temps de l'ère industrielle, Paris 1972 (dt. Der u. S. bis 1848, Frankfurt/Berlin/Wien 1974); G. M. Bravo, Die internationale Frühsozialismusforschung, in: K. Tenfelde (ed.), Arbeiter und Arbeiterbewegung im Vergleich. Berichte zur internationalen historischen Forschung, München 1986 (Hist. Z., Sonderheft 15), 507–580; D. F. Busky, Communism in History and Theory. From Utopian Socialism to the Rise and Fall of the Soviet Union, Westport Conn./London 2002; D. D. Egbert, Socialism and American Art in the Light of European Utopianism, Marxism and Anarchism, Princeton N. J. 1967; G. Esenwein, Socialism, NDHI V (2005), 2227–2235; D.-E. Franz, Saint-Simon, Fourier, Owen. Sozialutopien des 19. Jahrhunderts, Leipzig 1987, Köln 1988; V. Geoghegan, Marxism and Utopianism, in: G. Beauchamp/K. Roemer/N. D. Smith (eds.), Utopian Studies I, Lanham Md./New York/London 1987, 37–51; ders., Utopianism and Marxism, London/New York 1987, Oxford etc. 2008; H. Girsberger, Der u. S. des 18. Jahrhunderts in Frankreich und seine philosophischen und materiellen Grundlagen, Zürich 1924, unter dem Titel: Der u. S. des 18. Jahrhunderts in Frankreich, Wiesbaden ²1973; F. W. Graf, Frühsozialisten, TRE XI (1983), 689–707; M. Hahn, Archivalienkunde des vormarxistischen Sozialismus, Stuttgart 1995; ders. (ed.), Vormarxistischer Sozialismus, Frankfurt 1974; ders./H. J. Sandkühler (eds.), Studien zur Wissenschaftsgeschichte des Sozialismus V (Sozialismus vor Marx), Köln 1984; H. Hautmann, Soziale Utopien und u. S.. Ein Vademekum zur Ideengeschichte des Sozialismus und Kommunismus von der Antike bis Marx, Wien 2002; R. Heis, Das Recht im frühen Sozialismus. Staatsform, ökonomische Grundrechte und die Gleichheit beider Geschlechter vom Zeitalter der Aufklärung bis zum Jahre 1848, Frankfurt etc. 1996; J. Höppner/W. Seidel-Höppner, Von Babeuf bis Blanqui. Französischer Sozialismus und Kommunismus vor Marx I (Einführung), Leipzig 1975; dies., Theorien des vormarxistischen Sozialismus und Kommunismus, Köln 1987; H. Jenkis, Sozialutopien – barbarische Glücksverheißungen? Zur Geistesgeschichte der Idee von der vollkommenen Gesellschaft, Berlin 1992; C. H. Johnson, Utopian Communism in France. Cabet and the Icarians 1839–1851, Ithaca N. Y./London 1974; P. R. Josephson, Would Trotsky Wear a Bluetooth? Technological Utopianism under Socialism, 1917–1989, Baltimore Md. 2010; J.-C. Kaiser/B. Hebblethwaite, Sozialismus, TRE XXXI (2000), 542–556; R. Keat/J. O'Neill, Socialism, REP VIII (1998), 879–886; F. Kools/W. Krause (eds.), Dokumente der Weltrevolution I (Die frühen Sozialisten), Freiburg 1967; F. E. Manuel/F. P. Manuel (eds.), French Utopias. An Anthology of Ideal Societies, New York/London 1966; A. Meyer, Frühsozialismus. Theorien der sozialen Bewegung 1789–1848, Freiburg/München 1977; P. Pilbeam, French Socialists before Marx. Workers, Women and the Social Question in France, Teddington, Montreal 2000; T. Ramm, Die großen Sozialisten als Rechts- und Sozialphilosophen I (Die Vorläufer. Die Theoretiker des Endstadiums), Stuttgart 1955; J.-F. Revel, La grande parade. Essai sur la survie de l'utopie socialiste, Paris 2000; W. Schröder, Sozialismus und Kommunismus, utopischer, Ph. Wb. II (¹²1976), 1127–1142; G. Steinacker, Philanthropie und Revolution. Robert Owens »Rational System of Society« und seine Kritik durch Karl Marx und Friedrich Engels, Saarbrücken 1997; R. P. Sutton, Communal Utopias and the American Experience. Secular Communities, 1824–2000, Westport Conn./London 2004; K. Taylor, The Political Ideas of the Utopian Socialists, London 1982; S. Wollgast, Der u. S. – ewiger Traum und Unwirklichkeit, Leipzig 2001; L. Zahn, U. S. und Ökonomiekritik. Eine ökonomiegeschichtliche Untersuchung zu den theoretischen Quellen des Marxismus, Vaduz, Berlin 1984.   D. Th.

Sozialismus, wissenschaftlicher, von F. Engels in »Herrn Eugen Dührings Umwälzung der Wissenschaft« (›Anti-Dühring‹, Buchausg. Leipzig 1878) geprägter Begriff, der seine Verbreitung Engels' Kurzfassung »Die Entwicklung des Sozialismus von der Utopie zur Wissenschaft« (Zürich 1882) verdankt. Zur Abgrenzung von konkurrierenden Sozialismusvorstellungen stellt Engels diese als ›utopisch‹ dar (↑Sozialismus, utopischer), da sie nicht in ausreichendem Maße die Bedingungen der Verwirklichung des Sozialismus reflektierten bzw. diese Bedingungen nicht realistisch einschätzten. Mit K. Marx' Entdeckung des ↑Mehrwerts und damit des ›Geheimnisses der kapitalistischen Produktionsweise‹ wie auch der ›materialistischen Geschichtsauffassung‹ ist der Sozialismus nach Engels zu einer – in ihren Einzelheiten und Zusammenhängen noch nicht ausgearbeiteten – *Wissenschaft* geworden. Einer ihrer Grundpfeiler ist die These, daß der Gang der Geschichte keine idealistische Erklärung hat, sondern auf ökonomischen Ursachen beruht. Die Entwicklung der Produktions- und Verkehrsverhältnisse jeder Gesellschaft führt demnach zu ↑Antagonismen, die die Gesellschaft in sich gegenseitig bekämpfende Klassen (↑Klasse (sozialwissenschaftlich)) spaltet. Zudem läßt sich auf der Basis (↑Basis, ökonomische) der ökonomischen Verhältnisse auch der (ideologische) ↑Überbau einer Gesellschaft (z. B. Politik, Recht, Religion, Philosophie) erklären. Der zweite Grundpfeiler des w.n S. besteht nach Engels in der ökonomischen Erklärung der Ausbeutung der Arbeiterklasse durch die Kapitalisten. Marx hat demnach erkannt, daß die Arbeiter den Produkten einen Mehrwert verleihen: Der Wert der Ware wird nach der für deren Produktion aufgewendeten Arbeitszeit bemessen. Die Arbeiter erhalten ihren Lohn jedoch nicht in Relation zu den von ihnen hergestellten Produkten, sondern nach dem finanziellen Aufwand, der zur Erhaltung bzw. Erneuerung der ›physischen Existenz‹ der Arbeiter notwendig ist, ferner gemäß den historisch-gesellschaftlich für notwendig angesehenen Standards. Beide Faktoren führen zu einem Preis für die ↑Arbeit, der (in einem funktionierenden Unternehmen) weit unter dem Preis der produzierten Waren liegt. Der Arbeiter erzielt einen Mehrwert der Ware, den der Kapitalist als seinen Profit verbucht und zu einer ›Kapitalmasse‹ anhäuft (›Ausbeutung‹).

Das auf Engels zurückgehende Verständnis von w.m S. bildet die Grundlage des im ↑Marxismus-Leninismus verbreiteten weiten Begriffs des w.n S. als Einheit von historischem Materialismus (↑Materialismus, historischer), dialektischem Materialismus (↑Materialismus, dialektischer) und politischer Ökonomie (↑Ökonomie, politische). Neben diesem Begriff von w.m S. findet sich ein enger Begriff, der von den Theoretikern der II. Internationale geprägt wurde. Er stellt den w.n S. als dritten Pfeiler des Marxismus-Leninismus neben Philosophie (›historisch/dialektischer Materialismus‹) und politische Ökonomie. Der Gegenstand des w.n S. in diesem Sinne ist die Erforschung der »sozial-politischen Gesetzmäßigkeiten der Entstehung, Herausbildung und Entwicklung der kommunistischen Gesellschaft« (P. D. Fedossejew u. a., Wissenschaftlicher Kommunismus, 1972, 11). Dazu zählen insbes. die »Gesetzmäßigkeiten, die den Prozeß des sozialistischen und kommunistischen Aufbaus in den Ländern des sozialistischen Weltsystems bestimmen« (ebd., 129). In diesem Verständnis stellt der w. S. ein Analogon zur westlichen Politikwissenschaft dar. Die Erfahrung in der DDR mit dem Studiengang ›W. S.‹ oder ›Wissenschaftlicher Kommunismus‹ zeigt jedoch, daß dieses Fach keine ›wissenschaftliche‹ Substanz aufweist und eng an ideologische Vorentscheidungen gebunden ist. Der Zweifel an der Wissenschaftlichkeit des w.n S. begleitet diesen bereits seit seinen Anfängen. Ebenso fragwürdig wie die Bezeichnung konkurrierender Sozialismuskonzepte als ›utopisch‹ (↑Sozialismus, utopischer). ist die Selbstzuweisung des Prädikates ›wissenschaftlich‹ durch Engels. In dem Versuch, die eigenen Vorstellungen (wie auch diejenigen von Marx) aufzuwerten, indem sie als ›wissenschaftlich‹ bezeichnet werden, folgt Engels einem unter seinen sozialistischen Zeitgenossen verbreiteten Gestus: K. Grün (Die soziale Bewegung in Frankreich und Belgien, Darmstadt 1845) bezeichnet den ↑Saint-Simonismus als ›w.n S.‹, V. Considérant macht 1848 F. M. C. Fourier als ›Vater des w.n S.‹ aus, M. Heß bezeichnet 1842 die französische Sozialphilosophie als ›wissenschaftlichen Kommunismus‹.

Literatur: G. Armanski, Entstehung des w.n S., Darmstadt/Neuwied 1974; E. Bernstein, Wie ist w. Socialismus möglich?, Berlin 1901 (repr. in: ders., Ein revisionistisches Sozialismusbild. Drei Vorträge von E. Bernstein, ed. H. Hirsch, Hannover 1966), Neudr. unter dem Titel: Wie ist w. S. möglich?, in: ders., Ein revisionistisches Sozialismusbild […], Berlin 1976, 51–90; M. Buhr u. a., Theoretische Quellen des w.n S.. Studien zur klassischen englischen Ökonomie, zum frühen Sozialismus und zur klassischen bürgerlichen Philosophie, Frankfurt 1975; ders./H. J. Sandkühler (eds.), Philosophie in weltbürgerlicher Absicht und w. S., Köln 1985; J. H. Dorn, Sozialismus, RGG VII ([4]2004), 1492–1499; G. Esenwein, Socialism, NDHI V (2005), 2227–2235; P. D. Fedossejew u. a., Wissenschaftlicher Kommunismus, Berlin 1972, [3]1975; M. T. Greven/D. Koop (eds.), War der wissenschaftliche Kommunismus eine Wissenschaft? Vom wissenschaftlichen Kommunismus zur Politikwissenschaft, Opladen, Wiesbaden 1993; M. Hahn/H. J. Sandkühler, Der w. S. als Problem der Wissenschaftsgeschichtsschreibung, in: dies. (eds.), Bürgerliche Gesellschaft und theoretische Revolution. Zur Entstehung des w.n S., Köln 1978, 26–39; M. Hundt, Sozialismus/Kommunismus/w. S., in: H. J. Sandkühler (ed.), Europäische Enzyklopädie zu Philosophie und Wissenschaften IV, Hamburg 1990, 347–359; J.-C. Kaiser/B. Hebblethwaite, Sozialismus, TRE XXXI (2000), 542–556; R. Keat/J. O'Neill, Socialism, REP VIII (1998), 879–886; A. Mayer, Entwicklung des Sozialismus von der Utopie zur Wissenschaft, in: M. Hahn/H. J. Sandkühler (eds.), Bürgerliche Gesellschaft und theoretische Revolution [s. o.], 134–146; H. Pelger, Was verstehen Marx/Engels und einige ihrer Zeitgenossen bis 1848 unter ›w.m S.‹, ›wissenschaftlichem Kommunismus‹ und ›revolutionärer Wissenschaft‹?, in: ders. u. a., W. S. und Arbeiterbewegung. Begriffsgeschichte und Dühring-Rezeption, Trier 1980, 7–17; W. Schieder, Zur Geschichte des Begriffs ›W. S.‹ vor 1914, in: H. Pelger u. a., W. S. und Arbeiterbewegung [s. o.], 18–24; W. Schröder, Bemerkungen zu theoretischen Fragen der Interpretation der ›Quellen‹ des w.n S., in: M. Hahn/H. J. Sandkühler (eds.), Bürgerliche Gesellschaft und theoretische Revolution [s. o.], 79–90; P. Thomas, Marxism and Scientific Socialism. From Engels to Althusser, London/New York 2008; F. Tomberg, Versuch einer Herleitung der theoretischen Quellen des w.n S. aus der Einheit und dem Antagonismus von Wissenschaft und Ideologie in der bürgerlichen Gesellschaft, in: M. Hahn/H. J. Sandkühler (eds.), Bürgerliche Gesellschaft und theoretische Revolution [s. o.], 109–123; H. Uske, Diamat – Histomat – Automat. Vom w.n S. zum Marxismus-Leninismus, Duisburg 1989; A. Walicki, Marxism and the Leap to the Kingdom of Freedom. The Rise and Fall of the Communist Utopia, Stanford Calif. 1995, 1996. D. Th.

Sozialität (lat. socialitas, von socialis, kameradschaftlich), Grundbegriff der ↑Anthropologie, insbes. der Sozialanthropologie, zur Bezeichnung der Aufgabe eines Menschen, mit dem Eingebundensein in die Lebensvollzüge vieler Menschen umgehen zu lernen, um derart zugleich zur Ausbildung der eigenen ↑Individualität beizutragen; daher im Kontext von *Theorien sozialen Handelns* (↑Handlung) und der Sozialisation ebenfalls zentral in ↑Soziologie und ↑Sozialphilosophie samt ↑Sozialwissenschaft und Sozialpsychologie (↑Psychologie, ↑Interaktionismus, symbolischer).

Im stets aufs Neue gerade in den Sozial- und Gesellschaftswissenschaften ausgetragenen Streit um den vermeintlichen Primat von ↑Individuum oder ↑Gesellschaft (↑Liberalismus versus ↑Kommunitarismus) und darüber hinaus in den die Unterscheidung zwischen einer (subjektiven) Innenwelt (↑Bewußtsein) und der (objektiven) ↑Außenwelt betreffenden Auseinandersetzungen um Subjektivität (↑Subjektivismus) und Objektivität (↑Objektivismus) in Erkenntnistheorie und Ontologie spielt die Gegenüberstellung von S. und Individualität, die bis auf die beiden schon in der Antike aufgestellten ›Definitionen‹ der ↑Art Mensch als ›animal sociale‹ (ζῷον πολιτικόν) und zugleich ›animal rationale‹ (ζῷον λόγον ἔχον) zurückgeführt werden kann, eine entscheidende Rolle. Wird etwa im symbolischen Interaktionismus von G. H. Mead dafür argumentiert, daß S. der Individualität (empirisch) voraufgeht, weil nur ↑Interaktionen, insbes. sprachliche, als Ursachen einer Ausbildung von Individualität infragekommen, so wird grundsätzlich in der philosophischen Tradition der Neuzeit – vor allem im Zusammenhang der Auseinandersetzungen um einen ↑Gesellschaftsvertrag, schon bei der Frage, ob menschliche Individuen einer (organisierten) Vergesellschaftung (überhaupt) bedürfen – bis zu ihrer Kulmination im Deutschen Idealismus (↑Idealismus, deutscher), am radikalsten bei J. G. Fichte, (begrifflich) der Primat des Individuums vor der Gesellschaft unterstellt, weil sich erst so, im Rückgriff auf die Vermögen und ↑Interessen von Individuen, Gründe für das Auftreten von S., z. B. als Kampf der Subjekte um wechselseitige ↑Anerkennung (G. W. F. Hegel), angeben lassen.

Im Dialogischen Konstruktivismus (↑Konstruktivismus, dialogischer) von K. Lorenz und seiner Weiterführung zu einer philosophischen ↑Anthropologie (↑Philosophie, dialogische (2)) wird diesem Typ von Streitfragen dadurch die Grundlage entzogen, daß Vorformen individuellen und sozialen Handelns als die zwar begrifflich, nicht aber sachlich voneinander trennbaren beiden Seiten einer Modellierung des Erwerbs von Handlungskompetenzen mittels dialogischer Elementarsituationen (↑Lehr- und Lernsituation) – sie korrespondieren dem Handlungsanteil in L. Wittgensteins ↑Sprachspielen – gewonnen werden. Die *dialogische Polarität* jedes Handelns in Gestalt von (tätigem) Vollziehen (Ich-Rolle) und (schauendem) Erleben, einem ›Wissen, was man tut‹ (Du-Rolle), bildet die Quelle für S. und Individualität, deren Entwicklung davon abhängt, in welchem Maße auch der Erwerb einer (reflexiven) Handlungskompetenz des Umgehens mit dieser Ich-Du-Polarität, die ›Selbsterziehung‹, gelingt. Indem, durch Aneignung der *Ich-Du-Dyade* (›dyadisches Subjekt‹ ist ein von A. Lorenzer in die Theorie der Psychoanalyse eingeführter Terminus für einen nicht-individualisierten Subjektbegriff), beide Seiten auch die Rolle ihres Gegenübers erwerben – das Selbstverhältnis aus der Ich-Perspektive – werden sie zu je einem sowohl über die Ich-Rolle als auch über die Du-Rolle und so über eine Entwicklungsstufe von Individualität und S. verfügenden Handlungs*subjekt* (↑Subjekt, ↑Person, ↑Sprachhandlung), einem ↑Ich in der (grammatisch) ersten Person. Daneben verfügen Handelnde auch über das Selbstverhältnis aus der Du-Perspektive, was, durch die dabei stattfindende Di-

stanzierung von der Ich-Du-Dyade, Du in ein Ich der (grammatisch) dritten Person, ein Er/Sie und damit ein (zwar besonderes, insbes. den Hauptgegenstand der Humanwissenschaften bildendes, nicht aber als Subjekt auftretendes) Handlungs*objekt* (↑Objekt) verwandelt, *über* den/die sich z. B. reden läßt, ohne *mit* ihm/ihr zu reden.

Literatur: G. Albert/R. Greshoff/R. Schützeichel (eds.), Dimensionen und Konzeptionen von S., Wiesbaden 2010; H. Arendt, On Violence, New York 1970 (dt. Macht und Gewalt, München 1970, München/Zürich ²⁵2015); S. Blank, Verständigung und Versprechen. S. bei Habermas und Derrida, Bielefeld 2006; H.-M. Elzer, Der Dualismus von Rationalität und S.. Ein anthropologisches Grunddatum?, Salzburger Jb. Philos. 26/27 (1981/82), 177–187; R. A. Klein, S. als Conditio humana. Eine interdisziplinäre Untersuchung zur Sozialanthropologie in der experimentellen Ökonomik, Sozialphilosophie und Theologie, Göttingen 2010 (engl. Sociality as the Human Condition. Anthropology in Economic, Philosophical and Theological Perspective, Leiden/Boston Mass. 2011); K. Knorr-Cetina, S. mit Objekten. Soziale Beziehungen in posttraditionalen Gesellschaften, in: W. Rammert (ed.), Technik und Sozialtheorie, Frankfurt/New York 1998, 83–120; K. Lorenz, Dialogischer Konstruktivismus, Berlin/New York 2009; A. Lorenzer, Die Wahrheit der psychoanalytischen Erkenntnis. Ein historisch-materialistischer Entwurf, Frankfurt 1974, ²1985; N. Lüdtke/H. Matsuzaki (eds.), Akteur – Individuum – Subjekt. Fragen zu ›Personalität‹ und ›S.‹, Wiesbaden 2011; T. Malsch (ed.), Sozionik. Soziologische Ansichten über künstliche S., Berlin 1998; ders., Kommunikationsanschlüsse. Zur soziologischen Differenz von realer und künstlicher S., Wiesbaden 2005; G. H. Mead, The Philosophy of the Present, ed. A. E. Murphy, Chicago Ill./London 1932, Amherst N. Y. 2002 (dt. Philosophie der S.. Aufsätze zur Erkenntnisanthropologie, ed. H. Kellner, Frankfurt 1969); N. Psarros/K. Schulte-Ostermann (eds.), Facets of Sociality, Frankfurt etc. 2007; M. Schlette/M. Jung (eds.), Anthropologie der Artikulation. Begriffliche Grundlagen und transdisziplinäre Perspektiven, Würzburg 2005; T. Szanto/D. Moran (eds.), Phenomenology of Sociality. Discovering the ›We‹, New York/London 2016; B. Waldenfels, S. und Alterität. Modi sozialer Erfahrung, Berlin 2015; U. Wenzel/B. Bretzinger/K. Holz (eds.), Subjekte und Gesellschaft. Zur Konstitution von S., für Günter Dux, Weilerswist 2003, 2006; D. Zahavi, Self and Other. Exploring Subjectivity, Empathy, and Shame, Oxford etc. 2014, 2016.   K. L.

Sozialphilosophie, Sammelbezeichnung für die theoretische Beschäftigung mit Grundbegriffen und Grundproblemen des aneinander orientierten Handelns mehrerer. S. berührt sich methodisch eng mit der ↑Staatsphilosophie, ist aber inhaltlich weiter und behandelt etwa denselben Gegenstandsbereich wie die ↑Gesellschaftstheorie und die allgemeine ↑Soziologie. Die unterschiedlichen Bezeichnungen signalisieren die Verschiedenheit des methodischen Zugriffs. Bis gegen Ende des 18. Jhs. wurden die Beziehungen zwischen Menschen in Gesellschaft und ↑Staat sowohl im Hinblick auf die Regeln des Handelns und deren Begründungen als auch im Hinblick auf die Regelmäßigkeiten des Verhaltens und deren Ursachen im Rahmen der Praktischen Philosophie

(↑Philosophie, praktische) behandelt, die sich in ↑Ethik, Politik (↑Philosophie, politische) und ↑Ökonomie gliederte. Als Theorie der Gesellschaft und ihrer Organisationsformen bildete die S. das Seitenstück zur ↑Naturphilosophie. Mit der Entwicklung des neuzeitlichen Wissenschaftsbegriffs, vor allem durch den sensualistischen ↑Empirismus (↑Sensualismus), deutete sich das Ende der methodischen und inhaltlichen Verklammerung an. Das individualistische ↑Naturrecht interpretierte das Handeln entsprechend einer für vernünftig erachteten Norm (↑Norm (handlungstheoretisch, moralphilosophisch), ↑Norm (juristisch, sozialwissenschaftlich)) bereits als ein Handeln der vernünftigen Natur der Sache nach und damit als ein regelmäßig auftretendes, beobachtbares Phänomen. Das seines moralischen Charakters entkleidete Handeln war über den naturgesetzlichen Charakter hinaus einer weiteren Begründung weder fähig noch bedürftig. Eine in der Art der Naturwissenschaft betriebene Gesellschaftswissenschaft mußte daher alle nicht auf die Beobachtung des Gegebenen zurückführbaren Sätze über die soziale Wirklichkeit als ↑Metaphysik ausgrenzen. Im Sinne dieser Ausgrenzung ersetzte C.-H. de Saint-Simon die für spekulativ erachtete S. durch die empirisch fundierte ›Sozialphysik‹, der sein Schüler A. Comte die endgültige Disziplinbezeichnung ›Soziologie‹ gab. Der Begriff der S. diente nun spezieller der Kennzeichnung solcher gesellschaftstheoretischer Bemühungen, die den gemeinsamen Untersuchungsgegenstand unter Fragestellungen abhandeln, auf die nach dem Verständnis der deskriptiven Wissenschaftstheorie wissenschaftliche Antworten nicht gegeben werden können. Insbes. gilt das für im Traditionszusammenhang der abendländischen Ethik verbleibende Bemühungen, gerechtfertigte Normen für soziales Handeln unter den Bedingungen historischer Entwicklungsstufen der Gesellschaft zu formulieren.

Die S. befaßt sich heute – als Philosophie der ↑Sozialwissenschaften – in hier und da engem Kontakt mit den Entwicklungen in sozialwissenschaftlichen Disziplinen wie der Soziologie und der Ökonomie speziell mit der begrifflichen Klärung zentraler sozialphilosophischer und sozialwissenschaftlicher Kategorien (Gruppe, Konvention, Vertrag, Macht, Kooperation etc.) und sucht auf diesem Wege Antworten auf klassische Probleme wie die des Verhältnisses von ↑Individuum und ↑Gesellschaft, von ↑Macht und ↑Recht, von ↑Interessen und Normen.

Literatur: R. Becker/C. Bermes/H. Leonardy (eds.), Die Bildung der Gesellschaft. Schelers S. im Kontext, Würzburg 2007; T. Bedorf, Andere. Eine Einführung in die S., Bielefeld 2011; ders./J. Fischer/G. Lindemann (eds.), Theorien des Dritten. Innovationen in Soziologie und S., München/Paderborn 2010; T. Bube, Zwischen Kultur- und S.. Wirkungsgeschichtliche Studien zu Wilhelm Dilthey, Würzburg 2007; S. Bundschuh, »Und weil der Mensch ein Mensch ist...«. Anthropologische Aspekte der S. Herbert Marcuses, Lüneburg 1998; J. Christman, Social and Political Philosophy. A Contemporary Introduction, London/New York 2002; F. Fischbach, Manifeste pour une philosophie sociale, Paris 2009 (dt. Manifest für eine S., Bielefeld 2016); R. Forst u. a. (eds.), S. und Kritik. Axel Honneth zum 60. Geburtstag, Frankfurt 2009; S. L. Frank, Die geistigen Grundlagen der Gesellschaft. Einführung in die S., Freiburg/München 2002; M. Gallotti/J. Michael (eds.), Perspectives on Social Ontology and Social Cognition, Dordrecht etc. 2014; G. Gaus/F. D'Agostino (eds.), The Routledge Companion to Social and Political Philosophy, New York/London 2013; K. Gavroglu/J. Stachel/M. W. Wartofsky (eds.), Science, Politics and Social Practice. Essays on Marxism and Science, Philosophy of Culture and the Social Sciences, in Honor of Robert S. Cohen, Dordrecht/Boston Mass./London 1995 (Boston Stud. Philos. Sci. 164); M. Gilbert, On Social Facts, London/New York 1989, Princeton N. J./Oxford 1992; S. Gosepath/W. Hinsch/B. Rössler (eds.), Handbuch der politischen Philosophie und S., I–II, Berlin 2008; M. Grimminger, Revolution und Resignation. S. und die geschichtliche Krise im 20. Jahrhundert bei Max Horkheimer und Hans Freyer, Berlin 1997; J. Habermas, Theorie und Praxis. Sozialphilosophische Studien, Neuwied/Berlin 1963, ⁶1993, 2000; C. Halbig/M. Quante (eds.), Axel Honneth. S. zwischen Kritik und Anerkennung, Münster 2004; J. A. Hall/I. Jarvie (eds.), The Social Philosophy of Ernest Gellner, Amsterdam/Atlanta Ga. 1996; C. Henning, Philosophie nach Marx. 100 Jahre Marxrezeption und die normative S. der Gegenwart in der Kritik, Bielefeld 2005 (engl. Philosophy after Marx. 100 Years of Misreadings and the Normative Turn in Political Philosophy, Leiden/Boston Mass. 2014); A. Honneth, Die zerrissene Welt des Sozialen. Sozialphilosophische Aufsätze, Frankfurt 1990, ²1999, 2007 (engl. The Fragmented World of the Social. Essays in Social and Political Philosophy, Albany N. Y. 1995); ders., S., EP III (²2010), 2514–2528; D. Horster, S., Leipzig 2005; S. Huber, Einführung in die Geschichte der polnischen S.. Ausgewählte Probleme aus sechs Jahrhunderten, Wiesbaden 2014; R. Jaeggi/R. Celikates, S.. Eine Einführung, München 2017; P. Kelbel, Praxis und Versachlichung. Konzeptionen kritischer S. bei Jürgen Habermas, Cornelius Castoriadis und Jean-Paul Sartre, Berlin/Hamburg 2005; A. Konzelmann Ziv/H. B. Schmid (eds.), Institutions, Emotions, and Group Agents. Contributions to Social Ontology, Dordrecht etc. 2014; V. Kruse, ›Geschichts-‹ und S.‹ oder ›Wirklichkeitswissenschaft‹? Die deutsche historische Soziologie und die logischen Kategorien René Königs und Max Webers, Frankfurt 1999; E. Lagerspetz/H. Ikaheimo/J. Kotkavirta (eds.), On the Nature of Social and Institutional Reality, Jyväskylä 2001; D. Lewis, Papers in Ethics and Social Philosophy, Cambridge etc. 2000; B. Liebsch, S., Freiburg/München 1999; ders., Gegebenes Wort oder Gelebtes Versprechen. Quellen und Brennpunkte der S., Freiburg/München 2008; ders./A. Hetzel/H. R. Sepp, Profile negativistischer S. . Ein Kompendium, Berlin 2011; B. Löffler-Erxleben, Max Horkheimer zwischen S. und empirischer Sozialforschung, Frankfurt etc. 1999; M. Michalski, Fremdwahrnehmung und Mitsein. Zur Grundlegung der S. im Denken Max Schelers und Martin Heideggers, Bonn 1997; N. Psarros/K. Schulte-Ostermann (eds.), Facets of Sociality, Frankfurt etc. 2007; H.-J. Ritsert, S. und Gesellschaftstheorie, Münster 2004; K. Röttgers, S., Hist. Wb. Ph. IX (1995), 1217–1227; ders., Kategorien der S., Magdeburg 2002; T. R. Schatzki, The Site of the Social. A Philosophical Account of the Constitution of Social Life and Change, University Park Pa. 2002; H.-E. Schiller, Die Sprache der realen Freiheit. Sprache und S. bei Wilhelm von Humboldt, Würzburg 1998; S. Schlüter, Individuum und Gemeinschaft. S. im Denkweg und im System von Charles Sanders Peirce, Würzburg 2000; H.-C. Schmidt am Busch, Religiöse Hingabe oder soziale Freiheit. Die saint-simonistische Theorie und die Hegelsche S., Hamburg 2007 (franz. Hegel et le saint-simonisme. Étude de philosophie sociale, Toulouse 2012); A. Sica, What Is Social Theory? The Philosophical Debates, Malden Mass./Oxford 1998; G. Simmel, Einleitung in die Moralwissenschaft. Eine Kritik der ethischen Grundbegriffe, I–II, Berlin 1892/1893, ferner als: Gesamtausg. III/IV, ed. K. C. Köhnke, Berlin 1989/1991; E. Sosa/E. Villanueva (eds.), Social, Political, and Legal Philosophy, Boston Mass./Oxford 2001; H. Stelzer, Karl Poppers S.. Politische und ethische Implikationen, Wien 2004; L. v. Stein, Der Begriff der Gesellschaft und die Gesetze ihrer Bewegung, in: ders., Geschichte der sozialen Bewegung in Frankreich von 1789 bis auf unsere Tage I (Der Begriff der Gesellschaft und die soziale Geschichte der Französischen Revolution bis zum Jahre 1830), Leipzig 1850, ²1855, ed. G. Salomon, München 1921 (repr. Hildesheim, Darmstadt 1959, Darmstadt 1972), 11–149; L. Thomas (ed.), Contemporary Debates in Social Philosophy, Malden Mass./Oxford 2008; R. Tuomela, A Theory of Social Action, Dordrecht/Boston Mass./Lancaster 1984; ders., The Philosophy of Social Practices. A Collective Acceptance View, Cambridge etc. 2002; ders., The Philosophy of Sociality. The Shared Point of View, Oxford etc. 2007, 2010; A. Utz u. a., Bibliographie der Sozialethik. Grundsatzfragen des öffentlichen Lebens. Recht, Gesellschaft, Wirtschaft, Staat [Titel wechselt bandweise geringfügig], I–XI, Freiburg etc. 1960–1980, bes. I (Grundsatzfragen des öffentlichen Lebens. Bibliographie [Darstellung und Kritik]. Recht, Gesellschaft, Wirtschaft, Staat, Freiburg etc. 1960); M. Weber, Wirtschaft und Gesellschaft, I–II, Tübingen 1921/1922 (Grundriß der Sozialökonomik III/1–2), Neudr. unter dem Titel: Wirtschaft und Gesellschaft. Grundriß der verstehenden Soziologie, Tübingen 1922, ed. J. Winckelmann, ⁴1956, rev. ⁵1972, ferner als: MWG Abt. I/XXII–XXV, Neudr. Frankfurt 2010; J. Zahle/F. Collin, Rethinking the Individualism-Holism Debate. Essays in the Philosophy of Social Science, Cham 2014; W. Ziegenfuß (ed.), Handbuch der Soziologie, I–II, Stuttgart 1955/1956; L. Zuidervaart, Social Philosophy after Adorno, Cambridge etc. 2007. – Institut für Sozialforschung an der Johann-Wolfgang-Goethe-Universität, Frankfurt am Main (ed.), Frankfurter Beiträge zur Soziologie und S., Frankfurt/New York 2002ff.. H. R. G.

Sozialwissenschaft (engl. social science), Sammelbezeichnung für diejenigen wissenschaftlichen Disziplinen, die Zusammenhänge menschlicher ↑Gesellschaften zum Gegenstand ihres Erkenntnisinteresses haben und diese aus verschiedenen Perspektiven systematisch erforschen. Analysiert werden die Interaktion zwischen Individuen (einzeln oder in Gruppen), das Verhältnis von Individuum und Gesellschaft, Funktionsweisen gesellschaftlicher Subsysteme und deren Interdependenzen sowie gesamtgesellschaftliche Strukturen und Prozesse. Der Begriff der S. hat sich gegen die synonym verwandten Bezeichnungen ›Gesellschaftswissenschaft‹ und ›Staatswissenschaft‹ weitgehend durchgesetzt. – Zur S. zählen neben den Grunddisziplinen ↑Soziologie und Sozialpsychologie (↑Psychologie) auch die Politikwissenschaft, die Wirtschaftswissenschaften, Demographie, Ethnologie, Sozialanthropologie und Rechtswis-

senschaft. Darüber hinaus lassen sich Teildisziplinen aus den Bereichen von Geistes- und Naturwissenschaften wie Soziolinguistik, ↑Sozialphilosophie, Sozialgeschichte, Sozialgeographie, Sozialmedizin und ↑Soziobiologie unter dem Begriff der S. subsumieren.

Ein kohärentes Bild der S. läßt sich nicht zeichnen. Zu sehr divergieren Vorgehensweise, Terminologie und konkretes Erkenntnisinteresse der einzelnen Disziplinen. Darüber hinaus gründet die Uneinheitlichkeit der S. in historisch bedingter institutioneller Zersplitterung sowie in den unterschiedlichen Denktraditionen und philosophischen Richtungen (angelsächsische Moralphilosophie, französische Geschichtsphilosophie, Deutscher Idealismus), deren Charakteristika in den einzelnen Wissenschaften weiterhin Bestand haben. Die seit dem Ende des 19. Jhs. in den S.en geführten Grundsatz- und Methodendiskussionen, die nicht nur zwischen den S.en, sondern auch innerhalb einzelner Disziplinen kontrovers verlaufen, lassen sich ebenfalls auf die genannten Traditionen zurückführen. Hingewiesen sei hierbei vor allem auf den von M. Weber initiierten ↑Werturteilsstreit, den ↑Positivismusstreit zwischen T. W. Adorno/J. Habermas und K. R. Popper/H. Albert sowie auf die Auseinandersetzungen über die ↑Ethnomethodologie, den ↑Funktionalismus, den methodologischen Individualismus (↑Individualismus, methodologischer) und die ↑Systemtheorie (N. Luhmann). – Ein weiterer Grund für das Fehlen eines einheitlichen Methodenkanons in den S.en ist in der hohen Komplexität des Forschungsgegenstandes, der sich zudem in ständigem Wandel befindet, zu sehen. Versuche, einen höheren Grad an Integration zwischen den Einzeldisziplinen zu erreichen, wie etwa T. Parsons funktionalistische Systemtheorie, scheiterten bislang.

Literatur: A. Abbott, Chaos of Disciplines, Chicago Ill./London 2001; K. Acham (ed.), Methodologische Probleme der S.en, Darmstadt 1978; ders./M. S. Northcott, S.en, TRE XXXI (2000), 572–598; T. W. Adorno u. a. (eds.), Der Positivismusstreit in der deutschen Soziologie, Neuwied/Berlin 1969, ¹⁴1991, München 1993 (engl. The Positivist Dispute in German Sociology, London, New York etc. 1976); F. D'Agostino, Social Research, the Idea of, IESBS XXI (2001), 14429–14435; J. Bellers, Methoden der S.en. Kritik und Alternativen, Siegen 2005; T. Benton/I. Craib, Philosophy of Social Science. The Philosophical Foundations of Social Thought, Basingstoke etc. 2001, ²2011; D. Braybrooke, Social Science, Contemporary History of, REP VIII (1998), 838–847; M. Bunge, Social Science under Debate. A Philosophical Perspective, Toronto/Buffalo N. Y./London 1998, 1999; C. Calhoun (ed.), Dictionary of the Social Sciences, Oxford etc. 2002; D. Della Porta/M. Keating (ed.), Approaches and Methodologies in the Social Sciences. A Pluralist Perspective, Cambridge etc. 2008, 2010; J. D. Eller, Social Science and Historical Perspectives. Society, Science, and Ways of Knowing, London/New York 2017; B. Fay, Contemporary Philosophy of Social Science. A Multicultural Approach, Oxford/Cambridge Mass. 1996, 1999; C. Funken (ed.), Soziologischer Eigensinn. Zur ›Disziplinierung‹ der S.en, Opladen 2000; J. Habermas, Zur Logik der S.en, als Manuskript gedruckt ca. 1966, Raubdruck Hamburg 1966 u.ö., Tübingen 1967 (Philos. Rdsch. Beih. 5), Frankfurt 1970, erw. [5]1982, 1985 (engl. On the Logic of the Social Sciences, Cambridge Mass. 1988); M. Hollis, The Philosophy of Social Science. An Introduction, Cambridge etc. 1994, 2011 (dt. Soziales Handeln. Eine Einführung in die Philosophie der S., Berlin 1995); ders., Reason in Action. Essays in the Philosophy of Social Science, Cambridge etc. 1996; G. C. Homans, The Nature of Social Science, New York 1967 (dt. Was ist S.?, Köln/Opladen 1969, Opladen [2]1972); F.-X. Kaufmann, S.en, in: Görres-Gesellschaft (ed.), Staatslexikon V, Freiburg [7]1989, 85–90; H. Kincaid, Philosophical Foundations of the Social Sciences. Analyzing Controversies in Social Research, Cambridge etc. 1996; S. U. Larsen/E. Zimmermann (eds.), Theorien und Methoden in den S.en, Wiesbaden 2003; N. MacKenzie (ed.), A Guide to the Social Sciences, London 1966, 1968 (dt. Führer durch die S.en, München 1966, 1969); P. T. Manicas, Social Science, History of Philosophy of, REP VIII (1998), 847–859; ders., A Realist Philosophy of Social Science. Explanation and Understanding, Cambridge etc. 2006; C. Mantzavinos (ed.), Philosophy of the Social Sciences. Philosophical Theory and Scientific Practice, Cambridge etc. 2009; R. Mayntz, Sozialwissenschaftliches Erklären. Probleme der Theoriebildung und Methodologie, Frankfurt/New York 2009; L. McIntyre/A. Rosenberg (eds.), The Routledge Companion to Philosophy of Social Science, London/New York 2017; J. Mittelstraß (ed.), Methodologische Probleme einer normativ-kritischen Gesellschaftstheorie, Frankfurt 1975; ders., S.en im System der Wissenschaft, in: M. Timmermann, S.en [s.u.], 173–189; ders. (ed.), Methodenprobleme der Wissenschaften vom gesellschaftlichen Handeln, Frankfurt 1979; S. Moebius/A. Reckwitz (eds.), Poststrukturalistische S.en, Frankfurt 2008, [2]2013; E. Montuschi, The Objects of Social Science, London 2003; K.-D. Opp, Methodologie der S.en. Einführung in Probleme ihrer Theoriebildung, Reinbek b. Hamburg 1970, Wiesbaden [7]2014; I. Oswald (ed.), S. in Russland, I–II, Berlin 1996/1997; W. Ötsch/S. Panther (eds.), Ökonomik und S.. Ansichten eines in Bewegung geratenen Verhältnisses, Marburg 2002; W. Outhwaite/S. P. Turner (eds.), The SAGE Handbook of Social Science Methodology, Los Angeles etc. 2007; E. Pankoke, Sociale Bewegung, sociale Frage, sociale Politik. Grundfragen der deutschen ›Socialwissenschaft‹ im 19. Jahrhundert, Stuttgart 1970; ders., S.; Gesellschaftswissenschaft, Hist. Wb. Ph. IX (1995), 1249–1257; T. M. Porter/D. Ross (eds.), The Cambridge History of Science VII (Modern Social Sciences), Cambridge etc. 2003; B. W. Reimann, S.en, in: W. Fuchs u. a. (eds.), Lexikon zur Soziologie, Reinbek b. Hamburg 1977, erw. Opladen 1978, 716, erw. [3]1994, 623, Fuchs-Heinritz u.a. (eds.), Wiesbaden [5]2011, 633; F. Ringer, Max Weber's Methodology. The Unification of the Cultural and Social Sciences, Cambridge Mass./London 1997, 2000; J. Ritsert, Einführung in die Logik der S.en, Münster 1996, [2]2003; A. Rosenberg, Social Science, Methodology of, REP VIII (1998), 860–868; D.-H. Ruben, Social Science, Philosophy of, REP VIII (1998), 868–871; J. B. Rule, Theory and Progress in Social Science, Cambridge etc. 1997; M. Schmid, Rationalität und Theoriebildung. Studien zu Karl R. Poppers Methodologie der S.en, Amsterdam/Atlanta Ga. 1996; J. A. Schülein, Autopoietische Realität und konnotative Theorie. Über Balanceprobleme sozialwissenschaftlichen Erkennens, Weilerswist 2002; Y. Sherratt, Continental Philosophy of Social Science. Hermeneutics, Genealogy and Critical Theory from Ancient Greece to the Twenty-First Century, Cambridge etc. 2006; D. L. Sills (ed.), International Encyclopedia of the Social Sciences, I–XVII, New York 1968, Nachdr. 1972, XVIII (Biographical Suppl.), 1979, IX (Social Science Quotations), 1991, I–IX, ed. W. A. Darity, Detroit Mich. etc. [2]2008; R. Taagepera, Making Social Sciences More Scientific. The Need for Predictive Models, Oxford etc. 2008, 2009; M. Timmermann (ed.), S.en. Eine multidisziplinäre Einführung, Konstanz 1978; E. Topitsch (ed.), Logik der S.en, Köln/Berlin 1965, rev. Königstein [10]1980, Frankfurt [12]1993; S. P. Turner/P. A. Roth (eds.), The Blackwell Guide to the Philosophy of the Social Sciences, Malden Mass. etc. 2003; B. Vaassen, Die narrative Gestalt(ung) der Wirklichkeit. Grundlinien einer postmodern orientierten Epistemologie der S.en, Braunschweig/Wiesbaden 1996, Wiesbaden 2012; V. Vanberg, Die zwei Soziologien. Individualismus und Kollektivismus in der Sozialtheorie, Tübingen 1975; ders., S.en, in: G. Endruweit/G. Trommsdorff (eds.), Wörterbuch der Soziologie III, Stuttgart 1989, 653–655; G. Vielmetter, Die Unbestimmtheit des Sozialen. Zur Philosophie der S.en, Frankfurt/New York 1998; P. Wagner, A History and Theory of the Social Sciences. Not All that Is Solid Melts into Air, London etc. 2001; G. Weisser, S., in: W. Bernsdorf (ed.), Wörterbuch der Soziologie, Stuttgart [2]1969, 1059–1062; A. Weymann, S.en/Gesellschaftswissenschaften, EP III ([2]2010), 2536–2542; M. Williams, Science and Social Science. An Introduction, London/New York 2000, 2002. C. E.

Soziobiologie

Soziobiologie (engl. sociobiology, franz. sociobiologie), Bezeichnung für die ↑Evolutionstheorie des Sozialverhaltens der Tiere, einschließlich des Menschen. Zusammen mit der Neurophysiologie des Sozialverhaltens wird die S. vielfach als die Biologie des Sozialverhaltens aufgefaßt. Die S. ist vom ↑Sozialdarwinismus zu unterscheiden. Von der ↑Verhaltensforschung (Ethologie), wie sie z. B. von K. Lorenz vertreten wurde, unterscheidet sich die S. durch das Bestreiten von Gruppenselektion als einer in der Evolution des Verhaltens wirksamen Kraft sowie durch systematischen Einbezug populationsgenetischer und ökologischer (↑Ökologie) Betrachtungsweisen. Einige Vertreter der S. (wie E. O. Wilson) sind der Auffassung, daß sich, bei konsequenter Fortentwicklung von Neurophysiologie und S., die Humansoziologie dereinst als Teil der modernen, neodarwinistischen Evolutionstheorie darstellen werde. Gegenwärtig befinde sich die Soziologie noch in einem rein deskriptiven, ›naturgeschichtlichen‹ (↑Naturgeschichte) Stadium. Soziobiologische Betrachtungsweisen würden hingegen Kausalerklärungen sozialer Phänomene gestatten und so die Soziologie zu einer Naturwissenschaft machen. Diesen naturalistischen Ansatz (↑Naturalismus, ↑Naturalismus (ethisch)) haben Wilson u. a. auch auf ↑Moral und ↑Ethik ausgedehnt (↑Ethik, evolutionäre).

Zentrale, schon von C. Darwin hervorgehobene Grundlage der S. ist die Annahme, daß nicht nur morphologische und physiologische Merkmale von ↑Organismen, sondern auch deren Verhalten der natürlichen ↑Selektion unterliegt. Als Einheit der Selektion werden in der S. aber weder soziale Gruppen (Gruppenselektion) noch Individuen (Individuenselektion), sondern die ↑Gene (Genselektion) bestimmt. Zwar greifen die Selektionskräfte an phänotypischen Verhaltensmerkmalen von Individuen an, aber diese Merkmale werden als genetisch fundiert (wenn auch nicht determiniert) betrachtet. Es sind sodann die besser an die jeweilige Umwelt angepaßten Merkmale, deren genetisches Gegenstück in der nachfolgenden Generation stärker vertreten ist. Individuelle Organismen sind lediglich temporäre ›Überlebensmaschinen‹ oder ›Vehikel‹ (R. Dawkins; ↑Gen, egoistisches) bzw. ›Interaktoren‹ (D. Hull) für Gene, die so, potentiell beliebige Zeiträume überdauernd, in der nächsten Generation je neue organismische Überlebensmaschinen konstruieren, und zwar in um so größerer Anzahl, je besser sie in der vorangegangenen Generation an die Umweltbedingungen angepaßt waren.

Die Verknüpfung des Sozialverhaltens mit genetischen Dispositionen hat beim Studium der Tiere zu außerordentlichen Erklärungserfolgen geführt. Insbes. ist auf diese Weise ein altes Paradox des tierischen Sozialverhaltens erklärbar geworden: Auf der Basis der Selektion individueller Organismen (Individuenselektion) sind diejenigen Verhaltensweisen nicht erklärbar, die für die Individuen, die sie ausüben, schädlich oder gar tödlich sind, während sie anderen Mitgliedern der Population nützen. Die Träger eines für sie schädlichen Verhaltens besäßen so eine geringere ↑›Fitneß‹; sie erzeugten weniger Nachkommen, und allmählich müßte die betreffende, ›altruistisch‹ genannte Verhaltensweise in einer Population aussterben. Tatsache ist jedoch, daß ›altruistisches‹ Verhalten weit verbreitet ist, z. B. den Rufer gefährdende Warnrufe oder ›Fortpflanzungsverzicht‹ bei vielen sozialen Insekten.

Das entscheidende Lösungspotential für das genannte Paradox liefern der Begriff der Verwandtschaftsselektion (*kin selection*; J. Maynard Smith) und der damit verknüpfte Begriff der Gesamtfitness (*inclusive fitness*; W. D. Hamilton). Diese Begriffe markieren den Beginn der eigentlichen S.. Danach wird der Nutzen ›altruistischen‹ Verhaltens nicht unterschiedslos allen Mitgliedern einer Population zugänglich gemacht, sondern nur den mit dem betreffenden Individuum verwandten Artgenossen. Dabei stehen die Nachteile oder die ›Kosten‹ für das ›altruistische‹ Individuum in proportionaler Beziehung zur genetischen Nähe (Verwandtschaftsgrad) der Nutznießer. Hamilton hat diesen Sachverhalt durch die Ungleichung

$$\frac{K}{r} < N$$

ausgedrückt. Danach kann sich eine ›altruistische‹ Verhaltensweise (bzw. die sie tragenden Gene) in der Generationenfolge einer Population erhalten, wenn die Kosten K für ihre Träger (quantifiziert über die Anzahl der Nachkommen oder Nachkommenäquivalente), geteilt durch den Verwandtschaftsgrad r, kleiner sind als der Nutzen N (wiederum ausgedrückt in Anzahl der Nachkommen bzw. Nachkommenäquivalente) für im Grade r

mit dem Träger Verwandte. Dabei stehen – in der Begrifflichkeit menschlicher Verwandtschaft – z. B. Eltern zu ihren Kindern und Geschwister untereinander im Verwandtschaftsgrad $r = 0,5$, da jeweils die Hälfte der genetischen Ausstattung identisch ist. Danach kann sich z. B. für den extremen Fall einer für seine Träger tödlichen ›altruistischen‹ Verhaltensweise der ihr zugrundeliegende Genkomplex dennoch weitervererben, wenn dadurch mehr als zwei Geschwister oder mehr als vier Enkel ($r = 0,25$) ›gerettet‹ werden (und man deren Überleben als Nachkommenäquivalent betrachtet). Die Hamiltonsche Ungleichung ist, etwa im Falle von drei ›geretteten‹ Geschwistern, erfüllt:

$$\frac{1}{0,5} = 2 < 3.$$

Für zwei ›gerettete‹ Geschwister wird sie hingegen falsch. Inzwischen ist die Hamiltonsche Theorie in zahllosen Fällen empirisch bestätigt worden.

Für Fälle von nicht verwandtenbezogenem ›Altruismus‹, die sich in der Natur ebenfalls finden, hat sich der Begriff der Gegenseitigkeit (›reziproker Altruismus‹) als zweckmäßig herausgestellt. Danach werden ›altruistische‹ Handlungsweisen als evolutionär stabil dadurch erklärt, daß ihre Träger in absehbarer Zeit eine ›Kompensation‹ durch die nicht mit ihnen verwandten Nutznießer dieser Verhaltensweisen erhalten. Da für solche komplizierten Verhaltensmuster hohe kognitive Fähigkeiten (z. B. zur Identifikation der Nutznießer, der Erinnerung an sie und zum Ausüben von Sanktionen gegen ›Betrüger‹) erforderlich sind, findet man ›reziproken Altruismus‹ nur bei ›höheren‹ Wirbeltieren. – Abgesehen von der Erklärung des ›Altruismus‹ hat sich der Gene als Selektionseinheit verwendende Ansatz der S. auch an zahlreichen anderen Phänomenen bewährt, z. B. bei der Erklärung der Tötung der von seinem ›Vorgänger‹ stammenden Jungtiere eines Löwenrudels bei Übernahme durch ein neues Männchen oder bei der Erklärung der für die Weitergabe der eigenen Gene optimalen Gelegegröße von Vögeln.

Die Erfolge der S. bei der Erklärung des nicht-menschlichen Sozialverhaltens sind unbestritten. Dagegen ist das Ausmaß der Übertragung soziobiologischer Erklärungsmuster auf den Menschen kontrovers, z. B. bezüglich der Rolle der Religion oder der Rolle und Stellung der Frau oder des so genannten *parental investment*. Häufig wird in diesem Kontext auch eine so genannte Gen-Kultur-Koevolution zur Erklärung herangezogen, mit der einer gewissen evolutiven Eigenständigkeit des Bereiches der Kultur Rechnung getragen werden soll (↑Mem). Generell wird gegen die Ausdehnung der S. auf den Menschen auch kritisch eingewendet, daß es keine genetische Determination menschlichen Verhaltens gebe, sondern allenfalls genetische Dispositionen. –

Ebenfalls umstritten ist seit Darwins »The Descent of Man« (1871) die Übertragung evolutionstheoretischer Konzepte auf die Ethik. Soziale Instinkte und die für ihre optimale Anwendung erforderlichen intellektuellen Fähigkeiten sind danach genauso Evolutionsprodukte wie das ↑Gewissen als Sanktionsinstanz. Zunächst auf kleine soziale Gruppen beschränkt, erweiterte sich nach Darwin das Gefühl sozialer Verpflichtung im Laufe der kulturellen Entwicklung auf größere soziale Einheiten wie Stämme und Völker. Grundsätzlich wird dieser Prozeß nach Darwin durch Gruppenselektion vorangetrieben, insofern Gruppen, in denen der Eigennutz von Individuen den Interessen der Gruppe nachgeordnet wird, einen Anpassungsvorteil gegenüber ›individualistischen‹ Gruppen besäßen.

H. Spencer nimmt im Rahmen einer optimistischen, kosmischen Evolutionskonzeption auch eine soziale Evolution zu einem Zustand von maximalem Glück (↑Glück (Glückseligkeit)) und maximaler ↑Gerechtigkeit an. Teil dieser sozialen Evolution ist die stetige Zunahme von ↑Altruismus in den Gesellschaften. Hieraus ergibt sich für Spencer die ethische Maxime, entsprechend der evolutionären Entwicklung zu handeln. Schon T. H. Huxley hat darauf hingewiesen, daß in Spencers Konzeption ein naturalistischer Fehlschluß (↑Naturalismus (ethisch)) von (unterstellten) Tatsachen der kosmischen Evolution auf gebotene Handlungsweisen impliziert sei. In der Folge von Wilsons »Sociobiology« (1975) hat die Diskussion um die evolutionäre Ethik auf der Basis verbesserter Theorien über die Evolution des Sozialverhaltens neuen Auftrieb erhalten. Allerdings ergeben sich, verglichen mit den Argumenten des 19. Jhs., keine wesentlich neuen Gesichtspunkte.

Unterschiedliche Konzeptionen behaupten eine oder beide der beiden folgenden Thesen: (1) Das als moralisch bezeichnete Verhalten des Menschen (in der S. in der Regel eingeschränkt auf ›Altruismus‹) ist, wie alles andere Sozialverhalten auch, ein Produkt der ↑Evolution. ›Moralität‹ von Verhalten stellt danach einen adaptiven Vorteil dar, und eben deswegen findet man in allen menschlichen Gesellschaften moralisches Verhalten. (2) Nicht nur das faktische Moralverhalten hat sich evolutionär herausgebildet, sondern auch das dieses Verhalten fordernde und stabilisierende Gefühl moralischer Verpflichtung und damit indirekt auch die dieses Gefühl systematisierenden ↑Ethiken: »Wir denken, daß wir helfen sollen, daß wir anderen gegenüber Verpflichtungen haben, weil es in unserem biologischen Interesse liegt, diese Gedanken zu haben. (…) Wir sind moralisch [d. h. altruistisch], weil unsere Gene, wie sie durch die natürliche Selektion gestaltet worden sind, uns mit Gedanken über das Moralisch-Sein erfüllen« (M. Ruse 1993, 161–162). Während die These (1) von der Evolution faktischer moralischer Verhaltensweisen heute,

jedenfalls als eine allgemeine Aussage, weitgehend akzeptiert wird (wenngleich dabei ein nicht-verwandtenbezogener Altruismus, der darüber hinaus keine Kompensation zu erwarten hat [›Mutter-Teresa-Altruismus‹], ein gewisses Erklärungsproblem darstellt, das über triviale Lösungen [Kompensation im Himmel] bislang nicht hinausgelangt ist), wird die in These (2) gelegentlich implizierte Behauptung eines durch die Ethik als Theorie der Moral verursachten Selektionsvorteils als unbegründet angesehen. Ferner hat die S. zu Aspekten der Ethik, die über schlichten Altruismus hinausgehen, wie etwa Problemen der Gerechtigkeit, wenig Erhellendes zu sagen. Darüber hinaus ist es offenbar sehr schwierig, *konkrete* evolutionäre Erklärungen moralischen Verhaltens vorzulegen. Dennoch wird allgemein akzeptiert, daß von seiten der S. für die Ethik wichtige biologische Tatsachen über den Menschen beigetragen werden könnten. Freilich liefern solche Tatsachen noch keine Rechtfertigung ethischer Normen (↑Norm (handlungstheoretisch, moralphilosophisch)). Die z. B. von Wilson vertretene Annahme, die Moral bringe tiefste menschliche Wünsche zum Ausdruck, rechtfertigt diese Wünsche noch nicht, oder nur um den Preis des naturalistischen Fehlschlusses von der Existenz adaptiv bewährter Verhaltensformen auf deren moralische Wünschbarkeit. Moralische Wünschbarkeit und die damit verknüpfte Idee der Objektivität von Normen erfordern vielmehr außerbiologische Prinzipien zu ihrer Begründung. So ist zwar – negativ – der Schluß vom biologischen Sein auf moralisches Sollen ausgeschlossen. Die positive Frage nach dem Zusammenhang biologischer Tatsachen und moralischer Normen ist jedoch bislang über die allgemeine Aussage, daß erstere Beschränkungen (*constraints*) der Normenbildung darstellten, kaum hinausgelangt.

Literatur: R. D. Alexander, Darwinism and Human Affairs, Seattle 1979, 1988 (dt. Evolution und das Verhalten von Menschen. Natürliche Selektion und Kultur, Bewusstsein, […] Sozialverhalten, Freiburg 2011); ders., The Biology of Moral Systems, New York 1987; R. Axelrod, The Evolution of Cooperation, New York 1984, rev. 2006 (dt. Die Evolution der Kooperation, München 1986, ⁷2009); D. P. Barash, Sociobiology and Behavior, London, New York 1977, ²1982 (dt. S. und Verhalten, Berlin/ Hamburg 1980); ders., The Whisperings Within, New York 1979, unter dem Titel: Sociobiology. The Whisperings Within, London 1979, 1980, unter dem Titel: The Whisperings Within. Evolution and the Origin of Human Nature, Harmondsworth 1981 (dt. Das Flüstern in uns, Frankfurt 1981); B. Baxter, A Darwinian Worldview. Sociobiology, Environmental Ethics and the Work of Edward O. Wilson, Aldershot etc. 2007; K. Bayertz (ed.), Evolution und Ethik, Stuttgart 1993; F. R. Bennett, Evolution and Ethics. A Critique of Sociobiology, New York etc. 2015; M. Bradie, The Secret Chain. Evolution and Ethics, Albany N. Y. 1994; D. J. Buller, Adapting Minds. Evolutionary Psychology and the Persistent Quest for Human Nature, Cambridge Mass. etc. 2005; A. L. Caplan (ed.), The Sociobiology Debate. Readings on Ethical and

Scientific Issues, New York 1978; T. H. Clutton-Brock, The Evolution of Parental Care, Princeton N. J. 1991; H. Cronin, The Ant and the Peacock. Altruism und Sexual Selection from Darwin to Today, Cambridge etc. 1991, 1999; C. R. Darwin, The Descent of Man, and Selection in Relation to Sex, I–II, London 1870/1871, Neudr. als: The Works of Charles Darwin, XXI–XXII, ed. P. H. Barrett/R. B. Freeman, New York 1998, London 2004 (dt. Die Abstammung des Menschen und die geschlechtliche Zuchtwahl, Stuttgart 1871, Neudr. unter dem Titel: Die Abstammung des Menschen, Stuttgart 1966, 2002); R. Dawkins, The Selfish Gene, Oxford/New York 1976, 2016 (dt. Das egoistische Gen, Berlin/Heidelberg/New York 1978, 2014); D. C. Dennett, Darwin's Dangerous Idea. Evolution and the Meanings of Life, New York etc. 1995, 453–493 (Chap. 16 On the Origin of Morality) (dt. Darwins gefährliches Erbe. Die Evolution und der Sinn des Lebens, Hamburg 1997, 635–694 [Kap. 16 Über die Entstehung der Moral]); C. Driscoll, Sociobiology, SEP 2013; J. Fetzer (ed.), Sociobiology and Epistemology, Dordrecht/Boston Mass./Lancaster 1985; W. Fitzpatrick, Morality and Evolutionary Biology, SEP 2008, rev. 2014; A. Flew, Evolutionary Ethics, London 1967, 1970; A. Gibbard, Human Moral Assessment. Method, Hypotheses, Puzzles [mit Komm. v. D. Gauthier, G. Vollmer], in: G. Wolters/J. G. Lennox/P. McLaughlin (eds.), Concepts, Theories, and Rationality in the Biological Sciences. The Second Pittsburgh–Konstanz Colloquium in the Philosophy of Science, University of Pittsburgh, October 1–4, 1993, Konstanz, Pittsburgh Pa. 1995, 263–285 (287–293, 295–304); B. Gräfrath, Evolutionäre Ethik? Philosophische Programme, Probleme und Perspektiven der S., Berlin etc. 1997; A. Grunwald/M. Guttmann/E. M. Neumann-Held (eds.), On Human Nature. Anthropological, Biological, and Philosophical Foundations, Berlin etc. 2002; W. D. Hamilton, The Genetical Evolution of Social Behaviour, I–II, J. Theoret. Biol. 7 (1964), 1–32; H. Hemminger, Der Mensch – eine Marionette der Evolution? Eine Kritik an der S., Frankfurt 1983; T. H. Huxley, Evolution and Ethics 1893–1943, London 1947 (repr. New York 1969); ders., Evolution and Ethics [1893], in: J. Paradis/G. Williams (eds.), Evolution and Ethics, T. H. Huxley's »Evolution and Ethics«. With New Essays on Its Victorian and Sociobiological Context, Princeton N. J. 1989, 57–177; R. Joyce, The Evolution of Morality, Cambridge Mass. etc. 2006, 2007; P. Kitcher, Vaulting Ambition. Sociobiology and the Quest for Human Nature, Cambridge Mass./London 1985, 1990; ders., Biology and Ethics, in: D. Copp (ed.), The Oxford Handbook of Ethical Theory, Oxford etc. 2005, 163–185; J. R. Krebs/N. B. Davies, An Introduction to Behavioural Ecology, Oxford 1981, mit S. A. West, New York ⁴2012 (dt. Einführung in die Verhaltensökologie, Stuttgart 1984, Berlin 1996); R. C. Lewontin/S. Rose/L. J. Kamin, Not in Our Genes. Biology, Ideology, and Human Nature, New York 1984, London 1990 (dt. Die Gene sind es nicht …. Biologie, Ideologie und menschliche Natur, München 1988); C. J. Lumsden/E. O. Wilson, Genes, Mind, and Culture. The Coevolutionary Process, Cambridge Mass./London 1981, Hackensack N. J. etc. 2005; dies., Promethean Fire. Reflections on the Origin of Mind, Cambridge Mass./London 1983 (dt. Das Feuer des Prometheus. Wie das menschliche Denken entstand, München 1984); W. Lütterfelds (ed.), Evolutionäre Ethik zwischen Naturalismus und Idealismus. Beiträge zu einer modernen Theorie der Moral, Darmstadt 1993; J. Maynard Smith, Group Selection and Kin Selection, Nature 201 (1964), 1145–1147; ders., The Evolution of Behavior, Sci. Amer. 239 (1978), 136–145; H. Meier (ed.), Die Herausforderung der Evolutionsbiologie, München/Zürich 1988, ³1992; A. Metzner, S., Hist. Wb. Phil. IX (1995), 1263–1266; M. Midgley, Beast and Man. The Roots of

Human Nature, Ithaca N. Y. 1978, London etc. 2002; dies., The Ethical Primate. Humans, Freedom, and Morality, London etc. 1994, 1998; H. Mohr, Natur und Moral. Ethik in der Biologie, Darmstadt 1987, 1995; A. Montagu (ed.), Sociobiology Examined, New York 1980; M. H. Nitecki/D. V. Nitecki (eds.), Evolutionary Ethics, Albany N. Y. 1993; S. Park/G. Guille-Escuret, Sociobiology vs Socioecology. Consequences of an Unraveling Debate, London, Hoboken N. J. 2017; R. J. Richards, Darwin and the Emergence of Evolutionary Theories of Mind and Behavior, Chicago Ill./London 1987, 1995; A. Rosenberg, Sociobiology, REP VIII (1998), 892–896; M. Ruse, Sociobiology. Sense or Nonsense?, Dordrecht/Boston Mass./Lancaster 1979, ²1985; ders., Noch einmal: die Ethik der Evolution, in: K. Bayertz (ed.), Evolution und Ethik [s. o.], 153–167; M. Sahlins, The Use and Abuse of Biology. An Anthropological Critique of Sociobiology, Ann Arbor Mich. 1976, 1993 (franz. Critique de la sociobiologie. Aspects anthropologiques, Paris 1980); U. Segerstråle, Defenders of the Truth. The Battle for Science in the Sociobiology Debate and Beyond, Oxford etc. 2000, mit Untertitel: The Sociobiology Debate, Oxford etc. 2001; P. Singer, The Expanding Circle. Ethics and Sociobiology, New York, Oxford 1981, mit Untertitel: Ethics, Evolution, and Moral Progress, Princeton N. J. etc. 2011; E. Sober/D. S. Wilson, Unto Others. The Evolution and Psychology of Unselfish Behavior, Cambridge Mass. 1998, 1999; G. S. Stent (ed.), Morality as a Biological Phenomenon. Report of the Dahlem Workshop on Biology and Morals […], Berlin 1978, mit Untertitel: The Presuppositions of Sociobiological Research, Berkeley Calif./Los Angeles Calif./London 1980; K. Sterelny, The Evolved Apprentice. How Evolution Made Humans Unique, Cambridge Mass. etc. 2012, 2014; P. Thompson (ed.), Issues in Evolutionary Ethics, Albany N. Y. 1995; R. L. Trivers, The Evolution of Reciprocal Altruism, Quart. Rev. Biol. 46 (1971), 35–57; C. Vogel, Vom Töten zum Mord. Das wirkliche Böse in der Evolutionsgeschichte, München 1989; E. Voland, Grundriß der S.. 16 Tabellen, Stuttgart 1993, erw. mit Untertitel: 25 Tabellen, Heidelberg ²2000, unter dem Titel: S.. Die Evolution von Kooperation und Konkurrenz, Berlin/Heidelberg ³2009, erw. ⁴2013; ders., Die Natur des Menschen. Grundkurs S., München 2007; F. de Waal, Our Inner Ape. The Best and Worst of Human Nature, London, New York 2005, 2006 (dt. Der Affe in uns. Warum wir sind, wie wir sind, München 2006, Hamburg 2016); ders., Primates and Philosophers. How Morality Evolved, ed. S. Macedo/J. Ober, Princeton N. J. etc. 2006, 2016 (dt. Primaten und Philosophen. Wie die Evolution die Moral hervorbrachte, München 2008, 2011); T. P. Weber, S., Frankfurt 2003, 2014; W. Wickler/U. Seibt, Das Prinzip Eigennutz. Ursachen und Konsequenzen sozialen Verhaltens, Hamburg 1977, mit Untertitel: Zur Evolution sozialen Verhaltens, München/Zürich 1991; E. O. Wilson, Sociobiology. The New Synthesis, Cambridge Mass. etc. 1975, 2002, gekürzt unter dem Titel: Sociobiology. The Abridged Edition, Cambridge Mass. etc. 1980, 1998 (franz. La sociobiologie, Monaco 1987); ders., On Human Nature, Cambridge Mass. 1978, 2004 (dt. Biologie als Schicksal. Die soziobiologischen Grundlagen menschlichen Verhaltens, Frankfurt etc. 1980); R. Wright, The Moral Animal. Evolutionary Psychology and Everyday Life, New York 1994, 1995 (dt. Diesseits von Gut und Böse. Die biologischen Grundlagen unserer Ethik, München 1996); F. M. Wuketits, Gene, Kultur und Moral. S. – Pro und Contra, Darmstadt 1990; ders., Verdammt zur Unmoral? Zur Naturgeschichte von Gut und Böse, München/Zürich 1993; ders., Was ist S.?, München 2002. – Die Debatte um die ethischen Implikationen der S. wird vor allem in der Zeitschrift »Biology and Philosophy« geführt. G. W.

Soziologie (von lat. socius, Geselle, Genosse, und griech. λόγος, Lehre), Wissenschaft von den sozialen Beziehungen der in einer ↑Gesellschaft zusammenlebenden Individuen. Der von A. Comte (Cours de philosophie positive IV, 1839, 252) in Ersetzung des damals verbreiteten Ausdrucks ›soziale Physik‹ (physique sociale) eingeführte Ausdruck ›S.‹ setzt sich erst um die Wende vom 19. zum 20. Jh. als Bezeichnung für eine eigenständige Disziplin durch. Dabei löst sich die Bindung des Disziplinennamens an die positivistische (↑Positivismus (historisch)), in der zweiten Jahrhunderthälfte zunehmend an biologischen Analogien (H. Spencer u. a.) orientierte Tradition, die vor allem im deutschen Sprachraum für die zunächst zögerliche Übernahme als Selbstbezeichnung verantwortlich ist.

Die heute als Klassiker der S. geltenden Autoren der Jahrhundertwende (G. Simmel, M. Weber, E. Durkheim u. a.) entstammen fachlich und methodisch unterschiedlichen Traditionen. Gemeinsam ist ihnen die zeitdiagnostische, jedoch nicht mehr unmittelbar ins Politische gewendete theoretische Befassung mit dem industriegesellschaftlich bedingten Modernisierungsprozeß und seinen kulturellen Folgen: Kapitalismustheorie (↑Kapitalismus), Theorie der sozialen Differenzierung und Rationalisierungstheorie (↑Rationalisierung) sind wichtige, das Fach bis heute prägende Themen. Die Kategorienbildung ist nicht mehr an der bereits in den ›Staatswissenschaften‹ (L. v. Stein, R. v. Mohl) und bei K. Marx in Auflösung begriffenen Unterscheidung von ↑Staat und Gesellschaft (↑Gesellschaft, bürgerliche) orientiert, sondern geht von universalen Basiskategorien des Sozialen (Kampf, Tausch, Vertrag, ↑Herrschaft usw.) aus und nähert sich der historischen Wirklichkeit durch Typenbildung (Gemeinschaft und Gesellschaft als Typen sozialer Beziehungen bei F. Tönnies, Typen der Herrschaft bei M. Weber, mechanische und organische Solidarität als Typen der sozialen Integration bei Durkheim usw.). Die Basiskategorien bilden das, was heute Allgemeine soziologische Theorie heißt und den so genannten Bindestrichsoziologien mit spezielleren Gegenstandsbereichen (Rechts-, Religions-, Familien-, Industriesoziologie usw.) als Orientierungsrahmen dient. Sie werden bereits von den Klassikern unterschiedlich ausgewählt und in Beziehung gesetzt. So fehlt etwa bei Weber ein Pendant zu Durkheims Begriff der ›conscience collective‹, während umgekehrt Durkheim seine Kategorien nicht handlungstheoretisch (↑Handlungstheorie) fundiert, sodaß bei ihm etwa der für Weber zentrale Begriff des ›subjektiven Sinns‹ sozialen Handelns keinen grundbegrifflichen Status hat. Diese und ähnliche Differenzen prägen die soziologische Theorie auch in der Folgezeit und haben anhaltende Debatten zur Folge, so z. B. zur Frage der Reduzierbarkeit (↑Reduktion) makrosoziologischer auf mikrosoziologi-

sche Kategorien (↑Individualismus, methodologischer, ↑Systemtheorie).

Die inhaltliche und methodische Abgrenzung der S. von den Vorgänger- und Nachbardisziplinen (insbes. Philosophie, Psychologie, Ökonomie, Jurisprudenz und Geschichte) ist entsprechend der faktischen Überschneidung der Gegenstandsbereiche und ↑Erkenntnisinteressen aller Wissenschaften vom Handeln bis heute nirgends scharf und unkontrovers. Die disziplinäre Entwicklung ist entsprechend von historischen Zufällen und nationalen Besonderheiten geprägt. So ist der Einfluß der europäischen Autoren im angelsächsischen Sprachraum durch T. Parsons' frühe Analyse (The Structure of Social Action, 1937) und durch das Wirken deutscher Exilsoziologen mitbedingt; umgekehrt hat die in Amerika intensiver entwickelte empirische Sozialforschung (↑Sozialforschung, empirische) die Neuorientierung der deutschen Nachkriegssoziologie beeinflußt. Für das Wissenschaftsverständnis der S. bleibt die in ihrer Entstehungsphase übernommene methodische Zwischenstellung zwischen ↑Naturwissenschaften und ↑Geisteswissenschaften entscheidend: Sie versteht sich, mit den Worten Webers, als eine Wissenschaft, die »soziales Handeln deutend verstehen und dadurch in seinem Ablauf und seinen Wirkungen ursächlich erklären will« (Wirtschaft und Gesellschaft, 1980, 1), also als eine theoriebildende Wissenschaft, deren Gegenstand durch das vortheoretische Wirklichkeitsverständnis der Handelnden mitkonstituiert ist. Die damit verbundenen besonderen Objektivitätsprobleme sind seit dem ↑Werturteilsstreit Gegenstand anhaltender Debatten (↑Wissenssoziologie, ↑Positivismusstreit, ↑Ethnomethodologie). Ihre disziplinäre Identität hat die S. weniger als andere ↑Sozialwissenschaften durch Konzentration auf bestimmte Forschungsmethoden (etwa Experimente in der Psychologie, mathematische Modellbildung in der Ökonomie), als vielmehr über den Rückbezug auf klassische Probleme und Texte ausgebildet. Damit bleibt sie unter allen Sozialwissenschaften am ehesten dem gedanklichen Gesamtzusammenhang verpflichtet, aus dem sich um die Wende vom 19. zum 20. Jh. die einzelnen Wissenschaften vom Handeln ausdifferenziert haben.

Literatur: H. Abels, Einführung in die S., I–II, Wiesbaden 2001, ⁴2009; K. Acham, S., Hist. Wb. Ph. IX (1995), 1270–1282; J. C. Alexander, Sociology, Theories of, REP IX (1998), 2–8; R. Aron, Les étapes de la pensée sociologique. Montesquieu – Comte – Marx – Tocqueville – Durkheim – Pareto – Weber, Paris 1967, 1992 (engl. Main Currents in Sociological Thought, I–II, New York, London 1965/1967, New Brunswick N. J./London 1998/1999; dt. Hauptströmungen des soziologischen Denkens, I–II, Köln 1971, Neudr. Hamburg 1979); D. Brock/M. Junge/U. Krähnke, Soziologische Theorien von Auguste Comte bis Talcott Parsons. Einführung, München/Wien 2002, München ³2012; A. Comte, Cours de philosophie positive IV (La partie dogmatique de la philosophie sociale), Paris 1839 (repr. Brüssel 1969), [5]1893, unter dem Titel: Physique Sociale, ed. J.-P. Enthoven, 1975, 1990; O. Dimbath, ˙Einführung in die S., Paderborn 2011, [3]2016; E. Durkheim, De la division du travail social. Étude sur l'organisation des sociétés supérieures, Paris 1893, rev. unter dem Titel: De la division du travail social, Paris [2]1902, [11]1986, 2013; ders., Les règles de la méthode sociologique, Paris 1895, [20]1991, 2013; J. Goudsblom/J. Heilbron, Sociology, History of, IESBS XXI (2001), 14574–14580; M. Jäckel, S.. Eine Orientierung, Wiesbaden 2010; F. Jonas, Geschichte der S., I–IV, Reinbek b. Hamburg 1968–1969, in 2 Bdn., Opladen 1976, [2]1981 (franz. Histoire de la sociologie. Des Lumières à la théorie du social, Paris 1991); H. Korte, Einführung in die Geschichte der S., Opladen 1992, [9]2011; K. J. Kuipers/J. Sell, Sociology, IESS VII ([2]2008), 660–664; W. Lepenies (ed.), Geschichte der S.. Studien zur kognitiven, sozialen und historischen Identität einer Disziplin, I–IV, Frankfurt 1981; H. Meulemann, S. von Anfang an. Eine Einführung in Themen, Ergebnisse und Literatur, Wiesbaden 2001, [3]2013; T. Parsons, The Structure of Social Action. A Study in Social Theory with Special Reference to a Group of Recent European Writers, I–II, New York/London 1937, Glencoe Ill. [2]1949, Neudr. New York, London 1968; H. Popitz, Einführung in die S., Konstanz 2010; O. Rammstedt, Konstitution der S., Hagen 1987 (Fernuniversität-Gesamthochschule Hagen: S.geschichte. Die Zeit der Riesen: Simmel, Durkheim, Weber, Kurseinheit 4); L. Scaff, Twentieth Century Social Theory. A Critical History, Oxford 1994; B. Schäfers u.a., S., RGG VII ([4]2004), 1522–1531; M. Schroer, Soziologische Theorien. Von den Klassikern bis zur Gegenwart, Paderborn 2017; G. Simmel, S.. Untersuchungen über die Formen der Vergesellschaftung, Leipzig 1908, Leipzig/München [3]1923, Neudr. als: Ges. Werke II, Berlin [4]1958, [6]1983, Neudr. als: Gesamtausg. XI, ed. O. Rammstedt, Frankfurt 1992, [7]2013; A. Swingewood, A Short History of Sociological Thought, London 1984, Basingstoke etc. [3]2000; F. Tönnies, Gemeinschaft und Gesellschaft. Abhandlung des Communismus und des Socialismus als empirischer Culturformen, Leipzig 1887, rev. unter dem Titel: Gemeinschaft und Gesellschaft. Grundbegriffe der reinen S., Berlin [2]1912, [8]1935, Neudr. Darmstadt 2010; M. Weber, Wirtschaft und Gesellschaft, ed. Marianne Weber, Tübingen 1922 (Grundriß der Sozialökonomik Abt. III, 1921–1922), erw. [2]1925, Neudr. unter dem Titel: Wirtschaft und Gesellschaft. Grundriß der verstehenden S., ed. J. Winckelmann, Tübingen [4]1956, rev. [5]1972, Frankfurt 2010; A. Weyman, Sozialwissenschaften/Gesellschaftswissenschaften, EP III ([2]2010), 2536–2542. W. L.

spekulativ/Spekulation (von lat. speculum, Spiegel, speculatio, Ausspähen), Bezeichnung für die Weise der Gewinnung von Erkenntnissen, die über die sinnliche und praktische Erfahrung hinausreichen. Ursprünglich in der mittelalterlichen Philosophie (↑Scholastik), ohne im eigentlichen Sinne terminologisch zu werden, als Übersetzung von griech. θεωρία (Betrachtung, Untersuchung; ↑Theoria) verstanden, ist die S. eine indirekte, wie aus einem Spiegelbild erfolgende, kontemplative (↑Kontemplation) Erkenntnis, die vor allem auf die göttlichen Dinge gerichtet ist. Nach Thomas von Aquin ist sie das meditative Vermögen, gemäß der Analogie (↑analogia entis) von Wirkungen auf Ursachen zurückzugehen (S.th. II–II qu. 180 art. 3 ad 2) bzw. von der ↑Schöpfung auf den ihr ähnlichen Schöpfer (Das Leben des seligen Heinrich Seuse, ed. W. Nigg, Düsseldorf 1966, 211–217).

Im neuzeitlichen Gebrauch wird ›S.‹ auf die rein intellektuell-begriffliche Seite der Erkenntnis beschränkt. Im Umfeld des Einflusses von I. Kant wird die S. als eine ›theoretische Erkenntnis‹ behandelt, die »auf einen Gegenstand oder solche Begriffe von einem Gegenstande geht, wozu man in keiner Erfahrung gelangen kann«. Der s.e (synthetisch-›transzendente‹) Gebrauch der ↑Vernunft wird dabei vom (synthetisch-›immanenten‹) ›Naturgebrauch‹ unterschieden (KrV A 662, Akad.-Ausg. III, 422). Nur der letztere ist nach Kant erkenntniskonstitutiv; die S. erzeugt nur eine dialektisch-scheinbare Erkenntnis. Für den Deutschen Idealismus (↑Idealismus, deutscher) nach Kant ist die reflexive Subjektivität (als ↑Selbsterkenntnis) der eigentümliche Gegenstand der S.. Für J. G. Fichte ist der erste Grundsatz seiner Philosophie »Alles, was für das Ich ist, ist durch das Ich« (Versuch einer neuen Darstellung der Wissenschaftslehre. Zweite Einleitung in die Wissenschaftslehre, Gesamtausg. I/4, 210 Anm.) das Resultat einer selbstreferentiellen idealistischen S. (↑Wissenschaftslehre) und dabei die Grundlage für die realistischen Einstellungen (Wissenschaft) des weltzugewandten ↑Ich selbst. F. W. J. Schelling macht im Sinne Fichtes darauf aufmerksam, daß der erste Grundsatz eigentlich kein ›s.er Satz‹, sondern ein Postulat zur ›freien Tat‹ sei, weil sich Freiheit nicht theoretisch beweisen lasse (Antikritik, Hist. Krit. Ausg. III, 193). G. W. F. Hegel definiert die S. als ›die Tätigkeit der einen und allgemeinen Vernunft auf sich selbst‹, die in der konkreten geschichtlichen Individualität ihres eigenen Zeitalters sich selbst ›schaut‹ (Differenz des Fichte'schen und Schelling'schen Systems der Philosophie, Ges. Werke IV, 12). Das s.e Denken (›Logik des Begriffs‹) wird von ihm dem ›räsonnierenden Denken‹ (›Logik des Urteils‹; ↑Hegelsche Logik) gegenübergestellt, das das Urteilen und damit die entzweiende (↑Entzweiung) Differenz von Subjekt und Prädikat der Einheit des Begriffs gegenüber festhält. Insofern es um philosophisches Denken geht, muß alles Urteilen und Begründen als eine dialektische (↑Dialektik) Bewegung des Begriffs gefaßt werden (Phänom. des Geistes, Sämtl. Werke II, 56), die sich in ihrer Totalität als System darstellt. Die S. ist das ›Positiv-Vernünftige‹, das Entgegengesetztes in Einheit denkt (Enc. phil. Wiss. [[2]1827], Ges. Werke XIX, 92). – Seit dem Deutschen Idealismus haben die Ausdrücke ›s.‹ und ›S.‹ nur noch einen sehr eingeschränkten terminologischen Gebrauch. A. N. Whitehead versteht seine ›organistische Philosophie‹ ausdrücklich als ›s.e Philosophie‹, die ein ›kohärentes‹, d.h. nur als Zusammenhang bestehendes, ein ›logisch‹ widerspruchsfreies und differenziertes und darüber hinaus ein ›notwendiges‹, d.h. anwendbares und adäquates, System von Ideen zu entwerfen hat. Die s.en allgemeinen Wahrheiten kommen zutage, wenn von speziellen und perspektivischen Betrachtungsweisen abgesehen wird. Die S. ist ebensowenig durch die Erforderlichkeit ihrer Korrektur als philosophische Erkenntnis diskreditiert wie die physikalische Erkenntnis durch ihren Wandel (Process and Reality. An Essay in Cosmology, New York 1929, 1979 [dt. Prozeß und Realität. Entwurf einer Kosmologie, Frankfurt 1979, 1988, 31–56]).

Literatur: W. Becker, S., Hb. ph. Grundbegriffe III (1974), 1368–1375; S. Ebbersmeyer, S., Hist. Wb. Ph. IX (1995), 1355–1372; J. Figal/R. Schnepf/C. Danz, S., RGG VII (⁴2004), 1558–1561; P. Gardiner, Speculative Systems of History, Enc. Ph. VII (1967), 518–523; H. H. Holz, S., in: H. J. Sandkühler (ed.), Europäische Enzyklopädie zu Philosophie und Wissenschaftstheorie IV, Hamburg 1990, 397–402; P. Kolmer/M. Schramm, S., LThK IX (³2000), 828–829; A. Nuzzo, S., EP III (²2010), 2542–2546; C. O. Schrag, Speculative Philosophy, in: R. Audi (ed.), The Cambridge Dictionary of Philosophy, Cambridge etc. ²1999, 868–869. S. B.

Spencer, Herbert, *Derby (England) 27. April 1820, †Brighton 8. Dez. 1903, engl. philosophischer Schriftsteller. Nach privatem Unterricht bei seinem Vater und seinem Onkel bildete sich S. auf den verschiedensten Gebieten autodidaktisch weiter. Ab 1837 Tätigkeit als Eisenbahningenieur, ab 1848 Mitherausgeber der Zeitschrift »Economist«. – Kennzeichnend für die Werke S.s – zugleich Grund für ihre vorübergehende zentrale Stellung in der wissenschaftsphilosophischen Diskussion Ende des 19. Jhs. – ist das in ihnen zum Ausdruck kommende Bemühen um eine alle Wissenschaften umfassende übergreifende Systematik und ein wissenschaftlich fundiertes Weltbild; dies freilich auf einer problematischen Basis: S.s Erkenntnistheorie, nach der Erkenntnis immer empirisch ist, während über das ›Unerkennbare‹ (ein Analogon zu I. Kants ↑Ding an sich) nichts gesagt werden kann, wiederholt gewisse problematische Aspekte der Theorie Kants, wo sie nicht an methodischer und sachlicher Genauigkeit hinter diese zurückfällt.

Das einigende Prinzip, das S. in allen Gegenstandsbereichen wissenschaftlicher Forschung walten sieht und dessen universale Gültigkeit erst die von ihm angestrebte einheitliche Methodologie allen wissenschaftlichen Handelns ermöglichen soll, ist das der ↑Evolution. Analog zur Evolution biologischer Arten glaubt S. auch bei menschlichen Kulturen und Staatsformen, bei sozialen Systemen, in der utilitaristisch (↑Utilitarismus) gedeuteten Entwicklung der Moral, selbst bei der Entstehung und Entwicklung von Sonnensystemen eine Entwicklung zu immer heterogeneren, komplexeren und ›besseren‹ Formen feststellen zu können. Diese extensive Anwendung des Lamarckschen Evolutionsprinzips (↑Lamarckismus), das S. wohl in jungen Jahren als Mitglied der von E. Darwin (dem Großvater C. Darwins) gegründeten »Derby Philosophical Society« kennengelernt hatte, führt zwangsläufig zu dessen Sinnverlust, wenn nicht zu eklatanten Widersprüchen gegenüber gesicherten wissenschaftlichen Theorien. Daß S. selbst die Unzulänglichkeiten seiner Theorie nicht bemerkte, ist um so auffälliger, als er stets sorgfältiges methodisches Vorgehen mit ständigem Bezug auf Empirie forderte.

Werke: Works, I–XXI, o.O. [London] 1880–1907 (repr. Osnabrück 1966–1967). – Social Statics: Or the Conditions Essential to Human Happiness Specified, and the First of Them Developed, London 1851 (repr. New York 1969), 1996; The Principles of Psychology, London 1855, I–II, New York ²1869/1873, ferner als: A System of Synthetic Philosophy [s. u.] IV–V, ferner als: Works [s. o.] IV–V, London/New York ⁴1899 (dt. Die Principien der Psychologie, I–II, Stuttgart 1882/1886, 1903); Essays: Scientific, Political, and Speculative, I–III, London 1858–1874, London, New York 1891, ferner als: Works [s. o.] XIII–XV; Education: Intellectual, Moral, and Physical, New York 1860, London 2002 (dt. Erziehungslehre, Jena 1874, unter dem Titel: Die Erziehung in geistiger, sittlicher und leiblicher Hinsicht, Jena 1881, Sachsa 1905, unter dem Titel: Die Erziehung in intellektueller, moralischer und physischer Hinsicht, Leipzig 1910, 1934, unter dem Titel: Die Erziehung. Intellektuell, moralisch, physisch, Leipzig 1927; franz. L'éducation intellectuelle, morale et physique, Paris 1878, 1930); First Principles, New York, London 1862, London ⁶1937, 1946, ferner als: A System of Synthetic Philosophy [s. u.] I, ferner als: Works [s. o.] I (dt. Grundlagen der Philosophie, Stuttgart 1875, ferner als: System der synthetischen Philosophie [s. u.] I, unter dem Titel: Die ersten Prinzipien der Philosophie, Pähl 2004, 2007); The Principles of Biology, I–II, London 1864/1867, London/New York 1915, ferner als: A System of Synthetic Philosophy [s. u.] II–III, ferner als: Works [s. o.] II–III (dt. Die Principien der Biologie, I–II, Stuttgart 1876/1877, 1906, ferner als: System der synthetischen Philosophie [s. u.] II–III; franz. Principes de biologie, I–II, Paris 1877/1878, 1910); A System of Synthetic Philosophy, I–XI, London 1864–1893, 1904 (repr. Osnabrück 1966) (dt. System der synthetischen Philosophie, I–XI, Stuttgart 1875–1897, 1901–1906); Essays: Moral, Political and Aesthetic, New York 1865, erw. New York 1866, 1884; The Study of Sociology, New York 1873, London ²1874, 1996 (dt. Einleitung in das Studium der Sociologie, I–II, Leipzig 1875, 1896, Göttingen 1996); The Principles of Sociology, I–III, New York 1874–1875, 1898, ferner als: A System of Synthetic Philosophy [s. o.] VI–VIII, ferner als: Works [s. o.] VI–VIII (dt. Die Principien der Sociologie, I–IV, Stuttgart 1877–1897, ferner als: System der synthetischen Philosophie [s. o.] VI–IX); The Man Versus the State, London, New York 1884, Boston Mass., London 1950, mit Untertitel: With Six Essays on Government, Society, and Freedom, Indianapolis Ind. 1981; The Principles of Ethics, I–II, London, New York 1892/1893, Indianapolis Ind. 1978, ferner als: A System of Synthetic Philosophy [s. o.] IX–X, ferner als: Works [s. o.] IX–X (dt. Die Principien der Ethik, I–II, Stuttgart 1892/1895, 1901/1902, ferner als: System der synthetischen Philosophie [s. o.] X–XI); An Autobiography, I–II, als: Works [s. o.] XX–XXI, London 1926 (dt. H. S.. Eine Autobiographie, I–II, Stuttgart 1905); Structure, Function and Evolution, ed. S. Andreski, London 1971; Political Writings, ed. J. Offer, Cambridge 1994, 2001. – H. S.. A Bibliography, in: G. Watson (ed.), The New Cambridge Bibliography of English Literature III, Cambridge 1969, 1583–1592; R. G. Perrin, H. S.. A Primary and Secondary Bibliography, New York/London 1993.

Literatur: B. P. Bowne, The Philosophy of H. S.. Being an Examination of the First Principles of His System, New York 1874; ders., Kant and S.. A Critical Exposition, Boston Mass., New York 1912 (repr. Port Washington N. Y. 1967); K.-D. Curth, Zum Verhältnis von Soziologie und Ökonomie in der Evolutionstheorie H. S.s, Göppingen 1972; D. Duncan, The Life and Letters of H. S., London 1908 (repr. 1996), I–II, New York 1908, in 1 Bd. Cambridge etc. 2014; H. Elliot, H. S., London, New York 1917 (repr. Westport Conn., Freeport N. Y. 1970); M. Francis, H. S. and the Invention of Modern Life, London/New York 2007; ders./M. W. Taylor (eds.), H. S.. Legacies, London/New York 2015; T. S. Gray, The Political Philosophy of H. S., Aldershot 1996; W. H. Hudson, An Introduction to the Philosophy of H. S., London 1895, 1897 (repr. London 1996), New York 1974; J. Kaminsky, S., Enc. Ph. VII (1967), 523–527; A. Keller, Die Pädagogik H. S.s Grundzüge einer Erziehungstheorie des 19. Jahrhunderts, Münster/Hamburg/London 2002; J. G. Kennedy, H. S., Boston Mass. 1978; B. Lightman (ed.), Global Spencerism. The Communication and Appropriation of a British Evolutionist, Leiden/Boston Mass. 2016; J. G. Muhri, Normen von Erziehung. Analyse und Kritik von H. S.s evolutionistischer Pädagogik, München 1982; J. Offer (ed.), H. S.. Critical Assessments, I–IV, London/New York 2000, 2008; ders., H. S. and Social Theory, London 2010, 2014; J. D. Y. Peel, H. S.. The Evolution of a Sociologist, London, New York 1971, Aldershot 1992; ders., S., DSB XII (1975), 569–572; A. Pyle (ed.), Agnosticism. Contemporary Responses to S. and Huxley, Bristol 1995; J. Rumney, H. S.'s Sociology. A Study in the History of Social Theory, London 1934, New Brunswick N. J./London 1965, 2009 (mit Bibliographie, 311–323); J. A. Thomson, H. S., London 1906, New York 1976; J. H. Turner, H. S.. A Renewed Appreciation, Beverly Hills Calif./London/New Delhi 1985, 1989; D. Weinstein, Equal Freedom and Utility. H. S.'s Liberal Utilitarianism, Cambridge etc. 1998, 2006; ders., S., SEP 2002, rev. 2017; D. Wiltshire, The Social and Political Thought of H. S., Oxford 1978. G. H.

Spengler, Oswald, *Blankenburg (Harz) 29. Mai 1880, †München 8. Mai 1936, dt. Kulturphilosoph. Nach Besuch des Gymnasiums der Franckeschen Stiftungen in Halle Studium insbes. der Mathematik und der Naturwissenschaften in Halle (1899–1901, 1903–1904), München (1901/1902) und Berlin (1902). 1904 Promotion in Halle, anschließend Gymnasiallehrer in Saarbrücken, Düsseldorf und (ab 1907) Hamburg. Ab 1911 Privatlehrter in München. – S.s Werk ist einerseits von Ansätzen historischer ↑Zyklentheorien bzw. Verfallstheorien (z. B. bei griechischen Denkern und bei G. Vico, J. G. Herder, K. F. Vollgraff, P. E. v. Lasaulx, J. Burckhardt und K. Lamprecht), andererseits durch biologistische (↑Biologismus) Sehweisen der Geschichte (z. B. bei J. W. v. Goethe, den Romantikern [↑Romantik] und F. Nietzsche) inspiriert.

S. versteht sein Hauptwerk (Der Untergang des Abendlandes, I–II, München 1918/1922) als eine ›Kopernikanische Revolution‹ der Geschichtsbetrachtung (↑Geschichtsphilosophie, ↑Kopernikanische Wende). Mit diesem methodologischen Anspruch wendet sich S. – dies ist die negative Komponente seiner Kopernikanischen Wende – (1) gegen die übliche geschichtswissenschaftliche Periodisierung Altertum – Mittelalter – Neuzeit samt der dieser Periodisierung eigenen ↑Teleologie und (2) gegen die in dieser Periodisierung implizierte Vernachlässigung nicht-westlicher Kulturen bzw. übergreifender Sinndeutungen zugunsten historischer Detailforschung. Positiv bestimmt S. ↑Geschichte (3) wesentlich als ↑Universalgeschichte in Gestalt von Kulturgeschichte (↑Kultur). Obgleich von Menschen geschaffen, sind Kulturen überindividuelle Wesenheiten, die S. als ›Organismen‹ auffaßt, deren ›Biographie‹ die Geschichte sei. Jede Kultur habe ihr eigenes Gesetz (ihre ›Seele‹), und es gebe so viele ›Geschichten‹ wie Hochkulturen (bisher acht). Ihrer Definition als Organismen entsprechend hätten diese Kulturen in einer schicksalhaften, inneren Dynamik und ohne kausale Beeinflußbarkeit durch die Menschen einen je auf etwa 1000 Jahre berechneten Zyklus durchlaufen, den S. im Anschluß an Goethe in die vier Phasen ›Vorzeit‹ (auch ›Jugend‹ bzw. ›Frühling‹), ›Frühzeit‹ (auch ›Blüte‹ bzw. ›Sommer‹), ›Spätzeit‹ (auch: ›Reife‹ bzw. ›Herbst‹) und ›Zivilisation‹ (auch: ›Verfall‹ bzw. ›Winter‹) unterteilt. Diese ↑Homologie‹ des historischen Ablaufs der Kulturen gestattet und erfordert nach S. (4) eine der Goetheschen Vergleichenden ↑Morphologie entsprechende, vergleichend-synoptische Betrachtung verschiedener Kulturen an den entsprechenden Stellen ihrer Entwicklung. Die dabei gewonnenen Erkenntnisse erlauben schließlich (5) ↑Prognosen über den weiteren Verlauf einer Kultur. Geschichte als ›Morphologie der Weltgeschichte‹ oder auch ›Physiognomik‹ stellt keine analysierende Kausalforschung dar. Vielmehr lehnt S. die als ›Zergliedern‹ abqualifizierten Grundsätze von rationaler Begriffsbildung, ↑Intersubjektivität und objektiver ↑Überprüfbarkeit zugunsten von ›Erfühlen‹ und ›Erleben‹ ab. Er faßt seine Zyklentheorie als historische Verlaufsgesetzlichkeit auf, deren Schicksalhaftigkeit fatalistisch (↑Fatalismus) anerkannt werden müsse. Unter die Kategorie ↑›Schicksal‹ fallen für ihn als unabänderlich angesehene Umstände wie das Schema von Herrschaft und Knechtschaft (↑Herr und Knecht), Rasse etc., gegen die zu kämpfen sinnlos sei. Die westlich-abendländische, ›faustische‹ Kultur sieht S. nunmehr auf der Basis seines Zyklengesetzes nach ihrer Jugend (900–1300), Blüte (1300–1600) und Reife (1600–1800) in tiefem geschichtlichen ↑Pessimismus (im Unterschied von z. B. A. Schopenhauers metaphysischem Pessimismus) als in der Periode des Verfalls angelangt, ähnlich wie das spätrömische Kaiserreich. Die Verfallsperiode äußere sich jedesmal als Periode der ↑Zivilisation (im Gegensatz zu ↑Kultur). Der Verfall des Westens sei durch den anglo-amerikanischen, allein geldorientierten Materialismus geprägt. Anders als für Kulturpessimisten wie J. Burckhardt und F. Nietzsche ist für S. der ›Untergang des Abendlandes‹ jedoch nicht aufzuhalten. – Was die Möglichkeit einer die faustisch-abendländische Kultur ablösenden, neuen Kultur betrifft, so glaubt S. sie in ersten Spuren in der russischen Kultur auszumachen, freilich nicht im westorientierten Zarentum Peters des Großen, noch weniger im Bolschewismus, sondern im ›Christentum Dostojewskis‹, dem das nächste Jahrtausend gehöre.

S.s Geschichtstheorie kann als adäquater Ausdruck der Untergangsstimmung des deutschen Bürgertums nach dem 1. Weltkrieg und dem dadurch mitverursachten Verfall bürgerlicher Lebensformen, Werte und Normen angesehen werden. Sie wurde entsprechend von einem breiten Publikum begeistert rezipiert, nicht zuletzt deswegen, weil sich in der Sicht S.s der offenkundige Niedergang Deutschlands als Moment des allgemeinen Niedergangs der westlichen Kultur überhaupt darstellte. Dagegen wurden S.s Auffassungen im akademischen Bereich überwiegend als unwissenschaftlich abgelehnt. Neben zahlreichen sachlichen historischen Fehlern und Fehlurteilen wird insbes. die intuitiv-morphologische Sicht auf die Geschichte als nicht objektivierbar bemängelt. Ferner wird die Behauptung der Existenz historischer Verlaufsgesetze, von K. R. Popper später als ↑Historizismus bezeichnet, weitgehend bestritten. Positiv scheint hingegen die Spätphilosophie L. Wittgensteins methodologisch insbes. von der vergleichend morphologischen Betrachtungsweise S.s beeinflußt zu sein. – In letzter Zeit bahnt sich der Sache nach, wenn auch nicht immer mit S.s Namen verknüpft, eine Art S.-Renaissance an, die zum einen durch die Erschütterung des politischen Weltgefüges nach dem Zusammenbruch des ↑Kommunismus, zum anderen durch die mit Untergangsängsten verbundene kulturelle und/oder wirtschaftliche Konfrontation des Westens mit dem Islam und einer Reihe asiatischer Länder motiviert ist. In diesen Kontext gehört z. B. S. P. Huntingtons These vom ›Kampf der Kulturen‹ (The Clash of Civilizations?, Foreign Affairs 72 [1993], 22–49) oder W. Laqueurs Prognose der ›letzten Tage von Europa‹.

In seinen weiteren Schriften führt S. kulturpessimistische Ansätze seines Hauptwerks weiter. »Preußentum und Sozialismus« (1919) empfiehlt als Gegenmittel gegen den von ihm abgelehnten, klassenkämpferisch-revolutionären Kommunismus Marxscher Prägung eine Art preußischen Staatssozialismus, der von der Bismarckschen Sozialgesetzgebung angeregt ist. Diese Konzeption findet in konservativen Kreisen so großen Anklang, daß S. zwischen 1922 und 1925 seine Gelehrtentätigkeit praktisch aufgibt und in antidemokratischen Militär-, Wirtschafts- und Politikerkreisen der Weimarer Republik als eine Art Graue Eminenz zu wirken versucht. Mit seiner nationalistisch-konservativen, hegemonistisch-imperialistischen und antidemokratischen Einstellung gilt S. als einer der Wegbereiter des Nationalsozialismus in Deutschland. Allerdings steht er persönlich,

trotz Sympathien vor der ›Machtergreifung‹, sehr bald der Nazibewegung skeptisch bis ablehnend gegenüber, insbes. wohl wegen ihrer in seiner elitär-aristokratischen Perspektive pöbelhaften populistischen politischen Äußerungsformen, aber auch wegen ihrer von S. für falsch gehaltenen Lehre von der Rasse als entscheidender Grundlage aller Kultur. Zudem vermißt S. an ihrer Spitze den ›Helden‹, der ein – wenn auch grundsätzlich nur vorübergehendes – Aufhalten des historischen Verfallsprozesses hätte herbeiführen können.

S.s Werk übt rasch eine ungemein breite Wirkung aus. Außerhalb Deutschlands wird es besonders positiv von J. Ortega y Gasset und dem in Lateinamerika sehr einflußreichen Argentinier E. Quesada aufgenommen. In Italien erfolgt eine, wenn auch kritische Rezeption durch B. Croce; das gleiche gilt für R. G. Collingwood in England. Insbes. regt S. Kulturphilosophen wie A. Toynbee und P. Sorokin an.

Werke: Der metaphysische Grundgedanke der Heraklitischen Philosophie, Diss. Halle 1904, Neudr. unter dem Titel: Heraklit. Eine Studie über den energetischen Grundgedanken seiner Philosophie, in: Reden und Aufsätze [s. u.], ³1951, 1–47; Der Untergang des Abendlandes. Umrisse einer Morphologie der Weltgeschichte, I–II, München 1918/1922, in 1 Bd., München ¹⁷2006, Mannheim 2011 (engl. The Decline of the West, I–II, London 1926, New York 2006; franz. Le déclin de l'occident. Esquisse d'une morphologie de l'histoire universelle, I–II, Paris 1931/1933, 1993; ital. Il tramonto dell'occidente. Lineamenti di una morfologia della storia mondiale, Mailand 1957, 2008); Preußentum und Sozialismus, München 1919, Leipzig 2007; Neubau des Deutschen Reiches, München 1924, 1932; Der Mensch und die Technik. Beitrag zu einer Philosophie des Lebens, München 1931, Berlin 2013 (engl. Man and Technics. A Contribution to a Philosophy of Life, New York 1932, Westport Conn. 1976; franz. L'homme et la technique, Paris 1958, 1969); Politische Schriften, München 1933, mit Untertitel: 1919–1926, Waltrop/Leipzig 2009; Jahre der Entscheidung I (Deutschland und die weltgeschichtliche Entwicklung), München 1933, Graz 2007 (engl. The Hour of Decision I [Germany and World-Historical Evolution], New York 1934, 1983; franz. Années décisives. L'Allemagne et le développement historique du monde, Paris 1934, ohne Untertitel 1980; ital. Anni decisivi, Mailand 1934); Reden und Aufsätze, ed. H. Kornhardt, München 1937, ³1951; Gedanken, ed. H. Kornhardt, München 1941 (engl. Aphorisms, Chicago Ill. 1967); Urfragen. Fragmente aus dem Nachlaß, ed. A. M. Koktanek/M. Schröter, München 1965 (ital. Urfragen. Essere umano e destino, Mailand 1971); Frühzeit der Weltgeschichte. Fragmente aus dem Nachlaß, ed. A. M. Koktanek/M. Schröter, München 1966; Selected Essays, Chicago Ill. 1967; Ich beneide jeden, der lebt. Die Aufzeichnungen ›Eis heauton‹ aus dem Nachlaß, ed. G. Merlio, Düsseldorf 2007. - Briefe 1913–1936, ed. A. M. Koktanek/M. Schröter, München 1963 (engl. [teilw.] Letters of O. S., 1913–1936, ed. A. Helps, New York 1966); Der Briefwechsel zwischen O. S. und Wolfgang E. Groeger über russische Literatur, Zeitgeschichte und soziale Fragen, ed. X. Werner, Hamburg 1987.

Literatur: T. W. Adorno, S. nach dem Untergang. Zu O. S.s 70. Geburtstag, Der Monat 2 (1949/1950), H. 20, 115–128, Neudr. in: ders., Kulturkritik und Gesellschaft I, Frankfurt 1977, 2003 (= Ges. Schr. X/1), 47–71; L. Bertrand Dorléac, Contre-déclin.

Monet et S. dans les jardins de l'histoire, Paris 2012; B. Beßlich, Faszination des Verfalls. Thomas Mann und O. S., Berlin 2002; R. Collingwood, O. S. and the Theory of Historical Cycles, Antiquity 1 (1927), 311–325, 435–446; D. Conte, Introduzione a S., Rom/Bari 1997 (dt. O. S.. Eine Einführung, Leipzig 2004); A. Demandt/J. Farrenkopf (eds.), Der Fall S.. Eine kritische Bilanz, Köln/Weimar/Wien 1994; R. Dietrich (ed.), Historische Theorie und Geschichtsforschung der Gegenwart, Berlin 1964; W. H. Dray, S., Enc. Ph. VII (1967), 527–530, IX (²2006), 165–169; J. Farrenkopf, Prophet of Decline. S. on World History and Politics, Baton Rouge La. 2001; A. Fauconnet, Un philosophe allemand contemporain: O. S., Paris 1925; D. Felken, O. S.. Konservativer Denker zwischen Kaiserreich und Diktatur, München 1988; M. Ferrari Zumbini, Untergänge und Morgenröten. Nietzsche – S. – Antisemitismus, Würzburg 1999; M. Gangl/G. Merlio/M. Ophä (eds.), S. – ein Denker der Zeitenwende, Frankfurt etc. 2009; Z. T. Gasimov/L. Duque/C. Antonius (eds.), O. S. als europäisches Phänomen. Der Transfer der Kultur- und Geschichtsmorphologie im Europa der Zwischenkriegszeit 1919–1939, Göttingen 2013; T. Haering, Die Struktur der Weltgeschichte. Philosophische Grundlegung zu einer jeden Geschichtsphilosophie, Tübingen 1921; R. Haller, War Wittgenstein von S. beeinflußt?, Teoria 5 (1985), 97–112; M. Henkel, Nationalkonservative Politik und mediale Repräsentation. O. S.s politische Philosophie und Programmatik im Netzwerk der Oligarchen (1910–1925), Baden-Baden 2012; W. Hochkeppel, Modelle des gegenwärtigen Zeitalters. Thesen der Kulturphilosophie im 20. Jahrhundert, München 1973; H. S. Hughes, O. S.. A Critical Estimate, New York/London 1952, New Brunswick N. J./London 1992; U. Janensch, Goethe und Nietzsche bei S.. Eine Untersuchung der strukturellen und konzeptionellen Grundlagen des S.schen Systems, Berlin 2006; L. M. Keppeler, O. S. und die Jurisprudenz. Die S.rezeption in der Rechtswissenschaft zwischen 1918 und 1945, insbesondere innerhalb der ›dynamischen Rechtslehre‹, der Rechtshistoriographie und der Staatsrechtswissenschaft, Tübingen 2014; O. Koellreutter, Die Staatslehre O. S.s. Eine Darstellung und eine kritische Würdigung, Jena 1924; A. M. Koktanek (ed.), S.-Studien. Festgabe für M. Schröter zum 85. Geburtstag, München 1965; ders., O. S. in seiner Zeit, München 1968; W. Krebs, Die imperiale Endzeit. O. S. und die Zukunft der abendländischen Zivilisation, Berlin 2008; W. Laqueur, The Last Days of Europe. Epitaph for an Old Continent, New York 2007 (dt. Die letzten Tage von Europa. Ein Kontinent verändert sein Gesicht, Berlin 2006, 2010); F. Lisson, O. S.. Philosoph des Schicksals, Schnellroda 2005; P. C. Ludz (ed.), S. heute. Sechs Essays, München 1980; S. Maaß, O. S.. Eine politische Biographie, Berlin 2013; G. Merlio, O. S.. Témoin de son temps, I–II, Stuttgart 1982; ders./D. Meyer (eds.), S. ohne Ende. Ein Rezeptionsphänomen im internationalen Kontext, Frankfurt 2014; A. Messer, O. S. als Philosoph, Stuttgart 1922, 1924; E. Meyer, S.s »Untergang des Abendlandes«, Berlin 1925; J. Naeher, O. S. mit Selbstzeugnissen und Bilddokumenten, Reinbek b. Hamburg 1984, ²1994; L. Nelson, Spuk. Einweihung in das Geheimnis der Wahrsagerkunst O. S.s und sonnenklarer Beweis der Unwiderleglichkeit seiner Weissagungen [...], Leipzig 1921; O. Neurath, Anti-S., München 1921, Neudr. in: ders., Gesammelte philosophische und methodologische Schriften I, ed. R. Haller/H. Rutte, Wien 1981, 139–196; S. Osmančević, O. S. und das Ende der Geschichte, Wien 2007; S. Pocai, Das deutsche und das russische Sonderbewusstsein. Parallelgeschichtliche Studien zur Geschichtsphilosophie O. S.s und Nikolaj Berdjaevs, Stuttgart 2016; P. Reusch (ed.), O. S. zum Gedenken, Nördlingen 1937; H. J. Schoeps, Vorläufer S.s. Studien zum Geschichtspessimismus im 19. Jahrhundert, Leiden 1955 (Z.

Relig. u. Geistesgesch., Beih. I); H. Scholz, Zum »Untergang« des Abendlandes. Eine Auseinandersetzung mit O. S., Berlin 1920, ²1921; M. Schroeter, Der Streit um S.. Kritik seiner Kritiker, München 1922, ferner in: ders., Metaphysik des Untergangs. Eine kulturkritische Studie über O. S., München 1949, 15–158; P. A. Sorokin, Social Philosophy of an Age of Crisis, Boston Mass. 1950 (dt. Kulturkrise und Gesellschaftsphilosophie. Moderne Theorien über das Werden und Vergehen von Kulturen und das Wesen ihrer Krisen, Stuttgart/Wien 1953); L. Stein, Gegen S.. Eine Auseinandersetzung mit Nötting und S., Berlin 1925; M. Thöndl, O. S. in Italien. Kulturexport politischer Ideen der ›konservativen Revolution‹, Leipzig 2010. – Logos 9 (1920/1921), H. 2; Wissen und Leben (Neue Schweizer Rundschau) 16 (1923), H. 12; Preußische Jb. 192 (1923), H. 2 (Auseinandersetzungen mit S.s »Untergang«). G. W.

Speusippos, *um 408 v. Chr., †Athen 339 v. Chr., griech. Philosoph, Neffe und Nachfolger Platons in der Leitung der ↑Akademie (348/47). S. unterstützte Dion gegen Dionysos II. und griff in makedonienfreundlicher Absicht mit einem offenen Brief in die politischen Auseinandersetzungen zwischen Isokrates und der Partei König Philipps II. von Makedonien ein. Seine Lobrede auf den verstorbenen Platon enthält einen Mythos von der Gottessohnschaft Platons (aus Apollon und Periktione), der das Platonbild der Akademie nachhaltig prägte. – In seinem Werk »Ähnlichkeiten« sucht S. die Tier- und Pflanzenwelt vollständig nach Art und Gattung einzuteilen und die Klassifikationstypen (↑Typus) jeweils durch ›Ähnlichkeiten‹ zu verbinden. Er ist bestrebt, Platons Philosophie nicht zu verändern, doch lassen sich (z. B. in der Schrift über die metaphysischen Eigenschaften der Zahlen 1 bis 10) einige gravierende Unterschiede zu seinem Lehrer feststellen: Die allgemeinen Wesenheiten (↑Universalien) versteht S. nicht wie Platon die Ideen (↑Idee (historisch), ↑Ideenlehre), sondern eher im Aristotelischen Sinne als einen von den Einzeldingen getrennt existierenden selbständigen Seinsbereich. Dieser ontologische Sonderstatus wird nur den mathematischen und geometrischen Gegenständen sowie den Seelen eingeräumt; das ↑Gute liegt nach S. nicht im Anfang ($\dot\alpha\rho\chi\dot\eta$; ↑Archē), sondern im Ende oder Zweck ($\tau\acute{\epsilon}\lambda o\varsigma$; ↑Telos). Die ›Eins‹ (↑Einheit), die S. weder mit dem Geist (↑Nus) noch mit dem Guten gleichsetzt, scheint als überseiend (›jenseits des Seienden‹) angesehen zu werden. In der Seinsordnung folgen nach der ›Eins‹ und dem ›Großen-und-Kleinen‹ nicht die Ideen Platons, sondern die mathematischen Gegenstände, dann die Seele usw. bis zu den Sinnendingen (↑Ideenzahlenlehre). Bisweilen ordnet S. die Ideen den Zahlen und die ↑Seele dem Ausgedehnten (Geometrie) zu.

Quellen: P. L. Lang, De Speusippi academici scriptis. Accendunt fragmenta, Bonn 1911 (repr. Frankfurt 1964, Hildesheim 1965); E. Bickermann/J. Sykutris, Speusipps Brief an König Philipp. Text, Übersetzung, Untersuchungen, Leipzig 1928 (Ber. Sächs. Akad. Wiss., philol.-hist. Kl. 80, 3); Plato, Parmenides [...] nec non Procli Commentarium in Parmenidem part ultima adhuc inedita interprete Guillelmo de Moerbeka, ed. R. Klibansky/C. Labowsky, London 1953 (repr. Nendeln 1973, 1979); Speusippo, Frammenti [griech./ital.], ed. M. Isnardi Parente, Neapel 1980; L. Tarán, Speusippus of Athens. A Critical Study with a Collection of the Related Texts and Commentary, Leiden 1981; Supplementum Academicum. Per l'integrazione e la revisione di Speusippo, »Frammenti« [...], ed. M. Isnardi Parente, Atti della Accademia Nazionale dei Lincei, classe di scienze morali, storiche e filologiche. Memorie, Ser. 9, 6 (1995), 247–311; The Letter of Speusippus to Philip II. Introduction, Text, Translation and Commentary, ed. A. F. Natoli, Stuttgart 2004.

Literatur: J. Barnes, Homonymy in Speusippus and Aristotle, Classical Quart. 21 (1971), 65–80; H. Cherniss, Aristotle's Criticism of Plato and the Academy, Baltimore Md. 1944, New York 1972; ders., The Riddle of the Early Academy, Berkeley Calif./Los Angeles 1945 (repr. New York/London 1980), New York 1962 (dt. Die ältere Akademie. Ein historisches Rätsel und seine Lösung, Heidelberg 1966; franz. L'énigme de l'ancienne Académie, Paris 1993); R. M. Dancy, Ancient Non-Beings: Speusippus and Others, Ancient Philos. 9 (1989), 207–243, rev. u. erw. in: ders., Two Studies in the Early Academy, Albany N. Y. 1991, 63–119, 146–178; ders., Speusippus, SEP 2003, rev. 2016; J. M. Dillon, Speusippus, REP IX (1998), 89–91; ders., The Heirs of Plato. A Study of the Old Academy (347–274 BC), Oxford 2003, 2008, 30–88 (Chap. 2 Speusippus and the Search for an Adequate System of Principles); ders., Reconstructing the Philosophy of Speusippus: a Hermeneutical Challenge, in: U. Bruchmüller (ed.), Platons Hermeneutik und Prinzipiendenken im Licht der Dialoge und der antiken Tradition. Festschrift für Thomas Alexander Szlezák zum 70. Geburtstag, Hildesheim/Zürich/New York 2012, 185–202; H. Dörrie, S., KP V (1979), 304–306; E. Frank, Plato und die sogenannten Pythagoreer. Ein Kapitel aus der Geschichte des griechischen Geistes, Halle 1923 (repr. Darmstadt 1962), 239–261; J. Halfwassen, Speusipp und die Unendlichkeit des Einen. Ein neues Speusipp-Testimonium bei Proklos und seine Bedeutung, Arch. Gesch. Philos. 74 (1992), 43–73; ders., Speusipp und die metaphysische Deutung von Platons »Parmenides«, in: L. Hagemann/R. Glei (eds.), EN KAI ΠΛΗΘΟΣ/Einheit und Vielheit. Festschrift für Karl Bormann zum 65. Geburtstag, Würzburg, Altenberge 1993, 339–373; E. Hambruch, Logische Regeln der Platonischen Schule in der aristotelischen Topik, Berlin 1904 (repr. New York 1976); M. Isnardi Parente, Speusippe de Myrrhinonte, Dict. ph. ant. VI (2016), 528–539; H. J. Krämer, Der Ursprung der Geistmetaphysik. Untersuchungen zur Geschichte des Platonismus zwischen Platon und Plotin, Amsterdam 1964, ²1967, bes. 207–223; ders., Platonismus und hellenistische Philosophie, Berlin/New York 1971; ders., Speusipp, in: H. Flashar (ed.), Die Philosophie der Antike III (Ältere Akademie – Aristoteles – Peripatos), Basel/Stuttgart 1983, 22–43, ²2004, 13–31, 138–142; E. M. Manasse, Speusippus, DSB XII (1975), 575–576; P. Merlan, From Platonism to Neoplatonism, The Hague 1953, 86–118 (Chap. V Speusippus in Iamblichus), ²1960, ³1968, 96–140; ders., Zur Biographie des S., Philol. 103 (1959), 198–214 (repr. in: ders., Kleine philosophische Schriften, ed. F. Merlan, Hildesheim/New York 1976, 127–143); ders., S., LAW (1965), 2856–2857; A. Metry, Philosophie als Universalwissenschaft, in: M. Erler/A. Graeser (eds.), Philosophen des Altertums. Von der Frühzeit bis zur Klassik. Eine Einführung, Darmstadt 2000, 149–162; ders., S. Zahl – Erkenntnis – Sein, Bern/Stuttgart/Wien 2002; M. Pohlenz, Philipps Schreiben an Athen, Hermes 64 (1929), 41–62; J. Salem, Speusippe, DP II (1984), 2423, II (²1993),

2685–2686; K.-H. Stanzel, S., DNP XI (2001), 812–815; J. Stenzel, S., RE III/A2 (1929), 1636–1669; L. Tarán, Speusippus and Aristotle on Homonymy and Synonymy, Hermes 106 (1978), 73–99, Nachdr. in: ders., Collected Papers (1962–1999), Leiden/Boston Mass./Köln 2001, 421–454; H. A. S. Tarrant, Speusippus' Ontological Classification, Phronesis 19 (1974), 130–145; E. Watts, Creating the Academy. Historical Discourse and the Shape of Community in the Old Academy, J. Hellenic Stud. 127 (2007), 106–122.   M. G.

Spezialisierung, in ↑Logik und ↑Sprachphilosophie Bezeichnung für ein Verfahren, aus einer ↑Allaussage durch Wahl eines *spezielleren* (↑speziell) ↑Subjektbegriffs eine neue Allaussage zu gewinnen. Die S. ist konvers (↑konvers/Konversion) zum Verfahren, durch Wahl eines generelleren Subjektbegriffs eine ↑Generalisierung der ursprünglichen Allaussage zu erreichen (z. B. ist ›alle Kinder sind eigensinnig‹ eine S. von ›alle Menschen sind eigensinnig‹). Abgeleitet von diesem Sprachgebrauch heißen auch der zu einem (einstelligen) ↑Prädikator ›P‹ bzw. zu dem von ihm dargestellten ↑Begriff |P| speziellere Prädikator bzw. speziellere Begriff S.en von ›P‹ bzw. |P|, also sind ›Kind‹ und |Kind| S.en von ›Mensch‹ bzw. |Mensch|. Insbes. erlauben es zwei grammatische Konstruktionen, eine S. eines (einstelligen) Prädikators ›P‹ zu gewinnen:

(1)   durch Modifizierung zu ›QP‹ mit einem als ↑Modifikator auftretenden und nicht schon allen P-Objekten zukommenden (einstelligen) Prädikator ›Q‹, z. B. ist ›kranker Mensch‹ eine S. durch Modifikation von ›Mensch‹;

(2)   durch Relativierung (↑relativ/Relativierung) zu ›PQ‹ mit einem (einstelligen) Prädikator ›Q‹, z. B. ist ›Dach eines Hauses‹ eine S. durch Relativierung von ›Dach‹.

Der Subjektbegriff |P| ist bei einer wahren Allaussage der Form ›$\bigwedge_{x \in P} x \varepsilon Q$‹, d. i. ›alle P sind Q‹, stets spezieller als der ↑Prädikatbegriff |Q|, während umgekehrt der Prädikatbegriff genereller als der Subjektbegriff ist. Die S. macht durch Beschränkung des Anwendungsbereichs aus einer generellen These einen (möglicherweise nur noch einen einzigen Anwendungsfall enthaltenden) *Spezialfall* und erlaubt so unter Umständen eine leichtere Begründbarkeit der These; eine entsprechende Beziehung läßt sich auch zwischen ganzen Theorien herstellen.

In der Arbeitswelt versteht man unter S. die Beschränkung der ausgeübten Tätigkeiten auf besondere Fertigkeiten oder die Beschränkung der Produktion auf besondere Erzeugnisse. Die S. ist eine Folge der *Arbeitsteilung*, die mit der Ausbildung von ›Spezialisten‹ zu höherer Differenzierung in der sozialen Evolution und Hand in Hand damit zu größeren Schwierigkeiten bei der Meisterung neuartiger Situationen führt. Eine ähnlich wichtige Rolle spielt die S. relativ zur Gesamtheit der Austauschvorgänge von Organismus und Umwelt in der natürlichen Evolution der ↑Spezies. – Der Aufweis einer S. oder auch die Angabe einer Gliederung in Spezialfälle, gegebenenfalls bis hinunter zu den Einzelfällen, heißt ›Spezifikation‹ oder ↑›Spezifizierung‹, z. B. die Angabe von Einzelposten in einer Gesamtrechnung. K. L.

speziell (lat. specialis), zur ↑Art (lat. species) gehörig, daher insbes. im Unterschied zu *allgemein* (↑generell), obwohl die Entgegensetzung von ›besonders‹ und ›allgemein‹ auch als deutsche Fassung der Entgegensetzung von ↑›partikular‹ und ↑›universal‹ verwendet wird und damit für Verwirrung sorgt. Denn ›s.‹ und ›generell‹ dienen eigentlich dem Vergleich von ↑Begriffen (unter Einschluß von ↑Relationsbegriffen) und haben als metasprachliche (↑Metasprache) Termini in einstelliger oder absoluter Verwendung strenggenommen keinen Sinn. Z. B. ist ›Schirm‹ s.er als ›Schutz‹ – es hat sprachgeschichtlich eine ↑Spezialisierung der Bedeutung (↑Umfang) des ersten zweier ursprünglich synonymer (↑synonym/Synonymität) Termini stattgefunden; ›spezieller als‹ ist konvers (↑konvers/Konversion) zu ›genereller als‹. Gleichwohl gibt es eine einstellige und dann auch objektsprachliche (↑Objektsprache) Verwendung von ›s.‹ zugleich mit derjenigen von ›generell‹, die mit der umgangssprachlichen Entgegensetzung von ›eingeschränkt‹ und ›verbreitet‹ entsprechend den Adverbialkonstruktionen ›im besonderen‹ bzw. ›im allgemeinen‹ der Bedeutung nach weitgehend übereinstimmt. In diesem durch Angleichen von ›s.‹ an ›partikular‹ charakterisierten Zusammenhang unterbleibt regelmäßig auch die Unterscheidung von ›besonders‹ zum einen in bezug auf einige Fälle, zum anderen in bezug auf einen (individuellen) Fall ebenso wie die Unterscheidung zwischen ›individuell‹ und ↑›singular‹. K. L.

Spezies (auch: Art; von lat. species, Anblick, Gestalt, Bild, Art; engl. species, franz. espèce), Grundbegriff der Biologie, dessen genaue begriffliche Fassung trotz seiner zentralen praktischen Bedeutung umstritten ist. ›S.‹ wird verwendet (1) (taxonomisch) zur Bezeichnung von Einheiten zur Ordnung der natürlichen Vielfalt (↑Taxonomie) und (2) (phylogenetisch) zur Bezeichnung der Einheiten der ↑Evolution. Ungelöst ist bisher das Problem, in beiden Bereichen die gleichen Einheiten als S. auszuzeichnen. Grundsätzlich sind zwei Wortbedeutungen zu unterscheiden, eine konkrete und eine abstrakte: (A) ›S.‹ als *Taxon* bezeichnet eine in der Natur vorkommende, unterscheidbare Gruppe von Organismen, z. B. Rotkehlchen (andere, vom S.-Taxon verschiedene [›höhere‹] Taxa sind z. B. Singvögel, Vögel, Wirbeltiere, Chordatiere, Tiere). (B) ›S.‹ als ↑*Kategorie* bezeichnet die Klasse aller S.-Taxa (wie Wolf, Rotkehlchen, Zaun-

eidechse, Seeforelle, gemeine Auster, Kopflaus, Knoblauchrauke, gemeiner Wurmfarn, Köpfchenschimmel, Perigord-Trüffel, *Mycobacterium tuberculosis* etc.). ›S.‹ als Kategorie drückt einen Begriff aus, dessen Extension (↑extensional/Extension) üblicherweise als ›S.begriff‹ bezeichnet wird. Der S.begriff als Kategorie soll jene abstrakten Definitionsgesichtspunkte benennen, die ein Taxon als S. qualifizieren. Um festzustellen, ob ein Taxon S.-Status besitzt, ist zu prüfen, ob es den in der S.definition gegebenen Kriterien genügt.

Es lassen sich eine Reihe unterschiedlicher S.begriffe unterscheiden. Die wohl wichtigsten sind der typologische oder klassische S.begriff, der biologische S.begriff, der evolutionäre S.begriff und der nominalistische oder pluralistische S.begriff. Alle diese S.begriffe haben eine gewisse, allerdings aus je verschiedenen Gründen nicht unproblematische, Berechtigung. Je nachdem, welcher S.begriff angenommen wird, ergeben sich unterschiedliche Bestimmungen der S.-Taxa.

(1) Der *typologische* (↑Typus) oder *klassische* S.begriff geht zurück auf Aristoteles' Übertragung seines (logischen) Modells der ↑Definition durch Angabe von Genus (↑Gattung) und ↑differentia specifica auf den Bereich der ↑Organismen, ohne dabei dieses Modell in einem spezifisch biologischen Sinne zu verändern. Die Definition von S.-Taxa (genauer: die Definition der *Bezeichnung* von S.-Taxa) wie z. B. Rotkehlchen, aber auch aller höheren Taxa (wie z. B. Singvögel), gibt in der Aristotelischen Konzeption eine vollständige Beschreibung des ›Wesens‹ (Essenz) der Mitglieder der definierten Taxa an. Die damit zumeist verbundene Annahme einer Ähnlichkeit der Mitglieder einer S. beruht auf dem gemeinsamen Besitz dieses Wesens. Variationen bedeuten unvollkommene Manifestationen der S.-Essenz. Dieser essentialistische (↑Essentialismus) Grundgedanke führt auf einen ›dimensionslosen‹ S.begriff, insofern sich das Wesen einer S. über die Zeit hinweg oder von einem Ort zum anderen nicht ändern kann. Definitionstheoretisch läßt sich die essentialistische Position so reformulieren, daß von den ein Taxon definierenden Merkmalen jedes einzelne notwendig und alle gemeinsam hinreichend sein müssen:

(a) $R \leftrightharpoons m_1 \wedge m_2 \wedge \ldots \wedge m_n$.

Z. B. sind in diesem Sinne die Eigenschaften ›erwachsen‹, ›männlich‹, ›niemals verheiratet‹ definierende Merkmale von ›Junggeselle‹.

Eine andere definitorische Reformulierung der essentialistischen Konzeption von S.-Taxa erfolgt mittels disjunktiver Definitionen. Danach ist für die Definition eines Taxons jedes einzelne Merkmal hinreichend, und es ist notwendig, daß wenigstens eines davon zutrifft:

(b) $R \leftrightharpoons m_1 \vee m_2 \vee \ldots \vee m_n$.

Z. B. sind die Relationen ›Bruder des Vaters‹, ›Bruder der Mutter‹, ›Mann einer Tante‹ definierende Merkmale von ›Onkel‹.

Beide essentialistischen Definitionsformen von S.bezeichnungen sind mit der evolutionstheoretischen (↑Evolution, ↑Evolutionstheorie) Erkenntnis unvereinbar, daß es in der Natur keine merkmalsmäßig dimensionslosen und damit räumlich und zeitlich statischen S. mit einem oder mehreren essentiellen Merkmalen gibt. S. sind in evolutionstheoretischer Sicht vielmehr sich in Raum und Zeit wandelnde Entitäten. Daraus ergibt sich, daß für die Definition von S.-Taxa (wie auch für die Bezeichnungen höherer Taxa) einzig (c) eine Definition mittels ↑Familienähnlichkeit (auch: *cluster definition*) in Frage zu kommen scheint. Danach ist kein einzelnes Merkmal und keine einzelne Menge von Merkmalen notwendig; es ist lediglich notwendig, daß mindestens eine von zahlreichen jeweils hinreichenden Merkmalsmengen zutrifft:

$$R \leftrightharpoons (a \wedge b \wedge c \wedge d \wedge e) \vee$$
$$(b \wedge c \wedge d \wedge e \wedge f \wedge g) \vee$$
$$(a \wedge c \wedge d \wedge h) \vee \dots .$$

Die einzelnen Disjunktionsglieder sind dabei über die Gesetze der Evolutionstheorie und ↑Genetik räumlich und zeitlich miteinander verknüpft und bringen somit einen statistischen Zusammenhang zwischen ko-spezifischen Populationen zum Ausdruck. Anders als im Falle (a) sind disjunktive (↑Disjunktion) Definitionen von Taxa und Definitionen nach Familienähnlichkeit offen für empirisch motivierte Korrekturen, Ergänzungen und Weiterführungen.

Nach dem typologischen S.begriff sind S. Klassen, die aus den Organismen bestehen, welche die die Klasse definierenden Merkmale besitzen und deshalb morphologisch ›ähnlich‹ sind. Die Definition von S. durch gemeinsame Merkmale charakterisiert im wesentlichen die Entwicklung bis zur Evolutionstheorie. Auf ihr beruht auch die ↑Systematik von C. v. Linné (1707–1778), in der die Mitglieder einer S. dadurch charakterisiert werden, daß sie auf der einen Seite die Merkmale einer bestimmten Gattung besitzen und auf der anderen Seite die für sie selbst charakteristischen spezifischen Differenzen, die sie von anderen S. der gleichen Gattung unterscheiden. – Gegen diesen auf morphologischen Ähnlichkeiten von Individuen beruhenden S.begriff ist schon früh der Willkürvorwurf erhoben worden, da nicht ausgemacht ist, daß die in der Definition der einzelnen S.-Taxa verwendeten gemeinsamen Merkmale tatsächlich biologisch relevant sind. In diesem Sinne äußert sich (im Anschluß an G.-L. Leclerc, Comte de Buffon [1707–1788]) schon I. Kant (Von den verschiedenen Racen der Menschen [1775] A 2–3, Akad.-Ausg. II, 429). Kant

weist, ohne an dieser Stelle zwischen Genus und S. zu differenzieren, auf die Notwendigkeit hin, durch ›Ähnlichkeiten‹ zwischen ihren Mitgliedern definierte ›Schulgattungen‹ zu unterscheiden von ›nach Verwandtschaften in Ansehung der Erzeugung‹ geformten ›Naturgattungen‹. Danach gehören »alle Menschen auf der weiten Erde zu einer und derselben Naturgattung [d. h. S.], weil sie durchgängig mit einander fruchtbare Kinder zeugen, so große Verschiedenheiten auch sonst in ihrer Gestalt mögen angetroffen werden« (ebd.).

Generell interessiert sich die neuzeitliche ↑Naturgeschichte zunächst weniger für die Identifizierung und Klassifikation von S. als vielmehr für die Unterscheidung höherer Taxa (wie Klassen und Familien). In diesem Kontext wurden Genera und S. meist nicht eindeutig voneinander abgesetzt: ein und dieselbe Organismengruppe wird bald als ›S.‹, bald als ›Genus‹ bezeichnet. Eine erste klare Abgrenzung liefern die »Institutiones rei herbariae« (I–III, Paris 1700) von J. P. de Tournefort (1656–1708). Auch die Systematik Linnés unterscheidet in ihrer binären Nomenklatur zwischen Genus und S., wobei dem Genus ein systematischer Vorrang zugesprochen wird, da die Genera die stabilen Grundeinteilungen der Natur widerspiegelten, während die Anzahl der Arten durch Hybridisierung (nicht aber durch evolutionäre Transformation der vorhandenen) zunehmen könne. Ferner könne man keine S. feststellen, wenn man die entsprechenden Genera nicht kenne.

Der typologische S.begriff ist nach wie vor für die Klassifizierung unbelebter Objekte, z. B. im naturhistorischen Museum, zweckmäßig. Darüber hinaus erfolgt auch die (provisorische) Zuweisung lebender Organismen zu S. in der Regel auf Grund morphologischer Kriterien. Diese impliziert allerdings nicht die Annahme des typologischen S.begriffs. – Gegen den auf morphologischer Ähnlichkeit beruhenden typologischen S.begriff sprechen zahlreiche empirische Phänomene wie die Tatsache, daß Raupe und Schmetterling der gleichen S. angehören; ebenso die häufig sehr verschiedenen männlichen und weiblichen Exemplare einer S.. Andererseits sind so genannte Zwillingsarten dadurch charakterisiert, daß sie zwar verschiedene S. darstellen, morphologisch aber ununterscheidbar sind. Eine moderne Fassung des typologischen S.begriffs wird z. B. von so genannten Muster-Kladisten (*pattern cladists*) wie G. Nelson und N. Platnick vertreten.

(2) Nach dem *biologischen* S.begriff ist die Mitgliedschaft in einer S. über die Möglichkeit der reproduktiven Interaktion definiert. Der biologische S.begriff kommt gegen Ende des 17. Jhs. auf (J. Ray [1627–1705], R.-A. F. de Réaumur [1683–1757] und insbes. Buffon). Voraussetzung für seine heutige Bedeutung ist die im 19. Jh. beginnende Wende der Biologie vom Essentialismus zum ›Populationsdenken‹. Danach ist für die Biologie nicht

der allenfalls für unbelebte Gegenstände brauchbare, auf Mittelwertkonstruktionen beruhende essentialistische Typus von Interesse; dieses gilt vielmehr den Individuen, die im Regelfall genetisch und morphologisch einmalig sind. Variabilität ist so im Populationsdenken der Standardfall. Individuen interagieren in natürlichen Populationen. Natürliche oder Biopopulationen sind räumlich und zeitlich dergestalt begrenzte Gruppen von Individuen, daß – für den in der Realität nicht erreichten Idealfall – je zwei von diesen »die gleiche Wahrscheinlichkeit haben, sich miteinander zu paaren und Nachkommenschaft zu erzeugen, vorausgesetzt natürlich, daß sie geschlechtsreif sind, von entgegengesetztem Geschlecht und gleichwertig hinsichtlich der sexuellen Auslese« (E. Mayr, Artbegriff und Evolution, 115; ↑Selektion). S. sind in dieser Konzeption »Gruppen von sich miteinander fortpflanzenden Populationen, die reproduktiv von anderen solchen Gruppen isoliert sind« (E. Mayr, Eine neue Philosophie der Biologie, 206). Die reproduktive Isolation bezieht sich dabei auf die Population und kann von einzelnen Individuen durchbrochen werden.

Gegen den biologischen S.begriff, der in die neuere Diskussion von T. Dobzhansky eingeführt wurde, erheben sich vor allem Einwände von Botanikern (z. B. V. Grant), die darauf verweisen, daß es im Pflanzenreich sehr unterschiedliche Formen von S.bildung (z. B. durch Hybridisierung) gebe und daß das Kriterium der reproduktiven Isolation dort schlechter anwendbar sei als im Tierreich. Darüber hinaus kann – dieser Einwand dürfte am schwersten wiegen – der biologische S.begriff grundsätzlich nur auf sich sexuell reproduzierende Populationen angewendet werden. Dies hat Biologen wie M. T. Ghiselin dazu veranlaßt, den sich asexuell fortpflanzenden Organismentypen generell den S.status abzusprechen. Um diesen Schwierigkeiten abzuhelfen, wird gelegentlich versucht, die reproduktive Isolation als entscheidendes S.merkmal durch nischenbezogene ökologische Differenzierung zu ersetzen. Dieser Gedanke ist allerdings dem Einwand ausgesetzt, daß sich viele Populationen einer S. bezüglich der Nischennutzung unterscheiden. Im übrigen stellt sich im Zusammenhang mit der Betonung des Populationsdenkens in der synthetischen Evolutionstheorie im allgemeinen und beim biologischen S.begriff im besonderen die Frage, ob der S.begriff als Einheit der Evolution nicht besser durch den Populationsbegriff ersetzt werden sollte (B. E. Wilson).

(3) Der *evolutionäre* S.begriff ist besonders in paläontologischen Zusammenhängen zur Unterscheidung fossiler S. entwickelt worden. Eine S. wird dabei als eine einzelne phylogenetische Abstammungslinie von Vorfahren-Nachkommen-Populationen verstanden, die ihre Identität gegenüber anderen solchen Abstammungslinien wahrt und ihre eigenen evolutionären Tendenzen

und ihr eigenes historisches Schicksal besitzt (E. O. Wiley im Anschluß an G. G. Simpson). Diese Definition hat jedoch den Nachteil der Unklarheit verbunden insbes. mit der Schwierigkeit, daß man S. (als Chronospezies) zeitlich nicht willkürfrei abgrenzen kann.

(4) Der *nominalistische* S.begriff: Der – im 18. Jh. oft, z. B. vom frühen Buffon, vertretene – nominalistische oder pluralistische S.begriff betrachtet S. als gedankliche Konstrukte, die keine Entsprechung in der Natur besitzen, ganz im Sinne der nominalistischen (↑Nominalismus) Kritik an den ↑Universalien. Danach haben nur Individuen Realexistenz. – Im 20. Jh. wurde dem nominalistischen S.begriff gelegentlich eine konventionalistische (↑Konventionalismus) Wendung gegeben (z. B. P. Kitcher 1984). Danach ist keiner der bekannten S.begriffe in der Lage, der Vielfalt der belebten Natur angemessen Rechnung zu tragen. Deshalb sei ein ›Pluralismus‹ von S.begriffen, die je nach Untersuchungsbereich und Forschungszielen zweckmäßig zu wählen seien, die richtige Forschungsstrategie, auch wenn dies zu unvereinbaren Taxonomien führe. Eine ähnliche Position wie Kitcher vertritt D. Hull (1965/1966) mit seinem Vorschlag, ›S.‹ disjunktiv zu definieren. Gegen den nominalistischen S.begriff läßt sich nach Mayr einwenden, daß die weitaus meisten Taxonomen S. als reale Diskontinuitäten voneinander unterscheiden und daß diese Unterscheidungen denen der Naturvölker im wesentlichen entsprechen.

Bezüglich des ontologischen Status von S. (wie auch höherer Taxa) lassen sich zwei Grundauffassungen unterscheiden. Die eine betrachtet S. im Anschluß an den typologischen S.begriff als Klassen, deren Mitglieder durch den Besitz gemeinsamer Eigenschaften ausgezeichnet sind. Diese Sicht des ontologischen Status von S. ist der gleichen Kritik ausgesetzt wie der klassische S.begriff. Die andere ontologische Grundauffassung betrachtet S. als räumlich-zeitlich erstreckte und als solche identifizierbare sowie – wegen der gemeinsamen Abstammung ihrer Teile, d. h. der einzelnen Organismen – kontinuierliche Entitäten, die allerdings nicht räumlich aneinandergrenzen müssen. Diese vor allem von den Begründern der synthetischen Evolutionstheorie wie Dobzhansky und Mayr, aber auch schon früher in gewisser Hinsicht von Buffon vertretene Konzeption befindet sich in Übereinstimmung mit der Tatsache, daß S. die Fähigkeit zu Weiterentwicklung, Aufspaltung, Verschmelzung und Aussterben besitzen, was für Klassen nicht der Fall ist. S. sind in dieser Sicht – wie dies als erster Ghiselin explizit ausgedrückt hat – ↑Individuen, und S.bezeichnungen sind genaugenommen keine ↑Prädikatoren, sondern ↑Eigennamen. Entsprechend ist die Beziehung von einzelnen Organismen zu ihrer S. entweder diejenige des mengentheoretischen (↑Menge) Enthaltenseins (↑enthalten/Enthaltensein) oder die mereologische (↑Mereologie) Beziehung von ↑Teil und Ganzem.

Von besonderer Bedeutung für die Evolutionstheorie ist die Frage der Entstehung neuer S.. Auf den biologischen S.begriff bezogen bedeutet dies die Frage nach der Entwicklung und den Formen von genetischen ›Isolationsmechanismen‹ (Dobzhansky). Eine Vielzahl solcher Mechanismen ist bekannt, z. B. Sterilitätsgene, Chromosomenunverträglichkeiten, ökologische Unverträglichkeiten und, insbes. bei höheren Tieren, Verhaltenseigenschaften, die das Erkennen gleichartiger Partner ermöglichen. Ebenso gibt es unterschiedliche Auffassungen darüber, unter welchen Voraussetzungen sich die Isolationsmechanismen entwickeln. Die unter anderem von W. Bateson, H. de Vries, T. H. Morgan und R. Goldschmidt vertretene Auffassung einer Speziation durch Makromutation gilt heute als unhaltbar. Im Zentrum der heutigen Überlegungen stehen im Anschluß an eine von B. Rensch entwickelte Idee unterschiedliche Formen geographischer Trennung von Populationen, die in der Folge zu reproduktiver Isolation und möglicherweise zu den neue S. generierenden Isolationsmechanismen führen (allopatrische Speziation).

Von nicht nur biologischer oder wissenschaftstheoretischer Bedeutung wie die Neubildung von S. ist das Aussterben bestehender S.. Aussterben an sich ist ein natürliches Phänomen; ca. 95 % aller Arten, die je existiert haben, sind ausgestorben. In neuerer Zeit scheint sich jedoch die Aussterberate durch menschliche Einflüsse erheblich erhöht zu haben. Eine Quantifizierung dieses Phänomens ist jedoch schwierig, da schon die genaue Anzahl von S. nicht bekannt ist (die Schätzungen schwanken zwischen 5 und 50 Millionen). Im Zusammenhang mit dem Aussterben von S. stellt sich in der ökologischen Ethik (↑Ethik, ökologische) die moralphilosophische Frage, ob es eine moralische Pflicht gibt, das ›S.sterben‹ zu verhindern. Hier stehen sich auf der einen Seite Konzeptionen, die einen moralische Rücksicht verlangenden Eigenwert (*intrinsic value*) der Natur und damit der S. behaupten, und auf der anderen Seite ›anthropozentrische‹ Konzepte gegenüber, die fordern, nicht-menschliche S. um der Menschen (z. B. zukünftiger Generationen) willen zu erhalten.

Literatur: J. C. Avise, Phylogeography. The History and Formation of Species, Cambridge Mass./London 2000, 2001; P. J. Beurton, How Is a Species Kept Together?, Biology and Philos. 10 (1995), 181–196; J. A. Coyne/H. A. Orr, Speciation, Sunderland Mass. 2004; T. Dobzhansky, Genetics and the Origin of Species, New York 1937 (repr. 1982), ³1951, 1969 (dt. Die genetischen Grundlagen der Artbildung, Jena 1939); ders., Genetics of the Evolutionary Process, New York/London 1970 (franz. Génétique du processus évolutif, Paris 1977); P. Engelhardt/M. Lutz-Bachmann/T. Trappe, Species, Hist. Wb. Ph. IX (1995), 1315–1350; W. Engelhardt, Das Ende der Artenvielfalt. Aussterben und Ausrottung von Tieren, Darmstadt 1999, 2011; M. Ereshefsky (ed.), The Units of Evolution. Essays on the Nature of Species, Cambridge Mass./London 1992; ders., The Poverty of the Linnaean Hierarchy. A Philosophical Study of Biological Taxonomy, Cambridge etc. 2001; ders., Species, SEP 2002, rev. 2017; Fondation Singer-Polignac (ed.), Histoire du concept d'espèce dans les sciences de la vie. Colloque international (mai 1985) organisé par la Fondation Singer-Polignac, Paris 1987; J. Gayon, The Individuality of the Species. A Darwinian Theory? From Buffon to Ghiselin, and Back to Darwin, Biology and Philos. 11 (1996), 215–244; M. T. Ghiselin, A Radical Solution to the Species Problem, Systematic Zoology 23 (1974), 536–544, Neudr. in: M. Ereshefsky (ed.), The Units of Evolution [s. o.], 279–291; ders., Metaphysics and the Origin of Species, Albany N. Y. 1997; V. Grant, Plant Speciation, New York 1971, ²1981 (dt. Artbildung bei Pflanzen, Berlin/Hamburg 1976); ders., The Evolutionary Process. A Critical Review of Evolutionary Theory, New York 1985; A. Hamilton (ed.), The Evolution of Phylogenetic Systematics, Berkeley Calif. 2014; J. Hey, Genes, Categories, and Species. The Evolutionary and Cognitive Causes of the Species Problem, Oxford etc. 2001; D. L. Hull, The Effect of Essentialism on Taxonomy – Two Thousand Years of Stasis, Brit. J. Philos. Sci. 15 (1964/1965), 314–326, 16 (1965/1966), 1–18, Neudr. in: M. Ereshefsky (ed.), The Units of Evolution [s. o.], 199–225; P. Kitcher, Species, Philos. Sci. 51 (1984), 308–333, Neudr. in: M. Ereshefsky (ed.), The Units of Evolution [s. o.], 317–341; W. Kunz, Do Species Exist? Principles of Taxonomic Classification, Weinheim 2012; J. Laporte, Natural Kinds and Conceptual Change, Cambridge etc. 2004; A. La Vergata, Il concetto di specie da Aristotele a Buffon, in: C. I. D. I. di Firenze (ed.), Storicità e attualità della cultura scientifica e insegnamento delle scienze, Casale Monferrato/Pian di San Bartolo 1986, 107–129; E. Mayr, Systematics and the Origin of Species. From the Viewpoint of a Zoologist, New York 1942, 1964, Cambridge Mass. 1999; ders., Animal Species and Evolution, Cambridge Mass. 1963, 1979 (dt. Artbegriff und Evolution, Hamburg/Berlin 1967; franz. Populations, espèces et evolution, Paris 1974, 1994); ders., Toward a New Philosophy of Biology. Observations of an Evolutionist, Cambridge Mass./London 1988 (dt. [Teilübers.] Eine neue Philosophie der Biologie, München/Zürich 1991); G. Nelson/N. Platnick, Systematics and Biogeography. Cladistics and Vicariance, New York 1981; B. G. Norton (ed.), The Preservation of Species. The Value of Biological Diversity, Princeton N. J. 1986, 1988; ders., Why Preserve Natural Variety?, Princeton N. J. 1987, 2014; D. Otte/J. A. Endler (eds.), Speciation and Its Consequences, Sunderland Mass. 1989; B. Rensch, Das Prinzip geographischer Rassenkreise und das Problem der Artbildung, Berlin 1929; ders., Zoologische Systematik und Artbildungsproblem, Verh. Dt. Zool. Ges. 1933, 19–83; ders., Neuere Probleme der Abstammungslehre. Die transspezifische Evolution, Stuttgart 1947, ³1972; R. A. Richards, The Species Problem. A Philosophical Analysis, Cambridge etc. 2010; M. Ruse, The Species Problem, in: G. Wolters/J. G. Lennox (eds.), Concepts, Theories, and Rationality in the Biological Sciences. The Second Pittsburgh–Konstanz Colloquium in the Philosophy of Science. University of Pittsburgh, October 1–4, 1993, Konstanz, Pittsburgh Pa. 1995 (Pittsburgh–Konstanz Ser. Philos. Hist. Sci. III), 171–193 (mit Kommentaren v. A. H. Bledsoe u. B. E. Wilson, 195–210); J. H. Schwartz, Sudden Origins. Fossils, Genes, and the Emergence of Species, New York 1999; M. H. Slater, Are Species Real? An Essay on the Metaphysics of Species, Basingstoke/New York 2013; D. N. Stamos, Darwin and the Nature of Species, Albany N. Y. 2007; K. Sterelny, Species, REP IX (1998), 78–81; P. R. Sloan, The Buffon–Linnaeus Controversy, Isis 67 (1976), 356–375; ders., Buffon, German Biology, and the Historical Interpretation of Biological Species, Brit. J. Hist. Sci. 12 (1979), 109–153; P. F. Stevens/J. Dupré/M. B. Williams, Species, in: E. Fox Keller/E. A. Lloyd (eds.), Keywords in Evolutionary Biology, Cambridge Mass./London 1992, 1999, 302–323; U. Sucker, Philosophische Probleme der Arttheorie, Jena 1978; Q. D. Wheeler/R. Meier (eds.), Species Concepts and Phylogenetic Theory. A Debate, New York 2000; M. J. D. White, Modes of Speciation, San Francisco Calif. 1978; E. O. Wiley, Phylogenetics. The Theory and Practice of Phylogenetic Systematics, New York 1981, Hoboken N. J. ²2011; J. Wilkins, Species. The History of the Idea, Berkeley Calif./Los Angeles/London 2009; R. Willmann, Die Art in Raum und Zeit. Das Artkonzept in der Biologie und Paläontologie, Berlin/Hamburg 1985; B. E. Wilson, Changing Conceptions of Species, Biology and Philos. 11 (1996), 405–420; R. A. Wilson (ed.), Species. New Interdisciplinary Essays, Cambridge Mass./London 1999; G. Wolters, ›Rio‹ oder die moralische Verpflichtung zum Erhalt der natürlichen Vielfalt. Zur Kritik einer UN-Ethik, Gaia. Ecological Perspectives in Science, Humanities, and Economics 4 (1995), 244–249. – Z. zool. Systematik u. Evolutionsforsch. 22 (1984), H. 3 (Sonderheft zum S.begriff); Biology and Philosophy 2 (1987), H. 2, 3 (1988), H. 4. G. W.

Spezifizierung (von neulat. *specificare*, eine Art machen) (auch: Spezifikation), Bezeichnung für das Verfahren der Einteilung einer ↑Gattung (*genus*) in Arten (*species*), von denen jede durch ↑Spezialisierung aus dem Genus hervorgegangen ist und so einen *Spezialfall* darstellt. Dabei kann unter geeigneten Bedingungen die S. durchaus auch bis zu jeweils nur noch einen einzigen Gegenstand einschließenden Spezialfällen, den ›Einzelfällen‹, vorangetrieben sein, wobei die traditionelle ↑Definition einer Art durch Angabe des *genus* und der ↑*differentia specifica*, des artbildenden Unterschieds, erfolgt, z. B. die Art ›Mensch‹ in der Gattung ›Lebewesen‹ durch die spezifische Differenz ›vernünftig‹: homo ⇋ animal rationale.

Eigenschaften, die allen Gegenständen einer Art zukommen – sie brauchen dabei nicht charakteristisch in dem Sinne zu sein, daß keinem anderen Gegenstand diese Eigenschaft zukommt –, heißen *spezifisch*, z. B. das Gewicht pro Volumeneinheit eines Stoffes. Von I. Kant wird in bezug auf die Formen der Naturerscheinungen neben den Prinzipien der Homogenität und der ↑Kontinuität ein Prinzip der Spezifikation formuliert, das im Sinne einer zur ↑Urteilskraft gehörenden methodologischen Forderung die Existenz ›unterster‹, also nicht mehr weiter zerlegbarer Arten ausschließt (KrV B 670–732, Akad.-Ausg. III, 426–461 [Anhang zur transzendentalen Dialektik]). K. L.

Sphärenharmonie (engl. harmony of the spheres, franz. harmonie des sphères), Bezeichnung für die Übertragung der Gesetze musikalischer Harmonie auf die Bewegungen der Fixsterne (Fixsternsphäre) und der Planeten, als pythagoreisch bezeugt bei Aristoteles (Met. A5.986a2–3 [»der ganze Himmel ist Harmonie und Zahl«], de cael. B9.290b12–291a28) und (mittelbar)

Platon (Pol. 530d, 531b/c, 617b [in einem mythischen Kontext], Krat. 405c/d). Die Konzeption einer S. steht schon im älteren ↑Pythagoreismus (↑Pythagoreer) in Verbindung mit der Vorstellung, daß alles Zahl sei (↑Zahlenmystik), die ihrerseits auf Untersuchungen über ↑Pythagoreische Zahlen und die durch die Vierergruppe der Zahlen 6, 8, 9 und 12 gebildete ↑Tetraktys zurückführt, sowie mit der Entdeckung, daß Tonintervalle als kleine ganzzahlige Verhältnisse von Saitenlängen formulierbar sind (die Tetraktys zeichnet Zahlen aus, die zur Wiedergabe der Proportionen 2 : 1, 3 : 2 und 4 : 3 geeignet sind, die wiederum die symphonen Intervalle Oktave, Quinte und Quarte abbilden). Nach dieser Konzeption, die allgemein auf mythische Vorstellungen einer kosmischen Harmonie zurückgeht (vgl. M. T. Cicero, Somnium Scipionis, rep. 6, 18) und auf kein bestimmtes Planetensystem festgelegt ist (es wird mit sieben und acht, aber auch mit drei Noten gerechnet, zugleich werden die neun Musen mit den Planetensphären in Verbindung gebracht), erzeugen die in harmonischen Abständen von der Erde (im geozentrischen System; ↑Geozentrismus) angeordneten Himmelskörper (Plane-

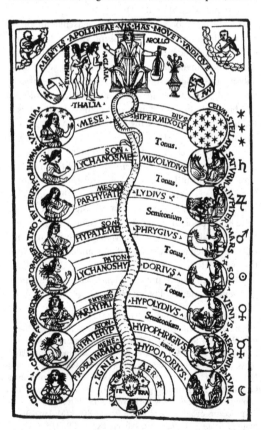

Abb. 1: Planetentonleiter des F. Gafori (Practica musicae, Mailand 1496).

ten und Fixsternsphäre) hinsichtlich ihrer unterschiedlichen Geschwindigkeiten Töne, die der (siebentonigen) diatonischen Tonleiter entsprechen. Diese Töne sind nur für das ›geistige‹ Ohr hörbar.

Spätere, in pythagoreischen Traditionen stehende Konzeptionen von Planetentonleitern unterscheiden sich vor allem hinsichtlich der Geschwindigkeits- und Distanzwerte der Planeten und damit auch der Tonhöhe. Beda Venerabilis (672/673–735) z. B. unterscheidet sieben Ganztöne (1 + 1/2 + 1/2 + 1 1/2 + 1 + 1/2 + 1/2 + 1 1/2), ausgehend von der Erde als Mittelpunktskörper (vgl. E. Knobloch 1994, 16–17), F. Gafori (1451–1522) sechs Ganztöne (1 + 1/2 + 1 + 1 + 1/2 + 1 + 1), ausgehend von der Distanz zwischen Mond- und Merkursphäre (Abb. 1). R. Fludd (1574–1637) entwickelt eine ›Zwei-Pyramiden-Theorie‹, wobei die eine (›materiale‹) Pyramide mit dem Erdäquator als Basis und der Spitze zum Empyreum das musikalische Instrument, die Saite des Monochords, darstellt, die andere (›formale‹) Pyramide mit dem Dreifaltigkeitssymbol als Basis und der Spitze zur Erdoberfläche die tönende Seele und Stimme (Abb. 2).

Nur durch das Zusammenwirken beider Pyramiden, physikalisch vermittelt durch (aristotelische) ↑minima naturalia, entsteht die S.. Die Materie der Welt wird dabei mit dem Monochord verglichen, das vom Empyreum bis zur Erde reicht und dessen Instrument der ↑Makrokosmos ist (Abb. 3). Eine ›materiale‹ Oktave reicht von der Erde bis zur Sonne bzw. Sonnensphäre, eine ›spirituelle‹ Oktave von dort bis zum Empyreum.

Auch für A. Kircher (1602–1680) stellt sich der Aufbau der Welt in Form eines Systems harmonischer Proportionen dar, ausgedrückt in einer ›vollkommensten‹ Musik bzw. durch eine Weltorgel, deren sechs Registern die in den sechs Schöpfungstagen geschaffenen Weltteile zugeordnet werden (Musurgia universalis […], I–II, Rom 1650 [repr. Hildesheim/New York 1970], II, 367). Die eindrucksvollste Konzeption einer S. in der beginnenden Neuzeit ist jedoch J. Keplers *Weltharmonik* (Harmonices mundi libri V, Linz 1619). Kepler, der sich zugleich gegen die in seinen Augen leere, weil mathematisch und physikalisch nicht begründete, Symbolik Fludds wendet (vgl. Brief vom 12.5.1608 an J. Tanck, Ges. Werke XVI, 158), zeichnet sieben Grundharmonien und damit die entsprechenden Saitenverhältnisse aus, nämlich die Oktave (mit dem Verhältnis 1:2), die Quint (mit dem Verhältnis 2:3), die Quart (mit dem Verhältnis 3:4), die große Terz (mit dem Verhältnis 4:5), die kleine Terz (mit dem Verhältnis 5:6), die kleine Sext (mit dem Verhältnis 5:8) und die große Sext (mit dem Verhältnis 3:5). Die Auszeichnung gerade dieser Verhältnisse sucht Kepler durch besondere Konstruktionen der Kreisteilung auch geometrisch zu rechtfertigen. Tatsächlich lassen sich, wenn man die extremen scheinbaren Bewegun-

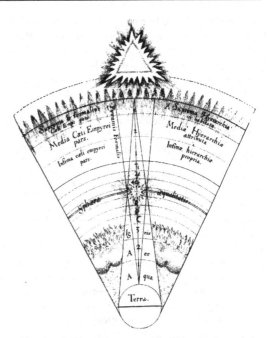

Abb. 2 (R. Fludd, Utriusque cosmi […] historia, Oppenheim 1617, 89)

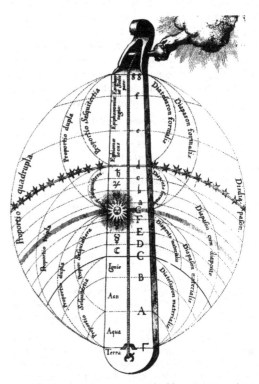

Abb. 3 (R. Fludd, Utriusque cosmi […] historia, Oppenheim 1617, 90)

gen betrachtet, also die Winkelgeschwindigkeiten in den Aphelien und Perihelien der Planeten, harmonische Verhältnisse nachweisen. Diese zeigen sich einerseits bei einem Vergleich der extremalen Geschwindigkeiten verschiedener Planeten, andererseits in den Geschwindigkeitsvariationen ein und desselben Planeten. So verhält sich z. B. die Winkelgeschwindigkeit des Saturn am Perihel zur Winkelgeschwindigkeit des Jupiter am Aphel wie 1:2; die beiden lassen damit die Oktave erklingen. Analog bildet die Aphelgeschwindigkeit der Erde mit der Perihelgeschwindigkeit des Mars das Verhältnis 2:3, das die Quinte darstellt. Bezogen auf einzelne Planeten findet sich in der Proportion von Aphel- und Perihelgeschwindigkeit am Saturn die große Terz (4:5), bei der Erde der Halbton (15:16) (Harmonices mundi, Ges. Werke VI, 312–315).

Den Planeten werden bei Kepler nicht nur Tonverhältnisse, sondern – entsprechend der ursprünglichen pythagoreischen Tradition, die bereits Aristoteles kritisiert (»zwar fein und originell, aber keineswegs wahr«, De cael. B9.290b14–15) – auch Töne zugeschrieben. Die Tonhöhen variieren; nur zu ausgezeichneten Zeitpunkten klingen zwei (oder mehrere) Planeten tatsächlich zusammen. Konsonanz und Dissonanz wechseln einander in dieser erhabenen Himmelsmusik ab. Dabei markiert der Zusammenklang mehrerer Planeten jeweils besonders herausgehobene Zeitpunkte. Das gilt vor allem für den Fall, daß tatsächlich einmal alle sechs Planeten einen harmonischen Einklang bilden. Eine derartige Konstellation dürfte wiederum nur ein einziges Mal realisiert gewesen sein; sie bezeichnet nach Kepler den Zeitpunkt der Erschaffung der Welt und damit den Anfang der Zeit (Harmonices mundi, Ges. Werke VI, 93).

Literatur: F. Beinroth, Musikästhetik von der S. bis zur musikalischen Hermeneutik. Ausgewählte tradierte Musikauffassungen, Aachen 1995, ²1996, bes. 12–25; W. Burkert, Weisheit und Wissenschaft. Studien zu Pythagoras, Philolaos und Platon, Nürnberg 1962, bes. 170–172, 297–299, 328–335 (engl. Lore and Science in Ancient Pythagoreanism, Cambridge Mass. 1972, bes. 186–189, 318–320, 350–357); M. Carrier/J. Mittelstraß, Johannes Kepler (1571-1630), in: G. Böhme (ed.), Klassiker der Naturphilosophie. Von den Vorsokratikern bis zur Kopenhagener Schule, München 1989, 137–157, 407–410; A. C. Crombie, Science, Optics and Music in Medieval and Early Modern Thought, London/ Ronceverte W. Va. 1990, bes. 363–377 (Chap. 13 Mathematics, Music and Medical Science); G. L. Finney, Harmony or Rapture in Music, DHI II (1973), 388–395; J. Godwin (ed.), The Harmony of the Spheres. A Sourcebook of the Pythagorean Tradition in Music, Rochester Vt. 1993; P. Gozza, Number to Sound. The Musical Way to the Scientific Revolution, Dordrecht etc. 2000; J. Gruntz-Stoll, Harmonik. Sprache des Universums. Überlieferung und Überwindung pythagoräischer Harmonik, Bern 2000; J. Haar, Pythagorean Harmony of the Universe, DHI IV (1973), 38–42; R. Haase, Geschichte des harmonikalen Pythagoreismus, Wien 1969; ders., Johannes Keplers Weltharmonik. Der Mensch im Geflecht von Musik, Mathematik und Astronomie, München 1998; T. L. Heath, Aristarchus of Samos. The Ancient Copernicus

[…], Oxford 1913 (repr. 1959, Bristol 1993), Oxford etc. 1997; A. J. Hicks, Composing the World. Harmony in the Medieval Platonic Cosmos, Oxford/New York 2017; J. James, The Music of the Spheres. Music, Science, and the Natural Order of the Universe, New York 1993, London 2006; E. Knobloch, Harmonie und Kosmos. Mathematik im Dienste eines teleologischen Weltverständnisses, Sudh. Arch. 78 (1994), 14–40; K. Meyer-Baer, Music of the Spheres and the Dance of Death. Studies in Musical Iconology, Princeton N. J. 1970, New York 1984; J. Mittelstraß, Machina mundi. Zum astronomischen Weltbild der Renaissance, Basel/Frankfurt 1995 (Vorträge der Aeneas-Silvius-Stiftung an der Universität Basel XXXI); D. Proust, L'harmonie des sphères, Paris 1990, 2001; ders., L'orgue cosmique. De la mécanique céleste à la mécanique cantique, Paris 2012; H. Schavernoch, Die Harmonie der Sphären. Die Geschichte der Idee des Welteneinklangs und der Seeleneinstimmung, Freiburg/München 1981; B. Stephenson, The Music of the Heavens. Kepler's Harmonic Astronomy, Princeton N. J. 1994; A. Strohmeyer, »Die Sonne tönt nach alter Weise …«. Goethe, die Lehre des Pythagoras und die moderne Naturwissenschaft, Herne 2014; H. Warm, Die Signatur der Sphären. Von der Ordnung im Sonnensystem, Hamburg 2001, ³2011 (engl. Signature of the Celestial Spheres. Discovering Order in the Solar System, Forest Row 2010). J. M.

sphoṭa (sanskr., das Bersten, das Offen-zutage-Liegen; von der Wurzel ›sphuṭ‹ platzen, bersten, aufblühen), ein für die Sprachphilosophie der indischen Grammatiker, insbes. für Bhartṛhari, grundlegender Terminus (↑Logik, indische). – Ursprünglich, im Mahābhāṣya von Patañjali (um 150 v. Chr.) – die mittelbar darin kommentierte Grammatik des Pāṇini (um 400 v. Chr.) verwendet den s. noch nicht –, wird mit s. die schematische Seite einer ↑Sprachhandlung bezeichnet, um (wie von der ↑Mīmāṃsā, auf die sich Patañjali bezieht, verlangt) das Unveränderliche eines sprachlichen Ausdrucks (↑śabda) vom veränderlichen lautlichen Anteil, dem Ton (dhvani), wie er in der ↑Aktualisierung der Sprachhandlung vorliegt, zu unterscheiden (↑type and token). Auf der Ebene der zunächst allein untersuchten einzelnen Sprachlaute oder Buchstaben (varṇa) entspricht der ›dhvani-s.‹-Unterscheidung an einem śabda daher diejenige von Phon und ↑Phonem. Erst Bhartṛhari arbeitet in seinem sprachphilosophisch zentralen Vākyapadīya heraus, daß zur Unterscheidung des Zeichenanteils vom Handlungsanteil einer Sprachhandlung neben dem varṇa-s., dem bloßen Lautschema, auch noch der (auf eine allgemeine Vorstellung bezogene) pada-s. (= Wort-s.) und der (auf eine besondere Wirklichkeit bezogene) vākya-s. (= Satz-s.), also die den ↑Sinn und die ↑Referenz einer Sprachhandlung tragenden Schemaanteile, herangezogen werden müssen, was gegenwärtig im Zusammenhang der ↑Semantik von Wörtern (↑Morphem, ↑Lexem) und Sätzen (↑Prädikation) behandelt wird.

Die Identifikation des vākya-s. mit der eigentlichen Wirklichkeit, dem śabda-brahman, also der Welt als Sprache, so daß nur in Kommunikationssituationen auf das Hilfsmittel lautlicher Aktualisierungen (zur ›Erwek-

kung‹ des s., nämlich mit ›Intuition‹ [pratibhā]) zurückgegriffen werden muß, ist von fast allen anderen Schulen
der indischen Philosophie (↑Philosophie, indische),
insbes. von den realistischen Systemen des ↑Nyāya (z.B.
Jayanta, ca. 840–900) und der Mīmāṃsā (z.B. Kumārila,
ca. 620–680), heftig bekämpft, aber von Maṇḍana Miśra (ca.
660–720; in der Sphoṭasiddhi) gegen seinen Lehrer
Kumārila auch kunstvoll verteidigt worden. Bei den
Grammatikern nach Bhartṛhari, insbes. bei Nāgeśabhaṭṭa (ca. 1680–1720; im Sphoṭavāda) und bei dessen
Vorgänger Kauṇḍabhaṭṭa (ca. 1610–1660; im Sphoṭanirṇaya), wird die Lehre vom s., unabhängig von den besonderen, eine Version des advaita-Vedānta (↑Vedānta)
bildenden Auffassungen Bhartṛharis, als Lehre von den
bedeutungtragenden und dabei zugleich das Erfassen
der Bedeutung auslösenden sprachlichen Einheiten weiter ausgebaut und erheblich differenziert.

Literatur: S. Alackapally, The ›S.‹ of Language and the Experience
of ›Śabdatattva‹, J. Dharma 35 (2010), 203–214; M. Biardeau
(ed.), Sphoṭasiddhi par Maṇḍana Miśra (La démonstration du
s.), Pondichéry 1958; ders., Théorie de la connaissance et phi-
losophie de la parole dans le brahmanisme classique, Paris/La
Haye 1964; J. Bronkhorst, Bhaṭṭoji Dīkṣita on S., J. Indian Philos.
33 (2005), 3–41; J. Brough, Theories of General Linguistics in the
Sanskrit Grammarians, Transact. Philol. Soc. 1951, 27–46; H. G.
Coward, The S. Theory of Language. A Philosophical Analysis,
Delhi 1980, 1997; ders./K. K. Raja (eds.), Encyclopedia of Indian
Philosophy V (The Philosophy of the Grammarians), Princeton
N. J. 1990, Delhi 2008; E. Frauwallner, Mīmāṃsāsūtram I,1,6–23,
Wiener Z. f. d. Kunde Ost- u. Südasiens 5 (1961), 113–124 (repr.
in: ders., Kleine Schriften, ed. G. Oberhammer/E. Steinkeller,
Wiesbaden 1982, 311–322); A. L. Herman, S., J. of the Gangānātha
Jhā Research Institute 19 (1962/1963), 1–22; S. Ihara, Dhar-
makīrti's Critics on S.-Theory, Nihon Bukkyo Gakui Nempo 26
(1961), 175–194; S. D. Joshi (ed.), The Sphoṭanirṇaya of Kauṇḍa
Bhaṭṭa (Chapter XIV of the Vaiyākaraṇabhūṣaṇasāra), Poona
1967; V. Krishnamacharya (ed.), Sphoṭavāda by Nāgeśabhaṭṭa,
Madras 1946, 1977; B. Liebich, Über den S.. Ein Kapitel über die
Sprachphilosophie der Inder, Z. Dt. Morgenländ. Ges. 77 (1923),
208–219; B. K. Matilal, The Word and the World. India's Contribution to the Study of Language, Delhi/Oxford/New York
1990, 2001, bes. 77–105; ders., The S. Doctrine of the Indian
Grammarians, HSK VII/1 (1992), 609–620; S. Narayanan, Vākyapadīya S., Jāti and Dravya, New Delhi 2012; V. C. Pandeya, The
Theory of Śabdabrahman and S., J. of the Gangānātha Jhā Research Institute 17 (Allahabad 1960/1961), 235–255; K. K. Raja,
S.: The Theory of Linguistic Symbols, Adyar Library Bull. 20
(1956), 84–118; G. Sastri, A Study in the Dialectics of S., Delhi
1980. K. L.

Spiegelung (engl. reflection oder reflexion, franz. réflexion), in der Mathematik Bezeichnung für bestimmte
eineindeutige (↑eindeutig/Eindeutigkeit) ↑Abbildungen
von ↑Räumen auf sich selbst. Der Begriff der S. hängt
eng zusammen mit dem der Symmetrie (↑symmetrisch/
Symmetrie (geometrisch)): Symmetrie bedeutet Invarianz (↑invariant/Invarianz) unter einer S.. Anschauliche
Beispiele sind die S. des (3-dimensionalen [↑Dimen-

sion]) euklidischen Raumes (↑Euklidische Geometrie)
an einer (2-dimensionalen) Ebene *e*, die S. der (2-dimen-
sionalen) euklidischen Ebene an einer (1-dimensiona-
len) Geraden *g* (Abb. 1) und die S. der (1-dimensiona-
len) euklidischen Gerade an einem (0-dimensionalen)
Punkt *P* (Abb. 2).

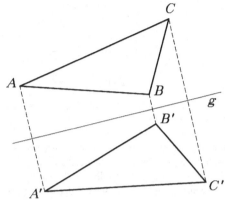

Abb. 1: Die Spiegelung an der Geraden *g* bildet das Dreieck
ABC auf das Dreieck *A′C′B′* ab.

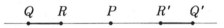

Abb. 2: Die Spiegelung am Punkt *P* bildet die Strecke *QR* auf
Q′R′ ab.

Im Rahmen der Linearen ↑Algebra läßt sich der Begriff
der S. für Räume beliebiger Dimension *n* verallgemeinern. Der einfachste Fall ist die S. eines *n*-dimensionalen
euklidischen Vektorraums *V* (↑Vektor) an einem (*n* − 1)-
dimensionalen Untervektorraum *U* von *V*. Ein Untervektorraum eines *K*-Vektorraumes *V* ist eine Teilmenge
von *V*, die bezüglich Multiplikation mit Skalaren aus *K*
und bezüglich Vektoraddition abgeschlossen (↑abge-
schlossen/Abgeschlossenheit) ist und daher mit den entsprechenden Einschränkungen dieser ↑Verknüpfungen
und dem Nullpunkt zusammen selbst wieder einen
K-Vektorraum bildet. Euklidische Vektorräume sind
$\mathbb{R}$-Vektorräume ($\mathbb{R}$ ist der Körper [↑Körper (mathematisch)] der reellen Zahlen), auf denen unter anderem
eine Orthogonalitätsbeziehung definiert ist; daß zwei
Vektoren *v*, *w* orthogonal zueinander sind (man schreibt
dafür: ›$v \perp w$‹), läßt sich anschaulich so vorstellen, daß
v und *w* senkrecht aufeinander stehen. Ist *U* ein (*n* − 1)-
dimensionaler Untervektorraum eines *n*-dimensionalen
euklidischen Vektorraumes *V* (eine so genannte Hyper-
ebene), so kann jeder Vektor *v* ∈ *V* eindeutig als Summe
$u_v + w_v$ dargestellt werden, wobei $u_v \in U$ und $w_v \perp U$
(›w_v ist orthogonal zu *U*‹, d.h., für alle *u* ∈ *U* gilt:
$w_v \perp u$). Die S. von *V* an *U* ist nun die Abbildung, die

jeweils $u_v + w_v$ abbildet auf $u_v - w_v$. Diese Abbildung läßt Vektoren $u \in U$ fest und kehrt bei Vektoren w mit $w \perp U$ jeweils deren Richtung um (Abb. 3).

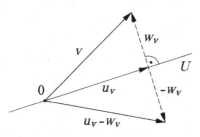

Abb. 3: Die Spiegelung am Untervektorraum U bildet den Vektor $v = u_v + w_v$ auf $u_v - w_v$ ab.

Man kann auch an Untervektorräumen niedrigerer Dimension ›spiegeln‹. Ein anschauliches Äquivalent ist z. B. die Punktspiegelung der euklidischen Ebene an einem Punkt P (Abb. 4). Sie ist identisch mit der 180°-Drehung um P.

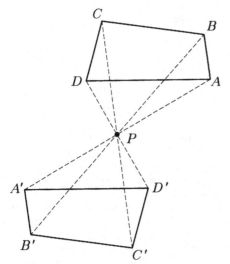

Abb. 4: Die Spiegelung der Ebene am Punkt P bildet das Viereck $ABCD$ auf $A'B'C'D'$ ab.

S.en sind orientierungsumkehrende (↑Orientierung) orthogonale (d. h. längen- und winkeltreue) Transformationen. Ist V ein euklidischer Vektorraum, so erzeugen die S.en und die (orientierungserhaltenden) Drehungen von V zusammen die ›orthogonale Gruppe‹ von V, d. i. die Gruppe (↑Gruppe (mathematisch)) aller orthogonalen Transformationen von V.

Literatur: O. Kerner u. a., Vieweg Mathematik Lexikon. Begriffe, Definitionen, Sätze, Beispiele für das Grundstudium, Braunschweig/Wiesbaden 1988, 1993, 129 (Hyperebenenspiegelung); T. S. Pigolkina, Orthogonal Transformation, in: I. M. Vinogradov u. a. (eds.), Encyclopaedia of Mathematics VII, Dordrecht/ Boston Mass./Lancaster 1991, 39–40; V. L. Popov, Orthogonal Group, in: I. M. Vinogradov u. a. (eds.), Encyclopaedia of Mathematics VII [s. o.], 25–27; ders., Reflection, in: I. M. Vinogradov u. a. (eds.), Encyclopaedia of Mathematics VIII, Dordrecht/Boston Mass./Lancaster 1992, 31–32. C. B.

Spiel (griech. παιδία, lat. ludus, engl. play, game, franz. jeu), Bezeichnung für einen durch eigens abgegrenzte Handlungszusammenhänge verselbständigten Handlungsmodus, mit dem einerseits ein Handlungs*spielraum* entdeckt, andererseits eine Verhaltens*abhängigkeit* eingeschränkt wird. Es gehört zu den Aufgaben der ↑Anthropologie, der empirischen (naturwissenschaftlich oder kulturwissenschaftlich verfahrenden) ebenso wie der philosophischen Anthropologie, die Rolle des S.s im Prozeß der Individuation und Sozialisation des Menschen sowohl ontogenetisch als auch phylogenetisch herauszuarbeiten (Spielen ist nicht nur bei Menschen, sondern auch bei Tieren ein Gegenstand der ↑Verhaltensforschung) und in diesem Zusammenhang besonders der verbreiteten Metapher vom Spielen als Tätigkeit eines Gottes auf den Grund zu gehen (z. B. Gott als Puppenspieler mit den Menschen als seinen Marionetten bei Platon [Nom. 644d]; Īśvara als göttlicher Schöpfer der Welt im Modus des Spiels [sanskr. līlā, Brahmasūtra II.i.33; ↑Vedānta], worauf sich wiederum F. Nietzsche zustimmend bezieht [Nachgel. Fragmente Sommer-Herbst 1884, 26 (193)]).

Mit einer im Dialogischen Konstruktivismus (↑Konstruktivismus, dialogischer) entwickelten Rekonstruktion der Unterscheidung zwischen ↑Handlungen und ↑Zeichenhandlungen im weiteren, auch ↑Zeigehandlungen einschließenden, Sinn (↑Zeichen (semiotisch), ↑Sprachhandlung) läßt sich die für den S.modus von Handlungen charakteristische Eigentümlichkeit ihrer Ausübung, mit einem ›Handeln als ob [ich die fragliche Handlung nicht bzw. nur scheinbar ausübte]‹ weder die Rolle einer bloßen wohlbestimmten Handlung noch die einer ebenso wohlbestimmten ausdrücklichen Zeichenhandlung ›zu spielen‹, einer genaueren Bestimmung unterziehen. Dazu gilt es als erstes, die für Handlungen charakteristische Dualität (↑dual/Dualität) von Verfahren und Gegenstand aufzusuchen. Diese Dualität besteht zwischen Handeln als Verfahren im Zuge des Handelns auf der einen Seite – Handeln hat dann einen zur ↑Erfahrung der Handlungssituation führenden *epistemischen* Status – und Handeln als zur Handlungssituation gehörender Gegenstand, den es zu erkunden gilt, auf der anderen Seite. In diesem Fall hat Handeln einen in die Handlungssituation *eingreifenden* Status, und zwar in Bezug auf das/die Handlungsobjekt/e sowohl wirkursächlich (causa efficiens; ↑Kausalität) als auch zweckursächlich (causa finalis; ↑Zweck) und in bezug auf das Handlungssubjekt dessen Zustand (Absichten, Meinun-

gen, Emotionen usw.) mit der Ausübung ausdrückend
(↑Ausdruck). Als zweites aber verlangt dann die für den
epistemischen Status konstitutive dialogische Polarität
des Handelns volle Aufmerksamkeit: Handeln im Zuge
des Handelns – in statu agendi – ist in aktiver Ich-Rolle
ausführend, d. h. die Handlung vollziehend, und in passiver Du-Rolle anführend, d. h. die Handlung erlebend,
wobei der reine Verfahrenscharakter des Vollziehens
und des Erlebens es in beiden Fällen verbietet, von Gegenständen (↑Partikularia) auszugehen: für Vollziehen
gibt es, weil ↑singular, keine Identität, und für Erleben
gibt es, weil ↑universal, keine Diversität. Diese dialogische Polarität gilt es in ihren Konsequenzen auch für
Handlungen als Gegenstände zu verfolgen, darunter
insbes. das – von der dialogischen Polarität des Handelns im epistemischen Status begrifflich noch nicht ge-
schiedene – aristotelische Kategorienpaar (Be-)Wirken
($\pi o \iota \varepsilon \tilde{\iota} \nu$, doing) und (Er-)Leiden ($\pi \acute{a} \sigma \chi \varepsilon \iota \nu$, suffering) für
die Differenz von Handlung und ↑Widerfahrnis. Im
Zuge der mit der ↑Rekonstruktion einhergehenden fortgesetzten Objektivierung des Ausführens und Anfüh-
rens, also der Ich-Rolle und der Du-Rolle bei der Ausübung einer Handlung, zu eigenständigen und damit
ihrerseits epistemisch in Ich-Rolle/Vollziehen und Du-
Rolle/Erleben aufgespaltenen Handlungen wird zum einen die Ich-Rolle bei einer Ausübung in Ich-Rolle realisiert durch *Hervorbringen* [einer Gliederung] (↑Herstel-
lung), d. i. die hantierende Seite einer Handlung, und die
Du-Rolle durch *Vermitteln* (↑Lehr- und Lernsituation),
d. i. die pragmatisch-interaktive Seite einer Handlung,
während zum anderen die Ich-Rolle bei einer Ausübung
in Du-Rolle realisiert wird durch *Artikulieren* (↑Artiku-
lation, ↑Prädikation), d. i. die semiotisch-interaktive
Seite einer Handlung, und die Du-Rolle durch *Wahrnehmen* [eines Unterschieds] (↑Qualia), d. i. die sinnliche Seite einer Handlung. Im Hervorbringen und
Wahrnehmen liegen die allein dem Handlungssubjekt
eigenen subjektiven Seiten einer Handlung vor, im Vermitteln und Artikulieren die durch pragmatische bzw.
semiotische Weitergabe des Handelnkönnens bzw. des
›Wissens, um welche Handlung es sich bei einer Ausübung handelt‹ realisierbaren intersubjektiven Seiten
einer Handlung: im Vermitteln übernimmt die Ausübung einer Handlung die (↑Index-)Funktion einer
Zeigehandlung, im Artikulieren die (↑Ikon-)Funktion
einer Zeichenhandlung im engeren Sinn.
Daraufhin hat man es im anthropologischen Kontext
beim von der Ich-Rolle (auf der Handlungsebene und
auf der Zeichenhandlungsebene) bestimmten Hervorbringen und Artikulieren mit dem auf natürlichen Fähigkeiten beruhenden Erbringen *geistiger Leistungen* zu
tun, wobei zugleich die natürlich-vorgegebenen und
kulturell-erworbenen Abhängigkeiten, etwa von psychophysischer Konstitution oder von sozialer Position – die

Menschen als *Mängelwesen* – sichtbar werden, die mit
ideenorientierten, d. h. von den Zielsetzungen zweckrationalen und kommunikativen Handelns bestimmten
Kulturleistungen, dem Bedürfnisse-Befriedigen bzw.
dem Konflikte-Bewältigen, also *Arbeit*, kompensiert
werden sollen. Beim von der Du-Rolle (auf der Handlungsebene und auf der Zeichenhandlungsebene) bestimmten Vermitteln und Wahrnehmen hingegen hat
man es zu tun mit der auf Erprobung, einem von Vorstellungen geleiteten Übungshandeln, beruhenden Ausbildung *natürlicher Ausstattung* auf der Basis schon tradierter Fertigkeiten – den Menschen als *Fähigkeitswesen*
–, die, in *Muße*, zu sinnlich orientierten Kulturzeugnis-
sen führt, und zwar auf der Zeichenhandlungsebene in
Gestalt des Erwerbs neuer Fertigkeiten und deren Tra-
dierung, auf der Handlungsebene in Gestalt des sinnlichen Erfahrungen-Machens, wobei im Zuge der Ausbildung stets auch die teils natürlichen, teils kulturellen
Grenzen des Handlungsspielraums, etwa aufgrund fehlender Begabung oder mangelnder Ausbildung, erfahren
werden.
In dem Maße, in dem die Ausübung einer Handlung
zugleich die Ausübung einer sie selbst betreffenden
Zeichenhandlung ist, mithin das in der Ausübung ver-
einigte Ausführen und Anführen zu einer *Vorführung*
der Handlung wird, geschieht das Ausüben einer Handlung im S.modus, sie wird spielend ausgeübt. Wird z. B.
Apfelessen, das man gewöhnlich mit einer Zielsetzung
ausübt (z. B. um Apfel zu schmecken oder um den Hunger zu stillen) und mit dessen Ausübung man auch etwas
ausdrückt (z. B. die Lust auf einen Apfel), spielend ausgeübt, so treten sowohl ihre objektbezogene Zielgerichtetheit als Arbeitshandlung als auch ihre subjektbezo-
gene Ausdrucksfunktion als Mußehandlung zurück, und
die Zwischenstellung des Als-ob-Apfelessens zwischen
Handeln und Zeichenhandeln verschafft sich derart
Geltung, daß man die Unterscheidung zwischen Handeln und Zeichenhandeln, z. B. im Zusammenhang einer
an Modellen vorgenommenen Simulation von Handlungen, etwa chirurgische Eingriffe an Puppen statt an
Menschen, und so auch die Unterscheidung zwischen
den beiden Status eingreifenden und epistemischen
Handelns lernen kann: Der S.modus eines Handelns, paradigmatisch im ↑Lehren und Lernen von Handlungskompetenzen, beseitigt die von den Absichten und anderen Zuständen des Handlungssubjekts beim Handeln im
eingreifenden Status gebildeten Störfaktoren, die das
Begreifen der Zeichenfunktion des Handelns im epistemischen Status behindern. Damit sich jedoch der S.-
modus einer Ausübung und diese damit als eine Vorführung auch erkennen läßt, bedarf es in der Regel ausdrücklicher Vorkehrungen, darunter zum einen der Bereitstellung eines Bezugsrahmens für das Ausüben, etwa
einen abgegrenzten Ort (z. B. für Theateraufführungen;

der Schule) und/oder eine abgegrenzte Zeit (z. B. für Karnevalveranstaltungen; der Jugend) sowie gegebenenfalls besonderer Gegenstände (z. B. Requisiten, Modellgegenstände), und zum anderen vor allem der Sicherstellung eines Gleichgewichts des Vorführens mit anderen Darstellungen der Ausübung (z. B. picturalen oder verbalen), die darauf hinausläuft, daß sich die miteinander konkurrierenden Charaktere von Arbeit und Muße bei der fraglichen Handlungsausübung (auf beiden Ebenen, der Handlungs- und der Zeichenhandlungsebene!) soweit wie möglich neutralisieren. Neben der Zwischenstellung zwischen Gegenstands- und Zeichenebene, die für das seit Platon (vgl. Nom. 803c–d) verbreitete, vermeintlich Verbindlichkeit gegen Unverbindlichkeit einfordernde (↑Verantwortung), Ausspielen des Ernstes gegen das S. verantwortlich ist, hat man es zudem noch mit der ebenso für den S.modus charakteristischen Zwischenstellung zwischen Teilnehmer- und Beobachterperspektive, dem Dabeisein und dem Distanziertsein, zu tun. Die in solcher Zwischenstellung des Als-ob-Handelns sich zeigende ›Vereinigung von Unvereinbarem‹ hat bereits F. Schiller zur Zielsetzung eines ›S.triebs‹ gemacht und sich dabei eines irreführenden Bezugs auf die Philosophie I. Kants bedient – das Vermögen des Verstandes sei als Formtrieb das aktive Bestimmenwollen und das Vermögen der Sinnlichkeit als Stofftrieb das passive Bestimmtwerdenwollen –, um zu erklären, wie es dem S.trieb gelinge, Unvereinbares zu vereinigen. Er werde nämlich bestrebt sein, »so zu empfangen, wie er selbst hervorgebracht hätte, und so hervorzubringen, wie der Sinn zu empfangen trachtet«; zusammengefaßt: »der Mensch spielt nur, wo er in voller Bedeutung des Worts Mensch ist, und *er ist nur da ganz Mensch, wo er spielt*« (Über die ästhetische Erziehung des Menschen in einer Reihe von Briefen [1795], Sämtl. Werke V, ed. W. Riedel, München 2004, 613, 618).

Das Spielen hat eine natürliche, der bewußten Formung entzogene Gestalt im kindlichen S. (paidia; R. Caillois) – umstritten ist, ob im selben Sinne auch das Verhalten des nichtadulten Tiers als S. beschrieben werden darf – und eine kulturelle, bewußt (individuell *und* sozial) hervorgebrachte Gestalt in den S.en der Erwachsenen (ludus; Caillois), die zugleich ein Stück Welt, Kultur als objektivierte ›zweite‹ Natur, und ein Zeichenzusammenhang für sie, Kultur als im Verstehen angeeignete Natur, sind. Im S.modus der Handlungen, insofern sie ›aus Kultur‹ und ›von Natur‹ auftreten, erhalten die Lebensweisen (ways of life) und Weltansichten (world views) der sozialisierten Individuen den Charakter einer Wiederholung der Welt (↑Wiederholbarkeit), nämlich durch ein mit den Lebensweisen und Weltansichten zugleich verwirklichtes gegenseitiges Verstehen im Vermögen, Handlungen ineinander übersetzen zu können (↑Übersetzung); die Regeln dieser Übersetzung sind nichts anderes als die konstitutiven S.regeln eben dieser Handlungen und Handlungszusammenhänge im S.modus. Von daher ist es ebenso treffend wie die nachfolgende Wirkungsgeschichte des Ausdrucks erklärend, wenn L. Wittgenstein seine als Maßstäbe für Handlungs- und Sprachkompetenz entworfenen ↑Sprachspiele mit eben diesem Ausdruck bezeichnet. Sie können zugleich als präzisierendes analytisches Hilfsmittel für die wiederholt in der geisteswissenschaftlichen Tradition entwickelte Idee von der Kultur hervorbringenden Funktion des S.s (z. B. J. Huizinga) – die Verhaltenswissenschaft hat für die notwendige Ergänzung durch Herausarbeitung der Verankerung des S.s in natürlichen Anlagen gesorgt (z. B. F. J. J. Buytendijk) – angesehen werden. Eine nach systematischen Gesichtspunkten ausgearbeitete und die hergebrachte grobe Einteilung in Rollenspiele und Regelspiele wesentlich verfeinernde Klassifikation von S.en wird bei Caillois vorgenommen: agonale (auf Wettkampf beruhende [Regelspiele]), aleatorische (den Zufall einbeziehende), mimetische (Verstellung benutzende [Rollenspiele]) und ilinktische (Schwindel provozierende [von ἴλιγγος, Schwindel]) S.e, unter Einschluß aller Kombinationsarten dieser Typen (auf den Zusammenhang mit entsprechenden Charakterausprägungen – der Ehrgeizige oder der Berechnende, der Ergebene oder der Hasardeur, der Blender oder der Heuchler, der Eiferer oder der Abenteurer – geht Caillois nur kurz ein, wohl aber auf Versuche, Kulturtypen daraus zu entwickeln).

Nicht nur als Gegenstand von Wissenschaften, auch als eines ihrer Hilfsmittel werden S.e herangezogen. So werden in der ↑Spieltheorie Regelspiele unter Einbeziehung des Zufalls (↑zufällig/Zufall), also S.e mit agonalen und aleatorischen Komponenten, zur Modellierung einer ganzen Reihe von Phänomenbereichen eingesetzt, z. B. Marktmodelle in der ↑Ökonomie oder Modelle für das ›Zusammenspiel‹ von ↑Mutation und ↑Selektion in der ↑Evolutionstheorie. Auch in der ↑Logik, z. B. in der Dialogischen Logik (↑Logik, dialogische), in der spieltheoretischen Semantik (↑Semantik, spieltheoretische) und in der ↑Entscheidungstheorie wird von spieltheoretischen Begriffsbildungen Gebrauch gemacht.

Literatur: N. Adamowsky (ed.), »Die Vernunft ist mir noch nicht begegnet«. Zum konstitutiven Verhältnis von S. und Erkenntnis, Bielefeld 2005; A. Aichele, Philosophie als S.. Platon – Kant – Nietzsche, Berlin 2000; C. Bates, Play in a Godless World. The Theory and Practice of Play in Shakespeare, Nietzsche and Freud, London 1999; A. Brauner, Pour en faire des hommes. Études sur le jeu et le langage chez les enfants ›inadaptés sociaux‹, Paris 1956; F. J. J. Buytendijk, Wesen und Sinn des S.s. Das Spielen des Menschen und der Tiere als Erscheinungsform der Lebenstriebe, Berlin 1934, New York 1976; R. Caillois, Les jeux et les hommes (Le masque et le vertige), Paris 1958, 2009 (dt. Die S.e und die Menschen. Maske und Rausch, München/Wien 1958, Frankfurt/Berlin/Wien 1982; engl. Man, Play, and Games, New York 1961,

Urbana Ill./Chicago Ill. 2001); J. Chateau, Le réel et l'imaginaire dans le jeu de l'enfant, Paris 1946, [5]1975; A. Corbineau-Hoffmann, S., Hist. Wb. Ph. IX (1995), 1383–1390; M. Dascal/J. Hintikka/K. Lorenz, Jeux dans le langage/Games in Language/S.e in der Sprache, HSK VII/2 (1996), 1371–1391; E. Fink, Oase des Glücks. Gedanken zu einer Ontologie des S.s, Freiburg/München 1957; A. H. Fischer, Spielen und Philosophieren zwischen Spätmittelalter und früher Neuzeit, Göttingen 2016; S. Gambhirananda (ed.), Brahma-sūtra-bhāṣya of Śrī Śaṅkarācārya, Kalkutta 1965, [4]1983, 2000; G. Gebauer/M. Stern, S., EP III ([2]2010), 2546–2550; A. Gillespie, Descartes' Demon. A Dialogical Analysis of »Meditations on First Philosophy«, Theory & Psychology 16 (2006), 761–781; J. O. Grandjouan, Les jeux de l'esprit, Paris 1963; K. Groos, Die S.e der Thiere, Jena 1896, [2]1907 (engl. The Play of Animal, New York 1898, 1976); ders., Die S.e der Menschen, Jena 1899 (repr. Hildesheim/New York 1973) (engl. The Play of Man, New York, London 1901, New York 1976); J. Henriot, Le jeu, Paris 1969, 1983; J. Huizinga, Homo Ludens. Proeve eener bepaling van het spel-element der cultuur, Haarlem 1938, [2]1940 (engl. Homo Ludens. A Study of the Play Element in Culture, London 1949, Boston Mass. 2009; dt. Homo Ludens. Vom Ursprung der Kultur im S., Reinbek b. Hamburg 1956, 2004; W. Janke/S. Wolf-Withöft, S., TRE XXXI (2000), 670–686; K. Lorenz, Hominizarse jugando, in: R. Sevilla (ed.), La evolución, el hombre y el humano, Tübingen 1986, 47–61; ders., Zur Stellung des Menschen in der Unterscheidung von Natur und Kultur, in: W. L. Gombocz/H. Rutte/W. Sauer (eds.), Traditionen und Perspektiven der analytischen Philosophie. Festschrift für Rudolf Haller, Wien 1989, 35–53; ders., Spielen. Das Tor zum Kennen und Erkennen/Play. The Gateway to Acquaintance and Knowledge, in: Carnegie Hall New York/The Cleveland Orchestra/Lucerne Festival (eds.), Roche Commissions. Hanspeter Kyburz, Basel 2006, 112–132 [Elektronische Ressource]; W. Marx (ed.), Das S.. Wirklichkeit und Methode, Freiburg 1967; S. Matuschek u. a., S., RGG VII ([4]2004), 1571–1577; G. H. Mead, Mind, Self and Society. From the Standpoint of a Social Behaviorist, ed. C. W. Morris, Chicago Ill./London 1934, 2005; T. Pekar, S., Hist. Wb. Rhetorik VIII (2007), 1063–1073; J. Piaget, La formation du symbole chez l'enfant. Imitation, jeu et rêve, image et representation, Neuchâtel/Paris 1945, [8]1994, 1998 (dt. Nachahmung, S. und Traum. Die Entwicklung der Symbolfunktion beim Kinde, Stuttgart 1969, 1975, [5]2003 [= Ges. Werke V], [6]2009); H. Scheuerl, Das S.. Untersuchungen über sein Wesen, seine pädagogischen Möglichkeiten und Grenzen, Weinheim/Berlin 1954, 123–190, Weinheim/Basel [12]1994, 113–177 (Teil II: Phänomenologische Klärung); R. Sonderegger, Für eine Ästhetik des S.s. Hermeneutik, Dekonstruktion und der Eigensinn der Kunst, Frankfurt 2000; T. Wetzel, S., ÄGB V (2003), 577–618. K. L.

Spielraum (engl. range), Begriff der ↑Semantik und der logischen ↑Wahrscheinlichkeit (↑Wahrscheinlichkeitslogik, ↑Logik, induktive). Er tritt inhaltlich bei B. Bolzano (Wissenschaftslehre. Versuch einer ausführlichen und größtentheils neuen Darstellung der Logik mit steter Rücksicht auf deren bisherige Bearbeiter II, Sulzbach 1837, 171–191 [§ 161]) auf, wurde terminologisch von J. v. Kries (Die Principien der Wahrscheinlichkeitsrechnung. Eine logische Untersuchung, Freiburg 1886, Tübingen [2]1927, 24 etc.) eingeführt und im Logischen Positivismus (↑Positivismus, logischer) im Anschluß an L. Wittgenstein (Tract. 4.463, vgl. 5.5262; ↑Raum, logi-

scher) von F. Waismann (Logische Analyse des Wahrscheinlichkeitsbegriffs, Erkenntnis 1 [1930], 228–248) vorgeschlagen. Er wurde auch von K. R. Popper verwendet (Logik der Forschung, Wien 1935, Tübingen [10]1994, 87–89, 165–166 [§§ 37, 72]) und später von R. Carnap ausgearbeitet.

Gegeben sei ein objektsprachliches (↑Objektsprache) System, z. B. das System 𝔄 mit ↑Junktoren, ↑Quantoren, ↑Individuenvariablen (die nur gebunden auftreten dürfen), ↑Kennzeichnungsoperator und ↑Lambda-Operator, ↑Individuenkonstanten und Prädikatorenkonstanten (↑Prädikatkonstante). Die Klasse aller ↑Zustandsbeschreibungen in 𝔄, in denen ein gegebener Satz γ gilt, wird der ›S. von γ‹ genannt. Die Geltung von γ hängt dabei außer von den Regeln für die Verwendung der logischen Partikeln (Junktoren, Quantoren; ↑Partikel, logische) von 𝔄 (S.regeln) auch von den konkreten Bedeutungszuweisungen (Designationsregeln) für die Individuen- und Prädikatorenkonstanten von 𝔄 ab. Beide zusammen bestimmen für jeden Satz in 𝔄, ob er gilt oder nicht. Die beiden Regeltypen legen somit eine Interpretation von 𝔄 fest (↑Interpretationssemantik).

Der S. eines Satzes drückt entsprechend aus, unter welchen möglichen Umständen der Satz wahr ist, und bezeichnet folglich die ↑Wahrheitsbedingungen des Satzes. Fällt der S. eines Satzes mit der Klasse aller Zustandsbeschreibungen zusammen, so beruht seine Geltung auf logisch-semantischen Gründen und ist unabhängig von ↑Tatsachen; der Satz ist ›L-wahr‹. Stimmen die S.e zweier Sätze überein, so sind diese Sätze äquivalent; läßt sich die ↑Äquivalenz mit logisch-semantischen Mitteln zeigen (ist die Äquivalenz also L-wahr), sind die Sätze ›L-äquivalent‹. Carnaps Semantik stützt sich wesentlich auf die Begriffe der L-Wahrheit und der L-Äquivalenz.

Darüber hinaus ist der Begriff des S.s für die diagrammatische Darstellung (↑Diagramme, logische) der deduktiven und induktiven ↑Implikation geeignet: Ein Satz Q folgt logisch aus einem Satz P, wenn der S. von P im S. von Q enthalten ist:

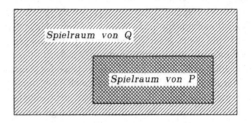

Folgt zusätzlich auch P aus Q, fallen die beiden S.e zusammen.

Der Fall der logischen Unverträglichkeit von P und Q (d. h., es gibt keine Interpretation, bei der sowohl P als auch *Q* wahr ist) stellt sich als Disjunktheit (↑Disjunktion) der S.e von *P* und *Q* dar:

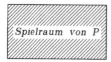

Schreibt man eine induktive Implikation in der von Carnap angegebenen Form: $c(h,e) = r$ (↑Bestätigungsfunktion), dann ist (solange $r \neq 0$ bzw. $r \neq 1$ ist) der S. der ↑Prämisse *e* zum Teil in demjenigen der ↑Konklusion (Hypothese) *h* enthalten:

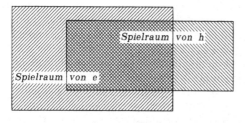

Logische Folge (d. h. $r = 1$) und logische Unverträglichkeit (d. h. $r = 0$) können so als Grenzfälle der induktiven Implikation verstanden werden.

Literatur: R. Carnap, Introduction to Semantics, Cambridge Mass. 1942, Neudr. in: ders., Introduction to Semantics and Formalization of Logic I, Cambridge Mass. 1943, 1975, 95–118 (§ 18); ders., Meaning and Necessity. A Study in Semantics and Modal Logic, Chicago Ill./Toronto/London 1947, Chicago Ill./London ²1956, 1988; ders., Logical Foundations of Probability, Chicago Ill., London 1950, ⁴1971, 70–89, 293–302 (§§ 18–20, 55); ders., Induktive Logik und Wahrscheinlichkeit, ed. W. Stegmüller, Wien 1959, 143–148, 155–159; W. K. Essler, Induktive Logik. Grundlagen und Voraussetzungen, Freiburg/München 1970; S. K. Knebel, S., Hist. Wb. Ph. IX (1995), 1390–1392; H. Vetter, Wahrscheinlichkeit und logischer S.. Eine Untersuchung zur induktiven Logik, Tübingen 1967. G. W.

Spielregel, in einem allgemeinen, besonders durch L. Wittgenstein verbreiteten Sprachgebrauch Bezeichnung für das mit Handlungszusammenhängen im Spielmodus (↑Spiel) verbundene und dadurch an keinerlei (externen) Funktionen einer ↑Handlung (z. B. mit ihr – subjektbezogen – etwas auszudrücken [↑Ausdruck] oder – objektbezogen – etwas [final] zu bewirken oder [kausal] zu verursachen) mehr orientierte Als-ob-Verhalten bei der Ausübung einer Handlung, insbes. beim Befolgen eines ↑Sprachspiels, einer zu einer Situation gehörenden Sprachverwendung, die Handlungssituation derart als eine verstandene dokumentierend; daneben, speziell in Regelspielen, die Formulierung für die den Verlauf einer Partie des Spiels jeweils bestimmenden Zugmöglichkeiten.

Bei der formalen Darstellung eines ohne vage S.n und Zufallszüge präzise definierten Regelspiels durch eine Menge *M* von Spielstellungen mit einer Einteilung in *n* disjunkte Zugbereiche $M_1, \ldots, M_n$ für jeden der Spieler $S_1, \ldots, S_n$ ist eine S. durch eine 2-stellige Relation *T* auf *M* gegeben, deren Definition mit der Einteilung in Zugbereiche in dem Sinne verträglich sein muß, als *T* nicht zwischen zwei Spielstellungen desselben Zugbereichs bestehen darf. Nennt man, wie üblich, in *nTm* die Stellung *n* einen ›*T*-Vorgänger‹ von *m* und die Stellung *m* einen ›*T*-Nachfolger‹ von *n*, so heißen diejenigen Stellungen, für die es keinen *T*-Vorgänger gibt, ›Anfangsstellungen‹, und diejenigen Stellungen, für die es keinen *T*-Nachfolger gibt, ›Endstellungen‹. Wenn es Anfangsstellungen gibt, ist eine Partie des Spiels durch eine Folge von Stellungen definiert, bei der, ausgehend von einer Anfangsstellung, jeweils der Spieler, in dessen Zugbereich eine Stellung liegt, einen *T*-Nachfolger dieser Stellung wählt. Gibt es dann noch Vereinbarungen über Gewinn und Verlust einer Partie, so lassen sich die in der ↑Spieltheorie üblichen Untersuchungen über die Bedingungen der Existenz von ↑Gewinnstrategien anstellen. In der Dialogischen Logik (↑Logik, dialogische) definieren S.n über die Angriffs- und Verteidigungsmöglichkeiten (↑Verteidigung) der mittels der logischen Partikel (↑Partikel, logische) zusammengesetzten Aussagen die (lokale) Bedeutung der jeweiligen logischen Partikel. K. L.

Spieltheorie (engl. game theory, franz. théorie des jeux), Bezeichnung für die mathematische Theorie der rationalen Auswahl von Handlungsstrategien in Situationen, in denen mehrere Akteure (›Spieler‹) mit zumindest teilweise unterschiedlichen Interessen involviert sind. Die S. kann als Teildisziplin der ↑Entscheidungstheorie aufgefaßt werden, indem man die Handlungen anderer Spieler als Ereignisse betrachtet, deren ↑Wahrscheinlichkeiten unbekannt sind (Entscheidungen unter Ungewißheit); jedoch ist auch die umgekehrte Sichtweise (Entscheidungstheorie als Teil der S.) möglich, nach der ›die Natur‹ als interesseloser Spieler mit zufälligen Vorgängen in Erscheinung tritt (A. Wald 1950, ²1971; J. W. Milnor 1954). Einerseits sind bei den spieltheoretischen Entscheidungen unter Ungewißheit die tatsächlich zur Ausführung kommenden Handlungen der anderen Spieler nicht einmal ihrer Wahrscheinlichkeit nach bekannt, andererseits wird eine volle, wechselseitige Transparenz aller *möglichen* Handlungspläne (›Strategien‹) und aller Bewertungen von Handlungskonsequenzen unterstellt. Die S. berücksichtigt sowohl Situationen strikt gegensätzlicher ↑Interessen als auch Situationen, in denen eine ↑Kooperation zwischen Spielern sinnvoll ist.

In der so genannten ↑Normalform ist ein (endliches) Spiel definiert durch die Angabe (1) der teilnehmenden

Spieler 1, ..., n, (2) der zu den n Spielern gehörigen
›Strategienmengen‹ Σ_1, ..., Σ_n und (3) der ihnen zugehörigen ›Nutzenfunktionen‹ (auch ›Gewinn-‹ oder ›Aus-
zahlungsfunktionen‹) N_1, ..., N_n. ›Strategien‹ stellen dabei vollständige Handlungspläne für den gesamten Ablauf des Spiels dar. Der Ausgang eines Spiels ist dann und
nur dann vollständig determiniert, wenn jeder Spieler
seine Strategie gewählt hat. Der Spielausgang ist in diesem Sinne Ergebnis einer Interaktion. Die sich aus einem Spiel möglicherweise ergebenden Weltzustände
können mit den Strategienkombinationen $\langle \sigma_1, ..., \sigma_n \rangle$
($\sigma_i \in \Sigma_i$) identifiziert werden. Die Nutzenfunktion N_i des
i-ten Spielers ordnet dann allen solchermaßen determinierten Spielausgängen einen Wert zu (in der Regel eine
reelle Zahl), den sie für den Spieler i haben. Es ist das
Ziel der S., in jeder Entscheidungssituation, die als ab-
straktes Spiel $\langle \Sigma_1, ..., \Sigma_n, N_1, ..., N_n \rangle$ repräsentiert werden kann, für jeden Spieler eine *optimale* oder im Sinne
der Nutzenmaximierung *rationale* Lösung zu spezifi-
zieren oder zumindest festzustellen, ob eine solche existiert. – Die im Begriff der Nutzenfunktion voraus-
gesetzte intra- und interpersonelle Vergleichbarkeit des
↑Nutzens von Spielausgängen wurde von Gegnern immer wieder angegriffen (besonders einflußreich in diesem Zusammenhang die Kritik von V. Pareto), konnte
aber letztlich die Relevanz der S. für politische, ökonomische, ökologische und andere Anwendungsgebiete
nicht mindern.
Nach Vorarbeiten unter anderem von E. Zermelo (1913)
und É. Borel (1927) wurde die S. als eigenständige Disziplin durch die Arbeiten J. v. Neumanns und O. Mor-
gensterns (1928, 1944) begründet. Ein gut ausgearbeite-
tes Lösungskonzept liegt insbes. für die ›Zweipersonen-
Nullsummenspiele‹ oder ›Matrixspiele‹ vor. Dies sind
Spiele, an denen nur zwei Spieler teilnehmen, die genau
entgegengesetzte Ziele haben, d.h., in denen $N_1 = -N_2$
gilt (z. B. Schach, Poker, Wahlkampf). Die Situation eines solchen Spiels kann durch eine ↑Matrix dargestellt
werden, in der die Zahlen die Gewinne von Spieler 1
darstellen (Abb. 1).

Abb. 1

Falls in diesem Spiel etwa Spieler 1 die Strategie σ_1^1 und
Spieler 2 die Strategie σ_2^1 wählt, erhält Spieler 1 im Ergebnis einen Gewinn im Wert von 4 Einheiten, während
Spieler 2 den entsprechenden Verlust von 4 Einheiten
erleidet.

Ein Grundgedanke der S. ist es, daß jeder Spieler angesichts seiner Ungewißheit versucht, den größtmöglichen
Schaden seiner Handlungen möglichst klein zu halten.
Das heißt, Spieler i wählt diejenige Strategie σ_i, für die
das Minimum $\min_{\sigma_j \in \Sigma_j} N_i(\langle \sigma_i, \sigma_j \rangle)$ unter allen Alternativen in Σ_i maximal ist. Eine solche Strategie heißt ›Maxi-
min-Strategie‹ (oder, unter den umgedrehten Vorzeichen von v. Neumanns Schadensperspektive, ›Minimax-
Strategie‹). In Abb. 1 wird Spieler 1 also die Strategie σ_1^2
und Spieler 2 die Strategie σ_2^2 bevorzugen; es gilt für alle
$\sigma_1 \in \Sigma_1$:

$$N_1(\langle \sigma_1, \sigma_2^2 \rangle) \le N_1(\langle \sigma_1^2, \sigma_2^2 \rangle) \qquad (1)$$

und für alle $\sigma_2 \in \Sigma_2$:

$$N_2(\langle \sigma_1^2, \sigma_2 \rangle) \le N_2(\langle \sigma_1^2, \sigma_2^2 \rangle). \qquad (2)$$

Der Punkt $\langle \sigma_1^2, \sigma_2^2 \rangle$ in diesem Spiel heißt demgemäß
›Sattelpunkt‹ oder ›Gleichgewichtspunkt‹: kein Spieler
kann seine Situation verbessern, indem er einseitig seine
Strategie ändert (jeder Spieler könnte die von ihm ge-
wählte Strategie auch öffentlich machen).
Nicht jedes Spiel muß eine in diesem Sinne optimale
Auflösung haben.

Abb. 2

In der in Abb. 2 dargestellten Spielsituation wird wieder
Spieler 1 die Strategie σ_1^2 und Spieler 2 die Strategie σ_2^2
bevorzugen. Jedoch ist jetzt im Unterschied zur Situa-
tion in Abb. 1 die das Gleichgewicht gewährleistende
Ungleichung (1) verletzt: Spieler 1 könnte sich gegen-
über dem Punkt $\langle \sigma_1^2, \sigma_2^2 \rangle$ verbessern, wenn er σ_1^1 wählen
würde. Der Nachweis, daß auch in solchen Fällen eine
rationale Entscheidung möglich ist, gelang v. Neumann
durch den Übergang von reinen zu so genannten gemischten Strategien. Eine ›gemischte Strategie‹ für Spieler i ist eine Wahrscheinlichkeitsverteilung über seinem
reinen Strategienraum Σ_i. Die Nutzenfunktionen müssen für Spielausgänge auf Grund gemischter Strategien
zum Konzept des ›erwarteten Nutzens‹ erweitert werden. Wenn die gemischte Strategie σ_1^* von Spieler 1 darin
besteht, die reinen Strategien σ_1^k jeweils mit Wahrscheinlichkeit p_k zu verfolgen, und die gemischte Strategie σ_2^* von Spieler 2 darin, die reinen Strategien σ_2^l jeweils mit Wahrscheinlichkeit p_l zu verfolgen, dann ist die
den erwarteten Nutzen angebende Funktion N_i^* folgendermaßen definiert:

$N_i^*(\langle \sigma_1^*, \sigma_2^* \rangle) = p_k\, p_l\, N_i(\langle \sigma_1^k, \sigma_2^l \rangle), \qquad i = 1, 2.$

V. Neumanns *Fundamentaltheorem der Spieltheorie* lautet dann: Für jedes Zweipersonen-Nullsummenspiel $\langle \Sigma_1, \Sigma_2, N_1, N_2 \rangle$ besitzt die gemischte Erweiterung $\langle \Sigma_1^*, \Sigma_2^*, N_1^*, N_2^* \rangle$ Maximin-Lösungen σ_1^* und σ_2^* derart, daß das Paar $\langle \sigma_1^*, \sigma_2^* \rangle$ einen Gleichgewichtspunkt bildet. In solchen Situationen legt die S. also nahe, die Auswahl einer reinen Handlungsstrategie durch einen – sorgfältig bestimmten – Zufallsmechanismus (↑Zufallsgenerator) vornehmen zu lassen. Gefunden werden passende gemischte Strategien durch Verfahren der linearen Optimierung.

Das Konzept der Gleichgewichtspunkte wurde von J. F. Nash (1951) auf nicht-kooperative Spiele ausgedehnt, bei denen die Summe der Auszahlungen variieren kann. Man kommt hier jedoch in vielen Fällen nicht zu befriedigenden Lösungen. Besonders drastisch zeigt sich dies im so genannten ↑Gefangenendilemma (engl. prisoner's dilemma), einem der zentralen Probleme sozialer ↑Interaktion. Viele politische oder wirtschaftliche Situationen zwischen zwei Akteuren haben die in Abb. 3 angegebene, das Gefangenendilemma charakterisierende Struktur.

Spieler 2

	$\sigma_2^{\,1}$	$\sigma_2^{\,2}$
$\sigma_1^{\,1}$	(3,3)	(1,4)
$\sigma_1^{\,2}$	(4,1)	(2,2)

Spieler 1

Abb. 3

Die erste Zahl in den Klammern gibt jeweils den Nutzen für Spieler 1, die zweite Zahl den Nutzen für Spieler 2 an. σ_1^2 und σ_2^2 sind sogar ›dominante‹ Strategien, d. h., sie führen bei beliebigen Handlungsweisen des Gegenspielers zu einem im Sinne der Nutzenfunktionen besseren Ergebnis von Spieler 1 bzw. 2. Dennoch ist für *beide* Spieler das Ergebnis $\langle \sigma_1^1, \sigma_2^1 \rangle$ besser als das so erhaltene Ergebnis $\langle \sigma_1^2, \sigma_2^2 \rangle$. In solchen Situationen führt das individuell-rationale Verhalten der Spieler nicht zum sozial wünschbaren Ergebnis – ein Ergebnis, das offenbar nur durch Kooperation zwischen den Spielern zu erzielen wäre.

Das Gefangenendilemma und sein n-Personen-Äquivalent, das so genannte Trittbrettfahrerproblem, stellen für die S. und jede Art von nutzenorientierter Ethik (↑Utilitarismus) eine fundamentale Herausforderung dar. Lösungsvorschläge bestehen unter anderem in der Berücksichtigung von probabilistischen Abhängigkeiten der Strategiewahlen verschiedener Spieler (Symmetrie), von Solidarität (kein reiner ↑Egoismus) und von Normen (keine reine Handlungsfolgen-Rationalität; ↑Norm

(handlungstheoretisch, moralphilosophisch)). In Spielen mit mehr als zwei Teilnehmern wird insbes. die Bildung von Koalitionen studiert, die zu größerem Nutzen der Einzelnen führen können.

Literatur: E. Amann, Evolutionäre S.. Grundlagen und neue Ansätze, Heidelberg 1999; R. J. Aumann, Lectures on Game Theory, Boulder Colo. 1989; ders./S. Hart (eds.), Handbook of Game Theory with Economic Applications, I–IV, Amsterdam etc. 1992–2015; R. Axelrod, The Evolution of Cooperation, New York 1984, 2006 (dt. Die Evolution der Kooperation, München 1988, ⁷2009); J. Beck, Combinatorial Games. Tic-Tac-Toe Theory, Cambridge etc. 2008; J. Behnke, Entscheidungs- und S., Baden-Baden 2013; A. Benz u. a., Language, Games, and Evolution. Trends in Current Research on Language and Game Theory, Berlin/Heidelberg/New York 2011; S. K. Berninghaus/K.-M. Ehrhart/W. Güth, Strategische Spiele. Eine Einführung in die S., Berlin etc. 2000, Berlin/Heidelberg ³2010; C. Bicchieri, Decision and Game Theory, REP II (1998), 823–835; K. Binmore, Essays on the Foundations of Game Theory, Cambridge Mass./Oxford 1990, 1991; ders., Game Theory. A Very Short Introduction, Oxford etc. 2007 (dt. S., Stuttgart 2013); ders./P. Dasgupta (eds.), Economic Organizations as Games, Oxford 1986, Oxford/New York 1989; É. Borel, Sur les systèmes de formes linéaires à déterminant symétrique gauche et la théorie générale du jeu, Compt. Rend. Acad. Sci. Paris 184 (1927), 52–54; S. J. Brams, Game Theory and the Humanities. Bridging Two Worlds, Cambridge Mass./London 2011; R. Campbell/L. Sowden, Paradoxes of Rationality and Cooperation. Prisoner's Dilemma and Newcomb's Problem, Vancouver 1985; F. Carmichael, A Guide to Game Theory, Harlow etc. 2005, 2010; S. R. Chakravarty/M. Mitra/P. Sarkar, A Course on Cooperative Game Theory, Delhi 2015; S. Daltrop, Die Rationalität der rationalen Wahl. Eine Untersuchung von Grundbegriffen der S., München 1999; M. D. Davis, Game Theory. A Nontechnical Introduction, New York 1970, rev. 1983, Mineola N. Y. 1997 (dt. S. für Nichtmathematiker, München/Wien 1972, München ⁴2005); B. De Bruin, Explaining Games. The Epistemic Programme in Game Theory, Dordrecht etc. 2010; A. Diekmann, S.. Einführung, Beispiele, Experimente, Reinbek b. Hamburg 2009, ³2013; ders./P. Mitter (eds.), Paradoxical Effects of Social Behavior. Essays in Honor of Anatol Rapoport, Heidelberg/Wien 1986; R. W. Dimmand, Game Theory, NDHI III (2005), 853–857; A. Dixit/S. Skeath/D. Reiley, Games of Strategy, New York/London 1999, ⁴2015; R. V. Dodge, Schelling's Game Theory. How to Make Decisions, Oxford etc. 2012; P. K. Dutta, Strategies and Games. Theory and Practice, Cambridge Mass./London 1999, 2001; E. Eells/W. L. Harper, Ratifiability, Game Theory, and the Principle of Independence of Irrelevant Alternatives, Australas. J. Philos. 69 (1991), 1–19; P. Erickson, The World the Game Theorists Made, Chicago Ill./London 2015; E. C. Fink/S. Gates/B. D. Humes, Game Theory Topics. Incomplete Information, Repeated Games, and N-Player Games, Thousand Oaks Calif./London/New Delhi 1998; D. Friedman/B. Sinervo, Evolutionary Games in Natural, Social, and Virtual Worlds, Oxford etc. 2016; J. W. Friedman, Game Theory with Applications to Economics, Oxford etc. 1986, ²1990, 1991; H. Gintis, Game Theory Evolving. A Problem-Centered Introduction to Modeling Strategic Interaction, Princeton N. J./Oxford 2000, ²2009; ders., Game Theory, in: C. Mitcham (ed.), Encyclopedia of Science, Technology and Ethics II, Detroit Mich. etc. 2005, 818–825; ders., The Bounds of Reason. Game Theory and the Unification of the Behavioral Sciences, Princeton N. J./Oxford 2009, 2014; W. Güth, S. und ökonomische (Bei)Spiele,

Berlin etc. 1992, [2]1999; R. Hardin, Game Theory, in: R. Audi (ed.), The Cambridge Dictionary of Philosophy, Cambridge etc. [2]1999, 338–341; J. Harrington, Games, Strategies, and Decision Making, New York 2009, [2]2015; J. C. Harsanyi, A General Theory of Rational Behavior in Game Situations, Econometrica 34 (1966), 613–634; ders., Rational Behavior and Bargaining Equilibrium in Games and Social Situations, Cambridge etc. 1977, 1989; ders./R. Selten, A General Theory of Equilibrium Selection in Games, Cambridge Mass./London 1988, 1992; S. Hart/A. Neymann (eds.), Game and Economic Theory. Selected Contributions in Honor of Robert J. Aumann, Ann Arbor Mich. 1995; S. H. Heap, Game Theory. A Critical Introduction, London/New York 1995, [2]2004; R. Hegselmann, S., Hist. Wb. Ph. IX (1995), 1392–1396; M. J. Holler/G. Illing, Einführung in die S., Berlin etc. 1991, Berlin [8]2016; N. Howard, Paradoxes of Rationality. Theory of Metagames and Political Behavior, Cambridge Mass. 1971; P.-J. Jost (ed.), Die S. in der Betriebswirtschaftslehre, Stuttgart 2001; H. Keiding, Game Theory. A Comprehensive Introduction, Singapur etc. 2015; G. Klaus, S. in philosophischer Sicht, Berlin (Ost) 1968; V. N. Kolokoltsov/O. A. Malafeyev, Understanding Game Theory. Introduction to the Analysis of Many Agent Systems with Competition and Cooperation, Hackensack N. J. etc. 2010; W. Krabs, S.. Dynamische Behandlung von Spielen, Stuttgart/Leipzig/Wiesbaden 2005; D. M. Kreps, Game Theory and Economic Modelling, Oxford etc. 1990, 2001; H. Kuhn (ed.), Classics in Game Theory, Princeton N. J. 1997; B. Lahno/H. Kliemt, S., EP III ([2]2010), 2550–2555; W. Leinfellner/E. Köhler (eds.), Game Theory, Experience, Rationality. Foundations of Social Sciences, Economics and Ethics. In Honor of John C. Harsanyi, Dordrecht 1998; R. Leonard, Von Neumann, Morgenstern, and the Creation of Game Theory. From Chess to Social Science, 1900–1960, Cambridge etc. 2010, 2012; R. D. Luce/H. Raiffa, Games and Decisions. Introduction and Critical Survey, New York 1957, 1989; O. Majer/A.-V. Pietarinen/T. Tulenheimo (eds.), Games. Unifying Logic, Language, and Philosophy, Dordrecht 2009; D. McAdams, Game-Changer. Game Theory and the Art of Transforming Strategic Situations, New York 2014; R. A. McCain, Game Theory. A Nontechnical Introduction to the Analysis of Strategy, Singapur etc. 2009, [3]2014; N. McCarty/A. Meirowitz, Political Game Theory. An Introduction, Cambridge etc. 2007, 2014; E. F. McClennen, Some Formal Problems with the von Neumann and Morgenstern Theory of Two-Person, Zero-Sum Games I (The Direct Proof), Theory and Decision 7 (1976), 1–28; J. McKenzie Alexander, Evolutionary Game Theory, SEP 2002, rev. 2009; N. Megiddo (ed.), Essays in Game Theory. In Honor of Michael Maschler, New York etc. 1994; L. Méró, Moral Calculations. Game Theory, Logic, and Human Frailty, New York 1998; J.-F. Mertens/S. Sorin/S. Zamir, Repeated Games, Cambridge etc. 2015; J. W. Milnor, Games Against Nature, in: R. M. Thrall/C. H. Coombs/R. L. Davis (eds.), Decision Processes, New York 1954, 1960, 49–59; C. Montet/D. Serra, Game Theory and Economics, Basingstoke etc. 2003; O. Morgenstern, S. und Wirtschaftswissenschaft, Wien 1963, [2]1966; P. Morris, Introduction to Game Theory, New York etc. 1994, 1996; P. K. Moser (ed.), Rationality in Action. Contemporary Approaches, Cambridge etc. 1990; J. F. Nash, Equilibrium Points in n-Person Games, Proc. National Acad. Sci. 36 (1950), 48–49; ders., The Bargaining Problem, Econometrica 18 (1950), 155–162; ders., Non-Cooperative Games, Ann. Math. 54 (1951), 286–295; J. v. Neumann, Zur Theorie der Gesellschaftsspiele, Math. Ann. 100 (1928), 295–320; ders./O. Morgenstern, Theory of Games and Economic Behavior, Princeton N. J. 1944, [3]1953, 2007 (dt. S. und wirtschaftliches Verhalten, ed. F. Sommer, Würz-

burg 1961, [3]1973); J. Nida-Rümelin, Entscheidungstheorie und Ethik, München 1987, [2]2005; M. J. Osborne, A Course in Game Theory, Cambridge Mass. 1994, 2002; ders., Game Theory, IESBS IX (2001), 5863–5868; ders., An Introduction to Game Theory, Oxford etc. 2004, 2009; G. Owen, Game Theory, Philadelphia Pa./London/Toronto 1968, Bingley etc. [4]2013 (dt. S., Berlin/Heidelberg/New York 1971); E. Pacuit/O. Roy, Epistemic Foundations of Game Theory, SEP 2015; A. Perea, Epistemic Game Theory. Reasoning and Choice, Cambridge etc. 2012; H. J. M. Peters, Game Theory. A Multi-Leveled Approach, Heidelberg etc. 2008, [2]2015; ders./O. J. Vrieze (eds.), Surveys in Game Theory and Related Topics, Amsterdam 1987; A. (Amnon) Rapoport, Experimental Studies of Interactive Decisions, Dordrecht/Boston Mass./London 1990; A. (Anatol) Rapoport, Two-Person Game Theory. The Essential Ideas, Ann Arbor Mich. 1966, Mineola N. Y. 1999; ders., N-Person Game Theory. Concepts and Applications, Ann Arbor Mich. 1970, Mineola N. Y. 2001; ders., Game Theory as a Theory of Conflict Resolution, Dordrecht/Boston Mass. 1974; ders./A. M. Chammah, Prisoner's Dilemma. A Study in Conflict and Cooperation, Ann Arbor Mich. 1965, 1970; E. Rasmusen, Games and Information. An Introduction to Game Theory, Oxford/Cambridge Mass. 1989, Malden Mass. etc. [4]2007, 2010 (franz. Jeux et information. Introduction à la théorie des jeux, Brüssel 2004); B. Rauhut/N. Schmitz/E.-W. Zachow, S.. Eine Einführung in die mathematische Theorie strategischer Spiele, Stuttgart 1979; T. Riechmann, S., München 2002, [4]2015; K. Ritzberger, Foundations of Non-Cooperative Game Theory, Oxford etc. 2002, 2007; G. Romp, Game Theory. Introduction and Applications; Oxford etc. 1997; J. Rosenmüller, Game Theory. Stochastics, Information, Strategies and Cooperation, Boston Mass. 2000; D. Ross, Game Theory, SEP 1997, rev. 2014; T. Sauer, S., Berlin 2017; T. C. Schelling, The Strategy of Conflict, Cambridge Mass. 1960, Cambridge Mass./London 2005; M. Shubik, Game Theory in the Social Sciences, I–II, Cambridge Mass./London 1982/1984, I, 1995, II, 1991 (franz. Théorie des jeux et sciences sociales, Paris 1991); G. Sieg, S., München/Wien 2000, München [3]2010; B. Skyrms, The Dynamics of Rational Deliberation, Cambridge Mass./London 1990; ders., The Stag Hunt and the Evolution of Social Structure, Cambridge etc. 2004; ders., Evolution of the Social Contract, Cambridge etc. 1996, [2]2014; ders., Signals. Evolution, Learning, & Information, Oxford etc. 2010; W. Spohn, How to Make Sense of Game Theory, in: W. Stegmüller/W. Balzer/W. Spohn (eds.), Philosophy of Economics. Proceedings, Munich, July 1981, Berlin/Heidelberg/New York 1982, 239–270 (dt. [rev.] Wie läßt sich die S. verstehen?, in: J. Nida-Rümelin/U. Wessels [eds.], Praktische Rationalität. Grundlagenprobleme und ethische Anwendungen des rational choice-Paradigmas, Berlin/New York 1994, 197–237); F. Stähler, Economic Games and Strategic Behaviour, Cheltenham/Northampton Mass. 1998; P. Straffin, The Prisoner's Dilemma, The Undergraduate Mathematics and Its Applications Project Journal 1 (1980), 101–103; S. Tadelis, Game Theory. An Introduction, Princeton N. J./Oxford 2013; E. van Damme, Stability and Perfection of Nash Equilibria, Berlin etc. 1987, [2]1991, 1996; ders., Game Theory: Noncooperative Games, IESBS IX (2001), 5873–5880; Y. Varoufakis/A. Housego (eds.), Game Theory. Critical Concepts in the Social Sciences, I–IV, London/New York 2001; F. Vega-Redondo, Economics and the Theory of Games, Cambridge etc. 2003; B. Verbeek/C. Morris, Game Theory and Ethics, SEP 2004, rev. 2010; A. Wald, Statistical Decision Functions, New York 1950, [2]1971; J. Watson, Strategy. An Introduction to Game Theory, New York 2002, 2013; J. N. Webb, Game Theory. Decisions, Interaction and Evolution, London 2007; J. W. Weibull, Evolutionary

Game Theory, Cambridge Mass./London 1995, 2002; P. Weirich, Equilibrium and Rationality. Game Theory Revised by Decision Rules, Cambridge etc. 1998, 2007; H. Wiese, Entscheidungs- und S., Berlin etc. 2002; ders., Kooperative S., München/Wien 2005; S. Winter, Grundzüge der S.. Ein Lehr- und Arbeitsbuch für das (Selbst-)Studium, Berlin/Heidelberg 2015; E. Zermelo, Über eine Anwendung der Mengenlehre auf die Theorie des Schachspiels, in: E. W. Hobson u.a. (eds.), Proceedings of The Fifth International Congress of Mathematicians, Cambridge, 22–28 August 1912, II, Cambridge 1913 (repr. Nendeln 1967), 501–504.   H. R.

Spinoza, Baruch de (auch: Benedict oder Despinoza), *Amsterdam 24. Nov. 1632, †Den Haag 21. Febr. 1677, niederl. Philosoph. S. stammt aus einer Familie portugiesischer Juden, die gegen Ende des 16. Jhs. nach Holland immigriert war. Zunächst in jüdischer Tradition aufgewachsen, lernt S. im Eigenstudium mit dem Lateinischen und der Mathematik auch die Cartesische Philosophie kennen. Seine Abkehr vom jüdischen Glauben findet ihre äußere Besiegelung im feierlichen Ausschluß aus der jüdischen Gemeinde von Amsterdam 1656. Den Anlaß dafür bildet S.s Interpretation des AT, nach der Gott als körperliches Wesen, die Engel als Phantome und die Seele als das ungeschiedene Prinzip des Lebens aufzufassen seien. Im Anschluß an die Verbannung aus der jüdischen Gemeinde wird S. auch durch den Magistrat aus Amsterdam verbannt. 1670 siedelt S. nach Den Haag über. Seine Manuskripte tragen ihm auch unveröffentlicht ein solches Ansehen ein, daß er 1673 den Ruf auf eine Philosophieprofessur an der Universität Heidelberg erhält, den er unter Hinweis auf seine kritische Stellung zur Religion ablehnt. Durch ausgedehnte Korrespondenzen steht er mit vielen bedeutenden Gelehrten in Verbindung, so mit H. Oldenburg, R. Boyle, E. W. v. Tschirnhaus und G. W. Leibniz. Seinen Lebensunterhalt sichert S. zeitweise durch Linsenschleifen. Er stirbt an Lungentuberkulose. Zu seinen Lebzeiten veröffentlicht S. nur einen Traktat über R. Descartes' »Principia philosophiae« (1663) und anonym den »Tractatus theologico-politicus« (1670).

S.s Werk steht unter verschiedenen Einflüssen. So sind sein Methodenideal, nach dem philosophisches Argumentieren von klaren und deutlichen (↑klar und deutlich) Definitionen auszugehen hat und von diesen deduktiv fortschreiten soll (↑more geometrico), und große Teile seiner Terminologie aus dem ↑Cartesianismus entlehnt. Trotz seiner Ablehnung religiöser Texte als Argumentationsinstanzen wird S.s Gottes- und Naturvorstellung von der jüdischen ↑Mystik und Kabbalistik (↑Kabbala) geprägt. Für die philosophische Formulierung dieser Vorstellung schließt S. an die Renaissancephilosophie (↑Renaissance) an, wo sich bei G. Bruno die auch für S. zentrale Unterscheidung von ↑natura naturans und natura naturata findet. Schließlich weisen die ethisch-politischen Schriften Einflüsse der (über die Re-

naissancephilosophie vermittelten) stoischen (↑Stoa) Ethik und der politischen Philosophie von T. Hobbes auf. Gleichwohl muß das Werk S.s als eine eigenständige Leistung verstanden werden, die zwar durch unterschiedliche geistige Anstöße in Gang gebracht worden ist, diese Anstöße aber in einer besonderen Weise zu einem neuen Denkansatz formt. Dieser Denkansatz erscheint S.s Zeitgenossen nicht nur ungewohnt, sondern auch – vor allem hinsichtlich der atheistischen (↑Atheismus) und naturalistischen (↑Naturalismus) Konsequenzen dieses Ansatzes – umwälzend. Diese Eigenart von S.s Werk zeigt sich auch darin, daß S. keinen unmittelbaren Einfluß ausübt und sein Werk erst im Deutschen Idealismus (↑Idealismus, deutscher) in systematisch relevanter Weise diskutiert und aufgenommen wird.

Die bestimmenden Charakteristika des Werkes von S. sind: (1) Sein ↑Monismus, d.h. die Lehre von der Identität Gottes und der Natur (↑deus sive natura), die philosophisch durch die These formuliert ist, daß es nur eine einzige, unteilbare und unendliche ↑Substanz geben könne, von der alles als endlich Wahrnehmbares nur eine Modifikation sei; (2) sein Naturalismus, d.h. die methodische Forderung, den Menschen als einen Teil der Natur darzustellen und das menschliche Handeln wie die Veränderungen aller anderen Dinge nach den Gesetzen der Natur zu erklären; (3) sein ↑Liberalismus, d.h. die Vorstellung, daß das aufgeklärte Selbstinteresse der Einzelnen den einzigen Grund und das einzige Motiv für die Bildung einer ↑Gesellschaft mit einer souveränen Herrschaftsstruktur (↑Herrschaft) darstellt, und daß daher keine dem Selbstinteresse des Einzelnen vorgeordneten Werte oder Ideen, wie sie etwa in der ↑Religion vertreten werden, zur Begründung oder Motivation eines Herrschaftsanspruchs dienen sollen. Geführt wird S. zu diesen Positionen durch die methodische Entscheidung für einen ↑Rationalismus, nach dem »die Ordnung und Verknüpfung der Ideen« dieselbe ist »wie die Ordnung und Verknüpfung der Dinge« (Ethica II, prop. 7). Dieser Rationalismus ist verbunden mit einem ↑Apriorismus, nach dem eine Idee (↑Idee (historisch)) – d.h. die Darstellung eines Sachverhaltes, die S. selbst ›Begriff‹ nennt – genau dann wahr und dem dargestellten Sachverhalt adäquat ist, wenn sie ↑klar und deutlich ist.

Die Klarheit und Deutlichkeit von ↑Prädikationen ist ein mit der jeweiligen Terminologie und den in dieser Terminologie gebildeten Behauptungen zugleich bereitgestelltes Kriterium, womit die ↑Wahrheit einer Aussage dadurch begründet ist, daß die in ihr verwendeten Termini korrekt gebildet und verwendet sind. Läßt sich aus terminologischen Gründen etwas als notwendig erweisen, so stellt es nach dem aprioristischen (↑a priori) Rationalismus S.s aus eben diesem Grunde auch eine wirkliche ›Ordnung und Verknüpfung der Dinge‹ dar. Das aber bedeutet: Ein ↑Sachverhalt ist dann wirklich, wenn die ihn darstellende Aussage allein auf Grund terminologischer – sowie logischer und mathematischer – Regeln als wahr erwiesen werden kann. Indem S. seine Grundbegriffe (Ursache seiner selbst, Substanz, Gott, Ewigkeit usw.) dadurch bildet, daß er mit ihnen das Ergebnis korrekter terminologischer Bestimmung und Verwendung antizipiert und bezeichnet, verschafft er ihnen ihre Begründung als ihrerseits klar und deutlich und sichert zugleich – durch eine zirkuläre (↑zirkulär/ Zirkularität) Selbstanwendung seines aprioristischen Rationalismus – für denjenigen, der ihm dabei folgt, einen systematischen Gedankengang. So ist die ↑Substanz definiert als »das, was in sich ist, und durch sich begriffen wird« (Ethica I, def. 3), also als der Sachverhalt, der mit seiner bloßen Darstellung bereits seine Wirklichkeit beweist. Nach der mit dieser terminologischen Bestimmung vollzogenen Unterstellung, daß der aprioristische Rationalismus sinnvoll und richtig ist bzw. zu einer begründbaren Darstellung der Wirklichkeit führt, folgen weitere Bestimmungen der Substanz: daß sie nicht von einer anderen Substanz hervorgebracht werden kann (Ethica I, prop. 6), daß zu ihrer Natur die Existenz gehört (prop. 7), daß sie notwendigerweise unendlich (prop. 8) und unteilbar (prop. 13) ist, daß außer Gott (↑Gott (philosophisch)) keine Substanz sein und begriffen werden kann (prop. 14) und – nach der terminologisch hergestellten Identifikation von Substanz und Gott (Ethica I, def. 6) – der ontologische ↑Gottesbeweis (Ethica I, prop. 20).

Praktisch relevante Folgen hat dieser Monismus dadurch, daß er zu einer – im jüdischen und christlichen Verständnis eines persönlichen und welttranszendenten (↑transzendent/Transzendenz) Gottes – *atheistischen* Position führt. Da es nämlich nur eine Substanz geben kann, die damit notwendigerweise Ursache ihrer selbst und Gott ist, kann von selbständigen Dingen neben oder außer Gott nicht geredet werden. Gott wird damit zur immanenten Ursache aller Dinge (Ethica I, prop. 18), d. h. zur Gesetzmäßigkeit (im doppelten Sinne der logisch-terminologischen und kausalen Notwendigkeit), durch die die Dinge in eine logische und kausale Ordnung zueinander gebracht und damit sowohl voneinander unterscheidbar als auch nach ihren Eigenschaften identifizierbar werden. Gott ist daher die Natur (*deus sive natura*), insofern diese als das System der logisch und kausal notwendigen Zusammenhänge der Dinge, durch das die Dinge sowohl begriffen werden als auch wirklich sind, als *natura naturans* verstanden wird. Die Natur, die als kontingent erscheint, die *natura naturata*, ist nicht von Gott oder der *natura naturans* geschieden, sondern lediglich die noch nicht vollständig begriffene Natur.
Wie der Monismus ergibt sich auch der *Naturalismus* S.s aus seinem aprioristischen Rationalismus. Nach diesem

verbürgt die klare und deutliche Bildung (Konstruktion) eines Terminus zugleich die wahre Darstellung der wirklichen Entstehung der Dinge, denen dieser Terminus zukommt. Da die Klarheit und Deutlichkeit der terminologischen Konstruktion nicht mit psychologischen Kategorien (wie ›Absicht‹, ›Wille‹ oder ›Gesinnung‹) beurteilt wird, sondern allein auf Grund der logisch darstellbaren Folgerichtigkeit, sind auch die damit konstruierten Entstehungszusammenhänge keine psychologisch oder teleologisch, sondern nur kausal darstellbaren Wirkungszusammenhänge. Teleologische (↑Teleologie) Erklärungsversuche von ↑Handlungen wie auch von ↑Meinungen oder ↑Absichten sind nach dieser Konzeption lediglich ↑Anthropomorphismen bzw. ↑Psychologismen, die durch eine klare und deutliche Erkenntnis der kausalen Notwendigkeit dieser Handlungen (Meinungen und Absichten) zu ersetzen sind.
Im Sinne dieser naturalistischen Ablehnung teleologischer Darstellungs- und Erklärungsmöglichkeiten behandelt S. auch das ↑*Leib-Seele-Problem*. Für ihn sind Leib und Seele sowie Körper und Geist nicht zwei verschiedene Gegenstände (bzw. Gegenstandstypen), sondern nur zwei verschiedene Weisen, denselben Gegenstand zu begreifen: zum einen unter dem Attribut der ↑Ausdehnung, zum anderen unter dem Attribut des ↑Denkens. Das Problem, eine Verbindung (↑Interaktionismus) oder einen Parallelismus (↑Parallelismus, psychophysischer) zwischen ihnen zu suchen, besteht daher für S. nicht. Auch die seelischen Zustände und Geschehnisse sind wie die körperlichen Zustände und Geschehnisse in ihren logischen und kausalen Beziehungen nach darzustellen. In diesem naturalistischen Rahmen entwickelt S. seine Affektenlehre (↑Affekt), deren Grundbegriff der Begriff ↑*conatus* ist. Damit wird das Streben eines jeden Dinges bezeichnet, in seinem Sein zu beharren. Von diesem Streben her werden die verschiedenen Affekte eingeteilt: Mit dem Bewußtsein ihres Strebens ergeben sich die drei Grundaffekte der *Begierde* (d. h. des auf den Körper und die Seele zugleich bezogenen Strebens, auf unbestimmte Dauer im Sein zu beharren, das mit dem Bewußtsein dieses Strebens verbunden ist), der *Freude* (d. h. des Bewußtseins, in einen Zustand höherer Wirkungskraft des Körpers und damit Denkkraft der Seele und entsprechend höherer Vollkommenheit übergegangen zu sein) und der *Trauer* (d. h. des Bewußtseins, in einen Zustand geringerer Vollkommenheit übergegangen zu sein). Aus diesen drei Grundaffekten – des Strebens, seiner Erfüllung oder Nicht-Erfüllung und des jeweils damit verbundenen Bewußtseins – lassen sich alle anderen Affekte nach S. als Differenzierungen erklären.
Auch die Beurteilung eines Sachverhaltes als gut oder schlecht wird über den Bezug auf das Streben möglich: Nichts wird erstrebt, weil es als gut beurteilt wird, son-

dern etwas wird als gut beurteilt, weil es erstrebt wird. Damit wird das ↑Gute definierbar als jede mögliche Art der Freude und als das, was zur Freude beiträgt. Da es dabei die Natur eines jeden Dinges wie auch des Strebens ist, eine logische und kausale Notwendigkeit darzustellen, diese Notwendigkeit aber nur im Wissen, d. h. in der klaren und deutlichen Begriffsbildung und den damit bestimmten Beziehungen zwischen den Begriffen und begriffenen Sachverhalten, erzeugt wird, ist das Streben nach dem Wissen als ein Teil jeden Strebens selbst verstehbar. S.s Definition von ›gut‹ als dem, »wovon wir gewiß wissen, daß es uns nützlich ist« (Ethica IV, def. 1), läßt sich daher auffassen als die Explikation seines aprioristischen Rationalismus auch für die ursprüngliche Bestimmung des Guten über das bloße Streben und seine Erfüllung.

Mit dieser Bestimmung verbindet sich ein ↑normativer Aspekt. Dieser ergibt sich aus der rationalistischen Bestimmung der ↑Natur. Da die begriffene Natur das System der begrifflich konstruierten logischen und kausalen Notwendigkeiten ist, und da zugleich das Begreifen der Natur ihre Wirklichkeit und damit ihr Wesen ausmacht, ist es natürlich (= notwendig), nach dem Wissen von der Notwendigkeit des eigenen Strebens zu streben. S. kann daher auch von einem ›höchsten Gut‹ reden, das die ›Erkenntnis Gottes‹, also des Systems der Notwendigkeiten, ist (Ethica IV, prop. 28) und die ›geistige Liebe zu Gott‹ (↑amor dei intellectualis) als natur- und also gottbewirkte Erfüllung des Strebens bestimmt (Ethica V, prop. 33–42). Diese geistige Liebe zu Gott besteht in der Erkenntnis und der dadurch bewirkten Anerkenntnis der Notwendigkeit allen Geschehens. In dieser Erkenntnis besteht zugleich die Glückseligkeit (↑Glück (Glückseligkeit)), die bewirkt, daß der Mensch Macht über seine Affekte erhält und dadurch die Freiheit der Seele erreicht, d. h. allein nach der Notwendigkeit seiner Natur (= Vernunft) existiert.

Der *Liberalismus* S.s schließt sich an seinen Naturalismus an, der in bezug auf die Bestimmung des Guten auch als ein ↑Amoralismus – weil lediglich in kausalen Kategorien dargestellt – verstanden werden kann. So bestimmt S. das Recht in einer kausalistischen (↑Kausalität) Weise durch die Macht, mit der es koextensiv ist (Tract. polit. II §4; Tract. polit.-theolog. XVI). In einem vorgesellschaftlichen Zustand würde demnach das Recht der Einzelnen so weit reichen wie ihre ↑Macht. Da die Menschen (wie schon bei Hobbes) einander natürliche Feinde sind, ist ein solcher Zustand gegen die natürlichen ↑Interessen der Menschen gerichtet. Die Erkenntnis der wechselseitigen Abhängigkeit führt in einem aufgeklärten (d. h. dieser Erkenntnis Rechnung tragenden) Selbstinteresse dazu, eine Gesellschaft mit souveräner Herrschaft zu bilden. In seinem eigenen Interesse wird der Souverän dabei die Macht rational und nicht despo-

tisch ausüben. Die Rationalität der Macht und damit des Rechts ergibt sich so aus dem Selbstinteresse der Einzelnen. Praktische Relevanz erhalten die politischen Gedanken S.s vor allem durch seine Forderung religiöser ↑Toleranz, ferner eines allgemeinen Bildungs- und Kritikrechts, wonach zwar eine Kontrolle über das Handeln, nicht aber über das Denken und Urteilen rational ist.

Der Einfluß S.s bleibt zunächst gering, vor allem wegen des Vorwurfs des ↑Atheismus, der gegen seine Philosophie erhoben wird. In der französischen ↑Aufklärung wird zwar die Aufrichtigkeit und Selbständigkeit S.s geschätzt, seine Philosophie, insbes. sein Monismus, aber als absurd abgewiesen. Eine entsprechende Einschätzung findet sich auch bei D. Hume. Großen Einfluß gewinnt S.s Philosophie hingegen in der deutschen ↑Romantik. Nachdem bereits G. E. Lessing in seinem Gespräch mit F. H. Jacobi 1780 seine Achtung für S. zum Ausdruck gebracht hatte, werden die pantheistischen (↑Pantheismus), Gott und Natur identifizierenden Gedanken S.s von Novalis, J. W. v. Goethe, F. W. J. Schelling und anderen aufgenommen. In neuerer Zeit wird S. auch als Vorläufer einer verwissenschaftlichten Weltsicht, vor allem in seinen naturalistischen Erklärungsversuchen, darzustellen versucht. Eine solche Einschätzung berücksichtigt allerdings nicht den apriorischen Rationalismus des Werkes S.s, aus dem sich sein Naturalismus erst ergibt.

Werke: Opera quotquot reperta sunt [lat./niederl.], I–II, ed. J. van Vloten/J. P. N. Land, Den Haag 1882/1883, I–III, ²1895, I–IV, ³1914; Opera, I–IV, ed. C. Gebhardt, Heidelberg 1925 (repr. 1972), Suppl.bd. 1987; Opera/Werke [lat./dt.], ed. K. Blumenstock/G. Gawlick/F. Niewöhner, Darmstadt 1967/1979, 2011; Sämtliche Werke, I–VII, ed. C. Gebhardt u. a., Hamburg 1965–1978, Erg.bd. 1982, I–VII, ed. W. Bartuschat/M. Walther, Hamburg 1991–2017; Œuvres complètes, I–II, ed. J. G. Prat, Paris 1863/1872; Œuvres complètes, ed. R. Caillois/M. Francès/R. Misrahi, Paris 1954, 2006; Œuvres, I–IV, ed. C. Appuhn, Paris 1964–1966; The Chief Works of Benedict de S., I–II, ed. R. H. M. Elwes, London 1883/1884, New York 1955; The Collected Works of S., I–II, ed. E. Curley, Princeton N. J. 1985/2016, I, ²1988; Obras completas, I–V, ed. A. J. Weiss, Buenos Aires 1977. – Renati des Cartes principiorum philosophiae pars I et II more geometrico demonstratae [...], Amsterdam 1663 (niederl. Renatus des Cartes beginzelen der wysbegeerte I en II deel na de meetkonstige wijze beweezen, Amsterdam 1664; engl. Principles of Cartesian Philosophy, ed. H. E. Wedeck, New York 1961, Neudr. in: The Principles of Cartesian Philosophy. With Metaphysical Thoughts, Indianapolis Ind./New York 1998, 7–93; dt. Descartes' Prinzipien der Philosophie auf geometrische Weise begründet, Hamburg 1978, ed. W. Bartuschat, 2005 [= Sämtl. Werke IV]); Tractatus theologico-politicus continens dissertatios aliquot [...], Hamburg 1670 (engl. A Treatise Partly Theological and Partly Political, London 1689, unter dem Titel: Theological-Political Treatise, ed. J. Israel, Cambridge etc. 2007; dt. Theologisch-politischer Traktat, Leipzig 1908, ed. W. Bartuschat, Hamburg 2012 [= Sämtl. Werke III]); Opera posthuma, Amsterdam 1677; Ethica ordine geometrico demonstrata, in: Opera posthuma [s. o.], 1–264, unter dem Titel: Die Ethik des S. im Urtexte, ed. H.

Ginsberg, Leipzig 1875, unter dem Titel: Ethica ordine geometrico demonstrata et in cinque partes distincta, ed. J. van Vloten/J. P. N. Land, Den Haag 1905, ²1914, München 1920 (dt. Die Ethik. Mit geometrischer Methode begründet und in fünf Abschnitte aufgeteilt, Stuttgart 1871, mit Untertitel: nach geometrischer Methode dargestellt, ed. O. Baensch, Leipzig 1950, Hamburg 1976, ed. W. Bartuschat, 1999, 2015 [= Sämtl. Werke II]; lat./franz. Éthique démontrée suivant l'ordre géométrique et divisée en cinq parties, ed. C. Appuhn, Paris 1909, 1934 (repr. 1983), in 2 Bdn., 1953, in 1 Bd., 1965, 1988 [= Œuvres III], unter dem Titel: L'Éthique, ed. A. Guérinot, Paris 1930, 1993; engl. The Ethics of Benedictus de S. Demonstrated after the Method of Geometers [...], New York 1876, unter dem Titel: Ethics, ed. G. H. R. Parkinson, Oxford 2000); Tractatus politicus, in quo demonstratur, quomodo societas [...], in: Opera posthuma [s. o.], 265–354, unter dem Titel: Tractatus politicus/A Treatise on Politics [lat./engl.], ed. A. G. Wernham, in: The Political Works, The Tractatus theologico-politicus in Part and the Tractatus politicus in Full, Oxford 1958, 1965, 256–445, unter dem Titel: Traité politique [lat./franz.], ed. S. Zac, Paris 1968, 1987, unter dem Titel: Politischer Traktat/Tractatus politicus [lat./dt.], ed. W. Bartuschat, Hamburg 1994, 2010 (= Sämtl. Werke V/2), unter dem Titel: Tractatus politicus/Traité politique [lat./franz.], ed. O. Proietti/C. Ramond, Paris 2005, 2015 (engl. Political Treatise, trans. R. H. M. Elwes, in: The Chief Works of Benedict d. S., London 1883, New York 1951, 279–387; dt. Der politische Traktat, Leipzig 1906, übers. G. Güppner, ed. H. Klenner, 1988; franz. Traité politique, übers. J. G. Prat, Paris 1860, übers. E. Saisset/L. Bove, Paris 2002, übers. B. Pautrat, 2013); Tractatus de intellectus emendatione [...], in: Opera posthuma [s. o.], 355–392, unter dem Titel: Traité de la réforme de l'entendement et de la meilleure voie à suivre pour parvenir à la vraie connaissance des choses [lat./franz.], ed. A. Koyré, Paris 1937, ⁵1974, 1990, unter dem Titel: Abhandlung über die Verbesserung des Verstandes/Tractatus de intellectus emendatione [lat./dt.], ed. W. Bartuschat, Hamburg 1993, 2003 (= Sämtl. Werke VI/1), unter dem Titel: Traité de l'amendement de l'intellect et de la voie par laquelle on le dirige au mieux vers la vraie connaissance des choses/Tractatus de intellectus emendatione et de via qua optime in veram rerum cognitionem dirigitur [lat./franz.], ed. B. Pautrat, Paris 1999, ⁴2016 (dt. Abhandlung über die Vervollkommnung des Verstandes & über den Weg, auf welchem er am besten zur wahren Erkenntnis der Dinge geführt wird, übers. J. Stern, Leipzig 1887, unter dem Titel: Abhandlung über die Verbesserung des Verstandes, übers. C. Gebhardt, 1907, unter dem Titel: Läuterung des Verstandes und über den Weg, auf welchem er am besten zur wahren Erkenntnis der Dinge geführt wird, 1927, 1960; franz. Traité de la réforme de l'entendement, übers. B. Huisman, Paris 1987, übers. A. Scala, 2013); Stelkonstige reeckening van den regenboog en reeckening van kanssen, 's-Gravenhage 1687 (repr. Nieuwkoop 1963) (niederl./dt. Algebraische Berechnung des Regenbogens. Berechnung von Wahrscheinlichkeiten, ed. H.-C. Lucas/M. J. Petry, Hamburg 1982 [= Sämtl. Werke Erg.bd.]; niederl./engl. Calculation of the Rainbow and Calculation of Chances, ed. M. J. Petry, Dordrecht/Boston Mass./Lancaster 1985); Korte verhandeling van god, de mensch en deszelfs welstand. Tractatuli deperditi de deo et homine eiusque felicitate, ed. C. Schaarschmidt, Amsterdam 1869 (dt. Kurzgefasste Abhandlung von Gott, dem Menschen und dessen Glück, ed. C. Schaarschmidt, Berlin 1869, unter dem Titel: Kurze Abhandlung von Gott, dem Menschen und dessen Glück, Leipzig 1922, ed. W. Bartuschat, Hamburg 1991 [= Sämtl. Werke I]; franz. Dieu, l'homme et la béatitude, ed. P. Janet, Paris 1878; engl. Short Treatise on God, Man and His

Well-Being, ed. A. Wolf, London 1910, New York ²1963; niederl./ital. Korte verhandeling van god, de mensch en deszelvs welstand/Breve trattato su dio, l'uomo e il suo bene, ed. F. Mignini, L'Aquila/Rom 1986). – A. van der Linde, Benedictus S. Bibliografie, 's-Gravenhage 1871 (repr. Nieuwkoop 1961, 1965); A. S. Oko, The S. Bibliography, Boston Mass. 1964; J. Wetlesen, A S. Bibliography. Particularly on the Period 1940–1967, Oslo 1968, mit Untertitel: 1940–1970, Oslo 1971; J. Préposiet, Bibliographie spinoziste, Paris 1973; J. Kingma/A. K. Offenberg, Bibliography of S.'s Works up to 1800, Amsterdam 1977; T. van der Werf/H. Siebrand/C. Westerveen, A S. Bibliography 1971–1983, Leiden 1984; W. I. Boucher, S. in English. A Bibliography from the Seventeenth Century to the Present, Leiden etc. 1991, Bristol etc. 2002; M. Walther, Das Leben S.s. Eine Bibliographie, Hannover 1996.

Literatur: H. E. Allison, B. de S., REP IX (1998), 91–107; F. Alquié, Le rationalisme de S., Paris 1981, 2005; N. Altwicker (ed.), Texte zur Geschichte des Spinozismus, Darmstadt 1971; E. Balibar/H. Seidel/M. Walther (eds.), Freiheit und Notwendigkeit. Ethische und politische Aspekte bei S. und in der Geschichte des (Anti-) Spinozismus, Würzburg 1994 (Schriftenreihe d. Spinoza-Ges. III); W. Bartuschat, S.s Theorie des Menschen, Hamburg 1992; ders., S., in: J.-P. Schobinger (ed.), Die Philosophie des 17. Jahrhunderts II/2, Basel 1993, 893–969, 974–986; ders., S.s Philosophie. Über den Zusammenhang von Metaphysik und Ethik, Hamburg 2017; G. Belaief, S.'s Philosophy of Law, The Hague 1971; D. Bell, S. in Germany from 1670 to the Age of Goethe, London 1984; F. Biasutti, La dottrina della scienza in S., Bologna 1979; D. Bidney, The Psychology and Ethics of S.. A Study in the History and Logic of Ideas, New Haven Conn./London 1940, New York ²1962; A. Billecoq, S. et les spectres. Un essai sur l'esprit philosophique, Paris 1987; M. Bollacher, Der junge Goethe und S.. Studien zur Geschichte des Spinozismus in der Epoche des Sturms und Drangs, Tübingen 1969; R. Braun, Metaphysik und Methode bei S.. Eine problemorientierte Darstellung der »Ethica ordine geometrico demonstrata«, Würzburg 2017; S. Breton, Politique, religion, écriture chez S., Lyon 1973; ders., S.. Théologie et politique, Paris 1977 (ital. Teologia e politica, Assisi 1979); C. Brunner, S. gegen Kant und die Sache der geistigen Wahrheit, Berlin 1910, Assen ²1974 (franz. S. contre Kant et la cause de la vérité spirituelle, Paris 1932); L. Brunschvicg, S., Paris 1894, erw. ²1906, erw. unter dem Titel: S. et ses contemporains, Paris ³1923, ⁵1971; W. van Bunge u. a. (eds.), The Bloomsbury Companion to S., London/New York 2014; J. Collins, S. on Nature, Carbondale Ill. 1984; W. Cramer, Die absolute Reflexion I (S.s Philosophie des Absoluten), Frankfurt 1966; P. Cristofolini, La scienza intuitiva in S., Neapel 1987, Pisa 2009; E. Curley, S.'s Metaphysics. An Essay in Interpretation, Cambridge Mass./London 1969, 2013; ders., Behind the Geometrical Method. A Reading of S.'s »Ethics«, Princeton N. J. 1988; ders., S., Enc. Ph. IX (²2006), 169–192; R. J. Delahunty, S., London etc. 1985, 2002; V. Delbos, Le problème moral dans la philosophie de S. et dans l'histoire du spinozisme, Paris 1893 (repr. Hildesheim/Zürich/New York 1988, Paris 1990); ders., Le spinozisme. Cours professé à la Sorbonne en 1912–1913, Paris 1916, 2005; G. Deleuze, S. et le problème de l'expression, Paris 1968, 2014 (engl. Expressionism in Philosophy. S., New York 1990, 2005; dt. S. und das Problem des Ausdrucks in der Philosophie, München 1993); ders., S.. Philosophie pratique, Paris 1970, erw. ²1981 (dt. S.. Praktische Philosophie, Berlin 1988); H. Delf/J. H. Schoeps/M. Walther (eds.), S. in der europäischen Geistesgeschichte, Berlin 1994 (Studien z. Geistesgesch. XVI); M. Della Rocca, S., London etc. 2008; ders. (ed.), The Oxford Handbook of S., New York/Oxford 2017; C. de Deugd, The Significance of S.'s First Kind of Knowledge, Assen 1966; H. de Dijn, Methode en waarheid bij S., Leiden 1975; A. Donagan, S., New York etc. 1988, Chicago Ill. 1989; S. v. Dunin-Borkowski, S., I–IV, Münster 1910–1936; ders., S. nach dreihundert Jahren, Berlin/Bonn 1932; J. Dunner, Baruch S. and Western Democracy. An Interpretation of His Philosophical, Religious, and Political Thought, New York 1955; I. Falgueras Salinas, La ›res cogitans‹ en Espinoza, Pamplona 1976; L. S. Feuer, S. and the Rise of Liberalism, Boston Mass. 1958, erw. New Brunswick N. J. ²1987; K. Fischer, Geschichte der neuern Philosophie II (S.s Leben, Werke und Lehre), Heidelberg ⁴1898, ⁶1946; J. Freudenthal, S.. Sein Leben und seine Lehre, Stuttgart 1904, erw., ed. C. Gebhardt, I–II, Heidelberg 1927; G. Friedmann, Leibniz et S., Paris 1946, ³1975; G. Galli, S.. Saggio sulla vita e l'opera dal »breve trattato« all'»Etica«, Mailand 1974; D. Garrett (ed.), The Cambridge Companion to S., Cambridge/New York/Melbourne 1996, 2009; C. Gattung, Der Mensch als Glied der Unendlichkeit. Zur Anthropologie von S., Würzburg 1993; C. Gebhardt, S.s Abhandlung über die Verbesserung des Verstandes. Eine entwicklungsgeschichtliche Untersuchung, Heidelberg 1905; ders., S., Leipzig 1932 (span. S., Buenos Aires 1940); E. Giancotti Boscherini (ed.), Lexicon Spinozanum, I–II, Den Haag 1970; dies. (ed.), S. nel 350 anniversario della nascita. Atti del congresso (Urbino 4–8 ottobre 1982), Neapel 1985; M. Giorgiantonio, Il destino individuale secondo S., Neapel 1973; G. Giulietti, S.. La sua vita, il suo pensiero, Treviso 1974; M. A. Gleizer, Vérité et certitude chez S., Paris 2017; P. Goff (ed.), S. on Monism, Basingstoke 2012; M. Grene (ed.), S.. A Collection of Critical Essays, Garden City N. Y. 1973, Notre Dame Ind. 1979; dies./D. Nails (eds.), S. and the Sciences, Dordrecht 1986 (Boston Stud. Philos. Sci. XCI); M. Gueroult, S., I–II, Hildesheim/New York 1968/1974, ²1997; H. F. Hallett, Benedict de S.. The Elements of His Philosophy, London 1957, 2013; ders., Creation, Emanation and Salvation. A Spinozistic Study, The Hague 1962; S. Hampshire, S., Harmondsworth 1951, mit Untertitel: An Introduction to His Philosophical Thought, Harmondsworth 1987, London 1992 (span. S., Madrid 1982); E. E. Harris, Salvation from Despair. A Reappraisal of S.'s Philosophy, The Hague 1973 (ital. Salvezza della disperazione. Rivalutazione della filosofia di S., Mailand 1991); K. Hecker, S.s allgemeine Ontologie, Darmstadt 1978; R. Henrard, De spinozistische achtergrond van de beweging van wachtig, Leiden 1974; S. Hessing (ed.), Speculum Spinozanum 1677–1977, London etc. 1977, 1978; P. van der Hoeven, De cartesiaanse fysica in het denken van S., Leiden 1973; ders., The Significance of Cartesian Physics for S.'s Theory of Knowledge, in: J. G. van der Bend (ed.), S. on Knowing, Being and Freedom. Proceedings of the S. Symposium at the International School of Philosophy in the Netherlands (Leusden, September 1973), Assen 1974, 114–125; H. Hong, S. und die deutsche Philosophie. Eine Untersuchung zur metaphysischen Wirkungsgeschichte des Spinozismus in Deutschland, Aalen 1989; H. G. Hubbeling, S.'s Methodology, Assen 1964, ²1967; ders., S., Baarn 1966, ²1978 (dt. S., Freiburg 1978); C. Huenemann (ed.), Interpreting S.. Critical Essays, Cambridge etc. 2008, 2010; S. James, S. on Philosophy, Religion, and Politics. The Theologico-Political Treatise, Oxford etc. 2012; H. H. Joachim, A Study of the Ethics of S.. Ethica ordine geometrico demonstrata, Oxford 1901, New York 1964; ders., S.'s »Tractatus de intellectus emendatione«. A Commentary, Oxford 1940 (repr. Bristol 1993); M. Juffé, Café S., Lormont 2017; S. P. Kashap (ed.), Studies in S.. Critical and Interpretative Essays, Berkeley Calif./Los Angeles Calif./London 1972, 1974; ders., S. and Moral Freedom, Albany N. Y. 1987; F. Kauz, Substanz und Welt bei S. und Leibniz, Freiburg/München 1972;

M. J. Kisner, S. on Human Freedom. Reason, Autonomy and the Good Life, Cambridge etc. 2011; ders./A. Youpa (eds.), Essays on S.'s Ethical Theory, Oxford 2014; G. L. Kline (ed.), S. in Soviet Philosophy. A Series of Essays, London 1952, Westport Conn. 1981; O. Koistinen (ed.), The Cambridge Companion to S.'s Ethics, Cambridge etc. 2009; ders./J. Biro (eds.), S.. Metaphysical Themes, Oxford etc. 2002; J. Lacroix, S. et le problème du salut, Paris 1970; M. LeBuffe, From Bondage to Freedom. S. on Human Excellence, Oxford etc. 2010, 2012; Z. Levy, Baruch or Benedict. On Some Jewish Aspects of S.'s Philosophy, New York etc. 1989; ders., B. S.. Seine Aufnahme durch die jüdischen Denker in Deutschland, Stuttgart 2001; G. Lloyd, Part of Nature. Self-Knowledge in S.'s »Ethics«, Ithaca N. Y. 1994; B. Lord, S.'s Ethics. An Edinburgh Philosophical Guide, Edinburgh 2010; P. Macherey, Introduction à l'»éthique« de S.. La cinquième partie. Les voies de la libération, Paris 1994, 1997; A. MacIntyre, S., Enc. Ph. VII (1967), 530–541; T. C. Mark, S.'s Theory of Truth, New York/London 1972; E. Marshall, The Spiritual Automaton. S.'s Science of the Mind, Oxford etc. 2013; R. McKeon, The Philosophy of S.. The Unity of His Thought, New York/London/Toronto 1928 (repr. Woodbridge Conn. 1987); R. J. McShea, The Political Philosophy of S., New York/London 1968; J. A. M. Meerloo, S. en het probleem der communicatie, Leiden 1972; Y. Melamed, S.'s Metaphysics. Substance and Thought, Oxford etc. 2013, 2015; ders. (ed.), S.'s »Ethics«. A Critical Guide, Cambridge etc. 2017; ders./M. A. Rosenthal (eds.), S.'s »Theological-Political Treatise«. A Critical Guide, Cambridge etc. 2010, 2013; F. Mignini, Dio, l'uomo, la libertà. Studi sul »breve trattato« di S., L'Aquila 1990; R. Misrahi, Le désir et la réflexion dans la philosophie de S., Paris/London/New York 1972; J. Moreau, S. et le spinozisme, Paris 1971, ⁵1994; P.-F. Moreau, S.. L'expérience et l'éternité, Paris 1994, 2009; ders., S. et le spinozisme, Paris 2003, ⁴2014; S. Nadler, S.. A Life, Cambridge etc. 1999, 2009 (franz. S.. Une vie, Paris 2003); ders., S.'s Heresy. Immortality and the Jewish Mind, Oxford etc. 2001, 2004; ders., B. S., SEP 2001, rev. 2016; ders., Spinoza's »Ethics«. An Introduction, Cambridge etc. 2006, 2009; ders., A Book Forged in Hell. S.'s Scandalous Treatise and the Birth of the Secular Age, Princeton N. J./Oxford 2011; A. Naess, Freedom, Emotion and Self-Subsistence. The Structure of a Central Part of S.'s Ethics, Oslo/Bergen/Tromsø 1975, Dordrecht 2005 (= The Selected Works of Arne Naess VI); A. Negri, L'anomalia selvaggia. Saggio su potere e potenza in Baruch S., Mailand 1981, mit Untertitel: S. sovversivo, democrazia ed eternità in S., Rom 2006 (dt. Die wilde Anomalie. Baruch S.s Entwurf einer freien Gesellschaft, Berlin 1982; franz. L'anomalie sauvage. Puissance et pouvoir chez S., Paris 1982, 2006; engl. The Savage Anomaly. The Power of S.'s Metaphysics and Politics, Minneapolis Minn. 1991, 2000); G. H. R. Parkinson, S.'s Theory of Knowledge, Oxford 1954, 1964 (repr. Aldershot 1993); D. Pätzold, S. – Aufklärung – Idealismus. Die Substanz der Moderne, Frankfurt etc. 1995, erw. Assen ²2002; V. I. Peña García, El materialismo de S.. Ensayo sobre la ontologia spinozista, Madrid 1974; F. Pollock, S.. His Life and Philosophy, London 1880, London/New York ²1899 (repr. New York 1966); R. H. Popkin, S., Oxford 2004; J. S. Preus, Spinoza and the Irrelevance of Biblical Authority, Cambridge etc. 2001; C. Ramond, Qualité et quantité dans la philosophie de S., Paris 1995; H. M. Ravven/L. E. Goodman (eds.), Jewish Themes in S.'s Philosophy, Albany N. Y. 2002; L. Robinson, Kommentar zu S.s Ethik, Leipzig 1928; W. Röhrich, Staat der Freiheit. Zur politischen Philosophie S.s, Darmstadt 1969; L. Roth, S., London 1929, 1954 (repr. Westport Conn. 1979); ders., S., Descartes and Maimonides, Oxford 1924, New York 1963; D. D. Runes (ed.), S. Dictionary, New York 1951 (repr. Westport Conn. 1976); R. L.

Saw, The Vindication of Metaphysics. A Study in the Philosophy of S., London 1951, New York [2]1972; E. L. Schaub (ed.), S.. The Man and His Thought. Addresses Delivered at the S. Tercentenary, Sponsored by the Philosophy Club of Chicago, Chicago Ill. 1933; M. Schrijvers, S.s Affektenlehre. Ihre ontologische Grundlage und ihre systematische Stellung, Bern/Stuttgart 1989; W. Schröder, S. in der deutschen Frühaufklärung, Würzburg 1987; I. Segré, Le manteau de S.. Pour une éthique hors la loi, Paris 2014 (engl. S.. The Ethics of an Outlaw, London/New York 2017); H. Seidel, S. zur Einführung, Hamburg 1994, unter dem Titel: B. de Spinoza zur Einführung, Hamburg [2]2007; R. W. Shahan/J. I. Biro (eds.), S.. New Perspectives, Norman Okla. 1978, [2]1980; C. Signorile, Politica e ragione. S. e il primato della politica, Padua 1968, 1970; S. B. Smith, S.s Book of Life. Freedom and Redemption in the »Ethics«, New Haven Conn. etc. 2003; L. Sonntag/H. Stolte (eds.), S. in neuer Sicht, Meisenheim am Glan 1977; H. Steffen, Recht und Staat im System S.s, Bonn 1968; L. Strauss, S.s Critique of Religion, New York 1965, Chicago Ill. etc. 1997; C. J. Sullivan, Critical and Historical Reflections on S.s »Ethics«, Berkeley Calif./Los Angeles Calif. 1958; J.-M. Vaysse, Totalité et subjectivité. S. dans l'idéalisme allemand, Paris 1994; T. Verbeek, S.s »Theologico-Political Treatise«. Exploring the ›Will of God‹, Aldershot 2003; V. Viljanen, S.s Geometry of Power, Cambridge etc. 2001; T. de Vries, B. d. S. in Selbstzeugnissen und Bilddokumenten, Reinbek b. Hamburg 1970, [11]2011; M. Walther, Metaphysik als Anti-Theologie. Die Philosophie S.s im Zusammenhang der religionsphilosophischen Problematik, Hamburg 1971; ders. (ed.), S. und der deutsche Idealismus, Würzburg 1991, 1992; J. Wetlesen (ed.), S.s Philosophy of Man. Proceedings of the Scandinavian S. Symposium 1977, Oslo 1978; ders., The Sage and the Way, S.s Ethics of Freedom, Assen 1979; P. Wienpahl, The Radical S., New York 1979; J. B. Wilbur (ed.), S.s Metaphysics. Essays in Critical Appreciation, Assen/Amsterdam 1976; H. A. Wolfson, The Philosophy of S.. Unfolding the Latent Process of His Reasoning, I–II, Cambridge Mass. 1934 (repr., in 1 Bd., Cambridge Mass./London 1983) (franz. La philosophie de S.. Pour démêler l'implicite d'une argumentation, Paris 1999); Y. Yovel, S. and Other Heretics, I–II, Princeton N. J. 1989, 1992 (franz. S. et autres hérétiques, Paris 1991; dt. Das Abenteuer der Immanenz, Göttingen 1994, 2012); ders. (ed.), God and Nature. S.s Metaphysics. Papers Presented at the First Jerusalem Conference (Ethica I), Leiden etc. 1991; ders./G. Segal (eds.), S. on Knowledge and the Human Mind. Papers Presented at the Second Jerusalem Conference (Ethica II), Leiden/New York/Köln 1994; S. Zac, L'idée de vie dans la philosophie de S., Paris 1963; ders., S. et l'interprétation de l'Écriture, Paris 1965; ders., Philosophie, théologie, politique dans l'œuvre de S., Paris 1979; ders., Essais spinozistes, Paris 1985, 1986; ders., S. en Allemagne. Mendelssohn, Lessing, Jacobi, Paris 1989; T. Zweerman, L'introduction à la philosophie selon S.. Une analyse structurelle de l'introduction du traité le la réforme de l'entendement suivie d'un commentaire de ce texte, Assen/Maastricht 1993.   O. S.

Spinozismus, Bezeichnung für die Philosophie B. de Spinozas und die sich auf Spinoza berufenden Philosophen. Der S. läßt die Existenz nur einer einzigen selbständigen und mit Gott identifizierten ↑Substanz zu und bedeutet insofern einen ↑Monismus sowie einen Gott als die Natur (↑deus sive natura) verstehenden ↑Pantheismus. Philosophiehistorische Bedeutung gewann der S. im ↑Pantheismusstreit, der vor allem zwischen dem an

Spinoza orientierten G. E. Lessing und dem Spinozakritiker F. H. Jacobi ausgetragen wurde. Einfluß hat der S. im Deutschen Idealismus (↑Idealismus, deutscher), besonders in der Philosophie F. W. J. Schellings, bei J. W. v. Goethe und in der deutschen ↑Romantik gefunden. Allerdings wurde in der Romantik Spinozas ›Substanz‹ in ›Kraft‹ und ›organische Ganzheit‹ umgedeutet.

Literatur: N. Altwicker (ed.), Texte zur Geschichte des S., Darmstadt 1971; E. Balibar/H. Seidel/M. Walther (eds.), Freiheit und Notwendigkeit. Ethische und politische Aspekte bei Spinoza und in der Geschichte des (Anti-)S., Würzburg 1994 (Schriftenreihe der Spinoza-Ges. III); F. M. Barnard, Spinozism, Enc. Ph. VII (1967), 541–544, IX ([2]2006), 193–196; D. Bell, Spinoza in Germany from 1670 to the Age of Goethe, London 1984; M. Bollacher, Der junge Goethe und Spinoza. Studien zur Geschichte des S. in der Epoche des Sturms und Drangs, Tübingen 1969; J. Bonnamour (ed.), Spinoza entre lumière et romantisme. Actes du colloque de Fontenay-aux-Roses, 19–24 septembre 1983, Fontenay-aux-Roses 1985; W. van Bunge/W. Klever (eds.), Disguised and Overt Spinozism around 1700. Papers Presented at the International Colloquium [...], Leiden/New York/Köln 1996; K. Christ, Jacobi und Mendelssohn. Eine Analyse des Spinozastreits, Würzburg 1988; V. Delbos, Le problème moral dans la philosophie de Spinoza et dans l'histoire du spinozisme, Paris 1893 (repr. Hildesheim/Zürich/New York 1988, Paris 1990); ders., Le spinozisme. Cours professée à la Sorbonne en 1912–1913, Paris 1916, 2005; H. Delf/J. H. Schoeps/M. Walther (eds.), Spinoza in der europäischen Geistesgeschichte, Berlin 1994 (Studien zur Geistesgesch. XVI); G. Gawlick, S., Hist. Wb. Ph. IX (1995), 1398–1401; K. Hammacher, Über Friedrich Heinrich Jacobis Beziehungen zu Lessing im Zusammenhang mit dem Streit um Spinoza, in: G. Schulz (ed.), Lessing und der Kreis seiner Freunde, Heidelberg 1985, 51–74; A. Hebeisen, Friedrich Heinrich Jacobi. Seine Auseinandersetzung mit Spinoza, Bern 1960; H. Hölters, Der spinozistische Gottesbegriff bei M. Mendelssohn und F. H. Jacobi und der Gottesbegriff Spinozas, Emsdetten 1938; H. Hong, Spinoza und die deutsche Philosophie. Eine Untersuchung zur metaphysischen Wirkungsgeschichte des S. in Deutschland, Aalen 1989; H. Lindner, Das Problem des S. im Schaffen Goethes und Herders, Weimar 1960; B. Lord, Kant und Spinozism. Transcendental Idealism and Immanence from Jacobi to Deleuze, Basingstoke 2011; J. Moreau, Spinoza et le spinozisme, Paris 1971, [5]1994; P.-F. Moreau, Spinoza et le spinozisme, Paris 2003, [4]2014; M. M. Olivetti (ed.), Lo spinozismo ieri e oggi, Padua 1978; R. Otto, Studien zur Spinozarezeption in Deutschland im 18. Jahrhundert, Frankfurt/Berlin/Bern 1994; H. Scholz (ed.), Die Hauptschriften zum Pantheismusstreit zwischen Jacobi und Mendelssohn, Berlin 1916, ed. W. E. Müller, Waltrop 2004 (engl. [Teilübers.], ed. G. Vallée, The Spinoza Conversations between Lessing and Jacobi. Texts with Excerpts from the Ensuing Controversy, Lanham Md. 1988); M. Walther (ed.), Spinoza und der deutsche Idealismus, Würzburg 1991, 1992; S. Zac, Spinoza en Allemagne. Mendelssohn, Lessing et Jacobi, Paris 1989. – F. Bamberger, Spinoza and Anti-Spinoza Literature. The Printed Literature of Spinozism, 1665–1832, Cincinnati Ohio 2003.   O. S.

Spiritualismus, Bezeichnung für die Gegenposition zum Materialismus (↑Materialismus (historisch), ↑Materialismus (systematisch)), die allerdings keine durch ein systematisches Konstruktionsprinzip definierbare philosophische Konzeption, sondern die mit unterschiedlichen philosophischen Konzeptionen verbundene Verteidigung eines Primats des ↑Geistes darstellt. Die Vertreter des S. sehen diesen Primat durch materialistische und positivistische (↑Positivismus (historisch), ↑Positivismus (systematisch)) Lehren bedroht. Der *ontologische* oder *metaphysische* S. sucht nachzuweisen, daß die Wirklichkeit (alle existierenden Gegenstände und die ihnen zukommenden Eigenschaften; ↑wirklich/Wirklichkeit) durch ein geistiges (immaterielles) Prinzip erzeugt oder geformt ist. Für den *psychologischen* S. geht es um den Nachweis, daß die ↑Seele Geist ist. Erforderlich erscheinen den Vertretern des S. diese Nachweise, um gegen materialistische Darstellungs- und Erklärungsweisen auch des menschlichen Empfindens, Handelns und Redens dessen Einzigartigkeit hervorheben zu können. Die verwendeten Argumente sind dabei zum Teil der Tradition Platons, dem ↑Neuplatonismus, dem ↑Augustinismus, dem ↑Cartesianismus, der Leibnizschen Monadologie (↑Monadentheorie) und dem Deutschen Idealismus (↑Idealismus, deutscher), zum Teil der christlich-scholastischen Interpretation dieser Traditionen oder existenzphilosophischen (↑Existenzphilosophie) Gedanken entnommen. Während im italienischen S. in der Nachfolge von und in Auseinandersetzung mit B. Croce und G. Gentile die ↑Neuscholastik großen Einfluß hat (F. Carlini, A. Guzzo, M. F. Sciacca, J. Stefanini), werden im französischen S., der vor allem durch H. L. Bergson und M. Blondel inauguriert wurde, existenzphilosophische Überlegungen aufgenommen (R. Le Senne, L. Lavelle).

Literatur: A. Arndt/W. Jaeschke (eds.), Materialismus und S.. Philosophie und Wissenschaften nach 1848, Hamburg 2000; A. C. Doyle, The History of Spiritualism, I–II, New York 1926 (repr. New York 1975), Newcastle upon Tyne 2009 (= Complete Works LI); D. R. Griffin (ed.), Spirituality and Society. Postmodern Visions, Albany N. Y. 1988; K. Grünepütt/W. Büttemeyer, S., Hist. Wb. Ph. IX (1995), 1403–1415; W. Kühlmann, Gelehrtenkultur und S.. Studien zu Texten, Autoren und Diskursen der frühen Neuzeit in Deutschland, Heidelberg 2016; J. Leclercq, Chances de la spiritualité occidentale, Paris 1966; ders./F. Vandenbroucke/L. Bouyer, La spiritualité du moyen âge, Paris 1961 (Histoire de la spiritualité chrétienne II) (engl. The Spirituality of the Middle Ages, London 1986; ital. La spiritualità del medioevo, Bologna 1986); J. Marböck/R. Zinnhobler (eds.), Spiritualität in Geschichte und Gegenwart, Linz 1974; G. K. Nelson, Spiritualism and Society, London 1969; F. Podmore, Modern Spiritualism. A History and a Criticism, I–II, London/Plymouth 1902 (repr. London 2000 [The Rise of Victorian Spiritualism VI–VII]); S. Poggi/W. Röd, Die Philosophie der Neuzeit IV. Positivismus, Sozialismus und S. im 19. Jahrhundert, München 1989 (Geschichte der Philosophie X); E. Rossi, Das menschliche Begreifen und seine Grenzen. Materialismus und S.. Ihre Irrtümer, Schäden und Überwindung, Bonn 1968; M. Viller u. a. (eds.), Dictionnaire de spiritualité ascétique et mystique. Doctrine et histoire, I–XVII, Paris 1937–1995; G. L. Ward (ed.), Spiritualism, I–II, New York etc. 1990.   O. S.

spontan/Spontaneität (von lat. spontaneus/spontaneitas; engl. spontaneous/spontaneity, franz. spontané/spontanéité), im Gegensatz zu ›rezeptiv‹ und ›Rezeptivität‹ (↑rezeptiv/Rezeptivität) Bezeichnung für das Vermögen der Selbsttätigkeit und der Selbstbestimmung. Während unter ↑›Autonomie‹ im engeren Sinne bereits die *moralische* Selbstbestimmung verstanden wird, bezeichnet ›S.‹ zunächst die *pragmatische* Selbständigkeit einer (ohne äußeren Einfluß vollzogenen) ↑Handlung; so dem Sinne nach schon bei Aristoteles (Eth. Nic. Γ3.1111a22–24) und Thomas von Aquin (In Arist. librum De anima commentarium II 7, ed. A. M. Pirotta, Turin 1925, ⁴1959, 82 [§ 314]), explizit z. B. bei G. W. Leibniz im Zusammenhang mit dem Freiheitsbegriff (↑Freiheit) und der ↑Monadentheorie (»Spontaneitas est contingentia sine coactione, seu spontaneum est quod nec necessarium nec coactum est«, Initia et specimina scientiae novae generalis pro instauratione et augmentis scientiarum, Philos. Schr. VII, 108). Bei I. Kant ist die Unterscheidung zwischen einem s.en Vermögen (dem, »was unser eigenes Erkenntnisvermögen (durch sinnliche Eindrücke bloß veranlaßt) aus sich selbst hergibt«) und einem rezeptiven Vermögen (dem, »was wir durch Eindrücke empfangen«, KrV B 1) konstitutiv für den Begriff der ↑Erkenntnis im allgemeinen und insbes. im Rahmen der ↑Transzendentalphilosophie. In einem handlungstheoretischen Rahmen spricht Kant von einer ›Kausalität aus Freiheit‹ und definiert diese als eine absolute S. der Ursachen, »eine Reihe von Erscheinungen, die nach Naturgesetzen läuft, *von selbst* anzufangen« (KrV B 475). In der Bedeutung eines Vermögens, »Vorstellungen selbst hervorzubringen« (KrV B 75), bzw. als S. des Denkens (KrV B 93), desgleichen bezogen auf die Bildung von ↑Kategorien bzw. reinen Verstandesbegriffen (↑Verstandesbegriffe, reine) und die Leistungen des ↑Selbstbewußtseins, wird dieser Begriff bei Kant in einer Begriffstheorie weiter ausgearbeitet (unter der Fragestellung, »welche Handlungen des Verstandes einen Begriff ausmachen«, Logik § 5, Akad.-Ausg. IX, 93–94). Die Begriffsbildung verdankt sich nach dieser Konzeption wie auch in der Konstruktiven Sprachtheorie im ↑Konstruktivismus (↑Universalien) einer s.en logischen Handlung.

Literatur: H. E. Allison, Kant's Refutation of Materialism, Monist 72 (1989), 190–208, Neudr. in: ders., Idealism and Freedom. Essays on Kant's Theoretical and Practical Philosophy, Cambridge/New York/Melbourne 1996, 92–106, 199–201; W. Bernard, Rezeptivität und S. der Wahrnehmung bei Aristoteles. Versuch einer Bestimmung der s.en Erkenntnisleistung der Wahrnehmung bei Aristoteles in Abgrenzung gegen die rezeptive Auslegung der Sinnlichkeit bei Descartes und Kant, Baden-Baden 1988; R. Finster, S., Freiheit und unbedingte Kausalität bei Leibniz, Crusius und Kant, Stud. Leibn. 14 (1982), 266–277; A. Gotthelf, Teleology and Spontaneous Generation in Aristotle. A Discussion, Apeiron 22 (1989), H. 4, 181–193; A. C. Graham, Reason and Spontaneity,

London, Totowa N. J. 1985; A. Gunkel, S. und moralische Autonomie. Kants Philosophie der Freiheit, Bern/Stuttgart 1989; M. Haase, S., EP III (²2010), 2555–2559; R. Hamowy, The Scottish Enlightenment and the Theory of Spontaneous Order, Carbondale Ill. 1987; I. Heidemann, S. und Zeitlichkeit. Ein Problem der »Kritik der reinen Vernunft«, Köln 1958 (Kant-St. Erg.hefte 75); A. Kenny, Freedom, Spontaneity and Indifference, in: T. Honderich (ed.), Essays on Freedom of Action, London/Henley/Boston Mass. 1973, 2015, 87–104; A. Kern, Rezeptivität/S., in: M. Willaschek u. a. (eds.), Kant-Lexikon II, Berlin/Boston Mass. 2015, 1975–1982; J. Lennox, Teleology, Chance, and Aristotle's Theory of Spontaneous Generation, J. Hist. Philos. 20 (1982), 219–238; J. Mittelstraß, S. Ein Beitrag im Blick auf Kant, Kant-St. 56 (1966), 474–484, Neudr. in: G. Prauss (ed.), Kant. Zur Deutung seiner Theorie von Erkennen und Handeln, Köln 1973, 62–72, ferner in: J. Mittelstraß, Leibniz und Kant. Erkenntnistheoretische Studien, Berlin/Boston Mass. 2011, 224–237; R. B. Pippin, Kant on the Spontaneity of Mind, Can. J. Philos. 17 (1987), 449–475, Neudr. in: ders., Idealism as Modernism. Hegelian Variations, Cambridge 1997, 29–55; S. Rosen, Freedom and Spontaneity in Fichte, Philos. Forum NS 19 (1987/1988), 140–155; M. Sgarbi, Kant on Spontaneity, London/New York 2012; W. Vossenkuhl, S., Z. philos. Forsch. 48 (1994), 329–349; weitere Literatur: ↑rezeptiv/Rezeptivität.   J. M.

Sprachanalyse (engl. analysis of language, linguistic analysis), in ↑Sprachphilosophie und ↑Linguistik Bezeichnung für ein Verfahren zur Klärung der Funktionstüchtigkeit der ↑Sprache als des wichtigsten Werkzeugs des Denkens. S. ist so alt wie die Philosophie selbst, wie es besonders an den Sokratischen Dialogen Platons ablesbar ist, sind doch kritische Untersuchungen über Gegenstände ohne gleichzeitige Untersuchung der dabei eingesetzten Hilfsmittel unmöglich. Allerdings hat es lange gedauert, ehe sich in Gestalt der Sprachphilosophie als einer eigenständigen philosophischen Disziplin die mit den begrifflichen Bestimmungen des Terminus ›Sprache‹ verbundenen Probleme so weit klären ließen, daß die von den tradierten Entgegensetzungen ›denken – sprechen‹ und ›sprechen – handeln‹ abgelesene Mittelstellung der Sprache zwischen ↑Bewußtsein und Verhalten (↑Verhalten (sich verhalten)) für die Wissenschaft von der Sprache, die Linguistik, auf der (Gegenstands-)Seite des Bewußtseins einen eigenständigen Platz zwischen ↑Logik und ↑Psychologie und auf der (Hilfsmittel-)Seite des Verhaltens einen eigenständigen Platz zwischen ↑Semiotik und ↑Pragmatik zur Folge hatte.

Geht es um S. allein im Blick auf die Funktion der Sprache als Erkenntnismittel, so spricht man von *logischer* S. (↑Analyse, logische), wie sie als ↑Methode unter dem Aufruf zur *logischen Analyse sprachlicher Ausdrücke* für die mit B. Russell und G. E. Moore im Anschluß an G. Frege und radikalisiert durch L. Wittgenstein ins Leben gerufene Analytische Philosophie (↑Philosophie, analytische) charakteristisch geworden ist. Insofern jede solche logische S. – gleichgültig ob sie sich auf den unpro-

blematischen Kern der ↑Gebrauchssprache, die Umgangs- oder ↑Alltagssprache, richtet oder auf bezüglich der erkenntnisvermittelnden Funktion der Sprache problematische Bereiche, also die ↑Wissenschaftssprache oder die Bildungssprache – sowohl deskriptiv (↑deskriptiv/präskriptiv), d. h. bereits vorhandenen ↑Sprachgebrauch beschreibend, als auch ↑normativ, d. h. erwünschten künftigen Sprachgebrauch regelnd, verfährt, beruht sie auf einer epistemischen Beurteilung dieses Sprachgebrauchs im Hinblick darauf, ob er dem ↑Erkenntnisinteresse dient: Die logische S. erfolgt als ↑Sprachkritik und ist sowohl in der von Wittgenstein ausgelösten radikalen Version der Analytischen Philosophie, als ↑›Wissenschaftslogik‹ im Logischen Empirismus (↑Empirismus, logischer) im Sinne von R. Carnap, als auch als ›linguistic philosophy‹ im Linguistischen Phänomenalismus (↑Phänomenalismus, linguistischer) im Sinne von G. Ryle, die grundsätzlich einzige philosophische Methode (↑Wende, linguistische). Sie konstituiert sich insbes. durch Abgrenzung von der traditionell als ›Bewußtseinsanalyse‹ auftretenden, allein den Gegenstand, z. B. (wie bei J. Locke) die Ideen (↑Idee (historisch)), im Blick habenden *psychologischen* S. einerseits und durch Abgrenzung von einer allein das Hilfsmittel, die sprachlichen Ausdrücke, im Blick habenden *grammatischen* S. andererseits. Dabei ist die psychologische S. im Zusammenhang mit der Entwicklung der hermeneutischen Methode (↑Methode, hermeneutische) derart zu einer *hermeneutischen* S. (↑Sprachhermeneutik) weiterentwickelt worden, daß die der ↑Hermeneutik zugrundeliegenden traditionellen Verfahren der historischen Textkritik als Werkzeuge der hermeneutischen S. diese selbst ebenfalls in inhaltbezogene und formbezogene S. gliedern: Erst auf der Basis einer gesicherten Textgestalt (*recensio*) läßt sich ein Verstehen (*interpretatio*) zu einer Verbesserung des Textes (*emendatio*) nutzen.

Auch für die grammatische S. der Linguistik wiederholen sich die nach Gegenstand und Hilfsmittel gegliederten Gesichtspunkte der Untersuchung: Gegenständliche Bedeutung, die ›Inhaltsformen‹, sind Thema einer *semantischen* S. (↑Semantik); sie führen zur Herausarbeitung der ↑Tiefenstruktur eines Satzes oder eines ganzen Textes (↑Tiefengrammatik), während die sie darstellenden Hilfsmittel, die ›Ausdrucksformen‹, von der *syntaktischen* S. (↑Syntaktik) thematisiert werden, die eine Bestimmung der ↑Oberflächenstruktur von Sätzen oder Texten zum Ziel hat. Die *pragmatische* S. (↑Pragmatik) muß hingegen durch ihren Bezug auf ↑Sprachhandlungen in Verwendungssituationen das gesamte Wechselspiel von Syntax und Semantik berücksichtigen, wobei allerdings in der Sprechakttheorie (↑Sprechakt) grundsätzlich nur Sprachhandlungen 2. Stufe und in der Theorie der ↑Prädikation zunächst nur elementare Sprachhandlungen untersucht werden.

Die engen Beziehungen der semantischen S. sowohl mit der logischen als auch mit der psychologischen bzw. hermeneutischen S. und aus diesem Grunde auch der pragmatischen S. mit der logischen S. unter Berücksichtigung der allgemeinen zeichentheoretischen und handlungstheoretischen Gesichtspunkte führen zu schwierigen Abgrenzungsproblemen, die in der Regel so gelöst werden, daß logische S. sich auf die Ermittlung (faktisch oder begrifflich – das ist strittig) universaler Strukturen von Sprache(n) beschränkt (↑Universalsprache, ↑Philosophie des Geistes, ↑philosophy of mind), während sich grammatische S. auf ↑partikulare Strukturen natürlicher Sprachen (↑Sprache, natürliche) konzentriert. Z. B. haben die deutschen Sätze ›Löwen sind selten‹ und ›Löwen sind geschmeidig‹ denselben grammatischen, aber einen verschiedenen logischen Bau, weil ›selten‹ nicht wie ›geschmeidig‹ eine Eigenschaft 1. Stufe (von Löwen), sondern eine Eigenschaft 2. Stufe (von Aussageformen wie ›x ε Löwe‹) darstellt.

Der Einsatz formaler Sprachen (↑Sprache, formale) ist als speziell logisches Werkzeug auch für die Analyse natürlicher Sprachen zunehmend wichtig geworden und hat z. B. in der *Computerlinguistik* zur Entwicklung hochdifferenzierter Grammatikmodelle geführt, obwohl die neu ins Blickfeld gerückten Probleme der Sprachentstehung, systematisch wie historisch, phylogenetisch wie ontogenetisch, dabei in der Regel noch ausgeblendet bleiben. Sie erfordern nämlich zu ihrer Behandlung wiederum neue Methoden der *Sprachsynthese*, also Rekonstruktionen zum Nachvollzug des Aufbaus der verschiedenen ↑kognitiven Leistungen, die derzeit von verschiedenen Disziplinen der ↑*Kognitionswissenschaft* (↑Philosophie des Geistes, ↑philosophy of mind) sowohl kooperativ als auch kompetitiv in Angriff genommen werden.

Literatur: M. Black, Language and Philosophy. Studies in Method, Ithaca N. Y. 1949, Westport Conn. 1981; R. Bubner (ed.), Sprache und Analysis. Texte zur englischen Philosophie der Gegenwart, Göttingen 1968; R. Carnap, Überwindung der Metaphysik durch logische Analyse der Sprache, Erkenntnis 2 (1931), 219–241, Neudr. in: E. Hilgendorf (ed.), Wissenschaftlicher Humanismus. Texte zur Moral- und Rechtsphilosophie der frühen logischen Empirismus, Freiburg/Berlin/München 1998, 72–102; M. Dummett, Origins of Analytical Philosophy, London 1993, London etc. 2014 (dt. Ursprünge der analytischen Philosophie, Frankfurt 1988, 2004; franz. Les origines de la philosophie analytique, Paris 1991); J. A. Fodor/J. J. Katz, The Structure of Language. Readings in the Philosophy of Language, Englewood Cliffs N. J. 1964, 1970; T. Griffith, Discovering Linguistics. An Introduction to Linguistic Analysis, Dubuque Iowa 2009; G. Gross, Manuel d'analyse linguistique. Approche sémantico-syntaxique du lexique, Villeneuve d'Ascq 2012; B. Heine/H. Narrog (eds.), The Oxford Handbook of Linguistic Analysis, Oxford etc. 2010, ²2015; G. Keil/U. Tietz (eds.), Phänomenologie und S., Paderborn 2006; K. Lorenz, Elemente der Sprachkritik. Eine Alternative zum Dogmatismus und Skeptizismus in der Analytischen Philosophie, Frankfurt 1970, 1971; ders., Dialogischer Konstruktivismus, Berlin/New York 2009; G.-L. Lueken, S., EP III (²2010), 2559–2563; G. Patzig, Sprache und Logik, Göttingen 1970, ²1981; A. Puglielli/M. Frascarelli, Linguistic Analysis. From Data to Theory, Berlin/New York 2011; R. W. Puster, Die Metaphysik der S.. Das Sagbarkeitsprinzip und seine Verwendung von Platon bis Wittgenstein, Tübingen 1997; A. Quinton, Linguistic Analysis, in: R. Klibansky (ed.), Philosophy in the Mid-Century. A Survey II (Metaphysics and Analysis)/La Philosophie au milieu du vingtième siècle. Chroniques II (La crise de la métaphysique), Florenz 1958, ²1961, 146–202; R. Rorty (ed.), The Linguistic Turn. Recent Essays in Philosophical Method, Chicago Ill./London 1967, 1988, mit Untertitel: Essays in Philosophical Method. With Two Retrospective Essays, 1992, 2002; J. Spitzmüller/I. H. Warnke, Diskurslinguistik. Eine Einführung in Theorien und Methoden der transtextuellen S., Berlin/New York 2011; E. Tugendhat, Vorlesungen zur Einführung in die sprachanalytische Philosophie, Frankfurt 1976, ⁶1994, 2010; ders., Selbstbewußtsein und Selbstbestimmung. Sprachanalytische Interpretationen, Frankfurt 1979, ⁵1993, 2010; F. Waismann, Was ist logische Analyse?, Erkenntnis 8 (1939/1940), 265–289; weitere Literatur: ↑Philosophie, analytische, ↑Philosophie des Geistes, ↑philosophy of mind, ↑Sprachhermeneutik. K. L.

Sprache (engl. language, franz. langage), im engeren Sinne Bezeichnung für ein der Spezies homo sapiens eigentümliches Hilfsmittel zur Verständigung über Gegenstände. Es stellt einen eigenständigen Handlungsbereich dar, dessen Einheiten, die elementaren ↑Sprachhandlungen, eine *Kommunikationsfunktion* und eine *Signifikationsfunktion* haben. An dieser Stelle wird auch auf das von K. Bühler entworfene und die Kommunikationsfunktion bezüglich Sprecher und Hörer in zwei Teile zerlegende Organonmodell der S. zurückgegriffen: S. dient dem ›Ausdruck‹, dem ›Appell‹ und der ›Darstellung‹.

Das allen Menschen eigene unhintergehbare (↑Unhintergehbarkeit) ↑Sprachvermögen, das sich grundsätzlich in jedem erwachsenen Individuum durch *Sprachkompetenz* dokumentiert, muß streng von den Realisierungen in der *Rede*, der *Sprachperformanz*, die grundsätzlich verbalsprachlich erfolgt, sich aber auch eines anderen Mediums (↑Medium (semiotisch)) bedienen kann, unterschieden werden. Darin drückt sich die Trennung zwischen S. als System (↑Sprachsystem) und S. als ↑Handlung aus. Hinzu kommt, daß sowohl das Können als auch seine Realisierung, die wie bei jeder Handlung durch die Unterscheidung von ↑Schema und ↑Aktualisierung als Instanz eines ↑Schemas begrifflich faßbar sind (↑type and token), im allgemeinen als Sprechenkönnen und Sichäußern, und im besonderen in einer einzelnen *natürlichen* S. (↑Sprache, natürliche) betrachtet werden können. Dabei ist hinsichtlich der Natur der Gemeinsamkeiten unter den Einzelsprachen, von denen noch immer, die Schwierigkeiten bei der ↑Individuation einer S. außer acht lassend (z. B. die Frage, wann zwei S.n Dialektvarianten einer S. oder verschiedene S.n sind), weit über 3000 weltweit in Gebrauch sind – im Blick auf historische Verwandtschaft in Analogie zum Pflanzen- und Tierreich genealogisch statt nur typologisch in Sprachfamilien und sowohl in kleinere als auch in größere Einheiten klassifiziert –, keine einfache Antwort möglich.

Es gehört zu den Aufgaben der Sprachwissenschaft, sowohl in ihrem empirischen Teil, der ↑Linguistik, als auch in ihrem reflexiven, unter anderem die ↑Wissenschaftstheorie der Linguistik einschließenden Teil, der ↑Sprachphilosophie, die Frage nach der Existenz sprachlicher ↑Universalien (alle bekannten Sprachen verfügen z.B. über die ↑Indikatoren ›ich‹ und ›du‹) bzw. nach den Grundsätzen einer rationalen oder logischen Grammatik (ohne das Instrument der ↑Prädikation z.B. läßt sich keine S. als S. identifizieren; ↑Grammatik, logische) zu stellen. Dabei hat die von der Linguistik insbes. im 19. Jh. unter Aufgreifen älterer Spekulationen über eine mögliche ›Ursprache‹ (↑Sprache, adamische) intensiv diskutierte Frage nach dem Sprachursprung – wobei sich im wesentlichen eine naturalistische (↑Naturalismus) These, die S. als Produkt biologischer Entwicklung, und eine theologische These, die S. als ursprüngliche Schöpfung Gottes (die in kreativem Sprachgebrauch von Menschen wiederholt werden könne), gegenüberstehen – zeitweise an Bedeutung verloren und wird erst in neuester Zeit wieder im Zusammenhang von Rekonstruktionsversuchen mit Methoden interlingualer Sprachstatistik behandelt. Sie lebt im übrigen fort in dem seit Platon, aber auch in der indischen Sprachphilosophie (↑Logik, indische) geführten Streit darüber, ob S. ›von Natur‹ ($\varphi \acute{\upsilon} \sigma \varepsilon \iota$) oder ›durch Vereinbarung‹ ($\theta \acute{\varepsilon} \sigma \varepsilon \iota$) ihre Funktionen erfülle (↑Konventionalismus).

Die Unterscheidung zwischen der Schemaebene einer Sprachhandlung, ihrem *type*, und der Aktualisierungsebene in ↑Äußerungen, ihren *tokens*, ist allerdings kein Fall der ›universal-singular‹-Unterscheidung, wie es die Terminologie von Schema und Aktualisierung nahelegen könnte. Vielmehr handelt es sich bei den Äußerungen jeweils um individuelle Einheiten, die unter die Kategorie ↑Ereignis fallen und ständig als Artefakte produziert werden. Allerdings werden sie *unter einem zweifach schematischen Gesichtspunkt* (von Sprecher *und* Hörer) verstanden (durch Einübung, den Sprachhandlungskompetenzerwerb, wie er mit Hilfe dialogischer Elementarsituationen, eine ↑Lehr- und Lernsituation, modelliert werden kann), nämlich als Instanz eines Sprachhandlungstyps zur Bezeichnung eines schematischen Zugs eines Gegenstandes. Nur mit der Übernahme dieser Rolle, die, weil jedes Sprechereignis Instanz vieler Sprachhandlungstypen sein kann, die Einübung, eine Art Serienprodukt ›gleichartiger‹ Artefakte (die auch virtuell erfolgen kann, wenn man mit Hilfe eines ↑Paradigmas, z.B. für eine grammatische Regel in

einer traditionellen ↑Grammatik, das Allgemeine erfaßt), zu einem Fall sozialer Standardisierung macht, wird ein individueller Gegenstand, ein Partikulare (↑Partikularia), zu einem (in diesem Falle verbalsprachlichen) *Zeichen* (↑Zeichen (semiotisch)), also zu einem ausschließlich schematisch, als Typ, fungierenden Gegenstand, der zur Bezeichnung schematischer Züge beliebiger Gegenstände dienen kann. Ist ein solches Zeichen vom Dingtyp und nicht vom Ereignistyp, so spricht man auch von einer ↑Marke.

Dadurch, daß die im Handlungsverstehen greifbare semiotische (↑Semiotik) Seite des Umgangs mit Gegenständen (im Unterschied zu der im Handlungsvollzug sich zeigenden pragmatischen Seite des Umgangs mit Gegenständen; ↑Handlung) sich ihrerseits aktiv-pragmatisch in einer verbalen, piktoralen, gestischen oder anders realisierten (allgemein sprachlichen) ↑*Artikulation* und passiv-semiotisch in einer mentalen, optischen, kinetischen oder anders den Gegenstand auffassenden ↑*Wahrnehmung* ausdifferenziert, wodurch die speziell verbale Artikulation ihren Resultaten, den (lautlichen oder schriftlichen) ↑*Artikulatoren*, ihre Zeichenrolle verleiht, verschwindet auch das seit den Anfängen des Nachdenkens über S. wie ein Vexierbild auftretende Problem, den Zusammenhang von S. und Welt (erstmals bei den ↑Vorsokratikern) bzw. von Denken und Sprechen (erstmals in der ↑Sophistik) zu artikulieren. Einerseits scheint S. mit der ihr durch das Denken zukommenden Kraft der Erfindung die Welt zu verhüllen; es bedarf einer durch ↑Sprachanalyse vollziehbaren ↑Sprachkritik, um ›die‹ Welt in der S. wieder sichtbar zu machen, was aber das Ausgangsproblem nur auf die Kriterien der Sprachkritik verlagert. Andererseits scheint ohne S., und sei es auch nur eine ↑Privatsprache, die durch sie erst zugänglich gemachte Welt zu einer bloßen Chimäre des Gedankens zu verblassen, und zwar mit der Folge, daß die Drohung eines Sprachrelativismus (↑Relativismus) selbst dann, wenn sich das menschliche Sprachvermögen als genetisch verankerte Universalgrammatik (N. Chomsky) nachweisen ließe (was ersichtlich nicht ohne S. möglich ist), durch das Ausgeliefertsein an den historischen Prozeß biologischer und sozialer Sprachentwicklung in Natur und Kultur unausweichlich wird.

Das Erkennen, ein Zugang zu den Gegenständen, wie er auf der untersten Stufe im Verstehen des handelnden Umgangs mit ihnen (d.h. durch Beherrschung des Handlungs*schemas*) wirklich ist, und das Sein der Gegenstände, wie es sich auf der untersten Stufe allein im Vollzug desselben handelnden Umgangs mit ihnen darstellt, sind durch den vom philosophischen ↑Pragmatismus bei C. S. Peirce erstmals präzise angegebenen Schritt einer *Naturalisierung der S.* (W. V. O. Quine) – die WeltS.-Differenz wird transformiert in die Gestalt: Sprechen als bloß ›äußere‹ Tätigkeit gegenüber der ›inneren‹ Tätigkeit des Denkens (der ›mentalen‹ S.; ↑Sprache des Denkens) – und einer *Symbolisierung der Welt* (E. Cassirer) – die Welt-S.-Differenz wird transformiert in die Gestalt: bloß ›verursachte‹ Bewegung bzw. (äußeres) Verhalten gegenüber ›intentionalem‹ Handeln – als untrennbar begriffen. Epistemologie (↑Erkenntnistheorie) und ↑Ontologie (›what is true‹ und ›what there is‹, Quine) sind nur zwei Seiten derselben Medaille, oder, in den Worten L. Wittgensteins (vgl. Tract. 4.014), S. und Welt stehen in einer ›internen‹ Beziehung zueinander, weil ihnen der logische Bau gemeinsam ist (↑intern/extern (3)).

Allerdings ist es für ein besseres Verständnis dieser Zusammengehörigkeit wichtig, sich neben den beiden Seiten oder Perspektiven einer speziell verbalen Artikulation, ihrer pragmatischen Seite, die sich im Sprechen (pragmatisch) und Hören (semiotisch) vollzieht, und ihrer semiotischen Seite, die als Kommunikation durch eine ↑Prädikation in einem Modus und damit in einem ↑Satz (pragmatisch) sowie als Signifikation durch eine ↑Ostension in einer ↑Gegebenheitsweise und damit in einem ↑Wort (semiotisch) verstanden wird, auch die beiden dabei auftretenden Stufen der Artikulation, die *einfache* und die *symbolische* Artikulation, vor Augen zu führen: Als eine einfache Sprachhandlung realisiert eine Artikulation ↑*Objektkompetenz* (*knowledge by acquaintance*); Sprechen steht auf der gleichen Stufe wie Zeichnen oder andere nicht-verbale Artikulationsweisen und kann so seine sinnliche Funktion in ↑Kunst und ↑Mythos übernehmen. Als eine symbolische Sprachhandlung hingegen realisiert sie ↑*Metakompetenz* (*knowledge by description*); Sprechen übernimmt die Funktion der Vertretung beliebiger anderer Weisen des Handlungsverstehens, unter denen einige auch als einfache Artikulationen und zugehörige Wahrnehmungen, sei es mit anderen Worten und zugehörigen Vorstellungen oder z. B. mit den Augen (zeichnend und sehend, beides eventuell auch nur virtuell, mit dem ›inneren‹ Auge), verfügbar sein müssen, und ist so für eine begriffliche Funktion verfügbar.

In jeder S. wird der unbegrenzte Bereich der Artikulatoren durch eine doppelte Gliederung – in der ↑Grammatik, auch der für die moderne Linguistik seit Beginn des 19. Jhs. beispielgebenden indischen Grammatik bei Pāṇini, die Artikulation im engeren Sinne – der sprachlichen Zeichen, auf der lautlichen (oder schriftlichen) Ebene des Zeichenträgers und auf der Bedeutungsebene des vollen Zeichens (signifiant und signifié, F. de Saussure) mit Hilfe eines endlichen Vorrats von Lautzeichen (oder von ihnen abhängigen, z. B. im Deutschen, oder unabhängigen, z. B. im Chinesischen, Schreibzeichen, ↑Phonem, ↑Graphem, ↑Schrift) und (aus ihnen aufgebauten) selbständigen oder unselbständigen Bedeutungszeichen (↑Lexem, ↑Morphem) durch strukturierte,

d. h. durch grammatische Regeln erfaßbare, Zusammensetzung (Gegenstand von Morphologie und ↑Syntaktik, der Theorie der ↑Syntax) erzeugt. Dabei erscheinen auch komplexe Artikulatoren, die in ihrer signifikativen Rolle als Wort auftreten, in der einer ↑Kommunikation dienenden Äußerung als Satz. In den verschiedenen natürlichen S.n sind zahlreiche und durchaus unterschiedliche Hilfsmittel ausgebildet worden, um Fixierungen dieser Rollen vorzunehmen, z. B. in vielen S.n durch eine auch grammatisch realisierte Unterscheidung von ↑Nominator und ↑Prädikator, also benennender und aussagender Rolle von Artikulatoren in semiotischer Perspektive, etwa ›dies große Haus‹ versus ›dies Haus ist groß‹. Die für die Bildung eines Satzes konstitutive ↑Kopula – sie braucht nicht lexikalisch, sie kann auch morphosyntaktisch realisiert sein oder tritt, wie regelmäßig bei Einwortsätzen, ausschließlich kontextuell während einer Äußerung auf – ist das Zeichen der internen, also *semiotischen Relation* zwischen Welt und S. (von etwas Individuellem wird etwas Allgemeines ausgesagt; ↑Prädikation); sie darf nicht mit einer gewöhnlichen externen ↑Relation zwischen Gegenständen verwechselt werden.

Insofern ein Satz der Kommunikation dient, geht es dabei um eine Erkenntnis; der ↑Modus seiner Äußerung entscheidet darüber, ob die Erkenntnis in Frage steht, ob sie gewünscht wird und für wen oder welche andere propositionale Einstellung (↑Einstellung, propositionale) eingenommen und welche Art Geltungsanspruch damit verbunden ist. Auch der Anspruch auf ↑Wahrheit kann nur in bezug auf einen Modus, nämlich den der ↑Behauptung – der Satz wird dann als Behauptung einer ↑Aussage geäußert – erhoben werden; er wird auch nur in bezug auf diesen Behauptungsmodus durch einen dem ↑Beweis der Behauptung dienenden Argumentationsprozeß gegebenenfalls in einem ↑Urteil eingelöst.

Es gehört nicht mehr zu den Aufgaben der Sprachwissenschaft, weder ihres empirischen noch ihres reflexiven Anteils, zu untersuchen, ob erhobene Ansprüche eingelöst worden sind. Untersucht wird stattdessen, *wie* solche Ansprüche sprachlich faktisch ausgedrückt werden oder in rationalen ↑Rekonstruktionen ausgedrückt werden können; dazu bedarf es des ganzen Arsenals syntaktischer, semantischer und pragmatischer Verfahren (↑Syntax, ↑Syntax, logische, ↑Semantik, ↑Semantik, logische, ↑Pragmatik, ↑Sprechakt). Geltungsfragen gehören hingegen in die Praxis der Sprachbenutzer oder der Wissenschaften. Das betrifft auch Probleme des Wissens, welcher Gegenstand bei der in einer Kommunikation unterstellten Signifikation bezeichnet ist (↑Präsupposition); dies läßt sich nämlich nicht auf allein sprachlichem Wege ermitteln, obwohl sich in Erweiterungen der Linguistik durch Psycholinguistik und Soziolinguistik bzw. der Sprachphilosophie durch die ↑Philosophie des Geistes (↑philosophy of mind) und die Philosophie des Zeichenhandelns (↑Semiotik) dergleichen Probleme durchaus behandeln lassen. Eine Sonderrolle spielt allerdings die ↑Logik, insofern es hier um Geltungsansprüche, nämlich die Ermittlung logischer Wahrheit geht, die tatsächlich allein sprachlich, allerdings auf Grund logischer Grammatik (↑Grammatik, logische) und nicht empirischer Sprachstrukturen, damit durch *Sprachwissen* und nicht durch *Weltwissen* bestimmt ist.

Auch alle übrigen durch Sprachwissen allein einlösbaren Ansprüche gehören zur Domäne von Linguistik und Sprachphilosophie: Sie betreffen Fragen nach der Existenz bedeutungsneutraler syntaktischer Umformungen in der Umgangssprache (etwa durch Bezug auf kompetente muttersprachliche Informanten erhebbar; ↑Alltagssprache) ebenso wie Fragen der Darstellbarkeit von ↑Normierungen des ↑Sprachgebrauchs (engl. regimentation) in einer ↑Wissenschaftssprache (ausführbar z. B. mit Hilfe terminologischer Bestimmungen [↑Regulation]; die Normierungen selbst wiederum lassen sich nur auf Grund von Sachkompetenz, also Weltwissen, vornehmen bzw. beurteilen), aber auch solche, die mit dem Status des Gegenstandes einer Aussage zu tun haben, je nachdem, in welcher Gegebenheitsweise er in einer Ostension vorliegt, es sich also um eine extensionale (↑extensional/Extension) oder um eine intensionale (↑intensional/Intension) Aussage handelt; dies ist das Thema insbes. modaler Erweiterungen der Logik, z. B. in ↑Modallogik, epistemischer Logik (↑Logik, epistemische) oder anderen Logiken. Das Bild ändert sich erst, wenn mit Hilfe von Grammatikmodellen, gleichgültig für welche Phänomenbereiche einer S., den semantischen, den phonologischen oder auch den pragmatischen Bereich, syntaktische Strukturen nicht nur der Ausdrücke und der mit ihrer Hilfe allein formulierbaren Geltungszusammenhänge (z. B. zwischen Frage und Antwort, zwischen Argumentation und Wahrheit, zwischen einer Feststellung und einer erklärenden Paraphrase, zwischen einem ↑Terminus und seiner ↑Definition usw.) beschrieben werden sollen, sondern wenn es um Modelle für den Aufbau ganzer einzelwissenschaftlicher Theorien und damit um die syntaktische Struktur des Bestandes von Theoremen, den wahren Sätzen einer Theorie, geht. In diesem Falle werden *formale Sprachen* (↑Sprache, formale) als Hilfsmittel nicht nur für die Entwicklung von Grammatikmodellen eingesetzt – dazu gehören auch die ↑Programmiersprachen in der Computerlinguistik –, vielmehr dienen sie im Zusammenhang der ↑Formalisierung inhaltlicher Theorien auch der formalen Beschreibung des Bestandes von wahren Sätzen einer Theorie. Dabei werden im allgemeinen sprachphilosophischen und logischen Teil der Wissenschaftstheorie der Einzelwissenschaften die generell mit dem Formalsprachenprogramm, wie es im Logischen Empiris-

mus (↑Empirismus, logischer) entwickelt wurde, verbundenen Probleme beim Aufbau einer Wissenschaftssprache behandelt. – Die formalen S.n gehören im Unterschied zu den natürlichen S.n zu den für verschiedene Zwecke, nur nicht den der direkten Kommunikation, eigens geplanten *künstlichen* S.n (↑Kunstsprache), weshalb die gelegentlich ebenfalls zu den künstlichen S.n gezählten Welthilfssprachen (z. B. Esperanto) und andere von der Interlinguistik behandelte Plansprachen sowie nicht-verbale (sprachliche) Zeichensysteme, wie z. B. die Trommelsprache oder die von der Verbalsprache abgeleitete Blindensprache, Taubstummensprache oder Flaggensprache, hier nicht eingeschlossen werden sollten.

In den auf die logische Sprachanalyse der Analytischen Philosophie (↑Philosophie, analytische) zurückgehenden sprachphilosophischen Überlegungen gliedert man, unabhängig davon, um welche natürliche S. es sich handelt, die ↑Gebrauchssprache – das ist irgendeine in der Regel noch lebende natürliche S. in einem synchronischen Schnitt – in einen von den Angehörigen der Sprachgemeinschaft in der Regel ohne spezielle Schulung beherrschten Teil, die *Umgangssprache* (auch: ↑Alltagssprache, engl. ordinary language), und in zahlreiche meist tätigkeitsspezifische *Fachsprachen*. Zu diesen Fachsprachen gehören insbes. (1) die S.n der Künste, was im Falle der schönen Literatur, die selbst verbalsprachlich verfaßt ist, das Problem der methodischen Trennung von Objekt- und Metasprache und dessen angemessene Behandlung mit sich führt (↑Hermeneutik, ↑Kunst), (2) die S.n der Wissenschaften (↑Wissenschaftssprache), die, dann, wenn sie einem historisch vergangenen Stand der Wissenschaft entsprechen und gleichwohl noch in Gebrauch sind, in Gestalt der ↑*Bildungssprache* auftreten, und zwar mit all denjenigen Problemen, die sich ergeben, wenn die Verständlichkeit der sprachlichen Ausdrücke und Konstruktionen nicht bloß unterstellt, sondern ausdrücklich gesichert werden soll. An dieser Stelle bildet Wittgensteins Verfahren der ↑*Sprachspiele*, die jeweils als Einheit von sprachlichem und nicht-sprachlichem Umgang mit der Welt konzipiert sind – weshalb auch die Sprachspiel-›Theorie‹ nicht mit der Theorie der ↑Sprechakte verwechselt werden darf – einen der gegenwärtig aussichtsreichsten Versuche, S. in ihrer orientierungsstiftenden Funktion angemessen im Lebensvollzug der Menschen zu verankern. Zugleich erfährt damit die am historischen Beginn des Nachdenkens über S. stehende Gleichsetzung von S. und ↑Vernunft im griechischen Terminus ›λόγος‹ – verwandt damit auch die Rolle des ↑›śabda‹ in der indischen Philosophie (↑Philosophie, indische), insbes. bei dem Grammatiker Bhartṛhari – eine sinnvolle Erklärung.

Literatur: H. Ammann, Die menschliche Rede. Sprachphilosophische Untersuchungen, I–II, Lahr 1925/1928 (repr. Darmstadt 1962, 1974); E. Angehrn/J. Küchenhoff (eds.), Macht und Ohnmacht der S.. Philosophische und psychoanalytische Perspektiven, Weilerswist 2012; K.-O. Apel, Die Idee der S. in der Tradition des Humanismus von Dante bis Vico, Bonn 1963, ³1980; H. Arens, Sprachwissenschaft. Der Gang ihrer Entwicklung von der Antike bis zur Gegenwart, Freiburg 1955, ²1969, in 2 Bdn., Frankfurt 1974; C. Asmuth (ed.), Die Grenzen der S.. Sprachimmanenz – Sprachtranszendenz, Amsterdam/Philadelphia Pa. 1998; E. Bach/R. T. Harms (eds.), Universals in Linguistic Theory, New York etc. 1968, London etc. 1972; J. Bennett, Linguistic Behaviour, Cambridge etc. 1976, Indianapolis Ind./Cambridge 1990 (dt. Sprachverhalten, Frankfurt 1982); M. Black, Language and Philosophy. Studies in Method, Ithaca N. Y. 1949, Westport Conn. 1981; ders., The Labyrinth of Language, Washington D. C./New York/London 1968, Harmondsworth 1972 (dt. S.. Eine Einführung in die Linguistik, München 1973); L. Bloomfield, Language, New York 1933, Abingdon/New York 2010 (dt. S., Wien 2001); T. Borsche u. a., S., Hist. Wb. Ph. IX (1995), 1437–1495; K. Bühler, Sprachtheorie. Die Darstellungsfunktion der S., Jena 1934, Stuttgart ³1999; R. Carnap, Logische Syntax der S., Wien 1934, Wien/New York ²1968; E. Cassirer, Philosophie der symbolischen Formen, I–III, Berlin 1923–1929, ferner als: Ges. Werke, XI–XIII, Darmstadt, Hamburg 2001–2002, Hamburg 2010; N. Chomsky, Cartesian Linguistics. A Chapter in the History of Rationalist Thought, New York/London 1966, Cambridge etc. ³2009; ders., Language and Mind, New York 1968, Cambridge etc. ³2009; F. Cowie, Language, Innateness of, REP V (1998), 384–388; M. Dascal u. a. (eds.), Sprachphilosophie/Philosophy of Language/La philosophie du langage. Ein internationales Handbuch zeitgenössischer Forschung, I–II, Berlin/New York 1992/1996 (HSK VII/1–2); S. Davis, Philosophy and Language, Indianapolis Ind. 1976; T. Eden, Lebenswelt und S.. Eine Studie zu Husserl, Quine und Wittgenstein, München 1999; M. Edler, Der spektakuläre Sprachursprung. Zur hermeneutischen Archäologie der S. bei Vico, Condillac und Rousseau, München 2001; R. Elberfeld, S. und S.n. Eine philosophische Grundorientierung, Freiburg/München 2012, ³2014; F. N. Finck, Die Haupttypen des Sprachbaus, Leipzig 1910, Darmstadt ⁶1980; C. Fox, The Ontology of Language. Properties, Individuals and Discourse, Stanford Calif. 2000; H.-J. Frey, Die Autorität der S., Lana/Wien/Zürich 1999; H.-G. Gadamer (ed.), Das Problem der S. (VIII. Deutscher Kongress für Philosophie Heidelberg 1966), München 1967; H. Gipper, Gibt es ein sprachliches Relativitätsprinzip? Untersuchungen zur Sapir-Whorf-Hypothese, Frankfurt 1972; H.-J. Glock, Quine and Davidson on Language, Thought and Reality, Cambridge etc. 2003, 2004; J. H. Greenberg (ed.), Universals of Language. Report of a Conference Held at Dobbs Ferry, New York April 13–15, 1961, Cambridge Mass. 1963, ²1976; I. Hacking, Why Does Language Matter to Philosophy?, Cambridge etc. 1975, 1997 (dt. Die Bedeutung der S. für die Philosophie, Königstein 1984, Berlin 2002); E. Heintel u. a., S./Sprachwissenschaft/Sprachphilosophie, TRE XXXI (2000), 730–787; H. G. Herdan, Language as Choice and Chance, Groningen 1956; L. Hjelmslev, Omkring sprogteoriens grundlæggelse, Kopenhagen 1943, 1966, erw., mit einem Essay v. F. J. Whitfield, 1993 (franz. Prolégomènes à une théorie du langage. Suivi de la structure fondamentale du langage, Paris 1968, 1984; dt. Prolegomena zu einer Sprachtheorie, München 1974; engl. Prolegomena to a Theory of Language, Baltimore Md. 1953, Madison Wis. ²1961, 1969); R. Hönigswald, Philosophie und S.. Problemkritik und System, Basel 1937 (repr. Darmstadt 1970); S. Hook (ed.), Language and Philosophy. A Symposium, New York/London 1969, 1971; H. Hörmann, Psychologie der S., Berlin/Heidelberg/New York 1967, ²1977; A. W. E. Hübner, Existenz und S.. Überlegungen zur hermeneutischen Sprachauffassung von Martin Heidegger und Hans Lipps, Berlin 2001; R. Jakobson/M. Halle, Fundamentals of Language, 's-Gravenhage 1956, The Hague/Paris/New York ²1971, Berlin/New York 2002 (dt. Grundlagen der S., Berlin 1960); P. Janich, S. und Methode. Eine Einführung in philosophische Reflexion, Tübingen 2014; O. Jespersen, Language. Its Nature, Development, and Origin, London 1922, 1969 (dt. Die S., ihre Natur, Entwicklung und Entstehung, Heidelberg 1925, Hildesheim/Zürich/New York 2003; franz. Nature, évolution et origines du langage, Paris 1976); L. Kaczmarek, Sprachtheorie, Hist. Wb. Rhetorik VIII (2007), 1141–1176; S. Krämer, S., Sprechakt, Kommunikation. Sprachtheoretische Positionen des 20. Jahrhunderts, Frankfurt 2001, 2006; dies./E. König (eds.), Gibt es eine S. hinter dem Sprechen?, Frankfurt 2002; K. Kraus, Die S., Wien 1937, Neudr. Frankfurt 1987; A. Lifschitz, Language and Enlightenment. The Berlin Debates of the Eighteenth Century, Oxford etc. 2012; H. Lipps, Die Verbindlichkeit der S.. Arbeiten zur Sprachphilosophie und Logik, Frankfurt 1944, ³1977 (= Werke IV); K. Lorenz, Elemente der Sprachkritik. Eine Alternative zum Dogmatismus und Skeptizismus in der Analytischen Philosophie, Frankfurt 1970, 1971; J. Lyons, Language and Linguistics. An Introduction, Cambridge etc. 1981, 2002 (dt. Die S., München 1983, ⁴1992); B. Maier u. a., S., RGG VII (⁴2004), 1605–1618; V. H. Maier, Language and Linguistics, NDHI III (2005), 1223–1231; A. Martinet (ed.), Le langage, Paris 1968, 1987; M. Masterman, Language, Cohesion and Form, ed. Y. Wilks, Cambridge etc. 2005; R. G. Millikan, Language – A Biological Model, Oxford etc. 2005, 2010; J. Mittelstraß, Die Möglichkeit von Wissenschaft, Frankfurt 1974, 158–205, 244–252 (Kap. 7 Das normative Fundament der Sprache); J. M. E. Moravcsik, Understanding Language. A Study of Theories of Language in Linguistics and in Philosophy, The Hague 1975, 1977; B. Parain, Recherches sur la nature et les fonctions du langage, Paris 1942, 1972 (dt. Untersuchungen über Natur und Funktion der S., Stuttgart 1969); W. V. O. Quine, Word and Object, Cambridge Mass./London 1960, 2013; R. H. Robins, Ancient and Mediaeval Grammatical Theory in Europe. With Particular Reference to Modern Linguistic Doctrine, London 1951, Port Washington N. Y. 1971; S. Rödl, S., EP III (²2010), 2567–2579; E. Sapir, Language. An Introduction to the Study of Speech, New York 1921, Cambridge etc. 2014 (dt. Die S.. Eine Einführung in das Wesen der S., München 1961, ²1972); F. de Saussure, Cours de linguistique générale, ed. C. Bally/A. Sechehaye, Lausanne/Paris 1916 (repr. Paris 2003), ²1922, ³1931 (repr., ed. T. de Mauro, Paris 1972, 1995), ed. R. Engler, I–II, Wiesbaden 1968/1974 (repr. 1989/1990); E. v. Savigny, Zum Begriff der S.. Konvention, Bedeutung, Zeichen, Stuttgart 1983; J. Schlieter, Versprachlichung – Entsprachlichung. Untersuchungen zum philosophischen Stellenwert der S. im europäischen und buddhistischen Denken, Köln 2000; F. Schmidt, Symbolische Syntax, München, Halle 1970; B. Schmitz, Wittgenstein über S. und Empfindung. Eine historische und systematische Darstellung, Paderborn 2002; H. J. Schneider, Phantasie und Kalkül. Über die Polarität von Handlung und Struktur in der S., Frankfurt 1992, 1999; ders./S. Majetschak, S., Hist. Wb. Ph. IX (1995), 1437–1495; G. Seebaß, Das Problem von S. und Denken, Frankfurt 1981; B. C. Smith, Language, Conventionality of, REP V (1998), 368–371; ders., Language, Social Nature of, REP V (1998), 416–419; ders., Language, Enc. Ph. V (²2006), 188–190; B. Snell, Der Aufbau der S., Hamburg 1952, ³1966; G. Ungeheuer/H. E. Wiegand (eds.), ab 1985 fortgeführt v. H. Steger/H. E. Wiegand, ab 2002 fortgeführt v. H. E. Wiegand, Handbücher zur Sprach- und Kommunikationswissenschaft/Handbooks of Linguistics and Communication Science/Manuels de linguistique et des sciences de communication (= HSK), Berlin/New York 1982ff. (erschienen Bde I–XLIII [in 98 Teilbdn.]); J. Vendryes, Le langage. Introduction linguistique à l'histoire, Paris 1921, 1979; K. Voßler, Geist und Kultur in der S., Heidelberg 1925, München 1960 (engl. The Spirit of Language in Civilization, London 1951, London/New York 2000); T. P. Waldron, Principles of Language and Mind, London etc. 1985; M. Wandruszka, S.n vergleichbar und unvergleichlich, München 1969; L. Weisgerber, Die geistige Seite der S. und ihre Erforschung, Düsseldorf 1971; B. L. Whorf, Language, Thought, and Reality. Selected Writings of Benjamin Lee Whorf, ed. J. B. Carroll, Cambridge Mass., New York 1956, ed. J. B. Carroll/S. C. Levinson/P. Lee, Cambridge Mass./London ²2012 (dt. [Teilübers.] S., Denken, Wirklichkeit. Beiträge zur Metalinguistik und Sprachphilosophie, ed. P. Krausser, Reinbek b. Hamburg 1963, ²⁵2008); H. E. Wiegand (ed.), S. und S.n in den Wissenschaften. Geschichte und Gegenwart, Berlin/New York 1999; N. L. Wilson, The Concept of Language, Toronto 1959, 1963; W. Wundt, Völkerpsychologie. Eine Untersuchung der Entwicklungsgesetze von S., Mythus und Sitte I, Leipzig 1904, ⁴1921, Neudr. Aalen 1975.   K. L.

Sprache, adamische (›lingua Adamica‹ bzw. ›Adamique‹), von G. W. Leibniz, unter Hinweis auf nicht näher spezifizierte Vorläufer (»quam aliqui Adamicam […] vocant«, »qualem quidam Adamicam vocant«, Akad.-Ausg. VI/4, 911, N. 189 u. ö., vgl. ebd. 919, N. 192 sowie Nouv. Essais, Akad.-Ausg. VI/6, 281) und eine weitgehend synonyme Bezeichnung ›Natursprache‹ bei J. Böhme, verwendete Bezeichnung für eine universale exakte Sprache, in der die Dinge durch die ihnen zugeordneten Wörter – d. h. ↑Prädikatoren oder ↑Eigennamen – vollständig charakterisiert werden (↑Leibnizsche Charakteristik). Der Bezeichnung liegt die Vorstellung zugrunde, daß sich Adam, der erste Mensch, als er »den Dingen ihre Namen gab« (vgl. Gen. II 19–20), einer Sprache bediente, in der man durch die Betrachtung des Namens eines Dinges dessen ›inneres Wesen‹ intuitiv erfassen konnte. Für viele innerhalb der Barockmystik unternommene Versuche, eine allgemein verständliche und universal verwendbare ↑Kunstsprache zu schaffen, bildet eine ›a. S.‹ das unklare Leitbild, an dem sich die Vorstellung von einer einst allen Menschen gemeinsamen Ursprache mit derjenigen einer Natursprache im Sinne der Signaturenlehre aufs engste verbindet (so im Anschluß an Paracelsus z. B. Böhme). – Bei Leibniz selbst finden sich ein engerer und ein weiterer Sinn von ›lingua Adamica‹ nebeneinander. Im ersten, von Leibniz nur referierend verwendeten Sinne meint der Terminus eine hypothetische, da historisch nicht mehr eruierbare ›lingua Adami‹ als gemeinsame Wurzel aller späteren Sprachen. In der weiteren, bei Böhme ebenfalls vorgezeichneten systematischen Bedeutung ist Leibnizens ›lingua Adamica‹ eine ›Natursprache‹ im Sinne einer optimal natürlichen, nämlich willkürfreien und sachadäquaten Sprache, deren Begriffe und Aussagen sich aus diesem Grunde leicht in alle anderen Sprachen übersetzen lassen.

Literatur: D. Berlioz, Langue adamique et caractéristique universelle chez Leibniz, in: M. Dascal/E. Yakira (eds.), Leibniz and Adam, Tel Aviv 1993, 153–168; M. Buchmann/S. Edel, Sprache, adamische, Hist. Wb. Ph. IX (1995), 1495–1499; J.-F. Courtine, Leibniz et la Langue Adamique, Rev. sci. philos. théol. 64 (1980), 373–391; K. D. Dutz, »Lingua Adamica nobis certe ignota est«. Die Sprachursprungsdebatte und Gottfried Wilhelm Leibniz, in: J. Gessinger/W. v. Rahden (eds.), Theorien vom Ursprung der Sprache I, Berlin/New York 1989, 204–240; M. Losonsky, Leibniz's Adamic Language of Thought, J. Hist. Philos. 30 (1992), 523–543.   C. T.

Sprache, formale (engl. formal language, franz. langage formel), (1) vornehmlich im Bereich der Mathematischen Logik (↑Logik, mathematische) Bezeichnung für ein im Unterschied zu natürlichen ↑Sprachen (↑Sprache, natürliche) durch einen ↑Kalkül explizit konstruiertes System von Zeichenreihen, wobei die Zeichenreihen mancher Systeme allein auf Grund ihrer Form, d. h. ihrer syntaktischen Gestalt (↑Syntax), sinnvoll, d. h. einer passenden Interpretation (↑Interpretationssemantik) zugänglich, sind; (2) Bezeichnung für eine ↑Kunstsprache im Sinne von (1), die als ↑Formalisierung einer wissenschaftlichen ↑Theorie verstanden werden soll (deshalb zuweilen auch ›Kodifikat‹ [↑System, formales] statt ›f. S.‹), einschließlich ↑Semantik und formaler Schlußregeln.

(1) Ausgehend von einer nicht-leeren, im allgemeinen endlichen oder abzählbaren (↑abzählbar/Abzählbarkeit) Menge A von Grundzeichen, dem ↑Alphabet (Vokabular), werden durch einen Kalkül die wohlgeformten Ausdrücke (↑Ausdruck (logisch)) einer f.n S. $\mathscr{L}$ definiert. Im Falle einer Sprache 1. Stufe (↑Stufenlogik) bzw. der ↑Quantorenlogik enthält das Alphabet (a) abzählbar unendlich viele ↑Individuenvariable $v_0, v_1, v_2, \ldots$ (ist A endlich, so müssen diese ebenfalls durch einen Kalkül eingeführt werden), (b) ↑Individuenkonstanten c_i, Funktionskonstanten f_i^n und ↑Prädikatkonstanten oder Relationskonstanten R_i^n (letztere jeweils mit einer Stelligkeit n) als *nicht-logische* ↑Konstanten, (c) ↑Junktoren und ↑Quantoren als *logische Konstanten* sowie (d) häufig noch *Hilfszeichen* (z. B. ↑Klammern, Komma). Endliche Folgen solcher Grundzeichen heißen *Worte* über A. Der ↑Ausdruckskalkül von $\mathscr{L}$ legt fest, welche Worte die ↑*Terme* und die ↑*Formeln* von $\mathscr{L}$ sind; unter einer zum Alphabet passenden Interpretation stehen Terme für *Gegenstände* aus dem jeweiligen ↑Objektbereich und Formeln für ↑Sachverhalte. Alphabet, Terme und Formeln charakterisieren zusammen die f. S. (mitunter werden allerdings auch f. S.n verwendet, die nur Terme [z. B. ↑Lambda-Kalkül] oder nur Formeln [z. B. ↑Junktorenlogik] enthalten). Ist das Alphabet höchstens abzählbar, so sind die Mengen der Terme und der Formeln abzählbar und entscheidbar (↑entscheidbar/Entscheidbarkeit).

In der Bedeutung (2) dient eine f. S. der Darstellung (↑Darstellung (logisch-mengentheoretisch)) und präzisierenden ↑Explikation einer wissenschaftlichen Theorie, wie dies vor allem im Logischen Empirismus (↑Empirismus, logischer) und als *Formalsprachenprogramm* in der Analytischen Philosophie (↑Philosophie, analytische) vertreten wird. Zu diesem Zweck wird in einem ersten Schritt eine *formale Theorie* (auch: formales deduktives System [A. Tarski]) gebildet, die aus einer Klasse von *Termen* (den Konstanten, ↑Objektvariablen und Objektformen bezüglich der Objekte der wissenschaftlichen Theorie, im Falle der elementaren Arithmetik z. B. ›0‹, ›x‹, ›x + 0‹), einer Klasse von *Formeln* (den mit Hilfe der logischen Partikeln [↑Partikel, logische] aus ↑Primformeln zusammengesetzten Formeln einschließlich derjenigen, die durch Ersetzung einer freien ↑Variablen durch einen Term entstehen, wobei in formalen Theorien mit ↑Identität auch noch die mit dem Identitätszeichen gebildeten Primformeln, z. B. ›$x = y$‹, ›$n = y + 0$‹, hinzukommen) und einer Klasse von ↑*Sätzen* (den wahren Aussagen der wissenschaftlichen Theorie; auch: ↑Theoreme) besteht. Für diese formale Theorie gilt folgendes: (1) Sätze sind ↑Aussagen, also Formeln ohne freie Variable; (2) mit endlich vielen Sätzen $A_1, ..., A_n$ ist auch jede von ihnen logisch implizierte (↑Implikation) Aussage ein Satz; (3) in formalen Theorien mit Identität treten die beiden Sätze $\bigwedge_x x = x$ (↑reflexiv/Reflexivität) und $\bigwedge_{x,y} (x = y \wedge A \rightarrow \sigma_y^x A)$ hinzu, sofern y frei ist für x in A (↑Substitutivität).

Nach dieser Definition stimmt die implikative Hülle (auch: deduktiver Abschluß) der Klasse aller Sätze (↑Klasse (logisch)), also die Klasse aller Aussagen, die von endlich vielen Sätzen logisch impliziert werden, mit der Klasse aller Sätze überein. Insbes. sind alle logisch wahren Aussagen, d. i. die implikative Hülle der leeren Menge (↑Menge, leere), Sätze einer formalen Theorie. In konkreten Fällen lassen sich jetzt metatheoretische, insbes. metamathematische (↑Metamathematik), Untersuchungen wie die nach der (semantischen) Konsistenz (↑widerspruchsfrei/Widerspruchsfreiheit) – für keine Aussage A gehören sowohl A als auch $\neg A$ zu den Sätzen – oder der endlichen Axiomatisierbarkeit – es gibt eine Aussage A_0, deren implikative Hülle die Klasse aller Sätze ist – erfolgreich durchführen. Diese unterscheiden sich von den nach der Verwandlung der formalen Theorie in eine f. S. möglichen rein syntaktischen Fragestellungen: Metamathematik ist dann die (syntaktische) ↑Beweistheorie des ↑Hilbertprogramms. Z. B. ist die mindestens Additions- und Multiplikationsterme mit den üblichen Eigenschaften enthaltende formale Theorie der elementaren Arithmetik nicht endlich axiomatisierbar (K. Gödels Satz von der wesentlichen Unvollständigkeit [↑unvollständig/Unvollständigkeit] des ↑Peano-Formalismus; ↑Unvollständigkeitssatz), während die formale

Logik (↑Logik, formale) sogar ohne Axiome auskommt. – Liegt jedoch eine axiomatisierte wissenschaftliche Theorie (1. Stufe), kurz: eine axiomatische Theorie (↑System, axiomatisches), vor, so besteht der zweite Schritt beim Aufbau einer f.n S. in der über die Formalisierung der Ausdrucksmittel hinausgehenden Formalisierung auch der Deduktionsmittel, also des logischen Schließens (↑Schluß).

Das logische Schließen so sicher wie das Rechnen zu machen, ist ein alter Traum, und G. W. Leibniz ist der erste, dem es gelungen ist, einen solchen *calculus ratiocinator* (unter den zahlreichen synonymen Ausdrücken tritt bei Leibniz auch der Ausdruck ›calculus logicus‹ auf) in der Art des heute üblichen Aufbaus einer f.n S. aufzustellen. Der *calculus* ist ein System von Operationen mit Zeichen (*characteres*), die an die Stelle von Gedanken (*cogitationes*) treten und zu einer universalen Zeichensprache (*characteristica universalis*; ↑Leibnizsche Charakteristik) gehören, deren Aufbau auf einer Isomorphie (↑isomorph/Isomorphie) von Zeichenverbindung und Gedankenverbindung beruht. Dabei brauchte Leibniz nur für die in der Logik seiner Zeit, der ↑Syllogistik, auftretenden Begriffsverbindungen, also die syllogistischen Relationen ↑a, ↑i, ↑e und ↑o, die ›ars characteristica‹ zu realisieren. Auf Leibniz als Vorgänger bezieht sich G. Frege in seiner »Begriffsschrift«, der Gründungsurkunde der modernen Logik, in der erstmals sowohl Junktorenlogik als auch Quantorenlogik einheitlich als ein ↑Logikkalkül dargestellt sind. Frege benutzt die mit der Formalisierung der logischen Schlußregeln gelungene Überführbarkeit axiomatisierter wissenschaftlicher Theorien in eine vollständig syntaktische Gestalt, eben eine f. S., um die Sätze von Arithmetik und Analysis nicht nur aus ↑Axiomen zu erschließen, sondern sämtlich als bereits logisch wahre Sätze, allerdings einer Quantorenlogik höherer Stufe, zu erweisen. Dieser Versuch ist gescheitert und hat zum Aufbau der (verzweigten) ↑Typentheorie in den ↑»Principia Mathematica« von A. N. Whitehead und B. Russell geführt.

Im Unterschied zu einer semantisch interpretierten formalen Theorie ist eine f. S. auch syntaktisch charakterisierbar, weil die durch einen Kalkül der Ausdrucksbestimmungen oder *Formationsregeln* (engl. formation rules) schon im Rahmen einer formalen Theorie ›formalisierte Sprache‹ im Sinne der Ableitbarkeit (↑ableitbar/Ableitbarkeit) der *sinnvollen* Ausdrücke (= Aussagen) ergänzt wird durch einen Kalkül der Satzbestimmungen oder *Transformationsregeln* (engl. transformation rules), der darüber hinaus für eine ›formalisierte Theorie‹ im Sinne der Ableitbarkeit der *wahren* Aussagen (d. h. der Sätze) sorgt. Diese syntaktische Charakterisierung macht es möglich, für syntaktische Untersuchungen jeden Bezug auf Bedeutung und Verwendung der auftretenden Zeichen zu unterlassen. Wird eine f. S. bloß als

Kalkül ohne Interpretation behandelt, so spricht man auch von einem *formalen System* (↑System, formales). Diese Terminologie wird auch dann verwendet, wenn es sich nicht um die besonderen Kalküle handelt, die, weil sie der Formalisierung von Theorien entstammen, einer syntaktischen Charakterisierung des Wahrheitsprädikats, also der Extension des Prädikators ›wahr‹, dienen. So werden etwa in formalisierten Grammatiken die Kalküle zur Erzeugung syntaktisch oder semantisch zulässiger Zeichenketten über einem Bereich von Grundzeichen (also die syntaktische Charakterisierung der Prädikatoren ›syntaktisch sinnvoll‹ bzw. ›semantisch sinnvoll‹ in bezug auf eine natürliche Sprache) ebenfalls ›formale Systeme‹ oder auch, wegen der zuweilen sogar in vertauschten Rollen auftretenden Termini ›f. S.‹ und ›formales System‹, ›f. S.‹ genannt. Entsprechendes gilt für die f.n S.n in der ↑Informatik (↑Programmiersprachen). Hinzu kommt, daß die Beschränkung der Ausdruckskraft f.r S.n auf logische Sprachen, wie sie von der ursprünglichen logischen Syntax (↑Syntax, logische) im Blick auf die Bedürfnisse der mathematischen ↑Wissenschaftssprachen bereitgestellt werden, für Untersuchungen höheren Differenzierungsgrades, die gerade für die ↑Linguistik charakteristisch sind, selbst dann nicht ausreicht, wenn die üblichen Erweiterungen von ↑Logikkalkülen, z. B. in der epistemischen Logik (↑Logik, epistemische) und in der ↑Modallogik, berücksichtigt werden. Hier findet gegenwärtig, insbes. unter Verwendung von Kategorialgrammatiken (↑Kategorie, syntaktische), eine Annäherung von Logik und Linguistik statt, die auf der Ebene f.r S.n (im Sinne von Kalkülen als Darstellungsmittel nicht von wissenschaftlichen Theorien, sondern von Sprachstrukturen) die strukturelle Differenz zwischen natürlichen Sprachen und f.n S.n in ihrer Syntax und ihrer Semantik minimieren möchte (R. Montague, M. J. Cresswell, J. van Benthem u. a.).

Literatur: J. van Benthem, Essays in Logical Semantics, Dordrecht etc. 1986; H.-J. Böckenhauer/J. Hromkovic, F. S.n. Endliche Automaten, Grammatiken, lexikalische und syntaktische Analyse, Wiesbaden 2013; W. Buszkowski, Philosophy of Language and Logic, HSK VII/2 (1996), 1603–1621; R. Carnap, Logische Syntax der Sprache, Wien 1934, Wien/New York ²1968; I. M. Chiswell, A Course in Formal Languages, Automata and Groups, London 2009; A. Church, Introduction to Mathematical Logic I, Princeton N.J./London 1944, rev. 1956, 1996; M. J. Cresswell, Logics and Languages, London 1973 (dt. Die Sprachen der Logik und die Logik der Sprache, Berlin/New York 1979); H. B. Curry, Foundations of Mathematical Logic, New York etc. 1963, ²1977; G. Frege, Begriffsschrift, eine der arithmetischen nachgebildete Formelsprache des reinen Denkens, Halle 1879, Neudr. in: ders., Begriffsschrift und andere Aufsätze, ed. I. Angelelli, Hildesheim/ New York 1971, 1–88, ferner in: K. Berka/L. Kreiser (eds.), Logik-Texte, Berlin (Ost) 1971, 48–106, ⁴1986, 82–107; U. Hedtstück, Einführung in die theoretische Informatik. F. S.n und Automatentheorie, München/Wien 2000, München ⁵2012; G. Hotz/H. Walter/V. Claus, Automatentheorie und f. S.n III, Mannheim/ Wien/Zürich 1972; W. Lenzen, Das System der Leibnizschen Logik, Berlin/New York 1990; H. Lohnstein, Formale Semantik und natürliche Sprache. Einführendes Lehrbuch, Opladen 1996, ohne Untertitel, Berlin/New York ²2011; P. Lorenzen, Formale Logik, Berlin 1958, ⁴1970 (engl. Formal Logic, Dordrecht 1965); A. Meduna, Automata and Languages. Theory and Applications, London etc. 2000; J. Mittelstraß, Neuzeit und Aufklärung. Studien zur Entstehung der neuzeitlichen Wissenschaft und Philosophie, Berlin/New York 1970, 413–452 (§ 12 Kunstsprache und Logikkalkül); R. Montague, Formal Philosophy. Selected Papers of Richard Montague, ed. R. H. Thomason, New Haven Conn./London 1974, 1979; C. D. Novaes, Formal Languages in Logic. A Philosophical and Cognitive Analysis, Cambridge etc. 2012; G. Rozenberg/A. Salomaa (eds.), Handbook of Formal Languages, I–III, Berlin etc. 1997; C. R. Stefano, Formal Languages and Compilation, London etc. 2009, 2010, mit L. Breveglieri/A. Morzenti, ²2013; P. Stekeler-Weithofer, S., f., Hist. Wb. Ph. IX (1995), 1499–1502; A. Tarski, Über einige fundamentale Begriffe der Metamathematik, Comptes rendus des séances de la Société des Sciences et des Lettres de Varsovie, Classe III, 23 (1930), 22–29. K. L.

Sprache, ideale (auch: Idealsprache), in der Analytischen Philosophie (↑Philosophie, analytische) im Anschluß an L. Wittgensteins »Tractatus« als Ergebnis von ↑Sprachkritik eingeführte Bezeichnung für eine der logischen Grammatik (↑Grammatik, logische) sowohl syntaktisch (↑Syntax, logische) als auch semantisch (↑Semantik, logische) gehorchende und daher den Irreführungen der ↑Gebrauchssprache nicht mehr unterworfene Zeichensprache. Dabei wird die Bezeichnung ›i. S.‹ sowohl für einen interpretierten Formalismus (↑System, formales), also eine formale Sprache (↑Sprache, formale), als auch für eine durch geeignete syntaktische und semantische ↑Normierung (engl. regimentation, W. V. O. Quine) zu einer präzisen und deshalb einer Formalisierung zugänglichen ↑Wissenschaftssprache hochstilisierte natürliche Sprache (↑Sprache, natürliche) verwendet. Zu einer solchen Normierung gehört die Wahl eines oder mehrerer Gegenstandsbereiche, über dem neben der ↑Identität die verwendeten ↑Prädikatoren eindeutig, also ohne ↑Unbestimmtheit und grundsätzlich unter Einschluß von ↑Regulationen, die in Termini umgewandelten Prädikatoren zu einer ↑Terminologie zusammenfassend, erklärt sind. Das ↑pragmatische Fundament einer ↑Sprache bleibt dabei grundsätzlich – außer es wird selbst sprachlich erfaßt und gegebenenfalls formalisiert (was die Pragmatik natürlich nicht eliminieren kann) – genauso jenseits eines idealsprachlichen Zugriffs wie die praktische Verwendung in der ↑Kommunikation, solange diese nicht selbst zum Gegenstand einer Theorie gemacht ist. K. L.

Sprache, natürliche, im Unterschied zu einer formalen Sprache (↑Sprache, formale) oder anderen ↑Kunstsprachen, z. B. ↑Programmiersprachen oder einer ↑Universalsprache, aber auch im Unterschied zu den eigens konstruierten Welthilfssprachen, z.B. Esperanto, Bezeichnnung für eine historisch gewachsene, praktischer Kommunikation über Gegenstände dienliche, wenn auch vielleicht nicht mehr lebende ↑Sprache. Bei einer n.n S. muß grundsätzlich die gesprochene (lautliche) von der geschriebenen Form einerseits und die Ausübung (Performanz) in Gestalt von Sprech- oder Schreibhandlungen von der Beherrschung, einem Ausübenkönnen (Kompetenz), auf Grund des ↑Sprachvermögens andererseits unterschieden werden. Ebenso ist es für eine n. S. charakteristisch, daß anders als bei formalen Sprachen die Unterscheidung zwischen ↑Objektsprache und ↑Metasprache grundsätzlich nicht markiert wird. In der ↑Grammatik n.r S.n werden mit Hilfe von ↑Sprachanalyse die Regeln der Morphologie, der ↑Syntax, mittlerweile auch der ↑Semantik und der ↑Pragmatik aufgesucht, so daß sich die durch Zusammensetzung aus dem ↑Lexikon gebildeten Ausdrücke auf ihre grammatische Korrektheit hin überprüfen lassen oder aber, im Falle einer generativen Grammatik, alle grammatisch korrekten Ausdrücke, z.B. Sätze, aus den Lexikoneinträgen sogar hergestellt werden können.

Die Untersuchung der n.n S.n, z.B. die Erstellung einer Grammatiktheorie mit Hilfe von (formalen) Grammatikmodellen, etwa der ↑Transformationsgrammatik, oder von Kategorialgrammatiken (↑Kategorie, syntaktische), oder der Aufbau einer Theorie des Sprachwandels, ist Aufgabe der Sprachwissenschaft oder ↑Linguistik, während formale Sprachen in der Regel zum Untersuchungsgegenstand der ↑Logik oder der ↑Informatik gehören, wobei allerdings formale, d.h. formalsprachlich aufgebaute, Grammatiken zur Beschreibung n.r S.n sowohl in der Logik als auch in der Linguistik behandelt werden. Die Untersuchung der für die Tätigkeit dieser Wissenschaften erforderlichen Hilfsmittel wiederum wird als ↑Wissenschaftstheorie der Linguistik bzw. Logik Bestandteil der ↑Sprachphilosophie bzw. Philosophie der Logik, auch hier unter Berücksichtigung des systematischen Zusammenhanges beider Disziplinen. K. L.

Sprache des Denkens (engl. language of thought), in der ↑Philosophie des Geistes (↑philosophy of mind) und vor allem in der ↑Kognitionswissenschaft Bezeichnung für ein propositional strukturiertes Medium intellektueller Aktivität. Die Annahme einer S. d. D ergibt sich insbes. aus der Symbolverarbeitungstheorie des Mentalen (↑Kognitionswissenschaft), die kognitive Aktivität als regelgeleiteten Umgang mit ↑Symbolen auffaßt. Diese Annahme ergibt sich entsprechend als Folge der besten verfügbaren Theorien der Beschaffenheit mentaler Prozesse.

Nach der auf J. A. Fodor zurückgehenden These der S. d. D. besitzt die mentale Darstellung von Gedanken und Vorstellungen eine satzartige Gestalt. Die Einführung der S. d. D. dient der Erklärung kognitiver Leistungen und insbes. der Fähigkeit zur mentalen Repräsentation (↑Repräsentation, mentale) tatsächlicher oder bloß vorgestellter Sachverhalte (Fodor 1975, 1981). In seiner traditionellen, im wesentlichen auf Fodor zurückgehenden Gestalt faßt der kognitionswissenschaftliche Ansatz mentale Aktivität als Abfolge formaler Operationen mit mentalen Repräsentationen auf. Die Operationen sind formaler Natur, da sie syntaktischen, nicht an den Inhalten der verarbeiteten Größen ansetzenden Regeln folgen (Symbolverarbeitungstheorie; ↑philosophy of mind, ↑Repräsentation, mentale). Die Repräsentationen liegen in einem satzartigen Code vor; es handelt sich um Sätze einer internen Sprache – eben der S. d. D.. Die S. d. D. dient der Formulierung von propositionalen Einstellungen als dem Kernbestand mentaler Repräsentationen; sie bringt entsprechend etwa Überzeugungen, Wünsche oder Befürchtungen eines bestimmten Inhalts zum Ausdruck. Charakteristisch für den Ansatz Fodors sind darüber hinaus (1) die realistische Interpretation (↑Realismus, wissenschaftlicher) der satzartig beschriebenen Repräsentationen, wonach die in der S. d. D. formulierten Propositionen mental tatsächlich realisiert sind, und (2) die Annahme, daß die S. d. D. angeboren ist und natürlichen Sprachen (↑Sprache, natürliche) zwar ähnelt, aber mit keiner dieser Sprachen übereinstimmt. Die S. d. D. ist ›mentalesisch‹.

Die These von der S. d. D.s fügt sich durch ihren Bezug auf die regelgeleitete Verarbeitung satzartiger Strukturen in die Theorientheorie des Mentalen ein (↑Simulationstheorie/Theorientheorie des Mentalen). Diese These besagt dann, daß die Alltagspsychologie (›folk psychology‹) im Gehirn in der S. d. D.s ausgedrückt ist. Die alternative Simulationstheorie des Mentalen vertritt demgegenüber die Ansicht, daß eine Nachbildung mentaler Prozesse auch ohne deren begriffliche Interpretation möglich ist. Simulation benötigt keine satzartigen Strukturen und bedarf daher keiner S. d. D.. Fodor u. a. vertreten dabei die weitergehende Auffassung, daß nicht allein das Medium der Repräsentation der Alltagspsychologie, sondern auch deren Inhalt angeboren ist. Die Regularitäten der Alltagspsychologie werden während des Entwicklungsprozesses von Kindern durch Reifung ausgebildet und nicht durch Lernen erworben (Fodor 1992, Carruthers 1996). Wenn nämlich die Theorie des Mentalen (›theory of mind‹) erlernt werden müßte, wäre nicht verständlich, wie die kindliche Entwicklung des psychologischen Verständnisses ohne expliziten Unterricht zu einer bei allen übereinstimmenden begrifflichen Interpretation von Verhalten (↑Verhalten (sich verhalten)) führen könnte. Diese nativistische Annahme stützt sich überdies auf evolutionstheoretische (↑Evolutionstheorie) Befunde zur Wichtigkeit sozialer ↑Kommunikation unter Primaten.

Die Annahme der S. d. D. betont gegen rein syntaktische Modelle (etwa S. P. Stich 1983) die Bedeutsamkeit mentaler Inhalte für die adäquate Erklärung von Verhalten (etwa Z. W. Pylyshyn 1984, A. Clark 1989) und wendet sich gegen ›ikonische‹ (↑Ikon) Repräsentationen. Solche mit dem dargestellten Objekt über Ähnlichkeitsbeziehungen (↑ähnlich/Ähnlichkeit) verknüpfte, wesentlich bildhafte Repräsentationen sind ohne sprachliche Beschreibung mehrdeutig. Dagegen taugt nur ein regelgeleitetes, kompositionell angelegtes System wie die S. d. D. für die Erklärung von Systematik und Produktivität menschlichen Sprachverhaltens. So ist das im Grundsatz unbegrenzte Vermögen zum Verstehen und Bilden neuartiger Sätze nur verständlich, wenn es auf die systematische Verknüpfung grundlegender bedeutungstragender Elemente, und damit auf die Verwendung satzartiger Gebilde, zurückgeführt wird.

Die Diskussion konzentriert sich gegenwärtig darauf, (1) wie groß der Geltungsbereich der S. d. D. allenfalls ist. Zumindest *prima facie* ist eine Reihe von mentalen Zuständen von nicht-satzartiger Struktur (wie Sinnesqualitäten, Wahrnehmungsbilder, Vorstellungen, Halluzinationen etc.). Die Frage ist, ob solche Zustände letztlich doch durch Annahme einer S. d. D. rekonstruiert werden können oder nicht. Daneben tritt (2) die Frage, ob die S. d. D. tatsächlich angeboren ist oder nicht stattdessen durch Auseinandersetzung mit der Welt erlernt wird. Die nativistische These schließt sich an N. Chomskys Auffassung an, daß das Erlernen einer Erstsprache grammatische Kenntnisse voraussetzt und daher eine Universalgrammatik verlangt (Chomsky 1965). Ein weiterer Streitpunkt ist (3), ob die Erklärung sprachlichen Verhaltens wirklich eine spezifische Sprache (›mentalesisch‹) erfordert oder stattdessen der Rückgriff auf eine erlernte, natürliche Sprache (↑Sprache, natürliche) hinreicht (etwa L. J. Kaye 1995), sowie ob (4) die unterstellten satzartigen Strukturen tatsächlich fundamental oder lediglich abgeleitet sind. Der dritte Fragenkomplex gewinnt im Zusammenhang mit der Diskussion zwischen Symbolverarbeitungstheorie und ↑Konnektionismus an Bedeutung. Zunächst paßt die Annahme explizit satzartiger Elemente nicht zu einer konnektionistischen Architektur des Mentalen. Demgegenüber macht insbes. Fodor geltend, daß der Produktivität, Kompositionalität und Systematizität des Denkens allein durch die unterschiedliche Kombination von Grundelementen und damit durch die Annahme satzartiger Größen Rechnung getragen werden kann. Von konnektionistischer Seite wird dabei versucht, der zugestandenen kompositionellen Struktur sprachlichen Verhaltens durch Einführung bedeutungstragender Komponenten in konnektionistischen Netzwerken Rechnung zu tragen. Einschlägige Netzwerke bilden danach zum Teil eine Nachahmung (Emulation) symbolverarbeitender Systeme, enthalten

jedoch nicht tatsächlich satzartige Strukturen. Folglich wird die realistische Interpretation propositionaler Einstellungen durch eine instrumentalistische (↑Instrumentalismus) Deutung ersetzt: Zwar ist eine linguistische Beschreibung kognitiver Systeme nützlich, aber in diesen ist nicht wirklich eine S. d. D. implementiert (etwa M. Rowlands 1994).

Literatur: C. Allen, Mental Content, Brit. J. Philos. Sci. 43 (1992), 537–553; M. Aydede, Language of Thought. The Connectionist Contribution, Minds and Machines 7 (1997), 57–101; ders., The Language of Thought Hypothesis, SEP 1998, rev. 2010; W. Bechtel, Philosophy of Mind. An Overview for Cognitive Science, Hillsdale N. J./Hove/London 1988; ders., Das Ende der Verbindung zwischen dem mentalen Bereich und der Sprache. Eine konnektionistische Perspektive, in: A. Elepfandt/G. Wolters (eds.), Denkmaschinen? [s. u.], 117–152; ders./A. Abrahamsen, Connectionism and the Mind. An Introduction to Parallel Processing in Networks, Cambridge Mass./Oxford 1991, 1998, mit Untertitel: Parallel Processing, Dynamics, and Evolution of Networks, Malden Mass./Oxford ²2002, 2007; J. L. Bermúdez, Thinking without Words, Oxford etc. 2003, 2007; A. Burri (ed.), Sprache und Denken/Language and Thought, Berlin/New York 1997; M. Carrier/J. Mittelstraß, Geist, Gehirn, Verhalten. Das Leib-Seele-Problem und die Philosophie der Psychologie, Berlin/New York 1989 (engl. [erw.] Mind, Brain, Behavior. The Mind-Body Problem and the Philosophy of Psychology, Berlin/New York 1991, 1995); P. Carruthers, Simulation and Self-Knowledge. A Defense of Theory-Theory, in: ders./P. K. Smith (eds.), Theories of Theories of Mind, Cambridge/New York/Melbourne 1996, 1998, 22–38; N. Chomsky, Aspects of the Theory of Syntax, Cambridge Mass. 1965, Cambridge Mass./London 2015 (dt. Aspekte der Syntax-Theorie, Frankfurt 1969, 1987); P. S. Churchland, Fodor on Language Learning, Synthese 38 (1978), 149–159; dies., Language, Thought, and Information Processing, Noûs 14 (1980), 147–170; A. Clark, Thoughts, Sentences and Cognitive Science, Philosophical Psychology 1 (1988), 263–278; ders., Microcognition. Philosophy, Cognitive Science, and Parallel Distributed Processing, Cambridge Mass./London 1989, 1993; ders., Systematicity, Structured Representations and Cognitive Architecture. A Reply to Fodor and Pylyshyn, in: T. Horgan/J. Tienson (eds.), Connectionism and the Philosophy of Mind, Dordrecht 1991 (Studies in Cognitive Systems IX), 198–218; ders., Language of Thought (2), in: S. Guttenplan (ed.), A Companion to the Philosophy of Mind, Oxford 1994, 2005, 408–412; B. v. Eckardt, What Is Cognitive Science?, Cambridge Mass./London 1993, 1996; A. Elepfandt/G. Wolters (eds.), Denkmaschinen? Interdisziplinäre Perspektiven zum Thema Gehirn und Geist, Konstanz 1993; H. H. Field, Mental Representation, Erkenntnis 13 (1978), 9–61; J. A. Fodor, The Language of Thought, New York 1975, Cambridge Mass. 1979; ders., Propositional Attitudes, Monist 61 (1978), 501–523; ders., Representations. Philosophical Essays on the Foundations of Cognitive Science, Brighton, Cambridge Mass. 1981, 1986; ders., Psychosemantics. The Problem of Meaning in the Philosophy of Mind, Cambridge Mass./London 1987, ³1993; ders., A Theory of Content and Other Essays, Cambridge Mass./London 1990, 1994; ders., A Theory of the Child's Theory of Mind, Cognition 44 (1992), 283–296; ders., LOT 2. The Language of Thought Revisited, Oxford 2008, 2010; ders./Z. W. Pylyshyn, Connectionism and Cognitive Architecture. A Critical Analysis, Cognition 28 (1988), 3–71; D. Gentner/S. Goldin-Meadow (eds.), Language in Mind. Advances in the Study of Language and Thought, Cambridge Mass./London 2003; J. Haugeland (ed.), Mind Design. Philosophy, Psychology, Artificial Intelligence, Cambridge Mass./London, Montgomery Vt. 1981, erw. unter dem Titel: Mind Design II. Philosophy, Psychology, Artificial Intelligence, Cambridge Mass./London ²1997, 2000; T. Horgan/J. Tienson (eds.), Connectionism and the Philosophy of Mind. Spindel Conference 1987, South. J. Philos. 26 Suppl. (1988); L. J. Kaye, The Languages of Thought, Philos. Sci. 62 (1995), 92–110; J. Knowles, The Language of Thought and Natural Language Understanding, Analysis 58 (1998), 264–272; R. J. Matthews, Language of Thought, Enc. Ph. V (²2006), 192–194; C. Panaccio, Le discours intérieur. De Platon à Guillaume d'Ockham, Paris 1999 (engl. Mental Language from Plato to William of Ockham, New York 2017); J. Preston (ed.), Thought and Language, Cambridge etc. 1997; Z. W. Pylyshyn, The Imagery Debate. Analogue Media Versus Tacit Knowledge, Psycholog. Rev. 88 (1981), 16–45; ders., Computation and Cognition. Toward a Foundation for Cognitive Science, Cambridge Mass./London 1984, 1989; ders./W. Demopoulos (eds.), Meaning and Cognitive Structure. Issues in the Computational Theory of Mind, Norwood N. J. 1986; G. Rey, Language of Thought, REP V (1998), 404–408; M. Rowlands, Connectionism and the Language of Thought, Brit. J. Philos. Sci. 45 (1994), 485–503; S. Schneider, The Language of Thought. A New Philosophical Direction, Cambridge Mass./London 2011; J. Schröder, Die S. d. D., Würzburg 2001; M. Seymour, A Sentential Theory of Propositional Attitudes, J. Philos. 89 (1992), 181–201; S. P. Stich, From Folk Psychology to Cognitive Science. The Case Against Belief, Cambridge Mass./London 1983, 1996. M. C.

Sprachgebrauch (engl. language use), Bezeichnung für das in der Analytischen Philosophie (↑Philosophie, analytische) bei G. E. Moore und im Anschluß an ihn im Linguistischen Phänomenalismus (↑Phänomenalismus, linguistischer) und in den »Philosophischen Untersuchungen« L. Wittgensteins angewandte Kriterium dafür, ob eine auf den semantischen Inhalt (↑Semantik) und nicht auf die syntaktische Form (↑Syntax) von Sätzen gerichtete logische ↑Sprachanalyse (↑Analyse, logische) angemessen ist oder nicht. Der umgangssprachliche oder auch fachsprachliche ↑Wortgebrauch, wie er in der Alltagswelt (↑Alltagssprache) verankert ist oder sich im Falle der ↑Wissenschaftssprache erwerben läßt, ist für die Bestimmung der Bedeutung der Wörter (↑Wort) der ↑Gebrauchssprache verantwortlich. Den Irreführungen der Gebrauchssprache soll ohne Vermittlung theoretischer Konstruktionen, etwa der ↑Abbildtheorie, wie im »Tractatus« Wittgensteins, zur semantischen Rechtfertigung der Regeln der logischen Syntax (↑Syntax, logische), durch direkten Rückgriff auf einübbaren S. begegnet werden.
In den »Philosophischen Untersuchungen« Wittgensteins übernehmen ↑Sprachspiele die Aufgabe, den syntaktischen Regeln zur Verwendung gebrauchssprachlicher Ausdrücke, der Oberflächengrammatik, semantische, das Verständnis dieser Ausdrücke darstellende Regeln der ↑Tiefengrammatik hinzuzufügen. ›Beschreibung‹ tritt an die Stelle von ›Erklärung‹ (Philos. Unters.

§ 109). Das darf nicht derart mißverstanden werden, als sei eine Berufung auf empirisch feststellbaren tradierten ›Sprachbrauch‹ (ordinary usage) ausreichend; vielmehr ist zur Unterscheidung zwischen gewöhnlichem S. (ordinary use [G. Ryle], genuine use [P. F. Strawson]) und ungewöhnlichem oder philosophischem S. (non-stock use oder philosopher's jargon [Ryle], spurious use [Strawson], ↑Bildungssprache) die erneute Verankerung, also Wiedereinführung, sprachlicher Ausdrücke in der ›Schule des Lebens‹ erforderlich. Beim S. muß zwischen schon bestehender Verwendung und ↑Einführung einer Verwendung unterschieden werden: »Wir führen die Wörter von ihrer metaphysischen wieder auf ihre, alltägliche Verwendung zurück« (Philos. Unters. § 116). An die Stelle der im Logischen Empirismus (↑Empirismus, logischer) herrschenden Bildtheorie der Bedeutung (picture theory of meaning) ist im Linguistischen Phänomenalismus eine Gebrauchstheorie der Bedeutung (use theory of meaning) getreten.

Literatur: J. Albrecht, S., Hist. Wb. Rhetorik VIII (2007), 1073–1088; W. P. Alston, Philosophy of Language, Englewood Cliffs N. J. 1964, 1965 (ital. Filosofia del linguaggio, Bologna 1972); J. Bybee, Phonology and Language Use, Cambridge etc. 2001, 2003; K. Lorenz, Elemente der Sprachkritik. Eine Alternative zum Dogmatismus und Skeptizismus in der Analytischen Philosophie, Frankfurt 1970, 1971; A. Margalit (ed.), Meaning und Use. Papers Presented at the Second Jerusalem Philosophical Encounter April 1976, Dordrecht etc. 1979; G. H. R. Parkinson (ed.), The Theory of Meaning, London etc. 1968, 1982; E. v. Savigny, Die Philosophie der normalen Sprache. Eine kritische Einführung in die ›ordinary language philosophy‹, Frankfurt 1969, 1993. K. L.

Sprachhandlung, Terminus der ↑Sprachphilosophie zur Bezeichnung einer ↑*Zeichenhandlung* im engeren Sinn, also einer ↑Handlung mit einer auf Verständigung zielenden Kommunikationsfunktion, die darüber hinaus auch noch eine sich auf Gegenstände richtende Signifikationsfunktion aufweist. Mit der elementaren S. ↑*Artikulation*, und zwar im engeren Sinne einer *verbalen* Artikulation, werden sprachliche Zeichen (↑Zeichen (logisch), ↑Zeichen (semiotisch)) oder ↑Artikulatoren ›P‹ dazu verwendet, sowohl einen Gegenstand in einer Gegebenheitsweise anzuzeigen (Signifikation: ›dies P‹) als auch etwas in einem Modus auszusagen (Kommunikation: ›ist P‹). Diese Artikulatoren treten in der Regel, nämlich sofern nicht ein anderes Medium (↑Medium (semiotisch)) gewählt wird, als aus ↑Phonemen zusammengesetzte Lautzeichen oder (davon abhängig oder unabhängig) als aus ↑Graphemen zusammengesetzte Schriftzeichen (↑Marke, ↑Schrift) auf.
An jeder S. läßt sich, wie bei jeder Handlung in einer dialogischen ↑Lehr- und Lernsituation, eine *semiotische*, die im Erleben verwirklichte Schemaseite und eine *pragmatische*, die im Vollzug sich zeigende Aktualisierungsseite unterscheiden, wobei jede der beiden Seiten wie-

derum verselbständigt als eine eigenständige Handlung begriffen werden kann. Dabei ist es für das Verständnis der elementaren S.en wichtig, auf die beiden Stufen einer Artikulation zu achten. Zunächst ist eine Artikulation die Verselbständigung der ↑pragmatischen Seite eines Handlungserlebens unter Einschluß des Erlebens eines Umgangs mit Objekten, die verbal, piktoral, gestisch oder anders auftreten mag und von den Wahrnehmungen auf der semiotischen Seite eines Handlungserlebens begleitet ist: Es liegt *einfache* Artikulation und damit eine ↑*Objektkompetenz* (knowledge by acquaintance; B. Russell, The Problems of Philosophy, New York etc. 1912, London/New York/Toronto 1967, 25–32 [Chap. 5 Knowledge by Acquaintance and Knowledge by Description]) realisierende elementare S. vor, die gegenstands*konstituierenden* Charakter hat und wegen der Teilhabe des Redens, Zeichnens, (kultischen) Tanzens usw. am konstituierten Gegenstand auch den magischen Umgang mit (nicht auf das verbale Medium beschränkter) ↑Sprache zu erklären vermag. Dann wird in einem als Artikulation 2. Stufe begreifbaren Schritt eine einfache Artikulation mit der Funktion der Vertretung beliebiger anderer Weisen des Handlungserlebens, deren pragmatische Seite in einfachen Artikulationen und deren semiotische Seite in ↑Wahrnehmungen besteht, ausgestattet. Dadurch wird sie in eine *symbolische* Artikulation und damit in eine ↑*Metakompetenz* (knowledge by description, B. Russell) realisierende elementare S. verwandelt, die jetzt gegenstands*beschreibenden* und deshalb einen auf die Verfügbarkeit des Erlebens auch anderen Umgangs mit Gegenständen, z. B. mit den Augen, mit anderen Worten und Vorstellungen, angewiesenen Charakter hat. Es gehört zum biologischen Faktum der Entwicklungsgeschichte des Menschen, daß grundsätzlich nur verbale Artikulationen diese Rolle übernehmen (↑Spiel).

Die symbolischen Artikulationen sind es auch, die häufig den Ausgangspunkt der Überlegungen in ↑Linguistik und Sprachphilosophie bilden, auch wenn für das Verständnis gerade der Umgangssprache (↑Alltagssprache), aber auch ihrer Fortsetzungen in Fachsprachen unter Einschluß der ↑Wissenschaftssprachen, der ständig auftretende Wechsel zwischen einfacher und symbolischer Artikulation, also sinnlichem und begrifflichem Reden, von großer Bedeutung ist (↑Symboltheorie). Dieser Wechsel wird in dem von der hermeneutischen Methode (↑Methode, hermeneutische) bestimmten Nachdenken über Sprache dazu benutzt, unter dem Titel der ›welterschließenden Kraft der Sprache‹ die hermeneutische ↑Sprachanalyse häufig gegen die von der logischen Sprachanalyse (↑Analyse, logische) beherrschten Sprachtheorien auszuspielen.

Werden die beiden Seiten einer Artikulation in eigenständigen Handlungen verselbständigt, so erscheint die pragmatische Seite einer Artikulation als Sprechen oder Schreiben (pragmatisch) und Hören oder Lesen (semiotisch), während die semiotische Seite einer Artikulation in der schon genannten Doppelung von Kommunikation und Signifikation als ↑Prädikation in einem ↑Modus (pragmatisch) und ↑Ostension in einer ↑Gegebenheitsweise (semiotisch) auftritt (↑Zeigehandlung). Die jeweils pragmatische, als ↑Äußerung auftretende Seite einer S. sollte dabei als *Sprechhandlung* (oder Schreibhandlung) unter den S.en im allgemeinen terminologisch ausgezeichnet werden, so daß im Anschluß an einen verbreiteten Sprachgebrauch neben Sprechen als Sprechhandlung 1. Stufe die Modi einer Prädikation, d. s. die ↑Sprechakte, als Sprechhandlungen 2. Stufe erscheinen. Es ist umstritten, ob jeder Sprechakt, z. B. Warnen, Bitten, Versprechen, einen den semiotischen Anteil der zugehörigen S. bildenden propositionalen Kern, eben die Prädikation, aufweist oder die Prädikation selbst auch als ein Sprechakt verstanden werden soll.   K. L.

Sprachhermeneutik, Bezeichnung für eine Anwendung der in der Nachfolge W. Diltheys im Zuge der Selbstreflexion des ↑Historismus ausgebildeten hermeneutischen Methode (↑Methode, hermeneutische) in Gestalt einer hermeneutischen ↑Sprachanalyse. Auf diese Weise sollen die von grammatischer und logischer Sprachanalyse herausgearbeiteten sprachlich-beschreibenden und systematisch-erklärenden Aspekte bei der Beurteilung sprachlicher Leistungen, wie sie insbes. in über einzelne Sätze hinausgehenden ganzen Texten vorliegen, durch von der ↑Hermeneutik beigesteuerte historisch-verstehende Aspekte ergänzt werden.

Literatur: K.-O. Apel, Die Idee der Sprache in der Tradition des Humanismus von Dante bis Vico, Bonn 1963, ³1980; ders. u. a., Hermeneutik und Ideologiekritik, Frankfurt 1971; H.-G. Gadamer, Wahrheit und Methode. Grundzüge einer philosophischen Hermeneutik, Tübingen 1960, ⁴1975, erw. unter dem Titel: Hermeneutik, I–II (I Wahrheit und Methode. Grundzüge einer philosophischen Hermeneutik, II Ergänzungen, Register), Tübingen ⁵1986, ⁶1990 (= Ges. Werke I–II), I, ⁷2010 (= Ges. Werke I), ed. G. Figal, Berlin 2007, ²2011; H. Lipps, Untersuchungen zu einer hermeneutischen Logik, Frankfurt 1938, ⁴1976 (= Werke II) (franz. Recherches pour une logique herméneutique, Paris 2004).   K. L.

Sprachkritik (engl. critique of language), neben der allgemeinen kulturkritischen und sozialpädagogischen Verwendung von ›S.‹ im Sinne einer analysierenden Bloßstellung unwahrhaftigen, unklaren oder auch eine Sache kunstvoll verschleiernden Sprechens (z. B. mit der publizistischen Tätigkeit von K. Kraus) in der Philosophie Bezeichnung für ein methodisches Programm (↑Methode). Mit ihm leitet L. Wittgenstein im »Tractatus« (4.0031: »Alle Philosophie ist ›S.‹«) die radikale Form der durch den ›linguistic turn‹ (↑Wende, linguistische) mit der Forderung nach logischer Analyse (↑Analyse, logische) der Sprache (↑Sprachanalyse) charakterisierten Analytischen Philosophie (↑Philosophie, analytische) ein. Durch S. soll »die Herrschaft des Wortes über den menschlichen Geist« (G. Frege, Begriffsschrift, Halle 1879, VI) gebrochen werden, indem Übereinstimmung des Denkens mit seinem sprachlichen Ausdruck hergestellt wird. Dies soll mit der Unterscheidung zwischen der grammatischen und der logischen Form (↑Form (logisch)) von Sätzen bewerkstelligt werden, einem Unterschied, auf den Wittgenstein in den »Philosophischen Untersuchungen« (§ 664) später mit den Termini ›Oberflächengrammatik‹ und ↑›Tiefengrammatik‹ in bezug auf sprachliche Äußerungen verweist.

Schon in der bei J. G. Herder und W. v. Humboldt als eigenständige Disziplin sich herausbildenden ↑Sprachphilosophie – sie wird von dem in Oxford lehrenden Sprachwissenschaftler F. M. Müller als Gestalt der künftigen Philosophie vorausgesagt (Das Denken im Lichte der Sprache, Leipzig 1888 [repr. Frankfurt 1983], 45) – führt das Wissen um den ↑transzendentalen, die Bedingung der Möglichkeit von Erkenntnis bildenden Charakter der ↑Sprache zu einer Umbildung des Kantischen Programms einer *Vernunftkritik* in S. – bei Herder noch ›Metakritik der reinen Vernunft‹, bei dem Gymnasialdirektor G. Gerber schon ›Kritik der unreinen Vernunft‹ (Die Sprache und das Erkennen, Berlin 1884, Vorrede) –, auch wenn vor Wittgenstein diese S. eher als Postulat der Einheit des Denkens und des Sprechens mit oft skeptischen Konsequenzen auf Grund der sichere Erkenntnis unmöglich machenden Sprachbilder der ↑Gebrauchssprache (so zuletzt bei F. Mauthner, von dessen Verständnis von S. sich Wittgenstein im »Tractatus« [4.0031] explizit distanziert) denn als Forderung zur Wiederherstellung dieser Einheit auftritt.

Das negativ als ↑Metaphysikkritik artikulierte erkenntniskritische (↑Erkenntniskritik) Interesse, wie es im Programm einer Reduktion der ↑Bildungssprache auf die Umgangssprache (↑Alltagssprache) in dem von G. E. Moore ausgehenden Linguistischen Phänomenalismus (↑Phänomenalismus, linguistischer) und im Wittgenstein der »Philosophischen Untersuchungen« schließlich radikalisiert erscheint, ist sowohl der Kantischen Vernunftkritik als auch den Stadien ihrer Umbildung zur S. gemeinsam. Dies gilt aber nicht von allen Vertretern einer S. in Form des vom Wittgenstein des »Tractatus« in Anknüpfung an Frege artikulierten und im von B. Russell ausgehenden Logischen Empirismus (↑Empirismus, logischer) zu einer Forderung nach Konstruktion einer ↑Wissenschaftssprache aus der Umgangssprache hochstilisierten positiven, Philosophie als ›Überwindung der Metaphysik‹ durch ›rationale Nachkonstruktion‹ (R. Carnap; ↑Rekonstruktion) von Wissenschaft begreifenden ↑Erkenntnisinteresses. Dieses schließt auch Sprach-

synthese ein. Gleichwohl versteht schon der Theologe G. Runze, Carnaps Verfahren einer Überführung von irreführend als ↑Objektaussagen auftretenden Aussagen der ↑Wissenschaftslogik in metasprachliche (↑Metasprache) Syntaxaussagen antizipierend, sprachkritische Philosophie als ›Metaphilosophie‹ (Sprache und Religion, Berlin 1889, 195). Erst die Einbettung der S. in Überlegungen, die auch die Herausbildung von ↑Sprachhandlungen aus allgemeinen Handlungszusammenhängen einschließen – von Wittgenstein mit Hilfe seiner ↑Sprachspiele als ↑Lebensformen begonnen, vom ↑Konstruktivismus im Anschluß insbes. an C. S. Peirce, dabei I. Kant verpflichtet, weiterentwickelt –, vermag die uneingeschränkte Funktion der S. wegen der Berücksichtigung beliebiger (auch nonverbaler) ↑Zeichenhandlungen zur Geltung zu bringen: S. erscheint im Dialogischen Konstruktivismus (↑Konstruktivismus, dialogischer) in Gestalt zweier Prinzipien, eines methodischen und eines dialogischen Prinzips (↑Prinzip, dialogisches, ↑Prinzip, methodisches), deren Befolgung auch den Zusammenhang von Welt und Sprache, von ↑Pragmatik und ↑Semiotik, artikulieren kann.

Literatur: K.-O. Apel, Die Idee der Sprache in der Tradition des Humanismus von Dante bis Vico, Bonn 1955, ³1980 (ital. L'idea di lingua nella tradizione dell'umanesimo da Dante a Vico, Bologna 1975); A. J. Ayer u. a., The Revolution in Philosophy, London etc. 1956, 1967; H. J. Cloeren (ed.), Philosophie als S. im 19. Jahrhundert. Textauswahl I, Stuttgart-Bad Cannstatt 1971; ders., S., Hist. Wb. Ph. IX (1995), 1508–1514; H. G. Hödl, Nietzsches frühe S.. Lektüren zu »Ueber Wahrheit und Lüge im aussermoralischen Sinne« (1873), Wien 1997; J. Kilian/T. Niehr/J. Schiewe, S.. Ansätze und Methoden der kritischen Sprachbetrachtung, Berlin/New York 2010, ²2016; S. Körner, Conceptual Thinking. A Logical Inquiry, Cambridge 1955, New York 1959; K. Kraus, Die Sprache, Wien 1937, ²1954, ⁴1962 (= Werke II), Neudr. Frankfurt 1987, 1997; K. Lorenz, Elemente der S.. Eine Alternative zum Dogmatismus und Skeptizismus in der Analytischen Philosophie, Frankfurt 1970, 1971; ders., Dialogischer Konstruktivismus, Berlin/New York 2009; F. Mauthner, Beiträge zu einer Kritik der Sprache, I–III, Leipzig 1901–1902, ³1923, Wien/Köln/Weimar 1999; ders., Wörterbuch der Philosophie. Neue Beiträge zu einer Kritik der Sprache, I–II, München/Leipzig 1910/1911 (repr. Zürich 1980), in 3 Bdn. ²1923–1924, Köln/Weimar/Wien 1997; J. Mittelstraß, Das normative Fundament der Sprache, in: ders., Die Möglichkeit von Wissenschaft, Frankfurt 1974, 158–205, 244–252; R. Rorty (ed.), The Linguistic Turn. Recent Essays in Philosophical Method, Chicago Ill./London 1967, 1988, mit Untertitel: Essays in Philosophical Method. With Two Retrospective Essays 1992, 2002; J. Schächter, Prolegomena zu einer kritischen Grammatik, Wien 1935, Neudr. Stuttgart 1978 (engl. Prolegomena to a Critical Grammar, Dordrecht/Boston Mass. 1973); J. Schiewe, Die Macht der Sprache. Eine Geschichte der S. von der Antike bis zur Gegenwart, München 1998; ders., S., Hist. Wb. Rhetorik VIII (2007), 1097–1106; S. J. Schmidt (ed.), Philosophie als S. im 19. Jahrhundert. Textauswahl II, Stuttgart-Bad Cannstatt 1971; J. Spitzmüller (ed.), Streitfall Sprache – S. als angewandte Linguistik? Mit einer Auswahlbibliographie zur S. (1990 bis Frühjahr 2002), Bremen 2002; M. Stingelin, »Unsere ganze Philosophie ist Berichtigung des Sprachgebrauchs«. Friedrich

Nietzsches Lichtenberg-Rezeption im Spannungsfeld zwischen S. (Rhetorik) und historischer Kritik (Genealogie), München 1996; M. Thalken, Ein bewegliches Heer von Metaphern. Sprachkritisches Sprechen bei Friedrich Nietzsche, Gustav Gerber, Fritz Mauthner und Karl Kraus, Frankfurt etc. 1999; W. Vossenkuhl, Solipsismus und S.. Beiträge zu Wittgenstein, Berlin 2009; H. Watzka, Sagen und Zeigen. Die Verschränkung von Metaphysik und S. beim frühen und beim späten Wittgenstein, Stuttgart 2000; weitere Literatur: ↑Philosophie, analytische, ↑Sprachphilosophie.   K. L.

Sprachphilosophie, Bezeichnung für eine mit dem Gegenstand ↑Sprache befaßte philosophische Disziplin, die, anders als ↑Naturphilosophie und ↑Moralphilosophie, die als Paradigmata der Theoretischen Philosophie (↑Philosophie, theoretische) und der Praktischen Philosophie (↑Philosophie, praktische) auf die antike Unterscheidung von ↑Theorie (↑Theoria) und ↑Praxis zurückgehen, ihre Eigenständigkeit erst vor wenig mehr als 200 Jahren gewonnen hat. Einer der Gründe dafür ist, daß Sprache in der antiken Tradition zu der von Theorie und Praxis unterschiedenen ↑Poiesis gehört. Daher gibt es S. zunächst nicht als eigene philosophische Disziplin, vielmehr nur in Gestalt philosophischer Reflexionen innerhalb der dem Vorbild der »Poetik« des Aristoteles folgenden (literarischen) Kunstwissenschaft und Ästhetik und ihrer poietischen Schwesterdisziplinen ↑Grammatik und ↑Rhetorik. Als Gegenstand einer auf technisches Können gerichteten Disziplin konnte Sprache kein Gegenstand einer philosophischen Wissenschaft sein. Anders verhält es sich in der indischen Tradition (↑Philosophie, indische). Dort gibt es S. in Gestalt einer ›Schule der Grammatiker‹ (Pāṇinīya darśana) schon seit Pāṇini (um 400 v. Chr.) (↑Logik, indische). In ihrer für den Aufbau von Theorien sprachabhängiger Tätigkeiten und damit auch von Philosophie und Wissenschaft konstitutiven Rolle ist S. sogar erst ein Resultat des 20. Jhs., und zwar im Zusammenhang der Ausbildung des Werkzeugs der logischen ↑Sprachanalyse in der Analytischen Philosophie (↑Philosophie, analytische). Dabei spielt L. Wittgenstein eine Schlüsselrolle, zumal die einerseits primär logisch und andererseits primär psychologisch orientierten Vorstufen im 19. Jh. von B. Bolzano bis G. Frege und von J. S. Mill bis W. Wundt erst rückblickend und allmählich in ihrer Bedeutung für die S. erkannt wurden.

Die späte Selbständigkeit der S. ist kein Zeichen mangelnden philosophischen Interesses an der Sprache, sondern Ausdruck der besonderen Schwierigkeit jeder Untersuchung, die ihren Gegenstand zugleich als Hilfsmittel zu dessen Darstellung einsetzen muß. Sprachphilosophische Überlegungen sind anfangs unablösbarer Bestandteil der philosophischen Tätigkeit selbst und treten, gleichgültig in welcher Epoche und in welchem Traditionszusammenhang, in beinahe jeder philosophischen Abhandlung auf. Allerdings sind sie selten von ↑Logik auf der einen Seite und von ↑Psychologie auf der anderen Seite abgegrenzt. Noch heute gibt es einen breiten Bereich, in dem logische und sprachphilosophische Untersuchungen miteinander konkurrieren – sprachliche Ausdrücke werden unter den Gesichtspunkten ihrer ↑Bedeutung und ihres Beitrags für die Bestimmung der ↑Wahrheit von Sätzen behandelt, das Gebiet der ↑Semantik –, und einen ebenso breiten Bereich, in dem psychologische und sprachphilosophische Untersuchungen in einen Wettstreit treten – sprachliche Ausdrücke werden in ihrer Funktion in bezug auf mentale Prozesse bei Sprecher und Hörer thematisiert, das Gebiet der ↑Pragmatik. In der ↑Phänomenologie sind sprachphilosophische Untersuchungen sogar völlig mit logischen und psychologischen Untersuchungen verschmolzen.

Schon an der Schwelle vom ↑Mythos zum ↑Logos ist Sprache Gegenstand eines kritischen Interesses, etwa im Lehrgedicht des Parmenides, wo es im Zusammenhang der Namengebung den Dingen gegenüber (VS 28 B 19) darum geht, Schein und Sein auseinanderzuhalten. Doch erst Platon hat im Anschluß an eine ausgedehnte Diskussion in der ↑Sophistik um die ›Richtigkeit der Namen‹ (ὀρθότης ὀνομάτων), nämlich ob Wörter ›von Natur‹ (φύσει) oder ›durch Vereinbarung‹ (θέσει) bezeichnen, sowohl die an der doppelten Funktion einer ↑Sprachhandlung zur Signifikation und zur ↑Kommunikation orientierte Unterscheidung zwischen ↑Name (↑Wort) und ↑Aussage (↑Satz) durchgesetzt (im »Kratylos«) als auch derjenigen zwischen wahr (↑wahr/das Wahre) und ↑falsch eine verläßliche Grundlage gegeben (im »Sophistes«). Damit waren die Voraussetzungen geschaffen, auf denen Aristoteles die ↑Syllogistik als eine erste formale Logik (↑Logik, formale) und eine Lehre von den ↑Kategorien als von den Möglichkeiten der griechischen Sprache her motivierte Arten der ↑Prädikation aufbauen konnte. In der ↑Stoa kommt neben expliziten Grammatiktheorien vor allem eine allgemeine Lehre von den sprachlichen Zeichen (↑Zeichen (semiotisch)) und ihren Bedeutungen (↑Lekton) hinzu. Auf diese antike Tradition von Grammatik, die sich in einen eher logisch-begrifflich vorgehenden Zweig (in direkter Nachfolge von Platon, Aristoteles und der Stoa) und in einen eher empirisch-deskriptiv vorgehenden Zweig (in der Alexandrinerschule, ausgehend von Dionysios Thrax, um 100 v. Chr.) aufgespalten hatte, stützen sich unter ergänzender Bezugnahme auf eine theologische Zeichenlehre im Sinne von A. Augustinus (in »De magistro«) die im Rahmen der artes liberales (↑ars) des Triviums Logik, Grammatik und Rhetorik in der ↑Scholastik vornehmlich für theologische Zwecke entwickelten sprachphilosophischen Lehren von den Bezeichnungsweisen (modi significandi; ↑modistae) und von den Schlußfolgerungen (↑consequentiae). Damit waren die

Grundlagen für die Entwicklung einer allgemeinen, weil rationalen oder logischen Grammatik (↑Grammatik, logische) geschaffen, in der die für alle Sprachen gültigen Regeln und die Regeln der ↑Übersetzung von einer natürlichen Sprache (↑Sprache, natürliche) in eine andere zusammengestellt sein sollen: »gramatica est eadem apud omnes« (Johannes von Dacien, Summa gramatica, Opera I, ed. A. Otto, Kopenhagen 1955, 53–56).

Für die neuzeitliche Diskussion um eine rationale Grammatik, die mit der 1849 erschienenen »Philosophy of Language« von J. Stoddart (1773–1856) zum Abschluß kommt, wird die 1660 erschienene Kodifikation der rationalen Grammatik unter dem Titel »Grammaire générale et raisonnée ou La grammaire de Port-Royal« (Paris 1660) von A. Arnauld (1612–1694) und C. Lancelot (1615–1695) der einflußreichste Traktat. In ihm werden das heute so genannte semantische oder semiotische Dreieck (↑Semantik, ↑Semiotik) kanonisiert:

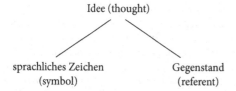

Idee (thought)

sprachliches Zeichen   Gegenstand
(symbol)   (referent)

Danach sind die Gegenstände und die Sprachzeichen unter Berufung auf Aristoteles nicht unmittelbar, sondern über ↑Universalien miteinander verknüpft; der Unterschied zwischen intensionaler und extensionaler Bedeutung der Begriffswörter (↑intensional/Intension, ↑extensional/Extension), dem ↑Inhalt und dem ↑Umfang der Begriffe, ist erstmals terminologisch fixiert. Dabei beruft sich Lancelot zur Abgrenzung des logischen und nicht rhetorischen Charakters dieser Grammatik auf Quintilian (*aliud est grammatice, aliud latine loqui*), was zu dem in diesem Zusammenhang nicht aufgelösten Problem des Zusammenhangs zwischen Einzelsprache und Sprache im allgemeinen, insbes. zwischen Literatur (als Kunst) und Philosophie (als Wissenschaft), geführt hat.

Ein weiteres, bis heute strittiges Problem betrifft den Status der für den Zusammenhang von Gegenständen und sprachlichen Zeichen verantwortlichen Bindeglieder, für die unterschiedliche Ausdrücke verwendet werden, z. B. ›Idee‹ bei J. Locke, ›Vorstellung‹ bei G. W. F. Hegel, ›Begriff‹ bei F. de Saussure. Die Frage ist, ob diese Bindeglieder selbständige ›geistige‹ Gegenstände, rational extramental oder empirisch mental, sind oder unselbständige Fiktionen, eine bloße ›façon de parler‹, gewonnen durch einen Prozeß der ↑Abstraktion (die Frage, ob sie rational extramental oder empirisch mental sind, ist Gegenstand der Auseinandersetzung zwischen einer rationalistischen [↑Rationalismus] Position bei

G. W. Leibniz und einer empiristischen [↑Empirismus] Position bei Locke auf dem Hintergrund einer Einheit logisch-erkenntnistheoretischer mit sprachtheoretischen Überlegungen bei Leibniz in den »Nouveaux essais sur l'entendement humain« [1704] und einer Einheit psychologisch-erkenntnistheoretischer mit sprachtheoretischen Überlegungen bei Locke im »Essay Concerning Human Understanding« [1690]). Im ersten Fall, dem des Universalienrealismus im mittelalterlichen ↑Universalienstreit, spricht K. Voßler (1872–1949) von einer idealistischen Position der S., im zweiten Fall, dem des Universaliennominalismus, von einer positivistischen Position. Ohne eine Erörterung des Zusammenhanges der Sprachhandlungen mit den übrigen ↑Handlungen, wie sie erst durch die vom ↑Pragmatismus insbes. bei C. S. Peirce, später auch von Wittgenstein herausgearbeitete pragmatische Basis aller Zeichenprozesse möglich wird, läßt sich der Universalienstreit jedoch nicht schlichten. Es bedarf dazu der logisch-genetischen Rekonstruktion der sprachlichen Zeichen aus Handlungen über den Zwischenschritt der allgemeinen ↑Zeichenhandlungen unter Beachtung des für alle Handlungen und damit auch der ↑Dinge und der übrigen Gegenstandssorten als ›Handlungsknoten‹ charakteristischen Doppelaspekts von ↑Schema und ↑Aktualisierung (↑type and token), der unter Beachtung der für Handlungen charakteristischen Dualität (↑dual/Dualität) von Gegenstand und Verfahren noch einmal aufgrund der dialogischen Polarität des Handelns – bei Handlungen unter Einschluß der ↑Sprachhandlungen (↑Sprache) stehen sich stets die beiden Seiten einer Handlung, ihre semiotische und ihre pragmatische, in Gestalt der Handlungen erlebenden Du-Rolle bzw. in der Gestalt der Handlungen vollziehenden Ich-Rolle gegenüber – auf der Verfahrensseite zu einer Aufspaltung in ↑universales Schematisieren (↑Schematisierung) und ↑singulares Aktualisieren derjenigen Gegenstände führt, mit denen man handelnd umgeht. Auf diese Weise wird auch der Anschluß an die historisch mit der Tradition der rationalen Grammatik und die weitergehenden Bemühungen um eine ↑Universalsprache konkurrierende historisch-genetische Sprachbetrachtung wieder hergestellt, wie sie mit Dante Alighieris (1265–1321) Traktat »De vulgari eloquentia« im Anschluß an die antike ↑Rhetorik den Beginn neuzeitlicher Bemühungen um ein Verständnis für die Vielfalt natürlicher Sprachen bildet.

In diese Tradition gehört auch G. Vico, der J. G. Herders Überlegungen zur Entstehung natürlicher Sprachen zusammen mit der Entwicklung verschiedener Kulturen und der sie tragenden Völker, die dieser in seinem Essay »Abhandlung über den Ursprung der Sprache« von 1772 anstellt, vorwegnimmt. Sie waren von den dem englischen Neuplatonismus verpflichteten Schriften Lord

Monboddos (= J. Burnett) »Of the Origin and Progress of Language« (I–VI, Edinburgh 1774–1792) und J. Harris' »Hermes or a Philosophical Inquiry Concerning Language and Universal Grammar« (London 1751) angeregt worden. Eingebettet in teils naturalistisch-evolutionistische, teils theologisch-kreationistische Vorstellungen werden meist hochspekulative Theorien über den Ursprung der Sprache (Glottogenesis) entwickelt, die allerdings um die Wende vom 18. zum 19. Jh. von der mit der Entdeckung der indoeuropäischen Sprachverwandtschaft durch W. Jones (1746–1794; On the Hindus. Third Anniversary Discourse Read to the Asiatick Society, Calcutta 1786) beginnenden historisch-vergleichenden neuzeitlichen Sprachwissenschaft verdrängt werden. Dabei ist die neuzeitliche Sprachwissenschaft in dieser romantischen Phase vor allem historischer Forschung noch eine Einheit von empirisch arbeitender ↑Linguistik und reflexiv orientierter S., paradigmatisch verkörpert im Werk W. v. Humboldts, in dem philosophische Reflexionen über die Sprache eingebettet in Wissenschaft und Philosophie der Geschichte, nämlich des sich in historischen Prozessen entwickelnden ↑Geistes, auftreten. Nach und nach erst entwickelt sich im 19. Jh. jene Verselbständigung, in der die Linguistik mit der Aufgabe befaßt ist, den *empirischen Gehalt* von Aussagen über Sprache zu erweitern, während sich die S. der Klärung des *begrifflichen Rahmens* von Rede über Sprache widmet. Hinzu kommt, daß sich innerhalb der Linguistik zwei teils miteinander konkurrierende, teils einander ergänzende Untersuchungsverfahren ausbilden, die als historisch-vergleichende Methode (zu einer diachronen Linguistik führend) und als experimentell-beobachtende Methode (für eine synchrone Linguistik geeignet) bis heute Gestalt und interne Auseinandersetzungen der Linguistik bestimmen.

In dem Maße, in dem sich das Selbstverständnis der Sprachwissenschaft, eine empirische und damit ↑positive Wissenschaft zu sein, durchsetzt, finden alle diejenigen empirischer Kontrolle nicht zugänglichen Überlegungen in der Sprachwissenschaft keinen Platz mehr, die mit der Herkunft der ersichtlich ebenfalls sprachlichen wissenschaftlichen Hilfsmittel befaßt sind: S. erhält als reflexive (↑reflexiv/Reflexivität) Grundlagenwissenschaft ihre Selbständigkeit. Sie artikuliert sich zum letzten Mal vor der von der Analytischen Philosophie durchgesetzten sprachkritischen Wende (↑Wende, linguistische) im Bereich der Grundlagenforschung in der enzyklopädischen »Philosophie der symbolischen Formen« (I–III, 1923–1929) E. Cassirers. In traditioneller, den Unterschied einer positiven von einer reflexiven Fragestellung nicht anzeigender Terminologie erforscht man in der S. das ›Wesen‹ der Sprache, in der Linguistik hingegen ihre natürlichen Eigenschaften; auch die Teildisziplinen von ↑Syntaktik, ↑Semantik und ↑Pragmatik

(↑Sprechakt) unterliegen dieser, dann meist durch die hinzugefügten qualifizierenden Adjektive ›linguistisch‹ bzw. ›logisch‹ angezeigten Zweiteilung. Fast unvermeidlich ist es dann, bei gut bestätigten universellen Eigenschaften, den ›language universals‹, zu fragen, ob sie ›wesentlich‹, also schon begrifflich zur Sprache gehören, ohne zu beachten, daß dieser Frage ein noch nicht explizierter, insbes. die empirischen Untersuchungen leitender, Sprachbegriff vorausgeht, den zu bestimmen gerade zu den Aufgaben der S. gehört.

Vermeidet man diese von der traditionellen Terminologie nahegelegte Irreführung, so ergeben sich Überlegungen, die als *Philosophie der Linguistik* oder – spezieller, wenn nämlich die Linguistik bereits in einer gegenwärtig anerkannten Standards für empirische Theorien genügenden Gestalt vorliegt – als *Wissenschaftstheorie der Linguistik* ein Teilgebiet der S. ausmachen. Damit ist S. allerdings nicht erschöpft, es sei denn, man erklärt in der Nachfolge eines romantischen Dogmas, wonach sich über Dichtung angemessen nur dichterisch reden lasse (»so läßt sich auch eigentlich nicht reden von der Poesie als nur in Poesie«, F. Schlegel, Gespräch über die Poesie [1800], Kritische Ausgabe II, ed. E. Behler/J.-J. Anstett/M. Eichner, Paderborn etc. 1967, 285), philosophische Reflexion über andere als wissenschaftliche Rede für unangemessen. Aber auch umgekehrt wäre es ein Kurzschluß zu glauben, daß allein deshalb, weil jede Wissenschaft sprachlich verfaßt ist, philosophische Probleme einer Wissenschaft sich auf (meta-)wissenschaftliche Probleme der wissenschaftlichen Sprache zurückführen ließen – wie von der *linguistischen Philosophie*, der mißverstandenen radikalen Gestalt der Analytischen Philosophie, vertreten wurde (↑Wende, linguistische). Vielmehr führt die von Wittgenstein artikulierte ↑transzendentale, also die Bedingungen der Möglichkeit für alle sprachlich verfaßten Kulturleistungen bildende Rolle der Sprache zu der für die Analytische Philosophie konstitutiven Einsicht, daß auch die klassischen philosophischen Disziplinen, seien es Logik und Ethik oder Erkenntnistheorie und Ontologie, nur auf einer sprachphilosophisch geklärten Grundlage errichtet werden können: Erkenntniskritik wird erst durch ↑Sprachkritik möglich.

Der damit eingeleitete und durch eine Ergänzung der Methode der Sprachanalyse durch pragmatische Methoden (↑Pragmatismus) der Sprachsynthese, wie sie sich schon im Verfahren der ↑Sprachspiele Wittgensteins finden, auf eine breitere Basis gestellte anthropologische Neuansatz in der S. verankert Sprache ausdrücklich in den ↑Lebensformen menschlicher Gemeinschaften, und zwar als ein sich dialogischer Konstruktion (↑Konstruktivismus, dialogischer) und phänomenologischer Reduktion (↑Reduktion, phänomenologische) bedienendes Mittel, individuelle und soziale Lebensführung im Kontext der zugehörigen Weltansichten auch begreifbar zu machen. Hinzu kommt, daß mit der Verwendung der Sprachanalyse bei der Behandlung philosophischer Probleme seit Beginn des 20. Jhs. ohnehin eine sich ständig beschleunigende Entwicklung der S. eingesetzt hat, die sowohl zu einem besseren Verständnis ihrer Geschichte als auch zur Differenzierung ihrer Werkzeuge beiträgt. Diese Entwicklung findet in enger Wechselwirkung mit Logik, Linguistik, Psychologie und der aus ihnen entwickelten ↑Kognitionswissenschaft statt, neuerdings auch in Konkurrenz zu der als Wissenschaft vom Zeichengebrauch eine integrierende Funktion beanspruchenden (empirischen und reflexiven) ↑Semiotik und zur Theorie der Kommunikation (↑Kommunikationstheorie, ↑Kommunikationswissenschaft), insofern eine Sprachhandlung als eine Handlung mit Kommunikationsabsicht gilt. Wird Zeichengebrauch noch als in zeichenvermitteltes, empirisch beobachtbares Verhalten eingebettet aufgefaßt, so nehmen in diesem Zusammenhang wiederum (empirische und reflexive) Handlungstheorie (↑Praxeologie) und Verhaltensforschung (Ethologie), ergänzt um die von der Theorie der Künstlichen Intelligenz (↑Intelligenz, künstliche) bereitgestellten Modellbildungen, die Stelle sowohl der Semiotik als auch der Theorie der Kommunikation in ihrer Rolle als Disziplinen mit Fundierungsanspruch ein. Es ist noch offen, ob sich mit dem anthropologischen Neuansatz in der S. die beiden Konkurrenzsituationen durch die Einbettung der S. in Semiotik und Pragmatik aufheben lassen, zumal immer noch darüber gestritten wird, ob nicht S. und Linguistik wieder in dem Sinne miteinander vereinigt werden können (J. J. Katz), als Philosophie, Logik, Psychologie und andere Disziplinen mit offensichtlich sprachabhängigen Gegenstandsbereichen wie Kognitionswissenschaft und ↑Psychoanalyse, ↑Hermeneutik und ↑Rhetorik, sich zu Teildisziplinen einer umfassend verstandenen Linguistik umdeuten ließen.

Literatur: H. Aarsleff, From Locke to Saussure. Essays on the Study of Language and Intellectual History, Minneapolis Minn., London 1982, Minneapolis Minn. 1985; E. Albrecht, S., Berlin 1991; W. P. Alston, Philosophy of Language, Englewood Cliffs N. J. 1964, 1965; ders., Language, Philosophy of, Enc. Ph. IV (1967), 386–390; K.-O. Apel, Die Idee der Sprache in der Tradition des Humanismus von Dante bis Vico, Bonn 1963, ³1980; ders., Pragmatische S. in transzendentalsemiotischer Begründung, in: H. Stachowiak (ed.), Pragmatik. Handbuch pragmatischen Denkens IV (S., Sprachpragmatik und formative Pragmatik), Hamburg 1993, Darmstadt 1997, 38–61; E. J. Ashworth, Language, Renaissance Philosophy of, REP V (1998), 411–415; S. Auroux (ed.), Histoire des idées linguistiques, I–III, Lüttich/Brüssel 1989–2000; A. Barber (ed.), Epistemology of Language, Oxford etc. 2003; Y. Bar-Hillel (ed.), Pragmatics of Natural Languages, Dordrecht/Boston Mass. 1971; G. W. Bertram, Die Sprache und das Ganze. Entwurf einer antireduktionistischen S., Weilerswist 2006; ders. u. a., In der Welt der Sprache. Konsequenzen des semantischen Holismus, Frankfurt 2008; M. Biardeau,

Théorie de la connaissance et philosophie de la parole dans le brahmanisme classique, Paris/La Haye 1964; P. Bilimoria, Śabdapramāṇa. Word and Knowledge. A Doctrine in Mīmāṃsā-Nyāya Philosophy (with Reference to Advaita Vedānta-paribhāṣā ›Agama‹). Towards a Framework for Śruti-prāmāṇya, Dordrecht/Boston Mass./London 1988; S. Blackburn, Spreading the Word. Groundings in the Philosophy of Language, Oxford 1984, 2004; T. Blume/C. Demmerling, Grundprobleme der analytischen S.. Von Frege zu Dummett, Paderborn etc. 1998; H. Blumenberg, Die Lesbarkeit der Welt, Frankfurt 1981, ⁹2014 (franz. La lisibilité du monde, Paris 2007); T. Borsche, Sprachansichten. Der Begriff der menschlichen Rede in der S. Wilhelm von Humboldts, Stuttgart 1981; ders. (ed.), Klassiker der S.. Von Platon bis Noam Chomsky, München 1996, 2001; K. Brown (ed.), Concise Encyclopedia of Philosophy of Language and Linguistics, Amsterdam etc. 2010; M. Cameron/B. Hill/R. Stainton (eds.), Sourcebook in the History of Philosophy of Language. Primary Source Texts from the Pre-Socratics to Mill, Cham 2017; E. Cassirer, Philosophie der symbolischen Formen, I–III, Berlin 1923–1929, ferner als: Ges. Werke XI–XIII, Darmstadt, Hamburg 2001–2002, Hamburg 2010; S. Chapman/C. Routledge (eds.), Key Thinkers in Linguistics and the Philosophy of Language, Edinburgh 2005; N. Chomsky, Knowledge of Language. Its Nature, Origin, and Use, Westport Conn./London 1986; J. Cohen, Structure du langage poétique, Paris 1966, 2009; F. Collin/F. Guldmann, Meaning, Use and Truth. Introducing the Philosophy of Language, Aldershot etc. 2005; E. Coseriu, Die Geschichte der S. von der Antike bis zur Gegenwart. Ein Überblick, I–II, Tübingen, Stuttgart 1969/1972, I, Stuttgart ²1975, unter dem Titel: Geschichte der S., I–II, ed. J. Albrecht, Tübingen ³2015; M. Crimmins, Language, Philosophy of, REP V (1998), 408–411; M. Dascal, Leibniz. Language, Signs and Thought. A Collection of Essays, Amsterdam/Philadelphia Pa. 1987; ders. u. a. (eds.), S./Philosophy of Language/La philosophie du langage. Ein internationales Handbuch zeitgenössischer Forschung, I–II, Berlin/New York 1992/1996 (HSK VII/1–2); M. Devitt/K. Sterelny, Language and Reality. An Introduction to the Philosophy of Language, Oxford 1987, Oxford, Cambridge Mass. ²1999; M. Devitt/R. Hanley (eds.), The Blackwell Guide to the Philosophy of Language, Malden Mass./Oxford 2006, 2008; A. S. Diamond, The History and Origin of Language, London, New York 1959, 1968; U. Eco u. a., S., Hist. Wb. Ph. IX (1995), 1514–1527; U. Druwe/B. Mikusin, Die Dichtungsphilosophie der Renaissance als Antizipation der modernen S., München 1992; M. Dummett, Frege. Philosophy of Language, London 1973, ²1981, Cambridge Mass. 1995; S. Ebbesen, Language, Medieval Theories of, REP V (1998), 389–404; U. Eco, Semiotica e filosofia del linguaggio, Turin 1984; A. Eschbach (ed.), Karl Bühler's Theory of Language. Proceedings of the Conferences Held at Kirchberg, August 26, 1984 and Essen, November 21–24, 1984, Amsterdam/Philadelphia Pa. 1988; J. A. Fodor/J. J. Katz (eds.), The Structure of Language. Readings in the Philosophy of Language, Englewood Cliffs N. J. 1964, 1970; M. N. Forster, After Herder. Philosophy of Language in the German Tradition, Oxford etc. 2010, 2012; ders., German Philosophy of Language. From Schlegel to Hegel and beyond, Oxford etc. 2011, 2013; O. Funke, Studien zur Geschichte der S., Bern 1927; A. Gardiner, The Theory of Speech and Language, Oxford 1932, ²1951, Westport Conn. 1979 (franz. Langage et acte de langage. Aux sources de la pragmatique, Lille 1989); H. Geckeler u. a. (eds.), Logos Semantikos. Studia linguistica in honorem Eugenio Coseriu 1921–1981, I–V, Berlin/New York, Madrid 1981; Z. Gendler Szabó, Language, Early Modern Philosophy of, REP V (1998), 371–379; P. M. Gentinetta, Zur Sprachbetrachtung bei den Sophisten und in der stoisch-hellenistischen Zeit, Winterthur 1961; J. Gessinger/W. v. Rahden (eds.), Theorien vom Ursprung der Sprache, I–II, Berlin/New York 1989; É. Gilson, Linguistique et philosophie. Essai sur les constantes philosophiques du langage, Paris 1969, 1986 (engl. Linguistics and Philosophy. An Essay on the Philosophical Constants of Language, Notre Dame Ind. 1988); H. Gipper (ed.), Sprache, Schlüssel zur Welt. Festschrift für Leo Weisgerber, Düsseldorf 1959; ders./P. Schmitter, Sprachwissenschaft und S. in der Romantik. Ein Beitrag zur Historiographie der Linguistik, Tübingen 1979, ²1985; A. Graeser, Issues in the Philosophy of Language Past and Present. Selected Papers, Bern etc. 1999; K. Green, Dummett. Philosophy of Language, Cambridge etc. 2001; J. Habermas, Theorie des kommunikativen Handelns, I–II, Frankfurt 1981, ⁹2014; B. Hale/C. Wright (eds.), A Companion to the Philosophy of Language, Oxford etc. 1997, Malden Mass./Oxford 2005; B. Harrison, An Introduction to the Philosophy of Language, London/Basingstoke 1979, New York 1980; R. A. Hartmann, Philosophies of Language and Linguistics. Plato, Aristotle, Saussure, Wittgenstein, Bloomfield, Russell, Quine, Searle, Chomsky, and Pinker on Language and Its Systematic Study, Edinburgh 2007; J. Hawthorne/D. Zimmerman (eds.), Language and Philosophical Linguistics, 2003, Malden Mass./Oxford 2003; E. Heintel, Einführung in die S., Darmstadt 1972, ⁴1991; ders. u. a., Sprache/Sprachwissenschaft/S., TRE XXXI (2000), 730–787; J. Hennigfeld, Geschichte der S.. Antike und Mittelalter, Berlin 1994; E. Hoffmann, Die Sprache und die archaische Logik, Tübingen 1925; J. Hornsby/G. Longworth (eds.), Reading Philosophy of Language. Selected Texts with Interactive Commentary, Malden Mass./Oxford 2006; G. Ipsen, S. der Gegenwart, Berlin 1930; E. Itkonen, Grammatical Theory and Metascience. A Critical Investigation into the Methodological and Philosophical Foundations of ›Autonomous‹ Linguistics, Amsterdam/Philadelphia Pa. 1978; J. Jantzen, Parmenides zum Verhältnis von Sprache und Wirklichkeit, München 1976; O. Jespersen, The Philosophy of Grammar, London 1924, Chicago Ill./London 1992 (franz. La philosophie de la grammaire, Paris 1971, 1992); A. Joly/J. Stéfanini (eds.), La grammaire générale. Des modistes aux idéologues, Villeneuve d'Ascq 1977; F. Kambartel/P. Stekeler-Weithofer, S.. Probleme und Methoden, Stuttgart 2005; A. Kasher/S. Lappin, Philosophical Linguistics. An Introduction, Kronberg 1977; J. J. Katz, The Philosophy of Language, New York/London 1966 (dt. Philosophie der Sprache, Frankfurt 1969, 1971; franz. La philosophie du langage, Paris 1971); ders., Linguistic Philosophy. The Underlying Reality of Language and Its Philosophical Import, London 1972; ders. (ed.), The Philosophy of Linguistics, Oxford etc. 1985; N. Kompa (ed.), Handbuch S., Stuttgart 2015; F. v. Kutschera, S., München 1971, ²1975, 1993 (engl. Philosophy of Language, Dordrecht/Boston Mass. 1975); C. Lafont, Language, Continental Philosophy of, IESBS XII (2001), 8329–8336; P. V. Lamarque (ed.), Concise Encyclopedia of Philosophy of Language, Oxford etc. 1997; E. Leiss, S., Berlin/New York 2009, Berlin/Boston Mass. ²2012; E. Lepore/B. C. Smith (eds.), The Oxford Handbook of Philosophy of Language, Oxford etc. 2006, 2008; K. Lorenz, S., in: H. P. Althaus/H. Henne/H. E. Wiegand (eds.), Lexikon der Germanistischen Linguistik I, Tübingen ²1980, 1–28; ders./J. Mittelstraß, On Rational Philosophy of Language. The Programme in Plato's »Cratylus« Reconsidered, Mind 76 (1967), 1–20, ferner in: K. Lorenz, Philosophische Variationen. Gesammelte Aufsätze unter Einschluss gemeinsam mit Jürgen Mittelstraß geschriebener Arbeiten zu Platon und Leibniz, Berlin/New York 2011, 49–67, und in: J. Mittelstraß, Die griechische Denkform. Von der Entstehung der Philosophie aus dem Geiste der Geometrie,

Berlin/Boston Mass. 2014, 230–246; K. Lorenz, Dialogischer Konstruktivismus, Berlin/New York 2009; M. Losonsky, Linguistic Turns in Modern Philosophy, Cambridge etc. 2006; T. Luckmann, The Sociology of Language, Indianapolis Ind. 1975; W. G. Lycan, Philosophy of Language. A Contemporary Introduction, New York/London 2000, ²2008; J. Marenbon/M. Williams, Language, Philosophy of, NDHI III (2005), 1238–1243; R. M. Martin, The Meaning of Language, Cambridge Mass./London 1987, 1995; P. K. Mazumdar, The Philosophy of Language in the Light of Pāṇinian and the Mīmāṃsāka Schools of Indian Philosophy, Kalkutta 1977; G. H. Mead, Gesammelte Aufsätze, I–II, ed. H. Joas, Frankfurt 1980/1983, 1987; A. Miller, Philosophy of Language, London 1998, London/New York ²2007; J. Mittelstraß, Die Möglichkeit von Wissenschaft, Frankfurt 1974, 158–205, 244–252 (Kap. 7 Das normative Fundament der Sprache); B. Mojsisch (ed.), S. in Antike und Mittelalter. Bochumer Kolloquium, 2.–4. Juni 1982, Amsterdam 1986; M. Mooney, Vico in the Tradition of Rhetoric, Princeton N. J. 1985; C. W. Morris, Signs, Language, and Behavior, New York 1946, 1955 (dt. Zeichen, Sprache und Verhalten, Düsseldorf 1973, Frankfurt/Berlin/ Wien 1981); M. Morris, An Introduction to the Philosophy of Language, Cambridge etc. 2007, 2008; G. Mounin, Linguistique et philosophie, Paris 1975; K. Mulligan (ed.), Mind, Meaning and Metaphysics. The Philosophy and Theory of Language of Anton Marty, Dordrecht/Boston Mass./London 1990; A. Newen/M. A. Schrenk, Einführung in die S., Darmstadt 2008, ²2013; R. Noske, Die S. Hilary Putnams, Frankfurt etc. 1997; S. Nuccetelli/G. Seay (eds.), Philosophy of Language. The Central Topics, Lanham Md. 2008; M. Olender, Les langues du paradis. Aryens et Sémites: Un couple providentiel, Paris 1989, 2002 (engl. The Languages of Paradise. Race, Religion, and Philology in the Nineteenth Century, Cambridge Mass./London 1992, 2008; dt. Die Sprachen des Paradieses. Religion, Philologie und Rassentheorie im 19. Jahrhundert, Frankfurt/New York, Paris 1995, mit Untertitel: Religion, Rassentheorie und Textkultur, Berlin 2013); A. Orenstein/P. Kotatko (eds.), Knowledge, Language, and Logic. Questions for Quine, Dordrecht/Boston Mass./London 2000 (Boston Stud. Philos. Sci. 210); W. R. Ott, Locke's Philosophy of Language, Cambridge etc. 2004; E. Otto, Sprachwissenschaft und Philosophie. Ein Beitrag zur Einheit von Forschung und Lehre, Berlin 1949; I. Pagani, La teoria linguistica di Dante. »De vulgari eloquentia«. Discussioni, scelte, proposte, Neapel 1982; J.-C. Pariente, L'analyse du langage à Port Royal. Six études logico-grammaticales, Paris 1985; T. Patnaik, Śabda. A Study of Bhartṛhari's Philosophy of Language, New Delhi 1994; J. Pfister (ed.), Texte zur S., Stuttgart 2011; J. Piaget, Introduction à l'épistémologie génétique, I–III, Paris 1950, I–II, ²1973/1974; J. Pinborg, Logik und Semantik im Mittelalter. Ein Überblick, Stuttgart-Bad Cannstatt 1972; A. Ponzio, Man as a Sign. Essays on the Philosophy of Language, Berlin/New York 1990; G. Posselt/M. Flatscher, S.. Eine Einführung, Wien 2016; P. Prechtl, S., Stuttgart/Weimar 1998, 1999; W. V. O. Quine, Word and Object, Cambridge Mass./ London 1960, 2013; T. Rentsch (ed.), Sprache, Erkenntnis, Verstehen. Grundfragen der theoretischen Philosophie der Gegenwart, Dresden 2001; L. M. de Rijk, Logica Modernorum. A Contribution to the History of Early Terminist Logic, I–II, Assen 1962/1967; ders./H. A. G. Braakhuis (eds.), Logos and Pragma. Essays on the Philosophy of Language in Honour of Professor Gabriel Nuchelmans, Nijmegen 1987; J. F. Rosenberg/C. Travis (eds.), Readings in the Philosophy of Language, Englewood Cliffs N. J. 1971; E. Rosenstock-Huessy, Die kopernikanische Wende in der S., Freiburg/München 2012; F. Rossi-Landi, Il linguaggio come lavoro e come mercato, Mailand 1968, ⁵2003 (dt. Sprache als Arbeit und als Markt, München 1972, ²1974; engl. Language as Work and Trade. A Semiotic Homology for Linguistics & Economics, South Hadley Mass. 1983); E. Runggaldier, Analytische S., Stuttgart/Berlin/Köln 1990; G. Ryle (ed.), Contemporary Aspects of Philosophy, London/Henley/Boston Mass. 1977; R. M. Sainsbury, Departing from Frege. Essays in the Philosophy of Language, London/New York 2002; V. Salmon, The Study of Language in 17th-Century England, Amsterdam 1979, Amsterdam/Philadelphia Pa. ²1988; H. B. Sarles, After Metaphysics. Toward a Grammar of Interaction and Discourse, Lisse 1977, unter dem Titel: Language and Human Nature. Toward a Grammar of Interaction and Discourse, Minneapolis Minn. 1985, 1986; F. Schmidt, Zeichen und Wirklichkeit. Linguistisch-semantische Untersuchungen, Stuttgart etc. 1966; S. J. Schmidt, Sprache und Denken als sprachphilosophisches Problem von Locke bis Wittgenstein, Den Haag 1968; H. J. Schneider, Pragmatik als Basis von Semantik und Syntax, Frankfurt 1975; H. Schnelle, S. und Linguistik. Prinzipien der Sprachanalyse a priori und a posteriori, Reinbek b. Hamburg 1973; ders., Die Natur der Sprache. Die Dynamik der Prozesse des Sprechens und Verstehens, Berlin/New York 1991, 1996; O. R. Scholz, Verstehen und Rationalität. Untersuchungen zu den Grundlagen von Hermeneutik und S., Frankfurt 1999, ³2016; J. R. Searle (ed.), The Philosophy of Language, London 1971, Oxford etc. 2004; P. A. M. Seuren, Language and Philosophy, IESBS XII (2001), 8297–8303; C. Shields, Language, Ancient Philosophy of, REP V (1998), 356–361; M. Siderits, Indian Philosophy of Language. Studies in Selected Issues, Dordrecht/Boston Mass./London 1991; E. Siebenborn, Die Lehre von der Sprachrichtigkeit und ihren Kriterien. Studien zur antiken normativen Grammatik, Amsterdam 1976; J. Simon, S., Freiburg/München 1981; B. F. Skinner, Verbal Behavior, New York 1957, Acton Mass. 1992; W. Stegmüller (ed.), Das Universalien-Problem, Darmstadt 1978; P. Stekeler-Weithofer, S.. Eine Einführung, München 2014; S. Stenlund, Language and Philosophical Problems, London/New York 1990; J. Stenzel, Philosophie der Sprache, München/Berlin 1934 (repr. Darmstadt 1964, 1970); M. Tamen, Manners of Interpretation. The Ends of Argument in Literary Studies, Albany N. Y. 1993; K. Taylor, Truth and Meaning. An Introduction to the Philosophy of Language, Oxford etc. 1998, 2000; K. Terezakis, The Immanent Word. The Turn to Language in German Philosophy, 1759–1801, New York/London 2007; J. Trabant, Traditionen Humboldts, Frankfurt 1990, 2008 (franz. Traditions de Humboldt, Paris 1999); ders., Europäisches Sprachdenken. Von Platon bis Wittgenstein, München 2006; S. L. Tsohatzidis (ed.), John Searle's Philosophy of Language, Cambridge etc. 2007; Z. Vendler, Linguistics in Philosophy, Ithaca N. Y. 1967, 1979; J. Vernon, Hegel's Philosophy of Language, London/New York 2007; V. N. Vološinov, Marksizm i filosofija jazyka, Leningrad 1930, Moskau 1993 (engl. Marxism and the Philosophy of Language, New York 1973, Cambridge Mass. 1986; dt. Marxismus und S.. Grundlegende Probleme der soziologischen Methode in der Sprachwissenschaft, ed. S. M. Weber, Frankfurt/Berlin/Wien 1975; franz. Marxisme et philosophie du langage. Les problèmes fondamentaux de la méthode sociologique dans la science du langage, Paris 1977, Limoges 2010); K. Voßler, Positivismus und Idealismus in der Sprachwissenschaft. Eine sprach-philosophische Untersuchung, Heidelberg 1904; ders., Gesammelte Aufsätze zur S., München 1923; L. S. Vygotski, Myšlenie i reč', Moskau/Leningrad 1934, Moskau 2005 (engl. Thought and Language, ed. E. Hanfmann/G. Vakar, Cambridge Mass./London 1962, ed. E. Hanfmann, Cambridge Mass./London 2012; dt. Denken und Sprechen. Psychologische Untersuchungen, ed. J. Helm, Berlin 1964, ed. J. Lompscher/G.

Rückriem, Weinheim/Basel 2002); H. Watzka, S., Stuttgart 2014; H. Wein, S. der Gegenwart. Eine Einführung in die europäische und amerikanische S. des 20. Jahrhunderts, Den Haag 1963; H. Weiß, Johann Georg Hamanns Ansichten zur Sprache. Versuch einer Rekonstruktion aus dem Frühwerk, Münster 1990; A. Wellmer, S.. Eine Vorlesung, ed. T. Hoffmann/J. Rebentisch/R. Sonderegger, Frankfurt 2004; ders., Wie Worte Sinn machen. Aufsätze zur S., Frankfurt 2007; G. A. Wells, The Origin of Language. Aspects of the Discussion from Condillac to Wundt, La Salle Ill. 1987; D. Westerkamp, Sachen und Sätze. Untersuchungen zur symbolischen Reflexion der Sprache, Hamburg 2014; H. Wettstein, The Magic Prism. An Essay in the Philosophy of Language, Oxford etc. 2004; W. Wildgen, S., EP III (²2010), 2563–2567; D. Wunderlich (ed.), Wissenschaftstheorie der Linguistik, Kronberg 1976. K. L.

Sprachspiel (engl. language game, franz. jeu de langage), von L. Wittgenstein im Zusammenhang der Entwicklung seiner Philosophie vom »Tractatus« zu den »Philosophischen Untersuchungen« eingeführter Terminus für das Geflecht der Verwendung sprachlicher Ausdrücke zusammen mit beliebigen, auch nicht-sprachlichen Handlungen und deshalb wesentlich allgemeiner als der Terminus ↑›Sprechakt‹. Die ↑Metapher ›S.‹ löst in ihrer für die »Philosophischen Untersuchungen« zentralen Rolle die im »Tractatus« ähnlich zentrale Rolle der Metapher ›Bild‹ für Natur und Funktion der ↑Sprache ab. Was im »Tractatus« *sich* in einem Satz als Bild *zeigt*, nämlich die bei seiner Wahrheit mit der Wirklichkeit übereinstimmende *logische* Form (↑Form (logisch)) – eine Eigenschaft der logischen Syntax (↑Syntax, logische) des Satzes –, *zeigt* in den »Philosophischen Untersuchungen« ein mit der ↑Äußerung des Satzes ausgeübtes S.: An die Stelle der *symbolischen* (↑Symbol) ↑Repräsentation einer ↑Tatsache durch einen Satz im Sinne der ↑Semiotik von C. S. Peirce tritt die *ikonische* (↑Ikon) Repräsentation einer ↑Lebensform durch ein S.; damit ist das ›Satzradikal‹, d. h. die ↑Prädikation, das Bild geworden, das aber nur im ↑Sprachgebrauch funktioniert. Ganz im Sinne des philosophischen ↑Pragmatismus ist die Wirklichkeit auf Handlungszusammenhänge zurückgeführt und die Sprache zu Handlungszusammenhängen erweitert worden; was handelnd ›verwirklicht‹ wird, wird redend ›verstanden‹. S.e sind ›Vergleichsobjekte‹ (Philos. Unters. § 130) oder ›Muster‹ (Philos. Unters. § 73) für Weltansichten (world views) und Lebensweisen (ways of life) zugleich, insofern sie die Verständlichkeit der ↑Gebrauchssprache durch paradigmatische Rekonstruktion ihres ›Sitzes im Leben‹ ihrerseits verständlich machen.

Die Struktur der S.e gehorcht einer ↑Tiefengrammatik (Philos. Unters. § 664), wie sie erst von einer streng pragmatischen ↑Semantik explizit zur Verfügung gestellt werden kann. Allerdings dürfen die Regeln der Tiefengrammatik nicht als die Ausübung eines S.s leitend mißverstanden werden (kognitivistisches Mißverständnis); vielmehr artikulieren sie das der Ausübung nachfolgende (durch Einübung erworbene) Verstehen und dürfen daher auch nicht als Beschreibung von Verhaltensregularitäten (wann und wo wird was von wem gesagt ...) umgedeutet werden (behavioristisches Mißverständnis). So wie ein S. durch Beschreibung allein nicht ›richtig‹ erfaßt, nämlich gelernt werden kann, so kann auch ›S.‹ nicht definiert, sondern nur exemplarisch bestimmt werden: S.e sind untereinander, wie das auch für ↑Spiele im allgemeinen gilt (deshalb die Wahl dieses Ausdrucks), durch ↑*Familienähnlichkeiten* verbunden (Philos. Unters. §§ 65–71): Es gibt Züge, in denen je zwei S.e übereinstimmen, und Züge, in denen sie sich unterscheiden, aber keinen allen gemeinsamen Zug.

Von S.en ist mittlerweile auch bei vielen anderen Autoren die Rede, in der Regel ohne besondere Rücksicht auf den Sprachgebrauch Wittgensteins. So insistiert K.-O Apel auf der Existenz eines ›transzendentalen S.s‹, des reflexiven S.s der Philosophie, das alle anderen S.e erst zugänglich mache – es löst die Gebrauchssprache als oberste ↑Metasprache in ihrer Rolle als Medium des Vergleichs von Hierarchien formaler Sprachen (↑Sprache, formale) ab –, obwohl Wittgenstein jedem S. genau diese reflexive Funktion, ›sich selbst in der Welt mit den andern zu verstehen‹, aber ohne den methodisch uneinlösbaren Vorgriff auf ein allen gemeinsames S., zugewiesen hat. Genau umgekehrt wiederum hypostasiert J.-F. Lyotard die grundsätzliche Unvergleichbarkeit der S.e und sucht daraus den nur perpetuierbaren, nicht aber auflösbaren ›Widerstreit‹ als Grundform philosophischer Auseinandersetzung herzuleiten. Mit diesen Verallgemeinerungen wird die Verankerung der mit ›S.‹ gespielten S.e in den konkreten philosophischen Tätigkeiten, philosophische Probleme zum Verschwinden zu bringen (Philos. Unters. § 133), wieder gelockert. Die Folge ist, daß philosophische Probleme erzeugt werden, indem die Sprache ›feiert‹ (Philos. Unters. § 38).

Literatur: K.-O. Apel, Die Kommunikationsgemeinschaft als transzendentale Voraussetzung der Sozialwissenschaften, Neue H. Philos. 2/3 (1972), 1–40, Neudr. in: ders., Transformation der Philosophie II, Frankfurt 1973, ⁶1999, 220–263 (engl. The Communication Community as the Transcendental Presupposition for the Social Sciences, in: ders., Towards a Transformation of Philosophy, London etc. 1980, Milwaukee Wis. 1998, 136–179); P. Bachmaier, Die Logik der S.e. Eine philosophische Abhandlung, München 1996; W. Beermann, Die Radikalisierung der S.-Philosophie. Wittgensteins These in »Über Gewissheit« und ihre aktuelle Bedeutung, Würzburg 1999; D. Birnbacher/A. Burckhardt (eds.), S. und Methode. Zum Stand der Wittgenstein-Diskussion, Berlin/New York 1985; M. Black, Wittgenstein's Language Games, Dialectica 33 (1979), 337–353; K. Buchholz, S. und Semantik, München 1998; M. Dascal/J. Hintikka/K. Lorenz, Jeux dans le langage/Games in Language/Spiel in der Sprache, HSK VII/2 (1996), 1371–1391; J.-C. Dumoncel, Le jeu et Wittgenstein. Essai sur la mathesis universalis, Paris 1991; J. K. Hintikka, Rules, Games and Experiences. Wittgenstein's Discussion of Rule-Following in the Light of His Development, Rev. int. philos. 169 (1989), 279–297; M. B. Hintikka/J. K. Hintikka, Investigating Wittgenstein, Oxford etc. 1986, 1989 (dt. Untersuchungen zu Wittgenstein, Frankfurt 1990, 1996; franz. Investigations sur Wittgenstein, Liège 1991); G. Kalivoda/P. Stoellger, S., Hist. Wb. Rhetorik VIII (2007), 1133–1141; K. Lorenz, What Do Language Games Measure?, Crítica 21 (1989), 59–73; H. Lübbe, ›S.e‹ und ›Geschichten‹. Neopositivismus und Phänomenologie im Spätstadium, Kant-St. 52 (1960/1961), 220–243; J.-F. Lyotard, La condition postmoderne. Rapport sur le savoir, Paris 1979, 2010 (dt. Das postmoderne Wissen. Ein Bericht, Graz/Wien 1986, Wien ⁸2015; engl. The Postmodern Condition. A Report on Knowledge, Manchester 1984, 2005); J. Padilla Gálvez/M. Gaffal (eds.), Forms of Life and Language Games, Frankfurt etc. 2011; dies. (eds.), Doubtful Certainties. Language-Games, Forms of Life, Relativism, Frankfurt etc. 2012; R. Raatzsch, S., EP III (²2010), 2579–2581; J. Roscoe, The Picture Theory of Language. A Philosophical Investigation into the Genesis of Meaning, Lewiston N. Y. 2009; H. J. Schneider/M. Kroß (eds.), Mit Sprache spielen. Die Ordnungen und das Offene nach Wittgenstein, Berlin 1999; C. Sedmak, Kalkül und Kultur. Studien zu Genesis und Geltung von Wittgensteins S.modell, Amsterdam/Atlanta Ga. 1996; R. Stenius/F. Schlegel, S., Hist. Wb. Ph. IX (1995), 1534–1536; S. Tolksdorf/H. Tetens (eds.), In S.e verstrickt – oder: Wie man der Fliege den Ausweg zeigt. Verflechtungen von Wissen und Können, Berlin/New York 2010; G. Wolff, Wittgensteins S.-Begriff. Seine Rezeption und Relevanz in der neueren Sprachpragmatik, Wirkendes Wort 30 (1980), 225–240; K. Wuchterl, Struktur und S. bei Wittgenstein, Frankfurt 1969.   K. L.

Sprachsystem, als Gegenbegriff zu ↑Sprachhandlung verwendeter Terminus der ↑Linguistik und der ↑Sprachphilosophie zur Bezeichnung der auf F. de Saussure zurückgehenden Unterscheidung zwischen ↑Sprache als ↑*System* (langue) und Sprache als ↑*Handlung* (parole) oder *Rede.* Diese Unterscheidung bringt den Gegensatz zwischen den (Sprachzeichen-)Inhaltsvorstellungen (signifié, = concept) und den (Sprachzeichen-)Lautvorstellungen (signifiant, = image acoustique), also zwischen den Bedeutungszusammenhängen (↑Semantik) und den Zusammenhängen der lautlichen Realisierungen (Phonologie), zum Ausdruck. Dabei soll eine Theorie der formalen Struktur der Sprache oder der ↑Grammatik (Grammatiktheorie) (↑Syntax), jetzt als S. bzw. Darstellung des S.s verstanden, eine gemeinsame Grundlage für die Theorie beider Bereiche bilden; sie wird als Theorie der *Sprachkompetenz* in der ↑Transformationsgrammatik entwickelt.

Einer so verstandenen ›Systemlinguistik‹ steht die ›Linguistische Pragmatik‹ gegenüber, in der, ausgehend von Sprachhandlungen mit ihren Resultaten, den ↑Äußerungen in der Rede, durch geeignete Abstraktionen von ↑Kontext und ↑Kotext einschließlich Sprecher-Hörerspezifischer Differenzierungen eine Theorie des inhaltlichen Aufbaus der Sprachhandlungen (↑Pragmatik) neben der *Sprachperformanz* auch die Sprache als System theoretisch erfassen soll. In beiden Fällen wird grundsätzlich *synchronisch* (↑diachron/synchron) verfahren, also eine Sprache während eines bestimmten zeitlichen Abschnitts untersucht. Die Einbeziehung des Sprachwandels in die Systemlinguistik und in die linguistische Pragmatik – vor allem, wenn es nicht um einzelsprachlichen Wandel, sondern um universelle Prozesse gehen soll – und damit die Systematisierung der zunächst rein historisch verfahrenden *diachronischen* Linguistik haben erst begonnen.

Literatur: P. Bornedal, Speech and System, Kopenhagen 1997; S. Cardey, Modelling Language, Amsterdam/Philadelphia Pa. 2013; A. Dauses, Systemcharakter und Relativität der Sprache, Stuttgart 1996; K. Ehlich, Sprache als System versus Sprache als Handlung, HSK VII/2 (1996), 952–963; ders./J. Rehbein, Muster und Institution. Untersuchungen zur schulischen Kommunikation, Tübingen 1986; R. D. King, Historical Linguistics and Generative Grammar, Englewood Cliffs N. J. 1969 (dt. Historische Linguistik und generative Grammatik, ed. S. Stelzer, Frankfurt 1971); M. L. Kotin/E. G. Kotorova (eds.), Geschichte und Typologie der S.e/ History and Typology of Language Systems, Heidelberg 2011; W. P. Lehmann, Historiolinguistik, in: H. P. Althaus/H. Henne/H. E. Wiegand (eds.), Lexikon der Germanistischen Linguistik, Tübingen 1973, 389–398, ²1980, 547–557; F. de Saussure, Cours de linguistique générale, ed. C. Bally/A. Sechehaye, Lausanne/Paris 1916 (repr. Paris 2003), ²1922, ³1931 (repr., ed. T. de Mauro, Paris 1972, 1995), ed. R. Engler, I–II, Wiesbaden 1968/1974 (repr. 1989/1990); P. Wegener, Untersuchungen über die Grundfragen des Sprachlebens, Halle 1885 (repr. Ann Arbor Mich./London 1979, Amsterdam/Philadelphia Pa. 1991); W. Wildgen, Sprache, EP III (²2010), 2563–2567; D. Wunderlich, Terminologie des Strukturbegriffs, in: J. Ihwe (ed.), Literaturwissenschaft und Linguistik. Ergebnisse und Perspektiven I (Grundlagen und Voraussetzungen), Frankfurt 1971, ²1972, 91–140; ders. (ed.), Linguistische Pragmatik, Frankfurt 1972, Wiesbaden ²1975. K. L.

Sprachvermögen (engl. language faculty, franz. faculté du langage), Bezeichnung einer die Spezies homo sapiens auszeichnende Fähigkeit zur Herstellung eines ›symbolischen‹ situationsunabhängigen Gegenstandsbezugs. Dieses Vermögen des Menschen als des Symbole schaffenden und verwendenden Lebewesens (animal symbolicum, E. Cassirer) ist mehr als ein Verfügen über ›Signalsprachen‹ (↑Signal), die sich als in Ursache-Wirkungs-Ketten ablaufende, der gegenseitigen Verhaltenssteuerung dienende Reiz-Reaktions-Zusammenhänge einschließlich ihrer Verallgemeinerung in Auslösemechanismen bei Schlüsselreizen verstehen lassen, und ein Verfügen über nicht-sprachliche ↑Zeichenhandlungen, die nur eine Kommunikationsfunktion, aber keine Signifikationsfunktion haben, so daß sich eine Unterscheidung von Handlungssituation und ›bezeichneter‹ Situation nicht treffen läßt, mithin kein situationsunabhängiger ›symbolischer‹, sondern nur ein situationsabhängiger ›indexischer‹ Gegenstandsbezug möglich ist (↑Semiotik).

Zwar verfügen auch andere Spezies über Kommunikationssysteme wie ›Signalsprachen‹ oder sogar Systeme nicht-sprachlicher Zeichenhandlungen, wobei auch andere als bei Menschen übliche Medien auftreten, z. B. chemische Signalträger (Pheromone), aber auch elektrische oder thermische Signale, doch scheint das mit *Reflexionsvermögen*, also dem Vermögen, die semiotische Differenz von Gegenstand und (sprachlichem) Zeichen und damit von Welt und ↑Sprache zu thematisieren, gleichwertige S. im Sinne einer Fähigkeit zu einem symbolischen Gegenstandsbezug mit Hilfe einer ↑Sprachhandlung der Spezies homo sapiens eigentümlich zu sein, es sei denn, es eröffneten sich in Zukunft Möglichkeiten des ↑Diskurses, also eines ↑Dialoges, mit Angehörigen anderer Spezies, der auch auf sich selbst Bezug nimmt. Das ist auch dann nicht ausgeschlossen, wenn die insbes. von N. Chomsky unternommenen Versuche, das menschliche S., wie es sich ontogenetisch in jedem Individuum zu einer Sprachbeherrschung oder *Sprachkompetenz* entwickelt, als genetisch verankert zu erweisen, erfolgreich sein sollten. Dabei muß vom S., das sprechend oder schreibend unhintergehbar (↑Unhintergehbarkeit) ist, die geschichtlich gewordene Wirklichkeit einer Vielfalt natürlicher Sprachen (↑Sprache, natürliche), die sich nicht nur faktisch ständig wandeln, sondern auch bewußt verändern lassen und überdies Modellen einer historischen Genese (G. H. Mead) oder einer logischen Genese (C. S. Peirce) gewisser gemeinsamer Züge unterworfen werden können, streng unterschieden werden.

Literatur: N. Chomsky, Rules and Representations, New York 1980, 2005; A. M. Di Sciullo, The Biolinguistic Enterprise. New Perspectives on the Evolution and Nature of the Human Language Faculty, Oxford etc. 2011; E. van Gelderen, The Linguistic Cycle. Language Change and the Language Faculty, Oxford etc. 2011; H. Hoji, Language Faculty Science, Cambridge etc. 2015; R. Jackendoff, The Architecture of the Language Faculty, Cambridge Mass./London 1997; E. H. Lenneberg, Biological Foundations of Language, New York/London/Sydney 1967, Malabar Fla. 1984 (dt. Biologische Grundlagen der Sprache, Frankfurt 1972, ³1996); K. Lorenz/J. Mittelstraß, Die Hintergehbarkeit der Sprache, Kant-St. 58 (1967), 187–208; G. H. Mead, Mind, Self, and Society. From the Standpoint of a Social Behaviorist, ed. C. W. Morris, Chicago Ill./London 1934, 2005; S. Nooteboom/F. Weerman/F. Wijnen (eds.), Storage and Computation in the Language Faculty, Dordrecht etc. 2002; C. C. Peng (ed.), Sign Language and Language Acquisition in Man and Ape. New Dimensions in Comparative Pedolinguistics, Boulder Colo. 1978. K. L.

Sprachwissenschaft, ↑Linguistik.

Sprechakt (engl. speech act, franz. acte de parole), von J. L. Austin 1955 in den William James Lectures an der Harvard University in die öffentliche Diskussion eingeführter Terminus, um auf diejenigen sprachlichen Ausdrücke einer natürlichen Sprache (↑Sprache, natürliche) aufmerksam zu machen, die dafür verantwortlich sind, daß man mit einer sprachlichen ↑Äußerung oder Redehandlung primär etwas tut und nicht primär etwas sagt. Dabei handelt es sich um *performative* Verben (↑Performativum) wie versprechen, warnen, danken, sich entschuldigen, nicht um konstative Verben (↑Konstativum) wie feststellen, antworten, folgern, auslegen. Da jedoch auch mit jeder konstativen Äußerung eine Sprechhandlung (↑Sprachhandlung) vollzogen wird, hat Austin diese Einteilung später zugunsten der Unterscheidung zwischen *lokutionärem, illokutionärem* und *perlokutionärem* S. als Teilhandlungen grundsätzlich jeder Äußerung aufgegeben. Der lokutionäre S. ist weiter in den *phonetischen* (den lautlichen Anteil der Äußerung betreffenden), den *phatischen* (den morphosyntaktischen Anteil der Äußerung betreffenden) und den *rhetischen* (den semantischen Anteil der Äußerung betreffenden) S. eingeteilt. Für den illokutionären S. wird eine vorläufige Einteilung der zu seiner Artikulation verwendeten Performativa – sie erscheinen als ↑Metaprädikatoren auf dem als Resultat des lokutionären S.es auftretenden Aussagekern, der ↑Prädikation – in fünf Klassen vorgenommen: die Verdiktiva (z. B. urteilen, einschätzen), die Exerzitiva (z. B. ernennen, warnen), die Kommissiva (z. B. versprechen, vorschlagen), die Behabitiva (z. B. empfehlen, gratulieren) und die Expositiva (z. B. antworten, vermuten [im wesentlichen die alten Konstativa]).

Bei der weiteren Ausarbeitung zu einer Theorie der S.e als Teil einer ↑Handlungstheorie mit den S.en als den Basiselementen der ↑Kommunikation bezeichnet J. R. Searle (1969) den phonetischen S. als den Äußerungsakt und stellt ihm den aus ↑Referenz und Prädikation bestehenden propositionalen S. als Einheit aus phatischem und rhetischem s. gegenüber, so daß der illokutionäre S., der S. im engeren Sinne, insofern aus ihm die ↑Intention, die Absicht einer Äußerung als Handlung hervorgeht, grundsätzlich einen propositionalen S. zu seinem Objekt hat, ($F(p)$, z. B. behaupten, daß p). Für die spätere Einteilung dieser S.e in fünf illokutionäre Typen – Assertiva (z. B. vermuten, berichten), Kommissiva (z. B. versprechen, schwören), Direktiva (z. B. bitten, befehlen [dazu gehört z. B. auch verbieten]), Deklarativa (z. B. bestätigen, abdanken) und Expressiva (z. B. beklagen, [sich] entschuldigen) – beansprucht Searle, von der zufälligen Existenz von Performativa in einer natürlichen Sprache unabhängige, der ↑Philosophie des Geistes (↑philosophy of mind) und dabei insbes. der Theorie der ↑Intentionalität entlehnte Kriterien zur Verfügung zu haben, was allerdings umstritten ist. Vor allem garantiere ein *Prinzip der Ausdrückbarkeit* (principle of expressibility: whatever can be meant can be said), daß »between the notion of speech acts, what the speaker means, what the sentence (or other linguistic element) uttered means, what the speaker intends, what the hearer understands, and what the rules governing the linguistic elements are« ein begrifflicher Zusammenhang bestehe (1969, 21). Es gehört zu den Absichten der außer von Searle insbes. von P. Grice weitergeführten Entwicklung der S.theorie, z. B. bei D. Vanderveken (1990/1991), die Hilfsmittel zur Entwicklung von (formalen) Grammatikmodellen, wie sie beim Studium der ↑Sprache als eines ↑Sprachsystems auftreten, auch zur Systematisierung der S.theorie und ihrer Einbettung in eine (pragmatische) ↑Semantik anstelle ihrer naheliegenderen Einbettung in eine ↑Argumentationstheorie zu nutzen und zu diesem Zweck Versuche zu ihrer ↑Formalisierung zu unternehmen. Als leitende Prinzipien werden unter anderem Typen von *Erfolgs*bedingungen (Glücken und Mißglücken) für S.e (success of speech acts) zugrundegelegt und von diesen die entsprechenden Bedingungen für die *Erfüllung* von S.en (satisfaction of speech acts) unterschieden (z. B. kann es sein, daß ein geglückter Befehl gleichwohl nicht befolgt wird, oder ein geglücktes, nämlich mit der ernsthaften Absicht, es zu erfüllen, gegebenes Versprechen nicht eingehalten wird).

Mit der Gliederung in einen propositionalen, illokutionären und perlokutionären S. als Bestandteilen einer Äußerung wird von der S.theorie der älteren, auf K. Bühler (1934) zurückgehenden Einteilung der Leistung sprachlicher Äußerungen in *Darstellung, Ausdruck* und *Appell* eine neue Deutung gegeben. Sie geht ferner ein in die von J. Habermas (1976) für eine in die Theorie der ↑Interaktion als ↑*Universalpragmatik* eingebettete Theorie der kommunikativen Kompetenz (↑Kommunikationstheorie) entwickelte Klassifikation der S.e in Konstativa (für den kognitiven Modus der Kommunikation), Repräsentativa (für den expressiven Modus der Kommunikation) und Regulativa (für den interaktiven Modus der Kommunikation) mit jeweils vier universalen Geltungsansprüchen (auf Wahrheit, auf Wahrhaftigkeit, auf Richtigkeit und auf Verständlichkeit, die durch keinen eigenständigen S. ausgedrückt wird, weil sie ihnen allen unterliegt), unter denen einer der ersten drei explizit gemacht ist.

In der C. S. Peirce und L. Wittgenstein folgenden *dialogischen* ↑*Rekonstruktion* (K. Lorenz 1996) des Sprechens aus dem Handeln läßt sich eine ↑Sprachhandlung im elementaren Fall als (sprachliche) ↑*Artikulation* verstehen, die pragmatisch, im aktualisierenden Vollzug einer ↑Handlung durch Sprechen (bzw. Schreiben) und Hören (bzw. Lesen), und semiotisch, im schematischen Erleben dieser Handlung durch Kommunikation und Signifikation, den beiden seit Platon ↑Sprache charakterisierenden Funktionen, ausgezeichnet ist. Dabei sind beide Seiten, die pragmatische Kommunikation und die semiotische Signifikation, weiter ausdifferenziert: die Kommunikation in eine in einem (pragmatischen) ↑Modus (mood) vollzogene (semiotische) ↑Prädikation, die Signifikation in eine mit Hilfe einer (semiotischen) ↑Gegebenheitsweise vollzogene (pragmatische) ↑Ostension.

Wird wiederum der Modus zu einem Gegenstand gemacht, so besteht seine pragmatische Seite in der Ausführung eines S.es, die man verselbständigt als Sprechhandlung oder *illokutionären S. – den S.* im engeren Sinne, die *Illokution,* bei Searle – identifizieren kann, insofern er die illokutionäre Kraft (illocutionary force) des Modus der Prädikation in der Kommunikation durch Artikulation mit einem ↑Performator objektiviert (z. B. durch: berichten, versprechen), während die semiotische Seite des Modus, das Verstehen eines S.es, verselbständigt als *perlokutionärer S.* oder *Perlokution* auftritt, mit dem die perlokutionäre Wirkung des Modus der Prädikation auf das Gegenüber in der Kommunikation dargestellt wird (z. B. durch: überzeugen, beleidigen). Von einem S. im engeren Sinne sind zu unterscheiden: (1) Artikulationen, deren pragmatische Seite (d. h. sprechen) und semiotische Seite (d. h. das Sprechen erleben, also miteinander über etwas sprechen) identifiziert sind, so daß von einer Ausführung, also *vorführend,* die Zeichenfunktion übernommen wird (z. B. taufen, abdanken) – diese S.e im weiteren Sinne lassen sich nicht sinnvoll als Modi einer Prädikation verstehen, obwohl gerade sie (›doing things with words‹) für Austin der Auslöser für eine Analyse der S.e gewesen sind –, (2) Artikulationen 2. Stufe, die als Artikulation *propositionaler Einstellungen* (propositional attitudes; ↑Einstellung, propositionale) eines Sprechers gegenüber seinen Artikulationen und damit als Artikulation einer ›mentalen Sprache‹ behandelt werden, obwohl sie grammatisch wie explizit gemachte Modi einer Prädikation auftreten (z. B. wissen, daß …, meinen, daß …, wollen, daß …).
Tatsächlich sind (propositionale) Einstellungen, gleichgültig ob kognitiver (z. B. glauben), volitiver (z. B. wünschen) oder emotiver (z. B. sich freuen) Art, keine den illokutionären Kräften gleichartigen Modi einer Prädikation (Behaupten etwa geschieht durch Äußern eines Satzes, von dem anschließend gesagt werden kann, daß er behauptet wurde; Glauben hingegen geschieht *nicht* durch eine Äußerung, sondern gilt allenfalls als durch sie, und zwar ihren Modus, ausgedrückt und daraufhin als artikulierbar). Bis heute ist es umstritten, ob solche Einstellungen als einem eigenständigen Bereich mentaler Gegenstände (mentaler ↑Zustand, mentaler Akt) zugehörig behandelt werden sollen – eine im ↑Kognitivismus vertretene mentalistische (↑Mentalismus) Position (↑Philosophie des Geistes, ↑philosophy of mind) – oder ob mentale ↑Artikulatoren in der Nachfolge von Analysen G. Ryles (The Concept of Mind, London 1949, New York 1952) und L. Wittgensteins (Philos. Unters., bes. §§ 571ff.) adverbial als Modifikatoren von gewöhnlichen Artikulatoren zu konstruieren sind (z. B. ›wissen, daß die Sonne scheint‹ als ›wissend das Scheinen der Sonne wahrnehmen‹) – eine im ↑Physikalismus vertretene behavioristische (↑Behaviorismus) Position (↑Interaktionismus, symbolischer). Ebenfalls umstritten ist, ob die Prädikation, die in dieser Rekonstruktion nicht als ein S. erscheint und auch in der klassischen S.theorie Austins und Searles von den Illokutionen systematisch unterschieden ist, als S. des Aussagens (↑Aussage) nicht doch auf der gleichen Stufe wie die übrigen S.e im engeren Sinne behandelt werden sollte, um der vermeintlichen These Wittgensteins (vgl. Philos. Unters. § 23), den unzähligen verschiedenen Arten von Sätzen, nämlich Arten ihrer Verwendungsweise im Lebensvollzug, die von ihm jeweils durch ein ↑Sprachspiel modelliert ist, entsprächen grundsätzlich die S.e, Rechnung zu tragen. Dann ist allerdings unterschlagen, daß Sprachspiele gerade nicht bloß aus Sprachhandlungen bestehen, sondern ein ganzes Geflecht von sprachlichen *und* nichtsprachlichen Handlungen bilden, die als Maßstab dem Sichtbarmachen unterschiedlichster Lebensformen dienen. Die Hierarchie der Sprachspiele folgt anderen Regeln als die der S.e, zumal das Regelfolgen selbst nur für einige ↑Spiele charakteristisch ist.

Literatur: W. P. Alston, Illocutionary Acts and Sentence Meaning, Ithaca N. Y./London 2000; J. L. Austin, How to Do Things with Words. The William James Lectures Delivered at Harvard University in 1955, ed. J. O. Urmson, Cambridge Mass. 1962, ed. J. O. Urmson/M. Sbisà, London etc., Cambridge Mass. etc. ²1975, Oxford/New York 2009 (dt. Zur Theorie der S.e, Stuttgart 1972, 2014); K. Bach, Speech Acts, REP IX (1998), 81–87; T. Ballmer/W. Brennenstuhl, Speech Act Classification. A Study in the Lexical Analysis of English Speech Activity Verbs, Berlin/Heidelberg/ New York 1981; S. J. Barker, Renewing Meaning. A Speech-Act Theoretic Approach, Oxford 2004, 2005; K. Bühler, Sprachtheorie. Die Darstellungsfunktion der Sprache, Jena 1934, Stuttgart ³1999; H. H. Clark, Using Language, Cambridge etc. 1996, 2007; F. Coulmas (ed.), Direct and Indirect Speech, Berlin/New York/ Amsterdam 1986; M. Furberg, Locutionary and Illocutionary Acts. A Main Theme in J. L. Austin's Philosophy, Göteborg 1963; M. L. Geis, Speech Acts and Conversational Interaction, Cambridge etc. 1995, 1997; M. Green, Speech Acts, SEP 2007, rev. 2014; J. Greve, Kommunikation und Bedeutung. Grice-Programm, S.theorie und radikale Interpretation, Würzburg 2003; G. Grewendorf/G. Meggle (eds.), Speech Acts, Mind, and Social Reality. Discussions with John R. Searle, Dordrecht/Boston Mass./London 2002; H. P. Grice, Logic and Conversation, in: P. Cole/J. L. Morgan (eds.), Syntax and Semantics III (Speech Acts), New York/London 1975, 1982, 41–58; ders., Studies in the Way of Words, Cambridge Mass./London 1989, 1995; J. Habermas, Was heißt Universalpragmatik?, in: K.-O. Apel (ed.), Sprachpragmatik und Philosophie, Frankfurt 1976, 1982, 174–272; H. Henne, Sprachpragmatik. Nachschrift einer Vorlesung, Tübingen 1975; M. Kissine, From Utterances to Speech Acts, Cambridge etc. 2013, 2014; M. Kober, S./Sprechhandlung, RGG VII (⁴2004), 1623–1624; S. Krämer, Sprache, S., Kommunikation. Sprachtheoretische Positionen des 20. Jahrhunderts, Frankfurt 2001, 2006; R. L. Lanigan, Speech Act Phenomenology, The Hague 1977; K. Lorenz, Artikulation und Prädikation, HSK VII/2 (1996), 1098–1122; A. Martínez-Flor/E. Usó-Juan (eds.), Speech Act Performance. Theoretical, Empirical and Methodological Issues, Amsterdam/Philadelphia Pa. 2010; H. Parret/J. Verschueren (eds.), (On) Searle on Conversation, Amsterdam/Philadelphia Pa. 1992;

S. Rödl, S., EP III (²2010), 2581–2583; H. J. Schneider, Phantasie und Kalkül. Über die Polarität von Handlung und Struktur in der Sprache, Frankfurt 1992, 1999; ders., Die sprachphilosophischen Annahmen der S.theorie, HSK VII/1 (1992), 761–775; J. R. Searle, Speech Acts. An Essay in the Philosophy of Language, Cambridge 1969, 2009 (dt. S.e. Ein sprachphilosophischer Essay, Frankfurt 1971, ¹²2013); ders., Expression and Meaning. Studies in the Theory of Speech Acts, Cambridge etc. 1979, 2005 (dt. Ausdruck und Bedeutung. Untersuchungen zur S.theorie, Frankfurt 1982, ⁶2011); ders./F. Kiefer/M. Bierwisch (eds.), Speech Act Theory and Pragmatics, Dordrecht/Boston Mass./London 1980; J. R. Searle/D. Vanderveken, Foundations of Illocutionary Logic, Cambridge etc. 1985, 2009; S. Staffeldt, Einführung in die S.-theorie. Ein Leitfaden für den akademischen Unterricht, Tübingen 2008, ²2009; P. Stoellger, S.theorie, Hist. Wb. Rhetorik VIII (2007), 1239–1246; W. Strube, S., Hist. Wb. Ph. IX (1995), 1536–1541; M. Ulkan, Zur Klassifikation von S.en. Eine grundlagentheoretische Fallstudie, Tübingen 1992; D. Vanderveken, Meaning and Speech Acts, I–II, Cambridge etc. 1990/1991; ders., Illocutionary Force, HSK VII/2 (1996), 1359–1371; F. Wallner, Die Grenzen der Sprache und der Erkenntnis. Analysen an und im Anschluss an Wittgensteins Philosophie, Wien 1983; D. Wunderlich, Linguistische Pragmatik, Wiesbaden/Frankfurt 1972, ³1975; ders. (ed.), Studien zur S.theorie, Frankfurt 1976, ³1983. K. L.

Sprechhandlung, ↑Sprechakt.

śruti (sanskr., das Gehörte, der heilige Text), Bezeichnung für den ↑Veda, das Corpus des als geoffenbart und damit als heilig geltenden Wissens, auf das sich alle (aus diesem Grunde so genannten) orthodoxen (āstika) Systeme der indischen Philosophie (↑Philosophie, indische) beziehen, indem sie beanspruchen, die ś. auszulegen. Die Beurteilungen im Laufe der Geschichte, welche Systeme zu den āstika und welche zu den nāstika, den heterodoxen, den Veda nicht anerkennenden Systemen zu zählen sind, schwanken erheblich. Z. B. kommt es vor, daß entgegen üblicher Einschätzung und auch dem verbreiteten Selbstverständnis der fraglichen Systeme ↑Sāṃkhya und Advaita-Vedānta (↑Vedānta) zu den nāstika gezählt werden, während umgekehrt, ebenfalls entgegen üblicher Einschätzung und Selbsteinschätzung, sogar ↑Lokāyata und Bauddha (↑Philosophie, buddhistische) unter den āstika auftreten. Es hängt daher von dem jeweiligen Verständnis des Veda ab, welche Zuordnungen getroffen werden.

In jedem Falle ist für den Vertreter eines von ihm als orthodox angesehenen Systems für den Fall eines angeblichen Widerspruchs zwischen ś. und der nur Autorität beanspruchenden, die ś. erklärenden, ↑smṛti das Votum für die ś. verpflichtend. Dabei wird keiner blinden Textgläubigkeit das Wort geredet, vielmehr ist Überlieferung (↑śabda) als ein Erkenntnismittel (↑pramāṇa) nur in dem Maße zuverlässig, in dem sie sich kritisch rekonstruieren läßt. Denn ś. ist grundsätzlich apauruṣeya (nicht von einer Person herrührend), also transsubjektiv: Ś. ist der als Wahrheit angesehene Gehalt der

heiligen Texte – zu diesen gehören, jeweils unterschiedlich, auch traditionell anerkannte theologische Schriften (āgama, ↑śāstra) –, der aus dem Wortverlauf auf Grund eigener Erfahrung (svānubhava) erst ermittelt werden muß.

Literatur: P. Bilimoria, Śabdapramāṇa: Word and Knowledge. A Doctrine in Mīmāṃsā-Nyāya Philosophy (with Reference to Advaita Vedānta-paribhāṣā ›Agama‹). Towards a Framework for Śruti-prāmāṇya, Dordrecht/Boston Mass./London 1988; I. Kesarcodi-Watson, Hindu Metaphysics and Its Philosophies. Ś. and Darśana, Int. Philos. Quart. 18 (1978), 413–432. K. L.

Staat (von lat. status, Stand, Zustand; engl. state, franz. état, ital. stato), Terminus der Politikwissenschaft und der politischen Philosophie (↑Philosophie, politische) zur Bezeichnung einer politischen Herrschaftsordnung und ihrer konkreten, territorial und historisch abgegrenzten Ausformungen.

(1) Der Terminus ›S.‹ bezieht sich auf die allgemeine Form rechtlich geordneter, gebietsbezogener politischer ↑Herrschaft als Versuch, dem Zusammenleben der Menschen eine dauerhafte, gerechte und friedliche Ordnung zu geben. Ein vereinfachter, die geschichtliche und kulturelle Gebundenheit staatlicher Herrschaftsorganisation beiseite lassender S.sbegriff reiht die drei ›Elemente‹ S.svolk, S.sgebiet und S.sgewalt aneinander. Im engeren Sinne bezeichnet der Terminus ›S.‹ den *Nationalstaat* der europäischen Neuzeit, der sich in einer vielgestaltigen Entwicklung seit dem Zerbrechen des mittelalterlichen Universalismus von Kaiser und Papst, dem Hundertjährigen Krieg Englands und Frankreichs, der italienischen Renaissance, der Reformation und den konfessionellen Bürgerkriegen bis zu den bürgerlichen Revolutionen herausgebildet hat, gekennzeichnet durch Souveränität nach innen und außen, territoriale Ausschließlichkeit der Herrschaftsausübung und eine selbständige positive Rechtsordnung.

Vor allem die Lehre von der Staatsräson, der Eigengesetzlichkeit der ›Politik‹ (N. Machiavelli, G. Botero, J. Lipsius), hat das Wort ›S.‹ in das europäische Denken mit der heute geläufigen Bedeutung als Begriff, eingebürgert. Die letzte Gestalt dieses Begriffs ist der heute in vielerlei Erscheinungen und Reifezuständen weltweit bestimmend gewordene *demokratische Verfassungsstaat* nach den Prinzipien der Volkssouveränität, der durch eine Verfassung rechtlich geordneten und gemäßigten öffentlichen Gewalt, der Gewaltenteilung, des parteiendemokratischen Parlamentarismus, der freien öffentlichen Meinung und der garantierten Freiheiten und Rechte des einzelnen. Das Völkerrecht beruht nach wie vor auf der souveränen Gleichheit der S.en, hat aber zunehmend die Selbstbestimmung der Völker und – mit einer gewissen Gegenläufigkeit dazu – die Achtung von ↑Menschenrechten zur Geltung gebracht, ohne eine

global anerkannte überstaatliche Hoheitsgewalt einsetzen zu können. Im engeren Kreise Europas sind jedoch
supranationale ↑Institutionen mit selbständigen, unmittelbar die nationale Rechtssphäre der Mitgliedstaaten
durchdringenden Hoheitsbefugnissen entstanden, die
zwar zunächst nur das Wirtschaftsleben betrafen, im
weiteren Fortgang aber entsprechend ihrer von Anfang
an intendierten politischen Finalität auch die Außen-
und Verteidigungspolitik, die innere Sicherheit und die
Justiz erfassen. – Die *europäische Föderation* hat eine
Metamorphose des S.s eingeleitet; sie trägt dem Umstand Rechnung, daß die öffentliche Garantie der ↑Frei-
heit und der ↑Gerechtigkeit, von Wohlfahrt, Wirtschaftswachstum und Arbeit und der Verantwortung für
die natürlichen Lebensgrundlagen vom Nationalstaat
des überkommenen Zuschnitts allein nicht mehr geleistet werden kann.

(2) S. ist ein historisch konkreter Begriff. Er betrifft
Herrschaftsformen und Machtgebilde (↑Macht), soweit
sich in ihnen gebietsbezogene Herrschaft nachhaltig, mit
den Mitteln des ↑Rechts und nach einer Legitimitätsvor-
stellung (↑Legitimität) verwirklicht. Dabei ist zwischen
dem Wandel von S.sformen und der zeitlosen Ord-
nungsvorstellung des S.s zu trennen. Eine fälschliche
Gleichsetzung des Nationalstaates der europäischen
Neuzeit mit der politischen Herrschaftsform des S.s
schlechthin führt zu dem Fehlschluß auf das Ende des
S.s überhaupt (C. Schmitt). Eine derartige Vorstellung
läßt die Frage unbeantwortet, wie die bisher durch den
S. als geschichtlich wandelbare *Form politischer Herrschaft* erfüllten Leistungen des Schutzes, der Rechtssicherheit und der Daseinsvorsorge in nicht-staatlicher
politischer Vergemeinschaftung gewährleistet werden
können. Dasselbe gilt für die These des Dialektischen
Materialismus (↑Materialismus, dialektischer) vom ›Absterben des S.s‹, aber auch von der libertären Vorstellung
vom ›minimal state‹ (R. Nozick, Anarchy, State, and Utopia, Oxford 1974).
Die Vorstellung von der ↑Geschichtlichkeit des S.s, wie
sie G. Vico, J. G. v. Herder und G. W. F. Hegel gebildet haben, betont nicht nur die konkrete Besonderheit
historischer S.sbildungen, sondern statuiert einen staatsphilosophischen Grundgedanken, der sich gegen den
Individualismus der ↑Renaissance und des vernunft-
rechtlichen ↑Rationalismus der ↑Aufklärung und der
Französischen Revolution wendet. Mag der S. nach J.
Burckhardt auch ein ›Kunstwerk‹ sein (Die Cultur der
Renaissance in Italien. Ein Versuch, Basel 1860), weil die
Schaffung und Erhaltung politischer Macht der Klugheit
und der S.skunst bedarf, so ist er doch keine sinnreich
verfertigte Maschine und keine durch Vernunft und Interesse organisierbare Einrichtung oder ein ›System‹ zur
Herstellung verbindlicher Entscheidungen. Der S. läßt
sich nicht abstrakt als Geschöpf der individuellen Frei-

heit und Entscheidung erklären, wie es eine Schule der
Vertragstheorie für richtig hält, die eine individualistische Definition der menschlichen Existenz zum Ausgangspunkt wählt und als Deutungsschema empfiehlt.
Eine tragfähige Wahrheit erfaßt die klassische Lehre
vom *Herrschaftsvertrag*, wenn sie Einigung und Verständigung, also ein hinreichendes Maß an Konsens, als
legitimitätsbegründende Bedingungen des politischen
Prozesses und der Verfassungsordnung fordert. Auch
die materielle Richtschnur des ›government by consent‹,
nämlich daß der S. wie ein Treuhänder des Volkes zu
handeln hat und seine Machtmittel im Dienste der Freiheit und der Wohlfahrt des einzelnen stehen, gehört zu
den Grundfesten des Verfassungsstaates. Die Vertragstheorie verläßt jedoch den durch die Geschichtlichkeit
des S.s und die Wirkungsmöglichkeiten der einzelnen
gewiesenen Weg, wenn sie den S. gedanklich als Produkt
einer Willensübereinstimmung der Individuen konstruiert. Als Geltungsgrund und Maßstab von Gemeinwohl
taugt das Prinzip der vertraglichen Einigung nicht, wenn
es (wie in der Verkehrswirtschaft des Marktes) als Instrument individueller Interessenverfolgung verstanden
wird. Die schottische Aufklärung (↑Schottische Schule)
zeigt gegenüber der Geschichtlichkeit politischer Vergemeinschaftung und Herrschaft eine größere Auf-
geschlossenheit als der kontinentale Rationalismus des
Vernunftstaates (vgl. D. Hume, Of the Original Contract, in: ders., Essays Moral, Political and Literary, Edinburgh 1741/1742, I, 12).

(3) Der Weg des *Staatsdenkens* und der *politischen Ideen*
ist seit der Antike mit der Geschichte der Völker und
Kulturen, dem Aufstieg und Niedergang der S.en (paradigmatisch des Römischen Weltreiches), der Rechts-
und in neuerer Zeit der Verfassungsgeschichte sowie
mit den großen Entwicklungslinien der politischen,
wirtschaftlichen und sozialen Kräfte und Gruppen un-
lösbar verbunden. Der S. zeigt gegenüber den unterschiedlichen Erkenntnisinteressen der Wissenschaften
und der Praktischen Philosophie (↑Philosophie, praktische) je verschiedene Seiten. Die ↑*Staatsphilosophie* hat
von Anfang an die Grundfrage nach der Möglichkeit,
der Notwendigkeit, dem Zweck und den Grenzen des S.s
gestellt. Im Lichte dieser Frage ist der S. die durch politische Herrschaft garantierte Rechts- und Friedensord-
nung für eine auf einem bestimmten Gebiet ansässige
Menge von Menschen, die durch historische Ereignisse
zusammengeführt und häufig auch durch kulturelle Gemeinsamkeiten verbunden sind. Über die Entstehung
des S.s kann sinnvoll nur hinsichtlich der konkreten
staatlichen Gebilde, d. h. in historischer Beschreibung
und unter (hypothetischer) Zuhilfenahme eines Ur-
sprungsmythos, gesprochen werden. Der alte Streit, ob
der S. durch Eroberung, Gewalt, Vertrag oder sonstwie
entstanden ist, trägt zu der Grundfrage der S.sphiloso-

phie nichts bei. Auch die *politische* ↑*Soziologie* hat einen anderen Blickwinkel als die S.sphilosophie. Sie verkürzt überdies Eigenart und Sinn des S.s, wenn sie ihn nur durch das Monopol des für die staatliche Machtausübung vermeintlich spezifischen Mittels ›legitimer physischer Gewaltsamkeit‹ kennzeichnet (M. Weber, Staatssoziologie, ed. J. Winckelmann, Berlin 1956). Sinn und Rechtfertigung des S.s lassen sich nicht aus dem – für Schutz und Rechtsdurchsetzung im Grenzfall notwendigen – Mittel hoheitlicher Zwangsgewalt im Innern und nach außen ableiten. Die staatsphilosophische Frage verbirgt sich hinter dem Prädikat ›legitim‹, das (soziologisch nicht erklärbar) auf die Form politischer Herrschaft verweist, die als ›Vereinigung einer Menge von Menschen unter Rechtsgesetzen‹ (I. Kant, Met. Sitten, Rechtslehre, § 45, Akad.-Ausg. VI, 313) besteht und wirksam wird.

(4) Die staatliche Herrschaftsordnung bedarf der ↑*Legitimität*. Ein S. kann auf Dauer nur bestehen und den Sinn staatlicher Vergemeinschaftung verwirklichen, wenn die dem Herrschaftsverband angehörenden Menschen und der staatlichen Gewalt unterworfenen Menschen die staatliche Herrschaftsordnung, die politischen Institutionen und die Verfassung mehrheitlich, grundsätzlich und nachhaltig anerkennen. Legitimität zielt auf die Anerkennung des S.s als einer vernünftigen und sittlich gebotenen Einrichtung. Legitimität des S.s und einer konkreten Verfassungsordnung ist die in Prinzipien begründete und durch tatsächliche Handlungen bezeugte Anerkennung und Rechtfertigung politischer Herrschaft und ↑Legalität öffentlicher Gewalt. Die Legitimität des demokratischen S.s unserer Tage beruht auf den Prinzipien der Volkssouveränität und des Verfassungsstaates.

(5) Die *Antike* entdeckt den Menschen als politisches Wesen. Der Vision Platons vom besten S. mit einer Verfassung vollkommener Gerechtigkeit setzt Aristoteles in seiner »Politik«, einem der einflußreichsten Bücher der S.sphilosophie, die Einsicht entgegen, daß der S. eine Gemeinschaft ist, die von Natur aus besteht und das notwendige und mögliche Ziel selbstbestimmter und vollkommener Gemeinschaftsbildung erfüllt. Die Charakterisierung des Menschen als eines ›staatlichen Wesens‹ (ζῷον πολιτικόν) bezeugt die Angewiesenheit des Menschen auf den Menschen und die Notwendigkeit der organisierten Vergemeinschaftung einer geschichtlich konkreten Gruppe von Menschen, um Schutz und Zivilisation zu erlangen und zu einer Ausbildung des einzelnen als (sittlicher) Persönlichkeit befähigt zu werden. Die ↑Stoa fügt dem die Universalität (↑Universalität (ethisch)) des Rechtsprinzips hinzu. Die Lehre von den S.sformen (Monarchie, Oligarchie/Aristokratie, Republik/Demokratie) und den Vorzügen einer gemischten Verfassung wird von Aristoteles, später von Polybios

und M. T. Cicero (De re publica) entwickelt und ausgebaut.

A. Augustinus' »De civitate Dei« markiert in den philosophischen Auffassungen von S. die Schwelle zum Mittelalter, in dem der Universalismus des Christentums sich in Kaiser und Papst verkörpert. Thomas von Aquin erhöht in aristotelischer Tradition den S. zur *societas perfecta* und begründet die Lehre vom christlichen ↑Naturrecht. Wenig später propagiert Marsilius von Padua (Defensor Pacis, 1324) eine antipäpstliche Theorie des S.s und der Gesetzgebung mit einer selbständigen und säkularen Begründung der staatlichen Gewalt als vernünftig geordneten Organismus des Volkes zur Gewährleistung der Sicherheit und der Rechte des einzelnen. Der Konziliarismus des ausgehenden Mittelalters (Konzil von Basel, 1431–1449), ausgelöst durch das Große Schisma mit Päpsten in Rom und Avignon, gibt dem Gedanken Raum, auch die weltliche Gewalt auf die Zustimmung des Volkes zu gründen. Mit der Wiedergeburt des Menschen aus dem Geist der Antike entdeckt die ↑Renaissance die selbstbestimmte Freiheit und schöpferische Kraft des Menschen. Der S. als eine nach Vernunft und Zweckmäßigkeit gestaltete Ordnung des Zusammenlebens zum Nutzen des einzelnen und zu seinem Schutz löst sich aus den universalen Bindungen und tritt als Nationalstaat mit ›politischer‹ Gesetzlichkeit (›S.sräson‹) und autonomer S.sgewalt (›Souveränität‹) auf den Plan.

In den *konfessionellen Bürgerkriegen* des 16. und 17. Jhs. wird in Frankreich der Weg zur ↑Säkularisierung des S.es beschritten. Getrennt von der Privatkonfession des jeweiligen Herrschers garantiert der S. Frieden, Ordnung und Recht für alle, ohne Rücksicht auf Konfessionszugehörigkeit (Edikt von Nantes Heinrichs IV., 1598). In England beschreibt T. Smith, der Sekretär Elisabeth I., die Souveränität des als Nationalrepräsentation für das englische Volk handelnden Parlaments (De Republica Anglorum, London 1583). Die Monarchomachen katholischer, lutherischer und calvinischer Observanz begründen das Widerstandsrecht gegen ungerechte Herrschaft – hauptsächlich gegen einen konfessionsverschiedenen Herrscher – und bedienen sich dabei der Lehre vom Naturrecht und vom Herrschaftsvertrag in verschiedenen Varianten, in radikaler Form bis zur Rechtfertigung des ›Tyrannenmordes‹ (P. Duplessis-Mornay/H. Languet, Vindiciae contra tyrannos, sive de principis in populum, populi in principem legitima potestate, Edinburgh 1579; G. Buchanan, De jure Regni apud Scotos dialogus, Edinburgh 1579; J. Mariana, De rege et regis institutione, Toledo 1599). Auf den Spuren N. Machiavellis (Il principe, Florenz 1532) und J. Bodins (Six livres de la république, Paris 1576) glaubt T. Hobbes (Leviathan, or the Matter, Form, and Power of a Commonwealth, Ecclesiastical and Civil,

London 1651) ein für allemal auf festem Boden die unüberwindliche S.sgewalt zum Schutz des einzelnen und zu seiner Selbsterhaltung errichtet zu haben.

Ein anderes Resultat des neuen ↑Rationalismus sind die *Staatsutopien* (↑Utopie), die auf fernen Inseln S.en vollkommenen Glücks verheißen (T. Morus, Libellus vere aureus nec minus salutaris quam festivus de optimo republicae statu deque nova insula Utopia, o.O. 1516; F. Bacon, New Atlantis, London 1627; T. Campanella, Civitas Solis, Frankfurt 1623). Einen bedeutenden Einfluß auf die S.spraxis des aufgeklärten ↑Absolutismus üben demgegenüber die Lehren von Zweck und Rechtfertigung des S.s aus, die die Begriffswelt des rationalen Naturrechts und der Vertragstheorie in weitläufige Systeme einschmelzen (J. Althusius, H. Grotius, S. Pufendorf, C. Thomasius, C. Wolff). J. Locke (Two Treatises of Government, London 1690) gibt dieser Richtung diejenige Form, die dem monarchischen Konstitutionalismus als Grundlage dient. Locke entwickelt auf dem Boden der Vertragstheorie die Grundsätze der Gewaltenteilung und das Widerstandsrecht und formuliert das Recht auf durch Arbeit erworbenes Privateigentum (↑Eigentum). Damit übt Locke einen prägenden Einfluß auf die amerikanische Revolution aus. J.-J. Rousseau rückt demgegenüber die breite demokratische Mitwirkung und die umfassende Gleichheit (↑Gleichheit (sozial)) der Staatsbürger in den Vordergrund (Du contrat social ou principe du droit politique, Amsterdam 1762). Im Zuge der bürgerlichen Revolutionen in England, Amerika und Frankreich konzentriert sich das S.sdenken auf die Ausarbeitung des Verfassungsstaates mit seinen Hauptstükken der parlamentarischen Repräsentation, der Gewaltenteilung und der Grundrechte.

In der Ära des politischen ↑Liberalismus sind das S.sbild und das öffentliche Recht des Verfassungsstaates an der Trennung und – bei radikaleren Propagandisten der bürgerlichen Verfassungsbewegung – der Entgegensetzung von S. und ↑Gesellschaft ausgerichtet. Die lange vertraute ↑Dialektik von S. und Gesellschaft wird in Hegels Rechtsphilosophie (1821) auf den Begriff gebracht. Sie wird mit dem Zerfall der bürgerlichen Gesellschaft (↑Gesellschaft, bürgerliche) im Industriezeitalter durch die neuen Kategorien des demokratischen Sozialstaates abgelöst, nach dessen Prinzip der als politische ›Selbstorganisation‹ einer rechtlich geordneten Gesellschaft verstandene S. die umfassende Verantwortung für Wohlfahrt, Arbeit, Wirtschaftswachstum und natürliche Lebensgrundlagen in Anspruch nimmt und dafür eine weitreichende Sozialgestaltungs- und Umverteilungsfunktion wahrnimmt. Der Wohlfahrtsstaat verbindet sich dabei mit dem ↑*Eudämonismus,* dessen Wurzeln bis in die Antike reichen und dessen großer Kritiker in der Neuzeit Kant ist. Die verschiedenen Spielarten des Sozialeudämonismus, vor allem der das größtmögliche

Glück der größtmöglichen Zahl fordernde ↑*Utilitarismus* (J. Bentham, An Introduction to the Principles of Morals and Legislation, London 1789), orientieren die S.szwecke an einem aktiv verstandenen Prinzip der individuellen Freiheit, der Interessenbefriedigung und der Rechtszuweisung. Praktisch werden damit die Parteien und die organisierten Interessen zu den Herren des durch die staatlichen Institutionen zu einem erheblichen Teil nur noch kanalisierten politischen Prozesses. Das S.sbild der S.sphilosophie hält diesen Ideen und Entwicklungen nur mit Mühe stand. Denn der zentrale Gedanke der staatsphilosophischen Tradition, daß Gestaltung und Gewaltausübung des S.s am Gemeinwohl auszurichten sind, bedeutet die Abweisung aller Auffassungen, die Rechtfertigung, Aufgaben und Grenzen des S.s allein aus den gegebenen Interessen des einzelnen und der Gruppen zu begründen suchen.

(6) Die S.sphilosophie vertritt die Möglichkeit und Notwendigkeit des S.s; damit geht sie über die allgemeine Blickrichtung der Praktischen Philosophie hinaus. Sie gewinnt ihren Gegenstand aus der Geschichte der politischen Ideen, der S.sumwälzungen und Revolutionen sowie aus der S.spraxis und der Zeitgeschichte. Die Lehre von den S.s- und Regierungsformen, traditionell ein Hauptstück der S.sphilosophie, ist in ihren beschreibend-analytischen Bereichen heute Sache der politischen Wissenschaften. Die *Allgemeine Staatslehre* verliert mit ihrer politischen und soziologischen Öffnung nach dem 1. Weltkrieg zunehmend an theoretischer Kraft; die neue Schule der ›Verfassungslehre‹ von R. Smend (Verfassung und Verfassungsrecht, München 1928) und C. Schmitt (Verfassungslehre, München/ Leipzig 1928) verdrängt die ältere S.slehre. Die vitalen Fragen und Gegenstände der Allgemeinen S.slehre, soweit sie nicht in das Feld der S.rechtslehre zurückkehren, finden heute in der politischen Wissenschaft, in der Soziologie, in der Rechtstheorie und Methodenlehre, in der Verfassungsgeschichte und in der S.sphilosophie die ihnen methodisch angemessene Behandlung.

Die *Staatsrechtslehre* ist die Wissenschaft vom öffentlichen Recht; sie hält den im positiven Recht gegebenen übergreifenden Sachzusammenhang des öffentlichen Rechts aufrecht, wenngleich in der stofflichen Aufteilung von S.srecht und Verwaltungsrecht. Soweit das S.srecht seinen wesentlichen Gegenstand in den Normen der Verfassung findet, wird mit nicht scharf durchgehaltener Abgrenzung von ›Verfassungsrecht‹ gesprochen. Die Verfassung gibt dem politischen Prozeß, in dem sich die Wirksamkeit des S.s vollzieht, eine normative Ordnung. Die Funktion, d. h. Sinn und Wirkung der Verfassung (des S.sgrundgesetzes), leitet sich aus der normativen Eigenschaft des Verfassungsrechts als positives Rechts mit Vorrang vor dem Gesetz und erschwerter Änderbarkeit ab. Die politischen und kulturellen Be sonderheiten, die Legitimitätsbedingungen und die Integrationsleistung des Verfassungsgesetzes lassen sich zusammen mit diesem Gesetz als Verfassung des S.s verselbständigen und durch die Verfassungslehre überpositiv betrachten, die weiterwirkend die Auslegung und Anwendung des Verfassungsrechts und die S.srechtslehre beeinflußt.

(7) Der für *Verfassung* des S.es und die rechtsbegründende Verfassunggebung als leitend angesehene Vertragsgedanke darf nicht so verstanden werden, daß die Mitglieder einer politischen Gemeinschaft mit S.sgründung und Verfassunggebung der Rechtsgemeinschaft des S.es bestimmte Aufgaben und Befugnisse der S.sgewalt in geschichtlich faßbarer Konkretheit übertragen. Umfassender gründet *T. Hobbes* die staatliche Rechtsgemeinschaft auf das Synallagma von durch S. und S.sgewalt zu schaffenden Schutz und den Gehorsam der auf Schutz, Sicherheit und Frieden angewiesenen Einzelnen (De cive, 1642; Leviathan, 1651). Die Volkssouveränität und der aus ihr hervorgehende Rechts- und Wohlfahrtsstaat der Demokratie orientieren die staatliche Garantie des Schutzes und der Freiheit des Einzelnen an der Rechtsidee der Gerechtigkeit, die freiheitliche Selbstbestimmung und eine sozial- und gesellschaftspolitische Ordnung der sozialen Sicherheit und des gesellschaftlichen Ausgleichs fordert. Volkssouveränität bedeutet im *Verfassungsstaat* die repräsentative Demokratie in der institutionellen Gestalt der gewählten Volksvertretung und der Herrschaft des Gesetzes. Soweit Verfassung und Gesetz es zulassen, kann ergänzend und unter besonderen Voraussetzungen korrigierend für bestimmte Gegenstände ein plebiszitäres Verfahren und eine plebiszitäre Entscheidung neben das Gesetz der parlamentarischen Volksvertretung treten. Das Gesetz entscheidet über die rechtsstaatliche Freiheit, die S.saufgaben nach dem Maß der sozialen Gerechtigkeit und über die S.sfinanzen und das Budget. Die Gesetzgebung ist an die verfassungsmäßige Ordnung, die vollziehende Gewalt und die Rechtsprechung sind an Gesetz und Recht gebunden (Art. 20 Abs. 3 GG).

Die in einer durch lebendige Integration begründete und sich fortentwickelnde politische Herrschaftsform des S.es ist nach der geschichtlichen Erfahrung die einzige Form des auf dauerhafte Ordnung einer Rechtsgemeinschaft, des S.svolkes, gegründeten menschlichen Zusammenlebens, in der für die Einzelnen Freiheit und Sicherheit, Gerechtigkeit und Wohlfahrt gewährleistet sind, vorausgesetzt, daß der S. in seiner konkreten Gestalt und Praxis ein demokratischer Verfassungsstaat ist oder – mit anderen Worten – dem Begriff I. Kants genügt, »die Vereinigung einer Menge von Menschen unter Rechtsgesetzen« ist. Zu den grundlegenden Funktionen des S.es gehören insbes. die Wahrung der territorialen Unversehrtheit, die Aufrechterhaltung der öffentlichen

Ordnung und der Schutz der nationalen Sicherheit (vgl. Art. 4 Abs. 2 Satz 2 Vertrag über die Europäische Union – EUV). Die moderne Staatlichkeit gründet sich, ungeachtet des ›Wandels‹ von S. und Staatlichkeit, unverändert auf das Grundkonzept überkommener Nationalstaatlichkeit und der ›*nationalen Identität*‹ (Art. 4 Abs. 2 Satz 1 EUV), die sich in den verschiedenartigen gesellschaftlichen und kulturellen Verhältnissen des S.svolkes, in den territorialen und personalen Verhältnissen des S.es und in der S.sform im Fortgang der geschichtlichen Entwicklung verwirklicht. Die S.en sind die geborenen Mitglieder der Völkerrechtsgemeinschaft und Rechtssubjekte des Völkerrechts.

(8) Angesichts der Ausbreitung und Vertiefung des Industriezeitalters, neuerdings der durchdringenden Wirkungen der digitalen Information und Kommunikation, führt die wohlfahrtsstaatliche Demokratie zu einer ›Entgrenzung‹ der *S.saufgaben* in sachlicher und territorialer Hinsicht, mit Konsequenzen für die innere und äußere Souveränität des Nationalstaates. Die auf dem Schutz von Freiheit und Eigentum gegen staatliche Eingriffe fußende Dogmatik der Grundrechte des bürgerlichen Rechtsstaates ist durch die soziale Frage des Industrialismus und die wohlfahrtsstaatliche Gewährleistungsverantwortung für Daseinsvorsorge und Infrastruktur gesprengt worden, die ihrerseits zu neuartigen Schutzbedürfnissen der individuellen Selbstbestimmung Anlaß gibt. Der ›arbeitende S.‹ (Lorenz v. Stein) gewährleistet durch Gesetz und Verwaltung in den Aufgabenfeldern der Daseinsvorsorge, Infrastruktursicherung und Regulierung von Unternehmenstätigkeit und Wettbewerb die Möglichkeit von individueller Freiheit.

Unter dem Einfluß der zunehmend entgrenzten S.saufgaben reichen diese über den nationalstaatlichen Raum hinaus und können nicht autark durch den S. und dessen Mittel politischer Herrschaft erfüllt und garantiert werden; insofern kann von einem ›Wandel‹ der Staatlichkeit gesprochen werden. Im Hinblick auf die Verfassungsvorkehrungen, die den territorialen, europäischen und internationalen Erfordernissen der S.saufgaben Rechnung tragen und eine interstaatliche Kooperation und auch – in der *Europäischen Union* – ›Integration‹ durch vertragliche Bindungen und Einrichtungen zulassen oder fördern, ist zusammenfassend das verfassungsrechtliche Konzept der ›offenen‹ *Staatlichkeit* entwickelt worden. Der verfassungsrechtliche Integrationsauftrag ist eine an die nationale Verfassung gebundene Vollmacht für die ›Übertragung von Hoheitsrechten‹, d.h. die vertragliche Gründung, Entwicklung und hoheitliche Wirksamkeit des ›S.enverbundes‹ der Europäischen Union, einschließlich des so begründeten und begrenzten Anwendungsvorrangs der Rechtsakte der Union. Die nach dem Grundsatz der ›begrenzten Einzelermächtigung‹ für gemeinsam auszuübende europäische Hoheitsrechte geschaffene Hoheitsgewalt der Europäischen Union läßt die Staatlichkeit, nationale Identität und die Verfassungsidentität der Mitgliedstaaten unberührt (Art. 4 Abs. 2, 5 Abs. 1 EUV; Art. 23 GG. Art. 88-1 Verf. der Republik Frankreich). Die Grundordnung der supranationalen Föderation Europas unterliegt allein der Verfügung der Mitgliedstaaten und in dieser S.enverbindung bleiben die Völker, d.h. die S.sangehörigen der Mitgliedstaaten, die Subjekte demokratischer Legitimation, ergänzt durch ein von den Unionsbürgern gewähltes Europäisches Parlament (Art. 9–12, 14 EUV).

Literatur: (1) *Allgemeines:* K. Graf Ballestrem/H. Ottmann (eds.), Politische Philosophie des 20. Jahrhunderts, München/Wien 1990; J. Barion, Grundlinien philosophischer S.theorie, Bonn 1986; C. W. Barrow/C. Pereira, State, NDHI V (2005), 2250–2277; S. I. Benn, State, Enc. Ph. VIII (1967), 6–11, IX (²2006), 204–211 (mit Addendum v. J. Arthur, 210–211); F. Berber, Das S.sideal im Wandel der Weltgeschichte, München 1973, ²1978; E.-W. Böckenförde, Geschichte der Rechts- und S.sphilosophie. Antike und Mittelalter, Tübingen 2002, Tübingen, Stuttgart ²2006; M. Brugger/C. Gusy, Gewährleistung von Freiheit und Sicherheit im Lichte unterschiedlicher S.s- und Verfassungsverständnisse, Veröffentlichungen der Vereinigung der Deutschen S.srechtslehrer 63 (2004), 101–190, bes. 101, 151; R. Bubner, Polis und S.. Grundlinien der Politischen Philosophie, Frankfurt 2002; W. Dietrich u. a., S./S.sphilosophie, TRE XXXII (2001), 4–61; M. Drath, S., in: R. Herzog (ed.), Evangelisches S.slexikon II, Stuttgart ³1987, 3303–3353; P. Dunleavy, The State, in: R. E. Goodin/P. Pettit (eds.), A Companion to Contemporary Political Philosophy, Oxford/Cambridge Mass. 1993, 611–621; W. Goldschmidt, S./S.sformen, EP III (²2010), 2583–2613; D. Grimm, Recht und S. der bürgerlichen Gesellschaft, Frankfurt 1987; I. V. Gruhn, State Formation, IESBS XXII (2001), 14970–14972; H. Hofmann, Einführung in die Rechts- und S.sphilosophie, Darmstadt 2000, ⁵2011; J. Isensee u. a., S., in: Görres-Gesellschaft (ed.), S.slexikon. Recht, Wirtschaft, Gesellschaft V, Freiburg ⁷1989, 133–170; ders., S. und Verfassung, in: ders./P. Kirchhof (eds.), Handbuch des S.srechts der Bundesrepublik Deutschland I, Heidelberg 1987, ²1995, 591–662, II, ³2004, 3–106; P. Kirchhof, Der S. als Garant und Gegner der Freiheit. Von Privileg und Überfluss zu einer Kultur des Maßes, Paderborn etc. 2004; R. Koselleck u. a., S. und Souveränität, in: O. Brunner/W. Conze/R. Koselleck (eds.), Geschichtliche Grundbegriffe V, Stuttgart 1990, 1–154; W. Kymlicka, Contemporary Political Philosophy. An Introduction, Oxford 1990, ²2002 (dt. Politische Philosophie heute. Eine Einführung, Frankfurt/New York 1996, 1997; franz. Les théories de la justice. Une introduction, Paris 1999); C. W. Morris, The State, in: G. Klosko (ed.), The History of Political Philosophy, Oxford etc. 2011, 2013, 544–560 (Chap. 31); H. Münkler/E. Vollrath/M. Silnizki, S., Hist. Wb. Ph. X (1998), 1–53; P. P. Nicholson, State, the, REP IX (1998), 120–123; H. Peters u.a., S., in: Görres-Gesellschaft (ed.), S.slexikon. Recht, Wirtschaft, Gesellschaft VII, Freiburg ⁶2006, 520–563; G. Poggi, State and Society, IESBS XXII (2001), 14961–14964; W. Reinhard, State, History of, IESBS XXII (2001), 14972–14978; G. H. Sabine/T. L. Thorson, A History of Political Theory, New York 1937, Hinsdale Ill. ⁴1973; M. Schuck, S., in: W. Heun u. a. (eds.), Evangelisches S.slexikon, Stuttgart 2006, 2272–2295; R. Zippelius, Geschichte der S.sideen, München 1971, ¹⁰2003.

(2) *Staatsrecht/Staatslehre:* H. H. v. Arnim, S.slehre der Bundesrepublik Deutschland, München 1984, ²2004; P. Badura, Die Methoden der neueren Allgemeinen S.slehre, Erlangen 1959, Goldbach ²1998; ders., S.srecht. Systematische Erläuterung des Grundgesetzes für die Bundesrepublik Deutschland, München 1986, ⁷2017; U. Battis/C. Gusy, Einführung in das S.srecht, Heidelberg 1981, Berlin/New York ⁵2011; E. Benda/W. Maihofer/H.-J. Vogel (eds.), Handbuch des Verfassungsrechts, Berlin/New York 1983, ²1994, 2012; E.-W. Böckenförde, S., Nation, Europa. Studien zur S.slehre, Verfassungstheorie und Rechtsphilosophie, Frankfurt 1999, ²2000; S. Breuer, Georg Jellinek und Max Weber. Von der sozialen zur soziologischen S.slehre, Baden-Baden 1999; C. Degenhart, S.srecht I, Heidelberg 1984, Heidelberg etc. ³¹2015; U. Di Fabio, Die S.srechtslehre und der S., Paderborn etc. 2003; K. Doehring, Allgemeine S.slehre. Eine systematische Darstellung, Heidelberg 1991, ³2004; W. Haller/A. Kölz, Allgemeines S.srecht. Ein Grundriss, Basel/Frankfurt 1996, ohne Untertitel, Basel/Genf/München ²1999, ³2004, mit T. Gächter, Basel ⁴2008, mit Untertitel: Eine juristische Einführung in die Allgemeine S.slehre, Zürich/Basel/Genf ⁵2013; H. Heller, S.slehre, Leiden 1934, ⁶1983; K. Hesse, Grundzüge des Verfassungsrechts der Bundesrepublik Deutschland, Karlsruhe 1967, Heidelberg ²⁰1995, 1999; J. Ipsen, S.sorganisationsrecht. Strukturprinzipien – Organe – Verfahren, Frankfurt 1986, Neuwied/Kriftel/Berlin ⁵1993, unter dem Titel: S.srecht, I–II, ⁶1994, I, München ²⁷2015, II, ¹⁸2015; J. Isensee/P. Kirchhof (eds.), Handbuch des S.srechts der Bundesrepublik Deutschland, I–VIII, Heidelberg 1987–1995, I–XIII, ³2003–2015; G. Jellinek, Allgemeine S.slehre, Berlin 1900, ³1914, Kronberg 1976; J. Kokott/T. Vesting, Die S.srechtslehre und die Veränderung ihres Gegenstandes. Konsequenzen von Europäisierung und Internationalisierung, Veröffentlichungen der Vereinigung der Deutschen S.srechtslehrer 63 (2004), 7–40 (Kokott), 41–70 (Vesting); M. Kriele, Einführung in die S.slehre. Die geschichtlichen Legitimitätsgrundlagen des demokratischen Verfassungsstaates, Reinbek b. Hamburg 1975, Stuttgart etc. ⁶2003; T. Maunz, Deutsches S.srecht, München/Berlin 1951, (mit R. Zippelius) München ²⁹1994, ³²2008; H. Maurer, S.srecht. Grundlagen, Verfassungsorgane, S.sfunktionen, München 1999, ⁷2013, 2016; S. May, Kants Theorie des S.srechts zwischen dem Ideal des Hobbes und dem Bürgerbund Rousseaus, Frankfurt 2002; P. Pernthaler, Allgemeine S.slehre und Verfassungslehre, Wien/New York 1986, ²1996; B. Pieroth/B. Schlink, S.srecht II, Heidelberg 1985, mit T. Kingreen/R. Poscher, Heidelberg etc. ²⁹2013, ³¹2015; U. Scheuner, S.stheorie und S.srecht. Gesammelte Schriften, Berlin 1978; B. Schöbener, Allgemeine S.slehre, München 2009, ²2013; M. Schweitzer, S.srecht III, Heidelberg 1986, Heidelberg etc. ¹⁰2010; G. Seidler, Theorie und Methode im S.srecht. Studien zu einem soziologisch fundierten S.srechtsdenken, Wien/New York 1997; H. Stein, S.srecht, Hist. Wb. Ph. X (1998), 71–76; K. Stern, Das S.srecht der Bundesrepublik Deutschland, I–II, München 1977/1994, I–V, 1977–2011; K. Weber/I. Rath-Kathrein (eds.), Neue Wege der Allgemeinen S.slehre. Symposium zum 60. Geburtstag von Peter Pernthaler, Wien 1996; R. Zippelius, Allgemeine S.slehre, München 1969, ¹⁶2010; F. Zotta, Immanuel Kant, Legitimität und Recht. Eine Kritik seiner Eigentumslehre, S.slehre und seiner Geschichtsphilosophie, Freiburg/München 2000.

(3) *Überstaatliche Kooperation, Europäische Integration:* P. Badura, S. und Verfassung in Europa, in: Modern Theories of Public Law Revisited. Festschrift in Honor of Prof. Dr. Yueh-Sheng Weng's 70th Birthday, Taipei 2002, III, 1043–1060; ders., Verfassung und Verfassungsrecht im vereinten Europa, in: M. R. de Sousa (ed.), Festschrift für Fausto de Quadros, Lissabon 2016,

1451–1466; ders., Das S.sverständnis in deutscher Perspektive, in: F. Wollenschläger/L. De Lucia (eds.), S. und Demokratie. Beiträge zum XVII. Deutsch-Italienischen Verfassungskolloquium, Tübingen 2016, 1–26; J. Bröhmer (ed.), Europa und die Welt, Baden-Baden 2016; C. Brüning, Schlusswort: Die Idee des ›arbeitenden S.es‹, in: ders./U. Schliesky (eds.), Lorenz von Stein und die rechtliche Regelung der Wirklichkeit, Tübingen 2015, 243–247; C. Callies (ed.), Europäische Solidarität und nationale Identität. Überlegungen im Kontext der Krise im Euroraum, Tübingen 2013; U. Di Fabio, Das Recht offener S.en. Grundlinien einer S.s- und Rechtstheorie, Tübingen 1998; ders. u. a., Bewahrung und Veränderung demokratischer und rechtsstaatlicher Verfassungsstruktur in den internationalen Gemeinschaften, Archiv des öffentlichen Rechts 141 (2016), 106–116, 117–135, 136–143, 144–150; D. Grimm, Das Grundgesetz als Riegel vor einer Verstaatlichung der Europäischen Union. Zum Lissabon-Urteil des Bundesverfassungsgerichts, Staat 48 (2009), 475–495; S. Hobe, Der offene Verfassungsstaat zwischen Souveränität und Interdependenz. Eine Studie zur Wandlung des S.sbegriffs der deutschsprachigen S.slehre im Kontext internationaler institutionalisierter Kooperation, Berlin 1998; P. M. Huber, Vergleich, in: A. v. Bogdandy/P. Cruz Villalón/P. M. Huber (eds.), Handbuch Ius publicum Europaeum II (Offene S.lichkeit – Wissenschaft vom Verfassungsrecht), Heidelberg 2008, 403–459; ders., Grundlagen und Grenzen der Mitgliedschaft Deutschlands in der Europäischen Union, in: C. Stumpf/F. Kainer/C. Baldus (eds.), Privatrecht, Wirtschaftsrecht, Verfassungsrecht. Privatinitiative und Gemeinwohlhorizonte in der europäischen Integration. Festschrift für Peter-Christian Müller-Graff zum 70. Geburtstag am 29. September 2015, Baden-Baden 2015, 893–907; P. Kirchhof, Der deutsche S. im Prozeß der europäischen Integration, in: J. Isensee/P. Kirchhof (eds.), Handbuch des S.srechts der Bundesrepublik Deutschland X, Heidelberg etc. ³2012, 299–382; T. Oppermann, Europarecht. Ein Studienbuch, München 1991, mit C. D. Classen/M. Nettesheim, ⁴2009, ⁷2016; C. Seiler, Der souveräne Verfassungsstaat zwischen demokratischer Rückbindung und überstaatlicher Einbindung, Tübingen 2005; (4) *Einzelschriften:* A. Anter, Max Webers Theorie des modernen S.es. Herkunft, Struktur und Bedeutung, Berlin 1995, ³2014 (engl. Max Weber's Theory of the Modern State. Origins, Structure and Significance, Basingstoke 2014); A. Arndt/C. Iber/G. Krick (eds.), S. und Religion in Hegels Rechtsphilosophie, Berlin 2009; ders./J. Zovko (eds.), S. und Kultur bei Hegel, Berlin 2010; R. Barker, Political Legitimacy and the State, Oxford 1990; S. J. Benn/S. Peters, Social Principles and the Democratic State, London 1959, ¹²1980, Abingdon/New York 2010; E.-W. Böckenförde, Die verfassungstheoretische Unterscheidung von S. und Gesellschaft als Bedingung der individuellen Freiheit, Opladen 1973; ders., Recht, S., Freiheit. Studien zur Rechtsphilosophie, S.stheorie und Verfassungsgeschichte, Frankfurt 1991, ⁵2013 (engl. State, Society and Liberty. Studies in Political Theory and Constitutional Law, Oxford etc., New York 1991; franz. Le droit, l'État et la constitution démocratique. Essais de théorie juridique, politique et constitutionnelle, Paris 2000); ders., Die Entstehung des S.es als Vorgang der Säkularisation, in: ders., Recht, S., Freiheit [s. o.], 92–114; O. Brunner, Land und Herrschaft. Grundfragen der territorialen Verfassungsgeschichte Österreichs im Mittelalter, Baden b. Wien/Brünn ⁴1959, ⁵1965 (repr. Darmstadt 1970, 1990) (engl. Land and Lordship. Structures of Governance in Medieval Austria, Philadelphia Pa. 1992); E. Cassirer, The Myth of the State, New Haven Conn./London 1946, Hamburg, Darmstadt 2007 (dt. Vom Mythus des S.es, Zürich/München 1949, unter dem Titel: Der Mythus des S.es. Philosophische Grundlagen politischen Verhaltens, ²1978, Frankfurt 1994, unter dem Titel: Vom Mythus des S.es. Philosophische Grundlagen politischen Verhaltens, Hamburg 2002); A. Fisahn, Herrschaft im Wandel. Überlegungen zu einer kritischen Theorie des S.es, Köln 2008; C. J. Friedrich, Constitutional Government and Politics. Nature and Development, New York/London 1937, unter dem Titel: Constitutional Government and Democracy. Theory and Practice in Europe and America, Boston Mass. 1941, Waltham Mass./Toronto/London ⁴1968 (dt. Der Verfassungsstaat der Neuzeit, Berlin/Göttingen/Heidelberg 1953; franz. La démocratie constitutionnelle, Paris 1958); A. Göbel/D. van Laak/J. Villinger (eds.), Metamorphosen des Politischen. Grundfragen politischer Einheitsbildung seit den 20er Jahren, Berlin 1995; D. Grimm, Recht und S. der bürgerlichen Gesellschaft, Frankfurt 1987; R. Gröschner u. a., Rechts- und S.sphilosophie. Ein dogmenphilosophischer Dialog, Berlin etc. 2000; F. Grunert, Normbegründung und politische Legitimität. Zur Rechts- und S.sphilosophie der deutschen Frühaufklärung, Tübingen 2000; R. Herzog, S.en der Frühzeit. Ursprünge und Herrschaftsformen, München 1988, ²1998; J. Hirsch/J. Kannankulam/J. Wissel (eds.), Der S. der bürgerlichen Gesellschaft. Zum S.sverständnis von Karl Marx, Baden-Baden 2008, ²2015; N. Hoerster (ed.), Klassische Texte der S.sphilosophie, München 1976, ¹⁵2014; M. Hofmann, Über den S. hinaus. Eine historisch-systematische Untersuchung zu F. W. J. Schellings Rechts- und S.sphilosophie, Zürich 1999; G. Holstein/K. Larenz, S.sphilosophie, München/Berlin 1933; I. Hunter, The Secularisation of the Confessional State. The Political Thought of Christian Thomasius, Cambridge etc. 2007, 2011; A. Kaufman, Welfare in the Kantian State, Oxford etc. 1999; D. Kelly, The State of the Political. Conceptions of Politics and the State in the Thought of Max Weber, Carl Schmitt and Franz Neumann, Oxford etc. 2003, 2008; H. Kelsen, Der soziologische und der juristische S.sbegriff. Kritische Untersuchungen des Verhältnisses von S. und Recht, Tübingen 1922, ²1928 (repr. Aalen 1962, 1981); E. Kern, Moderner S. und S.sbegriff. Eine Untersuchung über die Grundlagen und die Entwicklung des kontinental-europäischen S.es, Hamburg 1949; W. Kersting, Die politische Philosophie des Gesellschaftsvertrags, Darmstadt 1994, 2005; ders. (ed.), Politische Philosophie des Sozialstaats, Weilerswist 2000; ders. (ed.), Thomas Hobbes, Leviathan oder Stoff, Form und Gewalt eines kirchlichen und bürgerlichen S.es, Berlin 1996, ²2008; N. Konegen/P. Nitschke (eds.), S. bei Hugo Grotius, Baden-Baden 2005; W. Leisner, Der unsichtbare S.. Machtaufbau oder Machtverschleierung?, Berlin 1994; G. Lüddecke, S. – Mythos – Politik. Überlegungen zum politischen Denken bei Ernst Cassirer, Würzburg 2003; W. Mager, Zur Entstehung des modernen S.sbegriffs, Wiesbaden, Mainz 1968; F. Meinecke, Die Idee der S.sräson in der neueren Geschichte, München/Wien 1924, ⁴1976; H. Mitteis, Der S. des hohen Mittelalters, Weimar 1940, Köln/Wien, Darmstadt ¹¹1986 (engl. The State in the Middle Ages. A Comparative Constitutional History of Feudal Europe, Amsterdam etc., New York 1975); C. W. Morris, An Essay on the Modern State, Cambridge etc. 1998, 2002; P. Müller, Der S.sgedanke Cassirers, Würzburg 2003; B. R. Nelson, The Making of the Modern State. A Theoretical Evolution, New York etc. 2006; M. Neves/R. Voigt (eds.), Die S.en in der Weltgesellschaft. Niklas Luhmanns S.sverständnis, Baden-Baden 2007; A. Passerin d'Entrèves, La dottrina dello stato. Elementi di analisi e di interpretazione, Turin 1962, ²1991 (engl. The Notion of the State. An Introduction to Political Theory, Oxford 1967, 1969); W. Patt, Grundzüge der S.sphilosophie im klassischen Griechentum, Würzburg 2002; G. Prauss, Moral und Recht im S. nach Kant und Hegel, Freiburg/München 2008; H. Quaritsch, S. und

Souveränität, Frankfurt 1970; B. Rettig, Hegels sittlicher S.. Bedeutung und Aktualität, Köln/Weimar/Wien 2014; K. Roth, Genealogie des S.es. Prämissen des neuzeitlichen Politikdenkens, Berlin 2003, ²2011; J. T. Sanders/J. Narveson (eds.), For and against the State. New Philosophical Readings, Boston Mass./Lanham Md. 1996; G. S. Schaal (ed.), Das S.sverständnis von Jürgen Habermas, Baden-Baden 2009; U. Scheuner, Das Wesen des S.es und der Begriff des Politischen in der neueren S.lehre, in: K. Hesse (ed.), S.sverfassung und Kirchenordnung. Festgabe für Rudolf Smend zum 80. Geburtstag am 15. Januar 1962, Tübingen 1962, 225–260; C. Schmitt, S. als konkreter, an eine geschichtliche Epoche gebundener Begriff [1941], in: ders., Verfassungsrechtliche Aufsätze aus den Jahren 1924–1954. Materialien zu einer Verfassungslehre, Berlin 1958, 2003, 375–385; P. Schröder, Naturrecht und absolutistisches S.srecht. Eine vergleichende Studie zu Thomas Hobbes und Christian Thomasius, Berlin 2001; H. Schulze, S. und Nation in der europäischen Geschichte, München 1994, ²2004 (engl. States, Nations and Nationalism. From the Middle Ages to the Present, Cambridge Mass./Oxford 1996, 1998; franz. Etat et nation dans l'histoire de l'Europe, Paris 1996); L. Siep, Der S. als irdischer Gott. Genese und Relevanz einer Hegelschen Idee, Tübingen 2015; W. v. Simson, Die Souveränität im rechtlichen Verständnis der Gegenwart, Berlin 1965; S. Skalweit, Der ›moderne S.‹. Ein historischer Begriff und seine Problematik, Opladen 1975; D. Spitta, Die S.sidee Wilhelm von Humboldts, Berlin 2004; M. Stolleis (ed.), S.sdenker im 17. und 18. Jahrhundert. Reichspublizistik, Politik, Naturrecht, Frankfurt 1978, ²1987; ders., S. und S.sräson in der frühen Neuzeit. Studien zur Geschichte des öffentlichen Rechts, Frankfurt 1990; A. Vasilache, Der S. und seine Grenzen. Zur Logik politischer Ordnung, Frankfurt/New York 2007; R. Voigt (ed.), Mythos S.. Carl Schmitts S.sverständnis, Baden-Baden 2001, ²2015; ders., Den S. denken. Der Leviathan im Zeichen der Krise, Baden-Baden 2007, ³2014; R. Weber-Fas, Über die S.sgewalt. Von Platons Idealstaat bis zur Europäischen Union, München 2000; ders., S.sdenker der Moderne. Klassikertexte von Machiavelli bis Max Weber, Tübingen, Stuttgart 2003; ders., S.sdenker der Vormoderne. Klassikertexte von Platon bis Martin Luther, Tübingen, Stuttgart 2005; P.-L. Weinacht, S.. Studien zur Bedeutungsgeschichte des Wortes von den Anfängen bis ins 19. Jahrhundert, Berlin 1968; B. Wilke, Vergangenheit als Norm in der platonischen S.sphilosophie, Stuttgart 1997; T. Würtenberger, Die Legitimität staatlicher Herrschaft. Eine staatsrechtlich-politische Begriffsgeschichte, Berlin 1973; R. Zippelius, Geschichte der S.sideen, München 1971, ¹⁰2003. P. Ba.

Staatsphilosophie, Bezeichnung für die wissenschaftliche Beschäftigung mit Problemen der in Herrschaftsverbänden mit öffentlichem Gewaltmonopol (↑Gewalt) verfaßten Gesellschaften. Die S. behandelt das Phänomen der Herrschaft von Menschen über Menschen hinsichtlich der politisch-staatlichen Ordnung und ihrer Träger in allen Aspekten. In der abendländisch-christlichen Tradition ist die S. zusammen mit der ↑Sozialphilosophie Teil der in ↑Ethik, Politik (↑Philosophie, politische) und ↑Ökonomie gegliederten Praktischen Philosophie (↑Philosophie, praktische).

Bis zum Zusammenbruch des Aristotelischen Wissenschaftssystems sind die deskriptiven, empirisch-analytischen und ↑normativen Verfahrensweisen nicht getrennt. Im Zuge der Entstehung des an der Physik orientierten neuzeitlichen Wissenschaftsbegriffs werden die staatsphilosophischen Fragestellungen auf die sich gegen Ende des 18. Jhs. langsam ausdifferenzierenden Disziplinen der ↑Sozialwissenschaft aufgeteilt. Der vor allem durch R. v. Mohl und L. v. Stein unternommene Versuch, den methodischen Ansprüchen der ↑Realwissenschaft zu genügen und dennoch an der Synopse der staatsphilosophischen Fragestellungen in der ›Gesamten Staatswissenschaft‹ festzuhalten, ist gescheitert. Das den gegenwärtigen Zustand charakterisierende Auseinanderfallen in die S. und die Sozialphilosophie einerseits und in die sozialwissenschaftlichen Einzeldisziplinen sowie die Staatslehre (↑Staat) und die Fachwissenschaft des Öffentlichen Rechts andererseits signalisiert vor allem die Verschiedenheit des methodischen Zugangs. Der Begriff der S. wird heute in der Regel zur Kennzeichnung des älteren Schrifttums über Probleme politisch-staatlicher Ordnung oder solcher Abhandlungen benutzt, die sich weder dem rechtsdogmatischen noch dem positivistischen (↑Rechtspositivismus) Methodenstandpunkt anschließen und Fragestellungen bearbeiten, die sich nach dieser Wissenschaftsauffassung wissenschaftlich nicht bearbeiten lassen.

Im Zentrum der S. steht das als problematisch empfundene Faktum der Herrschaft der Wenigen über die Vielen. Die im Verlauf einer 2500jährigen Tradition abendländischer S. erarbeiteten Theorien lassen sich unter anderem durch ihre dem Herrschaftsphänomen (↑Herrschaft) gegenüber eingenommene, zumeist eine historisch-politische Situationserfahrung reflektierende Grundeinstellung unterscheiden. Explizit oder implizit wird diese durch anthropologische Annahmen über die Natur des Menschen erhärtet. Bis in das 19. Jh. wird die Auseinandersetzung um die Rechtfertigung, die Grenzen und die Träger staatlicher ↑Gewalt vermittels zyklisch wiederkehrender Theorien des ↑Naturrechts geführt. So spielt schon für die vorsokratische (↑Vorsokratiker) S. die Frage, ob die Menschen gleich geschaffen sind oder nur vor dem Gesetz gleich sein sollen, eine entscheidende Rolle. In engem Zusammenhang damit steht die Frage der ↑Rechtsphilosophie, ob die Gesetze (↑Recht) aus der Natur der Sache folgen oder nur auf Konvention beruhen. Während sich mit Hilfe der ersten Annahme aus der psycho-physischen Ungleichheit der Menschen auch deren unterschiedliche Rechtsstellung begründen läßt, folgern die Sophisten (↑Sophistik) aus der zweiten Annahme, daß die Staatsgewalt lediglich auf der faktischen Macht des Stärkeren beruhe. Platons utopische Konzeption (↑Utopie) des besten Staates beruht auf einer Vorstellung von ↑Gerechtigkeit, derzufolge jeder die seiner Natur entsprechende Funktion einnehmen sollte. Auch für Aristoteles vermag sich der als politisches Wesen definierte Mensch nur innerhalb der Polis zu verwirklichen, deren Organisationsform entsprechend dem sozioökonomischen Entwicklungsstand der Gemeinschaft zwischen Monarchie, Aristokratie und Politie wechseln kann. Dem von Polybios auf den römischen Staat übertragenen Gedanken der Mischverfassung fügt M. T. Cicero die stoische (↑Stoa) Auffassung hinzu, daß das gerechtfertigte Gesetz aus der Natur der Sache hervorgeht und damit Teil der den ↑Kosmos beherrschenden göttlichen Vernunft ist.

Die mittelalterliche christliche S. rechtfertigt den Zwang zur Hinnahme auch der ungerechten Herrschaft durch die sündige Natur des Menschen nach dem Fall und betrachtet den irdischen Staat lediglich als notwendiges Durchgangsstadium hin zum ↑Gottesstaat. Gegenüber der theokratischen Lehre A. Augustinus' vertritt Thomas von Aquin bereits wieder eine weltzugewandte S.. Mit Aristoteles definiert er den Menschen als ein von Natur aus soziales und politisches Wesen, das sich nur in der Gesellschaft verwirklicht. In der Betonung des gesellschaftlichen Aspekts liegt der entscheidende Unterschied zur antiken S.. Zum ersten Mal tritt hier die Friedensfunktion des Staates als Rechtfertigung einer der ↑Gesellschaft gegenübertretenden Staatsgewalt auf. Der Mensch verwirklicht sich nicht im politischen Bereich, sondern als wirtschaftendes Individuum in einer vom Staat getrennten Gesellschaft.

Schon in der Hobbesianischen S. erfolgt die endgültige Ablösung der Lehre vom göttlichen Recht der Könige. T. Hobbes' Theorie des absoluten Staates rechtfertigt die Omnipotenz des Souveräns nicht mehr aus dessen eigenem Recht. Das durch Unterwerfungsvertrag der Gesellschaftsglieder übertragene Recht des Souveräns auf alles besteht nur insofern und insoweit, als dieser die übernommene Friedensfunktion wahrnimmt. Anders als bei Hobbes behalten in der Gewaltenteilungslehre J. Lockes die den ↑Gesellschaftsvertrag schließenden freien Individuen in der Legislative die Aufsicht über die auf Wahrnehmung der Schutzfunktion gegenüber Freiheit, Leben und Eigentum der Staatsbürger beschränkte Exekutive. In J.-J. Rousseaus Theorie von den Prinzipien des Staatsrechts wird die Herrschaft von Menschen über Menschen durch die Herrschaft der Gesetze abgelöst, deren Zwangscharakter unschädlich ist, weil jeder Staatsbürger als Teil des Souveräns an ihrem Zustandekommen mitwirkt.

Im Deutschen Idealismus (↑Idealismus, deutscher) wird der Gedanke des Vernunftstaates vertieft. Schärfer noch als Rousseau stellt I. Kant die Frage nach der ↑Legitimität der Herrschaft, die für ihn nicht auf die Selbstbestimmung als faktischen Akt der Mitwirkung reduziert werden kann. Das Kriterium der Unterscheidung von Recht und Unrecht ist die Allgemeinheit des Rechtsgesetzes als »Inbegriff der Bedingungen, unter denen die Willkür des einen mit der Willkür des anderen nach einem all-gemeinen Gesetze der Freiheit zusammen vereinigt werden kann« (Met. Sitten A33, Akad.-Ausg. VI, 230). G. W. F. Hegels S. ist der Versuch, das bloß formale Prinzip des Kategorischen Imperativs (↑Imperativ, kategorischer) und die individualistische ↑Autonomie zu überwinden, die im Zeitalter des sich entwickelnden ↑Kapitalismus für immer breitere Massen zur Unfreiheit zu werden beginnt. In Hegels ›Recht des Vernünftigen als des Objektiven an das Subjekt‹ wird das Individuum erneut in ein höheres Vernunftprinzip einbezogen, das sich Hegel zufolge im Fortgang der Weltgeschichte entfaltet. Nach dem Zerfall des Systems der Hegelschen Philosophie mündet die S. in die sozialwissenschaftliche ↑Gesellschaftstheorie ein.

Literatur: K. Adomeit, Rechts- und S., I–II, Heidelberg 1982/1995, I, ³2001, II, ²2002; E.-W. Böckenförde, Geschichte der Rechts- und S.. Antike und Mittelalter, Tübingen 2002, Tübingen, Stuttgart ²2006; A. Brecht, Political Theory. The Foundations of Twentieth-Century Political Thought, Princeton N. J. 1959, 1970 (dt. Politische Theorie. Die Grundlagen politischen Denkens im 20. Jahrhundert, Tübingen 1961, ²1976); E. Cassirer, The Myth of the State, New Haven Conn./London 1946, Hamburg, Darmstadt 2007 (dt. Vom Mythus des Staates, Zürich/München 1949, unter dem Titel: Der Mythus des Staates. Philosophische Grundlagen politischen Verhaltens, ²1978, Frankfurt 1994, unter dem Titel: Vom Mythus des Staates. Philosophische Grundlagen politischen Verhaltens, Hamburg 2002); W. Dietrich u.a., Staat/S., TRE XXXII (2001), 4–61; G. K. Eichenseer, Staatsidee und Subjektivität. Das Scheitern des Subjektgedankens in Hegels S. und seine Konsequenzen, Regensburg 1997; R. Gröschner u.a., Rechts- und S.. Ein dogmenphilosophischer Dialog, Berlin etc. 2000; F. Grunert, Normbegründung und politische Legitimität. Zur Rechts- und S. der deutschen Frühaufklärung, Tübingen 2000; E. v. Hippel, Geschichte der S. in Hauptkapiteln, I–II, Meisenheim am Glan 1955/1957, ²1958; ders., Allgemeine Staatslehre, Berlin/Frankfurt 1963, erw. ²1967; N. Hoerster (ed.), Klassische Texte der S., München 1976, ¹⁵2014; M. Hofmann, Über den Staat hinaus. Eine historisch-systematische Untersuchung zu F. W. J. Schellings Rechts- und S., Zürich 1999; ders., Einführung in die Rechts- und S., Darmstadt 2000, ⁵2011; M. H. Kramer, Hobbes and the Paradoxes of Political Origins, Basingstoke etc. 1997; M. Kriele, Einführung in die Staatslehre. Die geschichtliche Legitimitätsgrundlage des demokratischen Verfassungsstaates, Reinbek b. Hamburg 1975, Stuttgart etc. ⁶2003; D. Oberndörfer/B. Rosenzweig (eds.), Klassische S.. Texte und Einführungen von Platon bis Rousseau, München 2000, ³2014; W. Patt, Grundzüge der S. im klassischen Griechentum, Würzburg 2002; G. H. Sabine, A History of Political Theory, New York 1937, Neudr., ed. T. L. Thorson, Hinsdale Ill. ⁴1973, Fort Worth Tex. etc. ⁴1989; U. Scheuner, Das Wesen des Staates und der Begriff des Politischen in der neueren Staatslehre, in: K. Hesse/S. Reicke/U. Scheuner (eds.), Staatsverfassung und Kirchenordnung. Festgabe für Rudolf Smend zum 80. Geburtstag am 15. Januar 1962, Tübingen 1962, 225–260; R. Voigt (ed.), Der Leviathan, Baden-Baden 2000; ders., Den Staat denken. Der Leviathan im Zeichen der Krise, Baden-Baden 2007, ³2014; R. Weber-Fas (ed.), Staatsdenker der Vormoderne. Klassikertexte von Platon bis Martin Luther, Stuttgart 2005; B. Wilke, Vergangenheit als Norm in der platonischen S., Stuttgart 1997; B. Ziemske u.a. (eds.), S. und Rechtspolitik. Festschrift für Martin Kriele zum 65. Geburtstag,

München 1997; R. Zippelius, Geschichte der Staatsideen, München 1971, [10]2003; weitere Literatur: ↑Staat.　H. R. G.

Stabilitätsprinzip, Bezeichnung für ein logisches Prinzip, das die Stabilität von Aussagen statuiert. Eine Aussage A heißt ›stabil‹, wenn sie aus ihrer doppelten ↑Negation logisch folgt. In der intuitionistischen Logik (↑Logik, intuitionistische) sind genau die negierten Aussagen stabil (d. h., $\neg\neg\neg A \prec \neg A$), während in der klassischen Logik (↑Logik, klassische) das S. $\neg\neg A \prec A$ (↑duplex negatio affirmat) gilt. Die Hinzufügung der Regel (↑Regel (4)) $\neg\neg A \Rightarrow A$ zu ↑Kalkülen der intuitionistischen Logik macht diese zu Kalkülen der klassischen Logik.

Literatur: D. van Dantzig, On the Principles of Intuitionistic and Affirmative Mathematics, Indagationes Mathematicae 9 (1947), 429–440, 505–517.　G. W.

Stahl, Georg Ernst, *Ansbach 21. Okt. 1659 o. 1660, †Berlin 14. Mai 1734, dt. Chemiker, Begründer der ↑Phlogistontheorie, wichtiger Vertreter des ↑Vitalismus. 1684 Medizinexamen an der Universität Jena, 1684–1687 Lehrtätigkeit in Chemie ebendort, 1687–1694 Hofarzt des Herzogs von Sachsen-Weimar, 1694–1716 Prof. für Medizin an der neugegründeten Reformuniversität Halle, ab 1715 Leibarzt des ›Soldatenkönigs‹ Friedrich Wilhelm I. von Preußen. – S.s naturphilosophische Orientierung richtete sich gegen die korpuskular-mechanischen Denkansätze seiner Zeit. Diese Sichtweise brachte er vor allem in der ↑Chemie und der ↑Medizin zum Tragen. In der Chemie besteht S.s wesentliche Leistung in der erstmaligen Formulierung einer aussagekräftigen chemischen Theorie, deren Grundsätze dem experimentellen Test unterworfen werden konnten.

Hintergrund der von S. entwickelten Phlogistontheorie ist die ›Prinzipienchemie‹, derzufolge alle Stoffe aus einer geringen Zahl abstrakt aufgefaßter Eigenschaftsträger (wie den Prinzipien der Festigkeit oder Brennbarkeit) bestehen. S.s zentrale theoretische Behauptung ist die *Universalitätsthese,* derzufolge alle Verbrennungen und überdies alle ›Kalzinationen‹ (d. h. Metalloxidationen) als Abgabe des einheitlich aufgefaßten (also nicht mehr in Unterformen aufgespaltenen) Prinzips der Brennbarkeit (von S. ›Phlogiston‹ genannt) zu verstehen sind.

Besondere Berühmtheit erlangte S.s Schwefelsynthese von 1697. Dieses Experiment sollte demonstrieren, daß Verbrennung tatsächlich eine Zerlegung unter Phlogistonabgabe darstellt. Bei der Verbrennung von Schwefel bildet sich Schwefelsäure (tatsächlich: schweflige Säure); es gilt daher zu zeigen, daß Schwefel aus Schwefelsäure und Phlogiston besteht. S. führte diesen Nachweis durch Synthese des Schwefels aus diesen Bestandteilen. Aus heutiger Sicht liegt dem Experiment die Reduktion von Schwefeldioxid zu Schwefel durch Reaktion mit Kohlenstoff zugrunde ($SO_2 + 2C \rightarrow 2CO + S$). S.s Universalitätsthese wurde von A. L. Lavoisier in der Chemischen Revolution beibehalten und in den Lehrsatz umgeformt, daß alle Verbrennungen und Kalzinationen Verbindungen mit Sauerstoff darstellen.

Methodologisch strebte S. eine Theorie an, die auf allgemeinen Grundsätzen beruht und zugleich den Laborerfahrungen präzise Rechnung trägt. Aus diesem Grund gab er einem prinzipienchemischen Ansatz den Vorzug vor der damals verbreiteten ›strukturellen Chemie‹, die Reaktionen ausschließlich auf Gestalt und Bewegung von Teilchen zurückführte (↑Mechanismus). Die Prinzi-

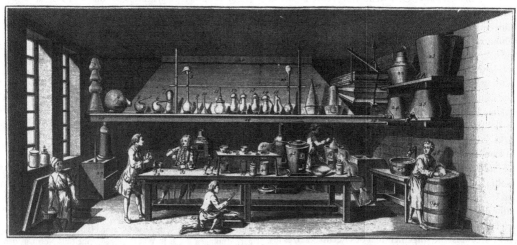

Chemisches Laboratorium im 18. Jahrhundert. Retrospektiv auffallend ist das Fehlen von Waagen sowie von Geräten zum Auffangen von Gasen (aus: M. Serres [ed.], Elemente einer Geschichte der Wissenschaften, Frankfurt 1994, 548).

pienchemie benötige nur wenige Grundelemente und keine Vielzahl von Teilchengestalten, und ihr gelängen auf dieser Grundlage bestimmtere Erklärungen von Reaktionsmechanismen, da die Prinzipien eine engere Verbindung zu den Erfahrungen aufwiesen als die willkürlich festgelegten Teilchengestalten. Obwohl S. die strukturelle Chemie (und mit ihr den ↑Atomismus) im Grundsatz für korrekt hielt, wies er sie doch als methodologisch unfruchtbar ab.

Entgegen der (auf Paracelsus zurückgehenden) iatrochemischen Tradition trat S. für eine strikte Trennung von Chemie und ↑Biologie bzw. Medizin ein. Lebewesen sind durch die Wirksamkeit einer ›anima‹ gekennzeichnet, die den Verfall des Körpers verhindert, nach Zwecken agiert und auf die körperlichen Mechanismen einwirkt. Die anima gibt den physiologischen Vorgängen Richtung und Ziel. Aus dieser Perspektive entwickelte S. ein ganzheitliches Verständnis von Medizin und schenkte insbes. (heute so genannten) psychosomatischen Erkrankungen Beachtung. Die im Rahmen eines solchen interaktionistischen Ansatzes zum ↑Leib-Seele-Problem auftretende Schwierigkeit der Wechselwirkung zwischen anima und ↑Materie löste S. durch die Annahme, Bewegung sei immateriell und gehöre folglich nicht zur Materie. Die anima wirkt auf immaterielle Bewegungsvorgänge ein und kann daher indirekt körperliche Prozesse beeinflussen. Durch diese Konstruktion vermied S. die (damals populäre) Einführung von Hilfsgeistern (spiritus) und erreichte (wie in der Chemie) eine größere Einheitlichkeit und Geschlossenheit seiner Lehre. Über S.s interaktionistische (↑Interaktionismus) Konzeption entspann sich eine Debatte mit G. W. Leibniz. Leibniz kritisierte vor allem – im Sinne des von ihm vertretenen psychophysischen Parallelismus (↑Parallelismus, psychophysischer) – S.s Vorstellung eines aktiven und willentlichen Einflusses der anima auf das physiologische Geschehen. S. erwiderte, daß aus der Perspektive der prästabilierten Harmonie (↑Harmonie, prästabilierte) pathologische Erscheinungen (z. B. psychosomatische Erkrankungen) unverständlich blieben, da diese offenbar Ausdruck einer psychophysischen Disharmonie seien.

Werke: Œuvres médico-philosophiques et pratiques, II–VI (in 8 Bdn.), übers. T. Blondin, Paris 1859–1864. – Fragmentorum aetiologiae physiologico-chymicae ex indagatione sensu-rationali, seu conaminum ad concipiendam notitiam mechanicam de rarefactione chymica prodromus de indagatione chymico-physiologica, Jena 1683; Dissertatio medica de intestinis, eorumque morbis ac symptomatis cognoscendis et curandis […], Jena 1684, 1711; Dissertatio epistolica […] De motu tonico vitale & inde-·pendente motu sanguinis particulari, Jena 1692; Propempticum inaugurale, De commotione sanguinis translatoria & eluctatoria, Halle 1694, 1710; Dissertationem inauguralem De passionibus animi corpus humanum varie alternantibus, Halle 1695 (dt. Über den mannigfaltigen Einfluß von Gemütsbewegungen auf den menschlichen Körper (Halle 1695), in: Über den mannigfaltigen

Einfluß von Gemütsbewegungen auf den menschlichen Körper (Halle 1695)/Über die Bedeutung des synergischen Prinzips für die Heilkunde (Halle 1695)/Über den Unterschied zwischen Organismus und Mechanismus (Halle 1714)/Überlegungen zum ärztlichen Hausbesuch (Halle 1703), übers. B. J. Gottlieb, Leipzig 1961 [Sudhoffs Klassiker der Medizin XXXVI], 24–37); Propempticon iaugurale, De ΣΥΝΕΡΓΕΙΑ naturae in medendo, Halle 1695 (dt. Über die Bedeutung des synergischen Prinzips für die Heilkunde (Halle 1695), in: Über den mannigfaltigen Einfluss […] [s. o.], 38–46); Positiones, de mechanismo motus progressivi sanguinis […], Halle 1695, 1710; Problemata practica, febrium pathologiae, & therapiae […], Halle 1695, 1722; Zymotechnia fundamentalis, seu Fermentationis theoria generalis […], Halle 1697 (dt. Zymotechnia Fundamentalis, Oder allgemeine Grund-Erkänntnis der Gährungs-Kunst […], Frankfurt/Leipzig 1734, Stettin/Leipzig 1748); De medicina medicinae necessaria […], Halle 1702, 1714 (dt. Die der Medizin notwendige Medizin, übers. S. Kratzsch/W. Berg, in: D. v. Engelhardt/A. Gierer [eds.], G. E. S. (1659–1734) in wissenschaftshistorischer Sicht [s. u., Lit.], 200–251 [mit Repr. der Ausgabe Halle 1702]); Specimen Beccherianum, fundamentorum, documentorum, experimentorum subjunxit […], in: J. J. Becher, Physica subterranea profundam subterraneorum genesin […] ostendens. […], ed. G. E. S., Leipzig 1703, 1738 (dt. Einleitung zur Grund-Mixtion derer unterirrdischen mineralischen und metallischen Cörper […], in: G. E. S., Anweisung zur Metallurgie, Oder der metallischen Schmeltz- und Probier-Kunst […], Leipzig 1720, 1744); Disquisitio De mechanismi et organismi diversitate […], Halle 1706; Dissertationes medicae, tum epistolares tum academicae in unum volume congestae […], Halle 1707; De vera diversitate corporis mixti et vivi […], Halle 1707; Theoria medica vera […], I–III in einem Bd., Halle 1708, 1737, I–III, Berlin 1831–1833 (dt. [gekürzte Paraphrase] Theorie der Heilkunde, I–III, ed. K. W. Ideler, Berlin 1831–1832); Opusculum chymico-physico-medicum, Halle 1715, 1740; Zufällige Gedancken und nützliche Bedencken über den Streit von dem so genannten Sulphure […], Halle 1718, 1747; Negotium otiosum, seu ΣΚΙΑΜΑΧΙΑ, adversus positiones aliquas fundamentales, theoriae verae medicae a viro quodam celeberrimo intentata, sed aversis armis conversis enervate […], Halle 1720; Fundamenta chymiae dogmaticae & experimentalis […], Nürnberg 1723, unter dem Titel: Fundamenta chymiae dogmatico-rationalis & experimentalis, Nürnberg 1732, I–III, 1746–1747 (dt. Chymia rationalis et experimentalis, Oder Gründliche der Natur und Vernunfft gemäße und mit Experimenten erwiesene Einleitung zur Chymie […], Leipzig 1720, 1746; engl. Philosophical Principles of Universal Chemistry, trans. P. Shaw, London 1730); Ausführliche Betrachtung und zulänglicher Beweiß von den Saltzen […], Halle 1723, 1765; Billig Bedencken, Erinnerung und Erläuterung über D. J. Bechers Natur-Kündigung der Metallen […], Frankfurt 1723; Synopsis medicinae stahlianae […], Budingen 1724; Observationes medicopracticae, ed. J. C. Goetz, Nürnberg 1726; Materia Medica, d. i. Zubereitung, Krafft und Würkung derer sonderlich durch chymische Kunst erfundenen Artzneyen […], I–II, Dresden 1728, 1744; Praxis Stahliana, das ist Herrn G. E. S.s […] collegium practicum, welches theils von ihm privatim in die Feder dictirt, theils von seinen damahligen auditoribus […] nachgeschrieben, übers. J. Storch, Leipzig 1728, 1745; Experimenta, observationes, animadversiones, CCC numero, chymicae et physicae […], Berlin 1731; Pyretologia et febrium historia et cura […], Frankfurt/Leipzig 1732; The Leibiniz-S. Controversy, ed. F. Duchesneau/J. E. H. Smith, New Haven Conn./London 2016.

Literatur: A. W. Bauer, G. E. S. (1659–1734), in: D. v. Engelhardt/F. Hartmann (eds.), Klassiker der Medizin I (Von Hippokrates bis Christoph Wilhelm Hufeland), München 1991, 190–201, 393–395; U. Bieller, Von der Phantasie zur Wissenschaft. G. E. S. und die Chemie im achtzehnten Jahrhundert, Bochum 2007; W. Böhm, Die philosophischen Grundlagen der Chemie des 18. Jahrhunderts, Arch. int. hist. sci. 17 (1964), 3–32; M. Carrier, Zum korpuskularen Aufbau der Materie bei S. und Newton, Sudh. Arch. 70 (1986), 1–17; S. Carvallo, S., Leibniz, Hoffmann et la respiration, Rev. Synt. 127 (2006), 43–75; F. P. de Ceglia, Introduzione alla fisiologia di G. E. S., Lecce 2000; ders., Soul Power. G. E. S. and the Debate on Generation, in: J. E. H. Smith (ed.), The Problem of Animal Generation in Early Modern Philosophy, Cambridge etc. 2006, 262–284; ders., I fari di Halle. G. E. S., Friedrich Hoffmann e la medicina europea del primo Settecento, Bologna 2009; K.-M. Chang, The Matter of Life. G. E. S. and the Reconceptualizations of Matter, Body and Life in Modern Europe, Ann Arbor Mich. 2002; ders., S., in: N. Koertge (ed.), New Dictionary of Scientific Biography VI, Detroit Mich. etc. 2008, 504–508; ders., Communications of Chemical Knowledge. G. E. S. and the Chemists at the French Academy of Sciences in the First Half of the Eighteenth Century, in: M. D. Eddy (ed.), Chemical Knowledge in the Early Modern World, Chicago Ill./London 2014, 135–157; F. Duchesneau, G. E. S.: Antimécanisme et physiologie, Arch. int. hist. sci. 26 (1976), 3–26; ders., The Organism-Mechanism Relationship. An Issue in the Leibniz-S. Controversy, in: O. Nachtomy/J. E. H. Smith (eds.), The Life Sciences in Early Modern Philosophy, Oxford/New York 2014, 98–114; D. v. Engelhardt/A. Gierer (eds.), G. E. S. (1659–1734) in wissenschaftshistorischer Sicht, Halle 2000 (Acta historica Leopoldina XXX); J. Geyer-Kordesch, Pietismus, Medizin und Aufklärung in Preußen im 18. Jahrhundert. Das Leben und Werk G. E. S.s, Tübingen 2000; F. Hoefer, Histoire de la chimie II, Paris 1843, 402–408, ²1869 (repr. o.O. [Paris] 1980), 395–401; P. Hoffmann, La controverse entre Leibniz et S. sur la nature de l'âme, Stud. Voltaire 18th Cent. 199 (1981), 237–249; G. Kerstein, G. E. S., in: K. Fassmann u. a. (eds.), Die Grossen der Weltgeschichte VI, Zürich 1975, 288–295; L. S. King, S., DSB XII (1975), 599–606; R. Koch, S., in: G. Bugge (ed.), Das Buch der großen Chemiker I, Berlin 1929, Weinheim 1984, 192–203; H. Kopp, Geschichte der Chemie, I–VI, Braunschweig 1843–1847 (repr. Leipzig 1931, Hildesheim 1966), I, 187–193, III, 111–114; ders., Die Entwickelung der Chemie in der neueren Zeit, München 1873 (repr. New York/London, Hildesheim 1965, 1966), 44–53; H. Laitko, S., in: D. Hoffmann u. a. (eds.), Lexikon der bedeutenden Naturwissenschaftler III, München 2004, 314–316; A. Lemoine, Le vitalisme et l'animisme de S., Paris 1864; H. Metzger, La philosophie de la matière chez S. et ses disciples, Isis 8 (1926), 427–464; dies., Newton, S., Boerhaave et la doctrine chimique, Paris 1930, 1974, 91–188 (II La doctrine chimique de S. et de ses disciples); D. R. Oldroyd, An Examination of G. E. S.'s »Philosophical Principles of Universal Chemistry«, Ambix 20 (1973), 36–52; W. Pagel, Helmont, Leibniz, S., Sudh. Arch. 24 (1931), 19–59 (repr. in: ders., From Paracelsus to Van Helmont. Studies in Renaissance Medicine and Science, London 1986); J. R. Partington, A History of Chemistry II, London/New York 1961, 1969, 653–686 (mit Bibliographie, 655, 659–662); L. J. Rather/J. B. Frerichs, The Leibniz-S. Controversy I (Leibniz' Opening Objections to the »Theoria medica vera«), Clio Medica 3 (1968), 21–40; dies., The Leibniz-S. Controversy II (S.'s Survey of the Principal Points of Doubt), Clio Medica 5 (1970), 53–67; H.-W. Schütt, S., NDB XXV (2013), 33–35; E. Ströker, Denkwege der Chemie. Elemente ihrer Wissenschaftstheorie, Freiburg/München 1967, 108–127 (II.4 Die Phlogistonhypothese); dies., Theoriewandel in der Wissenschaftsgeschichte. Chemie im 18. Jahrhundert, Frankfurt 1982, 78–115 (Kap. 2 Die Phlogistontheorie G. E. S.s); I. Strube, G. E. S., Leipzig 1984; A. Vartanian, S., Enc. Ph. VIII (1967), 4, IX (²2006), 202–203 (mit erw. Bibliogr. v. T. Frey). M. C.

statement view, ↑Theoriesprache.

Statik (von griech. στατικός, stellend, wägend), Bezeichnung einer Teildisziplin der ↑Mechanik. Die klassische Mechanik gliedert sich in ↑Kinematik und ↑Dynamik, diese wiederum in Kinetik und S.. Die S. befaßt sich mit Sachverhalten, in denen die Kräfte, die auf einen Körper einwirken, im Gleichgewicht sind, so daß keine Beschleunigungen auftreten. Die behandelten Körper werden als starr angenommen; Flüssigkeiten und elastische Körper sind Gegenstand anderer Teildisziplinen der Mechanik (Hydrostatik, Elastizitätstheorie). Ferner wird die Behandlung üblicherweise in einem Bezugssystem durchgeführt, in dem der betreffende Körper ruht.

Schon bei Archimedes war die S. eine mathematische Wissenschaft; sie blieb aber bis zum Beginn der Neuzeit auf *künstliche* Gegenstände beschränkt, insbes. auf die fünf einfachen Maschinen (Hebel, Keil, Flaschenzug, Wellrad, Schraube). Erst mit der Gleichsetzung der künstlichen und der natürlichen Bewegungen in der neuzeitlichen Wissenschaft wird es zulässig, die mathematischen und begrifflichen Mittel der traditionellen Kunst des Maschinenbaus, also der S., auch zur Behandlung natürlicher Phänomene, also in der ↑Physik, an-

Abb. 1 (aus: G. Galilei, Discorsi e demonstrazioni matematiche intorno a due nuove scienze, Le opere VIII, ed. A. Favaro [Edizione Nazionale], Florenz 1898 [repr. 1968], 157)

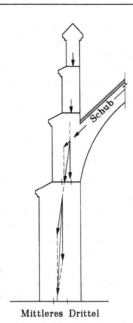

Mittleres Drittel

Abb. 2: Die vom Gewicht des darüberliegenden Mauerwerks erzeugte Schubkraft wird über den Strebebogen teilweise in den neben dem Gebäude befindlichen Strebepfeiler abgelenkt. Damit an der Verbindungsstelle keine stabilitätsmindernden Spannungen entstehen, muß der Pfeiler so breit sein, daß der Kraftvektor, der aus der Kombination der umgeleiteten Schubkraft mit der Gewichtskraft des Bogens und der Pfeilerspitze resultiert, im mittleren Drittel der Pfeilerbasis bleibt (nach H. J. Cowan: Architectural Structures. An Introduction to Structural Mechanics, New York/Oxford/Amsterdam [2]1976, 76).

zuwenden. Einige Grundbegriffe der Physik des 17. Jhs., vor allem der Begriff der ↑Kraft, werden dabei aus der S. entlehnt.

Gewöhnlich wird, P. Duhem (1905/1906) folgend, zwischen zwei Traditionen der S. unterschieden: einer eher intuitiv-analogischen (Aristoteles, Jordanus von Nemore) und einer geometrisch-deduktiven (Archimedes, S. Stevin). Erstere sucht die Übertragung der Lehrsätze für Bewegungen auf bewegungslose Gleichgewichtszustände vermittels der Analogie einer ›virtuellen‹ Geschwindigkeit durchzuführen, letztere weist den Begriff der virtuellen Geschwindigkeit zurück, da ein Körper im Gleichgewicht sich nicht bewege und daher auch keine Geschwindigkeit besitze. – Im Laufe des 18. Jhs. verliert die S. zunehmend ihre Bedeutung als Vorläufer- und Basisdisziplin der Dynamik. Mit der Begründung des Prinzips der virtuellen Verschiebung bzw. des Begriffs der Arbeit durch J. L. Lagrange (Mécanique analytique, Paris 1788) kann die S. endgültig als Spezialfall der Dynamik verstanden werden (↑d'Alembertsches Prinzip).

Literatur: M. Clagett, Archimedes in the Middle Ages, I–V, I Madison Wis. 1964, II–V Philadelphia Pa. 1976–1984; ders./E. A. Moody (eds.), The Medieval Science of Weights (Scientia de ponderibus). Treatises Ascribed to Euclid, Archimedes, Thabit ibn Qurra, Jordanus de Nemore and Blasius of Parma, Madison Wis. 1952, 1960; A. C. Crombie, Augustine to Galileo. The History of Science A. D. 400–1650, I–II, London 1952 (repr. 1964, unter dem Titel: The History of Science from Augustine to Galileo, New York 1995), ohne Untertitel [2]1961, in 1 Bd., London, Cambridge Mass. 1979 (dt. Von Augustinus bis Galilei. Die Emanzipation der Naturwissenschaft, Köln/Berlin 1959, [2]1965, München 1977; franz. Histoire des sciences de Saint Augustin à Galilée (400–1650), I–II, ed. J. d'Hermies, Paris 1959); E. J. Dijksterhuis, De Mechanisering van het Wereldbeeld, Amsterdam 1950, [3]1977, 2006 (dt. Die Mechanisierung des Weltbildes, Berlin/Göttingen/Heidelberg 1956 [repr. Berlin/Heidelberg/New York 1983, 2002]; engl. The Mechanization of the World Picture, Oxford 1961, Princeton N. J. 1986); P. Duhem, Origines de la statique, I–II, Rev. des questions scientifiques 54 (1903), 462–516, 55 (1904), 560–596, 56 (1904), 9–66, 394–473, 57 (1905), 96–149, 462–543, 58 (1905), 115–201, 508–558, 59 (1906), 115–148, 383–441, 60 (1906), 65–109, Neudr. Paris 1905/1906; H. Lamb, Statics, Including Hydrostatics and the Elements of the Theory of Elasticity, Cambridge 1912, [3]1928, 1960; E. Mach, Die Mechanik in ihrer Entwickelung. Historisch-kritisch dargestellt, Leipzig 1883, erw. [7]1912 (repr. Frankfurt 1982), [9]1933 (repr. Darmstadt 1963, 1991), [Neudr. d. Ausg. [7]1912] ed. G. Wolters/G. Hon, Berlin 2012; P. McLaughlin, Contraries and Counterweights. Descartes's Statical Theory of Impact, The Monist 84 (2001), 562–581; H. Schneider, Das griechische Technikverständnis. Von den Epen Homers bis zu den Anfängen der technologischen Fachliteratur, Darmstadt 1989; I. Schneider, Archimedes. Ingenieur, Naturwissenschaftler und Mathematiker, Darmstadt 1979, Berlin/Heidelberg [2]2016; I. Szabó, Einführung in die Technische Mechanik, Berlin/Göttingen/Heidelberg etc. 1954, erw. Berlin/Heidelberg/New York [8]1975, Berlin etc. 2003; R. S. Westfall, Force in Newton's Physics. The Science of Dynamics in the Seventeenth Century, London, New York 1971 (ital. Newton e la dinamica del XVII secolo, Bologna 1982).   P. M.

Statistik, Bezeichnung für eine Teildisziplin der Mathematik, die bei der wissenschaftlichen Beschreibung und Beurteilung von Massen- oder Kollektivphänomenen angewandt wird. Die *deskriptive* S. stellt empirische Häufigkeitsverteilungen auf und ermittelt Kennwerte zur Analyse von gegebenem Datenmaterial wie etwa Mittelwert und Standardabweichung einer Stichprobe. Die *beurteilende* S. oder auch ›Inferenzstatistik‹ (als der wesentliche Teil der Disziplin) faßt die durch eine Stichprobe gegebenen Daten und deren Kennwerte als Realisierungen von Zufallsvariablen auf und versucht, auf die Wahrscheinlichkeitsverteilungen dieser Zufallsvariablen und deren Parameter zu schließen. Sie baut damit auf der ↑Wahrscheinlichkeitstheorie auf, in der Zufallsvariablen und deren Verteilungen axiomatisch untersucht werden. Zentrale Verfahren der beurteilenden S. sind die Schätzung von Parametern (wie Erwartungswert und Varianz) der angenommenen Zufallsvariablen auf der Basis der Kennwerte einer vorliegenden Stichprobe, die

Berechnung von Konfidenzbereichen, insbes. Konfidenzintervallen, in denen ein solcher Parameter mit großer ↑Wahrscheinlichkeit liegt, und der Test von statistischen Hypothesen, d. h. die Beurteilung, welche Verteilungshypothese zur Erklärung des Stichprobenresultats angenommen wird. Häufig wird dabei schon von bestimmten Grundannahmen über die Verteilung von Merkmalen im gesamten Stichprobenraum ausgegangen, z. B. der Annahme, daß nur hypergeometrische oder nur ↑Normalverteilungen mit bestimmten Parametern in Frage kommen. Maßgebendes Kriterium für Schätzung, Konfidenzberechnung und ↑Test ist die Wahrscheinlichkeit, die die Stichprobe auf Grund der in Frage kommenden Wahrscheinlichkeitsverteilungen hat. So wählt man bei der Schätzung eines Parameters nach der *maximum likelihood*-Methode die Wahrscheinlichkeitsverteilung mit demjenigen Parameter, der das Stichprobenresultat am wahrscheinlichsten macht (z. B. als Mittelwert der Gesamtpopulation den Wert, bei dem der Stichprobenwert am wahrscheinlichsten erreicht wird), oder bei der Berechnung eines Konfidenzbereichs eine möglichst kleine (also genaue) Menge von Wahrscheinlichkeitsverteilungen, in der das Stichprobenresultat auf Grund dieser Verteilungen mit großer Wahrscheinlichkeit liegt.

Wissenschaftstheoretisch besonders einschlägig ist der *Hypothesentest*, dessen klassische Behandlung auf J. Neyman und E. S. Pearson zurückgeht. Bei einem derartigen statistischen Test sucht man sich auf Grund von Stichprobendaten für oder gegen eine Verteilungshypothese zu entscheiden (z. B. für oder gegen die ↑Hypothese, daß die Mittelwerte des Vorkommens einer Eigenschaft in zwei Gruppen von Personen sich tatsächlich unterscheiden). Diese Hypothese heißt auch ›Alternativhypothese‹ im Unterschied zur gegenteiligen Hypothese, die auch als ›Nullhypothese‹ bezeichnet wird (im Beispiel: die Mittelwerte der beiden Gruppen unterscheiden sich nicht). Beide Hypothesen lassen sich durch zwei zueinander disjunkte Mengen von Wahrscheinlichkeitsverteilungen charakterisieren. Die Alternativhypothese wird dann angenommen, wenn die für die Nullhypothese in Frage kommenden Wahrscheinlichkeitsverteilungen die Stichprobendaten hinreichend unwahrscheinlich machen. Das Ausmaß der erforderlichen Unwahrscheinlichkeit ist durch einen vor Erhebung der Stichprobe angenommenen Wert gegeben, das so genannte α-Niveau oder Signifikanzniveau des Tests. Man kann dieses auch als die Wahrscheinlichkeit dafür ansehen, die Nullhypothese irrtümlicherweise zu verwerfen, d. h. einen so genannten Typ-I-Fehler oder α-Fehler zu begehen. Die Wahl des Signifikanzniveaus ist also die Festlegung eines Fehlerrisikos, das man bei der Durchführung des Tests in Kauf zu nehmen bereit ist.

Unter den möglichen Tests, die eine Nullhypothese zu einem bestimmten Signifikanzniveau verwerfen, wird man einen solchen bevorzugen, für den die für die Alternativhypothese in Frage kommenden Wahrscheinlichkeitsverteilungen die Stichprobendaten möglichst wahrscheinlich machen, d. h. es möglichst wahrscheinlich machen, ein Ergebnis wirklich zu finden, auf Grund dessen sich die Nullhypothese (zu einem bestimmten Signifikanzniveau) auch verwerfen läßt, wenn die Alternativhypothese richtig ist. Diese Wahrscheinlichkeit nennt man auch die ›Macht‹ des Tests. Sie ist in der Regel selbst bei gegebener Stichprobengröße nicht eindeutig bestimmt, sondern hängt davon ab, welche Wahrscheinlichkeitsverteilung aus der Alternativhypothese zugrundegelegt wird (z. B. davon, für wie groß man den erwarteten Effekt im Verhältnis zur beobachteten Varianz hält). Sie ist jedoch eindeutig, wenn Null- und Alternativhypothese jeweils nur eine Verteilung umfassen (›Fundamentallemma von Neyman–Pearson‹). Die Macht des Tests stellt die Wahrscheinlichkeit dar, die Alternativhypothese anzunehmen, wenn sie richtig ist, d. h. nicht bei einer falschen Nullhypothese zu bleiben – die Wahrscheinlichkeit, keinen so genannten β- oder Typ-II-Fehler zu begehen. Während die Verwerfung der Nullhypothese zugunsten der Alternativhypothese auf Grund des positiven Ausgangs eines Tests (d. h., die Stichprobenwahrscheinlichkeit liegt unter dem Signifikanzniveau) unabhängig von der Macht des Tests ist, spielt die Macht eine wesentliche Rolle, wenn man den negativen Ausgang eines Tests (der Stichprobenwert liegt *nicht* unter dem Signifikanzniveau) interpretiert. Auch wenn man daraufhin die Nullhypothese *nicht* verwirft, liegt nur dann ein Argument *für* die Nullhypothese vor, wenn die Macht des Tests hinreichend groß ist. Bei Anwendungen von Tests in der empirischen Forschung, z. B. in der ↑Psychologie, wird häufig auf Überlegungen zur Macht des gewählten Tests verzichtet und nur ein positiver Ausgang (Verwerfung der Nullhypothese) interpretiert, selbst wenn ein negativer Ausgang im Zusammenhang mit Überlegungen zur Macht des benutzten Tests aussagekräftig sein könnte. – Der auch in der Wissenschaft vorkommende statistische Fehlschluß von der Nicht-Verwerfung auf eine positive Beurteilung der Nullhypothese ist bei der öffentlichen Diskussion der Ergebnisse statistischer Erhebungen häufig anzutreffen. Alternativen zur Neyman-Pearsonschen Testtheorie stellen unter anderem Bayesianische Ansätze (↑Bayesianismus) dar, die auf einer subjektiven Interpretation der ↑Wahrscheinlichkeit aufbauen. In neuerer Zeit sind in der S. und deren Anwendungen so genannte nicht-parametrische Verfahren stärker in den Vordergrund gerückt. Hier geht man nicht mehr von der Voraussetzung aus, daß die gesuchte Wahrscheinlichkeitsverteilung zu einer Menge von durch bestimmte Parameter gekennzeichneten und unabhängig von den erhobenen Daten postulierten Verteilungen gehört, sondern ist weitgehend frei von Verteilungsannahmen.

Literatur: P. S. Bandyopadhyay/M. Forster (eds.), Handbook for the Philosophy of Science VII (Philosophy of Statistics), Amsterdam etc. 2011; J. O. Berger, Statistical Decision Theory. Foundations, Concepts, and Methods, New York/Heidelberg/Berlin 1980, erw. unter dem Titel: Statistical Decision Theory and Bayesian Analysis, New York etc. [2]1985, 2010; H. Dehling/B. Haupt, Einführung in die Wahrscheinlichkeitstheorie und S., Berlin etc. 2003, [2]2004; A. Desrosières, Statistics, History of, IESBS XXII (2001), 15080–15085; S. E. Fienberg/J. B. Kadane, Statistics: The Field, IESBS XXII (2001), 15085–15090; J. E. Freund, Mathematical Statistics, Englewood Cliffs N. J. 1962, [2]1971, mit R. E. Walpole, Englewood Cliffs N. J. etc. [3]1980, [4]1987, mit I. Miller/M. Miller unter dem Titel: John E. Freund's Mathematical Statistics, London [6]1999, Harlow [8]2014; P. Gehring, S., Hist. Wb. Ph. X (1998), 104–110; R. N. Giere, Understanding Scientific Reasoning, New York etc. 1979, 163–286 (Part III Causes, Correlations, and Statistical Reasoning), Fort Worth Pa. etc. [4]1997, 119–260 (Part II Statistical and Causal Hypotheses), mit J. Bickle/R. F. Mauldin, Belmont Calif. [5]2006, 111–262 (Part II Statistical and Causal Hypotheses); I. Hacking, The Logic of Statistical Inference, Cambridge etc. 1965, 1976; Y. Haitovsky/H. R. Lerche/Y. Ritov (eds.), Foundations of Statistical Inference. Proceedings of the Shoresh Conference 2000, Heidelberg/New York 2003; A. Hald, A History of Probability and Statistics and Their Applications before 1750, New York 1990, Hoboken N. J. 2003; ders., A History of Mathematical Statistics from 1750 to 1930, New York etc. 1998; ders., A History of Parametric Statistical Inference from Bernoulli to Fisher, 1713–1935, New York 2007; H. Heyer, Theory of Statistical Experiments, New York/Heidelberg/Berlin 1982; A. Irle, Wahrscheinlichkeitstheorie und S.. Grundlagen – Resultate – Anwendungen, Stuttgart/Leipzig/Wiesbaden 2001, Wiesbaden [2]2005, 2010; B. Jann, Einführung in die S., München/Wien 2002, [2]2005; K. Krickeberg/H. Ziezold, Stochastische Methoden, Berlin/Heidelberg/New York 1977, [3]1988, erw. [4]1995 (franz. Méthodes stochastiques. Introduction aux probabilités et la statistique, Paris 1980); D. Meintrup/S. Schäffler, Stochastik. Theorie und Anwendungen, Berlin etc. 2005; V. Miké, Statistics, in: C. Mitcham (ed.), Encyclopedia of Science, Technology and Ethics IV, Detroit Mich. etc. 2005, 1855–1869; P. H. Müller (ed.), Wahrscheinlichkeitsrechnung und mathematische S.. Lexikon der Stochastik, Berlin (Ost) 1970, erw. [2]1975, [4]1983, erw. Berlin [5]1991; J. Neyman/E. S. Pearson, On the Use and Interpretation of Certain Test Criteria for Purposes of Statistical Inference, Biometrica 20 A (1928), 175–240, 263–294; dies., On the Problem of the Most Efficient Tests of Statistical Hypotheses, Philos. Transact. Royal Soc. A 231 (1932/1933), 289–338; J. Pfanzagl, Parametric Statistical Theory, Berlin/New York 1994 (mit Bibliographie, 345–359); T. M. Porter, Statistical Methods, History of: Pre-1900, IESBS XXII (2001), 15037–15040; J. W. Pratt/J. D. Gibbons, Concepts of Nonparametric Theory, New York/Heidelberg/Berlin 1981; J.-W. Romeijn, Philosophy of Statistics, SEP 2014; L. Schmetterer, Einführung in die mathematische S., Wien 1956, erw. Wien/New York [2]1966 (engl. Introduction to Mathematical Statistics, Berlin/Heidelberg/New York 1974, 2012); T. Schweder, Statistical Methods, History of: Post-1900, IESBS XXII (2001), 15031–15037; S. Simmert, Probabilismus und Wahrheit. Eine historische und systematische Analyse zum Wahrscheinlichkeitsbegriff, Wiesbaden 2017; W. Stegmüller, Probleme und Resultate der Wissenschaftstheorie und Analytischen Philosophie IV/2 (Statistisches Schließen, Statistische Begründung, Statistische Analyse), Berlin/Heidelberg/New York 1973; S. M. Stigler, Statistics on the Table. The History of Statistical Concepts and Methods, Cambridge Mass./London 1999, 2002; J. M. Tanur, Statistics, IESS VIII (2008), 121–123; H. Witting, Mathematische S. I (Parametrische Verfahren bei festem Stichprobenumfang), Stuttgart 1985; J. Woodward, Statistics, REP IX (1998), 123–127. P. S.

Stegmüller, Wolfgang, *Mutters b. Innsbruck 3. Juni 1923, †München 1. Juni 1991, österr.-dt. Philosoph und Wissenschaftstheoretiker, Hauptvertreter des wissenschaftstheoretischen ›Strukturalismus‹ (↑Strukturalismus (philosophisch, wissenschaftstheoretisch)). 1941–1944 Studium zunächst der Nationalökonomie in Innsbruck (1945 Promotion), 1947 Promotion und 1949 Habilitation in Philosophie, 1949–1956 Lektor und 1956–1957 Titularprof. in Innsbruck, 1953/1954 Aufenthalt in Oxford, 1958–1990 o. Prof. für Philosophie in München. Nach ersten Arbeiten in der kontinentaleuropäischen Tradition verlagert sich S.s Arbeitsgebiet auf die Analytische Philosophie (↑Philosophie, analytische) und ↑Wissenschaftstheorie (↑Wissenschaftstheorie, analytische). Seine frühen Arbeiten tragen wesentlich dazu bei, diese auf den ↑Wiener Kreis zurückgehende und durch die Nationalsozialisten in das zumeist angelsächsische Ausland vertriebene philosophische Richtung wieder in Deutschland zu etablieren.

Im Bemühen um eine präzise, formalisierbare Philosophie und im Anschluß an R. Carnap und A. Tarski befaßt sich S. mit den Grundlagen der logischen Syntax (↑Syntax, logische) und Semantik (↑Semantik, logische) und bereitet die erkenntnistheoretisch wichtigen Unentscheidbarkeits- und Unvollständigkeitsresultate (↑unentscheidbar/Unentscheidbarkeit, ↑Unentscheidbarkeitssatz, ↑unvollständig/Unvollständigkeit, ↑Unvollständigkeitssatz) von A. Church und K. Gödel für die deutschsprachige philosophische Diskussion auf. Die Wissenschaftsphilosophie versteht S. – beeinflußt durch W. V. O. Quine – als untrennbar mit der ↑Sprachphilosophie verbunden. Mit seinem umfangreichen Werk »Probleme und Resultate der Wissenschaftstheorie und Analytischen Philosophie« (1969–1986) legt er eine kritische Bilanz der modernen Wissenschaftstheorie und ihrer Verbindung zur Analytischen Philosophie vor. Wie Carnap faßt es S. stets als die Aufgabe der Wissenschaftstheorie auf, Inhalt und Methode der tatsächlich vorliegenden Wissenschaften zu klären und rational zu rekonstruieren (↑Rekonstruktion); eine ↑normative Funktion der Erkenntnis- und Wissenschaftstheorie lehnt er ab.

Im Laufe der 1960er und 1970er Jahre entfernt sich S. von der ursprünglichen Carnapschen Konzeption, die als Mittel der Analyse allein syntaktische und semantische Bestimmungen einer formalisierten ↑Wissenschaftssprache zuließ (↑Analyse, logische). Sowohl in seinen Schriften zur wissenschaftlichen ↑Erklärung und Begründung und zum Induktionsproblem (↑Induktion) als auch in seiner Auffassung von der Struktur und Dynamik wissenschaftlicher Theorien (↑Theoriesprache, ↑Theoriendynamik) vollzieht S. eine ›pragmatische Wende‹. Über die von Quine so genannten ›zwei Dogmen des Empirismus‹ (↑Empirismus, logischer) – d. s. die scharfe Unterscheidung zwischen ↑analytischen und ↑synthetischen Aussagen und die Forderung nach Definierbarkeit (↑definierbar/Definierbarkeit) aller nicht-logischen Begriffe durch die ↑Beobachtungssprache – hinaus diagnostiziert und kritisiert S. vier weitere empiristische Dogmen: den Ausschluß von Normbegründungsproblemen aus dem Bereich des ↑kognitiv Sinnvollen (↑Sinnkriterium, empiristisches), die einseitige Orientierung der Wissenschaftstheorie an den Methoden der ↑Metamathematik, die Aussagenkonzeption wissenschaftlicher Theorien (*statement view*; ↑Theoriesprache) und den Methodenmonismus in der Bearbeitung der Probleme der Induktion und der Inkommensurabilität (↑inkommensurabel/Inkommensurabilität).

Der weitere Teil der philosophischen Arbeit S.s ist durch die Entwicklung des wissenschaftstheoretischen Strukturalismus (auch als ›non-statement view‹ bezeichnet; ↑non-statement-view) geprägt. Im Anschluß an Vorarbeiten von P. Suppes hatte J. Sneed 1971 eine neue, modelltheoretische Auffassung von wissenschaftlichen Theorien vorgeschlagen. S. baut diesen Ansatz zu einem umfassenden metawissenschaftlichen ↑Forschungsprogramm aus, das in Deutschland und anderen Teilen Europas bis heute einflußreich ist. S. liefert ferner eine Rekonstruktion der historisch aufgeklärten Wissenschaftsphilosophien von T. S. Kuhn und I. Lakatos in der Absicht, die Konzeptionen der normalen Wissenschaft (↑Wissenschaft, normale) und der wissenschaftlichen Revolution (↑Revolution, wissenschaftliche) vor einer vermeintlichen ›Rationalitätslücke‹ zu retten.

Werke: Subjektiver Wert und wirtschaftliche Lebensordnung, Diss. Innsbruck 1945; Erkenntnis und Sein in der modernen Ontologie, mit besonderer Berücksichtigung der Erkenntnismetaphysik Nicolai Hartmanns. Eine kritische Untersuchung, Diss. Innsbruck 1947; Hauptströmungen der Gegenwartsphilosophie. Eine historisch-kritische Einführung, Wien/Stuttgart, Zürich 1952, mit Untertitel: Eine kritische Einführung, Stuttgart ²1960, ⁴1969 (engl. Main Currents in Contemporary German, British, and American Philosophy, Bloomington Ind., Dordrecht 1969, 1970), I–IV, 1975–1989, I ⁷1989, II–III ⁸1987 (engl. Main Currents in Contemporary German, British, and American Philosophy, Dordrecht 1969, Bloomington Ind. 1970); Metaphysik – Wissenschaft – Skepsis, Frankfurt 1954, erw. unter dem Titel: Metaphysik – Skepsis – Wissenschaft, Berlin/Heidelberg/New York ²1969; Das Wahrheitsproblem und die Idee der Semantik. Eine Einführung in die Theorien von A. Tarski und R. Carnap, Wien 1957, ²1968, 1977; Unvollständigkeit und Unentscheidbarkeit. Die metamathematischen Resultate von Gödel, Church,

Kleene, Rosser und ihre erkenntnistheoretische Bedeutung, Wien/New York 1959, ³1973; Glauben, Wissen und Erkennen/ Das Universalienproblem einst und jetzt, Darmstadt 1965, ³1974; Der Phänomenalismus und seine Schwierigkeiten. Sprache und Logik, Darmstadt 1969 (repr. 1974); Probleme und Resultate der Wissenschaftstheorie und Analytischen Philosophie, I–IV (I Wissenschaftliche Erklärung und Begründung, 1969, erw. unter dem Titel: Erklärung – Begründung – Kausalität, ²1983 [auch als: Studienausg., I/A–I/G, 1983], II/1 Theorie und Erfahrung. Begriffsformen, Wissenschaftssprache, empirische Signifikanz und theoretische Begriffe, 1970 [auch als: Studienausg., II/A–II/C, 1970], verb. 1974, II/2 Theorie und Erfahrung. Theorienstrukturen und Theoriendynamik, 1973 [auch als: Studienausg., II/D–II/E, 1973] [engl. The Structure and Dynamics of Theories, New York/Heidelberg/Berlin 1976], ²1985, II/3 Theorie und Erfahrung. Die Entwicklung des neuen Strukturalismus seit 1973, 1986 [auch als: Studienausg., II/F–II/H, 1986], III [mit M. Varga v. Kibéd] Strukturtypen der Logik, 1984 [auch als: Studienausg., III/A–III/C, 1984], IV/1 Personelle und statistische Wahrscheinlichkeit. Personelle Wahrscheinlichkeit und rationale Entscheidung, 1973 [auch als: Studienausg., IV/A–IV/C, 1973], IV/2 Personelle und statistische Wahrscheinlichkeit. Statistisches Schließen, Statistische Begründung, Statistische Analyse, 1973 [auch als: Studienausg., IV/D–IV/E, 1973]), Berlin/Heidelberg/New York 1969–1986, auch als: Studienausgabe, I–IV (in 23 Teilbdn.), Berlin etc. 1970–1986; Aufsätze zur Wissenschaftstheorie, Darmstadt 1970 (repr. 1974, 1990); Aufsätze zu Kant und Wittgenstein, Darmstadt 1970 (repr. 1972, 1974); Das Problem der Induktion. Humes Herausforderung und moderne Antworten. Der sogenannte Zirkel des Verstehens, Darmstadt 1975 (repr. 1986, 1996); Collected Papers on Epistemology, Philosophy of Science and History of Philosophy, I–II, Dordrecht/Boston Mass. 1977; Rationale Rekonstruktion von Wissenschaft und ihrem Wandel. Mit einer autobiographischen Einleitung, Stuttgart 1979, 1986; The Structuralist View of Theories. A Possible Analogue of the Bourbaki Programme in Physical Science, Berlin/Heidelberg/ New York 1979; Neue Wege der Wissenschaftsphilosophie, Berlin/Heidelberg/New York 1980; Kripkes Deutung der Spätphilosophie Wittgensteins. Kommentarversuch über einen versuchten Kommentar, Stuttgart 1986. – A. W. Müller-Ponholzer, Verzeichnis der Schriften von W. S., Z. philos. Forsch. 45 (1991), 599–609; ders./E. Molz, Die Schriften von W. S., Erkenntnis 36 (1992), 13–21; Bibliographie der Schriften von W. S., Z. allg. Wiss.theorie 24 (1993), 187–196.

Literatur: G. Benetka, Der ›Fall‹ S., in: F. Stadler (ed.), Elemente moderner Wissenschaftstheorie. Zur Interaktion von Philosophie, Geschichte und Theorie der Wissenschaften, Wien/New York 2000, 123–176; C. Damböck, NDB XXV (2013), 116–117; W. Diederich, S. on the Structuralist Approach in the Philosophy of Science, Erkenntnis 17 (1982), 377–397; P. Feyerabend, Changing Patterns of Reconstruction, Brit. J. Philos. Sci. 28 (1977), 351–369; E. Finsterwalder, Der Rationalitätsbegriff bei W. S.. Eine exemplarische Untersuchung zum Verhältnis von Metaphysik und Wissenschaftstheorie, Diss. München 1994; C. G. Hempel, In Memoriam W. S., Erkenntnis 36 (1992), 5–6; ders./H. Putnam/W. K. Essler (eds.), Methodology, Epistemology, and Philosophy of Science. Essays in Honor of W. S. on the Occasion of his 60th Birthday, June 3rd 1983, Erkenntnis 19 (1983), 1–422, separat Dordrecht/Boston Mass. 1983 (Boston Stud. Philos. Sci. LXXXIV), 1985; P. Hinst, W. S.s wissenschaftlicher Werdegang, Erkenntnis 36 (1992), 7–12; E. Kaiser, Kritik der philosophischen Grundpositionen W. S.s, insbesondere seiner Haltung zum Problem der wissenschaftlichen Erkennbarkeit der Welt, Diss. Leipzig 1976; ders., Neopositivistische Philosophie im XX. Jahrhundert. W. S. und der bisherige Positivismus, Berlin (Ost) 1979; R. Kleinknecht, Nachruf auf W. S., Z. allg. Wiss.theorie 24 (1993), 1–16; C. U. Moulines, Le rôle de W. S. dans l'épistémologie allemande contemporaine, Arch. philos. 50 (1987), 3–22; ders., S., in: J. Nida-Rümelin (ed.), Philosophie der Gegenwart in Einzeldarstellungen. Von Adorno bis v. Wright, Stuttgart 1991, 578–581, ²1999, 714–717, ed. mit E. Özmen, ³2007, 636–639; D. Pearce, S. on Kuhn and Incommensurability, Brit. J. Philos. Sci. 33 (1982), 389–396, separat London 1982; K. Puhl, S., in: S. Brown/D. Collinson/R. Wilkinson (eds.), Biographical Dictionary of Twentieth-Century Philosophers, London/New York 1996, 748–749; F. Stadler (ed.), Vertreibung, Transformation und Rückkehr der Wissenschaftstheorie. Am Beispiel von Rudolf Carnap und W. S., Wien/Berlin/Münster 2010. – S., in: B. Jahn (ed.), Biographische Enzyklopädie deutschsprachiger Philosophen, München 2001, 403–404; Diskussion. W. S.s Erbe(n), Ein Gespräch zwischen Franz v. Kutschera, Carlos Ulises Moulines, Wolfgang Spohn und Hans Rott, Information Philos. 23 (2004), H. 1, 110–115. H. R.

Stein, Edith, *Breslau 12. Okt. 1891, †KZ Auschwitz 9. Aug. 1942, dt. Philosophin und Karmeliterin (Ordensname Teresia Benedicta a Cruce), Tochter eines jüdischen Kaufmanns. Ab 1911 Studium der Philosophie, Psychologie, Germanistik und Geschichte in Breslau, ab 1913 der Philosophie bei E. Husserl in Göttingen, 1916 Promotion bei Husserl in Freiburg, bis 1918 dessen Assistentin ebendort. 1919 Habilitationsvorhaben, das an den noch fehlenden Zulassungsbestimmungen für Frauen scheiterte. Die Habilitationsschrift erschien 1922; im selben Jahr Konversion zum Katholizismus. 1922–1931 Lehrerin am Dominikanerkloster in Speyer, 1932 Dozentin am Institut für wissenschaftliche Pädagogik in Münster, 1933 Eintritt in den Karmeliterinnenorden (bis 1938 im Karmel zu Köln, dann Flucht nach Echt in Holland), 1942 Deportation und Ermordung.

S.s Beschäftigung mit der ↑Neuscholastik und Thomas von Aquin führt zunächst zu einer Gegenüberstellung der Husserlschen ↑Phänomenologie und der Philosophie Thomas von Aquins (1929), zu einer Übersetzung von »De veritate« (Des hl. Thomas von Aquino Untersuchungen über die Wahrheit/Quaestiones disputatae de veritate, Werke III–IV, 1952/1955) und schließlich in ihrem postum herausgegebenen Hauptwerk »Endliches und ewiges Sein. Versuche eines Aufstiegs zum Sinn des Seins« (Werke II, 1950, ³1986) zu einem weitgehend an Thomas von Aquin orientierten Versuch, die phänomenologische Analyse der Welt- und Selbsterfahrung zum Ausgangspunkt der – im Rahmen der neuthomistischen (↑Neuthomismus) Terminologie betriebenen – Suche nach dem sinngebenden göttlichen Grund (dem ›ewigen Sein‹) des Lebens (des ›endlichen Seins‹) zu nehmen.

Werke: Werke, I–XVI, I–IX, ed. L. Gelber/R. Leuven, Louvain/Freiburg 1950–1977, X, ed. R. Leuven, Freiburg/Basel/Wien 1983, XI–XVII, ed. L. Gelber/M. Linssen, Freiburg/Basel/Wien 1987–1994; Gesamtausgabe, I–XXVII, Freiburg/Basel/Wien 2000–2014. – Zum Problem der Einfühlung (Diss.), Halle 1917, München 1980, ferner als: Gesamtausg. [s. o.] V (franz. Le problème de l'empathie, Paris/Toulouse 2012); Beiträge zur philosophischen Begründung der Psychologie und der Geisteswissenschaften, Jb. Philos. phänomen. Forsch. 5 (1922), 1–283; Eine Untersuchung über den Staat, Jb. Philos. phänomen. Forsch. 7 (1925), 1–123; [Übers.] Des Hl. Thomas von Aquino Untersuchungen über die Wahrheit, I–III, Breslau 1931–1934, ferner als: Gesamtausg. [s. o.] XIII/XIV; Briefauslese 1917–1942. Mit einem Dokumentenanhang zu ihrem Tode, ed. Kloster der Karmeliterinnen ›Maria vom Frieden‹, Köln/Freiburg/Wien 1967.

Literatur: K. Albert, Philosophie im Schatten von Auschwitz. E. S. – Theodor Lessing – Walter Benjamin – Paul Ludwig Landsberg, Dettelbach 1994; E. Avé-Lallemant, S., in: J. Nida-Rümelin (ed.), Philosophie der Gegenwart in Einzeldarstellungen. Von Adorno bis v. Wright, Stuttgart 1991, 581–584, ²1999, 717–720; L. Börsig-Hover (ed.), Ein Leben für die Wahrheit. Zur geistigen Gestalt E. S.s, Fridingen 1991; E. Endres, E. S.. Christliche Philosophin und jüdische Märtyrerin, München/Zürich 1987, 1999; R. v. Fetz/E. W. Orth, Studien zur Philosophie von E. S.. Internationales E.-S. Symposion Eichstätt 1991, Freiburg/München 1993; H.-B. Gerl, Unerbittliches Licht. E. S. – Philosophie, Mystik, Leben, Mainz 1991, 1999; dies., S., Enc. Ph. IX (²2006), 239–241; W. Herbstrith, Das wahre Gesicht E. S.s. Eine Biographie, Bergen-Enkheim 1971, Aschaffenburg ⁶1987 (engl. E. S.. A Biography, San Francisco Calif. 1985, 1992; franz. Le vrai visage d'E. S., Paris 1990, 2005); dies. (ed.), E. S.. Ein Lebensbild in Zeugnissen und Selbstzeugnissen, Freiburg/Basel/Wien 1983, Mainz 1993, 2013; dies. (ed.), Denken im Dialog. Zur Philosophie E. S.s, Tübingen 1991; dies., E. S.. Jüdin und Christin, München 1995, 1998; U. Hillmann (ed.), Apropos E. S.. Mit einem Essay von U. Hillmann, Frankfurt 1995; M. Knaup/H. Seubert (eds.), E. S.-Lexikon, Freiburg/Basel/Wien 2017; B. W. Imhof, E. S.s philosophische Entwicklung I (Leben und Werk), Basel/Boston Mass./Stuttgart 1987, Basel 2014; W. v. Kloeden, S., BBKL XV (1999), 1318–1340; J. Machnacz/M. Małek-Orłowska/K. Serafin (eds.), The Hat and the Veil. The Phenomenology of E. S./Hut und Schleier. Die Phänomenologie E. S.s, Nordhausen 2016; I. Moossen, Das unselige Leben der ›seligen‹ E. S.. Eine dokumentarische Biographie, Frankfurt 1987; A. U. Müller, Grundzüge der Religionsphilosophie E. S.s, Freiburg/München 1993; E. Otto, Welt, Person, Gott. Eine Untersuchung zur theologischen Grundlage der Mystik bei E. S., Vallendar-Schönstatt 1990; P. Schulz, E. S.s Theorie der Person. Von der Bewußtseinsphilosophie zur Geistmetaphysik, Freiburg/München 1994; P. Secretan, Erkenntnis und Aufstieg. Einführung in die Philosophie von E. S., Innsbruck/Wien, Würzburg 1992; J. Spurgeon-Taylor, S., TRE XXXII (2001), 127–130; P. Volek (ed.), Husserl und Thomas von Aquin bei E. S., Nordhausen 2016; R. Wimmer, Vier jüdische Philosophinnen. Rosa Luxemburg, Simone Weil, E. S., Hannah Arendt, Tübingen 1990, 1995, 169–236. – E. S. Jb. 1 (2004ff.). O. S.

Stein, Lorenz von, *Eckernförde 15. Nov. 1815, †Weidlingau b. Wien 23. Sept. 1890, dt. Sozialphilosoph und Staatstheoretiker. 1835–1840 philosophische und rechtswissenschaftliche Studien in Kiel und Jena, 1840 Promotion, 1841–1843 Aufenthalt in Paris, wo L. v. S. die Geschichte der sozialen Bewegungen in Frankreich untersucht und persönlich mit Führern des Sozialismus zusammentrifft. 1843 Rückkehr nach Kiel, Vorlesungen über Rechtsgeschichte, Staatsrecht und Rechtsphilosophie, daneben journalistische Tätigkeit für verschiedene Zeitungen. Eine a. o. Professur an der Universität Kiel wurde ihm 1852 wegen seines Eintretens für die Unabhängigkeit Schleswigs durch die dänische Regierung entzogen; eine Berufung an die Universität Würzburg mußte nach Einspruch der preußischen Regierung rückgängig gemacht werden. 1855–1888 o. Prof. an der Universität Wien.

Im Anschluß an G. W. F. Hegel definiert L. v. S. den ↑Staat als zur Persönlichkeit erhobene ↑Gemeinschaft. Dem abstrakten Staat steht der wirkliche Staat gegenüber, dessen Organe durch Individuen gebildet werden, die in der ↑Gesellschaft stehen. Die in einer Gesellschaft jeweils herrschende Klasse (↑Klasse (sozialwissenschaftlich)) unterwirft sich notwendig die Staatsgewalt, die in der Durchsetzung des gesellschaftlichen Rechts partikulare ↑Interessen dieser Klasse vertritt. Es besteht daher ein steter Widerspruch zwischen der Idee und der Wirklichkeit des Staates. Der Idee nach ist der Staat das Prinzip der Gleichheit (↑Gleichheit (sozial)) und der ↑Freiheit; das natürliche Prinzip der Gesellschaft ist jedoch die Trennung der herrschenden und der abhängigen Klasse und damit die Bewegung zur Unfreiheit. Im Gegensatz zu Aufruhr und Aufstand ist die politische Revolution (↑Revolution (sozial)) die Erhebung der noch abhängigen, aber schon besitzenden Klasse gegen eine ihr die politischen Rechte verweigernde Verfassung. Die Revolution kann durch soziale Reform verhindert werden. Die Zukunft der Industrienationen sieht L. v. S., der ↑Kommunismus und Sozialismus als in sich widersprüchlich und unrealisierbar betrachtet, in einem Staatskapitalismus. Die soziale Frage soll durch soziale Reformen gelöst werden, deren Entwurf zu erarbeiten L. v. S. als Aufgabe der Gesellschaftswissenschaft betrachtet. Erfolglos sucht er die Einheit der Fragestellung der klassischen politischen Disziplinen Ethik, Politik und Ökonomie in der ›Gesamten Staatswissenschaft‹ zu erhalten.

Werke: Die Geschichte des dänischen Civilprocesses und das heutige Verfahren. Als Beitrag zu einer vergleichenden Rechtswissenschaft, Kiel 1841; Der Socialismus und Communismus des heutigen Frankreichs. Ein Beitrag zur Zeitgeschichte, Leipzig 1842, I–II, ²1848, unter dem Titel: Proletariat und Gesellschaft, ed. M. Hahn, München 1971; Die Municipalverfassung Frankreichs, Leipzig 1843 (franz. De la constitution de la commune en France, Brüssel/Gent/Leipzig 1859, 1864); Geschichte des französischen Strafrechts und des Processes, Basel 1846, ²1875, Aalen 1968; Einleitung in das ständische Recht der Herzogthümer Schleswig und Holstein, Kiel 1847; La question du Schleswig-Holstein, Paris 1848 (dt. Die Schleswig-Holstein-Frage, ed. Vorstand des L.-v.-S.-Instituts für Verwaltungswiss. an der Christian-Albrechts-Universität zu Kiel, Kiel 1986); Die socialistischen und communistischen Bewegungen seit der dritten französischen Revolution. Anhang zu S.s Socialismus und Com-

munismus des heutigen Frankreichs, Leipzig/Wien 1848; Geschichte der socialen Bewegungen in Frankreich von 1789 bis auf unsere Tage, I–III, Leipzig 1850, ²1855, ed. G. Salomon, München 1921 (repr. Darmstadt 1959, 1972) (engl. [gekürzt] The History of the Social Movement in France, 1789–1850, ed. K. Mengelberg, Totowa N. J. 1964; franz. [stark gekürzt] Le concept de société, Grenoble 2002), Vorwort separat erschienen unter dem Titel: Staat und Gesellschaft, ed. H. Aschenbrenner, Zürich/Leipzig/Stuttgart 1934; System der Staatswissenschaft, I–II, Stuttgart/Tübingen/Augsburg 1852/1856, Osnabrück 1964, [Auszüge] in: Begriff und Wesen der Gesellschaft, ed. K. G. Specht, Köln, Wiesbaden 1956; Lehrbuch der Volkswirthschaft. Zum Gebrauche für Vorlesungen und das Selbststudium, Wien 1858, stark bearb. unter dem Titel: Die Volkswirthschaftslehre, ²1878, stark bearb. unter dem Titel: Lehrbuch der Nationalökonomie, ³1887; Lehrbuch der Finanzwissenschaft. Als Grundlage für Vorlesungen und Selbststudium, Leipzig 1860 (repr. Düsseldorf 1998), unter dem Titel: Lehrbuch der Finanzwissenschaft. Als Grundlage für Vorlesungen und Selbststudium mit Vergleichung der Finanzsysteme und Finanzgesetze von England, Frankreich und Deutschland, ²1871, unter dem Titel: Lehrbuch der Finanzwissenschaft. Als Grundlage für Vorlesungen und Selbststudium mit Vergleichung der Finanzsysteme und Finanzgesetze von England, Frankreich, Deutschland, Oesterreich und Rußland, ³1875, unter dem Titel: Lehrbuch der Finanzwissenschaft für Staats- und Selbstverwaltung. Mit Vergleichung der Literatur und der Finanzgesetzgebung von England, Frankreich, Deutschland, Oesterreich, Russland und Italien, I–II, ⁴1878, unter dem Titel: Lehrbuch der Finanzwissenschaft. Die Finanzverwaltung Europas. Mit specieller Vergleichung Englands, Frankreichs, Deutschlands, Oesterreichs, Italiens, Rußlands und anderer Länder, ⁵1885/1886 (repr. Hildesheim/New York 1975); Die Verwaltungslehre, I–VIII, Stuttgart 1865–1884 (repr. Bde II, IV, VII–VIII, Aalen 1962, 1975); I rev. ²1869 (repr. Aalen 1962, 1975), III ²1882 (repr. Aalen 1962, 1975), V–VI ²1883 (repr. Aalen 1962, 1975); Handbuch der Verwaltungslehre und des Verwaltungsrechts mit Vergleichung der Literatur und Gesetzgebung von Frankreich, England und Deutschland. Als Grundlage für Vorlesungen, Stuttgart 1870, rev. unter dem Titel: Handbuch der Verwaltungslehre mit Vergleichung der Literatur und Gesetzgebung von Frankreich, England, Deutschland und Oesterreich, Stuttgart ²1876, unter dem Titel: Handbuch der Verwaltungslehre, I–III, ³1887–1888, [Auszüge] unter dem Titel: Verwaltungslehre und Verwaltungsrecht, Frankfurt 1943, ²1958, ed. U. Schliesky, Tübingen 2010 [nach d. Ausg. 1870]; Die Lehre vom Heerwesen. Als Theil der Staatswissenschaft, Stuttgart 1872, Osnabrück 1967 [mit einem Vorwort von E.-W. Böckenförde]; Lehrfreiheit, Wissenschaft und Collegiengeld, Wien 1875; Die Frau auf dem Gebiete der Nationalökonomie. Nach einem Vortrage in der Lesehalle der deutschen Studenten in Wien, Stuttgart 1875, ⁶1886, 1996 [Nachdr. der Ausg. ²1875]; Gegenwart und Zukunft der Rechts- und Staatswissenschaft Deutschlands, Stuttgart 1876, Aalen 1970, ferner in: Gesellschaft – Staat – Recht [s. u.], 147–494; Die Entwicklung der Staatswissenschaft bei den Griechen, Wien 1879; Die Frau auf dem socialen Gebiete, Stuttgart 1880; Die staatswissenschaftliche und die landwirthschaftliche Bildung, Breslau 1880; Der Wucher und sein Recht. Ein Beitrag zum wirthschaftlichen und rechtlichen Leben unserer Zeit, Wien 1880; Die drei Fragen des Grundbesitzes und seiner Zukunft. Die irische, die continentale und die transatlantische Frage, Stuttgart 1881; Die Landwirthschaft in der Verwaltung und das Princip der Rechtsbildung des Grundbesitzes. Drei Vorträge, Wien 1883; Gesellschaft – Staat – Recht, ed. E. Forsthoff, Frankfurt/Berlin

1972 [mit Beiträgen von D. Blasius, E.-W. Böckenförde und E. R. Huber]; Schriften zum Sozialismus 1848, 1852, 1854, Darmstadt 1974; Das gesellschaftliche Labyrinth. Texte zur Gesellschafts- und Staatstheorie, ed. K. H. Fischer, Schutterwald 1992; L. v. S.s »Bemerkungen über Verfassung und Verwaltung« von 1889 zu den Verfassungsarbeiten in Japan, ed. W. Brauneder/K. Nishiyama, Frankfurt etc. 1992.

Literatur: G. Bensussau, S., Enc. philos. universelle III/1 (1992), 2134; D. Blasius, L. v. S., in: H.-U. Wehler (ed.), Deutsche Historiker I, Göttingen 1971, 25–38; ders., L. v. S.. Deutsche Gelehrtenpolitik in der Habsburger Monarchie, Kiel 2007; ders./E. Pankoke, L. v. S.. Geschichts- und gesellschaftswissenschaftliche Perspektiven, Darmstadt 1977; E.-W. Böckenförde, L. v. S. als Theoretiker der Bewegung von Staat und Gesellschaft zum Sozialstaat, in: A. Bergengruen/L. Deike (eds.), Alteuropa und die moderne Gesellschaft. Festschrift für Otto Brunner, Göttingen 1963, 248–277, Neudr. in: ders., Staat, Gesellschaft, Freiheit. Studien zur Staatstheorie und zum Verfassungsrecht, Frankfurt 1976, 146–184 (engl. L. v. S. as Theorist of the Movement of State and Society towards the Welfare State, in: ders., State, Society and Liberty. Studies in Political Theory and Constitutional Law, New York/Oxford 1991, 115–145); C. Brüning/U. Schliesky (eds.), L. v. S. und die rechtliche Regelung der Wirklichkeit, Tübingen 2015; M. Hahn, Bürgerlicher Optimismus im Niedergang. Studien zu L. S. und Hegel, München 1969; E. R. Huber, Nationalstaat und Verfassungsstaat. Studien zur Geschichte der modernen Staatsidee, Stuttgart 1965, 127–143 (L. v. S. und die Grundlegung der Idee des Sozialstaates); S. Koslowski, Die Geburt des Sozialstaats aus dem Geist des Deutschen Idealismus. Person und Gemeinschaft bei L. v. S., Weinheim 1989; ders., Zur Philosophie von Wirtschaft und Recht. L. v. S. im Spannungsfeld zwischen Idealismus, Historismus und Positivismus, Berlin 2005; ders., S., NDB XXV (2013), 154–156; ders. (ed.), L. v. S. und der Sozialstaat, Baden-Baden 2014; M. Löbig, Persönlichkeit, Gesellschaft und Staat. Idealistische Voraussetzungen der Theorie L. v. S.s, Würzburg 2004, 2004; E.-M. Parthe, S., in: S. Gosepath/W. Hinsch/B. Rössler (eds.), Handbuch der politischen Philosophie und Sozialphilosophie II, Berlin 2008, 1280–1281; U. Schliesky/J. Schlürmann, L. v. S.. Leben und Werk zwischen Borby und Wien, Kiel 2015; W. Schmidt, L. v. S.. Ein Beitrag zur Biographie, zur Geschichte Schleswig-Holsteins und zur Geistesgeschichte des 19. Jahrhunderts, Eckernförde 1956; R. Schnur (ed.), Staat und Gesellschaft. Studien über L. v. S., Berlin 1978; H. Taschke, L. v. S.s nachgelassene staatsrechtliche und rechtsphilosophische Vorlesungsmanuskripte. Zugleich ein Beitrag zu seiner Biographie und seinem Persönlichkeitsbegriff, Heidelberg 1985; C. Tietje, Die Internationalität des Verwaltungsstaates. Vom internationalen Verwaltungsrecht des L. v. S. zum heutigen internationalisierten Verwaltungshandeln, Kiel 2001, 2002; G. Wacke, L. S. als Begründer des Verwaltungsrechts, Z. f. d. gesamte Staatswiss. 102 (1942), 259–270.   H. R. G.

Stein der Weisen (griech. *λίθος τῶν Σοφῶν* erst in der Spätantike, wohl als Übersetzung von lat. ›lapis philosophorum‹; engl. the philosophers' stone, franz. la pierre des philosophes), in der Tradition der ↑Alchemie Bezeichnung für eine Substanz, die in der Endphase eines erfolgreichen alchemistischen Prozesses entsteht und (gemäß dessen naturalistischer Deutung) unedle Metalle wie Quecksilber, Kupfer oder Blei in edle Metalle wie Silber oder Gold verwandeln kann. Der verflüssigten

und verdünnten Form dieser Substanz als ›Elixier‹ (von arab. al-iksīr, wohl aus griech. *ξήριον*, Streupulver) wurde eine lebenserhaltende oder verjüngende Wirkung (als ›Lebenselixier‹, *aurum potabile*) und die eines Allheilmittels gegen Krankheiten (›Panazee‹) zugeschrieben. Bei spiritualistischer (↑Spiritualismus) Deutung des alchemistischen Prozesses kennzeichnet die Bereitung des S.s d. W. die entscheidende Phase der ↑Transmutation des gewöhnlichen Leibes des Adepten in einen feinstofflichen, ›verklärten‹ Leib; bei der psychoanalytischen (↑Psychoanalyse) Deutung (C. G. Jung, H. Silberer) ist er ein Symbol des ↑Selbst.

Auch bei den beiden letztgenannten, allegorischen (↑Allegorie) Beschreibungen hat der alchemistische Prozeß – von Varianten bei einzelnen Autoren abgesehen – die gleiche Struktur wie bei der technisch-operativen Beschreibung. Nach der Auflösung (dissolutio) der zu veredelnden Ausgangssubstanz (materia cruda) in den Urzustand einer ›materia prima‹ (die die Grundlage des ›lapis‹ bildet und in der Farbensymbolik als ›Schwärze‹, emblematisch durch den Raben wiedergegeben wird) führt deren ›Putrefaktion‹ und Aufschließung über ein vielfältiges Farbenspiel (›Regenbogen‹, *cauda pavonis*, d. i. ›Pfauenschwanz‹, in den frühen Schriften auch die ›Gelbwerdung‹, *citrinitas*) zu einer weißen und einer roten Substanz (*albedo* bzw. *rubedo*). In den einschlägigen allegorischen Texten werden diese als weißer und roter Stein, weiße und rote Lilie, weiße und rote Tinktur, weißer Schwan und roter Löwe, Mond und Sonne, Weib und Mann oder auch als ›kleines‹ und ›großes‹ Elixier bezeichnet. Die rote (End-)Substanz heißt auch ›feuriger Salamander‹, ›König‹ oder S. d. W.; ihre ›Projektion‹, d. h. das Aufwerfen auf das zu verwandelnde geschmolzene unedle Metall, soll dann dessen Transmutation in ein edles Metall, üblicherweise Gold, bewirken.

Die Bezeichnung des S.s d. W. als ›*λίθος ὁ οὐ λίθος*‹ bei Zosimos von Panopolis (3./4. Jh. n. Chr.) zeigt den bewußt enigmatisch-kryptischen Charakter alchemistischer Namengebungen. Jedoch bot sich die verbreitete alchemistische Terminologie auch für handfestere Allegorien an, wenn etwa im christlichen Zweig der ↑Theosophie zur Veranschaulichung christlicher Erlösungsvorstellungen der ›irdische Stein‹ mit dem mystischen Christus gleichgesetzt wird, den jeder in sich kreuzigen und auferstehen lassen müsse, der ›himmlische Stein‹ dagegen mit dem wirklichen Christus als dem Symbol der ewigen Seligkeit (vgl. Jung 1972, 395–491 [V Die Lapis-Christus-Parallele]). Ebenso wird in der Symbolik der ↑Rosenkreuzer und der späteren Freimaurer der menschliche Leib wie ein roher Stein betrachtet, der durch Bearbeitung (vgl. die ›Putrefaktion‹ der Alchemisten) zur Vollkommenheit einer kubischen Form gebracht werden muß. Diesem Bild entsprechend wird der

Abb.: Allgegenwart des S.es d. W., Kupferstich aus: M. Maier, Atalanta fugiens, Oppenheim 1618 (repr., ed. L. H. Wüthrich, Kassel 1964), 153.

S. d. W. in der Würfelform der Kristalle des Steinsalzes dargestellt (Abb.).

Während die alchemistische Tradition die Einwirkung einer aktiven Imagination auf den chemischen Transmutationsprozeß ebenso angenommen zu haben scheint wie das Gelingen des letzteren als Kriterium des erfolgreichen Selbstverwandlungsprozesses des Adepten, erhält mit dem Verdikt der Unwissenschaftlichkeit solcher Vorstellungen durch die im 17. Jh. zur Vorherrschaft gelangende wissenschaftliche Chemie auch die Bezeichnung ›S. d. W.‹ einen nicht mehr nur metaphorischen, sondern deutlich pejorativen Sinn: ›den S. d. W. suchen‹ heißt jetzt, ironisch oder abschätzig gemeint, soviel wie ›etwas Unmögliches (ver-)suchen‹, und daß jemand ›den S. d. W. gefunden‹ habe, will sagen, daß er bar jeder Vernunft wähne, die Lösung eines in Wahrheit unlösbaren Problems gefunden zu haben.

Texte: (anonym) Aureus Tractatus de philosophicorum lapide, in: Musaeum hermeticum, reformatum et amplificatum [...], Frankfurt 1678 (repr. Graz 1970), 1–52; Basilius Valentinus, Ein kurtz summarischer Tractat [...] von dem grossen Stein der Uralten [...], Eisleben 1599, 1602, unter dem Titel: Von dem großen Stein der uhralten Weisen [...]. Neben angehängten Tractätlein, Straßburg 1651, 1711, unter dem Titel: Letztes Testament, darinnen die Geheime Bücher vom grossen Stein der uralten Weisen, und anderen verborgenen Geheimnüssen der Natur [...], Straßburg, Frankfurt/Leipzig 1712; ders., De magno lapide antiquorum sapientum, in: Musaeum hermeticum, reformatum et amplificatum [s. o.], 377–431; W. Bein, Der S. d. W. und die Kunst Gold zu machen. Irrtum und Erkenntnis in der Wandlung der Elemente, mitgeteilt nach den Quellen der Vergangenheit und Gegenwart, Leipzig o. J. [1915]; Geheime Figuren der Rosenkreuzer aus dem 16ten und 17ten Jahrhundert. Aus einem alten Mscpt. zum erstenmal ans Licht gestellt, I–III, Altona 1785–1788 (repr. [Bde

I–II] Berlin 1919, 2006), bes. II (Ein güldener Tractat vom Philosophischen Steine [...]); A. Libavius, De lapide philosophorum [...], in: ders., Commentariorum alchemiae II, Frankfurt 1606, 49–85; Paracelsus, Manuale de lapide philosophico medicinali, in: ders., Bücher und Schriften VI, ed. J. Huser, Basel 1590 (repr. [Bde VI–VII] als: Bücher und Schriften III, Hildesheim/New York 1972), 421–440; ders., Decem libri Archidoxis Theophrasti Germani Philosophi, dicti Paracelsi Magni, De mysteriis naturae, in: ders., Bücher und Schriften [s. o.] VI, 1–98, bes. 48–51 (Vom Arcano lapidis philosophorum); F. Roth-Scholtz (ed.), Deutsches Chemicum, auf welchem der berühmtesten Philosophen und Alchymisten Schrifften, die von dem S. d. W., von Verwandlung der schlechten Metalle in bessere, von Kräutern, von Thieren [...] und von anderen großen Geheimnüssen der Natur handeln, I–III, Nürnberg 1728–1732 (repr. Hildesheim/New York 1976); Synesios Abbas [Alchimista], Περὶ τοῦ λίθου τῶν Σοφῶν, Handschr. Stb Wien (dt. Das wahrhafte Buch des gelehrten Griechischen Abts Synesii, Vom S. d. W., in: N. Flamel, Chymische Werke, Hamburg 1681, 89–110, Wien 1751, 89–108); L. Zetzner (ed.), Theatrum Chemicum, praecipuos selectorum auctorum tractatus de chemia et lapidis philosophici antiquitate, veritate, jure, praestantia, et operationibus, continens in gratiam verae chemiae, et medicinae chemicae studiosorum [...], I–IV, Ursel 1602, I–V, Straßburg 1613–1622, I–VI, 1659–1661 (repr. Turin 1981); Zosimos Alchemista, ΖΩΣΙΜΟΥ ΤΟΥ ΘΕΙΟΥ ΠΕΡΙ ΑΡΕΤΗΣ, in: Collection des anciens Alchimistes Grecs, texte et traduction, I–III, ed. M. Berthelot, Paris 1887–1888 (repr. Osnabrück 1967), II, 107–252.

Literatur: G. F. Hartlaub, Der S. d. W.. Wesen und Bildwelt der Alchemie, München 1959; C. G. Jung, Psychologie und Alchemie, Zürich 1944, ²1952, Olten/Freiburg 1972 (= Ges. Werke XII), Ostfildern 2011; H. Kopp, Die Alchemie in älterer und neuerer Zeit. Ein Beitrag zur Kulturgeschichte, I–II, Heidelberg 1886 (repr., in 1 Bd., Hildesheim 1962, 1971); K. C. Schmieder, Geschichte der Alchemie, Halle 1832 (repr., ed. F. Strunz, München-Planegg 1927, Ulm 1959, Langen 1997), unter dem Titel: Schmieders Gesamtausgabe der Geschichte der Alchemie. Personen – Lehren – Verfahren – Quellen – Schriften, Leipzig 2009; H.-W. Schütt, Auf der Suche nach dem S. d. W.. Geschichte der Alchemie, München 2000; H. Silberer, Probleme der Mystik und ihrer Symbolik, Wien 1914 (repr. Darmstadt 1961, Langen 1987), Gaggenau 2016 (engl. Problems of Mysticism and Its Symbolism, New York 1917 [repr. unter dem Titel: Hidden Symbols of Alchemy and the Occult Arts, New York 1971], 1970).   C. T.

Steiner, Rudolf Joseph Lorenz, *Kraljevec (Österr.-Ungarn, heute Kraljevica, Kroatien) 25. Feb. 1861, Tauftag 27. Feb. 1861, †Dornach (b. Basel) 30. März 1925, Begründer der ↑Anthroposophie. 1879–1883 Studium der Mathematik, Physik, Botanik, Zoologie und Chemie an der TH Wien, wo S. auch Deutsche Literatur bei K. J. Schröer sowie Philosophie bei R. Zimmermann und F. Brentano hört, 1882 Herausgeber der naturwissenschaftlichen Schriften J. W. v. Goethes (mit Ausnahme der Farbenlehre und der Schriften zur Osteologie) in J. Kürschners »Deutsche Nationalliteratur« und (als ständiger Mitarbeiter am Goethe- und Schiller-Archiv in Weimar 1890–1896) in der Sophienausgabe. 1891 Promotion in Rostock (Die Grundfrage der Erkenntnistheorie mit besonderer Rücksicht auf Fichtes Wissenschaftslehre, unter dem Titel: Wahrheit und Wissenschaft. Vorspiel zu einer Philosophie der Freiheit, 1892). 1899–1904 Lehrer an der Berliner Arbeiter-Bildungsschule. 1902 schließt sich S. der Theosophischen Gesellschaft an und begründet deren deutsche Sektion. Nach Proklamation des indischen Knaben Krishnamurti zur Reinkarnation Christi durch die Theosophin A. Besant 1913 Trennung von der Theosophischen Gesellschaft und Gründung der Anthroposophischen Gesellschaft. 1913/1914 Bau des ersten Dornacher ›Goetheanums‹ als Bühne für S.s Mysteriendramen und zugleich als Zentrum der Anthroposophischen Gesellschaft. 1919 Eröffnung der ersten Waldorf-Schule in Stuttgart, 1922, mit F. Rittelmeyer, Begründung der ›Urgemeinde der Christengemeinschaft‹. Nach der Vernichtung des ersten Goetheanums durch Brandstiftung in der Silvesternacht 1922/1923 Entwurf und 1924 Baubeginn des neuen, von S. als Eisenbetonbau mit neuen architektonischen Formen gestalteten Goetheanums als »Hochschule für Geisteswissenschaft« (Vollendung des Baues 1928/1929).

Durch umfangreiche Lehr-, Vortrags- und Publikationstätigkeit übte S. einen weitreichenden Einfluß auf das allgemeine Kulturleben aus. Bis heute wirken in seinem Sinne die Anthroposophische Gesellschaft, die Waldorfschulbewegung (mit derzeit ca. 1000 Schulen weltweit, davon ca. 230 in Deutschland), Institute für heilpädagogische Therapieformen auf anthroposophischer Grundlage (unter anderem das ›Klinisch-Therapeutische‹ Institut in Arlesheim/Schweiz) sowie Forschungs- und Produktionsstätten für pharmazeutische (Weleda, Wala) und (nach von S. entwickelten ›biologisch-dynamischen‹ Methoden gewonnene) land- und gartenwirtschaftliche Erzeugnisse. Auf Dauer weniger einflußreich war die von S. nach dem 1. Weltkrieg zur Lösung der sozialen Fragen ins Leben gerufene ›Bewegung für Dreigliederung des sozialen Organismus‹ mit dem Programm einer Entflechtung von Geistesleben, Staat und Wirtschaft (als ›Freiheit im Geiste, Gleichheit vor dem Recht, Brüderlichkeit in der Wirtschaft‹). An anthroposophischen Schulen und Bildungsstätten wird weiterhin die ›Eur(h)ythmie‹ gepflegt, eine eigentümliche Schöpfung S.s mit dem Ziel einer ganzheitlichen Verbindung von Sprache, Musik und Bewegung, durch die die Bewegungskunst zugleich eine ›Bewußtseinskunst‹ werden soll.

Werke: R. S. Gesamtausgabe, ed. R. S.-Archiv, Dornach 1956ff. (auf 354 Bde geplant, bis 2017 erschienen: 340 Bde); Schriften. Kritische Ausgabe, ed. C. Clement, Stuttgart-Bad Cannstatt 2013ff. (erschienen: II, V–VIII). – (ed.) Goethes Werke XXXIII–XXXVI (Naturwissenschaftliche Schriften), Berlin/Stuttgart o. J. (Deutsche National-Litteratur, ed. J. Kürschner, CXIV–CXVII) (repr. Tokio 1974, Dornach 1975) (die Einleitungen auch separat unter dem Titel: Goethes naturwissenschaftliche Schriften, Dornach 1926 [= Gesamtausg. I], unter dem Titel: Einleitungen zu

Goethes naturwissenschaftlichen Schriften, Zugleich eine Grundlegung der Geisteswissenschaft (Anthroposophie), ed. P. G. Bellmann, ⁴1987 [engl. Goethe the Scientist, New York 1950, unter dem Titel: Nature's Open Secret. Introductions to Goethe's Scientific Writings, Hudson N. Y./Great Barrington Mass. 2000; franz. Goethe, le Galilée de la science du vivant. Introductions aux œuvres scientifiques de Goethe, Montesson 2002]); Grundlinien einer Erkenntnistheorie der Goetheschen Weltanschauung mit besonderer Rücksicht auf Schiller. Zugleich eine Zugabe zu ›Goethes naturwissenschaftlichen Schriften‹, in Kürschners Deutscher National-Litteratur, Berlin/Stuttgart 1886, Dornach ⁷1979 (= Gesamtausg. II), Basel ⁵2011 (franz. Une théorie de la connaissance chez Goethe, Genf 1985; engl. The Science of Knowing. Outline of an Epistemology Implicit in the Goethean World View. With Particular Reference to Schiller, Spring Valley N. Y. 1988; (ed.) Goethes naturwissenschaftliche Schriften, Weimar 1891–1896 (Weimarer Sophien-Ausgabe, II. Abt., VI–XII); Wahrheit und Wissenschaft. Vorspiel einer »Philosophie der Freiheit«, Weimar 1892, Dornach ⁵1980 (= Gesamtausg. III), ferner in: Wahrheit und Wissenschaft. Die Philosophie der Freiheit, Stuttgart-Bad Cannstatt 2016 (= Schr. II), 3–72 (franz. Science et vérité. Prologue à une philosophie de la liberté, Genf 1979, unter dem Titel: Vérité et science. Prologue à une philosophie de la liberté, Genf 1982); Die Philosophie der Freiheit. Grundzüge einer modernen Weltanschauung. Beobachtungs-Resultate nach naturwissenschaftlicher Methode, Berlin 1894, erw. ²1918, unter dem Titel: Die Philosophie der Freiheit. Grundzüge einer modernen Weltanschauung. Seelische Beobachtungsresultate nach naturwissenschaftlicher Methode, Dornach ¹⁵1987 (= Gesamtausg. IV), ferner in: Wahrheit und Wissenschaft. Die Philosophie der Freiheit [s. o.], 73–260 (engl. The Philosophy of Freedom. A Modern Philosophy of Life Developed by Scientific Methods, London 1916, unter dem Titel: The Philosophy of Freedom. (The Philosophy of Spiritual Activity). The Basis for a Modern World Conception, Forest Row 2011; franz. La philosophie de la liberté. Principes d'une conception moderne du monde. Résultats de l'expérience intérieure conduite selon les méthodes de la science naturelle, Paris 1923, mit Untertitel: Traits fondamentaux d'une vision moderne du monde. Résultats de l'observation de l'âme selon la méthode scientifique, Montesson 2012); Einleitung zu: Arthur Schopenhauers sämtliche Werke in zwölf Bänden, Stuttgart 1894, 5–29; Friedrich Nietzsche. Ein Kämpfer gegen seine Zeit, Weimar 1895, erw. Dornach ³1963 (= Gesamtausg. V), ⁴2000 (engl. Friedrich Nietzsche. Fighter for Freedom, Englewood N. J. 1960; franz. Friedrich Nietzsche. Un homme en lutte contre son temps, Genf 1982); Goethes Weltanschauung, Weimar 1897, Dornach ⁸1990 (= Gesamtausg. VI), 1999 (engl. Goethe's Conception of the World, London 1928, New York 1973; franz. Goethe et sa conception du monde, Paris 1967, Genf 1985); Haeckel und seine Gegner, Minden 1900; Die Mystik im Aufgange des neuzeitlichen Geisteslebens und ihr Verhältnis zur modernen Weltanschauung, Berlin 1901, Dornach 1960 (= Gesamtausg. VII), in: Schriften über Mystik, Mysterienwesen und Religionsgeschichte, Stuttgart-Bad Cannstatt 2013 (= Schr. V), 3–102 (engl. Mysticism at the Dawn of the Modern Age, Englewood N. J. 1960, unter dem Titel: Mystics after Modernism. Discovering the Seeds of a New Science in the Renaissance, Great Barrington Mass. 2000; franz. Mystique et esprit moderne, Paris 1967, unter dem Titel: Mystique et anthroposophie. La mystique à l'aube de la vie spirituelle moderne et les conceptions de notre temps, Genf 1995); Das Christentum als mystische Tatsache, Berlin 1902, erw. unter dem Titel: Das Christentum als mystische Tatsache und die Mysterien des Altertums, Leipzig

1910, Dornach ⁹1989 (= Gesamtausg. VIII), 2005 (franz. Le mystère chrétien et les mystères antiques, Paris 1908, unter dem Titel: Le christianisme et les mystères antiques, Genf 1985; engl. Christianity as Mystical Fact and the Mysteries of Antiquity, ed. H. Collison, New York 1914, unter dem Titel: Christianity as Mystical Fact, Hudson N. Y. 1997); Theosophie. Einführung in übersinnliche Welterkenntnis und Menschenbestimmung, Berlin 1904, Dornach ³¹1987 (= Gesamtausg. IX), Schriften zur Anthropologie [s.u.], 3–152 (engl. Theosophy. An Introduction to the Supersensible Knowledge of the World and the Destination of Man, London 1910, unter dem Titel: Theosophy. An Introduction to the Spiritual Processes in Human Life and in the Cosmos, Hudson N. Y. 1994; franz. Théosophie. Etude sur la connaissance suprasensible et la destinée humaine, Paris 1923, unter dem Titel: Théosophie. Introduction à la connaissance suprasensible de l'univers et à la destination de l'être humain, Genf 2007); Haeckel, die Welträtsel und die Theosophie, Lucifer Gnosis 31 (1906), 584–596, ferner in: Die Welträtsel und die Anthroposophie, Dornach 1966 (= Gesamtausg. LIV) (repr. 1983), 1985, 9–34; Die Erziehung des Kindes vom Gesichtspunkte der Geisteswissenschaft, Lucifer Gnosis 33 (1907), 648–667, separat Dornach 1907, ferner in: R. S., Die Erziehung des Kindes. Die Methodik des Lehrens, Dornach 2009, 13–49 (franz. L'éducation de l'enfant au point de vue de la science spirituelle, Paris 1922, unter dem Titel: L'éducation de l'enfant à la lumière de la science spirituelle, Paris 1974, 1989; engl. The Education of the Child in the Light of Anthroposophy, London 1922, 1981, unter dem Titel: The Education of the Child in the Light of Spiritual Science, in: R. S., The Education of the Child and Early Lectures on Education, Hudson N. Y. 1996, 1–40); The Way of Initiation or How to Attain Knowledge of the Higher Worlds, London 1908, Belle Fourche S. D. 2003, unter dem Titel: How to Know Higher Worlds. A Modern Path to Initiation, Hudson N. Y. 1994, dt. Original unter dem Titel: Wie erlangt man Erkenntnisse der höheren Welten?, Berlin 1909, Dornach ²⁴1993 (= Gesamtausg. X), ferner in: Schriften zur Erkenntnisschulung, Stuttgart-Bad Cannstatt 2015 (= Schr. VII), 3–164 (franz. L'initiation ou la connaissance des mondes supérieurs, Paris 1909, unter dem Titel: L'initiation ou comment acquérir des connaissances sur les mondes supérieurs, Paris 2002); Die Geheimwissenschaft im Umriss, Leipzig 1910, Dornach ³⁰1989 (= Gesamtausg. XIII), Hamburg 2014 (engl. An Outline of Occult Science, Chicago Ill. 1914, unter dem Titel: An Outline of Esoteric Science, Hudson N. Y. 1997; franz. La science occulte, Paris 1914, unter dem Titel: La science de l'occulte, Paris 2005); Die geistige Führung des Menschen und der Menschheit. Geisteswissenschaftliche Erkenntnisse über die Menschheits-Entwicklung, Berlin 1911, Dornach 1974 (= Gesamtausg. XV), Basel 2015 (engl. The Spiritual Guidance of Mankind. Three Lectures, London 1911, unter dem Titel: The Spiritual Guidance of the Individual and Humanity. Some Results of Spiritual-Scientific Research into Human History and Development, Hudson N. Y. 1992; franz. Les guides spirituels de l'homme et de l'humanité. Résultats de recherches occultes sur l'évolution humaine, Paris 1911, unter dem Titel: Les guides spirituels de l'homme et de l'humanité. Conférences faites par lui en juin 1911 à Copenhague, Genf 1985); Die Rätsel der Philosophie in ihrer Geschichte als Umriß dargestellt, I–II, Berlin 1914, in 1 Bd. Dornach ⁹1985 (= Gesamtausg. XVIII) (engl. The Riddles of Philosophy, Spring Valley N. Y. 1973; franz. Les énigmes de la philosophie. Présentées dans les grandes lignes de son histoire, I–II, Genf 1991, 2004); Von Seelenrätseln. Anthropologie und Anthroposophie. Max Dessoir über Anthroposophie. Franz Brentano. Ein Nachruf, Berlin 1917, Dornach ⁵1981 (= Gesamt-

ausg. XXI) (franz. Des énigmes de l'âme. Anthropologie et anthroposophie. Max Dessoir. Franz Brentano [éloge posthume]. Esquisses de perspectives nouvelles, Genf 1984, Yverdon-les-Bains 2010); Goethes Geistesart in ihrer Offenbarung durch seinen »Faust« und das Märchen »Von der Schlange und der Lilie«, Berlin 1918, Dornach ⁶1979 (= Gesamtausg. XXII) (engl. Goethe's Standard of the Soul as Illustrated in »Faust« and in the Fairy Story of »The Green Snake and the Beautiful Lily«, London 1925; franz. L'esprit de Goethe d'après »Faust« et le »Conte du serpent vert«, Paris 1926, unter dem Titel: L'esprit de Goethe. Sa manifestation dans »Faust« et dans le »Conte du serpent vert«, Genf 1979); Die Kernpunkte der sozialen Frage in den Lebensnotwendigkeiten der Gegenwart und Zukunft, Dornach, Stuttgart, Basel 1919, Dornach ⁶1979 (= Gesamtausg. XXIII), Basel 2014 (engl. Towards Social Renewal. Basic Issues of the Social Question, London 1977, unter dem Titel: Towards Social Renewal. Rethinking the Basis of Society, London 1999; In Ausführung der Dreigliederung des sozialen Organismus, Stuttgart 1920; (mit I. Wegman) Grundlegendes für eine Erweiterung der Heilkunst nach geisteswissenschaftlichen Erkenntnissen, Dornach 1925, ⁷1991 (= Gesamtausg. XXVII), Basel ⁸2014 (engl. Fundamentals of Therapy. An Extension of the Art of Healing through Spiritual Knowledge, London 1925, unter dem Titel: Extending Practical Medicine. Fundamental Principles Based on the Science of the Spirit, London 2000; franz. Données de base pour un élargissement de l'art de guérir selon les connaissances de la science spirituelle, Paris 1978, ⁵2014); Mein Lebensgang, ed. M. Steiner, Dornach 1925, mit Untertitel: Eine nicht vollendete Autobiographie, ⁸1982 (= Gesamtausg. XXVIII), Thun 2016 (engl. The Story of My Life, London 1928, unter dem Titel: Autobiography. Chapters in the Course of My Life. 1861–1907, Great Barrington Mass. 2006; franz. Autobiographie, I–II, Genf 1979); Anthroposophie, Psychosophie, Pneumatosophie. Zwölf Vorträge [...], ed. M. Steiner, Dornach 1931, ed. H. Knobel/J. Waeger, ²1965 (= Gesamtausg. CXV), ⁵2012 (engl. Anthroposophy, Psychosophy, Pneumatosophy. The Wisdom of Man, of the Soul and of the Spirit. 12 Lectures [...], New York 1971, unter dem Titel: A Psychology of Body, Soul, and Spirit. Anthroposophy, Psychosophy, and Pneumatosophy. Twelve Lectures [...], Hudson N. Y. 1999; franz. Anthroposophie, psychosophie, pneumatosophie. 12 conférences [...], Genf 1977, ²1993); L'apparition des sciences naturelles. Conférences faites à Dornach [...], Paris 1936, ²1957, unter dem Titel: Naissance et devenir de la science moderne. Neuf conférences faites à Dornach [...], Montesson 1997, dt. Original unter dem Titel: Der Entstehungsmoment der Naturwissenschaft in der Weltgeschichte und ihre seitherige Entwickelung. Neun Vorträge [...], ed. G. Wachsmuth, Dornach 1937, ³1977 (= Gesamtausg. CCCXXVI), Basel ⁴2017 (engl. The Origins of Natural Science. Nine Lectures [...], Spring Valley N. Y. 1985); Grenzen der Naturerkenntnis. Acht Vorträge [...], ed. G. Wachsmuth, Dornach 1939, ⁴1969 (= Gesamtausg. CCCXXII), unter dem Titel: Grenzen der Naturerkenntnis und ihre Überwindung, 1988 (engl. The Boundaries of Natural Science. Eight Lectures [...], Spring Valley N. Y. 1982, 1983; franz. Les limites de la connaissance de la nature. Huit conférences [...], Montesson 1995); Anthroposophie. Ein Fragment aus dem Jahre 1910, Dornach 1951, ed. H. Knobel/J. Waeger, ²1970 (= Gesamtausg. XLV), ferner in: Schriften zur Anthropologie [s.u.], 153–252 (engl. Antroposophy (A Fragment). A New Foundation for the Study of Human Nature, Hudson N. Y. 1996; franz. Anthroposophie, un fragment. Nouveaux fondements pour l'investigation de la nature humaine, Laboissière-en-Thelle 2008); Die Grundbegriffe der Theosophie. Vierzehn öffentliche Vorträge [...], ed. R. Friedenthal, Dornach

1957 (= Gesamtausg. LIII), erw. unter dem Titel: Ursprung und Ziel des Menschen. Grundbegriffe der Geisteswissenschaft. Dreiundzwanzig öffentliche Vorträge [...], ²1981, 1995 (franz. Origine et but de l'être humain. Concepts fondamentaux de la science de l'esprit, Yverdon-les-Bains 2011); Die Bedeutung der Anthroposophie im Geistesleben der Gegenwart. Ihr wissenschaftlicher Charakter, ihre Forschungsmethode und ihre Ergebnisse, ihre Beziehungen zur Kunst und zum wissenschaftlichen Agnostizismus der Gegenwart. Sechs Vorträge mit einer Fragenbeantwortung, ed. H. E. Lauer, Dornach 1957, unter dem Titel: Damit der Mensch ganz Mensch werde. Die Bedeutung der Anthroposophie im Geistesleben der Gegenwart. Sechs Vorträge [...], ed. G. A. Balastèr, Dornach ²1994 (= Gesamtausg. LXXXII); Der Goetheanumgedanke inmitten der Kulturkrisis der Gegenwart. Gesammelte Aufsätze 1921–1925 aus der Wochenschrift »Das Goetheanum«, ed. J. Waeger, Dornach 1961 (= Gesamtausg. XXXVI), Basel ²2014; Geist und Stoff, Leben und Tod. Sieben öffentliche Vorträge [...], ed. H. E. Lauer/R. Friedenthal, Dornach 1961 (= Gesamtausg. LXVI), 1989 (franz. [rev.] Psychologie du point de vue de l'anthroposophie. 4 conférences publiques [...], Genf 1986); Die Beantwortung von Welt- und Lebensfragen durch Anthroposophie. Neunzehn Vorträge und zwei Fragenbeantwortungen [...], Dornach 1970 (= Gesamtausg. CVIII), erw. mit Untertitel: Einundzwanzig Vorträge [...], Dornach 1986 (franz. Métamorphose de la conscience au cours des temps. La pensée pratique. 21 conférences et 2 réponses aux questions [...], Yverdon-les-Bains 2015); Die Ergänzung heutiger Wissenschaften durch Anthroposophie. Acht öffentliche Vorträge [...], Dornach 1973 (= Gesamtausg. LXXIII), 1988 (franz. [rev.] Psychologie du point de vue de l'anthroposophie. 4 conférences publiques [...], Genf 1986); Die befruchtende Wirkung der Anthroposophie auf die Fachwissenschaften. Vorträge und Ansprachen [...], Dornach 1977 (= Gesamtausg. LXXVI); Schriften zur Anthropologie, Stuttgart-Bad Cannstatt, Basel 2017 (= Schr. VI). – G. Wachsmuth, Bibliographie der Werke R. S.s, Dornach 1942 [Ergänzungsband zu: ders., Die Geburt der Geisteswissenschaft (s. u., Lit.)].

Literatur: E. Bock, R. S.. Studien zu seinem Lebensgang und Lebenswerk, Stuttgart 1961, erw. ³1990 (engl. The Life and Times of R. S., I–II, Edinburgh 2008/2009); F. Carlgren, Erziehung zur Freiheit. Die Pädagogik R. S.s. Bilder und Berichte aus der internationalen Waldorfschulbewegung, Stuttgart 1972, ¹⁰2009 (engl. Education towards Freedom. R. S. Education. A Survey of the Work of Waldorf Schools throughout the World, East Grinstead 1976, Edinburgh ³2008; franz. Eduquer vers la liberté. La pédagogie de R. S. dans le mouvement international des écoles Waldorf, Chatou 1992, ²1994); H. L. Friess, S., Enc. Ph. VIII (1967), 13–14, IX (²2006), 241–242; W. Groddeck, Eine Wegleitung durch die R. S. Gesamtausgabe. Hinweise für das Studium der Schriften und Vorträge R. S.s, Dornach 1979; O. B. Hansen, S., Enc. philos. universelle III/2 (1992), 2870–2871; J. Hecker, R. S. in Weimar, Dornach 1988, ²1999; J. Hemleben, R. S. in Selbstzeugnissen und Bilddokumenten, Reinbek b. Hamburg 1963, 1990 (franz. R. S.. Sa vie, son œuvre, Paris 1967, 2003, unter dem Titel: La vie et l'œuvre de R. S., Paris 1978; engl. R. S.. A Documentary Biography, East Grinstead 1975, unter dem Titel: R. S.. An Illustrated Biography, London 2000); W. Kugler, R. S. und die Anthroposophie. Wege zu einem neuen Menschenbild, Köln 1978, mit Untertitel: Eine Einführung in sein Lebenswerk, Köln 2010; H. E. Lauer, R. S.s Lebenswerk. Ein einführender Überblick über die Begründung der Anthroposophie, Basel 1926; H. Leisegang, Die Grundlagen der Anthroposophie. Eine Kritik der

Schriften R. S.s, Hamburg 1922; C. Lindenberg, R. S.. Mit Selbstzeugnissen und Bilddokumenten, Reinbek b. Hamburg 1992, ⁸2002; F. Poeppig, R. S.. Der große Unbekannte. Leben und Werk, Wien 1960; M. Schuyt/J. Elffers (eds.), R. S. und seine Architektur, Köln 1980; H. Traub, Philosophie und Anthroposophie. Die philosophische Weltanschauung R. S.s. Grundlegung und Kritik, Stuttgart 2011; H. Ullrich, R. S.. Leben und Lehre, München 2011; G. Wachsmuth, Die Geburt der Geisteswissenschaft. R. S.s Lebensgang von der Jahrhundertwende bis zum Tode (1900–1925). Eine Biographie, Dornach 1941, unter dem Titel: R. S.s Erdenleben und Wirken. Von der Jahrhundertwende bis zum Tode. Die Geburt der Geisteswissenschaft. Eine Biographie, Dornach ²1951, 1964 (engl. The Life and Work of R. S. from the Turn of the Century to His Death, New York 1955); G. Wehr, R. S.. Wirklichkeit, Erkenntnis und Kulturimpuls, Freiburg 1982, erw. unter dem Titel: R. S.. Leben, Erkenntnis, Kulturimpuls, München ²1987, Zürich 1993; K. E. Yandell, S., REP IX (1998), 133–134; H. Zander, S., NDB XXV (2013), 188–190; ders., R. S.. Die Biografie, München 2011, 2016; weitere Literatur: ↑Anthroposophie.   C. T.

Steresis (griech. στέρησις, Beraubung), von Aristoteles geprägter Terminus, mit dem im Unterschied zur einfachen ↑Negation (ἀπόφασις) der Mangel einer Eigenschaft dargestellt werden kann, die einem Gegenstand aus verschiedenen Gründen und in verschiedenen Situationen (Met. Δ22.1022b22–1023a7) eigentlich zukommen sollte (Met. Γ2.1004a10–16). In der lateinischen Tradition (↑Scholastik) wird S. mit ›privatio‹ (Privation) übersetzt.   O. S.

Stetigkeit (engl. continuity, franz. continuité), in der Mathematik Bezeichnung für eine Eigenschaft von ↑Funktionen. Anschaulich ausgedrückt bedeutet die S. einer Funktion f, daß ihr ↑Graph (d. i. die Darstellung der Funktionswerte $f(x)$ in einem Koordinatensystem) ohne Absetzen gezeichnet werden kann. So ist die in Abb. 1 dargestellte Funktion stetig, während die in Abb. 2 dargestellte Funktion bei x_1, x_2, x_3 und x_4 Unstetigkeitsstellen aufweist (dabei kennzeichnen ausgefüllte [bzw. hohle] Kreise Punkte, die [nicht] zum Graphen der Funktion gehören; d. h., ein ausgefüllter Kreis markiert den tatsächlichen Wert der Funktion an Stellen, wo dieser nicht eindeutig ersichtlich ist).

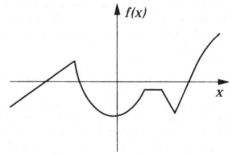

Abb. 1

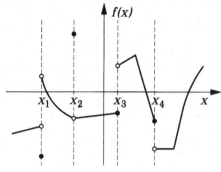

Abb. 2

Ist A eine Teilmenge des Kontinuums $\mathbb{R}$ der reellen Zahlen, f eine auf A definierte Funktion mit Werten in $\mathbb{R}$ und x ein Punkt aus A, so sagt man, f sei ›stetig in x (relativ zu A)‹, wenn für jede gegen x konvergierende Folge (↑konvergent/Konvergenz, ↑Folge (mathematisch)) $a_0, a_1, a_2, \ldots$ von Punkten aus A die Folge $f(a_0)$, $f(a_1), f(a_2), \ldots$ der zugehörigen Funktionswerte gegen $f(x)$ konvergiert, d. h., wenn die Anwendung von f bei x mit der Grenzwertbildung (↑Grenzwert) vertauschbar ist:

$$\lim_{i\to\infty} f(a_i) = f\left(\lim_{i\to\infty} a_i\right), \text{ wenn } \lim_{i\to\infty} a_i = x.$$

Diese Bedingung besagt grob: Unabhängig davon, aus welcher Richtung und auf welchem Wege man sich x annähert, man gelangt dabei im Bereich der Werte immer zu $f(x)$. Bei der in Abb. 2 dargestellten Funktion hingegen gelangt man zwar bei einer Annäherung von links an den Unstetigkeitspunkt x_3 zum tatsächlichen Wert $f(x_3)$; bei einer Annäherung von rechts erhält man jedoch einen größeren Wert. Wenn die genannte Bedingung nicht erfüllt ist, heißt f ›unstetig in x (relativ zu A)‹. Ist f in allen Punkten $x \in A$ stetig, so sagt man, f sei ›stetig auf A‹, oder auch einfach, f sei ›stetig‹; andernfalls heißt f ›unstetig (auf A)‹.

Äquivalent, aber eleganter, ist die auf A.-L. Cauchy zurückgehende ›ε-δ-Definition der S.‹: Die Funktion f ist genau dann stetig in $x \in A$, wenn für beliebig kleine positive Zahlen ε stets noch ein positives δ existiert, so daß für alle Punkte x', deren Abstand zu x geringer als δ ist, der Unterschied zwischen den Funktionswerten $f(x')$ und $f(x)$ kleiner als ε ist:

$$\bigwedge_{\varepsilon>0} \bigvee_{\delta>0} \bigwedge_{x'\in A} (\,|\,x - x'\,| < \delta \to |f(x) - f(x')\,| < \varepsilon).$$

Stetig sind z. B. alle Polynomfunktionen, insbes. die linearen Funktionen, und die Exponentialfunktion. Entsteht eine Funktion h durch Hintereinanderausführung (↑Verkettung) zweier stetiger Funktionen f, g, ist also $h(x) = g(f(x))$ für alle x, so ist auch h stetig. Die Anschau-

ung versagt bei Funktionen, die bei jeder rationalen positiven Zahl unstetig und bei jeder irrationalen positiven Zahl stetig sind (vgl. H. Heuser I, [5]1988, 213). – Wenn eine Funktion f an einer Stelle x_0 nicht definiert ist, aber für alle gegen x_0 konvergierenden Folgen $a_0, a_1, a_2, \ldots$ im Definitionsbereich A die Folge $f(a_0), f(a_1), f(a_2), \ldots$ der zugehörigen Werte gegen denselben Wert y_0 konvergiert (z. B. für $f(x) = x \cdot \sin x^{-1}$ und $x_0 = 0$; vgl. Abb. 3), so kann man f ›stetig fortsetzen‹ zu einer Funktion $\overline{f}$ mit Definitionsbereich $\overline{A} \leftrightharpoons A \cup \{x_0\}$, indem man für alle $x \in \overline{A}$ setzt:

$$\overline{f}(x) = \begin{cases} f(x), & \text{falls } x \neq x_0, \\ y_0, & \text{falls } x = x_0. \end{cases}$$

Die Funktion $\overline{f}$ ist dann stetig in x_0.

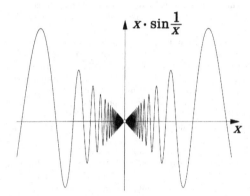

Abb. 3

Nicht mit der S. der Funktion f auf A zu verwechseln ist die stärkere Eigenschaft der ›gleichmäßigen‹ S. von f (auf A), die genau dann vorliegt, wenn für beliebige $\varepsilon > 0$ stets ein $\delta > 0$ existiert, so daß für alle Punkte x, x' aus A, die einen Abstand geringer als δ voneinander haben, die zugehörigen Werte $f(x)$, $f(x')$ einen Abstand geringer als ε voneinander haben:

$$\bigwedge_{\varepsilon>0} \bigvee_{\delta>0} \bigwedge_{x,x'\in A} (\,|\,x - x'\,| < \delta \to |f(x) - f(x')\,| < \varepsilon).$$

Dies bedeutet, daß f stetig ist und außerdem die Werte von f nur in beschränktem Maße schwanken. Gegenüber der gewöhnlichen S. auf A ist also bei gleichmäßiger S. die Wahl eines geeigneten δ zu ε unabhängig vom jeweiligen Argument x.

Alle angeführten Definitionen lassen sich leicht auf Funktionen zwischen beliebigen mit einer Abstandsfunktion versehenen Mengen, so genannten metrischen Räumen (↑Abstand), übertragen, z. B. $\mathbb{R}^n$ mit der euklidischen Metrik. Noch allgemeiner kann man einen S.sbegriff in topologischen Räumen (↑Topologie) einführen: Eine Funktion f von einem topologischen Raum X

in einen topologischen Raum Y heißt ›stetig in $x \in X$‹,
wenn es zu jeder noch so kleinen ↑Umgebung V von $f(x)$
eine Umgebung U von x gibt, so daß alle Punkte aus U
in V abgebildet werden (diese Bedingung entspricht der
ε-δ-Definition der S. für metrische Räume mit ›a' liegt
in einer Umgebung von a‹ anstelle von ›a' liegt nahe
bei a‹). Eine Funktion f von X nach Y ist *stetig*, wenn sie
in allen Punkten aus X stetig ist oder, äquivalent dazu,
wenn die Urbildmengen offener Mengen in Y offen
sind in X, d. h., wenn für jede offene Menge $V \subseteq Y$ gilt:
$\{x \in X : f(x) \in V\}$ ist offen in X (↑Raum (2)).

Literatur: J. L. Bell, Continuity and Infinitesimals, SEP 2005, rev.
2013; R. Courant, Vorlesungen über Differential- und Integralrechnung I, Berlin 1927, 12, 37–41, Berlin/Heidelberg/New York
⁴1971, 14, 47–52 (§ 8 Der Begriff der S.) (engl. Differential and
Integral Calculus I, London 1934, ²1937, New York 1988, 49–55
[The Concept of Continuity]); V. V. Fedorčuk, Continuous Mapping, in: I. M. Vinogradov u. a. (eds.), Encyclopaedia of Mathematics II, Dordrecht/Boston Mass./Lancaster 1988, 387–388; H.
Heuser, Lehrbuch der Analysis, I–II, Stuttgart 1980, I, Wiesbaden
¹⁷2009, 212–232 (Kap. 34 Einfache Eigenschaften stetiger Funktionen [212–220], Kap. 35 Fixpunkt- und Zwischenwertsätze für
stetige Funktionen [220–224], Kap. 36 Stetige Funktionen auf
kompakten Mengen [224–230], Kap. 37 Der Umkehrsatz für
streng monotone Funktionen [231–232]), II, Wiesbaden ¹⁴2008,
230–233 (Kap. 158 Stetige Abbildung topologischer Räume); K.
Itô (ed.), Encyclopedic Dictionary of Mathematics, I–II, Cambridge Mass./London ²1993, 2000, I, 317–318 (Continuous
Functions), II, 1608–1609 (Continuous Mappings); L. D. Kudryavtsev, Continuity, in: I. M. Vinogradov u. a. (eds.), Encyclopaedia of Mathematics [s. o.] II, 377; ders., Continuous Function, in:
I. M. Vinogradov u. a. (eds.), Encyclopaedia of Mathematics
[s. o.] II, 382–384; K. Mainzer, S., Hist. Wb. Ph. X (1998), 143–
144. – Vieweg Mathematik Lexikon. Begriffe/Definitionen/
Sätze/Beispiele für das Grundstudium, Braunschweig/Wiesba-
den 1981, ²1993, 227 (›stetig‹). C. B.

Stetigkeitsaxiome (engl. axioms of continuity), Bezeichnung für die 5. Gruppe von ↑Axiomen in D. Hilberts Axiomensystem (↑System, axiomatisches) für die
↑Euklidische Geometrie. Gelegentlich wird der Terminus ›S.‹ auch verwendet, um die zahlreichen äquivalen-
ten Axiome zu bezeichnen, die ausdrücken, daß das
↑Kontinuum ℝ der reellen Zahlen (bedingt) vollständig
angeordnet ist (↑Ordnung).
Hilbert gibt in den »Grundlagen der Geometrie« (Stuttgart ¹¹1972, 30) zwei ›Axiome der Stetigkeit‹ an. (1) Das
↑*Archimedische Axiom*, das er auch als ›Axiom des Messens‹ bezeichnet: Ist AB eine Strecke, so kann man von
A aus den Punkt B erreichen, indem man auf der durch
A und B festgelegten Geraden eine beliebige Strecke CD
(bzw. zu CD kongruente Strecken $\overline{CD}$) endlich oft in
Richtung von B abträgt (Abb. 1). Das bedeutet, daß zwei
Punkte A, B gewissermaßen nicht ›unendlich weit voneinander entfernt‹ bzw. zwei Punkte C, D nicht ›unendlich nahe beieinander‹ liegen können (↑unendlich/Un-
endlichkeit).

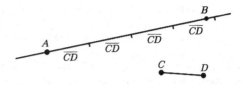

Abb. 1

(2) Das *Axiom der linearen Vollständigkeit*: Enthält eine
Gerade g' alle Punkte einer Geraden g, ist also gewissermaßen $g \subseteq g'$, so ist $g' = g$. Genauer: Erfüllt eine Menge g
von Punkten die (übrigen) Axiome für Punkte und Ge-
raden, so kann man g nicht um zusätzliche Punkte erweitern, ohne daß eines dieser Axiome verletzt würde;
Geraden sind also maximal hinsichtlich der auf ihnen
liegenden Punkte. Ursprünglich verwendete Hilbert anstelle dieses Axioms das stärkere *Axiom der Vollständigkeit*: Die Menge der Punkte, Geraden und Ebenen kann
nicht erweitert werden, ohne daß eines der übrigen
Axiome verletzt würde (durch dieses Axiom wird sichergestellt, daß es – bis auf Isomorphie [↑isomorph/Isomor-
phie] – nur ein einziges ↑Modell für das Axiomensystem
gibt). P. Bernays zeigte jedoch, daß im Kontext der übrigen Axiome das Axiom der Vollständigkeit aus dem der
linearen Vollständigkeit abgeleitet werden kann. – Beide
S. sind jeweils unabhängig (↑unabhängig/Unabhängig-
keit (logisch)) von den anderen Axiomen, wie Hilbert
durch Angabe geeigneter Modelle bewies.

Literatur: V. T. Bazylev, Hilbert System of Axioms, in: I. M. Vinogradov u. a. (eds.), Encyclopaedia of Mathematics IV, Dordrecht/
Boston Mass./London 1988, 429–430; D. Hilbert, Grundlagen
der Geometrie, Leipzig 1899, Stuttgart ¹⁴1999, 30–33 (§ 8 Die
Axiomgruppe V: Axiome der Stetigkeit); K. Itô (ed.), Encyclopedic Dictionary of Mathematics I, Cambridge Mass./London
²1993, 2000, 609–613, bes. 611 (Foundations of Geometry); W.
Klingenberg, Grundlagen der Geometrie, Mannheim/Wien/Zü-
rich 1971, 12–17 (Kap. 2 Das Hilbertsche Axiomensystem für die
euklidische Geometrie); L. D. Kudryavtsev, Continuity Axiom,
in: I. M. Vinogradov u. a. (eds.), Encyclopaedia of Mathematics
II, Dordrecht/Boston Mass./London 1988, 377; K. Mainzer, Geschichte der Geometrie, Mannheim/Wien/Zürich 1980, 187–196
(Kap. 6.1 Grundlagen der Geometrie); L. A. Sidorov, Non-Ar-
chimedean Geometry, in: I. M. Vinogradov u. a. (eds.), Encyclopaedia of Mathematics VI, Dordrecht/Boston Mass./London
1990, 417. C. B.

Stevenson, Charles Leslie, *Cincinnati, Ohio, 27. Juni
1908, †14. März 1979 Bennington, Vermont, amerik.
Philosoph. Nach Studium der engl. Literatur in Yale, der
Philosophie zunächst (1930–1933) in Cambridge bei
G. E. Moore und L. Wittgenstein, dann (1933–1935) in
Harvard, ebendort 1935 Promotion und bis 1939 Lec-
turer, 1939–1946 Assist. Prof. in Yale, 1946–1977 Prof.
der Philosophie an der Universität von Michigan in
Ann Arbor. – S. ist ein führender Vertreter der emotivi-
stischen Bedeutungsanalyse moralischer (generell: wer-

tender) Ausdrücke und Urteile (↑Emotivismus). Seine Theorie der emotiven und ↑persuasiven Bedeutung evaluativer Terme und Sätze, die er zunächst in Abhandlungen (The Emotive Meaning of Ethical Terms, 1937; Persuasive Definitions, 1938) umriß, dann in seinem Hauptwerk »Ethics and Language« (1944) ausarbeitete, verdankt sich der Auffassung, daß nur formale und deskriptive Sätze argumentationszugänglich und begründungsfähig sind (↑Argumentation, ↑Begründung, ↑Rechtfertigung).

Werke: The Emotive Meaning of Ethical Terms, Mind NS 46 (1937), 14–31, ferner in: Facts and Values [s. u.], 10–31 (dt. Die emotive Bedeutung ethischer Ausdrücke, in: G. Grewendorf/G. Meggle [eds.], Seminar: Sprache und Ethik. Zur Entwicklung der Metaethik, Frankfurt 1974, 116–139); Persuasive Definitions, Mind NS 47 (1938), 331–350, ferner in: Facts and Values [s. u.], 32–54; Ethics and Language, New Haven Conn. 1944 (repr. New York 1979); Interpretation and Evaluation in Aesthetics, in: M. Black (ed.), Philosophical Analysis. A Collection of Essays, Ithaca N. Y. 1950 (repr. New York 1971), 319–358; Symbolism in the Nonrepresentational Arts, in: P. Henle (ed.), Language, Thought and Culture, Ann Arbor Mich. 1958, 1972, 196–225 (dt. Symbolik in den nichtdarstellenden Künsten, in: P. Henle [ed.], Sprache, Denken, Kultur, Frankfurt 1969, 1975, 264–299); Symbolism in the Representational Arts, ebd., 226–257 (dt. Symbolik in den darstellenden Künsten, ebd., 300–337); Facts and Values. Studies in Ethical Analysis, New Haven Conn. 1963, Westport Conn. 1975; Ethical Fallibility, in: R. T. DeGeorge (ed.), Ethics and Society. Original Essays on Contemporary Moral Problems, Garden City N. Y. 1966, London etc. 1968, 197–217; Value-Judgments. Their Implicit Generality, in: N. E. Bowie (ed.), Ethical Theory in the Last Quarter of the Twentieth Century, Indianapolis Ind., Atascadero Calif. 1983, 13–37.

Literatur: B. Blanshard, The New Subjectivism in Ethics, Philos. Phenom. Res. 9 (1948/1949), 504–511; D. R. Boisvert, C. L. S., SEP 2011, rev. 2015; R. T. Garner, S., Enc. Ph. IX (²2006), 245–246; A. I. Goldman/J. Kim (eds.), Values and Morals. Essays in Honor of William Frankena, C. S., and Richard Brandt, Dordrecht/Boston Mass./London 1978; G. C. Kerner, The Revolution in Ethical Theory, Oxford 1966, 40–96 (Chap. II C. L. S.); A. MacIntyre, After Virtue. A Study in Moral Theory, London, Notre Dame Ind. 1981, London 2013 (dt. Der Verlust der Tugend. Zur moralischen Krise der Gegenwart, Frankfurt/New York 1987, 2006); M. van Roojen, Moral Cognitivism vs. Non-Cognitivism, SEP 2004, rev. 2013; S. Satris, Ethical Emotivism, Dordrecht/Boston Mass./Lancaster 1987; M. A. Schroeder, Being for. Evaluating the Semantic Program of Expressivism, Oxford etc. 2008, 2010; P. Simpson, Goodness and Nature. A Defense of Ethical Naturalism, Dordrecht/Boston Mass./Lancaster 1987, 35–56 (Chap. 2 S.: Goodness as Emotive); J. O. Urmson, The Emotive Theory of Ethics, New York, London 1968, London 1971, 38–81 (Kap. 4–6 S.'s »Ethics and Language«); G. J. Warnock, Contemporary Moral Philosophy, London etc. 1967, 1986, 21–24 (Chap. III (ii) C. L. S.. Beliefs, Attitudes, ›Emotive Meaning‹); M. Warnock, Ethics Since 1900, London/New York/Toronto 1960, 93–113, Mount Jackson Va. 2007, 98–119. R. Wi.

Stevin, Simon, *Brügge 1548, †Den Haag 1620, niederl. Mathematiker. S. ist zunächst Buchhalter in Brügge und Antwerpen, unternimmt 1571–1577 Reisen in Europa und läßt sich 1581 in Leiden nieder; ab 1583 Studium der Mathematik ebendort. S. verfaßt mehrere Bücher (meist in holländischer Sprache) über theoretische und praktische mathematische Fragen. Sein erstes Buch (1582) enthält die erste (veröffentlichte) systematische Darstellung der Verfahren und Ergebnisse der Zins- und Zinseszinsrechnung. Danach arbeitet S. über geometrische Probleme (1583) und Logik (1585). 1585 entwickelt er eine allgemein anwendbare Methode, Dezimalbrüche (noch ohne positionale Notation) darzustellen und auch außerhalb der Trigonometrie einzusetzen, wo sie seit J. Regiomontanus in Gebrauch waren. Es folgen Veröffentlichungen über Arithmetik (1585), das bürgerliche Leben (1590) sowie Festungs- und Hafenbau (1594, 1599, 1617). In seinen beiden (niederländisch geschriebenen) Hauptwerken (Anfangsgründe der Wägekunst, Anfangsgründe der Hydrostatik, 1586) erneuert S. grundlegend die ↑Statik und die Hydrostatik und begründet damit die neuzeitliche Statik. Um 1589 tritt er als Privatlehrer und Berater in den Dienst des Prinzen Moritz von Oranien, für den er mehrere private Lehrbücher schreibt. 1604 wird S. Quartiermeister der niederländischen Armee und beschäftigt sich intensiv mit Deich- und Festungsbau. S. faßt seine mathematisch-mechanischen Arbeiten (einschließlich der beiden Schriften von 1586) in seinen »Wisconstighe Ghedachtenissen« (1605–1608) zusammen, die 1605 bis 1608 ins Lateinische und Französische übersetzt werden. S. prägte Teile der niederländischen Wissenschaftsbegrifflichkeit, die bis heute im Gebrauch sind (z. B. wijsbegeerte [Weisheitsliebe] = Philosophie, wiskunde [Kenntnis des Gewissen] = Mathematik).

S. lehnt die Aristotelische Tradition der ↑Mechanik auch in der von Jordanus von Nemore und seinen Anhängern erneuerten Form ab, da sie Kräfte (↑Kraft) durch die von ihnen verursachten (virtuellen) Geschwindigkeiten bzw. Verrückungen mißt. Im Gleichgewicht, d. h. in der Statik, wird aber keine Bewegung verursacht. S. knüpft wieder an Archimedes an und erzielt die ersten wesentlichen Fortschritte in der reinen statischen Argumentation seit der Antike, indem er den ursprünglichen Ansatz über das Hebelgesetz hinaus auch auf die schiefe Ebene ausdehnt. Im Zusammenhang mit der Analyse der Kräfte auf der schiefen Ebene und der Entwicklung einer statischen Anwendung der ↑Parallelogrammregel führt S. sein berühmtes ↑Gedankenexperiment mit dem Kugelkranz durch.

Das effektive Gewicht (›staltwicht‹ = Wirkgewicht) einer Kugel auf einer schiefen Ebene bestimmt S. wie folgt: Die Wirkgewichte von gleichen Kugeln auf schiefen Ebenen von gleicher Höhe, aber verschiedener Länge, verhalten sich umgekehrt proportional zu den Längen dieser Ebenen. Er stellt sich zwei solche Ebenen AB und BC ($AB = 2BC$) vor, die zusammen mit der Erdoberfläche das

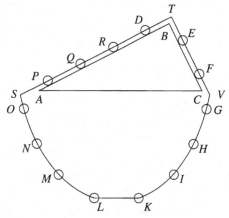

Abb. 1

Dreieck (›prismus‹) *ABC* bilden (Abb. 1). Auf diesen beiden Ebenen liegen in gleichen Abständen an eine Schnur gebundene freirollende Kugeln, so daß die Anzahl der auf einer Ebene befindlichen Kugeln der Länge dieser Ebene proportional ist. Unter dem Dreieck hängt auf beiden Seiten die gleiche Anzahl weiterer Kugeln (*G*, *H*, *I*, *K* und *L*, *M*, *N*, *O*), die auch bei *K L* zu einem Kranz (›clootcrans‹) zusammengebunden werden können. S. behauptet, wenn das Wirkgewicht der linken Seite (*P*, *Q*, *R*, *D*) nicht gleich dem der rechten Seite (*E*, *F*) wäre, würde sich die schwerere Seite nach unten bewegen, die leichtere nach oben. Da aber im Kranz jede Bewegung notwendig die gleiche Ausgangskonstellation wiederherstellt, würde der Kugelkranz eine ›ewige Bewegung‹ ausführen können: Der Schwerpunkt des Systems würde ständig absinken und dadurch Bewegung erzeugen; zugleich würde der Schwerpunkt aber auch unverändert bleiben. Dies wäre ein ↑Perpetuum mobile (›eeuwich roersel‹), was absurd ist. Deshalb müssen die beiden Seiten im Gleichgewicht sein. Dieses Gleichgewicht zwischen den Kugeln (*P*, *Q*, *R*, *D*) und (*E*, *F*) drückt aus, daß die Schiefe der Ebene das Gewicht um einen durch den Sinus des Neigungswinkels bestimmten Faktor auf das Wirkgewicht reduziert. Das Gedankenexperiment quantifiziert damit die Verringerung der Kraft, die für das

Verschieben einer Kugel auf der schiefen Ebene im Vergleich zum senkrechten Heben erforderlich ist.

In seiner Hydrostatik (Prop. X) formuliert S. das (im praktischen Teil experimentell bewiesene) ›Hydrostatische Paradoxon‹, demzufolge der Druck auf den Boden eines mit Flüssigkeit gefüllten Gefäßes nicht von Volumen und Gewicht der Flüssigkeit abhängt, sondern allein von der Höhe der Flüssigkeitssäule. Z.B. ist der Druck der Flüssigkeit in *ABC* auf den Boden *AB* genau so groß wie der in *DEF* auf *DE* (Abb. 2).

Werke: The Principal Works of S. S., I–V, ed. E. Crone u. a., Amsterdam 1955–1966. – Tafelen van Interest, Antwerpen 1582; Problematum geometricorum, Antwerpen 1583; Dialectike ofte Bewysconst, Leiden 1585, Rotterdam 1621; De Thiende, Leiden 1585 (repr. Den Haag 1924) (engl. Disme. The Art of Tenths, or Decimall Arithmetike […], London 1608; dt. De Thiende. Das erste Lehrbuch der Dezimalbruchrechnung nach der holländischen und der französischen Ausgabe von 1585, Frankfurt 1965); L'arithmétique, Leiden 1585, 1625; De Beghinselen der Weeghconst, Leiden 1586; De Beghinselen des Waterwichts, Leiden 1586; De Weeghdaet, Leiden 1586; Vita Politica. Het Burgherlick Leven, Leiden 1590 (repr., ed. P. den Boer, Utrecht 2001), ed. A. Romein-Verschoor/G. S. Overdiep, Amsterdam 1939 (franz. De la vie civile, ed. C. Secretan, Lyon 2005); De Sterctenbouwing, Leiden 1594 (dt. Festung-Bawung, Frankfurt 1608, 1623; De Havenvinding, Leiden 1599 (franz. Le trouveport, Leiden 1599; engl. The Haven-Finding Art, London 1599, Amsterdam 1968; dt. Wasser-Baw, Frankfurt 1631); Wisconstighe Ghedachtenissen, I–V, Leiden 1605–1608 (franz. Mémoires mathématiques […], I–IV, Leiden 1605–1608; lat. Hypomnemata Mathematica […], I–V, Leiden 1605–1608); Nieuwe Maniere van Sterctebou door Spilsluysen, Rotterdam 1617, Leiden 1633 (franz. Nouvelle manière de fortification par escluses, Leiden 1618); La castrametation, Rotterdam, Leiden 1618; Les œuvres mathematiques de S. S., ed. A. G. Samielois, Leiden 1634 (repr. Paris 1987); Materiae politicæ. Burgherlicke stoffen, ed. H. Stevin, Leiden 1649, unter dem Titel: Materiae politicæ, of verhandelinge vande voornaamste Hooftstukken, Den Haag 1686; De huysbou, in: C. van den Heuvel, De Huysbou [s. u., Lit.], 205–432.

Literatur: W. van Bunge, From S. to Spinoza. An Essay on Philosophy in the Seventeenth-Century Dutch Republic, Leiden 2001; A. F. Chalmers, One Hundred Years of Pressure. Hydrostatics from S. to Newton, Cham 2017, 15–26 (Chap. 2 The Historical Background to S.'s Hydrostatics), 27–48 (Chap. 3 Beyond Archimedes. S.'s »Elements of Hydrostatics«); R. Depau, S. S., Brüssel 1942; J. T. Devreese/G. Vanden Berghe, ›Magic Is No Magic‹. The Wonderful World of S. S., Southampton 2007, 2009; E. J. Dijksterhuis, S. S.. Science in the Netherlands around 1600, The Hague 1970; P. Duhem, Les origines de la statique, I–II, Paris 1905/1906 (engl. The Origins of Statics. The Sources of Physical Theory, Dordrecht 1991); P. Freguglia, L'»Arithmétique« di S. S. e gli sviluppi dell'algebra nella seconda metà del Cinquecento, in: L. Conti (ed.), La matematizzazione dell'universo. Momenti della cultura matematica tra '500 e '600, Assisi 1992, 131–151; R. Grabow, S. S., Leipzig 1985; C. van den Heuvel, »De Huysbou«. A Reconstruction of an Unfinished Treatise on Architecture, Town Planning and Civil Engineering by S. S., Amsterdam 2005; E. Mach, Die Mechanik in ihrer Entwickelung. Historisch-kritisch dargestellt, Leipzig 1883, erw. [7]1912, [9]1933 (repr. Darmstadt

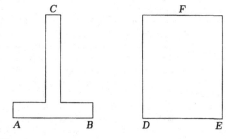

Abb. 2

1988, 1991), [Neudr. d. Ausg. [7]1912] unter dem Titel: Die Mechanik in ihrer Entwicklung. Historisch-kritisch dargestellt, ed. G. Wolters/G. Hon, Berlin 2012 (engl. The Science of Mechanics. A Critical and Historical Exposition of Its Principles, Chicago Ill., London 1893, La Salle Ill. 1989; franz. La mécanique. Exposé historique et critique de son développement, Paris 1904 [repr. Sceaux 1987]); M. G. J. Minnaert, S., DSB XIII (1976), 47–51; P. Radelet-de Grave, S., Enc. philos. universelle III/1 (1992), 1483–1484; I. Szabó, Geschichte der mechanischen Prinzipien und ihrer wichtigsten Anwendungen, Basel 1976, ed. P. Zimmermann/E. A. Fellmann, 1996. P. M.

Stewart, Dugald, *Edinburgh 22. Nov. 1753, †ebd. 11. Juni 1828, schott. Philosoph, Vertreter der von T. Reid begründeten ↑Schottischen Schule. 1765–1769 Studium der Mathematik und der Philosophie in Edinburgh, 1771 Studium der Philosophie in Glasgow bei Reid, 1775 Prof. der Mathematik in Edinburgh (auf dem Lehrstuhl seines Vaters), 1785 Prof. der Moralphilosophie in Edinburgh (als Nachfolger von A. Ferguson). – S. vertritt, orientiert an der Philosophie Reids, das Programm der Durchsetzung einer den Vorstellungen F. Bacons entsprechenden induktiven Wissenschaftskonzeption (↑Induktion). Dabei sollen I. Newtons in den ↑regulae philosophandi explizierte Prinzipien einer rationalen ↑Mechanik auch auf eine ↑Philosophie des Geistes (↑philosophy of mind) übertragen werden. Statt von ›principles of common sense‹ (Reid) spricht S. in seinen erkenntnistheoretischen Analysen von ›fundamental laws of human belief‹, um den wissenschaftlichen Charakter dieser Analysen hervorzuheben (gegenüber einem umgangssprachlichen Verständnis von ↑common sense als ›ungebildeter Klugheit‹). Schwerpunkte der Arbeiten S.s bilden ferner moralphilosophische und sprachphilosophische Themen sowie, im Anschluß an Reid und D. Hume, wissenschaftssystematische Überlegungen zur Einheit der ›philosophischen‹ Wissenschaften (Logik, Praktische Philosophie, Ästhetik). In theologischen Dingen vertritt S. die zeitgenössischen Positionen einer ↑Physikotheologie.

Werke: Collected Works, I–XI, ed. W. Hamilton, Edinburgh, London 1854–1860 (repr. Farnborough 1971, Bristol 1994), 1877. – Elements of the Philosophy of the Human Mind, I–III, London 1792–1827 (repr. [Bd. I] New York 1971) (dt. [Bd. I] Anfangsgründe der Philosophie über die menschliche Seele, I–II, Berlin 1794; franz. [Bd. I] Élémens de la philosophie de l'esprit humain, I–III, übers. P. Prevost, Genf 1808–1825, vollst. Übers. unter dem Titel: Éléments […], I–III, übers. L. Peisse, Paris 1843–1845); Outlines of Moral Philosophy, Edinburgh, London 1793 (repr. New York 1976), London 1869, 1888 (franz. Esquisses de philosophie morale, übers. T. Jouffroy, Paris 1826 [repr. Paris 2006], Brüssel 1829 [= Œuvres I], Paris 1841); Account of the Life and Writings of Adam Smith, Edinburgh 1794, ferner in: Biographical Memoirs [s. u.], 4–98; Account of the Life and Writings of William Robertson, London 1801, [2]1802, ferner in: Biographical Memoirs [s. u.], 101–242 (franz. Essais historiques sur la vie et les ouvrages de William Robertson, übers. J. G. Ymbert, Paris 1806);

Account of the Life and Writings of Thomas Reid, Edinburgh 1802, ferner in: Biographical Memoirs [s. u.], 243–328; Philosophical Essays, Edinburgh, London 1810, [3]1818, 1855 (= Collected Works V) (repr. Bristol 1994), 1877 (franz. Essais philosophiques sur les systèmes de Locke, Berkeley, Priestley, Horne-Tooke, etc., übers. C. Huret, Paris 1828, Brüssel 1829 [= Œuvres II]); Biographical Memoirs, of Adam Smith, LL. D., of William Robertson, D. D., and of Thomas Reid, D. D., Edinburgh 1811, Edinburgh, London 1858 (= Collected Works X) (repr. New York 1966, Bristol 1994), 1877; Dissertation. Exhibiting the Progress of Metaphysical, Ethical, and Political Philosophy, since the Revival of Letters in Europe, I–II, Edinburgh, London 1815/1821, Boston Mass. 1822, 1854 (= Collected Works I) (repr. Bristol 1994), 1877 (franz. Histoire abrégée des sciences métaphysiques, morales et politiques, depuis la renaissance des lettres, I–III, übers. J. A. Buchon, Paris 1820–1823, Brüssel 1829 [= Œuvres III–VI]); The Philosophy of the Active and Moral Powers of Man, I–II, Edinburgh, London 1828, 1855 (= Collected Works VI–VII) (repr. Bristol 1994), 1877 (franz. Philosophie des facultés actives et morales de l'homme, I–II, trans. L. Simon, Paris 1834); Œuvres, I–VI, Brüssel 1829; Lectures on Political Economy, I–II, Edinburgh, London 1855/1856 (= Collected Works VIII–IX) (repr. New York 1968, Bristol 1994), 1877; Selected Writings, ed. E. L. Mortera, Exeter 2007.

Literatur: M. Brown, Creating a Canon. D. S.'s Construction of the Scottish Enlightenment, Hist. Universities 16 (2001), 135–154; ders., S., in: H. C. G. Matthew/B. Harrison (eds.), Oxford Dictionary of National Biography LII, Oxford/New York 2004, 656–661; P. Corsi, The Heritage of D. S.. Oxford Philosophy and the Method of Political Economy, Nuncius 2 (1987), 89–144; J. Fieser (ed.), Early Responses to Reid, Oswald, Beattie and S. II, Bristol 2000 (Scottish Common Sense Philosophy IV); E. Griffin-Collart, La philosophie écossaise du sens commun. Thomas Reid et D. S., Brüssel 1979, 1980; K. Haakonssen, From Moral Philosophy to Political Economy. The Contribution of D. S., in: V. Hope (ed.), Philosophers of the Scottish Enlightenment, Edinburgh 1984, 211–232; ders., Natural Law and Moral Philosophy. From Grotius to the Scottish Enlightenment, Cambridge etc. 1996, 226–260 (Chap. 7 D. S. and the Science of a Legislator); ders., S., in: J. W. Yolton/J. V. Price/J. Stephens (eds.), The Dictionary of Eighteenth-Century British Philosophers II, Bristol 1999, 831–835; W. J. Hipple Jr., The Aesthetics of D. S.. Culmination of a Tradition, J. Aesthetics Art Criticism 14 (1955), 77–96; V. M. Hope, S., Enc. Ph. IX ([2]2006), 246–248; S. Kubo, George Pryme, D. S., and Political Economy at Cambridge, Hist. Polit. Economy 45 (2013), 61–97; M. Kühn/H. F. Klemme, D. S., Thomas Brown und William Hamilton, in: H. Holzhey/V. Mudroch (eds.), Die Philosophie des 18. Jahrhunderts I (Großbritannien und Nordamerika. Niederlande), Basel 2004, 681–688, bes. 681–683, 707; G. Macintyre, D. S.. The Pride and Ornament of Scotland, Brighton/Portland Or. 2003; E. H. Madden, S.'s Enrichment of the Commonsense Tradition, Hist. Philos. Quart. 3 (1986), 45–63; ders., S., REP IX (1998), 135–140; J. McCosh, The Scottish Philosophy. Biographical, Expository, Critical. From Hutchinson to Hamilton, London 1875 (repr. Hildesheim 1966, New York 1980, Cambridge etc. 2012), 275–306 (Chap. XL D. S., 1753–1828); R. Olson, Scottish Philosophy and British Physics 1750–1880. A Study in the Foundations of Victorian Scientific Style, Princeton N. J. 1975, bes. 94–124 (Chap. 4 A Change in the Mood. D. S., Thomas Brown, and the Acceptance of Hypothetical and Analogical Methods in Science); C. Paoletti (ed.), The March of Mind. The »Edinburgh Review« and the Criticism to Common-Sense Philosophy, Padua 2012; N. Phillipson, The Pursuit of Virtue in Scottish University Education. D. S. and Scottish Moral Philosophy in the Enlightenment, in: ders. (ed.), Universities, Society, and the Future. A Conference Held on the 400th Anniversary of the University of Edinburgh, Edinburgh 1983, 82–101; S. Rashid, D. S., ›Baconian‹ Methodology, and Political Economy, J. Hist. Ideas 46 (1985), 245–257; ders., Political Economy as Moral Philosophy. D. S. of Edinburgh, Austral. Econom. Papers 26 (1987), 145–156, Neudr. in: M. Blaug (ed.), Preclassical Economists II, Aldershot/Brookfield Vt. 1991 (Pioneers in Economy VII), 108–119; D. N. Robinson, Thomas Reid's Critique of D. S., J. Hist. Philos. 27 (1989), 405–422; H. Shinohara, D. S. at the Final Stage of the Scottish Enlightenment. Natural Jurisprudence, Political Economy and the Science of Politics, in: T. Sakamoto/H. Tanaka (eds.), The Rise of Political Economy in the Scottish Enlightenment, London/New York 2002, 179–193; J. Veitch, Memoir of D. S., in: Collected Works X [s. o., Werke], i-clxxvii; P. Wood, D. S. and the Invention of ›the Scottish Enlightenment‹, in: ders. (ed.), The Scottish Enlightenment. Essays in Reinterpretation, Rochester N. Y. 2000, 1–35; R. S. Woolhouse, Reid and S. on Lockean Creation, J. Hist. Philos. 20 (1982), 84–90. – Hist. Europ. Ideas 38 (2012), H. 1 (D. S.. His Development in British and European Context). J. M.

Sthiramati (ca. 470–550), ind. Philosoph des buddhistischen ↑Mahāyāna. S. ist dem ↑Yogācāra zugehörig und als Schüler von Guṇamati (ca. 420–500) in der von diesem in Konkurrenz zum buddhistischen Zentrum in Nālandā gegründeten Klosteruniversität Valabhī in Kāṭhiāvār tätig. In der Auseinandersetzung, die der zum Svātantrika-Zweig des ↑Mādhyamika gehörende Bhāvaviveka (ca. 500–570) sowohl mit S. in Valabhī als auch mit Dharmapāla (ca. 530–561) in Nālandā führt, werden beide Zweige des Yogācāra, der auf Asaṅga (ca. 305–380) und Vasubandhu den Älteren (ca. 320–380) einerseits und der auf Vasubandhu den Jüngeren (ca. 400–480) andererseits zurückgehende, der nirākāra-vāda des S. und der sākāra-vāda des Dharmapāla, zurückgewiesen. Sie seien einseitig und verträten deshalb nicht wirklich Buddhas ›Mittleren Weg‹ (wie auch von den Yogācārin in Anspruch genommen).

Die Auseinandersetzung betrifft den Status des Erkennens in seiner Doppelrolle als selbst etwas Wirklichen und Wirkliches (nur) Repräsentierenden. Nach Bhāvaviveka könne die Lehre des ›alles ist (nur) Bewußtsein (vijñaptimātra)‹ des Yogācāra anstelle des ›alles ist leer (śūnya)‹ des Mādhyamika sowohl in der Fassung, daß Erkennen mit einer Repräsentation (ākāra) des Erkannten zusammen auftrete (sākāra-vāda), als auch in der Fassung, daß Erkennen keine Repräsentation von etwas Wirklichem mit sich führe (nirākāra-vāda), nur als Bestandteil der konventionellen Wahrheit (saṃvṛti satya) und nicht der höchsten Wahrheit (paramārtha satya) begriffen werden. Gleichwohl gelten sowohl S. als auch Bhāvaviveka als Wegbereiter eines die Positionen des Yogācāra und des Mādhyamika verschmelzenden einheitlichen Māhāyana, wie es von Śāntarakṣita (ca. 725–

788) und dessen Schüler Kamalaśīla (ca. 740–795) schließlich vollzogen wird. – Die Hauptwerke S.s sind Kommentare zu Schriften Vasubandhus des Jüngeren und des Älteren, darunter ein Bhāṣya zur Triṃśikā und eine Ṭīkā zum Madhyāntavibhāga-śāstra. Die Kritik an Bhāvaviveka findet sich in dem nur in einer chinesischen Fassung erhaltenen Kommentar zu Nāgārjunas Madhyamaka-kārikā.

Werke: Vijñāptimātratāsiddhi. Deux traités de Vasubandhu. Viṃśatikā accompagnée d'une explication en prose et Triṃśikā avec le commentaire de S. [sanskr.], ed. S. Lévi, Paris 1925 (franz. Un système de philosophie bouddhique. Matériaux pour l'étude du système Vijñaptimātra, Paris 1932); Triṃśikāvijñapti des Vasubandhu. Mit Bhāṣya des Ācārya S., übers. H. Jacobi, Stuttgart 1932; Madhyāntavibhāgaṭīkā. Exposition systématique du Yogācāravijñaptivāda [Texte sanskr./japan./tibet., Komm. franz.], I–III, ed. S. Yamaguchi, Nagoya 1934 (repr. 1966); Madhyāntavibhaṅga. Discourse on Discrimination between Middle and Extremes. Ascribed to Bodhisattva Maitreya and Commented by Vasubandhu and S., trans. T. Stcherbatsky, Leningrad/Moskau 1936 (repr. Delhi 1992), Kalkutta 1971; Commentaries by S. and Dharmapāla on Vasubandhu's Triṃśikā-vijñaptimātra (Summary), ed. H. Ui, Japan Sci. Rev. 5 (1954), 58–62; Vasubandhu's Vijñapti-mātratā-siddhi. With S.'s Commentary [sanskr./engl.], ed. K. N. Chatterjee, Varanasi 1980; S.'s Triṃśikāvijñaptibhāṣya. Critical Editions of the Sanskrit Text and Its Tibetan Translation, ed. H. Buescher, Wien 2007; S.'s Pañcaskandhakavibhāṣa [sanskr./engl.], ed. J. Kramer, I–II, Wien, Bejing 2013 [2014].

Literatur: M. D. Eckel, The Concept of Reason in Jñānagarbha's »Svātantrika Madhyamaka«, in: B. K. Matilal/R. D. Evans (eds.), Buddhist Logic and Epistemology. Studies in the Buddhist Analysis of Inference and Language, Dordrecht etc. 1986, 265–290; E. Frauwallner, Die Philosophie des Buddhismus, Berlin (Ost) 1956, Berlin ⁵2010 (engl. The Philosophy of Buddhism, New Delhi 2010); V. V. Gokhale, The Pañcaskandhaka by Vasubandhu and Its Commentary by S., Ann. Bhandarkar Oriental Res. Inst. 18 (1937), 276–286; Y. Kajiyama, Controversy between the Sākāra- and Nirākāra-vādins of the Yogācāra School. Some Materials, J. Indian and Buddhist Stud. (Indogaku Bukkyōgaku Kenkyū) 14 (1965), 26–37; C. Lindtner, Bhavya's Critique of Yogācāra in the »Madhyamakaratnapradīpa«, Chapter IV, in: B. K. Matilal/R. D. Evans (eds.), Buddhist Logic and Epistemology [s. o.], 239–263. K. L.

Stil (lat. stilus, engl./franz. style, Schreib-, Zeichengerät, allgemein Zeichenmittel), Grundbegriff der Zeichentheorie (↑Semiotik, ↑Zeichen (semiotisch)), insbes. der Theorie künstlerischer (gestalterischer) Zeichenverwendung des ›homo pictor‹ (↑Produktionstheorie). Unterschieden wird ein deskriptiver (↑deskriptiv/präskriptiv) und ein ↑normativer Gebrauch des S.begriffs, unter den in einer Darstellung Modi der Gegenstandsvertretung ebenso fallen wie Modi der Verwendung unterscheidungsdienlicher Mittel. S.phänomene beginnen sich auf der *Symptomebene* (↑Symptom) einzuspielen (Ausführperspektive: wer Feuer macht, kann dessen Rauchentwicklung gering halten) und werden auf der *Symbolebene* (↑Symbol) als *S.mittel* ›gelesen‹ (Anführperspektive: jemanden als denjenigen identifizieren, der raucharme Feuer macht). S.formen lassen sich somit erst an ↑Aktualisierungen im Sinne von Instanzen, nicht schon an Schemata (↑Schema) von Zeichenhandlungen ausmachen (↑type and token), so daß S. zu den rezeptionstheoretischen (↑Rezeptionstheorie) Grundbegriffen der Zeichentheorie gehört. In diesem Sinne ist deshalb allgemein von einem ›parasemiotischen‹, in bezug auf Verbalsprache von einem ›paralinguistischen‹ Phänomen die Rede. In deskriptiver Verwendung des Ausdrucks ›S.‹ kann von den in allen Kulturen vorkommenden S.formen der produktiven Zeichenverwendung gesprochen werden, eine Vielfalt, die ↑Relativismus bzw. ↑Pluralismus im Gefolge hat. In normativer Verwendung werden jeweils bestimmte S.formen zum ›regulativen Vergleichsmaßstab‹ (W. Hofmann) erhoben, so daß etwa in den 60er und 70er Jahren des 20. Jhs. für die Kunstkritik, besonders aber für die Lehre an Kunsthochschulen, die unter der Kennzeichnung ›Informel‹ zusammengefaßten S.tendenzen der 50er Jahre den Orientierungsrahmen bilden. S. läßt sich als spezieller ↑Modifikator von Zeichenverwendungen interpretieren, der relativ zu eingesetztem Zeichensystem und Rezipient zeichenvermitteltes Welterzeugen, Welt- und Zeichenverstehen verändert.

›S.‹, aus der antiken ↑Rhetorik stammend (stilus sublimis, mediocris, humilis), wird Mitte des 17. Jhs. von Poetik und Rhetorik auf bildende Kunst, später auch auf Musik übertragen in der ursprünglichen Bedeutung von ital. maniera (an die die kunstorientierte S.kritik anknüpft) als dem jedem Künstler (Individualstil), jeder Zeit (Temporalstil) und jedem Volk (Nationalstil) eigenen Verfahren (modus) künstlerischer Gestaltung (↑Darstellung (semiotisch)) von Gegenständen (z. B. maniera di Donatello), ohne bewertendes Adjektiv (wie etwa in maniera buona); im Anschluß daran tadelnder Gebrauch, der sich im Ausdruck ›Manieriertheit‹ erhalten hat. Heute ist ›S.‹ Bezeichnung für die vielfältigen Äußerungsweisen, wie sie sich in Haltung und Handeln (mit Dingen und Personen), im Lebensvollzug insgesamt (Lebensstil: ›jemand hat S.‹) zur Geltung bringen und zu je eigentümlichen Ausprägungen (z. B. von Form, Prozeß, Figur) führen. Verselbständigt zu S.theorie bzw. Stilistik (S.lehre) werden historisch S.phänomene nach wie vor hauptsächlich auf künstlerischem Feld untersucht. Als stilbildend werden dabei je nach Kontext alle von der jeweiligen Zeichenfunktion abhängigen Aspekte angesehen. Darunter fällt die materialbezogene Zeichengestalt (↑Medium (semiotisch)) dann, wenn nicht-denotative, z. B. exemplifikative (↑Exemplifikation), im Unterschied zu denotativer (↑Denotation) Bedeutungskonstitution vorherrscht, so daß die herkömmliche Differenzierung »Sujet ist offensichtlich das, *was* gesagt wird; und *wie* es gesagt wird, ist S.« (N. Goodman 1984,

38) zum Ausgangspunkt wird für viele Schwierigkeiten bei der begrifflichen Klärung dieses Ausdrucks aus der »Rubrik ›wissenschaftliches Allerweltsvokabular‹« (W. Sanders 1995, 1).

Systematisch (zeichenphilosophisch) betrachtet geht es um eine Philosophie des S.s mit zwei komplementären Teilthemen: (1) die begrifflichen Voraussetzungen einer S.theorie bzw. (allgemeinen) Stilistik, die (a) Macharten (Produktionsmodi) in der S.bildung und (b) Lesarten (Rezeptionsmodi) im S.verstehen zum Gegenstand hat, (2) die sich gelingender begrifflicher Arbeit bedienende Diskussion der S.problematik innerhalb der Philosophie selbst, die unter dem Titel ›Literarische Formen in der Philosophie‹ (G. Gabriel/C. Schildknecht 1990; M. Frank 1992) geführt wird. Diese Erörterungen, zu denen methodische Mittel aus Sprachphilosophie, Linguistik und Semiotik heranzuziehen sind, gründen auf der Tatsache, daß relativ zur durch Zeichen geleisteten Mittelbarkeit des Erkennens durchaus stillose (stilneutrale), jedoch keineswegs stilfreie Erkenntnisvermittlung möglich ist, auch nicht im Bereich der auf Normierung der im wesentlichen auf verbalsprachliche Mittel setzenden Apophantizität, dem Kernstück philosophischen Argumentierens, so daß das Verhältnis von Normierungs- und S.funktion in der Zeichengebung vor allem hinsichtlich ihres Geltungsanspruchs zur Debatte steht.

Argumentationshistorisch geht es darum, S. als vermittelnde Komponente von Aneignung und Objektierung relativ zu einem Zeichensystem anzusehen, wobei in der Diskussion bis heute künstlerische S.bildung die Hauptrolle spielt. Erst die moderne ↑Linguistik thematisiert in der Linguostilistik den (Verbal-)Sprachstil als solchen (z. B. interlinguistische S.merkmale in Jugend- oder Generationssprache), in der linguistischen Poetik die Beziehungen zwischen Sprachstil und literarischem S..

Paradigmatisch für die *S.kritik* als wichtigem Bestandteil der Methode zur Erforschung formgeschichtlicher Phänomene ist J. J. Winckelmanns »Geschichte der Kunst des Alterthums« (1764), die die Kunstformen einer Epoche in ihrer historischen Entwicklung darstellt. Für Bemühungen, Grundtypen des S.s auszumachen, stehen seit dem Ausgang des 18. Jhs. bekannte Begriffspaare wie (im Bezug auf Dichtung) F. Schillers ›naiv‹ – ›sentimentalisch‹, J. W. Goethes ›real‹ – ›ideal‹, (im Bezug auf bildende Kunst) A. Riegls ›haptisch‹ – ›optisch‹, W. Worringers ›Abstraktion‹ – ›Einfühlung‹, E. Panofskys ›Fülle‹ – ›Form‹, (von philosophischer Seite) F. Nietzsches ›dionysisch‹ – ›apollinisch‹. Um das Begriffsnetz aus ›Form‹, ›Manier‹, ›Modus‹, ›Nachahmung‹, ›Originalität‹ und ›S.‹ engmaschiger zu knüpfen oder um es weitgehend zu entwirren, werden von I. Kant über Goethe zu Goodman Vorschläge zur begrifflichen Fassung von S. gemacht.

Kant – bei ihm fehlt der Ausdruck ›S.‹ – diskutiert in der »Kritik der Urteilskraft« (§ 49) ›Manier‹ (›Manierieren‹) im methodologischen Rahmen unter Einschluß einer mimesiskritischen (↑Mimesis) Komponente, die sowohl Nachahmung von Welt als auch von regelerzeugenden Verfahren (des Genies) umfaßt. Er unterscheidet zwei Modi: (1) Manier als ›modus aestheticus‹, (2) Methode als ›modus logicus‹; Manier, zuständig für künstlerische Darstellung, ↑Methode, zuständig für wissenschaftliche (philosophische) Darstellung. Beide sind maßgeblich an der ›Zusammenstellung‹ (›Verknüpfung‹) von Teilen einer Darstellung beteiligt, im Falle der Manier mit dem Ziel, Einheit in der Darstellung zu stiften, im Falle der Methode, ein System (von Wissenschaft) zu erzeugen; Methode ist ein ›Verfahren nach Grundsätzen‹, Manier ein ›Verfahren nach Gefühl‹ (des Genies). ›Manierieren‹ bezeichnet nach Kant das vorbehaltlose Streben nach einer Manier und somit nach ›Eigentümlichkeit‹ (das »Prangende (Preziöse), das Geschrobene und Affektierte«), das auf ›Originalität‹ setzt, »um sich nur vom Gemeinen (aber ohne Geist) zu unterscheiden« (Akad.-Ausg. V, 313–320, 320) in der Hoffnung, sich der herrschenden Nachahmungspraxis entziehen zu können, wobei nicht nur die regelerzeugende Musterhaftigkeit des Genies verfehlt wird, sondern insbes. auch die thematische Erschließung des Sujets in der Darstellung.

In produktionstheoretischer Orientierung, die überlieferte Dreiteilung Nachahmung – Manier – S. aufnehmend, entwickelt Goethe im Rahmen geltender Mimesistheorien, pointiert in »Einfache Nachahmung der Natur, Manier, S.« (1788) (Goethes Werke XII, ed. E. Trunz [Hamburger Ausg.], München 1981, 30–34), einen Ansatz zu einer Genese der Bildung und Verwendung von Zeichen (hauptsächlich im pikturalen Bereich) in drei aufeinanderfolgenden Schritten, die sich für sein spezielles Verständnis des Symbols als ausschlaggebend erweisen: (1) Unter der Voraussetzung, »einigermaßen Auge und Hand an Mustern geübt« zu haben, versteht Goethe einfache Nachahmung der Natur als *situationsabhängiges*, gegenstandsgestütztes ›Nachbuchstabieren‹ der Natur (›der Künstler arbeitet *vor* dem Modell‹), um im Kontakt mit dieser Zeichen zu bilden und übend – für weiteren Gebrauch maßgebend – zu verwenden (›Einführungssituation‹). Dieser Schritt bildet den Ausgangspunkt jeder künstlerischen Gegenstandskonstitution. (2) Als Manier bezeichnet Goethe das Erfinden von *situationsunabhängigen* Verwendungsweisen mit Hilfe von Abstraktion (›vergleichend und weglassend arbeitet der Künstler aus dem Kopf‹), ohne vornehmlich auf Anwesenheit des Naturgegenstandes zu setzen (›Verwendungssituation‹). (3) Ohne die mimetische Basis der Kunst zu verlassen, gelangt der Künstler zum S. durch Reflexion auf beide Verwendungstypen, die die Manier insofern nobilitiert, als sie als Mittlerin zwischen ›Arbeit

vor dem Modell‹ (Betonung des Objektivierungsaspektes) und dem Erfinden von pikturalen Zeichen durch abstrahierende Verwendung (Betonung des Aneignungsaspektes) im Hinblick auf S. aufzutreten vermag, so daß sich Kunst in S. vollendet. Relativ zum mimetischen Fundament ist diese Mittlerfunktion von Manier als reflektierte ›Kennerschaft‹ (M. Friedländer) zu verstehen, die sich dadurch auszeichnet, operationales Wissen im geeigneten Bilden- und Verwendenkönnen von Zeichen darzustellen, ohne hierzu noch die Gegenwart des dargestellten Gegenstandes ausdrücklich in Anspruch nehmen zu müssen.

Auf das Subjekt bezogen entwickelt G. W. F. Hegel am Leitfaden von G.-L. L. Buffons berühmtem Diktum »Le style c'est l'homme même« S. als die »Eigenthümlichkeit des Subjekts, welche sich in seiner Ausdrucksweise, der Art seiner Wendungen u.s.f. vollständig zu erkennen giebt« (Ästhetik, Sämtl. Werke XII, 394). Demnach offenbart sich der Künstler relativ zu einer Darstellung in einem unabschließbaren Kreis von Symptomen, bezeichnend für alle seine Lebensvollzüge, ein Verständnis, das sich bis heute in Lebensstil (der sich z. B. in einer ›Schreibart‹ äußert) erhalten hat. Auf das Objekt bezogen folgt Hegel C. F. v. Rumohr, der S. als ein zur »Gewohnheit gediehenes sich Fügen in die inneren Forderungen des Stoffes« erklärt (Italienische Forschungen I, 1827, 87), wobei allerdings unklar bleibt, wie die Anteile der Darstellung von Stofflichkeit des Gegenstandes bzw. Materialität der verwendeten Zeichen verteilt sind. Dessenungeachtet Subjekt- und Objektseite auf dem Weg zur ›echten Originalität‹ miteinander verbindend, möchte Hegel im S. als Darstellungsweise die ›Bedingungen des Materials‹ (z. B. Skulptur aus Holz) mit der ›Forderung bestimmter Kunstgattungen‹ (z. B. Opernstil) verschränkt sehen. – Aus analytischer Sicht bringt Goodman die systematisch relevanten Gesichtspunkte dieser variantenreichen Diskussion neuerlich auf den Begriff (The Status of Style, in: ders., Ways of Worldmaking 1978, 23–40).

Literatur: C. Altieri, Style, in: R. Eldridge (ed.), The Oxford Handbook of Philosophy and Literature, Oxford/New York 2009, 2013, 420–441; J. Anderegg, Literaturwissenschaftliche S.theorie, Göttingen 1977; F. Bazzani/R. Lanfredini/S. Vitale (eds.), La questione dello stile. I linguaggi del pensiero, Florenz 2012; J. Białostocki, Das Modusproblem in den bildenden Künsten. Zur Vorgeschichte und zum Nachleben des ›Modusbriefes‹ von Nicolas Poussin, Z. Kunstgesch. 24 (1961), 128–141, ferner in: ders., S. und Ikonographie. Studien zur Kunstwissenschaft, Dresden 1965, 1967, Dresden, Köln 1981, 12–42; I. Callus/J. Corby/G. Lauri-Lucente (eds.), Style in Theory. Between Literature and Philosophy, London etc. 2013; E. Castel, Zur Entwicklungsgeschichte des Wortbegriffs S., Germanisch-Romanische Monatsschr. 6 (1914), 153–160; B. Curatolo/J. Poirier (eds.), Le style des philosophes, Dijon 2007; A. C. Danto, The Transfiguration of the Commonplace. A Philosophy of Art, Cambridge Mass./London 1981, 1996, bes. 165–208 (7. Metaphor: Expression and

Style) (dt. Die Verklärung des Gewöhnlichen. Eine Philosophie der Kunst, Frankfurt 1984, 2014, bes. 252–315 [7. Metapher, Ausdruck und S.]); L. Dittmann, S. Symbol Struktur. Studien zu Kategorien der Kunstgeschichte, München 1967; C. van Eck/J. McAllister/R. van de Vall (eds.), The Question of Style in Philosophy and the Arts, Cambridge etc. 1995; M. Frank, S. in der Philosophie, Stuttgart 1992; D. Frey, Die Entwicklung nationaler S.e in der mittelalterlichen Kunst des Abendlandes, Dt. Vierteljahrsschr. Literaturwiss. Geistesgesch. 16 (1938), 1–74; G. Gabriel/C. Schildknecht (eds.), Literarische Formen der Philosophie, Stuttgart 1990; H.-G. Gadamer, Exkurs I, in: ders., Wahrheit und Methode. Grundzüge einer philosophischen Hermeneutik, Tübingen 1960, erw. [2]1965, [3]1972, 466–469, I–II, [5]1986, 2010, II, 375–378, ferner in: C. Weissert, Stil in der Kunstgeschichte. Neue Wege der Forschung, Darmstadt 2009, 74–78 (engl. Truth and Method, London, New York 1975, 1988, New York [2]1989, 2013, 449–452); D. Gerhardus, Von der Literarisierung zur Visualisierung. Zeichenphilosophischer Versuch über künstlerische Gegenstandskonstitution, in: H. Sturm (ed.), Artistik, Aachen 1987 (Jb. f. Ästhetik II [1986]), 103–133; E. H. Gombrich, Style, IESS XV (1968), 352–361; N. Goodman, Ways of Worldmaking, Hassocks 1978, Indianapolis Ind. 2013 (dt. Weisen der Welterzeugung, Frankfurt 1984, 2014; franz. Manières de faire des mondes, Nîmes 1992, Paris 2006, 2015); G.-G. Granger, Essai d'une philosophie du style, Paris 1968, 1988; H. U. Gumbrecht/K. L. Pfeiffer (eds.), S.. Geschichten und Funktionen eines kulturwissenschaftlichen Diskurselements, Frankfurt 1986; E. D. Hirsch Jr., Stylistics and Synonymity, Crit. Inquiry 1 (1974/1975), 559–579; M. Hoffmann, S. und Situation – S. als Situation. Zu Grundlagen eines pragmatischen S.begriffs, in: U. Fix u. a. (eds.), Beiträge zur S.theorie, Leipzig 1990, 46–72; W. Hofmann, ›Manier‹ und ›S.‹ in der Kunst des 20. Jahrhunderts, Stud. Gen. 8 (1955), 1–11; G. G. Hough, Style and Stylistics, London, New York 1969, London 1972; F. Kainz, Vorarbeiten zu einer Philosophie des S., Z. f. Ästhetik u. allg. Kunstwiss. 20 (1926), 21–63; H. A. Koch, Kleine S.geschichte der Philosophie. Auf der Suche nach dem literarischen Mehrwert, Würzburg 2014; B. Lang (ed.), The Concept of Style, Philadelphia Pa. 1979, Ithaca N. Y./London 1987; ders., The Anatomy of Philosophical Style. Literary Philosophy and the Philosophy of Literature, Oxford/Cambridge Mass. 1990; O. Marquard, Zur Sprache der Philosophie. Skepsis und S., in: R. Zill (ed.), Ganz anders? Philosophie zwischen akademischem Jargon und Alltagssprache, Berlin 2007, 195–206; F. Möbius (ed.), S. und Gesellschaft. Ein Problemaufriß, Dresden 1984; A. Müller, S.. Studien zur Begriffsgeschichte im romanisch-deutschen Sprachraum, Diss. Erlangen-Nürnberg 1981; H. Müller, Zur Problematik des S.s in der Kunstgeschichte, Würzburg 1940; W. G. Müller, Topik des S.begriffs. Zur Geschichte des S.verständnisses von der Antike bis zur Gegenwart, Darmstadt 1981; A. Neumeyer, Grenzen des S.begriffs, Repertorium f. Kunstwiss. 52 (1931), 201–212; R. Ohmann, Instrumental Style. Notes on the Theory of Speech as Action, in: B. B. Kachru/H. F. W. Stahlke (eds.), Current Trends in Stylistics, Edmonton/Champaign Ill. 1972, 115–141; E. Panofsky, Idea. Ein Beitrag zur Begriffsgeschichte der älteren Kunsttheorie, Leipzig/Berlin 1924, Berlin [3]1975, [7]1993 (engl. Idea. A Concept in Art Theory, Columbia S. C., New York 1968; franz. Idea. Contribution à l'histoire du concept de l'ancienne théorie de l'art, Paris 1985, 2012); P. Por/S. Radnóti (eds.), S.epoche. Theorie und Diskussion. Eine interdisziplinäre Anthologie von Winckelmann bis heute, Frankfurt etc. 1990; R. Rosenberg/W. Brückle, S., in: K. Barck u. a. (eds.), Ästhetische Grundbegriffe V, Stuttgart/Weimar 2003, 641–650 (Einleitung), 650–664 (I Literarischer S.), 664–688 (S. [kunstwissenschaftlich]); W. Sanders,

Linguistische S.theorie. Probleme, Prinzipien und moderne Perspektiven des Sprachstils, Göttingen 1973; ders., Linguistische Stilistik. Grundzüge der S.analyse sprachlicher Kommunikation, Göttingen 1977; ders., S. und Stilistik, Heidelberg 1995; B. Sandig, Probleme einer linguistischen Stilistik, Linguistik u. Didaktik 1 (1970), 177–194; dies., Stilistik der deutschen Sprache, Berlin/New York 1986; R. A. Sayce, The Definition of the Term ›Style‹, in: Proceedings of the Third Congress of the International Comparative Literature Association, Utrecht 1961, 's-Gravenhage 1962, 156–166 (dt. Die Definition des Begriffs ›S.‹, in: H. Hatzfeld [ed.], Romanistische S.forschung, Darmstadt 1975, 296–308); J. v. Schlosser, ›S.geschichte‹ und ›Sprachgeschichte‹ der bildenden Kunst. Ein Rückblick, München 1935 (Sitz.ber. Bayr. Akad. Wiss., philos.-hist. Kl. 1935,1); F. Schmidt, Satz und S., in: H. Kreuzer/R. R. Gunzenhäuser (eds.), Mathematik und Dichtung. Versuche zur Frage einer exakten Literaturwissenschaft, München 1965, erw. [2]1967, [4]1971, 159–170; H. Sedlmayr, Kunst und Wahrheit. Zur Theorie und Methode der Kunstgeschichte, Reinbek b. Hamburg 1958, bes. 11–25 (Kap. I Kunstgeschichte als S.geschichte), erw. Mittenwald/Wien 1978, 32–48 (Kap. III Kunstgeschichte als S.geschichte); B. Sowinski, Stilistik. S.theorie und S.analysen, Stuttgart 1991, [2]1999; S. Ullmann, Style in the French Novel, Cambridge 1957, Oxford 1964; R. W. Wallach, Über Anwendung und Bedeutung des Wortes ›S.‹, München 1919, unter dem Titel: S., wie wurde und wird dieses Wort angewendet und was bedeutet es? Ein Beitrag zur Klärung ästhetischer Terminologie, München 1920; A.-U. Wilke, Philosophie und S.. Eine Verhältnisbestimmung dargestellt an Berkeley, Kant und Wittgenstein, Göttingen 2006. D. G.

Stilpon von Megara, ca. 380–300 v. Chr., griech. Philosoph, drittes Schulhaupt der ↑Megariker, Lehrer des Stoikers Zenon von Kition. S. wird (neben dem Philosophen Bias und dem Dichter Simonides) der in der lateinischen Fassung berühmt gewordene Ausspruch ›omnia mea mecum porto‹ zugeschrieben. Er wandte sich gegen die Platonische ↑Ideenlehre, vertrat in der Tradition der ↑Eristik einen gemäßigten ↑Skeptizismus und in seiner vom ↑Kynismus beeinflußten Ethik das Ideal der ↑Apathie. In der Sprachphilosophie scheint S. eine Art ↑Nominalismus vertreten zu haben mit seiner Auffassung, ›Mensch‹ als ↑Allgemeinbegriff habe keine Bedeutung. Den üblichen Gebrauch der ↑Kopula lehnte er ab und ließ ›ist‹ nur in Identitätsaussagen gelten (z. B. ›Mensch ist Mensch‹, ›gut ist gut‹).

Quellen: Diog. Laert. II 113–120; Simplicii in Aristotelis Physicorum libros quattuor priores commentaria, ed. H. Diels, Berlin 1882 (CAG IX), 120, 13ff.; Plutarchos, Moralia 1119c-d (Adversus Colotem 22). – *Texte:* K. Döring, Die Megariker. Kommentierte Sammlung der Testimonien, Amsterdam 1972 (Stud. zur antiken Philos. II).

Literatur: O. Apelt, S., Rhein. Mus. Philol. 53 (1898), 621–625; M. Conche, S., DP II (1984), 2440–2441; K. Döring, S., in: H. Flashar (ed.), Die Philosophie der Antike II/1, Basel 1998, 230–236, 352; ders., S., DNP XI (2001), 1000–1001; H. Dörrie, S., KP V (1975), 373–374; C. M. Gillespie, On the Megarians, Arch. Gesch. Philos. 24 (1911), 218–241; R. Muller/R. Goulet, S. de Mégare, Dict. ph. ant. VI (2016), 599–601; K. Praechter, S., RE III/A2 (1929), 2525–2533. M. G.

Stimmung (engl. mood), in der ↑Alltagssprache Bezeichnung einerseits für einen dauerhaften Gemütszustand (›Gestimmtsein‹, ↑Gemüt), andererseits für eine (unter Umständen abrupt) veränderliche emotionale Befindlichkeit (›Laune‹, ›S.s-Wechsel‹, ›S.sumschlag‹); in der Psychologie meist in Unterscheidung von plötzlichen Gefühlsbewegungen oder kurzlebigen Gefühlszuständen eine die Tätigkeiten und Befindlichkeiten eines Menschen durchgängig beherrschende und sie überdauernde emotionale Tönung seines Lebens (›Lebensgefühl‹, ›Lebensstimmung‹, ›Grundstimmung‹) oder bestimmter Situationen in diesem Leben. Eine ins Einzelne gehende *philosophische* Analyse von ↑Gefühlen im Allgemeinen und von S.en im Besonderen findet sich erst in neueren Strömungen der ↑Phänomenologie und der Analytischen Philosophie (↑Philosophie, analytische). Insbes. die von H. Schmitz begründete ›Neue Phänomenologie‹ hat die Leibgebundenheit (↑Leib) von Gefühlen und S.en sowie ihre ›Räumlichkeit‹ herausgearbeitet: sie sind leibgebunden und insofern ›räumlich‹, als sie sich in affektivem Betroffensein und in leiblichen Regungen manifestieren (z. B. Trauer in leiblich gespürter Engung und in Tränen, Freude in leiblich gespürtem Gehoben- und Geweitetsein). Über diese leibliche und subjektgebundene Räumlichkeit hinaus sind speziell S.en ›räumlich‹, wenn sie offene und geschlossene Räume (z. B. Landschaften, Höhlen, Kirchen, Säle), gegebenenfalls in Abhängigkeit von Tages- und Jahreszeiten, als ›Atmosphären‹ beherrschen, die den dafür Empfänglichen ›ergreifen‹ können, indem sie affektives Betroffensein und leibliche Regungen auslösen. Die Rede von der ›Räumlichkeit‹ der Gefühle und der S.en bringt zum Ausdruck, daß sie Volumen haben und von Richtungen und Erstreckungen durchzogen sind, ohne jedoch flächig und teilbar zu sein wie der geometrisch ausmeßbare ↑Raum. Von diesem phänomenologischen Verständnis hebt M. Heideggers ↑Fundamentalontologie das ›Gestimmtsein‹ oder die ›Gestimmtheit‹ als ontologische welterschließende Grundbefindlichkeit (↑Befindlichkeit) des ↑Daseins ab (Sein und Zeit, 134–140 [§ 29 Das Da-sein als Befindlichkeit], 339–346 [§ 68b Die Zeitlichkeit der Befindlichkeit]). Die ↑Daseinsanalyse von L. Binswanger und M. Boss sucht die fundamentalontologischen Kategorien unter anderem für die Analyse und die Therapie von ›Verstimmungen‹ (endogene und exogene Depressionen, Melancholie, Lebenssinnkrisen) fruchtbar zu machen.

In der tierischen ↑Verhaltensforschung dient ›S.‹ neben ›Gestimmtheit‹ zur Bezeichnung der spezifischen Aktionsbereitschaft (›Handlungs‹- bzw. Reaktionsbereitschaft) eines Tieres, die sich in einem Suchverhalten, dem so genannten ›Appetenzverhalten‹, äußern kann. Die die Aktivität auslösende Reizsituation und die Aktivität selbst können dann ihrerseits zu einer ›Umstimmung‹ des Tieres und das Zusammensein mit Artgenossen zu ›S.sübertragungen‹ führen.

Literatur: L. Binswanger, Grundformen der Erkenntnis menschlichen Daseins, Zürich 1942, Basel/München [5]1973, ed. M. Herzog, Heidelberg 1993 (= Ausgew. Werke II); H. Bless, S. und Denken. Ein Modell zum Einfluß von S.en auf Denkprozesse, Bern etc. 1997; O. F. Bollnow, Das Wesen der S.en, Frankfurt 1941, [8]1995, ferner als: ders., Schr. I, ed. U. Boelhauve, Würzburg 2009 (franz. Les tonalités affectives. Essai d'anthropologie philosophique, Neuchâtel 1953); M. Boss, Psychoanalyse und Daseinsanalytik, Bern/Stuttgart 1957, München 1980 (engl. Psychoanalysis and Daseinsanalysis, New York 1963; franz. Psychanalyse et analytique du Dasein, Paris 2007); H. Bude, Das Gefühl der Welt. Über die Macht von S.en, München 2016, Bonn 2017; T. Bulka, S., Emotion, Atmosphäre. Phänomenologische Untersuchungen zur Struktur der menschlichen Affektivität, Münster 2015; P.-L. Coriando, Affektenlehre und Phänomenologie der S.en. Wege einer Ontologie und Ethik des Emotionalen, Frankfurt 2002; S. J. Dimond, The Social Behaviour of Animals, London 1970, 111–115 (dt. Das soziale Verhalten der Tiere, Düsseldorf/Köln 1972, 103–107); I. Eibl-Eibesfeld, Grundriß der vergleichenden Verhaltensforschung. Ethologie, München 1967, München/Zürich [8]1999, Vierkirchen-Pasenbach 2004 (engl. Ethology. The Biology of Behavior, New York 1970, [2]1975); A.-K. Gisbertz, S. – Leib – Sprache. Eine Konfiguration in der Wiener Moderne, München/Paderborn 2009; dies., S.. Zur Wiederkehr einer ästhetischen Kategorie, München/Paderborn 2011; B.-C. Han, Heideggers Herz. Zum Begriff der S. bei Martin Heidegger, München 1996; M. Heidegger, Sein und Zeit, Halle 1927, Tübingen [19]2006, Neuausg. Berlin 2001, Berlin/München/Boston Mass. [3]2015; G. Huber, Über das Gemüt. Eine daseinsanalytische Studie, Basel/Stuttgart 1975; H. Kenaan/I. Ferber (eds.), Philosophy's Moods. The Affective Grounds of Thinking, Dordrecht etc. 2011; M. Ledwig, Mixed Feelings. Emotional Phenomena, Rationality and Vagueness, Frankfurt etc. 2009; K. Lorenz, Über tierisches und menschliches Verhalten. Aus dem Werdegang der Verhaltenslehre. Gesammelte Abhandlungen, I–II, München 1965, I, [17]1974, II, [11]1974, Neuausg. München/Zürich 1984, [3]1992 (franz. Essais sur le comportement animal et humain. Les leçons de l'évolution de la théorie du comportement, Paris 1970, 1989; engl. Studies in Animal and Human Behaviour, I–II, Cambridge Mass., London 1970/1971); R. Pocai, Heideggers Theorie der Befindlichkeit. Sein Denken zwischen 1927 und 1933, Freiburg/München 1996; F. Reents/B. Meyer-Sickendiek (eds.), S. und Methode, Tübingen 2013; J. C. Robinson, Mood, IESS V (2008), 275–277; G. Ryle, The Concept of Mind, London 1949, New York 1952 (repr. London etc. 1975), Harmondsworth 1963 (repr. London 1988), 98–104 (dt. Der Begriff des Geistes, Stuttgart 1969, 2015, 128–136); H. Schmitz, System der Philosophie III/2 (Der Gefühlsraum), Bonn 1969, [3]1998, 2005; ders., Atmosphären, Freiburg/München 2014; P. Schröder, S.en und Verstimmungen, Leipzig 1930; M. Siemer, S.en, Emotionen und soziale Urteile, Frankfurt etc. 1999; S. Strasser, Das Gemüt. Grundgedanken zu einer phänomenologischen Philosophie und Theorie der menschlichen Gefühlslebens, Freiburg, Utrecht/Antwerpen 1956 (engl. Phenomenology of Feeling. An Essay on the Phenomena of the Heart, Pittsburgh Pa. 1977); G. Tembrock, Verhaltensforschung. Eine Einführung in die Tier-Ethologie, Jena 1961, [2]1964; N. Tinbergen, The Study of Instinct, Oxford 1951, Oxford etc. 1989 (dt. Instinktlehre. Vergleichende Erforschung angeborenen Verhaltens, Berlin/Hamburg 1952, Berlin [6]1979; franz. L'étude de l'instinct, Paris 1953, 1980); F. J. Wetz, S., Hist. Wb. Ph. X (1998), 173–176; R. Wimmer, Zum Wesen der S.en. Begriffliche Erörterungen, in: F. Kümmel (ed.), O. F. Bollnow: Hermeneutische Philosophie und Pädagogik, Freiburg/München 1997, 143–164. R. Wi.

Stirner, Max (Pseudonym für Johann Caspar Schmidt), *Bayreuth 25. Okt. 1806, †Berlin 25. Juni 1856, dt. Philosoph. 1826–1828 Studium der Theologie und Philosophie (unter anderem bei G. W. F. Hegel) in Berlin; dort als Lehrer und Journalist tätig. S. verkehrt in der junghegelianischen Vereinigung »Die Freien«, in der er mit B. Bauer und F. Engels zusammentrifft. – In seinem Hauptwerk »Der Einzige und sein Eigentum« (1845) denkt S., ausgehend von L. Feuerbach und Bauer, denen er mangelnde Konsequenz vorwirft, einen extremen ↑Egoismus (ethischen ↑Solipsismus) zu Ende. Jede ↑Autorität (Gott, Kirche, Staat) wird negiert. Insofern steht S. dem theoretischen ↑Anarchismus nahe, unterscheidet sich aber von diesem dadurch, daß er auch den Gedanken einer allgemeinen Humanität und jedes Ideal als bloße Phrase ablehnt. S. geht so weit, daß er Wert nur dem zuerkennt, was ›Mir‹ (dem ›Einzigen‹) nutzt. Hierbei bedient er sich in der Darstellung konsequenterweise der Ich-Form. Das ↑Ich ist nicht ein beliebiges Ich, sondern das sich seiner Einzigkeit bewußte Ich. Obwohl S. die staatliche Ordnung als den großen Feind des Einzigen betrachtet, lehnt er Revolutionen (↑Revolution (sozial)) ab, weil sie nur eine neue Ordnung an die Stelle der alten setzten. Als Egoist ›empört‹ er sich, d. h. erhebt sich über den ↑Staat, indem er ihm nicht zu Diensten ist, mit der Absicht, ihn dadurch absterben zu lassen.

S.s Werk geriet nach anfänglicher Beachtung bald in Vergessenheit. Er selbst hatte Mühe, sein Leben mit Übersetzungen nationalökonomischer Schriften (unter anderem von A. Smith und L. B. Say) zu fristen, und starb schließlich verarmt und unbeachtet. Aufmerksam wurde man auf S. wieder Ende des 19. Jhs., als man Parallelen zwischen seinem ›Einzigen‹ und F. Nietzsches ↑›Übermenschen‹ feststellte. Das gleiche wiederholt sich später durch Vergleiche mit dem (französischen) Existentialismus (↑Existenzphilosophie). In der neueren Rezeption wird S. als früher Kritiker eines totalitären Sozialismus (↑Kommunismus) gelesen.

Werke: Der Einzige und sein Eigentum, Leipzig 1845, ed. A. Ruest, Berlin 1924, ed. B. Kast, Freiburg/München 2009, ³2016 (franz. L'unique et sa propriété, Paris 1899 [repr. 1972], 2000; engl. The Ego and His Own, New York 1907, London 1912, mit Untertitel: The Case of the Individual Against Authority, ed. J. J. Martin, New York 1963, Mineola N. Y. 2005); Geschichte der Reaktion, I–II, Berlin 1852 (repr., in 1 Bd., Aalen 1967); M. S.s Kleinere Schriften und seine Entgegnungen auf die Kritik seines Werkes »Der Einzige und sein Eigenthum«. Aus den Jahren 1842–1848, ed. J. H. Mackay, Berlin 1898, erw. ²1914 (repr. Stutt-gart-Bad Cannstatt 1976) (ital. Scritti minori e risposte ai critici de L'unico di M. S., Mailand 1923, unter dem Titel: Scritti minori e risposte ai critici dell'Unico, I–II, Rom 1969, unter dem Titel: Scritti minori e risposte alle critiche mosse alla sua opera »L'unico e la sua proprietà« degli anni 1842–1847, Bologna 1983); Der Einzige und sein Eigentum und andere Schriften, ed. H. G. Helms, München 1968, 1970; Parerga, Kritiken, Repliken, ed. B. A. Laska, Nürnberg 1986.

Literatur: H. Arvon, Aux sources de l'existentialisme: M. S., Paris 1954 (dt. M. S.. An den Quellen des Existenzialismus, ed. A. Geus, Rangsdorf 2012); ders., S., DP II (²1993), 2705–2709; G. Bartsch, S.s Anti-Philosophie & die revolutionären Fisiokraten. Zwei Essays, Berlin 1992; R. A. Bast, S., NDB XXV (2013), 359–360; L. Bily, S., BBKL X (1995), 1489–1494; J. P. Clark, M. S.'s Egoism, London 1976; K. W. Fleming (ed.), M. S.'s »Der Einzige und sein Eigentum« im Spiegel der zeitgenössischen Kritik. Eine Textauswahl (1844–1856), Leipzig 2001 (Stirneriana XX), ²2006, 2008; H. G. Helms, Die Ideologie der anonymen Gesellschaft. M. S.s ›Einziger‹ und der Fortschritt des demokratischen Selbstbewußtseins vom Vormärz bis zur Bundesrepublik, Köln 1966; B. Kast, Die Thematik des ›Eigners‹ in der Philosophie M. S.s. Sein Beitrag zur Radikalisierung der anthropologischen Fragestellung, Bonn 1979; ders., M. S.s Destruktion der spekulativen Philosophie. Das Radikal des Eigners und die Auflösung der Abstrakta Mensch und Menschheit, Freiburg/München 2016; J. Knoblauch/P. Peterson (eds.), Ich hab' mein Sach' auf Nichts gestellt. Texte zur Aktualität von M. S., Berlin 1996; B. A. Laska, Ein heimlicher Hit. 150 Jahre S.s »Einziger«. Eine kurze Editionsgeschichte, Nürnberg 1994, 1998; ders., Ein dauerhafter Dissident. 150 Jahre S.s »Einziger«. Eine kurze Wirkungsgeschichte, Nürnberg 1996; ders., ›Katechon‹ und ›Anarch‹. Carl Schmitts und Ernst Jüngers Reaktionen auf M. S., Nürnberg 1997; D. Leopold, S., REP IX (1998), 140–141; ders., S., SEP 2002, rev. 2015; W.-A. Liebert/W. Moskopp (eds.), Die Selbstermächtigung der Einzigen. Texte zur Aktualität M. S.s, Berlin/Münster 2014; J. H. Mackay, M. S.. Sein Leben und sein Werk, Berlin 1898, erw. ³1914 (repr. Freiburg 1977); S. Newman, Power and Politics in Poststructuralist Thought. New Theories of the Political, London/New York 2005; ders. (ed.), M. S., Basingstoke/New York 2011; R. W. K. Paterson, The Nihilistic Egoist M. S., London/New York/Toronto 1971 (repr. Aldershot 1993); G. Penzo, M. S.. La rivolta esistenziale, Turin 1971, Genua ³1992 (dt. Die existentielle Empörung. M. S. zwischen Philosophie und Anarchie, Frankfurt etc. 2006); ders., Invito al pensiero di M. S., Mailand 1996; A. Schaefer, Macht und Protest, Meisenheim am Glan 1968, unter dem Titel: Der Staat und das Reservat der Eigenheit. Hegel, Marx, S., Berlin 1989, unter dem Titel: Macht und Protest. Hegel, Marx, S.. Der Staat und das Reservat der Eigenheit, Cuxhaven/Dartford ²1997; M. Schuhmann, Radikale Individualität. Zur Aktualität der Konzepte von Marquis de Sade, M. S. und Friedrich Nietzsche, Bielefeld 2011; H. Schultheiss, S.. Grundlagen zum Verständnis des Werkes »Der Einzige und sein Eigentum«, Ratibor 1906, ed. R. Dedo, Leipzig ²1922, ed. K. W. Fleming, 1998 (Stirneriana XI); A. Stulpe, Gesichter des Einzigen. M. S. und die Anatomie moderner Individualität, Berlin 2010; P. Suren, M. S. über Nutzen und Schaden der Wahrheit. Eine philosophische Untersuchung nebst einer Einleitung und einem Anhang mit ergänzenden Betrachtungen, Frankfurt etc. 1991; J. F. Welsh, M. S.'s Dialectical Egoism. A New Interpretation, Lanham Md. etc. 2010. – Sonderhefte: Der Einzige. Vierteljahresschr. d. M.-S.-Archivs Leipzig 1 (1998) – 35/36 (2006); Der Einzige. Jb. d. M.-S.-Ges. 2008–2013. G. G.

Stoa, griech. Philosophenschule, um 300 v. Chr. durch Zenon von Kition gegründet, bestand bis zur Mitte des 3. Jhs. n. Chr.. Benannt wurde die S. nach der στοὰ ποικίλη, einer bunt ausgemalten Wandelhalle in Athen, in der sich die frühen Stoiker trafen. Die S. wird eingeteilt in die *Ältere* S. (Zenon, Kleanthes von Assos, Chrysippos von Soloi, Ariston von Chios, Herillos von Karthago, Dionysios von Herakleia, Sphairos von Borysthenes), die *Frühe* bzw. *Mittlere* S. (Diogenes von Seleukeia, Antipatros von Tarsos), die *Jüngere* S. (Panaitios von Rhodos, Poseidonios von Apamaia) und die (römische) *Kaiserzeitliche* S. (L. A. Seneca, Epiktet, Marcus Aurelius); außerdem sind wichtig: Athenodoros, Areios Didymos, Herakleitos, Kornutos, C. M. Rufus, Chairemon, Hierokles und Kebes.

Die Stoa versteht sich ursprünglich (bei starker Hinwendung zum ↑Kynismus) als Erneuerung und legitime Fortsetzung der Sokratik (↑Sokratiker) und setzt sich daher kritisch und polemisch mit der ↑Akademie und dem ↑Peripatos auseinander. Der Schulgründer Zenon entwirft die Grundzüge der stoischen Philosophie, die Chrysippos zu einem System vollendet. Die heftige Kritik des Akademikers Karneades veranlaßt Panaitios und Poseidonios, die Lehre der Akademie und des Peripatos zum Teil zu übernehmen und (bisweilen gegen das System des Chrysippos) zu den flexibleren Anfängen der S. zurückzukehren. Poseidonios ändert die Telosformel (↑Telos) der alten S., für die ›gemäß der Natur zu leben‹ das Ziel des Menschen ist, in ›gemäß dem Logos leben‹ um, da er den früheren stoischen Optimismus von der durchgängigen Vernünftigkeit der Natur aufgibt. Im 1. Jh. n. Chr. wird die S. (in der Prägung des Poseidonios) zur Modephilosophie der Römer und Griechen; da sie sich jedoch auf ↑Eklektizismus beschränkt und keine überzeugende, gegenüber den anderen Philosophenschulen konkurrenzfähige Systematik entwickelt, verliert sie an Bedeutung und geht schließlich im ↑Neuplatonismus auf. – Trotz ihres ↑Pantheismus und ↑Determinismus beeinflußt die S. (vor allem mit ihrer Vorsehungslehre und der ethischen ↑Kasuistik der Mittleren S.) die sich entwickelnde christliche Philosophie und Theologie nachhaltig; die Erneuerer der stoischen Philosophie im 17. und 18. Jh. berufen sich vor allem auf Seneca und Epiktet.

Strikter ↑Rationalismus, kosmologischer ↑Monismus, ethischer ↑Rigorismus und erkenntnistheoretischer Materialismus (↑Materialismus (historisch), ↑Materialismus (systematisch)) sind die Hauptmerkmale der S.. Mittelpunkt der in Logik, Ethik und Physik (Naturphilosophie) gegliederten Philosophie der S. ist die ↑Ethik, die in schroffem Gegensatz zur Lustlehre (↑Hedonismus, ↑Lust) Epikurs steht. Die oberste Maxime ist, in Übereinstimmung mit sich selbst und mit der Natur zu leben, d. h. gemäß dem Gesetz der (göttlichen) Vernunft (↑Logos) zu handeln. Neigungen und ↑Affekte, die als der Vernunft zuwiderlaufende Bewegungen der ↑Seele gedeutet werden, behindern die Einsicht und sind daher rigoros zu bekämpfen. Das Ideal des Weisen besteht in einem leidenschaftslosen (↑Apathie, ↑Güterethik), pflichtgemäßen Tugendleben. Die Welt wird als ↑Makrokosmos verstanden, als einheitlicher, vom (materiell, als Feuer, vorgestellten) Logos durchgängig beherrschter (↑Nomos), in zyklischer Folge vergehender und wieder neu entstehender (↑Ewigkeit der Welt) Körper (↑Hylemorphismus), in dem jede Einzelheit durch die Vernunft teleologisch (↑Teleologie) determiniert ist (↑Schicksal). Daneben hat die S. eine theologisch-religiöse Vorstellung vom ↑Kosmos entwickelt, die die Natur, die Menschen- und die Götterwelt umfaßt und im ↑Orthos logos ihren sprachlichen Ausdruck findet. Gut ist derjenige, der die naturgesetzlich vorgegebenen Pflichten und Aufgaben erfüllt (↑Gute, das); die (Aristotelische) tugendethische Lehre von der ›goldenen Mitte‹ (↑Mesotes) lehnt die S. strikt ab. Frei ist nur der affektlose Weise, der sich völlig unter das Gesetz der Vernunft stellt (↑Freiheit, ↑Fatalismus), die äußeren Güter (selbst das eigene Leben) als ›gleichgültig‹ (↑Adiaphora) ansieht und sich durch nichts erschüttern (↑Ataraxie) läßt. Als Vorbild dieser Haltung gilt Sokrates.

Aus der Vorstellung eines ewigen, absolut gültigen Weltgesetzes des Logos (*lex aeterna*) und den daraus folgenden Konsequenzen für das Zusammenleben der Menschen entwickelt die S. eine von den Rahmenbedingungen der griechischen Polis unabhängige umfassende (kosmopolitische) Staats- und Rechtslehre. Das darin enthaltene Völker-, Staats- und ↑Naturrecht (eine apriorische Konstruktion von Rechtsnormen, die zugleich als Beurteilungsmaßstab für das jeweilige positive Recht gilt) hat die Rechtstheorie und die Theologie nachhaltig beeinflußt. Mit ihrer These von der Gleichheit (↑Gleichheit (sozial)) aller Menschen, die den noch von Aristoteles betonten Unterschied von Sklave und Herr aufhebt, geht die S. weit über das zeitgenössische Moral- und Rechtsdenken hinaus (↑Brüderlichkeit).

Die herausragende Bedeutung der nur fragmentarisch überlieferten stoischen Logik (↑Logik, stoische), die auch Grammatik und ↑Rhetorik umfaßt, wird erst erkannt, als C. S. Peirce entdeckt, daß es sich dabei im Gegensatz zur ↑Termlogik des Aristoteles (↑Aristotelische Logik) um eine Logik der Aussagen (↑Junktorenlogik) handelt. Die vor allem von Chrysippos entwickelte Junktorenlogik vertritt bereits eine wahrheitsfunktionale Definition der ↑Junktoren. Für das logische Schließen werden Schemata von Schlußregeln (↑Schluß) formuliert. Weitere Untersuchungen gelten der ↑Modallogik (↑Konditionalsatz) und dem semantischen Problem von Wahrheit (die im Gegensatz zum ↑Skeptizismus der Zeit für möglich gehalten wird) und Bedeutung. Wahrheit und Irrtum werden dabei auf den sprachlichen Bereich eingeschränkt; das Problem der Wahrheitsbedingungen modallogischer (↑Modallogik) Aussagen (↑möglich/ Möglichkeit, ↑notwendig/Notwendigkeit) wird explizit angeführt. Die zahlreichen von der S. überlieferten ↑Fangschlüsse dienen didaktischen Zwecken und dem Bemühen um Präzisierung logischer Argumentationsverfahren. Im Kontext der Problematik der ↑Lügner-Paradoxie entwickelt die S. Ansätze zu einer Theorie der ↑Metasprache. Die in Anordnung und Terminologie bis in die neueste Zeit gültige stoische Grammatik findet ihre linguistisch-sprachphilosophische Ergänzung in den (heute zum Teil neu entdeckten) Unterscheidungen von Wortbedeutung, Wortgestalt und gemeinter außersprachlicher ↑Realität (↑Semantik, ↑Syntax, ↑Referenz). Als allgemeine anthropologische Konstanten des Erkennens nimmt die S. intuitiv gültige Allgemeinbegriffe (↑communes conceptiones, ↑Idee (historisch)) an. Eine Kosmos, Literatur, Mythos und Orakelsprüche umfassende Theorie der Interpretation soll der Entschlüsselung auch verborgener Wahrheiten dienen.

Quellen: J. v. Arnim (ed.), Stoicorum veterum fragmenta, I–IV, Leipzig 1903–1924 (repr. Stuttgart 1978–1979, München/Leipzig 2004); L. Baus (ed.), Die atheistische Werke der Stoiker. Eine Auswahl der bedeutendsten Abhandlungen der antiken Stoiker, Homburg 2012, ²2015; N. Festa (ed.), I frammenti degli stoici antichi (griech./ital.), I–II, Bari 1932/1935 (repr., in 1 Bd., Hildesheim/New York 1971); M. Hadas (ed.), Essential Works of Stoicism, New York 1961; F. K. Hazlitt/H. Hazlitt (eds.), The Wisdom of the Stoics. Selections from Seneca, Epictetus, and Marcus Aurelius, Lanham Md. 1984; K. Hülser (ed.), Die Fragmente zur Dialektik der Stoiker, I–IV, Stuttgart-Bad Cannstatt 1987–1988; R. Nickel, S. und Stoiker, I–II, Düsseldorf 2008; W. J. Oates (ed.), Stoic and Epicurean Philosophers. The Complete Extant Writings of Epicurus, Epictetus, Lucretius, Marcus Aurelius, New York 1940, 1957; M. Pohlenz (ed.), S. und Stoiker I (Die Gründer – Panaitios – Poseidonios), Zürich 1950, ²1964.

Literatur: D. Baltzly, Stoicism, SEP 1996, rev. 2013; J. Barnes, Logic and the Imperial S., Leiden/New York/Köln 1997; P. Barth/A. Goedeckemeyer, Die S., Stuttgart 1903, ⁶1946; L. C. Becker, A New Stoicism, Princeton N. J. 1998, 1999; R. Bees, S., Stoizismus, Hist. Wb. Rhetorik IX (2009), 118–136; T. Bénatouïl, Les stoïciens et le monde, Paris 2005; S. Bobzien, Die stoische Modallogik, Würzburg 1986; dies., Determinism and Freedom in Stoic Philosophy, Oxford 1998, 2004; A. Bonhöffer, Epictet und die S.. Untersuchungen zur stoischen Philosophie, Stuttgart 1890 (repr. Stuttgart-Bad Cannstatt 1968); ders., Die Ethik des Stoikers Epictet, Stuttgart 1894 (repr. Stuttgart-Bad Cannstatt 1968) (engl. The Ethics of the Stoic Epictetus. An English Translation, New York etc. 1996); K. Bormann/C. Strohm, S./Stoizismus/Neustoizismus, TRE XXXII (2001), 179–193; G. R. Boys-Stones, Post-Hellenistic Philosophy. A Study of Its Development from the Stoics to Origen, Oxford etc. 2001, 2003; T. Brennan, The Stoic Life. Emotions, Duties, and Fate, Oxford etc. 2005, 2010; M. L. Colish, The Stoic Tradition from Antiquity to the Early Middle Ages, I–II, Leiden 1985, Leiden etc. 1990; H. Dörrie, Die S., KP V (1975), 376–378; J.-J. Duhot, La conception stoïcienne de la cau-

salité, Paris 1989; L. Edelstein, The Meaning of Stoicism, Cambridge Mass. 1966, 1980; S. Engstrom/J. Whiting (eds.), Aristotle, Kant, and the Stoics. Rethinking Happiness and Duty, Cambridge etc. 1996, 1998; A. Erskine, The Hellenistic S.. Political Thought and Action, Ithaca N. Y. 1990, London ²2011; M. Forschner, Die stoische Ethik. Über den Zusammenhang von Natur-, Sprach- und Moralphilosophie im altstoischen System, Stuttgart 1981 (repr. Darmstadt 1995, 2005); ders./F. Böhling, S.; Stoizismus, Hist. Wb. Ph. X (1998), 176–186; K. v. Fritz, Schriften zur griechischen Logik II (Logik, Ontologie und Mathematik), Stuttgart-Bad Cannstatt 1978, bes. 133–144; P. M. Gentinetta, Zur Sprachbetrachtung bei den Sophisten und in der stoisch-hellenistischen Zeit, Winterthur 1961; O. Gigon, Stoiker, LAW (1965), 2929–2932; C. Gill, Stoicism, NDHI V (2005), 2259–2260; J.-B. Gourinat, La dialectique des stoïciens, Paris 2000; B. Guckes (ed.), Zur Ethik der älteren S., Göttingen 2004; P. P. Hallie, Stoicism, Enc. Ph. VIII (1967), 19–22; H. Hartmann, Gewißheit und Wahrheit. Der Streit zwischen S. und akademischer Skepsis, Halle 1927; R. D. Hicks, Stoic and Epicurean, London 1910, New York 1962; C. Höcker, S., DNP IX (2001), 1002–1006; E. Holler, Seneca und die Seelenteilungslehre und Affektpsychologie der Mittelstoa, Diss. Kallmünz 1934; M. Hossenfelder, S., Epikureismus und Skepsis, München 1985, ²1995, 44–99; K. Hülser, Stoische Sprachphilosophie, HSK VII/1 (1992), 17–34; K. Ierodiakonou (ed.), Topics in Stoic Philosophy, Oxford etc. 1999, 2001; B. Inwood, Ethics and Human Action in Early Stoicism, Oxford 1985, 1987; ders., Stoizismus, DNP XI (2001), 1013–1018; ders., The Cambridge Companion to the Stoics, Cambridge etc. 2003, 2008; ders., Stoicism, Enc. Ph. IX (²2006), 253–258; M. Krewet, Die stoische Theorie der Gefühle. Ihre Aporien, ihre Wirkmacht, Heidelberg 2013; W. Kullmann, Naturgesetz in der Vorstellung der Antike, besonders der S.. Eine Begriffsuntersuchung, Stuttgart 2010; C.-U. Lee, Oikeiosis. Stoische Ethik in naturphilosophischer Perspektive, Freiburg/München 2002; R. Löbl, Die Relation in der Philosophie der Stoiker, Würzburg 1986; A. A. Long, Stoic Studies, Cambridge etc. 1996, Berkeley Calif./Los Angeles/London 2001; A. G. Long (ed.), Plato and the Stoics, Cambridge etc. 2013; A. Luckner, Stoizismus, EP III (²2010), 2616–2618; A. Luhtala, On the Origin of Syntactical Description in Stoic Logic, Münster 2000; B. Mates, Stoic Logic, Berkeley Calif./Los Angeles/London 1953, 1973; R. Muller, Les stoiciens. La liberté et l'ordre du monde, Paris 2006; B. Neymeyr/J. Schmidt/B. Zimmermann (eds.), Stoizismus in der europäischen Philosophie, Literatur, Kunst und Politik. Eine Kulturgeschichte von der Antike bis zur Moderne, I–II, Berlin/New York 2008; R. Nickel (ed.), Antike Kritik an der S., Berlin 2014; T. Onuki, Gnosis und S.. Eine Untersuchung zum Apokryphon des Johannes, Fribourg/Göttingen 1989; G. Patzig, S., RGG VI (³1962), 382–386; M. Pohlenz, Die S.. Geschichte einer geistigen Bewegung, I–II, Göttingen 1948/1949, ⁶1984/1990, I, ⁷1992; G. Reydams-Schils, The Roman Stoics. Self, Responsibility, and Affection, Chicago Ill./London 2005; O. Rieth, Grundbegriffe der stoischen Ethik. Eine traditionsgeschichtliche Untersuchung, Berlin 1933; J. M. Rist, Stoic Philosophy, Cambridge etc. 1969, 1980; R. Salles, The Stoics on Determinism and Compatibilism, Aldershot etc. 2005; ders. (ed.), God and Cosmos in Stoicism, Oxford etc. 2009; S. Sambursky, Physics of the Stoics, London 1959 (repr. Westport Conn. 1973, Princeton N. J. 1987); K. Schindler, Die stoische Lehre von den Seelenteilen und Seelenvermögen, insbesondere des Panaitios und Poseidonios und ihre Verwendung bei Cicero, Diss. München 1934; A. Schmekel, Die Philosophie der mittleren S. in ihrem geschichtlichen Zusammenhange dargestellt, Berlin 1892 (repr. Hildesheim/New York

1974); D. Sedley, Stoicism, REP IX (1998), 141–161; ders., Stoicism, in: R. Audi (ed.), The Cambridge Dictionary of Philosophy, Cambridge etc. [2]1999, 879–881; J. Sellars, The Art of Living. The Stoics on the Nature and Function of Philosophy, Aldershot etc. 2003, London etc. [2]2009; ders., Stoicism, Chesham 2006, London/New York 2014; H. Simon/M. Simon, Die alte S. und ihr Naturbegriff. Ein Beitrag zur Philosophiegeschichte des Hellenismus, Berlin 1956; S. K. Strange/J. Zupko (eds.), Stoicism. Traditions and Transformations, Cambridge etc. 2004; R. M. Thorsteinsson, Roman Christianity and Roman Stoicism. A Comparative Study of Ancient Morality, Oxford etc. 2010, 2013; A. G. Vigo (ed.), Oikeiosis and the Natural Basis of Morality. From Classical Stoicism to Modern Philosophy, Hildesheim/Zürich/New York 2012; K. M. Vogt, Law, Reason, and the Cosmic City. Political Philosophy in the Early S., Oxford etc. 2008, 2012; U. Wicke-Reuter, Göttliche Providenz und menschliche Verantwortung bei Ben Sira und in der frühen S., Berlin/New York 2000; M.-A. Zagdoun, La philosophie stoïcienne de l'art, Paris 2000. M. G.

Stoff, zusammen mit dem entgegengesetzten Begriff ↑Form zentraler Terminus der Philosophiegeschichte. Aristoteles führt die Unterscheidung zwischen S. (↑Hyle, ↑Materie) und Form ein (↑Hylemorphismus), um (gegen Parmenides und Zenon von Elea) ↑Bewegung und ↑Veränderung theoretisch zu erklären und zu begründen: S. ist das Beharrende, den Prozeß Überdauernde, das ›Zugrundeliegende‹ (Hypokeimenon; ↑Substrat), Form sind die Bestimmungen, die dem sich verändernden Gegenstand vor der Veränderung abgesprochen (↑Steresis) und nach der Veränderung zugesprochen werden (↑zusprechen/absprechen). In dem Satz ›aus einem ungebildeten Menschen wird ein gebildeter Mensch‹ bezeichnen ›ungebildet‹ und ›gebildet‹ die Form, ›Mensch‹ den S.. Die Übertragung der aus einer Analyse von Naturprozessen gewonnenen Unterscheidung zwischen S. und Form auf das Gebiet der Seelentheorie (↑Seele) und der ↑Metaphysik sowie ihre Verbindung mit der Akt-Potenz-Lehre (↑Akt und Potenz, ↑Dynamis, ↑Energeia) bilden die Grundlage für die (schon von Aristoteles formulierte) Lehre von der ↑Unsterblichkeit der Seele (der Seelenteil, der für seine Aktivität nicht auf ein körperliches Organ angewiesen ist, kann nach dem Untergang des stofflichen Körpers weiter existieren) und führen zur Konzeption eines ↑Dualismus von Leib und Seele (↑Leib-Seele-Problem), Form und Materie, wobei der Form eine besondere, qualitativ über dem S. stehende Existenzweise zuerkannt wird. Platon hat, allerdings mit Bezug auf den ›Urstoff‹ der Welt (↑materia prima), in gewisser Weise im »Timaios« die Aristotelische S.theorie vorbereitet; seine ↑Ideenzahlenlehre kann ihrer allgemeinen Erklärungstendenz nach als Pendant zur Aristotelischen S.-Form-Konzeption angesehen werden (↑Hylemorphismus).

Literatur: T. Ainsworth, Form vs. Matter, SEP 2016; C. v. Bormann u. a., Form und Materie, Hist. Wb. Ph. II (1972), 977–1030; A. Eusterschulte, S., Form, Hist. Wb. Rhetorik IX (2009), 136–152; G. Freudenthal, Aristotle's Theory of Material Substance. Heat and Pneuma, Form and Soul, Oxford 1995; A. Gasser, Form und Materie bei Aristoteles. Vorarbeiten zu einer Interpretation der Substanzbücher, Tübingen 2015; H. Happ, Hyle. Studien zum aristotelischen Materie-Begriff, Berlin/New York 1971; A. R. Lacey, Οὐσία and Form in Aristotle, Phronesis 10 (1965), 54–69; F. A. Lewis, Form, Matter and Mixture in Aristotle, Oxford/Malden Mass. 1996; G. Manning, Matter and Form in Early Modern Science and Philosophy, Leiden 2012; E. McMullin (ed.), The Concept of Matter in Greek and Medieval Philosophy, Notre Dame Ind. 1963, 1965; J. Stallmach, Dynamis und Energeia. Untersuchungen am Werk des Aristoteles zur Problemgeschichte von Möglichkeit und Wirklichkeit, Meisenheim am Glan 1959; W. Wieland, Die aristotelische Physik. Untersuchung über die Grundlegung der Naturwissenschaften und die sprachlichen Bedingungen der Prinzipienforschung bei Aristoteles, Göttingen 1962, [3]1992. – Red., S., Hist. Wb. Ph. X (1998), 189. M. G.

Stoizismus, nach der Philosophie der ↑Stoa benannte Position, die vor allem durch die Haltung der ↑Gelassenheit (↑Ataraxie) und der Freiheit von ↑Neigungen und ↑Affekten sowie durch ethischen ↑Rigorismus, fatalistisch-teleologischen (↑Fatalismus, ↑Teleologie) ↑Determinismus, konsequenten ↑Rationalismus und kosmologischen ↑Monismus gekennzeichnet ist. Daneben wird die Bezeichnung ›S.‹ gleichbedeutend mit der Bezeichnung ›stoische Philosophie‹ verwendet. M. G.

Stoßgesetze (engl. impact rules), gesetzmäßige Beschreibung der Bewegungen zweier ↑Körper nach einem Zusammenstoß in Abhängigkeit von ihren Bewegungen davor. Im einfachsten Fall des geraden, zentralen, elastischen Stoßes unter Absehung von Drehungen ergibt sich die Bewegung der beiden Körper (bzw. ihrer Schwerpunkte) aus den beiden ↑Erhaltungssätzen für den ↑Impuls und die kinetische ↑Energie:

(1) $m_1 v_1 + m_2 v_2 = m_1 u_1 + m_2 u_2$,

(2) $\frac{1}{2} m_1 v_1^2 + \frac{1}{2} m_2 v_2^2 = \frac{1}{2} m_1 u_1^2 + \frac{1}{2} m_2 u_2^2$,

wobei m_1 und m_2 die ↑Massen der Körper und v_1, v_2 bzw. u_1, u_2 ihre Geschwindigkeiten vor bzw. nach dem Stoß bezeichnen.

Am Anfang der neuzeitlichen Wissenschaft gilt der Stoß als die grundlegende Wechselwirkung in der Natur; entsprechend stellt die Formulierung der S. ein Grundproblem der Naturwissenschaften dar. Im 17. Jh. werden verschiedene Versuche unternommen, die für Stöße geltenden empirischen Gesetzmäßigkeiten (↑Gesetz (exakte Wissenschaften)) zu ermitteln. Berühmtheit erlangen die S. von R. Descartes, dessen »Principia philosophiae« (1644) die erste veröffentlichte systematische Ableitung von S.n enthält. Descartes betrachtet den Stoß sogar als die *einzige* ↑Wechselwirkung, derer die Materie fähig ist, so daß die S. unabhängig von und vor allen Kohäsionskräften gelten sollen. Der einfache Stoß wird daher nicht an Kugeln illustriert, sondern an Quadern, die mit ihren *Flächen* stoßen (Abb. 1). Descartes leitet sieben S. aus den Grundbegriffen seines Systems ab, von denen nur das erste und einfachste Gesetz auch für Billardkugeln empirisch gilt.

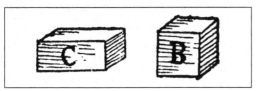

Abb. 1 (Princ. philos. II 46, Œuvres, I–XIII, ed. C. Adam/ P. Tannery, Paris 1897–1913, I–XI, 1964–1976, 1996, VIII/1 [1964], 68)

Die ersten im Sinne der klassischen ↑Mechanik richtigen S. formulieren 1668 C. Wren und C. Huygens als Antwort auf eine entsprechende Aufforderung der »Royal Society«. Wren stellt Gesetze für Körper unterschiedlicher Größe und Geschwindigkeit auf, indem er die verschiedenen Fälle auf den einfachen Fall reduziert, bei dem sich die Geschwindigkeiten der beiden Körper umgekehrt proportional zu ihren Größen verhalten. Wenn in dieser Weise die Körper impulsgleich sind, besitzen sie ihre jeweils ›eigentümlichen Geschwindigkeiten‹ und können so vorgestellt werden, als bewegten sie sich entlang eines Hebels im Gleichgewicht, dessen Drehpunkt am Systemschwerpunkt liegt. Auf diese Weise reduziert Wren die S. auf das Hebelgesetz. Huygens stellt sieben Gesetze (für insgesamt zehn Fälle) für Stöße ›harter‹ Körper auf, indem er festlegt, daß sich der Systemschwerpunkt nicht verschiebt (d. h., *mv* ist konstant) und die Summe des Produkts von Masse und Geschwindigkeitsquadrat der beiden Körper gleich bleibt. L. Euler formuliert 1744 Gesetzmäßigkeiten für den schiefen und exzentrischen Stoß. Nachdem der Stoß längst nicht mehr als die Grundwechselwirkung der physikalischen Theorie gilt, beschreibt S. D. Poisson schließlich 1811 erstmals den allgemeinen Fall des (vollkommen) elastischen oder unelastischen Stoßes ausgedehnter Körper durch zwölf lineare Gleichungen. Eine Weiterentwicklung der Betrachtung des Stoßes als eines physikalischen Grundphänomens unternimmt I. Kant 1786. Kant greift Wrens Begriff der eigentümlichen Geschwindigkeit auf und setzt ihn zur Konstruktion des Begriffs der Massengleichheit und zur Klärung des Begriffs der ↑Trägheit ein. In der Kantischen Tradition der Wissenschaftstheorie (H. Weyl), bei H. Dingler und im ↑Konstruktivismus (P. Lorenzen) wird der Stoß weiterhin zur Konstruktion des Begriffs der Masse bzw. der Massengleichheit verwendet.

Literatur: P. Damerow u. a., Exploring the Limits of Preclassical Mechanics. A Study of Conceptual Development in Early Modern Science. Free Fall and Compounded Motion in the Work of Descartes, Galileo, and Beeckman, New York etc. 1992, ²2004; H. Dingler, Die Methode der Physik, München 1938; D. Garber, Descartes' Metaphysical Physics, Chicago Ill./London 1992 (franz. La physique métaphysique de Descartes, Paris 1999); M. Kalmar, Some Collision Theories of the Seventeenth Century. Mathematicism vs. Mathematical Physics, Diss. Ann Arbor Mich. 1981; J. A. Lohne, Essays on Thomas Harriot, Arch. Hist. Ex. Sci. 20 (1979), 189–312; P. Lorenzen, Lehrbuch der konstruktiven Wissenschaftstheorie, Mannheim/Wien/Zürich 1987, Stuttgart/Weimar 2000; G. Murray/W. Harper/C. Wilson, Huygens, Wren, Wallis, and Newton on Rules of Impact and Reflection, in: D. Jalobeanu/P. R. Anstey, Vanishing Matter and the Laws of Motion. Descartes and Beyond, New York/London 2011, 153–191; I. Szabó, Geschichte der mechanischen Prinzipien und ihrer wichtigsten Anwendungen, Basel 1977, ³1987, Basel/Boston Mass./Berlin 1996; R. S. Westfall, Force in Newton's Physics. The Science of Dynamics in the Seventeenth Century, London, New York 1971; H. Weyl, Philosophie der Mathematik und Naturwissenschaft, München/Berlin 1927, erw. München ³1966, ⁵1982, 2008 (engl. [erw.] Philosophy of Mathematics and Natural Science, Princeton N. J. 1949, 2009).   P. M.

Strabon, *Amaseia (Pontos) 64/63 v. Chr., †ebendort nach 26 n. Chr., griech. Geograph und Historiker. Aus reicher und vornehmer Familie stammend, unternahm S. zahlreiche Reisen: nach Rom (31 und 7 v. Chr.), Korinth (29 v. Chr.), Syene (25/24 v. Chr.) und Äthiopien, dem Roten Meer, Armenien und Syrien. – Die »Historischen Kommentare« (Ἱστορικὰ ὑπομνήματα), von deren 47 Büchern nur 19 Fragmente erhalten sind, geben einen Überblick über die griechische Geschichte bis 145/144 und für die nachfolgende Zeitspanne eine detailliertere Darstellung der griechisch-römischen Geschichte bis zum Ende der Bürgerkriege. Die vor allem für den Gebrauch von Politikern geschriebenen »Geographika« (Γεωγραφικά, 17 Bücher) enthalten neben geographischen und ethnographischen Angaben zahlreiche Exkurse über Mythologie, Geschichte und berühmte Männer. – S.s Werke sind, auch wenn sie hinsichtlich Darstellung und Forschung wenig Originelles enthalten, eine bedeutsame Quelle vor allem für die antike Geographie; die Einführung in die »Geographika« bietet einen interessanten Überblick über die Erdbeschreibungstheorien seiner Vorgänger. Etliche Dubletten lassen vermuten, daß S. die zahlreichen Exzerpte und Zitate seiner Werke (z. B. aus Polybios und Poseidonios) zum Teil nur kompilierte, ohne sie für die Endredaktion zu überarbeiten. Die schon zu seiner Zeit veraltete Erdkarte des Eratosthenes übernimmt er kritiklos.

Werke: (1) *Geographika*: S.s Erdbeschreibung in siebzehn Büchern, I–IV, ed. C. G. Groskurd, Berlin/Stettin 1831–1834 (repr. Hildesheim/Zürich/New York 1988); Strabonis Geographica [griech.], I–III, ed. G. Kramer, Berlin 1844–1852; The Geography of Strabo [griech./engl.], I–VIII, ed. H. L. Jones, London 1917–1932 (repr. London/Cambridge Mass. 1949–1954, 2005); Strabonis Geographica [griech.], I–II, ed. F. Sbordone, III, ed. S. M. Medaglia, Rom 1963ff. (erschienen Bde I–III); Géographie [griech./franz.], ed. G. Aujac u. a., Paris 1966ff. (erschienen Bde

I-IX, XII–XV); Strabonis Geographica. S.s Geographika in 17 Büchern [griech.], I–II, ed. W. Aly/E. Kirsten/F. Lapp, Bonn 1968/1972; S. Geographika [griech./dt.], I–X, ed. S. Radt, Göttingen 2002–2011; The Geography of Strabo. An English Translation, with Introduction and Notes, trans. D. W. Roller, Cambridge etc. 2014. (2) *Historika Hypomnemata: ΥΠΟΜΝΗΜΑΤΑ ΙΣΤΟΡΙΚΑ* [griech./lat.], in: C. Müller (ed.), Fragmenta historicorum graecorum III, Paris 1849 (repr. Frankfurt 1975), 490–494; P. Otto (ed.), Hypomnematorum historicorum reliquiae, Leipziger Stud. zur class. Philologie 11 (1889), 20–214; F. Jacoby (ed.), *ΙΣΤΟΡΙΚΩΝ ΥΠΟΜΝΗΜΑΤΩΝ*, in: ders. (ed.), Die Fragmente der griechischen Historiker II A, Berlin 1926 (repr. Leiden 1961), 430–436. – A. M. Biraschi u. a. (eds.), Strabone. Saggio di bibliografia, 1469–1978, Perugia 1981.

Literatur: W. Aly, S. von Amaseia. Untersuchungen über Text, Aufbau und Quellen der Geographica, Bonn 1957 (= Strabonis Geographica. Strabons Geographika in 17 Büchern IV); J. Auberger, S. d'Amasée, Dict. ph. ant. VI (2016), 602–612; G. Aujac, S. et la science de son temps, Paris 1966; ders., S. et son temps, in: W. Hübner (ed.), Geschichte der Mathematik und der Naturwissenschaften in der Antike II (Geographie und verwandte Wissenschaften), Stuttgart 2000, 103–139; J. Bergevin, Déterminisme et géographie. Hérodote, S., Albert le Grand et Sebastian Münster, Sainte-Foy 1992; A. M. Biraschi/G. Salmeri (eds.), Strabone e l'Asia Minore, Neapel 2000, 2001; E. H. Bunbury, History of Ancient Geography […] II, London 1879 (repr. Amsterdam 1979), ²1883 (repr. New York 1959), 209–337; A. Calzoni, Conception de la géographie d'après S., Lugano 1940; K. Clarke, Between Geography and History. Hellenistic Constructions of the Roman World, Oxford 1999, 2002; D. Dueck, Strabo of Amasia. A Greek Man of Letters in Augustan Rome, London/New York 2000; dies. (ed.), The Routledge Companion to Strabo, London/New York 2017; dies./H. Lindsay/S. Pothecary (eds.), Strabo's Cultural Geography. The Making of a ›Kolossourgia‹, Cambridge/New York 2005, 2011; J. Engels, Die strabonische Kulturgeographie in der Tradition der antiken geographischen Schriften und ihre Bedeutung für die antike Kartographie, Orbis Terrarum 4 (1998), 63–114; ders., Augusteische Oikumenegeographie und Universalhistorie im Werk S.s von Amaseia, Stuttgart 1999; ders., Die Raumauffassung des augusteischen Oikumenereiches in den Geographika S.s, in: M. Rathmann (ed.), Wahrnehmung und Erfassung geographischer Räume in der Antike, Mainz 2007, 123–134; C. S. Floratos, S. über Literatur und Poseidonios, Athen 1972; E. Honigmann, S., RE IV/A1 (1960), 76–155; F. Jacoby, Kommentar zu S. von Amaseia, in: ders. (ed.), Die Fragmente der griechischen Historiker II C, Berlin 1926 (repr. Leiden 1962), 291–295; F. Lasserre, S., KP V (1975), 381–385; B. Niese, Beiträge zur Biographie Strabos, Hermes 13 (1878), 33–45; S. L. Radt, Eine neue S.ausgabe, Mnemosyne 44 (1991), 305–326; ders., S., DNP XI (2001), 1021–1025; R. Syme, Anatolica. Studies in Strabo, ed. A. Birley, Oxford 1995; J. O. Thomson, History of Ancient Geography, Cambridge 1948 (repr. New York 1965, Cambridge 2013), 182–186, 188–198, 286–289; H. F. Tozer, A History of Ancient Geography, Cambridge 1897, ²1935 (New York ²1964), 238–260 (Chap. XII Strabo); E. H. Warmington, Strabo, DSB XIII (1976), 83–86; I. Weiss, Die Italienbücher des S. von Amaseia, Frankfurt etc. 1991.   M. G.

Strafe (griech. δίκη, ποινή; lat. poena, engl. punishment, franz. punition), in rechtlicher Hinsicht Bezeichnung für die Antwort einer Rechtsgemeinschaft auf die Verletzung ihrer Rechtsordnung, ›Unrecht‹ (im rechtlichen Sinne) genannt. Voraussetzung der Bestrafung des Täters solchen Unrechts ist (1), daß ein diesbezügliches Strafgesetz besteht (*nulla poena sine lege*), und (2), daß dem Täter die Verletzung der Rechtsordnung zum Vorwurf gemacht werden kann (*nulla poena sine culpa*). Erst durch seine ↑Schuld wird der Gesetzesübertreter zum Straftäter und damit strafwürdig. Darin unterscheidet sich die Bestrafung im rechtlichen Sinne von Maßnahmen, die der Wiedergutmachung eines angerichteten Schadens ohne Schuldzuweisung oder der Resozialisierung bzw. der Unschädlichmachung eines Menschen dienen, der für seine Gesetzesübertretung keine ↑Verantwortung trägt. Eine notwendige Bedingung für die ↑Legalität der S. ist die Legalität des Strafrechts und der strafenden Autorität und für die ↑Legitimität der S. die moralische Begründetheit der durch ein Strafrecht geschützten Rechtsgüter (letzteres im Gegensatz zur Auffassung des ↑Rechtspositivismus, der die Rechtsordnung über den Nachweis ihrer Legalität hinaus für nicht weiter begründungsfähig und begründungsbedürftig hält).

Eine weitere notwendige Bedingung für die Legitimität der S. suchen die *Strafrechtstheorien* zu formulieren. Nach den reinen Zwecktheorien (*relative* Strafrechtstheorien) ist die S. nicht deshalb gerechtfertigt, weil die Rechtsordnung verletzt und Unrecht begangen wurde, sondern nur deshalb, damit solches in Zukunft nicht mehr geschehe (*punitur ne peccetur*). Vertreter dieser Auffassung waren z. B. Platon (in den »Nomoi«), C. Wolff und P. J. A. Feuerbach. Als die wichtigsten Strafzwecke gelten die Vorbeugung und Verhütung von Übertretungen der Rechtsordnung durch die abschreckende Wirkung der Strafandrohung und des Strafvollzugs auf alle (Generalprävention), die Abschreckung vor künftigen Gesetzesübertretungen oder Besserung des Übeltäters (Spezialprävention) und der Schutz der Rechtsgemeinschaft durch vorübergehende, oder in Fällen, wo Abschreckung und Besserung nicht zu erwarten sind, auch dauerhafte Unschädlichmachung, insbes. Freiheitsentzug des Schwerverbrechers. Demgegenüber verwerfen die Verfechter der *absoluten* Strafrechtstheorie wie I. Kant und G. W. F. Hegel jeden Bezug der S. auf sie rechtfertigende Zwecke oder halten die S. zumindest ohne einen solchen Bezug allein aus ihrem angeblichen Vergeltungscharakter heraus für begründet, wodurch die schuldhaft begangene Tat gesühnt und die gestörte Rechtsordnung wiederhergestellt werde. Danach besteht ausschließlich in der Straftat der S. rechtfertigende Grund (*punitur quia peccatum est*).

Die plausiblen Züge beider Positionen suchen die *Vereinigungstheorien* des Strafrechts zu kombinieren: Einerseits wird die Strafwürdigkeit allein in der verantwortlich begangenen Straftat gesehen und so der Sühne- und Vergeltungscharakter der S. zu wahren gesucht; andererseits sollen der moralische Grundsatz der ↑Gerechtigkeit sowohl bei Art als auch bei Ausmaß der S. sowie die begründet zu erwartende Besserung und Resozialisierung des Straftäters berücksichtigt werden. Diese kombinierte Strafrechtsauffassung liegt dem gegenwärtigen Strafrecht in der Bundesrepublik Deutschland zugrunde.

Literatur: R. M. Andrews (ed.), Perspectives on Punishment. An Interdisciplinary Exploration, New York etc. 1997; S. Armstrong/L. McAra (eds.), Perspectives on Punishment. The Contours of Control, Oxford 2006; A. Ashworth/L. H. Zedner, Preventive Justice, Oxford etc. 2014; H. A. Bedau/E. Kelly, Punishment, SEP 2003, rev. 2015; S. I. Benn/M. Davis, Punishment, Enc. Ph. VIII (²2006), 159–170; C. Bennett, The Apology Ritual. A Philosophical Theory of Punishment, Cambridge etc. 2008, 2010; D. Boonin, The Problem of Punishment. A Critical Introduction, Cambridge etc. 2008; J. Braithwaite, Crime, Shame, and Reintegration, Cambridge etc. 1989, 2006; ders./P. Pettit, Not Just Deserts. A Republican Theory of Criminal Justice, Oxford 1990, 2002; A. Brudner, Punishment and Freedom. A Liberal Theory of Penal Justice, Oxford 2009; M. Brugger, Schuld und S.. Ein philosophisch-theologischer Beitrag zum Strafproblem, Paderborn 1933; R. Canton, Why Punish? An Introduction to the Philosophy of Punishment, London 2017; J. A. Corlett, Responsibility and Punishment, Dordrecht etc. 2001, ⁴2013; G. Duus-Otterström, Punishment and Personal Responsibility, Göteborg 2007; A. Ellis, The Philosophy of Punishment, Exeter 2012; J. M. Erber-Schropp, Schuld und S.. Eine strafrechtsphilosophische Untersuchung des Schuldprinzips, Tübingen 2016; A. Eser, Strafrecht, I–II, Frankfurt, München 1971, (mit B. Burkhardt) ²1976, ⁴1992, III, München 1978, ³2008, IV, München 1974, ⁴1983; R. C. Fried, Comparative Politics of Punishment, IESBS XVIII (2001), 12603–12606; J. Friedrich, Die Bestrafung der Motive und die Motive der Bestrafung. Rechtsphilosophische und kriminalpsychologische Studien, Berlin/Leipzig 1910; H. L. A. Hart, Punishment and Responsibility. Essays in the Philosophy of Law, Oxford 1968, 2008; W. Hassemer, Einführung in die Grundlagen des Strafrechts, München 1981, 1990; ders., Warum S. sein muss. Ein Plädoyer, Berlin 2009 (ital. Perché punire è necessario. Difesa del diritto penale, Bologna 2011); H. v. Hentig, Die S., I–II, Berlin/Göttingen/Heidelberg 1954/1955, Goldbach 2000; H. Hühn u. a., S., Hist. Wb. Ph. X (1998), 208–261; G. Jakobs, Staatliche S.. Bedeutung und Zweck, Paderborn etc. 2004; W. R. P. Kaufman, Honor and Revenge. A Theory of Punishment, Dordrecht etc. 2013; A. Kaufmann, Schuld und S.. Studien zur Strafrechtsdogmatik, Köln etc. 1966, ²1983; J. Kleinig (ed.), Correctional Ethics, Aldershot 2006; K.-M. Kodalle, S. muss sein! Muss S. sein? Philosophen, Juristen, Pädagogen im Gespräch, Würzburg 1998; P. K. Koritansky (ed.), The Philosophy of Punishment and the History of Political Thought, Columbia Miss. 2011; K. Kühl, Die Bedeutung der Rechtsphilosophie für das Strafrecht, Baden-Baden 2001; H. P. Kühlwein, Grundlegung zu einer Kritik der Strafrechtstheorien im Lichte der modernen Kriminologie, Hamburg 1968; E.-J. Lampe, Strafphilosophie. Studien zur Strafgerechtigkeit, Köln 1999; K. M. Lucken, Rethinking Punishment. Challenging Conventions in Research and Policy, London/New York 2017; M. Matravers (ed.), Punishment and Political Theory, Oxford etc. 1998, 1999; ders., Justice and Punishment. The Rationale of Coercion, Oxford etc. 2000; R. Merkel, Willensfreiheit und rechtliche Schuld. Eine strafrechtsphilosophische Untersuchung, Baden-Baden 2008, 2014; J.-C. Merle, S./Strafrecht, EP III (²2010), 2618–2622; M. S. Moore, Placing Blame. A General Theory of Criminal Law, Oxford 1997, 2010; T. A. Nadelhoffer (ed.), The Future of Punishment, Oxford etc. 2013; A. Norrie, Punishment, Responsibility, and Justice. A Relational Critique, Oxford/New York 2000; C. Roxin, Strafrechtliche Grundlagenprobleme, Berlin/New York 1973; ders., Strafrecht, I–II, München 1992/2003, II ⁴2006; J. Ryberg/J. A. Corlett (eds.), Punishment and Ethics. New Perspectives, Basingstoke/New York 2010; E. v. Savigny, Die Überprüfbarkeit der Strafrechtssätze. Eine Untersuchung wissenschaftlichen Argumentierens, Freiburg/München 1967; G. Scarre, After Evil. Responding to Wrongdoing, Aldershot 2004; H.-G. Schmitz, Zur Legitimität der Kriminalstrafe. Philosophische Erörterungen, Berlin 2001; U. Schroth, S./Bestrafung, Neues Hb. ph. Grundbegriffe III (2011), 2108–2122; A. J. Simmons u. a. (eds.), Punishment, Princeton 1995; J. Simon, Punishment: Social and Legal Aspects, IESBS XVIII (2001), 12606–12612; M. Tonry (ed.), The Handbook of Crime and Punishment, Oxford etc. 1998, 2000; C. Valier, Theories of Crime and Punishment, Harlow etc. 2002; B. Wringe, An Expressive Theory of Punishment, Basingstoke etc. 2016; L. Zaibert, Punishment and Retribution, Aldershot 2006, 2008; M. J. Zimmerman, The Immorality of Punishment, Peterborough Ont. 2011. R. Wi.

Straton von Lampsakos, *Lampsakos (heute Lepseki) um 340 v. Chr., †Athen 270/269 v. Chr., griech. Philosoph, Nachfolger des Theophrast in der Leitung des ↑Peripatos (seit 288/287), etwa 300–289 Erzieher des späteren Königs Ptolemaios Philadelphos am Hofe Ptolemaios I. in Alexandrien. Von den mehr als 40 überlieferten Schriften sind nur wenige Fragmente bzw. Berichte erhalten. – Im Unterschied zu den meisten zeitgenössischen Philosophen, bei denen die Ethik im Vordergrund des Interesses steht, befaßt S. sich vorwiegend mit Problemen der ↑Naturphilosophie, weshalb ihm die Antike den Beinamen ›der Physiker‹ gab. Er führt den von Aristoteles eingeleiteten Prozeß der philosophischen und wissenschaftlichen Detailforschung konsequent weiter, fordert (gegen Aristoteles) die Autarkie der Einzeldisziplinen von philosophischen Vorgaben und lehnt metaphysische und theologische Erklärungen für die Naturphänomene ab. In seiner dezidierten Hinwendung zur ↑Beobachtung, zum ↑Experiment und zur Einfachheit der Naturerklärung, die sich nur auf das ›Wie‹ des Geschehens, nicht auf das (verborgene) ›Warum‹ bezieht, nimmt S. wesentliche Kriterien des neuzeitlichen Wissenschaftsverständnisses vorweg; so wurden auch die Naturforscher des 17. und 18. Jhs., die wie S. die Freiheit der Einzelforschung von Metaphysik und Theologie forderten, ›Stratoniker‹ genannt. In der Antike zeigten sich weniger die Philosophen als vielmehr die Techniker und Naturforscher (vor allem Ktesibios, Erasistratos, Heron von Alexandrien, vielleicht auch Aristarch von Samos) an den Theorien S.s interessiert.

Werke: W. Nestle (ed.), Die Sokratiker. In Auswahl, Jena 1922 (repr. Aalen 1968); F. Wehrli (ed.), Die Schule des Aristoteles V (S. v. L.), Basel/Stuttgart 1950, ²1969; H. B. Gottschalk (ed.),

Strato of Lampsacus. Some Texts, Proc. Leeds Philos. Lit. Soc.,
Lit. and Hist. Sect. XI.6 (1965), 95–182; R. W. Sharples, Strato of
Lampsacus. The Sources, Texts and Translations, in: M.-L. Des-
clos/W. W. Fortenbaugh (eds.), Strato of Lampsacus. Text, Translation, and Discussion, New Brunswick N.J./London 2011,
5–229.

Literatur: K. Algra, Concepts of Space in Greek Thought, Leiden/
New York/Köln 1995, 58–69; J. Althoff, Biologie im Zeitalter des
Hellenismus (ca. 322–31 v. Chr.), in: G. Wöhrle (ed.), Geschichte
der Mathematik und der Naturwissenschaft der Antike I (Biolo-
gie), Stuttgart 1999, 155–180, bes. 161–167; S. Berryman, Rethin-
king Aristotelian Teleology. The Natural Philosophy of Strato of
Lampsacus, Diss. Austin Tex. 1996; dies., Strato and Stratonism,
Enc. Ph. IX (²2006), 261–262; dies., Strato, in: N. Koertge (ed.),
New Dictionary of Scientific Biography VI, Detroit Mich. etc.
2008, 540; K. O. Brink, Peripatos, RE Suppl. VII (1940), 899–949;
A. Busse, Peripatos und Peripatetiker, Hermes 61 (1926), 335–
342; W. Capelle, S. v. L., RE IV/A1 (1931), 278–315; H. Diels,
Über das physikalische System des S., Sitz.ber. Preuß. Akad.
Wiss., philos.-hist. Kl., Berlin 1893, 101–127 (repr. in: ders.,
Kleine Schriften zur Geschichte der antiken Philosophie, Hildesheim 1969, 239–265); D. Furley, Strato's Theory of the Void, in: J.
Wiesner (ed.), Aristoteles. Werk und Wirkung I (Aristoteles und
seine Schule), Berlin/New York 1985, 594–609, ferner in: D.
Furley, Cosmic Problems. Essays on Greek and Roman Philosophy of Nature, Cambridge etc. 1989, 2009, 149–160; M. Gatzemeier, Die Naturphilosophie des S. v. L.. Zur Geschichte des Problems der Bewegung im Bereich des frühen Peripatos, Meisenheim am Glan 1970; H. B. Gottschalk, Strato of Lampsacus, DSB
XIII (1976), 91–95; I. Hammer-Jensen, Das sogenannte IV. Buch
der Meteorologie des Aristoteles, Hermes 50 (1915), 113–136; P.
Pellegrin, S. de Lampsaque, DP II (1984), 2448, rev., II (²1993),
2715; L. Repici, La natura e l'anima. Saggi su Stratone di Lamp-
saco, Turin 1988; G. Rodier, La physique de S. de Lampsaque,
Paris 1890; G. Rudberg, Stratonica, Eranos 49 (1951), 31–34; J.-P.
Schneider, S. de Lampsaque, Dict. ph. ant. VI (2016), 614–630;
R. W. Sharples, Strato, REP IX (1998), 161–164; F. Wehrli, Der
Peripatos bis zum Beginn der römischen Kaiserzeit, in: H. Flashar (ed.), Die Philosophie der Antike III (Ältere Akademie –
Aristoteles – Peripatos), Basel/Stuttgart 1983, 459–599, bes.
569–574, rev. v. G. Wöhrle/L. Zhmud, ²2004, 493–666, bes. 604–
611, 658–659; C. Wildberg, S. v. L., DNP XI (2001), 1042–
1043.   M. G.

Strauß, David Friedrich, *Ludwigsburg 27. Jan. 1808,
†ebd. 8. Febr. 1874, dt. ev. Theologe und Religions-
philosoph. 1827–1830 Theologiestudium in Tübingen,
1832 in Berlin, 1832–1835 Repetent am Tübinger Stift.
Sein Erstlingswerk »Das Leben Jesu, kritisch bearbeitet«
(1835/1836) erregt großes Aufsehen und führt dazu, daß
S. seiner Repetentenstelle enthoben wird; freier Schriftsteller und Gymnasialprofessur in Ludwigsburg. 1839
folgt S. einem Ruf nach Zürich, wird aber auf Grund der
Unruhen, die seine Berufung auslöst, sofort wieder in
den Ruhestand versetzt. 1848 Landtagsabgeordneter der
Liberalen in Stuttgart.
In seinem Leben-Jesu-Buch gibt S. den Evangelien eine
mythische Deutung. Er erklärt, daß die biblischen Berichte über das Leben Jesu mythische Vorstellungen ausdrücken, insbes. von der Verbindung der göttlichen mit

der menschlichen Natur. Diese ›Christusmythen‹ bilden
sich in der mündlichen Überlieferung aus und haben
damit, wie S. formuliert, ein ›allgemeines Individuum‹
zum Autor. Durch die mythische Deutung der biblischen
Jesus-Berichte ergibt sich für S. auch der Gedanke, das
Gottmenschentum Jesu als allgemeine Vorstellung auf
die Menschheit im ganzen zu übertragen: die Menschheit ist die Vereinigung der beiden Naturen; alle mythischen Ereignisse wie das Sterben Jesu, seine Auferstehung und Himmelfahrt werden als Phasen in der Entwicklungsgeschichte der Menschheit gedeutet. Mit einer
solchen Deutung werden die Evangelien zwar nicht als
bloße Legenden abgetan, aber sie verlieren – auch
wenn sie als erzählerische Konkretisierung allgemeiner
Menschheitsideen ernstgenommen werden – ihren historischen und damit insbes. ihren heilsgeschichtlichen
Sinn, auf den sich der christliche Glauben gründet. In
seinen Antworten auf Kritik und Angriffe führt S. in den
»Streitschriften« (1837) die Unterscheidung von Hegelscher Linke, der er sich selbst zurechnet, und Hegelscher
Rechte ein (↑Hegelianismus), die eine entscheidende
Bedeutung in der Auseinandersetzung um die Interpretation und Fortführung der Hegelschen Philosophie gewinnt.
Während in seinem Frühwerk durch die mythische Rekonstruktion der biblischen Berichte der evangelische
Glaube noch eine spekulative Umformung bzw. (in Hegels Sprache) ›Aufhebung‹ (↑aufheben/Aufhebung) erfährt, wendet sich S. in seinem Spätwerk »Der alte und
der neue Glaube« (1872) einer radikalen Kritik des
christlichen Glaubens zu. Die Grundlage der Kritik bietet eine naturalistische, vor allem am Weltbild des ↑Dar-
winismus orientierte Weltanschauung. Diese setzt dem
Messianismus des Christentums den wissenschaftlichen
↑Fortschritt entgegen und kann daher auch auf die
Heilsverkündigung Jesu wie auch im Namen Jesu –
durch das Christentum – verzichten. Will man überhaupt noch religiöse Motive bewahren, dann nur unter
der Bedingung, daß man von dem Glauben an einen
persönlichen Gott und an eine Schöpfungs- und Heilsgeschichte Abschied nimmt und stattdessen im Universum selbst schon die umfassende Weltordnung sieht und
den Fortschritt der Menschheit auf das Vernünftige und
Gute hin als in der Welt angelegt anerkennt. Dieser Fortschritt verlangt zwar die Selbstbestimmung (↑Auto-
nomie) des Einzelnen, versteht diese Selbstbestimmung
aber vor allem als Mitarbeit an der kulturellen Entwicklung, wie sie sich für S. im Namen der modernen Wissenschaft, tatsächlich aber aus der weltanschaulichen,
und zwar naturalistischen (↑Naturalismus) Verallgemeinerung evolutionstheoretischer (↑Evolutionstheorie)
Erkenntnisse ergibt. Die verallgemeinernde Orientierung an einer darwinistischen Evolutionslehre führt S.
zu einer skeptischen Haltung gegenüber den demokrati-

schen Freiheitsidealen und Freiheitshoffnungen, ebenso gegenüber dem allgemeinen Wahlrecht und dem Parlamentarismus, dem Sozialismus und dem auf eine friedliche Verbindung aller Völker abzielenden Internationalismus (↑Sozialdarwinismus).

Werke: Gesammelte Schriften, I–XII, ed. E. Zeller, Bonn 1876–1878. – Das Leben Jesu. Kritisch bearbeitet, I–II, Tübingen 1835/1836 (repr. Darmstadt 1969, 2012), ⁴1840 (franz. Vie de Jésus. Ou examen critique de son histoire, I–II, ed. E. Littré, Paris 1839/1840, ³1864; engl. The Life of Jesus. Critically Examined, I–III, London 1846 [repr. Cambridge 2010], in 1 Bd. London ²1892, I–III, London 2005), unter dem Titel: Das Leben Jesu. Leicht faßliche Bearbeitung. Mit besonderer Berücksichtigung schweizerischer Leser, Winterthur 1842, unter dem Titel: Das Leben Jesu für das deutsche Volk, Leipzig, Stuttgart/Bonn 1864, I–II, Stuttgart/Leipzig ²²1924, ferner als: Ges. Schriften [s.o.] III/IV (franz. Nouvelle vie de Jésus, I–II, Paris 1864, ²1865; engl. A New Life of Jesus, I–II, London/Edinburgh 1865, unter dem Titel: The Life of Jesus for the People, I–II, ²1879, unter dem Titel: A New Life of Jesus, I–II, ²1879), gekürzt, ed. W. Zager, Waltrop 2003; Streitschriften zur Vertheidigung meiner Schrift über das Leben Jesu und zur Charakteristik der gegenwärtigen Theologie, I–III, Tübingen 1837 (repr. [in 1 Bd.] Hildesheim/New York 1980), in 1 Bd. 1841 (engl. In Defense of My Life of Jesus against the Hegelians, Hamdon Conn./London 1983); Charakteristiken und Kritiken. Eine Sammlung zerstreuter Aufsätze aus den Gebieten der Theologie, Anthropologie und Aesthetik, Leipzig 1839, ²1844; Zwei friedliche Blätter. Vermehrter und verbesserter Abdruck der beiden Aufsätze: Ueber Justinus Kerner, und: Ueber Vergängliches und Bleibendes im Christentum, Altona 1839 (franz. [gekürzt] Monologues théologiques, Genf/Paris 1867); Die christliche Glaubenslehre in ihrer geschichtlichen Entwicklung und im Kampfe mit der modernen Wissenschaft dargestellt, I–II, Tübingen, Stuttgart 1840/1841 (repr. Darmstadt 1973, 2009); Der Romantiker auf dem Throne der Cäsaren, oder Julian der Abtrünnige. Ein Vortrag, Mannheim 1847, Bonn ³1896, Heidelberg 1992; Sechs theologisch-politische Volksreden, Stuttgart/Tübingen 1848; Der politische und der theologische Liberalismus, Kirchliche Reform. Monatsschr. für freie Protestanten aller Stände 3 (1848), 73–80, separat Halle 1848; Christian Märklin. Ein Lebens- und Charakterbild aus der Gegenwart, Mannheim 1851, ferner in: Ges. Schriften [s.o.] X, 177–359; Leben und Schriften des Dichters und Philologen Nicodemus Frischlin. Ein Beitrag zur deutschen Culturgeschichte in der zweiten Hälfte des sechzehnten Jahrhunderts, Frankfurt 1856; Der Papierreisende. Ein Gespräch, o.O. 1856, Weimar 1907; Ulrich von Hutten, I–III, Leipzig 1858–1860, I–II in 1 Bd. Leipzig ²1871, ferner als: Ges. Schriften [s.o.] VII (engl. Ulrich von Hutten. His Life and Times, London 1874, New York 1970); Hermann Samuel Reimarus und seine Schutzschrift für die vernünftigen Verehrer Gottes, Leipzig 1862, Bonn ²1877 (repr. Hildesheim/New York 1991), ferner in: Ges. Schriften [s.o.] V, 229–409; Kleine Schriften biographischen, literar- und kunstgeschichtlichen Inhalts, Leipzig 1862; Lessing's Nathan der Weise. Ein Vortrag, Berlin 1864, Bonn ⁴1896, Frankfurt 1908; Die Halben und die Ganzen. Eine Streitschrift gegen die HH. DD. Schenkel und Hengstenberg, Berlin 1865, ferner in: Ges. Schriften [s.o.] V, 149–228; Der Christus des Glaubens und der Jesus der Geschichte. Eine Kritik des Schleiermacher'schen Lebens Jesu, Berlin 1865 (repr., ed. A. Dörfler-Dierken/J. Dierken, Waltrop 2000), ed. H.-J. Geischer, Gütersloh 1971, ferner in: Ges. Schriften [s.o.] V, 1–136 (engl. The Christ

of Faith and the Jesus of History. A Critique of Schleiermacher's Life of Jesus, ed. L. E. Keck, Philadelphia Pa. 1977); Kleine Schriften. Neue Folge, Berlin 1866 (franz. [gekürzt] Deux discours, Genf, Paris 1868); Voltaire. Sechs Vorträge, Leipzig 1870, ¹³1924, ferner als: Ges. Schriften [s.o.] XI (franz. Voltaire. Six conférences, Paris 1876); Der alte und der neue Glaube. Ein Bekenntniß, Leipzig 1872, Bonn ¹¹1881, Stuttgart 1938, ferner als: Ges. Schriften [s.o.] VI (engl. The Old Faith and the New. A Confession, I–II, Berlin 1873, in 1 Bd. London ³1874; franz. L'ancienne et la nouvelle foi. Confession, Paris 1876); Essais d'histoire religieuse et mélanges littéraires, Paris 1872; Ein Nachwort als Vorwort zu den neuen Auflagen meiner Schrift: Der alte und der neue Glaube, Bonn 1873, 1874; Literarische Denkwürdigkeiten, Bonn 1876; Poetisches Gedenkbuch. Gedichte aus seinem Nachlasse, Bonn 1876, unter dem Titel: Poetisches Gedenkbuch. Gedichte aus dem Nachlasse, ed. E. Zeller, Bonn 1878, ferner als: Ges. Schriften [s.o.] XII; Klopstock's Jugendgeschichte und Klopstock und der Markgraf Karl Friedrich von Baden. Bruchstücke einer Klopstockbiographie, in: Ges. Schriften [s.o.] X, 1–173, separat Bonn 1878; Wahrheit, Welt und Schicksal. Eine Auswahl, ed. P. Sakmann, Stuttgart 1924; Justinus Kerner. Zwei Lebensbilder aus den Jahren 1839 und 1862, ed. H. Niethammer, Marbach 1953; Antichristophorus. Ein Brevier, Oberengstringen 1967; Die Lehre von der Wiederbringung aller Dinge in ihrer religionsgeschichtlichen Entwicklung [Diss. 1831], in: G. Müller, Identität und Immanenz [s.u., Lit.], 49–82; Soirées de Grandval, ed.W. Boehlich, Berlin 1996. – Krieg und Friede. Zwei Briefe an Ernst Renan nebst dessen Antwort auf den ersten, Leipzig 1870; Ausgewählte Briefe, ed. E. Zeller, Bonn 1895; Briefe von D. F. S. an L. Georgii, ed. H. Maier, Tübingen 1912; Briefe an seine Tochter, Dillenburg 1921; Briefwechsel zwischen S. und Vischer, I–II, ed. A. Rapp, Stuttgart 1952/1953.

Literatur: G. Backhaus, Kerygma und Mythos bei D. F. S. und Rudolf Bultmann, Hamburg-Bergstedt 1956; K. Barth, D. F. S. als Theologe. 1839–1939, Zollikon 1939, ²1948 (Theolog. Stud. VI); F. Courth, Das Leben Jesu von D. F. S. in der Kritik Johann Evangelist Kuhns. Ein Beitrag zur Auseinandersetzung der Katholischen Tübinger Schule mit dem Deutschen Idealismus, Göttingen 1975; R. S. Cromwell, D. F. S. and His Place in Modern Thought, Fair Lawn N. J. 1974; S. Eck, D. F. S., Stuttgart 1899; K. Fischer, Über D. F. S.. Gesammelte Aufsätze, Heidelberg 1908; F. W. Graf, Kritik und Pseudo-Spekulation. D. F. S. als Dogmatiker im Kontext der positionellen Theologie seiner Zeit, München 1982; ders., S., TRE XXXII (2001), 241–246; ders., S., RGG VII (⁴2004), 1774–1775; ders., S., NDB XXV (2013), 502–503; L. Handel, D. F. S. im literarischen Meinungsstreit von A. Knapp bis Fr. Nietzsche, Tübingen 1931; K. Harraeus, D. F. S.. Sein Leben und seine Schriften unter Heranziehung seiner Briefe dargestellt, Leipzig 1901; H. Harris, D. F. S. and His Theology, Cambridge 1973; ders., S., REP IX (1998), 164–167; A. Hausrath, D. F. S. und die Theologie seiner Zeit, I–II, Heidelberg 1876/1878; F. Hettinger, D. F. S. Ein Lebens- und Literaturbild, Freiburg 1875; K. Kienzler, S., BBKL XI (1996), 27–32; A. Kohut, D. F. S. als Denker und Erzieher, Leipzig 1908; T. K. Kuhn, S., TRE XXXII (2001), 241–246; D. Lange, Historischer Jesus oder mythischer Christus. Untersuchungen zu dem Gegensatz zwischen Friedrich Schleiermacher und D. F. S., Gütersloh 1975; E. G. Lawler, D. F. S. and His Critics. The Life of Jesus Debate in Early Nineteenth-Century German Journals, New York/Bern/Frankfurt 1986; W. Madges, The Core of Christian Faith. D. F. S. and His Catholic Critics, New York etc. 1987; M. C. Massey, Christ Unmasked. The Meaning of »The Life of Jesus« in German Politics, Chapel Hill N. C.

1983; G. Müller, Identität und Immanenz. Zur Genese der Theologie von D. F. S.. Eine theologie- und philosophiegeschichtliche Studie, Zürich, Darmstadt 1968; J.-M. Paul, D. F. S. (1808–1874) et son époque, Paris 1982; E. Rambaldi, Le origini della sinistra Hegeliana. H. Heine, D. F. S., L. Feuerbach, B. Bauer, Florenz 1966; U. Regina, La vita di Gesù e la filosofia moderna. Uno studio su D. F. S., Brescia 1979; J. F. Sandberger, D. F. S. als theologischer Hegelianer, Göttingen 1972; F. Schlawe, D. F. S.. Eine kurze Lebensbeschreibung anhand von eigenen Äußerungen, Ludwigsburg 1974; E. Schott, S., RGG VI (1962), 416–417; P. Schrembs, D. F. S.' »Der alte und der neue Glaube« in der zeitgenössischen Kritik, Diss. Zürich, Locarno 1987; A. Wandt, D. F. S.' philosophischer Entwickelungsgang und Stellung zum Materialismus, Diss. Münster 1902; H. V. White, S., Enc. Ph. VIII (1967), 25–26, IX (²2006), 262–264; W. Zager (ed.), Führt Wahrhaftigkeit zum Unglauben? D. F. S. als Theologe und Philosoph, Neukirchen-Vluyn 2008; T. Ziegler, D. F. S., I–II, Straßburg 1908.   O. S.

Strawson, Peter Frederick, *London 23. Nov. 1919, †Oxford 13. Febr. 2006, engl. Philosoph, führender Vertreter der Analytischen Philosophie (↑Philosophie, analytische). 1937–1940 Studium der Philosophie, politischen Wissenschaft und Volkswirtschaft am St. John's College in Oxford. 1940 BA ebd., anschließend Kriegsdienst bis 1946. S. kehrt 1947 nach Oxford zurück, wo er 1948–1968 am University College, 1968–1987 am Magdalen College (als Nachfolger von G. Ryle) lehrt. – S.s Philosophie ist einer deskriptiven Metaphysik verpflichtet, die sich nicht damit begnügt, die faktische Struktur des Denkens über die Welt zu beschreiben, vielmehr ist sie auf eine Freilegung der allgemeinen Elemente dieser begrifflichen Strukturen gerichtet. S. vertritt ferner eine nicht-formale ↑Logik (↑Logik, informelle), die als logische Struktur der Umgangssprache (↑Alltagssprache) rekonstruiert wird und insofern nicht auf der idealsprachlich (↑Sprache, ideale) konzipierten formalen Logik (↑Logik, formale) aufbaut. Er wendet sich gegen die Konzeption einer Korrespondenztheorie der Wahrheit (↑Wahrheitstheorien); Wahrheit ist für eine Theorie der Bedeutung kein zentraler Begriff (Meaning and Truth, 1970).

Dafür nimmt für S. die Kategorie ›Personen und materielle Körper‹ einen zentralen Stellenwert ein (Individuals, 1959). Das Einzelding (*particular*; ↑Partikularia) ist nicht nur Bedingung der Identifikation, es dient auch typischerweise als logisches Subjekt. Der Begriff der Existenz ist für S. mit dem Begriff eines als ein ↑Individuum zu verstehenden Partikulare verbunden, weil ihre Identität die raum-zeitliche Unterscheidbarkeit eines Einzeldings von anderen seiner Art garantiert und somit das Modell des Wirklichen, des genuin Existierenden, abgibt. Den Begriffen liegt damit die Annahme einer wahrnehmungsunabhängigen Existenz der Einzeldinge zugrunde (↑Realismus (ontologisch)). Die Identifikation und Unterscheidung von Orten läuft auf die Identifikation und Unterscheidung von Dingen hinaus, wobei

materielle Körper Eigenschaften im Bereich des Tastbaren haben und Personen Bedingung für die Identifizierung von Zuständen oder Erlebnissen als Einzeldinge sind. Der Begriff der ↑Person bildet den wesentlichen Grundbegriff, auch für den Begriff des Geistes. Die Einzeldinge sind als raum-zeitliche Objekte außerdem die fundamentalen, paradigmatischen Objekte der ↑Referenz in Diskursen über ↑Realität, auch wenn grundsätzlich alles, auch ↑Universalia (↑Universalien) oder ↑Ereignisse, Gegenstand der Referenz sein kann.

Darüber hinaus erweitert S. seine deskriptive Metaphysik um eine ↑transzendentale Komponente (The Bounds of Sense, 1966) und öffnete damit die Analytische Philosophie (↑Philosophie, analytische) für eine Kant-Rezeption. Es geht um die Rechtfertigung kategorialer Bedingungen der Sinnhaftigkeit eines Sprachgebrauchs über mögliche Erfahrung. Dieses Ziel wird später wieder zugunsten eines ›sanften Naturalismus‹ zurückgenommen (Scepticism and Naturalism, 1985), insofern S. eine Begründung gegebener (›natürlicher‹) Überzeugungen nun für unmöglich hält. Auch die Zuschreibung von Verantwortung für das eigene Handeln gilt als eine gegebene (›natürliche‹) Praxis, die keine metaphysischen Voraussetzungen besitzt. Die systematische Orientierung einer deskriptiven Metaphysik wird nicht aufgegeben; S. fordert weiterhin die ↑Explikation eines allgemeinen Kriteriums ›natürlicher‹ Überzeugungen und die Rekonstruktion der Beziehungen zwischen diesen Überzeugungen.

Werke: Introduction to Logical Theory, London/New York 1952 (repr. London 2012); Individuals. An Essay in Descriptive Metaphysics, London, New York 1959, London 2011 (dt. Einzelding und logisches Subjekt. Ein Beitrag zur deskriptiven Metaphysik, Stuttgart 1972, 2003; franz. Les individus. Essai de métaphysique descriptive, Paris 1973); The Bounds of Sense. An Essay on Kant's »Critique of Pure Reason«, London 1966, 2007 (dt. Die Grenzen des Sinns. Ein Kommentar zu Kants »Kritik der reinen Vernunft«, Königstein 1981, Frankfurt 1992); (ed.) Philosophical Logic, Oxford 1967, 1985; Meaning and Truth. An Inaugural Lecture Delivered before the University of Oxford on 5 November 1969, Oxford 1970; Logico-Linguistic Papers, London 1971, Aldershot etc. 2004 (dt. Logik und Linguistik. Aufsätze zur Sprachphilosophie, München 1974; franz. Études de logique et de linguistique, Paris 1977); Freedom and Resentment and Other Essays, London 1974, London etc. 2008; Subject and Predicate in Logic and Grammar, London 1974, Aldershot etc. 2004; Scepticism and Naturalism. Some Varieties. The Woodbridge Lectures 1983, London, New York 1985, London 2008 (dt. Skeptizismus und Naturalismus, Frankfurt 1987, Berlin 2001); Analyse et métaphysique. Une série de leçons donnée au Collège de France en mars 1985, Paris 1985 (engl. Analysis and Metaphysics. An Introduction to Philosophy, Oxford 1992, 2006; dt. Analyse und Metaphysik. Eine Einführung in die Philosophie, München 1994); Entity and Identity and Other Essays, Oxford 1997, 2000.

Literatur: J. Bennett, S. on Kant, Philos. Rev. 77 (1968), 340–349; C. Brown, P. S., Stocksfield 2006; S.-J. Conrad/S. Imhof (eds.), P. F. S.. Ding und Begriff/Object and Concept [dt./engl.], Frankfurt 2010; H.-J. Glock (ed.), S. and Kant, Oxford etc. 2003, 2007; L. E. Hahn (ed.), The Philosophy of P. F. S., Chicago Ill./La Salle Ill. 1998; A. F. Koch, S., in: J. Nida-Rümelin (ed.), Philosophie der Gegenwart in Einzeldarstellungen. Von Adorno bis v. Wright, Stuttgart 1991, 584–591, ed. mit E. Özmen, ³2007, 639–648; W. Künne, P. F. S.. Deskriptive Metaphysik, in: J. Speck (ed.), Grundprobleme der großen Philosophen. Philosophie der Gegenwart III, Göttingen 1975, ²1984, 168–207; M. McKenna/P. Russell (eds.), Free Will and Reactive Attitudes. Perspectives on P. F. S.'s »Freedom and Resentment«, Farnham 2008, London/New York 2016; J. M. E. Moravcsik, S. on Ontological Priority, in: R. J. Butler (ed.), Analytical Philosophy II, Oxford 1965, 1968, 106–119; M. Niquet, Transzendentale Argumente. Kant, S. und die Aporetik der Detranszendentalisierung, Frankfurt 1991; E. Pietro, Logica e linguaggio nel pensiero di S., Rom 1989; J. R. Searle, P. F. S., Enc. Ph. VIII (1967), 26–28, IX (²2006), 264–267 (mit erw. Bibliographie von V. L. Harper); P. K. Sen/R. R. Verma (eds.), The Philosophy of P. F. S., New Delhi 1995; P. F. Snowdon, P. F. S., REP IX (1998), 168–174; ders., P. F. S., SEP 2009; Z. van Straaten (ed.), Philosophical Subjects. Essays Presented to P. F. S., Oxford 1980; H. Wiesendanger, S.s Ontologie. Eine Kritik, Diss. Heidelberg 1982. – Sonderheft: Philosophia 10 (Jerusalem 1981) (Essays Related to the Philosophy of P. F. S. [mit Erwiderungen S.s]). E.-M. E.

Strichkalkül, Bezeichnung für das auf H. Dingler und P. Lorenzen zurückgehende Verfahren der operativen Begründung der Konstruktiven Arithmetik (↑Arithmetik, konstruktive). Im Ausgang von der seit den Anfängen menschlicher Kultur verbreiteten Methode, Zählhandlungen durch Striche zu symbolisieren, läßt sich die Arithmetik der natürlichen Zahlen auf folgenden Regeln (↑Regel (4)) aufbauen:

(1.1) $\Rightarrow |$,
(1.2) $n \Rightarrow n|$.

Die erste Regel, eine prämissenlose ↑Anfangsregel, sichert den Beginn mit der Grundfigur ›|‹; die zweite Regel besagt: Wenn eine beliebige Strichfigur (die mit der Variable n bezeichnet wird) regelgerecht hergestellt wurde, dann sei es erlaubt, zu der um einen Strich erweiterten Figur $n|$ überzugehen. (1.2) gilt insbes. für die Grundfigur und hat dort die Gestalt ›| $\Rightarrow$ ||‹. Über ↑Abstraktionen (↑abstrakt) von Besonderheiten von Zählzeichen und ↑Ziffern läßt sich durch die beiden Regeln jede beliebige natürliche Zahl konstruieren. Entsprechend lautet dann (1.1): 1 ist eine natürliche Zahl, und (1.2): Wenn n eine natürliche Zahl ist, dann ist auch der ↑Nachfolger von n eine natürliche Zahl. Die Gleichheit (↑Gleichheit (logisch)) von Figuren (und damit die von natürlichen Zahlen) erhält man über die Regeln

(2.1) $\Rightarrow | = |$,
(2.2) $m = n \Rightarrow m| = n|$.

Regel (2.1) besagt, daß die Grundfigur mit sich selbst gleich ist. Regel (2.2) drückt aus, daß nach der Konstruktion zweier gleicher Figuren auch die Figuren, die man durch Erweiterung der Ausgangsfiguren um je einen Strich erhält, gleich sind. Insbes. gilt z. B.:

$$| = | \Rightarrow || = ||.$$

Die elementaren arithmetischen Operationen + und · werden – wiederum nach Abstraktion von Besonderheiten von Zählzeichen und Ziffern – durch folgende Regeln gesichert:

(3.1) $\Rightarrow \dfrac{m + |}{m|}$,

(3.2) $\dfrac{m + n}{p} \Rightarrow \dfrac{m + n|}{p|}$,

(4.1) $\Rightarrow \dfrac{| \cdot n}{n}$,

(4.2) $\dfrac{m \cdot n}{p}, \dfrac{p + n}{q} \Rightarrow \dfrac{m| \cdot n}{q}$.

Regel (3.1) besagt: $m + |$ steht für die Strichfigur $m|$. Regel (3.2): Falls $m + n$ für p steht, so bezeichnet $m + n|$ die Strichfigur $p|$. Diese Regeln gelten wiederum insbes. für $m, n = |$:

(3.1) $\Rightarrow \dfrac{| + |}{||}$,

(3.2) $\dfrac{| + |}{||} \Rightarrow \dfrac{| + ||}{|||}$.

Die Regeln (4.1) und (4.2) für die Multiplikation sind entsprechend zu verstehen. Die Regeln (1)–(4) lassen sich als induktive Definitionen (↑Definition, induktive) auffassen, insofern atomare arithmetische Aussagen in der Art von $x + y = z$ durch sie einen beweisdefiniten (↑beweisdefinit/Beweisdefinitheit) Sinn erhalten: Ihre Gültigkeit (↑gültig/Gültigkeit) bzw. Ungültigkeit läßt sich stets durch eine ↑Ableitung im S. feststellen. Nach der Definition der Ungleichheit mit Hilfe des junktorenlogischen ↑Negators kann man die Regel

(5) $m| \neq |$

einführen.

Transformiert man unter Verwendung der ↑Quantorenlogik die Regeln (1.1), (1.2), (2.1), (2.2) und (5) in (durch Rekurs auf Zählhandlungen beweisbare) Aussagen und nimmt noch die arithmetische Formulierung des ›Induktionsschemas‹ (↑Induktion, vollständige) des S.s

(6) $[A(|) \wedge \bigwedge_m (A(m) \rightarrow A(m|))] \rightarrow \bigwedge_n A(n)$

hinzu, so erhält man die ↑Peano-Axiome.

Literatur: H. Dingler, Aufbau der exakten Fundamentalwissenschaft, ed. P. Lorenzen, München 1964; P. Lorenzen, Differential und Integral. Eine konstruktive Einführung in die klassische

Analysis, Frankfurt 1965 (engl. Differential and Integral. A Constructive Introduction to Classical Analysis, Austin Tex./London 1971). G. W.

Struktur (engl. structure, franz. structure), in unterschiedlichen Zusammenhängen der Bildungs- und Wissenschaftssprache terminologisch wenig normiertes Synonym der Metaphern ›Aufbau‹ und ›Gefüge‹ zur Bezeichnung der komplexen Form eines geordnet aufgebauten Ganzen. Zum wissenschaftlichen Modewort ist ›S.‹ insbes. durch verschiedene ›Strukturalismus‹ genannte Ansätze in Anthropologie, Soziologie, Linguistik und Literaturwissenschaft geworden (↑Strukturalismus (philosophisch, wissenschaftstheoretisch)), ohne daß die gemeinsame sprachliche Kennzeichnung hier einen engeren systematischen Zusammenhang als den der Zerlegung von Ganzheiten in Elemente ausdrückte. Häufig ist allerdings der Rückgang auf ›S.en‹, z. B. beim Strukturalismus von C. Lévi-Strauss, gegen historische Betrachtungsweisen gerichtet. Genauere methodische oder fachsprachliche Ansprüche bestimmen die strukturtheoretische Auffassung der gegenwärtigen Mathematik (↑Strukturalismus, mathematischer) und die von W. Dilthey eingeleitete Methodendiskussion der ↑Kulturwissenschaften.

Die moderne Mathematik versteht sich weithin als eine Analyse formaler S.en. Diese Definition der mathematischen Gegenstandsbegriffe hat ihren Ursprung in der von D. Hilbert (Grundlagen der Geometrie, Leipzig 1899) formulierten Auffassung mathematischer Theorien, die inzwischen, vor allem über die mathematische Enzyklopädie »*Éléments de mathématique*« N. ↑Bourbakis, in der Mathematik vorherrschend geworden ist. Die klassische axiomatische Methode (↑Methode, axiomatische) vor Hilbert griff auf unmittelbar evidente (↑Evidenz) Grundsätze und auf Grundbegriffe zurück. Hilbert suchte dieser methodisch problematisch gewordenen Basis mathematischer Beweise mit so genannten ›Definitionen durch Axiome‹ oder ›axiomatischen Definitionen‹ (↑Definition, implizite) zu entgehen, die den mathematischen Definitionen und Deduktionen zugleich eine neue (später als ›axiomatische S.‹ bezeichnete) Grundlage geben sollten. Leitend war die Vorstellung, die Grundtermini (Hilbert: ›Grundbegriffe‹) $T_1, ..., T_n$ einer deduktiven Theorie ›implizit‹ durch eine Reihe von satzartigen Ausdrücken (↑›Axiomen‹ im Hilbertschen Verständnis) festzulegen, in denen sie als einzige nicht-logische Symbole vorkommen. Die ›Axiome‹ stellen dabei, wie in der klassischen Axiomatik, die einzig zulässigen Ausgangspunkte für Deduktionen dar. Wie die logische Forschung, vor allem bereits G. Frege, geklärt hat, handelt es sich bei Hilberts Axiomen um ↑Aussageformen; Hilberts ›Grundbegriffe‹ reduzieren sich bei genauerer logischer Betrachtung auf unbe-

stimmt andeutende Symbole (↑›Variable‹) für ↑Prädikatoren, d. h. Symbole, für die die formalen Axiome die möglichen Einsetzungen nicht eindeutig (↑eindeutig/Eindeutigkeit) bestimmen.

Somit kann auch die moderne Mathematik ihre arithmetischen und geometrischen ›Gegenstände‹ nicht über axiomatisch definierte ›S.en‹ formal erzeugen. Ist dies klar, läßt sich die Rede von S.en in der Mathematik in der folgenden Weise aufbauen: Zunächst ist die Einführung von Unterscheidungen in einem Gegenstandsbereich **B** charakterisierbar als Strukturierung von **B** durch die entsprechenden ↑Prädikatoren $P_1, ..., P_n$. Will man sich auf das mit $P_1, ..., P_n$ über Elemente aus **B** Aussagbare beschränken, so läßt sich gerade diese Absicht durch die façon de parler von der durch $P_1, ..., P_n$ auf **B** gegebenen S. anzeigen. Zwischen derart durch Prädikatoren (gliedweise) gleicher Stellenzahl $P_1, ..., P_n$ und $P_1', ..., P_n'$ strukturierten Bereichen **B** bzw. **B**′ ist ein Relator ›isomorph‹ (↑isomorph/Isomorphie) definierbar: Die S. **B**; $P_1, ..., P_n$ ist *isomorph* der S. **B**′; $P_1', ..., P_n'$ genau dann, wenn sich zwischen **B** und **B**′ eine eineindeutige (↑eindeutig/Eindeutigkeit) ↑Zuordnung f konstruieren läßt, bei der ein P_i genau dann auf Gegenstände aus **B** zutrifft, wenn das entsprechende P_i' auf die ihnen durch f zugeordneten Gegenstände aus **B**′ zutrifft. Da die Isomorphie eine ↑Äquivalenzrelation ist, kann gemäß der Logik der ↑Abstraktion (↑abstrakt) von der ›abstrakten‹ S. gesprochen werden, die alle zueinander isomorphen (konkreten) S.en gemeinsam haben. In diesem abstrakten Sinne hat B. Russell den Terminus ›S.‹ in die Fachsprache der Mathematik und Grundlagentheorie eingeführt (Introduction to Mathematical Philosophy, 1919), allerdings eingeschränkt auf lediglich zwei einander zugeordnete ↑Relatoren. Eine konkrete S. **S** (auch: Gebilde, System) läßt sich einem Axiomensystem **A** mit entsprechenden Prädikatorenvariablen (↑Prädikatvariablen) zuordnen, um **A** in Behauptungssätze zu überführen. Sind die so aus **A** entstehenden Behauptungen sämtlich wahr, heißt **S** ein ↑*Modell* von **A**. Entsprechend kann die Aussage, daß **S** ein Modell von **A** ist, auf die **S** zugeordnete abstrakte S. ausgedehnt werden. Zugleich ist damit rekonstruierbar, in welchem Sinne Axiomensysteme jeweils einen Typ abstrakter S. kennzeichnen. – Obwohl sich selbst die konkreten ›Gegenstände‹ der Mathematik, arithmetische Operationen etwa, nicht ›strukturell‹ charakterisieren lassen, spielt das auf Hilberts ›axiomatische Definitionen‹ zurückgehende Mißverständnis in der neueren Geschichte der Definitions- und Wissenschaftstheorie eine große Rolle. So führt es etwa R. Carnap zu der Forderung, als *wissenschaftlich* nur die Beschreibung von S.en (gemeint sind Typen abstrakter S.en) anzusehen (Der logische Aufbau der Welt, 1928).

Vom mathematischen S.begriff, der im Grunde nur relational ist und daher keine zeitlichen Prozesse darstellen kann, muß der kulturwissenschaftliche Wortgebrauch trotz gegenteiliger Behauptungen Carnaps wohl unterschieden werden, ein Wortgebrauch, dessen Tradition durch W. Dilthey, E. Spranger u. a. geprägt wurde. Auch hier wird davon ausgegangen, daß sich der Sinn bestimmter (sprachlicher, psychischer, kultureller) ›Teile‹ erst aus der ›S.‹ des ›Ganzen‹ ergibt. Diese Betrachtungsweise ist insbes. dort angebracht, wo kulturelle, darunter institutionelle und geschichtliche Gebilde oder Praxisformen, durch komplexe praktische Orientierungen gekennzeichnet sind. In solchen Fällen gibt es häufig weder für die verschiedenen Einzelorientierungen voneinander unabhängige Begründungen, noch lassen sich die Beiträge, die die betrachteten kulturellen Elemente für das Orientierungsganze leisten, gegeneinander isolieren.

Literatur: S. Artmann, Historische Epistemologie der S.wissenschaften, München/Paderborn 2010; H. Behnke, S.wandel der Mathematik in der ersten Hälfte des 20. Jahrhunderts, Köln/Opladen 1956; N. Bourbaki, Éléments de mathématique, Paris 1939ff., erw. ²1951ff., ⁴1965, Neudr. 1970, Berlin 2006–2007; R. Carnap, Der logische Aufbau der Welt, Berlin 1928 (repr. Hamburg 1974), zusammen mit: Scheinprobleme in der Philosophie, Hamburg ²1961, 1998; H. Cartan, N. Bourbaki und die heutige Mathematik, Köln/Opladen 1959; L. Corry, Modern Algebra and the Rise of Mathematical Structures, Basel/Boston Mass./Berlin 1996, ²2004; G. Deleuze, À quoi reconnaît-on le structuralisme?, in: Histoire de la philosophie VIII (Le XXᵉ siècle), ed. F. Châtelet u. a., Paris 1973, 2000, 299–335 (dt. Woran erkennt man den Strukturalismus?, in: Geschichte der Philosophie VIII [Das XX. Jahrhundert], ed. F. Châtelet, Frankfurt/Berlin/Wien 1975, 269–302, separat Berlin 1992); W. Dilthey, Der Aufbau der geschichtlichen Welt in den Geisteswissenschaften, Leipzig/Berlin 1927 (= Ges. Schr. VII), Stuttgart ⁴1965, ⁸1992, separat, ed. M. Riedel, Frankfurt 1979, ⁵1997; G. Frege, Über die Grundlagen der Geometrie, I–II, Jahresber. Dt. Math.ver. 12 (1903), 319–324, 368–375, I–III [Zweite Serie], Jahresber. Dt. Math.ver. 15 (1906), 293–309, 377–403, 423–430, Neudr. in: Kleine Schriften, Darmstadt, Hildesheim/New York 1967, Hildesheim/New York 1990, 262–266, 267–272, 281–323; H. Günther, S. als Prozeß, Arch. Begriffsgesch. 16 (1972), 86–92; V. Harte, Plato on Parts and Wholes. The Metaphysics of Structure, Oxford etc. 2002, 2006; F. Kambartel, Erfahrung und S.. Bausteine zu einer Kritik des Empirismus und Formalismus, Frankfurt 1968, ²1976; ders., S., Hb. ph. Grundbegriffe III (1974), 1430–1439; M. Kross u. a., S., Hist. Wb. Ph. X (1998), 303–334; C. Lévi-Strauss, Anthropologie structurale, Paris 1958, ⁴1985, 2008; ders., Anthropologie structurale deux, Paris 1973, ²1997, 2006; I. Max, S., EP III (²2010), 2622–2627; T. Parsons, Structure and Process in Modern Societies, New York, London, Glencoe Ill. 1960, New York, London 1967; F. Rodi, Diltheys Philosophie des Lebenszusammenhangs. S.theorie – Hermeneutik – Anthropologie, Freiburg/München 2016; H. Rombach, Die Welt als lebendige S.. Probleme und Lösungen der S.ontologie, Freiburg/München 2003; A. de Ruijter, Claude Lévi-Strauss. Een systeemanalyse van zijn antropologisch werk, Diss. Utrecht 1977 (dt. Claude Lévi-Strauss, Frankfurt/New York 1991); B. Russell, Principles of Mathematics, Cambridge/London 1903, London/New York ²1937, 2010; ders./A. N. Whitehead, Principia Mathematica II, Cambridge 1913 (repr. Silver Spring Md. 2009), ²1927 (Teilrepr. unter dem Titel: Principia Mathematica to *56, Cambridge 1967, 1978), (Vorw. u. Einl.)

unter dem Titel: Einführung in die mathematische Logik. Die Einleitung der Principia Mathematica, Berlin/München 1932, erw. um einen Beitrag v. K. Gödel, unter dem Titel: Principia Mathematica. Vorwort und Einleitungen, Wien/Berlin 1984, Frankfurt 1986, 1999); ders., Introduction to Mathematical Philosophy, London 1919, Nottingham 2007; G. Schiwy, Der französische Strukturalismus. Mode, Methode, Ideologie, Reinbek b. Hamburg 1969, erw. ⁸1984, 1985; G. Scholtz, ›S.‹ in der mittelalterlichen Hermeneutik, Arch. Begriffsgesch. 13 (1969), 73–75; O. Schwemmer, Philosophie der Praxis. Versuch zur Grundlegung einer Lehre vom moralischen Argumentieren in Verbindung mit einer Interpretation der praktischen Philosophie Kants, Frankfurt 1971, 1980; ders., Handlung und S.. Zur Wissenschaftstheorie der Kulturwissenschaften, Frankfurt 1987; E. Spranger, Psychologie des Jugendalters, Leipzig 1924, Heidelberg ²⁹1979; H. G. Steiner, S. (Mathematik), Hist. Wb. Ph. X (1998), 334–341; F. Wahl (ed.), Qu'est-ce que le structuralisme? V (Philosophie. La philosophie entre l'avant et l'après du structuralisme), Paris 1968, 1973 (dt. Einführung in den Strukturalismus, Frankfurt 1973, ³1987); weitere Literatur: ↑Strukturalismus, mathematischer. F. K.

Strukturalismus (philosophisch, wissenschaftstheoretisch), Sammelbezeichnung für im einzelnen unterschiedliche Richtungen und Konzeptionen, die die zentrale Stellung von ›Anordnungen‹, ›Gliederungen‹ und ›Formen‹ betonen. Terminologisch wird ›S.‹ vor allem in der Linguistik, der Anthropologie, der Ethnologie, der Wissenschaftstheorie und der Philosophie der Mathematik verwendet.

I *Philosophischer Strukturalismus:* Als ›philosophischer S.‹ wird eine intellektuelle Bewegung bezeichnet, die maßgeblich in Frankreich wirksam wurde und deren Höhepunkt in den 1960er Jahren liegt. Die Bezeichnung ›S.‹ bezieht sich auf Positionen, die in einem losen Zusammenhang stehen. Die philosophische Relevanz des S. besteht primär in seiner Produktivität als Methodologie der Geistes- und Sozialwissenschaften (Linguistik, Semiotik, Ethnologie, Anthropologie, Soziologie, Psychoanalyse, Literaturwissenschaft, Historie), die auch in der Gründung zahlreicher Zeitschriften zum Ausdruck kommt (Acta linguistica, Word, La linguistique, Langages, L'homme, Communications, Tel Quel, Semiotica, Poétique, La Psychanalyse, Cahiers pour l'analyse). Darüber hinaus sind philosophische Implikationen strukturalistischer Forschungsprogramme und oft auch polemische Formulierungen ihrer Konsequenzen im Hinblick auf traditionelle philosophische Problemstellungen von Bedeutung.

In wissenschaftshistorischer Sicht stellen die 1916 publizierten Arbeiten F. de Saussures den Ausgangspunkt strukturalistischer Theoriebildung dar. De Saussure gibt seinen Überlegungen keine definitive, systematische Form; bei dem epochemachenden »Cours de linguistique générale« handelt es sich um die postume Veröffentlichung von Vorlesungsnachschriften aus den Jahren

1906–1911. Dem Terminus ›Struktur‹ kommt hier noch keine wesentliche Bedeutung zu. Erst seit Ende der 1920er Jahre vertreten Mitglieder des ›Prager Kreises‹ (N. S. Trubetzkoy, R. Jakobson u. a.) und der Kopenhagener Schule (L. Hjelmslev) im Rahmen einer auf de Saussure aufbauenden Sprachwissenschaft ein explizit strukturalistisches Programm. In Abgrenzung von den zu Beginn des 20. Jhs. dominierenden historisch-komparativ vorgehenden Sprachtheorien wird eine an den methodologischen Standards exakter Wissenschaften orientierte ↑Linguistik entwickelt, deren Hauptarbeitsgebiet zunächst die Phonologie ist.

Charakteristisch für das strukturalistische Verfahren ist die Konzeption der ↑Sprache als ein System distinkter Zeichen. Der Begriff des Zeichens (↑Zeichen (semiotisch)) wird nach de Saussure durch die Unterscheidung zweier Komponenten gebildet: *signifiant* (Signifikant, Bedeutungsträger) versus *signifié* (Signifikat, Bedeutetes). Die Verbindung beider Komponenten ist konventionell bestimmt (Arbitrarität). Bei der Explikation des Signifikats wird die Referenzfunktion (↑Referenz) ausgeklammert: Bedeutung gewinnt das Zeichen nur auf Grund der Differenzen und Oppositionen zu den übrigen Elementen des Sprachsystems.

Weitere wesentliche Unterscheidungen heben die Ebene der Sprache als abstrakten Regelsystems (*langue*) gegenüber der Ebene einzelner empirisch beobachtbarer Äußerungen der Sprecher (*parole*) ab. Gegenstand der strukturalistischen Linguistik ist das als soziale Institution konzipierte Sprachsystem, während die konkreten, individuellen Äußerungen einzelner Sprecher in den Hintergrund treten (»Die Sprache ist nicht eine Funktion der sprechenden Person; sie ist das Produkt, welches das Individuum in passiver Weise einregistriert (…)«, de Saussure, Grundfragen der allgemeinen Sprachwissenschaft, ed. C. Bally/A. Sechehaye, Berlin 1967, 16). Das in der älteren, historisch-komparativen Sprachwissenschaft intensiv bearbeitete Problem des Sprachwandels und der Innovation wird auf der Grundlage der Unterscheidung von Synchronie und Diachronie (↑diachron/synchron) behandelt, wobei der synchronen Betrachtung grundsätzlich Vorrang eingeräumt wird und historische Veränderungen als Wechsel vom einen synchronen Systemzustand zum nächsten beschrieben werden können.

Die von der Prager Schule entwickelte *Phonologie* stellt in exemplarischer Form die Vorgehensweise einer strukturalistischen Methode dar. Sie beschreibt im Unterschied zur Phonetik nicht alle von den Sprechern einer Sprache produzierten akustischen Phänomene (Phone), sondern erstellt das Repertoire der eine Sprache definierenden funktional relevanten, weil bedeutungsunterscheidenden, Laute (↑Phoneme). Das Phoneminventar einer Sprache wird durch ein Kommutationsverfahren ermittelt, das z. B. für die deutsche Sprache zeigt, daß der Unterschied zwischen den Lauten [p] und [b] funktional relevant ist: im Zusammenhang mit identischem Lautmaterial entsprechen jedem dieser Laute je unterschiedliche Wörter (›packen‹, ›backen‹) – die Phoneme /p/ und /b/ stehen im deutschen Sprachsystem in distinktiver Opposition. Im Gegensatz dazu ist der Unterschied zwischen verschiedenen akustischen Qualitäten des r-Lautes im Deutschen ([R], [ʁ], [r]) nicht distinktiv. Durch die Unterscheidung der funktional relevanten Phoneme von den individuell variierenden Lauten reduziert die Phonologie die unübersichtliche Spannweite individuell variierender Artikulationen der Sprecher auf ein überschaubares Repertoire relevanter Unterscheidungen. Die Analyse der codespezifischen Elemente wird durch die Angabe der Verkettungsregeln ergänzt und bildet damit ein tragfähiges Modell zur Beschreibung der ↑Objektsprache. Innerhalb der Linguistik wird das strukturalistische Verfahren in unterschiedlichen Formen (Kopenhagener Schule: Hjelmslevs Glossematik; amerikanischer S.: L. Bloomfield, E. Sapir, N. Chomsky) weiterentwickelt.

In der *Anthropologie* und *Ethnologie* übernimmt C. Lévi-Strauss wesentliche Konzepte des linguistischen S., wobei er ein historisch-komparatives Vorgehen ablehnt und hinter der komplexen Oberfläche fremder ↑Lebensformen invariante (↑invariant/Invarianz) Regelmäßigkeiten ausfindig zu machen sucht. Lévi-Strauss untersucht unter besonderer Berücksichtigung der Mythen die Systeme der Verwandtschaftsbeziehungen, der Ernährungs- und der Bekleidungsregeln sowie den Totemismus. ↑Kulturen werden als aus Teilsystemen (Sprache, Wirtschaftsbeziehungen, Heiratsregeln, Religion, Kunst, Wissenschaft) bestehende Ordnungen bestimmt, die als Symbolzusammenhänge durch distinktive Oppositionen strukturiert sind. Die strukturalistische Analyse gibt die paradigmatischen Elemente der Teilsysteme an und beschreibt die syntagmatischen Selektions- und Verknüpfungsregeln, auf Grund derer die Kombinationen der Einzelelemente verständlich werden. Lévi-Strauss begreift sein wissenschaftliches Projekt nicht nur als eine ethnographische Untersuchung fremder Kulturen, sondern als die Freilegung universaler Denkstrukturen des Menschen. Wissenschaftsgeschichtlich betrachtet bedeutet sein Werk einen grundlegenden Paradigmenwechsel (↑Paradigma) innerhalb der Ethnologie/Anthropologie, da die traditionell naturwissenschaftlichen Grundlagen zugunsten einer Analyse der in den Symbolisierungen (↑Symbol) der Kollektive zugänglichen Denksysteme aufgegeben werden.

Linguistik, Anthropologie und Ethnologie sind die klassischen strukturalistischen Disziplinen, deren Verfahrensweisen auf zahlreiche Forschungsfelder übertragen werden. Im Bereich der ↑Psychoanalyse verwendet J.

Lacan strukturalistische Ansätze für eine Transformation der Lehre S. Freuds. Grundlage seiner Konzeption des Individuums sind die Begriffe des Symbolischen, des Imaginären und des Realen sowie die These, das ↑Unbewußte sei wie eine Sprache strukturiert. Lacan stellt die Konstitution des ↑Ich als durch die symbolische Ordnung der Welt bestimmt dar, wobei sowohl die biologistische Perspektive Freuds auf den Menschen als Triebwesen als auch die rationalistische Perspektive auf den Menschen als autonomes Subjekt der Reflexion und des Handelns ausgeschaltet werden. Der Mensch erscheint als ein Lebewesen, dem seine ↑Identität von außen, durch die als arbiträre Signifikantenketten beschriebenen soziokulturellen und sprachlichen Ordnungen, zugewiesen wird. Sprachliche Zeichen und andere Symbolisierungen sind demzufolge keine Hilfsmittel, derer sich autonome Subjekte zum Zwecke der ↑Kommunikation bedienen, sondern im Rahmen der Lacanschen Metaphysik des Signifikanten die Instanzen, die den Menschen konstituieren (»Es ist […] die Welt der Worte, die die Welt der Dinge schafft […]. Der Mensch spricht […], aber er tut es, weil das Symbol ihn zum Menschen gemacht hat« [Schriften I, ed. N. Haas, Olten/Freiburg 1973, 117]). Der im Rahmen einer Analyse des Spiegelstadiums gewonnene Begriff des Imaginären kennzeichnet die Struktur des Ich durch einen fundamentalen Mangel und die Beziehung auf ein Bild des Ähnlichen. Am Ursprung der Ichbildung steht eine irreversible Verwechslung des Ähnlichen mit dem Identischen. Das Ich ist auf unhintergehbare Weise durch einen narzißtischen Selbstbezug und eine prinzipielle Spaltung geprägt: »Ich denke, wo ich nicht bin, also bin ich, wo ich nicht denke« (Schriften II, ed. N. Haas, Olten/Freiburg 1975, 43). Das Reale ist im Rahmen dieses Modells der Inbegriff dessen, was dem Subjekt unzugänglich ist.

Neben dem Gebrauch strukturalistischer Begriffe in der marxistischen Theorie der Gesellschaft von L. Althusser hat die strukturalistische Methode vor allem in den *Kultur-* und *Literaturwissenschaften* weite Verbreitung gefunden (R. Barthes, M. Detienne, G. Genette, L. Goldmann, A. J. Greimas, J. Kristeva, T. Todorov, J.-P. Vernant, P. Vidal-Naquet). Barthes, dessen frühe Arbeiten einer allgemeinen ↑Semiologie gewidmet sind (zu deren Gegenstandsbereich nicht nur die herkömmlicherweise von den Literaturwissenschaften behandelten literarischen Texte, sondern auch Gebrauchstexte, der Film und die Fotografie gehören), vertritt einen S., der eine strenge Theoriebildung zugunsten eines Operierens mit offenen Systemen ablehnt. Seit Anfang der 1970er Jahre markieren die Publikationen Barthes' den Übergang zum so genannten Post-S.. – Bei den Arbeiten der einflußreichsten Philosophen aus dem Umkreis des S. (M. Foucault, J. Derrida) handelt es sich nicht im eigentlichen Sinne um Anwendungen strukturalistischer Verfahren auf phi-

losophische Probleme, sondern um Reflexionen über Implikationen und Konsequenzen des S.. Dabei steht eine mitunter als Antihumanismus charakterisierte Kritik an traditionellen Begriffen des Subjekts im Vordergrund. Die Eigenständigkeit dieser durch F. Nietzsche und M. Heidegger beeinflußten Transformationen und Überschreitungen des S. wird durch unterschiedliche Kategorisierungen der Arbeiten Foucaults (Genealogie, Archäologie, Diskursanalyse) und Derridas (Grammatologie, Dekonstruktion) verdeutlicht.

II *Wissenschaftstheoretischer Strukturalismus:* Der wissenschaftstheoretische S. (engl. auch ↑*non-statement view;* ↑Theoriesprache) wurde nach Vorarbeiten von P. Suppes und E. W. Adams von J. D. Sneed begründet und von W. Stegmüller und seinen Mitarbeitern zu einem einflußreichen metawissenschaftlichen ↑Forschungsprogramm ausgebaut. In der strukturalistischen Auffassung besteht eine wissenschaftliche Theorie nicht – wie bei R. Carnap, C. G. Hempel und E. Nagel – aus einer Menge von Sätzen, sondern ist durch eine mathematische Struktur gekennzeichnet. Diese wird durch die Angabe ihres Fundamentalgesetzes und gegebenenfalls weiterer Spezialgesetze explizit als ein mengentheoretisches Prädikat definiert (z. B. ›ist eine Partikelmechanik‹, ›ist eine Freudsche Neurosentheorie‹). Dabei bedient sich der S. nicht (wie R. Carnap) einer formalisierten ↑Objektsprache, sondern begnügt sich – hier dem Bourbaki-Programm (↑Bourbaki, Nicolas) in der Mathematik folgend – mit einer Darstellung in den Begriffen der informellen ↑Mengenlehre.

Das im Logischen Empirismus (↑Empirismus, logischer) als dringlich empfundene Problem der theoretischen Begriffe (↑Begriffe, theoretische, ↑Theoriesprache) wird im S. gelöst, indem es als semantisches Problem von der erkenntnistheoretischen Unterscheidung zwischen beobachtbaren und nicht-beobachtbaren Größen getrennt wird. Eine Größe G heißt dann ›theoretisch bezüglich der Theorie T‹ (oder ›T-theoretisch‹), wenn jede Messung von G bereits die Gültigkeit von T voraussetzt. In der Newtonschen Mechanik N etwa sind die Begriffe Kraft und Masse als N-theoretisch ausgezeichnet (in der späteren Diskussion des S. werden alternative Theoretizitätskonzepte vorgeschlagen).

Eine Theorie T wird weiter bestimmt durch ihre ›partiellen potentiellen Modelle‹ M_{pp}, in denen nur nicht-theoretische Größen spezifiziert sind, und ihre ›potentiellen Modelle‹ M_p, in denen auch den T-theoretischen Größen Werte zugewiesen werden. Das ›Fundamentalgesetz‹ von T bestimmt dann, welche Elemente von M_p echte ›Modelle‹ von T sind; die Menge dieser Modelle heißt M. Neben der damit charakterisierten mathematischen Struktur einer Theorie, dem so genannten Theorienkern, ist für den S. der Bereich der empirischen

Anwendungen die zweite Determinante einer Theorie. Die Menge I der ›intendierten Anwendungen‹ von T wird in nicht-theoretischer Sprache beschrieben; es gilt also $I \subseteq M_{pp}$. Als Anwendungen von T werden scharf umrissene, ›lokale‹ Systeme isoliert, z. B. das Planetensystem, das System Erde–Mond mit den Gezeiten, Pendelbewegungen, fallende Körper in Erdnähe. Die zu einer Theorie T gehörende Menge I ist nur angedeutet durch paradigmatische Beispiele und prinzipiell offen. Zur Harmonisierung verschiedener Anwendungen, in denen durchaus dieselben Objekte vorkommen können, müssen ›Querverbindungen‹ (*constraints*) zwischen den verschiedenen Elementen von M_p berücksichtigt werden.

Die durch ihre genannten Komponenten gegebene Struktur einer Theorie T wird im S. streng unterschieden von ihrer ›empirischen Behauptung‹. Diese besteht in einer einzigen Aussage, einer strukturalistischen Umformulierung des zugehörigen ↑Ramsey-Satzes. Sie besagt, daß alle intendierten Anwendungen derart mit Werten für die theoretischen Größen vervollständigt werden können, daß zugleich alle Gesetze und alle Constraints von T erfüllt sind. Durch die Formulierung der empirischen Behauptung als unzerlegbare (Existenz-) Aussage erhält der S. ein wesentliches holistisches Moment (↑Holismus).

Das strukturalistische Konzept erlaubt feine Unterscheidungen sowohl der Struktur als auch der Dynamik wissenschaftlicher Theorien. In synchroner Hinsicht wird der Theoriebegriff (↑Theorie) verfeinert, indem Theorien nur als Elemente in vielfach verzweigten Theoriennetzen aufgefaßt werden. In diachroner Hinsicht werden eingehende Studien der Evolution und Revolution von Theorien (Theoriennetzen) durchgeführt. Eine einheitsstiftende Funktion übernehmen in struktureller wie dynamischer Beschreibung intertheoretische Relationen (*links*; ↑Relationen, intertheoretische), vornehmlich die Relationen der ↑Spezialisierung und der ↑Reduktion. Solche Relationen erklären im S. auch, inwiefern sich im wissenschaftlichen Theorienwandel (↑Theoriendynamik) ↑Rationalität und ↑Fortschritt (↑Erkenntnisfortschritt) manifestieren. Tatsächlich versteht sich der S. ursprünglich als eine Antwort auf T. S. Kuhns wissenschaftshistorische Herausforderung der klassischen ↑Wissenschaftstheorie. Er bietet natürliche Explikationen der Kuhnschen Begriffe der Immunität von Theorien gegenüber widersprechender Erfahrung, des ↑Paradigmas einer wissenschaftlichen Gemeinschaft (↑scientific community) und (mit Einschränkungen) auch der Inkommensurabilität (↑inkommensurabel/Inkommensurabilität) von rivalisierenden Theorien. In dieser Funktion der Wegerklärung scheinbarer Rationalitätslücken der Wissenschaft wird der S. von Kuhn selbst positiv bewertet.

Der S. ist besonders im deutschen und europäischen Raum verbreitet und dient als Rahmen für zahlreiche rationale ↑Rekonstruktionen verschiedenartiger einzelwissenschaftlicher Theorien. Er wird nicht mehr als in Opposition zur klassischen Wissenschaftstheorie stehend verstanden, sondern als eine für viele Zwecke vorteilhafte alternative Sicht- und Darstellungsweise wissenschaftstheoretischer Analysen.

Literatur I (Philosophischer S.): J. Albrecht, Europäischer S.. Ein forschungsgeschichtlicher Überblick, Darmstadt, Tübingen 1988, Tübingen ³2007; D. Allison, Structuralism, in: R. Audi (ed.), The Cambridge Dictionary of Philosophy, Cambridge etc. ²1999, 882–884; J. Angermüller, Nach dem S.. Theoriediskurs und intellektuelles Feld in Frankreich, Bielefeld 2007; ders., Le champ de la théorie. Essor et déclin du structuralisme en France, Paris 2013; ders., Why There Is No Poststructuralism in France. The Making of an Intellectual Generation, London/New York 2015; D. Armstrong/C. H. van Schooneveld (eds.), Roman Jakobson. Echoes of His Scholarship, Lisse 1977; C. R. Badcock, Lévi-Strauss. Structuralism and Sociological Theory, London, New York 1975 (repr. London 2015), New York 1976; R. Barthes, L'activité structuraliste, Lettres nouvelles 32 (1963), 71–80, ferner in: Œuvres complètes I, ed. É. Marty, Paris 1993, 1165–1375, II, 2002, 269–528; ders., Éléments de sémiologie, Communications 4 (1964), 91–135, Nachdr. in: Œuvres complètes I, ed. É. Marty, Paris 1993, 1465–1524, II, 2002, 631–704; ders., Introduction à l'analyse structurale des récits, Communications 8 (1966), 1–27; ders., S/Z, Paris 1970, 1991, ferner in: Œuvres complètes II, ed. É. Marty, Paris 1994, 555–741, III, 2002, 119–346; ders., L'aventure sémiologique, Paris 1985, 1991; J.-M. Benoist, La révolution structurale, Paris 1975, ²1980, 1981 (engl. The Structural Revolution, London 1978); E. Benveniste, Problèmes de linguistique générale, I–II, Paris 1966/1974, 2011/2012 (engl. Problems in General Linguistics, Coral Gables Fla. 1971; dt. Probleme der allgemeinen Sprachwissenschaft, München 1974, Frankfurt 1977); M. Bierwisch, S.. Geschichte, Probleme und Methoden, Kursbuch 5 (1966), 77–152; L. Bloomfield, Language. An Introduction to the Study of Language, London, New York 1914 (repr. London 1997), Amsterdam/Philadelphia Pa. 1983; J. A. Boon, From Symbolism to Structuralism. Lévi-Strauss in a Literary Tradition, Oxford 1972, New York 1973; P. Bourdieu, Structuralism and Theory of Sociological Knowledge, Social Res. 35 (1968), 681–706; C. Brémond, Logique du récit, Paris 1973, 1992; J. M. Broekman, S.. Moskau – Prag – Paris, Freiburg/München 1971; N. Brügger/O. Vigsø, Strukturalisme, Roskilde 2002, Lund 2004 (dt. S., Paderborn, Stuttgart 2008); G. Canguilhem (ed.), Michel Foucault philosophe. Rencontre internationale Paris 9, 10, 11 janvier 1988, Paris 1989 (engl. Michel Foucault, Philosopher, New York 1992); R. Castel, Méthode structurale et idéologies structuralistes, Critique 20 (1964), 963–978; P. Caws, Structuralism. The Art of the Intelligible, Atlantic Highlands N. J. 1988, 1997; N. Chomsky, Syntactic Structures, The Hague/Paris 1957, Berlin/New York ²2002; ders., Current Issues in Linguistic Theory, The Hague 1964, 1975; ders., Cartesian Linguistics. A Chapter in the History of Rationalist Thought, New York/London 1966, Cambridge etc. ³2009; ders., The Logical Structure of Linguistic Theory, New York/London 1975, Chicago Ill. 1985; ders., Reflections on Language, New York 1975, London 1976; K. Chvatik, Tschechoslowakischer S.. Theorie und Geschichte, München 1981; ders., Mensch und Struktur. Kapitel aus der neostrukturalen Ästhetik und Poetik, Frankfurt 1987; M. Corvez, Les structuralistes. Les linguistes. Michel Foucault, Claude Lévi-Strauss, Jacques Lacan, Louis Althusser, Les critiques littéraires, Paris 1969; E. Coseriu, Teoría del lenguaje y lingüística general. Cinco estudios, Madrid 1962, ³1973, 1982 (dt. Sprachtheorie und allgemeine Sprachwissenschaft. Fünf Studien, ed. U. Petersen, München 1975); J. Culler, Structuralist Poetics. Structuralism, Linguistics and the Study of Literature, London 1975, London/New York 2002; ders., On Deconstruction. Theory and Criticism after Structuralism, Ithaca N. Y. 1982, London/New York 2015 (dt. Dekonstruktion. Derrida und die poststrukturalistische Literaturtheorie, Reinbek b. Hamburg 1988, 1999); ders., Structuralism, REP IX (1998), 174–177; G. Deleuze, A quoi reconnaît-on le structuralisme?, in: F. Châtelet (ed.), Histoire de la philosophie VIII (Le XXᵉ siècle), Paris 1973, 2000, 299–335; ders., Foucault, Paris 1986, 2004; J. Derrida, De la grammatologie, Paris 1967, 2011; ders., La voix et le phénomène. Introduction au problème du signe dans la phénoménologie de Husserl, Paris 1967, ⁵1989, Neuausg. 1993, ⁴2010; ders., L'écriture et la différence, Paris 1967, 2014; ders., La structure, le signe et le jeu dans le discours des sciences humaines, in: ders., L'écriture et la différence [s. o.], 409–428; ders., La dissémination, Paris 1972, 2001; ders., Marges de la philosophie, Paris 1972, 2006; V. Descombes, Le même et l'autre. Quarante-cinq ans de philosophie française (1933–1978), Paris 1979, 1993 (engl. Modern French Philosophy, Cambridge etc. 1980, 2001; dt. Das Selbe und das Andere. Fünfundvierzig Jahre Philosophie in Frankreich (1933–1978), Frankfurt 1981, 1987); M. Detienne, L'invention de la mythologie, Paris 1981, 1992; P. Dews, Logics of Disintegration. Post-Structuralist Thought and the Claims of Critical Theory, London/New York 1987, 2007; J. Dor, Introduction à la lecture de Lacan I, Paris 1985, 2006 (engl. Introduction to the Reading of Lacan. The Unconscious Structured like a Language, Northvale N. J. 1997, New York 2004); F. Dosse, Histoire du structuralisme, I–II, Paris 1991/1992, 2012 (dt. Geschichte des S., I–II, Hamburg 1996/1997, Frankfurt 1999; engl. History of Structuralism, Minneapolis Minn./London 1997, 1998); H. L. Dreyfus/P. Rabinow, Michel Foucault. Beyond Structuralism and Hermeneutics, Chicago Ill. 1982, ²1983, London/New York 2013 (dt. Michel Foucault. Jenseits von S. und Hermeneutik, Frankfurt 1987, Weinheim ²1994); T. Ebke/M. Schloßberger (eds.), Dezentrierungen. Zur Konfrontation von philosophischer Anthropologie, S. und Poststrukturalismus, Berlin 2012; K.-H. Ehlers, S. in der deutschen Sprachwissenschaft. Die Rezeption der Prager Schule zwischen 1926 und 1945, Berlin/New York 2005; J.-B. Fages, Comprendre le structuralisme, Toulouse 1967, 1976 (dt. Den S. verstehen. Einführung in das strukturale Denken, Gießen/Wiesbaden 1974); L. Fietz, S.. Eine Einführung, Tübingen 1982, ³1998; M. Foucault, Folie et déraison. Histoire de la folie à l'âge classique, Paris 1961, unter dem Titel: Histoire de la folie à l'âge classique, Paris ²1972, 2008; ders., Naissance de la clinique. Une archéologie du regard médical, Paris 1963, ⁸2009; ders., Les mots et les choses. Une archéologie des sciences humaines, Paris 1966, 2014; ders., L'archéologie du savoir, Paris 1969, 2008; ders., L'ordre du discours. Leçon inaugurale au Collège de France prononcée le 2 décembre 1970, Paris 1971, 2009; M. Frank, Was ist Neostrukturalismus?, Frankfurt 1984, ⁵1997, 2001 (franz. Qu'est-ce que le néo-structuralisme?, Paris 1989; engl. What Is Neostructuralism?, Minneapolis Minn. 1989); K. Füssel, Zeichen und Strukturen. Einführung in Grundbegriffe, Positionen und Tendenzen des S., Münster 1983; F. Gadet, Après Saussure, DRLAV Rev. de linguistique 40 (1989), 1–40; G. Genette, Figures, I–IV, Paris 1966–2002, II, 2012; R. T. de George/F. M. de George (eds.), The Structuralists. From Marx to Lévi-Strauss, Garden City N. Y.

1972; M. Glucksmann, Structuralist Analysis in Contemporary Social Thought. A Comparison of the Theories of Claude Lévi-Strauss and Louis Althusser, London/Boston Mass. 1974, 1979; D. Goddard, Philosophy and Structuralism, Philos. Soc. Sci. 5 (1975), 103–123; L. Goldmann, Sciences humaines et philosophie. Suivi de Structuralisme génétique et création littéraire, Paris 1952, 1978 (dt. Gesellschaftswissenschaften und Philosophie, Frankfurt 1971); ders., Pour une sociologie du roman, Paris 1964, 1992 (dt. Soziologie des modernen Romans, Neuwied/Berlin 1970, unter dem Titel: Soziologie des Romans, Darmstadt/Neuwied ²1972, Frankfurt 1984; engl. Towards a Sociology of the Novel, London 1975, 1978); ders., Marxisme et sciences humaines, Paris 1970; H.-D. Gondek, S., TRE XXXII (2001), 255–263; ders., S./Poststrukturalismus, EP III (²2010), 2627–2632; A. J. Greimas, Sémantique structurale. Recherche de méthode, Paris 1966, ³2002 (dt. Strukturale Semantik. Methodologische Untersuchungen, Braunschweig 1971; engl. Structural Semantics. An Attempt at a Method, Lincoln Neb. 1983); ders., Du sens. Essais sémiotiques, I–II, Paris 1970/1983, 1992; ders., Sémiotique et sciences sociales, Paris 1976, 1991; ders./J. Courtés, Sémiotique. Dictionnaire raisonné de la théorie du langage, I–II, Paris 1979/1986, in 1 Bd. 1993; G. Gutting, Michel Foucault's Archaeology of Scientific Reason, Cambridge etc. 1989, 1995; ders., French Philosophy in the Twentieth Century, Cambridge etc. 2001; R. Harris, Reading Saussure. A Critical Commentary on the ›Cours de linguistique générale‹, La Salle Ill., London 1987; Z. S. Harris, Methods in Structural Linguistics, Chicago Ill. 1951, ³1957, unter dem Titel: Structural Linguistics, Chicago Ill./London 1960, 1986; T. Hawkes, Structuralism and Semiotics, Berkeley Calif./Los Angeles, London 1977, London/New York ²2003; E. W. B. Hess-Lüttich, S., Hist. Wb. Rhetorik IX (2009), 194–220; L. Hjelmslev, Principes de grammaire générale, Kopenhagen 1928 (repr. 1968); ders., Omkring sprogteoriens grundlaeggelse, Kopenhagen 1943, 1976, mit einem Essay v. F. J. Whitfield, 1993 (engl. Prolegomena to a Theory of Language, Baltimore Md. 1953, Madison Wis./Milwaukee Wis./London 1969; franz. Prolégomènes à une théorie du langage, Paris 1968, 1984; dt. Prolegomena zu einer Sprachtheorie, München 1974); ders., Essais linguistiques, I–II, Kopenhagen 1959/1973, I, ²1970, Neuausg. Paris 1988, 1997; ders., Sproget. En introduktion, Kopenhagen 1963, 1997 (dt. Die Sprache. Eine Einführung, Darmstadt 1968); D. Holdcroft, Structuralism in Linguistics, REP IX (1998), 177–181; E. Holenstein, Roman Jakobsons phänomenologischer S., Frankfurt 1975 (franz. Jakobson ou, le Structuralisme phénoménologique, Paris 1974, 1975; engl. Roman Jakobson's Approach to Language. Phenomenological Structuralism, Bloomington Ind./London 1976); D. C. Hoy (ed.), Foucault. A Critical Reader, Oxford/New York 1986, 1996; D. Hymes/J. Fought, American Structuralism, The Hague/Paris/New York 1981; J. Ihwe (ed.), Literaturwissenschaft und Linguistik. Ergebnisse und Perspektiven, I–III, Frankfurt 1971–1972, I, ²1972, Neudr. [teilw.] unter dem Titel: Literaturwissenschaft und Linguistik. Eine Auswahl. Texte zur Theorie der Literaturwissenschaft, I–II, Frankfurt 1972/1973; L. Jackson, The Poverty of Structuralism. Literature and Structuralist Theory, London/New York 1991, 1992; A. Jacob, Sur le structuralisme, Ét. philos. NS 24 (1969), 173–186; U. Jaeggi, Ordnung und Chaos. Der S. als Methode und Mode, Frankfurt 1968, 1970; L. Jäger/C. Stetter (eds.), Zeichen und Verstehen. Akten des Aachener Saussure-Kolloquiums 1983, Aachen 1986; R. Jakobson, Selected Writings, I–XIII, ed. S. Rudy, The Hague/Paris/New York 1962–1988, I–II, Berlin/Boston Mass. 2002, IX, 2014; ders., Essais de linguistique générale, I–II, Paris 1963/1973, I, 2003, II, 2007; ders., Aufsätze zur Linguistik und Poetik, ed. W. Raible,

München 1974, Frankfurt 1979; ders./C. Lévi-Strauss, »Les chats« de Charles Baudelaire, L'homme 2 (1962), 5–21, Neudr. in: ders., Huit questions de poétique, ed. T. Todorov, Paris 1977, 163–188; J. Jurt (ed.), Zeitgenössische französische Denker. Eine Bilanz, Freiburg 1998; E. F. K. Koerner, Ferdinand de Saussure. Origin and Development of His Linguistic Thought in Western Studies of Language. A Contribution to the History and Theory of Linguistics, Braunschweig 1973; A. Kremer-Marietti, Foucault et l'archéologie du savoir. Présentation, choix de textes, bibliographie, Paris 1974, Neudr. (erw.) unter dem Titel: Michel Foucault. Archéologie et genéalogie, Paris 1985 (dt. Michel Foucault, der Archäologe des Wissens. Mit Texten von Michel Foucault, Frankfurt 1976); J. Kristeva, Séméiotikè. Recherches pour une sémanalyse, Paris 1969, 1978; dies., La révolution du langage poétique. L'avantgarde à la fin du XIXᵉ siècle. Lautréamont et Mallarmé, Paris 1974, ²1985 (dt. Die Revolution der poetischen Sprache, Frankfurt 1978, ⁴1992, 2010; engl. Revolution in Poetic Language, New York 1984, 1993); E. Kurzweil, The Age of Structuralism. Lévi-Strauss to Foucault, New York/Guildford 1980, mit Untertitel: From Lévi-Strauss to Foucault, New Brunswick N. J. 1996; J. Lacan, Écrits, ed. J.-A. Miller, Paris 1966, in 2 Bdn., 1979/1971, 1999; ders., Le séminaire de Jacques Lacan, Paris 1973ff. [erschienen Bde I–XI, XVI–XX, XXIII]; H. Lang, Die Sprache und das Unbewußte. Jacques Lacans Grundlegung der Psychoanalyse, Frankfurt 1973, ⁴2009 (engl. Language and the Unconscious. Lacan's Hermeneutics of Psychoanalysis, Atlantic Highlands N. J. 1997); J. Laplanche/J.-B. Pontalis, Vocabulaire de la psychanalyse, Paris 1967, ¹³1997, Neuausg. 1997, ⁵2007 (dt. Das Vokabular der Psychoanalyse, Frankfurt 1972, ¹⁷2005, 2011; engl. The Language of Psycho-Analysis, London 1973, 2006); S. Leclaire, Psychanalyser. Essai sur l'ordre de l'inconscient et la pratique de la lettre, Paris 1968, 1975 (dt. Der psychoanalytische Prozeß. Versuch über das Unbewußte und den Aufbau einer buchstäblichen Ordnung, Olten/Freiburg 1971, unter dem Titel: Psychoanalysieren. Ein Versuch über das Unbewußte und den Aufbau einer buchstäblichen Ordnung, Wien 2001; engl. Psychoanalyzing. On the Order of the Unconscious and the Practice of the Letter, Stanford Calif. 1998); G. C. Lepschy, La linguistica strutturale, Turin 1966, mit Untertitel: Con un'appendice critico-bibliografica 1966–1989, 1990 (franz. La linguistique structurale, Paris 1968, ²1969, 1976; dt. Die strukturale Sprachwissenschaft. Eine Einführung, München 1969, ³1972; engl. A Survey of Structural Linguistics, London 1970, 1982); L. Lévi-Strauss, Les structures élémentaires de la parenté, Paris 1949, La Haye/Paris ²1967, 2010; ders., Introduction à l'œuvre de Marcel Mauss, in: M. Mauss, Sociologie et anthropologie, Paris 1950, ¹³2013, IX–LII; ders., Anthropologie structurale, Paris 1958, ⁴1985, 2008; ders., La pensée sauvage, Paris 1962, ferner in: Œuvres, ed. V. Debaene u. a., Paris 2008, 553–872, separat 2009; ders., Mythologiques, I–IV, Paris 1964–1971; ders., Anthropologie structurale deux, Paris 1973, ²1997, 2006; R. Macksey/E. Donato (eds.), The Structuralist Controversy. The Languages of Criticism and the Sciences of Man, Baltimore Md./London 1970, 2007; P. Maranda/J. Pouillon (eds.), Échanges et communications. Melanges offerts à C. Lévi-Strauss à l'occasion de son 60ème anniversaire, I–II, La Haye/Paris, La Haye 1970; J. Margolis, Structuralism in Literary Theory, REP IX (1998), 181–184; A. Martinet, Éléments de linguistique générale, Paris 1960, ⁶1966, Neuausg. 1980, ⁵2008 (dt. Grundzüge der allgemeinen Sprachwissenschaft, Stuttgart 1963, Stuttgart etc. ⁵1971; engl. Elements of General Linguistics, London 1964, 1969); E. Matthews, Twentieth-Century French Philosophy, Oxford etc. 1996; P. Matthews, A Short History of Structural Linguistics, Cambridge etc. 2001; M. Merleau-Ponty,

Signes, Paris 1960, 2008; J. G. Merquior, From Prague to Paris. A Critique of Structuralist and Post-Structuralist Thought, London 1986, 1988; A. Montefiore (ed.), Philosophy in France Today, Cambridge etc. 1983; H. Naumann (ed.), Der moderne Strukturbegriff. Materialien zu seiner Entwicklung, Darmstadt 1973; B. Neumeister, Kampf um die kritische Vernunft. Die westdeutsche Rezeption des S. und postmodernen Denkens, Konstanz 2000; M. Ngueti, Critique du structuralisme à partir de Michel Foucault. L'homme est-il mort?, Paris 2013; C. Norris, Derrida, London, Cambridge Mass. 1987, 1989; J. Parain-Vial, Analyses structurales et idéologies structuralistes, Toulouse 1969; J. Parker, Structuration, Buckingham etc. 2000; G. Patzig, Der S. und seine Grenzen, Neue dt. Hefte 22 (1975), 247–266; J. Peregrin, Meaning and Structure. Structuralism of (Post)Analytic Philosophers, Aldershot etc. 2001; P. Pettit, The Concept of Structuralism. A Critical Analysis, Dublin 1975, Berkeley Calif./Los Angeles 1977; J. Piaget, Le structuralisme, Paris 1968, ¹²2004, Neuausg. 2007, ²2016; R. Pividal, Signification et position de l'œuvre de Lévi-Strauss, Annales 19 (1964), 1087–1099; G. Plumpe, Der S., Hist. Wb. Ph. X (1998), 342–347; M. Procházka/M. Malá (eds.), The Prague School and Theories of Structure, Göttingen 2010; V. Propp, Morfologija skazki, Leningrad 1928, Moskau ²1969, Riga 1995 (engl. Morphology of the Folktale, The Hague, Bloomington Ind. 1958, Austin Tex. ²1968, 2009; engl. Morphologie du conte, Paris 1970, 2007; dt. Morphologie des Märchens, in: Morphologie des Märchens, ed. K. Eimermacher, München 1972, Frankfurt ²1982, 9–153); G. Raulet, Structuralism and Post-Structuralism. An Interview with Michel Foucault, Telos 55 (1983), 195–211; F. Rese/F. Heidermanns/J. Figl, S., RGG VII (⁴2004), 1781–1784; P. Ricœur, Le conflit des interprétations. Essais d'hermeneutique, Paris 1969, 2013, 29–97 (Chap. I Herméneutique et structuralisme); A. Rifflet-Lemaire, Jacques Lacan, Brüssel 1970, Sprimont ⁸1997 (engl. Jacques Lacan, London/New York 1977, 1996); E. Roudinesco, Histoire de la psychanalyse en France. La bataille de cent ans, I–II, Paris 1982, 1994, in 1 Bd., 2009; W. G. Runciman, What Is Structuralism?, Brit. J. Sociology 20 (1969), 253–265; M. Ryan/R. Launey, Structuralism and Poststructuralism, NDHI V (2005), 2260–2267; C. Sanders, The Cambridge Companion to Saussure, Cambridge etc. 2004; R. B. Sangster, Reinventing Structuralism. What Sign Relations Reveal about Consciousness, Berlin/Boston Mass. 2013; F. de Saussure, Cours de linguistique générale, ed. C. Bally/A. Sechehaye, Lausanne/Paris 1916, Paris 2016; T. R. Schatzki, Structuralism in Social Science, REP IX (1998), 184–189; T. M. Scheerer, Ferdinand de Saussure. Rezeption und Kritik, Darmstadt 1980; A. D. Schrift, Structuralism and Poststructuralism, Enc. Ph. IX (²2006), 273–279; L. Sebag, Marxisme et structuralisme, Paris 1964, 1973 (dt. Marxismus und S., Frankfurt 1967); M. Serres, Structure et importation. Des mathématiques aux mythes, in: ders., Hermès I (La communication), Paris 1968, 1991, 21–35 (dt. Struktur und Übernahme. Von der Mathematik zu den Mythen, in: ders., Hermes I [Kommunikation], Berlin 1991, 25–44); H. J. Silverman, The Subject of Semiotics, Oxford etc. 1983, 1984; ders., Inscriptions. After Phenomenology and Structuralism, Evanston Ill. 1987, 1997; ders., French Structuralism and after: de Saussure, Lévi-Strauss, Barthes, Lacan, Foucault, in: R. Kearney (ed.), Twentieth-Century Continental Philosophy, London/New York 1994, 2003, 390–408; P. Steiner/M. Cervenka/R. Vroon, The Structure of the Literary Process. Studies Dedicated to the Memory of Felix Vodicka, Amsterdam/Philadelphia Pa. 1982; R. Stones, Structuration Theory, Basingstoke etc. 2005; J. Sturrock (ed.), Structuralism and since. From Lévi-Strauss to Derrida, Oxford etc. 1979, 1992; U. C. Thilo, Rezeption und Wirkung des

»Cours de linguistique générale«. Überlegungen zu Geschichte und Historiographie der Sprachwissenschaft, Tübingen 1989; T. Todorov, La description de la signification en littérature, Communications 4 (1964), 33–39; ders., Poétique de la prose, Paris 1971, 1991 (dt. Poetik der Prosa, Frankfurt 1972; engl. The Poetics of Prose, Ithaca N.Y. 1977); N.S. Troubetzkoy, Grundzüge der Phonologie, Prag 1939, Göttingen [7]1989 (franz. Principes de phonologie, Paris 1949, 1986; engl. Principles of Phonology, Berkeley Calif. etc. 1969); J.-P. Vernant, Mythe et pensée chez les grecs, Paris 1965, 2008 (engl. Myth and Thought among the Greeks, London/New York 1983; dt. Mythos und Denken bei den Griechen. Historisch-psychologische Studien, Paderborn 2016); ders., Mythe et tragédie en Grèce ancienne, I–II, Paris 1972, 2001 (engl. Tragedy and Myth in Ancient Greece, Brighton etc. 1981, unter dem Titel: Myth and Tragedy in Ancient Greece, New York 1988, 1990); ders./M. Detienne, Les ruses de l'intelligence. La métis des Grecs, Paris 1974, 2009 (engl. Cunning Intelligence in Greek Culture and Society, Hassocks etc., Atlantic Highlands N.J. 1978, Chicago Ill. 1992); P. Veyne, Foucault révolutionne l'histoire, in: ders., Comment on écrit l'histoire. Suivi de Foucault révolutionne l'histoire, Paris 1978, 1985, 201–242 (dt. Foucault. Die Revolutionierung der Geschichte, Frankfurt 1992, 1999); P. Vidal-Naquet, Le chasseur noir. Formes de pensée et formes de société dans le monde grec, Paris 1981, 2005 (engl. The Black Hunter. Forms of Thought and Forms of Society in the Greek World, Baltimore Md./London 1986; dt. Der schwarze Jäger. Denkformen und Gesellschaftsformen in der griechischen Antike, Frankfurt/New York 1989); F. Vodicka, Die Struktur der literarischen Entwicklung, München 1976; F. Wahl (ed.), Qu'est-ce que le structuralisme?, Paris 1968, 1973 (dt. Einführung in den S.. Mit Beiträgen von Oswald Ducrot, Tzvetan Todorov, Dan Sperber, Moustafa Safouan, François Wahl, Frankfurt 1973, [3]1987); D. Wood (ed.), Derrida. A Critical Reader, Oxford/Cambridge Mass. 1992, 1996; P. Wunderli, Saussure-Studien. Exegetische und wissenschaftsgeschichtliche Untersuchungen zum Werk von F. de Saussure, Tübingen 1981. – Zeitschriften zum S.: Alternative 10 (1967), H. 54 (S.diskussion), 11 (1968), H. 62/63 (S. und Literaturwissenschaft); Esprit NS 31 (1963), 545–635 (Mise en cause d'un langage), 35 (1967), 771–901 (H. 7) (Structuralisme. Idéologie et méthode); Kursbuch 5 (1966), 58–196 (S.); Rev. int. philos. 19 (1965), 247–493 (H. 73/74) (La notion de structure); Rev. mét. mor. 1 (2005), H. 45 (Repenser des Structures); Temps modernes 246 (1966), 767–960; Yale French Studies 36/37 (1966) (Structuralism), 48 (1972) (French Freud. Structural Studies in Psychoanalysis). – Zeitschriften zum Werk R. Barthes': Poétique 12 (1981), 257–390 (H. 47) (Roland Barthes); Communications 36 (1982) (Roland Barthes). – Bibliographien: P. Caws, The Recent Literature of Structuralism 1965–1970, Philos. Rdsch. 18 (1971), 63–78; J.V. Harari, Structuralists and Structuralisms. A Selected Bibliography of French Contemporary Thought (1960–1970), Ithaca N.Y. 1971; E.F.K. Koerner, Bibliographia Saussureana 1870–1970. An Annotated, Classified Bibliography on the Background, Development and Actual Relevance of Ferdinand de Saussure's General Theory of Language, Metuchen N.J. 1972; J.M. Miller, French Structuralism. A Multidisciplinary Bibliography [...], New York/London 1981.

Literatur II (Wissenschaftstheoretischer S.): E.W. Adams, The Foundations of Rigid Body Mechanics and the Derivation of Its Laws from Those of Particle Mechanics, in: L. Henkin/P. Suppes/A. Tarski (eds.), The Axiomatic Method. With Special References to Geometry and Physics. Proceedings of an International Symposium Held at the University of California, Berkeley, December 26, 1957 – January 4, 1958, Amsterdam 1959, 250–265; W. Balzer, Empirische Theorien. Modelle, Strukturen, Beispiele. Die Grundzüge der modernen Wissenschaftstheorie, Braunschweig/Wiesbaden 1982; ders., Theorie und Messung, Berlin etc. 1985; ders., Theoretical Terms. A New Perspective, J. Philos. 83 (1986), 71–90; ders./M. Heidelberger (eds.), Zur Logik empirischer Theorien, Berlin/New York 1983; W. Balzer/C.U. Moulines (eds.), Structuralist Theory of Science. Focal Issues, New Results, Berlin/New York 1996; W. Balzer/C.U. Moulines/J.D. Sneed, An Architectonic for Science. The Structuralist Program, Dordrecht etc. 1987; W. Balzer/J.D. Sneed/C.U. Moulines (eds.), Structuralist Knowledge Representation. Paradigmatic Examples, Amsterdam/Atlanta Ga. 2000; T. Bartelborth, Eine logische Rekonstruktion der klassischen Elektrodynamik, Frankfurt etc. 1988; W. Diederich, Strukturalistische Rekonstruktionen. Untersuchungen zur Bedeutung, Weiterentwicklung und interdisziplinären Anwendung des strukturalistischen Konzepts wissenschaftlicher Theorien, Braunschweig/Wiesbaden 1981; ders., A Structuralist Reconstruction of Marx's Economics, in: W. Stegmüller/W. Balzer/W. Spohn (eds.), Philosophy of Economics. Proceedings, Munich, July 1981, Berlin/Heidelberg/New York 1982, 145–160; U. Gähde, T-Theoretizität und Holismus, Frankfurt/Bern 1983; H. Göttner/J. Jacobs, Der logische Bau von Literaturtheorien, München 1978; R.E. Grandy, Theories of Theories. A View from Cognitive Science, in: J. Earman (ed.), Inference, Explanation, and Other Frustrations. Essays in the Philosophy of Science, Berkeley Calif./Los Angeles/Oxford 1992, 216–233; B.-H. Kim, Kritik des S.. Eine Auseinandersetzung mit dem S. vom Standpunkt der falsifikationistischen Wissenschaftstheorie, Amsterdam/Atlanta Ga. 1991; T.S. Kuhn, Theory-Change as Structure-Change. Comments on the Sneed Formalism, Erkenntnis 10 (1976), 179–199, Neudr. in: R.E. Butts/J. Hintikka (eds.), Historical and Philosophical Dimensions of Logic, Methodology and Philosophy of Science, Dordrecht/Boston Mass. 1977 (Proc. 5th Internat. Congr. Log. Methodol. Philos. Sci. IV), 289–309; J. Leroux, La sémantique des théories physiques, Ottawa Ont. 1988; C.U. Moulines, Theory-Nets and the Evolution of Theories. The Example of Newtonian Mechanics, Synthese 41 (1979), 417–439; F. Mühlhölzer, S., Hist. Wb. Ph. X (1998), 347–350; D. Pearce, Is There Any Theoretical Justification for a Nonstatement View of Theories?, Synthese 46 (1981), 1–39; ders., Roads to Commensurability, Dordrecht etc. 1987; V. Rantala, The Old and the New Logic of Metascience, Synthese 39 (1978), 233–247; ders., On the Logical Basis of the Structuralist Philosophy of Science, Erkenntnis 15 (1980), 269–286; H. Rings, Strukturalistische Wissenschaftstheorie – ein überzeugender Weg? Kritische Bemerkungen zum Sneed-Kuhn-Stegmüllerschen non-statement-view wissenschaftlicher Theorien, Diss. Mannheim 1984; T. Schlapp, Theorienstrukturen und Rechtsdogmatik. Ansätze zu einer strukturalistischen Sicht juristischer Theoriebildung, Berlin 1989; H.-J. Schmidt, Structuralism in Physics, SEP 2002, rev. 2014; J.D. Sneed, The Logical Structure of Mathematical Physics, Dordrecht 1971, Dordrecht/Boston Mass./London [2]1979; W. Stegmüller, Probleme und Resultate der Wissenschaftstheorie und Analytischen Philosophie II/2 (Theorie und Erfahrung. Theorienstrukturen und Theoriendynamik), Berlin/Heidelberg/New York 1973, [2]1985; ders., The Structuralist View of Theories. A Possible Analogue to the Bourbaki Programme in Physical Science, Berlin/Heidelberg/New York 1979; ders., Neue Wege der Wissenschaftsphilosophie, Berlin/Heidelberg/New York 1980; ders., Probleme und Resultate der Wissenschaftstheorie und Analytischen Philosophie II/3 (Theorie und Erfahrung. Die Entwicklung des neuen S. seit 1973), Berlin/

Heidelberg/New York 1986; F. Suppe, The Semantic Conception of Theories and Scientific Realism, Urbana Ill./Chicago Ill. 1989; P. Suppes, Models of Data, in: E. Nagel/P. Suppes/A. Tarski (eds.), Logic, Methodology, and Philosophy of Science. Proceedings of the 1960 International Congress, Stanford Calif. 1962, 1969, 252–261; ders., What Is a Scientific Theory?, in: S. Morgenbesser (ed.), Philosophy of Science Today, New York/London 1967, 55–67; C. Truesdell, Suppesian Stews, in: ders., An Idiot's Fugitive Essays on Science. Methods, Criticism, Training, Circumstances, New York etc. 1984, 503–579; R. Tuomela, On the Structuralist Approach to the Dynamics of Theories, Synthese 39 (1978), 211–231; R. Westermann, Strukturalistische Theorienkonzeption und empirische Forschung in der Psychologie. Eine Fallstudie, Berlin etc. 1987; H. Westmeyer (ed.), Psychological Theories from a Structuralist Point of View, Berlin etc. 1989; ders. (ed.), The Structuralist Program in Psychology. Foundations and Applications, Seattle etc. 1992; G. Zoubek/B. Lauth, Zur Rekonstruktion des Bohrschen Forschungsprogramms, Erkenntnis 37 (1992), 223–273. – W. Diederich/A. Ibarra/T. Mormann, Bibliography of Structuralism, Erkenntnis 30 (1989), 387–407. D. T./H. R.

Strukturalismus, mathematischer, in der Philosophie der ↑Mathematik Bezeichnung für ein Programm zur Erklärung der Rede von mathematischen Gegenständen, das auf der Idee beruht, daß diese nicht in Isolation voneinander zu verstehen sind, sondern nur anhand der Beziehungen, in denen sie zueinander stehen, bzw. anhand der ↑›Struktur‹, die das Gesamtsystem aus Gegenständen und Beziehungen hat. Danach ist es irregeleitet, zunächst verstehen zu wollen, was etwa die natürlichen ↑Zahlen (↑Zahlensystem) oder die Punkte und Geraden der euklidischen Ebene (↑Euklidische Geometrie) jeweils *für sich* sind, um auf dieser Basis zu erklären, warum man sie miteinander addieren und multiplizieren kann bzw. warum zwischen ihnen Beziehungen wie Inzidenz und Parallelität bestehen. Stattdessen muß man umgekehrt ausgehen von einem Verständnis dessen, was für eine Struktur der Halbring der natürlichen Zahlen bzw. die euklidische Ebene *als Ganzes* hat, und von da aus die Zahlen bzw. die Punkte und Ebenen (wenn sie denn existieren) zu verstehen suchen. Gemein ist allen Versionen des S., daß an der mathematischen Praxis nicht gerüttelt wird und der mathematische Satzbestand als objektiv wahr (↑objektiv/Objektivität, ↑Wahrheit) und ↑a priori aufgefaßt wird; die Unterschiede bestehen in der vorausgesetzten ↑Ontologie und den verwendeten Grundbegriffen.

Wegweisend für den mathematischen S. waren unter anderem R. Dedekinds »Was sind und was sollen die Zahlen?« (1888) und P. Benacerrafs »What Numbers Could Not Be« (1965). In beiden Schriften geht es um die natürlichen Zahlen im besonderen und um ω-Progressionen im allgemeinen, d. h. um ↑Wohlordnungen, in denen es zu jedem Objekt ein größeres gibt und zu jedem Objekt außer dem kleinsten ein nächstkleineres (dies sind gerade die zu den natürlichen Zahlen ord-

nungsisomorphen geordneten Mengen; ↑Ordinalzahl). Dedekind behauptet, man könne die natürlichen Zahlen aus einer beliebigen ω-Progression erhalten, indem man »von der besonderen Beschaffenheit der Elemente gänzlich absieht, lediglich ihre Unterscheidbarkeit festhält und nur die Beziehungen auffaßt, in die sie durch die ordnende Abbildung φ [d. i. die Nachfolgerfunktion; ↑Nachfolger] zueinander gesetzt sind [...] In Rücksicht auf diese Befreiung der Elemente von jedem anderen Inhalt (Abstraktion) kann man die Zahlen mit Recht eine freie Schöpfung des menschlichen Geistes nennen« (Dedekind 1888, § 6, 73). Benacerraf weist (noch im Einklang mit Dedekind) darauf hin, daß in verschiedenen ›konkreten‹ ω-Progressionen einander entsprechende Elemente – etwa die jeweiligen 2-Objekte – unterschiedliche außer-arithmetische Eigenschaften haben können, ohne daß dies ihrer jeweiligen Eignung als 2-Objekt Abbruch täte, und daß tatsächlich beliebige Gegenstände die Rolle der Zahlen spielen können, solange nur die zugehörige Ordnungsrelation ihnen die Struktur einer ω-Progression verleiht, schließt daraus aber im Gegensatz zu Dedekind, daß Zahlen keine bestimmten Gegenstände seien und also gar nicht existieren: »Arithmetic is therefore the science that elaborates the abstract structure that all progressions have in common merely in virtue of being progressions. It is not a science concerned with particular objects – the numbers« (Benacerraf 1965, 70).

Die mathematische ↑Modelltheorie kann als die für Mathematiker nächstliegende Variante des S. aufgefaßt werden. Sie setzt ein Universum von reinen ↑Mengen (↑Mengenlehre) bzw. Klassen (↑Klasse (logisch)) als gegeben voraus; es wird also nicht der Versuch unternommen, die Mengen selbst strukturalistisch zu erklären. Die in der Mathematik untersuchten Systeme sind dann Strukturen im Sinne der Modelltheorie, also mengentheoretische Gegenstandsbereiche, gegebenenfalls zusammen mit ↑Funktionen und/oder ↑Relationen auf diesen. Zwei solche Systeme haben dieselbe Struktur (im intuitiven Sinne), wenn sie isomorph (↑isomorph/Isomorphie) oder, allgemeiner, ›strukturäquivalent‹ zueinander sind, d. h., wenn sie durch Hinzufügen und/oder Weglassen definierbarer (↑definierbar/Definierbarkeit) Funktionen und Relationen in zueinander isomorphe Systeme überführt werden können. In diesem Falle ist es für den Mathematiker irrelevant, welches der beiden Systeme er betrachtet, weil einander entsprechende Objekte sich in den beiden Systemen unter einander entsprechenden Funktionen bzw. Relationen genau gleich verhalten; insbes. gelten dieselben Aussagen (gegebenenfalls nach Hinzunahme von Zeichen für die definierten Funktionen und Relationen). Läßt die zugrundegelegte Mengentheorie echte Klassen zu, so können die Strukturtypen selbst als Entitäten aufgefaßt werden, in

Form von Äquivalenzklassen (↑Äquivalenzrelation) von Systemen bezüglich Strukturäquivalenz.

S. Shapiro vertritt Dedekind folgend einen ante-rem-S., wonach z. B. die natürlichen Zahlen mit der Nachfolgerfunktion (und optional der Addition und der Multiplikation) eine ↑abstrakte ›Struktur‹ 𝔑 bilden, die unabhängig von (›vor‹) etwaigen sie instantiierenden Systemen (etwa aus physikalischen Gegenständen) existiert (↑Universalienstreit). Nach Shapiros Auffassung ist die Struktur 𝔑 – einerseits – eine ↑Universalie, nämlich diejenige strukturelle Eigenschaft von Systemen S, die instantiiert ist, wenn S ein ↑Modell der ↑Peano-Axiome 2. Stufe ist, also diese erfüllt (↑erfüllbar/Erfüllbarkeit, ↑gültig/Gültigkeit). Hat ein System S diese Eigenschaft, so spielt jedes Objekt aus dem Gegenstandsbereich von S in S sozusagen die Rolle einer ganz bestimmten natürlichen Zahl: Die Rolle der 0 wird in S von demjenigen S-Objekt 0_S gespielt, das kein S-Nachfolger ist; sein S-Nachfolger 1_S spielt die Rolle der 1; usw.. Shapiro drückt dies so aus, daß jedes S-Objekt in S den ›Platz‹ (*place*) der entsprechenden Zahl einnimmt, und vergleicht Plätze in einer Struktur wie 𝔑 mit Ämtern in einer Organisation: In einem anderen System (mit derselben Struktur 𝔑) kann derselbe Platz von einem anderen Objekt eingenommen werden; und dasselbe Objekt kann in einem anderen System einen anderen Platz einnehmen. Shapiro *identifiziert* nun die natürlichen Zahlen mit den entsprechenden Plätzen in 𝔑 (betrachtet also letztere selbst als Objekte, die zusammen ein System mit der Struktur 𝔑 bilden) und erklärt das System als Ganzes für identisch mit der strukturellen Eigenschaft 𝔑. Die Struktur 𝔑 (bzw. der Halbring der natürlichen Zahlen) ist demnach – andererseits – auch ein System von Plätzen, das gerade die Struktur 𝔑 (als Universalie) instantiiert; der 0-Platz (bzw. die Zahl 0) nimmt in diesem System den 0-Platz ein, der 1-Platz (bzw. die 1) den 1-Platz, usw.. Analog kann man laut Shapiro für andere mathematische ↑Theorien vorgehen: Zu jeder ›kohärenten‹ (d. h. in etwa: erfüllbaren oder semantisch widerspruchsfreien; ↑erfüllbar/Erfüllbarkeit, ↑widerspruchsfrei/Widerspruchsfreiheit) ↑kategorischen Theorie T (↑System, axiomatisches) in der Sprache der Logik 2. Stufe gibt es eine eindeutig bestimmte abstrakte Struktur, die einerseits als System (von Plätzen) aufgefaßt werden kann, das T erfüllt, und andererseits als diejenige strukturelle Eigenschaft, die ein System genau dann hat, wenn es T erfüllt. Mathematische Gegenstände sind dann gerade Plätze in (so verstandenen) Strukturen, deren Wesen in den Beziehungen bestehen soll, die sie zu den übrigen Plätzen haben. Ein Problem dieses Vorschlages ist, daß dann Strukturen mit nicht-trivialen Automorphismen (also Isomorphismen von der Struktur in sich selbst, die nicht jeden Platz auf sich selbst abbilden) Plätze besit-

zen, die gegen das ↑principium identitatis indiscernibilium verstoßen: So sind etwa im Körper der komplexen Zahlen solche mit Imaginärteil ≠ 0 (z. B. die imaginäre Einheit *i*) jeweils von ihrem komplex Konjugierten (im Beispiel das additive Inverse von *i*, d. i. −*i*) ununterscheidbar in dem Sinne, daß sie genau dieselben ↑Formeln erfüllen.

Einen verwandten Typ von ante-rem-S. vertritt M. Resnik, der bei mathematischen Objekten statt von ›Plätzen in Strukturen‹ von ›Stellen in Mustern‹ (*positions in patterns*) spricht. Daß Objekte in ›konkreten‹ Systemen bestimmte Stellen in abstrakten Mustern ›einnehmen‹ können, spielt hier eine Nebenrolle; wichtig ist vor allem, was die jeweilige mathematische Theorie besagt: Enthält die Theorie keine Aussage zu einem bestimmten Sachverhalt, so gibt es auch keine entsprechende Sachlage (*fact of the matter*). Die natürlichen Zahlen etwa existieren, weil ihre Existenz von einer überaus erfolgreichen und nützlichen Theorie, der Arithmetik, postuliert wird, aber sie sind ›unvollständige Objekte‹: Zu vielen denkbaren Fragen über die Zahlen – etwa ob die Zahl 1 Element der Zahl 2 ist – gibt es keine Sachlage. Die Arithmetik behandelt zwar das Natürliche-Zahlen-Muster, erwähnt dieses selbst jedoch nicht explizit, daher gibt es auch in der Frage, ob das Natürliche-Zahlen-Muster selbst existiert, keine Sachlage. Und solange z. B. die natürlichen nicht mit den reellen Zahlen gemeinsam in einer übergreifenden Theorie behandelt werden, gibt es in der Frage, ob die natürliche Zahl 2 mit der reellen Zahl 2 identisch ist, ebenfalls keine Sachlage.

Eine Alternative zu solchen platonistischen bzw. realistischen (↑Platonismus (wissenschaftstheoretisch), ↑Realismus (ontologisch)) Formen des S., nach denen abstrakte mathematische Gegenstände objektiv existieren, bilden nominalistische bzw. anti-realistische Positionen (↑Nominalismus). G. Hellmans ›Modal-S.‹ (*modal-structuralism*) etwa deutet – Ideen von H. Putnam (Mathematics without Foundations, 1967) weiterführend – mathematische ↑Theoreme als verkappte modale (↑Modalität, ↑Modallogik) ↑Allaussagen, die sich jeweils nicht auf *ein bestimmtes* System, sondern auf *alle logisch möglichen* (↑möglich/Möglichkeit) Systeme mit einer gewissen Struktur beziehen. So denotieren z. B. die Terme ›2‹ und ›4‹ in der arithmetischen Aussage ›2 + 2 = 4‹ nicht zwei bestimmte Gegenstände, die natürlichen Zahlen 2 und 4, und das Funktionszeichen ›+‹ drückt darin auch nicht eine bestimmte Funktion aus, die Addition (↑Addition (mathematisch)) natürlicher Zahlen. Vielmehr besagt ›2 + 2 = 4‹, daß notwendigerweise in allen Systemen $S = \langle N_S, +_S, \times_S \rangle$ (wo N_S der Gegenstands- oder ↑Objektbereich von S sein soll), die die Peano-Axiome 2. Stufe erfüllen, die Gleichung ›$2_S +_S 2_S = 4_S$‹ gilt, d. h., wird das 2-Objekt von S zu sich selbst S-addiert, so ergibt sich das 4-Objekt von S; d. h. in (vereinfachter) formaler Schreibweise:

$$\Delta \bigwedge_{N_S} \bigwedge_{+_S} \bigwedge_{\times_S} (\mathrm{PA}^2(N_S, +_S, \times_S) \rightarrow 2_S +_S 2_S = 4_S)$$

(dabei steht ›$\mathrm{PA}^2(N_S, +_S, \times_S)$‹ für eine Formel, die ausdrückt, daß S die Peano-Axiome 2. Stufe erfüllt). Um explizit auszuschließen, daß solche Aussagen trivialerweise erfüllt sind, wird der philosophischen Explikation der jeweiligen Theorie noch hinzugefügt, daß die Existenz von Systemen mit der betreffenden Struktur logisch möglich ist; im Beispiel:

$$\nabla \bigvee_{N_S} \bigvee_{+_S} \bigvee_{\times_S} \mathrm{PA}^2(N_S, +_S, \times_S).$$

Im Gegensatz zu den vorerwähnten Typen von S. vermeidet Hellmans Ansatz die Annahme der Existenz abstrakter Entitäten: Es werden weder Strukturen (als Eigenschaften) noch mathematische Gegenstände postuliert (die intuitive Rede vom Haben einer bestimmten Struktur wird über die Erfüllung eines zugehörigen Axiomensystems eingelöst). Dafür ist der verwendete Begriff von logischer Möglichkeit und Notwendigkeit (↑notwendig/Notwendigkeit) primitiv; insbes. ist er nicht als Existenz in einem vorausgesetzten Mengenuniversum (wie bei der Modelltheorie) oder in möglichen Welten (wie bei der ↑Mögliche-Welten-Semantik; ↑Kripke-Semantik, ↑Welt, mögliche) zu analysieren.
Anschließend an Ideen von S. Mac Lane vertritt S. Awodey eine kategorientheoretische Variante des S.. Die Struktur mathematischer Systeme wird wiederum unter Betrachtung von Beziehungen zwischen Objekten erklärt, aber in diesem Fall sind die ›Objekte‹ solche im Sinne der Kategorientheorie (↑Kategorie (1)), also ganze Systeme, und ihre Beziehungen bestehen in den Morphismen zwischen ihnen. So ist etwa die Struktur ›der natürlichen Zahlen‹ zu erklären unter Bezugnahme auf die (Homo-)Morphismen, die in der Kategorie der Halbringe von entsprechenden Objekten (d. h. Systemen) ausgehen bzw. in ihnen enden. Zwei Objekte a, b in einer Kategorie haben *dieselbe* Struktur, wenn ein Isomorphismus zwischen ihnen existiert, d. i. ein Morphismus $f\colon a \rightarrow b$, zu dem ein Morphismus $g\colon b \rightarrow a$ existiert, so daß die Hintereinanderausführung (↑Verkettung (1)) von f und g sowie die von g und f gleich dem identischen Morphismus von a bzw. b in sich selbst ist, formal: $g \circ f = \mathrm{id}_a\colon a \rightarrow a$ bzw. $f \circ g = \mathrm{id}_b\colon b \rightarrow b$. In der *Topostheorie* (P. T. Johnstone, 2002) wird der kategorientheoretische Ansatz mit den logischen Grundlagen der Mathematik in Beziehung gesetzt. Diese Beziehung ist neuerdings unter dem Schlagwort ›Homotopie-Typentheorie‹ (*homotopy type theory*) in ein eigenständiges, umfassendes Grundlagensystem weiterentwickelt worden (The Univalent Foundations Program, 2013). In der

Homotopie-Typentheorie können isomorphe Strukturen formal identifiziert werden auf Grund eines neuen logischen Grundprinzips: des Univalenzaxioms.

Literatur: S. Awodey, Structure in Mathematics and Logic. A Categorical Perspective, Philos. Math. 4 (1996), 209–237; ders., An Answer to Hellman's Question: ›Does Category Theory Provide a Framework for Mathematical Structuralism?‹, Philos. Math. 12 (2004), 54–64; P. Benacerraf, What Numbers Could Not Be, Philos. Rev. 74 (1965), 47–73, Nachdr. in: ders./H. Putnam (eds.), Philosophy of Mathematics. Selected Readings, Cambridge etc. ²1983, 1998, 272–294; T. Button, Realistic Structuralism's Identity Crisis. A Hybrid Solution, Analysis 66 (2006), 216–222; J. Carter, Individuation of Objects – a Problem for Structuralism?, Synthese 143 (2005), 291–307; C. S. Chihara, A Structural Account of Mathematics, Oxford etc. 2004, 2007; J. C. Cole, Mathematical Structuralism Today, Philos. Compass 5 (2010), 689–699; R. Dedekind, Was sind und was sollen die Zahlen?, Braunschweig 1888, Nachdr. in: ders., Gesammelte mathematische Werke III, ed. R. Fricke/E. Noether/Ø. Ore, Braunschweig 1932, New York 1969, 335–391 (engl. The Nature and Meaning of Numbers, in: ders., Essays on the Theory of Numbers, ed. W. W. Beman, Chicago Ill. 1901, New York 1963, 31–115, separat unter dem Titel: What Are Numbers and What Should They Be?, ed. H. Pogorzelski u. a., Orono Me. 1995); M. Friend, Introducing Philosophy of Mathematics, Stocksfield 2007, 81–100 (Chap. 4 Structuralism); M. Hand, Mathematical Structuralism and the Third Man, Can. J. Philos. 23 (1993), 179–192; W. D. Hart (ed.), The Philosophy of Mathematics, Oxford etc. 1996, 2005; G. Hellman, Mathematics without Numbers. Towards a Modal-Structural Interpretation, Oxford etc. 1989, 1993; ders., Structuralism without Structures, Philos. Math. 4 (1996), 100–123; ders., Three Varieties of Mathematical Structuralism, Philos. Math. 9 (2001), 184–211; ders., Does Category Theory Provide a Framework for Mathematical Structuralism?, Philos. Math. 11 (2003), 129–157; ders., Structuralism, in: S. Shapiro (ed.), The Oxford Handbook of Philosophy of Mathematics and Logic, Oxford etc. 2005, 2007, 536–562; ders., Structuralism, Mathematical, Enc. Ph. IX (²2006), 270–273; L. Horsten, Philosophy of Mathematics, SEP 2007, rev. 2012; P. T. Johnstone, Sketches of an Elephant. A Topos Theory Compendium, I–II, Oxford etc. 2002, 2008 (Oxford Logic Guides XLIII–XLIV); J. Keränen, The Identity Problem for Realist Structuralism, Philos. Math. 9 (2001), 308–330; ders., The Identity Problem for Realist Structuralism II. A Reply to Shapiro, in: F. MacBride (ed.), Identity and Modality, Oxford etc. 2006, 146–163; J. Ketland, Structuralism and the Identity of Indiscernibles, Analysis 66 (2006), 303–315; J. Ladyman, Mathematical Structuralism and the Identity of Indiscernibles, Analysis 65 (2005), 218–221; H. Leitgeb/J. Ladyman, Criteria of Identity and Structuralist Ontology, Philos. Math. 16 (2008), 388–396; Ø. Linnebo, Structuralism and the Notion of Dependence, Philos. Quart. 58 (2008), 59–79; F. MacBride, Structuralism Reconsidered, in: S. Shapiro (ed.), The Oxford Handbook of Philosophy of Mathematics and Logic [s. o.], 563–589; ders., Can Ante Rem Structuralism Solve the Access Problem?, Philos. Quart. 58 (2008), 155–164; S. Mac Lane, Structure in Mathematics, Philos. Math. 4 (1996), 174–183; A. Morton/S. P. Stich (eds.), Benacerraf and His Critics, Oxford/Cambridge Mass. 1996; U. Nodelman/E. N. Zalta, Foundations for Mathematical Structuralism, Mind NS 123 (2014), 39–78; C. Parsons, The Structuralist View of Mathematical Objects, Synthese 84 (1990), 303–346, ferner in: W. D. Hart (ed.), The Philosophy of Mathematics [s. o.], 272–309; ders., Structuralism and

Metaphysics, Philos. Quart. 54 (2004), 56–77; ders., Mathematical Thought and Its Objects, Cambridge etc. 2008; R. Pettigrew, Platonism and Aristotelianism in Mathematics, Philos. Math. 16 (2008), 310–332; H. Putnam, Mathematics without Foundations, J. Philos. 64 (1967), 5–22, Nachdr. in: ders., Philosophical Papers I (Mathematics, Matter and Method), Cambridge etc. 1975, ²1979, 1995, 43–59, ferner in: P. Benacerraf/H. Putnam (eds.), Philosophy of Mathematics [s. o.], 295–311, ferner in: W. D. Hart (ed.), The Philosophy of Mathematics [s. o.], 168–184; T. Räz, Say My Name. An Objection to Ante Rem Structuralism, Philos. Math. 23 (2015), 116–125; E. Reck/M. Price, Structures and Structuralism in Contemporary Philosophy of Mathematics, Synthese 125 (2000), 341–383; M. D. Resnik, Mathematics as a Science of Patterns: Ontology and Reference, Noûs 15 (1981), 529–550; ders., Mathematics as a Science of Patterns: Epistemology, Noûs 16 (1982), 95–105; ders., Mathematics as a Science of Patterns, Oxford etc. 1997, 2005; S. Shapiro, Structure and Ontology, Philos. Topics 17 (1989), 145–171; ders., Philosophy of Mathematics. Structure and Ontology, Oxford etc. 1997, 2000; ders., Thinking about Mathematics. The Philosophy of Mathematics, Oxford etc. 2000, 257–289 (Chap. 10 Structuralism); ders., Structure and Identity, in: F. MacBride, Identity and Modality [s. o.], 109–145; ders., The Governance of Identity, in: F. MacBride, Identity and Modality [s. o.], 164–173; ders., Identity, Indiscernibility, and ante rem Structuralism. The Tale of i and $-i$, Philos. Math. 16 (2008), 285–309; ders., Epistemology of Mathematics: What Are the Questions? What Count as Answers?, Philos. Quart. 61 (2011), 130–150; ders., An ›i‹ for an i. Singular Terms, Uniqueness, and Reference, Rev. Symb. Log. 5 (2012), 380–415; ders., Mathematical Structuralism, Internet Encyclopedia of Philosophy [o. J.] [Elektronische Ressource]; The Univalent Foundations Program/Institute of Advanced Study, Homotopy Type Theory. Univalent Foundations of Mathematics, o.O. [Princeton N. J.] 2013. – Special Issue: Philos. Math. 4 (1996): Mathematical Structuralism. C. B.

Strukturregel, in ↑Sequenzenkalkülen Bezeichnung für solche Schlußfiguren, die »sich nicht mehr auf logische Zeichen, sondern auf die Struktur der Sequenzen beziehen« (G. Gentzen, Untersuchungen über das logische Schließen, 1935, 191), im Unterschied zu Regeln, die ein logisches Zeichen im ↑Antezedens oder ↑Sukzedens einer ↑Sequenz einführen. Die klassischen S.n, die von Gentzen eingeführt wurden, sind ↑Verdünnung (Abschwächung; engl. thinning, weakening), Kontraktion (bei Gentzen ›Zusammenziehung‹; engl. contraction) und ↑Vertauschung (engl. interchange, permutation), jeweils im Antezedens und im Sukzedens einer Sequenz (links und rechts vom Sequenzenpfeil →), ferner die ↑Schnittregel (engl. cut rule):

Verdünnung $$\dfrac{\Gamma \to \Delta}{A,\Gamma \to \Delta} \qquad \dfrac{\Gamma \to \Delta}{\Gamma \to \Delta, A}$$

Kontraktion $$\dfrac{A,A,\Gamma \to \Delta}{A,\Gamma \to \Delta} \qquad \dfrac{\Gamma \to \Delta, A, A}{\Gamma \to \Delta, A}$$

Vertauschung $$\dfrac{\Gamma_1,A,B,\Gamma_2 \to \Delta}{\Gamma_1,B,A,\Gamma_2 \to \Delta} \qquad \dfrac{\Gamma \to \Delta_1,A,B,\Delta_2}{\Gamma \to \Delta_1,B,A,\Delta_2}$$

Schnitt $$\dfrac{\Gamma \to \Delta_1,A \quad A,\Gamma_2 \to \Delta_2}{\Gamma_1,\Gamma_2 \to \Delta_1,\Delta_2}$$

Die Schnittregel nimmt hierbei eine Sonderstellung ein, da sie in den meisten logischen Systemen eliminierbar (↑Elimination) ist. Die Regeln der Vertauschung sind überflüssig, wenn man ›Multisets‹ statt endlicher Folgen als Antezedenten und Sukzedenten wählt, da man bei Multisets zwar – im Unterschied zu n-Tupeln (↑Paar, geordnetes) – von der Anordnung ihrer Elemente abstrahiert, im Gegensatz zu ↑Mengen jedoch nicht von deren Vielfachheit. Darüber hinaus erübrigen sich die Kontraktionsregeln, wenn man endliche Mengen wählt. Logiken mit eingeschränkten S.n, so genannte substrukturelle Logiken, führen zu Systemen unterhalb der klassischen Logik (↑Logik, klassische, ↑Logik, nicht-klassische). Z. B. ergibt sich bei Weglassung der Verdünnung eine Variante der ↑Relevanzlogik, bei Weglassung der Kontraktion die kontraktionsfreie Logik, bei Weglassung von Verdünnung und Kontraktion die lineare Logik (↑Logik, lineare) und bei Weglassung aller S.n der (nach J. Lambek benannte) Lambek-Kalkül (er hat im Zusammenhang mit der Kategorialgrammatik insbes. in der ↑Linguistik Anwendung gefunden). Varianten der kontraktionsfreien Logik, die im übrigen schon von H. B. Curry und F. B. Fitch im Zusammenhang mit dem Antinomienproblem diskutiert wurden (↑Antinomie, ↑Currysche Antinomie, ↑Logik, kombinatorische), haben in der neueren Theoretischen Informatik besonderes Interesse gefunden, da sie elementare Entscheidbarkeitseigenschaften (↑entscheidbar/Entscheidbarkeit) haben und damit das automatische Beweisen einfach gestalten.

Literatur: K. Došen, A Historical Introduction to Substructural Logics, in: ders./P. Schroeder-Heister (eds.), Substructural Logics, Oxford etc. 1993, 1–30 (mit Bibliographie, 22–30); G. Gentzen, Untersuchungen über das logische Schließen, Math. Z. 39 (1935), 176–210, 405–431 (repr. Darmstadt 1969), Neudr. in: K. Berka/L. Kreiser (eds.), Logik-Texte. Kommentierte Auswahl zur Geschichte der modernen Logik, Berlin (Ost) 1971, ⁴1986, 192–253; M. M. Richter, Logikkalküle, Stuttgart 1978. P. S.

Stufe (engl. order, level), Terminus der ↑Logik zur Trennung sprachlicher oder begrifflicher Ebenen. So unterscheidet bereits G. Frege Begriffe, die sich auf ›Gegenstände‹ beziehen (Beispiel: ›Pferd‹) als *Begriffe 1. S.* von Begriffen, die sich auf ↑Begriffe beziehen und *Begriffe 2. S.* heißen (Beispiel: ›nicht leer‹, wobei ein Begriff nicht leer ist genau dann, wenn mindestens ein Gegenstand unter ihn fällt). Entsprechende Unterscheidungen lassen sich auch für Begriffswörter und ↑Prädikatoren treffen. Allgemeiner unterscheidet man, einem Vorschlag von A. Tarski folgend, das Sprechen *über* sprachliche Ausdrücke und deren Gebrauchsformen als ↑Metastufe (↑Metasprache) von diesen Ausdrücken selbst, deren Gebrauch

dann auf der so genannten ↑Objektstufe (↑Objektspra-
che) stattfindet. Im Zusammenhang damit ist dann etwa
von S.n der Logik (↑Stufenlogik, ↑Kalkül) die Rede: In
der ersten S. ist der ↑Variabilitätsbereich der ↑Quantoren
auf logisch so genannte Gegenstände (synonym häufig:
Individuen) bzw. Gegenstandsausdrücke (Individuen-
terme; ↑Term) beschränkt. In der 2. S. können sich die
Quantoren auch auf ›Attribute‹ (von Individuen) beziehen.

Literatur: G. Forbes, Order, in: R. Audi (ed.), The Cambridge
Dictionary of Philosophy, Cambridge etc. ²1999, 633; G. Frege,
Funktion und Begriff, in: ders., Funktion, Begriff, Bedeutung.
Fünf logische Studien, ed. G. Patzig, Göttingen 1962, ⁷1994, 18–
39; ders., Über Begriff und Gegenstand, in: ders., Funktion, Begriff, Bedeutung [s. o.], 66–80; H. Hermes, Einführung in die
mathematische Logik. Klassische Prädikatenlogik, Stuttgart
1963, ⁵1991 (engl. Introduction to Mathematical Logic, Berlin/
Heidelberg/New York 1973); L. Riebold, S.n, Hist. Wb. Ph. X
(1998), 352–368; A. Tarski, Der Wahrheitsbegriff in den formalisierten Sprachen, Studia Philosophica Commentarii Societatis
Philosophicae Polonorum 1 (Lemberg 1935), 261–405, Neudr.
in: K. Berka/L. Kreiser (eds.), Logik-Texte. Kommentierte Auswahl zur Geschichte der modernen Logik, Berlin (Ost) 1971,
⁴1986, 443–546.   F. K.

Stufenkalkül, ein ↑Kalkül der ↑Stufenlogik.

Stufenlogik (auch: Logik höherer Stufe, höherstufige
Logik; engl. higher-order logic, franz. logique d'ordre
superieur), Bezeichnung für eine Erweiterung der erststufigen ↑Quantorenlogik (engl. first-order logic) um
↑Prädikatkonstanten und ↑Quantoren 2. und höherer
Stufe, wobei letztere statt ↑Individuenvariable auch
Prädikatvariable binden. Kann man in der Logik 1. Stufe,
die mit der gewöhnlichen Quantorenlogik zusammenfällt, Aussagen über ↑Eigenschaften von ↑Individuen
machen (›a ist rot‹), so in der Logik 2. Stufe Aussagen
über Eigenschaften von Eigenschaften (›Rot ist eine
Farbe‹) und auf der 3. Stufe Eigenschaften von Eigen-
schaftseigenschaften ausdrücken (›Farbe ist eine sekundäre Qualität‹) usw.; auf der Stufe *n* + 1 kommen also
neue Prädikatkonstanten für ↑Prädikate *n*-ter Stufe
hinzu. Verfügt des weiteren die S. auf der 1. Stufe nur
über Individuenvariable, so kommen auf der 2. Stufe
Variable für Prädikate 1. Stufe hinzu, die durch Quantoren gebunden werden können (z. B. ›es gibt eine Eigenschaft *X* von *a*, so daß ...‹), auf der 3. Stufe Variable für
Prädikate 2. Stufe usw.. Eine (*n* + 1)-stufige ↑Prädikat-
variable ist danach stets eine Variable für *n*-stufige Prädikatkonstanten.
Die ↑Formalisierung der S. erfolgt analog zum Muster
der herkömmlichen Quantorenlogik. Um eine ↑Syntax
für die formale Sprache (↑Sprache, formale) der S. zu
erhalten, ergänzt man die erststufigen Ausdrucksbil-
dungsregeln (↑Ausdruck (logisch), ↑Ausdruckskalkül)
um Regeln für höherstufige Prädikatkonstanten und

Prädikatvariable, z. B. ›ist *X* eine *n*-stellige Prädikatvariable 2. Stufe und sind $t_1, \ldots, t_n$ erststufige Terme, so
ist $Xt_1 \ldots t_n$ ein Ausdruck‹, oder z. B., für höherstufige
Quantifikation, ›ist φ ein Ausdruck und *X* eine Prädikatvariable, so ist $\bigvee_X \varphi$ ein Ausdruck‹. Durch sinn-
gemäße Erweiterung des Begriffs der Modellbeziehung
(↑Modell, ↑Modelltheorie) auf Ausdrücke höherer Stufe,
welche u. a. Prädikatprädikaten Mengen von Mengen
zuordnet, wird eine ↑Semantik für die S. gewonnen. Ist
die Trägermenge der Individuen mindestens abzählbar
(↑abzählbar/Abzählbarkeit), so treten auf jeder Stufe
überabzählbar (↑überabzählbar/Überabzählbarkeit) viele
Mengen als mögliche Prädikatwerte auf (die so genannte
Standard-Interpretation). Bei Beschränkung auf abzählbar viele Mengen spricht man von einer ›Nicht-
Standard-‹ bzw. ›Henkin-Interpretation‹ oder auch einer
›allgemeinen Semantik‹. Geeignete formale Systeme
der S. (↑Kalkül, ↑System, formales) erhält man durch
Übertragung der üblichen Einführungs- und Beseitigungsregeln (↑Kalkül des natürlichen Schließens) für
Quantoren 1. Stufe auf ihre höherstufigen Pendants,
wobei gewöhnlich noch ›stufenvermittelnde‹ Prinzipien
hinzugenommen werden, z. B. Regeln der ↑Abstraktion
(↑abstrakt):

$$\varphi(a) \Rightarrow a \in \lambda x \varphi(x)$$

(d. h., gilt φ von *a*, so gehört *a* zu der Klasse aller *x*, für
die φ gilt) oder der ↑Komprehension:

$$\bigvee_X \bigwedge_{x_1 \ldots x_n} (Xx_1 \ldots x_n \leftrightarrow \varphi(x_1 \ldots x_n))$$

(d. h., jeder Ausdruck definiert auch ein Prädikat).
↑Typentheorien unterscheiden sich von der S. im wesentlichen durch zusätzliche Typenregeln. Diese legen
bei der Bildung wohlgeformter Ausdrücke (↑well-for-
med formula) die Besetzung von Argumentstellen bei
Prädikatkonstanten und Prädikatvariablen fest und regeln die je nach Variablenart verschiedenen erlaubten
Allbeseitigungen in $\bigwedge_x \varphi(x) \Rightarrow \varphi(t)$. Historisch ist die
S. bzw. Typentheorie die erste (G. Frege, Grundgesetze
der Arithmetik. Begriffsschriftlich abgeleitet, I–II, Jena
1893/1903) und lange Zeit vorherrschende (A. N. White-
head/B. Russell, Principia Mathematica, I–III, Cambridge 1910–1913; ↑Principia Mathematica) Form der
formalen Logik (↑Logik, formale). Die Aussonderung
der gewöhnlichen Quantorenlogik aus der S. als separate
Theorie und die nachfolgende Konzentration auf diese
erfolgt erst im Anschluß an das einflußreiche ↑Hilbert-
programm und das Lehrbuch »Grundzüge der theoretischen Logik« (1928) von D. Hilbert/W. Ackermann.
Diese Konzentration auf die Logik 1. Stufe wird durch
die in den 1950er Jahren entstehende ↑Modelltheorie
noch gefördert, bevor ab den späten 1970er Jahren intuitionistische Typentheorien (P. Martin-Löf) in vielen Be-

reichen (↑Beweistheorie, Philosophische Logik [↑Logik, philosophische], Theoretische ↑Informatik, Kategorientheorie [↑Kategorie (1)], Grundlagen der Mathematik) zunehmende Bedeutung gewinnen und das vormalige Monopol der Logik 1. Stufe brechen.

Das Hauptargument zugunsten der S. (bzw. einer Typentheorie) ist, daß sich die meisten Begriffsbildungen der Mathematik nur in ihr adäquat formalisieren lassen, was sich als Konsequenz aus dem Kompaktheitssatz (↑Endlichkeitssätze) bzw. dem Satz von Löwenheim-Skolem (↑Löwenheimscher Satz) ergibt. So gewinnt man beim Übergang zur Logik 2. Stufe erststufige Axiomenschemata (↑System, axiomatisches) als ↑Axiome. Z. B. läßt sich in der Arithmetik das erststufige Induktionsschema (↑Induktion, vollständige)

$$(A(0) \land \bigwedge_n(A(n) \to A(n + 1))) \to \bigwedge_m A(m),$$

das abzählbar viele Instanzen hat, durch ein einzelnes Induktionsaxiom 2. Stufe

$$\bigwedge_X((X0 \land \bigwedge_n(Xn \to X(n + 1))) \to \bigwedge_m Xm)$$

ersetzen, dessen ↑Allquantor dann über die überabzählbare ↑Potenzmenge der natürlichen Zahlen läuft. Damit wird das Dedekind-Peanosche Axiomensystem der Arithmetik (↑Peano-Axiome), das im Gegensatz zu allen erststufigen Axiomatisierungen die Theorie der natürlichen Zahlen vollständig charakterisiert, zweitstufig ausdrückbar. Auch läßt sich die Prädikatkonstante der Gleichheit (↑Gleichheit (logisch)) stufenlogisch durch die Leibniz-Definition $x = y \leftrightarrow \bigwedge_X(Xx \leftrightarrow Xy)$ einführen. Diesen Vorzügen steht gegenüber, daß die aus der Quantorenlogik vertrauten logischen Arbeitsmittel höherstufig nicht länger gelten. So kann die S. bezüglich der Standard-Interpretation korrekt nur unvollständig axiomatisiert werden (K. Gödel 1931; ↑Unvollständigkeitssatz), womit einer modelltheoretischen Arbeit im Rahmen der S. die Basis weitgehend entzogen ist, da die wichtigen Sätze über Vollständigkeit (↑vollständig/Vollständigkeit) und Kompaktheit sowie vom Löwenheim-Skolem-Typ nicht länger verfügbar sind. Diese Sätze sind innerhalb einer Henkin-Interpretation der S. zum Teil zwar wiedergewinnbar, doch besitzt dies wegen der kontraintuitiven Eigenschaften von Henkin-Modellen weniger Wert. Ein noch wenig rezipierter Weg, die Vollständigkeit der S. zu beweisen, benutzt Mittel der Kategorientheorie und liefert ein vom Standpunkt der höheren Mathematik sehr befriedigendes Resultat (S. Awodey).

Auch die übliche beweistheoretische Arbeit ist in der S. erschwert. Zwar gelingt der Schnitteliminationssatz (↑Schnittregel) und damit ein Widerspruchsfreiheitsbeweis (↑widerspruchsfrei/Widerspruchsfreiheit), aber nur für die reine S., denn sobald gehaltvolle Theorien in

der S. formalisiert werden, stößt die beweistheoretische Arbeit auf die Schwierigkeit, hinreichend große ↑Ordinalzahlen noch konstruktiv anzugeben. Diese Nachteile führten dazu, daß sich dieser Bereich der Forschung auf Logiken konzentrierte, die in ihrer Beweis- und Ausdrucksstärke zwischen den Logiken 1. und 2. Stufe liegen.

Auch von philosophischer Seite wird die S. bisweilen als problematisch eingeschätzt. Da bereits die Logik 2. Stufe zusammen mit gewissen Komprehensionsprinzipien Existenzbeweise für Mengen möglich macht und so zu ↑Antinomien führen kann und zudem die gesamte S. auf sie reduziert werden kann (J. Hintikka), muß sie mit einer gewissen Umsicht angegangen werden. Da solche Existenzaussagen für nominalistische (↑Nominalismus) Philosophien der Logik (↑Philosophie der Logik) schwer annehmbar sind, veranlaßte dies W. V. O. Quine, die S. als ›Mengenlehre im Schafspelz‹ zu bezeichnen.

Literatur: G. Asser, Einführung in die mathematische Logik III (Prädikatenlogik höherer Stufe), Leipzig, Thun/Frankfurt/Zürich 1981; S. Awodey, Sheaf Representation for Topoi, J. Pure and Applied Algebra 145 (2000), 107–121; ders./C. Butz, Topological Completeness of Higher-Order Logic, J. Symb. Log. 65 (2000), 1168–1182; J. Baldwin, Definable Second-Order Quantifiers, in: J. Barwise/S. Feferman (eds.), Model-Theoretic Logics, New York etc. 1985, 445–477; J. van Benthem/K. Doets, Higher-Order Logic, in: D. Gabbay/F. Guenthner (eds.), Handbook of Philosophical Logic I (Elements of Classical Logic), Dordrecht/Boston Mass./Lancaster 1983, ²2001, 275–329; G. S. Boolos, On Second-Order Logic, J. Philos. 72 (1975), 509–527; ders./R. Jeffrey, Computability and Logic, Cambridge etc. 1974, ⁵2007, bes. 198–207 (Chap. 18 Second-Order Logic); O. Bueno, A Defense of Second-Order Logic, Axiomathes 20 (2010), 365–383; A. Church, Introduction to Mathematical Logic I, Princeton N. J. 1956, 1970, bes. 295–356 (Chap. 5 Functional Calculi of Second Order); W. Craig, Satisfaction for *n*-th Order Languages Defined in *n*-th Order Languages, J. Symb. Log. 30 (1965), 13–25; H. B. Enderton, Second-Order and Higher-Order Logic, SEP 2007, rev. 2009; W. K. Essler, Einführung in die Logik, Stuttgart 1966, ²1969, mit E. Brendel/R. F. Martinez Cruzado, unter dem Titel: Grundzüge der Logik II (Klassen, Relationen, Zahlen), Frankfurt ³1987, ⁴1993; S. Feferman, Theories of Finite Type Related to Mathematical Practice, in: J. Barwise (ed.), Handbook of Mathematical Logic, Amsterdam/New York/Oxford 1977, 2006, 913–971; D. Gallin, Intensional and Higher-Order Modal Logic. With Applications to Montague Semantics, Amsterdam/Oxford 1975; G. Gentzen, Die Widerspruchsfreiheit der S., Math. Z. 41 (1936), 357–366 (engl. The Consistency of the Simple Theory of Types, in: The Collected Papers of Gerhard Gentzen, ed. M. E. Szabo, Amsterdam/London 1969, 214–222); Y. Gurevich, Monadic Second-Order Theories, in: J. Barwise/S. Feferman (eds.), Model-Theoretic Logics [s. o.], 479–506; G. Hasenjaeger, On Löwenheim-Skolem-Type Insufficiencies of Second-Order Logic, in: J. N. Crossley (ed.), Sets, Models and Recursion Theory. Proceedings of the Summer School in Mathematical Logic and Tenth Logic Colloquium Leicester, August – September 1965, 1974, Amsterdam 1967, 173–182; L. Henkin, Completeness in the Theory of Types, J. Symb. Log. 15 (1950), 81–91; ders., The Discovery of My Completeness Proofs, Bull. Symb. Log. 2

(1996), 127–158; D. Hilbert/W. Ackermann, Grundzüge der theoretischen Logik, Berlin/Heidelberg 1928, Berlin/Heidelberg/New York ⁶1972, bes. 141–182 (Kap. 4 Der erweiterte Prädikatenkalkül); J. Hintikka, Reductions in the Theory of Types, in: ders., Two Papers on Symbolic Logic, Helsinki 1955 (Acta Philosophica Fennica VIII), 57–115; S.C. Kleene/R. E. Vesley, The Foundations of Intuitionistic Mathematics, Amsterdam 1965; P. Martin-Löf, Intuitionistic Type Theory, Neapel 1984; R. Montague, Set Theory and Higher-Order Logic, in: J. N. Crossley/M. A. E. Dummett (eds.), Formal Systems and Recursive Functions. Proceedings of the Eighth Logic Colloquium Oxford, July 1963, Amsterdam 1965, 131–148; G. H. Moore, A House Divided against Itself. The Emergence of First-Order Logic as the Basis for Mathematics, in: E. R. Phillips (ed.), Studies in the History of Mathematics, Washington D. C. 1987, 98–136; ders., The Emergence of First-Order Logic, in: W. Aspray/P. Kitcher (eds.), History and Philosophy of Modern Mathematics, Minneapolis Minn. 1988, 95–135; ders., Hilbert and the Emergence of Modern Mathematical Logic, Theoria 12 (1997), 65–90; G. H. Müller, Framing Mathematics, Epistemologia 4 (1981), 253–285; B. Nordström/K. Petersson/J. M. Smith, Programming in Martin-Löf's Type Theory. An Introduction, Oxford 1990; S. Orey, Model Theory for the Higher Order Predicate Calculus, Transact. Amer. Math. Soc. 92 (1959), 72–84; W. V. O. Quine, Philosophy of Logic, Englewood Cliffs N. J. 1970, Cambridge Mass./London ²1986, 1998; M. D. Resnik, Second-Order Logic Still Wild, J. Philos. 85 (1988), 75–87; J. W. Robbin, Mathematical Logic. A First Course, New York/Amsterdam 1969, Mineola N. Y. 2006, bes. 132–170 (Chap. 6 Second-Order Logic); M. Rossberg, First-Order Logic, Second-Order Logic, and Completeness, in: V. Hendricks u. a. (eds.), First-Order Logic Revisited, Berlin 2004, 303–321; H. Scholz/G. Hasenjäger, Grundzüge der mathematischen Logik, Berlin/Göttingen/Heidelberg 1961; S. Shapiro, Second-Order Languages and Mathematical Practice, J. Symb. Log. 50 (1985), 714–742; ders., Foundations Without Foundationalism. A Case for Second-Order Logic, Oxford 1991, 2002; P. Simons, Who's Afraid of Higher-Order Logic?, Grazer philos. Stud. 44 (1993), 253–264; ders., Higher-Order Quantification and Ontological Commitment, Dialectica 51 (1997), 255–271; S. Simpson, Subsystems of Second Order Arithmetic, Berlin etc. 1999, Cambridge etc. ²2009; J. Väänänen, Second-Order Logic and Foundations of Mathematics, Bull. Symb. Log. 7 (2001), 504–520; ders., Second Order Logic or Set Theory?, Bull. Symb. Log. 18 (2012), 91–121. B. B.

Stumpf, Carl, *Wiesentheid (Bayern) 21. April 1848, †Berlin 25. Dez. 1936, dt. Philosoph und Psychologe. 1865–1868 Studium der Philosophie und Naturwissenschaften in Würzburg und Göttingen, 1868 Promotion, 1870 Habilitation in Göttingen. 1873 Prof. für Philosophie in Würzburg, später in Prag (1879), wo S. eng mit A. Marty zusammenarbeitet, Halle (1884), München (1889) und Berlin (1894–1921). Nach der Promotion bei H. Lotze in Göttingen (1868) tritt S. vorübergehend in das Priesterseminar Würzburg ein, das er aber unter dem Einfluß seines Lehrers F. Brentano 1870 wieder verläßt. S. wendet sich philosophischen und naturwissenschaftlichen, insbes. psychologischen, Studien zu. In Berlin begründet er das Psychologische Institut und das Phonogramm-Archiv. Als Herausgeber der »Beiträge

zur Akustik und Musikwissenschaft« (1 [1898] – 9 [1924]) erwirbt er sich große Verdienste um die Entwicklung der empirischen Musikwissenschaft, zu der er selbst mit seiner Analyse der Tonempfindungen in seinem Hauptwerk »Tonpsychologie« (1883/1890) einen wesentlichen Beitrag liefert. Zu seinen Schülern ist außer den Gestaltpsychologen (↑Gestalttheorie) M. Wertheimer und W. Köhler vor allem E. Husserl zu rechnen. Als Philosoph beschäftigt sich S. vorwiegend mit erkenntnistheoretischen Fragen. Die Philosophie gilt als die ›Wissenschaft von den allgemeinsten Gesetzen des Psychischen und der Wirklichkeit überhaupt‹. Brentano folgend ist S. die Methode der Naturwissenschaften auch das Vorbild für die philosophische Forschung. An der Unterscheidung von Erkenntnissen ↑a priori und a posteriori hält er fest. Jedoch sind für ihn alle apriorischen Erkenntnisse – unter Einschluß der Mathematik – ↑analytisch. Für die Geometrie vertritt S. den Standpunkt, daß auch dann, wenn es mehrere Geometrien gibt (euklidische und nicht-euklidische; ↑Euklidische Geometrie, ↑nicht-euklidische Geometrie), diese a priori (im analytischen Sinne) gültig sind. Empirisch und damit a posteriori zu entscheiden sei lediglich die Frage ihrer Anwendbarkeit auf den tatsächlichen Raum. – S. führt (im Anschluß an Lotze) den Terminus ›Sachverhalt‹ (für ›Urteilsinhalt‹) in die Philosophie ein.

Werke: Über den psychologischen Ursprung der Raumvorstellung, Leipzig 1873 (repr. Amsterdam 1965); Tonpsychologie, I–II, Leipzig 1883/1890 (repr. Hilversum, Amsterdam 1965), Cambridge 2013; Psychologie und Erkenntnistheorie, München 1891; Ueber den Begriff der mathematischen Wahrscheinlichkeit, Sitzber. philos.-philol. u. hist. Cl., Königl. Bayer. Akad. Wiss. München 1892, München 1893, 37–120; Tafeln zur Geschichte der Philosophie, Berlin 1896, ⁴1928; Leib und Seele. Der Entwicklungsgedanke in der gegenwärtigen Philosophie. Zwei Reden, Leipzig ²1903, ³1909; Zur Einteilung der Wissenschaften, Berlin 1906, 1907 (Abh. Königl.-Preuss. Akad. Wiss., philos.-hist. Kl. 1906, 5); Erscheinungen und psychische Funktionen, Berlin 1906, 1907 (Abh. Königl.-Preuss. Akad. Wiss., philos.-hist. Kl. 1906, 4) (franz. Phénomènes et fonctions psychiques, in: Renaissance de la philosophie [s. u.], 133–167); Philosophische Reden und Vorträge, Leipzig 1910 (repr. Ann Arbor Mich./London 1980); Die Anfänge der Musik, Leipzig 1911 (repr. Hildesheim/New York 1979) (engl. The Origins of Music (1911), in: The Origins of Music, ed. D. Trippett, Oxford 2012, 31–185); Die Struktur der Vokale, Sitz.ber. Preuss. Akad. Wiss. 1918, 333–358, separat Berlin 1918; Empfindung und Vorstellung, Berlin 1918 (Abh. Preuss. Akad. Wiss., philos.-hist. Kl. 1918, 1); Spinozastudien, Berlin 1919 (Abh. Preuss. Akad. Wiss., philos.-hist. Kl. 1919, 4); C. S., in: R. Schmidt (ed.), Die Philosophie der Gegenwart in Selbstdarstellungen V, Leipzig 1924, 205–265 (engl. C. S., in: C. Murchison, A History of Psychology in Autobiography I, Worcester Mass. 1930, New York 1961, 389–441, unter dem Titel: C. S.. A Self-Portrait (1924), in: The Origins of Music [s. o.], 189–252; franz. Autobiographie, in: Renaissance de la philosophie [s. u.], 255–307); William James nach seinen Briefen. Leben, Charakter, Lehre, Kant-Stud. 32 (1927), 205–241, separat Berlin 1928; Gefühl und Gefühlsempfindung, Leipzig 1928 (repr. Ann

Arbor Mich./London 1980); Erkenntnislehre, I–II, Leipzig 1939/1940 (repr. [in 1 Bd.] Lengerich 2011 [mit Einl. v. M. Kaiser-el-Safti, 5–45]); Schriften zur Psychologie, ed. H. Sprung, Frankfurt etc. 1997; Renaissance de la philosophie. Quatre articles, ed. D. Fisette, Paris 2006; Über die Grundsätze der Mathematik, ed. W. Ewen, Würzburg 2008. – Franz Brentano – C. S.: Briefwechsel 1867–1917, ed. M. Kaiser-el-Safti, Frankfurt etc. 2014 (Schriftenreihe d. C.-S.-Ges. V). – D. Fisette, Bibliography of the Publications of C. S./Bibliographie der Schriften von C. S., in: ders./R. Martinelli (eds.), Philosophy from an Empirical Standpoint [s. u., Lit.], 529–541.

Literatur: E. Becher, C. S., in: ders., Deutsche Philosophen, Leipzig/München 1929 (repr. Berlin 2013), 205–239; S. Bonacchi/G.-J. Boudewijnse (eds.), C. S.. From Philosophical Reflection to Interdisciplinary Scientific Investigation/C. S.. Von der philosophischen Reflexion zur interdisziplinären wissenschaftlichen Forschung, Wien 2011; E. G. Boring, C. S., in: ders., A History of Experimental Psychology, New York ²1950, 362–371; R. Casati, C. S., in: H. Burkhardt/B. Smith (eds.), Handbook of Metaphysics and Ontology II, München/Wien 1991, 865–867; M. Ebeling (ed.), C. S.s Berliner Phonogrammarchiv. Ethnologische, musikpsychologische und erkenntnistheoretische Perspektiven, Frankfurt etc. 2016 (Schriftenreihe d. C.-S.-Ges. VI); ders./M. Kaiser-el-Safti (eds.), Schriftenreihe der C.-S.-Gesellschaft, Frankfurt etc. 2011ff. (erschienen Bde I–VI); W. Ewen, C. S. und Gottlob Frege, Würzburg 2008; D. Fisette, S., SEP 2009, rev. 2015; ders./R. Martinelli (eds.), Philosophy from an Empirical Standpoint. Essays on C. S., Leiden/Boston Mass. 2015; C.-F. Geyer, S., BBKL XVI (1999), 1480–1482; N. Hartmann, Gedächtnisrede auf C. S., Sitz.ber. preuß. Akad. Wiss., philos.-hist. Kl., Berlin 1937, CXVI–CXX; M. Kaiser-El-Safti/M. Ballod (eds.), Musik und Sprache. Zur Phänomenologie von C. S., Würzburg 2003; K. Lewin, C. S., Psychol. Rev. 44 (1937), 189–194; R. Schilling, C. S., sein Leben und Wirken, Arch. f. Sprach- u. Stimmphysiologie 4 (1940), 1–14, ferner in: T. A. Sebeok (ed.), Portraits of Linguists. A Biographical Source Book for the History of Western Linguistics, 1746–1963 I, Bloomington Ind./London 1966 (repr. Bristol 2002), 563–575; B. Smith, Gestalt Theory. An Essay in Philosophy, in: ders. (ed.), Foundations of Gestalt Theory, München/Wien 1988, 11–81, bes. 23–26 (§ 4 C. S. and the Natural Philosophy of Gestalten); H. Spiegelberg, C. S. (1848–1936): Founder of Experimental Phenomenology, in: ders., The Phenomenological Movement. A Historical Introduction, I–II, The Hague 1960, ²1965, I, 53–69, in 1 Bd., ³1982, Dordrecht/Boston Mass./London 1994, 51–65; H. Sprung, C. S. – Eine Biografie. Von der Philosophie zur Experimentellen Psychologie, München/Wien 2006; dies., S., NDB XXV (2013), 648–649; L. Sprung/H. Sprung/S. Kernchen, Erinnerungen an einen fast vergessenen Psychologen? C. S. (1848–1936) zum 50. Todestag, Z. Psychol. 194 (Leipzig 1986), 509–516; E. B. Titchener, S.'s Psychophysics, in: ders., Experimental Psychology II, London/New York 1905 (repr. New York/London 1971), 161–163; ders., Professor S.'s Affective Psychology, Amer. J. Psychol. 28 (1917), 263–277; T. Witt, Philosophisches Denken in Halle Abt. 3/VI (Erkenntnistheoretische Problemstellungen von Psychologen. C. F. S., Theodor Ziehen, Hermann Ebbinghaus), Halle 2011; U. Wolfradt/M. Kaiser-el-Safti/H.-P. Brauns (eds.), Hallesche Perspektiven auf die Geschichte der Psychologie. Hermann Ebbinghaus und C. S., Lengerich etc. 2010. – Sonderhefte: Psychol. Forsch. 4 (1923) (Festschrift für C. S. zum 75. Geburtstag in Dankbarkeit und Verehrung gewidmet); Brentano Stud. 9 (2000/2001) (C. S.); Discipline filosofiche 11 (2001), H. 2 (C. S. e la fenomenologia dell'esperienza immediata); Brentano Stud. 10 (2002/2003) (Essays über C. S. und Franz Brentano); Gestalt Theory 31 (2009), H. 2 (C. S.. Leben, Werk, Wirkung). G. G.

Sturm, Johann Christoph, *Hilpoltstein (b. Nürnberg) 3. Nov. 1635, †Altdorf (b. Nürnberg) 26. Dez. 1703, dt. Philosoph und Naturforscher. 1656–1658 Studium der Philosophie, Theologie, Mathematik und Naturwissenschaften in Jena. Nach Erwerb der Lehrbefähigung 1658 – unterbrochen von einem Studienaufenthalt in Leiden – Unterrichtstätigkeit ebendort, vor allem in Mathematik, später auch in Theologie. Nach kurzer Hauslehrertätigkeit 1663–1669 Pfarrer in Deinigen. Ab 1669 Prof. für Mathematik und Physik in Altdorf, wo G. W. Leibniz, mit dem S. in den Jahren 1694 und 1695 einen indirekten Briefwechsel führte, zu seinen Hörern zählte und wo S. mit der Einführung von Praktika (»Collegium Experimentale«) zu den Pionieren eines praxisorientierten naturwissenschaftlichen Universitätsunterrichts gehörte.

S.s philosophiegeschichtliche Bedeutung beruht auf seinem Beitrag zur Klärung des Begriffs der ↑Natur im Rahmen einer Kontroverse mit dem Kieler Arzt G. C. Schelhammer, an der sich auch Leibniz mit seinem Aufsatz »De ipsa natura sive de vi insita actionibusque Creaturarum, pro Dynamicis suis confirmandis illustrandisque« (1698; Philos. Schr. IV [1880], 504–516) beteiligte. In zwei Schriften (Idolum naturae […], Nürnberg 1692; De natura sibi incassum vindicata, in: Philosophia eclectica II, 692–742) vertritt S. im Anschluß an R. Boyle einen mechanistischen (↑Mechanismus) Naturbegriff. Die Natur versteht S. über Boyle hinausgehend als Maschine, die ihre Bewegung dem beständig fortwirkenden schöpferischen Handeln Gottes (*virtus Dei*) verdanke. Mit dieser Konzeption wendet er sich gegen den von Schelhammer vertretenen, aristotelisch-scholastischen Begriff einer (quasi personifiziert verstandenen) wirkenden Natur (↑natura naturans). Leibniz sucht zwischen dem Boyle-S.schen Mechanismus und der Position Schelhammers zu vermitteln. S.s Schlußwort zur Kontroverse wurde erstmals von seinem Biographen S. J. Apinus (1728) publiziert.

Werke: Universalia Euclidea […], Den Haag 1661; Scientia cosmica sive astronomia tam theorica quam sphaerica […], o.O. [Altdorf] 1670, Nürnberg ³1693, ⁶1718; Collegium experimentale, sive curiosum […], I–II, Nürnberg 1676/1685, ²1701/1715; Vernunfftmässige Gedancken über die sogenannte grosse Conjunction, oder Zusammenkunft beeder oberster Planeten […], Altdorf o.J. [1682]; Physicae conciliatricis per generalem pariter ac specialem conamina […], Nürnberg 1684, 1687, 1713; Ad virum Celeberrimum Henricum Morum Cantabrigiensem Epistola […], in: Collegium experimentale [s. o.] II, Nürnberg 1685; Philosophia eclectica, h. e. exercitationes academicae, I–II, Altdorf 1686/1698; Mathesis enucleata, Nürnberg 1689, ²1711 (engl. Mathesis enucleata. Or, the Elements of the Mathematicks, London 1700, 1724); Mathesis compendiaria sive Tyrocinia mathematica tabulis [...], Altdorf 1690, ²1693, 1698, ed. L. C. Sturm, Coburg ⁶1714 (dt. Kurtzgefasste Mathesis oder Erste Anleitung zu mathematischen Wissenschafften in Tabellen verfasset [...], Coburg, Hildburghausen 1717); Idolum naturae [...], sive, De naturae agentis [...], Nürnberg 1692; Physica electiva sive hypothetica, I–II, Nürnberg 1697/1722 (repr. Hildesheim/Zürich/New York 2006), I, 1730 (mit Vorw. v. C. Wolff zu Bd. II); Mathesis iuvenilis, I–II, Nürnberg, Altdorf 1699/1701, Nürnberg 1711/1716 (dt. Mathesis juvenilis, d. i. Anleitung vor die Jugend zur Mathesin [...], I–II, Nürnberg 1702/1705, I, 1714); Physicae modernae sanioris compendium erotematicum [...], Nürnberg, Altdorf 1704 (dt. Kurtzer Begriff der Physic oder Natur-Lehre [...], Hamburg 1713); Wahrhaffte und gründliche Vorstellung von der lügenhafften Stern-Wahrsagerey [...], ed. G. R. Sturm, Coburg 1722; Praelectiones academicae, ed. D. Algoewer, Frankfurt/Leipzig 1722. – H. Gaab, Bibliographie zu J. C. S., in: ders./P. Leich/G. Löffladt (eds.), J. C. S. (1635–1703) [s. u., Lit.], 250–328.

Literatur: M. Albrecht, Eklektik. Eine Begriffsgeschichte mit Hinweisen auf die Philosophie- und Wissenschaftsgeschichte, Stuttgart-Bad Cannstatt 1994, 307–357 (Kap. 5 Die Blütezeit); ders., J. C. S., in: H. Holzhey/W. Schmidt-Biggemann/V. Mudroch (eds.), Die Philosophie des 17. Jahrhunderts IV/2 (Das Heilige Römische Reich Deutscher Nation. Nord- und Ostmitteleuropa), Basel 2001, 942–947, 986–987; S. J. Apinus, Vitae professorvm philosophiae, qvi a condita Academia Altorfina ad hvnc vsque diem clarvervnt [...], Nürnberg/Altdorf 1728, 209–236; G. Baku, Der Streit über den Naturbegriff am Ende des 17. Jahrhunderts, Z. Philos. phil. Kritik 98 (1891), 162–190; R. Falckenberg, S., ADB XXXVII (1894), 39–40; H. Gaab/P. Leich/G. Löffladt (eds.), J. C. S. (1635–1703), Frankfurt 2004; V. Herrmann, S., NDB XXV (2013), 652; ders./K. T. Platz (eds.), Der Wahrheit auf der Spur. J. C. S. (1635–1703). Mathematiker, Physiker, Astronom, Büchenbach 2003; J. Mittelstraß, Das Wirken der Natur. Materialien zur Geschichte des Naturbegriffs, in: F. Rapp (ed.), Naturverständnis und Naturbeherrschung. Philosophiegeschichtliche Entwicklung und gegenwärtiger Kontext, München 1981, 36–69; H. M. Nobis, Die Bedeutung der Leibnizschrift »De ipsa natura« im Lichte ihrer begriffsgeschichtlichen Voraussetzungen, Z. philos. Forsch. 20 (1966), 525–538; R. Palaia, Naturbegriff und Kraftbegriff im Briefwechsel zwischen Leibniz und S. [mit Text der Briefe], in: I. Marchlewitz/A. Heinekamp (eds.), Leibniz' Auseinandersetzung mit Vorgängern und Zeitgenossen, Stuttgart 1990 (Stud. Leibn. Suppl. XXVII), 157–172. G. W.

Suárez, Francisco (Ehrentitel: doctor eximius), *Granada 5. Jan. 1548, †Lissabon 25. Sept. 1617, bedeutendster Philosoph und Theologe der spanischen ↑Neuscholastik. 1561 Immatrikulation für kanonisches Recht in Salamanca, 1564 Eintritt in den Jesuitenorden. 1571–1580 lehrt S. Philosophie an den Jesuitenkollegien unter anderem in Segovia, Valladolid und Avila; 1580–1585 Lehrer der Theologie am römischen Ordenskolleg (der späteren päpstlichen Universität »Gregoriana«), 1585 (aus Gesundheitsgründen) Rückkehr nach Spanien, dort bis 1593 Theologieprof. am Kolleg in Alcalá, 1593 Rückzug aus der Lehrtätigkeit und Arbeit an der Edition seiner Werke in Salamanca (1597 erscheinen die »Disputationes Metaphysicae«), 1597 auf ausdrücklichen Wunsch

Philipp II. Berufung auf den ersten Lehrstuhl für Theologie der Universität Coimbra, 1615 Beurlaubung zur Herausgabe seiner Schriften, die S. in Lissabon bis zu seinem Tode fortführt.

In seinem Hauptwerk, den »Disputationes Metaphysicae«, diskutiert S. kritisch den gesamten Themenkomplex der scholastischen (↑Scholastik) ↑Metaphysik (mit Ausnahme der rationalen Psychologie, die in den Büchern »de anima« behandelt wird), die er damit in die Tradition des neuzeitlichen Philosophierens überführt. S. gestaltet seine in ›lectiones‹ eingeteilten 54 Disputationen nicht wie üblicherweise die scholastischen Lehrbücher seiner Zeit als Kommentar der Aristotelischen »Metaphysik«, sondern entwickelt einen systematisch geordneten Kurs der Metaphysik, dessen Grobeinteilung sich noch in C. Wolffs *philosophia prima* wiederfindet. Zu jeder Frage referiert und diskutiert S. ausführlich die Meinungen der ↑Autoritäten von Platon bis zu den Renaissance-Philosophen, bevor er eine eigene Problemlösung begründet. Seine Lehre vermittelt zwischen thomistischen (↑Thomismus) und skotistischen (↑Skotismus) Positionen, die S. auch in den Fällen, wo sie seiner eigenen Meinung zu widersprechen scheinen, auf einer anderen Ebene der Fragestellung oder des Redezusammenhangs (zum Teil mit sprachanalytischen Argumenten) als mit seiner Meinung gleichwohl verträglich aufzuzeigen sucht.

Mit Thomas von Aquin und gegen Duns Scotus verteidigt S. die Analogie des Seinsbegriffs (↑analogia entis), gegen Thomas von Aquin begründet er, daß zwischen ↑essentia und ↑existentia der seienden Dinge kein realer Unterschied besteht, sondern nur eine Verstandesunterscheidung getroffen werden kann. Gegen Thomas von Aquin und ähnlich wie Duns Scotus zeigt S., daß die Gegenstände – das Individuelle – bereits dadurch, daß sie seiend bzw. real (↑Realität) sind, auch individuell sind und nicht eines eigenen Prinzips der ↑Individuation wie der ›materia signata‹ (bei Thomas von Aquin) bedürfen. Nicht die Individualität der realen Dinge ist erklärungsbedürftig, sondern die Entstehung des Universellen, d. h. die Bildung der ↑Allgemeinbegriffe (↑Universalien). Diese haben keine reale Existenz, sondern werden von Geist, und zwar dem ›intellectus passivus‹, über die Erkenntnis von Ähnlichkeiten der einzelnen Gegenstände gebildet. Von den individuellen Dingen gibt es (mit dem ›intellectus agens‹; ↑intellectus) eine unmittelbare Erkenntnis. Für die Existenz Gottes lehnt S. die Beweise (↑Gottesbeweis) über das (physisch verstandene) Aristotelische Kausalitätsprinzip (↑omne quod movetur ab alio movetur) ab und trägt stattdessen einen metaphysischen Beweis vor, der über das Prinzip »omne quod fit, ab alio fit« (Disp. 29,1,20) formuliert ist. Dieses Prinzip deduziert S. aus dem Begriff des Erzeugt- oder Geschaffenwerdens.

Wenn S. auch vielfach traditionelle Positionen vertritt, so ist seine Argumentationsweise – zumindest dort, wo es um die Klärung metaphysischer Grundbegriffe und Grundsätze wie des Seinsbegriffs, des Individuationsprinzips, des Universalienproblems geht – modern im Sinne sprachkritischer (↑Sprachkritik) Überlegungen. Nicht zuletzt durch den Kompendiumcharakter der Disputationen und deren schulphilosophische Verwendung (↑disputatio) sind solche ›modernen‹ Überlegungen in der Darstellung der Philosophie des S. weitgehend unberücksichtigt geblieben. So trägt S. einen Realitätsbegriff (↑Realität) vor – real ist ein Gegenstand dann, wenn er aktuell existiert oder existieren kann –, der im Rahmen der scholastischen Terminologie die Rede von möglichen Welten (↑Welt, mögliche) vorwegnimmt. Tatsächlich sind solche Ansätze – wenn auch manchmal nur über die schulphilosophisch verkürzte Tradition des ↑Suarezianismus – z. B. von G. W. Leibniz aufgenommen worden.

Ordenspolitisch bedeutsam wurde die Lehre des S. von der Kongruenz der göttlichen Gnade (›Kongruismus‹), die der Jesuitengeneral C. A. Aquaviva 1613 zur verbindlichen Ordensdoktrin erklärt. Der Kongruismus ist eine Differenzierung der ↑›scientia media‹ L. de Molinas, nach der Gott vorausweiß, was der Einzelne unter bestimmten Umständen tun wird, wenn er ihm seine Gnade gewährt. Daraufhin beschließt Gott, diese Umstände herbeizuführen und die für die Tat des Einzelnen notwendige Gnade zu verleihen. Das Zusammentreffen (›concurrentia‹) von göttlicher Gnade und individuellem Handeln wird von S. mit Hilfe der ›scientia media‹ weiter dadurch erklärt, daß Gott die der Situation und der Disposition des Einzelnen angepaßte Gnade (›gratia congrua‹) so gewährt, daß der Einzelne ihre Annahme nicht verweigern wird. Diese Gnadenlehre betont die Freiheit des Einzelnen auch gegenüber der Lehre von der göttlichen Determination; sie soll mit seiner Individuationstheorie ontologisch fundiert werden.

In seinem zweiten großen Werk »De legibus ac Deo legislatore« (Coimbra 1612) widmet sich S. der Rechts- und Staatsphilosophie. Entscheidend sind: (1) die Präzisierung des juristischen Gesetzesbegriffs (»lex est commune praeceptum, iustum ac stabile sufficienter promulgatum«, De leg. I,12,5), durch die eine Abgrenzung gegen den Begriff des ↑Naturgesetzes erreicht wird; (2) die Lehre vom ↑Naturrecht, d. h. den (in einer Teilhabe am ewigen Gesetz Gottes gründenden) formalen Prinzipien zur Unterscheidung von Gut (↑Gute, das) und Böse (↑Böse, das) und ihre unmittelbaren Konsequenzen; (3) die Lehre von der Volkssouveränität, nach der der ›Volkskörper‹ (das ›corpus politicum mysticum‹) Träger der Staatsgewalt ist und daher auch das Recht hat, seine Herrschaftsform zu wählen, Widerstand gegen einen ungerechten Herrscher zu leisten und ihn

abzusetzen (›tota respublica superior est rege‹); (4) die Lehre vom Völkerrecht, dem ›ius gentium‹, das S. als ›ius inter gentes‹ versteht und das in einer gewissen politischen und moralischen Einheit gründet, die die Völker trotz der Vielheit der Staaten aufweisen. Da der Papst die Einheit der Menschheit vertritt, kommt ihm auch eine, allerdings nur indirekte, Gewalt über die weltlichen Herrscher zu. Gegen Jacob I. von England und den englischen Huldigungseid verteidigt S. diese Gewalt in seiner Schrift »Defensio fidei catholicae et apostolicae« (1613), die Jacob verbrennen läßt.

Sowohl in seinen rechts- und staatsphilosophischen Werken, die vor allem von H. Grotius gerühmt werden, als auch in seinen metaphysischen Disputationen übt S. in der Folgezeit einen großen Einfluß, vor allem in der deutschen, und hier wiederum der protestantischen, Schulmetaphysik (↑Schulphilosophie), aus. Dieser Einfluß, der sich auch in einer Frontstellung gegen die neuzeitliche Naturwissenschaft äußert, führt zu der spöttelnden Benennung von S. als ›princeps et papa‹ aller Metaphysiker (A. Heereboord), während andere ihn ehrenvoller als deren ›doctor ac magister‹ bezeichnen.

Werke: Opera omnia hactenus edita, I–XXIII, Venedig 1740–1751; Opera omnia. Editio nova, I–XXVIII, I–V, ed. D. M. André, VI–XXVIII ed. C. Berton, Paris 1856–1878 (repr. Bde XXVII–XXVIII, Brüssel 1963, repr. Bde XXV–XXVI, Hildesheim 1965, 1998). – Commentariorum ac disputationum in tertiam partem Divi Thomae. Tomus primus [...] [De incarnatione verbi], Alcalá de Henares 1590, Lyon, Venedig 1592, Paris 1860 [= Opera omnia. Editio nova XVIII]; Commentariorum ac disputationum in tertiam partem Divi Thomae. Tomus secundus. Mysteria vitae Christi [...], Alcalá de Henares 1592, Lyon, Venedig 1594, Paris 1877 (= Opera Omnia. Editio nova XIX); Commentariorum ac disputationum in tertiam partem Divi Thomae. Tomus tertius. Qui est primus De sacramentis [...], Salamanca 1595, Venedig 1597, Mainz 1599, Paris 1861 (= Opera omnia. Editio nova XX–XXI); Metaphysicarum disputationum [...], I–II, Salamanca 1597, Venedig, Mainz, Köln 1599, Paris 1861 (= Opera omnia. Editio nova XXV–XXVI, repr. Hildesheim 1965), unter dem Titel: Disputaciones metafisicas [lat./span.], I–VII, ed. S. Rábade Romeo/S. Caballero Sánchez/A. Puigcerver Zanón, Madrid 1960–1966, Teilausg. unter dem Titel: On the Various Kinds of Distinctions [engl.], trans. C. Vollert, Milwaukee Wis. 1947, 2007 [Metaph. disput. VII]; unter dem Titel: On Formal and Universal Unity [engl.], trans. J. F. Ross, Milwaukee 1964, 1984 [Metaph. disput. VI]; unter dem Titel: De unitate individuali eiusque principio (Disputatio metaphysica V/Über die Individualität und das Individuationsprinzip (Fünfte metaphysische Disputation)) [lat./dt.], I–II, ed. R. Specht, Hamburg 1976; unter dem Titel: S. on Individuation. Metaphysical Disputation V (Individual Unity and Its Principle) [engl.], trans. J. J. E. Gracia, Milwaukee Wis. 1982, 2000; unter dem Titel: On the Essence of Finite Being as Such, on the Existence of That Essence and Their Distinction [engl.], trans. N. J. Wells, Milwaukee Wis. 1983 [Metaph. Disp. XXXI]; unter dem Titel: The Metaphysics of Good and Evil According to S.. Metaphysical Disputations X and XI and Selected Passages from Disputation XXIII and Other Works [engl.], trans. J. J. E. Gracia/D. Davis, München/Hamden/Wien 1989; unter dem Titel: On Efficient Causality. Metaphysical Disputations 17, 18, and 19 [engl.], trans. A. J. Freddoso, New Haven Conn./London 1994; unter dem Titel: On Beings of Reason (De entibus rationis). Metaphysical Disputation 54 [engl.], trans. J. P. Doyle, Milwaukee Wis. 1995, 2004; unter dem Titel: Disputes métaphysiques I, II, III [franz.], trans. J.-P. Coujou, Paris 1998; unter dem Titel: La distinction de l'étant fini et de son être. Disputate métaphysique XXXI [franz.], trans. J.-P. Coujou, Paris 1999; unter dem Titel: On the Formal Cause of Substance. Metaphysical Disputation XV, trans. J. Kronen, Milwaukee Wis. 2000; unter dem Titel: Les êtres de raison. Dispute métaphysique LIV [lat./franz.], ed. J.-P. Coujou, Paris 2001; unter dem Titel: On Creation, Conservation, and Concurrence. Metaphysical Disputations 20, 21, and 22 [engl.], trans. A. J. Freddoso, South Bend Ind. 2002; unter dem Titel: The Metaphysical Demonstration of the Existence of God. Metaphysical Disputations 28–29 [engl.], trans. J. P. Doyle, South Bend Ind. 2004; unter dem Titel: On Real Relation (Disputatio metaphysica XLVII) [lat./engl.], trans. J. P. Doyle, Milwaukee Wis. 2006; unter dem Titel: Disputes métaphysiques XXVIII–XXIX [franz.], trans. J.-P. Coujou, Grenoble 2009; unter dem Titel: Index détaillé de la »Metaphysique« d'Aristote, ed. J. J. Couchou, in: ders., S. et la refondation de la métaphysique comme ontologie [s. u., Lit.]; unter dem Titel: A Commentary on Aristotle's Metaphysics. Or, a Most Ample Index to The Metaphysics of Aristotle (Index locupletissimus in Metaphysicam Aristotelis), trans. J. P. Doyle, Milwaukee Wis. 2004; Varia opuscula theologica, Madrid 1599, Lyon, Mainz 1600, Paris 1858 (= Opera omnia. Editio nova XI); Commentarium ac disputationum in tertiam partem Divi Thomae, tomus quartus. [...] de virtute poenitentiae [...], Coimbra 1602, Venedig, Lyon 1603, Paris 1861, 1877 (= Opera omnia. Editio nova XXII); Disputationum de censuris in communi, excommunicatione, suspensione et interdicto [...], Coimbra 1603, Lyon 1604, Paris 1861 (= Opera omnia. Editio nova XXIII); Prima pars summae theologiae de Deo uno et trino, Lissabon 1606, Lyon 1607, unter dem Titel: Commentaria ac disputationes in primam partem Divi Thomae, De Deo uno & trino, Mainz 1607, Paris 1856 (= Opera omnia. Editio nova I); Opus de virtute, et statu religionis [...], I–II, Coimbra 1608–1609, Lyon, Mainz 1609–1610, Paris 1859 (= Opera omnia. Editio nova XIII–XIV); Tractatus de legibus ac deo legislatore, Coimbra 1612 (repr. unter dem Titel: Tratado de las leyes y de dios legislador, I–VI, ed. J. R. Eguillor Muniozguren, Madrid 1967), Lyon, Antwerpen 1613, unter dem Titel: De legibus [lat./span.], I–VIII, ed. L. Pereña u. a., Madrid 1971–1981, Teilausg. unter dem Titel: Ausgewählte Texte zum Völkerrecht [lat./dt.], ed. J. de Vries, Tübingen 1965, unter dem Titel: De legibus ac Deo legislatore/Über die Gesetze und Gott den Gesetzgeber. Liber tertius: De lege positiva humana/Drittes Buch: Über das menschliche positive Gesetz [lat./dt.], I–II, ed. O. Bach/N. Brieskorn/G. Stiening, Stuttgart-Bad Cannstatt 2014; De legibus ac Deo legislatore/Über die Gesetze und Gott den Gesetzgeber. Liber secundus: De lege aeterna et naturali, ac iure gentium/Zweites Buch: Das ewige Gesetz, das natürliche Gesetz und das Völkerrecht [lat./dt.], ed. O. Bach/N. Brieskorn/G. Stiening, Stuttgart-Bad Cannstatt 2016 (dt. Abhandlung über die Gesetze und Gott den Gesetzgeber, übers. N. Brieskorn, Freiburg etc. 2002; franz. Des lois et du Dieu législateur, trans. J.-P. Coujou, Paris 2003); Defensio fidei catholicae et apostolicae adversus Anglicanae sectae errores [...], Coimbra 1613 (repr. unter dem Titel: Defensa de la fe catolica y apostolica contro los errores del Anglicanismo, ed. J. R. Eguillor Muniozguren, I–IV, Madrid 1970–1971), Köln 1614, Mainz 1619, unter dem Titel: Defensio fidei III,1 [lat./span.], ed. E. Elorduy/L. Pereña, Madrid 1965 [mehr nicht erschienen]; Operis de divina gratia, I–III, I, III, Coimbra

1619, II Lyon 1651, Paris 1857–1858 (= Opera omnia. Editio Nova, VII–IX); Pars secunda summa theologiae de Deo rerum omnium creatore [...] primus de angelis [...], Lyon 1620, Mainz 1621, Paris 1856 (= Opera omnia. Editio nova II); Partis secundae summae theologiae tomus alter. [...] de opere sex dierum, ac tertium de anima [...], Lyon 1621, Mainz 1622, Paris 1856 (= Opera omnia. Editio nova III), unter dem Titel: Commentaria una cum quaestionibus in libros Aristotelis »De anima«/Comentarios a los libros de Aristóteles »Sobre el Alma«, ed. S. Castellote, I–III, Madrid 1978–1991 (engl. [Teilausg.] Selections from »De anima«. On the Nature of the Soul in General, on the Immateriality and Immortality of the Rational Soul, trans. J. Kronen/J. Reedy, München 2012); Opus de triplici virtute theologica fide, spe et charitate [...], Coimbra, Lyon, Paris 1621, Paris 1858 (= Opera omnia. Editio nova XII); Operis de Religione, III–IV, Lyon 1624–1625, Paris 1859–1860 (= Opera omnia. Editio nova XV–XVI); Ad primam secundae D. Thomae Tractatus quinque theologici [...], Lyon 1628, Paris 1858 (= Opera omnia. Editio nova IV), Teilausg. unter dem Titel: De voluntario et involuntario/Über das Willentliche und das Unwillentliche [lat./dt.], ed. S. Schweighöfer, Freiburg/Basel/Wien 2016; Tractatus theologicus, de vera intelligentia auxilii efficiacis [...], Lyon 1655, Paris 1858 (= Opera omnia. Editio nova X); Opuscula sex inedita, ed. J. B. Malou, Brüssel, Paris 1859; Selections from Three Works of F. S., I–II (I The Photographic Reproduction of the Selection from the Original Edition, II The Translations), ed. J. Brown Scott, Oxford/London 1944 (repr. Bd. II, New York 1964, I–II, Buffalo N. Y. 1995); De iuramento fidelitatis, I–II, ed. L. Pereña u. a., Madrid 1978/1979; De Pace. De Bello/Über den Frieden. Über den Krieg, ed. M. Kremer/J. de Vries, Stuttgart 2013. – J.-P. Coujou, Bibliografía suareciana, Pamplona 2010.

Literatur: I. Acquaviva, F. S. e la filosofia analitica, Mailand 2016; A. de Angelis, La ›ratio‹ teologica nel pensiero giuridico-politico del S.. La teoretica suaresiana e la recensione dei suoi critici, Mailand 1965; O. Bach/N. Brieskorn/G. Stiening (eds.), »Auctoritas omnium legum«. F. S.' »De legibus« zwischen Theologie, Philosophie und Jurisprudenz, Stuttgart 2013; dies. (eds.), Die Naturrechtslehre des F. S., Berlin/Boston Mass. 2017; J. G. Baena, Fundamentos metafísicos de la potencia obediencial en S., Medellín 1957; N. Brieskorn, F. S. (1548–1617), in: K. Hilpert (ed.), Christliche Ethik im Porträt. Leben und Werk bedeutender Moraltheologen, Freiburg 2012, 337–366; V. Carraud, Causa sive ratio. La raison de la cause de S. à Leibniz, Paris 2002; S. Castellote Cubells, Die Anthropologie des S.. Beiträge zur spanischen Anthropologie des 16. und 17. Jahrhunderts, Freiburg/München 1962, [2]1982; L. Cedroni, La comunità perfetta. Il pensiero politico di F. S., Rom 1996; J.-P. Coujou, S. et la refondation de la métaphysique comme ontologie. Étude et traduction de L'Index détaillé de la Metaphysique d'Aristote de F. S., Louvain-la-Neuve, Louvain/Paris 1999; ders., Le vocabulaire de S., Paris 2001; ders., Droit, anthropologie & politique chez S., Perpignan 2012; ders., Pensée de l'être et théorie politique. Le moment Suarézien, I–III, Louvain-la-Neuve 2012; J.-F. Courtine, S. et le système de la métaphysique, Paris 1990; ders., Nature et empire de la loi. Études Suaréziennes, Paris 1999; T. J. Cronin, Objective Knowledge in Descartes and S., Rom 1966, New York/London 1987; J. Cruz Cruz (ed.), La gravitación moral de la ley según F. S., Pamplona 2009; J. Dalmau, S., in: B. L. Marthaler u. a. (eds.), New Catholic Encyclopedia XIII, Detroit Mich. etc. [2]2003, 558–561; R. Darge, S.' transzendentale Seinsauslegung und die Metaphysiktradition, Leiden/Boston Mass. 2004; J. P. Doyle, S., REP IX (1998), 189–196; ders., Collected Studies on F. S., S. J. (1548–1617), Leuven

2010; P. Dumont, Liberté humaine et concours divin d'après S., Paris 1936; E. Elorduy, El plan de Dios en San Agustin y S., Madrid 1969; W. Ernst, Die Tugendlehre des Franz S.. Mit einer Edition seiner römischen Vorlesungen De Habitibus in Communi, Leipzig 1964; C. Faraco, Obbligo politico e libertà nel pensiero di F. S., Mailand 2013; C. Fernández de la Cigoña Cantero/F. J. López Atanes (eds.), En la frontera de la modernidad. F. S. y la ley natural, Madrid 2010; J. L. Fink (ed.), S. on Aristotelian Causality, Leiden/Boston Mass. 2015; J. A. García Cuadrado (ed.), Los fundamentos antropológicos de la ley en S., Pamplona 2014; E. Gemmeke, Die Metaphysik des sittlich Guten bei Franz S., Freiburg/Basel/Wien 1965; J. Giers, Die Gerechtigkeitslehre des jungen S.. Edition und Untersuchung seiner römischen Vorlesungen »De iustitia et iure«, Freiburg 1958; A. Gnemmi, Il fondamento metafisico. Analisi di struttura sulle »Disputationes metaphysicae« di F. S., Mailand 1969; A. Goudriaan, Philosophische Gotteserkenntnis bei S. und Descartes im Zusammenhang mit der niederländischen reformierten Theologie und Philosophie des 17. Jahrhunderts, Leiden/Boston Mass./Köln 1999; J. J. E. Gracia, F. S. (b. 1474; d. 1617), in: ders. (ed.), Individuation in Scholasticism. The Later Middle-Ages and the Counter-Reformation, 1150–1650, New York 1994, 475–510; ders., F. S.. »Metaphysical Disputations« (1597). From the Middle Ages to Modernity, in: ders./G. M. Reichberg/B. N. Schumacher (eds.), The Classics of Western Philosophy. A Reader's Guide, Malden Mass./Oxford 2003, 204–209; A. Guy, S., DP II (²1993), 2721–2722; D. Heider, Universals in Second Scholasticism. A Comparative Study with Focus on the Theories of F. S. S. J. (1548–1617), João Poinsot O. P. (1589–1644) and Bartolomeo Mastri da Meldola O. F. M. Conv. (1602–1673)/Bonaventura Belluto O. F. M. Conv. (1600–1676), Amsterdam/Philadelphia Pa. 2014; B. Hill/H. Lagerlund (eds.), The Philosophy of F. S., Oxford/New York 2012; W. Hoeres, Gradatio entis. Sein als Teilhabe bei Duns Scotus und Franz S., Heusenstamm 2012; L. Honnefelder, Scientia transcendens. Die formale Bestimmung der Seiendheit und Realität in der Metaphysik des Mittelalters und der Neuzeit (Duns Scotus – S. – Wolff – Kant – Peirce), Hamburg 1990; B. Ippolito, Analogia dell'essere. La metafisica di S. tra onto-teologia medievale e filosofia moderna, Mailand 2005; K. Kienzler, S., BBKL XI (1996), 154–163; M. Kremer, Den Frieden verantworten. Politische Ethik bei F. S. (1548–1617), Stuttgart 2008; T. Marschler, Die spekulative Trinitätslehre des F. S. S. J. in ihrem philosophisch-theologischen Kontext, Münster 2007; J. A. Mourant, S., Enc. Ph. VIII (1967), 30–33; W. M. Neidl, Der Realitätsbegriff des Franz S. nach den Disputationes metaphysicae, München 1966; L. Novák (ed.), S.'s Metaphysics in Its Historical and Systematic Context, Berlin/Boston Mass. 2014; D. D. Novotný, ›Ens rationis‹ from S. to Caramuel. A Study in Scholasticism of the Baroque Era, New York 2013; J. Pereira, S. between Scholasticism and Modernity, Milwaukee Wis. 2007; S. Rábade Romeo, F. S. (1548–1617), Madrid 1997; L. Renault, S., LThK IX (³2000), 1065–1068; M. Renemann, Gedanken als Wirkursachen. F. S. zur geistigen Hervorbringung, Amsterdam/Philadelpia Pa. 2010; H. Rommen, Die Staatslehre des Franz S. S. J., Mönchen-Gladbach 1927 (repr. New York 1979); V. M. Salas/R. L. Fastiggi/J.-P. Coujou (eds.), A Companion to F. S., Leiden/Boston Mass. 2014; D. Schwartz (ed.), Interpreting S.. Critical Essays, Cambridge etc. 2012, 2013; R. de Scorraille, François S. de la Compagnie de Jésus. D'après ses lettres, ses autres écrits inédits et un grand nombre de documents nouveaux, I–II, Paris 1912/1913; H. Seigfried, Wahrheit und Metaphysik bei S., Bonn 1967; M. Sgarbi (ed.), F. S. and His Legacy. The Impact of Suárezian Metaphysics and Epistemology on Modern Philosophy, Mailand 2010; C.

Shields/D. Schwartz, S., SEP 2014; J. Soder, F. S. und das Völkerrecht. Grundgedanken zu Staat, Recht und internationalen Beziehungen, Frankfurt 1973; W. Sparn, S., RGG VII (⁴2004), 1811–1813; F. Stegmüller, Zur Gnadenlehre des jungen S., Freiburg 1933; G. Virt, Epikie – verantwortlicher Umgang mit Normen. Eine historisch-systematische Untersuchung zu Aristoteles, Thomas von Aquin und Franz S., Mainz 1983; M. Walther/N. Brieskorn/K. Waechter (eds.), Transformation des Gesetzesbegriffs im Übergang zur Moderne? Von Thomas von Aquin zu F. S., Stuttgart 2008; C. Werner, Franz S. und die Scholastik der letzten Jahrhunderte, I–II, Regensburg 1861, 1889 (repr. New York 1962); R. Wilenius, The Social and Political Theory of F. S., Helsinki 1963.   O. S.

Suarezianismus (auch: Suarismus; engl. suarezianism, franz. suarézisme), Bezeichnung der philosophisch-theologischen Lehre, die auf den Werken des Jesuiten F. Suárez, des bedeutendsten Vertreters der spanischen Spätscholastik, basiert. Der S. entsteht vor dem Hintergrund der insbes. in Spanien erfolgenden Wiederbelebung der mittelalterlichen Philosophie (↑Scholastik) im 16. Jh.; in ihn fließen Elemente des ↑Skotismus und des ↑Nominalismus ein. Der S. ist eng verwandt mit dem ↑Thomismus, setzt sich jedoch in einigen Punkten deutlich von diesem ab. Neben einer gegensätzlichen Ansicht über das Individuationsprinzip (↑Individuation) besteht der wesentliche Unterschied in der Seinsauffassung. Im Gegensatz zum Thomismus existiert für den S. keine reale Unterschiedenheit von Wesenheit (↑Wesen) und ↑Sein. Aus der Abgrenzung zum Thomismus entwickelte sich der S. als eigene philosophische Richtung; ob die Unterschiede zur Ausbildung einer eigenständigen Schule führten, ist umstritten.

1613 erkennt der Ordensobere der Jesuiten, C. Aquaviva, Suárez' Lehre von der Kongruenz der göttlichen Gnade als Ordenslehre an. Im 17. Jh. verbreitet sich der S. über Spanien hinaus in Europa und wird zu einer Art herrschenden Meinung im Katholizismus, wozu vor allem die Rezeption und Lehre durch jesuitische Theologen und Philosophen beiträgt. Die rechtsphilosophischen Schriften des S. haben Anteil an der Weiterentwicklung des ↑Naturrechts und des Völkerrechts sowie der Staatsphilosophie. Die »Disputationes Metaphysicae« (1597) des Suárez entwickeln sich durch die systematische Präsentation der ↑Metaphysik zu einem allgemein anerkannten Lehrbuch und beeinflussen – über den Katholizismus hinausgreifend – die deutsche Schulmetaphysik des 17. Jhs.. Im 17. und 18. Jh. wird der S. als vorherrschende ↑Schulphilosophie an vielen katholischen und auch protestantischen Universitäten gelehrt; er prägt die christliche Philosophie bis in die frühe Neuzeit.

Durch die Kombination der Darstellung historischer und aktueller Theorien mit ihrer systematischen Abhandlung und Diskussion bietet die S. nachfolgenden Autoren eine umfassende Übersicht der mittelalterlichen Philosophie. Ihm kommt insofern auch eine Mittlerrolle zwischen dieser und der neuzeitlichen Philosophie zu. Unterschiedlich stark werden R. Descartes, B. Spinoza und G. W. Leibniz von ihm beeinflußt. A. Schopenhauer bezeichnet die »Disputationes Metaphysicae« als »wahre[s] Kompendio der Scholastik« (Sämtl. Werke I, ed. A. Hübscher, Wiesbaden 1972, Kap. II, § 6, 7). Auch C. Wolff greift auf den S. zurück; seine Lehre ist es zugleich, die in der zweiten Hälfte des 18. Jhs. die christliche Philosophie und damit auch den S. verdrängt. Beide werden durch die rationalistische Schulphilosophie des 18. Jhs. ersetzt.

Mit dem Aufkommen der neuscholastischen (↑Neuscholastik) Philosophie im katholischen Raum seit der Mitte des 19. Jhs. gewinnt auch der S. neue Aktualität. Zentren des S. werden die Lehrstätten der Jesuiten, vor allem die Päpstliche Universität Gregoriana. Ende des 19. Jhs. treten Kontroversen zwischen Anhängern des Thomismus und des S. auf. Die Anhänger des Thomismus werfen dem S. ↑Eklektizismus und Nicht-Thomismus vor; die Vertreter des S. sehen hingegen im S. eine eigenständige Weiterentwicklung der scholastischen Philosophie. Der S. wirkt bis in das 20. Jh. hinein und hält sich vereinzelt bis in die 1950er und 1960er Jahre, so z. B. an der Theologischen Fakultät der Universität Innsbruck. Seine wichtigsten Vertreter in der Neuscholastik sind in Frankreich P. Descoqs, in Deutschland L. Fuetscher und in Spanien J. J. Urráburu.

Literatur: A. J. Benedetto, Suarezianism, New Catholic Encyclopedia XIII, New York etc. 1967, 754–756, Detroit Mich. etc. ²2003, 561–563; E. Coreth, Schulrichtungen neuscholastischer Philosophie, in: ders./W. M. Neidl/G. Pfligersdorffer (eds.), Christliche Philosophie im katholischen Denken des 19. und 20. Jahrhunderts II (Rückgriff auf scholastisches Erbe), Graz/Wien/ Köln 1988, 397–410, bes. 399–401; P. Descoqs, Questions de métaphysique, Arch. philos. 2 (1924), 115–203, bes. 123–154; K. Eschweiler, Die Philosophie der spanischen Spätscholastik auf den deutschen Universitäten des 17. Jahrhunderts, Spanische Forschungen der Görres-Gesellschaft I (1928), 251–325; J. Ferrater Mora, Suárez y la filosofía moderna, Notas y estud. de filos. 2 (1951), 269–294 (engl. Suárez and Modern Philosophy, J. Hist. Ideas 14 [1953], 528–547; franz. Suarez et la philosophie moderne, Rev. mét. mor. 68 [1963], 57–69); M. Grabmann, Die »Disputationes metaphysicae« des Franz Suarez in ihrer methodischen Eigenart und Fortwirkung, in: P. Franz Suarez S. J.. Gedenkblätter zu seinem dreihundertjährigen Todestag (25. September 1917). Beiträge zur Philosophie des P. Suarez, Innsbruck 1917, 29–73, ferner in: ders., Mittelalterliches Geistesleben. Abhandlungen zur Geschichte der Scholastik und Mystik I, München 1926, 525–560; H. Guthrie, La significación histórica de F. Suárez, Estudios 70 (1943), 401–425; B. Hill/H. Lagerlund (eds.), The Philosophy of Francisco Suárez, Oxford etc. 2012, bes. 23–53 (Part I Background and Influence); S. K. Knebel, Suarezismus, Hist. Wb. Ph. X (1998), 368–371; P. Mesnard u. a. (eds.), Suárez. Modernité traditionelle de sa philosophie, Paris 1949 (Arch. philos. 18 [1949]); D. D. Novotný, ›Ens rationis‹ from Suárez to Caramuel. A Study in Scholasticism of the Baroque Era, New York 2013; J. Pereira, Suárez. Between Scholasticism and Modernity, Milwaukee Wis. 2007; M. Sgarbi (ed.), Francisco Suárez and His Legacy. The Impact of Suárezian Metaphysics and Epistemology on Modern Philosophy, Mailand 2010; J. P. Sommerville, Suárez, TRE XXXII (2001), 290–293; M. Wundt, Die deutsche Schulmetaphysik des 17. Jahrhunderts, Tübingen 1939, Hildesheim/Zürich/New York 1992.   A. K.

subaltern (logisch), in der traditionellen Logik (↑Logik, traditionelle) Bezeichnung für eine logische ↑Relation zwischen Urteilen, die im logischen Quadrat (↑Quadrat, logisches) dargestellt wird.   G. W.

Subjekt (von lat. subiectum, das Daruntergeworfene), ursprünglich ein Ausdruck, der bis zum Beginn der Neuzeit und gelegentlich noch im 18. Jh. gemäß seiner Herkunft als Übersetzung des griechischen Terminus ›ὑποκείμενον‹ das Zugrundeliegende, das, worüber etwas ausgesagt wird, also die ↑Substanz (↑Substrat) oder den *Gegenstand* einer Rede, bezeichnet, dem die Aussageweisen (griech. κατηγορούμενα) gegenüberstehen. Im Englischen ist ein Rest dieses Sprachgebrauchs erhalten geblieben: ›the subject of a talk‹ bezeichnet das, worum es in der Rede geht, das *Thema*, ›the object of a talk‹ hingegen die mit der Rede verbundene Absicht.

Bereits im philosophischen Sprachgebrauch der ↑Scholastik werden die als begrifflich bestimmt zu unterstellenden Gegenstände (lat. res, griech. ὄντα) zusammen mit den ausgesagten Gegenständen, d. s. insgesamt der Gegenstand des S.s und der Gegenstand des ↑Prädikats einer S.-Prädikat-Aussage (↑Minimalaussage), als ↑Objekte bezeichnet; bei Thomas von Aquin sind die S.-Gegenstände (weil realer Gegenstand der Aussage) *obiecta materialiter accepta* (bei Aristoteles: *erste* Substanz), die Prädikat-Gegenstände hingegen (weil in der Aussage nur in Gestalt ihres Begriffs auftretend) *obiecta formaliter accepta* (bei Aristoteles: *zweite* Substanz). Vom materialiter anerkannten Gegenstand werden Formen ausgesagt, und damit wird sein Begriff mit dem Begriff des ausgesagten Gegenstandes verbunden (↑Urteil), eine Redeweise, die sich auf der Basis des modernen Begriffs einer ↑Aussage mit Hilfe der ↑Prädikation rekonstruieren läßt. Die Formen sind in diesem Zusammenhang etwas ›Gedachtes‹. Entsprechend steht bei J. Duns Scotus ›cogitatum‹ anstelle des thomasischen ›obiectum formaliter acceptum‹; Wilhelm von Ockham erklärt, daß das Sein der Dinge ein *esse subiectivum*, das Sein der Gedanken im Geist hingegen ein *esse obiectivum* ist.

Mit R. Descartes wird diese die ↑Ontologie an die ↑Logik bindende Terminologie im Zuge der Ersetzung ontologischer durch erkenntnistheoretische Fragen, für die nicht ↑Sprachhandlungen, sondern mentale Handlungen als maßgeblich betrachtet werden (die ↑Erkenntnistheorie wird an die Psychologie gebunden), einem Umbau unterzogen, der zu einer folgenreichen Vertauschung der

Termini ›Objekt‹ und ›S.‹ führt. An die Stelle des ontologisch bestimmten ›subiectum‹ (esse subiectivum) und ›cogitatum‹ (esse obiectivum) treten die erkenntnistheoretisch bestimmte ›res extensa‹ und ›res cogitans‹ (↑res cogitans/res extensa) als Objekt und S. (einer Erkenntnis). Damit ist das ↑Subjekt-Objekt-Problem entstanden, das die philosophischen Auseinandersetzungen der Neuzeit bis in die Gegenwart bestimmt. Mit diesem Bedeutungswandel von ›S.‹ werden nur noch solche Gegenstände als ›S.e‹ bezeichnet, die als *Handlungssubjekte* aktiv Handlungsketten (↑Handlung) auslösen können und damit als Träger von ↑Bewußtsein, von ↑Intentionalität oder (schon vorkantisch) von einer ↑Seele bestimmt sind. Dies schließt teils nur Menschen ein (allerdings auch nicht alle, wenn nämlich der Begriff eines Menschen nicht biologisch verstanden wird, sondern durch den Begriff der ↑Person ersetzt ist), teils auch höhere Tiere: Es handelt sich ausschließlich um *empirische S.e* (↑Subjekt, empirisches) oder psychologische S.e. Die bis zu Beginn der Neuzeit selbstverständliche Tatsache, daß von Gegenständen nur als begrifflich bestimmten die Rede sein kann – die traditionelle Ausdrucksweise dafür, daß sie als individuelle Einheiten (↑Individuum) eines ↑Artikulators auftreten (ὄντα sind ↑Partikularia, die an einem εἶδος teilhaben, ihr Unter-einen-Begriff-Fallen, eine elementare Tatsache, ist ihre οὐσία, ihr ›Wesen‹) –, ist von Descartes in eine Aufgabe verwandelt worden, nämlich von Gegenständen Erkenntnis erst zu gewinnen, von empirischen Objekten in der Physik, von empirischen S.en in der Psychologie.
I. Kant bemerkt, daß eine solche Redeweise, die mit gegebenen empirischen Gegenständen als den Gegenständen der ↑Erfahrung einzusetzen sucht und gleich nach den Möglichkeiten fragt, wie sichere Erkenntnis über sie zu erlangen ist (Descartes' methodische Zweifelsbetrachtung; ↑cogito ergo sum), erst der rationalen ↑Rekonstruktion durch eine ↑Konstitution der Objekte der Erfahrung bedarf. Diese erfolgt durch Rückgang auf das Erkenntnisvermögen als ein Zusammentreten der Leistungen der Sinne in der ↑Anschauung und der Leistungen des ↑Verstandes im ↑Begriff. Dabei lassen sich durch ›äußere‹ bzw. ›innere‹ Anschauung empirische Objekte und das jeweilige ›eigene‹ empirische S. unterscheiden, während ›fremde‹ empirische S.e nur indirekt über ihr Verhalten als ein empirisches S. identifiziert werden können (Problem des Fremdpsychischen). Ein ›Träger‹ des Erkenntnisvermögens, das ›erkenntnistheoretische S.‹, wie es in Gestalt der Vorstellung ›ich bin‹ alle Urteile und Verstandeshandlungen begleitet (KrV B XL, Akad.-Ausg. III, 24), läßt sich in Übereinstimmung mit der ›Bündeltheorie‹ des ↑Ich von D. Hume (das Ich ist »nothing but a bundle or collection of different perceptions«, A Treatise of Human Nature, I, Part IV, Sect. VI) als Gegenstand der Erfahrung hingegen nicht ausmachen

(↑Ding an sich). Das Ich ist ein bloßes Prinzip der durch ↑Selbstbewußtsein ausdrückbaren Einheit von Erkenntnis und Gegenstand im Bewußtsein und damit ›Bedingung der Möglichkeit‹ von Erkenntnis; es wird von Kant *›transzendentales S.‹* (↑Subjekt, transzendentales) genannt, von E. Husserl ›transzendentales Ego‹ (↑Ego, transzendentales).
Mit diesem, den ↑Subjektivismus für den Begriff der Erkenntnis und damit die *Subjektivität* als Charakteristikum des Menschen endgültig etablierenden Verfahren ist noch nicht darüber entschieden, welche Gründe für die Identität des transzendentalen S.s bezüglich jedes empirischen S.s und damit seine Übereinstimmung mit einem *allgemeinen* S. – als ›Vernunftwesen‹ soll ein Mensch mit jedem anderen Menschen übereinstimmen, als ›Naturwesen‹ bleibe er partikular – in Anspruch genommen werden können. Mit der Zurückweisung eines *rationalen* S.s, den den auf den vernünftigen Seelenteil der traditionellen Lehre von der Seele in der (rationalen) ↑Psychologie beschränkten und deshalb in ihren Eigenschaften bei allen Menschen übereinstimmenden mentalen Handlungen – ohne Seelenteillehre wird das rationale S. durch Beschränkung auf die kognitiven Eigenschaften der mentalen Handlungen eines empirischen S.s erklärt, z. B. in der Theorie rationaler Entscheidung (↑Entscheidungstheorie) –, einer wegen Hypostasierung des Ich bloßen Scheinerkenntnis der rationalen Psychologie, und seiner Ersetzung durch das logisch höherstufige transzendentale S. wird diese höchstens für ein rationales S. bei wirklicher Invarianz der kognitiven Leistungen eines empirischen S.s ausweisbare Allgemeinheit gerade nicht erreicht. Was durch die mit der Philosophie der Neuzeit einsetzende und in der Philosophie des ↑Idealismus zu ihrer vollen Entfaltung gebrachte reflexive Wendung (↑Reflexionsphilosophie) von dem auf der positiven Stufe befindlichen (partikularen) empirischen S. bzw. (universalen) rationalen S. zu dem auf der reflexiven Stufe befindlichen transzendentalen S. vielmehr erreicht wird, ist die Auszeichnung des in seinen Vollzügen theoretisch nie einholbaren tätigen Ich vor dem zu einem *Objekt der Betrachtung* gemachten Ich. Dabei hat J. G. Fichte mit dem Übergang vom transzendentalen S. zum *absoluten* S. die von Kant geleugnete Möglichkeit einer intellektuellen Anschauung (↑Anschauung, intellektuelle) des Ich zwar nicht für das Sein des S.s, wohl aber für die Selbsttätigkeit des S.s in Anspruch genommen. Das eine individuelle Perspektive handelnd in Lebensweisen und denkend oder sprechend in Weltansichten entwickelnde Ich ist als *individuelles* S. in einem emphatischen Sinne (↑Individualität) kein Gegenstand der Welt mehr, sondern zeigt sich in Gestalt der als ↑Index für ein Ich auftretenden Aktualisierungen der (schematischen) Handlungen und ↑Sprachhandlungen bzw. mentalen Handlungen: »Ich bin meine Welt.

[…]« (L. Wittgenstein, Tract. 5.63); »Das denkende, vorstellende, S. gibt es nicht. […]« (Tract. 5.631); »Das S. gehört nicht zur Welt, sondern es ist eine Grenze der Welt« (Tract. 5.632).

G. W. Leibniz hat die reflexive Wendung der neuzeitlichen Philosophie, die bei Descartes zur Selbstgewißheit des denkenden Ich, der res cogitans, geführt hat, nicht ↑transzendental, sondern logisch weiterentwickelt. Mit der ↑Monadentheorie, die jedem Körper sein individuierendes Prinzip (↑Individuation) in Gestalt seines ihn kennzeichnenden vollständigen Begriffs (↑Begriff, vollständiger) zuordnet, ihn dadurch zum Körper einer ↑Monade oder (einfachen) ↑Substanz machend, werden alle ↑Partikularia in Hinsicht auf ihre der ↑Kausalität unterworfenen ›naturalen‹ Eigenschaften zu empirischen Objekten, in Hinsicht auf ihre der Intentionalität unterworfenen, als prädikative Bestimmungen auftretenden psychischen oder (bei Menschen) ›kulturalen‹ Eigenschaften zu logischen S.en: Empirische Objekte sind sie auf der ↑Objektstufe, logische S.e auf der Sprachstufe. Alle Partikularia werden als ›lebendige Ganzheiten‹ (↑Teil und Ganzes) angesehen, wobei Menschen durch hinzutretende prädikative Bestimmungen 2. Stufe, durch ↑Apperzeption (↑Selbstbewußtsein), ausgezeichnete logische S.e sind. An die Stelle der auf der Objektstufe getroffenen Unterscheidung zwischen Menschen als der Natur angehörende ›Objekte‹ (behavioristisch bestimmtes empirisches S.) und als der Kultur angehörende ›Objekte‹ (mentalistisch bestimmtes empirisches S.) tritt die von Objekt- und Sprachstufe Gebrauch machende Unterscheidung zwischen empirischem Objekt (= Körper) und logischem S. (= Seele). Jedes logische S. repräsentiert die ganze Welt aus seiner Perspektive, was seinerseits nur von der obersten Zentralmonade ›Gott‹, der Seele der Welt im Ganzen, repräsentiert werden kann (analytische ↑Urteilstheorie). Eine zureichende Bestimmung des Verhältnisses zwischen der Subjektivität des (objektivierten) logischen S.s und der Absolutheit des (nicht objektivierbaren) transzendentalen S.s, insbes. im Kontext des wissenschaftstheoretischen Streits um den Status der ↑Psychologie als einer naturwissenschaftlichen oder einer geisteswissenschaftlichen Disziplin, steht noch aus.

Die Bestimmung des logischen S.s durch Leibniz ist eine Verallgemeinerung des ursprünglichen Gebrauchs von ›logischem S.‹ im Zusammenhang mit S.-Prädikat-Aussagen, wo mit ›logischem S.‹ die S.-Bestimmung im Sinne der logischen Grammatik (↑Grammatik, logische), mit ›grammatischem S.‹ die S.-Bestimmung im Sinne der gewöhnlichen linguistischen ↑Grammatik bezeichnet wird. In der für die traditionelle Logik (↑Logik, traditionelle) oder ↑Syllogistik herangezogenen logischen Grammatik wird vom jeweils ersten Terminus in den allein betrachteten vier Aussageformen SaP (alle S sind

P; ↑a), SiP (einige S sind P; ↑i), SeP (kein S ist P; ↑e) und SoP (nicht alle S sind P; ↑o) gesagt, daß er einen ↑Subjektbegriff darstelle, während der jeweils zweite Terminus den zugehörigen ↑Prädikatbegriff darstellt. Erst ein vollständiger S.begriff wäre das logische S. im Sinne von Leibniz. Im übrigen stimmt diese Bestimmung von ›logischem S.‹ nicht mehr mit dem Ergebnis der logischen Analyse (↑Analyse, logische) von Aussagen im modernen Sinne überein, weshalb auch die Struktur der logischen Grammatik anders aussieht als zuvor, auch wenn das Kriterium für die Unterscheidung zwischen logischem und grammatischem S. grundsätzlich gleich geblieben ist. Die Einschränkung bezieht sich darauf, daß unter *logischem* S. eine semantische Funktion, nämlich die eines benennenden Ausdrucks (↑Nominator), unter *grammatischem* S. hingegen eine syntaktische Funktion, nämlich die eines Ausdrucks, der den als (grammatisches) Prädikat fungierenden Satzteil zu einem ↑Satz ergänzt (↑Prädikator, ↑Prädikation), verstanden wird. Z. B. ist in der Aussage ›Josef liebt Maria‹ allein ›Josef‹ das grammatische S., hingegen sind oder bezeichnen – das wird je nachdem, ob ›S.‹ und ›S.ausdruck‹ identifiziert sind oder nicht, unterschiedlich gehandhabt – ›Josef‹ und ›Maria‹ beide ein logisches S.: Von den beiden Personen wird ausgesagt, daß sie in dieser Reihenfolge in der Beziehung ›Lieben‹ zueinander stehen. Tritt ein ganzer Satz in der Rolle eines grammatischen S.s in bezug auf einen übergeordneten Satz auf, so wird in der Grammatik von einem *Subjektsatz* gesprochen, z. B. ›ob er kommt, ist ungewiß‹. Bei der synonymen Umformung zu ›es ist ungewiß, ob er kommt‹ ist die Rolle des grammatischen S.s auf den Satzteil ›es‹ übergegangen, während der eingebettete Satz bzw. der von ihm benannte ↑Sachverhalt zum logischen S. wird.

Literatur: G. Böhme, Ich-Selbst. Über die Formation des S.s, Paderborn/München 2012; F. Brentano, Psychologie vom empirischen Standpunkte, Leipzig 1874, unter dem Titel: Psychologie vom empirischen Standpunkt, I–III, ed. O. Kraus, Hamburg 1924–1928, 1971–1974, I, Frankfurt etc. 2008; D. G. Carlson (ed.), Hegel's Theory of the Subject, Basingstoke etc. 2005; M. Carrier/J. Mittelstraß, Geist, Gehirn, Verhalten. Das Leib-Seele-Problem und die Philosophie der Psychologie, Berlin/New York 1989 (engl. [erw.] Mind, Brain, Behavior. The Mind-Body Problem and the Philosophy of Psychology, Berlin/New York 1991, 1995); P. Cosmann, Protestantische Neuzeitkonstruktion. Zur Geschichte des Subjektivitätsbegriffs im 19. Jahrhundert, Würzburg 1999; I. U. Dalferth/P. Stoellger (eds.), Krisen der Subjektivität. Problemfelder eines strittigen Paradigmas, Tübingen 2005; D. Davidson, Subjective, Intersubjective, Objective, Oxford 2001, 2004 (dt. Subjektiv, intersubjektiv, objektiv, Frankfurt 2004, Berlin 2013); A. De Laurentiis, Subjects in the Ancient and Modern World. On Hegel's Theory of Subjectivity, Basingstoke etc. 2005; K. Düsing, Selbstbewußtseinsmodelle. Moderne Kritiken und systematische Entwürfe zur konkreten Subjektivität, München 1997; ders., Subjektivität und Freiheit. Untersuchungen zum Idealismus von Kant bis Hegel, Stuttgart-Bad Cannstatt 2002, ²2013; R. Eucken, Geschichte der philosophischen Terminologie,

Leipzig 1879 (repr. Hildesheim 1960, 1964), ferner in: ders., Ges. Werke IX, Hildesheim/Zürich/New York 2005, 1–226; H.-P. Falk, Wahrheit und Subjektivität, Freiburg/München 2010; D. Fenner, Wahrheit am Ende? Kritischer Versuch über das Verhältnis von S. und Objekt, Düsseldorf 2001; P. Geyer, Die Entdeckung des modernen S.s. Anthropologie von Descartes bis Rousseau, Tübingen 1997, Würzburg ²2007; M. Grundmann/R. Beer (eds.), S.theorien interdisziplinär. Diskussionsbeiträge aus Sozialwissenschaften, Philosophie und Neurowissenschaften, Münster 2004; ders. u.a. (eds.), Anatomie der Subjektivität. Bewusstsein, Selbstbewusstsein und Selbstgefühl, Frankfurt 2005; D.H. Heidemann (ed.), Probleme der Subjektivität in Geschichte und Gegenwart, Stuttgart-Bad Cannstatt 2002; L. Hengehold, Subject, Postmodern Critique of the, REP IX (1998), 196–201; W. Hogrebe (ed.), Subjektivität, München 1998; E. Husserl, Cartesianische Meditationen und Pariser Vorträge, ed. S. Strasser, Den Haag 1950, ²1963 (repr. 1973) (= Husserliana I), unter dem Titel: Cartesianische Meditationen. Eine Einleitung in die Phänomenologie, ed. E. Ströker, Hamburg 1977, ferner in: Ges. Schr. VIII, Hamburg 1992, 1–161, Hamburg ³1995; H. Joosten, Selbst, Substanz und S.. Die ethische und politische Relevanz der personalen Identität bei Descartes, Herder und Hegel, Würzburg 2005; K.E. Kaehler, Das Prinzip S. und seine Krisen. Selbstvollendung und Dezentrierung, Freiburg/München 2010; H. Keupp/J. Hohl (eds.), S.diskurse im gesellschaftlichen Wandel. Zur Theorie des S.s im Spätmoderne, Bielefeld 2006; B. Kible u.a., S., Hist. Wb. Ph. X (1998), 373–400; H.F. Klemme, Kants Philosophie des S.s. Systematische und entwicklungsgeschichtliche Untersuchungen zum Verhältnis von Selbstbewußtsein und Selbsterkenntnis, Hamburg 1996; S.K. Knebel/M. Karskens/E.-O. Onnasch, S./Objekt; subjektiv/objektiv, Hist. Wb. Ph. X (1998), 401–433; J. König, Sein und Denken. Studien im Grenzgebiet von Logik, Ontologie und Sprachphilosophie, Halle 1937, Tübingen ²1969; A. Lohmar/H. Peucker (eds.), S. als Prinzip? Zur Problemgeschichte und Systematik eines neuzeitlichen Paradigmas, Würzburg 2004; K. Lorenz, Das zweideutige S. – Eine semiotische Analyse, in: D. Gerhardus/S.M. Kledzik (eds.), Schöpferisches Handeln, Frankfurt etc. 1991, 45–58; B. Mauersberg, Der lange Abschied von der Bewußtseinsphilosophie. Theorie der Subjektivität bei Habermas und Tugendhat nach dem Paradigmawechsel zur Sprache, Frankfurt etc. 2000; T. Metzinger, S. und Selbstmodell. Die Perspektivität phänomenalen Bewußtseins vor dem Hintergrund einer naturalistischen Theorie mentaler Repräsentation, Paderborn etc. 1993, Paderborn ²1999; A. Pfänder, Die Seele des Menschen. Versuch einer verstehenden Psychologie, Halle 1933; R.B. Pippin, The Persistence of Subjectivity. On the Kantian Aftermath, Cambridge etc. 2005; K.R. Popper/J.C. Eccles, The Self and Its Brain. An Argument for Interactionism, Berlin etc. 1977, rev. 1981, London/New York 2006 (dt. Das Ich und sein Gehirn, München/Zürich 1982, ⁷1987, Neuausg. 1989, ¹⁰2008, ferner in: Ges. Werke XII, ed. H.-J. Niemann, Tübingen 2012, 185–465); G. Prauss, Die Einheit von S. und Objekt. Kants Probleme mit den Sachen selbst, Freiburg/München 2015; K. Puhl, S. und Körper. Untersuchungen zur S.kritik bei Wittgenstein und zur Theorie der Subjektivität, Paderborn 1999; R. Rehn u.a., S./Prädikat, Hist. Wb. Ph. X (1998), 433–453; A. Rosales, Sein und Subjektivität bei Kant. Zum subjektiven Ursprung der Kategorien, Berlin/New York 2000 (Kant-Stud. Erg.heft 135); G. Ryle, The Concept of Mind, London 1949, New York etc. 1952 (repr. London etc. 1975), Harmondsworth 1963 (repr. London 1988) (dt. Der Begriff des Geistes, Stuttgart 1969, 2015); J.P. Sartre, La transcendance de l'ego. Esquisse d'une description phénoménologique, Recherches philos. 6 (1936/1937), 85–123 (dt. Die Transzendenz des Ego. Skizze einer phänomenologischen Beschreibung, in: ders., Die Transzendenz des Ego. Philosophische Essays 1931–1939, ed. B. Schuppener, Reinbek b. Hamburg 1982, 1997, 39–96); A. Schmidt, S., EP III (²2010), 2632–2637; R. Schnepf, S./Objekt, RGG VII (⁴2004), 1814–1816; W. Schulz, Ich und Welt. Philosophie der Subjektivität, Pfullingen 1979, 1993; G. Schweppenhäuser, Die Fluchtbahn des S.s. Beiträge zu Ästhetik und Kulturphilosophie, Münster 2001; G. Seebaß, Das Problem von Sprache und Denken, Frankfurt 1981; M. Städtler, Kant und die Aporetik moderner Subjektivität. Zur Verschränkung historischer und systematischer Momente im Begriff der Selbstbestimmung, Berlin 2011; U. Steinvorth, Rethinking the Western Understanding of the Self, Cambridge etc. 2009; J. Stolzenberg (ed.), S. und Metaphysik. Konrad Cramer zu Ehren, aus Anlass seines 65. Geburtstages, Göttingen 2001; F. Thron, S. und Gegenstand. Zur Konstitution der Außenwelt im Anschluss an Husserl und Carnap, Freiburg/München 2013; E. Tugendhat, Vorlesungen zur Einführung in die sprachanalytische Philosophie, Frankfurt 1976, ⁶1994, 2010 (engl. Traditional and Analytical Philosophy. Lectures on the Philosophy of Language, Cambridge etc. 1982, 2016); H. Wagner, Philosophie und Reflexion, München/Basel 1959, ³1980, ferner als: Ges. Schr. I, ed. B. Grünewald, Paderborn 2013; J.E. Walter, Subject and Object, West Newton Pa. 1915; J. Weyand, Adornos kritische Theorie des S.s, Lüneburg 2001; P.V. Zima, Theorie des S.s. Subjektivität und Identität zwischen Moderne und Postmoderne, Tübingen/Basel 2000, erw. Stuttgart, Tübingen ⁴2017 (engl. Subjectivity and Identity. Between Modernity and Postmodernity, London etc. 2015); weitere Literatur: ↑Subjekt, transzendentales, ↑Philosophie des Geistes, ↑philosophy of mind, ↑Ich. K.L.

Subjekt, empirisches, nach I. Kant (vgl. KrV A 341ff./B 399ff.) Bezeichnung für das ↑Subjekt des Erkennens und Handelns, insofern es selbst Gegenstand eines (›inneren‹) empirischen Erkennens (↑Reflexion) ist. Als solches ist das e. S. durch die Leistungen der Sinne und des ↑Verstandes ebenso konstituiert wie jeder andere Gegenstand (↑Seele); ein Subjekt ›an sich‹ ist insofern empirisch nicht erfaßbar. Demgegenüber ist das *transzendentale* Subjekt (↑Subjekt, transzendentales) als Prinzip der Einheit von Erkenntnis und Gegenstand selbst nicht Gegenstand eines Erkenntnisaktes, sondern seine uneinholbare Bedingung der Möglichkeit. Die Annahme einer empirischen Erkenntnis des Subjekts hat Kant in der »Transzendentalen Dialektik« der KrV als ›Paralogismus der reinen Vernunft‹, d.h. als eine spezifische Form des Widerspruchs im Vollzuge, herausgestellt (↑Paralogismus). Diese Kritik richtet sich – unter Aufnahme kritischer Einwände der englischen Empiristen, vor allem J. Lockes und D. Humes – in erster Linie gegen die rationale Psychologie. Allerdings ist nach Kant ein praktisches (präsuppositionelles) Reden über die ›Seele‹ möglich, so daß die Möglichkeit eines e.n S.s (als ›Träger‹ von ↑Unsterblichkeit) im Rahmen der Postulate der Praktischen Vernunft (↑Vernunft, praktische) teilweise (KpV A 238ff.) wiedergewonnen wird. – Die möglichen Folgen der Kritik Kants an einer empirisch-theoretischen Erfassung des Subjekts für die empirische Psychologie sind vor allem im Streit zwischen ↑Psychologismus einerseits und ↑Neukantianismus sowie ↑Phänomenologie andererseits im späten 19. und frühen 20. Jh. erörtert worden.

Literatur: ↑Ich, ↑Subjekt, ↑Subjekt, transzendentales.   C. F. G.

Subjekt, transzendentales, nach I. Kant (vgl. KrV A 341–343/B 399–401), Bezeichnung für das ↑Subjekt des Erkennens und Handelns, insofern es als vorgängiges Prinzip der Einheit von Erkenntnis und Gegenstand (im Unterschied zum empirischen Subjekt; ↑Subjekt, empirisches) selbst nicht Gegenstand irgendeines Erkenntnisaktes sein kann. Entsprechend gibt es neben der empirischen ↑Apperzeption des Subjekts eine ↑transzendentale Apperzeption: »Denn innere Erfahrung überhaupt und deren Möglichkeit, (…) kann nicht als empirische Erkenntnis, sondern muß als Erkenntnis des Empirischen überhaupt angesehen werden und gehört zur Untersuchung der Möglichkeit einer jeden Erfahrung, welche allerdings transscendental ist« (KrV B 401). Die auf Kant folgende Philosophie des Deutschen Idealismus (↑Idealismus, deutscher) hat die im Begriff des t.n S.s implizierte Kritik an einer empirischen Erkennbarkeit des Subjekts als einheitlichem Prinzip des Erkennens und Handelns mitvollzogen. Allerdings erwies es sich als schwierig, das t. S. als solches in einer nicht-empirischen, gleichwohl bestimmten Weise zu begreifen; insoweit kann die nach-Kantische Diskussion als Bestätigung des Kantischen ↑›Paralogismus‹ der reinen Vernunft angesehen werden.
J. G. Fichte hat die Kantische Konzeption des t.n S.s zu der eines *absoluten* Subjekts (↑Absolute, das) radikalisiert: Da jeder Vollzug als der Vollzug eines Ich-Autors (↑Ich) gedacht werden muß (»Was für sich selbst nicht ist, ist kein Ich«; Grundlage der gesammten Wissenschaftslehre [1794], ed. W. G. Jacobs, Hamburg 1979, 17), ist das t. S. das erste Prinzip, das im Selbstvollzug das empirische Subjekt und das Objekt (↑Nicht-Ich) als von sich verschieden setzt. G. W. F. Hegels Konzeption stimmt mit der Kants und Fichtes darin überein, daß das Subjekt nicht mehr als ↑Substanz, als ›Träger‹ seiner Vollzüge, betrachtet wird, sondern mit der sich vollziehenden Denktätigkeit *identifiziert* wird. Allerdings sucht Hegel das Paralogismusproblem zu unterlaufen, indem er eine adäquate Selbstreflexion des auch diese Selbstreflexion vollziehenden Subjekts für möglich hält; das Problem der Selbstthematisierung ist somit ein Grundmodell des allgemeinen Schemas der ↑Dialektik. Die nach-Hegelsche Philosophie bemüht sich, gegen die Konstruktion eines t.n S.s das ›konkrete‹ Subjekt zur Geltung zu bringen, indem sie das Subjekt als tragische Endlichkeit (S. Kierkegaard), als Wesen der Naturbewältigung durch Arbeit (K. Marx) oder als gespalten zwischen den Begehrungen des triebhaften ↑Es und den

Forderungen des Über-Ich (S. Freud; ↑Psychoanalyse) konzipiert.
Auf dem Hintergrund der subjekttheoretischen Schwierigkeiten des nach-Kantischen ↑Idealismus hat der ↑Neukantianismus das t. S. gewissermaßen als attributloses Prinzip bestimmt und damit einen scharfen Hiatus zum empirischen Ich als Gegenstand sowohl der alltäglichen Selbsterfahrung als auch der wissenschaftlichen ↑Psychologie gesetzt. Diesen Ansatz teilt auch E. Husserl zeitweise (besonders deutlich in den »Cartesianischen Meditationen« [franz. Original: Méditations Cartésiennes. Introduction à la phénoménologie, Paris 1931]). Im späten Neukantianismus (vor allem bei R. Hönigswald und E. Cassirer) wird der Dualismus der Subjektivität jedoch wieder als unbefriedigend erfahren und – ähnlich wie schon in der nach-idealistischen Kritik des 19. Jhs. – für eine ›Philosophie der konkreten Subjektivität‹ (M. Brelage) plädiert. M. Scheler, H. Plessner und A. Gehlen suchen mit dem Programm einer philosophischen ↑Anthropologie die Unterscheidung zwischen empirischem und t.m S. zurückzunehmen (↑Mensch). – In wohl radikalster Form hat M. Heidegger gegen die Unterscheidung von empirischem und t.m S. opponiert. Sein Hauptwerk »Sein und Zeit« (1927) und das darin ausgeführte Programm einer Analytik des ↑Daseins ist weithin als der Versuch zu lesen, eine ↑Transzendentalphilosophie mit einem t.n S. zu konzipieren, das gerade das konkrete Subjekt der alltäglichen Selbsterfahrung (›Dasein‹) ist. In Auseinandersetzung mit Husserl schreibt Heidegger: »Die transzendentale Konstitution ist eine zentrale Möglichkeit der Existenz des faktischen Selbst. (…) Und das ›Wundersame‹ liegt darin, daß die Existenzverfassung des Daseins die transzendentale Konstitution alles Positiven ermöglicht« (Brief vom 22. Okt. 1927, Anlage I, ed. W. Biemel, Den Haag 1968 [Husserliana IX], 601–602). Die spezifische ›Seinsart‹ des Subjekts ist nach Heidegger die ↑Sorge. – Gegen die Ansätze einer konkreten Subjektivität im späten Neukantianismus und bei Heidegger sowie gegen das Programm einer philosophischen Anthropologie bleibt allerdings zu fragen, wie mit Kants Einwänden des Paralogismuskapitels zu verfahren ist. Einen möglichen Ausweg hat W. Kamlah (1972) skizziert. Nach Kamlah ist das t. S. nicht ein Gegenstand der ↑Prädikation (so daß sofort die Frage nach dem Subjekt des Prädizierens entsteht), sondern ein Wesen, das durch Sprache auch seine Selbsterfahrung expliziert.

Literatur: K. Ameriks, Kant's Theory of Mind. An Analysis of the Paralogisms of Pure Reason, Oxford 1982, ²2000, 2007; U. Anakker, Subjekt, Hb. ph. Grundbegriffe III (1974), 1440–1449; M. Brelage, Studien zur Transzendentalphilosophie, Berlin 1965; A. Brook, Kant and the Mind, Cambridge etc. 1994, 1997; E. Cassirer, Das Erkenntnisproblem in der Philosophie und Wissenschaft der neueren Zeit II, Berlin 1907, ³1922, Hamburg, Darmstadt

1999 (= Ges. Werke III); ders., An Essay on Man. An Introduction to a Philosophy of Human Culture, New Haven Conn./London 1944, ed. M. Lukay, Hamburg, Darmstadt 2006 (= Ges. Werke XXIII) (dt. Was ist der Mensch? Versuch einer Philosophie der menschlichen Kultur, Stuttgart 1960, unter dem Titel: Versuch über den Menschen. Einführung in eine Philosophie der Kultur, Hamburg 1996, ²2007); W. Cramer, Grundlegung einer Theorie des Geistes, Frankfurt 1957, erw. ²1965, ⁴1999; ders., Vom transzendentalen zum absoluten Idealismus, Kant-St. 52 (1960/1961), 3–32; K. Domke, Das Problem der Synthesis und des transzendentalen Subjekts in der Kantischen Philosophie, Diss. Berlin 1933; C. F. Gethmann, Das Sein des Daseins als Sorge und die Subjektivität des Subjekts, in: ders., Dasein: Erkennen und Handeln. Heidegger im phänomenologischen Kontext, Berlin/New York 1993, 70–112; ders., Was bleibt vom ›fundamentum inconcussum‹ angesichts der modernen Naturwissenschaften vom Menschen?, in: M. Quante (ed.), Geschichte – Gesellschaft – Geltung. XXIII. Kongress für Philosophie 28. September – 2. Oktober 2014 an der Westfälischen Wilhelms-Universität Münster. Kolloquienbeiträge, Hamburg 2016 (Dt. Jb. Philos. 8), 3–27; H. Grünberg, Über das Verhältnis von Theoretischem und Praktischem im t.n S.. Eine transzendentalphilosophische Untersuchung mit besonderer Berücksichtigung von H. Rickerts Behandlung des Subjektproblems, Leipzig 1926; W. Halbfass, S., t., Hist. Wb. Ph. X (1998), 400–401; H. M. Harrell, Kants Begriff der inneren Sinnlichkeit. Ein Problem der »Kritik der reinen Vernunft«, Bonn 1974; M. Heidegger, Sein und Zeit, Jb. Philos. phänomen. Forsch. 8 (1927), 1–438, separat Halle 1927, Tübingen ¹⁹2006; D. Henrich, Fichtes ursprüngliche Einsicht, in: ders./H. Wagner (eds.), Subjektivität und Metaphysik. Festschrift für Wolfgang Cramer, Frankfurt 1966, 188–232, separat Frankfurt 1967; R. Hönigswald, Grundfragen der Erkenntnistheorie. Kritisches und Systematisches, Tübingen 1931, ed. W. Schmied-Kowarzik, Hamburg 1997; ders., Philosophie und Sprache. Problemkritik und System, Basel 1937 (repr. Darmstadt 1970); H. Jansohn, Kants Lehre von der Subjektivität. Eine systematische Analyse des Verhältnisses von transzendentaler und empirischer Subjektivität in seiner theoretischen Philosophie, Bonn 1969; W. Kamlah, Philosophische Anthropologie. Sprachkritische Grundlegung und Ethik, Mannheim/Wien/Zürich 1972, 1984; H. Krings, Transzendentale Logik, München 1964; D. P. Loogen, Vom transzendentalen Subjekt zum transitorischen Ich. Novalis und Wilhelm von Humboldt antworten auf Kant und Fichte, Berlin 2014; J. L. Mackie, The Transcendental ›I‹, in: Z. van Straaten (ed.), Philosophical Subjects. Essays Presented to P. F. Strawson, Oxford 1980, 48–61; J. Mittelstraß, Le soi philosophique et l'identité de la rationalité philosophique, in: E. D. Carosella u. a. (eds.), L'identité changeante de l'individu. La constante construction du Soi, Paris 2008, 203–212 (engl. [Originalfassung] The Philosophical Self and the Identity of Philosophical Rationality, in: J.-C. Heilinger u. a. [eds.], Individualität und Selbstbestimmung, Berlin 2009, 55–61); C. T. Powell, Kant's Theory of Self-Consciousness, Oxford 1990; H. Rickert, Der Gegenstand der Erkenntniss. Ein Beitrag zum Problem der philosophischen Transcendenz, Freiburg 1892, erw. unter dem Titel: Der Gegenstand der Erkenntnis. Einführung in die Transzendentalphilosophie, Tübingen ²1904, ⁶1928; J. F. Rosenberg, ›I Think‹. Some Reflections on Kant's Paralogisms, Midwest Stud. Philos. 10 (1986), 503–530; H. B. Schmid, Subjekt, System, Diskurs. Edmund Husserls Begriff transzendentaler Subjektivität in sozialtheoretischen Bezügen, Dordrecht/Boston Mass./London 2000; A. Schmidt, Subjekt, EP III (²2010), 2632–2637, bes. 2632–2633 (2.2 Kant und die Subjektphilosophie); H. Schulz, Innerer Sinn

und Erkenntnis in der Kantischen Philosophie, Düsseldorf 1962; W. Sellars, »… This I or He or It (the Thing) Which Thinks …«. Immanuel Kant, »Critique of Pure Reason« (A 346; B 404), Proc. Amer. Philos. Ass. 44 (1970/1971), 5–31, Neudr. in: ders., Essays in Philosophy and Its History, Dordrecht/Boston Mass. 1974, 62–90; D. Sturma, S., t., in: M. Willaschek u. a. (eds.), Kant-Lexikon III, Berlin/Boston Mass. 2015, 2201–2202; H. Wagner, Philosophie und Reflexion, München/Basel 1959, Paderborn etc. 2013 (= Ges. Schriften I); W. Waxman, Kant's Model of the Mind. A New Interpretation of Transcendental Idealism, Oxford/New York 1991; G. Wolandt, Idealismus und Faktizität, Berlin/New York 1971; weitere Literatur: ↑Philosophie des Geistes, ↑philosophy of mind, ↑Selbstbewußtsein, ↑Subjekt. C. F. G.

Subjektbegriff (engl. subject term), in der ↑Syllogistik Ausdruck für den ersten Terminus in den behandelten vier Aussageformen *SaP* (alle *S* sind *P*), *SiP* (einige *S* sind *P*), *SeP* (kein *S* ist *P*) und *SoP* (einige *S* sind nicht *P*), im Unterschied zum so genannten ↑Prädikatbegriff, der den zweiten Terminus bildet (↑Subjekt). J. M.

Subjektivismus, philosophischer Terminus zur Bezeichnung der Auffassung, daß die Gegenstände des Erkennens und Wollens, d. h. die erforschten oder gewollten ↑Sachverhalte, durch das ↑Subjekt, d. h. durch geistige Leistungen wie das Bereitstellen von Unterscheidungen, erzeugt (›konstituiert‹) werden und/oder daß die Erkenntnis von Sachverhalten als wirklich und von Zwecken oder Taten als gut durch das Subjekt – sein Wahrnehmen, Empfinden, Einschätzen, Wünschen usw. – bestimmt wird. Der S. ist in seinen – durch die jeweilige Auffassung vom Subjekt und seiner konstituierenden und/oder bestimmenden Relation zum Gegenstand bzw. Inhalt der Erkenntnis – verschiedenen Formen als Versuch verstehbar, das neuzeitliche Problem der Erkenntnissicherung zu lösen. Dieses Problem entsteht mit der Verselbständigung der Wissenschaften aus ihrer Rolle der Kontinuitätssicherung für die tradierten Ziel- und Ordnungsvorstellungen der mittelalterlichen Gesellschaft. Wo nicht mehr die Anführung von ↑Autoritäten, und damit die Eingliederung in (institutionalisierte) Traditionen, den Anspruch auf Verläßlichkeit von Lehrmeinungen und auf Verbindlichkeit von Normen sichert, muß der Forscher diesen Anspruch selbständig einzulösen versuchen. Die Erklärung des Erkenntnissubjekts bzw. der Erkenntnisfähigkeiten und Erkenntnisleistungen des Forschers zum Garanten verläßlicher und verbindlicher Erkenntnis, insbes. gegen Autoritäten und Traditionen, wird damit zur Bedingung einer eigenständigen Wissenschaft.

Vorbereitet ist dieses Verständnis des Subjekts bereits in der skotistischen Lehre (↑Skotismus) von der eigenen Form des ↑Individuums, d. h. der ↑haecceitas, das nicht nur (als Fall des ↑Allgemeinen) durch die Materie (wie Thomas von Aquin lehrt) zum Einzelnen wird, und in der suarezianischen (↑Suarezianismus) Weiterführung dieser Lehre, nach der jedes Individuum seine eigene Essenz (↑essentia) hat. Diese Konzeption der Eigenständigkeit der Individuen (als in ihrer Form oder in ihrem Wesen unterschieden von allen anderen Individuen) führt in einer ontologischen Terminologie – und daher als Rede von der realen Zusammensetzung der Seienden noch ›objektivistisch‹ – an den S. R. Descartes' in dem Sinne heran, daß die Eigenständigkeit des Individuums nun auch für die Erkenntnissicherung (z. B. auch ontologischer Thesen) beansprucht wird. Die mit der Frage nach der Wahrheit erzeugte Gewißheit des Individuums von seinem geistigen Tun (und in diesem Sinne von sich selbst) wird als Bewußtsein der (geistigen) Eigenständigkeit zur Gewähr für die Wahrheit der eigenen Existenz (↑cogito ergo sum) und, vermittelt über die Annahme der Existenz Gottes, letztlich für die Existenz der ›Welt‹, der sinnlich wahrnehmbaren Dinge. Das erkenntnissichernde Subjekt Descartes' bleibt gleichwohl insofern ›objektiv‹ (↑objektiv/Objektivität), als es ohne Trübung durch historische und soziale Einflüsse das reine Denken (allgemeingültig und jedermann lehrbar) darzustellen beansprucht. Die geschichts- und weltlose Reinheit des Denkens (das durch seine Reinheit wahrheitsgarantierend ist) erlaubt es Descartes auch, dessen Konstruktionen als Realitätsbeweise, vor allem als Beweis für die Existenz Gottes (↑Gottesbeweis), aufzufassen. – B. de Spinoza führt diese Objektivität des Cartesischen S. konsequent weiter, wenn er das Subjekt als Individuum (sogar im grammatischen Verständnis) für unwichtig erklärt und mit der Klarheit und Deutlichkeit (↑klar und deutlich) seiner Definitionen und Lehrsätze Gottes Denken selbst zum Subjekt der, d. h. seiner, Erkenntnis macht. Die Reinheit des Cartesischen Subjekts, die für den Wahrheitsbeweis der eigenen Existenz notwendig erscheint, für den Wahrheitsbeweis der Existenz der ↑Außenwelt aber den Nachweis der Existenz Gottes erfordert, ermöglicht damit eine neue Ausklammerung des Subjekts aus der Wahrheitsbegründung und zugleich das Irrelevantwerden der nun wieder betreibbaren ↑Ontologie für die (inzwischen ohnehin etablierte) Wissenschaft.

Erst in I. Kants »Kritik der reinen Vernunft« wird das Erkenntnissubjekt in seiner Einheit von ↑Sinnlichkeit und ↑Verstand erfaßt und eine Theorie der Erzeugung (↑Konstitution) des wissenschaftlichen Gegenstandes, auch der Erfahrungswissenschaften, durch das Subjekt vorgelegt (↑Kopernikanische Wende). Diese Gegenstandskonstitution erfolgt durch die Anwendung der Anschauungsformen (↑Anschauung) und ↑Kategorien, die das erkennende Subjekt seiner Erfahrungswelt auferlegt. Da die Anschauungsformen und Kategorien das Erkenntnisvermögen des Subjekts und damit das, was objektive Erkenntnis überhaupt sein kann, definieren, geht es dabei nicht um ein jeweils unterschiedliches

empirisches Subjekt (↑Subjekt, empirisches), sondern um das immer und überall identische Subjekt von Erkenntnis als solcher, d. h. um das transzendentale Subjekt (↑Subjekt, transzendentales) aller möglichen objektiven Erkenntnis. Es ist diese universelle Identität des transzendentalen Subjekts, die die Verläßlichkeit der Gegenstandserkenntnis sichert – unabhängig von allen historischen Wandlungen, denen die empirischen Subjekte, also die um Erkenntnis bemühten Individuen unterliegen.

G. W. F. Hegel sieht demgegenüber auch in den bereitgestellten Grundunterscheidungen der Wissensbildung die Ergebnisse einer historischen Entwicklung. In der Rekonstruktion der Geschichte bildet sich das Erkenntnissubjekt und begreift sich zugleich mit seiner Geschichte. Dadurch wird es zur *Subjektivität*, d. h. zu einem Subjekt, das auch die wahrheitsgarantierenden Erkenntnisleistungen als *subjektiv*, nämlich als Ergebnisse der Geschichte handelnder Subjekte und ihrer begreifenden Aufarbeitung durch das erkennende Individuum, versteht. Gleichwohl muß auch Hegel eine übersubjektive Gesetzmäßigkeit bei der Bildung von Begriffen und Ideen postulieren, da er die historische Entwicklung als Geistesgeschichte darstellt und für die Beurteilung der Geistesbildungen als dem (Zusammen-)Leben der Menschen keine Kriterien außer diesen geistigen Entwicklungen zur Verfügung hat. – Im Unterschied zu Hegel sucht K. Marx zu zeigen, daß auch die ↑Ideengeschichte eine materielle Basis hat. Er stellt Geschichte dar als die Entwicklung der gesellschaftlichen Organisation der Befriedigung von ↑Bedürfnissen, die sich mit dieser Entwicklung differenzieren, und als damit verbundene Entwicklung sozialer Ideen zur Legitimierung der jeweiligen gesellschaftlichen Organisation (↑Materialismus, historischer). Das Erkenntnissubjekt von Marx wird insofern zu einem bedürfnisbestimmten, durch seine historische Bildung und soziale Situation geprägten Menschen, dessen Erkenntnisleistungen auf die Position zu relativieren sind, die das Individuum im historisch-sozialen Bildungsprozeß einnimmt. Mit der Marxschen Theorie wird damit, durch Hegel vorbereitet, der S. wieder in dem Sinne ›objektiv‹, daß nicht mehr die Individuen die Verläßlichkeit und Verbindlichkeit von Erkenntnis garantieren, sondern die durch ihre gemeinsame soziale Situation und gemeinsame Position im historischen Entwicklungsprozeß definierte Gruppe (›Klasse‹; ↑Klasse (sozialwissenschaftlich)), der das Individuum angehört.

Wenn auch bei Hegel die Subjektivität, das in der Weltgeschichte sich selbst begreifende Individuum, sich bilden soll und als Erkenntnissubjekt verstanden wird, so ist damit gleichwohl die Objektivierung des S. vorbereitet, weil das Individuum zur Subjektivität erst im Begreifen der historischen Entwicklung und deren Weiterführung wird. Gegen diese Historisierung des Erkenntnissubjekts hat vor allem S. A. Kierkegaard das Recht behauptet, auf die eigene individuelle Geschichte als Kriterium für die Wahrheit der Erkenntnis zurückzugehen. Subjektivität ist für Kierkegaard (gegen Hegel) die Erinnerung dieser individuellen Geschichte und der Versuch ihrer ständigen Wiederholung. Diese (individuell definierte) Subjektivität ist für Kierkegaard das wahrheitsgarantierende Erkenntnissubjekt. In der ↑Existenzphilosophie wird dieser S. zunächst weitergeführt, wobei allerdings der Individualismus Kierkegaards am Ende aufgegeben wird. Vor allem M. Heidegger steht für diese Entwicklung, an deren Ende (beim späten Heidegger) das Subjekt als Erkenntnisgarant überhaupt negiert wird und statt dessen eine überindividuelle und nicht an ein bestimmtes Subjekt knüpfbare Botschaft die Wahrheit eröffnet. – In den unterschiedlichen Stadien seiner historischen Entwicklung läßt sich der S. als Versuch auffassen, die Diskrepanz zwischen den Irrtumsmöglichkeiten der erkennenden Subjekte und ihrem gleichwohl erhobenen Anspruch auf (allgemeine) Verläßlichkeit und Verbindlichkeit ihrer Erkenntnisse zu verstehen.

Literatur: H. M. Baumgartner/W. G. Jacobs (eds.), Philosophie der Subjektivität. Zur Bestimmung des neuzeitlichen Philosophierens. Akten des 1. Kongresses der Internationalen Schelling-Gesellschaft 1989, I–II, Stuttgart-Bad Cannstatt 1993; F. C. Beiser, German Idealism. The Struggle against Subjectivism, 1781–1801, Cambridge Mass./London 2002, 2008; A. Bellmann, S., Hist. Wb. Ph. X (1998), 453–457; H. Böhme, Natur und Subjekt, Frankfurt 1988; E. Bolay/B. Trieb, Verkehrte Subjektivität. Kritik der individuellen Ich-Identität, Frankfurt/New York 1988; P. Braitling, Hegels Subjektivitätsbegriff. Eine Analyse mit Berücksichtigung intersubjektiver Aspekte, Würzburg 1991; P. Cain, Widerspruch und Subjektivität. Eine problemgeschichtliche Studie zum jungen Hegel, Bonn 1978; E. Cassirer, Was ist »S.«?, Theoria 5 (Göteborg 1939), 111–140; K. Cramer u. a. (eds.), Theorie der Subjektivität, Frankfurt 1987, 1990; A. Dorschel, Die idealistische Kritik des Willens. Versuch über die Theorie der praktischen Subjektivität bei Kant und Hegel, Hamburg 1992; R. Double, Metaethical Subjectivism, Aldershot etc. 2006; K. Düsing, Das Problem der Subjektivität in Hegels Logik. Systematische und entwicklungsgeschichtliche Untersuchungen zum Prinzip des Idealismus und zur Dialektik, Bonn 1976, ³1995; H. Ebeling, Neue Subjektivität. Die Selbstbehauptung der Vernunft, Würzburg 1990; ders., Das Subjekt in der Moderne. Rekonstruktion der Philosophie im Zeitalter der Zerstörung, Reinbek b. Hamburg 1993; L. Eley (ed.), Hegels Theorie des subjektiven Geistes in der »Enzyklopädie der philosophischen Wissenschaften im Grundrisse«, Stuttgart-Bad Cannstatt 1990; J. C. Evans, The Metaphysics of Transcendental Subjectivity. Descartes, Kant and W. Sellars, Amsterdam 1984; M. Farber, Naturalism and Subjectivism, Albany N. Y. 1959, 1968; ders., The Search for an Alternative. Philosophical Perspectives of Subjectivism and Marxism, Philadelphia Pa. 1984; G. Foley, Subjectivism, in: R. Audi (ed.), The Cambridge Dictionary of Philosophy, Cambridge etc. ²1999, 885; M. Frank, Selbstbewußtsein und Selbsterkenntnis. Essays zur analytischen Philosophie der Subjektivität, Stuttgart 1991; J. Göke, Subjektivität und Wissenschaftskritik. Zur Kritik der psychoanalytischen Rekonstruktion einer Theorie des Subjekts, Frankfurt 1979; F. Guttandin, Genese und Kritik des Subjektbegriffs. Zur Selbstthematisierung der Menschen als Subjekte, Marburg 1980, Egelsbach/Köln/New York 1993; J. Harrison, Ethical Subjectivism, Enc. Ph. III (1967), 78–81, III (²2006), 375–379; J. Hubbert, Transzendentale und empirische Subjektivität in der Erfahrung bei Kant, Cohen, Natorp und Cassirer, Frankfurt etc. 1993; H. Jonas, Macht und Ohnmacht der Subjektivität? Das Leib-Seele-Problem im Vorfeld des Prinzips Verantwortung, Frankfurt 1981, ²1987; D. Korsch, S., RGG VII (⁴2004), 1816–1818; C. Link, Subjektivität und Wahrheit. Die Grundlagen der neuzeitlichen Metaphysik durch Descartes, Stuttgart 1978; A. Mansbach, Beyond Subjectivism. Heidegger on Language and the Human Being, Westport Conn. 2002; J.-F. Marquet, Subjectivité et absolu dans les premiers écrits de Schelling (1794–1801), Rev. int. philos. 49 (1995), 39–58; B. Morris, Western Conception of the Individual, New York/Oxford 1991; H.-J. Müller, Subjektivität als symbolisches und schematisches Bild des Absoluten. Theorie der Subjektivität und Religionsphilosophie in der Wissenschaftslehre Fichtes, Königstein 1980; R. T. Murphy, Hume and Husserl. Towards Radical Subjectivity, The Hague/Boston Mass./London 1980; F. Neuhouser, Fichte's Theory of Subjectivity, Cambridge etc. 1990; M. A. de Oliveira, Subjektivität und Vermittlung. Studien zur Entwicklung des transzendentalen Denkens bei I. Kant, E. Husserl und H. Wagner, München 1973; E. F. Paul/F. D. Miller/J. Paul (eds.), Objectivism, Subjectivism, and Relativism in Ethics, Cambridge etc. 2008; H. Radermacher (ed.), Aktuelle Probleme der Subjektivität, Bern/Frankfurt 1983; G. Schmidt, Subjektivität und Sein. Zur Ontologizität des Ich, Bonn 1979; H. Schmitz, Die entfremdete Subjektivität. Von Fichte zu Hegel, Bonn/Berlin 1992; W. Schulz, Ich und Welt, Philosophie der Subjektivität, Pfullingen 1979, 1993; ders., Subjektivität im nachmetaphysischen Zeitalter. Aufsätze, Pfullingen 1992; D. Sobel, From Valuing to Value. Towards a Defense of Subjectivism, Oxford etc. 2016; B. Stroud, The Quest for Reality. Subjectivism and the Metaphysics of Colour, Oxford etc. 2000, 2002; S. Sturgeon, The Epistemic View of Subjectivity, J. Philos. 91 (1994), 221–235; C. Swoyer, Subjectivism, NDHI V (2005), 2267–2269; H. Tietjen, Fichte und Husserl. Letztbegründung, Subjektivität und praktische Vernunft im transzendentalen Idealismus, Frankfurt 1980; M. Wetzel, Erkenntnistheorie. Die Gegenstandsbeziehung und Tätigkeit des erkennenden Subjekts als Gegenstand der Erkenntnistheorie, München 1978; ders., Autonomie und Authentizität. Untersuchungen zur Konstitution und Konfiguration von Subjektivität, Frankfurt/Bern/New York 1985. O. S.

Subjektivität, ↑Subjektivismus.

Subjekt-Objekt-Problem, in der neuzeitlichen Philosophie Bezeichnung für die als fundamental betrachtete erkenntnistheoretische (↑Erkenntnistheorie) Problemstellung oder Frage, wie die Übereinstimmung von Erkenntnisgegenstand bzw. ↑Objekt (d. i. den zu erkennenden Sachverhalten) und dem Erkenntnisinhalt (d. i. der Darstellung dieser Sachverhalte durch den bzw., psychologistisch, in dem Erkennenden, durch das bzw. in dem ↑Subjekt) zu erklären sei, damit sie als gesichert gelten könne. Das S.-O.-P. entsteht mit dem ↑Subjektivismus, der das Problem der Wahrheitssicherung nicht mehr über die legitimierende Teilnahme an Traditionen, sondern für den einzelnen, das erkennende Subjekt, zu lösen versucht. Seine Formulierung unterstellt einen realistischen Wahrheitsbegriff (↑Wahrheitstheorien), nach dem die ↑Wahrheit einer Erkenntnis über die Relation zwischen dem Erkenntnisobjekt als einem System bereits durch das Subjekt bestimmter Sachverhalte und dem Erkenntnissubjekt bzw. dessen Erkennen definiert wird. Schematisiert lassen sich die Versuche zur Lösung des S.-O.-P.s zum einen danach unterscheiden, ob ein subjektunabhängiges Objekt angenommen wird oder nicht, zum anderen danach, wie die Entstehung der Erkenntnisinhalte dargestellt wird. Die erste Unterscheidung führt zur Gegenüberstellung einer *idealistischen* (↑Idealismus) und einer *realistischen* (↑Realismus (erkenntnistheoretisch)) Position, die zweite Unterscheidung zur Gegenüberstellung einer *rationalistischen* (↑Rationalismus) und einer *empiristischen* (↑Empirismus) Position.

Die *idealistische* Position sucht das S.-O.-P. durch dessen kritische Aufhebung zu lösen: Da das Subjekt sein Objekt erzeugt, kann es auch sich selbst in seinem Erzeugnis wiedererkennen; ein S.-O.-P. tritt nicht auf. Sprachkritisch rekonstruiert läßt sich diese ›Erzeugung‹ des Objekts durch das Subjekt so begreifen, daß die zu erkennenden Sachverhalte erst mit der Bereitstellung eines (für ihre Darstellung benutzbaren) Unterscheidungssystems (einer Terminologie) als Gegenstände des Redens entstehen und erst mit der Zuordnung von Termini und Gegenständen als wirklich erkannt werden. Folglich betrifft das S.-O.-P. allein die Richtigkeit dieser subjektiven Leistungen und bezieht sich daher ausschließlich auf das Subjekt, nicht auf Entsprechungen zwischen Subjekt und Objekt. Die *realistische* Position behauptet demgegenüber die Existenz eines subjektunabhängigen Objekts: Die zu erkennenden Sachverhalte sind unabhängig von den Unterscheidungs- und Erkenntnisleistungen des Subjekts bestimmt; es stellt sich daher die Frage nach der Angemessenheit der Unterscheidungen und der Übereinstimmung der Behauptungen mit den Sachverhalten.

Die *empiristische* Position erklärt die Entstehung der Erkenntnisinhalte über die Kausalrelation (↑Kausalität): die Sinneseindrücke (↑Sinnesdaten) als Basis der Erkenntnis sind Wirkungen der Existenz des jeweiligen Objekts. Damit wäre das S.-O.-P. für die Basis der Erkenntnis gelöst, die Erkenntnisprobleme bestünden nur noch in Fragen nach der Anordnung der Sinneseindrücke – wie im britischen ↑Empirismus (↑Sensualismus). Da die Kausalrelation aber gerade kein Kriterium für die Übereinstimmung zwischen Erkenntnisinhalt und Erkenntnisgegenstand bereitstellt, ist der empiristischen Position immer wieder die *rationalistische* entgegengehalten worden, nach der dem Erkenntnisobjekt ein begreifbares Wesen zugesprochen wird – sprachkri-

tisch rekonstruiert: nach der die zu erkennenden Sachverhalte mit den verfügbaren Unterscheidungssystemen darstellbar sind –, das durch die begriffliche Bemühung des Subjekts erkannt wird. Auch die rationalistische Position aber löst das S.-O.-P. insofern nicht, als die Frage nach der Angemessenheit der Darstellung eines Sachverhaltes bzw. des Begreifens nur durch Hinweise auf die begriffliche Korrektheit oder die ›Klarheit und Deutlichkeit‹ (↑klar und deutlich) der Erkenntnis – wie bei R. Descartes und B. de Spinoza – beantwortet wird. I. Kant hat diese unterschiedlichen Positionen miteinander zu vermitteln versucht: Bereits die sinnliche Erkenntnis steht unter subjekterzeugten Formen, so daß keine Kausalrelation die jeweilige Bestimmtheit der sinnlichen Erkenntnisinhalte erklären muß. Die Verstandeserkenntnis besteht in der Strukturierung der Sinneseindrücke, so daß keine Wesenserkenntnis postuliert werden muß.

Literatur: D. Davidson, Subjective, Intersubjective, Objective, Oxford etc. 2001, 2009 (dt. Subjektiv, intersubjektiv, objektiv, Frankfurt 2004, 2013); G. Gabriel, Grundprobleme der Erkenntnistheorie. Von Descartes zu Wittgenstein, Paderborn etc. 1993, Paderborn ³2008; ders., Erkenntnis, Berlin/Boston Mass. 2015, bes. 4–13; D. Horster, Die Subjekt-Objekt-Beziehung im deutschen Idealismus und in der Marxschen Philosophie, Frankfurt/New York 1979; S. K. Knebel/M. Karskens/E.-O. Onnasch, Subjekt/Objekt; subjektiv/objektiv, Hist. Wb. Phil. X (1998), 401–433; K. Rosenthal, Die Überwindung des Subjekt-Objekt-Denkens als philosophisches und theologisches Problem, Göttingen 1970; A. Schmidt, Subjekt, EP III (²2010), 2633–2637; K. Stengel, Das Subjekt als Grenze. Ein Vergleich der erkenntnistheoretischen Ansätze bei Wittgenstein und Merleau-Ponty, Berlin/New York 2003; weitere Literatur: ↑Objekt, ↑Subjekt, ↑Subjektivismus. O. S.

Subjunktion (von lat. subiungere, unterordnen; engl. conditional, auch: material implication), Bezeichnung für die logische Zusammensetzung zweier Aussagen mit dem ↑Junktor ↑›wenn – dann‹ (Zeichen: → auch: ⊃). Die objektsprachliche (↑Objektsprache) S. muß streng unterschieden werden von der metasprachlichen (↑Metasprache) ↑Implikation (Zeichen: ≺, wenngleich in der Regel nur für die logische Implikation verwendet), einer Relation zwischen zwei (oder mehreren) Aussagen. Der Zusammenhang zwischen S. und Implikation wird in der formalen Logik (↑Logik, formale) stets hergestellt durch: A impliziert logisch B genau dann, wenn $A \rightarrow B$ logisch wahr ist. In der klassischen Logik (↑Logik, klassische) ist die S. entbehrlich, weil $A \rightarrow B$ mit $\neg A \lor B$ klassisch logisch äquivalent ist; in der intuitionistischen Logik (↑Logik, intuitionistische) ist die S. hingegen nicht reduzierbar.

Da die Implikation (und analog die S.) die scheinbar ↑paradoxen Eigenschaften $\curlywedge \prec A$ (Falsches impliziert logisch beliebige Aussagen; ↑ex falso quodlibet) und $A \prec \curlyvee$ (beliebige Aussagen implizieren logisch Wahres;

↑ex quolibet verum) aufweist, sind in der ↑Modallogik Kalkülisierungen einer *strikten Implikation* (↑Implikation, strikte) vorgeschlagen worden, die diese Eigenschaften nicht besitzen. Gleichwohl bleiben andere, ebenso für paradox gehaltene Eigenschaften auch bei der strikten Implikation bestehen (Beispiel: Notwendiges wird von beliebigen Aussagen strikt impliziert), die durch zahlreiche miteinander konkurrierende ↑Kalkülisierungen von auf andere Weise eingeschränkten Wenn-dann-Verknüpfungen bzw. Wenn-dann-Beziehungen vermieden werden sollen (↑Logik des ›Entailment‹). K. L.

Subjunktor (engl. conditional), Bezeichnung für den ↑Junktor ↑›wenn – dann‹ (Zeichen: →, auch: ⊃) zur Herstellung der ↑Subjunktion zweier Aussagen. Der S. darf nicht verwechselt werden mit dem umgangssprachlich oft ebenfalls als ›wenn – dann‹ wiedergegebenen ↑Implikator ›≺‹, einem der ↑Metasprache angehörenden ↑Relator zwischen Aussagen. K. L.

subkonträr, in der traditionellen Logik (↑Logik, traditionelle) Bezeichnung für eine logische ↑Relation zwischen Urteilen, die im logischen Quadrat (↑Quadrat, logisches) dargestellt wird. G. W.

Sublimierung (von lat. sublimis, erhoben, erhaben; engl./franz. sublimation), ursprünglich aus der ↑Alchemie stammender Terminus der Chemie zur Bezeichnung des unmittelbaren Übergangs fester Körper in den gasförmigen Zustand (auch: Sublimation); in der ↑Psychoanalyse S. Freuds die kulturell erzwungene Umlenkung der Regungen eines ↑Triebs (vor allem des Sexualtriebs) von seinem primären biologischen Ziel auf die Weckung und Befriedigung ›höher‹ stehender ↑Bedürfnisse z. B. sozialer, wissenschaftlicher, künstlerischer und religiöser Art. Ähnlich gewinnt nach M. Scheler der menschliche Geist die Kraft und Energie zur Umwandlung der abgelehnten Realität nur durch Triebaskese und Triebverdrängung (↑Verdrängung). Unter ›Übersublimierung‹ versteht Scheler die Überintellektualisierung der Lebensbezüge in der rational-technischen Kultur, unter ›Re-S.‹ die ebenso einseitigen antiintellektuellen, zum Irrationalismus (↑irrational/Irrationalismus) tendierenden Gegenbewegungen.

Literatur: J. Angelergues/P. Chauvel (eds.), La sublimation, Paris 1998; ders./S. Lambertucci-Mann (eds.), La sublimation, Paris 2005; R. Borens/A. Cremonini/C. Keul (eds.), S., Wien 2008; J. Bossinade, Theorie der Sublimation. Ein Schlüssel zur Psychoanalyse und zum Werk Kafkas, Würzburg 2007; H. Castanet, La sublimation. L'artiste et le Psychanalyste, Paris 2014; J. T. Davies, Sublimation, London/New York 1947; O. Fenichel, The Psychoanalytic Theory of Neurosis, New York 1945, London/New York 1996, 141–143 (franz. La théorie psychanalytique des névroses I, Paris 1953, 1979, 174–176; dt. Psychoanalytische Neurosenlehre

I, Olten/Freiburg 1974, Gießen 2005, 201–204); O. Flournoy, La sublimation, Rev. franç. psychanal. 31 (1967), 59–93; S. Freud, Vorlesungen zur Einführung in die Psychoanalyse, I–III, Leipzig/Wien 1916–1917, ferner als: Ges. Werke XI, ed. A. Freud, London 1940, Frankfurt ⁹1998, 1999, Neudr. 2010; ders., Neue Folge der Vorlesungen zur Einführung in die Psychoanalyse, Wien 1933, ferner als: Ges. Werke XV, London 1940, Frankfurt ¹⁰2008; V. P. Gay, Freud on Sublimation. Reconsiderations, Albany N. Y. 1992; K. Gemes, Freud and Nietzsche on Sublimation, J. Nietzsche Stud. 38 (2009), 38–59; E. Glover, Sublimation, Substitution, and Social Anxiety, Int. J. Psycho-Analysis 12 (1931), 263–297; E. Goebel, Jenseits des Unbehagens. ›S.‹ von Goethe bis Lacan, Bielefeld 2009 (engl. Beyond Discontent. ›Sublimation‹ from Goethe to Lacan, New York 2012); H. H. Hart, Sublimation and Aggression, Psychiatric Quart. 22 (1948), 389–412; H. Hartmann, Notes on the Theory of Sublimation, in: ders., Essays on Ego Psychology. Selected Problems in Psychoanalytic Theory, New York 1964, 1981, 215–240 (dt. Bemerkungen zur Theorie der S., in: ders., Ich-Psychologie. Studien zur psychoanalytischen Theorie, Stuttgart 1972, ²1997, 212–235); A. Hirschmüller, S.. Zu Geschichte und Bedeutung eines zentralen Begriffs der Psychoanalyse, Forum Psychoanalyse 1 (1985), 250–265; K. Horney, New Ways in Psychoanalysis, New York 1939, London/New York 1999, 59–63 (dt. Neue Wege in der Psychoanalyse, Stuttgart 1951, Frankfurt 2007, 43–47); Z. Jagermann, Ich-Ideal, S., Narzißmus. Die Theorie des Schöpferischen in der Psychoanalyse […], Darmstadt 1985; G. Janssen, Der Begriff der S. und seine Bedeutung für Erziehung und Psychotherapie. Eine kritische Auseinandersetzung mit dem psychoanalytischen S.skonzept, Berlin 1992; J. Laplanche, Problématiques III (La sublimation), Paris 1980, ²1983, 2008; ders./J.-B. Pontalis, Sublimation, in: dies., Vocabulaire de la psychanalyse, Paris 1967, ¹³1997, Neuausg. 1997, ⁵2009, 465–467 (dt. S., in: dies., Das Vokabular der Psychoanalyse, Frankfurt 1972, ¹⁸2008, 2011, 478–481); H. W. Loewald, Sublimation. Inquiries into Theoretical Psychoanalysis, New Haven Conn./London 1988; G. Mendel, La sublimation artistique, Rev. franç. psychanal. 28 (1964), 729–808; J.-M. Porret, La consignation du sublimable. Les deux théories freudiennes du processus de sublimation et notions limitrophes, Paris 1994; G. Róheim, Sublimation, Psychoanal. Quart. 12 (1943), 338–352; J. Sandler/W. G. Joffe, A propos de la sublimation, Rev. franç. psychanal. 31 (1967), 3–17; M. Scheler, Die Stellung des Menschen im Kosmos, Darmstadt 1928, ferner in: ders., Ges. Werke IX (Späte Schriften), ed. M. S. Frings, Bonn 1976, 7–71, Neudr. Bonn ¹⁸2010, Hamburg 2015; ders., Der Mensch im Weltalter des Ausgleichs, in: ders., Ges. Werke IX (Späte Schriften), ed. M. S. Frings, Bern/München, Bonn 1976, 145–170; A. Vinzens, Friedrich Nietzsches Instinktverwandlung, Basel 1999; J. Webster, Leben und Tod der Psychoanalyse. Vom unbewussten Wunsch und seiner S., Wien 2016. R. Wi.

Subordination, logischer Ordnungsbegriff, der (1) die ›Unterordnung‹ von ↑Prädikatoren unter andere Prädikatoren bzw. (2) eine Beziehung zwischen ↑Urteilen bezeichnet.

(1) Bei extensionaler (↑extensional/Extension) Interpretation von Prädikatoren heißt ein Prädikator A einem Prädikator B ›subordiniert‹, wenn die Klasse von A in der Klasse von B mengentheoretisch enthalten ist, also eine Teilklasse von B ist (Bezeichnung: $A \subseteq B$). Ist A eine echte Teilklasse von B (Bezeichnung: $A \subset B$ oder $A \subsetneq B$),

so heißt *A* auch ›Artbegriff‹ zum ›Gattungsbegriff‹ *B*.
Von der S. ist die *Subsumtion* zu unterscheiden, in der
ein Individuum einem Artbegriff untergeordnet wird.
Die entscheidende Relation ist hier nicht die des mengentheoretischen Enthaltenseins ($\subseteq$), sondern die Elementbeziehung ($\in$). Danach heißt ein Individuum *a* einem Prädikator *B* ›subsumiert‹, wenn *a* ein Element der
Klasse von *B* (Bezeichnung: $a \in B$) ist.
(2) Bei Urteilen wird eine Beziehung zwischen partikularen und universellen Urteilen (↑Urteil, partikulares,
↑Urteil, universelles), die die gleichen Termini enthalten,
als ›S.‹ bezeichnet. Danach sind partikular bejahende
Urteile (*i*-Urteile; ↑*i*) den universell bejahenden Urteilen
(*a*-Urteile; ↑*a*) und partikular verneinende Urteile
(*o*-Urteile; ↑*o*) den universell verneinenden Urteilen
(*e*-Urteilen; ↑*e*) subordiniert. Für die S. von Urteilen
gelten folgende Regeln: (a) Aus der Wahrheit eines *a*-
bzw. *e*-Urteils folgt die Wahrheit des ihm subordinierten
i- respektive *o*-Urteils. (b) Aus der Falschheit von partikularen Urteilen, d. h. *i*- bzw. *o*-Urteilen, folgt die
Falschheit der universellen Urteile, d. h. der *a*- bzw.
e-Urteile, denen erstere subordiniert sind.   G. W.

Subsidiaritätsprinzip (von lat. subsidium, Beistand,
Förderung), Bezeichnung für ein sozialphilosophisches
Prinzip, demzufolge die Ausbildung der Kompetenzen
von Individuen und lokalen gesellschaftlichen Gruppen
Vorrang vor dem Machtzuwachs übergeordneter ↑Insti-
tutionen haben soll. Das S. entstammt der katholischen
Soziallehre des 20. Jhs. (G. Gundlach, O. v. Nell-Breu-
ning), ist der Sache nach aber bereits bei den Klassikern
des ↑Liberalismus zu finden (A. de Tocqueville, J. S.
Mill). Eine zentralistische Planwirtschaft muß nach dem
S. abgelehnt werden, bestimmte freiheitliche Formen
eines demokratischen Sozialismus sind aber mit ihm
vereinbar. Entscheidend ist, daß übergeordnete gesellschaftliche Institutionen nur Aufgaben übernehmen, die
untergeordnete Gruppen nicht zu lösen vermögen. Regulative Eingriffe sollen als ›Hilfe zur Selbsthilfe‹ angelegt sein. Im Bildungsbereich unterstützt das S. die
Einrichtung freier Schulen; Mill fordert sogar, daß der
bürokratische Staat die gesamte Erziehung einer Vielfalt
privater Institutionen überläßt, weil nur auf diese Weise
eine Konformität zur Mittelmäßigkeit hin vermieden
werden könne. Auch die Anhänger des politischen Föderalismus berufen sich auf das S.; dieses ist jedoch grundsätzlich auch mit einem staatlichen Unitarismus vereinbar. – Insoweit das S. nicht nur auf Grund von Selbst-
bestimmungsidealen (↑Autonomie), sondern auch unter
Effizienzgesichtspunkten gerechtfertigt werden kann,
bildet es einen Spezialfall einer allgemeinen Komplexitätstheorie, die in vielfältigen Bereichen (von der Com-
puterarchitektur über die Evolutionstheorie bis zur
Wirtschaftspolitik) die Vorzüge von ›Bottom-up‹-An-

sätzen gegenüber ›Top-down‹-Ansätzen nachzuweisen
sucht (↑Selbstorganisation).
Literatur: C. Cordes/R. Herzog, S., in: H. Kunst/S. Grundmann
(eds.), Evangelisches Staatslexikon, Stuttgart/Berlin 1966, 2264–
2272; E. Deuerlein, Föderalismus. Die historischen und philosophischen Grundlagen des föderativen Prinzips, München,
Bonn 1972, bes. 319–326; M. Droege, Subsidiarität (J.), in: W.
Heun u. a. (eds.), Evangelisches Staatslexikon, Stuttgart 2006,
2415–2422; L. P. Feld/E. A. Köhler/J. Schnellenbach (eds.), Föde-
ralismus und Subsidiarität, Tübingen 2016; B. Gräfrath, John
Stuart Mill: »Über die Freiheit«. Ein einführender Kommentar,
Paderborn etc. 1992; J. Hagel, Solidarität und Subsidiarität –
Prinzipien einer teleologischen Ethik? Eine Untersuchung zu ei-
ner normativen Ordnungstheorie, Innsbruck/Wien 1999; R.
Herzog, S., Hist. Wb. Ph. X (1998), 482–486; J.-C. Kaiser/H. de
Wall/T. Hausmanninger, Subsidiarität, RGG VII (⁴2004), 1822–
1824; F. Klüber, Naturrecht als Ordnungsnorm der Gesellschaft.
Der Weg der katholischen Gesellschaftslehre, Köln 1966, bes.
153–182; ders., Katholische Soziallehre und demokratischer So-
zialismus, Bonn-Bad Godesberg 1974, Bonn ²1979; R. Lewin,
Complexity. Life on the Edge of Chaos, New York 1992, Chicago
Ill./London ²1999 (dt. Die Komplexitätstheorie. Wissenschaft
nach der Chaosforschung, Hamburg 1993, München 1996); E.
Link, Das S.. Sein Wesen und seine Bedeutung für die Sozialethik, Freiburg 1955; K. Mainzer, Thinking in Complexity. The
Complex Dynamics of Matter, Mind, and Mankind, Berlin etc.
1994, ³1997, mit Untertitel: The Computational Dynamics of
Matter, Mind, and Mankind, ⁴2004, ⁵2007; W. Moersch, Leistungsfähigkeit und Grenzen des S.s. Eine rechtsdogmatische
und rechtspolitische Studie, Berlin 2001; W. J. Mückl (ed.), Subsidiarität. Gestaltungsprinzip für eine freiheitliche Ordnung in
Staat, Wirtschaft und Gesellschaft, Paderborn etc. 1999; J. B.
Murphy, Subsidiarity, in: R. Audi (ed.), The Cambridge Dictio-
nary of Philosophy, Cambridge etc. ²1999, 886–887; A. Rau-
scher/A. Hollerbach, Subsidiarität, in: Staatslexikon V, ed. Görres-
Gesellschaft, Freiburg/Basel/Wien ⁷1989, 386–390; ders. (ed.),
Subsidiarität – Strukturprinzip in Staat und Gesellschaft, Köln
2000; ders. (ed.), Besinnung auf das S., Berlin 2015; A. Riklin/G.
Batliner (eds.), Subsidiarität. Ein interdisziplinäres Symposium.
Symposium des Liechtenstein-Instituts, 23.–25. September 1993,
Baden-Baden, Vaduz 1994; T. A. Schmitt, Das S.. Ein Beitrag zur
Problematik der Begründung und Verwirklichung, Würzburg
1979; W. Schöpsdau, Subsidiarität (Th.), in: W. Heun u. a. (eds.),
Evangelisches Staatslexikon, Stuttgart 2006, 2422–2426; J. Senft,
Im Prinzip von unten. Redefinition des Subsidiaritätsgrundsatzes
für ein solidarisches Ethos, Frankfurt etc. 1990; A. F. Utz (ed.),
Das S., Heidelberg 1953; M. M. Waldrop, Complexity. The Emer-
ging Science at the Edge of Order and Chaos, New York 1992,
London etc. 1994 (dt. Inseln im Chaos. Die Erforschung komplexer Systeme, Reinbek b. Hamburg 1993, 1996); V. Zsifkovits, S.,
in: A. Klose/W. Mantl/V. Zsifkovits (eds.), Katholisches Sozial-
lexikon, Innsbruck/Wien/München ²1980, 2994–3000.   B. G.

Subsistenz (von lat. subsistere, verharren, standhalten,
bzw. subsistentia, Selbständigkeit, Für-sich-allein-Be-
stehen), in realistischer (↑Realismus (ontologisch)) Interpretation des Begriffs der ↑Substanz (↑Substrat) auf
G. Marius Victorinus (Adv. Arium 2,4) zurückgehende
Bezeichnung für die Eigenschaft der Substanz, selbständig, d. h. ›durch sich selbst‹ (↑per se; Thomas von
Aquin, S.th. I qu. 29 art. 2 resp.: *quod per se existit et non*

in alio, vocatur ›subsistentia‹), zu existieren, im Gegensatz zur unselbständigen Existenzweise von ↑Akzidentien (↑per accidens): das »Dasein der Substanz, das man S. nennt« (I. Kant, KrV B 230, Akad.-Ausg. III, 165). In scholastischer (↑Scholastik) Terminologie entspricht der *substantia* als dem ›id quod est‹ die *subsistentia* als das ›id quo est‹ (Gilbert de la Porrée). Im ↑Universalienstreit stellt P. Abaelard den *modus subsistendi* dem *modus intelligendi* gegenüber. – Bezogen auf ↑Elementaraussagen der Form ›dieses *S* ist *P*‹ mit ↑Prädikatoren *S* und *P*, wo *P* in der ↑Prädikation ein Akzidenz (von einem *S*) aussagt und *S* in der (in einer Prädikation an Subjektstelle bereits unterstellten) ↑Ostension eine Substanz (an einem *P*) anzeigt, besagen diese Überlegungen der traditionellen ↑Ontologie das Folgende: Falls ›dieses *S* ist *P*‹ *wirklich* ist, also eine Elementaraussage, bei der ›dieses *S*‹ als Teil der Substanz *S* wirklich *S* ist (›dieses *S* ist *S*‹ ist wahr nicht bloß formaliter, sondern auch materialiter), also von ›daseienden‹ und nicht bloß von ›gedachten‹ Objekten im Sinne Abaelards das Akzidenz *P* ausgesagt wird, und zudem ›dieses *S* ist *P*‹ auch noch *wahr* ist, es sich also in der Terminologie Kants bei dem Akzidenz *P* um ein daseiendes Reales an der Substanz, nämlich eine der Substanz auch ↑zukommende Eigenschaft handelt, erscheint die eigenschaftlich verstandene S., das Subsistent-Sein, als abgeleitet aus der (bestehenden) Relation der S.: *S* subsistiert *P* (insbes. sich selbst), die äquivalent ist der dazu konversen (↑konvers/Konversion) (bestehenden) Relation der *Inhärenz* (↑inhärent/Inhärenz) mit vertauschten Argumenten: *P* inhäriert *S*.

Literatur: W. Beierwaltes, Substantia und Subsistentia bei Marius Victorinus, in: F. Romano/D. P. Taormina (eds.), Hyparxis e Hypostasis nel Neoplatonismo. Atti del I Colloquio internazionale del Centro di Ricerca sul Neoplatonismo, Università degli studi di Catania, 1–3 ottobre 1992, Florenz 1994, 43–58; P. Butchvarov, Subsistence, in: R. Audi (ed.), The Cambridge Dictionary of Philosophy, Cambridge etc. ²1999, 887; FM IV (1994), 3395–3397 (subsistencia, subsistente, subsistir); C. Horn, S., Hist. Wb. Ph. X (1998), 486–493. J.M./K. L.

Substantialitätstheorie, Bezeichnung für die vor allem auf R. Descartes' Zwei-Substanzen-Lehre (↑res cogitans/res extensa) und das in ihr begründete ↑Leib-Seele-Problem zurückgehende Charakterisierung der ↑Seele als ↑Substanz, die I. Kant zu den ↑Paralogismen der reinen Vernunft gezählt. Im Gegensatz zur S. werden Auffassungen, in deren Rahmen die Seele im wesentlichen über Tätigkeiten charakterisiert werden soll, als ↑›Aktualitätstheorien‹ bezeichnet. In diesem Sinne wendet sich W. Wundt gegen den Begriff der tätigen Substanz bei G. W. Leibniz (↑Monadentheorie) und ersetzt ihn durch den Begriff der substanzerzeugenden Tätigkeit (System der Philosophie, Leipzig ²1897, 421, I, ⁴1919, 419–420). J. M.

Substanz (von lat. substantia, das Zugrundeliegende, Selbständige; engl./franz. substance), Grundbegriff der klassischen ↑Metaphysik, in der Bedeutung ›das, wodurch etwas ist, was es ist‹ synonym mit ↑*essentia*. In dieser Bedeutung entspricht der lateinische Ausdruck ›substantia‹ sowohl dem griechischen οὐσία (↑Usia, ↑Wesen) bzw. dem hellenistischen ὑπόστασις (›Grundlage‹) als auch dem griechischen ὑποκείμενον (›das Zugrundeliegende‹; ↑Substrat). Maßgebend ist dabei der Gegensatz von S. und ↑Akzidens: Die S. wird als Trägerin von Eigenschaften definiert, die keines anderen Seienden als eines Trägers bedarf (↑per se), das Akzidens (reales Akzidens) entsprechend als ›Seiendes in einem anderen Seienden‹ (*ens in alio*; ↑per accidens). In erweiterter Bedeutung tritt S. ferner als Trägerin bzw. Grund (Grundlage) der Erscheinungen auf und führt in der Tradition zur Unterscheidung zwischen ↑Ding an sich (↑an sich, ↑Noumenon) und Ding als ↑Erscheinung (↑Phaenomenon). In beiden Fällen läßt sich die Begriffsbildung von S. als theoretischer Ausdruck der Bemühung auffassen, das Wissen von den Gegenständen (dem ↑Seienden) über eine Analyse von ›zufälligen‹ (akzidentellen) Eigenschaften in Richtung auf ›wesentliche‹ (substantielle) Bestimmungen hinauszuführen. Je nachdem, ob man dabei Unterscheidungen im Auge hat, die mit sprachlichen Handlungen zusammenhängen, d. h. eine Theorie, die zwischen den zur ↑Definition eines Gegenstandes gehörigen Eigenschaften und anderen Eigenschaften unterscheidet, oder ob man das Zukommen (↑zukommen) von Eigenschaften realistisch als ein Enthaltensein interpretiert, ist zwischen einem *logischen* und einem *ontologischen* (↑Ontologie) Sinn von ›S.‹ bzw. des Verhältnisses von S. und Akzidens zu unterscheiden.

In der Tradition der europäischen Metaphysik, zumal an deren griechischem Anfang (↑Philosophie, griechische), liegen der logische und der ontologische Sinn der Begriffsbildung eng zusammen. So bestimmt Platon einerseits als die S. bzw. das Wesen eines Gegenstandes den Begriff, unter den der Gegenstand fällt (Krat. 423e, Soph. 261e); andererseits tritt, in realistischer (↑Realismus (ontologisch)) Interpretation, ›S.‹ als Bezeichnung für Ideen (↑Idee (historisch), ↑Ideenlehre) in deren Rolle auf, Grund (›Urbild‹) der Gegenstände als Erscheinungen (›Abbilder‹; ↑Abbildtheorie) zu sein. Auch der Aristotelische Begriff der S., auf den sich dann alle weiteren philosophischen Ausarbeitungen beziehen, ist zunächst logisch bestimmt: S. wird über die Analyse spezieller ↑Subjektbegriffe, die ihrerseits nicht als ↑Prädikatbegriffe auftreten können, definiert (Cat. 5.2a11–13, Met. Z3.1029a8–9). Diese die Grundlage späterer ↑analytischer ↑Urteilstheorien (*praedicatum inest subiecto*) bildende Definition wird jedoch im Rahmen der Aristotelischen Kategorienlehre (S. als erste ↑Kategorie) durch die Deutung von S. im Sinne einer Zuweisung von Trägereigenschaften teilweise realistisch interpretiert (S. als das allen nicht-substantiellen Formen, d. h. den anderen neun Kategorien, Zugrundeliegende). Diese Interpretation bleibt auch in der seit A. M. T. S. Boethius zum festen Bestandteil der Aristotelischen Tradition gehörenden Unterscheidung zwischen *erster* S. (πρώτη οὐσία) und *zweiter* S. (δεύτερα οὐσία, Cat. 5.2a11–19) erhalten: als ›erste S.‹ wird der Gegenstand selbst, mitsamt seinen akzidentellen Bestimmungen, bezeichnet, als ›zweite S.‹ der den Gegenstand definierende Begriff (sein ›Wesen‹).

Schwierigkeiten, die sich mit dem unterschiedlichen logischen und ontologischen Sinn des S.begriffs verbinden, bestimmen auch die scholastische (↑Scholastik) Diskussion und führen allmählich zu einem Überwiegen realistischer (ontologischer) Auffassungen. So ist für Thomas von Aquin S. in erster Linie Grund alles Seienden (*fundamentum et basis omnium aliorum entium*, 3 sent. 23.2,1 ad 1), für Wilhelm von Ockham, im Zuge der nominalistischen (↑Nominalismus) Interpretation der ↑Universalien, die zweite S. nur noch ein Name (Log. I, 42). Das ändert sich auch innerhalb der entstehenden neuzeitlichen Philosophie wenig, die in ihren metaphysischen Orientierungen zunächst im wesentlichen traditionell bleibt. Für R. Descartes ist S. ein Ding, »das zu seiner eigenen Existenz keines anderen Dinges bedarf« (Princ. philos. I 51, Œuvres VIII/1, 24); bei B. de Spinoza, der S. definiert als »das, was in sich ist und durch sich begriffen wird« (Eth. I, def. 3), werden aus den beiden geschaffenen S.en in der Cartesischen Metaphysik (Geist als denkende, Körper als ausgedehnte S.; ↑res cogitans/res extensa) Attribute (der S.) Gottes. Für J. Locke wiederum werden, im Vorgriff auf D. Humes Begriff des Ideenbündels, S.en zwar durch abstrakte komplexe Ideen repräsentiert (bei konstanter Koexistenz von Ideen in der Wahrnehmung), doch bleibt auch hier eine realistische Trägerkonzeption im Hintergrund: S. als unbekannte Grundlage erfahrbarer Eigenschaftskomplexe (»an unknown *substratum*, which we call *substance*«, An Essay Concerning Human Understanding [1690] IV 6, § 7).

Erst G. W. Leibniz greift wieder bewußt auf Möglichkeiten eines logischen Verständnisses von S. zurück. Seine ↑Monadentheorie enthält mit dem Begriff der individuellen S. (↑Monade) und dessen Erläuterung über die Konstruktion individueller bzw. vollständiger Begriffe (↑Begriff, vollständiger) – die ihrerseits die Aristotelische Charakterisierung für spezielle Subjektbegriffe erfüllen – Vorschläge für eine logische ↑Rekonstruktion des klassischen S.begriffs. Diese Vorschläge bleiben jedoch, wohl auch wegen der spekulativ erscheinenden Form, in der sie vorgetragen werden, historisch wirkungslos. I. Kants ganz auf die Zeitbestimmung der Be-

harrung abgestellte Formulierung der S.kategorie als ein für die Unterscheidbarkeit zwischen Gegenständen und Eigenschaften konstitutiver Begriff (»Bei allem Wechsel der Erscheinung beharret die S., und das Quantum derselben wird in der Natur weder vermehrt noch vermindert«, KrV B 224, Akad.-Ausg. III, 162 [Erste ↑Analogie der Erfahrung]) läßt sich zwar noch als eine Begründung der Subjekt-Prädikat-Form (↑Subjekt, ↑Prädikat) als möglicher Urteilsform (↑Urteil) verstehen, doch orientiert sich diese Formulierung stärker an älteren ontologischen Auffassungen als an deren von Leibniz wieder in Erinnerung gebrachten logischen Alternativen. Der sich damit sowohl im ↑Empirismus als auch bei Kant anbahnenden Auflösung des S.begriffs (als des Korrelats zum Begriff der Erscheinung) korrespondiert schließlich bei J. G. Fichte die Beschränkung auf eine Kennzeichnung unbedingter Subjektivität (»Es ist ursprünglich nur Eine S.; das ↑Ich«, Grundlage der gesammten ↑Wissenschaftslehre, Tübingen ²1802, 73 [Sämmtl. Werke I, 142]) – im Anschluß an Kants Charakterisierung des moralischen Wesens des Menschen (↑Person) als ↑Noumenon. Anders bei G. W. F. Hegel, der noch einmal in platonischer Weise eine Identifikation der S. bzw. des Wesens eines Gegenstandes mit seinem ↑Begriff vornimmt (Phänom. des Geistes, Einl., Sämtl. Werke II, 76).

In der neueren Erkenntnistheorie wird der Begriff der S. weitgehend aufgegeben. So wird bei E. Cassirer die Nachfolge der S. durch Relationen angetreten. Gegenstände in wissenschaftlicher Betrachtung sind durch ihre Beziehungen untereinander und nicht durch das Verhältnis von S. und Akzidens charakterisiert. Weiterhin wird in neueren Ansätzen zur ↑Ontologie oft der Primat der Gegenstände (oder die Gegenstandsontologie) zugunsten der Annahme eines Primats von ↑Ereignissen oder ↑Prozessen aufgegeben. Demnach sind nicht überdauernde (substantielle) Objekte grundlegend, sondern die Eigenschaften von Raum-Zeit-Punkten (Ereignisontologie) oder von Raum-Zeit-Schläuchen (Prozeßontologie; ↑Thermodynamik).

In neueren sprachphilosophischen Zusammenhängen tritt der Begriff der S. im wesentlichen in Form eines aus der ↑Begriffsgeschichte geläufigen klassischen Erläuterungsbegriffs auf. So wird z. B. der von einem ↑Artikulator eigenprädikativ (↑Eigenprädikator) artikulierte Gegenstandsbereich unabhängig von seiner Gliederung in individuelle Einheiten (↑Individuum) als eine S. bezeichnet (im Unterschied zu den Eigenschaften, wie sie begrifflich von den Merkmalen des aus der apprädikativen Verwendung [↑Apprädikator] des Artikulators hervorgehenden Begriffs erfaßt sind). Im Rahmen einer pragmatischen ↑Semantik wird deshalb zwischen einer signifikanten (extensionalen) und einer kommunikativen (intensionalen) Bestimmung von ↑Sinn und ↑Referenz unterschieden (↑extensional/Extension, ↑intensional/Intension), was es erlaubt, die einheitliche *Bedeutung* eines Artikulators von der Vielfalt seiner *Verwirklichungen* abzutrennen (↑Prädikation). Für einen Artikulator *P* (z. B. ›Holz‹) wird seine Bedeutung als die S. κ*P* (extensionale Referenz, z. B. das ganze Holz) zusammen mit dem Begriff θ*P* (intensionaler Sinn, z. B. das allgemeine Hölzernsein) erklärt und seine Verwirklichung sowohl in Gestalt der das konkrete Ganze exemplifizierenden Elemente einer Klasse (↑Klasse (logisch)) ∈*P* (extensionaler Sinn, z. B. die Klasse der Holzspäne) als auch in den das abstrakte Schema repräsentierenden Eigenschaften σ*P* (intensionale Referenz, z. B. [beim Draufschlagen] hölzern klingen) gesehen. Die Wittgensteinsche Unterscheidung zwischen ›S. der Welt‹ und ›Welt‹ dient wiederum der Erläuterung des Begriffs der ↑Realität, im ersten Falle als Gesamtheit der ↑Gegenstände, im zweiten Falle als Gesamtheit der ↑Tatsachen.

Nicht allein in erläuternder, sondern auch in behauptender Intention wird der S.begriff (unter der Bezeichnung ›essence‹) in der Sprachphilosophie S. A. Kripkes verwendet. Nach Kripke drücken Artbezeichnungen (*natural kind terms*) wie ›Gold‹ das ›Wesen‹ der betreffenden Art aus und bezeichnen insofern die S. der Art. Die einschlägigen Merkmale (beim Gold etwa die Ordnungszahl) kommen den zugehörigen Objekten notwendigerweise zu. Diese wesentlichen Merkmale können den Vertretern oder Tokens (↑type and token) der betreffenden natürlichen Art in keiner möglichen Welt (↑Welt, mögliche) abgesprochen werden, insofern es sich dann um andersartige Objekte handelte.

Literatur: C. Arpe, Substantia, Philol. 94 (1941), 65–78; M. R. Ayers, Substance, REP IX (1998), 205–211; A. Balestra, Kontingente Wahrheiten. Ein Beitrag zur Leibnizschen Metaphysik der S., Würzburg 2003; K. Bärthlein, Zur Entstehung der aristotelischen S.-Akzidens-Lehre, Arch. Gesch. Philos. 50 (1968), 196–253; K. Beier/T. Rossi Leidi (eds.), S. denken. Aristoteles und seine Bedeutung für die moderne Metaphysik und Naturwissenschaft, Würzburg 2016; H. H. Berger, Ousia in de dialogen van Plato. Een terminologisch onderzoek, Leiden 1961; H. Blumenberg, S., RGG VI (1962), 456–458; M. E. Bobro, Self and Substance in Leibniz, Dordrecht/Boston Mass./London 2004; K. Brinkmann, Aristoteles' allgemeine und spezielle Metaphysik, Berlin/New York 1979; W. Brugger, S., Hb. ph. Grundbegriffe III (1974), 1449–1457; W. Büchel, Quantenphysik und naturphilosophischer S.begriff, Scholastik 33 (1958), 161–185; E. Cassirer, S.begriff und Funktionsbegriff. Untersuchungen über die Grundlagen der Erkenntniskritik, Berlin 1910, ²1923, Darmstadt 1995, ferner als: Ges. Werke VI, ed. B. Recki, Darmstadt, Hamburg 2000; S. de Castro, S. als Ursache der Einheit eines lebendigen Kompositums. Eine mereologische Interpretation der zentralen Bücher der Metaphysik Aristoteles', Frankfurt etc. 2003; D.-H. Cho, Ousia und Eidos in der Metaphysik und Biologie des Aristoteles, Stuttgart 2003; S. M. Cohen, Aristotle on Nature and Incomplete Substance, Cambridge etc. 1996, 2002; J. A. Cover/J. O'Leary-Hawthorne, Substance and Individuation in Leibniz, Cambridge etc. 1999; W. Cramer, Das Absolute und das Kontingente. Untersuchungen zum S.begriff, Frankfurt 1959, ²1976; D.

Devereux, The Primacy of *OYΣIA*. Aristotle's Debt to Plato, in: D. J. O'Meara (ed.), Platonic Investigations, Washington D. C. 1985, 219–246; M. Dixsaut, ›Ousia‹, ›Eidos‹, et ›Idea‹ dans le »Phédon«, Rev. philos. France étrang. 181 (1991), 479–500; H. Dörrie, Usia, KP V (1975), 1074–1076; R. Eisler, S., Wb. ph. Begr. III (1930), 177–190; A. Ermano, S. als Existenz. Eine philosophische Auslegung der prôtê usia. Mit Text, Übersetzung und Diskussion von: Aristoteles, Categoriae 1–5, Hildesheim/Zürich/New York 2000; G. Figal, S., RGG VII (⁴2004), 1824–1827; FM III (1994), 2672–2674 (Ousía); FM IV (1994), 3397–3407 (Substancia); D. Fonfara, Die Ousia-Lehren des Aristoteles. Untersuchungen zur »Kategorienschrift« und zur »Metaphysik«, Berlin/New York 2003; S. P. Forst, Das Ding in seiner Verbundenheit von S. und Erscheinung. Entwicklung eines deskriptiven Dingbegriffs auf der Basis von Aristoteles, Kant und Piaget, München 2001; M. Frede/G. Patzig, Aristoteles »Metaphysik Z«. Text, Übersetzung und Kommentar, I–II, München 1988; G. Freudenthal, Aristotle's Theory of Material Substance. Heat and Pneuma, Form and Soul, Oxford etc. 1995, 1999; M. L. Gill, Aristotle on Substance. The Paradox of Unity, Princeton N. J. 1989, 1991; K. Gloy, Die S. ist als Subjekt zu bestimmen. Eine Interpretation des XII. Buches von Aristoteles' Metaphysik, Z. philos. Forsch. 37 (1983), 515–543; H. Gutschmidt/A. Lang-Balestra/G. Segalerba (eds.), Substantia – Sic et Non. Eine Geschichte des S.begriffs von der Antike bis zur Gegenwart in Einzelbeiträgen, Frankfurt etc. 2008; A. Hahmann, Kritische Metaphysik der S.. Kant im Widerspruch zu Leibniz, Berlin/New York 2009; J. Halfwassen u. a., S.; S./Akzidens, Hist. Wb. Ph. X (1998), 495–553; A. L. Hammond, Ideas about Substance, Baltimore Md. 1969; E. Hartman, Substance, Body and Soul. Aristotelian Investigations, Princeton N. J. 1977; J. Hessen, Das S.problem in der Philosophie der Neuzeit, Berlin/Bonn 1932; J. Hoffman/G. S. Rosenkrantz, Substance among Other Categories, Cambridge etc. 1994; dies., Substance. Its Nature and Existence, London/New York 1997; J. Hübner, Komplexe S.en, Berlin/New York 2007; T. Irwin (ed.), Aristotle. Substance, Form and Matter, New York/London 1995; R. Jolivet, La notion de substance. Essai historique et critique sur le développement des doctrines d'Aristote à nos jours, Paris 1929; J.-J. Jolly, Substance, Enc. philos. universelle II/2 (1990), 2486–2491; C. Kanzian/M. Legenhausen (eds.), Substance and Attribute. Western and Islamic Traditions in Dialogue, Frankfurt etc. 2007; F. Kauz, S. und Welt bei Spinoza und Leibniz, Freiburg/München 1972; J. Klouski, Das Entstehen der Begriffe S. und Materie, Arch. Gesch. Philos. 48 (1966), 1–42; A. R. Lacey, Ousia and Form in Aristotle, Phronesis 10 (1965), 54–69; F. A. Lewis, Substance and Predication in Aristotle, Cambridge etc. 1991; W. Löffler (ed.), S. und Identität. Beiträge zur Ontologie, Paderborn 2002; M. J. Loux, Substance and Attributes. A Study in Ontology, Dordrecht/Boston Mass./London 1978; ders., Primary ›Ousia‹. An Essay on Aristotle's »Metaphysics« Z and H, Ithaca N. Y./London 1991, 2008; E. J. Lowe, The Possibility of Metaphysics. Substance, Identity, and Time, Oxford etc. 1998; S. Mansion, Usia, LAW (1965), 3172; A. Marschlich, Die S. als Hypothese. Leibniz' Metaphysik des Wissens, Berlin 1997; R. Marten, *OYΣIA* im Denken Platons, Meisenheim am Glan 1962; R. G. Millikan, On Clear and Confused Ideas. An Essay about Substance Concepts, Cambridge etc. 2000; J. Mittelstraß, Substance and Its Concept in Leibniz, in: G. H. R. Parkinson (ed.), Truth, Knowledge and Reality. Inquiries into the Foundations of Seventeenth Century Rationalism (A Symposium of the Leibniz-Gesellschaft Reading 27–30 July 1979), Wiesbaden 1981 (Stud. Leibn., Sonderheft 9), 147–158, ferner in: R. S. Woolhouse (ed.), Gottfried Wilhelm Leibniz. Critical Assessments II, London/New York 1994, 57–69; ders.,

Leibniz und Kant. Erkenntnistheoretische Studien, Berlin/Boston Mass. 2011, 303–326 (Kap. 15 Leibniz und Kant über mathematische und philosophische Wissensbildung), bes. 317–320; ders., Die griechische Denkform. Von der Entstehung der Philosophie aus dem Geiste der Geometrie, Berlin/Boston Mass. 2014, 161–176 (Kap. 8 Aristotelische Physik und Metaphysik), bes. 171–175; G. Nagel, Substance and Causality, in: W. A. Harper/R. Meerbote (eds.), Kant on Causality, Freedom, and Objectivity, Minneapolis Minn. 1984, 97–107; D. J. O'Connor, Substance and Attribute, Enc. Ph. VIII (1967), 36–40, IX (²2006), 294–300; M. L. O'Hara (ed.), Substances and Things. Aristotle's Doctrine of Physical Substance in Recent Essays, Washington D. C. 1982; M. R. v. Ostheim, Ousia und Substantia. Untersuchungen zum S.begriff bei den vornizäischen Kirchenvätern, Basel 2008; J. Owens, The Doctrine of Being in the Aristotelian »Metaphysics«. A Study in the Greek Background of Mediaeval Thought, Toronto 1951, ³1978; J. Palkoska, Substance and Intelligibility in Leibniz's Metaphysics, Stuttgart 2010; E. Panova, Substance and Its Logical Significance, in: R. S. Cohen/M. W. Wartofsky (eds.), Methodology, Metaphysics and the History of Science. In Memory of Benjamin Nelson, Dordrecht/Boston Mass./Lancaster 1984 (Boston Stud. Philos. Sci. LXXXIV), 235–245; G. Patzig, Die Entwicklung des Begriffes der Usia in der »Metaphysik« des Aristoteles, Göttingen 1950; D. Pätzold, S./Akzidens, in: H. J. Sandkühler (ed.), Europäische Enzyklopädie zu Philosophie und Wissenschaften IV, Hamburg 1990, 483–499; ders., S./Akzidens, EP II (²2010), 2640–2652; R. Polansky, Aristotle's Treatment of ›Ousia‹ in »Metaphysics« V, 8, Southern J. Philos. 21 (1983), 57–66; C. Rapp, Identität, Persistenz und Substantialität. Untersuchung zum Verhältnis von sortalen Termen und aristotelischer S., Freiburg/München 1995; H. Robinson, Substance, SEP 2004, rev. 2014; T. Scaltsas, Substances and Universals in Aristotle's Metaphysics, Ithaca N. Y./London 1994, 2010; B. Schnieder, S. und Adhärenz. Bolzanos Ontologie des Wirklichen, Sankt Augustin 2002; ders., S.en und (ihre) Eigenschaften. Eine Studie zur analytischen Ontologie, Berlin/New York 2004; H.-P. Schütt, Erste Subjekte. Zur Anatomie der rationalistischen S.begriffe, in: C. F. v. Weizsäcker/E. Rudolph (eds.), Zeit und Logik bei Leibniz. Studien zu Problemen der Naturphilosophie, Mathematik, Logik und Metaphysik, Stuttgart 1989, 32–76; H. Seidl, S., TRE XXXII (2001), 293–303; F. J. Soler Gil, Aristoteles in der Quantenwelt. Eine Untersuchung über die Anwendbarkeit der aristotelischen S.begriffes auf die Quantenobjekte, Frankfurt etc. 2003; L. Spellman, Substance and Separation in Aristotle, Cambridge etc. 1995; W. Stegmaier, S., Grundbegriff der Metaphysik, Stuttgart-Bad Cannstatt 1977; H. Steinfath, Selbständigkeit und Einfachheit. Zur S.theorie des Aristoteles, Frankfurt 1991; M. Szatkowski/M. Rosiak (eds.), Substantiality and Causality, Boston Mass./Berlin/München 2014; J. Thomas, Intuition and Reality. A Study of the Attributes of Substance in the Absolute Idealism of Spinoza, Aldershot etc. 1999; K. Trettin (ed.), S.. Neue Überlegungen zu einer klassischen Kategorie des Seienden, Frankfurt 2005; E. Tugendhat, *TI KATA TINOΣ*. Eine Untersuchung zu Struktur und Ursprung aristotelischer Grundbegriffe, Freiburg/München 1958, ⁵2003; M. Ujvári, The Trope Bundle Theory of Substance. Change, Individuation and Individual Essence, Frankfurt etc. 2013; N. Unwin, Substance, Essence and Conceptualism, Ratio 26 (1984), 41–53 (dt. S., Wesen und Konzeptualismus, Ratio 26 [Hamburg 1984], 36–47); R. A. te Velde, Participatie en Substantialiteit. Over Schepping als Participatie in het Denken van Thomas van Aquino, Amsterdam 1991 (engl. Participation and Substantiality in Thomas Aquinas, Leiden/New York/Köln 1995); W. Viertel, Der Begriff der S. bei Aristoteles, Königstein 1982; E. Vollrath, Aristoteles: Das Problem der S., in: J. Speck (ed.), Grundprobleme der großen Philosophen. Philosophie des Altertums und des Mittelalters, Göttingen 1972, ⁵2001, 78–122; J. de Vries, S. und Akzidens, in: ders., Grundbegriffe der Scholastik, Darmstadt 1980, ³1993, 88–93; M. V. Wedin, Aristotle's Theory of Substance. The Categories and Metaphysics Zeta, Oxford etc. 2000, 2002; W. Wieland, Die aristotelische Physik. Untersuchungen über die Grundlegung der Naturwissenschaft und die sprachlichen Bedingungen der Prinzipienforschung bei Aristoteles, Göttingen 1962, ³1992; D. Wiggins, Sameness and Substance, Oxford 1980, unter dem Titel: Sameness and Substance Renewed, Cambridge etc. 2001; R. S. Woolhouse, Descartes, Spinoza, Leibniz. The Concept of Substance in Seventeenth-Century Metaphysics, London/New York 1993, 2002. J. M.

Substitution (von lat. substitutio, Ersetzung), Bezeichnung für die ↑Ersetzung (engl. replacement) von etwas durch Einsetzung (engl. substitution) von etwas anderem. Die ↑Operation der S. spielt in vielen Wissenschaften eine wichtige Rolle: in der Chemie als Austausch von Atomen in Molekülen (z. B. eines Wasserstoffatoms gegen ein Chloratom im Methanmolekül CH_4 mit dem Ergebnis eines Moleküls Chlormethan CH_3Cl), in der Medizin als S. nicht mehr ausreichend produzierter körpereigener Stoffe (z. B. des Insulins bei Diabetes mellitus), in der Ökonomie bei der differenzierenden Behandlung der Gleichwertigkeit von Gütern (z. B. bezüglich ↑Tauschwert; ↑Gebrauchswert). In der Mathematik kommen S.en vor bei ↑Transformationen, z. B. eines Koordinatensystems in ein anderes (etwa cartesischer ↑Koordinaten (x, y) in Polarkoordinaten (r, φ) und umgekehrt) oder einer quadratischen Form $\Sigma a_{ij} x_i x_j$ in eine andere (etwa bei der Überführung der symmetrischen Form $x_1 \cdot x_2$ in die diagonale Form $y_1^2 - y_2^2$ durch die lineare Transformation $x_1 = y_1 + y_2$, $x_2 = y_1 - y_2$), aber auch bei der Integration (↑Infinitesimalrechnung), z. B. die S. von x durch $\sin u$, um

$$\int_0^1 \sqrt{1 - x^2}\, dx$$

zu überführen in das leicht lösbare

$$\int_0^{\pi/2} \cos^2 u\, du.$$

In Logik und Wissenschaftstheorie ist S. ein Mittel, formale Allgemeinheit zum Ausdruck zu bringen, insbes. die ↑Substitutivität der formalen ↑Wahrheit und der ↑Identität. Z. B. darf daraus, daß die beiden Aussagen A und $\neg A \vee B$ (nicht-A oder B) gelten, geschlossen werden, daß die Aussage B gilt (die Berechtigung für den [logischen] ↑Schluß von A und $\neg A \vee B$ auf B ist gleichwertig damit, daß die logische ↑Implikation A, $\neg A \vee B \prec B$ gilt), ohne daß die Buchstaben ›A‹ und ›B‹ dabei nur als Abkürzung für je genau eine bestimmte, im übrigen aber beliebig gewählte Aussage aufträten. Vielmehr spielen ›A‹ und ›B‹ die Rolle bloßer *Symbole* (*schematic letters*; ↑Symbol (1), ↑Zeichen (logisch)), mit deren Hilfe sich die formale Allgemeinheit der Implikation darstellen läßt: Jede mittels S. konkreter Aussagen für ›A‹ und ›B‹ entstehende Implikation ist gültig (↑gültig/Gültigkeit). Streng davon zu unterscheiden sind die anderen Formen von Allgemeinheit, darunter die inhaltliche, ausgedrückt mit Hilfe eines sich auf eine geeignete (Objekt-)Variable beziehenden ↑Allquantors, z. B. $\bigwedge_x x = x$ als Darstellung der allgemein (↑universal) geltenden Reflexivität (↑reflexiv/Reflexivität) einer Gleichheit (↑Gleichheit (logisch)). Aber auch die allgemeingültigen (↑allgemeingültig/Allgemeingültigkeit) junktorenlogischen (↑Junktorenlogik) ↑Aussageschemata können – mit ↑Aussagenvariablen und Allquantoren (1) über dem ↑Variabilitätsbereich aller syntaktisch wohlgeformten Aussagen (die Aussagenvariable ist eine S.svariable, d. h., die Objekte sind die Aussagezeichen selbst und nicht von ihnen benannte Gegenstände), (2) über dem Variabilitätsbereich aller ↑Propositionen oder (3) über dem Variabilitätsbereich der beiden ↑Wahrheitswerte – wiedergegeben werden als allgemein geltende ↑Metaaussagen der Form

für alle $\alpha, \beta, \ldots$: $A(\alpha, \beta, \ldots)$ ε wahr,

bzw. im Falle (3) (in der Auffassung von $A(\alpha, \beta, \ldots)$ als einem eine ↑Aussagefunktion darstellenden Term) durch

$$\bigwedge_{\alpha, \beta, \ldots} A\,(\alpha, \beta, \ldots) = \Upsilon,$$

z. B.

für alle α, β: $(\alpha \wedge (\neg\alpha \vee \beta) \rightarrow \beta)$ ε wahr.

Wegen des Unterschieds zwischen der formalen Allgemeingültigkeit eines Aussageschemas, die auch durch einen *indefiniten* Allquantor (↑Quantor, indefiniter) bezüglich Aussagen ausdrückbar ist, und der auf *definiter* Universalisierung über Aussagen beruhenden Allgemeinheit inhaltlich gültiger Aussagen gleicher Form dient in gewissen ↑Logikkalkülen eine eigenständige S.sregel dazu, anstelle der bereits mit schematischen Buchstaben geschriebenen ableitbaren Figuren (z. B. $A \rightarrow (B \rightarrow A)$) solche Figuren durch S. aus einfachsten Figuren der gleichen Form (im Beispiel also $a \rightarrow (b \rightarrow a)$) herzustellen. Zur Formulierung der S.sregel (↑Notation, logische) wird ein S.soperator ›σ‹ benötigt, der durch $\sigma_t^s A = B \leftrightharpoons \Sigma(s, t, A, B)$ definiert werden kann, wo $\Sigma(s, t, A, B)$ ein vierstelliger Prädikator ist, der besagt: »Ersetzung von ›s‹ durch ›t‹ überall in ›A‹ ergibt ›B‹«. Der Operator σ wird auch dazu gebraucht, gewisse Regeln in ↑Kalkülisierungen der ↑Quantorenlogik einwandfrei zu formulieren, z. B. statt $A \prec B(n) \Rightarrow A \prec \bigvee_x B(x)$ besser: $A \prec \sigma_n^x B \Rightarrow A \prec \bigvee_x B$. Bei einer

Kalkülisierung ohne Verwendung von Nominatorensymbolen, also unter ausschließlichem Einsatz von ↑Individuenvariablen, muß die als Beispiel gewählte Regel zur Vermeidung von ↑Variablenkollisionen unter die zusätzliche Bedingung ›x ist frei in B für y‹ gestellt werden: $A \prec \sigma_y^x B \Rightarrow A \prec \bigvee_x B$. Nicht in allen Fällen kann dabei simultane S. durch hintereinander ausgeführte Ersetzung von jeweils nur einem ↑Vorkommen erreicht werden.

Literatur: A. Church, Introduction to Mathematical Logic I, Princeton N. J. 1956, 1996 (§§ 10, 12, 31, 32, 34, 35); H. Hermes, Einführung in die mathematische Logik. Klassische Prädikatenlogik, Stuttgart 1963, ⁵1991, 64–71 (Kap. II § 5 S.); N. Pytheas Fogg, Substitutions in Dynamics, Arithmetics and Combinatorics, ed. V. Berthé u. a., Berlin etc. 2002; W. V. O. Quine, Definition of Substitution, in: ders., Selected Logic Papers, New York 1966, Cambridge Mass./London 1995, 61–69; P. Stekeler-Weithofer, S., Hist. Wb. Ph. X (1998), 553–556. K. L.

Substitutivität, in ↑Logik und ↑Sprachphilosophie Bezeichnung für die Ersetzbarkeit von Ausdrücken durch andere. S. ist insbes. eine Eigenschaft der ↑Identität, die sich auch durch S. und Reflexivität (↑reflexiv/Reflexivität) zusammen kennzeichnen läßt. Die S. besagt, daß es bei Aussagen über einen Gegenstand nicht darauf ankommt, mit welchem ↑Nominator er benannt ist; sie läßt sich daher wiedergeben durch die ↑Implikation $n \equiv m$, $A(n) \prec A(m)$. Umgekehrt sind Aussagen über einen Gegenstand, deren Geltung davon abhängt, wie er benannt ist, eben deshalb nicht Aussagen *nur* über diesen Gegenstand, sondern auch noch über seine ↑Gegebenheitsweise: Nominatoren gleicher ↑Referenz lassen sich in solchen Fällen, z. B. in epistemischen Kontexten wie ›ich weiß, daß n ε P‹, nicht immer ↑salva veritate füreinander substituieren.

Bei einer sorgfältigeren Zeichengebung, die insbes. dann erforderlich ist, wenn die ↑Substitution nicht nur für Nominatoren, sondern auch für die entsprechenden ↑Variablen formuliert werden soll, regiert ein eigener Substitutionsoperator ›σ_t^s‹ die Substitution, also die simultane ↑Ersetzung aller ↑Vorkommen (*occurrences*; ↑type and token) eines Ausdrucks ›s‹ durch einen Ausdruck ›t‹ in einem anderen als Zeichenkette auftretenden Ausdruck, dem Operanden des Substitutionsoperators. Die S. der Identität erhält dann die Gestalt: $n \equiv m$, $A \prec \sigma_m^n A$ (kommt n in A nicht vor, so ist $\sigma_m^n A = A$). Dann werden in einer formalen Sprache (↑Sprache, formale) als Operanden eines Substitutionsoperators nicht nur Aussagen bzw. Aussageschemata, sondern auch ↑Aussageformen bzw. Aussageformschemata vorkommen, also Zeichenketten mit Variablen, den Platzhaltern für Einsetzungen von Nominatoren – d. s. ↑Konstanten –, für Objekte ganzer Objektklassen, der jeweiligen ↑Variabilitätsbereiche der Variablen, wobei anstelle einfacher Variablen auch beliebige ↑Terme bzw. Termschemata auftreten können. Um auch dann die S. der Identität mit Variablen als speziellen Termen durch $x \equiv y$, $A \prec \sigma_y^x A$ formulieren zu können, darf (1) x in A nur dort durch y ersetzt werden, wo *x frei in A vorkommt*, also nicht dort, wo x in A durch ↑Operatoren, wie etwa die ↑Quantoren oder den ↑Kennzeichnungsoperator, gebunden vorkommt, und darüber hinaus muß (2) *x in A frei für y* sein, um sicherzustellen, daß das für x an dieser Stelle substituierte y nicht in den Wirkungsbereich eines y regierenden Operators gerät und so gebunden würde (↑Variablenkonfusion). Das aber läßt sich stets dadurch bewerkstelligen, daß vor der Anwendung des Substitutionsoperators alle Vorkommen von y in A, insbes. alle gebundenen Vorkommen (auch in den y bindenden Operatoren selbst), durch Umbenennung in eine bisher nicht in A vorkommende Variable verwandelt werden. Für die Verallgemeinerung der S. der Identität auf Terme s und t anstelle von x und y müssen wegen des möglichen Vorkommens freier Variablen in s oder t entsprechende Vorsichtsmaßnahmen ergriffen werden.

Ebenfalls als ›S. der Identität‹ bezeichnet wird die eine Hälfte des die (wegen des indefiniten Quantors [↑Quantor, indefiniter] über alle Aussagen nicht-elementare) Definition der logischen Gleichheit (↑Gleichheit (logisch)) bildenden ↑principium identitatis indiscernibilium von G. W. Leibniz, also $n = m \prec \mathbb{A}_A(A(n) \leftrightarrow A(m))$. Daneben ist auch für die Invarianz (↑invariant/Invarianz) der formalen Wahrheit eines ↑Aussageschemas gegenüber beliebiger Ersetzung seiner primen Bestandteile durch zusammengesetzte Aussageschemata die Bezeichnung ›S.‹ gebräuchlich: wenn

$A(a_1, ..., a_n)$ ε formal wahr,

dann

$A(A_1, ..., A_n)$ ε formal wahr.

Aus diesem Grunde werden in ↑Logikkalkülen die Anfänge meist gleich für beliebige Aussageschemata notiert statt nur für Primaussageschemata unter Hinzufügung einer eigenen Substitutionsregel. K. L.

Substrat (von lat. substratum, das Zugrundeliegende, die Unterlage, der Träger), in realistischer (↑Realismus (ontologisch)) Interpretation des Begriffs der ↑Substanz (↑Subsistenz) Bezeichnung für die Eigenschaft der Substanz, Trägerin realer zufälliger (nicht wesentlicher) Eigenschaften (↑Akzidens) zu sein. In der Aristotelischen ↑Metaphysik entsprechen dem die drei Bedeutungen von ὑποκείμενον (Met. Z3.1028b32–1029b12): (1) die ↑Materie (als Trägerin der ↑Form; ↑Form und Materie), (2) der Gegenstand (als Träger akzidenteller Bestimmungen), (3) das logische ↑Subjekt (in Verbindung mit ontologischen Bestimmungen der Substanz). Noch bei I. Kant wird, unbeschadet der Auflösung realistischer Interpretationen ontologischer Begriffe, Substanz als »das S. alles Realen, d.i. zur Existenz der Dinge Gehörigen« (KrV B 225) bzw. das Beharrliche (die Substanz) als »das Substratum der empirischen Vorstellung der Zeit selbst« (KrV B 226) bezeichnet.

Literatur: J. Bennett, Substratum, Hist. Philos. Quart. 4 (1987), 197–215; A. Casullo, Particulars, Substrata, and the Identity of Indiscernibles, Philos. Sci. 49 (1982), 591–603; A. Denkel, Substance without Substratum, Philos. Phenom. Res. 52 (1992), 705–711; M. Kaufman, S., Hist. Wb. Ph. X (1998), 557–560; M. Lazerowitz, Substratum, in: M. Black (ed.), Philosophical Analysis. A Collection of Essays, New York 1950, 1971, 166–182; T. Scaltsas, Substratum, Subject and Substance, Ancient Philos. 5 (1985), 215–240; S. Sfekas, Ousia, Substratum, and Matter, Philos. Inquiry 13 (1991), 38–47; weitere Literatur: ↑Substanz. J. M.

Subsumtion/Subsumption, ↑Subordination.

subthiel/Subthielität, Terminus der Theorie der praktischen Rationalität (↑Rationalität (3e)), genauer: der Analyse von rationalem Verhalten unter Kompression (↑Kompressor). Ein impressierter Agent heißt s. genau dann, wenn er unter den möglichen Handlungsalternativen diejenige wählt, die eine Verpflichtung auf die meisten Folgehandlungen impliziert. Für den Spezialfall, daß der Agent unter strenger Kompression (›Mittelstreß‹) steht, impliziert dies die Wahl der praktisch unmöglichsten Alternative. R. Chozer gab im Rahmen einer ›rational choice theory‹ eine bayesianische (↑Bayessches Theorem) Modellierung der S. und konnte einen Schrankenwert (›Chozer-Threshold‹, abgekürzt: ct) angeben, so daß nur für Handlungsalternativen mit $ct \geq 0.9$ der erwartete maximierte Gesamtnutzen eines s.en Agenten noch als rational gelten kann. Dies bestätigt die intuitive Erwartung, daß s.e Agenten im Regelfall ihren Eigennutzen höchstens konstant halten können. Im Anschluß daran gelang es jedoch A. Sen zu zeigen, daß dies für den Gesamtnutzen einer hinreichend groß angenommenen Gruppe nicht gelten muß, da sich stets eine Sozialwahlfunktion s (↑Unmöglichkeitssatz) so angeben läßt, daß der zu erwartende Gesamtnutzen der Gruppe sich bei jeder Wahl von Handlungsalternativen mit $ct \in [0,1]$ maximiert. Dieser Widerspruch bei rationaler Wahl zwischen individueller und kollektiver Perspektive wird als ›Paradox der S.‹ bezeichnet; es führte zu einer lebhaften Debatte und veranlaßte Sozialpsychologen, diesem Resultat normativ ansetzender Theoriebildung eine deskriptive Beschreibung entgegenzusetzen (↑deskriptiv/präskriptiv). Insbes. ist der deutsch-amerikanische Psychologe H. Tenberg zu nennen, der als Schüler J. G. Pilzbarths die S. im Rahmen von dessen Konzeption der ›phylogenetischen Regressionskompetenz‹ analysierte und zu dem Schluß kam, daß es sich bei S. um eine Form autogener Anthropolyse handelt (Kompression wirkt hier nur als

Katalysator), die einen Agenten veranlaßt, defiziente phylogenetische Schichten durch s.e Handlungswahl nachzuholen, z. B. die Schicht ›Jäger und Sammler‹, was sich dann durch auffällige Sammelgewohnheiten, bei Akademikern etwa bibliographische Angaben bis ins letzte Detail ›jagen und sammeln‹ zu wollen, phänotypisch ausprägt. Tenbergs empirische Erhebungen wurden später von seiner Schülerin V. Pääkkatalo angegriffen mit dem Hinweis, daß sich seine Versuchspersonen allein aus dem Milieu weißer männlicher nicht-rauchender Akademiker der Ostküste rekrutierten; ihre ergänzend durchgeführten Studien stützen ihrer Auffassung nach die Interpretation, daß es sich bei S. (in Anlehnung an S. Freuds Wiederholungszwang) um ›Vertiefungszwang‹ handelt: Ein s.er Agent wählt diejenige ↑Handlung H (↑Handlungstheorie), deren zwingende Folgehandlungen die Richtigkeit, H gewählt zu haben, weitestgehend zu bestätigen bzw. zu widerlegen vermögen, was in der Regel die Wahl derjenigen Handlung mit den meisten Folgehandlungen nach sich zieht. Für beide Deutungen erbrachten anthropologische Feldstudien des »Bodensee Instituts für enzyklopädische Ethologie« gleichermaßen eine gewisse Evidenz, so daß die empirisch-psychologische Deutung der S. noch als offen gelten muß. – Der Begriff der S. selbst ist einer Studie des Literaturwissenschaftlers G. Giebral, zeitweise Kollege Chozers, über J. Joyce entnommen, in welcher der häufig auf Unverständnis stoßende Eifer von Joyce, Kraftausdrücke aller Sprachen und Zeiten zusammenzutragen, diplomatisch mit dem Neologismus ›s.‹ (gälisch ›sypphyll‹, bienenfleißig) charakterisiert wird.

Literatur: F. Chozer, A Difficulty Concerning always Rational Behaviour, Rational Choice 2 (1972), 328–349 (dt. Ein Problem ständigen rationalen Verhaltens, in: M. Geggle [ed.], Rationalitätstheorien, Frankfurt 1979, 214–236); G. Giebral, James Joyce. Leben und Werk, Hamburg 1968 (engl. James Joyce. A Portrait, Dublin 1969); V. Pääkkatalo, With a Different Sample: A Thesis of Tenberg Revisited, Nordic J. Psychol. 23 (1986), 1–34; A. Sen, The Rationality of Being Subthiel, Econometria 46 (1978), Suppl., 128–138; ders. (ed.), Paradoxes of Rationality. Conflicts between Individual and Collective Choice Making, London/New York 1985; H. Tenberg, Mental Equilibrium by Autogenic Induced Behaviour, Rev. Experimental Psychol. 34 (1979), 412–478, Neudr. in: ders., Case Studies in Anthropolytic Psychology, Cambridge Mass. 1987, 256–322.　B. B.

Subtraktion (von lat. subtrahere, abziehen), in der Mathematik Bezeichnung für die zur Addition (↑Addition (mathematisch)) ›entgegengesetzte‹ ↑Operation oder ↑Verknüpfung. Die S. ist wie die Addition eine zweistellige Operation bzw. Verknüpfung in einem Bereich (im allgemeinen einem Bereich von ↑Zahlen). Das Ergebnis der S. eines Bereichselementes b von einem Element a heißt die ›Differenz‹ von a und b und wird als ›$a - b$‹ notiert. Die S. eines Elementes b (von anderen Elementen) ist in dem Sinne die Umkehrung (↑invers/Inver-

sion) der Addition von b (zu anderen Elementen), daß die S. von b die Addition von b ›rückgängig macht‹: Wenn ein Element s als Summe (↑Addition (mathematisch)) $a + b$ dargestellt werden kann, also als Ergebnis der Addition von b zu a, so erhält man gerade wieder a, wenn man b von s subtrahiert:

$$s - b = (a + b) - b = a.$$

Die Mengen z. B. der ganzen, rationalen, reellen und komplexen Zahlen bilden alle mit ihrer jeweiligen Addition zusammen abelsche Gruppen (↑Gruppe (mathematisch)). Das Inverse zu einem Gruppenelement a wird bei der Addition als das zu diesem *negative* Element bezeichnet und als ›$-a$‹ notiert. Im Falle solcher Gruppen, deren Verknüpfung als Addition notiert wird, läßt sich die zugehörige S. von Gruppenelementen b über die Addition des zu b negativen Elementes $-b$ einführen:

$$a - b \Leftarrow a + (-b).$$

Die Menge der natürlichen Zahlen bildet zusammen mit der zugehörigen Addition keine Gruppe, denn es fehlen – außer für die 0 – die inversen Elemente. Hier kann keine S. für beliebige Zahlenpaare erklärt werden (3 – 5 z. B. ist keine natürliche Zahl mehr). Es gilt jedoch die Kürzungsregel: Wenn $m + n = m' + n$ ist, dann ist $m = m'$. Ist $s \geq n$, d. h., besitzt die Gleichung $x + n = s$ eine Lösung x in den natürlichen Zahlen, so kann daher die Differenz $s - n$ als dasjenige x definiert werden, das diese Gleichung erfüllt.

Als Gegenstück zur Vereinigung von Mengen (↑Vereinigung (mengentheoretisch)) ist die Bildung der ↑Mengendifferenz $A \backslash B$ (s. Abb. 1) eine S. in einem weiteren Sinne. Im allgemeinen folgt jedoch aus $S = A \cup B$ nicht, daß $S \backslash B = A$ ist; z. B. gilt:

$$(\{1,2\} \cup \{2,3\}) \backslash \{2,3\} = \{1,2,3\} \backslash \{2,3\} = \{1\} \neq \{1,2\}.$$

Nur im Falle *disjunkter* Mengen, d. h., wenn $A \cap B = \emptyset$ macht die ›S.‹ von B die Vereinigung mit B in diesem Sinne rückgängig.

Als eine Art von S. in einem noch schwächeren Sinne kann man die Bildung der symmetrischen Differenz $A \triangle B$ zweier Mengen A, B (↑Differenz, symmetrische)

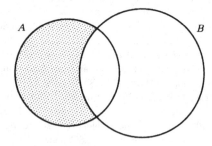

Abb. 1: Die Mengendifferenz $A \backslash B$.

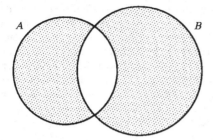

Abb. 2: Die symmetrische Differenz $A \triangle B$.

auffassen (s. Abb. 2). Diese Operation rührt jedoch nicht von einer entsprechenden ›Addition‹ her. Außerdem gilt stets:

$$A \triangle B = B \triangle A;$$

es wird nicht B von A ›abgezogen‹, vielmehr werden gewissermaßen A und B ›voneinander abgezogen‹.   C. B.

Südwestdeutsche Schule, Bezeichnung für eine der Schulen des ↑Neukantianismus.

Sufismus (arab. taṣawwuf, engl. sufism; von arab. ṣūfī, ›der Wollbekleidete‹, vom wollenen Büßergewand der Mystiker), Bezeichnung für die islamische ↑Mystik, die sich um 700 n. Chr. zuerst in Basra und Kufa an der mesopotamischen Grenze der arabischen Wüste entwickelte (Ḥasan al-Baṣrī, 643–728) und sich trotz der gegnerischen Autorität der legalistischen Orthodoxie der Imame im gesamten arabisch-persischen Raum ausbreitete. Der S. ist nach neueren Forschungen (L. Massignon, F. Meier, R. A. Nicholson) eine genuin innerislamische Verinnerlichungs- und Radikalisierungsbewegung, die allerdings vom frühchristlichen Mönchtum beeinflußt wurde. Führende, schulgründende Vertreter und deren Lehrschwerpunkte sind Ḥasan al-Baṣrī (Asketismus), die Mystikerin Rabīʿa (†801, Gottesliebe), al-Muḥāsibī (781–857, Gewissenserforschung), Bāyazīd al-Bisṭāmī (†874, Entsagung), al-Ǧunaid, Führer der Bagdader Schule (†910, Gelassenheit), al-Ḥallāǧ (Märtyrertod wegen Gotteslästerung 922, Vereinigung [tauḥīd] mit Gott). Der islamische Enzyklopädismus der ›Lauteren Brüder von Basra‹ (10. Jh.) zeigt deutliche Überschneidungen mit dem S..

Der Ägypter Ḏu n-Nūn al-Miṣrī (†861) gab dem S. zuerst in Form einer Stufentheorie der ›Stationen‹ oder ›Zustände‹ auf dem mystischen Weg (Pfad, ṭarīqa) zur Ekstase (waǧd), zur Entweltlichung (fanāʾ) und zu Gott Ausdruck. Im entwickelten intellektuellen S. verbinden sich der rigorose islamische ↑Monotheismus gemäß dem Einheitsbekenntnis des Koran mit der asketischen Vereinigungsmystik des orientalisch-christlichen Mönchtums und der spätantiken Emanationslehre (↑Emana-

tion) des ↑Neuplatonismus (Plotinos, Porphyrios), der hermetischen (↑hermetisch/Hermetik) Literatur und der ↑Gnosis zu einem esoterischen (F. Meier), existentiellen (L. Massignon) ↑Monismus des vorbehaltlosen Gottvertrauens (tawakkul). Philosophisch bedeutend ist vor allem die ↑Metaphysikkritik und die praktische Interpretation der Theologie, mit der al-Ġazzālī um 1100 eine Versöhnung von S. und sunnitischer Orthodoxie durch spekulative und spirituelle Vertiefung des legalistischen Moralismus bewirkte. Der S. führte vom 12. bis zum 14. Jh. zur Gründung von Derwischorden und religiösen Bruderschaften, zu karitativen und missionierenden Bewegungen in Afrika, der Türkei, Indien und Pakistan. Der spätere S. entwickelte sich bei dem andalusischen Theosophen Ibn ʿArabī (†1240) zu einem System des ↑Pantheismus und der essentialistischen Einheit des Seins (waḥdat al-wuǧūd).

Kulturell wirksam war der S. durch seinen großen Einfluß auf die arabische und persische Dichtung bei al-Rūmī (1207–1273), Farīd-ud-dīn ʿAṭṭār (†1220), Saadi (†1292) und Hafiz (†1389). Er wirkte auf den Westen und die Weltliteratur durch die islamischen Quellen der »Divina Commedia« Dantes (Forschungen von M. A. Palacios), durch die platonische Liebeskonzeption im S., die das Ideal der höfischen Liebe des Mittelalters über die Vermittlung Avicennas (»Über die Liebe«) prägte, durch die Rezeption der spanischen Mystik des 16. Jhs. (Johannes vom Kreuz) und der Lyrik bis zu J. W. v. Goethe (Gedicht »Selige Sehnsucht«).

Literatur: M. Aminrazavi, Mysticism in Arabic and Islamic Philosophy, SEP 2009, rev. 2016; G. C. Anawati, Philosophy, Theology, and Mysticism, in: J. Schacht/C. E. Bosworth (eds.), The Legacy of Islam, Oxford ²1974, 350–391 (dt. Philosophie, Theologie, Mystik, in: J. Schacht/C. E. Bosworth [eds.], Das Vermächtnis des Islams II, München 1983, 119–165); ders./L. Gardet, Mystique musulmane. Aspects et tendances – expériences et techniques, Paris 1961, ⁴1986; T. Andrae, I myrteträdgården. Stuier i sufisk mystik, Stockholm 1947 (dt. Islamische Mystiker, Stuttgart 1960, unter dem Titel: Islamische Mystik, ²1980; engl. In the Garden of Myrtles. Studies in Early Islamic Mysticism, Albany N. Y. 1987); A. J. Arberry, An Introduction to the History of Sufism, London etc. 1943, New Delhi 1998; ders., Sufism. An Account of the Mystics of Islam, London 1950 (repr. London/ New York 2008), 1990, New Delhi 2009; T. Burckhardt, Du soufisme. Introduction au langage doctrinal du soufisme, Alger 1951, überarb. u. erw. unter dem Titel: Introduction aux doctrines ésotériques de l'Islam, Alger, Lyon 1955, Paris 2008 (dt. Vom Sufitum. Einführung in die Mystik des Islam, München 1953, erw. Rheinfelden/Freiburg/Berlin ²1989; engl. An Introduction to Sufi Doctrine, Lahore 1959, unter dem Titel: An Introduction to Sufism. The Mystical Dimension of Islam, Wellingborough 1978, London/San Francisco Calif. 1995, unter ursprünglichem Titel, Bloomington Ind. 2008); C. W. Ernst, The Shambhala Guide to Sufism. An Essential Introduction to the Philosophy and Practice of the Mystical Tradition of Islam, Boston Mass./ London 1997, unter dem Titel: Sufism. An Introduction to the Mystical Tradition of Islam, 2011; M. Fakhry, A History of Islamic Philosophy, New York/London 1970, 262–286, New York, London ²1983, 234–256, ³2004, 241–266 (Chap. 8 The Rise and Development of Islamic Mysticism (ṣūfism)); N. Green, Sufism. A Global History, Chichester 2012; R. Hajatpour, S. und Theologie. Grenze und Grenzüberschreitung in der islamischen Glaubensdeutung, Freiburg 2017; S. S. Hameed, Contemporary Relevance of Sufism, New Delhi 1993; Iḫwan aṣ-ṣafāʾ, Mensch und Tier vor dem König der Dschinnen. Aus den Schriften der Lauteren Brüder von Basra, ed. A. Giese, Hamburg 1990, 2013; T. Izutsu, A Comparative Study of the Key Philosophical Concepts in Sufism and Taoism, I–II, Tokyo 1966/1967, rev. in einem Bd. unter dem Titel: Sufism and Taoism. A Comparative Study of Key Philosophical Concepts, Berkeley Calif./Los Angeles/London 1984, 2016; L. Lewisohn (ed.), Classical Persian Sufism. From Its Origins to Rumi, London 1993, unter dem Titel: The Heritage of Sufism [s. u.] I, Oxford 1999; ders. (ed.), The Heritage of Sufism, I–III, Oxford 1999; M. Lings, What Is Sufism?, London, Berkeley Calif./Los Angeles 1975, London ²1981, Cambridge 2006 (franz. Qu'est-ce que le soufisme?, Paris 1977, 2001; dt. Was ist Sufitum?, Freiburg 1990); L. Massignon, Essai sur les origines du lexique technique de la mystique musulmane, Paris 1922, erw. 1968, 1999 (engl. Essay on the Origins of the Technical Language of Islamic Mysticism, Notre Dame Ind. 1997); ders., La passion d'Al-Hosayn-Ibn-Mansour Al-Hallaj. Martyr mystique de l'islam exécuté à Bagdad le 26 mars 922. Étude d'histoire religieuse, I–II, Paris 1922, unter dem Titel: La passion de Husayn Ibn Mansūr Hallāj [...], I–IV, Paris 1975 (engl. The Passion of Al-Hallaj. Mystic and Martyr of Islam, Princeton N. J. 1982, [gekürzt] in einem Bd., 1994); ders. u. a., Taṣawwuf, EI X (2000), 313–340; F. Meier, Vom Wesen der islamischen Mystik, Basel 1943; M. Mohaghghegh/H. Landolt (eds.), Maǧmūʿa-i suḫanrānīhā wa-maqālahā dar-bāra-i falsafa wa ʿirfān-I islāmī/Collected Papers on Islamic Philosophy and Mysticism, Teheran 1971; M. Molé, Les mystiques musulmans, Paris 1965, 1982; S. H. Nasr, Introduction to the Mystical Tradition, in: ders./O. Leaman (eds.), History of Islamic Philosophy, London/New York 1996, 2003, 367–373; R. A. Nicholson, The Mystics of Islam, London 1914 (repr. 1975, 2000), New Delhi 2009; ders., Studies in Islamic Mysticism, Cambridge 1921 (repr. Richmond 1994, London/New York 1998), New Delhi 2009; J. Nurbakhsh, Sufism. Meaning, Knowledge and Unity, New York 1981; M. A. Palacios, El islam cristianizado. Estudio del ›sufismo‹ a través de las obras de Abenarabi de Murcia, Madrid 1931, ³1990 (franz. L'islam christianisé. Étude sur le soufisme à travers les œuvres d'Ibn ʿArabî de Murcie, Paris 1982); B. Reinert, Die Lehre vom tawakkul in der klassischen Sufik, Berlin 1968; J. Renard, Historical Dictionary of Sufism, Lanham Md. 2005, ²2016; L. Ridgeon (ed.), The Cambridge Companion to Sufism, New York 2015; A. Schimmel, Mystical Dimensions of Islam, Chapel Hill N. C. 1975 (mit Bibliographie, 437–467), 2011 (repr. Jakarta Selatan 2013) (mit Bibliographie, 437–467, 469–473 [= Addendum]) (dt. Mystische Dimensionen des Islam. Die Geschichte des S., Köln 1985, München ²1992, ³1995, Frankfurt/Leipzig 2009 [mit Bibliographie, 621–665]; franz. Le soufisme ou les dimensions mystiques de l'Islam, Paris 1996 [mit Bibliographie, 533–572]); dies., S.. Eine Einführung in die islamische Mystik, München 2000, ⁵2014; M. J. Sedgwick, Western Sufism. From the Abbasids to the New Age, Oxford/New York 2017; I. Shah, The Sufis, London, Garden City N. Y., New York 1964, London 2001 (dt. Die Sufis. Botschaft der Derwische, Weisheit der Magier, Düsseldorf 1976, Köln ⁹1994, Kreuzlingen/München 2006); ders., The Way of the Sufi, London 1968, London 2004 (dt. Lebe das wirkliche Glück. Das Lesebuch der Sufi-Weisheit, Freiburg/Basel/Wien 1996).   T. R.

Sukzedens (lat., das Nachfolgende; engl. succedent), Bezeichnung für das Hinterglied B eines hypothetischen Urteils (↑Urteil, hypothetisches) ›wenn A, dann B‹ (häufigere Bezeichnung: ↑›Konsequens‹) im Unterschied zum Vorderglied oder ↑›Antezedens‹ A. In der Theorie der ↑Sequenzenkalküle bezeichnet das Begriffspaar ›Antezedens‹–›S.‹ die linke bzw. rechte Seite einer ↑Sequenz. Z. B. ist Γ das Antezedens und Δ das S. der Sequenz $\Gamma \to \Delta$ (andere Notationen sind $\Gamma \Rightarrow \Delta$ sowie $\Gamma \parallel \Delta$ und $\Gamma \vdash \Delta$).   P. S.

Sukzessionsgesetz, Bezeichnung für ein Gesetz (↑Gesetz (exakte Wissenschaften)), das zur Erklärung späterer Ereignisse durch frühere dient, im Gegensatz zu *Präzessionsgesetzen* und ↑*Koexistenzgesetzen* (vgl. auch ↑Verlaufsgesetzet).

Sulzer, Johann Georg, *Winterthur 15. (bzw. 16.) Okt. 1720, †Berlin 27. Febr. 1779, schweiz. Philosoph und Pädagoge. Ab 1736 Studium der Theologie in Zürich; Hinwendung zu Philosophie und Naturwissenschaften unter dem Einfluß von J. Geßner, mit dem S. im Hause von Geßners Vater lebt. 1739 Ordination, 1741 Vikar in Maschwanden b. Zürich, danach (ab Ende 1743) Hauslehrer in Magdeburg. 1747 Mathematiklehrer am Joachimsthalschen Gymnasium in Berlin, 1765 Prof. an der neugegründeten Militärakademie. Ab 1750 Mitglied der Preußischen Akademie der Wissenschaften (ab 1775 Direktor der philosophischen Klasse). Als Visitator leitet S. im Auftrag Friedrichs II. eine Reform der preußischen Gymnasien ein. S. ist ein Hauptvertreter der ↑Popularphilosophie der deutschen ↑Aufklärung und Verteidiger der Philosophie C. Wolffs. In seinen pädagogischen Schriften ebenso wie in seiner schulreformerischen Tätigkeit in Preußen steht die Bedeutung selbständigen Denkens im Zentrum.

In seinem Hauptwerk, der enzyklopädieartigen, aus alphabetisch angeordneten Stichworten bestehenden »Allgemeinen Theorie der schönen Künste« (I–II, 1771/1774) knüpft S. an die Hervorhebung der ↑Sinnlichkeit als eines eigenständigen Erkenntnisvermögens an (vor allem bei A. G. Baumgarten, aber auch bei M. Mendelssohn, G. F. Meyer, J. Addison, E. Young). Seine ästhetische (↑ästhetisch/Ästhetik) Theorie stützt sich zum einen psychologisierend auf die ↑Monadentheorie von G. W. Leibniz, zum anderen moralisierend auf die Naturfrömmigkeit, die insbes. die Schweizer Schriftsteller und Literaturkritiker J. J. Bodmer und J. J. Breitinger in ihren Dichtungen und ästhetischen Diskursen repräsentieren. Ästhetische Grundkategorie ist für S. – ähnlich wie später für F. Schiller in seinen Briefen »Über die ästhetische Erziehung des Menschen« (1795) – das ↑Gefühl, das zwischen den beiden menschlichen Grundvermögen Erkennen (↑Erkenntnis) und

Wollen (↑Wille) steht. Sowohl die auf die ↑Empfindung harmonischer Einheit zielende Produktion als auch die entsprechende Rezeption (↑Rezeptionstheorie) von Kunst erfordern eine erhöhte Wirksamkeit der ↑Seele (von S. im Artikel ›Kraft‹ analysiert), die ihrerseits unmittelbar mit ↑Lust verknüpft ist (wobei S. ↑Mimesis-Konzepte der Kunst kritisiert). Diese steht wiederum in enger Affinität zur Empfindung des ↑Guten. Ästhetische Verschönerung der Welt hat ihre moralische Besserung zur Folge. Analog kommt der Naturschönheit in S.s ästhetischer Konzeption eine zentrale Bedeutung zu. In subtilen Einzelanalysen der verschiedenen Kunstarten erprobt S. seine psychologisierend-moralisierende ästhetische Konzeption. – Für die deutsche Hume-Rezeption war S.s Übersetzung (Hamburg/Leipzig 1755) von D. Humes »Philosophical Essays [später: An Enquiry] Concerning Human Understanding« (1748) von großer Bedeutung.

Werke: Gesammelte Schriften, ed. H. Adler/E. Décultot, Basel 2014ff. (erschienen Bd. I). – Beschreibung der Merckwürdigkeiten, welche er in einer AO. 1742 gemachten Reise durch einige Orte des Schweizerlandes beobachtet hat, Zürich 1743, unter dem Titel: Beschreibung einiger Merckwürdigkeiten, welcher er in einer AO. 1742 gemachten Berg-Reise durch einige Oerter der Schweitz beobachtet hat, Zürich 1747; Versuch einiger vernünftiger Gedanken von der Auferziehung und Unterweisung der Kinder, Zürich 1745; Kurzer Begriff aller Wissenschaften, Leipzig 1745 (lat. Brevis notitia artium omnium et eruditionis partium, Leipzig 1790), ⁷1799, ed. H. Adler/E. Décultot, Basel 2014 [Nachdr. der 1. und 2. Aufl.] (= Ges. Schr. I); Versuch einiger moralischen Betrachtungen über die Werke der Natur, Berlin 1745, ²1750, ferner in: Unterredungen über die Schönheit der Natur nebst desselben moralischen Betrachtungen über besondere Gegenstände der Naturlehre [s. u.], 145–232; Unterredungen über die Schönheit der Natur, Berlin 1750 (franz. Tableau des beautés de la nature, Frankfurt 1755), unter dem Titel: Unterredungen über die Schönheit der Natur nebst desselben moralischen Betrachtungen über besondere Gegenstände der Naturlehre, 1770 (repr. Frankfurt 1971), 1779 (engl. Dialogues on Beauty of Nature and Moral Reflections on Certain Topics of Natural History, Lanham Md. 2005); Pensées sur l'origine et les différens emplois des sciences et des beaux-arts, Berlin 1757 (dt. Gedanken über den Ursprung und die verschiedenen Beschäftigungen der Wissenschaften und der schönen Künste, o.O. 1762); Theorie der angenehmen und unangenehmen Empfindungen, Berlin 1762; Allgemeine Theorie der schönen Künste, I–II, Leipzig 1771/1774, I–IV, Biel 1777 (engl. [gekürzt] General Theory of the Fine Arts [1771–74]. Selected Articles, in: Aesthetics and the Art of Musical Composition in the German Enlightenment. Selected Writings of J. G. S. and Heinrich Christoph Koch, ed. N. Kovaleff Baker/T. Christensen, Cambridge 1995, 2006, 1–110), I–IV u. Registerbd., ²1778–1779, ²1792–1799 (repr., ed. G. Tonelli, Hildesheim 1967–1970, 1994), I–IV, Frankfurt/Leipzig ³1798; Vermischte philosophische Schriften, I, Leipzig 1773, II unter dem Titel: Vermischte Schriften. Eine Fortsetzung der vermischten philosophischen Schriften desselben. Nebst einigen Nachrichten von seinem Leben, und seinen sämtlichen Werken, Leipzig 1781 (repr. in 1 Bd., Hildesheim 1974), I ³1800, II ²1800; Kurzer Entwurf der Geographie, Astronomie und Chronologie,

Berlin/Stralsund 1782; Theorie und Praktik der Beredsamkeit, ed. A. Kirchmayer, München 1786; Theorie der Dichtkunst, I–II, ed. A. Kirchmayer, München 1787/1789; J. G. S.s Lebensbeschreibung von ihm selbst aufgesetzt, ed. J. B. Merian/F. Nicolai, Berlin/Stettin 1809; Pädagogische Schriften, ed. W. Klinke, Langensalza 1922.

Literatur: F. v. Blankenburg, Literarische Zusätze zu J. G. S.s allgemeiner Theorie der schönen Künste, I–III, Leipzig 1796–1798 (repr. Frankfurt 1972); M. Dähne, J. G. S. als Pädagog und sein Verhältnis zu den pädagogischen Hauptströmungen seiner Zeit. Ein Beitrag zur Geschichte der Pädagogik im 18. Jahrh., Königsee 1902; B. Deloche (ed.), L'esthétique de J. G. S. (1720–1779). Actes du colloque international du 21 novembre 2003, Lyon 2005, 2007; J. Dobai, Die bildenden Künste in J. G. S.s Ästhetik. Seine »Allgemeine Theorie der schönen Künste«, Winterthur 1978; F. Grunert/G. Stiening (eds.), J. G. S. (1720–1779). Aufklärung zwischen Christian Wolff und David Hume, Berlin 2011; H. K. Hirzel, An Gleim über S., den Weltweisen, I–II, Zürich/Winterthur 1779; R. Sommer, Grundzüge einer Geschichte der deutschen Psychologie und Aesthetik von Wolff-Baumgarten bis Kant-Schiller, Würzburg 1892 (repr. Amsterdam 1966, Hildesheim 1975), 195–230 (J. G. S.s »Allgemeine Theorie der schönen Künste«); G. Tonelli, S., Enc. Ph. VIII (1967), 46–47, IX (²2006), 324–326; P. Tricoire, S., Enc. philos. universelle III/1 (1992), 1489–1490; A. Tumarkin, Der Ästhetiker J. G. S., Frauenfeld/Leipzig 1933.   G. W.

Summe (von lat. summa, Gesamtheit), in der ↑Scholastik ursprünglich Bezeichnung für die unsystematische, kompendienartige Zusammenfassung des gesamten Lehrstoffes oder des Lehrstoffes großer Teile der vier damaligen Fakultäten (Theologie, Jurisprudenz, Medizin, Philosophie). Schon bei P. Abaelard, insbes. aber in der Hochscholastik (2. Hälfte des 12. Jhs.), wird ›S.‹ zunehmend zur Bezeichnung für systematische Darstellungen aus den genannten Gebieten verwendet. Kleinere Abhandlungen dieser Art werden auch als ›summulae‹ bezeichnet. Die Verfasser von S.n, vor allem des Kirchenrechts, heißen häufig ›Summisten‹. Die bekanntesten S.n sind die »Summa Theologica« und die »Summa contra gentiles« (›S. wider die Heiden‹) des Thomas von Aquin und die »Summa totius logicae« des Wilhelm von Ockham.

Literatur: E. R. Curtius, Europäische Literatur und lateinisches Mittelalter, Bern 1948, Tübingen ¹¹1993 (engl. European Literature and the Latin Middle Ages, London, New York 1953, Princeton N. J. etc. 2013; franz. La littérature européenne et le moyen âge latin, Paris 1956, 1991); A. Dempf, Die Hauptform mittelalterlicher Weltanschauung. Eine geisteswissenschaftliche Studie über die Summa, München/Berlin 1925; R. Imbach, Summa, S.nliteratur, S.nkommentare, LThK IX (³2000), 1112–1117; J. Simler, Des sommes de théologie, Paris 1871.   G. W.

Summe (logisch), auch: Boolesche Summe, Bezeichnung für das Ergebnis einer logischen Addition (↑Addition (logisch)).

Summe (mathematisch), ↑Addition (mathematisch).

Summe (mengentheoretisch), ↑Vereinigung (mengentheoretisch).

Summe, Boolesche, auch: logische Summe, Bezeichnung für das Ergebnis einer logischen Addition (↑Addition (logisch)).

summum bonum (lat., das höchste Gut), in der scholastischen (↑Scholastik) Theologie und Philosophie eine Bezeichnung zur Charakterisierung Gottes. Insbes. Thomas von Aquin begründet diese Zuschreibung durch eine Analyse der ↑Vollkommenheit (*perfectio*), die dem ↑Sein Gottes im Unterschied zu allem anderen, d. h. zum geschöpflichen (↑Schöpfung), Sein zukommt: Weil Gott sein Sein ist, »hat er auch das Sein gemäß der ganzen Mächtigkeit des Seins selbst« (*habet esse secundum totam virtutem ipsius esse*); »ihm kann also kein Vorzug abgehen (*non potest carere aliqua nobilitate*), der irgendeinem Ding zukäme« (S. c. g. I 28). Denn insofern etwas ist, wohnt ihm Vollkommenheit inne, Mangel dagegen, insofern es in irgendeiner Hinsicht nicht ist. Da Gott »ganz und gar das Sein hat«, bleibt ihm aller Mangel fern (S. c. g. I 28). Diese in seinem Sein gründende ›vollkommene‹ Vollkommenheit Gottes schließt seine Güte in jeder Hinsicht ein. Diese Güte (*bonitas*) muß nicht – wie bei den Geschöpfen, die erst in der Möglichkeit (*potentia*) ihres Seins existieren und auf die Verwirklichung (*actum*) ihres Seins ausgerichtet sind – erstrebt werden, sondern ist in Gott als dem vollkommenen, voll verwirklichten Sein schon erreicht. Und das gilt für jede Abstufung der Seinswirklichkeit: für das Sein als ↑Teil oder als Ganzes (↑Teil und Ganzes), für das Sein durch ↑Teilhabe oder auf Grund des eigenen ↑Wesens, für das Sein als ↑Ursache (↑*causa*) oder ↑Wirkung usw.. Gott ist ›das Gute alles Guten‹ (*omnis boni bonum*) (S. c. g. I 40) und damit zugleich das s. b. (S. c. g. I 37–41). Durch diese Analyse wird das s. b. als eine ontologische Auszeichnung des göttlichen Seins begründet. Es stellt sich letztlich als Folgerung daraus dar, (1) daß Gottes Sein reine Aktualität (in Aristotelischer Terminologie: ↑Energeia) ist, ohne jede Beimischung irgendeiner Potentialität (in Aristotelischer Terminologie: ↑Dynamis), und (2) daß die reine Aktualität des Seins dessen Gutsein konstituiert: »Im Akt zu sein, macht daher den Begriff des Guten aus« (*esse igitur actu boni rationem constituit*) (S. c. g. I 37). O. S.

śūnyatā (sanskr., Leerheit), Grundbegriff der buddhistischen Philosophie (↑Philosophie, buddhistische), von zentraler Bedeutung im ↑Mādhyamika-Zweig des ↑Mahāyāna, dem er seinen zweiten Namen gegeben hat: ś.-vāda, Lehre von der Leerheit, oder auch, unter Verwendung des Adjektivs ›śūnya‹, d. h. ›leer‹: śūnyavāda. Allerdings tritt erst im Mahāyāna die Gleichbehandlung von śūnya und ś. auf. Zunächst wird mit ›leer‹ die Eigenschaft, kein Selbst (↑ātman) zu haben, also anātman zu sein, ausgedrückt, wobei im Theravāda (↑Hīnayāna) das Fehlen einer allem Wechsel zugrundeliegenden Substanz von den Menschen auf alle Gegenstände ausgedehnt wird, während ś. das Fehlen der die Erlösung – und damit das ↑nirvāṇa – behindernden Faktoren anzeigt, so daß ›ś.‹ und ›nirvāṇa‹ häufig synonym behandelt werden. Daraus resultiert die konsequente Gleichbehandlung von ›leer‹ und ›Leerheit‹ im Mahāyāna, was zur Folge hat, daß sich mit der ś. (negativ) die Vergänglichkeit und (positiv) das Begreifen eben der ś. aussagen lassen. Nāgārjuna schließlich hat mit seiner Gleichsetzung von ›wesenlos‹ (asvabhāva) und ›leer‹ (śūnya) in bezug auf die Daseinsfaktoren (↑dharma) diese Verwendung der ś. begrifflich einwandfrei gemacht: sie dient zur Artikulation des ›Wesens‹ der Daseinsfaktoren, also ihres Dharmaseins (dharmatā), das darin besteht, eine eigenschaftliche und keine substantielle Natur zu haben, Soheit (tathatā) und nicht Dasheit (↑tattva) wiederzugeben. Die Daseinsfaktoren sind bloße Aussageweisen über die Welt im ganzen und deshalb leer, was aber nicht mit ›unwirklich‹ verwechselt werden darf (↑Yogācāra). Da aus diesem Grunde auch die ständigem Wechsel unterworfene Welt der Erscheinungen (↑saṃsāra) – werden sie nämlich als leer begriffen – vom nirvāṇa ununterschieden ist, ist dieses ebenso wie der saṃsāra dem ›Wesen nach‹ nichts anderes als die ś..

Literatur: D. Burton, Emptiness Appraised. A Critical Study of Nāgārjuna's Philosophy, Richmond 1999, London/New York 2002, 2014; C. W. Huntington/G. N. Wangchen, The Emptiness of Emptiness. An Introduction to Early Indian Mādhyamika, Honolulu Hawaii 1989, Delhi 1992, 2003; J. W. de Jong, Emptiness, J. Ind. Philos. 2 (1972), 7–15; R. King, Ś. and ajāti. Absolutism and the Philosophies of Nāgārjuna and Gauḍapāda, J. Ind. Philos. 17 (1989), 385–405; E. Obermiller, A Study of the Twenty Aspects of Ś., Ind. Hist. Quart. 9 (1933), 170–187; M. L. Pandit, Ś., the Essence of Mahāyāna Spirituality, New Delhi 1998; D. S. Ruegg, Mathematical and Linguistic Models in Indian Thought. The Case of Zero and Ś., Wiener Z. f. d. Kunde Südasiens u. Arch. f. ind. Philos. 22 (1978), 171–181; H. W. Schumann, Mahāyāna-Buddhismus. Die zweite Drehung des Dharma-Rades, München 1990, überarb. mit Untertitel: Das große Fahrzeug über den Ozean des Leidens, München 1995; F. Streng, Emptiness. A Study in Religious Meaning, Nashville Tenn./New York 1967. K. L.

Superposition, vor allem in Mathematik und Naturwissenschaften verwendeter Terminus zur Bezeichnung der Überlagerung mehrerer Größen oder Zustände. Typischerweise steht ›S.‹ für die ungestörte oder lineare Überlagerung der Ausgangsgrößen. Im einzelnen wird der Begriff der S. zur Charakterisierung der folgenden vier Sachverhalte herangezogen: (1) gleichzeitiges Zusammenwirken mehrerer, auf verschiedene ↑Ursachen zurückgehender physikalischer Größen gleicher Art (Felder, Kräfte, Potentialströmungen, etc.), insbes. von zeitlich periodischen Größen, z. B. von Wellen (mit der Folge von Interferenz); (2) gedankliche Zusammensetzung eines durch die Annahme solchen Zusammenwirkens erklärten ↑Zustands oder ↑Vorgangs aus voneinander unabhängigen Teilzuständen bzw. Teilvorgängen, die durch gedankliche ›Isolation‹ (als Gegenbegriff zu ›S.‹) aus dem sie umfassenden Gesamtphänomen gewonnen werden (so erstmals 1800 von J. B. J. Fourier angewandt und – in der von P. Volkmann 1894–1896 vorgenommenen Verallgemeinerung zu einem erkenntnistheoretischen Grundprinzip der Naturwissenschaften – durch E. Mach und W. Ostwald fortgeführt); (3) Überlagerung oder Summierung von Lösungen der die Teilzustände bzw. Teilvorgänge beschreibenden Gleichungen oder Gleichungssysteme zwecks mathematischer Beschreibung des diese Teile umfassenden Gesamtphänomens (auch mikrophysikalischer Natur; ↑Quantentheorie), insbes. die Überlagerung von partikularen Integralen einer linearen homogenen gewöhnlichen ↑Differentialgleichung (›S.ssatz‹); (4) in der älteren Erkenntnistheorie auch die von ›bloßer Addition‹ verschiedene Aufnahme oder Einschachtelung eines jeden Gliedes durch sein Folgeglied in Reihen etwa der Gestalt ›das Bild des Bildes von x‹ (schematisch: $B(B(x))$), ›die Vorstellung der Vorstellung der Vorstellung von y‹ (schematisch: $V(V(V(y)))$).

Literatur: R. Gätschenberger, ΣΥΜΒΟΛΑ. Anfangsgründe einer Erkenntnistheorie, Karlsruhe 1920, 138–148 (Kap. 13 Unendliche Reihen und S.en); E. Mach, Die Mechanik in ihrer Entwickelung. Historisch-kritisch dargestellt, Leipzig 1883, ⁹1933 (repr. Saarbrücken 2006) (engl. The Science of Mechanics. A Critical and Historical Exposition of Its Principles, Chicago Ill., London 1893, mit Untertitel: A Critical and Historical Account of Its Development, La Salle Ill. 1960, 1989; franz. La mécanique. Exposé historique et critique de son développement, Paris 1904, Sceaux 1987); ders., Erkenntnis und Irrtum. Skizzen zur Psychologie der Forschung, Leipzig 1905 (repr. Saarbrücken 2006), ⁵1926 (repr. Darmstadt 1963, 1991), Berlin 2011 (engl. Knowledge and Error. Sketches on the Psychology of Enquiry, Dordrecht/Boston Mass. 1976); P. Volkmann, Erkenntnistheoretische Grundzüge der Naturwissenschaften und ihre Beziehungen zum Geistesleben der Gegenwart. Allgemein wissenschaftliche Vorträge, Leipzig 1896, 69–97, Leipzig/Berlin ²1910, 150–176 (Isolation und S.). C. T.

supervenient/Supervenienz (von lat. supervenire, hinzukommen; engl. supervenience), Bezeichnung für einen Determinationszusammenhang (↑Determinismus) zwischen zwei Ebenen, z. B. dem Physischen und dem Moralischen, dem Physischen und dem Ästhetischen oder dem Physischen und dem Psychischen. Die ›s.e‹ Ebene (hier: Moralisches, Ästhetisches, Psychisches) soll durch die ›subveniente‹ (oder ›Basis‹-)Ebene (hier: Physisches) in dem Sinne determiniert sein, daß Unterschiede auf der s.en Ebene nur auf Grund von Unterschieden auf der subvenienten Ebene möglich sind. Dabei sind die beiden Ebenen meist als aufeinander irreduzibel (↑irreduzibel/Irreduzibilität) gedacht, d. h. insbes., daß die Prädikate der s.en Ebene nicht durch die Prädikate der subvenienten Ebene definiert (und damit eliminiert) werden können (↑Reduktionismus).

Der Begriff der S. kam vor 1970 in der (englischsprachigen) philosophischen Literatur fast nur beiläufig vor, gewann dann aber zunehmend Verbreitung, und zwar vor allem in der ↑Philosophie des Geistes (↑philosophy of mind). Der Grund hierfür war einerseits eine weit verbreitete Abkehr von semantisch-reduktionistischen Überzeugungen, wonach Prädikate einer Ebene E_1 durch die Prädikate einer von E_1 grundlegend verschiedenen Ebene E_2 definiert werden können. Andererseits sollte der ontologische Reduktionismus auf das Materielle beibehalten werden, was bedeutet, daß etwa das Moralische, das Ästhetische oder das Psychische nicht als eigenständige Seinsbereiche aufgefaßt werden sollten (↑Dualismus), sondern als abhängig vom Physischen. In dem auf diese Weise angestrebten nicht-reduktiven ↑Physikalismus muß der jeweils ontologisch nicht eigenständige Bereich daher als vom Physischen determiniert gedacht werden, und genau diese Relation soll der S.begriff artikulieren.

In der Diskussion in den 1980er Jahren zeigte sich, daß mehrere Begriffe von S. zu unterscheiden sind. Die allen Varianten zugrundeliegende Vorstellung von S. läßt sich als eine Relation zwischen Mengen von Eigenschaften formulieren: Eine Menge B von Eigenschaften ist s. relativ zu einer Menge A von Eigenschaften genau dann, wenn zwei hinsichtlich ihrer A-Eigenschaften ununterscheidbare Objekte auch hinsichtlich ihrer B-Eigenschaften ununterscheidbar sind. Umgekehrt bedeutet dies, daß ein Unterschied zweier Objekte hinsichtlich ihrer B-Eigenschaften nur möglich ist, wenn auch ein Unterschied hinsichtlich ihrer A-Eigenschaften vorliegt (»no difference of one sort without differences of another sort«, D. Lewis 1986, 14). Diese Aussage läßt sich in verschiedener (modaler) Stärke formulieren: *Schwache* S. erhält man, wenn die Aussage für Objekte innerhalb einer bestimmten möglichen Welt (↑Welt, mögliche) gelten soll: Eine Menge B von Eigenschaften ist schwach s. (bezüglich der Welt W) relativ zu einer Menge A von Eigenschaften genau dann, wenn beliebige Objekte aus W, die hinsichtlich ihrer A-Eigenschaften ununterscheidbar sind, in W auch hinsichtlich ihrer B-Eigenschaften ununterscheidbar sind. In diesem Falle kommt dem Zusammenhang der B-Eigenschaften mit den A-Eigenschaften keinerlei Notwendigkeit zu; er besteht einfach in der betrachteten möglichen Welt, ohne weitere Qualifikation. *Starke* S. verlangt dagegen einen notwendigen Zusammenhang der B-Eigenschaften mit den A-Eigenschaften: Eine Menge B von Eigenschaften ist *stark* s. relativ zu einer Menge A von Eigenschaften genau dann, wenn beliebige Objekte aus beliebigen möglichen Welten, die in ihnen hinsichtlich ihrer A-Eigenschaften ununterscheidbar sind, in ihnen auch hinsichtlich ihrer B-Eigenschaften ununterscheidbar sind. Wenn der Begriff der S. nicht in bezug auf Objekte, sondern auf ganze Welten formuliert wird, erhält man *globale* S.: Eine Menge B von Eigenschaften ist *global* s. relativ zu einer Menge A von Eigenschaften genau dann, wenn beliebige Welten, die hinsichtlich ihrer A-Eigenschaften ununterscheidbar sind, auch hinsichtlich ihrer B-Eigenschaften ununterscheidbar sind.

In der ↑Wissenschaftstheorie wird S. vor allem für psychische Zustände (z. B. Überzeugungen eines bestimmten Inhalts) oder Charakteristika aus der Evolutionsbiologie (z. B. die ›Fitneß‹ von Organismen) in Anspruch genommen. In diesen Fällen wird die S. der in einer Disziplin behandelten Zustände als Grundlage für die Behauptung der methodischen und inhaltlichen Eigenständigkeit dieser Disziplin genommen. Das Problem einer derartigen Argumentation besteht darin, daß in den entsprechenden Definitionen von S. nicht wirklich die asymmetrische (↑asymmetrisch/Asymmetrie) Relation der Determination (oder umgekehrt: der Abhängigkeit) formuliert wird, sondern lediglich verschieden starke Begriffe von Kovariation. Es ist daher fraglich, ob der Begriff der S. die Leistungen, für die er eingeführt wurde, wirklich erbringen kann, also etwa die Formulierung eines nicht-reduktiven Physikalismus.

Literatur: R. G. Alexander, The Self, Supervenience and Personal Identity, Aldershot etc. 1997; A. Bailey, Supervenience and Physicalism, Synthese 117 (1998), 53–73; A. Beckermann/H. Flohr/J. Kim (eds.), Emergence or Reduction? Essays on the Prospects of Nonreductive Physicalism, Berlin/New York 1992; K. Bennett, Global Supervenience and Dependence, Philos. Phenom. Res. 68 (2004), 501–529; S. Blackburn, Supervenience, REP IX (1998), 235–238; D. Bonevac, Supervenience and Ontology, Amer. Philos. Quart. 25 (1988), 37–47; ders., Semantics and Supervenience, Synthese 87 (1991), 331–361; B. Brożek/A. Rotolo/J. Stelmach (eds.), Supervenience and Normativity, Cham 2017; D. Charles, Supervenience, Composition, and Physicalism, in: ders./K. Lennon (eds.), Reduction, Explanation, and Realism, Oxford 1992 (repr. 2007), 265–296; D. Davidson, Mental Events, in: L. Foster/J. W. Swanson (eds.), Experience and Theory, o.O. [Amherst Mass.] 1970, 79–101; D. Drai, Supervenience and Realism, Aldershot etc. 1999; M. Glanzberg, Supervenience and Infinitary Logic, Noûs 35 (2001), 419–439; T. R. Grimes, The Myth of Supervenience, Pacific Philos. Quart. 69 (1988), 152–160; ders., Supervenience, Determination, and Dependency, Philos. Stud. 62 (1991), 81–92; G. Harrison, The Moral Supervenience Thesis Is Not a Conceptual Truth, Analysis 73 (2013), 62–68; J. Haugeland, Weak Supervenience, Amer. Philos. Quart. 19 (1982), 93–103; D. H. Hick, Aesthetic Supervenience Revisited, Brit. J. Aesth. 52 (2012), 301–316; A. Hills, Supervenience and Moral Realism, in: A. Hieke/H. Leitgeb (eds.), Reduction, Abstraction, Analysis, Frankfurt etc. 2009, 163–177; M. Hoeltje/B. Schnieder/A. Steinberg (eds.), Varieties of Dependence. Ontological Dependence, Grounding, Supervenience, Response-Dependence, München 2013; V. Hoffmann/A. Newen, Supervenience of Extrinsic Properties, Erkenntnis 67 (2007), 305–319; T. Horgan, Supervenience and Microphysics, Pacific Philos. Quart. 63 (1982), 29–43; ders. (ed.), Spindel Conference 1983. Supervenience, South. J. Philos. Suppl. 22 (1984); ders., From Supervenience to Superdupervenience. Meeting the Demands of a Material World, Mind NS 102 (1993), 555–586; P. Hoyningen-Huene, S., Hist. Wb. Ph. X (1998), 649–650; F. Jackson, From Metaphysics to Ethics, Oxford 1998, 2008; ders./P. Pettit, Moral Functionalism, Supervenience and Reductionism, Philos. Quart. 46 (1996), 82–86; J. Kim, Concepts of Supervenience, Philos. Phenom. Res. 45 (1984), 153–176, Neudr. in: ders., Supervenience and Mind [s. u.], 53–78; ders., ›Strong‹ and ›Global‹ Supervenience Revisited, Philos. Phenom. Res. 48 (1987), 315–326, Neudr. in: ders., Supervenience and Mind [s. u.], 79–91; ders., The Myth of Nonreductive Materialism, Proc. Amer. Philos. Ass. 63 (1989), 31–47, Neudr. in: ders., Supervenience and Mind [s. u.], 265–284; ders., Supervenience as a Philosophical Concept, Metaphilos. 21 (1990), 1–27, Neudr. in: ders., Supervenience and Mind [s. u.], 131–160; ders., Supervenience and Mind. Selected Philosophical Essays, Cambridge 1993, 2002 (franz. La survenance et l'esprit, I–II, Paris 2008); ders. (ed.), Supervenience, Aldershot 2002; ders., From Naturalism to Physicalism. Supervenience Redux, Proc. Amer. Philos. Ass. 85 (2011), 109–134; H. Kincaid, Supervenience Doesn't Entail Reducibility, South. J. Philos. 25 (1987), 343–356; F. v. Kutschera, Supervenience and Reductionism, Erkenntnis 36 (1992), 333–343; S. Leuenberger, What Is Global Supervenience? Synthese 170 (2009), 115–129; D. Lewis, On the Plurality of Worlds, Oxford/New York 1986, Malden Mass./Oxford 2009; B. Loewer, Humean Supervenience, Philos. Top. 24 (1996), 101–127; ders., Supervenience of the Mental, REP IX (1998), 238–240; M. P. Lynch/J. M. Glasgow, The Impossibility of Superdupervenience, Philos. Stud. 113 (2003), 201–221; J. E. MacKinnon, Aesthetic Supervenience. For and against, Brit. J. Aesth. 41 (2001), 59–75; P. Mandik, Supervenience and Neuroscience, Synthese 180 (2011), 443–463; L. McIntyre, Supervenience and Explanatory Exclusion, Crítica 34 (2002), 87–101; B. P. McLaughlin, Varieties of Supervenience, in: E. E. Savellos/Ü. D. Yalçin (eds.), Supervenience [s. u.], 16–59; ders., Supervenience, Vagueness, and Determination, Philos. Persp. 11 (1997), 209–230; ders., Emergence and Supervenience, Intellectica 25 (1997), 25–43; ders., Supervenience, in: L. Nadel (ed.), Encyclopedia of Cognitive Science IV, London/New York/Tokyo 2003, 271–277; ders., Supervenience, Enc. Ph. IX (^{2}2006), 327–333; ders./K. Bennett, Supervenience, SEP 2005, rev. 2011; T. McPherson, Supervenience in Ethics, SEP 2015; A. Melnyk, On the Metaphysical Utility of Claims of Global Supervenience, Philos. Stud. 87 (1997), 277–308; T. Merricks, Against the Doctrine of Microphysical Supervenience, Mind NS 107 (1998), 59–71; P. K. Moser, Physicalism and Global Supervenience, South. J. Philos. 30 (1992), H. 1, 71–82; M. Moyer, Weak and Global Supervenience Are Strong, Philos. Stud. 138 (2008), 125–150; H. W. Noonan, Identity, Constitution and Microphysical Supervenience, Proc. Arist. Soc. 99 (1999), 273–288; ders., Microphysical Supervenience and Consciousness, Mind NS 108 (1999), 755–759; G. Oppy, ›Humean‹ Supervenience?, Philos. Stud. 101 (2000), 77–105; M. Pérez Otero, On the Utility of Global Supervenience, Crítica 90 (1998), 3–21; B. Petrie, Global Supervenience and Reduction, Philos. Phenom. Res. 48 (1987), 119–130; C. Preti, The Irrelevance of Supervenience, Protosociology 11 (1998), 160–172; M. C. Rea, Supervenience and Co-Location, Amer. Philos. Quart. 34 (1997), 367–375; M. Ridge, Anti-Reductionism and Supervenience, J. Moral Philos. 4 (2007), 330–348; A. Rosenberg, The Supervenience of Biological Concepts, Philos. Sci. 45

(1978), 368–386; M. Rowlands, Supervenience and Materialism, Aldershot etc. 1995; A. Rueger, Robust Supervenience and Emergence, Philos. Sci. 67 (2000), 466–489; E. E. Savellos/Ü. D. Yalçin (eds.), Supervenience. New Essays, Cambridge 1995; J. Schmitt/M. Schroeder, Supervenience Arguments under Relaxed Assumptions, Philos. Stud. 155 (2011), 133–160, Neudr. in: M. Schroeder, Explaining the Reasons We Share, Oxford 2014, 96–123; M. Schroeder, The Price of Supervenience, in: ders., Explaining the Reasons We Share [s.o.], 124–144; W. E. Seager, Weak Supervenience and Materialism, Philos. Phenom. Res. 48 (1988), 697–709; O. Shagrir, More on Global Supervenience, Philos. Phenom. Res. 59 (1999), 691–701; ders., Global Supervenience, Coincident Entities and Anti-Individualism, Philos. Stud. 109 (2002), 171–196; ders., Anomalism and Supervenience. A Critical Survey, Can. J. Philos. 39 (2009), 237–272; ders., Strong Global Supervenience Is Valuable, Erkenntnis 71 (2009), 417–423; ders., Concepts of Supervenience Revisited, Erkenntnis 78 (2013), 469–485; T. Sider, Global Supervenience and Identity across Times and Worlds, Philos. Phenom. Res. 59 (1999), 913–937; ders., Maximality and Microphysical Supervenience, Philos. Phenom. Res. 66 (2003), 139–149; ders., Yet Another Paper on the Supervenience Argument against Coincident Entities, Philos. Phenom. Res. 77 (2008), 613–624; R. Stalnaker, Varieties of Supervenience, Philos. Persp. 10 (1996), 221–241; J. Steinbrenner, Das Schöne und die S., Grazer philos. Stud. 57 (1999), 311–323; P. Teller, Is Supervenience Just Disguised Reduction?, South. J. Philos. 23 (1985), 93–99; M. Tooley (ed.), Laws of Nature, Causation, and Supervenience (Analytical Metaphysics I), New York/London 1999; M. Weber, S. und Physikalismus, in: U. Krohs/G. Toepfer (eds.), Philosophie der Biologie. Eine Einführung, Frankfurt 2005, 71–87; R. Welshon, Emergence, Supervenience, and Realization, Philos. Stud. 108 (2002), 39–51; J. Wilson, How Superduper Does a Physicalist Supervenience Need to Be?, Philos. Quart. 49 (1999), 33–52; dies., Supervenience-Based Formulations of Physicalism, Noûs 39 (2005), 426–459; D. G. Witmer, Supervenience, Physicalism and the Problem of Extras, South. J. Philos. 37 (1999), 315–331; N. Zangwill, Good Old Supervenience. Mental Causation on the Cheap, Synthese 106 (1996), 67–101; ders., Explaining Supervenience, Moral and Mental, J. Philos. Res. 22 (1997), 509–518. P. H.-H.

Suppes, Patrick, *Tulsa Okla. 17. März 1922, †Stanford Calif. 17. Nov. 2014, amerik. Philosoph, Wissenschaftstheoretiker und Psychologe. 1940–1943 Studium der Physik und Meteorologie in Tulsa und Chicago Ill., 1944–1945 Armeedienst auf Pazifikinseln, 1950 Ph.D. in Philosophie bei E. Nagel in New York (Columbia University) mit einer Arbeit über Fernwirkungstheorien bei R. Descartes, I. Newton, R. J. Boscovich und I. Kant. Ab 1950 Prof. für Philosophie, Statistik, Pädagogik und Psychologie in Stanford, ab 1959 Direktor des Institute for Mathematical Studies in the Social Sciences ebendort. – S.' Philosophie ist in direkter Auseinandersetzung mit den aktuellen Ergebnissen verschiedener mathematischer und empirischer Einzelwissenschaften entstanden und liefert auf hohem formalen Niveau spezialisierte Beiträge auf vielen Gebieten, unter ihnen zu Grundlagenproblemen der Physik, Psychologie, Linguistik und Pädagogik. Sein Werk zielt auf kein geschlossenes phi-losophisches System; Einheit stiften jedoch die zentrale Rolle mathematischer ↑Modelle und S.' probabilistischer ↑Empirismus, der stets auf realistische, empirisch überprüfbare und anwendbare, d. h. auch in Computern implementierbare, Theorien abzielt.

In der Methodologie und Wissenschaftstheorie vertritt S. die These, daß jede ausgereifte Theorie als mengentheoretisch axiomatisierte Struktur charakterisiert werden könne, ohne daß zu diesem Zweck eine formal-logische ↑Kunstsprache entwickelt werden müßte. Zusammen mit Axiomatisierungen (↑System, axiomatisches) der klassischen Partikelmechanik (mit J. C. C. McKinsey und A. C. Sugar) übte diese These entscheidenden Einfluß auf die Entwicklung des wissenschaftstheoretischen Strukturalismus (↑Strukturalismus (philosophisch, wissenschaftstheoretisch)) durch J. D. Sneed und W. Stegmüller aus. Ferner betont S. die Bedeutung wahrscheinlichkeitstheoretischer Begriffe (↑Wahrscheinlichkeitstheorie) und statistischer Verfahren (↑Statistik) in den Wissenschaften und legt eine probabilistische Metaphysik vor, in der der Begriff der ↑Wahrscheinlichkeit als grundlegender methodologischer und ontologischer Begriff fungiert. Gegen die von ihm so genannte neotraditionelle ↑Metaphysik vertritt S. die Ansicht, daß sowohl die fundamentalen ↑Naturgesetze als auch die Begriffe von ↑Materie und ↑Kausalität, ferner Theorien des Spracherwerbs und des Sprachgebrauchs sowie die Theorie der ↑Rationalität, fundamental probabilistisch sind bzw. sein sollen. Es gebe kein sicheres und kein vollständiges Wissen; der Fundus wissenschaftlicher Theorien müsse weder Einheit noch langfristige Konvergenzen aufweisen.

Obwohl bereits H. Reichenbach und I. J. Good Ansätze zu einer probabilistischen Theorie der Kausalität entwickelt hatten, verhilft ihr erst S. (1970) zu weiter Beachtung. Hiernach muß die Kausalrelation weder Notwendigkeit (↑notwendig/Notwendigkeit) noch das von D. Hume reklamierte beständige Zusammentreffen mit sich ziehen; es genügt vielmehr ein probabilistisches Verhältnis von ↑Ursache und ↑Wirkung. Ein Ereignis A ist eine ›Prima-facie-Ursache‹ eines Ereignisses B, wenn A vor B stattfindet und positiv für B relevant ist, d. h., wenn die bedingte Wahrscheinlichkeit $P(B|A)$ größer als die unbedingte Wahrscheinlichkeit $P(B)$ ist. Für die Feststellung tatsächlicher Ursachen ist dabei auszuschließen, daß es eine gemeinsame Ursache von A und B gibt, die die positive Relevanz von A für B erklärt. Eine Prima-facie-Ursache A ist also dann eine ›echte (direkte) Ursache‹ von B, wenn sie durch kein vorhergehendes Ereignis C kausal von B ›abgeschirmt‹ wird, d. h., wenn es kein C mit $P(B|A \wedge C) = P(B|C)$ gibt (↑Ursache). Dieser Ursachenbegriff ist mit der These verträglich, daß es in der Natur irreduzibel (↑irreduzibel/Irreduzibilität) zufällige Prozesse gibt (↑Indeterminismus). S.' Kausalitätstheorie wurde in Arbeiten von N. Cartwright (1989) und W. Spohn (1983, 1990) weiterentwickelt, während W. C. Salmon (1984) sie einer grundlegenden Kritik unterwarf mit dem Hinweis, daß erst das Betrachten raumzeitlicher Kausalmechanismen verständlich mache, daß es auch Ursachen mit negativer statistischer Relevanz für ihre Wirkung gibt.

Von großer Bedeutung sind S.' Beiträge – zum Teil in Zusammenarbeit mit R. D. Luce, D. H. Krantz, D. Scott, A. Tversky und J. L. Zinnes – zur Theorie der ↑Messung (↑Meßtheorie). Auf der Grundlage einer begrifflichen Präzisierung von Messungen als homomorphen (↑Homomorphismus) ↑Abbildungen von relationalen empirischen Strukturen in Teilbereiche der reellen Zahlen (mit der üblichen arithmetischen Strukturierung) werden ↑abstrakte Repräsentations- und Eindeutigkeitstheoreme bezüglich verschiedener numerischer Skalentypen gewonnen. Aussagen mit Maßangaben sind nur dann sinnvoll, wenn sie unter gewissen Endomorphismen der numerischen Repräsentation invariant sind. S. hat dabei nicht nur die Messung von extensiven physikalischen Größen wie ↑Masse oder ↑Länge im Auge, sondern vor allem auch die Messung von subjektiven Nutzen- und Wahrscheinlichkeitsfunktionen. Eine Idee von F. P. Ramsey weiterführend und auf mathematischen Repräsentationstheoremen aufbauend, zeigt S., wie aus der (empirisch ermittelbaren) qualitativen Präferenzordnung eines Individuums hinsichtlich lotterieähnlicher Ereignisse zunächst seine Nutzen- und dann seine subjektive Wahrscheinlichkeitsfunktion abgeleitet werden kann. Mit Blick auf die in Anwendungen immer endlichen Grundbereiche entwickelt S. schließlich eine Theorie der approximativen Messung von Wahrscheinlichkeiten. – Neben diesen subjektiven (›Bayesianischen‹; ↑Bayessches Theorem) Interpretationen entwickelt S. eine objektive (›Propensitäts‹-)Interpretation des Wahrscheinlichkeitsbegriffs, wie sie in empirischen Theorien vorausgesetzt ist. Mit dieser ist nach S. keine Verpflichtung auf ein indeterministisches Weltbild impliziert. Mehrere seiner Arbeiten zu den Grundlagen der Physik untersuchen die konzeptuelle Rolle von (nicht-klassischen) Wahrscheinlichkeitsbegriffen in der Quantenmechanik (↑Quantentheorie), die als eine statistische Theorie verstanden wird.

Mathematische Modelle wendet S. auch auf sozialwissenschaftliche Probleme an, wobei er vor allem von der ↑Entscheidungstheorie (Kriterium der Maximierung des erwarteten Nutzens), aber auch von der Sozialwahltheorie (Kriterium der verteilten Gerechtigkeit mit erweitertem Sympathiekonzept) Gebrauch macht. Grundlagenprobleme der Psychologie bearbeitet S. in einer mathematisierten behavioristischen Lerntheorie (Reiz-Reaktion-Schemata mit positiver Verstärkung; ↑Behaviorismus), deren Ergebnisse er empirisch überprüft,

praktisch anwendet und maschinell simuliert. Zu den Grundlagen der Sprachwissenschaft (↑Linguistik) liefert S. sowohl sprachphilosophische (↑Sprachphilosophie) Beiträge (eine geometrisch inspirierte ›Kongruenztheorie‹ der ↑Bedeutung und eine variablenfreie ↑Semantik für die Umgangssprache; ↑Alltagssprache) als auch Arbeiten zum menschlichen und maschinellen Lernen von natürlichen Sprachen (↑Sprache, natürliche). S. hat in seinen pädagogischen Arbeiten und Projekten sehr früh Studien zu computergestützten Unterrichtsmethoden durchgeführt und ist (Ko-)Autor mehrerer Bücher zum elementaren Mathematikunterricht.

Werke: Introduction to Logic, Princeton N. J. etc. 1957 (repr. Mineola N. Y. 1999); (mit D. Davidson/S. Siegel) Decision Making. An Experimental Approach, Stanford Calif. 1957 (repr. Westport Conn. 1977); Axiomatic Set Theory, Princeton N. J. etc. 1960, New York 1972; (mit R. C. Atkinson) Markov Learning Models for Multiperson Interactions, Stanford Calif. 1960 (repr. 1968); (mit J. L. Zinnes) Basic Measurement Theory, in: R. D. Luce/R. R. Bush/E. Galanter (eds.), Handbook of Mathematical Psychology I, New York 1963, 1–76; (mit S. Hill) First Course in Mathematical Logic, Waltham Mass./Toronto/London 1964, New York 2002; (mit R. D. Luce) Preference, Utility and Subjective Probability, in: R. D. Luce/R. R. Bush/E. Galanter (eds.), Handbook of Mathematical Psychology III, New York 1965, 249–410; Set-Theoretical Structures in Science, Stanford Calif. 1967, 1970; (mit E. J. Crothers) Experiments in Second-Language Learning, New York/London 1967; (mit M. Jerman/D. Brian) Computer-Assisted Instruction: Stanford's 1965–66 Arithmetic Program, New York/London 1968; Studies in the Methodology and Foundations of Science. Selected Papers from 1951 to 1969, Dordrecht/Boston Mass. 1969, 2010 (Synthese Library XXII); A Probabilistic Theory of Causality, Amsterdam 1970 (Acta Philos. Fennica XXIV); (mit D. H. Krantz/R. D. Luce/A. Tversky) Foundations of Measurement, I–III (I Additive and Polynomial Representations, II Geometrical, Threshold, and Probabilistic Representations, III Representation, Axiomatization, and Invariance), New York etc. 1971–1990, Mineola N. Y. 2007; (mit M. Morningstar) Computer-Assisted Instruction at Stanford, 1966–68 (Data, Models, and Evaluation of the Arithmetic Programs), New York/London 1972; (ed.) Space, Time and Geometry, Dordrecht/Boston Mass. 1973 (Synthese Library LVI); Probabilistic Metaphysics, I–II, Uppsala 1974, in 1 Bd., Oxford etc. [2]1984; (ed.) Logic and Probability in Quantum Mechanics, Dordrecht/Boston Mass. 1976 (Synthese Library LXXVIII); (mit H. Warren) Psychoanalysis and American Elementary Education, in: P. S. (ed.), Impact of Research on Education. Some Case Studies, Washington D. C. 1978, 319–396; La logique du probable. Démarche bayésienne et rationalité, Paris 1981; (ed.) University-Level Computer-Assisted Instruction at Stanford 1968–1980, Stanford Calif. 1981; Language for Humans and Robots, Oxford etc. 1992; Models and Methods in the Philosophy of Science. Selected Essays, Dordrecht/Boston Mass./London 1993 (Synthese Library 226); (mit C. Crangle) Language and Learning for Robots, Stanford Calif. 1994; Representations and Invariance of Scientific Structures, Stanford Calif. 2002; (ed. mit M. C. Galavotti/R. Scazzieri) Reasoning, Rationality, and Probability, Stanford Calif. 2008.

Literatur: R. J. Bogdan (ed.), P. S., Dordrecht/Boston Mass./London 1979 (mit Bibliographie, 235–258); N. Cartwright, Nature's

Capacities and Their Measurement, Oxford etc. 1989; N. C. A. da Costa/R. Chuaqui, On S.' Set Theoretical Predicates, Erkenntnis 29 (1988), 95–112; E. Eells, Probabilistic Causality, Cambridge etc. 1991; R. Ferrario/V. Schiaffonati, Formal Methods and Empirical Practices. Conversations with P. S., Stanford Calif. 2012; P. Humphreys (ed.), P. S.. Scientific Philosopher, I–III (I Probability and Probabilistic Causality, II Philosophy of Physics, Theory Structure, and Measurement Theory, III Language, Logic, and Psychology), Dordrecht/Boston Mass./London 1994; R. Otte, A Critique of S.'s Theory of Probabilistic Causality, Synthese 48 (1981), 167–189; W. C. Salmon, Scientific Explanation and the Causal Structure of the World, Princeton N. J. 1984; W. Spohn, Probabilistic Causality. From Hume via S. to Granger, in: M. C. Galavotti/G. Gambetta (eds.), Causalità e modelli probabilistici, Bologna 1983, 69–87; ders., Direct and Indirect Causes, Topoi 9 (1990), 125–145; C. Truesdell, S.ian Stews, in: ders., An Idiot's Fugitive Essays on Science. Methods, Criticism, Training, Circumstances, New York etc. 1984, 503–579. – Sonderheft: Epistemologia 29 (2006), 185–396.   H. R.

Supposition, in der scholastischen (↑Scholastik) ↑Logik und ↑Semantik Bezeichnung für das Stehen eines selbständig bezeichnenden Satzteils (›Substantivs‹) für etwas. Dieses Etwas kann nach Meinung der Scholastiker auch bei eindeutig festliegender Bedeutung (*significatio*) des Substantivs je nach dessen konkreter Verwendung im Satzzusammenhang ganz verschiedenartig sein. Ist es das Substantiv selbst, so handelt es sich um eine *materiale S.*, bei der entweder das einzelne verwendete Exemplar des Substantivs gemeint sein kann (*singulare materiale S.* wie in ›IGEL ist das sechste Wort in dieser Klammer‹) oder die ganze Klasse gleichgestalteter Exemplare (*allgemeine materiale S.* wie in ›IGEL ist zweisilbig‹ oder ›IGEL ist ein Prädikator‹). Steht das Substantiv nicht für sich selbst, sondern für etwas anderes, so handelt es sich um eine *formale S.*, sei es für das nach Meinung vieler Scholastiker durch das Substantiv Bezeichnete, die Species (*einfache formale S.* wie in ›IGEL ist eine Species‹), sei es für Exemplare dieser Species (oder deren Umfang, so genannte *personale* formale S. wie in ›IGEL sind Säugetiere‹ oder ›KONSTANZ ist eine Stadt‹). Die S. gilt dabei normalerweise als fundamentale *Eigenschaft* eines Terminus (↑proprietates terminorum), läßt sich aber ebensogut als jeweils spezifische Art der *Beziehung* des *supponere pro* ansehen, die ihrerseits eine Modifikation der Bezeichnungsrelation im Zusammenhang eines Satzes ist (↑significatio). Die Einteilung der S. ist selbst bei etwa gleichzeitig schreibenden Autoren höchst unterschiedlich; die hier skizzierte entspricht im wesentlichen der bei Wilhelm von Shyreswood. Zu anderen Auffassungen der S. und abweichenden Einteilungen der S. in Unterarten vgl. J. Micraelius (1653, 1042–1043, ²1662, 1309–1310) und ↑Suppositionslehre.

Literatur: M. M. Adams, What Does Occam Mean by ›S.‹?, Notre Dame J. Formal Logic 17 (1976), 375–391; H. Berger, Simple S. in William of Ockham, John Buridan, and Albert of Saxony, in:

J. Biard (ed.), Itinéraires d'Albert de Saxe. Paris–Vienne au XIVᵉ siècle, Paris 1991, 31–43; J. M. Bocheński, Formale Logik, Freiburg/München 1956, ²1962, 1996 (engl. A History of Formal Logic, Notre Dame Ind. 1961, New York ²1970); P. Boehner, Medieval Logic. An Outline of Its Development from 1250 to c. 1400, Manchester/Chicago Ill./Toronto 1952 (repr. Westport Conn. 1979, 1988), Manchester 1966; E. P. Bos, Medieval S. Theory Revisited. Studies in Memory of L. M. de Rijk, Leiden/Boston Mass. 2013; L. M. De Rijk, Logica Modernorum. A Contribution to the History of Early Terminist Logic, I–II (in 3 Bdn.), Assen 1962–1967; ders., The Development of suppositio naturalis in Medieval Logic, Vivarium 9 (1971), 71–107; ders., The Development of suppositio naturalis in Medieval Logic II (Fourteenth Century Natural Supposition as Atemporal [Omnitemporal] Supposition), Vivarium 11 (1973), 43–79; C. A. Dufour, Die Lehre der Proprietates Terminorum. Sinn und Referenz in mittelalterlicher Logik, München/Hamden/Wien 1989; C. Giacon, La suppositio in Guglielmo di Occam e il valore reale delle scienze, in: Arts libéraux et philosophie du moyen âge. Actes du quatrième congrès international de philosophie médiévale, Montréal/Paris 1969, 939–947; D. P. Henry, The Early History of Suppositio, Franciscan Stud. 23 (1960), 205–212; ders., Ockham, Suppositio and Modern Logic, Notre Dame J. Formal Logic 5 (1964), 290–292; C. R. Hülsen, Zur Semantik anaphorischer Pronomina. Untersuchungen scholastischer und moderner Theorien, Leiden/New York/Köln 1994; M. Kaufmann, Begriffe, Sätze, Dinge. Referenz und Wahrheit bei Wilhelm von Ockham, Leiden/New York/Köln 1994, 118–163 (Kap. 3 S.slehre und moderne Logik); W. Kneale/M. Kneale, The Development of Logic, Oxford 1962, Oxford etc. 1991; N. Kretzmann, Semantics, History of, Enc. Ph. VII (1967), 358–406, bes. 371–373 (The Properties of Terms), VIII (²2006), 750–810 (mit Addendum v. M. J. Cresswell, 807–810), bes. 766–768 (The Properties of Terms); G. B. Matthews, Suppositio and Quantification in Ockham, Noûs 7 (1973), 13–24; J. Micraelius, Lexicon philosophicum terminorum philosophis usitatorum, Jena 1653, Stettin ²1662 (repr., ed. L. Geldsetzer, Düsseldorf 1966); C. D. Novaes, Formalizing Medieval Logical Theories. Suppositio, Consequentiae and Obligationes, Dordrecht 2007; J. Pinborg, Logik und Semantik im Mittelalter. Ein Überblick, Stuttgart-Bad Cannstatt 1972; ders./S. Meier-Oeser, S., Hist. Wb. Ph. X (1998), 652–660; R. G. Price, William of Ockham and Suppositio Personalis, Franciscan Stud. 30 (1970), 131–140; G. Priest/S. Read, The Formalization of Ockham's Theory of S., Mind 86 (1977), 109–113; dies., Merely Confused S.. A Theoretical Advance or a Mere Confusion?, Franciscan Stud. 40 (1980), 265–297; M. Prieto del Rey, Significación y sentido ultimado. La noción de ›suppositio‹ en la lógica de Juan de Santo Tomás, Convivium, 15–16 (1963), 33–73, 33 (1965), 45–72; S. Read, Thomas of Cleves and Collective S., Vivarium 29 (1991), 50–84; ders., Medieval Theories. Properties of Terms, SEP 2002, rev. 2015; L. N. Roberts, Classification of S. in Medieval Logic, Tulane Stud. Philos. 5 (1956), 79–86; dies., S.. A Modern Application, J. Philos. 57 (1960), 173–182; weitere Literatur: ↑Suppositionslehre.   C. T.

Suppositionslehre (engl. supposition theory), Bezeichnung für die mittelalterliche Lehre von der *suppositio* und ihren Unterarten (↑Supposition). In der mittelalterlichen Logik (↑Logik, mittelalterliche, ↑Scholastik) bezeichnet ›suppositio‹ den Gegenstandsbezug von Satzgliedern in einem konkreten Verwendungsfall (↑significatio). Die Ursprünge der S. gehen auf das 11. Jh. zurück;

sie wird im 13. Jh. in den terministischen (↑Terminismus) Lehrbüchern der Frühscholastik systematisch entwickelt (Petrus Hispanus, Wilhelm von Shyreswood, Lambert von Auxerre, R. Bacon).

Systematisch fällt die S. unter die Lehre von den ↑proprietates terminorum, womit sie ein wesentlicher Bestandteil der *logica moderna* (↑logica antiqua) ist. Durch die ontologisch ausgeprägte Orientierung der Hochscholastik insbes. an den Analytiken des Aristoteles nahm das Interesse einer *logica nova* (↑logica antiqua) an der S. vorübergehend ab. Erst die Spätscholastik interessierte sich in ihrer Zusammenführung der neuen mit der terministischen Logik wieder für sie; zu ihren bedeutendsten Bearbeitern gehören Wilhelm von Ockham, W. Burley, J. Buridan und V. Ferrer. Zu keiner Zeit erreichte die S. jedoch den Status einer Suppositionstheorie im modernen Sinne. Mit der Ablösung der Scholastik verschwindet auch die S. (mit der Ausnahme G. Saccheris), wird selbst in der spanischen ↑Neuscholastik vernachlässigt, zieht aber in jüngerer Zeit das Interesse wieder auf sich, insofern sich hier Themen der modernen ↑Logik, ↑Semantik und ↑Semiotik wiederfinden. Der Grund dafür dürfte sein, daß sich die S., analog der ↑Ordinary Language Philosophy, inmitten des Spannungsfeldes von formaler Logik (↑Logik, formale), rationaler Grammatiktheorie (↑Grammatik) und Analyse der ↑Gebrauchssprache entwickelte und behauptete.

Wegen der schwierigen Quellenlage herrschte lange Zeit Unklarheit über die Ursprünge der S.. Die Logik des Anselm von Canterbury dürfte ein Ausgangspunkt für die S. gewesen sein. Im Konflikt zwischen den Autoritäten Aristoteles, der (Cat. 1b29) das Wort ›γραμματικός‹ eine ↑Qualität, und Priscianus, der es (Prisciani Institutionum Grammaticarum. Libri XVIII, ed. M. Hertz, Leipzig 1855 [repr. Hildesheim 1981], 58) eine ↑Substanz bezeichnen läßt, führt Anselm von Canterbury die Unterscheidung nach *significatio* und *appellatio* ein. Er versteht die *significatio* als ↑Relation zwischen einem Wort und dem, was es an sich bezeichnet, die *appellatio* als Relation zwischen einem Wort und dem, was es in der Verwendungssituation (mit-)bezeichnet. (Modern gesprochen ist hier eine Trennung von Semantik und ↑Pragmatik anlegt.) Beide fallen nicht unbedingt zusammen: ›grammaticus‹ signifiziert eine Qualität, appelliert aber eine Substanz, da gebrauchssprachlich über die Qualität ihr Träger, etwa ein Mensch, (mit-)bezeichnet wird.

Nach Anselm von Canterbury besteht Einigkeit darüber, daß die *significatio* eines Wortes, als *universale* (↑Universalien) aufgefaßt, durch eine Namensgebung (*impositio*) festgelegt wird. Die Verschiebungen, die ein Wort trotz *impositio* in seiner Bezeichnungsfunktion erfahren kann, werden in einer ersten Phase terminologisch

als *translationes* analysiert: *translatio aequivocationis* = Äquivokation (↑äquivok), *translatio poetica* = ↑Metapher, *translatio grammaticae* (»›Mensch‹ ist ein Wort«), *translatio dialecticae* (»›Mensch‹ ist eine Gattung«). In einer zweiten Phase ohne terminologische Ausdifferenzierung steht ›suppositio‹ für alle Bezeichnungsweisen eines Nomens. Ab der terministischen Phase schließlich ist die *suppositio* alles, was ein Satzsubjekt bezeichnen kann, wobei die einzelnen Bezeichnungsweisen terminologisch differenziert entwickelt werden und sich in ihrer klassischen Form zuerst bei Wilhelm von Shyreswood finden (↑Supposition).

Die erste Unterscheidung ist die nach *suppositio propria* und *suppositio impropria* (= metaphorische Verwendung). Die eigentlichen Suppositionen (engl. proper suppositions) gliedern sich in die *suppositio materialis*, die *suppositio simplex* und die *suppositio personalis*. Sie haben ihren Ursprung in der Lehre der *aequivoca* und *translationes* und können als semantische Suppositionen charakterisiert werden. Die Ausdifferenzierung der *suppositio personalis* (engl. modes of supposition) in *suppositio discreta* und *suppositio communis*, der *suppositio communis* in *suppositio determinata* und *suppositio confusa* sowie der *suppositio confusa* in *suppositio tantum* und *suppositio distributiva* (vgl. A. Broadie 1987), die sich der früheren Diskussion der *appellativa* verdankt, wird man dagegen als syntaktische Suppositionen bezeichnen können. Entsprechend dieser Aufteilung spricht man von einer ›eigentlichen S.‹ und einer ›besonderen S.‹ als Abstieg zum Individuellen (engl. descent to singulars). Letztere Benennung verdankt sich dem methodischen Vorgehen, eine *suppositio personalis* genauer zu bestimmen. Denn ist $\varphi(A)$ ein atomarer Satz, in dem der allgemeine Begriff A in *suppositio personalis* vorkommt, und ist $\{a_1, a_2, a_3, \ldots\}$ die Menge erlaubter A-Substitutionen (also z.B. a_i = Eigenname, falls A = Mensch), dann kommt A vor: in *suppositio determinata* genau dann, wenn $\varphi(A) \to \varphi(a_1) \vee \varphi(a_2) \vee \ldots$ und für alle i: $\varphi(a_i) \to \varphi(A)$; in *suppositio confusa distributiva* genau dann, wenn $\varphi(A) \to \varphi(a_1) \wedge \varphi(a_2) \wedge \ldots$ und für kein i: $\varphi(a_i) \to \varphi(A)$; in *suppositio confusa tantum* genau dann, wenn $\varphi(A) \to \varphi(a_1) \vee \varphi(a_2) \vee \ldots$, nicht aber $\varphi(a_1) \vee \varphi(a_2) \vee \ldots$, und für alle i: $\varphi(a_i) \to \varphi(A)$.

Damit wird klar, warum die Weiterentwicklung der besonderen S. bei einigen Autoren des 14. Jhs. in einer Art Quantifikationstheorie mündete, wobei ihr eigentlicher Zweck derzeit noch unklar bleibt. Die wahrscheinlichste Lesart ist, daß sie in der Schlußlehre verwandt wurde. So wurde der Schluß von ›zweimal hast du einiges Brot gegessen‹ auf ›einiges Brot hast du zweimal gegessen‹ mit dem Argument zurückgewiesen, ›einiges Brot‹ komme einmal in *suppositio determinata*, einmal in *suppositio confusa tantum* vor, was durch eine entsprechende Regel ausgeschlossen war.

Eine eigentümliche Zwischenstellung nimmt die *suppositio naturalis* ein. In der Frühscholastik soll sie nicht *significatio* sein, kommt ihr aber dennoch gleich, da in ihr das Satzsubjekt auf natürliche Weise sein ›natürliches‹ Denotat (↑Denotation) bezeichnet, und zwar außerhalb jedes Satzzusammenhanges. Letzteres steht in Widerspruch zur Definition der Supposition selbst und verdankt sich vielleicht der antiken und frühmittelalterlichen Auffassung, daß es eine ›natürliche Bedeutung‹ logisch vor und außerhalb eines jeden Satzzusammenhanges gibt. Weitere Probleme innerhalb der S. bilden die Existenz leerer Kennzeichnungen (Chimären) sowie temporale und modale Kontexte.

Auch wenn die Klassifikationen wechselten, herrschte hinsichtlich der drei eigentlichen Suppositionen über einzelne Schulen hinweg eine gewisse Übereinstimmung. So nahm man z. B. allgemein an, daß jedes Satzsubjekt in *suppositio personalis* vorkommen kann. Die meisten Anstrengungen galten daher einer Detailuntersuchung der *suppositio personalis*; entsprechend war hier der Dissens am größten (vgl. C. A. Dufour 1989, 51–59, Tabellen I–IX). Allerdings unterschieden sich auch bei Übereinstimmung in den Endresultaten die für diese gegebenen Begründungen oft drastisch.

Literatur: M. M. Adams, What Does Ockham Mean by ›Supposition‹?, Notre Dame J. Formal Logic 17 (1976), 375–391; E. Arnold, Zur Geschichte der Suppositionstheorie. Die Wurzeln des modernen europäischen Subjektivismus, Symposion. Jb. f. Philos. 3 (1954), 1–134; E. J. Ashworth, The Doctrine of Supposition in the Sixteenth and Seventeenth Centuries, Arch. Gesch. Philos. 51 (1969), 260–285; B. C. Bazan, La signification des termes communs et la doctrine de la supposition chez Maître Siger de Brabant, Rev. philos. Louvain 77 (1979), 345–372; P. Boehner, A Medieval Theory of Supposition, Franciscan Stud. 18 (1958), 240–289; I. Boh, Paul of Pergula on Suppositions and Consequences, Franciscan Stud. 25 (1965), 30–89; E. P. Bos (ed.), Medieval Supposition Theory Revisited, Leiden/Boston Mass. 2013; A. Broadie, Introduction to Medieval Logic, Oxford 1987, ²1993; J. Corcoran/J. Swiniarski, Logical Structures of Ockham's Theory of Supposition, Franciscan Stud. 38 (1978), 161–183; C. A. Dufour, Die Lehre der Proprietates Terminorum. Sinn und Referenz in mittelalterlicher Logik, München/Hamden/Wien 1989; C. Dutilh Novaes, Formalizing Medieval Logical Theories. Suppositio, Consequentiae and Obligationes, Dordrecht 2007; dies., Medieval Theories of Supposition, in: H. Lagerlund (ed.), Encyclopedia of Medieval Philosophy. Philosophy between 500 and 1600 II, Berlin 2011, 1229–1236; S. Ebbesen, Early Supposition Theory (12th–13th Century), Histoire, Epistémologie, Langage 3 (1981), 35–48; V. Ferrer, Tractatus de suppositionibus, ed. J. A. Trentman, Stuttgart-Bad Cannstatt 1977; P. King (ed.), Jean Buridan's Logic. The Treatise on Supposition, The Treatise on Consequences, Dordrecht etc. 1985; N. Kretzmann, Semantics, History of, Enc. Ph. VII (1967), 358–406, VIII (²2006), 750–810 (mit Addendum v. M. J. Cresswell, 807–810); ders./A. Kenny/J. Pinborg (eds.), The Cambridge History of Later Medieval Philosophy. From the Rediscovery of Aristotle to the Disintegration of Scholasticism 1100–1600, Cambridge etc. 1982, 2003; A. de Libéra, Supposition naturelle et appellation. Aspects de la séman-

tique parisienne au XIIIe siècle, Histoire, Epistémologie, Langage 3 (1981), 63–77; A. Maierú, Terminologia logica della tarda scolastica, Rom 1972; G. B. Matthews, Ockham's Supposition Theory and Modern Logic, Philos. Rev. 73 (1964), 91–99; E. A. Moody, The Logic of William of Ockham, New York, London 1935, 1965; ders., Truth and Consequence in Mediaeval Logic, Amsterdam 1953 (repr. Westport Conn. 1976); C. Panaccio, Guillaume d'Occam. Signification et supposition, in: L. Brind'Amour/E. Vance (eds.), Archéologie du signe, Toronto 1983, 265–286; T. Parsons, The Development of Supposition Theory in the Later 12th through 14th Centuries, in: D. M. Gabbay/J. Woods (eds.), The Handbook of the History of Logic II (Mediaeval and Renaissance Logic), Amsterdam etc. 2008, 157–280; ders., Articulating Medieval Logic, Oxford etc. 2014, 184–226 (Chap. 7 Modes of Personal Supposition); A. R. Perreiah, Approaches to Supposition-Theory, The New Scholasticism 45 (1971), 381–408; J. Pinborg/S. Meier-Oeser, Supposition, Hist. Wb. Phil. X (1998), 652–660; R. Read, Thomas of Cleves and Collective Supposition, Vivarium 29 (1991), 50–84; S. Read, Medieval Theories. Properties of Terms, SEP 2002, rev. 2015; L. M. de Rijk, Significatio y suppositio en Pedro Hispano, Pensamiento 25 (1969), 225–234; T. K. Scott Jr., Geach on Supposition Theory, Mind NS 75 (1966), 586–588; P. V. Spade, Ockham's Rule of Supposition. Two Conflicts in His Theory, Vivarium 7 (1974), 63–73, Neudr. in: ders., Lies, Language and Logic in the Late Middle Ages, London 1988, 63–73; J. J. Swiniarski, A New Presentation of Ockham's Theory of Supposition with an Evaluation of Some Contemporary Criticisms, Franciscan Stud. 30 (1970), 181–217; E. A. Synan, The Universal and Supposition in a Logica Attributed to Richard of Campsall, in: J. R. O'Donnell (ed.), Nine Mediaeval Thinkers. A Collection of Hitherto Unedited Texts, Toronto 1955, 1974, 183–232; I. Thomas, Saint Vincent Ferrer's De Suppositionibus, Dominican Stud. 5 (1952), 88–102; J. A. Trentman, Simple Supposition and Ontology. A Study in XIVth-Century Logical Theory, Diss. Minneapolis Minn. 1964. – E. J. Ashworth, The Tradition of Medieval Logic and Speculative Grammar from Anselm to the End of the Seventeenth Century. A Bibliography from 1836 Onwards, Toronto 1978; weitere Literatur: ↑Supposition.   B. B.

Supranaturalismus, im weiteren philosophischen Sinne Bezeichnung für die – nur innerhalb der biblisch-christlichen Tradition formulierbare – Auffassung, daß die erfahrbaren (endlichen und vergänglichen), d. h. die ›natürlichen‹, Dinge durch ein nicht mehr erfahrbares (unendliches und ewiges), d. h. ↑›übernatürliches‹ Prinzip in ihrer ↑Existenz oder ihrem ↑Sein begründet bzw. in ihrem Sinn bestimmt werden. In diesem Sinne vertritt vor allem die mittelalterliche Philosophie (↑Scholastik) einen S.. Im engeren theologischen Sinne bezeichnet der S. eine dem ↑Rationalismus entgegengesetzte Position in der evangelischen Theologie des späten 18. Jhs. und der ersten Hälfte des 19. Jhs., derzufolge die ↑Offenbarung und nicht die ↑Vernunft die Wahrheit der christlichen Glaubenssätze garantiert.   O. S.

survival of the fittest (engl., Überleben der Tüchtigsten), von H. Spencer (Principles of Biology, I–II, London/Edinburgh 1864/1867) geprägter Ausdruck, den er als synonym mit C. R. Darwins Begriff der natürlichen ↑Selektion auffaßte. A. R. Wallace, der gleichzeitig mit Darwin die natürliche Selektion als treibende Kraft der ↑Evolution herausgestellt hatte, bevorzugte den Ausdruck ›s. o. t. f.‹ gegenüber dem der ›natürlichen Selektion‹, da dieser das Mißverständnis hervorgerufen hatte, daß im Selektionsprozeß eine bewußt handelnde Kraft am Werke sei, wogegen jener eine solche Personifizierung weniger nahelege. Darwin verwendete den Ausdruck ›s. o. t. f.‹ seit seinem Buch »Variation of Animals and Plants under Domestication« (I–II, London 1868) neben dem Ausdruck ›natürliche Selektion‹. Die vor allem mit ökonomischem ›laissez faire‹ und eugenischer Intervention verbundenen politischen Implikationen des Ausdrucks ›s. o. t. f.‹ führten, insbes. gefördert durch die nationalsozialistische Überlegenheitsideologie, allmählich zu dessen Verschwinden aus der Biologie. Teils wurde das Überleben der Tüchtigsten durch das Fitneßmaß (d. h. den Reproduktionserfolg) ersetzt, teils durch einen Ausdruck wie ›Anpassung‹.

Die Bezeichnung ›s. o. t. f.‹ hat der darwinistischen (↑Darwinismus) ↑Evolutionstheorie unter anderem von K. R. Popper den Vorwurf eingetragen, ein tautologisches (↑Tautologie) Fundament zu besitzen: Da die Fitneß von Organismen in ihrem Überleben bestehe, bedeute das Überleben der Tüchtigsten nichts anderes als das Überleben der Überlebenden. Der gleiche Vorwurf besteht auch dann zu Recht, wenn man den Reproduktionserfolg nicht als Maß, sondern als Definition von Fitneß versteht. Um dem Tautologievorwurf zu entgehen, ist es daher notwendig, vom aktuellen Überleben bzw. Reproduktionserfolg unabhängige Fitneßkriterien, z. B. anatomischer oder physiologischer Art, anzugeben.

Literatur: K. R. Popper, Darwinism as a Metaphysical Research Programme, in: P. A. Schilpp (ed.), The Philosophy of Karl Popper, I–II, La Salle Ill. 1974, 133–143; M. Ruse, Karl Popper's Philosophy of Biology, Philos. Sci. 44 (1977), 638–661; ders., Darwinism Defended. A Guide to the Evolution Controversies, Reading Mass. etc. 1982, 1983. G. W.

sūtra (sanskr., Faden, Lehrsatz), in der indischen Tradition (↑Philosophie, indische) Bezeichnung für (1) den Gehalt des ↑Veda in aphoristisch kurzen Lehrsätzen (zusammenfassende Leitfäden), wobei auch die Lehrsätze selbst ein s. heißen, (2) die Lehrreden Buddhas als Bestandteil kanonischer Schriften der Schulen des ↑Hīnayāna bzw. die diesen nachgebildeten, in der Regel umfangreichen Grundlagentexte der Schulen des ↑Mahāyāna (jedes buddhistische s. beginnt mit der Formel ›so habe ich es gehört‹).

Ein s. steht auch am Beginn der verschiedenen, den Veda anerkennenden philosophischen Systeme (↑darśana) – mit Ausnahme des ↑Sāṃkhya, dessen fundierende ↑kārikā wohl ein verlorengegangenes s. ersetzt hat.

Daher ist grundsätzlich die gesamte philosophische Literatur Indiens direkt oder indirekt als eine Auseinandersetzung unter anderem mit den anfänglichen s.s zu verstehen. Dies gilt auch für den Jainismus (↑Philosophie, jainistische). Das Vorbild für die ursprünglich wohl als Stütze für eine mündliche Weitergabe der heiligen Überlieferung gedachten s.-Texte ist die an Knappheit der Formulierung nicht mehr überbietbare Sanskrit-Grammatik Aṣṭādhyāyī des Pāṇini. Ein s. ist daher auf Kommentare, diese wiederum kommentierende Subkommentare usw. (↑bhāṣya) angewiesen, wobei eine Kommentierung grundsätzlich nicht historisch-erklärend, sondern systematisch-begründend verfährt, also ohne weiteres ein zeitlich späterer Kommentar bei der Erklärung eines zeitlich früheren herangezogen werden kann.

Man unterscheidet im ↑Brahmanismus s.s, die zur ↑śruti gehören und das große Opferzeremoniell betreffen (śrauta-s.), von denjenigen, die zur ↑smṛti gehören (smarta-s.) und einerseits von den privaten Verhaltenspflichten (gṛha-s.), andererseits von den öffentlichen Verhaltenspflichten (dharma-s.) handeln. Im Buddhismus ist der ›Korb der Lehrreden‹ (Suttapiṭaka; ›sutta‹ ist der Pāli-Ausdruck für sanskr. ›s.‹) des Hīnayāna in mehrere Sammlungen (fünf nikāya im Pāli-Kanon, vier āgama im chinesisch überlieferten Sanskrit-Kanon) unterteilt. Dagegen hat das Mahāyāna unter der Fülle ihm zugrundeliegender s.-Texte neun s.s bzw. s.-Gruppen als fundamental angesehen: Prajñāpāramitā, Saddharmapuṇḍarīka, Laṅkāvatāra, Saṃdhinirmocana, Avataṃsaka (mit den Bestandteilen Gaṇḍavyūha und Daśabhūmika), Mahāparinirvāṇa, Sukhāvatī-vyūha und Samādhi-rāja.

Literatur: J. Bronkhorst, S.s, in: K. A. Jacobsen (ed.), Brill's Encyclopedia of Hinduism II, Leiden/Boston Mass. 2010, 182–192; L. Renou, Sur le genre du s. dans la littérature sanskrite, J. Asiatique 251 (1963), 165–216 (repr. in: ders., Choix d'études Indiennes II, ed. N. Balbier/G.-J. Pinault, Paris 1997, 569–620). K. L.

Swedenborg, Emanuel, *Stockholm 29. Jan. 1688, †London 29. März 1772, schwed. Naturforscher und Theosoph, Sohn des späteren Bischofs J. Swedberg, 1719 unter dem Namen S. geadelt. Nach Studium der Philosophie und der klassischen Philologie in Uppsala 1710 (mit wachsendem Interesse an mathematischen und naturwissenschaftlichen Studien) Reise nach London. Dort Beschäftigung mit den Arbeiten I. Newtons, Bekanntschaft unter anderem mit J. Flamsteed, E. Halley und J. Woodward, Briefwechsel mit C. Wolff. 1716 über Paris und Deutschland Rückkehr nach Schweden, 1716–1747 Assessor in der obersten Bergbaubehörde (Zusammenarbeit mit dem Ingenieur C. Polhem, z. B. bei Plänen für einen Kanal zwischen Stockholm und Göteborg). Schwerpunkt der wissenschaftlichen Tätigkeit S.s bilden technische Konstruktionen (unter anderem eines Tauchbootes), meist publiziert in einer von S. gegründeten eigenen Zeitschrift (Daedalus hyperboreus, Uppsala/Skara 1716–1717), und Studien zur Kristallographie und Nebulartheorie (21 Jahre vor I. Kant und P. S. de Laplace). Daneben astronomische, geologische, paläontologische und anatomisch-physiologische Arbeiten. In Konkurrenz zur Newtonschen Physik entwirft S. eine mechanistische Theorie auf Cartesischer, teilweise (z. B. mit dem Begriff des ↑conatus) auch Leibnizscher Grundlage (Principia rerum naturalium, Dresden/Leipzig 1734) und arbeitet diese in materialistischen (↑Materialismus (historisch)) Konzeptionen weiter aus, z. B. in Form einer mechanistischen Psychologie (mit der Seele lokalisiert im Gehirn und zusammengesetzt aus materiellen Teilchen als Verbindungsinstanz zwischen dem Menschlichen und dem Göttlichen). In erkenntnistheoretischen Zusammenhängen finden sich hier aber auch konzeptionelle Anleihen bei G. W. Leibniz (etwa mit dem Begriff der *harmonia constabilita*; ↑Harmonie, prästabilierte) und J. Locke (etwa mit sensualistischen Konzeptionen; ↑Sensualismus, ↑tabula rasa). Im Anschluß an Leibniz und Wolff Beschäftigung mit Problemen des Aufbaus einer ↑mathesis universalis in Verbindung mit einer sprachphilosophischen ›Korrespondenztheorie‹ (Clavis Hieroglyphica, [1742], London 1784), d. h. dem Versuch, die Verbindung der geistigen und der materiellen Welt über sprachliche Analogien darzulegen (Unterscheidung zwischen einer natürlichen, einer geistigen und einer göttlichen Wortbedeutung). Diese Bemühungen stehen bereits im Schatten religiöser Spekulationen (seit den 30er Jahren), die ihren wissenschaftlichen Niederschlag z. B. in einer theologischen Physiologie finden (Oeconomia regni animalis [...], I–II, Amsterdam 1740/1741; Regnum animale [...], I–III, Den Haag, London 1744–1745).

Die religiöse Wendung S.s kulminiert 1744/1745 in Christusvisionen und der Aufgabe der bisherigen beruflichen und wissenschaftlichen Tätigkeit zugunsten der Ausarbeitung einer visionären Theorie der spirituellen Welt, mit der er ständigen Umgang zu haben beansprucht und deren Topographie (der diesseitigen Welt auch in Einzelheiten entsprechend) er beschreibt. Umfangreiche Bibelkommentare (unter anderem acht Bücher über Moses [Arcana coelestia [...], I–VIII, o.O. (London) 1749–1756]) dienen in diesem Zusammenhang dem Entwurf einer universalen Religion, der ab 1782 zur Bildung zahlreicher Gemeinden der »Neuen Kirche« S.s (unter anderem in England, Deutschland und den USA) führt. Theologische Elemente dieser Religion sind die Umbildung der Trinitätskonzeption in die Vorstellung dreier ›essentialia‹, denen in der ↑Schöpfung drei ›Seinsgrade‹ (Endzweck, Ursache, Wirkung) entsprechen, und die Lehre von der Auferstehung des Menschen zu einem ›intensiveren‹ Leben in einem ›geistigen Leib‹. Den Versuch einer philosophischen Auseinandersetzung mit S.s ↑Spiritualismus, dessen Einfluß sich vor allem in der Literatur findet (C. J. L. Almqvist, J. W. v. Goethe, J. C. Lavater, A. Strindberg), unternimmt I. Kant mit seiner skeptischen und metaphysikkritischen (↑Metaphysikkritik) Schrift »Träume eines Geistersehers, erläutert durch Träume der Metaphysik« (Königsberg 1766).

Werke: Daedalus hyperboreus [...], Uppsala/Skara 1716–1717 (repr. Stockholm 1910); Prodromus principiorum rerum naturalium sive novorum tentaminum chymicam & physicam experimentalem geometrice explicandi, Amsterdam 1721, Hildburghausen 1754 (engl. Some Specimens of a Work on the Principles of Natural Philosophy [...], in: Some Specimens of a Work on the Principles of Chemistry. With Other Treatises, trans. C. E. Strutt, London, Boston Mass. 1847 [repr. Bryn Athyn Pa. 1976], 1–179); Nova observata et inventa circa ferrum et ignem [...], Amsterdam 1721, Hildburghausen 1754 (engl. New Observations and Discoveries Respecting Iron and Fire, in: Some Specimens of a Work on the Principles of Chemistry [s. o.], 181–211); Methodus nova inveniendi longitudines locorum terra marique ope lunae, Amsterdam 1721 (engl. A New Method of Finding the Longitudes of Places, on Land, or at Sea, by Lunar Observations, in: Some Specimens of a Work [...] [s. o.], 213–227); Miscellanea observata circa res naturales & praesertim circa mineralia, ignem & montium strata, I–III in einem Bd., Leipzig 1722, IV unter dem Titel: Pars quarta Miscellanearum observationum circa res naturales & praecipue circa mineralia, ferrum & stallactitas in cavernis Baumannianis [...], Hamburg 1722 (engl. Miscellaneous Observations Connected with the Physical Sciences, trans. C. E. Strutt, London, Boston Mass. 1847 [repr. Bryn Athyn Pa. 1976]); Opera philosophica et mineralia, I–III (I Principia rerum naturalium [...], II Regnum subterraneum sive Minerale de ferro [...], III Regnum subterraneum sive Minerale de cupro et orichalco [...]), Dresden/Leipzig 1734 (repr. Bd. I, Basel 1953, 1954, 1956) (engl. Bd. I The Principia, or, The First Principles of Natural Things, Being New Attempts Toward a Philosophical Explanation of the Elementary World, I–II, trans. A. Clissold, London, Boston Mass. 1845/1846 [repr. New York 1976, Bryn Athyn Pa. 1988], Bd. III Treatise on Copper, I–III, trans. A. H. Searle, London 1938); Prodromus philosophiae ratiocinantis de infinito, et causa finali creationis. Decque mechanismo operationis animae et corporis, Dresden/Leipzig 1734 (engl. Prodromus, or the Forerunner of a Reasoning Philosophy Concerning the Infinite and the Final Cause of Creation. And Concerning the Mechanisms of the Soul and Body's Operation, Manchester 1795, unter dem Titel: Outlines of a Philosophical Argument on the Infinite, and the Final Cause of Creation. And on the Intercourse Between the Soul and the Body, trans. J. J. G. Wilkinson, London, Boston Mass. 1847, unter dem Titel: The Infinite and the Final Cause of Creation. Also the Intercourse Between the Body and the Soul, London 1908 [repr. unter dem Titel: Forerunner of a Reasoned Philosophy Concerning the Infinite, the Final Cause of Creation. Also the Mechanisms of the Operation of the Soul and Body, London 1965 (repr. 1992)]); Oeconomia regni animalis in transactiones divisa, I–II, London/Amsterdam 1740/1741, III, ed. J. J. G. Wilkinson, London 1847 (engl. Bde I–II unter dem Titel: The Economy of the Animal Kingdom [...], I–II, trans. A. Clissold, London, Boston Mass. 1845/1846, New York 1955, Bd. III unter dem Titel: The Economy of the Animal Kingdom. Transaction III. The Medullary Fibre of the Brain and the Nerve Fibre of the Body. The Arachnoid Tunic. Diseases of the Fibre, trans. A. Acton, Philadelphia Pa. 1918 [repr. Bryn Athyn Pa. 1976]); Regnum animale anatomice, physice, et philosophice perlustratum, I–III, I–II, Den Haag 1744, III, London 1745, IV, VI.1-2, VII, ed. J. F. I. Tafel, Tübingen, London 1848–1849, V.1, ed. R. L. Tafel, Stockholm 1869 [Autographa (s. u.) V] (engl. Bde I–III unter dem Titel: The Animal Kingdom Considered Anatomically, Physically, and Philosophically, I–II, trans. J. J. G. Wilkinson, London, Boston Mass. 1843/1844 [repr. Bryn Athyn Pa. 1960], Bde VI.1-2 unter dem Titel: The Generative Organs, Considered Anatomically, Physically and Philosophically, trans. J. J. G. Wilkinson, London 1852, unter dem Titel: The Animal Kingdom Considered Anatomically, Physically, and Philosophically, Parts 4 and 5. The Organs of Generation, and the Formation of the Foetus [...], trans. A. Acton, Philadelphia Pa. 1912, Bryn Athyn Pa. 1928, Bd. V unter dem Titel: The Brain Considered Anatomically, Physiologically and Philosophically, I–II, ed. R. L. Tafel, London 1882/1887, Bd. VII unter dem Titel: The Soul or Rational Psychology, trans. F. Sewall, New York 1887, London 1900, unter dem Titel: Rational Philosophy, trans. N. H. Rogers/A. Acton, Bryn Athyn Pa. 2001, Bd. IV unter dem Titel: The Five Senses, trans. E. S. Price, Philadelphia Pa. 1914 [repr. Bryn Athyn Pa. 1976]); De cultu et amore Dei, I–II, London 1745, London 1882/1883 (engl. On the Worship and Love of God, trans. J. Clowes, Manchester, London 1816, London ²1828, unter dem Titel: The Worship and Love of God. A Revised and Completed Translation Including the Third Part now First Published [...], trans. A. H. Stroh/F. Sewall, Boston Mass. 1914, mit Untertitel: In Three Parts, West Chester Pa./London 1996); Arcana coelestia [...], I–VIII, o.O. [London] 1749–1756 (repr. Basel o. J. [1962]), I–XIII, ed. J. F. I. Tafel, Tübingen 1833–1842, unter dem Titel: Arcana Caelestia [...], I–VIII u. 1 Indexbd., ed. P. H. Johnson, London ³1949–1973 (engl. Arcana coelestia [...], I–XII, trans. J. Clowes, London 1784–1806, unter dem Titel: Arcana Coelestia. The Heavenly Arcana Contained in the Holy Scripture or Word of the Lord [...], I–XII, ed. J. F. Potts, New York 1915–1925, 1978–88 [Standard Edition], unter dem Titel: Arcana Coelestia. Principally a Revelation of the Inner or Spiritual Meaning of Genesis and Exodus, trans. J. Elliott, London 1983–1999; dt. Göttliche Offenbarungen, I–VIII, übers. v. J. F. I. Tafel, Tübingen 1823–1836, unter dem Titel: Himmlische Geheimnisse, welche in der Heiligen Schrift oder in dem Worte Gottes enthalten [...], I–XVI, übers. J. Conring/J. J. Wurster, Basel/Ludwigsburg 1866–1869 [repr. unter dem Titel: Himmlische Geheimnisse, die in der Heiligen Schrift, dem Wort Gottes, enthalten (...), I–IX u. 1 Indexbd., Zürich 1967–1974 (Indexbd. o. J.)], unter dem Titel: Die Himmlischen Geheimnisse, die in der Heiligen Schrift oder im Worte des Herrn enthalten [...], I–XV u. 1 Indexbd., Zürich 1998–2000; franz. Arcanes célestes de l'Écriture sainte ou parole du Seigneur [...], I–XVI u. 1 Indexbd., übers. v. J.-F.-E. Le Boys des Guays, St.-Amand/Paris/London 1841–1891); De telluribus in mundo nostro solari [...], London 1758, ed. J. Elliott 2007 (dt. Von den Erdcörpern der Planeten und des gestirnten Himmels Einwohnern [...], o.O. 1770, unter dem Titel: Die Erdkörper in unserem Sonnensystem, welche Planeten genannt werden [...], übers. v. J. G. Mittnacht, Stuttgart 1875 [repr. Zürich 1962], unter dem Titel: Die Erdkörper im Weltall und ihre Bewohner, übers. F. Horn, Zürich 1997, 2010; engl. Concerning the Earths in Our Solar System, Which Are Called Planets [...], London 1787, unter dem Titel: The Worlds in Space, trans. J. Chadwick, London 1997, unter dem Titel: Life on Other Planets, West Chester Pa., London 2006; franz. Des terres, dans notre monde solaire, qui sont nommées planètes [...], übers. v. J. P. Moët, Paris 1824, unter

dem Titel: Des terres dans notre monde solaire qui sont appelées planètes [...], übers. v. J.-F.-E. Le Boys de Guays, Saint-Amand, Paris 1851, ²1862); De coelo et ejus mirabilibus, et de inferno, ex auditis et visis, London 1758, ed. J. F. I. Tafel, Boston Mass., London 1862 (dt. Vom Himmel und von den wunderbaren Dingen desselben [...], o.O. 1774, unter dem Titel: Vom Himmel und seinen Wunderdingen [...], übers. v. J. F. I. Tafel, Tübingen 1854, unter dem Titel: Himmel und Hölle beschrieben nach Gehörtem und Gesehenem, ed. F. A. Brecht, Berlin, Zürich 1924, unter dem Titel: Himmel und Hölle. Visionen & Auditionen, übers. v. F. Horn, Zürich 1992, 2005; engl. A Treatise Concerning Heaven and Hell [...], London 1778, unter dem Titel: Heaven and Its Wonders and Hell [...], trans. G. F. Dole, ed. B. Lang, West Chester Pa. 2000; franz. Les merveilles du ciel et de l'enfer [...], I–II, Berlin 1782, unter dem Titel: Du ciel et de ses merveilles et l'enfer [...], übers. v. J.-F.-E. Le Boys des Guays, Saint-Amand, Paris 1850, 1960, unter dem Titel: Le Ciel et ses merveilles et l'enfer, Paris 1973 [repr. 1979]); De ultimo judicio et de Babylonia destructa, London 1758, ed. J. Elliott, London 2007 (franz. Du dernier jugement et de la Babylone detruite [...], London 1787, unter dem Titel: Du jugement dernier et de la Babylone détruite [...], übers. v. J.-F.-E. Le Boys des Guays, Saint-Amand, Paris, London 1850; engl. A Treatise Concerning the Last Judgment, and the Destruction of Babylon [...], London 1788, unter dem Titel: The Last Judgement, trans. J. Chadwick, London 1992; dt. Des Herrn E. v. Schwedenborg letzten Worte und Prophezeyung von dem Schicksal der Christen, Altona 1789, unter dem Titel: Das lezte Gericht, und die Zerstörung Babel's [...], übers. v. L. Hofaker, Tübingen/Leipzig 1841, unter dem Titel: Vom Jüngsten Gericht und vom zerstörten Babylonien [...]. Fortsetzung von dem Jüngsten Gericht [...], übers. J. F. I. Tafel, Stuttgart ²1874 [repr. Zürich o. J. (1962)], Zürich 2010); De Nova Hierosolyma et ejus doctrina coelesti [...], London 1758 (repr. Basel 1962), ed. J. Elliott, 2004 (dt. Von dem Neuen Jerusalem und dessen himmlischen Lehre [...], o.O. 1772, unter dem Titel: Von dem Neuen Jerusalem und seiner himmlischen Lehre, übers. v. J. F. I. Tafel, Tübingen 1860, Frankfurt ²1884 [repr. Zürich o. J.], unter dem Titel: Religiöse Grundlagen des Neuen Zeitalters. Das Neue Jerusalem und seine himmlische Lehre, übers. v. F. Horn, Zürich 1993, 2000; engl. The Heavenly Doctrine of the New Jerusalem, London 1780, unter dem Titel: A Treatise Concerning the New Jerusalem and It's Heavenly Doctrine [...], ²1785, unter dem Titel: New Jerusalem, trans. G. F. Dole, West Chester Pa. 2015; franz. De la nouvelle Jérusalem et de sa doctrine céleste, London 1782, ed. E. A. Sutton, 1938); De equo albo, de quo in Apocalypsi, cap. XIX [...], London 1758 (repr. Zürich 2015), ed. J. Elliott, London 2004 (engl. Concerning the White Horse, Mentioned in the Revelation, Chap. XIX [...], London 1788, unter dem Titel: The White Horse as Described in the Book of Revelation, Chapter 19, trans. K. C. Ryder, London 2007; franz. Du cheval blanc, don't il est parlé dans l'Apocalypse [...], übers. v. J. P. Moët, Brüssel 1820, übers. v. J.-F.-E. Le Boys des Guays, Saint-Amand, Paris 1843, ²1859, o.O. 1984; dt. Ueber das Weisse Pferd in der Offenbarung [...], Tübingen 1832, unter dem Titel: Über das weiße Pferd und das Wort [dt./lat.], Zürich 2011); Doctrina Novae Hierosolymae de domino, Amsterdam 1763 [repr. Basel 1959], ed. L. Hofaker/G. Werner, Tübingen 1834 (Scripta novae Domini ecclesiae sive Novae Hierosolymae [...] I.1), New York, London 1889 [repr. London 1996] (engl. The Doctrine of the New Jerusalem Concerning the Lord, London 1784, 1954, unter dem Titel: The Lord, ed. G. F. Dole, West Chester Pa. 2014; franz. Doctrine de la Nouvelle Jérusaleme touchant le Seigneur, London etc. 1787, unter dem Titel: Doctrine [...] sur le Seigneur, übers. J.-F.-E. Le Boys des Guays, Saint-Amand, Paris 1844, [3]1883, 1901; dt. Lehre des Neuen Jerusalems vom Herrn, übers. J. F. I. Tafel, Tübingen 1823 [Göttliche Offenbarungen I], New York 1858, ferner in: Die vier Hauptlehren der Neuen Kirche, bezeichnet unter dem Neuen Jerusalem in der Offenbarung Johannis. Stuttgart 1876 [repr. Zürich o. J. (1988)], 1–96); Doctrina Novae Hierosolymae de Scriptura Sacra, Amsterdam 1763 (repr. Basel 1960), ed. L. Hofaker/G. Werner, Tübingen 1835 (Scripta novae Domini ecclesiae sive Novae Hierosolymae [...] I.2), New York, London 1889 (engl. The Doctrine of the New Jerusalem Concerning the Sacred Scripture, London 1786, 1954; franz. Doctrine de la Nouvelle Jérusalem sur l'Écriture Sainte, übers. v. J.-F.-E. Le Boys des Guays, St. Amand, Paris 1842, ferner in: Les quatre doctrines de la Nouvelle Jérusalem publiées en 1763, I. Sur le Seigneur, II. Sur l'Écriture Sainte, III. De Vie, IV. Sur la foi, Saint-Amande, Paris, London 1859, 1901; dt. Die Lehre des Neuen Jerusalems von der heiligen Schrift, ferner in: Die vier Hauptlehren der Neuen Kirche [s. o.], 97–188, Zürich 2011, 135–259); Doctrina vitae pro Nova Hierosolyma ex praeceptis Decalogi, Amsterdam 1763 (repr. Basel 1960), ed. L. Hofaker/G. Werner, Tübingen 1835 (Scripta novae Domini ecclesiae sive Novae Hierosolymae [...] I.3), New York, London 1889 (engl. The Doctrine of Life for the New Jerusalem [...], Plymouth o. J. [1772], London [2]1786, unter dem Titel: The Doctrine of the New Jerusalem Concerning Life, London 1990; franz. Doctrine de la vie que doivent mener ceux qui aspirent à membres réels de la Nouvelle Jérusalem [...], London etc. 1787, unter dem Titel: Doctrine de vie pour la Nouvelle Jérusalem, übers. J.-F.-E. Le Boys des Guays, Saint-Amand, Paris 1840, [2]1895, 1900; dt. Lebenslehre für das Neue Jerusalem aus den Geboten des Decalogus, New York 1859, ferner in: Die vier Hauptlehren der Neuen Kirche [s. o.], 189–244); Doctrina Novae Hierosolymae de fide, Amsterdam 1763 (repr. Basel 1961), ed. L. Hofaker/G. Werner, Tübingen 1835 (Scripta novae Domini ecclesiae sive Novae Hierosolymae [...] I.4), New York, London 1889 (engl. The Doctrine of the New Jerusalem Concerning Faith, Manchester o. J. [1792], London 1802, 1954; franz. Doctrine de la Nouvelle Jérusalem sur la foi, übers. J.-F.-E. Le Boys des Guays, Saint-Amand, Paris 1844, [2]1859, 1900; dt. Lehre des Neuen Jerusalems vom Glauben, New York, London 1859, ferner in: Die vier Hauptlehren der Neuen Kirche [s. o.], 245–280); Continuatio de ultimo judicio et de mundo spirituali, Amsterdam 1763, ed. J. F. I. Tafel, Tübingen 1846, ed. J. Elliott, London 2007 (franz. Continuation du Dernier Jugement et du monde spirituel [...], London 1787, unter dem Titel: Continuation sur le Jugement Dernier et sur la monde spiruel, in: Du Jugement Dernier [...] [s. o.], Saint-Amand, Paris, London 1850 [eigene Paginierung]; engl. A Continuation Concerning the Last Judgment and the Spiritual World, London 1791, unter dem Titel: Continuation on the Last Judgment, in: The Last Judgment, trans. J. Chadwick, London 1992, 109–169; dt. Weiterbericht über das letzte Gericht und Kunden aus der Geisterwelt, in: Das letzte Gericht [...] [s. o.], Tübingen/Leipzig 1841, 109–164, unter dem Titel: Fortsetzung von dem Jüngsten Gericht und von der geistigen Welt, in: Vom Jüngsten Gericht und vom zerstörten Babylonien [s. o.], Stuttgart [2]1874 [eigene Paginierung]); Sapientia angelica de divino amore et de divina sapientia, Amsterdam 1763, ed. J. F. I. Tafel, Stuttgart 1843, ed. N. B. Rogers, Bryn Athyn Pa. 1999 (franz. La sagesse angélique sur l'amour divin, et sur la sagesse divine, I–II, o.O. 1786, unter dem Titel: La sagesse angélique sur le divin amour et sur la divine sagesse, übers. J.-F.-E. Le Boys des Guays, Saint-Amand, Paris 1851, [2]1860, o.O. 1976; engl. The Wisdom of Angels, Concerning Divine Love and Divine Wisdom, London 1788, unter dem Titel:

Angelic Wisdom about Divine Love and about Divine Wisdom, trans. G. F. Dole, ed. G. R. Johnson, West Chester Pa. 2003; dt. Die Weisheit der Engel von der göttlichen Liebe und der göttlichen Weisheit, Stockholm 1821, übers. J. F. I. Tafel, Tübingen 1833, Zürich [4]1940, unter dem Titel: Die göttliche Liebe und Weisheit, übers. F. Horn, Zürich 1990, [2]1997); Sapientia angelica de divina providentia, Amsterdam 1764, ed. J. F. I. Tafel, Tübingen, London 1855, New York 1899 (engl. The Wisdom of Angels Concerning the Divine Providence, London 1790, unter dem Titel: Angelic Wisdom about Divine Providence, trans. W. F. Wunsch, West Chester Pa. 1996; franz. La sagesse angélique sur la divine providence, übers. J. P. Moët, Paris/Straßburg/London 1823, übers. J.-F.-E. Le Boys des Guays, Saint-Amand, Paris, London 1854, [2]1897; dt. Die Weisheit der Engel betreffend die göttliche Vorsehung, übers. J. F. I. Tafel, Tübingen 1836, Stuttgart [3]1907, unter dem Titel: Die Weisheit der Engel. Band 2. Die göttliche Vorsehung, übers. F. Horn, Zürich 1997); Apocalypsis revelata [...], Amsterdam 1766, I–II, ed. S. H. Worcester, New York 1881 [repr. London 1997], 1889, 1915/1925 (engl. The Apocalypse Revealed [...], I–II, Manchester 1791, I–II, trans. J. Whitehead, New York 1984, West Chester Pa. 1997; franz. L'Apocalypse révélée [...], I–II, übers. J. P. Moët, Paris/Straßburg/London 1823, I–III, übers. v. J.-F.-E. Le Boys des Guays, Saint-Amand, Paris, London 1856–1857; dt. Enthüllte Offenbarung Johannis oder vielmehr Jesu Christi [...], I–IV, übers. J. F. I. Tafel, Tübingen 1824–1831, I–IV in 2 Bdn., Stuttgart [2]1872–1874 [repr. Zürich 1978, 2004]); Delitiae sapientiae de amore conjugiali [...], Amsterdam 1768 (repr. Basel 1973, Bryn Athyn Pa. 1995), ed. L. Hofaker, Tübingen/Leipzig 1841, New York 1889, London 1982 (engl. The Delights of Wisdom Respecting Conjugal Love [...], London 1790, unter dem Titel: The Delights of Wisdom Pertaining to Conjugial Love, trans. S. M. Warren, ed. L. H. Tafel, West Chester Pa. 1998; franz. Traité curieux des charmes de l'amour conjugal [...], übers. M. de Brumore, Berlin/Basel 1784, Nachdr. Paris/Genf 1981, 1995, unter dem Titel: Les délices de la sagesse sur l'amour conjugal [...], I–II, übers. J.-F.-E. Le Boys des Guays, Saint-Amand, Paris, London 1855/1856, in einem Bd., [2]1887, unter dem Titel: L'Amour vraiment conjugal, Paris 1985; dt. Die Wonnen der Weisheit, betreffend die eheliche Liebe [...], übers. J. F. I. Tafel, Tübingen 1845 [nur Teil I], I–II, I Stuttgart, II Basel, [2]1872/1873, in einem Bd. Stuttgart [3]1891 [repr. Zürich 2000], Zürich [4]1964, unter dem Titel: Die eheliche Liebe und ihre Perversionen, übers. F. Horn, Zürich 1995); Summaria expositio doctrinae Novae Ecclesiae, Amsterdam 1769 (repr. Basel 1955), ed. J. F. I. Tafel, Tübingen 1859 (engl. A Brief Exposition of the Doctrine of the New Church [...], London 1769, 1952; dt. Revision der bisherigen Theologie [...], Breslau 1786, unter dem Titel: Kurze Darstellung der Lehre der Neuen Kirche [...], übers. J. F. I. Tafel, Tübingen 1854, ed. T. Noack, Zürich 2011; franz. Exposition sommaire de la doctrine de la Nouvelle Église [...], Paris 1797, übers. J.-F.-E. Le Boys des Guays, Saint-Amand, Paris 1847, [3]1904); De commercio animae & corporis [...], London 1769, ed. J. F. I. Tafel, Tübingen, Stuttgart 1843, London 1935 (engl. A Theosophic Lucubration on the Nature of Influx as It Respects the Communication and Operations of Soul and Body [...], London 1770, unter dem Titel: Regarding the Interaction of Soul and Body [...] [lat./engl.], ed. J. Elliott, London 2012; dt. Tractat von der Verbindung der Seele mit dem Körper [...], Frankfurt/Leipzig 1772, unter dem Titel: Die Wechselwirkung zwischen Seele und Körper. S.s Beitrag zum Leib-Seele-Problem [lat./dt.], ed. T. Noack, Zürich 2011; franz. Du commerce établi entre l'ame et le corps [...], London 1785, unter dem Titel: Du commerce de l'ame et du corps, übers. J. F. E. Le Boys des Guays, Saint-Amand,

Paris 1848, ²1860); Vera christiana religio [...], Amsterdam 1771 (repr. Basel 1964), I–II, ed. J. F. I. Tafel, Tübingen, London 1857/1858 (engl. True Christian Religion, I–II, London 1781, trans. J. C. Ager, West Chester Pa. 1996, unter dem Titel: True Christianity, I–II, ed. J. S. Rose, West Chester Pa. 2010/2011; dt. Die wahre christliche Religion [...], I–III, Altenburg 1784, I–IV, übers. J. F. I. Tafel, Tübingen, London 1855–1859, ed. F. Horn, Zürich 1960–1966; franz. La vraie religion Chrétienne [...], I–II, übers. J. P. Moët, Paris 1819, I–III, übers. J. F. E. Le Boys des Guays, Saint-Amand, Paris 1852–1853, I–II, ²1878 [repr. Blauen 1988]); Auserlesene Schriften, I–V, ed. F. C. Oetinger, Frankfurt 1776–1777; Coronis seu Appendix ad veram christianam religionem, London 1780; Summaria expositio sensus interni librorum propheticorum verbi Veteris Testamenti, London 1784, unter dem Titel: Summaria expositio sensus interni librorum Propheticorum ac Psalmorum Veteris Testamenti, ed. J. F. I. Tafel, Tübingen, London 1860 (engl. A Summary Exposition of the Internal Sense of the Prophets and the Psalms of David, Chester 1799, unter dem Titel: Summaries of the Internal Sense of the Prophets and Psalms [...], London 1960; franz. Exposition sommaire du sens interne des livres prophétiques de l'ancien testament et des psaumes de David [...], übers. J.-F.-E. Le Bois de Guays, Saint-Amand, Paris 1845, Paris ²1885; dt. Gedrängte Erklärung des innern Sinnes der prophetischen Bücher des Alten Testaments und der Psalmen Davids, übers. J. F. I. Tafel, Tübingen 1852, ²1899 [repr. Zürich 1963]); Clavis Hieroglyphica [...], London 1784 (engl. An Hieroglyphic Key to Natural and Spiritual Mysteries [...], trans. R. Hindmarsh, London 1792); Apocalypsis explicata secundum sensum spiritualem [...], I–IV, London 1785–1789, I–II, ed. J. F. I. Tafel, Tübingen 1861/1884, I–VI, New York, London 1889 (engl. The Apocalypse, or Book of Revelations [...], I–VI, London 1811–1815, unter dem Titel: Apocalypse Explained. According to the Spiritual Sense [...], I–VI, New York 1951–1956, West Chester Pa. ²1994–1997; franz. L'Apocalypse expliquée selon le sens spiritual [...], I–VII, übers. J. F. E. Le Boys de Guays, Saint-Amand, Paris, London 1855–1859; dt. Die Offenbarung. Erklärt nach dem geistigen Sinn [...], I–IV, Frankfurt 1882 [repr. Zürich 1991, 2001]); Diarii spiritualis [...], I–VII in 14 Bdn., ed. J. F. I. Tafel, Tübingen etc. 1843–1860, unter dem Titel: Experientiae spirituales, I–VI, ed. J. Durban Odhner, Bryn Athyn Pa. 1983–1997 (engl. The Spiritual Diary of E. S. [...], I–V, London 1883–1902, unter dem Titel: Diary, Recounting Spiritual Experiences During the Years 1745 to 1765, I–III, Bryn Athyn Pa. 1998–2002; dt. Geistiges Tagebuch [...] I [mehr nicht erschienen], Philadelphia Pa. 1902 [repr. Zürich 1986], I–VII, übers. W. Pfirsch, Zürich 2010); Camena borea [...], ed. J. F. I. Tafel, Tübingen 1845, ed. H. Helander, Uppsala 1988 [lat./engl.]; Adversaria in libros Veteris Testamenti, I–IV, ed. J. F. I. Tafel, Tübingen 1842–1854; S.s drömmar 1744 jemte andra hans anteckningar, ed. G. E. Klemming, Stockholm 1859 (engl. Journal of Dreams 1743–1744, trans. J. J. G. Wilkinson, ed. W. R. Woofenden, New York 1977, Bryn Athyn Pa. ²1989; dt. Das Traumtagebuch 1743–1744, übers. F. Prochaska, Zürich 1978, 2011; franz. Le livre des rêves. Journal des années 1743–1744, übers. R. Boyer, o.O. 1979, Paris 1985, ²1993); Autographa, I–X, ed. R. L. Tafel, Stockholm 1869–1870; Ontology, trans. P. B. Cabell, Philadelphia Pa. 1880, unter dem Titel: Ontology, or the Signification of Philosophical Terms, trans. A. Acton, Boston Mass. 1901; Scientific and Philosophical Treatises, I–II, ed. A. H. Stroh, Bryn Athyn Pa. 1906/1908, mit Untertitel: 1716–1740, ed. W. R. Woofenden, ²1992; Autographa ed. phototypica, I–XVIII, London 1907–1916; Opera quaedam aut inedita aut obsoleta de rebus naturalibus, I–III, ed. A. H. Stroh, Stockholm 1907–1911; Posthumous Theological Works,

I–II, ed. J. Whitehead, New York 1914, West Chester Pa. 1996; Psychological Transactions, ed. A. Acton, Philadelphia Pa. 1920, mit Untertitel: And Other Posthumous Tracts 1734–1744, Bryn Athyn Pa. ²1984; Psychologica. Being Notes and Observations on Christian Wolf's Psychologia Empirica, ed. A. Acton, Philadelphia Pa. 1923; A Philosopher's Note Book. Excerpts from Philosophical Writers and from the Sacred Scriptures on a Variety of Philosophical Subjects [...], trans. A. Acton, Philadelphia Pa. 1931 (repr. Bryn Athyn Pa. 1976) [Varia philosophica et theologica (1741–1744)]; Three Transactions on the Cerebrum, I–II, trans. A. Acton, Philadelphia Pa. 1938/1940, Bryn Athyn Pa. 1976; The Mechanical Inventions of E. S., trans. A. Acton, Bryn Athyn Pa. 1939; Ausgewählte religiöse Schriften, ed. M. Lamm, Marburg 1949; Die durchsichtige Welt. Ein S.-Brevier, ed. G. Gollwitzer, Pfullingen 1953, Zürich ²1966, 1994; Small Theological Works and Letters [lat./engl., schwed./engl.], London 1975; Festivus applausus in Caroli XII in Pomeraniam suam adventum, ed. H. Helander, Uppsala 1985. – The Letters and Memorials of E. S., I–II, ed. A. Acton, Bryn Athyn Pa. 1948/1955. – J. J. G. Hyde, A Bibliography of the Works of E. S. Original and Translated, London 1906 (repr. Zürich 2000); A. H. Stroh/G. Ekelöf, Kronologisk förteckning öfver E. S.s skrifter 1700–1772, Uppsala/Stockholm 1910 (engl. An Abridged Chronological List of the Works of E. S., Uppsala/Stockholm 1910); W. R. Woofenden, S. Researcher's Manual, Bryn Athyn Pa. 1988, unter dem Titel: S. Explorer's Guidebook [...], West Chester Pa. 2002, ²2008; N. Ryder, A Descriptive Bibliography of the Works of E. S. (1688–1772), I–III, London 2010–2015.

Literatur: E. Benz, S. als geistiger Wegbereiter der deutschen Romantik und des deutschen Idealismus, in: S. als Wegweiser in den Problemen des Daseins. Eine Schriftenreihe, Leipzig 1940, 73–96, separat Zürich 2009; ders., S. in Deutschland. F. C. Oetingers und Immanuel Kants Auseinandersetzung mit der Person und Lehre E. S.s, Frankfurt 1947; ders., E. S.. Naturforscher und Seher, München 1948, I–II, Zürich ²1969, in einem Bd., ³2004 (engl. E. S.. Visionary Savant in the Age of Reason, ed. N. Goodrick-Clarke, West Chester Pa. 2002); ders., Vision und Offenbarung. Gesammelte S.-Aufsätze, Zürich 1979; L. Bergquist, S.s hemlighet [...]. En biografi, Stockholm 1999 (engl. S.'s Secret. A Biography, London 2005); P. Bishop, Synchronicity and Intellectual Intuition in Kant, S., and Jung, Lewiston/Queenston/Lampeter 2000; R. E. Butts, Kant and the Double Government Methodology. Supersensibility and Method in Kant's Philosophy of Science, Dordrecht/Boston Mass./London 1981 (Univ. Western Ontario Ser. Philos. Sci. XXIV); J. Chadwick (ed.), A Lexicon to the Latin Text of the Theological Writings of E. S. (1688–1772), I–VIII u. 1 Suppl.bd., London 1975–1990; ders., On the Translator and the Latin Text – Essays on S., ed. S. McNeilly, London 2001, unter dem Titel: S. and His Readers. Selected Essays, ²2003; G. M. Cooper, S., in: T. Hockey (ed.), The Biographical Encyclopedia of Astronomers II, New York 2007, 1113–1114; M. David-Ménard, La folie dans la raison pure. Kant lecteur de S., Paris 1990; G. F. Dole/R. H. Kirven, A Scientist Explores Spirit. A Compact Biography of E. S. with Key Concepts of S.'s Theology, New York/West Chester Pa. 1992, West Chester Pa. 1997; D. Dunér, The Natural Philosophy of E. S.. A Study in the Conceptual Metaphors of the Mechanistic World-View, Dordrecht etc. 2013; W. van Dusen, The Presence of Other Worlds. The Psychological/Spiritual Findings of E. S., New York 1974 (dt. Der Mensch im Kraftfeld jenseitiger Welten. Die Ergebnisse der psychologischen und spirituellen Forschung E. S.s, Zürich 1980, unter dem Titel: Der Mensch zwischen Engeln und Dämonen

[…], Zürich 1997); G. Florschütz, S.s verborgene Wirkung auf Kant. S. und die okkulten Phänomene aus der Sicht von Kant und Schopenhauer, Würzburg 1992; H. de Geymüller, S. et les phénomènes psychiques, Paris 1934 (dt. S. und die übersinnliche Welt, Stuttgart/Berlin o. J. [1936] [repr. Zürich 1966, 1998]); K. Grandin (ed.), E. S.. Exploring a ›World Memory‹. Context, Content, Contribution, West Chester Pa. 2013; A. Hallengren, Gallery of Mirrors. Reception of S.ian Thought, West Chester Pa. 1998; M. Heinrichs, E. S. in Deutschland. Eine kritische Darstellung der Rezeption des schwedischen Visionärs im 18. und 19. Jahrhundert, Frankfurt/Cirencester 1979; W. Heller, S., BBKL XI (1996), 294–304; F. Horn, Schelling und S.. Ein Beitrag zur Problemgeschichte des deutschen Idealismus und zur Geschichte S.s in Deutschland […], Diss. Marburg 1954 (engl. Schelling and S.. Mysticism and German Idealism, West Chester Pa. 1997); G. R. Johnson, Kant, S. & Rousseau. The Synthesis of Enlightenment and Esotericism in »Dreams of a Spirit-Seer«, in: M. Neugebauer-Wölk/R. Geffarth/M. Meumann (eds.), Aufklärung und Esoterik. Wege in die Moderne, Berlin/Boston Mass. 2013, 208–223; I. Jonsson, S., Enc. Ph. VIII (1967), 48–51, IX (²2006), 336–339 (mit erw. Bibliographie v. T. Frei); dies., S.s Korrespondenslära, Stockholm 1969 (mit Bibliographie, 418–430); dies., E. S., New York 1971 (mit Bibliographie, 213–220), rev. unter dem Titel: Visionary Scientist. The Effects of Science and Philosophy on S.s Cosmology, West Chester Pa. 1999; dies., E. S.s Naturphilosophie und ihr Fortwirken in seiner Theosophie, in: A. Faivre/R. C. Zimmermann (eds.), Epochen der Naturmystik. Hermetische Tradition im wissenschaftlichen Fortschritt/Grands moments de la mystique de la nature/Mystical Approaches to Nature, Berlin 1979, 227–255; dies., S., in: A. Kors (ed.), Encyclopedia of Enlightenment IV, Oxford/New York 2003, 138–140; O. Lagercrantz, Dikten om livet på den andra sidan. En bok om E. S., Stockholm 1996 (dt. Vom Leben auf der anderen Seite. Ein Buch über E. S., Frankfurt 1997; engl. Epic of the Afterlife. A Literary Approach to S., West Chester Pa. 2002); M. Lamm, S.. En studie öfver hans utveckling till mystiker och andeskådare, Stockholm 1915, Johanneshov 1987 (dt. S.. Eine Studie über seine Entwicklung zum Mystiker und Geisterseher, Leipzig 1922, Zürich 2012; franz. S., Paris 1936; engl. E. S.. The Development of His Thought, West Chester Pa. 2000); J. L. Larson, Kant's S., Scandinavica 14 (1975), 45–61; A. Laywine, S., REP IX (1998), 241–243; S. Lindroth, S., DSB XIII (1976), 178–181; S. McNeilly (ed.), On the True Philosopher and the True Philosophy. Essays on S., London 2003; ders. (ed.), Philosophy, Literature, Mysticism. An Anthology of Essays on the Thought and Influence of E. S., London 2013; K. P. Nemitz, Leibniz und S., The New Philos. 94 (1991), 445–488; T. Noack (ed.), E. S. – Beiträge zur Wirkungsgeschichte, Zürich 2012; J. F. Potts, The S. Concordance. A Complete Work of Reference to the Theological Writings of S., I–VI, London 1888–1902, 1953–1957; J. S. Rose/S. Shotwell/M. L. Bertucci (eds.), E. S.. Essays for the New Century Edition on His Life, Work, and Impact [auch unter dem Titel: Scribe of Heaven. E. S.'s Life, Work, and Impact], West Chester Pa. 2005 (mit Bibliographie, 385–519); W. Rowlandson, Borges, S. and Mysticism, Oxford etc. 2013; M. K. Schuchard, E. S., Secret Agent on Earth and in Heaven. Jacobites, Jews, and Freemasons in Early Modern Sweden, Leiden/Boston Mass. 2012; C. O. Sigstedt, The S. Epic. The Life and Works of E. S., London, New York 1952 (repr. New York 1971), London 1981; F. Stengel, E. S. – Ein visionärer Rationalist?, in: M. Bergunder/D. Cyranka (eds.), Esoterik und Christentum. Religionsgeschichtliche und theologische Perspektiven. Helmut Obst zum 65. Geburtstag, Leipzig 2005, 58–97; ders. (ed.), Kant und S.. Zugänge zu einem umstrittenen Verhältnis, Tübingen 2008; ders., Aufklärung bis zum Himmel. E. S. im Kontext der Theologie und Philosophie des 18. Jahrhunderts, Tübingen 2011; ders., S., in: M. Willaschek u. a. (eds.), Kant-Lexikon III, Berlin/New York 2015, 2220–2222; A. H. Stroh, The Sources of S.'s Early Philosophy of Nature, Stockholm 1908; D. T. Suzuki, S.. Buddha of the North, West Chester Pa. 1996 [japan. Original Tokio 1911]; S. Toksvig, E. S., Scientist and Mystic, New Haven Conn. 1948, New York 1983; G. Trobridge, E. S.. His Life, Teachings and Influence, London/New York 1907, unter dem Titel: A Life of E. S., London/New York 1912, New York ⁵1992; G. Valentine, S.. An Introduction to His Life and Ideas, New York 2012; L. R. Wilkinson, The Dream of an Absolute Language. E. S. and French Literary Culture, Albany N. Y. 1996.   J. M.

Swineshead (Swyneshead, Suisset), Richard, fl. 1340–1355, engl. Naturphilosoph und Mathematiker, wie T. Bradwardine, J. Dumbleton und W. Heytesbury Vertreter der für die Entwicklung einer Mathematischen Physik bedeutenden ↑Merton School im 14. Jh., Beiname ›Calculator‹ (nach dem alle Vertreter der Schule auch als ›Calculatores‹ bezeichnet wurden). S. ist der Autor eines »Liber calculationum« (zwischen ca. 1340 und 1350) und wohl auch der Arbeiten »De motu« und »De motu locali« sowie eines Teilkommentars zu »De caelo«. Eine weitere Arbeit, »De motibus naturalibus«, stammt, ebenso wie zwei logische Arbeiten, »De insolubilibus« und »De obligationibus«, wahrscheinlich von einem Roger Swineshead († um 1365), der möglicherweise gleichzeitig wie S. dem Merton College in Oxford angehörte, vielleicht auch dessen Bruder war (J. Weisheipl, 1964).

Von S., der sich im »Liber calculationum« – mit Hauptaugenmerk auf der Ausarbeitung logisch-mathematischer Methoden der Naturforschung – vor allem mit der Summation unendlicher Reihen beschäftigt sowie mit der Möglichkeit, Änderungen physikalischer Größen (insbes. Bewegungsgrößen) mathematisch zu erfassen, stammen wesentliche Beiträge zur Formulierung der so genannten Merton-Regel, mit der im Rahmen der zeitgenössischen Diskussion über die *intensio* und *remissio* bewegter Formen bzw. Qualitätsintensitäten und der Vorstellung, daß eine ›uniformiter difforme‹ Qualität mit ihrem mittleren Grad übereinstimmt, beschleunigte Bewegungen auf gleichförmige Bewegungen zurückgeführt werden (↑Merton School). Die Merton-Regel besagt, daß ein Körper in einer aus dem Ruhezustand gleichförmig beschleunigten Bewegung in einer gegebenen Zeit die gleiche Strecke zurücklegt wie ein gleichförmig bewegter Körper mit der halben Endgeschwindigkeit des beschleunigten Körpers. – S.s Arbeiten sind ebenso wie diejenigen Heytesburys seit etwa 1350 in Padua und Bologna bekannt; sie werden mit Arbeiten Bradwardines und Heytesburys zwischen 1475 und 1525 in Venedig, Pavia und Padua gedruckt.

Werke: Opus aureum calculationum, ed. J. de Cipro, Padua 1477, unter dem Titel: Calculationes Suiseth anglici, ed. J. Tollentius, Pavia 1498, unter dem Titel: Calculator. […] Calculationes noviter eme[n]dat[a]e, Venedig 1520, unter dem Titel: Calculatoris Suiset anglici [...], Salamanca 1520; De loco elementi [Tractatus XI des Liber Calculationum] [lat./engl.], ed. M. A. Hoskin/A. G. Molland, in: dies., S. on Falling Bodies. An Example of Fourteenth-Century Physics [s. u., Lit.], 155–182; De potentia rei [Tractatus VIII des Liber Calculationum], ed. R. Podkoński, in: ders., R. S.'s »Liber calculationum« in Italy. Some Remarks on Manuscripts, Editions and Dissemination [s. u., Lit.], 345–361 (engl. [Teilausg.] in: M. Clagett, The Science of Mechanics in the Middle Ages, Madison Wis., London 1959, 290–304).

Literatur: M. Clagett, R. S. and Late Medieval Physics, Osiris 9 (1950), 131–161; ders., The Science of Mechanics in the Middle Ages, Madison Wis., London 1959, Madison Wis. 1979, 199–304; P. Duhem, Le système du monde. Histoire des doctrines cosmologiques de Platon à Copernic VII, Paris 1956, 1989, 601–653; A. B. Emden, A Biographical Register of the University of Oxford to A. D. 1500 III, Oxford 1959, 1989, 1836–1837 (Swyneshed, Richard de); A. Goddu, R. S. (Riccardus Suiseth), in: J. Hackett (ed.), Medieval Philosophers, Detroit Mich./London 1991 (Dictionary of Literary Biography 115), 339–343; M. A. Hoskin/A. G. Molland, S. on Falling Bodies. An Example of Fourteenth-Century Physics, Brit. J. Hist. Sci. 3 (1966), 150–182; C. J. T. Lewis, The Fortunes of R. S. in the Time of Galileo, Ann. Sci. 33 (1976), 561–584; J. Longway, S., in: T. F. Glick/S. Livesey/F. Wallis (eds.), Medieval Science, Technology, and Medicine. An Encyclopedia, London/New York 2005, 468; E. Mazet, Quelques aspects des méthodes mathématiques de R. S. dans les Traités des »Calculationes« sur le mouvement local, in: J. Biard/S. Rommevaux (eds.), Mathématiques et théorie de mouvement (XIVᵉ–XVIᵉ siècles), Villeneuve-d'Ascq 2008, 103–129; ders., R. S. et Nicole Oresme. Deux styles mathématiques, in: J. Celeyrette/C. Grellard (eds.), Nicole Oresme philosophe. Philosophie de la nature et philosophie de la connaissance à Paris au XIVᵉ siècle, Turnhout 2014, 105–138; J. Mittelstraß, Neuzeit und Aufklärung. Studien zur Entstehung der neuzeitlichen Wissenschaft und Philosophie, Berlin/New York 1970, 188–193 (§ 5.5 Oresme und die Calculatores); G. Molland, S., in: H. C. G. Matthew/B. Harrison (eds.), Oxford Dictionary of National Biography LIII, Oxford/New York 2004, 497–498; ders., Roger S., in: H. C. G. Matthew/B. Harrison (eds.), Oxford Dictionary of National Biography LIII [s. o.], 498–499; J. E. Murdoch/E. D. Sylla, S., DSB XIII (1976), 184–213 (mit Bibliographie, 211–213); R. Podkoński, R. S.'s »Liber calculationum« in Italy. Some Remarks on Manuscripts, Editions and Dissemination, Rech. théol. philos. médiévales 80 (2013), 307–361; F. P. Raimondi, Pomponazzi's Criticism of S. and the Decline of the Calculatory Tradition in Italy, Physis 37 (2000), 311–359; E. D. Sylla, Medieval Concepts of the Latitude of Forms. The Oxford Calculators, Arch. hist. doctr. litt. moyen-âge 40 (1973), 223–283; dies., Mathematical Physics and Imagination in the Work of the Oxford Calculators. Roger S.'s »On Natural Motion«, in: E. Grant/J. E. Murdoch (eds.), Mathematics and Its Applications to Science and Natural Philosophy in the Middle Ages, Cambridge etc. 1987, 2010, 69–101; dies., The Oxford Calculators and the Mathematics of Motion, 1230–1350. Physics and Measurement by Latitudes, New York/London 1991, bes. 154–181, 414–427, 626–714; dies., R. S., in: J. J. E. Gracia/T. B. Noone (eds.), A Companion to Philosophy in the Middle Ages, Malden Mass./Oxford/Carlton 2003, 2006, 595–596; dies., S., Enc. Ph. IX (²2006), 342–343; dies., ›Calculationes de motu locali‹ in R. S. and Alvarus Thomas, in: J. Biard/S. Rommevaux (eds.), Mathématiques et théorie du mouvement. XIVᵉ–XVIᵉ siècles, Villeneuve-d'Ascq, 2008, 131–146; dies., S., in: H. Lagerlund (ed.),

Encyclopedia of Medieval Philosophy, Dordrecht etc. 2011, 1139–1140; L. Thorndike, A History of Magic and Experimental Science III, New York 1934, 1966, 370–385; J. A. Weisheipl, Roger Swyneshed, O. S. B., Logician, Natural Philosopher, and Theologian, in: Oxford Studies Presented to Daniel Callus, Oxford 1964, 231–252; ders., Ockham and Some Mertonians, Med. Stud. 30 (1968), 163–213.　J. M.

Syllogismus, ↑Syllogistik.

Syllogismus, apodeiktischer (auch: apodiktischer), in der ↑Syllogistik Bezeichnung für Syllogismen, deren ↑Prämissen und ↑Konklusion aus apodiktischen, d. h. notwendigen, Urteilen (↑Urteil, apodiktisches) bestehen, also solchen der Gestalt ›*A* muß *B* sein‹. Gelegentlich rechnet man unter die a. n S.en auch solche, deren Prämissen einen axiomatischen Charakter haben. A. S.en sind ein Spezialfall modaler Syllogismen (↑Syllogismus, modaler). Sie werden den schlicht behauptenden assertorischen Syllogismen (↑Syllogismus, assertorischer) und den so genannten problematischen Syllogismen gegenübergestellt. Letztere sind modale Syllogismen, die aus Urteilen der ↑Modalität ›möglich‹ (z. B. ›*A* kann *B* sein‹) bestehen.　G. W.

Syllogismus, assertorischer, Bezeichnung für Syllogismen (↑Syllogistik), in denen ausschließlich kategorische Urteile (↑Urteil, kategorisches) auftreten. A. S.en werden deshalb auch ›kategorische Syllogismen‹ (↑Syllogismus, kategorischer) genannt. Man verwendet das Adjektiv ›assertorisch‹, um diese Syllogismen, in denen nur die positive bzw. die negative ↑Kopula (›ist‹, ›ist nicht‹) auftritt, von den modalen Syllogismen (↑Syllogismus, modaler) zu unterscheiden.　G. W.

Syllogismus, dialektischer (griech. συλλογισμὸς δια λεκτικός), Bezeichnung des Aristoteles (Top. A1.100a29ff.) für eine Argumentationsweise, die anders als der apodeiktische Syllogismus (↑Syllogismus, apodeiktischer) nicht auf wahren und ›ersten‹ ↑Prämissen beruht, sondern lediglich auf solchen, die entweder allgemein für wahr gehalten werden oder doch immerhin von der Mehrheit oder möglicherweise auch nur von einer, allerdings qualifizierten, Minderheit (den ›Weisen‹). Dies ist insbes. im Bereich praktischen und poietischen (↑Poiesis) Wissens der Fall, in dem somit kein eigentliches, durch ↑Wahrheit ausgezeichnetes Wissen, sondern nur (wenn auch begründbare) ↑Meinung erreichbar ist.　G. W.

Syllogismus, disjunktiver, in der traditionellen Logik (↑Logik, traditionelle) Bezeichnung für einen ↑Schluß von ›alle *S* sind entweder *P* oder *Q*‹ und ›dies *S* ist nicht *P*‹ (bzw. ›dies *S* ist *P*‹) auf ›dies *S* ist *Q*‹ (bzw. ›dies *S* ist nicht *Q*‹), überliefert unter der Bezeichnung ›modus tollendo ponens‹ (bzw. ›modus ponendo tollens‹; ↑Modus). D. S.en gehören, ungeachtet ihres Namens, nicht zu der auf kategorische Syllogismen (↑Syllogismus, kategorischer) beschränkten eigentlichen ↑Syllogistik. Dabei handelt es sich hier um die folgenden gültigen ↑Implikationen der ↑Junktorenlogik: $A \rightarrowtail B$, $\neg A \prec B$ (die beiden logisch zusammengesetzten Aussagen ›A oder B‹ und ›nicht-A‹ implizieren zusammen B) bzw. $A \rightarrowtail B$, $A \prec \neg B$, die als Gründe für die entsprechenden Schlußregeln $A \rightarrowtail B$; $\neg A \Rightarrow B$ bzw. $A \rightarrowtail B$; $A \Rightarrow \neg B$ und die durch ihre Anwendung entstehenden Schlüsse auftreten. Beide Implikationen kommen bereits unter den fünf überlieferten Grundimplikationen (Anfängen) des stoischen Kalküls der klassischen Junktorenlogik vor; sie gehen auf den Chrysippos zugeschriebenen ↑Hunde-Syllogismus zurück. Wird überall die ↑Disjunktion $\rightarrowtail$ (↑entweder – oder) durch die ↑Adjunktion $\vee$ (↑oder) ersetzt, bleiben allein die Schlußregeln bzw. Implikationen mit positiver Konklusion bzw. These gültig. In der klassischen Logik (↑Logik, klassische) ist der (ununterschieden ebenfalls so genannte) d. S. in der Form A; $\neg A \vee B \Rightarrow B$ mit dem ↑modus ponens A; $A \rightarrow B \Rightarrow B$, also einem hypothetischen Syllogismus (↑Syllogismus, hypothetischer), gleichwertig. Daher die Probleme in nicht-klassischen Logiken, wenn, anders als in der intuitionistischen Logik (↑Logik, intuitionistische), der Verschärfung des ›wenn – dann‹ nicht zugleich eine Verschärfung des ›oder‹ zur Seite gestellt wird (↑Logik des ›Entailment‹, ↑Relevanzlogik).   K. L.

Syllogismus, hypothetischer, Bezeichnung für – von der auf kategorische Urteile bezogenen Standardform abweichende – Syllogismen (↑Syllogistik) unterschiedlicher Struktur, die darin übereinstimmen, daß wenigstens eine ihrer ↑Prämissen ein hypothetisches Urteil (↑Urteil, hypothetisches) ist. Man unterscheidet (1) rein h. S.en (beide Prämissen sind hypothetische Urteile) und (2) gemischt h. S.en (nur eine Prämisse ist ein hypothetisches Urteil) in jeweils (a) positiver und (b) negativer Form. Dabei vertreten p, q, r jeweils kategorische Urteile der Form ›M ist P‹:

$$
\begin{array}{ll}
(1a) & \begin{array}{c} p \rightarrow q \\ q \rightarrow r \\ \hline p \rightarrow r \end{array} \qquad
(1b) \quad \begin{array}{c} p \rightarrow q \\ q \rightarrow r \\ \hline \neg r \rightarrow \neg p \end{array}
\end{array}
$$

$$
\begin{array}{ll}
(2a) & \begin{array}{c} p \rightarrow q \\ p \\ \hline q \end{array} \qquad
(2b) \quad \begin{array}{c} p \rightarrow q \\ \neg q \\ \hline \neg p \end{array}
\end{array}
$$

Die gemischt h.n S.en repräsentieren im positiven Falle (2a) den ↑modus ponens, im negativen Falle (2b) den ↑modus tollens. Manche Autoren (z. B. im 16. Jh. F. Crellius) beweisen h. S.en durch Umformung der hypothetischen in kategorische Urteile.   G. W.

Syllogismus, kategorischer, Bezeichnung für Syllogismen (↑Syllogistik), deren ↑Prämissen und ↑Konklusion aus kategorischen Urteilen bzw. Aussagen (↑Urteil, kategorisches) bestehen. Kategorische Urteile sind Urteile der Form ›alle A sind B‹, ›einige A sind B‹, ›einige A sind nicht B‹ oder ›kein A ist B‹. Seltener werden auch die modalen Syllogismen (↑Syllogismus, modaler) zu den k.n S.en gerechnet.   G. W.

Syllogismus, modaler, Bezeichnung für Syllogismen (↑Syllogistik), deren ↑Prämissen und ↑Konklusion aus modalen Urteilen, d. h. Urteilen der Form ›alle A können B sein‹, ›einige A müssen B sein‹ usw., gebildet sind. Die modalen Urteile der m.n S.en lassen sich mittels junktorenlogischer (↑Junktorenlogik) ↑Modalitäten (↑Modallogik) in Verbindung mit assertorischen Syllogismen (↑Syllogismus, assertorischer) darstellen. Dabei wird z. B. das modale Urteil ›alle A müssen B sein‹ zu ›es ist notwendig, daß alle A auch B sind‹.   G. W.

Syllogismus, obliquer, Bezeichnung für einen Syllogismus, in dem Termini in *casus obliqui* (Genitiv, Dativ, Akkusativ) auftreten. O. S.en werden für die drei Aristotelischen Figuren (↑Syllogistik) unter anderem von Wilhelm von Ockham (Summa totius logicae III/1, Kap. 9, 12, 15) untersucht. Wenn in der 1. Figur z. B. der ↑Obersatz *oblique* und der Untersatz *recte* ist, dann ist die ↑Konklusion *oblique*, wobei ein obliques Subjekt bzw. Prädikat des Obersatzes zu einem obliquen Subjekt oder Prädikat der Konklusion führt. Ockhams Beispiel: »Ein Esel sieht jeden Menschen. Sokrates ist ein Mensch. Daher sieht ein Esel den Sokrates.« Eine ausführliche Analyse des o.n S. liefert unter der Bezeichnung ›syllogisme complexe‹ auch die Logik von Port-Royal (↑Port-Royal, Schule von).   G. W.

Syllogismus, praktischer, Bezeichnung für eine auf Aristoteles (Eth. Nic. *H*5.1147a25–30) zurückgehende Form praktischer, d. h. auf ↑Handlungen bezogener, Begründung. Als solche ist der p. S. von den theoretischen Begründungen (Beweisen) der ↑Syllogistik zu unterscheiden. Die Idee des p.n S. ist auf unterschiedliche Weise präzisiert worden. Nach G. H. v. Wright, an den die neueren Überlegungen zum p.n S. wesentlich anschließen, hat ein p. S. die folgende Form:

(P_1) A beabsichtigt, p herbeizuführen;

(P_2) A glaubt, daß er p nur dann herbeiführen kann, wenn er x tut;

(K)   folglich macht sich A daran, x zu tun.

Bei p.n S.en geht es also um die notwendigen ↑Mittel zur Realisierung eines gegebenen Handlungszwecks (↑Zweck, ↑Zweckrationalität). Für den Fall, daß in (P_1) ein Gebot ausgesprochen wird, z. B. ›du mußt dem Kategorischen Imperativ (↑Imperativ, kategorischer) folgen‹, kann der p. S. auch zur Analyse von (moralischen und außermoralischen) Verpflichtungen (↑Pflicht) herangezogen werden (↑Ethik, ↑Logik, deontische).

Die genauere Analyse p. S.en in Verbindung mit ihren zahlreichen Schnittstellen zu philosophischen Teildisziplinen wirft viele und vielschichtige Probleme auf. Zunächst stellt sich die Frage, ob die Verbindung zwischen den ↑Prämissen und der ↑Konklusion eines p.n S. eine kausale (und damit empirisch) oder eine begriffliche (und damit logisch) ist. Da ferner auf ↑Intentionen (↑Intentionalität) und Überzeugungen Bezug genommen wird, ergeben sich wegen der Notwendigkeit, diese zu verstehen (↑Verstehen), Querbezüge zur ↑Hermeneutik sowie zur ↑Philosophie des Geistes (↑philosophy of mind) und zur ↑Sprachphilosophie. Da es um die Begründung von Handlungen geht, spielt der p. S. eine zentrale Rolle in der ↑Handlungstheorie; insofern moralische Handlungen betroffen sein können, bildet er einen Bestandteil der Ethik.

Wissenschaftstheoretisch betrachtet stellt der p. S. mit seinem Rekurs auf Intentionen eine gegenüber dem auf Gesetzesaussagen rekurrierenden, an den ↑Naturwissenschaften orientierten ›nomologischen‹ Hempel-Oppenheim-Modell (HO-Modell, engl. auch: covering law model) der ↑Erklärung eigenständige Form wissenschaftlicher Erklärung in den ↑Kulturwissenschaften und den ↑Geisteswissenschaften, ferner in den ↑Sozialwissenschaften dar, die als rationale ↑Rekonstruktion aufzufassen ist (O. Schwemmer 1976). Der im Hempel-Oppenheim-Modell wegen seiner Basierung auf Gesetzesaussagen naheliegenden kausalen Erklärung von Handlungsrationalität wird in der Theorie des p.n S. ein auf ↑*Gründen* (statt auf kausal zu verstehenden ↑*Motiven*) basierendes Rationalitätsmodell (↑Rationalität) für Handlungen entgegengestellt. Dabei rekurriert v. Wright auf die ›subjektive‹ Rationalität des Handelnden in dem Sinne, daß diejenigen Gründe in Betracht gezogen werden, die der Handelnde selbst faktisch für rational hält. Schwemmer hingegen strebt eine ›objektive‹ (↑objektiv/Objektivität) Erklärung von Handlungsrationalität an, in der diejenigen Gründe ausgezeichnet werden, die – unabhängig von den Auskünften der Handelnden – (normativ) für ein bestimmtes Handeln angenommen werden den *sollten*.

Literatur: H.-N. Castañeda, Imperative Reasonings, Philos. Phenom. Res. 21 (1960/1961), 21–49; P. Gottlieb, The Practical Syllogism, in: R. Kraut (ed.), The Blackwell Guide to Aristotle's »Nicomachean Ethics«, Malden Mass./Oxford/Carlton 2006, 218–233; dies., The Virtue of Aristotle's Ethics, Cambridge/New York 2009, bes. 151–172; F. Grandjean, Aristoteles' Theorie der praktischen Rationalität, Bern etc. 2009, bes. 180–210; J. Jarvis, Practical Reasoning, Philos. Quart. 12 (1962), 316–328; A. J. Kenny, Practical Inference, Analysis 26 (1966), 65–75; A. W. Müller, Praktisches Folgern und Selbstgestaltung nach Aristote-

les, Freiburg/München 1982; N. Rescher, Practical Reasoning and Values, Philos. Quart. 16 (1966), 121–136; P. Schollmeier, Aristotle on Practical Wisdom, Z. philos. Forsch. 43 (1989), 124–132; G. F. Schueler, Reasons and Purposes. Human Rationality and the Teleological Explanation of Action, Oxford 2003, 2005, bes. 88–107; O. Schwemmer, Theorie der rationalen Erklärung. Zu den methodischen Grundlagen der Kulturwissenschaften, München 1976; ders., Handlung und Struktur. Zur Wissenschaftstheorie der Kulturwissenschaften, Frankfurt 1987; J. D. Wallace, Practical Inquiry, Philos. Rev. 78 (1969), 435–450; J. R. Welch, Reconstructing Aristotle. The Practical Syllogism, Philosophia 21 (Ramat-Gan 1991), 69–88; G. H. v. Wright, Practical Inference, Philos. Rev. 72 (1963), 159–179; ders., Explanation and Understanding, London, Ithaca N. Y. 1971, London 2009 (dt. Erklären und Verstehen, Frankfurt 1974, Berlin ⁴2004, Hamburg 2008). – Sonderheft: Logical Analysis and History of Philosophy/Philosophiegeschichte und logische Analyse 11 (2008) (Focus: The Practical Syllogism/Schwerpunkt: Der p. S.), bes. 91–228. G. W.

Syllogismus, vollkommener (griech. τέλειος συλλογισμός), Bezeichnung des Aristoteles und der ihm folgenden Tradition für die Syllogismen (↑Syllogistik) der 1. Figur. Da die Gültigkeit der Syllogismen der übrigen Figuren durch ihre logische Umformung in solche der 1. bewiesen wird, genießen diese einen besonderen Vorrang, der nach Aristoteles auf ihrer höheren ↑Evidenz beruht. Diese dürfte daraus resultieren, daß die von Aristoteles begründete Auffassung der ↑Syllogistik als zweistellige ↑Relationenlogik nur bei den Modi (↑Modus) der 1. Figur in ihrer transitiven (↑transitiv/Transitivität), und damit klarsten, Form auftritt. So läßt sich etwa aus der Prämissenkonjunktion im Syllogismus ↑›Celarent‹ ($BeC \wedge AaB \prec AeC$) relationslogisch schließen: ›$A(a \mid e)C$‹; da bei geeigneter Definition der ↑Relationenmultiplikation die Produktrelation $a \mid e$ mit der Relation e übereinstimmt, ist dies äquivalent mit der Konklusion AeC.

Literatur: T. Ebert, Was ist ein v. S. des Aristoteles?, Arch. Gesch. Philos. 77 (1995), 221–247, ferner in: N. Öffenberger/M. Skarica (eds.), Beiträge zum Satz vom Widerspruch und zur aristotelischen Prädikationstheorie, Hildesheim/Zürich/New York 2000, 266–294; R. Patterson, Aristotle's Perfect Syllogisms, Predication, and the ›Dictum de Omni‹, Synthese 96 (1993), 359–378; G. Patzig, Die aristotelische Syllogistik. Logisch-philologische Untersuchungen über das Buch A der »Ersten Analytiken«, Göttingen 1959, ³1969 (engl. Aristotle's Theory of the Syllogism. A Logico-Philosophical Study of Book A of the »Prior Analytics«, Dordrecht 1968). G. W.

Syllogistik, Terminus für das in systematischer Form auf Aristoteles in den »Ersten Analytiken« zurückgehende Kernstück der traditionellen Logik (↑Logik, traditionelle). Die S. ist die Theorie der gültigen ↑Schlüsse von zwei Vordersätzen (↑Prämisse) auf einen Schlußsatz (↑Konklusion). Als Prämissen und Konklusionen kommen nur Aussagen (traditionell: ›Urteile‹) bestimmter syntaktischer Struktur in Frage: (1) ›alle P sind Q‹,

(2) ›kein P ist Q‹, (3) ›einige P sind Q‹, (4) ›einige P sind nicht Q‹. Die traditionelle S. spricht, diese Satztypen nach ›Qualität‹ (bejahend [lat. affirmo] oder verneinend [lat. nego]) und ›Quantität‹ (universell oder partikular) unterscheidend, von (1) ›a-Urteilen‹ (universell bejahend, Formel: PaQ; ↑a), (2) ›e-Urteilen‹ (universell verneinend, Formel: PeQ; ↑e), (3) ›i-Urteilen‹ (partikular bejahend, Formel: PiQ; ↑i) bzw. (4) ›o-Urteilen‹ (partikular verneinend, Formel: PoQ; ↑o). Die Formeln sind seit dem Mittelalter gebräuchlich. Zunächst werden ›P‹ und ›Q‹ nur als schematische Prädikatorenbuchstaben (traditionell: ›Begriffe‹; ↑Prädikatorenbuchstabe, schematischer) betrachtet, z.B. ›alle Menschen (P) sind sterblich (Q)‹; seit Wilhelm von Ockham werden auch Sätze mit ↑Eigennamen als grammatischem Subjekt in die Untersuchungen der S. einbezogen, z.B. ›Sokrates (P) ist ein Mensch (Q)‹.

Die traditionelle S. berücksichtigt nur solche Prämissen, die genau einen Begriff (↑Mittelbegriff) gemeinsam haben. Diejenige Prämisse, die den allgemeinsten der drei Begriffe eines Syllogismus enthält, wird ›major‹ (↑Obersatz), die andere ›minor‹ (↑Untersatz) genannt. Je nachdem, ob der zweimal in den Prämissen auftretende schematische Prädikatorenbuchstabe M (›Mittelbegriff‹) nur als Prädikat, nur als Subjekt oder in der einen Prämisse als Subjekt und in der anderen als Prädikat vorkommt, werden vier Schlußschemata (›Figuren‹; ↑Figur (logisch), ↑Schluß) untersucht, deren letztes erst von Galenos den (aristotelischen) ersten drei hinzugefügt wird (Aristoteles hatte die unterschiedliche Reihenfolge von Prämissen mit ›M‹ als Subjekt und Prädikat für nicht weiter bedeutend gehalten):

(I) $M \rho S$ (II) $S \rho M$ (III) $M \rho S$ (IV) $S \rho M$
$\underline{P \sigma M}$ $\underline{P \sigma M}$ $\underline{M \sigma P}$ $\underline{M \sigma P}$
$S \tau P$ $S \tau P$ $S \tau P$ $S \tau P$

Dabei sind ρ, σ, τ schematische Buchstaben für die ↑Ersetzung durch a, e, i, o. Substituiert man diese schematischen Buchstaben, so erhält man einen *Syllogismus*, z.B.

      alle Griechen sind Menschen,
      alle Menschen sind sterblich;
also: alle Griechen sind sterblich.

Aus kombinatorischen Gründen kann man durch Ersetzung von ρ, σ, τ durch a, e, i, o genau $4 \times 4^3 = 256$ mögliche Schlußweisen (›Modi‹; ↑Modus) erhalten. Ferner dürfen in den Prämissen nur drei voneinander verschiedene ↑Prädikatoren auftreten: einer der Prädikatoren (der ›Mittelbegriff‹ oder ›terminus medius‹) muß in *beiden* Prämissen vorkommen. Die beiden anderen Prädikatoren heißen ↑›Außenbegriffe‹. Außerdem beschränkt sich der traditionelle Syllogismus auf Konklusionen der Form $S \rho P$, ohne die möglichen gültigen

Schlüsse $S \bar{\rho} P$ ($= P \rho S$) zu untersuchen, die man durch Konversion (↑konvers/Konversion) von S und P erhält. Von den kombinatorisch möglichen 256 Schlußformen werden im allgemeinen 19 als ›gültige‹ syllogistische Schlußschemata ausgezeichnet, die seit Johannes Hispanus (13. Jh.) in Merkversen festgehalten werden. Die drei Vokale der in diesen Versen auftretenden Kunstwörter geben, in der Reihenfolge Prämissen – Konklusion, den jeweils für die Gültigkeit erforderlichen syllogistischen Satztyp an, während die Konsonanten der Merkwörter der Figuren (II) – (IV) für bestimmte Transformatoren stehen, die jeden gültigen Modus dieser Figuren auf einen der ersten zu reduzieren gestatten: ↑Barbara, ↑Celarent, ↑Darii, Ferioque prioris (figurae; ↑Ferio); Cesare, Camestres, Festino, Baroco secundae; Tertia Darapti, Disamis, Datisi, Felapton, Bocardo, Ferison habet; quarta insuper addit Bamalip, Calemes, Dimatis, Fesapo, Fresison (der angegebene Schluß auf die Sterblichkeit der Griechen stellt den Syllogismus ›Barbara‹ dar).

Zu diesen 19 gültigen Syllogismen rechnet die traditionelle S. noch fünf so genannte schwache Syllogismen (↑Abschwächungsregel) hinzu. Deren Gültigkeit ergibt sich aus der Tatsache, daß gültige Syllogismen mit den Konklusionen SaP bzw. SeP auch dann noch gültig bleiben, wenn SaP durch SiP und SeP durch SoP ersetzt werden. Dies gilt auf Grund der ↑Implikationen $SaP \prec SiP$ bzw. $SeP \prec SoP$. Dabei wird allerdings für den Fall der extensionalen (↑extensional/Extension) Interpretation der fraglichen Prädikatoren vorausgesetzt, daß die Klasse (↑Klasse (logisch)) von S nicht leer ist.

Seit Aristoteles wird der 1. Figur eine Vorrangstellung eingeräumt (›vollkommene Syllogismen‹; ↑Syllogismus, vollkommener) und im allgemeinen die Gültigkeit von Syllogismen der anderen Figuren durch Umformung in solche der 1. Figur bewiesen. Grund für diese Vorrangstellung ist wohl der Umstand, daß die Ableitungsverhältnisse bei Syllogismen der 1. Figur dank einfacher Enthaltensrelationen der Klassen der verwendeten Prädikatoren besonders durchsichtig sind (vgl. an. pr. A4.25b32–35). Während sich so bei Aristoteles bereits genuin logische Ansätze zur Begründung des syllogistischen Schließens finden, wird in der logischen Tradition häufig versucht, dieses Schließen durch Rekurs auf psychologische und ontologische Voraussetzungen zu begründen.

Erste ↑Kalküle der S. entwickelt G. W. Leibniz. Auf ihn sowie auf J. C. Lange, J. H. Lambert und L. Euler gehen auch erste Versuche zurück, mittels logischer Diagramme (↑Diagramme, logische) die gültigen Syllogismen auszuzeichnen. Der Wert der S. ist vielfach bezweifelt worden, z.B. von J. Locke und R. Descartes. – Die Entwicklung der modernen formalen Logik (↑Logik, formale) ist durch die Fixierung der Tradition auf die S.

behindert worden. Diese Fixierung ließ unter anderem auch die ↑Junktorenlogik der Stoa (↑Logik, stoische) in Vergessenheit geraten. Andererseits ist es von Interesse, die S. in der Perspektive moderner Theorien zu betrachten. So läßt sich z. B. die S. im Anschluß an die Klassenalgebra G. Booles bei extensionaler Auffassung der Prädikatoren mengentheoretisch (↑Mengenlehre) begründen (↑Klassenkalkül, ↑Klassenlogik).

Von besonderer Eleganz – und der Aristotelischen Konzeption historisch adäquat – ist die auf A. De Morgan zurückgehende Auffassung des syllogistischen Schließens als ↑Relationenmultiplikation, die vor allem von C. S. Peirce, E. Schröder und B. Russell weiter ausgebaut wird. Dabei geht man davon aus, daß die Klassen der Prädikatoren einer Prämisse in einer der Relationen a, e, i, o oder deren Konversen zueinander stehen. Die gültigen Konklusionen sind dann Produkte der Relationen der beiden Prämissen, die selbst wieder eine der genannten Relationen ergeben. Neben den traditionell gültigen Syllogismen erhält man auf diese Weise auch die gültigen Syllogismen mit konverser Konklusion ($P\rho S$). Zur Ableitung reicht ein einziges Axiom aus: $SaM, MaP \prec SaP$.

Eine weitere Möglichkeit moderner Behandlung bietet die Einbettung der S. in die ↑Quantorenlogik, da alle syllogistischen Satztypen eine quantorenlogische Struktur besitzen. Eine einfache Formalisierung – z. B. für SaP: $\bigwedge_x (Sx \rightarrow Px)$ – ist jedoch nicht ausreichend, wenn man die ›Gesetze‹ der traditionellen S., wie z. B. die Kontrarität (↑konträr/Kontrarität) von a- und e-Urteilen (↑Quadrat, logisches), darstellen will. Von J. Łukasiewicz stammt eine (später von G. Patzig vor allem philologisch korrigierte und präzisierte) aussagenlogische Einbettung und Rekonstruktion der Aristotelischen S., in der – ähnlich wie bei Aristoteles – die gültigen Modi der 1. Figur als beweisunbedürftige ↑Axiome angesetzt werden. Ferner sind die Konversionen von SaP (d. h. PiS), SeP (d. h. PeS) und SiP (d. h. PiS) hinzuzufügen. Neben diese axiomatischen Rekonstruktionen der S. treten solche, die eine Rekonstruktion nach dem ↑Kalkül des natürlichen Schließens durchführen (J. T. Smiley, J. Corcoran). – Die modernen Darstellungen der S. machen deutlich, daß sie keine logische Basisdisziplin ist, insofern ihre korrekte formallogische Behandlung andere logische Theorien bzw. Verfahren voraussetzt.

Neben der hier dargestellten so genannten assertorischen S. (↑Syllogismus, assertorischer) hat die logische Tradition auch einige andere Arten von Syllogismen untersucht, z. B. hypothetische (↑Syllogismus, hypothetischer), disjunktive (↑Syllogismus, disjunktiver) oder modale (↑Syllogismus, modaler) Syllogismen. Hypothetische Syllogismen enthalten ausschließlich oder zum Teil Prämissen der Form ›Q ist R, falls $M\,P$ ist‹, während die in den schon von Aristoteles untersuchten modalen

Syllogismen auftretenden Aussagen Modaloperatoren wie ›möglich‹ (↑möglich/Möglichkeit) und ›notwendig‹ (↑notwendig/Notwendigkeit) enthalten (↑Modallogik). Hier stehen axiomatische Rekonstruktionen (A. Becker, Łukasiewicz, S. McCall) neben stärker historisch-philologisch und philosophisch orientierten Ansätzen (N. Rescher, W. Wieland).

Literatur: A. Becker, Die Aristotelische Theorie der Möglichkeitsschlüsse. Eine logisch-philologische Untersuchung der Kapitel 13–22 von Aristoteles' Analytica priora I, Berlin 1933, Darmstadt ²1968; J. Barnes, Logical Matters. Essays in Ancient Philosophy II, ed. M. Bonelli, Oxford 2012, 266–283 (Chap. 7 Syllogistic and the Classification of Predicates), 364–381 (Chap. 12 Proofs and the Syllogistic Figures), 659–665 (Chap. 24 Late Greek Syllogistic), 683–728 (Chap. 27 Syllogistic in the anon Heiberg); O. Bird, Syllogistic and Its Extensions, Englewood Cliffs N. J. 1964; J. M. Bocheński, Formale Logik, Freiburg/München 1956, ⁶2015 (engl. A History of Formal Logic, Notre Dame Ind. 1961, New York ²1970); M. Clark, The Place of Syllogistic in Logical Theory, Nottingham 1980; J. Corcoran, A Mathematical Model of Aristotle's Syllogistic, Arch. Gesch. Philos. 55 (1973), 191–219; ders. (ed.), Ancient Logic and Its Modern Interpretations. Proceedings of the Buffalo Symposium on Modernist Interpretations of Ancient Logic, 21 and 22 April, 1972, Dordrecht/Boston Mass. 1974; M. Drechsler, Interpretationen der Beweismethoden in der S. des Aristoteles. Sowie ein logisch-semantischer Kommentar zu den Analytica priora I, 1, 2, 4–7, Frankfurt etc. 2005; K. Ebbinghaus, Ein formales Modell der S. des Aristoteles, Göttingen 1964; G. Englebretsen, Three Logicians. Aristotle, Leibniz, and Sommers and the Syllogistic, Assen 1981; ders. (ed.), The New Syllogistic, New York etc. 1987; B. v. Freytag-Löringhoff, Logik. Ihr System und ihr Verhältnis zur Logistik, Zürich/Wien, Stuttgart etc. 1955, unter dem Titel: Logik I (Das System der reinen Logik und ihr Verhältnis zur Logistik), Stuttgart etc. ⁵1972; E. Kapp, S., RE VII/A1 (1931), 1046–1067; W. Kneale/M. Kneale, The Development of Logic, Oxford 1962, 1984, 67–81 (Sect. II.6 The Doctrine of the Syllogism); J. Lear, Aristotle and Logical Theory, Cambridge etc. 1980, 1985; T.-S. Lee, Die griechische Tradition der aristotelischen S. in der Spätantike. Eine Untersuchung über die Kommentare zu den analytica priora von Alexander Aphrodisiensis, Ammonius und Philoponus, Göttingen 1984; P. Lorenzen, Formale Logik, Berlin 1958, ⁴1970 (engl. Formal Logic, Dordrecht 1965); J. Łukasiewicz, Aristotle's Syllogistic from the Standpoint of Modern Formal Logic, Oxford 1951, ²1957, 1998 (franz. La syllogistique d'Aristote dans la perspective de la logique formelle moderne, Paris 1972); M. Malink, Aristotle's Modal Syllogistic, Cambridge Mass./London 2013; A. Menne/N. Öffenberger (eds.), Über den Folgerungsbegriff in der aristotelischen Logik (Zur modernen Deutung der aristotelischen Logik I), Hildesheim/New York 1982 (repr. 1995); J. Mittelstraß/P. Schroeder-Heister, Nicholas Rescher on Greek Philosophy and the Syllogism, in: R. Almeder (ed.), Rescher Studies. A Collection of Essays on the Philosophical Work of Nicholas Rescher, Heusenstamm 2008, 211–240; ferner in: J. Mittelstraß, Die griechische Denkform. Vom Entstehung der Philosophie aus dem Geiste der Geometrie, Berlin/Boston Mass. 2014, 247–272; W. A. Murphree, Numerically Exceptive Logic. A Reduction of the Classical Syllogism, New York etc. 1991; U. Nortmann, Modale Syllogismen, mögliche Welten, Essentialismus. Eine Analyse der aristotelischen Modallogik, Berlin/New York 1996; G. Patzig, Die aristotelische S.. Logisch-philologische Untersuchungen über das Buch A der »Ersten Analytiken«, Göttingen 1959, ³1969 (engl. Aristotle's Theory of the Syllogism. A Logico-Philological Study of Book A of the »Prior Analytics«, Dordrecht 1968); J. Pinborg, Topik und S. im Mittelalter, in: F. Hoffmann/L. Scheffczyk/K. Feiereis (eds.), Sapienter ordinare. Festgabe für Erich Kleineidam, Leipzig 1969, 157–178; E.-W. Platzeck, Klassenlogische S.. Ein geschlossenes Verbandsystem definiter Klassen, Paderborn etc. 1984; L. Pozzi, Da Ramus a Kant. Il dibattito sulla sillogistica (con appendice su Lewis Carroll), Mailand 1981; C. Prantl, Geschichte der Logik im Abendlande, I–IV, Leipzig 1855–1870 (repr. Hildesheim/Zürich/New York 1997); N. Rescher, Aristotle's Theory of Modal Syllogisms and Its Interpretation, in: M. Bunge (ed.), The Critical Approach to Science and Philosophy. In Honor of Karl R. Popper, London, Glencoe Ill./London/New York 1964, unter dem Titel: Critical Approaches to Science and Philosophy, New Brunswick N. J./London 1999, 152–177, Neudr. in: ders., Essays in Philosophical Analysis, Pittsburgh Pa. 1969, Washington D. C. 1982, 33–60; W. Risse, Die Logik der Neuzeit, I–II, Stuttgart-Bad Cannstatt 1964/1970; K. J. Schmidt, Die modale S. des Aristoteles. Eine modal-prädikatenlogische Interpretation, Paderborn 2000; J. T. Smiley, What Is a Syllogism?, J. Philos. Log. 2 (1973), 136–154; F. Sommers/G. Englebretsen, An Invitation to Formal Reasoning. The Logic of Terms, Aldershot etc. 2000, bes. 109–138; P. F. Strawson, Introduction to Logical Theory, London, New York 1952, London/New York 1985; P. Thom, The Syllogism, München 1981; ders., The Logic of Essentialism. An Interpretation of Aristotle's Modal Syllogistic, Dordrecht/Boston Mass./London 1996; ders., Syllogismus, S., Hist. Wb. Ph. X (1998), 687–707; B. E. R. Thompson, An Introduction to the Syllogism and the Logic of Proportional Quantifiers, New York etc. 1992; W. Wieland, Die Aristotelische Theorie der Notwendigkeitsschlüsse, Phronesis 11 (1966), 35–60; ders., Die aristotelische Theorie der Möglichkeitsschlüsse, Phronesis 17 (1972), 124–152; ders., Die aristotelische Theorie der Syllogismen mit modal gemischten Prämissen, Phronesis 20 (1975), 77–92; ders., Die aristotelische Theorie der Konversion von Modalaussagen, Phronesis 25 (1980), 109–116; M. Wolff, Abhandlung über die Prinzipien der Logik, Frankfurt 2004, mit Untertitel: Mit einer Rekonstruktion der aristotelischen S., ²2009. G. W.

Symbol, (1) in der neueren Logik und Sprachphilosophie Bezeichnung für die Elemente, aus denen sprachliche Ausdrücke aufgebaut werden und in diesem Sinne praktisch synonym mit ›Zeichen‹ (↑Zeichen (logisch)), (2) in der neueren Analytischen Ästhetik (↑ästhetisch/Ästhetik) Bezeichnung für Zeichen (↑Zeichen (semiotisch)) oder Zeichenkonfigurationen, deren Bedeutungskonstitution durch ↑Denotation, ↑Exemplifikation oder ↑Ausdruck (metaphorische Exemplifikation) erfolgt.

Von sprachlichen oder logischen S.en ist nach (1) dort die Rede, wo künstliche Zeichen mit genau festgelegten Gebrauchskonventionen an die Stelle von Ausdrücken der gewachsenen Umgangs- und Wissenschaftssprache treten oder neu in die Sprache eingeführt werden. So ›symbolisiert‹ man etwa in einer ›symbolischen Logik‹ (↑Logik, formale) die logischen Wörter ›und‹, ›oder‹, ›nicht‹ durch ›∧‹, ›∨‹, ›¬‹ (↑Notation, logische). Der Ge-

brauch von ›S.‹ ist hier weitgehend analog der Rede von ›mathematischen S.en‹. In noch weiterer Ablösung vom normalen Sprachverständnis werden als ›S.sprachen‹ (synonym: ›formale Sprachen‹; ↑Sprache, formale) auch Systeme von Regeln für den Aufbau bloßer Zeichenfiguren bezeichnet, wenn die damit herstellbaren Figuren gewisse Ähnlichkeiten mit dem syntaktischen Aufbau sprachlicher Ausdrücke aufweisen. Philosophisch bedeutungsvoll ist insbes. die von C. S. Peirce vorgeschlagene Einteilung der Zeichen in Bilder (*icons*), Anzeichen (*indices*) und S.e (*symbols*). Dabei sind die (reinen) S.e gerade dadurch ausgezeichnet, daß ihr Zeichencharakter allein in ihrem eingerichteten (z. B. vereinbarten) Gebrauch besteht (ein S. ist »a sign which is constituted a sign merely or mainly by the fact that it is used and understood as such«, Collected Papers II, Cambridge Mass. 1932 [repr. 1960], 2.307).

Seit der sprachphilosophischen Einsicht, daß die ↑Sprache ein System von Handlungen ist, geraten S.e nicht mehr lediglich als sprachliche ›Gegenstände‹, sondern im Zusammenhang mit zugehörigen *symbolischen Handlungen* in den Blick. Symbolische ↑Handlungen werden dadurch konstituiert, daß die Ausführung anderer Handlungen (z. B. in der schriftlichen Rede: Figurenherstellungshandlungen) durch Vereinbarung auf bestimmte Situationen beschränkt oder mit bestimmten Konsequenzen für weiteres Handeln verbunden wird. Eine symbolische Handlung steht also im vereinbarungsgemäßen Gebrauch einer ›Trägerhandlung‹, wobei prinzipiell jede Trägerhandlung, für die sich die gleiche Vereinbarung treffen läßt, in Frage kommt. In diesem Sinne ist das Verhältnis von Trägerhandlung und symbolischer Bedeutung konventionell. Eine symbolische Handlung ist damit andererseits nicht an bestimmte Trägerhandlungen gebunden, also auch nicht lediglich als besonders geregelter Gebrauch einer bestimmten Trägerhandlung zu verstehen. Begreift man auch den historisch gewordenen Sprachbestand, nicht nur seine künstliche Normierung oder Erweiterung, als ein System von mehr oder minder explizit überlieferten Regeln, nach denen Trägerhandlungen eine symbolische Intention erhalten, so erweist sich Sprache, pragmatisch betrachtet, überhaupt als symbolischer Natur.

In der neueren Analytischen Ästhetik, vor allem bei N. Goodman, steht dem logisch-sprachphilosophischen Begriff (2) ein spezifischerer S.begriff gegenüber, der aus der Literaturtheorie des 18. Jhs. stammt. J. W. v. Goethe unterscheidet das S. von der ↑Allegorie, insofern bei dieser das Besondere lediglich als Illustration einer allgemeinen Idee dient, während das S. ein Besonderes ausspricht, dessen Bedeutung begrifflich unausschöpfbar ist. Ähnlich heißt es bei I. Kant: »unter einer ästhetischen Idee aber verstehe ich diejenige Vorstellung der Einbildungskraft, die viel zu denken veranlaßt, ohne daß ihr doch irgend ein bestimmter Gedanke, d.i. *Begriff* adäquat sein kann« (KU § 49 [Akad.-Ausg. V, 314]). *Ob* etwas als S. in dieser Perspektive fungiert (und was es gegebenenfalls symbolisiert), hängt von den jeweiligen Konventionen des Kontextes ab. Wie Goodman (im Anschluß an E. Cassirer) betont, sind S.e aber auch umgekehrt Mittel, die neue Welten (bzw. Weltversionen) allererst erschließen können (bzw. diese gar ›erschaffen‹).

Literatur: G. Abel, Sprache, Zeichen, Interpretation, Frankfurt 1999 (franz. Langage, signes et interprétation, Paris 2011); W. P. Alston, Sign and S., Enc. Ph. VII (1967), 437–441; E. Cassirer, Philosophie der symbolischen Formen, I–III, Berlin 1923–1929, I–IV, Darmstadt ²1953–1954 (repr. Darmstadt 1994), I–III, Hamburg 2010; ders., Wesen und Wirkung des S.begriffs, Darmstadt, Oxford 1956 (repr. Darmstadt 1959), Darmstadt ⁸1997; C. Z. Elgin, With Reference to Reference, Indianapolis Ind./Cambridge 1983; dies., Sign, S., and System, J. Aesth. Education 25 (1991), 11–21, Neudr. in: dies., Between the Absolute and the Arbitrary, Ithaca N. Y./London 1997, 147–160; A. M. Esser, Kunst als S.. Die Struktur ästhetischer Reflexion in Kants Theorie des Schönen, München 1997; C. Fricke, Zeichenprozeß und ästhetische Erfahrung, München 2001; G. Gabriel, Zwischen Logik und Literatur. Erkenntnisformen von Dichtung, Philosophie und Wissenschaft, Stuttgart 1991, bes. 12, 192–201; J. W. v. Goethe, Maximen und Reflexionen, in: ders., Sämtl. Werke nach Epochen seines Schaffens (Münchner Ausgabe) XVII, ed. K. Richter u. a., München 1991, bes. Nr. 279, 314, 1112, 1113; N. Goodman, Languages of Art. An Approach to a Theory of S.s, Indianapolis Ind., London 1968, ²1976, 1992 (dt. Sprachen der Kunst. Ein Ansatz zu einer S.theorie, Frankfurt 1973, mit Untertitel: Entwurf einer S.theorie, Frankfurt 1995, ⁷2012); ders., Ways of Worldmaking, Indianapolis Ind., Hassocks 1978, Indianapolis Ind. 2001 (dt. Weisen der Welterzeugung, Frankfurt 1984, ⁷2010); H. Hühn/J. Vigus (eds.), S. and Intuition. Comparative Studies in Kantian and Romantic Period Aesthetics, London 2013; R. E. Innis, Susanne Langer in Focus. The Symbolic Mind, Bloomington Ind. 2009; F. Kambartel, Symbolische Handlungen. Überlegungen zu den Grundlagen einer pragmatischen Theorie der Sprache, in: J. Mittelstraß/M. Riedel (eds.), Vernünftiges Denken. Studien zur praktischen Philosophie und Wissenschaftstheorie, Berlin/New York 1978, 3–22; S. K. Langer, Philosophy in a New Key. A Study in the Symbolism of Reason, Rite, and Art, Cambridge Mass., New York 1942, ³1957, 1979 (dt. Philosophie auf neuem Wege. Das S. im Denken, im Ritus und in der Kunst, Frankfurt 1965, ³1992); M. Lurker (ed.), Beiträge zu S., S.begriff und S.forschung, Baden-Baden 1982 (Bibliographie zur Symbolik, Ikonographie und Mythologie, Erg.bd. I); B. Moser, Bilder, Zeichen und Gebärden. Die Welt der S.e, München 1986; J. Ölkers/K. Wegenast (eds.), Das S. – Brücke des Verstehens, Stuttgart/Berlin/Köln 1991; H. Paetzold, Die Realität der symbolischen Formen. Die Kulturphilosophie Ernst Cassirers im Kontext, Darmstadt 1994; C. S. Peirce, Collected Papers II (Elements of Logic), Cambridge Mass. 1932, Bristol 1998; ders., Phänomen und Logik der Zeichen, ed. H. Pape, Frankfurt 1983, ³1998, 2011; ders., Semiotische Schriften, I–III, ed. C. Kloesel/H. Pape, Frankfurt 1986–1993, Frankfurt, Darmstadt 2000; M. Plümacher, S./symbolische Form, EP III (²2010), 2656–2661; G. Pochat, Symbolbegreppet i konstvetenskapen, Stockholm 1977 (dt. Der S.begriff in der Ästhetik und Kunstwissenschaft, Köln 1983); H. H. Price, Thinking and Experience, Cambridge Mass., London etc. 1953, London ²1969, mit Untertitel: Some Aspects of the Conflict between Science and Religion, Bristol 1996, 88–197; D. M. Rasmussen, S. and Interpretation, The Hague 1974; E. Rolf, S.theorien. Der S.begriff im Theoriekontext, Berlin/New York 2006; R. Rudner/I. Scheffler (eds.), Logic and Art. Essays in Honor of Nelson Goodman, Indianapolis Ind. 1972; H. J. Sandkühler (ed.), Kultur und S.. Ein Handbuch zur Philosophie Ernst Cassirers, Stuttgart/Weimar 2003; I. Scheffler, Symbolic Worlds. Art, Science, Language, Ritual, Cambridge 1996, 1999; O. R. Scholz, Bild, Darstellung, Zeichen. Philosophische Theorien bildhafter Darstellung, Freiburg/München 1991, mit Untertitel: Philosophische Theorien bildlicher Darstellung, Frankfurt ²2004, ³2009; ders., S., Hist. Wb. Ph. X (1998), 710–738; A. Schubbach, Die Genese des Symbolischen. Zu den Anfängen von Ernst Cassirers Kulturphilosophie, Hamburg 2016; J. Simon u. a., S., TRE XXXII (2001), 479–496, bes. 479–481 (philosophisch); D. Sperber, Le symbolisme en général, Paris 1974, ²1985 (engl. Rethinking Symbolism, Cambridge/New York 1975, 1984; dt. Über Symbolik, Frankfurt 1975); D. Teichert, Erfahrung, Erinnerung, Erkenntnis. Untersuchungen zum Wahrheitsbegriff der Hermeneutik Gadamers, Stuttgart 1991, bes. 24–30; R. Wellek, S. and Symbolism in Literature, DHI IV (1973), 337–345. B. G./F. K.

Symbolik, logische, ↑Notation, logische.

Symbolisierung, (1) Bezeichnung für das zur *Naturalisierung der Sprache* (↑Naturalismus) gegenläufige Programm einer *Symbolisierung der Welt*, um die Differenz von Sprache und Welt durch Zurückführung sowohl der Sprache als auch der Welt auf Handlungszusammenhänge (↑Handlung) begrifflich beherrschbar zu machen (vgl. K. Lorenz 1996). Es wurde erstmals mit E. Cassirers Theorie der symbolischen Formen (↑Symboltheorie) begonnen und hat seine der Peirceschen ↑Semiotik verpflichtete – und dabei zur naturalisierten Erkenntnistheorie von W. V. O. Quine komplementäre –, gegenwärtig fortgeschrittenste, wenngleich die Handlungsbasis durch Beschränkung auf strukturtheoretische (↑Struktur) Untersuchungen nicht explizit machende Gestalt in den Überlegungen N. Goodmans zu den ›Weisen der Welterzeugung‹ erhalten (↑Zeichen (semiotisch)). (2) In ↑Logik, ↑Mathematik und anderen exakten Wissenschaften Bezeichnung für das Verfahren der Ersetzung sprachlicher Ausdrücke durch eigene eindeutig in ihrer Rolle festgelegte Zeichen (↑Zeichen (logisch)), z. B. die Symbole für mathematische Operationen und Relationen. Die logischen Partikeln (↑Partikel, logische) werden dabei durch bislang international noch nicht völlig standardisierte Symbole repräsentiert (↑Notation, logische), während ↑Mitteilungszeichen an die Stelle von ↑Nominatoren und ↑Prädikatoren treten, wenn die Unabhängigkeit der Untersuchungen von der speziellen Wahl solcher Ausdrücke sichtbar gemacht werden soll. Erst die S., die erstmals von Aristoteles in seiner ↑Syllogistik verwendet wird, hat dank der dadurch erzielten Durchsichtigkeit auch komplexer Zusammenhänge die Entwicklung der exakten Wissenschaften möglich gemacht.

Literatur: L. Aagaard-Mogensen/R. Pinxten/F. Vandamme (eds.), Worldmaking's Ways, Gent 1987; E. Cassirer, Philosophie der symbolischen Formen, I–III, Berlin 1923–1929, Oxford ²1953–1954, Hamburg 2010 (engl. The Philosophy of Symbolic Forms, I–III, New Haven Conn./London 1953–1957, 1970–1973; span. Filosofia de las formas simbólicas, I–III, Mexiko 1971–1976); ders., Zur Metaphysik der symbolischen Form, Hamburg 1995 (= Nachgelassene Manuskripte und Texte I) (engl. The Philosophy of Symbolic Forms IV [The Metaphysics of Symbolic Forms], New Haven Conn./London 1996, 1998); ders., Schriften zur Philosophie der symbolischen Form, ed. M. Lauschke, Hamburg 2009; N. Goodman, Ways of Worldmaking, Hassocks, Indianapolis Ind. 1978, Indianapolis Ind. 2001 (dt. Weisen der Welterzeugung, Frankfurt 1984, 2010); C. Hamlin/J. M. Krois (eds.), Symbolic Forms and Cultural Studies. Ernst Cassirer's Theory of Culture, New Haven Conn./London 2004; K. Lorenz, Artikulation und Prädikation, HSK VII/2 (1996), 1098–1122, ferner in: ders., Dialogischer Konstruktivismus, Berlin etc. 2009, 24–71; D. P. Verene, The Origins of the Philosophy of Symbolic Forms. Kant, Hegel, and Cassirer, Evanston Ill. 2011.   K. L.

Symboltheorie, Bezeichnung für die theoretischen Formen der Untersuchung aller Symboltätigkeiten des Menschen, der stellvertretenden, *denotativen* (↑Symbol, ↑Zeichen (semiotisch)), in der das Zeichen nur als Zeichengegenstand, der ›Träger‹ der Zeichenfunktion, unabhängig vom Bezeichneten, verwendet wird, und der vertretenden, *nicht-denotativen* (↑Symptom, ↑Exemplifikation), in der das Zeichen auch noch das Bezeichnete (pars pro toto) gegenwärtig setzt (↑Denotation; J. Pelc 1996). Bei der ↑Symbolisierung der Welt treten ↑Handlungen ebenso wie die verschiedenen Objekte von Handlungen als zur Symbolbildung (Zeichenbildung) benötigtes Material (↑Medium (semiotisch)) auf. Im aktiven Aspekt von Handlung geht es darum, ›aus etwas ein Zeichen zu machen, um etwas zu symbolisieren‹ (z. B. mit freihandgraphischen Zeichenfiguren), im passiven Aspekt darum, ›etwas für etwas als Zeichen zu nehmen, um es als Symbol zu verstehen‹ (z. B. Schönwetterwolken). Medienfreien Zugang zu Gegenständen gibt es nicht.

Weil die einer Symbolisierung dienenden Zeichen nicht vorgefunden, sondern stets erfunden werden, führen sie konventionelle Anteile mit sich, die bei systematischen Einteilungsversuchen von Zeichen zu berücksichtigen sind. Dabei darf für diejenigen ↑Konventionen, die einer Festlegung bestimmter Verwendungsweisen von Zeichengegenständen dienen, die ↑Lehr- und Lernbarkeit des Zeichencharakters als charakteristisch gelten (↑Zeichen (logisch); E. Coseriu/B. K. Matilal 1996). Für eine Abgrenzung der S. von der ↑Semiotik im gegenwärtig verbreiteten Verständnis, wie es mit der bahnbrechenden, ursprünglich für die International Encyclopedia of Unified Science (↑Einheitswissenschaft) verfaßten Monographie »Foundations of the Theory of Signs« von C. W. Morris 1938 inauguriert wurde, kann Morris selbst herangezogen werden: »Semiotic has a double relation to the sciences: it is both a science among the sciences and an instrument of the sciences« (1938, 2; dt. 1972, 18), Als ein Instrument aber liegt Semiotik in Gestalt einer S. vor, weil dann weder Fragen der Eingliederung der Semiotik in den bereits vorliegenden Wissenschaftskanon noch deren Funktion innerhalb der Einzelwissenschaften behandelt werden, sondern Symboltätigkeit relativ zu Symbolsystemen zum Thema gemacht wird. In den Symbolsystemen treten Symbole zugleich als Mittel und als Gegenstand auf und werden als solche untersucht, so daß das beide einende Moment weniger auf ›unification‹ ausgerichtet ist, als vielmehr auf die in der philosophischen ↑Anthropologie thematisierte Mittlerrolle von Symbolen. Dabei kommt die Gestaltung dieser Mittlerrolle in einer Vielfalt grundsätzlich als gleichberechtigt behandelter Symbolsysteme – mit dem Symbolsystem Wissenschaft als einem unter vielen – zur Geltung. Die Durchsetzung dieses Gedankens wird oft mit dem Anspruch einer ›Revision‹ bzw. ›Umgestaltung‹ oder ›Neugestaltung‹ der Philosophie insgesamt verbunden. Es gilt somit, die Formen der ↑Sprachanalyse, einschließlich ihrer methodologischen Standards, flankiert von Logik, Linguistik, Psychologie und der aus ihnen entwickelten ↑Kognitionswissenschaft, zur *systematischen Symbolanalyse* auszubauen. Erkenntnisorientiertheit ist allen zu Symbolisierungen verwendeten Zeichen eigen, so daß in diesem Sinne vom symbolischen Netz (symbolischen Universum) der Mittelbarkeit gesprochen werden kann, worin die Symboltätigkeit eine ↑Zweiweltentheorie unterläuft und die Unterscheidung zwischen Gegenstand und Zeichengegenstand nivelliert, insofern sie Zeichen und Welt aus Handlungszusammenhängen heraus aneignet und gestaltet. E. Cassirer (1944, 25): »Instead of dealing with the things themselves man is in a sense constantly conversing with himself.«

Als *reflexive*, demnach philosophische Unternehmung verstanden übernimmt die S. unter anderem die Aufgabe, (1) der fortschreitenden Aufsplitterung der Semiotik in kleinste und entlegenste Teilgebiete Einhalt zu bieten, (2) dem wiederholten Zurechtstutzen tradierter ↑Terminologien entgegenzuwirken, (3) dem Kriterium der Einfachheit (↑Einfachheitskriterium) folgend den Bestand an Grundbegriffen möglichst gering und überschaubar zu halten und (4) der ↑Handlungstheorie eine fundierende Rolle zuzuweisen. Damit wird an eine poietische Philosophie (↑Philosophie, poietische) angeknüpft, in der ↑Poiesis zur Grundlage jeden Wissens gemacht wird (↑Produktionstheorie). Unter dem Gesichtspunkt erkenntnislogischer Gleichbehandlung aller Symbolsysteme wird Verbalsprache zu einem System unter anderen (↑Sprachhandlung), die etwa vergleichend erörtert und nach ihrem jeweiligen Leistungstyp unterschieden werden. Hier gerät z. B. die sprachphilosophische Behauptung, bezüglich der ↑Wissenschaftssprache bzw. anderer Symbolsysteme sei die Umgangssprache (↑Alltagssprache) die letzte ↑Metasprache, auf den Prüfstand, wenn diese selbst als Symbolsystem interpretiert wird.

Um der Vielfalt von Weisen symbolischer Welterzeugung beim Herausarbeiten von Typen der Mittelbarkeit gerecht zu werden, sind Titelvorschläge für symboltheoretische Ansätze gemacht worden, die weniger über ihre Besonderheiten Auskunft geben, als daß sie dieselbe Perspektive variierend akzentuieren, z. B. ›symbolischer Interaktionismus‹ (G. H. Mead; ↑Interaktionismus, symbolischer), ›symbolische Formen‹ (Cassirer), ›Weisen der Welterzeugung‹ (N. Goodman), ›Interpretationswelten‹ (G. Abel), ›Schemaspiele‹ (H. Lenk). Gruppen von symbolisch erzeugten Welten bzw. deren Gesamtheit werden in ihrer transsubjektiven (↑transsubjektiv/ Transsubjektivität) Gestalt als Kultur bzw. Weltkultur (z. B. in ›Weltkulturerbe‹) bezeichnet. Bei hauptsächlich konkurrierenden oder konfligierenden symbolischen Gestaltungsprozessen von Mittelbarkeit innerhalb einer Gruppe ist heute von *Interkulturalität* die Rede (↑Kultur, ↑Kulturphilosophie).

Goodman entwickelt am Beispiel der Kunst eine Theorie der Symbolsysteme (vgl. M. Black 1971, J. Vuillemin 1970), wobei er einen moderaten ↑Nominalismus vertritt. Thema ist nicht das Gegenüber von ↑Sprache und ↑Welt, sondern die Vergleichbarkeit von Sprachen (= Symbolsystemen) untereinander. Entgegen der verbreiteten Vorstellung einer verbalsprachlich orientierten ›Verschiedenheitssicht‹, die von verschiedenen Symbolisierungsweisen, etwa bei Wörtern und Bildern, ausgeht, erörtert Goodman (1) ein Symbolsysteme vergleichendes Verständnis von Typen und Mitteln der Bezugnahme (allgemeine Bedeutungstheorie mit nominalistischem Referenzbegriff), (2) deren vielfältige Anwendungen (z. B. in der Architektur) und (3) die dazu erforderlichen Verstehensoperationen, allerdings ohne deren üblicherweise angenommene Urteilsstruktur mitzuführen. Dabei stützt er sich allein auf den Begriff der Bezugnahme, der an Beispielen expliziert, aber nicht definiert wird. Goodman untersucht Bezugnahme für den denotativen wie für den nicht-denotativen Bereich (eigene Darstellung des expressiven Symbolismus; ↑Exemplifikation), mit den nonverbalen Symbolsystemen als Schwerpunkt, wobei ihn das Verhältnis von Ähnlichkeit (↑ähnlich/Ähnlichkeit) und ↑Repräsentation vor allem deshalb beschäftigt, weil er möglichst überzeugend gegen Bezugnahme ohne konventionelle Anteile argumentieren möchte. Alle Symboltätigkeiten, verstanden als ›Weisen der Welterzeugung‹, müssen eigens gelernt, ihre Resultate ausdrücklich interpretiert werden (Paradigma: die symbolische Handlung des Probennehmens mit einem Beispiel, dessen Interpretation eine Kontroverse auslöste: die Perspektive [↑Perspektive, se-

miotisch]). Seine für jede S. grundlegende Konventionalitätsthese vertritt Goodman mit der antigenetischen Pointe, allein ›Spielarten der Bezugnahme‹ zu thematisieren, nicht aber ihren Erwerb (D. Gerhardus 1994). Denn in nominalistischer Lesart wird schon der Gegenstand in Symbolfunktion (etwa als nonverbales Etikett) gebraucht (Gerhardus 1995) und, medial betrachtet, als Symbolgestalt behandelt. Auf begrifflicher Ebene werden dann mediale Bindungen durch Invarianzbedingungen (↑invariant/Invarianz) ersetzt. In der Theorie der ↑Notation wird ein Verfahren vorgestellt, Symbole eines Symbolsystems eindeutig identifizieren (z. B. Tanznotation, Partitur) und die je besondere Art von Systemen (notationale, nicht-notationale) untersuchen zu können.

Ausgehend von ↑Lehr- und Lernsituationen thematisiert K. Lorenz (1986) Produktion und Organisation von Wissen am Beispiel von Kunst und Wissenschaft, die für symptomische und symbolische Zeichenfunktionen stehen, mit dem Ziel, die überkommene Gegenüberstellung in einen die Symboleinführungshandlung (Zeicheneinführungshandlung) entfaltenden Prozeß einzubetten, in dem sich Gegenstand und Symbol (traditionell: Sein und Erkennen) als ›gleichursprünglich‹ im Hinblick auf die Gestalten des Wissens erweisen lassen (Lorenz 1993, 1996), und zwar eines Wissens, das auf der Basis des ›sich mit etwas auskennenden‹ Könnens (knowing how, ›wissen zu‹) bis zum Erkennen (knowing that, ›wissen, daß‹) rekonstruiert wird (↑Produktionstheorie), um es in die Bereiche des operationalen und des propositionalen Wissens zu teilen. Können im Sinne des Verfügens über eine Handlungskompetenz heißt dann auf seiten des gerade Tätigen, die Handlung zu vollziehen – die (↑partikulare) Handlungsausübung (*individual act*) liegt aktiv mittels einer (↑singularen) *Ausführung* der Handlung vor –, und auf seiten dessen, dem der Handlungsvollzug widerfährt (↑Widerfahrnis), die Handlung aufzufassen (auch: zu erleben) – die Handlungsausübung liegt passiv mittels einer (↑universalen) *Anführung* der Handlung vor, d. h., sie wird als Instanz eines ↑Handlungsschemas (*generic action*) verstanden, Anführen ist schematisierendes Verstehen (Gerhardus 1978). Innerhalb der als operational bzw. propositional gekennzeichneten Wissensbereiche lassen sich dann feinere Differenzierungen der jeweiligen Symbolfunktionen vornehmen. Mit diesem auf einer dialogischen Rekonstruktion von Erfahrung beruhenden systematischen Aufbau (↑Philosophie, dialogische) liefert Lorenz zugleich eine Rekonstruktion der symboltheoretisch tragenden Unterscheidung des 18. Jhs., ausgearbeitet insbes. bei A. G. Baumgarten, als sinnliches bzw. begriffliches Erkennen. Zu dieser Unterscheidung gehören nach Lorenz, auf der aktiven Seite des Handelns die Hervorbringungen als hantierenden

Aspekt, die Vermittlungen als praktisch-interagierenden Aspekt einer Ausführung zu verstehen, auf seiner passiven Seite Artikulation (Lorenz 1996) als symbolisch-interaktiven Aspekt einer Anführung und Wahrnehmung als sinnlichen Aspekt einer Anführung. Symptomischer und symbolischer Zug werden somit durchgehend genetisch, nämlich in einem Symbolisierungsbereiche eröffnenden Erwerbsprozeß begründet, Gegenstandskonstitution und Medienbindung bzw. Invarianzbildung als abhängig vom erfindenden Mit- und Gegeneinander der Lehrenden und Lernenden (↑Lehren und Lernen) entwickelt.

Literatur: G. Abel, Interpretationswelten. Gegenwartsphilosophie jenseits von Essentialismus und Relativismus, Frankfurt 1993; M. Black, The Structure of Symbol Systems, Linguistic Inquiry 2 (1971), 515–538, rev. unter dem Titel: The Structure of Symbols, in: ders., Caveats and Critiques. Philosophical Essays in Language, Logic, and Art, Ithaca N. Y./London 1975, 180–215; P. Bourdieu, Zur Soziologie der symbolischen Formen, Frankfurt 1970, 2015; A. W. Burks, Icon, Index, and Symbol, Philos. Phenom. Res. 9 (1948/1949), 673–689; E. Cassirer, An Essay on Man. An Introduction to a Philosophy of Human Culture, New Haven Conn./London 1944, Hamburg, Darmstadt 2006 (= Ges. Werke XXIII) (dt. Was ist der Mensch? Versuch einer Philosophie der menschlichen Kultur, Stuttgart 1960, unter dem Titel: Versuch über den Menschen. Einführung in eine Philosophie der Kultur, Frankfurt 1990, Hamburg 2007); L. Dittmann, Zur Kritik der kunstwissenschaftlichen S., in: E. Kaemmerling (ed.), Ikonographie und Ikonologie. Theorien, Entwicklung, Probleme, Köln 1979, 1994, 329–352; C. Z. Elgin, With Reference to Reference, Indianapolis Ind./Cambridge 1983; N. Elias, The Symbol Theory, London 1991, Dublin 2011 (= The Collected Works of Norbert Elias XIII) (dt. S., Frankfurt 2001 [= Ges. Schr. XIII]); E. Frenzel, Stoff-, Motiv- und Symbolforschung, Stuttgart 1963, ⁴1978; D. Gerhardus, Zur logisch-systematischen Genese visueller Zeichengebung, in: Arbeitsgruppe Semiotik (ed.), Die Einheit der semiotischen Dimensionen, Tübingen 1978, 303–318; ders., Die Rolle von Probe und Etikett in Goodmans Theorie der Exemplifikation, in: G. Meggle/U. Wessels (eds.), Analyomen I (Proceedings of the First Conference ›Perspectives in Analytical Philosophy‹, Berlin/New York 1994, 882–891; ders., »Aber ist es auch in derselben Weise traurig, in der es grau ist?«. Goodmans Behandlung des Gegenstandes als Teil eines symbolischen Gegenstandes, Dt. Z. Philos. 43 (1995), 731–741; E. H. Gombrich, Symbolic Images, London 1972, ³1985 (Studies in the Art of the Renaissance II), 123–195 (dt. Das symbolische Bild, Stuttgart 1986 [Die Kunst der Renaissance II], 150–294); N. Goodman, The Structure of Appearance, Cambridge Mass. 1951, Dordrecht/ Boston Mass. ³1977 (Boston Stud. Philos. Sci. LIII); ders., Languages of Art. An Approach to a Theory of Symbols, Indianapolis Ind. 1968, 1997 (dt. Sprachen der Kunst. Ein Ansatz zu einer S., Frankfurt 1973, unter dem Titel: Sprachen der Kunst. Entwurf einer S., Frankfurt 1995, 2015); ders., Problems and Projects, Indianapolis Ind./New York 1972; ders., Ways of Worldmaking, Hassocks, Indianapolis Ind. 1978, Indianapolis Ind. 2001 (dt. Weisen der Welterzeugung, Frankfurt 1984, 2010); ders./C. Z. Elgin, Reconceptions in Philosophy and Other Arts and Sciences, Indianapolis Ind., London 1988, London 1989 (dt. Revisionen. Philosophie und andere Künste und Wissenschaften, Frankfurt 1989, 1993); D. Hülst, Symbol und soziologische S..

Untersuchungen zum Symbolbegriff in Geschichte, Sprachphilosophie und Soziologie, Opladen 1999; H. Lenk, Schemaspiele. Über Schemainterpretationen und Interpretationskonstrukte, Frankfurt 1995; D. K. Lewis, Convention. A Philosophical Study, Cambridge Mass. 1969 (dt. Konventionen. Eine sprachphilosophische Abhandlung, Berlin/New York 1975); K. Lorenz, Elemente der Sprachkritik. Eine Alternative zum Dogmatismus und Empirismus in der Analytischen Philosophie, Frankfurt 1970, 1971; ders., Philosophie: eine Wissenschaft?, Saarbrücken 1985; ders., Dialogischer Konstruktivismus, in: K. Salamun (ed.), Was ist Philosophie? Neuere Texte zu ihrem Selbstverständnis, Tübingen ²1986, 335–352, ⁵2009, 337–354, ferner in: K. Lorenz, Dialogischer Konstruktivismus, Berlin etc. 2009, 5–23; ders., Was können Philosophie und Dichtung miteinander gemeinsam haben?, Magazin Forschung. Universität des Saarlandes, Saarbrücken 1 (1993), 33–37; ders., On the Way to Conceptual and Perceptual Knowledge, in: F. R. Ankersmit/J. J. A. Mooij (eds.), Metaphor and Knowledge, Dordrecht/Boston Mass./London 1993 (Knowledge and Language III), 95–109; ders., Artikulation und Prädikation, HSK VII/2 (1996), 1098–1122, ferner in: ders., Dialogischer Konstruktivismus, Berlin etc. 2009, 24–71; ders., Sinnliche Erkenntnis als Kunst und begriffliche Erkenntnis als Wissenschaft, in: C. Schildknecht/D. Teichert (eds.), Philosophie in Literatur, Frankfurt 1996, 55–68; C. W. Morris, Foundations of the Theory of Signs, Chicago Ill. 1938 (Int. Enc. Unified Sci. I/2), Nachdr. in: ders., Writings on the General Theory of Signs, The Hague/Paris 1971, 13–71, separat Chicago Ill./London 1979 (dt. Grundlagen der Zeichentheorie, in: ders., Grundlagen der Zeichentheorie/Ästhetik und Zeichentheorie, München 1972, Frankfurt 1988, 15–88); C. K. Ogden/I. A. Richards, The Meaning of Meaning. A Study of the Influence of Language Upon Thought and of the Science of Symbolism, London 1923, erw. ³1930, London 2002 (= C. K. Ogden and Linguistics III) (dt. Die Bedeutung der Bedeutung. Eine Untersuchung über den Einfluß der Sprache auf das Denken und über die Wissenschaft des Symbolismus, Frankfurt 1974); J. Pelc, ›Symptom‹ and ›Symbol‹ in Language, HSK VII/2 (1996), 1292–1313; B. A. Sørensen, Symbol und Symbolismus in den ästhetischen Theorien des 18. Jahrhunderts und der deutschen Romantik, Kopenhagen 1963; C. L. Stevenson, Symbolism in the Nonrepresentational Arts, in: P. Henle (ed.), Language, Thought, and Culture, Ann Arbor Mich. 1958, 1972, 196–225 (dt. Symbolik in den nichtdarstellenden Künsten, in: P. Henle [ed.], Sprache, Denken, Kultur, Frankfurt 1969, 1975, 264–299); ders., Symbolism in the Representational Arts, in: P. Henle (ed.), Language, Thought, and Culture [s. o.], 226–257 (dt. Symbolik in den darstellenden Künsten, in: P. Henle [ed.], Sprache, Denken, Kultur [s. o.], 300–337); D. Thürnau, Gedichtete Versionen der Welt. Nelson Goodmans Semantik fiktionaler Literatur, Paderborn etc. 1994; M. Titzmann, Strukturwandel der philosophischen Ästhetik, 1800–1880. Der Symbolbegriff als Paradigma, München 1978; ders., Allegorie und Symbol im Denksystem der Goethezeit, in: W. Haug (ed.), Formen und Funktionen der Allegorie. Symposion Wolfenbüttel 1978, Stuttgart 1979, 642–665; T. Todorov, Théories du symbole, Paris 1977, 1985 (engl. Theories of the Symbol, Ithaca N. Y. 1982, 1992; dt. S.n, Tübingen 1995); J. Vuillemin, Nelson Goodman »Languages of Art«, L'âge de la science 3 (1970), 73–88 (dt. Eine statische Konzeption einer Symboltheorie?, Dt. Z. Philos. 43 [1995], 711–729); R. Wittkower, Interpretation visueller Symbole in der bildenden Kunst, in: E. Kaemmerling (ed.), Ikonographie und Ikonologie. Theorien, Entwicklung, Probleme, Köln 1979, 1994, 226–256.   D. G.

Symmetrieprinzip (engl. symmetry principle, franz. principe de symétrie), Bezeichnung für ein Forschungsprinzip, demzufolge wissenschaftliche Theorien Symmetrieeigenschaften haben sollen, die auf fundamentale Symmetriestrukturen der Natur zurückzuführen sind. In der Wissenschaftsgeschichte ist das S. häufig gleichbedeutend mit der Forderung nach Einfachheit und Einheitlichkeit. So zeichnet Platon die Elemente des Kosmos mathematisch durch die Symmetrien der regulären Körper (↑Platonische Körper) aus. Die antike und die mittelalterliche Astronomie führen die irregulären Planetenbewegungen auf kombinierte Kreisbewegungen zurück, die sie als symmetrische Grundbewegungen der Himmelssphären auffaßt (↑Rettung der Phänomene). Noch für J. Kepler sind die Symmetrien der Euklidischen Geometrie (↑symmetrisch/Symmetrie (geometrisch)) Grundeigenschaften des Kosmos, die in mathematisch einfachen und einheitlichen ↑Naturgesetzen ihren Ausdruck finden.

Im Sinne der Gruppentheorie (↑Gruppe (mathematisch)) haben Gesetze und Theorien Symmetrieeigenschaften, wenn sie gegenüber einer Gruppe entsprechender Symmetrietransformationen (ihrer ›Symmetriegruppe‹) invariant bleiben (↑invariant/Invarianz). Eine (im mathematischen Sinne) einfache Theorie zeichnet sich danach durch Invarianz gegenüber fundamentalen Transformationsgruppen (↑Transformation) aus. Beispiele sind sowohl die Raum-Zeit-Theorien mit ihren verschiedenen raum-zeitlichen Transformationsgruppen (↑Raum-Zeit-Kontinuum) als auch die Eichgruppen der Elementarteilchenphysik (↑symmetrisch/Symmetrie (naturphilosophisch)).

Eine Theorie T_1 heißt symmetrisch fundamentaler als eine Theorie T_2, wenn die Symmetriegruppe von T_1 die Symmetriegruppe von T_2 umfaßt. Symmetrisch fundamentalere Theorien können also mehrere weniger fundamentale Theorien umfassen und in diesem Sinne vereinigen. Beispiele sind die Vereinigungstheorien physikalischer Grundkräfte, die letztlich auf eine gemeinsame Urkraft mit einer fundamentalen Symmetriegruppe abzielen. Allerdings verlieren sich Symmetrieeigenschaften einer Theorie oder eines Phänomens nicht selten bei einer Änderung der Sachumstände: die Symmetrie wird ›gebrochen‹. So sind bei ferromagnetischen Materialien oberhalb der Curie-Temperatur alle Richtungen der Magnetisierung gleichberechtigt: der Zustand ist symmetrisch. Bei sinkender Temperatur orientieren sich hingegen die Elementarmagnete aneinander, und die entsprechende Auszeichnung einer Magnetisierungsrichtung zeigt eine Symmetriebrechung an. Wissenschaftstheoretisch wirft dies die Frage nach dem Status des S.s auf. In der einen Interpretation handelt es sich dabei um eine heuristische (↑Heuristik) Forderung nach möglichst einfachen und einheitlichen Theorien, in der anderen um eine ontologische Fundamentalkategorie. Beide Deutungen stehen vor der Herausforderung, der Vielzahl von Symmetriebrechungen Rechnung zu tragen.

Literatur: A. Borrelli, The Making of an Intrinsic Property. ›Symmetry Heuristics‹ in Early Particle Physics, Stud. Hist. Philos. Sci. 50 (2015), 59–70; K. Brading/E. Castellani (eds.), Symmetries in Physics. Philosophical Reflections, Cambridge etc. 2003; dies., Symmetry and Symmetry Breaking, SEP 2003, rev. 2013; A. Kantorovich, The Priority of Internal Symmetries in Particle Physics, Stud. Hist. Philos. Modern Phys. 34 (2003), 651–675; P. Kosso, The Empirical Status of Symmetries in Physics, Brit. J. Philos. Sci. 51 (2000), 81–98; K. Mainzer, Symmetrien der Natur. Ein Handbuch zur Natur- und Wissenschaftsphilosophie, Berlin/New York 1988 (engl. Symmetries of Nature. A Handbook for Philosophy of Nature and Science, Berlin/New York 1996); H. Weyl, Philosophie der Mathematik und Naturwissenschaft, München 1927, erw. [3]1966, [8]2009 (engl. Philosophy of Mathematics and Natural Science, Princeton N. J. 1949, Princeton N. J./Oxford 2009); ders., Symmetry, Princeton N. J., London 1952, 1989 (dt. Symmetrie, Basel/Stuttgart 1955, Basel/Boston Mass./Stuttgart [2]1981); weitere Literatur: ↑symmetrisch/Symmetrie (geometrisch), ↑symmetrisch/Symmetrie (naturphilosophisch). K. M.

symmetrisch/Symmetrie (argumentationstheoretisch), im Rahmen der ↑Argumentationstheorie Bezeichnung für eine Redesituation, in der die Rechte und Pflichten der Diskursparteien (↑Diskurs) reziprok sind, so daß alle gleiche Chancen haben, ihren diskursiven Geltungsansprüchen zur Zustimmung zu verhelfen. Die S. zeichnet eine bestimmte Diskursform aus (›herrschaftsfreier‹ Diskurs, Begründungs- und Rechtfertigungsdiskurs; ↑Rationalität); eine Reihe anderer Diskursformen sind dagegen typisch durch Asymmetrie (↑asymmetrisch/Asymmetrie) bestimmt (z. B. solche, in denen ein Sprecher/Hörer-Verhältnis besteht; ↑Rhetorik). Im Rahmen der ↑Transzendentalpragmatik (K.-O. Apel) und der verwandten Universalpragmatik (J. Habermas) ist die S. konstitutiv für die Definition einer fiktiven idealen Diskurssituation, die wiederum das ausschlaggebende Kriterium für die Auszeichnung der Geltungsansprüche (↑Geltung) von konstativen bzw. regulativen Äußerungen (↑Äußerung) im Zusammenhang mit der Konsenstheorie der Wahrheit (↑Wahrheitstheorien) bzw. der Richtigkeit bildet. Nach der konstruktiven Argumentationstheorie (↑Konstruktivismus, ↑Konstruktivismus, dialogischer) ist das S.postulat eine wesentliche Bedingung für das Gelingen von Begründungs- und Rechtfertigungsdiskursen (C. F. Gethmann, F. Kambartel; ↑Dialog, ↑Dialog, rationaler).

Literatur: K.-O. Apel, Die Kommunikationsgemeinschaft als transzendentale Voraussetzung der Sozialwissenschaften, Neue H. Philos. 2/3 (1972), 1–40; ders., Transformation der Philosophie, I–II, Frankfurt 1973, [6]1999 (engl. Towards a Transformation of Philosophy, London etc. 1980, Milwaukee Wis. 1998);

E. M. Barth/E. C. W. Krabbe, From Axiom to Dialogue. A Philosophical Study of Logics and Argumentation, Berlin/New York 1982; L. H. Davis, Is the Symmetry Argument Valid?, in: R. Campbell/L. Sowden (eds.), Paradoxes of Rationality and Cooperation. Prisoner's Dilemma and Newcomb's Problem, Vancouver 1985, 255–263; C. F. Gethmann, Protologik. Untersuchungen zur formalen Pragmatik von Begründungsdiskursen, Frankfurt 1979; J. Habermas, Vorbereitende Bemerkungen zu einer Theorie der kommunikativen Kompetenz, in: ders./N. Luhmann, Theorie der Gesellschaft oder Sozialtechnologie. Was leistet die Systemforschung?, Frankfurt 1971, [10]1990, 101–141; ders., Theorie des kommunikativen Handelns, I–II, Frankfurt 1981, [9]2014; H. Kitschelt, Moralisches Argumentieren und Sozialtheorie. Prozedurale Ethik bei John Rawls und Jürgen Habermas, Arch. Rechts- u. Sozialphilos. 66 (1980), 391–429; J. Kopperschmidt, Allgemeine Rhetorik. Einführung in die Theorie der Persuasiven Kommunikation, Stuttgart etc. 1973, [2]1976; I. Marková/K. Foppa (eds.), Asymmetries in Dialogue, Hemel Hempstead etc. 1991; C. Perelman/L. Olbrechts-Tyteca, La nouvelle rhétorique. Traité de l'argumentation, Paris 1958, unter dem Titel: Traité de l'argumentation. La nouvelle rhétorique, Brüssel [2]1970, [6]2008 (dt. Die neue Rhetorik. Eine Abhandlung über das Argumentieren, I–II, Stuttgart-Bad Cannstatt 2004); J. Speller, Der taktische Gebrauch der Gegenformelmethode in der Argumentationsstrategie, Arch. Rechts- u. Sozialphilos. 68 (1982), 72–101.   C. F. G.

symmetrisch/Symmetrie (geometrisch) (griech. συμμετρία, lat. symmetria, engl. symmetry, franz. symétrie), in der Frühgeschichte der ↑Geometrie Bezeichnung für das gemeinsame Maß bzw. die Harmonie der Proportionen von Figuren und Körpern in der Kunst, in der Architektur und im ↑Kosmos. So werden z. B. Spiegelung, Rotation und Periodizität als S.eigenschaften bezeichnet. Mathematisch handelt es sich bei diesen anschaulichen Beispielen von S.n um Selbstabbildungen (Automorphismen; ↑Abbildung) von Räumen, bei denen die ↑Struktur von Figuren und Körpern in diesen Räumen unverändert (invariant; ↑invariant/Invarianz) bleibt. Ein geometrisches Beispiel für Automorphismen sind Ähnlichkeitsabbildungen, d. h. Abbildungen eines Raumes auf sich selbst, bei denen Figuren im Raum und ihre Bilder sich jeweils in irgendeinem Sinne ›ähnlich‹ sind (↑ähnlich/Ähnlichkeit). Eine solche Ähnlichkeitsrelation ∼ zwischen Figuren muß die Bedingungen einer ↑Äquivalenzrelation erfüllen: (1) $F \sim F$ (↑reflexiv/Reflexivität); (2) wenn $F \sim F'$, dann $F' \sim F$ (↑symmetrisch/Symmetrie (logisch)); (3) wenn $F \sim F'$ und $F' \sim F''$, dann $F \sim F''$ (↑transitiv/Transitivität). Jede Ähnlichkeitsrelation legt einen zugehörigen Formbegriff für Figuren fest: Zwei Figuren haben genau dann dieselbe ›Form‹ in diesem Sinne, wenn sie einander ähnlich sind; damit ist die Form von Figuren gerade das, was unter den betreffenden Ähnlichkeitsabbildungen invariant ist. Allgemein erfüllt die Verknüpfung von Automorphismen die Axiome einer mathematischen Gruppe (↑Gruppe (mathematisch)) A: (1) Die ↑Identität I, die jeden Punkt auf

sich selbst abbildet, ist ein Gruppenelement, d. h. $I \in A$. (2) Wenn S und T Automorphismen sind, dann ist auch ihre Verknüpfung $S \cdot T$ ein Automorphismus. (3) Zu jeder Abbildung $T \in A$ gibt es eine Abbildung $T^{-1} \in A$ mit $T \cdot T^{-1} = T^{-1} \cdot T = I$, die ›Inverse‹ von T. Die S.eigenschaften einer Figur sind durch ihre Automorphismengruppe eindeutig bestimmt.

Gruppen von Ähnlichkeitsabbildungen haben zudem eine topologische Struktur (↑Topologie), die mit der Gruppenstruktur verträglich ist: Verknüpfung und Inversenbildung sind stetige Abbildungen (↑Stetigkeit) von Gruppenelementen (d. h. anschaulich gesprochen: Liegen S und S' bzw. T und T' jeweils hinreichend ›nah beieinander‹, so liegen auch $S \cdot T$ und $S' \cdot T'$ bzw. S^{-1} und $(S')^{-1}$ ›nah beieinander‹). Damit sind diese Gruppen *topologische* Gruppen. Beispiele von *diskreten* topologischen Gruppen (d. h. Gruppen mit der diskreten Topologie, bei der alle Elemente voneinander ›isoliert‹ sind) sind die endlichen Rotationsgruppen von Polygonen (Abb. 1), d. h. die Gruppen C_n derjenigen

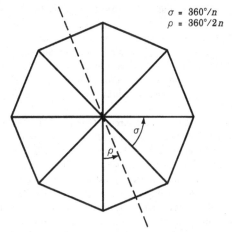

$$\sigma = 360°/n$$
$$\rho = 360°/2n$$

Abb. 1

Drehungen, die ein reguläres n-Eck in sich selber überführen. Berücksichtigt man neben den möglichen Drehungen um den eigentlichen Winkel $\sigma = 360°/n$ eines regulären n-Ecks auch ihre möglichen ↑Spiegelungen an n Achsen, die Winkel im Betrag $\rho = 360°/2n$ miteinander bilden, so wird die zyklische Gruppe C_n zur Diedergruppe D_n erweitert, mit der die S.eigenschaften der Figur vollständig bestimmt sind. Ein einfaches Beispiel für eine *Lie*-Gruppe (auch: stetige Gruppe; eine topologische Gruppe, die als topologischer Raum eine ↑Mannigfaltigkeit bildet) ist die Gruppe der Rotationen $R(\vartheta)$ des Raumes (um einen bestimmten Punkt) um (reelle) Winkel ϑ, die mit $R(\vartheta_1) \cdot R(\vartheta_2) \leftrightharpoons R(\vartheta_1 + \vartheta_2)$, $I \leftrightharpoons R(0)$, $R(\vartheta)^{-1} \leftrightharpoons R(-\vartheta)$ alle Gruppenaxiome erfüllt (Abb. 2). Lie-Gruppen, benannt nach S. Lie (1842–1899), sind

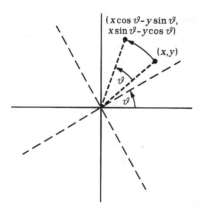

$(x\cos\vartheta-y\sin\vartheta,\\ x\sin\vartheta-y\cos\vartheta)$

(x,y)

Abb. 2

von zentraler Bedeutung für die moderne Physik. Der Liesche Gedanke, homogene Mannigfaltigkeiten unter der Voraussetzung einer stetigen Isometriegruppe zu konstruieren, wurde von E. Cartan verallgemeinert. Cartan versteht unter einem ›s.en Raum‹ eine Riemannsche Mannigfaltigkeit (↑Differentialgeometrie, ↑Riemannscher Raum), in der die Spiegelung an einem beliebigen Punkt eine isometrische Transformation ist. Für die moderne ↑Kosmologie sind s.e Räume insofern von Bedeutung, als sie Homogenität (↑Homogenitätsprinzip) und Isotropie des Kosmos im großen zu beschreiben erlauben (↑symmetrisch/Symmetrie (naturphilosophisch)).

Weitere Beispiele von diskreten Gruppen betreffen die S.n von Ornamenten und Kristallen. Die eindimensionalen Streifenornamente lassen sich durch sieben Friesgruppen klassifizieren, die systematisch von den periodischen Verschiebungen (Translationen) in einer Richtung und Spiegelungen senkrecht zur longitudinalen Translationsachse erzeugt werden. In Abb. 3 sind sie systematisch unterschieden und durch kunsthistorische Beispiele veranschaulicht. Sollen wie in Reliefs Überlappungen erfaßt werden, so sind beide Seiten einer

Fläche zu berücksichtigen; die Ornamentenliste ist auf 31 Typen zu erweitern. In zwei Dimensionen erhält man 17 Ornamentalgruppen der Ebene durch Translationen in zwei Richtungen, Spiegelungen, Inversionen und Rotationen. Historisch hatte bereits J. Kepler (Harmonice Mundi II) nach den regulären Polygonen gefragt, die eine Ebene ausfüllen. Nach teilweisen Klassifikationen von C. Jordan (1869) und L. Sohncke (1874) führte der russische Kristallograph E. S. Fedorov den Nachweis der 17 Ornamente in der Ebene. G. Pólya lieferte 1924 die gruppentheoretische Klassifikation. Falls die Ebene wie im Falle der eindimensionalen Ornamente zusätzlich als Spiegel berücksichtigt wird, kann Pólyas Klassifikation auf 80 S.gruppen erweitert werden.

Die Klassifikation dreidimensionaler Kristalle war ein zentrales Problem der Chemie seit dem 19. Jh.. M. A. Bravais schlug 14 Typen dreidimensionaler Gitter vor, die aus regulären Zellen mit Parallelogrammen aufgebaut sind (Études cristallographiques, Paris 1866). Um die diskreten Raumgruppen systematisch zu erfassen, beginnt man mit den regulären Körpern (↑Platonische Körper) der ↑Euklidischen Geometrie. Während in der Ebene für jedes $n > 2$ ein reguläres n-Polygon angegeben werden kann, gibt es nur fünf reguläre Polyeder im dreidimensionalen euklidischen Raum. Diese können durch drei Rotationsgruppen bestimmt werden. Jede Rotation, die den Würfel invariant läßt, läßt auch das Oktaeder

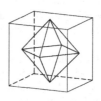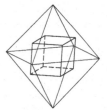

Abb. 4

invariant, und umgekehrt (Abb. 4). Entsprechendes gilt für Dodekaeder und Ikosaeder. Der dem Tetraeder entsprechende reguläre Körper ist das Tetraeder selber. Um die S.eigenschaften von ebenen und räumlichen Gittern zu bestimmen, läßt sich analog fragen, welche endlichen Bewegungsgruppen diese invariant lassen. Während in der Ebene 10 Gruppen existieren, sind im dreidimensionalen Raum die 32 Kristallklassen der Kristallographie anzugeben. Falls auch Translationen berücksichtigt werden, erhält man in der Ebene die erwähnten 17 Ornamentalgruppen mit zwei unabhängigen Translationen und 230 Raumgruppen mit drei unabhängigen Translationen, die zuerst von Fedorov (1890) und A. Schönflies klassifiziert wurden. Eine berühmte Anwendung war M. v. Laues Analyse von Kristallen durch Röntgenstrahlen.

(1)
(2)
(3)
(4)
(5)
(6)
(7)

Abb. 3 (aus: K. Mainzer 1988, 146)

Seit dem 19. Jh. werden S.eigenschaften zur Klassifizierung verschiedener geometrischer Theorien verwendet. In der Nachfolge von F. Kleins ↑Erlanger Programm ordnete man verschiedene Geometrien unter dem Gesichtspunkt geometrischer Invarianten, die bei metrischen, affinen, projektiven, topologischen etc. Transformationen unverändert bleiben (↑Geometrie). So ist z. B. der Begriff eines regulären Dreiecks eine Invariante der Euklidischen, nicht aber der projektiven Geometrie: Die Regularität bleibt erhalten unter metrischen Transformationen, nicht aber unter projektiven, weil diese die Dreiecksseiten verändern. Die geometrischen Transformationsgruppen haben eine erhebliche Bedeutung für die Raum-Zeit-Konzepte der modernen Physik (↑symmetrisch/Symmetrie (naturphilosophisch)). Ebenfalls seit dem 19. Jh. werden mathematische S.eigenschaften auch für Gleichungen in der ↑Algebra und schließlich allgemein für mathematische Strukturen untersucht. É. Galois charakterisierte in der nach ihm benannten Galoistheorie die Lösungen von Gleichungen durch S.eigenschaften von Permutationsgruppen. Aus dieser Theorie folgt z. B. die Unlösbarkeit einiger klassischer Konstruktionsprobleme der Euklidischen Geometrie mit Zirkel und Lineal (↑Delisches Problem, ↑Quadratur des Kreises). Allgemein werden in der modernen Mathematik die Invarianzeigenschaften von Strukturen gegenüber Automorphismengruppen als S.eigenschaften bezeichnet.

Literatur: S. L. Altmann, Icons and Symmetries, Oxford 1992; E. Artin, Galoissche Theorie, Leipzig 1959, Frankfurt ³1988; C. J. Bradley/A. P. Cracknell, The Mathematical Theory of Symmetry in Solids. Representation Theory for Point Groups and Space Groups, Oxford 1972, Oxford etc. 2010; J. J. Burckhardt, Zur Geschichte der Entstehung der 230 Raumgruppen, Arch. Hist. Ex. Sci. 4 (1967/1968), 235–246; H. E. A. Campbell u. a. (eds.), Symmetry and Spaces. In Honor of Gerry Schwarz, Boston Mass./ Basel/Berlin 2010; E. Cartan, Les espaces riemanniens symétriques, in: W. Saxer (ed.), Verhandlungen des Internationalen Mathematiker-Kongresses I, Zürich 1932 (repr. Nendeln 1967), 152–161; J. H. Conway/H. Burgiel/C. Goodman-Strauss, The Symmetries of Things, Wellesley Mass. 2002; M. Field/M. Golubitsky, Symmetry in Chaos. A Search for Pattern in Mathematics, Art and Nature, Oxford etc. 1992, Philadelphia Pa. 2009 (dt. Chaotische S.n. Die Suche nach Mustern in Mathematik, Kunst und Natur, Basel/Boston Mass./Berlin 1993); M. Giovanelli, Leibniz, Kant und der moderne S.begriff, Kant-St. 102 (2011), 422–454; I. Hargittai/M. Hargittai, Symmetry. A Unifying Concept, Bolinas Calif., Berkeley Calif. 1994, 1996 (dt. S.. Eine neue Art, die Welt zu sehen, Reinbek b. Hamburg 1998); S. Helgason, Differential Geometry and Symmetric Spaces, New York/London 1962, Providence R. I. 2001; G. Hon/B. R. Goldstein, From ›Summetria‹ to Symmetry. The Making of a Revolutionary Scientific Concept, Dordrecht etc. 2008; C. E. Horne, Geometric Symmetry in Patterns and Tilings, Boca Raton Fla. etc. 2000; L. C. Kinsey/T. E. Moore, Symmetry, Shape, and Space. An Introduction to Mathematics through Geometry, Emeryville Calif. 2002; dies./E. Prassidis, Geometry & Symmetry, Hoboken N. J. 2011; M. Klemm, S.n von Ornamenten und Kristallen, Berlin/Heidelberg/New York 1982; M. Leyton, Symmetry, Causality, Mind, Cambridge Mass./London 1992; S. Lie, Gesammelte Abhandlungen, I–VII, ed. F. Engel/P. Heegaard, Leipzig/Kristiania (Oslo) 1922–1960 (repr. New York/London 1973); ders./F. Engel, Theorie der Transformationsgruppen, I–III, Leipzig 1888–1893, New York 1970 (engl. Theory of Transformation Groups I, Berlin etc. 2015); E. Lord, Symmetry and Pattern in Projective Geometry, London etc. 2013; K. Mainzer, S.n der Natur. Ein Handbuch zur Natur- und Wissenschaftsphilosophie, Berlin/New York 1988 (engl. Symmetries of Nature. A Handbook for Philosophy of Nature and Science, Berlin/New York 1996); ders., Symmetries in Mathematics, in: I. Grattan-Guinness (ed.), Companion Encyclopedia of the History and Philosophy of the Mathematical Sciences I, London/New York 1994, Baltimore Md. etc. 2003, 1612–1623; ders., S., Hist. Wb. Ph. X (1998), 745–751; G. Pólya, Über die Analogie der Kristallsymmetrie in der Ebene, Z. Kristallographie 60 (1924), 278–282; J. Rosen, Symmetry in Science. An Introduction to the General Theory, New York etc. 1995; M. Schottenloher, Geometrie und S. in der Physik. Leitmotiv der Mathematischen Physik, Braunschweig/Wiesbaden 1995; A. V. Shubnikov/N. V. Belov, Colored Symmetry. A Series of Publications from the Institute of Crystallography, Academy of Sciences of the U. S. S. R., Moskau, 1951–1958, Oxford etc. 1964; ders./V. A. Koptsik, Symmetry in Science and Art, New York/London 1974, 1977; A. Speiser, Die Theorie der Gruppen von endlicher Ordnung, Berlin 1927, Basel/Stuttgart ⁵1980; I. Stewart, Fearful Symmetry. Is God a Geometer?, Oxford/Cambridge Mass. 1992, London/New York 1993 (dt. Denkt Gott s.? Das Ebenmaß in Mathematik und Natur, Basel/Boston Mass./Berlin 1993); K. Tapp, Symmetry. A Mathematical Exploration, New York 2012; V. V. Trofimov, Vvedenie v geometrijŭ mnogoobrazii s simmetrijami, Moskau 1989 (engl. Introduction to Geometry of Manifolds with Symmetry, Dordrecht/Boston Mass. 1994); H. Weyl, Symmetry, Princeton N. J. 1952, 1989 (dt. S., Basel/Boston Mass./Stuttgart 1955, ²1981); K. L. Wolf/R. Wolff, S.. Versuch einer Anweisung zu gestalthaftem Sehen und sinnvollem Gestalten, systematisch dargestellt und an zahlreichen Beispielen erläutert, I–II, Münster/Köln 1956; I. M. Yaglom, Felix Klein and Sophus Lie. Evolution of the Idea of Symmetry in the Nineteenth Century, Boston Mass./Basel 1988. K. M.

symmetrisch/Symmetrie (logisch), eine zweistellige ↑Relation R über einer Menge M heißt ›s.‹ genau dann, wenn für beliebige Elemente $x, y \in M$ gilt: $xRy \rightarrow yRx$. S.e Relationen finden sich in allen Wissenschaften (z. B. die Gleichheit in der Mathematik; ↑Gleichheit (logisch)), aber auch häufig in der ↑Alltagssprache. So ist etwa über der Menge der Männer die Relation ›Bruder‹, z. B. in ›Hans ist Bruder von Franz‹, s., während z. B. die Relation ›Vater‹ in ›Peter ist Vater von Paul‹ nicht s. ist. S.e Relationen, die zusätzlich reflexiv (↑reflexiv/Reflexivität) und transitiv (↑transitiv/Transitivität) sind, heißen ↑Äquivalenzrelationen. – In der neueren Diskurs- oder Konsenstheorie der Wahrheit (↑Wahrheitstheorien) bildet die Forderung nach s.er, d. h. gleicher, Verteilung der Chancen, am Diskurs teilzunehmen, den Inhalt eines so genannten S.prinzips, das als Voraussetzung der ›idealen Sprechsituation‹ (↑Dialog, rationaler) angesehen wird, ohne die ein Wahrheitskonsens nicht möglich ist. G. W.

symmetrisch/Symmetrie (naturphilosophisch), Bezeichnung für die Eigenschaft von Naturobjekten, bei Ausführung bestimmter Operationen – der S.operationen – invariant (↑invariant/Invarianz) zu bleiben. Bereits in der Platonischen Naturphilosophie werden die ↑Platonischen Körper wegen ihrer S. als Bausteine des ↑Kosmos ausgezeichnet. Zu Beginn der Neuzeit sucht J. Kepler das heliozentrische Planetensystem (↑Heliozentrismus) durch platonische S.n zu begründen (Mysterium cosmographicum, 1596). Unter dem Eindruck mathematischer S.analysen von geometrischen Invarianten (↑symmetrisch/Symmetrie (geometrisch)) werden seit dem 19. Jh. physikalische Raum-Zeit-Konzepte durch geometrische S.n charakterisiert. So entspricht der Galileisch-Newtonschen Raum-Zeit eine Invarianz der klassischen ↑Bewegungsgleichungen gegenüber der Gruppe (↑Gruppe (mathematisch)) der ↑Galilei-Transformationen. Anschaulich ist damit gemeint, daß die Bewegungsgleichungen für alle ↑Inertialsysteme gelten. In diesem Sinne ist auch A. Einsteins speziell-relativistische Raum-Zeit (↑Relativitätstheorie, spezielle) durch eine S.struktur bestimmt, nämlich durch die Lorentz-Gruppe der Minkowski-Geometrie. Klassische ↑Mechanik und Spezielle Relativitätstheorie sind Beispiele für global s.e Theorien (globale S.), d.h., die dort vorkommenden Gleichungen sind invariant, falls alle Koordinaten simultan transformiert werden. So ist die Form einer Kugel invariant bezüglich einer Rotation, falls die Koordinaten aller Punkte um denselben Winkel verändert werden (Abb. 1).

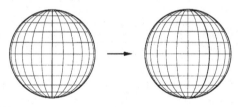

Abb. 1

In der Allgemeinen Relativitätstheorie (↑Relativitätstheorie, allgemeine) lassen sich die Auswirkungen von beschleunigten Bezugssystemen und Gravitationskräften geometrisch als lokale Abweichungen von der globalen S. deuten. Es liegt jedoch lokale S. vor, da diese Abweichungen durch Kraftfelder kompensiert werden können, so daß die Form-Invarianz des (relativistischen) Gravitationsgesetzes erhalten bleibt. Analog entstehen in der ↑Geometrie Verzerrungen an der Oberfläche einer Kugel durch lokale Veränderungen der Koordinaten. Die Form der Kugel bleibt durch die Annahme von Kräften erhalten (Abb. 2). Geometrisch lassen sich also Gravitationskräfte durch den Übergang von globaler zu lokaler S. einführen, was dem Übergang von der speziell-relati-

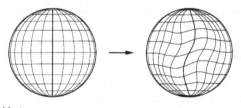

Abb. 2

vistischen zur allgemein-relativistischen Raum-Zeit entspricht.

Im Standardmodell der relativistischen ↑Kosmologie wird die kosmische Evolution durch das Kosmologische Prinzip von H. P. Robertson und A. G. Walker erklärt. Danach ist für einen Beobachter zu jedem Zeitpunkt der räumliche Zustand des Universums (bei geeigneter Skalenwahl) homogen und isotrop. Dieses S.prinzip läßt sich mathematisch durch eine stetige Isometriegruppe bestimmen, die physikalische Größen wie Gravitationspotentiale und den Energie-Impuls-Tensor forminvariant läßt. Die Konstruktion homogener ↑Mannigfaltigkeiten durch Isometriegruppen ist eine Verallgemeinerung der ↑Differentialgeometrie von B. Riemann, H. v. Helmholtz und S. Lie, die mathematisch in E. Cartans Theorie s.er Räume (↑symmetrisch/Symmetrie (geometrisch)) eingeführt wurde.

Wie die Gravitationskraft lassen sich auch die übrigen physikalischen Grundkräfte durch den Übergang von globaler zu lokaler S. beschreiben. Dazu werden Kräfte als Eichfelder interpretiert, die lokale Abweichungen von globalen S.n kompensieren. In J. C. Maxwells ↑Elektrodynamik kompensiert ein Magnetfeld eine lokale Veränderung eines elektrischen Feldes, d. h. die Bewegung eines geladenen Körpers, und erhält damit die Invarianz der elektromagnetischen Feldgleichungen. In der Quantenelektrodynamik kompensiert ein elektrodynamisches Feld die lokale Veränderung, d. h. Phasenverschiebung, eines Elektronenfeldes und erhält damit die Invarianz der entsprechenden Feldgleichungen. Mathematisch werden diese Phasenverschiebungen durch unitäre Transformationen aus der U(1)-Gruppe bestimmt. Analog werden die starken Kräfte (z. B. Kernkraft) durch Eichsymmetrien der Quantenchromodynamik, d. h. die SU(3)-Gruppe, beschrieben.

Bereits 1918 hatte H. Weyl vorgeschlagen, die Vereinigung physikalischer Kräfte (damals ↑Gravitation und Elektromagnetismus) durch Eichsymmetrien zu beschreiben, scheiterte aber wegen der noch fehlenden quantenmechanischen (↑Quantentheorie) Erklärung der Kräfte. Heute werden bereits elektromagnetische und schwache Wechselwirkung durch hohe Energien in Elementarteilchenbeschleunigern vereinigt, d. h., bei hohen Energien werden die wechselwirkenden Teilchen der beiden Kräfte ununterscheidbar. Diesem Zustand entspricht mathematisch die Transformierbarkeit der Teilchen durch die S.gruppe U(1) × SU(2). Bei einem kritischen Wert niedriger Energie bricht diese S. in die beiden Teilsymmetrien U(1) und SU(2) auseinander, die der elektromagnetischen bzw. der schwachen ↑Wechselwirkung entsprechen.

Das physikalische Forschungsprogramm der Vereinigung von elektromagnetischer, schwacher und starker Wechselwirkung und schließlich der Supervereinigung aller Kräfte (einschließlich der Gravitation) wird mathematisch durch eine Erweiterung zu immer reicheren S.strukturen in Form von Eichgruppen definiert. Auch die sehr allgemeine S.gruppe $E_8 \times E_8$ der Superstringtheorie mit 10 Dimensionen ist eine mathematisch wohlbekannte stetige Gruppe, die von Cartan untersucht wurde. Sie beschreibt die volle S. eines sehr hohen Energiezustandes, in dem alle Elementarteilchen ununterscheidbar und daher ineinander transformierbar sind. Während der Abbremsung der kosmischen Evolution und der damit verbundenen ›Abkühlung‹ werden schrittweise kritische Zustände realisiert, in denen die ursprünglichen Vereinigungssymmetrien in Teilsymmetrien auseinanderbrechen und die jeweiligen Elementarteilchen und die damit verbundenen physikalischen Wechselwirkungen entstehen. Den vielfältigen Kräften und Strukturen im heutigen Zustand des Kosmos entsprechen danach Brechungen einer ursprünglich einheitlichen S..

Die Analyse molekularer S.n ist von grundlegender Bedeutung für die moderne Chemie. In der Biochemie werden charakteristische Dissymmetrien (›Homochiralität‹) von Makromolekülen (z. B. [bei Polarisierung] linksdrehende Aminosäuren oder rechtsdrehende Zucker) nachgewiesen, wobei vermutet wird, daß sie auf die Paritätsverletzung der schwachen Wechselwirkung zurückgehen (Abb. 3).

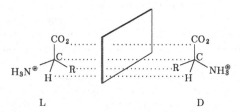

L   D

Abb. 3: Dissymmetrie

Schon L. Pasteur hatte angenommen, daß lebende Systeme durch charakteristische Dissymmetrien ihrer molekularen Bausteine bestimmt sind. Die Emergenz (↑emergent/Emergenz) neuer Muster und Gestalten wird nicht nur in der Chemie, sondern auch in der Biologie durch S.brechungen beschrieben. So erklärt A. Turing 1952 die biologische Morphogenese durch Phasenübergänge molekularer Systeme, denen mathema-

tisch S.brechungen von Gleichgewichtszuständen entsprechen. Die modernen Untersuchungen zur Emergenz biologischer Gestalten und Organismen im Rahmen der Theorie komplexer Systeme gehen auf diesen Ansatz zurück. Auch das Wachstum von Tier- und Pflanzenpopulationen wird durch s.e Gleichgewichtszustände bzw. S.brechungen beschrieben. Eine Population wird danach als ein dynamisches System verstanden, dessen Evolution im ökologischen Gleichgewicht mit seiner Umwelt ist, bis diese S. durch (irreversible) Störungen gebrochen wird. Das s.e Gleichgewichtsmuster kann durch die rhythmischen Kurven der nicht-linearen Populationsgleichungen (z. B. Lotka-Volterra-Gleichungen von Räuber- und Beutepopulationen, Abb. 4; ↑Ökologie) veranschaulicht werden.

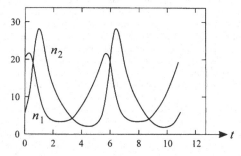

Abb. 4: Lösungen der Lotka-Volterra-Gleichungen.

Die Nicht-Linearität dieser Systeme erlaubt die Emergenz globaler chaotischer Zustände durch kleinste Fluktuationen. Dabei ist auch das mathematische Chaos durch eine fundamentale S. bestimmt. So wiederholt sich z. B. in der Mandelbrot-Menge die typische Mandelbrot-Figur, das so genannte ›Apfelmännchen‹ (Abb. 5), bei der Betrachtung beliebig kleiner Teile der Menge. Mathematisches Chaos ist in diesem Sinne durch Selbstähnlichkeit, d. h. durch eine Automorphismengruppe (↑sym-

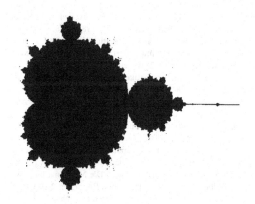

Abb. 5: Mandelbrot-Menge.

metrisch/Symmetrie (geometrisch)), charakterisiert. So scheint sich die naturphilosophische Vermutung Heraklits zu bestätigen, daß sich hinter dem augenscheinlichen Chaos der Welt Harmonien und S.n verbergen.

Literatur: P. Ball, The Self-Made Tapestry. Pattern Formation in Nature, Oxford etc. 1999, 2004; K. Brading/E. Castellani, Symmetry and Symmetry Breaking, SEP 2003, rev. 2013; T. Brückner, Die Philosophie der Naturgesetze. Philosophische Untersuchungen zur aktuellen Physik, Hamburg 2015; M. G. Doncel u. a. (eds.), Symmetries in Physics (1600–1980), Barcelona 1987; F. J. Dyson, Symmetry Groups in Nuclear and Particle Physics, New York/Amsterdam 1966; A. Engström/B. Strandberg (eds.), Symmetry and Function of Biological Systems at the Macromolecular Level, Stockholm, New York/London/Sydney 1969; M. Field/M. Golubitsky, Symmetry in Chaos. A Search for Pattern in Mathematics, Art and Nature, Oxford etc. 1992, Philadelphia Pa. 2009 (dt. Chaotische S.n. Die Suche nach Mustern in Mathematik, Kunst und Natur, Basel/Boston Mass./Berlin 1993); R. L. Flurry, Symmetry Groups. Theory and Chemical Applications, Englewood Cliffs N. J. 1980; A. Gierer, Physik der biologischen Gestaltbildung, Naturwiss. 68 (1981), 245–251; W. Hahn, S. als Entwicklungsprinzip in Natur und Kunst, Königstein 1989, Gladenbach 1995 (engl. Symmetry as a Developmental Principle in Nature and Art, Singapur/London 1998); I. Hargittai, Symmetry. A Unifying Concept, Bolinas Calif./Berkeley Calif. 1994, 1996 (dt. S.. Eine neue Art, die Welt zu sehen, Reinbek b. Hamburg 1998); G. Hon/B. R. Goldstein, From ›Summetria‹ to Symmetry. The Making of a Revolutionary Scientific Concept, Dordrecht etc. 2008; M. Leyton, Symmetry, Causality, Mind, Cambridge Mass./London 1992; H. Lyre, Lokale S.n und Wirklichkeit. Eine naturphilosophische Studie über Eichtheorien und Strukturenrealismus, Paderborn 2004; K. Mainzer, Symmetries in Nature, Chimia 42 (1988), 161–171; ders., S.n der Natur. Ein Handbuch zur Natur- und Wissenschaftsphilosophie, Berlin/New York 1988 (engl. Symmetries of Nature. A Handbook for Philosophy of Nature and Science, Berlin/New York 1996; ders., Concepts of Symmetry and the Unity of Science, in: J. Mittelstraß (ed.), Einheit der Wissenschaften, Berlin/New York 1991 (Akademie der Wissenschaften zu Berlin, Forschungsbericht 4), 75–90; ders., S., Hist. Wb. Ph. X (1998), 745–751; B. Mandelbrot, The Fractal Geometry of Nature, San Francisco Calif., Oxford 1982, New York 2004 (dt. Die fraktale Geometrie der Natur, Berlin [Ost] 1987, Basel/Boston Mass./Berlin 1991); J. Rosen, Symmetry in Science. An Introduction to the General Theory, New York etc. 1995; ders., Symmetry Rules. How Science and Nature Are Founded on Symmetry, Berlin/Heidelberg 2008; A. de Rújula, Superstrings and Supersymmetry, Nature 320 (1986), 678; M. du Sautoy, Finding Moonshine. A Mathematician's Journey Through Symmetry, London 2008, mit Untertitel: Mathematicians, Monsters and the Mysteries of Symmetry, London etc. 2009 (dt. Die Mondscheinsucher. Mathematiker entschlüsseln ein Rätsel der Natur, München 2008, unter dem Titel: Das Geheimnis der S.. Mathematiker entschlüsseln ein Rätsel der Natur, 2011, ²2012; franz. La symétrie, ou, Les maths au clair de lune, Paris 2012, 2013); I. Stewart, Fearful Symmetry. Is God a Geometer?, Oxford/Cambridge Mass. 1992, London/New York 1993 (dt. Denkt Gott s.? Das Ebenmaß in Mathematik und Natur, Basel/Boston Mass./Berlin 1993); ders., What Shape Is a Snowflake?, London 2001 (dt. Das Rätsel der Schneeflocke. Die Mathematik der Natur, Heidelberg/Berlin 2002, Heidelberg/München 2007); ders., Why Beauty Is Truth. A History of Symmetry, New York 2007, 2008 (dt. Die Macht der S.. Warum Schönheit Wahrheit ist, Heidelberg 2008, Berlin/Heidelberg 2013); B. C. van Fraassen, Laws and Symmetry, Oxford 1989, Oxford etc. 2003; S. Weinberg, Gravitation and Cosmology. Principles and Applications of the General Theory of Relativity, New York etc. 1972, 2008. K. M.

Symptom (griech. σύμπτωμα, Krankheitserscheinung, Zufall), Terminus der ↑Semiotik zur Bezeichnung von ↑Anzeichen; gehört mit ↑Ikon, ↑Index, ↑Signal und ↑Symbol zu deren Grundbegriffen. S.e müssen von Fall zu Fall ausdrücklich *rezeptiv* erschlossen werden, um sie als benennende Zeichen (↑Referenz) verwenden zu können; *produktiv* können sie lediglich als (Besitz einer) Eigenschaft prädiziert werden, z. B. in ›Paula hat Flecken auf der Haut‹. Das Auftreten von Flecken auf der Haut ist demnach kein ›Zeichenakt‹; erst innerhalb einer eigens zu erbringenden Verstehensleistung wird es zum *symptomischen Zeichen*, und zwar relativ zu einer den Situationsrahmen stiftenden ↑deiktischen Kennzeichnung (diese zu Krankheiten [›Krankheitsbildern‹ wie Masern, Allergie‹] gehörenden Flecken auf der Haut). Die Bildung symptomischer Zeichen verläuft somit vom Gegenstand zum Zeichenbenutzer, der durch Semiotisierung eines Teiles des Gegenstandes im Hinblick auf ein Ganzes diesen konstituiert, so daß die *internen* Relationen (Vorrang der Beziehungen vor den Gegenständen) über mögliche *externe* Relationen (›natürliche‹ Beziehungen der Gegenstände untereinander, im Falle von S.en z. B. kausale) zu sprechen erlauben.

Dem Handlungsbegriff nach (↑Handlung) ist nicht die aktive, sondern die passive Rolle, der *Widerfahrnisanteil* einer Handlung (↑Widerfahrnis), Kandidat für die S.-bildung. D. h., handlungsorientierend muß gelehrt und gelernt (↑Lehren und Lernen) werden, Widerfahrnisse nicht als Vorkommnisse lediglich zu prädizieren, sondern als S.e zu interpretieren. Im Zuge rezeptiver Erschließung liefert das Widerfahrnis das semiotisch gegliederte Material (↑Medium (semiotisch)) für die geeignete Zeichengestalt des S.s. Zur S.bildung taugende Widerfahrnisanteile sind nicht schematisch (↑Schema), sie treten an oder mit der fraglichen Handlungsaktualisierung auf (z. B. ›elegant laufen‹ im Unterschied zu ›schnell laufen‹). Im Prozeß symptomischer Zeichenbildung werden sie schematisiert. Verstandene S.e lassen sich deshalb jederzeit reproduzieren, um sie im Wechsel von der Rezipienten- in die Produzentenrolle z. B. als semiotische Mittel der Täuschung einzusetzen (so führt F. Krull, Hauptfigur in T. Manns Roman »Geständnisse des Hochstaplers Felix Krull« [1954], einen S.komplex als vermeintliches Krankheitsbild vor). Index-Zeichen dagegen sind stets produktionsorientiert (↑Produktion), indem sie ausdrücklich Herstellungs- mit Darstellungsaspekten verschränken (z. B. Ausruf bei Gefahr, Wetterhahn, Windsack an Autobahnen). Steht bei der Signalfunktion deren appellativer Charakter im Vordergrund, so bei der S.funktion das die hier erforderliche Verstehensleistung kennzeichnende *explorative* Moment. Werden Zeichen weniger *gefunden*, als vielmehr *erfunden*, macht es Sinn, produktiv von rezeptiv gebundenen Zeichenerfindungen zu unterscheiden. – In der Medizin erfüllen heute – durchaus in der Kontinuität der bis in die Antike zurückreichenden Begriffsgeschichte von S. – mehrere eigens miteinander verbundene S.e eine Art Kennzeichnungsfunktion im Sinne ›gut charakterisierter Krankheitsbilder‹, die sich, ›nach bestimmten Krankheitsgruppen geordnet‹, zum Eintrag in medizinische S.lexika eignen (W. Hadorn u. a. [8]1986).

Im ↑Wiener Kreis und seinem Umfeld wird vornehmlich die Unterscheidung von S. und Symbol diskutiert (J. Schächter 1935, 1978, 16–17), um bei den Bemühungen, zu einer physikalistischen (Einheits-)Wissenschaftssprache (↑Einheitswissenschaft) zu gelangen, allein von der symbolischen Rolle der (rein konventionellen) Zeichen, demnach von vom Bezeichneten unabhängigen Zeichengegenständen, begründet Gebrauch machen zu können. Z. B. R. Gätschenberger 1932: Ich beschließe, »die Anzeichen [wozu er S., Erkenntnisgrund, Kennzeichen und Kriterium zählt] niemals *Zeichen* zu nennen« (Gätschenberger 1977, 11). Im Hinblick auf ›wahrnehmendes Erkennen‹ als ›prägnante Wahrnehmung‹ stellt E. Cassirer den Unterschied zwischen ›symptomatisch-anzeigend‹ und ›symbolisch-bedeutend‹ heraus, allerdings nicht bezüglich ihrer benennenden bzw. unterscheidenden Funktion, sondern bezüglich der eine eigene *Gliederung* erzeugenden Leistung von S. und Symbol. Mit Hilfe der Metapher des Lesens weist er der S.funktion ›Buchstabieren‹, der Symbolfunktion ›Lesen‹ zu. Zum symptomatischen Erschließungsprozeß gehören Handlungen, die Cassirer mit Ausdrücken wie ›Erraten‹, ›Vorwärtstasten‹, ›Kombinieren von Merkmalen‹ prädiziert, um das Explorieren geeigneter Teile im Hinblick auf ein zu erzeugendes Ganzes zu verdeutlichen; im Symbolbereich geht es um das Stiften übergreifender symbolischer Einheiten: Mit der ›Intuition des Ganzen‹, der ›Einheit des Blickes‹ gelingt es, »die mannigfaltigen Aspekte als verschiedene Perspektiven eines Objekts« zu erfassen (Cassirer, Philosophie der symbolischen Formen III, [10]1994, 280–281).

L. Wittgenstein erörtert das »Schwanken in der Grammatik zwischen Kriterien und S.en« (Philos. Unters. § 354), um (1) Weisen semiotischer Vergegenwärtigung beispielhaft zu entfalten, bei denen zwar keine direkte ›hinweisende Erklärung‹ (Philos. Unters. § 362) greift, wohl aber eine indirekte über S.bildung vermittelte möglich ist. Damit wird von ihm (2) über die Frage nach Ähnlichkeitsbeziehungen von körpereigenen und außerkörperlichen Medienanteilen das Beschaffen eines Mediums ins Spiel gebracht. Insofern unser eigener Körper als Paradigma für jedes zu erzeugende Medium

angesehen werden kann (Philos. Unters. § 364, auch ›Bedeutungskörper‹, Philos. Unters. § 559; Philosophische Grammatik I, § 16; H. J. Schneider 1993), ist das Problem des (Fremd-)Psychischen (↑other minds) sein bevorzugtes Themengebiet: »Das Sprachspiel des Meldens kann so gewendet werden, daß die Meldung den Empfänger nicht über ihren Gegenstand unterrichten soll; sondern über den Meldenden« (Philos. Unters. Teil II, X). Variante S.bildung mit Hilfe von Vorkommnissen beim Vollzug der Meldung wie forsches Auftreten, feste Stimme, ausgeschmückte Details im Bericht läßt sich als ↑Kriterium verwenden, z. B. für Informiertheit, Unsicherheit oder mangelnde Verläßlichkeit des Meldenden, wobei die Schwierigkeiten bei der Unterscheidung von S.genese und Gebrauch des S.s als Kriterium (z. B. das Verbleiben im Zwischenbereich von Gegenstands- und Reflexionsebene) ›das Schwanken der Grammatik‹ zwischen beiden ausmachen können.

Literatur: K. Bühler, Sprachtheorie. Die Darstellungsfunktion der Sprache, Jena 1934, Stuttgart 1999; E. Cassirer, Philosophie der symbolischen Formen III, Berlin 1929, ferner als: Ges. Werke XIII, Darmstadt, Hamburg 2002, Hamburg 2010; E. Coseriu, Zeichen, Symbol, Wort, in: T. Borsche/W. Stegmaier (eds.), Zur Philosophie des Zeichens, Berlin/New York 1992, 3–27; R. Gätschenberger, Zeichen, die Fundamente des Wissens. Eine Absage an die Philosophie, Stuttgart 1932, ohne Untertitel, Stuttgart-Bad Cannstatt [2]1977; H. P. Grice, Meaning, Philos. Rev. 66 (1957), 377–388 (dt. Intendieren, Meinen, Bedeuten, in: G. Meggle [ed.], Handlung, Kommunikation, Bedeutung, Frankfurt 1979, 1993, 2–15); W. Hadorn u. a. (eds.), Vom S. zur Diagnose. Lehrbuch der medizinischen S.atologie, Basel/New York 1960, [6]1969, mit Untertitel: Lehrbuch der Diagnostik für Studenten, Allgemeinärzte und Fachärzte, Jena [7]1982, unter dem Titel: Vom S. zur Diagnose. Diagnostik für Praktiker, Basel etc. [8]1986; B. Holmes, The S. and the Subject. The Emergence of the Physical Body in Ancient Greece, Princeton N. J./Oxford 2010; R. Keller, Zeichentheorie. Zu einer Theorie semiotischen Wissens, Tübingen/Basel 1995, Tübingen [2]2017; B. Knäuper, S. Awareness and Interpretation, IESBS XXIII (2001), 15357–15362; V. Langholf/Red./O. R. Scholz, S., Hist. Wb. Ph. X (1998), 762–768; J. Pelc, ›S.‹ and ›Symbol‹ in Language, HSK VII/2 (1996), 1292–1313; J. Schächter, Prolegomena zu einer kritischen Grammatik, Wien 1935, Stuttgart 1978 (engl. Prolegomena to a Critical Grammar, Dordrecht/Boston Mass. 1973); D. Schmoll/A. Kuhlmann (eds.), S. und Phänomen. Phänomenologische Zugänge zum kranken Menschen, Freiburg/München 2005; H. J. Schneider, Die Situiertheit des Denkens, Wissens und Sprechens im Handeln. Perspektiven der Spätphilosophie Wittgensteins, Dt. Z. Philos. 41 (1993), 727–739; T. A. Sebeok, S.e, systematisch und historisch, Z. Semiotik, 6 (1984), 37–52.   D. G.

synchron, ↑diachron/synchron.

Synderesis, ↑Synteresis.

Synergetik (von griech. σύν, mit/zusammen, und ἔργον, Werk, Tat; engl. synergetics), Lehre vom Zusammenwirken, von H. Haken 1970 geprägter Terminus zur

Bezeichnung eines interdisziplinären Ansatzes zur Untersuchung selbstorganisierter (↑Selbstorganisation) Systeme. Die S. erforscht die allgemeinen Gesetzmäßigkeiten der Entstehung und Aufrechterhaltung von geordneten Strukturen aus Keimen oder sogar aus dem Chaos bei zahlreichen physikalischen, chemischen und biologischen Systemen, deren Funktionsweise nur durch den Fluß von ↑Energie oder ↑Materie aufrechterhalten werden kann. Ziel der S. ist es, das Zusammenwirken der Komponenten komplexer Systeme durch einige wenige Faktoren, die so genannten ›Ordnungsparameter‹, zu beschreiben.

In der Interpretation L. Boltzmanns bedeutet die vom 2. Hauptsatz der ↑Thermodynamik angenommene ständige Entropiezunahme (↑Entropie) ein Streben nach wachsender Unordnung. In isolierten Systemen erfolgt die Änderung thermodynamischer Zustände in Richtung auf Zustände wachsender ↑Wahrscheinlichkeit und damit abnehmender Ordnung bis hin zum Zustand des thermodynamischen Gleichgewichts, der durch maximale Wahrscheinlichkeit und maximale Unordnung gekennzeichnet ist. Aus diesem Ansatz heraus neigen geordnete Strukturen zur Auflösung; Temperaturunterschiede, Konzentrationsdifferenzen gleichen sich aus. Zwar wird das System um den Gleichgewichtszustand schwanken, jedoch ist die Größenordnung der relativen Schwankungen des Mittelwerts bei großen Systemen vernachlässigbar, so daß eine makroskopische Beschreibung möglich wird.

Wird ein System daran gehindert, sich auf den Zustand des Gleichgewichts hinzubewegen, so kann dieses Nicht-Gleichgewicht eine Quelle von Ordnung werden. Hält man z. B. in einer Flüssigkeitsschicht einen Temperaturgradienten aufrecht, so führt dies zur Bildung von Konvektionsströmen in der Flüssigkeit, die regelmäßige Muster in der Form von Rollen oder Hexagonen ausbilden. Die Entstehung derartiger Ordnungszustände ist von einem Boltzmannschen Standpunkt aus nicht zu verstehen, da die Wahrscheinlichkeit der spontanen Entstehung einer korrelierten Bewegung einer großen Zahl von Molekülen gegen Null tendiert. Tatsächlich bilden sich jedoch in dieser *Bénard-Instabilität* die zufälligen Schwankungen nicht zurück; vielmehr verstärkt sich diejenige, die zum optimalen Wärmeaustausch führt, auf Kosten der anderen, wird schließlich dominant und ›versklavt‹ (Haken) die anderen Bewegungsformen, die mehr und mehr abklingen. Die kollektive Bewegung spielt die Rolle eines *Ordnungsparameters* und macht eine stark vereinfachte Beschreibung des Systemzustands möglich. Ähnlich erfolgt z. B. auch beim Laser die Herstellung eines geordneten Zustands durch Selbstorganisation. Dabei findet ein Wettbewerb zwischen mehreren Ordnungsparametern, den Amplituden der Wellen verschiedener Wellenlänge, statt, unter denen die Zwangs-

oder ↑Randbedingungen eine Selektion vornehmen. Der dominante Ordnungsparameter prägt den lichtemittierenden Molekülen ein bestimmtes Verhalten auf; er ›versklavt‹ die Untersysteme. Umgekehrt bringen die Moleküle durch die induzierte Emission erst den Ordnungsparameter, die Lichtwelle, hervor.

Beispiel eines kohärenten Molekülverhaltens in chemischen Reaktionen ist die *Belousov-Zhabotinsky-Reaktion*, die je nach Randbedingungen periodische Oszillationen der Konzentration oder Konzentrationswellen entstehen läßt. Dem Studium chemischer Selbstorganisationsprozesse dient das theoretische Modell des *Brüsselators*, das einen trimolekular autokatalytischen Reaktionsschritt mit wechselseitiger Katalyse verbindet. Dabei treten unter gleichgewichtsfernen Bedingungen Schwingungen der Konzentrationen auf, die schließlich unabhängig von den Anfangsbedingungen in einen stabilen Grenzzyklus münden. Das System ist zu einer chemischen Uhr geworden und reagiert als Ganzes.

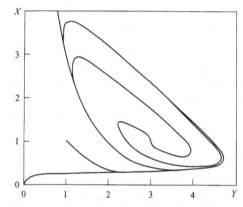

Abb. 1: Beim Brüsselator treten bei Überschreiten kritischer Schwellen für die Konzentrationen X und Y zyklische Schwankungen auf.

Derart oszillierende Reaktionen finden sich im biologischen Bereich in zahlreichen Stoffwechselprozessen. Erforderlich für ein solches korreliertes Verhalten der Moleküle ist zum einen das Vorliegen gleichgewichtsferner Bedingungen, d. h., das System muß *offen* sein, ständig Energie und Materie mit seiner Umgebung austauschen, zum anderen die Existenz autokatalytischer Schritte. Von besonderer Wichtigkeit ist das Auftreten von *Bifurkationen* in den kinetischen Gleichungen, also von Verzweigungspunkten, an denen das System zwischen mehreren möglichen Verhaltensweisen ›wählen‹ muß. An diesen Punkten sind mikrophysikalische Schwankungen nicht mehr vernachlässigbar; sie werden für das weitere Verhalten bestimmend. Dies drückt sich im Übergang zu einer probabilistischen Beschreibung (↑Wahrscheinlichkeitstheorie) unter Nicht-Gleichgewichtsbedingungen aus, die bedeutsame Abweichungen von einer probabilistischen Theorie des Gleichgewichtszustands aufweist. Liegen in einem solchen Falle Markov-Prozesse (A. A. ↑Markov, 1856–1922) mit in der Regel konstanten Übergangswahrscheinlichkeiten zwischen einzelnen Zuständen vor, so werden unter Nicht-Gleichgewichtsbedingungen die Übergangswahrscheinlichkeiten zu im allgemeinen nicht-linearen Funktionen der stochastischen Variablen, etwa der Teilchenzahl. Dies hat zur Folge, daß zufällige Fluktuationen in der Regel nicht mehr einer Poisson-Verteilung unterliegen, mit dem Resultat, daß das Verhalten des Systems nicht mehr durch deterministische (↑Determinismus) Bewegungsgleichungen für makroskopische Variablen beschreibbar ist. Unter bestimmten Umständen können Schwankungen verstärkt werden und das System in einen neuen Zustand treiben.

Der früheste untersuchte Fall eines Oszillationsprozesses in der Biologie ist das *Lotka-Volterra-Modell* der Populationsdynamik von Raubtier und pflanzenfressender Beute (↑Ökologie). Auch die ↑Evolution kann als Prozeß der Selbstorganisation betrachtet werden: Zufällige Schwankungen (↑Mutationen) werden je nach Randbedingungen entwede verstärkt und schließlich zum dominanten Ordnungsparameter, oder sie klingen ab und verschwinden. Auf der Ebene selbstreplikativer Makromoleküle gelingt der S. eine Spezifizierung der Darwinschen Fitneß durch physikalische Parameter. M. Eigen entwickelte darüber hinaus ein Modell der präbiotischen Evolution, das eine wechselseitig katalytische Verbindung von Molekülen des Protein- und Nukleinsäuretyps in einem selbst wieder geschlossenen Zyklus annimmt. Ein solcher *Hyperzyklus* ist zu einem stabilen Überleben befähigt und kann mit anderen Hyperzyklen in Wettbewerb treten. Auf analoge Weise beschreibt die S. die Herausbildung geographischer, wirtschaftlicher und sozialer Strukturen.

Die S. zeigt, daß neben Gleichgewichtsstrukturen wie Kristallen eine zweite, von diesen fundamental verschiedene Art von Strukturen existiert: die ›dissipativen‹ Strukturen (I. Prigogine) fernab vom thermodynamischen Gleichgewicht, gekennzeichnet durch ständigen Energie- und Materiefluß und gebunden an das Vorliegen autokatalytischer Prozesse. Das Auftreten derartiger Strukturen im biologischen Bereich erlaubt einen neuen Blick auf Entstehung und Funktion biologischer Mechanismen. Für die klassische Thermodynamik war gerade die Zerstörung von Strukturen der Regelfall; so konnte aus ihrem Blickwinkel die Herausbildung und Erhaltung komplexer Ordnungszustände lediglich als Folge unwahrscheinlicher Anfangsbedingungen erscheinen (J. Monod). Während also für die klassische Thermodynamik zwischen Boltzmann und C. R. Darwin ein Gegensatz bestehen mußte, wird auf der Grundlage der S. Leben gerade zu einer Folge physikalischer Gesetzmäßigkeiten, in gleicher Weise vorhersagbar wie die Bénard-Instabilität oder der Fall eines Steins.

Literatur: M. Bushev, Synergetics. Chaos, Order, Self-Organization, Singapore/River Edge N. J. 1994; W. Ebeling, Strukturbildung bei irreversiblen Prozessen. Eine Einführung in die Theorie dissipativer Strukturen, Leipzig 1976; ders./R. Feistel, Physik der Selbstorganisation und Evolution, Berlin (Ost) 1982, 1986; dies., Physics of Self-Organization and Evolution, Weinheim 2011; M. Eigen/R. Winkler, Das Spiel. Naturgesetze steuern den Zufall, München/Zürich 1975, Eschborn 2015 (engl. Laws of the Game. How the Principles of Nature Govern Chance, New York 1981, Princeton N. J. 1993); M. Eigen/P. Schuster, The Hypercycle. A Principle of Natural Self-Organization, Berlin/Heidelberg/New York 1979; W. Eisenberg (ed.), Dynamik und S., Leipzig 1995; P. Glansdorff/I. Prigogine, Thermodynamic Theory of Structure, Stability, and Fluctuations, London 1971, 1978; H. Haken, Synergetics. An Introduction. Nonequilibrium Phase Transitions and Self-Organisation in Physics, Chemistry, and Biology, Berlin/Heidelberg/New York 1977, ³1983, Neudr. in: ders., Synergetics. Introduction and Advanced Topics [s. u.], 1–388 (dt. S.. Eine Einführung. Nichtgleichgewichts-Phasenübergänge und Selbstorganisation in Physik, Chemie und Biologie, Berlin/Heidelberg/New York 1982, ³1990); ders. (ed.), Synergetics. A Workshop. Proceedings of the International Workshop […], Berlin/Heidelberg/New York 1977, 1980; ders., Erfolgsgeheimnisse der Natur. S.: Die Lehre vom Zusammenwirken, Stuttgart 1981, Reinbek b. Hamburg 1995; ders., Advanced Synergetics. Instability Hierarchies of Self-Organizing Systems and Devices, Berlin/Heidelberg/New York 1983, 1993, Neudr. in: ders., Synergetics. Introduction and Advanced Topics [s. u.], 389–758; ders., Synergetic Computers and Cognition. A Top-Down Approach to Neural Nets, Berlin etc. 1991, ²2004; ders., Synergetics. Introduction and Advanced Topics, Berlin 2004; ders./M. Stadler (eds.), Synergetics of Cognition. Proceedings of the International Symposium […], Berlin etc. 1990; H. Haken/A. Wunderlin, Die Selbststrukturierung der Materie. S. in der unbelebten Welt, Braunschweig 1991; H. Haken/G. Schiepek, S. in der Psychologie. Selbstorganisation verstehen und gestalten, Göttingen 2005, 2010; H. Haken/P. Levi, Synergetic Agents. From Multi-Robot Systems to Molecular Robotics, Weinheim 2012; H. Haken u. a., Beiträge zur Geschichte der S.. Allgemeine Prinzipien der Selbstorganisation in Natur und Gesellschaft, Wiesbaden 2016; J. Kriz/W. Tschacher (eds.), S. als Ordner. Die strukturierende Wirkung der interdisziplinären Ideen Hermann Hakens, Lengerich 2017; G. Nicolis/I. Prigogine, Self-Organization in Non-Equilibrium Systems. From Dissipative Structures to Order through Fluctuations, New York etc. 1977; A. Pelster/G. Wunner (eds.), Selforganization in Complex Systems. The Past, Present, and Future of Synergetics. Proceedings of the International Symposium […], Cham 2016; I. Prigogine, From Being to Becoming. Time and Complexity in Physical Sciences, San Francisco Calif. 1980 (dt. Vom Sein zum Werden. Zeit und Komplexität in den Naturwissenschaften, München/Zürich 1979, ⁶1992); ders./I. Stengers, La nouvelle alliance. Métamorphose de la science, Paris 1979, 2005 (dt. Dialog mit der Natur. Neue Wege naturwissenschaftlichen Denkens, München/Zürich 1981, 1993; engl. Order out of Chaos. Man's New Dialogue with Nature, London, Toronto 1984, 1988); W. Tschacher/G. Schiepek/E. J. Brunner (eds.), Self-Organization and Clinical Psychology. Empirical Approaches to Synergetics in Psychology, Berlin etc. 1992; W.-B. Zhang, Synergetic Economics. Time and Change in Nonlinear Economics, Berlin etc. 1991, 2011. – Springer Series in Synergetics, Berlin etc. 1978ff.. M. C.

Synesios von Kyrene, *Kyrene um 370, †Ptolemais um 415, griech. Philosoph, Astronom und Physiker. Nach Studium der Philosophie (bei Hypatia) und der ↑Rhetorik in Alexandreia 399–402 Gesandter in Konstantinopel, 403 Heirat mit einer Christin, 409 Taufe, ab 410 Bischof in Ptolemais. S. verbindet Christentum und (alexandrinischen) ↑Neuplatonismus, wobei er bisweilen das Dogma der Philosophie unterordnet (z. B. in seiner Kritik an der christlichen ↑Eschatologie und Trinitätslehre). Gegen die verbreitete Bevorzugung kontemplativer (↑Kontemplation) und mystischer (↑Mystik) Elemente in Religion und Philosophie betont er den Nutzen des rationalen, wissenschaftlichen Denkens. Die an den Kaiser Arkadios gerichtete Rede »Über die Königsherrschaft« schildert das Ideal eines von der Philosophie (der Vernunft) geleiteten Herrschers im Unterschied zur Unvernunft eines Tyrannen. – Außer mit Philosophie und Theologie befaßt sich S. auch mit Naturforschung: Gestützt auf Überlegungen zum Problem der Abbildung einer Kugel in einer Ebene, verbessert er das von Hipparchos von Nikaia erfundene Astrolabium. Die ihm zugeschriebene Erfindung eines Hydrometers und eines Aerometers sind älteren Datums, ebenso ein Werk über ↑Alchemie, als dessen Autor S. bisweilen genannt wird. Die 156 Briefe des S. sind eine wichtige Quelle für die Geistes-, Kultur- und Politikgeschichte seiner Zeit.

Werke: Opera, quae extant omnia […] [griech./lat.], ed. D. Petau, Paris 1612; MPG LXVI (1864), 1021–1756 [griech./lat.]; Synésios de Cyrène [griech./franz.], I–VI (I Hymnes, II–III Correspondance, IV–VI Opuscules), I, ed. C. Lacombrade, II–III, ed. A. Garzya, IV–VI, ed. J. Lamoureux, Paris 1978–2008, I–III, ²2003; Opere di Sinesio di Cirene. Epistole, operette, inni [griech./ital.], ed. A. Garzya, Turin 1989. – S. des Kyrenäers Rede an den Selbstherrscher Arkadios über das Königthum [griech./dt.], München 1825; Le discours sur la royauté de Synésios de Cyrène à l'empereur Arcadios, übers. C. Lacombrade, Paris 1951; Sul regno [griech./ital.], ed. A. Garzya, Neapel 1973, unter dem Titel: Sulla regalità [griech./ital.], ed. C. Amande/P. Graffigna, Palermo 1999. – Calvitii encomium […] [griech./dt.], ed. W. Golder, Würzburg 2007; In Praise of Baldness, trans. G. H. Kendal, Vancouver 1985; Éloge de la calvitie, ed. C. Terreaux, Paris 2000, 2003. – S. des Kyrenaeers Ägyptische Erzählungen über die Vorsehung [griech./dt.], ed. J. G. Krabinger, Sulzbach 1835, unter dem Titel: Die ägyptischen Erzählungen oder Über die Vorsehung [griech./dt.], in: M. Hose (ed.), Ägyptische Erzählungen oder Über die Vorsehung [s. u., Lit.], Tübingen 2012, 38–122; De Providentia: Egytians, or, On Providence, in: A. Cameron/J. Long, Barbarians and Politics at the Court of Arcadius, Berkeley Calif./Los Angeles/Oxford 1993, 337–398. – S., in: F. Wolters (ed.), Hymnen und Lieder der christlichen Zeit I, Berlin 1923, 57–106, unter dem Titel: Hymnen [griech./dt.], ed. J. Gruber/H.

Strohm, Heidelberg 1991; The Essays and Hymns of Synesius of Cyrene. Including the Address to the Emperor Arcadius and the Political Speeches, ed. A. Fitzgerald, London 1930; Hymni et opuscula [griech.], I–II, ed. N. Terzaghi, Rom 1939/1944; Hymnes, trans. M. Meunier, Paris 1947; Inni [griech./ital.], ed. A. Dell'Era, Rom 1968. – Dion Chrysostomos oder Vom Leben nach seinem Vorbild [griech./dt.], ed. K. Treu, Berlin, Darmstadt 1959. – Das Traumbuch des Synesius v. K.. Übersetzung und Analyse der philosophischen Grundlagen, übers. W. Lang, Tübingen 1926; I sogni [griech./ital.], übers. D. Susanetti, Bari 1992; On Dreams [griech./engl.], in: D. A. Russell/H.-G. Nesselrath (eds.), On Prophecy, Dreams and Human Imagination [s. u., Lit.], 12–68. – Lettres de Synésius, übers. F. Lapatz, Paris 1870; Epistolae [griech./lat.], in: R. Hercher (ed.), Epistolographi Graeci, Paris 1873 (repr. Amsterdam 1965), 638–739; The Letters of Synesius of Cyrene, ed. A. Fitzgerald, London 1926; Synesii Cyrenensis Epistolae [griech.], ed. A. Garzya, Rom 1979; Die Briefe des Philosophen und Bischofs S. an die Philosophin Hypatia in Alexandria, Jb. Antike u. Christentum Erg.bd. 34 (2002), 81–86; Briefe an und über Johannes [dt./griech.], in: K. Luchner (ed.), Polis – Freundschaft – Jenseitsstrafen. S. v. K.. Briefe an und über Johannes, Tübingen 2010, 35–85.

Literatur: I. Baldi, Gli inni di Sinesio di Cirene. Vicende testuali di un corpus tardoantico, Berlin/Boston Mass. 2012; J. Bregman, Synesius of Cyrene, Philosopher-Bishop, Berkeley Calif./Los Angeles/London 1982; ders., Synesius of Cyrene, in: L. P. Gerson (ed.), The Cambridge History of Philosophy in Late Antiquity, I–II, Cambridge 2010, I, 520–537, II, 1095–1098; A. Cameron/J. Long, Barbarians and Politics at the Court of Arcadius, Berkeley Calif./Los Angeles/Oxford 1993; H. v. Campenhausen, Griechische Kirchenväter, Stuttgart 1955, ⁸1994, 125–136 (engl. The Fathers of the Greek Church, New York 1959, 117–128); A. Casini, Sinesio di Cirene, Mailand 1969; K. H. Dannenfeldt, Synesius of Cyrene, DSB XIII (1976), 225–226; M. Dzielska, Hypatia of Alexandria, Cambridge Mass./London 1995, 2002 (franz. Hypatie d'Alexandrie, Paris 2010); W. Hagl, Arcadius Apis imperator. S. v. K. und sein Beitrag zum Herrscherideal der Spätantike, Stuttgart 1997; M. Hose (ed.), Ägyptische Erzählungen oder Über die Vorsehung, Tübingen 2012; B. Kolbe, Der Bischof Synesius v. Cyrene als Physiker und Astronom beurtheilt, Berlin 1850; C. Lacombrade, Synésios de Cyrène. Hellène et chrétien, Paris 1951; ders., Perspectives nouvelles sur les hymnes de S., Rev. des ét. grec. 74 (1961), 439–449; H. I. Marrou, Synesius of Cyrene and Alexandrian Neoplatonism, in: A. Momigliano (ed.), The Conflict between Paganism and Christianity in the Fourth Century, Oxford 1963 (repr. London 1978), 126–150 (Chap. VI Synesius of Cyrene and Alexandrian Neoplatonism); J. M. McMahon, Synesius of Cyrene, in: T. Hockey (ed.), The Biographical Encyclopedia of Astronomers II, New York 2007, 1117–1118; O. Neugebauer, The Early History of the Astrolabe. Studies in Ancient Astronomy IX, Isis 40 (1949), 240–256, bes. 248–251 (repr. in: ders., Astronomy and History. Selected Essays, New York etc. 1983, 278–294, bes. 286–289); S. Nicolosi, Il »De providentia« di Sinesio di Cirene, Padua 1959; J. C. Pando, The Life and Times of Synesius of Cyrene as Revealed in His Works, Washington D. C. 1940; J. Rist, S. v. K., DNP XI (2001), 1147; B.-A. Roos, Synesius of Cyrene. A Study in His Personality, Lund 1991; D. Roques, S. de Cyrène et la Cyrénaïque du Bas-Empire, Paris 1987; ders., Études sur la correspondance de Synésios de Cyrène, Brüssel 1989; D. A. Russell/H.-G. Nesselrath (eds.), On Prophecy, Dreams and Human Imagination. Synesius »De insomniis«, Tübingen 2014; T. Schmitt, Die Bekehrung des S. v. K.. Politik und

Philosophie, Hof und Provinz als Handlungsräume eines Aristokraten bis zu seiner Wahl zum Metropoliten von Ptolemais, München/Leipzig 2001; H. Seng, Untersuchungen zum Vokabular und zur Metrik in den Hymnen des S., Frankfurt etc. 1996; ders./L. Hoffmann (eds.), S. v. K.. Politik – Literatur – Philosophie, Turnhout 2012; I. Tanaseanu-Döbler, Konversion zur Philosophie in der Spätantike. Kaiser Julian und S. v. K., Stuttgart 2008, bes. 155–286 (Kap. 4 S. v. K. – Philosoph, Priester und Politiker); W. Theiler, Die chaldäischen Orakel und die Hymnen des S., Halle 1942; S. Toulouse, Synésios de Cyrène, Dict. ph. ant. VI (2016), 639–676; K. Treu, S. v. K.. Ein Kommentar zu seinem »Dion«, Berlin 1958; J. Vogt, Begegnung mit S., dem Philosophen, Priester und Feldherrn. Gesammelte Beiträge, Darmstadt 1985; S. Vollenweider, Neuplatonische und christliche Theologie bei S. v. K., Göttingen 1985.   M. G.

Synkatathesis (griech. *συγκατάθεσις*, lat. assensio; Zustimmung, Anerkennung, Fürwahrhalten), Terminus der stoischen Philosophie (↑Stoa) für den freiwilligen Entschluß bzw. den Willensakt der Anerkennung eines über die ↑Wahrnehmung hinausgehenden Urteils. Die nur Wahrnehmungsurteile anerkennenden Stoiker enthalten sich einer derartigen Zustimmung. Chrysippos dagegen spricht sich für den Erkenntniswert der S. aus, indem er sie in Verbindung mit der vernunftgeprüften Vorstellung (↑Katalepsis) als Wahrheitsbasis anführt.   M. G.

synkategorematisch (von griech. *συγκατηγορεῖν*, mitbehaupten, mitbezeichnen, lat. consignificans, mitbezeichnend), nach dem Vorbild des antiken Grammatikers Priscian, im Unterschied zu den ↑kategorematischen Ausdrücken, Bezeichnung für solche sprachlichen Ausdrücke, die keine selbständige Bedeutung tragen, sondern erst zusammen mit einem ihnen zugehörigen sprachlichen ↑Kontext etwas bedeuten. S.e Ausdrücke wirken also wie ↑Operatoren bezüglich kategorematischer Ausdrücke und überführen diese wieder in ebensolche. In der ↑Scholastik, von Wilhelm von Shyreswood bis J. Buridan, wurden die s.en Ausdrücke als Gegenstand einer Theorie der logischen Form (↑Form (logisch)) und damit als Grundlage für die Theorie des logischen ↑Schlusses behandelt. Grundsätzlich wird unter Bedeutung hier referentielle Bedeutung (↑Referenz) verstanden, so daß strenggenommen auch alle prädikativen Ausdrücke (↑Prädikator) ihres ungesättigten Charakters wegen als s. oder ↑synsemantisch zu gelten haben, nicht nur die morphosyntaktischen Einheiten mit rein *syntaktischer* Bedeutung, wie etwa grammatische Konjunktionen und andere Partikeln unter Einschluß der logischen Partikeln (↑Partikel, logische).   K. L.

Synkretismus (ursprünglich von griech. *συγκρητισμός* bei Plutarch [De frat. am. 19] als Charakterisierung für das Bündnis der sonst uneinigen Kreter gegen gemeinsame äußere Feinde; daneben die möglicherweise spät

hellenistische Ableitung von griech. *κεράννυμι*, mischen), Bezeichnung für Positionen, die durch die Vermischung unterschiedlicher Elemente bestimmt sind. In Philosophie und Theologie steht der Begriff des S. für Harmonisierungsbemühungen gegenüber verschiedenen, auch konträren, Positionen, z.B. für die neuplatonischen (↑Neuplatonismus) Versuche einer Vereinigung heidnischer Religionen oder die Harmonisierungsbemühungen gegenüber der Philosophie des Platon und des Aristoteles in der ↑Renaissance. In seiner in der Regel unkritischen Haltung entspricht der S. dem ↑Eklektizismus in dessen gewöhnlicher Bedeutung (vgl. J. Brukker, Historia critica philosophiae, I–VI, Leipzig 1742–1767, II, 193 [im Anschluß an Diog. Laert. I 21]).

Literatur: U. Berner, Untersuchungen zur Verwendung des S.-Begriffes, Wiesbaden 1982; A. Droogers, Syncretism, IESBS XXIII (2001), 15386–15388; R. L. Gordon/J. Gippert, S., DNP XI (2001), 1151–1155; M. Hutter u. a., S., RGG VII (⁴2004), 1959–1969; W. Leidhold, S., Hist. Wb. Ph. X (1998), 799–801; A. M. Leopold/J. S. Jensen, Syncretism in Religion. A Reader, London 2004; C. S. Littleton, Syncretism, NDHI V (2005), 2280–2290; E. Maroney, Religious Syncretism, London 2006; G. Mensching/H. Kraemer, S., RGG VI (1962), 563–568; N. Rescher, The Strife of Systems. An Essay on the Grounds and Implications of Philosophical Diversity, Pittsburgh Pa. 1985, bes. 236–240 (dt. Der Streit der Systeme. Ein Essay über die Gründe und Implikationen philosophischer Vielfalt, Würzburg 1997, bes. 320–326); ders., Pluralism. Against the Demand for Consensus, Oxford 1993, 2000, 79–97 (Chap. 5 Does Pluralism Lead to Scepticism or Syncretism?); F. Stolz u. a., S., TRE XXXII (2001), 527–559.   J. M.

synonym/Synonymität, üblicherweise: Synonymie (von griech. *συνώνυμος*, gleichnamig; engl. synonymous/synonymy), Bezeichnung für sprachliche Ausdrücke gleicher ↑Bedeutung, in der Regel beschränkt auf prädikative Ausdrücke, in logischer Analyse also ↑Prädikatoren oder auch ↑Artikulatoren. Daher heißt es im allgemeinen Zusammenhang statt ›s. zu‹ auch ›Übersetzung von‹ (↑Übersetzung) oder ›Paraphrase von‹. Ursprünglich wurde allerdings bei Aristoteles ›s.‹ von Gegenständen, z.B. Lebewesen, und nicht von sprachlichen Ausdrücken ausgesagt. Danach sind z.B. zwei Arten von Lebewesen, z.B. Rind und Mensch, s., wenn sie ›mit demselben Namen‹, eben ›Lebewesen‹, deshalb bezeichnet werden können, weil sie unter denselben Begriff fallen (zur selben Gattung gehören) (vgl. Cat. 1a6–12). Diesem älteren Sprachgebrauch einer s.en Verwendung, etwa von ›Lebewesen‹ in bezug auf Arten von Lebewesen, korrespondiert eine homonyme (↑homonym/Homonymität) Verwendung desselben Ausdrucks, also ›Lebewesen‹, wenn zwei Gegenstände, z.B. ein wirkliches Lebewesen und ein gemaltes Lebewesen, zwar denselben Namen ›Lebewesen‹ tragen, aber nicht unter denselben Begriff fallen (gemalte Lebewesen verfügen nicht über das definitorische Merkmal Belebtsein). Nur der jüngere Sprachgebrauch von ›s.‹ hat sich durchgesetzt; er wird in der lateinischen Tradition durch ↑›univok‹ (entsprechend ↑›äquivok‹ für ›homonym‹) wiedergegeben.

Streng s.e Ausdrücke kommen in natürlichen Sprachen (↑Sprache, natürliche) im wesentlichen nur auf Grund einer expliziten, aber nicht von einer ↑Explikation herrührenden, sondern einer sozialen Konvention entstammenden ↑Definition eines Ausdrucks vor, etwa ›TV‹ und ›Fernsehen‹. Jedoch können Lexikonerklärungen eines Ausdrucks, etwa von ›Junggeselle‹ durch ›unverheirateter Mann‹, in erster Näherung als ↑Ersetzung dieses Ausdrucks durch einen s.en Ausdruck angesehen werden. Jeder Versuch, die S. zweier Ausdrücke durch ihre gegenseitige Ersetzbarkeit in einer Klasse von Kontexten unter Bezug auf eine Eigenschaft des Ganzen aus Ausdruck und Kontext, die bei Ausdrucksersetzung erhalten bleibt, zu definieren, muß die gewünschte Bestimmung von ›s.‹ als ›bedeutungsgleich‹ (und daher die S. von ›s.‹ und ›bedeutungsgleich‹) auf eine invariante (↑invariant/Invarianz) Eigenschaft größerer Einheiten beziehen. Da diese invariante Eigenschaft im wesentlichen wieder die Bedeutung der Ausdrücke ist, kann auf diese Weise das besondere Charakteristikum sprachlicher Ausdrücke, eine Bedeutung zu haben, also mit ihrer Äußerung etwas zu meinen (↑Intentionalität), nicht auf Außersprachliches zurückgeführt werden. Insbes. gelingt nicht eine Rückführung auf Eigenschaften der Natur. Diese führte nämlich zu der nach W. V. O. Quine nur eingeschränkt brauchbaren *Reiz-Synonymität* (engl. stimulus synonymy): zwei Ausdrücke sind s., wenn sie Reaktionen auf gleiche Reize sind. Ebenso scheitert eine Rückführung auf Eigenschaften des Geistes, wie sie in mentalistischen (↑Mentalismus) Ansätzen als *kognitive S.* angestrebt wird. Bei N. Chomsky sind zwei Ausdrücke s., wenn sie dasselbe mentale Schema repräsentieren.

Die derzeit angemessenste Explikation der Bedeutung von ›s.‹/›S.‹ liefern die Begriffe der faktischen ↑Äquivalenz bzw. der begrifflichen Äquivalenz (↑Semantik). Im Falle der faktischen Äquivalenz erfolgt eine Ersetzung ↑salva veritate unter Beschränkung auf extensionale (sprachliche) Kontexte, die zur Gleichheit der ↑Referenz zweier Ausdrücke führt (z. B. der ↑Nominatoren ›Morgenstern‹ und ›Abendstern‹ oder der Prädikatoren ›Lebewesen mit Herz‹ und ›Lebewesen mit Nieren‹) und im übrigen als Explikation von S. zu weit ist. Im Falle der begrifflichen Äquivalenz erhält man S. auf Grund ›analytischer Hypothesen‹ (↑Analytizitätspostulat). Als solche hat Quine normative terminologische Regelungen, z. B. R. Carnaps Bedeutungspostulate oder ↑Prädikatorenregeln, deskriptiv umgedeutet. Begriffliche Äquivalenz führt zur Gleichheit des ↑Sinns zweier Ausdrücke, z. B. der Nominatoren ›mein Vatersvater‹ und ›mein Großvater väterlicherseits‹ oder der Prädikatoren ›Großmutter‹ und ›Oma‹.

Sowohl faktische als auch begriffliche Äquivalenz stellen *sprachliche* Festlegungen einer Bedeutungsgleichheit dar, die weder auf eine äußere Wirklichkeit – im Falle der Referenzgleichheit (↑extensional/Extension) – noch auf eine innere Wirklichkeit – im Falle der Sinngleichheit (↑intensional/Intension) – reduziert erscheinen. Sie artikulieren vielmehr gerade den Zusammenhang von Referenzgleichheit und Sinngleichheit. Als Darstellungen desselben ↑Begriffs drücken sie die Rollenübereinstimmung zweier Ausdrücke in einem terminologischen Netz (↑Terminologie) aus.

Literatur: H. Callaway, Synonymy and Analyticity, HSK VII/2 (1996), 1250–1262; R. Carnap, Meaning and Necessity. A Study in Semantics and Modal Logic, Chicago Ill./Toronto/London 1947, erw. Chicago Ill./London ²1956, 1988, 59–64 (§ 15 Applications of the Concept of Intensional Structure) (dt. Bedeutung und Notwendigkeit. Eine Studie zur Semantik und modalen Logik, Wien/New York 1972, 75–80 [§ 15 Anwendung des Begriffs der intensionalen Struktur]); ders., Meaning and Synonymy in Natural Languages, Philos. Stud. 6 (1955), 33–46, Neudr. in: ders., Meaning and Necessity [s. o.], ²1956, 1988, 233–247 (dt. Bedeutung und Synonymie in modalen Sprachen, in: ders., Bedeutung und Notwendigkeit [s. o.], 291–309); N. Chomsky, Reflections on Language, New York 1975, London 1976 (dt. Reflexionen über Sprache, Frankfurt 1977, ⁴1998); N. Goodman, On Likeness of Meaning, Analysis 10 (1949), 1–7; ders., On some Differences about Meaning, Analysis 13 (1953), 90–96; R. Harris, Synonymy and Linguistic Analysis, Toronto, Oxford 1973; V. Kloudová, Synonymie und Antonymie, Heidelberg 2015; L. Linsky, Synonymity, Enc. Ph. VIII (1967), 54–57, IX (²2006), 345–350 (mit Addendum von M. A. Moffett, 350–352); A. Pap, Synonymity and Logical Equivalence, Analysis 9 (1949), 51–57; A. Pronay/H. Schwarz, S./Synonymik, Hist. Wb. Ph. X (1998), 802–807; W. V. O. Quine, From a Logical Point of View. 9 Logico-Philosophical Essays, Cambridge Mass. 1953, rev. ²1961, 2003, [gekürzt] From a Logical Point of View. Three Selected Essays [engl./dt.], ed. R. Bluhm, Stuttgart 2011 (dt. Von einem logischen Standpunkt. Neun logisch-philosophische Essays, Frankfurt/Berlin/Wien 1979); M. Schirn, Identität und Synonymie. Logisch-semantische Untersuchungen unter Berücksichtigung der sprachlichen Verständigungspraxis, Stuttgart 1975; J. Sinnreich (ed.), Zur Philosophie der idealen Sprache. Texte von Quine, Tarski, Martin, Hempel und Carnap, München 1972; M. Sühr, Synonymie und Ersetzbarkeit. Von Einstellungszuschreibungen zu den Paradoxien der Analyse, Berlin/Boston Mass. 2016; P. Suppes, Congruence of Meaning, Proc. Amer. Philos. Soc. 46 (1972/1973), 21–37. K. L.

synsemantisch (von griech. σύν, mit, und σημαντικός, bezeichnend; mitbezeichnend, mitbedeutend, in der Sprachwissenschaft und Sprachphilosophie von A. Marty anstelle des tradierten ↑›synkategorematisch‹ eingeführte Bezeichnung für die charakteristische Eigenschaft derjenigen sprachlichen Ausdrücke, die nicht für sich allein, wie im Falle ↑autosemantischer Ausdrücke, sondern erst im sprachlichen Kontext und zusammen mit ihm eine Bedeutung tragen. Dazu gehören typischerweise die grammatischen Konjunktionen, Präfixe und andere morphosyntaktische Einheiten, in einer logischen Grammatik (↑Grammatik, logische) also z. B. die logischen Partikeln (↑Partikel, logische) und andere ↑Operatoren. Ausdrücke wie die ↑Indikatoren, z. B. ›ich‹, ›du‹ oder ›hier‹, gehören strenggenommen weder zu den s.en noch zu den autosemantischen Ausdrücken. Im Unterschied zu ›synkategorematisch‹ sollte ein Ausdruck nach Marty allerdings erst dann ›s.‹ heißen, wenn von seiner Lautgestalt abstrahiert und allein seine semantische Funktion betrachtet wird.

Literatur: K. Ehlich, S., in: H. Glück/M. Rödel (eds.), Metzler Lexikon Sprache, Stuttgart ⁵2016, 695–696; A. Marty, Untersuchungen zur Grundlegung der allgemeinen Grammatik und Sprachphilosophie, Halle 1908. K. L.

Syntaktik (engl. syntactics), von C. W. Morris 1938 geprägter Ausdruck für die Theorie der ↑Syntax beliebiger Zeichensysteme und damit den ersten der drei nach wachsender Komplexität geordneten Bereiche, in die seither die ↑Semiotik eingeteilt wird: S., ↑Semantik, ↑Pragmatik. Oft wird dann, wenn es sich bei den Zeichen um Sprachzeichen handelt, und immer dann, wenn es Sprachzeichen einer formalen Sprache (↑Sprache, formale) sind, der für das Regelsystem, das die zulässigen Anordnungen der Grundzeichen definiert, übliche Ausdruck ›Syntax‹ – grundsätzlich synonym mit dem älteren Gebrauch von ›Grammatik‹ – bzw. ›logische Syntax‹ (↑Syntax, logische) im Falle einer formalen Sprache auch für die Theorie der syntaktischen Beziehungen, also kurz für ›Syntaxtheorie‹, verwendet. Syntax und S. stehen jedoch in der Beziehung von ↑Objektsprache und ↑Metasprache. Der Grund dafür, daß im Falle formaler Sprachen zwischen Syntax und S. kein Unterschied gemacht wird, ist darin zu sehen, daß vom Regelsystem der Syntax die Gestalt eines ↑Kalküls zur Erzeugung der syntaktisch korrekt gebildeten Ausdrücke verlangt wird, um diesen dann mit der Theorie der Syntax im Sinne einer formalen Theorie, nämlich eines ↑Formalismus, identifizieren zu können (R. Carnap).

Literatur: R. Carnap, Philosophy and Logical Syntax, London 1935, New York ²1979, Bristol ³1996; C. W. Morris, Foundations of the Theory of Signs, Chicago Ill. 1938 (Int. Enc. Unified Sci. I/2), Nachdr. in: ders., Writings on the General Theory of Signs, The Hague/Paris 1971, 13–71, separat Chicago Ill./London 1979 (dt. Grundlagen der Zeichentheorie, in: ders., Grundlagen der Zeichentheorie/Ästhetik und Zeichentheorie, München 1972, Frankfurt 1988, 15–88). K. L.

Syntax (griech. σύνταξις, Anordnung, Regelung), als wichtigster Bestandteil einer ↑Grammatik (im älteren Sprachgebrauch grundsätzlich gleichbedeutend mit ›Grammatik‹) Bezeichnung für das System der Regeln einer ↑Sprache zur Festlegung der korrekt aus einfachen Wörtern (↑Wort) gebildeten sprachlichen Ausdrücke, ursprünglich nur der ↑Sätze (S. hieß Satzbau bzw. Satzbaulehre), jetzt aber auch unter Einschluß von Wort-

gruppen und ganzer Texte. Die bei einer natürlichen Sprache (↑Sprache, natürliche) von der *Morphologie* behandelten Wortformen und Regeln der Wortbildung im Zusammenhang des ↑Lexikons einer Sprache werden im erweiterten Sinne ebenfalls zur S. gerechnet. Dabei sind die derart realisierten Wörter als schematisch zu verstehende (↑Schema) ›konkrete‹ Repräsentanten der in der S. nur ›abstrakt‹ (↑type and token) figurierenden einfachen Wörter oder allgemeiner der ↑Morpheme anzusehen. Diese Unterscheidung wurde bereits in der Alexandrinerschule der antiken Grammatik durch ›σύνθεσις von (morphologisch-konkreten) Wörtern‹ versus ›σύνταξις von (syntaktisch-abstrakten) Wörtern‹ ausgedrückt und von E. Husserl mit der Unterscheidung zwischen syntaktischen Stoffen und syntaktischen Formen in seiner Lehre vom ↑Urteil nach den »Logischen Untersuchungen« im wesentlichen wieder aufgegriffen. Z. B. tritt die syntaktisch einfache logische Partikel ›weder-noch‹ im Deutschen morphologisch zerlegt auf; die Stellung beider Teile im Satz wird von morphosyntaktischen Regeln festgelegt. Die ebenfalls rein auf der Ebene der Zeichen (↑Zeichen (logisch)) operierenden und Normen der jeweiligen Hochsprache darstellenden Regeln zur korrekten Zusammensetzung der Wörter aus Buchstaben (↑Graphem) bzw. Lauten (↑Phonem) werden als Gegenstände der Lehre von der Rechtschreibung (Orthographie) bzw. Rechtlautung (Orthophonie) nicht mehr zur S. gezählt, obwohl sie nach dem allgemeinen, in der ↑Semiotik von C. W. Morris für beliebige Zeichensysteme eingeführten Verständnis von S. als Menge der zwischen den Zeichen invariant gegenüber ihrer Bedeutung (Gebiet der ↑Semantik) und erst recht invariant gegenüber ihrer Verwendung (Gebiet der ↑Pragmatik) herrschenden Relationen zur S. gehörten und damit in der Theorie der S., der ↑Syntaktik, auch zu behandeln wären.

Von der Sprachwissenschaft, sowohl in ihrem empirischen Zweig, der ↑Linguistik, als auch in ihrem reflexiven Zweig, der ↑Sprachphilosophie, wird die S. weiterhin als der zentrale Teil der ↑Grammatik angesehen (beide Termini treten ununterschieden auch für die jeweiligen Theorien, Syntaktik und Grammatiktheorie auf), insofern es hier allein um *Sprachwissen* geht, während Semantik grundsätzlich auch logisch-erkenntnistheoretische und Pragmatik im Regelfall auch psychologisch-erkenntnistheoretische Überlegungen einschließt. Hier geht es auch um *Weltwissen*, im semantischen Falle als Sachwissen, im pragmatischen Falle als Handlungswissen (nach inneren und äußeren Handlungen als Kognitionen und Aktionen gegliedert); Sprachwissenschaft gerät in Konkurrenz zu Logik-Erkenntnistheorie bzw. Psychologie-Rhetorik (hier neuerdings auch zu Kognitionstheorie [↑Kognitionswissenschaft] und Verhaltenstheorie [↑Behaviorismus, ↑Verhaltensforschung]).

Die zentrale Rolle der S. in modernen Grammatiktheorien, etwa der ↑Transformationsgrammatik (N. Chomsky), aber auch in anderen, z. B. der Dependenzgrammatik (L. Tesnière), gründet sich darauf, daß abstrakte syntaktische Strukturen – formal durch ↑Kalküle bzw. ihnen gleichwertige Systeme beschrieben (↑Sprache, formale) – als Träger sowohl der Bedeutungszusammenhänge (semantische Strukturen) als auch der schriftlichen oder lautlichen Realisierungen (graphematische oder phonematische Strukturen) bestimmt werden: »The final effect of a grammar, then, is to relate a semantic interpretation to a phonetic representation (…). This relation is mediated by the syntactic component of the grammar, which constitutes its sole ›creative‹ part« (Chomsky 1965, 135–136 [dt. 1969, 173]). Es ist unentschieden geblieben, ob die in Chomskys ursprünglicher Standardtheorie ausgezeichnete syntaktische ↑Tiefenstruktur eines Satzes mit seiner (semantisch bestimmten) logischen Form, wie sie durch die von der Analytischen Philosophie (↑Philosophie, analytische) hervorgebrachte logische ↑Sprachanalyse (↑Analyse, logische) unabhängig von bestimmten natürlichen Sprachen ermittelt wird (↑Prädikation), übereinstimmt bzw. mit ihr identifiziert werden kann oder nicht. Das dazu erforderliche Verständnis des Zusammenhanges der Strukturen von Sätzen in Einzelsprachen und eines Satzes der Sprache im allgemeinen, also des Status der Idee einer *Universalgrammatik* – von Chomsky neuerdings unabhängig von der ursprünglich von L. Wittgenstein in bezug auf den Sprach*gebrauch* eingeführten Unterscheidung zwischen (›logischer‹, i. e. auf Verstehen bezogener) Tiefengrammatik und (›grammatischer‹, i. e. auf Sprechen/Schreiben bezogener) Oberflächengrammatik (↑Oberflächenstruktur) einer Sprache verfolgt – und damit das Verhältnis von S. und *logischer* S. (↑Syntax, logische) steht noch aus.

Hinzu kommt, daß für die Formulierung der syntaktischen Regeln begriffliche Hilfsmittel eingesetzt werden müssen, z. B. Wortarten (Nomen, Verbum etc.) oder funktionale Rollen im Satz (Nominalphrase, direktes Objekt etc.), aber auch solche der ↑Logik, wie etwa die ↑Quantoren, die auf die Semantik oder sogar die Pragmatik Bezug nehmen und sich nicht auf Eigenschaften der Zeichenträgerebene beschränken lassen. Die Theorie der S. ist auf die Semantik und diese wiederum auf die Pragmatik angewiesen, ein Indiz dafür, daß nur durch Rückgang auf Zeichenprozesse in Handlungszusammenhängen sowohl empirisch als auch reflexiv eine Linguistik und Sprachphilosophie wieder vereinigende Fundierung von Sprachtheorie und insbes. S.theorie zu erwarten ist, und zwar nicht durch Preisgabe der für die Eigenständigkeit der Sprachtheorie oder Grammatik (Grammatiktheorie) zentralen Rolle der S. an Semantik oder Pragmatik, sondern durch Einbeziehung der bedeutungsbezogenen semantischen und der verwendungsbezogenen pragmatischen Aspekte von Sprachzeichenhandlungen in deren S.. Es kommt darauf an, die (syntaktische Komplexität erzeugende) Binnengliederung der ↑Artikulatoren, also der Resultate einfacher Sprachzeichenhandlungen (↑Artikulation, ↑Ostension, ↑Prädikation), weder rein gegenständlich – ›logisch‹ auf ideale Bedeutungseinheiten bezogen – noch rein operational – ›psychologisch‹ auf propositionale Einstellungen bezogen – rational rekonstruierend einzuführen, sondern darauf, sie gerade im Zusammenspiel der signifikativen und der kommunikativen Funktion der Artikulatoren (↑Sprache) als *Sprachsyntaktik* zu entwickeln. Auf dieser Grundlage sind dann auch weiterführende wissenschaftstheoretische Klärungen der Position zweier eingeschränkter Theoriebildungen zu erwarten: (1) der Theorie allein der Sprach*zeichen*, einer *Sprachsemantik*, wie sie gegenwärtig unter Idealisierung der Sprache in der Gestalt einer die logische S. einschließenden logischen Semantik (↑Semantik, logische) betrieben wird, (2) der Theorie allein der Sprach*handlungen*, einer *Sprachpragmatik*, wie sie gegenwärtig unter Kontextualisierung der Sprache insbes. in Gestalt der Sprechakttheorie (↑Sprechakt) vorliegt.

Literatur: R. D. Borsley, S. Theory. A Unified Approach, London 1991 (dt. S.-Theorie. Ein zusammengefaßter Zugang, Tübingen 1997); K. Brown/J. Miller (eds.), Concise Encyclopedia of Syntactic Theories, Oxford etc. 1996; N. Chomsky, Syntactic Structures, The Hague 1957, Berlin/New York ²2002; ders., Aspects of the Theory of S., Cambridge Mass./London 1965, 2015; P. W. Culicover/L. McNally (eds.), The Limits of S., San Diego Calif./London/Boston Mass. 1998; P. D. Deane, Grammar in Mind and Brain. Explorations in Cognitive S., Berlin/New York 1992, 2011; C. Dürscheid, S.. Grundlagen und Theorien, Wiesbaden 2000, Göttingen ⁶2012; S. D. Epstein, Essays in Syntactic Theory, London/New York 2000, 2001; G. Fanselow, S., IESBS XXIII (2001), 15401–15407; G. M. Green/J. L. Morgan, Practical Guide to Syntactic Analysis, Stanford Calif. 1996, ²2001; H. J. Heringer/B. Strecker/R. Wimmer, S.. Fragen, Lösungen, Alternativen, München 1980; E. Husserl, Formale und transzendentale Logik. Versuch einer Kritik der logischen Vernunft, Halle 1929, 259–274, Neudr., ed. P. Janssen, Den Haag 1974, 1977 (Husserliana XVII), Hamburg 1992 (= Ges. Schr. VII), 299–313 (Beilage I: Syntaktische Formen und syntaktische Stoffe, Kernformen und Kernstoffe); J. Jacobs u. a. (eds.), S.. Ein internationales Handbuch zeitgenössischer Forschung, I–II, Berlin/New York 1993/1995 (HSK IX/1–2); O. Jespersen, Analytic S., Kopenhagen 1937, Chicago Ill. 1984 (franz. La syntaxe analytique, Paris 1971); E. Koschmieder, Die noetischen Grundlagen der S., München 1952; G. Lakoff, Irregularity in S., New York 1970; K. Lorenz, Dialogspiele und S., HSK VII/2 (1996), 1380–1391; P. H. Matthews, S., Cambridge 1981, 1996; S. Neale, S., REP IX (1998), 246–253; A. Radford, S.. A Minimalist Introduction, Cambridge etc. 1997, 2003; K. H. Ramers, Einführung in die S., München 2000, Paderborn ²2007; L. A. Reed, Toward Logical Form. An Exploration of the Role of S. in Semantics, New York/London 1996; I. A. Sag/T. Wasow, Syntactic Theory. A Formal Introduction, Stanford Calif. 1999, ²2003, 2006; U. Sauerland (ed.), The Interpretive Tract.

Working Papers in S. and Semantics, Cambridge Mass. 1998; F. Schmidt, Logik der S., Berlin 1957, ⁴1962; P. A. M. Seuren (ed.), Generative Semantik. Semantische S., Düsseldorf 1973; C. Stetter, S., Hist. Wb. Ph. X (1998), 819–818; M. Tallerman, Understanding S., London 1998, London/New York ⁴2015; L. Tesnière, Éléments de syntaxe structurale, Paris 1959, ²1965, 1988 (dt. Grundzüge der strukturalen S., ed. U. Engel, Stuttgart 1980; engl. Elements of Structural S., Amsterdam/Philadelphia Pa. 2015); R. D. Van Valin, An Introduction to S., Cambridge etc. 2001, 2005; ders./R. J. LaPolla, S.. Structure, Meaning and Function, Cambridge etc. 1997, 2004.   K. L.

Syntax, logische, von L. Wittgenstein im »Tractatus« (3.325) geprägter Ausdruck für die mit Hilfe logischer ↑Sprachanalyse (↑Analyse, logische) ermittelte logische Grammatik (↑Grammatik, logische) einer Zeichensprache, die von den zu Irrtümern, d. h. falschen Ansichten über die Welt, führenden Ungenauigkeiten der ↑Gebrauchssprache frei ist und später, in den »Philosophischen Untersuchungen«, von ihm durch den Begriff der für das Verstehen des ↑Sprachgebrauchs maßgeblichen ↑Tiefengrammatik im Unterschied zur Oberflächengrammatik (↑Oberflächenstruktur) ersetzt wird. Dabei versteht Wittgenstein die Regeln der l.n S. nicht als tatsächlich streng syntaktische Formations- und Transformationsregeln einer formalen Sprache (↑Sprache, formale), wie es seit dem von R. Carnap durchgesetzten veränderten Sprachgebrauch üblich ist, sondern als die die Zeichenfunktion (↑Semantik) der Zeichensprache abbildenden Regeln der ↑Übersetzung zwischen ihren Ausdrücken. Mit ihnen werden Äquivalenzbeziehungen (Bezeichnungsäquivalenz [Tract. 3.344] und logische Äquivalenz [Tract. 6.126]; ↑Äquivalenz) praktisch erzeugt und nicht theoretisch beschrieben, die zu genau der abstrakten syntaktischen Struktur (↑Syntax) führen, die als *logische Form* Sprache und Welt gemeinsam ist. Diese zeigt sich in der Fähigkeit des Übersetzens und kann deshalb nicht sprachlich ausgedrückt werden, weil dann Praxis in Theorie, Welt in Sprache (als System und nicht als Handlung), überführt wären. Aus diesem Grunde benutzt Wittgenstein in seiner l.n S. den semantischen Folgerungsbegriff (↑Folgerung) der formalen Logik (↑Logik, formale) und wendet sich gegen seine ↑Formalisierung bei G. Frege und B. Russell (Tract. 5.132).

Erst Carnap stellt sich wieder in die Tradition von Frege und Russell und verwendet den Begriff der l.n S. für die Theorie formaler Sprachen, soweit sie ohne Bezug auf Bedeutung oder Verwendung und damit syntaktisch, als Theorie formaler Systeme (↑System, formales), formulierbar ist. Dabei verlangt er im Sinne des Logischen Empirismus (↑Empirismus, logischer) von einer ↑Wissenschaftssprache ihre Überführbarkeit in eine formale Sprache. Der Vergleich der l.n S. mit Mathematik (reine Syntax) und Physik (deskriptive oder angewandte Syntax) formalsprachlicher Ausdrücke weist darauf hin, daß er auch die Syntaxsprache oder ↑Metalogik idealiter nicht gebrauchssprachlich, sondern formalsprachlich, und zwar nach dem Vorbild der ↑*Principia Mathematica*, verfaßt sehen möchte, zumal ohnehin die Theorie der ↑Kalküle nichts anderes als eine verallgemeinerte, nicht nur auf einen einzigen Zeichentyp als Grundobjekt, wie beim ↑Strichkalkül, beschränkte ↑Arithmetik ist. Carnaps Anerkennung der formalistischen Methode, eine Wissenschaftssprache nur in der Gestalt eines noch nicht interpretierten und daher auch noch nicht in eine formale Sprache überführten formalen Systems zu behandeln, zieht für ihn jedoch nicht die Anerkennung auch der formalistischen These nach sich, daß auf eine ↑Interpretation (↑Interpretationssemantik) formaler Systeme, wie in D. Hilberts ↑Metamathematik, einem Spezialfall der Metalogik, gänzlich verzichtet werden könne. Vielmehr schließt er sich auch hier der von Frege und Russell vertretenen These des ↑Logizismus an, daß es logische Interpretationen zumindest der formalisierten Mathematik geben müsse, die die syntaktisch wahren, nämlich ableitbaren (↑ableitbar/Ableitbarkeit), Sätze des formalen Systems zu logisch wahren Aussagen in einer ↑Prädikatenlogik höherer Stufe, etwa der mengentheoretischen ↑Objektsprache der *Principia Mathematica* (↑Typentheorien), machen. Im übrigen soll im Anschluß an A. Tarski die Semantik einer formalen Sprache ohnehin als übergeordnete formalisierte Mengenlehre der l.n S. als logische Semantik (↑Semantik, logische) adjungiert werden.

Diese Überlegungen haben Carnap und viele Mitglieder des ↑Wiener Kreises – zu den Ausnahmen zählt M. Schlick – dazu geführt, unter Philosophie ausschließlich Sätze über die in eine formale Sprache überführte Sprache der Wissenschaften zu verstehen: Philosophie ist l. S. oder ↑Wissenschaftslogik. Nur philosophische Sätze, die sich durch ihre Überführung in formale Redeweise (↑Redeweise, formale) und damit in syntaktische Sätze als Pseudoobjektsätze, d. s. quasi-syntaktische Sätze in inhaltlicher Redeweise (↑Redeweise, inhaltliche), erweisen – z. B. ›fünf ist kein Ding, sondern eine Zahl‹ in ››fünf‹ ist kein Dingwort, sondern ein Zahlwort‹ –, seien wissenschaftlicher Argumentation zugänglich; alle übrigen philosophischen Sätze bleiben als ›metaphysische‹ Sätze außerhalb einer wissenschaftlichen Philosophie.

Literatur: E. W. Beth, The Foundations of Mathematics. A Study in the Philosophy of Science, Amsterdam 1959, ²1965, 1968; R. Carnap, L. S. der Sprache, Wien 1934, Wien/New York ²1968; H. B. Curry, Leçons de logique algébrique, Paris 1952; P. Wagner (ed.), Carnap's »Logical Syntax of Language«, Basingstoke etc. 2009; T. Yagisawa, Logical Syntax, in: R. Audi (ed.), The Cambridge Dictionary of Philosophy, Cambridge etc. ²1999, 516–517.   K. L.

Synteresis (Synderesis), in der ↑Scholastik geläufige Bezeichnung (1) für die Fähigkeit der menschlichen Vernunft zur Erkenntnis der ersten moralischen Prinzipien und Regeln im Unterschied zur Fähigkeit ihrer Anwendung auf den einzelnen Fall, die als ›conscientia‹ (↑Gewissen) bezeichnet wird (z. B. Thomas von Aquin, II Sent. dist. 39 qu. 3 art. 1; S.th. I qu. 79 art. 12, I–II qu. 94 art. 1 ad 2; De verit. qu. 15–17), (2) für die Fähigkeit des (von der Vernunft geleiteten) Willens zum Annehmen und Umfassen des Guten (z. B. Bonaventura, II Sent. dist. 39 art. 2 qu. 1–3), (3) in der mystischen Theologie (↑Mystik) der mittelalterlichen Scholastik für den ›höchsten Teil‹ des Geistes oder der Seele des Menschen, durch den der Mensch mit Gott in der *unio mystica* einswird (z. B. Bonaventura, Itinerarium mentis in Deum, c. 1, nr. 6; Meister Eckhart, Predigt 20a, 20b, in: J. Quint [ed.], Meister Eckehart, Die deutschen Werke I, Stuttgart 1958, 333 Z. 5, 348 Z. 11, vgl. 334 Anm. 1).

Der Ausdruck ›S.‹ (oder ›synderesis‹) scheint um 1200 infolge eines Versehens eines Abschreibers im Ezechielkommentar (zu Ez. 1,7) des Hieronymus (Comment. in Ez., l. I, c. 1; MPL 25, Sp. 22, Z. 19–20) entstanden zu sein, der ›συνείδησις‹, das gewöhnliche griechische Wort für Gewissen, durch ›συντήρησις‹ ersetzte. Die Bedeutung von ›συντήρησις‹ ([sorgfältiges] Bewachen, Bewahren; von συντηρεῖν, bewachen, bewahren, im Gedächtnis behalten) war den Scholastikern wohl unbekannt. Hieronymus identifiziert nun die συνείδησις a.a.O. mit jenem obersten Teil der Seele, der die von ihm in Anlehnung an Platon als ›ἐπιθυμητικόν‹, ›θυμικόν‹ und ›λογικόν‹ bezeichneten Teile noch überragt, und gibt ›συνείδησις‹ mit ›scintilla conscientiae‹ (Gewissensfunke) wieder. Diese Deutung überträgt sich auf ›συντήρησις‹ und wird von den Scholastikern je nach systematischem Standpunkt mehr oder weniger genau übernommen: Thomas von Aquin spricht von der ›scintilla rationis‹ (Vernunftfunke) oder der ›scintilla animae‹ (Seelenfunke), Bonaventura von dem ›apex mentis‹ ([äußerste] Spitze des Geistes) oder der ›synderesis scintilla‹ (Funke der Synderesis), Eckhart vom ›vünkelîn‹ (Fünklein) oder der ›scintilla animae‹ und schließt hieran seine Lehre von der Geburt Gottes in der Seele an.

Literatur: H. Appel, Die Lehre der Scholastiker von der S., Rostock 1891; ders., Die S. in der mittelalterlichen Mystik, Z. Kirchengesch. 13 (1892), 535–544; J. Bernhart, Die philosophische Mystik des Mittelalters von ihren antiken Ursprüngen bis zur Renaissance, München 1922 (repr. Darmstadt 1980), ed. M. Weitlauff, Weißenhorn 2000; M. L. Colish, ›Synderesis‹ and Conscience. Stoicism and Its Medieval Transformations, in: E. A. Matter/L. Smith (eds.), From Knowledge to Beatitude. St. Victor, Twelfth-Century Scholars, and Beyond. Essays in Honor of Grover A. Zinn, Jr., Notre Dame Ind. 2013, 229–246; A. Dyroff, Über Name und Begriff der S., Philos. Jb. 25 (1912), 487–489; H. Ebeling, Meister Eckharts Mystik. Studien zu den Geisteskämpfen um die Wende des 13. Jahrhunderts, Stuttgart 1941 (repr. Aalen

1966), 259–308 (Das scintilla-Problem in des Hieronymus Ezechielkommentar); T. Hoffmann, Conscience and ›Synderesis‹, in: B. Davies/E. Stump (eds.), The Oxford Handbook of Aquinas, Oxford/New York 2014, 255–264; M. W. Hollenbach, Synderesis, in: B. L. Marthaler u. a. (eds.), New Catholic Encyclopedia XIII, Detroit Mich. etc. ²2003, 679–681; P. Karkkainen, Synderesis in Late Medieval Philosophy and the Wittenberg Reforms, Brit. J. Hist. Philos. 20 (2006), 881–901; Y. Koda, Synderesis und Scham. Zur Genese des kognitiven und affektiven Gewissens im abendländischen Mittelalter, Neue Beitr. German. 14 (2015), 54–74; D. Kreis, Origen, Plato, and Conscience (›Synderesis‹) in Jerome's Ezekiel Commentary, Traditio 57 (2002), 67–83; D. Langston, The Spark of Conscience. Bonaventure's View of Conscience and Synderesis, Franciscan Stud. 53 (1993), 79–95; ders., Medieval Theories of Conscience, SEP 1998, rev. 2015; ders., Conscience and Other Virtues. From Bonaventure to MacIntyre, University Park Pa. 2001, 7–84 (Part I Historical Background); R. Leiber, Name und Begriff der S. (in der mittelalterlichen Scholastik), Philos. Jb. 25 (1912), 372–392; O. Lottin, Psychologie et morale aux XIIᵉ et XIIIᵉ siècles II (Problèmes de morale), Louvain, Gembloux 1948, 103–349 (IV Syndérèse et conscience aux XIIᵉ et XIIIᵉ siècles); M. Perkams, Synderesis, Wille und Vernunft im 12. Jahrhundert. Die Entfaltung moralpsychologischer Grundbegriffe bei Anselm von Laon, Peter Abaelard und Robert von Melun, in: G. Mensching (ed.), »Radix totius libertatis«. Zum Verhältnis von Willen und Vernunft in der mittelalterlichen Philosophie. 4. Hannoveraner Symposium zur Philosophie des Mittelalters, Leibniz-Universität Hannover vom 26.–28. Februar 2008, Würzburg 2011, 19–42; H. Reiner, Gewissen, Hist. Wb. Ph. III (1974), 574–592; O. Renz, Die S. nach dem hl. Thomas von Aquin, Münster 1911 (Beitr. Gesch. Philos. MA X/1–2); J. Stelzenberger, Syneidesis, conscientia, Gewissen. Studie zum Bedeutungswandel eines moraltheologischen Begriffes, Paderborn 1963; C. Trottmann, ›Scintilla synderesis‹. Pour une autocritique médiévale de la raison la plus pure en son usage pratique, in: J. A. Aertsen/A. Speer (eds.), Geistesleben im 13. Jahrhundert, Berlin/New York 2000, 116–130 (Miscellanea Mediaevalia XXVII).   R. Wi.

Synthese (griech. σύνθεσις, Zusammensetzung), Bezeichnung für ein Beweis-, Konstruktions- und Begründungsverfahren, mit dem seit der Antike eine Problemanalyse (↑Analyse) ergänzt und abgeschlossen wird (↑Methode, analytische, ↑Methode, synthetische). Nach Ansätzen bei Platon (z. B. Phaid. 107b) und Aristoteles (z. B. Soph. *El.* 16.175a28; an. post. A12.78a6ff.) definiert Pappos von Alexandreia S. im Anschluß an die antike Praxis geometrischer Problemlösung als Beweis- und Konstruktionsverfahren, das nach einer Problemanalyse durchgeführt werden soll. Während die Analyse eine Suche nach wahren hinreichenden Bedingungen eines zu lösenden Problems bzw. zu beweisenden Theorems ist, werden in der S. die auf diese Weise gefundenen Bedingungen in einer schlüssigen Beweiskette geordnet, so daß die Problemlösung bzw. der Beweis logisch aus wahren Sätzen und Prinzipien der Geometrie (↑Euklidische Geometrie) folgen (Pappos von Alexandreia, Collectio, I–III, ed. F. Hultsch, Berlin 1875–1878, II, 634).

Formal wird zunächst zu einer Behauptung B_1 eine hinreichende Bedingung B_2 gesucht, zu B_2 eine hinreichende Bedingung B_3, usw., bis schließlich zu B_{n-1} eine hinreichende Bedingung B_n gefunden wird, die ein wahrer geometrischer Satz oder ein Prinzip der Geometrie ist. In der anschließenden S. werden die hinreichenden Bedingungen von B_1 in einer Beweiskette $B_n \rightarrow B_{n-1} \rightarrow \dots \rightarrow B_2 \rightarrow B_1$ geordnet, so daß B_1 aus dem wahren Satz B_n nach dem Transitivitätsgesetz (↑transitiv/Transitivität, ↑Äquivalenzrelation) und dem ↑modus ponens logisch folgt. Während die Analyse in der antiken Praxis der Geometrie ein heuristisches (↑Heuristik) Suchverfahren für Problemlösungen ist, liefert die S. den anschließenden Beweis. Im Beweisverfahren der S. werden die erforderlichen geometrischen Konstruktionen durchgeführt, während in der Analyse nur ihre Bedingungen und Voraussetzungen benannt werden. Das entspricht der doppelten Bedeutung von S. als logischem Beweis- und geometrischem Konstruktionsverfahren (↑Konstruktion).

Abweichend davon wird Analyse nicht als zielorientierte Beweis- und Konstruktionssuche der Heuristik, sondern als logisches Beweisverfahren verstanden. Danach sind aus einer Behauptung B_1 solange notwendige Bedingungen B_2, ..., B_{n-1}, B_n abzuleiten, bis ein wahrer Satz B_n gefunden ist. Da aus der Beweiskette $B_1 \rightarrow B_2 \rightarrow \dots \rightarrow B_{n-1} \rightarrow B_n$ mit wahrem Endglied B_n nicht logisch zwingend die Wahrheit von B_1 folgt, muß bei diesem Verständnis von Analyse in der S. die Umkehrung dieser Beweiskette bewiesen werden, d. h., B_2, ..., B_{n-1}, B_n müssen zusätzlich hinreichende Bedingungen von B_1 sein. Offenbar wird bei dieser Interpretation von ›Analyse‹ und ›S.‹ die Beweispraxis auf notwendige *und* hinreichende, also logisch äquivalente, Sätze eingeschränkt. Für den Beweis einer Behauptung reichen aber im allgemeinen hinreichende wahre Bedingungen als Beweisannahmen aus. In der formalen Logik (↑Logik, formale) wird das Schließen aus Annahmen von G. Gentzen als ›natürliches‹ und ›wirkliches‹ Schließen bei mathematischen Beweisen herausgestellt und in einem ↑Kalkül des natürlichen Schließens formalisiert. Der S. entspricht dort der Annahmebeweis, d. h. die von einer endlichen Menge oder Folge von Formeln als Annahmen abhängige ↑Ableitung einer Formel.

In der neuzeitlichen ↑Algebra wird an die Methodologie von Pappos angeschlossen und ›Analyse‹ als die Suche nach hinreichenden Bedingungen für Gleichungslösungen verstanden, während an die Stelle der geometrischen S. die Ableitung der Gleichungslösung aus den Gleichungsbedingungen durch algebraische Umformung und numerische Rechnung tritt. Das gilt insbes. für die Analytische Geometrie (↑Geometrie, analytische), in der Aussagen der Synthetischen Geometrie über geometrische Konstruktionen in algebraische Gleichungen über Zahlen und Funktionen übersetzt werden.

Auch die von I. Newton bei der Formulierung der klassischen ↑Mechanik angewandte Methode greift insofern auf das antike Methodenideal von Pappos zurück, als unter ›Analyse‹ die Suche nach hinreichenden Bedingungen für die Ursachen physikalischer Phänomene verstanden wird (↑Methode, analytische). Unter ›S.‹ versteht Newton die Ableitung aller physikalischen Phänomene aus den mechanischen Prinzipien. Mit seiner synthetischen Auffassung bleibt er dem geometrischen Methodenideal verpflichtet, da in der S. Bewegungsprobleme mit den Methoden der Synthetischen Geometrie gelöst werden sollen. Analog zur Analytischen Geometrie wird in der Analytischen Mechanik ›Analyse‹ als die Suche nach hinreichenden Lösungsbedingungen von ↑Bewegungsgleichungen verstanden, während an die Stelle der geometrischen S. die Ableitung der Gleichungslösung tritt.

In der ↑Informatik werden Analyse und S. als Problemlösungsstrategien von wissensbasierten Systemen (↑Intelligenz, künstliche) angewandt. Analyse ist danach eine Rückwärtsverkettung (*backward chaining*) von Schlüssen, bei der das System (z. B. das medizinische Diagnosesystem MYCIN) solange automatisch nach hinreichenden Bedingungen von zu lösenden Problemen (z. B. Krankheitsdiagnostik) sucht, bis es auf gesicherte Fakten (z. B. Labormessungen) stößt, aus denen die Problemlösung abgeleitet werden kann. Da das Ziel, nämlich die abzuleitende Problemlösung (z. B. eine vermutete Diagnose), vorgegeben ist, heißt die Suche nach hinreichenden Bedingungen durch Rückwärtsverkettung (z. B. gesicherte Daten, aus denen die vermutete Diagnose mit hoher Wahrscheinlichkeit abgeleitet werden kann) auch ›zielorientiert‹ (*goal-driven*). Demgegenüber entspricht die S. einer Vorwärtsverkettung (*forward chaining*), bei der von gesicherten Daten ausgegangen und das Ziel, d. h. die Problemlösung, in einer logischen Schlußkette abgeleitet wird. Eine so verstandene S. als Vorwärtsverkettung heißt daher auch ›datenorientiert‹ (*data-driven*).

Literatur: A. Ackerberg-Hastings, Analysis and Synthesis in John Playfair's »Elements of Geometry«, Brit. J. Hist. Sci. 35 (2002), 43–72; O. Becker, Das mathematische Denken der Antike, Göttingen 1957, ed. G. Patzig, ²1966; E. W. Beth, The Foundations of Mathematics. A Study in the Philosophy of Science, Amsterdam 1959, ²1965, New York 1968; E. Cassirer, Das Erkenntnisproblem in der Philosophie und Wissenschaft der neueren Zeit I, Berlin 1906, Darmstadt 1995, ferner als: Ges. Werke II, ed. B. Recki, Darmstadt 1999; H. Cherniss, Plato as Mathematician, Rev. Met. 4 (1950/1951), 395–425; A. C. Crombie, Augustine to Galileo. A History of Science, A. D. 400–1650, London 1952 (repr. unter dem Titel: The History of Science from Augustine to Galileo, New York 1995), ohne Untertitel, I–II, ²1961, in 1 Bd., London, Cambridge Mass. 1979 (dt. Von Augustinus bis Galilei. Die Emanzipation der Naturwissenschaft, Köln/Berlin 1959, ²1965, München 1977; franz. Histoire des sciences de Saint Augustin à Galilée [400–1650], I–II, Paris 1959); N. W. Gilbert, Renaissance

Concepts of Method, New York 1960, 1963; N. Guicciardini, Analysis and Synthesis in Newton's Mathematical Work, in: B. Cohen/G. E. Smith (eds.), The Cambridge Companion to Newton, Cambridge etc. 2002, 308–328; N. Gulley, Greek Geometrical Analysis, Phronesis 33 (1958), 1–14; J. Hintikka/U. Remes, The Method of Analysis. Its Geometrical Origin and Its General Significance, Dordrecht/Boston Mass. 1974 (Boston Stud. Philos. Sci. XXV); H. Hoppe, Synthesis; synthetisch, Hist. Wb. Ph. X (1998), 818–823; G. L. Huxley, Two Newtonian Studies, Harvard Library Bull. 13 (1959), 348–361; K. N. Ihmig, Die Bedeutung der Methoden der Analyse und S. für Newtons Programm der Mathematisierung der Natur, Log. Analysis Hist. Philos. 7 (2004), 91–119; A. Koyré, Newtonian Studies, Cambridge Mass., London 1965, Chicago Ill. 1968 (franz. Études newtoniennes, ed. Y. Belaval, Paris 1968); M. S. Mahoney, Another Look at Greek Geometrical Analysis, Arch. Hist. Ex. Sci. 5 (1968/1969), 319–348; ders., Die Anfänge der algebraischen Denkweise im 17. Jahrhundert, RETE. Strukturgeschichte der Naturwissenschaften 1 (1971), 15–31; K. Mainzer, Knowledge-Based Systems. Remarks on the Philosophy of Technology and Artificial Intelligence, Z. allg. Wiss.theorie 21 (1990), 47–74; J. Mittelstraß, Neuzeit und Aufklärung. Studien zur Entstehung der neuzeitlichen Wissenschaft und Philosophie, Berlin/New York 1970, bes. 185ff., 294–306 (Kap. 8.7 Analytische Physik versus synthetische Physik (von Newton zu Lagrange)), 546ff.; ders., The Philosopher's Conception of Mathesis Universalis from Descartes to Leibniz, Ann. Sci. 36 (1979), 593–610; M. Otte/M. Panza (eds.), Analysis and Synthesis in Mathematics. History and Philosophy, Dordrecht/Boston Mass. 1997 (Boston Stud. Philos. Hist. Sci. 196); A. Raftopoulos, Cartesian Analysis and Synthesis, Stud. Hist. Philos. Sci. 34 (2003), 265–308; J. H. Randall Jr., The School of Padua and the Emergence of Modern Science, Padua 1961; R. Robinson, Analysis in Greek Geometry, in: ders., Essays in Greek Philosophy, Oxford 1969, 1–15; W. D. Ross, Aristotle's Prior and Posterior Analytics, Oxford 1949 (repr. Oxford 1957, 2001); weitere Literatur: ↑Analyse, ↑Methode, analytische, ↑Pappos von Alexandreia. K. M.

Synthesis (griech. σύνθεσις, Zusammenstellung), auch: Synthese, zunächst im Gegensatz zur ↑Analyse Bezeichnung eines bestimmten Vorgehens in der Philosophie, das in der Methodengeschichte der Philosophie eine wesentliche Rolle spielt (↑Methode, synthetische, ↑Methode, analytische). Als Terminus der ↑Erkenntnistheorie erfährt der Begriff der S. seine wesentliche Prägung in der Philosophie I. Kants. Kant geht davon aus, daß die Gegenstände der Erfahrung in der Welt nicht unabhängig vom erkennenden Subjekt vorhanden sind, sondern nur in bezug auf dessen synthetisierende Leistungen gedacht werden können. Unter S. versteht Kant allgemein »die Handlung [des Verstandes], verschiedene Vorstellungen zu einander hinzuzutun, und ihre Mannigfaltigkeit in einer Erkenntnis zu begreifen« (KrV B 103, Akad.-Ausg. III, 91). Das empirische Wissen beruht demnach auf einer doppelten S.handlung: der formalen und der transzendentalen S.. Ausgehend von der *formalen* S. von ↑Vorstellungen im (*synthetischen*) Urteil (↑Urteil, synthetisches), die wesentlich vom Urteilsprädikat aus gedacht wird, versucht Kant die Beantwortung der Frage

nach der Bedingung der Möglichkeit der in Erfahrungsurteilen vollzogenen *Einheit*. Noch in der ersten Ausgabe der KrV hatte Kant dazu drei Formen der S. unterschieden, die stufenweise das Objekt konstituieren (S. der ↑Apprehension, S. der Rekognition, S. der Reproduktion), diese Unterscheidung jedoch später aufgegeben. Der in jeder einzelnen Erfahrung vom Erkenntnissubjekt vollzogenen *empirischen* S. der Apprehension liegt nach Kant nunmehr eine diese ermöglichende *reine* oder *transzendentale* S. zugrunde. Neben den empirischen, d. h. durch Erfahrungen gebildeten, Begriffen nimmt Kant reine, durch den Verstand selbst gebildete Begriffe an. Diese reinen Verstandesbegriffe (↑Verstandesbegriffe, reine) oder Kategorien stellen die logisch vereinheitlichende (*synthetisierende*) Funktion der ↑Urteilskraft und zugleich die logisch-begrifflichen Bedingungen der Möglichkeit der Rede von Gegenständen der Erfahrung dar. Als *System* bestimmen die Kategorien die Einheit, die das in der Erfahrung gegebene Mannigfaltige (↑Mannigfaltigkeit) aufweisen muß, wenn es als Gegenstand erscheinen soll. Der ↑Gegenstand erweist sich somit als begrifflich-sprachlich konstituiert.

Die ↑Kategorien stellen die Grundformen der (intellektuellen) S. (Kant: die reinen Begriffe der S.) dar, die weder aus der Erfahrung stammen, noch angeboren sind, sondern (durch die Spontaneität [↑spontan/Spontaneität] des Verstandes) *gemacht* werden. Damit jedoch die begrifflichen Kategorien überhaupt auf das durch die ↑Sinnlichkeit Gegebene angewendet werden können, bedarf es als ↑tertium comparationis des transzendentalen Schemas (↑Schema, transzendentales), das zugleich begrifflich wie auch sinnlich aufzufassen ist. Unter dem Schema eines Begriffs versteht Kant ein »Verfahren der Einbildungskraft, einem Begriff sein Bild zu verschaffen« (KrV B 179–180, Akad.-Ausg. III, 135). Gemeint ist hier ein Schema sinnlich darstellbarer Begriffe. Insbes. die Begriffsbildungen der Mathematik, vor allem der Geometrie, lassen sich vermittels der Schemata unabhängig von ihrer empirischen Realisierung als Produkte der (figürlichen) S., d. h. als ↑Konstruktion von Figuren in der reinen ↑Anschauung, verstehen. Ebenso wie die reinen Verstandesbegriffe konstitutiv sind für die Erfahrungsbegriffe, gibt es auch eine nicht-bildliche grundlegende Auffassung des Schemas. Das transzendentale Schema ist folglich nicht etwas, das sich bildlich darstellen ließe, es handelt sich vielmehr um »die reine S., gemäß einer Regel der Einheit nach Begriffen überhaupt, die die Kategorie ausdrückt, und ist ein transzendentales Produkt der Einbildungskraft, welches die Bestimmung des inneren Sinnes überhaupt, nach Bedingungen seiner Form (der Zeit), in Ansehung aller Vorstellungen, betrifft, so fern diese der Einheit der Apperzeption gemäß a priori in einem Begriff zusammenhängen sollten« (KrV B 181, Akad.-Ausg. III, 136). D. h., die reine S. läßt sich als die schrittweise Konstruktion von Verfahren verstehen, für die reinen Verstandesbegriffe geeignete *Handlungsformen* anzugeben. Dem reinen Verstandesbegriff der Vielheit wird z. B. durch sein Schema, die Zahl, nicht eine bildliche Darstellung gegeben (was bei sehr großen Zahlen problematisch wäre); vielmehr handelt es sich um ein Verfahren, das nur auf der Grundlage des inneren Sinnes (↑Sinn, innerer), d. h. der Zeitfolge, realisierbar ist, im Falle der Zahl durch die »sukzessive Addition von Einem zu Einem« (KrV B 182, Akad.-Ausg. III, 137). Bedeutung erhält der Begriff der Zahl durch die Praxis des Zählens. Die für diesen Begriff geeignete *Form* des Handelns ist die von einem Anfang ausgehende *Wiederholung* (↑Wiederholbarkeit). Die transzendentale Einheit der S. der ↑Apperzeption beruht auf der Einheit einer Handlung der Sukzession. Die transzendentale Bewegung der Sukzession, die die S. charakterisiert, ist auch in allen anderen Kategorien angelegt. Die Einheit der Handlung der Sukzession ermöglicht es nach Kant dem Erkenntnissubjekt, die Vorstellung der Einheit des Bewußtseins (›ich denke‹) zu haben (↑Selbstbewußtsein).

In der ↑Phänomenologie bestimmt E. Husserl im Anschluß an Kant S. als den Oberbegriff aller gegenstandskonstituierenden Leistungen des erkennenden Subjekts. Dieser reicht von der noch nicht mit dem ↑Urteil verbundenen *passiven* S. bis hin zur vollständigen Gegenstandskonstitution als S. aller vorher vollzogenen partikularen, durch Urteile den Gegenstand erschließenden Synthesen.

Literatur: R. L. Anderson, S., Cognitive Normativity, and the Meaning of Kant's Question, »How Are Synthetic Cognitions a priori Possible?«, Europ. J. Philos. 9 (2001), 275–305; A. Brook, Kant's View of the Mind and Consciousness of Self, SEP 2004, rev. 2013; G. Gava, Kant's Synthetic and Analytic Method in the »Critique of Pure Reason« and the Distinction between Philosophical and Mathematical Syntheses, Europ. J. Philos. 23 (2015), 728–749; M. Glouberman, The Practical World. S., Science, and Kant's Idealism, Idealistic Stud. 29 (1999), 1–31; S. Grüne, Blinde Anschauung. Die Rolle von Begriffen in Kants Theorie sinnlicher S., Frankfurt 2009; dies., S., in: M. Willaschek u. a. (eds.), Kant-Lexikon III, Berlin/Boston Mass. 2015, 2228–2231; dies., S., dynamische/mathematische, in: M. Willaschek u. a. (eds.), Kant-Lexikon [s. o.] III, 2231–2232; dies., S., figürliche/intellektuelle, in: M. Willaschek u. a. (eds.), Kant-Lexikon [s. o.] III, 2232–2233; dies., S., reine/empirische, in: M. Willaschek u. a. (eds.), Kant-Lexikon [s. o.] III, 2233–2235; dies., S., transzendentale, in: M. Willaschek u. a. (eds.), Kant-Lexikon [s. o.] III, 2235–2237; H. Hoppe, S. bei Kant. Das Problem der Verbindung von Vorstellungen und ihrer Gegenstandsbeziehung in der »Kritik der reinen Vernunft«, Berlin/New York 1983; ders., S.; synthetisch, Hist. Wb. Ph. X (1998), 818–823; M. Hossenfelder, Kants Konstitutionstheorie und die transzendentale Deduktion, Berlin/New York 1978, 2012; F. Kambartel, Erfahrung und Struktur. Bausteine zu einer Kritik des Empirismus und Formalismus, Frankfurt 1968, ²1976; C. A. Kates, Perception and Temporality in Husserl's Phenomenology, Philos. Today 14 (1970),

89–100; F. Kaulbach, Schema, Bild und Modell nach den Voraussetzungen des Kantischen Denkens, Stud. Gen. 18 (1965), 464–479; ders., Die Entwicklung des S.-Gedankens bei Kant, in: M. Gueroult/H. Heimsoeth u. a. (eds.), Studien zu Kants philosophischer Entwicklung, Hildesheim 1967 (Stud. u. Materialien zur Gesch. d. Philos. VI), 56–92; N. Körsgen, Formale und transzendentale S.. Untersuchung zum Kernproblem der »Kritik der reinen Vernunft«, Königstein 1984; M. Kugelstadt, Synthetische Reflexion. Zur Stellung einer nach Kategorien reflektierenden Urteilskraft in Kants theoretischer Philosophie, Berlin/New York 1998; T. Land, No Other Use Than in Judgment? Kant on Concepts und Sensible S., J. Hist. Philos. 53 (2015), 461–484; D. Lohmar, Grundzüge eines S.-Modells der Auffassung. Kant und Husserl über den Ordnungsgrad sinnlicher Vorgegebenheiten und die Elemente einer Phänomenologie der Auffassung, Husserl Stud. 10 (1993/1994), 111–141; B. Longuenesse, Kant et le pouvoir de juger. Sensibilité et discursivité dans l'Analytique transcendantale de la »Critique de la raison pure«, Paris 1993 (engl. Kant and the Capacity to Judge. Sensibility and Discursivity in the Transcendental Analytic of the »Critique of Pure Reason«, Princeton N. J./Oxford 1998, 2000); V. Nowotny, Die Struktur der Deduktion bei Kant, Kant-St. 72 (1981), 270–279; N. Rotenstreich, S. and Intentional Objectivity. On Kant and Husserl, Dordrecht/Boston Mass./London 1998; M. Wetzel, S. und Regelbefolgung. Kant im Diskurs mit Husserl, Wittgenstein und Piaget, Philos. Jb. 101 (1994), 365–381; J. M. Young, S. and the Content of Pure Concepts in Kant's First »Critique«, J. Hist. Philos. 32 (1994), 331–357.   T. J.

synthetisch (engl. synthetic), im Anschluß an I. Kant (z. B. KrV A 6–7) Bezeichnung für Sätze, die nicht allein auf Grund logischer und definitorischer Vereinbarungen gelten, also nicht ↑*analytisch* sind, sondern nur unter Bezug auf nicht-sprachliche Sachverhalte begründet werden können.

In erkenntnistheoretischer Hinsicht wird die Unterscheidung analytisch-s. wie schon bei Kant zumeist in der Kombination mit ›a priori/a posteriori‹ untersucht. Dabei geht es bei ›s.‹ um die Frage, in welcher Weise die Wahrheit und damit die Begründung s.er Sätze einen Rekurs auf ↑Erfahrung erfordert. Antworten darauf sind in der neueren ↑Wissenschaftstheorie umstritten. Der frühe Logische Empirismus (↑Empirismus, logischer) vertritt die These einer vollständigen Disjunktion aller sinnvollen wissenschaftlichen Sätze in analytische und s.e Sätze. Danach müssen s.e Sätze auf eine näher zu präzisierende Weise auf Beobachtungssätze oder Sätze einer ›empiristischen Sprache‹ (↑Beobachtungssprache) zurückgeführt werden. Die Problematik der ↑Dispositionsbegriffe und der theoretischen Begriffe (↑Begriffe, theoretische, ↑Theoriesprache) sowie W. V. O. Quines grundsätzliches Bestreiten einer Unterscheidungsmöglichkeit zwischen analytischen und s.en Sätzen führt zur Aufgabe der vollständigen Disjunktion der sinnvollen Sätze in analytische und s.e. Das fortbestehende Problem der Begründung s.er Sätze, die nicht der Beobachtungssprache angehören, wird in verschiedenen Ansätzen zu Theoriesprachen untersucht.

Im Anschluß an Kants nicht empirisch begründbare und dennoch sachhaltig-erkenntniserweiternde ›s.e Urteile a priori‹ (↑a priori) unterscheidet die Konstruktive Wissenschaftstheorie (↑Wissenschaftstheorie, konstruktive) in diesem Zusammenhang zwischen zwei Typen s.er Aussagen a priori: *formal-synthetische* (↑formal-analytisch) Aussagen (der ↑Arithmetik), die durch Rekurs auf Regeln des Handelns mit bestimmten Symbolen begründet werden und *material-synthetische* (↑material-analytisch) Aussagen (der ↑Protophysik), die, außer durch die Berufung auf Logik, Arithmetik und Definitionen, mittels Rückgang auf ideale (↑Ideation) Herstellungsnormen (z. B. für die Euklidische Ebene) gerechtfertigt werden.

Literatur: L. W. Beck, Can Kant's Synthetic Judgements Be Made Analytic?, Kant-Stud. 47 (1956), 168–181; H. Behmann, Sind die mathematischen Urteile analytisch oder s.?, Erkenntnis 4 (1934), 1–27; K. Cramer, Nicht-reine synthetische Urteile a priori. Ein Problem der Transzendentalphilosophie Immanuel Kants, Heidelberg 1985; H. Delius, Untersuchungen zur Problematik der sogenannten s.en Sätze a priori, Göttingen 1963; W. K. Essler, Über s.-apriorische Urteile, in: H. Lenk (ed.), Neue Aspekte der Wissenschaftstheorie. Beiträge zur wissenschaftlichen Tagung des Engeren Kreises der Allgemeinen Gesellschaft für Philosophie in Deutschland, Karlsruhe 1970, Braunschweig 1971, 195–204; H. P. Grice/P. F. Strawson, In Defense of a Dogma, Philos. Rev. 65 (1956), 141–158; H. Hoppe, Synthesis. S., Hist. Wb. Ph. X (1998), 818–823; S.-K. Lee, S., in: M. Willaschek u. a. (eds.), Kant-Lexikon III, Berlin/Boston Mass. 2015, 2237–2238; P. Lorenzen/O. Schwemmer, Konstruktive Logik, Ethik und Wissenschaftstheorie, Mannheim/Wien/Zürich 1973, ²1975; J. Mittelstraß, Über ›transzendental‹, in: E. Scheuer/W. Vossenkuhl (eds.), Bedingungen der Möglichkeit. ›Transcendental Arguments‹ und transzendentales Denken, Stuttgart 1984 (Deutscher Idealismus IX), 158–182 (engl. On ›transcendental‹, in: R. E. Butts/J. R. Brown [eds.], Constructivism and Science. Essays in Recent German Philosophy, Dordrecht/Boston Mass./London 1989 [Univ. Western Ontario Ser. Philos. Sci. XLIV], 77–102), ferner in: ders., Leibniz und Kant. Erkenntnistheoretische Studien, Berlin/Boston Mass. 2011, 159–186; H. Putnam, The Analytic and the Synthetic, in: H. Feigl/G. Maxwell (eds.), Scientific Explanation, Space and Time, Minneapolis Minn. 1962, ³1971 (Minnesota Stud. Philos. Sci. III), 358–397, Neudr. in: ders., Mind, Language and Reality. Philosophical Papers II, Cambridge etc. 1975, 1997, 33–69; W. V. O. Quine, Two Dogmas of Empiricism, in: ders., From a Logical Point of View. 9 Logico-Philosophical Essays, Cambridge Mass. 1953, ²1964, 20–46 (dt. Zwei Dogmen des Empirismus, in: J. Sinnreich [ed.], Zur Philosophie der idealen Sprache, München 1972, 167–194, ferner in: ders., Von einem logischen Standpunkt. Neun logisch-philosophische Essays, Frankfurt/Berlin/Wien 1979, 27–50); G. Rey, The Analytic/Synthetic Distinction, SEP 2003, rev. 2013; W. Stegmüller, Der Begriff des s.en Urteils a priori und die moderne Logik, Z. philos. Forsch. 8 (1954), 535–563; ders., Probleme und Resultate der Wissenschaftstheorie und Analytischen Philosophie II/1 (Theorie und Erfahrung I [Begriffsformen, Wissenschaftssprache, empirische Signifikanz und theoretische Begriffe]), Berlin/Heidelberg/New York 1970, ²1974; F. Waismann, Analytic-Synthetic, Analysis 10 (1949/1950), 25–40, 11 (1950/1951), 25–38, 13 (1952/1953), 1–14, 73–89, Neudr. in: ders., How I See Philosophy, ed. R. Harré, London etc. 1968, 122–207. G. W.

Syrianos von Alexandreia, 1. Hälfte 5. Jh. n. Chr., griech. Philosoph des athenischen ↑Neuplatonismus, Schüler des Plutarchos von Athen und (um 431 n. Chr.) dessen Nachfolger als Schulhaupt; Lehrer des Proklos und des Hermeias. S. verfaßte Bücher über Homer und die orphische Theologie, Kommentare zu Platon und Aristoteles und sucht den Platonismus mit der pythagoreischen (↑Pythagoreismus), orphischen (↑Orphik), aristotelischen und stoischen (↑Stoa) Lehre zu verbinden. Er ergänzt die Hypostasenlehre (↑Hypostase) des Plotinos, indem er nach dem ›Ur-Einen‹ die Eins und die ›Unbestimmte Zweiheit‹ (↑Ideenzahlenlehre) – diese bisweilen auch als Materie verstanden – und zudem die stoischen ›Begriffe‹ (λόγοι) als ontologische Prinzipien einführt.

Texte: Syriani in Metaphysica commentaria, ed. H. Usener, Berlin 1870 (repr. als: Supplementum scholiorum Syriani in metaphysica commentaria, in: Aristotelis Opera IV [Scholia in Aristotelem], ed. O. Gigon, Berlin ²1961, 1975, 835–946), ed. G. Kroll, Berlin 1902 (CAG VI/1) (engl. On Aristotle Metaphysics, 3–4, 13–14, in zwei Bdn., ed. R. Sorabji, London, Ithaca N. Y. 2006/2008, London etc. 2014); Syriani in Hermogenem commentaria, I–II, ed. H. Rabe, Leipzig 1892/1893; Hermiae Alexandrini in Platonis Phaedrum scholia, ed. P. Couvreur, Paris 1901 (repr. Hildesheim/New York 1971), unter dem Titel: Hermias Alexandrinus in Platonis Phaedrum scholia, ed. C. M. Lucarini/C. Moreschini, Berlin/Boston Mass. 2012 (dt. Hermeias von Alexandrien. Kommentar zu Platons »Phaidros«, übers. H. Bernard, Tübingen 1997); Siriano. Esegeta di Aristotele, I–II (I Frammenti e testimonianze dei »Commentari alla Fisica«, II Frammenti e testimonianze dei »Commentari all'Organon«) [griech./ital.], ed. R. L. Cardullo, Florenz 1995/2000; The Teachings of Syrianus on Plato's »Timaeus« and »Parmenides« [griech./engl.], ed. S. K. Wear, Leiden/Boston Mass. 2011.

Literatur: A. H. Armstrong (ed.), The Cambridge History of Later Greek and Early Medieval Philosophy, Cambridge etc. 1967 (repr. 1970, 2007), 302–325 (Chap. 19 Athenian and Alexandrian Neoplatonism); R. L. Cardullo, Siriano nella storiografia filosofica moderna e contemporanea, Siculorum gymnasium 40 (1987), 71–182; A. E. Chaignet, Histoire de la psychologie des grecs, I–V, Paris 1887–1893 (repr. Brüssel 1966); R. Goulet/C. Luna, Syrianus d'Alexandrie, Dict. ph. ant. VI (2016), 678–707; A. Longo, Siriano e i principi della scienza, Neapel 2005; dies., Amicus Plato. Métaphysique, langue, art, éducation dans la tradition platonicienne de l'Antiquité tardive: Plotin, Théodore d'Asine, Syrianus, Hermias, Proclus, Damascius, Augustin, Mailand 2007; dies., u. a., Syrianus et la métaphysique de l'Antiquité tardive. Actes du colloque international, Université de Genève, 29 septembre – 1er octobre 2006, Neapel 2009; C. Luna, Trois études sur la tradition des commentaires anciens à la »Métaphysique« d'Aristote, Leiden/Boston Mass./Köln 2001; C.-P. Manolea, The Homeric Tradition in Syrianus, Thessaloniki 2004; P. Merlan, S., LAW (1965), 2965–2966; J. Opsomer, Syrianus, Proclus, and Damascius, in: J. Warren/F. Sheffield (eds.), The Routledge Companion to Ancient Philosophy, New York/London 2014, 626–641; K. Praechter, Das Schriftenverzeichnis des Neuplatonikers S. bei Suidas, Byzantinische Z. 26 (1926), 253–264 (repr. in: ders., Kleine Schriften, ed. H. Dörrie, Hildesheim 1973, 222–233); ders., S., RE IV/A2 (1932), 1728–1775; H. D. Saffrey, S., DNP XI (2001), 1168–1170; G. Schmidt, S., KP V (1975), 473–474; C. Wildberg, Syrianus, SEP 2009. M. G.

System (von griech. σύστημα, aus Teilen Zusammenge-setztes; engl. system, franz. système), seit der griechi-schen Antike Bezeichnung für ein gegliedertes, geord-netes Ganzes, z. B. den ↑Kosmos, aber auch für organi-sche, politisch-soziale, künstlerische und kognitive Gebilde. Die Wortherkunft verweist, wie diejenige von ↑›Struktur‹, auf handwerkliche (An-)Ordnungsleistun-gen. Während der ciceronischen Latinität der Ausdruck ›S.‹ weitgehend fehlt – der Begriff des S.s wird durch Ausdrücke wie ›constitutio‹ und ›augmentatio‹ reprä-sentiert –, spielt in der nachklassischen Zeit die durch Martianus Capella mitgeteilte musiksprachliche Bedeu-tung von ›systema‹ als ›magnitudo vocis ex multis modis constans‹ schon deshalb eine bemerkenswerte Rolle, weil sie vermutlich erstmals die später mit ›S.‹ auch in anderen Kontexten häufig verbundene Konnotation von ›absolutum‹ und ›perfectum‹ mitführt.

Mit Beginn des 14. Jhs. gewinnt die bereits in der ↑Stoa nachweisbare astronomisch-kosmologische Verwen-dung zunehmend Verbreitung. Sie wird in der Neuzeit allerdings so fortgeschrieben, daß der Ausdruck ›sy-stema mundi‹ nicht nur mit Blick auf das Erkenntnis-objekt, den Kosmos, sondern zunehmend auch hinsicht-lich der Auffassungen über den Kosmos verwendet wird. So werden z. B. in G. Galileis »Dialogo« (1632) das ptole-maiische (↑Ptolemaios, Klaudios) und das kopernika-nische (↑Kopernikus, Nikolaus) Lehrgebäude als S.e be-zeichnet. Galilei steht mit J. Kepler am Anfang der z. B. von I. Newton und C. v. Linné fortgesetzten Tradition der Verwendung von ›S.‹ für Ergebnisse natur- und da-mit erfahrungswissenschaftlicher Erkenntnisleistungen. Sieht man von dieser und der sich seit der Antike durch-haltenden musiksprachlichen Tradition ab, so taucht ›systema‹ in der Neuzeit zunächst bei P. Melanchthon als Titel für das Quadrivium (↑ars) auf, um dann in der nach- und gegenreformatorischen Theologie den Aus-druck ›syntagma‹ zu verdrängen, der seinerseits zuvor ›summa‹, ›corpus‹, ›loci communes‹ und ›compendium‹ außer Gebrauch setzte: ›systema‹ meint hier die meist zum Zwecke der Vermittlung methodisch und vollstän-dig dargelegte christliche Lehre. Von der Theologie geht der Ausdruck, angezeigt durch ein häufiges Vorkommen in Werktiteln wie etwa »Logicae systema harmonicum«, Anfang des 17. Jhs. unter anderem durch B. Kecker-mann, C. Timpler und J. H. Alsted in den philosophi-schen und allgemein wissenschaftlichen Sprachgebrauch über. S.e gelten als Anordnungen von Begriffen, Wahr-heiten, (Erkenntnis-)Regeln oder auch als Zusammen-stellungen von Doktrinen. Der erste lexikalische Eintrag (J. Micraelius, Lexicon philosophicum terminorum phi-losophis usitatorum, Jena 1653, 1053) ist allgemein ge-halten: »Systema est compendium, in quod multa con-gregantur«. Wenn auch in der Folgezeit – unter anderem bei N. Malebranche, G. W. Leibniz, E. B. de Condillac

und in der deutschen ↑Schulphilosophie unter Feder-führung von C. Wolff – die Rede von *kognitiven* S.en eine starke Tradition bildet, wobei in philosophischen Kontexten zunehmend der (geniale) S.schöpfer Auf-merksamkeit gewinnt, so bleiben gleichwohl weitere, schon bestehende und neu hinzutretende Verwendungs-gepflogenheiten beobachtbar. Neben der juristischen Redepraxis wird insbes. bedeutsam, daß mit H. Grotius, T. Hobbes und A. Smith führende Theoretiker den Aus-druck dem politisch-ökonomischen Vokabular der Neu-zeit inkorporieren.

Die unterschiedlichen Traditionen führen in der ↑Auf-klärung zu einer weiten, fast inflationären Verbreitung des S.begriffs. J. H. Lambert, der für die Entwicklung des S.gedankens einschlägigste neuzeitliche Denker, will »unter S. nicht blos ein Lehrgebäude« verstehen, son-dern »den Begriff in der völligen Ausdehnung nehme(n), die er nach und nach erhalten hat« (Philos. Schr. VII, 385). Obwohl demzufolge Beliebiges in das S.universum eintreten kann, unterliegt die S.struktur einer folgenrei-chen *teleologischen* (↑Teleologie) und *fundamentalisti-schen* Einschränkung: Die Teile müssen »mit Absicht gestellt oder geordnet, und alle mit einander so verbun-den seyn, daß sie gerade das der vorgesetzten Absicht gemässe Ganze ausmachen« (a.a.O., 386). Überdies kommt »bei jedem System eine Art von *Grundlage*« (a.a.O., 391) vor. Lambert konzipiert seine *Systematolo-gie* ausdrücklich als Subdisziplin seiner – thematisch der metaphysica generalis (↑Metaphysik) entsprechenden – ›Grundlehre‹ bzw. ›Architectonic‹ (vgl. Philos. Schr. III, 40–58, bes. 49). Insoweit diese Disziplin die Errichtung von neuen und den Umgang mit vorhandenen S.en an-leiten soll, hat sie einen instrumentalistischen (↑Instru-mentalismus) Charakter. Anlage und Zielsetzung lassen die Systematologie als ausgezeichneten Vorläufer der ↑Systemtheorie erscheinen. Aus der Sicht Lamberts be-treffen die systembezüglichen Auffassungen des Deut-schen Idealismus (↑Idealismus, deutscher) ebenso wie die anschließenden kritischen Reaktionen vorwiegend die ›Intellectualsysteme‹. Systematizität wird, weit davon entfernt, nur der zweckmäßigen Organisation fertiger Erkenntnisse zu dienen, (zumindest) Kriterium der Wis-senschaftlichkeit auch und insbes. des philosophischen Erkennens (vgl. I. Kant, KrV B 860, Akad.-Ausg. III, 538; G. W. F. Hegel, Enc. phil. Wiss. § 14f.). Vor allem Hegels Verknüpfung von Philosophie und S. wird unter Stich-worten wie ›Erfahrung‹, ›Entwicklung‹ und ›Geschichte‹ von so verschiedenen Autoren wie W. v. Humboldt, F. A. Trendelenburg, F. Nietzsche und K. Marx kritisiert.

Für ein systematisches Interesse am S.begriff sind unter Berücksichtigung der Verwendungsgeschichte(n) von ›S.‹ vor allem die folgenden Fragestellungen relevant: (1) Läßt sich ein leistungsfähiger bereichsinvarianter S.be-griff explizieren? In diesem Kontext: (2) Wie verhält sich der Begriff des S.s zu anderen Begriffen bzw. Begriffs-konstellationen wie Ganzes/↑Teil (↑Teil und Ganzes) oder ↑Menge/↑Element. Affirmative Beantwortung der ersten Frage unterstellt: (3) Läßt sich ein allgemeines S.-konzept so anreichern, daß es für Aufgaben wie die Aus-zeichnung von ↑Wissenschaft, die Erstellung von Wahr-heitsdefinitionen bzw. ↑Wahrheitskriterien, die Charak-terisierung von ↑Philosophie einsetzbar ist? Schließlich: (4) Welchen Grad an Umfassendheit/↑Totalität und ↑Selbstbezüglichkeit dürfen epistemische S.e bei gleich-zeitiger Konsistenzwahrung aufweisen?

Literatur: D. Baecker, Wozu S.e?, Berlin 2002, 2008; C.-W. Cana-ris, S.denken und S.begriff in der Jurisprudenz. Entwickelt am Beispiel des deutschen Privatrechts, Berlin 1969, ²1983; H. Coing, Geschichte und Bedeutung des S.gedankens in der Rechtswissenschaft, in: ders., Zur Geschichte des Privatrechtsys-tems, Frankfurt 1962, 9–28; A. Diemer (ed.), S. und Klassifika-tion in Wissenschaft und Dokumentation, Meisenheim am Glan 1968; M. Dießelhorst, Ursprünge des modernen S.denkens bei Hobbes, Stuttgart etc. 1968; ders., Naturzustand und Sozialver-trag bei Hobbes und Kant. Zugleich ein Beitrag zu den Ursprün-gen des modernen S.denkens, Göttingen 1988; H. F. Fulda/J. Stolzenberg/C. Danz (eds.), S. der Vernunft, I–III, Hamburg 2001–2011; N. W. Gilbert, Renaissance Concepts of Method, New York/London 1960, 1963; F.-P. Hager/C. Strub, S., Systema-tik, systematisch, Hist. Wb. Ph. X (1998), 824–856; W. Jae-schke/A. Arndt, Die Klassische Deutsche Philosophie nach Kant. S.e der reinen Vernunft und ihre Kritik 1785–1845, München 2012; F. Kambartel, ›S.‹ und ›Begründung‹ als wissenschaftliche und philosophische Ordnungsbegriffe bei und vor Kant, in: ders., Theorie und Begründung. Studien zum Philosophie- und Wis-senschaftsverständnis, Frankfurt 1976, 28–45; G. König, Ver-gleich der entwickelten S.problematik mit der J. H. Lamberts, in: A. Diemer (ed.), S. und Klassifikation in Wissenschaft und Do-kumentation [s.o.], 178–180; J. König, Das S. von Leibniz, in: Gottfried Wilhelm Leibniz. Vorträge der aus Anlaß seines 300. Geburtstages in Hamburg abgehaltenen wissenschaftlichen Ta-gung, Hamburg 1946, 17–45, Neudr. in: G. Patzig (ed.), Josef König. Vorträge und Aufsätze, Freiburg/München 1978, 27–61; G. Lehmann, S. und Geschichte in Kants Philosophie, in: ders., Beiträge zur Geschichte und Interpretation der Philosophie Kants, Berlin 1969, 152–170; J. Mittelstraß, Wohin geht die Wis-senschaft? Über Disziplinarität, Transdisziplinarität und das Wissen in einer Leibniz-Welt, in: ders., Der Flug der Eule. Von der Vernunft der Wissenschaft und der Aufgabe der Philosophie, Frankfurt 1989, ²1997, 60–88, bes. 62–67; N. Petruzzellis, Sistema e problema, Bari 1954; O. Pöggeler, G. W. F. Hegel: Philosophie als S., in: J. Speck (ed.), Grundprobleme der großen Philosophen. Philosophie der Neuzeit II, Göttingen 1976, ²1982, 1988, 145–183; L. B. Puntel, Darstellung, Methode und Struktur. Unter-suchungen zur Einheit der systematischen Philosophie G. W. F. Hegels, Bonn 1973, ²1981 (Hegel-Stud. Beih. 10); ders., Bemer-kungen zur Problematik der ›Definition‹ in der Philosophie am Beispiel des S.begriffs bei Kant und Fichte, in: H. Nagl-Docekal (ed.), Überlieferung und Aufgabe. Festschrift für Erich Heintel zum 70. Geburtstag I, Wien 1982, 321–333; N. Rescher, Cogni-tive Systematization. A Systems-Theoretic Approach to a Co-herentist Theory of Knowledge, Oxford, Totowa N. J. 1979; ders., Leibniz and the Concept of a S., Stud. Leibn. 13 (1981), 114–122; M. Riedel, S., Struktur, in: O. Brunner/M. Conze/R. Koselleck

(eds.), Geschichtliche Grundbegriffe VI, Stuttgart 1990, 285–322; O. Ritschl, S. und systematische Methode in der Geschichte des wissenschaftlichen Sprachgebrauchs und der philosophi-schen Methodologie, Bonn 1906; W. H. Schrader, Philosophie als S.. Reinhold und Fichte, in: K. Hammacher/A. Mues (eds.), Er-neuerung der Transzendentalphilosophie im Anschluß an Kant und Fichte. Reinhard Lauth zum 60. Geburtstag, Stuttgart-Bad Cannstatt 1979, 331–344; G. Siegwart, Einleitung, in: ders. (ed.), Johann Heinrich Lambert. Texte zur Systematologie und zur Theorie der wissenschaftlichen Erkenntnis, Hamburg 1988, VII–LXXXVII; ders., Lamberts »Architectonic«. Ein Werk und sein Index, Theol. Philos. 64 (1989), 384–396; A. v. d. Stein, Der S.-begriff in seiner geschichtlichen Entwicklung, in: A. Diemer (ed.), S. und Klassifikation in Wissenschaft und Dokumentation [s. o.], 1–14; ders., S. als Wissenschaftskriterium, in: A. Diemer (ed.), Der Wissenschaftsbegriff. Historische und systematische Untersuchungen, Meisenheim am Glan 1970, 99–107; K. Stein-bacher u. a., S./S.theorie, EP III (²2010), 2668–2697; S. Strijbos/C. Mitcham, Systems and System Thinking, in: C. Mitcham (ed.), Encyclopedia of Science, Technology and Ethics IV, Detroit Mich. etc. 2005, 1880–1884; H. E. Troje, Wissenschaftlichkeit und S. in der Jurisprudenz des 16. Jahrhunderts, in: J. Blühdorn/J. Ritter (eds.), Philosophie und Rechtswissenschaft. Zum Problem ihrer Beziehungen im 19. Jahrhundert, Frankfurt 1969, 63–88; H. Willke, Symbolische S.e. Grundriss einer soziologischen Theorie, Weilerswist 2005; M. Zahn, S., Hb. ph. Grundbegriffe III (1974), 1458–1475.   G. Si.

System, axiomatisches, Terminus der ↑Wissenschafts-theorie zur Bezeichnung einer Menge S von Sätzen, aus der möglichst alle Sätze einer Theorie T logisch gefolgert werden können. S, mit S ⊆ T, bildet dann ein Axiomen-system zu T. Methodologisch werden a. S.e explizit zu-erst bei Aristoteles behandelt; im Anschluß an die Kodi-fizierung des antiken geometrischen Wissens als a. S. durch Euklid (↑Euklidische Geometrie) bestimmt dann die Forderung nach Darstellung allen Wissens ↑›more geometrico‹ (↑Methode, axiomatische) die europäische Idee von ↑Rationalität.

Im allgemeinen betrachtet man keine trivialen Axioma-tisierungen wie S = T, sondern wählt als Axiomensystem S eine endliche oder entscheidbare (↑entscheidbar/Ent-scheidbarkeit) Teilmenge von T. Mit solchen Darstel-lungen einer Theorie als a. S. ist insofern eine Reduktion der Komplexität (↑komplex/Komplex) verbunden, als der sachliche Gehalt einer (im allgemeinen unend-lichen) Satzmenge T durch eine kleinere Teilmenge S ausgedrückt und deduktiv (↑Deduktion) geordnet wird. Vier mögliche Konstituenten eines a.n S.s können unter-schieden werden: ↑Definitionen, ↑Axiome, Axiomen-schemata und ↑Regeln. *Definitionen* sind ↑Aussagen, die die ↑Bedeutung der für die Theorie T grundlegenden ↑Begriffe (›T-Begriffe‹) festlegen. Definitionen können auf andere T-Begriffe zurückgreifen (Beispiel: ›parallel heißen Geraden einer Ebene, die sich nicht schneiden‹) oder aber auf nicht explizite außertheoretische Be-griffe Bezug nehmen (Beispiel: ›Menge heißt jede Zu-sammenfassung von bestimmten wohlunterschiedenen

Dingen unserer Anschauung oder unseres Denkens‹). Eine besondere Rolle spielen dabei in der Gegenwart die von D. Hilbert eingeführten so genannten impliziten Definitionen (↑Definition, implizite). *Axiome* sind Aussagen, die die theorierelevanten ↑Eigenschaften von *T*-Begriffen bzw. ↑Relationen zwischen *T*-Begriffen konstatieren (Beispiel: ›durch zwei verschiedene Punkte gibt es genau eine Gerade‹). *Axiomenschemata* sind ↑Aussageschemata (↑Schema), die eine unendliche Anzahl von Axiomen durch eine gemeinsame syntaktische Form angeben (Beispiel: ›für alle Aussagen p, q ist $(p \wedge q) \to (q \vee p)$ ein Axiom‹); ein so gewonnenes Axiom nennt man eine ›Instanz‹ des Axiomenschemas. *Regeln* schreiben die erlaubten Operationen fest (Beispiel: ›sind φ und $(\varphi \to \psi)$ Theoreme, dann ist auch ψ Theorem‹). Die genannten vier Komponenten sind je nach Kontext gegebenenfalls weiter auszudifferenzieren und oft nicht strikt voneinander zu trennen.

(1) *Definition versus Axiom:* Ein Axiom kann als Definition angesehen werden und vice versa; dies trifft z. B. auf die axiomatische Einführung der Addition zweier Zahlen durch die beiden Rekursionsgleichungen $x + 0 = x$ und $x + (y + 1) = (x + y) + 1$ zu.

(2) *Axiom versus Axiomenschema:* Axiomenschemata können bei einer Erweiterung der zugelassenen sprachlichen Ausdrucksmittel durch einzelne Axiome ersetzt werden; dies ist etwa beim Prinzip der vollständigen Induktion (↑Induktion, vollständige) der Fall, wenn eine Stufenerhöhung der Sprache (↑Stufenlogik) erfolgt. Das in einer Sprache 1. Stufe formulierte Induktionsschema ›für alle Ausdrücke $\varphi(x)$ mit x frei ist $\varphi(0) \wedge \bigwedge_x (\varphi(x) \to \varphi(x + 1)) \to \bigwedge_x \varphi(x)$ ein Axiom‹ kann in einer Sprache 2. Stufe durch das Axiom $\bigwedge_X ((X0 \wedge \bigwedge_x (Xx \to X(x + 1))) \to \bigwedge_x Xx)$ ersetzt werden, wobei Axiomenschemata wie $\bigvee_X \bigwedge_x (\varphi(x) \leftrightarrow Xx)$ (↑Komprehension) die Zuordnung von Mengen zu ↑Aussageformen stiften können. In der Regel sind Axiome ausdrucksstärker als die ihnen korrespondierenden Schemata; so quantifiziert im obigen Beispiel ›$\bigwedge_X$‹ über die überabzählbar (↑überabzählbar/Überabzählbarkeit) vielen Elemente der ↑Potenzmenge der natürlichen Zahlen, wohingegen das Schema nur so viele Instanzen erlaubt, wie sich Ausdrücke bilden lassen – in der Regel abzählbar (↑abzählbar/Abzählbarkeit) viele. Damit hängt zusammen, daß a. S.e 1. Stufe, die für Theorien mit unendlichem Gegenstandsbereich weder vollständig (↑vollständig/Vollständigkeit) noch ↑kategorisch sind, durch eine Stufenerhöhung in einer Sprache höherer Stufe vollständige bzw. kategorische Pendants haben können.

(3) *Axiom versus Regel:* Ist es auch in vielen Fällen unerheblich, welche dieser beiden Darstellungsformen in einem a.n S. gewählt wird, weswegen externe Gründe zum Tragen kommen können (z. B. ↑Regellogik), so ist dennoch zu beachten, daß ein Axiom bisweilen stärker

als die korrespondierende Regel ausfällt. Ein Axiom der Form $\nabla \varphi \to \varphi$ (wobei ∇ ein Modaloperator [↑Modallogik], ein ↑Quantor oder ähnliches sein kann) ist meist beweisstärker, d. h. erlaubt mehr Folgerungen, als die korrespondierende Regel $\nabla \varphi \Rightarrow \varphi$.

Die antike Axiomauffassung ist von der (wesentlich von Hilbert herrührenden) modernen Auffassung zu unterscheiden. Der traditionellen *inhaltlich-axiomatischen* Sicht galten die Axiome als unbeweisbare Sätze, die so evident (↑Evidenz) zu sein haben, daß sie auf nichts Grundlegenderes mehr zurückführbar und damit nicht nur unbeweisbar, sondern zugleich auch unbezweifelbar sind.

Die moderne, *formal-axiomatische* Auffassung behandelt a. S.e zunächst rein formal und untersucht erst in einem zweiten Schritt deren mögliche Interpretationen, d. h. ihre ↑Modelle. Damit die Existenz von Modellen eines a.n S.s überhaupt garantiert ist, tritt an die Stelle einer Rechtfertigung der Axiome durch ↑Evidenz der Nachweis ihrer Widerspruchsfreiheit (↑widerspruchsfrei/Widerspruchsfreiheit); bei a.n S.en, für deren logischen Formalismus ein starker ↑Vollständigkeitssatz gilt, folgt aus der Widerspruchsfreiheit dann die Existenz eines Modells. Hinzu kommen Untersuchungen zur Vollständigkeit des a.n S.s (ob sich alle Sätze der intendierten Theorie als Folgerungen aus den Axiomen ergeben) und zur Unabhängigkeit (↑unabhängig/Unabhängigkeit (logisch)) des a.n S.s (ob kein Axiom aus der Menge der restlichen folgt, also überflüssig ist). Widerspruchsfreiheit, Vollständigkeit und Unabhängigkeit bilden die klassische ›Hilbertsche Trias‹ von Fragen an jedes a. S.. (Un-)Abhängigkeitsbeweise bezüglich eines a.n S.s werden ferner benutzt, um wichtige Einblicke in die Abhängigkeiten (1) der *T*-Begriffe untereinander und (2) der ↑Theoreme von einzelnen Axiomen bzw. *T*-Begriffen zu gewinnen. So wurde z. B. gezeigt, daß sich die Theorie der natürlichen Zahlen erststufig gar nicht effektiv axiomatisieren läßt (T. Skolem 1933/1934), daß der (erststufige) ↑Peano-Formalismus nicht endlich axiomatisierbar ist (also nicht ohne Axiomenschemata auskommt; C. Ryll-Nardzewski 1952), daß sich die ↑Junktorenlogik mittels eines einzigen Axioms angeben läßt (J. Nicod 1917), aber ihre Axiome nicht alle weniger als 9 Zeichen enthalten können (S. Jaśkowski 1948).

Hilbert (Grundlagen der Geometrie, 1899) verfuhr informell, d. h., die Axiome wurden in einer fachsprachlich angereicherten Umgangssprache (↑Alltagssprache) formuliert, die Beweise nicht formalisiert geführt. Dies änderte sich mit der Veröffentlichung der ↑Zermelo-Russellschen Antinomie; insbes. G. Frege machte klar, daß damit selbst die für unproblematisch gehaltenen Schlußweisen der Logik antinomieträchtig (↑Antinomie) sind. Dies veranlaßte Hilbert, auch die Logik einer axiomatischen Behandlung zu unterwerfen und die ganze Durchführung streng formalisiert zu halten: Alle Axiome werden von der natürlichen Sprache (↑Sprache, natürliche) in eine formale Sprache (↑Sprache, formale) übersetzt und alle Beweise als formale Herleitungen geführt. Aus informellen a.n S.en werden so in allen Aspekten streng kalkülmäßig (↑Kalkül) durchkonzipierte formale Systeme (↑System, formales, ↑Vollformalismus). Den Unterschied zwischen a.n S.en und formalen Systemen belegt der 1. Gödelsche ↑Unvollständigkeitssatz: Während es kategorische und damit vollständige a. S.e für die Theorie der natürlichen Zahlen gibt, kann kein formales System dies leisten. Die Frage, ob eine Darstellung als a. S. oder als formales System vorzuziehen ist, beantwortet sich teils nach dem Entwicklungsstand der betreffenden Theorie, teils nach den mit einer Axiomatisierung verbundenen Absichten. Als Faustregel kann gelten: Je weiter der Übergang vom a.n S. zum formalen System vollzogen wird, desto größer der epistemische Gewinn.

Für die Zwecke der mathematischen Alltagspraxis ist eine informelle Darstellung als a. S. hinreichend, was einflußreich durch das Programm von N. Bourbaki propagiert wurde. Auch für die vielfältigen Axiomatisierungen physikalischer Theorien (I. Newton, H. Hertz, L. Boltzmann, G. Hamel [↑Mechanik], H. Reichenbach [↑Relativitätstheorie, spezielle], G. Ludwig [Quantenmechanik; ↑Quantentheorie], J. D. Sneed/W. Stegmüller [↑Theoriendynamik, insbes. der Mechanik]) ist die Form eines a.n S.s in der Regel angemessen. Denn hier, wie auch in anderen Wissensgebieten, wird nicht allein rein logisch aus den Axiomen gefolgert (↑Folgerung), vielmehr tritt zumindest die mathematische Herleitung aus den Axiomen hinzu. Eine Vollformalisierung aller dieser deduktiven Mittel ist aber oft weder möglich noch wünschenswert. Ist eine Theorie in der Entwicklung begriffen, erweist sich eine frühe Axiomatisierung – entweder als axiomatisches oder als formales System – häufig als heuristisch (↑Heuristik) hilfreich, um die zunächst vorläufigen Grundannahmen anhand ihrer Konsequenzen überprüfen und kontrolliert weiterentwickeln zu können. Dieser Ansatz wird vielfach und erfolgreich in Teilen der Analytischen Philosophie (↑Philosophie, analytische) verfolgt.

Literatur: P. Bernays, Über Hilberts Gedanken zur Grundlegung der Arithmetik, Jahresber. Dt. Math.ver. 31 (1922), 10–19; L. Boltzmann, Vorlesungen über die Prinzipe der Mechanik, I–III, Leipzig 1897-1920 (repr. Bde I–II, Darmstadt 1974); G. Hamel, Theoretische Mechanik. Eine einheitliche Einführung in die gesamte Mechanik, Berlin/Göttingen/Heidelberg 1949, Neudr. Berlin/Heidelberg/New York 1978; H. Hermes, Eine Axiomatisierung der allgemeinen Mechanik, Münster/Leipzig 1938 (repr. Hildesheim 1970); H. Hertz, Die Prinzipien der Mechanik in neuem Zusammenhange dargestellt, Leipzig 1894, ferner als: Ges. Werke III, ed. P. E. A. Lenard, Leipzig 1910 (repr. Darmstadt 1963, Vaduz 1984, 2007) (engl. III The Principles of Mechanics Presented in a New Form, London 1899, Mineola N. Y. 2003); D. Hilbert, Grundlagen der Geometrie, in: Festschrift zur Feier der Enthüllung des Gauß-Weber-Denkmals in Göttingen, Leipzig 1899, Hamburg 2014; ders., Axiomatisches Denken, Math. Ann. 78 (1918), 405-415, Neudr. in: ders., Ges. Abhandlungen III, Berlin 1935, ²1972, 2015, 146–156; S. Jaśkowski, Trois contributions au calcul des propositions bivalente, Studia Societatis Scientiarum Toruniensis A/1 (1948), 3–15 (engl. Three Contributions to the Two-Valued Propositional Calculus, Stud. log. 34 [1975], 121–132); G. Ludwig, Die Grundlagen der Quantenmechanik, Berlin/Heidelberg/New York 1954 (engl. Foundations of Quantum Mechanics, I–II, New York/Heidelberg/Berlin 1983/1985); ders., Deutung des Begriffs ›physikalische Theorie‹ und axiomatische Grundlegung der Hilbertraumstruktur der Quantenmechanik durch Hauptsätze des Messens, Berlin/Heidelberg/New York 1970; J. G. P. Nicod, A Reduction in the Number of the Primitive Propositions of Logic, Proc. Cambridge Philos. Soc. 19 (1917), 32–41; H. Pulte, Zum Niedergang des Euklidianismus in der Mechanik des 19. Jahrhunderts, in: Neue Realitäten. Herausforderung der Philosophie, XVI Deutscher Kongreß für Philosophie, 20.–24. September 1993, Sektionsbeiträge II, Berlin 1993, 833–840; H. Reichenbach, Axiomatik der relativistischen Raum-Zeit-Lehre, Braunschweig 1924, ferner in: ders., Ges. Werke III (Die philosophische Bedeutung der Relativitätstheorie), ed. A. Kamlah/M. Reichenbach, Braunschweig/Wiesbaden 1979, 3–171 (engl. Axiomatization of the Theory of Relativity, ed. M. Reichenbach, Berkeley Calif./Los Angeles 1969); C. Ryll-Nardzewski, The Role of the Axiom of Induction in Elementary Arithmetic, Fund. Math. 39 (1952), 239–263; D. Schlimm, On the Creative Role of Axiomatics. The Discovery of Lattices by Schröder, Dedekind, Birkhoff, and Others, Synthese 183 (2011), 47–68; ders., Axioms in Mathematical Practice, Philos. Math. 21 (2013), 37–92; T. A. Skolem, Über die Unmöglichkeit einer vollständigen Charakterisierung der Zahlenreihe mittels eines endlichen Axiomensystems, Norsk Matematisk Forenings Skrifter 2/10 (1933), 73–82, Neudr. in: ders., Selected Works in Logic, ed. J. E. Fenstad, Oslo/Bergen/Tromsö 1970, 345–354; ders., Über die Nicht-Charakterisierbarkeit der Zahlenreihe mittels endlich oder abzählbar unendlich vieler Aussagen mit ausschliesslich Zahlenvariablen, Fund. Math 23 (1934), 150–161, Neudr. in: ders., Selected Works in Logic [s. o.], 355–366; J. D. Sneed, The Logical Structure of Mathematical Physics, Dordrecht 1971, Dordrecht/Boston Mass./London ²1979; W. Stegmüller, The Structuralist View of Theories. A Possible Analogue of the Bourbaki Programme in Physical Science, Berlin/Heidelberg/New York 1979; A. Szabó, The Transformation of Mathematics into Deductive Science and the Beginnings of Its Foundation on Definitions and Axioms, Scr. Math. 27 (1964), 113–139; A. Tarski, Fundamentale Begriffe der Methodologie der deduktiven Wissenschaften I, Mh. Math. Phys. 37 (1930), 361–404 (engl. Fundamental Concepts of the Methodology of the Deductive Sciences, in: ders., Logic, Semantics, Metamathematics. Papers from 1923 to 1938, Oxford 1956, Indianapolis ²1990, 60–109); ders., O logice matematycznej i metodzie dedukcyjnej, Lwow [= Lemberg] 1936 (dt. Einführung in die mathematische Logik, Wien 1937, Göttingen ²1966, [erw.] ⁵1977; engl. Introduction to Logic and to the Methodology of Deductive Sciences, New York 1941, unter dem Titel: Introduction to Logic and to the Methodology of the Deductive Sciences, ed. J. Tarski, New York/Oxford ⁴1994; franz. Introduction à la logique, Paris 1969 [repr. 2008]); H. Wang, Quelques notions d'axiomatique, Rev. philos. Louvain 51 (1953), 409–443 (engl. The Axiomatic Method, in: ders., Logic, Computers, and Sets, New York 1970, 1–33); ders.,

Eighty Years of Foundational Studies, Dialectica 12 (1958), 466–497; J. H. Woodger, The Axiomatic Method in Biology, Cambridge 1937. B. B.

System, formales (engl. formal system), Bezeichnung für eine besondere Art von ↑Kalkülen oder ihnen gleichwertiger Verfahren zur Erzeugung aufzählbarer (↑aufzählbar/Aufzählbarkeit) Klassen von Zeichenreihen, die (1) ein axiomatisches System (↑System, axiomatisches) vollformalisiert wiedergeben bzw. (2) bei deren Interpretation (↑Interpretationssemantik), also einer präzise geregelten Ersetzung der verwendeten Zeichen (↑Zeichen (logisch)) durch sprachliche Ausdrücke, eine formale Sprache (↑Sprache, formale (2)) gewonnen wird.

(1) In der ersten Bedeutung wird ein axiomatisches System dadurch zu einem f.n S. oder ↑Vollformalismus, daß die in einer natürlichen Sprache (↑Sprache, natürliche) gebrauchssprachlich (↑Gebrauchssprache) formulierten ↑Axiome in eine formale Sprache übersetzt und das inhaltliche Schließen (↑Schluß) durch ↑Herleitungen in Gestalt von Regeln eines deduktiven ↑Kalküls mit den Axiomen als dessen Anfängen ersetzt wird. (2) In der zweiten Bedeutung tritt die formale Sprache bei einem f.n S. im engeren Sinne als ↑Formalisierung (auch: Kodifikat) einer ganzen – meist bereits axiomatisierten (↑System, axiomatisches) – wissenschaftlichen Theorie auf. Es handelt sich um eine formale ↑Wissenschaftssprache mit Formationsregeln für die Herstellung der sinnvollen Ausdrücke (also der Aussagen, die in der Regel eine entscheidbare [↑entscheidbar/Entscheidbarkeit] Klasse bilden) und Transformationsregeln (↑Transformation) für die Herstellung der wahren Aussagen oder ↑Theoreme (also der Sätze, die in der Regel eine nur aufzählbare Klasse bilden). Bei einem f.n S. im weiteren Sinne tritt sie hingegen bloß als Formalisierung einer (natürlichen oder für andere Zwecke, etwa der Programmierung, ersonnenen künstlichen) ↑Sprache auf. Es handelt sich um ein syntaktisches Regelsystem (↑Syntax) für die Herstellung aller (semantisch) sinnvollen Ausdrücke (↑Grammatik, ↑Transformationsgrammatik). In den Fällen, bei denen es sogar nur um die Herstellung syntaktisch sinnvoller Ausdrücke geht, fallen der Begriff eines f.n S.s und der eines Kalküls zusammen: F. S. und formale Sprache sind nicht mehr unterscheidbar.

Deshalb, und weil durch die Art der Untersuchung eines ↑Formalismus (nämlich die Beschränkung auf nur syntaktische oder die Erweiterung auch auf semantische Aspekte) zum Ausdruck gebracht werden kann, ob der Formalismus als f. S. oder als formale Sprache angesehen ist, wird die terminologische Abgrenzung zwischen einem (ausschließlich syntaktisch definierten) f.n S. und einer (mit fixierter Zeichenfunktion einiger ihrer Ausdrucksklassen ausgestatteten) formalen Sprache nicht

immer gemacht. Im übrigen lassen sich pragmatische Untersuchungen von Formalismen nur indirekt anstellen, weil die dafür zu berücksichtigenden Verwendungskontexte erst ihrerseits dargestellt werden müssen, was wegen der dadurch vollzogenen ›Semantisierung der Pragmatik‹ (↑Semantik) die ↑Pragmatik streng genommen eliminiert. Z. B. geht die behauptende Kraft einer geäußerten Aussage ›A‹ in der ↑Metaaussage »›A‹ ist eine Behauptung« verloren bzw. auf die Äußerung der Metaaussage über. Gleichwohl haben sich f. S.e im weiteren Sinne wegen ihrer Eignung sowohl zur Darstellung propositionalen Wissens als auch zur Modellierung operationalen Wissens zu einem der wichtigsten wissenschaftstheoretischen – im Blick auf ihren unentbehrlichen Einsatz in Rechnern auch wissenschaftspraktischen – Werkzeuge entwickelt (↑Wissenschaftstheorie).

Literatur: P. Braffort/D. Hirschberg (eds.), Computer Programming and Formal Systems, Amsterdam 1963, 1970; H. B. Curry, Leçons de logique algébrique, Paris 1952; S. C. Kleene, Mathematical Logic, New York/London/Sydney 1967, Mineola N. Y. 2002, 198–222; R. M. Smullyan, Theory of Formal Systems, Princeton N. J. 1961, ⁵1996. K. L.

System, spekulatives, bei G. W. F. Hegel synonym mit ↑Philosophie verwendete Bezeichnung. Das dem Mystischen (↑Mystik) und seiner Verbindung von Vorstellungen in der ↑Religion vergleichbare Wesen der Spekulation (↑spekulativ/Spekulation) ist die Stiftung der Einheit einander entgegengesetzter Begriffe. Sie vollzieht sich im sich selbst denkenden, damit der Subjekt-Objekt-Differenz (↑Subjekt-Objekt-Problem) enthobenen Denken und ist das ›positive Resultat‹ der ↑Dialektik (Enc. phil. Wiss. § 82, Sämtl. Werke VIII, 195–198). Das auf Einheit zielende spekulative Denken findet als ›Kreis von Kreisen‹ (Enc. phil. Wiss. § 15, Sämtl. Werke VIII, 61) in letzter Instanz seine Vollendung im s.n (philosophischen) S.. Nach Hegel waren es I. Kant mit der Deduktion der Verstandesformen herausgestellten ›Identität des Subjekts‹ und Objekts und J. G. Fichte mit seiner Identitätsformel vom ›Ich = Ich‹, die das Prinzip der Spekulation ›aufs Bestimmteste ausgesprochen‹ haben (Differenz des Fichteschen und Schellingschen Systems der Philosophie, Sämtl. Werke I, 34). Ein für Hegel bestimmender Einfluß für die Verbindung des Begriffs der Spekulation mit dem des Systems geht auf B. de Spinozas Identifikation der Attribute des Denkens und der Ausdehnung zurück. S. B.

Systematik (engl. systematics), Bezeichnung für den methodisch geordneten Zusammenhang eines Wissensgebietes, insbes. das Studium der Ordnung der lebenden Natur und die Methoden, diese Ordnung begrifflich zu fassen. In der ↑Biologie ist die S. – wie die ↑Evolutionstheorie – zugleich ein Spezialforschungsgebiet und eine

Grunddisziplin. Sie besteht aus einer ↑Klassifikation der biologischen Arten (↑Spezies, ↑Taxonomie) und aus den Prinzipien ihrer Ordnung und kategorialen Hierarchie. In der modernen biologischen S. konkurrieren drei Hauptrichtungen, die durch unterschiedliche Gewichtung von Abstammungs- und Ähnlichkeitsbeziehungen (↑Homologie), die in der traditionellen Naturgeschichte unter dem Begriff der Verwandtschaft zusammengefaßt wurden, charakterisiert sind: (1) Die ›phänetische‹ oder ›numerische‹ S. berücksichtigt möglichst viele Merkmale, um eine allgemeine Ähnlichkeit zu begründen, stellt aber keine Gewichtung zwischen diesen her. Die resultierende Klassifikation muß nicht die Abstammungsbeziehungen wiedergeben. (2) Die ›phylogenetische‹ S. oder ›Kladistik‹ sucht die Stammesgeschichte in der Klassifikation abzubilden, so daß Verwandtschaft immer ausschließlich die relative Nähe des nächsten gemeinsamen Vorfahren bedeutet. (3) Die ›evolutionäre‹ S. strebt eine Berücksichtigung beider Gesichtspunkte an. Die Klassifikation soll sowohl den Abstammungszusammenhang als auch das Ausmaß morphologischer Veränderung bzw. Gemeinsamkeit widerspiegeln.

Literatur: P. Ax, S. in der Biologie. Darstellung der stammesgeschichtlichen Ordnung in der lebenden Natur, Stuttgart 1988; W. Baron, Methodologische Probleme der Begriffe Klassifikation und S. sowie Entwicklung und Entstehung in der Biologie, in: A. Diemer (ed.), System und Klassifikation in Wissenschaft und Dokumentation. Vorträge und Diskussionen im April 1967 in Düsseldorf, Meisenheim am Glan 1968, 15–31; J. Cracraft/M. J. Donoghue (eds.), Assembling the Tree of Life, Oxford etc. 2004; J. Dupré, The Philosophical Basis of Biological Classification, Stud. Hist. Philos. Sci. 25 (1994), 271–279; M. Ereshefsky, The Poverty of the Linnaean Hierarchy. A Philosophical Study of Biological Taxonomy, Cambridge etc. 2001; A. Hamilton (ed.), The Evolution of Phylogenetic Systematics, Berkeley Calif./Los Angeles/London 2014; W. Hennig, Grundzüge einer Theorie der phylogenetischen S., Berlin 1950, Königstein 1980 (engl. Phylogenetic Systematics, Urbana Ill./Chicago Ill./London 1966, 1999); ders. (ed.), Phylogenetische S., Berlin/Hamburg 1982; P. Heuer, Art, Gattung, System. Eine logisch-systematische Analyse biologischer Grundbegriffe, Freiburg/München 2008; P. Hoyningen-Huene, Systematicity. The Nature of Science, Oxford etc. 2013, 2016; D. L. Hull, Contemporary Systematic Philosophies, Annual Rev. of Ecology and Systematics 1 (1970), 19–54; ders., Science as a Process. An Evolutionary Account of the Social and Conceptual Development of Science, Chicago Ill./London 1988, 1998; W. S. Judd u. a., Plant Systematics. A Phylogenetic Approach, Sunderland Mass. 1999, ⁴2016 (franz. Botanique systématique. Une perspective phylogénétique, Paris 2002); O. Kraus u. a., Biologische S., Weinheim 1982; W. Kunz, Do Species Exist? Principles of Taxonomic Classification, Weinheim 2012; G. Lecointre/H. Le Guyader, Classification phylogénétique du vivant, Paris 2001, in 2 Bdn. ⁴2016/2017 (dt. Biosystematik. Alle Organismen im Überblick, Berlin/Heidelberg/New York 2006; engl. The Tree of Life. A Phylogenetic Classification, Cambridge Mass./London 2006); E. Mayr, Principles of Systematic Zoology, New York etc. 1969, ²1991 (dt. Grundlagen der zoologischen S., Hamburg/Berlin 1975); ders., Introduction. The Role of Systematics in Biology, in: A. G. Norman u. a., Systematic Biology. Proceedings of an International Conference Conducted at the University of Michigan Ann Arbor Mich. June 14–16, 1967, Washington D. C. 1969, 4–15; A. Minelli, Biological Systematics. The State of the Art, London etc. 1993, 1994; P. D. Olson/J. Hughes/J. A. Cotton (eds.), Next Generation Systematics, Cambridge etc. 2016; D. L. Quicke, Principles and Techniques of Contemporary Taxonomy, London etc. 1993, 1996; A. Remane, System und Klassifikation in der Biologie, in: A. Diemer (ed.), System und Klassifikation in Wissenschaft und Dokumentation [s. o.], 32–41; M. Ridley, Evolution and Classification. The Reformation of Cladism, London/New York 1986, Harlow 1989; H. Schmitz/N. Uddenberg/P. Östensson, A Passion for Systems. Linnaeus and the Dream of Order in Nature, Stockholm 2007; R. T. Schuh, Biological Systematics. Principles and Applications, Ithaca N. Y./London 2000, ²2009; R. R. Sokal/P. H. A. Sneath, Principles of Numerical Taxonomy, San Francisco Calif./London 1963; P. F. Stevens, The Development of Biological Systematics. Antoine-Laurent de Jussieu, Nature, and the Natural System, New York 1994; F. Weberling/T. Stützel, Biologische S.. Grundlagen und Methoden, Darmstadt 1993; B. Wiesemüller/H. Rothe/W. Henke, Phylogenetische S., Berlin etc. 2003; J. S. Wilkins/M. C. Ebach, The Nature of Classification. Relationships and Kinds in the Natural Sciences, Basingstoke etc. 2014; D. Williams/M. Schmitt/Q. Wheeler (eds.), The Future of Phylogenetic Systematics. The Legacy of Willi Hennig, Cambridge etc. 2016; P. A. Williams, Confusion in Cladism, Synthese 91 (1992), 135–152. P. M.

systematisch, Bezeichnung für Gegebenheiten, die die Form eines ↑Systems besitzen. Da viele Systeme Resultate methodengebundenen Tuns darstellen, wird ›s.‹ im abgeleiteten Sinne auch Tätigkeiten und Methoden zugesprochen. Beschränkt man sich auf den Erkenntnisbereich, dann sind innerhalb der methodischen (↑Methode, ↑Methodologie), d. h. nicht-rhapsodischen, Verfahrensweisen zumindest die historisch-kritischen (im Sinne der Darstellung und Bewertung schon erbrachter Problemdiagnosen und Problemlösungen) von den (sachlich-)s.en zu unterscheiden; dabei soll das historisch-kritische Bemühen häufig das s.e anbahnen. Prinzipiell können beide Verfahren (Verfahrensfamilien) zueinander sowohl in ein Beförderungs- als auch in ein Behinderungsverhältnis treten. Handelt es sich bei der Aufgabenstellung um eine Einzelfrage, z. B. um eine Ob- oder eine Warum-Frage, dann besteht die s.e Beantwortung in der Anwendung der bereichsspezifischen Lösungsstandards, z. B. in der Durchführung eines ↑Beweises oder in der Angabe einer ↑Erklärung; die s.e Methode ist dann nichts anderes als die je veranschlagte Prozedur des Beweisens bzw. Erklärens. Geht es hingegen um die Bestellung eines thematischen Feldes, dann wird man Systematizität mit Zügen wie Konsistenz (↑widerspruchsfrei/Widerspruchsfreiheit), Vollständigkeit (↑vollständig/Vollständigkeit), Verbundenheit, Einfachheit (↑Einfachheitskriterium) und Überschaubarkeit verknüpfen. Ein präzises Profil resultiert erst aus der Charakterisierung dieser Merkmale und ihres Zusammenwirkens. Nur dann läßt sich auch die s.e von der summarischen und enzyklopädischen (↑Enzyklopädie) Gestaltung eines Erkenntnisareals abheben.

Die die Selbstbestimmung der ↑Philosophie dauerhaft begleitende Frage, ob sie als Tätigkeit, in ihren Methoden und Resultaten s. sei, sein solle oder könne, bedarf der Differenzierung: Ist der Teilbereich *x* bzw. das Problemfeld *y* s. behandelbar? Kann oder soll die Philosophie insgesamt einer s.en Organisation zugeführt werden? Die Frage nach einer regionalen Systematisierbarkeit ist insofern ›durch die Tat‹ beantwortet, als weite Bereiche der Theoretischen Philosophie (↑Philosophie, theoretische) durch kontinuierliche Bearbeitung s.e Form erhalten haben; für die Gebiete der Praktischen Philosophie (↑Philosophie, praktische) ist eine solche Entwicklung erwartbar. Damit ist Philosophie nicht mehr (nur historisches) Bildungs-, sondern auch und wesentlich Ausbildungsfach. – Die Frage nach einer universalen Systematisierbarkeit bzw. nach Möglichkeit und Sinn der Artikulation der gesamten Philosophie in einem umfassenden System, also ihr insgesamt systembildender Charakter, ist strittig und steht teilweise immer noch im Schatten von G. W. F. Hegels Auffassung der Philosophie und den mit ihr ausgelösten Anschlußkontroversen (↑System). Die Auffassungen variieren je nach der unterlegten Auffassung von Systematizität und Philosophie. So kann eine bescheidene affirmative Antwort bereits mit der für die Lehre unverzichtbaren disziplinären Organisation der Gesamtheit philosophischer Themen und Verfahren einhergehen.

Literatur: M. Dummett, Can Analytical Philosophy Be Systematic, and Ought It to Be?, in: D. Henrich (ed.), Ist s.e Philosophie möglich? [s. u.], 305–326 (dt. Kann und soll die analytische Philosophie s. sein?, in: ders., Wahrheit. Fünf philosophische Aufsätze, ed. J. Schulte, Stuttgart 1982, 185–220); F.-P. Hager/C. Strub, System, Systematik, s., Hist. Wb. Ph. X (1998), 824–856; D. Henrich (ed.), Ist s.e Philosophie möglich?, Bonn 1977 (Hegel-Stud., Beih. 17); H.-D. Klein (ed.), Systeme im Denken der Gegenwart, Bonn 1993; C. Krijnen, Philosophie als System. Prinzipientheoretische Untersuchungen zum Systemgedanken bei Hegel, im Neukantianismus und in der Gegenwartsphilosophie, Würzburg 2008; D. Parrochia, La raison systématique. Essai d'une morphologie des systèmes philosophiques, Paris 1993; N. Rescher, Interpreting Philosophy. The Elements of Philosophical Hermeneutics, Frankfurt etc. 2007; M. Riedel, System, Struktur, in: O. Brunner/M. Conze/R. Koselleck (eds.), Geschichtliche Grundbegriffe VI, Stuttgart 1990, 285–322; O. Ritschl, System und s.e Methode in der Geschichte der wissenschaftlichen Sprachgebrauchs und der philosophischen Methodologie, Bonn 1906; H. J. Schneider, Kann und soll die Sprachphilosophie methodisch vorgehen?, in: P. Janich (ed.), Entwicklungen der methodischen Philosophie, Frankfurt 1992, 17–33.   G. Si.

Systemtheorie (auch: Systemanalyse, Systemforschung, Systemlehre; engl. system[s] theory, franz. théorie des systèmes, systémique), Sammelbezeichnung für eine Anzahl meist locker verbundener Konzeptionen, die sich im epistemologischen Status, in disziplinärer Herkunft, in Reichweite, Zielsetzung, Ausarbeitungszustand und Entwicklungsanlaß oft erheblich unterscheiden. Gelegentlich beanspruchen auch isolierte Ansätze den nicht weiter qualifizierten Titel ›S.‹.

Die S. entwickelt sich etwa seit den 40er Jahren des 20. Jhs. auf breiter Front; Beispiele dafür sind die biologische Systemlehre (L. v. Bertalanffy), die ↑Kybernetik und Nachrichtentechnik (N. Wiener, K. Küpfmüller, W. R. Ashby), die ↑Spieltheorie (J. v. Neumann, O. Morgenstern), die mathematische ↑Informationstheorie (C. F. Shannon, W. Weaver, M. D. Mesarović, J. G. Klir), die ↑Ökonomie (K. L. Boulding, J. W. Forrester) und zahlreiche sozial- und politikwissenschaftliche Programme (T. Parsons, W. Buckley, J. G. Miller, N. Luhmann, M. Deutsch). Einige Autoren knüpfen ausdrücklich an Tendenzen und Autoren in der Geschichte des Systemdenkens an (↑System), wobei die von J. H. Lambert entwickelte Systematologie zu Recht als herausragende Vorläuferin gilt. Mit dem seit 1956 erscheinenden Periodikum »General Systems: Yearbook of the Society for the Advancement of General Systems Theory« haben sich mehrere einflußreiche Teilbewegungen ein zentrales Publikationsorgan geschaffen. Gegenwärtig subsumieren manche Autoren auch die KI-Forschung (↑Intelligenz, künstliche) und die Computertheorie unter die S..

Die meisten der für die S. einschlägigen Richtungen teilen neben dem massierten, aber keineswegs einheitlichen Gebrauch des Systemvokabulars sowie antireduktionistischen (↑Reduktionismus) und holistischen (↑Holismus) Motiven drei miteinander verbundene Eigenschaften: (1) Instrumentelle Ausrichtung: Die Problemvorgaben (z. B. ökologischer Natur; ↑Ökologie) sind oft durch hohe lebensweltliche Dringlichkeit, unverträgliche Zielvorgaben sowie nur teilweise überschaute Wechselwirkungen und damit auch durch unzureichend prognostizierbare Verläufe ausgezeichnet; systemtheoretische Einsicht soll mittel- oder unmittelbar den Umgang mit den jeweiligen Systemen anleiten. (2) Interdisziplinäre Kooperation: Die typischen Aufgaben (z. B. umwelttangierende Projekte) übersteigen die herkömmlichen Disziplinengrenzen und können nur im überfachlichen Verband erfolgversprechende Behandlung finden. (3) Tendenzen zur Vereinheitlichung und zur Verallgemeinerung: Ausgehend von der Beobachtung, daß sich derselbe Systemtyp in verschiedenen materialen Bereichen findet, wird dieser zunächst bereichsunspezifisch, d. h. im avancierten Fall: mathematisch, repräsentiert; dann kann man auch in weiteren Feldern nach ↑Modellen, d. h. nach Realisierungen dieses Systemtyps, suchen bzw. solche bilden. Insoweit die Systemstrukturen als solche charakterisiert werden, handelt es sich um *reine* S.; das Auffinden und Gestalten von Modellen gehört zur *angewandten* S..

Der Systembegriff wird oft ohne Erläuterungsfortschritt im Rückgriff auf bildungssprachliche Redeteile wie ›Ganzes‹, ›Einheit‹, ›Zusammenfassung‹, ›Komplex(ion)‹, ›Inbegriff‹, ›Totalität‹, ›(An-)Ordnung‹, ›Konstellation‹, ›Geflecht‹ usw. bestimmt. Unter einführungsmethodologischen Gesichtspunkten anspruchsvoller sind die folgenden innerhalb der S. weiter verbreiteten *Systemkonzeptionen*: (1) Systeme sind ↑Mengen, Klassen, Gesamtheiten. Eine formelle Einführung liegt in diesem Falle nur dann vor, wenn ›Menge‹ etc. nicht unerläuterter kommentarsprachlicher Hilfsausdruck, sondern ↑Eigenprädikator der unterlegten Sprache ist. Gelegentlich wird zusätzlich Nicht-Leerheit gefordert. (2) Systeme sind *Mengenfamilien*, also nichtleere Mengen, deren Elemente wiederum Mengen, aber keine ↑Urelemente bzw. Individuen sind; hierbei sind Mengensprachen mit einer untersten Schicht von Urelementen als Artikulationsrahmen vorausgesetzt. (3) Systeme sind ↑*Relationen*, d. h. Mengen geordneter Paare (↑Paar, geordnetes). Diese Auffassung wird vor allem dann favorisiert, wenn – wie bei Autoren aus dem kybernetisch-technischen Bereich – eine Orientierung am Input-Output-Schema vorgegeben ist. Dabei wird der Vorbereich der Relation zum (Gesamt-)Input, während der Nachbereich mit dem (Gesamt-)Output zusammenfällt. Diese Auffassung wird gelegentlich durch Einbeziehung der internen Zustände angereichert. Systeme stellen dann dreistellige Beziehungen aus Inputs, internen Zuständen und Outputs dar. Bestimmt zudem jedes Paar aus einem Input und einem internen Zustand genau einen Output, dann sind solche Systeme Funktionen mit zweiteiligen Argumenten. (4) Systeme S sind Zweitupel aus einem M und einem R, wobei M und R nicht leer sind und alle Elemente von R Relationen in M darstellen. M heißt das ›Universum‹ bzw. die ›Trägermenge‹ von S, R heißt die ›Struktur‹ bzw. die ›Ordnung‹ oder ›Organisation‹ von S. Da das Definiens nicht selten auch zur Festlegung von ›Relativ‹, ›Relationengebilde‹, ›Relationensystem‹ und ›konkrete Struktur‹ Verwendung findet, werden im Sinne der Minderung terminologischer Redundanz (↑redundant/Redundanz) oft Zusatzforderungen (z. B. Einteilungen des Universums, Endlichkeit von M und R) erhoben. (5) Systeme S sind Tripel $\langle M, R, U \rangle$, wobei M und R nicht leer sind, die Elemente von R Relationen in $M \cup U$ sind und $M \cap U$ leer ist. M heißt das ›Universum‹, die ›Inwelt‹, das ›Innere‹, R die ›Struktur‹, ›Ordnung‹ oder ›Organisation‹ und U die ›Umgebung‹, die ›Umwelt‹ bzw. das ›Äußere‹ von S. Universum, Struktur und Umgebung bilden die Systemkonstituenten. Die Elemente von M, R und U heißen die ›Universumselemente‹, die ›Systemrelationen‹ bzw. die ›Umgebungselemente‹. Diese Systemcharakterisierung berücksichtigt bereits im Wege der Definition die Umgebung. Sie muß allerdings in der Regel mit weiteren Bestim-

mungsstücken versehen werden, um einer fruchtbaren Behandlung von Problemen des oben angesprochenen Typs dienen zu können. – Die hier skizzierten Systemkonzepte kommen darin überein, daß jede Gegebenheit (bei entsprechender Reichhaltigkeit der unterlegten Sprache) als System betrachtet werden kann. Diese sowohl bezüglich der Elemente wie bezüglich der Relationen bestehende Offenheit macht die Systemkonzepte der S. zu *perspektivischen* Begriffen.

Mit elementaren mengensprachlichen Mitteln lassen sich Bezeichnungen wie ›Untersystem‹, ›Obersystem‹, ›Systemvereinigung‹, ›Systemschnitt‹ usw. einführen. Für den meist favorisierten umgebungshaltigen Systembegriff: Falls S, S^* Systeme sind, ist S Untersystem von S^* und damit S^* Obersystem von S, falls das Universum, die Struktur und die Umgebung von S jeweils Teilmengen der entsprechenden Systemkonstituenten von S^* sind. In ihren Konstituenten identische Systeme sind selbst identisch. Auch Systeme können wiederum als Elemente des Universums oder der Umgebung eines weiteren Systems, des Umsystems, auftreten; dann ergeben sich neben den innersystematischen auch zwischensystematische Verhältnisse. Durch entsprechende Auswahl der Systemrelationen resultieren Systemhierarchien und Systemnetze.

Der Überschaubarkeitswunsch führt »wegen der unendlich mannigfaltigen Unterschiede der Systeme« (J. H. Lambert, Philos. Schr. VII, 394) zur Bildung und Anwendung von Einteilungs- oder wenigstens Auszeichnungsrücksichten. Der vielleicht erste diesbezügliche Versuch geht aus von den die Systemelemente ›verbindenden Kräften‹ (Lambert, a.a.O., 395) und unterscheidet die durch die Kräfte des Verstandes zustandekommenden ›Intellektualsysteme‹ (z. B. einzelne Systeme von Wissenschaften), die durch die Kräfte des Willens erhaltenen moralischen oder politischen Systeme (z. B. Gesellschaften oder Staaten) und die durch die mechanischen Kräfte bewirkten körperlichen oder physischen Systeme (z. B. Sonnen- oder Planetensysteme). Die genannten Systeme sind insofern einfach, als nur eine Kraft am Werke ist. Da in aller Regel in Systemen »mehr als eine Art der verbindenden Kräfte vorkömmt« (Lambert, a.a.O., 398), sind den einfachen die zusammengesetzten Systeme gegenüberzustellen. Die üblichen Klassifikationen bzw. Auszeichnungen legen (anders als bei Lambert) oft nur regionale Bereiche von Systemen zugrunde. Systeme werden in *formaler* (endliche versus unendliche, fundamentalistische versus nicht-fundamentalistische, offene versus geschlossene, statische versus dynamische, stabile versus labile, determinierte versus probabilistische, einfache versus komplexe, auto- versus allopoietische usw.) und *materialer* (abstrakte versus konkrete, kognitive versus nicht-kognitive, angefertigte versus vorgegebene usw.) Hinsicht einer Klassifikation unterzogen.

Vornehmlich im deutschen Sprachraum ist die von Luhmann (in Fortführung der strukturell-funktionalen S. von Parsons und der systemfunktionalen Ansätze von Buckley und Miller) entwickelte und (im Wege einer vielbeachteten Diskussion mit J. Habermas; Theorie der Gesellschaft oder Sozialtechnologie? [...], 1971) bekannt gemachte S. zur gegenwärtig vorherrschenden Sichtweise der ↑Soziologie aufgestiegen. Sie beeinflußt überdies paradigmenunsichere, z. B. literaturwissenschaftliche oder theologische, Forschungsbemühungen und wird zunehmend auch als gesamtsystematischer philosophischer Entwurf dargestellt und erörtert. Luhmann macht sich dabei eine intuitive Lesart des umgebungs- bzw. umwelthaltigen Systemkonzepts zu eigen und fügt diesem zeitliche Bestimmtheit hinzu. Die Umwelt des Systems ist durch Kontingenz (↑kontingent/Kontingenz) und Komplexität (↑komplex/Komplex) charakterisiert. Die Aufgabe von Systemen (genauer: des Inneren von Systemen) liegt in der Reduktion von Komplexität und der Bewältigung von Kontingenz zur Wahrung des eigenen Bestandes; bedarfsweise findet auch das Input-Output-Verständnis Verwendung. In diesem Rahmen werden überkommene Kategorien wie Ursache – Wirkung, Zweck – Mittel, Ganzes – Teil, Aufbau/Struktur-Ablauf/Prozeß reinterpretiert und Phänomene wie etwa Erkenntnis oder Vertrauen in ihrer systemerhaltenden Funktion betrachtet. Dabei bestimmen (in Aufnahme der in der Biologie von H. R. Maturana und F. Varela vertretenen Konzeptionen) zunehmend autopoietische Systeme (↑Autopoiesis) das Forschungsinteresse. – Das weithin bestätigte heuristische (↑Heuristik) Potential und die hohe Anfangsplausibilität, die dem systemtheoretischen Vokabular Luhmanns Einfluß auch in der Bildungssprache verschafft, sollte nicht darüber hinwegtäuschen, daß der Zustand des Begriffsreservoirs und damit die gebotenen Überprüfungsverfahren auch ›weichen‹ methodologischen Standards nicht genügen.

Literatur: R. L. Ackoff/F. E. Emery, On Purposeful Systems, London, Chicago Ill./New York 1972, mit Untertitel: An Interdisciplinary Analysis of Individual and Social Behavior as a System of Purposeful Events, New Brunswick N. J. 2006 (dt. Zielbewußte Systeme. Anwendung der Systemforschung auf gesellschaftliche Vorgänge, Frankfurt/New York 1975); M. Amstutz/A. Fischer-Lescano (eds.), Kritische S.. Zur Evolution einer normative Theorie, Bielefeld 2013; W. R. Ashby, An Introduction to Cybernetics, London/New York 1956, 1979 (franz. Introduction à la cybernétique, Paris 1958; dt. Einführung in die Kybernetik, Frankfurt 1974, ²1985); ders., Principles of the Self-Organizing System, in: W. Buckley (ed.), Modern Systems Research for the Behavioral Scientist. A Sourcebook, Chicago Ill. 1968, 1977, 108–118; D. Baecker (ed.), Schlüsselwerke der S., Wiesbaden 2005, ²2015; F. Beckenbach, Beschränkte Rationalität und Systemkomplexität. Ein Beitrag zur ökologischen Ökonomie, Marburg 2001; F. Becker (ed.), Geschichte und S.. Exemplarische Fallstudien, Frankfurt/New York 2004; ders./E. Reinhardt-Bekker, S.. Eine Einführung für die Geschichts- und Kulturwissenschaften, Frankfurt/New York 2001; H. de Berg/M. Prangel (eds.), Differenzen. S. zwischen Dekonstruktion und Konstruktivismus, Tübingen/Basel 1995; dies. (eds.), S. und Hermeneutik, Tübingen/Basel 1997; H. de Berg/J. F. K. Schmidt (eds.), Rezeption und Reflexion. Zur Resonanz der S. Niklas Luhmanns außerhalb der Soziologie, Frankfurt 2000; J. E. Bergmann, Die Theorie des sozialen Systems von Talcott Parsons. Eine kritische Analyse, Frankfurt 1967; L. v. Bertalanffy, General Systems Theory, General Systems 1 (1956), 1–10; ders., General System Theory. Foundations, Development, Applications, New York 1968, 2009 (franz. Théorie générale des systèmes, Paris 1973, 2012); I. V. Blaubert/V. N. Sadovsky/E. G. Yudin, Sistemskij podchod. Predposylki, problemy, trudnosti, Moskau 1969 (engl. Systems Theory. Philosophical and Methodological Problems, Moskau 1977); O. F. Bode, Systemtheoretische Überlegungen zum Verhältnis von Wirtschaft und Politik. Luhmanns Autopoiesekonzept und seine exemplarische Anwendung auf Fragen wirtschaftspolitischer Steuerungsmöglichkeiten, Marburg 1999; K. L. Boulding, General Systems Theory. The Skeleton of Science, General Systems 1 (1956), 11–17; B. F. Braumoeller, The Great Powers and the International System. Systemic Theory in Empirical Perspective, Cambridge etc. 2012; R. C. Buck, On the Logic of General Behavior Systems Theory, in: H. Feigl/M. Scriven (eds.), The Foundations of Science and the Concepts of Psychology and Psychoanalysis, Minneapolis Minn. 1956, 1976 (Minnesota Stud. Philos. Sci. I), 223–238; W. Buckley, Sociology and Modern Systems Theory, Englewood Cliffs N. J. 1967; F. Buskotte, Resonanzen für Geschichte. Niklas Luhmanns S. aus geschichtswissenschaftlicher Perspektive, Berlin/Münster 2006; E. R. Caianiello/M. A. Aizerman (eds.), Topics in the General Theory of Structures, Dordrecht/Boston Mass./Lancaster 1987; C. W. Churchman, The Systems Approach, New York 1968, 1979 (dt. Einführung in die Systemanalyse, München 1970, ²1971, unter dem Titel: Systemanalyse, 1974); ders., The Systems Approach and Its Enemies, New York 1979 (dt. Der Systemansatz und seine ›Feinde‹. Grundfragen der sozialen Systemplanung, Bern/Stuttgart 1981); L. Czayka, Systemwissenschaft. Eine kritische Darstellung mit Illustrationsbeispielen aus den Wirtschaftswissenschaften, Pullach b. München 1974; E. Czerwick, Politik als System. Eine Einführung in die S. der Politik, München 2011; A. Daniels/D. Yeates (eds.), Basic Training in System Analysis, London 1969, ²1971 (dt. Grundlagen der Systemanalyse, Köln 1971, ²1974); A. Demirovic (ed.), Komplexität und Emanzipation. Kritische Gesellschaftstheorie und die Herausforderung der S. Niklas Luhmanns, Münster 2001; J. Dieckmann, Schlüsselbegriffe der S., München 2006; D. O. Ellis/F. J. Ludwig, Systems Philosophy, Englewood Cliffs N. J. 1962; F. E. Emery (ed.), Systems Thinking. Selected Readings, Harmondsworth 1969, in 2 Bdn. ²1981; K. Epple, Theorie und Praxis der Systemanalyse. Eine empirische Studie zur Überprüfung der Relevanz und Praktikabilität des Systemansatzes, München 1979; J. M. FitzGerald/A. F. FitzGerald, Fundamentals of Systems Analysis, New York/London/Sydney 1973, mit Untertitel: Using Structured Analysis and Design Techniques, New York ³1987; J. Fohrmann/H. Müller (eds.), S. der Literatur, München 1996; J. W. Forrester, Principles of Systems, Cambridge Mass./London 1968, ²1982, 1999 (dt. Grundzüge einer S.. Ein Lehrbuch, Wiesbaden 1972; franz. Principes des systèmes, Lyon 1980, ³1984); C. Gansel (ed.), Textsorten und S., Göttingen 2008; dies. (ed.), S. in den Fachwissenschaften. Zugänge, Methoden, Probleme, Göttingen 2011; K. Gloy/W. Neuser/P. Reisinger (eds.), S.. Philosophische Betrachtungen ihrer Anwendung, Bonn 1998; A. Göbel, Theoriegenese als Problemgenese. Eine problemgeschichtliche Rekonstruktion der soziologischen S. Niklas Luhmanns, Konstanz 2000; M. T. Greven, S. und Gesellschaftsanalyse. Kritik der Werte und Erkenntnismöglichkeiten in Gesellschaftsmodellen der kybernetischen S., Darmstadt/Neuwied 1974; K. M. Habel, Kommunikative Operationen und technische Konstrukte. Versuch einer systemtheoretischen Beschreibung moderner Technik, Aachen 1996; J. Habermas/N. Luhmann, Theorie der Gesellschaft oder Sozialtechnologie – Was leistet die Systemforschung?, Frankfurt 1971, [10]1990; A. D. Hall/R. E. Fagen, Definition of System, in: W. Buckley (ed.), Modern Systems Research for the Behavioral Scientist. A Sourcebook, Chicago Ill. 1968, 1977, 81–92; F. Halsall, Systems of Art. Art, History and Systems Theory, Oxford etc. 2008; F. Händle/S. Jensen (eds.), S. und Systemtechnik. 16 Aufsätze, München 1974; H.-J. Hohm, Soziale Systeme, Kommunikation, Mensch. Eine Einführung in soziologische S., Weinheim/München 2000, [3]2016; T. Huber, S. des Rechts. Die Rechtstheorie Niklas Luhmanns, Baden-Baden 2007; O. Jahraus/N. Ort (eds.), Theorie – Prozess – Selbstreferenz. S. und transdisziplinäre Theoriebildung, Konstanz 2003; S. Jordan (ed.), Systems Theories and A Priori Aspects of Perception, Amsterdam/New York 1998; R. Kappel/I. Schwarz, Systemforschung 1970 bis 1980. Entwicklungen in der Bundesrepublik Deutschland, Göttingen 1981; M. Klemm, Das Handeln der Systeme. Soziologie jenseits des Schismas von Handlungs- und S., Bielefeld 2010; G. J. Klir, An Approach to General Systems Theory, New York 1969; ders. (ed.), Trends in General Systems Theory, New York 1972; ders. (ed.), Applied General Systems Research. Recent Development and Trends, New York 1977; H. Krauch, Wege und Ziele der Systemforschung, Dortmund 1963; D. J. Krieger, Einführung in die allgemeine S., München 1996, [2]1998; T. Kron (ed.), Luhmann modelliert. Sozionische Ansätze zur Simulation von Kommunikationssystemen, Opladen 2002; R. Kurzrock (ed.), S., Berlin 1972; E. Laszlo, Introduction to Systems Philosophy. Toward a New Paradigm of Contemporary Thought, New York/London/Paris 1972, 1984; ders. (ed.), The Relevance of General Systems Theory. Papers Presented to Ludwig von Bertalanffy on His 70th Birthday, New York 1972; ders. (ed.), The World System. Models, Norms, Applications, New York 1973; M. Lehmann/M. Heidingsfelder/O. Maaß (eds.), Umschrift. Grenzgänge der S., Weilerswist 2015; H. Lenk, Wissenschaftstheoretische und philosophische Bemerkungen zur S., in: ders., Pragmatische Philosophie. Plädoyers und Beispiele für eine praxisnahe Philosophie und Wissenschaftstheorie, Hamburg 1975, 247–267; ders., S., Hb. wiss.theoret. Begr. III (1980), 615–621; ders./G. Ropohl (eds.), S. als Wissenschaftsprogramm, Königstein 1978; O. Lepsius, Steuerungsdiskussion, S. und Parlamentarismuskritik, Tübingen 1999; N. Luhmann, Moderne S.n als Form gesamtgesellschaftlicher Analyse, in: J. Habermas/N. Luhmann, Theorie der Gesellschaft oder Sozialtechnologie [s. o.], 7–24; ders., Systemtheoretische Argumentationen. Eine Entgegnung auf Jürgen Habermas, in: J. Habermas/N. Luhmann, Theorie der Gesellschaft oder Sozialtechnologie [s. o.], 291–405; ders., Soziale Systeme. Grundriß einer allgemeinen Theorie, Frankfurt 1984, Berlin 2013; ders., Die Wirtschaft der Gesellschaft als autopoietisches System, Z. Soz. 13 (1984), 308–327; F. Maciejewski/K. Eder (eds.), Theorie der Gesellschaft oder Sozialtechnologie. Beiträge zur Habermas-Luhmann-Diskussion, Frankfurt 1973, 1975; ders./W. D. Narr, Theorie der Gesellschaft oder Sozialtechnologie. Neue Beiträge zur Habermas-Luhmann-Diskussion, Frankfurt 1974; J. H. Marchal, On the Concept of a System, Philos. Sci. 42 (1975), 448–468; P.-U. Merz-Benz/G. Wagner (eds.), Die Logik der Systeme. Zur Kritik der systemtheoretischen Soziologie Niklas Luhmanns, Konstanz 2000, 2008; J. G. Miller, Living Systems. Basic Concepts, Behavioral Sci. 10 (1965), 193–237; ders., Living Systems. Cross-Level Hypotheses, Behavioral Sci. 10 (1965), 380–411; ders., Living Systems. Structure and Process, Behavioral Sci. 10 (1965), 337–379; K. Müller, Allgemeine S.. Geschichte, Methodologie und sozialwissenschaftliche Heuristik eines Wissenschaftsprogramms, Opladen 1996; R. Münch, Theorie sozialer Systeme. Eine Einführung in Grundbegriffe, Grundannahmen und logische Struktur, Opladen 1976; J. v. Neumann, The Computer and the Brain, New Haven Conn. 1958, 2012 (dt. Die Rechenmaschine und das Gehirn, München 1960, [6]1991); ders./O. Morgenstern, Theory of Games and Economic Behavior, New York 1944, [3]1967, Princeton N. J. 2007 (dt. Spieltheorie und wirtschaftliches Verhalten, Würzburg 1961, [3]1973); G. Nicolis/I. Prigogine, Self-Organization in Nonequilibrium Systems. From Dissipative Structures to Order Through Fluctuations, New York 1977; O.-P. Obermeier, Zweck – Funktion – System. Kritisch konstruktive Untersuchung zu Niklas Luhmanns Theoriekonzeptionen, Freiburg/München 1988; T. Parsons, The Social System, New York 1951, London [2]1991, London/New York 2001 (dt. Zur Theorie sozialer Systeme, Opladen, Wiesbaden 1976); R. Pfeiffer, Philosophie und S.. Die Architektonik der Luhmannschen Theorie, Wiesbaden 1998; F. Pichler, Mathematische S.. Dynamische Konstruktionen, Berlin/New York 1975; R. Prewo/J. Ritsert/E. Stracke, Systemtheoretische Ansätze in der Soziologie. Eine kritische Analyse, Reinbek b. Hamburg 1973; G. Preyer/G. Peter/A. Ulfig (eds.), Protosoziologie im Kontext. ›Lebenswelt‹ und ›System‹ in Philosophie und Soziologie, Würzburg 1996; M. Ramage/K. Shipp (eds.), Systems Thinkers, London 2009; A. Rapoport, The Uses of Mathematical Isomorphism in General System Theory, in: G. J. Klir (ed.), Trends in General Systems Theory [s. o.], 42–77; ders., Der ›Systemic Approach‹ – eine pragmatische Bewegung, in: H. Stachowiak (ed.), Pragmatik. Handbuch pragmatischen Denkens II, Hamburg 1987, Darmstadt 1997, 359–390; W. Rasch/C. Wolfe (eds.), Observing Complexity. Systems Theory and Postmodernity, Minneapolis Minn./London 2000; I. Rennert/B. Bundschuh, Signale und Systeme. Einführung in die S., München 2013; G. Ropohl (ed.), Systemtechnik. Grundlagen und Anwendung, München/Wien 1975; ders., Einführung in die allgemeine S., in: H. Lenk/ders. (eds.), S. als Wissenschaftsprogramm [s. o.], 9–49; ders., Eine S. der Technik. Zur Grundlegung der allgemeinen Technologie, München 1979, unter dem Titel: Allgemeine Technologie. Eine S. der Technik, Karlsruhe [3]2009; R. Rosen, Dynamical System Theory in Biology I (Stability Theory and Its Applications), New York 1970; G. Runkel/G. Burkart (eds.), Funktionssysteme der Gesellschaft. Beiträge zur S. von Niklas Luhmann, Wiesbaden 2005; A. Ryan/J. Bohman, Systems Theory in Social Science, REP IX (1998), 253–256; V. N. Sadovsky, Probleme einer allgemeinen S. als einer Metatheorie, Ratio 16 (1974), 29–45; A. Scherr (ed.), S. und Differenzierungstheorie als Kritik. Perspektiven in Anschluss an Niklas Luhmann, Weinheim/Basel 2015; A. Scholl (ed.), S. und Konstruktivismus in der Kommunikationswissenschaft, Konstanz 2002; H. Schwarz, Einführung in die moderne S., Braunschweig 1969; O. Schwemmer, Handlung und Struktur. Zur Wissenschaftstheorie der Kulturwissenschaften, Frankfurt 1987; T. Schwinn, Max Weber und die S.. Studien zu einer handlungstheoretischen Makrosoziologie, Tübingen 2013; T. A. Sebeok/M. Danesi, The Forms of Meaning. Modeling Systems Theory and Semiotic Analysis, Berlin/New York 2000; F. B. Simon, Einführung in S. und Konstruktivismus, Heidelberg 2006, [7]2015; K. Steinbacher u. a., System/S., EP III ([2]2010), 2668–2697; T. Sutter, Interaktionistischer Konstruktivismus. Zur S. der Sozialisation, Wiesbaden 2009; M. Toda/E. H. Shuford Jr., Logic of Systems.

Introduction to a Formal Theory of Structure, General Systems 10 (1965), 3–27; W. Vogd, S. und rekonstruktive Sozialforschung. Eine empirische Versöhnung unterschiedlicher theoretischer Perspektiven, Opladen 2005, mit Untertitel: Eine Brücke, Opladen/Farmington Hills Mich. 2011; R. Vogt, Die Systemwissenschaften. Grundlagen und wissenschaftstheoretische Einordnung, Frankfurt 1983; A. Weber, Subjektlos. Zur Kritik der S., Konstanz 2005; N. Wiener, Cybernetics or Control and Communication in the Animal and the Machine, Cambridge Mass. 1948, ²1961, 2007 (dt. Kybernetik. Regelung und Nachrichtenübertragung im Lebewesen und in der Maschine, Düsseldorf/Wien 1963, 1992); W. Wieser, Organismen, Strukturen, Maschinen. Zu einer Lehre vom Organismus, Frankfurt 1959; H. Willke, S.. Eine Einführung in die Grundprobleme der Theorie sozialer Systeme, Stuttgart/Jena 1982, Stuttgart ⁷2006; I. Wittenbecher, Verstehen ohne zu verstehen. Soziologische S. und Hermeneutik in vergleichender Differenz, Wiesbaden 1999; A. J. Wohlstetter, Systems Analysis versus Systems Design, Santa Monica Calif. 1958; O. R. Young, A Survey of General Systems Theory, General Systems 9 (1964), 61–80; ders., Systems of Political Science, Englewood Cliffs N. J. 1968; M. Zeleny (ed.), Autopoiesis. A Theory of Living Organization, New York/Oxford 1981.   G. Si.

Szientismus

Szientismus (engl. scientism, franz. scientisme), im weiteren Rahmen einer ↑Wissenschaftskritik kritische Bezeichnung für ein reduktionistisches (↑Reduktionismus) Programm, in dem eine universelle Erklärungskompetenz der Wissenschaften vertreten wird (↑Verwissenschaftlichung) und die Ideale und Begründungsverfahren (↑Begründung) der exakten Wissenschaften, speziell der (empirischen) Naturwissenschaften, auf die Theoriebildung in den Geistes- und Sozialwissenschaften übertragen werden sollen. Als eine Spielart des S. kann darüber hinaus auch die Ausweitung wissenschaftlicher Erklärungsansprüche auf Verhältnisse der Alltagswelt gelten. Ein Beispiel ist der von P. M. Churchland (1981) und P. S. Churchland vertretene Eliminative Materialismus (↑Materialismus, eliminativer), der eine Überwindung des intentional (↑Intentionalität) geprägten traditionellen Zugangs zur Beschreibung psychischer Zustände anstrebt und entsprechend den Bezug auf Überzeugungen und Ziele bestimmten Inhalts durch eine neurophysiologische Begrifflichkeit ersetzen will. Dabei handelt es sich um eine Variante der ›szientistischen Kolonialisierung der Lebenswelt‹ (J. Habermas).

Der methodisch unzulässigen Identifikation empirisch-quantitativer Verfahren mit wissenschaftlichem Vorgehen überhaupt entspricht der Versuch, (wissenschaftliche) ↑Rationalität und Normativität (↑normativ) gegeneinander zu isolieren (↑Wertfreiheit, ↑Wertfreiheitsprinzip, ↑Werturteilsstreit). Gegen den vor allem im Rahmen des ↑Neopositivismus vertretenen S. wenden sich die Kritische Theorie (↑Theorie, kritische, ↑Frankfurter Schule) mit einer Kritik eingeschränkter Rationalitätsverständnisse und die Konstruktive Wissenschaftstheorie (↑Wissenschaftstheorie, konstruktive, ↑Erlanger Schule) mit dem Aufbau methodischer und normativer Wissenschaftskonstruktionen.

Ein älterer philosophischer Sprachgebrauch verwendet den Terminus ›szientifisch‹ im Sinne von ›systematisch‹ bzw. ›systematisch begründet‹. I. Kant unterscheidet in dieser Weise zwischen einer ›szientifischen‹ und einer ›naturalistischen‹ Methode (›gemeine Vernunft ohne Wissenschaft‹, KrV B 883–884). E. Husserl bezeichnet den S. als ↑›Naturalismus‹ (Philosophie als strenge Wissenschaft, Logos 1 [1910/1911], 289–341).

Literatur: T. W. Adorno u. a., Der Positivismusstreit in der deutschen Soziologie, Neuwied/Berlin 1969, Darmstadt ¹⁴1991, München 1993; M. D. Aeschliman, The Restitution of Man. C. S. Lewis and the Case against Scientism, Grand Rapids Mich./Cambridge 1998; H. Albert, Traktat über kritische Vernunft, Tübingen 1968, ⁵1991 (engl. Treatise on Critical Reason, Princeton N. J. 1985); K.-O. Apel, S. oder transzendentale Hermeneutik? Zur Frage nach dem Subjekt der Zeicheninterpretation in der Semiotik des Pragmatismus, in: R. Bubner/K. Cramer/R. Wiehl (eds.), Hermeneutik und Dialektik I, Tübingen 1970, 105–144, Neudr. in: ders., Transformation der Philosophie II, Frankfurt 1973, ⁶1999, 178–219 (engl. Scientism or Transcendental Hermeneutics? On the Question of the Interpretation of Signs in the Semiotics of Pragmatism, in: ders., Towards a Transformation of Philosophy, London etc. 1980, Milwaukee Wis. 1998, 93–135); R. C. Bannister, Sociology and Scientism. The American Quest for Objectivity 1880–1940, Chapel Hill N. C./London 1987; J. Bleicher, The Hermeneutic Imagination. Outline of a Positive Critique of Scientism and Sociology, London etc. 1982, London/New York 2015; I. Cameron/D. O. Edge, Scientific Images and Their Social Uses. An Introduction to the Concept of Scientism, London/Boston Mass. 1979; J.-P. Charrier, Scientisme et Occident. Essais d'épistémologie critique, Paris 2011; P. M. Churchland, Eliminative Materialism and the Propositional Attitudes, J. Philos. 78 (1981), 67–90; C. Demmerling, S., Hist. Wb. Ph. X (1998), 872–876; G. Gasser (ed.), How Successful Is Naturalism?, Frankfurt etc. 2007; J. Habermas, Analytische Wissenschaftstheorie und Dialektik. Ein Nachtrag zur Kontroverse zwischen Popper und Adorno, in: M. Horkheimer (ed.), Zeugnisse. Theodor W. Adorno zum 60. Geburtstag, Frankfurt 1963, 473–501; F. A. Hayek, The Counter-Revolution of Science. Studies on the Abuse of Reason, Glencoe Ill. 1952, Indianapolis Ind. 1979; E. J. Hyslop-Margison/M. A. Naseem, Scientism and Education. Empirical Research as Neo-Liberal Ideology, Dordrecht 2007; R. Inhetveen, S., Hb. wiss.theoret. Begr. III (1980), 621–622; P. Janich/F. Kambartel/J. Mittelstraß, Wissenschaftstheorie als Wissenschaftskritik, Frankfurt 1974; H. Lenk, Pragmatische Philosophie. Plädoyers und Beispiele für eine praxisnahe Philosophie und Wissenschaftstheorie, Hamburg 1975, Stuttgart 1979, 56–60; ders., S., in: H. Seiffert/G. Radnitzky (eds.), Handlexikon zur Wissenschaftstheorie, München 1989, ²1994, 352–358; P. Lorenzen, S. versus Dialektik, in: R. Bubner/K. Cramer/R. Wiehl (eds.), Hermeneutik und Dialektik I [s. o.], 57–72, Neudr. in: M. Riedel (ed.), Rehabilitierung der praktischen Philosophie II, Freiburg 1974, 335–351, ferner in: F. Kambartel (ed.), Praktische Philosophie und konstruktive Wissenschaftstheorie, Frankfurt 1974, 1979, 34–53; ders./O. Schwemmer, Konstruktive Logik, Ethik und Wissenschaftstheorie, Mannheim/Wien/Zürich 1973, ²1975; J. Margolis, The Unraveling of Scientism. American Philosophy at the End of the Twentieth Century, Ithaca N. Y./London 2003; J. Mittelstraß, Die Möglichkeit von Wissenschaft, Frankfurt 1974;

F. A. Olafson, Naturalism and the Human Condition. Against Scientism, London/New York 2001; R. G. Olson, Science and Scientism in Nineteenth-Century Europe, Urbana Ill./Chicago Ill. 2008; ders., Scientism and Technocracy in the Twentieth Century. The Legacy of Scientific Management, Lanham Md. etc. 2016; M. Ryder, Scientism, in: C. Mitcham (ed.), Encyclopedia of Science, Technology and Ethics IV, Detroit Mich. etc. 2005, 1735–1736; T. Schmidt-Lux, Wissenschaft als Religion. S. im ostdeutschen Säkularisierungsprozess, Würzburg 2008; H. Schoeck/ J. W. Wiggins (eds.), Scientism and Values, Princeton N. J. etc. 1960, New York 1972; T. Sorell, Scientism. Philosophy and the Infatuation with Science, London/New York 1991, 1994; P. Stekeler-Weithofer, Handlung, Sprache und Bewußtsein. Zum ›S.‹ in Sprach- und Erkenntnistheorien, Dialectica 41 (1987), 255–272; R. N. Williams/D. N. Robinson (eds.), Scientism. The New Orthodoxy, London etc. 2015; E. O. Wilson, Consilience. The Unity of Knowledge, New York 1998; P. Ziche, Wissenschaftslandschaften um 1900. Philosophie, die Wissenschaften und der nichtreduktive S., Zürich 2008.   J. M.

T

Tableau, logisches, Terminus für ein von E. W. Beth unter der Bezeichnung ›semantisches Tableau‹ eingeführtes Analogon zu einer ↑Sequenz im Sinne von G. Gentzen, wobei der Ableitbarkeit (↑ableitbar/Ableitbarkeit) einer ↑Sequenz $A_1, ..., A_m \parallel B_1, ..., B_n$ in einem ↑Sequenzenkalkül, liest man die Ableitungsschritte in umgekehrter Richtung, die Entwickelbarkeit eines l.n T.s

$$A_1 \parallel B_1$$
$$\vdots \quad \vdots$$
$$A_m \parallel B_n.$$

in sämtlich geschlossene Zweige eines als ›Baumkalkül‹ auftretenden Beth-Kalküls entspricht. Die Entwicklungsregeln erzeugen aus jedem l.n T. weitere, in die das vorangegangene eingebettet auftritt. Dabei entspricht den Sequenzenkalkül-Regeln mit zwei ↑Prämissen die Aufspaltung des l.n T.s in zwei Zweige (›Subtableaus‹) und den Anfangssequenzen des Sequenzenkalküls ein (in diesem Zweig) ›geschlossenes‹ l. T.. Hier wird auch der gesamte ›Baum‹ oft als l. T. (im weiteren Sinne) bezeichnet. Genau dann, wenn die Entwicklung eines l.n T.s $\mathfrak{T}$ in allen Zweigen zu einem geschlossenen Tableau führt, ist $\mathfrak{T}$, und damit die ↑Implikation $A_1 \wedge ... \wedge A_m \prec B_1 \vee ... \vee B_n$, (logisch) gültig. Z. B. spiegelt sich die folgende, nach den Regeln des dem Kalkül $I_{klass.}$ (↑Quantorenlogik) entsprechenden Sequenzenkalküls hergestellte Ableitung von $a \rightarrow (b \rightarrow c) \parallel (a \rightarrow b) \rightarrow (a \rightarrow c)$:

1    $a \rightarrow (b \rightarrow c), a \rightarrow b, a, b \rightarrow c, b, c \parallel$
       $c, a \rightarrow c, (a \rightarrow b) \rightarrow (a \rightarrow c)$

2    $a \rightarrow (b \rightarrow c), a \rightarrow b, a, b \rightarrow c, b \parallel$
       $b, c, a \rightarrow c, (a \rightarrow b) \rightarrow (a \rightarrow c)$

3    $a \rightarrow (b \rightarrow c), a \rightarrow b, a, b \rightarrow c, b \parallel$
       $c, a \rightarrow c, (a \rightarrow b) \rightarrow (a \rightarrow c)$ (1, 2)

4    $a \rightarrow (b \rightarrow c), a \rightarrow b, a, b \rightarrow c \parallel$
       $a, c, a \rightarrow c, (a \rightarrow b) \rightarrow (a \rightarrow c)$

5    $a \rightarrow (b \rightarrow c), a \rightarrow b, a, b \rightarrow c \parallel$
       $c, a \rightarrow c, (a \rightarrow b) \rightarrow (a \rightarrow c)$ (3, 4)

6    $a \rightarrow (b \rightarrow c), a \rightarrow b, a \parallel$
       $a, c, a \rightarrow c, (a \rightarrow b) \rightarrow (a \rightarrow c)$

7    $a \rightarrow (b \rightarrow c), a \rightarrow b, a \parallel$
       $c, a \rightarrow c, (a \rightarrow b) \rightarrow (a \rightarrow c)$ (5, 6)

8    $a \rightarrow (b \rightarrow c), a \rightarrow b \parallel$
       $a \rightarrow c, (a \rightarrow b) \rightarrow (a \rightarrow c)$ (7)

9    $a \rightarrow (b \rightarrow c) \parallel (a \rightarrow b) \rightarrow (a \rightarrow c)$ (8)

in der Tableauentwicklung

$$a \rightarrow (b \rightarrow c) \parallel (a \rightarrow b) \rightarrow (a \rightarrow c)$$
$$a \rightarrow b \parallel a \rightarrow c$$
$$a \parallel c$$

$$\parallel a \qquad\qquad b \rightarrow c \parallel$$

$$\parallel a \qquad\qquad b \parallel$$

$$\parallel b \qquad\qquad c \parallel$$

In der 4. Zeile entstehen zwei Zweige: Im linken Zweig steht a (aus $a \rightarrow (b \rightarrow c)$) in der rechten Spalte, im rechten Zweig steht $b \rightarrow c$ (ebenfalls aus $a \rightarrow (b \rightarrow c)$) in der linken Spalte. Die linke und die rechte Spalte oberhalb einer Verzweigung gehören jeweils zu beiden Zweigen; entsprechend die zu insgesamt vier Zweigen – jeder Zweig ein l. T. – führenden Aufspaltungen in der 5. und 6. Zeile. Alle vier Zweige sind geschlossen, weil es jeweils eine ↑Formel gibt, die sich sowohl in der linken als auch in der rechten Spalte befindet: Es handelt sich (die Zweige von links nach rechts gelesen) um a, a, b und c.

Man kann die Tableauentwicklung von $A \parallel B$ (allgemeiner: von $A_1, ..., A_m \parallel B_1, ..., B_n$) auch als Versuch auffassen, die Annahme der Ungültigkeit der (logischen) Implikation $A \prec B$ (bzw. von $A_1 \wedge ... \wedge A_m \prec B_1 \vee ... \vee B_n$) zu widerlegen, wobei ein Fehlschlag dieses Versuchs auf dem Aufweis eines $A \prec B$ falsifizierenden Beispiels mit wahrer Aussage anstelle von A und falscher

Aussage anstelle von B beruht (was zugleich der Grund für die Charakterisierung der l.n T.s als ›semantisch‹ gewesen ist). Im Falle der klassischen ↑Junktorenlogik etwa müßte eine ↑Belegung der Primformeln (eigentlich: Primaussagesymbole) aus A und B existieren, durch die A (bzw. sämtliche $A_1, \ldots, A_m$) wahr und B (bzw. sämtliche $B_1, \ldots, B_n$) falsch würden. Die Entwicklungsschritte sind nichts anderes als Anwendungen der ↑Wahrheitstafeln in umgekehrter Richtung: von logisch zusammengesetzten Formeln zu ihren Teilformeln. Wird zu diesem Zweck die Anordnung der Formeln eines l.n T.s in zwei Spalten durch die Indizierung mit ›W‹ bzw. ›F‹ ersetzt, so spricht man von einem ›analytischen‹ Tableau und die Entwicklungsschritte – Hinzufügung von Formeln im selben Zweig oder in zwei verschiedenen Zweigen – folgen den Regeln

$$\frac{(\neg A)_W}{A_F} \quad \frac{(\neg A)_F}{A_W} \quad \frac{(A \wedge B)_W}{\begin{array}{c}A_W\\B_W\end{array}} \quad \frac{(A \wedge B)_F}{A_F \mid B_F}$$

$$\frac{(A \vee B)_W}{A_W \mid B_W} \quad \frac{(A \vee B)_F}{\begin{array}{c}A_F\\B_F\end{array}} \quad \frac{(A \to B)_W}{A_F \mid B_W} \quad \frac{(A \to B)_F}{\begin{array}{c}A_W\\B_F\end{array}},$$

(dabei steht ›$\Phi \mid \Psi$‹ unter dem Regelstrich für eine Aufspaltung des Tableaus in einen Zweig mit Φ und einen mit Ψ) im Beispiel also:

$$(a \to (b \to c))_W$$
$$((a \to b) \to (a \to c))_F$$
$$(a \to b)_W$$
$$(a \to c)_F$$
$$a_W$$
$$c_F$$

```
                  c_F
                 /    \
              a_F      (b → c)_W
                      /        \
                   a_F          b_W
                              /     \
                           b_F       c_W
```

Da in jedem der vier Zweige eine Formel mit beiden Indizes auftritt, kann es keine falsifizierende Belegung der Anfangsformel geben: Die Tableauentwicklung von $((a \to (b \to c)) \to ((a \to b) \to (a \to c)))_F$ führt zu einem überall geschlossenen l.n T..

Das Verfahren der Entwicklung eines l.n T.s läßt sich auf die Quantorenlogik übertragen, und zwar analog den Sequenzenkalkülen sowohl mit klassischen als auch mit intuitionistischen Tableaus; ebenso in Umkehrung mo-

dallogischer Sequenzenkalküle auf die zugehörigen Systeme der ↑Modallogik.

Legt man den dialogischen Aufbau der formalen Logik zugrunde (↑Logik, dialogische), so sind Tableauentwicklungen nichts anderes als Verfahren, formale ↑Gewinnstrategien für eine Anfangsaussage so zu charakterisieren, daß man zur Anfangsspielstellung – für den Fall, daß sie eine (formale) Gewinnstellung des ↑Proponenten ist – schrittweise diejenigen nach den Dialogregeln sich ergebenden späteren Spielstellungen bestimmt, die dann ebenfalls (formale) Gewinnstellungen des Proponenten sein müssen. Tableauentwicklungen für $A \parallel B$ stellen sich bei klassischen bzw. intuitionistischen (↑Logik, intuitionistische) Tableaus als Entwicklungen von formalen Gewinnstrategien für die ↑Subjunktion $A \to B$ nach den Regeln des klassischen bzw. des effektiven Dialogspiels dar. Ihr eigentümlich zwischen ↑Syntax und ↑Semantik schwankender Charakter erweist sich so als Folge einer pragmatischen Basis auch der formalen Logik (↑Logik, formale). Allerdings ist sorgfältig darauf zu achten, daß die Entwicklung der *Partie* eines (formalen) Dialogspiels *um* eine Aussage A nicht verwechselt wird mit der Entwicklung des l.n T.s von A, das dem Nachweis der Existenz einer (formalen) *Gewinnstrategie für* A dient.

Literatur: E. W. Beth, Semantic Entailment and Formal Derivability, in: Mededelingen van de Koninklijke Nederlandse Akademie van Wetenschappen, Afdeling Letterkunde N. R. 18 (1955), 309–342; ders., The Foundations of Mathematics. A Study in the Philosophy of Science, Amsterdam 1959, rev. ^{2}1965, 1968; J. J. Hintikka, Form and Content in Quantification Theory, Acta Philos. Fennica 8 (1955), 7–55; P. Lorenzen/K. Lorenz, Dialogische Logik, Darmstadt 1978; R. M. Smullyan, First-Order Logic, Berlin etc. 1968, New York 1995; J. J. Zeman, Modal Logic. The Lewis-Modal Systems, Oxford 1973. K. L.

tabula logica (lat., logische Tafel), mittelalterlich-scholastische (↑Scholastik) Bezeichnung für graphische Übersichten, die (besonders für Zwecke des Logikunterrichts) logische Strukturen und Beziehungen veranschaulichen sollen. Der Gebrauch solcher dihairetischer (↑Dihairesis) oder auf andere Weise synoptischer Tabellen wurde vor allem durch die topische Logik und Rhetorik des P. Ramus verbreitet, für den es zu jeder Disziplin (↑ars) eine Methode der Anordnung ihres in Form von ›argumenta‹ gegebenen Wissensbestandes gibt, der nicht nur für didaktische und andere praktische Zwecke nützlich, sondern auch objektiv begründet, nämlich im Geiste Gottes vorgezeichnet ist: »artes (...) tanquam tabulae sint & imagines« (Aristotelicae animadversiones, Paris 1543 [repr. Stuttgart-Bad Cannstatt 1964], fol. 4^r).

Im weiteren Sinne heißt ›t. l.‹ jede derartige Übersicht (z. B. schon bei G. Zabarella [Tabulae Logicae (...)], Padua 1580, 1583, ferner als: [Opus] 12, in: ders., Opera Logica (...), Basel 1594, Köln ^{3}1597, 97–174 (separate

Paginierung) (repr., ed. W. Risse, Hildesheim 1966)] oder bei H. Wedemanus [Tabulae Logicae [...], Hamburg 1627, 1634]), im engeren Sinne die Darstellung der Über- und Unterordnungsverhältnisse von Begriffen in einer ›tabula praedicamentalis‹ (↑Prädikament), wobei meist nur die Begriffspyramide mit der ↑Kategorie der ↑Substanz an der Spitze und Individuen bzw. ↑Individualbegriffen an der Basis dargestellt wird. In diesem Sinne verwendete den Ausdruck ›t. l.‹ mit Vorliebe C. Prantl in seiner »Geschichte der Logik im Abendlande« (I 1855), die vermutlich späteren Verwendungen des Ausdrucks (z. B. bei J. E. Heyde 1973) als Quelle diente. Herkunft und Geschichte der Bezeichnung ›t. l.‹ scheinen bisher nicht untersucht worden zu sein; die derzeit bekannten Belege rechtfertigen nicht, ihm den Status eines logischen oder logikhistorischen Terminus beizumessen.

Weitere Werke: J. W. Feuerlein, Cursus philosophiae eclecticae [...], Altdorf, Nürnberg 1727; J. Haberland, Tabulae Logicae, Praecepta & Regulas Logicas ex systemate Johannis Kirchmanni Breviter continentes, & oculis subjicientes [...], Jena 1664; G. Ludovici, Tabulae logicae, quae pro Ill. Gymnasii [...] prodierunt, Schleusingen 1699; J. Stier, Praecepta logicae peripateticae. Ex Aristotele, alijsque probatis auctoribus collecta, & adjuvandae memoriae causa tabulis synopticis inclusa, o.O. [Erfurt] 1629, ²1632, Jena/Erfurt ⁸1657; C. Valerius, Tabulae totius dialectices [...], Louvain 1551, unter dem Titel: Tabulae, quibus totius dialecticae praecepta maxime ad usum disserendi necessaria breviter & summatim exponuntur, Antwerpen 1571, mit Originaltitel, Köln 1596.

Literatur: J. E. Heyde, Die Unlogik „der sogenannten Begriffspyramide, Frankfurt 1973; K. J. Höltgen, Synoptische Tabellen in der medizinischen Literatur und die Logik Agricolas und Ramus', Sudh. Arch. 49 (1965), 371–390; C. Prantl, Geschichte der Logik im Abendlande, I–IV, Leipzig 1855–1870 (repr., I–IV in 2 Bdn., Leipzig 1927, I–IV in 3 Bdn., Graz, Darmstadt 1955, Hildesheim 1997, Bristol 2001). C. T.

tabula rasa (lat., ›abgeschabte‹, unbeschriebene Tafel; griech. πίναξ ἄγραφος), in der Antike Bezeichnung für eine wachsüberzogene Schreibtafel ohne Schriftzüge, in der philosophischen Tradition Metapher für den Zustand der ↑Seele vor der Gewinnung von (äußeren) Eindrücken und der Entwicklung von (inneren) Vorstellungen. Bereits bei Aischylos (Prom. 789) findet sich die Wendung eines ›Eingrabens‹ der Erlebnisse in die ›Tafeln der Sinne‹. In philosophischen Zusammenhängen tritt die Metapher bei Platon (Theait. 190e–192d, Phileb. 39a) und Aristoteles (de an. Γ4.430a1) auf, später dann wieder in der ↑Stoa. Bei J. Locke (An Essay Concerning Human Understanding II 1 § 2; vgl. II 1 § 15, II 11 § 17) und im ↑Sensualismus verbindet sich mit ihr die gegen die Annahme angeborener Ideen (↑Idee, angeborene) gerichtete These einer begriffsfreien (unterscheidungsfreien) Basis der Erkenntnis in der (allein durch die Sinne vermittelten) ↑Erfahrung (Grundformel: ↑nihil est

in intellectu quod non prius fuerit in sensu). Die Metaphorik wird erkenntnistheoretisch zum ersten Mal aufgelöst in der von G. W. Leibniz, gegen Locke, explizierten Unterscheidung zwischen Erkenntnis mit apriorischer (↑a priori) Geltung (↑Vernunftwahrheit) und Erkenntnis mit aposteriorischer Geltung (↑Tatsachenwahrheit) (Nouv. essais, Pref. [Akad.-Ausg. 6.6, 48ff.]). In der neueren Entwicklung wenden sich gegen die t.-r.-Auffassung z. B. sowohl moderne Wahrnehmungstheorien (↑Wahrnehmung) als auch, auf diese bezogen, die These der ↑Theoriebeladenheit der Beobachtung in der ↑Wissenschaftstheorie.   J. M.

Taine, Hippolyte-Adolphe, *Vouziers (Ardennes) 21. April 1828, †Paris 5. März 1893, franz. Kunsttheoretiker, Literarhistoriker und Philosoph. 1848–1851 Studium der Philosophie an der École normale supérieure, 1851 für einige Monate Lehrer für Philosophie und Rhetorik in Nevers und Poitiers (nachdem T. wegen seiner unorthodoxen philosophischen Ansichten die agrégation für Philosophie nicht hatte erwerben können). 1852 Rückkehr nach Paris und Ausarbeitung zweier Dissertationen. 1853 Gewinn des Preises der Académie Française (mit einem Essay über Titus Livius). Nach Reisen durch England, Italien, Deutschland und die Niederlande 1864–1883 Prof. der Ästhetik und Kunstgeschichte an der École des Beaux Arts in Paris. – T. war einer der führenden Positivisten Frankreichs und der Begründer des literarhistorischen Positivismus (↑Positivismus (historisch)). Unter dem Eindruck des von ihm kritisierten ↑Idealismus Hegelscher Prägung entwickelt er seine positivistische Konzeption zu einem umfassenden ↑Determinismus fort. In seinem Hauptwerk »De l'intelligence« (1870) formuliert T. in Abgrenzung von spekulativen (↑spekulativ/Spekulation) und introspektiven (↑Introspektion) Methoden eine empirische ↑Psychologie. Dabei vertritt er die These, daß geistige und physische Erscheinungen nur zwei Seiten desselben Prozesses sind, zwei Übersetzungen des gleichen Textes (›Doppelaspektlehre‹). Daher kann jedes soziale Ereignis, z. B. die Literatur, aber auch die gesamte ↑Kultur als ein Ergebnis des Zusammenspiels von Rasse, Milieu und historischer Situation (persönliche Konditionierung durch politische, historische, geographische Umstände) erklärt werden. Im Gegenzug zu diesem mechanistischen Determinismus sieht T. den Menschen als eine durch Stimmungen, Halluzinationen und Illusionen geleitete Maschine an, die im wesentlichen unvernünftig entscheidet. Daher ist das geistige und soziale Gleichgewicht eher ein glücklicher Zufall als das Ergebnis einer gezielten Steuerung. In der Konzeption des ↑Genies weicht T. von seinem Determinismus ab, indem er diesem neben der Beeinflussung durch Rasse, Situation und Milieu eine außerordentliche Befähigung (*faculté maî-*

tresse) zuerkennt. Erkenntnistheoretisch vertritt T. einen in seiner Auseinandersetzung mit A. Comte und J. S. Mill entwickelten ↑Nominalismus.

Werke: De personis platonicis, Diss. Paris 1853; Voyage aux eaux des Pyrénées, Paris 1855, unter dem Titel: Voyage aux Pyrénées, 1858, 2010 (repr. Genf 1979) (engl. A Tour through the Pyrenees, New York 1874; dt. Eine Reise in den Pyrenäen, Stuttgart 1878); Essai sur Tite Live, Paris 1856, 1994; Les philosophes français du XIXᵉ siècle, Paris 1857 (repr. Paris 2009), gekürzt Paris 1967; Essais de critique et d'histoire, Paris 1858, 1929; La Fontaine et ses fables, Paris 1860, Lausanne 1970; Histoire de la littérature anglaise, I–IV, Paris 1863–1864, I–V, ²1866–1869, 1921 (engl. History of English Literature, I–II, London 1871, I–IV, New York 1965; dt. Geschichte der englischen Literatur, I–III, Leipzig 1878–1880); Le positivisme anglais. Étude sur Stuart Mill, Paris 1864 (repr. Bristol 1990), ²1878; Nouveaux essais de critique et d'histoire, Paris 1865, ¹⁴1930; Philosophie de l'art, Paris 1865, 1985 (engl. The Philosophy of Art, London 1865, New York ²1873; dt. Philosophie der Kunst, Paris 1866, Berlin 1987); De l'idéal dans l'art, Paris 1867, ²1879; De l'intelligence, I–II, Paris 1870 (repr. 2005), 1948 (engl. On Intelligence, London 1871 [repr. Bristol 1998], I–II, New York 1884; dt. Der Verstand, I–II, Bonn 1880); Notes sur l'Angleterre, Paris 1872 (repr. 2009), 1923 (engl. Notes on England, London 1872, 1995; dt. Aufzeichnungen über England, Jena/Leipzig 1906); Les origines de la France contemporaine, I–VI, Paris 1875–1893, in 1 Bd., 2011 (dt. Die Entstehung des modernen Frankreich, I–III, Leipzig 1875–1893, gekürzt, in 1 Bd., mit Untertitel: Revolution und Kaiserreich, ed. H. E. Friedrich, Berlin/Frankfurt 1954, Warendorf 2004; engl. The Origins of Contemporary France, I–VI, New York 1876–1894, 1931, in 1 Bd., ed. E. T. Gargan, Chicago Ill. 1974 [Auszüge]); Derniers essais de critique et d'histoire, Paris 1894, ⁷1929. – H. T.. Sa vie et sa correspondance, I–IV, Paris 1902–1907, 1914 (dt. H. T.. Sein Leben in Briefen, I–II, ed. G. v. Mendelssohn-Bartholdy, Berlin 1911).

Literatur: A. Aulard, T.. Historien de la révolution française, Paris 1907, ²1908; G. Barzellotti, Ippolito T., Rom 1895 (franz. La philosophie de H. T., Paris 1900); H. Bégouën, T. et son temps, Paris 1947; J. P. Boosten, T. et Renan et l'idée de Dieu, Maastricht 1936, 1937; A. Chevrillon, T.. Formation de sa pensée, Paris 1932, ²⁵1945; ders., Portrait de T.. Souvenirs, Paris 1958; A. Cresson, H. T.. Sa vie, son œuvre. Avec un exposé de sa philosophie, Paris 1951; C. Evans, T.. Essai de biographie intérieure, Paris 1975; ders., T., REP IX (1998), 258–260; V. Giraud, Essai sur T.. Son œuvre et son influence, Paris 1901, ⁷1932; ders., H. T.. Études et documents, Paris 1928; S. J. Kahn, Science and Aesthetic Judgment. A Study in T.s Critical Method, New York, London 1953, Westport Conn. 1970; P. Lacombe, La psychologie des individus et des sociétés chez T., historien des littératures, Paris 1906; ders., T.. Historien et sociologue, Paris 1909; F. Léger, Monsieur T., Paris 1993; M. Leroy, T., Paris 1933; B. Massin, T., Enc. philos. universelle III/1 (1992), 2142–2145; J.-T. Nordmann, T., DP II (²1993), 2732–2736; C. Picard, H. T., Paris 1909; F. C. Roe, T. et l'Angleterre, Paris 1923; D. D. Roşca, L'influence de Hegel sur T., théoricien de la connaissance et de l'art, Paris 1928; O. A. Schmidt, H. T.s Theorie des Verstehens im Zusammenhang mit seiner Weltanschauung, Halle 1936; L. Weinstein, H. T., New York 1972. A. G.-S.

Tannery, Paul, *Mantes-la-Jolie (Dép. Yvelines, Region Ile de France) 20. Dez. 1843, †Pantin (Dép. Seine-St. Denis, Ile de France) 27. Nov. 1904, franz. Wissenschaftshistoriker (vor allem Mathematik- und Astronomiegeschichte). 1860–1863 Ingenieurstudium an der École Polytechnique. Bis zu seinem Lebensende wirkte T. im Hauptberuf an verschiedenen Orten Frankreichs im Dienste des Staatlichen Tabakmonopols (unter anderem in Bordeaux und Paris). 1892–1897 vertrat T. den Lehrstuhl für griechische und lateinische Philosophie am Collège de France, stellte jedoch eine mögliche Übernahme des Lehrstuhls zugunsten der von ihm gemeinsam mit dem Philosophen C. Adam veranstalteten Gesamtausgabe der Werke R. Descartes' (Œuvres, I–XII, Paris 1897–1910 [Suppl.bd. Index général 1913]) zurück. T. besorgte die Herausgabe der Korrespondenz (Bde I–V); an den Bänden VI, VII und IX arbeitete er mit. – T. gehört zu jenen europäischen Gelehrten, die im 19. Jh. die bis dahin kaum systematisch betriebene ↑Wissenschaftsgeschichte professionalisieren. Er trägt hierzu durch Ausgaben klassischer Texte bei (neben Descartes Ausgaben von Diophantos von Alexandreia und P. de Fermat), ferner in über 250, teilweise bis heute diskutierten Arbeiten zur Wissenschafts- und Philosophiegeschichte sowie zur Philologie in der Antike, in Byzanz und Europa vom Mittelalter bis zum 17. Jh.. T. betrachtet dabei die Erschließung wissenschaftshistorischer Quellen als eine internationale Aufgabe und wendet sich darin gegen die zu seiner Zeit verbreiteten, nationalistischen Interpretationen der Wissenschaftsgeschichte.

Werke: Pour l'histoire de la science hellène. De Thalès à Empédocle, Paris 1887, ²1930 (mit einem Vorw. v. F. Enriques) (repr. New York 1987, Sceaux 1990); La géométrie grecque […] I (Histoire générale de la géométrie élémentaire), Paris 1887 (repr. New York 1976, Hildesheim, Sceaux 1988); Recherches sur l'histoire de l'astronomie ancienne, Paris 1893 (repr. New York, Hildesheim 1976, Sceaux 1995); La correspondance de Descartes dans les inédits du fonds libri, étudiée pour l'histoire des mathématiques, Paris 1893; Mémoires scientifiques, I–XVII, ed. J.-L. Heiberg/H. G. Zeuthen, Toulouse 1912–1950 (mit Bibliographie, XVII, 61–117) (repr., I–VI, Paris 1995–1996).

Literatur: P. Boutroux/G. Sarton, L'œuvre de P. T., Osiris 4 (1938), 690–705 (mit Bibliographie, 703–705); A. Brenner, Réconcilier les sciences et les lettres. Le rôle de l'histoire des sciences selon P. T., Gaston Milhaud et Abel Rey, Rev. hist. sci. 58 (2005), 433–454; K. Chemla/J. Pfeiffer, P. T. et Joseph Needham. Deux plaidoyers pour une histoire générale des sciences, Rev. synt. 122 (2001), 367–392; E. Coumet, P. T.. »L'organisation de l'enseignement de l'histoire des sciences«, Rev. synth. 102 (1983), 87–123; P. Duhem, P. T., Rev. philos. 6 (1905), 216–230; G. Loria, P. T. et son œuvre d'historien, Archeion 11 (1929), LXXX–XCII; W. I. Matson, The Zeno of Plato and T. Vindicated, La parola del passato 43 (Neapel 1988), 312–336; G. Milhaud, P. T., Rev. idées 3 (1906), 28–39; J. Nussbaum, P. T. et l'histoire des physiologues milésiens, Lausanne 1929; F. Pineau, Historiographie de P. T. et réceptions de son œuvre. Sur l'invention du métier d'historien des sciences, Diss. Nantes 2010; A. Rivaud, P. T.. Historien de la science antique, Rev. mét. mor. 21 (1913), 177–210; R. Taton, T., DSB XIII (1976), 251–256; H.-G. Zeuthen, L'œuvre de P. T. comme historien des mathématiques, Bibl. Math. 6 (1905), 260–292. – Rev. hist. sci. applic. 7 (1954), 297–368 (Sonderheft: P. T.). G. W.

T'an Ssu-t'ung (auch: Tan Si-tong), *1865, †1898, Neukonfuzianer, Freund des K'ang Yu-wei (Kang You-wei). T. suchte einige Ideen aus Physik und Chemie in den Neokonfuzianismus (↑Konfuzianismus) zu integrieren; seine Kenntnis westlicher Wissenschaft oder Philosophie war jedoch gering.

Werke: An Exposition of Benevolence. The »Jen-hsüeh« of T. S., trans. S.-w. Chan, Hongkong 1984. – S.-w. Chan, T. S.. An Annotated Bibliography, Hongkong 1980.

Literatur: S. A. Kiang, The Philosophy of T. S., The Open Court 36 (1922), 449–471; L. S. K. Kwong, T. S., 1865–1898. Life and Thought of a Reformer, Leiden/New York/Köln 1996; T. Oka, The Philosophy of T. S., Papers on China 9 (1955), 1–47; L. Pfister, Tan Sitong (T. S.), Enc. Chinese Philos. 2003, 709–712; R. R. Robel, The Life and Thought of T. S., I–II, Diss. Ann Arbor Mich. 1972; I. Schäfer, Tan Sitong (1865–1898). Jenseits vom Reich der Mitte. Positionen des politischen und philosophischen Diskurses der Quing-Zeit, Wiesbaden 2012; N. M. Talbott, Intellectual Origins and Aspects of Political Thought in the Jen Hsüeh of T. S., Martyr of the 1898 Reform, Diss. Seattle 1956; D. D. Wile, T. S.. His Life and Major Work, the Jen Hsüeh, Diss. Madison Wis. 1972. H. S.

tantra (sanskr., Webstuhl, Gewebe; Doktrin, Lehrbuch), (1) in der indischen Tradition zur Literatur der Lehrschriften (↑śāstra) gehörende primär religiöse Texte, die seit Mitte des 1. Jahrtausends entstehen und ähnlich einem ↑purāṇa ohne expliziten philosophischen Anspruch unmittelbar der Erlösungspraxis dienen. (2) Im engeren Sinne die philosophisch-religiöse Literatur des aus außervedischen Quellen der Volksreligion und deren Praktiken hervorgegangenen Śāktismus (↑Philosophie, indische), die im Unterschied zu den purāṇas grundsätzlich mit zweierlei Bedeutung ausgestattet sind, einer gewöhnlichen exoterischen und einer nur für Eingeweihte zugänglichen esoterischen. Damit soll die Opposition gegen die vedische Tradition verborgen und durch Mimikry ein Schutz gegen die Angriffe der philosophisch-religiösen Orthodoxie erreicht werden. Die Geheimlehren fassen auch in anderen Sekten, insbes. im Śaivismus und im Vaiṣṇavismus, Fuß, weil sie als von Śiva selbst geoffenbarte Lehren für das gegenwärtige ›dunkle Zeitalter‹, das kaliyuga, ausgegeben werden, die auf Kastenzugehörigkeit und Geschlecht der Menschen keine Rücksicht mehr nehmen und besser als die vorangegangenen, ›helleren‹ Zeitaltern dienende vedische Tradition mit den verderbten Zuständen umzugehen lehren. Die t.s werden zur Grundlage des *Tantrismus*, einer Religion und Philosophie zu individuellen, häufig okkulten, rituellen Praktiken verschmelzenden (geheimen) Lehre, auch im Śaivismus, wo sie zu den āgamas gehören, und im Vaiṣṇavismus, wo sie einen Bestandteil

der saṃhitās bilden. (3) Auch im Buddhismus (↑Philosophie, buddhistische) entstehen als Textbasis des Tantrismus, der dort weniger in Opposition zu den anerkannten Schulen als mit der Absicht auftritt, den bisher unbekannten geheimen Sinn der Lehre Buddhas zu entschlüsseln, zur selben Zeit zahlreiche t.s, deren Zusammenhang mit den hinduistischen t.s auf noch wenig erforschten wechselseitigen Einflüssen beruht. Dabei werden die tantrischen Formen des Mahāyāna als ↑Tantrayāna bezeichnet. Von den älteren buddhistischen t.s sind nur wenige in Sanskrit erhalten – darunter das Hevajra-tantra und das Guhyasamāja-tantra –, aber durch die seit dem 9. Jh. erfolgte Übersetzungstätigkeit ins Tibetische und Chinesische stehen eine große Zahl von t.s in Übersetzung zur Verfügung. Als besonders wichtiges t. gilt das erst im 18. Jh. entstandene Mahānirvāṇa-tantra.

(4) Unter t. wird schließlich auch der Inhalt eines tantrischen Textes verstanden, dessen Grundzüge in den Formeln ›mukti durch bhukti‹ (Erlösung durch sinnlichen Genuß) und ›yoga durch bhoga‹ (leib-seelisch-geistige Disziplinierung durch sinnliche Lust) zusammengefaßt sind. Mit Bildern der Polarität von Männlich und Weiblich sollen Alltagserfahrungen im Vollzug verstanden, d. h. begriffen, werden. Entsprechend wichtig wird die Ritualisierung aller Verrichtungen, ganz besonders aber die sexuelle Vereinigung für das Begreifen der Alleinheit (das Universum als Gewebe, t., von ›männlichem‹, i. e. passivem, Kettfaden und ›weiblichem‹, i. e. aktivem, Schußfaden) im hinduistischen Tantrismus und des Gesamtzusammenhangs (t. als prabandha in den beiden Bedeutungen von ›männlicher‹, i. e. aktiver, Zusammenfügung und ›weiblichem‹, i. e. passivem, Zusammenhang) im buddhistischen Tantrismus. Die Rollen von aktiv und passiv sind in den beiden Versionen des Tantrismus jeweils vertauscht dem Männlichen und Weiblichen zugeordnet. An die Stelle des advaitistischen (↑Vedānta) Wissens um die Identität von ↑ātman und ↑brahman tritt im Śāktismus die Vereinigung der die lebendige Kraft personifizierenden Śakti (↑śakti) mit dem ohne sie leblosen Śiva. Sie wird im Bilde der feurigen Schlange kuṇḍalinī vorgestellt, die am unteren Ende der Wirbelsäule, am 7. cakra, eingerollt ruht und im Vollzug tantrischer, den ↑Yoga einschließender Praktiken hochsteigt, bis sie sich mit dem flüssig vorgestellten Śiva am über dem Scheitel befindlichen 1. cakra vereinigt: die Alleinheit ist hergestellt. Im Tantrayāna hingegen wird mit Hilfe tantrischer Praktiken, deren Ritualisierung durch die Verwendung von heiligen Formeln (↑mantra), Fingergesten (mudrā) und rituellen Diagrammen (maṇḍala) zustandekommt, anstelle des Wissens um die Nichtverschiedenheit von ↑saṃsāra und ↑nirvāṇa die Vereinigung der als Handlungen (›männlich‹) auftretenden Verfahren (↑upāya) mit dem als

Verstehen (›weiblich‹) vorhandenen höchsten Wissen (↑prajñā) vollzogen: der Gesamtzusammenhang ist hergestellt. Ohne fromme Haltung (pūjā) aber, die darin besteht, daß zu unterlassende Handlungen gerade durch ihren rituellen Vollzug erst beherrschbar werden – es sind die fünf ›M‹: Fleischgenuß (māṃsa), Fischgenuß (matsya), Weingenuß (madya), Liebesgenuß (maithuna), Genuß gerösteter Körner (mudrā) –, ist Erlösung als Befreiung unmöglich.

Literatur: A. Avalon [J. G. Woodroffe] (ed.), Principles of T., I–II, London 1914/1916, Madras 1986; S. C. Banerji, Companion to T., New Delhi 2007; A. Bharati, The Tantric Tradition, London 1965, erw. unter dem Titel: Tantric Traditions, Delhi 1993 (dt. Die T.-Tradition, Freiburg 1977); N. N. Bhattacharyya, History of the Tantric Religion. A Historical, Ritualistic and Philosophical Study, New Delhi 1982, ²1999, 2005; D. R. Brooks, The Secret of the Three Cities. An Introduction to Hindu Śākta Tantrism, Chicago Ill./London 1990, New Delhi 1999; C. Chakravarti, T.s. Studies on Their Religion and Literature, Kalkutta 1963, 1972; G. D. Flood, The Tantric Body. The Secret Tradition of Hindu Religion, London/New York 2006; K. Harper/R. L. Brown (eds.), The Roots of T., Albany N. Y. 2002; O. M. Hinze, T. vidyā. Wissenschaft des T., Zürich 1976, erw. Freiburg 1983, unter dem Titel: Schöpfung als Wissen. T. vidyā, Rapperswil-Jona/Weil der Stadt, ³2010; A. Padoux, Comprendre le tantrisme. Les sources hindoues, Paris 2010; G. Samuel, The Origins of Yoga and T.. Indic Religions to the Thirteenth Century, Cambridge etc. 2008; T. L. Smith, T.s, in: K. A. Jacobsen (ed.), Brill's Encyclopedia of Hinduism II, Leiden/Boston Mass. 2010, 168–181; B. Walker, Tantrism. Its Secret Principles and Practices, Wellingborough 1982 (dt. Tantrismus. Die geheimen Lehren und Praktiken des linkshändigen Pfades, Basel 1987); D. G. White (ed.), T. in Practice, Princeton N. J. 2000, Delhi 2001, 2002; ders., Kiss of the Yoginī. ›Tantric Sex‹ in Its South Asian Contexts, Chicago Ill./London 2003, 2006; ders., T., in: K. A. Jacobsen (ed.), Brill's Encyclopedia of Hinduism III, Leiden/Boston Mass. 2011, 574–588; M. Winternitz, Die T.s und die Religion der Śāktas, Ostasiat. Z. 4 (1915/1916), 153–163. K. L.

Tantrayāna (sanskr., das Fahrzeug der [esoterischen] Lehre), in der buddhistischen Philosophie (↑Philosophie, buddhistische) eine Bezeichnung für zum *Tantrismus* (↑tantra) gehörige Formen des ↑Mahāyāna. Das T., als dessen Begründer in Tibet Padmasaṃbhava (um 750) gilt, betrachtet die klassischen Sūtras des Mahāyāna zwar als unerläßlich, aber in ihrer Lehre noch in der Unterscheidung von ja (Annehmen) und nein (Verwerfen) befangen, weil erst am Ende eines Weges von Wissen verkörperndem Üben (der Einfluß des ↑Yogācāra dominiert im tantrischen Mahāyāna) die höchste Wahrheit erreicht werden kann (hetuyāna, das Fahrzeug des Ingangsetzens). Die dem T. seinen Namen gebenden eigenen schulspezifischen Schriften, die buddhistischen ↑tantras, lehren in einer grundsätzlich nur Eingeweihten zugänglichen ›zwielichtigen‹ Sprache, daß jeder Mensch bereits erleuchtet und die Unterscheidung von Ursache und Wirkung bzw. von Mittel und Zweck daher überflüssig ist, er nur der Reinigung von den acht, die Er-

fahrung der Ununterschiedenheit von ↑nirvāṇa und ↑saṃsāra behindernden, Bewußtseinsfunktionen bedarf, um seiner Erleuchtung innezuwerden (phalayāna, das Fahrzeug der Frucht). Diese externe Auseinandersetzung gilt derselben Alternative, die in den etwa gleichzeitig mit dem T. entstehenden und mit ihm inhaltlich, wenn auch nicht in den Formen, viele verwandte Züge aufweisenden Schulen des ↑Zen und des Hua-yen (jap. Kegon) zu den wichtigsten internen Streitpunkten gehört hat. Die acht Bewußtseinsfunktionen sind in Übereinstimmung mit dem auch für das Zen und das Hua-yen maßgeblichen Yogācāra das (noch verunreinigte) Grundbewußtsein, das Subjektbewußtsein und das von den sechs Sinnen Sehen, Hören, Riechen, Schmecken, Tasten und Denken gebildete Objektbewußtsein. Die Reinigung wiederum erfolgt in vier (in Indien) bzw. sechs (in Tibet) Stufen, deren erste beiden, im Vollzug von kultischen Ritualen (kriyā-tantra) und Alltagsritualisierung (caryā-tantra), den Anfänger leiten, während die folgenden durch körperliche und geistige Anspannung (yoga-tantra) und Vollzug ›höchster Vereinigung‹ (anuttara-tantra bzw. mahā-, anu- und aditantra) den fortgeschrittenen Adepten (sādhaka) zur ›Selbstverwirklichung‹ (siddhi, Vollkommenheit) führen.

Von den buddhistischen tantras sind nur wenige der älteren – sie gehen auf die Mitte des 1. Jahrtausends zurück – im originalen Sanskrit erhalten; die meisten der jüngeren sind nur in tibetischen und chinesischen Übersetzungen zugänglich und auf Grund der besonderen Verständnisschwierigkeiten erst in geringem Umfang von der Forschung erschlossen. Im klassischen Guhyasamāja-tantra (kritisch ediert durch B. Bhattacharyya, Baroda 1931) wird das T. in drei ›Fahrzeugen‹ (yāna) entwickelt, die in Gestalt von drei Schulen, Mantrayāna, Kālacakrayāna und Sahajayāna, auch historisch neben- und nacheinander das Spätstadium des Mahāyāna bestimmt haben. Das *Mantrayāna* bildet für den gesamten tantrischen Buddhismus die Grundlage und existiert deshalb auch in einer der Volksfrömmigkeit nahen, von derber Magie und Zauberei geprägten philosophiefernen niederen Form. Es ist dadurch charakterisiert, daß insbes. die folgenden Reinigungsinstrumente eine zentrale Rolle spielen: (1) Heilige Sprüche oder (exoterisch sinnlose) Formeln (↑mantra), auch Silben oder nur einzelne Laute (bīja, eigentlich: Samen). Sie werden nach intensiver Vorbereitung durch einen im T. obligatorischen Lehrer (guru) dem Adepten in einer geheimen Initiation als individuelles, durch ständig (eventuell auch schweigend, aber stets korrekt, auch hinsichtlich Intonation und Aussprache) wiederholten Gebrauch wirkendes Mittel zur Konzentration (dhāraṇī) und damit als ›Schlüssel‹ zur Erlösung gegeben (das mantra des transzendenten Bodhisattva Avalokiteśvara ist das berühmte

›oṃ maṇi padme hūṃ‹, wobei das aus drei Lauten bestehende bīja ›oṃ‹ [= A U M], das schon im ↑Veda brahman repräsentiert, als der Schlüssel zum Universum bezeichnet wird). (2) Fingergesten einer Hand oder beider Hände (mudrā). Sie sind statische oder dynamische Symbolisierungen von Körperhaltungen (↑Yoga), die aus vier Grundpositionen der Hand gebildet werden: flache Hand, geschlossene Hand, Hand mit sich berührenden Fingerspitzen und Faust. In der Anwendung (nyāsa), z. B. während der Initiation durch Auflegen auf Körperteile, werden sie als symptomatische Zeichen der Weitergabe von (magisch oder spirituell verstandenen) Kräften interpretiert und erhöhen die Wirksamkeit des mantra. (3) Rituelle Diagramme (maṇḍala). Sie sind sinnlich realisierte (z. B. auf den Boden, auch den Körper, gezeichnete, eingravierte, mit Sand gestreute, Figuren) oder auch nur vorgestellte Meditationshilfen, die in symmetrischer, meist kreisförmiger, die vier Himmelsrichtungen markierender und mit reicher Binnengliederung versehener Gestalt einerseits den Kosmos und seine durch buddhistische Gottheiten repräsentierten Kräfte, andererseits den als Reinigungsprozeß verstandenen Erlösungsweg symbolisieren. Diese Kräfte sind jedoch nicht nur symbolisiert, sondern werden als magisch anwesend angesehen, so daß sie dem Adepten als Kraftzentren (yantra) bei seiner Reinigung dienen.

Die Gestaltenfülle der kosmischen und psychischen Kräfte ist schon frühzeitig durch ein Schema der den drei Leibern (kāya) der Buddhas (↑dharmakāya, saṃbhogakāya, nirmāṇakāya, ↑Mahāyāna) zugeordneten Personifikationen ersetzt worden: ein ›Urbuddha‹ (Ādibuddha) für den dharmakāya, fünf transzendente Buddhas (darunter der im japanischen Amida-Buddhismus, der Schule vom ›reinen Land‹ [Jōdo], die führende Stellung einnehmende Buddha Amitābha; ↑Zen, ↑Philosophie, japanische) für den saṃbhogakāya und fünf irdische Buddhas (darunter der Gründer des Buddhismus Gautama) für den nirmāṇakāya sowie weitere fünf ihnen zugeordnete ›Nothelfer‹, die transzendenten Bodhisattvas (darunter der im Mahāyāna eine führende Rolle spielende Avalokiteśvara). Im Zentrum eines maṇḍala steht grundsätzlich der Ādibuddha. Er wird in dem auf dem Mantrayāna aufbauenden *Vajrayāna* (das Diamantfahrzeug, von sanskr. vajra, Diamant; ursprünglich der unzerstörbare Donnerkeil/Blitzstrahl des vedischen Gewittergottes Indra, hier soviel wie: Leerheit, ↑śūnyatā) von der Gottheit Vajrasattva eingenommen, der die Vereinigung von Erlösungsverfahren (↑upāya) und Erlösungsinhalt (↑prajñā) und damit die Ununterschiedenheit von ↑saṃsāra und ↑nirvāṇa symbolisiert (häufig wird, in Kollision mit der männlichen Rolle von vajra als upāya und der weiblichen Rolle von padma [Lotos] als prajñā, auch upāya mit karuṇā [Mitleid] und prajñā mit śūnyatā gleichgesetzt).

Mit der Verwendung von Bildern des Alltagslebens durch rituellen Vollzug, insbes. der sexuellen Vereinigung von Mann und Frau, wird beansprucht, ein besseres Verständnis buddhistischer Erfahrung, der Beseitigung der Unwissenheit über die Ununterschiedenheit von gewöhnlichem Erfahrungswissen und höchstem Wissen, geben zu können. Als Personifikation des Inbegriffs der gewöhnlichen mentalen Fähigkeiten in ihrer Rolle als Träger eigentlich höchsten Wissens tritt dabei im Vajrayāna die weibliche Vajrayoginī in meist furchterregender Gestalt auf. Sie wird oft in Vereinigung mit ihrem männlichen Gegenüber Heruka dargestellt, der in der Vereinigung ›Hevajra‹ heißt; er ist Gegenstand des bereits gut erschlossenen alten Hevajra-tantra. In Japan wurde das Vajrayāna in der *Shingon*-Schule als esoterischer Buddhismus erneut systematisiert und in Konkurrenz zu den exoterischen buddhistischen Schulen, insbes. dem ↑Zen, dem Kegon, dem Tendai und dem Jōdo, weiterentwickelt (↑Philosophie, japanische).

Das noch wenig erforschte *Kālacakrayāna* (das Fahrzeug des Rades der Zeit) scheint sich inhaltlich kaum vom Vajrayāna zu unterscheiden. Kālacakra tritt anstelle von Vajrasattva als Personifikation des Ādibuddha auf, aber in seiner durch das ›Rad der Zeit‹ die Unwissenheit zerstörenden Rolle. Astrologische Praktiken als Stütze für die alte mythische These von der Repräsentation des Kosmos im eigenen Körper herrschen vor und leiten die der Aufhebung der Zeit dienenden Übungen zur Körperbeherrschung, insbes. zur Atem- und Darmwindkontrolle. Vermutlich erstmals im 8. Jh. erscheint als Schule des T. das *Sahajayāna* (das zusammengeborene Fahrzeug, dessen nüchterner ↑Naturalismus durch die Überzeugung, daß allein durch eine natürliche ›mittlere‹ Lebensweise, begleitet von geistiger Disziplin – in der Formel ›erkenne den Geist, erkenne dein Denken‹ zusammengefaßt (H. W. Schumann, Buddhismus. Ein Leitfaden durch seine Lehren und Schulen, Darmstadt 1971 [repr. 1973], 126) – sich ›regungsloses Denken‹ als Erlösung einstellt, es unter den Schulen des T. dem Zen-Buddhismus am ähnlichsten macht, zumal die Anleitung durch einen Lehrer inmitten des Alltagslebens und nicht getrennt davon zu erfolgen hat. Seinen Namen hat das Sahajayāna von der Zwillingsnatur von saṃsāra und nirvāṇa bekommen, also von der für das gesamte Mahāyāna charakteristischen Fassung der höchsten Wahrheit als Ununterschiedenheit zwischen der Welt der in Schematisierungen objektivierten Unterschiede und der Welt der in Aktualisierungen vollzogenen Unterschiedslosigkeit.

Literatur: ↑tantra, ↑Philosophie, buddhistische, ↑Philosophie, japanische. K. L.

Tao (auch: Dao), wörtlich ›der Weg‹, vor allem im übertragenen Sinne verstanden; Zentralbegriff des ↑Taoismus von großer Unbestimmtheit. Im ↑Tao-te ching wird das T. nur negativ bestimmt: Es ist ungreifbar, unbegreifbar, leer, unveränderlich, bestand schon vor Himmel und Erde, ist sein eigenes Richtmaß und unbenennbar (›T.‹ ist nur ein uneigentlicher Name). T. ist jedoch niemals personifiziert, ist keine Gottheit (außer im Volkstaoismus), kümmert sich nicht um den Menschen. In nicht näher rekonstruierbarer Weise hängt es mit der Entstehung der Welt zusammen; es wird oft wie ein allgemeinstes, oberstes Weltprinzip gebraucht, als Inbegriff alles natürlichen Geschehens, nicht jedoch als ↑Weltgeist oder Weltvernunft. – Der T.begriff ist von allen chinesischen Philosophenschulen – in unterschiedlicher Interpretation – verwendet worden. Im ↑Konfuzianismus bezeichnet T. den Inbegriff moralischer oder politischer Ordnung: Ein Land, ein Herrscher, aber auch die Beamten haben das T., wenn politische Ordnung und Stabilität herrschen und Herrscher und Beamte ihre Pflichten erfüllen (so insbes. bei Hsün Tzu). Vgl. ↑Tao-te ching, ↑Taoismus, ↑Chuang Tzu. H. S.

Taoismus, Sammelbezeichnung einerseits für die Lehren einer Gruppe von chinesischen Philosophen (↑Philosophie, chinesische), andererseits für eine mit den ersteren nur lose zusammenhängende Volksreligion (vor allem der Han-Zeit), ferner für zahlreiche Einzelgänger, die als Asketen und Meditationspraktiker eine Verlängerung des menschlichen Lebens anstrebten. Der philosophische T., gekennzeichnet durch seine Tao-Metaphysik (↑Tao), die Verachtung staats- und machtpolitischer Geschäftigkeit und die Hochachtung des Einfachen, Natürlichen, wird in klassischer Zeit durch das ↑Tao-te ching und Chuang Tzu repräsentiert.

Literatur: R. T. Ames (ed.), Wandering at Ease in the Zhuangzi, Albany N. Y. 1998; A. K. L. Chan, Daoism (Taoism): Neo-Daoism (Xuanxue, Hsüan-hsüeh), Enc. Chinese Philos. 2003, 214–222; H. G. Creel, What Is Taoism?, J. Amer. Orient. Soc. 76 (1956), 139–152, ferner in: ders., What Is Taoism? And Other Studies in Chinese Cultural History, Chicago Ill./London 1970, 1982, 1–24; H. van Ess, Der Daoismus. Von Laozi bis heute, München 2011; C. W.-H. Fu, Daoism in Chinese Philosophy, in: B. Carr/I. Mahalingam (eds.), Companion Encyclopedia of Asian Philosophy, London/New York 1997, 553–574; Y.-L. Fung, A History of Chinese Philosophy I, Peiping 1937, I–II, Princeton N. J. ²1952, 1983; A. C. Graham, Disputers of the Tao. Philosophical Argument in Ancient China, La Salle Ill. 1989, 2003; D. L. Hall/R. T. Ames, Daoist Philosophy, REP II (1998), 783–795; C. Hansen, A Daoist Theory of Chinese Thought. A Philosophical Interpretation, Oxford etc. 1992, 2009; ders., Daoism, SEP 2003, rev. 2007; ders., Daoism, Enc. Ph. II (²2006), 184–194; M. Kaltenmark, Lao Tseu et le taoïsme, Paris 1965, 2014 (engl. Lao Tzu and Taoism, Stanford Calif. 1969; dt. Lao-tzu und der T., Frankfurt 1981, Frankfurt/Leipzig 1996); L. Kohn, Taoist Mystical Philosophy. The Scripture of Western Ascension, Albany N. Y., rev. unter dem Titel: Daoist Mystical Philosophy. The Scripture of Western Ascension, Magdalena N. M. 2007; dies. (ed.), Daoism Handbook, Leiden/Boston Mass./Köln 2000 (Hb. Oriental Stud. Abt. IV/14);

dies., Daoism (Taoism): Religious, Enc. Chinese Philos. 2003, 222–229; dies., Introducing Daoism, London/New York 2009; J. H. Lee, The Ethical Foundations of Early Daoism. Zhuangzi's Unique Moral Vision, New York 2014; R. L. Littlejohn, Daoism, London/New York 2009; X. Liu, Daoism I (Lao Zi and the »Dao-De-Jing«), in: B. Mou (ed.), History of Chinese Philosophy, London/New York 2009, 209–236; ders. (ed.), Dao Companion to Daoist Philosophy, Berlin 2015; M. Maspero, Le taoïsme et les religions chinoises, Paris 1950, 1998 (engl. Taoism and Chinese Religion, Amherst Mass. 1981, rev. Melbourne 2014); H. G. Möller, In der Mitte des Kreises. Daoistisches Denken, Frankfurt/Leipzig 2001, Berlin 2010 (engl. Daoism Explained. From the Dream of the Butterfly to the Fishnet Allegory, Chicago Ill./La Salle Ill. 2004, 2006); E. Møllgaard, An Introduction to Daoist Thought. Action, Language, and Ethics in Zhuangzi, London/New York 2007, 2011; Z. Mou (ed.), Taoism, Leiden/Boston Mass. 2012; F. C. Reiter, T. zur Einführung, Hamburg 2001, 2011; I. Robinet, Histoire du taoïsme. Des origines au XIVᵉ siècle, Paris 1991, 2012 (dt. Geschichte des T., München 1995; engl. Taoism. Growth of a Religion, Stanford Calif. 1997); H. Schleichert, Klassische chinesische Philosophie. Eine Einführung, Frankfurt 1980, 86–138 (III Daoismus), ²1990, 119–199 (III Daoismus), mit H. Roetz, ³2009, 113–178 (IV Daoismus); V. Shen, Daoism (Taoism): Classical (Dao Jia, Tao Chia), Enc. Chinese Philos. 2003, 206–214; ders., Daoism II (Zhuang Zi and the »Zhuang-Zi«), in: B. Mou (ed.), History of Chinese Philosophy [s. o.], 237–265; L. Wieger, Taoïsme, I–II, Paris 1911/1913. – K. Walf, Westliche T.-Bibliographie/Western Bibliography of Taoism, Limburg 1985, erw. Essen 1986, erw. ⁶2010; weitere Literatur: ↑Philosophie, chinesische. H. S.

Tao-te ching (auch: Dao-de jing), zentrales Buch der klassischen chinesischen Philosophie (↑Philosophie, chinesische), dessen Titel sich auf den Weg (dao) und die Tugend (de) bezieht und das aus unzusammenhängenden, zum Teil gereimten Sprüchen besteht. Entstehungszeit und Verfasserschaft sind nicht näher geklärt. Am ehesten dürfte das T. im 5. oder 4. Jh. v. Chr. entstanden sein. Ob es von einem einzelnen Verfasser (Lao Tzu) stammt oder eine redigierte Kompilation ist, bleibt unentscheidbar. Der Buchtitel ›T.‹ ist erst später hinzugefügt worden. Neue Funde von Manuskripten des T. aus dem 2. Jh. v. Chr. zeigen eine andere Anordnung als der bislang überlieferte Text; ansonsten sind die Abweichungen vom traditionell überlieferten Text nicht bedeutsam. Der Stil des T. ist poetisch und sehr knapp; an einigen wenigen Stellen ist der Text kaum verständlich.

In unsystematischer Weise behandeln die einzelnen Sprüche das Verhalten des ›Weisen‹, Fragen von Regierung und Politik; sie enthalten Polemiken gegen den Krieg, einige Gedanken über allgemeinste Prinzipien im Naturgeschehens und immer wieder dunkle Formulierungen negativer Art über das ↑Tao. Was den Weisen mit dem Tao verbindet, ist seine Abneigung gegen jede Geschäftigkeit, gegen jegliches mühsame, bewußte Streben und Kämpfen, gegen großartige Reden, gegen eine bewußtgemachte, ritualisierte Moral und gegen Gewalt, ferner seine Vorliebe für das Stille, Weiche, Schwache, gleichsam Bewußtlose, Wunschlose, vor allem aber für das Wirken durch ↑Nicht-Handeln. Sozialpolitisches Ideal des T. ist eine Regierung, die das Volk satt, wunschlos und einfach erhält.

Ausgaben: Lao Tzu [Laotse], Tao te king. Das Buch des Alten vom Sinn und Leben, übers. R. Wilhelm, Jena 1911, erw. mit Untertitel: Das Buch vom Sinn und Leben, Düsseldorf/Köln 1978, mit Untertitel: Das Buch des alten Meisters vom Sinn und Leben, Köln 2006, 2014; ders., Tao Tê Ching, in: A. Waley, The Way and Its Power. A Study of the Tao Tê Ching and Its Place in Chinese Thought, London 1934 (repr. London/New York 2005), Boston Mass./New York 1935, 141–262, New York 1956, 1990, 139–260; ders. [Laozi], Tao tö king. Le livre de la voie et de la vertu [chin./franz.], übers. J. J. L. Duyvendak, Paris 1953, 1987; ders. [Lao Tzu], Tao te ching. The Book of the Way and Its Virtue, übers. J. J. L. Duyvendak, London 1954, Boston Mass. 1992; ders. [Laotse], Tao-Tê-King. Das heilige Buch vom Weg und von der Tugend, übers. G. Debon, Stuttgart 1961, 2014; ders. [Lao Tzu], Tao Te Ching [engl.], übers. D. C. Lau, Harmondsworth etc. 1963, rev. Hongkong 1989, 2012; ders., The Way of Lao Tzu (T.), Translated with Introductory Essays, Comments, and Notes, übers. W.-T. Chan, Indianapolis Ind./New York 1963, 1988; ders. [Laudse], Daudedsching [dt.], übers. E. Schwarz, Leipzig 1978, unter dem Titel: Tao-te-king, München 1995; ders. [Lao-Tzu], Te-Tao Ching. A New Translation Based on the Recently Discovered Mawang-tui Texts, with an Introduction and Commentary, übers. R. G. Henricks, New York 1989, London 1990; ders. [Lao Tzu], Tao te ching. A Translation of the Startling New Documents Found at Guodian, übers. R. G. Henricks, New York 2000; ders. [Laozi], Dao De Jing. The Book of the Way, übers. M. Roberts, Berkeley Calif./Los Angeles/London 2001; ders. [Lao-Tse], Tao te king. Das heilige Buch vom Tao, übers. Z. W. Kopp, Darmstadt 2005; ders. [Lao tseu], Tao te king. Le livre de la voie et de la conduite. Tao te king, übers. D. Giraud, Paris 2011. – K. Walf, Westliche Taoismus-Bibliographie, Essen [6]2010, 11–66. H. S.

Tapferkeit (griech. *ἀνδρεία*, lat. fortitudo), nach Platon eine der vier Kardinaltugenden (↑Tugend), die darin besteht, ohne Rücksicht auf ↑Lust oder Schmerz, Begierde oder Furcht die richtige und gesetzmäßige Meinung von dem, was mit Ehrerbietung zu achten ist, zu bewahren (Pol. 429a–430c). Während Platon die T. dem besonderen Stand der Krieger zuordnet, definiert Aristoteles sie als die allgemeine Tugend, zu leiden und zu handeln allein, »wie es sich gebührt und die Vernunft vorschreibt« (Eth. Nic. *Γ*10.1115b11–13), und zwar bis hin zur furchtlosen und unverzagten Haltung auch angesichts des Todes (Eth. Nic. *Γ*9.1115a33–35). In dieser Bedeutung ist die T. auch in der Tugendethik des Mittelalters und der Neuzeit verstanden worden.

Literatur: W. Bartholomäus u. a., Grundwert T., Hamm 1985; K. Blüher, T., Hist. Wb. Ph. X (1998), 894–901; O. F. Bollnow, Wesen und Wandel der Tugenden, Frankfurt 1958, ferner in: ders., Schriften II, Würzburg 2009, 123–282; H. Cohen, Ethik des reinen Willens (System der Philosophie zweiter Teil), Berlin 1904, 522–537, [2]1907 (repr. Hildesheim/New York 1981, 2002 [= Werke VI]), bes. 552–568 (Kap. 13 Die T.), [3]1921, 557–573; M. Forschner, T., in: O. Höffe (ed.), Lexikon der Ethik, München 1977, [3]1986, 249–250, [4]1992, 272–273, [5]1997, 296–297, [6]2002, 258–259,

[7]2008, 308; G. Gusdorf, La vertu de force, Paris 1957, [3]1967; N. Hartmann, Ethik, Berlin 1926, [4]1962, bes. 433–435 (Kap. 46 T.); R. Hofmann, T., LThK IX (1964), 1295–1297; J. Müller, T., in: P. Kolmer/A. G. Wildfeuer (eds.), Neues Handbuch philosophischer Begriffe III, Freiburg/München 2011, 2159–2166; J. Pieper, Vom Sinn der T., Leipzig 1934, München [8]1963, Nachdr. in: ders., Das Viergespann [s. u.], 163–198, ferner in: Werke in acht Bänden IV, ed. B. Wald, Hamburg 1996, 113–136, ferner in: ders., Über die Tugenden [s. u.], 145–177 (engl. Fortitude, in: Fortitude and Temperance, New York 1954, London 1955, 7–43, ferner in: ders., The Four Cardinal Virtues [s. u.], 115–141); ders., Das Viergespann. Klugheit, Gerechtigkeit, T., Maß, München 1964, 1998, unter dem Titel: Über die Tugenden […], 2004, 2010 (engl. The Four Cardinal Virtues. Prudence, Justice, Fortitude, Temperance, New York 1965, Notre Dame Ind. 1966, 2003); É. Smoes, Le courage chez les grecs. D'Homère à Aristote, Brüssel 1995; D. N. Walton, Courage. A Philosophical Investigation, Berkeley Calif./Los Angeles/London 1986. O. S.

tarka (sanskr., Annahme, Meinung, Überlegung), in der indischen Logik (↑Logik, indische) Terminus für Argument, Argumentation oder Argumentationsregel (nyāya; ↑Nyāya), insbes. in ↑kontrafaktischen, auf die Widerlegung von Annahmen des Gegners gerichteten Argumentationszusammenhängen, also für eine ↑reductio ad absurdum. Gelegentlich, wenn die Bedeutung *vernünftiges Argument* betont ist, auch gleichwertig mit yukti (Verbindung, Grund, Kunstgriff) in der Bedeutung *kritische Prüfung* oder *Reflexion*.

Literatur: S. Bagchi, Inductive Reasoning. A Study of t. and Its Role in Indian Logic, Kalkutta 1953; L. Davis, T. in the Nyāya Theory of Inference, J. Indian Philos. 9 (1981), 105–120. K. L.

Tarski (eigentlich Tajtelbaum), Alfred, *Warschau 14. Jan. 1901, †Berkeley Calif. 27. Okt. 1983, poln. Logiker und Mathematiker. 1918–1924 Studium der Biologie, Mathematik, Philosophie und Sprachwissenschaften in Warschau, 1924 Promotion in Mathematik, 1925 Habilitation, 1925–1939 Dozent für Philosophie der Mathematik in Warschau. 1939 Emigration in die USA; nach kurzer Tätigkeit in Cambridge Mass., New York und Princeton N. J. 1942 Prof. in Berkeley Calif., wo T. bis 1973 an der mathematischen Fakultät lehrt. Nach K. Gödel ist T. der wohl bedeutendste Logiker und Metamathematiker des 20. Jhs.; er war Mitglied der ↑Warschauer Schule und wurde insbes. durch seine Lehrer J. Łukasiewicz, T. Kotarbiński und S. Leśniewski geprägt. – Die philosophisch wichtigsten Arbeiten T.s zur ›Methodologie der deduktiven Wissenschaften‹ behandeln die axiomatische Charakterisierung des Begriffs der logischen ↑Konsequenz und anderer metamathematischer (↑Metamathematik) Begriffe (1930), den ↑Wahrheitsbegriff in formalisierten Sprachen (1933/1935; ↑Sprache, formale) und den Begriff der logischen ↑Folgerung (1936). Sein Verdienst ist es vor allem, daß die bislang vorherrschende rein syntaktisch-kalkülmäßig-formalistische Behandlung der Logik um ein semantisch-modelltheoretisch-interpretierendes Verständnis ergänzt wird (↑Semantik).

T. liefert die erste völlig allgemeine und abstrakte Darstellung von ›Konsequenzoperationen‹, die einer Menge X von Sätzen die Menge $Cn(X)$ ihrer logischen Konsequenzen zuordnen. Die wichtigsten Axiome lauten (↑Konsequenzenlogik):

$X \subseteq Cn(X)$,

$Cn(Cn(X)) \subseteq Cn(X)$,

$Cn(X) = \cup \{Cn(Y): Y$ ist endliche Teilmenge von $X\}$.

Für die Menge L aller Sätze einer formalen Sprache fordert T., daß L abzählbar (↑abzählbar/Abzählbarkeit) ist und ein ›inkonsistentes‹ Element beinhaltet, dessen Konsequenzenmenge ganz L ist, und daß für das ↑Konditional die ↑Abtrennungsregel (↑modus ponens) und das ↑Deduktionstheorem gelten:

$A \in Cn(X \cup \{B\})$ genau dann, wenn $B \rightarrow A \in Cn(X)$.

Für die ↑Negation soll gelten:

$Cn(A) \cap Cn(\neg A) = Cn(\emptyset)$

und

$Cn(\{A, \neg A\}) = L$.

Unter Zugrundelegung einer solchen abstrakten Operation Cn definiert T. zentrale metalogische (↑Metalogik) Begriffe wie ›deduktives System‹ (heutiger Terminus: ›Theorie‹), ›logische ↑Äquivalenz‹, ›Konsistenz‹ (↑widerspruchsfrei/Widerspruchsfreiheit), ›(Grad der) Vollständigkeit‹ (↑vollständig/Vollständigkeit), ›Unabhängigkeit‹ (↑unabhängig/Unabhängigkeit (logisch)) und ›(endliche) Axiomatisierbarkeit‹ (↑System, axiomatisches). Die von T. hiermit in die Wege geleitete Untersuchung allgemeiner Postulate für Konsequenz- oder Inferenzoperationen erweist sich später als äußerst fruchtbar (R. Wójcicki 1988; D. Makinson 1994).

Eine der berühmtesten logisch-philosophischen Arbeiten überhaupt ist T.s Monographie »Der Wahrheitsbegriff in den formalisierten Sprachen« (poln. 1933; dt., mit einem Nachwort, 1935). T.s Explikation der Aussage ›der Satz A in der Sprache L ist wahr (in einem Individuenbereich bzw. in einer Struktur S)‹ macht fundamentalen Gebrauch von der Relation des Erfülltseins (↑erfüllbar/Erfüllbarkeit, ↑gültig/Gültigkeit), wobei die eine Formel erfüllenden nicht-sprachlichen Entitäten entweder n-Tupel von Individuen (im Individuenbereich bzw. der Struktur S) oder, allgemeiner, Variablenbelegungen (über dem Individuenbereich bzw. der Struktur S) sind (↑Wahrheitsdefinition, semantische). T. plädiert gegen die bis dahin übliche Substitutionssemantik und für eine ↑Interpretationssemantik quantifizierter Ausdrücke. Er unterscheidet streng zwischen der zu untersuchenden (im allgemeinen formalen)

↑›Objektsprache‹ und der (im allgemeinen ausdrucksstärkeren) in der Untersuchung verwendeten ↑›Metasprache‹. Durch diese Einführung einer Sprachenhierarchie gelingt es ihm in vielen Fällen (insbes. für die ↑Prädikatenlogik 1. Stufe), das Wahrheitsprädikat ohne Gefahr einer ↑Antinomie (↑Lügner-Paradoxie) zu definieren. Dies ist jedoch nicht möglich innerhalb einer einzigen semantisch abgeschlossenen oder universellen Sprache, die Bezeichnungen ihrer sprachlichen Ausdrücke und ihr eigenes Wahrheitsprädikat enthält. Es gibt bei T. kein einheitliches Wahrheitsprädikat für alle Sprachstufen. Unter Verwendung einer Methode Gödels zeigt T. schließlich, daß die ↑Wahrheit arithmetischer Aussagen nicht innerhalb der Arithmetik selbst definierbar ist.

Das Ziel der T.schen Konzeption ist die Ausarbeitung eines exakten Begriffs der Wahrheit, der nicht zu semantischen Antinomien (↑Antinomien, semantische) führt. Neben der Bedingung der formalen Korrektheit soll seine Definition sachlich zutreffend (inhaltlich adäquat) sein. Eine entscheidende Forderung hierfür ist T.s ›Konvention W‹ (*convention T*): die in der Metasprache formulierte Wahrheitsdefinition soll für jeden Satz A der Objektsprache die Bedingung

$\overline{A}$ ist wahr genau dann, wenn $\tau(A)$

implizieren, wobei $\overline{A}$ eine syntaktische Bezeichnung des in Frage stehenden Satzes A und $\tau(A)$ seine Übersetzung in die Metasprache ist. Falls etwa das Deutsche Objekt- und Metasprache zugleich ist, erhält man als Instantiierung:

›Schnee ist weiß‹ ist wahr genau dann, wenn Schnee weiß ist.

T. erhebt keinen Anspruch, alle Aspekte von Wahrheit zu erfassen, insbes. kein effektives ↑›Wahrheitskriterium‹ zur Ermittlung des Wahrheitswertes eines gegebenen Satzes. Obgleich häufig (z. B. von K. R. Popper) im Sinne einer realistischen Korrespondenztheorie der Wahrheit (↑Wahrheitstheorien) interpretiert, vertritt T. keine feste Position in der Philosophie der Mathematik.

Aufbauend auf den in der Wahrheitsmonographie entwickelten Konzepten liefert T. 1936 die erste präzise semantische Analyse der Begriffe der logischen Folgerung und der logischen Wahrheit. Danach folgt ein Satz A in der Sprache L logisch aus einer Klasse X von Sätzen in L, wenn in jeder Struktur, in der alle Elemente von X wahr sind, auch A wahr ist. Die frühen abstrakten Überlegungen zu Konsequenzoperationen erhalten hier inhaltliche Substanz. Ein Satz A heißt logisch wahr, wenn er aus jeder beliebigen Prämissenmenge X (d. h. insbes. aus der leeren Menge; ↑Menge, leere) logisch folgt. Im Gegensatz zur Tradition, die logische Konsequenz auf die logische

Wahrheit eines entsprechenden materialen Konditional-satzes (↑Subjunktion) reduzierte, faßt T. den Begriff der logischen Wahrheit als Grenzfall der logischen Konsequenz auf. Weitere bedeutende Leistungen T.s sind die zusammen mit Łukasiewicz entwickelte Matrizensemantik (↑Matrix, logische) für mehrwertige Logiken (↑Logik, mehrwertige), erste algebraische Semantiken für die ↑Modallogik (mit B. Jónsson und J. C. C. McKinsey), ferner die systematische Ausarbeitung der Theorien der Definierbarkeit (↑definierbar/Definierbarkeit) und der Entscheidbarkeit (mit A. Mostowski und R. M. Robinson; ↑entscheidbar/Entscheidbarkeit) sowie der ↑Modelltheorie.

Während T. einer Übertragbarkeit seiner Methoden von formalen auf natürliche Sprachen (↑Sprache, natürliche) skeptisch gegenübersteht, haben seine Schüler und Nachfolger dieses Ziel mit beträchtlichem Erfolg realisiert. So sucht D. Davidson (1984) die T.sche Wahrheitstheorie und seine Konvention W in den Rang einer Bedeutungstheorie (↑Bedeutung) natürlichsprachlicher Ausdrücke zu erheben, R. Montague (1974) entwickelt eine modelltheoretische Semantik für Fragmente des Englischen, und S. Kripke (1975) erneuert die Diskussion um die Lügner-Paradoxie.

Werke: Collected Papers, I–IV, ed. S. R. Givant/R. N. McKenzie, Basel/Boston Mass./Stuttgart 1986. – Über einige fundamentale [sic!] Begriffe der Metamathematik, Sprawozdania z posiedzeń Towarzystwa Naukowego Warszawskiego, Wydział III, Nauk Matematyczno-fizycznych (= Comptes rendus des séances de la Société des Sciences et des Lettres de Varsovie, Classe III) 23 (1930), 22–29 (repr. in: Collected Papers [s. o.] I, 311–320), separat Warschau 1930 (engl. On Some Fundamental Concepts of Metamathematics, in: ders., Logic, Semantics, Metamathematics [s. u.], 30–37; franz. Sur quelques concepts fondamentaux de la métamathématique, in: Logique, sémantique, métamathématique [s. u.] I, 35–43); (mit J. Łukasiewicz) Untersuchungen über den Aussagenkalkül, ebd. 30–50 (repr. in: Collected Papers [s. o.] I, 321–343) (engl. Investigations into the Sentential Calculus, in: ders., Logic, Semantics, Metamathematics [s. u.], 38–59; franz. Recherches sur le calcul des propositions, in: Logique, sémantique, métamathématique [s. u.] I, 45–65); Pojęcie prawdy w językach nauk dedukcyjnych, Warschau 1933 (dt. [erw.] Der Wahrheitsbegriff in den formalisierten Sprachen, Stud. Philos. (Krakau) 1 [1935], 261–405, Neudr. in: K. Berka/L. Kreiser [eds.], Logik-Texte. Kommentierte Auswahl zur Geschichte der modernen Logik, Berlin [Ost] 1971, 447–559, erw. ³1983, ⁴1986, 445–546; engl. The Concept of Truth in Formalized Languages, in: ders., Logic, Semantics, Metamathematics [s. u.], 152–278); O pojęciu wynikania logicznego, Przegląd Filozoficzny (= Revue philosophique) 39 (1936), 58–68 (dt. Über den Begriff der logischen Folgerung, Actes du congrès internat. de philos. scientifique 7 [1936], 1–11 [repr. in: Collected Papers [s. o.] II, 269–281], Neudr. [gekürzt] in: K. Berka/L. Kreiser [eds.], Logik-Texte [s. o.], 1971, 359–368, ³1983, ⁴1986, 404–413; engl. On the Concept of Logical Consequence, in: ders., Logic, Semantics, Metamathematics [s. u.], 409–420, unter dem Titel: On the Concept of Following Logically, neu übers. v. M. Stroińska/D. Hitchcock, Hist. and Philos. Log. 23 [2002], 155–196; franz. Sur le concept

de conséquence logique, in: Logique, sémantique, métamathématique [s. u.] II, 141–152); O logice matematycznej i metodzie dedukcyjnej, Lemberg/Warschau 1936 (dt. Einführung in die mathematische Logik und in die Methodologie der Mathematik, Wien 1937, [nach der engl. u. franz. Übers.] unter dem Titel: Einführung in die mathematische Logik, Göttingen ²1966, erw. ⁵1977; engl. [rev. u. erw.] Introduction to Logic and to the Methodology of Deductive Sciences, New York 1941 [repr. 1995], ed. J. Tarski, ⁴1994 [franz. Introduction à la logique, Paris, Louvain 1960, ²1969 [repr. 2008], ³1971]); The Semantic Conception of Truth and the Foundations of Semantics, Philos. Phenom. Res. 4 (1944), 341–376 (repr. in: Collected Papers [s. o.] II, 661–699, ferner in: S. Sarkar [ed.], Logic, Probability, and Epistemology. The Power of Semantics, New York/London 1996 [Science and Philosophy in the Twentieth Century III], 1–35), Nachdr. in: R. M. Harnish (ed.), Basic Topics in the Philosophy of Language, New York etc., Englewood Cliffs N. J. 1994, 1998, 536–570, ferner in: F. F. Schmitt, Theories of Truth, Malden Mass./Oxford/Carlton 2004, 115–151 (dt. Die semantische Konzeption der Wahrheit und die Grundlagen der Semantik, in: J. Sinnreich [ed.], Zur Philosophie der idealen Sprache. Texte von Quine, T., Martin, Hempel und Carnap, München 1972, 53–100, ferner in: G. Skirbekk [ed.], Wahrheitstheorien. Eine Auswahl aus den Diskussionen über Wahrheit im 20. Jahrhundert, Frankfurt 1977, 2016, 140–188; franz. La conception sémantique de la vérité et les fondements de la sémantique, in: Logique, sémantique, métamathématique [s. u.] II, 265–305); (mit J. C. C. McKinsey) Some Theorems about the Sentential Calculi of Lewis and Heyting, J. Symb. Log. 13 (1948), 1–15 (repr. in: Collected Papers [s. o.] III, 145–161); A Decision Method for Elementary Algebra and Geometry, Santa Monica Calif. 1948, Berkeley Calif. ²1951 (repr. 1960); (mit B. Jónsson) Cardinal Algebras, Oxford/New York 1949; (mit A. Mostowksi/R. M. Robinson) Undecidable Theories, Amsterdam 1953, 1971; Contributions to the Theory of Models, I–III, Indagationes Mathematicae 16 (1954), 572–581, 582–588, 17 (1955), 56–64 (repr. in: Collected Papers [s. o.] III, 515–547); Logic, Semantics, Metamathematics. Papers from 1923 to 1938, ed. J. Corcoran, Oxford 1956, Indianapolis Ind. ²1983, 1990 (franz. [erw.] Logique, sémantique, métamathématique. 1923–1944, I–II, Paris 1972/1974); (mit C.-C. Chang/B. Jónsson) Ordinal Algebras, Amsterdam 1956, 1970; (ed. mit J. W. Addison/L. Henkin) The Theory of Models. Proceedings of the 1963 International Symposium at Berkeley, Amsterdam 1965, 1972; Truth and Proof, Sci. Amer. 220 (1969), H. 6, 63–77 (repr. in: Collected Papers [s. o.] IV, 399–423, ferner in: R. I. G. Hughes (ed.), A Philosophical Companion to First-Order Logic Indianapolis Ind./Cambridge 1993, 1994, 101–125 (dt. Wahrheit und Beweis, als Anhang in: A. T., Einführung in die mathematische Logik [s. o.], ⁵1977, 244–275); (mit L. Henkin/J. D. Monk) Cylindric Algebras, I–II, Amsterdam 1971/1985; (mit W. Schwabhäuser/W. Szmielew) Metamathematische Methoden in der Geometrie, Berlin/Heidelberg/New York 1983; (mit S. Givant) A Formalization of Set Theory without Variables, Providence R. I. 1987, 1988; Some Current Problems in Metamathematics, ed. J. Tarski/J. Woleński, Hist. and Philos. Log. 16 (1995), 159–168; Pisma logiczno-filozoficzne, I–II, Warschau 1995/2001; (mit S. Givant) T.'s System of Geometry, Bull. Symbolic Logic 5 (1999), 175–214; A. T.. Early Work in Poland – Geometry and Teaching, ed. A. McFarland/J. McFarland/J. T. Smith, New York 2014. – A Philosophical Letter of A. T., J. Philos. 84 (1987), 28–32 [Brief an M. White]; Letters to Kurt Gödel, 1942–47, ed. J. Tarski, in: J. Woleński/E. Köhler, A. T. and the Vienna Circle [s. u., Lit.], 261–273. – S. Givant, Bibliography of A. T., J. Symb. Log. 51 (1986), 913–941; Posthumous

Publications, in: A. T.. Early Work in Poland – Geometry and Teaching [s.o.], 385–398.

Literatur: A. Betti, Leśniewski, T. and the Axioms of Mereology, in: K. Mulligan/K. Kijania-Placek/T. Placek (eds.), The History and Philosophy of Polish Logic. Essays in Honour of Jan Woleński, Basingstoke/New York 2014, 242–258; M. Black, The Semantic Definition of Truth, Analysis 8 (1948), 49–63; A. Burdman Feferman/S. Feferman, A. T.. Life and Logic, Cambridge 2004; R. Carnap, Introduction to Semantics, Cambridge Mass. 1942, 1948, Neudr. in: Introduction to Semantics and Formalization of Logic, Cambridge Mass. 1959, 1975; J. Czelakowski/G. Malinowski, Key Notions of T.'s Methodology of Deductive Systems, Stud. Log. 44 (1985), 321–351; D. Davidson, Inquiries into Truth and Interpretation, Oxford 1984, ²2001, 2010 (dt. Wahrheit und Interpretation, Frankfurt 1986, 2007); ders., The Structure and Content of Truth, J. Philos. 87 (1990), 279–328; J. Etchemendy, T. on Truth and Logical Consequence, J. Symb. Log. 53 (1988), 51–79; ders., The Concept of Logical Consequence, Cambridge Mass./London 1990, Stanford Calif. 1999; S. Feferman, K. Gödel: Conviction and Caution, Philos. Nat. 21 (1984), 546–562; L. Fernández Moreno, Wahrheit und Korrespondenz bei T.. Eine Untersuchung der Wahrheitstheorie T.s als Korrespondenztheorie der Wahrheit, Würzburg 1992; H. Field, T.'s Theory of Truth, J. Philos. 69 (1972), 347–375, ferner in: R. M. Harnish (ed.), Basic Topics in the Philosophy of Language, New York etc., Englewood Cliffs N.J. 1994, 1998, 571–597 (dt. T.s Theorie der Wahrheit, in: M. Sukale [ed.], Moderne Sprachphilosophie, Hamburg 1976, 123–148); J. F. Fox, What Were T.'s Truth-Definitions for?, Hist. and Philos. Log. 10 (1989), 165–179; N. Franzke/W. Rautenberg, Zur Geschichte der Logik in Polen, in: H. Wessel (ed.), Quantoren, Modalitäten, Paradoxien. Beiträge zur Logik, Berlin (Ost) 1972, 33–94; G. Frost-Arnold, Carnap, T., and Quine at Harvard. Conversations on Logic, Mathematics, and Science, Chicago Ill. 2013; J. L. Garfield/M. Kiteley (eds.), Meaning and Truth. The Essential Readings in Modern Semantics, New York 1991; F. Gómez-Torrente, T., SEP 2006, rev. 2015; V. Halbach/L. Horsten (eds.), Principles of Truth, Frankfurt etc. 2002, Frankfurt/Lancaster ²2004; L. Henkin u.a. (eds.), Proceedings of the T. Symposium. An International Symposium Held to Honor A. T. on the Occasion of His Seventieth Birthday, Providence R.I. 1974; W. Hodges, Truth in a Structure, Proc. Arist. Soc. NS 86 (1985/1986), 135–151; R. Kamitz, A. T.. Die semantische Konzeption der Wahrheit, in: J. Speck (ed.), Grundprobleme der großen Philosophen. Philosophie der Neuzeit VI, Göttingen 1992, 9–66; S. Kripke, Outline of a Theory of Truth, J. Philos. 72 (1975), 690–716, ferner in: ders., Collected Papers I (Philosophical Troubles), Oxford etc. 2011, 2013, 75–98; I. Loeb, From Mereology to Boolean Algebra. The Role of Regular Open Sets in A. T.'s Work, in: K. Mulligan/K. Kijania-Placek/T. Placek (eds.), The History and Philosophy of Polish Logic [s.o.], 259–277; D. Makinson, General Patterns in Nonmonotonic Reasoning, in: D. M. Gabbay u.a. (eds.), Handbook of Logic in Artificial Intelligence and Logic Programming III (Nonmonotonic and Uncertain Reasoning), Oxford 1994, 2001, 35–110; C. McCarty, T., in: N. Koertge (ed.), New Dictionary of Scientific Biography VII, Detroit Mich. etc. 2008, 10–12; R. Montague, Formal Philosophy. Selected Papers, ed. R. H. Thomason, New Haven Conn. 1974, 1976 (repr. Ann Arbor Mich. 1995), 1979; A. Mostowski, T., Enc. Ph. VIII (1967), 77–81, IX (²2006), 364–371 (mit Addendum v. A. Burdman Feferman/S. Feferman, 371–372); R. Murawski, T., REP IX (1998), 262–265; J. Padilla-Gálvez, Was leistet die semantische Inter-

pretation der Wahrheit?, Z. philos. Forsch. 48 (1994), 420–434; D. Patterson (ed.), New Essays on T. and Philosophy, Oxford etc. 2008; ders., A. T.. Philosophy of Language and Logic, Basingstoke/New York 2012; D. Pollard, T., in: S. Brown/D. Collinson/R. Wilkinson (eds.), Biographical Dictionary of Twentieth-Century Philosophers, London/New York 1996, 770–773; K. R. Popper, Objective Knowledge. An Evolutionary Approach, Oxford 1972, rev. 1979, 2003, 319–340 (Chap. 9 Philosophical Comments on T.'s Theory of Truth, Addendum: A Note on T.'s Definition of Truth) (dt. Objektive Erkenntnis. Ein evolutionärer Entwurf, Hamburg 1973, 347–368, erw. ²1984, ⁴1998, 332–353 [Kap. IX Philosophische Bemerkungen zu T.s Theorie der Wahrheit, Addendum: Eine Anmerkung zu T.s Definition der Wahrheit]); H. Putnam, A Comparison of Something with Something Else, New Literary History 17 (1985/1986), 61–79, ferner in: ders., Words and Life, ed. J. Conant, Cambridge Mass./London 1994, 1996, 330–350; A. Rojszczak, From the Act of Judging to the Sentence. The Problem of Truth Bearers from Bolzano to T., ed. J. Woleński, Dordrecht etc. 2005; P. de Rouilhan, T., DP II (²1993), 2739–2742; H. Scholz, Die Wissenschaftslehre Bolzanos. Eine Jahrhundert-Betrachtung, Abhandlungen der Fries'schen Schule NF 6 (1937), 399–472, Neudr. in: ders., Mathesis Universalis. Abhandlungen zur Philosophie als strenger Wissenschaft, ed. H. Hermes/F. Kambartel/J. Ritter, Darmstadt, Basel 1961, ²1969, 219–267; K. Simmons, T.'s Logic, in: D. M. Gabbay/J. Woods (eds.), Handbook of the History of Logic V, Amsterdam etc. 2009, 511–616; J. Spriter James, T., in: B. Narins (ed.), Notable Scientists from 1900 to the Present, Farmington Hills Mich. etc. 2001, 2178–2179; W. Stegmüller, Das Wahrheitsproblem und die Idee der Semantik. Eine Einführung in die Theorien von A. T. und R. Carnap, Wien 1957, ²1968, 1977; P. Suppes, Philosophical Implications of T.'s Work, J. Symb. Log. 53 (1988), 80–91; P. B. Thompson, Bolzano's Deducibility and T.'s Logical Consequence, Hist. and Philos. Log. 2 (1981), 11–20; R. L. Vaught, A. T.'s Work in Model Theory, J. Symb. Log. 51 (1986), 869–882; F. Vuissoz, La conception sémantique de la vérité. Logique et philosophie chez A. T., Neuchâtel 1998; S. Wagon, The Banach-T. Paradox, Cambridge 1985, mit G. Tomkowicz, ²2016; R. Wójcicki, Theory of Logical Calculi. Basic Theory of Consequence Operations, Dordrecht/Boston Mass./London 1988; J. Woleński, Filozoficzna szkoła lwowsko-warszawska, Warschau 1985 (engl. [rev.] Logic and Philosophy in the Lvov-Warsaw School, Dordrecht/Boston Mass./London 1989; franz. [rev.] L'École de Lvov-Varsovie. Philosophie et logique en Pologne (1895–1939), Paris 2011); ders., T. as a Philosopher, in: F. Coniglione/R. Poli/J. Woleński (eds.), Polish Scientific Philosophy. The Lvov-Warsaw School, Amsterdam/Atlanta Ga. 1993 (Poznań Stud. in the Philos. of the Sciences and the Humanities XXVIII), 319–338; ders., On T.'s Background, in: J. Hintikka (ed.), From Dedekind to Gödel. Essays on the Development of the Foundations of Mathematics, Dordrecht 1995, 331–341; ders., Lvov-Warsaw School, SEP 2003, rev. 2015; ders./P. M. Simons, De Veritate. Austro-Polish Contributions to the Theory of Truth from Brentano to T., in: K. Szaniawski (ed.), The Vienna Circle and the Lvov-Warsaw School, Dordrecht/Boston Mass./London 1989, 391–442; J. Woleński/E. Köhler (eds.), A. T. and the Vienna Circle, Dordrecht 1999. – Stud. Log. 44 (1985), 319–445 (T.-Memorial); J. Symb. Log. 51 (1986), 866–941; J. Symb. Log. 53 (1988), 2–91; Ann. of Pure and Applied Logic 126–127 (2004) (Provinces of Logic Determined. Essays in the Memory of A. T.). H. R.

Tarski-Semantik, auf A. Tarski zurückgehende Tradition der Bedeutungstheorie für natürliche und künstliche (›ideale‹ oder formale) Sprachen (↑Sprache, natürliche, ↑Sprache, formale). Insofern Tarski den Begriff der ↑Wahrheit mit Hilfe des Begriffs der bedeutungserhaltenden ↑Übersetzung definiert (und nicht umgekehrt ↑Bedeutung mit Hilfe des Wahrheitsbegriffs), hat er selbst allerdings keine eigentliche ↑Semantik entwickelt, sondern eine ↑Definition des Wahrheitsbegriffs angegeben.

Kennzeichen der T.-S. ist, daß alle interpretierten Sätze wahrheitsdefinit (↑wahrheitsdefinit/Wahrheitsdefinitheit) sind und ihnen jeweils genau einer der zwei ↑Wahrheitswerte ›wahr‹ und ›falsch‹ zukommt. Der Wahrheitswert von komplexen Sätzen wird rekursiv definiert (↑Definition, rekursive), wobei jeder grammatischen Regel (↑Grammatik, logische) eine semantische Regel (↑Semantik, logische) entspricht und so ein ›Kompositionalitätsprinzip‹ der Bedeutung zur Anwendung kommt. Der Satz vom ausgeschlossenen Widerspruch (↑Widerspruch, Satz vom) und das ↑tertium non datur erweisen sich als gültig. Quantifizierte Sätze werden (unter Zuhilfenahme starker mengentheoretischer Voraussetzungen) referentiell analysiert (↑Interpretationssemantik, ↑gültig/Gültigkeit). Paradigmatische Objektsprachen der T.-S. sind prädikatenlogische (↑Prädikatenlogik) Sprachen 1. Stufe; die resultierende Logik ist die klassische (↑Logik, klassische). Im Zusammenhang mit der Diskussion semantischer Antinomien (↑Antinomien, semantische) verbindet man mit dem Begriff der T.-S. die Hierarchisierung von ↑Objektsprachen und ↑Metasprachen.

Literatur: J. Etchemendy, Tarski on Truth and Logical Consequence, J. Symb. Log. 53 (1988), 51–79, ferner in: D. Jacquette (ed.), Philosophy of Logic. An Anthology, Malden Mass./Oxford 2002, 247–267; A. Gupta, T.'s Definition of Truth, REP IX (1998), 265–269; W. Hodges, Tarski's Truth Definitions, SEP 2001, rev. 2014; weitere Literatur: ↑Interpretationssemantik, ↑Modelltheorie, ↑Semantik, ↑Wahrheitsdefinition, semantische.   H. R.

Abb.: Symbolische Darstellung der mathematischen Disziplinen und der Philosophie. Die Studierenden werden am äußeren Eingang von Euklid begrüßt; im Innenhof erwartet sie T., umringt von den mathematischen Disziplinen (unter ihnen Astronomie und Musik). Am gegenüberliegenden Eingang zur Philosophie stehen Platon und Aristoteles. Platon hält eine Papierrolle in der Hand, auf der vermerkt ist, daß Zugang nur derjenige hat, der sich in der Geometrie auskennt. Im Hof der Mathematik feuern zwei Kanonen; gezeigt werden die Flugbahnen der Geschosse (aus: Nova Scientia, Venedig 1537).

Tartaglia, Niccolò (eigentlich N. Fontana, genannt ›T.‹ [der Stotterer]), *Brescia 1499/1500, †Venedig 13. Dez. 1557, ital. Mathematiker und Physiker der ↑Renaissance. T. war Autodidakt, lehrte Mathematik in Verona (zwischen 1516 und 1518), Vicenza und Brescia, ab 1534 als Prof. der Mathematik in Venedig. Seine größte mathematische Leistung war die Entwicklung eines algorithmischen Lösungsverfahrens für kubische Gleichungen des Typs $x^3 + ax = b$. 1535 hatte A. M. Fiore (fl. ca. 1515), der S. del Ferros (1456–1526) unveröffentlichte Lösungsverfahren kannte, T. 30 kubische Gleichungen zur Lösung vorgelegt. T. gab seine Lösungen 1539 an G. Cardano weiter, der sie 1545 in der Annahme, T. verdanke sein Wissen del Ferro, entgegen einem T. gegebenen Versprechen veröffentlichte (Ars magna, Nürnberg 1545).

T.s eigene Darstellung dieser Umstände, die in einer heftigen Auseinandersetzung mit L. Ferrari (1522–1569), dem Schüler Cardanos und Entdecker eines Lösungsverfahrens für Gleichungen 4. Grades, gipfelten, ist enthalten in Buch IX der »Quesiti et inventioni diverse« (1546). Auf T. geht auch die früheste Darstellung des so genannten Pascalschen Dreiecks zurück. Dieses gibt die in Form eines gleichschenkligen Dreiecks angeordneten Binomialkoeffizienten

$$\binom{n}{k} \leftrightharpoons \prod_{i=1}^{k} \frac{n-i+1}{i} = \frac{n \cdot (n-1) \cdot (n-2) \cdots (n-k+1)}{1 \cdot 2 \cdot 3 \cdots k}$$

wieder, die die Koeffizienten der Reihenentwicklung eines Binoms $(a + b)^n$ bilden (Tab. 1).

Tab. 1: Pascalsches Dreieck oder ›T.s Dreieck‹: Jede Zahl ergibt sich als Summe der beiden benachbarten Zahlen der vorangehenden Zeile.

In der Physik entwickelt T. eine (dynamisch noch unbefriedigende) ballistische Theorie. Er erkennt als erster, daß die größte Schußweite unabhängig von der Geschoßgeschwindigkeit bei einem Winkel von 45° erreicht wird und daß die Geschoßbahn in allen Teilen krummlinig verläuft (Nova Scientia, 1537). In seinem physikalischen Werk vollzieht sich dabei zum ersten Mal die Verbindung der Tradition der Schulen (Theorie) und der Werkstätten (Praxis), die den methodischen Kern der Begründung der neuzeitlichen ↑Mechanik bei G. Galilei ausmacht. Seine Schrift »Travagliata inventione« (1551) behandelt die Bergung von Schiffswracks mittels der Archimedischen Hydrostatik. Der Vermittlung akademischen Wissens an die technische Praxis dienen auch Übersetzungen Euklids ins Italienische (Euclide Megarense, 1543; nach den lateinischen Ausgaben von G. Campani [Venedig 1482] und B. Zamberti [Venedig 1505]) und des Archimedes ins Lateinische (Opera Archimedis, Venedig 1543; in Teilen auch ins Italienische).

Werke: Nova Scientia […], Venedig 1537, unter dem Titel: La Nova Scientia […], 1550 (repr. Sala Bolognese 1984, ferner in: M. Vallerani (ed.), Metallurgy, Ballistics and Epistemic Instruments. The »Nova Scientia« of N. T.. A New Edition, Berlin 2013, 279–350 [mit Transkription und engl. Übers., 59–275]), 1583 (engl. [Teilübers.] New Science, in: S. Drake/I. E. Drabkin [eds.], Mechanics in Sixteenth-Century Italy [s. u., Lit.], 63–97, unter dem Titel: The »Nova Scientia«. Transcription and Translation, trans. M. Vallerani/L. Divarci/A. Siebold, in: M. Vallerani [ed.], Metallurgy, Ballistics and Epistemic Instruments [s. o.], 59–275); (ed.) Opera Archimedis […], Venedig 1543; (ed.) Euclide Megarense philosopho solo introduttore delle scientie mathematice, Venedig 1543, 1586; Quesiti et inventioni diverse, Venedig 1546, 1554 (repr., ed. A. Masotti, Brescia 1959), 1583 (engl. [Teilübers.] Various Questions and Inventions, in: S. Drake/I. E. Drabkin [eds.], Mechanics in Sixteenth-Century Italy [s. u., Lit.], 98–143, unter dem Titel: Selections from »Quesiti et inventioni diverse«. Books VII-VIII [ital./engl.], in: R. Pisano/D. Capecchi, T.'s Science of Weights and Mechanics in the Sixteenth Century [s. u., Lit.], 266–389; dt. [Teilübers.] Die kubischen Gleichungen bei Nicolo T.. Die relevanten Textstellen aus seinen »Quesiti et inventioni diverse« auf deutsch übersetzt und kommentiert, ed. F. Katscher, Wien 2001; franz. [Teilübers.] N. T.. Mathématicien autodidacte de la Renaissance italienne. Le livre IX des »Quesiti et inventione diverse« ou l'invention de la résolution des équations du troi-

sième degré, ed. G. Hamon/L. Degryse, Paris 2010); Risposta […] al […] Hieronimo Cardano […] et al […] Lodovico Ferraro […], II–IV (Seconda/Terza/Quarta), o.O. [Venedig] o.J. [1547], V–VI (Quinta/Sesta), Brescia o.J. [1548] (repr. in 1 Bd. unter dem Titel: Cartelli di sfida matematica, ed. A. Masotti, Brescia 1974); Travagliata inventione, Venedig 1551; General trattato di numeri et misure […], I–VI, Venedig 1556–1560 (franz. [Teilübers.] L'Arithmetique de Nicolas T. […], übers. G. Gosselin de Caen, Paris 1578, I–II, 1613); Archimedis De insidentibus aquae, Venedig 1565; Iordani Opusculum de ponderositate, Venedig 1565; Tutte l'opere arithmetica, I–II, Venedig 1592/1593; Opere […] cio è Quesiti, Nova Scientia, Travagliata Inventione, Ragionamenti sopra Archimede, Venedig 1606.

Literatur: R. Acampora, Die »Cartelli di matematica disfida«. Der Streit zwischen Nicolò T. und Ludovico Ferrari, München 2000; G. Arend, Die Mechanik des N. T. im Kontext der zeitgenössischen Erkenntnis- und Wissenschaftstheorie, München 1998; A. De Pace, Le matematiche e il mondo. Ricerche su un dibattito in Italia nella seconda metà del Cinquecento, Mailand 1993, bes. 187–260 (Kap. 3 La riflessione di Cartena e T. sul rapporto tra l'ente matematico e l'ente materiale); dies., T., in: P. F. Grendler (ed.), Encyclopedia of the Renaissance VI, New York 1999, 111–112; S. Drake/I. E. Drabkin (eds.), Mechanics in Sixteenth-Century Italy. Selections from T., Benedetti, Guido Ubaldo, & Galileo, Madison Wis./Milwaukee Wis./London 1969 (mit Bibliographie, 400–401, 419); A. Favaro, Per la biografia di N. T., Arch. storico italiano 71 (1913), 335–372; ders., Di N. T. e della stampa di alcune delle sue opere con particolare riguardo alla »Travagliata inventione«, Isis 1 (1913), 329–340; P. Freguglia, N. T. e il rinnovamento delle matematiche nel Cinquecento, in: Istituto Veneto di Scienze, Lettere ed Arti (ed.), Cultura, scienze e tecniche nella Venezia del Cinquecento. Atti del Convegno internazionale di studio Giovan Battista Benedetti e il suo tempo, Venedig 1987, 203–216; G. B. Gabrieli, Nicolò T.. Invenzioni, disfide e sfortune, Siena 1986; ders., Nicolò T.. Una vita travagliata al servizio della matematica, Brescia 1997; P. Guidera, Koyré e T., in: C. Vinti (ed.), Alexandre Koyré. L'avventura intellettuale, Neapel 1994, 487–502; A. R. Hall, Ballistics in the Seventeenth Century. A Study in the Relations of Science and War with Reference Principally to England, Cambridge/New York 1952, bes. 36–43, 45–52, 68–70; G. Harig, Physik und Renaissance. Zwei Arbeiten zum Entstehen der klassischen Naturwissenschaften in Europa, Leipzig 1981, 1984, 13–36 (Walter Herman Ryff und N. T.. Ein Beitrag zur Entwicklung der Dynamik im 16. Jahrhundert); A. Koyré, La dynamique de N. T., in: La science au seizième siècle. Colloque international de Royaumont 1-4 juillet 1957, Paris 1960, 91–116, ferner in: ders., Études d'histoire de la pensée scientifique, Paris 1966, 1973, 117–139; A. Masotti (ed.), Quarto centenario della morte di N. T.. Convegno di storia delle matematiche 30–31 maggio 1959. Atti del Convegno, Brescia 1962; ders., T., DSB XIII (1976), 258–262; M. Miller, T., in: H. Wussing/W. Arnold (eds.), Biographien bedeutender Mathematiker. Eine Sammlung von Biographien, Köln ³1983, 114–126; L. Olschki, Galilei und seine Zeit, Halle 1927 (repr. Vaduz 1965), 71–113; R. Pisano/D. Capecchi, T.'s Science of Weights and Mechanics in the Sixteenth Century. Selections from »Quesiti et inventione diverse«. Book VII-VIII, Dordrecht etc. 2015; P. Pizzamiglio (ed.), Atti della giornata di studio in memoria di N. T.. Nel 450. anniversario della sua morte, 13 dicembre 1557-2007, Brescia 2007; ders., N. T. nella storia. Con antologia degli scritti. Brescia 2012; F. Toscano, La formula segreta. T. Cardano e il duello matematico che infiammò l'Italia del Rinascimento, Mailand 2009.   J. M.

Tartaretus, Petrus, ↑Petrus Tartaretus.

Tathandlung, von J. G. Fichte eingeführter Terminus zur Charakterisierung des ↑Ich, das Fichte in Interpretation der ↑transzendentalen ↑Apperzeption I. Kants und in idealistischer Zuspitzung des Cartesischen ↑*cogito ergo sum* als Identität von ↑›Handlung‹ und ›Tat‹ bestimmt: »Das Ich *ist*, und es *setzt* sein Seyn, vermöge seines blossen Seyns. – Es ist zugleich das Handelnde, und das Product der Handlung; das Thätige, und das, was durch die Thätigkeit hervorgebracht wird; Handlung und That sind Eins und ebendasselbe, und daher ist das: *Ich bin*, Ausdruck einer T.; aber auch der einzig-möglichen, wie sich aus der ganzen Wissenschaftslehre ergeben muss« (Grundlage der gesammten Wissenschaftslehre [1794] § 1.6, Sämmtl. Werke I, ed. I. H. Fichte, Berlin 1945, 96). Fichte bildet den Ausdruck ›T.‹ in Gegenüberstellung zu ›Tatsache‹, wobei diese in der Welt oder im Bewußtsein ›vorkommt‹ und daher empirisch zugänglich ist. Die T. liegt dagegen »allem Bewusstseyn zum Grunde« und macht Bewußtsein allein möglich (Grundlage der gesammten Wissenschaftslehre § 1, Sämmtl. Werke I [s. o.], 91). Während bei einer Tatsache die Tat (im Bewußtsein die ›Setzung‹) und das Ergebnis dieser Tat, die getane oder getätigte ›Sache‹, auseinanderfallen und getrennt betrachtet werden können, besteht die T. gerade darin, daß keine abtrennbare ›Sache‹ entsteht und, aus dem Charakter dieses Tuns bzw. Handelns heraus, auch nicht entstehen kann. Die besondere Wirklichkeit des Ich besteht in der Tat der Setzung, insofern diese sich selbst (in ihrer Tat) zugleich erfaßt und dadurch ihr Sein erzeugt. Das Sein des Ich ist sein durch sein Tätigsein und in diesem Tätigsein sich selbst Gegenwärtigsein. Wäre das sich Gegenwärtigwerden die eigenständige und für sich selbst zu betrachtende Wirkung einer Setzung, d. h. einer geistigen Leistung wie z. B. einer Wahrnehmung oder einer begrifflichen Unterscheidung, dann würde es von dieser Leistung als einem Prozeß abgetrennt werden und eben nicht ›sich selbst‹, d. h. seine prozessuale Realität in unmittelbarer Gegenwärtigkeit, erfassen können. Dies hätte für Fichte die Konsequenz, daß dem Wissen kein Fundament gegeben werden könnte, weil es keine sich selbst begründende Gewißheit, nämlich die des sich selbst vergegenwärtigenden Bewußtseins, gäbe. Damit überhaupt ein Wissen begründet und eine ↑Wissenschaftslehre zu diesem Zweck aufgebaut werden kann, ist daher für Fichte der Aufweis dieser einzigen Seinsgewißheit, die sich in der ›Tat‹ ihrer Erzeugung erfaßt und damit in ihrem Tätigsein, als ›Handlung‹, verbleibt, erforderlich. In späteren Schriften betont Fichte statt dieses prozessualen bzw. Handlungscharakters des Ich stärker die Identität von Setzung und Sich-selbst-Erfassen, vom Prozeß einer geistigen Leistung und seiner Repräsenta-

tion. So definiert er die Intelligenz, die ihm dabei die Rede vom ›Ich‹ ersetzt, dadurch, daß sie sich selbst, ›als solche‹ zusieht: »und dieses sich selbst Sehen geht unmittelbar auf alles, was sie ist [= 2. Abdruck], und in dieser *unmittelbaren* Vereinigung des Seyns und des Sehens besteht die Natur der Intelligenz. Was in ihr ist, und was sie überhaupt ist, ist sie *für sich selbst*; und nur, inwiefern sie sich für sich selbst ist, ist sie es, als Intelligenz« (Erste Einleitung in die Wissenschaftslehre [1797], Sämmtl. Werke I [s. o.], 435). »Zusehen und Seyn sind [in der ›Intelligenz‹] unzertrennlich vereinigt« (a.a.O., 436). Mit dieser Identität von ›Zusehen‹ und ›Sein‹ wird die ›intellektuelle Anschauung‹ (↑Anschauung, intellektuelle) zur Grundlage allen Wissens. Dies bietet zugleich einen der Hauptkritikpunkte an der Wissenschaftslehre Fichtes, deren Aufbau mit dieser umstrittenen Identitäts- und Unmittelbarkeitsbehauptung steht und fällt. O. S.

Tatsache (lat. res facti, engl. matter of fact), Bezeichnung eines *bestehenden* ↑Sachverhalts. – Das deutsche Wort ›T.‹ taucht zu Beginn der zweiten Hälfte des 18. Jhs. als Übersetzung des englischen Ausdrucks ›matter of fact‹ auf, und zwar zunächst in theologischen Fragen der Art, ob das Christentum sich auf T.n im Sinne wirklicher Begebenheiten stützen könne. Für diesen Diskussionszusammenhang bemerkt G. E. Lessing bereits 1778 eine starke Verbreitung des Ausdrucks (Über das Wörtlein T., Sämtl. Schriften XVI, ed. K. Lachmann, Leipzig 1902, 77). Als selbständiger philosophischer Terminus ist ›T.‹ im Deutschen hingegen erst relativ spät gebräuchlich geworden, obwohl bereits G. W. Leibniz zwischen ›vérités de raison‹ (↑Vernunftwahrheit) und ›vérités de fait‹ (↑Tatsachenwahrheit) und D. Hume analog zwischen ›relations of ideas‹ und ›matters of fact‹ unterscheiden. Folgt man den Unterscheidungen von Leibniz und Hume, so kann es T.n nur im Erfahrungsbereich (↑Erfahrung) geben. T.n sind dann im Sinne des Wirklichen (↑wirklich/Wirklichkeit) dem ›bloß‹ Möglichen (↑möglich/Möglichkeit) und im Sinne des ›bloß‹ Faktischen (Kontingenten; ↑kontingent/Kontingenz) dem Notwendigen (↑notwendig/Notwendigkeit) gegenübergestellt. Insbes. im Bereich der notwendigen Wahrheiten (der Logik und Mathematik) kann man dann nicht mehr von T.n sprechen. Konsequent wird dieser Standpunkt z. B. von L. Wittgenstein (im »Tractatus«) vertreten und zu der Ansicht verschärft, daß die Sätze der Logik und Mathematik, da sie nichts über T.n aussagen, sinnlos, d. h. inhaltsleer, sind.

Ein umfassenderer Sprachgebrauch findet sich bereits bei I. Kant, der den Bereich der T.n allgemein als den des *Wißbaren* überhaupt gegen die Bereiche des Meinens (↑Meinung) und Glaubens (↑Glaube (philosophisch)) abgrenzt (»Ich erweitere hier, wie mich dünkt mit Recht, den Begriff einer T. über die gewöhnliche Bedeutung dieses Worts. Denn es ist nicht nötig, ja nicht einmal tunlich, diesen Ausdruck bloß auf die wirkliche Erfahrung einzuschränken«, KU §91, Abschnitt 2, Anm., Akad.-Ausg. V, 468). Entschieden in diese Richtung geht G. Frege, wenn er eine T. allgemein bestimmt als »ein Gedanke, der wahr ist« (Der Gedanke. Eine logische Untersuchung, in: ders., Logische Untersuchungen, ed. G. Patzig, Göttingen 1966, 50). Damit lenkt Frege die Aufmerksamkeit auf die Begriffe der ↑Wahrheit und des ↑Wahrheitswertes sowie auf den Träger des Wahrheitswertes. Dieser ist bei Frege der ↑Gedanke. Alternativen dazu sind unter anderem ↑Proposition und ↑Aussage. Diese Verschiebung der Thematik hat in der Analytischen Philosophie (↑Philosophie, analytische) zu einer semantischen ↑Rekonstruktion des ontologischen Begriffs der T. geführt. Danach werden T.n (als bestehende Sachverhalte) durch *wahre Aussagen* ausgedrückt. Faßt man Sachverhalte als intensionale (↑intensional/Intension) Bedeutungen von Aussagen auf (und die Wahrheitswerte als extensionale Bedeutungen; ↑extensional/Extension), dann sind T.n die intensionalen Bedeutungen von wahren Aussagen. Wahre Aussagen, die dieselbe intensionale Bedeutung haben, drücken dieselbe T. aus. Dieses Verständnis des Terminus ›T.‹ impliziert, daß T.n keine sprachunabhängigen Gegebenheiten sind (vgl. W. Kamlah/P. Lorenzen, Logische Propädeutik oder Vorschule des vernünftigen Redens, Mannheim 1967, unter dem Titel: Logische Propädeutik. Vorschule des vernünftigen Redens, Mannheim/Wien/Zürich ²1973, 136–145). – Die ontologischen Positionen, nach denen T.n voneinander unabhängig sind (↑Atomismus, logischer) oder nicht (↑Holismus), kehren im Rahmen semantischer Theorien der Wahrheit wieder.

Literatur: L. Grunicke, Der Begriff der T. in der positivistischen Philosophie des 19. Jahrhunderts, Halle 1930; W. Halbfass/P. Simons, T., Hist. Wb. Ph. X (1998), 910–916; H. Hochberg, Thought, Fact, and Reference. The Origins and Ontology of Logical Atomism, Minneapolis Minn. 1978; G. Patzig, Satz und T., in: ders., Sprache und Logik, Göttingen 1970, ²1981, 39–76; H.-J. Sandkühler/P. Stekeler-Weithofer, T./Sachverhalt, EP III (²2010), 2683–2692; R. Staats, Der theologiegeschichtliche Hintergrund des Begriffes ›T.‹, Z. Theol. u. Kirche 70 (1973), 316–345; Z. Vendler, Linguistics in Philosophy, Ithaca N. Y. 1967, 1979, 122–146 (Chap. 5 Facts and Events).   G. G.

Tatsachenwahrheit, in der Wissenschafts- und Erkenntnistheorie von G. W. Leibniz, im kontradiktorischen Gegensatz (↑kontradiktorisch/Kontradiktion) zum Begriff der ↑Vernunftwahrheit bzw. der Vernunftwahrheiten (*vérités de raison, veritates intellectuales seu rationes*), Bezeichnung für diejenigen Sätze (*vérités de fait, veritates sensibiles seu facti*), einschließlich der einfachen Sätze (↑Satz) oder der ↑Elementaraussagen, deren ↑Wahrheit (↑Wahrheitstheorien) nicht auf eine apriorische (↑a

priori) Weise gesichert werden kann. In modaler (↑Modallogik) Ausdrucksweise sind die Vernunftwahrheiten notwendig (↑notwendig/Notwendigkeit), die T.en kontingent (↑kontingent/Kontingenz) (»Les Vérités de Raisonnement sont necessaires et leur opposé est impossible, et celles de Fait sont contingentes et leur opposé est possible«, Monadologie §33, Philos. Schr. VI, 612). Während dabei die Definition des notwendigen Satzes mit der ↑analytischen Definition des wahren Satzes zusammenfällt (*praedicatum inest subiecto:* in jedem wahren Satz der Form *SP* ist der ↑Prädikatbegriff *P* im ↑Subjektbegriff *S* ursprünglich enthalten, wobei Begriffe in der Regel als Konjunktionen von Teilbegriffen definiert werden), sind kontingente Sätze dadurch charakterisiert, daß ihr Prädikatbegriff weder den Subjektbegriff lediglich wiederholt (›identische‹ Sätze; ↑Urteil, identisches) noch ihre Rückführung auf solche identischen Sätze in endlich vielen Schritten möglich ist.

Die Unterscheidung zwischen Vernunftwahrheiten und T.en artikuliert damit den Unterschied zwischen apriorisch-wahr und aposteriorisch-wahr, wobei ›apriorisch-wahr‹ hier mit ›analytisch-wahr‹ (im Sinne der Leibnizschen analytischen Urteilstheorie) gleichgesetzt ist. Allerdings gelten nach Leibniz auch die kontingenten Sätze prinzipiell als beweisbar (›virtuell identisch‹), sofern das Prinzip des zureichenden Grundes (↑Grund, Satz vom) eine Begründung liefert. In Leibnizscher Ausdrucksweise: Die Vernunftwahrheiten gelten in allen möglichen Welten (↑Welt, mögliche), die T.en – zu denen auch Sätze mit gemischten (teils apriorischen, teils aposteriorischen) ↑Prämissen zählen – nur in der faktischen, von Gott allerdings nach dem Prinzip des zureichenden Grundes geschaffenen, Welt. Der Umstand, daß sich die kontingenten Sätze im Unterschied zu den notwendigen Sätzen nicht in endlich vielen Schritten auf identische Sätze zurückführen lassen, ist so zu verstehen, daß sich (wegen der Endlichkeit des menschlichen Erkenntnisvermögens) nicht *alle* Sätze über einen (konkreten) Gegenstand a priori beweisen lassen. Dessen vollständiger Begriff (↑Begriff, vollständiger, ↑Monadentheorie) ist faktisch niemals gegeben; die von Leibniz postulierte Überführung kontingenter Sätze in notwendige Sätze, d. h. ihre apriorische Begründung, gelingt nur im Einzelfall (etwa durch Angabe *allgemeiner* Sätze, die für einen Gegenstand gelten).

Die Interpretation der Vernunftwahrheiten als apriorisch-wahr und der T.en als aposteriorisch-wahr führt zur Unterscheidung zwischen ›Vernunftwissenschaften‹ (*scientiae intellectuales*) und ›Erfahrungswissenschaften‹ (*scientiae experimentales*), wobei Leibniz neben Logik und Mathematik auch die Metaphysik und die Rechtswissenschaft zu den Vernunftwissenschaften zählt.

Literatur: A. Balestra, Kontingente Wahrheiten. Ein Beitrag zur Leibnizschen Metaphysik der Substanz, Würzburg 2003; A. Gurwitsch, Leibniz. Philosophie des Panlogismus, Berlin/New York 1974, 87–117; H. Ishiguro, Leibniz's Philosophy of Logic and Language, London, Ithaca N. Y. 1972, Cambridge etc. ²1990; R. Kauppi, Über die Leibnizsche Logik. Mit besonderer Berücksichtigung des Problems der Intension und der Extension, Helsinki 1960, New York/London 1985 (Acta Philos. Fennica XII); S. Krämer, T.en und Vernunftwahrheiten (§§ 28–37), in: H. Busche (ed.), Gottfried Wilhelm Leibniz. Monadologie, Berlin 2009, 95–111; G. Martin, Leibniz. Logik und Metaphysik, Köln 1960, Berlin ²1967 (engl. Leibniz. Logic and Metaphysics, Manchester/New York 1964; franz. Leibniz. Logique et métaphysique, Paris 1966); B. Mates, The Philosophy of Leibniz. Metaphysics and Language, Oxford etc. 1986, 1989; J. Mittelstraß, Neuzeit und Aufklärung. Studien zur Entstehung der neuzeitlichen Wissenschaft und Philosophie, Berlin/New York 1970, 460–528; G. H. R. Parkinson, Logic and Reality in Leibniz's Metaphysics, Oxford etc. 1965, New York/London 1985; H. Poser, Leibniz' Philosophie. Über die Einheit von Metaphysik und Wissenschaft, ed. W. Li, Hamburg 2016; J.-B. Rauzy, La doctrine leibnizienne de la vérité. Aspects logiques et ontologiques, Paris 2001; N. Rescher, Leibniz. An Introduction to His Philosophy, Oxford 1979, Aldershot etc. 1993, bes. 118–119; M. D. Wilson, Leibniz' Doctrine of Necessary Truth, New York/London 1990; weitere Literatur: ↑Leibniz, Gottfried Wilhelm, ↑Monadentheorie, ↑Vernunftwahrheit.   J. M.

tattva (sanskr., Dasheit, Realität, Wirklichkeitsbestandteil), Grundbegriff der indischen Philosophie (↑Philosophie, indische), Seiendsein im Sinne von Wirklich(so)-sein. Mit dem Suffix ›-tva‹, einem Abstraktor (↑Abstraktion), lassen sich grundsätzlich Namen von Eigenschaften im Sinne von Substanzen zweiter Stufe bilden, in diesem, gegenüber einem Demonstrativpronomen gebildeten Fall die Eigenschaft des Verwirklichtseins oder der – nicht auf Dinglichkeit eingeschränkten – Substantialität. Deshalb ist ›t.‹ im System des ↑Sāṃkhya Bezeichnung für jedes der 25 Wirklichkeitsbestandteile, die im Laufe des kosmologischen Aufbaus und des psychologischen Abbaus beschrieben werden. Diese 25 t. sind von der monistischen Schule der Kāśmīra-Śaiva um weitere 11 t. ergänzt worden, so daß, ausgehend vom Śiva-t. als dem Absoluten, alle weiteren t. als Beschränkungen Śivas durch Differenzierung auftreten. In einem ähnlich monistischen Kontext steht die Verwendung von ›t.‹ bei dem Grammatiker Bhartṛhari (ca. 450–510), wenn das śabda-brahman, die eigentliche Wirklichkeit in Gestalt der Sprachwirklichkeit, auch als śabda-t. bezeichnet wird. Im indischen Materialismus (↑Lokāyata) gelten die vier Elemente Erde, Wasser, Wind und Feuer als die Grundbausteine oder tattvāni alles Wirklichen, während im Jainismus (↑Philosophie, jainistische) bei dessen Gliederung alles Wirklichen in sieben Kategorien (↑padārtha) diese am Stufenweg der Erlösung orientierten Kategorien jeweils auch ein t. bedeuten.   K. L.

tat tvam asi (sanskr., das bist du), einer der ›großen Aussprüche‹ in den Upanischaden (↑upaniṣad), von zentraler Bedeutung für den advaita-↑Vedānta innerhalb der indischen Philosophie (↑Philosophie, indische). Die Deutung dieses neunmal in der Chāndogya-Upaniṣad von Uddālaka im Zusammenhang der Belehrung seines Sohnes Śvetaketu geäußerten Satzes ist für Śaṃkara (ca. 700–750) einer der Anlässe, den Kern seiner Lehre, mit der religiöse Erfahrung in philosophischer Darstellung vermittelbar gedacht ist, zu formulieren. Dabei handelt es sich um die Identität des nur scheinbar in einer Vielheit individueller Seelen (↑jīva) auftretenden Selbst (↑ātman) mit dem, Sein und Wissen zu einer eigenschaftslosen Einheit verschmelzenden, ↑brahman. Während in einem gewöhnlichen Satz eine Verbindung der von Subjekt und Prädikat artikulierten Gegenstände ausgesagt wird (↑Prädikation), wobei das Subjekt (hier: tvam – du) von etwas unmittelbar Gegebenem, das Prädikat (hier: tat – das) von etwas mittelbar, d.h. in der Vorstellung Gegebenem handle, liege im t. t. a. ein ›nicht-satzartiger Inhalt‹ (avākyārtha) vor – der Advaitin und Śaṃkara-Schüler Sureśvara (ca. 720–770) spricht in seiner Naiṣkarmyasiddhi von der avākyāsthatā als Inhalt der Brahmanerfahrung –, weil ›in Wirklichkeit‹ ›tat‹ das brahman und ›tvam‹ den ātman bezeichne, also nur zwei Namen für ›dasselbe‹ auftreten. Die in der frühen europäischen Rezeption, z. B. bei A. Schopenhauer, seinem Schüler P. Deussen, und daraufhin auch im Neuhinduismus bei Vivekānanda, S. Radhakrishnan u. a. vertretene moralphilosophische Deutung des t. t. a. als ›behandle den anderen wie dich selbst‹ läßt sich überzeugend widerlegen (P. Hacker 1961) weil ↑Moral in der indischen Philosophie grundsätzlich auf den Einzelnen und nicht auf Sozialität bezogen begründet wird.

Literatur: P. Hacker, Schopenhauer und die Ethik des Hinduismus, Saeculum 12 (1961), 366–399 (repr. in: ders., Kleine Schriften, ed. L. Schmithausen, Wiesbaden 1978, 531–564).   K. L.

Tauler, Johannes, *Straßburg um 1300, †ebd. wahrscheinlich 15. Juni 1361, dt. Mystiker und Prediger, seit 1315 Dominikaner, Schüler Meister Eckharts, dessen Spekulationen T. aber nicht weiterführt, sondern – unter Umgehung der verurteilten pantheistischen (↑Pantheismus) Lehrstücke Eckharts – in Anweisungen zu einem mit Gott vereinten Leben umsetzt. Der Weg zur Vereinigung des Seelengrundes mit Gott führt über die ↑Gelassenheit. Wirkungsgeschichtlich bedeutsam ist T.s Betonung des ›inneren Werkes‹ vor der äußeren Werkgerechtigkeit.

Werke: Opera omnia [lat.], ed. L. Surius, Köln 1548 (repr. Hildesheim 1985), 1697; Gesammelte Werke nach Handschriften und den besten Ur-Ausgaben, I–II, ed. N. Casseder, Luzern 1823; Obras, ed. T. H. Martín, Madrid 1984. – Joannis Tauleri des heiligen [auch: seligen] lerers Predig […], Basel 1521, 1522 (repr. unter dem Titel: Predigten, Frankfurt 1966), unter dem Titel: Joannis Tauleri des hilligen lerers Predige […], Halberstadt 1523;

Exercitia Joannis Thauleri piissima, super vita et passione salvatoris nostri Jesu Christi, Lyon 1556, Antwerpen 1565, Lyon 1572, Köln 1857 (dt. Geistreiche Betrachtungen oder Andachts-Übungen über das Leben und Leyden unseres Erlösers Jesu Christi, Hamburg 1691, unter dem Titel: Fromme Übungen über das Leben und Leiden unseres göttlichen Herrn und Heilands Jesu Christi, Köln 1857); Predigten. Nach den besten Ausgaben und in unverändertem Text in die jetzige Schriftsprache übertragen, I–III, Frankfurt 1826, Prag ²1872; Die Predigten T.s aus der Engelberger und der Freiburger Handschrift sowie aus Schmidts Abschriften der ehemaligen Strassburger Handschriften, ed. F. Vetter, Berlin 1910 (repr. Dublin/Zürich 1968, Augsburg 2000); Predigten, I–II, ed. W. Lehmann, Jena 1913, 1923; Ausgewählte Predigten, ed. L. Naumann, Bonn 1914, Leipzig 1923 (repr. Frankfurt 1980), Neudr. Berlin 1933; J. T. in Auswahl übersetzt, ed. W. Oehle, München 1914, München/Kempten 1919 (Deutsche Mystiker IV); J. Quint (ed.), Textbuch zur Mystik des deutschen Mittelalters. Meister Eckhart, J. T., Heinrich Seuse, Halle 1952, Tübingen ²1957, ³1978, 68–133; J. T. Vom gottförmigen Menschen. Eine Auswahl aus den Predigten, ed. F. A. Schmid Noerr, Stuttgart 1955, mit Untertitel: Neu durchgesehen und mit einer Einführung in Begriff und Wesen der Mystik, 1961; Predigten, vollständige Ausgabe, ed. J. Hofmann, Freiburg/Basel/Wien 1961, in 2 Bdn., Einsiedeln 1979, ³1987, 2004; Deutsche Mystik. Aus den Schriften von Heinrich Seuse und J. T., ed. W. Zeller, Düsseldorf 1967, 155–306 (Predigten), Neudr. unter dem Titel: Heinrich Seuse/J. T., Mystische Schriften, Werkauswahl, ed. B. Jaspert, München 1988, ²1993, 153–306 (Predigten); E. Jungclaussen, Der Meister in Dir. Entdeckung der inneren Welt nach J. T., Freiburg/Basel/Wien 1975, ¹⁰1999; J. T., ed. L. Gnädinger, Olten, Zürich 1983; Sermons [engl.], trans. M. Shrady, New York/Mahwah N. J. 1985; L. Gnädinger (ed.), Deutsche Mystik. Hildegard von Bingen, Mechthild von Magdeburg, Meister Eckhart, J. T., Rulman Merswin, Heinrich von Nördlingen, Margaretha Ebner, Heinrich Seuse, Christine Ebner, Lieder, Zürich 1989, ²1994, 227–296; Sermons [franz.], ed. R. Valléjo, Paris 2013.

Literatur: J. Bussanich, T., REP IX (1998), 269–271; M. Egerding, J. T.s Auffassung vom Menschen, Freib. Z. Philos. Theol. 39 (1992), 105–129; M. Enders, Gelassenheit und Abgeschiedenheit – Studien zur Deutschen Mystik, Hamburg 2008, bes. 273–347 (Teil III J. T. (um 1300–1361)); ders., T., NDB XXV (2013), 806–808; J. Gabriel, Rückkehr zu Gott. Die Predigten J. T.s in ihrem zeit- und geistesgeschichtlichen Kontext. Zugleich eine Geschichte hochmittelalterlicher Spiritualität und Theologie, Würzburg 2013; M. de Gandillac, Valeur du temps dans la pédagogie spirituelle de Jean T., Montréal/Paris 1956; L. Gnädinger, J. T.. Lebenswelt und mystische Lehre, München 1993; dies., T., LThK V (³1996), 970–972; J. F. Hamburger, Die »verschiedenartigen Bücher der Menschheit«. J. T. über den »Scivias« Hildegards von Bingen, Trier 2005, ²2007; H.-P. Hasse, Karlstadt und T.. Untersuchungen zur Kreuzestheologie, Gütersloh 1992; J. Kreuzer, Gestalten mittelalterlicher Philosophie. Augustinus, Eriugena, Eckhart, T., Nikolaus v. Kues, München 2000, 117–142 (Kap. IV Radikale Diesseitigkeit: Denken und Mystik bei T.); V. Leppin, T., TRE XXXII (2001), 745–748; F. Löser/D. Mieth (eds.), Religiöse Individualisierung in der Mystik. Eckhart – T. – Seuse, Stuttgart 2014 (Meister-Eckhart-Jb. VIII); J. Mayer, Die »Vulgata«-Fassung der Predigten J. T.s., Würzburg 1999; B. McGinn, The Presence of God, New York 2005, 240–296, 584–606 (Chap. 6 John T. the Lebmeister) (dt. Die Mystik im Abendland IV, Freiburg/Basel/Wien 2008, 2010, 412–502 [Kap. 6 J. T.: Der ›Lebmeister‹]); W. Nigg, Das mystische Dreigestirn. Meister Eckhart, J. T., Heinrich

Seuse, Zürich/München 1988, Zürich 1990, 89–138; C. Pleuser, Die Benennungen und der Begriff des Leidens bei J. T., Berlin 1967; K. Ruh, Geschichte der abendländischen Mystik III, München 1996, 476–526; S. Zekorn, Gelassenheit und Einkehr. Zu Grundlage und Gestalt geistlichen Lebens bei J. T., Würzburg 1993.   O. S.

Tauschwert, in der politischen Ökonomie (↑Ökonomie, politische) Bezeichnung für die Möglichkeit, ein Gut gegen andere Güter zu tauschen. Vom T. wird der ↑Gebrauchswert der Güter unterschieden als ihre Tauglichkeit zur Bedürfnisbefriedigung und zur Herstellung von Mitteln der Bedürfnisbefriedigung. Güter, die einen T. haben, heißen traditionell auch ↑Waren (engl. commodities). Die Unterscheidung zwischen T. und Gebrauchswert ist bereits Aristoteles geläufig (Pol. A9.1256b40–1258a18). Wichtig wird sie für das werttheoretische Fundament der klassischen politischen Ökonomie und ihre Kritik von A. Smith bis K. Marx. Nach Smith richtet sich der T. einer Ware im Idealfall des fairen Tausches nach der Menge der ↑Arbeit, die man sich durch den Erwerb der Ware im Tausch dienstbar machen kann. Daraus ergibt sich die folgende Regel des rationalen (›natürlichen‹) Tausches: Tauschäquivalent sind zwei Warenmengen genau dann, wenn ihre Produktion die (nach Berücksichtigung von Mühe und notwendiger Ausbildung) gleiche Arbeitszeit erfordert. Für die Koeffizienten, mit denen die Zeiten verschiedener Arten von Arbeit dabei zu multiplizieren sind, sieht Smith eine Bestimmung über den Arbeitsmarkt vor; den so in Arbeitseinheiten gemessenen T. einer Warenmenge nennt er ihren ›realen Preis‹. Dagegen heißt ihr ›relativer T.‹, bezogen auf eine andere tauschäquivalente Warenmenge (insbes. bezogen auf Warenmengen, die als Geld fungieren), ihr ›nominaler Preis‹. Unter dem Terminus ›natürlicher Preis‹ findet sich ein ähnlicher Vorschlag bereits ein Jahrhundert früher bei dem englischen Merkantilisten W. Petty (Economic Writings, Cambridge 1899, I, 50).

Smith geht davon aus, daß bei elementaren natürlichen Tauschbeziehungen die unmittelbaren Produzenten das ›reale‹ und d. h. das *ideale*, faire Preisäquivalent ihrer Produkte erhalten. Eine wesentliche, entwickelte Gesellschaften beherrschende Veränderung tritt nach Smith dadurch ein, daß eine monopolförmige Verfügung über Kapital (Produktionsmittel) und Boden dazu benutzt wird, Arbeit in Form von Lohnarbeit zu verkaufen, und zwar zu einem Preis (als Lohn), der niedriger liegt, als es der durch die Lohnarbeiter geleisteten Arbeit bzw. dem T. der produzierten Güter entspräche. Die Differenz kann dann als Profit und Pacht auftreten. In der durch den Tausch bewirkten Arbeitsteilung und in dem durch die Profite ermöglichten Wachstum des Kapitals sieht Smith die wesentlichen Gründe für den ökonomischen Fortschritt.

Ɔ. Ricardo arbeitet den Ansatz von Smith weiter aus, wobei es auf der von ihm gelegten Basis insbes. möglich wird, genau zwischen dem T. der Arbeitskraft (dem T. der für die Unterhaltung des Arbeiters notwendigen Waren) und dem T. der durch die Arbeitskraft produzierten Waren zu unterscheiden. Die Differenz, die auch nach Ricardo die Form von Profit und Pacht annimmt, bezeichnet Marx später als den ↑Mehrwert und kritisiert, in Orientierung an der Verfügung der unmittelbaren Produzenten über den Gesamtwert ihres Arbeitsproduktes, die Existenz eines Mehrwertes als die für die bürgerliche Gesellschaft (↑Gesellschaft, bürgerliche) charakteristische Form der Ausbeutung, ermöglicht durch eigentumsrechtliche Monopolstellungen der Besitzer von Produktionsmitteln und Grundbesitz.

Literatur: A. Baruzzi, T./Gebrauchswert, Hist. Wb. Ph. X (1998), 930–932; G. Debreu, Theory of Value. An Axiomatic Analysis of Economic Equilibrium, New York 1959, New Haven Conn./London 1987 (franz. Théorie de la valeur. Analyse axiomatique de l'équilibre économique, Paris 1966, 2001; dt. Werttheorie. Eine axiomatische Analyse des ökonomischen Gleichgewichtes, Berlin/Heidelberg/New York 1976); R. Dietz, Geld und Schuld. Eine ökonomische Theorie der Gesellschaft, Marburg 2011, ⁵2016; A. Dill, Gemeinsam sind wir reich. Wie Gemeinschaften ohne Geld Werte schaffen, München 2012; M. Dobb, Theories of Value and Distribution since Adam Smith. Ideology and Economic Theory, Cambridge 1973, 1985 (dt. Wert- und Verteilungstheorien seit Adam Smith. Eine nationalökonomische Dogmengeschichte, Frankfurt 1977); G. C. Harcourt/N. F. Laing, Capital and Growth. Selected Readings, Harmondsworth 1971, 1973; W. S. Jevons, The Theory of Political Economy, London/New York 1871 (repr. Düsseldorf 1995), ²1879 (repr. Basingstoke etc. 2001), ⁴1911 (repr. Basingstoke etc. 2013); New York ⁵1957, Harmondsworth 1970 (franz. La théorie de l'économie politique, Paris 1909; dt. Die Theorie der Politischen Ökonomie, Jena 1923, 1924); G. Marion, Le consommateur coproducteur de valeur. L'axiologie de la consummation, Cormelles-le-Royal 2016; C. Menger, Grundsätze der Volkswirtschaftslehre, Wien 1871 (repr. Düsseldorf 1990), ²1923, ed. F. A. Hayek, London 1934 (= Collected Works I), Tübingen 1968 (= Ges. Werke I), Wien 2014 (engl. Principles of Economics, New York/London 1981); A. Meyer-Faje/P. Ulrich (eds.), Der andere Adam Smith. Beiträge zur Neubestimmung von Ökonomie als politischer Ökonomie, Bern/Stuttgart 1991; J. Nanninga, T. und Wert. Eine sprachkritische Rekonstruktion des Fundamentes der Kritik der Politischen Ökonomie, Diss. Hamburg 1975; ders., Mit Marx auf der Suche nach dem Dritten. Kritik des Abstraktionsschrittes vom T. zum Wert im »Kapital«, in: J. Mittelstraß (ed.), Methodenprobleme der Wissenschaften vom gesellschaftlichen Handeln, Frankfurt 1979, 439–454; P. Sraffa, Production of Commodities by Means of Commodities. Prelude to a Critique of Economic Theory, Cambridge etc. 1960 (repr. 1992), 1979 (dt. Warenproduktion mittels Waren. Einleitung zu einer Kritik der ökonomischen Theorie, ed. J. Behr/G. Kohlmey, Berlin [Ost] 1968, Frankfurt 1976 [repr. Marburg 2014]; franz. Production de marchandises par des marchandises, Paris 1970, ²1999); G. Tschinkel, Die Warenproduktion und ihr Ende. Grundlagen einer sozialistischen Wirtschaft, Köln 2017.   F. K./P. S.-W.

Tautologie (von griech. $ταὐτό = τὸ αὐτό$, dasselbe, und $λόγος$, Aussage), Bezeichnung für Sätze, die unter allen Umständen wahr (↑wahr/das Wahre) sind. Traditionell wird ›T.‹ als Bezeichnung für pleonastische Redewendungen, z. B. ›weißer Schimmel‹, ›nie und nimmer‹, ›Schloß und Riegel‹, verwendet, aber auch für Zirkeldefinitionen (↑idem per idem, ↑zirkulär/Zirkularität) oder zirkelhafte ↑Beweise (↑circulus vitiosus), bei denen der zu definierende Ausdruck, das Definiendum, im definierenden Ausdruck, dem Definiens, bereits vorkommt bzw. bei denen unter den ↑Prämissen eines zum Beweis herangezogenen ↑Schlusses die zu erschließende ↑Konklusion bereits enthalten ist oder stillschweigend auf sie als zusätzliche Prämisse zurückgegriffen wird.

Da eine logische ↑Implikation die Wahrheit von den Hypothesen nur auf Grund der Zusammensetzung mit den logischen Partikeln (↑Partikel, logische) auf die These überträgt, kann der auf sie gestützte (logische) Schluß von den ↑Antezedentien auf das ↑Konsequens der Implikation, zumindest in Fällen einer einzigen Prämisse, z. B. von A auf A oder von $A \wedge B$ auf A ($A \prec A$ und $A \wedge B \prec A$ sind gültige logische Implikationen), als ein typisches Beispiel für einen Zirkelschluß gelten. Tatsächlich werden logische Schlüsse ganz allgemein häufig so verstanden, daß nichts erschlossen werden kann, was nicht schon in den Prämissen enthalten ist, auch wenn in anderen Beispielen, z. B. dem (logischen) Schluß von A auf $A \vee B$ oder dem von $A \vee B$ zusammen mit $\neg B$ auf A, das Enthaltensein (↑enthalten/Enthaltensein) einen eher metaphorischen Sinn erhält. Gleichwohl ist es richtig, daß eine logische Implikation, deren Geltung sich allein aus der logischen Zusammensetzung der beteiligten Aussagen ermitteln läßt und daher schon für die ↑Aussageschemata formulierbar ist, von einem inhaltlichen Wissen von der Welt, wie im Falle kausaler Implikation oder auch arithmetischer Implikation (es sei denn, die Arithmetik ist, dem Programm des ↑Logizismus folgend, auf Logik reduziert worden), keinerlei Gebrauch macht.

Auch das jeder für Aussageschemata formulierten gültigen logischen Implikation $A_1, ..., A_n \prec A$ zugeordnete allgemeingültige (↑allgemeingültig/Allgemeingültigkeit) Aussageschema $A_1 \wedge ... \wedge A_n \rightarrow A$ steht in »keiner darstellenden Beziehung zur Wirklichkeit« mehr (L. Wittgenstein, Tract. 4.462). Wittgenstein reserviert im Zusammenhang mit der für die ↑Junktorenlogik entwickelten Methode der ↑Wahrheitstafeln den Terminus ›T.‹ für *klassisch allgemeingültige Aussageschemata* der Junktorenlogik, also solche, die für jede ↑Belegung der Primaussagesymbole mit den ↑Wahrheitswerten ›wahr‹ (↑verum) und ›falsch‹ (↑falsum) den Wert ›wahr‹ erhalten. Beispiele sind $A \vee \neg A$ (↑tertium non datur), $A \rightarrow A$ (↑principium identitatis; ↑Identität), $\neg(A \wedge \neg A)$ (↑Widerspruch, Satz vom) usw.. T.n sind ebenso wie Kontradiktionen (↑kontradiktorisch/Kontradiktion), d. s. klassisch allgemeinungültige Aussageschemata der Junktorenlogik, ›sinnlos‹, weil keinen ↑Wahrheitsbedingungen mehr unterworfen, aber nicht ›unsinnig‹ (Tract. 4.4611), weil sie zum Symbolismus logischer Darstellung gehörige Grenzfälle (logisch) *notwendiger* Wahrheit bzw. Falschheit (↑notwendig/Notwendigkeit) bilden (»Die T. läßt der Wirklichkeit den ganzen – unendlichen – logischen Raum frei; die Contradiktion erfüllt den ganzen logischen Raum und läßt der Wirklichkeit keinen Punkt. Keine von beiden kann daher die Wirklichkeit irgendwie bestimmen«, Tract. 4.4485; ↑Spielraum).

Diese terminologische Festlegung von ›T.‹, insbes. die Beschränkung auf junktorenlogische klassische Allgemeingültigkeit, hat sich eingebürgert, unbeschadet der Tatsache, daß häufig auch die Aussagen selbst, die ein klassisch allgemeingültiges Schema erfüllen, die also (formal-)*logisch wahr* sind, ›T.n‹ genannt werden und darüber hinaus gelegentlich, z. B. im Logischen Empirismus (↑Empirismus, logischer), sogar *analytisch wahre* Aussagen ›T.n‹ heißen, also solche, die unter Heranziehung von ↑Regulationen, d. s. ↑Prädikatorenregeln unter Einschluß expliziter ↑Definitionen von Termini, wahr sind. K. L.

Taxonomie (von griech. *τάξις*, Ordnung, und *νόμος*, Gesetz), Bezeichnung für denjenigen Teil der biologischen ↑Systematik, der sich »mit der theoretischen Untersuchung der Klassifikation [der Organismen] befaßt, einschließlich deren Grundlagen, Prinzipien, Verfahren und Regeln« (G. G. Simpson, Principles of Animal Taxonomy, New York/London 1961, 1967, 11). Die T. ist auf der einen Seite von der sie umfassenden Systematik als der Untersuchung der Arten und des Unterschieds der organismischen Vielfalt sowie der Beziehungen zwischen diesen Arten zu unterscheiden, auf der anderen Seite von der von ihr umfaßten ↑Klassifikation als der Einordnung von Organismen in Gruppen auf Grund von Ordnungsgesichtspunkten. Üblicherweise sind Klassifikationen des Lebendigen hierarchisch geordnet (z. B. bei C. v. Linné in Art [↑Spezies], Gattung, Ordnung, Klasse, Reich). Gegenwärtige Hierarchien umfassen bis zu mehr als 20 Kategorien.

Die zentrale wissenschaftstheoretische Frage der T. ist, ob die auf der Gruppierung nach morphologischen Ähnlichkeiten beruhenden Einheiten der taxonomischen Ordnung der natürlichen Vielfalt (d. h. taxonomische Spezies) die gleichen sind oder sein sollten wie die auf gemeinsamer Abstammung beruhenden Einheiten der ↑Evolution (d. h. phylogenetische Spezies). Wenn dies der Fall wäre, hätte die T. des Lebendigen eine genuine biologische Begründung, weil phylogenetische Verwandtschaft die Ursache von Ähnlichkeit darstellte. Taxonomische Spezies wären echte, biologisch

relevante Natureinheiten. Damit würde der seit den Tagen Linnés gegen sie erhobene Willkürlichkeitsvorwurf hinfällig werden.

Literatur: ↑Klassifikation, ↑Spezies, ↑Systematik. G. W.

Technē (griech. *τέχνη*), Können, Kunst, Kenntnis, Geschicklichkeit, im weiteren Sinne Bezeichnung sowohl für theoretisches (Beispiel: Geometrie) als auch für praktisches (Beispiele: Pferdezucht, Bildhauerei) Können (so noch bei Platon und Aristoteles), im engeren Sinne für die praktische Fähigkeit, etwas hervorzubringen – in ausdrücklicher Entgegensetzung zum theoretischen Wissen (*ἐπιστήμη*, ↑Theoria), dessen Gegenstand unveränderlich und ›notwendig‹ ist, und zum moralisch-praktischen Wissen (*φρόνησις*, ↑Phronesis), das nicht auf ein Hervorbringen (*ποίησις*, ↑Poiesis), sondern auf das Handeln (*πρᾶξις*, ↑Praxis) zielt und dessen Gegenstand (wie bei der T.) veränderlich ist (Aristoteles, Eth. Nic. Z2.1139b1–5.1140b30). Unter anderen Aspekten wird die T. der Natur (*φύσις*, ↑Physis) gegenübergestellt und (bei Platon und Aristoteles) zum Teil mit dieser in Übereinstimmung gebracht.

Literatur: T. Angier, T. in Aristotle's Ethics. Crafting the Moral Life, London/New York 2010; A. Balansard, Technè dans les Dialogues de Platon. L'empreinte de la sophistique, Sankt Augustin 2001; K. Bartels, Der Begriff der ›T.‹ bei Aristoteles, in: H. Flashar/K. Gaiser (eds.), Synusia. Festgabe für Wolfgang Schadewaldt zum 15. März 1965, Pfullingen 1965, 275–287; M. T. Cardini, *Φύσις* e *τέχνη* in Aristotle, in: V. Alfieri (ed.), Studi di filosofia greca. In onore di Rodolfo Mondolfo, Bari 1950, 277–305; M. Fattal, Existence et identité. Logos et technè chez Plotin, Paris 2015; H. Görgemanns, Techne, DNP XII/1 (2002), 66–68; F. Heinimann, Eine vorplatonische Theorie des *τέχνη*, Mus. Helv. 18 (1961), 105–130; R. Löbl, *TEXNH – TECHNE*. Untersuchungen zur Bedeutung dieses Worts in der Zeit von Homer bis Aristoteles, I–III, Würzburg 1997–2008; R. Parry, Episteme and Techne, SEP 2003, rev. 2014; D. Roochnik, Of Art and Wisdom. Plato's Understanding of ›T.‹, University Park Pa. 1996; R. Schaerer, *'Επιστήμη* et *τέχνη*. Études sur les notions de connaissance et d'art d'Homère à Platon, Macon 1930; W. Streitbörger, *TEXNH-Techne*. Eine anwendungsorientierte terminologische Analyse diese Wortes, Würzburg 2013. M. G.

Technik (von griech. *τέχνη*, Kunst, Können; engl. technology, franz. technique), alltagssprachliche (↑Alltagssprache), technikwissenschaftliche und philosophische Bezeichnung für die Verfügbarkeit von Mitteln für Zwecke menschlicher Handlungen sowie für die Eigenschaften der Handlungsergebnisse. Im einzelnen wird die Bezeichnung ›T.‹ in unterschiedlicher Weise verwendet: (1) als Beherrschung eines ↑Handlungsschemas (z. B. T. des Klavierspiels, Mnemotechnik), (2) als Bereitstellung oder Beherrschung von ↑Mitteln für feststehende ↑Zwecke nach funktionalen oder zweckrationalen (↑Zweckrationalität) Gesichtspunkten (z. B. Gußtechnik, Informationstechnik), (3) für die Produkte ingenieurmäßiger Konstruktion und handwerklicher Herstellung von Artefakten durch zweckrationales Handeln, insbes. von Geräten und Maschinen, die den Zwecken Transport, Transformation oder Speicherung von Stoff, Energie oder Information dienen, immobilen Artefakten wie Gebäuden, Straßen, Brücken, schließlich für Eingriffe in die natürliche Umwelt durch Landwirtschaft und Forsten. Alle Aspekte heben auf menschliches Handeln, zweckrationales Verfügen über Mittel und die Folgen des Handelns über bezweckte und nicht bezweckte Eigenschaften der Produkte ab. Kunstwerke unterscheiden sich von technischen Produkten dadurch, daß an die Stelle funktionaler oder zweckrationaler Kriterien ästhetische oder symbolische Kriterien treten.

Wissenschaftstheoretisch wird das Verhältnis von T. und ↑Naturwissenschaften kontrovers diskutiert. Gegen die These von der zweckfreien Naturforschung, die in zweckgebundener T. angewandt wird, wird im Rahmen einer analytisch-empiristischen Technikphilosophie (↑Wissenschaftstheorie, analytische) auf Rückwirkungen der T. auf die naturwissenschaftliche Forschung verwiesen. Dagegen wird für eine methodische Rekonstruktion der Naturwissenschaften leitend, daß diese die Konstitution ihrer Gegenstände bereits technischem Handeln verdanken, von der Beherrschung der Pflanzen- und Tierzüchtung für den Gegenstand der Evolutionsbiologie bis zu den Meß-, Experimentier- und Beobachtungsgeräten von Physik und Chemie. Die apparategestützte Form der ↑Erfahrung neuzeitlicher Naturwissenschaft, wie sie außer der ↑Beobachtung von Naturvorgängen durch Instrumente (z.B. Fernrohr, Mikroskop) in der Formulierung von kausalen und funktionalen Abhängigkeiten im Rahmen experimenteller Kontrolle gewonnen wird, legt die Auffassung von Naturwissenschaft als angewandter (lebensweltlicher und hochstilisierter) T. nahe und erlaubt die Interpretation, ↑Naturgesetze als Beschreibungen erfolgreicher Experimentiertechnik aufzufassen. Die angeblich für den Unterschied von Naturwissenschaft und T. spezifischen Unterscheidungen von Entdeckung, Erfindung und Entwicklung verlieren ihre definierende Funktion, insofern auch in technischer Entwicklung die Gangbarkeit eines Weges entdeckt und in naturwissenschaftlicher Forschung ein ↑Experiment erfunden und entwickelt werden kann.

In den Naturwissenschaften wird mit der Rede von ›Artefakten‹ im Sinne einer unbeabsichtigten oder fahrlässigen Verfälschung von Beobachtungsresultaten (z.B. durch Schmutzeffekte) insofern eine naturalistische (↑Naturalismus) Auffassung vertreten, als in der von solchen Artefakten freien Beobachtung der unverfälschte Blick auf die Natur (bzw. Naturgesetzlichkeit) der beobachteten Verhältnisse angenommen wird, und zwar ungeachtet dessen, daß de facto alle Beobachtungen der modernen Naturwissenschaften an technisch hergestellten Verhältnissen, also ›Artefakten‹, stattfinden. Auch die Abgrenzung technischer Teile oder Aspekte ganzer Wissenschaften wie der Psychologie und der Sozialwissenschaften läßt sich nach dem Kriterium vornehmen, ob bei festgehaltenen Zwecken geeignete oder beste Mittel zu deren Erreichung gesucht und damit z.B. Beratungstechniken oder Sozialtechniken entwickelt werden, oder ob (in kulturwissenschaftlichen Teilen oder Aspekten) eine Transformation der jeweiligen Zwecke ins Auge gefaßt und diese Rechtfertigungsbemühungen unterworfen wird.

Die Grundlagen kulturphilosophischer Reflexionen der Technik wurden bereits von Aristoteles gelegt, für den einerseits (Met. *Λ*3.1069b35–1070a30) ›technisch‹ das vom Menschen handelnd Hervorgebrachte im Unterschied zu dem von Natur aus Gewordenen bezeichnet (↑Philosophie, poietische, ↑Poiesis), andererseits (in der »Nikomachischen Ethik«) das technische vom praktischen Handeln unterschieden wird. In der ersten Unterscheidung liegt der Grund für das Verhältnis des Kulturwesens Mensch zur Natur (mit der technischen Seite der Kultur als Ackerbau, allgemein als Eingriff in die Natur und ihre Nutzung zu eigenen Zwecken), in der zweiten Unterscheidung das Verhältnis des technischen Mittelwissens zu Problemen des Setzens und Rechtfertigens von Zwecken. Die Offenheit der Mittel-Zweck-Verbindung (gleiche Zwecke können durch verschiedene ›technische‹ Mittel erreicht werden; gleiche Mittel können verschiedenen Zwecken dienen) und damit das Problem der (nicht bezweckten) Nebenfolgen ziehen Probleme der Vorhersehbarkeit und Verantwortbarkeit von T.folgen (↑Technikfolgenabschätzung) nach sich und begründen ein quasi dialektisches (↑Dialektik) Verhältnis von Zweck und Mittel, insofern erfolgreiche T. neue Zwecke und ↑Bedürfnisse ermöglicht (z.B. Verkehrstechnik den Tourismus) oder fordert (z.B. Verkehrstechnik die T. der Verkehrsregelung).

Philosophiegeschichtlich stehen sich optimistische Auffassungen, wonach T. einen ↑Fortschritt der Menschheit

Abb. 1: Drahtziehen mit Wasserkraft, Holzschnitt aus: V. Biringuccio, De la pirotechnia, Venedig 1540 (aus: dtv-Lexikon XVIII, München 1980, 147).

auch in politischer und moralischer Hinsicht sowie die Befreiung von Zwang, Not und schwerer Arbeit bedeutet, und pessimistische Auffassungen gegenüber, wonach T. ein ursprüngliches Verhältnis zur ↑Natur stört und zu einer Degeneration kulturmenschlicher Qualitäten führt. Die T.philosophie in der zweiten Hälfte des 20. Jhs. ist in der Zivilisationskritik der ↑Frankfurter Schule (↑Theorie, kritische) den methodischen Abhängigkeiten der Naturerkenntnis von T. ebensowenig gerecht geworden wie die zeitgenössische, vor allem systemtheoretische (↑Systemtheorie) analytische T.philosophie und T.wissenschaft, die auch noch die Frage der politischen und moralischen Rechtfertigung technischer Zwecke auf den Aspekt der Anwendung wertfreier (↑Wertfreiheit) naturwissenschaftlicher Erkenntnisse verschiebt und damit die T.geschichte weitgehend von Legitimationspflichten entlastet.

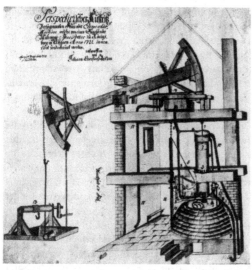

Abb. 2: Newcomensche Dampfmaschine von 1722; Originalzeichnung im Deutschen Museum, München (aus: dtv-Lexikon XVIII, München 1980, 149).

Die konstruktive T.philosophie (↑Konstruktivismus, ↑Wissenschaftstheorie, konstruktive) setzt bei der technikwissenschaftlichen Interpretation der Naturwissenschaften unter erkenntnistheoretischen Fragestellungen an, um für die außerhalb wissenschaftlicher Forschung liegende T. die Legitimation von Mitteln durch die der Zwecke zugänglich zu machen und im engeren, technikphilosophischen Sinne eine Naturalismuskritik vor allem bei der Substitution menschlicher Kognitionsleistungen (Informationstechnik, Automaten) darzulegen, wonach kognitive Resultate (z. B. Rechenergebnisse, Wahrnehmungsurteile und alle eine Zwecksetzungskompetenz in Anspruch nehmenden Leistungen) se-

mantisch und geltungstheoretisch auf menschliche ↑Kommunikation und ↑Kooperation bezogen und deshalb technisch nicht substituierbar sind.

Literatur: J. Agassi, The Confusion between Science and Technology in the Standard Philosophies of Sciences, Technology and Culture 7 (1966), 348–366; S. Bauer/T. Heinemann/T. Lemke (eds.), Science and Technology Studies. Klassische Positionen und aktuelle Perspektiven, Berlin 2017; H. Beck, Philosophie der T.. Perspektiven zu T. – Menschheit – Zukunft, Trier 1969, unter dem Titel: Kulturphilosophie der T.. Perspektiven zu T., Menschheit, Zukunft, [2]1979; R. Benedikter (ed.), Italienische T.philosophie für das 21. Jahrhundert, Stuttgart-Bad Cannstatt 2002; C. Berg u. a., T./Technologie, RGG VIII ([4]2005), 102–112; J. K. Berg Olsen/E. Selinger/S. Riis (eds.), New Waves in Philosophy of Technology, Basingstoke etc. 2009; G. Böhme/A. Manzei (eds.), Kritische Theorie der T. und der Natur, München 2003; A. Briggle/C. Mitcham/M. Ryder, Technology. Overview, in: C. Mitcham (ed.), Encyclopedia of Science, Technology and Ethics IV, Detroit Mich. etc. 2005, 1908–1912; M. Bunge, Technology as Applied Science, Technology and Culture 7 (1966), 329–347; F. Dessauer, Streit um die T., Frankfurt 1956, [2]1958, unter dem Titel: Streit um die T.. Kurzfassung, Freiburg/Basel/Wien 1959; A. Feenberg, Questioning Technology, London/New York 1999; R. Figueroa/S. Harding (eds.), Science and Other Cultures. Issues in Philosophies of Science and Technology, New York/London 2003; P. Fischer, T.philosophie. Von der Antike bis zur Gegenwart, Leipzig 1996; ders., Philosophie der T.. Eine Einführung, München 2004; S. Fohler, T.theorien. Der Platz der Dinge in der Welt des Menschen, München 2003; M. Franssen/G.-J. Lokhorst/I. van de Poel, Philosophy of Technology, SEP 2009, rev. 2013; M. A. Gallee, Bausteine einer abduktiven Wissenschafts- und T.philosophie. Das Problem der zwei ›Kulturen‹ aus methodologischer Perspektive, Münster/Hamburg/London 2003; G. Gamm/A. Hetzel (eds.), Unbestimmtheitssignaturen der T.. Eine neue Deutung der technisierten Welt, Bielefeld 2005; A. Gethmann-Siefert/C. F. Gethmann (eds.), Philosophie und T., München 2000; K. Gloy (ed.), Natur- und T.begriffe. Historische und systematische Aspekte. Von der Antike bis zur ökologischen Krise, von der Physik bis zur Ästhetik, Bonn 1996; A. Grunwald, T. und Politikberatung. Philosophische Perspektiven, Frankfurt 2008; ders./J. v. Hartlieb (eds.), Ist T. die Zukunft der menschlichen Natur? 36 Essays, Hannover 2012; R. Guesnerie/F. Hartog (eds.), Des sciences et des techniques. Un débat, Paris 1998; K. M. Habel, Kommunikative Operationen und technische Konstrukte. Versuch einer systemtheoretischen Beschreibung moderner T., Aachen 1996; M. Heidegger, Die Frage nach der T., in: ders., Vorträge und Aufsätze, Pfullingen 1954, [10]2004, 13–44; C. Hubig, Technologische Kultur, Leipzig 1997; ders./A. Huning/G. Ropohl (eds.), Nachdenken über T.. Die Klassiker der T.philosophie, Berlin 2000, [2]2001, mit Untertitel: Die Klassiker der T.philosophie und neuere Entwicklungen, [3]2013; A. Huning, T.philosophie, in: W. D. Rehfus (ed.), Handwörterbuch Philosophie, Göttingen 2003, 639–641; P. Janich, Physics, Natural Science or Technology?, in: W. Krohn/E. T. Layton/P. Weingart (eds.), The Dynamics of Science and Technology. Social Values, Technical Norms and Scientific Criteria in the Development of Knowledge, Dordrecht/Boston Mass. 1978, 3–27; ders., Naturwissenschaft der T. und T. in der Naturwissenschaft, in: C. Burrichter/R. Inhetveen/R. Kötter (eds.), Technische Rationalität und rationale Heuristik, Paderborn etc. 1986, 41–52; ders., Humanität der T. und Humanisierung der Naturwissenschaften, Z. Wiss.forsch. 4 (1988), 113–119; ders., Grenzen der Naturwissenschaft. Erkennen als Handeln, München 1992; ders., Mensch und Automat, Luft- und Raumfahrt 6 (1993), 22–26; ders., Konstruktivismus und Naturerkenntnis. Auf dem Weg zum Kulturalismus, Frankfurt 1996; ders., Handwerk und Mundwerk. Über das Herstellen von Wissen, München 2015; K. Kornwachs, Philosophie der T.. Eine Einführung, München 2013; P. Kroes, Technology, Philosophy of, REP IX (1998), 284–288; ders./P.-P. Verbeek (eds.), The Moral Status of Technical Artefacts, Dordrecht/Heidelberg/Berlin 2014; H. Lange, T.philosophie, EP III (²2010), 2708–2717; H. Lenk, Zu neueren Ansätzen der T.philosophie, in: ders./S. Moser (eds.), Techne, T., Technologie [s. u.], 198–231; ders./S. Moser (eds.), Techne, T., Technologie. Philosophische Perspektiven, Pullach b. München 1973; ders./M. Maring/M. Trowitzsch, T., TRE XXXIII (2002), 1–22; P. Lorenzen, Grundbegriffe technischer und politischer Kultur. Zwölf Beiträge, Frankfurt 1985; ders., Lehrbuch der konstruktiven Wissenschaftstheorie, Mannheim/Wien/Zürich 1987, Stuttgart/Weimar 2000; A. Meijers (ed.), Handbook of the Philosophy of Science IX (Philosophy of Technology and Engineering Sciences), Amsterdam etc. 2009; C. Mitcham, Thinking through Technology. The Path between Engineering and Philosophy, Chicago Ill./London 1994, 1999; ders. (ed.), Encyclopedia of Science, Technology and Ethics, I–IV, Detroit Mich. etc. 2005; ders./R. Mackey (eds.), Philosophy and Technology. Readings in the Philosophical Problems of Technology, New York/London 1972, 1983; C. Mitcham/H. Nissenbaum, Technology and Ethics, REP IX (1998), 280–284; J. Mittelstraß, Leonardo-Welt. Über Wissenschaft, Forschung und Verantwortung, Frankfurt 1992, ²1996; J. C. Pitt, Thinking about Technology. Foundations of the Philosophy of Technology, New York 2000; W. Rammert, T., EP III (²2010), 2697–2708; F. Rapp, Analytische T.philosophie, Freiburg/München 1978 (engl. Analytical Philosophy of Technology, Dordrecht/Boston Mass./London 1981); G. Ropohl, Wie die T. zur Vernunft kommt. Beiträge zum Paradigmenwechsel in den T.wissenschaften, Chur, Amsterdam 1998; H. Sachsse, T. und Verantwortung. Probleme der Ethik im technischen Zeitalter, Freiburg 1972; R. C. Scharff/V. Dusek (eds.), Philosophy of Technology. The Technological Condition. An Anthology, Malden Mass./Oxford 2003, New York ²2014; H. Stork, Einführung in die Philosophie der T., Darmstadt 1977, ³1991; A. Tympas, Technology, NDHI VI (2005), 2295–2297; J. Weber, T.wissenschaft/Technowissenschaft, EP III (²2010), 2717–2721; W. C. Zimmerli, Technologie als ›Kultur‹. Braunschweiger Texte, Hildesheim 1997, ohne Untertitel, Hildesheim/Zürich/New York ²2005; T. Zoglauer (ed.), T.philosophie, Freiburg/München 2002. – Red., T., Hist. Wb. Ph. X (1998), 940–952.   P. J.

Technikethik (engl. technology ethics, technology assessment), Bezeichnung für ein Teilgebiet der Angewandten Ethik (↑Ethik, angewandte), neben Medizinethik (↑Ethik, medizinische) und ↑Umweltethik. Im Unterschied zu evolutionär-deterministischen Technikinterpretationen (↑Technik) geht die T. davon aus, daß das technische Handeln eine tiefgreifende *kulturgeschichtliche Dynamik* aufweist. Daher ist auch in Bezug auf das technische Handeln die ethische Grundfrage zu stellen, wie Menschen leben *wollen* und leben *sollen*, eine Frage, deren Beantwortung sich nicht aus bloßer Naturbeobachtung und Naturerklärung ergibt. Neben den grundsätzlichen anthropologischen Fragen des Verhält-

nisses des Menschen zur Technik befaßt sich die T. insbes. mit großtechnischen Anlagen, bei denen im Unterschied zum elementaren technischen Umgang mit Geräten und einfachen Maschinen Fragen des Handelns unter Bedingungen der Unsicherheit und der Ungleichheit moralische Probleme eigener Art aufwerfen. Probleme des Handelns unter Unsicherheit ergeben sich vor allem daraus, daß die ↑Mittel ihren ↑Zweck oft nur mit einer gewissen ↑Wahrscheinlichkeit realisieren, weil zwischen Ausgangssituation und Endzweck sehr viele Vermittlungsstufen liegen, oder auch deshalb, weil technisches Handeln oft andere Folgen zeitigt als die beabsichtigten. Somit ist in ethischer Perspektive zu fragen, welche ↑Risiken technische Akteure sich und anderen zumuten dürfen (↑Technikfolgenabschätzung, ↑Risikotheorie). Zum anderen ist moderne Technik durch die Erfahrung bestimmt, daß die Gefahrenträger, d. h. diejenigen, die die Lasten einer technischen Implementierung auf sich zu nehmen haben, oft gerade nicht die Nutznießer sind (↑Gerechtigkeit). Soweit die Technikentwicklung wissenschaftsgetrieben ist, fallen technische Fragen mit denen der ↑Wissenschaftsethik zusammen.

Literatur: C. F. Gethmann, Praktische Vernunft und technische Kultur, in: Stiftung Brandenburger Tor (ed.), Technikkultur. Von der Wechselwirkung der Technik mit Wissenschaft, Wirtschaft und Politik. Drei Workshops mit Experten aus Wissenschaft und Unternehmen, Berlin 2002, 141–161; A. Grunwald (ed.), Handbuch T., Stuttgart/Weimar, Darmstadt 2013; T. Heikkerö, Ethics in Technology. A Philosophical Study, Lanham Md. etc. 2012; H. Lenk, Global Technoscience and Responsibility. Schemes Applied to Human Values, Technology, Creativity and Globalisation, Berlin/Münster 2007; ders./M. Maring (eds.), T. und Wirtschaftsethik. Fragen der praktischen Philosophie, Opladen 1998; F. Mathwig, T. – Ethiktechnik. Was leistet angewandte Ethik?, Stuttgart/Berlin/Köln 2000; W. C. Zimmerli (ed.), Ethik in der Praxis. Wege zur Realisierung einer T., Hannover 1998; weitere Literatur: ↑Risikotheorie, ↑Wissenschaftsethik.   C. F. G.

Technikfolgenabschätzung (engl. technology assessment, franz. évaluation des conséquences de la technique), Bezeichnung für Methoden und Verfahren der kritischen Reflexion der Bedingungen und gesellschaftlichen Folgen technischen Handelns und der Technisierung (abgekürzt: TA). Inhaltlich bestehen starke Überschneidungen zwischen Fragestellungen der T. einerseits mit Fragestellungen der philosophisch ausgerichteten ↑Wissenschaftsethik und der ↑Technikethik, andererseits mit der sozialwissenschaftlich geprägten Wissenschaftsforschung und der Technikforschung (science, technology and society studies, STS). Eine systematische Diskussion zwischen beiden hat in den letzten ca. 10 Jahren begonnen.

Mit der Zunahme der Technisierungsgeschwindigkeit und Technikkomplexität (↑Technik), der Bewußtwerdung der Grenzen des Wachstums und der Erkenntnis langfristiger und globaler technisierungsbedingter Risiken gerieten seit etwa Mitte der 60er Jahre des 20. Jhs. Probleme des technischen ↑Fortschritts und seiner Folgen in das Zentrum der politischen und öffentlichen Diskussion. Aus dieser Diskussion entwickelte sich ein Bedarf an professioneller und institutionalisierter wissenschaftlicher Beratung von Politik und Gesellschaft in Fragen der Technikentwicklung und zum Umgang mit den Folgen des Fortschritts in allen gesellschaftlichen Handlungsfeldern. Diese Beratung sollte in wissenschaftlicher Neutralität die themen- und entscheidungsorientierte Bündelung des in der ↑Wissenschaft verfügbaren Wissens leisten, möglichst frühzeitig Technisierungsfolgen für das individuelle und soziale Leben erkennen und diese hinsichtlich ihrer Akzeptabilität oder Wünschbarkeit beurteilen, um das Resultat dieser Analysen in Entscheidungsprozesse einfließen zu lassen. Ziel der T. ist damit, zu einem rationalen Umgang mit vielfältigen Ambivalenzen des wissenschaftlich-technischen Fortschritts angesichts der Unsicherheiten in Bezug auf seine möglichen erwartbaren oder zu befürchtenden Folgen beizutragen. T. ist auf diese Weise zu einer interdisziplinären Querschnittsaufgabe des Wissenschaftssystems geworden, die auf die Bereitstellung wissenschaftsbasierter und ethisch reflektierter Beratung gerichtet ist. Diese Beratung erfolgt in drei Richtungen (A. Grunwald 2015):

(1) *Politikberatung*: Staatliche Institutionen und politische Akteure üben in unterschiedlichen Weisen Einfluß auf die technische Entwicklung und die Nutzung von Technik aus. Standardsetzungen, Regulierungen, Deregulierungen, Steuergesetze, Verordnungen, Forschungs- und Technologieförderung, internationale Konventionen und Handelsabkommen beeinflussen auf verschiedene Weise den Gang der Technikentwicklung und Technikdiffusion. Politikberatende T. (z. B. T. Petermann/Grunwald 2005) erstreckt sich auf öffentlich relevante und politisch zu entscheidende Technikaspekte wie z. B. Sicherheit- und Umweltstandards, den Schutz der Bürger vor Eingriffen in Bürgerrechte, Prioritätensetzungen in der Forschungspolitik und die Gestaltung von Rahmenbedingungen für Innovation.

(2) Öffentliche *Debatte*: Seit der Technokratiedebatte in den 1960er Jahren (z. B. J. Habermas 1968) wurde die Forderung nach Demokratisierung von Technikentscheidungen immer wieder erhoben. Hierzu gehört auch, im Rahmen von ↑normativ anspruchsvollen Vorstellungen einer deliberativen Demokratie dem öffentlichen Dialog zum Umgang mit dem wissenschaftlich-technischen Fortschritt eine wichtige Rolle in der demokratischen Meinungsbildung zuzuschreiben, bevor es in den legitimierten demokratischen Institutionen zu Entscheidungen kommt. Diese Debatten ranken sich häufig um Technikzukünfte (Grunwald 2012), in denen Pro-

jektionen der technischen Entwicklung und ihrer Nutzungsmöglichkeiten und Folgen mit gesellschaftlichen Zukünften verbunden werden. Vielfach geben diese Anlaß zu intensiven Debatten, wie z. B. zur Nanotechnologie, zur Synthetischen Biologie oder zum *Human Enhancement*. Die T. trägt zu diesen Dialogen und Debatten durch Aufklärung der ethischen, kulturellen, sozialen und politischen Hintergründe dieser Zukünfte bei, etwas, das als hermeneutische (↑Hermeneutik) Tätigkeit bezeichnet werden kann.

(3) *Technikgestaltung*: Erforschung und Entwicklung von Technik durch Wissenschaftler, Ingenieure und in der Wirtschaft sind nicht werturteilsfrei (↑Werturteil, ↑Werturteilsstreit). Es werden unvermeidlich normativ gehaltvolle Entscheidungen getroffen, wenn z. B. eine Techniklinie als aussichtsreich, eine andere als Sackgasse bewertet wird, wenn zukünftige Produktchancen bewertet werden oder ein neues Produktionsverfahren mit bestimmten ökonomischen oder umweltrelevanten Unterschieden zum bisherigen Verfahren eingeführt werden soll. Daher kann T. auch direkt an der Entwicklungsarbeit in Labors oder an innerbetrieblichen Entscheidungsprozessen ansetzen und über die üblichen techno-ökonomischen Bewertungskriterien hinaus weitere Werte- und Folgendimensionen berücksichtigen (VDI 1991). Übergreifende Normen (↑Norm (handlungstheoretisch, moralphilosophisch), ↑Norm (juristisch, sozialwissenschaftlich)) und Werte (↑Wert (moralisch), ↑Wert (ökonomisch)) sollen auf diese Weise die technische Entwicklung prägen und von den Ingenieuren in die Technik quasi *eingebaut* werden. Dadurch soll die Technikentwicklung in eine gesellschaftlich gewünschte, sozial verträgliche und ethisch ›richtige‹ Richtung gelenkt und sollen Fehlentwicklungen vermieden werden (J. van den Hoven/P. Vermaas/I. van de Poel 2015), statt diese zu einem späteren Zeitpunkt reparieren zu müssen (J. Mittelstraß 1998).

Die T. hat sich national und international in Form von Institutionen und Netzwerken organisiert. Als exemplarische Institutionen der T. können gelten: Office of Technology Assessment (OTA) beim US-Kongreß (1972 gegründet, 1995 aus politischen Gründen aufgelöst, vgl. B. A. Bimber 1996), das Netzwerk T. der deutschsprachigen T.-Community (NTA), das Büro für T. beim Deutschen Bundestag (TAB), das European Parliamentary Technology Assessment Network (EPTA), die Europäische Akademie zur Erforschung von Folgen wissenschaftlich-technischer Entwicklungen Bad Neuenahr-Ahrweiler, das Rathenau-Institut in den Niederlanden, das Institut für T. und Systemanalyse (ITAS) am Karlsruher Institut für Technologie und das Centre for Policy Outcomes (CSPO) an der Arizona State University. Der Verein Deutscher Ingenieure (VDI) hat bereits 1991 eine Richtlinie zur T. herausgegeben (V. M. Brennecke 1991,

F. Rapp 1999). Viele seitdem verabschiedete Ethik-Kodizes von Institutionen wie Technischen Universitäten oder wissenschaftlich-technischen Fachverbänden lehnen sich daran an (C. Hubig/J. Reidel 2004). Konzeption und Methodik zur optimalen Umsetzung der Aufgaben und Zielsetzungen der T. sind kontrovers. Diese Kontroversen beziehen sich zum einen auf das in den unterschiedlichen beteiligten Disziplinen verschiedene, sich teils widersprechende Wissenschaftsverständnis, wie dies in interdisziplinären Kontexten vielfach der Fall ist (M. Decker 2007). Besonders relevant für die T. ist die auf den ↑Positivismusstreit zurückgehende tiefgreifende Kontroverse zwischen Philosophie und Soziologie in Bezug auf die Möglichkeit, normative Aussagen unter Aspekten ihrer ↑Rationalität zu beurteilen. Zum anderen erfordert die Erfüllung der Ziele der T. die Bereitstellung und Beurteilung prospektiven Wissens. Möglichkeiten, Verfahren und Grenzen der Bereitstellung von Zukunftswissen über Technikfolgen sind zwischen verschiedenen Disziplinen umstritten, insbes. sobald es um gesellschaftliche Bereiche geht, deren zeitliche Entwicklung von zukünftigen Handlungen und Entscheidungen abhängt.

Als ›klassisches‹ T.skonzept gilt das des Office of Technology Assessment (OTA) (vgl. Bimber 1996). Im Vordergrund dieses Konzepts steht die für Entscheidungszwecke aufbereitete Deskription des Standes der Technik und des (oft mit sozialwissenschaftlichen Methoden erhobenen) Wissens über ihre mutmaßlichen Folgen. Als wichtigste Aufgabe der T. wird neben dem Aufweis von Handlungsoptionen die ›Bilanzierung‹ der Technikverwendung, ihrer Folgen und möglicher gesellschaftspolitischer Rückwirkungen gesehen. Normative Bemühungen, Präskriptionen (↑deskriptiv/präskriptiv) oder auch nur eigenständige Wertungen sind nicht vorgesehen, sondern der Wissenschaftspolitik und anderen Entscheidungsträgern vorbehalten. Dieses ›positivistische‹ Verständnis der Arbeitsteilung zwischen Wissenschaft und Politik prägt weiterhin viele der parlamentarischen Einrichtungen der T..

Die Komplexität moderner Technik hat die Entwicklung spezifischer Methoden zu ihrer Planung, Entwicklung, Qualitätskontrolle und umfassenden Bewertung forciert, die unter dem Oberbegriff Systemanalyse/Systemtechnik zusammengefaßt werden. Da die Erkennung und Beurteilung von Technikfolgen ähnliche Komplexitätsprobleme aufweist, wird in verschiedenen Varianten T. als ein spezielles systemanalytisches Verfahren aufgefaßt (H.-J. Bullinger 1991). Systemanalytische Prognosen gesellschaftlicher Verhältnisse werden dabei häufig durch empirische Forschung über Verlaufsgesetze als prinzipiell erstellbar, Bewertungsfragen als prinzipiell subjektiv angesehen (O. Renn 1996). Die Vielfalt der Wertsysteme in einer pluralistischen (↑Pluralismus)

Gesellschaft verhindere es, sich bei der Bewertung auf ein allgemein akzeptiertes Wertesystem zu beziehen. Die Kombination der Unterstellung gesellschaftlicher Verlaufsgesetze und der Subjektivierung der Beurteilung von Technikfolgen weisen den ursprünglichen systemanalytischen Ansatz der T. als szientistisch-technizistisch (↑Szientismus) geprägt aus. Das Argumentationsschema dieser Konzeption läßt sich als eine Kombination von ↑Prognose und ↑Retrodiktion rekonstruieren: In Analogie zum szientistischen Verständnis der Natur wird zunächst versucht, soziale Gesetzmäßigkeiten zu erkennen. Dann werden aus diesen Gesetzmäßigkeiten Prognosen für künftige Handlungsabläufe gewonnen, um dadurch Akzeptanzverhalten und Optionen von Techniken festzustellen. Aus diesen Erkenntnissen werden schließlich ›Schlüsse‹ für das gegenwärtige Handeln gezogen (C. F. Gethmann 1994, 148). Diese Argumentationsfigur ist mittlerweile als konzeptionell wie auch empirisch gescheitert anerkannt (Grunwald 2010). Stattdessen hat das Denken in offenen Zukunftsräumen (häufig als Szenarien modelliert) an Bedeutung gewonnen, in denen sowohl eigendynamische Entwicklungen als auch nach Maßgabe rationaler Beratung entscheidbare Handlungen und Maßnahmen ihren Platz erhalten (Grunwald 2013). Der Begriff der Technikzukünfte (Grunwald 2012) dokumentiert diese Offenheit für die Gestaltung des wissenschaftlich-technischen Fortschritts aufgrund rationaler Erwägungen und Abwägungen.

Im Verständnis der T. als eines *strategischen Rahmenkonzepts* (H. Paschen/K. Gresser/F. Conrad 1978; Paschen/T. Petermann 1992) soll T. (a) die Bedingungen und (potentiellen) Auswirkungen der Einführung und (verbreiteten) Anwendung von Techniken systematisch erforschen und bewerten, (b) gesellschaftliche Konfliktfelder, die durch den Technikeinsatz entstehen können, identifizieren und analysieren und (c) Handlungsmöglichkeiten zur Verbesserung der betrachteten Technik aufzeigen und überprüfen (vgl. Paschen/Petermann 1992, 20). Dieses Konzept dient als *idealer* Rahmen, der in den meisten Fällen allerdings zu einer Überforderung der T. führen würde. So werden Abschwächungen vorgeschlagen, die insbes. die Prognoselast der T. betreffen: mit einem Verständnis der Prognose als *begleitender Prozeß* der Technikentwicklung soll das Prognoseproblem entschärft werden (Paschen/Petermann 1992, 32). Das Bewertungsproblem wird subjektivistisch aufgefaßt; der Gefahr einer Manipulation der Ergebnisse durch gruppenegoistische Interessen soll durch möglichst große Partizipation vieler betroffener Personen und Gruppen entgegengewirkt werden (Paschen/Gresser/Conrad 1978).

Der Ansatz des Constructive Technology Assessment (CTA) ist aus dem sozialkonstruktivistischen Verständnis von Technik heraus entwickelt worden (W. E.

Bijker/T. P. Hughes/T. J. Pinch 1987; A. Rip/T. J. Misa/J. Schot 1995). Technik wird darin als Resultat komplexer Entscheidungsprozesse verstanden, in die neben techno-ökonomischen auch soziale, kulturelle, moralische und weitere Kriterien Eingang finden. Dementsprechend geht CTA von der Prämisse aus, daß es effektiver sei, den Prozeß der *Entstehung* einer Technik konstruktiv zu begleiten, statt reaktiv die Folgen der Technik zu analysieren (vgl. J. A. M. Boxsel 1991). Im deutschsprachigen Bereich ist parallel zur Entwicklung des CTA das Konzept von T. als empirischer Technikgeneseforschung ausgearbeitet worden (vgl. M. Dierkes 1989; Dierkes/U. Hoffmann/L. Marz 1992). Das Augenmerk wird von der Erstellung von Prognosen weg und zum Entstehungsprozeß von Technik und zur Wechselwirkung von sozialem und technischem Wandel hin gerichtet. Ziel ist die Erweiterung von Gestaltungsspielräumen und eine vorsorgende Technologiepolitik. Dabei sollen unter dem Stichwort einer Ko-Evolution von Technik und Gesellschaft sowohl die Einseitigkeit eines Technikdeterminismus als auch die Naivität eines sozialkonstruktivistischen Voluntarismus vermieden werden (U. Dolata/R. Werle 2007).

Das Aufkommen gesellschaftlicher Konflikte um neue Technologien, die bis zu bürgerkriegsähnlichen Auseinandersetzungen führten, so etwa in der deutschen Geschichte der Kernenergie, führten zu einer spezifischen Zielsetzung für T.. Als Mittel zur Konfliktbewältigung wird in Form einer *partizipativen* T. vor allem die Durchführung organisierter Diskurse mit Betroffenen vorgeschlagen (S. Joss/S. Belucci 2002). Durch verschiedene Formen von Moderation, Schlichtung oder Mediation soll dabei versucht werden, zu einem Kompromiß oder ↑Konsens zu gelangen, der von allen Beteiligten akzeptiert wird. Im Diskursverfahren (↑Diskurs, ↑diskursiv/Diskursivität) werden die Anwesenden unter ›Argumentationszwang‹ gesetzt; zugleich sollen durch Beteiligung aller konkurrierenden Positionen sowie von Experten und Laien die politischen Wertungen der Experten ›neutralisiert‹ und der Sachrationalität zu ihrem Recht verholfen werden. Die in Verfahren der partizipativen T. zum Einsatz kommenden Diskursbegriffe sind divers. Zum Teil wird ein sozialwissenschaftlich geprägter Diskursbegriff verwendet, nach dem der Diskurs rationale Argumentationen lediglich über deskriptive Sätze (↑deskriptiv/präskriptiv) erlaubt, während ↑normative Fragen nur einer interessenbezogenen Aushandlung zugänglich sind. Andere Ansätze folgen ambitionierten diskursethischen Konzeptionen (B. Skorupinski/K. Ott 2000; ↑Diskursethik).

Ein Teil der angeführten Konzeptionen der T. folgt einem sozialwissenschaftlich geprägten Paradigma der T. und weist folgende Defizite auf: (1) *Normative Defizite*: In diesem Verständnis soll Wissenschaft sich auf die Be-

reitstellung von Verfügungswissen beschränken. Die normative Dimension von Entscheidungen über Technik gilt als nicht theoriefähig; sie bleibe dem ↑Dezisionismus der Politik, demokratischem Abstimmungsverhalten oder einem kompromißorientierten Aushandeln von Interessengegensätzen (↑Interesse) überlassen. Diese deskriptivistische Einstellung verkennt, daß auch über Geltungsansprüche (↑Geltung) präskriptiver Sätze rational argumentiert und geurteilt werden kann (↑Ethik, ↑Wissenschaftsethik). (2) *Methodische Defizite*: Die Abschätzung der Folgen neuer Technologien bedient sich immer wieder der Unterstellung, es gäbe empirisch zu erhebende quantitative und damit für Prognosen offene Verlaufsgesetze gesellschaftlicher Entwicklungen. Die Umsetzbarkeit derartiger kausalistischer Konzepte ist jedoch aus methodischen Gründen in kulturabhängigen Bereichen nicht gegeben (Grunwald 2013). (3) *Naturalistischer Fehlschluß*: Ein Teil der Konzeptionen der T. verweist in Fragen der Wünschbarkeit oder Akzeptierbarkeit von Technikfolgen lediglich auf lebensweltlich erschlossene oder empirisch ausgemittelte, als gesellschaftlich anerkannt unterstellte ›Werte‹ bzw. ›Wertefelder‹ (vgl. V. M. Brennecke 1991). Dieses Verfahren basiert auf einem naturalistischen Fehlschluß (↑Naturalismus (ethisch)), da die faktische Akzeptanz von Werten noch nichts über ihre moralische, nur über Verfahren der Ethik entscheidbare Legitimation (↑Legitimität) aussagt.

Ein Ansatz zur Vermeidung dieser Probleme (vgl. Gethmann/T. Sanders 1999) geht davon aus, daß Technikkonflikte wesentlich durch unterschiedliche Moralvorstellungen (↑Moral) der Betroffenen erzeugt werden, die mit Mitteln der ↑Rationalität aufgearbeitet werden können und sollen. Die Aufgabe der T., Politikberatung in Technikfragen zu betreiben, darf daher die Ethik der Technik als Methodologie diskursiver Bewältigung von Technikkonflikten (Grunwald 1996) nicht ausklammern; wissenschaftliche Politikberatung muß sowohl deskriptive als auch präskriptive Fragen behandeln. Daher ist auch eine interdisziplinäre Kooperation von Technikethik, Philosophie, einschlägigen Disziplinen aus Natur- und Ingenieurwissenschaften, Sozial- und Kulturwissenschaften und Reflexionsdisziplinen wie der Jurisprudenz erforderlich, um diese Aufgaben zu übernehmen. – In den letzten Jahren sind einige Schritte auf dem Weg zu einer Einlösung dieser Ansprüche gemacht worden. Eine ganze Reihe von Projekten der Europäischen Akademie (s. o.) hat sich exakt diesem Programm verschrieben, so etwa in den Bereichen der Robotik, der Xenotransplantation, der Nanotechnologie oder der Endlagerung hoch radioaktiver Abfälle. Das Konzept der Technikzukünfte (Grunwald 2012) und die hermeneutische Wende der T. (Grunwald 2014) markieren weitere Entwicklungsschritte der T., um den oben genannten

Einwänden zu begegnen. Aktuell werden weitreichende konzeptionelle Debatten im Bereich des ›Responsible Research and Innovation‹ (RRI) geführt, in denen philosophische und sozialwissenschaftliche Ansätze zusammengeführt werden (Grunwald 2011; R. Owen/J. Bessant/M. Heintz 2013; van den Hoven u. a. 2014); in ihnen werden vielfältige Erfahrungen der T. aufgenommen.

Gemessen an den ursprünglichen Erwartungen sind die Vorstellungen über T. im Zuge ihrer Institutionalisierung einerseits bescheidener geworden. Von kausalistischen Konzepten (↑Kausalität) ist weitgehend Abschied genommen worden; Hoffnungen auf eine möglichst vollständige quantitative Erfassung von Technikfolgen und auf (auf Verlaufsgesetzen basierende) exakte Prognosen sind zurückgenommen worden. Statt vermeintlicher Gesetze der Technikentwicklung wird zunehmend die Eröffnung von Szenarien und Handlungsoptionen in den Mittelpunkt einer T. gerückt; der Aspekt der aktiven Zukunftsgestaltung durch Technik wird stärker betont. Die früher in der T. verbreitete Vernachlässigung des Normativen kann als weitgehend überwunden angesehen werden. Andererseits hat T. erfolgreich die frühzeitige Befassung mit möglichen, auch nicht intendierten Folgen des wissenschaftlich-technischen Fortschritts auf die gesellschaftliche und politische Tagesordnung gebracht. Heute werden kaum noch Fortschrittserwartungen verbreitet, denen nicht auch eine Reflexion über Chancen und Risiken beigefügt wird. Durch die inter- und auch zunehmend transdisziplinäre (↑Interdisziplinarität, ↑Transdisziplinarität) Ausrichtung hat T. eine über Expertenkreise weit hinausgehende Verbreitung erfahren. Die Debatte über wissenschaftstheoretische Grundkonzepte der T. ist weiterhin unabgeschlossen.

Literatur: G. Abels/A. Bora, Demokratische Technikbewertung, Bielefeld 2004; G. Aichholzer u.a. (eds.), Technology Governance. Der Beitrag der T., Berlin 2010; U. v. Alemann/H. Schatz, Mensch und Technik. Grundlagen und Perspektiven einer sozialverträglichen Technikgestaltung, Opladen 1986, ²1987; A. Andersen, Historische T. am Beispiel des Metallhüttenwesens und der Chemieindustrie 1850–1933, Stuttgart 1996; R. U. Ayres/J. W. Carlson/S. W. Simon, Technology Assessment and Policy-Making in the United States, New York 1970; G. Banse/A. Grunwald/M. Rader (eds.), Innovations for an E-Society. Challenges for Technology Assessment, Berlin 2002; W. M. Baron, T.. Ansätze zur Institutionalisierung und Chancen der Partizipation, Opladen 1995; J. Baudrillard (ed.), Philosophien der neuen Technologie, Berlin 1989; R. A. Bauer, Second Order Consequences. A Methodological Essay on the Impact of Technology, Cambridge Mass. 1969; G. Bechmann, Sozialwissenschaftliche Forschung und T., in: K. Lompe (ed.), Techniktheorie, Technikforschung, Technikgestaltung, Opladen 1987, 28–58; U. Beck, Risikogesellschaft. Auf dem Weg in eine andere Moderne, Frankfurt 1986, ²²2015; W. E. Bijker/T. P. Hughes/T. J. Pinch (eds.), The Social Construction of Technological Systems. New Directions in the Sociology and History of Technology, Cambridge Mass./London 1987, 2012; B. A. Bimber, The Politics of Expertise in Congress. The Rise and Fall of the Office of Technology Assessment, Albany N. Y. 1996; D. Birnbacher, Verantwortung für zukünftige Generationen, Stuttgart 1988, 1995; A. Bogner/M. Decker/M. Sotoudeh (eds.), Responsible Innovation. Neue Impulse für die T.?, Baden-Baden 2015; C. Böhret/P. Franz, T.. Institutionelle und verfahrensmäßige Lösungsansätze, Frankfurt/New York 1982; A. Bora u.a. (eds.), Technik in einer fragilen Welt. Die Rolle der T., Berlin 2005; ders./S. Bröchler/M. Decker (eds.), Technology Assessment in der Weltgesellschaft, Berlin 2007; J. A. M. van Boxsel, Konstruktive T. in den Niederlanden. Brückenschlag zwischen Forschungs- und Entwicklungspolitik und T., in: K. Kornwachs (ed.), Reichweite und Potential der T. [s. u.], 137–154; V. M. Brennecke (ed.), Technikbewertung. Begriffe und Grundlagen. Erläuterungen und Hinweise zur VDI-Richtlinie 3780, Düsseldorf 1991, 1997 (VDI-Report 15); S. Bröchler/G. Simonis/K. Sundermann (eds.), Handbuch T., I–III, Berlin 1999; H.-J. Bullinger, Technikpotentialabschätzung. Wissenschaftlicher Anspruch und Wirklichkeit, in: K. Kornwachs (ed.), Reichweite und Potential der T. [s. u.], 103–114; ders. (ed.), T., Stuttgart, Wiesbaden 1994; W. Bungard/H. Lenk (eds.), Technikbewertung. Philosophische und psychologische Perspektiven, Frankfurt 1988; S. R. Carpenter, Philosophical Issues in Technology Assessment, Philos. Sci. 44 (1977), 574–593; M. Cotton, Ethics and Technology Assessment. A Participatory Approach, Heidelberg etc. 2014; V. T. Covello u.a. (eds.), Environmental Impact Assessment, Technology Assessment, and Risk Analysis. Contributions from the Psychological and Decision Sciences […], Berlin etc. 1985; M. Decker (ed.), Interdisciplinarity in Technology Assessment. Implementation and Its Chances and Limits, Berlin etc. 2001; ders., Angewandte interdisziplinäre Forschung in der T., Bad Neuenahr-Ahrweiler 2007; ders./A. Grunwald/M. Knapp (eds.), Der Systemblick auf Innovation. T. in der Technikgestaltung, Berlin 2012; ders. u.a. (eds.), T. im politischen System. Zwischen Konfliktbewältigung und Technologiegestaltung, Berlin 2014; Deutscher Bundestag, Drucksache 10/6801. Bericht der Enquête-Kommission »Einschätzung und Bewertung von Technikfolgen. Gestaltung von Rahmenbedingungen der technischen Entwicklung«, I–V, Bonn 1987; M. Dierkes, Was ist und wozu betreibt man T.?, Berlin 1989; ders., Technikgenese in organisatorischen Kontexten. Neue Entwicklungslinien sozialwissenschaftlicher Technikforschung, Berlin 1989; ders., Die Technisierung und ihre Folgen. Zur Biographie eines Forschungsfeldes, Berlin 1993; ders./U. Hoffmann/L. Marz, Leitbild und Technik. Zur Entstehung und Steuerung technischer Innovationen, Berlin 1992; U. Dolata/R. Werle (eds.), Gesellschaft und die Macht der Technik. Sozioökonomischer und institutioneller Wandel durch Technisierung, Frankfurt/New York, 2007; M. Dusseldorp/R. Beecroft (eds.), Technikfolgen abschätzen lehren. Bildungspotenziale transdisziplinärer Methoden, Wiesbaden 2012; U. Eberl, Smarte Maschinen. Wie künstliche Intelligenz unser Leben verändert, München 2016, Bonn 2017; G. Fleischmann/J. Esser (eds.), Technikentwicklung als sozialer Prozeß. Bedingungen, Ziele und Folgen der Technikgestaltung und Formen der Technikbewertung […], Frankfurt 1989; M. Franssen/G.-J. Lokhorst/I. van de Poel, Philosophy of Technology, SEP 2009, rev. 2013; W. Fritsche/L. Zerling (eds.), Umwelt und Mensch, Langzeitwirkungen und Schlußfolgerungen für die Zukunft […], Stuttgart/Leipzig 2002; C. F. Gethmann, Die Ethik technischen Handelns im Rahmen der Technikfolgenbeurteilung, in: A. Grunwald/H. Sax (eds.), Technikbeurteilung in der Raumfahrt [s. u.], 146–159; ders./T. Sanders, Rechtfertigungsdiskurse, in: A. Grunwald/S. Saupe (eds.), Ethik in der Technikgestaltung. Praktische Relevanz und Legitimation, Berlin etc.

1999, 117–151; ders./M. Kloepfer (eds.), Handeln unter Risiko im Umweltstaat, Berlin etc. 1993; ders./M. Kloepfer/H. G. Nutzinger (eds.), Langzeitverantwortung im Umweltstaat, Bonn 1993; ders./A. Grunwald, T.. Konzeptionen im Überblick, Bad Neuenahr-Ahrweiler 1996; A. Gethmann-Siefert/C. F. Gethmann (eds.), Philosophie und Technik, München 2000; J. Gibbons, T. am Office for Technology Assessment, in: K. Kornwachs (ed.), Reichweite und Potential der T. [s. u.], 23–47; W. J. Gonzalez (ed.), New Perspectives on Technology, Values, and Ethics. Theoretical and Practical, Cham 2015 (Boston Stud. Philos. Sci. 315); K. Grimmer u. a. (eds.), Politische Techniksteuerung, Opladen 1992; A. Grunwald, Wissenschaftstheoretische Anmerkungen zur T.. Prognose- und Quantifizierungsproblematik, Z. allg. Wiss.theorie 25 (1994), 51–70; ders., Erkenntnistheoretischer Status und kognitive Grenzen der T., in: H. P. Böhm/H. Gebauer/B. Irrgang (eds.), Nachhaltigkeit als Leitbild für Technikgestaltung, Dettelbach 1996, 29–42; ders. (ed.), Rationale Technikfolgenbeurteilung. Konzeption und methodische Grundlagen, Berlin etc. 1999; ders., T.. Eine Einführung, Berlin 2002, ²2010; ders., Technik und Politikberatung. Philosophische Perspektiven, Frankfurt 2008; ders., Responsible Innovation. Bringing Together Technology Assessment, Applied Ethics, and STS Research, Enterprise and Work Innovation Stud. 7 (2011), 9–31; ders., Technikzukünfte als Medium von Zukunftsdebatten und Technikgestaltung, Karlsruhe 2012; ders., Modes of Orientation Provided by Futures Studies. Making Sense of Diversity and Divergence, Europ. J. Futures Stud. 15 (2013) [Elektronische Ressource]; ders., The Hermeneutic Side of Responsible Research and Innovation, J. Responsible Innovation 1 (2014), 274–291; ders., Technology Assessment and Design for Values, in: J. van den Hoven/P. Vermaas/I. van de Poel (eds.), Handbook of Ethics [s. u.], 67–86; ders./H. Sax (eds.), Technikbeurteilung in der Raumfahrt. Anforderungen, Methoden, Wirkungen, Berlin 1994; ders./S. Saupe (eds.), Ethik in der Technikgestaltung. Praktische Relevanz und Legitimation, Berlin etc. 1999; J. Habermas, Technik und Wissenschaft als Ideologie, Frankfurt 1968; J. Hampel/O. Renn (eds.), Gentechnik in der Öffentlichkeit. Wahrnehmung und Bewertung einer umstrittenen Technologie, Frankfurt/New York 1999, 2001; F. Hetman, Society and the Assessment of Technology. Premises, Concepts, Methodology, Experiments, Areas of Application, Paris 1973; G. Hodge/D. Browman/K. Ludlow (eds.), New Global Frontiers in Regulation. The Age of Nanotechnology, Cheltenham/Northampton Mass. 2007; J. van den Hoven u. a. (eds.), Responsible Innovation I (Innovative Solutions for Global Issues), Dordrecht 2014; ders./P. Vermaas/I. van de Poel (eds.), Handbook of Ethics, Values, and Technological Design. Sources, Theory, Values and Application Domains, Dordrecht 2015; C. Hubig, Technik- und Wissenschaftsethik. Ein Leitfaden, Berlin etc. 1993, ²1995; ders./J. Albers (eds.), Technikbewertung. Sendetexte des Funkkollegs ›Technik: einschätzen, beurteilen, bewerten‹, Weinheim etc. 1995; C. Hubig/J. Reidel (eds.), Ethische Ingenieurverantwortung. Handlungsspielräume und Perspektiven der Kodifizierung, Berlin 2003; R. Huisinga, Technikfolgen-Bewertung. Bestandsaufnahme, Kritik, Perspektiven, Frankfurt 1985; D. W. Husic, Technology, in: J. K. Roth (ed.), International Encyclopedia of Ethics, London/Chicago Ill. 1995, 856–860; P. Janich, Beruht T. (TA) auf einem falschen Verständnis von Naturwissenschaft und Technik?, in: A. Grunwald/H. Sax (eds.), Technikbeurteilung in der Raumfahrt [s. o.], 160–172; H. Jonas, Das Prinzip Verantwortung. Versuch einer Ethik für die technologische Zivilisation, Frankfurt 1979, ¹⁴2000, Neudr. 2003, ⁵2015; S. Joss/S. Belucci (eds.), Participatory Technology Assessment. European Perspec-

tives, London 2002; M. Kaiser u. a. (eds.), Governing Future Technologies. Nanotechnology and the Rise of an Assessment Regime, Dordrecht etc. 2010; G. Kamp (ed.), Langfristiges Planen. Zur Bedeutung sozialer und kognitiver Ressourcen für nachhaltiges Handeln, Berlin/Heidelberg 2016; R. G. Kasper (ed.), Technology Assessment. Understanding the Social Consequences of Technological Applications, New York 1972; S. Köberle/F. Gloede/L. Hennen (eds.), Diskursive Verständigung? Mediation und Partizipation in Technikkontroversen, Baden-Baden 1997; K. Kornwachs (ed.), Reichweite und Potential der T., Stuttgart 1991; E. Kowalski, Möglichkeiten und Grenzen des Technology Assessment, Bern 1994, erw. unter dem Titel: Technology Assessment. Suche nach Handlungsoptionen in der technischen Zivilisation, Zürich 2002; S. Kuhlmann/D. Holland, Evaluation von Technologiepolitik in Deutschland. Konzepte, Anwendung, Perspektiven, Heidelberg 1995; H. Lenk, Macht und Machbarkeit der Technik, Stuttgart 1994; ders./M. Maring, Technikverantwortung. Güterabwägung, Risikobewertung, Verhaltenskodizes, Frankfurt/New York 1991; K. Lompe (ed.), Techniktheorie, Technikforschung, Technikgestaltung, Opladen 1987; M. Mai, Technikbewertung in Politik und Wirtschaft. Beitrag zum Problem ihrer Institutionalisierung, Baden-Baden 2002; ders., Technik, Wissenschaft und Politik. Studien zur Techniksoziologie und Technikgovernance, Wiesbaden 2011; F. Mehl, Komplexe Bewertungen. Zur ethischen Grundlegung der Technikbewertung, Münster 2001; B. Meier, Technikfolgen: Abschätzung und Bewertung. Ordnungspolitische Kritik an ihrer Institutionalisierung, Köln 1987; D. Meissner/L. Gokhberg/A. Sokolov (eds.), Science, Technology and Innovation Policy for the Future. Potentials and Limits of Foresight Studies, Berlin etc. 2013; C. Mitcham/H. Nissenbaum, Technology and Ethics, REP IX (1998), 280–284; J. Mittelstraß, Auf dem Weg zu einer Reparaturethik?, in: J.-P. Wils/D. Mieth (eds.), Ethik ohne Chance? Erkundungen im technologischen Zeitalter, Tübingen 1998, 89–108; E. Münch/O. Renn/T. Roser, Technik auf dem Prüfstand. Methoden und Maßstäbe der Technikbewertung, Essen 1982; F. Naschold, Technologiefolgenabschätzung und -bewertung. Entwicklungen, Kontroversen, Perspektiven, in: W. Fricke u. a. (eds.), Jahrbuch Arbeit und Technik in Nordrhein-Westfalen 1987, Bonn 1987, 89–105; R. Owen/J. Bessant/M. Heintz (eds.), Responsible Innovation. Managing the Responsible Emergence of Science and Innovation in Society, New York 2013; H. Paschen/K. Gresser/F. Conrad, Technology Assessment: T.. Ziele, methodische und organisatorische Probleme, Anwendungen, Frankfurt/New York 1978; H. Paschen/T. Petermann, Technikfolgen-Abschätzung. Ein strategisches Rahmenkonzept für die Analyse und Bewertung von Techniken, in: T. Petermann (ed.), T. als Technikforschung und Politikberatung [s. u.], 19–41; I. E. Paul, Technikfolgen-Abschätzung als Aufgabe für Staat und Unternehmen, Frankfurt etc. 1987; T. Petermann (ed.), T. als Technikforschung und Politikberatung, Frankfurt/New York 1991, 1992; ders./R. Coenen (eds.), Technikfolgen-Abschätzung in Deutschland. Bilanz und Perspektiven, Frankfurt/New York 1999; ders./A. Grunwald (eds.), Technikfolgen-Abschätzung für den Deutschen Bundestag. Das TAB. Erfahrungen und Perspektiven wissenschaftlicher Politikberatung, Berlin 2005; A. L. Porter u. a., A Guidebook for Technology Assessment and Impact Analysis, New York/Oxford 1980, 1982; F. Rapp (ed.), Ideal und Wirklichkeit der Techniksteuerung. Sachzwänge – Werte – Bedürfnisse. Vorträge und Diskussionen, Düsseldorf 1982; ders., Technikbewertung, Hist. Wb. Ph. X (1998), 952–953; ders. (ed.), Normative Technikbewertung. Wertprobleme der Technik und die Erfahrungen mit der VDI-Richtlinie 3780, Berlin 1999; W. Rammert,

Technik, EP III (²2010), 2697–2708; O. Renn, Kann man die technische Zukunft voraussagen?, in: K. Pinkau/C. Stahlberg (eds.), Technologiepolitik in demokratischen Gesellschaften, Stuttgart 1996, 23–51; N. Rescher, Risk. A Philosophical Introduction to the Theory of Risk Evaluation and Management, Washington D. C. 1983; A. Rip/T. J. Misa/J. Schot (eds.), Managing Technology in Society. The Approach of Constructive Technology Assessment, London etc. 1995; G. Ropohl, Ethik und Technikbewertung, Frankfurt 1996; ders. u.a., Maßstäbe der Technikbewertung. Vorträge und Diskussionen, ed. Verein Deutscher Ingenieure, Düsseldorf 1978, ²1979; ders. (ed.), Interdisziplinäre Technikforschung. Beiträge zur Bewertung und Steuerung der technischen Entwicklung, Berlin 1981; ders./W. Schuchardt/R. Wolf (eds.), Schlüsseltexte zur Technikbewertung, Dortmund 1990; A. Roßnagel, Rechtswissenschaftliche Technikfolgenforschung. Umrisse einer Forschungsdisziplin, Baden-Baden 1993; J. W. Schot, Constructive Technology Assessment, in: C. Mitcham (ed.), Encyclopedia of Science, Technology and Ethics I, Detroit Mich. etc. 2005, 423–426; K. M. Setzen (ed.), Technik. Chancen und Risiken, Schwäbisch Gmünd 1996; G. Simonis (ed.), Konzepte und Verfahren der T., Wiesbaden 2013; B. Skorupinski/K. Ott, T. und Ethik. Eine Verhältnisbestimmung in Theorie und Praxis, Zürich 2000; dies. (eds.), Ethik und T.. Beiträge zu einem schwierigen Verhältnis, Basel/Genf/München 2001; M. Slaby/D. Urban, Subjektive Technikbewertung. Was leisten kognitive Einstellungsmodelle zur Analyse von Technikbewertungen. Dargestellt an Beispielen aus der Gentechnik, Stuttgart 2002; C. Stolorz/M. Unger (eds.), Innovationsfaktor Technik. Ökonomische, politische und soziale Aspekte der Technikfolgendiskussion, Münster 1996; VDI [Verein Deutscher Ingenieure] (ed.), Technikbewertung – Begriffe und Grundlagen. Erläuterungen und Hinweise zur VDI-Richtlinie 3780, Düsseldorf 1991; V. v. Thienen, T. und sozialwissenschaftliche Technikforschung. Eine Bibliographie, Berlin 1983; S. H. Unger, Controlling Technology. Ethics and the Responsible Engineer, New York 1982, ²1994; P. Weingart (ed.), Technik als sozialer Prozeß, Frankfurt 1989; R. Graf v. Westphalen (ed.), T. als politische Aufgabe, München/Wien 1988, ³1997; ders., Technology Assessment in Germany and Other European Countries, in: C. Mitcham (ed.), Encyclopedia of Science, Technology and Ethics IV, Detroit Mich. etc. 2005, 1909–1908; J. Weyer (ed.), Theorien und Praktiken der T., München/Wien 1994; B. L. White, The Technology Assessment Process. A Strategic Framework for Managing Technical Innovation, New York 1988; M. Zeilhofer, Technikfolgenpolitik. Zur Gestaltungsbedürftigkeit und zur politischen Gestaltbarkeit des technischen Wandels und seiner Folgen, Opladen 1995; V. Zimmermann, Methodenprobleme des Technology Assessment. Eine methodologische Analyse, Karlsruhe 1993; A. Zweck, Die Entwicklung der T. zum gesellschaftlichen Vermittlungsinstrument, Opladen, Wiesbaden 1993.　　　A. G./C. F. G.

Technologie (von neulat. technologia, Lehre von der ↑Technik), ursprünglich Bezeichnung für einen Regelkanon wissenschaftlicher Arbeit, im 18. Jh. Wissenschaft von den Gewerben, im 19. Jh. Lehre von den in der Technik angewendeten Produktionsverfahren. Der Ausdruck ›T.‹ wird heute, entsprechend dem engl. Terminus ›technology‹, weitgehend synonym mit ›Technik‹ verwendet, alltagssprachlich (↑Alltagssprache) vor allem zur Bezeichnung von inhaltlichen oder verfahrensmäßig ausgezeichneten Bereichen wie Biotechnologie und Nukleartechnologie, gelegentlich auch nur zur sprachlichen Aufwertung von Aspekten der Technik. In einem stärker terminologischen Sinne wird ›T.‹ darüber hinaus unter Bezug auf die Weiterentwicklung technischen Wissens durch wissenschaftliche Verfahren bzw. auf einen ingenieurwissenschaftlichen Lehrbetrieb mit theoretischen Lehrbüchern gebraucht.　　　P. J.

Teichmüller, Gustav, *Braunschweig 19. Nov. 1832, †Dorpat (das heutige Tartu/Estland) 22. Mai 1888, dt. Philosoph. 1852–1855 Studium der Philosophie insbes. bei A. Trendelenburg in Berlin, 1856 Promotion in Halle, 1860 Habilitation in Göttingen, 1868 o. Professor der Philosophie Universität Basel, ab 1871 in Dorpat. – Beeinflußt durch R. H. Lotze vertritt T. einen metaphysisch begründeten theistischen (↑Theismus) ↑Personalismus. In seiner Erkenntnistheorie kritisiert T. den Repräsentationalismus und beeinflußt so (eigenen Intentionen entgegen) F. Nietzsches radikalen ↑Perspektivismus. Andererseits führt die Verteidigung unmittelbarer Erkenntnis über N. Losskijs Intuitivismus auch zu einem direkten Realismus (↑Realismus (erkenntnistheoretisch)). T. hat sich als früher Vertreter der Frauenemanzipation für die Zulassung von Frauen zu sämtlichen Ausbildungen, Berufen und Ämtern ausgesprochen.

Bekannt geworden ist T. vor allem durch seine Arbeiten zur ↑Begriffsgeschichte, die er im Anschluß an seinen Lehrer Trendelenburg und gemeinsam mit dessen Schüler R. Eucken mitbegründet hat. T. selbst hat besonders Studien zu den griechischen Ursprüngen philosophischer Begriffe vorgelegt. Der begriffsgeschichtliche Zugang ergibt sich für ihn dadurch, daß er mit J. F. Herbart (vgl. dessen »Lehrbuch zur Einleitung in die Philosophie«, Königsberg 1813, § 1) Philosophie als systematische »Bearbeitung der Begriffe« versteht. Anders als Herbart betont er aber, daß einer solchen Bearbeitung, die Unterscheidungen zurechtrückt, verwirft oder ganz neu bestimmt, gründliche historische Studien voranzugehen haben. Dabei ist T. ein ↑Historismus – er spricht von »historischer Psychologie«, wonach Philosophie mit ihrer Geschichte zusammenfällt – fremd. Für ihn stellt sich die Begriffsgeschichte als Geschichte von systematischen Problemen dar, die sich in begrifflichen Unterscheidungen niederschlagen. Dies bedeutet, daß begriffsgeschichtliche Untersuchungen, welche die expliziten und impliziten Unterscheidungen ans Licht bringen, als Grundlage rekonstruktiver (↑Rekonstruktion) Neubestimmungen von Begriffen in systematischer Absicht dienen können.

Begriffsbildungen zeichnen sich für T. gegenüber Ideen (↑Idee (historisch), ↑Idee (systematisch)) durch ein Bemühen um terminologische Bestimmungen aus. Ideen können auch, wie Teichmüller hervorhebt, vorbegrifflich oder begrifflich unbestimmt leitend sein, wie in der Religion, in der Politik und in der Kunst. Demgemäß grenzt Teichmüller die Begriffsgeschichte von der ↑Ideengeschichte ab. Ausgegrenzt wird die Metapherngeschichte (↑Metapher). Hier unterscheidet er sich von Eucken, der damit begonnen hat, die Begriffsgeschichte durch die Metapherngeschichte zu ergänzen (Ueber Bilder und Gleichnisse in der Philosophie, Leipzig 1880) und insofern als Vorläufer der von H. Blumenberg begründeten Metaphorologie gelten darf.

Werke: Aristotelische Forschungen, I–III (I Beiträge zur Erklärung der Poetik des Aristoteles, II Aristoteles' Philosophie der Kunst, III Geschichte des Begriffs der Parusie), Halle 1867–1873 (repr. Aalen 1964); Studien zur Geschichte der Begriffe, Frankfurt 1874 (repr. Hildesheim 1966); Neue Studien zur Geschichte der Begriffe, I–III, Breslau 1876–1879 (repr. Hildesheim 1965); Ueber die Frauenemancipation, Dorpat 1877; Wahrheitsgetreuer Bericht über meine Reise in den Himmel. Verfasst von Immanuel Kant, Gotha 1877, Neudr. in: I. Kant, Meine Reise in den Himmel, München 1997, 7–57 (franz. Histoire authentique de mon voyage au paradis, ed. V. Guillier, Paris 2012); Literarische Fehden im vierten Jahrhundert vor Chr., I–II, Breslau 1881/1884, in 1 Bd. Hildesheim 1978; Die wirkliche und die scheinbare Welt. Neue Grundlegung der Metaphysik, Breslau 1882, ferner als: Ges. Schr. [s. u.] I; Religionsphilosophie, Breslau 1886, ferner in: Ges. Schr. [s. u.] II; Neue Grundlegung der Psychologie und Logik, ed. J. Ohse, Breslau 1889, ferner als: Ges. Schr. [s. u.] III; Gesammelte Schriften. Kommentierte Ausgabe, I–III, ed. H. Schwenke, Basel 2014; Logik und Kategorienlehre, in: W. Szyłkarski (ed.), Archiv für spiritualistische Philosophie und ihre Geschichte [s. u., Lit.] I, 1–272. – W. Szyłkarski, T. im Verkehr mit seinen Zeitgenossen, in: ders. (ed.), Archiv für spiritualistische Philosophie und ihre Geschichte I, 297–438. – Verzeichnis der Schriften von G. T., in: H. Schwenke, Zurück zur Wirklichkeit [s. u., Lit.], 309–312.

Literatur: H. Blumenberg, Paradigmen zu einer Metaphorologie, Arch. Begriffsgesch. 6 (1960), 7–142, Neudr. (separat) Bonn 1960, Frankfurt 1998, 1999; R. Eisler, T., in: ders., Philosophen-Lexikon, Berlin 1912, 740–741; R. Eucken, T., ADB XXXVII (1894), 543–544; G. Gabriel, Die Bedeutung von Begriffsgeschichte und Metaphorologie für eine systematische Philosophie, in: C. Strosetzki (ed.), Literaturwissenschaft als Begriffsgeschichte, Hamburg 2010 (Arch. Begriffsgesch., Sonderheft 8), 17–28, bes. 21–26; W. Lutosławski, G. T., Biographisches Jb. für Altertumskunde 11 (1888), 11–17; A. Müller, Die Metaphysik T.s, Arch. f. systemat. Philos. NF 6 (1900), 1–25; V. M. Radovanović, Darstellung der Religionsphilosophie T.s, Wien 1903; W. Rother, G. T.s Theorie der Begriffsgeschichte, in: C. Strosetzki (ed.), Literaturwissenschaft als Begriffsgeschichte [s. o.], 29–41; H. Schwenke, Zurück zur Wirklichkeit. Bewusstsein und Erkenntnis bei G. T., Basel 2006; W. Szyłkarsky, T.s philosophischer Entwicklungsgang, Eranus 4 (1938), 1–96, separat Kaunas 1938; ders. (ed.), Archiv für spiritualistische Philosophie und ihre Geschichte I, o.O. [Amsterdam] o. J. [1940]; ders., G. T.. Der Neubegründer der deutschen Philosophie des tätigen Geistes, Z. philos. Forsch. 8 (1954), 595–604; F. Ueberweg, Grundriss der Geschichte der Philosophie IV (Die deutsche Philosophie des Neunzehnten Jahrhunderts und der Gegenwart), neu bearb. v. T. K. Oesterreich, Berlin ¹²1923, 371–372, 709–710. – T., in: B. Jahn, Biographische Enzyklopädie deutschsprachiger Philosophen, München 2001, 419.   G. G.

Teil (engl. part, franz. partie), nur korrelativ zu einem Ganzen, das aus T.en besteht oder sich teilen läßt, verwendbarer Terminus (↑Teil und Ganzes). Aus diesem Grunde tritt ›T.‹ häufig in Zusammensetzungen wie ›T.formel‹ in der formalen Logik (↑Logik, formale) oder ↑›Teilmenge‹ in der ↑Mengenlehre auf. In der ↑Zahlentheorie bezeichnet ›Teiler‹ traditionell allein die Elemente einer multiplikativen (nicht aber einer additiven) Zerlegung einer natürlichen Zahl. Nicht mehr teilbare natürliche Zahlen heißen ↑›Primzahlen‹, entsprechend Aussagen, die sich nicht mehr in T.aussagen zerlegen lassen, ↑›Primaussagen‹.

Seit der Antike ist für nicht mehr teilbare materielle Einheiten der Terminus ↑›Atom‹ gebräuchlich. Die These, daß es solche ›einfachen‹ Bestandteile als Grundbausteine gebe oder geben müsse, wird als ↑›Atomismus‹ bezeichnet. Dabei bleiben oft Unterschiede zwischen einer Teilbarkeit nur ›in Gedanken‹ (also auf der Ebene der Darstellung, z. B. begrifflich) und derjenigen ›in Wirklichkeit‹ (also auf der Ebene der Gegenstände, z. B. handwerklich) unberücksichtigt. Dagegen betont I. Kant die Unterscheidung zwischen ›mathematischer‹ und ›physischer‹ Teilung, hält aber beide für unbegrenzt möglich (Metaphysische Anfangsgründe der Naturwissenschaft A 43–44). G. W. Leibniz unterstellt (künftige Entwicklungen in der Darstellung philosophischer Reflexion durch die ↑Semiotik vorwegnehmend) zwar auf der Ebene der Gegenstände (↑Objekt), genauer: ihrer ›Körper‹, unbegrenzte Teilbarkeit, weil diese über eine ausschließlich (logische, mathematische, physikalische etc.) Möglichkeiten, nämlich das Teilenkönnen als (bloß gedachtes) ↑Handlungsschema ohne seine Aktualisierungen, garantierende Darstellung von Phänomenen zugänglich ist (*universalia sunt possibilia*); er vertritt aber auf der Ebene der Darstellung selbst einen Atomismus (↑Atomismus, logischer) in Gestalt der ↑Monadentheorie, weil die Darstellung nur kraft ihrer Erfüllung anstelle bloßer *nomina sine notione* echte ↑Kennzeichnungen einer (einfachen) ↑Substanz aufweist. Die teillosen ↑Monaden stehen als Prinzipien der ↑Individuation, ein Aggregat von (körperlichen) T.en zu einem Ganzen machend, untereinander niemals in T.-Beziehungen. Jede Monade ist ein ↑Individuum, oder besser: ein ↑Individualbegriff, weil nach sonst üblichem Sprachgebrauch ein Individuum als Instanz eines Typs durchaus T.e hat, darunter aber keine T.e desselben Typs, z. B. ein einzelner Mensch oder ein einzelnes Wassermolekül. Individuen sind nur unter Bezug auf ihre ›typische‹ Darstellung (↑Artikulator) und nicht im körperlichen Sinne ohne T.e.   K. L.

Teilchenphysik (engl. particle physics, franz. physique des particules), ↑Quantentheorie der als elementar betrachteten Teilchen (oder Feldquanten) sowie ihrer Verbindungen und Wechselwirkungen. Im so genannten *Standardmodell* der T. werden Quarks und Leptonen (von griech. λεπτός, zart, schwach) als elementar aufgefaßt und in ihren Eigenschaften und Wechselwirkungen durch die Theorie der ›Farbkräfte‹ (Quantenchromodynamik, QCD) und die elektroschwache Theorie beschrieben. Quarks waren ursprünglich (M. Gell-Mann, G. Zweig [1964]) als abstrakte Träger von Symmetrieeigenschaften (↑symmetrisch/Symmetrie (naturphilosophisch)) konzipiert worden; jedoch schloß man aus dem Auftreten extrem großer Winkel bei der Streuung von Elektronen an Protonen auf eine innere Struktur des Protons (analog zu E. Rutherfords Schlußweise auf die Existenz von Atomkernen 1911) und betrachtete entsprechend Quarks als physikalische Teilchen. Gegenwärtig geht man von 6 Quarks aus, die sich in 3 Generationen anordnen lassen (s. Tab.). Die Eigenschaften der Quarks erster Generation (up, down) wiederholen sich weitgehend in den folgenden Generationen. Neben einer drittelzahligen elektrischen Ladung besitzt jedes Quark eine der drei ›Farbladungen‹ ›rot‹, ›grün‹ oder ›blau‹. Farbkräfte wirken auf Farbladungen, wobei diese Bezeichnungsweise lediglich eine abstrakte Analogie zu einer Besonderheit der Farbmischung ausdrückt. Eine Kombination von Teilchen aller drei Farbladungen weist nämlich keine Farbladung auf, ist also farblos (›weiß‹). Baryonen (von griech. βαρύς, schwer) sind solche farblosen Kombinationen dreier verschiedenfarbiger Quarks (z. B. Proton: uud). Mesonen (von griech. μέσος, in der Mitte) sind Verbindungen eines Quarks mit einem entsprechend antifarbigen Antiquark (z. B. Pion: ud̄) und daher ebenfalls farblos. Die T. nimmt an, daß die Vermittlung von ↑Wechselwirkungen durch den Austausch von Überträgerteilchen erfolgt. Je größer die Masse des Überträgerteilchens ist, desto geringer ist die Reichweite der zugehörigen Kraft (was H. Yukawa bereits 1934 als Konsequenz der ↑Unschärferelation erkannte). Die Farbkraft wird durch 8 masselose Gluonen (von griech. γλοιός, klebrig) vermittelt und verfügt daher über eine unbegrenzte Reichweite. Die kurzreichweitige starke Wechselwirkung, die die farblosen Baryonen im Kern zusammenhält, ist eine Residualwirkung der Farbkraft (ähnlich der elektrischen van-der-Waals-Kraft zwischen elektrisch neutralen Molekülen). Eine Besonderheit der Farbkraft besteht darin, daß ihre Überträgerteilchen, also die Gluonen, selbst eine Farbladung besitzen. Im Gegensatz dazu sind z. B. die Überträgerteilchen der elektromagnetischen Kraft, nämlich die Photonen, nicht selbst elektrisch geladen. Aus dieser Besonderheit der Farbkraft ergibt sich, daß ihre Intensität mit abnehmender Entfernung zwischen Quarks ebenfalls abnimmt. Die in Baryonen oder Mesonen gebundenen Quarks verhalten sich daher nahezu wie kräftefreie Teilchen (›asymptotische Freiheit‹). Um-

gekehrt schwächt sich die Intensität der Farbkraft nicht mit zunehmendem Abstand ab (wie es bei allen anderen Wechselwirkungen der Fall ist), sondern bleibt oberhalb eines kritischen Abstands vermutlich konstant. Diese Eigenschaft ist für den ›Quarkeinschluß‹ (*quark confinement*) und damit für die fehlende empirische Nachweisbarkeit freier Quarks verantwortlich.

Neben den Quarks nimmt das Standardmodell 6 elementare Leptonen an, die nicht der Farbkraft unterliegen und sich wie die Quarks in 3 Generationen anordnen lassen. Die Tabelle enthält die im Standardmodell elementaren Teilchen und gibt ihre Ladungen und die Wechselwirkungen, denen sie unterliegen, an. Jedem Teilchen entspricht zusätzlich ein (nicht aufgeführtes) Antiteilchen. Zum Aufbau der Materie der natürlichen Umgebung reicht die erste Teilchengeneration aus.

Generationen	Quarks		Leptonen	
Erste	up (u)	down (d)	Elektron (e⁻)	Elektron-Neutrino (ν_e)
Zweite	charm (c)	strange (s)	Myon (μ^-)	Myon-Neutrino (ν_μ)
Dritte	top (t)	bottom (b)	Tau (τ^-)	Tau-Neutrino (ν_τ)
Ladungen				
Elektrische Ladung	+2/3	−1/3	−1	0
Farbladung	rot grün blau	rot grün blau	farblos	farblos
Relevante Wechselwirkungen				
Farbkraft	ja	ja	nein	nein
Elektromagnetische Kraft	ja	ja	ja	nein
Schwache Kraft	ja	ja	ja	ja

Die elektroschwache Theorie (A. Salam, S. L. Glashow, S. Weinberg) faßt die durch das masselose Photon vermittelte elektromagnetische Wechselwirkung und die schwache Wechselwirkung als gemeinsame Ausprägung einer einzigen fundamentalen Kraft auf. Die Theorie prognostizierte die Existenz dreier Vermittlerteilchen (W⁺, W⁻ und Z⁰), die 1983 nachgewiesen wurden. In ihrem Rahmen wird eine Energieabhängigkeit der elektromagnetischen und schwachen Kopplungskonstanten eingeführt, wodurch oberhalb einer gewissen Vereinheitlichungsenergie beide Kräfte ununterscheidbar werden. Darüber hinaus erklärt die Theorie einige Besonderheiten der schwachen Wechselwirkung wie etwa die fehlende Erhaltung der schwachen Ladung und die Tatsache, daß die schwache Wechselwirkung als einzige unter den fundamentalen Kräften eine begrenzte Reichweite besitzt.

Das Standardmodell hat sich auf Grund einer Vielzahl neuartiger, teilweise empirisch bestätigter Vorhersagen als überaus erfolgreich herausgestellt. Es leistet die Vereinheitlichung aller Wechselwirkungen auf die beiden Grundkräfte Farbkraft und elektroschwache Kraft (neben der ↑Gravitation, deren quantentheoretische Behandlung bislang nicht befriedigend gelungen ist). Durch die Entdeckung des Higgs-Bosons 2012 hat sich überdies der Mechanismus zur Erzeugung der trägen Masse der Teilchen experimentell bestätigt. Andererseits nimmt das Standardmodell eine große Zahl elementarer Teilchen an – 6 Quarks in je 3 Farbzuständen nebst Antiteilchen, 6 Leptonen nebst Antiteilchen, 12 Austauschteilchen (8 Gluonen und 4 elektroschwache Überträgerteilchen [Photon, W^+, W^-, Z^0]) sowie das Higgs-Boson – und bietet darüber hinaus für viele empirische Regelmäßigkeiten keine Erklärung. Nicht erklärt werden etwa die Drei-Generationen-Struktur und die exakt drittelzahlige Ladung von Quarks und Leptonen. Zudem bleiben die Teilchenmassen theoretisch weitgehend unbestimmt. Diese Schwierigkeiten versucht die ›Große Vereinheitlichte Theorie‹ (Grand Unified Theory, GUT) zu lösen, die eine theoretische Integration von elektroschwacher Kraft und Farbkraft anstrebt. Die GUT faßt Quarks und Leptonen zu einer einzigen Teilchensorte zusammen und prognostiziert einen Quark-Lepton-Übergang, der sich als Protonenzerfall äußern würde (was bislang empirisch nicht bestätigt werden konnte). Die beiden hauptsächlichen Kandidaten für die GUT sind die Stringtheorie und die Schleifenquantengravitation.

Literatur: I. Appenzeller u.a., Kosmologie und T., Heidelberg 1990; P. Becher/M. Böhm/H. Joos, Eichtheorien der starken und elektroschwachen Wechselwirkung, Stuttgart 1981, ^{2}1983 (engl. Gauge Theories of Strong and Electroweak Interactions, Chichester etc. 1984); C. Berger, Elementarteilchenphysik. Von den Grundlagen zu den modernen Experimenten, Berlin 2001, Berlin/Heidelberg ^{3}2014; K. Bethge/U. E. Schröder, Elementarteilchen und ihre Wechselwirkungen, Darmstadt 1986, mit Untertitel: Eine Übersicht, Weinheim ^{3}2006; J. Bleck-Neuhaus, Elementare Teilchen. Moderne Physik von den Atomen bis zum Standard-Modell, Berlin/Heidelberg 2010, mit Untertitel: Von den Atomen über das Standard-Modell bis zum Higgs-Boson, ^{2}2013; L. M. Brown/L. Hoddeson (eds.), The Birth of Particle Physics, Cambridge 1983, 1986; W. E. Burcham/M. Jobes, Nuclear and Particle Physics, Harlow 1995, 1997; T.-P. Cheng/L.-F. Li, Gauge Theory of Elementary Particle Physics, Oxford 1984, 2011; D. B. Cline/C. Rubbia/S. van der Meer, The Search for Indeterminate Vector Bosons, Sci. Amer. 246 (1982), H. 3, 38–49 (dt. Elementarteilchen. Die Fahndung nach den Vektorbosonen, Spektrum Wiss. 1982, H. 5, 88–100); F. Close, Particle Physics. A Very Short Introduction, Oxford 2004; A. Das/T. Ferbel, Introduction to Nuclear and Particle Physics, New York/Chichester 1994, New Jersey etc. ^{2}2003, 2006 (mit Lösungsheft: C. Bromberg/A. Das/T. Ferbel, Introduction to Nuclear and Particle Physics. Solution Manual for the Second Edition, New Jersey etc. 2006, 2008), 2009 (dt. Kern- und Teilchenphysik. Einführung,

Probleme, Übungen, Heidelberg 1995); M. Dey/J. Dey, Nuclear and Particle Physics. The Changing Interface, Berlin etc. 1994; J. E. Dodd, The Ideas of Particle Physics. An Introduction for Scientists, Cambridge/New York 1984, mit G. D. Coughlan, rev. ^{2}1991 (dt. Elementarteilchen. Eine Einführung für Naturwissenschaftler, ed. H. Genz, Braunschweig/Wiesbaden 1996), mit G. D. Coughlan und B. M. Gripaios, rev. ^{3}2006; G. Ecker, Teilchen, Felder, Quanten. Von der Quantenmechanik zum Standardmodell der T., Berlin 2017; B. Falkenburg, Teilchenmetaphysik. Zur Realitätsauffassung in Wissenschaftsphilosophie und Mikrophysik, Mannheim 1994, Heidelberg ^{2}1995; D. C. Fries/B. Zeitnitz (eds.), Quarks and Nuclear Forces, Berlin/Heidelberg/New York 1982 (Springer Tracts in Modern Physics 100); H. Fritzsch, Quarks. Urstoff unserer Welt, München/Zürich 1981, 2006 (engl. Quarks. The Stuff of Matter, New York, London, Harmondsworth 1983, London 1992); ders., Elementarteilchen. Bausteine der Materie, München 2004 (engl. Elementary Particles. Building Blocks of Matter, New Jersey etc. 2005); H. Genz, Elementarteilchen, Frankfurt 2003; H. Georgi, A Unified Theory of Elementary Particle Physics, Sci. Amer. 244 (1981), H. 4, 40–55 (dt. Vereinheitlichung der Kräfte zwischen den Elementarteilchen, Spektrum Wiss. 1981, H. 6, 70–93); B. Geyer, Einführung in die Quantenfeldtheorie der Elementarteilchen, Berlin 1990; H. Harari, The Structure of Quarks and Leptons, Sci. Amer. 248 (1983), H. 4, 48–68 (dt. Wie elementar sind Quarks und Leptonen?, Spektrum Wiss. 1983, H. 6, 54–71); G. L. Kane, Modern Elementary Particle Physics, Redwood City Calif. 1987, mit Untertitel: The Fundamental Principles and Forces?, Reading Mass. 1993, mit Untertitel: Explaining and Extending the Standard Model, Cambridge ^{2}2017; M. Kuhlmann, The Ultimate Constituents of the Material World. In Search of an Ontology for Fundamental Physics, Frankfurt 2010; ders./H. Lyre/A. Wayne (eds.), Ontological Aspects of Quantum Field Theory, New Jersey etc. 2002; L. Lederman/D. Teresi, The God Particle. If the Universe is the Answer, What Is the Question?, Boston Mass. 1993, Boston Mass./New York 2006 (dt. Das schöpferische Teilchen. Der Grundbaustein des Universums, München 1993, 1995; franz. Une sacrée particule. Si l'univers est la réponse, quelle est la question?, Paris 1996); E. Lohrmann, Hochenergiephysik, Stuttgart 1978, ^{5}2005; R. E. Marshak, Conceptual Foundations of Modern Particle Physics, Singapur etc. 1993; B. R. Martin/G. Shaw, Particle Physics, Chichester/New York 1992, ^{4}2017; G. Musiol/R. Reif/D. Seeliger, Kern- und Elementarteilchenphysik, Berlin (Ost) 1980, mit J. Ranft, I–II, Berlin (Ost), Weinheim 1988, in 1 Bd. Frankfurt ^{2}1995; Y. Ne'eman/Y. Kirsh, The Particle Hunters, Cambridge 1986, ^{2}1996 (dt. Die Teilchenjäger, Berlin/Heidelberg 1995); W. Pfeiler, Experimentalphysik V (Quanten, Atome, Kerne, Teilchen), Berlin/Boston Mass. 2017; B. Povh u.a., Teilchen und Kerne. Eine Einführung in die physikalischen Konzepte, Berlin etc. 1993, ^{9}2014 (engl. Particles and Nuclei. An Introduction to the Physical Concepts, Berlin etc. 1995, ^{7}2015); C. Quigg, The Coming Revolutions in Particle Physics, Sci. Amer. 298 (2008), H. 2, 46–53 (dt. Weltbild vor dem Umbruch, Spektrum Wiss., 2008, H. 11, 12–20); M. Rammerstorfer, Quarks und Erkenntnis. Erkenntnistheoretische Aspekte unserer Vorstellungen vom Aufbau der Materie, Frankfurt 1992; M. Stöckler, Philosophische Probleme der Elementarteilchenphysik, Habil. Gießen 1988; J. C. Taylor, Gauge Theories of Weak Interactions, Cambridge 1976, 1979; M. J. G. Veltman, The Higgs Boson, Sci. Amer. 255 (1986), H. 5, 88–94 (dt. Das Higgs-Boson, Spektrum Wiss. 1987, H. 1, 52–59); S. Weinberg, The Decay of the Proton, Sci. Amer. 244 (1981), H. 6, 52–63 (dt. Der Zerfall des Protons, Spektrum Wiss. 1981, H. 8, 30–45). M. C.

Teilformelinduktion (auch: Induktion über den Aufbau der Formel), Bezeichnung für eine Übertragung des zahlentheoretischen (↑Zahlentheorie) Beweisverfahrens der vollständigen Induktion (↑Induktion, vollständige), bei der dieses für den Nachweis herangezogen wird, daß alle Formeln, die durch einen gegebenen ↑Kalkül ℋ herstellbar sind, eine gewisse Eigenschaft E besitzen. Dabei sind ↑Terme, Ausdrücke (↑Ausdruck (logisch)) bzw. beliebige in einem Kalkül herleitbare Zeichenreihen als ↑Formeln zugelassen. Durch den Nachweis, daß alle atomaren bzw. ↑Primformeln, die durch die ↑Anfangsregeln A_1, ..., A_n des jeweiligen Kalküls ℋ gegeben sind, die Eigenschaft E besitzen (Induktionsbasis), und den Nachweis, daß sich diese Eigenschaft E von den ↑Prämissen auf die jeweiligen ↑Konklusionen aller Fortsetzungsregeln F_1, ..., F_m des Kalküls ℋ vererbt, d. h. von bereits regelrecht gebildeten Formeln auf eine neue molekulare Formel (Induktionsschritt), ist der Schluß berechtigt, daß *alle* im Kalkül ℋ herstellbaren Formeln die Eigenschaft E besitzen (Induktionsschluß).

Die T. ist ein unverzichtbares und daher in der formalen Logik (↑Logik, formale, ↑Beweistheorie, ↑Metamathematik, ↑Modelltheorie) allgegenwärtiges Beweismittel. Analoge Beweisverfahren entstehen, wenn man z. B. Herleitungsfiguren in eine Halbordnung (↑Ordnung) bringt, womit Eigenschaften für kalkülisierte Herleitungen beweisbar werden (Induktion über die Länge bzw. den Aufbau der Herleitung). Wenn man bereit ist, stärkere Annahmen (z. B. das ↑Auswahlaxiom) zu machen, läßt sich der genannte Beweisansatz transfinit erweitern (↑Induktion, transfinite) und wird dann auch auf überabzählbare Formelmengen oder halbformale Systeme (↑Halbformalismus) anwendbar. – Der Sache nach scheint die T. zuerst in der Dissertation von E. L. Post (1921) und in der frühen Hilbert-Schule verwandt worden zu sein; explizit als ›Induktion‹ bezeichnet wird sie jedoch anscheinend erst in K. Gödels epochalen Arbeiten über Vollständigkeit und Unvollständigkeit (1930/1931).

Literatur: H.-D. Ebbinghaus/J. Flum/W. Thomas, Einführung in die mathematische Logik, Darmstadt 1978, Heidelberg ⁵2007 (engl. Mathematical Logic, New York etc. 1984, Berlin/Heidelberg/New York ²1994, 1996); K. Gödel, Die Vollständigkeit der Axiome des logischen Funktionenkalküls, Mh. Math. Phys. 37 (1930), 349–360, Neudr. [dt./engl.] in: ders., Collected Works I, ed. S. Feferman, Oxford etc. 1986, 2001, 102–122; ders., Über formal unentscheidbare Sätze der Principia Mathematica und verwandter Systeme I, Mh. Math. Phys. 38 (1931), 173–198, Neudr. [dt./engl.] in: ders., Collected Works I [s. o.], 144–195); H. Hermes, Einführung in die mathematische Logik. Klassische Prädikatenlogik, Stuttgart 1963, ⁵1991; D. Hilbert/W. Ackermann, Grundzüge der theoretischen Logik, Berlin 1928, Berlin/Heidelberg/New York ⁶1972; P. Lorenzen, Konstruktive Begründung der Mathematik, Math. Z. 53 (1950), 162–202; G. H. Moore, Hilbert and the Emergence of Modern Mathematical Logic, Theoria 12 (1997), 65–90; E. L. Post, Introduction to a General Theory of Elementary Propositions, Amer. J. Math. 43 (1921), 163–185 (repr. in: ders., Solvability, Provability, Definability. The Collected Works of Emil Leon Post, ed. M. Davis, Boston Mass./Basel/Berlin 1994, 21–43), Neudr. in: J. van Heijenoort [ed.], From Frege to Gödel. A Source Book in Mathematical Logic, 1879–1931, Cambridge Mass./London 1967, 2002, 264–283. B. B./C. T.

Teilhabe, auch: Partizipation (griech. μέθεξις, lat. participatio), in den ↑Sozialwissenschaften (↑Gesellschaftstheorie) Bezeichnung für die Teilnahme – häufig auch gleich ↑normativ für die Forderung nach Teilnahme – Einzelner am öffentlichen Leben (gesellschaftliche T., z. B. am kulturellen Leben, politische T.) im Unterschied zu den sozialen Beziehungen Einzelner im Privatleben (↑Sozialität); insbes. ein sozialrechtlicher Terminus für die Förderung der Eingliederung Erwachsener vor der Erreichung der Altersgrenze ins Arbeitsleben.

In der Philosophie spielt T. jenseits der terminologisch fixierten Rolle als ↑Methexis in Platons ↑Ideenlehre und den sich auf sie berufenden Weiterbildungen im ↑Neuplatonismus und in der ↑Scholastik grundsätzlich keine Rolle. Noch M. Heidegger erklärt die Methexis in Gestalt der Platonischen Wendung von der T. des Seienden (↑Seiende, das) am Sein (↑Sein, das) anstelle des bei ihm sonst für diese Relation üblichen Ausdrucks ›ontologische Differenz‹ (↑Differenz, ontologische) als kennzeichnend für den ›Bereich der abendländischen Metaphysik‹ (Was heisst Denken?, 1971, 135). Zu den wenigen zeitgenössischen Ausnahmen gehört L. Lavelle (1883–1951), dessen ›Philosophie der Partizipation‹ (A. de Waelhens, Une philosophie de la participation. L'actualisme de Lavelle, Rev. néoscolastique de Louvain 42 [1939], 213–229) als eine T. des ›(eigenen) Ich am (geistigen) Sein‹ im Zuge des Vollziehens von Handlungen die Gestalt einer neuscholastischen Version (↑Neuscholastik) der ↑Existenzphilosophie bekommen hat.

Mit der im Dialogischen Konstruktivismus (↑Konstruktivismus, dialogischer), durch Einbeziehen der Aristotelischen Kritik an Platons Auffassung von der alleinigen Rolle der ↑Universalia für die Konstitution partikularer Objekte, möglich gewordenen weiteren Differenzierung der modernen Prädikationstheorie – neben der für das Aussagen von Eigenschaften von einem ↑Objekt zuständigen Sprachhandlung ↑Prädikation findet auch noch die zu ihr komplementäre Sprachhandlung der ↑Ostension, zuständig für das Anzeigen von Substanzen an einem Objekt, Berücksichtigung – läßt sich auch die Rolle der ↑Nominatoren bei der ↑Benennung von Objekten im Rahmen der Aussagen und Anzeigen weiter differenzieren und so auch dem Platonischen Begriff der T. ein systematischer Ort zuweisen. Innerhalb einer ↑Elementaraussage $\iota Q \,\varepsilon\, P$, z. B. ›dieser Stuhl ist aus Holz‹, bezieht sich der Nominator ›dieser Stuhl‹ bei der Benennung des ganzen, aus Form und Stoff bestehenden, Stuhl-Partikulare (↑Partikularia) gleichwohl nur auf die Stoffkomponente dieses Stuhls (κ(ιQ)), weil die Einlösung der mit dem Aussagen der Eigenschaft [Aus-]Holz-Sein (σP) von dem fraglichen Stuhl verbundenen Behauptung darauf beruht, die Übereinstimmung eines Anteils allein des Stoffes dieses Stuhls mit dem Stoff eines Holz-Partikulare (κ(ιP)), eines ›Holzstücks‹, nachzuweisen, was dieses Holzstück zu einem echten Teil dieses Stuhls macht (↑Teil und Ganzes). Innerhalb einer Elementaranzeige δPιQ jedoch, z. B. ›dies Holz an diesem Stuhl‹, bezieht sich der Nominator ›dieser Stuhl‹ nur auf die Formkomponente dieses Stuhls (σ(ιQ)), also auf das Bündel der diesem Stuhl zukommenden, das Stuhl-Sein (σQ) natürlich einschließenden, Eigenschaften, weil in diesem Falle die Berechtigung des Anzeigens der Substanz Gesamt-Holz (κP) an dem fraglichen Stuhl allein davon abhängt, daß unter den Eigenschaften des die Formkomponente dieses Stuhls bildenden Eigenschaftenbündels auch die Eigenschaft [Aus-]Holz-Sein (σP) vorkommt, also σ(ιQ) *teilhat* an (der davon implizierten Eigenschaft) σP. Damit ist es sinnvoll, auch von der T. von ιQ an σP zu sprechen: Die T. oder Partizipation wird so die zur Attribution von σP an ιQ konverse (↑konvers/Konversion) ↑Relation.

Literatur: L.-B. Geiger, La participation dans la philosophie de S. Thomas d'Aquin, Paris 1942, ²1953; L. Lavelle, La dialectique de l'éternel present II (De l'acte), Paris 1937, 1992, III (Du temps et de l'éternité), Paris 1945; K. Lorenz, Dialogischer Konstruktivismus, Berlin/New York 2009; A. de Muralt, Néoplatonisme et Aristotélisme dans la métaphysique médiévale. Analogie, causalité, participation, Paris 1995; R. Schönberger, T., Hist. Wb. Ph. X (1998), 961–969; E. M. Selinger, Participation, in: C. Mitcham (ed.), Encyclopedia of Science, Technology, and Ethics III, Detroit Mich. etc. 2005, 1380–1384. K. L.

Teilhard de Chardin, (Marie-Joseph) Pierre, *Schloß Sarcenat (b. Clermont-Ferrand) 1. Mai 1881, †New York 10. April 1955, franz. Paläontologe, Anthropologe und Philosoph. T. tritt 1899 dem Jesuitenorden bei, 1901–1905 Studium der Philosophie auf Jersey (Grund: Vertreibung der Jesuiten aus Frankreich), 1905 Physiklehrer in Kairo, 1908–1912 Studium der Theologie in Hastings (Sussex), 1912–1914 der Geologie und der Paläontologie in Paris, 1913 Exkursion zu den Eiszeithöhlen in Spanien. 1914–1919 Sanitäter im Kriegsdienst, 1922 Promotion, geologische Vorlesungen am Institut Catholique in Paris. 1923 erste Reise nach China; zwischen 1926 und 1939 Forschungsreisen nach Afrika, Indien und China; dort beteiligt sich T. an der Auswertung der Ausgrabung des Peking-Menschen (Sinanthropus Pekinensis), 1939–1946 kriegsbedingter Aufenthalt in Peking, Niederschrift des philosophischen Hauptwerkes »Le phénomène humain« (Paris 1955; dt. Der Mensch im Kosmos, München 1959). 1946 Rückkehr nach Frankreich, ab 1951 durch Reisen unterbrochener Aufenthalt in New

York (Mitarbeiter der Wenner Gren Foundation for Anthropological Research). – Als Jesuit und Naturforscher ist T. zeit seines Lebens darum bemüht, die Ergebnisse der modernen Naturwissenschaft, vor allem der ↑Evolutionstheorie seit C. R. Darwin, mit den christlichen Lehren in Einklang zu bringen. Es gelingt ihm jedoch nicht, die Kirche und seine Oberen zu überzeugen. Da sich T. deren Entscheidungen fügt, werden seine Arbeiten, mit Ausnahme der naturwissenschaftlichen, erst nach seinem Tode gedruckt. Sein langer Aufenthalt in China war nicht nur durch paläontologische Arbeiten bedingt, sondern kam auch einem ›Exil‹ gleich.

Der wesentliche Punkt in T.s Versuch, Evolutionstheorie und christlich-spiritualistische Heilslehre miteinander zu versöhnen, ist das Argument, daß die ↑Materie, um ↑Geist (in Gestalt des ↑Selbstbewußtseins) hervorbringen zu können, nicht bloß die tote Materie sein kann, für die sie auf Grund einer mechanistischen Naturauffassung gehalten wird. T. vertritt insofern eine Form des ↑Hylozoismus. Die Urmaterie muß bereits beseelt sein, obwohl die psychische Seite zunächst noch nicht zum Tragen kommt. T. unterscheidet zwischen einer Innenseite und einer Außenseite der Dinge. Je komplexer die Materie in ihrem Außen (in der Molekülbildung usw.) wird, um so deutlicher tritt ihr Innen (die Beseelung) in die Erscheinung, um sich schließlich im Bewußtsein des Menschen ihrer selbst bewußt zu werden. Auf dieser Stufe der ↑Evolution, dem qualitativen Sprung von der Biosphäre zur Noosphäre, wird der Mensch zum Träger der weiteren Entwicklung, die sich T. in einer mystischen (↑Mystik) Vision als eine teleologische (↑Teleologie) Entwicklung aller menschlichen Kulturen zu einer einzigen Weltkultur, dem von T. so genannten Punkt Omega, denkt. Deutet man diesen Punkt Omega als klassenlose Gesellschaft, so ist T.s Lehre bis hierhin sogar mit einer dialektisch-materialistischen Position (↑Materialismus, dialektischer) vereinbar. Der entscheidende Unterschied ist jedoch, daß T. dieses Ziel nicht durch Klassenkämpfe (↑Klasse (sozialwissenschaftlich)), sondern durch die christliche Liebe erreicht wissen will. – Die katholische Kirche hat T. nicht nur seinen ›Evolutionismus‹ vorgehalten, sondern auch seinen damit zusammenhängenden ↑Optimismus, der mit den christlichen Grundannahmen der Erbsünde und des Jüngsten Gerichts in der Tat nur schwer vereinbar ist. Auffällig ist in diesem Zusammenhang die zustimmende Rezeption in der neomonistischen (↑Monismus) »New-Age«-Bewegung.

Werke: Œuvres, I–XIII, Paris 1955–1976; Werke, I–X, Olten/Freiburg 1962–1972, II, ¹⁰1985, III, ²1965, V, ⁴1987, VII, ²1978, X, ²1974; L'œuvre scientifique, I–XI, ed. N. Schmitz-Moormann/K. Schmitz-Moormann, Olten/Freiburg 1971. – Le phénomène humain, Paris 1955 (= Œuvres I), 2007 (dt. Der Mensch im Kosmos, München 1959, ⁷1964, Nachdr. [der Ausg. 1959], 1969 [= Werke I], ⁴2010; engl. The Phenomenon of Man, New York 1959, ²1965;

ital. Il fenomeno umano, Mailand 1968); L'apparition de l'homme, Paris 1956, 1967 (= Œuvres II) (dt. Das Auftreten des Menschen, Olten/Freiburg 1964, ²1965 [= Werke III]; engl. The Appearance of Man, London 1965); Le milieu divin. Essai de vie intérieure, Paris 1957 (= Œuvres IV), 1993 (engl. The Divine Milieu. An Essay on the Interior Life, New York 1960, 1968; dt. Der göttliche Bereich. Ein Entwurf des innern Lebens, Olten/Freiburg 1962, ¹⁰1985 [= Werke II]); L'avenir de l'homme, Paris 1959, 1970 (= Œuvres V) (dt. Die Zukunft des Menschen, Olten/Freiburg 1963, ⁴1987 [= Werke V]; engl. The Future of Man, New York 1964, 1969); Hymne de l'univers, Paris 1961, 1963 (= Œuvres II), 1993 (dt. Lobgesang des Alls, Olten/Freiburg 1964, ⁷1981; engl. Hymn of the Universe, New York 1965, 1969). – Lettres de voyage 1923–1939, ed. C. Aragonnès, Paris 1956 (dt. Geheimnis und Verheißung der Erde. Reisebriefe 1923–1939, ed. C. Aragonnès, Freiburg/München 1958, ³1964, 1968; engl. in: Letters from a Traveller. 1923–1955, New York/Evanston Ill. 1962, 63–244, London/New York 1967, 27–194); Nouvelles lettres de voyage 1939–1955, ed. C. Aragonnès, Paris 1957 (dt. Pilger der Zukunft. Neue Reisebriefe 1939–1955, ed. C. Aragonnès, Freiburg/München 1959, ⁴1965; engl. in: Letters from a Traveller. 1923–1955, New York/Evanston Ill. 1962, 245–364, London/New York 1967, 195–306); Genèse d'une pensée. Lettres 1914–1919, ed. C. Aragonnès, Paris 1961, 1964 (dt. Entwurf und Entfaltung. Briefe aus den Jahren 1914–1919, ed. A. Teillard-Chambon/M. H. Bégoüen, Freiburg/München 1963, 1969); Lettres d'Égypte 1905–1908, Paris 1963, 2012 (dt. Briefe aus Ägypten 1905–1908, München 1965); Tagebücher, I–III, ed. N. Schmitz-Moormann/K. Schmitz-Moormann, Olten/Freiburg 1974–1977 (franz. Journal, Paris 1975). – J. E. Jarque, Bibliographie générale des œuvres et articles sur P. T., Fribourg 1970; G.-H. Baudry, Bibliographie française de et sur P. T., Lille 1991 (Cahiers teilhardiens XI).

Literatur: J.-J. Antier, P. T.. Ou la force de l'amour, Paris 2012; J. Arnould, P. T., Paris 2005; T. Becker, Geist und Materie in den ersten Schriften P. T.s, Freiburg/Basel/Wien 1987; B. B. Bidlack, In Good Company. The Body and Divinization in P. T., SJ and Daoist Xiao Yingsou, Leiden/Boston Mass. 2015; E. Borne, T., DP II (²1993), 2746–2754; P. Boudignon, P. T., Paris 2008; T. Broch, P. T.. Wegbereiter des New Age?, Mainz, Stuttgart 1989; ders., Denker der Krise – Vermittler von Hoffnung. P. T., Würzburg 2000; J. Carles/A. Dupleix/J.-M. Maldamé, T.. Actualité d'un débat, Toulouse 1991; S. Cowell, The T. Lexicon. Understanding Language, Terminology and Vision of the Writings of P. T., Brighton etc. 2001; S. M. Daecke, T., TRE XXXIII (2002), 28–33; A. Danzin/J. Masurel, T.. Visionnaire du monde nouveau, Monaco 2005; B. Delfgaauw, T. und das Evolutionsproblem, München 1964, ³1971; L. Ebersberger, Glaubenskrise und Menschheitskrise. Die neue Aktualität P. T.s, Münster etc. 2000; A. Glässer, Konvergenz. Die Struktur der Weltsumme P. T.s, Kevelaer 1970; F.-T. Gottwald, T., in: J. Nida-Rümelin (ed.), Philosophie der Gegenwart in Einzeldarstellungen. Von Adorno bis v. Wright, Stuttgart 1991, 597–599, ²1999, 738–740; T. A. Goudge, T., Enc. Ph. VIII (1967), 83–84, IX (²2006), 374–376; A. Haas, T.-Lexikon. Grundbegriffe, Erläuterungen, Texte, I–II, Freiburg 1971; J. Hemleben, T.. Zijn leven in brieven en documenten, Rotterdam 1966 (dt. P. T. in Selbstzeugnissen und Bilddokumenten, Reinbek b. Hamburg 1966, 1987); H.-E. Hengstenberg, Mensch und Materie. Zur Problematik T.s, Stuttgart etc. 1965, Dettelbach ²1998; E. Hentschel, P. T.. Synthese von Glaube und Naturwissenschaft aus der Sicht der Biographieforschung, Hamburg 2004; E. Lehnert, Finalität als Naturdetermination. Zur

Naturteleologie bei T., Stuttgart 2002; A. Manzanza/L. K. Momay, P. T. et la connaissance scientifique du monde, Turin/Paris 2011; C. Modemann, Omegapunkt. Christologische Eschatologie bei T. und ihre Rezeption durch F. Capra, J. Ratzinger und F. Tipler, Münster 2004; A. Müller, Das naturphilosophische Werk T.s. Seine naturwissenschaftlichen Grundlagen und seine Bedeutung für eine natürliche Offenbarung, Freiburg/München 1964; J. Salmon/J. Farina (eds.), The Legacy of P. T., New York/Mahwah N. J. 2011; L. M. Savary, The New Spiritual Exercises. In the Spirit of P. T., New York/Mahwah N. J. 2010; G. Schiwy, T.. Sein Leben und seine Zeit, I–II, München 1981; ders., Ein Gott im Wandel. T. und sein Bild der Evolution, Düsseldorf 2001; ders., Eine heimliche Liebe. Lucile Swan und T., Freiburg/Basel/Wien 2005; K. Schmitz-Moormann (ed.), T. in der Diskussion, Darmstadt 1986 (mit Bibliographie, 439–445); ders., P. T.. Evolution – die Schöpfung Gottes, Mainz 1996; B. Sesé, Petite vie de P. T., Paris 2007; N. Timbal, P. T.. Un homme de Dieu au cœur de la matière, Namur/Paris 2015; M. Trennert-Helwig, Die Urkraft des Kosmos. Dimensionen der Liebe im Werk P. T.s, Freiburg/Basel/ Wien 1993; K. E. Yandell, T., REP IX (1998), 288–291; W. Zademach (ed.), Reich Gottes für diese Welt – Theologie gegen den Strich, Waltrop 2001; D. Zognong, L'éthique des droits de l'homme chez T.. De l'évolutionnisme à l'humanisme juridique, Paris 2012. – Cahiers P. T., Paris 1 (1958) – 7 (1971); Revue T., ed. Société T., Brüssel 1960–1964, unter dem Titel: Revue internationale T., 1965–1988.   G. G.

Teilmenge (engl. subset, franz. sous-ensemble), Terminus der ↑Mengenlehre. Eine ↑Menge M heißt eine ›T.‹ oder ›Untermenge‹ einer Menge N (symbolisch: $M \subseteq N$), falls jedes Element von M auch Element von N ist:

$$M \subseteq N \leftrightharpoons \bigwedge_x (x \in M \to x \in N).$$

N heißt dann eine ›Obermenge‹ von M. Falls M und N überdies verschieden sind, heißt M eine ›echte‹ T. von N und N eine ›echte‹ Obermenge von M (symbolisch: $M \subset N$ oder $M \subsetneqq N$ bzw. $N \supset M$ oder $N \supsetneqq M$). In der axiomatischen Mengenlehre (↑Mengenlehre, axiomatische) wird die Existenz von durch ↑Aussageformen beschriebenen T.n gegebener Mengen durch ↑Teilmengenaxiome gefordert.   P. S.

Teilmengenaxiom (engl. axiom of subsets, franz. axiom de séparation), im ↑Zermelo-Fraenkelschen Axiomensystem der ↑Mengenlehre ein anderer Name für das ↑Aussonderungsaxiom. Genauer ist das T. ein Axiomenschema, das zu einer beliebigen ↑Aussageform $A(x)$ für jede gegebene ↑Menge M die Existenz einer ↑Teilmenge N von M postuliert, die genau diejenigen Elemente a von M enthält, für die $A(a)$ gilt. Das T. ist ableitbar aus dem ↑Ersetzungsaxiom. In ↑Neumann-Bernays-Gödelschen Axiomensystemen, in denen man über Klassen (↑Klasse (logisch)) quantifizieren kann, ist das T. kein ↑Schema. Es postuliert für jede gegebene Klasse X und jede gegebene Menge M die Existenz einer Teilmenge N von M, die genau diejenigen Elemente von M enthält, die zugleich in X sind:

$\bigwedge_X \bigwedge_M \bigvee_N \bigwedge_x (x \in N \leftrightarrow x \in M \wedge x \in X)$.

Anders ausgedrückt besagt diese Version des T.s, daß die Schnittklasse (↑Durchschnitt) einer Menge mit einer Klasse stets eine Menge ist. In konstruktiven Mengenlehren auf typentheoretischer Basis (↑Typentheorien) werden die Elemente a einer durch die Aussageform $A(x)$ charakterisierten Teilmenge einer gegebenen Menge M konstruiert durch die Überprüfung, ob für $a \in M$ jeweils $A(a)$ gilt. Hier wird das Problem diskutiert, inwieweit die durch diesen Nachweis für die Elemente der Teilmenge gegebene Konstruktionsinformation in der Formulierung der Schlußregeln für Teilmengen mitgeführt werden muß, d. h., ob a als Element einer bestimmten Teilmenge von M zusätzliche Information beinhaltet gegenüber a als bloßem Element von M.

Literatur: L. Crosilla, Set Theory. Constructive and Intuitionistic ZF, SEP 2014; A. A. Fraenkel/Y. Bar-Hillel/A. Levy, Foundations of Set Theory, Amsterdam 1958, Amsterdam/London ²1973; B. Nordström/K. Petersson/J. M. Smith, Programming in Martin-Löf's Type Theory. An Introduction, Oxford 1990, bes. 123–150.　P. S.

Teil und Ganzes (griech. $\tau\grave{o}\ \mu\acute{\epsilon}\rho o\varsigma$ / $\tau\grave{o}\ \mu\acute{o}\rho\iota o\nu$ – $\tau\grave{o}\ \ddot{o}\lambda o\nu$, lat. pars – totum, engl. part – whole, franz. la partie – le tout), neben ›Eines‹/›Einheit‹ – ›Vieles‹/›Vielheit‹ (griech. $\tau\grave{o}\ \ddot{\epsilon}\nu$ /$\dot{\eta}\ \dot{\epsilon}\nu\acute{o}\tau\eta\varsigma$ [abstr.], $\dot{\eta}\ \mu o\nu\acute{\alpha}\varsigma$ [konkr.] – $\tau\grave{\alpha}\ \pi o\lambda\lambda\acute{\alpha}$, lat. unum/unitas – multa) und ›Einzelnes‹ – ›Allgemeines‹ (griech. $\kappa\alpha\theta'\ \ddot{\epsilon}\kappa\alpha\sigma\tau o\nu$ – $\kappa\alpha\theta\acute{o}\lambda o\nu$, lat. singulare – universale) ein zu den ältesten terminologischen Hilfsmitteln der philosophischen Reflexion gehörendes und in der Tradition der europäischen Metaphysik mit ›Essenz‹ (↑Substanz) – ›Akzidens‹ (↑Eigenschaft) sowohl konkurrierendes als auch sich ergänzendes Begriffspaar, mit dessen Hilfe der Mensch (theoretische) Orientierung in der Welt zu gewinnen sucht. Die zugehörige Theorie von T. u. G.m ist die ↑Mereologie. Sie gilt in der zu Beginn des 20. Jhs. von S. Leśniewski entwickelten formalsprachlichen Fassung als Gegenstück oder auch nur Ergänzung der ↑Mengenlehre und zugleich als eine die überlieferten Theorien der ↑Begriffe (↑Begriffslogik) und der Klassen (↑Klasse (logisch), ↑Klassenlogik) zusammenfassende und durch Einbeziehung der ↑Relationen (↑Relationenlogik), insbes. der Teil-Ganzes-Relation selbst, verallgemeinernde Theorie vom Einzelnen und Allgemeinen.

Die mereologische Ergänzung der Mengenlehre war insbes. deshalb erforderlich, weil in der Entgegensetzung von ›einzeln‹ und ›allgemein‹ ungeklärt blieb, wie ›einzeln‹ (↑singular, ↑Singularia) von ›besonders‹ (↑Besonderheit, ↑partikular, ↑Partikularia) und damit auch das Allgemeine (↑universal, ↑Universalia, ↑Universalien) von etwas Partikularem höherer logischer Stufe (↑Abstraktum) abzugrenzen ist, zumal die Auszeichnung von

Individuen einer Art (↑Individuum) vor anderen partikularen Einheiten dadurch, daß sie keine Teile derselben Art haben, angesichts der Möglichkeit, etwa einen individuellen Menschen gleichwohl als aus zeitlichen Abschnitten (auch diese sind Menschen, wenngleich nicht von Geburt bis Tod, und damit ist nicht jeder solche Abschnitt ›ein ganzer‹ Mensch) zusammengesetzt anzusehen, ebenfalls eine begriffliche Klärung verlangt. Dabei ist noch nicht berücksichtigt, daß für Individuen der Art Homo sapiens (die, wie beliebige Individuen, den Status von ↑Objekten haben) ihre besondere Fähigkeit zur Selbstbestimmung im Prozeß der Ausbildung von ↑Individualität und ↑Sozialität ihnen zusätzlich den Status individueller und sozialer ↑*Subjekte* verleiht (sie üben dann die Rollen von Ich und von Du aus und wissen das auch). Diese Fähigkeit schließt die Entwicklung verschiedener Kompetenzen ein: einerseits die eigene Zugehörigkeit zu Gruppen von Menschen zu erkennen sowie anzuerkennen oder zu verweigern (Wir-Rolle bzw. Ihr-Rolle), andererseits solche Gruppen sowohl zu bilden als auch aufzulösen (etwa Familien, Fanclubs, Orchester), außerdem diese zu vertreten und voneinander zu sondern (↑Gemeinschaft, ↑Gesellschaft, ↑Institution) im Sinne eines (seinerseits auf ↑Anerkennung angewiesenen) Anspruchs, für oder gegen solche Gruppen, unter Umständen für die ›ganze‹ Menschheit, reden zu können. Dabei wird nicht hinreichend geklärt, ob Reden allgemein als Mensch und Reden mit dem Anspruch, ›die ganze‹ Menschheit (↑Totalität) zu vertreten, auf dasselbe hinauslaufen (↑Subjekt, empirisches, ↑Subjekt, transzendentales), welche Rolle dabei Subjektstatus und Objektstatus spielen (↑Subjekt-Objekt-Problem) und worum es in diesem Zusammenhang bei dem (besonders in den Sozial- und Gesellschaftswissenschaften stets aufs neue geführten) Streit um die vermeintliche Alternative zwischen dem Primat des Individuums und dem der Gesellschaft eigentlich geht (↑Kommunitarismus).

Ganz allgemein läßt sich rein klassenlogisch nicht klären, was für eine Bewandtnis es hat mit dem Unterschied, der besteht zwischen – auf der einen Seite – *Gruppenbildung* (von Einheiten eines durch ein ↑Individuativum, z. B. ›Mensch‹, artikulierten Objektbereichs) bzw. *Verschmelzung* oder *Zerlegung* (von Einheiten eines durch ein ↑Kontinuativum, z. B. ›Wasser‹, artikulierten Objektbereichs zu einer größeren Einheit bzw. in kleinere Einheiten) und – auf der anderen Seite – der (einen Spezialfall der ↑Abstraktion [↑abstrakt] bildenden) *Klassenbildung* (↑Klassifikator). Im ersteren Falle gehören die neugewonnenen Einheiten derselben logischen Stufe an wie die ursprünglichen (z. B. bei der aus Menschen bestehenden Gruppe der Taubstummen oder der Europäer, oder gar bei der aus ›allen‹ Menschen gebildeten ›ganzen‹ Menschheit, oder etwa bei der Verschmelzung von Wasser in Löffelportionen zu Wasser in Flaschenportionen). Im letzteren Falle gehören die gewonnenen Klassen (der Taubstummen, der Europäer, der Menschen bzw. die Klassen unterschiedlicher Wassereinheiten) als Abstrakta zu einer logisch höheren Stufe als ihre jeweiligen konkreten (↑Konkretum) ↑Elemente. Die deshalb in der Mengenlehre grundsätzlich herrschende strikte Trennung zwischen der Elementbeziehung (symbolisiert durch ›∈‹) und der Teilmengenbeziehung (symbolisiert durch ›⊂‹; ↑Inklusion) verbietet es sogar, ein einzelnes Element $m \in M$ als einen Teil von M anzusehen; um das auszudrücken, muß erst zur Einermenge $\{m\}$ übergegangen werden, für die tatsächlich $\{m\} \subset M$ gilt. Allerdings ist in der Mengenlehre, falls sie als ein axiomatisches System (↑Mengenlehre, axiomatische, ↑System, axiomatisches) aufgebaut wird, die Konstitution der Einheiten des dem axiomatischen System jeweils zugrundeliegenden ↑Objektbereichs (in diesem Falle Mengen ohne einen oder – unter Identifizierung von Einermengen mit ihrem Element – mit einem Individuenbereich als Grundbereich; ↑Typentheorien) bereits vorausgesetzt, während in der Mereologie (sofern dabei T. u. G. nicht ihrerseits ebenfalls bloß durch ein Axiomensystem auf einem Grundbereich bereits gegebener Einheiten charakterisiert werden) auch die einem Objektbereich zugrundeliegende ↑Individuation in (partikulare) ↑Objekte thematisiert werden muß.

Daneben spielen T. u. G. in adjektivischer Verwendung ›↑partiell – ↑total‹ die Rolle einer entweder nur teilweisen oder aber ausnahmslosen Zuschreibung bzw. Feststellung von Eigenschaften/Beziehungen in Bezug auf Gegenstände einer Klasse K. So stehen einander in der Mathematik die Begriffe ›partielle Ordnung‹ (im unüblichen engeren Sinn, der die Totalordnung ausschließt) und ›totale Ordnung‹ gegenüber, was sich bereits quantorenlogisch (↑Quantorenlogik) unter Verwendung der ↑Quantoren ›alle‹ und ›einige‹ sowie der Negation einwandfrei ausdrücken und jeweils als Axiom in ein Axiomensystem für ↑Ordnungsrelationen einfügen läßt:

$$›<_{K}‹ \; \varepsilon \; \text{total} \leftrightharpoons \bigwedge_{x,y \in K, x \neq y}(x < y \lor y < x),$$

$$›<_{K}‹ \; \varepsilon \; \text{partiell} \leftrightharpoons \bigvee_{x,y \in K, x \neq y}(\neg \; x < y \land \neg \; y < x).$$

Prototyp eines Ganzen ist ursprünglich ein individuelles Lebewesen (↑Holismus). Hier steht ›ganz‹ noch ohne genauere terminologische Fixierung neben seiner allgemeinen Bedeutung eines Teilezusammenhangs zusätzlich (a) mit der Bedeutung ›unversehrt‹ (lat. integer; d. h. kein [wesentlicher] Teil fehlt, vgl. Aristoteles, Met. Δ26.1023b26–27.1024a28) im Gegensatz zu ›verstümmelt‹, (b₁) mit der Bedeutung ›voll‹/›reichlich‹/›viel‹ (lat. plenus; d. h. keiner Steigerung/Erweiterung fähig oder bedürftig) im Gegensatz zu ›leer‹/›ärmlich‹/›wenig‹, (b₂) mit der Bedeutung ›vollständig‹ (lat. completus; d. h. aus

allen Gegenständen einer Art bestehend) im Gegensatz zu ›unvollständig‹ (↑vollständig/Vollständigkeit) und (c) für ein eigenständig Eines (lat. unum; vgl. C. Wolf, Ontologia, § 346 und § 341: »omne totum est unum« als Zusammenfassung der beiden Definitionen »Unum, quod idem est cum multis, dicitur *Totum*« und »*Multa, quae simul sumta idem sunt cum uno, dicuntur Partes ejus*«; ↑Individuum) und damit für etwas eine ↑Einheit bildendes Zusammenhängendes im Gegensatz zu etwas bloß Zusammengesetztem (lat. compositum/aggregatum, auch: *Summe* [der Teile]; ↑Aggregat), einer Vielheit und damit einem Ganzen minderen Ranges, einem ›Gesamten‹ (insbes. stehen auf der Darstellungsebene – bei G. W. F. Hegel im Falle von ↑Enzyklopädien – Einheiten des Wissens als ›ganze‹ *Systeme* im Gegensatz zu bloßen *Sammlungen* von Wissen).

Weil Lebewesen die prototypischen Ganzen sind, tritt schon bei Platon (Tim. 30–32) auch der ↑Kosmos selbst als ein ↑Organismus auf, der insbes. alle ihrerseits noch der Form ($\varepsilon \hat{\imath} \delta o \varsigma$) eines ↑Teiles unterworfenen Lebewesen umfaßt, und daher unter Anspielung auf die Formel des Parmenides $\hat{\varepsilon} v \; \kappa \alpha \hat{\imath} \; \pi \hat{\alpha} v$ (Eines und Alles) nur Eines, das ›All-Eine‹ oder ›Weltganze‹, sein kann. Zugleich wird in diesem Bild die später von G. W. Leibniz in die systematische Form der ↑Monadentheorie gebrachte Zusammengehörigkeit von Gegenstand und Darstellung, also inhaltbezogener (›onto-logischer‹) und formbezogener (›epistemo-logischer‹) Betrachtungsweise, durch die Unterscheidung von *teilbarem* Körper ($\sigma \hat{\omega} \mu \alpha$, corpus) und *unteilbarer*, aber alles durchdringender ↑Seele ($\psi v \chi \acute{\eta}$, anima) eingefangen: Das Band ($\delta \varepsilon \sigma \mu \acute{o} \varsigma$), das die (körperlichen) Teile (in Platons Fall des Kosmos die vier Elemente, Tim. 38e) unter Einschluß seiner selbst zu einem Ganzen zusammenbindet, ist der zur Tätigkeit der Seele gehörende, ihren rationalen Anteil ausmachende ↑Logos. Er tritt jeweils auf in Gestalt einer Proportion, des Aufstellens von (ganzzahligen, eben ›rationalen‹) ↑Verhältnissen zwischen den Teilen eines Ganzen, das die Einheit des Ganzen allererst erzeugt (bei Platon – ›totum pro partibus‹ – durch Konstruktion der Weltseele, Tim. 34–36). Die in der Antike umstrittene Auffassung, daß alle Vorgänger einer positiven *ganzen* Zahl (↑Grundzahl), die größer oder gleich 2 ist, deren (additive) Teile seien, die 1 hingegen unteilbar sei (diese T.-u.-G.-Beziehung ist eine Totalordnung auf dem Bereich der Grundzahlen), hat keinen Eingang in den neuzeitlichen Sprachgebrauch gefunden, wohl aber werden bis heute die (multiplikativen) Teile einer ganzen ↑Zahl, ihre ›Faktoren‹, als deren ›*Teiler*‹/›Divisoren‹ bezeichnet (diese T.-u.-G.-Beziehung wiederum ist eine partielle Ordnung im engeren Sinn auf demselben Zahlbereich). Abgesehen davon, daß es sich hier unter anderem um ein paradigmatisches ↑Modell für die ↑Struktur des Verbandes (↑Verbandstheorie) handelt, wird diese Beziehung zum Anlaß für den Aufbau einer Teilbarkeitstheorie über dem Bereich der Grundzahlen, die ihrerseits ein wichtiges *Teil*gebiet der ↑Zahlentheorie bildet, eines Ganzen, das als ein Teil [des Gebietes] der ↑Mathematik gilt.

Aristoteles verallgemeinert die bei Platon auf Lebewesen bezogene Rolle der Seele als das eine Zusammensetzung von Teilen in ein Ganzes, einen Teilezusammenhang, überführende Prinzip auf beliebige partikulare Objekte und führt dabei zunächst zwei begrifflich nicht scharf voneinander getrennte Redeweisen ein: die Rede von einem Partikulare (καθ' ἕκαστον) (1) als einem auf der Gegenstandsebene dem Entstehen und Vergehen unterworfenen und dort durch Wahrnehmung (αἴσθησις) zugänglichen ›Zusammengestellten‹ (σύνθετον) aus ↑Stoff (ὕλη, ↑Hyle) und ↑Gestalt (μορφή, ↑Morphē) – z.B. ein Haus aus Steinen (Met. Δ24.1023a31–33, vgl. Met. Ι1.1052a20–21) –, (2) als einem auf der (dem Entstehen und Vergehen entzogenen) Darstellungsebene durch Denken (διάνοια) gewonnenen ›Zusammengefügten‹ (σύνολον) aus Stoff und ↑Form (εἶδος). Dabei ist Stoff das, wovon etwas ausgesagt wird (ὑποκείμενον) – z.B. Steine –, und Form das, was ausgesagt wird (κατηγορεῖσθαι) – z.B. Haus-Sein. Dies wiederum ermöglicht die begriffliche Bestimmung eines Partikulare (vgl. Met. Β4.999b12–24 sowie das Beispiel eines Menschen mit Seele in Met. Ζ11.1037a26–30), und zwar deshalb, weil die ›vernünftige Seele‹ (ψυχὴ νοητική, lat. anima rationis [= *animus*]) – unbeschadet der Teillosigkeit der *anima* (diese ist in scholastischer Terminologie eine Ganzheit wirklicher Kräfte [*totum potestatium*], deren jede, auch der *animus*, von keiner der anderen abgetrennt ist) – der ›Ort der Formen‹ (τόπος εἰδῶν, de an. Γ4.429a27ff.) ist, was es erlaubt, von einem auf diese Weise möglichen Erfassen des (unveränderlichen) Wesens (οὐσία, ↑Usia) eines Partikulare zu sprechen, also seines ›Logos‹ in der (schon von Platon im Dialog »Kratylos« verwendeten) Lesart von ›οὐσία‹ als durch einen Ein-Wort-Satz dargestellte *Tatsache, daß* ein (zugrundeliegender) Stoff in einer (einheitstiftenden) Gestalt auftritt (vgl. Met. Ζ17.1041a6–b33).

Dann aber setzt Aristoteles seine für die Behandlung jeder Art von Veränderung (κίνησις/μεταβολή) ersonnenen begrifflichen Werkzeuge ↑›Dynamis‹ (d.i. ›Möglichkeit‹ im Sinne von Veränderungsvermögen) und ↑›Energeia‹ (d.i. ›Wirklichkeit‹/›Tätigkeit‹ im Sinne von Verwirklichung) dafür ein, eine differenziertere Bestimmung von T. u. G.m vorzunehmen, und zwar durch Einbettung in den Kontext analytischer und synthetischer Untersuchungsverfahren (↑Akt und Potenz). Das erlaubt ihm, die beiden ursprünglichen Redeweisen – Partikularia sind einerseits, nämlich phänomenal, ein Ganzes aus Stoff und Gestalt, und andererseits, nämlich begrifflich, ein Ganzes aus Stoff und Form – als das Ergebnis einer

begrifflichen Bestimmung von T. u. G.m im Rahmen ihrer Rolle für die Konstitution partikularer Objekte zu verstehen. Ursprünglich war das Begriffspaar ›Dynamis‹–›Energeia‹ sowohl Ergänzung als auch Alternative zu Platons (in der nur in Bruchstücken überlieferten Vorlesung »Über das Gute« enthaltenen) Lehre vom Einen (τὸ ἕν), das dem Unbegrenzten (↑Apeiron) Grenzen setzt, gegenüber der in (↑polar-konträren) Gegensätzen auftretenden und deshalb unvollendet (ἀτελής) bleibenden Unbestimmten Zweiheit (ἡ ἀόριστος δυάς, ↑Ideenzahlenlehre). Unter Berücksichtigung der hinzukommenden Unterscheidung zwischen unvollendeter und vollendeter Verwirklichung – als ein Zum-Ziel-Kommen ist Letztere grundsätzlich durch die Verwendung des Terminus ›Entelechie‹ hervorgehoben – kann nun jedes Ganze bei Aristoteles als durch eine ↑Entelechie bestimmt angesehen werden (vgl. de an. Γ7.431a3–5).

Insbes. tritt daher an die Stelle der Seele bei Platon, die die Teile eines Körpers zu einem Ganzen zusammenbindet, bei Aristoteles die Seele als erste Entelechie eines Körpers, der das Vermögen zu leben hat, die ihn also als einen in ein lebendiges Ganzes überführten charakterisiert (de an. Β1.412a27–28; vgl. Leibniz, Theodizee, § 87). Nicht beschränkt auf Lebendiges, beginnt in der *Analyse* – dem Vergehen (φθορά) nach – die Wahrnehmung (auf der Objektebene) mit dem Ganzen, der Entelechie, und führt zur Bestimmung der Teile unabhängig vom Ganzen, während in der *Synthese* – dem Entstehen (γένεσις) nach – das Denken (auf der Darstellungsebene) mit den Teilen hinsichtlich ihrer Dynamis, daraus ein Ganzes zu bilden, beginnt und zum Aufbau des Ganzen aus seinen Teilen führt (vgl. Met. Δ11.1018b32–1019a14 sowie Ζ10.1035b3–14 und Μ8.1084b10–13). Weil jedoch jede Entelechie nur im Vollzug das Ganze ›ist‹, artikuliert sich hier zum ersten Mal die Einsicht, daß das Ganze (eigentlich: der Stoff eines Ganzen) – und zwar ebenso wie das Allgemeine (eigentlich: die Form eines Allgemeinen) – kein gewöhnlicher Gegenstand ist, sondern darauf nur (extensional bzw. intensional) *referiert* werden kann (↑Objekt), d.h., beide ›gibt es‹ allein in Gestalt einer sie betreffenden ↑Zeichenhandlung, insbes. einer ↑Artikulation. Das ist auch der Kern der Argumentationen B. de Spinozas (in: Korte Verhandeling van God, de Mensch en deszelvs Welstand I.2 [dt. Kurze Abhandlung von Gott, dem Menschen und dessen Glück, in: Werke in drei Bänden I, ed. W. Bartuschat, Hamburg 2006, 17–128]) dafür, daß sowohl T. u. G. als auch *genus*/Gattung und *species*/Art keine *entia reales* sind, sondern *entia rationis* und damit *modi cogitandi*. Mit *Vollzügen* von Zeichenhandlungen, singularen ↑Aktualisierungen (z.B. einem Äußern von ↑Namen [ὀνόματα] in Verbindung mit einer ↑Zeigehandlung), wird der Stoff eines Ganzen angezeigt (↑Ostension), während mit *Bildern* von Zeichenhandlungen, den ›Eindrücken in der Seele‹ (παθήματα τῆς ψυχῆς, de int. 1.16a6–7), jeweils ihrem universalen ↑Schema (z. B. einem Verstehen von Namen bei deren Äußerung), die Form eines Genus (↑Gattung) ausgesagt wird (↑Prädikation). Allerdings wird (trotz der Unterscheidung von zweierlei Einessein bei einem Ganzen und einem Allgemeinen; Met. Δ26.1023b26–34) begrifflich unentschieden ein Ganzes teils mit einer (als etwas Allgemeines und damit generisch aufgefaßten) Form, teils mit einer ihrer partikularen Träger (ἔχον τὸ εἶδος) identifiziert (Met. Δ25.1023b20); zudem werden ↑Arten (begrifflichen Verwirrungen Vorschub leistend) selbst bei logisch höherstufiger Verwendung von ›Art‹ und ›Gattung‹ regelmäßig als Teile (lat. totum individuale) ihrer als ein Ganzes (lat. totum universale) geltenden gemeinsamen Gattung behandelt, was insbes. durch A. M. T. S. Boethius' Schrift »De divisione liber« in die (grundsätzlich an Aristoteles orientierte) Behandlung von T. u. G.m in der ↑Scholastik Eingang gefunden hat. Es ist jedoch der für die Entwicklung der modernen Mereologie einflußreichen dritten »Logischen Untersuchung« E. Husserls (Zur Lehre von den Ganzen und Teilen, 1901) zuzuschreiben, daß die in ihrer Bestimmung auf Aristoteles zurückgehende T.-u.-G.-Beziehung im Kontext der Konstitution und Beschreibung von Einzelgegenständen, wie sie für die vorneuzeitliche philosophische Tradition grundsätzlich maßgebend gewesen ist, wieder in die zeitgenössische Diskussion überführt wurde. Dabei ist Husserls Arbeit weitgehend von der Auseinandersetzung mit der seinerzeit modernen ↑›Gestalttheorie‹ geprägt (diese Disziplinenbezeichnung wurde von dem Gestaltpsychologen W. Köhler [Nachfolger der von C. Stumpf begründeten Berliner Schule der experimentellen Psychologie] und seinen Schülern – M. Wertheimer, K. Koffka u. a. – bevorzugt, zur Abgrenzung von anderen Schulen der Gestaltpsychologie, die sich in unterschiedlicher Weise mit der ›Elementenpsychologie‹ W. Wundts und seiner Schule auseinandergesetzt haben). Diese beruft sich, ebenso wie die anderen Schulen der Gestaltpsychologie, zur Rechtfertigung ihrer Eigenständigkeit auf ein auf C. v. Ehrenfels, einen Schüler F. Brentanos und A. Meinongs, zurückgehendes Beispiel für die als ›Übersummativität‹ eines Ganzen bezeichnete (und schon von Aristoteles behandelte; vgl. Met. H6.1045a7–1045b7) Differenz zwischen der Einheit eines (aktuellen) Ganzen und der Vielheit einer Summe von (potentiellen) Teilen. Bei diesem Beispiel handelt es sich um das Ganze einer Melodie mit ihren einzelnen Tönen als Teilen, weil hier besonders sinnfällig zum Ausdruck komme, daß das Ganze ›mehr‹ ist als die Summe seiner Teile, es mithin Eigenschaften eines Ganzen gibt, die sich allein durch Eigenschaften ihrer Teile nicht ausdrücken lassen (↑emergent/Emergenz). Der Grund dafür liege in der Transponierbarkeit der

↑Gestalt einer Melodie, weil sie dieselbe bleibe, auch wenn alle Töne verändert werden, solange keine Änderung bestimmter Relationen, die zwischen ihnen bestehen, erfolge. (Die Existenz von Menschen mit absolutem Gehör beweist übrigens, daß die Invarianz der Gestalt gegenüber Lageveränderung hier nicht für das Ergebnis eines – noch dazu experimentell erhebbaren – bloßen sinnlichen Erlebens gehalten werden darf, sondern vielmehr das Ergebnis einer hinzutretenden ausdrücklichen Vereinbarung als einheitstiftenden Prinzips für ein Ganzes aus Teilen ist.) Da es in der gestalttheoretischen Behandlung von T. u. G.m vor allem um Gestaltqualitäten als jeweils in ein Ganzes verwandelte Komplexe von Sinnesqualitäten geht, spielen Husserls begriffliche Analysen insbes. in der modernen Diskussion um den Status solcher Sinnesqualitäten (↑Qualia) eine Rolle. Zudem gelten seine Untersuchungen vor allem der Fundierung der für die T.-u.-G.-Beziehung wichtigen Unterscheidung zwischen selbständigen und unselbständigen Teilen. Erstere werden im Falle räumlich ausgedehnter, zum Typ ↑Ding gehörender Teile auch als ›Stücke‹ bezeichnet, im Falle zeitlich andauernder, zum Typ ↑Ereignis gehörender Teile als ›Phasen‹ (von Husserl jedoch nicht eigens terminologisch hervorgehoben). Diese können auch ohne Einbettung in ein Ganzes als eigenständige Gegenstände auftreten, weil sie auf derselben logischen Stufe wie das Ganze stehen (z. B. der Garten eines Hauses mit Garten). *Unselbständige* Teile, die es nur vom Ganzen ausgesagt gibt, weil sie logisch höherer Stufe, nämlich ↑abstrakt, gegenüber dem konkreten Ganzen sind, werden hingegen als ›Momente‹ bezeichnet. Zu diesen gehören neben den zeitlichen Abschnitten bei Dingen (weil deren zeitliche Dauer im Unterschied zur räumlichen Erstreckung für sie nicht konstitutiv ist) und den räumlichen Abschnitten bei Ereignissen (weil deren räumliche Erstreckung im Unterschied zur zeitlichen Dauer für sie nicht konstitutiv ist) z. B. die einer geraden Zahl zukommende Eigenschaft der Teilbarkeit oder die einem Haus mit Garten zukommende Eigenschaft Gartenhaben, wenn beide, das Teilbar-Sein ebenso wie das Mit-Garten-versehen-Sein, auf einer ↑Klassifikation eines Grundbereichs (dem der Grundzahlen in teilbare und unteilbare, dem der Häuser in solche mit und ohne Gärten) und nicht auf einer eigenständigen Schematisierung beruhen. Unter dieser Bedingung stehen sowohl ›teilbar‹ als auch ›Gartenhaben‹ nur in apprädikativer Verwendung (↑Apprädikator) zur Verfügung: im Falle der Teilbarkeit aufgrund einer wissenschaftssprachlichen Terminologie, im Falle des Gartenhabens dann, wenn (in einer gegebenen natürlichen Sprache samt deren üblicher logischer Analyse; ↑Analyse, logische) diesem kein ↑Eigenprädikator ›Garten‹ zugeordnet ist. Das ist zwar bei diesem Beispiel nicht so, bei den (vermeintlich ausschließlich) apprädikativ verwendeten Farbprädikaten aber die Regel; es erklärt Husserls Beispiele für selbständige und unselbständige Teile: der Kopf eines Pferdes versus die Rotfärbung von etwas Ausgedehntem. Unabhängig vom Problem der Selbständigkeit oder Unselbständigkeit von Teilen ist der Fall einer Artikulation zu behandeln, bei der in der zugehörigen Prädikation ausdrücklich auf das Teil-eines-Ganzen-Sein Bezug genommen wird, z. B. bei *Abschnitten* (etwa einer Abhandlung, eines Bauprojekts, …) oder *Portionen* (etwa einer Mahlzeit, einer Nachricht, …). Hier handelt es sich nicht um einfache Artikulatoren, sondern um durch Relativierung (↑relativ/Relativierung) gewonnene zusammengesetzte.

Aristoteles wiederum stützt sich angesichts der Differenz zwischen Einheit eines Ganzen und Vielheit einer Summe von Teilen für seine weiteren Schritte bei der begrifflichen Klärung von T. u. G.m auf die (bereits sprachlich vorgefundene und schon von Platon [Parm. 157–158] im Zusammenhang einer Behandlung des Vielen [τὰ πολλά] gegenüber dem Einen [τὸ ἕν] präzisierte) Unterscheidung zwischen τὸ πᾶν (das Gesamte) und τὸ ὅλον (das Ganze) in Bezug auf Quanta, und zwar gleichgültig, ob es sich bei einem Quantum (τὸ ποσόν) um eine (kontinuierliche) Größe (τὸ μέγεθος) handelt, d. i. eine (meßbare) raumzeitliche Einheit, oder um eine (diskrete) Klasse (τὸ πλῆθος), d. i., gemäß der Bestimmung von Anzahl (ἀριθμός) durch eine Klasse von Einheiten (πλῆθος μονάδων), um eine (zählbare) Ansammlung von Teilen eines als (raumzeitlich) Ganzes verstandenen Partikulare. Seine Explikation dieser Unterscheidung (vgl. Met. Δ26.1023b26–1024a10) läuft auf das folgende hinaus: Einheiten, bei denen es auf die Relationen zwischen den Teilen ankommt (Aristoteles verwendet die Beziehung räumlicher Lage ›pars pro toto‹) sind ein *Ganzes* (im engeren Sinne), z. B. das ganze Gewand (›the whole garment‹); spielen solche Relationen hingegen keine Rolle, so sind sie ein *Gesamtes*, z. B. das gesamte Wachs (›all the wax‹), und weiterhin eine Vielheit, nämlich eine besondere, weil einsortige, bloße ↑Mannigfaltigkeit im Sprachgebrauch der neuzeitlichen Philosophie, und keine wirkliche Einheit. Ein Gesamtes entsteht durch die Zusammenfassung aller gleichartigen Partikularia in einem gegebenen Kontext zu einem homogenen Ganzen in einem weiteren – Einheitsbildung ausschließenden – Sinne, während ein Ganzes im engeren Sinne charakterisiert ist durch den Zusammenhang auch verschiedenartiger Teile, wenn sie durch geeignete relationale Bestimmungen in eine grundsätzlich inhomogene Einheit überführt werden. Eine weitere für die philosophische Tradition bedeutsame Differenzierung beruht auf der Unterscheidung von zu Einheiten zusammengefaßten Aggregaten oder Komplexen (↑komplex/Komplex) in *substantiell* Gesamtes bzw. Ganzes

(wie bei den beiden genannten Beispielen) und *akzidentell* Gesamtes bzw. Ganzes – etwa im Falle des ›sitzenden Theaitetos‹, wenn diese (inhomogene) Einheit als ein von der Beziehung zwischen einem Sitzereignis und dem Menschen Theaitetos geprägtes Ganzes aufgefaßt wird, weil Theaitetos natürlich nicht ständig sitzt.

Unterscheidungen wie die zwischen ›homogen‹ und ›inhomogen‹ machen davon Gebrauch, daß von T. u. G.m in Bezug auf Gegenstände nur unter geeigneten Darstellungen, wie sie von ↑Artikulatoren markiert sind, gesprochen werden kann. Z. B. ist ein seidenes Gewand *als Gewand* ein inhomogenes Ganzes (›Gewand‹ ist ein Individuativum), die Seide des Gewandes einer von dessen in bestimmten Verhältnissen zueinander befindlichen (artverschiedenen) Teilen, ein Haufen solcher Gewänder daher eine (zählbare) Klasse und keine (meßbare) Größe. *Als Seide* hingegen ist ein seidenes Gewand ein homogenes Gesamtes (›Seide‹ ist ein Kontinuativum) und keine Klasse; vielmehr ist die Seide des Gewandes ein zu einer Einheit zusammengefaßter Teil einer (meßbaren) Größe gleicher Art, nämlich der ein (maximales) Ganzes bildenden gesamten Seide. Im Falle des Haufens seidener Gewänder wiederum ist dessen Seide zwar ebenfalls ein Teil der gesamten Seide, zugleich aber aufgrund der partikularen Gewandeinheiten unterteilt in Teileinheiten des Seidenteils, die sowohl als Elemente der von dem Haufen seidener Gewänder gebildeten Klasse von Gewändern als auch als Elemente der zugehörigen Klasse von Seidenstücken aufgefaßt werden können.

Bei dem Versuch einer zusammenfassenden logischen Rekonstruktion der Rede von T. u. G.m geht es deswegen darum, das Aristotelische Verständnis eines Partikulare als eines *mixtum compositum* (τὸ σύνολον, d. h. ἡ σύνολος [οὐσία]; Met. Z11.1037a26; vgl. Z10.1035b32–33) aus Stoff und Form (wobei – anstelle der zweierlei Verbindung von Stoff und Gestalt einerseits und von Stoff und Form andererseits – der Stoff der Dynamis nach und die Form der Energeia nach das Partikulare ausmachen) im Sinne der Zusammengehörigkeit von Gegenstandsebene und Zeichenebene (und nicht etwa zweier Gegenstandsebenen: Zeichen bloß als Gegenstände wären keine Zeichen mehr, nur noch die Träger der Zeichenfunktion) ernstzunehmen und die diesem Verständnis zugrundeliegende Analyse um gerade so viel zu verfeinern und zu präzisieren, daß ein Partikulare (z. B. ein einzelner Mensch) zum einen in Hinsicht auf jeden seiner Teile verstanden werden kann als ↑Exemplifikation des zugehörigen Konkretums (etwa unter Bezug auf seine Wirbelsäule als Exemplifikation des aus sämtlichen Wirbelsäulen zusammengesetzten Ganzen), zum anderen aber in Hinsicht auf jede seiner Eigenschaften als ↑Repräsentation des zugehörigen Abstraktums (er tritt etwa unter Bezug auf die Eigenschaft, eine Wirbelsäule zu haben – Aristoteles verwendet die Zweifüßigkeit [διποδία] als ein einschlägiges Merkmal –, als Repräsentation des [allgemeinen] Typs Wirbeltier auf, eines *generic object* oder Abstraktums mit dem betreffenden Menschen als einer konkreten Wirbeltier-Instanz, einem *individual object*; ↑type and token). Im Grenzfall eines Menschen, verstanden als Teil seiner selbst, hat das zur Folge, daß er zum einen das Ganze aller Menschen exemplifiziert, also ›die [nicht nur gegenwärtige] Menschheit‹ (er ist daher seinerseits eines der Teile dieses Ganzen, im traditionellen Selbstverständnis unter Bezug auf die Eigenschaft Lebendigsein eine Exemplifikation des Ganzen aller Lebewesen: ein *animal sociale*); zum anderen repräsentiert ein einzelner Mensch in Bezug auf die in diesem Grenzfall tautologische Eigenschaft Menschsein die ↑Art Mensch (er ist dann im traditionellen Selbstverständnis unter Bezug auf dieselbe Eigenschaft Lebendigsein eine Repräsentation der Gattung Lebewesen: ein *animal rationale*).

Um die erforderlichen Präzisierungen zu erreichen, genügt es, in einem ersten Schritt ein Partikulare (bei Aristoteles: καθ' ἕκαστον) als eine Einheit ιQ (gelesen: dieses Q) eines mit dem Artikulator ›Q‹ artikulierten Quasiobjekts (↑Objekt) aufzufassen. Dieses tritt zunächst jedoch allein verfahrensbezogen in Gestalt von universalem ↑Schema χQ und singularen ↑Aktualisierungen δQ (nämlich mit ›χQ‹ [gelesen: Q qua Q] symbolisiert und mit ›δQ‹ [gelesen: dies Q; bei Aristoteles: τόδε τι] in Verbindung mit einer ↑Zeigehandlung indiziert) auf und ist nur so im ↑Denken und Tun (↑Handlung) semiotisch zugänglich bzw. pragmatisch vorhanden. Dabei ist die Artikulation mit dem Artikulator ›Q‹ (z. B. ›Sitzen‹ oder ›Mensch‹) bei einer dialogischen Modellierung der Objektbildung (s. Abb. im Artikel ›Qualia‹) fundiert (unter Bezug sowohl auf die das Denken vergegenständlichende Zeichenebene als auch auf die das Tun vergegenständlichende Handlungsebene) im Umgehen mit dem Quasiobjekt Q (etwa in den Handlungen Zu-sitzen-Beginnen – d. i. Sich-Setzen – oder Einen-Menschen-Grüßen), und zwar ausschließlich in dem von der jeweiligen Handlungssituation bestimmten Ausschnitt des Schemas χQ mit seinen Aktualisierungen δQ, einem ↑*Zwischenschema* von Q. Bei den Handlungen des Umgehens mit Q handelt es sich schemabezogen um *Aspekte* von Q und aktualisierungsbezogen um *Phasen* von Q, wobei deren Verselbständigung in eigenständigem semiotischen bzw. pragmatischen Umgang im Falle der Aspekte wiederum schemabezogen als (sinnliches [vergegenständlicht: sensorisches]) *Wahrnehmen* von Unterschieden (an Q) und aktualisierungsbezogen als (theoretisches) *Artikulieren* (Wissen weitergebend) auftritt, im Falle der Phasen jedoch schemabezogen als (praktisches) *Vermitteln* (Können weitergebend) und aktualisierungsbezogen als (hantierendes [vergegen-

ständlicht: motorisches]) *Hervorbringen* von Einteilungen (an Q).

Nur als Verfahren und noch nicht objektiviert läßt sich kein Zwischenschema mit seinen Aktualisierungen unterscheiden von dem das Quasiobjekt Q ausmachenden Gesamtschema mit seinen Aktualisierungen. Es bedarf der Hinzuziehung der jeweiligen Handlungssituation des Umgehens mit Q und damit einer für die ↑Individuation von Q unerläßlichen Untergliederung des Gesamtschemas χQ in gröbere oder feinere Gitter von Teilschemata, die verbunden ist mit der (die Objektivierung der Q-Ausschnitte ausmachenden, Schema und Aktualisierungen voneinander sondernden) sprachlichen Bezugnahme auf sie, z. B. ›dieses Sitzen [von Anfang bis Ende oder auch nur ein Ausschnitt daraus]‹ oder ›dieser [einzelne] Mensch‹ oder ›diese [Gruppe mehrerer] Menschen‹, um von mit *Individuatoren* ›ιQ‹ benannten (partikularen) Q-Objekten sprechen zu können. Diese Objektivierung wird zugleich mit der Individuation des Quasiobjekts vollzogen und besteht darin, zum einen das Schema χQ durch *Identifikation* aller Aktualisierungen δQ in die jedem ιQ zukommende *Eigenschaft* σQ, das Q-Sein, zu überführen, zum anderen darin, die Aktualisierungen δQ durch deren *Summation* in die jedem ιQ zugrundeliegende *Substanz* κQ, das Gesamt-Q, zu überführen. Zunächst ist damit allein das zum Quasiobjekt Q gehörende gröbste und daher maximale Zwischenschema, nämlich χQ selbst, in ein Objekt verwandelt worden, und zwar in das durch die Überführung der Substanz κQ mittels σQ in eine Einheit erzeugte Q-*Ganze* (auch: Q-Ganzheit), nämlich die einzige (konkrete) Instanz γQ eines (abstrakten) Typs τ₀Q. Alle übrigen Partikularia ιQ sind echte Q-*Teile* des Q-Ganzen (↑type and token). Z. B. ist dieses Wasser (eines Wassertropfens) ein Teil jenes Wassers (in einer Flasche) oder eben auch ein Teil des *ganzen* Wassers (im Universum). Das Wasser-Ganze, zugänglich nur kraft einer ↑Artikulation (etwa mithilfe von ›Wasser‹), ist die durch die Eigenschaft Wasser-Sein als dessen *Form* in eine Einheit überführte Substanz Gesamt-Wasser, der *Stoff* des Wasser-Ganzen, und zwar so, daß sich von jedem Wasser-Partikulare (unter Einschluß des Wasser-Ganzen als dem maximalen Wasser-Partikulare) die Eigenschaft Wasser-Sein aussagen und am Wasser-Ganzen die Substanz Gesamt-Wasser anzeigen läßt (Wassermoleküle spielen in diesem Beispiel die Rolle von Wasser-*Individuen* im engeren Sinne, weil unter deren Teilen kein Wasser-Teil mehr vorkommt). Bei Beispielen mit Artikulatoren, die im Deutschen grammatisch Adjektive oder ↑Individuativa sind, ist Entsprechendes der Fall; so ist etwa dieses Rot (einer Apfelschale) ein Teil von jenem Rot (vieler Apfelschalen, unter denen die erstgenannte vorkommt) und stets auch Teil des ganzen Rot (im Universum) oder dieser Garten (eines Hauses) Teil der Gärten (von Häusern einer Häusergruppe, zu der das erstgenannte gehört) und natürlich ein Teil des Ganzen aus allen Gärten, der ›Gartenheit‹. Allgemein wird bei der zu einer Eigenaussage führenden ↑Prädikation $\iota Q \,\varepsilon\, Q$ mit ›εQ‹ von jedem ιQ (unter Einschluß des Q-Ganzen γQ) die Eigenschaft σQ, das Q-Sein, ausgesagt und entsprechend bei der zu einer Eigenanzeige führenden ↑Ostension $\delta Q \iota Q$ mit ›δQ‹ an jedem ιQ (unter Einschluß des Q-Ganzen γQ) die Substanz κQ, das Gesamt-Q, angezeigt.

Um die mit der Benennung ›ιQ‹ vollzogene, jedoch streng situationsabhängig bleibende Objektivierung der auf echten Untergliederungen von χQ beruhenden Zwischenschemata schrittweise derart weiter zu explizieren, daß die vom Q-Ganzen verschiedenen Q-Partikularia ιQ auch situationsunabhängig voneinander unterscheidbar werden, bedarf es allerdings noch eines zweiten, ebenfalls zur Individuation von Q gehörenden Schrittes, mit dem sich zudem klären läßt, was es mit der (regulativen) Idee einer ›vollständigen‹ Bestimmung eines Partikulare durch ›alle‹ seine Eigenschaften oder durch ›alle‹ seine Teile für eine Bewandtnis hat. Schließlich ist jedes ιQ als Teil des Q-Ganzen zunächst seinerseits ein Ganzes – ein Teilganzes – aus einem Anteil $\kappa(\iota Q)$ der Substanz Gesamt-Q zusammen mit der allen ιQ eigenen Eigenschaft σQ, dem Q-Sein, ist also – in einer (aristotelischen) Ausdrucksweise, bei der die Differenz der logischen Stufen von Stoff und Form nicht explizit gemacht ist – *ein Ganzes aus individuellem Stoff und allgemeiner Form.*

Die Unterscheidbarkeit der ιQ voneinander beruht auf der Verfügbarkeit weiterer, aus den Aspekten und Phasen im Umgang mit dem Quasiobjekt Q hervorgehender Artikulatoren ›P‹ ($P \neq Q$), wenn sie als Prädikatoren ›εP‹ in elementaren Prädikationen der Form ›$\iota Q \,\varepsilon\, P$‹ und als logische Indikatoren ›δP‹ in elementaren Ostensionen der Form ›$\delta P \iota Q$‹ eingesetzt werden. Von ιQ die Eigenschaft σP (berechtigt) auszusagen ebenso wie an ιQ die Substanz κP (zutreffend) anzuzeigen, heißt, einen Q-Teil von ιQ als übereinstimmend mit einem P-Teil (des P-Ganzen) zu identifizieren, also dieses P-Partikulare als einen (echten) Teil von ιQ: $\iota P < \iota Q$. Die der so bestimmten T.-u.-G.-Beziehung zugrundeliegende *Koinzidenz* der entsprechenden Aktualisierungen δQ und δP (sie tritt in der ↑Mereologie bei N. Goodman [1951] als *togetherness* auf) darf nicht mit der Identität verwechselt werden, weil es sich bei Aktualisierungen um ↑Singularia handelt, für die sich ›gleich‹ und ›verschieden‹ nicht erklären lassen. Anders ist es bei ihren beiden mittels Summierung bzw. Identifikation von Aktualisierungen gewonnenen Objektivierungen 1. und 2. Stufe in Gestalt von Substanzen und Eigenschaften. Diese bilden aber erst jeweils zusammengenommen (partikulare) Objekte, d. s. mit ↑Nominatoren benannte, aus (individueller) Stoff- und (allgemeiner) Formkomponente bestehende Ganzheiten oder Individuen im weiteren Sinne, von denen mit Prädikationen die Eigenschaften ausgesagt und an denen mit Ostensionen die Substanzen angezeigt werden. Dabei betrifft die Benennung ›ιQ‹ beim Aussagen einer Eigenschaft σP genau genommen nur die Stoffkomponente $\kappa(\iota Q)$ von ιQ, weil – mit anderen Worten – ausgesagt wird, daß ein Anteil dieses Stoffes mit der Stoffkomponente $\kappa(\iota P)$ eines P-Partikulare koinzidiert. Dieselbe Benennung ›ιQ‹ betrifft hingegen beim Anzeigen einer Substanz κP an ιQ eigentlich nur die (individuelle) Formkomponente $\sigma(\iota Q)$ von ιQ, weil in diesem Falle (gleichwertig mit der Aussage $\iota Q \,\varepsilon\, P$) – in der Terminologie Platons – zwar angezeigt wird, daß ιQ an der Form σP eines einen Teil von ιQ bildenden P-Partikulare teilhat (↑Teilhabe), genauer jedoch (in der ebenfalls von Platon verwendeten Terminologie der Teilhabe allein der Formen untereinander), daß σP teilhat an der individuellen Form $\sigma(\iota Q)$ von ιQ, d. h. zu dessen Eigenschaften gehört.

Jedes Partikulare ιQ ist *vollständig* bestimmt durch seine individuelle Form $\sigma(\iota Q)$, das Bündel ›aller‹ seiner Eigenschaften σP (seine allgemeine Form σQ eingeschlossen), und ist zugleich *vollständig* zusammengesetzt aus ›allen‹ seinen echten Teilen ιP (deren Stoffkomponenten $\kappa(\iota P)$ – es handelt sich um die Anteile $\kappa(\iota P)$ derjenigen Substanzen κP, die sich an ιQ anzeigen lassen – mit dem individuellen Stoff $\kappa(\iota Q)$ von ιQ, einem Anteil der Substanz κQ, koinzidieren und ihn aufsummiert auch erschöpfen). Zwar läßt sich eine solche vollständige Bestimmung eines (konkreten) Partikulare (seine ↑Monade in der Terminologie von Leibniz) wegen der Offenheit des Bereichs der Artikulatoren ›P‹ (die beiden markierten ›alle‹ sind ›indefinite‹ Allquantoren; ↑Quantor, indefiniter) nicht real vornehmen (*individuum est ineffabile*; ↑Individuum), wohl aber reichen schon endlich viele geeignet vorgenommene Bestimmungen, um es eindeutig zu kennzeichnen (↑Kennzeichnung). Teile und Eigenschaften eines Partikulare lassen sich bei diesem Aufbau umkehrbar eindeutig (d. h. eineindeutig; ↑eindeutig/Eindeutigkeit) aufeinander abbilden (Lorenz 1977). Dabei ist allerdings unterstellt, daß es sich um *selbständige Teile* und *eigenständige Eigenschaften* handelt. Sollte ein Prädikator ›εP‹ (wie es bei mehrstelligen Prädikatoren der Fall ist; ↑Relator) allein klassifikatorisch (auf einem Grundbereich von partikularen Gegenständen) durch exemplarische Bestimmung anhand von Beispielen und Gegenbeispielen eingeführt sein (↑Ostension (1)) und nicht von einem Artikulator abstammen (↑Klassifikator) (in ↑Wissenschaftssprachen für alle Prädikatoren über den Gegenstandsbereichen der fraglichen Wissenschaft der Regelfall), so muß eine Aussage ›$\iota Q \,\varepsilon\, P$‹ (wo $P \neq Q$ ist) stets gelesen werden als: ›$\iota Q \,\varepsilon\, (PQ)$‹. Es gibt in diesem Falle neben der apprädikativen Verwendung von ›P‹, bei der ›P‹ (in der Regel erst zusammen mit weiteren ↑Apprädikatoren) die Rolle eines ↑Merkmals von ιQ spielt, keine eigenprädikative (in diesem Sinne also keine eigenständige) Verwendung von ›P‹ (↑Eigenprädikator) und wegen der Identität ι(PQ) = ιQ auch keinen selbständigen P-Teil von ιQ. Z. B. ist ›dieser Mensch sitzt‹ zu lesen als: ›dieser Mensch ist ein sitzender Mensch‹, und die in ›dieser Mensch sitzt aufrecht‹ ebenfalls benötigte eigenprädikative Verwendung von ›sitzen‹ ist dann nicht verfügbar, weil hier einem Sitzereignis und nicht einem Menschen Aufrechtsein zukommt. Es gibt den Ausweg, den Ausdruck ›aufrecht‹ als bloßen ↑Modifikator von ›Sitzen‹ (oder von seiner durch Relativierung erzeugten ↑Spezialisierung ›Sitzen-eines-Menschen‹) zu behandeln, nämlich zur Herstellung der durch Modifizierung erzeugten Spezialisierung ›Aufrechtsitzen‹ (bzw. ›Aufrechtsitzen-eines-Menschen‹) von ›Sitzen‹, die sich dann, ebenso wie ›Sitzen‹ selbst, von einem Menschen aussagen läßt. Aber unter der Voraussetzung bloßer Klassifikationen spielen alle drei Eigenschaftsausdrücke ihrerseits nur die Rolle von Modifikatoren von ›Mensch‹. Einzelnen Menschen lassen sich in einer Sprache, die ausschließlich auf (ein- oder mehrstelligen) Klassifikationen des Bereichs der Menschen beruht, keine selbständigen Teile zuordnen, es sei denn, die Rede von T. u. G.m wird durch einen eigens klassifikatorisch eingeführten (zweistelligen) Prädikator ›Teil von‹ auf einem Objektbereich ermöglicht, der außer Menschen mindestens noch diejenigen Objekte umfaßt, die zu Klassen gehören, welche den Modifikatoren von ›Mensch‹ zugeordnet sind und deren Individuation durch die Individuation von ›Mensch‹ induziert ist. (Es handelt sich hier um den ersten Schritt einer induktiven Definition [↑Definition, induktive] der darüber hinaus als transitiv [↑transitiv/Transitivität] vereinbarten Relation ›Teil von‹, um auch von Teilen von Teilen von …, bezogen auf einen Ausgangsbereich – hier den der Menschen – reden zu können.) Z. B. erlaubt bei diesem Verfahren der Klassifikator ›skeletttragendes Lebewesen‹ auf dem Bereich der Lebewesen die Rede von ›dies Skelett ist Teil von diesem Lebewesen‹, ohne daß man zuvor über einen unabhängigen Artikulator ›Skelett‹ verfügt hätte.

Als *unselbständige* Teile oder Eigenschaften eines einem individuierten Quasiobjekt angehörenden Partikulare wiederum haben im Falle bloß klassifizierend vorgenommener Bestimmungen dieses Partikulare (die Unterscheidung zwischen Teil und Eigenschaft läßt sich dann nicht mehr sinnvoll treffen) die mit Klassen des Grundbereichs übereinstimmenden Abstraktionsklassen (↑Abstraktum) zu gelten, die als Klassen von Elementen einer durch ↑Partition der Substanz des Grundbereichs gewonnenen Gliederung derselben in Einheiten auftreten und Teile logisch 2. Ordnung bilden.

Literatur: F. Amann, Ganzes und Teil. Wahrheit und Erkennen bei Spinoza, Würzburg 2000; J. Bigelow, Particulars, REP VII (1998), 235–238; K. Bühler, Die Krise der Psychologie, Jena 1927, Stuttgart ³1965, ferner als: Werke IV, ed. A. Eschbach/J. Kapitzky, Weilerswist 2000; W. Burkamp, Die Struktur der Ganzheiten, Berlin 1929; L. Champollion, Parts of a Whole. Distributivity as a Bridge between Aspect and Measurement, Oxford etc. 2017; R. M. Chisholm, Person and Object. A Metaphysical Study, London 1976, Abingdon/New York 2013; G. de Jong, Het karakter van de geografische totaliteit, Groningen 1955; H. Driesch, Das Ganze und die Summe, Leipzig 1921; K. Edlinger/W. Feigl/G. Fleck (eds.), Systemtheoretische Perspektiven. Der Organismus als Ganzheit in der Sicht von Biologie, Medizin und Psychologie, Frankfurt etc. 2000; C. v. Ehrenfels, Über Gestaltqualitäten, Vierteljahrsschr. wiss. Philos. 14 (1890), 249–292; N. Goodman, The Structure of Appearance, Cambridge Mass./London 1951, Dordrecht/Boston Mass. ³1977 (Boston Stud. Philos. Sci. LIII); K. Grelling/P. Oppenheim, Der Gestaltbegriff im Lichte der neuen Logik, Erkenntnis 7 (1937/1938), 211–225; W. Heisenberg, Der Teil und das Ganze. Gespräche im Umkreis der Atomphysik, München 1969, ¹³1993, 2006; T. Herrmann, Problem und Begriff der Ganzheit in der Psychologie, Wien 1957; H. Höffding, Der Totalitätsbegriff. Eine erkenntnistheoretische Untersuchung, Leipzig 1917; E. Husserl, Zur Lehre von den Ganzen und Teilen, in: Logische Untersuchungen II/1, Halle 1901, ²1913, 225–293, ferner in: Ges. Schr. III, ed. E. Ströker, Hamburg 1992, 227–300; F. Kaulbach/L. Oeing-Hanhoff/H. Beck, Ganzes/Teil, Hist. Wb. Ph. III (1974), 3–20; A. Kern (ed.), Die Idee der Ganzheit in Philosophie, Pädagogik und Didaktik, Freiburg/Basel/Wien 1965; O. Lange, Całość i rozwój w świetle cybernetyki, Warschau 1962 (engl. Wholes and Parts. A General Theory of System Behaviour, Oxford/New York 1965; dt. Ganzheit und Entwicklung in kybernetischer Sicht, Berlin 1966, ³1969); D. Lewis, Parts of Classes, Oxford/Cambridge Mass. 1991; K. Lorenz, On the Relation between the Partition of a Whole into Parts and the Attribution of Properties to an Object, Stud. Log. 36 (1977), 351–362, Nachdr. in: ders., Logic, Language and Method. On Polarities in Human Experience. Philosophical Papers, Berlin/New York 2010, 20–32; ders., Artikulation und Prädikation, HSK VII/2 (1996), 1098–1122, Nachdr. in: ders., Dialogischer Konstruktivismus, Berlin/New York 2009, 24–71; A. Meinong, Psychologie der Komplexionen und Relationen, Z. für Psychol. u. Physiologie d. Sinnesorgane 2 (1891), 245–265; A. ter Meulen, Substances, Quantities and Individuals. A Study in the Formal Semantics of Mass Terms, Bloomington Ind. 1980; A. Müller, Das Problem der Ganzheit in der Biologie, Freiburg/München 1967; E. Nagel, Wholes, Sums and Organic Unities, Philos. Stud. 3 (1952), 17–32, unter dem Titel: On the Statement »The Whole Is More Than the Sum of Its Parts«, in: P. F. Lazarsfeld/M. Rosenberg (eds.), The Language of Social Research. A Reader in the Methodology of Social Research, Glencoe Ill. 1955, New York etc. 1967, 519–527 (dt. Über die Aussage »Das Ganze ist mehr als die Summe seiner Teile«, in: E. Topitsch [ed.], Logik der Sozialwissenschaften, Königstein 1965, Frankfurt ¹²1993, 225–235); L. Oeing-Hanhoff, Ens et Unum Convertuntur. Stellung und Gehalt des Grundsatzes in der Philosophie des heiligen Thomas von Aquin, Münster 1953, 155–163 (Das Ganze und seine substantialen Teile); M. Schlick, Über den Begriff der Ganzheit, Erkenntnis 5 (1935), 52–55, ferner in: ders., Ges. Aufsätze, 1926–1936, Wien 1938 (repr. Hildesheim 1969), 252–266; F. Schmidt, Ganzes und Teil bei Leibniz, Arch. Gesch. 53 (1971), 267–278; P. Simons, Parts. A Study in Ontology, Oxford 1987, 2003; B. Smith (ed.), Parts and Moments. Studies in Logic and Formal Ontology, München/Wien 1982; R. Sokolowski, The Logic of Parts and Wholes in Husserl's Investigations, Philos. Phenom. Res. 28 (1968), 537–553; K. E. Tranøy, Wholes and Structures. An Attempt at a Philosophical Analysis, Kopenhagen 1959; K. Twardowski, Zur Lehre vom Inhalt und Gegenstand der Vorstellungen. Eine psychologische Untersuchung, Wien 1894 (repr. München/Wien 1982); F. Weinhandl, Die Gestaltanalyse, Erfurt 1927; M. Wertheimer, Über Gestalttheorie, Erlangen 1925; A. N. Whitehead, An Enquiry Concerning the Principles of Natural Knowledge, Cambridge/London 1919, ²1925, Cambridge etc. 2011. K. L.

Teleologie (von griech. τέλος, Ziel, und λόγος, Lehre), Bezeichnung für die philosophische Lehre von der Zielgerichtetheit von Vorgängen. Als zielgerichtet können sowohl einzelne menschliche Handlungen als auch Naturvorgänge bzw. deren Resultate sowie der Verlauf der Geschichte insgesamt betrachtet werden. Die T. wird einerseits *ontologisch* im Sinne einer Lehre von den realen Wirkkräften des ablaufenden Geschehens, andererseits *methodologisch* im Sinne einer Lehre von den Darstellungs- und Erklärungs- bzw. Deutungsmöglichkeiten für dieses Geschehen aufgefaßt.

Die *ontologische* Auffassung der T. wird in der ↑Scholastik unter der (nur teilweise berechtigten) Berufung auf Aristoteles systematisch formuliert. Die Kernbehauptung dieser Auffassung besteht darin, daß jedem (natürlich entstandenen) Ding ein Streben innewohnt, das durch seine Natur oder sein Wesen gesetzte Ziel seiner Existenz über die – nach diesem Ziel zu beurteilende – Vervollkommnung seiner Eigenschaften zu erreichen. Ein jedes Geschehen kann daher auch als sinnvoll relativ zur Annahme eines solchen Ziels erklärt und verstanden werden. Als hervorragendes Beispiel ontologischer T. gelten in der vordarwinistischen Wissenschaft und Philosophie die Anpassungen in der belebten ↑Natur. Ein solches Sinnverstehen jedes natürlichen Geschehens und – dadurch vermittelt – des Naturgeschehens im ganzen dient (1) dem Beweis der Existenz Gottes (↑Gottesbeweis) als des vernünftigen Schöpfers und Lenkers der sinnvoll geordneten Welt; es ermöglicht es (2), soziale Normen (↑Norm (juristisch, sozialwissenschaftlich)) durch den Hinweis auf naturgebene und damit – gemäß dem *teleologischen* Gottesbeweis – gottgewollte Sinnzusammenhänge (vor allem der Über- und Unterordnung) zu legitimieren; es erlaubt es (3), die Natur als für den Menschen geschaffen und daher als Vorsorge für den Menschen aufzufassen, und zwingt (4) zur Erklärung des (in einem bestimmten Sinne) Schädlichen, des moralisch Schlechten und des Leidens in der Welt und damit zur Formulierung des Problems der ↑Theodizee. Die mit (4) verbundenen Schwierigkeiten verlieren ihr Gewicht mit der Ausarbeitung von (3), die in der neuzeitlichen Philosophie mit der Entwicklung eines autonomen Subjektverständnisses (↑Subjektivismus) und der dadurch bedingten Ent-Theologisierung der T. verbunden ist (anthropozentrische T.).

Die *anthropozentrische* T., die von der ↑Renaissance bis zur ↑Aufklärung die theologische T. ablöst, wird am

Modell des ↑*Mechanismus* entwickelt. Die T. erscheint dabei als – prinzipiell durchschaubare – Konstruktionseigenschaft des Weltmechanismus, die mit dessen Funktionieren zugleich seine theoretische Darstellbarkeit sichert. Die Zielverfolgung ergibt sich entsprechend aus einem Kausalmechanismus. In der romantischen (↑Romantik) Gegenbewegung wird demgegenüber wieder das ältere *Organismusmodell* zum Paradigma der T. erhoben und auch für die Darstellung historischer Entwicklungen benutzt. Dabei werden *kybernetische* (↑Kybernetik) Modelle verwendet, um die T. zu reformulieren: Die Erzeugung eines (Gleichgewichts-)Zustands, in dem sich das jeweilige System durch eine bestimmte Ordnung seiner Elemente selbst erhält, wird als – bereits mit der Darstellung dieses Systems analysierbare – Eigenschaft des Systems angesehen. Allgemeiner wird das Entstehen von Ordnungsstrukturen durch lokale Wechselwirkungen als ↑Selbstorganisation bezeichnet; diese schließt eine scheinbar zielgerichtete Bewegung eines Systems auf ausgezeichnete Zustände ein. Die Mechanismus-, Organismus- und Kybernetikmodelle der T. kommen darin überein, daß mit ihnen nicht die Einzelgeschehnisse in der Natur (oder der Geschichte) nach dem Beispiel planvollen Handelns als zweckgerichtet behauptet werden, sondern nur das Zusammenwirken der einzelnen Geschehnisse als ›Funktionieren‹ (im Rahmen des jeweiligen Modells) dargestellt und als Ziel im Sinne eines zwar nicht bezweckten, gleichwohl aber sinnvollen bzw. zweckgemäßen Ergebnisses dieser Geschehnisse ausgezeichnet wird. Ähnliches gilt für die Zielgerichtetheit organischer Strukturen und Funktionen. Sie verdankt sich dem Wirken eines evolutionär (↑Evolution) entstandenen Programms. Neuerdings nennt man diese Form von Zweckmäßigkeit ›Teleonomie‹, um sie von der naturwissenschaftlich obsoleten T. abzugrenzen. Damit wird die Kategorie der *causa finalis* (↑causa), wie sie Aristoteles (als τέλος oder οὗ ἕνεκα; ↑Telos) für das Entstehen einzelner Dinge (nicht für eine universale Weltordnung) bestimmt, aus der T. verbannt. Zugleich ist verständlich, daß sich mit dieser Entwicklung einer ›Entfinalisierung‹ (↑Finalismus, ↑Finalität) der T. auch der Versuch einstellt, *das* Paradigma der T., nämlich die planvolle ↑*Handlung* selbst, ohne die Verwendung einer Zweck-Terminologie darzustellen und zu erklären. Die Ablehnung einer über die causa finalis für Einzelgeschehnisse konzipierten ontologischen T. soll dazu führen, auch die methodologisch aufgefaßte T. ohne den über das menschliche Handeln zu bestimmenden Begriff des ↑Zweckes umzuformulieren.

Die *methodologische* Auffassung der T. besteht darin, bestimmte Geschehnisse, insbes. die menschlichen Handlungen, durch die Verwendung der Mittel-Zweck-Beziehung als theoretisch relevante Gegenstände zu *identifizieren*, in ihren Eigenschaften zu *beschreiben* und ihr

Auftreten als sinnvoll oder sinnlos (und daher in manchen Fällen menschlichen Handelns auch als möglich, wahrscheinlich oder notwendig) zu *erklären*. Die methodologisch begründete Verwendung des Zweckbegriffs ist dabei nicht mit der Behauptung verbunden, daß das Streben zur Erreichung des Zwecks, durch den man ein Geschehnis identifiziert, beschreibt oder erklärt, eine reale, empirisch darstellbare Kraft ist. Vielmehr ist der Zweckbegriff bzw. der Begriff der ↑Zweckmäßigkeit ein – in Kantischer Sprache – bloßer ↑Reflexionsbegriff, weil er »gar nichts dem Objecte (der Natur) beilegt, sondern nur die einzige Art, wie wir in der Reflexion über die Gegenstände der Natur in Absicht auf eine durchgängig zusammenhängende Erfahrung verfahren müssen, vorstellt, folglich ein subjectives Princip (Maxime) der Urtheilskraft« (I. Kant, KU Einl. V, B XXXIV, Akad.-Ausg. V, 184). Mit diesem an die Aristotelische Auffassung der T. anknüpfenden Verständnis der Zweckmäßigkeit kritisiert Kant einen naiven Kausalismus (↑Kausalität), der die bereits mit der Bereitstellung einer Terminologie (für die Darstellung der kausal einander zuzuordnenden Sachverhalte) getroffenen Relevanzentscheidungen unbedacht läßt. Daß die ›Einheit der Erfahrung‹ durch die Verwendung des Zweckbegriffs ermöglicht wird, heißt dabei, daß erst die Zuordnung zu einem – in irgendeinem Sinne zu bestimmenden – sinnvollen Zustand oder Ereignis ein Geschehen zu einem identifizierbaren und beschreibbaren, damit auch zu einem ›erfahrbaren‹ Gegenstand macht, der sich dann auch auf seine kausalen Beziehungen hin befragen läßt.

In der neueren Diskussion der T. als eines methodologischen Konzepts stehen die Beschreibungs- und vor allem die Erklärungsmöglichkeiten von ↑Handlungen (↑Handlungstheorie) im Mittelpunkt. Während auf der einen Seite behauptet wird, daß Handlungen wie alle anderen (Natur-)Geschehnisse kausal, d. h. durch die Angabe von Randbedingungen und Verlaufsgesetzen, zu erklären sind (↑Erklärung), steht dem auf der anderen Seite der Versuch gegenüber, Handlungen *teleologisch*, d. h. durch die Angabe der sie leitenden Zwecke, ↑Maximen oder Normen (↑Norm (handlungstheoretisch, moralphilosophisch)), zu erklären. Allerdings geht auch dann die Vorstellung der Zwecke, Maximen und Normen dem Entschluß zur Handlung voran, so daß deren Einfluß tatsächlich von kausaler Natur ist. Geht es bei diesen Zwecken (Maximen oder Normen) nicht um die faktisch – etwa auf Anfrage – von den Handelnden angegebenen (subjektiven) Zwecke, sondern um die (objektiven) Zwecke, mit denen man die ausgeführten Handlungen begründen kann, wird die teleologische Erklärung von Handlungen zur *rationalen* Erklärung. Durch die Ausarbeitung von Modellen für die teleologische und besonders die rationale Erklärung soll einerseits der Besonderheit menschlichen Handelns als eines intentionalen (↑Intentionalität) Geschehens (das sich nicht als Ergebnis eines gesetzmäßig darstellbaren Naturverlaufs beschreiben und erklären läßt) Rechnung getragen, andererseits die intuitive Einfühlung (in die Lage und dadurch die ↑Intentionen des anderen) durch ein methodisches Vorgehen, das überprüfungszugänglich ist, ersetzt werden.

Literatur: C. Allen, Teleological Notions in Biology, SEP 1996, rev. 2003; ders./M. Bekoff/G. Lauder (eds.), Nature's Purposes. Analyses of Function and Design in Biology, Cambridge Mass./London 1998; T. Auxter, Kant's Moral Teleology, Macon Ga. 1982; H. P. Balmer, Freiheit statt T. Ein Grundgedanke von Nietzsche, Freiburg/München 1977; A. Beckermann (ed.), Analytische Handlungstheorie II (Handlungserklärungen), Frankfurt 1977, 1985; M. D. Boeri, Chance and Teleology in Aristotle's »Physics«, Int. Philos. Quart. 35 (1995), 87–96; J. Brockmeier, ›Reines Denken‹. Zur Kritik der teleologischen Denkform, Amsterdam/Philadelphia Pa. 1992; J. Bronkhorst, Karma and Teleology. A Problem and Its Solutions in Indian Philosophy, Tokio 2000; R. Bubner, Handlung, Sprache und Vernunft. Grundbegriffe praktischer ·Philosophie, Frankfurt 1976, erw. 1982; ders./K. Cramer/R. Wiehl (eds.), T., Göttingen 1981 (Neue H. Philos. 20); B. Dörflinger/G. Kruck (ed.), Worauf Vernunft hinaussieht. Kants regulative Ideen im Kontext von T. und praktischer Philosophie, Hildesheim/Zürich/New York 2012; K. Duesing, Die T. in Kants Weltbegriff, Bonn 1968, erw. ²1986 (Kant-St. Erg.hefte 96); E.-M. Engels, Die T. des Lebendigen. Kritische Überlegungen zur Neuformulierung des T.problems in der angloamerikanischen Wissenschaftstheorie. Eine historisch-systematische Untersuchung, Berlin, Bochum 1982; W. J. FitzPatrick, Teleology and the Norms of Nature, New York/London 2000; C. D. Fugate, The Teleology of Reason. A Study of the Structure of Kant's Critical Philosophy, Berlin/Boston Mass. 2014 (Kant-St. Erg.hefte 178); F. Furger, Was Ethik begründet. Deontologie oder T. Hintergrund und Tragweite einer moraltheologischen Auseinandersetzung, Zürich/Einsiedeln/Köln 1984; H. Ginsborg, Kant's Aesthetics and Teleology, SEP 2005, rev. 2013; P. Godfrey-Smith, Semantics, Teleological, REP VIII (1998), 672–675; M. Hampe/K. Bschir, T., EP III (²2010), 2721–2727; G. Held, Aristotle's Teleological Theory of Tragedy and Epic, Heidelberg 1995; M. Hofer/C. Meiler/H. Schelkshorn (eds.), Der Endzweck der Schöpfung. Zu den Schlussparagraphen (§§ 84–91) in Kants Kritik der Urteilskraft, Freiburg/München 2013; T. S. Hoffmann, T., DNP XII/2 (2003), 1173–1176; A. Holderegger/W. Wolbert (eds.), Deontologie – T. Normtheoretische Grundlagen in der Diskussion, Freiburg, Freiburg/Wien 2012; L. Illetterati/F. Michelini (eds.), Purposiveness. Teleology between Nature and Mind, Frankfurt etc. 2008; R. Isak, Evolution ohne Ziel? Ein interdisziplinärer Forschungsbeitrag, Freiburg/Basel/Wien 1992; M. R. Johnson, Aristotle on Teleology, Oxford etc. 2005, 2008; R. C. Koons, Realism Regained. An Exact Theory of Causation, Teleology, and the Mind, Oxford etc. 2000; C. M. Korsgaard, Teleological Ethics, REP IX (1998), 294–295; R. Langthaler, Kants Ethik als ›System der Zwecke‹. Perspektiven einer modifizierten Idee der ›moralischen‹ T.‹ und Ethik, Berlin/New York 1991 (Kant-St. Erg.hefte 125); M. Leunissen, Explanation and Teleology in Aristotle's Science of Nature, Cambridge etc. 2010, 2015; N. Luhmann, Zweckbegriff und Systemrationalität. Über die Funktionen von Zwecken in sozialen Systemen, Tübingen 1968, Frankfurt 1973, ⁶1999; J. Manninen/R. Tuomela (eds.), Essays on

Explanation and Understanding. Studies in the Foundations of Humanities and Social Sciences, Dordrecht/Boston Mass. 1976; E. Mayr, Evolution and the Diversity of Life, Cambridge Mass./London 1976, 1997, 383–406 (Teleological and Teleonomic. A New Analysis) (dt. Evolution und die Vielfalt des Lebens, Berlin/Heidelberg/New York 1979, 198–229 [Kap. 11 Teleologisch und teleonomisch: eine neue Analyse]); P. Müller, Transzendentale Kritik und moralische T.. Eine Auseinandersetzung mit den zeitgenössischen Transformationen der Transzendentalphilosophie im Hinblick auf Kant, Würzburg 1983; N. Naeve, Naturteleologie bei Aristoteles, Leibniz, Kant und Hegel. Eine historisch-systematische Untersuchung, Freiburg/München 2013; E. Nagel, Teleology Revisited and Other Essays in the Philosophy and History of Science, New York 1979; D. Perler/S. Schmid (eds.), Final Causes and Teleological Explanations, Paderborn 2011; J.-E. Pleines (ed.), Zum teleologischen Argument in der Philosophie. Aristoteles – Kant – Hegel, Würzburg 1991; ders. (ed.), T.. Ein philosophisches Problem in Geschichte und Gegenwart, Würzburg 1994; ders., T. als metaphysisches Problem, Würzburg 1995; ders., T., TRE XXXIII (2002), 36–41; M. Quarfood, T., teleologisch, in: M. Willaschek u. a. (eds.), Kant-Lexikon III, Berlin/Boston Mass. 2015, 2258–2261; N. Rescher (ed.), Current Issues in Teleology, Lanham Md./New York/London 1986; M. Ruse, Darwin and Design. Does Evolution Have a Purpose?, Cambridge Mass./London 2003; T. Schlicht (ed.), Zweck und Natur. Historische und systematische Untersuchungen zur T.. Klaus Düsing zum 70. Geburtstag, München/Paderborn 2011; H. Schlüter, T., teleologisch, Hist. Wb. Ph. X (1998), 970–979; S. Schmid, Finalursachen in der frühen Neuzeit. Eine Untersuchung der Transformation teleologischer Erklärungen, Berlin/New York 2011; G. F. Schueler, Reasons and Purposes. Human Rationality and the Teleological Explanation of Action, Oxford etc. 2003, 2005; O. Schwemmer, Theorie der rationalen Erklärung. Zu den methodischen Grundlagen der Kulturwissenschaften, München 1976; R. Spaemann/R. Löw, Die Frage wozu? Geschichte und Wiederentdeckung des teleologischen Denkens, München/Zürich 1981, ³1991, unter dem Titel: Natürliche Ziele. Geschichte und Wiederentdeckung teleologischen Denkens, Stuttgart 2005; W. Stegmüller, Probleme und Resultate der Wissenschaftstheorie und Analytischen Philosophie I (Wissenschaftliche Erklärung und Begründung), Berlin etc. 1969, 1974, 518–623 (Teleologische Funktionsanalyse und Selbstregulativ), mit Untertitel: Erklärung, Begründung, Kausalität, ²1983, 640–773 (Teleologische Erklärung, Funktionsanalyse und Selbstregulativ. T.: normativ oder deskriptiv?); M. Stöltzner/P. Weingartner (eds.), Formale T. und Kausalität in der Physik. Zur philosophischen Relevanz des Prinzips der kleinsten Wirkung und seiner Geschichte/Formal Teleology and Causality in Physics, Paderborn 2005; R. Stout, Things That Happen Because They Should. A Teleological Approach to Action, Oxford etc. 1996; W. Szostak, T. des Lebendigen. Zu K. Poppers und H. Jonas' Philosophie des Geistes, Frankfurt etc. 1997; W. Theiler, Zur Geschichte der teleologischen Naturbetrachtung bis auf Aristoteles, Zürich 1924, Zürich/Leipzig 1925, erw. Berlin ²1965; P. Weingartner, Nature's Teleological Order and God's Providence. Are They Compatible with Chance, Free Will, and Evil?, Boston Mass./Berlin/München 2015; W. Wieland, Die aristotelische Physik. Untersuchungen über die Grundlegung der Naturwissenschaft und die sprachlichen Bedingungen der Prinzipienforschung bei Aristoteles, Göttingen 1962, ³1992; D. Witschen, Gerechtigkeit und teleologische Ethik, Freiburg, Freiburg/Wien 1992; C. Wohlers, Kants Theorie der Einheit der Welt. Eine Studie zum Verhältnis von Anschauungsformen, Kausalität und T. bei Kant, Würzburg

2000; A. Woodfield, Teleology, Cambridge etc. 1976, 2010; ders., Teleology, REP IX (1998), 295–297; G. H. v. Wright, Explanation and Understanding, London, New York 1971 (repr. 2009), Ithaca N. Y./London 2004 (dt. Erklären und Verstehen, Frankfurt 1974, Hamburg 2008); ders., Handlung, Norm und Intention. Untersuchungen zur deontischen Logik, ed. H. Poser, Berlin/New York 1977; F. Zülicke, Selbstorganisation und Naturphilosophie (Naturteleologie). Reflexionen zum Begriff ›Selbst‹ in modernen Selbstorganisationstheorien, Cuxhaven/Dartford 2000. O. S.

Telesio, Bernardino, *Cosenza 1509, †ebd. 2. Okt. 1588, ital. Philosoph, Vertreter der ↑Naturphilosophie der ↑Renaissance. Nach Studium der Philosophie, Mathematik und Physik in Padua (Promotion [?] 1535) und einem längeren Aufenthalt in einem Benediktinerkloster (ca. 1535–1544) zeitweilig (private) Vorlesungstätigkeit in Neapel (als Gast der Familie Carafa). Freundschaft mit Gregor XIII., der ihn nach Rom zur Darlegung seiner Philosophie einlädt. Begründer der naturwissenschaftlich ausgerichteten »Accademia Telesiana« oder »Accademia Cosentina« in Neapel. – T. wendet sich unter Rückgriff auf antike Traditionen (↑Vorsokratiker, Aristoteles, Galenos) gegen den averroistischen (↑Averroismus) ↑Aristotelismus seiner Zeit. Ohne von in den Universitäten Norditaliens bekannten neueren Entwicklungen in der Physik (↑Merton School) Kenntnis zu nehmen, entwickelt er eine spekulative physikalische Theorie (mit den Grundprinzipien der Materie, der Wärme, als dem Prinzip der Bewegung und Ausdehnung, und der Kälte, als dem Prinzip der Starrheit und Zusammenziehung, wobei beide gegenüber der ›passiven‹, widerstehenden Materie als ›aktive‹ Prinzipien aufgefaßt werden) auf sensualistischer (↑Sensualismus) Basis (De natura iuxta propria principia liber primus, et secundus, 1565). Die Natur wird als durchgängig belebt aufgefaßt (↑Hylozoismus, ↑Panpsychismus), der ›Geist‹ mit Sitz im Gehirn als feine materielle Substanz. Die ↑Seele, von Gott als *forma superaddita* geschaffen, ist unsterblich (↑Unsterblichkeit). Im Gegensatz zu zeitgenössischen Bemühungen, etwa von G. Zabarella und F. Patrizi, bleibt T.s Sensualismus ohne methodische Basis (was z. B. von Patrizi explizit kritisiert wird). Gleichwohl übt sein Werk, nicht zuletzt wegen der programmatischen Auszeichnung der ↑Erfahrung in physikalischen Zusammenhängen, einen erheblichen Einfluß auf spätere Entwicklungen aus, z. B. auf T. Campanella, G. Bruno, T. Hobbes und F. Bacon, der T. den ›ersten der Modernen‹ nennt (ähnliche Einschätzungen bei R. Descartes und G. W. Leibniz). Grundbegriff der naturalistischen Ethik (↑Naturalismus (ethisch)) T.s ist der Begriff der Selbsterhaltung.

Werke: Edizione nazionale delle opere di B. T., Turin 2006ff. (erschienen: Bd. I); Telesiana. Le opere di B. T.. Ristampa anastatica delle cinquecentine, I–IV, ed. Comitato nazionale per le celebrazioni del V centenario della nascita, Rom 2011–2015. – De natura iuxta propria principia liber primus, et secundus, Rom 1565 (repr., ed. R. Bondi, Rom 2011 [= Telesiana I]), ed. A. Ottaviani, Turin 2006 (= Edizione Nazionale I), mit Titelzusatz: denuò editi, Neapel 1570 (repr., ed. M. Torrini, Neapel 1989, ed. R. Bondi, Rom 2013 [= Telesiana II]), unter dem Titel: La natura secondo i suoi principi [lat./ital.], ed. R. Bondi, Mailand 1999, 2009, unter dem Titel: De rerum natura iuxta propria principia. Libri IX, Neapel 1586 (repr., ed. C. Vasoli, Hildesheim/New York 1971, ed. G. Giglioni, Rom 2013 [= Telesiana IV]), I–III [lat./ital.], ed. L. De Franco, Cosenza, Florenz 1965–1976; Ad felicem Moimonam iris, Neapel 1566 (repr., ed. R. Bondi, Paris 2009, Rom 2011 [= Telesiana I]; De colorum generatione, Neapel 1570 (repr., ed. R. Bondi, Rom 2013 [= Telesiana II]); De his, quæ in aëre fiunt, & de terræ-motibus, Neapel 1570 (repr., ed. R. Bondi, Rom 2013 [= Telesiana II]), unter dem Titel: De iis, quae in aere fiunt et de terraemotibus [lat./ital.], ed. L. De Franco, Cosenza 1990; De mari, Neapel 1570 (repr., ed. R. Bondi, Rom 2013 [= Telesiana II]), ferner in: De iis, quae in aere fiunt [...] [lat./ital.], ed. L. De Franco [s. o.]; Varii de naturalibus rebus libelli, ed. A. Persio, Venedig 1590 (repr., ed. C. Vasoli, Hildesheim/New York 1971, ed. M. A. Granada, Rom 2012 [= Telesiana V]), ed. L. De Franco, Florenz 1981; Il commentario »De fulmine« di B. T., ed. C. Delcorno, Aevum 41 (1967), 474–506; Delle cose naturali libri due. Opuscoli. Polemiche telesiane, ed. A. L. Puliafito, Rom 2013 [= Telesiana V].

Literatur: N. Abbagnano, B. T. e la filosofia del Rinascimento, Mailand 1941; M. Boenke, T., SEP 2004, rev. 2013; dies., Körper, Spiritus, Geist. Psychologie vor Descartes, München 2005, 120–170 (Kap. 3 Psychologie im System des naturphilosophischen Monismus. B. T.); B. M. Bonansea, T., Enc. Ph. VIII (1967), 92–93, IX (²2006), 390–391; R. Bondi, Introduzione a T., Rom/Bari 1997; E. Cassirer, Das Erkenntnisproblem in der Philosophie und Wissenschaft der neueren Zeit I, Berlin 1906, 212–218, ²1911, ³1922 (repr. Hildesheim/New York, Darmstadt 1971, Darmstadt 1995), 232–240; ders., Individuum und Kosmos in der Philosophie der Renaissance, Berlin 1927 (repr. Darmstadt ⁷1994, 2005), Hamburg 2013; B. P. Copenhaver/C. B. Schmitt, Renaissance Philosophy, Oxford/New York 1992, 2002, bes. 309–314; L. De Franco, B. T.. La vita e l'opera, Cosenza 1989; ders., Introduzione a B. T., Soveria Manelli 1995; N. C. van Deusen, T., the First of the Moderns, New York 1932; ders., The Place of T. in the History of Philosophy, Philos. Rev. 44 (1935), 417–434; G. Di Napoli, Fisica e metafisica in B. T., Rassegna di scienze filos. 6 (Bari 1953), 22–69, ferner in: ders., Studi sul Rinascimento, Neapel 1973, 311–366; F. Fiorentino, B. T.. Ossia studi storici su l'idea della natura nel Risorgimento italiano, I–II, Florenz 1872/1874 (repr. Neapel 2008); G. Gentile, B. T., Bari 1911; N. W. Gilbert, T., DSB XIII (1976), 277–280; E. Kessler, T., REP IX (1998), 297–300; P. O. Kristeller, Eight Philosophers of the Italian Renaissance, Stanford Calif. 1964, 1966, 91–109 (franz. Huit philosophes de la Renaissance italienne, Genf 1975, 91–106; dt. Acht Philosophen der italienischen Renaissance, Weinheim 1986, 79–94); C. Leijenhorst, B. T. (1509–1588). Neue Grundprinzipien der Natur, in: P. R. Blum (ed.), Philosophen der Renaissance. Eine Einführung, Darmstadt 1999, 137–149 (engl. B. T. (1509–1588). New Fundamental Principles of Nature, in: P. R. Blum [ed.], Philosophers of the Renaissance, Washington D. C. 2010, 168–180); G. Mocchi/S. Plastina/E. Sergio (eds.), B. T. tra filosofia naturale e scienza moderna, Pisa/Rom 2012; M. Mulsow, Frühneuzeitliche Selbsterhaltung. T. und die Naturphilosophie der Renaissance, Tübingen 1998; S. Pupo, L'anima immortale in T.. Per una storia delle interpretazione, Cosenza 1999; ders., T. e Dio, Lame-

zia Terme 2009; G. Saitta, Il pensiero italiano nell'Umanesimo e nel Rinascimento III, Bologna 1951, Florenz ²1961, 1–77; K. Schuhmann, Zur Entstehung des neuzeitlichen Zeitbegriffs: T., Patrizi, Gassendi, Philos. Nat. 25 (1988), 37–64; ders., Hobbes und T., Hobbes Stud. 1 (1988), 109–133; E. Sergio, T. e il suo tempo. Considerazioni preliminari, Bruniana & Campanelliana 16 (2010), 1–124; R. Sirri, B. T., Reggio Calabria 2005; ders./M. Torrini (eds.), B. T. e la cultura napoletana. Atti del convegno internazionale, Napoli 15–17 dicembre 1989, Neapel 1992; G. Soleri, T., Brescia 1945; ders., T., Enc. filos. VIII (1982), 127–133; W. A. Wallace, T., in: P. F. Grendler (ed.), Encyclopedia of the Renaissance VI, New York 1999, 124–125; E. Zavattari, La visione della vita nel Rinascimento e T., Turin 1923. – Atti del convegno internazionale di studi su B. T., Cosenza, 12–13 Maggio 1989, Cosenza 1990; B. T. nel 4° centenario della morte 1588, Neapel 1989.   J. M.

Telos (griech. *τέλος*, lat. finis, Ziel, Ende, Zweck), Begriff der Aristotelischen Ursachenlehre (↑causa). Danach bezeichnet ›T.‹ eine der vier Ursachen, von der aus technische und moralische Handlungen sowie Naturprozesse als sinnvolles Geschehen gedeutet werden können. In der Konzeption der ↑Entelechie wird T. zur wichtigsten Basis der Aristotelischen Ontologie und ↑Metaphysik (↑Teleologie).

Literatur: E. C. Halper, T., in: R. Audi (ed.), The Cambridge Dictionary of Philosophy, Cambridge etc. ²1999, 906–907; A. Kälzer, T., DNP XII/1 (2002), 104; W. Lohff, T., RGG VI (³1962), 678–681; D. Quarantotto, Causa finale, sostanza, essenza in Aristotele. Saggio sulla struttura dei processi teleologici naturali e sulla funzione del ›t.‹, Neapel 2005; W. Wieland, Die aristotelische Physik. Untersuchungen über die Grundlegung der Naturwissenschaft und die sprachlichen Bedingungen der Prinzipienforschung bei Aristoteles, Göttingen 1962, ³1992, bes. 254–277 (ital. La fisica di Aristotele. Studi sulla fondazione della scienza della natura e sui fondamenti linguistici della ricerca dei princìpi in Aristotele, Bologna 1993, bes. 322–351).   M. G.

Tendenz (von lat. tendere, spannen, lenken, nach etwas streben; engl. tendency, franz. tendance), umgangssprachlich häufig synonym mit der Rede von ↑Neigungen, ↑Absichten und (erkennbaren) ↑Entwicklungen, dabei auch verbunden mit einem (meist unvollständigen) Kausal- oder Situationswissen; in systematischer Rekonstruktion Bezeichnung für die Vergrößerung (›positive T.‹) oder Verringerung (›negative T.‹) der ↑Wahrscheinlichkeit des Eintretens eines ↑Sachverhaltes. Vergrößert wird diese Wahrscheinlichkeit durch die Erfüllung (mindestens) einer weiteren Bedingung für das Eintreten des jeweiligen Sachverhaltes; verringert wird sie durch das Nichtbestehen oder Wegfallen eines Sachverhaltes, der eine solche Bedingung ist. Möglich ist das Eintreten eines Sachverhaltes dann, wenn es nach angegebenen ↑Naturgesetzen nicht ausgeschlossen werden kann oder wenn es nach den bestehenden (sozialen) ↑Regeln oder Normen (↑Norm (handlungstheoretisch, moralphilosophisch), ↑Norm (juristisch, sozialwissenschaftlich)) nicht unzulässig oder verboten ist. Im zweiten Falle besteht eine *Chance* des Eintretens des jeweiligen Sachverhaltes, z. B. für die Ausführung einer bestimmten Handlung. Da T.behauptungen dort sinnvoll sind, wo sich keine quantitativen Wahrscheinlichkeitsbehauptungen begründen lassen, also vor allem in den Sozialwissenschaften, wird man von einer ›T.‹ im allgemeinen im Sinne der Vergrößerung oder Verringerung einer Chance sprechen.

Im Rahmen der philosophischen Interpretationen der ↑Wahrscheinlichkeitstheorie wird der Begriff der T. zur Umschreibung der auf K. R. Popper (1959/1960) zurückgehenden Deutung von ↑Wahrscheinlichkeiten als ›Propensitäten‹ verwendet. Propensitäten sind ›Neigungen‹ bzw. T.en, die mit wiederholbaren experimentellen Arrangements verbunden sind und die die Ursache für die Häufigkeitsverteilung der Ergebnisse darstellen. Propensitäten sind damit Dispositionen von wiederholbaren Experimenten, Resultate bestimmter relativer Häufigkeiten im Grenzfall zu erzeugen. Z. B. ist mit dem Experimentalarrangement des fairen Würfelwurfs die T. verknüpft, eine Gleichverteilung der möglichen Ergebnisse zu erhalten. Für Popper sind Propensitäten objektive und physikalisch reale T.en, die jedem Einzelfall des Experiments zugeschrieben werden können. Die Eigenschaften des Kollektivs werden also den einzelnen Ereignissen zugeordnet und bilden damit die Grundlage für die Angabe objektiver Einzelfallwahrscheinlichkeiten. Mit dieser Konzeption verbindet sich bei Popper insbes. das Ziel einer kohärenten Deutung der ↑Quantentheorie: Die quantenmechanische Wellenfunktion (↑Wellenmechanik) legt die Propensitäten von Teilchenzuständen fest.

Gegen Poppers Vorstellung objektiver T.en in Einzelfällen wird das ›Referenzklassenproblem‹ angeführt. Ein gegebenes Experiment kann Element mehrerer unterschiedlicher Kollektive und in diesen mit jeweils verschiedenen Verteilungen relativer Häufigkeiten verknüpft sein. Folglich können den Einzelfällen keine eindeutigen T.en zugeordnet werden. Aus diesem Grunde wird die Propensitätsinterpretation häufig auf wesentlich indeterministische (↑Indeterminismus) und durch keine äußeren Eingriffe veränderbare Zustandsübergänge eingeschränkt. Danach kommen allein quantenmechanischen Phänomenen Propensitäten zu. Z. B. weist ein bestimmtes Radionuklid eine bestimmte objektive und reale T. auf, innerhalb eines gegebenen Zeitintervalls zu zerfallen.

In der philosophischen Tradition tritt der Begriff der T. vornehmlich im Zusammenhang mit den Begriffen ↑›conatus‹ (bei G. W. Leibniz synonym mit ↑›vis viva‹ oder ›vis activa‹) und ↑›appetitus‹ (bei Leibniz im Rahmen der ↑Monadentheorie zur Bezeichnung der Spontaneität [↑spontan/Spontaneität] der Monaden bei der

Organisation ihrer ↑Perzeptionen [Monadologie § 15, Philos. Schr. VI, 609]) auf. In Leibnizens Bestimmung einer wirkenden Kraft (*vis viva* oder *vis activa*) dient der Begriff der T. im engeren Sinne der Charakterisierung der durch dynamische ↑Wechselwirkung eingeschränkten Kraft (oder potentiellen Energie, im Unterschied zu der als Gesamtenergie aufgefaßten *vis primitiva*) (Specimen dynamicum I, Math. Schr. VI, 236; Brief vom 21.1.1704 an B. de Volder, Philos. Schr. II, 262). Einflüsse der monadentheoretischen Bedeutung von ›T.‹ finden sich vor allem in der Geschichte der Psychologie und der philosophischen Anthropologie (z. B. bei G. T. Fechner und P. Häberlin). – Im umgangssprachlichen Sinne bedeutet ›tendenziös‹: in einer bestimmten (verborgenen oder offenliegenden) ↑Absicht bei vorgegebenem (und erwartetem) Zweck unparteilicher Darstellung.

Literatur: T. S. Champlin, Tendencies, Proc. Arist. Soc. NS 91 (1991), 119–133; Q. Gibson, Tendencies, Philos. Sci. 50 (1983), 296–308; R. N. Giere, Objective Single-Case Probabilities and the Foundations of Statistics, in: P. Suppes u. a. (eds.), Logic, Methodology and Philosophy of Science IV, Amsterdam/London/New York 1973, 467–483; C. Kann, T., Hist. Wb. Ph. X (1998), 998–1004; P. Marignac, Sur l'usage du concept de ›tendance‹ en philosophie, Rev. mét. mor. 87 (1982), 240–250; K. R. Popper, The Propensity Interpretation of Probability, Brit. J. Philos. Sci. 10 (1959/1960), 25–42; P. Railton, A Deductive-Nomological Model of Probabilistic Explanation, Philos. Sci. 45 (1978), 206–226, ferner in: J. C. Pitt (ed.), Theories of Explanation, Oxford etc. 1988, 119–135; J. Rosenthal, Wahrscheinlichkeiten als T.en. Eine Untersuchung objektiver Wahrscheinlichkeitsbegriffe, Paderborn 2004. J. M./O. S.

Term (von lat. termo, gleichbedeutend mit ›terminus‹, Begrenzung, Begriff, ↑Terminus; engl. term, franz. terme), Bezeichnung für einen Ausdruck einer formalen Sprache (↑Sprache, formale), im allgemeinen der Mathematik oder der Logik, der entweder selbst Name eines Gegenstandes ist oder, wenn er ↑Variable enthält, bei Ersetzung sämtlicher vorkommender Variablen durch Gegenstandsnamen (›Konstanten‹) zu einem Gegenstandsnamen wird. Welcher Gegenstand durch diesen Namen bezeichnet wird, ergibt sich, wenn man mit den eingesetzten Gegenstandsnamen die Operationen, deren Zeichen der T. neben Variablen, Gegenstandsnamen und Hilfszeichen noch enthält, schrittweise ausführt. A. Tarski (Einführung in die mathematische Logik [...], 1937) verwendet daher statt des späteren Ausdrucks ›T.‹ noch den Ausdruck ›Bezeichnungsfunktion‹. Der Ausdruck ›T.‹ tritt im Deutschen in dieser Bedeutung wohl erst bei D. Hilbert/P. Bernays (1934) auf, wo er induktiv definiert wird (↑Definition, induktive) durch die Festsetzung, T.e seien (1) alle ↑Individuenvariablen, (2) alle ↑Individuenkonstanten und (3) alle Funktionsausdrücke, an deren Argumentstellen T.e stehen.

In Anlehnung an diese Begriffsbildung wird als ↑*Termlogik* eine Logik bezeichnet, in der sämtliche korrekt gebildeten Ausdrücke T.e sind. Eine solche T.logik ist z. B. die ↑Begriffsschrift bei G. Frege (1893/1903), da Aussagen in ihr als Namen von ↑Wahrheitswerten aufgefaßt werden, so daß die ↑Aussageformen, die bei Ersetzung sämtlicher in ihnen vorkommender Variablen durch typenmäßig passende Namen in Aussagen übergehen, als spezielle T.e erscheinen und zu den T.en ganz allgemein außer den Gegenstandsnamen auch alle Namen von Funktionen (der verschiedenen Stufen; ↑Stufenlogik) gehören.

Eine ähnliche Vereinheitlichung ergibt sich bei einem konstruktiven Aufbau von Logik und Mathematik, wenn man als ›Namen‹ auch die Quasi-Eigennamen von Abstrakta (↑abstrakt, ↑Abstraktion) wie z. B. von Zahlen, Mengen, Funktionen oder Wahrheitswerten zuläßt, da dann die Voranstellung des entsprechenden ↑Operators vor einen T., der einen abstrakten Gegenstand darstellt (↑Darstellung (logisch-mengentheoretisch)), jeweils wieder einen T. liefert: Zu den ↑Kennzeichnungstermen wie ›$\iota_x(\bigwedge_y (x \leq y))$‹ kommen dann logisch-mengentheoretische Klassenterme wie z. B. ›$\{x \mid x = x\}$‹, Relationsterme wie z. B. ›$\{xy \mid \bigvee_z(xRz \wedge zRy)\}$‹ und Funktionsterme wie z. B. ›$\iota_x(x^2)$‹ (in der traditionellen ↑Metamathematik meist als ›$\lambda_x(x^2)$‹ geschrieben; ↑Lambda-Kalkül). Auch die ↑Quantoren, die ja spezielle Operatoren sind, liefern Ausdrücke wie z. B. ›$\bigwedge_x \bigvee_y (x < y)$‹, die als Quasi-Eigennamen von Wahrheitswerten betrachtet werden können. In metamathematischer Schreibweise sind freilich arithmetische T.e wie ›$2^x + 1$‹ und ›$x^2 + xy + y^2$‹ genauer als ›$\iota_x(2^x + 1)$‹ oder $\lambda_x(2^x + 1)$‹ bzw. ›$\iota_{xy}(x^2 + xy + y^2)$‹ oder ›$\lambda_{xy}(x^2 + xy + y^2)$‹ zu notieren. – Ausdrücke, die schematische Variable für Funktionen enthalten und erst bei deren Ersetzung durch spezielle Funktionszeichen in T.e übergehen (wie z. B. ›$f(4)$‹ bei Ersetzung des schematischen Buchstabens ›f‹ durch ›$\iota_x(x^2)$‹ in ›$\iota_x(x^2).4$‹ mit dem Ergebnis ›4‹), heißen ›T.schemata‹ (↑Operator). Zu der in der Analytischen Wissenschafts- und Erkenntnistheorie (↑Philosophie, analytische) geläufigen Unterscheidung von ›singularen T.en‹ und ›generellen T.en‹, die einen allgemeineren T.begriff zugrundelegt und nur eine einzige Bezeichnungsfunktion annimmt, welche zwischen Eigennamen und Quasi-Eigennamen nicht trennt, vgl. ↑singular.

Literatur: G. Frege, Grundgesetze der Arithmetik. Begriffsschriftlich abgeleitet, I–II, Jena 1893/1903 (repr. Darmstadt, Hildesheim 1962, in 1 Bd., Hildesheim/Zürich/New York 1998 [mit Ergänzungen von C. Thiel]), in 1 Bd. [in moderne Formelnotation transkribiert und mit einem ausführlichen Sachregister versehen], ed. T. Müller/B. Schröder/R. Stuhlmann-Laeisz, Paderborn 2009 (engl. Basic Laws of Arithmetic. Derived Using Concept-Script, ed. P. A. Ebert/M. Rossberg/C. Wright, Oxford 2013); H. Hermes, Eine T.logik mit Auswahloperator, Berlin/ Heidelberg/New York 1965 (engl. Term Logic with Choice Operator, Berlin/Heidelberg/New York 1970); D. Hilbert/P. Bernays, Grundlagen der Mathematik I, Berlin 1934, Berlin/Heidelberg/

New York ²1968 (franz. Fondements des mathématiques, Paris 2001); P. Stekeler-Weithofer, T., Hist. Wb. Ph. X (1998), 1004; A. Tarski, O logice matematycznej i metodzie dedukcyjnej, Lemberg/Warschau 1936 (dt. Einführung in die mathematische Logik und in die Methodologie der Mathematik, Wien 1937, [nach der engl. und franz. Übers.] unter dem Titel: Einführung in die mathematische Logik, Göttingen ²1966, erw. ⁵1977; engl. [rev. u. erw.] Introduction to Logic and to the Methodology of Deductive Sciences, New York 1941 [repr. 1995], ed. J. Tarski, ⁴1994 [franz. Introduction à la logique, Paris, Louvain 1960, ²1969 (repr. 2008), ³1971]). C. T.

Termini, noologische (von griech. *νόος* bzw. *νοῦς*, Geist; ↑Nus), von P. Lorenzen (1974) eingeführte Bezeichnung für diejenigen Termini, die sich auf die geistigen Leistungen des Menschen beziehen und insbes. für die Darstellung der Meinungs- und Willensbildung verwendet werden. Ihre besondere Charakteristik gewinnen die n.n T. im Programm einer methodisch aufgebauten Sprache, in der ›schrittweise und zirkelfrei‹ jeder Definitionsschritt begründet werden soll, und zwar so, daß letztlich bestimmte ↑Handlungen das Fundament dieser Definitionen liefern. Insofern diese terminologischen Begründungen Teil des umfassenden Begründungsvorhabens der konstruktiven (↑Konstruktivismus) Logik, Ethik und Wissenschaftstheorie sind, in dem es um eine ↑normative ↑Rekonstruktion des Handelns insgesamt – des politischen wie des wissenschaftlichen, des moralischen wie des technischen, des sprachlichen wie des nichtsprachlichen Handelns – geht, werden die n.n T. in Handlungszusammenhängen eingeführt, die selbst schon eine solche normativ rekonstruierte Praxis darstellen. Der Terminus ›wollen‹ würde z. B. als Bezeichnung für das Ergebnis einer (auf Grund der normativen Rekonstruktion) als vernünftig betrachteten Willensbildung eingeführt werden und damit selbst eine normative Bedeutung gewinnen. Im Rahmen des konstruktiven Begründungsprogramms sind die n.n T. daher nicht als Bezeichnungen für phänomenologisch erfaßte geistige Leistungen – so wie diese faktisch erbracht werden – zu verstehen, sondern als eine terminologische Fixierung von begründeten und somit erst zu erbringenden Leistungen, d. h. von Leistungen, die sowohl dem Anspruch des methodisch kontrollierten Sprachaufbaus genügen als auch Schritte auf dem Wege zu einer vernünftigen Praxis sind.

Literatur: P. Lorenzen, Regeln vernünftigen Argumentierens, in: ders., Konstruktive Wissenschaftstheorie, Frankfurt 1974, 47–97. O. S.

Terminismus, Bezeichnung für eine durch Wilhelm von Ockham begründete Position im ↑Universalienstreit, nach der den ↑Universalien (Art, Gattung) keine reale Existenz (außerhalb unseres Geistes) zukommt, diese vielmehr nur ›termini conceptis‹, d. h. im Geiste vorgestellte Prädikatoren, sind. Allgemein sind in der mittelalterlichen Logik (↑Logik, mittelalterliche) Termini (↑Terminus) diejenigen ↑Nominatoren (↑Eigennamen oder ↑Kennzeichnungen) oder ↑Prädikatoren, die Aussagen an ihrem Anfang und an ihrem Ende begrenzen. Ein Terminus kann geschrieben (scriptus), gesprochen (prolatus) oder (bloß) vorgestellt (conceptus) sein. Formuliert wird der T. in Auseinandersetzung mit der vor allem durch Petrus Hispanus ausgearbeiteten ↑Suppositionslehre. Die ↑Supposition ist die (meist syntaktisch analysierbare) Verwendungsweise eines substantivischen Terminus. Wilhelm von Ockham unterscheidet zwischen der *suppositio materialis* eines Terminus, nach der über das sprachliche ›Material‹ des Subjekt-Terminus etwas ausgesagt wird (›homo est vox‹), der *suppositio simplex*, nach der über die Bedeutung des Subjekt-Terminus ›einfachhin‹ etwas ausgesagt wird, nämlich sofern dies in syntaktischen Kategorien darstellbar ist (›homo est species‹), und der *suppositio personalis*, nach der über die einzelnen Gegenstände, denen der Subjekt-Terminus zukommt, d. h. bei ›homo‹ über die einzelnen ›Personen‹, etwas ausgesagt wird (›homo est animal‹). Die terministische Position besteht darin, nur die *suppositio personalis* als Bezeichnungsfunktion für (außerhalb des Geistes) existierende Gegenstände anzuerkennen, nicht aber die beiden anderen Suppositionen (im Realismus [↑Realismus, semantischer] bezeichnen Prädikatoren auch mittels *suppositio simplex* extramentale Gegenstände).

Im Unterschied zum extremen ↑Nominalismus ist ein Terminus in der *suppositio simplex* eine geistig getroffene Unterscheidung (ein ›terminus conceptus‹), mit der die Möglichkeit der Darstellung von ↑Sachverhalten und damit auch der Bildung wahrer Aussagen über die existierenden Gegenstände eröffnet wird. Um dies zu betonen, wird der T. auch als ↑*Konzeptualismus* bezeichnet. Der konzeptualistische Aspekt des T. wird durch J. Buridan und die ihm folgende Tradition verstärkt, indem das Wahrheitsproblem nur noch für die *termini concepti* gestellt wird, ganz gleich mit welchen *termini scripti* oder *termini prolati* sie verbunden werden.

Literatur: S. Meier-Oeser, T., Hist. Wb. Ph. X (1998), 1004–1009; R. Paqué, Das Pariser Nominalistenstatut. Zur Entstehung des Realitätsbegriffs der neuzeitlichen Naturwissenschaft. Occam, Buridan und Petrus Hispanus, Nikolaus von Autrecourt und Gregor von Rimini, Berlin 1970 (franz. Le Statut parisien des Nominalistes. Recherches sur la formation du concept de réalité de la science moderne de la nature. Guillaume d'Occam, Jean Buridan et Pierre d'Espagne, Nicolas d'Autrecourt et Grégoire de Rimini, Paris 1985); weitere Literatur: ↑Nominalismus, ↑Scholastik. O. S.

Terminologie (engl. terminology), Bezeichnung für das von einer ↑Wissenschaft mit Hilfe einer ↑Normierung (engl. regimentation) der Verwendung ihrer ↑Prädikatoren, durch die diese in Termini übergehen, geschaffene

terminologische Netz. Dieses Netz wird im Blick darauf, daß ein ↑Terminus als sprachliche Darstellung eines (abstrakten) ↑Begriffs aufgefaßt werden kann, auch das Begriffsnetz oder der begriffliche Rahmen der betreffenden ↑Wissenschaftssprache genannt. Es stellt eine unerläßliche Bedingung für eine funktionsfähige Wissenschaft (↑Wissenschaftstheorie) dar, weshalb auch sein von ↑Sprachanalyse begleiteter Aufbau, der Gegenstand einer ebenfalls ›T.‹, hier: Lehre von den Termini, genannten Disziplin, zu den für die ›rationale Basis‹ einer Wissenschaft zuständigen Untersuchungen gehört. Diese Untersuchungen werden in der Konstruktiven Wissenschaftstheorie (↑Wissenschaftstheorie, konstruktive) unter dem Titel ↑›Prototheorien‹ zusammengefaßt. Eine T. erschöpft sich daher nicht in einer bloßen Nomenklatur oder einem Begriffssystem; vielmehr ist die zugehörige Binnenstruktur, wie sie sich in Über- und Unterordnungen (Super- und Subsumtion; ↑Subordination) sowie in teilweise auch als ↑Definitionen auftretenden ↑Explikationen zeigt, der entscheidende Faktor. Eine derartige Binnenstruktur ist auch schon in der ↑Gebrauchssprache in einem gewissen, von Unbestimmtheiten eingeschränkten Grade anzutreffen, was sich die Lexikographie zunutzemacht.

Literatur: R. Arntz/H. Picht/K.-D. Schmitz (eds.), Einführung in die T.arbeit, Hildesheim/Zürich/New York 1989, ⁷2014; R. M. Blake/C. J. Ducasse/E. H. Madden, Theories of Scientific Method. The Renaissance Through the 19th Century, ed. E. H. Madden, Seattle 1960, New York etc. 1989; W. K. Essler, Wissenschaftstheorie I (Definition und Reduktion), Freiburg/München 1970, ²1982; R. Eucken, Geschichte der philosophischen T. im Umriß, Leipzig 1879 (repr. Hildesheim 1964); H. Felber/G. Budin, T. in Theorie und Praxis, Tübingen 1989; E. W. Orth, T., Hist. Wb. Ph. X (1998), 1009–1012; W. Whewell, The Philosophy of the Inductive Sciences, Founded upon Their History II, London 1840 (repr. 1967), separat unter dem Titel: Novum Organon Renovatum, London 1858 (repr. Bristol etc. 2001); E. Wüster, Einführung in die allgemeine T.lehre und die terminologische Lexikographie, I–II, Wien/New York 1979, Bonn ³1991. K. L.

Terminus (lat., Grenze, Ende), ein durch Übersetzung des synonymen griechischen Ausdrucks ›ὅρος‹ – dieser war von Aristoteles zur Bezeichnung der an beiden Enden eines syllogistischen (↑Syllogistik) ↑Aussageschemas, z. B. *MaN* (alle *M* sind *N*; ↑*a*), stehenden Buchstaben (d. s. bei Albertus Magnus und anderen Scholastikern *termini transcendentes nihil et omnia significantes*) als symbolische Vertreter von *nomina appellativa* oder (All-)Gemeinnamen (↑Name) gewählt (An. pr. 1.24a3) – in die Fachsprache der traditionellen Logik (↑Logik, traditionelle) eingegangener Ausdruck, der in der modernen ↑Sprachphilosophie und ↑Logik für ausdrücklich vereinbarte und daher in ihrer Bedeutung wohlbestimmte ↑Prädikatoren, insbes. von Fachsprachen (terminus technicus oder Fachausdruck), reserviert und daher selbst ein T. der Logik ist.

Da beim Übergang von den Subjekt-Prädikat-Aussagen (↑Minimalaussage) als den elementaren Einheiten der traditionellen Logik, die in vielen Fällen Termini (Gattungsnamen; ↑Gattung) als Subjekt (Subjektausdruck) und als Prädikat (Prädikatausdruck) aufweisen, zu den ↑Elementaraussagen der modernen Logik, die (im einstelligen Fall) aus einem ↑Nominator und einem ↑Prädikator, also einem der Benennung und einem der Unterscheidung dienenden sprachlichen Ausdruck, bestehen (↑Prädikation), nur noch an Prädikatstelle ein T. stehen kann, werden Nominatoren zusammen mit noch ↑Variablen enthaltenden ›Nominatorformen‹ als ↑*Terme* von Termini ›terminologisch‹ streng unterschieden. Im englischen (und französischen) Sprachgebrauch wird allerdings in beiden Fällen von ›terms‹ (›termes‹) gesprochen und der Unterschied von Term und T. durch die hinzugefügten Qualifikationen ↑›singular‹ (›singulier‹) bzw. ›general‹ (↑generell) ausgedrückt. Dabei ist zu beachten – und hier liegt eine Quelle für andauernde Unklarheiten in Disputen insbes. zur ↑Semantik –, daß nicht nur Terme, sondern auch Termini gewöhnlich als noch mit einer signifikativen Funktion ausgestattete sprachliche Ausdrücke und damit als Namen gelten, und zwar für ↑abstrakte Gegenstände (↑Abstraktum), nämlich extensional (↑extensional/Extension) für eine Klasse (↑Klasse (logisch)) oder intensional (↑intensional/Intension) für einen ↑Begriff (traditionell: notio, franz. idée; oder conceptus, franz. concept; mit jeweils eher psychologischem bzw. logischem Verständnis von notio bzw. conceptus), obwohl Prädikatoren gerade die durch Abblendung der signifikativen Funktion von Artikulatoren entstandenen Ausdrücke sind und deshalb im Sinne G. Freges als ›unvollständige‹ Ausdrücke die Rolle eines ↑Operators spielen, mithin eine ↑Aussagefunktion darstellen. Wenn daher statt ›T.‹ auch (intensional) von ›Begriffswort‹ (seltener extensional von ›Klassenausdruck‹) gesprochen wird, muß man in der gegebenen Erklärung eines ausdrücklich vereinbarten Prädikators stillschweigend zu dem ihm zugrundeliegenden ↑Artikulator übergehen. Der Unterschied zwischen intensionaler und extensionaler Abstraktion zu einem Begriff bzw. einer Klasse wirkt sich dabei so aus, daß intensionale Abstraktion bezüglich einer ↑Äquivalenzrelation zwischen Prädikatoren in apprädikativer Verwendung (↑Apprädikator), extensionale Abstraktion hingegen bezüglich einer Äquivalenzrelation zwischen ihnen in eigenprädikativer Verwendung (↑Eigenprädikator) vorgenommen wird, es sei denn, die Begriffe und/oder Klassen werden als schon verfügbare Gegenstandsbereiche angesehen (↑Realismus (ontologisch)), die unter Bezeichnungsäquivalenz wie bei gewöhnlichen Nominatoren, wenn überhaupt dargestellt, dann eindeutig, aber nicht eineindeutig (↑eindeutig/Eindeutigkeit) darstellbar sind. Z. B. ist in ›dieses Blatt ist gefiedert‹ der T. ›gefiedert‹ ein Begriffswort, der Klassenausdruck wiederum ist durch den als ↑Klassifikator fungierenden T. ›gefiedertes Blatt‹ wiederzugeben.

Als ein den Übergang von Prädikator (bzw. Artikulator) zu T. regierendes Verfahren ist von jeher die explizite ↑Definition mit Hilfe schon verfügbarer Prädikatoren geläufig. Dieses Verfahren läßt sich verallgemeinern, indem ein bereits exemplarisch, an ↑Beispielen und Gegenbeispielen, (im englischen Sprachgebrauch: durch ›ostensive definition‹; ↑Ostension) eingeführter Prädikator ›P‹ durch Einbettung in ein Netz von ↑Prädikatorenregeln mit bereits definitorisch oder exemplarisch eingeführten Prädikatoren über demselben Gegenstandsbereich in seiner Verwendung relativ zu diesen Prädikatoren so weitgehend stabilisiert ist (↑Regulation), daß (im einstelligen Fall) die Doppelregel ›$P(x)$ ⇔ $A(x)$‹ mit einer ↑Ausageform ›$A(x)$‹, die durch (nicht – wie in der Tradition – notwendigerweise nur konjunktive) logische Zusammensetzung aus Aussageformen, in denen nur von ›P‹ verschiedene Prädikatoren des Netzes vorkommen, zustandekommt, relativ zum Netz der Prädikatorenregeln zulässig (↑zulässig/Zulässigkeit) ist. Dann wäre nämlich möglich, ›P‹ explizit durch ›$P(x) \leftrightharpoons A(x)$‹ zu definieren und so eliminierbar zu machen.

Gibt es für jeden Prädikator eines Netzes von Prädikatorenregeln die Möglichkeit der Ausdrückbarkeit durch eine auf Grund logischer Zusammensetzung der zugehörigen Aussageformen zustandegekommene logische Kombination der jeweils übrigen, so spricht man von einem *terminologischen Netz*, und die Klasse der Prädikatoren bildet eine ↑*Terminologie*. Da die für die Begriffsbildung einschlägige Äquivalenzrelation zwischen Prädikatoren vom Doppelpfeil ›⇔‹ zwischen den zugehörigen Aussageformen dargestellt wird, ist tatsächlich jeder T. ein Begriffswort; das terminologische Netz kann auch als *Begriffsnetz* verstanden werden. Es hat bei der traditionell nur zweigliedrig konjunktiv vorgehenden Definition einer Art (species) durch Gattung (genus) und spezifische Differenz (↑differentia specifica) Baumstruktur (↑Begriffspyramide, ↑arbor porphyriana), kann aber im allgemeinen auch ganz anders aussehen.

Das Verfahren terminologischer Fixierung gebrauchssprachlicher Prädikatoren findet normalerweise erst statt, wenn die Sprache über einen Gegenstandsbereich in eine präzise ↑Wissenschaftssprache überführt werden soll (↑Wissenschaftstheorie, analytische, ↑Wissenschaftstheorie, konstruktive). Dies setzt, wenn terminologischer Umbau einer schon vorliegenden Wissenschaftssprache, etwa bei Paradigmenwechsel (↑Paradigma), ansteht, eine insbes. durch ↑Sprachanalyse gestützte terminologische Klärung voraus (der häufig statt des Ausdrucks ›Sprachanalyse‹ gebrauchte Ausdruck ›Begriffsanalyse‹ ist wegen der Beschränkung auf

Prädikatoren zu restriktiv und unterstellt überdies, daß bereits ein vernetztes Begriffssystem existiert). Dabei wird auch der Gegenstandsbereich in der Regel auf geeignete Weise neu bestimmt, nämlich einer ausdrücklichen ↑Konstitution unterzogen, so daß nicht mehr alle zuvor verwendeten Prädikatoren einschlägig sind. Z. B. werden ›Dinge‹ des Alltags in der Physik zu ›materiellen Gegenständen‹; ein gebrauchssprachlicher Prädikator wie ›erwerben‹ ist zwar noch für die Ökonomie oder Jurisprudenz einschlägig und wird dort terminologisch fixiert, nicht aber für die Physik.

Als Erbe des Gebrauchs von ›T.‹ in der ↑Syllogistik – z. B. werden die drei Termini eines Syllogismus terminus medius (↑Mittelbegriff), terminus maior sive primus (↑Oberbegriff, das Prädikat in der ↑Konklusion) und terminus minor sive postremus (↑Unterbegriff, das Subjekt in der Konklusion) genannt – haben sich auch die Ausdrücke ›terminus a quo‹ und ›terminus ad quem‹ erhalten; sie bezeichnen in Erinnerung an eine Kette von syllogistischen Schlüssen (↑Kettenschluß) den Ausgangspunkt bzw. den Endpunkt eines schlüssigen Argumentationsprozesses. **K. L.**

Termkalkül, Terminus zur Bezeichnung eines ↑Kalküls, der der Erzeugung von ↑Termen als Teilen einer formalen Sprache (↑Sprache, formale) dient. Dabei bestimmen die Kalkülregeln, welche Kombinationen aus dem Symbolvorrat des Kalküls als Terme zu gelten haben. Bei der Darstellung von T.en ist zu beachten, daß diese in der ↑Metasprache erfolgt. Dies wird im folgenden Beispiel eines T.s durch doppelte Anführungszeichen (»…«) bei Verwendung von Symbolen aus dem Alphabet des T.s deutlich gemacht.

(1) Symbole (›Alphabet‹) des T.s:
    (a) Hilfszeichen: »(«, »)«, »,« ,
    (b) ↑Individuenkonstanten: $a_1, a_2, \ldots,$
    (c) ↑Individuenvariable: $x_1, x_2, \ldots,$
    (d) Funktorenbuchstaben: $f_1^1, f_2^1, \ldots, f_1^2, f_2^2, \ldots, f_1^k, f_2^k,$
    …

Dabei geben die oberen Indizes die Zahl der Argumente (›Stellen‹) eines Funktorenbuchstaben an, während die unteren zur Unterscheidung verschiedener Funktorenbuchstaben gleicher Stellenzahl dienen.

(2) Regeln des T.s:
    (a) Individuenkonstanten und Individuenvariable sind Terme,
    (b) ist f_j^k ein Funktorenbuchstabe und sind $t_1, \ldots, t_k$ Terme, dann ist $f_j^k(t_1, \ldots, t_k)$ ein Term.

↑Ausdruckskalküle lassen sich als Erweiterungen von T.en auffassen.

Literatur: H. Hermes, Einführung in die mathematische Logik. Klassische Prädikatenlogik, Stuttgart 1963, ⁵1991. **G. W.**

Termlogik, Bezeichnung für ein logisches System, dessen zentraler syntaktischer Begriff der des ↑Terms ist. Anders als die ↑Quantorenlogik, die zwischen Termen und ↑Formeln unterscheidet und den Folgerungs- und Ableitungsbegriff (↑Logikkalkül, ↑Folgerung) für Formeln definiert, kommt eine T. allein mit Termen aus und definiert diese Begriffe für Terme. Beispiele für Systeme der T. sind G. Freges logisches System der »Grundgesetze der Arithmetik« (1893/1903), in dem Aussagen ↑Wahrheitswerte bezeichnen, also Terme im heutigen Sinne sind, und der auf A. Church zurückgehende ↑Lambda-Kalkül, der den Begriff der ↑Funktion als eines Berechnungsverfahrens kodifiziert.

Formale Systeme zum Nachweis von Gleichheiten zwischen Termen werden in der Theorie der Termersetzung (*term rewriting*) entwickelt. Sie spielen eine zentrale Rolle in der Computeralgebra, der Theorie der Berechenbarkeit (↑berechenbar/Berechenbarkeit, ↑Algorithmentheorie) und im automatischen Beweisen. In einem weiter gefaßten Sinne gehören zur T. prädikatenlogische (↑Prädikatenlogik) Systeme, die Terme nicht nur aus ↑Individuenkonstanten, ↑Individuenvariablen und Funktionszeichen bilden, sondern auch variablenbindende Termoperatoren einbeziehen, ferner die Theorie solcher Systeme. Hierhin gehören die Analyse von ↑Kennzeichnungen in den ↑Principia Mathematica ($\iota_x A(x)$: ›dasjenige x, das $A(x)$ erfüllt‹), die Diskussion des Auswahloperators bei D. Hilbert und P. Bernays ($\varepsilon_x A(x)$: ›ein x, das $A(x)$ erfüllt‹) und die Entwicklung von ↑Mengenlehren mit explizitem Klassenbildungsoperator ($\{x \mid A(x)\}$ oder $\in_x A(x)$: ›die Klasse derjenigen x, die $A(x)$ erfüllen‹). Da solche termlogischen Begriffsbildungen unter gewissen Voraussetzungen aus prädikatenlogischen Formeln eliminierbar sind, verzichtet man häufig auf sie bzw. faßt sie als metasprachliche (↑Metasprache) Abkürzungen auf. In neueren konstruktiven typentheoretischen Systemen (↑Typentheorien) spielen termlogische Begriffsbildungen jedoch eine zentrale Rolle, da man dort Typen selbst als Klassen von Termen interpretiert, die durch Konstruktionsregeln eingeführt werden. – Gelegentlich wird ›T.‹ im Sinne von ↑›Begriffslogik‹ zur Bezeichnung der traditionellen Logik (↑Logik, traditionelle) verwendet, die Begriffe (Termini; ↑Terminus) als die Grundbausteine der Logik ansieht.

Literatur: N. Dershowitz/J.-P. Jouannaud, Rewrite Systems, in: J. van Leeuwen (ed.), Formal Models and Semantics, Amsterdam etc. 1990 (Handbook of Theoretical Computer Science B), 243–320; G. Frege, Grundgesetze der Arithmetik. Begriffsschriftlich abgeleitet, I–II, Jena 1893/1903 (repr. Darmstadt, Hildesheim 1962, Paderborn 2009) (engl. The Basic Laws of Arithmetic. Exposition of the System, ed. M. Furth, Berkeley Calif. 1964 [repr. 1982], ed. P. A. Ebert/M. Rossberg, Oxford 2013); J.-M. Glubrecht/A. Oberschelp/G. Todt, Klassenlogik, Mannheim/Wien/Zürich 1983; H. Hermes, Eine T. mit Auswahloperator, Berlin/

Heidelberg/New York 1965 (engl. Term Logic with Choice Operator, Berlin/New York 1970); D. Hilbert/P. Bernays, Grundlagen der Mathematik, I–II, Berlin 1934/1939, Berlin/Heidelberg/New York ²1968/1970.   P. S.

Terror (lat., Schrecken, Schreckensherrschaft), Terminus der Politischen Philosophie (↑Philosophie, politische) und der Ästhetik (↑ästhetisch/Ästhetik). Das Phänomen des *politischen* T.s wird bereits in der Antike in Bezug auf die Herrschaftsform der Tyrannis und das Problem des gerechtfertigten Tyrannenmords diskutiert. Seine wesentliche terminologische Prägung erfährt der Begriff des T.s jedoch erst durch die Französische Revolution (↑Revolution (sozial)). So verwenden die Jakobiner den Ausdruck ›régime de terreur‹ zur (positiv konnotierten) Kennzeichnung der eigenen Herrschaftsform, vor allem für den Zeitraum von Mitte 1793 bis zum Sturz M. M. I. Robespierres am 9. Thermidor II (27.7.1794). Für die philosophische Diskussion ist insbes. G. W. F. Hegels Rezeption der Französischen Revolution entscheidend. Hegel zufolge geht ein revolutionärer Zustand, in dem es um die Verwirklichung von ↑Freiheit geht, in einen Zustand des T.s über, solange keine Freiheit garantierenden staatlichen ↑Institutionen eingerichtet sind. T. ist demnach ein Zustand, in dem »die subjektive Tugend, die bloß von der Gesinnung aus regiert, [...] die fürchterlichste Tyrannei mit sich (bringt)« (Vorles. Philos. Gesch., Sämtl. Werke XI, 561).
In der neueren philosophischen Diskussion lassen sich zwei Strategien der begrifflichen Bestimmung unterscheiden. Zum einen handelt es sich um die Bestimmung des T.s allein über seine *Wirkung* (Verbreitung von Angst etc.), wobei nicht berücksichtigt wird, daß eine Handlung auch dann als terroristisch bezeichnet wird, wenn die intendierte Wirkung nicht eintritt. Zum anderen wird der Einsatz von T. im Sinne einer Zweck-Mittel-Relation (↑Zweckrationalität) als ↑Gewalt gegen Personen und Sachen, die der Verwirklichung politischer oder moralischer Zwecke dient, verstanden. Ausgenommen ist die rechtsstaatlich legitimierte Gewaltanwendung (*potestas*), solange diese nicht selbst kriminelle oder die ↑Menschenrechte verletzende Züge annimmt (*violentia*). Hinsichtlich seiner Ziele ist T. als ein Phänomen politischer Praxis zwar rechtlich gesehen kriminell, doch von anderen Weisen des Verbrechens unterschieden. Trotz bestimmter systematischer Ähnlichkeiten ist T. auch kein im engeren Sinne militärisches Phänomen und so von ↑Krieg, Bürger- und Guerillakrieg zu unterscheiden. Ziele von T.aktionen können sowohl Sachen als auch Personen sein, die dabei zufällig oder gezielt ausgewählt werden, wobei primäre und sekundäre Ziele zu unterscheiden sind. Primäre Ziele sind diejenigen Institutionen, an die die durch T.aktionen versuchte Erzwingung des politischen Ziels gerichtet ist, sekundäre

Ziele sind Personen und Sachen, durch deren Schädigung der Zwang ausgeübt werden soll.
Im Rahmen der Rechtfertigungsproblematik lassen sich zwei Formen des T.s unterscheiden. (1) *Repressiver T.* wird als Mittel der Stabilisierung einer staatlichen Ordnung (↑Staat) oder zur Sicherung bzw. zum Erreichen einer gesellschaftlichen Vormachtstellung eingesetzt; für ihn kann es keine moralische Rechtfertigung geben, weil er sich nicht universalistisch (↑Universalisierung) begründen läßt. Dies gilt insbes. für den Staatsterrorismus als charakteristische Form des repressiven T.s. Während in totalitären Formen der ↑Herrschaft die Ausübung von Gewalt der demokratischen Kontrolle grundsätzlich entzogen ist, ist für Rechtsstaaten eine erweiterte Gewaltausübung nur in Situationen des Staatsnotstands, des so genannten Ausnahmezustands durch äußere oder innere Bedrohung, vorgesehen. Diese Erweiterung der staatlichen Gewaltausübung ist aber auch dann institutionell geregelt und bleibt prinzipiell demokratischer Kontrolle insofern zugänglich, als es sich um ein verfassungsrechtliches Instrument handelt. Rechtsstaatliche Gewaltausübung auch im Ausnahmezustand würde man nicht als T. bezeichnen, solange dieses Instrument als gerecht begründbar ist. (2) Der *revolutionäre T.* dient demgegenüber der Destabilisierung einer staatlichen Ordnung. Dabei handelt es sich um eine nicht mehr institutionell geregelte, sondern politisch motivierte Selbstermächtigung zur Gewalt.
Hinsichtlich der Rechtfertigung revolutionären T.s sind verschiedene Fälle zu unterscheiden: (a) Dient der T. unmoralischen Zwecken, etwa rassistischen Orientierungen, läßt er sich als ↑Mittel ebensowenig moralisch rechtfertigen wie jede kriminelle Gewaltanwendung. (b) Auch bei moralisch begründeten ↑Zielen, etwa der Verwirklichung von Gleichheit (↑Gleichheit (sozial)) und ↑Gerechtigkeit, läßt sich der T. unter staatlichen Normalbedingungen nicht rechtfertigen. Solange in einem Staat der Normalzustand herrscht, sind auch dann, wenn Freiheit, Gleichheit und Gerechtigkeit noch nicht ›idealiter‹ realisiert sind, rechtlich bestehende oder einzurichtende Mittel möglich, um einen rechtlichen Zustand durch geeignete Reformen in einen rechtmäßigen (gerechten) zu überführen, ohne durch Gewaltanwendung elementare Rechte anderer zu verletzen. T. ist daher nicht das einzige oder das notwendige Mittel zum Erreichen des angestrebten Zweckes. Wenn mehrere Möglichkeiten zur Realisierung eines Gutes zur Verfügung stehen, ist dasjenige vorzuziehen, das auf Gewalt verzichten kann. T. ist insbes. auch als Mittel zur Abschaffung oder Störung des Normalzustandes nicht zulässig; durch T. darf nicht ›gezeigt‹ werden, daß ein Staat mit seinen Institutionen nicht in der Lage ist, die Mitglieder eines Gemeinwesens hinreichend zu schützen. (c) Auch für den Fall eines *begründeten Ausnahme-*

zustands und der Verfolgung moralisch begründeter Zwecke gibt es keine Begründung des T.s. Ein Ausnahmezustand wäre aus der Beurteilungsperspektive der Bürger dann gegeben, wenn elementare Grundrechte wesentlich beeinträchtigt oder abgeschafft wären, etwa wenn die Redefreiheit abgeschafft würde, das Recht auf körperliche Unversehrtheit aufgehoben wäre oder keine Möglichkeit mehr bestünde, auf die staatlichen Institutionen Einfluß zu nehmen, um diese in gerechte Institutionen zu überführen. In einem solchen Falle ähnelt das mögliche Ergreifen gewalttätiger Mittel einerseits anderen Formen der Gewaltanwendung in Ausnahmesituationen wie Krieg und Revolution, andererseits dem individuellen Widerstandsrecht (z. B. GG, Art. 20, Abs. 4). So wie der Kriegszustand durch das moderne Völkerrecht nicht als rechtsfreier Zustand betrachtet wird, fällt auch der Bürger eines Staates selbst in der Situation einer Willkürherrschaft nicht in den ↑Naturzustand zurück, von dem aus unter Rückgriff auf das ↑Naturrecht die Gewaltanwendung häufig begründet worden ist. Das Ergreifen gewalttätiger Mittel ist in solchen Fällen zwar als ein außerhalb des positiven ↑Rechts stehender, verfassungskonstitutiver Akt der Volkssouveränität zu betrachten, doch erklären jüngere völkerrechtliche Vereinbarungen (Zusatzprotokolle I und II [1977] zu den Genfer Abkommen von 1949) auch *innerstaatliche* Befreiungskriege als Krieg. Folglich läßt sich revolutionärer Terrorismus als eine Form innerstaatlicher Gewaltanwendung unter Gesichtspunkten seiner Rechtfertigung mit dem Guerillakrieg und Revolutionen vergleichen. In solchen Fällen sind völkerrechtlich zur Wahrung der Rechte von Unbeteiligten nur Kombattanten zur Gewaltanwendung berechtigt, wobei wesentliche Kriterien der Anerkennung als Kombattant die deutliche Erkennbarkeit als solcher und die offene Führung der Waffen sind. Die Gewalt gegen Nicht-Kombattanten, d. h. sekundäre menschliche Ziele, ist völkerrechtswidrig und auch keiner moralischen Begründung zugänglich, weil hier ↑Personen als Objekte zu bestimmten Zwecken gebraucht werden, somit ihr Recht auf personale Integrität unmittelbar verletzt wird. Andererseits können Terroristen nicht als Kombattanten gelten, weil es für den T. begrifflich konstitutiv ist, Waffen nicht offen zu führen. (d) Für Fälle, in denen nur die verborgene Gewaltanwendung gegenüber primären Zielen in einem Ausnahmezustand unter Berufung auf das Widerstandsrecht oder das Notrecht zur Verfügung steht, gilt: Terroristische Handlungen unterscheiden sich von Handlungen des individuellen Notrechts. Begrifflich ist die Notwehr an eine Defensivsituation gebunden, die über die Ausnahmesituation derart hinausgeht, daß das Leben oder die körperliche Unversehrtheit *konkret* in der Handlungssituation bedroht ist. Der Terrorismus dagegen ist in dieser Hinsicht offensiv, weil von ihm die

Gewalt in nicht konkreten Bedrohungssituationen ausgehen kann; er ist somit kein defensives Mittel, wie es das Notrecht fordert.

Das Recht auf Widerstand setzt einen staatlichen Normalzustand voraus, der durch politische Veränderungen zu einem Ausnahmezustand geworden ist, gegenüber dem es nun erlaubt ist, gegebenenfalls auch mit Gewalt Widerstand zu leisten. Das Widerstandsrecht zielt anders als reformatorische Bestrebungen auf eine *Reorganisierung* des staatlichen Normalzustands, etwa durch die unmittelbare Absetzung eines Unrechtsregimes und durch die Restituierung rechtsstaatlicher Verhältnisse, z. B. durch Putsch und Tyrannizid. Diese unterscheiden sich vom Terrorismus jedoch dadurch, daß die primären Ziele nicht Institutionen sind, sondern Personen, wobei die institutionelle Umgebung die gleiche bleibt. So gibt es unter dem Gesichtspunkt der Wahrung der Menschenrechte zwar gerechtfertigte Gewaltanwendung, der T. aber ist keine rechtfertigbare Form der Gewaltanwendung.

In der *Ästhetik* wird der Begriff T. im Zusammenhang mit der Erzeugung eines ↑Affektes durch den wahrgenommenen Gegenstand der Kunst oder der Natur verwendet. Insbes. das ↑Erhabene wird bei E. Burke durch den Schrecken (*terror*) definiert. Dieser Ansatz setzt sich über die Konzeption des Erhabenen bei I. Kant und F. Schiller bis hin zur Bestimmung der modernen künstlerischen, emphatischen Wahrnehmung unter dem Begriff des Schocks bei W. Benjamin unter Rekurs auf die Schocktheorie S. Freuds fort. Nach T. W. Adorno wiederholt sich ein Moment des Schreckens in der Gegenwart großer Kunst wie auch der Natur als ein plötzliches Überfallenwerden. Auch wird insbes. unter Verweis auf die Zeitstruktur der Plötzlichkeit von einer ›Ästhetik des Schreckens‹ gesprochen (K. H. Bohrer 1978), wobei versucht wird, den Begriff des Schreckens unabhängig von einer Einschränkung auf eine oder wenige Epochen der Kunst als ästhetische Grundkategorie zu begründen.

Literatur: T. W. Adorno, Ästhetische Theorie, Frankfurt 1970, ¹⁹2012 (= Ges. Schr. VII), Darmstadt 2015 (= Ausgew. Werke IV), bes. 122–132; Y. Alexander/D. Rapoport (eds.), The Morality of Terrorism. Religious and Secular Justifications, New York etc. 1982; F. Allhoff, Terrorism, Ticking Time-Bombs, and Torture. A Philosophical Analysis, Chicago Ill./London 2012; W. Benjamin, Über einige Motive bei Baudelaire, in: ders., Ges. Schr. I/2, Frankfurt 1974, ⁴2003, 605–654; K. H. Bohrer, Die Ästhetik des Schreckens. Die pessimistische Romantik und Ernst Jüngers Frühwerk, München/Wien 1978, Frankfurt/Berlin/Wien 1983; ders., Das absolute Präsens. Die Semantik ästhetischer Zeit, Frankfurt 1994, 2009; C. A. J. Coady, The Morality of Terrorism, Philos. 60 (1985), 47–69; ders., Terrorism, in: L. C. Becker/C. B. Becker (eds.), Encyclopedia of Ethics II, New York/London 1992, 1241–1244; T. Coady/M. O'Keefe (eds.), Terrorism and Justice. Moral Argument in a Threatened World, Melbourne 2002, 2003; J. A. Corlett, Terrorism, Dordrecht/Boston Mass./London 2003;

M. Crenshaw, Terrorism, IESBS XXIII (2001), 15604–15606; S. Cresap, Sublime Politics. On the Use of an Aesthetics of T., Clio 19 (1990), 111–125; R. G. Frey/C. W. Morris (eds.), Violence, Terrorism, and Justice, Cambridge etc. 1991; D. George, Distinguishing Classical Tyrannicide from Modern Terrorism, Rev. of Politics 50 (1988), 390–419; P. Gilbert, Terrorism, Security and Nationality. An Introductory Study in Applied Political Philosophy, London/New York 1994; H. Gough, The T. in the French Revolution, Basingstoke 1998, ²2010; T. Govier, A Delicate Balance. What Philosophy Can Tell Us about Terrorism, Cambridge Mass./Boulder Colo. 2002, 2004; D. Grlić, Revolution und T., Praxis 7 (1971), 49–61; E.-M. Heinke, Terrorismus und moderne Kriegsführung. Politische Gewaltstrategien in Zeiten des ›War on T.‹, Bielefeld 2016; V. Held, How Terrorism Is Wrong. Morality and Political Violence, Oxford etc. 2008, 2010; T. Herzog, Terrorismus. Versuch einer Definition und Analyse internationaler Übereinkommen zu seiner Bekämpfung, Frankfurt etc. 1991; H. Hess, Terrorismus und Terrorismus-Diskurs, in: ders. (ed.), Angriff auf das Herz des Staates. Soziale Entwicklung und Terrorismus I, Frankfurt 1988, 55–74; G. van den Heuvel, T., Hist. Wb. Ph. X (1998), 1020–1027; T. Honderich, After the T., Edinburgh 2002, erw. 2003 (dt. Nach dem T. Ein Traktat, Frankfurt 2003, Neu-Isenburg 2010); ders., Humanity, Terrorism, Terrorist War. Palestine, 9–11, Iraq, 7–7, London/New York 2006; F. M. Kamm, Ethics for Enemies. T., Torture and War, Oxford etc. 2011, 2013; M. Kettner, Revolutionslogik. Zur Begriffsform von Hegels Deutung der Französischen Revolution, in: S. Blasche u. a. (eds.), Die Ideen von 1789 in der deutschen Rezeption, Frankfurt 1989, 186–204; H. Khatchadourian, The Morality of Terrorism, New York etc. 1998; J. J. Lambert (ed.), Terrorism and Hostages in International Law. A Commentary on the Hostages Convention 1979, Cambridge 1990; W. Laqueur, Terrorism, Boston Mass. 1977 (dt. Terrorismus, Kronberg 1977, Frankfurt 1982; franz. Le terrorisme, Paris 1979); ders. (ed.), The Terrorism Reader. A Historical Anthology, London 1979, New York etc. 1987 (dt. Zeugnisse politischer Gewalt. Dokumente zur Geschichte des Terrorismus, Kronberg 1978); ders., The Age of Terrorism, London 1987 (dt. Terrorismus. Die globale Herausforderung, Frankfurt/Berlin 1987); B. M. Leiser, Values in Conflict. Life, Liberty, and the Rule of Law, New York 1981, 433–473 (Chap. IX Terrorism); H. Lübbe, Philosophie nach der Aufklärung. Von der Notwendigkeit pragmatischer Vernunft, Düsseldorf/Wien 1980, 239–260 (Kap. 5.3 Freiheit und T.), 261–273 (Kap. 5.4 Ideologische Selbstermächtigung zur Gewalt); ders., Fortschrittsreaktionen. Über konservative und destruktive Modernität, Graz/Wien/Köln 1987, 56–69 (Kap. 4 Politische Moral und politischer Widerstand), 85–92 (Kap. 7 Politischer Moralismus und direkte Aktion. Beschreibung eines T.falles); A. J. Mayer, The Furies. Violence and T. in the French and Russian Revolutions, Princeton N. J. 2000, bes. 93–125; G. Meggle (ed.), Ethics of Terrorism and Counter-Terrorism, Frankfurt etc. 2005; M. Merleau-Ponty, Humanisme et terreur. Essai sur le problème communiste, Paris 1947, Neudr. in: Œuvres, ed. C. Lefort, Paris 2010, 165–338 (dt. Humanismus und T., I–II, Frankfurt 1966, ³1972, 1990); S. Miller, Terrorism and Counterterrorism. Ethics and Liberal Democracy, Malden Mass. 2009; H. Münkler, Vom Krieg zum T.. Das Ende des klassischen Krieges, Zürich 2006; ders., Der Wandel des Krieges. Von der Symmetrie zur Asymmetrie, Weilerswist 2006, ³2014, bes. 221–233 (Kap. 10 Terrorismus – eine moderne Variante des klassischen Verwüstungskrieges); S. Nathanson, Terrorism and the Ethics of War, Cambridge etc. 2010; P. Newman (ed.), Terrorism. The Philosophical Issues, Basingstoke etc. 2004; ders., Terrorism, SEP 2007, rev. 2015; ders., Terrorism. A Phil-osophical Investigation, Cambridge/Malden Mass. 2013; A. Schwenkenbecher, Terrorism. A Philosophical Enquiry, Basingstoke/New York 2012; T. Shanahan (ed.), Philosophy 9/11. Thinking about the War on Terrorism, Chicago Ill./La Salle Ill. 2005; J. A. Sluka (ed.), Death Squad. The Anthropology of State T., Philadelphia Pa. 2000, 2002, bes. 93–125 (Chap. 3 T.); R. Spaemann, Moral und Gewalt, in: ders., Zur Kritik der politischen Utopie. Zehn Kapitel politischer Philosophie, Stuttgart 1977, 77–103; U. Steinhoff, On the Ethics of War and Terrorism, Oxford etc. 2007; J. P. Sterba (ed.), Terrorism and International Justice, Oxford etc. 2003; J. Teichman, Pacifism and the Just War. A Study in Applied Philosophy, Oxford etc. 1986, 88–97 (Chap. 9 Terrorism and Guerilla War); M. Walzer, Just and Unjust Wars. A Moral Argument with Historical Illustrations, New York 1977, ⁴2006, 2008, 197–206 (Chap. 12 Terrorism) (dt. Gibt es den gerechten Krieg?, Stuttgart 1982, 285–297 [Kap. 12 Der Terrorismus]; franz. Guerres justes et injustes. Argumentation morale avec exemples historiques, Paris 1999, 275–286 [Chap. 12 Le terrorisme]); G. Wardlaw, Political Terrorism. Theory, Tactics, and Counter-Measures, Cambridge etc. 1982, ²1990, 1998; A. Wellmer, Terrorismus und Gesellschaftskritik, in: J. Habermas (ed.), Stichworte zur »Geistigen Situation der Zeit« I, Frankfurt 1979, ⁵1991, 2002, 265–293; B. T. Wilkins, Terrorism and Collective Responsibility, London/New York 1992; P. Wilkinson, Political Terrorism, New York, London 1974, London etc. 1976; ders., Terrorism and the Liberal State, New York, London 1977, ²1986, Basingstoke etc. 1987; C. Zelle, »Angenehmes Grauen«. Literaturhistorische Beiträge zur Ästhetik des Schrecklichen im achtzehnten Jahrhundert, Hamburg 1987; ders., Schrecken/Schock, ÄGB V (2003), 436–446.   T. J.

tertium comparationis (lat., ›das Dritte bei einem Vergleich‹), Bezeichnung für die Hinsicht, in der zwei Gegenstände oder Ereignisse vergleichbar oder einander ähnlich sind. Obwohl unter anderem bereits Platon (Laches 192a/b) und Aristoteles (Top. Z2.140a8–13) die Thematik berühren, ist ›t. c.‹ als Terminus in der Antike bisher nicht nachgewiesen. Der terminologiegeschichtlich allerdings kaum untersuchte Ausdruck tritt vereinzelt im Barock auf, z. B. bei E. Weigel mit der Erklärung als »relationis fundamentum, i. e. id, cujus intuitu (seu juxta quod) correferuntur inter se haec duo: quod re ipsa quidem termino utrique inest, sed eodem nomine reciproco, ut unum, utrobique veniens, vocatur *Comparationis* seu relationis *Tertium*, ut generandi vis (activa) Isaaci, & (passiva) Israëlis« (Weigel 1693, 62). Häufig findet sich ›t. c.‹ dann in Rhetoriklehrbüchern der deutschen ↑Aufklärung, in denen die Verwendung von Bildern und ↑Metaphern unter dem Titel ›comparatio‹ abgehandelt und als das Verfahren erläutert wird, an zwei verschiedenen und meist sehr heterogenen Kontexten zugehörigen Dingen oder Ereignissen im allgemeinen ganz unerwartete Ähnlichkeiten zu entdecken; die diesen Vergleich ermöglichenden Merkmale bilden dann als ›t. c.‹ das Dritte, bezüglich dessen die beiden Dinge oder Ereignisse verglichen werden.

Die der ↑Rhetorik entlehnten Beispiele (wenn z. B. die Beendigung des Krieges durch den Prinzen Eugen mit der Wendung beschrieben wird, er habe ›die Flammen des Krieges zu löschen gewußt‹, J. M. Weinrich 1721, 47) werden bei C. Wolff in das logische Schema von ↑Unterbegriff und ↑Oberbegriff gebracht. Die Auffindung (*inventio*) des t. c. einer Metapher erscheint dann als Entdeckung eines dem ursprünglichen und dem metaphorischen Begriff übergeordneten Begriffes, dessen Inhalt als Basis der Übertragung (und damit des Vergleichs) herangezogen wird. Z. B. lassen sich an manchen Begriffen Merkmale entdecken, die bei Pflanzensamen im damaligen Sprachgebrauch als deren Fruchtbarkeit zusammengefaßt werden, weshalb Wolff zur Rede von ›fruchtbaren Begriffen‹ (*notiones foecundae*) gelangt, indem er als t. c. ›das Vermögen zu sprossen‹ nimmt, das er metaphorisch einem Begriff zuspricht, aus dessen Merkmalen (als ›intrinsischen‹) sich weitere wichtige Merkmale der unter ihn fallenden Gegenstände herleiten lassen. – Das t. c. ist nicht mit dem Prinzip der ›Drittengleichheit‹ oder Komparativität (↑komparativ/Komparativität) zu verwechseln.

Literatur: I. A. Fabricius, Philosophische Oratorie, Das ist: Vernünftige anleitung zur gelehrten und galanten Beredsamkeit [...], Leipzig 1724 (repr. Kronberg 1974), 111; W. T. Krug (ed.), Allgemeines Handwörterbuch der philosophischen Wissenschaften, nebst ihrer Literatur und Geschichte I, Leipzig ²1832 (repr. Stuttgart 1969, Brüssel 1970), 499 (Art. ›Comparation‹); E. Weigel, Philosophia Mathematica, Theologia naturalis solida, per singulas scientias continuata, universae artis inveniendi prima stamina complectens, Jena 1693 (repr., ed. J. École, Hildesheim/Zürich/New York 2006); J. M. Weinrich, Erleichterte Methode die humaniora mit Nutzen zu treiben, vorstellende. I. Die vornehmsten Grund-Regeln der genuinen eloquence, und des dazu benöthigten Styli [...], Coburg 1721; C. Wolff, Gesammlete kleine philosophische Schrifften [...] Zweyter Theil, Halle 1737 (repr., ed. J. École u. a., Hildesheim/New York 1981 [= Ges. Werke, I. Abt. Deutsche Schriften XXI/2, 80–87]). C. T.

tertium non datur (lat., ein Drittes gibt es nicht), Bezeichnung für ein logisches Prinzip, das, obwohl meist mit dem ↑principium exclusi tertii (Satz vom ausgeschlossenen Dritten) gleichgesetzt, von diesem unterschieden werden sollte. Das t. n. d. formuliert die Allgemeingültigkeit (↑allgemeingültig/Allgemeingültigkeit) des ↑Aussageschemas $A \vee \neg A$ (A oder nicht-A) bzw. seiner Universalisierung $\bigwedge_x (A(x) \vee \neg A(x))$, oft auch diejenige der klassischen ↑Adjunktion $\bigwedge_x A(x) \vee \bigvee_x \neg A(x)$ (A gilt für alle x, oder aber es gibt ein x, für das A nicht gilt), was sich mit Hilfe des *principium exclusi tertii*, also der von der klassischen Logik (↑Logik, klassische) zugrundegelegten Annahme, daß jede Aussage entweder wahr oder falsch ist, zusammen mit den ↑Wahrheitstafeln für die ↑Konjunktion und die ↑Negation beweisen läßt.

Die Kritik des mathematischen ↑Intuitionismus an der Allgemeingültigkeit des t. n. d. hat zum Aufbau von Logiksystemen geführt, die bei geeigneter ↑Kalkülisierung zu ↑Logikkalkülen führen, die unter Hinzunahme nur des t. n. d. als weiterem Anfang (an die Stelle des t. n. d. kann in diesen Fällen auch das schwächere ↑duplex negatio affirmat, also $\neg\neg A \rightarrow A$, treten) einen Kalkül der klassischen Logik ergeben (↑Logik, intuitionistische, ↑Stabilitätsprinzip). K. L.

Test, in der Umgangs- und Wissenschaftssprache allgemein gebräuchliche Bezeichnung für Prüfverfahren, z. B. zur Prüfung der Leistung einer Person, der Funktionsfähigkeit eines Geräts oder der Richtigkeit einer Behauptung. In der ↑Wissenschaftstheorie spielen T.s im Sinne von Prüfungen einer ↑Hypothese eine besondere Rolle (↑Prüfbarkeit, ↑Prüfung, kritische); sie führen zur Verwerfung (↑Falsifikation) oder ↑Bestätigung (↑Bewährung) der Hypothese. Wissenschaftstheoretische Methodologien unterscheiden sich darin, welche Akzeptanz- und Widerlegungsregeln sie zur Grundlage von Hypothesentests machen. Im Falle statistischer Verteilungshypothesen sind die verwendeten Verfahren Anwendungen von *statistischen* T.s, deren Theorie in der mathematischen ↑Statistik behandelt wird. Ein *psychologischer* T. ist ein Verfahren, psychische Merkmale oder Merkmalskomplexe festzustellen und gegebenenfalls zu quantifizieren. Das historisch und auch systematisch herausragende Beispiel stellen Intelligenztests (↑Intelligenz) dar. Andere Beispiele sind spezifische Eignungstests oder Persönlichkeitstests. Von einem psychologischen T. erwartet man im allgemeinen, daß er zumindest die T.gütekriterien der Objektivität, Reliabilität und Validität erfüllt. Ein T. ist *objektiv*, wenn das für die getestete Person gefundene Ergebnis unabhängig von der Person ist, die den T. durchführt und auswertet. Er ist *reliabel*, wenn er zuverlässig ist in dem Sinne, daß sich sein Ergebnis reproduzieren (↑Reproduzierbarkeit) läßt. *Validität* liegt vor, wenn der T. diejenige Eigenschaft mißt, die er messen soll. Diese Kriterien sind hierarchisch geordnet: ein nicht objektiver T. ist nicht reliabel, ein nicht reliabler T. nicht valide.

In der Regel geht man bei der T.konstruktion so vor, daß man zunächst gewisse Aufgaben (›Items‹) auswählt, deren Lösung man für die zu messende Eigenschaft für charakteristisch hält und die gewisse elementare Kriterien erfüllen, die sie als T.aufgaben geeignet machen (Verständlichkeit, Bearbeitungszeit etc.). Dann werden die Aufgaben im Hinblick auf die T.gütekriterien untersucht. Zu diesem Zweck prüft man mit einer Vorform des zu erstellenden T.s Stichproben, die für die Population, auf die der T. angewendet werden soll, repräsentativ sind, und ermittelt anhand der T.ergebnisse Eigenschaften der T.aufgaben wie Trennschärfe, Schwierigkeitsgrad, Homogenität, wechselseitige Abhängigkeit etc., so daß sich anhand der Ergebnisse Aufgaben, die (für die T.zwecke) brauchbar sind, von unbrauchbaren unterscheiden lassen. Ferner werden die sich insgesamt (nicht nur für die einzelnen Aufgaben) ergebenden Stichprobenresultate daraufhin überprüft, ob sie der Verteilungshypothese entsprechen, von der man in Bezug auf die Gesamtpopulation ausgeht (in vielen Fällen die ↑Normalverteilung) und entsprechend die T.aufgaben (gegebenenfalls auch die Annahme der Repräsentativität der Stichprobe oder die angesetzte Verteilungsannahme) überprüft. Schließlich werden Reliabilität und Validität des anhand der Voruntersuchungen konstruierten Gesamttests experimentell überprüft. Die Reliabilität ermittelt man durch gewisse statistische Kennwerte, z. B. aus der Korrelation der Ergebnisse einer Testung mit denen einer T.wiederholung oder der Korrelation der Ergebnisse separater Auswertungen verschiedener Teile des T.s. Die Validität mißt man z. B. durch Korrelation mit testunabhängigen Außenkriterien wie der prognostischen Signifikanz von T.resultaten für bestimmtes Verhalten oder durch Analyse der Fähigkeit des T.s, eine einheitliche Eigenschaft zu messen, auch wenn sie sich nicht testunabhängig charakterisieren läßt, sondern etwa nur dadurch, daß die T.ergebnisse mit den Ergebnissen anderer T.s derselben Stichprobe korrelieren. Ein in diesem Sinne erfolgreich konstruierter T. muß noch an einer repräsentativen Stichprobe geeicht werden, d. h., es muß eine Skala (↑Meßtheorie) entwikkelt werden, die die Einordnung und den Vergleich gemessener Werte erlaubt. Das Endresultat nennt man auch einen ›standardisierten‹ T., im Unterschied zu Verfahren, die stark von der subjektiven Interpretation der T.ergebnisse abhängen und den Gütekriterien nicht genügen, wie z. B. projektive T.s. – Die Theorie der Konstruktion und Analyse von T.s ist ein wesentliches Teilgebiet der ↑Psychologie, in dem theoretische Überlegungen der ↑Testtheorie, wie z. B. die mathematische Theorie der Reliabilitätsmessung, eng mit praktischen Überlegungen der T.konstruktion verknüpft sind.

Literatur: A. Anastasi, Psychological Testing, New York/London 1954, Upper Saddle River N. J. ⁷1997; J. Krauth, T.konstruktion und T.theorie, Weinheim 1995; G. A. Lienert, T.aufbau und T.analyse, Weinheim/Berlin/Basel 1961, erw. ³1969, München/Weinheim ⁴1989, erw., mit U. Raatz, ⁵1994.   G. Hei./P. S.

Testtheorie, in der mathematischen ↑Statistik Bezeichnung für die Theorie des Tests statistischer ↑Hypothesen. Als Teilgebiet der ↑Psychologie ist T. die Theorie des psychologischen Messens, d. h. ↑Meßtheorie unter Verwendung psychologischer Methoden. Ihre Resultate sind unmittelbar relevant für die Konstruktion von psychologischen ↑Tests, gehören jedoch meist einer abstrakteren Stufe der mathematisch-statistischen Theoriebildung an. Gegenüber der klassischen T. (H. Gulliksen 1950), für die sich der in einem Test gemessene Wert analog zu klassischen Fehlertheorien in der Physik aus einem wahren Wert plus einem zufälligen Meßfehler ergibt, sind in neuerer Zeit vor allem probabilistische Modelle in den Vordergrund gerückt, wonach in einem Test latente Eigenschaften gemessen werden, die nur nicht-deterministisch (probabilistisch) mit manifestem Verhalten in Beziehung stehen. Zur Rechtfertigung solcher Modelle verwendet man unter anderem meßtheoretische Repräsentationssätze.

Literatur: M. Eid/K. Schmidt, T. und Testkonstruktion, Göttingen 2014; G. Fischer, Einführung in die Theorie psychologischer Tests. Grundlagen und Anwendungen, Bern/Stuttgart/Wien 1974; H. Gulliksen, Theory of Mental Tests, New York 1950 (repr. Hillsdale N. J./Hove/London 1987); G. Lehmann, T.. Eine systematische Übersicht, in: H. Feger/J. Bredenkamp (eds.), Enzyklopädie der Psychologie B I 3 (Messen und Testen), Göttingen/Toronto/Zürich 1983, 427–543; H. K. Suen, Principles of Test Theories, Hillsdale N. J./Hove/London 1990.   G. Hei./P. S.

Tetens, Johann Nicolaus, *Tetenbüll (Schleswig) 16. Sept. 1736 (oder 1738), †Kopenhagen 15. (oder 19.) Aug. 1807, dt.-dän. Philosoph, Physiker und Staatsbeamter. 1755–1758 Studium der Mathematik, Physik und Philosophie in Kopenhagen und Rostock, 1759 Magister, 1760 Promotion in Rostock, ab 1760 Privatdozent an der Akademie Bützow (bei Schwerin), ab 1763 Prof. für Philosophie und Physik ebendort. 1776 Prof. für Philosophie an der Universität Kiel. 1789 Übersiedlung nach Kopenhagen und Eintritt in den dänischen Staatsdienst als hoher Finanz- und Versicherungsbeam- . ter. – T. war ein universal gebildeter Gelehrter, der sich auch mit praktischen Fragen wie dem Deichbau und Versicherungsproblemen befaßte. Schwerpunkte seines philosophischen Werkes bilden die Kritik der rationalistischen (↑Rationalismus) ↑Metaphysik und die ↑Sprachphilosophie. Unter dem Einfluß des französischen und britischen ↑Empirismus, insbes. von D. Hume, dessen Rezeption in Deutschland T. einleitet, vertritt T. – auch in Übernahme von Gedanken J. H. Lamberts – einen phänomenalistischen (↑Phänomenalismus) Standpunkt. Um daraus möglicherweise resultierende skeptische (↑Skeptizismus) Konsequenzen auszuschließen, sollen in einer ›Analysis der Seele, die auf Erfahrung beruht‹, diejenigen Verstandesprinzipien aufgefunden werden, die in einer Art Gegenstandskonstitution die Objektivität (↑objektiv/Objektivität) der Erkenntnis verbürgen. Dieser Gedanke, den T. häufig mit der Metapher der Lesbarkeit der Natur verbindet, übte einen bedeutenden Einfluß auf die ↑transzendentale, ↑Kopernikanische Wende in I. Kants KrV aus.

Gegen assoziationspsychologische (↑Assoziationstheorie) Auffassungen der Erkenntnistheorie wendet T. ein, daß es neben ↑Wahrnehmung und abstrahierender ↑Reflexion entscheidend auf die konstruktive Spontaneität (›Selbsttätigkeit‹; ↑spontan/Spontaneität) des ›Dichtungsvermögens‹ oder der ›Dichtkraft‹ ankomme. So stellten etwa geometrische Figuren oder der Trägheitssatz (↑Trägheit) keine verallgemeinernden Abstraktionen von Wahrnehmungen oder Erfahrungen dar, sondern seien Produkte eben dieser Spontaneität. Auch im Bereich der ↑Moralphilosophie steht die Spontaneität im Zentrum; die Maxime »Mensch erhöhe deine innere Selbsttätigkeit« wird von T. zur ›Hauptsumme‹ aller ›Vorschriften der Moral‹ erklärt (Philosophische Versuche [...] II, 650). – T. Sprachphilosophie enthält etymologische Untersuchungen sowie Überlegungen zur Entstehung und Bedeutung der ↑Sprache, die vor allem in psychologischer und anthropologischer Perspektive stehen. Sprache erwächst aus den, ihrer geschichtlichen Entfaltung vorausliegenden, die Natur des Menschen charakterisierenden Eigenschaften der ↑Vernunft und ↑Sozialität. Gegenüber willkürlichen Festsetzungen des Sprachgebrauchs verweist T. darauf, daß die wissenschaftliche Bedeutung von Wörtern dem allgemeinen Sprachgebrauch adäquat sein müsse.

Werke: Ueber den Ursprung der Sprachen und der Schrift, Bützow/Wismar 1772 (repr. Frankfurt 1985), ed. H. Pallus, Berlin 1966; Ueber die allgemeine speculativische Philosophie, Bützow/ Wismar 1775, ed. W. Uebele, Berlin 1913; Philosophische Versuche über die menschliche Natur und ihre Entwickelung, I–II, Leipzig 1777 (repr. Hildesheim/New York 1979), unter dem Titel: Philosophische Versuche über die menschliche Natur und ihre Entwicklung, ed. U. Roth/G. Stiening, Berlin/Boston Mass. 2014; Sprachphilosophische Versuche, ed. H. Pfannkuch, Hamburg 1971 (mit Bibliographie, 227–245); Kleinere Schriften, I–II, ed. J. Engfer, Hildesheim/Zürich/New York 2005; Metaphysik, ed. M. Sellhoff, Hamburg 2015.

Literatur: J. Barnouw, Psychologie empirique et épistémologie dans les »Philosophische Versuche« de T., Arch. philos. 46 (1983), 271–290; ders., T., Enc. philos. universelle III/1 (1992), 1496–1497; H.-U. Baumgarten, Kant und T.. Untersuchungen zum Problem von Vorstellung und Gegenstand, Stuttgart 1992; L. W. Beck, Early German Philosophy. Kant and His Predecessors, Cambridge Mass. 1969, Bristol 1996, 412–425; L. Formigari, Language and Society in the Late Eighteenth Century, J. Hist. Ideas 35 (1974), 275–292, ferner in: N. Struever (ed.), Language and the History of Thought, Rochester N. Y. 1995, 153–170; W. Fromm, T., NDB XXVI (2016), 46–47; B. de Gelder, Kant en T., Tijdschr. Filos. 37 (1975), 226–260; M. Kuehn, Hume and T., Hume Stud. 15 (1989), 365–375; H. Pfannkuch, Bibliographie, in: Sprachphilosophische Versuche [s. o., Lit.], 227–245; M. Puech, T. et la crise de la métaphysique allemande en 1775, Rev. philos. France étrang. 182 (1992), 3–29; R. Sommer, Grundzüge einer Geschichte der deutschen Psychologie und Ästhetik von Wolff-Baumgarten bis Kant-Schiller, Würzburg 1892 (repr. Amsterdam 1966, Hildesheim/New York 1975), 260–302; G. Stiening/U. Thiel (eds.), J. N. T. (1736–1807). Philosophie in der Tradition des europäischen Empirismus, Berlin/Boston Mass. 2014; G. Tonelli, T., Enc. Ph. VIII (1967), 96, IX (²2006), 403–404 (mit aktualisierter Bibliographie v. T. Frei, 404); W. Uebele, Herder und T., Arch. Gesch. Philos. 18 (1905), 216–249; ders., Zum 100jährigen Todestag von J. N. T., Z. Philos. phil. Kritik 132 (1908), 137–151; ders., J. N. T. nach seiner Gesamtentwicklung betrachtet, mit besonderer Berücksichtigung des Verhältnisses zu Kant. Unter Benützung bisher unbekannt gebliebener Quel-

len, Berlin 1911, Würzburg 1970 (Kant-Stud. Erg.hefte XXIV); G. Zöller, T., REP IX (1998), 319–322.   G. W.

Tetraktys (griech. τετρακτύς, lat. quaternarius und quaternio, ›Vierheit‹), pythagoreisch-neuplatonische (↑Pythagoreismus, ↑Neuplatonismus) Bezeichnung für bestimmte ausgezeichnete Gruppen von vier ungleichen Dingen, vor allem für die ersten vier Grundzahlen 1, 2, 3, 4 und deren Summe $1 + 2 + 3 + 4 = 10$, die häufig auch als Psephoi-Figur (vgl. Abb.; ↑Psephoi) dargestellt und dann ebenfalls als ›T.‹ bezeichnet werden; seltener für die Vierergruppe der Zahlen 6, 8, 9 und 12.

In beiden Fällen wird als Motiv für die Auszeichnung dieser Zahlen ihre Eignung zur Wiedergabe der Proportionen $2:1$, $3:2$ und $4:3$ genannt, die die symphonen Intervalle Oktave, Quinte und Quarte der musikalischen Harmonielehre arithmetisch abbilden. In der Überlieferung der dem Pythagoras zugeschriebenen Lehren (vor allem der zunächst nur mündlich weitergegebenen, als ›Akusmata‹ oder ›Symbola‹ bezeichneten Lebensregeln und Aussprüche) findet sich der Ausdruck unter anderem in den verschiedenen Varianten der Eidesformel der ↑Pythagoreer und in der (als Ersatz für den ehrfurchtsvoll vermiedenen Eigennamen gebildeten) Kennzeichnung des Pythagoras selbst als »der, der unserem Geschlechte die T. gegeben hat« (Iamblichos, Vita Pyth. 162, ähnlich ebd. 150). Die herausgehobene Stellung des Terminus in diesem Kontext deutet auf eine (terminologiegeschichtlich nicht belegte) altpythagoreische Verwendung desselben als Bezeichnung für Vierheiten, die sich auf Harmonien, insbes. auf die ↑Sphärenharmonie, beziehen. So erklärt Iamblichos (a.a.O., 82) in offensichtlicher Anknüpfung an ein von Platon verwendetes Bild (Pol. 617b) die T. als »die Harmonie, in der die Sirenen singen«. Dabei spricht die Bindung an die vermutlich schon vorpythagoreische Vorstellung einer ›kosmischen Musik‹ ebenso für einen archaischen Ursprung der T.vorstellung wie die Tatsache, daß in der pythagoreischen Tradition außer den (in der neuplatonischen Zahlenspekulation bevorzugten) Zahlen auch rein qualitative Begriffe (wie z. B. bei dem Gnostiker Valentinus die T. von Nous, Aletheia, Bythos und Sige als ›Wurzeln aller Dinge‹) als Elemente einer T. gewählt worden sind, die die Natur als ganze und insbes. Wachstum und Gesundheit der Lebewesen bestimmt. Auch die von Lukian dem Philolaos zugeschriebene Rede von der T. als ὑγιείας ἀρχή (Prinzip der Gesamtheit, De lapsu inter salutandum 5) dürfte diesem Gedankenkreis zuzurechnen sein. Als Grundlage eines harmonikalen Ordnungsprinzips ist die T. von neuplatonisierenden Gelehrten und Künstlern der Neuzeit (J. Kepler, Raffael) ebenso wiederaufgegriffen worden wie in der spekulativen Harmonielehre des 20. Jhs. (H. Kayser u. a.).

Literatur: W. Burkert, Weisheit und Wissenschaft. Studien zu Pythagoras, Philolaos und Platon, Nürnberg 1962, bes. 170–173 (engl. Lore and Science in Ancient Pythagoreanism, Cambridge Mass. 1972, bes. 186–189); A. Delatte, Études sur la littérature pythagoricienne, Paris 1915 (repr. Genf 1974, 1999), 247–268 (La tétractys pythagoricienne); R. Haase, Ein Beitrag Platons zur T., Antaios 11 (1970), 85–91; J. Kepler, Harmonices mundi libri V, Linz 1619 (repr. Brüssel 1968, Bologna 1969), Liber III, 4–9 (Excursus de Tetracty Pythagorico), Neudr., ed. M. Caspar, München 1940 (= Ges. Werke VI), 95–101 (dt. Weltharmonik, ed. M. Caspar, München 1939 [repr. Darmstadt 1967, München 2006], 89–94 [Exkurs über die pythagoreische Vierheit]; engl. The Harmony of the World, o.O. [Philadelphia Pa.] 1997, 133–140 [Digression on the Pythagorean Tetractys]); S. Meier-Oeser, T., Quaternarius, Hist. Wb. Phil. X (1998), 1031–1032; W. Schulze, T.. Ein vergessenes Wort der Philosophie, in: P. Kampits/G. Pöltner/H. Vetter (eds.), Wahrheit und Wirklichkeit. Festgabe für Leo Gabriel zum 80. Geburtstag, Berlin 1983, 125–154; J. Schwabe, Hans Kaysers letzte Entdeckung: Die pythagorische [sic!] T. auf Raffaels ›Schule von Athen‹, Symbolon. Jb. f. Symbolforsch. 5 (1966), 92–102; ders., Arithmetische T., Lambdoma und Pythagoras, Antaios 8 (1967), 421–449; B. L. van der Waerden, Die Pythagoreer. Religiöse Bruderschaft und Schule der Wissenschaft, Zürich/München 1979, 100–115 (Kap. 4 Kosmische Harmonie und T.).   C. T.

Printed in the United States
by Baker & Taylor Publisher Services